ENCYCLOPÉDIE MÉTHODIQUE,

OU

PAR ORDRE DE MATIÈRES:

PAR UNE SOCIÉTÉ DE GENS DE LETTRES, DE SAVANS ET D'ARTISTES;

Précédée d'un Vocabulaire universel, *servant de Table pour tout l'Ouvrage, ornée des Portraits de MM.* DIDEROT *&* D'ALEMBERT, *premiers Editeurs de l'*Encyclopédie.

AVERTISSEMENT.

L'Ouvrage de M. de FOUGEROUX DE BONDAROY, ſur les Bois & Forêts, formera un Dictionnaire ſéparé, dont la première Partie paroîtra l'année prochaine.

ENCYCLOPÉDIE MÉTHODIQUE.

AGRICULTURE,

Par M. l'Abbé TESSIER, *Docteur-Régent de la Faculté de Médecine, de l'Académie Royale des Sciences, de la Société Royale de Médecine, M.* THOUIN *& M.* FOUGEROUX DE BONDAROY, *de l'Académie Royale des Sciences.*

TOME PREMIER.

A PARIS,

Chez PANCKOUCKE, Libraire, Hôtel de Thou, rue des Poitevins;

A LIÈGE,

Chez PLOMTEUX, Imprimeur des Etats.

M. DCC. LXXXVII.

AVEC APPROBATION, ET PRIVILÈGE DU ROI.

PREMIER DISCOURS,

PAR M. l'Abbé TESSIER.

Histoire abregée & progrès de l'Agriculture chez différens Peuples, & moyens de l'améliorer en France.

L'AGRICULTURE est un des plus anciens & le plus utile de tous les arts. Si l'on pouvoit s'en rapporter à ce que la simple réflexion indique, il paroîtroit que son origine est dûe à la réunion des hommes en société. Les premiers habitans du globe ne connoissoient vraisemblablement d'autre manière de se nourrir, qu'avec les fruits qu'ils ramassoient aux pieds des arbres; ce que la nature bienfaisante leur offroit, ils s'en contentoient, parce qu'ils étoient peu nombreux. En se multipliant, ils se virent forcés d'avoir recours à d'autres alimens. Ceux qui fréquentèrent les bords de la mer, des lacs & des rivières, se livrèrent à la pêche; ceux, qui restèrent dans les environs des forêts, firent la chasse aux animaux, pour en manger la chair. Il semble que ce ne fut que quand il se forma des sociétés, qui devinrent plus ou moins considérables, qu'on songea à se procurer une subsistance plus certaine, plus abondante, & d'une nature plus agréable. On arracha dans les bois les arbres, dont les fruits avoient été trouvés les plus savoureux; on les transplanta, on les cultiva auprès des habitations; la vigne fut provignée; la terre reçut dans son sein les semences des plantes, dans lesquelles on avoit remarqué des qualités nutritives. L'observation, l'industrie & le besoin ingénieux, contribuèrent à la perfection des premières tentatives, & l'agriculture devint un art.

Pour en donner une histoire complette, il faudroit remonter aux premiers âges du monde, il faudroit fouiller dans l'antiquité la plus reculée, & suivre les siècles les uns après les autres. De telles recherches satisferoient peut-être la curiosité de quelques lecteurs; mais elles ſeroient inutiles à la plupart des autres. Elles exigeroient une étude approfondie, à laquelle il ne m'eſt pas permis de me livrer. Il me ſuffira donc d'expoſer en raccourci, dans ce premier diſcours ce qu'on ſait en général des progrès de l'agriculture chez différens peuples anciens, & d'indiquer les moyens qui, dans l'état où elle eſt parvenue en France, me paroiſſent les plus propres à l'améliorer.

Suivant les livres ſacrés, les hommes qui vécurent vers la naiſſance du monde, ſe livrèrent à l'agriculture. Le déluge n'éteignit pas le goût qu'on avoit pour cet art, puiſque la famille privilégiée, qui fut conſervée, en donna des preuves, après ces momens de bouleverſement. L'agriculture étoit l'unique emploi des patriarches, de ces hommes, que Moïſe nous repréſente ſous les traits de la candeur & d'une ſimplicité opulente. Endurcis au travail, fortifiés par l'exercice habituel de la tempérance & de la ſobriété, ils connoiſſoient peu les infirmités, dont la ſource & la cauſe ſont le plus ſouvent dans la molleſſe & le déſœuvrement. La terre, cultivée par leurs ſoins, donnoit des récoltes abondantes; leurs troupeaux ſe multiplioient & couvroient les campagnes fertiles. Tout leur proſpéroit; on eût dit qu'une influence bénigne ſe répandoit ſur leurs travaux & ſur leur vigilance économique. Une mort douce & paiſible terminoit leurs longues années. Leurs enfans, formés dans l'exercice du même art, héritoient de leurs vertus, comme de leurs riches poſſeſſions.

Peut-être l'agriculture fut-elle négligée & interrompue dans les familles qui allèrent occuper des contrées lointaines. Mais une découverte auſſi importante ne fut point perdue dans les ſociétés qui habitoient les plaines de Sennaar & les cantons circonvoiſins. La pratique du labourage fut toujours uſitée parmi les peuples qui s'étoient réfugiés de bonne heure dans les pays dont le ſol étoit facile à cultiver & naturellement fertile & abondant. On ſait que les habitans de la Méſopotamie & de la Paleſtine s'appliquèrent à la culture des terres dans les tems les plus reculés. Oſias, roi de Juda, avoit un grand nombre de laboureurs & de vignerons ſur les montagnes du Carmel. Il protégeoit d'une manière particulière ceux qui étoient employés à cultiver la terre & à nourrir les troupeaux; il ſe livroit lui-même à ce genre d'occupation.

Les Aſſyriens, les Mèdes, les Perſes s'adonnèrent auſſi à l'agriculture. Elle étoit, ſelon Beroſe, ſi ancienne chez les Babyloniens, qu'elle remontoit aux premiers ſiècles de leur hiſtoire. Dans ces tems, où les arts commençoient à prendre naiſſance, les progrès de l'agriculture furent lents & difficiles. La tradition étoit le ſeul moyen dont on put faire uſage pour tranſmettre les obſervations & les découvertes.

Les Egyptiens, qui prétendoient, comme beaucoup d'autres peuples, avoir une origine céleste, & qui vouloient tout tenir des dieux, donnoient à Isis la gloire d'avoir trouvé le bled, & ils attribuoient à Osiris l'invention de la charrue & la culture de la vigne. On ne peut disconvenir que l'agriculture ne fût très-ancienne en Egypte, puisque, d'après l'histoire sacrée, Abraham s'y retira dans un tems de famine, puisque Jacob y envoya ses enfans acheter du bled dans une pareille circonstance. Si l'on refuse aux Egyptiens l'invention de l'agriculture, il faut au moins leur accorder la gloire de l'avoir perfectionnée & rétablie parmi les peuples, où la barbarie l'avoit fait oublier.

En effet, l'Egypte dans la suite des tems, devint le plus beau pays du monde, le plus abondant par la nature, le plus cultivé par l'art, le plus riche & le plus orné par l'économie & l'industrie de ses habitans. Tous les peuples ont célébré sa grandeur, quoiqu'ils n'aient vu que les débris de ses ouvrages, qui sembloient faits pour braver les injures du tems & porter aux siècles futurs des témoignages éclatans de sa magnificence. Ce que les Egyptiens ont fait pour rendre leur pays fertile, pour y faire fleurir le commerce & l'agriculture, est aussi étonnant que les monumens qu'ils ont laissés, & qui sont l'admiration des voyageurs.

Malgré sa situation heureuse & la bonté du sol, l'Egypte ne seroit qu'un désert sec & aride, à cause de la chaleur excessive du climat, si elle n'étoit arrosée par les débordemens du Nil. Elle doit aux inondations périodiques de ce fleuve sa prodigieuse & admirable fertilité. Les pluies n'y sont presque pas connues. Mais c'est moins la propriété fécondante des eaux du Nil, qui enrichit l'Egypte, que l'industrie de ses habitans pour en profiter. Comme il ne peut se répandre par-tout dans une juste proportion, ni à une certaine distance de ses bords, on avoit pratiqué sur toute l'étendue de son cours une infinité de canaux & de tranchées, qui distribuoient les eaux dans tous les endroits où elles étoient nécessaires. Chaque village avoit son canal, qui étoit ouvert pendant l'inondation; on étoit obligé de le fermer dans un tems limité, afin que l'avantage de l'arrosement & de l'engrais fût également répandu. Cette multiplicité de canaux unissoit les villes entr'elles, entretenoit leur commerce & défendoit le royaume contre les attaques des ennemis; en sorte que le Nil étoit tout-à-la-fois & le nourricier & le défenseur de l'Egypte. On lui abandonnoit les campagnes; les villes & les villages rehaussés par des travaux considérables, étoient soustraits à la submersion & s'élevoient comme des isles au milieu des eaux. Pendant deux saisons de l'année, l'Egypte offroit aux yeux le spectacle du monde le plus agréable. Si, dans les mois de juillet & d'août, l'on gagnoit la cîme de quelque montagne, ou les grandes pyramides d'Alkahira, on découvroit au loin une vaste mer, du sein de laquelle sortoient des villages & des chaussées, qui servoient de communication entre les habitans. Ces chaussées étoient environnées de bosquets & couvertes d'arbres fruitiers, dont on ne voyoit que le sommet, le tronc étant caché sous les eaux. Des bois & des montagnes en amphithéâtre, bornoient l'horizon à une certaine distance. Tous ces divers objets offroient un ensemble, dont la perspective n'avoit point de modèle dans aucune partie du monde. Pendant l'hiver, c'est-à-dire, vers les mois de janvier & de février, le pays, dans toute son étendue, ne paroissoit être qu'une grande prairie, dont la verdure étoit émaillée de fleurs diversement coloriées. Ici, on appercevoit des troupeaux nombreux, qui paissoient tranquillement dans les plaines; là, on voyoit des laboureurs & des jardiniers occupés à leurs travaux. L'air embaumé du parfum des orangers, des citronniers & de plusieurs autres arbustes, étoit alors si pur, qu'on ne pouvoit en respirer de plus agréable, ni de plus salutaire. Tandis que la nature languissoit & sembloit morte dans d'autres contrées, elle paroissoit revivre pour orner les campagnes de l'Egypte.

L'élévation des eaux du Nil est sujette à varier; elle pourroit même devenir préjudiciable. Les anciens Egyptiens ont prévu & calculé tous les inconvéniens qui en devoient résulter. Quand les crûes étoient trop abondantes ou trop longues, il y avoit des lacs préparés pour recevoir les eaux stagnantes & superflues; ils s'ouvroient par de grandes écluses & se fermoient, selon le besoin. Par ce moyen les champs n'étoient inondés que ce qu'il falloit pour les engraisser. C'est à cet usage qu'étoit destiné ce fameux lac de Mœris, qui avoit une étendue si considérable. La manière dont il avoit été fait, annonce non-seulement l'industrie la plus grande, mais encore l'économie la plus éclairée. Pour ne point perdre, en le creusant, un terrein naturellement fécond, on l'avoit étendu particulièrement du côté de la Lybie, qui étoit une contrée seche & presque stérile. Ainsi, en Egypte, quand un terrein ne pouvoit donner aucun produit par la culture ordinaire, on l'employoit à d'autres usages.

Comme il n'y a point eu de peuple sur la terre, qui ait porté si loin que les Egyptiens l'activité, le travail & l'intelligence, il n'y en a point eu, qui ait mieux connu les sources du bonheur & de la prospérité. Ils savoient que l'*agriculture* étoit le plus ferme appui de l'état & un moyen essentiel pour soutenir l'innombrable population de leurs dynasties, de sorte que cet art chez eux faisoit un objet spécial du gouvernement & de la politique. Au commencement de la monarchie, les terres furent divisées en trois parties, qui répondoient aux trois ordres principaux du royaume. L'une appartenoit aux prêtres, qui en employoient les revenus à leur entretien, à celui de leurs familles, aux sacrifices & à toutes les dépenses du culte religieux. La ſeconde étoit dans les mains du roi, qui devoit la conſacrer aux frais de la guerre & à faire reſpecter par ſa magnificence la dignité dont il étoit revêtu. La troiſième partie, étoit deſtinée aux ſoldats, qui expoſoient volontairement leur vie pour le ſalut de la patrie. Les membres qui compoſoient ces trois différens ordres, ne cultivoient pas par eux-mêmes les terres qui leur étoient échues en partage. Il y avoit des laboureurs, qui ſe livroient aux travaux champêtres & qui en retiroient l'uſufruit moyennant une redevance raiſonnable. Pour retenir cette claſſe d'hommes, les plus eſſentiels de l'état, dans les bornes de la condition où la nature les avoit fait naître, des loix obligeoient, ſous des peines rigoureuſes, les fils des laboureurs & des bergers de ſuccéder à leurs pères. Se voyant ainſi dans la néceſſité indiſpenſable de ſuivre la condition de leurs ayeux & n'ayant point l'eſpérance de parvenir à la magiſtrature ou à quelqu'autre rang diſtingué, ils bornoient toute leur ambition à bien remplir les devoirs de l'état dans lequel ils étoient nés, à ſe concilier l'eſtime de leurs concitoyens & à mériter les récompenſes glorieuſes qu'on décernoit à ceux qui faiſoient quelque découverte importante.

On ne peut douter que le grand amour des Egyptiens pour les ſciences, & ſur-tout pour l'*agriculture*, n'ait produit de ſavans ouvrages ſur cette importante matière. Il eſt vraiſemblable que dans la bibliothèque de Memphis & dans celle d'Alexandrie, qui contenoit ſept cens mille volumes en rouleaux, il y avoit un grand nombre d'écrits relatifs à cet objet. On ſait que ces bibliothèques ont été perdues, & avec elles tous les ouvrages qui y étoient renfermés.

Les Grecs, imitant les Egyptiens, qui firent des dieux de tout ce qui les étonna, créèrent Cérès déeſſe des moiſſons. Cette reine de Sicile, ſelon eux, vint ſous le règne d'Erectée à Athènes, où elle montra l'uſage du bled, auparavant inconnu; elle y enſeigna la manière de faire le pain & d'enſemencer les terres. Mais quelle foi doit-on ajouter à cette tradition des Grecs? Pluſieurs auteurs regardent comme fabuleux tout ce qu'on raconte de Cérès, & donnant à ce mot un ſens allégorique, ils prétendent que par l'arrivée de Cérès à Athènes, il ne faut entendre qu'une prodigieuſe abondance de bled, qu'Erectée fit apporter de l'Egypte. Pline, Virgile & d'autres aſſurent que l'invention de la charrue n'eſt point dûe à Cérès, mais à un certain Eurigès ou Triptolême, fils de Celeus, roi d'Eleuſis, qui eſt repréſenté par les poëtes aſſis ſur un char traîné par des ſerpens aîlés, parce que dans un tems de diſette, il fit diſtribuer du bled dans toute la Grèce avec une diligence incroyable. Enfin Polydore Virgile fait remonter l'origine de l'*agriculture* à une époque plus ancienne que l'exiſtence de Cérès. « Long-tems avant Cérès, Denis, Saturne &

„ Triptolême, dit cet auteur, les hommes connoissoient l'usage du „ bled, principalement les Hébreux & les Egyptiens. „ D'après le témoignage de cet historien, les Grecs sur ce point, comme sur bien d'autres, se sont dit inventeurs de ce que les Egyptiens leur avoient appris. Il suffit de se reporter aux premiers tems de leur histoire, pour être convaincu que l'*agriculture* n'étoit pas même connue en Grèce, lorsqu'elle avoit déja fait des progrès très-considérables chez les Phéniciens, les Madianites & les Egyptiens. De l'aveu de leurs propres écrivains, dans cet état primitif, les anciens Grecs erroient dans les forêts comme les animaux; ils ne se nourrissoient que de végétaux & couchoient en plein air dans des cavernes, dans des fentes de rocher, ou dans des creux d'arbres. Le premier changement qu'ils firent dans leur manière de vivre, fut de manger du gland, de se bâtir des cabanes, de se couvrir de peaux de bêtes sauvages. Pelasgus fut, à ce qu'il paroît, l'auteur de cette réforme. Ils sentirent bientôt la nécessité où ils étoient de s'associer pour subvenir à leurs besoins réciproques. Ils se réunirent donc, & peu-à-peu ils acquirent de la consistance & goûtèrent les avantages de cette association. Ils s'humanisèrent insensiblement & quittèrent ce caractère féroce qu'ils avoient contracté en vivant dans les forêts. Du moment qu'ils commencèrent à voyager en Egypte, ils prirent quelque connoissance des sciences & des arts, & particulièrement de l'*agriculture*. De retour dans leur pays, ils firent usage de la charrue & commencèrent à tracer des sillons. Cette nouvelle manière de cultiver la terre leur parut de beaucoup préférable à celle qu'ils employoient auparavant. Elle augmentoit leurs revenus en diminuant les travaux & les dépenses.

Le goût de la nation pour l'*agriculture* s'accrut donc, soit par les avantages qu'elle procuroit, soit par l'amélioration dont on la voyoit encore susceptible. Toutes les vues politiques se tournèrent alors vers cette branche de l'économie publique, & les philosophes Grecs, renommés par la sagesse de leur législation, firent des réglemens sur cet objet, si essentiel à la prospérité d'un empire. Athènes & Lacédémone devinrent en peu de tems deux villes florissantes, & c'est à l'art du labourage qu'elles durent leur élévation. Dans ce moment d'enthousiasme, tous les citoyens de l'Attique se disputoient à l'envi la gloire de contribuer aux progrès de l'*agriculture* & d'enrichir leur patrie de nouveaux fruits, qui nous seroient peut-être encore inconnus. Aristée d'Athènes fut le premier qui cultiva l'olivier & qui trouva la manière d'en exprimer l'huile. C'est aux Athéniens que nous sommes redevables des figuiers. Ce même peuple fit venir en différens tems des coignassiers de l'isle de Crête, des châtaigniers de Sardes, des pêchers & des noyers de Perse, des citronniers de la Médie. Toutes ces productions étrangères & beaucoup d'autres font parvenues jufqu'à nous par l'entremife des Grecs. Les Romains ayant conquis la Grèce, tranfportèrent en Italie tous les arbres qu'ils y trouvèrent. On doit rapporter à ce tems-là l'introduction des oliviers à Rome, puifque, felon Feneftella, fous le règne de Tarquin on n'en avoit vu aucun, ni en Italie, ni en Efpagne, ni même en Afrique. On doute fi l'amandier étoit connu dans le pays latin du tems de Caton & s'il n'y fut point apporté, lors de la conquête de la Grèce. Il eft certain que le cérifier y étoit inconnu l'an 680 de la fondation de Rome, & que Lucullus l'apporta du Pont après la défaite de Mithridate. Les premiers piftachiers ont été apportés de Syrie par L. Vitellius, fous le règne de Tibère.

Dans ces jours heureux, où les Grecs ne penfoient qu'à cultiver leurs champs & à faire fleurir l'*agriculture*, ils devinrent puiffans & redoutables; on n'ofa plus les attaquer. Mais cette gloire ne fut que paffagère. Ce peuple ingénieux & porté à tout ce qui eft du reffort de l'imagination, négligea bientôt des occupations importantes pour s'attacher aux fubtilités de l'efprit. Les arts d'agrément remplacèrent l'*agriculture*, au point que les magiftrats étoient chargés de leur faire venir du bled du pays étranger. Les Spartiates, dont on vante encore la vertu fauvage, laiffoient aux Ilotes, qu'ils traitoient comme des efclaves, le foin de les nourrir. Cette décadence entraîna la ruine de la Grèce. Affoiblie par la molleffe & par la volupté, un roi de Macédoine en fubjugua une partie; fon fils en acheva la conquête.

Lorfque les fciences eurent commencé à fleurir à Athènes, la Grèce fut bientôt enrichie d'un grand nombre d'ouvrages de toute efpèce. Les Lacédémoniens n'eurent point de livres; ils s'exprimoient d'une façon fi concife que l'écriture leur paroiffoit fuperflue; la mémoire leur fuffifoit pour leur rappeller tout ce qu'ils avoient befoin de favoir. Les Athéniens au contraire écrivirent beaucoup. Pififtrate recueillit tous les ouvrages des fçavans de la nation & fonda une bibliothèque, qui s'accrut prodigieufement après la mort de ce tyran. Mais, Xercès s'étant rendu maître d'Athènes, emporta tous ces livres en Perfe, où la plupart fe font perdus. Il n'en refte que des fragmens.

Les Romains ont fingulièrement honoré l'*agriculture*. Le premier foin de leur fondateur fut d'inftituer douze prêtres, pour offrir aux dieux les prémices de la terre & pour leur demander des récoltes abondantes. On les nomma *arvales*, de *arva*, champs. Un d'eux étant mort, Romulus prit fa place, & dans la fuite cette dignité ne fut accordée qu'à ceux qui pouvoient prouver une naiffance illuftre. Numa Pompilius, l'un des plus fages rois de l'antiquité, avoit partagé le territoire de Rome en différens cantons. On lui rendoit un compte exact de la manière dont ils étoient cultivés; il faisoit venir les laboureurs, pour louer & encourager ceux dont les champs étoient bien tenus, & pour faire des reproches aux autres. Les fruits & les productions de la terre étoient alors regardés comme les plus justes & les plus légitimes richesses. Ancus Martius, quatrième roi des Romains, qui se piquoit de marcher sur les traces de Numa, ne recommandoit rien tant aux peuples, après le respect pour la religion, que la culture des terres & le soin des troupeaux. Cet esprit se conserva long-tems chez les Romains; dans les tems postérieurs, celui qui s'acquittoit mal de ce devoir, s'attiroit l'animadversion du censeur.

Les tribus rustiques formoient dans Rome le premier ordre des citoyens. Dans les beaux siècles de la république, quand le sénat s'assembloit, les pères conscripts venoient des champs, pour dicter des délibérations pleines de sagesse. Les consuls soupiroient après le terme de leur consulat pour aller présider eux-mêmes à la culture de leurs héritages. L. Quintius Cincinnatus & Attilius étoient occupés l'un à labourer & l'autre à semer son champ, quand on les vint chercher pour en faire des chefs de la république. Le dernier venoit d'être élu consul; le premier, créé dictateur dans une conjoncture très-pressante, quitta ses instrumens rustiques, vint à Rome, où il entra au milieu des acclamations du peuple, se mit à la tête de l'armée, vainquit les ennemis & revint seize jours après à sa maison de campagne, pour reprendre ses fonctions ordinaires. Les ambassadeurs des Samnites étant venus offrir une grosse somme d'or à Curius Dentatus, le trouvèrent assis auprès de son feu, où il faisoit cuire des légumes. Ils reçurent de lui cette sage réponse: « Que l'or n'étoit pas nécessaire à celui qui sçavoit se contenter d'un » tel dîner, & que pour lui il trouvoit plus beau de vaincre ceux qui » avoient cet or, que de le posséder. » Cet illustre Romain avoit déja reçu trois fois les honneurs du triomphe.

Si Rome n'a jamais été florissante comme elle le fut dans ces momens, les campagnes ne furent aussi jamais mieux cultivées; en sorte qu'on est porté à croire que c'est à la culture des terres que la république est redevable de sa grandeur & de son élévation. L'exercice de cette vie laborieuse, dit Pline, forma les hommes qui se sont si bien distingués dans l'art militaire. Il sortit de cette école de braves capitaines & de bons soldats, pleins de droiture & de sentimens. Mais la gloire des Romains ne dura pas au-delà des principes qui l'avoit produit. Le luxe donna d'abord l'atteinte la plus funeste à l'*agriculture*, & entraîna bientôt la ruine entière de la république. Les Romains, avides de plaisirs & d'honneurs, abandonnèrent leurs terres, se retirèrent à la ville, & laissèrent à des esclaves le soin de la culture. Ces mercenaires ne craignant plus l'œil du maître, s'acquittoient mal de l'emploi qui leur avoit été confié. Dès-lors les campagnes ne donnèrent que de foibles récoltes. Ce malheur commençoit à se faire sentir du tems de Varron. On en peut juger par les reproches que fait un sénateur romain à Appius Claudius sur la magnificence de sa maison de de campagne, comparée à la simplicité de la sienne, où ils étoient alors. « Ici, dit-il, on ne voit ni tableaux, ni statues, ni boiseries, ni » plancher parqueté. On y trouve tout ce qui convient au labour des » terres, à la culture de la vigne, à la nourriture des bestiaux. Chez » vous, tout brille d'or, d'argent, de marbre; mais nul vestige de terres » labourables. On ne rencontre nulle part ni bœufs, ni vaches, ni » brebis; point de foin dans les magasins, point de vendange dans les » celliers, point de moissons dans les greniers. Est-ce donc là une mé- » tairie? En quoi ressemble-t-elle à celle que possédoit votre ayeul & » votre bisayeul? »

Columelle déplore aussi d'une manière très-vive & très-éloquente le mépris général où de son tems l'*agriculture* étoit tombée. « Je vois » à Rome, dit-il, des écoles de philosophie, des rhéteurs, des Géo- » mètres, des musiciens, & ce qui est bien plus étonnant encore, des » gens occupés uniquement, les uns à préparer des mets propres à » piquer le goût & à irriter la gourmandise, les autres à orner la tête » par des frisures artificielles, & je n'en vois aucune pour l'*agriculture*: » cependant on peut se passer de tout le reste, & la république a été » long-tems florissante sans tous ces arts frivoles: au lieu qu'il n'est pas » possible de se passer du labour de la terre, puisque la vie en dé- » pend....... D'ailleurs y a-t-il quelque voie plus honnête & plus légi- » time de conserver ou d'augmenter son patrimoine? Seroit-ce le parti » de la guerre? Mais croira-t-on qu'il y ait plus de justice à s'enrichir » par cette voie sanguinaire, dont il ne peut nous revenir aucun profit » qui ne soit teint du sang de nos semblables, & qui ne cause, en nous » enrichissant, quelque dommage à notre prochain?........ Les hasards » de la mer & les risques du commerce, auront-ils plus d'attraits aux » yeux de ceux qui pourroient avoir de l'aversion pour la guerre? Et » l'homme, tout animal terrestre qu'il est, osera-t-il braver toutes les » loix de la nature pour se confier aux flots, en s'exposant à servir de » jouet à la fureur des vents & à demeurer continuellement exilé de sa » patrie, comme un oiseau étranger qui parcourt des terres inconnues? » Ou bien donnera-t-on la préférence sur ces professions à celle de » l'usure, ce crime, dont l'odieux saute aux yeux même de ceux qu'il » semble secourir pour le moment?......... Regardera-t-on comme plus » honnêtes, les espérances illusoires de ce flatteur intéressé qui rôdant » aux portes des gens puissans, est souvent réduit à se tenir aux écoutes » dans un antichambre, pour deviner si son patron est encore endormi,

„ & à qui des valets daignent à peine répondre? Croirai-je que je trou„ verai plus de félicité à m'exposer aux rebuts d'un esclave enchaîné à „ la garde d'une porte & à rester souvent jusques bien avant dans la „ nuit devant cette porte sourde à mes instances les plus vives & cela „ pour acheter au prix de l'esclavage le plus affreux & le plus humi„ liant, l'honneur des faisceaux & l'autorité, que je n'obtiendrai cepen„ dant qu'en prodiguant encore tout mon patrimoine? Si donc les „ honnêtes gens doivent fuir ces moyens d'accroître leur fortune, il „ n'en reste plus, comme je l'ai annoncé, qu'une seule qui puisse être „ regardée comme noble & honnête, & cette voie, c'est l'*agriculture*. „ Ces plaintes, quelques touchantes qu'elles fussent, ne produisirent aucun effet. L'amour du travail & ce louable penchant pour le labourage, qui avoit formé un des titres les plus glorieux dont on pût décorer un citoyen romain, s'éteignirent peu-à-peu dans les cœurs du peuple: les campagnes négligées ne fournirent plus le bled nécessaire pour l'entretien de Rome; on fut obligé d'en tirer de l'Egypte. Dans ce désordre funeste, tout concourut même à renverser l'*agriculture*, le fondement le plus solide de la république. Il n'y eut plus de ces hommes distingués, de ces sçavans profonds, qui jusqu'alors avoient soutenu, par leurs écrits, la pratique du labourage. Palladius Rutilius Taurus Æmilianus, qui vivoit environ cent ans après Columelle, est le dernier des Romains qui ait écrit sur l'*agriculture*.

Les Chinois disputent aux peuples, dont je viens de parler, l'ancienneté du labourage. Ils prétendent avoir appris cet art de Chinnoug, successeur de Fohi. Sans aller chercher si loin une origine, sur laquelle on n'auroit que des incertitudes, il est vrai que ce pays offre aujourd'hui les traces les plus antiques de l'industrie de ses habitans. De hautes montagnes, qui formoient ces inégalités, que le globe présente à sa surface, ont été abaissées par la main des hommes & ne conservent que la pente nécessaire pour l'écoulement des eaux & l'arrosement des terres. On a arrêté dans leurs courses rapides des rivières impétueuses; on les a détourné avec des travaux immenses, afin qu'elles allassent porter la fécondité dans des lieux naturellement secs & arides. A la place de ces côteaux nuds & stériles, qu'on trouve dans diverses parties de l'Europe, on voit à la Chine des collines couvertes de moissons abondantes, qui s'étendent d'un bout de l'empire à l'autre, & qui étant coupées par étages du pied jusqu'au sommet, s'élèvent en amphithéâtre & forment des terrasses agréables. Elles montent & se rétrécissent par une muraille sèche qui les soutient. On pratique à leur sommet des réservoirs où se ramassent les eaux des pluies & des fontaines. Si ce moyen ne suffit pas pour arroser les terres, on y supplée par des machines simples, qu'un seul homme met en jeu. Leur usage eſt de faire remonter les rivières qui baignent le pied de ces côteaux juſqu'à des hauteurs conſidérables. Ce ſeroit une erreur de croire que les Chinois ne ſont ſi laborieux, que parce qu'ils cultivent un ſol naturellement fertile, qui les dédommage amplement des peines qu'ils ſe donnent pour le faire fructifier. On trouve à la Chine, comme dans tous les autres pays du monde, des terreins ingrats, qui ne produiſent que parce qu'on les travaille avec opiniâtreté. Où le ſoc ne ſuffit pas, la bêche eſt employée. Les endroits maigres & ſans ſubſtance ſont couverts d'une terre nouvelle, ſouvent apportée de loin. Lorſque quelque montagne ſe refuſe à la culture, on y plante des arbres, qui deviennent grands, forts & vigoureux, & dont le bois ſert dans la ſuite ou pour la conſtruction des vaiſſeaux ou pour la charpente des édifices. Toutes les productions de l'empire conſiſtent en denrées de première néceſſité. Les provinces du nord fourniſſent ordinairement le bled; celles du midi donnent du ris en abondance & beaucoup de légumes. La vigne n'eſt point cultivée à la Chine. Le gouvernement la regarde comme propre à donner ſeulement une boiſſon agréable aux gens riches. Il ne veut pas qu'on s'en occupe. Toutes les vues politiques ſont tournées ſur les objets de l'utilité la plus directe. On n'y voit point de ces jardins de pur agrément, qui ne rapportent rien. Le charme des maiſons de plaiſance ſe réduit à une ſituation heureuſe; on a des cultures agréablement diverſifiées. Cet eſprit économique, cet amour pour l'*agriculture* eſt ſoutenu, d'une part, par le penchant des Chinois pour le travail, & de l'autre, par les honneurs accordés à tous les laboureurs qui ſe diſtinguent dans leur profeſſion. Si quelqu'un d'eux fait une découverte utile, s'il s'élève au-deſſus des autres cultivateurs par ſon application & ſon intelligence, il eſt appellé à la cour pour éclairer l'empereur, il eſt revêtu de la dignité de mandarin, & l'état le fait voyager dans toutes les provinces pour former les peuples à ſa nouvelle méthode. Dans cet empire, où l'on conſidère plus le mérite perſonnel que la nobleſſe héréditaire, la plupart des magiſtrats & des hommes deſtinés à occuper les premières charges ſont choiſis dans la claſſe des laboureurs. On conſervera toujours à la Chine un grand reſpect pour les fondateurs de l'empire, qui en ont fait conſiſter le bonheur & la ſtabilité dans les productions de la terre. Le nom des empereurs, qui par leurs ſages inſtitutions ont contribué aux progrés de l'*agriculture*, y eſt en vénération.

La mémoire de Venin IV ne s'effacera jamais des eſprits. Cet empereur avoit établi une fête ſolemnelle dans tous ſes états pour rappeller à ſes ſujets le ſoin qu'ils devoient prendre de l'art, regardé comme la ſource principale de la richeſſe. Cette cérémonie religieuſe s'eſt perpétuée juſqu'à ce jour. La pompe, avec laquelle on la célèbre encore

B 2

aujourd'hui, atteste le respect que les Chinois conservent pour l'auteur d'une si chère institution, & le cas qu'ils font de l'*agriculture.* « Une » des fonctions publiques des empereurs de la Chine, dit un histo- » rien moderne, est d'ouvrir la terre au printems avec un appareil de » fête, qui attire des environs de la capitale, tous les cultivateurs. Ils » courent en foule pour être témoins de l'honneur solemnel que le » prince rend au premier de tous les arts. Ce n'est plus comme dans » les fables de la Grèce, un dieu qui garde les troupeaux d'un roi; » c'est le père des peuples qui, la main appesantie sur le soc, montre » à ses enfans les véritables trésors de l'état : bientôt après il revient au » champ qu'il a labouré lui-même, y jette les semences que la terre » demande. L'exemple du prince est suivi dans toutes les provinces & » dans la même saison. Les vice-rois y répètent les mêmes cérémonies » en présence d'une multitude de laboureurs. » Il seroit à desirer qu'une communication plus étendue avec la nation chinoise, nous mît à portée de mieux connoître les progrès qu'elle a faits dans les sciences qu'elle cultive avec tant de constance, & sur-tout dans l'*agriculture*, qu'elle a portée si loin. On ne peut douter que les Chinois n'aient composé beaucoup d'écrits sur cet art important. On assure que 200 ans avant Jesus-Christ, Chingius ou Xius, un de leurs empereurs, ordonna qu'on brûlât tous les livres du royaume, excepté ceux qui traitoient de la médecine, de l'*agriculture* & de la divination. Depuis cette époque, sans doute le nombre s'en est accru. Si ceux qui ont rapport à l'*agriculture* étoient connus, ils guideroient les cultivateurs & répandroient un grand jour sur leur art.

Je passerai sous silence les autres peuples anciens, qui ont eu quelques connoissances d'*agriculture.* On est trop peu instruit de cette partie de leur histoire, pour que je puisse en donner un précis. Les recherches, que je ferois sur les nations actuellement existantes ne procureroient pas plus de lumières relativement à son origine; je me bornerai à suivre ses progrès dans le royaume que j'habite.

Il est certain que les Gaules ont été très-anciennement cultivées. La population nombreuse de ce pays, qui le forçoit d'envoyer des colonies en Allemagne & dans le midi, la facilité que César y trouva pour la subsistance de ses troupes, tout annonce qu'on y faisoit des récoltes en grains. Les Romains, habiles à tirer parti de leurs conquêtes, n'épargnèrent rien pour augmenter les progrès de l'*agriculture* dans les Gaules. Les dépenses considérables qu'ils y firent la rendirent la plus fertile & la plus belle de leurs provinces. Cette source de richesses se tarit quand les barbares, sortis du nord, ravagèrent l'empire, & elle ne se rétablit que long-tems après.

Sous la première race des rois de France, l'*agriculture* y fut languissante; elle reprit de l'activité au commencement de la seconde race, tems où les moines se livrèrent au défrichement des terres avec un zèle & une intelligence, dont on a depuis ressenti toujours les effets. Le règne de Charlemagne, pendant lequel tout prit une nouvelle forme, donna à l'*agriculture* un plus grand éclat, qui ne fut pas de longue durée. Car l'invasion des Normands & le régime féodal replongèrent pour long-tems la France dans le cahos & dans l'ignorance. Pendant plusieurs siècles, on regarda comme vils & méprisables les hommes qui faisoient leur occupation de la culture des terres. Les premiers qui s'y livrèrent étoient des esclaves, dont la plupart rachetèrent des seigneurs leur liberté, souvent à un prix considérable. Ceux qui n'eurent pas le moyen de s'affranchir, restèrent, eux & leurs descendans, dans un état de dépendance & de servitude, que la sagesse du gouvernement vient de détruire entièrement. Les croisades & le luxe des cours, deux causes nuisibles à la France à bien des égards, ont cependant servi à l'avancement de l'*agriculture*. Afin de se procurer de l'argent pendant leurs voyages, les seigneurs qui prirent la croix rendirent libres un grand nombre de serfs & accensèrent leurs terres. Ils firent plus; ils rapportèrent même de l'Asie des plantes précieuses qui se sont multipliées dans nos climats. Le luxe des cours produisit aussi un effet qu'on ne devoit pas attendre, en mettant les biens-fonds dans la main du peuple; car ils furent mieux cultivés & augmentèrent les richesses de l'état. Peu-à-peu les rois firent, en faveur des cultivateurs, des réglemens qui rendirent leur condition meilleure. Ceux de François I.er, de Henri III, de Charles IX & de Henri IV ont été confirmés par leurs successeurs. Louis XIV en ajouta de nouveaux, dictés par les lumières, qui éclairoient son règne. Ce fut enfin sous Louis XV que l'amour de l'*agriculture*, gagnant pour ainsi dire tous les ordres de l'état, cet art fit des progrès étonnans. Les sçavans s'empressèrent de contribuer à sa perfection. Chimistes, botanistes, physiciens, naturalistes, tous dirigèrent une partie de leurs recherches vers l'*agriculture*. Il y eut sur cette matière beaucoup d'ouvrages publiés, que les cultivateurs de profession, à la vérité, n'étoient pas en état d'entendre; mais les observations, qui y étoient répandues, peu-à-peu sont parvenues jusqu'à eux & les ont frappé sans qu'ils s'en apperçussent; en sorte qu'on en voit un grand nombre adopter des méthodes que leurs pères ne connoissoient pas. Il y en a même, qui font des essais, qu'on n'auroit jamais osé espérer. Il a paru sous le règne précédent des loix utiles à l'*agriculture*; les unes concernoient la multiplication & la conservation des bestiaux; les autres encourageoient les défrichemens ou permettoient l'exportation des grains. Le même esprit a fait établir des sociétés d'*agriculture*, des écoles vétérinaires, des jardins de botanique, ailleurs que dans la capitale. MM. Duhamel (1), dont les noms ne doivent être prononcés qu'avec respect & reconnoissance, à cause des services qu'ils ont rendus aux arts & aux sciences, MM. Duhamel sont ceux qui ont le plus fait naître parmi nous le goût pour l'amélioration des terres, & sur-tout pour la culture des arbres étrangers. Ce goût s'est tellement accru & fortifié, qu'il n'y a pas de province en France, qui n'en ait éprouvé d'heureux effets. Des landes sont converties en terres labourables, des prairies, autrefois hérissées de joncs & de roseaux, donnent du foin de bonne qualité. Ici, on a arraché à la mer des plages qu'elle couvroit dans les hautes marées, & on en a fait des champs fertiles. Là, dans un sol, qu'on avoit regardé comme incapable de rien produire, on a planté des espèces de bois, qui s'y plaisent. Une partie des grands chemins est bordée d'arbres; l'approche des châteaux s'annonce par des plantations. Dans beaucoup d'endroits, aux arbres du pays, dont la végétation étoit foible, on en a substitué d'autres apportés des climats lointains. Par-tout les progrès de l'*agriculture* se manifestent dans plus d'un genre. On sçait mieux façonner la terre, corriger les vices du sol, y répandre les engrais convenables, semer, récolter & conserver le produit des récoltes.

Tel est le degré, où est parvenue l'*agriculture* en France. Tout annonce qu'elle s'y perfectionne de plus en plus. Dans quel moment peut-on en concevoir l'espérance flatteuse, si ce n'est dans celui où les idées de bonne culture, de produit des terres, occupent les têtes des hommes, qui forment la classe la plus distinguée de l'état? Les moyens d'amélioration sont devenus la matière d'une étude presque générale. Quelles ressources ne vont-ils pas acquérir par l'attention personnelle & directe du roi? Sa majesté daignant partager elle-même des travaux, dont sa sagesse apperçoit les avantages qui en résulteront pour ses peuples, a voulu que son domaine privé de Rambouillet fût sous ses yeux le centre de tous les essais & de toutes les observations que peut offrir l'*agriculture*, étendue à tous les genres & considérée sous ses rapports avec l'homme, les bestiaux & les manufactures. L'exécution de ces vues importantes ne peut appartenir qu'au roi, parce qu'elles exigent des dépenses, qui sont au-dessus de toutes

(1) L'un étoit M. Duhamel de Denainvilliers, & l'autre M. Duhamel du Monceau, deux frères aussi unis qu'ils étoient éclairés, consacrés par goût & par bienfaisance à des recherches de différens genres, & sur-tout en *agriculture*. M. Duhamel de Denainvilliers, le plus estimable comme le plus aimable des hommes, habitoit sa terre toute l'année, & suivoit avec la plus grande exactitude les expériences que son frère & lui avoient imaginées de faire. Sa modestie ne doit plus être respectée après sa mort; c'est à ceux qui, comme moi, ont connu les deux frères, à ne les point séparer & à leur rendre en commun un hommage qu'ils ont mérité également.

fortune particulière. Sa Majesté se plaît sur-tout à considérer sa possession de Rambouillet par le parti qu'elle en peut tirer pour l'utilité publique. Déja depuis deux ans on y a vu végéter une multitude de plantes, dont les graines ont été rassemblées des diverses parties du royaume & des pays étrangers, pour y être examinées, comparées entr'elles & distinguées d'une manière utile à la botanique & à l'économie rurale. Aussi-tôt que les établissemens ordonnés par le roi pour ce qui est culture en grand, seront terminés, on en usera pour acclimater les productions avantageuses, qu'on peut tirer des régions lointaines, & particulièrement de l'Amérique septentrionale. Sa Majesté a envoyé dans cette partie du nouveau monde un sçavant, qui réunit les connoissances d'un botaniste & d'un agriculteur, afin qu'il choisisse & rassemble toutes les espèces d'arbres & de plantes qui pourront se naturaliser parmi nous & augmenter nos richesses dans tous les genres de productions. Il y a même acquis un terrein, dont il a formé une pépinière, précaution nécessaire pour ne rien faire passer en Europe que dans les saisons & de la manière convenables.

Sa Majesté a daigné m'honorer d'une portion de sa confiance & me charger de diriger les expériences, dont elle veut suivre le cours à Rambouillet. J'en profiterai pour étudier avec plus d'ardeur tous les détails du plus intéressant de tous les arts. J'ose espérer que la partie de l'encyclopédie, que je dois traiter, s'en ressentira, & que je pourrai contribuer à détruire plusieurs préjugés des cultivateurs, & à donner une juste défiance des charlatans, dont l'*agriculture* n'est pas exempte. Je proteste que je n'épargnerai rien pour faire luire par-tout, autant qu'il sera en moi, le flambeau de la vérité.

Ce seroit ici le lieu de parler de l'*agriculture* des autres parties de l'Europe, & sur-tout de celle de l'Angleterre, où elle fait de très-grands progrès; mais, n'ayant point parcouru ce royaume, je craindrois, en m'en rapportant à de simples relations, de n'en pas donner une idée exacte. Je me contenterai de tracer légèrement quelques-uns des avantages que la France retire de l'*agriculture* par rapport à la population & au commerce (1), & j'exposerai les moyens qui me paroissent les plus propres à augmenter ces avantages.

Laissez languir l'*agriculture*, bientôt la population s'affoiblira. Les hommes qui se livrent aux travaux des champs, sont ordinairement robustes & sains, capables de donner naissance à un grand nombre d'enfans, auxquels ils transmettent pour principal héritage le sang pur qu'ils ont reçu de leurs pères. De cette pépinière se tirent les bons

(1) Ces objets sont traités d'une manière plus étendue & sous un point de vue intéressant dans le dictionnaire d'économie politique & diplomatique.

ouvriers, les matelots vigoureux, les soldats infatigables. Les pertes en hommes ne se réparent que dans les campagnes fertiles, où ils semblent croître comme les plantes, qu'on y cultive. Les vallons arrosés par des rivières, qui y entretiennent la fécondité, sont couverts de villages & d'habitans. Dans tous les cantons, où l'espoir d'une subsistance assurée, à l'aide du travail, appelle des colons, il se forme des établissemens; les hommes s'y multiplient, la consommation que certaines manufactures en font, si j'ose ainsi m'exprimer, est plus considérable qu'on ne l'imagine. La position gênante & forcée de beaucoup d'ouvriers pendant leur travail, l'air enfermé & altéré qu'ils respirent dans des lieux souvent mal sains; les émanations, quelquefois funestes, des matières qu'ils mettent en œuvre, sont autant de causes des incommodités ou des maladies qui les attaquent, & dont une des suites est toujours la foible constitution de leurs descendans. Ce n'est qu'au prix de la santé ou de la vie de plusieurs milliers d'individus que se préparent ces étoffes qui servent à la parure & à l'ameublement des riches; j'en atteste Lyon, Nismes, Marseille, Tours, Sedan, Louviers, la Suisse & les Indes. La marine, dont les besoins se renouvellent sans cesse, n'est pas moins fatale à l'espèce humaine, à cause des périls de la navigation, du scorbut, auquel sont sujets les gens de mer, & des mortalités qui règnent sur ceux qu'on transplante dans des climats lointains. La guerre est un fléau destructeur par sa nature; elle ne tarde pas à épuiser les troupes, qui les premières entrent en campagne. Ainsi qu'aux manufactures & à la marine, il lui faut perpétuellement fournir de nouvelles recrues, & c'est dans la classe des cultivateurs qu'on peut les trouver.

L'*agriculture* entretient de deux manières le commerce tant extérieur qu'intérieur en procurant à la plupart des manufactures les matières premières & en produisant les denrées ou comestibles transportables. Quelque grande que soit en France la consommation du bled (1), toutes les provinces fournies, il en reste chaque année une grande quantité, qu'on peut vendre à l'étranger. Il est rare que les moissons manquent en même tems dans tout le royaume, parce que le terrein y étant de diverse nature, il est plus ou moins susceptible de l'influence des saisons. D'autres grains y croissent en abondance & remplacent le bled dans les tems de disette & dans les pays, où ce grain vient mal. La principale exportation consiste en vins, dont la récolte est immense, eu égard à ce qu'on en boit en France. Une partie est convertie en eau-de-

(1) L'auteur qui traite des avantages & des désavantages de la France & de l'Angleterre, prétend que la grande consommation de bled en France en laisse très-peu pour l'exportation. Je crois qu'il n'étoit pas instruit du produit réel des récoltes.

vie;

vie; on tire ces derniers objets particulièrement de nos côtes & des pays voisins; ils passent dans tout le nord de l'Europe & dans l'Amérique.

Le lin, que produisent la Bretagne, la Normandie, la Flandres, le Hainault & plusieurs autres provinces, occupe les métiers de toiles fines, de batiste, de linon, de dentelle. Le chanvre, qu'on cultive dans beaucoup de nos provinces, avec plus d'avantage encore, sert aux fabriques de toiles communes, de voiles de moulins à vent & de vaisseaux, & pour les corderies, si utiles aux arts & à la marine.

On fait en France des huiles avec les fruits de l'olivier, du noyer & du hêtre, avec les graines d'un grand nombre de plantes; telles que le chanvre, le lin, le colzat, le pavot ou œillet: on en mange une partie; différens arts en emploient une autre; le reste sert pour la fabrication des savons. Si l'alkali contenu dans l'eau de la mer, peut en être séparé, & suppléer la soude qu'on achette de l'Espagne, les manufactures de savon, ainsi que les verreries, auront une ressource indépendante de l'étranger. On nous flatte que nous touchons à ce moment. Nos laines ne sont ni assez abondantes, ni assez belles pour entretenir seules nos manufactures de draps fins, qui emploient en outre des laines d'Espagne & d'Angleterre; mais elles suffisent pour les étoffes grossières, dont la consommation est la plus considérable. Au reste, ce ne seroit peut-être qu'aux dépens d'un revenu plus avantageux qu'on augmenteroit le produit en laine, en multipliant les moutons d'une manière particulière, parce qu'il faudroit convertir en prairies des terres où l'on récolte des objets plus profitables. Cultivons, récoltons, vendons des blés & des vins, & achetons une partie des laines dont nous avons besoin. Cependant on peut chercher à améliorer la qualité de celles de France. M. Daubenton nous apprend qu'avec des soins on aura dans tout le royaume des laines courtes & superfines comme en Espagne; celles du Languedoc, du Roussillon, du Berri & de la Sologne n'en sont pas très-éloignées. Il y a lieu de croire qu'on parviendra aussi à égaler les laines longues à peigner de l'Angleterre.

Le pastel & la garence réussissent dans la plupart de nos terreins. Si les couleurs, qu'on en tire, n'approchent pas de celles de l'indigo, production végétale d'Amérique, ni de celle de la cochenille, insecte qu'on y élève sur une espèce de raquette, elles ont un degré de solidité qui dédommage du brillant & de l'éclat, & sont propres aux teintures communes. Au reste, l'indigo croît dans nos colonies, & si l'on sçait profiter des peines de feu M. Thierry, botaniste, la cochenille doit se multiplier dans les possessions françoises du nouveau monde, comme dans celles des Espagnols.

En encourageant les plantations de mûriers blancs, on a trouvé le moyen de produire une soie nationale, moins belle à la vérité que celle du Levant, mais convenable pour les trames des étoffes de première qualité, telles que les velours, les satins, les chinés, & pour les chaînes même des étoffes de qualité inférieure. La quantité de soie que fournit l'étranger aux manufactures de plusieurs villes se paie en productions du sol ou en ouvrages; le prix de la main d'œuvre reste dans le royaume. C'est un dédommagement sans doute, mais il ne doit pas ralentir le zèle & l'activité des provinces propres à l'éducation & à la multiplication des vers à soie, parce qu'il faut peu de terrein pour beaucoup de mûriers blancs, parce qu'on en peut planter le long des chemins, parce qu'enfin au moment où les vers à soie éclosent & subissent toutes leurs métamorphoses, les travaux essentiels de la campagne, c'est-à-dire, les moissons, ne sont pas encore commencés, du moins dans beaucoup de provinces.

Il semble qu'il ne manque à l'*agriculture* françoise, pour pouvoir, au moins en partie, fournir de matières premières les manufactures les plus importantes, que de cultiver les arbrisseaux qui portent le coton. Mais ils ne se plaisent que dans des climats chauds. Quelques contrées de l'Europe, de l'Amérique, de l'Asie & de l'Afrique se consacrent à cette culture. On l'a essayé en Corse, sans succès, mais ce n'étoit qu'une première tentative, qui ne doit point ralentir le zèle de ceux qui ont à cœur de l'introduire dans cette isle, où je sais qu'on s'en occupe avec de grandes espérances. Nos colonies d'Amérique en produisent de plusieurs espèces, parmi lesquelles il y en a de la plus grande beauté.

C'est encore à l'*agriculture* qu'on doit l'exportation des mulets que l'Espagne tire de quelques-unes de nos provinces. Cette branche de commerce, autrefois si florissante, se rétablira lorsqu'on aura supprimé les étalons dans le Bigorre, dans la Navarre françoise, dans le diocèse de Cominges, dans le petit pays nommé les Quatre-Vallées, & dans les Pyrenées françoises, qui, calcul fait d'après les registres des commerçans, vendoient, il y a cinquante ans, dix-neuf vingtièmes de mulets de plus à l'Espagne. La haute Auvergne se plaint aussi de la diminution énorme de ses mulets depuis qu'on y a établi des étalons, parce qu'on ne permet aux paysans de livrer au baudet que les plus petites jumens, rebutées par les inspecteurs des haras.

Une partie des objets dont je viens de faire mention est portée dans tout le royaume par le commerce intérieur pour la consommation des habitans. Les pays, où la vigne ne peut venir, sont fournis de vins par ceux qui la cultivent, excepté dans le cas où, à cause de l'éloignement, les frais de transport deviennent trop considérables. Les gens riches ne manquent pas de s'en procurer, à quelque prix que ce soit. Mais le peuple y supplée par une autre boisson; le Normand boit du cidre, le Flamand, l'Artésien, le Picard boivent de la bière

Il y a des cantons où la nature du sol refuse de produire du froment, le plus estimé des grains. On y en apporte comme du vin en Normandie, pour les gens aisés; les autres habitans se contentent pour leur nourriture, ou de seigle, ou de maïs, ou de millet, ou d'avoine, ou de sarrasin, ou de pommes de terre, ou de châtaignes, qu'ils récoltent dans leurs propres champs indépendamment de diverses sortes de légumes qu'ils sçavent cultiver. Les bestiaux, par la voie des foires & des marchés, se répandent des pâturages, où on les élève & où on les engraisse, dans le reste du royaume, soit pour servir à l'*agriculture*, soit pour d'autres usages, soit pour les boucheries. Je remarquerai encore que parmi nous le peuple ne mange presque pas de viande, dont le prix & l'apprêt lui coûteroient trop. Il trouve tous ses alimens dans les végétaux, plus à sa portée.

Il s'est établi dans chaque province des manufactures ou des fabriques d'étoffes grossières pour les besoins de la multitude. Les étoffes, riches ou fines, sont transportées dans les villes où le luxe ne les trouve jamais assez variées. La capitale seule, en ouvrages des manufactures, procure un débit plus grand que le quart du royaume, quoiqu'il renferme des villes du second & du troisième ordre, habitées par des citoyens opulens. Paris, placé à peu de distance de la Beauce, de la Brie, de la Picardie, de la Normandie & de la Bourgogne, voit sans cesse arriver dans son sein toutes les denrées que ces fertiles provinces lui amènent, tant celles qu'elles puisent dans leurs propres fonds, que celles qu'elles tirent des pays qui les avoisinent. Une administration particulière veille à y entretenir l'abondance au milieu d'un monde de consommateurs. L'oisiveté & la crainte de l'ennui y nourrissent une très-grande quantité de chevaux, abus que le gouvernement réprimera sans doute, parce qu'il en épuise l'espèce, en sorte qu'on en trouve à peine dans la France pour monter la cavalerie, & qu'on en est réduit à les faire servir avant l'âge convenable.

Dans l'énumération de tout ce qui circule dans le royaume, comme produit de l'*agriculture*, je n'ai rien dit du sucre, ni du café, ni du tabac. Je crois cependant qu'on peut regarder les deux premiers objets comme appartenans à notre *agriculture*, puisqu'on les recueille dans nos colonies. Ce qu'elles en fournissent suffit pour approvisionner la France, où l'habitude en a fait un besoin réel. Le tabac est une production plus nationale encore, puisqu'on en cultiveroit avec avantage dans la plupart des provinces. La Flandre & l'Alsace en offrent des exemples; c'est dans l'Alsace que la ferme générale a pris ce qu'il lui en falloit pendant la guerre dernière. Il seroit de meilleure qualité, s'il étoit cultivé dans le midi du royaume.

A cette esquisse légère des avantages que la France retire de son *agriculture*, j'ajouterai quelques-uns des moyens propres à les augmenter en la perfectionnant & en l'encourageant.

Le plus puissant moyen de donner à l'*agriculture* toute l'activité dont elle est susceptible, seroit de pratiquer des chemins de communication dans les pays où il n'y en a pas, d'ouvrir des canaux navigables pour le transport des marchandises, de former des digues le long des rivières sujetes à se déborder, de procurer dans certains cantons un écoulement aux eaux stagnantes qui, en même-tems qu'elles nuisent à la fécondité des terres, causent des exhalaisons mortelles pour les cultivateurs des environs; enfin, d'établir en plusieurs endroits des canaux d'irrigation. Qu'on parcoure la carte de la France, on verra qu'en général les provinces traversées par un plus grand nombre de chemins, sont les plus fertiles & les plus riches de toutes, quoique dans quelques-unes le sol ne soit pas de la meilleure qualité. Qu'on aille dans la Hollande, on se convaincra que c'est à une multitude de canaux que ce pays doit une partie de son opulence, puisque les productions territoriales le mettent en état d'entretenir au dehors un commerce immense. Qu'on traverse la Suisse, on admirera les soins qu'on se donne pour économiser l'eau, pour la diriger où il est besoin qu'elle soit conduite, pour entretenir des prairies humides dans une saison où elles seroient desséchées. Qu'on rentre en France & qu'on examine les bords de la Loire depuis Orléans jusques vers Angers, espace de près de soixante lieues, c'est-là où l'*agriculture* offre le plus de ressources. Une très-grande partie des taxes que paie la généralité de Tours est imposée sur les villages situés auprès de cette digue étonnante, connue sous le nom de *Levée*, qui garantit des inondations de la Loire tout ce qui l'avoisine, & donne lieu à des récoltes inappréciables. Cet ouvrage, un des plus utiles de la France, puisqu'en rendant navigable une belle rivière, qu'il contient dans son lit, il favorise l'*agriculture* sur ses rives, cet ouvrage doit honorer le siècle, le règne sous lequel il a été entrepris, & le génie qui l'a projeté & exécuté; c'est un modèle à suivre, qui semble inviter le gouvernement & les états provinciaux à l'imiter dans les pays exposés aux ravages des rivières (1). On donneroit à l'*agriculture* de vastes cantons & presque des provinces, dont le sol retient l'eau des pluies, à cause d'une couche d'argile qui se trouve dessous, si l'on y formoit de

(1) Déja on a fait voir la possibilité de garantir des inondations de la Saône, les prairies de la Bresse, comprises entre la rivière de Seille & le bief d'Avanon, c'est-à-dire, un terrein d'environ trente-cinq mille arpens de Paris.

fréquens fossés, qu'on dirigeroit dans des ruisseaux & de-là dans de petites rivières, en en creusant les lits pour établir la pente nécessaire: on pourroit même par des saignées, pratiquées avec intelligence, détourner ces eaux pour arroser les terreins secs & arides qu'elles rencontreroient dans leurs cours. Les fonds pour tous ces travaux, soit que ce fût le gouvernement, soit que ce fussent les provinces qui les entreprissent, seroient considérables, j'en conviens, mais ils produiroient dans la suite des rentrées énormes, & jamais l'état ou les administrations provinciales n'eussent placé de l'argent à un si gros intérêt. Il en coûteroit moins au gouvernement, sans doute, parce qu'il a des ressources infinies. On assure que ces opérations se feroient avec une grande facilité & d'une manière peu dispendieuse, si en tems de paix on y employoit une partie des troupes. Une foule de monumens attestent que les Romains occupoient leurs soldats à des travaux d'utilité publique. Louis XIV, avec le même secours, fit préparer, en 1686, un aqueduc dont il reste des vestiges remarquables, & qui devoit amener la rivière d'Eure à Versailles. Cet ouvrage, il est vrai, a causé des maladies à un grand nombre de soldats; mais on pouvoit les prévenir en prenant les précautions nécessaires. Des exemples plus récens prouvent combien ce moyen offre d'avantages, puisqu'on vient d'employer des troupes avec succès pour ouvrir des canaux & pratiquer des desséchemens.

La multiplication des bestiaux est la richesse & le mobile de l'*agriculture;* elle est retardée en France par plusieurs causes. On a cru qu'on ne pouvoit pas en élever un aussi grand nombre depuis qu'on avoit défriché des landes consacrées à des pâtures naturelles. C'est une erreur dont on reviendra lorsqu'on réfléchira qu'elles sont remplacées avantageusement par des prairies artificielles, utiles même pour le repos des terres, & par les fourrages & pailles résultans des récoltes. Il y a cette réciprocité entre les bestiaux & les champs labourables, que plus ceux-ci rapportent, plus on est en état d'entretenir de têtes de bétail, *& vice versâ.*

On a depuis long-tems reconnu combien les troupeaux sont avides de sel, combien cette denrée leur est salutaire, combien on en sauveroit des maladies qui les tuent si on pouvoit leur en donner à volonté, combien enfin ceux auxquels on en fait manger de tems en tems quelques poignées, ou qui paissent dans les prés salés, deviennent vigoureux & ont la chair délicate. Ces observations, peut-être déja communiquées au prince qui nous gouverne, seront de nouveau portées aux pieds du trône par quelque ministre sage, avec des moyens efficaces de rendre le sel marchand sans nuire aux revenus de l'état. C'est le vœu des citoyens, amis de la patrie; le monarque en sera frappé & la multiplication des troupeaux, d'où dépendent les progrès de l'*agriculture*, ne sera pas le seul bien qui en résultera.

Les chevaux propres à la culture des terres sont devenus rares & chers. On sait qu'ils doivent être différens de ceux qu'on destine à traîner des carrosses ou à monter des cavaliers. Dans le projet d'embellir cette espèce même, projet qui mérite de la reconnoissance, quoiqu'il n'ait pas rempli son but, on a établi des étalons de distance en distance dans les pays d'élèves. Il a été défendu aux fermiers d'avoir chez eux des chevaux entiers, & enjoint de mener leurs jumens aux étalons qui leur ont été désignés. Soit que les étalons ne soient pas assez multipliés, soit que les hommes auxquels on en a confié la garde, ne les nourrissent & ne les soignent pas convenablement, la plupart des jumens perdent infructueusement leur chaleur ou ne retiennent pas, ou ne font que de foibles poulains; en sorte que le moyen regardé comme propre à améliorer l'espèce est devenu la cause de la diminution considérable qu'on en éprouve (1). Au reste, le projet ne pouvoit avoir que la moitié du succès qu'on en attendoit, parce que, pour produire de beaux chevaux, il ne suffit pas que l'étalon soit de choix; il faut que les jumens aient des qualités correspondantes, & que d'ailleurs les poulains, dans les premières années, ne manquent d'aucuns soins. Heureusement, sur cet objet, le voile est rompu ou prêt à se rompre; l'administration instruite que les essais qu'elle avoit voulu faire, n'ont produit qu'un effet nuisible à la fortune des cultivateurs, s'empressera d'y remédier & laissera aux fermiers la liberté d'avoir des chevaux entiers en leur possession pour le service de leurs jumens. L'espèce en sera moins belle, il est vrai, mais elle sera moins rare & aussi utile. L'*agriculture* ne se verra plus privée d'un secours dont l'interruption lui a été désavantageuse; d'ailleurs on peut s'en rapporter à l'appât du gain, si puissant sur les hommes, pour avoir de belles espèces de chevaux. Les cultivateurs, assurés de les bien vendre, sauront en élever & en fournir les amateurs.

Le besoin seul d'engrais, à mesure qu'on a défriché davantage, a rendu plus nécessaire l'augmentation des bêtes à cornes, dans les pays même où les labours se font avec des chevaux. Les cultivateurs l'ont senti; mais ceux qui se sont procurés un plus grand nombre de vaches,

(1) Cette vérité fut sentie dès 1730 par le Maréchal de Villars. « Dans les dernières » guerres, disoit-il, à Louis XV, on tiroit plus de 25000 chevaux tous les ans de la » Bretagne & de la Franche-Comté. Depuis la mort du feu roi il vous en coûte plus » de 100000 écus par an pour établir des haras, & c'est précisément depuis ce tems-là » que tous ceux que vous aviez en France sont détruits. Commencez par épargner vos » 100000 écus; rendez aux peuples la liberté qu'on leur a ôtée, d'avoir des jumens & » des étalons, & vous verrez que les choses reprendront leur ancien cours; au lieu » que, par vos précautions, la quantité de chevaux diminue tous les jours. » *Vie ou journal du Maréchal de Villars, quatrième vol. pag. 24.*

en ont perdu beaucoup de maladies, parce qu'ils les ont, pour ainsi dire, entassé dans des étables; qu'il eût fallu agrandir ou corriger auparavant. Ils ne s'étoient pas encore appliqués non plus à connoître les plantes qui pouvoient leur fournir des herbes ou des racines fraîches dans presque toutes les saisons de l'année. Leurs pertes les ayant rendu plus attentifs sur leurs véritables intérêts, il y a lieu d'espérer qu'ils entretiendront sainement de plus grands troupeaux de vaches, dont ils tireront plus d'engrais, plus de veaux & plus de laitage.

Quoique je sois persuadé qu'en général rien n'est plus propre à favoriser l'*agriculture* que la libre exportation des denrées, de quelque nature qu'elles soient, je crois cependant que la vente des agneaux, pour les boucheries, doit être rigoureusement défendue. C'est une denrée anticipée, introduite par le luxe des tables, & dont la privation n'est sujette à aucun inconvénient. Au contraire, l'usage qu'on en fait dans la capitale & dans les autres villes, nuit à la multiplication des moutons & brebis, qui forment un aliment plus substantiel, fournissent des suifs & des laines & donnent les meilleurs engrais pour les terres. Ces motifs, sans doute, ont été la cause des réglemens, qu'on a renouvellés plus d'une fois relativement à la vente des agneaux. Le plus ancien que je connoisse, est une ordonnance de Charles IX (1). Depuis cette époque il a été permis de tems en tems de tuer des agneaux, avec des restrictions dont on a toujours abusé. Au commencement de ce siècle, il y a eu encore quatre arrêts du conseil (2) pour le défendre entièrement. Il paroît que ces défenses ont été levées, puisque maintenant, dans la capitale, la vente des agneaux se fait librement. Puisse l'intérêt de l'*agriculture* & du commerce, préférable au luxe des tables, faire renouveller d'une manière permanente des défenses dont le gouvernement a tant de fois senti les avantages!

Trop souvent des épizooties meurtrières désolent les campagnes en enlevant des animaux nécessaires à l'*agriculture*; trop souvent le laboureur infortuné voit périr ses chevaux, ses bœufs & ses moutons, sans pouvoir arrêter la cause du fléau qui l'afflige. C'est dans la vue de prévenir les effets de ces pertes, que, sous le règne dernier, on a établi deux écoles vétérinaires, l'une auprès de Paris & l'autre à Lyon. Le but qu'on se proposoit étoit d'y former des élèves capables de porter du secours aux bestiaux malades. Cette belle institution n'a pas encore acquis toute la perfection dont elle est susceptible. J'oserai-me permettre ici quelques réflexions à ce sujet, afin de faire connoître ce

(1) 20 janvier 1563.
(2) 24 avril 1714; 19 janvier 1715; 4 avril 1720; 15 janvier 1726.

qui en retarde les progrès, & ce qui pourroit la mettre en état de répondre aux intentions de ses instituteurs.

La marche qu'on suit dans l'étude de la médecine relative au corps humain fut suivie dans les écoles vétérinaires, & l'on ne pouvoit prendre un meilleur modèle. Avant de connoître les dérangemens qui surviennent au corps de l'animal, il falloit savoir le détail des parties qui le constituent. On fit donc dans les écoles vétérinaires des démonstrations anatomiques sur les corps du cheval, du bœuf & du mouton, que les élèves s'exercèrent à disséquer : on leur expliqua l'action & le jeu de ces parties les unes sur les autres, mais on ne les garantit pas assez de l'esprit de système, qui veut tout plier sous le joug de l'opinion, & qui, loin d'avancer la science, met les plus grands obstacles à ses progrès. Cette faute avoit été commise dans les écoles des facultés; elle le fut dans les écoles vétérinaires.

La science qu'on devoit étudier après l'anatomie est celle qui traite des fonctions, connue sous le nom de physiologie, & après elle l'hygiène ou la manière d'entretenir les bestiaux dans un bon état de santé. Cette dernière consiste dans la connoissance de l'air qu'ils doivent respirer, des alimens qui leur conviennent, des soins qu'on doit leur donner, selon leur âge, le climat, le sol & selon un grand nombre de circonstances trop longues à rapporter. Les précautions sages qu'on prend pour prévenir les maladies sont d'un prix infini, parce qu'elles tendent à la multiplication & à l'amélioration des espèces & de leurs produits. Il me semble qu'on n'a pas assez insisté sur cet objet dans les écoles vétérinaires, & peut-être n'en faut-il chercher la raison que dans la difficulté qu'il y avoit d'enseigner une science toute physique à des élèves sortis des régimens ou des campagnes, & qui ne consacroient que peu d'années à des travaux qui en exigeoient davantage.

Les maladies des bestiaux, comme celles des hommes, peuvent être divisées en maladies externes ou chirurgicales, & en maladies internes. Dans le traitement des premières, il faut, pour porter le fer ou le feu, selon l'occasion, l'adresse d'une main guidée par des préceptes. Soit qu'on se soit plus appliqué à cette partie qu'à toute autre, soit qu'il fût plus facile de l'enseigner & de l'apprendre, il est sorti des écoles vétérinaires des élèves qui la possèdent d'une manière distinguée. On doit donc convenir que la chirurgie vétérinaire a fait de grands progrès. Mais quelqu'important qu'il soit de guérir les maladies externes des bestiaux, le tort qu'elles feroient si on les abandonnoit à elles-mêmes, n'est pas comparable à celui que causent les épizooties. Ces dernières étoient l'objet principal dans le plan d'établissement. Toutes les autres parties n'en devoient être que des accessoires.

Si

Si l'on en excepte un ouvrage de M. Vitet, médecin de Lyon, & les notes de Bourgelat sur Barberet, les autres livres qui traitent de la médecine vétérinaire ne méritoient que peu d'attention. Avec d'aussi foibles secours on ne pouvoit enseigner l'art de guérir les épizooties. Il n'y avoit d'autre parti à prendre que d'accoutumer les premiers élèves à la manière d'observer & de rendre compte de leurs observations. En les envoyant au milieu des bestiaux malades, ils eussent acquis des connoissances qu'on auroit employées avantageusement à l'instruction de ceux qui leur succédèrent dans les écoles. En peu d'années la médecine vétérinaire, qui n'étoit qu'au berceau, eût pris un accroissement sensible & eût rempli le vœu de ses fondateurs & celui de toute la nation. Mais, pour adopter cette marche, il eût fallu convenir qu'on ne savoit rien, & cet aveu coûta trop à faire. On préféra d'apprendre aux élèves des Traités de maladies de bestiaux, calqués sur ceux des maladies des hommes; on leur dicta des formules de médicamens, plus ou moins compliquées & tirées des matières médicales, faites par des médecins, sans penser que malgré les rapports apparens de la constitution de l'homme avec celle de l'animal, il pouvoit y avoir des différences infinies, qui exigeoient d'autres moyens de guérir.

Mais le mal est facile à réparer. L'école vétérinaire établie auprès de Paris, & la seule qui subsiste des deux, est à portée de conseils sages, capables d'en diriger les études & de les faire tourner toutes à l'avantage des campagnes. Si on y donne aux élèves, sur-tout à ceux qui annoncent d'heureuses dispositions, quelques notions de physique en les y retenant plus de trois ans; si on ne met entre leurs mains qu'une physiologie dégagée de systêmes; si on les éclaire sur l'art de conserver la santé autant que sur celui de la rétablir; si on leur persuade d'étudier les maladies dans les étables & dans les écuries avec plus d'assiduité que dans les livres, & de n'employer que des remèdes simples, d'un prix proportionné à la valeur des animaux, l'agriculture aura à l'école vétérinaire l'obligation la plus grande, puisqu'elle lui devra la multiplication & la conservation de ses troupeaux. Au reste, nous vivons dans un siècle où rien de ce qui touche à l'intérêt public n'est étranger. Les savans ne dédaignent plus de s'occuper d'objets que nos pères regardoient comme indignes d'eux. On en voit se livrer à l'étude de toutes les branches de l'agriculture. Ce qui concerne la santé des bestiaux n'échappe pas à leurs recherches; c'est un second foyer, d'où partira une seconde lumière qui, à l'avantage d'être épurée dans le creuset de la saine physique, joindra celui d'être enfantée par l'observation & l'expérience.

Je ne dois pas passer sous silence les sociétés d'agriculture, instituées pour la perfection de l'art. Il s'en est établi dans presque toutes les capitales des provinces. L'amour de l'utilité publique leur a donné naissance; mais un choix mal-entendu d'une partie des membres qui les composoient, des travaux d'une forme peu convenable, de la théorie, à la place de l'expérience; telles sont les causes qui les ont fait languir & tomber insensiblement. On cherche dans plusieurs villes à les rétablir; mais à moins que ce ne soit sur un nouveau plan, on n'en peut espérer que quelques étincelles de lumière, qui s'éteindront bientôt. Le paysan françois, qu'il s'agit d'instruire des nouveaux procédés découverts en agriculture, ne lit point ou presque point: on doit donc le compter pour rien dans l'usage qu'on peut faire des mémoires des compagnies savantes. Accoutumé dès l'enfance à une pratique qu'il tient de ses pères, il n'en connoît & n'en veut pas connoître une autre, à moins que sous ses yeux il n'en voie de bons effets. C'est le langage de l'expérience qu'il faut lui parler. Que le hasard place dans chaque province, dans chaque canton, un homme intelligent, ami de l'agriculture, patient & capable d'inspirer de la confiance à tout ce qui l'environne, qu'il y fasse des expériences en s'associant pour cela des laboureurs, qu'il les mette en état de juger eux-mêmes des résultats; sans efforts pour les convaincre, sans livres, sans encouragemens même, il les verra, lentement à la vérité, adopter des méthodes nouvelles qui auront eu des succès & dont ils se croiront les inventeurs, parce qu'ils auront coopéré aux essais qu'on en aura fait. C'est ainsi & non autrement que les connoissances dissiperont peu-à-peu les ténèbres de l'ignorance & des préjugés répandus sur l'agriculture. Pour favoriser ce moyen, je voudrois qu'il y eût dans la capitale une *société d'agriculture* formée sur un plan, dont j'ai trouvé presque toutes les idées dans les conversations & dans les lettres d'un illustre agriculteur.

L'établissement ne coûteroit rien à l'état, qui seulement le protégeroit & s'adresseroit à lui quand il auroit des projets d'amélioration pour les provinces.

La société seroit composée de citoyens bienfaisans & zélés, parmi lesquels il suffiroit qu'il y en eût quelques-uns de propres à recueillir des faits, à les rédiger & à en former des instructions simples & courtes. On prieroit des personnes considérables & en état de protéger l'établissement, de vouloir bien en être membres.

L'assemblée se tiendroit chez celui des associés qui auroit la maison la plus commode & située le plus près du centre de la ville.

On n'auroit pas de peine à trouver dans Paris un nombre suffisant d'associés, qui fourniroient des sommes égales, dont l'emploi sera indiqué ci-dessous. Cette ville renferme beaucoup de gens qui, graces à l'esprit du siècle, ne cherchent que des moyens sûrs de faire servir une partie de leur fortune à l'utilité publique. Ce qui se passe aux loges des francs-maçons, ce qu'a tenté la société d'émulation, ce que projette la société philantropique, en sont des preuves convaincantes. Peut-être même ces compagnies, si elles étoient persuadées de la consistance & de l'utilité d'une société d'agriculture, bien établie & bien conduite, réuniroient-elles dans son sein, pour l'usage le plus avantageux, les secours qu'elles dispersent & qui ne produisent qu'un bien momentané à quelques individus ?

La société, bannissant à jamais l'idée de former une académie, ne tiendroit pas d'assemblées publiques ; mais elle admettroit dans ses séances les personnes qui desireroient s'instruire ou communiquer quelque chose d'utile. Sa fonction principale consisteroit à répandre dans les provinces les découvertes qui se font dans le monde entier, & (ce qui est plus important encore) les pratiques diverses qu'une longue expérience a constatées & qui sont plus sûres que les nouvelles inventions.

Pour cet effet il faudroit qu'elle fût en relation avec toutes les sociétés d'agriculture du royaume, qui seroient absolument indépendantes d'elle. Celles-ci se choisiroient dans les provinces un certain nombre de correspondans, qui seroient ou des gentilshommes vivans dans leurs terres, ou des curés, ou des bourgeois de petites villes qui eussent du goût pour l'agriculture, de l'intelligence & un peu de terrein à consacrer à des expériences. C'est à ces correspondans que les sociétés feroient passer les instructions manuscrites ou imprimées sur les objets d'agriculture. Ils les communiqueroient aux gens de la campagne, en leur en montrant les effets, & quelquefois les modèles des instrumens qui leur parviendroient. Les correspondans, de leur part, informeroient les sociétés des besoins & des desirs des cultivateurs, arrêtés souvent par la crainte de la dépense dans les essais qu'ils veulent tenter. Par ce moyen, les correspondans seroient une voie intermédiaire entre les sociétés & les cultivateurs de profession.

Les membres de la société de la capitale seroient choisis par elle, ainsi que les correspondans qu'elle se procureroit dans la généralité de Paris, sur les témoignages avantageux qu'elle auroit de leur zèle & de leur désintéressement ; car leur fonction seroit gratuite.

Les sociétés emploieroient leurs fonds ou les sommes qu'on leur confieroit pour donner des prix de récompense à ceux qui auroient enrichi l'agriculture de quelque nouvelle méthode, pour faire parvenir aux cultivateurs des graines qu'ils voudroient semer, les instrumens nouveaux & les instructions nécessaires ; enfin, pour les frais d'administration & de correspondance. Comme celle de la capitale seroit composée d'un plus grand nombre de personnes riches, elle feroit paſſer aux autres ſociétés les objets qu'elle ſe procureroit plus aiſément, ſoit graines, ſoit inſtrumens, ſoit inſtructions; de manière cependant que dans tous ſes rapports avec elles, elle ne s'arrogeât pas un titre de prééminence, qui perdroit tout.

S'il eſt un plan de ſociétés d'agriculture qui ſoit propre à l'avancement de cet art, c'eſt celui qui vient d'être expoſé, parce qu'il eſt fondé ſur la connoiſſance de la manière, dont les gens de la campagne ſe laiſſent inſtruire. Je paſſe à des moyens d'un autre genre.

Les terres en France ſont cultivées ou par des propriétaires ou par des locataires. Parmi les premiers, les uns poſſèdent en toute propriété, par ſuite d'héritage ou d'acquêts, ſans être tenus à aucune redevance. Les autres jouiſſent à la charge d'une rente ou d'un cens, parce que leurs pères n'ont ni hérité, ni acquis, mais ſe ſont engagés à reconnoître une conceſſion moyennant une taxe convenue. Ceux-ci ne font valoir que peu de terres; ceux-là ont de grandes exploitations.

Les locataires ſe diviſent en fermiers & en métayers; les fermiers paient les propriétaires en argent, & les métayers en denrées; ordinairement ces derniers donnent la moitié du produit. Quelquefois on paie une partie en argent & une autre en denrées. Il y a encore des propriétaires qui distraïent de leurs fermes ou métairies une certaine quantité d'arpens de terre pour les louer à des particuliers à prix d'argent ou de denrées. Les propriétaires qui cultivent eux-mêmes ſont de pauvres gentilshommes ou des bourgeois retirés à la campagne dans leurs domaines; les autres ſont dans la claſſe des payſans. On ne voit point d'hommes riches ſe livrer à l'exploitation des terres, comme on aſſure qu'il y en a dans pluſieurs cantons de l'Angleterre. Il réſulte de-là, qu'on ne peut jamais aller que pas à pas. Le cultivateur françois ſe preſſe de ſemer des grains pour récolter, ſe nourrir & vendre, tandis que s'il étoit plus fortuné, il ſacrifieroit les premières années à des cultures de diverſe nature, qui lui procureroient des engrais abondans en fourniſſant la nourriture à beaucoup de bétail. Le fermier, en ſuppoſant qu'il ſoit en état de faire quelques tentatives, eſt retenu par la brièveté de ſon bail, dans la crainte qu'un autre ne jouiſſe de ſes améliorations. Ce n'eſt qu'à regret que le métayer voit la moitié du produit de ſes champs, le fruit de ſes peines, paſſer dans les mains d'un propriétaire, qui recueille où il n'a pas ſemé. Il s'enſuit que l'agriculture auroit une marche plus rapide, ſi les gens riches, attirés par le luxe & les plaiſirs dans les villes, & ſur-tout dans la capitale, ne préféroient une vie oiſive & volupteuſe à une profeſſion utile, qui exige de l'activité & de la tempérance, ſi les baux des fermes avoient un terme beaucoup plus long que neuf ans, ſi par-tout le royaume il y avoit des débouchés pour les denrées, ce qui éteindroit les métairies, parce que les payſans ne voudroient plus payer qu'en argent. Ce ne ſont pas encore-là les ſeuls moyens d'augmenter les progrès de l'agriculture.

Les propriétaires qui louent leurs terres ont intérêt d'en réunir le plus qu'ils peuvent en une ſeule & même exploitation, à cauſe des économies qu'ils font ſur l'entretien des bâtimens. Ce ſeroit peut-être auſſi l'avantage de l'agricultrure, ſi les fermiers étoient en état de faire de groſſes avances. Mais leur fortune étant très-bornée, le bien général demande que les fermes ne ſoient pas conſidérables; ſix cens arpens de terres ſeront mieux cultivés par deux fermiers que par un ſeul. On engageroit ſans doute difficilement les propriétaires à multiplier leurs fermes, parce qu'ils diminueroient leurs revenus en augmentant les frais de réparation. Car, depuis quelque tems même, il s'établit dans certains cantons un uſage bien contraire à ces vues. Des propriétaires, parmi leſquels il y a des mains-mortables, détruiſent leurs fermes, en abattent les bâtimens, en diſtribuent les terres par lots à des fermiers voiſins, déja chargés de fortes exploitations. Si ceux qui prennent à loyer les terres d'une ferme démembrée, augmentoient en proportion le nombre de leurs beſtiaux, l'agriculture ne ſouffriroit pas un tort auſſi notable dans ce partage. Mais leurs étables n'étant pas aſſez grandes pour contenir ce qu'il leur faudroit de bétail de plus, ils ſe reſtreignent à une quantité peu au-deſſus de celle qu'ils avoient, & le pays doit ſe reſſentir d'une diminution d'engrais. Ce ſeroit une injuſtice d'engager les propriétaires des fermes conſervées à conſtruire de nouveaux bâtimens pour loger les beſtiaux qu'exigent les lots de terres des fermes détruites qu'on y ajoute. Je propoſe un moyen exempt de ces inconvéniens & capable de faire le bonheur d'une foule de payſans malheureux, c'eſt de diſtraire des fermes conſidérables plus ou moins d'arpens de terres pour les donner à des particuliers à prix d'argent, en chargeant par leurs baux les fermiers de la perception de ces loyers. Sans perdre de leurs revenus, ſans augmenter leurs dépenſes, les propriétaires offriroient par-là une manière de vivre aiſée à de pauvres gens, qui n'ont de reſſources que dans les journées qu'on leur fait faire. Ces portions de terres diviſées en ſeroient mieux cultivées; mais il faudroit exiger qu'ils les cultivaſſent à la main: car s'ils dépendent des fermiers, leurs terres ſeront mal labourées, mal enſemencées & négligées toujours, les fermiers préférant ſoigner leurs terres dans les ſaiſons convenables, plutôt que celles des particuliers. Car on remarque que les champs des particuliers, qui y donnent tout leur ſoin & les cultivent à la bêche ou à la houe, rapportent plus que ceux des fermiers. La raiſon en eſt ſimple, c'eſt qu'en ſuppoſant même qu'on les façonne à la charrue, ils ont toujours à proportion plus d'engrais. Quarante-cinq arpens partagés en quinze familles, feront fumés avec le fumier de quinze vaches, tandis qu'une ferme de trois cens arpens n'aura pas communément plus de quinze vaches, huit chevaux & deux cens moutons. Le pays où s'introduiroit cette pratique, déja proposée & exécutée même avec succès à la Roche-Guion, deviendroit le plus peuplé des pays à grains. On en a l'exemple dans les vignobles, où les possessions sont plus divisées.

Dans un tems où le goût pour le bien paroît être le goût dominant; dans un tems où l'art de conduire les hommes se règle en partie sur leur utilité, on peut plus que jamais espérer que les intérêts de l'agriculture, d'où dépendent essentiellement ceux de l'état, seront calculés de la manière la plus avantageuse; les impôts, tribut forcé, mais nécessaire, & auquel chaque citoyen doit être assujetti, ne se paieront plus quelque jour par les cultivateurs en raison de leur industrie. Sans doute la somme à laquelle ils sont portés étant déterminée, dans la répartition qui s'en fait, on doit charger les pays qui produisent abondamment plus que ceux qui produisent peu, parce que ces derniers ne seroient pas en état de s'acquitter.

Mais une position plus heureuse, une suite d'opérations concertées & couronnées du succès, un génie plein de ressource & de bienfaisance, une persuasion intime que la véritable richesse est dans l'agriculture, toutes ces circonstances peuvent se réunir & faire éclorre un systême de perception doux, tendant au soulagement des peuples & à l'avantage des cultivateurs, qui se découragent facilement quand la plus grande partie du fruit de leurs travaux n'est pas pour eux. J'ai trop bonne opinion de mon siècle & du règne sous lequel je vis pour ne pas entrevoir que ce changement desirable s'opérera bientôt. Mes connoissances ne s'étendent pas jusqu'à indiquer la manière d'y parvenir, mais j'en découvre toute l'utilité, & mon cœur est trop ami de ma patrie pour n'en pas desirer avec ardeur l'accomplissement.

La liberté entière du commerce des grains est capable de donner à l'agriculture une activité toujours renaissante. C'est une vérité à laquelle il n'est pas possible de se refuser, puisqu'on n'engage le cultivateur à multiplier sa denrée qu'en lui en facilitant le débit. Faire circuler les grains de provinces à provinces pour approvisionner celles qui éprouvent une disette, ou qui ordinairement récoltent peu; en envoyer dans les ports pour nourrir les flottes & les colonies, c'est un devoir sacré de patriotisme que le gouvernement ne manque pas de remplir. Mais il n'en est pas de même de l'exportation pour les autres royaumes; souvent une crainte, dont le motif étoit louable, puisqu'il avoit pour objet les avantages du peuple françois, a empêché de vendre à l'étranger des grains qui remplissoient les magasins, où ils s'altéroient; il s'en est perdu pour des sommes énormes, & les premiers qu'on a débités, au moment où l'on a cru devoir permettre l'exportation, ont été tellement rebutés par les acheteurs, à cause de leurs mauvaises qualités, que cette branche de commerce en a beaucoup souffert, tant l'avidité des marchands est contraire à leurs véritables intérêts & à ceux de la patrie ! Ne pourra-t-on jamais établir dans le commerce cette franchise, cette bonne foi, cette droiture, qui en assurent toute la prospérité ? L'exportation des grains sans doute a ses inconvéniens. Je suis bien éloigné de me les dissimuler. Mais n'est-ce pas plutôt parce qu'on a cessé de la rendre libre, que parce qu'on l'a permise ? N'est-ce pas plutôt parce qu'on a accordé des permissions particulières? N'est-ce pas plutôt enfin l'insatiable cupidité des millionaires, qui fait hausser excessivement le prix d'une denrée dont ils se rendent maîtres, que les débouchés qu'on procure aux cultivateurs pour s'en défaire? Assez d'écrits ont paru sur ce sujet pour que je ne cherche point ici à le discuter, il suffit de dire que la liberté d'exporter sans aucune interruption est d'un avantage inestimable pour les progrès de l'agriculture.

DEUXIEME DISCOURS,

PAR M. l'Abbé TESSIER.

Principes de la Végétation, & parties des Plantes.

QUOIQUE la connoissance des principes de la végétation appartienne plutôt à la théorie qu'à la pratique de l'agriculture, cependant je crois devoir exposer ici, en peu de mots, ce qui les concerne. Les physiciens, qui liront cet ouvrage, ne seront peut-être pas fâchés de les y retrouver rapprochés; ces principes ont une grande influence sur l'agriculture, puisqu'ils en sont une partie essentielle. Je ne me permettrai de la théorie que dans cette occasion; tout le reste du dictionnaire étant consacré aux faits & aux pratiques. D'ailleurs l'auteur de celui qui a pour objet la culture des arbres, se propose de traiter de la physique végétale avec quelqu'étendue. Il a des titres héréditaires qui le mettront dans le cas de s'en acquitter mieux que moi.

Quant aux parties des plantes, il est nécessaire que j'en parle; mais je les considérerai relativement à l'agriculture. On sait qu'on cultive, les unes pour les racines, les autres pour la tige ou pour la fleur, ou pour le fruit, &c. C'est sous ce point de vue qu'il en sera question dans ce discours.

Principes de la végétation.

Les principes de la végétation sont les élémens qui influent sur elle & qui entrent, en partie, dans la composition des plantes. Tels sont la terre, l'eau, l'air & le feu, dont la chaleur est l'effet, & peut-être la lumière & l'électricité.

Influence de la terre.

La terre est le milieu, dans lequel se fait la germination, ou le premier développement. C'est dans son sein que s'attendrit & s'atténue la partie de la graine, de la bulbe ou de la racine, qui doit fournir à la plante les premiers sucs; c'est elle qui renferme & élabore les molécules destinées à lui succéder & à passer par des canaux imperceptibles, pour porter la nutrition, l'accroissement & la vie; c'est elle qui sert d'appui & de soutien au végétal, jusqu'à ce qu'il soit parvenu au terme de sa maturité. Quelques plantes, il est vrai, n'ont pas de communication directe avec la terre. Le gui croît sur les branches du chêne ou du pommier; la cuscute rampe sur la bruyère ou sur le thim.

Mais

Mais ces plantes communiquent avec elle indirectement, par le moyen des individus qui les nourrissent. On fait germer des graines en les tenant seulement dans des vases humides; on élève des fleurs en suspendant leurs bulbes au-dessus de l'eau; des racines, placées dans un endroit chaud, sans être dans la terre, poussent des tiges qui acquièrent de la longueur. Les expériences de Vanhelmont, de MM. Duhamel & Bonnet nous apprennent qu'on parvient même à faire croître un arbre pendant long-tems, en ne cessant pas de le soutenir au-dessus d'un baquet plein d'eau. M. l'abbé Nolin a conservé, sept mois, une plante apportée de la Chine, qui vivoit dans un panier suspendu en l'air. Ses tiges & ses racines n'avoient d'autre aliment que l'humidité de l'air. Pendant la traversée on l'avoit tenue attachée au mât du vaisseau. Ces faits, curieux sans doute, sont dignes de fixer l'attention des physiciens; mais ils sont exception à la loi générale de la nature, & n'empêchent pas que les plantes n'aient besoin de la terre pour exister, de la manière qui leur convient. Car, dans celles que l'art élève autrement pendant quelque tems, la végétation ne s'y accomplit jamais, puisqu'elles ne portent pas des graines capables de les reproduire. Il est prouvé par-là seulement, que l'eau & la chaleur contribuent beaucoup à la végétation; mais il ne s'ensuit pas que la terre ne lui soit point nécessaire. Qu'on compare deux plantes de même espèce, dont l'une ait poussé dans la terre, & l'autre dans l'eau, ou à l'aide de la chaleur; tout, dans la première, annonce la vie & la santé; l'autre paroît languissante & d'une constitution délicate, qui annonce qu'elle ne doit point arriver à son degré de perfection.

La terre ne sert pas seulement d'appui au végétal & de laboratoire aux sucs qui lui sont destinés, mais elle entre encore dans sa composition. On en peut juger par ce qui a lieu dans la destruction du végétal. De quelque manière qu'elle s'opère, après la dispersion de la plupart des principes, il reste toujours une certaine quantité de molécules fixes, qui sont, ou de la terre pure, ou des substances en partie terreuses. Cet élément paroît servir de charpente à tous les êtres organisés. Plus les végétaux ont existé long-tems, plus ils fournissent de principes terreux dans leur décomposition. Il faut, sans doute, que la terre, pour être propre à passer dans les vaisseaux des plantes, subisse une atténuation bien grande. Comment cette merveille peut-elle avoir lieu? Quel est l'atténuant ou le dissolvant de la terre, qui passe dans les végétaux? Par quel méchanisme se fait l'ascension des sucs nutritifs? Voilà sur quoi nos connoissances sont très-bornées, & le seront long-tems, sans doute. La nature agit en secret & cache, derrière un voile épais, une partie de ses opérations.

Influence de l'eau.

On a donné dans un extrême, lorsqu'on a regardé l'eau comme le seul principe nécessaire à la végétation, en n'accordant à la terre que l'office d'éponge. J'ai fait voir, il n'y a qu'un instant, combien la terre y influoit par elle-même. Lorsqu'elle est entièrement aride, elle ne produit rien, comme on en a des exemples dans les pays de sable pur, tels que les déserts d'Arabie, où il ne pleut point. Toutes les plantes n'ont pas besoin d'une égale quantité d'eau; les algues veulent en être recouvertes entièrement; la châtaigne d'eau ne vient à fleur-d'eau, que parce que ses racines y sont plongées sans cesse; il suffit au riz d'avoir le pied dans un marais; le froment, qui périroit, s'il étoit dans un sol toujours humide, croît & parvient à maturité, pourvu que le ciel l'arrose quelquefois au printems & dans l'été; qu'il pleuve après qu'on a planté la canne à sucre, & qu'il fasse sec ensuite, la récolte en sera avantageuse; d'autres plantes enfin, n'ont besoin que de l'eau des rosées pour végéter. Mais cet élément ne peut être suppléé. Voyez les jardins, les campagnes, les bois, après une longue sécheresse; les feuilles se ternissent, se fanent & tombent même, les tiges & les branches auxquelles elles appartiennent, ne grossissent plus & n'ont plus ce lisse que leur donne une végétation soutenue; la floraison, ou s'arrête, ou ne se fait que d'une manière languissante, & la fructification, objet des vœux du cultivateur, est imparfaite, si la cause subsiste long-tems. Mais, lorsqu'il tombe une pluie abondante & attendue, la scène change bientôt, la nature reprend ses droits, les arbres & les plantes reverdissent, tout devient riant comme au printems, & l'ordre est rétabli dans la végétation. L'industrie humaine, dans des cultures particulières, a senti la nécessité de procurer aux végétaux des arrosemens artificiels. Elle y a été forcée, soit parce qu'elle en élève dans des saisons que la nature n'a pas indiquées, soit parce qu'elle consacre, à certaines espèces, des terreins destinés à d'autres. C'est ainsi, que dans les serres chaudes, ou dans les potagers, les jardiniers ont souvent l'arrosoir à la main; en dirigeant avec intelligence les sources des montagnes, on forme des prés sur des côteaux élevés & rapides, dans la Suisse & dans quelques cantons de la France.

Les phénomènes de la dessiccation des végétaux suffiroient pour constater combien il peut entrer de parties d'eau dans leur composition. En exposant avec précaution, à l'ardeur du soleil, huit livres d'herbes fraîches, M. Daubenton les a réduit à deux, à cause de l'évaporation qui s'est faite du principe aqueux. Si ces herbes eussent été mises dans une étuve bien chaude, elles en eussent perdu davantage: posées immédiatement sur le feu, elles auroient conservé encore moins du même principe. Les parties solides des plantes, telles que le bois, laissent échapper beaucoup d'eau quand on les brûle. Suivant une expérience de Hales, des copeaux de bois, pesans 135 grains, ayant séché pendant vingt-quatre heures, ils avoient diminués de 40 grains, qui sont le poids de l'eau qu'ils contenoient. On voit que par l'analyse chimique à feu nud, les végétaux donnent une grande quantité de phlegme ou d'eau. A la vérité, dans tous ces cas, on peut croire que l'eau enlève des substances avec lesquelles elle est combinée. Quand on lit la statique des végétaux, on est étonné de la quantité d'eau que les plantes absorbent & de celle qu'elles rendent par la transpiration. Ne peut-on pas soupçonner que c'est l'eau qui atténue le principe terreux & qui le met en état de passer dans leurs vaisseaux pour servir aussi à leur nutrition?

MM. Lavoisier, de la Place & Meunier, de l'académie des sciences, viennent d'annoncer des expériences qui prouvent que l'eau n'est pas, comme on l'avoit cru, un fluide homogène, mais un composé d'air inflammable & d'air pur ou déphlogistiqué. Il ne m'appartient ici, ni de discuter cette découverte, ni d'en faire usage.

Influence de l'air.

La privation de l'air ne tarde pas à se faire sentir aux plantes qui l'éprouvent; j'entends un air d'une densité suffisante; car il n'y a pas de vuide absolu. Si on place une fleur, une branche, ou un fruit, sous le récipient de la machine pneumatique, on les voit perdre de leur couleur & commencer à se flétrir, aux premiers coups de piston de la pompe, qui enlève de l'air & raréfie celui du récipient. En restituant l'air, la couleur & la fraîcheur reviennent; mais, pour peu qu'on continue à le pomper, il n'est plus possible de rétablir les végétaux, parce que l'air contenu dans leur tissu s'échappant en plus grande quantité, détruit l'organisation entière. On voit, dans les transactions philosophiques, n.° 23, que la même graine de laitue ayant été mise dans deux pots, dont l'un fut laissé à l'air libre, & l'autre placé sous un récipient vuide d'air, la première produisit des plantes qui s'élevèrent à deux pouces & demi de hauteur en huit jours, tandis qu'il ne parut rien dans l'autre: l'air ayant été restitué à cette dernière, la graine germa aussi-tôt & donna des plantes. Hales s'est assuré qu'un demi-pouce cubique de cœur de chêne, du poids de 155 grains, coupé d'un arbre vigoureux & croissant, donnoit vingt-huit pouces cubiques d'air, ou deux cens cinquante-six fois son volume. Cet air pesoit 30 grains, c'est-à-dire, près d'un quart du morceau de chêne. Des graines de pois pesans 5 gros & 38 grains, ou 398 grains, formans un pouce cubique, ont donné 1 gros & 41 grains, ou 113 grains pesans d'air, qui formoient 396 pouces cubiques. Enfin, une once de graine de moutarde a rendu 1 gros & 5 grains d'air.

A ces expériences, capables de faire connoître que les diverses plantes contiennent beaucoup d'air & plus ou moins les unes que les autres, ajoutons ce qui se passe sous nos yeux dans la végétation. Les fleurs qui s'élèvent dans nos appartemens, où la portion de l'atmosphère qui y est renfermée est trop raréfiée par la chaleur, n'ont qu'une existence fragile & éphemère. On ne voit guère réussir les semis & plantations qu'on fait dans des endroits où l'air ne circule pas librement, comme au milieu d'un bois. En élaguant des arbres qui arrêtent le cours de l'air, ceux qui en étoient privés poussent avec plus de vigueur.

Il en est de l'air comme de l'eau à l'égard des plantes; aux unes il en faut beaucoup, aux autres il en faut moins, quelques-unes n'en ont besoin que d'une petite quantité. Les graines, qu'on appelle céréales, ne viennent bien qu'en plein air: on voit, à la surface des eaux, les extrêmités de certaines plantes qui s'élèvent pour y pomper seulement un peu d'air; des racines, telles que les trufles, grossissent dans la terre, où elles ne reçoivent qu'une foible impression de cet élément. L'air se modifie selon les circonstances où il se trouve; léger sur les montagnes, condensé dans les plaines, humide au-dessus des marais, sec aux environs des terreins sablonneux, froid dans le nord & chaud dans le midi, il est approprié aux diverses plantes qu'on doit cultiver dans les climats & dans les positions où elles se plaisent. Car si un air de la même qualité ne convient pas à tous les hommes, il ne convient pas davantage à toutes les plantes. Je n'entrerai pas ici dans les distinctions que la chimie moderne fait des différens fluides qui composent l'air atmosphérique. Ce seroit m'éloigner de mon objet, lorsque je dois craindre déja de trop m'en écarter.

Influence du feu ou de la chaleur.

Le feu, l'ame de la nature, est disséminé par-tout. Il se manifeste par la chaleur, qui a d'autant plus d'intensité, que les rayons du soleil frappent plus perpendiculairement la terre. Dans la zone torride, la chaleur, comme on sait, est toujours brûlante. Entre les tropiques, &, à mesure qu'on s'éloigne de l'équateur, elle diminue sensiblement, mais elle éprouve, sous ces zones, des variations annuelles qui dépendent de l'ascension du soleil. La végétation est subordonnée aux mouvemens apparens de cet astre, ou, ce qui est la même chose, à la chaleur plus ou moins forte que son approche excite, selon la distance des climats. Il y a des pays que le soleil ne peut jamais échauffer ou n'échauffe que très-peu; il y en a qu'il échauffe une grande partie de l'année. Sans nous écarter de la France, nos provinces du nord ont des hivers de plusieurs mois, tandis que celles du midi n'en éprouvent que de très-courts. Ordinairement c'est vers l'équinoxe de printems que le froid, totalement retiré, est remplacé par un commencement de chaleur; la végétation se renouvelle alors; elle est dans sa force au solstice d'été, quand la grande chaleur se fait sentir; elle décline & s'éteint vers l'équinoxe d'automne, parce que les nuits sont déja froides. Dans cet intervalle, d'environ six mois, les plantes annuelles, telles que la plupart de celles qui nous nourrissent, accomplissent toute leur végétation; car celles qu'on sème avant l'hiver restent presque sans végéter pendant cette saison. Les vivaces au printems augmentent leur accroissement, qu'elles suspendent en hiver pour le continuer ensuite.

Il ne faut pas à toutes les plantes le même degré de chaleur; aussi ne peut-on les cultiver toutes dans le même climat. L'art est parvenu en cela à imiter la nature, autant qu'il est en lui, en faisant croître, d'une manière imparfaite sans doute, des plantes de tous les pays du monde, à l'aide de la chaleur diversement graduée. Hales a placé dans sa statique des végétaux une table des degrés de chaleur qui conviennent en Angleterre à un certain nombre de plantes étrangères, originaires des pays chauds. Une belle remarque, qui ne sera pas déplacée ici, & qu'on trouve dans un mémoire de M. Laurent de Jussieu, troisième volume des mémoires de la société de médecine, c'est que sous les mêmes parallèles du globe, soit en comparant chacun des deux continens avec lui-même, soit en comparant l'un avec l'autre, on retrouve une partie des mêmes plantes, comme on en a des preuves à l'égard des environs de Pékin comparés aux environs de Paris, à l'égard de l'Isle de France, en Afrique, comparée avec l'Isle de Saint-Domingue, en Amérique; à l'égard du Canada, situé au nord de cette dernière partie du monde, & du détroit de Magellan, qui est à la même distance dans l'hémisphère austral. On en conçoit la raison, c'est que, sous les mêmes parallèles, la même chaleur a lieu. Dans un climat de température égale, il y a des plantes qu'il faut placer au midi, d'autres au levant, d'autres au nord, parce qu'elles ont encore besoin qu'on nuance pour elles les degrés de chaleur; il y en a qu'on semeroit inutilement de bonne-heure au printems, elles ne lèvent que quand la terre est suffisamment échauffée: on y supplée quelquefois, pour les avancer, en les faisant venir sur des couches de fumier chaud, & sous des cloches qui concentrent les rayons du soleil. On peut établir cette vérité, que sans chaleur, point de végétation. J'ai vu dans le mois de juin, par des jours chauds, des tiges de froment s'élever de deux pouces en vingt-quatre heures. La vigne, à cette époque, croît encore avec une rapidité plus sensible.

La matière du feu s'introduit par-tout. Quoiqu'il n'y ait pas d'expériences qui constatent qu'elle entre dans la composition des végétaux, parce qu'on ne peut l'en retirer comme l'air & le principe aqueux, néanmoins on ne doute pas qu'elle n'y soit répandue en grande quantité. Le froid resserre les arbres; ce ne peut être que parce qu'il en soustrait une partie de la matière ignée; on est assuré que ces végétaux conservent toujours quelques degrés de chaleur, quand l'atmosphère même est très-réfroidie. Dans le tems où la terre, auparavant saisie par la gelée, est couverte de neige, on voit souvent au pied des gros arbres un espace circulaire où elle fond presque aussi-tôt; ne peut-on pas croire que la cause en soit un peu de chaleur restée dans les racines? Un jour viendra que quelque physicien trouvera le moyen de calculer la quantité de matière ignée contenue dans les végétaux comme principe nutritif. Le travail ne sera pas facile à cause de la subtilité de cet agent qui, en s'échappant d'un corps, pénètre aussi-tôt tout ce qui l'environne.

Influence de la lumière.

L'éthiolement des plantes privées de la lumière, & le penchant qu'on voit à celles qui en sont éloignées pour se diriger vers cet élément, ont fait connoître aux physiciens observateurs qu'il influoit sur la végétation. Ray a parlé un des premiers de l'éthiolement des plantes & de sa cause. MM. Bonnet, Duhamel & Meesse ont fait des expériences pour éclaircir ces deux phénomènes; j'apprends que M. Senebier s'en est aussi occupé; mais les recherches des premiers n'ayant pas été poussées aussi loin qu'elles pouvoient l'être, j'ai cru devoir suppléer au moins à une partie de ce qui leur manquoit. Je me contenterai de rapporter ici les simples résultats de mes expériences.

Les feuilles des plantes qui croissent à la lumière du jour sont en général vertes, à moins que la chaleur ou quelques circonstances de culture ou de maladie, n'en changent ou n'en altèrent la couleur. Celles qu'on élève dans les souterreins s'y éthiolent, c'est-à-dire, y sont d'autant moins vertes qu'il s'y introduit moins de lumière, ou qu'elle y parvient plus obliquement.

Dans les souterreins, les plantes qui reçoivent la lumière directe du jour, ont une couleur plus verte que celles qui ne reçoivent que la lumière réfléchie par un miroir. Plus les réflexions se multiplient, plus la couleur verte diminue, parce que la lumière s'affoiblit davantage.

La lumière d'une lampe conserve aux plantes leur verdeur avec moins d'intensité que la lumière directe ou réfléchie. A la réflexion de la lumière d'une lampe, la couleur verte s'affoiblit encore. Peut-être qu'en employant de fortes mèches pour la lampe, on parviendroit à conserver aux plantes une verdeur aussi durable que celle qu'elles ont à la lumière du jour réfléchie. Je ne l'ai pas essayé.

Il n'est pas nécessaire qu'une plante soit très-éloignée de la lumière pour être décolorée, il suffit que la lumière ne tombe pas sur elle.

Toutes les plantes n'ont pas une égale disposition à être élevées dans les souterreins, qui sont les endroits qu'on peut rendre les plus obscurs. Il y en a qui n'y croissent pas, d'autres ne peuvent s'y soutenir, d'autres enfin s'y élèvent plus facilement.

La lumière de la lune entretient dans les végétaux la couleur verte qu'ils reçoivent de la lumière du jour, puisque des plantes qui avoient passé les nuits dans des lieux très-obscurs étoient moins vertes que celles qui étoient exposées la nuit à la lumière de la lune.

Des plantes ayant végété devant des verres, dont trois colorés, celles qui étoient devant un verre blanc ont paru les plus vertes; celles qui avoient poussé devant un verre jaune foncé se trouvoient moins vertes que celles qui étoient devant un carreau de verre jaune clair & un carreau bleu, parce que ces derniers laissoient passer plus de lumière que le carreau jaune foncé.

Si c'est en raison du plus ou moins de lumière que les plantes sont plus ou moins vertes, pourquoi, dira-t-on, quand le vent du nord souffle long-tems en été, les bleds sont-ils plus verds que quand d'autres vents soufflent? dans ce cas il n'y a pas plus de lumière; pourquoi des plantes situées au nord, ou à l'ombre des arbres, sont-elles plus vertes, quoiqu'elles reçoivent moins de lumière? Je répondrai qu'indépendamment de la lumière, la verdeur des plantes est dûe aussi au rallentissement de leur végétation & à la fraîcheur dans laquelle se trouvent leurs racines. Tant que le vent du nord souffle, la végétation ne fait pas de progrès vers la maturité, époque de la dessiccation & de la décoloration. Il faut, outre la lumière, une certaine humidité, sans laquelle la couleur verte ne se soutient pas.

A l'égard du second phénomène, de celui de l'inclinaison des plantes vers la lumière appellée *nutation*, il résulte de mes expériences nombreuses & variées, les vérités suivantes:

Plus les tiges des plantes sont près de leur naissance, plus elles s'inclinent vers la lumière.

Plus celles qu'on élève dans des vases sont éloignées de la lumière, plus elles ont de penchant pour s'y porter.

Celles qui croissent devant des corps dont les couleurs absorbent ou réfléchissent peu les rayons de la lumière, ont vers elle une inclinaison plus considérable.

La position du germe des semences est encore une des causes de la différence de l'inclinaison de leurs tiges vers la lumière: dans le froment, par exemple, la jeune tige qui sort du germe se prolonge le long de la rondeur. Il arrive de-là que si l'on dispose des grains sur la rainure, le germe étant opposé à une fenêtre, ils ont naturellement du penchant pour s'y diriger.

Plus les plantes ont de la facilité à pousser leurs tiges en dehors, plus elles s'inclinent aisément à la lumière.

L'inclinaison des plantes à la lumière est donc en raison composée de leur jeunesse, de la distance où elles sont de la lumière, de la manière dont leurs germes sont posés, de la couleur des corps devant lesquels on les élève, & du plus ou moins de facilité que leurs tiges trouvent à sortir de terre. Il y a telle circonstance où cette inclinaison est de plus de quatre-vingt degrés, comme je m'en suis assuré en les mesurant dans un grand nombre de plantes.

Des faits, dont ce qui précède est extrait, j'en déduis encore les conséquences qui suivent:

1.° De quelque côté qu'on place des plantes qu'on élève, elles se tournent vers la lumière; si on les dérange de leur penchant naturel en plaçant les vases en sens contraire, d'abord leurs extrêmité, plus tendre que le reste, se retourne; le surplus de la tige prend, mais lentement & successivement, la même direction. Les feuilles se renversent lorsqu'elles sont à une certaine hauteur, & la plupart du côté de la lumière. Si on coupe les tiges jusqu'à la racine, elles repoussent de nouveau; mais il n'y en a que quelques-unes qui s'inclinent, parce qu'elles acquièrent plus de force.

2.° Que ce soit à la surface de la terre, ou dans des caves; que ce soit dans des appartemens très-éclairés, ou dans des endroits sombres, qu'on seme des graines, les plantes qu'elles produisent se penchent toujours vers la lumière, parce qu'il paroît que les végétaux en ont besoin. Ce besoin se manifeste singulièrement à l'égard des arbres des forêts. On voit ceux qui se trouvent sur les bords se pencher du côté le plus frappé de lumière; ceux qui les avoisinent s'en rapprochent, & ceux qui sont environnés de beaucoup d'autres, s'élèvent au-dessus pour recevoir l'impression de la lumière, ou périssent s'ils ne peuvent y parvenir. C'est peut-être autant en facilitant la distribution de la lumière, qu'en procurant des courans d'air, que des percées faites dans les bois en favorisent la végétation.

3.° Comme la lumière est une, & que ses différentes modifications n'altèrent point son essence ni ses propriétés, les plantes, qui croissent devant la lumière réfléchie par des miroirs, s'y inclinent aussi, non pas, à la vérité, aussi fortement que vers la lumière directe. La flamme d'une chandelle ne me paroît être autre chose que la lumière du jour dans un état différent; il n'est pas étonnant que j'aie vu des plantes s'incliner vers cette espèce de lumière, moins fortement, sans doute, que vers la lumière du jour réfléchie. Au reste, si j'avois employé une flamme plus considérable, l'inclinaison auroit, sans doute, été plus grande.

Pour

Pour ces expériences, je me suis servi de chicorée sauvage, & surtout de froment, plantes qui végètent bien dans les caves & avec promptitude.

À peine l'électricité a-t-elle été connue, qu'on a cru qu'elle étoit le principe, & le principe unique de la végétation. L'envie de tout expliquer par des moyens simples a souvent conduit les physiciens dans des erreurs. La nature ne seroit pas plus embarrassée de faire concourir plusieurs agens pour produire un seul effet que si elle n'employoit qu'un agent.

Influence de l'électricité.

Pour connoître l'influence de l'électricité sur la végétation, on a électrisé des plantes. M. l'Abbé Nollet avoit, au mois d'octobre, partagé les semences de quelques plantes qui lèvent & qui croissent promptement, entre des pots remplis de la même terre, & d'une égale capacité. Ces semences furent traitées en tout de la même manière, avec cette différence, qu'une partie des pots fut électrisée plusieurs heures par jour, & que les autres pots ne le furent pas.

Les semences soumises à l'électricité végétèrent les premières, & les plantes qu'elles produisirent levèrent avant celles qui n'avoient pas été électrisées; la végétation continua dans la même progression. Les plantes électrisées eurent un accroissement plus rapide. Mais le physicien observa qu'elles étoient plus alongées, plus grêles, ce que l'on appelle *éthiolées*. La saison étant devenue contraire à la végétation, l'expérience ne fut pas poussée plus loin.

Elle a été souvent répétée depuis; mais on ne l'a point continuée au-delà de la germination; on ne l'a point étendue à la durée de la vie des plantes. Cependant on a conclu, de cette observation, que l'électricité étoit le principe de la végétation. Cette théorie s'est trouvée appuyée d'une remarque, c'est qu'en été, après une pluie d'orage, les plantes végètent avec une vigueur qu'elles n'ont pas ordinairement; mais l'arrosement, dont alors elles ont un grand besoin, & la chaleur de l'air & de la terre, ne contribuent-ils pas autant, & peut-être plus, à leur accroissement que le fluide électrique, qu'on suppose leur être transmis avec la pluie qui tombe pendant l'orage? Jamais l'électricité n'est plus forte que par une belle gelée, le vent étant au nord. La végétation alors est absolument nulle.

M. Mauduyt, de la société de médecine, si célèbre par ses profondes connoissances, par sa modestie & par tout le parti qu'il a su tirer de l'électricité, ne s'est pas contenté d'électriser des semences & de cesser l'expérience peu après que les plantes seroient levées. Il a pensé qu'il falloit en examiner l'action sur elles pendant leur durée entière. En conséquence il a, au printems, rempli de la même terre des pots de même capacité; il y a semé des haricots, des graines de cerfeuil, de millet, de ce *crambe*, nommée *giroflée* ou *julianne de*

Mahon. Ces quatre plantes lèvent, croissent, fructifient en un été. Il a électrisé une partie des pots une heure par jour, sans jamais électriser les autres. D'ailleurs, les circonstances ont été les mêmes pour tous.

Les plantes électrisées ont levé les premières, comme dans l'expérience de M. l'Abbé Nollet. Leur développement, ou plutôt leur alongement, a été plus prompt, mais elles ont été plus foibles; bientôt leurs progrès se sont ralentis. En cinq ou six semaines les plantes non électrisées les ont regagné & surpassé en hauteur; celles-ci, qui avoient toujours été plus fortes, sont devenues plus grandes & beaucoup plus vigoureuses. Les plantes électrisées ont fleuri plusieurs semaines plus tard que les autres. Il y a eu un mois de différence entre la floraison de la giroflée de Mahon non électrisée & celle de la floraison de la même plante, qui avoit été électrisée. Plusieurs des plantes électrisées n'ont pas fleuri; celles qui ont fleuri, ont eu peu de fleurs & de graines: toutes sont restées basses & foibles. Les graines étoient petites & tardives; elles se sont flétries en se séchant. Les plantes non électrisées ont fleuri, fructifié & produit des graines, comme dans l'état ordinaire.

M. Mauduyt a répété trois fois cette expérience, & trois fois a obtenu les mêmes résultats. En les comparant avec ceux de M. l'Abbé Nollet, il a pensé que, dans la germination, le fluide électrique tendoit à désunir, à écarter les parties molles & pulpeuses des graines, que de cet écartement s'ensuivoit l'alongement & l'affoiblissement des tiges; qu'ensuite, quand les molécules avoient pris une certaine consistance, & contracté une sorte d'union, la tendance du fluide électrique à écarter les parties avoit moins d'effet; il arrivoit de-là que l'alongement se ralentissoit, mais qu'en continuant toujours l'électricité, on procuroit une transpiration trop abondante, qui dissipant les sucs & l'humidité, affoiblissoit, amaigrissoit, énervoit & tuoit les plantes. M. Mauduyt n'en conclut pas pour cela, que l'électricité n'entre pour rien dans les causes de la végétation, mais seulement, qu'appliquée de la manière dont nous pouvons l'appliquer, elle leur est nuisible. Cette conséquence, pleine de réserve, fait connoître la sagesse du physicien, car il est possible, & M. Mauduyt l'a senti sûrement, que la nature n'emploie pas autant de fluide électrique, pour la végétation, qu'on en accumule sur les plantes avec des instrumens qui le rassemble, qu'elle le modifie d'une manière qui est à elle, & qu'elle le distribue plus ou moins uniformément, selon les parties des plantes, sans les forcer d'en recevoir plus qu'il ne leur en faut. M. l'Abbé Nollet nous a appris que le fluide électrique développoit & accéléroit la germination. Si l'on s'en fût tenu-là, on auroit cru qu'il hâtoit la végétation entière & la perfection des plantes. Les expériences de M. Mauduyt prouvent ce qu'il en faut penser. Nous lui avons cette obligation.

Pour faire quelques pas de plus dans cette recherche, ne faudroit-il pas, dans des expériences nouvelles, & en plaçant les mêmes espèces de plantes dans les mêmes circonstances, varier les doses de fluide électrique, afin de voir s'il n'y en auroit pas une qui, sans affoiblir les plantes, rendroit leur végétation un peu plus prompte que celle des autres, en leur conservant toute leur vigueur? Ne faudroit-il pas employer l'électricité sur des végétaux qui ne transpirent pas assez, ou dont la sève est trop lente, non par un excès de foiblesse, mais par des embarras dans les organes? M. l'Abbé Nollet & M. Mauduyt ont ouvert la carrière dans ces recherches. Elles seroient dignes d'occuper les loisirs d'un physicien cultivateur. Il y a lieu de croire que le fluide électrique, répandu par-tout, contribue en quelque chose à la végétation; mais, comment, en quelles proportions? Voilà sur quoi l'expérience n'a pas encore prononcé.

Parties des végétaux.

Dans un ouvrage qui auroit pour but la physiologie des plantes, ou la connoissance du jeu des parties qui les composent, je devrois entrer dans tous les détails de la structure de leurs fibres, de leurs organes, exposer la nature des fluides qui en remplissent les vaisseaux, & expliquer chacune de leurs fonctions. Mais il ne s'agit ici que d'établir la théorie simple d'un art qui n'a pas besoin d'approfondir les merveilles secrettes de la nature. Ce qui peut se sentir & s'appercevoir, lui suffit. Je me contenterai de décrire la forme & les usages des parties des végétaux qui sont l'objet des soins des cultivateurs, telles que les racines, les tiges, les feuilles, les fleurs, les fruits & la sève.

Des racines.

On peut distinguer, en général, deux sortes de racines, les *pivotantes* & les *traçantes*. Les premières sont celles qui s'enfoncent perpendiculairement dans la terre. Si elles ne rencontrent point d'obstacles, elles s'alongent plus ou moins; mais un banc de terre dure ou de pierre les arrête ou les force de prendre une autre direction. Elles cessent encore de s'alonger, lorsqu'un instrument ou un insecte en détruisent l'extrêmité. Dans ce cas, il se forme des racines latérales à la place du pivot. Les racines pivotantes sont accompagnées de radicules, fines comme des cheveux, qui sortent des principales dans toute leur longueur, & particulièrement dans la partie la plus profonde; elles se divisent & s'étendent en différens sens à des distances très-considérables, suivant M. Tull. Cet agriculteur anglois voulant le persuader, propose en même tems un moyen de s'assurer du terrein nécessaire à la nutrition des racines à pivot. Pour cet effet, il recommande de choisir un espace triangulaire, dont un des angles soit très-aigu; par exemple, de vingt brasses de longueur sur douze pieds dans sa plus gande largeur, d'y semer séparément, & à des distances égales, vingt graines de gros navets ou rabioules, & de cultiver ce terrein convenablement. Au tems où les gros navets ne croîtront plus, si celui qui sera venu à l'extrêmité du triangle, & plusieurs de ceux qui le suivront, se trouvent plus petits que les autres, ce sera une preuve qu'ils n'auront pas eu assez de terrein pour fournir à tout l'accroissement dont ils étoient susceptibles. L'endroit où les gros navets n'augmenteront plus en les comparant aux autres, indiquera l'étendue qu'il faut pour chacune de ces racines. Pour qu'on puisse compter sur les résultats de cette expérience ingénieuse, le terrein doit être séparé de ceux qu'il touche par un fossé profond, de manière que les gros navets ne puissent puiser des sucs & de l'humidité que dans celui qui leur est destiné; il est nécessaire encore qu'il soit par-tout de même nature & également ameubli; enfin, il faut supposer que toutes les graines ont une disposition pareille & sont parfaitement saines. Quoi qu'il en soit, l'expérience de M. Tull est propre à donner des à-peu-près très-intéressans sur l'étendue du terrein qu'on doit donner à des plantes dont les racines principales pivotent. De ce genre sont les navets, gros & petits, les raves, les carrotes, les panais, les betteraves. Parmi elles il y en a qui s'enfoncent entièrement dans la terre, comme la carrote, le panais, tandis que d'autres s'élèvent à sa surface & n'y tiennent que par un filet, comme certains navets.

Les racines *traçantes* forment la classe la plus nombreuse. J'appelle de ce nom toutes celles qui s'écartent plus ou moins de la ligne perpendiculaire, soit qu'elles soient fortes, soit qu'elles soient menues, ce sont,

1.° Les *bulbeuses*. La bulbe est un corps charnu, composé d'écailles ou de couches qui s'enveloppent les unes les autres. Elle est posée sur un plateau d'où sortent les racines, qui se répandent presque circulairement. Les lys, les oignons, les poireaux ont des racines bulbeuses.

2.° Les *tuberculeuses*, ou *tubéreuses*. Parmi celles-ci, les unes ne diffèrent des bulbeuses que parce qu'elles ne sont pas composées d'écailles ou de couches. J'en donne pour exemple l'ail & le safran; à leur partie supérieure on voit paroître des cayeux ou jeunes oignons, qui servent à les remplacer & à les renouveller. Les autres, toutes charnues aussi, se présentent sous différentes formes. La patate est ordinairement alongée & plus étroite à une extrémité qu'à l'autre. La pomme de terre est ou arrondie, ou oblongue, ou large dans son milieu. Le topinambour & le taratouf sont remplis d'inégalités. La trufle, le pain de pourceau & les orchis, offrent des singularités plus grandes: mais celles-ci ne se cultivent pas, si ce n'est peut-être l'espèce d'orchis, dont on fait le salep dans le pays d'où on nous l'apporte. La plupart de ces racines ont à leur surface plus ou moins de germes, qu'on appelle des yeux; c'est de-là qu'il part des tiges & de nouvelles racines.

3.° Les *rameuses*. Ce nom convient particulièrement aux racines fortes qui, semblables aux branches des arbres, se divisent & se subdivisent dans la terre; celles qui sont le plus près de la surface grossissent le plus. Souvent il arrive qu'elles périssent, quand il s'en forme de vigoureuses plus profondément. Dans les racines à pivot, c'est tout le contraire. Les plus vigoureuses des traçantes qui les accompagnent sont toujours celles qui sont les moins éloignées de la tige; le sainfoin, la luzerne & le trèfle poussent des racines fortes & rameuses.

4.° Les *fibreuses* ou *filamenteuses*. Ce sont celles qui jettent des filamens simples, à-peu-près semblables à ceux qu'on voit naître de la base des bulbeuses, d'un centre commun, qui n'est ni écailleux ni formé d'enveloppes, ces filamens s'étendent circulairement sans se diviser, laissant un intervalle au milieu. Telles sont les racines d'asperge.

5.° Les *capillaires* ou *chevelues*. La plupart des différentes racines dont j'ai parlé sont accompagnées de radicules multipliées, plus ou moins fines, qu'on a appellé capillaires ou chevelues. Il y a des plantes qui n'ont presque que de ces dernières susceptibles de se ramifier. Je place dans ce nombre les racines des frumentacées, qui sont, à la vérité, un peu plus grosses que le vrai chevelu, mais bien moins que les vraies rameuses.

J'ai cru que les six dernières sortes de racines, s'écartant plus ou moins de la ligne perpendiculaire, je devois les rapporter à la classe des traçantes, distinguée de celle des pivotantes.

Il est très-essentiel, en agriculture, de connoître tout ce qui a rapport aux racines des plantes à multiplier; car il y en a qu'on ne cultive que pour leurs racines, telles que l'oignon, le poireau, l'ail, la patate, la pomme de terre, le topinambour, la scorsonnère, la réglisse, le navet, la garence & le manihoc. Il s'agit, ou de les rendre grosses, ou de leur donner de la qualité, ce qui dépend de la manière de choisir & préparer le terrein, de les semer & planter, & d'en faire la récolte. Lorsqu'on veut avoir de gros navets pour les troupeaux, il faut les semer très-clairs dans un terrein ameubli & substanciel. Les navets qui se trouvent serrés, & dans un terrein maigre, sont petits & ont plus de goût, comme tous les légumes en général. Si on récolte la racine de garence trop tôt, elle ne donne pas de bonne teinture; si on attend trop tard, elle en donne peu. Certaines plantes se multiplient plus avantageusement de racines que de graines. La pomme de terre & la réglisse sont de ce genre. Pour propager la première on plante un tubercule ou une partie de ce tubercule, selon sa grosseur, pourvu qu'elle ait quelques yeux. Les racines de la seconde contiennent, comme les branches des arbres, des germes propres à leur reproduction, il suffit d'en mettre des morceaux dans la terre & de les recouvrir, pour qu'ils poussent de nouvelles tiges & de nouvelles racines. Si on semoit ces plantes de graine, il leur faudroit beaucoup plus de tems pour acquérir la grosseur convenable.

Tous les agriculteurs savent que quand les circonstances sont favorables, il s'élève, des racines superficielles du froment, des tiges plus ou moins nombreuses, qui forment ce qu'on appelle *talles*. Cette production abondante n'a pas lieu, lorsqu'on a répandu trop de semence & lorsqu'après un hiver rigoureux il survient promptement des chaleurs qui font monter les tiges trop tôt. Je rapporterai, à cette occasion, un fait dont j'ai été témoin. Le premier juin 1783, une grêle considérable détruisit, en grande partie, les bleds d'un canton de la Beauce; des champs furent entièrement ravagés, d'autres ne le furent qu'à moitié, & d'autres au quart. La saison étoit trop avancée pour qu'on songeât à labourer ces champs & à les ensemencer de nouveau. On n'y toucha point. Bientôt il poussa des tiges des principales racines; elles s'élevèrent à une hauteur ordinaire & paroissoient devoir produire autant de grains que si les champs n'eussent pas été ravagés par la grêle. Mais, des chaleurs trop vives en accélérèrent la maturité, en sorte qu'on ne retira que le quart d'une récolte ordinaire en grains, & une récolte presqu'entière en paille. Cette année les bleds ne rendirent que moitié de récolte: on ne devoit pas s'attendre à cet avantage, que procura la repousse des racines.

Selon la densité & la force des racines, il leur faut un terrein plus ou moins substanciel. La plupart des pivotantes ont un tissu lâche, absorbent beaucoup d'eau & ne sont pas en état de pénétrer des couches de terre serrées. Un sol léger & sablonneux est celui qu'on doit leur destiner. Les racines rameuses, celles de la luzerne, par exemple, qui sont comme ligneuses, exigent une terre bien nourrie, bien fumée, ayant du fond & une sorte de compacité. Quelquefois elles ont tant de force, qu'elles percent des bancs de tuf. Les racines qui n'ont le tissu ni aussi lâche que les pivotantes, ni aussi serré que certaines rameuses, se plaisent & végètent utilement dans un terrein qui n'est ni léger, ni compacte; c'est celui qu'il faut consacrer à la culture des frumentacées. Il suit de-là qu'on peut récolter des bleds dans un sol naturellement léger en le rendant compacte par des engrais, par des marnes argilleuses & en le labourant peu; tandis qu'un terrein naturellement compacte deviendra également propre à la même culture, si on le divise par des marnes craïeuses & par de fréquens labours.

Ces réflexions, qui naissent de l'examen des diverses sortes de racines, suffisent pour faire connoître combien il est intéressant, en agriculture, d'avoir égard à la manière d'être de ces parties dans chaque espèce de végétal.

Les tiges établissent une communication entre les racines & les autres parties des plantes; c'est par elles que les sucs montent & se distribuent. On peut soupçonner qu'ils s'y perfectionnent en passant, & qu'elles servent encore ou à ramener aux racines ces mêmes sucs élaborés, ou à en ramener d'autres introduits par l'absorption des feuilles. J'empiéterois sur les droits de la physique végétale, si je suivois cette matière.

Des tiges

Les tiges, ainsi que les racines, sont de deux sortes; les unes *droites* ou *verticales*, les autres *rampantes* ou *penchées*. Les premières représentent, en quelque sorte, les racines pivotantes, & les autres les traçantes.

Parmi les tiges *droites*, il y en a qui sont d'un seul jet, comme celles de plusieurs graminées; il y en a qui se divisent en rameaux, soit en commençant près de la racine, soit en ne commençant qu'à une certaine hauteur. Si une pierre, une motte dure, ou quelqu'autre obstacle, s'oppose à l'élévation d'une tige qui doit être verticale elle fait effort pour soulever l'obstacle, &, s'il est trop considérable pour elle, on l'a voit se glisser dessous jusqu'à ce qu'elle l'ait franchi; alors elle revient sur elle-même pour prendre la direction qu'elle avoit été forcée d'abandonner. J'en ai eu des exemples sensibles à l'égard du froment que je faisois venir dans une terre, dont une partie de la surface étoit dure. En coupant des tiges verticales d'un seul jet, on donne naissance à plusieurs, qui poussent à la place, à-peu-près comme il se forme des divisions aux racines pivotantes, lorsqu'on en retranche l'extrémité. J'ai vu ce moyen employé avec succès pour faire taller les bleds dans certains terreins. Un fermier, au mois de novembre, y faisoit passer son troupeau, qui broutoit les jeunes tiges. Ces champs rapportoient plus que ceux où le troupeau n'avoit pas passé. Les tiges verticales se distinguent les unes des autres de plusieurs manières; il s'en trouve de plus ou moins fistuleuses, de plus ou moins remplies de moëlle ou de parenchyme, de plus ou moins tendres, de plus ou moins filamenteuses, de plus ou moins lisses & unies. On s'en convaincra en comparant entr'elles celles de l'oignon & du poireau, celles du topinambour & de la canne à sucre, celles de la pomme de terre & de la réglisse, celles du chanvre & de la grande ortie, celles des graminées & celles du sarrasin.

Les tiges *rampantes* ou *penchées* sont en plus petit nombre que les tiges droites ou verticales. Il semble qu'il soit dans la nature de tout ce qui végète, de s'élever, autant qu'il est possible, en ligne droite. Il y a, dans la classe des rampantes, des tiges qui se soutiennent longtems & qui ne se courbent que quand le poids de leur hauteur, celui de leurs fleurs & de leurs fruits, ou l'effort du vent les forcent de plier & de rester dans cet état. Les prairies artificielles contiennent beaucoup de plantes de cette espèce: d'autres ne sont pas à un pied de terre, qu'elles cherchent à s'appuyer, sans attendre qu'elles soient chargées de fruits. Les pois, les vesces, les lentilles, les haricots sont de ce nombre: d'autres, enfin, naissent presque rampantes, telles que le houblon & les cucurbitacées. Le plus ou moins de propension que les plantes ont à pencher leurs tiges, est dû à leur foiblesse, soit réelle, soit relative à leur longueur & non à leur disposition naturelle. Car, indépendamment de ce qu'on voit toujours leur extrémité se redresser, si elles rencontrent un arbre ou si on leur donne un soutien elles ne le quittent pas, s'élèvent davantage & produisent plus que lorsqu'elles sont abandonnées à elles-mêmes; les cucurbitacées, les plus rampantes de toutes, deviennent grimpantes auprès des treillages; voilà pourquoi on doit planter des perches dans les houblonnières, & ramer les pois & les haricots.

Presque toutes les tiges rampantes, & une grande partie des tiges droites ou verticales, se divisent en branches principales qui en produisent de moindres, d'où il s'en forme de plus petites; ces divisions sont ou alternes ou conjuguées, c'est-à-dire que quelques-unes se font seules à seules & alternativement, les autres se font deux à deux en sens opposé, ou plusieurs ensemble; il y en a qui s'écartent de la tige; il y en a qui s'en rapprochent. La régularité de ces divisions, dans les mêmes espèces, & la forme constante des tiges, qui sont ou rondes, ou triangulaires, ou quarrées, ou lisses, ou sillonnées, ont fait établir, par les botanistes, des caractères particuliers & distinctifs, qui leur servent à reconnoître les plantes; ces caractères varient quelquefois, mais rarement.

De même qu'on cultive des plantes principalement pour leurs racines, on en cultive aussi pour leurs tiges; c'est la tige naissante de l'asperge qu'on mange. On sait que celles du chanvre, du lin, de la grande ortie, contiennent un fil d'un grand usage. Plus ce fil est fin, à force égale, plus il a de la qualité, ce qui dépend beaucoup de l'état du terrein dans lequel on sème ces plantes; le cultivateur est encore le maître de leur donner plus de finesse en les semant pressées, afin que les tiges ne prennent pas de corps. Un grain de chanvre isolé devient d'une grosseur considérable, mais il ne produit qu'une filasse

très-grossière,

très-grossière, qui approche de l'écorce de certains arbres. La canne à sucre doit être cultivée avec des soins particuliers, afin que sa tige contienne plus de sucre.

Les tiges des herbes des prairies naturelles & artificielles sont destinées, avec leurs feuilles, à servir de fourrage aux bestiaux, lorsqu'ils ne les mangent pas sur le lieu. On les coupe chaque année plusieurs fois pour les faner, parce qu'elles ont la facilité de repousser. Si on les abandonnoit à elles-mêmes, après avoir donné leurs fleurs & leurs graines, elles se sécheroient. Quand le cultivateur est soigneux, il détruit, dans ses prairies naturelles, les herbes dont les tiges sont grosses ou dures, soit en y répandant des substances qui leur sont contraires, sans altérer les autres, soit en procurant, par des fossés, un écoulement aux eaux qui les entretiennent; il ne récolte plus alors que des plantes à tiges fines & tendres, plus agréables aux bestiaux. Les prairies artificielles, formées de plantes à racines vivaces, ont besoin que leurs tiges soient coupées deux, trois ou quatre fois par année, excepté la première; car une partie de ces racines meurt, si on n'a pas cette attention. Ordinairement les trèfles, les luzernes & les sainfoins, qui sont les prairies artificielles les plus communes, se sèment ou seuls ou mêlés avec l'avoine & l'orge. Le sainfoin ne doit pas être coupé la première année, parce que ses racines ne sont pas assez fortes; le trèfle & la luzerne qui végètent mieux quand ils sont en bon terrein, peuvent l'être dans l'automne seulement. A la seconde année, on coupe les tiges de ces deux dernières plantes trois ou quatre fois, afin de ne pas les laisser durcir, tandis qu'on ne coupe qu'une fois celles de la première, parce que les tiges repoussent toujours en raison de la force des racines; or celles du sainfoin sont plus petites que celles de la luzerne & du trèfle.

On est tombé dans une erreur bien grande, lorsqu'on a cru qu'on parviendroit à faire grossir certaines racines en coupant les fanes ou les tiges encore vertes, pour les donner aux bestiaux. Cette idée s'est sur-tout répandue depuis que la culture des pommes de terre est devenue presque générale. L'expérience m'a prouvé le contraire d'une manière sensible, & l'on en conçoit la raison; c'est que la nature a établi, par les tiges, une communication réciproque & nécessaire entre les racines & les autres parties des plantes, en sorte que les unes dépendent des autres.

La connoissance de l'état des tiges dans les différens végétaux qu'on cultive particulièrement pour leurs graines, doit encore influer sur les espèces qu'il convient de semer, & sur la manière de les semer, selon le terrein & l'usage auquel on destine ces mêmes tiges sèches. Parmi les fromens, par exemple, il y en a dont les tiges sont fortes & comme remplies de moëlle. On ne peut les semer que dans des terreins substantieux; ils épuiseroient un sol de médiocre qualité propre à porter seulement des fromens à tiges fines. Dans beaucoup de pays la paille de seigle est d'une nécessité indispensable pour lier les gerbes de tous les autres grains pendant la moisson. Elle est d'autant plus fine, & par conséquent plus convenable à cet usage que la semence qui l'a produite a été répandue en plus grande quantité. C'est par ce même principe que le chanvre, comme je l'ai dit, ne doit pas être semé clair.

Je borne ici ces réflexions sur les tiges, pour passer aux feuilles; qu'il n'est pas moins intéressant de bien connoître.

Des feuilles. Les feuilles sont attachées à différentes parties des tiges & de leurs divisions. Celles des graminées & des roseaux partent des nœuds qui sont aux pailles & aux chalumeaux. On voit souvent des feuilles aux endroits mêmes d'où naissent les divisions; le sarrasin en est un exemple. La plupart se trouvent répandues dans toute l'étendue des divisions, en plus grand nombre vers leurs extrémités, comme dans le fenu-grec; il y a quelques tiges sur lesquelles il paroît des bandes de feuilles prolongées; ces sortes de tiges s'appellent aîlées. Celles de la pomme de terre jaune diffèrent de la rouge en partie par ce caractère.

On distingue des feuilles simples & des feuilles composées. Les feuilles simples, ainsi nommées parce qu'elles sont seules à seules, peuvent être regardées comme les expansions des vaisseaux des tiges. Les feuilles du topinambour sont simples. Les feuilles composées sont une réunion de feuilles simples ou de folioles attachées par un pédicule commun, & quelquefois en outre par des pédicules particuliers qui viennent s'y rendre; telles sont les feuilles ou folioles du sainfoin. Les feuilles, soit simples, soit composées, diffèrent encore entr'elles par leur couleur, leur forme, leur position respective, leur épaisseur & leur plus ou moins de poli & de souplesse.

La couleur la plus générale des feuilles est le verd; mais ce verd a plus ou moins d'intensité, puisque depuis la feuille de l'apocin & de la blette ou *bonne-dame*, appellée blanche, pour la distinguer d'une autre, jusqu'à celle du persil & du chou verd d'Anjou, il y a des nuances infinies dans les végétaux. Quelques feuilles sont rouges soit en totalité, comme celle de la blette ou du chou rouge, soit sur les nervures, comme celle d'une espèce de bette-rave; d'autres sont panachées de vert, de blanc & de rouge. Quand on suit pas-à-pas la nature, on voit même qu'une plante est, pour ainsi dire, verte d'une manière différente à sa naissance, dans le fort de sa végétation & vers sa maturité.

Il y a une grande diversité dans la forme des feuilles. Celle du froment eſt longue & étroite; celle du tabac, longue & large; celle de la lentille, courte & étroite; celle du pois, courte & large: dans la feuille du chanvre les bords ſont découpés, dans celle du colzat ils ſont ondés, dans celle du cercifi ils ſont unis. Le ſarraſin a la feuille preſque triangulaire, le trèfle a la ſienne arrondie. Il eſt inutile de détailler les autres formes.

La plupart des feuilles de la canne à ſucre naiſſent ſeules à ſeules & loin les unes des autres; aux branches de la luzerne ſont attachées des folioles fréquentes & deux à deux. La tige de la garance porte ſes feuilles par étages, à chacun deſquels elles ſont rangées circulairement & en grand nombre.

La feuille du cardon & celle du houblon ſont d'une épaiſſeur bien différente; celle du potiron eſt âpre & roide, tandis que celle de la poirée eſt douce & flexible; enfin le ſafran & la gaude pouſſent des feuilles liſſes & luiſantes; l'aſperge & la carotte n'en pouſſent que de ſombres.

Les feuilles ſont ſi néceſſaires aux végétaux, que ceux qui en ſont privés, & dont le nombre eſt petit, ont des tiges molles ou d'autres parties pour remplir les mêmes fonctions. Dans les pays où l'on élève avec intelligence des vers à ſoie, on partage les mûriers, pour ainſi dire en deux ſolles; une année, on ôte les feuilles des uns & l'année ſuivante celles des autres, afin de ne pas affoiblir tous ces arbres à la fois. Nous remarquons dans nos bois & dans nos jardins que la végétation, la floraiſon & la fructification des arbres languiſſent ſi leurs feuilles ſont rongées par des hannetons & des chenilles. Pour ne point m'écarter de l'objet que je traite, j'obſerverai que lorſqu'on dépouille de leurs feuilles les plantes cultivées, ou lorſque quelque accident les altère, ſouvent elles en ſouffrent d'une manière nuiſible à la fortune des propriétaires ou des locataires de terres. Qu'un troupeau ſe répande dans un champ enſemencé, où la végétation ne ſoit pas active & dans une ſaiſon avancée, tout ſera ralenti dans les plantes dont les feuilles auront été broutées, & elles produiront moins que celles qui auront été épargnées. Que des brouillards ſecs ſurviennent en été dans la Beauce ou dans la Brie, ſans être ſuivis d'une pluie abondante, pour nétoyer les feuilles & rendre libre la tranſpiration, il en réſultera de la rouille, maladie capable de détruire les moiſſons entières.

Les plantes tranſpirent: MM. Hales, Duhamel, Bonnet & d'autres Phyſiciens, l'ont prouvé. Les feuilles ſont les organes de cette fonction, qui le plus ſouvent ſe fait d'une manière inſenſible, en ſuivant les loix de la végétation & de la chaleur. La sève monte à proportion de ce que les feuilles tranſpirent, & par conſéquent la nutrition & l'accroiſſement du végétal augmentent; cette double fonction ceſſe dès qu'on soustrait les feuilles, ce qui donne lieu à M. Duhamel de proposer une expérience qui m'occupe depuis longtems. Elle consisteroit à essayer de faire rapporter du fruit à des arbres vigoureux & abondans en feuilles, en les en dépouillant d'une partie. Ce qu'il y a de certain, c'est qu'on modère la végétation des bleds trop forts en les effannant, c'est-à-dire, en retranchant l'extrémité de leurs feuilles pour les empêcher de verser.

L'absorption des fluides contenus dans l'atmosphère par les feuilles des plantes est aussi prouvée que leur transpiration. Il s'opère un balancement entre la sortie de l'excédent de la sève & l'introduction de l'humidité, en sorte que l'absorption contribue autant que la transpiration à la vie végétative. On voit des plantes croître & parvenir à maturité dans des terreins secs, s'il y a des rosées abondantes; les arrosemens qui se font sur les feuilles sont plus avantageux que ceux qui se font au bas des tiges; les boutures ne peuvent pomper que par les feuilles l'humidité qui les fait croître, puisqu'elles n'ont pas de racines.

On compte un grand nombre de plantes cultivées ou uniquement ou en partie pour leurs feuilles. Parmi elles, je distingue particulièrement l'indigo & le tabac, dont l'une fournit une fécule précieuse pour la teinture, & l'autre une poudre que l'habitude, plutôt que le besoin, a rendu presque nécessaire. L'art du cultivateur d'indigo consiste à faire en sorte que les branches & les feuilles se multiplient, afin qu'on puisse les couper plusieurs fois & à les récolter promptement pour éviter qu'elles ne se desséchent ou ne fermentent. L'art du cultivateur de tabac a pour but de concentrer toute la sève dans les feuilles en coupant ou arrêtant les montans qui portent les fleurs, de faire grossir les feuilles en plantant les pieds à des distances suffisantes, de leur conserver leur parfum en les desséchant avec précaution.

Dans le chou, c'est le milieu des feuilles qu'on recherche; dans le brocolis, c'en est l'extrémité, & dans le cardon, c'est la base. Ceux qui élèvent de ces plantes ont soin que les parties qu'on emploie aient une qualité convenable, soit en semant les meilleures espèces, soit en les cueillant dans le tems le plus favorable, soit en les cultivant d'une manière particulière. On préfère des choux pommés, parce que leurs feuilles, s'entassant les unes sur les autres, en sont plus minces & plus tendres. Les brocolis ne se mangent que quand la gelée les a attendris; pour rendre le pédicule des cardons gros & tendre, on les sème éloignés les uns des autres, on les lie & on les arrose souvent avant l'hiver.

Ce que j'ai dit à l'égard des tiges des herbes des prairies naturelles ou artificielles, peut s'appliquer également à leurs feuilles, puisque ces deux parties des plantes servent en même-tems à former des fourrages & exigent les mêmes attentions.

Des fleurs.

Le beau moment des végétaux est celui de leur floraison ; c'est alors qu'ils jouissent de tous leurs droits. Dans quelques plantes, il est vrai, les fleurs paroissent avant ou en même-tems que les feuilles, comme dans le pain de pourceau & dans le safran. Mais ces plantés ne s'élèvent pas haut ; presque toutes les autres, quand elles fleurissent, sont près du terme de leur accroissement. Les Physiciens ont regardé la floraison comme l'âge de puberté des plantes. En effet, à cette époque les organes de leur reproduction contenues dans la fleur sont formés & en état de produire leur effet.

La fleur est ordinairement composée d'un calice, d'une corolle formée d'un ou de plusieurs pétales, du pistile & des étamines. Ces deux dernières parties sont les vraies parties sexueles, car le pistile représente les organes femelles des animaux, & les étamines les organes mâles. Quelques fleurs n'ont point de calices, d'autres sont privées de corolles ; on en voit qui réunissent les étamines & le pistile ; on les appelle pour cette raison hermaphrodites ; il y en a qui ne contiennent que des pistiles, ou seulement des étamines, soit sur le même individu, soit sur des individus différens. Tantôt la corolle est d'une seule pièce, plus ou moins régulière ; tantôt elle est de plusieurs pièces diversement arrangées & plus ou moins nombreuses. La couleur de la corolle, la forme du calice, le nombre, la longueur, la position, la conformation & l'attache respectives des étamines, & des pistiles diffèrent selon les plantes, & ces différences servent de base aux systêmes & aux méthodes de botanique exposés avec exactitude dans le discours préliminaire de l'encyclopédie méthodique, par M. le Chevalier de la Mark, versé plus que personne dans cette science.

Les étamines contiennent dans de petites bourses une poussière sans laquelle il ne se fait pas de fécondation. On ne peut expliquer comment cette poussière s'introduit dans le pistile pour former l'embryon, sur-tout dans certaines plantes. Mais on est convaincu qu'elle est indispensable pour que la graine qui résulte de la floraison soit capable de se reproduire. Il est vraisemblable que cet effet est plutôt dû à un esprit subtil, qui émane de la poussière des étamines & pénètre dans le pistile. Quoi qu'il en soit, si on coupe des étamines avant leur maturité, la plante ne fructifie pas ou donne des graines inféconde ; un individu femelle ne porte pas de fruit à moins que dans le voisinage il n'y ait un individu mâle : des intempéries de l'air en énervant ou en dispersant la poussière des étamines des bleds, diminuent considérablement la grainaison. Si on retranche les pistiles, la fructification est dérangée.

Les plantes annuelles, qu'on sème pour la nourriture des bestiaux, se coupent ordinairement quand elles sont en fleur, parce qu'il n'y a plus à espérer qu'elles croîtront davantage. Si on attendoit plus tard, elles seroient trop dures. On récolte à cette époque particulièrement le sainfoin, les pois & la sanve en herbe.

Il se cultive des plantes dont les fleurs entières ou des parties des fleurs seulement sont à l'usage de l'homme. On emploie les boutons de la capre & de la capucine, les calices écailleux de l'artichaut, les pétales du carthame ou safranum, les pistiles du safran. Chacune de ces plantes exige du cultivateur des soins différens, pour favoriser l'accroissement des parties qu'il se propose de récolter. Il place le caprier à l'abri du nord, la capucine le long d'un treillage, l'artichaut dans un terrein qui ait du fond & qui soit frais, le safranum dans un terrein léger & sec, &, pour le safran, il en prépare un bien-meuble, dont il ôte jusqu'à la moindre pierre, qui formeroit un obstacle aux fleurs, lorsqu'elles voudroient sortir. Il y a beaucoup d'autres attentions, qu'il seroit trop long de rapporter ici.

Des fruits. Le but de la nature dans la végétation est rempli, lorsque les plantes portent leurs fruits, c'est-à-dire, donnent naissance à des corps qui contiennent les principes de leur reproduction. L'usage ordinaire a consacré le nom de fruit pour exprimer le produit de certains arbres à pepins & à noyaux; les botanistes l'ont étendu à tout ce qui résulte de l'effet des organes sexuels, de manière que le froment, le seigle, l'orge & l'avoine, sont les fruits des plantes céréales, comme la poire & la prune sont les fruits du poirier & du prunier. Mais les dénominations de grains & graines sont celles que les agriculteurs admettent.

Les graines se distinguent les unes des autres de différentes manières. Il y en a de noires, de blanches, de jaunes, de grises, de couleurs mêlangées. Celle du pois est arrondie, celle de l'ers a des facettes; le cercifi a la sienne alongée. La graine de luzerne représente un baril; une aigrette recouvre celle du cardon; le dessus de celle de la carotte paroît comme hérissé. La moutarde & le navet ont une petite graine lisse, tandis que celle du sainfoin est plein d'aspérités. La forme du réceptacle varie selon les classes, les genres & espèces de plantes; les graminées renferment leurs graines dans des bales, les légumineuses dans des gousses ou siliques; d'autres sont contenues dans des capsules à plus ou moins de loges; d'autres dans des enveloppes communes. Elles ont diverses manières d'être attachées aux parties qui les soutiennent. Toutes ces différences, concurremment avec celles qu'on a observées dans les fleurs, sont entrées dans la formation de plusieurs systêmes ou méthodes de botanique, parce que les graines, comme les fleurs, sont les parties les plus invariables des végétaux.

La graine mûre & bien constituée est composée de plusieurs parties. On y distingue le germe & le corps formé ordinairement d'une ou de deux, ou de plusieurs lobes, appellés cotyledons. Le germe comprend la radicule, d'où se développent, quand la graine est mise en terre, les racines qui se divisent plus ou moins & la plume, principe de la tige. Les cotyledons sont des organes qui contiennent l'aliment des jeunes plantes; les racines & la plume s'en nourrissent jusqu'à ce qu'elles soient assez fortes pour pomper des sucs dans la terre. La substance qu'ils contiennent se réduit en une bouillie ou en lait par l'humidité qui la pénètre à travers les enveloppes de la graine. Il y a des plantes dont les graines ne paroissent pas avoir de cotyledons, telles que les algues; celles des graminées n'en ont qu'un; les graines des légumineuses en ont toujours deux; celles du cresson en ont davantage, ce qui donne, dans la méthode de M. Bernard de Jussieu, les principales divisions dont il forme ses familles naturelles. Dans l'anatomie des plantes de Grew, on trouve sur les graines d'autres détails, dans lesquels je n'entrerai pas, parce qu'ils appartiennent à la physique végétale.

Le pain, le principal aliment dont se nourrissent les hommes dans une partie considérable de l'univers, se prépare avec la substance contenue dans des graines, telles que celles du froment, du seigle, de l'orge, de l'avoine, du riz, du maïs, du millet, du sarrasin, du chiendent de la mane. Les légumineuses fournissent aussi une grande quantité de graines qu'on mange; mais on ne leur fait ordinairement subir que la coction, sans les laisser fermenter.

Les bestiaux, sur-tout dans les pays privés de pâturages, partagent avec les hommes ce bienfait de la nature; on leur donne des graines seulement après les avoir triturées. Quelques arts même s'en servent & ne pourroient s'en passer. Si l'on compare entr'eux les avantages que retirent les hommes des diverses parties des plantes cultivées, on verra que ce sont les graines qui procurent les plus grands, puisqu'elles en forme la nourriture la plus abondante & la plus substantielle. Les agriculteurs doivent donc particulièrement connoître tout ce qui tend à perfectionner & à rendre plus nombreuses les graines destinées à être mangées. Il faut semer chacune dans le terrein convenable, après l'avoir préparé par des labours & des engrais suffisans. On ne doit pas s'attendre à récolter beaucoup de froment dans un terrein léger; mais le seigle ou des plantes de la famille des légumineuses y viendront bien. Le riz ne peut végéter que dans un sol arrosé, le sarrasin croît aisément dans le sable. Si on sème des pois ou des lentilles dans une terre compacte, ceux qu'on récoltera seront sans saveur; si on les sème dans une terre divisée, ils produiront des graines agréables au goût; enfin qu'on laboure trop un champ de nature légère, & qu'on ne laboure pas assez un champ compact, dans l'un & l'autre cas la fructification des plantes qu'on y semera sera très-limitée & les grains rares dans les épis & dans leurs capsules.

Une autre considération, qui ne sauroit échapper, c'est que les graines, même des plantes qui se perpétuent par les racines, servant aussi à les multiplier, il est nécessaire de les mettre en état de germer & de lever. Pour cet effet, il convient de ne pas les récolter avant leur maturité, d'en écarter les insectes & de les empêcher de fermenter dans les lieux où on les conserve. Si les cotyledons en sont rongés par les insectes, les racines & la tige naissantes n'en peuvent plus tirer l'aliment dont elles ont besoin. Le défaut de maturité & l'altération causée par la fermentation ont le même inconvénient; car dans le premier cas, la substance nutritive n'est pas assez élaborée, & dans le second cas, son énergie est détruite.

Chaque année, on laisse venir à graine une partie des plantes qu'on cultive pour leurs racines ou pour leurs tiges ou leurs feuilles, &c. Parmi elles, il y en a de vivaces, d'annuelles, de bis-annuelles, & même de tris-annuelles. Les vivaces conservent plus ou moins d'années leurs racines vivantes & poussent au printems des tiges qui donnent de la graine dans l'année. Si ce sont des plants qui forment des prairies artificielles, au lieu de les couper, on laisse monter la première pousse, parce qu'elle est la plus forte & la plus capable de fournir de bonne graine. On est obligé de semer ou planter tous les ans les plantes dites annuelles, qui accomplissent leur végétation en donnant leurs graines. Les bis-annuelles ne fleurissent & ne fructifient que tous les deux ans, & les tris-annuelles tous les trois ans. Lorsque les graines, à leur maturité, se séparent trop aisément de leur capsule, dans laquelle elles ne sont pas assez retenues, pour n'en pas perdre on les récolte de bonne heure en coupant leurs tiges; on a l'attention de les exposer ensuite au soleil, afin qu'elles acquièrent le degré de dessiccation qui leur manque. L'usage apprend à saisir le point juste de la récolte des graines, qu'il ne faut ni prévenir ni laisser passer, si l'on desire être assuré de la qualité de celles qui sont destinées à servir de semences.

Jusqu'ici je n'ai traité que des parties les plus apparentes des plantes, c'est-à-dire, des parties solides; je dois dire aussi quelque chose des parties fluides, qui ne se manifestent pas aux yeux aussi sensiblement.

De la sève. Les végétaux sont des êtres organisés susceptibles de s'accroître & de se reproduire. Ils ne peuvent exercer ces fonctions qu'à l'aide de quelques fluides. On en a admis de plusieurs sortes dans certains végétaux; mais ils ne sont autre chose que la sève diversement modifiée, ou ou des dépendances de la sève, comme toutes les humeurs du corps animal dérivent du sang. Sans entrer dans des distinctions & des détails qui ne m'appartiennent pas, je ne parlerai ici que de la sève considérée dans les plantes cultivées. Il y a deux points à examiner, 1.° son existence; 2.° sa manière d'exister.

On doit entendre par le mot *sève* un fluide plus ou moins mobile, répandu dans des vaisseaux ou dans des cellules, formé par la réunion des principes que pompent les racines, les tiges & les feuilles, & doué de qualités différentes, selon les espèces de plantes dans lesquelles il se trouve. L'existence d'un tel fluide ne sauroit être incertaine. Qu'on coupe une tige, une feuille, une racine, sur-tout dans le tems de la plus forte végétation, en les pressant on en exprimera facilement quelques gouttes de liqueur visibles; si on approche ces parties du né, l'odorat en sera affecté, ainsi que le goût, si on les porte sur la langue; les doigts même éprouveront qu'elles sont plus ou moins onctueuses. Voilà ce qu'on appelle la sève. La macération, la coction, la distillation la séparent des réservoirs ou tuyaux qui la contiennent; on lui découvre d'autant plus d'énergie, qu'on l'examine dans la saison qui lui est le plus favorable. La vigne est de tous les végétaux celui qui manifeste le plus sa sève; ce qu'elle en jette vers le mois d'avril par les extrémités de ses branches coupées, est connu sous le nom de *pleurs*. M. Hallé, de la société royale de médecine, d'un seul cep, à deux incisions faites par la taille, en a recueilli une chopine, mesure de Paris.

La manière d'exister de la sève consiste dans ses qualités sensibles, son mouvement & sa force. Elle est aqueuse dans certains végétaux; elle est de moyenne consistance ou épaisse & visqueuse dans d'autres. Tantôt elle a un goût sucré, tantôt elle est amère, tantôt acide ou âcre, ou acerbe. Elle exhale une odeur qui est ou aromatique & suave, ou fade & nauseabonde. Elle est aussi diversement colorée, car il y en a de verte, de rougeâtre, de jaune, de blanchâtre.

Il s'élève ici une question qui depuis longtems embarrasse les Physiciens. Les différentes qualités de la sève sont-elles dûes aux différens sucs que les racines pompent ou aux modifications que ces sucs éprouvent dans les végétaux? M. Duhamel Dumonceau discute cette question dans ses Elémens d'agriculture, avec cette réserve qui caractérise tous ses ouvrages. J'oserai me permettre ici quelques réflexions sur cet objet. Ceux qui croyent que c'est la plante qui modifie à sa manière la sève qu'elle pompe & que cette sève est la même pour les végétaux d'espèce différente, s'appuient d'un grand nombre d'expériences assez frappantes pour faire beaucoup d'impression & susceptibles cependant d'être mieux pesées & appréciées. M. Duhamel, pendant sept ans, a élevé un chêne qui n'avoit de communication qu'avec de l'eau; il a fait croître des capillaires à l'aide du même moyen, dont s'est servi aussi M. Bonnet pour obtenir des fruits de quelques arbres. Nous voyons souvent des jacinthes, des narcisses végéter dans des carafes d'eau; le cresson alenois pousse avec rapidité sur des éponges humides. M. Tillet a semé du bled dans des vases, dont les uns contenoient de l'argile pur, les autres du sable, les autres du verre pilé, les autres des cendres dépouillées de leurs sels, qu'il a eu soin d'arroser de tems en tems. Par-tout le bled a bien levé, il a pris de l'accroissement & a porté des tiges, des épis & des grains. Pour prouver que les principes dont chaque plante est composée sont les mêmes, Mariotte propose de mettre de la terre dans un pot, d'y semer des plantes, & quand elles seront arrivées à leur perfection, de retourner la terre pour y en semer d'autres d'espèces différentes, & ainsi successivement tant qu'on voudra; il assure qu'avec des arrosemens répétés, toutes ces plantes croîtront. C'est donc, en conclue-t-on, l'eau seule, principe homogène, qui fournit la sève à ces différens végétaux. Quelque juste que soit cette conclusion, elle ne satisfait pas à la question, puisqu'on n'en peut inférer que les végétaux modifient leur sève au point de la rendre amère ou acide, épaisse ou fluide, colorée ou sans couleur; car pour cela il eût fallu prouver que, dans tous les cas dont il s'agit, la sève avoit des qualités différentes. Or je ne crois pas qu'on s'en soit convaincu, ni par la voie des sens, ni par les opérations chimiques.

En supposant que la feuille du chêne de M. Duhamel, le fruit des arbres de M. Bonnet, la tige des bleds de M. Tillet, &c. eussent un goût, une odeur, une couleur & une saveur qui ne pussent pas se confondre, la différence en devoit être peu considérable, & certainement elle ne pouvoit se comparer à celle qui a lieu entre les parties de ces mêmes plantes élevées dans la terre. D'où il suit que les végétaux puisent dans ce dernier élément une partie des principes qui différencient leur sève. Les expériences auroient été probatoires, si M. Duhamel eût élevé comparativement un arbre résineux, un arbre à moëlle & un arbre à sève fluide; si M. Bonnet eût obtenu des fruits d'arbres à pepins, d'arbres à noyaux; si M. Tillet eût semé dans ses pots des graminées, des crucifères, des légumineuses; si dans un même pot, contenant toujours de la même terre, on eût mis successivement des graines de bette-rave rouge, de carotte jaune, de cercifi, de manière que chaque espèce conservât les qualités qui lui sont propres & qu'elle auroit eues, si on l'eût confiée à la terre. Il me semble que jusqu'ici la seule conséquence qu'on pouvoit tirer étoit que l'eau forme une des plus grandes parties de la sève, vérité incontestable. Mais ses différences pourroient bien être dûes à deux causes combinées; savoir, aux sucs particuliers que fournit la terre & à la manière dont ils sont modifiés dans les organes des végétaux.

On ne peut, avec avantage, remplacer dans une allée ou dans un potager un arbre par un arbre de la même espèce, à moins qu'on n'enlève toute la terre qui avoit servi à la nourriture du premier, pour lui en substituer d'autre. Il faut, par exemple, qu'un pommier succède à un poirier & mieux encore à un prunier, un orme à un maronnier d'inde, &c. sans cette attention le nouvel arbre languira ou périra, comme je m'en suis assuré un grand nombre de fois, non-seulement en faisant remplacer des arbres morts, mais en arrachant des arbres sains & vigoureux, soit parce qu'ils ne rapportoient pas de fruits, soit pour des usages domestiques.

Les cultivateurs savent qu'en général ils ne récolteroient presque rien, si dans un champ, qui vient de produire du froment, ils en semoient l'année d'après. Je dis en général, parce qu'il y a des terres, rares sans doute, si substancieuses qu'elles peuvent rapporter du froment plusieurs années de suite. Mais on est assuré d'une récolte abondante si au froment succèdent l'orge & l'avoine, & mieux encore des plantes légumineuses ou des crucifères: car j'ai éprouvé que plus les plantes différoient par les caractères de botanique ou de la fructification, plus il convenoit de les cultiver dans le même terrein les unes après les autres, *& vice versâ.* J'ai semé du bled de mars dans un champ qui, l'été d'auparavant, avoit rapporté du bled d'automne, il n'en est venu que quelques épis, tandis que de l'orge, de l'avoine & des pois semés dans le même champ, ont eu une végétation d'autant plus belle, qu'ils se rapprochoient moins des caractères du froment.

Il est certain encore qu'on mange des légumes auxquels on trouve un goût de terroir. Ceux qui croissent sur des couches sentent le fumier, comme des animaux sentent l'aliment dont on les a nourris. Les fruits de même espèce se distinguent à la saveur particulière que leur communique le sol où ils se sont formés; les personnes qui se connoissent en vins saisissent parfaitement ces différences.

M. Duhamel ayant mis des racines de jeunes arbres tremper dans des liqueurs colorées & odoriférantes, la trace de ces liqueurs s'est manifestée jusques dans les feuilles & les fruits, de la même manière que les os des animaux auxquels ce savant homme avoit fait manger de la garance, s'étoient colorés en rouge. Si l'on sème de la graine de soleil près des habitations, les plantes qui en proviennent donnent du nitre, parce que la terre en contient, tandis qu'elles n'en fournissent pas si on les sème dans un terrein sablonneux, éloigné des habitations, suivant la remarque de M. le Marquis de Bullion.

Enfin, le même Auteur m'a certifié que des bleds récoltés la première année dans une terre nouvellement marnée, & sur laquelle on n'avoit pas répandu de fumier, ne contenoient qu'une petite partie de matière glutineuse. C'est sans doute pour cette raison que les boulangers qui connoissent ces bleds refusent de les acheter à cause de la difficulté de les faire fermenter.

Ces faits me paroissent d'autant plus propres à constater que la diversité de la sève des végétaux est dûe en partie aux sucs différens qu'ils pompent dans la terre, que les expériences rapportées contre cette opinion, ne sont nullement probatoires ni capables de l'infirmer, ainsi que je l'ai fait voir il n'y a qu'un instant.

Les seuls effets de la greffe suffisent pour faire connoître que les végétaux modifient plus ou moins les sucs qu'ils puisent, puisqu'une branche ou la partie d'une branche de pêcher insérée dans un prunier ou un amandier, donne des pêches au lieu de prunes ou d'amandes. Mais une remarque qui a échappé à beaucoup de Physiciens, & peut-être à tous, c'est qu'une pêche venue sur amandier se distingue d'une pêche venue sur prunier, & ainsi des autres fruits greffés. Il y a plus, un prunier ou tout autre arbre, soit qu'on le greffe, soit qu'on ne le greffe pas, produit des fruits de qualité différente, selon les terreins & engrais qu'on y met. Ce qui quadre parfaitement avec l'idée d'admettre deux causes combinées au lieu d'une seule, avec laquelle on n'explique jamais qu'une partie des phénomènes: voici comme je présume que la nature agit.

La forme extérieure du végétal est dessinée en petit dans la graine qui le produit. La nutrition lui fournit les moyens de s'étendre en suivant les proportions & les dimensions qui semblent lui être prescrites. Lorsqu'il s'en écarte, il y a une monstruosité. Les racines sont les premiers organes qui naissent à la faveur de la substance contenue dans les lobes & réduite en bouillie. Elles pompent dans la terre ce qui doit servir au développement des autres; ce sont des sucs très-tenus, très-simples, vraisemblablement aqueux & accommodés à la foiblesse des parties. Peu-à-peu l'eau, l'aliment le plus nécessaire, dissout ou atténue des molécules de diverse nature, des sels, de la terre, des mucilages, des huiles, qu'elle entraîne & insinue dans les vaisseaux; les tiges & les feuilles, lorsqu'elles sont formées, sucent aussi des substances contenues dans l'air, pour les introduire par l'extrémité des vaisseaux. Tous ces fluides, plus ou moins hétérogènes, y subissent des préparations différentes, selon la structure particulière de chaque individu. C'est ainsi que la sève, composée originairement de diverses sortes de molécules & modifiée ensuite dans les végétaux, concourt avec la forme extérieure à les faire distinguer essentiellement les uns des autres.

Les Physiciens sont tous persuadés que la sève a du mouvement; mais ils ne s'accordent pas sur l'espèce de mouvement : les uns prétendent que ce n'est qu'un balancement de la sève de bas en haut, c'est-à-dire, des racines aux tiges, aux feuilles & aux autres parties, laquelle reflue, dans quelques circonstances, vers les racines. Tel étoit l'avis entre autres de MM. Hales & Bonnet. C'est à-peu-près comme on a imaginé que le fluide nerveux existoit dans les nerfs. D'autres admettent une sorte de circulation qui approche de la circulation du sang. Il y a dans les végétaux différentes espèces de vaisseaux & de fluides qui ont plus ou moins de consistance. Ces êtres organisés exercent des fonctions connues. On a pensé que la nutrition des parties qui les constituent, ne pouvoit se faire que par l'élaboration des sucs fournis par les racines & les feuilles, parce que ces sucs ne devoient pas être les mêmes pour toutes les parties. L'analogie a conduit à croire que les sucs montoient des racines par des vaisseaux particuliers, & redescendoient par une autre voie dans les racines, après avoir subi l'élaboration convenable & porté par-tout la nutrition & l'accroissement, les feuilles, organes de la transpiration, servant à évacuer les humeurs inutiles. Malpighi & Delahire avoient cette opinion. Je ne chercherai point à la discuter ici en rapportant les nombreuses expériences & observations, que les uns & les autres allèguent en leur faveur. Il me suffira de dire que cette question ne peut être résolue tant qu'on ne connoîtra pas mieux la texture intime des végétaux. Dans les animaux, on a démontré la circulation du sang, parce que les organes sont plus faciles à saisir, parce qu'à l'aide de l'injection & des ligatures on a pu vérifier la découverte de Harvée, moyen qu'on n'a jusqu'ici que difficilement essayé à l'égard des végétaux. Il reste prouvé seulement que, dans ces derniers, la sève a un mouvement de bas en haut & de haut en bas. Je pencherois, avec M. Duhamel, à admettre, non pas un simple balancement, mais une ascension de la sève, distincte de son retour vers les racines, en convenant cependant qu'il n'y a pas de démonstration sur ce qui se passe dans cette fonction.

Quoi qu'il en soit, dans quelques pays chauds la sève est presque toute l'année en mouvement; car sur le même arbre on voit à-la-fois des boutons, des fleurs & des fruits. L'effet d'une trop grande chaleur est d'épuiser les plantes & de détruire la sève. Aussi la végétation est-elle arrêtée dans les lieux exposés à un soleil ardent, qui frappe sans discontinuer un sol que les pluies n'arrosent pas. Le printems est la saison qui réveille la sève, plutôt ou plus tard, selon l'éloignement où on est de l'équateur, & selon la position locale. Pendant le cours de l'été elle reprend de nouvelles forces de tems en tems. Son action n'est jamais si sensible & si forte que lorsqu'à des pluies succèdent de la chaleur & un tems couvert, parce que comme il y a moins de transpiration & d'évaporation, tout est employé à l'accroissement du végétal. Voilà pourquoi il est nécessaire d'arroser plutôt le soir que le matin, de semer certaines plantes à la veille d'un tems disposé à la pluie, d'abriter du soleil les plantes qui transpirent beaucoup. Le frais de l'automne ralentit le mouvement de la sève; le froid de l'hiver l'arrête presqu'entièrement dans les plantes vivaces, où elle reste concentrée jusqu'à ce qu'au printems un air doux & de l'humidité la développent pour procurer de nouvelles pousses. Il y a des plantes où elle se met plus aisément en action; telles sont les précoces, soit annuelles, soit vivaces. Les annuelles précoces consomment toute leur sève, qui se perd quand elles ont donné leur graine; elles ont une végétation rapide & courte. Les vivaces du même genre se flétrissent plutôt que celles qui sont tardives.

On croit, en général, que l'ascension de la sève est en raison de la transpiration des feuilles. Il est certain que si on prive un arbre de ses feuilles, comme on fait au mûrier blanc, la sève y est moins en action en raison de ce qu'il transpire moins; si quelque cause en bouche les pores, il languit, ne grossit pas ou ne donne que des branches petites & peu nombreuses. Mais la vigne, avant la naissance de ses feuilles, jette des pleurs en abondance & avec force par les incisions de la taille; alors sans doute elle ne transpire que très-peu. Ce n'est donc pas à cette seule cause qu'il faut attribuer le jeu de la sève, comme on n'attribue pas toujours l'accélération du pouls des animaux ou de la circulation du sang, à l'excès de la transpiration. Dans les animaux, si la transpiration est forte, le sang circule avec plus de rapidité; si le sang, par quelque cause interne, est accéléré dans son mouvement, la transpiration augmente. Ne peut-on pas en dire autant des végétaux? Les pleurs de la vigne ont lieu au printems, parce qu'une cause dépendante du terrein, de l'état de l'air, de l'humidité ou de quelqu'autre circonstance, détermine l'ascension de la sève, ascension qui est peut-être augmentée par la transpiration de l'extrémité de la taille, assez tendre pour faire la fonction de feuille. Dans les chaleurs, lorsque la vigne est garnie de feuilles qui transpirent, c'est par leur moyen que la sève y monte, & dans cette saison, à en juger par l'accroissement étonnant des branches, la sève doit être dans une action plus forte que dans le tems des pleurs. Cependant M. Hales ayant adapté à des branches un tuyau courbe rempli de mercure, le mercure fut repoussé très-loin dans le tems des pleurs & pompé, au contraire, quand les branches eurent des feuilles ou transpirèrent, ce qui feroit croire que l'accroiſſement n'eſt conſidérable que quand la sève eſt plus tempérée dans ſon mouvement, & que le premier développement de ce fluide eſt le plus actif.

Au reſte, la ſtatique des végétaux de M. Hales offre des expériences ingénieuſes faites pour meſurer la force de la sève. Elles ſont trop étendues pour avoir place ici, ou je me contenterai d'en rapporter de nouvelles, qui m'ont été communiquées par M. Hallé, & auxquelles j'en joindrai quelques-unes des miennes. Ces expériences ne ſont imprimées nulle part.

M. Hallé choiſit au mois de mars trois poiriers de la même groſſeur, de la même hauteur, également vigoureux & nouvellement plantés; ils avoient deux pouces de circonférence ſur ſix pieds de haut. Expoſés tous les trois, pendant que l'expérience a duré, aux rayons du ſoleil levant, ils étoient garantis du midi par un bâtiment & par des arbres; mais le ſoleil les frappoit encore l'après-midi, quelques heures ſeulement. Comme ils étoient dans la même ligne, l'un d'eux ſe trouvoit plus près du bâtiment, qui le garantiſſoit du midi plus que les autres.

Ces arbres étoient chargés de boutons à fruit, qui depuis ont formé des bouquets conſidérables, mais en plus grande quantité du côté du levant, parce que c'eſt de ce côté-là qu'ils étoient frappés du ſoleil le plus longtems.

M. Hallé s'étant propoſé de voir ſi en gênant les boutons, il n'en ralentiroit pas le développement, choiſit,

1.° Sur l'arbre le plus éloigné du bâtiment, un bouton de trois lignes de diamètre, ſoutenu par une branche très-courte & placée dans la partie de l'arbre tournée du côté du levant; ſon extrémité étoit prête à s'ouvrir; il la recouvrit d'une couche de cire vierge d'une ligne d'épaiſſeur, juſqu'à l'endroit où le bouton ſortoit de la branche.

2.° Sur l'arbre, qui ſuivoit le précédent dans la même ligne, un bouton de deux lignes de diamètre du côté du levant, auſſi ſoutenu par une branche très-courte, & par conſéquent vigoureuſe & ayant encore l'extrémité pointue; ainſi il n'étoit pas avancé; ce dernier fut, comme le premier, couvert d'une couche de cire d'une ligne d'épaiſſeur.

3.° Sur l'arbre le plus près du bâtiment, un bouton de trois lignes & demie, plus développé que les autres, & d'ailleurs dans les mêmes circonſtances; M. Hallé le couvrit d'une couche de cire plus épaiſſe, car il avoit, après qu'il y eut mis l'enduit, ſix lignes de diamètre, ce qui fait une ligne & un quart d'épaiſſeur de cire, au lieu d'une ligne qu'avoient les autres.

Le bouton de l'arbre le plus éloigné du bâtiment, quoiqu'il ne fût pas le plus avancé, mais le plus expoſé des trois au midi, a commencé le premier, au bout de huit jours, à fendre l'enduit de cire vers la partie supérieure & vers la partie inférieure. La fente augmenta insensiblement, & la cire se sépara en deux valves, dont l'une fut trouvée au pied de l'arbre; l'autre resta attachée au bouton. Dans la concavité de celle-ci, il y avoit une goutte de liqueur très-sucrée, ayant un œil jaune très-léger & un peu épaisse. Le bouton continua à se développer, & il fleurit presque aussi-tôt que ceux qui étoient abandonnés à la nature.

Le bouton de l'arbre qui n'étoit ni le plus voisin ni le plus éloigné du bâtiment, par lequel étoit intercepté le soleil du midi, fut le second à se débarrasser de la cire; elle se fendit, comme dans le premier, en deux valves, mais il ne se trouva pas de liqueur sucrée dans l'une d'elles.

Enfin le troisième, dont l'enduit de cire étoit le plus épais, & qui se trouvoit le plus près du bâtiment, ou, ce qui est la même chose, le moins exposé au midi, ne fendit la cire qu'après les autres, également en deux valves, sans qu'on y trouvât de liqueur. Ayant réuni toute la cire tombée des boutons précédens, M. Hallé fit une couche de deux lignes ou environ d'épaisseur à un bouton soutenu par une courte branche, c'étoit sur un vieux poirier vigoureux, taillé en godet & planté sur la même ligne que les trois autres & plus voisin du bâtiment dont il a été parlé. Ce bouton avoit l'aspect du couchant; il étoit très-gros & fort développé. La cire fut rompue très-promptement en deux valves presque égales, ainsi que les autres.

M. Hallé avoit déja tenté ces expériences avec des couches de cire moins épaisses. Le développement des boutons n'avoit pas été ralenti, ce qui l'engagea à augmenter, par degrés, l'épaisseur des couches de cire.

Vers les premiers jours d'avril, tems où la vigne commence à pleurer, M. Hallé choisit un cep qui ne pleuroit pas encore, quoique plusieurs ceps des environs pleurassent déja. Il étoit bien constitué; ses bourgeons jettoient de la bourre. Il recevoit le soleil du midi & du couchant.

Sur la même ligne & à la même exposition, M. Hallé avoit renfermé dans des bouteilles les extrémités de plusieurs autres ceps pour en recueillir les pleurs, dont un, comme je l'ai dit, en a donné par deux incisions une chopine.

L'avant-dernier cep avoit, dans sa moyenne grandeur, un demi-pouce de diamètre & neuf lignes à son pied, sur quarante-deux pouces de hauteur. La serpette l'avoit taillé à treize endroits. Ayant dessein d'arrêter les pleurs, M. Hallé couvrit chaque taille d'un enduit de deux ou trois lignes de cire vierge; il mit par-dessus des bandes de peau liées avec de la ficelle en les serrant très-fortement, évitant cependant, dans

dans l'application de cet appareil, de comprendre, autant qu'il a été possible, les bourgeons.

Tout est resté en cet état pendant plusieurs jours. Au bout de huit jours la peau s'est un peu humectée à deux tailles l'une après l'autre; il s'en est échappé quelques gouttes de pleurs; mais elles ont été bientôt sèches. Le développement des bourgeons a été singulièrement retardé, au point que M. Hallé a cru que le cep périroit; mais peu-à-peu les bourgeons ont pris du volume & ils ont poussé des branches assez longues. Tout a été moins avancé que dans les ceps voisins les moins développés; le cep ayant repris sa force & poussé avec vigueur, l'appareil fut défait environ vingt jours après avoir été appliqué.

La cire étoit très-adhérente aux extrémités qui avoient suinté. On ne pouvoit l'enlever sans enlever en même-tems l'écorce qu'on fut forcé de laisser en plusieurs endroits; ce qui intéressa le plus M. Hallé, ce fut de voir, malgré l'épaisseur de la cire, malgré la force avec laquelle elle étoit maintenue par la peau & la ficelle, six bourgeons, dont trois se sont cassés, qui s'étoient fait jour à travers l'enduit; deux avoient déja jetté leur bourre & laissoient distinguer facilement les feuilles & les grappes ramassées en peloton, à cause de la compression qu'elles avoient souffertes. La cire n'en étoit pas moins adhérente aux environs de ces bourgeons, qui sembloient y être enchassées.

A l'égard des ceps, dont les extrémités ont pleuré dans une bouteille, les bourgeons qui se sont trouvés renfermés ont poussé avec une vivacité surprenante, & ceux des ceps ainsi renfermés, dans lesquels ce développement a eu lieu de bonne heure, ont donné peu de pleurs. Ces pousses étoient si tendres qu'elles s'écrasoient sous les doigts sans nul effort; en retirant le cep de la bouteille, elles se sont cassées très-facilement. Les petits bourgeons même qui étoient les moins développés étoient tendres & d'une délicatesse plus grande que celle des bourgeons qui n'avoient pas été renfermés.

Ces expériences de M. Hallé ont été faites sous mes yeux; elles m'ont tellement intéressé que j'ai cru devoir faire sur des fleurs, sur des capsules & sur des graines, ce qu'il avoit fait sur des bourgeons d'arbres & de vigne.

Le 23 avril, j'ai lié d'une manière solide, mais avec une compression douce, deux fleurs d'iris, qui n'étoient pas encore épanouies. L'une d'elles commençoit à percer de quelques lignes le haut du *spath;* la ligature faite avec un fil assez fort, & noué, n'a pas empêché celle-ci de s'élever; elle s'est, pour ainsi dire, glissée en s'alongeant dans le spath, en sorte qu'elle a paru au-dessus, & le fil est resté autour du spath. La fleur, quoique déja élevée, n'étant pas développée, je l'ai lié vers le milieu avec un fil pareil. Son développement, comme on le conçoit, n'a pu se faire en entier. Mais la partie qui étoit au-dessous de la ligature, & la partie supérieure, ont acquis les degrés de développement qu'elles pouvoient acquérir : car le haut des pétales étoit développé & leurs extrémités inférieures étoient séparées comme dans la fleur en liberté; sa ligature s'est serrée singulièrement par les efforts des pétales qui tendoient à s'écarter : en la coupant, les trois pétales qui sont ordinairement renversés dans les iris se sont renversés sur le champ, & la fleur n'a pas paru altérée.

La seconde fleur d'iris, également liée, s'est aussi échappée de la ligature en montant au-dessus du spath.

La fleur d'une féve de marais qui étoit encore serrée & étroite, a été liée comme les fleurs d'iris, environ vers sa partie moyenne. L'*étendard* s'est développé avec la même facilité que dans une fleur d'à-côté qui n'étoit pas liée, parce que la ligature étoit un peu plus loin.

Deux *ombelles* de carotte cultivée commençant à s'épanouir & déja ouverts d'un pouce ou environ, ont été liés avec un filet de fraisier; trois jours après le lien de l'un d'eux avoit coulé vers la tige par les efforts de l'ombelle général qui se développe entièrement; mais les ombelles partiels de la circonférence étoient renversés, tandis que ceux du centre regardoient le ciel. Deux jours après les ombelles partiels de la circonférence se retournèrent dans le sens contraire & reprirent l'état naturel. Ces derniers s'étant trouvés gênés, au moment où ils cherchoient à se débarrasser de leur lien, s'étoient écartés plus qu'ils n'avoient dû, parce qu'ils avoient employé une force outrée, comme on voit des muscles se relâcher lorsqu'ils se sont contractés trop fortement. Bientôt la sève qui se portoit en haut les fit relever peu-à-peu.

Le second ombelle ne s'étoit pas encore débarrassé de son lien deux jours après; lorsque j'y touchai, ce lien coula, parce qu'il se portoit déja vers la tige. Quelques ombelles partiels se renversèrent comme dans l'exemple précédent, mais ils se rétablirent aussi en peu de jours.

J'ai lié avec du fil fort deux ombelles naissans de carotte, en comprenant dans l'un l'*involucrum* général, & ne le comprenant pas dans l'autre.

La ligature du premier a glissé vers la tige; celle du second s'est portée par en haut, où elle s'est fixée, étant retenue par quelques ombelles partiels de la circonférence qui s'étoient fait jour par-dessous. La floraison a continué dans ce dernier.

J'ai lié aussi avec un fil fort un ombelle épanoui de carotte, dont j'ai rapproché les ombelles partiels; trois jours après, plusieurs petits ombelles s'étoient glissés & alongés au-dessus des autres, ils étoient plus longs que ceux d'un ombelle de même étendue, abandonné à lui-même.

Ils se renversoient autant qu'ils le pouvoient; les *petioles* sous le lien s'écartoient. N'ayant point ôté le lien, quelque tems après les ombelles se sont rapprochés & ont laissé leur fil lâche, la floraison étant passée; les ombelles de carotte se rapprochent ainsi vers la maturité de la graine. Je n'ai vu aucune altération à l'ombelle de cette expérience.

J'ai lié avec du fil deux fleurs de scorsonère, savoir, l'une qui étoit déja épanouie, en rapprochant ses fleurons, & l'autre qui étoit encore en bouton.

La première, trois jours après étoit flétrie, soit parce qu'elle avoit été liée trop fortement, soit parce qu'elle étoit délicate.

La seconde, quoique j'eusse lié les découpures du calice, étoit épanouie. Les fleurons s'étoient glissés à travers & alongés, car ils étoient plus longs que ceux d'une fleur pareille en liberté. Un ou deux jours après, la fleur entière tomba: vraisemblablement la fleur de cette plante est plus délicate que d'autres.

J'ai lié, avec du coton filé, moins fort que du fil, mais en faisant deux tours, 1.° un ombelle de carotte épanoui; 2.° un ombelle de carotte non épanoui; 3.° un bouton de scorsonère non épanoui; 4.° une fleur de scorsonère qui commençoit à s'épanouir.

Dans les deux ombelles de carotte, le coton s'est bien tendu sans se casser; après la floraison, qui n'a point été interrompue, les ombelles partiels se sont rapprochés; le coton est resté lâche, la graine a mûri, comme si on n'avoit pas touché aux ombelles.

Le bouton de scorsonère non épanoui, s'est épanoui & a donné sa graine.

La fleur épanouie de scorsonère n'a pas été suivie, parce que je n'ai pu retrouver l'endroit où elle étoit.

J'ai lié avec une forte soie l'ensemble de quelques capsules de fraxinelle. J'ai lié séparément une seule de ces capsules. Malgré les obstacles, trois des capsules qui étoient liées ensemble se sont ouvertes; elles ont tendu la soie, & la graine en est sortie avec explosion comme dans les autres, peut-être seulement un peu plus tard; une seule capsule n'a pu chasser sa graine.

La graine de la capsule qui étoit liée seule n'a pu sortir non plus, quoique la capsule se fût un peu ouverte; peut-être cela vient-il de ce que je l'avois trop serré, ou parce que le jardinier avoit coupé le bouquet des capsules avant la parfaite dessiccation de la membrane élastique de cette seule capsule. L'explosion d'une graine de quatre capsules liées ensemble & de celle de la capsule qui étoit liée seule, n'a pu se faire par l'effet du soleil, auquel je les ai exposées après que les bouquets des capsules ont été coupés & séparés des tiges; je n'avois tenté ce dernier moyen que pour voir si le soleil pouvoit encore agir sur une capsule séparée de sa tige.

Ces faits rappellent ce que des cultivateurs ont sans doute observé comme moi. Lorsqu'on greffe un arbre en fente, après l'insertion de la greffe on l'assujettit avec de la terre molle qu'on pétrit & qu'on recouvre d'un linge ou de filasse, ayant soin de bien serrer l'appareil; souvent il arrive que des boutons s'élèvent du fond de l'appareil en perçant la terre & le linge, tant la nature a de force pour franchir les obstacles qu'on lui oppose.

M. le Marquis Turgot voulant remédier à cet inconvénient & empêcher que la greffe ne fût noyée par ces pousses internes, a imaginé d'employer, au lieu de terre glaise, un mortier qui bouche toutes les issues de la sève & la force d'enfiler la greffe. Cette méthode est excellente, & on en doit de la reconnoissance à M. le Marquis Turgot. Elle consiste à mêler, à l'aide de la chaleur, une livre de poix, une demi-livre de poix résine, & un quarteron de cire; lorsque le mêlange n'a plus qu'une légère chaleur on l'applique sur l'union de la greffe à l'arbre. M. le Marquis Turgot s'en sert aussi avec succès pour recouvrir les plaies des arbres.

J'ai vu dans un caveau où on amoncelle tous les ans des pommes de terre pour les préserver de la gelée pendant l'hiver, quelques filets de racines s'insinuer entre les pierres de la muraille. Il s'y formoit des pommes de terre qui grossissoient aux dépens de la place du mortier, par lequel les pierres étoient liées entr'elles, en sorte que quand on avoit arraché les pommes de terre, on voyoit le mortier extrêmement comprimé, & comme si on l'avoit battu exprès, mais fortement.

Enfin, au mois de juin 1785, j'ai reçu de Rome une caisse que je n'ai ouvert qu'au mois d'octobre suivant. Elle contenoit des paquets enveloppés d'un double papier & bien ficelés. J'ignore combien elle avoit été de tems en route. Parmi ces paquets il y en avoit un rempli de pommes de terre, qui avoient poussé des tiges & des racines; les pommes de terre & les racines étoient desséchées, mais les tiges n'étoient que flétries. On voyoit aux racines de petits tubercules, c'est-à-dire, des nouvelles pommes de terre, grosses comme un œuf de serin. J'en ai conservé plusieurs pendant l'hiver pour les planter au mois d'avril 1786. Elles m'ont produit des tubercules ou pommes de terre de la plus belle grosseur en assez grande quantité; ce qui prouve que les tubercules formés dans les papiers & dans la caisse étoient doués de la vertu végétative.

Ces expériences, qu'on pourroit multiplier encore, & ces observations, prouvent de quels efforts est capable la vertu végétative, puiſque des bourgeons d'arbres qu'on recouvre d'un enduit aſſez épais de cire, ſe ſont jour à travers cet enduit, puiſque les pleurs de la vigne pénètrent des bandes de peau miſes ſur de la cire & liées fortement, puiſque des fleurs gênées par des liens plus ou moins ſerrés, les tendent, les écartent ou ſe gliſſent deſſous ou deſſus pour ſe développer, puiſque malgré de puiſſans obſtacles, des capſules lancent leurs graines, des racines compriment un mortier endurci, ou pouſſent enfermées dans des papiers ficelés, & laiſſées plus de cinq mois dans une caiſſe clouée. Que la nature eſt admirable! Que ſes phénomènes ſont intéreſſans!

Le premier diſcours, comme on a vu, a pour objet l'hiſtoire abrégée, les progrès de l'agriculture chez différens peuples, & les moyens de l'améliorer en France. J'ai cru devoir, dans le ſecond, traiter des principes de la végétation & des parties des plantes, en les conſidérant ſous leurs rapports avec l'agriculture. Il m'a paru utile encore de faire connoître les meilleurs ouvrages qu'on conſerve ſur cet art important. Ne pouvant me livrer au genre de travail que ce projet exigeoit pour être rempli, j'ai engagé M. l'Abbé Bonnaterre, dont le zèle & les lumières me ſont connus, à vouloir bien s'en charger & à s'en occuper. Le public en jugeant la manière dont il s'en eſt acquitté, ſaura lui rendre toute la juſtice qui lui eſt dûe. C'eſt donc ſous ſon nom que paroîtra le diſcours ſuivant.

TROISIEME DISCOURS,

PAR M. l'Abbé BONNATERRE.

Extraits des meilleurs Auteurs d'Agriculture.

AUTEURS GRECS.

Hésiode. LE PLUS ANCIEN OUVRAGE que nous ayons sur l'agriculture, c'est un poëme d'Hésiode, intitulé : *les Travaux & les Jours*. On sait que ce poëte naquit à Cumes, ville d'Eolide, & qu'il fut élevé à Ascra, dans la Béotie, où ses parens se retirèrent pour se soustraire aux poursuites de leurs créanciers : mais il n'est pas aussi aisé de fixer le tems où il a vécu, pour en déduire à-peu-près celui où il a donné son poëme. Les historiens ont là-dessus des opinions bien différentes, les uns disent qu'il a existé avant Homère, les autres prétendent qu'il n'est venu au monde que cent ans après ; & il y en a qui assurent qu'il a été son contemporain. « Homère & Hésiode chantèrent les » funérailles d'Ælycius de Thessalie & d'Amphidamas de Chalcis, » dit Plutarque (1), & les suffrages furent partagés entr'eux. » Ce fait est encore attesté par Philostrate, Libanius, Rutgersius, Heinsius, Erasme. Il paroît même certain, d'après le témoignage de quelques-uns de ces Auteurs, que dans le concours de poësie qui fut convoqué à Chalcis par ordre du roi Pâris, frère du défunt, Hésiode fut vainqueur & qu'il obtint, pour prix de sa victoire, un trépied magnifique qu'il consacra aux muses de l'Hélicon, après y avoir gravé cette épigramme, que Dion nous a conservée.

« Hésiode consacra ce monument aux Muses de l'Hélicon, lorsque » dans Chalcis, ses vers l'emportèrent sur ceux du divin Homère. »

Hesiodus posuit Musis Heliconibus istum
Cum cantu vicit divinum in Chalcide Homerum.

Nous n'insistons sur ce prétendu avantage d'Hésiode sur Homère, qui est étranger à notre sujet, de même que les autres circonstances de sa vie, que pour prouver uniquement que ces deux poëtes étoient

(1) Lib. V, Symposiaçon quæst. 20, & in conviv. 7, sapient. page 153.

contemporains. On doit par conséquent rapporter leur existence, suivant les Grecs & les Latins, vers la première olympiade, c'est-à-dire, soixante ans avant la fondation de Rome.

Quant au poëme dont nous avons à parler, c'est un écrit didactique, qu'Hésiode composa pour l'instruction de son frère Persés qu'il vouloit détourner de l'oisiveté & rendre un homme de bien. On peut le diviser en trois parties; savoir, *les travaux*, en deux livres, & *les jours*, en un livre séparé. Cette division arbitraire a été adoptée par Daniel Heinsius dans l'édition qu'il a donnée de cet ouvrage, en 1603; Salvini l'a suivie dans sa traduction en vers Italiens.

La première partie, qui renferme 360 vers, est un code de morale dont les préceptes excellens peuvent convenir à tous les hommes; c'est un recueil de sentences & de maximes sur l'obligation d'observer la justice, de s'occuper au travail, & sur les maux que la paresse entraîne.

La seconde partie contient des préceptes superficiels d'agriculture, mêlés cependant de peintures vives & agréables. Après avoir exhorté Persés à respecter les dieux, à leur présenter des offrandes pures & innocentes, le poëte entre dans le détail des occupations rustiques.

Tems de la moisson. Il lui recommande d'abord de commencer la moisson au lever des pléïades (1), & le labour à leur coucher (2). « Souviens-toi, lui dit-il, de te procurer, avant tout, du bétail pour le labourage, de chercher une bergère pour conduire tes troupeaux, & d'avoir des outils en bon état. En automne, lorsque la sève ne circule plus, tu couperas le bois nécessaire pour les instrumens du labourage. »

Il prescrit ensuite les dimensions que doivent avoir certaines pièces. Il faut un tronc de trois pieds pour un mortier, un pilon de trois coudées, une planche de sept pieds. Les jantes des roues doivent avoir trois palmes, & le charriot dix. Il lui conseille d'avoir deux charrues, l'une d'une seule pièce, l'autre d'assemblage. Les avertissemens qu'il lui donne s'étendent jusques sur la qualité du bois qu'il doit employer. « Le laurier & l'orme, dit-il, sont le meilleur bois pour le timon; le chêne, pour le dental, & le chêne verd, pour le manche. » A l'égard des bœufs, il l'exhorte à en avoir de neuf ans, parce qu'à cet âge ils cessent de croître, ils sont plus forts & plus propres au travail.

(1) Les pléïades sont une constellation de sept étoiles placées sur le dos du taureau. Du tems d'Hésiode, les pléïades se levoient avec le soleil au commencement de juin. Nous devons prévenir le lecteur que la plupart des ouvrages dont nous allons faire l'analyse ont été écrits dans des tems très-anciens, & sous des climats différens du nôtre, & qu'ainsi on ne doit pas être surpris si les opérations rurales ne correspondent point avec les nôtres.

(2) Cette constellation se couche avec le soleil, vers le milieu de novembre.

Tems du labour & des semailles. Observe le passage de la grue; continue le poëte, les cris qu'elle pousse dans les airs, annoncent les pluies de l'hiver & le tems de labourer la terre. Dès que cette saison est arrivée, laboure, toi & tes domestiques dès le matin, soit que tes champs soient secs ou humides. Au printems, donne le premier coup de charrue, le second en été, & sème en automne. Le travail en sera plus facile, la terre étant devenue plus légère par ce second labour. Si tu attends le solstice d'hiver pour semer, tes moissons seront peu abondantes, à peine trouveras-tu de quoi emplir ta main. Il parle cependant d'une circonstance où ce retard pourroit ne pas être préjudiciable au laboureur. Lorsque le coucou commence à chanter sur les chênes, si Jupiter fait pleuvoir, pendant trois jours, sans interruption, tellement que l'eau monte aussi haut que l'ongle des bœufs, & pas davantage, alors le bled semé tard peut égaler le premier semé.

Préceptes sur le travail. A la suite de ces préceptes généraux, il donne des règles économiques sur le travail & l'industrie qu'il faut avoir pour augmenter ses revenus: & parce qu'il avoit observé que rien ne contribue plus à efféminer les hommes & à les rendre lâches & paresseux, qu'une trop grande assiduité auprès du feu, il conseille à Persés d'éviter ces assemblées où l'on s'amuse à discourir sur des questions inutiles, quelquefois même dangereuses, & où l'on néglige les affaires essentielles.

Chaque saison a ses occupations qui lui sont propres; un bon père de famille doit veiller à ce que tous les travaux se fassent dans des tems convenables; mais c'est sur-tout à l'entrée de l'hiver qu'il redouble d'attention & de prévoyance. Hésiode donne une belle description de l'hiver & indique à son frère les précautions qu'il doit prendre pour se mettre à l'abri des rigueurs de cette saison. Quoiqu'il ait eu en vue d'inspirer à Persés le goût du travail, plutôt que de lui donner un traité suivi d'agriculture, il profite cependant de toutes les occasions qui se présentent pour lui tracer l'ordre & la succession de tout ce qu'il a à faire: ainsi, après avoir parlé de l'hiver, il lui observe que les nuits étant alors très-longues, & le travail du jour fort court, il ne faut donner aux bœufs que la moitié de la nourriture qu'ils ont pendant l'été.

Travaux du printems. Viennent ensuite les travaux du printems. Soixante jours après le solstice d'hiver, lorsque l'étoile *arcturus* (1), sortant de l'Océan, paroît la première sur le soir, & que l'hirondelle de Pandion vient annoncer le retour de cette belle saison, il faut prévenir son arrivée pour tailler la vigne. Au lever des pléïades, lorsque

(1) L'étoile arcture, ou le bouvier, paroît le soir, au commencement du printems.

lorsque l'escargot commence à se traîner sur les plantes, il est trop tard pour les fouir.

Travaux de l'été. Au premier lever d'Orion, on doit battre les grains & les enfermer dans les greniers : ayant observé auparavant que l'aire soit bien battue & exposée au vent. Le laboureur doit mettre à profit tous les momens d'un tems aussi précieux pour cueillir ses fruits & faire les autres provisions pour l'hiver. Il blâme sévèrement ceux qui ont coutume de se lever tard ou de dormir l'après-midi.

Il parle ensuite des domestiques, des servantes, & du chien qui doit veiller pendant la nuit.

Travaux de l'automne. Lorsqu'Orion & Syrius seront parvenus au plus haut du ciel, & qu'Arcturus paroîtra avec l'aurore, il faut cueillir les raisins, les exposer au soleil pendant dix jours, les mettre à l'ombre pendant cinq, & le sixième, verser le vin dans des vases.

Enfin, lorsque les hyades, les pléiades & l'étoile d'Orion auront disparu, c'est le tems où il faut labourer la terre pour la rendre fertile.

Il passe ensuite aux détails de la navigation, très-imparfaite de son tems. Il parle de la construction des vaisseaux & de la saison la plus convenable pour aller sur mer. Cette partie est terminée par une exhortation sur le respect & la piété envers les dieux.

La troisième partie composée de soixante vers, est un recueil d'observations fausses & puériles, une liste de pratiques superstitieuses, fondées uniquement sur les fables du paganisme. Hésiode dit qu'il y a des jours heureux & malheureux, non-seulement pour les travaux champêtres, mais encore pour les affaires domestiques; il est inutile de les rapporter ici. On ne voit encore que trop de restes de cette superstition grecque parmi les peuples de la campagne.

Xénophon.

Sous la LXXXII.[e] olympiade, c'est-à-dire, environ quatre cens cinquante ans avant Jesus-Christ, parut Xénophon, qui a fait un livre sur *l'économie*. Disciple de Socrate, il apprit à l'école de ce grand maître cette philosophie qu'il a appliquée à ses préceptes, & qui a fait survivre son ouvrage à ceux d'Hiéron, roi de Sicile, d'Attale de Pergame, de Juba de Mauritanie, & de quantité d'autres princes ou savans qui ont écrit sur l'agriculture, & que nous ne connoissons que parce qu'il en est fait mention dans les anciens auteurs. Cet ouvrage a été estimé dans tous les tems. Scipion l'Africain l'avoit toujours entre les mains; Ciceron se fit un honneur d'en enrichir la langue latine, & Virgile en a emprunté les plus beaux traits de ses Georgiques. Ces témoignages suffiroient, sans doute, pour en faire l'éloge; mais on jugera mieux encore de son mérite par l'analyse que nous allons en faire.

Il est divisé en trois livres séparés, dont chacun renferme plusieurs chapitres.

Dans l'introduction, qui est en dialogue ainsi que le reste de l'ouvrage, Critobule donne à Socrate la définition de l'*économie* & du mot *bien*. Il assigne en quoi consistent les véritables richesses. Il recherche comment les exemples peuvent suppléer aux leçons, & la manière de mettre à profit les leçons & les exemples. Il distingue les arts méchaniques d'avec les arts libéraux. Il loue la politique du roi de Perse, qui, aux connoissances parfaites de l'art militaire, joignoit celles de l'agriculture. Avec quel enthousiasme ne parle-t-il pas de Cyrus le jeune, qui ne prenoit ses repas qu'après s'être couvert de sueur & de poussière, soit en faisant des évolutions militaires, soit en cultivant ses jardins? Ces deux traits d'histoire qu'il vient de rapporter le conduisent à faire un éloge pompeux de l'agriculture. Il parle ensuite de la puissance des dieux, qui influent autant sur les travaux des champs que sur les événemens de la guerre.

Dans le premier livre, il s'agit des fonctions du ménage, qui sont particulières aux femmes. Socrate & Ischomaque sont les interlocuteurs. Ischomaque rapporte à Socrate une conversation très-intéressante qu'il eut avec sa femme sur cet objet. Il lui raconte la manière dont il l'avoit formée, & ce qu'il lui avoit dit sur la portion d'autorité qu'elle devoit avoir dans la maison. Il parle de l'ordre qu'ils avoient établi dans leur ménage. Les détails qu'il donne sur cette matière, fournissent les préceptes les plus instructifs sur l'économie domestique. On y trouve quelle doit être la disposition générale de la maison, la distribution des meubles; on y apprend quels sont les devoirs des maîtres envers leurs domestiques; quels sont les domestiques qu'il faut punir & ceux qu'il faut récompenser. La bonne intelligence qui règnoit entre Ischomaque & sa femme ne pouvoit que produire des effets avantageux: aussi partage-t-il avec elle la gloire de tous ses succès & de sa prospérité.

Le deuxième livre concerne les fonctions qui sont propres à l'homme. Dans l'avant-propos, l'auteur discute si c'est dans les richesses que consiste le mérite personnel; il conclut que c'est dans les sentimens & la vertu. Parmi les devoirs que l'homme a à remplir, le premier & le plus important, est celui de se rendre les dieux favorables; ensuite viennent l'exercice & le travail. L'un procure la santé & l'autre les richesses. Ici Ischomaque développe les devoirs du maître à l'égard de ses fermiers. Il doit les instruire lui-même & se les attacher, leur donner de l'ardeur, de l'émulation, & exclure de cette place ceux en qui il reconnoîtra quelque vice. C'est lui qui doit leur montrer le bon exemple & veiller sur leurs travaux. Mais ce n'est pas assez d'avoir donné des ordres, il faut encore que les qualités du fermier répondent à l'instruction & à la vigilance du maître. Un bon fermier doit donc avoir des principes & de la méthode. Il faut qu'il sache non-seulement ce qui regarde son état, mais encore la manière & le tems de faire chaque chose en particulier. Il est essentiel qu'il ait le talent de se faire obéir des autres ouvriers. Il y réussira en donnant à chacun des salaires proportionnés à leurs travaux. Celui qui fait le double de travail doit avoir une double récompense. Parmi les bonnes qualités qui caractérisent un bon fermier, la fidélité est la plus recommandable. Un fermier infidèle entraîne tôt ou tard la ruine de son maître.

Après avoir ainsi détaillé les devoirs du mari envers sa femme, du maître envers son fermier, & réciproquement du fermier à l'égard de son maître, Xénophon passe à la connoissance parfaite des principes & des méthodes, en un mot, aux opérations de l'agriculture.

Le troisième livre est consacré à cette matière intéressante. On voit d'abord que l'agriculture est un art simple & facile à apprendre. Ischomaque & Socrate discourent ensemble sur les moyens de connoître les propriétés d'un terrein, objet de la première importance pour un fermier; car comment semer ou planter, si l'on ignore ce que le terrein peut produire. Ils parlent des tems qui sont propres aux différens labours, aux semailles. Les dieux n'ayant pas réglé la température des saisons d'une manière invariable, une année demande qu'on sème de bonne heure, une autre qu'on sème plus tard, & une autre qu'on sème dans un tems également éloigné de ces deux extrêmes. Quant à la manière de semer, ils disent qu'elle doit être proportionnée à la qualité des terres. La terre foible exige moins de semence qu'une terre forte.

Il ne suffit pas d'avoir bien ensemencé ses champs pour espérer une bonne récolte, il faut encore avoir soin du bled lorsqu'il a levé; en conséquence, les interlocuteurs regardent le sarcloir comme un instrument indispensable, soit pour arracher les mauvaises herbes qui naissent parmi le bon grain, soit pour dégager les grains de semence, qui pendant l'hiver sont ensevelis sous la vase dans des terres humides, ou pour recouvrir de terre ceux qui ont été, pour ainsi dire, déracinés par la violence de la pluie ou l'écoulement des eaux. Leur entretien se porte ensuite sur la manière de moissonner, de fouler ou battre le bled, & de le vanner. Socrate, qui ne sait pas la manière de planter les arbres, apprend d'Ischomaque tout ce qui a rapport à cette opération. Leur conversation se termine par des réflexions philosophiques sur ce qui regarde l'agriculture. Ils conviennent l'un & l'autre que l'art consiste dans l'observation de la nature, & que ne n'est pas l'ignorance; mais la paresse qui nuit dans la culture des terres. « Ce principe vrai en

» général, dit M. l'Abbé Millot en parlant du livre de Xénophon, » seroit faux & pernicieux, s'il excluoit toute nouvelle méthode; car » on a beau vanter les anciens usages, ne les a-t-on pas réformés uti- » lement en plusieurs points? & combien n'y a-t-il pas encore à per- » fectionner? On doit en convenir cependant; le travail fait plus que » tout le reste. Inspirez-en l'amour par le bien-être qu'il doit produire, » c'est le grand art pour rendre la terre féconde. »

Les interlocuteurs s'accordent à dire que dans cette profession, comme dans toutes les autres, il faut faire chaque chose en son tems, & ne jamais rien faire à demi, si l'on veut que le travail prospère. Ils parlent enfin des défrichemens, du commerce en terres & en grains comme d'une pratique mise en usage par leurs ayeux pour augmenter leurs possessions. Telle est en abrégé la matière qui compose cet ouvrage; toutes les parties de l'économie domestique y sont traitées avec ordre, justesse, & précision. L'auteur y donne des préceptes sages & lumineux, toujours accompagnés de comparaisons exactes & embellis par des traits d'histoire qui plaisent en instruisant.

Aristote. Xénophon étoit déja avancé en âge lorsqu'Aristote naquit à Stagire, en Macédoine. Avec les heureuses dispositions qu'il avoit reçues de la nature, & son application constante à l'étude, il fit des progrès rapides & composa une quantité considérable d'ouvrages qui lui acquirent une grande réputation. Toutes les sciences lui étoient propres; il a écrit sur la rhétorique, la poëtique, la philosophie, la morale, l'histoire naturelle, la politique, & sur l'économie rurale. Les auteurs qui ont parlé des ouvrages d'agriculture font beaucoup de cas de celui de ce philosophe: c'est ce motif qui nous engage à en faire l'analyse. La matière qu'il traite, ne se rapporte qu'indirectement à notre sujet; mais il nous reste d'ailleurs si peu d'ouvrages des Grecs en ce genre, que nous devons recueillir précieusement tout ce qui est parvenu jusqu'à nous.

L'économie d'Aristote renferme deux livres. Dans le premier, il traite de ce qui a rapport au soin du ménage, des fonctions du mari & de la femme, des devoirs d'un père de famille à l'égard de ses enfans & de ses domestiques: il est divisé en sept chapitres.

Différence entre l'économie & la politique. Dans le premier chapitre, l'auteur fait le paralèlle de l'économie & de la politique. L'une, dit-il, regarde le gouvernement de la maison; l'autre, le maniement des affaires publiques; il démontre que la politique doit son origine à l'économie.

Devoirs d'un père de famille. Dans le deuxième, il divise en trois chefs principaux les devoirs d'un père de famille. Il doit s'occuper du soin de sa maison; il doit avoir des égards pour sa femme & ne pas négliger l'agriculture. Cet art est, selon l'ordre naturel, un objet qui mérite une attention particulière, il en fait l'éloge.

Moyens pour entretenir la concorde entre le mari & la femme, chapitre III. L'union de l'homme & de la femme étant nécessaire pour la propagation du genre humain, il explique les moyens admirables que la nature a établis pour entretenir l'harmonie de cette société. Elle a donné à un sexe la force & à l'autre la foiblesse, pour leur indiquer la différence de leurs fonctions. Celui qui a la force en partage doit s'occuper des travaux pénibles & des ouvrages du dehors; celui, au contraire, qui est foible, doit se livrer à des occupations plus douces, plus aisées, & ne penser qu'à la conservation de ce qui se trouve dans l'intérieur de la maison.

Devoirs d'un père de famille envers ses domestiques. Dans le quatrième, il donne des leçons au père de famille à l'égard de ses domestiques; il doit examiner s'ils sont propres à l'emploi auquel il les destine & les éprouver, avant de les mettre en charge; s'il s'apperçoit qu'ils soient paresseux, insolens ou adonnés au vin, il doit les renvoyer. Ses devoirs envers ceux qui sont à son service, consistent à les faire travailler, à les nourrir & à les corriger; la nourriture sans le travail rend les domestiques négligens, infidèles & rebelles envers leurs maîtres; & le travail imposé sans une nourriture convenable, est une injustice dont les maîtres se rendent coupables envers leurs domestiques.

Dans le cinquième, il explique comment un père de famille doit se conduire dans l'administration de ses affaires domestiques. Il lui recommande principalement de présider à tous les ouvrages. A ce sujet, il rappelle la réponse d'un Persan à qui l'on demanda un jour qui est-ce qui contribuoit le plus à engraisser un cheval? il répondit que c'étoit l'œil du maître.

Situation du domaine. Dans le sixième, il recherche quelle est la situation la plus avantageuse pour un domaine & pour l'emplacement de la maison. Celle-là, dit-il, sera la mieux située, soit pour le service des champs, soit pour la santé de ceux qui doivent l'habiter, qui sera placée dans un lieu bien aéré, sans être néanmoins exposée aux froids rigoureux de l'hiver.

Dans le septième chapitre, il fait le tableau des qualités que doit avoir une femme vertueuse.

Aristote emploie le deuxième livre, à donner des vues générales sur l'économie. Il ne dit qu'un mot des qualités nécessaires à celui qui se livre au gouvernement des affaires domestiques. Qu'il soit intelligent, qu'il soit laborieux, qu'il connoisse parfaitement la nature du lieu où il veut s'établir, c'est à ces trois points qu'il réduit tous les préceptes qu'il donne dans ce livre.

Il distingue ensuite quatre formes d'administration, la royale, la satrapique, la civile & la domestique ; c'est à cette dernière qu'il rapporte l'agriculture, dont il dit que les revenus sont les plus intéressans.

Quoique ce second livre paroisse être la suite du premier, il est certains écrivains, comme Vossius & Samuel Petit, qui prétendent qu'Aristote n'en est pas l'auteur.

Les Géoponiques.

On a donné le nom de Géoponiques à un ancien recueil de ce que divers auteurs grecs ont écrit sur l'agriculture & sur tout ce qui regarde les biens de la campagne. On n'est point d'accord sur le nom de l'auteur à qui nous sommes redevables de cette précieuse collection ; les uns l'attribuent à Constantin Poligonat, les autres à Constantin Porphyrogenete ; ceux-ci à Denys d'Utique, ceux-là à Vindanius Anatolius Berytus ; mais, selon l'opinion la plus probable, elle appartient à un certain Cassius Bassus, dont on ne connoît ni la patrie ni le tems où il a vécu.

Les principaux auteurs, dont les fragmens composent ce recueil, sont au nombre de trente ; savoir,

Apsyrthus, qui vivoit sous l'empereur Constantin, & qui a donné un traité sur l'art de guérir les chevaux.

Julianus Africanus, auteur chrétien sous Alexandre Sévère, dont parle Photius. Au rapport de Suidas, il avoit écrit neuf livres sur les remèdes, qui consistent en paroles & en caractères.

Anatolius, contemporain de l'empereur Théodose, mais dont on ne sait rien de certain.

Apulée ; on doute si c'est Lucius Apuleius, auteur des onze livres de *l'Ane d'or* ; ou *Apuleius Celsus*, médecin fameux sous l'empire de Tibère.

Aratus, qui vivoit sous *Antigonus Gonatus*, roi de Macédoine, & qui a écrit sur l'astronomie.

Berytius, qui a vécu sous l'empereur *Adrien*, & que Photius nomme Berytus.

Démocrite, surnommé le Rieur, contemporain d'Hippocrate, & qui, au rapport de Columelle, a écrit sur l'agriculture. Il ne faut pas confondre celui-ci avec un autre *Démocrite* moins ancien, qui a composé plusieurs choses ridicules, dont quelques-unes se trouvent insérées dans ce recueil.

Didyme d'Alexandrie, qui, au rapport de Suidas, avoit donné un ouvrage en quinze livres sur l'agriculture.

Denys d'Utique, qui a fait des géorgiques, dont parle Athenée.

Diophanes, de la ville de Nice, contemporain de Jules-César & de Ciceron, qui, selon le rapport de Columelle, a réduit en six livres abrégés les ouvrages de Denys d'Utique, dont il fit présent au roi Dejotarus.

Florentinus ou *Florentius*, qui a donné sur l'agriculture des commentaires cités par Photius; il a vécu sous l'empereur Macrin.

Fronton, fameux rhéteur, qui vivoit à Rome sous l'empereur Sévère.

Hierocles, jurisconsulte, qui a composé deux livres sur l'art de guérir les chevaux.

Hippocrates, ce n'est point le père de la médecine dont il est ici question, & qui naquit sous la 80ᵉ olympiade; mais un autre Hippocrates moins ancien, dont parle *Salmasius*.

Juba, fils de Juba, roi de Mauritanie. Il fut pris, étant encore enfant, par César, qui le fit instruire dans toutes les sciences: c'est ce qui a fait dire à Plutarque, dans la vie de César, que la captivité fut avantageuse à *Juba*, puisque du sein de la barbarie, dont il avoit été tiré, il obtint une place distinguée parmi les plus célèbres auteurs de la Grèce.

Leontinus ou *Leontius*, dont Photius fait mention.

Nestor, poëte, qui a vécu sous Alexandre Sévère.

Oppianus, grammairien & poëte, qui vivoit sous Antonin *Caracalla*. Cet auteur a composé cinq livres sur l'art de pêcher, quatre sur la chasse au chien, & deux autres sur la manière de prendre les oiseaux à la glue. Il y a deux cens ans que *Conrad Rittershusius* a donné de savantes notes sur les deux premiers ouvrages que nous venons de citer, c'est-à-dire, sur la pêche & sur la chasse.

Pamphile d'Alexandrie, disciple d'Aristarque; il vivoit au deuxième siècle.

Paxamus, qui, entr'autres ouvrages, a donné un traité sur l'agriculture & un autre sur la teinture.

Pelagonius, auteur inconnu, souvent cité dans ce recueil pour les maladies des chevaux.

Philostrate, dont on ignore la patrie. Eusebe & Suidas disent qu'il étoit Athénien; Photius l'appelle Tyrien.

Ptolomée, philosophe d'Alexandrie; il a écrit sur la méchanique & l'astronomie.

Les Quintilies, savoir, *Gordianus* ou *Cordianus* & *Maximus*, deux frères qui se rendirent fameux par leur érudition. Ils ont écrit sur l'agriculture & ont vécu sous l'empereur Commode, qui les fit mourir, selon le témoignage de Dion Cassius.

Sotion, philosophe dont parle Diogène Laërce; Vossius prétend qu'il a vécu sous l'empereur Tibère; il a écrit sur les fleuves, les lacs & les fontaines.

Tarentinus; nous ne savons point si c'est celui qui est appellé *Archytas Tarentinus*, & qui, selon Columelle, a composé quelques ouvrages d'agriculture, ou si c'est *Heraclides Tarentinus*; médecin empyrique, dont parle souvent Galien.

Theomnestus, auteur dont nous n'avons rien de certain.

Varron, l'un des plus savans Romains, qui a composé trois livres d'agriculture, dont nous parlerons bientôt.

Vindanionius, appellé *Vindonius* par Photius: on ne le connoît que de nom.

Zoroastre, célèbre astronome, qui vivoit 500 ans avant la guerre de Troye, au rapport de Suidas; nous ne pouvons assurer si c'est celui dont on trouve le nom quelquefois dans ce recueil.

Après avoir fait connoître en abrégé les auteurs dont il est fait mention dans cet ouvrage, il est important de rendre compte des matières qu'il contient; il est divisé en vingt livres, dont chacun renferme plusieurs chapitres.

Dans le premier livre, on trouve certaines connoissances générales qu'il faut avoir, lorsqu'on veut se livrer à l'agriculture; des pronostics sur la pluie & le beau tems; des considérations sur le lever & le coucher des étoiles; quels sont les effets de l'air & des vents.

Division de l'année en quatre saisons. Il est nécessaire qu'un agriculteur connoisse le cours des astres & les vicissitudes des saisons, afin qu'il fasse chaque chose dans un tems convenable. Plusieurs auteurs, entr'autres Varron, disent que le printems arrive lorsque le vent favonien commence à souffler, c'est-à-dire, vers le sept des ides de février (1), le soleil étant alors depuis trois ou quatre jours dans le signe du verseau, & qu'il dure jusqu'aux nones de mai. Suivant ces mêmes écrivains, l'été commence le huit des ides de mai, lorsque le soleil est dans le signe du taureau, & il finit le sept des ides d'août. L'automne commence le sept des ides d'août, le soleil étant dans le signe du lion, & il finit le cinq des ides de novembre. L'hiver commence le quatre des ides de novembre, le soleil parcourant alors le signe du scorpion, & il finit le huit des ides de février. Le solstice d'hiver arrive le huit des calendes de janvier, & celui d'été le huit des calendes de juillet, quelques-uns le placent cependant vers le sept des

(1) Les anciens ne datoient point, comme nous, par le nombre des jours du mois; ils avoient trois époques principales, savoir, les ides, les nones & les calendes. Les ides partageoient les mois en deux parties, & tomboient le quinzième jour des mois de mars, mai, juillet & octobre, & le treizième de tous les autres mois. Les nones, ainsi appellées, parce qu'elles étoient le neuvième jour avant les ides, étoient par conséquent le septième jour des quatre mois que nous avons nommés, & le cinquième de tous les autres. Les calendes étoient le premier jour de chaque mois. Tous les jours, depuis l'une de ces époques jusqu'à l'autre, prenoient le nom de l'époque qu'ils précédoient: ainsi, l'on disoit le sept des *ides de février*, c'est-à-dire, suivant notre manière de compter, le septième de février.

nones

nones de ce même mois. L'équinoxe du printems répond au huit des calendes d'avril, & celui d'automne au huit des calendes d'octobre. Le lever des pléïades commence le quatre des ides de juin, & leur coucher le quatre des nones de novembre. *Florentinus.*

Le deuxième livre renferme des préceptes particuliers d'agriculture, ce qui convient aux terres, aux fruits, au froment, à l'orge & aux vignes.

Qualités des terres. La terre noire est généralement estimée, parce qu'elle supporte plus facilement l'humidité & la sécheresse; après celle-là vient la terre jaunâtre, celle qui a été ramassée par les alluvions des rivières, & qu'on appelle limoneuse; elle est bonne pour le bled & pour les arbres. La terre profonde est la meilleure, pourvu qu'elle soit friable & ductile; mais la terre rouge l'emporte sur toutes les autres: elle ne vaut rien cependant pour les arbres. *Beritius.*

Qualité des terres, proportionnée aux différentes espèces de semences. On sème le froment dans une terre forte, l'orge dans une terre médiocre, les légumes dans un terrein léger. On peut semer, si l'on veut, les légumes après la récolte du froment. Cette espèce de grain améliore les terres, n'ayant que des racines très-minces. *Tarentinus.*

Dans le troisième livre, on apprend ce qu'il faut faire pendant chaque mois de l'année, relativement à la culture des champs. Les exemples qui sont cités dans ce livre sont pris de l'économie rurale de Varron, dont nous parlerons bientôt.

Le quatrième regarde la culture des vignes, la manière de les planter, de les enter & de conserver longtems les raisins.

Taille des vignes. Il faut commencer à tailler la vigne depuis le 13 de février jusqu'au 20 de mars. Certaines personnes la taillent immédiatement après la vendange: on croit qu'il est plus avantageux de débarrasser la vigne des sarmens, parce que dans cette saison elle ne pleure point, comme au printems: il est constant néanmoins que celles qui ont été taillées dans l'automne poussent plutôt; mais si le printems est froid elles en sont beaucoup endommagées; c'est pourquoi il faut, dans les lieux froids, laisser quelques sarmens lorsqu'on taille la vigne en automne, & finir de les couper au printems. Le vigneron aura soin de ne tailler la vigne qu'à l'heure du jour où le soleil aura dissipé les vapeurs de l'atmosphère & lorsque les branches seront sèches. *Pamphilus.*

Le cinquième livre concerne le même objet. On apprend quel est le tems le plus propre pour la vendange, par quels moyens on peut éloigner les bêtes qui font tort à la vigne, & plusieurs autres choses intéressantes.

Dans quel tems on doit fouir les vignes. Lorsque les bourgeons commencent à pousser, c'est le moment le plus convenable pour fouir les vignes, un retard peu considérable pourroit devenir très-nuisible : quand les pampres sont déja longs, on en casse beaucoup. Un vigneron qui veut donner de la force & de la vigueur à sa vigne, doit la fouir souvent ; il prendra garde cependant que s'il ne peut la fouir au moment que nous venons d'indiquer, c'est-à-dire, quand le bourgeon commence à paroître, il faudra qu'il diffère cette opération jusqu'à ce que le pampre soit bien fort. Les ouvriers, qui seront chargés de fouir les ceps, éviteront avec grand soin de blesser les racines ; car les branches des racines qui auront été endommagées ne donneront point de fruit. *Anatolius.*

Dans le sixième livre, on trouve quelle doit être la situation du cellier à vin, la structure du pressoir & des vaisseaux où l'on doit mettre le vin & l'huile ; la manière de les préparer ; comment il faut fouler le raisin ; comment on peut l'empêcher de bouillir ; comment on peut le garder toute l'année : &, au cas qu'il s'aigrisse, comment y remédier.

Situation du cellier à vin. Dans les pays chauds, la fenêtre du cellier doit être placée au septentrion ; & au midi, si le climat est froid. On aura soin d'éloigner de ce lieu tout ce qui a une odeur forte. Les vases qui renferment le vin seront séparés les uns des autres par un certain intervalle, afin que celui qui sera chargé du cellier puisse facilement visiter les futailles ; il en résultera encore un autre avantage, si une pièce vient à s'aigrir, elle ne communiquera point cette mauvaise qualité aux autres : car il n'y a rien qui prenne un mauvais goût avec plus de facilité que le vin, sur-tout s'il est nouveau : ainsi, on ne mettra jamais dans le cellier, ni les cuirs, qui répandent une odeur forte & désagréable, ni le fromage, ni les eaux, ni les figues, pas même les futailles inutiles. Il est certain que tous ces objets attirent l'humidité, se corrompent & donnent au vin un mauvais goût. Le cellier sera éloigné des étables des chevaux, des bains & du grenier. S'il y a des arbres dans le voisinage, il faut les couper, attendu que les racines, qui s'étendent très-loin, peuvent souvent communiquer l'odeur que leurs branches répandent ; sur-tout si ces arbres sont des figuiers, des capriers & des grenadiers. Quand on habite la campagne, il vaut mieux paver le cellier, mettre une couche de sable & placer au-dessus les futailles. *Florentinus.*

On apprend dans le septième livre à connoître les différens vins, à les conserver, à les transvaser & à faire du vin sans raisin.

Quelle est la situation du vignoble qui donne le meilleur vin. Les vallons donnent beaucoup de vin, mais souvent de mauvaise qualité ; les côteaux en produisent de meilleur, parce que la vendange a été préparée par le vent, par la température de l'air & l'impression bénigne du soleil. Cet astre a la propriété de rendre le vin plus fort, plus capiteux & plus doux. La lune a aussi son influence particulière; elle fait mûrir les raisins, lorsqu'elle est chaude & humide: c'est la nuit principalement qu'ils deviennent plus doux.

Les raisins qui ont été nourris dans un pays chaud, donnent du vin qui se conserve longtems; ceux au contraire qui viennent dans des lieux froids ou mal cultivés, ne produisent qu'un vin foible & de moindre qualité. La vigne dont la récolte est peu abondante fournit un vin meilleur, ayant employé toute sa vigueur à nourrir ce peu de grappes. *Les Quintilies.*

Le huitième livre contient différentes manières de préparer les vins & de leur donner des vertus particulières contre certaines maladies: on y trouve aussi les moyens de faire plusieurs sortes de vinaigres, comme le vinaigre poivré, le vinaigre scillitique, &c.

Recette du vin *Anisites.* La graine d'anis mise en infusion dans le vin est un bon remède contre la rétention d'urine. On croit aussi que cette boisson est bonne pour l'estomac.

Le vin *Glechonites*, n'est autre chose que du vin ordinaire, dans lequel on a fait bouillir du pouliot jusqu'à la diminution d'un tiers. Ce vin est excellent contre la morsure des serpens & des reptiles; il a aussi la vertu d'échauffer pendant l'hiver.

Il y a une autre espèce de vin qu'on emploie contre la dissenterie & le dévoiement: on le compose de cette manière; il faut écraser trente grenades, les jetter dans une pièce de vin & verser dessus trois *congii* (1) de vin le plus acerbe. Après trente jours d'infusion on peut en faire usage.

Le neuvième livre traite de la culture des oliviers, de la manière de les planter, du soin qu'il faut avoir de l'huile. On y voit aussi plusieurs secrets pour préparer & conserver les olives.

Récolte des olives. Il faut cueillir les olives, lorsque le fruit commence à varier & à prendre une teinte noirâtre. Si la récolte est finie avant la gelée, l'huile en sera meilleure, & l'on en aura une plus grande quantité. Tous les tems ne sont point également propres à cueillir les olives: la pluie leur est extrêmement contraire, attendu que lorsque les branches sont mouillées, elles sont plus foibles & plus fragiles. Ainsi, dans les tems pluvieux ou humides, il ne faut pas toucher aux branches ni cueillir le fruit, avant que la pluie ou l'humidité soient dissipées. Si le terrein sur lequel on doit mettre les olives est sale & fangeux, il faut le couvrir de paille & laver les olives dans l'eau chaude: quand bien

(1) Chaque *congius* contenoit trois pintes & demie, mesure de Paris.

même elles ne seroient point sales, cette précaution augmentera la qualité de l'huile qu'on en retirera. On doit suivre la pratique de ceux qui font tomber les olives en secouant les branches, sans y porter la main, parce qu'il est rare que les branches n'en soient endommagées. Lorsque le fruit en tombant avec violence a été meurtri sur les pierres ou sur tout autre corps dur, l'huile qu'on en exprime est toujours terreuse. Pour faire la cueillette des olives, il faut adapter sur une échelle triangulaire une table spacieuse sur laquelle on recevra le fruit en secouant les branches. *Paxamus.*

Dans le dixième, on apprend à construire les jardins, à planter les arbres & à donner de la couleur aux fruits.

Culture du poirier. Cet arbre se plaît dans les lieux froids, gras & humides. Quand on a une plantation de poiriers à faire, il faut avoir égard à leurs différentes espèces. Ceux qui donnent de gros fruits, longs & ronds, doivent être plantés de meilleure heure. On plante les autres depuis le milieu de l'hiver jusqu'au milieu du printems. Le poirier aime encore l'exposition du levant ou celle du septentrion: il se propage non-seulement par les rameaux qu'on fiche dans la terre, mais encore par les surgeons qui viennent au pied des arbres, pourvu qu'ils aient deux ans: à cet effet on creuse une fosse, on y met le surgeon & on le recouvre de terre après y avoir mis du fumier; il vaut mieux imiter quelques cultivateurs qui préfèrent de planter des sauvageons, sur lesquels ils mettent la greffe de l'espèce qu'ils veulent. Veut-on rendre plus doux & plus abondant le fruit du poirier? il faut faire un trou avec une tarière à la racine de l'arbre, & insérer dans ce trou une cheville de bois de chêne ou de hêtre.

Si l'arbre est malade pendant la floraison, on le guérira en répandant sur sa racine de la lie de vin vieux pendant quinze jours. Quand on verse la même lie de vin sur le poirier qui n'est point malade, alors il donne des fruits plus doux. Pour empêcher que les poires ne soient dévorées par les vers, il suffit d'oindre les racines de l'arbre avec du fiel de bœuf. *Diophanes.*

Dans le onzième livre, il y est parlé des arbres qui restent toujours verds & qui servent d'ornement aux jardins & aux parterres. On y trouve l'histoire poëtique de la rose, du lys, de la violette & des autres fleurs odoriférantes.

Tems convenable pour planter certains arbres. Le buis vient également des rameaux qu'on fiche dans la terre, ou des surgeons qui naissent à la racine. On le plante vers le milieu de novembre. Il se plaît dans des lieux humides, puisqu'il reste toujours verd. *Florentinus.*

Les cônes du *pin*, ainsi que les amandes, doivent être jettés en terre depuis le mois d'octobre jusqu'au mois de janvier. Il faut recueillir les graines, avant qu'elles commencent à tomber, lorsque l'enveloppe qui les recouvre est déchirée. *Anonyme.*

Le saule veut être planté dans un sol marécageux, aquatique & sous un climat froid & humide. On le plante au mois de février. Démocrite dit que si on écrase le fruit du saule & qu'on le donne aux brebis, elles engraissent prodigieusement; & si on en fait avaler à un homme dans une boisson quelconque, il devient impuissant, suivant le témoignage d'Homère. *Anonyme.*

Il faut planter le chêne verd avant le premier de mars. *Anonyme.*

Dans le douzième livre, on trouve ce qui concerne les herbes & les plantes potagères : comme les asperges, les oignons, les concombres, les champignons, &c.

Quel est le meilleur fumier pour le jardin. La cendre est le meilleur fumier pour les plantes potagères, elle est chaude par sa nature & tue les insectes nuisibles. La fiente de pigeon tient le second rang; elle fait mourir également les insectes : & quoique jettée en petite quantité, elle produit le même effet qu'une quantité plus considérable d'un autre fumier. Quelques personnes donnent la préférence au fumier d'âne, on dit qu'il rend les plantes plus douces : celui de chèvre a la supériorité sur tous les autres, puisqu'il en réunit toutes les propriétés; mais, dans un cas de nécessité, il faut faire usage de celui qu'on a, & employer préférablement le plus vieux, puisque le nouveau engendre des insectes. *Didymus.*

Le treizième livre traite des cigales, des scorpions, des serpens & des autres animaux venimeux. On y indique des moyens pour détruire les puces & les punaises.

Recette pour détruire les taupes. Après avoir mêlé l'écorce du varaire blanc & de la mercurielle avec de la farine & des œufs, on la fait macérer dans le vin & le lait : ensuite on la réduit en pâte, & on la met dans les trous des taupes, après l'avoir bien enveloppée dans des pailles, dans du soufre & dans d'autres matières combustibles auxquelles on met le feu. Dans les lieux où les taupes habitent, il faut avoir soin de faire de petits trous pour y mettre ces drogues, & faire en sorte que la fumée ne sorte pas. Lorsqu'on a l'attention d'entourer de cette manière la retraite des taupes, on est assuré de les détruire. *Paramus.*

Dans le quatorzième, on enseigne la manière d'élever les pigeons, les poules, les canards, les paons & les autres oiseaux de basse-cour.

Avantages que produit le colombier. Ceux qui habitent la campagne feront bien d'avoir un colombier, soit parce que le fumier en est excellent pour les terres, soit parce que les pigeonneaux sont d'un grand secours à ceux qui relèvent de maladie. Le revenu que procurent ces oiseaux est très-considérable. On n'est obligé de leur donner à manger que pendant deux mois, le reste de l'année ils cherchent eux-mêmes leur nourriture. Leur fécondité est prodigieuse; dans l'espace de quarante jours ils pondent leurs œufs, ils les couvent & nourrissent leurs petits. Ils font des couvées presque tous les mois; & ne se reposent que depuis le solstice d'hiver jusqu'à l'équinoxe du printems. C'est une chose merveilleuse de voir les mêmes pigeons nourrir leurs petits & pondre ou couver en même-tems une nouvelle portée. Dès que les pigeonneaux sont assez grands, ils s'accouplent avec leurs mères. La nourriture qui plaît le plus aux pigeons, c'est l'ers, le fenu grec, le pois, la lentille, le bled & l'ivraie. Il faut prendre garde que les pigeons ne s'éloignent du colombier & qu'ils n'aillent pondre leurs œufs dans les colombiers étrangers. On ne doit pas les laisser sortir, ou si des circonstances exigent d'en lâcher quelques-uns, ce sera ceux qui ont des petits, parce qu'ils reviennent aussi-tôt après avoir pris leur nourriture pour leur en faire part. *Florentinus.*

Dans le quinzième livre, il est question des antipathies & sympathies naturelles, du soin qu'on doit prendre des abeilles, & de la manière de faire la cire.

Sympathies & antipathies naturelles. Il existe dans la nature certaines sympathies & antipathies singulières, dont parle Plutarque dans le douzième livre de ses *propos de table;* c'est pourquoi il m'a paru convenable de parler de celles qui sont les plus extraordinaires. Mon but n'est point uniquement de me rendre utile aux agriculteurs, je veux encore plaire aux philosophes. Apprenez donc que l'éléphant, quand il est en furie, s'adoucit en voyant un bélier, & qu'il frémit d'horreur lorsqu'il entend crier un cochon de lait. Si on attache un taureau furieux à un figuier, il se calme tout de suite. Un cheval qui a été mordu par un loup, devient plus léger à la course. Les brebis qui ont senti la dent meurtrière de cet animal, ont la chair plus tendre, mais elles sont plus sujettes à la vermine. Voilà ce que dit Plutarque. Pamphile assure que les jambes des chevaux se roidissent lorsqu'ils marchent dans des chemins où les loups ont passé. La scille fait tomber à la renverse les loups lorsqu'ils la touchent: de-là vient que les renards ont soin d'apporter quelques-unes de ces plantes à l'entrée de leur tanière. Si le loup apperçoit l'homme le premier, dit Platon, il le rend muet & comme imbécille: si, au contraire, l'homme voit le loup le premier, cet animal devient plus foible. Le lion frissonne en passant sur des feuilles de chêne-verd: il craint aussi excessivement le coq & son ramage; quand il voit cet oiseau, il prend aussi-tôt la fuite.

Dans le seizième livre, on traite des chevaux, des ânes, des chameaux, de leur nourriture & des maladies auxquelles ces animaux sont sujets.

Remèdes pour certaines maladies particulières aux chevaux. Si le cheval maigrit insensiblement, il faut lui donner une double mesure de bled rôti, & le faire boire trois fois par jour. Si la maigreur augmente, on mêlera du son au bled & on fera prendre un peu d'exercice au cheval. A-t-il perdu tout-à-fait l'appétit? écrasez des feuilles de solanum & de pouliot, mettez-les infuser dans l'eau & donnez-en au cheval: ou bien prenez de l'orge, de l'ers; &, après les avoir fait macérer dans l'eau, mêlez-y trois verres d'huile & une hémine de vin, & faites avaler cette boisson au cheval. S'il éprouve des nausées, on lui fait avaler de l'ail broyé dans une hémine de vin: s'il survient une rétention d'urine, il faut ajouter dix blancs d'œufs au remède dont nous venons de parler. *Apsirthus.*

Le dix-septième livre parle des bœufs & des vaches, de la manière de les nourrir, & du soin qu'on doit en prendre.

Secret pour engraisser les bœufs. Le premier jour, en revenant du pâturage, il faut leur donner des choux macérés dans le vinaigre; ensuite, pendant cinq jours, leur nourriture ordinaire sera de la paille mêlée avec du son de froment; le sixième jour, on leur donnera quatre hémines d'orge broyé, &, pendant les six jours suivans, on augmentera leur nourriture. Tel est encore le régime qu'il faut suivre à l'égard de ces animaux pendant l'hiver: ils prendront le premier repas à minuit; le second, à la pointe du jour; le troisième, à midi, & alors on les fera boire; & le quatrième, à trois heures après-midi, & on les fera boire encore. On doit leur présenter de l'eau chaude en hiver, & tiède en été. Il faut leur laver la bouche avec de l'urine, leur ôter la pituite & les vers qui s'attachent à la langue; ensuite on la frotte avec du sel & on a soin de leur fournir une bonne litière. *Sotion.*

Le dix-huitième livre est pour les moutons, les brebis, les chèvres & leurs différentes espèces. Il y est parlé de leur fécondité, des remèdes qui conviennent à leurs différentes maladies, & de la manière de faire le beurre & le fromage.

Remède pour préserver les troupeaux des maladies pestilentielles. Au commencement du printems, on donnera aux brebis, pendant quinze jours, une boisson où l'on aura écrasé de la sauge des montagnes & du marrube. On continuera ce même remède en automne. La paille de cytise donnée pour nourriture aux brebis, ainsi que les racines de ronces écrasées dans leur boisson, fournissent un excellent antidote contre l'épidémie. Il faut avoir grand soin de séparer les brebis malades de celles qui sont saines, & prendre garde que l'air ni l'eau ne communiquent la contagion. *Leontinus.*

Le dix-neuvième livre renferme diverses remarques sur les chiens de chasse, les lièvres, les cerfs, les porcs, & sur la manière de saler quelque viande que ce soit.

Manière de saler les viandes. Celles qui sont fraîches & desséchées sont les meilleures pour saler, pourvu qu'elles soient placées dans des lieux ombragés & humides, & qu'elles soient exposées au septentrion plutôt qu'au midi. Elles deviendront plus tendres si on y met de la neige tout autour après les avoir couvertes de paille. Il faut empêcher les animaux dont on veut saler la viande de boire la veille de les tuer. On doit auparavant la désosser. Le sel égrugé est le meilleur. Les vases dans lesquels il y a eu de l'huile ou du vinaigre sont ceux qui conviennent le mieux. La chair de chèvre, de brebis, de cerf prend sel facilement. On la saupoudre de sel ; on enlève toute l'humidité & la sanie, & on y remet du sel: ensuite, la peau étant retournée en bas, on l'arrange de manière que les morceaux ne se touchent pas. On feroit bien de verser par-dessus du vin doux. *Didymus.*

Dans le vingtième & dernier livre, on trouve tout ce qui a rapport aux poissons, tant de mer que de rivière, l'art de les élever, de les nourrir & de les prendre.

Manière de les nourrir. On coupe par petits morceaux de la chair de veau, on la mêle avec le sang de cet animal, on la met dans un vase pendant dix jours, & ensuite on la donne aux poissons. *Anonyme.*

Ces exemples, que nous avons pris au hasard, donneront une idée de cet ouvrage. La plupart des pratiques qui y sont insérées sont suivies encore de nos jours, ce qui doit rendre ce recueil beaucoup plus précieux : il y en a, à la vérité, quelques-unes qui sont visiblement fausses & superstitieuses, mais elles sont en petit nombre.

AUTEURS ROMAINS.

Caton. M. Porcius Caton est le premier des Romains qui a écrit sur l'économie rurale, puisque son ouvrage remonte à une antiquité de près de deux mille ans. Sous quelque rapport qu'on considère cet illustre sénateur, on doit le regarder comme un des plus grands hommes de son siècle. Il avoit passé par toutes les charges glorieuses de la république & mérité les honneurs du triomphe : il réunissoit de plus en sa personne les qualités d'excellent orateur, de général accompli & de savant jurisconsulte. Au rapport de Pline, il avoit composé plusieurs ouvrages ; mais, parmi les préceptes en tout genre qu'il avoit donnés au peuple romain, ceux d'agriculture tiennent le premier rang. Ils sont énoncés avec une certaine majesté de style, une

une gravité austère qui caractérise *le censeur romain.* On n'y trouve point, à la vérité, ces digressions amusantes ni ces agréables descriptions que Ciceron lui prête dans son traité *de la vieillesse;* mais cette simplicité, loin de diminuer le mérite de cet ouvrage, le rend encore plus estimable. On doit se rappeller que les leçons qu'il donne sont adressées à des cultivateurs, par conséquent à des gens simples, auprès desquels toute parade d'érudition eût été déplacée.

Précautions à prendre, avant d'acquérir un fonds de terre. Les premiers préceptes que donne Caton concernent les précautions qu'il faut avoir, lorsqu'on veut faire l'acquisition d'un fonds de terre. C'est une opération qu'on ne doit pas faire à la hâte; mais, après avoir bien réfléchi sur son importance, & sur les moyens d'en tirer un parti avantageux, il recommande d'examiner s'il est placé sous un bon climat, & qui ne soit pas sujet aux orages. Indépendamment de tous ces accessoires, il faut que le sol soit par lui-même d'une bonne qualité, qu'il soit situé au pied d'une montagne, exposé au midi, dans un endroit sain, qu'il y ait de l'eau, qu'il avoisine une grande ville ou la mer, ou un fleuve navigable, ou enfin un grand chemin. Il faut choisir une contrée dont les habitans soient constans, & que ceux à qui il sera arrivé d'y vendre quelques possessions aient sujet de s'en repentir. Il faut examiner s'il y a des vignes, un jardin bien arrosé, une saussaie, un plan d'oliviers, une prairie, des champs, des bois de charpente, un verger & une chenaie.

Devoirs d'un père de famille. Aussi-tôt que le père de famille sera arrivé à sa métairie, & qu'il aura rendu ses devoirs au dieu *Lare*, il doit faire le tour de sa terre, dès le jour même, s'il est possible; sinon dès le lendemain. Quand il aura pris connoissance de l'état de la culture & des travaux qui sont faits, ainsi que de ceux qui sont à faire, il fera venir, le jour suivant, son métayer & l'interrogera tant sur les travaux qui sont faits, que sur ceux qui restent à faire; il se fera rendre compte de ce qui aura été récolté en vin, en bled & en tout autre genre de productions; il prendra en détail le nombre des ouvriers qui auront été employés, & celui des journées qui auront été faites. Il entrera en compte avec lui, du bled, de l'argent, & du fourrage qu'il peut avoir en réserve; il fera la même chose pour le vin & pour l'huile, afin de voir ce qui en aura été vendu, ce qui aura été payé & ce qui reste à vendre. Il se fera représenter l'état des provisions de la maison. S'il manque quelque chose pour le courant de l'année, il le fera acheter; comme au contraire, s'il se trouve du superflu, il le fera vendre. Il portera aussi son attention sur le bétail: s'il trouve des bœufs trop vieux & hors d'état de travailler, des brebis défectueuses &

des agneaux qui ſoient deſtinés au boucher, il les fera vendre. Les vieilles voitures, les vieux uſtenſiles de fer, les vieux eſclaves mêmes, ou ceux qui ſeront maladifs, ſeront mis à part & vendus.

Préceptes ſur les bâtimens. Lorſqu'il faut planter, le travail commande, on ne peut pas réfléchir ; mais lorſqu'il s'agit de bâtir, il y a bien des réflexions à faire. Ne bâtiſſez que lorſque votre terre ſera plantée, & quand vous aurez atteint l'âge de trente-ſix ans. Vos bâtimens ſeront proportionnés à l'étendue de la terre pour laquelle ils ſeront conſtruits. Vous devez également éviter qu'ils ne ſoient trop vaſtes ou trop reſſerrés. Il eſt bon que la partie que l'on deſtine aux opérations ruſtiques ſoit bien conſtruite, & qu'elle ſoit pourvue d'un cellier pour l'huile, & d'un autre pour le vin. Ayez ſoin de faire conſtruire des bons preſſoirs, afin que votre huile & votre vin ſoient bien façonnés. Faites l'huile auſſi-tôt que les olives ſeront récoltées, dans la crainte qu'elles ne viennent à ſe gâter. Il ſurvient tous les ans des orages qui les font tomber, ſi on n'a ſoin de les cueillir de bonne heure. Cette précaution, loin de nuire à la qualité de votre huile, la rendra meilleure & lui donnera une plus belle couleur ; car l'olive qui reſte trop longtems ſur la terre ou ſur un plancher, ſe corrompt & ne donne que de l'huile rance.

Uſtenſiles néceſſaires pour faire l'huile. Pour un plan d'oliviers de cent vingt jougs (1), il faut avoir deux aſſortimens complets de tous les inſtrumens néceſſaires pour la confection de l'huile. Si le plan eſt bon, bien cultivé & qu'il rende abondamment, il faut avoir deux bons *trapetes* (2) pour le ſervice journalier : ſavoir un pour chaque aſſortiment d'inſtrumens de preſſoir ; & en outre un troiſième de réſerve, afin que s'il arrive quelque accident aux meules, on ait un autre *trapete* tout prêt, où l'on puiſſe tranſporter les olives. Il faut également que chaque preſſoir ait ſes cordes de cuir, ſes ſix leviers, ſes douze aiguilles, ſes cables de cuir & ſa paire de mouffles garnie de ſes cordes de genets d'Eſpagne. Les plus expéditives ſont celles dont la châpe ſupérieure contient huit poulies & l'inférieure ſix. Si l'on veut y ajouter un tour à deux roues pour en tirer les cordes en contre-bas, l'ouvrage ſe fera, à la vérité, plus lentement ; mais il ſera moins pénible.

Conſtruction des étables. Les étables à bœufs doivent être pourvues de bonnes mangeoires & de rateliers d'un pied de diſtance entre le mur & les barreaux, afin que les bœufs ne faſſent point litière de leur fourrage.

---

(1) Columelle donne la meſure du joug des Latins. Il avoit deux cens quarante pieds de long ſur cent vingt de large, c'eſt-à-dire, 28800 pieds quarrés.

(2) Le *trapete* étoit une machine dont ſe ſervoient les anciens pour écacher les olives.

Dans le cours de cet ouvrage, nous trouverons des répétitions & des transpositions fréquentes, devons-nous les attribuer à Caton ou à la négligence des éditeurs, ou bien à l'impéritie des copistes? Nous laissons cette discussion à ceux qui ont commenté les ouvrages de notre auteur. Nous avons crû qu'il falloit uniquement prévenir le lecteur sur un défaut qui ne doit point nous être imputé dans cette analyse: ainsi, après avoir parlé des étables, il revient à la construction des bâtimens; il recommande d'être obligeant envers ses voisins, & de ne pas souffrir que les domestiques les offensent.

Devoirs d'un métayer. Il faut qu'un bon métayer soit réglé dans sa conduite, qu'il observe les jours de fêtes, qu'il ne prenne ni ne retienne rien de ce qui appartient aux autres, qu'il conserve soigneusement ce qui lui appartient; qu'il appaise les disputes qui s'élèveront parmi les gens de la maison, & que si l'un d'eux fait quelque faute, il l'en reprenne avec modération. Il doit veiller à leur nourriture & à leur entretien; c'est le vrai moyen de les empêcher de mal faire. Un métayer doit être sédentaire, toujours sobre & ne pas manger hors de chez lui. Il faut qu'il tienne son monde en haleine & qu'il veille à ce que les ouvrages que son maître aura commandés se fassent avec exactitude. Il sera toujours le premier à se lever & le dernier à se coucher; encore doit-il s'assurer, avant de se mettre au lit, si la métairie est bien fermée, si chacun est couché à son poste, & si les bestiaux ont ce qu'il leur faut. Les bœufs doivent être l'objet de sa plus grande attention: en conséquence il sera plus complaisant envers les bouviers, afin qu'ils s'affectionnent à cet animal. Il fera en sorte d'avoir ses charrues & ses socs en bon état. Lorsque la terre sera trempée, il n'aura garde de labourer, autrement il courroit risque de la rendre stérile pendant trois années. Il aura soin que les bestiaux & les bœufs ne manquent pas de litière, & que leurs pieds soient tenus proprement. Il garantira les troupeaux de la gale, qui leur vient communément lorsqu'ils ont souffert de la faim, ou qu'ils ont été trop exposés à la pluie. Il aura l'attention que les travaux soient finis chacun dans leur tems: un seul retardé entraîne, par une conséquence nécessaire, le retard de tous les autres. S'il manque de paille, il prendra des feuilles d'yeuse pour en faire de la litière aux brebis & aux bœufs. Il s'attachera à avoir toujours un grand amas de fumier & conservera soigneusement à cet effet toutes les ordures: pendant l'automne il le portera dans les champs & en mettra aussi au pied des oliviers. Dans cette même saison, il cueillera des feuilles de peuplier, d'orme & de chêne, qu'il serrera pour les donner dans la suite à manger aux brebis, avant néanmoins qu'elles se soient trop desséchées. Il faut, au contraire, bien sécher les herbes & les regains qu'on aura fauchés, avant de les serrer pour la même destination; il semera les raves, le fourrage & les lupins après les pluies de l'automne.

Quelle qualité de terrein exige chaque espèce de production. Chaque espèce de plante exige une qualité différente de terrein. Les fonds gras, bien aërés, où il n'y aura point d'arbres, doivent être réservés pour le bled; mais dans le cas où ils seroient habituellement couverts de brouillards, il seroit plus à propos d'y semer des raves, des raiforts, du millet, du panis.

Vous mettrez dans un terrein gras & chaud, les olives de garde; les olives longues, les Salentines, les *Orchites*, celles que l'on nomme *Poscæ*, celles de Sergianum, les Colminiennes & les blanches. Ces sortes d'oliviers doivent être à vingt-cinq ou trente pieds de distance l'un de l'autre. L'exposition la plus propre pour former un plan d'oliviers, est celle qui est exposée au vent Favonien & qui regarde le soleil. Dans les endroits froids & maigres, il faut mettre les oliviers de Licinius.

Sur les lisières de vos pièces de terre & sur les bordures des chemins, plantez des ormes & des peupliers, qui vous donneront des feuilles pour la nourriture de vos troupeaux, & du bois pour vous chauffer.

Si vous avez des terres voisines de quelque rivière, ou qui soient humides, plantez-y des peupliers & des roseaux de la manière qui suit: commencez d'abord de retourner la terre avec une houe, & mettez-y des œilletons de roseau, à trois pieds de distance l'un de l'autre; entremêlez-y des asperges sauvages, qui en produiront de bonnes à manger: car le roseau se plaît avec l'asperge sauvage; vous entourrerez cette plantation de franc-osier, qui vous donnera de quoi lier vos vignes.

Voulez-vous planter un vignoble? mettez le petit Aminéen, l'Albedouble & le petit raisin gris dans les cantons qui seront les plus exposés au soleil; placez, au contraire, le gros Aminéen, le Murgantin, l'Apicius ou le Lucanien, dans ceux qui seront gras ou plus exposés aux brouillards.

Toutes les autres espèces de raisin, & sur-tout le noir, s'accommodent également bien de telle terre que ce soit.

Si votre domaine avoisine une ville, il faut y planter un verger, dont vous pourrez vendre le bois & les branches, & en réserver une partie pour votre usage: & comme il ne faut faire rapporter à un fonds que les productions auxquelles il est propre, vous aurez soin de marier aux arbres à fruits, des ceps de petit & de gros raisin Aminéen & d'Apicius. Vous y mettrez aussi des poires-coins, des coins Quiriniens, ainsi que des autres fruits qui sont de garde, comme des pommes mustées

& des grenades, des poires Aniciennes, des poires des Semailles, de Tarentum, des poires mustées, des poires courges & de grosses poires Vous pourrez y planter des olives *Orchites* & des *Posios*. Quand les premières seront mûres, roulez-les dans le sel, secouez le sel cinq jours après, & exposez-les au soleil pendant deux jours: ou bien mettez-les tout simplement & sans sel dans du vin cuit jusqu'à diminution de moitié.

Il faut mettre les figues folles dans un terrein rempli de craie & découvert; mais pour les figues d'Afrique, les Herculanes, les Saguntines, les figues d'hiver & les Telanes noires à longues queues, il leur faut à toutes un terrein gras & fumé.

Si vous avez des prairies bien arrosées, vous ne manquerez pas de foin; mais si vous n'en avez pas de cette nature, garantissez bien vos prairies sèches contre les insultes des bestiaux.

Votre domaine se trouve-t-il dans le fauxbourg même de la ville? ayez soin d'y former des jardins diversifiés de toute manière & d'y mettre des fleurs de toute espèce, des oignons de Mégare, du mirthe blanc & noir, du laurier de Delphes, de Chypre & du laurier-tin, des noix chauves, des avelines, des noix de Preneste & des amandes. En général, ces sortes de terreins doivent être plantés avec tout l'art nécessaire pour faire le plus d'honneur à leur maître, sur-tout quand il n'en possède pas d'autres.

Dans les lieux pleins d'eaux, dans ceux qui sont humides, à l'ombre & le long des rivières, il faudra faire des plantations de saules.

Si l'on a de l'eau à sa disposition, il faut former préférablement à tout des prairies arrosées; mais, quand l'eau manqueroit, il faut toujours faire des prairies sèches, & même en très-grande quantité; car c'est un emploi de terrein qui est toujours avantageux dans tel domaine que ce soit.

Etat de ce qui est nécessaire pour les oliviers & les vignes. Caton donne ensuite un détail très-étendu sur tout ce qui est nécessaire pour garnir un plan d'oliviers de deux cens quarante jougs, & un lot de vigne d'environ cent jougs. Tous les ustensiles y sont nommés, ainsi que le nombre des animaux qu'il faut nourrir pour ce travail. Il passe à la construction du pressoir, dont il fait la description.

Matériaux des édifices. Si on est obligé de bâtir une maison, il assigne les matériaux qui sont nécessaires & le plan qu'il faut suivre pour la construction & la distribution du bâtiment. La chaux étant absolument nécessaire pour faire ces réparations, il dit à quelles conditions on peut s'en procurer.

Tems propre pour couper le bois. Le chêne, ainsi que le bois des échalas, est toujours bon à couper au solstice d'hiver. Les arbres qui portent leur semence sont bons à couper, lorsqu'elle est à son point de maturité; & ceux qui n'en portent pas, à la chûte des feuilles: ceux qui portent tout-à-la-fois de la semence verte & de la mûre, tels que les cyprès & le pin, peuvent être coupés dans tel tems de l'année que l'on voudra. L'orme est encore bon à couper lorsqu'il se dépouille.

Construction d'un pressoir & d'un trapete. On rencontre ici une de ces transpositions dont nous avons parlé plus haut. L'auteur revient sur la construction d'un pressoir à quatre équipages complets, & il trace les dimensions que doivent avoir toutes les pièces qui le composent.

Il donne aussi la manière de construire un *trapete* à neuf, & de remonter les vieux.

Préparatifs pour les vendanges. Lorsque le tems de cueillir les raisins est arrivé, ayez soin de préparer tout ce qui est nécessaire pour la vendange. Nétoyez les instrumens du pressoir, raccommodez les paniers, enduisez de poix les futailles & tout ce qui aura besoin de cet apprêt, profitez des tems pluvieux pour préparer & raccommoder les paniers, pour broyer le bled, pour vous pourvoir de mannequins & pour saler les olives qui seront tombées d'elles-mêmes.

Il faut cueillir le raisin noir dès qu'il en sera tems pour faire le vin de première vendange, qui servira de boisson aux ouvriers, & mettre le vin doux chaque jour dans les futailles, à mesure qu'il se fera.

Manière de faire le vin grec. Pour faire le vin grec, on prend du vin Apicius bien mûr, & sur un *culleus* (1) de vin doux fait avec ce raisin, on met deux quadrantals (2) de vieille eau de mer, ou un *modius* (3) de sel pur enfermé dans un sachet de jonc, que l'on suspend dans la futaille, & que l'on y laisse fondre avec le vin doux.

Si l'on veut faire du paillet, on prend moitié vin gris, moitié vin Apicius, on y ajoute un trentième de vieux vin cuit, jusqu'à diminution de moitié.

Moyen d'avoir du bon vin. En général, pour avoir du bon vin, il ne faut cueillir le raisin que lorsqu'il est mûr & par un tems sec. Il est beaucoup de personnes qui emploient le nouveau marc à la nourriture des bœufs pendant l'hiver, après l'avoir bien foulé dans des futailles enduites de poix qu'on a soin de bien couvrir & boucher, ou

(1) Le *culleus* étoit la plus grande de toutes les mesures romaines pour les liqueurs, il répondoit à un muid trente-quatre setiers une pinte & $\frac{2}{3}$, mesure de Paris.

(2) Le *quadrantal* étoit une mesure qui contenoit environ vingt-huit pintes de Paris.

(3) Le *modius* étoit une mesure dont se servoient les Romains pour mesurer les corps solides, tels que les grains & les fourrages, & répondoit à-peu-près aux $\frac{2}{3}$ du boisseau de Paris.

bien ils jettent un peu d'eau dessus pour en faire de la piquette, qui sert de boisson à leurs gens.

Soins après la vendange. La vendange finie, le métayer doit faire serrer en leur place, les ustensiles à l'usage du pressoir, les paniers, les cabats, les cordages, les barres & les aiguilles; il fera nétoyer deux fois par jour les futailles pleines, tant à l'intérieur qu'à l'extérieur. Après avoir fait cette opération un mois de suite, & qu'il ne restera plus d'impuretés dans ses futailles, il les bouchera, & il fera tems alors de tirer le vin à clair, s'il le juge à propos.

Ordre à observer pour les semailles. Commencez vos semailles par la dragée, la vesce, le fenu grec, les fèves & l'ers pour nourrir vos bœufs. Ce ne sera qu'après avoir semé ce fourrage jusqu'à deux ou trois reprises différentes, que vous semerez les autres grains.

Vous préparerez aussi, dans ce même tems, des fosses dans les jachères, pour les oliviers, les ormes, les vignes & les figuiers. Taillez les jeunes oliviers qui auront été plantés précédemment, & déchaussez les arbres. Lorsque vous aurez à planter quelqu'un de ces arbres, ménagez bien leurs racines & laissez-y le plus de terre qu'il vous sera possible. S'il fait du vent ou de la pluie, gardez-vous de rien déterrer ou de rien planter; c'est la chose du monde qu'il faut le plus éviter. Quand vous déposerez un arbre dans la fosse qui lui sera destinée, mettez au fond la terre qui étoit auparavant à la superficie, & couvrez toutes les racines de votre arbre; après quoi vous la foulerez bien aux pieds, & vous la battrez le mieux que vous pourrez avec des hies & des leviers. Si les arbres que vous avez à planter ont plus de cinq doigts de grosseur, il faut les rogner préalablement par le haut, & les couvrir avec du fumier que vous envelopperez dans des feuilles.

Emploi du fumier. Voici comme il faudra partager votre fumier: vous en porterez la moitié sur les terres labourées où vous devez semer du fourrage. S'il s'y trouve des oliviers, vous les déchausserez en même tems pour leur en appliquer une partie; ensuite vous semerez votre fourrage & vous ajouterez encore au pied de ceux des oliviers déchaussés qui en auront le plus de besoin, un quart de votre fumier, que vous aurez soin de recouvrir de terre: vous réserverez l'autre quart pour vos prairies, auxquelles il sera sur-tout nécessaire, si elles sont sèches. Voiturez le fumier lorsqu'il n'y aura pas de lune & que le vent d'ouest soufflera.

Nourriture des bestiaux. Donnez aux bœufs des feuilles d'orme, de peuplier, de chêne, de figuier, tant que vous en aurez, & du feuillage verd aux brebis. Faites parquer les brebis sur les terres que vous devez ensemencer, & donnez-leur du feuillage jusqu'à ce que le fourrage soit mûr. Conservez soigneusement le fourrage sec que vous aurez serré pour l'hiver, & n'oubliez pas que cette saison est de longue durée.

Culture de la vigne. Un vigneron habile commence à tailler sa vigne de bonne heure, ainsi que les arbres qui la soutiennent. Lorsqu'il provigne, il fait en sorte que les provins s'élèvent droits au-dessus du revers de la tranchée, dans laquelle ils sont couchés; il élague les branches épaisses des arbres & ne laisse que celles qui sont écartées les unes des autres. Il a soin de bien lier tous les pampres, sans cependant les serrer trop en les attachant. Il veille à ce que les arbres soient bien garnis de vignes, & que la vigne soit assez peuplée pour fournir toujours de quoi regarnir les lieux où elle sera trop claire.

A l'égard des vignes qui ne sont pas mariées aux arbres, voici les soins qu'elles exigent. Déliez d'abord tout ce qui aura été lié lors de la taille, quoiqu'il l'ait été convenablement, & liez-le de nouveau dans la vue d'empêcher que les jets ne se tortuent, & afin qu'ils tendent toujours directement vers le haut: conservez, autant que vous le pourrez, les branches à fruit, ainsi que celles d'attente. Dans le tems des semences, déchaussez tous les ceps. Quand la vigne sera taillée, travaillez-la au pied; après cela, commencez à labourer, en traçant des sillons pardevant & pardernière, tout au long des files des ceps. Plantez vos marcottes le plutôt que vous pourrez & coupez ensuite les vignes sur retour, tout au moins émondez-les, ou plutôt, si vous avez besoin de marcottes, couchez-les en terre, afin de vous en procurer, que vous serrerez la seconde année. Il ne sera tems de tailler les vignes nouvelles que lorsqu'elles seront en bon état. Si votre plan de vigne est trop dégarni de ceps, faites-y des tranchées pour y planter des marcottes; il faudra écarter l'ombre de ces tranchées & les labourer souvent. Si votre vigne est vieille, semez-y de la dragée; si elle est maigre, n'y semez rien de ce qu'on laisse monter en épis; mais mettez autour des souches, ou du fumier, ou de la paille, ou du marc, afin qu'elles se fortifient. Dès que la vigne commencera à se garnir de feuilles, épamprez-la. Liez souvent les jeunes vignes, de peur que leurs pampres ne se rompent, & dès qu'elles atteindront à la perche, attachez-y leurs pampres avec toute la précaution que demandent des productions si nouvelles & si fragiles: ayez soin en même-tems de les décourber & de les faire monter en ligne droite. Lorsque le raisin commencera à tourner, retroussez les ceps en relevant les pampres; effeuillez-les & dégagez les grappes en ôtant les mauvaises herbes qui croissent alentour.

Terreins propres à chaque espèce de semence. Les terreins froids & humides doivent être ensemencés les premiers; ceux qui sont secs & exposés au soleil, seront ensemencés les derniers.

Les

Les lupins viendront bien dans une terre rouge, dans une terre légère & facile à cultiver, dans une terre forte, dans une terre remplie des cailloux & dans celle qui est sablonneuse, ainsi que dans celle qui n'est point aqueuse.

Le far demande une terre humide, crétacée, ou bien une terre rouge.

Le froment commun doit être semé dans des terreins secs, dégarnis d'herbes & découverts.

Il faut semer les fèves dans des terres fortes, qui ne soient pas sujetes à la grêle.

La vesce & le fenu grec exigent des sols où l'herbe ne soit pas abondante.

Le siligo & le froment commun produiront beaucoup, s'ils sont semés dans des terreins découverts, élevés & exposés au soleil.

Les lentilles se plaisent dans des terres pierreuses & dans les terres rouges qui n'engendrent pas beaucoup d'herbes.

Si on a des terres neuves ou des champs qui peuvent rapporter tous les ans sans se reposer, il faut y semer l'orge.

On doit semer les trémois dans les endroits où l'on n'aura pas pu faire les semences à tems, & dans ceux que leur fécondité met à même de porter toutes les années sans se reposer.

Les raves, les raiforts demandent des terreins gras & bien fumés.

Manière de fumer les terres. Il faut répandre la fiente des pigeons sur les prés, dans les jardins & sur les guérets. Les crotes de chèvre, de brebis & la bouze de vache donnent un excellent fumier. On emploie aussi la lie d'huile pour fumer les terres & les arbres après les avoir déchaussés médiocrement. Il en faut une amphore avec une moitié d'eau pour les grands arbres, & une urne (1) pour les petits, avec pareille quantité d'eau.

Ce qui nuit aux terres. C'est une pratique très-nuisible de labourer la terre dans le tems qu'elle est trempée.

Le pois chiche est encore pernicieux, tant parce que c'est un légume salé, que parce qu'on est obligé de l'arracher de terre, quand on veut le cueillir. L'orge, le fenu grec & l'ers sont des productions qui sucent & épuisent les meilleurs terreins.

Ne semez point de fruits à silique dans les terres destinées aux grains; à moins que ce soit le lupin, la fève & la vesce, qu'on est dans l'usage de reverser en terre lors de la floraison; par ce moyen on obtient de ces plantes un fumier aussi bon que celui que fournit le chaume, la paille, les favars, la balle des graines, la feuille d'yeuse & celle de chêne.

(1) L'urne étoit une mesure qui contenoit la moitié de l'amphore.

Arrachez de vos terres à bled, l'hièble, la ciguë, & ramassez l'herbe haute & les glayeuls qui croissent autour de vos saules : ces plantes serviront de litière aux brebis ; comme les feuilles des autres arbres en fourniront aux bœufs.

Fumier pour la vigne. Si votre vigne est trop maigre, coupez les sarmens en petits morceaux que vous mettrez dans les sillons que vous y aurez faits, ou dans des fosses creusées à cet effet.

Occupations de l'hiver. Voici ce que vous aurez à faire pendant les longues veillées d'hiver. Vous façonnerez les échalas dont vous aurez besoin pour attacher le pampre de la vigne ; vous ferez des fagots & vous porterez le fumier au tas : ne touchez point au bois qui est sur pied, si ce n'est lorsqu'il n'y a point de lune ou qu'elle est dans son dernier quartier. Les sept jours qui suivent la pleine lune seront par conséquent les plus propres pour déraciner le bois ou pour le couper. Gardez-vous sur-tout de le façonner avant qu'il soit sec, non plus que lorsqu'il sera gelé ou couvert de rosée. Ayez soin de sarcler deux fois le bled pour en arracher les mauvaises herbes.

A la suite de ce que nous venons de rapporter, on trouve un chapitre sur la construction d'un four à chaux : après quoi l'auteur continue ainsi sur les travaux de l'hiver.

Quand le tems sera mauvais, & que l'on ne pourra pas travailler au dehors, il faudra porter les ordures au tas de fumier, bien nétoyer les étables à bœufs & à brebis, ainsi que la basse-cour & toute la métairie : vous aurez soin aussi de cercler vos futailles avec du plomb ou avec du bois de chêne bien sec. Vous pourrez vous servir de toutes sortes de futailles, en tel état qu'elles soient, pour y mettre votre vin ; pourvu que préalablement vous les ayez bien raccommodées & bien cerclées, que vous en ayez bouché exactement les fentes, & que vous les ayez bien enduites de poix. Voici une recette pour faire le lut avec lequel vous boucherez les fentes de vos futailles. Prenez une livre de cire, autant de résine & deux fois moins de soufre, que vous mettrez dans un vase propre, en y ajoutant du gypse pulvérisé. Vous réduirez cette composition à un degré de consistance suffisant pour former le lut dont il s'agit.

Travaux du printems. Il faut faire des tranchées & des fosses dans les pépinières, labourer les terreins destinés à former les plans des vignes, planter les ormes, les figuiers, les arbres fruitiers & les oliviers dans des terreins gras & humides. On ne doit enter les figuiers, les oliviers, les pommiers, les poiriers & les vignes, que lorsqu'il n'y a pas de lune, & toujours après-midi ; pourvu que le vent du sud ne souffle pas.

Manière d'enter. Vous couperez la branche que vous voudrez greffer & vous l'inclinerez un peu pour en faire écouler l'eau; prenez garde en la coupant de déchirer l'écorce. Vous vous pourvoirez d'un petit bâton de bois dur que vous aiguiserez par le bout, & d'une verge de franc-osier fendue en deux. Vous prendrez aussi de l'argile ou de la craie avec un peu de sable & de bouse de vache que vous pétrirez ensemble, jusqu'à ce que ce mêlange soit très-gluant. Employez alors la verge d'osier qui sera fendue, pour lier la branche que vous aurez coupée à l'effet de la greffer, afin d'empêcher que l'écorce ne se déchire dans l'opération. Quand cela sera fait, vous insérerez jusqu'à la profondeur d'un pouce le petit bâton sec, qui sera aiguisé par le bout, ayant soin de le mettre entre l'écorce & le bois de la branche que vous voulez greffer; ensuite prenez une branche de tel arbre que vous voudrez enter, aiguisez-la en bec de flûte sur une longueur de deux pointes de doigt, retirez le bâton sec que vous avez inséré dans la branche à greffer, & substituez lui la branche que vous voulez enter; de façon que l'écorce de cette branche soit tournée du côté de celle de la branche greffée, & vous l'enfoncerez jusqu'à l'endroit d'où vous avez commencé à l'aiguiser; & ainsi de même pour une seconde, une troisième & une quatrième greffe. Vous lierez de nouveau la branche greffée avec votre osier, vous l'enduirez avec le lut que vous aurez paîtri, jusqu'à une épaisseur de trois bons doigts, & vous la recouvrirez en outre avec une feuille de bourrache, afin que l'eau ne pénètre pas jusqu'à l'écorce, s'il vient à pleuvoir. Enfin vous entortillerez l'arbre avec de la paille longue, que vous y attacherez, pour le mettre à l'abri de la gelée.

Manière d'enter la vigne. On ente la vigne au printems ou quand elle est en fleurs. Cette dernière saison est la meilleure. Pour enter la vigne, on coupe le cep que l'on veut greffer, puis on le fend au milieu à travers la moëlle, & on y insere la greffe, après l'avoir aiguisée par le bout, de façon que les moëlles se joignent. Voici encore une autre façon. Lorsque deux ceps sont contigus, on prend deux jeunes branches, une sur chacun, que l'on aiguise obliquement, & que l'on attache moëlle contre moëlle, de façon que l'écorce de l'une touche à celle de l'autre. Il est encore une autre manière d'enter la vigne. Percez de part en part, avec une tariere, le sarment que vous voudrez enter, & insérez-y jusqu'à la moëlle deux brins de l'espèce de vigne que voudrez avoir; il faut faire en sorte que leurs moëlles se joignent, & qu'ils soient insérés dans le trou que vous aurez creusé sur le sarment enté, l'un d'un côté, l'autre de l'autre. En outre ayez soin que les brins insérés aient deux pieds de longueur; vous les abaisserez en terre, vous les reploierez du côté du cep auquel tient le sarment que vous aurez greffé, vous fixerez celui-ci par le milieu avec

N 2

des petits crochets, & vous couvrirez le tout de terre. Dans tous les cas, il faut enduire la branche greffée avec le lut dont nous venons de parler. On la liera ensuite & on la recouvrira, en suivant la méthode prescrite pour les oliviers.

Manière d'enter les figuiers & les oliviers. Quiconque veut enter un figuier ou un olivier, doit enlever avec un greffoir un morceau d'écorce, sur l'arbre où il veut placer la greffe. Il enlevera pareillement sur l'espèce de figuier qu'il voudra se procurer, un autre morceau d'écorce muni de son bourgeon : il l'appliquera sur l'autre arbre, à l'endroit précisément qu'il aura dépouillé, & fera en sorte qu'il s'y adapte parfaitement. Il faut qu'il ait trois doigts & demi de longueur, sur trois de largeur. Il enduira ensuite le tout, & le recouvrira comme il a été dit ci-dessus.

On ente les poiriers & les pommiers au printems, & pendant cinquante jours durant le solstice ; ou, si l'on veut, pendant la vendange. A l'égard des oliviers & des figuiers, il faut les enter toujours au printems.

C'est dans la saison du printems qu'il faut planter les oliviers & les vignes. Caton parle encore de cette opération, quoiqu'il l'ait traitée plus haut ; il décrit la longueur & la largeur des fosses où l'on doit mettre les jeunes plans & la manière de les soigner. Il enseigne aussi comment on forme une pépinière.

Manière de propager les arbres fruitiers. Si l'on veut propager les arbres fruitiers, il faut replier en terre les scions qui sortent à leurs pieds, & en relever l'extrémité hors de terre : au bout de deux ans ils auront pris racine, alors il faudra les serrer & les transplanter. On peut faire usage de cette méthode pour multiplier le figuier, l'olivier, le grenadier, le coignassier, le laurier, le mirthe, le noyer & le platane.

Desire-t-on employer une autre manière qui n'est pas moins sûre que la première ? On perce par le fond un pot ou un panier, & l'on fait passer par ce trou une branche de l'arbre à laquelle on veut faire prendre racine. On remplit le pot ou le panier avec de la terre que l'on foule bien, & on les laisse sur l'arbre même. Quand la branche a pris racine, on la tranche sous le pot ou le panier ; on casse le pot afin que les racines ne trouvent point d'obstacles pour s'étendre : après quoi on porte la branche dans une fosse, sans la retirer du panier ou du pot cassé. On peut se servir de cette méthode pour tel arbre que ce soit.

Pâture des bœufs. Quand vous verrez un tems propre pour couper vos foins, il faut en profiter. Vous mettrez à part le meilleur, que vous donnerez aux bœufs pendant le printems, lorsque vous les occuperez aux labours : mais, dès que les semailles seront achevées, vous ramasserez le gland, vous le mettrez tremper dans l'eau, & vous en donnerez un demi *modius* par jour à chaque bœuf, ou bien un *modius* de marc que vous aurez eu soin de garder dans des futailles. Aussi-tôt que vous aurez fini les labours, il vaudra mieux mener paître vos bœufs, s'ils n'ont point d'autres travaux à faire. Si on les mene au pâturage pendant le jour, on leur donnera pour la nuit vingt-cinq livres de foin à chacun; ou, à défaut de foin, des feuilles d'yeuse & de lierre. Il faut garder pour le besoin la paille de bled, d'orge, de fèves, la vesce, la paille des lupins & celle de toutes les autres productions de ce genre. On choisira celles de ces pailles qui ont le plus de fanage, pour les conserver à la maison, & on les saupoudrera de sel pour les leur donner à la place de foin. Quand on commencera à leur en donner au printems, il faudra y ajouter alors un *modius* de gland ou de marc, ou la même quantité de lupins détrempé, avec quinze livres de foin.

Dès que la dragée sera venue, on leur en donnera préférablement à tout; il faudra la cueillir avec la main, si l'on veut qu'elle repousse; car si on la fauche, elle ne revient pas. On peut leur en donner jusqu'à ce qu'elle soit sèche; après quoi on se réglera de façon qu'ils aient d'abord de la vesce, ensuite du panais, & après le panais, des feuilles d'orme. Si l'on a des feuilles de peuplier, on peut les entre-mêler avec celles d'orme. Au défaut de celles-ci, on leur donnera des feuilles de chêne ou de figuier. On ne peut jamais prendre trop de soin des bœufs. Il ne faut les mener paître que pendant l'hiver, lorsqu'ils ne labourent plus; parce que, quand ils ont une fois goûté l'herbe fraîche, ils s'attendent toujours à en trouver, & dédaignent toute autre espèce de nourriture.

Nourriture des gens. On donnera aux ouvriers qui travailleront, quatre *modii* de bled pendant l'hiver; & quatre & demi pendant l'été; au métayer, à la métayere, à l'agent & au bouvier, trois *modii*; aux esclaves qui sont dans les fers, quatre livres de pain pendant l'hiver, & cinq livres lorsqu'ils commenceront à labourer la vigne : on suivra cette taxe jusqu'à ce que les figues commencent à donner; car pour lors on les réduira à quatre livres.

Après la vendange, ils boiront de la piquette pendant trois mois; le quatrième, on leur donnera une émine de vin par jour, c'est-à-dire, deux *conges* & demi par mois (1); le cinquième, sixième, septième & huitième mois, un *sextarius* (2) par jour, c'est-à-dire, cinq *conges* par mois, on leur donnera de surplus un *conge* par tête pour les saturnales &

---

(1) Le conge étoit une mesure pour les liqueurs, qui contenoit trois pintes & demie, mesure de Paris.

(2) Le sextarius étoit la 48.e partie de l'amphore.

les compitales (1); le total sera de huit quadrantals par an pour chaque personne. Les esclaves qui assisteront à ces fêtes doivent avoir du vin au *prorata* du travail qu'ils auront fait.

Vous garderez le plus que vous pourrez des olives qui seront tombées d'elles-mêmes, & même de celles qui auront été cueillies à tems; mais dont vous ne pourrez pas vous promettre beaucoup d'huile; vous en donnerez avec épargne à vos gens, afin que la provision dure long-tems. Lorsqu'elle sera épuisée, il faudra leur donner du halec (2) avec du vinaigre. Vous leur donnerez aussi un *sextarius* d'huile par mois, & un *modius* de sel par an pour chacun.

Entretien des habits. Tous les deux ans vous donnerez à vos gens une tunique sans manches, de trois pieds & demi, avec des sayes; & en leur livrant ces habillemens, ayez soin de reprendre ceux qu'ils quitteront, pour en faire des casaques. Il faut leur donner encore tous les deux ans de bons sabots garnis de clous de fer.

Etat de ce qu'il faut pour la nourriture des bœufs. Il faut pour la nourriture de chaque paire de bœufs, cent vingt *modii* de lupins par an, cent quarante *modii* de gland cinq cents quatre-vingt livres de foin, & autant de dragée, vingt *modii* de fèves, & trente de vesce.

Précepte important d'agriculture. Quel est le premier principe de la bonne culture? c'est de bien labourer. Quel est le second? c'est de labourer encore; & le troisième? de fumer. Si c'est un champ de bled que vous avez à labourer; labourez-le bien & à tems, & non pas lorsqu'il ne sera que superficiellement détrempé.

Manière de faire l'huile verte. Lorsque l'olive sera noircie sur l'arbre, cueillez-la. Plus elle sera acerbe, plus l'huile qu'elle rendra sera de bonne qualité: & ne la laissez séjourner sur la terre ou sur le plancher que le moins de tems possible, parce qu'elle s'y corrompt. Lorsque les olives ne sont pas propres, on les lave & on les purge des feuilles qui sont inhérentes, & de toute immondice. On fait l'huile le lendemain, ou trois jours après qu'elles ont été ramassées. S'il gèle dans le tems de la cueillette, il ne faut faire l'huile qu'au bout de trois ou quatre jours. On peut alors saupoudrer l'olive de sel, si on le juge à propos. Il faut entretenir le plus haut degré de chaleur dans le

(1) Les *saturnales* étoient des fêtes que les esclaves célébroient dans les campagnes vers la mi-décembre; la solemnité duroit trois jours. Les *compitales* se célébroient toutes les années en l'honneur des Dieux Lares.

(2) Le *halec* étoit la lie d'une liqueur fort délicate, que les anciens faisoient avec les intestins d'un poisson qui nous est inconnu, & qu'ils nommoient *garon* ou *garus*. Ils faisoient aussi du halec avec des petits poissons de vil prix, tels que les anchois. Les gens pauvres trempoient leur pain dans cette espèce de saumure, qu'on pouvoit regarder comme de la gelée de poisson.

pressoir & dans le sellier. Caton détaille ensuite les fonctions de celui qui garde le pressoir, & lui enseigne la préparation qu'il faut donner aux futailles, avant de leur confier l'huile. Il doit les remplir de lie d'huile qu'il y laissera pendant huit jours, ayant soin d'en mettre tous les jours de la nouvelle, à proportion du déchet qu'elle aura souffert; après quoi il retirera cette lie & fera sécher les futailles. Quand elles seront sèches, on délaiera dans de l'eau de la gomme, qu'on y aura fait détremper le jour précédent; ensuite on chauffera les futailles jusqu'à ce qu'elles soient un peu au-dessous du degré de chaleur qui leur est nécessaire pour être enduites de poix : c'est pourquoi il suffira de les chauffer à un feu clair : lorsqu'elles seront modérément échauffées, on jettera la gomme dedans, & on les en frottera bien. Pour les frotter comme il faut, quatre livres de gomme suffiront pour chaque futaille de cinquante *sextarii* de contenance.

Remède pour prévenir les maladies des bœufs. Si vous craignez que vos bœufs ne tombent malades, faites leur prendre une composition dans laquelle entrera trois grains de sel, trois feuilles de laurier, trois feuilles de poireau, trois gousses d'oignon de Cypre, trois gousses d'ail, trois grains d'encens, trois pieds de savinière, trois feuilles de rhue, trois tiges de couleuvrée blanche, trois pieds de jusquiame blanche, trois charbons ardens & trois *sextarii* de vin. On donnera trois fois de cette potion à chaque bœuf, pendant trois jours consécutifs. On la partagera de façon qu'elle soit prise dans les trois fois.

Remède pour guérir un bœuf malade. Aussi-tôt que vous vous appercevrez qu'un de vos bœufs est malade, faites-lui avaler un œuf de poule crud; le lendemain vous broierez un pied d'ail de Cypre dans une hémine de vin, que vous lui ferez boire.

De peur que les bœufs n'usent la corne de leurs pieds, frottez-la pardessous avec de la poix liquide, avant qu'ils se mettent en marche.

Tous les ans, quand les raisins commenceront à tourner, vous donnerez aux bœufs cette médecine pour conforter leur santé : prenez une peau de serpent, broyez-la avec de la farine, du sel & du serpolet, & faites-en prendre à tous dans du vin. Une des précautions les plus essentielles pour qu'ils se portent bien, c'est de ne leur faire boire en été que de bonne eau & bien limpide.

Manière de faire plusieurs sortes de pain. Le pain *depsticius*, c'est-à-dire, paîtri simplement & sans levain, se fait avec de la farine & de l'eau mêlés ensemble. On y répand de l'eau peu-à-peu, on la paîtrit bien, & on la fait cuire sous un couvercle de tourtière.

Pour faire le pain appellé *libum*, (espèce de gâteau qu'on offroit aux dieux), on pile dans un pêtrin deux livres de fromage, on y incorpore une livre de farine de seigle; ou bien, si l'on veut que le gâteau soit plus léger, on se contente d'y jetter une demi-livre de farine de froment & un œuf. Avec cette pâte, on forme un pain qu'on met sur des feuilles, & qu'on fait cuire sous un couvercle de tourtière, sur un âtre échauffé.

Le *placenta* (autre espèce de gâteau) demande un peu plus de soin. On prend, d'un côté, deux livres de farine de seigle, pour former l'*abaisse* sur laquelle on doit mettre les *tracta* (1); on prend, d'un autre côté, quatre livres de froment & deux livres d'*alica* (2), on met infuser ce dernier dans l'eau, & lorsqu'il est bien détrempé, on le met dans un pêtrin propre, & on le paîtrit à la main. Lorsqu'il est bien paîtri, on y ajoute peu-à-peu les quatre livres de farine de froment, pour faire les *tracta* avec le tout ensemble; on travaille cette pâte dans une corbeille, & à mesure qu'elle sèche, on façonne proprement chacun de ces *tracta* en particulier. Quand on leur a donné la forme convenable, on les frotte tout autour avec un morceau d'étoffe trempé dans de l'huile, comme on fait par la suite à l'abaisse du *placenta*, avant que d'y mettre les *tracta*. Pendant ce tems, on chauffe bien l'âtre & le couvercle de la tourtière destinés à la cuisson. Cela étant fait, on verse les deux livres de farine de seigle qu'on a mises de côté, sur quatorze livres de fromage fait avec du lait de brebis; & on en fait une pâte légère pour former l'*abaisse* dont nous avons parlé. Il faut que ce fromage soit bien frais, & qu'il ne tourne point à l'aigre. On le fera préalablement tremper dans de l'eau qu'on aura soin de changer jusqu'à trois fois; après l'avoir retiré de l'eau, on l'égoûtera petit à petit entre les mains; & lorsqu'il sera bien égoûté, on le mettra dans un pêtrin propre, où on le laissera sécher. Après quoi vous le paîtrirez à la main dans ce pêtrin, jusqu'à ce que vous ne sentiez plus aucun grumeau. Ensuite vous prendrez un tamis à passer la farine, qui soit propre, & vous le ferez passer par le tamis dans le pêtrin. Vous y mettrez quatre livres & demie de bon miel, que vous incorporerez bien avec le fromage, sur une planche d'un pied en quarré, couverte de feuilles de laurier frottées d'huile, sur laquelle vous mettrez l'*abaisse* munie de son bourrelet, & vous façonnerez votre *placenta*. Il faudra commencer par

(1) Les *tracta* étoient une espèce de gaufre, ou plutôt des massepains d'une pâte croquante, puisque les Romains s'en servoient pour épaissir les sauces, comme nous nous servons aujourd'hui de chapelure de pain.

(2) L'*alica*, selon Pline, étoit une composition faite de grains d'épeautre concassés, auxquels on ajoutoit, pout les attendrir & pour les blanchir, une espèce de craie particulière qui se trouvoit entre Pouzoles & Naples, sur la *lumera*. Cette craie étoit si essentielle à la composition de l'*alica*, & l'*alica* étoit si précieux, qu'Auguste fit payer une somme considérable par an aux Napolitains, pour qu'ils en approvisionnassent une Colonie qu'il avoit établie à Capoue.

couvrir tout le fond de l'abaiſſe d'un lit de *tracta*, qu'on poſera l'un après l'autre, & qu'on enduira de ce fromage incorporé avec le miel; puis on fait un ſecond lit ſur le premier, qu'on enduit de même, & on répète cette opération juſqu'à ce qu'on ait employé tout le fromage incorporé avec le miel. Enfin, vous arrangerez tous vos *tracta* ſur l'abaiſſe, dont vous éleverez ſuffiſamment la bordure en l'inclinant en dedans pour les retenir, & vous préparerez votre âtre. Dès qu'il aura acquis un degré de chaleur modéré, mèttez-y pour-lors votre *placenta*; &, après l'avoir recouvert avec le couvercle de tourtière, que vous aurez déja fait chauffer, vous mettrez encore de la braiſe pardeſſus & tout à l'entour. Ayez ſoin qu'il cuiſe bien lentement. Vous le découvrirez deux ou trois fois, pour voir à quel degré en ſera la cuiſſon; lorſqu'il ſera cuit, vous le retirerez & le frotterez de miel. Pour faire un *ſpira*, il faut s'y prendre comme pour faire le *placenta*, excepté qu'il faut donner une forme différente aux *tracta*, qu'on met ſur l'abaiſſe. On les enduit bien de miel, & on les tortille comme une corde.

Le *ſcriblita* ne differe des précédens que par le fromage qu'on met aux *tracta*, ſans y faire entrer de miel.

Pour faire des *globi*, mêlez, comme ci-deſſus, du fromage avec de l'*alica*, dont vous ferez autant de *globi* qu'il vous plaira; faites enſuite chauffer de l'huile dans une chaudiere, & mettez-les y cuire l'un après l'autre, ou deux à deux; retournez-les continuellement avec une cuiller, & retirez-les quand ils ſeront cuits; frottez-les enſuite de miel, & égrugez du pavot deſſus avant de les ſervir.

L'*encytum* ſe fait de la même manière que les *globi*, la ſeule différence conſiſte à faire paſſer la pâte dont il eſt compoſé dans un moule creux & troué qui lui donne une forme élégante. On le met dans de l'huile chaude, & on le retourne. Lorſqu'il eſt tiède, on le frotte d'huile pour lui donner de la couleur, & on le ſert avec du miel ou avec du vin mêlé de miel.

Vous ferez l'*erneum* de la même manière que le *placenta*, en y mettant les mêmes ingrédiens. Après les avoir bien mêlés dans une auge de bois, on les met dans une *hirnea* de terre, que l'on plonge dans une marmite de cuivre pleine d'eau chaude, dans laquelle on les laiſſe cuire auprès du feu. Quand l'*erneum* eſt cuit, on caſſe l'*hirnea* pour le ſervir.

On fait le *ſpherita* comme le *ſpira*, ſi ce n'eſt qu'on fait entrer dans ſa compoſition de pièces de pâtiſſerie ſphériques, ſans y mettre de fromage ni de miel. On les arrange enſuite ſur une abaiſſe de pâte, & on les fait cuire comme le *ſpira*.

Voulez-vous faire le *ſavillum*? Mêlez enſemble une demi-livre de farine & deux livres & demie de fromage, comme si vous vouliez faire un *libum*, ajoutez-y trois onces de miel & un œuf. Battez ensemble tous ces ingrédiens, mettez-les dans un plat de terre que vous aurez frotté d'huile, couvrez ce plat avec un couvercle de tourtiere, & faites en sorte que la cuisson pénètre l'intérieur du *savillum*, sur-tout dans le milieu où il est plus épais. Quand il sera cuit, retirez-le du plat, frottez-le de miel & égrugez du pavot dessus, remettez-le encore un instant sous le couvercle de la tourtiere; & lorsque vous l'aurez retiré, vous le servirez sur le plat même dans lequel il aura été cuit, avec des cuillers pour le manger.

Voici la manière de préparer la bouillie à la carthaginoise. On jette une livre d'*alica* dans de l'eau, & on l'y laisse bien infuser, on la verse dans une auge de bois, on y ajoute trois livres de fromage frais avec une demi-livre de miel & un œuf; on bat le tout ensemble, & on fait cuire cette bouillie dans une marmite propre.

On prépare le *granea* de froment d'une manière bien simple. On met une demi-livre de pur froment dans un mortier propre. Après l'avoir bien lavé & purgé de sa peau en le broyant, on le fait cuire dans une marmite avec de l'eau pure; & quand il est bien cuit, on y mêle du lait peu-à-peu, jusqu'à ce qu'il s'y forme une crême bien épaisse.

Pour faire l'*amulum*, vous nétoierez bien du seigle, vous le mettrez dans une auge & verserez de l'eau pardessus deux fois par jour: tarissez l'eau le dixième jour. Quand le grain sera bien enflé, vous l'agiterez dans une auge pleine d'eau, jusqu'à ce qu'étant détaché de sa peau, il tombe au fond de l'eau comme de la lie. Après cela, vous le mettrez dans un linge propre, que vous tordrez bien pour en exprimer la crême, vous exposerez cette crême dans un bassin pour la faire sécher, & lorsqu'elle sera sèche, vous la ferez cuire avec du lait dans une marmite.

Manière d'engraisser la volaille. Il faut renfermer les poules ou les oies que l'on voudra engraisser, & faire des boulettes de pâte avec de la fleur de farine ou de la farine d'orge qu'on trempera dans l'eau avant de les leur faire avaler. On augmentera la dose tous les jours peu-à-peu; on les empâtera ainsi deux fois par jour, & on les fera boire à midi, ayant soin de ne laisser l'eau plus d'une heure devant elles. A l'égard des oies, il faut commencer par les faire boire avant de les empâter.

Méthode pour faire une aire. Labourez la terre où vous voulez la faire, arrosez-la bien avec de la lie d'huile, & donnez-lui le tems de s'en imbiber, après quoi vous ameublirez le terrein & vous l'applanirez en le battant avec la hie; ensuite vous l'arroserez encore avec de la lie d'huile, & vous le laisserez sécher.

Uſage qu'on peut faire de la lie d'huile. Pour éloigner les rats & les charenſons de vos greniers, faites du mortier de terre avec de la lie d'huile, & mêlez-y un peu de paille hachée, crêpiſſez-en votre grenier à une épaiſſeur raiſonnable, & remettez une couche d'huile pardeſſus.

Si vos oliviers ſont ſtériles, déchauſſez-les, enveloppez-les de paille longue; mêlez enſuite de la lie d'huile avec une moitié d'eau, & répandez-en autour une urne pour les plus grands arbres, moins à proportion pour les petits.

Vos figuiers ne perdront point les figues vertes dont ils ſeront chargés, & ils ſeront préſervés de la gale, ſi vous ſuivez le même procédé.

Pour garantir vos brebis de la gale, laiſſez repoſer de la lie d'huile dans un vaſe, juſqu'à ce qu'elle ſoit bien éclaircie; prenez enſuite de l'eau dans laquelle vous aurez fait bouillir des lupins & de la lie de bon vin, mêlez tout cela enſemble par portions égales. Après la toiſon, vous en frotterez les brebis par tout le corps, & vous les laiſſerez ſuer deux ou trois jours; après quoi vous les menerez ſe baigner dans la mer; ſi la mer n'eſt pas à votre portée, vous ferez de l'eau ſalée pour les en laver. Non-ſeulement ce remède préſervera vos brebis de la gale, mais encore la laine en ſera plus belle. On peut s'en ſervir pour tous les quadrupèdes, quand ils auront la gale.

Si on frotte avec de la lie d'huile bouillie les eſſieux, les rênes, les ſouliers & les cuirs, ils auront un degré de bonté de plus.

Les teignes ne ſe mettront point à vos habits, ſi vous avez ſoin de frotter les pieds & les coins de vos armoires, le fond & l'extérieur avec de la lie d'huile cuite & réduite à moitié.

Frottez de même toute votre vaiſſelle de cuivre, après l'avoir bien écurée, la rouille ni le verd-de-gris ne s'y mettront point.

On conſerve les figues sèches en les mettant dans un vaſe de terre qu'on a frotté de lie d'huile bouillie.

Remèdes pour les bœufs. Si un ſerpent vient à mordre un bœuf ou tel autre quadrupède que ce ſoit, broyez dans une hémine de vin vieux un *acetabule* (1) de cette nielle que les Médecins appellent *ſmyneum* (2), injectez-lui en dans les naſeaux, & mettez de la fiente de porc ſur la plaie.

Pour maintenir les bœufs frais & vigoureux, & leur faire revenir l'appétit lorſqu'ils paroîtront dégoûtés, il faut arroſer leur fourrage avec de la lie d'huile: on leur en donne à boire auſſi avec moitié eau, mais

(1) L'acetabule des Romains étoit la 348.ᵉ partie de l'*amphore*.
(2) Quelques Botaniſtes ont cru que c'étoit le maceron appellé ſmyrnium.

rarement, comme, par exemple, tous les quatre ou cinq jours. Cette boiſſon les préſerve des maladies. Il ſeroit trop long de rapporter les détails que Caton donne ſur les vins ; nous nous contenterons de les énoncer.

Objets divers. Il donne la manière de faire le vin des gens pour l'hiver, le vin grec, le vin de Co ; il enſeigne la façon d'apprêter l'eau de mer. Il indique des moyens pour ſavoir ſi le vin ſera de durée ou non, pour le rendre agréable lorſqu'il a quelque mauvais goût, pour lui donner de l'odeur & du parfum. Il donne la recette pour faire le vin purgatif ; le vin à l'uſage de ceux qui urinent difficilement ; le vin à l'uſage de ceux qui ont la goutte ſciatique ; le vin de mirthe. Les chapitres qui traitent de ces différens objets, ſont remplis de répétitions.

Il parle enſuite du ſacrifice qu'il falloit faire avant la moiſſon. La victime qu'on offroit alors à Cérès étoit la truie *Præcidanea.* On l'immoloit dans la vue de purifier une famille qui ſe trouvoit ſouillée, faute d'avoir rendu les derniers devoirs à quelqu'un des ſiens après ſa mort.

Il indique les lieux où l'on devoit ſe pourvoir de différens uſtenſiles ; les arrangemens que le propriétaire devoit prendre avec celui qui ſe chargeoit de cultiver une terre. Il trace ce qu'il falloit faire ſuivant le rit romain, avant d'élaguer un bois conſacré aux dieux, & comment on devoit purifier une terre.

Enfin, cet ouvrage eſt terminé par des préceptes qu'il donne au métayer & au père de famille : à l'un, ſur quelques devoirs relatifs à ſon état ; à l'autre, ſur les conventions qu'il devoit faire avec ceux qui ſe chargeoient de faire la récolte des olives & d'en exprimer l'huile. Il leur apprend ſous quelles conditions la vendange doit être vendue ſur pied, comment le vin doit être vendu en futailles ; ſous quelles redevances on devoit céder le droit de pâturage pendant l'hiver, & l'uſufruit d'un troupeau pour l'eſpace d'une année. Il ajoute encore la recette de certains remèdes peu importans, notamment de l'emploi qu'on pouvoit faire des choux pour certaines maladies, ou pour l'uſage de la maiſon.

Uſage du chou. Le chou, dit-il, l'emporte ſur toutes les herbes potagères par ſon utilité. On le mange crud, en le faiſant tremper dans le vinaigre. Il ſe digère bien, il relâche le ventre, & l'urine que l'on rend après l'avoir mangé, a beaucoup d'excellentes propriétés. Veut-on boire beaucoup dans un repas ſans en être incommodé ? il n'y a qu'à manger, avant de ſe mettre à table, telle quantité de choux que l'on voudra. Si quelqu'un ne pouvoit uriner que difficilement, il faudroit prendre un chou, le jetter dans de l'eau bouillante & ne l'y laisser qu'un moment, de façon qu'il fût à demi-cru; ensuite on jetteroit une partie de l'eau, on y ajouteroit beaucoup d'huile, de sel, & un peu de cumin, & l'on feroit bouillir un moment ce mélange. On en prendroit un petit bouillon lorsqu'il seroit refroidi, & on mangeroit le chou. On pourroit prendre ce remède tous les jours, pour accélérer la guérison.

Pilez du chou, appliquez-en sur tous les ulcères, blessures & tumeurs, il les guérira sans douleur, & dissoudra les enflures en les faisant aboutir.

C'est un excellent remède pour les cancers, de quelqu'espèce qu'ils soient; il faut piler du choux & l'appliquer sur ces sortes de maux. Avant d'en faire l'application, il faut bien laver la partie malade avec de l'eau chaude.

Rien n'est plus propre pour chasser la goutte, que de manger du choux crud, coupé par morceaux, avec de la rhue, de la coriandre; ou bien avec du laser ratissé dessus, en y ajoutant du sel, du vinaigre fait avec de l'eau de mer & du miel.

La fin de cet ouvrage annonce que Caton n'écrivoit que pour des gens simples, & qu'il ne cherchoit qu'à les instruire. C'est une attention générale qu'il ne faut point perdre de vue, avant de porter son jugement sur cet Auteur. Si quelqu'un étoit blessé des répétitions que nous avons remarquées dans cet ouvrage, & de quelques minuties que nous avons rapportées dans notre analyse, il doit se rappeller que ce qu'il y a de plus grand & de plus admirable dans tous les arts, est souvent dû aux plus petites observations, & que la première qualité d'un Auteur didactique, c'est de mettre ses préceptes à la portée de tout le monde.

M. Terentius Varron, l'un des descendans de ce collègue de Paul-Emile, que le peuple romain remercia pour n'avoir pas désespéré de la république après la bataille de Cannes, a vécu sous les règnes de Jules-César & d'Auguste. Il joignoit à cette illustre naissance qui le fit parvenir aux premières charges de la république, un titre bien plus glorieux encore; c'étoit, dit Ciceron, l'homme le plus savant de tous les Romains. Sa réputation étoit fondée sur une quantité prodigieuse d'ouvrages excellens qu'il avoit donnés, entre lesquels son économie rurale tient un rang distingué. Il n'auroit peut-être jamais entrepris d'écrire sur cet important objet, si une circonstance particulière ne l'y avoit déterminé. Fundania, son épouse, avoit acheté un fonds de terre qui avoit été négligé, mais qui, d'ailleurs, pouvoit produire beaucoup par une culture bien entendue: en conséquence, elle pria son mari de l'instruire sur la manière de tirer le meilleur parti possible de sa nouvelle acquisition; Varron, quoiqu'âgé de 80 ans, s'en chargea d'autant plus

Varron.

volontiers, qu'il étoit très-attaché à son épouse, & qu'il se plaisoit d'ailleurs beaucoup à l'agriculture.

Avant d'entrer en matière, il invoque la protection des douze dieux qui président aux travaux des champs; & pour ne rien laisser à desirer à sa femme sur ce sujet, il la prévient que si, après sa mort, il lui survient quelque difficulté sur les principes de culture qu'il va lui donner, elle pourra prendre des éclaircissemens dans les Auteurs grecs qui ont écrit sur l'agriculture, & dont il fait une longue énumération. Il trace ensuite le plan de son ouvrage, qu'il divise en trois livres: l'un, sur les opérations rurales; l'autre, sur les bestiaux; & le troisième, sur les animaux qu'on élève à la campagne.

Afin de mettre plus de variété, d'agrément & d'intérêt dans son style, il a donné à son traité la forme du dialogue. Les interlocuteurs du premier livre sont Fundanius son beau-père, Agrius, chevalier romain, Agrasius le partisan, Licinius Stolon, & Tremellius Scrofa. Il rend compte à sa femme des conversations qu'il avoit eues avec ces grands hommes sur divers articles relatifs à la culture des terres.

Objet principal de l'agriculture. Leur premier entretien roule sur l'objet de l'agriculture: savoir, si l'on ne doit comprendre sous ce mot que les grains que l'on dépose dans le sein de la terre; ou bien, si l'on doit y rapporter tous les animaux qui font une partie essentielle de l'économie rurale, comme les brebis & le gros bétail. Stolon prétend que l'engrais des bestiaux concerne les pâtres plutôt que les agriculteurs. Agrasius dit que ces deux objets, quoique bien différens, ont cependant une grande affinité, & qu'on peut les comparer aux deux flûtes dont se sert à-la-fois un musicien: l'une forme le chant; l'autre l'accompagnement. Fundanius prend un parti intermédiaire; il observe qu'il y a des bestiaux qui sont le fléau & le poison de la culture, comme les chèvres & les brebis; d'autres, au contraire, qui sont d'une utilité indispensable, tels sont ceux qu'on attele à la charrue. Quant aux premiers, ils ne doivent point faire partie de l'agriculture; ceux de la seconde classe ne pourroient en être séparés.

Définition de l'agriculture. Dans ce même entretien on pria Scrofa, comme le plus distingué par l'âge, le rang & les connoissances, de définir l'agriculture & d'expliquer les préceptes de cette science. Voici le précis de son discours. L'agriculture est un art de première nécessité & un des plus étendus. C'est la science qui nous apprend ce que nous devons semer; les travaux que nous avons à exécuter dans telle espèce de terre que ce soit, & qui nous fait discerner le terrein fertile d'avec celui qui ne l'est pas.

Principes de l'agriculture. Les principes de l'agriculture sont l'eau, la terre, l'air & le feu. Il eſt eſſentiel d'acquérir des connoiſſances ſur ces différens objets, avant de confier les ſemences à la terre; attendu que ce ſont les principes des fruits qu'on doit recueillir. Cette étude approfondie ſeroit encore d'un grand ſecours aux agriculteurs pour diriger leurs travaux vers les fins principales qu'ils doivent avoir toujours en vue, l'utilité & l'agrément. Ce qui eſt utile, l'emporte, à la vérité, ſur ce qui eſt de pur agrément: cependant la culture, en rendant une terre plus belle à la vue, contribue non-ſeulement à ſa fertilité; mais elle la rend encore plus aiſée à vendre, en ajoutant à ſon prix réel.

Salubrité de l'air. Le meilleur fonds eſt celui qui eſt le plus ſain: parce que le produit en eſt plus aſſuré. Dans un domaine où la ſalubrité manque, quelque fertile d'ailleurs que ſoit le ſol, les accidens ne laiſſent point au cultivateur le tems de voir parvenir les fruits à leur maturité. La ſcience cependant peut remédier à ces inconvéniens, ou les rendre plus ſupportables: par exemple, ſi un fonds ſe trouve mal ſain, à cauſe de la terre ou de l'eau qui s'y trouve, ou à cauſe des mauvaiſes odeurs qu'il exhale en certains endroits; un propriétaire peut venir à bout de corriger ces défauts, par l'art & les dépenſes qu'il y a à faire. Il eſt donc important d'examiner les pays dans leſquels ſont ſituées les métairies, leur étendue & leur expoſition.

Parties de l'agriculture. Il y a dans l'agriculture, continue Scrofa, quatre parties à conſidérer, d'où dérivent toutes les autres. 1.° Le terrein en lui-même; 2.° ce qui eſt néceſſaire pour le cultiver; 3.° les travaux que cette culture exige; 4.° enfin, la connoiſſance des tems deſtinés à chacun de ces travaux. La première partie, qui regarde le fonds, renferme, d'un côté, les terres; de l'autre, les métairies & les étables. La ſeconde partie, qui concerne le mobilier, ſe ſous-diviſe en deux branches, dont la première comprend les hommes qui doivent travailler à la culture; & la ſeconde, les uſtenſiles qui ſont néceſſaires. La troiſième partie, qui a pour objet les travaux qu'il faut faire dans un fonds, renferme les préparatifs qu'elles exigent, & la connoiſſance des lieux où on doit les faire. Enfin, la quatrième partie, qui concerne les tems, comprend ce qui a rapport au cours du ſoleil pendant l'année, & à celui de la lune pendant le mois.

Conſidérations ſur le terrein. Il y a quatre choſes à examiner ſur le fonds qu'on veut acheter; quelle eſt la forme ou diſpoſition, ou quelle eſt la qualité de la terre dont il eſt compoſé; quelle eſt ſon étendue, & quelle eſt ſa clôture.

Un terrein peut être conſidéré ſous deux eſpèces de forme; l'une, qu'il tient de la nature, & par laquelle il eſt d'une meilleure qualité qu'un autre; la ſeconde, qu'il acquiert par la culture.

La forme naturelle comprend quatre genres de terre; savoir, celles qui sont situées dans les plaines, celles qui sont sur des collines, celles qui sont sur des hautes montagnes, & celles qui sont composées des deux ou trois genres précédens. Ces situations diverses demandent chacune un nouveau genre de culture, & donnent aussi des produits différens.

Quant à la forme qu'un terrein reçoit de la culture, Scrofa prétend que celui qui présente un aspect plus agréable qu'un autre, est par-là même d'un plus grand produit; attendu que les choses étant chacune à leur place, elles occupent moins d'espace: elles ne se nuisent pas mutuellement, & les unes n'interceptent point aux autres les influences du soleil, de la lune & de l'air, dont elles ont toutes également besoin.

Diverses qualités du terrein. La connoissance de la terre qui constitue le sol d'une métairie, doit déterminer l'espèce de production qu'on lui destine, & le genre de culture qu'il faut lui donner. Tel terrein est propre pour la vigne, qui ne le seroit point pour le bled; il importe donc de savoir de quelle nature est la terre, & quel est l'objet pour lequel elle est bonne ou mauvaise.

On ne trouve point de terrein qui soit uniquement composé d'une matière homogène; il y a plusieurs corps, tels que la pierre, le marbre, le moëlon, le caillou, le sable, la terre rouge, l'argille, la poussière, la craie & le gravier, qui entrent dans sa composition; & suivant que la terre est mélangée de quelques-unes de ces matières, elle en emprunte son nom; & s'appelle ou crayeuse, ou graveleuse, ou argilleuse, &c. On peut même dire que l'on compte autant d'espèces mixtes, qu'il y a de ces parties différentes, puisque, dans le fait, chaque espèce peut être sous-divisée elle-même, ou moins en trois autres; comme, par exemple, une terre peut être extrêmement pierreuse, ou médiocrement ou presque point, & ainsi des autres mélanges qui peuvent tous offrir ces trois degrés. En outre, ces trois degrés eux-mêmes peuvent encore être sous-divisés chacun en trois autres, parce que chacun d'eux peut, indépendamment de cette première qualité, être ou très-humide, ou très-sec, ou conserver le milieu entre ces deux qualités. Ces considérations deviennent indispensables par rapport aux fruits: ainsi, les gens expérimentés sèment plutôt du froment *Ador,* que du bled commun, dans un terrein trop humide : ils sèment plutôt de l'orge que du froment, dans un terrein trop sec: & par la même raison, ils sèment indifféremment l'un ou l'autre dans celui qui n'est ni trop humide ni trop sec.

Toutes ces espèces de terres ont encore d'autres différences plus détaillées. Par exemple, s'il s'agit d'une terre sablonneuse; tantôt le sable est blanc; tantôt il est rouge. Lorsqu'il est blanchâtre,

on

on ne peut pas y planter d'arbrisseaux; on le peut au contraire, lorsqu'il est rouge.

De même il y a trois autres qualités de terre, qu'il est nécessaire de connoître : savoir, si elle est grasse ou maigre, ou d'une qualité moyenne; parce que, relativement à la culture, les terres grasses sont plus universellement fertiles que les maigres.

Les meilleurs indices pour connoître quand une terre est bonne ou mauvaise, c'est d'examiner les plantes qui y croissent sans culture. Si elles sont bien hautes, & si les fruits en sont abondans, la terre est d'une bonne qualité. Les mauvais terreins s'annoncent par des signes contraires.

Préceptes sur la situation de la métairie. Après que Scrofa eut parlé des différentes manières de mesurer les terres qui étoient en usage chez les Romains, il indiqua les attentions qu'il faut avoir, lorsqu'on bâtit une métairie. Il faut faire en sorte qu'elle soit pourvue d'eau dans son enceinte, ou du moins qu'il s'en trouve le plus près qu'il sera possible. Elle jouira de la position la plus avantageuse, lorsqu'elle sera placée au pied d'une montagne couverte de bois, & dans un endroit pourvu de vastes pâturages. Le meilleur aspect est le point de l'horizon où le soleil se lève dans le tems de l'équinoxe, parce que, dans cette situation, la métairie jouira de l'ombre en été & du soleil en hiver. Il faut avoir soin de ne pas la placer auprès des marécages; parce que, lorsqu'ils viennent à se dessécher, ils engendrent des petits animaux imperceptibles, qui entrent dans le corps par la bouche & par le nez, avec l'air qu'on respire, & causent des maladies fâcheuses. On doit éviter également que la métairie ne soit tournée du côté d'où vient le vent le plus fatiguant. Il faut aussi préférer un lieu élevé à une vallée trop profonde, parce que les lieux que le soleil éclaire pendant tout le jour, sont immanquablement les plus sains.

Distribution du bâtiment. Les étables de la métairie doivent être disposées de façon que celles qui seront destinées aux bœufs, soient dans l'endroit où elles pourront sentir le plus de chaleur en hiver.

Le vin & l'huile veulent être placés sur la terre même : il faut donc faire des celliers à rez de terre, pour y mettre les vases qui les contiennent.

La paille, les fèves & le foin seront mis sur des planchers élevés au-dessus de terre.

Il convient de laisser libre un endroit où les gens puissent prendre leur repos, lorsqu'ils seront fatigués par l'ouvrage, par le froid, ou par le chaud.

La chambre du métayer doit être près de la porte, afin qu'il soit à portée de savoir qui entre ou qui sort la nuit, & de voir ce qu'on porte. La cuisine n'en doit pas être éloignée, pour qu'il puisse y avoir l'œil; attendu que c'est dans cette pièce que se font certains ouvrages pendant l'hiver avant le jour, & que c'est là qu'on prépare & qu'on prend les repas.

Dans l'intérieur de la basse-cour, il doit y avoir des hangards pour mettre les charrettes & tous les autres instrumens que la pluie pourroit gâter.

Il seroit à propos, si le terrein est spacieux, d'avoir deux basses-cours; l'une intérieure, l'autre extérieure. Dans la basse-cour intérieure, il y auroit une cîterne qui pourroit servir de lavoir; & un abreuvoir, dans lequel les bœufs, en revenant des champs, iroient boire & se baigner pendant l'été, de même que les oies, & les cochons lorsqu'ils viendroient de paître. Dans la basse-cour extérieure, il conviendroit de faire un réservoir, dans lequel on feroit tremper les lupins & tout ce qui ne peut servir qu'après avoir été trempé dans l'eau. Cette même cour, étant continuellement couverte de litière & de paille, que les bestiaux fouleroient aux pieds en allant & en venant, seroit d'une grande ressource pour engraisser la terre; attendu qu'on en enleveroit toutes les immondices pour les porter dans les champs.

Fumier. Auprès de la métairie, il faut creuser deux trous à fumier; on mettra dans l'un le nouveau fumier que l'on apportera des étables, & on prendra dans l'autre, l'ancien fumier que l'on voudra porter dans les champs, d'autant que celui qui est bien pourri, vaut beaucoup mieux pour les terres que celui qui est encore nouveau. Le tas de fumier se bonifiera, si on a soin de le garantir du soleil, en étendant pardessus & sur les côtés des branchages & des feuilles. Il seroit aussi à propos d'y ménager des écoulemens d'eau, qui puissent l'humecter. Proche de l'aire, où l'on battra le bled, on doit construire un bâtiment assez grand pour contenir toute la moisson du domaine. Il ne sera ouvert que du côté de l'aire, afin d'en tirer facilement les gerbes pour les battre, ou pour les y retirer promptement, si le tems vient à changer. Il faudra qu'il soit percé de fenêtres du côté où le vent pourra le rafraîchir le plus facilement.

Différentes clôtures. Il y a quatre espèces de clôtures que l'on fait pour mettre en sûreté, soit la totalité d'un fonds, soit quelqu'une de ses parties. Ces clôtures sont; la naturelle, la champêtre, la militaire, l'artificielle.

La naturelle est celle qu'on forme avec des broussailles ou des épines qu'on plante à cet effet.

La champêtre est faite avec du bois grossier, & diffère de l'autre en ce qu'elle n'est point vive. On la fait avec des pieux que l'on enfonce en terre & que l'on garnit de broussailles dans les intervalles.

La militaire eſt un foſſé & un rempart de terre que l'on fait ordinairement le long des grands chemins ou ſur le rivage des fleuves.

La clôture artificielle eſt faite de murailles. On compte quatre ſortes de murailles. Celles de pierre, celles de brique cuite, celles de brique crue, & celles de terre & de cailloux entaſſés entre deux planches. On peut encore, ſans avoir recours aux clôtutes, mettre en ſûreté un fonds ou une pièce de terre, en y plantant des arbres qui ſerviront à en fixer les limites, pour éviter qu'il ne s'élève des rixes entre les gens de la maiſon & ceux du voiſinage. C'eſt l'orme qu'il faut planter de préférence, parce que c'eſt l'arbre qui eſt du plus grand rapport; & qu'il peut, en ſervant de haie, ſoutenir quelques ceps de vigne. Il produit encore des feuilles qui ſont les plus agréables aux brebis & aux bœufs, & fournit des branchages pour les clôtures, pour l'âtre & pour le four.

Connoiſſance importante. L'extérieur du domaine & ſes alentours ont une connexion ſi intime avec le fonds lui-même, que l'utilité de la culture ne dépend pas moins de l'un que de l'autre. Il faut donc examiner ſi le voiſinage n'eſt pas infecté de brigands, ſi votre terre a des communications faciles, tant pour la vente de ce qu'elle produira, que pour la traite de ce qui peut lui manquer; ſi elle eſt placée ſur des chemins où l'on puiſſe aiſément conduire les charrettes; & s'il y a dans le voiſinage des fleuves navigables : enfin, il faut porter la prévoyance juſques ſur ce qu'il peut y avoir d'avantageux ou de préjudiciable dans les domaines voiſins : en effet, s'il y avoit un bois de chêne planté ſur les limites, vous auriez tort de planter dans cet endroit des oliviers, parce qu'il y a une ſi grande antipathie naturelle entre ces deux eſpèces d'arbres, que non-ſeulement vos oliviers rapporteroient moins de fruits; mais qu'ils fuieroient même l'approche de ces chênes au point de ſe replier du côté de votre terre. Les noyers & les chênes plantés en quantité ſur les limites d'une terre, la rendent ſtérile.

Objets qu'on emploie pour la culture. Ayant traité de ce qui a rapport à la connoiſſance du fonds & de ce qui concerne l'extérieur du domaine, Scrofa parle de ce qu'on emploie à la culture d'un fonds. Suivant quelques cultivateurs, cet objet ſe diviſe en deux parties; ſavoir, les hommes qui cultivent, & les choſes qui leur ſont néceſſaires pour cultiver; ſuivant d'autres, on le diviſe en trois claſſes : les eſclaves, les animaux, & les inſtrumens néceſſaires pour le labourage.

Eſclaves. A l'égard des eſclaves, il faut qu'ils ſoient forts, robuſtes, & qu'ils n'aient pas moins de vingt-deux ans. Ceux qu'on mettra à leur tête doivent être plus âgés que les ouvriers, ils ſauront lire & écrire, & auront en outre des connoiſſances ſur l'agriculture, parce qu'ils ne doivent pas ſeulement commander; ils doivent encore agir par eux-mêmes. Le nombre des eſclaves doit être réglé ſur l'étendue du fonds & ſur le genre de culture auquel on les deſtine.

Animaux. Quelques auteurs ont déterminé le nombre des beſtiaux qui ſont néceſſaires pour la culture d'un certain fonds de terre; mais comme il y a des ſols qui ſont plus faciles à cultiver les uns que les autres, on ne peut rien ſtatuer de poſitif ſur cet article. Il faut s'en tenir à trois règles que voici; à la pratique du propriétaire qui a précédé; à celle des voiſins, & à quelques eſſais qu'on peut faire.

Les bœufs qu'on achète pour le labourage ſeront choiſis avec précaution. Il faut qu'ils n'aient pas encore travaillé, qu'ils n'aient pas moins de trois ans ni plus de quatre, qu'ils ſoient très-robuſtes & bien appareillés; de peur qu'en travaillant, le plus fort n'excède le plus foible. On doit acheter de préférence ceux qui ont les cornes larges, plutôt noires que de toute autre couleur, le front ouvert, le nez camus, la poitrine large & les cuiſſes épaiſſes. Il ne faut point en acheter qui aient déja travaillé dans des pays plats, lorſqu'on veut les faire ſervir dans des terres fortes & montagneuſes. On n'a point à craindre le même inconvénient lorſqu'on les tire d'un pays montagneux, pour les faire travailler dans un pays plat.

Dans les pays où la terre eſt légère, on laboure avec des vaches ou des ânes. Avant de ſe décider ſur le choix de ces animaux, le laboureur doit faire attention à la nature de ſon terrein; s'il eſt montueux & difficile, il doit ſe pourvoir d'animaux plus robuſtes.

Il vaut mieux n'avoir que peu de chiens, pourvu qu'ils ſoient bons, que d'en avoir un grand nombre de mauvais. On doit les accoutumer à veiller la nuit, & à dormir le jour, quand ils ſeront renfermés.

Pour ce qui eſt des autres quadrupèdes que l'on ne ſoumet point au joug, tels que les troupeaux, il n'y a qu'une obſervation à faire: ſavoir, que ſi l'on a des prés dans ſon fonds, & qu'on n'ait point de troupeaux à ſoi, il faut y appeller des troupeaux étrangers, & ſe pourvoir d'étables pour les y retirer.

Inſtrumens. En général, un laboureur ne doit rien acheter de ce que le fonds peut produire, ni rien de ce qu'il pourra ſe procurer par ſes gens; comme ſont tous les uſtenſiles qu'on fait avec de l'oſier & du bois, ou ceux qui ſe font avec du chanvre, du lin, du jonc, &c. C'eſt l'étendue du fonds qui doit décider des différentes eſpèces d'inſtrumens qui ſont néceſſaires, & de la quantité qu'il en faut avoir.

Eſpèces de grains qu'il eſt le plus avantageux de ſemer. Agraſius prenant la parole, dit à Scrofa, puiſque vous avez achevé de nous donner ce qui eſt relatif au fonds & aux inſtrumens de culture, j'attends à présent que vous traitiez des productions de la terre & de la manière de les cultiver.

Comme je pense, dit Scrofa, que par les fruits d'un fonds, on ne doit entendre que ce qu'il produit en conséquence d'un ensemencement quelconque, & qui peut tourner à profit, soit d'une façon, soit d'une autre; je réduits à deux points ce que j'ai à dire sur cette matière; savoir, quels sont les grains qu'il est le plus avantageux de semer, & quel est le terrein qui est le plus convenable à un chacun: car il y a des sols propres pour le foin, d'autres pour le bled, d'autres pour le vin, & d'autres pour l'huile.

On doit semer dans une terre maigre les plantes qui n'ont pas besoin de beaucoup de nourriture, comme le cytise & tous les légumes, excepté le pois chiche. Au contraire, il faut semer dans un terrein gras, les productions qui demandent une nourriture abondante: comme les herbes potagères, le froment, le seigle, le lin. Il y a encore des choses que l'on sème, moins pour en retirer du fruit dans le moment présent, que pour s'en procurer les années suivantes; c'est dans cette vue que lorsqu'une terre est trop maigre, on est dans l'usage d'y incorporer, en guise de fumier lorsqu'on la laboure, les lupins avant qu'ils soient montés en graine, & quelquefois la tige des fèves, pourvu que les cosses ne soient pas encore formées.

Il est des plantes qu'il faut semer dans les lieux ombragés, telles que l'asperge sauvage; d'autres au contraire demandent des endroits exposés au soleil, comme les violettes & toutes les autres plantes des jardins.

Ici vous planterez l'osier que vous destinez à faire certains ouvrages; là, vous planterez le bois que vous voulez laisser croître ou consacrer à la chasse des oiseaux; & ailleurs vous semerez le chanvre, le lin, le jonc & le genêt d'Espagne.

Dans un terrein gras & chaud, il faut planter les oliviers, en observant que l'exposition la plus avantageuse est celle du vent favonien. A l'égard de la vigne, il y a certaines espèces de raisins, comme l'Aminéen, l'Albe double, le petit gris, qui demandent les meilleurs cantons & l'aspect du soleil. Le gros Aminéen, le Murgantin, l'Apicius, veulent être plantés dans les lieux gras & exposés au brouillard. Les autres espèces de raisin, sur-tout le noir, s'accommodent également bien de telle terre que ce soit.

Mesure du tems. Le tems se mesure de deux façons, par l'année, que le soleil règle par son cours; & par le mois, que la lune règle par le sien. Le cours du soleil, considéré respectivement aux fruits de la terre, se divise en quatre parties, chacune à-peu-près de trois mois: savoir, le printems, l'été, l'automne & l'hiver. On peut encore le divifer en huit parties, d'environ un mois & demi chacune. D'abord depuis le tems où le foleil fe couche au point d'où fouffle le vent favonien, jufqu'à l'équinoxe du printems, il y aura quarante jours; depuis l'équinoxe du printems jufqu'au lever des pléïades, quarante-quatre; depuis le lever des pléïades jufqu'au folftice, quarante-huit; depuis le folftice jufqu'au lever de la canicule, vingt-neuf; depuis le lever de la canicule jufqu'à l'équinoxe d'automne, foixante-fept; depuis l'équinoxe d'automne jufqu'au coucher des pléïades, trente-deux; depuis le coucher des pléïades jufqu'au folftice d'hiver, cinquante-fept; & depuis le folftice d'hiver jufqu'au tems où le foleil fe couche au point d'où fouffle le vent favonien, quarante-cinq.

Travaux relatifs aux quatre faifons de l'année. Le printems eft deftiné à certaines plantations. C'eft encore dans cette faifon qu'il faut donner le premier labour à la terre, tant pour en arracher toutes les plantes venues d'elles-mêmes, avant qu'elles laiffent tomber leur graine; qu'afin que les mottes que le labour aura levées, venant à être bien échauffées par le foleil, foient plus difpofées à recevoir la pluie; & qu'étant amollies, elles fe prêtent mieux aux fonctions qu'elles ont à remplir pour la nutrition des plantes. On ne doit pas donner moins de deux labours à la terre, & il eft très-avantageux de lui en donner trois. En été, on fait la moiffon; en automne, pourvu que le tems foit fec, il eft bon de faire la vendange, & de travailler dans les forêts: on pourra pour lors y couper les arbres par le pied; mais il faudra attendre jufqu'aux premières pluies pour en arracher les racines, de peur qu'elles ne repouffent. On fera la taille des arbres en hiver, en évitant cependant de la faire, lorfque leur écorce fe trouvera couverte de neige, de pluie ou de glace.

Travaux à faire pendant les huit intervalles. Depuis le tems où le foleil fe couche au point d'où fouffle le vent favonien (1), jufqu'à l'équinoxe du printems, il faut femer des pépinières de toute efpèce, & fur-tout tailler la vigne & la déchauffer, en coupant les racines qu'elle peut avoir jettées hors de terre; c'eft le tems d'ôter des prés les pierres & les mauvaifes herbes; de planter des fauffaies, de farcler les terres labourées, qu'on appelle *fegates*, depuis l'inftant où elles font labourées, jufqu'à celui où elles font enfemencées; & qui fe nomment *novales*, lorfqu'après s'être repofées, elles ont été enfemencées, fans avoir eu befoin d'un fecond labour.

Entre l'équinoxe du printems & le lever des pléïades (2), il faut

(1) C'eft-à-dire, depuis environ le 10.e février, jufqu'au milieu du mois de mars.
(2) Du tems de Varron, le lever des pléïades répondoit au commencement du mois de mai.

nétoyer les terres labourées, c'est-à-dire, en arracher les mauvaises herbes; donner le premier labour aux autres terres; couper les saules; interdire l'entrée des prés aux troupeaux; achever de donner aux arbres, avant que les boutons & les fleurs paroissent, les façons qui auroient dû leur être données dans les tems précédens; il faut planter & élaguer les oliviers.

Dans le troisième intervalle, entre le lever des pléïades & le solstice, on doit bêcher ou labourer les jeunes vignes, & ensuite les herser, c'est-à-dire, briser toutes les mottes qui s'y trouveront, sans en laisser aucune. Il faut épamprer les vignes, mais avec intelligence, d'autant que cette opération est de plus grande conséquence que celle de la taille. Epamprer, c'est ne laisser sur un cep qu'une ou deux, & quelquefois jusqu'à trois des plus fortes tiges, & retrancher toutes les autres; de peur que si on les laissoit toutes, le cep ne fût plus en état de fournir la nourriture qui leur seroit nécessaire. Il faut encore, dans le cours de cet intervalle, couper toutes les espèces de fourrages, en commençant par la dragée, ensuite les légumes, que l'on coupe en herbes pour donner aux bestiaux, & on finit par le foin.

La plupart font la moisson dans le quatrième intervalle, c'est-à-dire, entre le solstice & la canicule, parce qu'ils prétendent que le bled doit rester quinze jours enfermé dans son fourreau, quinze jours en fleur, & quinze jours à se durcir, jusqu'à ce qu'il soit parfaitement mûr. Alors on doit finir les labours, qui seront d'autant plus profitables, qu'ils auront été faits dans un tems où la terre aura été plus chaude. Il convient de semer la vesce, les lentilles, la gesse, les cicerolles & les autres légumes. Il faut herser les vieilles vignes pour la seconde fois, & les nouvelles jusqu'à trois, s'il y reste encore des mottes qui ne soient pas pulvérisées.

Entre la canicule & l'équinoxe d'automne, on coupe la paille & on la met en tas; on donne le second labour, on tond les arbres, & on fauche pour la seconde fois les prés arrosés.

Certains auteurs veulent que l'on commence à semer dès le sixième intervalle, c'est-à-dire, depuis l'équinoxe d'automne, & que l'on continue à le faire pendant quatre-vingt-onze jours consécutifs; de façon cependant qu'on ne doit semer après le solstice d'hiver, que lorsqu'on y sera contraint par la nécessité; parce qu'il y a une différence si marquée d'un tems à l'autre, que ce qui est semé avant ce solstice, lève dès le septième jour; au lieu que ce qui ne l'est qu'après, lève à peine au bout de quarante jours: ils pensent aussi qu'il ne faut pas commencer à semer avant l'équinoxe, parce que, quand il survient des tems fâcheux, les semences faites avant ce tems, sont communément exposées à se pourrir. On commence à tailler la vigne, à la propager & à planter les arbres fruitiers. Il y a néanmoins des pays où il vaut mieux remettre ces opérations au printems; ce sont ceux où la rigueur du froid se fait sentir de bonne heure.

Dans le septième intervalle, qui s'étend depuis le coucher des pléïades jusqu'au solstice d'hiver, on plante les lys & le safran. On coupe les racines de ce dernier en petites branches de la longueur de la main, que l'on couvre de terre, pour les transporter ensuite, lorsqu'elles sont devenues marcottes. Il faut creuser de nouveaux fossés, nétoyer les anciens, tailler la vigne & les arbres auxquels elle est mariée. Un cultivateur prudent n'a garde de faire la plupart de ces opérations quinze jours avant, comme quinze jours après le solstice d'hiver, quoiqu'il y ait des choses qu'on peut planter même dans cet intervalle, comme les ormes.

Entre le solstice d'hiver & le tems où le soleil se couche au point d'où souffle le vent favonien, il faut détourner l'eau qui séjourne dans les terres labourées; si, au contraire, la terre est sèche sans être tenace, il faut la sarcler, tailler la vigne & les arbres auxquels elle est mariée. Quand on ne pourra pas travailler dans les champs, on fera à la maison tout ce qui est de nature à pouvoir y être fait pendant les veillées d'hiver.

Observations à faire sur la lune. On peut considérer les jours de la lune sous deux points de vue différens; depuis qu'elle est nouvelle jusqu'à ce qu'elle est pleine; & depuis qu'elle est pleine jusqu'à ce qu'elle est nouvelle. Il y a certaines opérations rurales qu'il vaut mieux faire, lorsque la lune croît, que lorsqu'elle décroît; & au contraire, il y en a qu'il faut faire exactement lorsqu'elle décroît, comme la moisson des bleds & la coupe des bois taillis.

Agrasius interrompt ici Scrofa, pour lui faire part d'une méthode qu'il tenoit de son père, & qu'il observoit soigneusement. Il ne faisoit tondre ses brebis & ne se coupoit les cheveux, que lorsque la lune décroissoit: de crainte, disoit-il, de devenir chauve en faisant cette opération, lorsque la lune est sur son déclin.

Tremellius observe aussi qu'il y a plusieurs choses qu'il faut faire le huitième jour avant la lune qui croît, ainsi que le huitième jour après la lune qui décroît, & d'autres qu'il vaut mieux faire le huitième jour avant la lune qui décroît, ou le huitième jour après la lune qui croît.

Division du tems en six parties. Les fruits, dit Stolon, ont six degrés à parcourir avant qu'ils servent à notre usage, & c'est de ces différens degrés qu'il forme une division du tems en six parties. Il faut d'abord que les fruits soient préparés; secondement, qu'ils soient semés; troisiémement, qu'ils prennent de la nourriture; quatrièmement, qu'ils

soient

soient cueillis; cinquièmement, qu'ils soient serrés; sixièmement, qu'ils soient tirés de l'endroit où ils auront été serrés, pour servir à notre usage.

Fumier. Le fumier est un des moyens les plus importans pour préparer les terres. Cassius prétend que la fiente des oiseaux est le meilleur de tous les fumiers, excepté celle des oiseaux de marais, & de ceux qui vivent dans l'eau. Celle de pigeon est la plus estimée, parce qu'elle est la plus chaude & la plus capable de mettre la terre en fermentation. Celle qu'on tire des volières des grives & des merles, doit être préférée, parce qu'elle est bonne non-seulement pour les terres; mais encore pour les bœufs & les cochons qu'elle engraisse, lorsqu'ils en mangent. Le même auteur dit qu'après la fiente de pigeon, les excrémens humains tiennent le second rang; les crottes de chèvres, de brebis & d'ânes, le troisième; & que le fumier le moins bon est le crottin de cheval, du moins pour les terres labourées: au contraire, c'est le meilleur pour les prés, aussi-bien que celui des autres bêtes de somme qui se nourrissent d'orge, parce qu'il engendre beaucoup d'herbes.

Semences des grains. A l'égard de l'ensemencement des fruits, il faut voir quel est le tems convenable à chaque semence. Il y a des plantes qui fleurissent au printems, d'autres en été; celles-ci paroissent en automne; celles-là au milieu de l'hiver. Les arbres fruitiers offrent autant de variations: on en voit quelques-uns qui viennent simplement de semence & qui donnent du fruit; tandis que beaucoup d'autres demeurent stériles jusqu'à ce qu'ils aient été greffés. Ceux-ci veulent être greffés au printems, ceux-là en automne; il y en a même à qui l'hiver convient mieux, tels que les figuiers, que l'on greffe à l'approche du solstice, & les cerisiers, que l'on greffe pendant le solstice même. Cela posé, il y a quatre espèces de semences; une formée par la nature même, sans que l'art y ait aucune part; & trois que l'art a découvertes; savoir, celles dont les racines sont toutes formées, & que l'on ne fait que transplanter d'une terre dans une autre; celles qui sont prises sur un arbre, & que l'on dépose dans la terre pour y prendre racine; & enfin celles qui sont également prises sur un arbre, mais que l'on greffe sur un autre.

Il faut prendre garde que les premières espèces de graines, celles qui sont les principes naturels de la génération, ne soient desséchées à force d'être vieillies, qu'elles ne soient mêlangées, ou enfin qu'elles ne soient fausses. Les effets de la vieillesse sont si puissans sur certaines semences, qu'ils en changent absolument la nature: ainsi, on prétend qu'en semant de vieille graine de chou, il en vient des raves; & qu'au contraire, en semant de vieille graine de raves, il en vient des choux. Quant aux semences de la seconde espèce, c'est-à-dire celles dont la racine est toute formée, il faut avoir soin de les transplanter ni trop tôt ni trop tard. La saison la plus favorable, c'est, selon Théophraste, le printems, l'automne & le lever de la canicule; mais cependant ce tems varie suivant la différence des lieux & des semences mêmes.

Les graines de la troisième espèce, c'est-à-dire, celles que l'on prend sur un arbre, & que l'on met en terre pour y prendre racine, ne doivent être prises de l'arbre que dans un tems convenable; savoir, avant qu'il ait commencé à bourgeonner ou à fleurir. Quand on sépare de l'arbre la branche que l'on destine à servir de semence, il faut la couper le plus près du tronc qu'il est possible; parce que plus le pied sera étendu, plus il sera assuré, & par conséquent plus cette branche trouvera de facilité à prendre racine.

Pour la quatrième espèce de semence que l'on tire d'un arbre pour la greffer sur un autre, il faut faire attention à l'arbre duquel on la prendra, à celui sur lequel on l'appliquera, au tems & à la manière dont on fera cette opération: car le chêne ne reçoit point une greffe de poirier, quoique le pommier la reçoive; & si l'on ente sur un poirier sauvage une branche de poirier franc, ce dernier fût-il excellent, les fruits qui en proviendront ne seront pas aussi agréables, que si on l'eût entée sur un poirier cultivé. En général, de quelque espèce que soit l'arbre que l'on greffe, il faut que celui dont on emprunte la greffe soit de meilleure qualité que celui sur lequel on l'applique.

Tems de greffer. Autrefois on greffoit tous les arbres au printems; mais aujourd'hui on a reconnu que cette saison n'étoit pas également propre à greffer toutes sortes d'arbres. Les figuiers, par exemple, dont le bois est très-compacte, ne doivent être greffés qu'au solstice même d'été. L'humidité est très-nuisible aux arbres nouvellement entés; c'est pourquoi on estime, en général, que le meilleur tems pour greffer, c'est celui de la canicule.

Quantité des semences. La luserne demande un sol qui ne soit ni trop sec ni trop fangeux: suivant quelques auteurs, un *modius* & demi de semence suffit pour un joug de terre; tandis qu'il faut quatre *modii* de fèves pour ensemencer le même espace de terrein.

Les cultivateurs expérimentés emploient ordinairement cinq *modii* de bled, six d'orge & dix de froment, pour ensemencer un joug de terre. Il en faut néanmoins un peu plus ou un peu moins, dans certains lieux, selon la qualité du terrein; plus, s'il est gras; moins, s'il est maigre.

Observations sur l'accroissement des plantes. Stolon ayant ainsi parlé, Agrius le pria de dire un mot sur le troisième degré par où passent les fruits. Il reprit ainsi: Lorsque les semences sont levées, elles prennent leur croissance dans le fonds; ensuite, lorsqu'elles sont devenues adultes, elles conçoivent; & enfin après avoir conçu & porté le tems nécessaire, elles enfantent des fruits ou des épis; de façon que chaque semence reproduit toujours un individu semblable à celui qui lui a donné naissance.

L'orge ne commence ordinairement à lever que sept jours après qu'il a été semé. Le bled ne lève pas beaucoup plus tard. Pour les légumes, ils lèvent presque tous au bout de quatre ou cinq jours, excepté la fève, qui est un peu plus tardive. Il en est de même à-peu-près à l'égard du millet, de la sesame & des autres graines.

Lorsqu'un terrein sera trop froid, il faudra couvrir de feuilles ou de paille pendant le solstice d'hiver, les jeunes plants des pépinières, qui seront d'une nature délicate; & quand le froid aura été suivi de pluie, il faudra prendre garde que l'eau ne séjourne sur la terre, parce que la gelée est un poison, tant pour les racines qui sont sous terre, que pour les tiges qui en sont sorties.

Précautions à l'égard des prés. Pour les herbes qui viennent dans les prés, & qui donnent l'espérance d'une fenaison abondante; non-seulement il ne faut pas les arracher tant qu'elles prennent leur nourriture; mais il faut même se garder de les fouler aux pieds. On doit par conséquent éloigner alors des prés les troupeaux, ainsi que tous les bestiaux & les hommes eux-mêmes: car le pied de l'homme est la ruine des herbes qu'il foule, comme il est le fondement des nouveaux chemins qu'il trace.

Récolte des fruits. Après que Scrofa eut parlé avec beaucoup de précision sur les grains qui sont dans la classe des bleds, & qu'il vit qu'on ne lui faisoit aucune question sur la nutrition des plantes; il crut dès-lors qu'on ne vouloit pas en savoir davantage sur cet article; il annonça donc qu'il alloit parler de la récolte des fruits: en effet, il continua en ces termes:

Fenaison. Aussi-tôt que l'herbe a cessé de croître, & que la chaleur a commencé à la jaunir, on doit la faucher & la remuer avec des fourches, jusqu'à ce qu'elle soit entièrement séchée: alors on la met en bottes, & on la porte dans la métairie: ensuite il faut passer le rateau sur les prairies, pour en enlever toute l'herbe qui sera restée sur terre. Quand cela sera fait, il est expédient encore de couper l'herbe que les faucheurs auront oubliée, & qui forme de petites touffes sur la surface de la prairie.

Moisson. On doit faire la moisson dès que le bled est mûr. Il y a trois façons de moissonner le bled, l'une qui est usitée dans l'*Ombrie*, la voici: Après avoir fauché la paille à rez de terre, on la laisse par poignées sur le lieu même à mesure qu'on l'a coupée; lorsqu'il s'en trouve une grande quantité de poignées à terre, on revient sur ses pas, & on coupe de nouveau chaque poignée entre l'épi & la paille.

Q 2

On met les épis dans un panier pour les porter dans l'aire; & on laisse la paille sur terre pour l'enlever ensuite & la mettre en tas. Il y a une autre façon de moissonner qui est en usage dans le *Picenum*. On a une pelle de bois recourbée, à l'extrémité de laquelle est attachée une petite scie de fer, avec laquelle on saisit une certaine quantité d'épis que l'on coupe, en laissant sur pied la paille, pour être sciée elle-même dans la suite. La troisième façon de moissonner, telle qu'elle est usitée aux environs de Rome, consiste à couper la paille par le milieu, en la tenant de la main gauche par le bout. On met la paille qui tient à l'épi dans des paniers, & on coupe l'autre au-dessous de la main, pour en faire litière aux troupeaux.

Position de l'aire. L'aire où l'on dépose les épis doit être placée dans le lieu le plus élevé, afin qu'elle soit plus exposée au vent. Il faut qu'elle soit proportionnée à l'étendue des terres labourables, & qu'elle ait une forme convexe dans le milieu, afin que l'eau n'y séjourne pas. Elle sera entièrement couverte de quelque terre forte & bien battue. L'argille est préférable à toute autre terre. On est dans l'usage d'y répandre de la lie d'huile, qui empêche les herbes d'y croître; c'est aussi un poison pour les fourmis & pour les taupes.

Vendange. Lorsque le raisin est mûr, il faut faire la vendange, en examinant par quelle espèce de raisin & par quelle partie du vignoble l'on doit commencer. Le raisin précoce doit être cueilli le premier; & la vendange doit commencer dans la partie qui est la plus exposée au soleil. Le raisin que l'on destine à faire du vin, doit être séparé de celui qu'on veut servir à table. On porte le premier dans l'endroit où il doit être pressuré, pour en remplir ensuite les futailles: on met l'autre dans des paniers à part, soit pour en remplir des pots, soit pour le conserver dans des amphores enduites de poix. Aussi-tôt que le raisin est foulé, on met les grappes, ainsi que la peau des grains, sous le pressoir, afin d'en exprimer le reste du vin doux, pour le joindre à celui qui aura déja coulé dans la fosse, lorsqu'on l'aura foulé. Quand le tas du marc ne rend plus rien sous le pressoir, il y a des vignerons qui le coupent à l'entour & qui le remettent encore une seconde fois sous le pressoir. Ils gardent à part le vin qui en provient, parce qu'il sent le fer. Après que les peaux des grains ont été pressurées pour la seconde fois, on les jette dans des futailles, & on y verse de l'eau, pour faire une boisson qu'on donne aux ouvriers pendant l'hiver.

Position des greniers. Il faut serrer le bled dans des greniers élevés, qui soient exposés au vent, tant du côté de l'orient, que du côté du septentrion: il est essentiel qu'ils soient garantis de tout air humide, qui pourroit y pénétrer des lieux circonvoisins. On crêpit les murailles & le sol avec un enduit composé de marbre pilé ; sinon, avec de l'argille mêlée de paille de froment & de lie d'huile. Cet enduit empêche les rats ou les vers de s'y mettre, & augmente la solidité & la fermeté du grain.

Les fèves & les autres légumes se conservent long-tems sans se gâter, si on les couvre de cendre. Telle est la matière contenue dans le premier livre.

Le second livre traite de l'engrais des bestiaux. Il est dédié à Niger-Turannius. Les interlocuteurs de ce second dialogue sont Varron, Cossinius, Mursius, Scrofa, Vacrius, Atticus.

Origine de la science des pâtres. Varron commence à parler de l'origine & de l'excellence de la profession des pâtres. Il la fait remonter aux premiers hommes qui ont existé sur la terre, en rappellant tous les monumens qui attestent son antiquité, & les grands hommes qui n'ont pas dédaigné de s'y livrer.

Scrofa prenant la parole à son tour, explique en quoi consiste la science des bergers. La fin de leur profession se réduit à acquérir des bestiaux, & à les nourrir à l'effet d'en retirer le plus de fruits possibles.

Division de cette science. Cette science renferme neuf parties distinctes, ou au moins trois, qui se soudivisent chacune en trois autres. La première de ces trois parties comprend le petit bétail, dont l'on compte trois espèces, les brebis, les chèvres & les porcs. La seconde comprend le gros bétail, dont il y a trois espèces distinguées par la nature, qui sont les bœufs, les ânes & les chevaux. La troisième renferme cette espèce de bétail, que l'on ne se procure point dans la vue d'en retirer des fruits ; mais parce qu'elle est nécessaire aux autres bestiaux, ou parce qu'elle en est une production ; tels sont les mulets, les chiens & les bergers. Chacune de ces neuf parties en renferme neuf autres ; savoir, quatre qui concernent l'acquisition du bétail ; quatre qui se rapportent à son entretien ; & une qui est commune à ces deux objets.

Age du bétail. La première chose qu'il faut connoître pour être en état de se procurer de bon bétail, c'est l'âge auquel il est avantageux d'en acquérir les différentes espèces.

S'il est question de bœufs, l'on doit acheter moins cher ceux qui n'ont qu'un an, de même que ceux qui en ont dix passés ; parce que ces animaux ne commencent à donner du profit que la seconde année, & n'en rapportent plus après la dixième.

Forme du bétail. La seconde des quatre parties, qui concernent l'acquisition, consiste à connoître la forme de chaque espèce de bétail ;

ainſi, l'on achète plus volontiers un bœuf dont les cornes ſont noires, que celui qui les a blanches.

Race du bétail. La troiſième partie conſiſte à examiner de quelle race eſt le bétail. Les ânes d'Arcadie en Grèce, ſont les plus eſtimés, ainſi que ceux de Réate en Italie.

Formes de droit à ſuivre. La quatrième partie traite des règles de droit qu'il faut ſuivre dans l'acquiſition, & des formes preſcrites en juſtice pour acheter chaque eſpèce de bétail.

Entretien du bétail. Les quatre autres parties que l'on doit examiner après l'achat du bétail, ſont relatives à ſa pâture, à ſa portée, à l'éducation des petits qu'il donnera, & à ſa ſanté.

Pâture du bétail. Quant au premier objet, qui eſt la pâture du bétail, il y a trois choſes à conſidérer; le pays dans lequel on doit faire paître chaque eſpèce de bétail; le tems de ſa pâture, & le genre de pâturage qu'on doit lui donner: on doit faire paître, par exemple, les chèvres, dans les lieux montagneux & couverts d'arbriſſeaux, plutôt que dans des terres fertiles en herbes; c'eſt tout le contraire pour les jumens.

En ſecond lieu, les mêmes endroits ne ſont point également bons en été & en hiver, pour la pâture de toutes ſortes de bétail: c'eſt pour cela que l'on chaſſe de la Pouille, les troupeaux de brebis pendant l'été, & qu'on les envoie paſſer cette ſaiſon dans le Samnium.

Enfin, il faut avoir égard au pâturage qui convient le mieux à chaque eſpèce de bétail. Ainſi, non-ſeulement on doit ne pas ignorer qu'on nourrit les jumens ou les bœufs avec du foin; au lieu que les porcs n'en veulent point, & qu'ils préfèrent le gland à cette nourriture; mais encore il faut ſavoir qu'il y a des beſtiaux auxquels il faut donner de tems en tems de l'orge & de fèves, & que l'on doit donner des lupins aux bœufs; ainſi que de la luſerne & du cytiſe aux bêtes qui allaitent leurs petits.

Portée des beſtiaux. Le ſecond objet à conſidérer eſt la portée du bétail, c'eſt-à-dire, cet eſpace de tems compris entre le moment où la bête a conçu, & celui auquel elle met bas. La première conſidération regarde le tems auquel il faut dans chaque eſpèce donner le mâle à la femelle, & les tenir ſéparés avant de les mettre enſemble pour la première fois. Le ſecond point conſiſte à obſerver qu'il y a des bêtes qui mettent plutôt bas les unes que les autres, & qu'elles demandent des ſoins différens. La jument porte un an, la vache dix mois, la brebis & la chèvre cinq, la truie quatre.

Education des beſtiaux. L'éducation des petits forme le troiſième objet; les obſervations à faire ſur cet article, ſe réduiſent à examiner combien de jours ils doivent tetter la mère, dans quel tems & dans quel lieu on les fera tetter, & quand est-ce qu'il faudra les donner à allaiter à une autre mère, si la leur manque de lait. On ne févre guère les agneaux qu'au bout de quatre mois, les chevreaux à trois, les porcs à deux.

Santé du bétail. Le quatrième objet se rapporte à la santé du bétail. C'est un point qui a des branches très-étendues, & qu'il est nécessaire d'approfondir. Cette science doit s'appliquer également aux maladies pour lesquelles il faut des médecins; & à celles que les seuls soins du pâtre peuvent guérir. Elle renferme trois parties : il faut observer les causes de chaque maladie, les signes qui les annoncent, & la manière de les traiter chacune en particulier.

Causes des maladies. Presque toutes les maladies des bestiaux viennent ou de ce qu'ils travaillent par le grand froid ou par le grand chaud, ou d'un excès de travail, ou d'un défaut d'exercice, ou enfin de ce qu'aussi-tôt après le travail & sans laisser d'intervalle, on leur aura donné à boire ou à manger.

Signes des maladies. Les signes auxquels on connoît leurs maladies, sont (par exemple, dans le cas d'une fièvre occasionnée par la chaleur ou par le travail) d'avoir la bouche ouverte, la respiration entrecoupée & le corps brûlant.

Remède. On guérit cette maladie, en baignant l'animal, en le frottant avec de l'huile & du vin tiède; on le met à la diette; on le couvre de quelque chose, de peur que le froid ne le saisisse, & on lui donne de l'eau tiède pour étancher sa soif. Si on ne gagne rien par ce traitement, on lui tire du sang, principalemeat de la tête. Les autres maladies ont aussi chacune leurs causes & leurs signes différens dans les différentes espèces d'animaux.

Reste la neuvième partie qui a été annoncée, comme étant commune aux deux premières divisions; elle concerne le nombre de bêtes qu'il faut acheter ou nourrir. Un homme prévoyant examine combien de troupeaux il pourra faire paître, & de combien de têtes chacun sera formé, de peur qu'il ne soit dans le cas de manquer de pâturage pour les nourrir.

Scrofa ayant fini l'objet qu'il avoit entrepris de traiter, les personnes qui composoient la société, s'obligèrent de parler, chacun à son tour, de chaque espèce de bétail.

Soin des brebis. Atticus commença à parler des brebis. Quiconque, dit-il, veut acheter des brebis, doit choisir celles qui ne sont ni trop vieilles ni trop jeunes; attendu que celles-ci ne peuvent donner encore aucun profit, & que les autres ne le peuvent plus. Quant à leur forme, il faut qu'une brebis ait la taille grande, que sa laine soit abondante, soyeuse, longue & touffue par tout le corps, sur-tout autour de la tête & du col. Il faut aussi qu'elles en soient chargées sous le ventre. Leurs jambes doivent être basses & leur queue longue, si elles sont d'Italie. On doit sur-tout s'attacher à avoir du bétail de bonne race. Les meilleurs béliers sont ceux qui ont le front bien couvert de laine, les cornes torses & recourbées sur le museau, les yeux roux, les oreilles garnies de laine, la poitrine, les épaules, ainsi que la croupe, larges, la queue grosse & longue.

Si on veut que les brebis donnent tout le produit qu'on est en droit d'en attendre, il faut pourvoir à ce qu'elles soient bien nourries pendant le cours de l'année, tant dans la maison qu'au dehors. Leurs étables doivent être placées dans un lieu sain, sans être exposées au vent. On les tournera du côté du levant, plutôt que vers le midi. Le sol de la bergerie doit être uni & pentif, afin qu'il puisse être balayé avec facilité & tenu proprement, sans quoi l'humidité gâteroit non-seulement la laine des brebis; mais encore la corne de leurs pieds, & leur donneroit infailliblement la galle. Il faut faire des enceintes séparées où l'on puisse mettre à part les brebis qui sont prêtes à mettre bas, ainsi que les malades. C'est une attention qu'exigent principalement les troupeaux qui séjournent dans les métairies. Dans les pays où les brebis ne changent point de contrée, elles ont divers pâturages, suivant la différence des saisons. Pendant l'été, on les mène paître au point du jour, parce que l'herbe qui pour lors est couverte de rosée, l'emporte par sa saveur sur celle du midi qui est plus sèche; ensuite on les mène boire au lever du soleil, pour les refaire & renouveller par-là leur ardeur pour la pâture. Vers le midi, en attendant que la chaleur soit tombée, on les tient à l'ombre sous des rochers & sous des arbres épais, pour les faire paître ensuite de nouveau, dès que l'air est rafraîchi. Il faut que le bétail, en paissant, tourne toujours le derrière au soleil à mesure qu'il avance, parce que la tête de ces animaux est très-délicate. Peu de tems après que le soleil est couché, on les mène boire, & on les fait paître de nouveau jusqu'à la nuit, attendu qu'alors la saveur de l'herbe se trouve renouvellée. Il est bon de les mener dans les endroits où les moissons auront été faites, parce qu'elles se rassasient des épis qui sont tombés à terre, & parce qu'en broyant la paille avec leurs pieds elles en amendent les terres par le fumier qu'elles y laissent, & les améliorent pour l'année suivante.

Lorsqu'on voudra donner le bélier aux brebis, il faut les séparer deux mois auparavant, & leur donner une nourriture plus abondante. Le meilleur tems pour l'accouplement des béliers & des brebis, c'est depuis

depuis le coucher de l'arcture jusqu'à celui de l'aigle (1). La brebis porte pendant cent cinquante jours. Quand toutes les brebis sont pleines, il faut les séparer une seconde fois des béliers, qui les fatiguent par leur importunité, quand elles sont dans cet état. Lorsque les brebis sont prêtes à mettre bas, on les fait passer dans des étables particulières, où l'on a soin de préparer du feu, auprès duquel on met les agneaux à mesure qu'ils naissent. On les retient deux ou trois jours auprès de leurs mères, en attendant qu'elles soient rétablies. Ensuite, lorsqu'on laisse paître les mères avec le reste du troupeau, on garde les petits à l'étable; & quand celles-ci sont de retour le soir, on les fait tetter, & on les sépare encore de leur mère, de peur qu'elles ne les foulent aux pieds pendant la nuit. Il faut avoir soin de les faire tetter le matin avant que les mères sortent pour aller paître, afin qu'ils se remplissent bien du lait. Quinze jours après leur naissance, on leur présente de la farine de vesce ou de l'herbe bien tendre; & on continue de les nourrir ainsi jusqu'à ce qu'ils aient atteint l'âge de quatre mois, on les empêche alors de tetter leurs mères. Après qu'ils seront sevrés, il faut les nourrir de bons pâturages, & les préserver de toute incommodité provenant du froid & de la chaleur. Il ne faut pas châtrer les agneaux avant l'âge de cinq mois; & l'on doit choisir pour faire cette opération, un tems où la chaleur & le froid soient modérés.

Les brebis mangent avec une égale avidité les feuilles de figuier, la paille ou le marc de raisin. On peut aussi leur donner du son, mais modérément. Le cytise & la luzerne leur sont toujours très-bons, en telle quantité qu'elles en prennent, tant parce que cette nourriture les engraisse aisément, que parce qu'elle leur fait avoir du lait en abondance. Ainsi Atticus finit son entretien.

Chèvres. Cossinius parla ensuite des chèvres. Quand on veut, dit-il, former un troupeau de chèvres, il faut d'abord, dans le choix de ces animaux, faire attention à leur âge, & ne prendre que celles qui sont déja en état de produire des petits, en donnant même la préférence à celles qui pourront en rapporter le plus long-tems; ainsi, les jeunes sont à préférer aux vieilles. Quant à la forme, il faut examiner si elles ont la taille assurée, grande, le corps délié & le poil touffu. Si elles ont deux mammelons sous le museau, c'est une preuve de fécondité; & si elles portent deux grosses mammelles, soyez certain qu'elles donneront du lait en abondance. Les boucs doivent avoir le poil plus doux que les chèvres, & blanc plutôt que de toute autre couleur, la tête & le col courts, & la luette longue. Le berger aura moins de peine à conduire son troupeau, s'il est formé de chèvres qui soient déja

(1) C'est-à-dire, depuis le 9 de mai jusqu'au 1.er août.

habituées à être ensemble, que s'il étoit composé de chèvres réunies pour la première fois. Les chèvres qui donnent deux petits à-la-fois, sont de la meilleure race; aussi les mâles qui en proviennent sont ceux que l'on emploie ordinairement à la propagation. Leur étable, pour être bien placée, doit être tournée du côté de l'orient d'hiver, parce qu'elles sont très-sensibles au froid. Il faut la paver avec de la pierre ou de la brique cuite, afin qu'elle ne soit point humide ni bourbeuse. On doit avoir, par rapport à la pâture, à-peu-près les mêmes attentions pour cette espèce de bétail, que pour les brebis, quoiqu'il y ait des choses qui lui sont particulières: ainsi, les chèvres se plaisent plus dans les lieux sauvages & escarpés, que dans les prairies. Pour ce qui regarde leur propagation, lorsque l'on a fait revenir le troupeau des montagnes dans les champs, à la fin de l'automne, on en sépare les boucs, & on les enferme dans les étables, suivant la pratique qui a été donnée pour les béliers. Les chèvres qui sont pleines mettent bas au bout de quatre mois, c'est-à-dire, dans le cours du printems. Dès que les chevreaux ont trois mois, on les laisse aller avec les autres pour compléter le troupeau. Suivant l'opinion de quelques peuples, il est plus avantageux d'avoir plusieurs troupeaux & peu nombreux, que d'en avoir peu & bien nombreux, parce que les maladies attaquent ordinairement les grands troupeaux, & y font des ravages affreux. Ils regardent un troupeau composé de cinquante chèvres, comme assez considérable.

Porcs. Scrofa fut chargé de parler sur les porcs, & il commença ainsi. Quand on veut avoir un troupeau de truies, on doit les choisir d'abord d'un bon âge & d'une belle forme. Les proportions requises dans les truies, consistent à avoir les membres amples, & d'être d'une seule couleur plutôt que bigarrées. Les verrats doivent avoir les mêmes qualités, & tout au moins la tête grosse. On connoît si les porcs sont de bonne race, à leur figure, à leur progéniture & à leur pays. A leur figure, lorsque le verrat & la truie ont leurs membres bien proportionnés; à leur progéniture, lorsque les truies donnent beaucoup de petits à-la-fois; à leur pays, lorsqu'ils sont d'une contrée où les porcs sont d'une belle taille. Ce bétail se nourrit principalement de glands, de fèves, d'orge & de toute autre espèce de grain. Ce genre de nourriture non-seulement l'engraisse, mais contribue encore à donner à sa chair un goût très-agréable. On mène paître les porcs le matin, & on les retire dans les endroits ombragés & sur-tout qui soient pourvus d'eau, avant que la chaleur commence. Lorsque la chaleur est tombée, on les fait encore paître l'après-midi; en hiver, on ne les y mène qu'après que la gelée blanche a disparu, & que la glace est fondue. Pour la propagation, il faut séparer les verrats d'avec les truies deux mois avant leur accouplement: le meilleur tems pour les faire couvrir, c'eſt depuis le commencement de février juſqu'à l'équinoxe du printems. Comme elles portent quatre mois, ſi l'on a pris ce moment pour leur donner le verrat, elles mettront bas en été, & par conſéquent dans un tems où la terre abondera en pâturages. Il ne faut pas les laiſſer couvrir avant l'âge d'un an; & il vaut même mieux attendre qu'elles aient vingt mois, afin qu'elles ne mettent bas qu'à deux ans. On dit qu'elles ſont en état de bien porter depuis qu'elles ont commencé à ſouffrir les approches du mâle, juſqu'au-delà de ſept ans. Lorſqu'on veut les faire couvrir, on les mène dans des ſentiers fangeux & dans les endroits ſales, afin qu'elles puiſſent s'y vautrer dans la boue, qui eſt un lieu de délices pour elles. Quand toutes les truies ſont pleines, on ſépare une ſeconde fois les verrats d'avec elles. Un verrat eſt en état de couvrir les truies depuis huit mois, juſqu'à l'âge de trois ans. Les petits cochons ne demandent pas des ſoins bien pénibles; on les laiſſe deux mois avec leurs mères; après quoi on les en ſépare, lorſqu'ils ſont en état d'aller paître. Les pourceaux qui naiſſent l'hiver ſont chétifs, ſoit à cauſe du froid, ſoit parce qu'ils ne s'attachent pas à leurs mères. L'année ſe trouve naturellement diviſée en deux parties pour les truies, puiſqu'elles mettent bas deux fois l'an, & qu'elles emploient chaque fois quatre mois à porter, & deux à nourrir. Lorſque les truies ont mis bas, il faut les fortifier par une nourriture plus abondante, afin qu'elles puiſſent fournir du lait plus aiſément. A cet effet, on leur donne ordinairement la valeur de deux livres d'orge trempé dans de l'eau; on double même cette nourriture en la leur donnant une fois le matin & une fois le ſoir, lorſqu'on n'a pas autre choſe à leur donner. Quand les truies nourriſſent, on a ſoin de les faire boire deux fois par jour, afin de leur procurer du lait. Il faut qu'une truie faſſe autant de petits qu'elle a de mammelles; ſi elle en fait moins, elle n'eſt pas de bon rapport; ſi elle en fait plus, c'eſt un prodige. Les truies peuvent nourrir, dans les premiers jours, juſqu'à huit pourceaux; mais quand ils commencent à grandir, les gens expérimentés ont coutume de leur en ſouſtraire la moitié, parce que les mères ne pouvant plus fournir aſſez de lait pour toute la portée, ſeroient bientôt épuiſées. Dix jours après que les truies ont mis bas, on leur permet de ſortir de leurs toits & d'aller paître dans le voiſinage. Lorſque les petits ſont un peu grands, ils accompagnent leur mère. Voilà, en abrégé, ce que dit Scrofa.

Bœufs. C'eſt ici mon rôle, dit Vaccius. Je vais vous entretenir de ce qui regarde les bœufs, & vous faire part des connoiſſances que j'ai acquiſes ſur cette eſpèce de bétail. De tous les animaux qui partagent avec l'homme ſes peines & ſes travaux, le bœuf eſt celui qui mérite le plus de conſidération. Les anciens l'ont ſi fort eſtimé, qu'ils avoient décerné la peine de mort contre quiconque en auroit tué un. D'abord on compte quatre âges différens dans cette espèce de bestiaux : le premier donne des veaux, le second des bouvillons, le troisième de jeunes bœufs, le quatrième des bœufs. On distingue dans le premier âge le veau & la genisse; dans le second, le bouvillon & la jeune vache; dans le troisième & le quatrième, le taureau & la vache. Quand on veut acheter un troupeau de bétail de cette espèce, on doit examiner si les bêtes dont il est composé sont dans l'âge propre à donner des fruits, si elles sont d'une belle proportion, si elles ont les membres sains & entiers, si elles sont grandes & grosses, si elles ont les cornes noires, le front large, les yeux grands & noirs, les oreilles velues, les joues applaties, le nez camus, les narines ouvertes, & la cloison qui les sépare retirée insensiblement vers le haut de la tête, les babines un peu noires, le col charnu, long & garni de peaux qui pendent pardessous, la poitrine ample, les côtes bien marquées, les épaules larges, la croupe ferme, la queue pendante jusqu'aux talons, & bien fournie par le bas de poils un peu frisés, les jambes droites & plutôt petites que grosses, les genoux un peu élevés & écartés l'un de l'autre, les pieds étroits, & qui ne fassent pas du bruit dans leur marche. Il faut encore que les ongles n'en soient point écartés; mais qu'ils soient unis & égaux : les bœufs ne doivent point avoir la peau rude, ni dure au toucher : leur couleur la plus recherchée est d'abord la noire; ensuite la rouge; en troisième lieu la mélangée de rouge & de blanc; enfin la blanche. Nous ne croyons pas devoir pousser plus loin cette description, puisque chacun de ces articles sera traité plus au long dans le cours de cet ouvrage.

Anes. Après Vaccius, Murrius prit la parole, & fit une dissertation sur les ânes. Quand on veut avoir de bons ânes, il faut, dit-il, s'attacher à prendre les mâles & les femelles dans le bon âge, afin que l'on puisse en tirer du profit le plus long-tems qu'il sera possible. Il faut qu'ils aient la démarche ferme & assurée, l'encolure distinguée, le corps étoffé, & qu'ils soient de bonne race. On les nourrit très-aisément avec de la farine & du son d'orge. Pour l'éducation des petits, on se conforme à-peu-près à la méthode que l'on observe pour les chevaux.

Chevaux. Je vais aussi, dit Lucienus, ouvrir les barrières, & vous entretenir à mon tour des chevaux & des cavales. On connoît l'âge des chevaux par les dents : un cheval de deux ans & demi commence à perdre les quatre dents du milieu; savoir, deux par en-haut & deux par en-bas; lorsqu'il entre dans sa quatrième année, il lui en tombe encore quatre autres à côté de celles qu'il a déja perdues, & celles que l'on appelle *columellares* commencent à lui pousser; enfin, au commencement de la cinquième année, il perd encore ses deux dents œillères, après quoi celles-ci reviennent & prennent leur entier accroissement pendant la sixième année; de sorte que toutes ses dents sont ordinairement repoussées, & le nombre en est complet dans la septième année de son âge. On prétend que, passé ce tems, on n'a plus de signe certain auquel on puisse connoître leur âge; si ce n'est qu'on estime qu'ils ont seize ans, lorsque les dents leur sortent de la bouche, que leurs sourcils sont blanchis, & qu'il s'est creusé des salières au-dessous.

Mulets. Murrius fut chargé de parler des mulets. Il observa d'abord qu'ils étoient de deux espèces différentes, les uns engendrés par une cavalle & un âne, les autres par un cheval & une ânesse. Il entra ensuite dans quelques détails sur leur forme & leur éducation.

Chiens. De tous les quadrupèdes, dit Atticus, il ne nous reste plus à parler que des chiens: au reste, cet article n'est pas le moins intéressant, puisque le chien est d'une si grande nécessité pour la garde du bétail, que, sans son secours, les troupeaux ne pourroient point se défendre contre la voracité des loups. Il faut choisir des chiens qui soient d'un bon âge, afin qu'ils puissent se défendre eux-mêmes & servir de défense aux brebis. Ils doivent avoir le corps étoffé, les yeux tirant sur le noir ou le roux, le nez à-peu-près de cette couleur, les lèvres tant soit peu noires ou rouges, sans être ni camuses, ni pendantes, la mâchoire inférieure doit être garnie de deux dents qui sortent un peu en dehors de la gueule, l'une à droite & l'autre à gauche, celle d'en-haut aura tout autant de pareilles dents; mais qui soient plutôt droites que recourbées en dehors. Les autres dents aigues dont ils sont armés, doivent être recouvertes par les lèvres. Il faut qu'ils aient la tête grande, les oreilles de même & pendantes, le cou gros, la séparation des jointures des ergots larges, les cuisses droites & plus tournées en dedans qu'en dehors, les pattes grandes & hautes, & qui fassent du bruit en marchant, les ergots seront séparés, les ongles durs & recourbés, la plante du pied ni trop dure ni trop molle. Il faut que l'épine du dos ne soit ni saillante ni courbée, que la queue soit épaisse, l'aboiement fort, l'ouverture de la gueule grande; la couleur blanche est préférable aux autres. La nourriture du chien a plus de rapport avec celle de l'homme, qu'avec celle de la brebis, puisqu'on le nourrit d'os & des restes de table, & non pas d'herbes ou de feuilles, comme le bétail.

Pâtres. Nous avons encore à parler des pâtres, dit Cossinius, pour mettre le complément à cette séance. Si les brebis vont paître au loin, il faut choisir les pâtres les plus robustes; & s'il ne s'agit que de mener paître les troupeaux dans les champs, on peut en confier la garde à de petits garçons & même à de petites filles. Lorsque les troupeaux sont nombreux, on y met plusieurs pâtres, qui sont subordonnés à un seul & unique intendant, qui est plus âgé & plus expérimenté qu'eux. Les pâtres subalternes doivent être vigoureux, alertes, légers. Il faut qu'ils aient les membres dispos, & qu'ils soient en état non-seulement de suivre le bétail, mais encore de le défendre contre les attaques des bêtes féroces & des brigands. On ne doit confier à chaque berger que quatre-vingt brebis ou cent tout au plus.

Lait des troupeaux. Le lait des brebis, continue Cossinius, & après lui celui de chèvre, est le plus nourrissant; le plus purgatif est celui de cavalle, ensuite celui d'ânesse, puis celui de vache, & enfin celui de chèvre; mais les propriétés de ces différentes espèces de lait varient elles-mêmes, suivant la différence des pâturages, suivant la nature des bestiaux & le tems où on les trait. Suivant la différence des pâturages, il peut arriver ou que le lait soit propre à servir de nourriture, comme, par exemple, s'il a été trait de bestiaux qui aient été nourris d'orge, de paille ou de toute autre fourrage sec & solide; ou qu'il soit purgatif, comme celui que donnent les bestiaux que l'on a mis au verd, sur-tout lorsqu'ils y ont brouté des herbes que nous prenons ordinairement pour nous purger.

Les plus nourrissans de tous les fromages sont ceux qu'on fait avec le lait de vache; mais ils sont les plus difficiles à digérer : ceux du lait de brebis tiennent le second rang, & ceux du lait de chèvres sont les moins nourrissans des trois. Il y a aussi une différence très-marquée entre les fromages mous, nouvellement faits, & les fromages secs & anciens : lorsqu'ils sont mous, ils sont plus nourrissans & restent moins sur l'estomac; c'est le contraire, lorsqu'ils sont vieux & secs.

Tonte des brebis. Avant de commencer la tonte des brebis, il faut examiner si elles n'ont point la galle ou quelques ulcères, afin de les guérir avant de les tondre. Le tems propre à cette opération, c'est entre l'équinoxe du printems & le solstice, lorsque les brebis ont commencé à suer. On frotte avec du vin & de l'huile les brebis nouvellement tondues, quelques-uns ajoutent dans la composition de cet onguent de la cire blanche & de la graisse de cochon. S'il se trouve quelques brebis qui aient été blessées dans la tonte, on fait couler de la poix fondue sur leurs plaies. On doit choisir avec soin le jour qu'on destine à tondre les troupeaux; le tems doit être serein, & il ne faut tondre que depuis la quatrième heure du jour, jusqu'à la dixième, c'est-à-dire, depuis la quatrième heure après le lever du soleil, jusqu'à la dixième, parce qu'en tondant une brebis pendant l'ardeur du soleil, la sueur qui coule alors par tout le corps de cet animal, rend fa laine plus molle, plus pesante & d'une plus belle couleur. Ainsi finit le second livre.

Le troisième livre de l'économie rurale de Varron traite des fruits que l'on peut se procurer par l'engrais des animaux, que l'on nourrit dans l'intérieur des métairies. Il est adressé à Q. Pinnius, voisin de l'auteur, homme de goût & de mérite. Les interlocuteurs de ce livre sont Q. Axius, Appius Claudius, Cornelius Merula, Fircellius Pavo, Minutius Pica & Petronius Passer.

Division générale du troisième livre. Axius & Merula ayant discouru en général sur les différens revenus que peuvent produire les animaux qu'on nourrit dans une métairie, Merula donne des leçons particulières à Axius sur l'art de préparer leurs nourritures. Il faut d'abord, dit-il, qu'un propriétaire sache, quelles sont les bêtes que l'on peut nourrir & faire paître dans l'intérieur d'une métairie, à l'effet d'en retirer du profit & de l'agrément. Cet art se partage en trois branches : les volières, les parcs & les viviers. Chaque branche peut se soudiviser en deux classes ; de façon que les animaux à qui la terre suffit formeront la première ; ceux à qui la terre seule ne suffit pas, & qui veulent encore de l'eau, formeront la seconde. L'autre branche qui tient à la chasse, a de même ses deux classes distinguées ; l'une qui comprend les sangliers, les chevreuils, les lièvres ; l'autre qui comprend d'autres animaux que l'on élève aussi hors de l'enceinte des métairies, comme les mouches à miel, les escargots, les loirs. La troisième branche, qui regarde les animaux aquatiques, se divise également en deux classes, puisqu'on nourrit des poissons dans l'eau douce & dans l'eau de mer.

Volières. Il y a deux espèces de volières, continue Merula ; l'une, qui n'est que pour l'agrément ; l'autre, qui n'est absolument destinée qu'à rapporter du revenu. Celle-ci est composée d'une grande coupole & d'un péristile couvert en tuiles ou en filets, qui puisse contenir quelques milliers de grives, de merles, & d'autres espèces d'oiseaux. On fait venir l'eau dans ce sallon voûté par le moyen d'un tuyau, & on l'y fait serpenter dans de petits canaux qu'il est facile de nétoyer. Il faut que la porte de ce sallon soit basse & étroite, qu'il y ait peu de fenêtres, & qu'elles soient disposées de façon qu'on ne puisse appercevoir à travers ni arbres, ni oiseaux qui sont en liberté au dehors. L'intérieur doit être crêpi avec soin, de peur que les rats ou quelqu'autre bête n'y pénètrent & n'y fassent du ravage. On garnira tout le tour des murailles, en dedans, d'un grand nombre de corbeaux de bois sur lesquels les oiseaux puissent se percher. On disposera en outre des perches, qui seront fichées en terre à quelque distance de la muraille, sur laquelle elles seront appuyées par le bout d'en-haut ; & sur ces perches on en attachera d'autres, qui traverseront les premières, & qui seront parallèles entr'elles. Il faut qu'il y ait à terre de l'eau pour leur boisson; & pour leur nourriture des pâtes faites avec des figues & de la farine paîtries ensemble. Vingt jours avant de prendre les grives que l'on veut consommer, on les nourrit plus largement, en leur donnant une nourriture & plus abondante & composée de farine plus fine qu'à l'ordinaire.

Paons. Les paons donnent un revenu très-considérable en Italie, Merula en fait le sujet de ses entretiens. Quand on veut, dit-il, former un troupeau de paons, il faut les choisir de bon âge & d'une forme agréable, d'autant que la nature a donné à cet oiseau le plus riche plumage & l'empire de la beauté. Les femelles ne sont pas bonnes avant l'âge de deux ans, ni quand elles sont vieilles. On les nourrit avec toute sorte de grains, sur-tout avec de l'orge. Il leur en faut un *modius* par mois, & on augmente cette quantité dans le tems de la ponte, ou quand elles commencent à glousser. Chaque paone peut produire trois petits, qui se vendent cinquante deniers pièce. Y a-t-il des brebis qui donnent autant de revenu?

Pigeons. Il y a deux espèces de pigeons, les uns qui sont sauvages & qui se retirent dans des tours ou sur le comble de métairies; les autres sont plus attachés à l'homme, & se contentent de la nourriture qu'on leur donne dans les maisons. De ces deux races on en forme une troisième, que l'on destine à donner du profit. On les renferme dans un bâtiment fait exprès qui est couvert, dans la forme d'une grande coupole. La porte & les fenêtres sont garnies de treillis, afin que le bâtiment soit éclairé, sans que cependant aucun serpent ou autre animal mal-faisant y puisse entrer. On crêpit & on blanchit les parois des murailles en dedans, & on dispose pour chaque couple de pigeons, des boulins de forme ronde, que l'on range par ordre en les serrant les uns contre les autres. Sous chaque rangée de boulins, on attache à la muraille des tablettes de deux palmes de largeur, qui servent de vestibule aux pigeons, & sur lesquelles ils se posent avant d'entrer au boulin. Il faut avoir soin qu'il y ait une conduite pour l'eau, afin que les pigeons aient la facilité de boire & de se baigner; car ces oiseaux sont très-propres. On leur met à manger autour des murailles dans des auges, que l'on remplit par dehors avec des tuyaux. Ils aiment le millet, le bled, l'orge, les pois, les haricots, l'ers. Il n'y a pas d'oiseaux plus féconds que les pigeons, puisqu'il ne leur faut que quarante jours pour concevoir, pondre, couver leurs œufs & élever leurs petits; encore s'acquittent-ils de ces différentes fonctions presque dans tout le courant de l'année, sans discontinuer, si ce n'est depuis le solstice d'hiver jusqu'à l'équinoxe du printems. On vendoit communément à Rome deux

deux cent *nummi* une paire de pigeons; & même mille quand ils étoient d'une beauté rare.

Tourterelles. Il faut pour les tourterelles, poursuivit Merula, un endroit disposé de la même manière que pour les pigeons; mais au lieu de boulins, on se contentera d'appliquer au mur des juchoirs ou des corbeaux de bois rangés par ordre, sur lesquels on étendra de petites nattes de chanvre. Il faut que le dernier rang d'en bas soit élevé au-dessus de terre au moins de trois pieds, qu'il y ait un intervalle de neuf pouces entre tous les autres, & que le plus élevé touche à la voûte à un demi-pied près. C'est-là que les tourterelles se tiendront nuit & jour. Pour leur nourriture, on donne à-peu-près par jour la valeur d'un demi *modius* de froment pour cent vingt tourterelles.

Poules. Axius ayant prié Merula de lui enseigner la manière d'engraisser les poules & les pigeons ramiers, il s'explique ainsi: on distingue trois espèces de poules; savoir, les poules des métairies, les poules sauvages & celles d'Afrique. Ceux qui se proposent de nourrir des poules qu'on appelle de métairies, doivent, s'ils veulent en tirer un grand profit, s'attacher à l'examen de ces cinq articles; à l'achat de ces oiseaux, à leur propagation, à leurs œufs, à leurs petits, & enfin à la façon de les engraisser.

Quant au premier article, on doit faire attention à la quantité de poules qu'on doit avoir, & aux qualités qui leur sont propres. On donne le nom de poules aux femelles; les mâles s'appellent coqs; & l'on nomme chapons ceux d'entr'eux qui, étant châtrés, ne sont plus mâles qu'à demi. Pour châtrer les coqs, à l'effet d'en faire des chapons, on leur brûle avec un fer chaud l'extrêmité des pattes, jusqu'à ce que la peau s'en détache, & on frotte avec de la terre à potier la plaie qui est occasionnée par cette opération. Quand on veut former un poulailler parfait, on doit faire emplette des trois espèces de poules dont nous avons parlé; mais il faut sur-tout donner la préférence à celles de métairies, & choisir celles qui paroîtront les plus fécondes. Les plus propres pour la propagation, sont communément celles qui ont les plumes rouges, les aîles noires, les ergots inégaux, la tête grande, la crête élevée & ample. On doit, dans le choix des coqs, préférer ceux qui sont les plus lascifs. On les juge tels, lorsqu'ils ont de beaux muscles, la crête rouge, le bec court, épais & aigu, les yeux roux & noirs, la cravatte d'un rouge tirant sur le blanc, le col bigarré & un peu doré, les cuisses velues, les pattes courtes, les ergots longs, la queue grande, & tout le corps bien fourni de plumes. On porte encore le même jugement, lorsqu'ils sont fiers, qu'ils chantent souvent, qu'ils sont opiniâtres dans le combat, & que, loin de redouter les animaux qui attaquent les poules, ils se battent contr'eux pour les défendre.

Quand les poules commencent à pondre, il faut étendre de la paille dans leurs nids, & lorſqu'elles ont fait aſſez d'œufs, pour la couvée, il faut enlever cette paille, & en remettre de nouvelle; parce que, lorſqu'elle eſt vieille, elle eſt ſujette à engendrer des puces & d'autres vermines qui ne laiſſent aucun repos aux poules. On prétend qu'il ne faut pas donner plus de vingt-cinq œufs aux poules que l'on veut faire couver, quand même elles auroient été aſſez fécondes pour en avoir pondu davantage; & que le meilleur tems pour les faire couver, c'eſt depuis l'équinoxe du printems juſqu'à celui d'automne. Il faut donner les œufs à couver, ſoit à des vieilles poules plutôt qu'à des poulettes, ſoit à celles qui n'ont ni le bec ni les ongles pointus, parce qu'il faut plutôt réſerver les jeunes, pour pondre que pour couver. On doit commencer à faire couver les œufs après la nouvelle lune; ceux qu'on met auparavant, ne réuſſiſſent preſque jamais: il ne faut pas plus de vingt jours aux poulets pour éclore. On jette aux poulets le matin, les quinze premiers jours après leur naiſſance, de la farine d'orge ſéchée, que l'on a fait tremper quelque tems auparavant avec de la graine de creſſon dans de l'eau, juſqu'à ce qu'elle ſe ſoit épaiſſie, de crainte que cette nourriture ne vienne à ſe gonfler dans leur eſtomac après qu'ils l'auront avalée. Lorſque leurs cuiſſes commencent à ſe garnir de plumes, il faut tuer les poux qui s'attachent à leur tête & au col, parce qu'il arrive aſſez communément que ces vermines les affoibliſſent. Il faut les garantir du grand chaud comme du grand froid, attendu que l'une & l'autre de ces deux extrêmes leur eſt également nuiſible.

Lorſqu'on veut engraiſſer les poules, on les enferme dans un endroit chaud, étroit, obſcur; on a ſoin de choiſir pour l'engrais les plus grandes. Il faut les empâter avec des boulettes de farine d'orge, paîtries dans de l'eau douce. Après leur avoir arraché les plumes des ailes & de la queue, on leur donne à manger deux fois par jour pendant vingt-cinq jours; ayant ſoin de leur nettoyer la tête, juſqu'à ce qu'il n'y reſte aucun pou. On les engraiſſe encore avec du pain de froment émié dans de l'eau, à laquelle on mêle une certaine quantité de vin qui ſoit bon, & qui ait un bon fumet, moyennant quoi elles deviennent graſſes & tendres en vingt jours. On ſuit la même méthode pour empâter & engraiſſer les pigeons ramiers.

Oies. Paſſez à-préſent, dit Axius à Merula, à la famille des oiſeaux qui exigent des réſervoirs d'eau, indépendamment des baſſes-cours. Souvenez-vous, répondit Merula, des cinq articles dont j'ai parlé en traitant des poules, lorſque vous voudrez élever des oies.

Choiſiſſez celles qui ſeront grandes & blanches, parce qu'ordinairement les petits reſſemblent à leur mère.

Le tems le plus convenable pour faire accoupler les oies, c'est depuis le solstice d'hiver; & le meilleur pour les faire pondre & pour les faire couver, c'est depuis le 1.er mars jusqu'au solstice. Ces animaux s'accouplent presque toujours dans l'eau; aussi les conduit-on, à cet effet, sur le bord des rivières. Elles ne font pas plus de quatre pontes par an. On leur fait faire à chacune des logettes d'environ deux pieds & demi en quarré, où elles vont déposer leurs œufs, & on y étend de la paille qui leur sert de litière. On leur donne à couver depuis sept jusqu'à quinze œufs. Quand les oisons sont éclos, on les laisse les cinq premiers jours avec la mère; passé ce tems, on a soin de les conduire tous les jours, quand il fait beau, dans des prés ou dans des réservoirs d'eau & des marais. On donne aux oisons, pendant les deux premiers jours qui suivent leur naissance, du gruau ou de l'orge en nature; les trois jours suivans, ils mangent du cresson verd haché qu'on met dans un vase rempli d'eau; & dès qu'ils sont en état d'être renfermés dans les logettes, on les nourrit de gruau fait avec l'orge, ou de fourrage composé de toutes sortes de légumes en herbe; ou enfin d'herbes bien tendres coupées par morceaux.

Si l'on veut engraisser des oisons, on choisit ceux qui ont environ un mois & demi: on les enferme dans le lieu destiné à engraisser la volaille; & là, on leur donne du gruau & de la fleur de farine trempée dans de l'eau, de manière qu'ils puissent s'en gorger trois fois par jour. Après le manger, on leur donne à boire copieusement. Dans l'espace de deux mois, ils sont parfaitement engraissés. Il faut avoir soin de bien nettoyer l'endroit où ils prennent leur nourriture; tant parce qu'ils aiment eux-mêmes la propreté, que parce qu'ils salissent tous les endroits par où ils passent.

Canards. Ceux qui veulent élever des canards, doivent choisir pour cela un terrein marécageux: c'est celui qui plaît le plus à ces oiseaux. Si l'on ne peut avoir un endroit aquatique, il faut choisir préférablement celui qui sera muni d'un lac formé par la nature, ou d'un étang, ou d'un réservoir d'eau, dans lequel les canards puissent descendre par des degrés qu'on y aura pratiqués. Le clos où on les mettra, doit être fermé de murailles hautes de quinze pieds. Le long de la muraille, en-dedans, régnera un large trottoir, sur lequel seront construites leurs retraites, qui seront couvertes d'un toit, & précédées d'un vestibule applani & pavé de briques. Ce clos sera traversé dans toute sa longueur par un canal toujours fourni d'eau, dans lequel on leur jettera leur nourriture, parce qu'ils la prennent presque toujours dans l'eau. On les nourrit avec du bled, de l'orge, du marc de raisin, du raisin même. On élève de même d'autres espèces de volatilles, telles que les sarcelles & les *phalarides*. Il suffit de nourrir ces oiseaux de la manière que nous venons de prescrire, si on veut les engraisser.

Parcs. Lorsqu'on eût fini de parler des oiseaux qu'on élève dans les métairies, Appius porta la conversation sur les parcs, qui sont ordinairement adjacens aux domaines. On ne se contente pas aujourd'hui, dit-il, d'enfermer seulement des lièvres dans un bois, comme on faisoit autrefois, & de ne consacrer à cela qu'un petit espace de terrein; on y réunit encore des cerfs & des chevreuils, auxquels on sacrifie des clos spacieux: au surplus, il n'y a pas la moindre difficulté sur ce qui concerne la garde, l'accroissement & la nourriture de ces animaux, si l'on en excepte les mouches à miel. On sait qu'un parc doit être environné de murailles bien crépies & bien hautes, afin que les chats, les bléreaux & les loups ne puissent y pénétrer. On sait qu'il doit être garni non-seulement d'endroits où les lièvres puissent se cacher pendant le jour dans les broussailles & sous les herbes; mais encore d'arbres dont les branchages soient assez touffus pour servir d'obstacle à l'impétuosité des aigles. On n'ignore pas non plus qu'en mettant dans un parc quelques lièvres, mâles & femelles, il s'en trouvera rempli en peu de tems, tant est grande la fécondité de ce quadrupède. On distingue trois espèces de lièvres: la première comprend les lièvres d'Italie, dont les pattes de devant sont basses, celles de derrière hautes, le dos gris, le ventre blanc & les oreilles longues. On dit que les hases de cette espèce sont en état de concevoir, quoiqu'elles soient déja pleines. La seconde espèce est celle que l'on voit dans la Gaule, proche les Alpes: elle ne diffère de la première qu'en ce que les lièvres sont tous blancs. La troisième espèce est celle d'Espagne; ceux-ci sont semblables à ceux d'Italie, à certains égards; mais ils sont plus bas. On les appelle *lapins*.

Vous n'ignorez pas non plus Axius, continue Appius, qu'un parc peut être peuplé de sangliers & de chevreuils; & qu'on n'a pas communément beaucoup de peine à y engraisser tant ceux que l'on y a renfermés, que ceux qui, y étant nés, sont plus traitables que les premiers. On a vu souvent ces deux espèces d'animaux se rassembler au son du cor dans des endroits marqués pour prendre leur nourriture; toutes les fois que, d'un lieu élevé, qui étoit destiné aux exercices du corps, on jettoit aux premiers du gland, & aux seconds de la vesce ou toute autre chose.

A la suite du chapitre qui traite des parcs, on trouve celui qui parle des escargots & des loirs: ces deux articles m'ont paru si peu intéressans, que j'ai cru devoir les omettre. A l'égard des abeilles, Merula développe historiquement la pratique ordinaire de ceux qui élèvent cette espèce d'insectes. Nous nous réservons de donner plus de détails sur cet objet, lorsque nous donnerons l'analyse des géorgiques de Virgile.

Viviers. Axius fut le dernier interlocuteur qui porta la parole, il parla des viviers, dont il distingua deux espèces ; les viviers à eau douce, & ceux d'eau salée. Les premiers donnent du profit, & les seconds sont plutôt faits pour le plaisir de la vue, que pour en tirer du revenu. L'entretien des viviers à eau douce n'exige qu'un petit esclave pour donner la nourriture aux poissons, & un peu d'orge pour leur pâture ; au lieu que les viviers d'eau salée demandent des soins plus dispendieux. Il faut une foule de pêcheurs occupés continuellement à amasser de petits poissons qu'ils donnent à manger aux gros ; lorsque la mer est agitée, on est obligé d'y faire jetter du poisson salé qu'on achète exprès, de sorte que, pendant la tempête, les viviers ne doivent jamais manquer de provisions, & les vendeurs de marée sont obligés d'en fournir autant que la mer auroit pu faire elle-même. Ainsi finit leur entretien, & ainsi se termine le troisième livre de l'économie rurale de Varron.

Il suffit de nommer les géorgiques de Virgile, pour rappeller l'idée du plus beau poëme qui ait paru jusqu'ici sur l'agriculture. L'auteur le composa dans un âge où son génie étoit dans toute sa force, où il avoit étendu & multiplié ses lumières par l'expérience & par de longues études, où son style avoit acquis plus d'exactitude & d'élévation. Sept années lui suffirent à peine pour le produire. Il le travailla avec d'autant plus de soin qu'il avoit à soutenir la brillante réputation que lui avoit acquis ses bucoliques : il en résulta en effet un ouvrage fini qui, depuis plus de dix-huit siècles, fait l'admiration de tous les savans. Les principes de presque toutes les sciences, philosophie, physique, astronomie, géographie, médecine, mythologie y sont fondus & rassemblés. Les opérations rurales y sont exprimées avec ces graces qui frappent sans cesse l'imagination, & qui élèvent l'ame par les sens ; « il parle aussi noblement, dit M. l'abbé de Lille, » de la faux du cultivateur, que de l'épée du guerrier, d'un char » rustique, que d'un char de triomphe. » Enfin la sécheresse du ton didactique, qui fatigue à la longue par son uniformité, y est corrigée par tout ce que les muses ont de plus ingénieux dans la fiction, de plus varié dans les images, de plus élégant dans l'expression. Virgile.

Les géorgiques se présentent sous ce point de vue à ceux qui les lisent parées de tous les ornemens de la poésie : nous allons les considérer relativement à la matière qu'elles renferment, faisant abstraction des charmes dont le poëte les a embellies. Sous ce rapport la lecture en sera moins agréable, mais le sujet sera toujours intéressant.

Ce poëme est divisé en quatre livres, dont chacun traite un des principaux objets de l'agriculture.

Les préceptes que Virgile donne dans le premier livre roulent sur le tems du labour, sur la moisson, sur les instrumens nécessaires pour la culture des terres, sur les différentes saisons où il faut semer les différens grains, sur la connoissance des astres, les occupations du laboureur, & sur les signes qui annoncent l'orage ou les beaux jours.

Tems du labour. Au retour du printems, dit-il, lorsque les neiges commencent à se fondre, & que la terre est amollie par la douce haleine des zéphirs, faites gémir vos taureaux sous le joug, & que le soc de la charrue perde sa rouille en traçant des sillons. Cette première opération doit être précédée d'une observation très-réfléchie sur la nature & la qualité du terrein, sur l'influence des vents. Ici, les moissons seront abondantes; là, il faut planter la vigne : ailleurs, il faut placer les arbres fruitiers, & laisser croître les herbages qui ne demandent aucune culture. Si les terres que vous avez à labourer sont grasses, donnez le premier coup de charrue dès les premiers mois de l'année, afin que les chaleurs de l'été puissent en quelque sorte les cuire; si c'est une terre maigre, il suffit d'y imprimer de légers sillons au commencement de l'automne. En suivant cette pratique, l'abondance des herbes ne suffoquera pas le grain dans une terre féconde; & un terrein sec & aride ne perdra point le peu de suc qui lui reste.

Différence des moissons. Après la récolte, il faut laisser reposer la terre pendant une année, ou bien semer du froment dans le même champ qui vient de produire des légumes. Gardez-vous d'y semer du lin, de l'avoine, du pavot, leurs racines brûlent & dessèchent la terre; mais si vous engraissez le champ avec du fumier, ou si vous le vivifiez par les sels de la cendre, vous pouvez y semer alternativement, ces diverses espèces de grains : de cette manière vos champs ne reposeront que par la seule différence des récoltes qu'ils produiront. Souvent il est à propos de mettre le feu à un champ stérile, & d'en réduire en cendres tout le chaume : la terre reçoit de cet incendie des forces secrètes, & un nouvel engrais; soit que le feu en consumant les mauvaises qualités élargisse & multiplie les canaux dans lesquels la seve doit circuler; soit qu'il affermisse la terre & qu'il resserre ses pores; de façon que ni les pluies abondantes, ni les chaleurs excessives de l'été ne puissent la pénétrer & absorber tous ses sucs. Les soins du laboureur ne doivent pas se borner à suivre les préceptes que nous venons de donner, ceux qui desirent de recueillir des moissons abondantes, ne négligent point en semant leurs grains de briser les mottes de leur champ, & d'y conduire l'eau d'un ruisseau voisin. Si le bled couvrant les guerets a déjà atteint le dos des sillons, ils menent paître les brebis dans les champs pour empêcher le froment de succomber dans la suite sous le fardeau des épis. Ceux-ci, lorsqu'un été brûlant a desséché leur bled, pratiquent habilement des rigoles, & du sommet d'une colline, ils font couler l'eau dans les guerets; ceux-là creusent des puisarts & des canaux pour faire écouler les pluies superflues qui tombent dans certains mois de l'année, ou pour recevoir ces torrens impétueux qui répandent dans les campagnes des eaux dormantes, & couvrent la terre d'un funeste limon. Le laboureur seroit heureux si tant de peines & de travaux pouvoient lui assurer les fruits d'une riche récolte; mais hélas! il est une foule d'accidens imprévus dont un seul est capable de ruiner ses espérances les plus flatteuses. Les oies sauvages, les grues, l'ombre des bois, les mauvaises herbes, comme l'ivraie, la nielle, l'avoine stérile sont autant de fléaux pernicieux qui ravagent les moissons, & qui demandent une attention continuelle de la part du cultivateur. Jupiter a voulu que l'agriculture dépendît d'un travail continuel, afin de bannir de son empire la paresse & l'oisiveté.

Instrumens du labourage. Quiconque veut exercer avec succès la pénible fonction de laboureur, doit se pourvoir d'une charrue, d'un soc tranchant, d'une charrete inventée par la déesse Eleusine, de madriers pour briser l'épi, de traîneaux, de herses, de rateaux; enfin de tous les instrumens d'osier dont Célée fut l'inventeur, comme de cribles, de claies & de vans, religieux symboles employés dans les mystères de Vénus.

La principale pièce de la charrue doit être de bois d'orme. Il faut y attacher un timon long de huit pieds, & placer le soc autour du sep garni de deux oreillons. Le joug que portent les bœufs, doit être d'un bois léger, tels que le hêtre ou le tilleul. Ce bois sera meilleur pour l'emploi auquel on le destine, si on le fait durcir au feu.

Il est encore un autre instrument d'une nécessité indispensable, lorsque la moisson est faite & qu'il s'agit de battre les grains. C'est d'un long cylindre dont il est ici question pour applanir l'aire où l'on doit battre le bled. Si on n'avoit cette attention & si on ne bouchoit exactement avec de la terre visqueuse toutes les fentes de l'aire ou des murailles qui l'environnent, les herbes & les animaux dont ces ouvertures se rempliroient, seroient capables de détruire une partie des grains.

Quoiqu'il n'y ait pas un rapport bien direct entre ce qui précède & ce qui va suivre, le poëte donne ici un présage certain pour savoir si la moisson sera bonne ou mauvaise. Voulez-vous prévoir, dit-il, dès le commencement du printems, si l'été sera chaud & la récolte heureuse, examinez les amandiers lorsqu'il commencent à fleurir. Si les fruits naissans sont en abondance, réjouissez-vous, vous aurez de quoi remplir vos greniers; mais si ces arbres ne sont chargés que des feuilles, les gerbes ne donneront qu'une petite quantité de bled.

Saison propre à semer differentes espèces de grains. Un cultivateur doit avoir soin de choisir les grains qu'il veut semer. Il en est même qui, avant de semer les pois, les fèves, les trempent dans l'eau de nitre & dans la lie d'huile d'olive; mais malgré ces préparations on voit dégénérer les plus précieuses semences, à moins qu'on ne choisisse tous les ans les grains les plus gros. Telle est la malheureuse destinée des choses créées, le tems amène le dépérissement de tous les êtres : nous ressemblons, ajoute Virgile, au nautonnier dont la nacelle remonte une rivière, s'il cesse un instant de ramer, soudain il est entraîné par la rapidité du courant.

Connoissance des astres. Tel qu'un pilote qui observe les astres, lorsque pour retourner dans sa patrie, il traverse l'Hellespont ou le détroit des Abydes : ainsi, le laboureur doit être attentif au lever des constellations. Lorsque le signe de la balance (1) aura égalé les heures de la nuit à celles du jour, & le tems du repos à celui du travail, il doit exercer ses taureaux dans les champs, semer l'orge, le lin, les pavots. La terre fût-elle sèche, n'importe. Les nuées suspendues dans les airs annoncent une pluie prochaine.

Quand le brillant signe du taureau a ouvert l'année, quand la constellation du chien (2) descend sous l'horizon en même-tems que le soleil, il faut semer les fèves, le trefflé, le millet.

Lorsqu'on ne se propose de recueillir qu'une récolte de froment, on doit attendre, avant de confier cette semence à la terre, le lever de la couronne d'or : (3) ceux qui ont semé avant cette époque, ont vu périr leurs moissons. Veut-on semer de la vesce, des faséoles, des lentilles d'Egypte, il faut choisir le tems où l'étoile du bouvier (4) se couche avec le soleil, & continuer si le cas le requiert jusqu'à la saison des pluies.

La connoissance des astres & de la sphère est, selon Virgile, très-nécessaire à un cultivateur pour l'intelligence de la diversité des saisons, pour régler le tems de la semence & de la récolte, celui où il faut abattre les arbres pour la construction des vaisseaux & s'embarquer sur l'élément perfide. Il donne en conséquence une belle description de la sphère.

Occupations du laboureur. Pendant les rigueurs de l'hiver, lors-

(1) Le soleil entroit dans le signe de la balance vers le 20 de septembre.

(2) L'année astronomique commence lorsque le soleil entre dans le signe du bélier, c'est-à-dire, le 22 de mars; mais, comme la terre ouvre son sein au mois d'avril, Virgile a jugé à propos de faire ouvrir l'année rurale par le signe du taureau, où le soleil entre le 22 d'avril. C'est alors que la constellation du chien se couchoit avec le soleil.

(3) La couronne d'or est une constellation qui, étant éclipsée par les rayons du soleil pendant quelque tems, commençoit à paroître à l'orient avant le lever du soleil, le 13 ou le 14 d'octobre, suivant l'interprétation de Columelle.

(4) L'étoile du bouvier, ou l'*arcturse*, suivant Columelle, se couchoit de son tems le 21 octobre.

qu'une pluie froide retiendra le laboureur dans sa maison & qu'il ne pourra vaquer aux travaux du dehors, il s'occupera de ceux du dedans qu'il seroit obligé de faire dans un tems serein. Il aiguisera le soc émoussé de la charrue, il creusera des troncs d'arbre pour en former des bateaux, il mesurera ses grains ou marquera ses troupeaux. Ces occupations varient suivant les circonstances : tantôt on en voit qui taillent des pieux, des fourches ou qui préparent l'osier pour attacher la vigne; tantôt on en trouve qui tressent des corbeilles, des paniers ou font sécher des grains au feu pour les broyer ensuite. Dans les soirées de l'hiver, les hommes aiguisent auprès du feu des branches par le bout, & les taillent en forme d'épi pour en faire des torches, tandis que les femmes charment par leurs chansons l'ennui du travail, & font courir une navette entre les fils de la toile ou font bouillir du vin doux qu'elles remuent avec un rameau. Il est certains ouvrages qu'on doit faire pendant la fraîcheur de la nuit ou dans le tems que la naissante aurore distille la rosée. Un laboureur expérimenté met ces momens à profit pour couper les chaumes & pour faucher ses prés. L'humidité de la terre rend alors l'herbe plus tendre. Les jours de fête, on peut se livrer à des travaux légitimes. Il n'est pas défendu de faire des canaux pour les eaux, d'entourer son champ d'une haie, de tendre des pièges aux oiseaux, de brûler des ronces nuisibles aux moissons, de baigner les brebis. Le paysan peut conduire à la ville son âne chargé d'huile ou de fruits, & en rapporter de la poix ou une meule piquée.

A l'exemple d'Hésiode, Virgile fait l'énumération de certains jours heureux ou malheureux, il ne faut pas pour cela conclure qu'il y ait ajouté foi; il a voulu plutôt suivre l'exemple des poëtes anciens qui se faisoient une loi d'adopter les préjugés populaires; sur-tout lorsqu'ils tenoient à la religion.

L'été est la saison du travail pour un cultivateur : alors on coupe les bleds; on les bat dans l'aire; on laboure la terre; on seme les grains. Pendant l'hiver, dans cette saison où la nature paroît engourdie, les laboureurs se livrent à la joie & au plaisir. Ils s'invitent à des repas où règne la franchise & la gaieté. Ils imitent les matelots, qui échappés de la tempête & arrivés heureusement au port, ornent de festons & de guirlandes la poupe de leurs vaisseaux échappés du naufrage. Il est cependant en hiver même des travaux indispensables, comme de recueillir les glands, les graines de laurier & de mirthe, de faire la récolte des olives. Dans le tems des frimats, on tend des lacets aux oiseaux, & des toiles pour prendre les cerfs. Lorsque les campagnes sont couvertes de neige, & que les fleuves charrient des glaçons, on s'arme de flèches & de frondes pour prendre le lièvre & le daim.

Signes qui annoncent la pluie ou les beaux jours. Chaque saison a des astres qui la dominent, & qui produisent souvent des ravages affreux. On peut prévenir ces espèces de calamités, en examinant leurs diverses conjonctions, & sur-tout à quelle partie du ciel répondent les planètes de Saturne & de Mercure, pour savoir si elles sont d'un heureux présage. A cette occasion, le poëte recommande très-expressément le culte des Dieux. Tous les ans, à la fin de l'hiver, on doit leur offrir des sacrifices. Voulez-vous, dit-il, que vos agneaux soient gros, que les vins nouveaux soient bons, & vous procurer à vous-même un sommeil agréable à l'ombre des épais feuillages, au retour du printems sacrifiez à Cérès sur un autel de gazon.

Toutes les intemperies de l'air s'annoncent par des signes certains que le laboureur ne doit point ignorer. Jupiter l'a voulu ainsi, afin que les bergers avertis par ces signes, n'éloignent point leurs troupeaux des bergeries. On connoît l'orage & la tempête par les pronostics suivans. Les eaux de la mer se gonflent; les rivages retentissent au loin du bruit des flots écumans. Les vents mugissent sur la cime des montagnes; les oiseaux de mer viennent avec des cris aigus se réfugier sur les côtes; les poules d'eau secouent leurs ailes; & le héron quitte les marais pour s'élever dans l'air. Souvent des étoiles paroissent tomber du firmament, & former dans les ténèbres de la nuit de longues traces de lumière. Si le tonnerre gronde au septentrion, & retentit à l'orient & à l'occident, les campagnes vont être inondées. Personne ne peut être surpris par l'orage: tout l'annonce; les hommes les moins précautionnés savent s'en garantir. On voit les grues s'élever des profondes vallées & fuir dans les airs; les génisses lever la tête, regarder le ciel & ouvrir de larges naseaux pour respirer; l'hyrondelle rase la surface des eaux; la grenouille croasse dans les marais; l'arc-en-ciel tracé dans la nue boit les eaux de la mer; une légion de corbeaux fait frémir les airs par le battement de ses ailes; la corneille se promène seule sur les sables, & semble appeller la pluie par ses cris aigus; les jeunes filles qui filent le soir à la lumière d'une lampe ont un présage assuré : si l'huile de la lampe qui les éclaire pétille & forme une espèce de charbon à la mèche, elles augurent de-là qu'il y aura un orage. Le beau-tems se prévoit comme la pluie; les étoiles sont brillantes; la lune le dispute au soleil par sa vive lumière; les alcyons n'étendent plus leurs ailes sur le rivage de la mer; on ne voit point les cochons dissiper avec leur grouin la paille qui leur sert de litière; les nuées sont basses & tombent en brouillard; la chouette ne fait plus entendre ses funèbres gémissemens; les corbeaux perchés sur la cime des arbres témoignent leur joie par leurs croaſſemens & leur agitation ſous le feuillage ; ces oiſeaux cependant ne ſont point doués d'un eſprit prophétique : leur prévoyance ne peut pas même influer ſur le cours de la nature ; mais lorſque la température de l'air a changé, il ſe fait alors une différente impreſſion ſur les organes de ces animaux cauſée par les divers mouvemens des airs. Voulez-vous encore connoître le tems qu'il doit faire le lendemain ? Obſervez le ſoleil & la lune ; ſi le croiſſant de l'aſtre de la nuit eſt obſcurci par les nuages, les campagnes ſont menacées d'un tems pluvieux ; ſi elle a cette rougeur qui ſied ſi bien aux jeunes filles, craignez le vent ; ſi au quatrième jour elle eſt claire & lumineuſe, ce jour-là & les ſuivans juſqu'à la fin du mois, ſeront ſereins.

Lorſque le ſoleil levant paroît couvert de taches & entouré d'un nuage qui ne laiſſe appercevoir que la moitié de ſon diſque, on a tout lieu de craindre la pluie ; bientôt il va s'élever du côté de la mer un vent du midi fatal aux arbres, aux moiſſons & aux troupeaux. Si au lever de cet aſtre, vous voyez ſes rayons percer un nuage épais, s'échapper à droite & à gauche ; ſi en même-tems l'aurore ſortant d'entre les bras de Titon paroît ſans force & ſans couleurs, ah ! quelle horrible grêle fera retentir les toits ! que le raiſin ſera peu garanti par le pampre qui le couvre ! Pour ſavoir plus poſitivement le tems qu'il fera le lendemain ; on doit obſerver le ſoleil, lorſqu'il termine ſa carrière. Son diſque eſt tantôt d'une couleur, tantôt d'une autre ; l'aſur marque la pluie ; & le pourpre, les vents. S'il eſt tout enſemble rouge & bleu, attendez-vous au vent & à la pluie : au contraire, ſi à ſon lever & à ſon coucher le ſoleil eſt brillant, les nuages ne doivent cauſer aucune alarme. Ils ſeront bientôt diſſipés par l'aquilon ; enfin, le père du jour & de la nature n'eſt jamais trompeur : quelquefois il annonce des guerres, des conſpirations, des évènemens funeſtes : ainſi, après la mort de Céſar, il fut touché du ſort de Rome & ſembla préſager ſes malheurs. Virgile finit ce premier livre par un ſuperbe épiſode ſur la mort de cet empereur.

Le ſecond livre des géorgiques traite des arbres & de la vigne ſpécialement ; on y voit les différentes manières dont les arbres naiſſent & ſe multiplient, les méthodes qui étoient alors en uſage pour les enter ; les obſervations qu'il faut faire ſur la qualité du terrein avant de les planter ; les ſignes pour reconnoître la nature du ſol ; la culture de la vigne & l'uſage qu'on fait de certains autres arbres.

Differentes manières dont les arbres naiſſent & ſe multiplient. Parmi les différens arbres que nous voyons ſur la ſurface du globe, les uns croiſſent d'eux-mêmes comme l'oſier, le peuplier, le ſaule, &c. Les autres viennent de ſemence & dépendent de la main des hommes ;

T 2

tels sont le châtaignier, le chêne, &c. Certains arbres poussent des rejettons à leur racine, comme le laurier, l'orme, le cerisier; ce sont les trois moyens que la nature emploie pour la reproduction des arbres; mais il y en a d'autres qui sont dûes à l'industrie des hommes: tantôt on arrache les rejettons & on les plante, tantôt on déracine entièrement les arbres & on les transporte ailleurs; ceux-ci fendent en quatre les branches, les aiguisent par le pied & les enfoncent dans la terre; ceux-là courbent les scions, les couvrent de terre pour les faire provigner dans le lieu même où ils sont nés. Quelques arbres viennent de bouture; les autres sont greffés: par ce dernier moyen, on donne à une espèce la qualité qui convenoit à une autre: ainsi, voyons-nous quelquefois le pommier produire des poires, & le prunier donner les fruits rouges du cornouiller. Les arbres qui s'élèvent d'eux-mêmes, quoique plus beaux & plus forts, sont ordinairement stériles; cependant si on les transplante ou si on les greffe, ils se dépouillent de leur naturel sauvage, & on leur fait produire les fruits que l'on veut. Ceux qui ont été semés viennent très-lentement, ils ne peuvent donner de l'ombre qu'aux générations futures: en général, les arbres qui ne sont pas cultivés dégénèrent & leurs fruits s'aigrissent; il faut labourer la terre qui couvre leurs racines pour prévenir cet inconvénient & les rendre féconds.

Chaque arbre en particulier, exige une culture différente. Les oliviers, les myrtes viennent mieux quand on les transplante, & la vigne quand on la fait provigner. A l'égard des coudriers, des frênes, des peupliers, des palmiers, des sapins, on les tire de la pépinière pour les planter. L'arboisier peut recevoir la greffe du noyer; le platane, celle du châtaignier; le hêtre & le frêne, celle du poirier; enfin il n'est pas rare de voir des chênes greffés sur des ormeaux.

Manière de greffer les arbres. Les cultivateurs expérimentés connoissent deux manières d'enter les arbres; en greffe & en écusson. Pour bien greffer, il faut faire une fente profonde au tronc de l'arbre, dans un endroit où il n'y a point de nœuds: là, on insère le rejetton d'un arbre fertile. Bientôt des rameaux chargés de fruits s'élèvent de ce tronc stérile, qui est étonné lui-même de son nouveau feuillage & de sa fécondité.

Pour écussonner, on choisit un endroit de l'écorce du tronc d'où sort un bouton vigoureux; on y fait une incision, & l'on y transporte adroitement le bouton d'un arbre étranger, qui s'incorpore à celui auquel il est appliqué, & se nourrit de sa sève.

La qualité du terrein doit être proportionnée aux différentes espèces d'arbres. Les mêmes arbres ne produisent pas toujours des fruits semblables. Les oliviers, par exemple, portent tantôt des olives rondes, tantôt des olives ovales : les poiriers varient auſſi leurs fruits ; on diſtingue les poires du rouſſelet, de la bergamote, du bon-chrétien, &c. Quelle différence ne remarque-t-on pas entre les raiſins d'Italie & ceux de Leſbos ? On ne peut attribuer cette diverſité qu'à la qualité différente des terres. Les ſaules naiſſent ſur le bords des eaux ; les aulnes près des marais ; les frênes ſur les montagnes ; les myrtes le long des rivières ; la vigne ſur les côteaux ; les ifs dans les lieux expoſés au froid & à la fureur des aquilons. La Médie produit une eſpèce de pommier agréable à la vue, dont les feuilles ne tombent jamais, & dont les fleurs odorantes reſtent toujours attachées aux branches. Cet arbre ne ſe trouve point dans l'Italie, quoique le pays ſoit plus abondant & plus fertile. Tout cultivateur doit donc avoir ſoin de planter chaque eſpèce d'arbre dans des terreins qui lui ſoient propres. Les terres ingrates, les collines pierreuſes, couvertes d'argile & de buiſſons, conviennent aux oliviers ; les endroits gras, fangeux, qui produiſent beaucoup d'herbes, ſur-tout de la fougère ennemie du labourage, ſont excellens pour les vignobles, s'ils ſont expoſés au midi ; les terres noires, graſſes & molles doivent être deſtinées au froment ; celles qui ſont sèches, pleines de gravier, ſituées en pente, peuvent à peine fournir aſſez de lavande & de romarin pour les abeilles ; celles où abonde le tuf, la craie, ne ſont bonnes que pour nourrir & recéler les ſerpens ; quant aux terreins ſpongieux, d'où l'on voit de légères vapeurs s'exhaler, & qui, toujours couverts de gazon, ne dérouillent jamais le ſoc de la charrue, on peut les employer à différens uſages : on peut y marier la vigne avec l'ormeau, y planter des oliviers, y labourer, y ſemer différentes eſpèces de grains, y faire paître les troupeaux. Tels ſont les champs près de Capoue, & les plaines voiſines du mont Véſuve.

Signes pour reconnoître la nature du terrein. Virgile, qui paroît avoir mis plus d'art dans ce livre que dans le précédent, donne des marques pour connoître la qualité de la terre, & diſcerner ſi elle eſt forte ou légère. Il eſt d'autant plus important d'avoir ces connoiſſances, que le premier de ces deux eſpèces de ſol doit être enſemencé, & le ſecond conſacré aux vignobles. Faites creuſer, dit-il, une foſſe dans votre champ, & comblez-le enſuite avec la terre qu'on en aura tirée, pour l'applanir & l'égaler à la ſuperficie du champ : faites-la fouler aux pieds ; ſi elle s'enfonce, de manière que la foſſe n'en puiſſe être comblée, c'eſt une terre légère, qui n'eſt propre que pour la vigne ou pour les pâturages : au contraire, ſi la terre ne peut rentrer entièrement dans la foſſe d'où elle eſt ſortie, après avoir été bien foulée, c'eſt une terre forte qu'il faut livrer à la charrue.

Les terres ſalées & amères ne valent rien ni pour les vignobles, ni pour les vergers. Voici le moyen de connoître cette qualité : détachez de votre plancher enfumé vos corbeilles d'osier; remplissez-les de la terre que vous voulez éprouver, & versez-y de l'eau douce : après qu'elle se sera écoulée goute à goute à travers l'osier, trempez-y le doigt, & portez-le sur vos lèvres; si la terre est salée, l'eau le sera aussi.

Un autre moyen de connoître une terre grasse, c'est d'examiner si elle ne se dissout point entre les doigts, & si elle s'y attache comme de la poix.

Les terres humides se distinguent par la grandeur & la quantité des herbes qu'elles produisent; méfiez-vous toujours de la trop grande fécondité de la terre.

Il est moins aisé de connoître les terres froides; les pierres, les iris, le lierre noir qu'on y voit croître, sont le seul indice de cette mauvaise qualité.

Culture de la vigne. Celui qui veut planter un vignoble, doit commencer, avant que d'enfouir le jeune plant, de labourer le côteau qu'il lui destine; il doit y creuser des fosses, & exposer les mottes aux froids rigoureux des aquilons. Les meilleures terres pour la vigne sont celles qui sont molles & tendres : on les rend telles, en les exposant aux vents, aux frimats, & en les faisant fouiller par un robuste vigneron. Si elles ne sont pas de la même qualité que celles dont on a tiré le plant, le cep court grand risque de dégénérer; c'est pourquoi certains vignerons marquent sur l'écorce des marcottes, quelle étoit leur exposition, afin de leur en donner une pareille. Le terrein est-il gras? Il faut serrer davantage les plants, les ceps n'en seront pas moins féconds. Est-on obligé de planter sur le penchant d'un côteau ou sur de hautes collines? Laissez des intervalles égaux entre les ceps, & disposez régulièrement tous ces espaces, afin que tous vos plants tirent de la terre une égale nourriture, & que la vigne puisse s'étendre utilement.

Lorsqu'il s'agit de faire des provins, il n'est pas nécessaire de creuser des fosses profondes; il suffit de faire de simples sillons, & d'y coucher, non pas les sarmens du haut de la tige, mais plutôt ceux qui sont au bas du cep, parce que les branches qui sont moins éloignées de la terre, ont plus de force & de vigueur.

Quelle que soit l'autorité des conseils qu'on peut donner, un vigneron ne s'avisera point de remuer la terre, lorsqu'elle est resserrée par le souffle de Borée : son sein est alors fermé, & la gelée ne permet pas aux sucs de pénétrer la racine de la vigne nouvelle.

Quiconque veut planter une vigne, doit choisir un lieu exposé au midi, la position du couchant est la plus désavantageuse. L'arrivée de ces oiseaux qui font la guerre aux serpens (1), & les premiers froids de

(1) Les cicognes.

l'automne, annoncent qu'il est tems de la planter; mais la saison la plus favorable, c'est le retour du printems; le pampre ne craignant alors ni les vents du midi, ni les pluies froides que l'aquilon amène, pousse ses bourgeons sans danger, & se plaît à étaler son feuillage. Ces premiers soins en exigent d'autres qui ne sont pas moins importans. Lorsque vous aurez enfoui vos plants, ne manquez pas de les couvrir de fumier, & d'élever de la terre à l'entour; mettez dans la fosse des pierres spongieuses ou des coquilles; par ce moyen, l'eau s'écoulera plus aisément; l'air s'insinuera autour de la racine, & fera pousser les surgeons. Il est bon de couvrir les nouveaux plants de pierre ou de tets de pots cassés, pour les défendre des pluies orageuses & de la sécheresse de la canicule.

Quand la vigne est plantée, il faut ramener souvent la terre au pied du cep, & lorsqu'elle commence à s'élever, on doit la soutenir avec des échalas, afin qu'elle puisse résister à la fureur des vents, & monter jusqu'à la cime des ormes. Dans le tems qu'elle pousse ses premières feuilles, ménagez un bois si tendre; & même, lorsqu'il est devenu plus fort, & qu'il s'est élevé à une plus grande hauteur, abstenez-vous d'y toucher avec le fer; arrachez adroitement les feuilles avec la main : mais aussi-tôt que le bois est devenu ferme, solide, & que les branches de votre vigne commencent à embrasser l'ormeau, ne craignez pas de les tailler; n'épargnez ni son bois ni son feuillage; elle ne redoute plus le fer. Tous ces soins seroient superflus, si l'on ne travailloit à soustraire la vigne à la dent des troupeaux; c'est pourquoi un vigneron prudent entourera ses ceps d'une haie pour empêcher les animaux d'y pénétrer. D'autres tems, d'autres soins. La culture de la vigne exige des travaux sans cesse renaissans; trois ou quatre fois par an, il est nécessaire de retourner la terre avec la bêche, de briser les mottes avec le hoyau, & de retrancher les feuilles inutiles. Lorsque le froid aquilon a enlevé aux arbres leur parure, le vigneron attentif reprend l'arme de Saturne, taille & façonne la vigne; il enlève les sarmens pour les brûler, & remporte dans sa maison les échalas. Il doit être toujours le premier à finir ses travaux, lorsque la saison est arrivée, & le dernier à cueillir les raisins. Tous ces différens travaux sont indiqués par la nature même : deux fois par an, les vignes sont ombragées par les herbes qui croissent au milieu d'elles : deux fois elles sont surchargées de feuillages inutiles. Dans ces circonstances, on emploie tour-à-tour le hoyau & la serpe pour défricher & pour tailler les branches. Tout homme instruit dans la culture des vignes, vante un grand vignoble, & se contente d'en avoir un petit;

Ne desire donc pas un enclos spacieux,
Le plus riche est celui qui cultive le mieux.

dit M. l'abbé Delille, dans la traduction en vers de ce même poëme. Ne faut-il pas encore couper les branches de houx, de saule & de roseaux pour attacher la vigne aux ormeaux amoureux? Lorsqu'elle est ainsi liée, le vigneron qui se croit à la fin de son travail, est encore obligé de remuer la terre; & souvent, au moment même où la grappe mûrit sous le feuillage, un orage affreux vient détruire ses plus belles espérances.

Usage qu'on fait de quelques autres arbres. On peut conclure de tout ce que nous venons de dire, que, de tous les arbres fruitiers, la vigne est celui qui exige le plus de soin. Les oliviers, au contraire, ne demandent aucune culture; ils n'ont besoin ni de la serpe ni du rateau. Quand ils sont plantés, la terre remuée avec le hoyau leur fournit assez de suc pour les rendre féconds. Les arbres des forêts, les buissons asyle des oiseaux, croissent aussi sans être cultivés, & portent chaque année des fleurs & des fruits. Le cytise sert de nourriture aux troupeaux; les arbres résineux fournissent des flambeaux qui brûlent & éclairent pendant la nuit. Les petits arbres, tels que les saules & les genêts, ont aussi leur prix; ils procurent de l'ombre aux troupeaux & aux bergers; on en forme des haies pour enclorre les moissons, & les abeilles composent leur miel du suc de leurs fleurs. Quel spectacle agréable offrent les bois du mont Cytore, les forêts d'arbres résineux près de la ville de Narice, les arbres même du mont Caucase! Quoique stériles, ces bois sans cesse battus des vents, sont utiles aux hommes; ils leur donnent des sapins pour la construction des vaisseaux, des cèdres & des cyprès pour former les lambris de leurs appartemens, & pour faire des roues pleines & des roues à rayons propres aux laboureurs. Les branches de saule donnent des baguettes; les feuillages de l'orme nourrissent les troupeaux; le myrthe & le cornouiller servent à faire des piques & des javelots; de l'if, on fait des arcs; le bois de tilleul & le buis prennent toutes sortes de formes, le fer peut les creuser; l'aulne fournit les nacelles qui voguent sur le Pô; les troncs de vieux chênes logent les essaims des abeilles, &c. Les dons de Bacchus sont-ils plus utiles aux hommes que tous ces présens de la nature? Ce livre est terminé par un des plus beaux éloges qu'on ait fait de la vie champêtre.

Dans le troisième livre, Virgile s'occupe de la manière d'élever les troupeaux, & de guérir les maladies qui les affligent. Il traite d'abord du gros bétail, c'est-à-dire, des bœufs & des chevaux; il parle ensuite des brebis & des chèvres. Ses préceptes roulent sur le choix qu'on doit faire des mères pour avoir du bétail qui soit de bonne espèce; il assigne les proportions que doit avoir une vache, un cheval qu'on destine à multiplier l'espèce; le soin qu'on doit prendre des veaux & des jeunes poulains y est tracé avec beaucoup d'exactitude. Il entre dans les plus petits détails, lorsqu'il en vient aux chèvres & aux brebis; il indique la manière de les soigner, de les nourrir, & de guérir les maladies qui ne font, hélas! que trop de ravages.

Qualités que doit avoir une bonne vache. Quand on desire d'avoir des chevaux qui se distinguent aux jeux olympiques, ou des taureaux qui soient bons pour le labourage, il faut bien choisir les mères afin d'avoir une bonne race. Les vaches les plus estimées ont le regard farouche, la tête grosse, le cou épais, le fanon pendant jusqu'aux genoux, le corps long, le pied large, les oreilles hérissées de poil, les cornes recourbées : celles-là sur-tout méritent la préférence, qui sont tachetées de blanc, qui secouent le joug, qui de tems en tems menacent de la corne, qui portent la tête haute, & dont la queue balaye la poussière.

Les vaches ne commencent à porter & à labourer la terre que depuis quatre ans jusqu'à dix; dans tout autre âge, elles sont aussi inhabiles au travail qu'à la reproduction de leur espèce. On doit donc livrer aux mâles celles qu'on destine à devenir mères, tandis qu'elles sont jeunes. Les plus beaux jours de la vie sont ceux de la jeunesse; ils sont bientôt suivis des affreuses maladies, de la triste vieillesse, des souffrances, de l'impitoyable mort. Quand on a dans les étables de ces bestiaux devenus inutiles, il est de l'intérêt du laboureur de s'en défaire, & de réparer ces pertes par de nouveaux nourrissons.

Qualités d'un bon cheval. Le choix des chevaux ne demande pas moins d'attention. On doit s'appliquer principalement à connoître ceux qui doivent être les pères d'une nouvelle race. On fait cas des chevaux bruns & des gris-pommelés; on méprise ceux du poil blanc & alézan clair. Un jeune étalon a le port fier & majestueux; il se balance avec grace sur ses jarrets souples & plians; il est le premier à s'élancer dans la carrière; la rapidité d'un fleuve ne peut l'arrêter; il marche sans crainte sur un pont inconnu; aucun bruit ne l'émeut. Son encolure est droite & sa tête petite; il a peu de ventre, la croupe arrondie, & les muscles du poitrail élevés : entend-il de loin le son de la trompette guerrière? il s'agite, il tremble, il dresse l'oreille; le feu semble sortir de ses naseaux; sa crinière épaisse flotte sur ses épaules; la double épine de son dos semble se mouvoir, & il frappe la terre qui retentit au loin sous ses pieds. Tels furent les chevaux de Cyllare, de Mars & d'Achille, si célébrés par les poëtes de la Grèce.

Quand on fait choix d'un cheval dont on veut avoir de la race, il faut donc examiner son origine, son âge, sa vigueur & les autres qualités, notamment s'il est sensible à la gloire de vaincre & à la honte d'être vaincu.

Soins qu'on doit prendre des veaux, des poulains & de leurs mères. Après ces observations, voulez-vous faire accoupler les taureaux avec les vaches? Commencez par engraisser le taureau; nourrissez-le d'herbes tendres; donnez-lui du son mêlé avec de l'eau, afin qu'il puisse soutenir ses forces, & que les veaux qui en naîtront, ne se ressentent point de la maigreur de leur père famélique. A l'égard des vaches, faites le contraire : tâchez de les rendre maigres, lorsque la volupté commencera à leur faire sentir ses premiers aiguillons; privez-les du fourrage; éloignez-les des fontaines, & exercez-les à la fatigue pendant la chaleur du jour. Ce régime est nécessaire pour les rendre habiles à la génération.

Aussi-tôt qu'elles seront pleines, ne les mettez plus sous le joug; empêchez-les de sauter, de courir dans les plaines, de traverser les rivières à la nage; mettez-les dans de gras pâturages, au milieu des bois & le long des rivières bordées de mousse, de gazon, de rochers, afin qu'elles puissent s'y reposer à l'ombre. Il est une espèce de mouche redoutable qui effraye les troupeaux par son bourdonnement, & les met en furie; garantissez vos vaches de ce cruel fléau. La fureur de cet insecte est à craindre, sur-tout dans la chaleur du jour; ainsi, faites paître vos vaches le matin, au lever du soleil, & le soir, quand le retour des étoiles amène la nuit.

Lorsqu'elles auront mis bas, c'est sur les veaux que doit se porter votre attention. Marquez-les d'un fer chaud pour en distinguer la race, pour reconnoître ceux que vous destinez à peupler le troupeau, ceux qui doivent servir de victimes dans les sacrifices, & ceux qui sont consacrés au labourage. Quant aux genisses, il suffit de les laisser paître; mais, à l'égard des taureaux qu'on élève pour l'agriculture, il faut les dompter de bonne heure, tandis qu'ils sont encore dans un âge docile, pour les accoutumer au joug. Faites d'abord flotter sur leur cou un collier d'osier; joignez ensuite deux taureaux de la même grandeur; faites-le marcher d'un pas égal, & accoutumez-les à traîner des charrettes vuides; nourrissez-les de menus fourrages, de vesce, de feuilles de saule, d'herbes de marais & d'un peu de bled verd.

Pour les vaches qui ont des veaux, gardez-vous de les traire; conservez à ces nourrissons tout le lait de leurs mères.

Si l'on veut avoir des chevaux intrépides dans les combats, & propres aux fatigues de la guerre, il faut leur faire entendre de bonne heure le son bruyant du clairon, le bruit des armes, des harnois, des chariots. Aussi-tôt que le poulain sera sevré, on l'accoutumera au frein dès sa plus tendre jeunesse, tandis qu'il est encore foible, craintif, sans expérience : lorsqu'il aura trois ans, on lui apprendra à aller au pas, puis à faire des voltes & des évolutions fatigantes; ensuite à galopper à bride abbatue, à voler dans la plaine, à toucher à peine la terre de ses pieds légers. Un cheval ainsi dressé brillera un jour dans les champs de Mars & dans la vaste carrière des jeux Olympiques: au reste, on peut alors, sans inconvénient, lui donner la plus forte nourriture. Avant ce tems-là, si on lui donnoit des nourritures trop abondantes, il seroit indomptable, & résisteroit à la main & au fouet du cavalier.

Le moyen le plus efficace pour conserver long-tems la vigueur soit du taureau, soit du cheval étalon, c'est de réprimer leur ardeur pour les plaisirs de l'amour. A cet effet, il faut faire paître le taureau dans des endroits écartés, & séparés par des montagnes ou des rivières du reste du troupeau, ou bien le tenir enfermé dans les étables. La seule vue d'une femelle le brûle, le desséche, & cause souvent entr'eux des combats sanglans. Les chevaux ne sont pas moins sensibles à ces effets dangereux. S'ils viennent à sentir seulement l'odeur d'une cavale, les freins, les fouets, les rochers, les précipices, les rapides torrens qui entraînent dans leur cours les débris des montagnes, ne peuvent les retenir. A cette occasion, le poëte fait une description brillante des effets de l'amour sur tous les êtres de la nature.

Soins qu'exigent les brebis & les chèvres. O vous, dit Virgile, robustes habitans de la campagne, occupez-vous du soin d'élever le menu bétail, & songez que votre honneur en dépend. Il recommande d'abord de retenir pendant l'hiver les brebis dans la bergerie, & de leur fournir de l'herbe jusqu'au retour du printems. On aura soin d'étendre sous elles de la fougère & de la paille, de peur que le froid n'incommode ces animaux délicats, & ne leur cause de tristes maladies, telles que la gale, la goutte.

Les chèvres demandent les mêmes soins. On leur donne des feuilles d'arboisier, & on leur fait boire de l'eau fraîche. On place leurs étables à couvert du vent du nord, & sous l'exposition du midi: elles doivent rester ainsi renfermées jusques vers la fin de l'hiver. Le profit que l'on retire de cette espèce de bétail, n'est pas moins considérable que celui que rapportent les brebis: à la vérité, les chèvres ne donnent point ces laines rares que la précieuse teinture de Tyr embellit d'une couleur éclatante; mais, outre qu'elles sont plus fécondes, ce sont des sources intarrissables de lait. Leurs poils longs servent à faire des habits pour les soldats & les matelots. On les nourrit facilement; elles broutent les ronces, les buissons stériles, & le soir elles reviennent au bercail, sans conducteurs, suivies de leurs chevreaux. Leurs mammelles sont quelquefois si chargées de lait, qu'à peine elles peuvent franchir le seuil de la porte. Ces avantages qu'elles procurent, doivent ranimer le zèle de ceux qui les nourrissent. Incapables par elles-mêmes de se garantir des injures du tems, & de se procurer de quoi satisfaire leurs besoins, les bergers vigilans les préserveront du froid, de la gelée; & leur fourniront une nourriture suffisante. Quand l'hiver fera sentir ses rigueurs, ils auront soin de leur porter dans les étables des branches qu'elles puissent brouter. Les greniers remplis de foin, ne seront pas fermés pour elles.

Au retour du printems, on mène les brebis & les chevres dans les bois & dans les pâturages; on les fait sortir de leurs étables dès que l'étoile du matin commence à paroître, & tandis que la rosée qui leur est si agréable blanchit encore les herbes tendres; quatre heures après le lever du soleil, quand les bois retentissent du bruit importun des cigales, on conduit ces troupeaux à l'eau d'un puits, ou à ces auges de bois, où coule l'eau échappée d'un étang; au milieu du jour, on les met à l'ombre sous le feuillage épais d'un vieux chêne, ou dans ces bois sacrés inaccessibles à la chaleur du midi; on les fait encore boire & paître le soir, lorsque la lune répand une douce clarté, que les rivages de la mer retentissent du chant des alcyons & les buissons du ramage des rossignols.

Les bergers, qui veulent avoir des laines parfaites, composent leur troupeau, des brebis dont la toison est blanche & fine; si la langue du bélier, qui doit être le père d'une nombreuse famille, offre quelque noirceur, il le rejettent du troupeau, sa laine fut-elle d'ailleurs aussi blanche que la neige. L'expérience leur a appris que les agneaux qui naissent d'un bélier dont la langue est tachetée, sont ordinairement marqués de noir. Ils évitent également de conduire leurs brebis dans des lieux couverts de ronces, d'épines & dans les gras pâturages. Ceux qui desirent d'avoir du laitage en abondance garnissent leurs étables de cytise & d'herbes dont les sels irritent la soif des chevres. Plus elles boivent, plus leurs mammelles se remplissent; & le lait qu'elles donnent n'en est que meilleur, lorsqu'elles se nourrissent de ces especes d'herbes. Avec quelle industrie & quelle économie ces pâtres industrieux ne préparent-ils pas ces laitages? Ils font cailler, durant la nuit, le lait qu'ils ont tiré le matin, ou durant la chaleur du jour; & celui qu'ils ont trait à l'entrée de la nuit, ils ne le font épaissir qu'au lever du soleil: alors un berger va le porter à la ville dans des paniers d'osier: ou bien il le sale un peu & le conserve pour l'hiver.

Les chiens destinés à la garde des troupeaux ne doivent pas être le dernier objet des soins du berger. Sous ces gardiens fidèles, il n'a à craindre ni l'incursion des loups, ni les surprises des voleurs. D'ailleurs il en coûte si peu pour fournir à leur entretien; une pâte faite avec du petit lait, satisfait aux besoins de ces sentinelles vigilantes.

Le poëte indique ici un secret merveilleux à ceux qui sont chargés de veiller à la conservation des troupeaux. Il consiste à faire brûler dans les étables du cèdre & du galbanum (1) pour éloigner les serpens qui viennent ; la vipère dont la moindre blessure est mortelle ; la couleuvre qui aime l'ombre se cachent souvent sous la crêche, & infectent de leur venin funeste tous les animaux qui sont renfermés dans les étables. Dès que le berger appercevra ces dangereux reptiles, il doit fondre sur eux, armé de pierres & de bâtons, & les poursuivre jusqu'à ce qu'il les ait mis à mort, sans craindre ni leurs sifflemens, ni leurs menaces.

Maladies des troupeaux. Les animaux ainsi que les hommes éprouvent souvent de cruelles maladies & elles sont en grand nombre. Souvent une gale honteuse infecte les brebis ; lorsque la pluie ou le froid les ont pénétrées ; ou lorsque nouvellement tondues, elles ont sué sans être lavées ; ou enfin lorsque leur peau a été déchirée par les ronces & les épines. On prévient cette maladie en baignant les brebis & les béliers dans les rivières aussi-tôt après la toison ; & on la guérit, s'ils en sont déjà atteints avec un remède (2) composé de marc d'huile d'olive, de l'écume d'argent, du souffre vif, de poix, de cire grasse. On y joint le suc d'un oignon de mer, l'hellebore & le bitume noir : mais le meilleur remède, c'est de faire une incision & de sacrifier l'endroit ulcéré ; plus le mal est caché, plus il s'entretient & s'augmente. Si le poison a pénétré jusqu'aux os & que la brebis soit en proie à une fièvre ardente, une saignée au pied en éteindra le feu. C'est la recette qu'ont employée les Bisoltes, les Gelons errans dans la Gothie déserte & sur le mont Rhodope.

Si vous voyez quelqu'une de vos brebis se retirer à l'ombre, brouter avec nonchalence l'extrémité des herbes, marcher toujours derrière les autres, se coucher au milieu des pâturages & revenir seule lentement à la bergerie, employez le fer pour guérir son mal. Ces sortes de maladies sont d'autant plus dangereuses qu'elles se répandent avec une rapidité incroyable, & détruisent en peu de tems les espérances du malheureux berger. Virgile rappelle à la fin de ce livre une affreuse mortalité qui ravagea suivant quelques commentateurs les alpes juliennes. Il décrit avec énergie les symptômes, les accroissemens de cette contagion & les tristes calamités qui en furent la suite.

---

(1) Le galbanum est le suc qui coule d'une plante appellée ferule, après qu'on a fait une incision à la tige.

(2) Le remède dont il est ici question renferme des mots dont il paroît nécessaire de donner l'explication. Tout le monde connoît le marc ou la lie de l'huile. Le *spumas argenti*, dont parle Virgile, n'est point le vif-argent, comme l'ont prétendu quelques traducteurs, mais l'*écume de l'argent* qu'on épure. L'*oignon de mer* est la plante appellée *scille*. L'*hellébore* qu'on trouve communément sur le bord des chemins, est blanc ou noir. Je crois que c'est le blanc qui est indiqué ici. Le *bitume* est une substance grasse, sulfureuse, tenace, inflammable, qui sort de la terre ou qui flotte sur l'eau.

Il semble que Virgile n'a traité aucun sujet avec autant de complaisance que celui du quatrième livre. Il parle des abeilles, & de quelles graces n'orne-t-il pas toutes les actions de ces petits insectes? Il indique quelle doit être la position des ruches, il décrit avec tous les ornemens de la poésie leurs travaux, la sortie des essaims, l'ordre & la discipline qui règnent dans cette république. Il donne la manière de recueillir le miel & de guérir les maladies des abeilles.

Position des ruches. Etablissez, dit-il, la demeure de vos abeilles dans un lieu abrité contre les vents, qui les empêchent de sortir pour aller chercher leurs vivres: faites en sorte que les troupeaux respectent les fleurs qui naîtront aux environs des ruches, que l'herbe ne soit point foulée sous leurs pieds, & qu'ils n'en fassent pas même tomber la rosée; la guêpe, le lézard, l'hirondelle & les autres oiseaux qui dévorent les insectes ne doivent point en approcher; ils y portent le ravage, & les abeilles deviennent la nourriture de leurs petits. La position la plus favorable pour les ruches est celle où il y a des claires fontaines, des étangs bordés de mousse, des ruisseaux fuyans dans la prairie. Un palmier ou un olivier sauvage ombrageront leur demeure: ainsi, lorsqu'au printems les jeunes essaims se mettront en campagne, le murmure d'un ruisseau voisin les invitera à se rafraîchir; & l'ombre d'un épais feuillage, à se reposer; soit que l'eau soit dormante, soit qu'elle coule, il est nécessaire d'y jetter des grosses pierres ou des branches de saule, qui servent de pont & d'asyle à celles qu'un vent impétueux a dispersées & précipitées dans l'eau; la lavande, la sarriète, le serpolet croîtront autour de vos ruches, & y répandront leurs doux parfums.

Les ruches seront construites d'osier ou d'écorce d'arbre; l'entrée en sera étroite, parce que le froid gêle le miel & la chaleur le fond. Quoique les abeilles aient soin de boucher elles-mêmes les fentes qui se trouvent dans leur logement, avec une certaine liqueur visqueuse, dont elles font provision pour s'en servir dans le besoin; cependant pour leur éviter cette peine, il est convenable d'enduire les ruches de terre grasse & de les couvrir de feuillage. Autant les abeilles aiment le voisinage de certaines fleurs, autant elles détestent l'approche de quelques autres. Que l'if ne croisse jamais auprès de leur édifice, craignez aussi les marais, les eaux croupissantes & les échos retentissans: évitez sur-tout de faire cuire des écrevisses dans les lieux qu'habitent vos abeilles.

Travaux des abeilles. Après les froids rigoureux de l'hiver, lorsque le soleil a réchauffé le vaste espace des cieux, les abeilles prennent leur essor, vont butiner sur les fleurs & raser la surface des eaux où elles se désaltèrent; la vue des campagnes rajeunies leur inspire une joie qu'elles rapportent dans leurs cellules; elles y travaillent à former leurs rayons & à multiplier leur espèce.

Sortie des essaims. Dans les beaux jours de l'été, on voit sortir de sa retraite un jeune essaim, il s'élève dans les airs & forme une espèce de nuée voltigeante au gré des vents. Après avoir erré long-tems dans la région spacieuse de l'atmosphère, il se porte enfin sur le bord d'un ruisseau & cherche l'ombre des feuillages. Si on veut le faire descendre dans le lieu qu'on lui destine, il faut lui faire sentir l'odeur de la melisse & du cerinthe (1) broyés ensemble, & faire retentir à l'entour le son de l'airain : ce bruit qui l'épouvante & l'odeur qui l'attire l'avertissent d'entrer dans sa maison nouvelle.

Mais toutes les fois que vous appercevrez dans les airs ces myriades d'abeilles, ne croyez pas que c'est un essaim nouveau qui sort de la ruche ; il arrive souvent que ce sont deux armées ennemies qui volent au combat. Le poëte décrit les préparatifs de cette bataille, l'ordre & la marche des escadrons avec autant de soin qu'il peint dans l'Enéïde, les combats de Turnus & d'Enée. Le moyen de rétablir la paix, que l'ambition des chefs avoit troublée, consiste uniquement à jetter en l'air un peu de sable ; alors le tumulte s'appaise, tout ce grand mouvement finit en un instant ; &, pour assurer cette heureuse tranquillité, il faut donner la mort au vaincu & décerner la couronne au vainqueur.

Quelquefois dégoûtées du travail, les abeilles quittent leurs atteliers & voltigent aux environs de leurs ruches ; pour les rappeller à leur premier emploi, il faut arracher les aîles de leur roi : privées de leur général, les troupes n'oseront déployer leurs enseignes ni se mettre en campagne. Pour fixer irrévocablement leur humeur volage, on plante autour de leur demeure des fleurs odoriférantes, du thim & même certains arbres qu'elles aiment de préférence, comme le pin. Virgile témoigne ses regrets de ne pouvoir chanter les jardins & la culture des plantes. Il n'y avoit point de sujet plus conforme à son goût & à ses inclinations ; la description superbe qu'il fait d'un jardin cultivé par un vieillard de Cilicie, qui habitoit les bords du Galese, inspire le desir le plus vif d'apprendre ce qu'il n'a pu traiter.

Ordre qui règne parmi les abeilles. Il n'y a point de république mieux ordonnée que celle de ces petits insectes ; logées dans la même ruche, les abeilles vivent sous les mêmes loix qu'elles observent avec une exactitude rigoureuse. Leur prévoyance les rend laborieuses durant l'été & leur fait ramasser des provisions pour l'hiver ; les unes sont

(1) Il y a plusieurs espèces de *cerinthes* décrits par les botanistes modernes ; il est probable que celle des anciens est celle qu'on appelle *cerinthe major* (le melinet). C'est une des herbes les plus communes de l'Italie & de la Sicile.

chargées d'aller chercher les vivres, les autres sont sédentaires & travaillent dans l'intérieur de l'édifice. Les fondemens de leurs rayons sont formés avec le suc de la narcisse & la gomme cueillie sur l'écorce des arbres; elles construisent ensuite les compartimens de cire dont elles forment plusieurs étages; elles y entassent le miel & remplissent de ce nectar les alvéoles. Seules parmi les animaux, les abeilles élèvent leurs enfans en commun. Il y en a qui sont préposées pour remplir cette fonction importante. Ici chacune a son emploi particulier; celles-ci reçoivent le fardeau de celles qui reviennent des champs chargées de butin; celles-là sont en faction à la porte de la ruche pour veiller à la sûreté publique ou pour observer les vents & la pluie. S'il arrive quelque accident funeste, si quelque danger menace la république, toutes se réunissent pour l'intérêt public & le salut commun. Les abeilles anciennes président à l'intérieur de la ruche, elles ont soin de la construction des alvéoles, de la manufacture des rayons; les jeunes vont dans les champs, & reviennent le soir chargées de la poussière cueillie sur les fleurs du thim, de l'arboisier, des saules, de la lavande, du safran, des jacinthes, du tilleul. Leurs travaux commencent & cessent au même instant. Au lever de l'aurore, elles sortent ensemble; à l'entrée de la nuit, elles retournent sous leur toit pour prendre le repos. Un bourdonnement général autour de la ruche est le signal de la retraite : à peine sont-elles rentrées chacune dans leur loge, que le bruit cesse, elles se livrent au sommeil durant toute la nuit.

Si le tems paroît orageux ou si le vent souffle, elles ne s'éloignent guère de leur domicile; elles se tiennent, pour ainsi dire, sous leurs murailles, & vont se désaltérer dans un ruisseau voisin. Faut-il affronter l'impétuosité du vent? elles se chargent d'un grain de sable qui leur sert comme de lest pour se soutenir dans l'air.

Génération des abeilles. C'est une chose admirable, les abeilles perpétuent leur espèce sans s'unir ni s'énerver par les plaisirs de l'amour; elles recueillent sur les fleurs & sur les herbes la semence qui les produit. Par ce moyen, elles se donnent des nouveaux citoyens & un roi qui gouverne leur empire. Quelque courte que soit leur vie, qui ne s'étend guère au-delà de sept ans, leur race s'entretient & se perpétue par une chaîne successive d'innombrables générations.

Leur respect pour le roi. L'Egypte, la Lybie, les Parthes, les Mèdes révèrent moins leur souverain, que les abeilles respectent leur roi. Tant qu'il vit, la concorde règne parmi elles; est-il mort? il n'y a plus que trouble & confusion dans la république.

Manière de cueillir le miel. Lorsque vous voudrez tirer de vos ruches le trésor que les abeilles y auront amassé, que votre bouche les

arrose

arrose d'eau tiède : en même-tems présentez-leur de la paille enflammée & fumante. Deux fois chaque année elles remplissent leurs ruches de miel & deux fois on en fait la récolte ; la première, lorsque les pléïades commencent à sortir de l'océan & paroissent sur l'horizon ; (1) la seconde, lorsque cette constellation fuyant le signe des poissons se plonge tristement dans la mer. (2)

Toutefois si vous craignez qu'un hiver long & rigoureux ne désole vos ruches & n'y cause la famine, laissez-y à la fin de l'automne une partie du miel dont elles se nourriront ; mais enlevez toute la cire qui leur est inutile. Ayez soin de parfumer la ruche de l'odeur du thim. Vous éloignerez les cloportes, les lézards, les bourdons qui se nourrissent aux dépens des abeilles, & les frélons qui viennent les attaquer avec des forces supérieures. Vous les délivrerez aussi des teignes, de l'araignée qui tend sa toile à leur porte pour les surprendre.

Maladies des abeilles. Les abeilles sont sujettes à des maladies, qui s'annoncent par les symptômes suivans. Elles changent de couleur & paroissent maigres. On les voit traîner souvent hors de la ruche des abeilles mortes & leur faire une espèce de funéraille. Quelquefois elles se tiennent suspendues par les pieds à la porte des ruches & y restent sans avoir le desir d'en sortir ; paresseuses & engourdies, elles dédaignent la nourriture. Leur bourdonnement sourd, entrecoupé, ressemble ou au murmure du vent dans les forêts, ou au bruit des flots, lorsque la mer se retire, ou à celui des flammes captives dans une fournaise. Le remède qui leur convient, consiste à brûler du galbanum autour de la ruche, à remplir des roseaux de miel ; & à faire quelque bruit pour les inviter à venir s'en nourrir. Il est bon aussi de leur présenter de la noix de galle pillée, des roses sèches, du résiné bien cuit, des grappes de raisin, du thim, de la centaurée. On prépare encore un excellent remède avec la racine d'*amellus* (3) que les bergers cueillent sur les bords du fleuve *Melle*. On fait bouillir les racines de cette plante dans du vin parfumé, & on les met dans des corbeilles à l'entrée de la ruche. Tel est le remède dont on peut faire usage pour conserver les individus qui restent, & qui n'ont point été atteints de la contagion. Mais si la mortalité a été générale & si tout l'essaim est détruit, Virgile donne un secret pour rétablir la population éteinte.

(1) Les pléïades se levoient avec le soleil le 22 avril, du tems de Columelle.

(2) Le coucher des pléïades indique ici la fin d'octobre ou le commencement de novembre.

(3) Les commentateurs ont été partagés sur l'espèce de fleur dont parle ici Virgile ; il est probable qu'il s'agit de l'*aster amellus*. Cette fleur a tous les caractères que le poëte donne à son *amellus* : elle pousse d'une seule tige un grand nombre de rejettons, son disque est jaune, ses rayons sont pourprés.

Choisissez, dit-il, dans un réduit caché un lieu où vous bâtirez une enceinte quarrée, entourée des murs & couronnée d'un toit. Vous y pratiquerez quatre fenêtres qui répondront aux quatre points du jour; là, vous conduirez un taureau de deux ans dans les beaux jours du printems; & après lui avoir exactement fermé la bouche & les naseaux, vous le ferez mourir sous les coups, quels que soient ses efforts vigoureux: prenez garde sur-tout de déchirer sa peau. Lorsqu'enfin ses membres meurtris auront fini de palpiter, vous le laisserez dans cette enceinte obscure après l'avoir embaumé de thim, de lavande & d'autres herbes aromatiques; mais, ô surprise! ô merveille! s'écrie le poëte; après que les humeurs ont fermenté dans son corps, un innombrable essaim vient d'éclore de ses flancs échauffés; ces insectes informes rampent encore, peu-à-peu ils prennent de l'accroissement, déjà ils commencent à voler & forment dans les airs un bataillon nombreux.

Virgile attribue la découverte de cette prétendue génération des abeilles au berger Aristée, fils d'Apollon & de la Nayade Cyrène, qui régna, dit-on, en Arcadie dans les tems héroïques. Il n'est pas nécessaire de prouver la fausseté de cette résurrection, il seroit très-facile de la détruire par l'expérience; mais cette fiction est peut-être une des plus ingénieuses dont Virgile ait orné son poëme; ce qui ajoute à son prix, c'est qu'elle est amenée par une transition des plus naturelles. Aristée, ayant vu périr ses essaims, va consulter Protée sur la cause de cette mortalité. Le devin la désigne en lui apprenant qu'Orphée venge sur lui la mort d'Euridice qu'il a occasionnée. Le désespoir de ce tendre époux, sa descente aux enfers, les prodiges qu'il y opère par la vertu de sa lyre, ses regrets après qu'il a perdu Euridice, l'histoire de sa mort, composent le récit de Protée. Tous ces traits forment un tableau des plus pathétiques, & ses beautés touchantes ajoutent au poëme des géorgiques un nouveau degré d'intérêt & de chaleur.

Columelle.

Sous le règne de l'empereur Claude, L. Jun. Moderat. Columelle, natif de Gades, composa un excellent ouvrage sur l'économie rurale. L'objet de l'auteur étant de se donner pour un maître d'agriculture, il ne paroît pas moins attentif à former ses disciples, que soigneux à leur plaire en cherchant à les instruire. Il ne se contente pas de leur donner des préceptes solides & lumineux, il veut encore les exprimer d'une manière propre à exciter leur attention : en conséquence, il n'emploie que des termes choisis, sans jamais se permettre une expression commune ou impropre dans les matières les plus triviales. Souvent il déploie tous les ornemens de la prose & s'élève presque jusqu'à la poésie, pour peu que le sujet en soit susceptible. On diroit à voir les expressions brillantes & recherchées dont il fait usage, qu'il veut se conformer à la richesse de la nature & répondre, par la variété de son style, à la fécondité des campagnes qu'il habitoit.

Des critiques éclairés prétendent qu'il avoit d'abord composé une économie rustique en trois ou quatre livres, du nombre desquels étoit celui qui parle des arbres, qu'on ne trouve plus dans les dernières éditions de Columelle, parce qu'il n'est qu'un abrégé de ce qui est contenu dans les troisième, quatrième & cinquième livres; ces critiques, dis-je, assurent que l'auteur supprima ce premier ouvrage & qu'il composa un nouveau traité d'agriculture en douze livres, tel que nous l'avons aujourd'hui. Dans la préface, qui est à la tête du premier livre, Columelle se plaint de l'état d'avilissement où l'agriculture étoit alors. Il rappelle ces tems heureux où la république étoit si florissante, parce que cet art le plus essentiel au genre-humain, étoit honoré & respecté. C'est au mépris qu'on avoit conçu pour la culture des terres, qu'il attribue la disette qu'on éprouvoit alors, la dépravation des mœurs, le dérangement de la santé & le relâchement de la discipline militaire.

Premiers préceptes. Les premiers préceptes qu'il donne roulent sur trois chefs principaux, la connoissance de l'agriculture, la faculté de dépenser & la volonté de le faire. Ainsi, un père de famille, qui aura à cœur de suivre une méthode assurée dans la culture de son domaine, s'appliquera principalement à consulter sur chaque objet qui se présentera les plus habiles agriculteurs de son siècle, il méditera avec attention les commentaires des anciens, & il examinera ce que chacun d'eux aura pensé & ordonné, pour voir si tout ce qu'ils ont prescrit convient à la pratique de son tems. Columelle cite une foule d'auteurs grecs qui ont écrit sur l'économie champêtre.

Cependant on ne doit pas s'attendre que les seuls préceptes conduisent à la perfection de l'art, s'ils ne concourent avec un travail assidu, une expérience consommée & des moyens suffisans pour faire toutes les dépenses nécessaires. Quelles que soient les connoissances du propriétaire, quelle que soit la fidélité des ouvriers, les travaux se ralentiront ou seront mal exécutés, si le maître n'y attache fréquemment ses regards.

Situation du domaine. Si le cultivateur est dans le cas d'acheter un domaine, il fera en sorte qu'il soit situé sous un climat sain & bien fertile, partie en plaines, partie en collines qui soient inclinées en pentes légères du côté de l'orient ou vers le midi. Il y aura des portions de terrein cultivées, & d'autres plantées en bois. Il avoisinera la mer ou un fleuve navigable, qui facilitera l'exportation des fruits & l'importation des choses qui y seront nécessaires. Il y aura des collines expressément destinées à rapporter du bled, quoique les moissons soient plus abondantes dans des plaines médiocrement sèches & grasses, que sur des côteaux bien exposés au midi : c'est pourquoi les terres à bled, même les plus élevées, doivent être à-peu-près généralement applanies ou n'avoir qu'une pente très-douce. Pour les autres collines, il y en aura qui seront couvertes d'oliviers, de vignes & d'arbres dont on tirera des échalas pour la vigne; d'autres qui fourniront du bois & de la pierre, au cas que l'on soit forcé de bâtir, ainsi que des pâturages pour les bestiaux. Il faut encore qu'il s'y trouve des sources d'eau vive, qui formeront des ruisseaux pour arroser les prés, les jardins & les saussayes; des troupeaux nombreux de gros & de menu bétail paîtront tant les lieux cultivés que les broussailles. Il est difficile de trouver une situation qui réunisse tous ces avantages; la meilleure est celle qui en réunit un plus grand nombre.

Dans le second chapitre de ce livre, Columelle s'occupe des cinq observations principales que Caton recommande à ceux qui veulent acquérir un domaine, la salubrité du climat, la fertilité de la terre, le chemin, l'eau & les voisins. Après des réflexions judicieuses sur ces divers objets, il rapporte un autre précepte qu'un des sept sages a laissé à la postérité : *qu'il faut garder un juste milieu & une juste mesure en tout :* Principe qu'on ne doit pas seulement appliquer à toutes les actions de la vie; mais encore aux acquisitions que l'on veut faire, c'est-à-dire, qu'on ne doit jamais acquérir de fonds qu'on ne soit en état de payer.

Position de la métairie. S'il est important de connoître la qualité du fonds & la manière de cultiver, il ne l'est pas moins de savoir comment la métairie doit être bâtie. L'étendue de l'édifice doit être proportionnée à celle du domaine. Pour éviter les inconvéniens qui résultent d'un froid excessif ou d'une chaleur extrême, il paroît que la position la plus favorable pour une métairie, c'est celle que présente le penchant d'une colline. Il faut la placer sur un endroit un peu plus élevé que le reste du terrein, afin que si un torrent formé par les pluies vient à rouler du haut de la montagne, les fondemens du bâtiment n'en soient point ébranlés. Il doit y avoir dans l'intérieur de la métairie des eaux vives. S'il n'étoit pas possible d'y en faire venir, on chercheroit dans les environs un puits qui ne fût pas profond : & si l'on ne trouvoit pas même de puits, on construiroit des vastes cîternes qui fourniroient de l'eau pour l'usage des hommes; & on creuseroit des mares pour abreuver les bestiaux. On ramasse dans ces cîternes l'eau de pluie qui est la plus salutaire au corps : il ne faut néanmoins la regarder comme excellente, que lorsqu'elle passe à travers des tuyaux de terre, qui la conduisent dans le réservoir. Après l'eau de pluie, la meilleure est celle qui prend sa source dans les montagnes, pourvu qu'elle se précipite à travers les roches. Celle qui tient le troisième rang pour la bonté, c'est l'eau que l'on tire des puits, qui sont creusés sur des collines. La pire de toutes, est l'eau marécageuse, qui n'a qu'un écoulement insensible. Pour celle qui croupit dans les marais, sans jamais s'écouler, elle est absolument pestilentielle. Dans le voisinage de la métairie, il n'y aura ni marais, ni grand chemin. Les marais produisent un air empoisonné & des insectes incommodes; les grands chemins exposent les propriétaires aux dégats que font les voyageurs, & ils donnent occasion d'exercer continuellement l'hospitalité.

Distribution du bâtiment. Après avoir placé la métairie sur un lieu élevé, & l'avoir tournée vers le point du ciel où le soleil se lève à l'équinoxe, il faudra faire la distribution de l'édifice & le pourvoir de tous ses appartemens. On le partagera donc en trois parties; l'une, sera destinée pour être l'habitation du propriétaire; l'autre, pour les opérations rustiques, & la troisième pour la garde des productions de la terre.

La première sera distribuée en appartemens d'été & en appartemens d'hiver; de façon que les chambres à coucher d'hiver, seront exposées au soleil levant d'hiver, & les sales à manger de la même saison, au soleil couchant équinoxial. Les chambres à coucher d'été, seront exposées au midi équinoxial (1), & les sales à manger de la même saison, au soleil levant d'hiver. Les bains seront tournés du côté du soleil couchant d'été, afin qu'ils soient bien éclairés l'après-midi & le soir. Les promenades seront sous le midi équinoxial; de façon à avoir le plus de soleil possible en hiver & le moins possible en été. (2)

Dans la partie destinée aux opérations rustiques, on placera une vaste cuisine qui puisse contenir tous les gens de la maison. Du côté du midi équinoxial, on mettra les chambres des esclaves; ceux qui seront enchaînés, auront leur prison sous terre dans la partie la plus saine qu'on pourra trouver. On construira pour les bestiaux des étables, qui seront également à l'abri du froid & du chaud, elles seront ordonnées de manière que l'eau ne puisse y entrer ni séjourner. Les étables à bœufs, auront dix pieds de largeur, les mangeoires seront à une hauteur convenable, pour que les bêtes puissent y manger commodément,

---

(1) On ne comprend point ce que Columelle veut dire, en parlant du midi équinoxial. Le midi est un point fixe & invariable; il y a apparence que, par midi ou septentrion équinoxial, il entend un point précis qui fait un angle de 90 degrés avec le levant ou le couchant équinoxial, sans s'approcher ni s'éloigner de l'un & de l'autre.

(2) On ne peut pas concevoir comment ces promenades ainsi disposées donnent le plus de soleil possible en hiver, & le moins possible en été. Il est étonnant que Columelle, qui est si exact par-tout ailleurs, ne se soit pas exprimé plus clairement ici.

en se tenant sur leurs pieds. Quant aux espèces d'animaux qu'il convient d'avoir dans l'intérieur de la métairie, on leur fera des retraites couvertes où ils se mettront à l'abri pendant l'hiver; & des enclos en plein air, entourés de hautes murailles, où ils pourront rester pendant l'été. L'habitation des métayers, sera vis-à-vis la porte, dans la situation la plus commode, pour voir ceux qui entrent & ceux qui sortent. Les bouviers & les bergers, auront leurs cabanes auprès de leurs bestiaux, afin qu'ils soient à portée d'en prendre soin.

La partie destinée à la garde des productions de la terre, comprend le cellier à l'huile, le pressoir, le cellier à vin cuit, le grenier à foin, le grenier à paille, les serres & le grenier à bled. Les pièces qui seront au rez-de-chaussée, seront destinées pour la garde des choses liquides, comme le vin & l'huile. Les productions sèches, comme la paille, le foin seront entassées sur des planchers. Les greniers ainsi que les celliers, seront éclairés par des petites fenêtres qui donneront passage aux aquilons. Le cellier doit être éloigné du four, du fumier & des citernes qui répandent une humidité capable de gâter le vin. Il y a des personnes qui préfèrent d'avoir des greniers voûtés, dont le sol est pavé de briques cuites & enduit d'huile nouvelle; mais ces précautions ne suffisent pas toujours pour préserver le bled de l'humidité; les greniers suspendus en l'air paroissent les plus avantageux. Les celliers à huile doivent être chauds, ainsi que les pressoirs, attendu que la chaleur fait fondre aisément les liqueurs & le froid les resserre. De plus, aux environs de la maison, il faut avoir un four, un moulin, deux mares; l'une, pour les oies & les bestiaux; l'autre, dans laquelle on mettra tremper les lupins, l'osier, les baguettes: on aura aussi deux fosses à fumier, & l'aire sera construite le plus près de la métairie qu'il sera possible.

Métayer & esclaves. La métairie étant ainsi disposée, l'attention du propriétaire doit se porter sur les hommes qui doivent l'habiter. Ces hommes sont ou des fermiers ou des esclaves. Le propriétaire doit être doux & traitable vis-à-vis de ses fermiers, il doit les presser plus rigoureusement sur les travaux qu'ils ont à faire que sur le paiement des termes échus; cette conduite les offense moins, & en général, elle tourne plus au profit du propriétaire. Un ancien consulaire avoit coutume de dire que le fonds le plus à desirer pour un père de famille, étoit celui dont les colons natifs du pays même, s'y étoient maintenus de père en fils; ainsi c'est une mauvaise spéculation de changer souvent de fermier & de renouveller fréquemment le bail de sa terre. Le métayer sera un homme endurci aux travaux de la campagne dès son enfance, & dont l'expérience aura fait connoître en lui des talens distingués. On le prendra dans le moyen âge, en pleine vigueur, inſtruit en matière d'agriculture, ou au moins très-attentif pour pouvoir ſe mettre le plutôt poſſible au fait de cet art.

Il ne faut pas ſeulement que le métayer ſoit propre aux travaux ruſtiques, il eſt néceſſaire qu'il ait encore les qualités convenables pour commander aux autres & ſe faire obéir, ſans employer la dureté ni une bonté exceſſive. Il aura ſoin de récompenſer les eſclaves qui valent mieux que les autres, en épargnant les moins bons, afin que ceux-ci ſoient dans le cas de craindre plutôt ſa ſévérité que de déteſter ſa cruauté. C'eſt à quoi il parviendra s'il contient bien ceux qui ſont ſous ſes ordres & s'il les empêche de faire des fautes, plutôt que de leur en laiſſer commettre par ſa négligence, qui l'obligeroit enſuite de les punir. Telle eſt la matière du premier livre.

Différentes eſpèces de terreins. Les plus habiles agriculteurs diſtinguent trois ſortes de terreins; celui des plaines, celui des collines & celui des montagnes. Ils donnent la préférence à ceux qui ſont ſitués dans une plaine, non pas totalement unie & de niveau; mais légèrement pentive, & qui forment par leur poſition une colline dont la croupe eſt douce, facile & couverte de bois & de pâturages. On aſſigne encore à chacune de ces trois ſortes, ſix qualités différentes de ſols; le gras ou le maigre, le friable ou l'épais, l'humide ou le ſec. Toutes ces différentes qualités étant mêlangées entr'elles, forment des variétés infinies dans les terres, qu'il n'appartient pas à un maître d'agriculture de détailler.

Un cultivateur ne doit pas ignorer que parmi les productions de la terre, il y en a beaucoup plus qui ſe plaiſent dans les plaines, qu'il n'y en a qui ſe plaiſent ſur les collines; de même qu'il y en a davantage qui demandent un ſol gras, qu'il n'y en a qui deſirent un terrein maigre.

Quel eſt le meilleur terrein pour les productions de la terre. A l'égard des productions qui viennent dans des terreins ſecs ou arroſés, nous n'avons point examiné quelles ſont celles dont le nombre l'emporte ſur les autres: d'autant qu'il y en a preſque une infinité qui ſe plaiſent autant dans l'un que dans l'autre de ces terreins. Au ſurplus, de toutes ces productions, il n'y en a pas une ſeule qui ne réuſſiſſe mieux dans une terre friable que dans un terrein épais. De-là vient qu'une terre naturellement graſſe & meuble, eſt toujours celle du plus grand revenu; parce que, quoiqu'elle ne rapporte pas plus qu'une autre, le peu de ſoins qu'elle exige n'occaſionne pas beaucoup de peine, & ne jette pas dans de fortes dépenſes: ainſi, le ſol qui réunira ces deux qualités, ſera regardé avec raiſon comme le meilleur poſſible; le ſecond après celui-ci, ſera le ſol gras & épais, parce qu'il récompenſera abondamment le cultivateur de ſa dépenſe & de ſes peines; le troisième, est le sol naturellement arrosé, parce qu'il peut produire des fruits sans aucune dépense; la plus mauvaise espèce de terre, est celle qui est sèche, ainsi que celle qui est épaisse & maigre, tant parce qu'elle est difficile à manier, que parce qu'elle ne dédommage point de cette difficulté, même après avoir été façonnée.

Méthode pour mettre un terrein en rapport. Le canton qu'on veut défricher, peut se présenter sous différentes faces. Il est sec ou humide, garni d'arbres ou de pierres, couverts de jonc ou d'herbages, embarrassé de fougères ou de broussailles.

S'il est sec, il faut y conduire des eaux, si cela est possible, qui y porteront l'abondance & la fertilité. S'il est humide; il faut faire des fossés pour le dessécher & pour donner de l'écoulement aux eaux restagnantes qui le couvrent.

Lorsque les terreins contiennent un trop grand nombre d'arbres & d'arbrisseaux, il est nécessaire de les déraciner & de les transporter hors du terrein; ou bien s'il y en a peu, il suffira de les couper par le pied, de les brûler & de les incorporer avec la terre en la labourant. Pour les terreins pierreux, il sera facile de les débarrasser en ramassant les pierres. S'il y en a une grande quantité, on les arrangera par tas en forme de muraille, ou bien on creusera une tranchée profonde dans laquelle on les enterrera.

Le défoncement du sol sera suffisant pour détruire le jonc & les herbages.

Pour la fougère, on viendra à bout de la détruire en l'extirpant à plusieurs reprises. Etant souvent arrachée, elle périt ordinairement dans l'espace de deux ans & même plutôt, si on a soin de fumer en même-tems la terre & d'y semer des lupins ou des fèves,

Façon qu'on doit donner aux terres nouvellement défrichées. Les anciens qui ont écrit sur l'économie rurale, donnent trois signes pour reconnoître si une terre est grasse & fertile; on reconnoît cette qualité à sa friabilité naturelle, à son habitude à produire des herbes & des arbres, & à sa couleur noire ou cendrée. Columelle ne regarde point les deux premiers indices comme indubitables. Ils peuvent être vrais ou faux, suivant les circonstances. Quant au troisième, il est évidemment faux, puisque les marais & les terres à salines sont de deux couleurs que nous venons de nommer; & tout le monde sait qu'on ne peut pas faire venir de beaux bleds sur le sol d'un marais bourbeux, ni sur les terres à salines qui sont au bord de la mer. La couleur n'est donc pas un signe assuré de la bonté d'un terrein : car de même que la nature a donné aux bestiaux les plus robustes des couleurs différentes & presqu'innombrables; elle a aussi voulu que les terres les plus fortes fussent variées par la multi-

plicité

plicité de leurs couleurs. La manière la plus sûre de reconnoître la bonne qualité d'un terrein, c'est d'examiner s'il est réellement gras & fertile. Pour s'en instruire, l'auteur cite les expériences qui sont décrites dans Virgile, & dont nous avons fait mention.

Manière de labourer. Après ces observations préliminaires, il faut préparer le champ pour l'ensemencer. La première opération consiste à bien labourer la terre. La plupart des auteurs ont consigné dans leurs ouvrages la méthode qu'on doit suivre en labourant. Les bœufs doivent être unis étroitement l'un à l'autre, par ce moyen ils marcheront plus sûrement, le corps droit, la tête élevée, leurs cols seront moins ébranlés, le joug y étant mieux appliqué : c'est la façon de les atteler qui est la plus généralement reçue. Celle qui est usitée dans quelques provinces où l'on attache le joug à leurs cornes, est rejettée par tous ceux qui ont donné des préceptes sur l'agriculture : car ces animaux sont en état de faire des efforts plus puissans avec le col & la poitrine qu'avec les cornes. Les bœufs qu'on destine au labour seront d'une taille forte & vigoureuse, afin qu'ils soient en état de faire des sillons profonds dans les terres nouvellement défrichées.

Soin du bouvier pendant le labour. Le bouvier intelligent, qui tracera la direction des sillons, marchera sur la partie du terrein qui sera labourée. Il aura soin de tenir la charrue penchée tantôt sur un côté, tantôt sur un autre, & d'enfoncer le soc droit & à plein; de manière qu'il ne laisse nulle part de terre crûe. Il faudra qu'il arrête fortement ses bœufs, lorsqu'ils approchent d'un arbre, de peur que le soc de la charrue, venant à heurter contre les racines avec trop de violence, n'occasionne une commotion dangereuse au col de ces animaux ou ne produise quelqu'autre accident fâcheux. Il doit intimider les bœufs de la voix, plutôt que de leur donner des coups : il n'aura recours à cette dernière ressource, que lorsque ces animaux refuseront opiniâtrément de travailler. Un jeune bœuf piqué trop souvent de l'aiguillon, devient récalcitrant à l'ouvrage & s'accoutume à ruer. Il seroit dangereux de faire tracer à un bœuf un sillon de plus de cent vingt pieds de long, parce quand il excède cette longueur, l'animal se fatigue outre mesure. Lorsqu'on est arrivé à un détour, il faut repousser le joug sur le devant de la tête des bœufs, & les arrêter pour donner à leur col le tems de se rafraîchir. Sans cette précaution, il s'échaufferoit en peu de tems, & cet accident seroit suivi d'une enflûre qui finiroit par se convertir en ulcère. Le bouvier ne se servira pas moins de la houe que du soc; & il déracinera toutes les souches les plus tenaces, ainsi que les racines supérieures qui embarrassent un champ, quand il est planté en arbres.

Soins du bouvier après le labour. Lorsque les bœufs seront dételés, le bouvier les frottera après les avoir étrillés, & leur pressera le dos avec la main, en soulevant la peau pour l'empêcher de s'attacher au corps, ce qui leur causeroit une maladie dangereuse. Il leur fera baisser le col & leur versera du vin, s'ils ont trop chaud. Il ne faut les attacher à la mangeoire qu'après qu'ils auront cessé d'être en sueur & qu'ils auront repris haleine. Lorsqu'ensuite, il sera tems de les faire manger, il faudra leur donner la nourriture peu-à-peu & par parties. Après qu'ils auront un peu mangé, on les menera boire: on sifflera pour les exciter à la boisson; & on leur donnera ensuite amplement du fourrage.

Tems du labour. Les terres grasses, où l'eau séjourne long-tems, lorsqu'elles se sont reposées ou qu'elles n'ont pas encore été labourées, doivent recevoir le premier labour dans la saison où il commencera à faire chaud, & lorsque toutes les herbes seront fanées, mais avant qu'elles soient montées en graine. Alors il faut faire les sillons si multipliés & si serrés les uns auprès des autres, qu'on puisse à peine distinguer les traces du soc, parce que c'est le moyen de faire périr toutes les herbes en coupant leurs racines.

Les terres humides recevront le premier labour après le 13 d'avril. Lorsqu'elles auront été labourées pour la première fois dans ce tems-là, il faudra les biner quelques jours après le solstice, qui est le huit ou le neuf des calendes de juillet (1); & les tiercer ensuite vers le premier de septembre. Mais en tel tems que l'on laboure, on aura l'attention de ne point toucher à un champ qui sera bourbeux, non plus qu'à celui qui n'aura été qu'à demi-humecté par des pluies légères. Cela arrive, lorsqu'après une longue sécheresse, il survient des petites pluies qui ne font que mouiller la superficie de la terre, sans pénétrer dans l'intérieur. La véritable science du laboureur consiste à trouver le juste milieu entre ces deux extrêmes, il doit choisir le tems dans lequel elles ne sont ni trop humides, ni absolument dépourvues des sucs. Un joug de terre bien humecté peut être labouré en quatre journées de travail.

Les collines dont le sol est gras, doivent recevoir le premier labour aussi-tôt après qu'on aura semé le trémois, c'est-à-dire, au mois de mars ou même dès le mois de février, si le tems le permet; ensuite il faudra les biner depuis le milieu d'avril jusqu'au solstice, & les tiercer en septembre vers l'équinoxe. Il faut autant de journées pour cultiver un joug de terre de cette nature, que pour les terres humides.

Lorsqu'on aura une montagne à labourer, il faudra observer d'y faire des sillons en travers de son talus, par ce moyen on évitera la

(1) Les calendes étoient le premier jour de chaque mois.

difficulté du travail en diminuant la peine des hommes & des animaux. On aura soin cependant, dans tous les seconds labours qu'on y fera, de diriger le sillon un tant soit peu obliquement, tantôt sur le côté le plus élevé, tantôt sur le côté le plus bas du côteau, afin que la terre soit également ameublie des deux côtés, & que le fort de l'opération ne suive pas toujours une seule & même trace.

Une plaine maigre & couverte d'eau, sera labourée pour la première fois vers la fin du mois d'août: ensuite elle sera binée en septembre & prête à recevoir les semences vers l'équinoxe. Le travail qu'exige une pareille terre est bientôt expédié: trois journées suffisent pour labourer un joug.

Les terres dont le grain est léger ne seront pas labourées avant les calendes de septembre, attendu qu'elles seroient épuisées par les ardeurs du soleil; mais on fera bien de leur donner le premier labour avant le dix de ce mois; on les binera tout de suite, afin qu'elles puissent être ensemencées aux premières pluies de l'équinoxe. Dans ces espèces de terre, il ne faut pas semer le grain sur les raies qui sont élevées entre deux sillons, mais sous le sillon même.

Manière de fumer les terres. Avant de biner une terre maigre, il convient de la fumer. A cet effet, on arrange des tas de fumier dans les champs, de façon qu'ils soient plus éloignés les uns des autres dans les plaines, & plus près sur les collines. On laisse dans les plaines entre chaque tas huit pieds d'intervalle en tout sens, au lieu qu'un intervalle de six pieds sera suffisant sur les collines. Cette opération doit se faire sur le déclin de la lune; &, dès que le fumier sera répandu sur la terre, on la labourera pour le couvrir; afin que le hâle du soleil ne lui fasse point perdre sa force, & que la terre étant incorporée avec cet aliment, puisse s'en engraisser.

Différentes espèces de grains. Les premières & les plus utiles semences, sont le bled, le froment & le grain *adoreum.* Parmi les différentes espèces de froment, celui qui mérite la préférence, est celui qu'on appelle *robus*, parce qu'il l'emporte sur tous les autres, tant par son poids que par sa netteté. Le *siligo* doit occuper la seconde place; & le trémois doit être placé tout de suite après. Il y a quatre sortes d'*adorea*; le *clusium*, qui est d'un blanc brillant; le rouge & le blanc appellé *venucula*, qui sont tous deux plus pesans que le *clusium*; & celui qui vient en trois mois, qu'on appelle *alicostrum.* C'est le premier de tous eu égard à son poids & à sa bonté. Chaque espèce de froment & d'*adoreum* demande un sol particulier. Le froment vient mieux dans un lieu sec & l'*adoreum* dans une terre humide.

Différentes espèces de légumes & de fourrages. Les légumes qui paroissent les plus utiles à l'homme, sont la fève, la lentille, le pois, le haricot, le pois chiche, le chanvre, le millet, le panis, le sesame, le lupin, le lin & l'orge.

Les meilleurs fourrages pour les bestiaux, sont la luzerne & le fenu grec, la vesce, la cicerole, l'ers & l'orge qu'on coupe en herbe.

Tems où il faut semer les grains. Columelle cite le précepte de Virgile, qui veut que l'on ne sème ni le bled *adoreum*, ni même le froment avant le coucher des pléïades. L'auteur est de cet avis, lorsque le climat est tempéré & que le terrein est sec; mais si la terre est maigre, froide, humide & ombragée, il ordonne de semer avant le premier d'octobre, afin que les racines des bleds aient pris une certaine force avant les pluies & les gelées de l'hiver. Il y a quelques auteurs qui défendent d'ensemencer les terres avant qu'elles aient été humectées par la pluie; cependant comme il arrive souvent que les pluies viennent tard, on peut fort bien ensemencer, quoique la sécheresse dure encore, ainsi qu'on le pratique dans certaines provinces situées sous des climats où les pluies sont tardives; le grain se conserve aussi-bien lorsqu'il a été jetté sur un terrein sec & hersé depuis le labour, que s'il avoit été serré dans un grenier. Dans ce cas néanmoins, il vaudroit mieux semer du grain *adoreum*, que du froment, parce que le germe est renfermé dans une capsule forte & épaisse, qui résiste long-tems à l'humidité.

Quantité des semences. Il faut ordinairement pour un joug de terre, quatre *modii* de froment, si elle est grasse; & cinq si elle est de médiocre qualité.

Un bon terrein ne demande que neuf *modii* d'*adoreum*; un terrein médiocre en veut dix. La quantité des semences, que nous venons de fixer, est sujette à quelques variations, suivant les lieux, les saisons & la température de l'air. Suivant les lieux, lorsqu'on a à ensemencer des plaines ou des collines, & que les unes ou les autres sont ou grasses ou médiocres, ou maigres. Suivant les saisons, lorsqu'on sème des bleds en automne ou à l'approche de l'hiver : car il faut une médiocre quantité de grain pour les premières semailles, au lieu qu'il en faut beaucoup pour les secondes. Suivant la température de l'air, lorsqu'il fait de la pluie ou qu'il fait sec : dans le premier cas, on jette moins de grain; &, dans le second, on en met un peu plus.

Lorsqu'une terre est médiocrement argilleuse ou humide, il faut y semer par joug, un peu plus de cinq *modii* de *siligo* ou de bled; &, si elle est sèche, légère & aisée à labourer, il n'en faut semer que quatre. Une terre maigre ne demande pas plus de semence qu'une terre grasse, parce que si le grain y est semé dru, il ne donne que des épis vuides & menus; au contraire, lorsqu'il y est clair semé, les épis sont très-nombreux, un seul grain fournissant plusieurs tuyaux. Les champs qui sont couverts d'arbres mariés à des vignes, demandent un cinquième de semence de plus qu'il n'en faut pour un terrein vuide & découvert.

Quant à l'orge que les paysans appellent *Hexasticum* (1), il en faut cinq *modii* pour ensemencer un joug, & six *modii* de l'autre espèce, qu'on appelle *Galaticum* ou de Galatie.

Il faut six *sextarii* (2) de millet & de panis, pour un joug de terre.

Quelle est la qualité de terre qui convient à chaque espèce de grain. Toutes les espèces de bled se plaisent principalement dans une campagne dont la pente est tournée vers le soleil, & dont le sol est poudreux. On a observé que le froment qui vient sur les collines, est un peu plus fort que celui des plaines, mais il est en moindre quantité.

Les terres argilleuses, épaisses & humides, nourrissent le *siligo* & le bled *adoreum*.

L'orge ne se plaît que dans les lieux secs & dans les terres meubles. Tous les grains dont nous venons de parler, veulent une terre reposée, labourée alternativement de deux années l'une, & qui soit bonne : au lieu que l'orge rejette toute terre médiocre, & veut être semé ou dans un sol gras ou dans une terre très-maigre. Les autres grains se soutiennent, lorsqu'ils ont été semés après des pluies continuelles, & lorsque la terre étoit encore bourbeuse & humectée; l'orge, au contraire, ne réussit point, si on le sème dans une terre limoneuse.

Les bleds qu'on appelle *trémois*, parce qu'on les récolte dans l'espace de trois mois, demandent des lieux très-froids, où l'été soit humide & ne produise point de fortes chaleurs : ils réussissent très-rarement dans les autres lieux; encore faut-il qu'ils soient semés avant l'équinoxe du printems.

L'orge *Hexasticum* veut être semé dans un terrein très-gras ou très-maigre; le *Galaticum* desire une terre grasse, qui soit froide. On le sème depuis le 15 de janvier, jusques vers le commencement de mars, si le tems le permet.

Le millet & le panis demandent une terre légère & ductile. Ces deux espèces de grains réussissent, non-seulement dans un sol sablonneux, mais dans le sable même; pourvu que le climat soit humide : car ils redoutent les lieux secs & argilleux.

---

(1) Les qualités que Columelle attribue à cette espèce d'orge, semblent convenir parfaitement à notre seigle.

(2) Le *sextarius* étoit la 48.e partie de l'*amphore*.

Préceptes sur les légumes. Le *lupin* est, de tous les légumes, celui qui mérite la plus grande attention, à cause des avantages qu'il procure. Il fournit un excellent fumier pour les terres, il sert de pâturage aux bœufs, & pourroit même être employé à la nourriture de l'homme dans un cas de nécessité. Il est le seul qu'on doit semer au sortir de l'aire. On le sème avant l'équinoxe d'automne ou incontinent après le premier d'octobre, dans les terres qu'on laisse en jachere. Les chaleurs tempérées de l'automne lui sont nécessaires, afin qu'il prenne promptement des forces pour résister aux rigueurs de l'hiver. Il se plaît dans les terres maigres, sur-tout quand elles sont rouges. Il faut dix *modii* de lupins pour ensemencer un joug.

Le *haricot* produit beaucoup dans une terre grasse qui rapporte toutes les années sans se reposer. Il ne faut pas plus de quatre *modii* de semence pour un joug.

On sème les *pois* dans un terrein léger & poudreux, pourvu qu'il soit situé dans un lieu chaud & humide. On peut les semer vers l'équinoxe d'automne. Il faut la même quantité de semence que pour le haricot.

On destine aux *fèves* les lieux les plus gras par eux-mêmes, ceux qui ont été fumés; ou si l'on a des jacheres situées dans des vallées, qui puissent recevoir l'eau des terreins supérieurs, on pourra y semer les fèves. En général cette espèce de légume ne se plaît ni dans un lieu maigre, ni dans un climat sujet au brouillard; il faut en semer une partie au milieu de la saison où l'on ensemence les terres, & réserver l'autre pour la fin. Celles qui ont été semées à tems, sont souvent les meilleures; cependant celles qui ont été semées les dernières, ont toujours plus de saveur. Il n'est point avantageux de semer la fève après le solstice d'hiver, & encore moins de la semer au printems, quoiqu'il y ait un genre de fèves trémois (1) qu'on peut mettre en terre au mois de février. Dans ce cas, il faut mettre un cinquième en sus de semence. Tremellius dit, que lorsqu'un terrein est gras, quatre *modii* de fèves suffisent pour ensemencer un joug; Columelle croit qu'il en faut six & même un peu plus, s'il est d'une qualité médiocre. Il faut faire en sorte que la quantité de fèves qu'on voudra semer, soit jettée en terre le quinzième jour de la lune, ou dès le quatorzième, pendant que cette planète croît encore; les anciens cultivateurs recommandent aussi de ne faire la récolte des fèves que lorsqu'il n'y a point de lune, de les faire sécher dans l'aire, & de les battre tout de suite. C'est un moyen sûr de les préserver des charensons.

(1) C'est improprement qu'on appelle ces fèves *trémois;* car elles restent en terre six mois ou environ; celles qu'on sème en février ne se récoltent qu'en juillet.

Les *lentilles* réussissent bien dans une terre légère, ainsi que dans un sol gras, pourvu sur-tout qu'il soit sec. Dans le tems de la floraison, la trop grande abondance de suc & l'humidité peuvent leur nuire. Si on desire que la lentille lève promptement & qu'elle grossisse, il faut mêler la semence avec du fumier sec, & la laisser dans cet état pendant quatre ou cinq jours avant de la semer. On sème les lentilles en deux fois; au commencement d'octobre, & au mois de février: il faut un peu plus d'un *modius* de semence pour un joug de terre.

Le *lin* vient dans une terre maigre, mais il se plaît davantage dans un terrein qui est très-gras & humide. C'est un légume des plus nuisibles aux terres. On le sème communément depuis le 1.er octobre jusques vers le milieu de décembre. Il en faut huit *modii* pour un joug. Quelques cultivateurs disent de le semer dru lorsque le terrein est maigre, afin que le lin qu'on en retirera soit très-fin. Ils prétendent aussi que, lorsqu'on le sème dans un terrein gras au mois de février, il faut dix *modii* de semence pour un joug de terre.

Le *sésame* demande un terrein pourri, il vient cependant aussi-bien dans des sables gras ou dans des terres rapportées. On le sème depuis l'équinoxe d'automne jusques vers le milieu d'octobre. Il en faut quatre *sextarii* par joug, quelquefois même un peu plus.

La *cicerole*, qui ressemble au pois, doit être semée au mois de janvier ou de février, dans un lieu gras & humide. Trois *modii* suffisent pour un joug. Elle réussit rarement, parce que lorsque cette plante est en fleur, elle ne peut supporter ni les sécheresses, ni les vents du midi.

Le *chanvre* veut un terrein gras, fumé & arrosé; ou bien un sol plat, humide & labouré bien profondément. Six grains de semence suffisent pour un pied quarré de terrein. Depuis le lever de l'arcture, c'est-à-dire, depuis la fin de février jusqu'au cinq ou six de mars, si le tems est pluvieux, on peut le semer sans risque jusqu'à l'équinoxe du printems.

Les *raves* desirent un terrein léger & bien fumé: elles ne réussissent point dans une terre épaisse.

Les *navets* se plaisent dans le même sol que les raves: avec cette différence que les premières viennent bien dans les plaines & dans les lieux humides; au lieu que les navets aiment les terres qui sont en pente, qui sont sèches & presque légères. Les meilleurs viennent dans les terreins chargés de gravier & de sable. On sème ces deux plantes dans les lieux humides, vers le solstice; & dans les lieux secs, à la fin du mois d'août ou au commencement de septembre. Pour ensemencer un joug de terre, il ne faut pas plus de quatre *sextarii* de graine de raves, & un quart en sus de celle de navets.

Fourrage des bestiaux. Le meilleur de tous les fourrages pour les animaux, c'est l'herbe qui nous vient de la Médie (la luzerne). Lorsqu'elle a bien pris racine & qu'elle est dans un bon fonds, elle dure dix ans. On la fauche quatre fois par an, quelquefois même six. Elle a de plus la propriété de fumer les terres, d'engraisser les bestiaux, & de les guérir quand ils sont malades. Un joug de terre planté en luzerne est plus que suffisant pour nourrir trois chevaux pendant toute une année. Voici la manière de la semer; au commencement d'octobre, on laboure la terre qu'on lui destine; vers le premier février, on donne le second coup de charrue, on ôte les pierres, on brise les mottes: ensuite on tierce & on herse. Dans le mois de mars, on répand le fumier; & on sème la graine à la fin d'avril. La quantité d'un *cyathus* (1) suffit pour un espace de dix pieds de long sur cinq de large.

La *vesce* se sème dans une terre crûe: il est mieux de la mettre dans un terrein qui aura reçu un premier labour. Il y a deux saisons pour semer cette plante, & la quantité de semence varie suivant le tems où on la sème. Vers l'équinoxe d'automne, il en faut sept *modii* pour un joug; au mois de janvier, il n'en faut que six. De toutes les plantes, c'est celle qui supporte moins la pluie, au moment où on la sème; c'est pourquoi on attend pour la jetter en terre, l'heure où le soleil a dissipé toutes les vapeurs répandues dans l'atmosphère. Les grains qui passent la nuit sans être recouverts, se corrompent lorsqu'on la sème avant le vingt-cinq de la lune; les limaçons lui nuisent presque toujours.

Les herbages qu'on doit couper, avant leur maturité, seront semés vers l'équinoxe d'automne, dans des terres qui produisent toutes les années sans se reposer, après qu'elles auront été très-fumées & binées. Dès le premier de mars, il faut empêcher les bestiaux d'y entrer.

Le *fenu grec* que les paysans appellent *siliqua*, se sème dans deux tems différens, vers l'équinoxe d'automne & à la fin de janvier. Dans le dernier cas, il faut six *modii* pour un joug, au lieu qu'il en faut sept dans le premier. Dans quelque saison qu'on le sème, il faut lui donner une terre crûe que l'on a soin de labourer, de façon que les sillons soient serrés les uns auprès des autres, sans être profonds: car lorsque sa graine est couverte de terre à plus de quatre doigts d'épaisseur, elle ne lève pas facilement.

On sème l'ers en automne après le solstice d'hiver, ou dans le mois de février: il veut une terre maigre & qui ne soit pas humide.

(1) Le cyathus étoit la douzième partie du *sextarius*.

Il faut

Il faut cinq *modii* pour un joug de terre. La *gesse*, qui ne diffère pas de la cicerole pour le goût, se sème au mois de mars, après un ou deux labours, selon que la fertilité du fonds l'exige : c'est aussi de cette fertilité que dépend la quantité qu'on doit en semer pour un joug ; il en faut tantôt quatre *modii*, tantôt deux ; quelquefois deux & demi suffisent.

Tems de sarcler. Ayant parlé du tems où il faut confier à la terre chaque espèce de semence, Columelle enseigne de quelle manière on doit cultiver chacune de celles dont il a fait mention. Les semailles finies, il faut sarcler. Les auteurs ne sont pas d'accord sur cette opération : les uns disent qu'elle est inutile & même dangereuse ; les autres prétendent qu'elle est nécessaire & avantageuse. Cette dernière opinion mérite la préférence. Il est bon de sarcler pendant l'hiver, pourvu que la température de la saison le permette. Il faut se conformer aux usages qui sont reçus dans les lieux qu'on habite : cependant on se gardera de sarcler, avant que les semences aient entièrement couvert les sillons. Suivant le précepte des anciens, il sera tems de sarcler le bled *adoreum*, lorsqu'il aura quatre feuilles ; l'orge, quand il en aura cinq ; les fèves & les autres légumes, lorsqu'ils auront quatre pouces de haut. Malgré ce que disent plusieurs agriculteurs, il faut sarcler les fèves. Ceux qu'on employera à cette opération, prendront garde de ne pas endommager les plantes ; ils auront soin plutôt de les réchausser & d'accumuler la terre auprès des racines, afin qu'elles deviennent plus fortes & plus vigoureuses. Telle est l'attention qu'ils auront en sarclant la première fois ; il seroit nuisible de suivre la même pratique la seconde fois, parce que, dès que le bled a cessé de multiplier ses tiges, il se pourrit, s'il est trop couvert de terre. Lors donc que l'on sarclera pour la seconde fois, il ne faudra que remuer la terre & l'applanir. Cette opération doit avoir lieu après l'équinoxe du printems, avant que les bleds commencent à nouer.

L'auteur a mis tant de précision & de détails dans son ouvrage, qu'il a calculé jusqu'au nombre de journées qu'il faut employer, avant de conduire les grains dans l'aire.

Grains qui fument ou qui brûlent la terre. Saserna prétend qu'il y a des semences qui fument la terre ; & d'autres qui la brûlent & la maigrissent. Il attribue des qualités bienfaisantes au lupin, à la fève, à la vesce, à l'ers, à la lentille, à la gesse & aux pois.

Les légumes, au contraire, qui brûlent la terre & qui la maigrissent, sont le pois-chiche & le lin ; l'un, parce qu'il est d'une nature salée ; l'autre, parce qu'il est d'une nature chaude. Le panis & le millet nuisent aussi beaucoup aux terres. Un terrein qui aura été épuisé par ces sortes de productions, peut être réparé par le fumier, qui lui rendra les forces & les vertus qu'il a perdues.

Pour ce qui concerne les différentes espèces de fumier, & leur usage, nous renvoyons à l'analyse de l'économie rurale de Varron, où nous avons traité cet article.

Culture des prés. Les anciens Romains donnoient à la culture des prés la préférence sur tous les autres objets d'agriculture, parce que les mauvais tems ne font point de tort aux herbes des prairies, comme aux autres productions végétales; & d'ailleurs, sans exiger des frais, ils produisent toutes les années un revenu assuré, qui est divisé en deux branches, puisqu'il ne rend pas moins en pâturages qu'en foin.

Il y a deux espèces de prés; ceux qui sont secs, & ceux qui sont arrosés. Le meilleur foin est celui qui vient de lui-même dans un terrein plein de sucs, & qui n'a pas besoin d'être arrosé pour produire. Le lieu qu'on destine à mettre en prairie, ne doit être ni une profonde vallée, ni une colline trop roide; l'un, afin que l'eau n'y séjourne pas trop long-tems; l'autre, afin qu'elle ne s'écoule pas trop précipitamment. Ce sont les plaines sur-tout qui sont excellentes pour cet objet; lorsque, formant une légère pente, elles ne permettent pas aux pluies ou aux ruisseaux qui les arrosent, de s'y arrêter trop long-tems.

La culture des prairies demande plus d'attention que de travail. Il faut d'abord n'y laisser ni souches, ni épines; mais les arracher toutes; les unes avant l'hiver & pendant l'automne, comme les ronces, les broussailles, les joncs; les autres, au retour du printems, comme la chicorée & les épines. Les porcs ne doivent jamais y entrer, ni les grands bestiaux, à moins que le sol ne soit très-sec: attendu qu'ils plongent la corne de leurs pieds dans la terre, qu'ils foulent l'herbe, & qu'ils en coupent les racines. Les terreins maigres, & qui sont en pente, seront fumés aux mois de février, pendant que la lune est dans son premier quartier. Les vieilles prairies, qui sont couvertes de mousse, pourront être rajeunies en y répandant de la cendre, & en y incorporant des semences nouvelles.

Le meilleur tems pour couper le foin, c'est avant qu'il soit desséché, parce qu'il foisonne alors davantage, & qu'il fournit une nourriture plus agréable aux bestiaux. On ne doit le ramasser ni trop sec ni trop verd; s'il est trop sec, il perd son suc; s'il est trop verd, il pourrit sur les planchers, il s'y échauffe, & il peut occasionner un incendie.

Tems de la moisson. Le tems de recueillir le bled, touche à celui de la fenaison. Avant de scier les bleds, il faut préalablement préparer les instrumens nécessaires pour cette opération.

L'aire doit être ratissée, labourée & arrosée avec de la lie d'huile sans ſel, dans laquelle on aura mêlé de la paille : enſuite on l'applanira à la hie, on l'affermira avec une meule, & on la battra de nouveau pour la laiſſer enſuite ſécher au ſoleil.

A l'égard de la moiſſon, il faut la faire promptement avant qu'elle ſoit brûlée par les chaleurs du ſoleil, & dès que les grains commencent à tirer ſur le rouge. Les différentes manières de moiſſonner ont été décrites dans Varron.

Dans le troiſième & quatrième livre de ſon ouvrage, Columelle traite des vignobles. Il donne des préceptes ſur les lieux qui leur ſont les plus convenables, ſur les diverſes eſpèces de raiſin qu'on doit choiſir, & il entre dans les plus petits détails ſur la manière de les planter & de les cultiver.

Un vigneron éclairé doit regarder comme certain que les eſpèces de vignes qui ſupportent, ſans en être endommagées, les neiges & les frimats, ſont propres aux plaines; que celles qui ſupportent la ſécheresſe & les vents, ſont propres aux collines; il aura ſoin auſſi de placer dans un champ gras & fertile une vigne maigre; &, au contraire, dans une terre maigre, il plantera l'eſpèce de vigne la plus féconde. Il ſaura qu'il ne faut point mettre dans les lieux humides les vignes dont le grain eſt tendre & gros, mais plutôt celles dont le grain eſt dur, petit, & fourni de beaucoup de pepins. Si l'on peut choiſir à volonté un terrein & un climat pour les vignes, le meilleur ſera celui qui, ſans être trop épais ni trop léger, approche plus de cette dernière qualité; celui qui, ſans être maigre ni fertile, approche plus de la fertilité; celui qui, ſans être en plaine ni eſcarpé, tient d'une plaine élevée; celui qui, ſans être ſec ni humide, eſt modérément arroſé; celui qui, ſans avoir beaucoup de ſources d'eau ſur ſa ſurface ni dans ſes entrailles, fournit néanmoins aux racines de la vigne une humidité ſuffiſante qu'il tire des lieux circonvoiſins.

Plantation des vignes. La plantation de la vigne ſe fait ou au printems ou dans l'automne; au printems préférablement, ſi le climat eſt pluvieux ou froid, ſi le ſol eſt gras, ou ſi c'eſt une plate campagne humide & marécageuſe : dans l'automne, au contraire, ſi c'eſt dans un pays ſec & ſous un climat chaud, ſi le terrein eſt aride, ou ſi c'eſt une colline maigre & eſcarpée. La plantation du printems ſe fait pendant quarante jours à-peu-près, depuis le commencement de février juſqu'à l'équinoxe; & celle d'automne, depuis le 10 d'octobre juſqu'au 1.er décembre.

Amputation du pampre. Il eſt néceſſaire de façonner la vigne dès qu'elle commence à pouſſer, & d'en ſupprimer toutes les parties ſuperflues, en l'épamprant ſouvent. On lui laiſſe dans le commencement deux pampres, afin qu'il y en ait un qui ſerve de reſſource, au cas que l'autre vienne à périr; mais, lorsqu'ils auront par la suite pris un peu de force, on retranchera celui qui sera le plus mal placé, & on attachera l'autre avec des liens tendres & lâches, afin qu'il ne soit point abattu par le vent ni les orages. C'est la première façon qu'on donne aux vignes depuis leur plantation.

Déchaussement des vignes. Les tems subséquens demandent des soins plus étendus. Après le 10 d'octobre, on déchausse la vigne. Cette opération consiste à mettre au jour les petites racines qui sont poussées pendant l'été, & à les trancher avec le fer. Si on les laissoit fortifier, celles de dessous en seroient affoiblies, & le cep s'en ressentiroit.

Taille des vignes. Après le déchaussement, vient la taille des vignes, qui, suivant les préceptes des anciens, doit être faite de façon qu'il n'y ait près de terre qu'une seule tige garnie de deux bourgeons. On taille la vigne à-peu-près vers le milieu de l'espace qui est entre deux nœuds, en tenant la serpette un peu obliquement; de peur que, si la coupe étoit horizontale, la pluie qui viendroit à tomber, ne s'y arrêtât dessus. Il y a deux saisons pour faire cette taille, le printems & l'automne. Magon prétend qu'il vaut mieux tailler la vigne au printems, avant qu'elle bourgeonne: parce qu'étant alors pleine de suc, il est plus facile de lui faire une plaie, & d'unir cette plaie dans toute sa surface; outre qu'alors elle résiste moins à la serpette. Columelle, au contraire, ne croit pas que la taille du printems soit la meilleure pour tous les pays; effectivement il n'y a pas de doute qu'il ne faille la préférer dans les pays froids; mais pour ceux qui sont exposés au soleil, & où l'hiver est doux, la plus essentielle est celle de l'automne; puisque c'est le tems auquel les plantes se dépouillent de leurs fruits & de leurs feuilles.

Echalas. Après la taille, vient le soin d'échalasser la vigne. Il est en effet très-important que le pampre trouve quelqu'appui qu'il puisse saisir, dès qu'il commence à s'alonger, afin qu'il résiste à l'impétuosité des vents.

Liens pour attacher la vigne. Quand on aura mis les échalas, il faudra y attacher les pampres. Les meilleurs liens seront ceux de genêt, de jonc coupé dans les marais, de glayeul: les feuilles même de roseau, séchées à l'ombre, sont employées à cet usage.

Il faut nettoyer & bécher la vigne. Lorsque les vignobles auront été façonnés de la manière qui vient d'être prescrite, on doit se hâter de les nettoyer, & d'en retirer les sarmens & les bouts des échalas. A la fin de l'hiver, il faut les bêcher profondément, afin que les branches pullulent, & qu'elles s'étendent avec plus de facilité.

Columelle ne s'est pas contenté de donner tous les détails relatifs à la culture de la vigne, & à la manière de la greffer; il a tracé encore la méthode qu'on doit suivre pour mesurer les terres. Les bornes de cette analyse nous obligent de nous restreindre aux objets les plus essentiels.

Les arbres auprès desquels la vigne se plaît le mieux, sont l'aubier préférablement à tout autre; ensuite l'orme & en troisième lieu le frêne. Quelques personnes rejettent l'aubier, parce qu'il produit peu de feuillages, & qu'il n'est pas utile aux bestiaux. On plante avec raison dans les lieux escarpés & montagneux, où l'orme ne se plaît pas, le frêne, qui est un arbre recherché par les chèvres & les brebis, & qui n'est pas sans utilité pour les bœufs. L'orme est généralement préféré parce qu'il s'accommode très-bien de la vigne, qu'il fournit un pâturage très-agréable aux bœufs, & qu'il réussit dans plusieurs espèces de terreins.

Il y a une autre espèce d'arbre agréable aux vignes, que les Gaulois appelloient *rumpotinum*, & qui ressemble au cornouiller. On plante encore sur la lisière des vignobles des charmes, des cornouillers, des frênes sauvages, & quelquefois même des saules.

La culture de l'olivier & du cytise terminent le cinquième livre.

Le sixième est consacré à décrire les soins qu'exigent les quadrupèdes. L'auteur les divise en deux classes: les uns partagent avec l'homme ses travaux & ses peines, comme le bœuf, la mule, le cheval & l'âne: on nourrit les autres pour en retirer du revenu, ou pour l'employer à la garde des autres bestiaux, comme la brebis, la chèvre, le porc & le chien.

Le bœuf. Ce n'est pas une chose aisée que de fixer les règles auxquelles on doit se conformer, lorsqu'on veut acheter des bœufs; d'autant que ces animaux varient pour la taille, le caractère & la couleur, suivant la différence des pays & des climats. Les qualités que Columelle exige dans les bœufs dont on veut faire choix, sont à-peu-près les mêmes que celles qui se trouvent dans l'ouvrage de Varron. En supposant des veaux bien conformés, il faut, pendant qu'ils sont encore jeunes, les accoutumer à se laisser caresser, afin qu'on ait moins de peine à les dompter par la suite. Au surplus, il ne faut pas dompter les bouvillons avant l'âge de trois ans, ni passé celui de cinq: parce que, dans le premier de ces âges, ils sont encore trop délicats; &, dans le dernier, ils sont trop récalcitrans. Or, voici comment il faut s'y prendre pour les dompter: on commence à leur préparer une étable spacieuse, où celui qui sera chargé de les dompter, puisse tourner avec aisance, & d'où il puisse sortir sans courir aucun danger. Il y aura dans cette étable d'amples mangeoires, au dessus desquelles seront posées horizontalement en forme de jougs, à la hauteur de sept pieds de terre, des solives, auxquelles on pourra attacher les bouvillons. On choisira pour cet exercice la matinée d'un beau jour: &, après avoir passé des cordes autour de la tête de cet animal, on le conduit aussi-tôt à l'étable, où on l'attachera à un poteau: de façon qu'il ait une certaine liberté, & qu'il soit séparé des autres, de peur qu'il ne les blesse par les efforts qu'il fera pour se détacher. S'il est trop revêche, on lui laisse jetter toute sa furie pendant vingt-quatre heures; dès qu'elle est un peu ralentie, on le fait marcher en le conduisant à la main. Il faut néanmoins qu'il y ait une personne qui aille devant lui, plusieurs autres qui le retiennent parderrière avec des cordes, & une qui le suive pas à pas, & qui réprime de tems en tems ses efforts, en le frappant légèrement avec une baguette de bois de saule. Quand le bouvillon est attaché, on doit, s'il est possible, l'approcher doucement, & le flatter, pour ainsi dire, par le ton de la voix. On l'accoutume par ces caresses, à souffrir qu'on l'aborde: ensuite on écarte ses mâchoires pour lui tirer la langue, on lui met du sel dans la gueule, on lui fait avaler des boules de pâte, trempées dans la graisse fondue bien salée. Pourvu qu'on continue ce traitement pendant quatre ou cinq jours, on pourra soumettre les taureaux à de nouvelles épreuves; alors il faudra les atteler & attacher au joug, une branche d'arbre en guise de timon; on y joindra insensiblement quelques poids, pour éprouver leur patience dans le travail, en leur faisant faire de plus grands efforts. Après ces premiers essais, il faut les attacher à une charrette vuide & la leur faire traîner d'abord peu de tems, ensuite un peu plus long-tems, en la chargeant peu-à-peu de quelque nouveau poids.

Entretien des bœufs. L'entretien des bœufs demande une attention particulière. On doit les laisser à l'air pendant la chaleur, les mettre à couvert pendant le froid, & leur donner en tout tems une bonne nourriture. Si le pays est abondant en fourrage vert, cette espèce de nourriture est préférable aux autres. On mène paître les bœufs, si le pays est sec; ou bien on les nourrit dans les étables. La nourriture qu'on leur donne varie suivant les différens climats. La meilleure, c'est la vesce liée en bottes, la gesse & le foin de prés. On entretient ce bétail moins avantageusement avec de la paille, quoique ce fourrage soit une ressource dans le besoin. La paille que l'on estime le plus, est celle de millet, ensuite celle d'orge; & en troisième lieu, celle de froment. On donne encore de l'orge aux bœufs après qu'ils ont fini leur journée. Au surplus, la mesure du fourrage qu'on leur donne doit être réglée sur les différentes saisons de l'année. Au mois de janvier, il faut donner à chacun quatre *sextarii* d'ers moulu & détrempé dans l'eau, ou bien un *modius* de lupins, ou enfin un *semi-modius* de gesse détrempée, indépendamment de la paille qu'on leur donne en abondance. Si l'on manque de légumes, on peut mêler avec de la paille du marc de raisin séché; cette espèce de nourriture a la vertu de les rendre gais & d'augmenter leur embonpoint: si on ne leur donne pas de grains, il suffit de remplir de feuilles sèches, un panier dont la contenance soit de vingt *modii*, ou de leur donner trente livres de foin. Quand on n'a ni foin ni feuilles sèches, on leur donne la même quantité de feuilles vertes, soit de laurier, soit d'yeuse, en y ajoutant du gland; il est à craindre que le gland ne leur occasionne la gale, si on leur en donne jusqu'à les en rassasier. Ordinairement la même pitance leur suffit pendant le mois de février. On doit ajouter quelque chose à la quantité de foin qui doit faire leur nourriture en mars & en avril, parce que c'est le tems où ils travaillent aux premiers labours de la terre: il suffira cependant de leur en donner à chacun quarante livres. On fera bien de les nourrir avec du fourrage verd depuis le 10 d'avril jusqu'au quinze de juin; on pourra même continuer de leur en donner dans les lieux plus froids, jusqu'au premier juillet: & depuis ce tems jusqu'au premier novembre, on les rassasiera de feuillages. Les plus estimés de ces feuillages sont ceux d'orme, ensuite ceux de frêne, & enfin ceux de peuplier. Dans les mois de novembre & de décembre, les bœufs doivent manger à discrétion: c'est le tems des semailles. Alors il faut leur donner à chacun un *modius* de gland, avec autant de paille qu'ils en voudront; ou bien un *modius* de lupins détrempés, ou sept *sextarii* d'ers arrosé d'eau & mêlé de paille; ou douze *sextarii* de gesse arrosée de même & mêlée avec de la paille; ou un *modius* de marc de raisin, pourvu qu'on y ajoute de la paille en abondance; ou enfin, si l'on n'a aucun de ces fourrages, il faut leur donner quarante livres de foin sans aucun mêlange.

Nous regrettons de ne pouvoir suivre Columelle dans la manière étendue avec laquelle il traite les maladies auxquelles les bœufs sont sujets, & les remèdes qui leur conviennent. La notice que nous en donnerions, quelque succincte qu'elle fût, grossiroit trop cette analyse.

Chevaux. Ceux qui desirent d'élever des chevaux, doivent sur-tout se pourvoir d'un palefrenier entendu & d'une grande quantité de fourrage: cet animal demande le plus grand soin, & veut une nourriture abondante. On distingue trois races différentes parmi les chevaux: la race la plus noble, qui fournit des chevaux au cirque & aux combats sacrés; celle des mules, que l'on peut comparer à la première race par le revenu qu'elle produit; & enfin la race commune, qui ne donne que des mâles & des femelles médiocres. Plus chacune de ces races est distinguée, plus il lui faut d'abondans pâturages. On choisit pour faire paître ces animaux des prairies étendues, qui soient toujours arrosées & qui ne soient point garnies d'une grande quantité d'arbres. A l'égard des chevaux communs, on laisse paître indifféremment ensemble les mâles & les femelles : on n'a point d'époque fixe pour les faire saillir; mais, pour les races nobles, on aura soin de ne les faire accoupler qu'à l'équinoxe du printems; afin que les cavales aient plus de ressource pour élever leur poulain; attendu qu'il naîtra dans un tems qui correspondra à celui où elles l'auront conçu, c'est-à-dire, quand les campagnes seront riantes & couvertes d'herbages.

Mulets. Lorsqu'on veut élever des mules, il faut choisir avec précaution le mâle & la femelle qui doivent concourir à former cette espèce. Une mule peut être engendrée par une cavale & par un âne; ou par une ânesse & un cheval; on croit même qu'un âne sauvage & une cavale peuvent produire ensemble. Les mules ou les mulets qui proviennent du premier accouplement, sont supérieurs à tous les autres.

L'âne qui doit servir d'étalon, aura le corps très-ample, le col fort, les côtes robustes & larges, la poitrine étendue & bien fournie de muscles, les cuisses nerveuses, les jambes épaisses & le poil noir & moucheté. La couleur de souris n'est point estimée ni dans un âne ni dans un mulet. Lorsqu'un âne a des poils aux paupières & aux oreilles, qui sont d'une couleur différente de celle des autres poils de son corps, il arrive souvent qu'il donne une race d'une couleur qui diffère de la sienne.

La cavale qu'on destine à produire un mulet, ne doit être livrée à l'étalon que dans les dix premières années de son âge : c'est le tems où elle se maintient dans une belle forme. Il faut encore qu'elle ait les membres gros, & qu'elle soit vigoureuse; afin qu'elle puisse s'associer au genre étranger qu'on doit, pour ainsi dire, enter avec elle, & produire un individu dont l'espèce ne s'accorde pas avec son organisation intérieure.

L'auteur s'occupe, dans cet article comme dans le précédent, des maladies qui peuvent survenir à ces espèces d'animaux, & des remèdes qui sont en usage pour les guérir. Il termine ce septième livre en enseignant la manière d'élever les brebis, les chèvres, les truies & les chiens, qui sont les gardiens des troupeaux. Tous ces divers sujets ont été traités avec assez d'étendue dans l'analyse de l'ouvrage de Varron : de même que ceux qui sont la matière du huitième & du neuvième livre; savoir, l'éducation des volailles & du gibier, l'entretien des bêtes fauves qu'on élève dans les parcs, & les soins qu'exigent les abeilles; nous avons cru qu'il n'étoit point nécessaire de les rappeller ici, & nous nous sommes déterminés à les supprimer, avec d'autant plus de raison, que nous avons remarqué que les préceptes de Columelle sur ces

objets

objets étoient, à quelque chose près, les mêmes que ceux de Varron & de Virgile.

Culture des jardins. L'auteur des géorgiques ayant laissé à la postérité le soin de chanter les jardins, Columelle se chargea de cette belle entreprise à l'instigation de son ami Silvinus. Il trace d'abord l'emplacement du jardin, il enseigne ensuite quelle culture il faut donner aux semences; quels sont les tems propres à les mettre en terre; quels soins elles exigent quand elles y sont; quelle est la saison où les fleurs commencent à paroître; & quel est le tems propre à la récolte des fruits.

Emplacement du jardin. Si l'on veut avoir un jardin de bon rapport, il faut choisir un champ gras, qui renferme dans son sein des mottes de terre bien pulvérisées & des gazons qu'on peut facilement ameublir. Un terrein sera encore propre à cette destination, lorsqu'il sera naturellement tapissé d'une grande quantité d'herbes, & ramolli par l'humidité : car on rejette les lieux secs, de même que ceux qui sont couverts d'eaux marécageuses.

Tems de bêcher la terre. Vers la fin de l'automne, lorsque la terre aura été humectée par les pluies fréquentes qui viennent dans cette saison, il faudra la retourner avec le fer d'une bêche emmanchée de robre; mais si elle avoit été endurcie par la continuité d'un tems serein; & que, rebelle aux efforts du jardinier, elle restât en mottes, alors il faudroit y faire couler des ruisseaux propres à la désaltérer & à la rendre ductile.

Tems de fumer. Lorsque l'hirondelle aura ramené le retour du printems, on doit rassasier la terre qui vient d'éprouver un long jeûne, en versant dans son sein le fumier des bêtes de somme. Le jardinier retournera d'abord la terre qu'il avoit précédemment ameublie; mais dont la superficie s'est condensée depuis par les pluies, & endurcie par les gelées; il broiera ensuite l'herbe vivace du gazon avec les mottes de terre, & les réduira absolument en poudre.

Semences des fleurs. Aussi-tôt que la terre distribuée en planches aura déposé toutes ses impuretés, & qu'elle demandera à recevoir les semences qui lui conviennent, garnissez-la des différentes espèces de fleurs, qui sont tout autant d'astres terrestres : telles que la giroflée blanche, le souci d'un jaune éclatant, les narcisses, le muffle de veau, les lys, les jacinthes, les violettes & les roses : semez le cerfeuil qui rampe à terre, la chicorée, la petite laitue, l'ail, l'oignon, le chervi. On doit mettre en terre dans le même-tems les plantes que l'on peut confire à peu de frais, le caprier, l'aulnée, la ferule, la menthe, l'anet & la moutarde. On sème aussi alors les choux de toute espèce. L'ensemencement de ces diverses espèces de graines doit être soutenu par une culture bien entendue & des soins assidus. Il faut arroser souvent la terre, de peur que l'embryon qu'elle aura conçu ne soit étouffé par la sécheresse : aux approches de la maturité du fruit, les arrosemens doivent être modérés, & on doit arracher les mauvaises herbes qui croissent tout au tour.

Lorsque le soleil sera entré dans le signe du bélier, la terre ouvrira son sein à ses productions; & pressée de se marier avec les plantes qu'on lui aura confiées, elle demandera qu'on lui donne des semences adultes. Voyez la plus tendre des mères qui demande ses enfans, en soupirant non-seulement après ceux qui sont sortis de ses entrailles; mais encore après ceux qu'on peut regarder comme ses petits-fils. Donnez-lui donc, sans tarder, ces petits nourrissons; que l'ache verte, que la carotte ombragent son sein. Répandez sur sa surface toutes les plantes odoriférantes, le safran, la marjolaine, la mirrhe.

Il est encore d'autres opérations qui doivent suivre celles dont nous venons de parler. Dans l'intervalle étroit d'un sillon, on semera le cresson alenois, la sarriete, le concombre & la courge. On plantera l'artichaut, dont la forme varie autant que la couleur. Dès que le grenadier, dont le fruit s'adoucit quand la peau de ses grains commence à rougir, se couvrira de fleurs teintes de sang, ce sera le tems de semer le pied de veau; c'est aussi alors qu'on verra naître la coriandre, la nielle, semblable au cumin, l'asperge, & la mauve accoutumée à suivre le cours du soleil. Déja la poirée à feuille verte & au pied blanc, s'enfonce dans un sol gras à l'aide d'un pieu ferré par la pointe; déja le printems se couronne de fleurs; les lotiers de Phrigie étalent leur blancheur éclatante; les violettes ouvrent leurs yeux clignotans; & la rose, dont les joues virginales commencent à s'entr'ouvrir, contribue dans les temples au culte des habitans des cieux, en associant son odeur à celle de Saba. Tel est le spectacle charmant que le printems offre à nos regards enchantés; mais, lorsque les épis mûrs auront jauni la moisson, unissez l'ail à l'oignon, & le pavot de Cérès à l'anet; liez-les en bottes pour les vendre, pendant qu'ils sont verds. Dans cette saison agréable, vous verrez la patience verdir sans culture, ainsi que les nerpruns & la scille; vous verrez croître l'asperge sauvage, le pourprier humide & la longue cosse des haricots, dont le voisinage est nuisible à l'arroche; vous verrez le concombre suspendu sous des treilles; ou, tel qu'un serpent d'eau, qui se glisse sous les ombres fraîches du gazon pour se garantir du soleil d'été, vous le verrez ramper à terre, ainsi que la courge pleine de pepins. Voulez-vous varier la forme de ces plantes, & élever dans votre jardin des courges tantôt rondes, tantôt alongées? la différence des semences vous donnera ces diverses productions. Si vous desirez d'avoir des courges longues & qui soient suspendues par le sommet grêle de leur tête, choisissez-en la graine dans la partie la plus mince du col; si vous voulez en avoir au contraire de grosses dont le corps soit rond & le ventre gonflé, vous en cueillerez la graine au milieu du ventre; & il en résultera des productions énormes, dans lesquelles vous pourrez renfermer la poix, le miel, & dont vous pourrez faire de petites cruches propres à contenir l'eau ou le vin.

Productions de l'automne. Quand le chien d'Erigone (1), enflammé par le feu d'Hyperion, commencera à rougir les fruits des arbres, & qu'un jus de couleur de sang coulera des paniers tissus de jonc & remplis de mûres, ce sera le moment de cueillir la figue hâtive, les prunes d'Arménie, celles de Damas & les pêches. On verra paroître ensuite la figue de l'arbre de Livie (2), la figue de Caunus, la figue folle, grasse, & la figue blanche. Dès qu'on a célébré la solemnité du dieu boiteux (3), on sème, pour la seconde fois, des raves & des navets. Enfin, la maturité du raisin appelle le vigneron, qui va recueillir joyeusement le fruit le plus agréable de l'automne & exprimer la boisson la plus salutaire.

Devoirs du métayer. Dans le onzième livre, Columelle prescrit les qualités que doit avoir un bon métayer. Celui que l'on destine à cette charge sera instruit & endurci aux travaux rustiques dès son enfance. Des expériences multipliées auront appris préalablement au propriétaire, que celui qu'il va mettre à la tête de ses esclaves est versé dans l'agriculture & attaché à ses devoirs : car comment pourroit-il reprendre ce qu'il trouvera mal fait dans les autres, s'il n'a pas lui-même les connoissances nécessaires pour leur indiquer les moyens de bien faire! Il y a par-tout d'excellens laboureurs qui savent parfaitement ce qui concerne leur état, c'est à eux qu'il doit s'adresser pour s'instruire sur ce qui regarde l'emploi dont il va se charger. Indépendamment de l'instruction que le métayer doit avoir, il faut encore qu'il soit orné des vertus morales. Il sera donc très-tempérant, tant sur le sommeil que sur le vin : c'est en effet de la tempérance que dépend l'exactitude; car un homme sujet à s'enivrer manque à ses devoirs autant qu'il les oublie, & un dormeur en néglige une grande partie. Il faut qu'il n'ait point de penchant trop violent à l'amour, attendu que s'il se livre à

(1) Erigone étoit fille d'Icare & sœur de Pénélope. Son pere ayant été tué par des paysans Athéniens, qui étoient ivres, son chien lui indiqua l'endroit où étoit le cadavre, qu'elle enterra : après quoi, elle se pendit de chagrin. Bacchus obtint qu'elle & son chien fussent mis au nombre des constellations, où elle est connue sous le nom de la Vierge, & son chien sous celui de Sirius.

(2) Livie étoit la femme d'Auguste.

(3) C'est Vulcain, fils de Jupiter & de Junon. Sa fête se célébroit au mois d'août.

cette passion, il ne pourra plus penser à autre chose qu'à l'objet de ses desirs.

Son principal devoir sera donc d'être éveillé le premier de tous; & aussi-tôt après qu'il aura fait sortir les gens qui sont toujours lents à commencer l'ouvrage, il ira se mettre à leur tête, parce qu'il est intéressant que les colons commencent leur besogne dès le matin, & qu'ils la fassent diligemment & sans interruption. Il aura soin de les réveiller au milieu du travail par des exhortations multipliées, & de ranimer ceux que la fatigue pourroit décourager. Dès que le crépuscule sera venu, il les conduira à la maison & prendra le plus grand soin possible de chacun d'eux, soit en veillant à ce qu'ils soient bien nourris, soit en faisant conduire à l'infirmerie ceux qui seront malades: ses soins doivent se porter sur ce qu'ils aient tous les traitemens convenables.

Ce que le métayer doit faire les jours de fête. Dans les jours consacrés au culte religieux, le métayer fera des largesses aux ouvriers dont il sera content. Il visitera leurs habits, pour voir si leur corps est suffisamment défendu contre le froid & contre la pluie; il est juste qu'en travaillant les ouvriers soient habillés d'une manière honnête & relative à leur état. Il visitera les instrumens nécessaires pour tous les ouvrages de la campagne & ceux de fer plus souvent encore que les autres.

Observation importante. Celui qui est chargé de la régie d'une métairie, doit avoir sans cesse cette maxime présente à son esprit; savoir, *que le tems passé est irréparable.* Il doit donc veiller à ce que tous les ouvrages soient faits à tems; car s'il y en avoit un seul qui eût été fini plus tard qu'il n'auroit dû l'être, les autres qui le suivroient, seroient aussi trop tardifs: ainsi, tout l'ordre des occupations rurales se trouveroit dérangé, & l'espérance de l'année entière seroit évanouie. L'importance de cette maxime, engage Columelle à assigner ce qu'il y a à faire dans le cours de chaque mois: préceptes qui sont réglés sur l'influence des astres. C'est une récapitulation abrégée de tout ce qu'il a dit dans son ouvrage.

Travaux à faire dès le quinze janvier. Un laboureur ne doit point observer le commencement du printems à la manière des astronomes; c'est-à-dire, attendre le jour fixe auquel on dit que commence cette saison; mais il peut prendre quelques jours sur l'hiver; parce que passé le solstice, l'année commence à être tempérée, & les jours devenant plus doux, on peut commencer les travaux de la campagne. Il pourra donc (pour nous régler sur le premier mois de l'année romaine) commencer les travaux de la culture le quinze janvier. Il suffit de distribuer les opérations par demi-mois, parce qu'un ouvrage n'est pas censé fait trop tôt, quand il est fini quinze jours avant le tems que nous allons assigner; comme il n'est pas censé fait trop tard, quand il est terminé quinze jours après.

Travaux à faire depuis le quinze janvier jusqu'au premier février. Dès le quinze de janvier, il faut tailler la vigne & reprendre ce qui aura resté à faire de la taille d'automne; en évitant néanmoins d'y toucher avant que le soleil ait réchauffé l'atmosphère & dissipé la bruine produite par la gelée. C'est pourquoi en attendant le dégel, on pourra jusqu'à la troisième heure du jour, élaguer les buissons, nétoyer les guérets, faire des fagots & fendre le bois. Dans les lieux exposés au soleil, on nétoie les prés & on en défend l'entrée aux bestiaux; on donne le premier coup de charrue aux terres sèches & grasses; on sarcle les bleds d'automne, l'orge & les fèves, pourvu que leur tige ait quatre doigts de hauteur. C'est le tems de semer l'ers; de bêcher les vignes; & de greffer les arbres qui viennent les premiers en fleurs, tels que le cerisier, le jujubier, l'amandier & le pêcher. Pendant les soirées, on fait des pieux & des échalas; & on coupe le bois de construction, lorsque la lune est sur son décours.

Travaux à faire depuis le premier février jusqu'au quinze du même mois. Pendant cet espace de tems, on nétoie les prés, les champs, en y laissant croître l'herbe pour en tirer du foin. Il faut échalasser & lier les vignes, qui n'ont point encore reçu ce genre de travail à cause du froid de l'hiver; on finit aussi de bêcher & de tailler celles qui sont mariées à des arbres. On fait les pépinières, & l'on transporte dans leurs fosses les jeunes arbres qui sont en état d'être plantés. On doit distribuer une partie du fumier sur les prés; & en mettre une autre partie aux pieds des oliviers & des autres arbres. On plante les saules, les peupliers, les roseaux; & on taille les arbres. Les semailles des trémois ne sont point faites à contre-tems, lorsqu'on les fait dans cette saison; quoiqu'il soit mieux de les faire pendant le mois de janvier dans les climats tempérés.

Travaux à faire depuis le quinze février jusqu'au premier de mars. Dans les climats froids, il est tems de faire pendant ces quinze jours, les opérations que nous venons de détailler ci-dessus; & quoiqu'il soit tard pour les faire dans les climats chauds, il ne faut pas néanmoins les différer davantage. Il paroît que c'est la saison la plus propre pour planter les marcottes, quoiqu'il n'y ait nul inconvénient à les mettre en terre dans les premiers quinze jours du mois suivant, pourvu que le pays ne soit pas très-chaud. On greffera aussi très-bien dans ce tems-là les arbres & les vignes dans les climats tempérés.

Travaux à faire depuis le premier mars jusqu'au quinze. Le tems qui s'écoule depuis le premier mars jusqu'au 10 d'avril, doit être consacré à tailler la vigne, à la planter, à la greffer, ainsi que les arbres. On sarcle les bleds pour la seconde fois. Quelques auteurs ont prétendu que c'étoit le meilleur tems pour former les pépinières & semer les baies de laurier, de mirthe, & la graine des arbres qui restent toujours verds.

Travaux à faire depuis le quinze mars jusqu'au premier d'avril. On donne pour lors les premiers labours à la terre dans les lieux gras & humides; & les seconds, sur la fin de mars, aux guérets qui auront reçu le premier coup de charrue dans le mois de janvier. On doit commencer à semer le millet & le panis: cet ensemencement doit être fini avant le 15 d'avril. On châtre les bêtes à laine, ainsi que les autres quadrupèdes.

Travaux à faire depuis le premier d'avril jusqu'au quinze. Il ne faut pas manquer de bêcher les vignes pour la première fois dans les pays froids. Cette opération doit être terminée avant le treize. On bêche les nouvelles pépinières & on en arrache les mauvaises herbes.

Travaux à faire depuis le quinze d'avril jusqu'au premier de mai. On continue pendant ces jours-là les opérations dont nous venons de parler. On greffe en écusson les oliviers; on peut également enter les arbres à fruit. Rien n'empêche qu'on n'épampre la vigne pour la première fois. Si, en bêchant les vignes, on avoit dérangé quelque plant, un vigneron attentif doit y remettre la main & raccommoder tout ce qui auroit essuyé quelque dérangement.

Travaux à faire depuis le premier de mai jusqu'au quinze. On doit arracher les mauvaises herbes des terres ensemencées, & commencer la coupe du foin. C'est aussi le tems de bêcher le pied des arbres, les pépinières & les vignes. En général, depuis le premier mars jusqu'au 15 de septembre, il faut bêcher les pépinières tous les mois, ainsi que les jeunes vignes. On taille les oliviers, on ôte la mousse qui s'attache aux branches & on plante les boutures de ces arbustes.

Travaux à faire depuis le quinze mai jusqu'au premier de juin. Il faut épamprer & bêcher pour la seconde fois les anciennes vignes avant qu'elles commencent à fleurir. Il y a des pays où l'on tond alors les brebis. Ceux qui ont semé des lupins dans la vue de fumer les champs, doivent aussi les verser avec la charrue.

Travaux à faire depuis le premier de juin jusqu'au quinze. Si on a été surchargé d'ouvrage dans le mois précédent, il faut achever les travaux qu'on n'a pu finir. On doit chausser le pied de tous les arbres fruitiers que l'on aura bêchés, & faire en sorte que cette opération soit terminée avant le solstice. Outre cela, on donne le premier ou le second labour à la terre, suivant la qualité du sol & la température du climat; on prépare l'aire où l'on doit battre le grain. Si l'on a du fourrage, on en donne aux bestiaux avant le solstice; & si l'on manque d'herbes vertes, on leur donne des feuillages jusqu'à la fin de l'automne.

Travaux à faire depuis le quinze juin jusqu'au premier de juillet. Il faut couper la vesce qui doit servir de fourrage, avant que les cosses soient dures; moissonner l'orge; cueillir les fèves tardives, écosser celles qui auront été semées les premières; battre l'orge & châtrer les ruches, qu'on a dû examiner de tems en tems & soigner depuis le premier de mai. Il y a des cultivateurs qui sèment le sesame dans le cours de ce mois ou du suivant.

Travaux à faire depuis le premier juillet jusqu'au quinze. On continue les opérations qui n'ont point été achevées; on bine les guérets qui ont reçu le premier labour; & l'on défriche les bruyères, lorsque la lune est sur son décours.

Travaux à faire depuis le quinze juillet jusqu'au premier d'Août. Dans les pays tempérés, on fait la moisson; & dans l'espace des trente jours qui suivent la récolte, on ramasse pour le mettre en tas, le chaume que l'on avoit laissé sur terre en coupant les épis. Ceux qui se disposent à faire des semailles considérables, doivent alors biner les terres. Avant le lever de l'aurore & après le coucher du soleil, on recueillera jusqu'au premier de septembre, les feuilles qu'on doit donner aux bestiaux.

Travaux à faire depuis le premier d'août jusqu'au quinze. Il faut continuer les opérations du mois précédent, si elles ne sont pas finies. Dans certains pays, on récolte les rayons de miel; mais s'ils n'étoient pas pleins, il faudroit en différer la récolte jusqu'au mois d'octobre.

Travaux à faire depuis le quinze d'août jusqu'au premier de septembre. On ente les figuiers en écusson, on auroit pu également les greffer dans le mois précédent. En Afrique, on fait la vendange; dans les climats tempérés & pluvieux, on dépouille alors les ceps de leurs pampres, afin que le fruit mûrisse promptement; & dans les contrées chaudes, on couvre les grappes avec de la paille, pour empêcher que les vents ou la chaleur ne les dessèchent : c'est le tems de faire du raisin sec, ainsi que des figues séchées. On fait bien pendant le mois d'août d'arracher la fougère & la lêche par-tout où il s'en trouve.

Travaux à faire depuis le premier de septembre jusqu'au quinze. On fait communément la vendange dans les pays chauds; on commence les seconds labours, pourvu qu'il n'y ait pas long-tems que les premiers sont achevés; car s'ils ont été faits de bonne heure, il faudra faire les troisièmes.

Travaux à faire depuis le quinze de septembre jusqu'au premier d'octobre. Dans plusieurs pays, on fait la vendange. Un signe certain pour connoître lorsqu'il est tems de cueillir le raisin, c'est d'examiner les pepins qui sont cachés dans les grains : lorsqu'en les faisant sortir au dehors, on voit qu'ils sont tachés & qu'il s'en trouve déja quelques-uns qui sont presque noirs, c'est un signe infaillible qu'il faut faire la vendange, pourvu toutefois qu'on ait préparé les ustensiles nécessaires pour cette opération. Il ne faut pas néanmoins que ces soins détournent le laboureur des autres opérations rustiques; il doit alors semer les raves, les navets, le fenu grec, la vesce, les lupins, & moissonner le millet & le panis. Il semera aussi les haricots qu'il destine à l'usage de la cuisine.

Travaux à faire depuis le premier d'octobre jusqu'au quinze. On doit faire la vendange dans les pays froids. On sème encore dans les mêmes pays, les bleds des premières semailles, sur-tout l'*adoreum* & le froment, dans les lieux ombragés.

Travaux à faire depuis le quinze d'octobre jusqu'au premier novembre. On met en terre toutes les plantes qui sont dans le cas d'être transplantées; ainsi que les arbrisseaux de toute espèce. C'est le tems d'arracher les mauvaises herbes des pépinières, de les bêcher; de déchausser les arbres & les vignes, de les tailler; de même que les arbres des pépinières qui n'auront point été effeuillés dans le tems convenable. S'il est nécessaire en agriculture que toutes les opérations soient faites avec célérité, c'est encore plus nécessaire à l'égard des semailles. Suivant le précepte de Columelle, il faut commencer d'ensemencer les lieux naturellement froids, & finir par les plus chauds. Les semailles étant finies, il faut herser le grain que l'on aura jetté en terre. On fait les rigoles & les tranchées pour l'écoulement des eaux. On cueille aussi les olives dont on veut faire l'huile verte.

Travaux à faire depuis le premier novembre jusqu'au quinze. Indépendamment des opérations précédentes, qu'on peut achever dans le mois d'octobre, il faut encore mettre en terre, le jour de la pleine lune ou celui d'auparavant, la quantité de fèves que l'on veut semer; on peut différer de les couvrir de terre, pourvu qu'on les garantisse de l'avidité des oiseaux & des bestiaux. On fera en sorte, pourvu que l'âge de la lune ne soit pas contraire, qu'elles soient hersées avant le 15 de novembre. Il faut les semer dans un terrein qui soit neuf & naturellement gras, ou du moins très-fumé. On déchausse les oliviers, s'ils sont peu fertiles; & on met de la fiente de pigeon au pied de chaque cep de vigne.

Travaux à faire depuis le quinze novembre jusqu'au premier

de

de décembre. Il est essentiel qu'on ait fini toutes les semailles, avant le premier de décembre. Les nuits étant alors très-longues, on fait pendant les veillées certains travaux qu'on seroit obligé de faire pendant le jour; on taille des pieux, des échalas; on fait des ruches pour les abeilles; on entrelace des paniers & des corbeilles; on prépare les liens pour la vigne & on fait certains instrumens de labourage.

Travaux à faire depuis le premier de décembre jusqu'au quinze. On achevera les ouvrages qui auront été commencés auparavant, si l'on habite des lieux chauds ou tempérés: car il seroit trop tard pour les finir dans les pays froids.

Travaux à faire depuis le quinze de décembre jusqu'au premier de janvier. Pendant cet intervalle, on peut greffer les cerisiers, les jujubiers, les abricotiers, les amandiers & les autres arbres qui fleurissent les premiers. Quelques personnes sèment des légumes dans ce tems-là.

Travaux à faire depuis le premier de janvier jusqu'au quinze. Chez les Grecs, peuple extraordinairement superstitieux, les cultivateurs s'abstenoient de travailler à la terre pendant les premiers jours de janvier: Columelle observe que cette pratique n'est point en usage parmi eux, & qu'il faut achever alors les travaux qu'on avoit commencés dans le mois précédent.

Ayant parcouru tous les ouvrages que le métayer doit exécuter dans le cours de l'année, l'auteur ajoute à ces détails, la culture des jardins. Il dit d'abord qu'il faut les clorre & mettre tout autour une haie-vive, composée des plus grandes épines, de ronces & d'autres plantes piquantes; il passe ensuite à la culture du jardin & des légumes.

Culture du jardin. La position du jardin étant telle que nous l'avons indiqué plus haut, il s'agit de disposer le terrein à recevoir les semences. Il y a deux saisons pour semer les plantes potagères; le printems & l'automne. Il vaut mieux préparer le terrein au printems; soit parce que la température de la saison favorisera la germination des plantes; soit parce qu'on pourra remédier à la sécheresse de l'été par les eaux des sources, qui sont alors plus abondantes. On façonnera vers le premier novembre le terrein que l'on destine à être ensemencé au printems; & l'on retournera au contraire, au mois de mai, celui que l'on voudra semer en automne; afin que les mottes de terre soient exposées aux froids de l'hiver & aux chaleurs de l'été, & que toutes les racines des mauvaises herbes périssent. Il ne faudra pas le fumer long-tems auparavant; mais, lorsque le tems de l'ensemencer approchera, on en arrachera les herbes

& on le fumera; après quoi on le binera assez profondément pour incorporer ce fumier avec la terre.

Plantes qu'il faut semer en février. Dans le cours de ce mois, on sème la rhue, le poireau, l'asperge, les raves & les navets, le concombre, la courge, & le caprier. Quant à l'ail & à l'oignon, c'est le dernier tems où l'on puisse les semer.

Plantes qu'il faut semer en mars. On sème le chou, la laitue, l'artichaut, le thim, l'origan, le serpolet. On tranplante dans un lieu exposé au soleil la rhue, dont on aura semé la graine en automne; & on plante la menthe sur le bord des fontaines.

Plantes qu'il faut semer en avril. Il faut semer le raifort. Tout le soin que cette racine exige consiste à être mise dans une terre fumée & labourée; & ensuite à être chargée de terre de tems en tems, à mesure qu'elle prend de l'accroissement: parce que, lorsqu'elle s'élève au-dessus de la superficie de la terre, elle devient dure & spongieuse. C'est le meilleur tems pour transplanter les choux dans les pays froids & humides. Si le jardinier a soin de les sarcler & de les fumer souvent après qu'ils auront pris racine, ils s'en porteront mieux, & donneront des tiges & des feuilles plus abondantes.

Plantes qu'il faut semer en mai. Le jardinier semera alors la graine de l'ache, le basilic, le panais, le chervi, l'aulnée: plus ces plantes seront clair-semées, plus leur accroissement sera considérable. Dans les lieux où l'on a l'eau à discrétion, on transplante les poireaux, dont on coupe toutes les racines, afin que la tête devienne plus grosse.

Plantes qu'il faut semer en juin. Passé le mois de mai, il ne faut plus mettre de semences en terre, à cause des chaleurs de l'été; si ce n'est la graine de céleri, pourvu cependant qu'on puisse l'arroser. Le mois de juillet est également proscrit pour l'ensemencement des graines.

Plantes qu'il faut semer en août. Le tems le plus convenable pour semer les racines, les raves, les navets, le chervi & le maceron, c'est le mois d'août. On met en terre le panais, le chervi & l'aulnée. La culture de ces plantes ne consiste qu'à les débarrasser des herbes en les sarclant souvent, & à mettre une certaine distance de l'une à l'autre.

Plantes qu'il faut semer en septembre. Vers les premiers jours du mois, on sème quelques plantes qu'il vaudroit peut-être mieux confier à la terre au retour du printems: telles que le chou, la laitue, l'artichaut, la roquette, le cresson alenois, la coriandre, le cerfeuil, l'anet, le panais, le chervi, le pavot; mais il y en a qu'on ne doit semer qu'en septembre; telles sont l'ail, l'oignon & la moutarde.

Plantes qu'il faut semer en octobre. Dans un climat qui n'est pas très-froid, on sème le cerfeuil & l'arroche vers le premier d'octobre.

Plantes qu'il faut semer en novembre. Avant le 10 du mois, on plante les artichauts, après les avoir fumés avec une grande quantité de cendres, parce que c'est l'espèce de fumier qui paroît le plus favorable à cette plante potagère.

Plantes qu'il faut semer en décembre. Plusieurs personnes sèment les oignons avant le premier de janvier, en choisissant expressément le milieu du jour : alors la température de l'air est plus douce & la terre a été échauffée par les rayons du soleil.

Plantes qu'il faut semer en janvier. Après les premiers jours du mois, on sème la passerage. Vers le 15, on peut semer dans les lieux secs, les plantes qu'on met en terre au printems, & plusieurs espèces de laitues, ainsi que le maceron.

Qualités d'une bonne métayère. Les qualités que l'auteur exige dans une métayère, se réduisent à celles-ci. Elle doit être d'un âge un peu avancé, afin qu'elle ne soit point exposée aux écarts que l'on n'a que trop à craindre dans la fougue des passions & dans la vigueur de la jeunesse. Il faut qu'elle jouisse d'une bonne santé, sans être difforme ni d'une très-belle figure. L'une ou l'autre de ces extrêmes produiroit infailliblement des inconvéniens dans le ménage. A ces qualités du corps, elle doit réunir les vertus morales. Le propriétaire doit donc examiner quels sont ses penchans & ses inclinations; il doit observer si elle est adonnée au vin, à la gourmandise, à la superstition, à la paresse, & si elle est d'une complexion amoureuse : ces vices sont incompatibles avec la charge qu'il lui destine; au contraire, s'il voit qu'elle est sage, modeste, laborieuse & sur-tout soigneuse pour les petites choses, c'est une des meilleures acquisitions qu'il puisse faire : le bon ordre & l'économie sont les sources principales de la richesse du cultivateur.

Après avoir fait le tableau des qualités que doit avoir une métayère, Columelle parle des fonctions qui sont relatives à la charge qu'elle doit occuper, soit pour l'arrangement des meubles, soit pour apprêter les repas aux ouvriers. Il donne ensuite la manière de préparer tous les mets qui étoient en usage de son tems. Ce détail ne seroit pas le moins curieux de cette analyse; mais il nous éloigneroit trop de notre sujet.

Nous voici arrivés, en suivant l'ordre chronologique que nous nous sommes prescrit, à l'ouvrage le plus vaste, le plus intéressant, le plus curieux de l'antiquité; c'est de l'histoire naturelle de Pline que nous allons parler, ce chef-d'œuvre de tout ce que les Romains ont écrit; Pline.

les Grecs même n'ont rien qui puisse lui être comparé. Aristote, qui, comme dit Montaigne, *a tout remué*, paroît bien éloigné de l'abondance & de la richesse de Pline. Quelle invention, quelle découverte dans les arts connus de son tems, ont échappé aux recherches de ce célèbre naturaliste? quelle foule d'écrivains cités ou appellés en témoignage des faits & des observations qu'il rapporte? Eh! quelle idée ne nous donne-t-il pas lui-même de sa profonde érudition, en représentant son ouvrage comme le résultat de plus de deux mille volumes, dont les extraits conservés par son utile travail, sont autant de restes précieux sauvés du ravage des tems! Pour connoître & apprécier le mérite & l'excellence de ce bel ouvrage, il faudroit parcourir en détail toutes les matières qu'il renferme, la multitude des descriptions & des dénombremens qu'il fait, les réflexions ingénieuses qui se trouvent répandues sur toutes les parties qui le composent. Pour nous bornés au seul objet qui nous concerne, nous ne parcourérons que le dix-huitième livre, qui traite expressément de l'agriculture.

Il règne dans ce livre, ainsi que dans tout le reste de l'ouvrage, l'ordre le plus méthodique. D'abord pour inspirer à ses lecteurs du goût pour le sujet qu'il va traiter, Pline rapporte la prédilection des anciens pour l'agriculture, & le nom de ceux qui par leurs travaux ou leur crédit, ont contribué aux progrès de cet art, le plus utile au genre-humain. Aussi-tôt après il annonce le plan qu'il veut suivre & la matière dont il va s'occuper. Nous allons, dit-il, rechercher avec le plus grand soin possible, selon notre coutume, les inventions anciennes & modernes: nous tâcherons de découvrir la cause de chaque pratique, & d'expliquer en quoi elle consiste. Nous parlerons aussi des astres, des signes terrestres qui les annoncent, & nous démontrerons leur influence. Cette connoissance nous paroît d'autant plus nécessaire, que ceux qui jusqu'à présent ont parlé de l'agriculture, semblent avoir écrit plutôt pour toute autre classe d'hommes que pour des laboureurs.

Observations préliminaires. Celui qui veut acquérir un domaine doit, selon le conseil de Caton, porter son attention sur trois objets principaux; sur la facilité du chemin, sur la commodité de l'eau, & sur la probité du voisin. L'auteur développe les préceptes du censeur romain sur les observations qu'il y a à faire, relativement à la fertilité & à la situation du domaine. Lorsqu'il indique l'endroit le plus convenable pour bâtir la maison du fermier, il rappelle ce que Caton & Columelle avoient dit avant lui; savoir, que ce ne doit être ni près d'un marais, ni sur le bord d'une rivière, à cause des vapeurs malsaines qu'elles exhalent avant le lever du soleil, suivant la remarque d'Homere. Si le climat est chaud, la maison doit regarder le nord;

s'il est froid, elle doit être située au midi; s'il est tempéré, elle doit être exposée au vent équinoxial.

Observations sur le terrein. Pour connoître la qualité du terrein, il faut avoir égard à ses productions végétales. Une terre où croît l'hièble, le prunier sauvage, les ronces, le treffle, le chiendent, le chêne, le prunier ou pommier sauvage, est bonne à produire du bled. Il en est de même de la terre noire & de la cendrée; celle qui est mêlée de craie ou de sable brûle le bled, à moins que la craie soit en petite quantité & le sable très-fin.

Choix du métayer. Lorsqu'on s'est assuré que le terrein est de bon rapport, il faut choisir un métayer qui connoisse bien tout ce qui concerne sa profession. Une des principales qualités que Pline exige de lui, c'est, dit-il, qu'il soit presque aussi habile que son maître, sans cependant se croire tel.

Ce seroit une pratique très-pernicieuse d'abandonner la culture des terres à des esclaves: *Ce que font des gens désespérés ne peut avoir un grand succès.*

Maximes générales. Le grand art de l'agriculture consiste à retirer d'un fonds le produit le plus considérable, en y faisant le moins de dépense possible. Ce précepte nous vient des anciens; ainsi que ces sages maximes que nous devons respecter comme des oracles; savoir, qu'on doit regarder comme un mauvais cultivateur celui qui est obligé d'acheter ce que sa terre auroit pu lui fournir; comme un mauvais ménager celui qui fait pendant le jour, ce qu'il pourroit faire la nuit; & comme un très-mauvais économe, celui qui fait les jours ouvrables ce qu'il lui est permis de faire les jours de fête. Enfin, dit notre auteur, pour ne rien omettre de ce que nos pères nous ont transmis, tout cultivateur doit se faire aimer de ses voisins; se procurer tout ce qui est nécessaire pour le labourage & faire chaque chose en son tems.

Diverses espèces de grains. Après ces connoissances générales sur la situation du domaine, sur la bonté du terrein, sur les qualités du fermier & sur la manière de cultiver, Pline traite des différentes espèces de grains qu'il divise en deux classes: les bleds & les légumes.

Les bleds sont de plusieurs sortes, que l'on distingue suivant les divers tems où on les sème. Dans le tems que Pline composoit son ouvrage, c'est-à-dire, vers le milieu du premier siècle de l'ère chrétienne, on semoit en Italie les bleds d'hiver, tels que le froment ordinaire & l'orge, au coucher des pléïades (1); & les bleds d'été,

(1) Le coucher des pléïades arrivoit vers le 18 d'octobre.

comme le millet, le panis, le sesame, l'ormin, avant le lever de cette constellation (1). Ici Pline suit le développement successif des bleds & des légumes depuis le moment où ils ont levé, jusqu'au tems de la moisson. En Italie, l'orge commençoit à lever le septième jour; les légumes le quatrième, ou au plus tard le septième, excepté la fève, qui restoit en terre depuis le quinzième jusqu'au vingtième jour. Il parle de la forme des feuilles, du tems de la floraison, de la hauteur respective des tiges, des enveloppes qui couvrent le grain, & de la diversité du poids du bled suivant les différens pays où il étoit récolté. Le plus léger de tous étoit celui de la Gaule & de la presqu'île de Thrace. Le boisseau de ce froment ne pesoit que vingt livres.

Usage du bled & de l'orge. Parmi les différens usages auxquels on peut employer le bled, le plus important est celui d'en faire du pain. On prépare encore le gruau avec l'orge; & l'amidon avec le froment. La culture de l'orge est préférable à celle des autres grains, en ce qu'il est moins exposé aux injures de l'air: on le moissonne ordinairement avant que le froment soit frappé de nielle. La paille d'orge est d'ailleurs une des meilleures, soit pour la nourriture des bestiaux, soit pour faire litière.

Différentes espèces de froment. Pline distingue quatre espèces de froment, qui demandent des sols différens & une culture particulière; le *far*, appellé par les anciens *adoreum*: on croit que c'est le froment rouge, c'est-à-dire, celui dont l'écorce est plus dorée; le *siligo* ou bled blanc; le *triticum* ou le froment commun & l'*arinca* qui étoit spécialement connu & cultivé dans les Gaules sous le nom d'*épeautre*.

De toutes ces espèces de bled, le *far* est le plus dur & celui qui résiste mieux aux rigueurs de l'hiver. Il vient dans les lieux froids, mal labourés; aussi-bien que dans les lieux chauds & bien préparés.

Le *froment ordinaire* est le meilleur grain pour la nourriture de l'homme; il est léger & ne charge point l'estomac.

Le *siligo* donne un pain excellent qui est le chef-d'œuvre de la boulangerie. Le boisseau de cette farine donnoit dans les Gaules vingt-deux livres de pain, & vingt-quatre ou vingt-cinq en Italie.

Le *triticum* fournit aussi une très-belle fleur de farine, dont un boisseau donnoit cent vint-deux livres de pain.

On faisoit de très-bon pain avec l'*arinca*. Ce bled est plus gros que le *far*; il a aussi l'épi plus serré & plus lourd. Un boisseau pesoit ordinairement seize livres.

---

(1) Le lever des pléiades répondoit à l'équinoxe du printems.

Outre ces eſpèces de bled, Pline diſtinguoit encore le *bromos*, le *ſiligo égyptien* & le *fragos*, tous grains étrangers apportés d'orient; ils reſſemblent au riz.

Préparation du bled. Ayant parlé des différentes eſpèces de bled, l'auteur enſeigne la manière de le monder & d'en faire uſage pour la nourriture de l'homme. Pour en faire du pain, il faut ſe ſervir de levain. Il donne une recette pour faire du bon levain, & il obſerve que les peuples, qui ſe nourriſſent de pain fermenté, ſont plus forts & plus vigoureux que ceux qui vivent de pain azime.

Différentes eſpèces de légumes. Les fèves tiennent le premier rang dans la claſſe des légumes. La farine des fèves peut ſervir à faire du pain; mais il eſt trop lourd & il vaut mieux l'employer à la nourriture des beſtiaux. Les anciens ont cru que les fèves appeſantiſſoient l'eſprit & cauſoient des inſomnies; c'eſt pourquoi Pithagore en a défendu l'uſage.

Les légumes ſe sèment dans des tems différens. Les fèves avant l'hiver; les lentilles au printems; les pois, les faſéoles ou féveroles depuis le milieu d'octobre juſqu'au premier novembre. Pline paſſe enſuite à la culture des raves, des navets, des lupins, des veſces, des ers, du fenu grec, du ſeigle, de l'ocyme, de la luſerne, du cytiſe. Il détermine le tems où il faut les ſemer, & les ſoins que ces plantes exigent.

Maladies des bleds. Un des chapitres les plus intéreſſans, eſt celui qui traite des maladies des bleds. Les vents, dit-il, ſont un fléau des plus dangereux, ſur-tout dans trois circonſtances principales. 1.° Lorſque les bleds ſont en fleur. 2.° Auſſi-tôt après qu'ils ont défleuri. 3.° Lorſqu'ils commencent à mûrir.

Les vers font auſſi de grands ravages en s'attachant à la racine & aux grains qui ſont dans l'épi.

La graiſſe, l'huile, la poix, ſont nuiſibles aux ſemences.

La pluie même, qui eſt ſouvent la ſource principale de la fécondité, devient funeſte dans certaines conjonctures. Quand le froment & l'orge ſont en herbe, la pluie leur eſt très-avantageuſe; mais lorſqu'ils ſont en fleur ou qu'ils commencent à mûrir, elle leur devient nuiſible.

L'ivraie, les tribules, les chardons, les glouterons, les ronces, la nielle ſont autant de plantes qui ravagent les moiſſons.

Il eſt encore une autre eſpèce de maladie qui n'eſt pas moins funeſte, c'eſt quand les bleds ſont drus & que leur propre poids les fait pencher vers la terre.

Remèdes. L'auteur indique des remèdes pour ces diverſes maladies. Quant aux inconvéniens qui réſultent d'un vent fort & impétueux qui ſurvient dans le tems de la floraiſon, ils ſont inévitables & par conséquent on ne peut y apporter du remède; mais lorsque les bleds sont suffoqués par des herbes nuisibles, il faut les sarcler: lorsqu'on craint que les vers ne s'attachent à la racine ou n'attaquent le grain, il faut mêler des cendres avec la semence, ou la faire tremper dans le vin avant de la semer. Quelques-uns pensent qu'en la faisant macérer dans l'urine ou dans l'eau pendant trois jours, elle lève plus vîte & croît plus rapidement. Il conseille d'autres pratiques superstitieuses qu'il seroit trop long de rapporter; je vais donc omettre ces détails pour parler des terreins qui conviennent à chaque espèce de grains.

Qualités des terres qui conviennent aux différentes espèces de grains. Les terres fortes & les prairies fécondes sont propres pour le grain; si elles sont sujettes aux brouillards, elles conviennent mieux au raifort, au millet, au panis.

Les lieux froids & aquatiques doivent être ensemencés les premiers, & les lieux chauds les derniers.

Le lupin s'accommode très-bien d'une terre rouge, noire ou sablonneuse: pourvu qu'elle ne soit point sujette à être inondée.

Le *far* veut une terre calcaire ou une terre rouge, & des lieux assez aquatiques.

Le *froment* proprement dit demande un terroir sec, exposé au soleil & qui ne produise point des herbes inutiles.

Il faut donner à la *fève* une terre forte.

On ne doit pas mettre la vesce dans un lieu aquatique & plein d'herbes.

Le *siligo* desire, ainsi que le froment, un terrein découvert, élevé & bien exposé au soleil.

Les lentilles réussiront bien dans une terre rouge & garnie d'arbrisseaux; mais qui ne soit pas couverte d'herbes.

L'orge aime les terres reposées & celles qui peuvent porter deux ans de suite.

L'orge de trois mois doit être semé dans des endroits où les autres bleds ne peuvent mûrir & qui sont assez gras pour produire deux années de suite.

Les graines qui n'ont pas besoin de beaucoup de nourriture, comme les cytises & les légumes, en exceptant les pois chiches, doivent être semées dans des terres légères.

Les herbes potagères, le froment ordinaire & le lin qui demandent plus de nourriture, exigent des terreins gras.

On mettra l'orge dans une terre légère, parce qu'il lui faut peu d'aliment; le froment, au contraire, dans une terre plus forte & meilleure.

L'*adoreum* sera mis dans des lieux bas, de préférence au froment ordinaire;

ordinaire; celui-ci & l'orge demandent des climats tempérés. Les côteaux produisent des grains plus fermes & plus gros, mais en moindre quantité.

Le *far* & le *siligo* viennent très-bien dans les terres calcaires & humides.

Différentes manières de labourer & de préparer la terre. Chaque pays a ses usages particuliers. Suivant l'opinion commune, les anciens Egyptiens ne labouroient point leurs terres; mais, après que les eaux du Nil s'étoient retirées, ils semoient leurs bleds: & pour les faire entrer dans la terre, ils conduisoient des troupeaux de cochons à travers les champs ensemencés. Les habitans de cette célèbre contrée, dit Pline, suivent aujourd'hui une pratique différente: après avoir jetté les grains sur le limon que laissent les eaux du fleuve, ils labourent au commencement de novembre & suivent en tout la méthode des autres peuples.

En Syrie, on laboure avec des petites charrues; en Italie, on met souvent huit bœufs à une charrue: encore ont-ils de la peine à rompre la terre.

Une charrue est composée de plusieurs pièces. On appelle *coutre* ce fer tranchant qui coupe, fend la terre & qui trace l'empreinte des sillons. Il y a des socs qui ne sont composés que d'une barre de fer, dont le haut a la figure d'un bec. Ceux qu'on emploie pour les terres légères, ne couvrent qu'en partie le bois qui le supporte, qui est lui-même percé pour recevoir leur denture. Ces socs n'ont qu'une petite pointe faite aussi en forme de bec. Il y en a d'autres qui ont la pointe plus large, plus longue & tranchante par les côtés: de sorte qu'en même-tems qu'elle fend & retourne la terre, elle coupe les racines des herbes qu'elle rencontre.

Dans la Rhétie gauloise, on s'avisa d'ajouter à la charrue deux petites roues, d'où ces charrues ont pris le nom de *plaumorati*. La pointe du soc est plate & a la figure d'une pelle.

Après qu'on a labouré la terre, on jette le grain; ensuite on brise les mottes en faisant passer la herse pardessus. Les champs qui ont été ainsi préparés, n'ont pas besoin d'être sarclés. On ne laboure de la manière que nous venons d'indiquer, qu'avec deux ou trois paires de bœufs attelés à la file, couple par couple. Une seule paire de bœufs peut labourer chaque année quarante jougs (1), si la terre est aisée; & trente si elle est d'un travail difficile.

(1) Le joug des Latins (*jugerum*), selon Columelle, avoit deux cents quarante pieds de long sur cent vingt de large. Le nôtre est communément de mille huit cents pieds; ou, ce qui revient au même, de cent perches.

Un cultivateur, dit Pline, ne peut ſuivre trop exactement ces trois préceptes de Caton. Le premier, c'eſt de bien labourer la terre; le ſecond, de bien labourer encore; & le troiſième, de la bien engraiſſer.

Tems du labourage. Dans les pays chauds, on doit labourer dès le ſolſtice d'hiver; & dans les pays froids, dès l'équinoxe du printems. Il faut s'y prendre de meilleure heure, dans les endroits ſecs que dans les lieux humides; dans ceux qui ſont gras, que dans ceux qui ſont maigres; dans les terres fortes, que dans les terres légères. Si vous habitez un climat où la chaleur & la ſécheresſe de l'été ſont exceſſives, où la terre eſt sèche & maigre, il eſt plus convenable de labourer entre le ſolſtice d'été & l'équinoxe d'automne; ſi, au contraire, le pays eſt froid; ſi les pluies ſont fréquentes; ſi le terrein eſt gras & couvert d'herbes; labourez pendant les grandes chaleurs. La terre eſt-elle forte & profonde? rompez-la même en hiver: eſt-elle légère & ſablonneuſe? n'y mettez la charrue que peu de tems avant de l'enſemencer.

Notre auteur rappelle ici quelques autres préceptes importans tirés des anciens auteurs: *Ne touchez point*, dit-il, *à une terre tant qu'elle ſera fangeuſe. Souviens-toi, cultivateur, qu'avant de labourer, tu dois t'efforcer, autant qu'il eſt poſſible, à bien piocher & à diviſer la glèbe.* L'utilité de ce dernier précepte eſt très-ſenſible. Il eſt certain que par cette pratique, on extirpe les mauvaiſes herbes & on diſpoſe la terre à recevoir plus facilement l'influence de l'air & les roſées ſalutaires.

Le laboureur qui veut ſe faire honneur dans ſon état, ne doit pas dédaigner de ſuivre exactement les plus petits détails des fonctions qui l'intéreſſent. Son attention doit ſe porter continuellement ſur les animaux qui partagent avec lui ſes travaux & ſes fatigues. Il doit obſerver, ſi ſes bœufs ſont attelés le plus près poſſible l'un de l'autre, afin qu'ils aient la tête élevée en tirant la charrue, & qu'ils ne ſe tordent pas le cou. Les ſillons qu'ils tracent doivent être finis d'un ſeul trait, ſans aucune interruption. Si la terre eſt aiſée à labourer, une paire de bœufs peut dans un jour, donner la première façon à tout un joug; & la ſeconde à un joug & demi, en faiſant des ſillons de neuf pouces de profondeur. Il eſt de la vigilance du laboureur de prendre garde de ne pas laiſſer entre deux ſillons des bancs, c'eſt-à-dire, des eſpaces qui ne ſoient point labourés. Son champ dépoſera contre ſa négligence, s'il eſt obligé de le herſer après l'avoir ſemé.

L'attitude du laboureur, lorſqu'il trace ſes ſillons, c'eſt d'être courbé ſur ſa charrue. S'il y manque, il prévarique, comme on dit en terme de labourage: d'où cette expreſſion a paſſé au barreau, ajoute Pline; car l'on dit pareillement qu'un juge qui s'écarte de l'équité, *prévarique.*

Dès qu'il aura fini de labourer en travers, il brisera, s'il est nécessaire, les mottes de terre avec une herse ou un rateau, & répétera cette opération après qu'il aura répandu la semence. Dans quelques pays, il suffit de recouvrir les grains qu'on a semés, en y faisant passer une herse plane ou une simple planche attachée à la charrue; mais tous les lieux ne permettent point de se passer de herse à crampons.

Récoltes diverses. La récolte de l'orge étant faite, on peut, si la terre est tendre, y semer du millet; après le millet, des raves; & après les raves y semer de l'orge ou du froment. Voici un autre ordre que l'on peut suivre : c'est de laisser reposer durant les quatre mois de l'hiver, la terre où il y aura eu du far, & d'y mettre ensuite des fèves de printems qui y demeureront jusqu'à la récolte des fèves d'hiver.

Lorsque la terre est trop grasse, on peut la faire travailler en y mettant trois fois de suite des légumes, après qu'elle a donné du froment. Si elle est trop maigre, il faut la laisser reposer de trois ans l'un.

Quelques cultivateurs prétendent qu'on ne doit semer le froment que dans une terre qui aura reposé l'année d'auparavant.

Nécessité de fumer les terres. Il convient de ne jamais ensemencer une terre sans l'avoir fumée; & la quantité de fumier qu'on y met, doit être proportionnée à la qualité des grains qu'on veut semer. Le froment se passe plutôt de fumier que l'orge. Le millet, le panis, les raves, les navets, les fèves demandent toujours une terre engraissée. Voulez-vous semer le bled ou quelque légume en automne? Dès le mois de septembre incorporez le fumier avec la terre, en labourant aussi-tôt après la pluie: & si vous avez quelque semaille à faire au printems, mettez le fumier pendant l'hiver. En général, une terre qui n'est pas fumée, est trop froide; & celle qui a reçu trop de fumier brûle les semences. Les laboureurs instruits dans leur profession, aiment mieux mettre peu de fumier & en mettre souvent, que d'en répandre beaucoup à-la-fois. Plus une terre est chaude, moins il faut de fumier.

Les préceptes que Pline donne sur la qualité des semences, les règles qu'on doit suivre en semant, la quantité de bled qu'on doit semer & le tems le plus propre pour cette opération, sont autant d'articles intéressans qui méritent de trouver place ici.

Qualité des semences. La graine d'un an est la meilleure pour semer; celle de deux n'est pas si bonne; celle de trois vaut encore moins & celle de quatre ne produit rien du tout. Celle qui se trouve au bas de l'aire, étant la plus pesante, est aussi par cette raison celle dont on doit faire le plus de cas.

Règles que doivent observer ceux qui sèment. Le tems le plus propre pour ensemencer les champs, n'étant point fixe & déterminé, mais subordonné à l'irrégularité des saisons; on ne peut donner que des principes généraux sur cet objet : ainsi, lorsqu'on sème de bonne heure, il faut semer épais, parce que le bled est plus long-tems à germer : & quand on s'y prend tard, on doit semer clair, de peur que les grains ne s'étouffent.

Tous les laboureurs n'ont point le talent de bien semer : cet art consiste en ce que la main du semeur réponde à la vîtesse de sa marche, & principalement au mouvement du pied droit.

Ce seroit dénaturer les semences que de mettre dans un lieu froid, le bled qui vient d'un climat chaud; ou de semer dans une terre tardive, les graines qui ont été produites dans un terrein hâtif.

Quantité de semence. Pline fixe la quantité de bled qu'on doit semer, lorsque la terre est passablement bonne. Pour un joug, il faut cinq boisseaux de froment commun, dix boisseaux de far, six boisseaux d'orge, autant de fèves, douze boisseaux de vesce, trois boisseaux de pois chiches, autant de gesse, autant de pois communs, dix boisseaux de lupins, trois boisseaux de lentilles, six boisseaux d'orobe, autant de fenu grec, quatre boisseaux de féveroles, quatre setiers de millet ou de panis.

Pour déterminer d'une manière plus positive, la quantité de bled qu'on doit semer dans un champ quelconque, il faut avoir égard à la qualité de la terre; si elle est grasse, elle exige une plus grande quantité de semence que celle que nous venons d'indiquer; si elle est maigre, elle en demande moins. Il y a encore une autre observation à faire : lorsque la terre est forte ou que la craie y domine, on doit mettre par joug six boisseaux de froment commun; mais quand la terre est sèche, légère, bien à découvert, il n'en faut que quatre : ainsi, la quantité de bled pour un joug de terre, est de quatre à six boisseaux, selon la nature du terrein.

Tems des semailles. Il est constant que l'agriculture dépend principalement du ciel & de l'influence des astres; c'est donc une question bien importante à traiter, que celle où il s'agit d'assigner le tems le plus propre pour semer toutes sortes de grains. Pour donner plus de précision aux préceptes qu'il donne sur ce sujet, Pline entre dans de grands détails sur la division des jours & des nuits relativement au cours du soleil & au lever ou coucher des étoiles. Après cette discussion préliminaire, il conclut qu'on doit semer les bleds d'hiver, lors du coucher des pléïades, c'est-à-dire, quarante-quatre jours après l'équinoxe d'automne; & la plupart des autres graines, dès le onzième jour après l'équinoxe d'automne. Ceux qui suivront cette pratique, seront presque sûrs d'avoir alors de la pluie pendant plusieurs jours. En général, dit-il, la véritable saison pour semer, c'est lorsque les feuilles des arbres ont commencé à tomber, & non pas plutôt : la chûte des feuilles arrive ordinairement au coucher des pléïades, c'est-à-dire, vers le 11 novembre. Varron ne donne d'autre précepte, que celui qui est indiqué par la nature. Il recommande d'attendre que les arbres se dépouillent de leurs feuilles, pour confier à la terre la semence des fèves; d'autres agriculteurs sont d'avis de les semer, ainsi que les lentilles, depuis le vingt-cinq de la lune jusqu'au trente. Ils croient qu'il faut semer les vesces dans ce même tems, si on veut les préserver des limaçons.

Travaux de l'hiver. Depuis l'équinoxe d'automne jusqu'au solstice d'hiver, il est à propos, si la nature du lieu le permet, d'émonder les arbres, de tailler la vigne, de préparer la terre avec la houe pour les pépinières, de creuser des rigoles pour l'écoulement des eaux, de laver les pressoirs & de les mettre en réserve. Sept jours après le solstice d'hiver, il faut tirer les vins au clair suivant le conseil d'Hygin, & les mettre en tonneaux, pourvu que la lune ait sept jours. Dans cette saison où les jours sont si courts, il faut donner un boisseau de gland par jour à chaque paire de bœufs : s'ils en mangeoient davantage, ils deviendroient malades. Les autres ouvrages d'hiver se font ordinairement à la veillée, d'autant que les nuits sont fort longues. Alors on fait des corbeilles, des claies, des paniers, on taille des bois résineux pour en faire des torches & on façonne les échalas.

Travaux du printems. Vers le milieu de février, lorsque le vent favonien commence à souffler du couchant équinoxial, le laboureur doit saisir ce moment favorable pour faire plusieurs ouvrages qu'il ne sauroit différer plus long-tems, sans se faire un tort considérable. Il doit semer les bleds de trois mois; tailler la vigne; façonner les oliviers; planter & greffer les pommiers; houer les vignes; faire des pépinières, en rétablir d'autres; planter les ormes, les peupliers, les platanes, les saules, les roseaux, les genêts & les tailler. Il convient aussi alors de sarcler les bleds, lorsqu'ils commencent à montrer quatre barbes. Pour les fèves, il ne faut les sarcler que lorsqu'elles ont trois feuilles & se donner bien de garde d'y toucher, lorsqu'elles ont commencé à fleurir. La taille des vignes doit être achevée à l'équinoxe de mars; de plus, c'est la saison la plus favorable pour donner le premier labour, afin que la chaleur du soleil en recuise l'humidité. C'est Virgile qui le conseille : toutefois il vaut mieux suivre l'opinion de ceux qui veulent qu'on ne laboure au milieu du printems que des terres de moyenne qualité : car si on laboure alors une terre forte, les herbes rempliront bientôt les sillons; & si on laboure une terre légère, les chaleurs qui surviendront ne manqueront pas de la dessécher : ainsi, ces labours hors de saison, priveroient ces sortes de terres du suc qui doit servir à nourrir le grain. Il est donc plus à propos de ne les labourer qu'en automne. Voici l'ordre des travaux du printems que prescrit le sage Caton. Creusez des fossés; faites des pépinières; plantez des ormes, des figuiers, des pommiers, des oliviers dans des terres grasses & humides. Fumez les prés qui ne sont pas arrosés, arrachez-en les mauvaises herbes, Emondez les figuiers; travaillez les vignes, avant qu'elles entrent en fleurs. Quand les poiriers fleuriront & que le lentisque montrera son fruit, commencez à labourer les terres maigres & sablonneuses; labourez ensuite celles qui sont plus grasses & humides. Considérez la narcisse qui fleurit trois fois, ses trois différentes floraisons vous indiqueront les tems du labourage. Dans les premiers quinze jours qui suivent l'équinoxe du printems, il faut que le laboureur hâte les ouvrages qu'il n'a pu achever avant cette époque: il ne doit pas oublier que ceux qui taillent trop tard les vignes, s'exposent à de honteuses dérisions & à entendre contrefaire devant eux le chant du coucou. Tant une telle négligence révolte tout le monde, qui la prend à mauvais augure!

Dans ce même tems, il faut planter les billes d'olivier & introduire l'eau dans les prés pour l'en retirer, lorsque l'herbe poussera des tiges. C'est la saison d'épamprer les vignes; mais il faut que les pampres aient au moins quatre doigts de long. On sarcle une seconde fois les champs ensemencés. Depuis le treize mai jusqu'au vingt-quatre juin, on donne une façon aux anciennes vignes & deux façons aux nouvelles. On tond les brebis; on tourne les lupins en herbe pour engraisser la terre. On rompt les terres avec la charrue; on coupe les vesces, qui doivent servir de fourrage; on moissonne les fèves & ensuite on les bat.

Travaux de l'été. Au commencement de juin, on fauche les prés. C'est un fonds qui demande très-peu de soin & bien peu de dépense, & qui rapporte cependant des revenus considérables. Les prés doivent être placés dans des lieux gras & humides, qui ont de l'eau à discrétion. Pour avoir de bons prés, on laboure la terre, on y sème des graines de foin qu'on prend dans les fenils ou celles qui tombent des ratelicrs & on passe ensuite la herse. Les prés sont-ils trop vieux? on les rajeûnit en y semant des fèves, des raves ou du millet: l'année suivante, on y sème du froment, & la troisième on les remet en prés.

La meilleure herbe des prés, c'est le treffle; ensuite le chiendent. Les plus mauvaises des herbes sont le *mimulus* (1) & la prêle. Le

(1) Suivant quelques Botanistes, le *mimulus* de Pline, c'est la *lèche*, connue aujourd'hui sous le nom de *carex acuta*.

tems de faucher les prés, c'eſt quand l'épi de l'herbe commence à défleurir & à devenir fort : il n'eſt point avantageux d'attendre que l'herbe ſe deſsèche. Quand l'herbe eſt coupée, il faut avoir grand ſoin de la retourner ſouvent au ſoleil & de ne la mettre en meules que lorſqu'elle eſt bien sèche ; autrement on la verroit fumer le matin, & il y auroit du danger que les meules ne vinſſent à s'enflammer.

Après qu'on a fané, on doit abreuver les prés de nouveau pour avoir du regain.

Pline qui fait connoître ce qui ſe paſſe au ciel pendant chaque ſaiſon de l'année, raconte dans le chapitre où il parle des prés, l'influence des aſtres ſur les productions de la terre, & attribue à cette cauſe, la plupart des événemens qui arrivent dans la nature.

Outre les travaux dont nous venons de faire mention, & qu'il faut exécuter dans le commencement de l'été, il y en a d'autres qui doivent occuper tour-à-tour le cultivateur. Le tems arrive de ſarcler les pépinières ; de moiſſonner les orges & de préparer l'aire en la pavant de craie détrempée dans la lie d'huile. Les différentes manières de moiſſonner & de battre les grains, ſont détaillées avec la plus grande exactitude. Dans certains pays, on fait paſſer des traîneaux ſur le bled étendu dans l'aire ; dans ceux-ci ce ſont des chevaux qui les foulent aux pieds ; dans ceux-là, on les bat avec des fléaux.

Plus on moiſſonne tard le froment, plus on en trouve ; & le grain eſt d'autant plus beau & mieux nourri, qu'on ſe hâte en le moiſſonnant. Il eſt prouvé, par une longue expérience, que le meilleur tems pour faire la moiſſon, c'eſt lorſque le grain a déjà de la couleur, & n'eſt pas cependant entièrement dur.

La paille ſert de nourriture aux animaux, au lieu de foin. On eſtime davantage celle qui eſt menue & comme pulvériſée. La meilleure de toutes eſt celle du millet ; enſuite celle de l'orge, & la moins bonne celle du froment, excepté pour les animaux qui ſe fatiguent beaucoup.

De toutes les méthodes que les anciens ont preſcrites pour conſerver le bled, la plus ſûre, ſuivant Pline, conſiſte à le ſerrer dans un tems convenable : car ſi on le ramaſſe avant qu'il ſoit ſuffiſamment recuit par le ſoleil, ou avant qu'il ait acquis ſa juſte fermeté, ou ſi on le met dans le grenier lorſqu'il eſt encore chaud, il s'y engendrera immanquablement des inſectes pernicieux.

Travaux de l'automne. En ſuivant par ordre les quatre ſaiſons de l'année, l'auteur parle des travaux de l'automne. C'eſt le tems de ſemer les navets, les raiforts, les veſces, les féveroles, les dragées (1).

(1) La dragée étoit un fourrage qu'on donnoit aux chevaux & aux bœufs.

Les bergers cueillent alors les feuillages pour hiverner le bétail. Ils savent que pour empêcher la feuille de pourrir, il faut attendre pour faire cette provision que la lune soit dans son décours & que la feuille soit sèche & fanée avant de la cueillir. Les vendanges sont un des travaux les plus importans de cette saison. La nature indique elle-même, quand est-ce qu'on doit recueillir le raisin; lorsque les pampres se panchent vers le cep, c'est une marque que le raisin est mûr. On s'en assure d'une manière moins équivoque, en ôtant un grain de raisin d'une grappe bien serrée. Si les grains circonvoisins ne remplissent point en grossissant, la place vide de celui que vous avez ôté, soyez certain qu'il est tems de vendanger. Il ne faut point couper le raisin lorsqu'il est sec, ni lorsqu'il est couvert de rosée; mais on doit attendre le retour de la pluie & que la rosée ait été dissipée par les rayons du soleil. Si l'on vendange dans les deux premiers quartiers de la lune, la récolte sera beaucoup plus abondante. Un seul pressurage doit donner vingt culées de vin. Autrefois on serroit le pressoir avec des cordes, des bandes de cuir & des leviers; mais cent ans avant Pline, on avoit introduit les pressoirs à la grecque dont l'arbre étoit à vis. L'on y attachoit un engin qui avoit la figure d'une étoile & qui soutenoit de gros quartiers de pierre que l'arbre élevoit en même-tems qu'il se levoit lui-même. Vers l'an 730 de la fondation de Rome, vingt-deux ans avant que Pline composât son ouvrage, on avoit inventé des petits pressoirs, dont l'arbre ou la vis étoit au milieu. Au-dessous de cette vis, on mettoit sur le raisin qu'on vouloit pressurer, une espèce de couvercle de planches, qu'on surchargeoit le plus qu'il étoit possible.

Enfin c'est en automne qu'on cueille les fruits, qu'on exprime la lie du vin & qu'on fait le raisiné. Les grappes qu'on emploie pour le faire, ne doivent pas être prises d'une vigne nouvelle, ou située dans un lieu marécageux; mais elles seront cueillies dans un vigne qui sera dans toute sa vigueur & dans une belle exposition. Il faut écumer le raisiné avec un rameau de feuilles; car on prétend qu'il auroit un goût de fumée, si un instrument de bois touchoit seulement le vaisseau où on le fait cuire.

Rapport des travaux rustiques avec les phases de la lune. D'après les préceptes des anciens, un laboureur doit régler ses travaux sur le cours de la lune. Sur le déclin de cet astre, il doit tailler & rehausser les arbres, cueillir les fruits, châtrer les animaux, les arbres, semer les grains dans les lieux humides, vanner les bleds & les légumes, couper le bois. Avant que la lune soit pleine, il faut mettre couver les œufs & fumer les terres.

La théorie des vents n'est pas moins nécessaire pour les travaux rustiques.

rustiques. Lorsque le vent est au nord, il ne faut ni labourer les vignes ni tailler les arbres; & lorsqu'il est au midi, il ne faut toucher ni aux arbres ni aux vignes.

Pronostics sur le tems. Ce chapitre est terminé par une liste de pronostics sur le tems. Pline a beaucoup insisté sur le détail de ces connoissances, qui sont en effet très-nécessaires aux habitans de la campagne.

Signes tirés du soleil. Lorsque le soleil est brillant à son lever, sans être fort chaud, c'est un signe de beau tems. Quand il est pâle, c'est signe de grêle: pourvu que ce soit en été. S'il se couche brillant & se lève de même le lendemain, on doit être assuré d'avoir un beau jour. Lorsqu'en se levant il est comme enfoncé dans un nuage, c'est marque de pluie: lorsqu'à son lever, on apperçoit des nuées rouges, c'est signe de vent. Si parmi ces nuées rouges il s'en trouve de noires, on aura de la pluie.

Quand les rayons du soleil sont rouges, soit à son lever, soit à son coucher, on doit s'attendre à une abondante pluie. Les nuées rougeâtres qui environnent le soleil à son coucher, annoncent le beau tems pour le lendemain. Lorsque cet astre se lève sur l'horizon, si les nuées sont répandues vers le midi & vers le nord, c'est signe de pluie & de vent; quoique d'ailleurs le ciel soit serein auprès du soleil.

Lorsqu'au lever ou au coucher du soleil, ses rayons paroissent raccourcis, on doit s'attendre à la pluie.

S'il pleut lorsque cet astre est à son coucher & si ses rayons attirent les nuées, cela pronostique un violent orage pour le lendemain. Quand, au lever du soleil, ses rayons ne sont pas vifs & brillans, quoiqu'ils ne soient pas environnés de nuages, c'est encore une marque de pluie.

Si avant l'aurore on voit des nuages amassés en pelotons, c'est signe d'un grand froid. Les nuages qui s'éloignent de l'orient & se portent vers l'occident, présagent un beau tems.

Si les nuées entourent de toutes parts le soleil, plus elles l'obscurciront, plus il y aura de mauvais tems; & si elles forment un cercle autour de son disque, le tems sera encore pire. Lorsque cela arrive au lever du soleil & que les nuages qui l'environnent sont rouges, c'est signe d'un très-grand orage.

Les nuées qui n'environnent pas le soleil, mais qui le touchent seulement, annoncent que de ce côté-là il y aura du vent; si elles sont placées du côté du midi, soyez assuré que vous aurez du vent & de la pluie.

Quand le soleil à son lever est entouré d'un cercle, on doit attendre du vent du côté où ce cercle se rompra : mais s'il se dissipe tout-à-la-fois, on aura du beau tems.

Si le soleil en se levant jette ses rayons au loin à travers les nuages & si son milieu est à découvert, c'est signe de pluie.

Ses rayons se montrent-ils avant son lever? c'est un signe de pluie & de vent. Lorsqu'il se couche, est-il environné d'un cercle blanc? cela marque qu'il y aura un petit orage la nuit suivante. S'il est environné d'un nuage, il y aura un orage plus violent.

S'il paroît tout en feu, c'est signe de vent : s'il est entouré d'un cercle noir, il viendra un grand vent du côté où ce cercle se rompra.

Signes tirés de la lune. Les pronostics qui se tirent de la lune, tiennent à juste titre le premier rang. Les Egyptiens font principalement attention au quatrième jour de la lune : si alors elle est nette, brillante à son lever, on croit que cela annonce le beau tems ; mais si elle est rougeâtre, on prétend que c'est un signe de pluie. Le cinquième jour de la lune, si les cornes du croissant sont émoussées, cela marque de la pluie ; & si elles sont droites & bien pointues, cela marque toujours du vent ; mais ce présage n'est jamais plus certain que le quatrième jour de la lune.

Lorsque la corne supérieure ou septentrionale est droite & bien pointue, attendez-vous au vent du nord : si c'est la corne inférieure, vous aurez le vent du midi : & si les deux cornes sont droites, la nuit sera venteuse.

Lorsque la lune est à son quatrième jour, si elle se trouve alors entourée d'un cercle rouge, c'est un signe de vent & de pluie.

Lorsque la lune, étant dans son plein, montre la moitié de son disque net & clair, c'est signe de beau tems : si elle est rougeâtre, c'est signe de vent : & si elle est noirâtre, c'est signe de pluie.

Quand la lune est entourée d'un cercle sombre & obscur, cela marque qu'il y aura du vent du côté où ce cercle se rompra : & s'il y a deux cercles, c'est signe d'un grand orage, qui sera beaucoup plus violent s'il y a trois cercles noirs interrompus & séparés.

Si la lune étant nouvelle & à son lever, sa corne supérieure paroît noirâtre, on aura de la pluie au décours : si c'est la corne inférieure, il pleuvra avant la pleine lune : & si la noirceur se rencontre au milieu du croissant, il pleuvra dans la pleine lune.

Si l'on voit un cercle autour de la pleine lune, il y aura du vent du côté où ce cercle brillera davantage.

Lorsqu'au lever de la lune, ses cornes paroissent grosses & épaisses, c'est signe d'un violent orage.

Si la lune ne se montre que lorsqu'elle n'a que quatre jours, & si alors le vent favonien (ou d'oueſt) ſouffle, il y aura du mauvais tems pendant toute cette lunaiſon.

Quand la lune, ayant ſeize jours, paroît plus enflammée que de coutume, on doit s'attendre à de fâcheux orages.

Il y a dans chaque lunaiſon huit ſtations de la lune, c'eſt-à-dire, huit jours particuliers où la lune ſe rencontre en certain aſpect avec le ſoleil. Ces jours ſont le troiſième, le ſeptième, l'onzième, le quinzième, le dix-neuvième, le vingt-troiſième, le vingt-ſeptième & celui où elle eſt conjonctive avec le ſoleil. La plupart des obſervateurs n'ont aucun égard aux préſages tirés de la lune dans ces huit époques; mais ſeulement dans les autres jours.

Signes tirés des étoiles. Quand on voit des étoiles courir d'un endroit à l'autre; c'eſt ſigne qu'auſſi-tôt après il s'élevera des vents de ce côté-là.

Quand les étoiles perdent tout-à-coup leur éclat, ſans qu'il y ait des nuages ou des brouillards, c'eſt ſigne de pluie ou de grands orages.

Si l'on voit voler les étoiles & former ſur leur paſſage une traînée de lumière, c'eſt une marque qu'il y aura des vents de ce côté-là.

Si elles paroiſſent courir çà & là, mais dans la même région du ciel, les vents ſeront conſtans; & ſi elles courent de la même manière, mais en diverſes régions du ciel, les vents ſeront inconſtans & irréguliers.

Quand on voit des cercles à l'entour des planètes, c'eſt marque de pluie.

Dans le ſigne de l'écreviſſe, il y a deux petites étoiles nommées en latin *aſelli*, entre leſquelles ſe trouve une eſpèce de petite nuée qu'on appelle *crêche;* lorſque cette petite nuée ne paroît point, le ciel étant ſerein & clair, c'eſt le préſage d'un très-mauvais tems: ſi l'une des deux étoiles, dont je viens de parler, je veux dire la ſeptentrionale, eſt cachée par les brouillards, il faut s'attendre à un vent du ſud; & ſi c'eſt la méridionale qui eſt cachée, on aura le vent du nord.

Signes tirés de l'arc-en-ciel. Quand l'arc-en-ciel eſt double, c'eſt ſigne de pluie; & s'il ſe montre ainſi après la pluie, cela ſignifie que le beau tems ne ſera pas de durée.

Signes tirés des éclairs & du tonnerre. Lorſqu'en été, il tonne plus qu'il n'éclaire, c'eſt ſigne qu'il y aura des vents du côté où il tonne. Au contraire, s'il éclaire plus qu'il ne tonne, il y aura des pluies.

Quand il vient des éclairs & des tonnerres, le ciel étant ſerein, c'eſt une marque de mauvais tems; & s'il vient des éclairs des quatre parties du ciel, le tems ſera des plus fâcheux. S'il éclaire ſeulement du côté du nord-est, cela annonce de la pluie pour le lendemain ; & s'il éclaire du côté du septentrion, soyez assuré que vous aurez le vent du nord. Lorsque, dans une nuit sereine, les éclairs viennent du côté du midi, ou du nord-ouest, ou de l'ouest, c'est signe de vent & de pluie de ces côtés-là.

Quand il tonne le matin, c'est signe de vent ; & quand le tonnerre gronde vers l'heure de midi, c'est une marque infaillible de pluie.

Signes tirés des nuées. Dans le tems que le ciel est serein, si vous voyez des nuées vagues dans les airs, n'importe de quel côté du ciel, vous pouvez compter qu'il y aura du vent de ce côté-là. Si elles se rassemblent dans un même endroit, l'approche du soleil les dissipera. Viennent-elles du côté du nord-est ? c'est un signe de vent : viennent-elles du côté du midi ? c'est un signe de pluie.

Lorsque le soleil se couche, si elles s'avancent de part & d'autre vers cet astre, on est menacé d'un orage : si elles sont fort noires du côté du levant, elles annoncent de la pluie pour la nuit suivante : si la noirceur se trouve du côté du couchant, la pluie sera pour le lendemain.

Lorsque les nuées sont répandues du côté du levant comme des floccons de laine, & qu'elles sont en grand nombre, c'est un présage qu'il pleuvra trois jours durant. Quand elles s'arrêtent sur les cimes des montagnes, c'est une marque de mauvais tems ; & si on n'apperçoit sur le sommet des montagnes ni nuages ni brouillards, c'est un signe de beau tems.

Lorsqu'on voit une nuée blanchâtre & fort chargée, on est menacé de grêle. Un très-petit nuage isolé qui paroît lorsque le ciel est pur & serein, annonce un vent orageux.

Les nuées qui descendent des montagnes & qui s'arrêtent dans les vallées, pronostiquent le beau tems.

Signes tirés du feu. Le feu que nous allumons pour les besoins de la vie, fournit aussi des présages du tems qu'il doit faire.

Quand il est pâle & qu'il fait du bruit, c'est un signe d'orage. Lorsqu'au bout des mèches des lampes allumées, il se forme des charbons, c'est une marque de pluie.

Si la flamme du feu ou des lampes est ondoyante, cela annonce du vent. On doit aussi en attendre, lorsque les lampes s'éteignent d'elles-mêmes, ou s'allument difficilement ; lorsqu'on y voit un amas d'étincelles, qui tiennent les unes aux autres ; quand on trouve des charbons attachés aux pots que l'on ôte de dessus le feu ; quand le feu, quoique couvert, éparpille la cendre chaude, ou jette des étincelles ; lorsque la cendre se prend en forme solide, dans le foyer ; lorsque les charbons ont un éclat très-brillant.

Signes tirés de l'eau. Les eaux de la mer donnent auſſi des pronoſtics. Si la mer eſt calme dans un havre après le reflux, & que néanmoins elle gronde ſourdement, c'eſt du vent qu'elle annonce. Si elle gronde ainſi par intervalles, c'eſt un ſigne de gros tems & de pluie. Si la mer étant calme, ſes rivages retentiſſent au loin, ou ſi elle fait un bruit éclatant, ſi elle écume en quelques endroits, ou ſi elle bouillonne; ce ſont-là autant d'indices d'une violente tempête. Souvent la mer, quoiqu'elle ſoit tranquille, s'enfle extraordinairement, ce ſigne annonce qu'elle eſt prête à donner iſſue aux vents dont ſes eaux ſont intérieurement glonflées.

Signes tirés du bruit des montagnes. Le mugiſſement des forêts, le bruit des montagnes, les feuilles qui voltigent en l'air, ſans que l'on ſente du vent, la bourre du peuplier & du chardon qui y voltige de même & les plumes qui nagent ſur la ſurface de l'eau, ſont autant de pronoſtics du tems qui doit ſuivre. Un orage qui ſurvient dans les campagnes eſt annoncé par un grand bruit qui le précède; & lorſqu'on entend un certain murmure dans le ciel, on ne ſauroit douter de ce que cela ſignifie.

Signes tirés des poiſſons & des oiſeaux. Les animaux ſervent encore à préſager le tems. Lorſque la mer étant calme, on voit les dauphins ſauter & bondir, c'eſt un indice qu'il y aura du vent du côté d'où ces poiſſons viennent. Mais quand ils répandent de l'eau çà & là, dans un tems de tourmente, c'eſt un ſigne que la bonace ne tardera pas à lui ſuccéder.

Lorſque les colmars bondiſſent ſur l'eau, que les coquillages s'attachent à la grêve, que les hériſſons marins s'enfoncent dans la vaſe, ou ſe couvrent de gravier pour ſe rendre plus peſans, ce ſont là autant de ſignes d'une tempête prochaine.

Il en eſt de même lorſque les grenouilles croaſſent plus qu'à l'ordinaire, & que les poules-d'eau crient dès le matin.

Quand on voit les plongeons & les canards ſe nétoyer avec le bec, les autres oiſeaux aquatiques courir de côté & d'autre, les grues ſe retirer vers les pays ſitués au milieu des terres, les plongeons fuir les étangs & la mer, on peut être ſûr qu'il y aura du vent; mais lorſque les grues tiennent le haut des airs, ſans crier, c'eſt une marque de beau tems.

Si la chouette crie pendant la pluie, elle annonce le beau tems; ſi elle ſe fait entendre dans un tems calme & ſerein, c'eſt un pronoſtic d'orage.

Quand les corbeaux croaſſent avec une eſpèce de glouſſement, en ſecouant leurs ailes & qu'ils continuent de la ſorte ſans interruption, c'est signe de vent : mais si leurs croassemens sont entrecoupés & interrompus, c'est signe de vent & de pluie tout ensemble.

Lorsque les choucas se retirent fort tard, après avoir pris leur pâture, cela pronostique l'orage.

Il en est de même, lorsqu'on voit les oiseaux blancs s'amasser par troupes, ou lorsque les oiseaux de terre vont crier sur le bord des eaux, & s'arrosent eux-mêmes, principalement si c'est la corneille.

Quand l'hirondelle vole si près de l'eau qu'elle la frappe souvent avec l'aile : quand les oiseaux qui habitent sur les arbres s'enfuient & se retirent dans leurs nids : quand les oies nous étourdissent par leurs cris : quand les hérons paroissent tristes au milieu des sables, ce sont les avant-coureurs de l'orage.

Signes tirés des animaux. On ne doit pas s'étonner si les oiseaux aquatiques & généralement toutes sortes d'oiseaux sentent d'avance les changemens du tems & s'ils nous le font connoître. Ces changemens nous sont indiqués aussi par les bondissemens & les jeux des bestiaux : par les bœufs, lorsqu'ils lèvent la tête & le muffle pour flairer l'air & lorsqu'ils se lèchent à contre-poil : par les cochons, lorsqu'ils éparpillent le foin, dont ils ne se soucient guère, comme n'étant pas propre à leur nourriture : par les fourmis, lorsque contre leur coutume, elles deviennent paresseuses & se tiennent renfermées sans rien faire, qu'elles courent de côté & d'autre, ou qu'elles transportent leurs œufs hors de la fourmilière : enfin par les vers de terre, quand ils sortent de leurs trous.

Signes tirés des herbes. A l'égard des herbes, il est certain que quand il doit y avoir un orage, le treffle se relève & dresse ses feuilles.

Signes tirés des plats qu'on sert sur la table. Lorsque les plats où l'on met les viandes pour les festins ou pour les repas ordinaires, transpirent, & que cette sueur reste attachée aux plats ou porte-plats, c'est signe d'un violent orage.

Palladius. Nous n'avons rien de certain sur la personne de Palladius, non plus que sur le tems où il a vécu ; on croit cependant qu'il a écrit sous l'empereur Antonin Pie, vers l'an 140 de l'ère chrétienne. Le traité qu'il nous a laissé sur l'agriculture est divisé en douze parties, suivant l'ordre des mois qui composent l'année. Son style n'est point, à la vérité, aussi poli, ni aussi élégant que celui des auteurs romains dont nous avons déjà parlé ; mais le fonds n'en est pas moins estimable. Il a puisé dans les meilleures sources, dans Caton, Varron, Columelle, Gargilius Martialis, Magon le Carthaginois, &c. & il s'est approprié toutes les découvertes que l'expérience, cette maîtresse de tous les arts, avoit produit depuis ces auteurs jusqu'à lui. Le succès même de Palladius a été si brillant, qu'il a été préféré à Columelle par tous les agriculteurs qui sont venus après lui; soit que son ouvrage fût plus à leur portée; soit que la distribution des travaux par mois facilitât davantage leur instruction, en abrégeant leurs recherches.

Dans le premier livre de son économie rurale, l'auteur prescrit les observations qu'il faut faire lorsqu'on veut acheter un domaine; il donne des préceptes sur l'emplacement de la maison, sur la distribution du logement, sur la position du jardin, du verger, de l'aire & sur l'entretien des ruches.

Observations générales. Lorsqu'il s'agit d'acheter un domaine, on doit faire en sorte qu'il soit dans une situation avantageuse. L'acquéreur doit donc examiner, si l'air du lieu qu'il se propose d'habiter est pur & salutaire; si l'eau y est bonne; si le terrein est fertile & situé commodément.

Salubrité de l'air. On peut conclure que l'air est bon: 1.° quand il n'y a point de vallées profondes d'où s'élèvent des brouillards épais: 2.° quand les habitans de cette contrée ont le teint vermeil, la tête ferme & dégagée, la vue perçante, l'ouïe fine & un gosier harmonieux.

Salubrité de l'eau. L'eau qui prend sa source dans des mines ou qui vient des lacs & des marais, est ordinairement mauvaise; elle est au contraire de bonne qualité, quand elle est claire & transparente, qu'elle n'a ni mauvais goût ni mauvaise odeur; quand elle ne dépose aucune espèce de limon; & lorsque sa température est telle, qu'elle est chaude en hiver & fraîche en été.

Fertilité du terrein. On reconnoîtra qu'une terre est féconde, lorsqu'elle n'est point dans une vallée trop sombre & pierreuse; lorsque les mottes ne sont ni blanches ni nues; lorsque le fond du sol n'est ni un sable maigre & sans aucun mélange de terre; ni de l'argille pure; ni du caillou grossier; ni du gravier sec; ni une poussière jaune aussi maigre que la pierre même; ni une terre salée, amère ou bourbeuse; ni un tuf sablonneux. Il faut au contraire que les mottes soient naturellement humectées, presque noires & qu'elles aient assez de substance pour se couvrir d'elles-mêmes d'une couche de gazon; ou si elles sont d'une couleur mélangée, il est nécessaire que, sans être compactes, elles soient conglutinées à l'aide d'une terre grasse. Les autres signes que Palladius indique, pour juger de la fécondité d'un terrein, sont rapportés dans les géorgiques de Virgile.

Position des terres. Les terres qu'on se propose d'acquérir ne doivent être, ni assez plates pour que l'eau y reste dans un état continuel de stagnation; ni situées sur une pente tellement rapide, qu'elle n'y fasse aucun séjour; ni enterrées de façon qu'elle s'y ramasse au fond d'une vallée profonde; ni élevées de façon que le mauvais tems & la chaleur s'y fassent sentir avec excès: le plus grand avantage que l'on puisse desirer dans une terre, c'est qu'elle participe à toutes ces qualités à-la-fois sans aucune prépondérance: en sorte que ce soit ou une campagne ouverte, dont la pente insensible laisse écouler les eaux de pluie; ou un côteau dont l'élévation soit douce; ou une vallée peu profonde, rafraîchie par un courant d'air qui circule avec facilité; ou une montagne qui soit protégée contre les mauvais vents, soit par une autre montagne qui sera vis-à-vis d'elle, soit par les bois qui se trouveront dans le voisinage.

L'acquéreur d'une terre qui réunit tous ces avantages, est un être privilégié que la nature a comblé d'une faveur inestimable: il ne lui reste qu'à acquérir toutes les connoissances dont il a besoin pour bien cultiver un si riche domaine: elles se réduisent à-peu-près aux maximes suivantes.

Maximes importantes. La présence du propriétaire fait le revenu principal d'un domaine.

Il ne faut confier à la terre, soit qu'il s'agisse d'arbrisseaux, soit qu'il s'agisse de grains, que de très-belles espèces, qui aient été déja éprouvées.

Les semences dégénèrent plutôt dans les lieux humides que dans les lieux secs; c'est pourquoi il faut de tems en tems remédier à cet inconvénient en les régénérant.

Le choix des semences sera toujours mal fait, tant que la personne qui en aura été chargée ne le fera pas par elle-même.

Dans les ménages rustiques, il faut que les anciens commandent & que les jeunes personnes fassent le service.

On plantera les vignobles du côté du midi dans les lieux froids; & du côté du levant dans les pays tempérés.

Si on taille la vigne de bonne heure, on aura plus de sarmens; & si on la taille plus tard, on aura plus de fruits.

On taillera la vigne plus près de la tige, lorsque la vendange aura été abondante; & moins près, quand elle aura été médiocre.

Il y a trois choses auxquelles il faut avoir égard dans la taille des vignes; l'espérance du fruit; le bois qui doit remplacer dans la suite celui que l'on retranche & l'endroit du cep où l'on veut qu'il repousse.

Il faut achever tout ce qu'il y a à faire aux vignes & aux arbres, avant que les fleurs paroissent & que leurs boutons se développent.

Quiconque loue sa terre ou son champ à un propriétaire ou à un colon qui en possède déjà dans le voisinage, court à sa ruine & peut s'attendre à avoir des procès sans nombre.

Les

Les pays plats donnent l'abondance du vin, & les côteaux donnent la meilleure qualité.

Lorsqu'on taille la vigne, il faut que l'incision soit faite du côté opposé au bouton, de peur que la larme qui en découle au printems, ne le fasse périr.

De même qu'une jeune vigne croît aisément, quand on lui prodigue ses soins; ainsi, elle meurt promptement quand on la néglige.

Lorsque vous entreprendrez une culture, mesurez-la sur vos facultés; de crainte que si elle est au-dessus de vos forces par l'immensité du travail, vous ne soyez forcé d'abandonner honteusement ce que vous aurez entrepris avec trop de confiance.

Un petit terrein bien cultivé est plus fertile qu'un grand terrein qui est négligé.

Il ne faut pas que les semences aient plus d'un an; de peur qu'étant endommagées par la vieillesse, elles ne puissent lever.

Il faut jetter en terre toutes les semailles que l'on a à faire, dans le tems que la lune croît & dans des jours tempérés; parce qu'une chaleur modérée fait lever les semences & le froid les resserre.

Il faut semer les *trémois* dans les lieux froids, couverts de neige & où l'humidité règne pendant l'été; ils réussissent rarement dans d'autres expositions: au reste, ils se plaisent encore mieux dans les lieux modérément chauds, lorsqu'on les y sème en automne.

Quoiqu'il faille semer les grains lorsque la terre est humectée; cependant les semailles jettées en terre après une longue sécheresse, s'y conservent aussi bien, après qu'elles ont été hersées, que si on les avoit serrées dans des greniers.

Le bled des côteaux donne, à la vérité, du grain plus vigoureux; mais il en produit en moindre quantité.

Tous les bleds se plaisent mieux dans une campagne ouverte dont la pente est exposée au soleil, que dans toute autre exposition.

Une terre compacte, argilleuse & humide donne du bled excellent. L'orge se plaît dans un champ meuble & sec; au lieu qu'il périt quand il est semé dans un sol fangeux & humide.

Si on coupe le lupin & la vesce, dans le tems qu'ils sont verts: & si aussi-tôt après on laboure sur leurs racines, ces plantes féconderont les campagnes à l'*instar* du fumier; mais si on les laisse sécher avant de les couper, elles épuiseront la terre.

Un champ humide demande plus de fumier qu'un autre; & un terrein sec en demande moins.

On ne doit former les pépinières que dans une terre médiocre; afin que, lorsqu'on transporte les jeunes plants, les racines prennent une meilleure nourriture.

Les pierres qu'on laisse à une petite profondeur dans la terre sont très-froides en hiver, & brûlantes en été; c'est pourquoi elles nuisent aux arbustes & aux vignes qui se trouvent plantés dessus.

Quand on remue la terre aux pieds des arbres, il faut la changer alternativement de place; de façon que celle qui étoit d'abord au-dessous succède à celle qui se trouvoit auparavant en-dessus.

Distribution du bâtiment. Il faut que le bâtiment soit proportionné à la valeur du fonds & à la fortune du propriétaire. Le corps-de-logis où il se propose d'établir sa demeure sera placé dans le lieu le plus élevé & le plus sec; afin que l'air soit plus sain & que la vue soit plus étendue. On construira les fondemens de manière qu'ils débordent d'un demi-pied, tant d'un côté que de l'autre, le corps de la muraille qu'ils auront à soutenir. On doit faire en sorte que l'édifice soit environné de jardins, de vergers & de prés. La façade principale sera exposée au midi dans toute sa longueur; de sorte néanmoins que l'un de ses angles regarde le levant d'hiver, & qu'elle se détourne tant soit peu vers le couchant de la même saison : dans cette position, le bâtiment recevra les rayons du soleil pendant l'hiver, & ne sera point exposé aux grandes chaleurs pendant l'été.

La forme du bâtiment sera telle, qu'elle puisse contenir sous un petit local les distributions nécessaires pour les appartemens tant d'été que d'hiver. Les chambres d'hiver seront situées à l'aspect du soleil : il faudra en outre qu'elles soient plafonnées convenablement. Les appartemens d'été seront placés vers le point du solstice, ou au septentrion: on les pavera soit en terre cuite, soit en marbre taillé en losange ou en rond; afin que les angles & les côtés de ces compartimens se rapportant les uns aux autres, fassent un ensemble uniforme. Si l'on n'a aucune de ces matières à sa disposition, on criblera sur le plancher du marbre broyé, ou bien on y étendra un ciment fait avec du sable très-fin & de la chaux.

Différentes espèces de sable. Celui qui veut bâtir un édifice, doit chercher à connoître quelle doit être la qualité de la chaux & du sable qu'il doit employer. On distingue trois sortes de sables fossiles; savoir, le noir, le blanc & le rouge : ce dernier est supérieur aux deux autres; le blanc tient le second rang & le noir est le moins bon. Tout sable qui craquete lorsqu'il est pressé entre les mains, est bon pour les ouvrages de maçonnerie. Quand on n'a point de sable fossile, on peut se servir de celui de rivière ou de mer. Ce dernier étant long-tems à sécher, on ne l'emploiera pas aussi-tôt; mais on laissera écouler un certain tems avant de s'en servir, de peur qu'en surchargeant la maçonnerie de son poids, il ne cause du dommage. Son humidité salée dissout aussi les enduits des voûtes. Le sable de rivière est plus convenable pour les crêpis de murailles; lorsqu'en y mêlant un tiers d'argille sèche, on l'emploie à des ouvrages d'une grande solidité.

On sait que pour bâtir le sable ne suffit pas & qu'il faut de la chaux. Celle qui aura été faite avec une pierre compacte & dure, sera bonne pour la construction; au lieu que celle qui aura été faite avec une pierre spongieuse ou molle, conviendra mieux aux enduits. Il faut toujours mettre une partie de chaux sur deux parties de sable.

Construction des cîternes. Il est tellement essentiel d'avoir de l'eau dans une métairie, que s'il n'y a dans le lieu ni fontaines ni puits, il faut y bâtir des cîternes, dans lesquelles on ramassera l'eau des toits voisins. Voici la façon de les construire. On leur donnera telle dimension que l'on jugera à propos, pourvu néanmoins qu'elles soient plus longues que larges & on les clorra de bons murs. Le sol, à l'exception de la place des égoûts, sera consolidé par une bonne couche de blocaille sur laquelle on étendra un mortier de terre cuite, qui tiendra lieu de pavé. On polira ensuite ce pavé avec tout le soin possible, jusqu'à ce qu'il n'y ait plus aucune inégalité, & on le frottera avec du lard gras, que l'on aura fait bouillir. Lorsqu'il sera bien sec & qu'il n'y restera plus d'humidité capable d'occasionner des crevasses, on couvrira également les murailles d'une couche pareille: & lorsque le tout sera absolument sec, on pourra y introduire l'eau.

S'il arrive que l'enduit du pavé ou de la muraille menace ruine en quelqu'endroit, on le réparera avec un ciment propre à contenir l'eau qui cherche à s'enfuir. On prépare ainsi ce mastic. Prenez telle quantité que vous jugerez à propos de poix liquide; ajoutez-y une pareille quantité de graisse de porc ou de suif: jettez le tout dans une marmite & faites-le cuire, jusqu'à ce que l'écume monte; après quoi retirez-le du feu. Quand ce mêlange sera refroidi, saupoudrez-le de chaux pulvérisée, broyez le tout ensemble & formez-en une espèce de pâte. Vous l'introduirez ensuite dans les endroits gersés au travers desquels l'eau cherche à s'enfuir.

Situation du cellier. L'endroit où l'on veut mettre le vin, mérite une attention particulière. Il faut qu'il soit exposé au septentrion; qu'il soit frais; qu'il soit éloigné des bains, des étables, du four, des tas à fumier, des cîternes & des eaux; ainsi que de toutes les autres choses qui peuvent avoir une odeur forte & désagréable.

Position des greniers. Les greniers seront placés au septentrion: ils seront éloignés de toute espèce d'humidité, du fumier & des étables. Le sol sera couvert de tuiles ou de briques que l'on enfoncera dans une couche de mortier fait de terre cuite, qui tiendra lieu de pavé.

Après quoi, on fera des magasins particuliers pour les différentes espèces de grains.

Position du cellier à huile. Le cellier à huile sera exposé au midi & protégé contre le froid, de façon que le jour n'y pénètre qu'à travers des pierres transparentes (1). Avec cette précaution le grand froid ne retardera jamais l'ouvrage qu'on doit y faire en hiver; & une chaleur modérée y facilitera le pressurage des olives.

Construction des étables. L'exposition la plus favorable pour les étables des chevaux & des bœufs, est celle du midi : cependant il doit y avoir du côté du septentrion des fenêtres, que l'on tiendra fermées pendant l'hiver, afin qu'elles n'incommodent point ces animaux & on les ouvrira en été pour les rafraîchir. Ces étables seront élevées au-dessus du terrein, pour prévenir l'humidité qui pourriroit la corne du pied des bœufs & des chevaux. Les bœufs se porteront mieux quand ils seront dans le voisinage de l'âtre & qu'ils verront la lumière du feu. Un espace de huit pieds suffit à une paire de bœufs, lorsqu'ils se tiennent debout; il leur faut quinze pieds de surface, lorsqu'ils sont couchés.

Exposition de la cour. On placera la cour vers le midi, afin que les animaux qui y seront enfermés pendant l'hiver puissent recevoir les benignes influences du soleil. Il faudra aussi, pour mettre ces animaux à l'abri de la grande chaleur de l'été, préparer des portiques faits avec des fourches, des ais & des feuillages. A l'extrêmité des murs de la cour, on fera des retraites pour les oiseaux.

Situation du colombier. Si dans le corps-de-logis du propriétaire, il y a une tourelle, c'est-là où il faut placer le colombier. Les murailles en seront lisses & on y pratiquera sur les quatre côtés quatre petites fenêtres, qui donneront passage aux pigeons pour entrer & pour sortir. Les nids seront placés dans les murs même du colombier.

Cet auteur enseigne ensuite la manière d'élever les grives & de soigner les poules, les paons, les faisans & les oies.

Situation du jardin. Les jardins & les vergers méritent de trouver place dans cette analyse. Il faut que le jardin soit près de la maison & précisément au-dessous du tas à fumier : s'il étoit trop près de l'aire, la poussière de la paille lui seroit pernicieuse. Le jardin sera heureusement situé, s'il est dans un terrein plat, légèrement incliné & arrosé par une eau courante, qui se partage en différens petits ruisseaux. Si l'on n'a point d'eau de source, il faut creuser un puits ou construire un réservoir où l'on ramassera l'eau de pluie qui sera employée à arroser le jardin

(1) Au lieu des vîtres que nous mettons aujourd'hui à nos fenêtres, les anciens se servoient de pierres transparentes. Les meilleures venoient de la Cappadoce & de l'Espagne citérieure. Voy. Plin. 3, 3 & 36. 22.

pendant les grandes chaleurs de l'été. Au défaut de toutes ces ressources, on mettra un jardin à l'abri des sécheresses en le bêchant à trois ou quatre pieds de profondeur. Quoique toutes les terres conviennent à un jardin, pourvu qu'elles soient bien fumées, il en est cependant dont le choix seroit nuisible; la craie & la terre rouge sont de ce nombre. On aura aussi l'attention de distribuer en deux portions les jardins qui n'auront point la ressource d'une humidité naturelle; & d'exposer au midi celle que l'on voudra cultiver en hiver; & au septentrion celle que l'on voudra cultiver en été. Nous aurons occasion de parler encore des jardins dans le cours de cette analyse.

Education des abeilles. Le domicile des abeilles sera placé dans un coin du jardin, exposé au soleil & abrité contre les vents. Il faut que les fleurs y abondent: c'est pourquoi on réunira autour des ruches des arbres, des arbustes & quantité d'herbes odoriférantes. Les plantes qui leur plaisent le plus sont l'origan, le thym, le serpolet, la sarriette, la melisse, les violettes sauvages, l'asphodèle, la citronelle, la marjolaine, le glayeul, la narcisse, le safran & les autres herbes dont la fleur ainsi que l'odeur sont agréables: en arbustes, on y plantera des roses, des lys, du romarin & du lierre: en arbres francs, des jujubiers, des amandiers, des pêchers, des poiriers & d'autres arbres fruitiers, dont la fleur ne rend aucune amertume lorsqu'on la suce: en arbres sauvages, on y plantera des chênes qui produisent le gland, des térébinthes, des lentisques, des cèdres, des tilleuls, des yeuses & des pins. Le suc du thym donne le miel du meilleur acabit; la thymbre, le serpolet & l'origan donnent le second miel; le romarin & la sarriette donnent le troisième: l'arbousier & les légumes donnent un miel d'un goût sauvage. Toutes ces plantes seront disposées par ordre; les arbres seront plantés du côté du septentrion; les arbrisseaux & les arbustes seront sous les murailles, & l'on semera les herbes dans les planches qui seront situées devant les arbustes. Il est nécessaire qu'il y ait au-devant des ruches, une fontaine ou un ruisseau dont le cours tortueux & lent formera des petites mares qu'on couvrira de branches & de broussailles où les abeilles pourront se reposer lorsqu'elles viendront boire. On doit éloigner des ruches tout ce qui exhale une mauvaise odeur, comme les bains, les étables, les égoûts de la cuisine. On les garantira aussi des insectes & des reptiles qui leur font la guerre; tels que les lésards, les cloportes; & on ne souffrira dans le voisinage ni l'hellébore, ni le tithymalle, ni la thapsie, ni l'absynthe ni aucune plante amère, qui puisse donner au miel quelque mauvaise qualité.

Salle des bains. Lorsque l'abondance de l'eau en donnera la facilité, le père de famille s'occupera du soin de construire une salle de bains: c'est un objet qui contribue beaucoup à l'agrément & à la santé.

On la placera du côté le plus exposé à la chaleur & dans un lieu exempt de toute humidité. Les fenêtres seront au midi & au couchant d'hiver, afin que le soleil l'éclaire & l'échauffe pendant toute la journée. Telle est à-peu-près la matière qui est contenue dans ce premier livre. Palladius prescrit dans les livres suivans les travaux qu'il faut faire dans chaque mois de l'année.

Travaux du mois de janvier. Il faut déchausser les vignes dans les climats tempérés, nétoyer les prés & les mettre à l'abri des incursions des troupeaux.

On peut donner le premier labour aux terres grasses. Les bons cultivateurs ont soin de ne pas labourer un champ lorsqu'il est bourbeux ou lorsqu'il a été humecté après une longue sécheresse par une pluie légère : car on prétend qu'une terre, qui a reçu le premier labour dans le tems qu'elle étoit fangeuse, ne peut donner aucun produit de toute l'année; & on assure que, lorsqu'on laboure un champ pendant que sa superficie est légèrement humectée, tandis que l'intérieur est encore sec, il devient stérile pour trois ans : c'est pourquoi il est convenable de ne labourer la terre que lorsqu'elle est médiocrement humectée, sans être ni sèche ni bourbeuse. Si le champ est sur une colline, on y fera des sillons en travers & on observera la même pratique lorsqu'on l'ensemencera. Un sillon ne doit pas avoir plus de cent vingt pieds de long.

On sème la gesse dans un terrein gras & sous un climat humide. Il en faut trois *modii* pour ensemencer un joug.

A la fin du mois de janvier, on sème la vesce que l'on ne veut point couper en fourrage, mais récolter en graine. Il en faut six *modii* pour un joug.

Le fenu grec doit être semé à la fin de ce mois ou au commencement de février : six *modii* suffisent pour un joug. Les sillons dans lesquels on le semera seront drus, sans être profonds; parce qu'il lève difficilement quand il a plus de quatre doigts de profondeur.

On peut aussi semer l'ers vers la fin du mois dans un terrein sec & maigre. Il en faut cinq *modii* pour ensemencer un joug.

Après que la gelée a disparu, on doit profiter des jours secs & sereins, pour sarcler les bleds. Quand on attend pour faire cette opération que les plantes soient sèches, elles sont moins sujettes à la rouille. L'orge sur-tout veut être sarclé, lorsqu'il est sec.

Les vignerons profitent aussi des beaux jours de janvier pour planter les vignes; mais il faut qu'ils examinent préalablement quelle est la qualité du terrein qu'ils veulent leur donner : le pire de tous, c'est celui qui a été anciennement planté en vignes. Le tuf & les autres espèces de sols qui sont encore plus durs, étant ramollis par la gelée & par les rayons du soleil, produisent des vignes vigoureuses, parce qu'ils conservent l'humidité & fournissent à la racine du cep une nourriture abondante. Le roc, qui est recouvert de terre, préserve les racines de la vigne des inconvéniens d'une trop forte chaleur : il en est de même d'un gravier réduit en poussière, d'un terrein plein de cailloux & de pierres mouvantes : pourvu néanmoins que toutes ces espèces de terreins soient mêlangés avec une certaine quantité de terre grasse. On met encore au nombre des terres avantageuses pour la vigne, celles qui s'éboulent des hauteurs voisines, les vallées engraissées par les alluvions & les terreins mêlangés d'argille : car l'argille pure lui est contraire. Le sable noir & rouge sont bons, pourvu qu'ils soient mêlés de terre forte ; le charbon maigrit les vignes, à moins qu'il ne soit fumé. Les vignes réussissent difficilement dans la terre rouge. Cette espèce de sol est rebelle au travail ; & pour peu que l'humidité ou le soleil s'y fassent sentir, il devient ou trop humide ou trop dur. Dans les pays froids, la vigne doit être exposée au midi ; dans les pays chauds au septentrion, & dans les climats tempérés au soleil levant : il faut cependant observer que la contrée ne soit pas sujette au vent du midi ou d'est, qui leur sont toujours nuisibles.

Pendant le mois de janvier ou de décembre, on sème la laitue pour la transplanter au mois de février. On pourroit également la semer pendant le courant de l'année, dans un terrein gras, fumé & arrosé. C'est encore le tems de semer le cresson alenois, la roquette, les choux, l'ail & l'oignon. Cette dernière plante profite mieux dans une terre blanche.

On sème fort à propos les cormiers, les amandiers, les noyers, les pêchers, les abricotiers dans les mois de janvier, février & mars, si le pays est froid ; & dans les mois d'octobre & de novembre, si le pays est chaud. Les cormiers aiment les lieux humides, montagneux & plus exposés au froid qu'à la chaleur. On les greffe en avril sur eux-mêmes, sur des coignassiers ou sur l'épine blanche sauvage.

Les amandiers se plaisent dans un terrein dur, sec & plein de gravier. On doit les disposer de façon qu'ils soient exposés au midi. Il ne faut jamais les bêcher quand ils sont en fleurs, si on veut avoir du fruit. Les amandes qui sont naturellement amères, deviennent douces quand on bêche le pied de l'amandier jusqu'à la profondeur de trois doigts au-dessus de la racine, après avoir fait sur le tronc une ouverture, par laquelle s'écoule insensiblement l'humeur qui les rendoit amères : pour cet effet, on perce l'amandier par le milieu avec une tarrière, on met dans le trou une cheville de bois enduite de miel, & on répand de la fiente de porc autour de ses racines. On greffe les amandiers au mois de décembre, janvier & même en février dans les pays froids.

Le noyer desire un lieu élevé, humide, froid & qui soit couvert de pierres : on le transplante dans les pays froids lorsqu'il a deux ans, & dans les pays chauds lorsqu'il en a trois. On greffe le noyer sur l'arboisier, au mois de février. Suivant quelques auteurs, il est mieux de le greffer sur lui-même ou sur le prunier.

En janvier on fait l'huile de mirthe, de laurier, de lentisque & on coupe sur le décours de la lune le bois de construction.

A la fin de ce second livre & des suivans, Palladius donne la mesure des ombres suivant leur augmentation ou diminution, qui est toujours subordonnée au cours du soleil.

Travaux du mois de février. Pendant le mois de février, on donne le premier labour aux côteaux gras dans les pays chauds ; & dans tout autre climat, on fait la même opération lorsque le tems est doux & sec.

Toutes les espèces de *trémois* doivent être semés avant la fin de février.

On semera la lentille dans un terrein médiocre & ameubli ; ou même dans un terrein gras, pourvu qu'il soit très-sec. Un *modius* de semence suffit pour un joug.

On met en terre le chanvre sur la fin du mois. Cette plante veut une terre grasse, fumée & arrosée ; ou une campagne plate, humide & labourée profondément. Six grains suffisent pour un pied quarré de terrein.

Il faut donner le second labour aux champs que l'on doit ensemencer en luserne & les couvrir de fumier. On les laisse dans cet état jusqu'au mois d'avril.

Dans tout le courant du mois, on sème l'ers & le lin. Il faut dix *modii* de graine de cette dernière plante pour un joug de terre.

Après avoir répété les préceptes qu'il a prescrits dans le premier livre de son ouvrage, sur la manière de planter la vigne, Palladius observe que c'est au mois de février dans les pays chauds, qu'il faut la tailler. Il n'oublie rien de ce qui concerne cette opération dont nous avons déjà eu occasion de parler plusieurs fois.

Il faut planter les oliviers & les autres arbres fruitiers.

On peut semer, ainsi que dans le mois de novembre, le chardon cultivé, le cresson des jardins, la coriandre, le pavot, l'ail, l'oignon, la sarriette, la ciboule, l'anet, le fenouil, l'origan, le chou & le navet.

Les cultivateurs sèment aussi en février les poiriers, les coignassiers, les figuiers, les mûriers. L'auteur prescrit ce qui a rapport à la culture

de

de ces arbres, & il parle de l'usage auquel on peut employer leurs fruits.

Vers la fin de février, on livre les truies au verrat.

Travaux du mois de mars. Dans les pays froids, on taille les vignes au mois de mars. Au moment où les larmes qui coulent des ceps commencent à devenir moins claires & moins limpides, c'est le tems de les greffer. Il y a deux observations à faire, lorsqu'il s'agit de greffer la vigne : il faut premièrement que le cep que l'on veut greffer soit solide & plein de suc nourricier ; secondement, il n'est pas moins essentiel que la greffe soit ferme, ronde & bien fournie de boutons.

On doit nétoyer & clorre les prés ; défricher les côteaux gras, ainsi que les campagnes marécageuses & leur donner le premier labour. Il faut donner la seconde façon aux terres qui auront reçu le premier labour au mois de janvier.

C'est le tems de semer le panis & le millet dans les pays chauds. Ces plantes demandent une terre légère & ameublie : elles viennent non-seulement dans le sablon ; mais dans le sable même ; pourvu que le climat soit humide & le sol arrosé. Elles dédaignent cependant un terrein sec & argilleux. On sème les pois chiches & la cicerole. Il faut trois *modii* de semence de pois chiche pour ensemencer un joug & quatre de cicerole.

Ceux qui ont des vignes auront soin de les bêcher, de les échalasser & d'extirper les mauvaises herbes.

Il est très-avantageux de s'occuper au commencement du mois, de la culture du jardin. On sème l'artichaut dans une terre ferme & meuble, pendant le premier quartier de la lune ; le melon dans un sol sablonneux ; & les asperges dans un terrein gras, humide & labouré. On est dans l'usage de semer aussi la mauve, le raifort, la chicorée, le porreau, les capriers, la poirée, les courges, le cumin & l'anis.

Si l'on desiroit de connoître à fond la culture du grenadier, il faudroit lire le chapitre qui traite de cet objet : il est question ensuite des bœufs, des chevaux, des abeilles ; ces divers articles ne présentent rien de nouveau, & nous n'en ferons point mention ici pour éviter les redites.

Travaux du mois d'avril. On semera la luserne dans les terres qu'on aura préparées d'avance : aussi-tôt que le grain a été semé, il faut le recouvrir de terre avec des rateaux de bois ; sans cette précaution le soleil ne tarderoit pas à le brûler. On coupe la luserne tard la première fois, afin que sa graine se disperse & que la luserniere devienne plus épaisse : dans les récoltes subséquentes, on peut la prématurer, si on veut, pour la donner aux bestiaux. Après que cette herbe a été fauchée, il faut l'arroser souvent & arracher toutes les herbes quelques jours après qu'elle a commencé à repousser : avec de pareils soins, on peut faire six récoltes par an, & elle produira pendant dix années de suite.

On greffe les oliviers dans les climats tempérés.

Il faudra achever de bêcher les vignes avant le quinze de ce mois dans les pays froids & terminer les opérations qui n'auront pas été achevées dans le mois précédent.

Le millet & le panis seront semés dans les lieux médiocrement secs.

Après le quinze de ce mois, on donne le premier coup de charrue aux terreins plats & humides : on est assuré de détruire par ce second labour les mauvaises herbes : attendu que toutes les graines qui étoient renfermées dans le sein de la terre ont alors poussé, & leurs nouvelles semences ne sont point parvenues à leur point de maturité.

A la fin du mois, on sème certaines plantes potagères : les choux que l'on veut consommer en tiges ; l'ache, qui vient également dans toutes sortes de terres ; l'arroche qui demande à être arrosée continuellement ; les melons, les concombres & les porreaux. Les jardiniers sèment aussi la laitue, la poirée, la ciboule, la coriandre, la chicorée : enfin on plante les courges & la menthe, soit en racines, soit en pieds.

On plante en avril & on greffe les grenadiers, les figuiers, les citronniers, les cormiers.

Les veaux naissent ordinairement dans le cours de ce mois : il faut donner aux mères du fourrage en abondance, afin qu'elles soient en état de faire le service qu'on exige d'elles, tant pour le travail que pour la nourriture de leurs petits. Quant aux veaux, on leur donnera du millet grillé & moulu avec du lait. On tondra les brebis dans les pays chauds, & on fera saillir les brebis pour la première fois. Ce premier accouplement est le meilleur, parce que les agneaux qui en proviennent sont déjà forts quand l'hiver arrive.

Travaux du mois de mai. Si le climat est froid & humide, on sème le panis & le millet ; on fauche les foins dans les pays chauds. C'est aussi à présent qu'on donne le premier labour aux terreins gras & pleins d'herbes ; mais lorsqu'on veut donner cette première façon à des terres incultes, il faut examiner auparavant si elles sont sèches ou humides, couvertes de bois ou de graminées, d'arbrisseaux ou de fougère. Si elles sont humides, on les desséchera en y creusant des fossés de toutes parts. Lorsque le terrein est couvert de bois, il faut abattre les arbres dont l'ombrage est nuisible, ou n'en laisser qu'un petit nombre. On parviendra à détruire le jonc, les graminées & la fougère en multipliant les labours. On fera disparoître la fougère en peu de tems, si on sème dans le champ des fèves, des lupins; ou si on la fauche de tems en tems à mesure qu'elle repoussera.

C'est la saison propre à mettre en terre la coriandre, les melons, les courges, l'artichaut, les raiforts & la rhue. On transplantera aussi le porreau en pied & on l'arrosera souvent pour le faire croître.

On châtre les veaux & on tond les brebis dans les contrées tempérées. Après qu'elles ont été tondues, on les pense avec un onguent dont voici la recette : on mêle ensemble une quantité égale de bouillon de lupins, de lie de vin vieux & de lie d'huile : lorsque ces drogues sont bien amalgamées, on en frotte les brebis trois jours après. Si l'on est à la proximité de la mer, on les plonge dans les eaux du rivage; & si l'on est dans l'intérieur des terres, on leur jette sur le corps de l'eau de pluie, tant soit peu bouillie avec du sel. On prétend que le bétail qui a été soigné de la sorte, n'est point galeux de toute l'année & que sa laine est plus fine, plus longue & plus soyeuse.

Ceux qui veulent avoir du bon fromage, feront cailler le lait pur, soit avec la pressure d'agneau ou de bouc, soit avec cette membrane intérieure qui est communément adhérente au ventre des poulets, soit avec des fleurs de chardon sauvage, ou avec du lait de figuier. Il faut retirer du fromage tout le petit lait; & quand il commence à être ferme, on le met dans un lieu ombragé & frais, après l'avoir comprimé en y ajoutant successivement de nouveaux poids pour le raffermir de plus en plus; & on le saupoudre de sel égrugé & grillé. Quelques jours après, les fromages étant bien durcis, on les arrange sur des claies; de façon qu'ils ne se touchent pas mutuellement. On doit mettre le fromage dans un lieu clos & où l'air ne pénètre pas, si l'on veut qu'il se conserve tendre & gras. On peut donner au fromage le goût que l'on jugera à propos, en y ajoutant des assaisonnemens, tels que le poivre ou toute autre sorte d'épicerie.

Travaux du mois de juin. La première opération qu'on doit faire dans ce mois-ci, c'est de préparer l'aire sur laquelle on doit battre le bled. A cet effet on commencera par bien nétoyer un terrein en arrachant toutes les herbes qui s'y trouveront; ensuite on le bêchera légèrement & on l'applanira après avoir mêlé avec la terre de la paille & de la lie d'huile extraite sans sel; ce qui éloignera de l'aire les rats & les fourmis : ensuite on comprimera le sol avec un cylindre qu'on roulera pardessus pour le consolider, & on le laissera sécher au soleil.

On ne commence qu'au mois de juin la récolte des grains. Celle de l'orge est la première : on moissonne le froment vers la fin du mois dans les pays chauds qui sont sur le bord de la mer. Les cultivateurs connoissent que les bleds sont mûrs, lorsque tous les épis sont uniformément teints d'une couleur jaune, qui annonce leur maturité.

Dans les pays gras où l'herbe est abondante, on laboure les terres; on herse les vignobles; on récolte la vesce; on fauche le fenu grec, qui doit servir de fourrage. Il est avantageux de cueillir les lupins & de récolter les fèves sur le déclin de la lune, pourvu que ce soit avant le le lever du soleil : rien n'empêche aussi de les semer aussi-tôt après qu'on les aura tirées de l'aire.

Il est des cantons où l'on récolte le miel dans le mois de juin. Nous avons parlé ailleurs de cette pratique, qui ne peut convenir que dans certains climats.

Travaux du mois de juillet. Les terres qui auront reçu le premier labour en avril, seront binées au commencement de juillet. Dans les pays tempérés, on achève la moisson du froment. Il est très-avantageux de débarrasser les terreins incultes, des arbres & des broussailles, dont ils sont couverts, en les coupant par les racines ou en les brûlant, lorsque la lune est dans son décours. Après la moisson, on charge de terre le pied des arbres qui sont plantés au milieu des champs moissonnés, afin de les garantir de la trop grande ardeur du soleil.

Il faut bêcher les jeunes vignes le matin ou le soir, quand la chaleur est tombée.

On sème la ciboule, le basilic, la mauve, la poirée, la laitue, les poireaux, les navets & les raves.

On peut enter en écusson les arbres qui en sont susceptibles. L'auteur ajoute, qu'il a appris par l'expérience que les poiriers & les pommiers qui avoient été entés pendant le mois de juillet dans des pays humides, donnoient des fruits en abondance.

Comme les vaches portent pendant dix mois, c'est principalement dans cette saison qu'il faut les faire saillir par les taureaux : elles se trouveront dès-lors en état de vêler au printems. On doit avoir le même soin à l'égard des brebis, afin que leurs petits aient pris assez de vigueur avant les froids de l'hiver.

Travaux du mois d'août. On commence à la fin de ce mois à labourer les terreins plats, humides & maigres, & on s'occupe des préparatifs de la vendange.

Si les vignobles sont situés dans des lieux froids, on épampre les ceps: & s'ils se trouvent sous des climats brûlans & secs, on met les grappes à l'ombre, afin qu'elles ne soient point desséchées par l'ardeur du soleil.

Il est d'usage dans quelques pays de mettre le feu aux prairies, afin que les tiges des herbes qui montent trop vîte soient rapprochées de leurs racines, & que leurs cendres servent de fumier aux autres.

Preſque tout le monde greffe le poirier & le citronnier dans les terreins arroſés.

Palladius prétend que ſi l'on manque d'eau dans un domaine, c'eſt au mois d'août qu'il faut s'occuper d'en chercher. Le premier moyen qu'il indique paroît bien incertain. Il dit, qu'il faut tourner la vue du côté du levant, le matin au lever de l'aurore; & ſe tenir couché à plate-terre : ſi dans cette attitude, on voit ſur quelque point de la ſurface du terrein, un petit nuage s'élever & répandre une eſpèce de roſée, on remarquera bien l'endroit où paroîtra ce phénomène, en fixant ſa vue ſur quelque ſouche ou ſur quelqu'arbre du voiſinage : il eſt conſtant, dit-il, qu'il y a de l'eau cachée dans l'endroit où l'on verra cet indice. Les autres indications qu'il donne, ne ſont point plus certaines que celle-ci.

Lorſqu'on a trouvé une ſource d'eau & qu'on veut ſavoir ſi elle eſt bonne, il faut en verſer quelque goutte dans un vaſe de cuivre bien poli : ſi elle n'y laiſſe point de tache, c'eſt une preuve qu'elle eſt de bonne qualité.

Travaux du mois de ſeptembre. Les terreins gras, ainſi que ceux qui conſervent long-tems l'humidité, ſeront laboures pour la troiſième fois dans le mois de ſeptembre; on binera & on enſemencera les champs humides & maigres, auxquels nous avons dit qu'il falloit donner le premier labour au mois d'août; il faut labourer auſſi pour la première fois les côteaux ſecs & les enſemencer auſſi-tôt après, vers l'équinoxe. Lorſque la lune eſt ſur ſon décours, on fumera les terres & on aura ſoin de reſſerrer les tas de fumier les uns auprès des autres ſur les collines, & de les eſpacer davantage dans les plaines.

Quand le tems ſera au beau fixe, on ſemera vers le tems de l'équinoxe, le froment & l'*adoreum*, dans les lieux marécageux, ou maigres, ou froids, ou ombragés; afin que les racines de ces bleds puiſſent prendre quelque conſiſtance avant l'hiver.

La plupart des légumes ſe sèment dans ce mois-ci. Dans les terres maigres & rouges, on sème les lupins; dans celles qui ſont légères & humides, les pois; dans les ſables gras & friables, le ſeſame. Le fenu grec, la veſce & beaucoup d'autres herbes potagères doivent être jettées en terre en ſeptembre.

Il faut profiter de cette ſaiſon pour former les nouvelles prairies, ſi on le juge à propos. On les prépare ainſi : lorſqu'on a choiſi un terrein gras, légèrement incliné & dont la poſition ſoit telle que l'eau ne ſoit pas dans le cas d'y tomber par une chûte précipitée, ni d'y faire un trop long ſéjour; on le remue ſouvent, on l'ameublit par des labours multipliés, on ramaſſe les pierres, on le fume & on y répand les ſemences dans le tems que la lune eſt dans ſon premier quartier.

On fait la vendange dans les pays chauds & voisins de la mer; tandis qu'on ne fait que se préparer à recueillir le raisin dans les contrées froides.

Travaux du mois d'octobre. Les laboureurs auront soin de semer le froment, le bled *adoreum* & l'orge appellé *cantherinum*. Ceux qui voudront semer du lin, choisiront une terre grasse & médiocrement humide.

C'est à présent le tems favorable pour faire la vendange & pour planter les vignes. Après le quinze de ce mois, les vignerons expérimentés déchaussent les ceps, les provignent & les greffent. On fait ces mêmes opérations à l'égard des oliviers & on façonne l'huile d'olive.

Il faut semer ou transplanter beaucoup de plantes potagères. On plante les artichauts en pied, la mauve, le poireau, &c. On sème la moutarde, l'anet, les ciboules, la menthe, le thym, &c.

Ce livre est terminé par une énumération assez longue des diverses manières de frelater le vin, qui étoient en usage parmi les Grecs.

Travaux du mois de novembre. L'ensemencement le plus considérable se fait au mois de novembre. C'est la véritable saison de semer le froment, le bled, l'orge, les fèves & les lentilles. Au commencement du mois, on peut former les nouveaux prés, planter les vignes, les bêcher, les provigner & les déchausser pour y mettre du fumier. La taille de l'automne tant des vignes que des arbres, doit commencer en novembre, sur-tout dans les provinces où la température du climat permet de faire ce travail.

On trouve encore dans ce livre ce qui concerne la culture du pêcher, de l'amandier & du prunier.

La naissance des agneaux, qui arrive ordinairement au mois de novembre, fournit à l'auteur une occasion de parler de cette espèce de bétail. Dès qu'un agneau sera né, on l'approchera du pis de sa mère, en observant de tirer auparavant avec la main les premières gouttes du lait, qui étant d'une consistance trop épaisse, incommoderoit les agneaux : pendant les deux premiers jours, on enferme les agneaux nouvellement nés, avec leurs mères; passé ce tems, on se contente de les retenir dans des clos obscurs & chauds, où ils restent enfermés pendant que les brebis sont au pâturage. Il suffit pour la nourriture des agneaux, de leur permettre de tetter leur mère le matin, avant qu'elles sortent; & le soir, quand elles viennent des champs : à mesure qu'ils grandissent, on les nourrit dans l'étable avec du son ou de la luserne, ou avec de la farine d'orge; & on continue de leur donner cette nourriture, jusqu'à ce qu'ils aient acquis assez de force & de vigueur pour suivre les brebis aux pâturages.

On tranſplante les grands arbres qui ont pris naiſſance dans des terreins ſecs & expoſés au ſoleil, après avoir élagué leurs branches, ſans toucher à leurs racines; & on hâte dans la ſuite leur accroiſſement, en les fumant beaucoup & en les arroſant ſouvent.

A la fin de ce livre on trouve les préceptes que les Grecs nous ont laiſſés ſur la manière de façonner l'huile & ſur les moyens de corriger ſes mauvaiſes qualités.

Travaux du mois de décembre. Quoique la ſaiſon ſoit bien avancée, cependant on peut encore ſemer le froment, l'*adoreum* & l'orge. Il ſera à propos de couper le bois ce mois-ci: on fera auſſi des pieux, des paniers & des échalas. Ceux qui habitent le rivage de la mer, feront confire dans du ſel la chair des hériſſons de mer, pendant le croiſſant de la lune; puiſque c'eſt le tems où cette planète fait groſſir les membres de tous les animaux que la mer renferme dans ſon ſein, ainſi que ceux des coquillages. On fait des jambons & on ſale les cochons non-ſeulement ce mois-ci; mais dans le courant de tous les mois d'hiver: ſur-tout lorſque le froid eſt rigoureux.

A la ſuite de l'ouvrage dont nous venons de parler, on trouve un petit poëme ſur les greffes, que Palladius avoit adreſſé à Poſiphilus homme très-ſavant. Ce n'eſt, à proprement parler, qu'un catalogue des différentes greffes qu'on peut mettre ſur certains arbres ou arbuſtes; après avoir déterminé quel eſt le but que ſa muſe ſe propoſe, c'eſt-à-dire, de chanter la manière de joindre enſemble par une eſpèce de mariage des arbres différens, afin que leur beauté reſpective venant à ſe réunir, s'accroiſſe & s'étende juſques dans leur poſtérité; il entre ainſi en matière.

Dans l'origine, l'induſtrie des hommes s'eſt portée juſques ſur le règne végétal: elle a inventé l'art de greffer les arbres, c'eſt-à-dire, de faire produire à un arbre quelconque ſur lequel on adapte un germe nouveau, des fruits d'une qualité différente: on connoît trois manières d'inſérer le germe ſur le tronc que l'on veut enter; ou l'on enfonce les greffes entre ſon écorce que l'on ſépare à cet effet; ou on le fend à l'extrémité de ſon tronc pour recevoir la greffe; ou enfin on adapte l'œil verdoyant d'un bouton étranger, à l'un de ſes boutons; de ſorte que celui-ci reſſerre le premier dans ſon ſein gluant.

La branche à fruit de la vigne eſt la première à qui l'on ait appris à ſe marier, afin que la grappe de raiſin fût gonflée par un ſuc étranger. Dès que cette branche eſt adulte, elle nourrit ceux de l'eſpèce qu'elle a reçue; alors un pampre rameux couvre de ſon ombre; un pied de vigne dont le feuillage eſt d'une autre nature que le ſien.

Les rameaux de l'olivier embelliſſent les chênes des forêts: l'olivier sauvage tout stérile qu'il est, féconde celui dont nous recueillons les olives grasses & lui apprend à donner des fruits qu'il n'auroit su produire lui-même.

Le poirier prête sans jalousie ses fleurs de couleur de neige, & s'unit amoureusement à un bois différent du sien. Tantôt il arrache les armes cruelles de ses frères épineux & force les poiriers indomptés de déposer leurs traits; tantôt il produit des pommes & fait fléchir les rameaux du frêne, en le chargeant de nouveaux fruits: uni à l'amandier, il corrige l'amertume de ses fruits, & décore le prunelier sauvage d'un honneur qui lui étoit inconnu. Ses branches entées sur le coignassier offrent une métamorphose merveilleuse; il en naît des fruits, dont la saveur participe des espèces alliées qui les ont produits: il dépouille les fruits du châtaignier de l'écorce piquante qui les enveloppe, & change le poids dont ils sont chargés en un fardeau plus doux: il désarme les nessliers hérissés de dards piquans & les cache sous une écorce lisse: on croit que ses germes s'unissent en grenadier; & qu'étant fécondés, ils donnent des fruits d'un rouge pourpré.

Les *grenades*, qui ne s'associent jamais à des arbres étrangers, multiplient le nombre de leurs boutons en changeant de semence (1).

Le *pommier* greffé sur des branches plus hautes que les siennes, continue à croître & s'identifie avec l'espèce de poirier qu'on lui a associé. Il rend lisses les branches des pruneliers garnis d'épines; ainsi que les chênes armés de piquans & les revêt dans leur adolescence d'une belle chevelure: il remplit d'un suc agréable la petite corme; il se plaît à changer de nom sur des souches de saule & à répandre ses fleurs sur le bord des fontaines; il apprend au bois du platane à rougir, lorsqu'il est chargé d'un fruit nouveau. Le pêcher admire ses ombres auxquelles il n'étoit point accoutumé & la chevelure du peuplier porte des fruits éblouissans par leur blancheur: la nesfle lui obéit; & changeant ses entrailles pierreuses, elle grossit & prend une teinte rougeâtre, tandis qu'elle se remplit d'une liqueur blanche: au lieu d'une coque épineuse que les châtaigniers fournissoient auparavant, ils donnent de nouveaux fruits, qui les embellissent par leur couleur jaune.

Le *pêcher* charge ses branches d'un meilleur germe & fait associer sa nature à celle du prunier. Il couvre d'ombres légères le tronc de l'amandier & devient lui-même plus fort par cette nouvelle alliance.

Le *coignassier*, qui reçoit la greffe de toutes sortes d'arbres fruitiers, ne donne la sienne à aucun: il est si fier, qu'il méprise l'écorce d'un bois étranger, convaincu qu'il n'y a point d'arbre qui puisse ajouter

(1) Cette phrase, qui paroît équivoque, doit s'entendre sans doute, de la greffe d'un individu séparé qu'on ente sur un arbre de la même espèce.

quelque

quelque chose aux honneurs dont il jouit : mais, offrant à ses propres branches des alliances qui ne leur sont point étrangères, il se contente d'ennoblir ses propres individus.

Le dur *nefflier* se greffe sur des pommiers dont le fruit a un goût acerbe.

Les branches du *citronnier* souffrent aussi qu'on leur prête les greffes du mûrier; elles détruisent les piquans dont les poiriers sont ordinairement armés & nourrissent leurs fruits d'un suc odoriférant; c'est-à-dire, pour parler plus clairement : on greffe le citronnier tant sur le mûrier que sur le poirier sauvage, & lorsqu'une branche de citronnier est greffée sur un poirier, cet arbre cesse d'être épineux.

On greffe le *prunier* sur lui-même : & lorsqu'on le force de s'unir au châtaignier, les fruits qui en proviennent n'ont ni piquans ni rien de dur à l'extérieur; mais les branches du châtaignier deviennent épineuses comme celles du prunier.

Le *figuier* détermine les mûres à quitter leur couleur noire, & fait la loi aux branches dont il s'est emparé. Les figues qui viennent sur les platanes se conservent très-grosses sous une écorce plus épaisse. Le figuier reçoit en outre le germe du mûrier; & celui-ci à son tour teint en rouge les hêtres élevés, ainsi que les fruits hérissés du châtaignier.

Le *térébinthe*, dont l'odeur est si agréable, s'allie aux mûriers & procure alors un double avantage; celui de porter du fruit & celui de donner une résine, qui est des plus odoriférantes.

Le *cormier* greffé sur lui-même, donne des fruits plus gros qu'auparavant : cet arbre se plaît à unir son fruit avec le coing doré.

Le *cerisier* se greffe sur le laurier, le platane, le prunier; & il embellit d'un nouvel éclat le feuillage du peuplier.

Un bouton d'*amandier* caché entre l'écorce d'un prunier fendu, donne bientôt des fleurs odoriférantes qui se montrent avant toutes les autres; il change les fruits du pêcher en y ajoutant une enveloppe dure qui leur sert de défense; il arrondit sous une petite forme le fruit du caroubier. Lorsque ses branches sont mariées avec celles du châtaignier, les fruits qui naissent de ce mélange sont lisses, beaucoup plus gros & mieux nourris.

Les *pistaches* croissent encore sur les tiges de l'amandier & acquièrent dès-lors un nouveau degré de perfection.

La greffe du *châtaignier* féconde les saules des rivières & prend une force prodigieuse, lorsqu'il est abreuvé d'une grande quantité d'eau.

Le *noyer* dont la circonférence est si étendue, s'unit avec l'arbousier & rapporte des fruits qui sont en sûreté sous leur double écorce.

Tel est l'abrégé de ce petit poëme, qui n'offre absolument rien de piquant. Il nous semble que Palladius auroit pu se dispenser de recourir aux charmes de la poésie, & qu'il auroit dû plutôt s'exprimer avec plus de clarté, en traitant un sujet aussi simple que celui dont nous venons de parler.

AUTEURS MODERNES.

P. Crescent. A LA RENAISSANCE DES LETTRES, lorsque les ténèbres de l'ignorance & de la barbarie commencèrent enfin à se dissiper, l'Italie contribua d'une manière particulière à opérer cette heureuse révolution. Les Grecs, que l'invasion des Turcs avoit rendus errans & fugitifs, y avoient apporté de Constantinople ce qu'ils avoient pu sauver des débris de l'antiquité: déjà ils avoient répandu parmi leurs nouveaux hôtes le goût des sciences & de la littérature. Protégés, chéris & magnifiquement récompensés par les Médicis, les beaux arts vinrent en foule briller dans leur ancienne patrie. Les trésors que Jules II. avoit laissés en mourant, favorisèrent encore l'inclination libérale de Léon X. & lui fournirent les moyens de signaler son amour pour les sciences & pour les arts, en comblant de largesses ceux qui les cultivoient. Des encouragemens aussi puissans excitèrent bientôt une émulation universelle; le génie prit son essor; la poésie, l'éloquence, la philosophie, l'histoire, l'agriculture; tout reçut une nouvelle vie: mais, tandis que toutes les villes de cette fameuse contrée se disputoient à l'envi la gloire de faire refleurir les sciences & les arts, la ville de Boulogne l'emporta sur toutes les autres par son zèle & par les grands hommes qu'elle produisit. C'est alors qu'elle donna naissance à Pierre Crescent, encore plus illustre par son savoir que par son origine. Il exerça d'abord la profession d'avocat; & après avoir voyagé pendant trente ans pour se dérober aux troubles qui s'étoient élevés dans sa patrie, il revint à l'âge de soixante-dix ans dans le sein de sa famille & composa par ordre de Charles II. roi de Sicile, un ouvrage sur *le ménage des champs*, où il réunit la théorie la plus éclairée à une pratique consommée. Tous les savans de l'université de Boulogne concoururent à la perfection de cet ouvrage, en communiquant à l'auteur leurs connoissances & leurs lumières; il devint en effet le meilleur traité d'agriculture qui eût paru jusqu'alors. Il fut traduit dans presque toutes les langues de l'Europe: Charles V. en fit donner une édition françoise en 1486.

Observations préliminaires. L'ouvrage entier est divisé en douze livres. Le premier traite de la nécessité de reconnoître les lieux qu'on doit habiter. Ces observations doivent rouler sur cinq objets principaux;

la salubrité de l'air, l'exposition des vents, la bonté de l'eau, la situation de la maison & les matériaux nécessaires pour bâtir.

Des plantes en général. Les labours étant sujets à varier selon la diversité des plantes, des lieux & des tems, ces trois articles forment la matière du second livre. Les chapitres qui le composent se succèdent dans l'ordre qui suit. L'auteur parle d'abord des choses qui sont communes à toutes les plantes : comme la température du climat, qui doit être analogue à leur différente nature ; il traite ensuite de la qualité de la terre où elles doivent être plantées : un terrein trop froid ou trop chaud leur seroit également nuisible ; il entre dans quelques détails sur la génération & la naissance des plantes ; sur les parties qui les composent ; sur leur division & sur les altérations auxquelles elles sont sujettes, soit à cause du froid, soit à cause du sol qui les produit, soit enfin à cause des autres accidens qui peuvent survenir.

Nombre des labours. Outre les avantages qu'on retire des plantes tant pour la nourriture de l'homme, que pour le traitement des maladies ou pour le fourrage des bestiaux, elles servent encore à engraisser les champs & à préparer ainsi des moissons abondantes ; mais, pour tirer de cet engrais un parti avantageux, il faut avoir soin de bien labourer la terre. Un cultivateur expérimenté fait ordinairement quatre différens labours. D'abord il ouvre la terre, afin qu'elle soit plus susceptible de recevoir l'influence de l'air & l'humidité : par le second labour, il applanit les champs, afin que la pluie se répande également partout & qu'une partie ne soit point submergée, tandis que l'autre est aride & desséchée : par le troisième, il amalgame la terre avec l'engrais & prépare ainsi le développement & la nutrition du germe. Enfin, le quatrième labour divise la terre & la rend plus ductile : par ce moyen les sucs nutritifs parviennent avec plus de facilité à la racine ; & la racine elle-même étend plus au loin & sans aucune gêne, ses différentes ramifications. Ce règles générales souffrent cependant certaines modifications. Il y a des terres qu'il suffit de labourer deux fois & il y en a d'autres qu'il faut labourer plus de quatre. Le cultivateur doit consulter sur cet objet la nature du terrein & encore plus l'expérience.

Les différentes espèces de bled doivent être proportionnées à la différente qualité des terres. Tous les sols ne sont point également propres à produire le bled. La qualité de la terre annonce l'usage auquel on peut l'employer. Celle qui est grasse & forte, est bonne pour le bled ; celle qui est sèche & maigre, ne peut convenir ni au bled ni aux vignes ; il faut y planter des arbres qui ne produisent point de fruit. Il y a deux manières de corriger la mauvaise qualité d'un terrein, quand il est froid & humide. L'une, en y mêlant une terre argilleuse qui est chaude & sèche de sa nature; l'autre, en y pratiquant des fossés qui attirent les eaux & rendent les champs fertiles.

Dans les terreins bas & marécageux, il faut semer le bled & l'orge: sur les montagnes ou dans les lieux secs & maigres, il faut semer le seigle & l'avoine.

Tems du labour. La manière & le tems de labourer varient suivant la qualité du sol. Les champs gras & secs seront labourés dès le mois de janvier ou de février: ils recevront le second labour en avril ou en mai, lorsque les herbes auront poussé; mais avant que la graine soit parvenue à une maturité parfaite: & on leur donnera le troisième coup de charrue en septembre.

Les champs humides exigent le premier labour en mars ou en avril, lorsque l'humidité est un peu moins considérable; le second en juin ou en juillet; ils doivent être labourés pour la troisième fois & ensemencés en septembre.

Tems de semer. Quant au tems de semer, il faut avoir égard aux phases de la lune. Dans son premier quartier, la lune est chaude & humide comme au printems; dans le second, elle est chaude & sèche comme en été; dans le troisième, elle est froide & sèche comme en automne; & dans le dernier quartier, elle est froide & humide comme en hiver: ainsi, si l'on sème quand la lune est chaude & sèche, la semence, qui reçoit l'influence de cet astre, séchera; & cette douce humidité, qui doit être le principe du développement du germe, sera absolument anéantie: si l'on sème quand elle sera froide & sèche, la semence, privée de la chaleur nécessaire pour faire pousser l'embryon, restera dans l'inertie: si l'on sème lorsque la lune est froide & humide, la semence se pourrira & se corrompra; mais, dans le premier quartier, lorsque la lune est chaude & humide, c'est alors qu'il faut semer. Le germe réunit dans ce moment la chaleur & l'humidité nécessaires pour bien se développer.

Tems des semences. Les grains qu'on emploie pour les semences, ne doivent pas avoir plus d'un an; autrement ils seroient trop secs & ne leveroient point: ceux qui ont pris naissance dans les lieux même où on veut les semer, sont les meilleurs & doivent être préférés à tous les autres.

Situation d'un champ labourable. Après avoir enseigné la manière de planter & d'enter les arbres, Crescent assigne la position la plus favorable pour un champ où l'on veut semer le bled. Suivant ses préceptes, il ne doit être exposé ni aux ardentes chaleurs ni aux froids trop rigoureux. Son aspect le plus avantageux sera celui de l'orient ou du midi. L'auteur termine ce livre par des leçons sur la manière de fermer les vignes, les jardins, & les champs. Il indique aussi des moyens pour contenir le cours des fleuves & des rivières.

Différentes espèces de grains. Dans le troisième livre, il s'agit de l'aire & des greniers où les bleds doivent être enfermés. Il y est fait mention des différentes espèces de grains : de l'avoine, du chanvre, du far, des faséoles, des lentilles, des lupins, du lin, de l'orge, de la milique, du mil, du panis, de la speaulte, du seigle & de la vesce. On y trouve des préceptes lumineux sur leur culture & sur les différens usages auxquels on peut les employer.

Culture de la vigne. La culture de la vigne & la manière de faire le vin, forment la matière du quatrième livre. L'auteur y traite successivement de la vertu des feuilles de la vigne, de la liqueur qui suinte du cep au commencement du printems, des différentes espèces de raisins, de la situation du vignoble, de la qualité du sol qui lui est le plus convenable; il enseigne la manière de planter & d'enter les vignes; comment on doit les fumer & les fouir; il parle du tems où il faut vendanger, du préparatif des vendanges; il donne des recettes pour faire du vin de toute espèce, pour le conserver & corriger ses mauvaises qualités.

Culture des arbres. Le cinquième livre est consacré à la culture des arbres. Ils sont divisés en deux classes. La première renferme les arbres à fruit : comme l'amandier, le coudrier, le cerisier, le châtaignier, le coignassier, le citronnier, le pommier, &c. La seconde classe contient les arbres qui ne donnent point de fruit : tels que le buis, l'*agnus castus*, le cyprès, l'érable, l'épine, le fusain, &c. En parlant de ces espèces en particulier, l'auteur donne la manière de les semer, de les cultiver & d'en faire usage.

Culture des plantes. Le sixième livre a pour objet tout ce qui a rapport à la culture des plantes : les deux premiers chapitres concernent les vertus des plantes en général & la culture du jardin; & les quatre-vingt douze qui les suivent, traitent de tout autant d'espèces de plantes différentes, de leurs usages & de l'emploi qu'on en peut faire, soit pour l'économie domestique, soit pour le traitement des maladies.

Détails sur les prés. On peut diviser en deux parties la matière qui compose le septième livre; l'une concerne les prés & l'autre les bois.

A l'égard des prés, ceux-là sont le mieux situés, qui sont exposés à un air frais & humide. Le froid excessif & la trop grande chaleur leur sont également nuisibles. La terre grasse est la meilleure pour donner des fenaisons abondantes; un terrein maigre en produit moins, mais il est plus odorant & plus savoureux. L'eau de pluie, qui est précédée des éclairs & des tonnerres, est la meilleure pour arroser un pré,

L'eau des marais, qui est claire, chaude & grasse, tient le second rang; & la moins bonne de toutes est celle des fontaines. Veut-on renouveller un pré? Crescent indique la pratique qu'il faut suivre. Labourez, dit-il, plusieurs fois en septembre & octobre, le lieu que vous destinez à ce genre de produit. Après avoir ôté les ronces, les pierres & après avoir brisé les mottes, fumez la terre, avant que la lune soit pleine, & répandez ensuite la semence du foin. Prenez garde sur-tout, que la terre soit toujours légère, afin que le grain que vous aurez semé, ne soit point étouffé. Le tems de faucher les prés, arrive au moment où les fleurs sont dans tout leur éclat & sur le point de se faner; le foin qui est coupé avant le tems de la floraison est plein d'eau & devient peu nourrissant; l'herbe qu'on fauche après que les fleurs sont desséchées, est une nourriture mauvaise & désagréable pour les bestiaux. Si la pluie survient lorsqu'on a fauché les prés, il est à propos de retourner le foin avant que le dessus de la couche, qui a été mouillé, soit sec; & si la pluie continue après qu'on l'a ainsi retourné, le foin n'est bon qu'à faire la litière aux bestiaux.

Préceptes sur les bois. Les bois & les forêts peuvent venir de deux manières; ou naturellement ou par le secours de l'art & de l'industrie. Quand on veut planter un bois, il faut avoir égard à la situation du lieu & à la qualité du sol. Dans les endroits élevés, on doit mettre les châtaigniers & les planter à quarante pieds l'un de l'autre: si la terre est pierreuse, il faut y mettre des chênes & des rouvres; dans un pays chaud & dans une terre grasse, il faut planter les pommiers, les poiriers, les oliviers, les pruniers, les grenadiers. On a remarqué que les coudriers, les coignassiers, les nessliers viennent bien dans les lieux froids & humides; & que les saules, les peupliers & les aulnes se plaisent singulièrement dans les endroits bas & sur le bord des rivières. Si la terre est calcaire, il est bon d'y mettre des ormes & des frênes: on plante sur le rivage de la mer ou dans des terres graveleuses les pins & les sapins.

Les ouvrages d'agrément & les décorations qui étoient en usage pour orner les jardins & les vignes, sont décrits dans le huitième livre.

Observations sur les animaux. L'auteur passe ensuite à un objet qui demande plus de soins; il parle des animaux parmi lesquels le cheval tient le premier rang. Il dit d'abord comment une jument doit être constituée pour être une bonne poulinière; il parle de la naissance du poulain, de la façon de le nourrir, de l'élever, des formes qui constituent sa beauté; il s'occupe avec la même attention des mules, des mulets, des ânes, des bœufs, des vaches, des moutons, des brebis & des chiens: il fait connoître les maladies qui sont particulières à ces différentes espèces d'animaux & les remèdes qu'on doit employer pour les guérir:

il n'oublie ni les garennes, ni les viviers, ni les oiſeaux de baſſe-cour, ni les abeilles ſur leſquelles il donne un aſſez long détail.

Oiſeaux de proie. Le dixième livre eſt compoſé des différentes manières de prendre à la glu, aux lacets, à l'arbalêtre quelques eſpèces d'oiſeaux : comme les éperviers, les autours, les faucons, les émérillons & les aigles : il donne auſſi des ſecrets pour prendre les bêtes ſauvages & les poiſſons.

Récapitulation. Dans le onzième livre, Creſcent récapitule tout ce qu'il a dit dans ſon ouvrage, en ſuivant l'ordre qu'il avoit introduit dans les matières qu'il a traitées.

Enfin, dans le douzième livre, il décrit les travaux qu'un cultivateur doit faire pendant chaque mois de l'année.

Travaux de janvier. Quand on habite un pays chaud, on peut dans le mois de janvier bâtir les maiſons, les étables, &c. couper les arbres qui ſont néceſſaires pour la charpente des bâtimens ; il faut porter le fumier dans les champs, dans les vignes & ſemer les fèves & les veſces. C'eſt le tems de tailler les vignes ; de planter les ſorbiers, les pêchers, les noyers, les amandiers, les pruniers ; il faut auſſi ſemer & enter les arbres qui portent de la gomme, & faire les inſtrumens du labourage ; comme les charriots, les charrues, &c. on doit acheter les bêtes privées, prendre les bêtes ſauvages & tranſporter les mouches à miel d'un lieu dans un autre.

Travaux de février. On porte aux champs, aux vignes & aux jardins, les engrais qui leur ſont néceſſaires ; on sème le froment, le ſeigle, la ſpeaulte, & on diſtribue l'eau dans les prairies. Si le pays eſt chaud, il faut ſemer les avoines, les pois chiches ; c'eſt la ſaiſon la plus propre pour planter les vignes, pour les fumer, les tailler, les provigner ; à moins que la trop grande quantité de neige ou la rigueur du froid n'empêchent d'exécuter ces différens travaux. Lorſque le vent du nord ſouffle & que le ciel eſt ſerein, il faut tranſvaſer le vin foible & le faire cuire afin qu'il ne ſe gâte pas : il convient de tailler les arbres, de ſemer les graines potagères, ſi la terre n'eſt ni trop sèche ni trop molle & de planter les haies & les bois.

Travaux de mars. C'eſt le tems de donner le premier coup de charrue dans les lieux humides ; de nétoyer le froment, l'orge, le mil ; de tailler & de renouveller la vigne ; on doit fouir les arbres, les enter ; travailler au jardin & acheter les beſtiaux dont on a beſoin. Vers la fin du mois, on doit ſemer le chanvre, les fèves & l'avoine.

Travaux d'avril. Il faut dans le mois d'avril ſemer dans les lieux humides, ce que pendant le mois de mars, on aura ſemé dans les endroits ſecs & abrités. On tond les moutons, les brebis & les agneaux hâtifs.

Travaux de mai. On laboure & on tranche les champs qui ſont gras, on donne le ſecond coup de charrue à ceux qui ſont dans des lieux ſecs & arides, on fouit & on ébourgeonne les vignes; on taille les oliviers & on ôte la mouſſe qui s'attache à leurs branches. Les jardiniers ſèment alors la plupart des plantes potagères : on châtre les taureaux; on tond les brebis & on fait le fromage.

Travaux de juin. Un bon économe prépare l'aire, il la nétoie & la couvre de fiente. On moiſſonne l'orge vers le commencement du mois; & à la fin, on coupe le froment dans les lieux froids. Si on a omis de faire quelque travail preſcrit pour le mois de mai, on y ſupplée dans le mois de juin. On ſarcle les vignes; on cueille la veſce & les fèves ſur le décours de la lune.

Travaux de juillet. Les champs qui auront été déjà tranchés, ſeront labourés pour la ſeconde fois. On finira la moiſſon des froments; on ſemera les raves, les navets; on cueillera les amandes & on fouira les vignes.

Travaux d'août. Vers le commencement du mois, on sème après la première pluie les navets, les raves, les lupins; & dans les climats chauds, on arrache à la fin d'août le lin & le chanvre. On prépare tout pour les vendanges.

Travaux de ſeptembre. C'eſt la ſaiſon de donner le troiſième labour aux champs qui ſont ſitués dans des terreins gras, de les fumer & d'enſemencer ceux qui ſont dans des lieux élevés. Vers l'équinoxe, on sème le froment & la ſpeaulte; dans ce tems-là on sème le ſeigle ſur les montagnes; on cueille les raiſins, on sèche les grappes que l'on veut garder & on fait le vin doux. Si les fruits ſont mûrs, on les ramaſſe; & on fume les jardins qu'on doit enſemencer au printems.

Travaux d'octobre. On fume les champs. Dans les lieux humides, on sème le froment, le ſeigle, l'orge, la ſpeaulte : on délace la vigne pour couper les racines ſuperflues; on plante les oliviers, les pommiers, les pruniers & les autres arbres fruitiers. Les jardiniers plantent auſſi les herbes d'hiver, comme les épinards, les chardons, &c.

Travaux de novembre. Dans les pays chauds, on sème en novembre le froment, l'orge & le ſeigle; on fouit les nouveaux plants des vignes; on cueille les olives; on taille les oliviers, les neſfliers, les figuiers; on plante les arbres & on coupe le bois. C'eſt le tems de l'accouplement des béliers & des brebis, des boucs & des chèvres.

Travaux de décembre. Pendant ce dernier mois de l'année, on sème les fèves qui viennent au printems; on retaille les bois; on coupe les perches & les échalas pour les vignes; on ramaſſe les joncs pour faire les corbeilles, les paniers. C'eſt auſſi la ſaiſon où l'on prend les bêtes ſauvages.

Après

Après ce calendrier des travaux rustiques dont nous ne donnons ici qu'un abrégé, on trouve un petit traité sur la manière de planter, d'enter & de cultiver les arbres que produit l'Italie.

Au commencement du seizième siècle, Charles-Etienne, docteur en médecine de la faculté de Paris, donna en différens tems plusieurs petits traités sur le jardinage, sur la culture des arbres & sur d'autres objets relatifs à l'agriculture, qui lui acquirent une grande réputation. En 1529, il les réunit en un corps d'ouvrage & les publia sous le titre de *prædium rusticum*. Tel est l'ordre qu'il suit dans la distribution de son livre : il parle d'abord des jardins, des arbres, des vignes, des champs, des prés, des lacs, des forêts, des vergers & des collines. Dans la suite ayant donné en mariage Nicole-Etienne sa fille à Jean Liebault, médecin de la faculté de Paris, il travailla conjointement avec lui à faire connoître les ouvrages des auteurs rustiques & ils publièrent un traité d'économie rurale connu sous le nom *d'agriculture & maison rustique de M. Charles-Etienne & Jean Liebault, docteurs en médecine*. La première édition parut en 1574. Ch.-Etienne & J. Liebault.

Division générale. Cet ouvrage est divisé en sept livres. Dans le premier, les auteurs parlent de la situation de la maison de campagne & de ses appartenances ; ils suivent à-peu-près le même ordre pour la construction des bâtimens, que Caton avoit tracé dans son agriculture ; ils traitent des qualités du fermier, des occupations de sa femme & de ses gens, des soins qu'exigent le bétail, les volailles & les autres animaux domestiques. Dans la division des matières, ils se conforment au plan que prescrit le terrein, & à la distribution ordinaire qu'on suit à la campagne, c'est-à-dire, qu'ils regardent la maison comme le centre de toutes les occupations rustiques. Ils parlent donc, en premier lieu, de la maison ; ensuite ils s'occupent du jardin & des plantes qu'il doit contenir : ils recommandent de former deux jardins, dont ils fixent la position. Le potager doit être placé vers le soleil levant ; il doit être entouré d'une haie-vive & garni, non-seulement des herbes potagères dont ils enseignent la culture ; mais encore des herbes médicinales dont ils expliquent les vertus & les propriétés. Vers le couchant, ils placent le jardin à fleurs avec ses ornemens & ses parterres embellis d'arbres étrangers. C'est la matière du second livre.

Dans le troisième livre, il est question de la culture du verger & de chaque espèce d'arbre en particulier. Ici ils placent les sauvageons ; là, ils mettent les arbres transplantés. Enfin ils enseignent diverses manières de distiller les eaux, les huiles & de faire les cidres.

Prairies. Tout auprès du verger, le long d'un ruisseau, ils forment un petit pré pour le pâturage ; à côté ils plantent l'oseraie, l'ormaie, l'aulnaie, la saussaie ; au-delà, ils font creuser les étangs & les viviers ;

viennent ensuite les grands prés pour la provision & le revenu de la maison. Tous les préceptes relatifs à ces objets sont le sujet du quatrième livre.

Champs. Les terres situées entre le midi & le septentrion, sont destinées à la culture des grains : c'est le sommaire du cinquième livre. On y apprend la manière de mesurer les terreins, de les labourer, de les ensemencer & comment il faut proportionner à chacun les espèces de grains qui leur conviennent. Il y est aussi question de la boulangerie.

Vignoble. Ils ordonnent de planter les vignes dans les endroits les plus exposés au midi & abrités contre les vents du nord. Ils donnent des préceptes sur la culture de la vigne, sur les vendanges & sur la manière de faire le vin commun & le vin médicinal. Ce sixième livre est terminé par une énumération des différentes espèces de vin qu'on fabrique en France.

Garenne. Dans le septième & dernier livre, ils tracent l'emplacement de la garenne, qui doit être sur une colline entre le septentrion & l'occident. Au-dessus il faut planter les bois taillis & de haute-futaie : de-là ils prennent occasion de parler de la charpente ; ils font mention du parc pour les bêtes sauvages & de leur chasse ; mais ils passent légèrement sur cet article, en observant qu'un ménager doit s'occuper de choses plus importantes. Enfin ils parlent des oiseaux & de la manière de les prendre.

Nous n'avons pas cru devoir entrer dans de plus grands détails sur cet ouvrage, qui ne paroît être qu'une compilation de ce que nous avons trouvé dans les auteurs Grecs & Latins. Les préceptes qui y sont réunis, quoiqu'ils n'offrent rien de nouveau, sont adaptés au terrein national ; sous ce rapport, ils deviennent encore plus intéressans.

Olivier de Serres.

On ne peut se rappeller les premières années du règne de Henri IV. ni lire l'histoire de ces tems orageux, sans être touché des malheurs qui en furent la suite. La nécessité où se trouva ce bon roi de faire la guerre à ses sujets pour se soutenir sur le trône où sa naissance l'avoit appellé, étoit aussi contraire à l'amour qu'il avoit pour ses peuples, qu'elle fut nuisible à la prospérité de l'état. Les campagnes privées des meilleurs cultivateurs par le funeste fléau des guerres civiles, les champs abandonnés ou foulés par les incursions des troupes, n'offroient de toutes parts qu'un spectacle également triste & désolant ; mais enfin à ces guerres intestines succédèrent le calme & la concorde : ces tems de trouble & de dissention furent bannis à jamais & tout le royaume recueillit au sein de la paix les fruits d'un gouvernement plein de sagesse. Dès-lors les François se livrèrent sans réserve à ce louable penchant qu'ils ont toujours eu pour leur roi, qui ne s'occupa désormais que des moyens de réparer les anciens malheurs & de rendre ses peuples heureux. Ses vues se portèrent d'abord sur le point le plus important de l'administration, sur l'agriculture : le grand Sulli, dont le nom vivra à jamais dans les annales de la France, fit de sages réglemens sur cet objet & le peuple ne tarda pas à se ressentir des encouragemens que le prince & le ministre donnèrent à l'agriculture. On peut juger des progrès de cet art par l'ouvrage qu'Olivier de Serres, seigneur de Pradel en Languedoc, dédia au roi en 1606. Ce livre est encore le plus complet de ceux qui ont paru sur le même sujet. L'auteur trace dans la préface le plan général de son ouvrage, qui est composé de huit *lieux*. 1.° Il instruit d'abord le père de famille sur les observations qu'il a à faire pour connoître le terrein qu'il veut acquérir, sur la manière de se loger & de bien conduire son ménage.

2.° Le pain étant le principal aliment de l'homme, il lui apprend comment il doit cultiver la terre, afin d'avoir toutes sortes de bleds, & de légumes pour l'entretien de sa famille.

3.° Le manger n'est point le seul besoin auquel l'homme soit indispensablement assujetti, il est encore nécessité à boire ; or parmi toutes les boissons dont il peut faire usage, le vin tient sans contredit le premier rang par les effets salutaires qu'il procure, lorsqu'il est pris avec modération ; l'auteur donne donc des préceptes sur la manière de planter & de cultiver la vigne, de faire le vin & les autres boissons qui se rapportent à celle-ci.

4.° Parce que le bétail apporte un grand profit au cultivateur, & qu'il en retire tout ce qui lui est nécessaire pour se nourrir & s'habiller, l'auteur recommande d'avoir des prés & des pâturages suffisans pour entretenir de nombreux troupeaux ; il enseigne au métayer la manière d'élever toutes sortes de quadrupèdes.

5.° Pour fournir de la viande au cultivateur, il dresse le poulailler, le pigeonnier, la garenne, le parc, l'étang, le rucher ; & pour le faire jouir de tous les avantages de la nature, il décrit tout ce qui lui est nécessaire pour s'habiller & se meubler pompeusement. Les vers à soie & la culture du mûrier, qui fournit la nourriture à ces insectes, ne sont point oubliés dans cet article. A ce sujet il enseigne encore l'utilité qu'on peut retirer de l'écorce des arbres en l'employant à faire des cordages & des toiles pour le service de la maison.

6.° Afin de joindre l'agréable à l'utile, l'auteur donne des préceptes sur la culture & l'embellissement du jardin. Il doit y avoir une source d'eau vive, des herbes, des fruits & des plantes médicinales. Il donne aussi le plan d'un verger où croîtront toutes sortes de fruits. Il recommande de planter du safran, du lin, du chanvre & il enseigne comment il faut cultiver ces plantes.

7.° L'eau & le bois sont deux objets indispensables pour le service du ménage; il instruit le père de famille sur le moyen de se les procurer : ainsi que les autres choses qui sont nécessaires pour vivre avec agrément.

8.° Enfin il exhorte la ménagère à tenir sa maison fournie de tout ce qui entre dans la consommation journalière & à faire des provisions de toutes les denrées qu'elle doit employer dans le cours de l'année. Il lui donne des recettes pour confire toutes sortes de fruits, de fleurs, de racines & d'écorces : il lui apprend à faire les distillations, & il lui indique des remèdes pour toutes sortes de maladies, même pour le traitement des bestiaux : enfin ce bon père de famille ayant besoin d'un amusement honnête, qui lui procure quelque délassement, il parle de la chasse & des autres exercices convenables à un homme.

Telle est l'analyse générale de cet ouvrage; nous allons maintenant parcourir les articles qui nous ont paru les plus importans.

Lieu premier. Olivier de Serres instruit d'abord le père de famille de tout ce qu'il doit faire après avoir acquis un domaine. Ses préceptes se réduisent, 1.° à bien connoître le terrein qui doit le nourrir, & à le diviser selon ses différentes qualités. 2.° A bien distribuer son bâtiment pour y habiter commodément avec les siens. 3.° A bien conduire sa famille, à se comporter avec sagesse & prudence au dedans & au dehors de sa maison : & 4.° enfin, à prendre une connoissance exacte des saisons qui conviennent à chaque opération rurale.

Qualités du terrein. L'auteur distingue deux espèces de terres, les argilleuses & les sablonneuses, qui produisent par leur mêlange la fertilité ou la stérilité, l'abondance ou la disette. Selon que le sable ou l'argile se trouve en plus grande quantité, la terre est pesante ou légère, dure ou molle, forte ou foible, humide ou sèche.

La couleur peut aussi indiquer la qualité du sol; mais ce signe est équivoque. La terre noire est la plus estimée, pourvu qu'elle ne soit point marécageuse ni trop humide; la cendrée, la tanée, la rousse viennent après : la blanche, la jaune, la rouge tiennent le dernier rang.

Outre les épreuves que Virgile, Palladius & les autres anciens indiquent dans leurs ouvrages & que notre auteur rapporte dans le sien, il ajoute, que, puisque la terre de la superficie d'un champ est regardée unanimement comme la meilleure, il s'ensuit que plus elle sera profonde, plus le terrein sera bon.

Situation la plus avantageuse. Une terre peut être située sur la montagne, ou dans une plaine, ou sur un côteau. Un domaine qui est situé sur une montagne ne peut fournir que des pâturages pour les bestiaux, le bois nécessaire pour le chauffage de la maison & la charpente des édifices : le bled ni les vignes n'y donneroient presqu'aucun produit. La plaine retient long-tems les eaux, ce qui rend le travail pénible & extrêmement difficile. La position du côteau paroît la plus favorable, elle tient le milieu entre les deux extrêmes : les froids n'y sont point rigoureux ni les chaleurs excessives.

Les terres considérées relativement à leurs productions, donnent tantôt des herbages, tantôt du bled, tantôt des raisins. Un bon ménager doit régler sur cette observation le partage qu'il a à faire, & n'exiger de chaque division que le genre de produit qui paroît le plus analogue à la qualité du terrein.

Division du bâtiment. Toutes les dimensions du bâtiment champêtre sont tracées dans le livre d'Olivier de Serres avec beaucoup d'intelligence & de précision : nous avons eu occasion de parler de cet objet dans l'analyse de quelques autres ouvrages.

Devoirs du père de famille dans l'intérieur de sa maison. Le cultivateur ne pouvant suffire à tous les travaux du dedans & du dehors, il choisira une femme sage & vertueuse qui partagera avec lui les soins du ménage. Les enfans qui naîtront de ce mariage, instruits de bonne heure dans la pratique de la vertu, seront respectueux envers leurs parens ; ils leur donneront de la joie & de la satisfaction dans leurs beaux jours & seront encore leur appui & leur consolation dans la vieillesse.

A l'égard des domestiques, le père de famille les traitera avec douceur & modération. S'il s'élève quelque démêlé entr'eux, il sera leur pacificateur. Pour les encourager au travail, il donnera des éloges à ceux qui seront diligens & blâmera ceux qui ne s'acquitteront pas exactement de leurs devoirs.

Lorsqu'il trouvera l'occasion d'obliger ses voisins & ses amis, il s'y prêtera de bonne grace ; il doit éviter soigneusement tout ce qui pourroit troubler l'harmonie qui doit régner parmi eux ; les visites fréquentes qu'il leur rendra entretiendront la bonne intelligence : enfin, il se conduira toujours à leur égard avec un désintéressement généreux.

Connoissance des saisons. Afin qu'il ne manque au père de famille aucune connoissance importante, il doit apprendre quels sont les tems les plus convenables pour chaque opération rurale & l'influence des astres sur les productions de la terre. Cette étude est d'autant plus nécessaire, que, prévenant les changemens du tems, il disposera ses travaux de telle manière qu'il ne sera jamais surpris ni par le vent ni par la pluie. Il est certain que le soleil, la lune & les astres influent singulièrement sur les choses terrestres ; c'est une vérité généralement reconnue & attestée par plusieurs phénomènes ; elle est indiquée par le flux & le reflux de la mer, par la moëlle des os des bœufs, des moutons & des autres animaux; ainsi que par la chair des poissons à écaille qui croissent & décroissent avec la lune; les fourmis cessent de travailler, quand la lune est en conjonction avec le soleil; plusieurs plantes, comme l'héliotrope, la chicorée, le lupin, suivent le cours du soleil avec tant de régularité, qu'on peut en les voyant connoître les heures du jour. D'après ce principe, il est certaines choses qu'il faut faire dans la nouvelle lune & d'autres qu'il convient de faire lorsque cet astre est sur son décours. Il est vrai cependant qu'on n'est pas d'accord sur cette matière, à cause de la diversité des sentimens qui règnent parmi les hommes: en France, par exemple, dit Olivier de Serres, on fait certaines opérations dans la nouvelle lune, qu'on n'oseroit entreprendre en Languedoc que lorsqu'elle est sur son déclin. La différence du climat introduit des pratiques nouvelles; mais il est quelques travaux sur lesquels on s'accorde unanimement: ainsi, on ordonne la coupe du bois pour les bâtimens sur le décours de la lune: on prescrit de faire la mouture du bled, dont on doit garder les farines, & la taille des vignes languissantes, dans la nouvelle lune; celles au contraire qui sont fortes & vigoureuses, ne doivent être taillées que lorsque la lune est vieille.

A la fin de ce *lieu*, l'auteur recherche s'il est plus avantageux de faire valoir par soi-même son domaine, que de le bailler à un fermier; il indique les différentes manières de l'affermer, & les conditions du bail; il fait ensuite l'énumération des qualités que doit avoir un fermier. Il doit être homme de bien, loyal & de bon compte; il n'aura pas moins de vingt-cinq ans ni plus de soixante; il est important qu'il soit marié avec une femme sage & vertueuse: ses qualités morales consistent à être industrieux, sobre, diligent, laborieux, n'aimant ni les procès ni la bonne chère, ni le vin: pour le rendre plus attaché à son maître, il est expédient qu'il n'ait aucun fonds de terre en propriété; mais seulement de l'argent en bourse.

Second lieu. Le moyen le plus sûr d'être abondamment pourvu de toutes sortes de grains, c'est de disposer la terre à ce produit par une culture bien entendue. Le métayer doit donc labourer, engraisser, ensemencer les champs, les sarcler, faire la moisson & serrer les bleds dans les greniers.

Il faut éloigner ce qui nuit à la culture. La première attention du métayer doit se porter sur trois objets principaux, qui nuisent à la culture des terres; savoir, les arbres, les pierres & les eaux. Il est facile d'éloigner ces trois obstacles. On coupe les arbres qui sont mal situés ou on les arrache; le bois sert pour la construction des édifices, ou pour le chauffage de la maison; on peut cependant en laisser quelques-uns sur les lisières des champs ou sur le bord des chemins.

Il est facile de débarrasser un champ des pierres en les transportant dans des vallons ou des fondrières voisines. Il est beaucoup de personnes qui ramassent les pierres nuisibles dans quelques endroits d'un champ; & là, ils les entassent en monceaux, aimant mieux perdre une partie du terrein, que si toute la surface du champ en étoit endommagée. Il vaut encore mieux faire une fosse profonde & les y déposer, que de perdre une partie quelconque de terrein, quelque médiocre que soit sa qualité.

Pour dessécher les terres inondées, il faut creuser des fosses, qui attireront toutes les eaux restagnantes; mais si le champ est arrosé par des fontaines ou des sources d'eau croupissante, les fossés qu'on feroit sur le bord des terres ne suffiroient pas: alors il faudroit faire creuser une grande fosse où viendroient aboutir plusieurs petits canaux dont les ramifications s'étendroient jusqu'à la partie la plus éloignée du marécage.

Opérations qui doivent précéder le labour. Toutes les terres étant, suivant le sentiment de l'auteur, mêlangées de sable & d'argile, il donne le moyen de corriger les vices qui résultent de la mauvaise qualité du sol: les terres argilleuses seront amendées en y mêlant du sable; & les sablonneuses en y mêlant de l'argile. Par ce moyen le terrein, qui étoit auparavant difficile à cultiver & presque stérile, devient susceptible de culture & acquiert un nouveau degré de fertilité. Quand on a dans son domaine des terres laissées en jachère, des landes & des lieux couverts d'arbustes qui ne donnent aucun revenu, il faut les employer à d'autres usages. Si le lieu est plat ou pendant, on doit le rendre propre au labourage: pourvu qu'il ne soit pas trop chargé de pierres & de rochers d'une grosseur démesurée; dans ce cas les arbrisseaux seront coupés, séchés & brûlés sur le lieu même qui les a nourris. Cette préparation rendra la terre légère & propre à produire du bled.

Les vieilles prairies ne sont pas difficiles à défricher: lorsqu'elles sont aquatiques, il faut les dessécher & les rompre; on doit préalablement considérer si on a assez d'herbages pour nourrir ses troupeaux. Ces espèces de défrichemens se font au soc, ensuite on brûle la motte ou le gazon & la terre ainsi renouvellée par le feu reçoit des forces nouvelles. Après avoir étendu les cendres, on laboure la terre fort légèrement avec le soc ordinaire, afin d'amalgamer la terre crûe avec la cuite: le second labour doit être plus profond; ainsi que le troisième. La défriche étant finie dans le mois de juin, aussi-tôt qu'il surviendra une bonne pluie, on y semera du millet, des raves, des navets: au mois d'octobre suivant, on y mettra du seigle ou du froment: & les trois années suivantes, on y semera tels bleds d'hiver que l'on voudra.

Variétés pour le labourage. Les pratiques du labourage ne sont pas par-tout les mêmes: elles varient suivant la différence des climats, soit quant au bétail qu'on emploie, soit quant aux outils, soit quant aux semences Ici on laboure avec des bœufs, là avec des chevaux; dans quelques provinces avec des mulets & dans les autres avec des ânes. Tantôt la charrue à roues est traînée par quatre, cinq ou six bêtes; tantôt, le coutre sans roues est tiré par deux bêtes seulement. Les uns attachent le joug aux cornes des bœufs, les autres à la tête & d'autres au cou.

Les bœufs sont les animaux les plus propres au labourage, étant plus forts, plus faciles à nourrir & moins sujets aux maladies. On doit néanmoins se servir indifféremment des différentes espèces d'animaux que nous venons de nommer, lorsque le terrein ou les circonstances l'exigent.

Tems du labour. On doit commencer à labourer de bonne heure, afin de n'être pas contraint de finir tard; en observant toutefois que la terre ne soit ni trop sèche, ni trop humide: dans le premier cas, on lui ôte le peu d'humeur qui lui reste & elle est incapable de faire germer les semences: dans le second, elle est d'un travail difficile & se durcit comme une pierre.

Le laboureur expérimenté ne touche pas non plus à ses champs pendant les froids rigoureux de l'hiver. Indépendamment que ce froid pourroit nuire à la qualité des terres, il arriveroit encore qu'il casseroit ses outils & se mettroit en danger de perdre son bétail. Le tems le plus avantageux pour le labourage, c'est lorsque la saison est tempérée.

Les champs de relai qu'on laisse reposer une année, pour les faire travailler ensuite, recevront le premier coup de charrue vers le tems de la moisson; le second appellé *binage*, avant Noël; & le troisième, vers le mois de mars.

Différentes espèces de fumier. Il est certain que le fumier a été regardé de tout tems comme le moyen le plus puissant pour ranimer les principes de la végétation. C'est du fumier que procède cette grande fertilité qui fait produire à la terre toutes sortes de fruits.

Le fumier du colombier est le premier & le meilleur de tous, parce qu'il est le plus chaud; mais il faut qu'il soit tempéré par l'humidité; sans quoi il brûle tout ce qui l'approche.

La fiente des volailles vient après, excepté celle des oiseaux aquatiques, tels que les canards, les cignes, &c. ensuite celle des moutons, brebis,

brebis, chèvres, chevaux, mulets, bœufs, ânes, pourceaux; que l'on augmente avec des pailles & les feuilles qui servent de litière au bétail.

Les fèves & les lupins sont aussi beaucoup estimés pour engraisser les terres.

La marne ne doit pas non plus être oubliée. Pline fait grand cas de cette espèce de fumier, dont on faisoit usage de son tems.

Les cendres de fournaise à tuiles, à chaux, à charbon; les poussières qu'on ramasse dans les chemins; les sciures du bois; les immondices des bâtimens; les dépouilles des jardins; les troncs des choux; les feuilles sèches de melon, concombre, courge, &c. sont bonnes pour fumer les terres. Les sommités du buis sont employées pour engraisser les vignes & les oliviers.

Tous les fumiers doivent être mis en terre dans le croissant de la lune. Les plus pourris & les menus serviront pour les prairies; on mettra les moyens dans les terres à grain & dans les vignobles; on réservera les plus grossiers pour les prés que l'on veut former.

Remarques sur les semences. Le choix des semences mérite une attention particulière. Le père de famille doit considérer, quels sont les grains qui fructifieront le mieux dans son terrein, pour les préférer aux autres. Engénéral, quelle que soit l'espèce de grain qu'on a à semer, il faut qu'il soit d'une belle couleur, lisse & pesant. Il y a une épreuve qu'il faut faire pour connoître quelles sont les meilleures semences : on jette dans un vase plein d'eau les graines que l'on veut semer : alors les bonnes tombent au fond du vase & les mauvaises nagent sur la surface. La mesure des terres n'étant pas la même dans tous les pays, non plus que la qualité du sol, on ne peut fixer la quantité de semence, ni l'époque précise du tems où il faut la confier à la terre. Le laboureur saura seulement qu'il faut moins de semence à une terre grasse qu'à une maigre, & qu'il faut ensemencer les champs froids & humides, avant ceux qui sont secs & situés dans des lieux chauds ou tempérés. Après avoir labouré les terres à bled vers le commencement de septembre, il faudra y jetter la semence dans les premiers beaux jours qui suivront.

Le seigle est celui de tous les grains qui veut être semé le premier : on le sème ordinairement vers la fin d'août. Les orges viennent après; ensuite les fromens mérels & les avoines d'hiver.

Les toiles des araignées qu'on trouve dans les champs & la chûte des feuilles des arbres, annoncent la saison des semailles.

La semence sera répandue avec le plus d'égalité qu'il sera possible; il faut la couvrir de deux à trois doigts de terre seulement.

Lorsque le mauvais tems a empêché de finir commodément les semailles d'automne, on les fait à la fin de l'hiver ou au commencement du printems. Si le climat est chaud, on sème le froment appellé *primano*, le seigle *tremeze* & l'orge *paume*, à la fin de décembre ou au commencement de janvier; s'il est tempéré, on sème ces espèces de grains à la fin de janvier ou au commencement de février; & s'il est froid, on les sème dans le courant de mars, immédiatement avant les avoines. A l'égard des légumes, ceux qui n'auront pas été semés en automne, seront mis en terre après Noël, en suivant l'ordre que voici: on semera d'abord les fèves, ensuite les pois, les lentilles, les faséoles, les gesses, les vesces, les orobes, les lupins, le riz & le millet.

Tems de sarcler les bleds. Quand les mauvaises herbes auront pris tout leur accroissement, il faudra sarcler les bleds. Les anciens ont eu différentes opinions sur cet objet: les uns ont prétendu qu'on ne devoit jamais sarcler les bleds, à cause du danger qu'on couroit de découvrir ou de couper les racines; les autres, au contraire, ont regardé cette opération comme indispensable pour avoir une abondante moisson.

Tems de la moisson. La fin & le terme de la culture des terres, c'est la moisson; récompense attendue avec impatience & digne à tous égards du travail du laboureur. Il faut couper les bleds lorsqu'ils sont mûrs. Cette maturité s'annonce par la couleur des bleds qui sont jaunes & par la consistance des grains, qui sont durs & affermis. Si l'on pouvoit accélérer ou retarder à son gré le tems de la moisson, il ne faudroit la faire que sur le déclin de la lune & seulement au commencement & à la fin du jour, lorsque le soleil est prêt à se lever ou à se coucher; mais il ne faut pas suivre à la rigueur ce précepte: attendu qu'il y a des circonstances où l'on ne peut avancer ou retarder la moisson, sans encourir une perte considérable.

Il ne faut lier les gerbes que le matin avant le lever du soleil: le grain se conservera mieux.

Si on étoit obligé de couper le bled avant qu'il fût mûr, il faudroit lier les javelles aussi-tôt après les avoir coupées & entasser les gerbes l'une sur l'autre pour y rester pendant tout le jour. Le lendemain au soir, on éparpilleroit les gerbes pour leur faire recevoir la rosée de la nuit; le matin, elles seroient amoncelées de nouveau: & on continueroit ainsi pendant deux ou trois jours, au bout desquels les gerbes s'échaufferoient & finiroient de mûrir.

Après avoir moissonné, il est question de faire sortir le grain de la paille. On connoît deux manières de faire cette opération; l'une, de battre; l'autre, de fouler les gerbes. L'auteur décrit l'une & l'autre, sans en adopter aucune.

Greniers à bled. Il ne suffit pas d'avoir recueilli le bled, il faut encore pourvoir à ce qu'il se conserve dans les greniers. A cet effet, il y a certaines personnes qui les placent au bas de leurs maisons & les autres au plus haut, après avoir enfermé le bled dans des caisses; mais il est à craindre qu'en mettant le grain au rez de terre, il ne contracte de l'humidité & qu'en le plaçant dans les appartemens les plus élevés, il ne se dessèche trop & ne se corrompe. On peut prévenir ces deux inconvéniens, en mettant le grenier au milieu du bâtiment.

Troisième lieu. Le boire étant après le pain l'aliment le plus nécessaire à l'homme, l'auteur donne des préceptes sur les boissons, qu'il divise en deux classes; les naturelles & les artificielles. Parmi les boissons naturelles dont il s'occupe uniquement, le vin tient le premier rang. Il parle des différentes qualités du vin, des lieux les plus célèbres pour le vin & du profit de la vigne; il passe ensuite à la culture des vignes, il assigne le lieu, la situation qui leur sont les plus avantageuses; le tems où il faut les planter suivant leurs différentes espèces; la manière de les enter & de les guérir de leurs maladies; il s'occupe de la préparation de la vendange, de la cueillette des raisins, des différentes recettes pour faire le vin de ménage, les vins trempés & autres; de les éclaircir & de les diversifier en couleur ou en saveur. Il donne aussi plusieurs méthodes pour faire les vins cuits, le raisiné, le verjus, le vinaigre; il enseigne comment il faut s'y prendre pour conserver les raisins & faire des *passerilles;* enfin, il traite des vins pour la boisson & pour la vente.

Tems pour planter la vigne. Les anciens & les modernes s'accordens tous sur ce point: savoir, que dans les pays chauds, il faut planter la vigne immédiatement après la vendange, lorsque les feuilles sont tombées, c'est-à-dire, depuis le commencement d'octobre jusqu'à la mi-novembre: dans les lieux froids & humides, on doit les planter depuis la fin de février jusqu'au commencement de mai: & dans les climats tempérés, en l'une ou l'autre saison; même entre les deux, pourvu que le tems soit favorable.

Après avoir planté la vigne & avoir ôté les pierres qu'on aura tirées du centre de la terre, il faut applanir le sol & tailler les nouveaux plants à quatre ou cinq doigts de la racine, n'y laissant que deux bourgeons qui serviront de fondement aux pampres à venir.

Tems pour tailler la vigne. Après le froid de l'hiver, on taillera la nouvelle vigne dans un beau jour serein. Elle sera préalablement déchaussée par une fossette qu'on creusera à l'entour de chaque cep. Pendant quatre ans de suite, elle sera taillée sur le déclin de la lune, afin qu'elle mette des racines: si on la tailloit lorsque la lune seroit nouvelle, elle monteroit trop & resteroit foible du pied. La seconde année, on doit la tailler fort court, de façon qu'il n'y ait qu'un œil le plus proche du tronc; à la troisième, on donnera au jeune cep un bourgeon de plus : & ainsi de suite jusqu'à la quatrième ou cinquième année ; alors on la taillera pour avoir du fruit : & comme ordinairement le bourgeon qui est à la tête de la branche est le plus chargé de fruit & que celui qui est vers le tronc en produit moins ; compensant l'un avec l'autre, il faut leur donner trois œils : car puisque le premier qui tient au bois dur & qu'on nomme *agassin* ne porte rien, il faut que les deux autres qui suivent, suppléent à son défaut.

Tems de labourer la vigne. Après avoir taillé la vigne, il faut la labourer. Cette première façon, à la main ou au soc, se fait dans le mois de mars ou au commencement d'avril, avant que les vignes bourgeonnent : on doit donner la seconde façon, dite biner, lorsque les pampres sont déjà forts & que les raisins commencent à paroître, c'est-à-dire, vers le quinze de mai. Ce labour se fait après la pluie & l'on se sert du hoyau. On ne doit pas attendre que les raisins soient en fleur, parce qu'immanquablement on les feroit couler par l'ébranlement du cep. La dernière façon se donne immédiatement après les vendanges, pour fortifier & augmenter le produit de la vigne.

Tems d'épamprer la vigne. Dans le même-tems qu'on est occupé à *biner*, on épampre les vignes. Les têtes de rapport débarrassées des rejettons superflus, fournissent une nourriture plus abondante aux raisins.

Tems de couper la cime des sarmens. La raison s'accorde ici avec l'expérience : il est certain que les raisins grossissent davantage, quand vers la fin de mai ou au commencement de juin, on coupe le bout des branches qui les supportent.

Tems de fumer la vigne. Vers Noël, c'est la véritable saison de fumer la vigne, si elle est trop maigre. Les meilleurs fumiers sont ceux des pigeons & des volailles. Les vignes qui ont été ainsi fumées donnent plus de vin & de meilleure qualité. On sait que le vin se ressent toujours de l'espèce d'engrais qui a été employé pour fumer les ceps ; c'est pourquoi il ne faut jamais faire usage du fumier puant & trop pourri, qui communique un mauvais goût aux raisins.

Quatrième lieu. Ici l'auteur traite de l'entretien des quadrupèdes, qu'il divise en deux classes ; le gros & le menu bétail.

Le gros bétail est sous-divisé en deux ordres, celui qui sert à la nourriture de l'homme & qui comprend les bœufs, les vaches, les veaux ; & celui qui doit partager seulement ses travaux avec lui & être employé à son service, tels que les chevaux, les mulets & les ânes.

Il a suivi la même division pour le menu bétail : les moutons, les brebis, les agneaux qui servent à la nourriture & au vêtement de l'homme, forment le premier ordre : les bêtes à poil, les chèvres & les porcs, qui sont destinés uniquement à le nourrir, composent le second ordre. Il parle d'abord de leur entretien général & ensuite il traite de chacun de ces animaux en particulier.

Dans l'analyse des ouvrages précédens, nous avons assez parlé du soin qu'exige le gros & le menu bétail; le seul article dont nous n'avons presque pas fait mention & qui se présente ici, c'est la préparation du lait.

Préparation du lait. La diversité des saisons produit une différence considérable dans la préparation du lait. Dans les froids de l'hiver & pendant les chaleurs de l'été, il est plus difficile à façonner: la température du printems & de l'automne est plus favorable à cette opération. En été, il faut mettre le lait dans un lieu frais pour le faire cailler; en hiver, dans un lieu chaud; au printems & en automne, dans des endroits tempérés. Pendant les froids rigoureux de l'hiver, les ménagères accélèrent la coagulation du lait en l'exposant à un feu modéré.

Pour faire cailler le lait, on emploie la presure des chevreaux, des agneaux, des veaux: ou bien, on se sert de la fleur du chardon *privé*, de la graine du chardon beni, du lait de figuier, de la racine d'ortie. Quand on veut donner un goût agréable aux fromages, on ajoute un peu de safran, de gingembre & de poivre pulvérisés: on met le tout dans une vessie, qu'on remplit de lait & on la laisse ainsi jusqu'à ce que l'on s'en serve.

Manière de faire le beurre. Après avoir passé le lait à travers un linge ou un tamis, on le verse dans des vases propres & au bout de huit ou dix heures, on enlève avec une cuiller, le beurre qui s'est ramassé à la surface. Le printems & l'automne fournissent le meilleur: celui du mois de mai mérite la préférence par sa belle couleur & sa délicatesse. En quelque tems que ce soit, il faut battre le beurre le plutôt possible, de peur qu'en le gardant long-tems, il ne s'aigrisse & n'acquière quelque mauvaise odeur ou un goût désagréable. Il suffit de saler le beurre pour le conserver long-tems; mais ceux qui veulent en avoir de la première qualité, le font bouillir & le déchargent de toutes ses immondices en l'écumant, jusqu'à ce qu'il ait pris une couleur claire & semblable à l'huile d'olive; alors ils le mettent dans des vases vernissés, où il se conserve tant qu'on veut.

Manière de faire le fromage. Ayant laissé une quantité suffisante de beurre au lait qu'on veut faire cailler, on y met la presure & aussitôt que le lait est pris & bien affermi, on le fait égoutter dans des faisselles ou des éclisses: ensuite on le place sur la paille fraîche où il s'égoutte & prend toute sa consistance. Le fromage sera d'autant meilleur, qu'il aura été moins ébeurré; mais il sera plus difficile à façonner, attendu que la trop grande abondance de graiſſe le fait crevaſſer & s'étendre de tous côtés. Une bonne ménagère prend le milieu entre ces deux extrêmes, c'eſt-à-dire, qu'elle n'ôte qu'autant de beurre qu'il eſt néceſſaire pour que le fromage ne ſoit pas trop gras & qu'elle ne laiſſe que le beurre qu'il faut pour qu'il ne ſoit pas trop maigre. Le tems où il faut ſaler le fromage dépend du climat, de l'eſpèce de bétail qui a fourni le lait & des herbages qui lui ont ſervi de nourriture. Quand on ſale trop tôt le fromage, on l'engraiſſe; & quand on le ſale tard, on l'emmaigrit. Un chacun doit conſulter à ce ſujet l'uſage du lieu où il ſe trouve.

Manière de faire la buratte & le ſarraſſon. Ce qui reſte après qu'on a fait le beurre & le fromage, peut être employé à d'autres uſages. L'un, ſert à faire la buratte, dont on ſe ſert pendant le cours de l'année pour apprêter les viandes; l'autre eſt employé à faire des *ſarraſſons*, qui ſe mangent frais avec de l'eau de roſe & de ſucre.

La buratte ſe fait de cette manière. On recueille ce qui reſte dans la beurrière après en avoir tiré le beurre, on le ſuſpend dans un ſachet de toile où il s'égoutte pendant trois ou quatre jours; enſuite on y met une bonne quantité de ſel, on le paîtrit, on le sèche & on l'enferme dans des pots. La ſaveur forte & piquante de cette préparation la rendent propre à aſſaiſonner les viandes du ménage.

Pour faire le *ſarraſſon*, on ramaſſe le petit lait qui s'eſt écoulé des fromages: on le fait chauffer dans un petit chaudron ſur un feu clair; on enlève l'écume, afin de le faire épaiſſir; on y ajoute auſſi du lait pur; & lorſqu'il commence à bouillir, on y jette de l'eau fraîche pour empêcher que la matière ne s'élève trop tôt en haut: ainſi, petit à petit, le *ſarraſſon* s'épaiſſit & ſe condenſe. On le ramaſſe ſur la ſuperficie du petit lait avec une cuiller percée, on le met dans des écliſſes, d'où étant retiré au bout de quelques heures, il eſt bon à manger. Il ſe conſerve frais pendant deux ou trois jours & même davantage, pourvu qu'on le ſale comme les fromages.

La bonté du fromage dépend autant de la qualité du lait qu'on emploie pour le faire, que du lieu où on le met pour le façonner. C'eſt pourquoi il eſt néceſſaire d'avoir de petits cabinets différemment ſecs & humides, où on le mettra ſucceſſivement pour le rendre gras ou maigre.

On préſerve les fromages de la vermine, en les frottant avec de la lie de vin, avec du fort vinaigre ou avec du jus d'écorce de noix verte & écachée: on ſe ſert encore d'huile d'olive, d'huile de lin, du beurre ou de l'eau-de-vie.

Pour les conſerver long-tems, il faut les mettre dans un monceau de froment, d'orge ou dans la graine de lin.

Cinquième lieu. Un père de famille qui voudra se pourvoir de tout ce qui est nécessaire pour vivre commodément & avec abondance, aura de la volaille, du gibier, des poissons, des mouches à miel & des vers à soie. Olivier de Serres divise en trois classes les volailles : celles qu'il appelle terrestres ; telles que les oiseaux de basse-cour, les poules-d'inde & les paons ; celles qu'il nomme aquatiques : les canards, les oies, les cignes ; & les aériennes, qui comprennent les pigeons, les cailles & les tourterelles. Chacun de ces articles est traité avec beaucoup d'étendue. Pour éviter les redites, nous ne donnerons que le précis des objets qui concernent les volailles en général.

Division des volailles. Il y a deux sortes de volailles qu'on peut élever à la campagne ; les domestiques & les étrangères. Les volailles domestiques sont celles qui ont été connues de tout tems dans nos climats : les étrangères sont celles qui sont venues des pays étrangers & qui se sont naturalisées dans le nôtre. De ce nombre sont les poules *méléagrides* (pintades), les gelinottes, les faisans, les poules-d'eau, le héron, l'outarde, le hallebran, l'aigrette. On nourrit encore dans les basse-cours des perdrix, des sarcelles, des grives, des cicognes, des grues & beaucoup d'autres oiseaux de passage ; mais il n'y a que les grands seigneurs, ordinairement plus avides de l'agrément que du profit, qui puissent fournir à cette dépense. Les cignes & les paons doivent être exclus des basses-cours, à cause de la difficulté qu'il y a de les élever & du soin qu'ils demandent. Quant à la volaille aquatique, outre le cigne, l'oie & les canes sauvages, qui tiennent le premier rang, il y a une troisième espèce qui provient du canard-d'inde avec la cane commune.

Logement des volailles. Il est nécessaire de donner un logis convenable aux volailles, si l'on veut en tirer un bon parti ; d'autant que ces espèces d'animaux ne peuvent subsister parmi les quadrupèdes, qui les fouleroient aux pieds. La plume & la fiente des volailles est pernicieuse à toutes sortes d'animaux ; cette seule considération exige qu'on les sépare.

Disposition du poulailler. Selon le précepte des anciens, le poulailler sera tourné vers l'orient d'hiver, afin qu'il soit échauffé par les rayons du soleil levant ; ce but sera encore mieux rempli, si on le place à côté du four ou de la cuisine : ce conseil ne doit être suivi qu'autant qu'il sera possible d'empêcher les volailles d'entrer dans la cuisine, où elles apportent beaucoup d'ordures & d'immondices.

Chaque espèce de volaille doit avoir sa loge particulière ; cependant on peut loger ensemble les oies & les canes, à cause de la sympathie de leurs mœurs. Les coqs, les chapons & les poules communes, n'auront aussi qu'un même logement ; ainsi que les autres volailles parmi lesquelles il règne quelque rapport. Les poulaillers seront de huit à neuf pieds quarrés; ils seront voûtés & éclairés par de petites fenêtres qui serviront en même-tems de passage à la volaille : les murailles doivent être bien bâties & blanchies très-proprement en dedans & en dehors.

Pâture de la volaille. Indépendamment de la mangeaille que les oiseaux de basse-cour trouvent à la campagne, il faut leur donner du grain ou quelqu'autre pâture, deux fois par jour, à une heure réglée & dans un endroit fixe & déterminé : on donnera le premier repas au lever du soleil; & le second, une heure ou deux avant son coucher, afin que les volailles aient le tems de se retirer à leur aise. La nourriture qu'elles recherchent avec le plus d'ardeur, c'est le millet & les criblures des bleds: quelquefois on y ajoute du gland piqué, des herbes hachées, des fruits découpés & du son bouilli. Pour les faire pondre, on leur donne de l'avoine pure, du bled sarrasin; mais pardessus tout, la graine de chanvre. La volaille se plaît aussi beaucoup à fouiller dans le fumier, pour manger la vermine qui s'y engendre.

Sixième lieu. L'excellence de l'agriculture, dit de Serres, consiste à avoir de beaux jardins: en effet, outre l'agrément que procure un jardin bien cultivé, c'est de-là qu'on retire la plus grande partie des mets qu'on sert sur la table du cultivateur. On distingue quatre sortes de jardins, le potager, le bouquetier, le médicinal & le fruitier.

Le potager se subdivise en deux : le jardin d'été & le jardin d'hiver. L'un & l'autre doivent être ordonnés de manière qu'ils produisent des racines, des feuilles & des fruits.

Le jardin *bouquetier* sera planté d'arbustes & orné de tourelles & de berceaux. Ses compartimens seront bordés d'herbes & garnis des plus belles fleurs, d'œillets, de violiers, de muguets, de violettes, de pensées, de marguerites, de soucis, de passe-velours, de passe-rose, d'herbes au soleil, de belles-de-nuit, d'iris, de tulipes, de martagons, d'anémones & de couronnes impériales.

Le jardin médicinal contiendra les plantes suivantes: à l'orient, l'angélique, la valériane, le pain de pourceau, la queue de cheval, l'argentine, le chiendent, le thalictrum, le pissenlit, la nummulaire, le bouillon-blanc, la centaurée, la sanicle, le mille-feuille, l'orpin, le chardon-notre-dame, la crepinette, la grande consoude, la velvote, l'hièble, la mercuriale, la chausse-trappe, le plantain, le dictamne, la bourse-à-pasteur, le peigne-de-vénus. A l'occident seront la renouée, la scabieuse, l'aigremoine, la fume-terre, la fougère, le mouron, la serpentaire, la bardane, la scrophulaire, l'arrête-bœuf, la piloselle, l'absynthe, la quinte-feuille, l'euphraise, la chelidoine, la bistorte, la staphisaigre, l'herbe-aux-teigneux, la petasite, la pervenche, le seneçon, le bacinet, le chèvre-feuille, le lierre terrestre, le pas-d'âne, la lisimachie, la barbe-de-chèvre. Au septentrion on plantera; la gentiane, le cabaret,

cabaret, la verge-d'or, le mors-du-diable, la bétoine, le ſceau-de-ſalomon, la ſcolopendre, la langue-de-chien, la langue-de-ſerpent, la germendrée, la tormentille, l'aulnée, la perſicaire, le pied-de-lion, le gremil, le chardon-roulant, la pſeucedane, le grateron, la pariétaire; & au midi, on mettra le chardon-benit, la vervaine, les mauves & guimauves, la véronique, la ſaxifrage, la pivoine, l'herbe-au-turc, la branc-urſine, l'ariſtoloche, le millepertuis, le pied-de-veau, la bugle, la carline, la fraxinelle, la germendrée, la nicotiane, le coquelicot, la paſſerage, la buglоſſe, la camomille, l'agripaume, l'ortie & le marrube.

En parlant du jardin fruitier, notre auteur traite de la pépinière, de la bâtardière, de la manière de planter les arbres, de les enter & de provigner les arbres fruitiers pour en augmenter le nombre. Il s'occupe de la récolte & de la garde des fruits, des ſerres où on doit les mettre & de la culture générale & particulière des arbres fruitiers; il ordonne encore de pratiquer dans l'intérieur du jardin des enceintes pour y mettre le ſafran, le chanvre, le lin, la garance, les chardons à drap & les roſeaux.

Septième lieu. Après la ſalubrité de l'air, il n'y a rien de plus important à rechercher dans un domaine, que la commodité de l'eau & du bois : notre auteur fait de ces deux objets la matière du ſeptième *lieu.* Il diſtingue les eaux ſouterraines & manifeſtes, les eaux ſouterraines & cachées & les eaux de pluie.

Les eaux de la première claſſe ſont ſubdiviſées en groſſes fontaines, en rivières & en ruiſſeaux. Il enſeigne comment on peut conduire ces eaux dans le domaine, en ſe ſervant de canaux couverts.

Olivier de Serres traite des eaux de la ſeconde claſſe, en premier lieu, des ſources qu'on cherche dans la terre pour les mettre à découvert; & en ſecond lieu, des ſources profondes, qui ne pouvant couler, ſont deſtinées à former des puits.

Les eaux de pluie peuvent être miſes en réſerve de deux manières, en les réuniſſant dans des cîternes ou dans des mares.

Quant au bois, qui fait le ſecond objet principal de ce *lieu*, il le diviſe en bois ſec & en bois aquatique. Le bois ſec de haute-futaie ſert pour la charpente & pour le chauffage de la maiſon; le bois aquatique eſt employé à divers uſages, à faire des *ſauſſaies*, des *peuplaies*, des *aulnaies*. Cette dernière claſſe étant compoſée d'arbres & d'arbuſtes, il en forme une diviſion ſecondaire. L'auteur entre dans de grands détails ſur les articles que nous venons d'indiquer. Il enſeigne la manière de trouver les eaux & de les conduire dans l'intérieur de la maiſon, de conſtruire les puits, les cîternes & les mares; il donne des préceptes ſur la façon de planter les arbres dont il eſt queſtion dans ce lieu.

Huitième lieu. Enfin de Serres instruit le père de famille; 1.° sur l'usage qu'il doit faire des biens qu'il a reçus de la main libérale du créateur. 2.° Il parle de l'ameublement de la maison & du vêtement des personnes qui l'habitent. 3.° Il lui prescrit des moyens pour conserver sa santé, ou pour guérir les maladies auxquelles il peut être sujet. Il termine ce *lieu* en faisant l'énumération des amusemens honnêtes qu'il peut se permettre pour charmer les ennuis de la solitude.

Usage des biens de la terre. Le meilleur usage que nous puissions faire des fruits de la terre, c'est de les employer à notre nourriture; mais comme la terre ne produit qu'une fois tous les ans & que nos besoins renaissent tous les jours, un des points principaux de la science du ménage, consiste à faire ses provisions à propos : à cet effet, les bleds seront serrés dans les greniers; les vins dans les celliers; les viandes salées dans les charniers; les fruits des vergers & des jardins, dans les fruitiers; les huiles & les miels, dans leurs réservoirs. Les provisions essentielles à la vie doivent être accompagnées de celles qui ne sont pas d'une utilité si directe; mais qui sont cependant nécessaires, telles que les confitures : sur quoi l'auteur enseigne à faire les confitures au sel, au vinaigre, au moût, au vin cuit, au sucre; & sous ces cinq divisions sont comprises toutes sortes de confitures.

Ameublement de la maison. Pour habiter une maison, il faut des lumières, il faut des meubles. Les matières dont on se sert ordinairement pour éclairer un appartement, sont les huiles, les suifs & les cires. On peut faire servir à cet emploi trois sortes d'huile; celle d'olive, de noix & de navette : on observera de ne brûler que celle qui n'est point bonne à manger. La mère de famille se pourvoira de bonnes lampes, afin d'éviter la dépense inutile que causent les ustensiles mal agencés.

Quoique, durant le cours de l'année, on fasse de bonnes chandelles de suif, celles qu'on fabrique pendant l'automne sont les meilleures, soit parce qu'alors les graisses sont dans leur meilleur état, soit parce que les gelées blanches qui précèdent les froids rigoureux de l'hiver durcissent & conservent les chandelles. La graisse de chèvre est la meilleure pour faire des chandelles; ensuite vient celle de bœuf, de vache, de mouton & de brebis. Si la mèche est toute de coton, la lumière que la chandelle donnera sera plus éclatante & fournira une plus longue carrière.

Les chandelles qu'on fait avec la cire ne doivent être employées qu'à éclairer les lambris des grands seigneurs & non point la demeure simple du ménager, quoiqu'il en recueille la matière & qu'il n'ait rien à débourser pour en faire sa provision; tout au plus il pourra s'en servir pour la lecture, s'il est homme de lettres; ou pour recevoir les visites chez lui; ou enfin quand il donnera à manger.

A l'égard des meubles, il seroit trop long de parcourir tous ceux qui doivent entrer dans un ménage, il suffira de faire mention de ceux qui sont les plus nécessaires: le linge de lit & de table mérite une attention particulière. La mère de famille aura soin, quand il sera sale, de le faire reblanchir; mais le plus rarement qu'il sera possible: car les linges perdent beaucoup toutes les fois qu'ils passent par la lessive. Si elle s'apperçoit qu'ils aient besoin de raccommoder, elle s'en occupera tout de suite; ces petites réparations préviendront leur ruine. Cependant à force d'usage, le linge s'use, quelque précaution qu'on prenne; il sera donc nécessaire qu'elle en substitue tous les ans de nouveau au vieux, pour tenir la maison toujours bien fournie.

C'est encore une des charges de la mère de famille, de veiller à ce que les lits, qui composent son ménage, soient bien pourvus de couettes, d'oreillers, de matelas, de couvertures & de rideaux; tel sera l'emploi qu'elle fera des plumes, des laines, lins, chanvres & restes de soie, dont elle & ses filles feront aussi des tapisseries, des chaises, tabourets & autres meubles d'appartement.

La vaisselle d'argent & d'étain sera soignée d'autant plus attentivement, que la matière en est plus précieuse. La mère de famille ne souffrira jamais qu'un meuble tombe en ruine, faute d'être réparé; mais elle le fera raccommoder à tems & même refaire s'il est nécessaire.

La négligence des gens de service est cause souvent de la perte de certains meubles qui auroient duré plus long-tems, s'ils avoient été plus soigneux: en conséquence, il faut prendre garde que tous les ustensiles de cuisine soient bien lavés & mis chacun en leur place avec le ménagement qu'ils exigent. Le meilleur moyen de faire observer cette pratique, c'est d'ordonner que toute la batterie de cuisine soit exposée à la vue de tout le monde. Cette représentation piquera l'amour-propre des servantes & préviendra les funestes effets de la mal-propreté. Après ces détails viennent les différentes manières de distiller les liqueurs; & quelques préceptes sur le traitement des maladies.

Amusemens du père de famille. Ayant discouru sur les objets d'intérêt & de nécessité, Olivier de Serres termine son ouvrage en faisant l'énumération des plaisirs & des amusemens que le père de famille peut se permettre: la chasse est de ce nombre. Il détaille d'abord les avantages qui peuvent résulter de cet exercice, pourvu qu'il soit pris avec modération & réglé de manière qu'il ne nuise point aux occupations essentielles: ensuite il parle successivement de la chasse à la grosse bête, au chien couchant, au levrier, au faucon; il explique les différentes manières de prendre les oiseaux à l'amorce, à la pipée, à la passée, au tombereau, au feu, à la glu, aux lacs, à la poche, aux rets, à la chouette, au duc, à l'appeau, au rejetail, &c. Enfin, il recommande un délassement bien plus utile encore, la lecture des bons livres. Il cite l'exemple des grands hommes qui en ont fait leurs délices. Scipion l'africain disoit à ses amis : *Qu'il n'étoit jamais moins seul, que quand il étoit seul.* Si le père de famille avoit une teinture de botanique, de musique, de géométrie ou de peinture, il passeroit dans sa campagne des momens pleins de charme & d'agrément.

Liger. Au commencement de ce siècle Louis Liger, si avantageusement connu parmi les auteurs modernes qui ont écrit sur l'agriculture, publia ses premiers ouvrages. Animé du desir de se rendre utile à ses concitoyens, il s'attacha avec un zèle infatigable à connoître & à approfondir tout ce qui se rapporte à l'économie champêtre. Les soins industrieux du ménage, la culture des jardins & des potagers, la manière de planter, de tailler & d'élever les arbres fruitiers, furent autant d'objets sur lesquels il nous a laissé des instructions importantes : mais le livre qu'il a travaillé avec le plus de soin, c'est son *théâtre d'agriculture*, dont la première édition parut en 1713. L'auteur, en y renfermant tout ce que cette matière offre de plus intéressant & de plus utile, l'a poussé, dit-il, *au point de ne laisser plus rien à desirer sur cette matière.* Les connoissances qu'il avoit acquises sur ce sujet, le mirent en état de perfectionner peu-à-peu ce traité, dont il avoit déjà publié différens morceaux en divers tems & sous différens titres : & pour mettre dans son ouvrage l'ordre dont il étoit susceptible, il le divisa en cinq livres.

Livre premier. Parce que tous les hommes ne sont pas nés avec les qualités nécessaires pour se livrer aux arts, il est absolument nécessaire de s'examiner pour voir si on est capable d'y réussir. Liger expose, dans le premier livre, quelles sont les qualités du corps & de l'esprit qui forment le plus avantageusement un homme pour l'économie rurale ; ensuite il entre dans un détail assez long sur les diverses espèces de terroir qu'on peut cultiver ; il en approfondit la nature, tant en général qu'en particulier ; & il donne la manière de le mesurer, suivant les différens usages de chaque pays : il parle de la construction d'une maison de campagne ; il détermine exactement le prix de tous les matériaux qui servent à la construction des édifices & il en spécifie le choix & l'usage ; il apprend encore comment se doit comporter un bon économe dans sa terre, pour y jouir du fruit de ses travaux ; quel ordre il doit faire observer dans l'intérieur de sa maison, afin que la dépense n'y excède pas le revenu ; l'attention qu'un père de famille doit apporter au choix des domestiques ; la manière d'affermer les biens de la campagne ; la nécessité de faire différentes provisions ; les moyens de les conserver pour les employer chacune dans la saison convenable, ou pour se défaire des surperflues. Nous ne donnerons qu'une notice de ces divers articles.

Connoissances nécessaires à celui qui veut se livrer à l'économie champêtre. La connoissance de soi-même est la science qu'un cultivateur devroit le plus approfondir; si chacun travailloit ainsi à se connoître, on éviteroit des fautes très-considérables; & ce qu'on entreprendroit réussiroit bien mieux, parce que tout seroit proportionné aux lumières & aux moyens dont on seroit pourvu.

Chaque emploi demande, pour ainsi dire, un talent particulier, sans lequel on ne l'exerce que superficiellement; mais l'agriculture, en général, exige des talens qu'on ne trouve réunis que difficilement; il y a une multitude de pratiques à suivre, beaucoup de connoissances à acquérir, une infinité de recherches à faire & des secrets à développer; tous ces détails demandent des soins continuels; il faut toute la force du corps & l'attention la plus réfléchie pour les remplir avec succès: ceux qui se proposent de s'adonner à l'agriculture, doivent donc porter une attention scrupuleuse sur leurs facultés individuelles, pour juger s'ils sont propres au genre d'occupation qu'ils vont entreprendre.

Ce seroit une erreur, de croire qu'il suffit d'avoir du génie pour réussir dans l'administration des biens de la campagne; il faut en outre que ce soit un génie né pour cette sorte d'emploi; un génie vigilant pour ne point se laisser surprendre; actif pour se porter sans cesse sur tout ce qui l'intéresse; & entreprenant, puisque que ce n'est que par les entreprises, lorsqu'elles sont bien concertées, qu'on se dédommage abondamment de toutes les peines qu'on se donne à la campagne. Il seroit à desirer que tous ceux qui ont fixé leur séjour à la campagne, fussent capables de faire toutes les réflexions dont nous venons de parler; ou plutôt il seroit à desirer que le ciel, par une faveur spéciale, les eût fait naître avec ces heureuses dispositions; toutes leurs entreprises succéderoient au gré de leurs desirs: mais un pareil bonheur n'est pas commun à tout le monde. Heureux celui qui le possède, & plus heureux encore celui qui sait en user comme il faut!

Ces campagnards d'origine, ces hommes qui sont nés au centre des travaux rustiques, ne sont pas plus exempts que les premiers de s'examiner intérieurement sur l'emploi auquel leur état les destine; on pourroit même dire que, quand ils y manquent, ils s'attirent des reproches avec d'autant plus de raison, que la perte de leur bien en est presque certaine. On ne dit pas cependant qu'il faille absolument qu'ils aient en partage tous les talens nécessaires pour exercer l'agriculture, puisque c'est un avantage qui ne dépend pas d'eux; mais à cela près, il eſt bon de s'examiner ſoi-même & de n'entreprendre que ce qu'on peut faire. Un ſérieux examen ſur ſes propres forces & ſur ſes moyens, pourvu que la prévention n'y ait aucune part, conduit toujours aſſez heureuſement à la fin où l'on veut arriver.

Un petit domaine donne à ſon maître de quoi vivre honnêtement, quand il eſt bien conduit: l'économie, la vigilance & l'induſtrie en augmentent les revenus.

C'eſt ſur ce *ſavoir faire* qu'il faut ſe conſulter: c'eſt la bouſſole qui doit diriger toutes les opérations du cultivateur & ſans laquelle il échouera infailliblement dans toutes ſes entrepriſes.

Nous ne parlons pas ici ſeulement de ceux qui prennent des domaines à forfait, nous y comprenons encore les perſonnes privées, qui, par un eſprit d'économie, font valoir leurs terres eux-mêmes; tous ont également beſoin de s'examiner ſur le projet qu'ils méditent. On convient que l'art de ſe connoître à fond ne s'acquiert pas aiſément, qu'il demande beaucoup d'attention, & que ſous ce rapport l'agriculture oblige tous ceux qui veulent ſe rendre habiles dans la culture des terres, d'emprunter des autres ſciences certains principes qu'il faut appliquer à celle-ci: car pour bien exercer un emploi, il faut néceſſairement connoître quelle eſt ſa nature, ſa fin & ſes moyens.

Livre ſecond. L'auteur enſeigne, dans le ſecond livre, comment il faut nourrir & élever toutes ſortes d'animaux domeſtiques, tant volatiles que quadrupèdes. Il commence par les poules, dont on peut tirer un profit conſidérable; il paſſe aux poulets-d'inde, aux dindons, aux oies, aux canes & canards domeſtiques, aux pigeons de colombier; il parle enſuite des canes ſauvages, des canes-d'inde, des cignes, des paons, des tourterelles, des cailles & des faiſans; quoique ces derniers oiſeaux ſemblent plutôt deſtinés à ſatisfaire la curioſité, qu'à produire quelque revenu. A la volaille ſuccèdent les beſtiaux, c'eſt-à-dire, les vaches, les bœufs, les taureaux, les brebis, les moutons, les agneaux, les chèvres, les cochons. Liger examine à fond l'utilité qu'on peut tirer de chaque eſpèce de ces animaux; &, dans cette vue, il fait le dénombrement de tous les genres de produits qu'ils donnent au cultivateur. Comme c'eſt principalement la graiſſe qui les fait valoir, il preſcrit les moyens de les engraiſſer. Il s'étend auſſi ſur la véritable méthode de préparer le laitage, ſoit pour l'utilité de la maiſon, ſoit pour le profit qu'on peut en retirer. Le traitement des chevaux & celui des haras, fait un des principaux articles du ſecond livre. Il y parle encore des mulets & des ânes, des mouches à miel, des vers à ſoie, de la garenne, du clapier, des étangs & des pièces d'eau qu'on deſtine à contenir le poiſſon.

Nourriture des bœufs ſelon les ſaiſons. On nourrit les bœufs différemment en été & en hiver. Dans cette première ſaiſon, on les met au verd, au lieu que pendant l'hiver ils vivent au sec, c'est-à-dire, de foin & de paille. Celui qui a soin des bœufs, doit observer de ne point changer trop tôt leur nourriture ordinaire. Il seroit dangereux de donner de l'herbe au commencement du printems à des bœufs qui ont été nourris jusqu'alors avec du foin ou de la paille : l'herbe qui paroît à la première germination n'est pas assez nourrissante, elle ne fait que passer dans les intestins & rend les bœufs lâches au travail. Il faut donc en ce tems-là les nourrir de foin : cet aliment est plus solide & les soutient mieux; on ne doit les mettre à l'herbe que vers la fin de mai; & aux fourrages que lorsque les froidures ne permettent plus qu'ils paissent au verd.

Pendant tout l'été, l'automne & une partie de l'hiver, il faut conduire les bœufs aux pâturages, ou les nourrir abondamment d'herbes à la maison : on leur donnera du fourrage durant l'autre partie de l'hiver & presque pendant tout le cours du printems. Ces alimens ainsi donnés à propos conviennent très-bien au tempérament de ces animaux, & leur donnent une constitution forte, vigoureuse & capable de résister long-tems au travail. Il y a différens fourrages qu'on donne aux bœufs, lorsqu'ils ne vont plus aux pâturages; on les nourrit avec du foin, des pailles & d'autres fourrages mêlés : ces pailles diffèrent en qualité, selon la diversité des grains qui les produisent. La meilleure des pailles, selon un ancien agriculteur, est celle de millet; la paille d'orge tient le second rang; celle de froment vient ensuite : les pailles d'avoine & de seigle sont encore bonnes; celle d'épeautre, autrement dit orge quarré, peut servir dans un cas de nécessité. On assure que les bœufs mangent avec beaucoup d'appétit la paille d'orge; mais elle a peu de substance & ainsi elle desseche ceux qui en mangent beaucoup.

Suivant le précepte de Columelle, on doit donner à chaque bœuf par jour un boisseau de lupins trempés dans de l'eau ou la moitié de pois chiches trempés de même, avec de la paille en abondance. Le marc de raisin imbibé d'eau leur sert aussi de nourriture; on peut le leur donner tout sec, si l'on veut : dans ce cas, il est plus nourrissant : outre ces alimens, il est bon de les nourrir encore de feuilles sèches d'orme, de frêne, d'érable, de chêne, de saule & de peuplier : ils les mangent avec avidité.

Il seroit difficile de limiter l'ordinaire d'un bœuf, puisqu'ils mangent plus les uns que les autres, & qu'il faut pour les bien nourrir qu'ils aient de l'herbe & du fourrage de reste. Un bœuf, quoiqu'il soit un fort gros animal, ne mange pas tant qu'on se l'imagine : il ne lui faut qu'une heure pour prendre son repas; après il se repose & rumine à l'aise sa nourriture. On croit que la rumination accélère la digestion des fourrages.

Livre troisième. C'est ici la partie qu'on peut véritablement appeller le *théâtre de l'agriculture;* on y trouve tout ce qu'un laboureur doit faire pendant le cours de l'année; les noms & la description des outils dont il a besoin; les circonstances du labourage; les tems propres aux labours; des observations sur la nature des fumiers & sur la manière de les employer; des instructions sur les semailles, la moisson, la fauchaison, la vendange, sur la culture des bois en général, tant de haute-futaie, que des bois taillis & autres arbres sauvages qui croissent ailleurs que dans les forêts.

Chaque espèce de terre demande un labour différent. Les terres sablonneuses & légères veulent être labourées après une pluie: les sels ne s'en exhalent point & agissent ensuite avec activité pour développer les principes de la végétation. Plus une terre est grasse, forte & compacte, plus elle veut être cultivée, afin de détruire les mauvaises herbes, qui absorbent la meilleure partie de sa substance. Les terres maigres ne doivent point être souvent remuées, parce que leur suc se dissipe & elles s'affoiblissent considérablement.

Il faut consulter la portée des terres. On pourroit comparer les terres aux bêtes de somme, qui cessent de travailler du moment qu'on les surcharge; mais si on n'exige d'elles qu'un produit modéré, alors elles répondent aux vues du cultivateur. Il faut donc, avant que de les ensemencer, consulter leur force & voir ce qu'elles peuvent produire.

Il y a des terres bien plus fertiles les unes que les autres; cependant telles qu'elles soient, lorsqu'elles sont bien cultivées, il n'y en a point qui ne dédommage avec usure des soins qu'on a pris pour la cultiver. On ne peut pas déterminer positivement le rapport de ces terres; mais on peut dire qu'un bon ménager a lieu d'être content, quand son domaine, le fort portant le foible, lui rend cinq ou six pour un.

Qualités diverses des terres. Pour peu qu'un domaine soit étendu, on y remarque ordinairement trois sortes de terres; savoir, des terres grasses ou fertiles, des terres moyennes & des terres maigres; mais toujours beaucoup plus des unes que des autres, selon la situation du lieu & la température du climat.

On destinera les bonnes terres pour le froment ou le méteil, on y mettra ensuite de l'orge, de l'avoine ou des légumes; & cela alternativement tous les ans.

Ces terres, quand elles sont bien remplies de substance, ne se lassent point de porter; mais, pour ne s'y point tromper, il faut en bien étudier le le fonds. « Vous laisserez, dit Virgile, de deux ans l'un reposer les » terres, après la moisson; vous n'y semerez rien : laissez-les endurcir » par le repos. » C'est ce qu'on doit observer à l'égard des terres médiocres, afin que, pendant qu'elles se reposent, les influences du ciel réparent en elles les sels qui ont été épuisés durant le travail.

Il y a d'autres terres qui sont si maigres, qu'à moins qu'elles n'aient deux ans de repos, elles ne produisent que très-peu de chose; & souvent même elles ne dédommagent pas leur maître de la semence, du fumier, ni du tems qu'il a mis à les labourer : ainsi, c'est à la prudence de celui qui les a, de voir l'usage qu'il peut en faire.

Les terres les plus fertiles veulent aussi du repos; c'est pourquoi, après qu'elles auront porté trois années de suite, on peut les laisser reposer une année, elles n'en valent que mieux. C'est la pratique ordinaire des laboureurs les plus expérimentés dans l'agriculture.

Livre quatrième. Les jardinages font la matière de ce livre. L'auteur y traite, en premier lieu, des jardins utiles, c'est-à-dire, des potagers & des fruitiers : il y enseigne à fond la manière d'élever des pépinières & des arbres à fruit; la taille des arbres n'y est pas moins approfondie : & l'on peut dire que cet art a d'autant plus de liaison avec la physique, que, pour y réussir, on doit connoître les loix que suivent les sucs nourriciers qui circulent dans les arbres; sans quoi l'on tombe dans des inconvéniens très-difficiles à réparer dans la suite. Pour donner une idée plus juste de cet art, Liger a eu soin d'en éclaircir les préceptes par plusieurs figures. Les curieux en fruits y trouveront des listes exactes de toutes les espèces que l'on cultive, & un détail circonstancié sur la vigne, sur les vendanges, sur les vins de différentes couleurs & sur les autres boissons dont on use dans le ménage. L'auteur parle, après ces détails, des jardins d'ornement; tels que les parterres, les jardins à l'angloise, les boulingrins, les berceaux & les autres pièces, qui contribuent à la décoration & à la magnificence des jardins. Ces différens sujets sont accompagnés d'instructions sur la conduite des eaux jaillissantes, sur la culture de toutes sortes de fleurs & même des plantes qui entrent dans la composition des médicamens.

Choix des arbres avant de les planter. L'arbre qu'on prend au sortir de la pépinière doit avoir l'écorce nette & luisante, les jets de l'année doivent être longs & vigoureux, les racines belles, bien saines, grosses & garnies à proportion de la tige. Les arbres, qui n'ont que du chevelu, ne donnent point de grandes espérances; les arbres les plus droits & qui n'ont qu'une seule tige, sont plus estimés pour planter que ceux qui en ont deux : les pêchers & les abricotiers qui n'ont qu'un an de greffe, pourvu que le jet soit beau, sont à préférer à ceux qui en ont deux ou davantage : il ne faut jamais prendre un pêcher, qui, dans le bas de la tige, n'a pas les yeux gros & vigoureux ; la tige de ceux qu'on veut planter doit avoir au moins un pouce de grosseur.

Les pêchers sur amandiers réussissent mieux dans les terres légères que dans les terres fortes : au lieu que ceux qui sont greffés sur le prunier viennent mieux dans les terres qui ont une qualité inférieure. Dans toutes sortes d'arbres nains, comme poiriers ou autres, la grosseur ordinaire de la tige doit se porter au moins à deux pouces : il n'y a que les pommiers sur *paradis* qui n'ont guère plus d'un pouce de grosseur. Pour les arbres à tige, il est bon qu'ils aient trois à quatre pouces de tour par le bas & six à sept pieds de haut. Après avoir fait ces observations, Liger passe à la manière de planter ces arbres.

Livre cinquième. Enfin le dernier livre roule sur les divers plaisirs qu'on prend à la campagne. L'auteur y explique tout ce qui regarde la cuisine & l'office ; il y traite de la chasse & de la pêche ; il y donne les moyens de tirer parti de toutes les denrées qu'on y recueille, de les vendre à propos & d'en faciliter le débit en quelque lieu que ce puisse être : & ce qu'il communique sur ce sujet, ainsi que sur tout le reste, n'est pas une suite de spéculations vaines & stériles produites dans le cabinet ; ce sont autant de vérités établies sur la pratique & sur l'expérience.

Commerce des bêtes à laine. Quand on veut faire le commerce des moutons ou des brebis, il faut d'abord considérer la situation du lieu où l'on se trouve, c'est-à-dire, s'il est fertile en bled, afin que ces animaux trouvent de quoi glaner après la moisson : cette espèce de nourriture engraisse très-promptement le bétail. Cela supposé, on va aux foires dès le mois de mai, où l'on achète autant de moutons qu'on peut en nourrir : il faut les bien choisir, les mettre dans une étable séparée & les mener aux champs dès la pointe du jour, pour paître l'herbe encore chargée de rosée : pratique qu'on n'observe pas à l'égard des bêtes à laine qu'on nourrit pour garder. Cette rosée, il est vrai, contribue à leur faire prendre de la graisse ; mais il ne faut pas que ces moutons passent l'hiver après avoir été ainsi nourris, leur foie se corromproit entièrement & ils mourroient de langueur.

On aura soin, autant qu'il sera possible, de mener paître ce bétail dans les champs nouvellement moissonnés, de le faire boire, de lui donner de tems en tems un peu de sel pour exciter l'appétit, de le tenir à l'ombre pendant le fort de la chaleur, de ne le point tourmenter & de l'enfermer dans l'étable ou dans le parc après le coucher du soleil. Il suffit de continuer ces soins pendant trois mois, pour bien engraisser un troupeau de bêtes à laine.

Les moutons & les brebis, qui proviennent des troupeaux qui sont nés dans la maison, ne s'engraissent pas comme ceux qu'on achète dans les foires.

On donne aussi les bêtes à laine à chetel; ce ne sont ordinairement que les brebis. Celui qui les prend est obligé, à la fin de son bail, d'en rendre le même nombre qu'il a reçu & de rembourser le profit qu'il a fait tous les ans, tant sur les agneaux que sur les moutons; les brebis & la laine, se partagent par moitié. Cette espèce de commerce est très-avantageux au propriétaire, quand il est bien conduit, qu'il a affaire à des gens fidèles & que la mortalité ne se jette point dans les troupeaux.

On vend les agneaux, lorsqu'on le juge à propos & qu'on se trouve à la portée des grandes villes. Il faut prendre garde de n'en point trop ôter, crainte de dépeupler le troupeau, dont ces jeunes animaux font l'espérance.

Les peaux de mouton, de brebis & d'agneau, sont encore des marchandises qui ont un grand débit. Elles sont fort utiles à bien des choses. Les Tanneurs, les Corroyeurs, les Mégissiers, les Parcheminiers, en font l'objet principal de leur commerce. On les emploie aussi à certains usages dans l'intérieur de la maison.

Nous pourrions encore faire l'analyse de quelques autres ouvrages de Liger sur l'agriculture: tels que la maison rustique, la culture parfaite des jardins, le dictionnaire-pratique du bon ménager, les amusemens de la campagne: ces livres ne diffèrent entr'eux que par le titre; les préceptes y sont exactement les mêmes, ils sont seulement présentés sous une forme différente.

On peut mettre au rang des meilleurs ouvrages que nous ayons sur l'économie rurale, *le dictionnaire économique*, composé par M. Chomel, curé de la paroisse de Saint-Vincent de la ville de Lyon. Nous ne prétendons pas cependant que cet ouvrage ait mérité dans tous les tems une place aussi distinguée; ce n'est que par les changemens qu'on a faits dans les différentes éditions qu'on a données, qu'il a acquis ce degré de perfection & cette supériorité qu'il a aujourd'hui sur un grand nombre de livres en ce genre, qui ont paru de nos jours: ainsi, on peut considérer ce dictionnaire dans deux états différens; tel qu'il étoit en 1709, lorsqu'il sortit d'entre les mains de son auteur; & tel qu'il a paru dans la suite, après plusieurs éditions, notamment après celle que M. de la Marre a donnée en 1767. Sous ces deux rapports, cet ouvrage mérite les plus grands éloges: si on l'envisage dans l'état où il étoit lorsque M. Chomel en donna la première édition, on y trouve un si grand nombre de connoissances & qui ont si peu de liaison avec la science ecclésiastique, qu'il paroît d'abord surprenant qu'un curé en soit l'auteur. La médecine, la

Chomel.

chymie, la botanique, la peinture, l'art de tirer du profit de toutes sortes d'animaux domestiques, les moyens que doivent employer les marchands, les artisans, les laboureurs, pour conserver & augmenter leurs biens, ne paroissent guère du ressort d'un curé & sur-tout d'un curé comme M. Chomel, qui s'étoit fait une obligation indispensable de remplir avec exactitude les devoirs de son état. Comment donc a-t-il pu, au milieu des soins que demandoit une vaste paroisse dont il étoit chargé, travailler à un dictionnaire aussi étendu que celui-ci? C'est une difficulté à laquelle le Libraire répond au commencement de ce livre. M. Chomel fut choisi par M. Tronçon, supérieur du séminaire Saint-Sulpice à Paris, pour administrer les biens dépendans du château & séminaire d'Avron, près de Vincennes. Ce château avoit dans sa dépendance beaucoup de bois, de vignes, de terres & plusieurs fossés pleins d'eau, où l'on nourrissoit du poisson. Il y avoit outre cela une grande basse-cour, un très-bon colombier, un vaste jardin; & aux murailles du clos, de beaux espaliers: enfin, cette maison de campagne réunissoit tout ce qui peut contribuer à l'agrément & à l'utilité du cultivateur. C'est dans cet agréable séjour que M. Chomel acquit la plus grande partie des connoissances dont il a enrichi son dictionnaire. Les préventions populaires ni les préjugés de la routine, si nuisibles encore aujourd'hui aux progrès de l'agriculture, ne le décidèrent jamais dans ses opérations. Il ne se contentoit pas de réfléchir avant d'entreprendre, il réfléchissoit aussi après avoir exécuté. Cette attention particulière lui fit faire dans l'économie & dans l'art d'administrer les biens de la campagne, beaucoup de découvertes, qui avoient échappé jusqu'alors aux cultivateurs les plus éclairés. A mesure qu'il obtenoit quelque succès, il en faisoit part au fameux M. de la Quintinie, qui lui donnoit de nouvelles lumières & l'aidoit de ses conseils. M. Chomel joignoit aux conversations d'un homme aussi habile, la lecture des meilleurs livres. Il lut entr'autres avec beaucoup de fruit, *les ruses innoncentes d'un solitaire inconnu, le moyen de devenir riche, par M. Palisy, le jardinage d'Antoine Mizaud, médecin de Paris*, &c. &c. où il puisa la plupart des préceptes qu'il donne dans son ouvrage.

A l'égard de la médecine, il n'est pas étonnant non plus que M. Chomel ait approfondi cette science si utile à l'humanité, puisqu'il fut économe une grande partie de sa vie, de l'Hôpital de Lyon, qui est un des plus considérables qu'il y ait en France. Le nombre & les différentes espèces de maladies que l'on traite dans cette maison, lui fournirent une occasion favorable de s'instruire dans l'art de guérir les maux qui affligent les hommes, & il ne manqua pas d'en profiter. Quand les médecins faisoient leur visite, il s'y trouvoit pour l'ordinaire ; il observoit les symptômes des maladies, leurs caractères & leurs progrès ; il remarquoit la différence des remèdes, & lorsqu'une ordonnance avoit réussi plusieurs fois, il avoit soin de la transcrire pour s'en servir dans l'occasion. D'ailleurs il avoit un penchant naturel pour la médecine, cette profession étant comme héréditaire dans sa famille. Il étoit petit-neveu de l'illustre M. Delorme, médecin de Henri IV, de Louis XIII & de Louis-le-Grand. Dans le tems qu'il composoit son ouvrage, il avoit un frère qui étoit doyen des médecins ordinaires du Roi, & deux neveux docteurs en médecine, l'un de la faculté de Paris, l'autre de l'université de Montpellier. D'après ces considérations, on n'aura pas de peine à croire ce que le libraire assure avec tant de confiance, que les remèdes qui sont indiqués dans ce Dictionnaire, sont des remèdes éprouvés & sur lesquels on peut compter.

En faisant l'éloge des talens de M. Chomel & des soins qu'il s'étoit donnés pour perfectioner son ouvrage, nous n'avons garde cependant de le présenter comme exempt de tout défaut. Son entreprise étoit trop vaste pour qu'elle pût être exécutée sans aucune imperfection. La quantité des matières qu'il avoit à traiter, étoit si considérable, que chaque objet n'a pu être mis tout de suite dans l'ordre qui lui convenoit ; les sciences & les arts ont fait aussi tous les jours de nouveaux progrès. Cette partie du Dictionnaire de M. Chomel a donc été susceptible d'un changement utile & avantageux : le style, qui, sur la fin du dernier siècle, n'étoit pas encore bien épuré, doit se ressentir de l'imperfection de la langue & de la foiblesse de l'auteur, qui étoit âgé de soixante-seize ans, lorsqu'il publia la première édition. Tous ces inconvéniens ont été corrigés dans les éditions subséquentes.

On a mis plus de clarté, d'ordre & de liaison dans les matières qui étoient obscures, moins bien digérées & où il régnoit quelque confusion, qui empêchoit d'en retirer une utilité complette : non-seulement on les a rangées par ordre alphabétique ; mais on a eu soin encore d'en réunir les différentes parties, selon le rapport naturel qu'elles avoient à un même sujet. Lorsqu'il s'est trouvé des articles d'une étendue considérable, on s'est appliqué à assigner les divers usages de chaque chose en particulier, en séparant par des petits traits ou sommaires, certains secrets relatifs à la matière qui y est traitée.

Les découvertes qu'on a faites en chimie & en botanique, fournissant de nouveaux secours à la médecine, on a multiplié les recettes des remèdes qu'on peut employer pour une même maladie : & comme l'expérience prouve tous les jours que la différence des tempéramens, des saisons, des climats & plusieurs autres circonstances varient la nature du mal, & empêchent l'effet des remèdes, on a cru qu'il étoit important de présenter différens moyens de traiter une même maladie; afin qu'un malade puisse à son choix & de l'avis de son médecin, employer celui qui lui paroîtra le plus facile & le plus convenable à son goût & à son tempérament.

Quant aux arts, comme la peinture, la gravure, la chimie, la pêche, la chasse, &c. on a suivi à-peu-près le même plan de réforme. Dans les doutes, qui naissoient sur quelques articles dépendans des arts & des métiers, on a consulté les maîtres les plus habiles, afin de ne rien avancer qui ne fût conforme aux principes de chaque art, & qui ne fût appuyé sur l'expérience.

Sans réformer entièrement le style, on s'est contenté de rétablir plusieurs endroits si négligés qu'ils ne présentoient à l'esprit qu'un sens obscur ou équivoque. On a aussi corrigé un grand nombre de mots surannés ou d'expressions vicieuses qu'on ne souffriroit point aujourd'hui dans notre langue.

Tel étoit en 1709 le dictionnaire de M. Chomel, & telle est la forme sous laquelle il se présente aujourd'hui. Lorsqu'il fut publié par l'auteur, c'étoit un ouvrage rempli d'érudition, qui avoit coûté des peines & des travaux immenses; mais il est devenu meilleur par les soins des éditeurs, qui l'ont successivement enrichi de leurs lumières. On pourroit le comparer à un cabinet précieux d'histoire naturelle, qui est sans cesse augmenté & embelli par des productions nouvelles. M. de Lamarre a concouru à cette amélioration plus particulièrement que les autres éditeurs, en y adaptant les principes qu'on trouve dans les ouvrages modernes. La partie du labourage a été augmentée & corrigée d'après les préceptes de M. Duhamel & le systême d'Agriculture de M. Tull: ainsi, cette dernière édition qui a été faite, en 1767, a l'avantage de réunir les observations des meilleurs écrivains en agriculture qui ont paru dans ces derniers tems.

Duhamel. Dans un siècle où toutes les vues se portent vers l'utilité publique, on a vu une foule de bons citoyens s'empresser de ranimer par leurs écrits le goût & l'amour de l'agriculture en France : chacun a proposé ses observations & ses expériences, & il en est résulté un avantage réel & des succès dont l'influence commence déjà à se faire sentir; mais aucun n'a contribué plus efficacement aux progrès de cet art, que M. Duhamel du Monceau. Ce savant académicien s'est, pour ainsi dire, consacré à cette partie, & a engagé, par son exemple, tous les physiciens à diriger leurs recherches vers un objet si intéressant. Après avoir donné un *traité sur les arbres & les arbustes qu'on peut naturaliser en France; une physique des arbres; & plusieurs volumes sur le semis, les plantations & l'exploitation des forêts*, tous enrichis d'expériences exactes & détaillées, il publia, en 1763, ses *élémens d'agriculture & au labourage.* L'auteur a réuni dans cet ouvrage, ses principes sur l'agriculture, avec le systême de M. Tull, anglois, sur la nouvelle culture. Les matières y sont traitées dans l'ordre qui suit. Il recherche quel est en gros le méchanisme de la végétation; quels sont les meilleurs moyens de défricher les terres; en quoi consistent les bons labours & ce qu'on doit en espérer; quels sont les différens engrais, la meilleure manière de les employer; le choix & la préparation des semences, les différentes manières de les répandre; les soins qu'exigent les grains pendant qu'ils sont sur pied; la façon de les récolter, de les battre, de les nettoyer, de les conserver; quels sont les meilleurs instrumens propres au labourage; l'utilité des prés naturels ou artificiels, les moyens de les former & de les améliorer; la culture particulière de quelques plantes utiles; enfin il expose & combat quelques abus qui forment un obstacle au progrès de l'agriculture. Tel est en abrégé l'ordre que l'auteur a établi dans son ouvrage.

Connoissance préliminaire. Pour travailler méthodiquement aux progrès de l'agriculture, pour se mettre en état de juger sainement de la culture des terres, & pour sentir les avantages qu'une méthode peut avoir sur une autre, M. Duhamel recommande d'examiner l'organisation des plantes, les secours qu'elles reçoivent de leurs racines & de leurs feuilles, la qualité de la substance qui les nourrit; & la nature des terres qui leur fournissent ce suc nourricier; ensuite il observe séparément les parties qui constituent les plantes, leur influence réciproque par rapport à la végétation; il ajoute des observations sur la nature & le mouvement de la sève, & il termine ce premier livre par quelques considérations sur les différentes qualités des terres.

Terres franches. M. Duhamel appelle *terres franches* celles qui contiennent plus de suc nourricier, & qui sont par conséquent plus propres à la végétation. Il en distingue trois espèces; les blanches, les brunes & les rousses.

Les terres blanches sont ainsi appellées, parce qu'en se desséchant elles prennent un œil blanchâtre : ce sont les meilleures pour le froment.

Les terres brunes sont celles qui, en se desséchant, conservent encore un peu de leur couleur: quoique peu inférieures aux précédentes, elles sont néanmoins encore fort bonnes pour les grains.

Les terres rousses sont assez bonnes pour le froment dans les années humides; mais si peu que la sécheresse se fasse sentir, elles deviennent alors fort inférieures aux terres brunes & aux blanches.

Toutes ces terres naturellement très-fertiles, font effervescence avec les acides. Lorsqu'elles sont sèches, si on les humecte, elles répandent une odeur de pluie d'été ; elles s'ameublissent aisément par les labours & fournissent aux racines une nourriture abondante.

Terres diverses. Les autres terres qui contiennent moins de sucs nutritifs, sont l'argile ou glaise, le sable pur, la marne, la craie, le tuf.

La glaise, que l'on nomme aussi *argile*, contient quelque suc nourricier ; mais ses pores étant trop serrés, les racines la pénètrent difficilement.

Le sable pur admet l'eau entre ses parties, tandis qu'elles-mêmes sont impénétrables à ses fluides : en sorte qu'elles laissent entr'elles des espaces qui servent de passage à l'eau s'en en retenir ; ce qui fait que le sable est bientôt desséché. Les sables permettent aux racines de s'étendre ; mais ils ne fournissent par eux-mêmes aucune substance nutritive : ainsi, tout y périt par le hâle, d'autant plus promptement, que le sable s'échauffe beaucoup.

La marne est une terre qui, par elle-même, est aussi infertile que le sable pur ; mais lorsqu'elle est mêlée avec d'autres terres, elles les rend aussi fertiles que le sable gras. On distingue les marnes coquillières, les graveleuses & celles qu'on nomme *crayons*. Les marnes coquillières, sont communément très-bonnes ; les graveleuses sont d'autant moins propres à fertiliser, qu'elles contiennent plus de gravier : excepté qu'on les répande sur des fonds glaiseux ; celles qu'on appelle *crayons*, fertilisent promptement & puissamment ; mais leur effet ne dure pas aussi long-tems que celui des marnes grasses.

La craie est une pierre tendre dans laquelle les racines ne peuvent pénétrer, & qui ne paroît pas contenir beaucoup de substance propre à la végétation ; néanmoins, quand on entame la craie à force de bras, la pluie, le soleil, la gelée ne laissent pas de la diviser ; & avec le secours des fumiers elle devient capable de nourrir des végétaux.

Le tuf est une terre vierge ou qui n'a point été remuée, parce qu'elle est au-dessous des labours. Par sa nature, elle n'est point propre à la végétation ; cependant à force d'avoir été labourée & d'avoir reçu l'impression de la gelée & du soleil, & étant aidée par des engrais, on peut la rendre fertile.

Terres trop fortes ou trop légères. Le suc nourricier des plantes seroit inutilement répandu dans le sein de la terre, si les plantes ne pouvoient pas le recevoir : c'est ce qui arrive dans les terres trop compactes ou dans celles dont les molécules sont trop rapprochées les unes des autres, les racines ne peuvent s'étendre ; c'est un défaut des terres trop fortes : si au contraire les interstices sont trop grands, les racines les traversant presque sans toucher la terre, n'en tirent aucun secours.

On

On peut, par une bonne culture, remédier en partie à tous ces inconvéniens ; il suffit pour cela de diviser les molécules de terre, de façon qu'elles laissent entr'elles une infinité de petits espaces dans lesquels les racines puissent s'insinuer : alors, touchant immédiatement les molécules de terre, elles en pomperont tous les sucs nourriciers. Il est facile d'opérer cette division par les labours & par les engrais.

Préparations qu'on doit donner aux terres pour se procurer de bonnes récoltes. Ces préparations consistent à défricher la terre, si précédemment elle n'a pas été mise en culture ; à lui donner les labours nécessaires, si c'est une terre qui est en rapport depuis long-tems ; à lui fournir des engrais ; à distribuer les saisons d'une manière convenable ; à faire un bon choix des grains qu'on doit semer ; & à les déposer, quand il faut, dans le sein de la terre ; enfin il est essentiel encore d'extirper les mauvaises herbes.

Défrichement des terres. On peut ranger, sous quatre classes différentes, les terres qu'on veut défricher : savoir, celles qui sont en bois, celles qui sont en landes, celles qui sont en friches & celles qui sont humides.

Quand on veut défricher un terrein qui est en bois, on arrache les souches avec soin, & les fouilles qu'on est obligé de faire pour en tirer les racines, retournent & façonnent avantageusement la terre ; de sorte que, quand le terrein est bien dressé, il ne faut que donner, dans l'automne, un bon labour avec la charrue à versoir. Les gelées d'hiver font périr les herbes, elles divisent les mottes : &, après un second labour fait au printems, on peut ensemencer ces terres en grains de mars, & compter sur une récolte très-abondante : car les arbres n'ayant point épuisé la terre de la superficie ; l'ayant même fumée avec leurs feuilles, on peut espérer, pendant bien des années, un produit considérable.

Pour défricher les landes, il faut brûler toutes les mauvaises productions qui s'y trouvent : non-seulement parce que leurs cendres améliorent le terrein ; mais encore parce que le feu empêche en partie le rejet des racines, & qu'il détruit presque toutes les semences nuisibles qui n'auroient pas manqué de germer : quelquefois même il fait périr plusieurs insectes. La saison la plus propre pour brûler ces landes, c'est vers la fin de l'été : on choisit à cet effet un jour calme & serein. Quand toute la superficie de la lande est brûlée, on arrache avec la pioche les racines des arbustes ; on attend ensuite que la terre soit humectée par les pluies d'automne, pour la labourer par gros sillons avec une forte charrue à versoir : & ayant donné un second labour au printems, on peut l'ensemencer en avoine. La seconde année, on lui donne trois bons labours ; & la troisième, elle est en état de fournir une bonne récolte de froment.

Sous le nom de terres en friche, on doit comprendre les sainfoins, les lusernes, les trefles & généralement tous les prés qu'on veut mettre en labour pour les ensemencer : on renferme aussi sous cette dénomination, les terres qu'on ne laboure que tous les huit ou dix ans.

A l'égard des prés de toute espèce, on se contente ordinairement de les labourer après que les terres ont été bien ramollies par les pluies d'automne. Lorsque le printems n'est pas fort humide, un second labour donné à propos, les met en état d'être ensemencées en avoine; mais il ne faut y mettre du froment qu'après que la terre aura été assez affinée par des labours répétés pour recevoir cette plante, qui demande plus de nourriture que l'avoine.

Quant aux terres qu'on ne laboure que tous les huit ou dix ans, on les égobue de cette manière. Des ouvriers vigoureux enlèvent, avec une pioche courbe, toute la superficie de la terre par gazons, qu'on dresse & qu'on appuie l'un contre l'autre en faitière, mettant l'herbe en dedans. Lorsque ces gazons ont été desséchés par les ardeurs du soleil, on y met le feu : & au bout de vingt-quatre ou vingt-huit heures, quand le feu est éteint, toutes les mottes sont réduites en poudre. Lorsque les fourneaux sont refroidis, on attend que le tems se mette à la pluie, afin que la cendre ne s'envole pas ; alors on répand la terre cuite le plus uniformément qu'on peut, n'en laissant point aux endroits où étoient les fourneaux, qui malgré cela donneront des grains plus beaux que le reste du champ. On donne aussi-tôt un labour fort léger, pour commencer à mêler la terre cuite avec celle de la superficie. Si l'on peut donner le premier labour au mois de juin, & s'il est survenu de la pluie, il sera possible de retirer tout-d'un-coup quelque profit de la terre, en y semant du millet, des raves ou des navets ; ce qui n'empêchera pas de semer du seigle ou du froment dans l'automne suivante. Néanmoins il vaut mieux se priver de cette première récolte, pour avoir tout le tems de préparer la terre à recevoir le froment. Il y en a qui aiment mieux semer du seigle que du froment, parce que les premières productions étant très-vigoureuses, le froment est plus sujet à verser que le seigle.

Cette manière de brûler les terres les épuise à la longue : attendu qu'il y a toujours une partie de la terre qui se cuit en brique & qui perd dès-lors toute sa fertilité.

Lorsqu'on veut dessécher les terreins humides, c'est-à-dire, ceux qui, étant dans des fonds, reçoivent l'eau des terres voisines, il faut environner la pièce de terre d'un bon fossé pour égoutter l'humidité de la pièce qu'on se propose de labourer ; ce qui est aisé pour peu qu'elle ait de pente ;

mais s'il y avoit un fond au milieu de la pièce, il seroit nécessaire de la refendre par un bon fossé, qui conduiroit l'eau dans le fossé du contour ; & même il seroit expédient de faire de petites rigoles en patte d'oie, qui iroient aboutir au second fossé. Le terrein étant desséché, on le défriche en suivant le moyen dont nous avons déjà parlé.

Labours. En suivant les principes de M. Duhamel, on peut augmenter la fertilité des terres de deux manières différentes, par les labours & par le fumier. Le premier moyen est souvent préférable, vu la difficulté qu'on a de trouver assez de fumier, & les inconvéniens qui résultent de l'usage de cet engrais. Les plantes qui croissent dans le fumier, n'ont jamais la saveur agréable de celles qui croissent dans une bonne terre médiocrement fumée. Le fumier qui agit par voie de fermentation, fait à la vérité une division intérieure des molécules, qui doit être fort utile ; mais il ne renverse pas le terrein, & ne change pas de place les molécules de terre : ce qui est cependant très-nécessaire pour qu'elles soient pénétrées par l'eau de pluie & des rosées, & par les rayons du soleil ; on a remarqué aussi que le fumier attire les insectes qui rongent les plantes. Les labours peuvent suppléer aux avantages que procurent les fumiers, soit dans les terres fortes, soit dans les terres légères. A force de labourer la terre, on écarte tellement ses molécules, que les racines, ayant la liberté de s'étendre, sont en état de fournir aux plantes la nourriture qui leur est nécessaire. Les préceptes que donne l'auteur à ce sujet, sont confirmés par une suite d'expériences.

On emploie ordinairement quatre espèces d'animaux pour labourer la terre, les ânes, les mulets, les chevaux & les bœufs. M. Duhamel recommande aux fermiers d'avoir un attelage de bœufs pour entr'hiverner les terres, défricher les prés & faire les autres ouvrages fatigans ; & d'acheter un bon attelage de chevaux pour faire les derniers labours.

Le nombre des labours & la manière de les exécuter, varie suivant les différentes provinces & selon que la différente nature des terres l'exige ; mais toutes tendent à un même but, qui consiste à détruire les mauvaises herbes, à briser & à soulever la terre, & à la mettre en état de recevoir la semence. Lorsque la terre ne retient point l'eau, il faut labourer *à plat* pour ne point perdre inutilement du terrein ; si au contraire les terres retiennent l'eau, il faut labourer par *sillons*, ou au moins par planches, plus ou moins larges selon qu'il est plus ou moins nécessaire de donner un écoulement aux eaux : de sorte que, suivant la nature des terres ou leur situation, on pratique quelquefois, dans une même ferme, l'une & l'autre méthode.

Le premier labour s'appelle lever les *guérets ou les jachères* : il consiste à retourner les chaumes d'avoine. On le donne depuis le mois de janvier jusqu'au mois de juin. Il y a des pays où l'on ne commence qu'au mois d'avril ; mais par-tout il est fini à la Saint-Jean : il y a quatorze mois que la terre n'a été remuée, en conséquence ce labour est plus pénible que les autres.

La seconde façon qu'on nomme *binage*, commence quand les guérets sont levés, & il finit dans le mois de septembre. On le commence par la raie qui a fini le labour des guérets. Il faut observer que, dans ces labours, un des chevaux marche toujours dans la raie que le soc va remplir, tandis que l'autre cheval marche sur la terre qui n'est pas encore labourée ; & le soc suit entre les deux chevaux, pendant que le charretier marche dans le sillon qui se forme, de sorte que le guéret n'est point trépigné.

Le troisième labour, qu'on nomme dans quelque province, *labour à demeure*, prépare la terre à être semée sur le guéret : dans ce cas, le grain est enterré à la herse. Il y a des pays où cette troisième façon ressemble tout-à-fait à la première, excepté que, la terre étant très-meuble, il se fait avec facilité : alors on sème sur ce guéret, & on enterre la semence avec la charrue, ce qui fait un quatrième labour : mais il est bon de le faire léger, afin que la semence n'étant pas trop enterrée, les germes puissent sortir de terre.

A l'égard des mars, suivant un usage reçu, on donne deux labours aux terres qu'on destine à recevoir de l'orge ; & un seulement, à celles où l'on veut semer les avoines. Si l'on est décidé à donner deux labours aux mars, on commence le premier peu de tems après les semailles des fromens ; & le second, immédiatement avant les semailles des mars ; & lorsque l'on ne veut donner qu'un labour aux mars, on le fait en janvier ou février.

La manière de labourer la terre, varie selon leur situation, c'est-à-dire, selon qu'elles retiennent ou ne retiennent pas l'eau ; & encore selon leur nature, c'est-à-dire, selon qu'elles sont légères ou fortes, & suivant qu'elles produisent peu ou beaucoup d'herbe.

Les terres maigres & légères, qui n'ont point de fond, ne peuvent jamais donner un grand produit : on ne laisse pas cependant de les cultiver : peu-à-peu on leur donne de la profondeur en entamant sur le tuf ou la craie ; & à force de les fumer, on en tire quelque avantage.

Il y a d'excellentes terres à froment, qui ne forment qu'un lit d'environ quatre pouces d'épaisseur, sous lequel on trouve une terre rouge stérile. Comme ces sortes de terres s'imbibent de l'eau des pluies : aussi-tôt qu'elles sont tombées, on les laboure à plat ; & l'on a ſoin que la charrue ne pique pas juſqu'à la terre rouge, qui nuiroit à la récolte ſuivante, à moins qu'à force de fumier l'on ne rendît à la terre ſa fertilité naturelle.

On laboure ces terres avec les petites charrues qu'on nomme *à oreille* ou *à tourne-oreille*. Quand les terres ſont fortes, telles qu'un ſable gras, on ſe ſert de charrues plus ſolides, qu'on appelle *charrues à verſoir*.

Nos cultivateurs n'emploient ordinairement que deux inſtrumens principaux pour le labourage, la bêche & la charrue.

La bêche eſt un inſtrument très-propre pour faire un excellent labour, elle retourne la terre à dix ou douze pouces de profondeur. Cette opération eſt longue, pénible & coûteuſe : de ſorte qu'on n'en peut faire uſage que dans certains cantons où ſe trouvent beaucoup d'ouvriers & peu de terrein.

La charrue eſt plus expéditive; mais communément elle ne remue pas la terre à une auſſi grande profondeur : ſouvent elle la renverſe tout d'une pièce ſans briſer les mottes, & contre-coupe le gazon verticalement ; le ſoc qui ſuit le coupe horizontalement, & le verſoir ou l'oreille le renverſe tout d'une pièce ſur le côté.

Quelquefois on rompt les mottes avec des maillets, cette opération ſeroit excellente ſi elle n'étoit pas ſi longue. Dans certains cantons, on fait paſſer un rouleau plus ou moins peſant ſur les champs où il y a des mottes : cette pratique eſt très-bonne lorſque la terre n'eſt ni trop sèche, ni trop humide; mais il eſt plus avantageux d'employer un rouleau armé de dents de fer, qu'on appelle une *herſe roulante* ; parce que cet inſtrument, lorſqu'il eſt un peu lourd, eſt très-propre à briſer les mottes, & à détruire les racines des mauvaiſes herbes.

Engrais. Pour recueillir d'abondantes récoltes, il ne ſuffit pas d'avoir donné les labours à propos, ni de les avoir ſouvent répétés, il eſt encore néceſſaire d'en améliorer le fond par de bons engrais. M. Duhamel eſt ici d'un ſentiment oppoſé à celui de M. Tull, qui prétend que le fumier peut produire des mauvais effets, & qu'on peut ſe diſpenſer d'en faire uſage, ſans craindre de diminuer la fertilité de la terre. Notre auteur, loin de déſapprouver l'emploi du fumier pour engraiſſer les terres, ne ceſſe au contraire d'exhorter ceux qui s'intéreſſent aux progrès de l'agriculture à eſſayer de les rendre moins coûteux & plus abondans : en conſéquence il aſſigne les différentes eſpèces d'engrais qu'on peut tirer des trois règnes de la nature.

Le règne minéral fournit les terres neuves, les curures des mares, le ſable, la chaux vive, la glaiſe, les coquilles foſſiles, les cendres de tourbe, & celles du charbon foſſile. Toutes ces diverſes ſubſtances forment autant d'engrais particuliers.

Les terres neuves, qui ont été long-tems sans produire, étant répandues sur les guérets, forment un très-bon engrais.

Les curures des mares, sur-tout celles qui sont fréquentées par le bétail, sont encore très-estimées pour le même objet. Il n'en est pas de même de la vase qu'on retire des petites rivières d'eaux vives & de source. Leur limon se desséche à l'air, se durcit au soleil & n'est point du tout propre à la végétation. Le limon des étangs rend la culture trop difficile, s'il a resté en tas pendant plusieurs années avant de le répandre. La vase de la mer est très-fertile; mais on ne doit employer cet engrais qu'en médiocre quantité.

Le sable du voisinage de la mer qui a reçu une impression de sel, celui qui est formé des fragmens de pierre calcaire augmente beaucoup la fertilité.

La chaux vive peut être fort avantageuse, pourvu qu'on s'en serve avec précaution & selon la méthode que l'auteur prescrit. Quelque tems après avoir donné en mars un premier labour à un pré qu'on veut ensemencer en grain, on porte la chaux sortant du four dans le champ, à raison de dix milliers pesant par arpent, & on la distribue de façon qu'il se trouve un tas de cent livres au milieu de chaque perche. On relève ensuite la terre autour de chaque tas en forme de dôme, on en met un demi pied d'épaisseur. La chaux fuse sous cette terre & se réduit en poussière. Alors on la mêle bien avec la terre qui la recouvre, & on la laisse en cet état pendant six semaines ou deux mois. Vers le mois de juin, on répand uniformément ce mélange sur les guérets: on laboure ensuite une fois, si l'on veut semer du sarasin; & deux ou trois, si l'on se propose de semer du froment. Le plâtre & les vieux mortiers en démolition engraissent singulièrement les terres fortes.

La glaise, qui aura resté deux ans exposée aux impressions de l'air, du soleil, des pluies & du froid, est bonne pour améliorer les terres légères. Il faut prendre garde qu'il y a des glaises nuisibles à la végétation.

La marne fertilise les terres, mais toutes les espèces ne sont pas également propres à procurer cet avantage. Quand on a trouvé de la marne, il est à propos de faire des épreuves en petit, & d'attendre deux ou trois ans avant de s'en servir, puisqu'il est certain que le bon effet de cet engrais ne commence à se manifester qu'au bout de ce tems.

Aux environs de Tours, on trouve des bancs de *coquilles* connues dans ce pays sous le nom de *falun*, dont les cultivateurs se servent pour améliorer leurs terres. On les fouille en automne, & on les répand tout de suite sur les guérets, qui deviennent très-féconds.

On a découvert dans le Hainault, l'Artois, & dans quelques cantons de Picardie, une espèce de *tourbe*, qui, étant brûlée, donne une cendre qui engraisse prodigieusement. Soixante ou quatre-vingt livres de ces cendres suffisent pour fumer un arpent. *Les cendres du charbon fossile*, qu'on brûle dans les verreries, les brasseries & les autres manufactures, fournissent un engrais excellent pour les prés, soit naturels, soit artificiels.

Le règne végétal produit des cendres qui engraissent la terre; la suie, la charrée, la tannée, la sciure du bois, le marc de raisin, les feuilles des arbres, le marc des graines de lin, de colzat & le varec, ont la même propriété.

Les cendres des végétaux sont beaucoup meilleures que celles de tourbes.

La suie des cheminées fait un effet admirable dans les prés, à la quantité de trois ou quatre septiers par arpent.

La charrée, qui est la cendre de la lessive, mêlée avec du fumier, fertilise les terres. On s'en sert communément pour les potagers.

La tannée ou le tan, qui sort des fosses des tanneurs, feroit encore un bon engrais, si l'on ne préféroit pas de l'employer à faire des mottes à brûler.

La sciure du bois peut s'employer comme engrais, quand on la mêle avec du fumier ou de la cendre.

Le marc du raisin seul est très-bon. Celui de pommes ou de poires doit être mêlé avec d'autre fumier.

Les feuilles des arbres & les *tontes des palissades* sont très-estimées pour faire un bon engrais; néanmoins on prétend que les fumiers faits avec la paille sont meilleurs que ceux qu'on fait avec les feuilles & les herbes sèches.

Le marc des graines de lin, *de colzat*, *de chenevi*, dont on a exprimé l'huile, est un excellent engrais. A cet effet, on le réduit en poudre & on le répand sur la terre de la même manière qu'on sème le grain.

Le varec, les algues & généralement toutes les plantes marines, ont la vertu de fertiliser les champs, soit qu'on les fasse pourrir avec les fumiers, soit qu'on les réduise en cendre pour les répandre sur les prés.

Le règne animal fournit encore plusieurs substances qui fertilisent la terre: telles sont la chair pourrie des animaux, les boyaux, les curures des boucheries, les raclures de corne, de parchemin & de cuir; mais l'engrais le plus commun provient des excrémens des animaux, connus sous le nom de fumiers, dont on distingue quatre espèces: savoir, les excrémens humains; la colombine, qui est le fumier de toute espèce de volatile; le fumier des brebis, des moutons & le fumier de cour, qui comprend la litière qui a séjourné sous les chevaux, les mulets, &c. De tous les fumiers, le meilleur est la vuidange des latrines; mais il communique une mauvaise odeur aux végétaux: les chevaux délicats ne veulent point manger l'avoine qu'on a recueillie dans les champs qui ont été fumés avec cet excrément.

La colombine est très-recherchée pour les prés, le froment, & encore plus pour les chenevières. Ce fumier détruit la mousse & le jonc, plantes si funestes aux prairies, & il donne une grande vigueur aux bonnes herbes: il est si rempli de molécules nutritives, que pour engraisser un champ qu'on destine au froment, on sème ce fumier à poignée comme le grain, à raison de vingt septiers par arpent.

Le fumier des brebis, des chèvres & des moutons a beaucoup d'action, sur-tout dans les terres fortes. On a remarqué que le crottin d'été est meilleur que celui d'hiver, parce que les moutons fientent & urinent beaucoup plus quand ils mangent de l'herbe, que quand on les nourrit au sec.

Pour avoir une excellente cour à fumier, on aura soin: 1.° de mêler le fumier des vaches avec celui des chevaux, ainsi que celui des cochons: 2.° de placer les bergeries de manière que le troupeau passe sur le fumier, toutes les fois qu'il va aux champs ou qu'il en revient. 3.° Il est à propos de déposer le fumier dans un lieu humide, afin qu'il pourrisse plus promptement: observant néanmoins que l'eau ne s'y rassemble en trop grande quantité, parce qu'une grande abondance d'eau empêche la corruption. 4.° Il est absolument nécessaire que ces fumiers soient garantis de ardeurs du soleil par les bâtimens, ou par des arbres: ainsi, quand les litières sont en partie pourries dans les fosses à fumier, on les en tire avec le crochet, & on les met en tas fort épais dans l'angle de deux murs qui les couvrent contre les ardeurs du soleil.

Exploitation des terres. Après avoir préparé les terres par les défrichemens, les labours & les engrais, notre auteur recommande de choisir la manière la plus avantageuse de les exploiter.

Celui qui semeroit tous les ans du froment dans un même champ, n'auroit assurément que de médiocres récoltes. On en attribue la cause à ce que la terre ayant été épuisée par ce premier produit, elle ne peut suffire à nourrir perpétuellement cette même plante: ainsi, il y a un avantage à semer successivement différentes plantes dans une même terre, soit parce que toutes les plantes n'ont pas également besoin d'une même quantité de nourriture; soit parce que leur constitution est différente, les unes étant plus délicates que les autres; soit enfin parce que les unes ont plus de facilité à étendre leurs racines dans la terre dure; ce qui fait que celles-ci se passent plus volontiers des labours que les autres. Ce sont-

là

là les principaux motifs qui obligent le cultivateur de divifer les terres par faifon, & qui le déterminent à femer alternativement différens grains fur une même terre.

Dans toutes les provinces du royaume, on ne fuit point la même méthode à l'égard de l'exploitation des terres: dans les unes, on les divife en trois foles, & dans les autres on ne les partage qu'en deux; dans la Beauffe, par exemple, & dans plufieurs autres pays fertiles, un tiers des terres d'une ferme eft femé en froment au commencement d'octobre, fur des guérets qui ont reçu trois ou quatre labours; un autre tiers eft femé en menus grains au printems, fur des chaumes de froment qu'on a labourés une ou deux fois; & l'autre tiers refte en jachère.

Auprès de Caën & dans d'autres provinces, les terres ne font divifées qu'en deux foles, une moitié produit du froment, & l'autre eft en jachère.

Tout cultivateur doit fe diriger par l'obfervation & l'expérience, relativement aux différens produits qu'il attend de fon domaine; fi fes terres font plus propres pour l'avoine que pour les grains, il doit s'attacher particuliérement à la culture de cette plante; car il eft toujours plus avantageux de faire une abondante récolte d'un grain d'une efpèce médiocre, qu'une plus petite récolte d'un grain plus précieux.

Semences. Une expérience fouvent répétée prouve qu'en certaines années, la même efpèce de grains eft plus menue que dans d'autres: lorfque cela arrive, les laboureurs peuvent, fans aucune difficulté, en faire leurs femailles: le femeur aura feulement l'attention de marcher un peu plus vîte dans le fillon, parce que fa main contiendra alors un plus grand nombre de grains; il arrivera fouvent que, lorfque les années feront favorables pour les fromens, ces grains menus produiront d'abondantes récoltes: malgré les expériences qu'on a faites fur ces mêmes grains & l'ufage où font les fermiers de les femer, quand ils les ont recueillis tels, M. Duhamel penfe qu'il faut toujours donner la préférence aux grains bien conditionnés dans leur efpèce, & qu'il faut changer de tems en tems les femences, en les tirant des pays où les fromens font nets d'herbes & vigoureux. Il fonde fon opinion fur ce qu'il y a des plantes qui s'accommodent mieux d'un climat que d'un autre. Celles-là viennent plus parfaites dans le climat qui leur eft, pour ainfi dire, naturel, que dans celui qui leur eft étranger. Une plante qui végète fous une température qui n'eft pas analogue à fon organifation, languit & donne des femences mal conftituées. La qualité de la terre peut produire le même effet fur les graines, que le climat: car les plantes devenant chétives & languiffantes dans une terre maigre, on doit craindre avec fondement que les graines ne participent du mauvais tempérament des plantes qui les ont nourries, & qu'elles ne soient pas en état de faire d'aussi belles productions, que si elles venoient de plantes plus parfaites en leur genre. Il est encore une raison qui autorise notre auteur à prescrire de changer de semence. Il y a, dit-il, de mauvaises herbes qui se plaisent particulièrement dans certaines terres, & qui ne réussissent pas si bien dans d'autres: ainsi, lorsqu'un fermier sème le bled qu'il a recueilli, il multiplie les mauvaises herbes, dont les graines se trouvent mêlées avec celles du froment; & elles ne manqueront pas de devenir vigoureuses, parce qu'elles seront dans un sol analogue à leur constitution; au lieu qu'en changeant son froment, les mauvaises graines qui s'y trouveront mêlées n'étant pas dans le sol qui leur convient le mieux, ne feront qu'un tort médiocre à la récolte.

A la suite de ce que nous venons de rapporter, M. Duhamel, traite des liqueurs prolifiques qui ont été imaginées dans différens tems pour développer les germes & procurer des moissons prodigieusement abondantes; il conclut que l'effet de ces prétendues liqueurs est une pure chimère, & il le prouve par beaucoup d'expériences qui ont été faites à ce sujet.

Semailles. L'ensemencement des terres est un article si important pour le succès des récoltes, que les laboureurs doivent y prêter une attention singulière. Il faut, 1.° faire les semailles dans une saison convenable. 2.° Se mettre en état de les exécuter avec précision. 3.° Placer le grain en terre à une profondeur convenable. 4.° N'en répandre ni trop ni trop peu. 5.° Le distribuer de façon qu'il y ait entre chaque plante un intervalle proportionné à la quantité de nourriture qui lui est nécessaire.

Quoiqu'on ne puisse pas fixer un tems précis pour faire les semailles, parce que cette saison doit varier selon que les pays sont plus ou moins méridionaux, il est toujours avantageux d'avancer les récoltes: cette raison doit engager à semer d'assez bonne heure, sur-tout dans les provinces septentrionales, où les gelées se font sentir plutôt que dans les pays méridionaux.

L'usage le plus ordinaire, c'est de semer le bled à la main, & l'habitude des semeurs fait qu'ils le répandent assez uniformément. Dans les terres légères, on l'enterre avec la herse ordinaire; &, par cette méthode, on a l'avantage de faire les semailles en très-peu de tems; mais cet instrument ne pouvant pas bien enterrer le grain lorsqu'il y a des mottes & des pierres, on emploie quelquefois des herses roulantes.

Toutes les plantes ne doivent pas être semées à la même profondeur: on doit s'assurer, par des épreuves réitérées, quelle est la profondeur qui convient à chaque espèce de graine : on peut poser, comme un principe assez général, que les semences menues doivent être semées plus près de la superficie de la terre que celles qui sont grosses.

La pratique du semoir étant une fois adoptée, on remédie à tous les inconvéniens qui peuvent résulter des semailles qu'on fait à la main; 1.° par le moyen de cet instrument, on fait des rigoles à la distance qu'on desire, & à-peu-près à la profondeur qu'on a trouvé par expérience être convenable. 2.° Les semoirs remplissent de terre toutes les rigoles, il n'y a presque aucun grain qui ne soit enterré. 3.° Enfin les semoirs versent, dans chaque rigole, la quantité précise de semence qu'on a jugé nécessaire.

Il n'est pas possible de donner une règle générale sur la distance qu'il doit y avoir entre les grains qu'on confie à la terre. Si l'on pouvoit être assuré que la saison du printems fût favorable pour faire taller les grains, on pourroit supprimer beaucoup de semence; mais, comme il n'y a que des incertitudes sur ce point, il faut se borner à répandre la semence proportionnellement à la fertilité du sol : ainsi, plus la terre est propre à la végétation, plus elle a été amendée & labourée; moins il faut répandre de semence.

Lorsque les bleds sont semés, ils demeurent exposés aux dommages que peuvent leur causer les mauvaises herbes, les insectes & les oiseaux : ce sont autant d'accidens qu'il faut prévenir en arrachant les mauvaises herbes, & en éloignant ou détruisant les animaux.

Maladies des grains. Le troisième livre des élémens d'agriculture de M. Duhamel a pour objet les maladies des grains. Il discute avec soin la nature de chacune de ces maladies en particulier, & donne des moyens pour les prévenir.

Depuis la première édition de cet ouvrage, M. l'abbé Tessier ayant communiqué à M. Duhamel les caractères qui distinguent les différentes maladies des grains, il en profita pour corriger, dans la seconde édition, quelques erreurs qu'il avoit commises : en conséquence, il ne regarda plus le mot de nielle, que comme un terme générique qui convenoit à toutes les maladies des grains, & dès-lors il nomma *charbon*, la maladie qu'il avoit appellée nielle auparavant.

Le charbon se reconnoît aux caractères suivans. 1.° Cette maladie détruit totalement le germe & la substance du grain. 2.° Elle n'attaque pas le seul épi, toute la plante s'en trouve un peu affectée quand elle a fait de grands progrès. 3.° Il est rare, lorsqu'un pied en est attaqué, de trouver sur une des talles qui en dépendent, un épi qui en soit exempt. 4.° Dès le mois d'avril, en ouvrant avec attention les graines qui enveloppent l'épi, M. Duhamel a trouvé cet embrion déjà attaqué de cette maladie. 5.° Quand l'épi attaqué sort des enveloppes que forment les feuilles, il paroît menu & maigre. Les enveloppes communes & propres des grains sont tellement altérées & amincies, que la poussière noire se manifeste au travers; & dès-lors on ne trouve à la place du grain qu'une poussière noire & de mauvaise odeur, qui n'a nulle consistance.

L'auteur rapporte quelques recherches sur la cause du charbon, & il prescrit la pratique de M. Aimen, pour prévenir cette maladie. Il est d'avis que l'on choisisse, pour la semence, le plus beau grain & le plus mûr; qu'on le batte sans différer & que sur-le-champ on le passe à la chaux, soit pour empêcher qu'il ne s'y forme de la moisissure, soit pour détruire celle qui seroit déjà formée. Suivant ce principe, ajoute M. Duhamel, la lessive que M. Tillet a proposée seroit également avantageuse pour guérir la contagion du charbon.

Il est une autre espèce de maladie des grains qu'on nomme *bosse* ou *carie*. On la reconnoît aux caractères qui suivent, 1.° les plantes que doivent produire des épis infectés de la bosse, sont fortes & vigoureuses. 2.° Lorsque la saison de la fleur est passée, les épis prennent la couleur d'un verd foncé tirant sur le bleu, ils deviennent ensuite blanchâtres. 3.° Tous les épis, qui viennent d'un même grain, ne sont point également viciés. 4.° Les balles des épis attaqués de la bosse, sont presque toujours assez saines, elles paroissent seulement plus arides & plus sèches. 5.° Le son, qui forme l'enveloppe propre du grain, n'est point détruit comme il l'est dans le charbon. 6.° Les grains cariés sont plus courts, plus ronds, plus légers que les grains qui ne sont point atteints de cette maladie. 7.° On n'apperçoit point le germe à l'extrémité inférieure des grains cariés. 8.° Jusqu'au tems de la fleur, il y a peu de différence entre les grains cariés & ceux qui sont sains, ils sont uniquement un peu plus renflés. Dans le tems de la floraison, les épis malades prennent une couleur bleuâtre, & les balles sont plus ou moins mouchetées de petits points blancs. 9.° Si on ouvre les grains, on les trouve remplis d'une matière grasse brune, tirant sur le noir & de mauvaise odeur. Cette poudre n'est point légère, comme dans les épis charbonnés. 10.° Quelque tems avant la floraison, les grains paroissent remplis d'une substance blanche, qui commence à brunir auprès du support, & cette couleur s'étend peu-à-peu sur tout l'épi. 11.° Les grains fortement attaqués de carie, sont incapables de germer: lorsqu'on les bat, il en sort une poussière noire qui se répand sur les autres grains qui sont sains : ce qui suffit pour brunir la farine, & lui donner un goût désagréable.

Pour prévenir cette fâcheuse maladie, M. Duhamel adopte le procédé de M. Tillet, qui consiste à laver dans plusieurs eaux claires la semence mouchetée, jusqu'à ce qu'elle n'ait plus aucune impression de noir; ensuite on la passe dans la lessive. Si elle n'est point tachetée, on la met tremper dans la décoction suivante. On fait, dans un cuvier, une lessive, comme pour blanchir le linge, mettant quatre livres d'eau pour chaque livre de cendre : si on emploie cent livres de cendre & deux cents pintes d'eau, on aura cent-vingt pintes de lessive, à laquelle on ajoutera quinze livres de chaux; ce qui suffira pour préparer soixante boisseaux de froment. Lorsqu'on veut faire usage de cette lessive, il faut la faire chauffer au point de ne pouvoir y tenir la main : alors on y plonge le grain & on le remue avec une spatule.

L'ergot est encore une espèce de maladie qui attaque assez fréquemment le seigle, & qui endommage aussi quelquefois le froment. Voici quels sont les caractères auxquels on peut reconnoître cette maladie. 1.° Les grains ergotés sont plus gros & plus longs que les autres, ils sortent ordinairement de la balle, se montrent droits & quelquefois plus ou moins courbés. 2.° A l'extérieur, ils sont bruns ou noirs, leur surface est raboteuse, & l'extrémité supérieure des grains est constamment plus grosse que celle qui est attachée à la paille. 3.° Quand on rompt l'ergot, on apperçoit dans l'axe une farine assez blanche, recouverte d'une farine rousse ou brune. 4.° Ces grains étant mis dans l'eau, surnagent d'abord & tombent ensuite au fond. 5.° Les balles paroissent saines, quoique celles qui sont extérieures soient un peu plus brunes, que quand les épis sont sains. 6.° Tous les grains d'un épi ne se trouvent jamais attaqués de l'ergot. 7.° L'ergot est moins adhérent à la paille que le bon grain.

Il est toujours aisé de séparer la plus grande partie des grains ergotés, par le secours du crible, parce que la plupart de ces grains malades, sont beaucoup plus gros que les grains qui sont sains. A la suite de cet article, M. Duhamel rapporte, dans la dernière édition de son ouvrage, les observations de M. l'abbé Tessier, sur l'origine de cette maladie & sur les funestes effets que les bleds ergotés ont produit sur quelques animaux qui en avoient mangé. Il résulte de ses expériences, que le pain fait avec la farine du bled ergoté est une nourriture très-dangereuse. L'auteur termine ce livre par des observations assez étendues sur les accidens qui rendent les bleds *rouillés, coulés, restraits, échaudés, glacés, avortés, verses & penchés*. Il passe ensuite à la récolte des grains, qui fait la matière du quatrième livre. Il divise en trois articles ce qu'il a à dire sur cet objet : les préparatifs nécessaires, le tems convenable & la manière de couper les bleds. Ces préparatifs consistent à se pourvoir d'un nombre suffisant d'ouvriers proportionnellement à la quantité des grains qu'on a à récolter. Ces ouvriers sont des *scieurs*, pour couper le froment; un *broqueteur*, qui aide à mettre les gerbes en *triau* ou en *dizeau;* un ou deux *calvaniers*, qui arrangent & entassent les gerbes dans les granges.

On ne peut pas fixer précisément le tems où l'on doit commencer la moisson : elle est plus ou moins tardive dans les différentes provinces, suivant que les années sont chaudes ou fraîches, sèches ou humides; mais, en général, la couleur de la paille & des épis devenus jaunes ou blancs, fait connoître que les grains sont parvenus à leur parfaite maturité.

D'après les fatigues qu'éprouvent les scieurs, les maladies auxquelles ils sont sujets & qu'ils contractent par leur attitude gênante, M. Duhamel propose de substituer la faulx à la faucille, en attendant que quelque méchanicien ait trouvé un instrument plus commode. On trouve, à la suite de ces réflexions, un extrait d'un mémoire de M. de Lille sur le fauchage des bleds.

La manière de serrer & nettoyer les grains, la forme que prescrit notre auteur pour les greniers, où on doit les enfermer, & les moyens qu'il propose pour remédier aux inconvéniens des greniers ordinaires, ne présentent rien de particulier : nous allons seulement analyser sa méthode pour conserver les grains.

Le fond de cette méthode que M. Duhamel a développée, dans un traité particulier, *sur la conservation des grains*, se réduit : 1.° à dessécher les grains dans des étuves, & à y faire périr les insectes & leurs œufs. Il faut pour cela une chaleur de quatre-vingt ou quatre-vingt-dix degrés du thermomètre de M. de Réaumur: 2.° A déposer ces grains dans des endroits exactement fermés: 3.° A construire ces greniers dans un lieu frais & sec: 4.° A les rafraîchir de tems en tems, par l'air des grands soufflets que différens moteurs peuvent faire agir. Par ces moyens, on pourra conserver les grains aussi long-tems que l'on voudra.

Nouvelle culture. Dans les cinq premiers livres de son ouvrage, M. Duhamel expose toutes les pratiques que doivent suivre ceux qui se proposent de bien cultiver leurs terres, en suivant les usages établis dans les provinces où l'agriculture est en vigueur. Dans le sixième, il enseigne une nouvelle méthode, imaginée par M. Tull, dont les principes généraux se réduisent à l'usage fréquent des labours & à l'épargne de la semence.

Suivant les règles ordinaires de la culture ancienne, après avoir donné à la terre des bons labours & lui avoir confié les semences, on abandonne les plantes à elles-mêmes, à l'exception des légumes;

& on les laiſſe, ſans en prendre aucun ſoin, juſqu'à ce que le tems de la récolte arrive. M. Duhamel croit qu'il eſt avantageux d'abandonner cette routine, & qu'il faut labourer la terre pendant que le froment croît, comme on a coutume de le pratiquer à l'égard des plantes vivaces, & comme on le fait pour le maïs, les navets, les carottes; il appuie ſon ſentiment ſur le principe qu'il a établi dans le ſecond livre, où il prouve que les récoltes de froment ſont d'autant plus abondantes qu'on a multiplié les labours avant de jetter la ſemence. En effet, quelque bien cultivé qu'ait été un champ, lorſqu'on sème le froment, la terre s'affaiſſe pendant l'hiver, les molécules ſe rapprochent les unes des autres, on voit lever de mauvaiſes herbes qui dérobent la ſubſtance aux plantes utiles: de ſorte qu'après l'hiver, la terre eſt à-peu-près dans le même état où elle ſeroit ſi elle n'avoit pas été labourée. C'eſt cependant dans cette ſaiſon que les plantes doivent taller & croître avec plus de vigueur; c'eſt donc au printems que les plantes ont plus de beſoin du ſecours des labours, ſoit pour détruire les mauvaiſes herbes, ſoit pour ſubſtituer auprès des racines une terre neuve à la place de celle que les plantes ont épuiſée, ſoit pour diviſer de nouveau les molécules terreuſes, ſoit pour mettre les racines en état de s'étendre avec facilité, & de fournir beaucoup de nourriture aux plantes, qui en ont alors un grand beſoin. Il confirme ſon opinion par quelques expériences.

Le ſecond objet de la culture, conſiſte à ne point ſemer trop épais, afin que les racines de chaque plante aient la liberté de s'étendre autant qu'il eſt néceſſaire, pour qu'elles puiſſent pomper une quantité ſuffiſante de ſucs nutritifs. Ainſi, les plantes devenant plus vigoureuſes, par le fréquent uſage des labours, il s'enſuit qu'on doit ſemer beaucoup moins épais; & qu'il faut répandre moins de ſemence qu'on ne fait ordinairement. C'eſt le point qui a ſouffert le plus de difficulté: en effet, on ne peut s'accoutumer à voir beaucoup de terre qu'on regarde comme perdue, occupée par un petit nombre de plantes. On reviendra de cette prévention, ſi l'on conſidère que, dans un champ cultivé ſuivant l'ancienne méthode, & ſemé fort dru, chaque grain ne produit qu'un ou deux épis; tandis qu'un grain qui ſe trouve iſolé produit ſouvent dix-huit, vingt épis & même plus.

Notre auteur détaille ainſi la manière de pratiquer la nouvelle culture à bras d'homme. Quand on ſe trouve dans un pays peuplé, où les journées des ouvriers ſont à bon compte, rien n'eſt ſi facile que de mettre en uſage la nouvelle méthode: en ſuppoſant un champ bien labouré, il y a trois moyens principaux de ſe procurer une bonne récolte. Il faut, 1.° épargner la ſemence, de manière que chaque plante ait autour d'elle suffisamment d'espace, pour que les racines puissent recueillir & fournir beaucoup de nourriture à la plante à laquelle elles appartiennent. 2.° On doit mettre chaque plante en état de taller beaucoup & de porter quantité de tuyaux. 3.° Il faut faire en sorte que chaque tuyau puisse porter un bel & long épi, bien fourni de grains jusqu'à la pointe.

Pour remplir la première condition, & parvenir à ce que chaque plante ait autour d'elle autant de terre que peut exiger l'extension de ses racines, & pour se réserver aussi la facilité de lui donner des labours pendant qu'elle végète, il faut diviser le champ bien labouré & bien hersé par des traits ponctués, qui soient à trente pouces les uns des autres; & semer aux deux côtés de ces traits deux rangées de froment qui soient éloignées les unes des autres de six pouces.

Le premier labour, qui doit être fait avant l'hiver, a pour objet, non-seulement de procurer l'écoulement des eaux, qui causeroient un grand préjudice aux plantes, si elles séjournoient trop long-tems auprès de leurs racines; mais encore de disposer la terre à être ameublie par les gelées.

Le second labour, qui doit être fait après que les grandes gelées sont passées, a pour objet de faire taller les plantes.

Le troisième labour, qui doit donner de la vigueur aux tuyaux, sera exécuté quand les épis commenceront à paroître; & ce ne sera qu'une légère façon, dans laquelle néanmoins on pourra commencer à creuser un peu le milieu des plates-bandes.

Le dernier labour est celui qu'on peut regarder comme un des plus importans, puisqu'il fait grossir les grains & qu'il concourt à les former : il doit être fait, lorsque les épis sont en fleur.

Si l'on veut exécuter avec la charrue, la nouvelle culture; voici le précis des opérations nécessaires.

On doit se pourvoir d'un bon cultivateur, d'un semoir, d'une charrue propre à labourer entre les rangées.

On peut indifféremment appliquer la nouvelle méthode aux bleds d'hiver ou à ceux du printems.

En supposant qu'on commence par les bleds d'hiver, il sera nécessaire de préparer la terre par quatre bons labours, qu'on donnera en différens tems; savoir, depuis le commencement du mois d'avril, jusqu'à la mi-septembre.

On aura grande attention que ces labours soient donnés dans des tems assez secs, pour que la terre ne se pêtrisse point.

On hersera ce champ pendant un beau tems, de même que s'il étoit ensemencé à l'ordinaire, afin que la superficie en soit bien unie.

Il est important que les rangées de froment soient semées bien droites,

droites : en conséquence, si la pièce, que l'on veut ensemencer, n'est pas d'une grande étendue, on tendra un cordeau, le long duquel on tracera avec une pioche un petit sillon, dans lequel on fera marcher le cheval qui doit tirer le semoir ; & l'on aura soin de laisser cinquante pouces d'intervalle d'un sillon à l'autre, si l'on sème trois rangées. Quand la pièce est grande, on pique aux deux extrémités des échalas, à la distance de cinq pieds ; & ensuite le charretier dirigeant sur les échalas une charrue ordinaire, qui n'ait ni oreilles, ni versoir, il trace les petits sillons qui doivent guider la marche du cheval qui tire le semoir. Les terres doivent être ensemencées vers la mi-septembre, ou au plus tard à la fin du même mois.

Il est à propos de faire les sillons selon la grande longueur de la pièce, afin qu'il y ait moins de terre perdue, par l'espace qui est nécessaire pour faire tourner le cheval. On fera bien encore de diriger les rangées suivant la pente du terrein, afin que l'eau puisse s'égoutter.

On mettra la semence dans des corbeilles que l'on plongera dans un cuvier rempli d'eau de chaux : on la répandra ensuite sur le plancher du grenier, & on la remuera de tems en tems jusqu'à ce qu'elle soit assez sèche, pour qu'elle puisse couler facilement par les ouvertures des tremies du semoir. Si l'on craint le charbon, il faut mêler de la lessive de cendres avec la chaux, afin de préparer le grain contre cette maladie.

La semence doit être prise parmi le grain le plus parfait. Une précaution qui n'est pas à négliger, c'est d'éprouver la semence & de tenter si elle est bonne. Pour celà, il faut en semer sur un bout de couche, ou dans une terre humide, cinquante ou cent grains, pour s'assurer s'ils leveront tous.

Après avoir rempli les tremies du semoir, on fera marcher le cheval au petit pas dans la raie qu'on aura tracée. Pour répandre la quantité de semence qu'on jugera convenable, on proportionnera l'ouverture de la tremie à la grosseur du grain, & l'on fera en sorte qu'il ne s'en répande, tout au plus, que trente ou quarante livres par arpent, dont la contenance est de cent perches, de vingt-deux pieds de longueur chacune.

Dans les terres qui retiennent l'eau, il faut leur donner un labour dans le mois d'octobre, par un beau tems. Vers la fin de mars, on fera avec une petite charrue à oreilles le premier labour d'après l'hiver : à la fin ou au commencement de mai, on sarclera les planches : dans les premiers jours de juin, quand les fromens seront prêts à entrer en fleur, on donnera le second labour avec la charrue à versoir, en observant toujours de relever la terre du côté des rangées, & en approfondissant le sillon du milieu des plates-bandes le plus qu'il sera possible.

On sciera le froment lorsqu'il sera mûr, & on aura soin de ne trépigner que le moins qu'il sera possible la terre labourée.

A la fin d'août, on labourera les plates-bandes avec les charrues ordinaires : environ la mi-septembre, on répandra la semence avec le semoir ; &, dans le mois d'octobre, on donnera un labour au chaume pour commencer à former les plates-bandes.

Il est sans doute superflu de prévenir qu'on est souvent obligé d'avancer ou de retarder toutes les opérations dont nous venons de parler, suivant que l'année est plus ou moins hâtive : dans tous les cas, on doit attendre que la terre soit saine & hors d'état de se pêtrir.

Si l'on veut commencer au mois de mars à pratiquer la nouvelle culture, il faut préalablement que la terre ait reçu trois ou quatre labours depuis la moisson jusqu'à ce tems. On hersera & l'on semera avec les précautions qui sont rapportées ci-dessus ; ayant soin de ne semer que du bled de mars.

Quoique l'on puisse se dispenser de fumer les terres qu'on cultive suivant les nouveaux principes, autant que celles qu'on exploite d'après la méthode ordinaire ; il est cependant certain que les engrais sont toujours utiles. On doit les répandre dans le fond des sillons des plates-bandes, immédiatement après la moisson & avant le premier labour fait avec la charrue, afin que ce fumier puisse se pourrir avant qu'on ensemence les terres.

Tel est le développement que M. Duhamel donne au systême d'agriculture de M. Tull ; il expose avec beaucoup d'étendue toutes les pratiques qu'il faut suivre, & les avantages qu'on est en droit d'en attendre. Afin de réunir tous les témoignages qui pouvoient ajouter un nouveau poids à ses raisonnemens, il joint à ses observations les remarques de M. de Lignerolle, qui avoit bien approfondi ce nouveau systême. M. Duhamel ne veut point cependant qu'il soit généralement adopté : il exhorte les cultivateurs à suivre l'ancienne méthode à l'égard des terres trop difficiles à cultiver, & dont le travail deviendroit trop dispendieux. Il engage chaque cultivateur en particulier à étudier la nature de son terrein, & à réfléchir sur les moyens d'appliquer les principes aux différentes positions où il se trouve.

Le second volume des élémens d'agriculture de M. Duhamel, contient la description des instrumens du labourage, des charrues, des semoirs, &c. Il y est parlé de la culture des différentes espèces de grains, des prairies, de plusieurs herbages qui servent à la nourriture du bétail, soit en verd, soit au sec ; de la culture des légumes & de quelques plantes potagères ; de la manière de cultiver les plantes qui servent à la teinture; & enfin il est terminé par des réflexions judicieuses sur plusieurs objets importans de l'agriculture. Nous avons donné une analyse étendue des principes généraux sur la culture des terres, qui sont les plus essentiels & le plus universellement répandus; nous croyons que nous devons borner à ces objets, ce que nous avions à dire sur cet ouvrage intéressant.

Quoique l'expérience soit regardée comme le fondement principal de l'agriculture, on ne sauroit cependant disconvenir que le raisonnement ne soit d'une nécessité indispensable pour ceux qui veulent perfectionner cet art. Sans le raisonnement, l'expérience peut induire en erreur; & le raisonnement sans l'expérience, ne peut produire que de foibles avantages : ce n'est donc qu'en réunissant ces deux moyens qu'on doit espérer de faire des progrès considérables dans l'art de cultiver la terre. L'un est le résultat d'une pratique suivie; l'autre est le fruit de la réflexion & de l'étude. Tout le monde peut se livrer au travail & acquérir de l'expérience; mais il y a peu de personnes qui puissent rectifier leur raisonnement. Les uns manquent de pénétration, les autres de ressources : ce n'est qu'en approfondissant la chimie économique, qu'on orne son esprit de nouvelles connoissances, & qu'on le met en état de profiter de l'expérience. Or parmi le petit nombre d'ouvrages, qui sont propres à donner des idées nettes & précises sur cette partie essentielle de l'agriculture, on doit citer le livre, intitulé : *l'agriculture réduite à ses vrais principes*, qui a été publié en françois en 1774. C'est une dissertation, ou plutôt une thèse soutenue à Upsal, en 1761, par M. le comte Gustave-Adolphe de Gyllenborg, sous la présidence du célèbre professeur Wallerius. Wallerius.

Cet ouvrage est peu susceptible d'analyse, étant composé d'une multitude de paragraphes très-laconiques, rangés par ordre sous dix-huit chapitres, dont nous allons présenter les résultats.

CHAP. I.er *Principes qui constituent les végétaux.* Celui qui veut connoître ce qui peut être plus ou moins avantageux aux végétaux, doit examiner les principes qui les composent, en les séparant sans feu, ou par le moyen du feu.

Tous les végétaux, de quelque espèce qu'ils soient, donnent par analyse sans feu, des huiles grasses qu'on tire par expression sur-tout de leurs semences, des sels essentiels, des sucs mucilagineux, des gommes, des sucs savonneux, des sucs résineux, des parties aériennes & des parties spiritueuses.

Quand on fait la décomposition des plantes à l'aide du feu, elles donnent du flegme, des sels, des huiles, une terre qui est ou vitrifiable, ou calcaire, ou absorbante, c'est-à-dire, propre à s'unir avec les acides.

La partie aqueuſe ou le flegme qu'on tire des plantes, a de la ſaveur & de l'odeur, qualités qu'il tire des ſubſtances ſalines, huileuſes & ſpiritueuſes avec leſquelles il eſt plus ou moins combiné; & cette combinaiſon elle-même eſt le lien qui unit les parties qui conſtituent le végétal.

La partie terreuſe qu'on ſépare des végétaux par la putréfaction ou par l'incinération & la lixiviation, donne trois ſortes de terres: la vitrifiable que l'on tire des plantes farineuſes & nourriſſantes; l'abſorbante, qui eſt celle que fourniſſent les plantes aromatiques, & la calcaire, que l'on obtient uniquement des plantes les plus ſolides & des arbres. Ces terres ſont différentes de toute terre minérale; elles ſont la baſe des végétaux & leur donnent la ſolidité qu'ils ont.

Les ſels eſſentiels que l'on tire ſans feu des plantes, ne ſont que l'acide combiné avec leurs parties terreuſes & huileuſes, qui a pris de la conſiſtance & qui s'eſt cryſtaliſé: ces ſels ſont composés de parties qui ſe volatiſent par l'action du feu, & ne ſont point de vrais ſels neutres. Ils different des ſels minéraux, en ce qu'ils ſont plus doux & moins corroſifs.

Les huiles ſont ou eſſentielles ou graſſes, ou empireumatiques. On obtient les huiles eſſentielles par un feu lent, & quelquefois par la ſeule expreſſion de l'écorce de quelques fruits. Elles diffèrent entr'elles par la couleur, l'odeur, le goût, la conſiſtance, la peſanteur, en raiſon des végétaux, dont elles ont été tirées.

Les huiles graſſes ſont plus tenaces & moins volatiles, par la quantité de terre & de graiſſe dont elles ſont chargées. On les obtient par expreſſion, de la plupart des plantes, ſans le ſecours du feu.

Les huiles empireumatiques prennent la conſiſtance de la poix, & contiennent beaucoup de terre & de ſel. On ne peut les avoir qu'à l'aide du feu. Il faut remarquer que ces huiles ſont composées d'une ſubſtance inflammable & terreuſe, qui, par le moyen d'un acide, ſont combinées avec de l'eau. Elles diffèrent des huiles minérales.

La ſubſtance muqueuſe, qui ne ſe trouve point dans les minéraux, mais ſeulement dans quelques végétaux, & qui ſe diſſout dans l'eau & non dans l'eſprit-de-vin, eſt composée d'eau, d'un acide, de terre & d'une très-petite portion d'huile.

La gomme n'en diffère qu'en ce qu'elle contient moins d'eau.

La ſubſtance ſavonneuſe eſt composée d'eau, de terre, d'huile & de ſel, combinés de manière à ſe diſſoudre dans l'eau & dans l'eſprit-de-vin.

Les réſines, qui ne ſe diſſolvent que dans l'eſprit-de-vin, ſont composées d'une huile & d'un acide. Ces trois différentes ſubſtances ne ſe trouvent point dans le règne minéral.

L'ambre & le ſuccin, qui paroiſſent approcher de la nature des réſines, préſentent une différence conſidérable, lorſque l'on compare leurs propriétés avec les expériences qu'on a faites.

L'air ou le principe aérien eſt un fluide élaſtique que l'on ne peut ſéparer ſans la décompoſition totale de la plante, ou un fluide ſans élaſticité.

La partie ſpiritueuſe, qui eſt différente dans preſque toutes les plantes, a un poids peu ſenſible. Elle eſt ſoluble dans l'eau & dans l'eſprit-de-vin. Elle provient des acides & des ſels combinés avec les huiles.

On doit donc diſtinguer deux eſpèces d'élémens dans les végétaux; les prochains & les éloignés.

Les élémens prochains ſont l'eau, la terre, le ſel & l'huile: les élémens éloignés comprennent l'eau, la terre & le phlogiſtique.

CHAP. II. *Principes de la végétation.* La végétation n'eſt autre choſe que le changement inſenſible & la croiſſance des plantes, dûe au mouvement des liqueurs très-déliées, par le moyen duquel les parties nutritives contribuent à l'augmentation des plantes, ſoit par juxtapoſition, ſoit par interpoſition, ſoit par l'un ou l'autre à-la-fois.

Il faut aux plantes pour leur accroiſſement, des ſubſtances ſimilaires & nullement minérales. Le double principe moteur de ces ſubſtances, eſt l'air modifié par la chaleur & l'énergie de la plante elle-même.

CHAP. III. *Faculté interne que les plantes ont de ſe multiplier.* Les végétaux ont deux facultés principales, celle de ſe nourrir & celle de ſe multiplier. Cette dernière faculté paroît dépendre de la première, ſans que cependant elle ait le même degré de force: ſouvent la faculté nutritive eſt forte, tandis que la faculté multiplicative eſt très-foible. Après un examen ſur cette matière importante, l'auteur conclut que la faculté de ſe multiplier, conſiſte dans un mouvement de fermentation, & qu'elle dépend de la matière fermentante, qui durant la végétation, eſt communiquée à chaque graine, en raiſon de ſa nature particulière; le principe de la germination des graines eſt une fermentation dont le levain eſt la pouſſière des étamines.

CHAP. IV. *La chaleur conſidérée comme un moyen qui contribue à la végétation.* La chaleur contribue beaucoup à la végétation. Elle agit formellement ſur les plantes, en produiſant & favoriſant le mouvement des ſucs; & elle agit matériellement, en leur fourniſſant une certaine ſubſtance nutritive inflammable. L'action du feu opère encore ſur la terre de deux manières différentes, en réſolvant en vapeurs l'eau & la partie graſſe de la terre; & en combinant la partie inflammable, qui ſe trouve ſoit dans la terre même, ſoit dans l'air, avec la partie grasse du sol, qu'elle rend par-là plus fertile & plus nourrissante. La chaleur agit encore sur l'air, en l'atténuant & en le combinant avec les parties aqueuses & inflammables, de façon à produire une huile étherée.

Quelques philosophes ont nommé *esprit* ou *ame du monde*, la substance qui donne la vie, l'accroissement & la conservation à tous les corps vivans de la nature; mais ce n'est autre chose que la matière de la lumière ou de la chaleur combinée avec la matière inflammable ou le phlogistique.

Chap. V. *L'air considéré comme un moyen qui favorise la végétation*. L'air peut être considéré sous deux points de vue différens : comme pur & dégagé de toute substance hétérogène, alors on l'appelle *matière éthérée* ; ou comme combiné avec des substances étrangères, & pour-lors on le nomme *atmosphère*.

L'air pur contribue à la végétation par son élasticité & peut-être aussi par sa substance même, en se combinant avec les végétaux.

L'air *atmosphérique* influe sur la végétation par son mouvement & par la combinaison qui se fait dans les végétaux, des matières qui le composent; & qui sont des particules, les unes aqueuses, les autres inflammables, d'autres huileuses subtiles, & les autres salines volatiles.

Indépendamment de l'influence de l'air, il existe une *nourriture occulte de la vie*, qui consiste uniquement dans les parties huileuses, sulphureuses, ou inflammables, ou électriques, qui se forment dans l'air, & qui sont animées par l'ame du monde, ou plutôt elles en tirent leur origine. Cette substance nourricière se porte dans la plante immédiatement par la succion des vaisseaux, *vasa inhalantia;* & médiatement par l'intermède de la terre qui s'en charge. Ainsi, l'air contient tous les principes dont les végétaux sont composés; & toute eau peut se convertir en terre.

Chap. VI. *L'eau est un agent qui contribue à la végétation.* L'expérience nous apprend que les plantes ne peuvent végéter sans eau. Vanhelmont & d'autres ont prouvé que la terre ne contribue matériellement en aucune façon à la nourriture des plantes ; mais il est certain que l'eau qui influe sur la végétation agit sur les plantes.

1.° D'une façon matérielle, en ce qu'elle est nécessaire pour leur porter la substance nutritive & en ce qu'elle fournit aux plantes, par le moyen de son fluide non élastique, une substance visqueuse, qui, si elle ne produit point la réunion parfaite des particules terreuses, la favorise du moins au moyen de l'huile : vu qu'une partie de l'eau est si fortement attachée dans l'intérieur du corps solide de la plante, que l'on ne peut l'en chasser sans la décomposer & la détruire totalement.

2.° L'eau agit sur la plante d'une façon méchanique, en amolissant l'écorce ou l'enveloppe, afin qu'elle puisse se nourrir & s'étendre, & en communiquant à la plante une substance huileuse & saline aérienne, à l'aide de la chaleur.

On doit encore ajouter qu'elle favorise le mouvement de la fermentation excité par l'air & la chaleur, qu'elle est un dissolvant & un véhicule des parties salines & nutritives, & enfin qu'elle est un véhicule qui peut entraîner les excrémens, les lier & les faire évaporer avec les sucs ou liqueurs surabondantes.

Chap. VII. *Le sel est un moyen qui contribue à la végétation.* Il n'entre point de terre minérale dans les végétaux. C'est ce qui paroît démontré, 1.° par la différente nature de la terre végétale, qui a des caractères très-distingués de la terre minérale, 2.° par l'indissolubilité de toute terre dans l'eau : vu que, sans être dissoute, elle ne pourroit être portée dans les tuyaux ou fibres par la succion, 3.° par l'expérience. Cependant il n'est pas douteux que le terrein ne contribue beaucoup à la végétation, tant par sa nature, que par ses propriétés. C'est là-dessus qu'est fondée la distinction que l'on fait d'une terre fertile & d'une terre stérile. Le terrein fertile est pourvu de substances nutritives, & le terrein fertile en est privé : on peut néanmoins les lui fournir; ainsi, la fertilité ne vient point directement de la nature particulière de la terre, mais des substances étrangères qui y sont mêlées.

Chap. VIII. *La terre végétale est un moyen qui contribue à la végétation.* Si, pour faire l'analyse de la terre végétale, on la fait bouillir à un feu modéré, & si l'on fait évaporer la lessive qui en résulte, elle dépose une poudre jaunâtre, qui est d'un goût salin : si on augmente le feu, l'on obtient un extrait fluide de couleur brune, qui concentré par l'évaporation, prend un goût âcre, & une odeur piquante. Si on pousse l'évaporation jusqu'à siccité, il reste une matière visqueuse & saline, qui est soluble dans l'eau.

Si on soumet la terre végétale à la distillation, on obtient, 1.° un flegme qui est en plus ou moins grande quantité, suivant que cette terre est plus ou moins humide. 2.° Une liqueur spiritueuse, piquante, âcre, d'une couleur foncée, qui ressemble assez à l'esprit du tartre. 3.° Une huile rougeâtre. La terre végétale ne donne pas constamment tous les produits, qui viennent d'être rapportés : quand elle est exposée au soleil, elle perd sa substance onctueuse & sa partie aqueuse ; il ne reste alors qu'une terre en poussière. Du reste, la terre végétale vient de la destruction des végétaux, & elle fournit aux plantes une substance grasse, propre à les nourrir, & une substance saline propre à combiner la terre avec l'eau.

CHAP. IX. *La glaise est un moyen qui contribue à la végétation.* La glaise ou l'argile pure est une terre tenace, compacte, prenant & retenant l'eau, qui ne s'en dégage que par évaporation. Elle donne, par la distillation, un flegme qui est tantôt très-pur, tantôt combiné avec un peu d'alkali volatil. On en tire encore un peu d'un sel qui se sublime, & qui est ammoniacal ou urineux. La glaise contribue à la végétation, 1.° en se chargeant d'eau & des vapeurs souterraines, 2.° en retenant & conservant les parties grasses du fumier que l'on y joint, 3.° en donnant, par les gersures qui se font à sa surface, un libre passage à l'air, pour porter la nourriture à la racine des plantes, 4.° en empêchant par la faculté qu'elle a de se lier, que la terre végétale ne perde bientôt sa substance visqueuse & onctueuse, 5.° en garantissant les racines des plantes du froid & de la gelée, 6.° en conservant toujours les mêmes propriétés malgré les variations de l'air.

Elle est nuisible à la végétation, 1.° par sa tenacité, 2.° par la dureté que la chaleur lui donne, 3.° par les gersures & les fentes qui se font à la surface de cette terre; par lesquelles, quoique l'air libre puisse passer, l'évaporation est néanmoins augmentée pendant l'été, & les racines peuvent être endommagées; 4.° enfin par la difficulté de la culture: attendu que, lorsqu'elles sont amolies par trop d'eau, elles s'attachent fortement à la charrue: & au contraire, lorsqu'elles manquent d'eau, elles se durcissent au point de ne pouvoir se diviser.

CHAP. X. *La craie & la terre calcaire influent sur la végétation.* La craie & la chaux absorbent l'eau qu'on y verse, & la laissent passer très-promptement. Par la distillation, l'on n'obtient rien de la craie, sinon un peu de sel volatil; mais si l'on mêle la craie avec une quantité d'eau suffisante pour lui donner une consistance de bouillie, & si on met ensuite ce mêlange en distillation, on a une eau distillée, qui participe de la nature de la craie, en ce qu'elle montre des vestiges d'alkali. On ne tire de la craie ni de la chaux, aucune graisse ou substance huileuse, soit par le lavage, soit par la distillation: au contraire, ces terres ont la propriété d'attirer & de dissoudre fortement les graisses & les huiles, sur-tout à l'aide de l'eau & de la chaleur. Elles n'agissent que méchaniquement, tant sur le sol, que sur la semence: 1.° en ce qu'elles attirent l'acide humide & la partie grasse qui est dans l'air. 2.° Elles procurent au terrein comme aux eaux, un plus grand degré de chaleur. 3.° A l'aide de la chaleur, ces terres résolvent l'eau & la graisse en vapeurs. 4.° La chaux accompagne

compagne les vapeurs humides ; &, relativement à cet effet, elle peut se faire passage dans la semence des végétaux. 5.° Elles absorbent l'acidité surabondante qui se trouve dans le sol. 6.° Elles dissolvent la graisse du sol ; & en l'atténuant, elles le rendent plus miscible avec l'eau. 7.° Ces terres sont d'une culture facile. D'un autre côté, la craie & la chaux ont des inconvéniens. 1.° En ce que, par la propriété que ces terres ont de s'échauffer trop vivement, elles sont capables de brûler la semence & la racine des plantes. 2.° En ce que ces substances accélèrent l'évaporation : par-là elles desséchent le terrein, & les plantes sont privées de leur nourriture humide. 3.° En ce qu'elles s'attachent à l'enveloppe de la semence : par-là elles bouchent l'orifice des fibres, elles durcissent l'écorce des graines, & obstruent le passage du suc nourricier. Elles dissolvent & absorbent promptement la graisse du sol. L'auteur conclut, que, pour prévenir quelques-uns de ces inconvéniens, il faut mêler ces substances avec les fumiers, ou bien les mettre sous une forme fluide.

Chap. XI. *La marne influe sur la végétation.* La marne est un mêlange d'argile & de terre calcaire: elle ne contient ni sel, ni graisse, ni huile ; mais elle dissout ces matières & les absorbe. Elle contribue méchaniquement à fertiliser les terres : 1.° en attirant l'humidité, l'acide & la graisse de l'air : 2.° en anéantissant toute l'acidité qui est dans le terrein : 3.° en dissolvant la graisse du sol : 4.° en enlevant au terrein sa ténacité : 5.° en donnant de la consistance aux terreins légers & sablonneux. La marne devient nuisible tant par sa trop grande quantité, que lorsqu'elle séjourne trop long-tems sur la terre.

Chap. XII. *Le sable & le gravier influent sur la végétation.* Le sable & le gravier sont composés de petites pierres, qui n'ont aucune liaison entr'elles. Ce sont des substances vitrifiables, sur lesquelles les acides n'ont point de prise, & qui ne peuvent influer qu'accidentellement sur la végétation. 1.° En divisant les terres & en les rendant moins compactes & moins tenaces : 2.° en donnant plus de consistance aux terres végétales qui sont de la nature de la tourbe : 3.° en favorisant le passage de l'air pour frapper les racines : 4.° en facilitant la culture. L'excès en est nuisible pour les raisons contraires à celles que nous venons de donner.

Chap. XIII. *Le sel influe sur la végétation.* Les sels, de quelqu'espèce qu'ils soient, ne sont ni propres à nourrir les plantes, ni capables de contribuer par eux-mêmes à la végétation. Wallerius prouve cette assertion par les expériences de M. Kraft, par la nature des sels minéraux, qui, comme on sait, ont plutôt la propriété de durcir que de nourrir, par le froid que les sels neutres, & sur-tout le nître & le sel marin excitent dans la terre & dans l'eau, & qui resserre les pores des végétaux au lieu de les dilater. Si, dans quelques pays, comme en Angleterre, on est dans l'usage de fertiliser les terres avec les plantes maritimes, c'est moins par les sels que ces plantes peuvent fournir, que par la putréfaction des parties qui les composent. Cependant l'emploi du sel marin peut avoir des avantages ainsi que quelques autres espèces de sels; mais ils ne sont qu'accidentels: ainsi, le sel marin divise méchaniquement les terreins gras, il les atténue & les rend miscibles à l'eau : on dit encore qu'en lavant le grain dans une dissolution de ce sel, on prévient la nielle. Nous laissons à l'expérience à prononcer sur ce dernier objet: car il s'agit ici, non des maladies des végétaux, mais de la façon de les faire croître. On attribue au nître les mêmes qualités qu'au sel marin, pour atténuer les parties huileuses & grasses. L'alkali, qu'on obtient en brûlant les plantes, est produit par une nouvelle combinaison des parties telles que l'acide, l'huile, la terre. Il peut être utile, attirant l'humidité, dissolvant la graisse & neutralisant les acides; son excès épuise, dessèche & durcit la terre.

CHAP. XIV. *Moyens artificiels de fertiliser la semence.* La nature emploie différens moyens pour favoriser la végétation, & l'art peut aussi lui fournir plusieurs secours. Quelques-uns ont prétendu que, pour obtenir des semences fécondes, il falloit semer les plantes dans des pépinières préparées pour cela; Wallerius exhorte ceux qui voudront employer ce moyen à bien observer, 1.° s'il y a une quantité suffisante de graisse tant pour la pépinière que pour le terrein à ensemencer. 2.° Si les avantages que procure cette méthode dédommagent du travail & des frais de culture : il ne croit point que cette précaution puisse donner à la semence une vertu suffisante pour dédommager du travail.

D'autres ont cru qu'on pouvoit rendre la semence féconde en la faisant tremper, & qu'ainsi on remédioit aux maladies de la semence, & qu'on la garantissoit des insectes: plusieurs même croient que, pour rendre les graines plus en état de se multiplier, il faut amollir l'écorce ou l'enveloppe.

Quant aux maladies qu'on croit prévenir par l'immersion, Wallerius pense que les semences des végétaux n'en ont point d'autres que celles qui viennent de la corruption de leurs sucs, ce qui vient souvent soit de vieillesse, ou des vices qui leur viennent du terrein ou de l'air. Dans le premier cas, il n'est aucun remède; dans le second cas, il faut corriger le terrein; sans cela, on travailleroit envain à la guérison de la semence.

A l'égard des insectes & des vers qu'on écarte de la semence en la faisant tremper suivant les partisans de l'immersion, c'est dans la qualité de la terre, & non point dans l'intérieur de la semence qu'il faut chercher leur origine, d'après les expériences de M. Rraft. D'ailleurs l'auteur croit que ces vers n'attaquent que les semences qui ont déjà quelques défauts, puisqu'il est notoire que les semences vieilles sont plus sujettes à ces insectes, que les nouvelles. L'immersion paroît donc inutile quant à cet objet; & la meilleure manière de garantir les semences des vers, ce seroit de corriger les défauts du terrein & de choisir une bonne semence. Il n'exclut pas cependant le détrempement de la semence, ni la fumigation, ni les autres moyens qu'on emploie pour remédier à ces inconvéniens; mais il recommande d'en user avec mesure & précaution, parce qu'il a remarqué que la chaux tamisée sur des plantes tendres les détruisoit totalement.

Les inconvéniens qui peuvent survenir, si on fait amollir la semence avant de la mettre en terre, doivent faire rejetter cette pratique. On conçoit facilement que la semence ainsi amollie, est plus exposée aux impressions du vent & à l'intempérie de l'air, qui peuvent l'endommager ou la gâter entièrement.

CHAP. XV. *Engrais des terres.* Tout engrais de la terre consiste à lui joindre une quantité suffisante de graisse & d'humidité, qui doivent être atténuées & réduites en vapeur par une fermentation interne. Il y a cinq différentes espèces de graisse; les aériennes, les minérales, les végétales, les animales & celles qui en sont composées. La graisse la plus utile à la végétation est la végétale, & après la végétale vient celle qui a plus de rapport ou d'analogie avec elle: ainsi, la graisse mélangée est préférable à la graisse animale. En général, plus la partie grasse, contenue dans l'engrais, est facile à décomposer, moins elle peut procurer d'avantage au cultivateur; cependant, comme d'après l'expérience, la graisse végétale n'est point de la même durée que celle qui n'est point mêlée; & comme la graisse animale est de moindre durée que la graisse végétale, il s'ensuit que la graisse mêlée est préférable pour le but dont il s'agit. La bonté du fumier se déduit encore de ces deux points principaux. 1.° Plus il se trouve de parties grasses dans un engrais, plus il sera durable & avantageux pour la végétation: ainsi, le fumier produit par des animaux bien nourris, vaut mieux que celui des bestiaux maigres. 2.° Plus l'engrais sera disposé à la putréfaction, plus sa graisse sera divisée & dissoute en vapeurs: voilà pourquoi le fumier dans lequel il entre de l'urine vaut mieux que celui qui est sans urine, sans compter que par-là le fumier acquiert une plus grande quantité de parties grasses.

Les charognes des animaux ne doivent point être jettées sur les terres labourables, à cause des inconvéniens qui en résultent; mais on réussit bien mieux à engraisser les terres, en y faisant passer la nuit aux bestiaux, ou en les y faisant parquer : par-là la terre s'engraisse de leur fumier, de leur urine & des émanations qui sortent de leur corps.

Après avoir réfuté quelques principes sur l'usage du fumier, qu'on trouve dans le traité de la culture des terres par M. Duhamel de Monceau, Wallerius détermine dans quel tems il est le plus à propos de fumer les terres. Il conclut que c'est l'automne, pourvu toutefois qu'on prenne les précautions suivantes. 1.° Il faut saisir le tems où le terrein est sec. 2.° Il faut étendre & diviser sur le terrein, le fumier qu'on y a répandu : 3.° On doit l'enterrer bientôt après, & le mêler avec la terre à l'aide de la charrue ; & cela assez profondément, afin que les parties aqueuses & huileuses ne puissent point aisément se dissiper. Une trop grande quantité de fumier peut nuire sur un terrein chaud & sur une terre forte. Dans le premier cas, il brûle les végétaux ; dans le second, il fait croître les plantes en abondance, sans qu'elles parviennent à maturité, d'où l'on voit qu'il faut que l'engrais soit proportionné à la nature du terrein que l'on veut fumer.

Pour parvenir à cette fin, il faut observer les règles suivantes : 1.° plus le terrein sera froid & humide, plus il aura besoin de graisse : car il faut que sa froideur soit corrigée par la chaleur que lui donne le fumier : 2.° un terrein un peu sec demande moins de fumier ; de peur qu'une trop grande quantité de chaleur ne brûle les plantes. 3.° Un terrein glaiseux & les autres terres d'une nature froide, demandent un fumier qui ne soit point pourri : tels que les excrémens humains, la fiente des oiseaux, des brebis, des chèvres, des cochons, &c. 4.° Le terreau qui est un peu plus sec demande une petite quantité de fumier. 5.° Un terrein sablonneux, qui est d'une nature plus chaude, exige un fumier pourri, ou du moins une petite quantité de celui qui n'est point entièrement pourri.

Les excrémens humains sont, de tous les engrais le plus chaud ; la fiente de bœuf est regardée comme la plus froide ; celle des oiseaux a plus de chaleur que celles des brebis ; & celle-ci est plus chaude que le fumier de cheval.

La graisse de la terre est communément épuisée en six ans, il faut fumer de nouveau tous les sept ans. On est obligé de fumer plus souvent les terres sablonneuses, ou celles qu'on fume avec des substances végétales.

Chap. XVI. *Mélange des terres.* La terre doit être poreuse & divisée, afin que les racines puissent s'étendre, que l'air puisse les frapper, & que la substance nutritive puisse les environner de toutes parts ; mais il ne faut pas qu'elle soit trop divisée, parce que, dans ce cas, elle seroit trop exposée aux mauvais effets de l'air : ainsi, il faut observer des proportions dans le mêlange des terres : à une terre compacte, glaiseuse, froide, aigre & humide, il faudra joindre du sable, du terreau, de la marne, des cendres, de la poussière de charbon, jusqu'à ce que le mêlange délayé, pêtri, séché & échauffé, prenne un degré de consistance, tel qu'il n'y ait que quelques parties qui soient liées en petites masses : à une terre trop légère, trop divisée & trop sèche, on joindra, soit de la glaise, soit même de la marne, qui servent à donner de la liaison à un terrein trop sablonneux : à une terre humide, on mêlera du sable pour la rendre plus sèche & plus friable ; & à un terrein trop sec, on mettra de la glaise & de la marne, qui ont la propriété d'attirer & de retenir l'humidité. La terre vierge, qui n'a point été exposée encore aux rayons du soleil, ni à l'impression de l'air, qui n'a point produit de végétaux, & qui étoit au-dessous de la terre labourée : cette terre, dis-je, peut être utilement amenée à la surface, lorsqu'elle est d'une qualité convenable & qu'elle ne contient point d'acide minéral, mais de la graisse descendue de la couche supérieure.

Chap. XVII. *Du labourage, des semailles & de la culture du terrein.* La nécessité du labourage est fondée sur quatre raisons principales, 1.° afin que chaque molécule de terre soit exposée aux impressions fertilisantes de l'air : 2.° afin que l'acide nuisible soit expulsé : 3.° afin de détruire les mauvaises herbes ; 4.° afin que le terrein devienne léger & divisé. Un terrein poreux & ameubli n'exige pas autant de labours qu'un terrein compacte. Les différentes méthodes du labourage se réduisent aux règles suivantes : 1.° Plus le terrein est aigre & rempli de mauvaises herbes, plus il faut le retourner. 2.° Dans tout labour, il faut faire en sorte qu'il ne reste point, entre les sillons, de terre non divisée : car sans cela on n'obtiendroit point la fin qu'on se propose en labourant. 3.° Il faut labourer de manière que la terre coupée & relevée par le soc, soit prise moitié dans l'ancien sillon, & moitié dans la partie qui est à labourer : de cette manière, le terrein sera bien divisé, les racines seront arrachées & la surface du champ sera unie. 4.° Dans le second labour, il faut que les sillons soient tranchés transversalement par la charrue, afin que les mottes, qui n'auront point été divisées la première fois, puissent l'être la seconde. 5.° Dans le troisième labour, il faut que la charrue traverse les premiers & les seconds sillons. 6.° Dans les champs humides, il faut commencer à labourer au milieu du champ, afin que la terre relève le champ dans le milieu & le rende plus sec. 7.° Pour que le terrein soit divisé convenablement, il faut qu'il soit labouré ou sillonné d'abord en ligne droite ; ensuite de biais & enfin transversalement.

Il ne faut labourer la terre quand elle est trop mouillée ni quand elle est trop sèche. Dans le premier cas, elle se met en mottes; dans le second cas, le labour ne sert à rien pour la division du terrein. Un champ humide par sa nature & par sa position, doit être labouré dans un tems sec, afin que son humidité se dissipe. Un champ sec, sablonneux, rempli de terreau & léger, ou mêlé de beaucoup de terre tenace & d'une glaise dure, ne doit être labouré que quand il a été bien détrempé par la pluie. Un terrein poreux & divisé par sa nature, peut être labouré de meilleure heure & plus promptement qu'un terrein compacte; un terrein élevé doit être labouré plutôt qu'un terrein bas.

Quant à la profondeur du labour, elle doit être proportionnée à l'extension des racines, afin que l'air puisse aller jusqu'à elles.

La semence des végétaux doit être jettée plus ou moins profondément, suivant la diversité du sol; mais jamais au-delà de cinq ou six pouces.

Pour déterminer la quantité de semence nécessaire pour ensemencer les terres, il faut consulter la qualité de la semence & la nature du terrein. Plus le terrein est gras, plus il a été soigné & travaillé, moins on y doit jetter de semence: & plus le terrein est maigre, moins il faut épargner la semence, vu que, dans un pareil terrein, la croissance & la multiplication ne sont point à craindre. On se règle ordinairement sur la nature du terrein même, ou sur des signes extérieurs pour le tems des semailles.

Chap. XVIII. *Inconvéniens à écarter dans l'agriculture.* Les arbres nuisent en interceptant les rayons du soleil, en empêchant l'action des vents & en même-tems la circulation de la graisse aérienne. Les arbres & les buissons ôtent aux grains leur nourriture & communiquent de l'aigreur au terrein par les eaux qu'ils arrêtent. Pour prévenir les désavantages qui résultent des eaux, il faut former des tranchées dans les champs, suivant la nature & la position des lieux; il faut égaliser le terrein, afin qu'il n'y ait point d'endroit où l'eau puisse s'arrêter; & après avoir semé, il est à propos de former quelques sillons plus grands que les autres, qui puissent conduire l'eau dans les fossés.

La neige étant nuisible aux champs, il est expédient pendant l'hiver, de l'ôter de dessus les terres, ce qui peut s'exécuter à l'aide d'un instrument que l'on nomme *charrue de neige*. On peut même écarter l'eau de neige des champs en formant des fossés & des tranchées.

Il faut, autant qu'il est possible, détruire les buttes, les roches & les inégalités dans un champ, vu que non-seulement elles sont nuisibles par l'ombre qu'elles jettent, mais encore par la neige qui s'y amasse & qui est long-tems sans se fondre. Les petites pierres & les cailloux doivent être regardés comme plus utiles que nuisibles, suivant la nature du terrein.

Le cours complet d'agriculture, dont le premier volume a été publié par M. l'abbé Rosier en 1781, est un des plus étendus & des plus savans ouvrages d'agriculture qui ait paru jusqu'ici. C'est le résultat de tout ce que les physiciens & les agriculteurs expérimentés, tant nationaux qu'étrangers, ont découvert sur la physique & l'économie rurale. En compilant ces différens ouvrages, l'auteur y a ajouté des observations nouvelles, qui ont été faites par lui ou par ses coopérateurs. Son entreprise est vaste & difficile : il a pour but d'éclairer le cultivateur ; de lui donner des principes certains sur toutes les opérations relatives à son état ; & de prévenir, par ce moyen, les conséquences fâcheuses qui ne résultent que trop souvent d'une pratique mal entendue. D'après ce plan, M. l'abbé Rosier entre dans beaucoup de détails physiques sur la végétation : il décrit toutes les parties qui composent les plantes & il assigne les usages auxquels la nature a destiné chacune de ces parties. Est-il question de l'air, cet élément qui a tant d'influence sur tous les objets terrestres ? non-seulement il parle de ses propriétés & de ses différentes espèces ; mais encore de ses qualités & des effets de l'air fixe sur l'économie animale & végétale. Traite-t-il des engrais, de la fermentation, & de la distillation ? il analyse les substances constitutives des corps, les sels, les huiles, les graisses, les principes spiritueux : & par conséquent il ramène à son objet les principes de la chymie. Fait-il mention des maladies auxquelles les hommes & les animaux sont sujets ? il assigne les causes qui les ont produites, les symptômes qui les caractérisent & il prescrit les remèdes qu'on doit leur opposer. M. l'abbé Rosier.

Si on ne consulte que le plan général de cet ouvrage & le louable motif de son auteur, on ne peut qu'applaudir aux vues de M. l'abbé Rosier. Il ne cherche qu'à étendre & multiplier les connoissances du cultivateur & à le préserver des accidens auxquels il se trouve malheureusement exposé, en lui mettant sous les yeux l'enchaînement des causes avec leurs effets & la liaison qui unit les conséquences avec les principes d'où elles sont déduites ; mais cette manière d'instruire a des bornes fixes & déterminées. Dans les livres élémentaires de chaque science, on n'a jamais cru qu'il fût nécessaire d'examiner, d'approfondir & d'expliquer tous les rapports que cette science a avec les autres : autrement il ne pourroit y avoir de traité particulier sur une science quelconque, puisqu'elles sont toutes liées par quelque rapport & on ne pourroit écrire sur une en particulier, sans embrasser en même-tems toutes les parties qui composent les autres. Ainsi, par exemple, un traité de médecine devroit renfermer les principes de la physique, de la chymie, de la botanique, &c. puisque ces sciences prises séparément ont une certaine liaison avec celle qui s'occupe de la santé de l'homme. D'après ces considérations, nous croyons que M. l'abbé Rosier auroit dû mettre son livre un peu plus à la portée de la classe des cultivateurs ordinairement peu instruits, & qu'il auroit dû supprimer plusieurs articles de son ouvrage, qui n'ont qu'un rapport très-éloigné avec l'objet principal, qu'il a à traiter. Tout ce qui n'a point une connexion prochaine avec la culture des terres, les productions qu'on en retire, les instrumens qu'on emploie, ou les personnes qui sont chargées des travaux rustiques, doit être banni d'un traité d'agriculture. Nous n'avons garde de faire cette observation, dans la vue de diminuer le mérite de l'ouvrage dont nous parlons. Il a été bien accueilli du public, les savans en ont fait l'éloge & il en est digne à plusieurs autres égards. On y trouve des principes lumineux, des recettes excellentes & des vues profondes. Un des articles les plus intéressans de ce dictionnaire, c'est celui où l'auteur considère, sous un point de vue géographique, l'agriculture de ce royaume; c'est une idée neuve, ingénieuse & qui mérite une attention particulière. En recherchant quelles sont les circonstances qui ont concouru à établir les différentes méthodes d'agriculture usitées dans nos provinces, M. l'abbé Rosier observe qu'il y en a des morales & des physiques : il met au rang des circonstances morales, les caractères des différens peuples, la température du climat, la qualité des productions & la communication qui s'est établie insensiblement par le commerce réciproque de ces denrées. La circonstance physique & la cause vraiment déterminante qui a contribué à établir les diverses méthodes qu'on suit aujourd'hui dans les provinces de France, c'est la position géographique du lieu. Les rivières qui arrosent l'intérieur du royaume & les sources qui se versent dans leurs lits, ont formé dans leurs cours des bassins qui présentent des singularités frappantes, soit par leurs formes, soit par la qualité de la terre qui les composent, soit par les abris qui s'y trouvent. M. Rosier partage la France en quatorze bassins, dont quatre grands & dix petits. Les quatre premiers sont les bassins du Rhône, de la Seine, de la Loire & de la Garonne. Les dix petits sont celui de la basse Provence, du bas Languedoc, du royaume de Navarre, des landes de Bordeaux, de la Saintonge, de la Bretagne, d'une partie de la Normandie, de Calais, d'Artois & d'une partie du Cambresis. Toutes ces partitions sont représentées dans une carte qui accompagne l'ouvrage.

L'idée de cette division n'est point purement spéculative, l'auteur l'a rendue pratique par les observations qu'il fait relativement à la température de chaque bassin, à la nature du sol, au genre des productions & à la culture qui leur convient.

Telle

Telle eſt la matière que nous avions à traiter dans ce diſcours : nous avons fait connoître les auteurs les plus célèbres qui ont écrit ſur l'agriculture ; nous avons indiqué le tems où ils ont vécu, & nous avons expoſé ſuccintement les préceptes qu'ils nous ont laiſſés ſur l'économie champêtre. Une compilation de ce genre méritoit certainement de trouver place dans un ouvrage qui doit contenir l'hiſtoire des ſciences & être le dépôt de toutes les connoiſſances humaines. Ce travail mettra le lecteur en état de profiter de l'expérience & des découvertes des anciens, de comparer leurs progrès aux nôtres, de calculer en conſéquence nos acquiſitions & nos pertes ; enfin, de revenir ſur les pas de l'antiquité, ſoit pour reconnoître ſes erreurs, ſoit pour recueillir les moindres traits de lumière que ſes monumens peuvent receler. Tous les ouvrages dont nous venons de faire l'analyſe ayant traité le même ſujet, nous avons été obligés d'employer fréquemment les mêmes mots pour dire les mêmes choſes ; & il réſulte de-là qu'on ne trouvera point dans notre ſtyle ces expreſſions choiſies, cette élocution variée, qui ſeule peut rompre la monotonie d'un ouvrage didactique ; mais nous avons cru qu'en travaillant pour des agriculteurs, il falloit préférer les avantages de la clarté & de la ſimplicité, aux charmes de l'éloquence, & que notre principal devoir étoit de nous mettre à la portée de tout le monde.

AVANT-PROPOS
POUR LA PARTIE D'AGRICULTURE.

Par M. l'Abbé TESSIER.

QUELQU'ATTENTION que j'aie de me renfermer dans les bornes qui me sont prescrites, les articles que je ferai entrer dans la partie d'agriculture proprement dite, seront très-nombreux. Indépendamment des mots qui doivent s'y trouver, & qui tiennent, pour ainsi dire, à l'essence de la chose, il y en a beaucoup d'autres que je ne puis me dispenser d'y placer, quoiqu'au premier coup-d'œil, on n'en voie pas la nécessité. Je les range sous trois classes. Les uns expriment des objets isolés, qu'on pourroit traiter séparément, s'ils étoient d'une assez grande étendue pour former des dictionnaires particuliers; les autres se trouvent déjà dans des dictionnaires de l'Encyclopédie méthodique; mais ils peuvent être considérés sous différens rapports; celui qui traite de l'agriculture doit en parler & les examiner à sa manière; d'autres enfin conviennent à l'agriculture, comme à d'autres parties; on seroit fâché de les chercher envain dans ce dictionnaire. En voulant détacher les sciences les unes des autres par des dictionnaires séparés, on a bien senti que, comme elles se tiennent, il étoit impossible de trancher net & d'éviter entièrement les doubles emplois. Si les redites sont rares & ne se trouvent que dans les circonstances où elles paroîtront nécessaires, on n'aura point à s'en plaindre, & on les préférera à des omissions qui auroient eu beaucoup d'inconvéniens. Au reste, l'Encyclopédie méthodique en sera plus commode, puisque, quand on voudra s'occuper d'une matière, on ne sera que rarement forcé d'avoir recours à deux ou à plusieurs dictionnaires à-la-fois.

Je citerai des exemples des objets de chacune des trois classes.

L'éducation des abeilles, celle de la cochenille & des vers-à-soie, sont de la première. Il me semble que le soin des ruches, la vigilance sur la sortie des essaims, l'art de recueillir le miel & la cire, sont partie des opérations rurales, & que, dans beaucoup de pays, ce sont les cultivateurs qui s'en chargent.

Jusqu'ici les Espagnols ont concentré la cochenille dans les environs de Guatimala, en Amérique. Ce n'est que depuis peu qu'on élève cet insecte dans les possessions françoises de Saint-Domingue. Des tentatives heureuses nous ont appris la manière de le multiplier & d'en tirer parti pour la teinture. Quel art pourroit en traiter, si l'agriculture n'en faisoit pas un article? Le *nopal*, sur lequel se nourrit la cochenille, a besoin de culture pendant quelques années, sur-tout à Saint-Domingue, où l'espèce inerme, ou sans piquans, qui est la plus favorable, n'est pas naturelle; la cochenille doit être garantie de différens animaux & insectes qui la dévoreroient; elle exige beaucoup d'attentions, dont les cultivateurs, ou ceux qui aiment l'agriculture, sont plus capables que d'autres. C'est donc au dictionnaire d'agriculture qu'elle appartient.

Il en est à-peu-près de même des vers-à-soie; il faut les faire éclorre, les nourrir de feuilles de mûriers, empêcher que rien ne les incommode, & leur faciliter les moyens de faire ces riches cocons dont les fils précieux occupent nos plus belles manufactures. Tous les détails de l'éducation des vers-à-soie indiquent qu'elle n'est bien confiée qu'à des mains actives & laborieuses, & qu'elle fait partie des produits de la campagne, & par conséquent que c'est au dictionnaire d'agriculture à en traiter.

On y trouvera aussi ce qui concerne les haras, les étalons, les mulets, &c. puisque le premier but de la multiplication des bestiaux, est l'agriculture, puisque c'est elle qui en fournit les moyens, puisque les bestiaux & l'agriculture sont dépendans les uns des autres.

Dans la seconde classe, qui est celle des objets, dont je ne puis m'empêcher de faire mention d'une manière particulière, quoique les autres en aient parlé dans leurs dictionnaires, je place la prise de certains oiseaux, tels que les alouettes, les cailles, les canards sauvages, &c. & les détails sur beaucoup d'animaux nuisibles ou utiles à l'agriculture; ils seront considérés relativement aux avantages ou aux désavantages qu'ils procurent aux habitans des campagnes. Ces articles se trouvant dans tous les ouvrages de maisons rustiques, on seroit étonné qu'ils ne fussent pas dans le dictionnaire d'agriculture.

La médecine vétérinaire fait partie du dictionnaire de médecine. Mais n'est-il pas convenable que celui dans lequel on développe l'éducation des bestiaux, expose aussi les maladies auxquels ils sont sujets? Ne se plaindroit-on pas de moi, si je n'en disois rien? Sans approfondir cette matière, je mettrai au moins les lecteurs à portée de distinguer les diverses maladies des bestiaux, & d'arrêter les progrès, sur-tout de celles qui sont contagieuses. Tantôt je fondrai mes descriptions & les moyens que j'indiquerai, sur mes propres observations, tantôt j'aurai recours aux articles même du dictionnaire de médecine. Cet objet est un de ceux de la troisième classe.

Autant qu'il me sera possible, je donnerai l'étymologie des mots, lorsque j'en connoîtrai de simples & naturelles. Rien n'est plus propre à les faire connoître & à fixer les idées sur ce qu'ils expriment.

Qq 2

Lorsqu'il s'agira d'une plante cultivée, elle sera désignée, 1.° sous ses noms françois; 2.° sous les noms latins que lui ont donné Tournefort & Linnæus. Une courte description, tirée du dictionnaire de botanique de M. le chevalier de la Marck, ou de mes propres observations, la fera connoître de manière à empêcher qu'elle ne soit confondue avec d'autres plantes ou du même genre, ou d'autres genres. Je dirai en quels pays elle croît spontanément, en quels lieux on la cultive le plus en grand, & quelles sont la position & la latitude de ces lieux.

Je suivrai cette plante depuis le moment où on en sème la graine, jusqu'à celui où on la récolte, & même jusqu'au degré de perfection qu'elle acquière avant de passer dans le commerce. Par exemple, à l'article *chanvre*, je parlerai de la préparation des terreins propres à en produire, de la qualité que doit avoir la bonne graine, du tems de la semer, des soins qu'exige le chanvre pendant sa végétation, de ce qui la favorise ou lui nuit, de la récolte de l'individu mâle, & de celle de l'individu femelle, de la manière de rouir les tiges, de les briser ou teiller pour en obtenir la filasse, enfin du produit d'une bonne chenevière, & des usages du chanvre.

Les plantes nuisibles aux moissons sont trop importantes, pour que je ne m'étende pas sur leur végétation, sur le tort qu'elles font, & sur les moyens de les arracher & de les détruire.

Un dictionnaire encyclopédique d'agriculture ne doit pas embrasser seulement la France & l'Europe; il doit contenir toutes les manières de cultiver du monde entier, & tous les objets cultivés, connus dans le pays où il se publie. Ainsi, on verra dans celui-ci la canne à sucre, les patates, le manihoc, &c.

Si c'est d'un animal domestique qu'on cherche le nom, on y trouvera son éducation depuis sa naissance, les degrés différens par lesquels il passe avant de se reproduire, comment il faut le nourrir, le soigner, l'accoutumer au travail, en tirer un parti avantageux, &c.

A l'article d'un instrument d'agriculture, j'en décrirai la forme. Je dirai de quel bois ou de quel métal il convient de le faire, dans quels pays on s'en sert, quels en sont les avantages, &c.

Une des grandes difficultés que présente un travail sur l'agriculture, c'est la différence des poids & des mesures, soit de grains, soit de terres, qui varient selon les pays, & quelquefois selon les cantons d'un même pays. Je ferai en sorte d'être instruit de ces différences. Afin de me faire entendre de tout le monde, je rapporterai les poids à la livre de Paris, qui est de seize onces, & la mesure des terres à l'arpent de Paris, qui est de neuf cens toises, & celle des grains au setier de Paris, composé de douze boisseaux, chacun pesant vingt livres de froment.

Des tables placées aux mots *livre*, *arpent*, *ſetier*, formeront des articles principaux auxquels je renverrai. Les ſubdiviſions de poids & meſures ſeront expliquées & répandues dans le cours du dictionnaire.

Ce que je prendrai dans l'ancienne Encyclopédie & ailleurs, ſans y rien changer, ſera marqué par des guillemets.

Je nommerai les auteurs qui m'auront fourni des articles entiers, afin qu'ils en répondent & qu'ils reçoivent du public l'hommage qui leur eſt dû.

A la fin du dictionnaire, je donnerai la liſte des perſonnes qui auront répondu à mes queſtions, ou qui m'auront donné d'elles-mêmes des renſeignemens de peu d'étendue, ou dans les écrits deſquelles j'aurai puiſé des idées & des faits qui m'auront ſervi. Il eſt juſte de rendre à chacun ce qui lui appartient; on concevra facilement que j'ai dû chercher les lumières qui me manquoient.

Je préviens d'avance que mes confrères les médecins, aſſociés & correſpondans regnicoles & étrangers de la ſociété royale de médecine, m'ont témoigné le plus grand zèle & m'ont été très-utiles. Je leur en rends ici un tribut public de reconnoiſſance. Leur amour pour tout ce qui intéreſſe m'eſt ſi connu, que j'eſpère qu'ils continueront à me procurer les éclairciſſemens qui me ſeront néceſſaires pour mes travaux, dont l'Encyclopédie fait partie.

A la ſuite du dictionnaire, on trouvera deux tableaux, dont l'un indiquera l'ordre dans lequel on peut lire les mots, pour ſe former un traité d'agriculture ſuivi, & l'autre, la marche de l'eſprit humain, dans tout ce qui concerne cet art.

Je rétablirai, dans un ſupplément, les articles qui m'auront échappés, & j'y corrigerai les fautes qui ſe ſeront gliſſées, malgré mes ſoins, dans le corps de l'ouvrage.

AVANT-PROPOS
POUR LA PARTIE DU JARDINAGE.

Par M. Thouin.

Le jardinage, cette branche de l'histoire naturelle si intéressante & si agréable par les rapports qu'elle a directement avec notre existence & avec nos sensations, est, de toutes les parties qui forment l'ancienne Encyclopédie, celle qui paroît avoir été traitée le plus superficiellement, & qui laisse le plus à desirer; on trouve, à la vérité, d'excellens préceptes, & de sages conseils, mais peu de détails & presque point d'applications, & ce sont toujours les applications & les détails qui nous guident dans la pratique. Je m'empresse de rendre hommage aux talens des hommes célèbres qui ont concouru à former ce vaste dépôt des connoissances humaines; le plan auquel ils étoient assujettis ne leur permettoit guère d'entrer dans les détails nécessaires. Renfermés dans des limites étroites, ils ont cru qu'il suffisoit de généraliser les préceptes, en laissant à chaque particulier le soin d'en faire l'application suivant les circonstances; & voilà la source des inconvéniens que l'on remarque en consultant les articles qu'ils ont fournis : il y en a plusieurs assez considérables. Le premier, c'est de ne présenter aux cultivateurs que la moitié des choses qu'ils espéroient y rencontrer, & qui sont cependant indispensables dans la pratique du jardinage. Le second, n'est pas d'une moindre conséquence, & paroît avoir une autre origine. Les coopérateurs n'ayant point déterminé les bornes respectives du travail dont chacun d'eux s'étoit chargé, il en est résulté des omissions sans nombre, des redites non moins considérables qui, en augmentant l'ouvrage, ne l'ont rendu que plus défectueux : c'est au point que lorsqu'on cherche un article, on rencontre presque toujours toute autre chose que ce qu'on devroit y trouver.

Si l'on ajoute à ces deux défauts déjà très-graves, celui du peu d'uniformité qui existe dans le style & dans la composition des articles, on conviendra que ces matériaux, si peu en rapport avec leurs titres, & qui se trouvent dispersés çà & là dans une immensité d'autres articles de toute espèce, laissent peu de parti à tirer de leur existence. L'Encyclopédie par ordre de matières, en remédiant à la plus grande partie des défauts de l'ancienne édition, offrira un dictionnaire plus étendu des objets qui composent le jardinage.

Nous indiquerons plus bas la marche qu'on suivra pour arriver à ce but; mais auparavant il convient de bien circonscrire les limites de la partie que nous embrassons; ce qui nous force à considérer l'agriculture en général.

L'agriculture se divise en agriculture proprement dite, qui est celle des champs, en culture des bois & en jardinage.

L'agriculture, proprement dite, traite de la culture des grains, des fourrages, des vignes, des oliviers, enfin de tout ce qui se cultive en grand & en plein champ.

La culture des bois a pour objet les semis & plantations, l'aménagement des forêts, & tout ce qui a rapport à la culture & à l'exploitation des futaies.

Le jardinage est plus varié dans le nombre des productions qui lui appartiennent, il embrasse la culture du potager, des jardins à fleurs ou d'ornement, & enfin celle des jardins de botanique.

C'est uniquement du Jardinage que nous nous proposons de parler; tous les termes, tous les noms relatifs à cet art seront traités & placés dans l'ordre alphabétique. Ces termes & ces noms étant de différente nature, & ayant différens motifs d'intérêt, méritent d'être distingués les uns des autres, afin de connoître leurs degrés d'importance: on peut les diviser en quatre ordres.

1.° En termes propres à l'agriculture;

2.° En noms d'ustensiles d'agriculture;

3.° En termes de pratique d'agriculture;

4.° En noms des végétaux.

Le premier de ces ordres est composé de tous les termes qui forment, pour ainsi dire, la langue de cet art, & qui, désignant moins les choses que leur manière d'être, n'ont besoin pour être entendus, que d'une définition succinte, claire, & toujours placée sous le nom propre.

Le second renferme tous les termes d'ustensiles employés dans le jardinage, comme bêches, rateaux, arrosoirs, cloches, châssis, serres, &c. Ces noms-ci, indépendamment de leur définition, demandent des descriptions détaillées, quelquefois des figures, & toujours leur usage.

Le troisième est formé de tous les termes de pratique, comme labours, marcottes, greffes, tailles, plantations, &c. Ces mots fourniront des articles étendus, qui doivent présenter; 1.° la théorie générale de chacune de ces cultures; 2.° leurs différentes espèces; 3.° leurs usages; 4.° les moyens les plus expéditifs & les moins dispendieux de les mettre en pratique.

Le quatrième & dernier ordre comprend tous les noms des végétaux qui sont l'objet de cette partie d'agriculture.

On choisira, de préférence, les noms françois les plus généralement connus des agriculteurs, auxquels on ajoutera une seule dénomination latine choisie parmi celles que M. le chevalier de la Marck a adoptées dans son dictionnaire de botanique.

On suivra la culture depuis le semis jusqu'à la parfaite croissance de la plante; on parlera ensuite de son usage dans la pratique du jardinage, & dans la décoration des jardins, dans la composition des potagers, des jardins à fleurs, des bosquets, &c. Ses propriétés en médecine, ou dans les arts, seront simplement indiquées en deux mots, afin de ne pas empiéter sur les dictionnaires des autres sciences, dont chacune de ces propriétés doit être l'objet; il en sera de même des descriptions botaniques, anatomiques, & de toute la partie de la synonymie étrangère qui appartient à la botanique.

On ne traitera, dans ce dictionnaire du jardinage, que des végétaux cultivés en Europe, soit dans les jardins potagers ou dans les jardins de fleurs, dans les pépinières ou dans les jardins de botanique, ce qui composera un nombre de plus de six mille végétaux. Les autres, qui ne sont connus que par les ouvrages des botanistes ou des voyageurs, ne seront point désignés nommément; mais on donnera des préceptes généraux sur leur culture, à l'article du pays où ils croissent.

Dans tous ces articles, on aura toujours soin de proportionner l'étendue au degré d'importance des objets qui en feront la matière. Ainsi, les articles qui concerneront les végétaux utiles, soit dans l'économie domestique, soit dans les arts, seront traités avec étendue; on en donnera moins à ceux qui n'auront pour objet que l'agrément ou la décoration des jardins; & ceux où il ne sera question que des plantes dont le principal mérite est d'occuper une place dans les écoles de botanique, seront les moins détaillés. Comme on ne pourroit faire entrer dans ces derniers articles que la culture qu'il convient d'administrer aux plantes qui en font l'objet, & que cette culture se réduit à des principes généraux traités assez au long dans les articles qui les renferment, on se contentera d'y renvoyer le lecteur, pour ne pas faire à chaque instant des répétitions qui grossiroient inutilement le volume.

Il en sera de même des synonymes françois, qui ne se trouveront à leur place, dans ce dictionnaire, que pour indiquer les articles auxquels ils appartiennent, & que l'on doit consulter.

Enfin, pour abréger le discours & ne pas fatiguer le lecteur par la répétition continuelle des termes qui expriment la durée des végétaux & leur nature, nous nous servirons, pour désigner ces deux choses, des

signes

signes imaginés par Linné & employés par les botanistes modernes. Il nous suffira de les présenter ici avec leur signification.

⊙ Plante annuelle.	♃ Plante vivace herbacée.
♂. Plante bis-annuelle.	♄ Arbre & arbuste.

C'est aussi par les mêmes raisons, & pour éviter les doubles emplois, que nous avons cru devoir placer aux mots, *jardinage*, *jardin*, *culture*, *multiplication*, *semis*, &c. tout ce qui a rapport à l'histoire du jardinage & à ses procédés, au lieu d'en composer un discours préliminaire qui devient inutile par cette marche plus commode pour les lecteurs.

D'après l'exposition de ce plan, il est aisé de voir qu'il n'existe dans l'Encyclopédie ancienne que bien peu d'articles propres à entrer, tels qu'ils sont, dans ce nouveau dictionnaire, & qu'il est impossible de s'en servir, sans leur donner la forme qui convient à ce nouvel ouvrage; ce ne sera qu'avec la circonspection la plus réfléchie & la plus scrupuleuse, qu'on rectifiera ces articles.

A la fin de cet ouvrage, on trouvera quatre tableaux méthodiques, dont le premier présentera, dans un ordre clair, tous les articles qui doivent servir d'introduction à ce traité du jardinage; le second indiquera la marche qu'on doit suivre dans la lecture des articles qui traitent du potager & des vergers; le troisième offrira, dans un ordre gradué, tout ce qui a rapport aux jardins d'agrément; le quatrième suivant le même principe, comprendra tout ce qui concerne les jardins médicinaux & de botanique.

Ces quatre tableaux pourront se réunir en un seul, qui offrira, au premier coup-d'œil, l'ensemble & l'ordre dans lequel on pourra lire les articles, pour avoir un traité complet de la science, & remédier au défaut reproché, avec tant de justice, aux dictionnaires. Au moyen des quatre divisions du tableau méthodique, qui répondent aux quatre sortes d'agriculteurs & d'amateurs, chacun d'eux n'aura à parcourir que ce qui convient à son état ou à son goût.

Pour la facilité des étrangers, chez lesquels nos noms propres sont peu connus, & pour ne pas surcharger le corps de l'ouvrage d'une bigarrure de noms étrangers qui multiplieroient sans nécessité les renvois; on mettra, à la fin de l'ouvrage, une table alphabétique qui les contiendra tous, & indiquera les noms propres sous lesquels ils se trouveront dans le dictionnaire; les noms latins auront aussi leur place dans cette table, où ils seront distingués des autres.

Un ouvrage de cette importance est, sans contredit, au-dessus des forces d'un seul homme. Je sens, plus que tout autre, mon insuffisance ; mais pouvant profiter des excellens matériaux de l'ancienne édition, pouvant également faire usage des nouvelles découvertes des hommes célèbres qui honorent notre siècle, comptant sur les secours de plusieurs cultivateurs instruits, j'ai cru devoir céder aux sollicitations des personnes respectables qui m'ont engagé à me charger de cette tâche laborieuse. Si je ne puis ajouter beaucoup aux connoissances actuelles, je tâcherai du moins de prouver, par mon application à décrire les objets & à rassembler le plus grand nombre de faits & d'observations, tout le desir que j'ai de contribuer à l'avancement & aux progrès de cette intéressante partie de l'histoire naturelle.

AAL, *aalius*, *Rumph. herb. amb.* vol. III, p. 207, genre de plantes dont les botanistes ne connoissent que deux espèces, qui croissent dans les forêts de l'Inde, & qui sont des végétaux ligneux.

Ces plantes n'ont pas encore été cultivées dans les jardins de l'Europe ; mais il est probable qu'en raison du pays où elles croissent, elles exigeront ici la même culture que les végétaux de la côte de Coromandel & de l'Inde. (*M. Thouin.*)

ABAISSER, *en terme de jardinage*, c'est raccourcir les branches d'un jeune arbre, dont la tête est destinée à s'élever. Dans les sujets jeunes & vigoureux, on coupe les branches à deux, trois ou quatre pouces de la tige ; dans les grands arbres, on les coupe tout près du tronc, & alors cette opération s'appelle *émonder. Voyez* ce mot. (*M. Thouin.*)

ABATTRE. (*médecine des bestiaux.*)

Pour se rendre maître d'un cheval, auquel on doit faire une opération délicate & douloureuse, on l'*abat*, c'est-à-dire, on le couche par terre avec précaution.

La place la plus favorable, dans une ferme, est ordinairement le fumier, dont l'épaisseur ne permet pas au cheval de se blesser en tombant. Si cependant l'endroit où est le fumier n'est pas assez spacieux, ou si le tems où doit se faire l'opération à l'animal est celui où il n'y a que peu ou plus de fumier dans la cour, on lui fait un lit de paille très-épais, d'une étendue suffisante, & on le place sur le bord. On attache une *entrave* à chacun des paturons des pieds ; une corde passe dans les anneaux de ces entraves. Plusieurs hommes tirent en avant la corde, qui rapproche les pieds du cheval, & le dispose à tomber. Quand on le voit pencher, d'autres hommes, qui sont placés derrière le lit de paille, ou de l'autre côté du cheval, le tirent à eux, afin d'aider sa chûte & de la rendre plus douce. Le cheval étant à bas, on lui fixe la tête, en s'appuyant fortement sur l'encolure, & on arrête la corde en la passant dans les anneaux des entraves. Un seul homme la tient, ou on l'attache à un poteau.

On conçoit facilement que, s'il s'agit de faire une opération entre les cuisses ou aux jambes du cheval, on ne peut laisser tous les pieds rapprochés. Dans ce cas, on dégage des autres celles des jambes qui gênent, & on leur donne la position la plus commode pour l'opérateur, en les assujettissant d'une manière solide.

Quand l'opération est finie, on lâche la corde, on défait les entraves, on soulève la tête de l'animal, pour l'aider à se relever.

On doit avoir l'attention de laisser le cheval quelque tems sans manger, avant qu'on l'*abatte* ; la secousse qu'il éprouve & la douleur de l'opération, peuvent troubler sa digestion & lui causer des tranchées. (*M. l'abbé Tessier.*)

Abattre *un cheval*, expression des écorcheurs, employée pour signifier l'action de le tuer. Il y a deux manières d'*abattre* un cheval ; la première consiste à lui plonger un couteau dans le poitrail ; dans la seconde manière, on l'assomme avec une massue, comme on assomme un bœuf à la boucherie. (*M. l'abbé Tessier.*)

Abattre *l'eau* ; c'est enlever avec un couteau la sueur dont est couvert un animal qui vient de travailler ou de courir. Cette attention est très-importante dans les postes, les fermes & pour les chasses. Elle empêche la rentrée de la transpiration, qui pourroit occasionner des maladies. Il faudroit peut-être la porter plus loin qu'on ne la porte, & ôter même l'eau des animaux qui sortent des marres ou rivières, ou qui ont été mouillés par la pluie ou la neige, sur-tout s'ils sont échauffés. C'est un usage qui me paroît bien condamnable & nuisible à la conservation des chevaux des maîtres de poste, que celui où sont les postillons, de les mener à l'abreuvoir aussi-tôt qu'ils arrivent de course ; il vaudroit mieux attendre qu'ils se fussent reposés & refroidis, ou plutôt il vaudroit mieux leur faire boire, une demi-heure après, même de l'eau de puits qu'on auroit laissée à l'air dans des baquets ou cuves pendant quelque tems.

Si ce dictionnaire n'étoit pas destiné aux agriculteurs seulement, je dirois que les cochers de Paris ont une pratique qui me paroît funeste aux chevaux, dont ils lavent les jambes & le ventre aussi-tôt qu'ils rentrent. Afin d'en mieux détacher la boue & de s'épargner la peine de l'ôter le lendemain après qu'elle est sèche, ils lancent avec force sur ces animaux des seaux d'eau froide & quelquefois glacée, lorsqu'ils sont écumans de sueurs, & par conséquent lorsqu'ils ont les pores de la peau ouverts. Il est aisé de voir par-là qu'ils les exposent à de fréquentes maladies.

On conseille encore de bouchonner avec de la paille les animaux dont on a abattu l'eau. (*M. l'abbé Tessier*).

Abattre, (*s'abattre*) se dit des animaux qui, en marchant ou en travaillant, tombent subitement ; ce qui dépend ou des mauvais chemins qu'ils rencontrent, ou d'une conformation vicieuse, ou d'une ferrure vieille. On remédie à ce dernier inconvénient en renouvellant les fers. (*M. l'abbé Tessier.*)

ABCÈS, amas de pus dans l'endroit où il s'est formé. On distingue les abcès en internes & externes. Il est difficile de juger de l'existence des abcès internes ; les hommes seuls de l'art en connoissent bien les signes & les moyens d'en favoriser la guérison. Les abcès externes sont sensibles à l'œil & au toucher. On voit, dans quelque partie de la surface du corps, une élévation ou tumeur, qui fait souffrir l'animal lorsqu'on appuie dessus. Si en touchant un des points de cette tumeur avec un doigt, & un autre point éloigné avec un autre doigt, on sent une matière qui remue & change de place, on peut conclure que la tumeur est remplie de pus formé, & qu'il est tems de le faire sortir. Il ne faut pas tarder à l'ouvrir, car le pus se glisseroit dans les parties voisines qu'il corroderoit; il attaqueroit même les os.

Les abcès, qui contiennent un pus amassé promptement, doivent être ouverts avec l'instrument tranchant, plus prompt & moins douloureux que la cautérisation. On emploie celle-ci pour les abcès lents & remplis d'un pus visqueux & épais, parce qu'il est nécessaire, dans ce cas, de donner du ton aux parties pour en faciliter le dégorgement.

Les abcès portent différens noms, tels que ceux de *taupe*, *javarts*, &c. J'en parlerai à leurs articles.

Si l'on veut des détails sur les abcès en général, on peut consulter la médecine vétérinaire de M. Vitel, ouvrage très-estimé, & le dictionnaire de médecine. (*M. l'abbé* TESSIER.)

ABDELARI *ou* ABDELAVI; *Cucumis chate.* L. *Voyez* CONCOMBRE D'EGYPTE. (*M.* THOUIN).

ABDELAVI *ou* ABDELARI; *Cucumis chate.* L. *Voyez* CONCOMBRE D'EGYPTE. (*M.* THOUIN).

ABEILLE.

Tout, dans la nature, est admirable; tout semble fait pour exciter la curiosité & fixer l'attention de l'homme observateur. Mais, dans la chaîne immense des êtres soumis à notre examen, nous portons plus particulièrement nos regards sur ceux qui ont rapport à nos besoins réels ou factices; nous cherchons à les apprécier, à les approfondir, à les connoître de toutes les manières. Il suffit qu'ils puissent nous éviter de la peine, satisfaire quelques-unes de nos sensations, nous procurer des jouissances, pour qu'ils nous intéressent & nous engagent à nous en occuper. On a mis à contribution des animaux de toute espèce; on a profité de la force des uns, de l'adresse des autres; il n'y a pas jusqu'aux insectes, dont on ait su s'approprier le travail & l'industrie. Voilà pourquoi on s'est attaché, depuis long-tems, à l'éducation des abeilles. Ces insectes étoient plus précieux sans doute avant que la culture de la canne à sucre se fût établie & répandue dans l'Amérique; le sucre a remplacé en quelque sorte le miel; il est entré dans les mets les plus délicats; il est devenu d'un usage très-commun; mais cette denrée, que le nouveau monde produit en abondance, est plus chère que le miel. Par des circonstances faciles à imaginer, elle peut nous manquer tout-à-coup, ou monter à un prix excessif. Elle ne supplée pas le miel dans certaines préparations utiles à la santé; le miel est de notre propre fond; nous sommes assurés d'en recueillir toujours une quantité d'autant plus considérable, que nous favoriserons davantage la multiplication des abeilles. C'est à elles que nous sommes redevables de la cire, qui sert sur-tout à nous éclairer, & qui contribue à nous guérir. Leur intelligence extrême la ramasse & lui donne les premières préparations; les abeilles sont actives, laborieuses, économes; que de motifs pour nous les faire aimer, pour leur donner le premier rang parmi les insectes!

Je partagerai en trois articles principaux ce que j'ai à dire sur les abeilles.

Dans le premier, je les considérerai relativement à elles; c'est-à-dire, que je traiterai des différentes espèces d'abeilles, de leurs essaims, de leurs travaux, de leurs ennemis, de leurs maladies, de la manière de les nourrir & de les soigner.

Il s'agira, dans le second, des ruchers, des ruches, de leur position la plus convenable, des formes qu'on doit leur donner.

Le troisième sera consacré au miel & à la cire, au tems & aux moyens d'extraire, de préparer & de conserver ces productions.

ARTICLE PREMIER.

Des différentes espèces d'abeilles.

On distingue quatre espèces d'abeilles, qu'il est essentiel de ne pas confondre. Je préviens ici que, par *espèces*, je n'entends pas ce qu'entendent en général les nomenclateurs. Dans les objets que j'ai à traiter, on n'est pas accoutumé à admettre des *espèces* & des *variétés*. Je crois devoir souscrire à cet usage, parce que souvent de simples variétés diffèrent entr'elles d'une manière qu'il ne faut pas négliger dans la pratique. Je continuerai à adopter la seule distinction d'*espèces*, quand il sera question même de variétés dans tout ce qui concerne l'économie rustique. Les abeilles de la première espèce sont grosses, longues, très-brunes, presque toujours farouches & très-portées à piller les autres. Celles de la seconde espèce, qui sont moins grosses, ont la couleur presque noire; on les apprivoise aisément; rarement elles pillent leurs voisines. Celles de la troisième sont grises & de moyenne grosseur; ce sont les plus paresseuses & les plus méchantes; elles attaquent les autres abeilles à leur retour des champs, & les tuent pour avoir leur miel; elles entrent même dans leurs ruches pour les voler. Celles de la quatrième espèce, beaucoup plus petites, sont d'un jaune-aurore, luisant & poli. On les nomme les petites *Hollandoises* ou les petites *Flamandes*, parce qu'elles viennent de Hollande & de Flandre; elles sont préférables à toutes les autres, à cause de leur activité au travail, de leur douceur & de leur économie.

Il y a, dans chaque ruche, diverses abeilles; savoir, celle qu'on appelle la *reine*, & qu'on croit être la seule femelle, les *faux-bourdons*, regardés comme les mâles; on ne les y trouve que dans certains tems, & les *ouvrières*, qui n'ont, à ce qu'on assure, aucun sexe; pour cette raison, on les appelle *neutres*. La reine ou la mère *abeille* est facile à reconnoître. Moins grosse & plus longue que les faux-bourdons, elle surpasse de beaucoup les ouvrières en longueur & en grosseur. Ses ailes ne se prolongent pas jusqu'à l'extrémité de son corps. Elle est d'un brun-clair pardessus, & en dessous d'un beau jaune: on ne lui voit, sur les jambes, ni palettes, ni brosses; sa trompe est très-courte & très-déliée. Il paroît que la nature l'a conformée différemment des abeilles ouvrières, soit parce qu'elle n'étoit pas comme elles destinée à travailler, soit par quelqu'autre raison inconnue; elle ne sort presque jamais de la ruche, du moins on ne s'en apperçoit pas. Selon Swamerdam & M. de Réaumur, qui ont fait, sur cet objet, des observations & des recherches nombreuses, la reine d'une ruche est d'une fécondité considérable, qui engage les abeilles à n'en souffrir qu'une, parce qu'elles seroient exposées à des travaux excessifs, s'il y en avoit plusieurs. On a eu la patience de calculer qu'un essaim pouvoit être composé de 32256 abeilles; une ruche en donne quelquefois trois, & par conséquent fourniroit une population de 96768 abeilles, qui devroient leur naissance à la même mère.

Les faux-bourdons sont moins longs que la reine & plus gros que les ouvrières. Leur trompe est courte, ils n'ont ni palettes aux jambes, ni aiguillon. Quelques observateurs disent avoir trouvé, dans des ruches, des insectes aussi petits que des abeilles ouvrières, qu'ils ont nommés aussi faux-bourdons, parce qu'ils étoient mâles. On croit que l'emploi unique des faux-bourdons est de féconder la reine. Les abeilles ouvrières, dit-on, les souffrent tant qu'ils sont nécessaires. Ce tems étant passé, elles les tuent. Le nombre des faux-bourdons varie depuis trois cens jusqu'à deux mille, selon l'ancienneté de la ruche. On ne les y voit paroître qu'après l'hiver, à la fin de l'été il n'y en a plus.

Les abeilles ouvrières, plus petites que la reine & les faux-bourdons, ont une trompe longue, pointue & mobile en tout sens; leurs yeux sont à facettes & couverts de poils; leurs pattes ressemblent à des brosses; celles de derrière sont creuses & faites en forme de spatules voûtées; elles ont un aiguillon composé de deux dards renfermés dans un étui. Lorsqu'elles piquent, il s'introduit, dans la plaie, une liqueur que contient une vessie placée à la base de l'aiguillon: cette liqueur, par sa qualité venimeuse, cause une vive douleur.

La plupart des observateurs ont cru que les abeilles ouvrières étoient des *mulets* qui ne se reproduisoient pas. Quelques physiciens allemands ont essayé, depuis peu, d'élever des doutes sur cette opinion ancienne & accréditée, sur-tout MM. Schirach & Riems; mais ils ne s'appuient pas d'observations & d'expériences propres à convaincre. C'est sur les ouvrières que paroît rouler tout le travail; elles vont chercher le miel & la cire, forment les gâteaux, entretiennent la propreté dans la ruche, nourrissent la reine, les faux-bourdons, les jeunes essaims, & veillent, à ce qu'on croit, avec vigilance & courage à la sûreté de tout ce qui est renfermé dans la ruche.

La ponte de la reine a lieu pendant toute l'année, excepté dans les tems rigoureux, pour réparer les pertes journalières; c'est particulièrement au printems qu'elle est plus considérable, parce que c'est la saison des essaims. Les œufs sont déposés au fond des *alvéoles* ou cellules destinées pour les recevoir. Ils y éclosent le troisième jour, sur-tout dans la belle saison, par la seule chaleur de la ruche, qui est communément plus grande que celle qu'une poule communique à des œufs. Les vers qui en proviennent, assez semblables aux vers à soie, sont d'abord nourris d'une espèce de bouillie dont on ne connoît pas la nature; les abeilles ouvrières, qui la leur fournissent, leur portent dans la suite du miel. Vers le huitième jour, ces vers occupent chacun presque tout leur alvéole. Ils changent plusieurs fois de peau, prennent leur accroissement, filent une soie fine, & se convertissent en nymphes blanches; desquelles, au bout de douze jours, sortent les abeilles toutes formées. On distingue les jeunes abeilles des vieilles, parce que celles-ci, qui sont d'une couleur plus rousse, ont les ailes un peu déchiquetées & frangées aux extrémités.

On n'a que des conjectures sur la durée de la vie des abeilles. M. de Réaumur croit qu'elles ne vivent qu'un an. Ce qu'il y a de certain, c'est que, de cinq cens abeilles qu'il avoit marquées en rouge avec un vernis dessicatif, au mois d'avril, & qu'il avoit vues les mois suivans, il n'en trouva pas une au mois de novembre.

Des essaims.

Un objet très-important pour les propriétaires d'abeilles, c'est la conservation & la multiplication des essaims. Quand la population d'une ruche est trop considérable, eu égard à sa capacité, il se sépare une partie des jeunes abeilles, qui vont chercher un autre domicile. M. de Réaumur s'est assuré qu'elles ne quittent pas les environs de la ruche où elles sont nées, à moins qu'elles ne soient accompagnées d'une reine. La réunion de ces insectes s'appelle un *essaim*.

Selon la température du climat & l'exposition des ruches, les essaims commencent à sortir plutôt ou plutard. Dans les provinces peu éloignées de Paris, c'est ordinairement vers la mi-mai. Il en part jusqu'à la fin de juillet; ce qui dépend des saisons plus ou moins favorables. Les ruches bien abritées du nord & exposées au midi, donnent leurs essaims de bonne-heure. C'est donc pendant l'espace de deux mois ou deux mois & demi seulement, qu'on doit les attendre & veiller leur sortie. Il est rare qu'elle ait lieu avant neuf heures du matin; le plus souvent c'est depuis ces momens du jour jusqu'à cinq heures du soir, c'est-à-dire, pendant la plus grande chaleur. Un rayon ardent du soleil, à quelque heure qu'il se fasse sentir, suffit pour déterminer un essaim à quitter la ruche. On en voit quelquefois partir quand l'air est chaud & étouffé, quoique le soleil ne se montre pas.

On reconnoît qu'une ruche est sur le point de donner un essaim, lorsqu'on entend le soir & même la nuit un bourdonnement continuel. Pendant le jour, les abeilles s'amoncèlent sur la table & contre les parois extérieurs de la ruche. Malgré cet appareil & la gêne où ces insectes sont dans leur domicile, s'il ne se trouve pas de jeune reine pour se mettre à leur tête, il ne se fait pas d'émigration, ou il s'en fait rarement. Le signe le moins équivoque, & celui qui annonce que l'essaim sortira le jour même, c'est lorsqu'on voit les abeilles rester auprès de leur ruche, quoique le tems soit beau; s'il en sort quelques-unes pour aller aux champs, à leur retour elles ne rentrent pas, comme si elles destinoient ce qu'elles ont récolté pour leur nouvelle habitation. Ce signe est le seul qu'on remarque, lorsque c'est le premier essaim de l'année qui est prêt à sortir d'une ruche; car lorsqu'il en doit sortir un second ou un troisième, le soir, en approchant de la ruche, on y entend un petit bruit semblable au chant de la cigale, mais plus foible. Le lendemain, ou peu de jours après, un nouvel essaim quitte la ruche immanquablement. Le moment qui précède le départ est annoncé par un bourdonnement beaucoup plus considérable qu'à l'ordinaire. Bientôt les abeilles prennent rapidement leur essor; les plus tardives suivent les premières, qui forment la plus grande partie. Alors il faut les observer, pour voir où elles se fixent.

Parmi les abeilles, qui composent un essaim, les unes sont vieilles & les autres jeunes. Les essaims sont plus ou moins considérables en nombre d'abeilles, puisqu'il y en a de quinze à vingt mille, & d'autres de trois à quatre mille seulement. Ceux qui sortent les premiers des ruches, sont toujours les meilleurs, parce que le nombre des abeilles y est ordinairement plus grand. Quand bien même ils seroient peu fournis, il y a lieu d'espérer qu'ils se fortifieront par leur propre multiplication. Les abeilles de ces essaims ont d'ailleurs le tems de travailler & de se précautionner contre la mauvaise saison. Un bon essaim pèse cinq ou six livres, déduction faite du poids de la ruche. S'il s'en trouve de plus pesans, c'est toujours aux dépens des mères-ruches, qui s'affoiblissent trop, & qui sont en danger de périr l'hiver suivant.

Quand un essaim sort de la ruche, le premier soin est de chercher à le fixer. Souvent il va si loin, qu'on ne peut le suivre, & qu'on le perd totalement. Dans beaucoup d'endroits, les gens de la campagne font du bruit avec des poêles ou des chauderons; ils prétendent que les abeilles effrayées, & prenant apparemment ce bruit pour du tonnerre, qu'elles craignent, se rabattent & se jettent sur des arbres ou sur des buissons. Plusieurs auteurs blâment cet usage, auquel ils substituent quelques coups de fusil ou de pistolet chargés à poudre, dont ils assurent le succès. Mais ces moyens sont capables, ou de faire rentrer l'essaim dans sa ruche, ou de l'éloigner, au lieu de le rapprocher. Les seuls qui méritent confiance & sur lesquels on soit d'accord, c'est qu'il faut jetter sur un essaim du sable ou de la terre. Si, au moment où les abeilles partent, on pouvoit les arroser d'eau avec un balai, elles seroient encore plus disposées à se fixer, parce qu'elles croiroient qu'il tombe de la pluie.

Les personnes qui soignent des abeilles, doivent, dans la saison des essaims, se munir de ruches pour les recevoir. Il faut, avant de s'en servir, les nétoyer, en ôter les papillons, les toiles d'araignées & les fausses teignes; les frotter intérieurement avec des feuilles de fèves, ou de quelqu'autre plante, qui ne contienne pas beaucoup d'huile essentielle, & qui, par conséquent, soit d'une odeur douce. Il y a des gens qui les enduisent légèrement de miel ou de crême; d'autres conseillent de se servir de melisse. L'odeur de cette plante est encore trop forte; il faut s'en abstenir. Si, lorsqu'un essaim est arrêté, on n'avoit pas de ruche prête, pour le retenir en attendant, & pour empêcher qu'un autre ne s'y joignît, il seroit nécessaire de le bien couvrir avec un linge mouillé, qu'on arrangeroit pardessus en forme de tente. Faute de vigilance, on risqueroit de le perdre; car il arrive quelquefois que, quand on tarde trop à le prendre, il part de nouveau pour aller chercher un domicile plus commode, sur-tout s'il est frappé du soleil.

On a plus ou moins de facilité à recueillir un essaim, selon la hauteur & la manière dont il s'est placé. Lorsqu'on peut placer la ruche pardessus, les abeilles y entrent d'elles-mêmes, ou on les y force en faisant dessous un peu de fumée avec du linge blanc de lessive, qui n'ait aucune odeur; j'en dirai la raison plus loin.

Si l'essaim est sur un arbre ou sur un arbrisseau peu élevés, on lui présente la ruche pardessous, c'est-à-dire, renversée; on remue la branche, & les abeilles, qui se tiennent par les pattes, tombent dedans par pelotons; souvent on est obligé d'avoir un petit balai pour les détacher plus facilement. Quand le gros de l'essaim est dans la ruche, ce qui en reste ne tarde pas à s'y rendre. Rarement un essaim se pose sur le gazon. Si ce cas arrivoit, il suffiroit de le couvrir de la ruche, en la plaçant sur deux bâtons, afin de ne point écraser d'abeilles. Lorsqu'elles se sont fixées sur de petites branches d'un arbre très-haut, on place une ruche dans une bascule de fer, dans laquelle elle est solidement contenue; on l'élève au bout d'une grande perche; une personne, montée sur une échelle, secoue légèrement les abeilles avec un petit balai, pour les faire tomber dans la ruche. Ce n'est qu'à l'entrée de la nuit qu'on peut recueillir les essaims, qui se placent dans le creux d'un arbre & dans le trou d'un mur, parce que ce n'est qu'à cette heure qu'elles sont plus traitables. On monte avec une échelle jusqu'à l'endroit où elles sont, on les retire du trou avec la main garnie d'un gant fort, à travers lequel elles piquent même quelquefois, ou avec une grande cuiller à pot, & on les fait tomber en masses dans une ruche, dont on couvre l'ouverture d'un gros linge, qu'on n'attache pas. S'il en reste dans le trou, on laisse la ruche en bas toute la journée du lendemain, afin qu'elles viennent rejoindre les autres, ayant soin de la couvrir d'un linge mouillé ou de feuillage verd, en cas qu'elle se trouve exposée au soleil, & de la mettre sur deux bâtons, qui laissent du jour par-dessous. On frotte avec des feuilles de sureau ou de *rue* la place où étoient les abeilles, lorsqu'il y en a qui s'obstinent à y rester, afin de les forcer d'aller dans la ruche, ou bien on les enfume à l'aide du linge qu'on brûle, on transporte la ruche à l'entrée de la nuit, au lieu où on doit la poser. Les personnes qui ramassent les essaims, ont soin de se couvrir le visage d'un camail, percé en devant de trous plus petits que la grosseur des abeilles, & par lesquels ils puissent voir sans être piqués.

Il arrive quelquefois qu'un essaim se partage en deux ou plusieurs pelotons; ce qui a lieu quand il se trouve plus d'une reine; on les réunit dans la même ruche, en leur laissant le soin de choisir la seule reine qu'il leur convient de garder, & de se défaire des autres. On est bientôt assuré que le choix est fait, parce qu'on voit les reines inutiles, mortes au bas de la ruche. Celles qui sont surnuméraires dans la mère-ruche, éprouvent le même sort.

On voit des ruches qui ont plusieurs reines, & dans lesquelles la paix règne. Dans ce cas, les ruches sont partagées en autant de divisions qu'il y a de reines. Chaque essaim particulier ne confond pas son travail avec celui d'un autre, une cloison intermédiaire les sépare; les gâteaux n'y sont pas rangés dans le même sens; je suis assuré que l'intelligence peut durer plusieurs années de suite dans ces ruches; mais ordinairement elle dure peu, à ce qu'on assure, & elle cesse quand la population est augmentée dans chacune des familles. Alors, dit-on, où il y a une guerre sanglante entre les essaims, ou les uns & les autres prennent la fuite.

De même qu'un essaim qui s'envole peut se partager en deux; de même deux essaims qui partent en même-tems d'un rucher peuvent se réunir en l'air. Il faut tâcher de prévenir cette réunion, en leur jetant du sable ou de l'eau, sur-tout si ce sont des premiers essaims qui sont très-forts; quand il n'a pas été possible de l'empêcher, on les met dans une seule ruche. Il s'y excite du tumulte jusqu'à ce qu'une des deux reines soit tuée. Il seroit plus avantageux de partager en deux parties égales toute la masse des essaims réunis, mais il faudroit pouvoir être assuré de séparer les reines, ou d'en introduire une avec celui des essaims qui en manqueroit; ce qui n'est pas facile à exécuter: cependant on a vu des hommes très-familiarisés avec les abeilles, ôter des reines à des essaims réunis, pour en donner à ceux qui n'en avoient pas, soit qu'ils les prissent aux essaims avant qu'ils fussent recueillis, soit qu'ils les enlevassent à des abeilles déjà rassemblées dans des ruches.

Un essaim, placé dans la nouvelle ruche, ne tarde pas à se livrer au travail, en employant la cire qu'il a apportée avec lui pour construire ses gâteaux. Si le tems est beau, on l'abandonne à lui-même. L'activité naturelle des abeilles les porte à aller chercher de quoi subsister; mais il faut les nourrir, s'il fait froid & s'il pleut, parce qu'elles ne peuvent pas sortir. On doit veiller à ce qu'elles ne donnent pas un essaim la première année, afin de ne les pas affoiblir. Je suis certain cependant qu'une ruche, ayant produit un essaim à la mi-mai, quinze jours après en donna un second, & dix jours après celui-ci un troisième. De ces trois essaims, le premier, dans la même année, en donna un, en sorte qu'une même ruche a produit quatre essaims, qui tous ont prospéré. Mais, ce cas extraordinaire dépendoit de circonstances qui n'ont lieu que très-rarement. Un printems favorable, une abondance de miel, un été chaud, voilà les causes d'une multiplication si étonnante. Dans l'état ordinaire, on doit se contenter d'un essaim, & empêcher que celui-ci n'en donne un à son tour. Pour cet effet, on a soin, dans les grandes chaleurs sur-tout, d'en soulever la ruche, de la soutenir par des cales, ou d'y ajouter une hausse, si c'est une ruche de nouvelle forme. Il résulte de-là deux avantages; le premier, qu'il s'introduit dans la ruche un air frais, capable de retarder le *couvain;* le second, que les abeilles ont plus de place pour leur travail; car il y a lieu de croire que deux causes déterminent un essaim à sortir, la chaleur qu'il éprouve & le manque d'espace pour recevoir tout le miel & la cire que les ouvrières apportent sans cesse; c'est par la même attention qu'on empêche une ruche ancienne de donner un second essaim, quand il y a à craindre de l'épuiser. On est quelquefois obligé ou d'ajouter deux hausses, ou d'enlever une partie des gâteaux. Si, malgré ces précautions, l'essaim sort, on le fait rentrer dans la ruche par des moyens que j'indiquerai plus loin. On baisse & on scelle les ruches, quand la saison est avancée, en coupant ce qui déborde des gâteaux.

Il y a des ruches bien remplies qui ne donnent pas d'essaim, vraisemblablement parce que les abeilles en sont paresseuses. On a conseillé, pour les y forcer, de mettre des hausses sous leurs ruches; ce moyen me paroît plus propre à produire l'effet contraire. Il me semble qu'il faudroit plutôt diminuer l'espace, & tenir la ruche baissée; la gêne & la chaleur feroient partir l'essaim.

Plusieurs observateurs ont proposé des moyens de former des essaims artificiels, ou plutôt de hâter la formation des essaims naturels. Le premier est M. Schirach, pasteur à Klein-Bautzen, & Secrétaire de la société économique pour le soin des abeilles dans la haute Lusace. Son procédé consiste à prendre au premier mai, dans différentes ruches, des gâteaux garnis de couvain, d'autres remplis de miel, d'autres seulement formés de cire, de les entremêler en les attachant aux chevilles d'un rateau placé dans une boîte, qui est la ruche adoptée par M. Schirach, de couvrir le rateau d'un morceau de gâteau, dans lequel soient trois sortes de couvain; c'est-à-dire, des œufs, des vers plus ou moins avancés & des nymphes. S'il n'y a pas assez d'abeilles dans les gâteaux, on en ajoute 3 ou 400; on ferme exactement la boîte, qu'on place dans une chambre d'une chaleur tempérée; on a soin de mettre du miel dans un tiroir pratiqué à la boîte, afin de nourrir les abeilles. On les retient ainsi, presque sans les laisser sortir, pendant quinze jours; au bout de ce tems la reine est née & l'essaim est formé. Il ne s'agit plus que de le faire passer dans une ruche commode; ceci se concevra encore mieux quand j'aurai parlé des ruches de M. Schirach.

Le même observateur a trouvé une méthode plus simple de former des essaims. A la fin de février, il transporte dans un endroit bien exposé, ou sous un toit, des ruches dont il ôte une partie des gâteaux; quinze jours ou trois semaines après, si les abeilles ont réparé leur perte, il choisit des ruches vides, semblables, autant qu'il est possible, à celles dont il desire avoir les essaims; il les approche à une heure après midi, tems où les abeilles sont en course; il y introduit, comme il est dit plus haut, des gâteaux remplis des trois sortes de couvain, & des gâteaux de miel & de cire, en les prenant aux ruches qu'il veut imiter. Alors il ôte de leurs places les anciennes ruches pour y substituer les nouvelles. Trompées par la ressemblance, les abeilles, à leur retour, rentrent dans ces dernières ruches; elles y travaillent avec ardeur; le couvain se développe bientôt, & par ce moyen on a des essaims, sans faire tort aux meres ruches, parce qu'il reste toujours assez d'abeilles, de celles qui travailloient dans l'intérieur, pendant que les autres étoient aux champs. Il y a, dans ce cas, deux précautions à prendre; l'une, d'empêcher qu'il ne retourne aux anciennes ruches un trop grand nombre d'abeilles; pour cet effet, une personne se tient auprès, & avec une plume les inquiète, afin de les forcer à aller dans les nouvelles; l'autre, de ne pas laisser les mères-ruches s'épuiser par une grande désertion. M. Schirach assure que, dès le troisième jour, les ruches anciennes & nouvelles forment des peuples totalement distincts, qui n'ont rien de commun entr'eux.

Un des grands avantages de la méthode de M. Schirach, est de ne point perdre d'essaims; comme on est exposé à en perdre, en abandonnant leur sortie à la nature. Il lui en attribue beaucoup d'autres, qui ne paroissent pas aussi réels. On assure que, pendant bien des années, il n'a eu d'essaims que ceux qu'il s'est formés lui-même, & que ses abeilles réussissoient toujours au-delà de ses espérances; motifs puissans pour déterminer à adopter sa méthode, qui est très-ingénieuse. On ne peut se dissimuler cependant qu'elle exige beaucoup de soins, & plus d'attentions que la plupart des agriculteurs ne sont pas capables de prendre. D'ailleurs, le tems qu'on passeroit à former ainsi des essaims, seroit-il suffisamment payé, par l'excédent du produit?

MM. Duhoux & Perillat ont une manière particulière de former des essaims; on ne peut en faire usage qu'après qu'une ruche, dans un rucher, a donné un second essaim: car on a besoin d'une reine; il n'y a guère que les seconds essaims qui en aient plus d'une. Au moment où un second essaim vient de partir, on voit ordinairement quelques reines sur la table; on en saisit une avec la main, ou en mettant dessus un verre, qu'on fait glisser sur une feuille de papier. Il y en a aussi qui voltigent autour de l'endroit où un essaim s'est jeté. On peut encore là en prendre une avec la main, couverte d'un gant, ou avec un bâton englué. Enfin, pour se procurer une Reine surnuméraire, on plonge un nouvel essaim dans un tonneau plein d'eau; on prend les abeilles avec une cuiller percée, pour en ôter les reines, ayant soin d'en laisser une; ensuite on les remet dans la ruche, dont on ferme l'ouverture avec un canevas clair; on l'expose au soleil; les abeilles se sèchent, & n'en sont pas incommodées, à ce qu'on assure. Quand on a des reines à sa disposition, on prépare une ruche vide, qu'on apporte au milieu du jour auprès d'une ruche bien peuplée & prête à donner un essaim; on déplace celle-ci, & sur-le-champ, avec la ruche nouvelle, on couvre l'endroit où elle étoit, après avoir mis sur la table une reine imbibée de miel délayé dans un peu d'eau. Les abeilles qui restoient sur la table, s'approchent de la reine & la lèchent; celles qui reviennent des champs, sont d'abord étonnées & furieuses; peu-à-peu elles s'appaisent & se mettent à travailler. En ôtant de sa place l'ancienne ruche, il faut la poser sur des bâtons, pour ne pas écraser d'abeilles, précaution qu'on doit toujours prendre, Si l'on craint qu'il n'y en ait pas assez dans la nouvelle ruche, en frappant quelques petits coups sur l'ancienne, il en sortira un certain nombre, qui iront se joindre aux autres; on éloigne pour quelque tems l'ancienne ruche.

Cette méthode me paroît d'une exécution difficile,

difficile, parce qu'on ne se procure pas des reines quand on veut.

Selon M. du Carne de Blangi, on forme des essaims, en transvasant seulement des ruches très-peuplées; on les renverse; on met dessus des ruches vides, bien nettoyées, & frottées de feuilles de mélisse, ou plutôt de miel, que je crois préférable. En frappant un petit coup sur les ruches pleines, une partie des abeilles monte dans les ruches vides. Quand la reine y est entrée, ce qu'on reconnoît au bourdonnement fort & continuel qu'on entend, on remet les meres-ruches à leur place; on couvre les autres d'un linge, & on les éloigne le plus qu'on peut. Le défaut de reines dans les anciennes ruches, n'est point un obstacle, parce qu'il en naît bientôt du couvain. Ce procédé peut convenir pour toute espèce de ruches.

Le suivant, imaginé par le même auteur, n'est applicable qu'aux ruches composées de hausses; si le nombre des hausses est pair, on les divise également; s'il est impair, on en laisse une de plus à la partie qui reste sur la table; on sépare la ruche par le moyen d'un fil de fer; on emporte dans un endroit obscur la partie supérieure, dont on couvre une hausse vide; celle-ci se place sur une planche, qui a vers son milieu une ouverture grillée, de trois à quatre pouces, par où il entre de l'air, sans que les abeilles puissent sortir; on adapte un couvercle à la partie inférieure, qu'on laisse en place; le lendemain ou le surlendemain on rapporte, au milieu du jour, la partie supérieure, pour la mettre à la place de la partie inférieure, après en avoir ôté la planche percée, & avoir débouché les ouvertures; les abeilles qui reviennent des champs y entrent sans difficulté; s'il ne s'y en trouvoit pas assez, en secouant l'autre portion de ruche, il en tomberoit, qui ne manqueroient pas de grossir le nombre. On enlève à son tour la partie inférieure, qu'on pose sur une hausse vide, sous laquelle est aussi une planche percée comme la première; on la transporte également dans un endroit obscur, & après soleil couché, on l'éloigne le plus qu'il est possible, afin d'empêcher les abeilles d'aller à la partie de la ruche qui est restée.

Pour obtenir un essaim, M. de Gelieu, pasteur de Lignières, qui a inventé des ruches, dont je parlerai, assuré qu'une ruche est bien peuplée, enlève doucement, avec la pointe d'un couteau, la matière gommeuse appliquée à la jonction latérale des demi-ruches, & celle qui attache au support la moitié qu'il veut ôter; il coupe les liens, & sépare en deux la ruche, en plaçant à côté de l'une & de l'autre une demi-ruche vide; on les lie alors fortement, & on enduit les ouvertures. La moitié où se trouvera la reine, sera plus garnie d'abeilles que l'autre; c'est elle qu'il faut éloigner. M. de Gelieu pense que cet éloignement doit être peu considérable, afin que de cette ruche il puisse venir une partie des abeilles à celle qui n'a pas de reine. L'autre moitié donnera bientôt naissance à une jeune reine, & à une population nombreuse. On distinguera la moitié où sera la reine, à la tranquillité des abeilles, comparée avec le trouble de celles qui occuperont l'autre moitié.

La méthode de M. de Gelieu est fondée sur deux principes: 1.° les abeilles qui n'ont pas de reine, peuvent bientôt s'en former une, pourvu qu'elles aient des trois sortes de couvain, du miel & de la cire. 2.° Les abeilles placent ordinairement leur miel au haut de la ruche; le couvain au milieu, & les gâteaux de pure cire en bas. D'après les procédés de M. de Gelieu, on est assuré qu'il y a du couvain, du miel & de la cire dans les deux demi-ruches, au lieu que dans la méthode de M. du Carne de Blangi, en séparant la partie supérieure d'une ruche de l'inférieure, il est incertain que la première contienne du couvain. Il faut avouer que M. de Gelieu a été conduit à l'invention de sa ruche, par la manière dont M. Schirach forme ses essaims artificiels.

Du travail des Abeilles.

J'exposerai d'abord le travail des abeilles hors de la ruche, & ensuite celui qu'elles font dans la ruche.

Le premier consiste dans la récolte du miel & de la cire qu'elles trouvent sur les fleurs des arbres & des plantes, & qu'elles apportent dans leurs ruches.

Le second a pour objet l'entretien de la propreté, la fabrication des gâteaux, & les soins que les abeilles ont de nourrir le couvain qui est éclos.

Travail des Abeilles hors de la ruche.

Pendant l'hiver les abeilles sont dans un état d'engourdissement dont elles ne se réveillent qu'aux approches du printems. Alors tout se ranime dans la ruche, bientôt les ouvrières vont aux champs, d'où elles apportent d'abord la matière de la cire, qui leur sert pour élever le jeune couvain & former des alvéoles; ensuite elles ramassent le miel qu'elles y doivent déposer.

On assure que les abeilles tuent celles d'entr'elles qui sont paresseuses; mais on peut douter de cette assertion. Souvent elles s'écartent très-loin pour trouver des fleurs. On a reconnu aux poussières des étamines de certaines plantes qu'elles alloient jusqu'au-delà de quatre lieues. Celles sur lesquelles elles ont recueilli de la cire ou du miel n'en sont pas endommagées. Les abeilles font plusieurs voyages par jour & reviennent chargées plusieurs fois, ce qui dépend du tems & de l'éloignement où elles sont des fleurs qui leur conviennent. Ordinairement, pendant les fraîcheurs du printems & de l'automne, elles ne sortent pas avant le lever du soleil & rentrent avant son coucher. Mais à commencer au mois de mai jusqu'au mois d'août, elles sortent & rentrent depuis une heure après le jour jusqu'à l'entrée de la nuit. Elles ne se reposent pas, comme on le croiroit, dans leurs alvéoles qui ne servent que pour loger le couvain & le miel. Elles se tiennent pendant la nuit attachées par les pattes, les unes aux autres, dans la partie basse de la ruche. Pendant l'hiver, elles sont dans la partie haute. Quand le tems est disposé à la pluie, elles restent dans leurs ruches. Le vent & le tonnerre, qu'elles craignent, les y retiennent aussi.

Le premier soin des abeilles est de ramasser la substance résineuse, brune, à laquelle on a donné le nom de *propolis*. Les uns la regardent comme une espèce de cire; d'autres pensent que c'est une substance particulière, que les abeilles prennent indistinctement où elles la trouvent, formée ou non formée. On a vu souvent de ces insectes piller les mastics dont on recouvre les greffes. Le sapin, le bouleau, le peuplier, l'if & autres arbres fournissent aux abeilles du propolis. Elles s'en servent pour enduire intérieurement les ruches afin d'en boucher toutes les ouvertures. Par-là, elles se défendent, autant qu'il est en elles, des rigueurs du tems & empêchent les insectes de s'introduire dans leurs habitations.

La matière de la cire proprement dite est contenue dans les anthères des fleurs, si l'on en croit des observateurs exacts. M. Bernard de Jussieu, homme d'un mérite rare, qui ne s'en laissoit pas aisément imposer, l'assure d'après des expériences particulières. Les grains de poussière des étamines, qu'il mettoit dans l'eau, s'y gonfloient jusqu'à crever. Au moment où un de ces grains crevoit, il en sortoit un petit jet d'une liqueur onctueuse & huileuse, qui surnageoit l'eau sans jamais s'y mêler. J'ai répété cette expérience bien des fois & avec le même succès; mais je ne crois pas que cela suffise pour assurer que la matière, qui est destinée par la nature, pour la reproduction des individus, soit celle qui serve à la formation de la cire, quoiqu'elle en contienne des principes. J'ai procuré à M. de Fourcroy, docteur en médecine & chimiste célèbre, une grande quantité de poussière d'étamines de chanvre; il n'a pu en tirer de la cire. En supposant que cette poussière en soit la base, il paroît qu'elle a besoin que les abeilles lui donnent une élaboration. Cette élaboration, selon quelques observations, est une digestion opérée dans leur second estomac & dans leurs intestins, mais rien n'est démontré.

La grande activité des abeilles, dans leurs mouvemens, ne permet pas de les observer comme on le voudroit; ce qui doit rendre très-réservé sur la confiance que méritent les personnes qui ont écrit sur les insectes. Tout ce qu'on sait de bien certain, c'est qu'elles voltigent de fleurs en fleurs, choisissant celles qui ont des étamines, & par conséquent qui contiennent une poussière plus ou moins jaune, & en sortent couvertes de cette poussière, & ayant à deux pattes de petites boules qu'on en croiroit formées. J'ai vu des abeilles qui portoient à leurs pattes de ces boules assez considérables: elles les prenoient sur des fleurs mâles de chanvre qu'on avoit mis sécher; ces insectes y étoient en foule & s'en chargeoient. On dit que quand les fleurs ne sont pas encore bien épanouies, les mouches pressent entre leurs dents, comme avec une pince, les sommets des étamines pour les obliger à s'ouvrir. Dans les mois d'Avril & de Mai, les abeilles recueillent la cire du matin au soir; dans les mois de Juin & Juillet, c'est sur-tout le matin, parce que les grains de poussière des étamines, à cause de la rosée, sont plus disposés à faire corps les uns avec les autres.

Un récolte bien plus importante est celle du miel. Linnæus a mieux observé qu'on n'avoit fait avant lui, que dans les fleurs des plantes il y a des glandes ou réservoirs qui contiennent une liqueur sucrée; il leur a donné le nom de *nectaires*. « L'abeille lèche cette liqueur; elle la lape, pour » ainsi dire, avec le bout de sa trompe, peut-être » aussi frotte-t-elle les glandes qui la renferment, » pour l'en faire sortir, & les déchire-t-elle avec » ses dents. La trompe ayant donc ramassé les » gouttelettes de miel, les conduit à la bouche, où » il y a une langue qui fait passer ce miel dans » l'œsophage. Cette partie s'étend, dans les abeilles » & dans les mouches en général, depuis la bouche » jusqu'au bout du corselet & aboutit à l'estomac, » qui est placé dans le corps près du corselet. Dans » les abeilles, il y a encore un second estomac » plus loin : lorsque le premier est vide, il ne » forme aucun renflement; il ressemble à un fil » blanc & délié; mais lorsqu'il est bien rempli de » *miel*, il a la figure d'une vessie oblongue; ses » parois sont si minces, que la couleur de la liqueur qu'elles contiennent paroît à travers. Parmi » les enfans de la campagne, il y en a qui savent » bien trouver cette vessie dans les *abeilles* & sur» tout dans les bourdons-velus, pour en boire le » *miel*. Ce premier estomac est séparé du second » par un étranglement; c'est dans le second esto» mac & les intestins, que se trouve la cire brute; » il n'y a jamais que du miel dans le premier. Il » faut qu'une abeille parcoure successivement plu» sieurs fleurs pour le remplir. » *Mémoires pour servir à l'Histoire des Insectes, par M.* DE RÉAUMUR, *tom. V.*

D'après ces détails donnés par un des plus exacts observateurs, on a pensé que les abeilles avaloient le miel qu'elles ramassoient sur les fleurs, & lui faisoient subir une élaboration dans leur estomac. Ce fait ne me paroît pas prouvé, & ne peut l'être aisément. La plus forte raison qu'on allègue, est l'existence d'une vessie, qu'on trouve remplie d'une liqueur sucrée. Mais cette liqueur, plus limpide & plus fluide que le miel, se rencontre dans des insectes qui ne forment pas de gâteaux pour y déposer leur miel, dans les bourdons, par exemple; la vessie, qui la contient, fait peut-être partie des organes de la digestion des abeilles, comme le jabot dans les oiseaux, en sorte que cette liqueur peut être regardée comme l'aliment de l'abeille, qui vit de miel, & non comme un suc qu'elle amasse pour déposer dans les alvéoles. Dans la saison du miellat, les abeilles ne périroient-elles pas toutes, si elles avaloient la quantité de miel qu'elles recueillent? Il est donc encore au moins douteux que le miel subisse quelque préparation dans le corps de ces insectes.

C'est dans les mois du printems que les abeilles ordinairement sont plus actives & recueillent une plus grande quantité de miel & de cire. Les plantes qui fleurissent dans cette saison, sont celles qui en contiennent le plus, & c'est alors qu'il en fleurit un plus grand nombre. L'activité des abeilles se renouvelle, lorsque, par des émigrations bien entendues, on transporte des ruches d'un pays où il n'y a presque plus de plantes en fleur, dans un pays où il y en a encore beaucoup. Si on leur a enlevé une partie ou la totalité de leur miel, elles s'empressent de travailler, jusqu'à ce qu'elles aient réparé leurs pertes; enfin un nouvel essaim ne prend point de repos, qu'il n'ait fourni sa ruche des sucs dont il doit faire sa subsistance. On est étonné de la rapidité avec laquelle se forment les gâteaux, dans une ruche où il n'y en avoit pas. M. de Réaumur trouva qu'un essaim, qui, à cause de la pluie, n'étoit pas sorti pendant deux jours, avoit, dans cet espace de tems, formé un gâteau de quinze à seize pouces de long, sur quatre à cinq de large. On remarque que, dans une ruche nouvelle, c'est dans les premiers jours qu'il se fait le plus d'ouvrage.

S'il est vrai que la cire ne soit autre chose que la poussière des étamines des fleurs élaborée par les abeilles, plus les plantes ont des étamines grosses & nombreuses, plus elles doivent contenir de cette substance. Il y a lieu de croire que ces insectes récoltent aussi plus de miel des plantes dans lesquelles les nectaires sont plus sensibles & plus multipliée. Je suis étonné que quelque botaniste-agriculteur n'en ait pas encore donné une liste, conforme à ces réflexions. Il résulte de-là que tous les pays ne sont pas également propres à la multiplication des abeilles, & que, par-tout, on ne peut avoir du miel & de la cire de même qualité. On a remarqué que, dans le tems où les abeilles recueillent de la cire, elles vont sur les fleurs de roquette, sur celles des pavots simples & des lys, & que, dans le tems de la récolte du miel, elles cherchent par préférence celles de saule, de jonc marin, pois, lavande, tussilage, cerisier, bruyère, tubéreuse, jasmin, des ronces de haie, du sarrasin, des fèves de marais, du serpolet, marum, rosier, mélilot, romarin, origan, genêt, sainfoin, de la marjolaine, bourrache, conyze, luzerne, navette, vesce, du chèvre-feuille, tournesol, tilleul, de la verge d'or de virginie, &c. &c.

Il paroît que les abeilles vont sur toutes sortes de plantes, salutaires ou non salutaires pour l'homme; on ne croit pas qu'elles en reçoivent d'incommodités, quoiqu'on n'en ait aucune preuve. Ce qu'il importeroit de vérifier, ce seroit la qualité que ces plantes communiquent au miel, & son influence sur la santé de ceux qui en mangent. Selon Dioscoride & Pline, il croissoit dans le royaume de Pont, & aux environs de Trébisonde, un arbrisseau, nommé *Ægolethron*, dont les abeilles recherchoient la fleur; le miel qu'elles y recueilloient, rendoit les hommes insensés, & causoit divers accidens. Quand l'armée des dix mille approcha de Trébisonde, au rapport de Xénophon, les soldats ayant mangé beaucoup de ce miel, en furent tous très-incommodés; aucun cependant n'en mourut. M. de Tournefort voyageant sur les bords de la mer-noire, où cet arbrisseau est abondant, & trouvant qu'il avoit une belle fleur, en cueillit, pour en former un bouquet au pacha qui l'accompagnoit; mais on l'avertit que son attention seroit mal reçue, parce que cette plante étoit regardée comme dangereuse. Cette circonstance rapportée dans les mémoires de l'académie des sciences, année 1704, constate l'opinion du pays sur cette plante. (*Voyez Ægolethron plus loin, & Azalée, dict. de botanique, encyclopédie méthodique*), mais ce ne sont là que des présomptions qui n'approchent pas de la démonstration. Il seroit à desirer que quelque propriétaire d'abeilles, plein de zèle & de sagacité, voulût faire des expériences pour éclaircir ce point, & rendre au public un grand service. En attendant, je conseille de ne pas laisser auprès des ruches la jusquiame, la ciguë, la belladone, les thitymales, &c.

Ce n'est pas seulement la liqueur sucrée contenue dans le nectaire des fleurs que les abeilles ramassent; elles trouvent, dans l'été sur-tout, un suc plus ou moins épaissi, produit d'une forte transpiration sur la partie supérieure de la feuille des arbres & des plantes; on lui donne le nom de *miellat*. Il est quelquefois si abondant, qu'elles ne peuvent suffire à tout recueillir; on remarque encore que des pucerons font sortir, en perçant les arbres, un semblable miellat, qui n'échappe pas à l'activité des abeilles.

Travail des Abeilles dans l'intérieur des ruches.

Le travail des abeilles, dans l'intérieur des ruches, a toujours paru étonnant, & il l'est en effet aux yeux même des observateurs froids. On les voit, au retour du printems, transporter hors de leurs habitations toutes les ordures qui s'y sont amassées pendant leur état d'engourdissement, savoir, les vers & les nymphes, qui n'ont pu résister au froid, les corps des abeilles mortes de vieillesse ou de maladie, les papillons ou autres insectes qui y ont péri, & ce qu'il y a d'altéré dans leurs gâteaux. Elles se réunissent plusieurs pour les fardeaux trop pesans.

Les abeilles d'un nouvel essaim commencent par enduire leur ruche avec du propolis. Elles forment ensuite, à sa partie supérieure, une forte attache, & travaillent à un premier gâteau qu'elles placent perpendiculairement. Bientôt elles en font un second & un troisième, qui sont parallèles, ne laissant entr'eux que le passage de deux abeilles de front. Ces gâteaux sont percés en plusieurs endroits, vraisemblablement pour multiplier les routes & épargner du chemin. Ils sont aussi attachés latéralement les uns aux autres & aux parois de la ruche. Sans cette précaution, quand ils sont remplis de miel, ils tomberoient. C'est à cause de cette observation qu'on dispose, dans la partie supérieure des ruches, des bâtons en croix, capables de servir de support aux gâteaux ou rayons. Il paroît que « l'abeille rend par la bouche la cire » dont elle forme son ouvrage. Ce n'est alors » qu'une liqueur mousseuse, & quelquefois une » espèce de bouillie, qu'elle pose avec sa langue » & qu'elle façonne avec ses dents. Elle prend » peu-à-peu de la consistance, & devient une cire » parfaitement blanche; car les gâteaux nouvelle» ment faits sont blancs. S'ils jaunissent, s'ils » deviennent même bruns & noirs, c'est parce » qu'ils sont exposés à des vapeurs, qui changent » leur couleur naturelle. » Les abeilles ne mettent en œuvre que la cire qu'elles ont elles-mêmes recueillie; car si on leur présente des rayons, elles les brisent pour en extraire le miel, & laissent la cire sans y toucher, peut-être parce qu'elle est sèche & qu'elles ne peuvent en faire usage que quand elle est liquide. On prétend que les abeilles, qui ébauchent le travail, ne sont pas celles qui le perfectionnent, & que chacune a son emploi particulier; mais c'est encore une de ces assertions douteuses.

Les gâteaux sont composés d'alvéoles, ou de tuyaux à six pans, posés sur une base pyramidale. On trouve des détails sur ces alvéoles, dans les mémoires de l'académie des sciences, année 1712, & dans les mémoires pour servir à l'histoire des insectes, par M. de Réaumur. Je ne crois pas devoir les rapporter ici, parce qu'ils sont trop étendus, & plus curieux qu'intéressans, ce qui, d'ailleurs, m'écarteroit de mon objet principal.

On assure qu'une abeille, à son retour des champs, choisit un alvéole, dans lequel elle verse le miel contenu dans son estomac, à l'aide d'un mouvement de contraction de cet organe. Lorsqu'il y a dans la ruche plus d'un rang de gâteaux, ce sont ceux de la partie supérieure qui se remplissent les premiers. Une abeille ne suffit pas pour apporter seule ce qu'un avéole peut contenir; plusieurs y déposent leur miel. La dernière couche est toujours plus épaisse que les autres; on croit que les abeilles la soulèvent, pour y glisser pardessous ce qu'elles veulent y mettre. Il y a des alvéoles même fermés par un couvercle de cire, afin que le miel ne coule pas & ne s'évapore pas.

Les alvéoles, qui ne renferment pas du miel, sont occupés par le *couvain*. On donne ce nom aux rudimens des abeilles qui se trouvent dans trois états différens; dans celui d'œuf, ou dans celui de ver, ou dans celui de nymphe. J'ai exposé ce qui concerne ces métamorphoses, en parlant de la ponte de la reine; j'ajouterai seulement que, depuis le printems jusqu'à l'hiver, il se forme du couvain, en sorte que les abeilles ouvrières, pendant tout ce tems, se livrent aux soins qu'il exige. Ils consistent à nourrir les petits vers avec des alimens convenables à leur foiblesse; à couvrir de cire l'entrée des alvéoles, dont les vers sont prêts à se changer en nymphes, & à nettoyer & essuyer les abeilles nouvellement nées.

Ce seroit ici le lieu, sans doute, de rappeller ce qu'on a avancé sur l'intelligence, la prévoyance & la police des abeilles. Les rapports que les hommes ont de tout tems avec ces insectes, les avantages qu'ils en tirent, les occasions fréquentes qu'ils ont de les voir, enfin, l'imagination des poëtes, sont la cause de l'espèce d'enthousiasme qui s'est emparé des esprits & des exagérations qu'on a faites de leur industrie. On s'est moins occupé des autres animaux, parce que le fruit de leurs travaux, n'étoit pas de nature à servir autant aux hommes. Je conviens qu'en examinant la structure des gâteaux des abeilles, l'art avec lequel elles emploient la cire, & arrangent le miel dans les cellules qu'elles pratiquent, l'ordre qui règne dans leurs travaux, le soin qu'elles prennent de ce qui doit former leur postérité, & de leurs habitations, on ne peut se refuser à les admirer, & à les croire pourvues, en quelque sorte, d'une intelligence particulière qui les guide, & à la faveur de laquelle elles dirigent, d'une manière peu commune, leurs travaux vers un but déterminé. Mais cette intelligence est bornée, puisque les abeilles agissent toujours uniformément, à moins que des obstacles ne les forcent à changer, ou plutôt à modifier seulement leur manière d'agir. Tous les ans, au printems, elles vont chercher la cire, pour en former des gâteaux; quand la saison en est arrivée, elles recueillent sur les fleurs le miel qui doit faire leur nourriture. L'intérieur de leurs ruches, ou les creux d'arbres ou de murailles où elles se logent, sont toujours disposés une année comme l'autre; qui les a bien étudiés une fois, les connoît à jamais; pour peu que l'on soit attentif, on est assuré de ne rien perdre de ce qu'elles ramassent; on les trompe sans cesse; on leur prend ce qui leur appartient, sans qu'elles cherchent à cacher leurs provisions. Tout cela ne suppose pas cette prévoyance qu'on leur a accordée, ou du moins elle est bien foible. On s'est beaucoup étendu sur la police que l'on a cru établie dans une ruche. On a assuré que la mère-abeille y donnoit des ordres; qu'elle avoit un cortège qui ne la quittoit pas; qu'elle distribuoit à chacune des abeilles, comme à ses sujets ou à ses esclaves, des travaux, qu'elles exécutoient ponctuellement; qu'auprès de l'ouverture de la ruche, il y avoit des sentinelles, pour écarter les étrangers; que des gardes avancées se promenoient dans les environs, pour avertir du danger; enfin on a comparé une ruche à une république. *Athenes*, dit M. de Buffon, qui blâme avec raison cet enthousiasme, *n'étoit pas mieux conduite, ni mieux policée.*

Si on se donne la peine de réfléchir sur l'industrie d'un grand nombre d'autres animaux, soit de ceux qui vivent isolés, soit de ceux qui vivent en familles, on verra qu'ils ne le cèdent point aux abeilles, & qu'ils n'en diffèrent, que parce qu'on ne les a pas bien observés. La plupart d'entr'eux savent mettre leurs provisions & leurs petits hors de la portée des hommes dont ils redoutent l'asservissement. Les abeilles s'exposent en entrant dans les logemens que nous leur préparons, à être dépouillées du produit de leurs fatigues, & à être tuées même, quand nous regardons comme avantageux de nous en défaire. Quoiqu'elles n'aient pas toujours l'avantage sur les autres animaux, il n'en est pas moins vrai qu'elles sont dignes de fixer l'attention des observateurs, & il y auroit autant d'injustice à les regarder comme de simples machines, mues par des ressorts secrets, qu'il y a de prévention à leur attribuer une intelligence rare, qui les place à côté de l'homme. Je crois ne devoir donner ni dans l'un ni dans l'autre extrême. Les abeilles sont un objet important pour les cultivateurs, puisqu'elles peuvent faire partie de leurs revenus. Je continuerai donc à développer tout ce qui les concerne, en n'insistant que sur ce qui est d'observation & d'expérience.

Ennemis des Abeilles.

Les abeilles ont à redouter un grand nombre d'ennemis; elles n'en ont pas de plus cruels que les insectes de leur espèce; car on voit des abeilles chercher à en piller d'autres, ou à s'établir dans des ruches qui ne leur sont pas destinées. Les unes se portent à cet excès par caractère, & parce qu'elles sont paresseuses; ce sont les grosses brunes & les grises; les autres ne s'y déterminent que quand elles y sont forcées par le besoin, & par l'impossibilité d'y satisfaire autrement. Les grosses brunes qui habitent ordinairement dans des trous de murailles, dans des creux d'arbres ou dans la terre, s'introduisent dans les ruches domestiques, pour en enlever le miel. Les grises, qu'on croit issues d'abeilles sauvages, se mêlent aux abeilles domestiques, & les emmènent avec elles. On s'apperçoit que des abeilles pillent une ruche, lorsqu'on entend aux environs un bourdonnement considérable; lorsqu'on en voit sur le soir aller & venir en grand nombre & précipitamment, se présenter à l'entrée, & s'en retourner. On distingue celles qui pillent de celles qui sont pillées, parce que les premières ont le ventre gros & plein. Les ruches qui se trouvent le plus en vue, sont le plus exposées à cet accident; il a lieu ordinairement dans les mois de mars, avril & mai. On a conseillé d'éloigner les mouches pillardes par caractère, ou de les empêcher de sortir pendant quelques jours, en bouchant les ouvertures de leurs ruches. Ces moyens sont insuffisans pour corriger leur ardeur pour le pillage; il faut les faire mourir avec des mêches soufrées; elles seroient capables de mettre pendant longtems le désordre dans un rucher, & causeroient au propriétaire un tort considérable.

On doit se conduire différemment à l'égard des abeilles qui ne pillent les autres, ou ne s'établissent dans leurs ruches que par nécessité; car on a remarqué que c'étoit seulement quand elles manquoient de provisions, ou lorsque des insectes tels que les araignées, les fausses-teignes étoient en grand nombre dans leurs ruches, ou lorsque les essaims étant trop foibles, ils craignoient de ne pas suffire au travail; ou enfin lorsque la reine étoit morte. Le trouble qu'excite dans des ruches les abeilles étrangeres, est suivi de combats, qui ne se terminent que par la perte entière des unes ou des autres, & quelquefois de toutes. Pour la prévenir, il faut, d'une part, mettre hors d'insulte les ruches bien conditionnées, & de l'autre, réparer le mauvais état de celles que les abeilles abandonnent. On diminue l'entrée des premières, en n'y laissant qu'un petit trou, facile à défendre; on enduit les environs de suc d'oignon ou d'ail, pour écarter les abeilles étrangères, sans nuire aux autres, qui s'accoutument à l'odeur; ou bien, on couvre les ruches pillées d'une serviette trempée dans de l'eau fraîche, de manière que l'entrée en soit entièrement fermée; par ce moyen les abeilles domiciliées n'ayant qu'un petit nombre d'ennemis à combattre, en viennent facilement à bout, & les tuent. On prévient par-là la destruction des ruches bien conditionnées; on empêche les abeilles de se livrer au pillage, quand on a l'attention de voir de tems en tems en quel état sont leurs ruches; car, selon la cause qui les porte à s'introduire chez les autres, il est nécessaire ou d'y mettre du miel, ou d'y entretenir la propreté, ou de réunir ensemble des essaims foibles, ou de donner une reine à ceux qui n'en ont pas, en en prenant une dans des ruches où il y en a plusieurs.

Beaucoup d'animaux sont incommodes aux abeilles; les ours, les putois & les renards, friands de miel, détruisent les ruches; un mémoire que j'ai reçu de l'Amérique septentrionale, m'apprend que les *cyprès-chauves*, qui quelquefois sont creux, servent de retraite à une quantité prodigieuse d'essaims d'abeilles, dont le miel vaut les meilleurs miels d'Europe. On y a vu des rayons de dix-huit pieds de long. Les ours en sont très-friands; comme ils ont la vue & l'odorat d'une finesse singulière, ils ont beaucoup de talens pour les découvrir; ils sont cependant quelquefois plusieurs jours à faire des tentatives inutiles pour parvenir à l'endroit où le miel est caché. Les gens du pays le savent bien, & en font leur profit. Quand ils ont vu roder l'ours autour de l'arbre, ils sont certains qu'il y a du miel, & l'homme a encore plus de talent que l'ours pour dépouiller les mouches, pourvu que l'ours l'ait averti, comme le chien avertit son maître du gibier. Les souris causent aux ruches de grands dégâts; elles se logent quelquefois sous le chaperon; & s'introduisent par l'intérieur dans la ruche. Le mulot ne les attaque qu'en hiver, tems où elles ne sont pas en état de se défendre. La plupart des oiseaux, particulièrement les mésanges, les guepiers, les moineaux, les poules, les canards, les oies guettent les abeilles pour les prendre ou à la volée, ou lorsqu'elles boivent, ou lorsqu'elles sont sur les fleurs; ils s'en nourrissent, & en nourrissent leurs petits. On assure que le piverd perce le côté d'une ruche, y fait entrer sa langue, & la retire chargée d'abeilles. Quand les araignées ne feroient que causer dans une ruche de la mal-propreté, leur présence y déplairoit aux abeilles. M. de Réaumur croit que les fourmis, quoiqu'elles aiment le miel, n'osent pas entrer dans une ruche habitée, tant qu'elle est vigoureuse. Les abeilles sont sujettes à une espèce de poux luisant, rougeâtre, gros comme une tête d'épingle; il s'attache plutôt aux vieilles qu'aux jeunes; c'est une preuve de dépérissement.

La fausse-teigne, appellée *teigne de cire*, ravage des ruches entières. Dix ou douze insectes de cette espèce suffisent pour mettre en pièces des gâteaux, & pour forcer les abeilles à leur céder la place. Ce n'est pas une teigne, puisqu'elle se fait des galeries, qui lui tiennent lieu des vêtemens ambulans que les vraies teignes se fabriquent. Sa chenille a seize jambes; elle est rase, blanchâtre, de médiocre grosseur; sa tête est brune & écailleuse; elle conduit son logement dans l'épaisseur des gâteaux, en perçant le fond qui communique aux alvéoles opposés, & l'étend en différentes directions tortueuses. Enfin on assure que les guêpes & les frélons sont aussi très-nuisibles aux ruches qu'ils viennent piller.

Les putois & les renards peuvent se prendre au piège; on ôtera aux souris & aux mulots l'accès auprès des ruches, en les exhaussant sur des piliers, en tendant des souricières autour, & en découvrant de tems en tems les chapiteaux, pour empêcher qu'il ne s'y fasse des nids de ces animaux, & mieux encore en rétrécissant l'entrée des ruches par de petits grillages. On conseille encore d'isoler les ruches, en les éloignant des murs & des haies, & en ne laissant point de grandes herbes aux environs. Le tablier doit être assez élevé, pour qu'un mulot ne l'atteigne pas en sautant; pour cela il faut qu'il soit porté sur deux piquets, auxquels on l'assujettit par de forts clous, ce qui est observé sur-tout dans la ruche de M. l'abbé Eloi, comme on le verra plus loin. Il est facile d'écarter les oiseaux de basse-cour des ruchers, qu'on place toujours dans des enclos. Le tort que les moineaux font aux abeilles, est le moindre de ceux pour lesquels on devroit les détruire; une loi qui mettroit leur tête à prix, seroit une loi très-sage. Les autres oiseaux sont moins à craindre pour les abeilles, parce qu'ils approchent plus difficilement des habitations des hommes, auprès desquelles sont ordinairement les ruchers. On préviendra les araignées, les fausses-teignes & les poux, si, avant de se servir d'une ruche pour y mettre un essaim, on la nettoye bien, & on la passe sur la flamme d'un feu clair, & si on a l'attention de ne point laisser les ruches vides exposées aux volailles qui sont sujettes à avoir des poux. Quand on apperçoit qu'il y a dans les gâteaux des galeries formées par les fausses-teignes, ou que des ruches on voit sortir des papillons, il faut, dit-on, y introduire la fumée de grenadier ou de figuier sauvage, ou de frêne, attirer le soir les papillons avec une chandelle allumée placée dans un bocal de verre, & couper les portions de gâteaux attaquées. Le plus sûr est de faire passer les abeilles dans une autre ruche. Il est rare que les frêlons & les guêpes se réunissent en assez grand nombre pour oser attaquer les abeilles dans leur domicile. Le plus souvent ces insectes se jettent sur les abeilles lorsqu'elles viennent des champs chargées de miel, qu'ils leur arrachent, en les massacrant. Rien n'est plus aisé à détruire que les guêpes; on tâche de découvrir leur retraite; le soir, on allume à l'entrée du trou de la filasse imbibée d'essence de thérébentine; l'odeur suffoque toutes les guêpes, en quelque partie du guêpier qu'elles se retirent; celles qui cherchent à sortir, se brûlent; il n'en échappe pas une seule. Ce moyen m'a paru préférable à l'eau bouillante, qu'on conseille de jeter dans les trous des guêpiers; il y en a toujours un certain nombre qui se sauvent dans ce dernier cas.

Maladies des Abeilles.

La principale maladie, à laquelle les abeilles soient sujettes, c'est le flux de ventre ou dévoiement, qui, sur-tout au printems, attaque les plus foibles & les plus mal constituées; cette maladie perd une ruche entière, lorsqu'il y a dedans quelques abeilles qui en sont atteintes. N'ayant pas la force de se déranger pour rendre à l'écart leurs déjections, les autres en sont couvertes & périssent, faute de pouvoir respirer, parce que les organes de leur respiration se trouvent bouchés. Le flux de ventre des abeilles a été attribué à diverses causes; par les uns au miel nouveau qu'elles mangent après l'hiver; par les autres au défaut de cire brute dont elles manquent, & qu'on regarde comme une partie essentielle de leur nourriture;

par d'autres aux fleurs de tithymale, ou d'orme, ou de tilleul, sur lesquelles elles vont chercher le miel. Aucune de toutes ces assertions n'est prouvée. Le seul fait qui mérite attention, est une expérience de M. de Réaumur. Ce savant observateur a nourri de miel seulement, pendant un certain tems, des abeilles qu'il tenoit renfermées ; elles ont toutes été attaquées de dévoiement. Mais ce dévoiement est-il dû à la privation de cire brute, ou au principe de cette maladie qui s'est développé pendant l'expérience, ou à l'air altéré que les abeilles ont respiré étant ainsi renfermées ? Voilà ce qui n'est pas éclairci par l'expérience de M. de Réaumur. Quoi qu'il en soit, il y a des moyens de prévenir le mal & d'en arrêter les progrès. Pour cet effet il est bon, à la fin de l'hiver, de renouveller l'air des ruches, & d'ajouter au miel, qu'on donne à celles qui en sont dépourvues, un syrop fait avec du sucre & du bon vin qu'on fait réduire à petit feu. M. Palteau a imaginé un remède analogue à celui-ci. On prend quatre pots de vin vieux, deux pots de miel & deux livres & demi de sucre ; on fait bouillir le tout jusqu'à consistance de syrop, on le conserve à la cave dans des bouteilles ; on s'en sert pour en donner aux abeilles. Ce remède guérit les unes, & préserve les autres de la maladie en les fortifiant. La farine de fèves, mêlée avec du miel & du vin, est aussi regardée comme utile dans le flux de ventre des abeilles. On conseille même l'urine que ces insectes paroissent rechercher, vraisemblablement à cause des sels qu'elle contient. M. l'abbé Eloi, vicaire-général de Troyes, qui a élevé beaucoup d'abeille & avec bien de l'intelligence & du soin, trouvant au retour d'un voyage une de ses ruches dans un état de dépérissement, qui lui faisoit craindre de la perdre, fit un mélange de deux tiers de miel & d'un tiers de *kervaser*; il en aspergea l'intérieur avec un balai de plume. Une heure après, tout se ranima & la ruche fut sauvée.

Plusieurs auteurs parlent de la rougeole des abeilles. A ce mot on croiroit que c'est une maladie, tandis que ce n'en est que la cause ; encore M. de Réaumur est-il persuadé que c'est une opinion fausse. Dans le cas dont il s'agit, la moitié des alvéoles est remplie d'une matière rouge plus amère que douce. Selon les uns, c'est une cire recueillie sur les fleurs de buis, de tilleul ou d'if ; selon les autres, c'est une espèce de miel qui se corrompt, & rend les abeilles malades ; ce que nie M. de Réaumur, assurant que cette matière est une cire brute, nécessaire à la nourriture & aux ouvrages des abeilles, & qu'elle est ainsi colorée à cause de la nature des étamines sur lesquelles elle est recueillie.

M. Schirach a reconnu dans les abeilles une maladie qu'il appelle *maladie des antennes*, parce que ces parties sont plus jaunes & plus grosses qu'à l'ordinaire. Il croit qu'elle est occasionnée par la foiblesse. S'il en est ainsi, les remèdes indiqués dans le flux de ventre conviennent aussi dans la maladie des antennes.

Quand, par quelque circonstance, le couvain meurt dans ses alvéoles, il cause dans la ruche une infection qui rend les abeilles malades ; il faut alors l'enlever, & quelquefois changer les abeilles de ruche, ayant soin de parfumer celle où étoit le couvain mort, si l'on veut s'en servir une autrefois. On donne, dans ce cas, aux abeilles du syrop de M. Palteau. Il faut, pour éviter le même inconvénient, retrancher les parties des gâteaux qui seroient moisies par l'humidité.

Le froid est une des causes de dépérissement des ruches ; on doit les en garantir en les abritant & en les couvrant. Les combats que se donnent les abeilles, soit à l'occasion de la pluralité des reines, ainsi qu'on l'assure, soit par des inimitiés particulières, soit pour piller ou pour repousser le pillage, en font périr un grand nombre. On prétend qu'on peut reconnoître quand une ruche a plusieurs reines. Il seroit donc utile d'en ôter une ; ce qui ne me paroît pas facile. Il est encore moins aisé de prévoir les combats occasionnés par des inimitiés de ruches contre ruches. Lorsque deux essaims se battent en l'air, tout ce qu'on peut faire, c'est de jetter dessus de la poussière ou de l'eau, pour séparer les combattans. On a vu comment on empêchoit le pillage.

Manière de nourrir & de soigner les Abeilles.

Si on laissoit aux abeilles tout le miel qu'elles ramassent, elles auroient presque toujours de quoi vivre abondamment. Il n'y auroit que les essaims nouvellement établis & les tardifs, qui en manqueroient quelquefois ; mais souvent, à force de dépouiller les anciennes ruches, nous les appauvrissons au point qu'elles périroient de besoin, si nous ne venions à leur secours.

Quand un essaim, qui n'a pas encore pu se procurer des provisions, est surpris par un tems froid, ou par des pluies, il est nécessaire de lui donner de la nourriture. On lui présente sur des assiettes garnies de paille hachée, ou du miel seul, ou un mélange de miel, de sucre & d'eau-de-vie, ou de la bonne avoine concassée avec du miel & du sucre, ou de l'avoine seule, ou enfin du miel avec de la purée, soit de fèves de marais, soit de lentilles & du vin blanc. Au lieu de se servir de paille hachée, on peut recouvrir les assiettes d'une toile claire, ou d'une feuille de papier piquée de trous, à travers lesquels les abeilles puisent le miel sans s'empâter. M. du Carne, d'après M. Pecquet, propose un moyen qui réunit tous les avantages. Il consiste à remplir de syrop destiné aux mouches, une bouteille dont on couvre le goulot avec une grosse toile, qu'on lie fortement avec une ficelle ; on passe le goulot de cette bouteille dans un trou fait à la partie supérieure de la ruche. Les abeilles viennent au goulot sucer le syrop. Quand la bouteille est vide, s'il en est besoin, on la remplit. Il conviendroit encore mieux de mettre dans la ruche des gâteaux, qui contiendroient du miel & de la cire brute, parce que c'est la vraie nourriture des abeilles. On leur retire ce secours, dès que le tems leur permet d'aller aux champs.

Pendant le printems & l'été, les abeilles, qui ont pu sortir de leur ruche, n'ont besoin de rien. Il suffit seulement de ne les pas laisser manquer d'eau vis-à-vis le rucher, & couvrir de petits brins de bois le fond des vaisseaux, afin qu'il ne s'en noie pas.

La fin de l'été & la fin de l'hiver sont les momens où il faut s'assurer si les ruches sont assez garnies de miel pour la nourriture des abeilles. Les essaims foibles & tardifs n'ont pas toujours le tems de faire leur provision; on doit donc, par les moyens indiqués, y suppléer en automne & après l'hiver, sur-tout si, dans cette dernière saison, il y a eu une suite de beaux jours, pendant lesquels les abeilles sorties de leur engourdissement ont consommé des vivres. On reconnoît les ruches qui manquent de miel, à leur légèreté & au grand nombre de mouches qu'on trouve mortes au bas. En enfonçant un petit fer mince à travers la ruche, on le reconnoît encore s'il en sort mouillé; on jugera alors qu'il y a plus ou moins de miel, & on se conduira en conséquence. On estime communément qu'une ruche, de la forme ancienne, lorsqu'elle pèse environ trente livres, est suffisamment garnie de miel pour tout l'hiver. La ruche, les gâteaux &c les mouches, font la moitié du poids.

On doit avoir l'attention de nettoyer de tems en tems, sur-tout avant l'hiver & au printems, les places où sont posées les ruches, & l'entrée des ruches, afin qu'il ne s'y introduise pas d'insectes; on en ôte les portions de gâteaux moisis, & on en sèche l'humidité en y brûlant un moment du thim ou de la mélisse. Chaque fois on les rétablira de manière qu'il n'y ait ni trou ni fente.

C'est aux propriétaires des ruches à calculer ce qu'ils peuvent en élever & en conserver avec avantage, selon les ressources que leur offrent le pays qu'ils habitent. Car tous les cantons ne produisent pas également les plantes qui fournissent abondamment de la cire & du miel. Il vaudroit mieux se borner à un petit nombre, qui ne coûteroient rien, ou presque rien, que d'en entretenir beaucoup avec des frais, qui absorberoient le bénéfice.

Voyages & transports des Ruches.

« Les Egyptiens (selon M. Savary, dans ses » lettres sur l'Egypte) dans leur manière d'élever » des abeilles, annoncent beaucoup d'intelligence. » Comme la haute Egypte ne conserve sa verdure » que pendant quatre ou cinq mois, que les fleurs » & les moissons y paroissent plutôt, les habitans » de la basse profitent de ces momens précieux. » Ils rassemblent, sur de grands bateaux, les » abeilles des différens villages. Chaque propriétaire leur confie ses ruches, désignées par une » marque particulière. Lorsque la barque est chargée, les hommes, qui doivent la conduire, remontent doucement le fleuve, & s'arrêtent dans » tous les lieux où ils trouvent de la verdure & » des fleurs. Les abeilles, à la pointe du jour, » sortent par milliers de leurs cellules, & vont » cueillir les trésors dont elles composent leur » nectar. Elles reviennent plusieurs fois chargées » de butin. Le soir, elles rentrent dans leur maison » sans que jamais ces travailleurs intelligens se » trompent de demeure. C'est ainsi qu'après trois » mois de séjour sur le Nil, les abeilles ayant » moissonné les parfums de la fleur d'orange, du » *saïd*, l'essence des roses du *faïoum*, les trésors » du jasmin d'Arabie, & des fleurs diverses, sont » rapportées aux lieux dont on les avoit enlevées, » & où elles trouvent de nouvelles richesses. Cette » industrie procure aux Egyptiens un miel délicieux & de la cire en abondance. Au retour, » les propriétaires paient au batelier une rétribution proportionnée au nombre des ruches, qu'ils » ont ainsi promenées d'un bout à l'autre de l'Egypte. »

Il y a aussi une saison où les riverains du Pô voiturent par eau leurs ruches jusqu'aux pieds des montagnes du Piémont; ces émigrations ont lieu à la Chine de la même manière. L'usage s'en est introduit en France, même dans des pays qui ne sont pas situés sur les bords des rivières. Je suis assuré que des propriétaires d'abeilles de la Beauce, tous les ans au mois d'août, transportent leurs ruches sur des charrettes, dans des cantons du Gâtinois, ou aux environs de la forêt d'Orléans, jusqu'à la distance de dix lieues de leurs habitations. Elles y trouvent de la bruyère ou du sarrasin en fleur, dans le tems où la Beauce, après la récolte des sainfoins & des vesces, n'offre plus rien à ces insectes pour leurs provisions d'hiver. Cette manière de faire voyager les abeilles, s'appelle, dans le pays, *les mener en herbage*. Une seule charrette contient trente à quarante ruches; on ne marche presque que la nuit, seulement au pas, & autant qu'on peut par des chemins doux. Les ruches sont enveloppées de toiles, & disposées par étages, celles du lit supérieur étant renversées entre celles du lit inférieur. On en attache même hors de la charrette. On les laisse environ deux mois dans le lieu où elles doivent séjourner. Des paysans se chargent d'y veiller moyennant un modique salaire. On voit, dans cette saison, jusqu'à trois mille ruches étrangères dans un petit village.

Lorsqu'on veut transporter près ou loin des ruches qu'on a *châtrées*, on les pose le soir chacune sur une toile claire, dont on les enveloppe en la serrant avec des liens de paille ou d'osier, ou de corde. Deux hommes peuvent en porter plusieurs, en faisant passer un long bâton dans les nœuds de la toile qui les enveloppe; on les charge aussi sur des chevaux ou sur des ânes; on conseille encore

encore de les mettre renversées dans des hottes. Si on les laisse dans le sens ordinaire, c'est-à-dire, posées sur l'ouverture, il faut les soulever & les soutenir à la hauteur de quelques pouces, sur-tout si le voyage est de plusieurs jours. Car il est nécessaire que les abeilles respirent un air renouvellé. Des essaims nouvellement recueillis, peuvent rester ainsi renfermés deux ou trois jours. On peut mener aussi loin qu'on veut, des ruches pleines de cire, de miel & d'abeilles, lorsque c'est par le froid, en ayant seulement l'attention d'empêcher que les gâteaux ne se brisent les uns contre les autres. Pour cet effet, on les assujettit avec de petits bâtons. Lorsqu'on est arrivé au lieu destiné pour les ruches, & qui est ordinairement un jardin rempli d'arbres, si ce sont de jeunes essaims, on les met à l'ombre ou à l'exposition du couchant, ou on se contente de placer une toile à quelques pouces de la petite ouverture pour l'ombrager; le soir, on ôte la toile qui les enveloppoit. Aux approches de l'hiver, ces ruches doivent être changées & exposées au levant ou au midi, selon la chaleur du climat, & toujours à l'abri du vent: dans les pays chauds, le levant est la meilleure exposition. Il faut préférer le midi dans ceux où le raisin mûrit difficilement. A l'égard des ruches qui ne sont pas de nouveaux essaims, on les met tout de suite à l'exposition où on veut les laisser. On éloignera les ruches les unes des autres de deux pouces; on les exhaussera d'un demi-pied, sur des pierres ou sur des morceaux de bois, on les scellera tout au tour avec de la chaux éteinte, du plâtre, de l'argile ou de la bouze de vache; on ne laissera pour le passage des abeilles, qu'un trou d'un pouce, sur un demi-pouce. Afin de garantir les ruches des injures de l'air, si elles ne sont pas à couvert, on y met un chaperon de paille, ou de genêt, ou de jonc; le siège sur lequel elles sont posées, & qu'on appelle *tablier*, ou gradin, doit être en pente pour l'écoulement de la pluie. Il vaut mieux qu'il soit de bois que de pierre, parce qu'il se seche plus aisément. M. Palteau observe que le transport réveillant les mouches, il est utile de ne le faire qu'après l'hiver, afin qu'elles aillent à la campagne à leur arrivée; autrement elles consommeroient trop de vivres, jusqu'au beau tems.

Soins des abeilles pendant tous les mois de l'année.

A l'entrée de l'hiver, on doit couvrir les ruches avec des paillassons, & griller l'ouverture par laquelle les abeilles y entrent. Il convient que ces grillages, faits de fer-blanc, soient assez étroits pour ne laisser passer dans les intervalles qu'une seule mouche. C'est le moyen d'écarter les animaux destructeurs & d'empêcher les abeilles de sortir s'il vient un rayon de beau tems dans l'hiver, & de risquer d'être ensuite saisies du froid. On les visite de tems en tems, pour voir si elles ne manquent pas de provisions, & si rien ne les incommode. Au commencement du printems, on nettoye les ruches, on agrandit un peu les trous par où les abeilles doivent sortir, & on aide de nourriture celles qui n'en ont plus. Le conseil que donnent quelques Auteurs, de hâter, dans cette saison, la vigilance des mouches, en les réchauffant artificiellement, paroît devoir être rejetté. Tant qu'elles sont engourdies, elles ne consomment point de miel. La nature, toujours d'accord avec elle-même, réveille les abeilles par la douce température du tems, au moment où déjà les fleurs éclosent, comme elle fait naître les vers à soie, quand les feuilles du mûrier poussent. Les mois de mai & de juin, sont la saison des essaims, & celle de la plus grande récolte; ce qui exige qu'on laisse aux mouches la liberté de sortir & d'entrer plusieurs ensemble. A cet effet, on ôte les grillages, & on veille les essaims pour les recevoir dans des ruches qu'on tient prêtes. Il est d'usage en plusieurs provinces, d'enlever le miel & la cire à la fin de juin; dans d'autres, ce n'est qu'en juillet. A cette époque, pour rafraîchir les ruches que la chaleur échauffe trop, on les élève davantage sur les piliers qui les soutiennent. Il semble que le mois de juillet dans nos climats ne produise qu'un petit nombre de fleurs, qui contiennent du miel & de la cire; car les abeilles n'en recueillent presque pas alors. Aussi, remarque-t-on que c'est le moment où nos jardins sont sans parure. Dans le mois d'août, leur ardeur se ranime, parce qu'il paroît de nouvelles fleurs, sur lesquelles elles trouvent de quoi remplir leurs ruches. On ajoute une ou plusieurs hausses à celles de nouvelle construction, & même à celles d'ancienne forme, en y ajustant le bas des paniers qu'on coupe exprès. En août & en septembre, on a à craindre que les abeilles ne se pillent; à la fin du dernier mois, ou au commencement d'octobre, il y a des pays où on retranche de la cire & du miel, ne laissant aux abeilles que ce qu'il leur en faut pour passer l'hiver; mais cette pratique ne peut avoir lieu qu'autant qu'elles ont fait une seconde récolte très-abondante.

Il y a des abeilles qui meurent de fatigue avant l'hiver. Il seroit important de ralentir leur amour pour le travail, en introduisant de tems en tems pendant l'été, un peu d'air frais dans leurs ruches, ou en dirigeant dessus un jet d'eau, lancé avec une seringue ou une pompe pour imiter la pluie. D'autres abeilles tombent dans le défaut contraire. Pour forcer ces dernières à sortir de leur inaction, il faut leur laisser peu de vivres en rognant beaucoup leurs gâteaux, ou en les changeant de ruches. Il y en a qui s'épuisent à force de donner des essaims & qui meurent après. Pour empêcher cet accident, il suffit de placer des hausses sous les ruches de nouvelle forme, ou d'introduire de l'air dans celles de forme ancienne, ou de les élever davantage.

On conseille d'éloigner les ruches des lieux où il y a des matières animales ou végétales en putréfaction, tels que sont les égoûts, les mares, les trous à fumier : l'urine cependant, à ce qu'il paroît, ne leur est pas contraire, puisqu'elles la recherchent. On croit qu'elles sont incommodées de l'odeur des cantharides, & que, par cette raison, il ne faut pas souffrir des frênes auprès des ruchers ; mais rien de cela n'est prouvé.

Manière de transvaser les ruches.

Quand des circonstances obligent de faire passer les abeilles d'une ruche dans une autre, il y a deux manières de s'y prendre ; la première, & la plus commune, est de renverser la ruche pleine, & de la couvrir d'une ruche vide, qu'on pose sur elle, base contre base ; on les joint avec de la bouze de vache, qu'on environne d'une toile, où on les assujettit par le moyen d'une corde ; on frappe avec une baguette plus ou moins fortement sur la ruche inférieure, les abeilles passent aussitôt dans la supérieure ; sur-le-champ on porte celle-ci à l'endroit où étoit l'autre ; on étend à terre un drap, sur lequel on met une planche, qui touche à la nouvelle ruche ; on secoue fortement l'ancienne ruche au-dessus ; ce qui restoit d'abeilles tombe, & va gagner les autres. La seconde manière est d'enfumer les abeilles, pour les faire monter dans une nouvelle ruche. Cette opération, plus simple que la première, se fait avec précaution ; on se munit d'un pot de terre, rempli de charbons embrasés & sans vapeur, & de linge blanc de lessive ; le pot de terre est préférable au réchaud, parce que, dans celui-ci, la matière qui doit donner de la fumée s'enflamme aisément, & ne fume pas, ce qui ne rempliroit pas le but qu'on se propose ; car il faut de la fumée pour empêcher les abeilles de piquer ; du linge imprégné de graisse, ou de quelque matière odorante, auroit l'inconvénient de les suffoquer. M. Durand, curé de Faronville en Beauce, n'employoit à cet usage que de la toile qui avoit servi aux aîles d'un moulin à vent. Tout étant ainsi disposé, on ôte de sa place l'ancienne ruche ; on la met sur le dos d'une chaise ; après avoir fait des ouvertures à la partie supérieure, on la recouvre de la nouvelle ; on enveloppe l'une & l'autre d'une toile, afin que les abeilles ne s'échappent pas. Il faut avoir grand soin de ne faire d'abord qu'une fumée très-foible, & de n'approcher que peu-à-peu sous la chaise le pot qui contient le feu & le linge ; par ce moyen les abeilles n'en sont pas suffoquées, mais seulement assez incommodées, pour gagner le haut de l'ancienne ruche, & entrer dans la nouvelle. Si le linge venoit à s'enflammer, on appaiseroit la flamme en soufflant dessus, ou en y jettant un peu de terre, & non de l'eau, qui éteindroit le feu. Quelques personnes bouchent l'ouverture inférieure de la ruche ancienne avec une planche percée de petits trous, qui laissent passer la fumée seule. On est assuré que les abeilles ont quitté l'ancienne ruche, lorsqu'on voit les gâteaux de cire à découvert, & lorsqu'on entend un grand bruit dans la nouvelle ; on retire promptement l'ancienne, & on met la nouvelle à la place. C'est ainsi qu'on en agit, quand on veut seulement faire passer les abeilles d'une ruche dans une autre, pour s'emparer de leur travail. Mais si l'on se propose de réunir ensemble deux essaims, aussitôt que la nouvelle ruche est remplie de mouches, on l'expose à son tour sur une fumée graduée ; on l'en retire, & on frappe fortement contre ses parois ; les abeilles tombent à terre ; on les recouvre à l'instant de la ruche à laquelle on veut les joindre, & qu'on a aussi enfumée auparavant ; elles y montent, & se mêlent aux autres, sans doute parce que le trouble où elles sont, ne leur permet pas de les distinguer. On accélère leur réunion en continuant de faire de la fumée au bas de la ruche commune. Au bout d'une heure, tout est tranquille, & ce calme est durable.

On remarque que ce qui attache le plus les abeilles, c'est leur *couvain*. Qu'on leur enlève leurs provisions, elles ne tardent pas à réparer cette perte, pourvu que l'objet de leur attachement subsiste. Si le couvain ne les accompagne pas, leur découragement est sensible. M. Duhamel, profitant de cette remarque, conseille sagement de faire passer le couvain des anciennes ruches dans les nouvelles ; c'est à la vérité une double opération ; mais on en est dédommagé par l'activité qu'on donne aux abeilles. En ôtant de la ruche retirée les rayons qui contiennent du miel, on ménage ceux qui sont remplis du couvain ; on attache ces derniers par le moyen de bâtons en croix à une ruche neuve, qu'on approche de celle dans laquelle on a fait passer les abeilles ; avec de la fumée on les étourdit une seconde fois ; en frappant fortement contre terre l'ouverture de la ruche où elles ne doivent être que momentanément, on les fait tomber ; on pose sur elles la ruche où est le couvain, & on la place sur le siège ; elles s'y fixent sur-le-champ, & travaillent avec une ardeur incroyable.

Quatre raisons peuvent engager à faire passer les abeilles d'une ruche dans une autre ; 1.° pour s'emparer de ce qu'elles ont amassé ; on n'en sauroit fixer le tems, parce qu'il dépend du climat, de l'année, de l'état des saisons, enfin de la quantité de miel dont les ruches sont remplies ; quelques fois on ne doit rien ôter des ruches ; d'autres fois on peut les tailler plusieurs fois par an. 2.° Pour réunir ensemble de foibles essaims, qui séparément n'auroient pu passer l'hiver, ou pour faire rentrer un essaim dans une mère-ruche dont il est sorti, parce qu'elle est épuisée. 3.° Pour retirer les mouches d'une ruche, dont les gâteaux sont infectés de fausses-teignes. 4.° Pour renouveller des ruches qui sont usées.

Dans beaucoup d'endroits, les propriétaires d'abeilles, sont dans l'habitude de les étouffer avec du soufre, pour s'emparer de ce qu'elles ont amassé. Indépendamment de ce que cette coutume est une barbarie, elle ne peut être justifiée par aucun motif raisonnable; la crainte des aiguillons n'en est pas un, puisque les gens qui soignent les mouches, savent s'en garantir. On n'est pas plus fondé à dire qu'on ne fait mourir que les vieilles abeilles, & que, par ce moyen, on ne conserve que de jeunes essaims, plus actifs pour le travail; car, dans une ruche, les abeilles se renouvellent sans cesse; il en naît depuis le printems jusqu'à l'automne, qui remplacent celles qui meurent de vieillesse ou de maladies; car la durée de la vie des abeilles n'est pas longue. Envain s'autorise-t-on de ce qu'elles consomment du miel en hiver; il est juste qu'on leur laisse pour subsister une partie de ce qu'elles recueillent; les hommes ne profitent-ils pas assez de leur industrie? C'est un préjudice notable fait au bien public, que de tuer les abeilles. On assure qu'il y a en Toscane une loi qui le défend expressément, sous peine de punition. Il seroit à desirer qu'il y en eût une pareille dans tous les états, & qu'on la fît exécuter ponctuellement.

Dans le Gâtinois, ainsi que le rapporte M. Duhamel, on est très-attentif à conserver toutes les mouches d'une ruche, quand on les a fait passer dans une autre; on transporte dans un lieu bas, ou dans une cave celle qu'elles ont évacuée; ce qu'il en reste se pelotonne, & donne le tems d'ôter les gâteaux; on porte ensuite la ruche près de la fenêtre qui est vitrée; on détermine les abeilles avec un plumeau à gagner la fenêtre; elles s'y rassemblent en forme d'essaim; à l'aide d'un peu de fumée, on les fait tomber dans un pot, qu'on couvre & qu'on porte près de la nouvelle ruche, où elles entrent bientôt pour joindre les autres. Si, pendant cette opération, on apperçoit une reine, on la prend dans du papier, & on la met dans une ruche qui n'en a pas. Ces moyens sont aussi simples, qu'ingénieux & utiles.

ARTICLE SECOND.

Des Ruchers.

Le nom de rucher convient à l'endroit qui réunit un certain nombre de ruches, soit que ce soit en plein air, soit que ce soit sous un hangard. La plupart des paysans qui élèvent des abeilles se contentent de placer leurs ruches les unes près des autres dans leurs jardins, ou dans des enclos, en les abritant du vent froid, à la faveur d'un mur ou d'une haie. Leur fortune ne leur permet pas la dépense d'un bâtiment pour loger les ruches.

Lorsqu'on en fait construire un à cette intention, il y a des précautions à prendre; il doit être exposé entre le levant & le midi, pour les pays chauds, & au midi, pour les pays froids & tempérés. Les autres expositions seroient sujettes à des inconvéniens; au nord, les abeilles souffriroient du froid qui leur est contraire; au levant, les premiers rayons du soleil les réveilleroient trop tôt au printems; elles iroient aux champs, & courroient risque d'être surprises par les mauvais tems, qui sont fréquens dans cette saison; d'ailleurs le vent d'est est encore froid, excepté dans certaines positions. M. Barthés le pere croit que, dans les environs de Narbonne, les ruches doivent être placées au levant; son opinion est fondée sur son expérience, & sur une connoissance du local; à l'ouest, les vents qui règnent dans cette partie le plus ordinairement, souffleroient sur les ruches, & y ameneroient de la pluie froide, très-nuisible aux abeilles. Le plein midi, sur-tout dans nos climats, paroîtroit l'exposition la plus favorable; les essaims des ruches qui y sont placées sont plus précoces; le froid de l'hiver est plus supportable; mais, pendant l'été, les abeilles y ont trop chaud. Il vaut donc mieux adopter une exposition mixte, c'est-à-dire, entre l'est & le sud.

Ce n'est que dans les pays où les abeilles peuvent faire d'abondantes récoltes, qu'il y a de l'avantage à établir des ruchers. Quoiqu'elles aient assez d'activité pour aller à des distances très-éloignées, il est plus utile qu'elles soient près des plantes qui portent le miel & la cire; elles vont aux champs, & en reviennent plus souvent dans la journée. Les fleurs qui s'épanouissent dans les jardins, ne sont pas celles qui fournissent le plus aux abeilles; quelque nombre qu'on en entretienne, elles ne peuvent jamais être en aussi grande quantité qu'il y en a dans les sainfoins, les sarrasins, ou dans les landes de bruyères. Il est bon qu'il y ait des fleurs dans les jardins où sont les ruchers, ne fût-ce que pour occuper les abeilles dans les jours où le tems ne leur permet pas d'aller au loin. On conseille d'y cultiver sur-tout des plantes aromatiques, plus fécondes en miel, & en miel de bonne qualité. On doit y planter des arbres en buissons, ou des arbustes, afin que les essaims s'y fixent; on ne souffrira auprès des ruchers aucunes immondices, capables de causer de l'infection, ni des gazons, du milieu desquels les abeilles fatiguées ne se releveroient pas, si elles s'y laissoient tomber à leur retour des champs. Les bords des chemins fréquentés ne conviennent pas pour y placer un rucher, parce que les mouches éprouveroient un ébranlement, qui les réveilleroit trop tôt de l'engourdissement où elles doivent être en hiver; d'ailleurs elles pourroient incommoder les passans; on doit préférer à tout le bas des collines, pourvu qu'elles soient arbritées; car ces lieux sont ordinairement dans le voisinage des prairies ou des ruisseaux d'eau courante, sur lesquels on jette des arbres en travers, ou des cailloux, pour que les abeilles puissent y aller boire, & se baigner sans se noyer. On croiroit qu'on ne peut élever des abeilles que dans les royaumes ou dans les provinces du midi; mais il y a dans les pays du nord même, des positions locales qui y sont favorables, parce qu'elles se trouvent à l'abri du froid; on ne doit pas s'attendre à y faire des récoltes de miel & de cire aussi considérables que sous un ciel chaud ou tempéré, à moins que dans les environs, pendant le tems que dure la saison chaude, il n'y ait une grande abondance de fleurs. Avec des soins, sous des climats froids, on parvient à tirer du profit des abeilles; on écarte avec raison les ruchers des fours à chaux, à plâtre, à brique, & de ceux qu'on destine au grillage & à la fonte des minerais, dont les vapeurs sont mortelles pour des abeilles.

Pour former un rucher propre à loger un certain nombre de ruches, on construit un mur, sur lequel on établit un avant-toit, soutenu au-devant par des poteaux de chêne; on remplit l'intervalle de chaque poteau au mur, avec une maçonnerie ou une cloison, qu'on perce de fenêtres, afin de pouvoir rafraîchir le rucher en été. On produiroit cet effet encore mieux, si, dans le mur, il y avoit quelques fenêtres qu'on ouvriroit pendant les grandes chaleurs; toute la partie de devant est à découvert, & à l'exposition qu'on a choisie; des planches rangées par étage sont destinées à asseoir les ruches; l'avant-toit doit avancer assez, pour garantir de la pluie les ruches & les abeilles, qui y arrivent; ce seroit une précaution utile que d'y placer une goutière. Il convient d'entretenir une grande propreté dans le rucher, & de veiller à ce que des animaux ou des insectes n'y établissent pas leur demeure. A cet effet, entre le mur & les planches sur lesquelles posent les ruches, on ménage un espace par où l'on puisse passer aisément. On conçoit que ce hangard peut être fait avec des matériaux peu dispendieux, & d'une manière simple & aussi commode; en le couvrant de chaume, il en sera plus frais en été & plus chaud en hiver. Il est inutile d'exposer tous les avantages d'un rucher construit convenablement; ils sont faciles à saisir: on lui donne des dimensions proportionnées au nombre des ruches qu'on possède; les planches, si elles ne peuvent être d'une seule pièce, doivent être bien jointes, afin qu'il ne s'y conserve pas d'humidité.

Des Ruches.

Lorsque les abeilles sont abandonnées à elles-mêmes, elles se logent dans des creux d'arbres, ou dans des trous de mur, ou dans la terre; elles y font des gâteaux qu'elles remplissent de miel, qui leur sert de nourriture. Les hommes ayant voulu s'approprier le travail de ces insectes, en les a renfermés dans des ruches de diverses formes; les plus simples étoient pratiquées dans des murs. Quand on les faisoit avec soin, on perçoit au-devant de petits trous, comme ceux d'un crible, pour le passage des abeilles; derrière la ruche, il y avoit un volet, qu'on ouvroit pour nettoyer & recueillir le miel & la cire.

On assure qu'en Espagne, où le buis devient gros comme le chêne, on scie des morceaux de ce bois, de deux pieds en deux pieds, qu'on les creuse, & qu'on y fait entrer des abeilles, qui s'y plaisent, & s'y portent bien.

Le desir d'observer le travail des abeilles, a fait imaginer les ruches de verre; la curiosité n'en a pas été beaucoup plus satisfaite; car l'humidité dont se couvre le verre & l'opacité des gâteaux, forment un obstacle impénétrable, qui empêche d'appercevoir la plus grande partie de l'ouvrage. D'ailleurs ces ruches, quelque bien fermées qu'elles soient, sont susceptibles de froid, & nuisent aux mouches, qui rarement s'y portent bien; pour y parer, il faut donc les tenir pendant l'hiver dans un lieu où il y ait assez de feu pour qu'il n'y gèle pas.

On s'est servi de ruches de terre cuite, auxquelles on a trouvé l'inconvénient d'être humides, & de s'échauffer trop; ce qu'on pouvoit empêcher en les enduisant extérieurement de bouze de vaches, ou en les couvrant de paille.

On fait dans beaucoup de pays des ruches d'osier; on croit qu'elles donnent naissance à de petits vers ou fausses-teignes, qui gâtent le miel; on les appelle ruches de l'ancien systême; ceux qui s'en servent, éprouvent de grandes difficultés pour soigner les abeilles, & retirer au printems, sans endommager le couvain, le miel surabondant ou altéré; ce qui les a fait abandonner de plusieurs cultivateurs.

Beaucoup de provinces n'emploient que des ruches de paille tressée; c'est la paille de seigle qu'on préfère, parce qu'elle est la plus longue. L'auteur de la république des abeilles regarde avec raison ces dernières comme les plus utiles, les plus convenables, & même les plus propres; car des ruches de paille bien faites, conservent en hiver une température douce; elles s'échauffent peu en été; les abeilles s'y plaisent; elles sont sèches, & le vent n'y entre pas; elles coûtent peu; on trouve par-tout de quoi les faire; elles peuvent durer quatre ou cinq ans, si on les garantit de la pluie par un chaperon. On doit en avoir de différente capacité; il faut que les plus grandes n'aient que deux pieds de diamètre, sur deux & demi de hauteur; on réserve celles-ci pour les essaims forts qui viennent au mois de mai, & qui ont le tems de les remplir. Les essaims du mois de juillet se décourageroient, si on ne les plaçoit pas dans de petites ruches. En général, les ruches de moyenne grandeur sont les meilleures; on y met des hausses formées de même matière, lorsque les abeilles ont rempli de leurs gâteaux toute la place; la forme de ces ruches est conique ordinairement; on conseille de les faire plutôt en dôme, afin de donner plus d'espace; il vaudroit mieux qu'elles fussent cylindriques, à cause de la taille des gâteaux, qui seroit plus facile. La manière de faire ces sortes de ruches, d'après l'auteur de la république des abeilles, est très-simple: elle consiste à former avec de la paille des cordons par le moyen de brins de coudrier fendus & flexibles, qu'on tourne autour; ces cordons se réunissent les uns aux autres par les extrémités des brins de coudrier; on commence la ruche par le haut; on y laisse un trou rond pour y mettre la poignée, qui est un morceau de bois qu'on affermit en dedans par deux bâtons en croix; en finissant la ruche, on laisse au dernier cordon une distance de deux pouces, sans lier la paille avec du coudrier, parce qu'on coupe cet endroit, pour faire l'entrée des mouches. La paille & le bois qu'on emploie doivent être sans odeur; les hausses qu'on destine à augmenter la grandeur des ruches par le bas, se font de même, en leur donnant un diamètre convenable à la base qui doit poser dessus; elles ont ordinairement dix à douze pouces de hauteur.

Des hommes instruits, particulièrement dans l'art d'élever les abeilles, se sont occupés à inventer des ruches, auxquelles ils ont essayé de donner tous les avantages qu'ils ont pu. Il convient de les faire connoître ici. On trouve dans le corps des observations d'agriculture de la société de Bretagne, la description d'une ruche, dite *ruche écossaise*; c'est la précédente, perfectionnée par M. le comte de la Bourdonnaye. Deux pièces faites de rouleaux de paille, chacune de douze pouces intérieurement, & de onze pouces de hauteur, la composent. Ces pièces ont un fond, qu'on place en haut; celui de la pièce inférieure, qui sert d'appui à la pièce supérieure, est percé d'un trou de quinze à dix-huit lignes de diamètre, pour établir une communication entre les deux parties. Quand les abeilles ont rempli celle du haut, elles descendent dans celle du bas; on enlève la première, pour prendre le miel & la cire; & après l'avoir vidée, on la replace sous la pièce restée. Par-là, le couvain & les abeilles peuvent être conservés, & on a la facilité de s'assurer si ces insectes ont de quoi vivre pendant l'hiver, & lorsque les étés & les automnes sont pluvieux.

La première fois qu'on essaya en Bretagne la ruche écossaise, on en plaça une pièce sous une ruche ordinaire, en bouchant à celle-ci le trou par lequel les abeilles passent; l'ancienne ruche étant pleine, elles entrèrent dans la pièce écossaise, sous laquelle on posa une pièce de même construction, l'ancienne ayant été enlevée. Cet essai réussit à souhait, non-seulement chez M. de la Bourdonnaye lui-même, mais chez M. de Monluc & chez M. de la Chalotais. M. Duhamel rapporte (mémoires de l'académie des sciences, année 1754,) que le curé de Tilley-le-Pelieux en Beauce, « plaça un fort panier sur le fond d'un » cuvier renversé, auquel il avoit fait un trou; » les mouches remplirent tellement le cuvier de » gâteaux épais, dont les alvéoles profonds ressem- » bloient à des tuyaux de plume, que le sieur » Desbois, qui l'acheta du curé, retira de ce » cuvier cinq à six livres de cire, & quatre cens » livres de miel. » Cet exemple prouve les avantages de la ruche écossaise.

On conçoit facilement qu'au lieu de n'être que de deux pièces, elle peut être composée de trois, ou de quatre au besoin, & selon la volonté du propriétaire des abeilles. Pour en faire usage une première fois, il faut, comme en Bretagne, placer d'abord une pièce sous une ancienne ruche & enlever celle-ci quand elle sera pleine, en replaçant une seconde pièce sur le tablier.

Celles de M. Palteau sont composées de trois ou quatre boîtes quarrées, posées les unes sur les autres, & couvertes d'un surtout; ce surtout, qui a un toit pour l'écoulement des eaux, se place sur une table particulière soutenue par trois piquets enfoncés dans la terre; les piquets ont deux pieds & deux ou trois pouces hors de terre; la table a six lignes d'épaisseur; les piquets & la table sont de chêne; mais les boîtes qui forment le corps de la ruche, & qu'on augmente selon le besoin, doivent, suivant M. Palteau, être faites de pin ou de sapin, parce que ces bois résineux écartent beaucoup d'insectes. Cette espèce de ruche offre, 1.° dans la partie inférieure un plateau de bois, percé par le milieu, auquel on ajoute un tiroir, pour donner à manger aux abeilles, & qu'on garnit d'un grillage de crin, ou d'une plaque de fer-blanc trouée, pour rafraîchir les abeilles, en leur donnant de l'air, ou pour les réchauffer avec de la cendre chaude. 2.° Un cadran de fer-blanc mobile, divisé en quatre parties, dont chacune ferme exactement l'entrée de la ruche par où passent les abeilles; moyennant un bouton, on présente devant l'entrée la partie du cadran qu'on veut; l'une entièrement ouverte, est en usage dans le tems où la récolte étant abondante, les abeilles ont besoin de pouvoir entrer & sortir plusieurs à-la-fois; une autre, qui a sur le bord trois ou quatre petites arcades, est destinée pour les saisons où le pillage est à craindre; elle ne permet l'entrée & la sortie qu'à un petit nombre d'abeilles à-la-fois; la troisième, percée de petits trous, sert pour donner de l'air aux abeilles; si on a besoin de les renfermer entièrement, on présente la dernière partie du cadran qui est pleine.

Les ruches de M. Palteau me paroissent réunir beaucoup d'avantages, que la description seule fait suffisamment connoître. Mais on leur a reproché d'être coûteuses, difficiles à construire, hors de la portée des gens de la campagne, & je n'en suis pas surpris. On ne doit donc les regarder que comme une invention ingénieuse qui ne peut servir qu'à un petit nombre de personnes.

M. de Massac les a simplifiés, en substituant au surtout en forme de toit une couverture de paille, & en y faisant d'autres changemens de moindre conséquence; mais il n'en a pas corrigé tous les défauts.

M. de Boisjugan, qui joint à des connoissances pratiques en agriculture, un zèle inestimable pour chercher les moyens les plus économiques, conseille de faire les ruches à la manière de M. Palteau, avec de la paille de seigle, battu à la main sur un tonneau, sans l'exposer à être brisée par le fleau. Il supprime le cadran & fait faire une entaille dans la table pour le passage des abeilles. Il recouvre la table d'une natte un peu bombée, afin que les gâteaux qui descendent très-bas, quelquefois, ne se gâtent pas. Le surtout est également fait de paille. La composition & la manière de construire ces ruches, se rapproche beaucoup de celle de l'auteur de la république des abeilles.

Les ruches de M. du Carne de Blangis sont aussi formées de boîtes ou hausses quarrées, faites de bois résineux, ou de tilleul, ou de peuplier. Au milieu de chaque hausse, il y a des entailles pour recevoir des bâtons en croix, qui débordent de quatre lignes. La dernière hausse est surmontée d'un couvercle de planches, qui lui sert de chapiteau. L'ouverture par laquelle les abeilles entrent, est pratiquée dans la table. On lui donne un peu de pente pour l'écoulement de la pluie, on y adapte une planche mince qui la bouche en glissant, lorsqu'on veut empêcher les abeilles de sortir. Cette ruche devient solide & facile à transporter, moyennant de fortes ficelles, qu'on tourne autour de tous les bâtons de bas en haut, & qu'on arrête supérieurement aux traverses de la dernière hausse. On ne peut disconvenir que cette sorte de ruche ne soit très-simple; mais le bois dont elle est construite, n'ayant que cinq ou six lignes d'épaisseur, a l'inconvénient de s'échauffer & de se refroidir trop facilement.

M. Schirach, pour former ses ruches, n'emploie pas de hausse. Chaque ruche est une boîte quarrée, plus haute que large, recouverte d'une planche qu'on assujetit avec des chevilles, ou dont on fait une porte en y mettant deux charnières. Au milieu de cette planche est une ouverture de six à huit pouces; on la ferme ou avec une plaque de fer-blanc percée de petits trous, ou avec un grillage de fil d'archal. On fait sur un des côtés une semblable ouverture qu'on ferme de même. Ce moyen est propre à purifier & à renouveller l'air des ruches. Il y a sur le devant de chacune un petit tiroir, dans lequel on met ce qu'on destine à la nourriture des abeilles. La porte d'entrée est en bas, précédée d'une espèce de perron sur lequel se posent les abeilles, & qu'on peut replier pour fermer l'ouverture de la ruche. L'intérieur est divisé en deux parties par un plan de petits bâtons parallèles, rangés assez près les uns des autres. M. Schirach assure que cette espèce de ruche donne plus de solidité aux gâteaux, & que les abeilles y ont plus d'aisance. Mais comment en ôter la cire & le miel qui se trouvent au-dessous du plan des petits bâtons? Cette ruche paroît plus propre à former des essaims artificiels.

Rien n'est si simple que les ruches de Widman. Elles sont cylindriques & formées de cordons de paille. Sur le dessus, qui est plat & fait de planches, il y a une coulisse qu'on tire à volonté. Lorsqu'on veut enlever ce qui est contenu dans la ruche, on en met une dessous en ôtant la coulisse de celle-ci, & en bouchant la porte pour ne laisser ouverte que celle de la ruche ajoutée. On les joint bien l'une à l'autre; les abeilles qui n'ont plus de place dans celle qui est pleine, descendent dans la vide pour la remplir. Au bout de 15 jours, on ferme la coulisse & on retire la ruche qui se trouve dessus. Selon Widman, on peut, quand la saison est favorable, donner successivement à des abeilles deux ruches de cette espèce. Il n'y a rien à reprocher aux ruches de paille, si on peut les garantir des souris; on y parvient avec du soin.

Mahogani construit les siennes d'une autre manière. Ce sont trois parties à coulisses de haut en bas, faites en planches & séparées par des cloisons, dans lesquelles il y a des communications. On les enlève quand on veut & on peut y voir travailler les abeilles, en y mettant des carreaux de verre. Le dessus de la ruche est percé en cinq endroits; sur chaque trou, on pose un bocal de verre, que les abeilles remplissent; à ceux qui sont pleins on en substitue de vides; si on les laisse subsister, les abeilles après les avoir remplis, travaillent dans le corps de la ruche. Ces moyens sont plus agréables & ingénieux qu'utiles.

Pour avoir une idée des ruches de M. Ravenel, il suffit de se représenter un assemblage de trois boîtes longues, partagées horizontalement par des cloisons, qui en forment deux étages dont chacun a trois cabinets. Elles sont bien jointes ensemble par des crochets & peuvent se séparer. Les cabinets latéraux communiquent avec celui du milieu par de petites ouvertures, qu'on tient fermées en glissant une plaque de fer-banc, qui s'y adapte. La porte commune par où les abeilles entrent est au bas du cabinet du milieu; on la rend plus large ou plus étroite à volonté, car elle est recouverte d'un demi cercle de fer-blanc qui tourne sur un pivot. Jamais on ne prend du miel dans le cabinet du milieu, dans lequel le couvain est élevé & où sont les provisions pour l'hiver; mais on détache les cabinets latéraux, qu'on veut dépouiller, en fermant la communication; s'il y reste quelques abeilles, avec un peu de fumée on les force d'aller dans la mère ruche. On replace les cabinets après les avoir vidés, & on ouvre la communication, afin que les abeilles recommencent à y travailler. M. Ravenel a retiré une fois des cabinets latéraux d'une mère-ruche, 88 livres de rayons. Rarement il sort des essaims de ces ruches, parce que les jeunes abeilles trouvent toujours de quoi se placer. Pour rendre cette ruche plus parfaite, il seroit à desirer qu'on pût trouver un moyen de renouveller la cire du cabinet du milieu de tems en tems, afin qu'elle ne s'altérât pas & ne fût pas nuisible aux abeilles.

C'est particulièrement pour former des essaims artificiels, que M. de Gelieu, pasteur de Lignières, a inventé ses ruches; aussi sont-elles propres à remplir cet objet. Elles ont la forme d'une caisse: on en varie les dimensions. Les planches qu'on emploie pour les construire ont un pouce & demi d'épaisseur; ce qui pare aux inconvéniens du froid, de la gelée & de la chaleur auxquels sont exposées les ruches de M. du Carne de Blangis. La porte est pratiquée en bas par une entaille d'un demi-pouce de hauteur sur trois pouces de largeur. Quand la ruche est construite, on la scie de haut en bas par le milieu; chaque partie à la moitié de la porte. On applique à l'une & à l'autre une planche mince qui ne descend que jusqu'à la hauteur de la porte. On joint ensemble ces deux moitiés, qui forment deux boîtes. Les planches ajoutées se touchent, & n'empêchent pas les abeilles d'aller d'une partie dans l'autre, par la communication d'en bas. On enduit ces points de réunion avec du *pourjet.* Quatre chevilles enfoncées dans chaque demi-ruche les assujettissent. On a soin qu'elles débordent afin qu'on puisse les lier les unes aux autres avec de la corde ou de l'osier. On conçoit combien il est facile avec de telles ruches de s'emparer des provisions des abeilles sans les tuer, & de former des essaims, ainsi que je l'ai expliqué. Cependant dans le corps d'observations de la société d'agriculture de Bretagne, années 1759 & 1760, on leur fit un reproche considérable capable de les faire rejeter. Lorsqu'on sépare la hausse supérieure des inférieures, le fil de fer qui sert à faire cette séparation, coupe transversalement tous les gâteaux & par conséquent beaucoup d'alvéoles remplis. Le miel coule rapidement sur les gâteaux des hausses inférieures; il englue beaucoup de mouches, qui, en se débattant en engluent d'autres, en sorte qu'il en périt un grand nombre.

M. l'abbé Eloi, vicaire-général de Troyes, déjà cité, me paroît avoir réuni tous les avantages qu'on peut desirer dans la construction d'une ruche. La table, sur laquelle il la place, est de forme ronde; elle a environ seize pouces de diamètre, & sur les bords deux pouces d'épaisseur. Il recommande de bien joindre les pièces qui doivent la composer, puisqu'on ne peut espérer de la faire d'une seule planche dans sa largeur. Du chêne bien sec, sans aubier, est préférable à tout autre bois. On polit soigneusement la surface sur laquelle doit poser la ruche; on la creuse de manière à lui donner une forme concave, qui se termine en pente douce à une ouverture quarrée de six à sept pouces. Par cette forme bien entendue, ce qui tombe de la ruche, abeilles mortes, morceaux de gâteaux, insectes, tout est entraîné en bas, & peut être jetté dehors quand on ouvre le guichet qui forme l'ouverture. Ce guichet consiste en un cadre, auquel est attachée une grille de fer-blanc battu, & percée de petits trous, à-peu-près comme une rapé. Il entre à l'aise dans une feuillure, & s'assujettit par deux tourniquets de bois, qui tiennent à la table, au-delà de la feuillure. Le guichet peut donc se fermer & s'ouvrir à volonté. Quand il est fermé l'air y passe par les trous de la plaque. M. l'abbé Eloi observe, avec raison, que les abeilles en ont besoin en tout tems, & que le froid les incommode moins que la privation d'air. On ouvre le guichet pour laisser tomber les ordures de la ruche, pour examiner son état, & pour y mettre de la nourriture lorsque les abeilles en manquent. Il ferme si bien que les souris & autres animaux ne peuvent s'y introduire.

M. l'abbé Eloi élève la table de sa ruche à un pied ou un pied & demi de terre; il la place sur deux ou trois piliers de chêne, ou de pierres, ou de briques, en ménageant au haut une feuillure, pour y assujettir la ruche, qu'on peut fixer encore d'une autre manière, pour la préserver des grands vents. La table se termine en devant par une avance, en forme de bec, qui fait partie des planches qui la composent; cette avance doit avoir trois à quatre pouces de longueur, & former, dans son milieu, une rigole propre à l'écoulement de l'eau, & à servir aux abeilles de sentier pour les conduire à la ruche; car cette rigole est la suite de la porte d'entrée, qu'on bouche à volonté, à l'aide d'une coulisse. Dans toute la circonférence de la table, à deux pouces de distance du bord, on pratique une élévation d'environ six à sept lignes de largeur; c'est de-là que partent deux glacis; 1.° celui de l'intérieur, qui va aboutir à la plaque de fer-blanc; 2.° un autre qui doit être extérieur & descendre jusqu'au bord de la table. Le premier sert, comme je l'ai dit, à réunir dans un point, toutes les ordures de la ruche; l'usage du second est d'écouler l'eau de la neige & de la pluie, de préserver la ruche de toute incommodité, & de lui servir de point d'appui.

M. l'abbé Eloi forme sa ruche de paille de seigle sèche, dégarnie d'épis & de feuilles. L'auteur de la république des abeilles, M. de la Bourdonnaye, qui a perfectionné la ruche écossoise, M. de Boisjugan & Widman donnent aussi la préférence à cette matière. On en fait des cordons avec du bois flexible, sur-tout avec la seconde écorce de tilleul. Trois à quatre pouces d'élévation suffisent pour chacune des parties ou des hausses qui doivent composer la ruche. M. l'abbé Eloi regarde donc les hausses comme plus favorables que, les ruches d'une ſeule pièce, ainſi que MM. Palteau, de la Bourdonnaye, de Boisjugan, du Carne de Blangis, & pluſieurs autres l'avoient penſé. Il leur donne de douze à treize pouces de diamètre en dedans & par-tout la forme cylindrique.

Chaque hauſſe, excepté la plus inférieure, a un fond de planches de chêne ou de ſapin, bien aſſemblées & polies, de trois à quatre lignes d'épaiſſeur; il eſt percé de cinq trous, d'environ deux pouces de diamètre, à des diſtances égales, & de vingt-quatre autres petits trous d'un demi-pouce. Ce fond, ayant un diamètre plus grand que les hauſſes, ſe poſe deſſus & déborde de quelques lignes. On l'attache à la paille avec du fil d'archal; par ce moyen les abeilles ont une communication facile d'une hauſſe à l'autre. Cinq ou ſix, quelquefois ſept de ces hauſſes, forment la ruche entière, qui eſt ſurmontée d'un fond ſans trous, ſur lequel on met une pierre ou une brique, & qu'on couvre d'un chaperon de paille. On enduit extérieurement les jointures des hauſſes avec de la bouze de vaches fraîche.

Une ruche, conſtruite de cette manière, permet d'en examiner toutes les parties ſans lui cauſer de dommages. M. l'abbé Eloi recommande, comme un ſoin indiſpenſable, lorſqu'on a viſité les hauſſes, de les replacer dans l'ordre & dans la diſpoſition où elles étoient auparavant. Pour cet effet, on trace, à un des points, une marque qui ſert de renſeignement. Quand la ſaiſon eſt riche en miel, on ajoute une ou pluſieurs hauſſes avec facilité; au moment où l'on retire les gâteaux, on n'enlève pas les hauſſes qui ont du couvain; on unit plus ou moins de hauſſes enſemble, pour recevoir des eſſaims, ſelon qu'ils ſont forts ou foibles.

La ruche de M. l'abbé Eloi me paroît une combinaiſon bien faite & une application de tout ce qu'il y a de parfait dans les autres. Il a ſur-tout perfectionné encore la ruche écoſſaiſe, déjà perfectionnée par M. de la Bourdonnaye. La forme qu'il donne à la table eſt, à ce qu'il me ſemble, de ſon invention, & ce n'eſt pas la partie la moins importante de l'ouvrage. Il ne s'agit plus que de ſavoir ſi l'économie s'y réunit aux autres avantages.

Je terminerai la deſcription des différentes ſortes de ruches, par celle dont M. de la Nux a envoyé de l'iſle de France, le modèle à l'Académie des Sciences. L'extrait de ſon mémoire eſt inſéré dans le journal de Phyſique, année 1773, *page* 138.

Les ſauvages de Madagaſcar mettent leurs abeilles dans des troncs d'arbres creux, ou qu'ils creuſent eux-mêmes, & ils les placent horizontalement. C'eſt à leur exemple que M. de la Nux propoſe l'uſage des ruches cylindriques & horizontales, & il croit qu'il faut les faire en paille, comme moins coûteuſes, plus fraîches & plus commodes, en leur donnant dix à douze pouces de diamètre dans œuvre, ſur vingt-deux pouces de longueur. La façon de les fabriquer conſiſte à former en ſpirale des cordons, qu'on environne d'oſier. L'Auteur de la république des abeilles, dont les ruches ne ſe font pas d'une autre manière, préfere à l'oſier l'écorce d'arbres. M. de la Nux conſeille de ſe ſervir d'un plateau rond, de la circonférence duquel s'élèvent à des diſtances égales, ſix petits montans. On applique circulairement à ces montans, un premier toron de paille, qu'on prolonge toujours, en tournant juſqu'à ce que la ruche ſoit faite; on coud les tours les uns aux autres. C'eſt ainſi que, dans beaucoup d'endroits, on fabrique les paniers de paille ou d'oſier, pour différens uſages.

Quand la ruche cylindrique ſe déforme, on la ſoutient par des baguettes qu'on y attache. Elle a deux fonds, auſſi faits de paille roulée & couſue, qui ont un diamètre un peu moins large que celui du cylindre, afin qu'on puiſſe les faire entrer & ſortir à volonté. Quelques bâtons ou broches de bois qu'on poſe dans le cylindre, ſuffiſent pour contenir ces fonds; celui qu'on deſtine pour le devant, doit être en grillage, pour le paſſage des abeilles.

Il eſt facile dans cette méthode, ſelon M. de la Nux, de faire entrer des abeilles d'une ruche pleine, dans une ruche vide. On incline celle-ci après y avoir mis un fond, qu'on ne lute pas; on en approche la ruche pleine, ayant ſoin de la ſecouer; les abeilles vont d'elles-mêmes dans la nouvelle ruche, ou à l'aide de petites broches pointues, on place un rayon de couvain derrière le fond qui n'eſt pas luté, & qu'on lute enſuite, ainſi que le fond du devant. M. de la Nux aſſure, que, pendant cette opération, on peut facilement prendre la mere-abeille, & lui couper les aîles, avant de la mettre dans la nouvelle ruche.

Les fonds des ruches étant diſpoſés de manière à pouvoir s'enlever commodément, on en retire les gâteaux, lorſqu'on le juge convenable. Si les abeilles ont plus travaillé en devant que dans le derrière, on retourne la ruche après avoir changé les fonds, en ſorte que la partie extérieure devient la poſtérieure; on donne en été de l'air aux abeilles, en laiſſant quelques ouvertures autour des fonds. On ne laiſſe point échapper les eſſaims; mais on tranſvaſe les ruches quand on les voit prêtes à en donner, & on les partage ſelon leur force, en fourniſſant à chacune une reine.

Les ruches de M. de la Nux, ſont de toutes les moins expoſées au vent; elles peuvent être placées les unes ſur les autres, & viſitées ſans qu'il ſoit néceſſaire de les déranger; les ruches de pluſieurs pièces, dont j'ai fait mention, offrent les autres avantages qu'on trouve dans celles de M. de la Nux.

Au reſte,

Au reste, M. de la Nux nous apprend que les abeilles ont été portées de Madagascar & de l'isle de Bourbon, à l'isle de France, où il n'y en avoit pas. Elles sont d'une espèce plus petite, mais plus longue que les nôtres. Jamais le froid ne les engourdit à l'isle de France; quoiqu'elles y trouvent toujours des fleurs, elles ne recueillent rien depuis la fin du mois d'avril jusqu'en août & septembre. Ces insectes y ont moins d'activité qu'en Europe.

Achat des Ruches.

L'achat des ruches exige quelques connoissances pour n'être pas trompé. Si c'est un jeune essaim qu'on achète, il faut qu'il soit nouvellement rassemblé; car ses gâteaux, trop peu nombreux, seroient ébranlés dans le transport, & l'essaim troublé abandonneroit peut-être la ruche. A l'égard des autres ruches, on choisira celles qui contiennent des abeilles de bonne espèce, jeunes & actives, qui ne donnent pas de fréquens essaims; on les reconnoîtra aux signes que j'ai donnés, en décrivant les abeilles. Pour s'assurer si la population est nombreuse, il suffit de frapper le soir contre la ruche avec le doigt plié; si ce coup produit un bruit sourd qui continue quelque tems, c'est une preuve qu'elle contient beaucoup d'abeilles. La place que couvre une bonne ruche est toujours propre. Les gens qui en ont l'habitude jugent de la valeur d'une ruche en la soulevant. On ne doit pas manquer d'examiner l'état des gâteaux, non-seulement dans la partie d'en-bas, mais encore dans le haut; car souvent l'avidité des vendeurs emploie des moyens de tromper. Ils coupent jusqu'à une certaine hauteur le bas des gâteaux, lorsqu'ils sont moisis. Les abeilles ayant bientôt réparé le dommage par de nouvelle cire, on croit que ces insectes sont jeunes, tandis qu'ils ne le sont pas; on croit aussi que les rayons sont entièrement sains, quoiqu'ils ne le soient pas à la partie supérieure. Le tems de l'achat des ruches est celui où on peut les transporter, c'est-à-dire, depuis la Toussaints jusqu'à la mi-mars. On doit préférer la fin de l'hiver, parce qu'alors les abeilles ont supporté les rigueurs de la mauvaise saison. Je ne répéterai pas ici les précautions à prendre pour transporter les ruches, ni comment on doit les placer à leur arrivée. L'un & l'autre est indiqué à l'endroit où il s'agit de la manière de soigner les abeilles.

ARTICLE TROISIÈME.

Du miel & de la cire.

Le but qu'on se propose en soignant & en multipliant les abeilles, est de s'approprier une partie du miel & de la cire qu'elles récoltent. L'homme ne peut se procurer ces productions végétales que par leur moyen. Dans le partage qu'il en fait avec elles, il faut qu'il soit juste & attentif, s'il veut se ménager une source qui, loin de tarir, s'accroîtra de plus en plus. Dans quel tems retire-t-on des ruches les gâteaux, avec quelles précautions, comment sépare-t-on la cire & le miel, pour les mettre en état de passer dans le commerce? Voilà ce qu'il me reste à exposer.

Le tems de *rogner* ou de *tailler* ou *châtrer* les gâteaux des ruches, varie selon la chaleur des climats & la floraison des plantes, qui y croissent en plus grande abondance. Dans les pays méridionaux, où l'hiver est plus doux & moins long, les abeilles sont plutôt réveillées après l'hiver, & plutôt en état d'aller aux champs, que dans les pays septentrionaux, exposés à un froid rigoureux qui retarde la végétation & le développement des plantes. Dans ces derniers, d'ailleurs, il suffit de tailler les ruches deux fois par an; dans les autres, on peut les tailler jusqu'à trois fois. Cependant M. Barthès assure que, dans le diocèse de Narbonne & dans le Roussillon, on ne taille les ruches qu'une fois ou deux au plus chaque année; ce qui feroit croire que le miel n'est pas aussi abondant que parfait dans ces cantons. Pour ne parler que des provinces de la France, qui avoisinent la capitale, c'est ordinairement en mars & en juillet ou août qu'on peut s'occuper d'enlever la cire & le miel, sans causer de préjudice aux abeilles. A la fin de mars, si le tems est disposé au beau, on a l'espérance qu'elles ne tarderont pas à sortir de leurs ruches utilement, & qu'elles trouveront sur les fleurs printannières, assez de miel pour leur subsistance; à la fin de juillet ou au commencement d'août, tems où les fleurs des arbres & des plantes des prairies naturelles ou artificielles sont en partie passées, on doit s'attendre qu'il s'en épanouira encore une quantité suffisante pour fournir aux abeilles leurs provisions d'hiver. Avant le mois de mars il seroit trop tôt; après le mois d'août & même à la fin d'août, il seroit trop tard, dans quelques endroits. La taille des ruches en mars rapporte peu, parce qu'on n'enlève aux abeilles que le surplus de leurs provisions d'hiver; si on le leur laissoit, elles n'auroient pas d'ardeur pour le travail; on risque de leur faire du tort lorsqu'on leur ôte tout, à cause des tems défavorables qui peuvent survenir. La grande récolte est celle que fournit la taille faite en juillet ou en août, puisqu'elle est le produit de la floraison du plus grand nombre des plantes.

A quelque époque que le local & les circonstances permettent de tailler les ruches, on choisit le matin, tems où les abeilles sont plus traitables, & où la cire & le miel s'échauffent le moins. Il est nécessaire que ce soit un beau jour, afin que les abeilles dispersées pendant l'opération, n'en soient pas incommodées. Les ruches de nouvelle construction, c'est-à-dire, celles qui sont formées de plusieurs parties, ont sur les ruches de l'ancien système, l'avantage de faciliter les moyens de retirer la cire & le miel. Il suffit, dans ces dernières, ou d'enlever la hausse supérieure & d'en mettre une vide inférieurement, ou de changer une ou deux des divisions. Celles de forme ancienne exigent plus de tems & plus d'appareil. L'auteur de la république des abeilles, au lieu de se servir de gants & de camail, se contentoit de laver ses mains avec de l'urine chaude; une dissolution de sel ammoniac rempliroit le même but; il s'exposoit le visage pendant une minute à la fumée de vieux linge, pour se préserver des piqûres des abeilles; il enfumoit la ruche, l'enlevoit de sa place, & la posoit renversée sur une chaise; alors frappant contre les parois, &, quand il en étoit besoin, présentant aux abeilles les plus opiniâtres un linge fumant, il les forçoit toutes de se retirer au fond. M. Barthès, persuadé avec raison qu'il périt quelques mouches, pendant qu'on taille les ruches & qu'on en retire le miel, propose pour les mieux écarter, de se servir d'une espèce de poële, qui contiendroit du feu & des matières propres à répandre de la fumée; un tuyau la dirigeroit dans la ruche. Sans doute ce moyen donneroit de grandes facilités à ceux qui enlèvent les gâteaux; mais il exige du soin, tandis que du feu dans un pot & un peu de linge, comme je l'ai indiqué plus haut, est un appareil plus simple & qui réussit très-bien. Un coup-d'œil jetté dans la ruche, apprend quels sont les gâteaux qu'on doit couper, soit en totalité, soit en partie. Le grand art est de conserver dans la ruche tout le couvain, l'espérance d'une nouvelle postérité, & l'objet le plus propre à renouveller l'activité des abeilles. Si on l'enlevoit avec le miel, il altéreroit sa qualité. On distingue aisément les alvéoles qui le contiennent; ils sont couverts d'une pellicule convexe & brune, au lieu que ceux du miel sont plats & blancs. En rompant un morceau des gâteaux, on s'en assure encore mieux, puisqu'il en sort une matière blanchâtre. Au reste, le couvain est ordinairement placé au milieu de l'ouvrage & sur le devant, afin qu'il reçoive plus aisément la chaleur du soleil. Avec un couteau dont la lame est recourbée à l'extrémité en forme de serpette, & qu'on trempe de tems en tems dans l'eau, on détache les gâteaux entiers qui sont vers le derrière de la ruche, en choisissant ceux qui paroissent le mieux pourvus de miel. S'il y en a de moisis, on a soin de les enlever; c'est alors qu'on met à part ceux qu'on destine à nourrir les essaims foibles. On fait en sorte que le travail se fasse promptement & avec propreté; la ruche est ensuite remise à sa place, en présentant au soleil le côté d'où on a ôté le plus de rayons.

Les propriétaires d'abeilles doivent avoir l'attention de ne point toucher aux gâteaux des essaims de l'année, & de rafraîchir seulement ceux des essaims de l'année précédente; on perdroit les ruches foibles, si on les tailloit entièrement. Il faut les visiter toutes pour les nettoyer, & ne retirer du miel & de la cire que des ruches fortes & bien fournies, auxquelles on en laisse le tiers ou la moitié. Les personnes accoutumées à soigner des abeilles, celles qui en achètent pour en retirer le miel savent, en soulevant une ruche, si on doit la tailler & ce qu'elle contient.

Il y a des pays où, comme je l'ai déja dit, on a la barbarie d'étouffer les mouches avec du soufre; il y en a d'autres où on les chasse de leurs ruches en les faisant passer, à l'aide de la fumée, dans des ruches vides, qu'on place au-dessus sans y mettre les gâteaux remplis de couvain. On pratique dans ce cas des ouvertures au haut des ruches, dont on veut ôter le miel; cette manière est commode mais nuisible à la multiplication des abeilles puisqu'elle détruit le couvain.

A mesure qu'on détache les rayons de miel, on les emporte promptement dans un lieu frais, dont les croisées soient exactement fermées, afin d'en interdire l'entrée aux abeilles qui y viennent en foule. On en a vu, dit-on, descendre par la cheminée dans des salles où il y avoit des rayons pleins de miel. S'il en pénètre quelques-unes, on les enfumera avec du linge; il faut aussi en écarter les fourmis.

On remarque que le plus beau miel est celui qui se trouve le long des parois de la ruche. M. Duhamel a observé que, dans l'été, les abeilles, en arrivant des champs, déposoient dans les alvéoles d'en bas le miel le plus coulant, que le soir elles le transportoient dans les alvéoles d'en haut, où il acquerroit de la solidité.

Pour séparer le miel contenu dans les gâteaux, on rompt légérement, avec un couteau, les couvercles des alvéoles; on brise les gâteaux les plus purs; on les pose sur une claie d'osier, ou sur un cannevas enchassé, ou dans une nappe claire, qu'on suspend par les quatre coins; le miel le plus beau, le plus blanc, celui qu'on appelle *miel vierge*, coule alors dans des vases placés dessous. Il faut avoir soin que ce travail se fasse dans un lieu où la chaleur soit tempérée. En brisant encore les mêmes gâteaux avec les mains, sans les presser & en les joignant à de moins parfaits, on en retire le *miel de seconde qualité*. Ce dernier a un œil jaune à cause de quelques parties de cire brute qui s'y trouvent mêlées. M. Duhamel croit que dans les années sèches, on n'obtient ce second miel qu'en mettant les gâteaux à la presse; dans ce cas, il contracte un goût de cire que n'a pas le miel retiré par instillation. On en remplit des pots, qu'on tient découverts & exposés dans un lieu frais; il s'y excite de la fermentation qui élève à la surface les matières étrangères qu'on écume. Quelques gens exposent les gâteaux brisés dans une chaudière de cuivre sur un feu doux, avant que de les mettre à la presse; mais le miel en est âcre & contient beaucoup de cire. Il vaut mieux tirer le miel sans feu. Enfin on réunit le marc des gâteaux qui ont servi à faire le miel vierge & le miel de seconde qualité & tous les gâteaux altérés, même ceux qui contiennent de la cire brute, on les pétrit, on en forme une pâte, qu'on met sous la presse en l'humectant d'un peu d'eau qui ne soit pas bouillante; c'est la manière d'obtenir *le miel commun*. On voit par-là qu'il y a trois sortes de miel, d'un prix différent.

L'appas du gain, qui souvent inspire la fraude, a fait imaginer des moyens de donner au miel un parfum & une blancheur empruntés; des marchands l'aromatisent avec des plantes odorantes, telles que le romarin, &c. d'autres le battent dans des terrines, comme on bat des blancs d'œufs; il en devient plus blanc, mais il n'est pas grené; quelques-uns y mêlent de l'amidon ou de la fleur de farine, ce qu'il est facile de découvrir, en faisant fondre le miel dans l'eau, que la farine rend laiteuse. Les qualités du beau miel, sont d'être blanc, grené & parfumé. Le nouveau est préférable à celui qui ne l'est pas, parce que ce dernier se convertit en sirop & & s'aigrit. On conserve le miel dans des barils ou dans des pots de grès qu'on laisse au frais.

Entre les miels de première qualité, la différence est considérable; on estime plus particulièrement celui du levant & des Isles-Baleares; sur-tout de Mahon, dans l'isle de Minorque. Le plus recherché des miels de France, est celui de Narbonne. Il s'en fait dans d'autres provinces qui peut en quelque sorte lui être comparé. Un propriétaire d'abeilles à Andonville en Beauce, chaque année vend du miel parfait; ce que j'attribue à l'attention qu'il a de l'extraire pur, & aux plantes aromatiques qu'on cultive dans les jardins du château d'Andonville. Dans les environs de Lons-le-Saunier, on élève une très-grande quantité d'abeilles; le miel en est de belle qualité, si on en excepte celui qui est recueilli du côté de la rivière d'Ain, où sont les sapins; ce dernier est aussi beau à l'œil, mais il a un goût de thérébentine qui est désagréable.

M. Barthès, dans l'ancienne encyclopédie, se plaint du peu de soin qu'on prend aux environs de Narbonne, pour tirer de la récolte du miel tout l'avantage qu'on en peut tirer. On mêle, selon lui, indistinctement les gâteaux blancs, roux & bruns, qu'on devroit séparer pour former du miel de plusieurs sortes; quand, après les avoir brisés, on les a laissés découler quelque tems, on les emporte pour en faire de la cire. M. Barthès croit qu'ils contiennent encore du miel, qu'on obtiendroit aisément par des lotions avec de l'eau, en la faisant évaporer, il resteroit un sirop propre à nourrir les abeilles; on extrairoit encore ce miel à l'aide de la presse. Le beau miel de Narbonne acquéreroit plus de qualité, s'il étoit moins de tems à couler des gâteaux; c'est une réflexion de M. Barthès, qui est d'autant plus juste, que, dans le pays dont il parle, les gâteaux se mettent & s'entassent dans des paniers renversés, faits en forme de cône tronqué; le miel ne peut en couler que lentement; il propose à cet effet de placer les gâteaux sur un grillage de fil-de-fer enchassé dans du bois, ce qui répond aux claies d'osier, dont il est question dans la maison rustique, & qu'on emploie à cet usage dans beaucoup de provinces. Enfin, pour compléter l'épurement du miel, M. Barthès le fait passer dans une chausse de canevas, qu'il attache au-dessous du panier ou de la grille d'où découle le miel, procédé déjà connu.

Le miel étant retiré, on rassemble les débris des gâteaux, & ceux qui ne contenoient pas de miel; on les laisse tremper quelques jours dans de l'eau claire, ayant soin de remuer, afin que ce qui reste de miel s'en sépare; on les met sur le feu dans une chaudière, qu'on remplit d'eau auparavant jusqu'aux deux tiers. A mesure que la cire se fond, on la remue avec une spatule, afin qu'elle ne s'attache pas au bord de la chaudière; on diminue le feu peu-à-peu, & on verse la cire fondue & l'eau dans des sacs de toile forte & claire, pour les mettre à la presse, qu'on nettoie auparavant; on a soin de verser un peu d'eau chaude dans le vaisseau qui reçoit la cire; la presse doit être aussi humectée & tournée doucement. Lorsqu'on n'a pas cet instrument, on se contente de serrer les sacs entre deux bâtons, qu'on conduit depuis l'ouverture jusqu'à l'extrémité; le marc est mis dans l'eau pendant quelques jours, pour être refondu, pressé de nouveau, & réuni à la première cire. Quelques gens en font des boules, qu'ils vendent aux fabricans de toiles cirées. Quand la cire pure est suffisamment figée par le refroidissement, on l'ôte; on la jette dans une chaudière qui contient moins d'eau que la première fois; elle se fond encore; on écume les ordures s'il y en a; ensuite on la verse dans des vaisseaux plus larges à la surface qu'au fond, & dans lesquels on met de l'eau; on suspend au milieu de chacun une corde attachée à un bâton, laquelle sert à enlever le pain, quand la cire est refroidie. Sans qu'il soit besoin de corde, il suffit d'introduire dans les vaisseaux assez d'eau pour soulever les pains, ou de les renverser sens-dessus-dessous. Il ne faut pas laisser refroidir les pains de cire dans des endroits où il vole de la poussière, ou bien on doit prendre la précaution de les couvrir. On laisse la cire se figer sans remuer les vaisseaux, afin que les ordures qui se déposeroient au fond, ne se mêlent pas dans les pains; on ratisse la surface inférieure où elles se réunissent, comme plus pesantes que la cire; celle-ci, par ce moyen, est pure.

La diversité qui se trouve dans les qualités de la cire, dépend de plusieurs causes; elle est plus ou moins parfaite, selon l'état des ruches, la santé ou le tempérament des abeilles, les saisons de l'année, la nature des plantes sur lesquelles les abeilles la ramassent, & selon la manière dont on la prépare. On estime celle des pays où il y a des bruyères, des genêts, des genévriers, & où on cultive du sarrasin, tels que la basse-Bretagne, le

Poitou, la Sologne, &c. La cire du levant est préférable à la cire du nord, parce qu'elle blanchit plus aisément. On fait moins de cas de celle des pays de grands vignobles. La meilleure cire est unie, légère & de bonne odeur.

Le luxe a augmenté en France la consommation de la cire, dont la cherté croît sans cesse. Les marchands la sophistiquent en y joignant du beurre ou des graisses; aussi se plaint-on, avec raison, de sa qualité. Si l'éducation des abeilles étoit encouragée par des moyens qu'un gouvernement sage trouve aisément, on remédieroit bientôt à cet inconvénient, & on tireroit moins de cire de l'étranger. La France est couverte de fleurs qui portent de la cire; il ne manque, dans beaucoup d'endroits, que des abeilles pour la recueillir. Dans les cantons où on en élève, on pourroit en élever davantage à peu de frais. L'usage de les faire mourir pour obtenir leurs gâteaux, ou de ne pas laisser le couvain, est encore un obstacle à la production en cire. On parviendroit à le détruire peu-à-peu, si les regards des hommes éclairés qui vivent à la campagne, se tournoient du côté de cet utile objet.

Les ruches sont, en général, d'un bon produit. Dans certaines années, à la vérité, elles ont peu de miel & de cire, ou donnent peu d'essaims; mais elles dédommagent amplement le propriétaire dans d'autres années. On estime, toute compensation faite, le produit annuel d'une ruche à six francs; souvent il monte à dix. Quelquefois les fleurs des plantes sont si chargées de miel & de cire, que les abeilles, qui en ramassent autant qu'elles en trouvent, en font des récoltes étonnantes. J'ai rapporté plus haut, d'après M. Duhamel, que le curé de Tillay-le-Pelieux en Beauce, ayant placé une ruche sur un cuvier renversé, auquel il avoit fait un trou, en retira cinq à six livres de cire, & quatre cens vingt livres de miel. Ordinairement les ruches de la Beauce, quand elles sont bonnes & qu'elles ont deux ou trois ans, pesent de quatre-vingt à cent livres. En déduisant, 1.° douze à quinze livres pour le poids des abeilles & celui de la ruche, faite d'osier, ayant deux pieds de hauteur sur un pied & demi de diamètre dans la plus grande largeur, 2.° deux livres ou deux livres & demie de cire; le surplus est en miel, dont la plus grande partie est de belle qualité. (*M. l'abbé* TESSIER.)

P. S. Les Mémoires philosophiques, historiques & physiques de Dom Ulloa, me sont tombés entre les mains, depuis que ce qui précède est imprimé. J'y ai lu sur les abeilles un article dont je crois devoir extraire quelque chose.

Les abeilles domestiques se sont beaucoup multipliées à l'Isle de Cuba, dans le voisinage de la Havane, depuis 1764. Il n'y en avoit pas auparavant. Toutes celles qu'on y voyoit étoient sauvages & d'une espèce différente. Les familles qui jusqu'alors avoient demeuré à Saint-Augustin de Floride, s'étant rendues à Cuba, après la paix conclue avec les Anglois, apportèrent quelques ruches dans cette Isle. La multiplication de ces abeilles fut telle, qu'il s'en répandit dans les montagnes; on commença à s'appercevoir qu'elles étoient nuisibles aux cannes à sucre, dont elles se nourrissoient. Dom Ulloa assure qu'une ruche donnoit un essaim & quelquefois deux par mois. On ne les soignoit pas avec toute l'attention qu'on apporte en Europe. Elles étoient châtrées tous les mois, & rendoient autant de miel & de cire que dans les endroits où on ne les châtre qu'une ou deux fois par an. La cire en étoit très-blanche, & le miel de la plus belle qualité. Dom Ulloa en conclud qu'à Cuba, ces deux productions pourroient devenir une branche avantageuse de commerce, sans faire abandonner la culture de la canne à sucre. Cependant j'observerai que, puisque les abeilles vivent aux dépens de cette plante & lui font du tort, suivant Dom Ulloa lui-même, on doit être intéressé à empêcher leur grande multiplication, dans les environs des lieux où on cultive la canne à sucre.

M. Schneider, qui a traduit en Allemand l'ouvrage de Dom Ulloa, ajoute que les abeilles sont très-répandues dans presque toutes les contrées de la domination Espagnole en Amérique, où on en compte de dix à douze espèces différentes. Il y en a qui ne piquent jamais, & qui donnent du miel excellent, telles sont celles de l'Orénoque; d'autres, au lieu de faire une piquure douloureuse, ne causent qu'un léger chatouillement, c'est peut-être de ces abeilles *inermes*, que les singes & les ours volent le miel, dans les pays chauds, où vraisemblablement elles ne sont jamais engourdies; car dans les Pyrénées, c'est en hiver que les ours dérobent le miel. Je crois qu'il seroit intéressant d'essayer d'introduire en Europe cette espèce, en prenant toutes les précautions nécessaires. Un vaisseau qui partiroit des contrées où il y en a, à l'approche de l'hiver d'Europe, se chargeroit de ruches tellement disposées, que les abeilles n'en pussent sortir. Il suffiroit d'y faire des grillages pour leur donner de l'air, & de leur laisser des provisions de miel pour leur nourriture. Au moment où elles commenceroient à éprouver du froid, on ne craindroit plus qu'elles sortissent, mais on rendroit leurs ruches plus closes; à leur arrivée, on poseroit de doubles ruches sur celles qui les renfermeroient, & on choisiroit de préférence, en France, les provinces du midi, pour les établir & les acclimater.

Quelques Indiens, dit encore le Traducteur, logent les mouches dans des creux d'arbres, qu'ils leur préparent sans beaucoup d'art, & n'y cherchent que le miel, y laissant la cire, dont ils ne font aucun usage; d'autres en forment de petits vases d'une consistance assez forte; d'autres en tirent un grand profit.

En voyant les avantages que procurent les

abeilles, on est étonné qu'on ne s'occupe pas plus de leur multiplication. Dans les pays septentrionaux, elles exigent sans doute un peu plus de soin; mais on en est amplement dédommagé par le produit en cire & en miel. Dans les pays méridionaux, rien ne coûte moins que l'éducation des abeilles; la France a besoin de se réveiller sur cet article. Puisque les parties les plus chaudes de l'Amérique leur sont si favorables, pourquoi ne chercheroit-on pas à cultiver, pour ainsi dire, les abeilles, comme on cultive la canne à sucre, le coton & l'indigo, dans les Isles françoises & espagnoles, & dans le continent? Ne pourroit-on pas trouver des cantons où elles ne nuiroient pas aux cultures principales, où elles vivroient du nectaire des plantes négligées & qui croissent spontanément? Au reste, je soumets ces réflexions aux personnes plus éclairées que moi, qui sentiront, par la connoissance du local, les inconvéniens ou les avantages de ce que je propose. (*M. l'abbé* TESSIER.)

ABELMOC *ou* ABELMOCH, *Hibiscus abelmoschus L.* *Voyez* QUETMIE MUSQUÉE. (*M. THOUIN.*)

ABELMOCH *ou* ABELMOC, *Hibiscus abelmoschus L.* *Voyez* QUETMIE MUSQUÉE. (*M. THOUIN.*)

ABÉREME, *Aberemoa Aubl. p.* 610, *t.* 245, arbre de la Guiane françoise, qui croît dans les déserts de Sinemari, & dont la culture est inconnue en Europe. (*M. THOUIN.*)

ABLANIER, *Ablania Aubl. p.* 585, *t.* 234, arbre de seconde grandeur, qui croît sur les bords des rivières, dans les forêts de la Guiane. Sa tige est droite & sa tête arrondie. Il conserve ses feuilles toute l'année. Son bois, d'un assez beau rouge, pourroit être employé à la marqueterie.

Cet arbre n'a point encore été cultivé en Europe. (*M. THOUIN.*)

ABOILAGE, vieux terme de pratique. Il signifie un droit que les Seigneurs châtelains ont en plusieurs lieux, de prendre seuls les abeilles, qui se trouvent dans les forêts de leurs seigneuries. Il exprime encore un droit, analogue à la dîme ou au champart, par lequel les Seigneurs, dans quelques coutumes, peuvent exiger de ceux de leurs vassaux qui élèvent des abeilles, une certaine quantité de cire & de miel, & des essaims même. Ce mot est dérivé d'*aboille*, qu'on disoit autrefois pour *abeille*. (*M. l'abbé* TESSIER.)

ABONDANCE.

Grande quantité.

C'est l'effet d'un produit extraordinaire. Je distinguerai d'abord deux sortes d'abondance, l'une générale, ou qui a lieu dans toute l'étendue d'un ou plusieurs royaumes, & l'autre particulière à quelques provinces, à quelques cantons même. On dit: *cette année l'Europe abonde en grains; cette année la récolte en Picardie ou en Brie a été abondante.*

Rien n'est si rare qu'une abondance générale, parce qu'elle dépend d'un grand nombre de circonstances, qui ne se trouvent presque jamais réunies. Il faudroit que l'état de l'atmosphère se modifiât & se moulât, pour ainsi dire, sur le local & sur la nature de tous les sols; ou plutôt, il faudroit en même tems, pour chaque pays, un atmosphère distinct, un état du ciel qui correspondît juste à sa position, & à la nature de son sol.

L'abondance particulière est plus commune. A moins qu'il n'y ait dans les saisons un désordre, comme des pluies trop longues, ou une sécheresse extrême, toujours quelque province, tantôt l'une, tantôt l'autre, sera disposée à profiter du tems qu'il fera. Quand le printems & l'été sont humides, les terreins secs produisent davantage; s'il ne tombe de l'eau que rarement, les terreins frais réussissent alors. On remarque cependant que les années sèches, pourvu que le vent du nord souffle souvent, sont les plus abondantes. C'est qu'il ne faut pas confondre les années sèches avec les années brûlantes, dans lesquelles la végétation avance trop pour laisser aux grains le tems de se nourrir & de se fortifier.

On pourroit encore distinguer l'abondance en absolue & en relative. La première est pour tous les pays, qu'ils soient fertiles ou non fertiles habituellement. Elle se manifeste quand ils produisent plus que dans les années ordinaires. L'abondance relative est celle d'une province ou d'un canton, qui, à cause de la qualité de son sol, rapporte toujours beaucoup, & beaucoup plus qu'un autre; par exemple, la Beauce comparée à la Sologne.

L'abondance s'étend quelquefois sur la totalité des productions; d'autres fois ce n'est que sur quelques-unes. On voit des années abondantes en toutes sortes de grains; on en voit où les grains semés en automne produisent moins que ceux qu'on sème en mars; encore, parmi ces derniers, certaines espèces ne rapportent-elles que très-peu, tandis que d'autres rapportent beaucoup.

Les gens, qui n'y sont point exercés, se trompent souvent, lorsqu'ils veulent juger de l'abondance de la récolte, à l'aspect seul des campagnes couvertes; des champs bien garnis, des tiges fortes & élevées leur en imposent; mais, loin que ce soient là les preuves d'une abondance réelle, il n'en résulte souvent, de cette belle apparence, que beaucoup de paille & peu de grains.

Tout dépend de l'état des épis. Je prends pour exemple le froment, non pas celui qu'on appelle blé de providence ou blé de miracle, mais le froment sans barbe, à bâles blanches peu serrées, à grains jaunes, moyens & tige creuse. Rigoureusement parlant, un de ses épis peut avoir, de chaque coté, douze calices, en tout vingt-quatre. Chaque calice peut renfermer quatre fleurs, & par conséquent quatre grains, lesquels multipliés par vingt-quatre, donnent quatre-vingt-seize. J'ai vu des épis qui contenoient presque ce nombre de grains; il y en avoit en cet état soixante portés sur un même pied, produit d'un seul grain isolé, que le hasard avoit semé dans une bonne terre. Cette abondance d'épis & de grains ne sauroit jamais avoir lieu dans une culture en grand. Communément, dans les années fertiles, on compte trois ou quatre tiges, & autant d'épis sur un seul pied, & environ vingt-quatre grains par épi. Parmi les grains qu'on sème, il y en a un grand nombre qui ne lèvent pas; soit parce qu'ils se trouvent trop enfoncés, ou recouverts de mottes ou de pierres, ou attaqués par la gelée, ou mangés par les oiseaux & les insectes; une autre partie, après avoir levé, est étouffée par les mauvaises herbes, ou par les autres tiges même; toutes les tiges d'un pied ne s'élèvent pas assez pour porter des épis, parce que la sève est employée pour la nourriture des plus fortes; dans les épis, plusieurs calices d'en bas & d'en haut ne portent pas de fleurs; dans les calices du milieu, qui en portent, il y a presque toujours une fleur & souvent deux qui avortent & qui ne produisent pas de grains; encore le peu de grains qui résultent des calices du milieu, sont-ils petits & moins remplis de farine que les autres. Les mauvaises années sont donc celles où les fromens ont peu de tiges, & où les épis sont peu garnis, soit qu'ils soient courts, soit qu'ils soient longs; les années abondantes sont celles où les grains sont multipliés dans des épis nombreux; dans ce cas, on dit, après avoir battu des blés nouveaux, *cette année, les blés rendent bien.* Il arrive quelquefois que l'abondance n'est connue que quand on a fait moudre du grain; car, selon les années, il produit plus ou moins de farine, & cette farine absorbant plus ou moins d'eau dans le pétrissage, elle procure une plus ou moins grande quantité de pain. Cette dernière sorte d'abondance est la suite d'une année sèche, pendant laquelle le corps farineux du grain, à mesure qu'il s'est formé, s'est condensé sous une écorse mince.

Telles sont les causes de l'abondance; il faut en examiner les effets par rapport au peuple & aux cultivateurs.

On ne peut douter qu'en France l'abondance des grains ne soit avantageuse au peuple des villes & des campagnes, dont le pain est la principale nourriture. Dans les villes où une police vigilante a soin que le prix du pain soit réglé sur celui du blé, le blé est d'autant moins cher qu'il est plus abondant. Parmi les gens du peuple, qui vivent dans les campagnes, les uns font valoir quelques portions de terre qu'ils ensemencent; les autres sont de simples journaliers, consacrés la plupart à servir les cultivateurs. Ceux-ci profitent de l'abondance en mangeant du pain qui leur coûte peu; ceux-là, lorsque leurs petites possessions produisent beaucoup, n'ont pas besoin d'acheter du blé pour se nourrir, & quelquefois même ils en vendent pour se procurer d'autres objets. Tous participent plus ou moins à une fécondité extraordinaire. Il seroit donc à desirer pour le peuple des campagnes, comme pour celui des villes, que les récoltes fussent toujours belles & le blé au plus bas prix.

Malheureusement, dans l'état actuel des choses, les intérêts de la partie la plus indigente du peuple ne peuvent se concilier avec ceux des cultivateurs; c'est par ces derniers que sont supportées les plus fortes impositions royales, dont le poids est devenu considérable. On sait qu'elles sont la mesure de tout. Ces impositions ayant augmenté, il a fallu que le prix des denrées haussât. Par une suite nécessaire, les propriétaires ont cherché à accroître leurs revenus, pour se mettre de niveau. Ils ne l'ont pu faire qu'en exigeant de leurs fermiers de plus grosses sommes. Comment les fermiers pourroient-ils suffire aux impositions royales, aux fermages & aux avances, qu'ils sont obligés de faire, si les grains ne se soutenoient à un prix au-dessus de celui qui conviendroit à la fortune des journaliers? Comment les grains s'y soutiendroient-ils, si les récoltes étoient toutes abondantes? Il y a plus: l'abondance elle-même, long-tems continuée, deviendroit une cause certaine de disette. Afin qu'on ne prenne pas ceci pour un paradoxe, supposons-la pendant dix années de suite, qu'arrivera-t-il? D'abord les cultivateurs rempliront leurs greniers & leurs magasins de grains, dont une partie se corrompra & se perdra, parce qu'il faudra trop de soins & trop de frais. Engagés ensuite par le besoin, ils se détermineront à en porter dans les marchés, où le peuple n'en prend jamais qu'une petite partie. La plus forte levée se fait par des marchands, pour l'approvisionnement des provinces voisines, ou pour passer dans le commerce. Bientôt on cessera d'en apporter, parce qu'il s'y vendra mal, à cause de l'abondance & de la mauvaise qualité. Les cultivateurs se verront forcés de renoncer à une profession ruineuse: les terres resteront en friche; c'est ainsi que la disette seroit une suite nécessaire d'une longue abondance.

Pour n'avoir jamais rien à redouter d'un bienfait de la Nature, la France a une ressource, c'est l'exportation. Je n'entends pas ici qu'il faille se contenter de la permettre dans les années d'abondance seulement. Il y auroit à craindre qu'en voulant éviter un mal, on ne tombât dans un autre. Au premier bruit de l'exportation permise, l'avidité insatiable des gens à fortune considérable, se réveille & prend les moyens les plus sûrs pour acheter tous les blés. Lorsqu'ils en sont devenus maîtres, ils les vendent au prix qu'ils veulent, n'ayant point de concurrence; en sorte que du sein de l'abondance naît la cherté. Mais je pense qu'il faudroit que l'exportation fût libre sans interruption. Les grains y circuleroient toujours de marchés en marchés, par la voie du commerce, & non par une sorte d'explosion, comme lorsqu'on commence une exportation qui ne doit durer qu'un tems. Ils se vendroient à un prix avantageux au cultivateur, sans être au-dessus des moyens du peuple, auquel l'agriculture, devenue plus active, fourniroit un travail qui se renouvelleroit sans cesse. Peut-être seroit-il cependant de la sagesse des gouvernemens de profiter des années d'abondance, pour conserver une certaine quantité de grains destinés à des besoins imprévus. Mais il me semble qu'il y auroit des précautions à prendre, & qu'il ne faudroit pas que ces approvisionnemens fussent considérables, & qu'ils nuisissent à une exportation, qui est l'ame & un des plus puissans mobiles de l'agriculture en France. *Voy.* Greniers d'abondance. Ce royaume, par la qualité & la nature de son sol, si l'agriculture y est encouragée, peut être à l'Europe ce que la Sicile étoit autrefois à l'Italie. (*M. l'Abbé* Tessier.)

P. S. Depuis que cet article a été rédigé & imprimé, on a publié une Déclaration du Roi, donnée à Versailles, le 17 Juin 1787, registrée au Parlement, le 25 du même mois, pour la liberté du commerce des grains, tant en France que chez l'étranger. Par cette Déclaration, l'exportation se trouve permise pour toujours, sous la réserve de la suspendre momentanément, en cas de nécessité, & sur la demande, reconnue légitime, des états & assemblées provinciales. Nos vues, à cet égard, sont remplies, & on n'a point à craindre désormais, à ce qu'il nous semble, que l'abondance soit nuisible à ceux qui l'éprouveront. (*M. l'Abbé* Tessier.)

ABONNEMENT, convention faite entre le propriétaire & son fermier, par laquelle celui-ci s'engage à fournir au premier certains objets, soit en denrées, soit en services, soit en autre chose, moyennant un prix fixé pour le tems limité. Tantôt cet abonnement fait partie du bail, tantôt il est verbal, ou il forme un acte séparé. Les fermiers s'abonnent aussi quelquefois à l'année avec leur maréchal, leur charron, leur bourrelier, &c. (*M. l'Abbé* Tessier.)

ABORNER, ABORNEMENT, mettre des bornes pour séparer des domaines. Quelquefois des Seigneurs font placer de distance en distance de grosses pierres pour indiquer ce qui est de leurs Seigneuries. Le plus souvent les bornes sont ordonnées en justice réglée, dans les cas de contestation, pour fixer l'étendue des champs des particuliers. Les Romains, pour rendre les bornes sacrées, en avoient fait des Dieux, qu'on habilloit, & qu'on ornoit de différentes manières dans certaines fêtes. Parmi nous elles sont respectées au point qu'on n'oseroit pas en arracher une; la justice sévirait contre ceux qui auroient cette hardiesse; car les bornes sont regardées comme les gardiens des propriétés. *Voy.* Bornes. (*M. l'Abbé* Tessier.)

ABOUGRI *ou* rabougri, (adj.) Ce mot se dit d'un arbre ou arbrisseau qui n'est point venu à sa juste grandeur, & que, par cette raison, on appelle rachitique. Le rachitisme est une maladie dont les arbres & les plantes sont quelquefois attaqués par différentes causes. *V.* Rachitis. (*M.* Thouin.)

ABOUTIR, *agriculture*, se dit d'un champ labourable, d'un pré, d'un bois, plus long que large, dont les extrémités ou les bouts touchent à d'autres pièces de terre, ou à des bois ou à des chemins. Ce mot est employé dans les déclarations seigneuriales, dans les contrats de vente ou partages. On a soin d'y marquer les *aboutissans*, ou les noms des personnes auxquelles appartiennent les champs situés à l'extrémité des pièces de terre mentionnées, ainsi que les *tenans*, c'est-à-dire, ou les personnes qui ont des propriétés situées le long, ou les bois ou chemins qui les touchent dans leur longueur. C'est dans le Dictionnaire de jurisprudence que cet article doit avoir toute l'extension dont il est susceptible. (*M. l'Abbé* Tessier.)

Aboutir. *Médecine des animaux*; c'est l'état d'une tumeur qui commence à suppurer. Il y a des tumeurs qu'il est dangereux de faire aboutir; il y en a dont on doit hâter l'aboutissement. Les tumeurs indolentes qui ne contiennent pas un pus formé, mais seulement une humeur de mauvaise qualité, amassée insensiblement, sont de celles qu'il ne faut pas chercher à faire aboutir, mais dont la résolution seroit préférable. On doit au contraire employer les maturatifs pour celles qui dépendent d'une crise, qui sont un dépôt salutaire, & qui peuvent rendre un pus louable en soulageant ou la partie affectée seulement, ou tout le corps de l'animal. Il seroit dangereux de prendre une hernie pour une tumeur: le Dictionnaire de médecine en cite un exemple. Cet excès d'ignorance des maréchaux ne nous est que trop connu. *Voyez* Tumeur. (*M. l'Abbé* Tessier.)

Aboutir, (jardinage). Ce verbe s'emploie pour désigner l'épanouissement plus ou moins prochain des boutons à fleurs d'un arbre fruitier. *Les boutons de ces arbres vont bientôt aboutir, ou sont encore loin d'aboutir*, c'est-à-dire, vont bientôt s'épanouir, ou sont encore loin de s'épanouir.

Il semble qu'il pourroit se dire aussi des boutons à feuilles; c'est même à ceux-ci qui paroissent le plus ordinairement les premiers au bout des branches, qu'on peut rapporter l'introduction de ce mot en jardinage; mais il paroît que l'usage l'a restreint à désigner les boutons à fleurs des arbres fruitiers. (*M.* Thouin.)

ABRASIN, arbre du Japon, que M. le Chevalier de la Marck a rapporté depuis l'impression de la lettre *A* de son Dictionnaire de botanique, au genre du Driandra de M. Thunberg, décrit dans la Flore du Japon de ce célèbre voyageur. C'est le *Driandra cordata. Thunb. Fl. Jap. Voyez* Driandre Oleifer. (*M.* Thouin.)

ABREUVER, *agriculture*; abreuver des prés ou des champs, c'est y introduire & y laisser séjourner l'eau d'une rivière ou d'un ruisseau, pour tenir frais les pieds des herbes qui y croissent, & leur donner une plus belle végétation. On conçoit qu'on n'abreuve que les prés ou champs, dont le terrein, par sa nature ou par son exposition, se desséche plus facilement. C'est dans les pays chauds, où il pleut rarement, qu'on abreuve de tems en tems les champs. Ceux dont le fond est de la glaise, ont peu besoin d'être abreuvés. *Voyez* le mot IRRIGATION.

ABREUVER *des bestiaux*, c'est les faire boire, soit dans des vaisseaux pleins d'eau, soit à des étangs ou à des rivières, soit à des abreuvoirs. *Voyez* ABREUVOIR. (*M. l'Abbé* TESSIER.)

ABREUVER, terme de *jardinage*. Abreuver un carré de potager, c'est arroser par submersion une certaine étendue de terrein employée à la culture des gros légumes, tels que les choux, de quelque espèce qu'ils soient, les cardes, &c. Ces sortes d'arrosemens sont infiniment préférables à ceux qu'on pourroit administrer avec l'arrosoir, lesquels exigent d'être répétés à chaque instant, & qui souvent sont encore insuffisans, sur-tout dans les pays chauds.

Mais, pour faire usage des arrosemens par submersion, il est nécessaire que le terrein soit voisin d'un ruisseau ou d'une petite rivière, dont les eaux soient à-peu-près au niveau de la surface, afin qu'en arrêtant les eaux, soit par une écluse en bois, soit par une estacade en pieux & en gazon, on soit le maître de les diriger à volonté sur la surface du terrein.

Si les eaux sont trop basses & ne permettent pas d'user de ce moyen, on doit y suppléer en faisant des rigoles assez profondes pour les conduire dans les différentes parties accessibles du potager; alors un homme, avec un instrument de jardinage qu'on appelle *échoppe*, pourra facilement arroser de chaque côté jusqu'à 12 pieds de distance des rigoles.

Ces sortes d'arrosemens ne se pratiquent & ne doivent se pratiquer, en jardinage, que pour les légumes rustiques, & qui sont déjà assez forts pour résister au choc des eaux. On peut les faire, sans beaucoup d'inconvéniens, à toutes les heures du jour, mais il est plus avantageux de les administrer le soir & le matin, que pendant les chaleurs du jour, en plein-midi. Ils profitent davantage aux légumes, & ne sont point exposés à l'évaporation que le hâle & le soleil ne manqueroient pas d'occasionner d'une manière sensible sur une grande surface. (*M.* THOUIN.)

ABREUVOIR.

Endroit où l'on mène les bestiaux pour étancher leur soif. Les villages situés sur les bords des rivières ou des ruisseaux, peuvent avoir des abreuvoirs commodes. Il suffit, si l'eau a de la profondeur & de la rapidité, de pratiquer des anses en applanissant quelques parties du rivage. Ils y font avancer leurs bestiaux plus ou moins, selon l'élevation ou l'abaissement de la rivière ou du ruisseau. Il faut que le fond en soit pavé ou rempli de gravier, & le visiter après les crues d'eau, pour raccommoder ce qu'elles auroient dégradé, afin qu'il n'arrive pas d'accidens aux bestiaux & aux hommes qui les conduisent. Beaucoup de pays sont réduits à des amas d'eaux stagnantes, appellées *mares*; les unes, assises sur un terrein glaiseux, conservent l'eau pendant toute l'année; les autres tarissent entièrement en été, ou n'offrent plus qu'une boue délayée, où les bestiaux ne peuvent plus boire. Ordinairement elles sont environnées, de plusieurs côtés, d'un mur d'appui. Parmi ces mares, il y en a de communes pour tout un village; il y en a de particulières aux fermes, dans les cours desquelles elles se trouvent, soit isolées dans quelque coin, soit au milieu & entourées des fumiers, dont les égoûts s'y rendent. Dans les grandes exploitations, on desire & on ne néglige rien pour se procurer des mares ou abreuvoirs qui tiennent toujours de l'eau. Ce qu'il en faut pour un troupeau nombreux de bêtes à cornes, de bêtes à laine & pour des chevaux, ne se conçoit que quand on a vécu dans les pays, où les fermiers sont obligés d'en faire tous les jours, en été, tirer à des puits de plus de cent pieds de profondeur. Plusieurs villages, dans le voisinage de Luzarches, à six lieues de Paris, sont si à plaindre à cet égard, qu'ils ont plus d'avantage à conduire leurs bestiaux à l'abreuvoir de Champlatreux, qui en est à plus d'une demi-lieu.

En général les eaux des rivières sont salutaires aux bestiaux, comme elles le sont aux hommes; cependant ils peuvent être incommodés de celles qui charient des immondices de manufactures, de celles qui sont très-froides, si on les y mène lorsqu'ils ont chaud, de celles enfin qui tiennent en dissolution des matières minérales ou de quelque autre nature. On est bien plus assuré encore de l'insalubrité des eaux stagnantes, telles qu'on en voit dans les fermes, où elles contiennent des débris d'animaux en putréfaction; l'usage, si puissant sur l'esprit des hommes, la vue d'une économie de tems & de soins, rendent les cultivateurs si peu clairvoyans, qu'ils sont bien éloignés d'attribuer à la qualité des eaux des abreuvoirs plusieurs maladies, & peut-être la perte, souvent subite, d'un grand nombre de bétail. Mais combien d'hommes, faute de savoir calculer juste leurs véritables intérêts, épargnent sur de petits objets pour en risquer de gros? Ne vaudroit-il pas mieux qu'un fermier sacrifiât tous les ans une modique somme pour les gages de quelques domestiques de plus, destinés à approvisionner les bestiaux de bonne eau, que de voir son écurie ou ses étables diminuer par la mort de plusieurs chevaux de prix, & d'un grand nombre d'autres espèces de bestiaux? Peut-on croire que des animaux, quelque vigoureux qu'on les suppose, avaleront impunément avec l'eau des abreuvoirs, des substances infectes & putréfiées? Pourquoi n'a-t-on pas dans le choix des eaux l'attention qu'on a dans celui des alimens solides? Les bestiaux, accoutumés à s'abreuver dans des mares, même où se rendent les égoûts de fumier, en préfèrent

préfèrent l'eau, il est vrai, à la plus pure & à la plus limpide ; mais en faut-il conclure qu'elle soit pour eux sans danger, sur-tout quand on sait qu'avides de sels, ils n'ont de goût pour cette eau, que parce qu'elle en tient en dissolution, particulièrement de l'alkali volatil, produit de la décomposition des matières qui s'y putréfient ? Des recherches sur la qualité des eaux des mares, & des expériences qui tendroient à en constater l'influence sur la santé des bestiaux, seroient un travail utile, digne de la reconnoissance publique.

En attendant que les yeux s'ouvrent sur ce point de la médecine vétérinaire, je crois devoir prévenir qu'au moins il faudroit porter les abreuvoirs communs, autant qu'on le pourroit, hors des villages, afin que leurs exhalaisons ne fussent pas nuisibles aux hommes, en interdire l'entrée aux canards & sur-tout aux oies, dont il se détache des plumes, capables d'incommoder les bestiaux qui les avalent, & n'y point laisser croître des plantes, telles que les lentilles d'eau & autres qui s'y décomposent, & encore moins des corps d'animaux morts.

A l'égard des abreuvoirs particuliers, je desirerois qu'ils fussent tellement disposés dans les fermes, qu'ils ne reçussent que les égoûts des bâtimens, & jamais ceux des fumiers, qu'on eût soin d'en ôter les volailles qui s'y noieroient; qu'on n'y jetât jamais aucunes immondices, que le sol en fût pavé, & qu'au lieu d'y faire passer les bestiaux, dont les pieds délayent la boue, qu'ils avalent ensuite, on les y retînt au bord, enfin que, pour qu'ils continssent l'eau, on les environnât d'un lit de glaise, & même qu'il y en eût un lit sous le pavé. (*M. l'abbé* Tessier.)

ABRI, *agriculture.* Il est plus important qu'on ne pense, de procurer un *abri* aux fermes, aux métairies, en plantant des arbres à quelque distance, pour rompre les vents qui détruisent les couvertures. C'est plus particulièrement du côté de l'ouest, qu'il faut donner des abris aux bâtimens dans le climat de Paris ; car on conçoit que cela doit dépendre du pays, de la position & des vents qui y règnent, & qui sont plus ou moins violens. On doit préférer de planter des arbres qui puissent s'élever à la hauteur des bâtimens, & qui aient une cime touffue. On évitera de les placer trop près, afin que la pluie, dont leurs feuilles se chargent, ne tombe pas sur les toits qu'elle dégraderoit. Les Fermiers, qui ne sont pas propriétaires, s'opposent à ces plantations, parce qu'elles nuisent au rapport des terres des environs de la ferme ; mais ils ne doivent pas être écoutés ; la perte qu'ils en éprouvent n'est pas comparable aux dommages que les vents causent aux toits des bâtimens.

Il est bon aussi, quand les cours des fermes sont vastes, qu'il y ait quelques arbres, pour empêcher que le vent n'éparpille trop les fumiers, & que le soleil ne les desséche. D'ailleurs les volailles se placent dessous dans les grandes chaleurs; rien n'est à négliger dans l'économie rurale. Il faut former des abris pour les charretes & autres instrumens d'agriculture, faits de bois, afin que la pluie ne les pourrisse pas, & que la chaleur ne les fende pas. Des hangards, placés à l'aspect du nord, préviendront l'un & l'autre inconvénient. (*M. l'abbé* Tessier.)

Abri, *jardinage.* On appelle abri, tout ce qui sert à préserver les végétaux de divers accidens auxquels ils sont exposés. Ainsi, tout ce qui peut garantir les végétaux des pluies froides, des frimats, des gelées, de certains vents contraires, & même de la trop grande ardeur du soleil, est un abri.

Les abris sont indispensables à la culture du jardinage, & ce n'est qu'autant qu'on sait en faire usage, qu'on peut conserver un grand nombre de végétaux, & se procurer des productions aussi utiles qu'agréables. La connoissance & l'usage des abris fait donc une partie essentielle de la science du jardinier.

On distingue deux sortes d'abris, les uns naturels, & les autres artificiels.

Des bois, une montagne, sont des abris naturels, auxquels on doit avoir égard lorsqu'il est question de déterminer la situation d'un jardin ; ils procurent des avantages qu'il ne faut pas négliger, & qu'on ne pourroit remplacer qu'imparfaitement & à beaucoup de frais d'une autre manière.

Voulez-vous connoître l'effet des abris naturels ? Parcourez au printems ces chaînes de montagnes élevées, qui courent de l'est à l'ouest dans les latitudes tempérées ; d'un côté, vous les verrez tapissées de la plus belle verdure, émaillées des fleurs les plus brillantes & les plus vives ; de l'autre, vous n'appercevrez que des arbrisseaux nuds & dépouillés, des neiges qui couvrent les plantes & retiennent toute végétation enchaînée. Voyez ensuite ces mêmes montagnes au milieu de l'été ? Quelle différence de scène ! le côté du midi qui vous avoit paru si riche, si agréable & si riant, ne vous présentera plus que des plantes desséchées & brûlées par l'ardeur du soleil. Ce beau tapis de verdure, ce riche émail de fleurs existe actuellement au nord de la montagne, c'est-là que la nature est parée de toutes ses richesses, & brille des plus vives couleurs. D'où viennent des contrastes aussi frappans ? De l'exposition & des abris naturels.

Les abris artificiels sont les *murs*, les *brise-vents*, les *palissades*, les *palis* ; on ne sauroit trop les multiplier dans les jardins pour leur division intérieure. Disposés en différens sens, ils fournissent des expositions, aussi variées qu'avantageuses, aux différens genres de culture des végétaux.

Les *paillassons*, les *chapeaux*, les *cloches*, les *chassis*, les *baches*, les *hangards*, les *orangeries*, les *serres-chaudes* sont encore autant d'abris qui ont leurs usages particuliers. *Voyez* ces mots. (*M. Thouin.*)

ABRICOT de saint Domingue ou des Indes, fruit du *Mammea Americana.* L. *Voy.* Mammé. (*M. Thouin.*)

ABRICOTIER de saint Domingue ou des Indes, *Mammea Américana. L. Voy.* Mammé.

ABRIER ou Abriter, c'est garantir de la chaleur ou du froid, de la pluie ou des vents, du soleil ou de l'ombre, les végétaux qui en seroient incommodés, ou ceux dont on veut hâter ou retarder la croissance; pour cela on se sert d'*abris* naturels ou artificiels. (*Voyez* Abri.) (*M. Thouin.*)

ABRUS,

Liane à réglisse, réglisse des isles, ou poids de bedeau. *Abrus precatorius.* L.

Ce genre de plante dont on ne connoît qu'une espèce qui soit intéressante par ses usages, est de la famille des légumineuses. *Voyez* ce mot.

L'abrus, suivant M. Adanson, est une plante extrêmement commune au Sénégal; elle se trouve parmi les broussailles, & sur-tout au milieu des acacies gommiers dans les sables; elle fleurit dans les mois de novembre & de décembre, & ses fruits mûrissent dans le mois de février. On cultive cette plante dans beaucoup de pays, pour en faire des tonnelles ou des berceaux, à cause de la beauté de sa verdure & de la couleur de feu, ou d'écarlate de ses graines qui restent long-tems sur la plante après l'ouverture de leurs siliques. Honorius-Bellus nous apprend qu'on l'a transportée de l'Afrique dans l'isle de Candie. Rumphius dit qu'on l'a apportée de Guinée aux isles d'Amboines & au Brésil, où elle est aujourd'hui naturalisée dans les campagnes, sur la côte maritime.

Lorsqu'on cueille les graines de l'abrus avant leur maturité, au lieu de prendre une belle couleur d'écarlate, elles deviennent noires comme lorsqu'elles sont moisies: cette remarque fournit un moyen de s'assurer de celles qui sont bonnes à semer, ou qu'on peut espérer de voir lever. Elles sont extrêmement lentes à germer, & restent quelquefois jusqu'à trois ans, sans se corrompre, dans les terres qui sèchent promptement & qui ne retiennent pas l'eau. Au lieu que, dans les sables humides & dans les terres fortes & argilleuses, elles lèvent au bout de quelques mois.

La culture de l'abrus, en France, exige des soins particuliers. Ses semences doivent être mises tremper dans l'eau pendant deux ou trois jours avant que d'être semées, pour les préparer à une plus prompte germination. La saison la plus favorable pour les mettre en terre, est le commencement du mois d'avril; on les sème dans des pots remplis de terre préparée, & on ne les recouvre que de l'épaisseur de quatre à six lignes de terre. Ces pots doivent ensuite être placés sur une couche de fumier chaud, & recouverts d'un chassis; on doit les arroser matin & soir pendant les trois premières semaines. Les graines, semées de cette manière, lèvent ordinairement dans les quinze premiers jours; alors il convient de modérer les arrosemens, & de donner de l'air aux jeunes plantes, pendant la grande chaleur du jour.

Lorsque le plant sera parvenu à la hauteur de six pouces, il doit être repiqué avec soin, dans des pots qu'on placera sur une couche tiède, & on le garantira des rayons du soleil, jusqu'à ce qu'il soit repris. En donnant à cette plante beaucoup de chaleur & d'humidité, elle arrivera, vers la fin du mois de septembre, à la hauteur de quatre à cinq pieds: il faut alors mettre les individus dans des pots plus grands que ceux où ils ont été repiqués, & les placer dans la tannée d'une serre chaude, dont le thermomètre ne descende pas au-dessous de douze degrés de chaleur.

Pour l'ordinaire, cette plante fleurit la seconde ou la troisième année lorsqu'elle est placée dans une serre chaude; ses semences mûrissent rarement en Europe.

Qualités: Toutes les parties de l'abrus sont sucrées comme la racine de notre réglisse.

Usages: avec ses semences on fait des chapelets, des cordons de montres & autres bijoux agréables. On peut, en mettant cette plante en pleine terre au pied du mur de fond d'une serre chaude, en faire une jolie palissade. (*M. Thouin.*)

ABSINTHE. *Artemisia. Voyez* Armoise.

Absinthe romaine. *Artemisia absinthium.* L. *Voyez* Armoise amère.

Absinthe, (grande) *Artemisia absinthium* L. *Voyez* Armoise amère.

Absinthe pontique, ou petite absinthe. *Artemisia pontica.* L. *Voyez* Armoise pontique.

Absinthe des boutiques. *Artemisia absinthium.* L. *Voyez* Armoise amère.

Absinthe à feuilles de lavande. *Artemisia cœrulescens. Voyez* Armoise bleuatre.

Absinthe des Alpes, ou Génépi des Savoyards. *Artemisia glacialis. Voy.* Armoise glomérulée.

Absinthe d'Amérique. *Parthenium hyterophorus. Voyez* Parthenion.

Absinthe de Canada. *Ambrosia trifida* L. *Voyez* Ambrosie trifide.

Absinthe de Virginie. *Ambrosia artemisifolia.* L. *Voyez* Ambrosie a feuilles d'armoise.

ABSORBER, en terme de jardinage, signifie s'emparer d'une trop grande quantité de nourriture.

Les branches gourmandes d'un arbre fruitier, absorbent à elles seules la nourriture destinée à toutes les autres, & les font périr, si l'on n'a soin de les arrêter. Anciennement on ne savoit que les supprimer, on sait aujourd'hui les conserver & les rendre utiles. *Voyez* au mot GOURMAND. (*M. THOUIN.*)

ABSYNTHE ou ABSINTHE. *Artemisia. Voyez* ARMOISE.

ABSYNTHE de Portugal. *Artemisia arborescens. L. Voyez* ARMOISE EN ARBRE. (*M. THOUIN.*)

ABUTILON. *Sida.* L.

Plante de la famille des malvacées. *Voyez* MALVACÉES.

Ce genre renferme des végétaux annuels, des arbustes & des arbrisseaux tous également intéressans par leurs feuillages, leurs fleurs, & leur port. Comme toutes les espèces de ce genre sont étrangères, & viennent la plupart des climats chauds, elles ont besoin d'une chaleur artificielle, pour subsister dans le nôtre. On les multiplie de graines qui se conservent plusieurs années; elles se sèment au printems sous des couches chaudes, couvertes de chassis, & les espèces vivaces se conservent dans les serres chaudes. Quelques-unes servent, dans différens climats, à des usages médicinaux & économiques.

Voici les espèces dont la culture nous est connue.

1. ABUTILON à feuilles étroites.
SIDA *angustifolia.* La M. Dict. n.° 1. ♄ d'Afrique.

2. ABUTILON à feuilles en rhombe.
SIDA *rhombifolia.* L. ♂ de l'Amérique méridionale.

3. ABUTILON à feuilles d'aulne.
SIDA *alnifolia.* L. ⊙ d'Asie.

4. ABUTILON à feuilles émoussées.
SIDA *retusa.* L. ⊙ d'Asie.

5. ABUTILON triangulaire.
SIDA *triquetra* L. ♄ de l'Amérique méridionale.

6. ABUTILON à ombelle.
SIDA *umbellata.* L. ⊙ de l'Amérique méridionale.

7. ABUTILON à feuilles de scammonée.
SIDA *periplocifolia.* L. ♄ de l'Amérique méridionale.

8. ABUTILON à feuilles en cœur.
SIDA *cordifolia.* L. ♄ de l'Inde.

9. ABUTILON à feuilles rondes.
SIDA *rotundifolia,* La M. Dict. n.° 15. ⊙ d'Afrique.

10. ABUTILON à poils piquans.
SIDA *urens.* L. ♄ de l'Amérique méridionale.

11. ABUTILON du Pérou.
SIDA *peruviana.* La M. Dict. n.° 19. ♄ de l'Amérique méridionale.

12. ABUTILON à petales recourbées.
SIDA *reflexa.* La M. Dict. n.° 20. ♄ de l'Amérique méridionale.

13. ABUTILON ordinaire.
SIDA *abutilon.* La M. ⊙ d'Asie.

14. ABUTILON d'occident.
SIDA *occidentalis.* L. ⊙ de l'Amérique méridionale.

15. ABUTILON crépu.
SIDA *crispa.* L. ⊙ de l'Amérique méridionale.

16. ABUTILON amplexicaule.
SIDA *amplexicaulis.* La M. Dict. n.° 25. ⊙ d'Asie.

17. ABUTILON d'Asie.
SIDA *asiatica.* L. ⊙ de l'Inde.

18. ABUTILON hérissée.
SIDA *hirta.* La M. n.° 27. ⊙ de l'Inde.

19. ABUTILON à feuilles de peuplier.
SIDA *populifolia.* La M. Dict. n.° 28. ⊙ d'Asie.

20. ABUTILON à fleurs planes.
SIDA *planiflora.* La M. Dict. n.° 29 ⊙ d'Asie.

21. ABUTILON de l'Inde.
SIDA *indica* L. ♄ d'Asie.

22. ABUTILON du mexique.
SIDA *cristata.* L. de l'Amérique méridionale.

23. ABUTILON à feuilles de mauve.
SIDA *malvifolia.* Dombey. fl. Peruv. ⊙ de l'Amérique méridionale.

24. ABUTILON à feuilles laciniées.
SIDA *multifida.* Dombey. fl. Peruv. ⊙ de l'Amérique méridionale.

De la culture propre & particulière à chacune de ces espèces.

1. ABUTILON à feuilles étroites. Cette espèce est un arbrisseau d'environ quatre pieds de haut, peu ligneux, & dont la durée n'excède point quatre ou cinq ans; il conserve ses feuilles toute l'année. Ses fleurs, qui sont d'un jaune pâle, sont peu apparentes. Elles commencent à paroître vers le mois de juin, & se succèdent jusqu'à la fin de novembre.

Usage: Cet arbrisseau peut occuper une place dans les serres chaudes sur des gradins; il y produit de la variété par la couleur cendrée de son feuillage.

Historique: M. Commerçon est le premier Botaniste qui ait envoyé cet arbrisseau en Europe; il le trouva dans les isles de France & de Bourbon; il fut cultivé au jardin du roi dès l'année 1776.

2. ABUTILON à feuilles en rhombe. Cette plante est annuelle: elle se sème au printems sous chassis, on la repique en pleine terre au mois de juin, & bientôt après elle fleurit; ses semences mûrissent

dans le cours de l'automne, & les premières gelées la font périr.

Usage : On ne lui connoît d'autre usage que celui d'occuper une place dans les écoles de botanique.

3. ABUTILON à feuilles d'aulne. Même culture & même usage que la précédente.

4. ABUTILON à feuilles émoussées. Cette espèce, placée l'hiver dans une serre chaude, se conserve souvent pendant deux ans. D'ailleurs elle se cultive comme les deux précédentes, & sert au même usage.

5. ABUTILON triangulaire. On peut regarder cette espèce comme vivace dans notre climat, puisque par la culture on la conserve quatre ou cinq ans; elle forme un arbuste toujours verd, d'environ trois pieds de haut, qui se multiplie de semences comme les autres; il fleurit une partie de l'été & tout l'automne; l'hiver on le conserve dans les serres chaudes sur des tablettes; il craint l'humidité.

Usage : Cet arbuste est propre à jeter de la variété dans les serres chaudes par la couleur argentée de son feuillage.

6. ABUTILON à ombelle. Cette plante annuelle se conserve, au moyen d'une serre chaude, quelquefois pendant deux ans; d'ailleurs elle se sème & se cultive comme les autres espèces annuelles de ce genre, & a le même usage.

7. ABUTILON à feuilles de scammonée. Les graines de cette espèce étant semées sous chassis au printems, lèvent dans les vingt premiers jours. Elle croît jusqu'à la hauteur de trois pieds environ, & forme un arbrisseau peu ligneux, qui vit trois ou quatre ans; il fleurit vers le mois d'août, ses semences mûrissent dans le commencement de l'hiver, ses fleurs, d'un jaune pâle, sont peu apparentes, mais ses feuilles ont une couleur & une forme agréable.

Usage : Cet arbrisseau est propre à occuper une place dans les couches à tannée des serres chaudes pendant l'hiver.

8. ABUTILON à feuilles en cœur. Plante annuelle d'environ un pied & demi de haut; elle est droite & garnie de feuilles oblongues de couleur blanchâtre, ses fleurs sont petites, jaunes & peu apparentes, elles paroissent en septembre & se succèdent jusqu'en octobre; on sème les graines de cette espèce sous des chassis; les jeunes plants doivent être séparés en mottes, & plantés dans des pots qu'on place sous des chassis; à la fin de l'automne, on les transporte dans les serres chaudes pour faire mûrir les semences qui, sans cette précaution, viennent rarement à maturité dans notre climat.

Usage : Cette plante ne sert qu'à occuper une place dans les écoles de botanique.

Historique : M. Commerçon l'a trouvée à l'isle de Bourbon & en a envoyé des graines au jardin du roi en 1777, où elle s'est conservée depuis ce tems.

9. ABUTILON à feuilles rondes. Cette plante annuelle exige beaucoup de chaleur pour fructifier dans notre climat; elle doit être semée sous des chassis, ensuite repiquée dans de grands pots, & placée à demeure sous des vitraux; sans cette précaution, il est rare que ses semences mûrissent.

Usage : Elle augmente le nombre des espèces dans les écoles de botanique, où elle doit être placée sous une *lanterne*. *Voyez* LANTERNE.

10. ABUTILON à poils piquans. Cet arbrisseau s'élève jusqu'à six pieds de haut; ses branches sont longues, flexibles & garnies de grandes feuilles d'un verd pâle; il exige beaucoup de nourriture & de chaleur pour fleurir, c'est pourquoi on le plante dans de grands pots, ou dans des caisses qu'on laisse pendant l'été dans les couches de tannée des serres chaudes, alors il produit en automne d'assez belles fleurs à l'extrémité des branches.

On le multiplie de marcottes & même de boutures, qui se font en mai sur des couches tièdes & sous des cloches.

Usage : Cet arbrisseau se cultive dans les serres chaudes, à cause de sa verdure permanente & de la grandeur de ses feuilles.

11. ABUTILON du Pérou. Cette espèce est la plus grande de toutes celles que nous connoissons; elle devient un arbrisseau qui s'élève jusqu'à douze pieds de haut; ses branches sont longues & grêles, & n'ont des feuilles qu'aux extrémités; il les conserve toute l'année: ses fleurs, qui sont blanches & fort grandes, commencent à paroître dans ce pays-ci, à la fin du mois d'août, & se succèdent jusqu'en novembre; la couleur de son feuillage est blanchâtre. Comme les graines de cet arbrisseau mûrissent parfaitement dans notre climat, on peut le propager par cette voie, mais il est plus expéditif de le multiplier de boutures qui fleurissent la deuxième année; on le conserve dans de grands pots ou dans des caisses dont il faut renouveller la terre au moins une fois tous les ans, avec la précaution de les rentrer l'hiver dans les serres tempérées.

Usage : Cet arbrisseau peut servir à tapisser, pendant l'été, des murs exposés en plein-midi, & l'hiver à garnir ceux du fond des serres tempérées.

Historique : Cette belle espèce a été envoyée du Pérou par M. Joseph de Jussieu, & est cultivée au jardin du roi depuis 1753.

12. ABUTILON à pétales recourbées. Arbrisseau de cinq à six pieds de haut, dont les fleurs sont grandes & d'un beau rouge; elles commencent à paroître vers la mi-septembre dans les années chaudes & durent jusqu'à la fin de l'automne. Il est rare qu'il produise des graines dans notre climat, mais on le multiplie de marcottes qui doivent être faites sur les jeunes branches, au printems; l'année suivante, on peut les sépa-

rer, elles ont alors assez de racines pour reprendre avec sûreté.

Remarque : Nous devons observer ici qu'il faut bien se donner de garde de couper au printems les branches de cet arbrisseau pour l'arrondir & lui donner une forme agréable, cette opération l'empêche de fleurir ; on ne doit le rabattre qu'après qu'il est défleuri.

Usage : Cet arbrisseau est propre à décorer les serres chaudes par la beauté de son feuillage & sur-tout par la forme & l'éclat de ses fleurs.

13. ABUTILON ordinaire. Plante annuelle qui croît jusqu'à la hauteur de six pieds dans les terreins meubles & substanciels. On sème ordinairement ses graines sur couche, ensuite on repique en place les individus. Lorsque le printems est beau, on peut les semer en pleine terre à la fin d'avril, dans des platte-bandes de terre meuble à l'exposition la plus chaude, en ayant soin de les arroser fréquemment.

Usage : Cette grande plante est recommandable par son port touffu & pyramidal, on l'emploie pour garnir les massifs dans de jeunes plantations trop claires pour produire leur effet, elle se place aussi sur la ligne du milieu des platte-bandes des grands parterres. Ses tiges macérées à la manière du chanvre, donnent une filasse dont on fait des toiles & des cordes à la Chine. M. l'abbé Cavanille, auquel la botanique doit un ouvrage intéressant sur la famille des malvacées, est parvenu à obtenir de cette plante des filamens dont il a fait des cordes.

14. ABUTILON d'occident. Cette espèce est aussi annuelle, on la sème au printems sous chassis. Au lieu d'en repiquer les jeunes plants, il est plus sûr de les séparer en mottes & de les replanter dans de grands pots. Il faut les laisser sous des chassis, afin d'accélérer la fructification qui n'auroit pas le tems de se perfectionner lorsque nos automnes ne sont pas chaudes.

Cette espèce s'élève à deux pieds de haut environ ; ses fleurs sont peu apparentes ; elles arrivent dans le mois d'août, & sont suivies de capsules assez singulières.

Usage : Cette plante tient sa place dans les écoles de botanique, mais elle ne doit y être mise que lorsqu'elle est forte & que le tems est déterminé à la chaleur.

15. ABUTILON crépu. Cette plante, qui croît à la hauteur de quatre à cinq pieds, est annuelle comme la précédente, elle exige la même culture, & est employée au même usage.

16. ABUTILON amplexicaule. Cette espèce, également annuelle, s'élève à la hauteur de trois pieds, elle produit de petites fleurs d'un blanc jaunâtre peu apparentes, qui se succèdent depuis le mois d'août jusqu'au commencement de l'hiver ; souvent on est obligé de la rentrer dans les serres chaudes pour que les semences aient le tems de se perfectionner, c'est pourquoi il est important de conserver cette plante dans de grands pots, & de lui donner beaucoup de chaleur pendant l'été.

Usage : Elle occupe sa place comme les autres dans les écoles de botanique.

17. ABUTILON d'Asie. Plante annuelle qui croît à la hauteur d'un pied & demi environ ; ses fleurs, qui sont d'un assez beau jaune, viennent depuis juillet jusqu'en août ; elle est moins délicate que la précédente ; il arrive quelquefois que des pieds vigoureux étant rentrés de bonne heure dans des serres chaudes, y passent l'hiver ; alors la plante fleurit plutôt & ses graines son mieux *aoûtées ; voyez* AOUTÉ ; d'ailleurs elle exige la même culture que la précédente.

Usage : On pourroit la placer dans les jardins fleuristes, parmi les plantes curieuses, elle produiroit de la variété par la forme & la couleur de son feuillage blanchâtre.

18. ABUTILON hérissé. Cette espèce s'élève d'environ deux pieds de haut ; elle est plus rameuse que la précédente, & ses fleurs sont plus grandes, mais d'ailleurs elle exige la même culture & peut être employée au même usage ; elle est annuelle.

Historique : Les graines de cette espèce ont été apportées de l'Inde par M. Sonnerat, & cultivées au jardin du roi en 1782, pour la première fois.

19. ABUTILON à feuilles de peuplier. Plante annuelle d'environ trois pieds de haut, d'une forme pyramidale ; lorsqu'elle croît isolée, ses fleurs sont jaunes, assez grandes, durent peu, mais se succèdent depuis le mois d'août jusqu'en octobre. Cette plante aime la chaleur ; elle doit être cultivée comme les précédentes & peut servir aux mêmes usages.

Historique : On cultive cette espèce au jardin du roi depuis l'année 1778, époque à laquelle ses semences ont été envoyées de l'Inde.

20. ABUTILON à fleurs planes. Cette plante croît à la hauteur d'environ trois pieds ; ses feuilles sont en cœur d'un verd gris & assez larges ; ses fleurs sont jaunes, plus grandes que celles des trois précédentes ; elles commencent à paroître en août & durent jusqu'à la fin de l'automne. Cette espèce, qui est annuelle, peut servir aux mêmes usages que les précédentes, & doit être cultivée de même.

Historique : M. Commerçon a récolté les graines de cette plante dans l'Inde ; elles ont été apportées au jardin du roi en 1777, & la plante s'y est conservée depuis ce tems.

21. ABUTILON de l'Inde. C'est un arbuste toujours verd qui s'élève d'environ trois pieds, & qui ne dure guères plus de quatre ou cinq ans dans notre climat. Ses feuilles sont assez grandes la première année, mais elles diminuent à mesure que la plante vieillit : ses fleurs sont d'un beau jaune, assez apparentes ; elles paroissent en juin, & durent la plus grande partie de l'automne ; à ces fleurs succèdent des capsules singulières.

Cet arbuste se multiplie de graines qui doivent être semées comme les précédentes; l'hiver on le place dans les serres tempérées, d'ailleurs il est peu délicat.

Usage : On cultive cet arbuste dans les jardins curieux où il produit de la variété ; l'hiver on le place sur les gradins dans les serres tempérées, & l'été parmi les massifs des plantes étrangères.

22. Abutilon du Mexique. Plante annuelle qui s'élève de deux à trois pieds ; elle pousse du colet de sa racine plusieurs branches, dont la principale est verticale, tandis que les autres sont horizontales ; elles sont garnies dans toute leur longueur de feuilles de différentes formes anguleuses & en cœur, d'un verd obscur avec une teinte pourpre dans le milieu. Des mêmes semences on obtient des individus dont les uns sont à fleurs bleues, les autres à fleurs blanches, & d'autres à fleurs purpurines, toutes assez apparentes. Cette espèce est moins délicate que les autres ; on la sème sur des couches nues, elle lève dans les quinze premiers jours, & un mois après elle peut être repiquée en pleine terre.

Usage : Cette plante peut servir à garnir les bordures des massifs, elle peut aussi occuper une place de milieu sur les plattebandes des grands parterres.

23. Abutilon à feuilles de mauve. Petite plante annuelle d'environ huit pouces de haut, dont les tiges très-rameuses se couchent sur terre, ses fleurs sont purpurines, très-petites, & ne s'ouvrent que dans le milieu du jour. Cette espèce se sème, comme les autres, au printems, sur couche, & sous chassis ; elle ne dure qu'environ cinq mois, & ses graines viennent à parfaite maturité dans notre climat.

Usage : Cette plante n'est propre qu'aux jardins de botanique.

Historique : Les graines de cette plante ont été envoyées au jardin du roi en 1787, par M. Dombey, qui les récolta au Pérou dans la province de Chancaye.

24. Abutilon à feuilles laciniées. Plante annuelle qui s'élève environ à un pied de haut, & dont les tiges sont très-rameuses ; ses feuilles sont découpées en lanières très-étroites, ses fleurs sont peu apparentes, & commencent à paroître dans le mois d'août. Comme ses graines tombent à mesure qu'elles mûrissent, on est obligé de les surveiller souvent pour les récolter. On cultive cette espèce comme les autres de ce genre.

Usage : Cette plante, plus singulière qu'agréable, n'est propre qu'à occuper une place dans les écoles de botanique.

Historique : On cultive cette espèce au jardin du roi depuis l'année 1781. Les graines en ont été envoyées par M. Dombey, qui les a recuillies dans la province de Chançaye au Pérou. (M. Thouin.)

ACABIT. *Agriculture & Jardinage.*

On se sert de ce mot, pour exprimer la qualité d'un fruit, d'un légume, ou d'une graine. On dit *ces raisins, ces asperges, ces lentilles sont d'un bon acabit ;* c'est-à-dire, sont d'un goût agréable, tendres, faciles à cuire ; dans les fruits & les légumes, comme dans les graines, il y en a des espèces d'un acabit meilleur que celui des autres. Par exemple, les chacelats de Fontainebleau sont meilleurs que ceux des environs de Paris. La betterave jaune est d'un acabit préférable à celui de la rouge ; des pois, récoltés dans une terre légère & soulevée, ont plus de qualité, ou sont d'un autre acabit que ceux qu'on cultive dans des terres compactes, ce qui peut dépendre, comme on voit, ou du terrain, ou de la plante, ou des eaux, ou des engrais. (*M. l'Abbé* Tessier.)

ACACIA *mimosa.* *Voy.* Acaçie. (*M.* Thouin.)

Acacia ou épines d'Egypte. *Mimosa nilotica.* L. *Voyez* Acacie d'Egypte. (*M.* Thouin.)

Acacia véritable. *Mimosa Senegalensis.* La M. Dict. n.° 45. *Voyez* Acacie du Sénégal. (*M.* Thouin.)

ACACIE. *Mimosa.* Linn.

Genre de plante de la famille des légumineuses ; *Voyez* Légumineuse.

Ce genre renferme un grand nombre d'espèces aussi intéressantes qu'elles sont variées ; les unes se distinguent par le parfum de leurs fleurs, les autres fixent l'attention par le mouvement & l'irritabilité de leurs feuilles, & toutes font l'ornement de nos serres pendant l'hiver, & l'agrément de nos jardins pendant l'été.

Considérés sous un autre point de vue, les acacies qui deviennent de grands arbres, dans les pays chauds, fournissent des bois propres à la construction, à la marquetterie & à la teinture ; ils produisent des gommes dont on fait usage dans la médecine & dans les arts, de sorte qu'ils ont le double avantage de l'agrément & de l'utilité.

Toutes les espèces d'acacies, à l'exception d'une seule, sont étrangères à l'Europe, il n'y en a que quelques-unes qui soient herbacées ; le plus grand nombre est ligneux. La Zône Torride, & en général tous les pays chauds sont les lieux où elles se plaisent & les sables de l'Afrique, & les terreins secs, le sol qu'elles affectionnent. Ainsi, pour élever & conserver ces plantes dans notre climat, il est indispensable de faire usage des couches, des vitraux & des serres.

On les propage par la voie des semences, & ce moyen est d'autant plus sûr, que les graines conservent leur propriété germinative pendant un grand nombre d'années, lorsqu'elles restent enfermées dans leurs siliques ; on les multiplie encore par leurs racines, quelquefois de marcottes, mais très-rarement de boutures.

Espèces.

1. Acacie à fruits sucrés.
Mimosa inga. L. ♄ de l'Amérique méridionale.

2. Acacie à grandes gousses.
Mimosa scandens. L. ♄ des deux Indes.

3. Acacie à fleurs pleines.
Mimosa plena. L. ⊙ de l'Amérique méridionale.

4. Acacie à siliques étroites.
Mimosa angustisiliqua. La M. Dict. n.° 11. ♄ de l'Amérique méridionale.

5. Acacie ponctuée.
Mimosa punctata. L. ♄ de l'Amérique méridionale.

6. Acacie en arbre.
Mimosa arborea L. ♄ de l'Asie méridionale.

7. Acacie de Malabar.
Mimosa lebbeck. L. ♄ de l'Asie méridionale.

8. Acacie à tête blanche.
Mimosa leucocephala. La M. Dict. n.° 17. de l'Amérique méridionale.

9. Acacie à feuilles étroites.
Mimosa angustifolia. La M. Dict. n.° 18. de l'Amérique méridionale.

10. Acacie vive.
Mimosa viva. L. ♃ de l'Amérique méridionale.

11. Acacie à ongle ou griffe de chat.
Mimosa unguis-cati. L. ♄ de l'Amérique méridionale.

12. Acacie à cercles ou à bracelet.
Mimosa circinalis. L. ♄ de l'Amérique méridionale.

13. Acacie à tire-bouchon.
Mimosa strumbilifera. La M. Dict. n.° 31. de l'Amérique méridionale.

14. Acacie cendrée.
Mimosa cinerea. L. ♄ de l'Inde.

15. Acacie sensitive.
Mimosa sensitiva. L. ♃ de l'Amérique méridionale.

16. Acacie pudique ou sensitive commune.
Mimosa pudica. L. ♃ de l'Amérique méridionale.

17. Acacie porte-corne.
Mimosa cornigera. L. ♄ de l'Amérique méridionale.

18. Acacie à épines d'ivoire.
Mimosa eburnea. L. fil. ♄ de l'Inde.

19. Acacie de Farnèse.
Mimosa Farnesiana. L. ♄ de l'Asie & de l'Amérique.

20. Acacie des Indes.
Mimosa indica. La M. n. 42. B. ♄.

21. Acacie d'Egypte.
Mimosa nilotica. L. ♄ d'Afrique.

22. Acacie du Sénégal.
Mimosa Senegalensis. La M. Dict. n.° 45 ♄ d'Afrique.

23. Acacie quadrivalve.
Mimosa quadrivalvis. L. ♃ de la Véra-crux.

Culture.

1. Acacie à fruit sucré. Cette première espèce est un grand arbre qui nous vient de l'Amérique méridionale ; le tronc en est droit & garni de branches vers le sommet seulement ; il croît dans toutes sortes de terreins, & à toutes les expositions. Son fruit, qui est à silique, renferme une pulpe spongieuse, succulente & très-blanche. Il est estimé des Américains, qui le nomment *pois sucrin.*

Dans notre climat, les semences de cet arbre doivent être semées au printems, sur des couches chaudes, couvertes de chassis ; elles lèvent au commencement de l'été ; mais dès que l'automne approche de sa fin, il est à propos de rentrer les jeunes plants dans les serres les plus chaudes, & de les placer sur les couches de tannée près des vitraux ; le printems suivant, on repique les jeunes plants dans des pots, sans couper aucune de leurs racines, & on les place dans une bache, où ils doivent rester jusqu'au tems où il convient de les rentrer dans les serres chaudes.

Remarque : de tous les arbres des Antilles, l'acacie à fruit sucré est un des plus difficiles à élever dans notre climat ; il exige beaucoup de chaleur & beaucoup d'air. Il fait un assez bel effet dans les serres à tannée où on le place.

2. Acacie à grandes gousses, vulgairement cœur de Saint-Thomas. Cet arbrisseau farmenteux ne se multiplie que des semences qui nous viennent des deux Indes. Il est à propos de les faire tremper dans l'eau pendant deux jours, avant de les mettre en terre, afin d'accélérer la germinaton. On les sème ensuite à deux pouces de profondeur, dans de grands pots que l'on place sous des chassis. Quand les graines sont bonnes & ont été amollies dans l'eau, elles lèvent ordinairement dans les trois premiers mois. Lorsque le jeune plant est prêt d'atteindre à la hauteur du chassis, on doit le mettre en pleine terre, ou dans des caisses placées au pied d'un mur, dans les serres chaudes, afin que les plantes puissent y être palissées & s'étendre en liberté.

Cet arbrisseau fleurit très-rarement dans notre climat & n'y fructifie jamais. Il aime les terres meubles & substancielles, il exige de fréquens arrosemens pendant l'été, & beaucoup de chaleur dans tous les tems.

Observation : des graines de cet arbrisseau ayant été jetées avec des substances végétales & animales dans une fosse de six pieds de profondeur, qui étoit au jardin du roi, furent recouvertes d'une couche de terre d'environ trois pieds. Dix ans après, comme on fouilloit dans le même endroit, on trouva des pousses de ces mêmes semences, qui étoient arrivées à un demi-pied de la surface de la terre. Elles étoient très-vigoureuses & très-fortes, & il est plus que probable qu'elles auroient traversé la masse de terre qui les recouvroit, & percé au-dehors, si on leur en eût laissé le tems.

3. Acacie à fleurs pleines. Cette plante annuelle s'élève de deux pieds & demi à trois pieds de haut; ses branches sont flexibles & garnies d'un feuillage léger dans toute leur longueur. Ses fleurs qui viennent en août, sont peu apparentes. A ces fleurs, succèdent des siliques remplies de semences, qui mûrissent dans les années chaudes, ou lorsqu'on accélère la végétation de cette plante par une chaleur artificielle.

Elle se multiplie par le moyen des graines que l'on sème au printems sous des chassis. Le jeune plant qui en provient, veut être levé en motes, & mis dans des pots qui doivent rester sous les chassis jusqu'à la parfaite maturité des semences.

Usage : Cette plante est agréable par la délicatesse de son feuillage, qui est susceptible d'un peu de sensibilité dans les grandes chaleurs; elle croît naturellement à la Véra-crux & aux Barbades, dans les lieux marécageux.

4. Acacie à siliques étroites, vulgairement sensitive paresseuse. Cette espèce est un arbrisseau d'environ six pieds de haut, son feuillage est fort délié & d'un beau verd, mais il le perd en grande partie l'hiver; il fleurit dans le courant de l'été, & ses semences mûrissent en octobre; les graines de cet arbuste semées au printems sous chassis, produisent de jeunes plants qui, étant repiqués à demeure dans des platte-bandes de terre meuble, à l'exposition la plus chaude, poussent avec une vigueur étonnante, & arrivent à la hauteur de quatre pieds avant le mois d'octobre; ils ne craignent pas des gelées d'un ou deux degrés, mais de plus fortes les font périr, c'est pourquoi il est bon de les rentrer dans les serres tempérées.

Usage : On cultive ce joli arbuste dans les jardins curieux, à cause de l'élégance de son feuillage.

5. Acacie ponctuée. Cette plante est vivace dans les isles de l'Amérique méridionale, où elle croît naturellement, ses tiges s'élèvent à la hauteur de six à sept pieds; elles sont garnies de feuilles surcomposées, d'une verdure gaie; ses folioles sont susceptibles d'un mouvement d'irritabilité, lorsqu'on les touche par un tems très-chaud. Ses fleurs sont jaunes & assez agréables, elles donnent naissance à de petits siliques d'un brun foncé, qui renferment trois ou quatre semences applaties, noires & luisantes.

On tire les graines de cette plante des Antilles, & on les sème sur des couches chaudes, couvertes de vitraux. Les jeunes plants ont besoin de la plus grande chaleur pour croître, & se conserver ensuite jusqu'à la fin de l'automne; à cette époque, ces plantes dépérissent, &, malgré tous les soins qu'on a pu leur donner, on n'est point encore parvenu à leur faire passer l'hiver dans les serres les plus chaudes.

6. Acacie en arbre, Yulibrizin, arbre de soie de Constantinople. C'est un arbre de pleine terre, qui s'élève à plus de trente pieds de haut. La beauté de son feuillage, l'éclat de ses fleurs, & la noblesse de son port, contribuent également à le rendre intéressant & à le faire rechercher. Il fleurit vers le milieu de l'été, & se dépouille de ses feuilles pendant l'hiver. On multiplie ce bel arbre de ses graines, qui nous sont envoyées d'Italie ou du levant. Elle doivent être semées au printems dans des terrines ou dans des caisses à semences, remplies par portions égales de sable de bruyere, & d'une terre à oranger mêlées ensemble. On place ensuite les terrines ou les caisses, sur une couche tiède à l'exposition du levant, & on les y laisse jusqu'à l'automne. Lorsque les graines sont fraîches, elles lèvent ordinairement dans les vingt premiers jours, & produisent un jeune plant qui a six à huit pouces de hauteur avant l'hiver. A l'approche des grandes gelées, il faut rentrer les caisses dans les orangeries, les placer auprès des croisées, & ne les arroser que légèrement, & de loin en loin. Sur la fin de l'hiver, & avant que les jeunes plants ne commencent à entrer en végétation, on aura soin de les repiquer à un pied de distance les uns des autres, dans des terres meubles, sablonneuses & un peu humides, & de les mettre à l'abri d'un mur ou d'un brise-vent, à l'exposition du levant. S'il survenoit, après cette opération, des gelées tardives ou de grands hâles qui nuisent également au jeune plant, il faudroit, dans le premier cas, l'en garantir avec des couvertures, & dans le second, avec un lit de fumier court, que l'on étendroit sur la terre, de l'épaisseur de trois à quatre pouces. Le jeune plant peut rester trois ans en pépinière sans aucun inconvenient; à cette époque, s'il a été bien conduit, & s'il ne lui est arrivé aucun accident, il aura cinq à six pieds de haut; mais alors il faut éclaircir les rangs, & supprimer alternativement un individu sur trois. Les jeunes pieds que l'on arrachera pour laisser plus d'espace aux autres, peuvent être plantés à demeure dans l'endroit qui leur est destiné. Ils fleurissent, pour l'ordinaire, la septième ou huitième année de leur âge. A défaut de graines, on multiplie cet arbre avec ses racines coupées au premier printems, & mises sur couche dans des pots.

Cet arbre devient moins délicat à mesure qu'il vieillit; dans sa jeunesse & sur-tout lorsqu'il pousse vigoureusement, ses jeunes branches doivent être empaillées

empaillées avec soin pendant les gelées; mais lorsqu'il est fort, il suffit de mettre ses racines & le bas du tronc à l'abri des froids, au-dessus de cinq degrés, en les couvrant de paille, de fougère ou de feuilles sèches. Il aime les terreins sablonneux, substanciels, un peu humides & l'exposition du levant.

Usage : Cet arbre est un des plus beaux présens que nous ait fait l'Asie. Son port élégant, son feuillage délié d'une verdure tendre qui réjouit la vue, l'éclat de ses fleurs, qui ressemblent à des houpes de soie purpurines, leur odeur douce & agréable, tout concourt à le faire rechercher & à lui faire trouver place dans toutes sortes de jardins. Il peut entrer dans des massifs de verdure ou rester isolé.

Historique : Cet arbre originaire de Perse, est fort estimé des Turcs & de tous les Orientaux, qui le conservent soigneusement dans leurs jardins. Il est cultivé depuis long-tems au jardin du roi dans les serres; mais ce n'est que depuis quinze ou vingt ans, que l'on a essayé de le faire croître en pleine terre. M. le Monnier est le premier qui ait tenté cette expérience. Il en a planté un jeune individu dans son jardin, près de Versailles, au pied d'un mur, & à l'exposition du levant. Cet essai a parfaitement réussi; l'arbre fleurit tous les ans, mais il n'a point encore produit de graines. Il est à présumer que cet arbre, que l'on commence à cultiver dans nos provinces méridionales, y fructifiera bientôt, & que les individus qui proviendront de ses graines, ayant acquis un degré de naturalisation, s'acclimateront plus aisément dans notre sol.

7. Acacie de Malabar. Sur la côte de Malabar, & dans différentes parties de l'Inde, où cet arbre croît naturellement, il s'élève à la hauteur des plus grands arbres. Son tronc est droit, lisse & d'une belle proportion. Ses branches sont garnies d'un feuillage léger, d'un verd gai, terminées par des houppes de fleurs jaunes, qui ont jusqu'à six pouces de long. A ces fleurs, succèdent des paquets de gousses plates & longues, qui font un effet pittoresque. Cet arbre croît très-vîte; en dix ans, le tronc acquiert ordinairement une circonférence de trois pieds. Son bois est propre à la construction & à la menuiserie.

En Europe, la culture de cet arbre exige des soins particuliers. On le multiplie de semences. Ses graines, qui nous viennent de l'Inde, veulent être semées au printems, sous chassis; il est à propos de les mettre tremper dans l'eau pendant trente-six heures environ, pour en accélérer la germination & le développement; avec cette précaution, elles lèvent en quinze jours de tems. Trois mois après, le jeune plant est déjà assez fort pour être repiqué; on le met dans des pots qui doivent rester sous chassis jusqu'à la fin de l'automne; alors on le transporte dans les tannées des serres chaudes, pour y passer l'hiver. Au milieu du printems, on le change de vase, sans couper aucunes racines, & on le met dans des pots plus grands, que l'on enterre sur une couche tiède, à l'air libre, pendant tout l'été. On doit avoir soin de donner au jeune plant, pendant cette saison, des arrosemens fréquens. A l'automne, il faut encore le changer de vases, & lui donner une terre plus forte & plus substancielle; lorsque l'hiver est arrivé, on le rentre dans la serre chaude; mais au lieu de le remettre dans la tannée, on le place sur des tablettes. En lui faisant perdre insensiblement de sa délicatesse, pendant les deux premières années, on pourra lui faire passer le troisième hiver dans une serre tempérée; il ne faut pas s'inquiéter de lui voir perdre une partie de ses feuilles, elles tombent assez souvent sans qu'il en souffre.

Usage : cet arbre fait l'ornement des serres chaudes & tempérées, par son port agréable & par la forme & la couleur de son feuillage.

Observation : d'après les rapports assez marqués, qu'a cette espèce avec l'acacie en arbre, nous croyons qu'il est possible de l'acclimater en peu d'années, au point de lui faire passer l'hiver en pleine terre, sur-tout dans nos provinces méridionales, où il ne tarderoit pas à fructifier.

Historique : cet arbre, originaire de l'Inde, a été transporté à l'isle de France & au cap de Bonne-Espérance, où il croît avec une vigueur prodigieuse.

8. Acacie à tête blanche. Arbrisseau qui s'élève en Europe à la hauteur de douze à quinze pieds. Ses branches sont grêles, flexibles & garnies de feuilles à l'extrémité. Son feuillage est léger, d'une verdure pâle; ses fleurs, qui commencent à paroître en juin, se succèdent jusqu'au mois d'octobre; elles sont blanches, rassemblées en tête, sortant des aisselles des feuilles. Elles sont remplacées par des siliques larges, applaties, de quatre à cinq pouces de long, qui renferment des semences.

Cet arbrisseau se multiplie de graines récoltées dans notre climat; on les sème sur couche au printems; elles lèvent au bout de trois semaines; le jeune plant est en état d'être repiqué vers le mois d'août, & il a ordinairement la hauteur d'un pied à la fin de l'année. Il doit passer le premier hiver dans la serre chaude, où il perd quelquefois ses feuilles. Les hivers suivans, on peut le conserver dans les serres tempérées, & l'exposer à l'air libre tous les étés.

Usage : cet arbrisseau est propre à garnir les tablettes des serres pendant l'hiver, & l'été, à orner les jardins curieux; il n'est point délicat.

9. Acacie à feuilles étroites, ou tendre à caillou franc. Arbre des isles de l'Amérique méridionale, assez élevé, dont le tronc est grêle par rapport à sa hauteur. Ses feuilles sont larges, divisées en

folioles très-étroites, d'un verd foncé en dessus & pâle en dessous. Ses fleurs sont blanches, disposées en grappes. Elles sont suivies de plusieurs siliques oblongues, qui contiennent les graines. Cet arbre aime les terreins sablonneux & arides; on se sert de son bois pour la charpente.

La culture de cet arbre exige des soins en Europe. Il se multiplie de semences qu'on peut tirer de Saint-Domingue. Il convient de les semer au printems sous chassis; elles lèvent assez promptement. Au mois d'août, les jeunes plants ont ordinairement quatre pouces de haut; on les repique dans des pots, qu'on place sur une couche neuve recouverte de vitraux, & on les y laisse jusqu'au tems de les rentrer dans les serres chaudes. Ils doivent y passer l'hiver sur des couches de tannée. Vers la fin du printems, on les sort de la serre chaude, pour les placer sur une couche tiède à l'air libre, & au milieu de l'automne, on les transporte dans la serre chaude, toujours dans la tannée, jusqu'à ce que les jeunes pieds aient atteint leur quatrième ou cinquième année; à cet âge, ils peuvent être hivernés sur les tablettes des serres chaudes. Cet arbre est assez délicat, & perd souvent ses feuilles l'hiver. Il n'a point encore fleuri dans notre climat.

Usage : Il mérite de tenir un rang dans les serres chaudes, à cause de l'élégance de son feuillage.

10. Acacie vive. Cette plante croît naturellement à la Jamaïque dans les prés; elle a des tiges traînantes & herbacées, qui poussent des racines de chaque nœud; ces racines pénètrent dans la terre & s'y étendent à une grande distance. La même chose lui arrive en Europe lorsqu'elle est placée sur une couche recouverte de terreau ou de tan. Un individu cultivé par Miller, à Chelsea, s'est étendu à près de trois pieds de circonférence dans le courant de l'été, où il avoit été semé. Ses branches étoient si serrées & si épaisses qu'elles couvroient la surface de la couche; mais lorsqu'on donne à cette plante la liberté de s'étendre, il est rare qu'elle produise des fleurs. Elle se multiplie par ses semences à la manière des autres. On la conserve pendant l'hiver, dans la tannée des serres chaudes; les étés suivans, elle peut se passer du secours des vitraux; mais il est bon qu'elle soit enterrée, avec le pot qui la renferme, sur une couche tiède à l'exposition du midi. Dans les années très-chaudes, elle fleurit & produit quelquefois des semences.

Cette plante n'est guère cultivée que dans les jardins de botanique; on ne peut la conserver dans les écoles, qu'au moyen d'un *chassis portatif*. *Voyez* ce mot.

11. Acacie ongle de chat. Cette espèce est remarquable par ses feuilles, qui ne sont composées que de quatre lobes larges & oblongs. Elle croît à la Jamaïque & dans d'autres parties de l'Amérique méridionale, voisines de la ligne.

On ne parvient que difficilement à se procurer cette espèce en Europe, elle n'y produit jamais de graines, & les semences qu'on tire des Antilles, sont presque toujours mangées par les insectes dans la traversée. Ces semences doivent être semées au premier printems sous des chassis; lorsqu'elles sont bonnes & qu'elles ont été trempées dans l'eau pendant vingt-quatre heures, elles lèvent en quinze ou vingt jours. Le jeune plant n'est assez fort pour être repiqué qu'à la fin de l'été; il est même plus sûr de ne le séparer qu'au printems suivant. Cet arbre exige beaucoup de chaleur pendant les premières années; on ne peut même le conserver pendant l'hiver que dans les serres les plus chaudes, mais insensiblement il perd de sa délicatesse, & acquiert assez de force pour se conserver sur les tablettes d'une serre chaude pendant l'hiver, & rester en plein air pendant l'été.

Observation : Cette espèce, beaucoup plus rare qu'agréable, ne se cultive guère que dans les jardins de botanique.

12. Acacie à cercles ou à brasselets. Arbre des isles de Bahama & de la terre ferme de l'Amérique méridionale, qui s'élève à trente pieds de haut; ses feuilles sont composées de larges folioles d'un verd luisant. Ses fleurs sont rassemblées en boules, & portées par des péduncules assez longs, qui sortent des aisselles des feuilles à l'extrémité des petites branches. Les étamines des fleurs sont purpurines, & forment un contraste agréable avec la verdure du feuillage.

On multiplie cet arbre en Europe, par la voie des semences qui nous viennent des Antilles. Il exige la même culture que l'acacie à feuilles étroites, & peut servir au même usage. Il a sur lui l'avantage de fleurir dans nos serres.

Usage : En Amérique, le bois de cet arbre est employé dans les Arts; il est dur & compact. Les Indiens font des brasselets avec ses siliques, & sur-tout avec ses semences, qui sont moitié d'un rouge vif & moitié d'un noir luisant.

Les Bijoutiers de Paris en ont fait cette année des chaînes de montre, auxquelles la mode & la nouveauté ont donné un prix assez considérable. Jusqu'à ce moment, elles n'avoient été regardées que comme objet de curiosité.

13. Acacie à Tirebouchon. Arbrisseau du Pérou, d'environ six pieds de haut, branchu & garni de feuilles menues d'un verd cendré.

Il se multiplie de semences qui sont envoyées du Pérou; on les sème au printems sous des chassis, & elles lèvent dans les quinze premiers jours. Lorsque le jeune plant a six à huit pouces de hauteur, il doit être repiqué dans des pots. Les trois premières années, les jeunes arbrisseaux doivent passer l'hiver dans les tannées des serres chaudes; on peut ensuite les leur faire passer sur les gradins des serres tempérées. Cet arbrisseau se multiplie encore par la voie de ses racines qui, étant séparées du colet, & mises au printems, sur des couches couvertes de cloches, reprennent & poussent des jets.

Usage : Cet arbrisseau peut occuper une place dans les serres chaudes ; cependant il est plus rare qu'agréable.

Historique : C'est à M. Joseph de Jussieu, que le jardin du roi est redevable de cette espèce. Il en envoya des graines en l'année 1750, sous le nom de *retortuno hispanis.*

14. Acacie cendrée. Arbrisseau de serre chaude, de cinq à six pieds de haut & quelquefois plus, dont les branches se rapprochent de la tige & forment une tête arrondie, couverte d'un feuillage d'un verd clair infiniment découpé. Ses fleurs qui paroissent à la fin de l'été, sont en petits épis purpurins très-agréables. On multiplie cet arbrisseau de graines qui sont envoyées de l'Inde. La manière de les semer & d'en cultiver ensuite les productions, est la même que celle de l'espèce précédente.

Usage : Celle-ci doit occuper une place dans les serres chaudes, pour la beauté de sa fleur & l'élégance de son feuillage.

15. Acacie sensitive ou sensitive à feuilles larges. Plante qui pousse de longues branches grêles & flexibles, qui rarement se soutiennent d'elles-mêmes. Ses feuilles, fort éloignées les unes des autres, sont placées sur les rameaux. Ses fleurs de couleur de chair, sont disposées en petits globules, & portées sur de longs péduncules, qui sortent des aisselles des feuilles, vers l'extrémité des branches ; elles donnent naissance à de petites siliques, qui renferment les semences. Cette espèce se propage de graines qui doivent être semées sous des baches, vers la fin de février. Dès que le plant est parvenu à la hauteur de trois à quatre pouces, il convient de le repiquer dans des pots à giroflées, qui doivent rester à demeure sous des vitraux exposés à la plus grande chaleur, sans quoi la plante jaunit, perd ses feuilles & finit par mourir. Cette plante, ainsi cultivée, fleurit vers le mois de septembre, & ses semences arrivent à leur parfaite maturité avant la fin de l'automne. Quelques soins que l'on prenne pour la conserver pendant l'hiver, il est rare qu'on y parvienne. C'est pourquoi on ne sauroit trop en accélérer la végétation, soit en la semant de bonne heure, soit en lui donnant beaucoup de chaleur & des arrosemens convenables & proportionnés.

Propriétés : Cette plante est cultivée dans nos jardins, à cause de la propriété singulière qu'ont ses feuilles, de se contracter lorsqu'on les touche ; cette sensibilité est en proportion de la chaleur qu'elle éprouve ; un souffle suffit dans les tems très-chauds, pour faire fermer ses folioles.

Elle croît à la Vera-Crux, & s'élève de sept à huit pieds de haut.

16. Acacie pudique ou sensitive commune. Celle-ci est une plante épineuse d'environ trois pieds de haut, qui croît naturellement dans l'Amérique méridionale, sur les savanes & dans tous les endroits secs, arides, & incultes ; elle s'élève de deux à trois pieds, produit une multitude de petites fleurs purpurines en grappes, qui font un joli effet ; ses feuilles sont douces, d'une sensibilité surprenante.

Culture : En Europe on sème les graines de cette plante au premier printems, sous des chassis ; elles lèvent dans les quinze premiers jours. Un mois après, le jeune plant est bon à repiquer : on met chaque pied dans des pots à œillets, que l'on place sur une couche neuve couverte d'un chassis, & on les y laisse jusqu'à la moitié de l'automne ; vers le mois d'août cette plante fleurit abondamment & ses graines mûrissent en octobre. A défaut des graines, on la multiplie de marcottes, & quelquefois de boutures ; elle aime la plus grande chaleur, & n'est jamais plus sensible que dans les endroits les plus chauds.

Observation : On peut regarder cette plante comme étant annuelle dans notre climat ; car, quoiqu'elle passe quelquefois l'hiver dans les tannées de nos serres chaudes, elle y périt le plus souvent, & lors même qu'elle s'y conserve, elle perd la seconde année la plus grande partie de ses facultés ; mais il est d'autant plus aisé de la renouveller, que ses semences conservent pendant un grand nombre d'années leur propriété germinative. On a semé pendant quarante ans de suite au jardin du roi des graines de cette plante récoltées à Saint-Domingue en 1745, qui ont toujours très-bien levé ; il eût été sans doute intéressant de suivre cette expérience, mais le défaut de graines de la même récolte n'a pas permis de la continuer plus long-tems.

Usage : Cette plante tient une place distinguée dans tous les jardins un peu curieux : elle est cultivée avec soin chez tous les fleuristes de Paris, qui sont sûrs d'en trouver un débit aussi prompt qu'avantageux.

17. Acacie porte-corne. Arbrisseau de l'Amérique méridionale. Il s'élève à la hauteur de douze à quinze pieds, ses branches sont hérissées de grosses épines longues & recourbées en manière de cornes de bœuf. Ses feuilles sont composées de pinnules garnies de folioles très-menues, & ses fleurs d'un assez beau jaune forment des épis cylindriques de quinze à dix-huit lignes de long, sur cinq à six lignes de diamètre.

On multiplie cet arbrisseau en Europe par la voie de ses graines qu'on tire de l'Amérique, elles se sèment au printems sous chassis. Vers le mois d'août, le jeune plant a ordinairement six à huit pouces de hauteur, c'est le moment de le repiquer ; mais comme il aime la chaleur, on ne doit pas négliger de le rentrer à l'approche de l'hiver dans la tannée des serres chaudes. On le multiplie encore par le moyen de ses racines. A l'âge de cinq ou six ans, l'acacie porte-corne commence à donner des fleurs; elles paroissent dans le mois de septembre, lorsqu'il a fait chaud pendant l'été, l'hiver, il se dépouille souvent de ses feuilles.

Usage : On cultive cet arbrisseau dans les jardins par rapport à ses épines, dont la forme est singulière, & à ses fleurs qui sont agréables à l'œil.

18. Acacie à épines d'ivoire. Celui-ci est un grand arbrisseau de l'Inde, dont les branches sont garnies d'épines blanches de la longueur de quatre pouces. Ses feuilles sont composées d'un grand nombre de pinnules d'un verd gai, & ses fleurs disposées en boule le long des jeunes rameaux, sont d'un jaune agréable.

On propage cet arbrisseau par ses graines qui sont envoyées de l'Inde; semées sur couche au printems, elles lèvent dans les trois premières semaines, si l'on a eu soin de les mettre tremper auparavant trente-six heures dans l'eau. Le jeune plant peut être séparé au commencement de l'automne; mais, comme il est délicat, il ne faut pas manquer de le rentrer dans la serre chaude aux approches de l'hiver. Au printems suivant, on le sortira des serres pour le mettre en plein air, à l'exposition la plus chaude, & il y restera pendant toute la belle saison; à l'automne, on le changera de vases, & on le rentrera dans la serre chaude pendant l'hiver. En suivant ce procédé jusqu'à la troisième année, cet arbrisseau pourra passer ensuite l'hiver dans l'orangerie; il y perd ses feuilles, mais il n'en a que plus de vigueur au printems; il faut avoir soin seulement de modérer les arrosemens, il suffira de lui en donner trois ou quatre pendant tout l'hiver.

Comme les fleurs de cet arbrisseau ne poussent que sur le jeune bois, on ne doit le tailler que lorsqu'il est défleuri. A l'âge de sept à huit ans, il peut faire décoration dans les jardins.

Usage : Il mérite d'y être cultivé à cause de la multitude de fleurs agréables dont il se couvre dans le mois de septembre.

19. Acacie de Farnese. Arbrisseau rameux de dix à quinze pieds de haut, très-épineux, couvert de feuilles infiniment déliées, & d'un beau verd; il aime les terreins secs & sablonneux. Ses fleurs, qui forment de petites houppes jaunes, sont très-odorantes. Il croît dans les quatre parties du monde, dans les lieux les plus chauds; cependant il s'est acclimaté dans les pays tempérés, tels que l'Italie, la Provence &c., il supporte, sans paroître en souffrir, des gelées passagères de quatre à cinq dégrés.

Dans quelques jardins de ce pays-ci, on le cultive en pleine terre au pied d'un mur, à l'exposition du midi, & on le couvre soigneusement pendant l'hiver. Il faut que les jeunes pieds, que l'on destine à être ainsi cultivés, aient au moins quatre ou cinq ans, mais il est plus ordinaire & beaucoup plus sûr de les mettre dans des caisses que l'on rentre dans l'orangerie pendant l'hiver. Les graines sont le moyen le plus sûr & le plus expéditif de multiplier cet arbrisseau; on les sème sur couche au printems, le jeune plant croît assez vîte, & produit ordinairement des fleurs vers la quatrième année, elles paroissent dans les mois d'août & de septembre, les semences viennent souvent à parfaite maturité dans les serres.

Observation : Les racines de cet arbrisseau sont pivotantes; l'écorce en est jaune, & le chevelu, dont elles sont garnies, exhale une odeur de poireau pourri très-désagréable.

Usage : On fait des haies de défense avec cet arbrisseau dans tous les pays chauds; en Italie, on en forme des palissades qui ont le double avantage d'orner les jardins & de les parfumer au tems de la fleuraison. Avec les fleurs, on compose des pommades odorantes, fort estimées. Enfin cet arbrisseau doit être recherché & tenir un place distinguée dans nos jardins, tant à cause de l'élégance de son feuillage, que de l'odeur douce & agréable de ses fleurs.

20. Acacie des Indes. Cet arbrisseau qui est regardé par les botanistes comme une variété de l'acacie de farnese, s'en distingue cependant par ses feuilles qui sont plus découpées, par sa verdure cendrée, & par ses fleurs inodores; peut-être ses siliques fourniroient-elles encore des différences, mais nous ne les connoissons pas.

Il se multiplie comme l'acacie de farnese, mais il est plus délicat; il lui faut le secours des serres chaudes pendant sa jeunesse, & ensuite celui des serres tempérées, pour passer l'hiver. Ses fleurs qui sont d'un beau jaune, rassemblées en houppes, paroissent dans les années chaudes, dès la mi-août, & se succèdent jusqu'à la fin de septembre.

Observation : Le chevelu qui accompagne les racines de cet arbrisseau, donne naissance à une grande quantité de petites bulbes oblongues & charnues, de la grosseur d'un poids. Il a, comme celui de l'espèce précédente, une odeur d'ail ou de poireau très-désagréable.

Usage : On cultive cet arbrisseau pour la couleur de ses fleurs & l'élégance de son feuillage.

21. Acacie d'Égypte. Arbre d'environ vingt pieds de haut, qui croît dans plusieurs parties de l'Afrique. Il se plaît dans les terreins sablonneux; ses branches sont longues, rameuses, & garnies d'épines; ses feuilles sont composées d'un grand nombre de folioles très-menues, & d'un verd pâle; ses fleurs sont jaunes & assez apparentes.

Cette espèce d'Acacie n'est qu'un arbrisseau dans notre climat; on le multiplie par ses graines qui doivent être semées au printems sous chassis. Elles lèvent ordinairement dans le cours d'un mois, & les jeunes plants peuvent être repiqués à la fin de septembre; ils doivent être rentrés l'hiver dans les serres chaudes, & exposés en plein air tous les étés; cet arbrisseau fleurit très-rarement, & ne fructifie jamais chez nous; on le multiplie encore par le moyen de ses racines.

Usage : On le cultive dans quelques jardins d'Europe, à cause de la forme & de la couleur agréable de son feuillage. Lorsqu'il est vigoureux, ses jeunes pousses, qui sont alors d'une couleur purpurine, font un joli effet; en Afrique, cet arbre est un de ceux qui produisent la gomme arabique, d'où lui vient son nom de *gommier rouge*, que lui donnent au Sénégal les Français qui y habitent.

22. Acacie du Sénégal. Arbrisseau de quinze à vingt pieds de haut, d'une forme peu élégante, irrégulière comme celle d'un buisson. Ses feuilles sont composées de pinnules d'un verd bleuâtre; ses fleurs forment des épis longs de trois pouces, de couleur blanche. A ces fleurs succèdent des siliques applaties, longues de trois pouces & demi, remplies de semences; il croît sans culture dans les sables du Sénégal.

On multiplie cet arbrisseau par ses semences qui sont envoyées d'Afrique; on les sème & on les cultive comme celles de l'espèce précédente; cependant le jeune plant a besoin d'être placé dans les tannées des serres chaudes, pour passer l'hiver, ensuite il peut être mis sur les tablettes ou gradins des mêmes serres.

Usage : Cet arbrisseau peut-être employé à l'ornement de nos serres chaudes; en Afrique, la gomme qui s'extravase naturellement de son tronc & de ses branches, fait l'objet d'un commerce d'environ six millions entre les Maures & les Français. Cette gomme sert de nourriture aux peuples qui en font le commerce pendant les voyages de long-cours qu'ils sont obligés de faire, pour apporter cette substance aux comptoirs Français. Elle est employée dans les arts sous le nom de gomme arabique.

Historique : Les graines de cet arbrisseau, vraiment intéressant, furent envoyées, pour la première fois, au jardin du roi en 1748, par M. Adanson, alors au Sénégal. Elles levèrent assez bien; les jeunes arbres s'y sont conservés plusieurs années dans les serres chaudes; ils furent depuis transportés à Cayenne, où ils périrent par accident.

23. Acacie quadrivalve. Cette espèce croît à la Véra-Crux, dans les sables les plus arides & les plus chauds; ses racines y tracent à une grande distance, & produisent des tiges herbacées quadrangulaires & épineuses. Elle sont garnies d'un feuillage surcomposé & d'une verdure tendre, ses fleurs sont petites, rassemblées en boules, & de couleur purpurine, elles sont remplacées par des siliques quadrangulaires remplies de semences.

Les graines de cette plante ont besoin de la plus grande chaleur pour lever. On en cultive le jeune plant comme celui des autres espèces de sensitive, & il se conserve assez bien l'hiver dans les tannées des serres chaudes. En mettant cette plante au printems de la deuxième année, sous des baches à ananas, on parvient à la faire fleurir vers la fin de l'été, & quelquefois on en obtient des graines dans les années chaudes. (M. Thouin.)

ACAJOU. *Anacardium Occidentale*, Lin.

Arbre de la famille des térébinthes, dont M. le chevalier de la Marck a fait un nouveau genre dans son dictionnaire de botanique, sous le nom de *Cassuvium*. *Voyez* Térébinthe. Nous n'en connoissons qu'une espèce qui comprend plusieurs variétés intéressantes.

Espèce.

1. Acajou à pommes.

Cassuvium pomiferum. La M. dict.

A. *Idem*. à fruit rouge mammeloné.

B. *Idem*. à fruit rouge arrondi.

C. *Idem*, à fruit blanc mammeloné.

D. *Idem*. à fruit blanc arrondi.

L'acajou à pommes & ses variétés, sont des arbres de l'Amérique méridionale, dont le fruit est bon à manger. Ils croissent naturellement dans les plaines sablonneuses qui sont au bord de la mer. On les cultive dans les jardins à l'isle de Fance, & dans diverses parties de l'Inde les plus chaudes. Ils s'élèvent de vingt à vingt-cinq pieds, l'aspérité de leur tronc & l'irrégularité de leurs branches en font des arbres vraiment pittoresques, leurs fruits sont de la grosseur d'une poire plus ou moins allongée; ils sont d'abord verts, ensuite jaunâtres, & finissent par être rouges ou blancs, leur substance intérieure est aqueuse, épaisse comme de la gelée, d'un goût vineux, un peu âcre, & néanmoins assez agréable; il est à présumer que, si l'on prenoit soin de greffer l'acajou, on parviendroit à épurer le suc de son fruit, & à le rendre un des plus suaves des deux Indes; on le nomme indifféremment *poire* ou *pomme* d'acajou, & la semence qui est au bas *noix d'acajou*.

La culture de l'acajou à pommes, est extrêmement difficile en Europe. Il est rare, quelques soins que l'on prenne, qu'on parvienne à le conserver plusieurs années, même dans nos serres les plus chaudes. Il craint l'humidité & un air trop stagnant. Les engrais tirés du règne animal lui sont contraires, & il paroît préférer aux terres les plus végétales, un sable substanciel, légèrement imprégné de sel marin.

Cet arbre se multiplie par le moyen de ses semences ou noix qui viennent des Antilles ou de l'Inde. On les sème à la fin du mois de mars dans des pots qui doivent avoir au moins six pouces de diamètre, & dix-huit à vingt pouces de profondeur. Ces dimensions ne sont rien moins qu'arbitraires; elles sont nécessaires au développement du jeune plant dont les racines sont pivotantes, & garnies de chevelu. Mais comme il est rare de trouver chez les marchands des pots de cette forme, on y supplée par des caisses que l'on fait faire exprès. On ne doit mettre dans chaque caisse ou pot, qu'une, deux, ou trois semences au plus, que l'on enterre à la profondeur de trois quarts de pouces. On place ensuite les vases qui les renferment sur une couche tiède couverte d'un chassis. Les semences lèvent ordinairement dans l'espace de six semaines, & le jeune plant acquiert avant la fin de l'année dix à douze pouces de hauteur. Si toutes les graines que l'on a semées dans la même caisse viennent à lever, il faut bien se donner de garde de séparer le jeune plant, on feroit périr tous les individus qui ne veulent point être repiqués, mais on doit couper entre deux terres les pieds les moins vigoureux, & n'en conserver qu'un seul : vers le milieu de l'automne, si l'on s'apperçoit que les jeunes acajoux touchent le fond de la caisse ou des pots, ce que l'on reconnoît aisément à la couleur des feuilles, il faut alors les transplanter avec toute la terre dans laquelle ils se trouvent, & les mettre dans des vases plus larges, & plus profonds : on les place ensuite dans la tannée d'une serre chaude, le plus près des vitreaux qu'il est possible, & on les y laisse passer l'hiver.

Au printems on les met dans des bâches à ananas dont ils restent couverts pendant tout l'été. Si l'on venoit à reconnoître que les racines des jeunes arbres fussent arrivées au fonds des nouvelles caisses dans lesquelles on les a transplantés, il faudroit les changer encore ; mais au lieu de les replacer tous, comme la première fois, dans des caisses plus profondes, on peut planter à demeure, dans la tannée d'une serre chaude, les individus qui auroient trois pieds & demi à quatre pieds de hauteur.

Pour assurer, autant qu'il est possible, la réussite de cette opération, il est à propos de faire dans la couche de tannée, une fosse ou retranchement en planches solides, de deux pieds carrés sur quatre pieds de profondeur. Si le fonds de cette fosse se trouvoit trop dur, il faudroit défoncer le sol, & mettre à la place d'une partie de la terre que l'on auroit enlevée, un lit de platras de six pouces d'épaisseur, pour faciliter l'écoulement des eaux surabondantes. On remplit ensuite la fosse avec une terre composée, par portions égales, de terreau de feuilles bien consommées, de terre franche, & de sable de bruyère, exactement mélangés, & l'on entoure de tannée dans toute sa hauteur, le retranchement dans lequel l'arbre doit être planté. Mais il est important d'observer qu'il doit être placé de manière qu'il puisse recevoir l'air perpendiculairement, & en jouir en toute liberté, sans quoi il s'étioleroit infailliblement, & ne pouroit d'ailleurs profiter des petites pluies douces dont il est bon de le faire jouir dans les beaux jours d'été.

On peut accélérer la végétation de cet arbre en répandant de tems à autre sur la surface de la terre dans laquelle il est planté, quelques onces de sel marin ; mais on ne doit user de ce moyen qu'avec sobriété, & même ne l'employer que lorsque l'arbre est malade, ou qu'on veut le déterminer à fleurir.

Usage : Toutes les parties de cet arbre sont utiles ou agréables. Ses racines sont purgatives, son bois est employé dans les arts ; ses fleurs ont une odeur suave, ses fruits, qu'on peut manger crus ou cuits de différentes manières, donnent encore une liqueur spiritueuse, ses noix contiennent une amande fort agréable au goût, & enfin sa sève extravasée produit une gomme qui peut remplacer celle qui nous vient d'Arabie. Quel dommage qu'un arbre aussi utile ne nous donne ici, pour prix de tous nos soins, que les moindres de ses avantages, de la verdure & quelques fleurs ! (M. THOUIN.)

ACANTHE, nom d'un genre de plante, *Acanthus*. Voyez ACANTHE. (M. THOUIN.)

ACANTHE, *Acanthus*.

Genre de plante qui donne son nom à une famille de végétaux. Il est composé de plantes vivaces intéressantes par leur masse, & d'arbustes d'un port élégant & pittoresque.

Les espèces vivaces croissent en pleine terre dans notre climat avec quelques précautions, & les autres se cultivent dans les serres.

Les espèces dont la culture est connue en Europe, sont :

1. ACANTHE brancursine.

Acanthus mollis, L. ♃ des provinces méridionales de la France.

A. ACANTHE de Portugal.

Acanthus nigra. Miller. n.° 2. ♃ du midi de l'Europe.

2. ACANTHE épineuse.

Acanthus spinosus. L. ♃ de Provence & d'Italie.

3. ACANTHE à feuilles lanceolées.

Acanthus Dioscoridis. L. ♃ du Mont-Liban.

4. ACANTHE à feuilles de houx.

Acanthus ilicifolius L. ♄ des deux Indes.

Les trois premières espèces sont des plantes très-vivaces, dont les racines s'enfoncent en terre à la profondeur de plus de quatre pieds. Elles tracent de leurs souches, & s'étendent en peu d'années à une grande distance du lieu où elles ont été plantées. De leurs racines partent des feuilles longues de plusieurs pieds, sinuées de différentes manières & armées d'épines dans quelques espèces. Elles sont d'un verd jaunâtre au printems, & prennent à l'automne une teinte foncée tirant sur le noir. Elles forment des masses arrondies, de plusieurs pieds de circonférence, suivant l'âge des plantes. Vers le milieu de l'été, il sort du centre de ces touffes des tiges garnies de fleurs blanches, légèrement purpurines, fort apparentes & qui font un assez bel effet.

Ces plantes se multiplient de graines qui ne conservent guère plus de quatre ans leur propriété germinative. On les sème au mois de mars à six lignes de profondeur dans des terrines ou des pots remplis d'une terre meuble, substancielle & légèrement sablonneuse. Si l'on a soin de mettre les vases sur des couches un peu chaudes, & de les arroser toutes les fois que la surface de la terre sera sèche, les semences leveront dans l'espace de six semaines ; mais si ces graines sont abandonnées à la chaleur du climat, & ne reçoivent d'autres arrosemens que ceux des pluies, elles ne lèveront qu'à la fin de l'été. Quoique ces plantes ne soient pas délicates, cependant il convient, pour plus de sûreté, de rentrer dans l'orangerie pendant les gelées au-dessus de cinq degrés, le jeune plant qu'on se sera procuré par l'une ou l'autre manière. Au printems suivant, on repiquera les individus en pleine terre, à une exposition chaude & sèche, à dix-huit pouces de distance les uns des autres, & la troisième année, on pourra les lever pour les planter à demeure dans le lieu qui leur est destiné.

Ce moyen de multiplication est long ; mais, lorsqu'on possède une fois quelques pieds de ces plantes, on peut les multiplier très-promptement par le moyen des drageons enracinés qui sortent de leurs souches ; il ne s'agit que de les lever au premier printems avant la pousse des feuilles, & de les planter aussi-tôt à demeure, dans un terrein profond, de nature sèche, & à une exposition chaude.

Nous avons vu plusieurs fois ces plantes périr dans notre climat par des gelées de neuf à dix degrés ; mais, comme elles poussent des racines à une grande profondeur, il est aisé de les préserver de cet accident, sur-tout dans leur jeunesse. Il suffit de les couvrir de feuilles sèches ou de litière pendant les fortes gelées ; & si, à la suite d'un grand hiver, on ne les voyoit point paroître au printems, il faudroit bien se garder de labourer la place ; il n'est pas rare de les voir repousser dans le milieu de l'été ; & quelquefois même l'année suivante. On sera plus sûr encore de les soustraire à l'effet des fortes gelées, & de les conserver, si le terrein où ces plantes sont placées, est incliné de manière que les eaux ne puissent pas séjourner au pied.

Usage : Indépendamment des places distinguées que les vertus & les propriétés de ces trois espèces d'acanthe doivent leur faire occuper dans les écoles des plantes médicinales, elles peuvent encore figurer avec avantage dans les jardins paysagistes. On peut les placer soit, sur la lisière des bosquets, parmi les arbustes, soit à des positions isolées, dans des pièces de gazon, partout elles feront un bel effet. Mais elles n'en produiront nulle part un plus frappant, qu'au milieu des ruines & des décombres ; c'est-là qu'elles sont à leur place, & qu'on aime à les considérer ; leur forme pittoresque & leur couleur sombre, ajoutent une nouvelle expression au caractère sérieux de la scène, & répandent sur l'ensemble du tableau un intérêt & un charme mélancolique qui retiennent le spectateur, l'attachent & lui font éprouver un sentiment confus de plaisir & de tristesse. Alors, pour peu qu'il se prête à la situation, il verra bientôt cette tendre nourrice, dont l'histoire a conservé le souvenir, déposant sur la tombe de son élève, & offrant à ses mânes les bijoux qu'elle avoit aimés pendant sa vie. Bientôt il verra les feuilles d'acanthe environner la corbeille qui les renferme, & par leur forme, élégante & majestueuse, donner naissance au plus bel ornement d'architecture que la Grèce nous ait transmis.

La quatrième espèce ou l'acanthe à feuilles de houx est un arbrisseau d'environ quatre pieds de haut, qui se divise en plusieurs branches, garnies de feuilles épineuses semblables à celles de notre houx commun ; ses fleurs sont blanches, & solitaires, il conserve sa verdure toute l'année.

Cet arbrisseau ne se propage que par ses graines, qui doivent être semées comme toutes les plantes de l'Inde, dans des pots enterrés dans des couches couvertes de chassis. Il a besoin du secours de la serre chaude pour se conserver l'hiver. Il craint l'humidité, & demande beaucoup d'air. C'est pourquoi on le place ordinairement sur les appuis des fenêtres dans les serres, & on ne l'arrose que très-légèrement pendant l'hiver. Cet arbuste fleurit quelquefois, mais jusqu'à présent il n'a point encore donné de bonnes graines en Europe.

Observation : L'acanthe à feuilles de houx est plus rare qu'elle n'est agréable, aussi ne la cultive-t-on que dans les grands jardins de botanique. Il existe plusieurs autres espèces de ce genre dont la culture ne nous est pas connue. (*M. Thouin.*)

« ACCISE. Droit que paient le froment & » autres grains à Amsterdam, & dans tous les » états des provinces unies. A Amsterdam, les » droits d'accise du froment sont à raison de trente » sols le *lost*, que les grains soient chers ou à » bon marché, outre les droits d'entrée, qui » montent à dix florins, & ce qu'on exige des » boulangers pour le mesurage, le courtage & » le transport des grains à leurs maisons. » ancienne Encyclopédie. (*M. l'Abbé Tessier.*)

ACCOUPLER.

Ce mot se prend sous plusieurs acceptions. *Accoupler*, réunir des animaux mâles & femelles, pour les mettre à portée de perpétuer leurs espèces. Les précautions à prendre dans les accouplemens de ceux que l'agriculture a intérêt de multiplier, seront rapportées aux articles où il s'agira de la manière de les élever.

Accoupler, attacher parallélement deux bœufs à une charrue, ou a une charrette. On accouple les bœufs, ou en les assujettissant par les cornes à un morceau de bois appellé *joug*, en sorte qu'ils tirent de la tête, ou en leur mettant une bricole, & même un collier, comme aux chevaux, afin qu'avec des traits ils tirent du poitrail & de tout le corps. La première de ces manières est généralement en usage dans les provinces méridionales de la France; l'autre est pratiquée dans quelques endroits du Dauphiné, de la Lorraine allemande, de l'Alsace, de la Normandie, & dans le canton de Basle en Suisse. Je ne connois point d'expériences faites pour démontrer laquelle est préférable de ces deux manières d'accoupler les bœufs. En examinant la question avec attention, on trouve de fortes raisons pour & contre.

Ce qui paroît favorable à l'usage d'atteler les bœufs par les cornes, c'est qu'on les maîtrise plus aisément, c'est qu'ils ont leurs membres en liberté, c'est que, dans le tems des mouches, on a moins à craindre d'en être blessé, c'est que, par leur conformation naturelle, ils ont le poitrail serré, le col musculeux, la tête forte & naturellement recourbée. Tout le poids de leurs corps semble se porter vers la tête. Leur train de derrière est roide & ne se plie pas comme celui du cheval, quand il s'agit de faire un grand effort. L'action des muscles du col est presque nulle, si on attele les bœufs par le poitrail. Un taureau ou un bœuf en fureur & en liberté, portent leurs têtes en bas pour produire un effet plus considérable. Enfin, ce qui empêche peut-être beaucoup de cultivateurs de l'essayer, c'est la dépense; il faudroit des harnois, qui sont plus chers qu'un joug.

Parmi les mémoires de l'académie des sciences, il y en a un de M. de Parcieux, année 1760, qui a pour objet le tirage des chevaux. M. de la Hire avoit dit que la force des hommes & celle des chevaux ne dépendoient pas absolument de leur pesanteur, mais principalement des muscles de leurs corps. M. de Parcieux fait voir que la force des muscles ne sert qu'à pousser la masse en avant, plus ou moins vigoureusement, & à continuer le tirage commencé; mais que c'est toujours la pesanteur qui fait le tirage, que les mouvemens de l'homme & du cheval, lors même qu'il y mettent le plus de force, ne tendent qu'à augmenter le bras du levier de leur propre masse, & à diminuer celui de la résistance, c'est-à-dire, le poids tiré, soit qu'il résiste, soit qu'il cède. Un homme ou un cheval, occuppé à tirer, se baisse le plus qu'il peut par un mouvement machinal, mais dont l'effet est d'alonger le levier de sa pesanteur, & par conséquent de se mettre en état de faire un plus grand effort avec plus de facilité.

Ceux qui prétendent qu'il est plus avantageux de faire tirer les bœufs par le poitrail, s'autorisent des principes de M. de Parcieux. Il est difficile, en les appliquant au cas present, de ne pas regarder comme mauvaise la manière d'accoupler les bœufs par la tête. Elle a d'ailleurs l'inconvenient de les fatiguer, de les exposer aux exhalaisons de la terre, & à la poussière qui entre dans leurs naseaux. Quand un bœuf a perdu une corne, il ne peut plus servir au tirage, quelque jeune qu'il soit. On est toujours forcé d'accoupler les bœufs, c'est-à-dire, de les employer par paires, tandis que quelquefois on n'en auroit besoin que de trois, ou de cinq, ou même que d'un seul pour certains travaux. Par toutes ces raisons, le tirage par le poitrail paroît préférable.

Néanmoins la question ne peut être décidée que par des expériences comparées & positives; car la conformation, l'allure & les mouvemens du bœuf, ne sont pas les mêmes que ceux du cheval. Il est possible que ces différences dérangent, à l'égard du bœuf, les réflexions de M. de Parcieux. Il faudroit que quelque agriculteur intelligent examinât la démarche de deux bœufs attelés par les cornes, & celle des mêmes bœufs attelés par le poitrail, en calculant, toutes choses étant égales d'ailleurs, ce qu'ils peuvent faire de travail de l'une & de l'autre manière, sans se fatiguer.

Dans l'Inde & en Angleterre, on attele les bœufs par les épaules.

A Berne, on avoit voulu introduire ce tirage; le gouvernement de cette ville s'y est opposé, à cause de quelques accidens qu'on auroit pu prévenir dans la suite.

Dans les environs de Nimègue & de Bois-le-Duc, on voit des voitures traînées par des bœufs attelés par le gareau, moyennant un joug; il y a un anneau qui y tient, & qui passe dans le col de l'animal, afin de l'empêcher de glisser en s'échappant; cette manière de tirer doit être très-incommode pour les bœufs. Auprès de la ville de Bayeux en Normandie, & sans doute dans d'autres endroits, les bœufs sont attelés les uns derrière les autres à de lourdes charrettes; leurs traits sont de chaines de fer; à la tête de l'attelage, on met un cheval, qui sert à conduire ces bœufs.

Dans la Camargue, on emploie pour labourer une espèce de bœuf sauvage, noir, fort & élevé, qu'on prend avec des cordes; on le dompte comme les oiseaux de proie, en l'empêchant pendant long-tems de dormir. On ne peut faire tirer ces bœufs que par le poitrail, mais on attache à leurs cornes des cordes, dont le bout est dans la main du laboureur, qui s'en sert comme de bride; on ne les approche pas sans précautions.

Aux Ormes, en Poitou, à Sainte-Maure en Touraine, à Brignole en Provence, &c. on fait travailler

travailler les mulets, même en les assujettissant au joug, à la manière des bœufs, méthode, qui me paroît très-vicieuse. Chez les Romains, c'étoit l'usage d'attacher du foin aux cornes des bœufs dangereux, afin que les coups en fussent plus modérés, & que les passants s'en défiassent, d'où vient le passage d'Horace. *Fœnum habet in cornu, longe fuge.*

Lorsqu'on destine deux bœufs à être accouplés, il est nécessaire qu'ils soient d'une taille & d'une force égales, afin qu'il n'y ait pas d'irrégularité dans le tirage, & qu'un des animaux ne ruine pas l'autre.

On pourroit également dire *accoupler* des chevaux, quand on les attèle parallèlement deux à deux de front.

Accoupler, coupler, arranger les uns derrière les autres des chevaux neufs, c'est-à-dire, qui n'ont pas encore travaillé, de manière qu'on les conduise en route sans qu'ils se blessent, & sans inconvénient pour les conducteurs. Les chevaux de remonte des régimens de cavalerie, de dragons & hussards marchent ainsi accouplés depuis les foires, où on les achete, jusqu'aux garnisons ou quartiers des régimens. (*M. l'abbé* TESSIER.)

ACCROISSEMENT.

Augmentation en tous sens des parties constituantes d'un être; elle se fait de deux manières, par *juxta-position*, & par *intus-susception.* Les minéraux augmentent par *juxta-position*, c'est-à-dire, que des parties nouvelles se joignent, & s'appliquent extérieurement à des parties anciennement réunies. Mais les animaux & les végétaux croissent par *intus-susception*; un fluide plus ou moins élaboré, fourni par les matières alimentaires, pénètre dans les vaisseaux, laisse à chaque partie des molécules similaires, qui s'y attachent, remplacent celles que la transpiration a emportées, & y en ajoutent une plus grande quantité; l'action de ce même fluide distend les organes consolidés en leur conservant la forme, qu'ils doivent avoir. Dans les animaux, c'est la circulation qui opère ces effets, dans les végétaux, c'est le mouvement de la sève. Un animal ou un végétal, parvenu à son terme d'accroissement parfait, s'entretient dans cet état, tant qu'il y a un juste équilibre entre la transpiration & la nutrition. Mais si cet équilibre est rompu par une excessive transpiration, ou par la diminution ou l'épaississement des sucs, ou par la rigidité ou obturation des vaisseaux, ou par plusieurs de ces causes réunies, l'individu commence à décroître, & peu-à-peu il dépérit d'une manière plus ou moins sensible, selon qu'il est d'une constitution plus ou moins vigoureuse. On ne peut douter que les corps vivans ne s'accroissent & ne s'entretiennent dans leur accroissement par les parties que leur fournissent les alimens. Mais ces parties ont-elles, dans les alimens même, les qualités qui leur conviennent, ou bien, par une assimilation particulière, les acquèrent-elles dans les organes par lesquels elles passent? On a cherché à expliquer ce mystère, qu'il m'est inutile de pénétrer.

On a calculé, dans l'espèce humaine, les degrés d'accroissement en longueur. On sait que le fœtus croît d'autant plus promptement, qu'il est moins éloigné du terme de la conception. L'enfant croît de moins en moins jusqu'à la puberté, époque où il se fait un développement considérable. On n'a pas calculé l'accroissement en grosseur, qui, à la vérité, est plus susceptible de variations. La plupart des animaux suivent en général la même loi que l'espèce humaine; leurs petits croissent plus promptement dans l'état de fœtus que quand ils sont nés; le moment de leur puberté est aussi celui d'un accroissement extraordinaire. On remarque que, parmi eux, les uns prennent leur accroissement plutôt que les autres: ce qui dépend de la longueur dont leur vie doit être. L'agneau atteint sa grosseur & sa taille plutôt que le petit de la vache & de la jument. Le poulet naît après trois semaines d'incubation, tandis que le cigne a besoin de plus de tems; le premier de ces oiseaux a naturellement une vie plus abrégée que le second. Le ver à soie grossit presque à vue d'œil, parce qu'il ne s'écoule qu'environ un mois depuis qu'il sort de l'œuf, jusqu'à sa première métamorphose, & qu'il n'a que peu de jours à vivre dans l'état de papillon. Les oiseaux croissent plus vîte & produisent plutôt que les quadrupèdes; cependant ils vivent bien plus long-tems proportionnellement. La durée totale de la vie de l'homme & des quadrupèdes est six ou sept fois plus grande que celle de leur entier accroissement. Il s'ensuivroit que le coq ou le perroquet, qui ne sont qu'un an à croître, ne devroient vivre que six ou sept ans; au lieu qu'il y a des exemples du contraire. Des linottes prisonnières ont vécu quatorze ou quinze ans; des coqs vingt ans, des perroquets plus de trente ans. On assure qu'un perroquet femelle de quarante ans a pondu sans le concours du mâle. On dit qu'un cigne a vécu trois cens ans, une oie quatre-vingt; l'aigle & le corbeau passent pour vivre long-tems. Aldovrande rapporte qu'un pigeon, qui a vécu vingt-deux ans, n'a cessé d'engendrer que les six dernières années. On dit que les linottes vivent quatorze ans, & les chardonnerets vingt-trois.

L'accroissement des végétaux suit en général l'ordre de celui des animaux. Quand on les cultive dans les circonstances favorables, la germination se fait promptement, & les premiers instans de la végétation sont très-rapides. L'accroissement se ralentit ensuite pour prendre une nouvelle vigueur à l'approche de la floraison, qui est la puberté des végétaux. J'ai vu, vers cette époque, une tige de froment monter de deux pieds en vingt-quatre heures, une branche de vigne croître d'un pied & trois pouces en vingt-six heures, & un montant de tubéreuse s'élever d'un pied & trois lignes en douze heures. L'accroissement est aussi plus ou moins prompt, selon le genre & les espèces de végétaux. Les arbres croissent moins sensiblement que les herbes, & parmi eux il y en a qui grossissent plutôt que les autres, comme on s'en apperçoit aisément, si on plante dans une allée des ormes & des peupliers de Hollande; ceux-ci ne tardent pas à surpasser les ormes. Les arbres à bois durs sont plus lents dans leur végétation que les arbres à bois tendre. Il en est de même des plantes herbacées, qui sont plus ou moins hâtives, & s'élèvent plus ou moins haut en plus ou moins de tems, selon leur constitution particulière, indépendamment de la nature du sol & de l'influence de la saison, qui y contribuent beaucoup. *Voyez* AGES DES VÉGÉTAUX. Des physiciens ont observé que l'homme est plus grand le matin que le soir, parce que les cartilages des vertèbres n'étant pas gênés pendant la nuit, tems où l'homme est dans la position horizontale, les fluides peuvent s'y porter & les distendre, tandis que le soir les mêmes cartilages sont affaissés par le poids du corps qu'ils ont supporté. Par la même raison un homme couché est plus grand que lorsqu'il est debout. Après le repas il y a aussi une différence; mais par une autre cause. Alors les fluides sont chassés avec plus de force par le cœur, & doivent faire une augmentation réelle. Je serois porté à croire que si on mesuroit le matin & le soir un végétal qui cessât de croître, on le trouveroit plus grand le matin que le soir. *Voyez* les dictionnaires de médecine, de botanique, & celui des arbres, où le mot d'accroissement sera plus développé.

ACCROISSEMENT du palais. Le tissu du palais d'un jeune cheval est charnu, épais & quelquefois de niveau avec les dents. Si, après la chûte des dents de lait, il vient à déborder & à être froissé par les fourrages durs, il est douloureux & gêne l'animal quand il veut manger. Cet inconvénient qu'il ne faut pas confondre avec la *feve* ou le *lampas* ne peut avoir de grandes suites. Il se dissipe à mesure que les nouvelles dents poussent, & n'a pas ordinairement besoin de traitement, selon un des auteurs du dictionnaire de médecine. Si cependant il étoit assez considérable pour empêcher l'animal de manger, je pense qu'il faudroit y remédier, en emportant une partie de cette excroissance avec précaution. Dans ce cas, je préférerois l'instrument tranchant au caustique. (*M. l'abbé* TESSIER).

ACENA du Mexique. *Acœna elongata*, L. Arbuste décrit par M. Mutis dans son traité des plantes du Mexique; il n'a point encore été cultivé en Europe. (*M.* THOUIN).

ACHANUM, *Achanus*, maladie de bœufs. *Voyez* MALBEUS. (*M. l'abbé* TESSIER.)

ACHATS DE BLEDS.

Le mot d'achat en général est la manière de se procurer une denrée ou une marchandise, soit à prix d'argent, soit par la voie des échanges. Ce mot, pris dans toute son étendue, appartient plutôt au dictionnaire de commerce qu'à celui d'agriculture. Je le restreindrai ici à la manière de se procurer des grains, & je puiserai presque tout l'article dans les manuscrits de feu M. Arrault, qui, pendant quarante ans, a consacré une grande partie de son tems & de ses veilles à la fonction importante d'administrateur des hôpitaux de Paris. Son zèle, son activité, son intelligence & son désintéressement ont rendu son nom précieux dans ces asyles de la misère & de l'humanité souffrante. L'on n'en parle qu'avec attendrissement. Toutes les recherches & les observations qu'il a faites sur les approvisionnemens des hôpitaux, m'ont été confiées. J'en ferai usage plus d'une fois, en en rendant toujours hommage à la mémoire de cet homme modeste & vertueux, mort en 1752.

Depuis que l'art de la meûnerie & de la boulangerie se sont perfectionnés, quelques personnes ont pensé que le commerce de farine seroit plus avantageux & auroit moins d'inconvéniens que celui du bled en nature. M. Parmentier, qui s'est occupé de cet objet avec beaucoup de zèle, prétend « que le commerce » de farine est l'unique moyen d'empêcher que » les bleds de la plupart des provinces de France » ne perdent de leurs bonnes qualités par le » défaut de soins & d'intelligence. La mouture » économique, selon lui, substituée à toutes les » autres, fera évanouir les nuances légères qui » distinguent les bleds entre eux, en donnant la » certitude constante des produits, tant en farine » qu'en son, d'un poids & d'une mesure connus; » elle mettra les magistrats à portée d'asseoir la » taxe du pain, toujours en proportion du prix » des grains, sans fouler ni le public, ni le fa- » bricant; elle procurera cette égalité si de- » sirée entre le propriétaire & le consommateur, » en donnant à l'un le débouché du superflus » de ses récoltes, & en assurant à l'autre sa nour- » riture dans tous les tems. »

» Le commerce de farine sera un moyen heu- » reux & facile d'empêcher les spéculations des » monopoleurs & des capitalistes; il ouvrira une » nouvelle branche à l'industrie, en faisant valoir » nos manufactures, & en laissant dans l'intérieur » de chaque province, des farines bises pour la » nourriture du pauvre, & des issues pour en- » graisser les bestiaux. Il permettra d'avoir tou- » jours en avance des provisions considérables » de farines, pour mettre à l'abri des évène- » mens, qui peuvent rendre cette denrée très- » rare par les accidens qui suspendent les mou- » tures, ou qui rendent le transport impraticable;

» enfin il donnera la faculté de préparer, d'une » extrémité à l'autre du royaume, un pain plus » blanc, plus substanciel, plus constamment égal, » & à meilleur compte. Ainsi, les ressources » naîtront des ressources, & nos provinces aug» mentant leurs revenus, en enrichissant les ha» bitans, les nourriront infiniment mieux, & à moins de frais. » *Mémoire sur le commerce des bleds & des farines*, par M. Parmentier.

Il n'est pas douteux que la mouture économique ne soit plus avantageuse que l'ancienne mouture, puisque celle-ci n'extrait pas des grains toute la belle farine, dont une partie se confond avec le son, & est donnée à des bestiaux, qu'on peut nourrir avec de la farine de moindre qualité, unie avec le son. Il est donc à desirer que la mouture économique s'établisse dans tout le royaume; mais il ne me paroît pas aussi certain que le commerce de farine, s'il devenoit général, fût préférable au commerce de bled. La farine n'est-elle pas plus susceptible de s'altérer que le bled? N'est-il pas à craindre que, par la facilité qu'on aura de mêler des grains de toute espèce, sans qu'on s'en apperçoive, on n'en fasse manger de mauvaise qualité? Il y a des farines qui, au sortir du moulin, paroissent bonnes, & qui se corrompent néanmoins quelque tems après. La mouture est même un moyen qu'on emploie pour masquer des bleds suspects, qu'on destine à être employés promptement. En supposant qu'on adoptât le commerce de farine plutôt que celui du bled, il faudroit toujours que les fermiers vendissent du bled, & par conséquent l'exposassent dans les marchés. Les paysans qui récoltent un peu de bled, sont pressés, après la moisson, de le faire moudre pour avoir du pain; ils ne seroient pas en état d'acheter de la farine, ne pouvant même payer la mouture qu'en grain. Si tous les meûniers n'étoient que marchands de farine, ils ne voudroient pas moudre pour la commune. Comment remédier à ces inconvéniens, si le commerce de farine étoit le seul permis? Je ne propose ceci que comme des doutes & des réflexions, & non comme des objections. La question me paroît si délicate que je ne crois pas qu'on puisse la décider aisément; au reste, il faudroit s'en être occupé plus que je ne l'ai pu faire. Quoi qu'il en soit, il se fera toujours des approvisionnemens de grains, soit pour remplir des magasins ou greniers d'abondance dans les états qui en entretiennent, soit pour nourrir les troupes de terre, ou les personnes renfermées dans les hôpitaux. Les observations de M. Arrault apprendront la manière dont il convient, sur-tout dans le dernier cas, de faire les achats de bled le plus avantageusement, sans léser personne.

Le bled est la substance qui sert à former le pain, & le pain est dans une grande partie de l'Europe la principale nourriture de l'homme.

La connoissance de cette espèce de marchandise est nécessaire à ceux qui en font le commerce: mais elle doit être bien plus étendue dans ceux qui font des achats de bled, dont l'emploi est destiné à un objet particulier, tel que le pain des pauvres d'un hôpital.

Il suffit, en général, à un marchand, qui achète pour revendre, de bien connoître la marchandise dont il fait commerce, pour l'acheter belle & de bonne qualité: s'il est trompé, il s'expose à être ruiné; car en mettant en vente de mauvaise marchandise, ou elle lui reste, ou, en la vendant, il perd son crédit & sa réputation.

Il n'est pas rare de trouver des gens qui distinguent les qualités apparentes du bled, & qui reconnoissent un bled maigre, ou un bled bien nourri, un bled gourd ou un bled glacé: un bled dur ou un bled tendre; un bled piqué, un bled qui a du nez, qui a de la main ou qui n'en a point: un bled ramé & poudreux, un bled qui a un goût de bateau.

Le marchand, qui achète pour revendre, peut se contenter de ces connoissances générales; mais elles ne suffisent pas à celui qui achète dans la vue d'un emploi déterminé. Il faut qu'il en connoisse les qualités particulières dépendantes des terroirs, afin de pouvoir en conséquence mélanger convenablement les bleds dans la fabrication du pain.

Tout le monde sait que chaque terroir produit une différente qualité de bled, qui se fabrique plus ou moins bien, & fait du pain plus ou moins blanc; mais tout le monde ne sait pas la manière de mélanger tous ces bleds pour en rendre l'emploi utile dans la boulangerie.

La différence de la qualité du bled vient non-seulement de celle des terroirs; elle dépend aussi des années, qui, quelquefois, sont défavorables aux biens de la terre de tous les pays: il arrive aussi que le tems propre au terroir d'une province est nuisible à celui d'une autre. Les terroirs gras & humides produisent, dans les années sèches, du bled de meilleure qualité, & les terroirs secs s'accommodent mieux des années humides.

Combien de connoisseurs en bled seroient trompés par rapport à l'emploi dans la fabrication en pain, à la vue d'un bled gros, bien nourri, de belle couleur; ils seroient bien surpris de voir qu'un bled moins gros, de moins belle couleur, seroit vendu plus cher, & préféré par celui qui achète dans la vue de l'emploi: cette préférence seroit dûe à la nature du terroir, qui donne la qualité au bled à la sécheresse ou à l'humidité de l'air, vers le tems de la moisson & pendant la moisson. Un setier de bled trop nourri d'eau contient moins de grains, & donne moins de farine, qui, absorbant moins d'eau dans le pétrissage produit moins de pain.

Aussi, pour être bien sûr de la qualité du

bled & de son emploi, il faut tous les ans, après la récolte, faire des essais qui mettent en état de connoître ce que le bled rend en farine, s'il tire à bis ou à blanc, s'il donne plus ou moins de son, si la farine boit beaucoup, si elle fermente facilement, si elle est de bon produit en pain.

Le vrai prix du bled dépend de ces circonstances. Celui qui coûte plus, & qui produit plus de pain, se trouve ordinairement à meilleur marché que celui qui coûte moins, & qui produit moins.

L'utilité de la fabrication demande un mélange exact des bleds de différentes qualités, & il faut être ouvrier en pain pour bien connoître les effets de toutes ces différentes qualités de bled; car les uns contenant plus de parties glutineuses que les autres, ou ayant plus de saveur ou plus de blancheur, il faut ne les mettre qu'en certaines proportions que l'usage apprend.

Le mélange du bled n'est pas le seul qu'on soit obligé de faire; il faut aussi quelquefois mêler les farines; elles s'échauffent sous la meule; elles s'échauffent même dans les greniers; elles y travaillent suivant le tems & les saisons, comme dans les chaleurs & dans les tems humides; il est nécessaire alors de les mélanger avec des farines qui ne se soient pas échauffées. Mais qui décidera de la proportion des mélanges, si ce n'est un homme accoutumé à fabriquer du pain? encore ne le pourra-t-il souvent qu'après avoir fait des essais.

Il suit de toutes ces réflexions, que, lorsque l'achat des bleds a un objet fixe & déterminé, il est essentiel de le confier à celui qui sait les employer. Le choix des bleds, les soins qu'ils exigent dans les greniers, le mélange qu'on en doit faire avant de les envoyer au moulin pour les réduire en farine, la conservation des farines, la manière particulière de les mélanger & de les convertir en pain, toutes ces parties ont une relation si grande, qu'il est du bien du service de les réunir dans la même main; si on les séparoit, ce seroit laisser à celui qu'on chargeroit de la fabrication du pain, un prétexte pour se défendre contre les plaintes qu'il exciteroit; tantôt il s'excuseroit sur la qualité des bleds, sur le mauvais choix; tantôt sur la négligence de ceux qui doivent veiller à leur conservation dans les greniers; tantôt sur les mélanges, tantôt sur les moutures; & ces prétextes, quoique mal fondés, le mettroient à l'abri des reproches, & le service n'en souffriroit pas moins.

Il y a deux manières générales d'acheter des bleds; l'une, de les acheter à forfait des marchands sur des montres qu'ils présentent; l'autre, par économie, en ne passant point par les mains des marchands, & en tirant les bleds directement des provinces.

Les achats par économie se font aussi de deux manières, ou en écrivant à un commissionnaire, ou en envoyant un homme exprès pour acheter de la première main.

Marché à forfait.

Tout marchand veut gagner, & il est juste qu'il profite, pourvu que ce soit modérément, & qu'il serve fidèlement.

Le marchand est obligé de faire des avances pour son commerce; il y donne ses soins, ses peines, son tems, ses veilles; il court les risques & les hasards; il expose, dans des voyages, sa santé & sa vie; il a une famille, des enfans, dont l'établissement l'engage à soutenir ses fatigues avec courage; c'est un homme précieux à la société, utile à la république; le commerce a ses dégoûts & ses contradictions; le gain est la récompense du commerçant; il ne faut pas le lui envier. Mais, en géneral, on peut dire que les marchands cherchent à gagner le plus qu'ils peuvent; leur intérêt les porte à pratiquer toutes sortes de voies pour y parvenir; les plus attentifs se cachent davantage, & sont les plus dangereux, parce qu'on est moins en état de se mettre à l'abri de leurs manœuvres.

Dans le commerce du bled en particulier, il y a bien des avantages dont le marchand profite seul: c'est un des inconvéniens des marchés à forfait.

1.° Les mesures sont inégales dans les provinces, & cette inégalité fait une différence considérable lorsqu'elles sont réduites à celle de Paris. Dans les pays, comme à Soissons, où la mesure est plus petite d'un tiers que celle de Paris, il n'y a point de bénéfice, mais il n'y a point de perte, parce que la proportion est connue de tout le monde. On compte, à Soissons, trois muids pour deux, à la mesure de Paris. Mais dans les pays où la mesure est plus forte que celle de Paris, il y a un bénéfice considérable. A Pont, les douze sacs font treize setiers & demi de Paris. A Noyon, les douze sacs font treize setiers de Paris. Dans les environs de Meaux, pays qu'on appelle le Multien, les douze sacs font, à peu de chose près, treize setiers de Paris.

2.° Il y a une manière de mesurer le bled dans la province, que le marchand n'a garde de pratiquer en le livrant: elle est avantageuse pour lui quand il achète, & elle nuiroit à ses intérêts quand il vend. Lorsqu'il achète, il a soin que le vendeur, en lui livrant, fasse donner, par les mesureurs, un coup de genou sur le minot, & il a grande attention de ne le point laisser donner quand il vend, parce que ce coup de genou sur le minot tasse le bled; &, par l'expérience, on a connu que cela faisoit une différence d'un minot par muid de bled.

3.° Le marchand, livrant à Paris son bled,

qu'il envoie par bateau, sur lequel en arrivant, il est mesuré par les officiers établis à cet effet, fait un profit considérable, lorsque les grains ont été chargés par des tems humides, ou s'ils ont souffert de l'humidité dans la route, indépendamment de celle que la rivière cause toujours. Cette humidité donne au bled un renflement utile aux marchands & nuisible à l'acheteur; on estime l'augmentation qui en résulte, à un 50e de la charge du bateau : ce renflement, qui produit une bonne mesure fictive, se perd dans le grenier, lorsque les grains sont ressuyés. On peut remédier à cet inconvénient, en convenant que les bleds ne seront reçus qu'après avoir été déposés pendant un certain tems dans les greniers; mais il faut faire les frais d'un second mesurage, qui augmente le prix de la marchandise, & qui donne lieu à des soupçons & à des discussions ordinairement défavorables à l'acheteur.

4.° Le marchand a l'attention de choisir pour la montre ce qu'il y a de plus parfait; il établit le prix commun du marché sur le plus haut prix que le bled a été vendu; & comme il lui est impossible de fournir la livraison entière de ce bled supérieur, vendu au plus haut prix, il gagne beaucoup en achetant & en livrant la plus grande partie en bled au-dessous de ce prix. La différence du prix & celle de la qualité du bled, sur-tout pour l'usage, ne sont pas grandes sans doute; mais, par la multiplication, les petits objets en font un considérable, & le marchand profite.

5.° Il est aussi à craindre que le marchand ne mêle les bleds de différens terroirs, à la faveur de ce qu'ils se ressemblent à la vue, quoiqu'ils soient d'un prix inégal. Le bled de Soissons, par exemple, où il n'y a point de profit sur la mesure, est toujours plus cher que celui de Noyon, dont la mesure est avantageuse. Il y a à Noyon deux sortes de bled, celui du Santerre & celui du Vermandois.

Le bled du Santerre ressemble, à s'y méprendre, à celui de Soissons. Un marchand a fait un marché pour du bled de Soissons; il en achète une partie; il achète l'autre de bled du Santerre; il les mêle; les plus habiles ne peuvent les reconnoître; il gagne sur le bled du Santerre par la différence du prix entre le bled du Santerre & celui de Soissons, & par la bonne mesure de Noyon.

6.° C'est un usage dans les provinces où on fait le commerce de bled que le vendeur y donne ses soins pendant un certain tems, parce que l'acheteur ne peut pas l'enlever sur-le-champ. Le marchand, pour avoir meilleur marché, dispense le vendeur de ces soins; celui-ci, suivant l'usage, doit donner deux coups de cribles à son bled avant la livraison : il est utile de le faire pour nettoyer un bled sortant ordinairement de la grange, & pour éviter les déchets des criblures, qu'on évalue ordinairement à un treizième. Le vendeur, dégagé de ces soins, se relâche sur le prix, & c'est le marchand qui en profite.

7.° La conservation des bleds demande une grande attention dans la route, sur-tout quand on le voiture par eau; il faut le garantir des pluies en le couvrant de paille & de bannes; ce sont des frais sur lesquels le marinier compte, & qui retombent sur le marchand; si ce dernier en dispense le marinier, on lui passe la voiture à plus bas prix : cependant le marchand fait entrer rigoureusement ces frais dans la vente de son bled, comme s'il les payoit. Par-là il augmente son gain, & c'est l'acheteur qui le supporte.

8.° Dans les frais que le marchand compte, soit avec lui-même pour son arrangement particulier, soit avec ceux qui traitent avec lui, il comprend encore le droit de commission pour l'achat dans la province; ce droit est de trois livres par muid, mesure de Paris. Il est facile de sentir qu'un marchand ne peut quitter son commerce, sa marchandise & le lieu de son domicile, pour aller acheter des bleds de ferme en ferme, de grenier en grenier & de marché en marché : que deviendroient ses affaires pendant son absence? il faut donc qu'il ait un correspondant auquel il puisse s'adresser, qui achète pour lui moyennant un droit, fixé par cent, par muid ou par quintal, qui soigne la marchandise achetée, qui la fasse charger, & qui prenne le soin de la lui envoyer. Ce sont des frais de plus; c'est la marchandise qui les paie : c'est-à-dire, celui qui l'achète; car les frais en augmentent le prix. Il arrive quelquefois qu'un marchand intelligent, actif, laborieux, va lui-même en province pour faire une partie de ses achats; mais il n'en paie pas moins le droit de commission, parce qu'il ne peut pas prendre tous les soins nécessaires jusques au chargement : si par hasard il l'épargne, il le compte toujours dans ses frais; cette épargne augmente son gain, mais ce dernier gain est légitime, parce qu'il est la récompense de ses peines, & il n'importe à l'acheteur par qui ces bleds aient été achetés de la première main.

Achats par commission.

Le commissionnaire est une espèce de marchand avec lequel on trouvera les mêmes inconvéniens qu'avec le marchand. Lorsqu'on achète par cette voie, le droit de commission ne peut recevoir d'équivoque; mais ce commissionnaire fait toutes les manœuvres du commerce; il fait toujours payer au prix le plus cher du courant; il mêle les bleds des différens terroirs, & il profite des bonnes mesures & des bonnes livraisons. Le commissionnaire, établi dans la province, amasse des bleds pendant le cours de l'année : il ne manque point l'occasion d'un bon marché : c'est un premier gain pour lui; il y joint celui de la commission : il gagne, pour ainsi dire, plus que le marchand, sur-tout si les bleds sont plus chers, quand il reçoit la commission d'en envoyer, qu'ils ne l'étoient lorsqu'il les a achetés: il est vrai qu'il court les risques du hasard & de la variation du prix; mais un commissionnaire habile pour ses propres intérêts, fait prendre ses précautions, & sa prudence le met hors du risque de perdre.

Le commissionnaire se charge d'acheter & de faire charger; les événemens de la route, inconvéniens considérables, ne le regardent point; que le vent retienne les bateaux sur la rivière: que les bleds y contractent, par un trop long séjour, une humidité contraire à leur conservation; que des pluies fréquentes l'augmentent; rien de ces contre-tems n'intéresse le commissionnaire, qui a rempli sa fonction en achetant & en faisant charger; ils tombent tous sur celui qui a donné l'ordre d'acheter: du moins il y a cet avantage dans les marchés à forfait avec les marchands, qu'on est dispensé de les tenir si la marchandise n'est pas en bon état à son arrivée.

Cette manière d'acheter pourroit être très-utile, si les commissionnaires remplissoient leur devoir avec la fidélité & avec l'exactitude convenables; si, en achetant par commission, ils marchandoient comme pour eux-mêmes; si celui qui leur a donné la commission profitoit des bons prix & des bonnes mesures; mais tous ces avantages tournent au profit du commissionnaire, & sans aucun risque de sa part: c'est de-là que les commissionnaires s'enrichissent plutôt que les marchands.

Les hommes corrompus par les passions, qui exercent sur eux un pouvoir vraiment tyrannique, n'écoutent ni la raison ni la justice; il faut être sans cesse en garde contre les ruses qu'ils emploient pour tromper, & contre l'abus qu'ils peuvent faire de la confiance qu'on a en eux. On est forcé d'avoir recours à d'autres voies, pour ne pas être la victime de leur avidité.

Achats de la première main.

Cette manière d'acheter les bleds mérite seule le nom d'achat par économie; mais on ne peut choisir avec trop d'attention celui qu'on charge de pareils achats; il faut qu'il soit capable & fidèle, deux qualités inséparables & si essentielles, que, si l'une des deux lui manquoit, il ne pourroit remplir sa fonction d'une manière utile. Il faut qu'il soit capable pour bien connoître les qualités des bleds: sur-tout par rapport à l'emploi qu'on en doit faire. Il faut qu'il soit fidèle pour faire profiter des bons marchés qui se présenteront à lui, de la bonne livraison, & de la bonne mesure.

Les profits sur des achats faits de la première main sont immenses; il s'agit d'acheter à propos, de marchander avec scrupule; de mettre à profit la différence des prix, suivant les circonstances particulières qui se rencontrent: un vendeur est pressé de vendre par l'arrangement de ses affaires; quelquefois le bled a un léger défaut qui ne le rend pas moins bon pour l'usage, mais qui en diminue le prix dans la vente: un acheteur habile fait profiter de tout; il a soin de procurer une bonne livraison, une bonne mesure; il veille à ses achats jusqu'au chargement, en faisant remuer & cribler ses bleds aux frais du vendeur, afin d'épargner des déchets, & par conséquent de rendre ses marchés meilleurs. On conçoit combien un préposé, qui ne seroit pas fidèle, auroit de moyens de tromper, en s'entendant avec le vendeur, soit sur la qualité du bled même, soit sur le prix, soit sur la livraison, & en faisant lui-même des mélanges de bleds de différens prix, qu'il feroit payer tous au prix le plus fort.

L'attention sur le choix d'un préposé aux achats, ne peut être trop grande; mais quand il a été choisi avec soin & avec prudence, il faut lui donner une confiance qui l'encourage à bien faire, sans perdre de vue les précautions permises, & dont un honnête-homme, qui ne craint rien, ne peut être offensé. Il convient aussi de récompenser ses peines & son travail de manière à l'engager à bien servir, & à lui ôter la tentation funeste d'abuser de ses fonctions, en se payant par ses mains, & en se faisant à lui-même la justice qu'il croit lui être dûe, & qu'il ne croit pas qu'on lui rende.

De ces trois manières de pourvoir aux achats de bled, sur-tout lorsque l'objet est déterminé, la plus utile est sans doute la dernière.

Ces trois manières, quoique différentes, ne s'excluent pas l'une l'autre. Les circonstances particulières peuvent déterminer à prendre la voie du commissionnaire sur les lieux. Les occasions d'un marché à forfait avantageux, peuvent le faire préférer: mais en général la véritable économie se trouvera bien plutôt dans les achats faits par un homme préposé, qui ira pour acheter de la première main, qui aura dans la province des correspondances pour l'instruire du cours par rapport aux prix, & lui indiquer les parties de bled à vendre, qui achetera avec sagesse & avec précaution, qui rendra un compte fidèle de ses achats, & qui, regardant comme injustes tous les bénéfices qu'il pourroit faire, les laissera tous à ceux qui l'emploient. Dans le cas même où l'on seroit obligé de prendre pour faire les achats, la voie du commissionnaire, ne seroit-il pas convenable & utile d'envoyer sur les lieux un homme sûr pour voir la conduite du commissionnaire?

J'ai exposé, d'après M. Arrault, les différentes manières de faire des achats de bleds, qui peuvent être employés pour former des magasins, & sur-tout pour la consommation d'un grand nombre de gens à nourrir, comme dans les hôpitaux. En balançant les avantages de chacune de ces manières, j'ai prouvé que la plus économique étoit de se servir d'un préposé, capable de faire le profit de ses commettans, en leur procurant la bonne mesure, & en veillant à la livraison. Il faut maintenant expliquer ce qu'on doit entendre par bonne mesure & bonne livraison.

De la bonne mesure.

La bonne mesure dans la livraison d'une grande quantité de bled, est un objet qui n'est point à négliger. Il y en a de deux sortes, une dépendante de la différence des mesures, lorsqu'on achète dans un pays où la mesure est plus grande, & l'autre dépendante de l'attention de l'acheteur, qui engage le vendeur ou à mettre le minot moins ras, ou à donner le dernier minot de chaque setier plus comble, & même la totalité du dernier minot de chaque muid, ou à faire présent d'une certaine quantité de bled par-dessus chaque muid, ou à la fin du mesurage de la partie vendue.

Un exemple rendra ces différences sensibles. En l'année 1733, l'hôpital-Général de Paris fit faire un achat de bleds; il étoit alors à un prix favorable aux acheteurs: il en chargea le sieur Gibert, maître boulanger, qui alla à Soissons, à Noyon & à Pont; pays où les mesures sont différentes.

A Soissons, la mesure est d'un tiers plus petite que celle de Paris; l'usage de cette province est de compter trois muids de Soissons, pour deux de Paris. A Noyon & à Pont, on achète les bleds au sac, & c'est une chose établie que le bénéfice de la bonne mesure est plus considérable dans les pays où le bled s'achète au sac. Les douze sacs de Noyon font ordinairement treize setiers de Paris. Les douze sacs de Pont égalent treize setiers & demi de Paris. Ce qui établit un excédent de mesure relativement à Paris, qui est d'un treizième à Noyon & d'un treizième & demi à Pont. Outre cette bonne mesure générale qu'on trouve à Noyon & à Pont, & qui fait un bénéfice considérable en le repartissant sur la totalité de l'achat, il y a à Soissons même une autre sorte de bonne mesure, indépendante de la comparaison des mesures, & qui vient de la manière dont l'acheteur se fait livrer le bled par le vendeur.

Le préposé par l'hôpital acheta à Soissons neuf cens trente-un muids neuf setiers réduits à la mesure de Paris, suivant les lettres de voiture; ces neuf cens trente-un muids neuf setiers ainsi chargés à Soissons, ont rendu à Paris neuf cens quarante-trois muids neuf setiers, ce qui donne un bénéfice de douze muids & neuf setiers, provenant, non pas de l'avantage général de la mesure, puisque celle de Soissons, comme on l'a dit, est plus petite d'un tiers, mais de l'attention de l'acheteur, de la manière dont le vendeur a fait mesurer ses bleds lors de la livraison.

Il acheta à Noyon cinq cens cinquante-neuf muids six setiers de bled, à la mesure de Noyon & on trouva à Paris six cens vingt-un muids deux septiers six boisseaux; ce qui fait soixante-deux muids deux setiers & six boisseaux de bonne mesure.

Suivant l'usage ordinaire, les douze sacs de Noyon formant treize setiers de Paris, les cinq cens cinquante-neuf muids six setiers devoient produire cinq cens cinquante-neuf setiers six boisseaux, ou quarante-cinq muids neuf septiers six boisseaux de bonne mesure, & il s'en est trouvé sept cens quarante-six setiers six boisseaux, ou soixante-deux muids deux setiers six boisseaux; ce qui fait un bénéfice de cent quatre-vingt-dix-sept setiers de plus, c'est-à-dire, de seize muids, cinq setiers; & ce dernier bénéfice provient de l'attention du préposé, à la livraison du vendeur.

A Pont, il acheta deux cens quatorze muids cinq setiers six boisseaux de bled, qui ont rendu à la mesure de Paris deux cens quarante-six muids six setiers neuf boisseaux; ce qui fait un bénéfice de trente-deux muids un setier trois boisseaux, dû à l'excédent de la mesure de Pont, 1.° d'un setier & demi plus forte par muid que celle de Paris; & qui, sur les deux cens quatorze muids cinq setiers six boisseaux, a produit vingt-six muids de bonne mesure, 2.° à la bonne livraison qui a augmenté le bénéfice de six muids un setier & trois boisseaux. Il étoit même d'usage à Pont, & les vendeurs ne s'y refusoient pas lorsque l'acheteur, instruit & attentif, le demandoit, de donner le cinquantième sac par-dessus sans le compter.

Sur tous ces achats, qui montoient à mille sept cens cinq muids trois setiers, le bénéfice de la bonne mesure a monté à cent sept muids neuf boisseaux; savoir, soixante & onze muids neuf setiers & six boisseaux, provenans de l'excédent des mesures de Noyon & de Pont, comparées à celle de Paris, & trente-cinq muids trois setiers trois boisseaux, provenant de la manière de faire mesurer tout le grain à Soissons, à Noyon & à Pont.

Il résulte de cette différence, qui n'est aussi sensible que parce que l'achat s'est fait en grand; 1.° que quand il s'agit d'approvisionnemens considérables, il est avantageux de se fournir de bled dans les marchés où la mesure est la plus forte, toutes choses étant égales d'ailleurs; 2.° qu'un homme intelligent & honnête fait, pour le profit de ses commettans, augmenter la masse de ses achats par les attentions qu'il a à se faire donner dans le détail une bonne mesure, qui est d'usage dans le commerce des bleds. 3.° que le bénéfice produit par ces augmentations, diminue le prix de la denrée. Si on objecte que, dans les marchés où la mesure est plus grande, le fermier où le marchand vend son bled à proportion, je répondrai que cette proportion n'est observée que quand les mesures sont très-différentes les unes des autres; mais non quand un setier ne diffère d'un autre que d'un treizième ou d'un treizième & demi, comme à Noyon & à Pont. C'est sur l'avantage qu'il y a d'acheter dans un pays de grande mesure, pour vendre dans un pays de petite mesure, qu'est établi principalement le commerce des blâtiers, gens qui achètent de petites parties de bled pour les transporter dans les marchés. En supposant qu'on ne dût pas compter sur le bénéfice de l'excédent des mesures, quoi qu'on y puisse compter dans les pays où il n'est pas assez fort pour accroître le prix, il n'en est pas moins vrai que la manière de mesurer les grains peut procurer une augmentation dans les achats. Le marchand qui fait un gros débit, avec sûreté de paiement, se relâche aisément de la rigueur de la livraison, & cède volontiers ce qui est d'usage. Le fermier qui a soin de mettre dans chacun de ses sacs un peu plus de bled, afin d'avoir sa mesure plus forte que foible, en cas qu'un sac se perce en chemin, donne toujours ou gratuitement, ou pour un prix modique, l'excédent de sa mesure, enfin, le mesureur lui-même, quand il est surveillé, est plus exact à remplir le minot comme il convient; ces attentions suffisent pour rendre plus avantageux un grand achat, & je viens d'en donner une exemple manifeste, par un fait remarquable, qui prouve combien Messieurs les administrateurs de l'Hôpital-Général de Paris avoient eu raison de placer leur confiance dans la personne dudit sieur Gibert, maître boulanger.

Je crois devoir placer ici l'état du plus ou moins de bonne mesure des marchés où se fait l'approvisionnement de Paris, extrait par M. Arrault, du traité de la police, tome 2, livre 5, titre 8, chap. 1. 2.

Cet état indique les profits sur lesquels on peut compter, quand on achète, ou pour vendre ou pour employer à la mesure de Paris. L'objet de comparaison est le muid, composé de douze setiers, pesant chacun, en froment, de 240 à 250 l.

Le setier, contient deux mines.
La mine, deux minots.
Le minot, trois boisseaux.
Le boisseau, quatre quarts.
Le quart, quatre litrons.
Le litron est de trente-six pouces.

A Meaux en Brie & dans les environs,
On gagne sur le muid, trois minots, mesure de Paris.

A la Ferté-Sous-Jouars,
Un setier.

A Coulommiers en Brie,
Rien.

A Rebets,
Un setier.

A la Ferté-Gaucher,
Deux setiers.

A Montmirel,
Un setier.

A Tournant en Brie,
Il manque un minot par muid.

A Chaume,
Il manque un minot par muid.

A Rozai,
On gagne deux minots.

A Provins,
Rien.

A Melun,
On gagne trois minots.

A Brie-Comte-Robert,
La mesure se trouve trop juste à Paris.

A Corbeil,
On gagne un minot.

A Nogent-sur-Seine,
Rien.

A Anglure-sur-Seine,
Rien.

A Villeneuve-le-Roi,
Rien.

A Montereau-faute-Yone,
On gagne une mine.

A Bray-sur-Seine,
Rien.

A Auxerre,
Rien.

A Montargis,
On gagne une mine.

A Nemours,
Une mine.

A Chartres,
Un setier.

A Étampes,
Un setier.

A Dourdan,
Rien.

A Montlhéri-long-Boyau,
Il manque ordinairement un minot par muid.

A Chevreuse,
On gagne deux setiers.

A Rambouillet,
Rien.

A Lizi-sur-Ourq,
On gagne trois minots.

A Chesy-sur-Ourq,
Rien.

A Dormant-Galvesse,
Rien.

A Charly-Galvesse,
On gagne un setier.

A Château-Thierry-Galvesse,
Rien.

A Châlons-sur-Marne,
Rien.

A Vitry-le-François,
On gagne un setier.

A Gonnesse en Parisis,
Rien.

A Dammartin,
Rien.

A Nanteuil-Audoin,
On gagne trois minots.

A Crépi en Valois,
Un minot.

A Villers-Cotterets,
Un minot.

A la Ferté-Milon,
Deux minots.

A Saint-Denys en France,
Un minot.

A Senlis en France,
Cinq minots.

A Pont-Sainte-Maixance,
Sept minots.

A Meru en Picardie,
Un setier.

A Compiègne,
Sept minots.

A Roye en Picardie,
Deux setiers.

A Montdidier,
Deux setiers.

A Noyon en Picardie,
Cinq minots.

A Beauvais en Picardie,
Trois minots.

A Soissons,
On trouve peu de bonne mesure.

A Attichy en Soissonnois,
On gagne deux minots.

A Saint-Germain-en-Laye,
Rien.

A Rouen en Normandie,
Rien.

Aux Endelis en Normandie,
On gagne un setier.

A Mantes en Normandie,
Deux setiers.

A Veli-sur-Aisne,
Rien.

A Poissi en Normandie,
Rien.

A Pontoise en Normandie,
On gagne trois minots.

A Beaumont en Beauvaisis,
Trois minots.

Voyez les mots MESURE & MUID.

(*M. l'abbé* TESSIER.)

ACHE. Synonyme du nom d'un genre de plante nommé en latin *Apium*. *Voyez* PERSIL.

ACHE d'eau, ou Berle, synonyme françois du *sium latifolium*. L. des botanistes. *Voyez* BERLE A FEUILLES LARGES. (*M. THOUIN*).

ACHE de montagne, ou Liveche, synonyme françois du *Ligusticum Levisticum*. L. *Voyez* ANGELIQUE A FEUILLES D'ACHE. (*M. THOUIN.*)

ACHÉES ou LAICHES, *Insectes*.

Tous les cultivateurs savent le tort que font les vers de terre aux semis nouvellement faits, soit en pleine terre, soit en pots ou en caisses. Ces insectes appellés *Achées* ou *Laiches*, &c. en creusant leurs galeries souterraines, détruisent non-seulement les jeunes plantes qui se trouvent sur leur passage, mais encore font périr les autres, en établissant des conduits qui détournent l'eau de sa destination, & rendent nul l'effet des arrosemens qu'on leur donne.

Il est donc avantageux de connoître les moyens de détruire ces insectes. Il y en a plusieurs dont on peut faire usage.

Le premier consiste à visiter la nuit, à la lumière d'une lanterne sourde, les nouveaux semis. Les vers alors se promenant sur la surface de la terre, il sera facile de les prendre & de les mettre dans une terrine à mesure qu'on les ramassera ; mais il faut que cette chasse soit faite en silence, le moindre bruit suffit pour les faire rentrer en terre. En répétant cette opération trois ou quatre fois de suite, on parvient à se débarrasser de ces insectes pour plusieurs mois. Il est bon d'observer qu'ils ne sortent point la nuit lorsque la terre est sèche, ou qu'il fait du vent.

Le second moyen produit à-peu-près le même effet ; mais il est sujet à quelques inconvéniens. On prend un pieu de quatre à cinq pieds de long & de quatre à cinq pouces de diamètre, affilé par un bout ; on l'enfonce dans une plate-bande, & on l'agite en tous sens, sans interruption, pendant douze à quinze minutes. Les vers qui se trouvent à la circonférence d'une toise, sortent à la surface, & on les prend.

3.° On obtient le même effet en frappant avec une bûche ou un maillet, pendant un quart-d'heure, ou environ, toujours à la même place & sans remuer les pieds. Cette méthode peut être pratiquée pour les semis en caisses ou en pots. En frappant les parois extérieures des vases, on en fait sortir les vers.

Le quatrième moyen ne peut se pratiquer que dans le tems où il y a des noix vertes. Prenez en un quarteron ou deux ; rapez-en le brou dans un sceau ou tout autre vase plein d'eau, dans laquelle vous le laisserez infuser quelque tems. Portez ensuite cette eau sur les lieux où il y a des vers, & répandez-la avec un arrosoir à pomme. L'amertume de cette eau fera sortir les vers dans l'espace d'un quart-d'heure.

On prétend aussi que les infusions de feuilles de noyer ou de chanvre produisent le même effet. Le vert-de-gris bouilli dans le vinaigre, est encore employé à cet usage ; mais le remède peut occasionner des accidens plus dangereux que le mal, & il est prudent de ne point s'en servir.

On recommande encore de mettre tremper les graines, avant de les semer, dans une lessive où l'on a mis de la chaux tamisée. Cette espèce de chaulage donne aux graines un goût qui subsiste long-tems, & en écarte les vers. (*M. THOUIN.*)

ACHILLÉE. *ACHILLEA*.

Genre de plante de la famille des COMPOSÉES. Voyez ce mot. Toutes les espèces de ce genre, aussi utile qu'intéressant, sont vivaces & herbacées ; presque toutes ont un feuillage agréable nuancé depuis le blanc jusqu'au verd le plus foncé. Leurs fleurs sont blanches, jaunes ou rouges, plus ou moins apparentes, & chaque partie de la majeure portion des espèces est odorante.

Ces plantes vivaces se propagent aisément par le moyen de leurs semences, & encore mieux par leurs drageons enracinés ; elles supportent facilement, pour la plupart, nos hivers en pleine terre. Les plus délicates n'ont besoin du secours de l'orangerie, que pendant les fortes gelées.

Les vertus médicinales de quelques-unes des espèces de ce genre, les font rechercher dans les écoles de plantes usuelles en médecine. Celles dont les fleurs sont très-apparentes, servent à la décoration des jardins symmétriques, & toutes peuvent produire, dans les jardins paysagistes, des effets de détail aussi agréables que piquans.

Les achillées croissent naturellement dans les climats froids & dans les climats tempérés ; la Sibérie, les hautes montagnes de l'Europe, le Nord de l'Amérique, le Levant, les Isles de l'Archipel, sont les lieux qui ont fourni le plus d'espèces de ce genre.

Espèces.

1. ACHILLÉE à feuilles de Santoline.
ACHILLEA santolina. L. ♃ du levant.

2. ACHILLÉE visqueuse.
ACHILLEA ageratum. L. ♃ de la Provence & du Languedoc.

3. ACHILLÉE cotonneuse.
ACHILLEA tomentosa. L. ♃ des hautes montagnes de la France.

4. ACHILLÉE pubescente.
ACHILLEA pubescens. L. ♃ du levant.

5. ACHILLÉE à feuilles d'automne.
ACHILLEA abrotanifolia. L. ♃ du levant.

6. ACHILLÉE d'Egypte.
ACHILLEA ægyptiaca. L. ♃ du levant.

7. ACHILLÉE pauciflore.
ACHILLEA pauciflora. L. M. Dict. n.° 9. ♃ du levant.

8. ACHILLÉE à fleur d'or.

Achillea aurea. L. M. Dict. n.° 10. ♃ du levant.

9. ACHILLÉE couchée.

Achillea decumbens. L. M. Dict. n.° 13. ♃ du Kamtschatka.

10. ACHILLÉE à grandes feuilles.

Achillea macrophylla. L. ♃ des hautes montagnes de l'Europe.

11. ACHILLÉE à feuilles de tanaisie.

Achillea tanacetifolia. L. M. Dict. n.° 15. ♃ des hautes montagnes de la France.

12. ACHILLÉE de Sibérie.

Achillea impatiens. L. ♃ du nord de l'Asie.

13. ACHILLÉE des Alpes.

Achillea alpina. L. ♃ des hautes montagnes de la France.

14. ACHILLÉE à fleurs compactes.

Achillea compacta. L. M. Dict. n.° 18. ♃ des hautes montagnes du midi de la France.

15. ACHILLÉE sternutatoire.

Achillea ptarmica. L. ♃ dans les prés humides de l'Europe.

16. ACHILLÉE à feuilles en scie.

Achillea serrata. L. M. Dict. n.° 20. ♃ des Alpes.

17. ACHILLÉE à feuilles en coin.

Achillea cuneifolia. L. M. Dict. n.° 21. ♃ des montagnes du Dauphiné.

18. ACHILLÉE laineuse.

Achillea nana. L. ♃ des montagnes des Alpes.

19. ACHILLÉE odorante.

Achillea odorata. L. ♃ des provinces méridionales de la France.

20. ACHILLÉE à odeur de camphre.

Achillea nobilis. L. ♃ des hautes montagnes de l'Europe.

21. ACHILLÉE commune, ou millefeuille.

Achillea millefolium. L. ♃ commune par toute la France.

22. ACHILLÉE corne de cerf.

Achillea clavennæ. L. des Alpes du Dauphiné.

Culture.

1. ACHILLÉE à feuilles de santoline. Les racines de cette espèce ne s'enfoncent pas beaucoup en terre, mais elles tracent à de grandes distances de leur touffe. Ses tiges s'élèvent à la hauteur d'un pied environ ; elles se terminent par des corymbes de petites fleurs jaunes assez agréables, qui commencent à paroître vers la fin de juin & durent jusqu'au mois d'août. Rarement les graines de cette plante viennent à parfaite maturité dans notre climat. On la multiplie aisément par le moyen de ses drageons enracinés, qu'on sépare des touffes au printems. Elle aime une terre légère, plus sèche qu'humide ; les expositions découvertes, & particulièrement celles du midi, lui sont les plus favorables. Dans les très-grands froids, il est à propos de la couvrir de litière, sur-tout si elle se trouve dans un lieu humide.

Comme cette plante trace beaucoup & change de place, on doit, dans les écoles de botanique, la planter dans une caisse ou dans un pot sans fond, dont il faut avoir soin de renouveller la terre tous les deux ans.

Nous devons cette jolie espèce d'Achillée au célèbre Tournefort, qui la rencontra dans son voyage au levant, en 1701.

2. ACHILLÉE visqueuse, vulgairement eupatoire de Mesué. Cette plante forme une touffe arrondie, d'un verd pâle tirant sur le jaune ; elle s'élève d'environ deux pieds. Ses tiges sont terminées par des corymbes d'un volume proportionné aux tiges ; ils sont composés d'un très-grand nombre de petites fleurs d'un jaune doré, qui produisent un fort bel effet. Ces fleurs viennent vers la mi-juillet, & se succèdent jusqu'au milieu de l'automne. Elles ont, ainsi que les feuilles, une odeur forte qui n'est point désagréable. Les graines de cette plante semées dès le premier printems dans des pots ou terrines & même en pleine terre à l'exposition du levant, dans une terre meuble un peu substancielle, lèvent très-bien, & le jeune plant repiqué vers la mi-juillet en pleine terre, fleurit quelquefois la même année ; mais il est plus expéditif de multiplier cette plante de drageons ou d'éclats, soit à l'automne, soit au printems. Elle est rustique, & s'accommode volontiers de toute espèce de terrein & d'exposition.

Usage : Indépendamment de la place que cette plante doit occuper dans les jardins médicinaux, à cause de ses propriétés, elle peut encore servir à l'ornement des jardins symmétriques, dans les platebandes des grands parterres, & être placée avec avantage sur la lisière des bosquets dans les jardins paysagistes.

3. ACHILLÉE cotonneuse. Cette espèce croît naturellement dans les terreins stériles des provinces méridionales de la France, & forme des touffes d'une verdure blanchâtre, d'où s'élèvent des tiges simples, grêles, hautes de huit à dix pouces, terminées par des corymbes de petites fleurs d'un jaune luisant ; elles ont une odeur fort agréable, & se succèdent une partie de l'été & de l'automne. Cette plante aime les lieux secs, & craint l'humidité. Les fortes gelées de notre climat la font souvent périr en pleine terre ; c'est pourquoi il convient d'en cultiver quelques pieds dans des pots qu'on rentrera dans l'orangerie, mais seulement lors des grands froids, parce que dans tout autre tems, l'humidité des serres lui est aussi contraire que les grandes gelées. On la multiplie de même que les autres espèces de ce genre, par ses drageons & par ses semences, qui mûrissent fort bien dans nos jardins.

Usage : On pourroit se servir de cette plante dans les jardins paysagistes, pour émailler les gazons dont on couvre les grottes & les rochers, en choisissant les expositions sèches & chaudes. Elle y produiroit de la variété par sa verdure cendrée & par la couleur de ses fleurs, en même-tems qu'elle y répandroit une odeur agréable.

4. ACHILLÉE pubescente. Cette plante forme une touffe blanchâtre & arrondie de quinze à vingt pouces de haut; ses fleurs, rassemblées à l'extrémité des branches sont jaunâtres; elles commencent à se montrer vers le milieu du mois de juin & durent jusqu'en septembre. Souvent ses semences parviennent à leur parfaite maturité, avant la fin de l'automne. Cette espèce se multiplie de ses graines & d'œilletons qu'on éclate des vieux pieds, au commencement du printems, & qu'on fait reprendre sur des couches tièdes; après quoi on les place à demeure en pleine terre. L'hiver, lorsque les gelées sont au-dessus de six degrés, il est bon de les couvrir de paille sèche. Cette plante aime les terreins secs & les expositions chaudes.

Usage: Sa couleur blanche peut lui faire occuper une place dans nos jardins symmétriques & paysagistes parmi les plantes vivaces de pleine terre, elle y produira de la variété.

Observation: Elle est originaire du levant & a été apportée en France par Tournefort en l'année 1702.

5. ACHILLÉE à feuilles d'automne. Celle-ci pousse de sa base des feuilles très-longues & finement découpées, du milieu desquelles s'élèvent des tiges de deux à trois pieds de haut, arrondies en masse, & terminées par des corymbes de fleurs jaunes assez apparentes. On la multiplie par le moyen de ses graines, & plus aisément encore par ses drageons, à la manière des espèces précédentes; mais elle est plus délicate; elle a besoin d'être changée de place tous les deux ou trois ans, & d'être garantie des grands froids par des couvertures de feuilles ou de litière.

Usage: On en peut faire le même usage que de la précédente.

Observation: C'est encore une des plantes qui nous a été rapportée du levant par Tournefort.

6. ACHILLÉE d'Egypte. Cette belle espèce est vivace & se cultive en pleine terre. Ses feuilles sont très-blanches, surmontées de tiges hautes de quinze à dix-huit pouces, terminées par des bouquets de fleurs jaunes qui paroissent pendant les mois de juin & juillet; ses semences, qui mûrissent dans les années sèches & chaudes, peuvent être récoltées en août. On sème les graines de cette plante au commencement du printems, dans des pots placés sur des couches, à l'air libre. Le jeune plant doit être repiqué dans des pots, pour passer le premier hiver dans l'orangerie; il ne fleurit pour l'ordinaire que la seconde année; au printems, on peut le mettre en pleine terre dans un terrein sec, meuble & à l'exposition du midi. Comme cette achillée périt quelquefois lorsque les hivers sont rudes, il est bon d'en réserver quelques pieds dans des pots que l'on rentre à l'orangerie pendant les grands froids. On la multiplie aussi d'éclats & de boutures faites dans le mois d'avril.

Usage: La couleur blanche de cette plante, qui contraste avec celle de ses fleurs jaunes, doit lui faire trouver place dans les jardins curieux.

Observation: M. Tournefort l'a trouvée dans l'isle de Stenosa, une de celles de l'Archipel; il en apporta les graines au jardin du roi en 1702, où cette plante s'est conservée depuis ce tems.

7. ACHILLÉE pauciflore. Elle a, par sa forme, beaucoup de rapport avec l'achillée pubescente, mais elle en diffère en ce qu'elle s'élève moins haut, que ses tiges sont moins garnies de feuilles, & que ses fleurs sont plus grandes; d'ailleurs la culture, l'usage & l'historique sont absolument les mêmes.

8. ACHILLÉE à fleur d'or. Cette espèce s'élève de quinze à dix-huit pouces; ses feuilles sont découpées & d'une verdure cendrée; ses fleurs, qui croissent à l'extrémité des branches, sont d'un beau jaune & plus grandes que toutes celles des espèces précédentes. Elle fleurit au commencement de juillet, & dure jusqu'en septembre; ses graines mûrissent presque toutes les années dans notre climat. On multiplie cette plante par le moyen de ses semences, qui doivent être mises en terre au premier printems sur une couche chaude; elle se propage encore de drageons & d'éclats. Les fortes gelées la font quelquefois périr, lorsqu'elle est en pleine terre, dans un sol humide & argilleux; elle y résiste mieux s'il est meuble & léger; mais, dans l'un & l'autre cas, il convient, pour plus de sûreté, de la couvrir lorsque le froid est de sept à huit degrés.

Usage: Cette plante est cultivée dans les jardins curieux pour la beauté de ses fleurs, la couleur & la forme de son feuillage.

Historique: C'est encore une de celles qui ont été apportées au jardin du roi par Tournefort en 1702.

9. ACHILLÉE couchée. Ses racines tracent sous terre à quatre ou cinq pouces de profondeur. Ses tiges de douze à dix-huit pouces de long, sont grêles, sans soutien, & se divisent en plusieurs rameaux qui se terminent, vers le mois de juin, par des corymbes de petites fleurs jaunes qui durent environ six semaines.

Cette plante se multiplie de ses graines, qui n'ont pas besoin du secours des couches. A l'automne, le jeune plant est assez fort pour donner des fleurs. On la multiplie encore par le moyen de ses drageons. Elle vient assez facilement de toutes manières, mais elle périt avec la même facilité. Pour la conserver, il est à propos de la changer de place tous les ans ou du moins tous les deux ans. Elle aime les terreins meubles & substanciels, & ne craint point nos plus fortes gelées.

Usage: Elle n'est guère cultivée que dans les jardins de botanique.

Historique : Ses graines ont été récoltées au Kamtſchatka, pendant le ſéjour qu'y fit l'équipage du capitaine Cook.

10. ACHILLÉE à grandes feuilles. Cette plante pouſſe de très-bonne heure de grandes feuilles découpées, qui ſont bientôt ſuivies de tiges garnies de feuilles d'un beau verd, & terminées par des corymbes de fleurs blanches aſſez apparentes; elles paroiſſent vers la mi-mai & durent juſqu'en juin. Souvent les mêmes pieds repouſſent de nouvelles tiges dans le mois d'août, qui fleuriſſent dans le mois de ſeptembre. Les graines mûriſſent parfaitement dans notre climat. On la multiplie par le moyen de ſes graines, qui doivent être ſemées au mois d'octobre, dans des pots enterrés dans une côtière expoſée au couchant. Si l'on attendoit au printems ſuivant pour ſemer les graines, les jeunes plants ne pouſſeroient que des feuilles pendant l'année, au lieu qu'en les ſemant à l'automne, on obtient des fleurs dès le milieu de l'été ſuivant: la durée de cette plante n'eſt pas de plus de trois à quatre ans. Elle aime les lieux humides & ombragés. On la trouve communément dans les petits vallons des hautes montagnes des Alpes & des Pyrénées.

Uſage : On la cultive dans les jardins de botanique. La beauté de ſon feuillage & de ſes fleurs pourroit lui faire trouver place dans les jardins payſagiſtes.

11. ACHILLÉE à feuilles de tanaiſie. Ses tiges s'élèvent d'environ trois pieds, elles ſe terminent par des corymbes compoſés de petites fleurs purpurines peu apparentes. On multiplie cette plante au moyen des drageons qu'elle pouſſe de ſa ſouche. Elle croît aiſément dans toutes ſortes de terreins, particulièrement dans ceux qui ſont d'une nature ſablonneuſe & légèrement humides. Elle ne craint pas l'ombre.

Uſage : On ne la cultive guère que dans les jardins de botanique; elle pourroit cependant être placée ſur la liſière des boſquets, entre les arbuſtes.

12. ACHILLÉE de Sibérie. Cette eſpèce dont les racines ſont traçantes, pouſſe des tiges droites d'environ un pied & demi de haut, garnies de beaucoup de petites feuilles ſerrées, découpées profondément & d'un verd luiſant. Ses fleurs qui naiſſent au ſommet des tiges, ſont diſpoſées en corymbe & de couleur blanche; elles viennent dans les mois de juin & de juillet. On la multiplie de drageons & de graines; elle aime les terres fortes & humides; les expoſitions ombragées lui conviennent plus particulièrement.

Uſage : Elle figureroit aſſez bien dans les platebandes des parterres, & ſur la liſière des boſquets.

Hiſtorique : Nous la devons aux ſoins de monſieur Demidow, qui l'avoit reçue de Sibérie, & qui nous en a communiqué les graines en 1782.

13. ACHILLÉE des Alpes. Elle s'élève de deux pieds de haut, & forme des touffes arrondies, d'un beau verd, dont le ſommet, dans le tems de la fleuraiſon, eſt couvert de fleurs blanches très-apparentes. Ses racines tracent au loin, & fourniſſent un moyen auſſi facile que commode de multiplier cette plante, qui n'eſt point délicate pour le choix du terrein, non plus que pour l'expoſition. Cependant elle croît beaucoup mieux & devient plus belle dans un bon ſol, un peu humide & ombragé.

Uſage : On la cultive dans les jardins d'ornement. Elle ſeroit propre auſſi à garnir les bordures des boſquets.

14. ACHILLÉE à fleurs compactes. Elle forme une touffe d'environ deux pieds de haut, d'une couleur cendrée; elle pouſſe, dans les mois de juin & de juillet, au ſommet de ſes tiges, des corymbes ſerrés, garnis de petites fleurs blanches peu apparentes. Ses graines mûriſſent dans le courant du mois d'août, & peuvent être récoltées en ſeptembre. On multiplie cette eſpèce par ſes drageons enracinés, & à leur défaut par ſes graines qui doivent être ſemées à l'Automne. Elle aime les terres fraîches, ſubſtancielles & un peu humides; les expoſitions ombragées lui ſont très-favorables.

Uſage : On ne cultive cette plante que dans les jardins de botanique; mais comme elle eſt ruſtique & ne craint pas l'ombre, elle pourroit être employée à garnir la liſière des boſquets.

15. ACHILLÉE ſternutatoire. Elle croît par toute l'Europe, dans les prés & les lieux humides, & n'exige, pour toute culture, que d'être plantée où l'on veut la faire croître. Mais comme elle trace beaucoup, il convient de la relever chaque année, pour en ſupprimer les drageons, qui ne tarderoient pas à occuper beaucoup de terrein.

Par la culture on a gagné une variété de cette plante dont la fleur eſt double & qui ſe multiplie preſqu'auſſi facilement que l'eſpèce ſauvage. On l'emploie dans la décoration des jardins, ſur les parterres. C'eſt une fort jolie plante dont la fleur eſt blanche; on lui donne le nom de bouton d'argent.

16. ACHILLÉE à feuilles en ſcie. Les tiges de cette plante, qui s'élève d'environ un pied, ſont droites, garnies de feuilles blanchâtres, & terminées par de petits bouquets de fleurs blanches. Elle fleurit pendant l'été, & produit quelquefois des graines qui arrivent à leur parfaite maturité. Cette eſpèce ſe propage par ſes drageons, & par ſes graines qui doivent être ſemées auſſi-tôt après leur maturité, dans des pots mis en pleine terre, à l'expoſition du nord. Elles lèvent au printems ſuivant, & le jeune plant eſt en état d'être repiqué vers le milieu de l'été; elle aime un terrein meuble & ſubſtanciel. Quoiqu'originaire des montagnes des Alpes, elle périt ſouvent pendant l'hiver dans notre climat; c'eſt pourquoi il eſt bon d'en conſerver quelques pieds dans des

pots, qu'on rentrera dans l'orangerie pendant les fortes gelées.

Usage : Cette espèce est cultivée dans les jardins de botanique.

17. Achillée à feuilles en coin. Jolie petite plante qui ne s'élève guère plus de quatre à cinq pouces ; ses feuilles sont d'un beau verd ; ses fleurs sont blanches & assez grandes, proportionnément à son volume. Elle se multiplie par ses graines, qui doivent être semées à l'automne dans des pots remplis de sable de bruyère, & placés en pleine terre à l'exposition du nord ; les semences lèvent au printems suivant, & le jeune plant peut rester dans le même pot jusqu'à l'automne ; alors on en fera plusieurs pots qu'on rentrera pendant l'hiver à l'orangerie, sur les appuis des croisées.

Cette plante craint le soleil & l'humidité stagnante ; il convient de la mettre dans du sable de bruyère, & de la placer à l'exposition du nord pendant les grandes chaleurs.

Usage : Elle peut occuper une place sur les gradins de plantes alpines, à cause de sa verdure gaie, & sur-tout de son odeur agréable. Elle est encore propre à garnir les appuis des croisées des orangeries pendant l'hiver.

Historique : Elle croît dans les montagnes des Alpes, d'où elle a été envoyée en nature au jardin du Roi, par M. Allion.

18. Achillée laineuse. Elle approche beaucoup de la précédente par son port ; seulement elle est un peu plus élevée, & d'une couleur blanche dans toutes ses parties. Au reste la culture & l'usage en sont les mêmes.

19. Achillée odorante. Cette espèce s'élève d'environ deux pieds ; ses tiges sont garnies de feuilles très-découpées de couleur blanche ; ses fleurs sont fort petites & d'un blanc sale ; elles sont rassemblées en corymbes à l'extrémité des tiges. Cette plante n'est point délicate & elle se multiplie très-aisément.

Son usage se borne à occuper une place dans les écoles de botanique.

Toute la culture qu'elle exige lorsqu'elle est une fois plantée, est d'être relevée toutes les années, pour diminuer le volume de sa touffe, dont les drageons rempliroient bientôt la platebande où elle se trouve placée.

20. Achillée à odeur de camphre. Les tiges de cette espèce sont plus droites que celles de la précédente, & sa touffe a une figure pyramidale arrondie assez régulière ; d'ailleurs elle exige la même culture, & n'est pas plus délicate.

21. Achillée commune, ou millefeuille.
B. Millefeuille purpurine.
D. Grande millefeuille.

La millefeuille est trop connue pour qu'il soit besoin d'en parler ; mais ses variétés sont intéressantes. La purpurine s'élève plus haut & est plus grande dans toutes ses parties que son espèce. De plus, ses fleurs sont d'une belle couleur pourpre qui la fait rechercher dans les jardins. La seconde variété surpasse encore la première en grandeur ; toutes se multiplient de drageons, & rien n'est aussi rustique que ces plantes.

Usage : La millefeuille commune & la grande millefeuille occupent une place dans les jardins médicinaux. La millefeuille purpurine est employée dans la décoration des jardins d'agrément ; mais il faut qu'elle soit placée à l'ombre, si l'on veut conserver la belle couleur de ses fleurs, que le soleil ternit en peu de tems.

22. Achillée corne de cerf. Cette espèce ne s'élève pas à plus d'un pied ; elle est couverte d'un duvet blanc & cotonneux. Ses fleurs, qui sont rassemblées en petits corymbes à l'extrémité des tiges, sont blanches, & paroissent en juin & juillet. Elles sont remplacées par des semences qui viennent à parfaite maturité dans notre climat. On sème les graines de cette plante à l'automne, dans des caisses à semences ou des pots remplis de sable de bruyère, qu'on place dans une platebande au nord, & qu'on couvre de litière dans les grandes gelées ; les graines lèvent pour l'ordinaire le printems suivant, mais quelquefois plus tard. Lorsque le jeune plant commence à former de petites touffes, on le partage en plusieurs pots remplis de sable de bruyère, mêlé avec un tiers de terre à oranger, pour qu'il ait plus de corps, & pendant l'hiver, on rentre cette plante dans les orangeries, sur les appuis des croisées.

Usage : Cette jolie plante est propre à meubler les orangeries pendant l'hiver, & peut figurer sur un gradin de plantes alpines.

Observation : Quoiqu'elle croisse naturellement sur les hautes montagnes de l'Europe, il est rare qu'elle passe l'hiver chez nous en pleine terre, même en la couvrant avec soin. (*M. Thouin.*)

ACHIT. *Cissus.*

Genre de plante de la famille des *Vignes.*

Ce genre est composé d'arbrisseaux, les uns grimpans ou rampans, & les autres sarmenteux ; la plupart produisent des fruits en baies de différentes couleurs, dont quelques-uns sont employés dans l'économie domestique & dans les Arts.

Toutes les espèces d'achit sont étrangères à l'Europe ; elles croissent dans les trois autres parties du monde, dans les lieux les plus chauds. On les multiplie de graines, de boutures & de marcottes, & l'hiver on les conserve dans les serres chaudes.

Ces arbrisseaux sont très-difficiles à élever dans notre climat, à cause de leur grande délicatesse, & comme les soins & les dépenses qu'exige leur culture, ne sont point compensés par l'agrément qu'ils produisent, on ne les trouve guère que dans les jardins de botanique, où l'on se propose de former une collection de végétaux.

Espèces.

1. ACHIT à feuilles en cœur.

Cissus cordifolia. L. ♄ de l'Amérique méridionale.

2. ACHIT à larges feuilles.

Cissus sicyoides. L. ♄ de l'Amérique méridionale.

3. ACHIT acide.

Cissus acida. L. ♄ de l'Amérique méridionale.

4. ACHIT ailé.

Cissus trifoliata. L. ♄ de l'Amérique méridionale.

1. ACHIT à feuilles en cœur. Cet arbrisseau sarmenteux croît en Amérique dans les lieux déserts ; ses rameaux s'entortillent autour des arbres qui l'avoisinent, & montent jusqu'au sommet; ses feuilles sont amples, d'une forme agréable & d'un beau verd ; il produit des fruits de couleur bleue, presque semblables au raisin ; les nègres en mangent avec plaisir, les oiseaux sur-tout en sont très-friands.

On multiplie cet arbrisseau par le moyen de ses graines, qu'on peut tirer des Antilles ; elles doivent être semées au printems sur des couches chaudes, couvertes de chassis. Lorsque les graines sont fraîches, elles lèvent ordinairement dans l'espace de vingt jours ; avec beaucoup de chaleur, le jeune plant croît assez vite ; il a vers la fin de juillet, six à huit pouces de hauteur; on doit alors le repiquer dans des pots, qu'il est bon de placer sous une bache, jusqu'à la moitié de l'automne. A cette époque, il convient de rentrer les individus dans la serre chaude, & de les mettre dans une tannée, où ils doivent rester la plus grande partie de leur vie.

On multiplie encore cet arbrisseau par la voie des marcottes & des boutures. Elles doivent être faites sur le bois de deux ans, & non sur celui de l'année, qui est trop tendre, & d'une nature trop herbacée.

Usage : Cet arbrisseau est propre à tapisser les murs des serres chaudes, & à former des guirlandes le long des vitraux.

Observation : Cette espèce est encore rare en Europe, & n'y a point encore fructifié.

2. ACHIT à larges feuilles. Elle a le même port que la précédente ; mais ses feuilles sont plus larges & son fruit est noir. Au reste, les moyens de la multiplier, sa culture & son usage sont absolument les mêmes.

3. ACHIT acide. Arbrisseau sarmenteux, dont les branches s'étendent à sept ou huit pieds de distance de leur tronc, & s'attachent à tout ce qui les environne, au moyen de leurs vrilles. Ses feuilles sont petites, divisées en trois parties, d'un verd un peu obscur. Dans notre climat, cette espèce produit vers le milieu du mois d'août, des corymbes de petites fleurs verdâtres, peu apparentes, & qui sont quelquefois suivies de petits fruits acerbes, qui ne peuvent être mangés.

On multiplie cet arbrisseau de graines, de marcottes & de boutures, à la manière des espèces précédentes, mais il est beaucoup moins délicat. On le conserve sur les tablettes des serres chaudes pendant l'hiver, & on peut le laisser à l'air libre, pendant les cinq mois les plus chauds de l'année.

Usage : Cet achit n'est guère propre qu'à figurer dans les jardins de botanique, parce qu'il se dépouille souvent de ses feuilles pendant l'hiver, & qu'il perd même une partie de son jeune bois lorsqu'il est placé dans une serre tempérée.

4. ACHIT ailé. Ses fruits sont noirs lorsqu'ils sont mûrs, & les nègres les mangent. Cette espèce se distingue des autres par ses tiges ailées, mais sa culture est la même, ainsi que ses usages.

Il existe un bien plus grand nombre d'espèces de ce genre, décrites par les Botanistes, mais n'ayant pas encore été cultivées en Europe, nous n'en connoissons pas la culture. (*M.* THOUIN.)

ACHEMINÉ. Cheval acheminé, qui est en disposition de se former au travail. (*M. l'abbé* TESSIER.)

ACHEVÉ. Cheval accoutumé au travail. (*M. l'abbé* TESSIER.)

ACHOPEMENT. *Voyez* BUTES. (*M. l'abbé* TESSIER.)

ACHORES. On appelle ainsi de petits ulcères qui se forment à la tête des poulains lorsqu'ils commencent à porter des licous. Ces petits ulcères sont occasionnés par le frottement qu'éprouve leur peau tendre, à l'époque où ils sont près de jeter leur gourme. L'humeur âcre & limpide qui en découle fait tomber le poil. Ils ne se dessèchent & ne se guérissent quelquefois que lorsque la gourme est passée, ce qui prouve que c'est la même humeur qui sort par des parties affoiblies. On ne doit y appliquer aucuns remèdes, mais seulement les laver & les tenir le plus proprement possible. Il y auroit à craindre, si on faisoit usage de vinaigre & de topiques, qu'on ne fît rentrer cette humeur, & que l'animal n'en mourût, comme lorsqu'on arrête imprudemment la gourme. (*M. l'abbé* TESSIER.)

ACNIDE. *Acnida.*

Genre de plante de la famille des ARROCHES, qui n'est composé que d'une seule espèce peu agréable.

ACNIDE de Virginie, *ou* Chanvre de Virginie. *Acnida cannabina.* L.

Cette plante annuelle ne produit que des fleurs infiniment petites, auxquelles succèdent des semences qui mûrissent vers la fin de juillet. On peut les semer dès l'automne, soit en pot, soit en pleine terre, dans un sol humide, & à une exposition ombragée. Au printems suivant, lorsque les jeunes plants sont assez forts, on doit les repiquer en place. Ils exigent un sol meuble & des arrosemens fréquens; ils veulent de plus être garantis du grand soleil pendant les mois de juin & de juillet.

Usage : Cette plante n'est propre qu'à occuper une place dans les écoles de botanique.

Historique : On la trouve fréquemment dans les marais salins de la Virginie & de plusieurs autres parties de l'Amérique septentrionale. Il y a grande apparence que par la combustion on en tireroit de l'alkali, comme de beaucoup d'autres plantes de la même famille. (*M. Thouin.*)

ACONIT. *Aconitum.*

Genre de plante de la famille des Renoncules. *Voyez* ce mot.

Ce beau genre est composé d'espèces vivaces qui forment pour la plupart des masses touffues, d'une forme pyramidale, & d'une verdure foncée, lesquelles se terminent par des épis de fleurs jaunes ou bleues très-apparentes.

Presque toutes les espèces de ce genre croissent en Europe, sur les hautes montagnes, dans les petits vallons arrosés par des eaux vives; elles se plaisent dans les terreins profonds & substanciels, & préfèrent les expositions ombragées.

Ces plantes se multiplient par le moyen de leurs graines, & plus promptement encore par la voie des œilletons. Elles croissent en pleine terre dans notre climat, & sont rustiques & très-vivaces.

Quelques-unes des espèces d'aconit sont d'usage dans la médecine, d'autres servent à orner les parterres des jardins symmétriques & toutes peuvent figurer avec avantage dans les jardins paysagistes.

Espèces.

1. Aconit tue-loup.
Aconitum Lycoctonum. L.

2. Aconit napel.
Aconitum napellus. L.

3. Aconit des Pyrénées.
Aconitum Pyrenaicum. L.

4. Aconit salutifère.
Aconitum anthora. L.

5. Aconit panaché.
Aconitum variegatum. L.

6. Aconit paniculé.
Aconitum paniculatum. La M. Dict. n.° 6.

7. Aconit à grandes fleurs.
Aconitum cammarum. L.

8. Aconit à crochet.
Aconitum uncinatum L. ♄ de l'Amérique tempérée.

Les aconits, n.os 1. 3. 4., s'élèvent à la hauteur d'environ quatre pieds; leurs fleurs sont jaunes ou jaunâtres; leurs feuilles, plus ou moins grandes, sont découpées d'une manière agréable; leur verdure est foncée & luisante. Les n.os 2. 5. 6. & 7. ont des fleurs bleues de différentes nuances & plus ou moins grandes; toutes les fleurs de ces espèces d'aconits sont assez apparentes pour être mises au rang des fleurs de parterre. Elles paroissent dans les mois de juin & de juillet.

On multiplie tous les aconits de graines qui doivent être semées immédiatement après la récolte, dans des pots, dans des terrines ou des caisses remplies d'une terre légère, meuble & substancielle. Les vases doivent être placés en terre à l'exposition du nord, & y rester pendant l'automne & l'hiver, sans autre précaution que celle de les couvrir de feuilles sèches, de fougère ou de paille, dans les fortes gelées seulement. Les graines germent dès le premier printems, & vers le mois d'avril on voit leurs cotyledons se développer; bientôt les feuilles séminales paroissent, & les jeunes plants prennent de l'accroissement. Ils peuvent rester pendant toute cette année dans les mêmes vases & à la même exposition. Ils n'exigent que des sarclages de tems à autres, & des arrosemens pendant l'été. Le printems suivant, les jeunes aconits pourront être repiqués, à l'exposition du nord, dans une platebande de terre meuble, profonde & un peu humide, à la distance de dix-huit pouces; on les laissera dans cette position jusqu'à ce qu'ils aient acquis assez de force pour être plantés à demeure. C'est ordinairement vers la troisième ou quatrième année, lorsqu'ils commencent à fleurir.

On multiplie encore les aconits par le moyen des œilletons qu'on éclate de la souche des vieux pieds. Cette opération se fait dès le premier printems. Il est bon de les séparer le plus près qu'il est possible de la racine-mere, & de ne prendre que ceux qui ont déjà un peu de chevelu; on les plante de la même manière que les jeunes plants & à la même exposition.

Toutes ces plantes, en général, aiment une terre un peu forte, légèrement sablonneuse, humide, & qui ait vingt-cinq à trente pouces de profondeur. Elles préfèrent les expositions ombragées du côté du midi. Il est à propos de relever les touffes tous les quatre ou cinq ans, de les changer de place & de les débarrasser de toutes les racines mortes & pourries qui nuisent au développement & à la vigueur des plantes.

Observation : Lorsqu'on attend au printems pour semer les graines des aconits, il arrive assez souvent qu'elles restent une année entière sans lever, & risquent ainsi d'être mangées par les insectes. C'est cet inconvénient d'une part, & la longueur du tems de l'autre, qui a fait croire à beaucoup de personnes trop impatientes que ces graines ne levoient point, & qu'il étoit par conséquent très-inutile d'en semer dans aucun tems. Cependant il est reconnu qu'elles lèvent très-bien; & il est même très-avantageux d'en faire des semis, parce qu'indépendamment de ce qu'on obtient par ce moyen, des individus plus vigoureux & plus rustiques,

tiques, on peut obtenir encore de nouvelles variétés intéressantes par la couleur des fleurs.

Usage : Les aconits, n.os 1, 2 & 4, tiennent des places distinguées dans les écoles de plantes médicinales. Les espèces, n.os 3, 6 & 7, sont recherchées pour la décoration des parterres dans les jardins symétriques. On les place sur la ligne du milieu des grandes plate-bandes, & toutes ensemble peuvent être employées avec succès à orner les bordures des bosquets, à former des grouppes isolés sur des tapis verds dans les jardins paysagistes. On ne sauroit trop recommander la culture de ces plantes, à cause de leur longue durée, de la beauté de leur port, & de l'éclat de leurs fleurs.

Les qualités nuisibles de quelques espèces ne doivent pas les faire rejetter des jardins ; elles ne pourroient être dangereuses qu'autant que l'on mangeroit de leurs feuilles ou de leurs racines, & comme elles ont une saveur âcre & désagréable, il n'est pas à craindre qu'on soit tenté d'en faire l'essai. (*M. Thouin.*)

On attribue des qualités dangereuses à plusieurs espèces d'aconits. La première espèce porte le nom de *tue-loup*, parce qu'on prétend que sa racine, mêlée avec de la viande, forme une pâtée propre à faire mourir les loups. L'aconit napel n'est pas moins suspect, puisque les anciens, comme on le croit, s'en servoient pour empoisonner leurs flèches à la guerre. On a les mêmes soupçons sur d'autres, sans en excepter même l'*aconit*, dit *Salutifère*. Ce qui suffit pour ne pas employer cette plante à l'intérieur. Il seroit à desirer qu'on eût vérifié sur des animaux les effets pernicieux attribués aux aconits. (*M. l'Abbé Tessier.*)

ACONIT d'hiver, synonyme de l'*Helleborus hyemalis* des botanistes. Voyez HELLEBORE D'HIVER. (*M. Thouin.*)

ACORUS faux, synonyme de l'*Iris pseudoacorus*. L. Voyez IRIS FAUX ACORUS. (*M. Thouin.*)

ACORE. *Acorus.*

Genre de plante de la famille des Joncs, dont nous ne possédons qu'une espèce en Europe, mais qui est douée de propriétés intéressantes.

ACORE odorant. *Acorus calamus.* L.

Cette plante, vivace & rustique, pousse de sa racine des feuilles longues de trois à quatre pieds, plates, entières & d'un verd jaunâtre, qui sont très-odoriférantes lorsqu'on les frotte ou qu'on les brise ; ses fleurs sont peu apparentes ; elles paroissent dans les mois de juin, juillet & août. Cette plante se multiplie par des œilletons tirés de ses racines ; on les place, au printems, sur le bord des eaux, le long des ruisseaux, ou même sous l'eau, à la profondeur d'un à deux pieds. Ce n'est que de cette manière qu'on peut la faire fleurir, & la rendre belle & vigoureuse. Dans les jardins de botanique, où, souvent, il n'est pas possible de lui donner une place analogue à sa nature, on la plante dans un baquet, au fond duquel on met un lit de terre limonneuse, de huit pouces d'épaisseur, & on le remplit d'eau.

Usage : Indépendamment de la place distinguée que ses vertus & ses propriétés doivent lui faire occuper dans les écoles de plantes médicinales, elle figurera très-bien encore dans les jardins paysagistes, le long des ruisseaux & dans les pièces d'eau.

Historique : Cette plante croît dans les fossés marécageux de l'Europe septentrionale. Dans quelques pays, on fait avec ses feuilles, infusées dans l'eau, à la manière du thé, une boisson très-parfumée, & agréable au goût. (*M. Thouin.*)

ACOT, acoter. Terme de Jardinage. C'est adosser du fumier long tout autour d'une couche qui vient d'être semée ou plantée ; ce fumier long entretient la chaleur de la couche & empêche son évaporation, de manière que, si la couche exige un réchaud dix ou douze jours après avoir été faite, cet acot en retarde le besoin, & le réchaud n'est nécessaire que quinze ou vingt jours après. Le fumier long est ensuite mêlé avec le fumier dont on se sert pour le réchaud. Voyez le mot COUCHE. (*M. Thouin.*)

ACRE.

Mesure de terre usitée en France, en Angleterre, & dans les Etats-Unis de l'Amérique. Cette dénomination ou a été portée de Normandie en Angleterre par Guillaume-le-Conquérant, ou en a été rapportée ; d'Angleterre elle a passé à l'Amérique. L'acre de Normandie est composé de quatre verges ou vergées, qui se divisent en demi-verges ou demi-vergées. La verge ou la vergée contient quarante perches quarrées, chacune de vingt-deux pieds de long. L'acre de cette province est donc de cent-soixante perches. L'acre d'Angleterre a aussi cent soixante perches ; mais l'étendue de la perche varie. Pour connoître le rapport de l'acre à l'arpent royal de France & à celui de Paris, voyez le tableau de réduction des mesures de terre que j'ai placé au mot *Arpent*. (*M. l'abbé Tessier.*)

ACRE, (terre âcre.) Voyez AIGRE. (*M. l'abbé Tessier.*)

ACROSTIQUE. *Acrosticum.*

Genre de plante de la famille des fougères (Voyez FOUGÈRES.)

Quoique ce genre soit composé de plus de trente espèces, toutes connues des botanistes, & plus singulières les unes que les autres, cependant nous n'en possédons qu'une dans nos jardins, encore est-ce l'espèce qui croît communément sur les rochers par toute l'Europe septentrionale. Il ne seroit pourtant pas difficile d'envoyer ces plantes en nature des différentes parties du monde où elles croissent. Voyez au mot *transport des plantes*, la manière de faire réussir ces envois.

Elles seroient propres à décorer les rochers des jardins paysagistes. Les espèces qui ne pourroient résister à nos hivers, serviroient à répandre de la variété dans nos serres chaudes; on pourroit même quelquefois y former de petits rochers, sur lesquels elles figureroient avantageusement.

ACROSTIQUE septentrionale. *Acrostichum septentrionale.* L.

C'est une petite plante de trois à quatre pouces de haut, qui croît par touffes dans les fentes des rochers, dont les feuilles sont linéaires, découpées, & d'une verdure cendrée. On la cultive dans des pots remplis de sable de bruyère mêlé de petits cailloux. L'hiver on la place dans l'orangerie, sur les appuis des croisées. Elle craint sur-tout l'humidité. On la multiplie par ses œilletons, qui doivent être séparés au commencement du printems.

Usage: Cette plante pourroit être placée dans les fentes des rochers, à des expositions sèches & chaudes; mais sa petitesse & sa couleur cendrée peu agréables ne lui permettent guère d'occuper d'autre place que celle qu'elle tient dans les jardins de botanique. (*M. Thouin.*)

ACTÉE. *Actea.*

Genre de plante qui fait partie de la famille des pavots; nous ne connoissons que deux espèces de ce genre, dont une a deux variétés. Les espèces & les variétés sont également intéressantes par la forme & la couleur de leur feuillage, & sur-tout par celle de leurs fruits; les unes & les autres sont vivaces, & passent l'hiver en pleine terre dans notre climat. Toutes peuvent occuper une place dans nos jardins, & contribuer à leur ornement.

Espèces.

1. Actée à épi.

Actea spicata. L. ♃ des montagnes de l'Europe.

B. Actée à épi & à fruit rouge.

Actea spicata rubra. ♃ de l'Amérique septentrionale.

D. Actée à épi & à fruit blanc.

Actea spicata alba. ♃ de l'Amérique septentrionale.

2. Actée à grappes.

Actea racemosa. L. ♃ de l'Amérique septentrionale.

La première espèce & ses deux variétés s'élèvent à la hauteur de vingt-quatre à trente pouces; leurs feuilles sont grandes, découpées, & d'un verd jaunâtre; les fleurs, de couleur blanche, disposées en épi très-peu serré, commencent à paroître en Avril & durent environ six semaines; elles sont remplacées par des baies de la grosseur d'un pois, lesquelles, parvenues à leur maturité, prennent une belle couleur noire, rouge ou blanche, très-luisante.

Ces plantes se multiplient de graines qui doivent être semées, en automne, dans des pots remplis d'une terre meuble & substancielle, que l'on place en pleine terre dans une plate-bande, à l'exposition du nord. Les graines germent au printems suivant; mais, pendant cette première année, les jeunes plantes ne poussent que des feuilles. À la fin de l'automne on doit les séparer & les repiquer à un pied de distance les unes des autres, dans un terrein un peu gras, toujours à l'exposition du nord. Il faut avoir soin de les couvrir, pendant l'hiver, de feuilles sèches ou de fougère, de l'épaisseur d'un pied. Pour l'ordinaire, le jeune plant ne donne que des fleurs foibles la seconde année, mais à la troisième il fleurit parfaitement, & alors il est en état d'être transplanté à demeure dans l'endroit qui lui est destiné. Comme la végétation de ces plantes commence de bonne heure & s'arrête dès le mois de septembre, il est à propos de choisir ce mois & celui d'octobre pour les transplanter.

On les multiplie encore par des drageons & des œilletons qui doivent être séparés des racines meres dans les mois de septembre ou d'octobre, & plantés à la manière ordinaire des jeunes plants.

En général les actées aiment les lieux humides & ombragés & les terreins profonds & substanciels.

La première espèce qui croît naturellement dans nos montagnes est rustique & n'exige presque aucuns soins, mais ses deux variétés qui sont originaires de l'Amérique septentrionale ainsi que la seconde espèce, sont plus délicates & demandent une culture plus soignée.

Actée à grappes. Cette espèce, une fois plus grande que la première, pousse de sa racine une touffe de feuilles d'un vert clair, arrondies en masse & surmontées dans les mois de juin & de juillet par de longs épis de fleurs blanches. Ses fruits ne sont pas intéressans comme ceux de l'espèce & des variétés précédentes, ils sont secs & peu apparens, mais ce désavantage est compensé par la forme & le port pittoresque de la plante, qui, d'ailleurs, exige la même culture que les trois précédentes.

Usage: Les actées sont très-propres à garnir les bordures des bosquets; elles y jettent de la variété, les unes par la couleur brillante de leurs fruits, les autres par la beauté de leur feuillage & l'élégance de leur port. La dernière espèce, sur-tout, peut être placée avantageusement dans des positions isolées; elle y produit un effet agréable; c'est une des plus belles plantes que nous ayons reçues de l'Amérique septentrionale. (*M. Thouin.*)

ADAMBÉ. *Adambea.*

Genre de végétaux composé de deux espèces peu connues des botanistes. Ce sont des arbrisseaux de huit à dix pieds de haut, qui portent un grand nombre de branches garnies de feuilles d'un beau verd, lesquelles se terminent par des panicules de fleurs purpurines fort agréables. Ils croissent sur la côte de Malabar, & n'ont encore été ni transportés ni cultivés en Europe. Cependant en raison du pays où ils croissent, il est probable qu'ils se conserveroient dans nos serres chaudes, & qu'ils y produiroient un bel effet par leur verdure perpétuelle & la beauté de leurs fleurs. (*M. Thouin.*)

ADAMIQUE, espèce de terre, *Voyez* Terre adamique. (*M. Thouin.*)

ADELIE. *Adelia.*

Les botanistes ont décrit trois espèces de ce genre, lequel fait partie des plantes qui composent la famille des Euphorbes. (*Voyez* Euphorbe.) Ce sont des arbrisseaux d'une petite stature, d'un port irrégulier, & dont les fleurs n'offrent rien d'agréable pour l'ornement des jardins; on les multiplie par le moyen de leurs semences, & ils se conservent l'hiver dans les serres chaudes; leur culture n'est guère en usage que dans les jardins de botanique, où ils se trouvent encore rarement.

Espèces.

Adelie cotonneuse.
Adelia Bernardia. L. ♄ des Antilles.
Adelie ricinelle.
Adelia ricinella. L. ♄ de la Jamaïque.
Adelie épineuse.
Adelia acitodon. L. ♄ de la Jamaïque.

Les adelies se multiplient de semence qu'on peut se procurer à la Jamaïque & dans quelques autres parties de l'Amérique méridionale. Les graines doivent être semées au printems, dans des pots qu'il convient de placer sur des couches chaudes couvertes de chassis. Lorsque les jeunes plants ont quatre à cinq pieds de haut, on doit les repiquer dans des pots remplis d'une terre légère, qu'on place dans la tannée d'une bache à Ananas, jusqu'à la fin de l'automne; on les transporte ensuite dans la couche de tan d'une serre chaude tempérée, où ils doivent passer l'hiver. Ces arbustes craignent l'humidité pendant cette saison; aussi ne faut-il les arroser que lorsque la terre, dans laquelle ils sont plantés, devient sèche & qu'ils commencent à pousser. Il arrive quelquefois qu'ils fleurissent dès la seconde année, mais jusqu'à présent leurs semences ne sont point encore venues à parfaite maturité dans notre climat.

Historique. Houston, botaniste anglais, contemporain & ami du célèbre Bernard de Jussieu, avoit donné à ce genre, le nom de Bernardia, en l'honneur de ce grand démonstrateur; mais comme Linné avoit déjà consacré ce nom si cher aux botanistes, par son genre du Jussiea, qui est composé de six espèces, il crut devoir en choisir un autre, & préféra celui que nous adoptons ici. (*M. Thouin.*)

ADÈNE. *Adenia.*

Autre genre de plante peu connu des botanistes, & découvert par Forskal, dans l'Arabie. C'est un arbrisseau grimpant, qu'on regarde dans le pays comme un poison très-dangereux; quelques soient d'ailleurs ses autres qualités, celle-ci nous fait desirer que jamais sa culture ne soit introduite en Europe. (*M. Thouin.*)

ADIANTE. *Adiantum.*

Genre de plante de la famille des Fougères.

Ce genre renferme une grande quantité d'espèces aussi intéressantes par la forme que par la couleur de leurs feuilles; mais nous n'en possédons qu'un très-petit nombre en Europe; elles croissent presque toutes dans les pays chauds. On les trouve dans les lieux humides & ombragés; quelques-unes sont parasites.

Ces plantes pourroient être transportées en nature dans des caisses remplies de terre. *Voyez* Transport des plantes.

On pourroit même se les procurer d'une manière beaucoup plus simple & moins dispendieuse. Il ne s'agiroit que de ramasser, dans le tems de la fructification, des feuilles de ces plantes, & d'en faire des lits, que l'on recouvriroit alternativement avec une terre très-légère. Lorsque ces envois seroient arrivés en Europe, soit que les feuilles fussent décomposées, soit qu'elles fussent encore entières, on prendroit alors ce mélange, que l'on étendroit dans des baches très-ombragées, sur un lit de terre sablonneuse, mêlée de détrimens de végétaux à demi-pourris, & on le recouvriroit d'une légère couche de mousse. Avec beaucoup de chaleur & d'humidité, les germes contenus dans ce mélange, se développeroient infailliblement, & donneroient un grand nombre de plantes, sur-tout si la terre dont on se seroit servi pour emballer les feuilles, avoit été prise dans les forêts, où ces plantes croissent naturellement.

Les adiantes pourroient servir à garnir les fentes des rochers & des grottes, soit à l'air libre, soit dans les serres chaudes, suivant qu'elles auroient la faculté de croître dans l'une ou l'autre de ces deux positions.

Espèces.

Adiante reniforme.
Adiantum reniforme. L. ♃ des Isles madères.
Adiante de Canada,
vulgairement capillaire de Canada.
Adiantum pedatum. L. ♃ de l'Amérique septentrionale.

ADIANTE à feuilles de Coriandre, vulgairement capillaire de Montpellier.

Adiantum capillus veneris. L. ♃ de l'Europe tempérée; dans les rochers.

ADIANTE à feuilles en trapeze.

Adiantum trapeziforme. L. ♃ de l'Amérique méridionale.

1. ADIANTE reniforme. Cette plante ne s'élève que d'environ six pouces, & forme une touffe arrondie; de sa racine, sortent de longs pédicules, terminés par des feuilles presque rondes, d'un beau verd luisant en dessus, elles forment avec ces pédicules, comme autant de petits parasols de taffetas verd, montés sur des manches d'ébene très-déliés.

Nous ne possédons cette espèce que depuis six mois; sa culture ne nous est pas encore bien connue; mais, d'après les lieux & le climat où elle croît, nous l'avons placée sur les bords d'un petit bassin d'une serre chaude, entre les jointures des pierres, parmi de la mousse & d'autres plantes. Nous l'avons mise fort près des vitraux de la serre, & à une position ombragée.

Jusqu'à présent elle s'est très-bien soutenue, tandis que d'autres individus que nous avions reçus en même-tems & plantés dans des pots, avec une terre très-sablonneuse, ont tous péri.

Ce premier essai sur la culture de cette plante, paroît devoir réussir; cependant nous ne pouvons encore rien assurer de positif à cet égard.

Observation: Nous la devons, ainsi que plusieurs autres très-intéressantes, aux soins de M. Collignon, Jardinier intelligent, chargé de la culture des arbres fruitiers en nature, dont le Roi veut enrichir les peuples de la mer du sud. Il la trouva dans l'isle de Madère, pendant la relâche qu'y fit au mois d'août 1785, M. le Comte de la Perouse, Commandant en chef l'expédition du voyage autour du monde.

2. ADIANTE de Canada. Plante vivace de l'Amérique septentrionale, qui s'élève d'environ un pied & demi; ses feuilles sont lisses, d'une verdure agréable, & découpées fort également. Elle forme des touffes arrondies d'un port léger. On la cultive en pleine terre dans notre climat. Elle aime l'ombre, l'humidité & les terreins sablonneux. Elle se multiplie de drageons enracinés, qui doivent être séparés dès le premier printems.

Usage: Elle entre dans les Ecoles des plantes médicinales par rapport à ses vertus; on pourroit s'en servir à décorer la base des rochers factices, en ayant soin de la placer à des expositions ombragées, dans des lieux un peu humides, mais à l'air libre.

3. ADIANTE à feuilles de coriandre. Cette espèce croît dans les provinces méridionales de la France; elle est vivace, & ne s'élève que de six à huit pouces; ses feuilles sont d'une verdure claire & rassemblées en petites masses arrondies.

Cette plante se multiplie de drageons enracinés, qui doivent être plantés dans des pots remplis de sable de bruyère, mêlé de petits cailloux. L'hiver, il faut la rentrer dans les orangeries, & la placer sur les appuis des croisées; elle ne craint point le soleil.

Usage: Cette espèce tient un rang distingué parmi les plantes médicinales.

4. ADIANTE à feuilles en trapèze. Cette espèce s'élève d'environ dix-huit pouces; ses feuilles partent immédiatement de sa racine; elles sont supportées par des pédicules d'un noir luisant, qui contraste avec la belle couleur verte de son feuillage, découpé d'une manière très-singulière.

Nous n'avons point encore cultivé cette plante; mais Miller, qui l'avoit reçue de la Jamaïque, dans un pot, dit qu'elle se conserve en Angleterre dans les serres chaudes, & qu'elle y produit une variété agréable parmi les plantes exotiques. Il eût été à desirer, que ce célèbre Jardinier nous eût indiqué la nature de terre, ainsi que le dégré de chaleur qui lui convient; mais il ne nous apprend rien à cet égard. Il est à présumer que la culture de cette plante doit peu différer de celle du polypode doré, qui croît dans le même pays & dans les mêmes positions. *Voyez* à l'article du polypode doré, sa culture. (*M. Thouin.*)

ADIMIAN, nom que les Fleuristes donnent à une tulipe amaranthe, panachée de rouge & de blanc, dont l'espèce est connue des Botanistes, sous le nom de *tulipa gesneriana.* L. *Voyez* le mot TULIPE. (*M. Thouin.*)

ADOLE. *Adolia.*

Genre de plante qui paroît appartenir à la famille des NERPRUNS. (*Voyez* NERPRUNS.) Il est composé de deux espèces, qui sont des arbrisseaux, dont le feuillage est agréable par sa forme & sa couleur. Leurs fleurs ont peu d'agrément; ces arbrisseaux croissent au Malabar, & n'ont point encore été cultivés en Europe. (*M. Thouin.*)

ADONIDE. *Adonis.*

Genre qui renferme des plantes annuelles & des plantes vivaces, dont quelques-unes entrent dans les jardins médicinaux, à cause de leurs propriétés; le plus grand nombre est cultivé dans les jardins d'ornement, par rapport à la couleur des fleurs.

Espèces.

1. ADONIDE annuelle.

Adonis annua. La M. n.° 1. ⊙ de l'Europe tempérée.

2. ADONIDE printanière, vulgairement hellebore d'hypocrate.

Adonis vernalis. L. ♃ des montagnes de l'Europe.

3. Adonide du Cap.

Adonis Capensis. L. ♃ des montagnes du Cap de Bonne-espérance.

1. Adonide annuelle. Cette plante s'élève d'environ un pied ; ses tiges sont droites, souvent rameuses, garnies de feuilles finement découpées, d'une verdure tendre à leur naissance, & terminées par des fleurs plus ou moins garnies de pétales, tantôt d'un rouge vif, tantôt de couleur citrine ou aurore ; elle fleurit depuis le commencement de l'été, jusqu'à la fin de l'automne. Ses graines doivent être semées immédiatement après leur maturité ; mais comme la plante n'est pas susceptible d'être repiquée, il est nécessaire de la semer dans l'endroit même où elle doit rester ; d'ailleurs elle n'est pas délicate sur le choix du terrein, non plus que sur l'exposition. Cependant il est bon d'observer que dans un sol sec & aride, comme celui où cette plante croît dans nos campagnes, elle ne s'élève pas à plus de cinq à six pouces de haut, & ne produit qu'une seule tige, terminée par une petite fleur simple, tandis que dans les terreins substanciels, elle croît à la hauteur de quinze à dix-huit pouces, devient très-branchue & donne de grandes fleurs, qui ont souvent huit pétales.

Usage : Cette jolie plante est employée à la décoration des parterres, où elle porte le nom de *rose rubi* ou de *goutte de sang*, à cause de la vivacité des couleurs de ses fleurs. (*M. Thouin.*)

Elle se trouve dans les champs de froment, de seigle, d'orge & d'avoine, où elle fait peu de tort, parce qu'elle n'est ni forte, ni abondante. (*M. l'abbé Tessier.*)

2. Adonide printannière.

B. Adonide printannière des Alpes.

Ces deux plantes ne paroissent être que des variétés de la même espèce, elles sont vivaces & herbacées ; dès le premier printems, elles poussent de leurs racines des tiges qui s'élèvent environ à dix pouces de haut, lesquelles sont garnies de feuilles très-découpées, d'une verdure gaie ; leurs fleurs sont grandes, jaunes & de différentes teintes. Elles paroissent dès le mois de mars & durent peu de tems, ainsi que leurs tiges qui se dessèchent à la fin de juillet. Les graines de ces plantes doivent être semées quelques jours après la récolte, dans des caisses ou terrines remplies de sable de bruyère, & placées dans une plate-bande au nord. Elles germent au printems suivant, & le jeune plant ne pousse que des feuilles pendant la première année ; quelquefois il fleurit la seconde, mais plus communément la troisième. Il doit être repiqué la seconde année, dans une plate-bande de terre forte, ameublie avec du sable de bruyère ; & à l'exposition du nord. Ces plantes aiment l'ombre, un sol humide & sablonneux, & craignent les fortes gelées. Il sera bon de les couvrir l'hiver, & d'en réserver quelques pieds en pots, qu'on rentrera à l'orangerie sur les appuis des croisées pendant les grands froids.

On multiplie encore cette plante d'œilletons, qui doivent être séparés en Automne, & traités comme les jeunes plants.

Usage : Elle occupe une place dans les jardins médicinaux, à cause de ses propriétés. On la cultive aussi dans les jardins curieux, pour ses belles fleurs jaunes printannières.

3. Adonide. du Cap. Plante vivace, qui pousse chaque année de sa racine un petit nombre de feuilles, d'une nature coriace, & d'une verdure foncée ; ses fleurs sont verdâtres & peu agréables ; on multiplie cette plante de graines envoyées du Cap de Bonne-espérance. Elles doivent être semées au printems, sur une couche tiède exposée au levant. Souvent elles ne lèvent que la seconde année ; le jeune plant peut rester deux ans dans le même pot, après quoi on le repique dans des pots remplis de terre à oranger, coupée par moitié avec du sable de bruyère, & l'hiver on les rentre à l'orangerie sur les appuis des croisées. Il est rare que les semences de cette plante lèvent en Europe, soit qu'elles perdent promptement leur propriété germinative, soit qu'elles soient sujettes à avorter. Il est plus expéditif de la multiplier d'éclats ou de drageons, qui doivent être plantés en Automne.

Usage : Comme cette plante est plus rare qu'agréable, elle n'est guère propre qu'aux jardins de botanique, où l'on se propose de rassembler le plus de végétaux qu'il est possible. (*M. Thouin.*)

ADOS, terme de jardinage, qui désigne un lieu adossé à des abris, soit naturels, soit artificiels, ou qui offre par lui-même une défense contre le nord, en même-tems qu'il présente une exposition au plein midi.

Les ados se forment ordinairement dans la direction de l'est à l'ouest, sur une largeur de trois, quatre & cinq pieds. Ils sont défendus des vents du nord, par des murs, des palissades, des bois ou des brisevents. On les exhausse sur le derrière, de huit, douze ou quinze pouces, & on les incline ensuite sur le devant dans la même proportion, jusqu'au dessous du niveau du terrein.

Les ados se font à la bêche à jauge ouverte, comme un labour ordinaire, avec cette seule différence, qu'au lieu de tenir les terres remuées de niveau, on leur donne une pente plus ou moins inclinée du nord au sud : s'il se trouve un espalier le long du mur qui protège l'ados, il convient de laisser entre le mur & cet espalier, un sentier de quinze à dix-huit pouces de large, tant pour faciliter la taille des arbres, que pour empêcher que les plantes qu'on semera sur l'ados ne nuisent aux arbres.

Les ados contribuent beaucoup au développement des plantes, & procurent ainsi des jouissances plus promptes ; on les emploie ordinairement pour les pois, les fraisiers & les laitues printannières.

Ceux qui sont destinés aux fraisiers & aux pois, doivent être établis dans le courant d'octobre; on y seme; on y plante seulement en novembre, afin que la terre ait le tems de se raffermir un peu.

Lorsque tout est disposé pour le semis des pois, on trace, non pas dans la longueur de l'ados, mais dans sa largeur, des sillons espacés entre eux à deux pouces environ de distance, auxquels on donne six pouces de profondeur; on sème ensuite les pois, que l'on recouvre de quelques pouces de terreau de couche. Les fraisiers doivent être plantés en mottes & en échiquier sur les ados, dont il faut avoir soin d'unir la terre du haut en bas.

Toute la culture de ces ados se réduit ensuite à les couvrir avec de la litière & des paillassons, pendant les neiges & les gelées, & à les découvrir dès qu'il vient un tems doux. Ces légères attentions suffisent pour se procurer des pois & des fraises quinze ou vingt jours avant qu'on en récolte en pleine terre.

Les ados pour les salades printannières, se font dès le mois de février; on les emploie encore pour des semis de légumes ou de fleurs, dont les jeunes plants sont destinés à être repiqués en place.

La culture en ados est une excellente pratique, qui équivant souvent à celle des couches; elle est beaucoup moins dispendieuse, & procure des légumes d'une saveur infiniment supérieure. (*M. Thouin.*)

ADRACHNE, synonyme de l'*arbutus andrachne.* L. *Voy.* Arbousier a panicules. (*M. Thouin.*)

ADRAGANT *ou* Adraganth, synonyme de l'*astragalus tragacantha.* L. *Voyez* Astragale de Marseille. (*M. Thouin.*)

ADVENTICE. Cet adjectif nouvellement introduit en jardinage, vient du mot latin *Adventitius.* Il est employé pour désigner des plantes qui croissent par hasard dans quelque endroit. Les mauvaises herbes, par exemple, sont des plantes *adventices.* Mais de quelque espèce qu'elles soient, bonnes ou mauvaises, elles sont toutes regardées comme adventices, lorsqu'elles n'ont point été semées dans l'endroit où elles se trouvent.

Les plantes adventices sont le fléau des Jardiniers. Ce sont elles qui les obligent à ratisser à chaque instant les allées, à sarcler les planches & à les biner, pour empêcher les plantes adventices de vivre aux dépens des plantes cultivées, & de les étouffer.

Le moyen d'en diminuer le nombre dans les jardins, est de ne point laisser grainer les espèces annuelles, & d'extirper les racines traçantes des plantes vivaces. Avec de la patience & du travail, on vient à bout de s'en débarrasser en partie.

Les terres nouvellement remuées à une certaine profondeur, produisent une multitude de plantes *adventices*, qui doivent leur naissance à des graines enterrées par succession de tems, & qui, privées du contact de l'air, ont conservé leur propriété germinative. (*M. Thouin.*)

ÆGILOPS, nom donné à une maladie des yeux des animaux. (*M. l'abbé Tessier.*)

ÆGIPHILE. *Ægiphila.* Genre de plante de la famille des verveines, dont il n'y a encore qu'une espèce de connue; elle croît à la Martinique, sur la lisière des bois, & y forme un arbrisseau touffu toujours verd; ses fleurs, ainsi que ses fruits, sont peu agréables pour la couleur & la forme. Sa culture nous est inconnue. (*M. Thouin.*)

ÆGOLETRON, c'est le nom que Pline donne à un arbrisseau de la famille des bruyères, du genre de l'azalée, (*Encyclopédie méthodique*), dont elle est la première espèce. *Azalea Pontica.* Linn. *Chamœrhododendros Pontica maxima, mespili folio, flore luteo. Tournef. Corol.* 42.

Cet arbrisseau croît sur les côtes de la mer noire, depuis la rivière d'Uva, jusqu'à Trebisonde, & dans la Colchide ou Mingrelie. Je n'en fais mention ici, que parce qu'on prétend que le miel recueilli sur ses fleurs, rend malade ceux qui en mangent. *Voyez* au mot Abeille, *travail des abeilles hors des ruches.* (*M. l'Abbé Tessier.*)

AÉRER, *agriculture*, donner de l'air. Les animaux ont besoin d'un air renouvellé. Celui dans lequel ils vivent, s'il n'est remplacé par un autre, s'altère bientôt, perd de ses qualités essentielles & devient même pernicieux. Il est donc important d'aérer les endroits habités par des animaux.

J'ai remarqué que dans les étables où l'on tenoit les bestiaux long-tems enfermés sans en renouveller l'air, les plus vigoureux périssoient de la maladie appellée le *sang*, qui a beaucoup de rapport avec l'apoplexie; que d'autres, d'un tempéramment moins sanguin, étoient sujets à des concrétions dans les poumons; qu'enfin les maladies contagieuses y faisoient plus de ravages que dans les étables bien aérées. Ces effets m'ont paru faciles à expliquer. L'air respiré par un grand nombre d'animaux a peu de ressort; n'étant plus en état de dilater les poumons, le sang ne peut plus y circuler librement. Si ce dernier fluide est abondant, il rompt les vaisseaux & cause une mort subite; ce qui a lieu dans les animaux vigoureux. S'il n'est pas en grande quantité, il languit dans sa marche; alors il se forme des engorgemens dans les poumons, dont les humeurs s'épaississent. De là des concrétions quelquefois très-considérables dans des individus foibles. Quand l'air, qui donne la force & la vie, n'a plus ses qualités, les animaux sont incapables de résister à un virus contagieux qui les attaque. Aussi recommande-t-on, dans les épizooties, d'aérer sur-tout les étables. En parlant des habitations des nimaux domestiques, j'indiquerai la manière de les aérer convenablement.

Les plantes ne végètent bien, que quand on leur donne une certaine quantité d'air. On voit languir celles qui en sont privées, ou qui n'en ont pas assez. Les cultures, qui sont trop voisines des bois & des allées, souffrent de n'être pas exposées à un courant d'air, indépendamment du tort que leur font les racines des arbres & leur ombrage.

La préparation & la conservation des produits des récoltes, exige un air renouvellé; tantôt c'est un air sec & frais, tantôt c'est un air chaud & sec qui convient; par exemple, les feuilles du tabac sont dans le premier cas; pour les dessécher, on les expose pendant l'hiver dans des greniers où l'air circule; on n'opère au contraire avantageusement le desséchement de certaines plantes aromatiques, qu'en les tenant en été à un air sec. Les fruits, comme les poires & les pommes, paroissent se mieux conserver dans les endroits où l'air ne se renouvelle pas. (*M. l'abbé* Tessier.)

AÉRER, terme de *jardinage*. C'est non-seulement renouveller l'air qui est renfermé dans les serres & dans les orangeries, sous les chassis & sous les cloches; mais encore placer des plantes à une exposition plus ou moins découverte, dans une atmosphère plus ou moins subtile, plus ou moins dense, suivant la nature ou l'état des plantes. (*Voyez* Air.)

L'air contenu dans les serres, & en général dans tous les lieux renfermés & remplis de plantes, s'altère & se corrompt très-promptement par les émanations qui sortent de ces plantes. Il se corrompt plus promptement encore, lorsqu'il est en même-tems échauffé par une chaleur occasionnée par la fermentation des couches de tannée ou de fumier. Alors les plantes qui sont forcées de vivre dans cette atmosphère viciée, ne poussent que de foibles racines, leurs branches s'étiolent, leurs feuilles se décolorent, & les couches ligneuses de leurs tiges n'acquièrent que peu de solidité. D'un autre côté, cet air corrompu, sur-tout lorsqu'il est chaud, favorise & occasionne le développement des germes d'une multitude d'insectes, tels que les pucerons, les coccus, les araignées des serres, les cloportes, &c., qui se répandent sur les plantes, les salissent, en bouchent les pores, & souvent se nourrissent de leurs feuilles. Les fourmis ensuite, qui sont attirées par tous ces insectes, viennent infester les serres; & en établissant leur demeure au pied des plantes, les font souvent périr. Le moyen de remédier en partie à ces inconvéniens ou de les prévenir, est de renouveller l'air de tems en tems, pour empêcher qu'il ne s'altère trop, & d'en changer la constitution lorsqu'elle est viciée. Mais cette opération exige des précautions qu'il est à propos de ne pas négliger.

On peut aérer les orangeries & autres serres sans feu, toutes les fois que la température extérieure est à cinq degrés au-dessus de zéro, & que l'air du dehors est moins chargé d'humidité que celui qui est renfermé dans les serres. Alors on laisse toutes les croisées ouvertes pendant le jour, & même pendant la nuit, lorsqu'il n'y a pas de gelées ou de changement à craindre dans la constitution de l'air; mais, si le tems étoit brumeux ou chargé de brouillards, il faudroit bien se garder d'ouvrir les serres, parce que ce seroit en augmenter l'humidité, & fournir à l'air intérieur, déjà très-altéré, le moyen de se corrompre encore davantage.

Dans les serres chaudes, toutes les fois que le thermomètre monte au-dessus du degré de chaleur auquel elles sont graduées d'après la nature des plantes qu'on y cultive, on peut y renouveller l'air dans le milieu du jour, même par un tems de gelée, pourvu que l'air extérieur soit sec, & qu'il ne fasse pas un vent trop considérable. Ainsi, par exemple, lorsque dans une serre graduée à dix degrés de chaleur, le thermomètre intérieur s'élève à quinze ou vingt degrés, on peut très-bien y donner de l'air, & attendre, pour refermer les vagislas, que le thermomètre soit redescendu à douze degrés. Mais il faut toujours avoir l'attention d'ouvrir à l'air renfermé dans la serre, une issue du côté opposé à celui d'où vient le vent; & s'il est froid, il faut ajouter à cette précaution celle de ne pas le laisser frapper directement sur les plantes qui s'y trouvent renfermées. Le vagislas, dont nous donnerons la figure dans les volumes de planches de cet ouvrage, remplit parfaitement cet objet. (*Voyez* sa description au mot Vagislas.)

Lorsque le soleil est long-tems sans paroître, que l'air extérieur est toujours froid, & que cependant l'atmosphère de la serre a besoin d'être renouvellée, on allume alors les fournaux pendant le jour, & lorsque la serre commence à être échauffée, on ouvre un ou plusieurs vagislas, que l'on a soin de refermer ensuite avant que l'air intérieur soit devenu trop froid. C'est le thermomètre qui doit servir de guide dans cette circonstance.

S'il survient à la fin de l'automne, & même pendant l'hiver, un tems doux où le soleil paroisse dans toute sa clarté, & où le thermomètre, à l'air libre, s'élève à dix degrés dans le milieu du jour, on doit alors ouvrir les portes & les fenêtres des serres pour en renouveller l'air, & profiter de ces momens rares dans notre climat, pour bassiner légèrement les plantes, ou les asperger avec la seringue.

Mais on ne doit faire usage de ce moyen vers la fin de l'hiver, & sur-tout au printemps, qu'avec beaucoup de prudence & de discrétion, parce qu'alors les plantes sont très-tendres & très-délicates. Comme elles ont été privées du soleil, & habituées, par un séjour de plusieurs mois, à vivre dans un air plus épais que celui de l'atmosphère extérieure, elles seroient fatiguées par le passage subit d'un air épais & stagnant, à un air vif & subtil. Ce n'est que par une gradation insensible qu'on parvient à le leur faire supporter sans que leurs organes en soient offensés. D'abord on ouvre une croisée, quelques jours après on en ouvre deux à côté l'une de l'autre. On les ouvre ensuite plus matin, & on les referme plus tard, en supposant toutefois que le tems le permette, & de cette manière on les habitue insensiblement à supporter l'air extérieur, sans qu'elles s'en trouvent incommodées.

C'est en grande partie à l'inobservance de cette pratique, non moins recommandée par la raison que par l'expérience, qu'on doit attribuer la perte d'un grand nombre de plantes dans les serres, au moment de les en sortir, & lorsqu'on croit être parvenu à les sauver des rigueurs de l'hiver.

Plusieurs jardiniers croient qu'il suffit de donner beaucoup de chaleur aux plantes pendant l'hiver, s'en s'embarrasser d'ailleurs des moyens de renouveller l'air des serres. Il est vrai qu'elles poussent d'abord plus vigoureusement & paroissent plus belles; mais, en supposant qu'elles puissent échapper aux divers accidens qui les menacent, & que nous avons exposés ci-dessus, il y en a toujours un auquel elles échappent rarement, c'est celui du soleil & de l'air extérieur. Lorsque le printems arrive, & qu'il est question de les sortir des serres, les pousses foibles & trop herbacées de ces plantes sont aussi-tôt brûlées par le soleil, ou flétries par l'air extérieur; les racines n'ayant pas assez de forces pour en faire croître de nouvelles, la plante languit, se dessèche & meurt. Ces Jardiniers ignorent sans doute que dans la culture des plantes de serre, il est un principe dont il ne faut jamais s'écarter. C'est qu'au lieu de s'occuper à faire croître les plantes pendant l'hiver, on ne doit s'attacher qu'à les conserver, sur-tout lorsqu'on met quelque prix à leur possession.

Il existe encore une autre pratique usitée dans quelques jardins, qui n'est pas moins meurtrière pour les plantes, lorsqu'on en fait usage peu de tems avant de les sortir des serres; c'est l'habitude où l'on est d'ouvrir des croisées aux deux extrémités correspondantes. Il est sûr que ce moyen est très-expéditif pour chasser l'air stagnant, mais il arrive aussi que ce courant d'air plus vif que l'on introduit dans les serres, rendu plus rapide encore par la dilatation que lui fait éprouver la chaleur du soleil, flétrit sur son passage toutes les tiges herbacées, & brûle les feuilles qui ont poussé dans la serre. Tel est l'effet de cette pratique que les jardiniers atribuent à des *vents-coulis*, à de mauvais vents qui brouissent les plantes. Le seul cas où il soit permis d'user de ce moyen, est celui où la fumée venant par quelque accident à remplir la serre, on veut s'en débarrasser promptement; car alors de deux maux, il faut choisir le moindre.

On renouvelle l'air des chassis & des cloches pour les mêmes causes & dans les mêmes circonstances que nous avons détaillé ci-dessus, &, en outre, pour empêcher les productions hâtives que l'on cultive dans ces endroits, d'être brûlées par le soleil. Il suffit pour cela d'ouvrir les panneaux des chassis, ou de soulever les cloches, soit du côté du midi, soit du côté du nord. Mais ces deux manières ne sont rien moins qu'indifférentes dans la pratique. Toutes les deux sont relatives aux différentes saisons de l'année, & à la nature des végétaux qu'on cultive.

Pendant l'hiver, on donne de l'air aux chassis & aux cloches du côté du midi, parce que l'air du midi est moins froid que celui qui vient directement du nord. Mais pendant la belle saison, & lorsqu'on ouvre les chassis, moins pour avoir un degré de chaleur plus considérable, que pour les aérer, on choisit le côté du nord.

Quand à la seconde acception du mot aérer, il est bon d'observer que les végétaux ont des habitudes différentes, & souvent opposées, relativement à leur nature; que les uns croissent dans les cavités des rochers & dans l'atmosphère la plus épaisse, tandis que d'autres ne peuvent vivre qu'au sommet des montagnes, dans les lieux les plus aérés & dans l'atmosphère la plus subtile, & qu'enfin chaque zone, chaque degré d'élévation même a ses productions particulières. Il est donc très-important, pour la culture des plantes, de connoître leurs habitudes respectives, afin de pouvoir les placer dans la position qui leur convient.

Les plantes nouvellement sorties des serres, doivent être aérées avec précaution. D'abord on les place dans le voisinage de quelques grands arbres qui puissent les défendre des coups de vent, & modérer la trop grande circulation de l'air. On les expose ensuite dans un lieu un peu plus ouvert; & lorsqu'elles n'ont plus rien à craindre du grand air, on les met à la place où elles doivent passer l'été.

Il en est de même des plantes qui sortent de dessous les chassis, & en général de tous les endroits renfermés; elles exigent les mêmes précautions lorsqu'elles y ont séjourné quelque tems.

On doit avoir la même attention pour les boutures qui sont faites sous les cloches & sous les chassis. *Voyez* BOUTURES. (*M. THOUIN.*)

ÆRVE. *Ærva.* Ce genre de plante, que M. le Chevalier de la Marck croit appartenir à la famille des amaranthes, n'est composé que d'une seule espèce qui croît dans les terreins calcaires & sablonneux de l'Arabie; c'est un arbuste d'à-peu-près vingt pouces de haut, qui ne présente rien d'intéressant pour en faire desirer la possession dans d'autres jardins que dans ceux qui sont consacrés à la Botanique. Il n'y a point encore été cultivé. (*M. THOUIN.*)

ÆTHUSE. *ÆTHUSA.*

Genre de plante de la famille des OMBELLIFERES, qui renferme des herbes annuelles, bis-annuelles & vivaces; leur feuillage est très-découpé, leurs fleurs sont petites, blanches ou purpurines, peu apparentes. Elles n'ont guère d'autre usage, que celui d'occuper des places dans les jardins de botanique. Quelques-unes cependant ont des propriétés médicinales. Elles sont toutes originaires d'Europe, & se trouvent en France.

Toutes les æthuses se multiplient par leurs graines, qui doivent être semées en Automne en pleine terre ou en pot, immédiatement après la récolte des semences; si l'on attend au printems suivant, il est rare qu'elles lèvent la même année. On multiplie encore les espèces vivaces, de drageons & d'éclats qui doivent être séparés dès le premier printems. Ces plantes aiment l'ombre, les terreins substanciels & un peu humides. Leur végétation commence dès la fin des grandes gelées, & est accomplie vers la fin de l'été.

Espèces.

1. ÆTHUSE à forme de persil.
ÆTHUSA cynapium. L.

2. ÆTHUSE mutelline.
ÆTHUSA mutellina. La M. Dict. n.° 2.
PHELLANDRIUM mutellina. L.

3. ÆTHUSE à feuilles capillaires.
ÆTHUSA meum. L.

4. ÆTHUSE de montagne.
ÆTHUSA bunius. L.

L'Æthuse n.° 1.er, est annuelle; les espèces 2 & 3 sont vivaces, & la 4.e est bis-annuelle. Comme toutes ces plantes sont rustiques, elles sont d'une culture facile; la 2.e seulement exige d'être plus soignée, il lui faut un terrein plus léger, plus humide, & beaucoup d'ombre. (*M. THOUIN.*)

AFFAISSEMENT, diminution de hauteur, abaissement causé par le rapprochement des parties.

Les couches de fumier, celles de tannée, & en général toutes les terres rapportées, défoncées ou remuées de quelque manière que ce soit, s'affaissent plus ou moins. Les couches de fumier diminuent dans le courant de la première année, d'environ un quart de leur hauteur; celles de tannée à-peu-près d'un cinquième, & toutes les terres nouvellement remuées d'un sixième. Ces proportions ne sont cependant pas invariables, elles changent en raison de certaines circonstances particulières. Par exemple, des couches faites avec un fumier consommé, foulées ensuite, & piétinées à chaque lit, tasseront moins que celles qui seront uniquement composées de litière. Il en est de même des terres qui se trouvant plus ou moins rapprochées après les labours, les remblais ou les défoncemens s'affaisseront plus ou moins; mais ces données suffisent pour guider le cultivateur intelligent, & le mettre dans le cas de donner à ses couches, sur-tout à celles qu'il construit à demeure, une hauteur proportionnée à l'affaissement qu'elles doivent éprouver dans la suite, afin qu'il ne soit pas obligé de les exhausser de nouveau, & de relever les plantes dont elles sont couvertes. Ces notions générales le guideront encore sur le degré de profondeur qu'il convient de donner aux plantes qu'il mettra dans des caisses, dans des pots, ou même en pleine terre, pour qu'elles ne se trouvent pas trop enterrées, ou trop déchaussées, lorsque les terres auront acquis, par le rapprochement de leurs parties, la solidité dont elles sont susceptibles. (*M. THOUIN.*)

AFFAISSER, en terme de jardinage, c'est marcher ou piétiner une couche nouvellement faite, une planche nouvellement semée. On affaisse une couche pour empêcher qu'elle ne s'abaisse trop dans la suite, & ne descende au-dessous de la hauteur qu'elle doit avoir, sur-tout lorsqu'elle est construite à demeure.

On piétine une planche pour affermir la terre & empêcher les insectes qui détruiroient les graines, de se frayer trop aisément des chemins à travers les parties nouvellement divisées. Un autre avantage commun à ces deux opérations, est d'exciter plus promptement la germination des semis, & de rendre la terre, par le rapprochement de ses parties, plus propre à retenir l'humidité nécessaire au développement des germes.

Pour affaisser une couche, il est nécessaire de la marcher également dans toutes ses parties, principalement dans le milieu, & de remplir aussi-tôt avec du fumier, les endroits les plus bas. Lorsqu'une fois elle sera de niveau, on la laissera s'échauffer pendant quelques jours; & si on vient à s'appercevoir qu'elle ait encore baissé dans quelques endroits, on aura soin de l'unir avec du fumier court, après quoi on pourra la charger, soit avec du terreau, soit avec de la terre, suivant que la circonstance ou le besoin l'exigera.

S'agit-il de marcher ou d'affaisser une planche nouvellement semée? il faut bien se donner de garde de faire cette opération par un tems humide ou pluvieux, on risqueroit de rendre la terre trop compacte, ou d'enlever les graines avec les pieds, ce qui seroit également contraire au but qu'on se propose; mais on doit choisir un tems sec; alors un homme avec des souliers & les deux pieds rapprochés, commence par piétiner rapidement une des bordures de la planche dans toute sa longueur, en avançant à chaque fois de quatre à cinq pouces. Lorsqu'il est à l'extrémité, il revient, en serrant de près la partie qu'il a déjà marchée, & continue ainsi jusqu'à ce que toute la planche ait été affaissée; alors, avec un rateau, il efface légèrement les inégalités qu'il auroit pu faire en marchant, & finit par couvrir sa planche de terreau, si cela est nécessaire.

Cette opération produit le même effet sur les planches de terre nouvellement semées, que le rouleau sur les plantes céréales ; l'une & l'autre contribuent beaucoup à la réussite des semis. (*M. Thouin.*)

AFFAMER, *agriculture* ; priver un pays, ou une province, ou une réunion d'hommes, des subsistances qui leur sont nécessaires. Les enlevemens considérables de grains, faits par des compagnies, dans les tems d'une exportation libre, sur-tout s'ils sont suivis d'une année de stérilité, peuvent affamer les provinces même qui produisent le plus de grains. Une rivière qui est long-tems grosse ou glacée ; des chemins impraticables, un défaut de vigilance de la part des Administrateurs, affament quelquefois une grande ville, comme on affame une armée ou une ville assiégée, en empêchant les vivres d'y parvenir. (*M. l'abbé Tessier.*)

Affamer, *jardinage* ; c'est retrancher à une plante une partie de sa nourriture. Ce procédé est quelquefois utile ; il y a des végétaux, sur-tout parmi les plantes annuelles, qui se trouvant placés dans un terrein gras & substanciel, absorbent une si grande quantité de sucs, qu'ils ne produisent que des pousses molles & herbacées ; alors pour les déterminer à fleurir & à fructifier, on est obligé de les affamer en les mettant dans des caisses ou des pots remplis d'une terre maigre, & en ne leur donnant que des arrosemens légers, & de loin en loin. Mais s'il est quelquefois utile d'affamer les plantes, il est bien plus indispensable de veiller à ce qu'elles trouvent toujours une subsistance convenable. Le défaut de nourriture produisant sur elles le même effet que sur les animaux, les feroit languir & périr plus ou moins promptement. On reconnoît qu'une plante ou un arbrisseau placé dans un pot ou dans une caisse, manque de nourriture lorsque ses feuilles sont d'un verd jaunâtre ; qu'elles sont plus petites, plus minces & plus molles que dans leur état naturel. Le remède alors est fort simple, il ne faut que mettre la plante ou l'arbrisseau dans un plus grand vase rempli d'une terre neuve ; en évitant toutefois de lui donner trop de nourriture. *Voyez* aux mots Rempoter & Rechausser. (*M. Thouin.*)

AFFANURES.

C'est ce qu'on donne aux ouvriers employés à ramasser & à battre les récoltes. Elles consistent ordinairement en grain. On peut regarder les affanures, comme un partage entre le fermier, ou métayer, ou granger & ses moissonneurs & batteurs. Peut-être le nom d'*affanures* vient-il de ce qu'une partie des fanes ou tiges appartenoit aussi à ces derniers. Il y en a de deux sortes, celles de *moisson* & celles de *battage*, parce que les conventions ne sont pas les mêmes pour les deux genres de travail. Cet usage, plus répandu autrefois, ne se conserve que dans quelques provinces, particulièrement en Dauphiné, en Bresse, dans la Dombes, le Beaujeolois, la vallée d'Anjou. Il y a beaucoup de pays où les affanures qui se payoient en nature, se paient maintenant en argent. Ce changement me semble dû aux trois causes suivantes. 1.° Les denrées que produisent les champs, ont acquis plus de valeur. 2.° L'accroissement de la culture ayant nécessité un plus grand nombre de bras pour les récoltes, il a fallu appeller des hommes des provinces voisines ou éloignées, qui ne pouvoient accepter des affanures en denrées. 3.° Les fermiers éprouvant une augmentation à chaque renouvellement de bail, ont cherché à économiser sur les frais d'exploitation. Les ouvriers, plus foibles, & par conséquent obligés de subir la loi des plus forts, ont consenti à recevoir les affanures en argent.

Les affanures, soit en nature, soit en argent, varient selon les pays. Les plus fortes en nature, sont celles de la Bresse, suivant un mémoire de M. de Fenille, Receveur-général de cette province, puisque, la dîme prélevée, elles forment le cinquième du produit des terres. Les affanures du Dauphiné ne sont que d'un dixième, d'un onzième, d'un douzième même ; peut-être les ouvriers pour ces affanures, ne sont-ils tenus qu'à couper ou à battre les grains ; aux environs de Bourgueil, dans la vallée d'Anjou, ils ont la septième mesure de grain, & chacun un demi-quarteron de paille ; mais voici à quelles conditions. Ils doivent charger les gerbes, afin qu'on les transporte à la ferme, battre & nétoyer le grain, le porter dans le grenier, remplir de fumier les charrettes, & le répandre sur les champs, former de petits ruisseaux pour que les eaux s'écoulent des terres ensemencées en automne, consacrer sept journées, dont quatre pour couper les chaumes, qui forment une récolte dans ce pays, & trois pour faire les foins ; on les nourrit pendant ces sept journées, & pendant celles qu'ils emploient à charger & répandre les fumiers, à faire les petits fossés d'écoulement, & à vaner les grains. Ce sont eux encore qui arrachent le chanvre & égrainent la femelle, (l'individu qu'on appelle à tort, *le mâle.*) Enfin on leur donne à moitié un arpent de terre, qu'ils doivent façonner, ensemencer en maïs, & récolter à leurs frais ; c'est-à-dire, qu'ils rendent au fermier la moitié du produit ; ils le rendent en grappe. J'ai estimé qu'en affanure, un ouvrier de ce pays pouvoit gagner, année commune, cinquante boisseaux de grains, mesure de Paris, non compris le demi-quarteron de paille & la nourriture qu'on lui fournit pendant certains travaux. Il est employé pour le service de la ferme, environ un tiers de l'année ; il lui en reste deux à sa disposition. Les personnes qui coupent les bleds aux environs de

Bourgueil, n'ont pour toute affanure, que la liberté de glaner. Afin d'éviter les querelles, on distribue à chacun les champs qu'il doit couper. Si l'on s'apperçoit que les moissonneurs laissent tomber trop d'épis, on en choisit d'autres, que la crainte d'être changés, rend plus exacts. On observera que les bleds sont très-haut, qu'on ne les coupe qu'à deux pieds de terre, parce qu'étant remplis d'herbes, on fait des chaumes une seconde coupe, qu'on met faner, & qui sert pour la nourriture des bestiaux.

Selon que les bleds sont plus ou moins versés ou mêlés, le moissonneur, en Brie, obtient en affanures trois ou quatre setiers de froment; sa tâche est de dix à onze arpens, qui rendent sept ou huit pour un. Ainsi, il n'a qu'un peu plus d'un vingt-sixième du produit.

Si les affanures en nature, varient selon les provinces, celles qui se paient en argent, varient aussi plus ou moins. Je me contenterai de rapporter les conventions qui se font entre les fermiers de quelques cantons de la Beauce, & les ouvriers qui moissonnent & battent pour eux.

Il n'y a pas assez de bras dans le pays, pour suffire au travail de la moisson. Il y vient à cette époque des Limousins & beaucoup plus de Berrichons qui, chemin faisant, coupent les seigles de la Sologne, plutôt mûrs que les fromens de la Beauce. Il y a cependant aussi des gens du pays qui s'occupent à couper les bleds & le peu de seigle qu'on y fait. Ces derniers, presque exclusivement, moissonnent tous les grains de mars. On fait avec les uns ou les autres, deux sortes de traité. On les paie à l'arpent ou en bloc. Le prix pour l'arpent, est de cinq livres à cinq livres dix sous; en bloc, c'est environ quarante-huit livres par homme qui peut en couper à la faucille, en tout neuf à dix arpens. Ils ne sont chargés que de couper & lier les gerbes. Les charretiers & les domestiques de la ferme, les chargent dans les voitures, les emmenent & les conduisent à la grange, où des hommes du pays nommés *métiviers*, quoique ce nom dût plutôt convenir à ceux qui moissonnent, les prennent & les entassent.

Ordinairement dans une ferme de quatre voitures, trois hommes sont employés à la grange, tant pour recevoir & entasser les gerbes, que pour battre le seigle & former des liens avec la paille de ce grain, & battre les gerbes déliées & autres débris des charrettes. Pour les trois, on donne cent vingt livres en argent, & on leur tient compte de tout ce qu'ils battent, à raison de treize livres dix sous par muid, ou douze setiers de Paris, pour le froment, & de treize liv. dix sous pour le muid d'avoine, qui est de vingt-quatre setiers.

A l'égard des hommes qui battent le reste de l'année, & ce sont encore des gens du pays, depuis la Toussaints jusqu'à la Saint-Jean, les fermiers, sans les nourrir, leur donnent dix francs pour le muid de froment *battu à net*, & sept liv. sept sous pour la même mesure de froment battu *imparfaitement*, comme on bat pour le troupeau, en laissant plus ou moins de grains dans les épis, & enfin pour l'avoine, quatre livres du muid. (*M. l'abbé* Tessier.)

AFFECTION entharrale. *Voyez* Catharre. (*M. l'abbé* Tessier.)

Affection lunatique. *Voyez* Fluxion périodique. (*M. l'abbé* Tessier.)

Affection sous-peau, affection sous-cutanée, gale maligne, gale sous-cutanée, maladie d'entre cuir & chair, maladie des chevaux & des bêtes à cornes.

Elle a beaucoup de rapport avec la gale, quoiqu'on en ait fait une maladie particulière. Les auteurs qui assurent que ce n'est pas la gale, auroient dû spécifier en quoi elle en differe. Suivant un mémoire reçu par la Société Royale de Médecine, elle commence par un petit bouton à l'encolure; il en vient ensuite de semblables sur tout le corps. Ces boutons qui paroissent secs en dessus, renferment une humeur séreuse entre cuir & chair. Cette maladie est contagieuse.

Lorsqu'on a employé, pour la combattre, des frictions faites avec des huiles, de l'euphorbe, de l'hellebore, du soufre & des cantharides, l'humeur s'est répercutée, & les animaux en ont été très-incommodés, ou ils en sont morts, ou ils sont devenus étiques. Il paroît donc qu'il faut avoir recours à des moyens contraires; les bains, les lotions d'eau de guimauve, les boissons adoucissantes, les sétons, les purgatifs & les préparations d'antimoine, sont les remèdes les plus convenables. *Voyez* le dictionnaire de médecine. *Voyez* Gale. (*M. l'abbé* Tessier.)

AFFERMER. L'usage a voulu que cette expression signifiât également, donner & prendre une terre à loyer; mais à parler exactement, elle ne doit signifier que donner à loyer. On afferme sa terre en passant un bail pour trois, six, neuf ou dix-huit années, moyennant un prix convenu, soit en argent, soit en grain, soit partie en argent & partie en grain. *Voyez* Amodier.

On afferme aussi un champart, une dîme ou des droits seigneuriaux. Dans les environs de Mirecourt en Lorraine les biens *s'afferment au pairé*; c'est le mot consacré dans le pays; il signifie que le fermier paie moitié des denrées qu'il recueille; moitié de bled, moitié d'avoine, &c. (*M. l'abbé* Tessier.)

AFFILÉ, c'est-à-dire, grêle & sans consistance. *Voyez* Ethiolé.

Les Laboureurs appellent *bleds affilés*, ceux dont les fanes sont tellement étroites, qu'elles semblent n'être que des filets. On attribue cet effet à des froidures qui surviennent au mois de mars, quand les bleds commencent à prendre une nouvelle vigueur. Je ne sais si cette observation est bien exacte. Les bleds affilés, peuvent produire du grain de bonne qualité; mais ils en produisent peu. Ils sont ordinairement affilés dans les mauvaises terres, & rarement dans les bonnes. Il vaudroit mieux dire *bleds effilés*. (*M. l'abbé* TESSIER.)

AFFILÉE (l') la filée. On trouve ce mot dans le Dictionnaire de médecine (*Encyclop. méth.*) pour exprimer une maladie des agneaux, d'après le *grand calandrier ou compost des bergers*, &c.; mais on ne la décrit point du tout. Elle est, dit-on, périlleuse, & les agneaux en meurent souvent. On prétend que cette maladie vient à ces animaux, quand ils ont goûté le premier lait de leur mere, aussi-tôt qu'elle a mis bas; on conseille au berger de traire quelques goutes du premier lait & de le jeter, afin que l'agneau n'en boive pas. Je ne vois rien de clair sur cette prétendue maladie. Je soupçonne que le mot d'*affilé*, auquel il faudroit peut-être substituer celui d'*effilé*, signifie la maigreur dans laquelle sont quelquefois des agneaux peu de tems après leur naissance; mais rien ne prouve que cet état soit dû à la qualité du premier lait. Il paroît au contraire que la nature l'a rendu propre à évacuer le *méconium* contenu dans les intestins du petit, & que c'est un moyen de lui donner de la santé, au lieu de le faire maigrir; je suis plus porté à croire que les agneaux, naissant à des tems différens, il arrive souvent que les plus forts tètent deux meres, & privent le petit de l'une d'elles, du lait qui lui appartient. Quelquefois encore, certaines meres ayant de la laine au pis, leurs agneaux ne peuvent les téter; dans les deux cas, ces jeunes animaux sont affilés & meurent de faim, suivant l'observation judicieuse de M. Daubenton. On prévient ces inconvéniens par des attentions. Les bergers doivent empêcher que les agneaux ne tétent deux meres, & tondre la laine qui se trouve sur le pis de quelques-unes. (*M l'abbé* TESSIER.)

AFFILER, c'est, en terme de jardinage, couper l'extrémité d'une branche destinée à faire une bouture. *Voyez* BOUTURE. (*M.* THOUIN.)

AFFINER, *agriculture*; c'est en général donner de la perfection à une matière; on *affine* les champs nouvellement défrichés, avant d'y semer du froment, du lin, &c., qui exigent un sol divisé. La manière d'affiner une terre, est de répéter les labours, les hersages, de casser les mottes, d'ôter les pierres, ou d'y cultiver des plantes qu'il faut biner, butter & façonner plusieurs fois. Rien n'affine une terre comme la culture du safran, & de la pomme de terre. (*M. l'abbé* TESSIER.)

AFFINER, *jardinage*. Ce mot s'emploie pour désigner deux opérations différentes, qui ont le même but.

AFFINER une terre, c'est la passer à la claie, pour en ôter les pierres, les parties dures & trop peu devisées.

AFFINER un terrein; c'est briser avec la bêche, les mottes de terre trop adhérentes, & en séparer les pierres.

On affine une terre, dans laquelle on veut semer ou planter des végétaux très-délicats.

On affine un terrein destiné aux cultures de primeur, & aux plantes de petite stature.

Dans le premier cas, on fait usage d'une claie dont les baguettes sont plus ou moins rapprochées, suivant que la terre doit être plus ou moins divisée. Cette opération ne peut se faire que par un tems sec.

Dans le second, on laboure profondément & à plusieurs reprises, le terrein qu'on veut affiner. On brise à chaque fois les mottes avec la bêche, & on retire avec le rateau, les pierres & autres corps étrangers qui se trouvent à la surface.

Les labours peuvent se faire en tout tems; mais il est bon d'attendre pour épierrer un terrein, qu'il soit tombé de la pluie, afin de ne pas enlever avec les pierres, la terre dont elles sont enveloppées.

Ces deux opérations sont infiniment utiles aux semis & aux plantes dont les racines sont foibles ou très-délicates; l'une & l'autre leur procurent le moyen de s'étendre librement, & de s'emparer plus aisément des sucs renfermés dans la terre. (*M.* THOUIN.)

AFFOURAGER, donner du fourrage aux chevaux, bœufs, vaches & brebis. On le place ordinairement dans des rateliers établis à une hauteur convenable à chaque espèce de bétail. Dans beaucoup de pays, on n'a point de rateliers pour les bêtes à cornes; il en résulte qu'elles mangent du fourrage foulé sous leurs pieds & altéré par toutes les ordures qui s'y mêlent. Les affouragemens se font à des heures réglées; ils consistent en pailles, foins & fanes de diverses plantes, ou fraîches ou sèches. (*M. l'abbé* TESSIER.)

AFFOURER, expression qui, dans plusieurs pays, tient lieu de celle d'*affourager*. On dit en Beauce particulièrement *affourer* les bêtes à laine, lorsqu'on garnit leurs rateliers de fourrages. (*M. l'abbé* TESSIER.)

AFFRICHER, *agriculture*; laisser une terre s'*affricher*, c'est négliger de lui donner des labours convenables. *Défricher*, est tirer une terre de l'état de *friche*; *affricher* est l'y remettre. Dans les pays où le sol est très-ingrat, comme en Sologne, on ne cultive un champ défriché, qu'un certain nombre d'années, après lesquelles on le laisse *affricher*. (*M. l'abbé* TESSIER.)

AFFRICHER, *jardinage*. C'est négliger de cultiver un terrein, & y laisser croître les mauvaises herbes.

Il n'y a point de pratique plus mal entendue, & plus contraire en même-tems à la culture des plantes. En laissant ainsi croître & fructifier de mauvaises herbes dans un endroit, on doit s'attendre à voir bientôt toutes les parties cultivées, couvertes de ces productions nuisibles. D'un côté, les vents emporteront les graines & les disperseront sur toute la surface du jardin : de l'autre, les racines des plantes vivaces s'étendant insensiblement & de proche en proche, ne tarderont pas à s'emparer du terrein : alors, pour s'en débarrasser, il faudra se donner des soins, & prendre des peines qu'avec un peu de précaution, il eût été bien facile de s'épargner dans le principe.

On ne sauroit donc trop recommander de prévenir ces affrichemens dans les jardins, même dans les parties les moins susceptibles de culture & d'agrément. (*M. Thouin.*)

AGALLOCHE. *Excœcaria.*

Ce genre de la famille des Euphorbes, est composé de plusieurs espèces d'arbres plus ou moins élevés ; leur bois est un parfum précieux. Celui de quelques-uns, tels que le calambac & l'aloès, se vend dans l'Inde au poids de l'or. Tous ces arbres croissent dans les parties les plus chaudes de l'Inde, & aucun jusqu'à présent n'a été cultivé en Europe. (*M. Thouin.*)

AGARIC. *Agaricus.*

Genre de plante de la famille des champignons qui renferme plus de vingt espèces ; les unes d'une substance molle & aqueuse, n'ont qu'une existence passagère, & les autres d'une nature coriace, ont presque la consistance du bois & sa dureté. Ces plantes, pour la plupart, sont parasites. La difficulté de les cultiver, & plus encore le peu de mérite qu'elles ont, considérées comme plantes économiques ou d'agrément, les font entièrement négliger dans les jardins. On se contente de mettre dans les écoles de botanique, à la place de celles qui sont d'une substance molle, une figure modelée qui les représente, & l'on place celles qui sont coriaces avec les corps sur lesquels elles croissent dans l'ordre où elles doivent se trouver rangées. Les figures des premières, faites en terre cuite ou en plomb d'après nature, & peintes à l'huile avec les couleurs qui leur sont propres, suffisent pour faire reconnoître ces plantes à la campagne, & indiquer l'ordre méthodique d'après lequel sont rangés les jardins de Botanique. Ces figures modelées ont encore l'avantage de durer long-tems ; on peut en voir dans l'école de botanique du jardin du Roi à Paris. (*M. Thouin.*)

AGATHE, nom que les fleuristes donnent à une des divisions des variétés de la *tulipa gesneriana.* L. des Botanistes. *Voyez* Tulipe des Jardins. (*M. Thouin.*)

AGAVÉ. *Agave.*

Genre de plante de la famille des Liliacées. Toutes les espèces de ce genre sont remarquables par leur forme & leur port singulier ; d'une tige plus ou moins élevée, sortent des feuilles larges & épaisses, longues de plusieurs pieds, bordées d'épines dans presque toutes les espèces, & terminées par une pointe acérée ; elles s'étendent & forment autour de la plante une circonférence de plusieurs toises ; du milieu de ces feuilles, s'élèvent ensuite à des hauteurs plus ou moins grandes, des tiges qui se divisent en panicules, & donnent naissance à une multitude de fleurs assez agréables.

Presque toutes les espèces de ce genre sont étrangères ; elles croissent dans les pays chauds sur les montagnes arides, toutes sont vivaces & d'une très-longue vie. Ces plantes sont employées dans les Arts, on se sert des fibres de leurs feuilles pour faire des cordages ; & même des étoffes ; dans notre climat, toutes ces plantes doivent être cultivées dans des pots ou des caisses, & rentrées dans les serres aux approches de l'hiver ; comme elles fleurissent très-rarement chez nous, & produisent encore plus rarement des graines, on les multiplie de drageons ou de boutures ; elles doivent être soigneusement garanties de l'humidité, sur-tout pendant l'hiver.

Espèces.

1. Agavé d'Amérique.

Agave Americana. L. ♄ de l'Amérique méridionale.

B. Agavé d'Amérique, panaché.

Agave Americana variegata. ♄ des jardins de l'Europe.

2. Agavé du Mexique.

Agave Mexicana. La M. Dict. n.° 2. ♄.

3. Agavé vivipare.

Agave vivipara. L. ♄ de l'Amérique méridionale.

4. Agavé de Virginie.

Agave Virginica. L. ♄ de l'Amérique tempérée.

5. Agavé fétide.

Agave fœtida. L. ♄ de l'Amérique méridionale.

6. Agavé tubéreux.

Agave tuberosa. La M. Dict. n.° 6, ♄ de l'Amérique méridionale.

1. Agavé d'Amérique.

B. Agavé d'Amérique, panaché.

Cette espèce est la plus grande & la plus volumineuse de toutes. Ses feuilles ont souvent cinq à six pieds de long. Elles sont d'un verd glauque, festonnées & garnies de fortes épines ; sa tige s'élève ordinairement de dix-huit à vingt pieds, & croît avec une promptitude étonnante. Elle se termine en un panicule qui soutient une multitude de fleurs d'un verd jaunâtre, remplies d'une liqueur miellée, dont les abeilles sont très-avides.

Cette espèce fleurit très-rarement chez nous. Elle se multiplie de drageons & de boutures, que l'on peut faire en toutes saisons, excepté l'hiver. Elle aime une terre assez forte, & doit être rentrée l'hiver à l'orangerie; mais il faut alors ne l'arroser que très-peu, & même point du tout, si la serre est un peu humide.

Usage : Cette plante quoiqu'originaire d'Amérique, se rencontre cependant & se cultive dans les parties les plus méridionales de l'Europe, où l'on s'en sert pour faire des haies de défenses. Elle forme à la vérité une clôture impénétrable, mais elle feroit perdre beaucoup de terrein, si l'on ne tiroit parti de ses feuilles pour la filature; quelques Apothicaires la cultivent sur les appuis de leurs boutiques, pour y servir d'enseigne.

Observation : Cette plante passe difficilement l'hiver en pleine terre dans notre climat. Nous l'avons vue périr par des froids assez modérés, quoiqu'on ait eu soin de la placer dans un terrein sec, à l'abri d'une montagne, & de la couvrir pendant la gelée.

On trouve dans quelques jardins, une variété de cette espèce, dont les feuilles sont bordées d'un liseret jaune assez agréable. Elle n'est pas plus délicate que son espèce, & se cultive de la même manière.

2. Agavé du Mexique. Cette espèce se distingue de la précédente, par ses feuilles, qui sont moins grandes dans toutes leurs parties & moins épaisses, nous ne l'avons point encore vue fleurir. Elle est moins facile à multiplier, parce qu'elle ne pousse que rarement des drageons. D'ailleurs elle se cultive de la même manière, & est employée aux mêmes usages.

3. Agavé vivipare. Cette espèce se reconnoît à la verdure foncée de ses feuilles, qui sont longues & recourbées vers la terre, dans la moitié de leur longueur. Ses fleurs, de couleur verdâtre, naissent sur des rameaux portés par une tige de plus de douze pieds de haut. Au lieu de semences, cette plante porte souvent des bulbes ou soboles qui servent à la propager. Nous ne l'avons point encore vue fleurir dans nos jardins. Ses semences nous ont été envoyées de l'Amérique méridionale, & elles ont assez bien levé sous les chassis où elles ont été semées au printems. Il est difficile de multiplier cette plante dans notre climat; les individus que nous possédons, quoique très-forts, n'ont point encore poussé de drageons ni d'œilletons; peut-être qu'en relevant hors de terre l'extrêmité de ses racines, elles pousseroient des cayeux; ce seroit alors un moyen facile de la multiplier. Cette espèce exige la serre chaude pendant l'hiver, & doit y être placée sur des tablettes; elle craint l'humidité, & n'a besoin d'être arrosée que quatre ou cinq fois pendant tout le tems qu'elle est dans la serre.

Usage : Le suc de cette plante forme en grande partie l'aloës-caballin des boutiques.

4. Agavé de Virginie. Quoique cette espèce ait beaucoup de ressemblance avec la première, elle s'en distingue néanmoins par ses feuilles, qui sont moins larges & d'un verd plus pâle. Elle est un peu plus délicate, & se multiplie plus difficilement encore, ne produisant que rarement des drageons.

Le moyen de la propager plus facilement, est de la cultiver dans un pot ou dans une caisse très-étroite; lorsque ses racines auront rempli la capacité du vase, elles sortiront au-dehors, & produiront alors des œilletons qu'il suffira de couper & de planter dans des pots séparés, pour former de nouveaux individus. Il faut rentrer cette plante à l'orangerie pendant l'hiver, & ne l'arroser que très-peu pendant cette saison.

5. Agavé fétide. Cette espèce est très-facile à distinguer des autres, en ce que ses feuilles ne sont point bordées d'épines. D'ailleurs elle a beaucoup de rapport avec l'agavé vivipare; c'est la même culture & la même difficulté pour la multiplier. Elle vient du même pays, mais les filamens de ses feuilles sont plus particulièrement employés dans les Antilles, à faire des tissus, des cordages & des étoffes.

6. Agavé tubéreux. C'est la plus petite de toutes les espèces de ce genre; ses feuilles bordées d'épines & d'une verdure cendrée, partent du colet de sa racine, qui a la figure d'une bulbe arrondie. Elle n'a point encore fleuri au jardin du roi, quoiqu'elle y soit cultivée depuis long-tems. On la multiplie par ses drageons. Comme elle aime la chaleur, elle doit être placée sur les tablettes des serres chaudes, & tenue très-séchement pendant l'hiver. (*M. Thouin.*)

AGE.

AGE *des animaux*; c'est la durée de la vie des animaux & des végétaux; elle est plus ou moins longue selon les différentes espèces. L'âge des animaux est, d'après M. de Buffon, de six ou sept fois le tems de leur accroissement. Je ne parlerai que de ceux qui ont le plus de rapports à l'agriculture & à l'économie rurale. Le cheval, l'âne & le cochon, peuvent vivre de vingt-cinq à trente ans; j'ai vu des chevaux approcher de ce terme; on ne les avoit pas surchargés de travail. Quatorze ou quinze ans sont le terme au-delà duquel ne parviennent pas le taureau, la vache & le bœuf. Pour la brebis, le bouc & la chèvre, c'est dix à douze ans. Le belier vit deux ans de plus. Je ne sais si ces remarques, consignées dans l'histoire naturelle de M. de Buffon, sont appuyées d'observations faites sur des animaux vivans toujours en liberté; car la domesticité & le travail abrègent sans doute leurs jours.

La durée de la vie des animaux peut, comme celle de l'homme, se partager en quatre âges; le premier est celui où, foibles encore, ils ont besoin des soins maternels; le second est celui qui s'écoulent depuis la tendre enfance, jusqu'à l'époque de la puberté; le troisième comprend tout le tems où ils peuvent se reproduire; enfin l'individu passe dans le quatrième âge, quand il est incapable de reproduction. Le cheval, selon M. de Buffon, est parvenu à son troisième âge, vers deux ans & demi; la jument à un an & demi, l'âne à deux ans, l'ânesse à un an & demi, le cochon à neuf mois, ou un an, la vache à dix-huit mois, le taureau à deux ans, la chèvre à sept mois, le bouc à un an, le belier à dix-huit mois, & la brebis à un an; mais leurs productions à cet âge, ne seroient pas fortes. Avant de faire accoupler les animaux pour avoir de belles espèces, il faut, pour chacun, attendre un an de plus que les premiers instans de leur puberté; la vieillesse du cheval & de l'âne, ou le quatrième âge de leur vie, commence à vingt ans & même avant, quand ils ne sont pas ménagés; le taureau & le cochon, à dix ans; le bouc & le belier, quelques années plutôt.

L'âge des animaux se marque par plusieurs signes. Leur poil prend des nuances de couleurs, que l'habitude fait distinguer. Les cornes croissent chaque année d'un anneau dans quelques-uns, par exemple, dans le belier; enfin le nombre, la forme & l'état des dents, sont les moyens les moins équivoques, parce que la nature est constante dans les changemens qu'elle fait sur ces parties. Il est donc nécessaire de placer ici l'ordre de la sortie & de la chûte des dents & ce qu'elles éprouvent pendant la vie du cheval, du bœuf & du mouton, puisque ces circonstances indiquent l'âge de ces animaux à ceux qui veulent les acheter.

L'ouvrage de M. de la Fosse me fournira ce qui concerne le cheval.

Connoissance de l'âge du cheval, par les dents.

Le dixième ou douzième jour de la naissance du poulain, les pinces qui étoient formées dans la matrice, sortent des alvéoles des deux mâchoires. Quinze jours après, les mitoyennes paroissent, & les coins vers le quatrième mois; à six mois, les coins sont de niveau avec les mitoyennes. Si l'on examine à cette époque, les dents, on trouvera que les pinces sont moins creuses que les mitoyennes, & celles-ci beaucoup moins que les coins. Les pinces & les mitoyennes s'usent peu-à-peu; la cavité s'efface, & à un an, on observe un col à la dent qui, d'autre part se trouve moins large. A un an & demi, les pinces sont pleines, le col de la dent, dont nous venons de parler, est plus sensible. A deux ans, les pinces ont rasé, & sont d'un blanc clair de lait; les mitoyennes sont dans l'état où les pinces étoient à un an & demi, & celles-ci restent dans cet état jusqu'à l'âge de deux ans & demi, trois ans; époque où elles tombent pour faire place aux pinces de cheval. A trois ans & demi ou quatre ans, les mitoyennes tombent aussi; & à quatre ans & demi, cinq ans, les coins: alors nous disons que le cheval n'a plus de dents de lait, qu'il a tout mis, & il perd le nom de poulain, pour prendre celui de cheval. A cinq ans & demi, les pinces de la mâchoire postérieure sont remplies; la muraille des mitoyennes commence à s'user; la muraille interne des coins est presque égale à la muraille externe, & l'on observe une petite échancrure en-dedans; le crochet est aussi presqu'en dehors. A six ans, les pinces sont rasées, les mitoyennes sont dans l'état des pinces. A cinq ans, les coins sont égaux par-tout & creux: leur muraille externe est un peu usée; les crochets sont entièrement sortis, ils sont pointus, & présentent une figure pyramidale, arrondie en-dehors, & sillonnée en-dedans. A six ans & demi, les pinces sont entièrement rasées; les mitoyennes le sont plus qu'elles ne l'étoient, la muraille interne des coins est un peu usée, le crochet est un peu émoussé. A sept ans, les mitoyennes sont entièrement rasées, les coins sont plus remplis, & le crochet plus usé. A sept ans & demi, les coins sont remplis, & le crochet est usé d'un tiers de l'étendue des sillons qu'on y observe. A huit ans, les coins ont rasé entièrement, & le crochet est arrondi. A huit ans & demi, neuf ans, les pinces de la mâchoire antérieure rasent à leur tour. A neuf ans & demi, dix ans, les mitoyennes & les coins n'ont plus de sillons. A dix ans & demi, onze ans, & quelquefois douze, les coins ont entièrement rasé. A treize ans, les pinces sont moins larges, plus épaisses; les crochets sont totalement émoussés & arrondis. A quatorze ans, les pinces sont triangulaires, & plongent en avant. A quinze ans, jusqu'à vingt, les dents plongent toujours davantage. A vingt ans, les dents molaires sont usées, & on y remarque trois racines. A vingt-un ans, les premières tombent; à vingt-deux, & quelquefois à vingt-trois, les secondes; à vingt-quatre, les troisièmes; à vingt-cinq, les quatrièmes; à vingt-six, les cinquièmes; les sixièmes restent quelquefois jusqu'à vingt-neuf, trente ans. Il est encore à observer que les dents incisives tombent les dernières, & c'est ordinairement à l'âge de vingt-neuf, trente ans, que les gencives & les alvéoles se rapprochent, deviennent tranchantes, & font office des dents chez les chevaux qui outre-passent ce terme.

Il y a des chevaux & des jumens que l'on croit être *bégus*, c'est-à-dire, qui marquent toujours. Cette assertion est fausse; il y a des chevaux qui, à la vérité, peuvent marquer plus long-tems; mais on a toujours des indices certains de l'âge par la longueur des dents, par leurs sillons, leur figure, leur couleur & leur implantation.

Connoissance de l'âge du bœuf, par les dents.

Les dents mâchelières du bœuf sont au nombre de vingt-quatre, disposées de façon que chaque mâchoire en a six d'un côté & six de l'autre.

Les dents incisives sont au nombre de huit, placées sur le bord semi-circulaire de la mâchoire postérieure ; elles ont chacune le corps court, l'extrémité large & semi-circulaire ; la face antérieure de cette extrémité est concave & oblique ; elle a son bord inférieur tranchant ; sa face postérieure est convexe ; la racine est courte, ronde & obtuse ; elles diffèrent les unes des autres par la largeur de l'extrémité antérieure, & la longueur de la racine. Les pinces ont l'extrémité supérieure plus large, au contraire, la racine plus courte & moins grosse. Les autres dents incisives diminuent de largeur du côté de l'extrémité supérieure, & augmentent en longueur & grosseur du côté de la racine.

La mâchoire antérieure est dépourvue de dents incisives ; mais à leur place, on observe une espèce de bourrelet formé de la peau intérieure de la bouche, qui est épais dans cet endroit. Le bœuf se sert de sa langue quand il broute, pour ranger, pour ramasser l'herbe en forme de faisceau, & ses dents mâchelières en coupent la pointe ; aussi ne broute-t-il que celle qui est longue, & ne porte-t-il aucun préjudice aux prairies sur lesquelles il se nourrit ; il n'ébranle nullement la racine, enlève les grosses tiges, & détruit peu-à-peu l'herbe la plus grossière ; c'est ainsi qu'il bonifie le pâturage.

On connoît l'âge du bœuf par ses dents incisives & par les cornes. Les premières dents de devant tombent à dix mois, & sont remplacées par d'autres, qui sont moins blanches & plus larges ; à seize ou dix-huit mois, les dents voisines de celles du milieu, tombent pour faire place à d'autres. Toutes les dents de lait sont renouvellées à trois ans ; elles sont pour lors égales, longues, blanches, & deviennent par la suite inégales & noires.

Vers la quatrième année, il paroît une espèce de bourrelet près de la pointe de la corne. L'année suivante, ce bourrelet s'éloigne de la tête, poussé par un cylindre de corne qui se forme, & qui se termine aussi par un autre bourrelet, & ainsi de suite ; car tant que l'animal vit, les cornes croissent, & tous les bourrelets que l'on observe, sont autant d'anneaux qui indiquent le nombre des années, en commençant à compter trois ans par la pointe de la corne, & ensuite un an pour chaque anneau. Il est à observer que les cornes du bœuf & de la vache deviennent plus grosses & plus longues que celles du taureau.

Connoissance de l'âge des bêtes à laine, par les dents.

On connoît l'âge des bêtes à laine, par les dents du devant de la mâchoire de dessous ; elles sont au nombre de huit. Elles paroissent toutes dans la première année de l'animal, qui porte alors le nom d'agneau mâle ou femelle.

Ces dents ont peu de largeur, & sont pointues.

Dans la seconde année, les deux du milieu tombent, & sont remplacées par deux nouvelles dents, que l'on distingue aisément par leur largeur qui surpasse de beaucoup celles des six autres : durant cette seconde année, le belier, la brebis & le mouton, portent le nom d'antenois ou de primer.

Dans la troisième année, deux autres dents pointues, une de chaque côté de celles du milieu, sont remplacées par deux larges dents ; de sorte qu'il y a quatre larges dents au milieu, & deux pointues de chaque côté.

Dans la quatrième année, les larges dents sont au nombre de six ; & il ne reste que deux dents pointues, une à chaque bout de la rangée.

Dans la cinquième année, il n'y a plus de dents pointues, elles sont toute remplacées par de larges dents.

On peut donc, par l'état de ces huit dents, s'assurer de l'âge des bêtes à laine pendant leur cinq premières années. Ensuite on l'estime par l'état des dents mâchelières ; plus elles sont usées & rasées, plus l'animal est vieux. Enfin les dents du devant tombent ou se cassent à l'âge de sept ou huit ans. Il y a des bêtes à laine qui perdent quelques dents de devant dès l'âge de cinq ou six ans.

Tels sont les moyens les plus certains de reconnoître l'âge des animaux les plus utiles à l'économie rurale. A l'égard des autres, soit ceux dont il n'est pas facile d'examiner les dents, soit ceux qui n'en ont pas, comme les volailles, on distingue à différentes parties de leurs corps ; au bec, aux pattes, aux plumes, dans les oiseaux, à-peu-près quel peut être leur âge ; il est rare qu'on s'y laisse tromper. (*M. l'abbé* Tessier.)

Age *des végétaux.* Parmi les végétaux, comme parmi les animaux, il y a des différences plus ou moins grandes pour la durée de la vie. Les uns la parcourent en très-peu de tems, tandis que d'autres en jouissent pendant un siècle. La vie d'une laitue & celle d'un chêne, en offrent un exemple. *Voyez* Accroissement.

La vie des végétaux se divise en trois époques principales ; la croissance, l'état parfait & le dépérissement.

Le premier âge ou la croissance, comprend l'espace de tems qui s'écoule depuis la germination des graines, jusques au moment où les plantes sont arrivées à leur grandeur naturelle, & ont acquis toutes les parties nécessaires à leur reproduction.

Le deuxième âge ou l'état parfait commence à cette époque, & se prolonge jusqu'aux premiers signes d'altération dans les plantes.

Enfin le troisième âge ou le dépérissement comprend le reste de la durée de leur vie.

Ces trois époques ne sont pas d'une égale longueur ;

longueur ; elles varient suivant la nature des végétaux ; la culture ensuite & différentes causes particulières, telles que des chaleurs excessives, des froids inattendus, des hâles & autres variations dans l'atmosphère, apportent encore des changemens plus ou moins considérables.

Dans les plantes annuelles, le premier terme fait à lui seul le double de la durée des deux autres. Ainsi, en supposant que ces plantes soient six mois pour arriver à l'état de fleuraison, elles n'en mettront que deux à fleurir & à fructifier, & un seulement à décroître & à mourir.

Il en est de même, à très-peu-près, des plantes bis-annuelles, relativement à leur durée. Semées aux printems, elles ne poussent que des feuilles la première année, & leur végétation s'arrête vers le mois de novembre. Elle recommence au printems suivant, & un mois après, ces plantes sont prêtes à fleurir. Elles mettent donc environ huit mois à parcourir le premier période de leur vie, & dans quatre autres mois ensuite, elles arrivent souvent au dernier terme de leur existence.

On conçoit aisément qu'il n'est question ici que des plantes indigènes, & non point des plantes étrangères, qu'une culture artificielle fait croître à contre-tems.

Dans les plantes vivaces & herbacées, les différens âges de la vie sont très-difficiles à reconnoître & sur-tout à limiter. La plupart de ces végétaux fructifient vers la seconde ou troisième année, mais ensuite ils restent en pleine vigueur pendant des siècles, sans apparence d'alternation & de dépérissement.

Pour les arbres, on s'accorde assez généralement à croire que les trois âges de leur vie sont égaux.

On reconnoît cependant, en général, que les plantes vivaces, arbres ou herbes, sont jeunes ou âgées, à l'intensité de la couleur de leurs feuilles, à la consistance de leurs parties, au lisse de leurs tiges ou de leur écorce ; les années des arbres coupés, sont indiquées par les cercles concentriques du bois. On voit les têtes des vieux chênes se couronner & former le pommier. Certaines espèces d'arbres fruitiers ne donnent des fleurs & du fruit qu'à un âge déterminé. Les premiers qu'ils donnent sont petits & inféconds ; ceux des années suivantes ont toutes les qualités convenables. Ces indications sans doute, sont subordonnées à la nature du sol, aux soins du cultivateur, à l'état de l'air & à l'exposition ; mais elles sont vraies, & pourroient être plus intéressantes encore, si on s'attachoit davantage à les étudier.

Dans les végétaux comme dans tous les êtres en général, le premier âge est celui qui demande le plus de soin & de prévoyance ; c'est le tems de l'enfance pendant lequel tout peut nuire à la foiblesse.

Les végétaux, dans le premier âge, sont infiniment plus délicats, plus sujets à être attaqués de maladies, & plus susceptibles des intempéries des saisons. On ne peut donc apporter trop d'attention pour les préserver de tous les accidens qui les menacent, & qui peut être, malgré nos précautions, auroient déjà fait disparoître un grand nombre d'espèces, si la nature, toujours grande dans ses moyens, n'avoit multiplié les germes à l'infini. (*M. Thouin.*)

Age de charrue. Le mot d'âge désigne dans une charrue sans avant-train, la pièce qui porte le nom de flèche dans une charrue à avant-train. Elle est placée au-dessus du soc, entre le manché & l'endroit où s'attache l'animal qui tire. *Voyez* Charrue. (*M. l'abbé Tessier.*)

AGERATE. *Ageratum.*

Genre de plante de la famille des Composées-Flosculeuses, qui ne renferme qu'un petit nombre d'espèces d'un mérite trop peu distingué pour les faire rechercher dans d'autres jardins que dans ceux de botanique.

Espèces.

1. Agerate hérissé.

Ageratum hirtum. La M. Dict. n.° 1, ⊖ du Cap de Bonne-espérance.

2. Agerate à feuilles obtuses.

Ageratum obtusifolium. La M. Dict. n.° 2, ⊖ de l'Amérique méridionale.

Ces Agerates sont des plantes annuelles qui s'élèvent droites, en se ramifiant jusqu'à la hauteur d'environ deux pieds ; leurs branches se terminent par de petits corymbes de fleurs blanchâtres dans la première espèce, d'un bleu pâle dans la seconde, & dans toutes les deux peu apparentes ; elles répandent, ainsi que toutes les autres parties de la plante, une odeur aromatique assez agréable.

Les fleurs paroissent dans le mois de juillet & d'août, & se succèdent jusqu'en septembre. Les graines mûrissent aussi successivement depuis juillet jusqu'à la fin de l'automne.

Les graines des Agerates doivent être semées vers le milieu du mois d'avril, dans des pots remplis d'une terre meuble & légère, & placés sur des couches chaudes, couvertes de chassis. Si l'on sème ces graines sur des couches en plein air, ou même en pleine terre, dans un terrein meuble, & à une exposition chaude, elles lèvent assez bien, mais beaucoup plus tard, & alors il arrive quelquefois que ces plantes sont saisies par les premières gelées blanches de l'automne, qui les font périr avant qu'elles aient eu le tems de fleurir & de fructifier.

Lorsque les semis faits sous chassis ont quatre à cinq pouces de haut, & que la chaleur de l'atmosphère se trouve au-dessus de dix degrés, on peu mettre ces plantes en pleine terre, à la place qu'elles doivent occuper dans les écoles de botanique; elles aiment l'exposition la plus chaude & une terre meuble & légère. Pendant les chaleurs de l'été, il convient de les arroser souvent.

Observation : Les graines de l'agerate à feuilles obtuses, tombent à mesure qu'elles mûrissent, & se sèment ainsi d'elles-mêmes. Elles se conservent dans le terreau des couches sur lesquelles on a cultivé la plante, & lèvent même très-abondamment pendant plusieurs années de suite; ainsi, on peut regarder cette plante comme naturalisée en Europe dans quelques jardins de botanique. (*M. Thouin*).

AGERATUM. Altissimum. L. Cette plante ayant été transportée au genre de l'*Eupatorium*, nous renvoyons au mot *Eupatoire*, pour sa culture. (*M. Thouin.*)

AGERATOIDE, synonyme françois du genre de plante connu des Botanistes, sous le nom d'*Ageratum. Voyez* Agerate. (*M. Thouin.*)

AGINEI. *Agyneja.*

Ce genre composé de deux espèces, fait partie des plantes de la famille des Euphorbes *Voyez* ce mot. Ce sont des arbrisseaux qui croissent à la Chine, & qui n'ont rien de bien remarquable, soit pour l'agrément, soit pour les usages. Ils n'ont point encore été cultivés en France. (*M. Thouin.*)

AGION, nom qu'on donne dans quelques provinces de France, à l'*Hedisarum coronarium.* L. *Voyez* Sainfoin d'Espagne. (*M. Thouin.*)

AGNANTHE. *Cornutia.*

Genre de plante de la famille des Verveines dont nous ne possédons qu'une espèce en Europe.

Agnanthe à fleurs en grappes.
Cornutia piramidata. L. ♄ des Antilles.

Cette espèce est un arbre qui s'élève de trente à quarante pieds dans les lieux humides de l'Amérique méridionale; sa tête est arrondie & sa verdure cendrée. Ses fleurs forment à l'extrémité des rameaux, de petits panicules en pyramide; cet arbre se cultive en Europe dans les serres tempérées, & ne s'y élève que d'environ dix pieds. Ses fleurs, qui sont d'un bleu foncé, paroissent vers la fin du mois de septembre, & durent jusques en novembre; il est très-rare qu'elles produisent des semences dans notre climat; mais à défaut de graines on multiplie cet arbre de marcottes & même de boutures.

Lorsqu'on possède des graines, il est à propos de les semer dès le commencement du printems sur une couche couverte d'un chassis, & de les arroser souvent; elles lèvent ordinairement dans l'espace de trois semaines; cependant il est rare que le plant soit assez fort la première année pour être repiqué; on lui fait passer l'hiver dans la tannée d'une serre chaude, & au printems suivant, on le repique dans des pots remplis d'une terre substancielle, que l'on place ensuite sous une bache à ananas, où ils restent pendant tout l'été. En automne, on a soin de remporter les jeunes plantes & de les mettre dans de plus grands vases, afin que les racines qu'elles produisent en très-grande quantité, ne soient point gênées & puissent s'étendre en liberté; mais on peut se dispenser de leur faire passer le second hiver, ainsi que les hivers suivans, dans la tannée d'une serre chaude; il suffit, pour les conserver, de les mettre dans une serre tempérée. Avec ces précautions, les Agnanthes fleurissent ordinairement la quatrième année de leur âge.

La multiplication par la voie des marcottes, est plus expéditive & toujours plus facile; on la fait au printems, quelques jours après que les plantes sont sorties des serres. Il faut avoir soin de ne prendre, pour les soumettre à cette opération, que de jeunes branches de trois ou quatre ans au plus, fortes & vigoureuses; en les incisant de la même manière que les œillets, elles pousseront plus promptement des racines, souvent même elles en auront assez pour être sevrées en automne, sur-tout si l'on a eu soin d'humecter fréquemment la terre des pots qui les renferment; mais il est toujours plus sûr & plus prudent d'attendre au printems suivant pour les séparer.

Les boutures se font dans le mois d'avril, on choisit des branches qui ne soient pas au-dessous de deux ans, ni au-dessus de quatre; plus jeunes elles seroient encore trop herbacées, & sujettes à pourrir; plus vieilles, le bois seroit alors trop ligneux & ne pousseroit point de racines. On fait les boutures dans des pots qu'on place sous des chassis ombragés & sur des couches tièdes; il est à propos de leur donner de tems en tems des arrosemens légers, afin d'entretenir la terre toujours un peu humide. Ordinairement les boutures prennent racine dans le courant de l'année, & on peut les séparer au printems suivant. Au reste, les marcottes & les boutures doivent être traitées, dans les premiers tems, de la même manière que les jeunes plants.

Usage : Cet arbre qui conserve ses feuilles toute l'année, & fleurit assez tard, peut servir à l'ornement des serres chaudes; mais il faut éviter de le toucher, parce que toutes ses parties ont une odeur vireuse très-désagréable.

En Amérique, son bois sert à teindre en jaune, & on l'emploie à Saint-Domingue dans la charpente.

Observation : De tous les arbrisseaux qu'on cultive dans nos serres, c'est un de ceux qui est le plus sujet à être accueilli par les pucerons, les galles-insectes & les fourmis. Les jeunes tiges, les branches & le dessous des feuilles en sont quelquefois tout couverts. On détruit ces insectes, qui ne vivent qu'aux dépens de la substance de l'arbre, en lavant les parties qui en sont attaquées, avec une décoction de feuilles de tabac.

Historique : Cet arbre a été découvert en Amérique, par le Pere Plumier, qui lui a donné le nom de *Cornutia*, en l'honneur de Cornutus, Médecin & Botaniste François, qui a publié un ouvrage sur les plantes de Canada. (*M. Thouin.*)

AGNEAU.

C'est le nom qu'on donne au petit de la brebis & du belier, depuis le moment de sa naissance, jusqu'à ce qu'il ait un an. Alors il prend le nom d'*anthenois*, qu'il conserve aussi pendant un an. Ce n'est point à moi qu'il appartient de donner une description anatomique des parties qui constituent le corps de l'agneau, pour faire connoître en quoi il diffère des autres quadrupèdes. Il ne m'appartient pas davantage de parler de son caractère, de ses inclinations ; le dictionnaire d'anatomie comparée & celui des quadrupèdes l'auront considéré sous ces rapports ; mais je dois indiquer la manière de soigner & de nourrir les agneaux, pour le profit des cultivateurs.

Les brebis portent cinq mois ; elles mettent bas leurs agneaux plutôt ou plus tard, selon le tems où on leur a donné le belier. Dans les pays de pâturage, on a soin que les agneaux naissent vers le tems où les brebis peuvent trouver de l'herbe aux champs. Dans les provinces où on les nourrit une grande partie de l'année à la bergerie, & au sec, les agneaux viennent au milieu de l'hiver. Les fermiers des environs de Paris font en sorte d'en avoir de bonne heure, parce qu'ils les vendent mieux à ceux qui les achètent pour les tuer comme agneaux de lait. Ordinairement c'est au mois de février qu'il en naît le plus grand nombre.

En 1785, les fourrages étant extrêmement rares, des fermiers intelligens ont donné plus tard qu'à l'ordinaire les béliers aux brebis, afin que les agneaux naquissent plus près du tems où on pouvoit avoir de l'herbe.

On a cru long-tems, & le préjugé croit encore, qu'on ne sauroit mettre des agneaux nouveaux nés, dans des endroits trop chauds. Mais M. Daubenton, qui a fait, pour l'amélioration des laines, des expériences nombreuses & très-utiles, a éprouvé qu'il mouroit moins d'agneaux parmi ceux qui naissoient & restoient toujours à l'air libre, que parmi ceux qu'on enfermoit très-soigneusement dans des bergeries. C'est qu'en général le froid leur est moins contraire que la privation d'un air pur & renouvellé. Il ne faudroit pas les faire naître en plein air, & les y laisser dans un pays humide, parce que ni les meres, ni les agneaux ne pourroient y résister ; mais, dans un pays dont le sol est sec, il me semble qu'il n'y a point d'inconvéniens. On voit quelquefois des agneaux assez foibles pour être incommodés du froid, au point de périr si on ne les soulage. M. Daubenton conseille de les envelopper de linges chauds, de les exposer auprès d'un feu doux, en mettant la tête à l'ombre du corps. On leur fait avaler une petite cuillerée de lait tiède, ou de bierre, ou de vin mêlés d'eau. On les nourrit quelques jours auprès du feu, & on les met ensuite avec leurs meres, dans un lieu couvert & fermé, jusqu'à ce qu'ils soient rétablis. En Sologne, où les agneaux sont toujours foibles, il en mourut beaucoup en naissant au mois de février 1782, parce qu'il vint de fortes gelées. Les bergers anglois placent les agneaux refroidis, dans une meule de foin, ou dans un four convenablement chaud.

Les premiers agneaux des jeunes brebis, ou les derniers des vieilles, ne naissent quelquefois qu'en avril ou en mai. On les nomme *tardons* ou *tardillons*. Les anglois les appellent *coucous*, parce que la saison où ils viennent, est celle pendant laquelle cet oiseau chante. N'étant pas assez vigoureux pour être conservés, on les engraisse pour les manger. Le soir & le matin ils tettent leur mere ; dans le jour, on leur fait tetter des brebis qui ont perdu leurs agneaux ; on les tient dans la bergerie, dont on renouvelle souvent la litière. Pour les préserver du dévoiement auquel ils sont sujets, & qui les empêche d'engraisser, on met auprès d'eux une pierre de craie, qu'ils lèchent souvent ; c'est un absorbant propre à arrêter l'effet des acides qu'ils ont en trop grande quantité dans les estomacs, & qui leur causent le dévoiement. A quinze jours, il faut châtrer les mâles, si on veut que leur chair soit aussi bonne que celle des femelles ; à la vérité, ils ne deviennent pas aussi gros que s'ils n'étoient pas châtrés.

Le berger prudent, laisse à la bergerie celles des brebis qui paroissent devoir mettre bas dans la journée. Si quelques-unes, malgré cette précaution, font leurs agneaux aux champs, il rapporte les petits animaux dans un sac ouvert, attaché exprès sur ses épaules.

Lorsqu'un agneau est nouvellement né, on visite le pis de la mere, on s'assure s'il est assez rempli de lait de bonne qualité, en en exprimant des mammelons. Le bon lait se reconnoît à sa blancheur & à sa consistance ; il ne vaut rien, lorsqu'il est bleuâtre, jaunâtre ou clair. Dans ces différens cas, & dans celui où la mere meurt en agnelant, pour conserver l'agneau, on lui fait tetter une mere qui a perdu le sien, ou une chèvre, ou on lui donne à boire du lait de vache, par cuillerées d'abord, & ensuite à l'aide d'un biberon garni d'un linge, ou enfin dans un vase. On le tient dans un endroit chaud, pour suppléer à la chaleur qu'il auroit reçue de sa mere, en couchant auprès d'elle. Dans les premiers tems, on le fait boire quatre fois par jour, ensuite trois ou deux fois, jusqu'à ce qu'il puisse manger de l'herbe. On a l'attention de ne point élever trop le biberon, parce que, s'il passoit du lait dans le cornet, l'animal seroit suffoqué. Pour tromper une brebis qu'on veut déterminer à nourrir un agneau à la place du sien, qu'elle a perdu, il suffit de frotter celui-ci contre l'agneau qu'on lui substitue.

Il arrive souvent qu'un agneau fort dérobe le lait d'un agneau foible, en tettant d'abord la mere de celui-ci & la sienne ensuite; c'est une des causes très-communes de mortalités parmi ces jeunes animaux, & qui exige toute la vigilance du berger. Il doit connoître chaque agneau & chaque mere. Le moyen de remédier à ce mal, est de mettre à part tous les agneaux foibles, de trier, au retour des champs, leurs meres pour les leur donner.

Si le pis de la mere est recouvert de laine, l'agneau la saisit au lieu du mammelon, il l'arrache & l'avale; elle forme dans son quatrième estomac, appellé *caillette* des pelotes, qu'on prend pour des gobes, & qui, bouchant le passage des alimens, causent la mort. On doit donc la couper avant de le laisser tetter. Le même accident a lieu lorsque les rateliers des bergeries sont très-élevés; il en tombe des épis de bled, ou des bourres de foin, qui s'engagent dans les toisons. Les agneaux, en voulant les manger, avalent en même tems des filamens de laine; on évite cet inconvénient en tenant les rateliers bas.

Le plus ordinairement, sans qu'il soit besoin qu'on s'en mêle, l'instinct seul engage la brebis à lécher son agneau pour le sécher lorsqu'il vient de naître. Le même instinct porte celui-ci à aller chercher le pis de sa mere, qu'il tette aussi-tôt, pour continuer ensuite chaque fois qu'il a faim. S'il n'en étoit pas ainsi, le berger jeteroi sur l'agneau un peu de sel ou de son; ce quit engageroit la mere à le lècher. Les brebis, qui agnelent pour la première fois, sont plus sujettes que les autres à négliger leurs agneaux. Quand l'agneau ne va pas au pis de sa mere, ou quand il est rebuté par elle, comme il arrive quelquefois, on l'en approche, on lui exprime du lait du mammelon dans la gueule, & on contient la mere, qu'on sépare du troupeau pendant quelques jours, pour la laisser accoutumer avec son petit.

Il y a des agneaux qui commencent à manger à l'auge ou au ratelier, & même à brouter de l'herbe dès l'âge de dix-huit jours; alors on peut leur donner différens alimens. M. Daubenton, dont j'emprunte [*] une partie de ce que contient cet article, conseille de leur mettre dans des auges, de la farine d'avoine seule ou mêlée de son, des pois tendres, qu'on fait crever dans l'eau pour les attendrir davantage, & qu'on joint à du lait ou à de la farine d'avoine ou d'orge, & de l'orge ou de l'avoine en grain, du foin très-fin, de la paille battue deux fois pour l'adoucir, du tresle, du sainfoin sec, des gerbes d'avoine; en Beauce, on leur fait bouillir & crever du froment dans l'eau. Quand un agneau ne se détermine pas à manger de lui-même dans l'auge, on lui en approche la gueule, & avec les doigts on y introduit de la nourriture, il ne tarde pas à y être habitué. On remarque que le son seul donne aux agneaux trop de ventre, & & que la farine d'orge les dégoûte, parce qu'elle reste entre leurs dents. L'avoine paroît être la nourriture qui, dans ces commencemens, leur convient le mieux. Au reste, ce ne sont là que des conseils généraux, & on ne peut en donner d'autres; car chaque propriétaire de troupeaux doit calculer d'après ce qui lui coûte le moins, à choses égales, & d'après ce qu'il peut se procurer le plus facilement. On doit éviter de tenir les agneaux trop chaudement; on doit les laisser sortir de tems en tems auprès de la bergerie, pour les fortifier.

Dans les pays où la terre est de nature à se durcir & à s'attacher à la queue des agneaux, il est nécessaire de leur en couper l'extrémité, car les pelotes de terre dure leur frappant les jambes à coups redoublés, lorsqu'ils sont en état d'aller aux champs, ils précipitent leur marche & on ne peut les arrêter. On leur fait cette opération par un tems doux, à six semaines ou deux mois, ou l'automne suivant. Elle consiste à retrancher le bout de la queue entre deux os, & à appliquer à l'endroit coupé, ou de la cendre seule, ou de la cendre mêlée de suif. Les bergers Espagnols coupent la queue à tous leurs agneaux; j'ai vu faire cette opération par ces bergers à la ferme du roi, à Rambouillet; ils prennent chaque agneau entre leurs jambes, tiennent la queue d'une main, & de l'autre la coupent avec un couteau à trois ou quatre pouces de sa naissance, en sorte que toutes les bêtes à laine Espagnoles sont écourtées; ce qui leur donne de la difformité. Ils n'appliquent rien à l'endroit de la section, & l'animal n'en reçoit pas la moindre incommodité. Il est bon aussi d'ôter la laine de la queue & même des fesses, lorsquelle est chargée d'ordures, qui pourroient causer des démengeaisons & la gale.

Le tems indiqué par la nature pour sevrer les agneaux, est celui où les brebis n'ont plus de lait, & où elles commencent à entrer en chaleur. Alors elles les repoussent elles-mêmes, & leur font perdre l'habitude de tetter. Les agneaux s'en dégoûtent aussi quelquefois, lorsqu'on les mène dans de bons pâturages. Ceux qui sont nés à la fin de février,

[*] Instruction pour les bergers & propriétaires de troupeaux.

on, au commencement de mars, peuvent être sevrés vers le premier mai; c'est-à-dire, à deux mois. On laisse tetter plus long-tems ceux qui naissent plutôt, parce qu'il faut attendre qu'ils trouvent aux champs de bonnes herbes; on sait que, dans certains pays, elles poussent tard; il y a des gens qui ne sevrent les agneaux qu'au tems de la tonte; alors les meres ne les reconnoissent plus, & réciproquement.

Pour sevrer les agneaux, on les éloigne le plus qu'on peut de leurs meres, afin qu'ils n'entendent plus les bêlemens les uns des autres; on met avec eux quelques vieilles brebis, qui les conduisent aux champs, & les empêchent de s'écarter. Dans les pays privés de prairies naturelles, on en fait d'artificielles en treffle, ou mélilot, ou rai-grass, ou vesce, ou pois, qu'on destine aux agneaux. On a proposé, pour sevrer les agneaux, sans les séparer de leurs meres, d'attacher à chacun une sorte de cavesson ou muselière assez lâche pour leur permettre de manger, & garni sur le nez de piquans; la brebis, dans ce cas, ne manqueroit pas de repousser son agneau. Mais indépendamment de ce que les piquans pourroient blesser les meres, cette manière de sevrer les agneaux, exigeroit trop de soins dans un nombreux troupeau; il est préférable de séparer les brebis des agneaux.

On est dans l'usage, en quelques cantons, de traire les brebis qui allaitent, pour employer ce lait à faire des fromages. On frustre par-là les agneaux d'une nourriture qui leur appartient & qui est propre à leur âge. Lorsqu'on y supplée par d'autres alimens, ils en souffrent moins, mais ils en souffrent toujours, & je ne vois pas ce qu'y gagne le propriétaire; car, pour remplacer ce lait, il est obligé de donner aux agneaux des grains ou du fourrage qui ont une valeur. Si ce retranchement se fait sans y rien substituer, on n'a que des agneaux foibles, susceptibles de beaucoup de maladies, qui en font périr un grand nombre; l'espèce de ceux qui résiste est petite & peu profitable. En Sologne, où ce dernier abus a lieu, on croit dédommager les agneaux de la nourriture naturelle, qu'on a la cruauté de leur enlever, en les mettant au printems dans les meilleurs pâturages. Tout le pays étant frais & humide, ils contractent une sorte de pourriture, qui, tous les ans, en moissonne au moins la quatrième partie.

On ne garde, pour former un troupeau, que les agneaux vigoureux, & nés de meres qui sont saines, & dans la force de l'âge. On vend ou on mange les agneaux des jeunes & des vieilles brebis, ou de celles qui ont quelque incommodité.

On lit dans l'ancienne Encyclopédie, qu'il ne faut pas laisser prendre aux agneaux le premier lait de leurs meres, parce qu'il est pernicieux. Cette assertion n'est appuyée d'aucune preuve; elle mérite d'autant moins de confiance, que le premier lait de tous les animaux a toujours une qualité proportionnée à la foiblesse & à l'état de leurs petits.

Je crois ne devoir parler du tems & de la manière de châtrer les agneaux mâles & femelles, qu'à l'article de mouton & moutonne.

La chair de l'agneau est regardée comme un mets délicat qu'on sert aux gens riches; toutes ses issues en sont fort recherchées pour des ragoûts. Si on ne tuoit que les plus foibles, la multiplication des bêtes à laine n'en souffriroit pas; mais il y a des fermiers qui n'élèvent des agneaux que pour les vendre avant qu'ils soient sevrés. Leur peau, préparée par les Mégissiers, avec la laine, ou la laine séparée de la peau, fait des fourrures très-chaudes. Il est défendu de l'employer dans les fabriques d'étoffes, parce qu'elle n'a pas assez de force. On peut en faire des chapeaux.

L'agneau de lait a la chair blanche; s'il a brouté, elle ne l'est plus. Pour qu'il soit bon, il doit être gras. (*M. l'abbé* TESSIER.)

AGNEAU de Scythie ou de Tartarie, *Agnus Scythicus.*

On donne ce nom à la racine d'une plante de la famille des FOUGERES qui paroît être du genre des Polypodes. Des charlatans ont imaginé de lui donner la figure d'un animal dont ils racontent des choses merveilleuses qui n'ont pas plus de fondement que de vraisemblance. Nous ne connoissons point cette espèce, mais nous en connoissons plusieurs dans le genre des Polypodes, dont les racines se prêteroient aisément à recevoir la même configuration. (*M.* THOUIN.)

AGNELER, se dit d'une brebis, qui fait des agneaux. *Une brebis est prête à agneler, une brebis a agnelé.* Voyez BREBIS. (*M. l'abbé* TESSIER.)

AGNELEMENT, fonction par laquelle une brebis est en travail pour agneler, ou mettre bas son agneau. *Voy.* BREBIS. (*M. l'abbé* TESSIER.)

AGRAFFE est un ornement qui sert à lier deux figures dans un parterre; alors il peut se prendre pour un nœud. On peut encore entendre par le mot *agraffe*, un ornement qu'on attache & qu'on colle à la platte-bande d'un parterre pour n'en faire paroître que la moitié qui se lie & forme un tout avec le reste de la broderie. (K) (*M.* THOUIN.)

AGRAVÉ, aggravé, s'agraver, engraver. Ces expressions dans les auteurs de Médecine vétérinaire sont consacrées pour désigner une maladie des chiens. Un chien *agravé* est celui dont les pieds fatigués par une longue marche pendant une grande sécheresse ou dans les terrains sableux & pierreux ou pendant la neige & les glaces, sont devenus rouges, douloureux, crevassés, il s'y forme quelquefois sous la sole des cloches, où il en suinte une humeur séreuse & l'ergot tombe. Mais ce ne sont pas les chiens seuls, qui sont sujets à s'agraver. Le cheval, le mulet, l'âne, le bœuf, quand ils sont mal ferrés, ou quand ils ne le sont pas, le mouton & sans doute d'autres animaux s'agravent aussi, selon les circonstances où ils se trouvent & selon qu'ils ont le dessous du pied plus ou moins tendre. Car les moutons, qui élevés dans des pays où la terre est humide, viennent habiter des côteaux pierreux, s'agravent bien plus que ceux qui sont nés sur ces côteaux. Les chiens de chasse n'éprouvent cette incommodité que quand ils courent beaucoup par un tems sec; les chiens de berger en Beauce, ayant plus de mal & plus de travail, à l'approche de la moisson, souffrent des pieds dans cette saison où le sol est dur, & n'en souffrent pas dans les autres. Il y a des chevaux qui ont le pied si endurci naturellement, qu'on n'a pas besoin de les ferrer; à quelque fatigue qu'on expose certains chiens, jamais ils ne s'agravent, &c.

On a conseillé différens remèdes contre cette incommodité des chiens, animaux dont l'utilité est si grande. Le plus accrédité dans les livres vétérinaires, est celui-ci : on délaie des jaunes d'œufs, ou selon quelques-uns des blancs, dans une décoction de pilosele ou de pommes de grenades, faite avec du vinaigre pur, en y ajoutant de la suie très-fine. Ce remède s'applique sur la partie souffrante. Il y a des gens qui conseillent de piler un oignon blanc dans un mortier, & une pincée de sel & de suie pour en répandre le jus sur les crevasses, après les avoir lavées avec du vin chaud. On propose encore de mettre de l'huile de tartre dessus & dessous les pieds, entre les doigts & les ongles. On assure même qu'en imprégnant extérieurement d'huile de tartre le linge dont on doit envelopper le pied du chien, on l'empêche d'arracher l'appareil avec ses dents.

Le premier soin, lorsqu'on voit un chien ou un mouton, ou tout autre animal boiter, parce qu'il est agravé, & de le laisser reposer plusieurs jours sur la litière. Si le mal est léger, il guérira sans remède. Mais si le mal est considérable, il faut laver le pied avec du vin chaud, puis le graisser avec du suif plusieurs jours de suite. Ce moyen, aidé du repos, suffit ordinairement. On peut encore tenter un des précédens, qui ne me paroissent pas aussi simples. Enfin dans le cas où il y auroit sous les pieds de l'inflammation, ce qu'on reconnoîtra en y regardant & aux cris de douleur du chien, on doit recourir à de plus puissans. Une saignée est quelquefois nécessaire; mais toujours il convient d'employer les bains d'eau tiède, les cataplasmes de plantes émollientes & même ceux de mie de pain & de lait, si l'animal est précieux & le mal porté à un point considérable. L'inflammation, ou cesse bientôt, ou se termine par suppuration. Dès qu'elle est passée, ou que la suppuration, prolongée quelque tems par des onguens suppuratifs n'a plus lieu on fortifie le pied par des fomentations de vin aromatique. Rarement le mal a besoin de ces derniers secours. (*M. l'abbé* TESSIER.)

AGRIER. J'emprunte ce mot du cours complet d'agriculture de M. l'abbé Rozier. Terme de coutume, qui signifie le terrage & le champart dû au seigneur sur les gerbes de bled recueilli dans sa seigneurie. Le droit est plus ou moins fort, suivant les pays où il est établi. (*M. l'abbé* TESSIER.)

AGRICOLE. *Voyez* AGRONOME (*M. l'abbé* TESSIER.)

AGRICULTEUR. *V.* AGRONOME. (*M. l'abbé* TESSIER.)

AGRICULTURE.

Art de cultiver la terre, pour la mettre en état de donner des productions utiles. On peut distinguer deux sortes d'agriculture, l'une théorique & l'autre pratique. La première connoît, 1.° les principes, qui en sont la base, & qui influent plus ou moins sur la végétation; tels que l'eau, l'air, le feu, la terre, la lumière, l'électricité, &c. 2.° Les parties solides & fluides des plantes & leur action réciproque. 3.° Les moyens qui doivent être mis en usage, comme les bras de l'homme, la force des animaux, les instrumens. 4.° Tout ce qui dépend de ces moyens, toutes les combinaisons qu'on peut faire, toutes les vues qui se présentent, & les essais qu'il est permis & raisonnable de tenter en conséquence. J'ai développé dans le second discours préliminaire ce qui concerne les principes de l'agriculture & les parties constituantes des plantes. Les moyens qu'emploie cet art se trouveront expliqués chacun à leur article.

L'agriculture pratique apprend à distinguer la diversité des terreins, & leurs expositions, les espèces de plantes, qui y croissent le plus avantageusement, la manière de se procurer abondamment les meilleurs engrais; les façons qu'on doit donner à la terre, le tems de la préparer, de l'ensemencer, de soigner ce qu'elle porte, de récolter, de conserver les récoltes; elle apprend comment on doit élever, multiplier, gouverner, conduire les bestiaux, & tirer un parti profitable de tout ce qui vient aux champs, de tout ce qui s'élève, s'amasse, se produit, ou se fait dans la ferme ou la métairie.

Il est rare qu'on réunisse les connoissances de l'agriculture théorique & celles de l'agriculture pratique. Ce seroit cependant le moyen de mieux perfectionner cet art précieux. La plupart des fermiers françois sont seulement cultivateurs. On en voit cependant un certain nombre, sur-tout dans le voisinage des grandes villes, qui deviennent observateurs, & par conséquent agriculteurs. Peu-à-peu ils joindront plus de principes à leur pratique, & l'art y gagnera infiniment.

L'agriculture pratique peut se subdiviser en trois branches principales; la première est l'agriculture proprement dite, celle qui a pour objet, la culture en grand des plantes, qui servent à nourrir les hommes & les bestiaux, & à fournir aux arts; la seconde est le jardinage ou la culture des jardins; la troisième embrasse tout ce qui a rapport aux arbres & arbustes, à la vigne même.

Les objets, dont s'occupe spécialement l'agriculture proprement dite, forment trois classes. Dans la première se trouvent le seigle, le froment, l'orge, l'épeautre, l'avoine, le maïs, le ris, le millet, les pois, les fèves, les haricots, les pommes de terre, les topinambours, &c. Une partie sert également aux hommes & aux bestiaux.

La seconde comprend particulièrement les prairies naturelles & artificielles; les unes sont formées en grande partie d'un mélange de plantes de la famille des Graminées, & placées dans des terreins humides; les autres qu'on peut faire dans des terreins de diverse nature, ne sont le plus ordinairement composées que d'un même genre de plantes; par exemple, de luzerne, de trefle, de sainfoin, de sanve, de pimprenelle, &c. destinées pour les bestiaux.

Dans la troisième classe sont le colsa, la navette, le lin, le chanvre, le coton, l'indigo, la garance, le houblon, le safran, la canne à sucre, &c. qui servent d'alimens & de matériaux à plusieurs arts.

C'est à l'agriculture proprement dite, qu'appartiennent les détails sur ce qui sert à l'exploitation d'une ferme ou d'une métairie; c'est elle qui fait connoître comment doit être disposée une basse-cour, pour les fumiers, les volailles, l'entrée & la sortie des bestiaux; quelle est la meilleure construction pour le manoir, le fournil, la buanderie, la laiterie, pour les greniers, les granges, les étables, écuries, bergeries, poulaillers, hangards, &c. L'éducation de la volaille, des pigeons, des abeilles; la conservation des grains, des fourrages, des fruits; enfin ce qui constitue la *maison rustique*, sont encore les objets dont elle s'occupe.

Je réserve l'exposé & la discussion des différens systêmes d'agriculture pour le mot *culture*, puisque c'est l'article, où il s'agit de savoir quelle est la meilleure manière de cultiver.

Le jardinage, seconde branche de l'agriculture pratique, ne paroît pas au premier coup-d'œil devoir être aussi étendu que l'agriculture proprement dite. Cependant il embrasse des travaux de bien des genres différens. On peut dire qu'à cause de ses détails, il roule sur un plus grand nombre d'objets. Les jardins potagers, les jardins fleuristes, les jardins botaniques forment trois sortes de jardinages.

Dans les potagers on cultive des plantes pour être servies sur les tables, & des arbres à fruit; les plantes y sont élevées, ou en pleine terre, ou sur des couches, ou sous des chassis ou dans des serres chaudes. Les arbres y sont de plusieurs espèces & disposées de plusieurs manières; d'où il suit que le jardinier, indépendamment de ce qu'il doit connoître la nature de son terrein & la température du pays, ne peut être habile s'il n'est pas versé dans l'art de cultiver chaque chose en saison convenable, préparer & proportionner les fumiers, former des terreaux plus ou moins mélangés, établir des couches dans les endroits les plus favorables; les rechauffer quand elles en ont besoin; placer des cloches, les soulever à propos; conduire des chassis & entretenir dans les serres le degré de chaleur nécessaire; arroser dans le tems de sécheresse, &c. La plantation des arbres, la greffe, la taille, le palissage, la récolte des fruits, &c. ne doivent point être ignorées du jardinier, cultivateur des potagers.

Le fleuriste a des travaux plus bornés, & qui exigent cependant de l'attention. Ce sont des arbres, des arbustes & des plantes à fleurs agréables, qu'il fait venir de graines, de boutures, de racines ou de marcottes. Ce n'est guères ordinairement que dans les environs des villes ou dans leurs fauxbourgs qu'il y a des fleuristes de profession, ou des jardiniers qui n'élèvent que des fleurs, dont ils trouvent un débit assuré. En Hollande, surtout à Harlem, on fait avec l'étranger un grand commerce d'oignons de fleurs, particulièrement de jacinthes & de tulipes, qu'on y élève avec un très-grand soin. Il paroît que le sol des environs de cette ville favorise singulièrement cette culture.

Communément on ornoit de fleurs les parterres & les potagers même. Cet usage qui avoit bien de l'agrément, a diminué depuis que le goût pour les jardins anglois s'est introduit. Les gazons, malgré leur uniformité, ont remplacé le bel émail des anciens parterres. Quoi qu'il en soit les fleuristes de profession ou les jardiniers attachés au service des particuliers qui veulent encore des fleurs, ont à garantir du soleil, du vent, de la sécheresse, de la pluie même, & de la gelée celles qui seroient dans le cas d'en souffrir; ce qui leur donne une vigilance perpétuelle & presque autant de soins qu'aux jardiniers des potagers.

Les jardins botaniques ont deux objets principaux; 1.° l'instruction de ceux qui cherchent à connoître tous les genres & toutes les espèces de plantes, qui croissent dans les différentes contrées du monde, afin de les comparer, de les rapprocher, ou de les distinguer & de les classer; 2.° de montrer à ceux, dont les vues ne sont pas aussi vastes, les plantes qui sont d'usage, soit pour nourrir les hommes, soit pour les bestiaux, soit pour la médecine, soit pour les arts, soit pour l'ornement. Il y a de ces jardins plus ou moins étendus, & dans lesquels, par conséquent on cultive plus ou moins de plantes. Le jardin du roi de Paris en contient un nombre prodigieux, & embrasse tout; dans le jardin des apothicaires de la même ville, on n'en élève qu'une certaine quantité. Des particuliers amateurs de la botanique, sont encore moins riches & moins abondans, parce qu'ils se bornent à un petit nombre. Comme dans les jardins botaniques on rassemble communément les productions de différens climats, de différens sols, pour se les procurer, les entretenir, les empêcher de dégénérer, les faire fructifier & les multiplier, il faut donner aux unes une chaleur considérable, aux autres une moindre; il y en a qui doivent être dans un terrein de sable ou d'argille; quelques-unes dans un mêlange d'argille, & d'autres terres, &c. beaucoup veulent être arrosées souvent; certaines ne veulent presque pas d'eau: on conçoit que dans un grand jardin de botanique, le jardinier qui conduit les travaux, doit avoir de l'aptitude à l'observation, de la mémoire, de la surveillance. Il est important de recueillir à tems les graines, de les conserver en hiver, de les semer de la manière convenable; ou sur couche & dans des pots, ou sur couche, & sans pots, ou sans chassis, ou dans des serres, ou en plein air, &c. &c.

La troisième division de l'agriculture pratique offre un intérêt aussi grand. Il s'agit des sémis & plantations des arbres qui doivent former des futaies, des taillis, des allées, & par conséquent des arbres qui servent au chauffage, aux constructions de nos habitations, à celles des vaisseaux du roi ou de la marine marchande, & à différens usages domestiques. Cette division comprend aussi les arbres des parcs, des bosquets, & des vergers, les oliviers, & même la vigne qui produit à la France un de ses plus grands objets de commerce. L'aménagement & l'amélioration des forêts, l'exploitation des arbres & baliveaux; tous les travaux qui se font dans les forêts, sont du ressort de cette partie de l'agriculture; elle indique les terreins propres à chaque espèce d'arbre, la culture qu'il exige, les soins qu'il en faut prendre & ses usages.

L'agriculture envisagée sous un point de vue pratique, est l'assemblage de tous les mots, qui composent ce dictionnaire, & celui des arbres & arbustes, qui en est séparé. En les réunissant on aura les connoissances de l'agriculteur, celles du jardinier & celles des hommes, qui se livrent aux grandes plantations. (*M. l'abbé* Tessier.)

AGRIMENSATION: terme de droit, par lequel on entend l'*arpentage* des terres. L'éthymologie de ce mot signifie mesurage des terres. (*M. l'abbé* Tessier.)

AGRIMOINE: nom d'un genre de plante, nommé par les Botanistes, *Agrimonia*, en françois Aigremoire. *Voyez* ce mot. (*M.* Thouin.)

AGRIPAUME, *Leonurus*.

Ce genre de plante qui fait partie de la famille des Labiées, n'est composé que de plantes herbacées, presque toutes annuelles ou bis-annuelles; elles croissent toutes dans les Zones froides ou tempérées: on les cultive en pleine terre dans notre climat.

Espèces.

1. Agripaume vulgaire.
Leonurus cardiaca. L. ♃ des bois de l'Europe.

B. Agripaume vulgaire crêpue.
Leonurus cardiaca crispa. ♃ de Sibérie.

2. Agripaume à feuilles simples.
Leonurus Marrubiastrum. L. ⊙ de l'Europe tempérée.

3. Agripaume de Tartarie.
Leonurus Tartaricus. L. ♂ du nord de l'Asie.

4. Agripaume de Sibérie.
Leonurus Sibiricus. L. ⊙ du nord de l'Asie.

L'Agripaume vulgaire est la seule espèce de son genre qui soit vivace; elle pousse de sa racine des tiges de trois à quatre pieds de haut, garnies dans toute leur longueur de larges feuilles d'un verd foncé, plus ou moins découpées à mesure qu'elles approchent du sommet de la plante. Ses fleurs qui croissent par anneaux autour des tiges sont petites, blanchâtres & peu apparentes. Cette plante pousse de très-bonne heure & conserve sa verdure jusqu'à la fin de l'automne. On la multiplie par ses graines, qui peuvent être semées immédiatement après leur récolte, ou dès le premier printems. Elle croît en pleine terre, dans toutes sortes de terreins & à toutes les expositions. Les semis faits en automne ont cet avantage, qu'ils donnent des plantes, qui fleurissent l'année suivante, au lieu que ceux qui sont faits au printems ne montent en fleurs que la deuxième année.

Usage. Cette plante est cultivée dans les jardins médicinaux à cause de ses propriétés. On pourroit s'en servir avec succès pour garnir le dessous des bosquets, dont les arbres ont une certaine élévation; c'est même la position où cette plante croît naturellement aux environs de Paris. Sa variété peut être cultivée de la même manière, & être employée au même usage.

2. Agripaume à feuilles simples. Cette plante s'élève de deux à trois pieds, & forme avec ses branches latérales qui croissent à différentes hauteurs, & font avec la tige un angle plus ou moins aigu à mesure qu'elles approchent du sommet, une pyramide cylindrique assez régulière. C'est à-peu-près là tout le mérite de cette plante, dont les fleurs sont très-petites, & la verdure fort ordinaire.

On la multiplie par ses graines, qu'on peut semer en pleine terre dès l'automne, mais il est plus sûr de ne les semer que vers la mi-mars, parce qu'elles lèvent promptement, & qu'il seroit à craindre, si l'hiver étoit froid & humide, que les jeunes plantes ne périssent. D'ailleurs cette plante n'est délicate ni sur la nature du terrein ni sur le choix de l'exposition. Lorsqu'une fois on lui a laissé produire des graines dans un endroit elle se sème d'elle-même.

Usage.

Usage. On ne cultive guères cette espèce que dans les jardins de botanique.

3. AGRIPAUME de Tartarie. Celle-ci est une belle plante annuelle d'environ quatre pieds & demi de haut, qui forme une pyramide quarrée assez régulière; son feuillage élégamment découpé a de plus encore le mérite d'être d'un beau verd foncé. Ses tiges sont droites & garnies de branches latérales. A l'extrémité & dans plus de la moitié de la longueur de ces branches se trouvent une multitude de fleurs d'un rouge clair, fort apparentes & disposées en anneaux.

On sème les graines de cette plante en pleine terre dans un sol meuble & à des expositions découvertes. La mi-mars est le tems le plus favorable pour cette opération. Elles lèvent dans l'espace de vingt jours. Les fleurs commencent à paroître en juillet, & durent jusqu'en septembre. Pour en jouir plutôt, on la sème sur des couches à l'air libre, & ensuite on la repique en pleine terre, dans un terrein meuble & substanciel.

Usage. Cette espèce d'agripaume peut servir à décorer les bordures des bosquets. Elle peut aussi figurer avec avantage dans les plattebandes des parterres, sur le rang du milieu, entre les plantes vivaces.

Observation. Lorsque cette plante a été semée tard, elle ne pousse que des feuilles la première année; mais, l'année suivante, elle pousse des tiges plus fortes, devient plus vigoureuse & fleurit plutôt & plus abondamment, c'est pourquoi il seroit bon de la semer en automne & au printems, si l'on vouloit s'en servir à la décoration des jardins.

4. AGRIPAUME de Sibérie. Cette espèce est bis-annuelle; elle ne pousse ordinairement la première année que des feuilles radicales, larges, découpées, & d'une verdure noire; au printems de la seconde, ses tiges croissent & s'élèvent à la hauteur d'un pied; elles sont garnies de feuilles & de petites fleurs de couleur pourpre très-agréable, serrées les unes contre les autres. Elles paroissent dans les mois de juin & de juillet. On multiplie cette jolie plante par le moyen de ses graines qu'on seme au printems, soit en pot, soit sur couche. Vers le mois de juillet, le jeune plant doit être repiqué partie en pot, partie en pleine terre, dans un terrain meuble & un peu humide. Dans les fortes gélées, les jeunes pied qui seront en pot doivent être rentrés dans l'orangerie, & ceux de pleine terre couverts de litière ou de feuilles sèches.

Usage. Cette espèce placée sur des gradins parmi les plantes d'agrément, peut figurer dans les jardins curieux. (*M. Thouin.*)

AGRONOME. Ce mot, encore peu usité, me paroît propre à exprimer l'homme, qui écrit sur l'agriculture, dont il a étudié les principes. L'*agriculteur* est celui qui, non content d'observer avec soin & connoissance ce qui se passe dans la culture des terres, s'occupe lui-même d'essais & d'expériences. Le nom de *cultivateur* appartient au paysan qui fait toutes les opérations rurales par habitude ou avec très-peu de combinaisons. L'*agricole* est, selon l'éthymologie du mot, un habitant de la campagne, qui peut bien n'être pas livré à l'agriculture. On dit cependant une nation ou un peuple agricole, pour exprimer une nation ou un peuple qui cultive les terres. *Voyez* AGRICOLE. L'agronome est donc distingué de l'agriculteur du cultivateur.

Dans le Dictionnaire d'économie politique & diplômatique, les trente maximes générales du gouvernement agricole, déduites par M. Quesnay, sont énoncées & développées. (*M. l'abbé Tessier.*)

AGRONOMIE. C'est l'ensemble des lumières qui rendent un homme capable d'écrire & de donner des conseils sur l'agriculture. (*M. l'abbé Tessier.*)

AGROSTIS, *Agrostis.*

Genre de plante de la famille des Graminées.

Ce genre est composé de trente-trois espèces toutes herbacées, vivaces ou annuelles, indigènes ou étrangères; mais comme on ne leur connoît aucune propriété, soit pour l'économie, soit pour l'agrément, il est rare qu'on les cultive ailleurs que dans les jardins de botanique. Nous nous bornerons donc à présenter ici la liste de ces différentes espèces, suivant l'ordre où elles se trouvent placées dans le dictionnaire de botanique, en indiquant & le tems de leur durée, & les pays où elles croissent, & nous donnerons ensuite une idée générale de leur culture.

ESPECES.

1.	AGROSTIS des champs à épi.	AGROSTIS *spica venti* L.	⊖	d'Europe.
2.	——— interrompu.	——— *interrupta.* L.	⊖	d'Europe.
3.	——— miliacé.	——— *miliacea.* L.	♃	d'Europe.
4.	——— bromoïde.	——— *bromoides.* L.	♃	d'Europe.
5.	——— australe.	——— *australis.* L.		de Portugal.
6.	——— en roseau.	——— *arundinacea.* L.	♃	d'Europe.
7.	——— argenté.	——— *calamagrostis.* L.	♃	d'Europe.
8.	——— tardif.	——— *serotina.* L.		de Vérone.
9.	——— rouge.	——— *rubra.* L.		d'Europe.

10.	AGROSTIS genouillé.	AGROSTIS canina. L.	♃ d'Europe.
11.	—— des montagnes.	—— *alpina*. La M. Dict.	*Idem.*
12.	—— en épi.	—— *spicæformis*. L. fil. Suppl.	de Ténériffe.
13.	—— velu.	—— *hirsuta*. L. fil. Suppl.	*Idem.*
14.	—— panicé.	—— *panicea*. La M. Dict. / *milium lindigerum*. L.	⊖ d'Europe.
15.	—— du Cap.	—— *Capensis*. La M. Dict. / *Milium Capense*. L.	du Cap de Bonne-espérance.
16.	—— ponctué.	—— *punctata*. La M. Dict. / *milium punctatum*. L.	de la Jamaïque.
17.	—— à fruits noirs.	—— *melanosperma*. La M. / *milium peradoxum*. L.	♃ d'Europe.
18.	—— à rayons.	—— *radiata*. L.	⊖ de l'Inde.
19.	—— digité.	—— *digitata*. La M. Dict. / *milium cimicinum*. L.	du Malabar.
20.	—— verticillé.	—— *verticillata*. La M. Dict.	de l'Inde.
21.	—— épars.	—— *effusa*. La M. Dict. / *milium effusum*. L.	♃ d'Europe.
22.	—— traçant.	—— *stolonifera*. L.	♃ *Idem.*
23.	—— piquant.	—— *pungens*. Pourret.	♃ *Idem.*
24.	—— chevelu.	—— *capillaris*. L.	⊖ *Idem.*
25.	—— des bois.	—— *sylvatica*. L.	*Idem.*
26.	—— blanc.	—— *alba*. L.	♃ de Canada.
27.	—— nain.	—— *pumila*. L.	♃ d'Europe.
28.	—— à épis filiformes.	—— *minima*. L.	♃ *Idem.*
29.	—— du Mexique.	—— *Mexicana*. L.	♂ du Mexique.
30.	—— des Indes.	—— *Indica*. L.	⊖ de l'Inde.
31.	—— à feuilles de jonc.	—— *juncea*. La M. Dict.	de l'Inde.
32.	—— maritime.	—— *maritima*. La M. Dict.	d'Europe.
33.	—— tenace.	—— *tenacissima*. L. fil. Suppl.	♃ de l'Inde.

Toutes les espèces annuelles ⊖ qui croissent en Europe, peuvent être semées en place au premier printems, dans de petits bassins de quatre pouces de profondeur, sur quinze pouces de diamètre; on recouvre ensuite très-légèrement les graines avec du terreau bien consommé, & on les arrose au besoin.

Les espèces vivaces, ♃ d'Europe, doivent être semées comme les précédentes, mais dans des pots que l'on enterre à leur place dans les écoles de botanique. Si on les semoit en pleine terre, leurs racines, dont la plupart sont traçantes, auroient bientôt gagné les deux côtés des plate-bandes, & alors il en résulteroit une confusion dans l'ordre des espèces, à laquelle il seroit difficile de remédier.

Les agrostis annuels ⊖ des pays chauds, tels que ceux qui croissent dans l'Inde, au Mexique, à la Jamaïque, au Cap de Bonne-espérance, &c. doivent être semés dans des pots, sur couche & sous chassis, & ensuite mis en place en pleine terre. Ceux des mêmes pays qui sont vivaces ♃, doivent être pareillement semés sous chassis; mais au lieu de les mettre en pleine terre, il convient de les séparer & de les repiquer dans des pots, afin qu'ils puissent être rentrés dans les serres chaudes aux approches de l'hiver. (*M. THOUIN.*)

AH-AH. Claire-voie ou saut-de-loup. On entend, par ces mots, une ouverture de mur sans grille & à niveau des allées, avec un fossé au pié, ce qui surprend & fait crier *ah-ah.* On prétend que c'est Monseigneur, fils de Louis XIV, qui a inventé ce terme, en se promenant dans les jardins de Meudon. (*K*).

Les ah-ah se pratiquent à l'extrémité des allées; ils défendent aussi sûrement les possessions, que les murs en élévation, & ont de plus l'avantage de laisser passer la vue, de manière qu'ils aggrandissent le local. (*M. THOUIN.*)

AHATE, synonyme du nom d'un arbre fruitier des deux Indes nommé par les Botanistes, *Annona Asiatica*. L. *Voyez* COROSSOLE D'ASIE. (*M. THOUIN.*)

AHOUAI. *CERBERA.* Lin.

Ce genre est composé d'un petit nombre de végétaux ligneux, qui font partie de la famille des *APOCINS*. Il ne se trouve guères que sous la zone torride, & paroît affectionner les lieux humides & sablonneux. La plupart des espèces ont un beau feuillage; leurs fleurs sont odorantes & agréablement colorées, & leur fruit est employé dans les Arts. Mais une malheureuse propriété commune à toutes les espèces, ternit tous ces avantages; elles renferment un suc très-corrosif, & qu'on regarde comme un violent poison.

Au reste, toutes les espèces de ce genre sont très-difficiles à élever dans notre climat; on ne peut même y parvenir qu'avec le secours des serres chaudes, encore faut-il beaucoup de soins.

Espèces.

1. Ahouai du Brésil.
Cerbera Ahouai. L. ♄.

2. Ahouai des Antilles.
Cerbera Thevetia. L. ♄.

3. Ahouai des Indes.
Cerbera Manghas. L. ♄ des deux Indes.

Description du port.

1. Ahouai du Brésil. C'est un arbrisseau de huit à dix pieds de haut; garni de branches longues, flexibles & tortues, & par cela même d'un port très-pittoresque. Son feuillage, qu'il conserve toute l'année, est touffu & d'un verd luisant. Ses fleurs, d'un jaune clair & d'une odeur douce, ressemblent un peu à celles du *Nerium.* Elles paroissent sur la fin de l'été, & croissent par bouquets de six ou sept, à l'extrémité des branches : jusqu'à présent on n'a point encore vu fructifier cet arbrisseau en Europe.

2. Ahouai des Antilles. Il est de la même hauteur que le précédent, & conserve également son feuillage, mais le port en est plus régulier. Les branches, qui commencent aux deux tiers de la tige, sont placées alternativement vers le sommet, & forment une tête arrondie. Son feuillage est moins touffu, & d'un verd plus clair que celui de la première espèce. Ses fleurs sont d'un beau jeaune, & fort apparentes; elles ont une odeur agréable, qui approche de celle du jasmin; mais elles ne produisent aucun fruit dans notre climat.

En Amérique, on donne aux semences de cet arbrisseau le nom de noix de serpent.

3. Ahouai des Indes. Le tronc de cette troisième espèce s'élève jusqu'à la hauteur de vingt pieds; il se divise, vers le sommet, en plusieurs branches tortueuses, garnies de feuilles d'un beau verd. Ses fleurs sont blanches & un peu odorantes; elles paroissent dans le mois de juillet & d'août, & tombent peu de tems après être épanouies, sans donner de fruit dans notre climat.

Culture.

Tous les Ahouais se multiplient par le moyen de leurs graines, qu'on est obligé de tirer des Antilles & des autres parties de l'Amérique méridionale. Elles doivent être semées au printems, dans des pots remplis d'une terre légère & substancielle, que l'on a soin de placer ensuite sur des couches chaudes, couvertes de chassis. La terre de ces semis doit être entretenue toujours humide pendant les quinze premiers jours, par des arrosemens légers, qu'on répète matin & soir. Lorsque les semences sont germées, & que la plante sort de terre, il convient de modérer les arrosemens, & de garantir les jeunes plantes de la grande ardeur du soleil. Vers la fin de juillet, lorsqu'elles auront trois à quatre pouces de haut, il faudra les repiquer dans des pots à basilic, & les placer sous un chassis dont la couche aura été renouvellée; on les y laissera jusqu'à la moitié de l'automne; à cette époque, il est à propos de les rentrer dans les serres chaudes, & de les placer sur une couche de tannée neuve, dans le lieu le plus chaud de la serre, & en même tems le plus près des vitraux qu'il sera possible, l'humidité ne leur étant pas moins nuisible que la grande chaleur est nécessaire à leur développement.

Au printems de la seconde année, lorsque les chaleurs commenceront à se faire sentir, on aura soin de rempoter les jeunes Ahouais dans des pots à amaranthes, & de les placer sous chassis & sur une couche neuve, jusqu'au tems où il convient de les rentrer dans les serres des plantes de la zône torride. A mesure qu'ils prendront de l'accroissement, il faudra les changer de vases, & leur donner à chaque fois une terre un peu plus forte, mais en proportionnant toujours, avec beaucoup de précaution, la grandeur du vase & la solidité de la terre, au développement & à la force de la plante, jusqu'à ce qu'enfin elle soit en état d'être mise en caisse. Les arrosemens doivent varier aussi, non-seulement en raison des saisons, mais encore en raison de l'âge des plantes. Dans leur jeunesse & pendant les chaleurs de l'été, de fréquens bassinages leur suffisent; l'hiver, il ne faut seulement qu'humecter la terre de tems à autre, & encore lorsque le soleil paroît. Les jeunes arbrisseaux sont d'une extrême délicatesse pendant les deux premières années de leur âge; l'humidité & le défaut de chaleur en fait périr un grand nombre.

On multiplie encore ces arbres par le moyen des boutures & des marcottes. Les boutures doivent être faites au printems, sous des cloches & sur des couches tièdes à la manière ordinaire, *voyez* Boutures, & les marcottes au commencement de l'été, c'est le tems le plus favorable; mais il faut bien se garder d'inciser les branches, leur substance est si molle, qu'elles pourriroient promptement; on se contente de former une ligature avec du fil de laiton, pour déterminer la formation du bourelet d'où sortent les racines. Les boutures & les marcottes sont souvent pourvues d'une suffisante quantité de racines pour être séparées dès la fin de l'automne; il est cependant plus sûr d'attendre au commencement de l'été suivant.

Les drageons offrent quelquefois un autre moyen de multiplier ces arbres : il arrive souvent que les pieds poussent de leurs racines des bourgeons vigouroux, qu'on peut séparer lorsqu'ils ont des racines particulières, & que leur tige est devenue un peu ligneuse.

Les Ahouais souffrent difficilement d'être exposés en plein air, même dans les saisons les plus chaudes de notre climat; la fraîcheur de nos nuits suffit pour leur faire perdre leurs feuilles & les empêcher de fleurir. On ne doit les sortir des serres, que pour les placer sous des chassis, ou sous des baches à ananas. Au moyen de ce régime, on les fait croître vigoureusement, & on en obtient des fleurs tous les trois à quatre ans, lorsque les pieds on atteint leur sixième année.

Usage. Ces arbrisseaux méritent d'occuper une place dans les tannées des serres chaudes, à cause de leur verdure perpétuelle, de la beauté & de l'odeur suave de leurs fleurs. On doit cependant prévenir que cette dernière qualité pourroit donner lieu à quelque accident, si l'on respiroit long-tems leur parfum, ou si l'on habitoit dans une atmosphère qui en fût fortement imprégnée.

En Amérique, les Indiens font avec les fruits de ces arbres, des colliers, des bracelets & des ceintures, dont ils se parent les jours de fêtes. Ils font encore avec ces mêmes fruits, dont ils retirent l'amande qu'ils remplacent par de petits cailloux, des espèces de grelots, qui leur servent à marquer la mesure dans leurs chants & dans leurs danses.

Propriété : Toutes les parties de ces arbres sont remplies d'un suc laiteux, très-abondant, & qui a des qualités malfaisantes. Si on l'applique sur la peau, il la noircit & la corrode; pris intérieurement, il produit de funestes accidens; mais l'amande de l'espèce, n.° 1, est un poison contre lequel on ne connoit aucun antidote. On prétend même que les vapeurs qui se dégagent de son bois par la combustion, sont enivrantes, aussi les Indiens s'abstiennent-ils de s'en servir dans leurs foyers. (*M. Thouin.*)

AHOVAL : nom que les Colons françois donnent au *Cerbera ahouai.* L. *Voyez* Ahouai du Brésil. (*M. Thouin.*)

AIGLANTIER *ou* Eglantier. Synonyme françois du *rosa canina.* L. *V.* Rosier Eglantier. (*M. Thouin.*)

AIGLE (bois d') : nom d'un bois employé dans la Médecine & dans les Arts, dont l'arbre est nommé par les Botanistes, *Aquilaria malaccensis.* La M. *V.* Agaloche, n.° 2. (*M. Thouin.*)

AIGRE. On donne, dans certains pays, le nom de *terre aigre* ou *âcre*, à un terrein difficile à cultiver, parce que tantôt il est trop mol, tantôt trop sec. La moindre pluie le délaie, la moindre chaleur forme des croûtes à la surface; il faut bien saisir le moment favorable pour le labourer. Les terres aigres ne sont pas d'un mauvais rapport; ordinairement elles ont du fond; il y en a cependant qui n'en ont que très-peu. Communément elles sont d'une couleur noirâtre. Il paroît que cette dénomination *aigre*, est prise dans le sens figuré; je connois en Beauce, en Gâtinois & dans l'Orléanois, des terres appellées *aigres*; elles ne m'ont pas paru être vitrioliques, ni avoir aucun principe d'acidité.

Le nom d'*aigre* est encore donné à des prairies dont les herbes ne sont pas de bonne qualité. Le lait des vaches qui s'en nourrissent, est désagréable & fait de mauvais beurre. Cela vient-il de ce que ces prairies produisent beaucoup d'herbes acides, capables d'altérer le lait, ou de ce que les herbes qui y croissent, sans être acides, nourrissent mal les vaches, & ne sont pas douces. Les paysans appellent en général, *aigre*, ce qui n'est pas doux. Je connois des prairies qui sont dans ce cas; on ne trouve dans les environs, ni bon beurre, ni bon lait; elles sont dans un terrein de tourbe; les plantes qui y dominent, sont les *carex*, que les paysans nomment *rouches*, & les anglois, par un rapport de nom assez singulier, *rushes.* Indépendamment de ce que ces plantes, par leurs qualités intérieures, ne sont peut-être pas un bon aliment pour les bestiaux, elles dégoûtent tous ceux qui sont un peu délicats, & sur-tout les chevaux, parce que leurs tiges angulaires, leurs feuilles âpres au toucher & un peu coupantes par leurs bords, offensent la langue & le palais. Je suis porté à croire que ce sont les carex encore plus que les oseilles, qui ont fait donner à des fourrages le nom d'aigres ou âcres.

La persicaire qui est brûlante, & qu'on a pu nommer âcre & d'autres plantes vénéneuses, comme la renoncule scélérate; *ranonculus sceleratus*, les douves ou *damasonium*, les *rhinanthus*, la pédiculaire *pedicularis serotina*, peuvent aussi y avoir contribué.

Quant aux Iris jaunes des prés, dont les feuilles sont tranchantes comme des rasoirs, je ne crois pas qu'aucun bétail y touche.

Ajoutez les soucis de marais, *populago* ou *caltha*, les trefles d'eau *menianthes* ou autres plantes de marais, dont les animaux ne veulent pas.

Je ne crois pas que les joncs fassent non plus de bons pâturages.

Quant au roseau, *arundo*, dont la moëlle est succulente & sucrée, je pense que ce seroit un bon aliment pour les animaux qui ne seroient pas rebutés par la dureté de la tige. En Amérique, les bestiaux dévorent les cannes à sucre, quand ils peuvent en avoir.

Il paroît, au reste, que c'est à la collection des herbages de mauvaise qualité, les uns par un défaut, les autres par un autre, qu'on a donné le nom général d'herbes *aigres* ou herbes *âcres.* (*M. l'abbé* Tessier.)

AIGREMOINE, *Agrimonia.* L.

Genre de plante de la famille des *Rosacées*, (*V.* ce mot.) Ce genre n'est composé que de plantes vivaces ; herbacées, qui forment des masses touffues & arrondies, d'une verdure agréable ; toutes les espèces croissent en pleine terre dans notre climat, & y sont rustiques. Quelques-unes d'entr'elles sont d'usage en médecine, & les autres pourroient être employées à l'ornement des jardins.

Espèces & Variétés.

1. AIGREMOINE officinale.
AGRIMONIA eupatoria. L. ♃ de l'Europe temperée.

B. AIGREMOINE officinale, odorante.
AGRIMONIA eupatoria odorata. ♃ des provinces méridionales de la France.

D. AIGREMOINE officinale, blanche.
AGRIMONIA eupatoria alba. ♃ d'Italie.

2. AIGREMOINE du levant.
AGRIMONIA repens. L. ♃ de l'Asie temperée.

3. AIGREMOINE à fleurs en faisceau.
AGRIMONIA agrimonoides. L. ♃ d'Italie.

Description du port.

1. AIGREMOINE officinale. Cette espèce croît naturellement le long des haies & sur les lisières des bois dans nos campagnes. Lorsqu'on la cultive dans les jardins, elle forme des touffes arrondies qui s'élèvent à la hauteur d'environ dix-huit pouces. Ces touffes ensuite sont surmontées par des tiges de dix à douze pouces de long, couvertes de fleurs jaunes, qui durent la plus grande partie de l'été.

B. L'AIGREMOINE odorante, regardée comme une variété de la précédente, mérite d'être cultivée de préférence; elle s'élève plus haut, forme des touffes plus volumineuses, & les fleurs sont plus grandes. Toutes les parties, lorsqu'on les froisse, donnent une odeur de miel fort agréable. On assure que ses propriétés médicinales sont plus étendues que celles de son espèce.

D. L'AIGREMOINE officinale blanche est regardée par plusieurs Botanistes, comme une variété de notre espèce indigène; cependant elle se reproduit constamment de ses graines, & toutes ses parties sont toujours plus petites. D'ailleurs elle est un peu plus tardive à fleurir, ses fleurs sont beaucoup moins apparentes, & durent moins long-tems.

2. AIGREMOINE du levant. Cette espèce, bien caractérisée, ne s'élève que d'environ deux pieds, elle forme des touffes arrondies, assez larges & d'un verd obscur. Elles sont surmontées pendant les mois de juin & de juillet, de gros épis de fleurs d'un beau jaune, qui donnent une foible odeur à l'approche de la nuit. Le port de cette plante est agréable.

3. AIGREMOINE à fleurs en faisceau. Celle-ci est la plus petite de toutes ; elle ne s'élève pas à un pied de haut; sa touffe est demi-sphérique, & d'un verd clair. Ses fleurs d'un jaune verdâtre, sont cachées dans ses feuilles. Elles paroissent en juin ; juillet & août ; viennent ensuite des semences qu'il faut surveiller avec soin ; lorsqu'on veut les récolter, parce qu'elles tombent immédiatement après leur maturité.

Culture.

Toutes les espèces d'aigremoine se multiplient par le moyen de leurs graines; si on les sème en automne, dans une terre meuble, sablonneuse & légèrement humide, elles leveront dès le printems suivant. Mais si l'on réserve les graines pour les semer au mois de mars, il est rare qu'elles lèvent avant l'année révolue. Lorsqu'on les laisse vieillir trois ou quatre ans, elles perdent leur propriété germinative.

Les graines de la première espèce & de ses deux variétés, peuvent être semées en pleine terre, à une exposition ombragée. Mais il est plus sûr de semer celles des deux autres espèces dans des pots, qu'on place en pleine terre à l'exposition du levant, & qu'on couvre de litière pendant les grandes gelées du premier hiver.

En général, les Aigremoines se multiplient beaucoup plus aisément & plus promptement, par le moyen d'œilletons enracinés. C'est en automne qu'il est plus convenable d'employer cette voie de multiplication ; pour cela, on arrache de vieux pieds, aussi-tôt que leurs feuilles sont desséchées ; on en sépare les œilletons les plus vifs, & on les met dans des planches d'une terre meuble & un peu fraîche, à une exposition légèrement ombragée. Mais comme ces plantes forment de grosses touffes, il convient d'espacer les œilletons à trente pouces de distance les uns des autres. L'année suivante, ou tout au plus la seconde année, on lève ces jeunes plantes, & on les place à demeure dans le lieu qui leur est destiné.

L'aigremoine officinale & ses deux variétés, sont des plantes vivaces très-rustiques qui, une fois mises en place, ne demandent d'autres soins que ceux que nécessitent la propreté d'un jardin, comme de sarcler les mauvaises herbes qui croissent dans leur voisinage, & de leur donner un labour chaque année. Les deux autres espèces exigent un peu plus d'attention. Indépendamment des sarclages & du labour annuel qui leur est commun avec les trois premières, il est à propos de relever les touffes tous les trois à quatre ans, soit pour renouveller la terre dans laquelle elles sont plantées, soit pour éplucher leurs racines & en supprimer toutes les parties qui sont mortes ou surannées. Il est convenable aussi de leur donner, pendant les grandes chaleurs de l'été, quelques arrosemens passagers.

Usage. La première espèce & ses deux variétés sont cultivées dans les jardins de plantes médicinales, pour leurs propriétés vulnéraires ; la seconde espèce peut être placée avec avantage, sur la lisière des bosquets agrestes, dans les jardins paysagistes. Pour la troisième, elle n'est guères propre qu'à figurer dans les écoles de botanique.

Historique : L'aigremoine du levant a été apportée en Europe, par Tournefort, & c'est au jardin du roi qu'elle a été cultivée en premier lieu. (*M. Thouin.*)

Aigremoine sauvage, synonyme françois du *Potentilla Anserina.* L. *Voyez* Potentille Argentin. (*M. Thouin.*)

AIGRETTE de Madagascar. Synonyme françois du nom d'un bel arbrisseau sarmenteux, qu'on cultive dans les jardins de l'Isle de France, & que M. le Chevalier de la Marck, dans son dictionnaire de botanique, a placé dans le genre du *Combretum* de Linné. *Voyez* Chigomier de Madagascar. (*M. Thouin.*)

AIGOCERAS *ou* Buceras : nom qu'on donne au fenugrec, parce que son fruit ou sa silique, qui est terminée par une longue pointe, a l'apparence d'une corne. (*M. l'abbé Tessier.*)

AIGUADES. Dans la haute Auvergne, un domaine propre à nourrir des bestiaux, est appellé *montagne*, quoiqu'il y en ait une portion située en plaine. On le divise en trois parties, dont une est la *fumade ;* c'est sur le sol de celle-ci, qu'on bâtit les édifices destinés à la laiterie, & à l'exploitation de la vacherie. Là, les vaches parquent pendant la nuit ; là, elles se rassemblent deux fois par jour, pour laisser traire leur lait. Les deux autres parties de la montagne se nomment *aiguades :* ce sont les lieux où pâturent les vaches, dans l'une le matin, & dans l'autre l'après-midi. Il doit y avoir auprès un ruisseau où elles puissent se désaltérer. Peut-être le nom d'*aiguades* leur vient-il de-là, puisque faire aiguade, en mer, c'est faire de l'eau. S'il n'y avoit pas de ruisseau à portée, ces animaux, qui se fatigueroient en allant en chercher loin, contracteroient des maladies pendant la sécheresse. (*M. l'abbé Tessier.*)

AIGUILLE. Ce mot, en terme de jardinage, désigne le pistil des fleurs, ou la partie femelle.

Lorsque les arbres fruitiers sont en fleurs, & qu'il survient des gelées tardives, les jardiniers ont grand soin de visiter les pistils des fleurs les plus exposées à l'action du vent, pour reconnoître si cette partie a été endommagée ou non. Dans le premier cas, ils disent : les aiguilles sont noires, il n'y a point de fruit à espérer. Les pistils, au contraire, n'ont-ils point souffert de la gelée, les aiguilles, disent-ils alors, sont vertes, il n'y a rien de perdu. (*M. Thouin.*)

Aiguille *ou* peigne de Vénus. *Scandix pecten.* Lin. *Scandix semine rostrato.* Tourn. C'est une espèce de *chærophyllum*, dans le dictionnaire de botanique. Cette plante se trouve dans les terres cultivées en bled, dans la Beauce, dans le Gâtinois & dans d'autres provinces. Ses noms françois lui viennent de la forme des capsules, qui contiennent la graine ; elles sont réunies plusieurs par la base seulement, & très-alongées & terminées en pointe. *Voyez* Cerfeuil aiguillette. Cette plante est quelquefois très-nuisible aux récoltes. Les vaches la mangent avec plaisir. On assure qu'elle leur donne beaucoup de lait. (*M. l'abbé Tessier.*)

Aiguille de Berger, synonyme françois du *Scandix pecten.* L. *Voyez* Cerfeuil aiguillette. (*M. Thouin.*)

AIGUILLON *pour les bœufs.* On ne se sert pas du fouet pour faire marcher les bœufs. Ces animaux n'y seroient pas sensibles ; mais on se sert de l'aiguillon ; c'est ainsi que se nomme une baguette ou petite perche longue de sept à huit pieds, à l'extrémité de laquelle est enchassée une pointe de fer, qui sort d'environ six lignes. Quand il n'y a que deux bœufs attachés à une charrue, le Laboureur est armé de l'aiguillon, pour les piquer au besoin. Quand on en attèle plus de deux, il faut un homme exprès pour faire usage de l'aiguillon. Le bœuf, naturellement lent & paresseux, n'avanceroit pas, s'il n'étoit réveillé de tems en tems par ce moyen. Il y a des chevaux plus sensibles au fouet que d'autres ; il y a aussi des bœufs qui craignent plus que d'autres l'aiguillon. Si on ne les ménageoit pas, ils se ruineroient bientôt en tirant presque seuls, ce qui doit être tiré par plusieurs. On a l'attention de ne point rendre trop aiguë la pointe de l'aiguillon, qui pourroit blesser les bœufs, & les exposer à des plaies, ou à être plus incommodés des mouches en été. Ordinairement pour former la pointe de l'aiguillon, les Laboureurs introduisent dans une des extrémités de la baguette, ou perche, un petit clou qui n'est pas assez acéré pour entrer bien avant dans la chair du bœuf. Afin que la baguette soit plus légère, on la choisit, lorsqu'on le peut, de bois de coudrier, ayant soin que la partie qui est dans la main de l'homme, soit plus grosse que l'autre. C'est aussi à l'aide de l'aiguillon, qu'on conduit des bœufs attelés à une charette.

Aiguillon *des abeilles* ou *des guêpes.* Lorsque j'ai exposé les manières de recueillir les essaims, le miel & la cire, j'ai indiqué comment on pouvoit se préserver des piqures des abeilles. Mais comme on peut n'en être pas toujours à l'abri, je crois devoir dire ici quelque chose sur le moyen d'en guérir, ainsi que de celles des guêpes, plus douloureuses encore & quelquefois mortelles.

Il y a des personnes qui ne sont jamais piquées par ces insectes, même en s'y exposant ; d'autres ne le sont que dans quelques circonstances ; d'autres ne souffrent pas des piqures qu'elles reçoivent. Ce qui dépend de la constitution particulière, & du plus ou moins de sensibilité. Les abeilles & les guêpes semblent s'attacher de préférence à certaine peau qui leur plaît ou leur déplaît davantage; car on ne sait pas si elles la piquent par antipathie, ou seulement parce qu'ayant du goût pour cette peau, elles s'y posent & s'irritent si elles en sont chassées; quoi qu'il en soit, la douleur qu'elles causent est vive & cuisante. Pour y remédier, on a proposé beaucoup de moyens, qui ont réussi aux uns & n'ont donné aucun soulagement aux autres; ce qui ne doit pas étonner, parce que le même remède ne convient pas à tous les individus. C'est aux gens qui vivent à la campagne, & qui sont sujets à être piqués des guêpes ou des abeilles, à observer les remèdes, dont ils se sont servis avec le plus d'avantages. On a conseillé d'ôter l'aiguillon, de presser ensuite, ou de sucer, ou de laver la plaie avec de l'eau fraîche, d'employer l'urine, l'huile d'olive ou d'amande douce, le vinaigre, la bouze de vache, le suc de guimauve: tous ces moyens sont bons, mais relativement aux individus. Ceux qui me paroissent mériter une confiance plus générale, sont le laudanum ou le suc laiteux du pavot, l'alkali volatil, ou l'eau de luce, & plus particulièrement l'eau végéto-minérale, c'est-à-dire, un composé de sel de saturne, d'eau-de-vie & d'eau. Pour la former, on prend demi-once de sel ou extrait de saturne, deux onces d'eau-de-vie & une pinte d'eau, qu'on agite ensemble. Cette liqueur se conserve long-tems. On en applique des compresses trempées sur la tumeur occasionnée par la piqure.

Ordinairement les abeilles & les guêpes piquent au visage ou aux mains; quelquefois elles se glissent, sur-tout les guêpes, sous les vêtemens, & piquent les autres parties du corps. Dans tous ces cas, les trois derniers remèdes que je viens d'indiquer, peuvent être employés sans inconvénient. Mais s'il arrivoit qu'un de ces insectes piquât dans la bouche ou dans la gorge, il faudroit bien se garder d'y avoir recours. On empoisonneroit le malade. Dans ce cas, il conviendroit de lui faire avaler promptement & sans interruption, ce qui seroit capable d'arrêter ou de diminuer l'inflammation, comme de petites cuillerées d'huile, de vinaigre étendu dans l'eau, de l'eau fraîche même. Un fait, qui s'est presque passé sous mes yeux, m'engage à donner ces conseils. Un homme, dans la force de l'âge, n'ayant pas apperçu une guêpe, qui se trouvoit au fond d'un verre rempli de moût ou de vin doux, au tems de la vendange, avala le vin & la guêpe, qui le piqua dans la gorge. On ne put douter de la cause du mal, puisqu'il rejeta sur-le-champ la guêpe, en se plaignant de la piqure. L'effet fut aussi prompt que funeste. La respiration étant gênée & arrêtée par la tumeur, l'homme fut suffoqué en peu d'instans, & mourut avant que ceux qui l'environnoient pussent savoir ce qu'il falloit lui donner. (*M. l'abbé* TESSIER.)

AIL. ALLIUM.

Ce genre de plante composé de trente-neuf espèces connues & décrites par les Botanistes modernes, fait partie de la famille des LILIACÉES. Il n'offre qu'un petit nombre de plantes utiles ou agréables. Nous nous contenterons ici de généraliser la culture de celles qui n'ont d'autre usage que d'occuper une place dans les écoles de botanique; nous réservant de parler plus au long des espèces utiles dans la cuisine, & de celles qu'on emploie à la décoration des jardins.

Espèces.

1. AIL à feuilles de poireau, Ail sauvage.
ALLIUM ampeloprasum. L. ♃ du levant & des isles de Holm, en Angleterre.

2. AIL à tuniques, ou le Poireau.
ALLIUM porrum. L. (*V.* le mot POIREAU.)

3. AIL linéaire.
ALLIUM lineare. L. ♃ de Sibérie.

4. AIL à tête ronde.
ALLIUM rotundum. L. ♃ de l'Europe tempérée.

5. AIL à feuilles de plantain, Ail de cerf.
ALLIUM victorialis. L. ♃ des hautes montagnes d'Europe.

6. AIL velu, Ail à bouquet.
ALLIUM subhirsutum. L. ♃ des parties méridionales de la France.

7. AIL des Indes.
ALLIUM magicum. L. ♃ d'Asie.

8. AIL à feuilles obliques.
ALLIUM obliquum. L. ♃ de Sibérie.

9. AIL rameux.
ALLIUM ramosum L. ♃ de Sibérie.

10. AIL à fleur rose.
ALLIUM roseum. ♃ L. des environs de Montpellier & du Piémont.

11. AIL de Tartarie.
ALLIUM Tartaricum. Lin. fil. ♃ du nord de l'Asie.

12. AIL cultivé ou commun.
ALLIUM sativum. L. ♃ de Sicile.

13. AIL rocambole ou la Rocambole, Ail poireau, Ail d'Espagne.
ALLIUM scorodoprasum. L. ♃ du nord de l'Europe. *Voyez* au mot ROCAMBOLE.

14. AIL des sables.
ALLIUM arenarium. L. ♃ d'Autriche & de Hongrie.

15. AIL à feuilles carinées.
ALLIUM carinatum. L. ♃ du nord de l'Europe.

16. AIL à tête sphérique.
ALLIUM sphærocephalum. L. ♃ de toutes les parties de la France.

17. AIL à petites fleurs.
ALLIUM parviflorum. L. ♃ de l'Europe australe.

18. AIL musqué.
Allium moschatum. L. ♃ des provinces méridionales de France.

19. AIL jaune.
Allium flavum. L. ♃ des provinces méridionales de France.

20. AIL à fleurs pâles.
Allium pallens. L. ♃ des parties méridionales de l'Europe.

21. AIL paniculé.
Allium paniculatum. L. ♃ des provinces méridionales de la France & de l'Europe.

22. AIL des vignes, Aillerotte,
Allium vineale. L. ♃ commun dans beaucoup de parties de la France.

23. AIL verdâtre.
Allium oleraceum. L. ♃ de l'Europe tempérée.

24. AIL penché.
Allium nutans. L. ♃ de Sibérie.

25. AIL anguleux.
Allium angulosum. L. ♃ de Sibérie.

26. AIL à feuilles de narcisse.
Allium narcissifolium. La M. Dict. n.° 26, ♃ des montagnes d'Auvergne.

27. AIL de Montpellier.
Allium Monspessulanum. Gouan Illustr. 24. t. 16. ♃.

28. AIL à grandes fleurs.
Allium grandiflorum. La M. Dict. n.° 28, ♃ du Dauphiné.

29. AIL de Canada.
Allium Canadense. L. ♃ de l'Amérique septentrionale.

30. AIL triangulaire.
Allium triquetrum. L. ♃ de l'Europe méridionale.

31. AIL pétiolé ou des bois.
Allium ursinum. L. ♃ des lieux ombragés & humides de la France.

32. AIL doré.
Allium moly. L. ♃ des Pyrénées.

33. AIL à tige ventrue, ou l'oignon des cuisines.
Allium cepa. L. ♂ d'Asie. (*Voyez* au mot OIGNON.)

34. AIL stérile ou l'échalotte.
Allium ascalonicum. L. ♃ du levant (*Voyez* ÉCHALOTTE.)

35. AIL joncoïdes, ou la civette des jardins.
Allium schœnoprasum. L. ♃ des montagnes du Dauphiné. (*Voy.* CIVETTE DES JARDINS.)

36. AIL de Portugal.
Allium lusitanicum. La M. Dict. n.° 36, ♃.

37. AIL de Sibérie.
Allium Sibiricum. L. ♃ du nord de l'Asie.

38. AIL à feuilles menues.
Allium tenuissimum. L. ♃ de Sibérie.

39. AIL nain.
Allium chamæ-moly. L. ♃ d'Italie.

Multiplication.

Les Aulx se multiplient de trois manières différentes, par les graines, par les cayeux & par les soboles.

Les graines des espèces qui croissent naturellement dans les pays froids & tempérés, se sèment en automne, soit en pleine terre, soit en pot, suivant qu'on possède plus ou moins de graines, ou qu'on a plus à cœur de les multiplier : elles aiment une terre meuble & légère, & une exposition sèche & chaude.

Les semences des espèces qui viennent des pays plus chauds, doivent être semées au printems de l'année qui suit leur récolte, & mises dans des pots qu'on place sur une couche chaude, à l'exposition du midi ; de cette manière, les graines lèvent dans l'espace de huit à vingt jours, & les jeunes plants sont assez forts pour être repiqués dès le mois de juin, soit en pot, soit en pleine terre. Quelques espèces fleurissent dès la première année, d'autres la deuxième, & le reste la troisième ou quatrième année.

Les soboles fournissent un moyen plus expéditif que les graines, pour multiplier les espèces qui en produisent. Lorsque ces soboles ou rocamboles sont parvenues à leur point de maturité, ce qui se reconnoît au desséchement de leurs fanes, ou lorsqu'elles quittent sans effort la tige qui les a produites, on les recueille & on les laisse sécher au soleil pendant quelques jours, pour consolider leur enveloppe extérieure, & les empêcher de pourrir. On les plante ensuite dans une terre légère & sablonneuse, à une exposition chaude, en ayant soin de ne les enfoncer qu'autant que leur grosseur l'exige. Ainsi, les plus petites, qui ne sont pas plus grosses qu'un grain de millet, n'ont besoin que d'être recouvertes de deux lignes de terre. Celles du plus gros volume, comme les soboles de l'ail des Indes, qui ont la grosseur d'une noix, doivent être enfoncées à un pouce & demi de profondeur ; les autres, qui sont d'un volume intermédiaire, doivent tenir le milieu entre ces deux données.

Les soboles des espèces qui viennent de pays plus méridionaux que le nôtre, doivent être plantées dans des pots, & rentrées l'hiver à l'orangerie, ou défendues des gelées par des chassis.

Les plantes que l'on obtient de cette manière, sont plus fortes & plus vigoureuses, & fructifient ordinairement un an plutôt que celles qui viennent de graines ; mais aussi il arrive dans quelques espèces, comme dans l'Ail des Indes, dans l'Ail à fleur rose, &c. que les pieds venus de rocamboles donnent plus volontiers des bulbes que des fleurs ; à la vérité, c'est un avantage pour le Cultivateur qui spécule sur le produit des bulbes, mais c'est un désavantage pour le Fleuriste qui

qui ne considère dans sa culture que l'agrément des fleurs.

Mais de toutes les manières de multiplier les Aulx, la plus prompte & la plus expéditive, celle dont la culture est moins délicate, est la multiplication par les cayeux. C'est ordinairement dans les mois d'août & de septembre qu'on peut séparer les cayeux des gros oignons. Au reste, cette époque est plus sûrement annoncée par le dessèchement des fanes des différentes espèces, que par l'indication des mois. On peut y procéder depuis le moment où les plantes sont sèches, jusqu'à celui où les oignons commencent à pousser. Les cayeux doivent être séparés à la main, sans employer d'instrumens tranchans; on les laisse ressuyer pendant quelques jours à l'air libre & dans un lieu sec, après quoi on les plante en pleine terre ou dans des pots. La terre qui leur convient le mieux, est celle que nous avons indiquée pour les soboles, & la profondeur à laquelle il convient de les planter, doit suivre la même proportion relativement aux grosseurs.

En général, tous les Aulx aiment les terres meubles, sablonneuses, légères & sèches, excepté cependant les espèces qui se trouvent sous les n.os 7, 31, 32; lesquelles exigent un sol plus substanciel & légèrement humide. Elles préfèrent aussi les expositions découvertes, & sur-tout celles du midi; il n'y a que les espèces 5, 29 & 31, qui se plaisent à l'ombre, & veulent être garanties du grand soleil.

On conserve en pleine terre toutes les espèces d'Aulx qui croissent dans les pays plus septentrionaux que le nôtre; elles n'exigent d'autres soins que d'être sarclées de tems en tems, & d'être relevées tous les deux ou trois ans, dans la saison de leur repos, pour renouveller la terre; celles qui viennent des lieux plus méridionaux, demandent d'autres précautions.

On les cultive dans des pots, qu'on place l'hiver dans les orangeries, sur les appuis des croisées; & pourvu que le froid ne fasse pas descendre le thermomètre au-dessous du terme de la glace, on est sûr de les conserver par ce moyen. Mais il seroit plus commode de cultiver ces plantes en pleine terre, dans des platebandes, au pied d'un mur, & à l'exposition du midi. On les garantiroit du froid par le moyen d'un chassis, qu'on couvriroit de paillassons & de litière, en proportion du degré de froid de l'atmosphère; de cette manière, elles ne seroient pas sujettes à s'étioler & à pourrir pendant l'hiver; elles se conserveroient plus vigoureuses, fleuriroient plutôt, & donneroient de plus belles fleurs.

Pendant l'été, lorsqu'il fait de grandes chaleurs, il est nécessaire d'arroser quelquefois les Aulx qu'on cultive en pleine terre. Ceux qui sont dans des pots, veulent être arrosés plus fréquemment; mais dès que les fanes de ces plantes sont desséchées, il faut s'abstenir entièrement d'arroser les uns & les autres. Il convient même de coucher sur le côté les pots qui renferment les oignons qui sont dans leur tems de repos, sur-tout ceux des espèces qui viennent des côtes sablonneuses de l'Afrique, du levant & du midi de l'Europe. Les pluies trop abondantes de notre climat les feroient pourrir, & c'est la raison pour laquelle plusieurs jardiniers relèvent les oignons de ces plantes, les conservent dans des caisses, & les replantent lorsqu'ils entrent en végétation.

Usages. Les espèces indiquées sous les n.es 2, 12, 13, 33, 34, 35 & 36, sont des plantes potagères, recommandables par leurs usages dans la cuisine, & dont, par cette raison, nous traiterons plus amplement à leurs articles respectifs. *Voyez* aux mots POIREAU, ROCAMBOLE, OIGNON DES CUISINES, ÉCHALOTTE & CIVETTE, la culture détaillée & l'usage de ces plantes. Les espèces n.os 6, 7, 10, 24 & 32, produisant des fleurs agréables, assez apparentes & de différentes couleurs, sont employées par les amateurs à l'ornement de leurs jardins. Elles fleurissent au printems ou dans le commencement de l'été. Toutes les autres espèces ne sont guères recherchées que dans les écoles de botanique. (*M. THOUIN.*)

AIL CULTIVÉ. *Allium sativum* de Tournefort & Linneus. L'ail cultivé est la douzième espèce du Dictionnaire de Botanique.

La racine est une bulbe arrondie, recouverte de quelques tuniques minces, sous lesquelles sont plusieurs bulbes particulières jointes ensemble, plus ou moins nombreuses; on les nomme improprement *gousses d'ail*, ce mot n'étant propre qu'à désigner les fruits des plantes légumineuses, tels que ceux des pois, fèves &c. La tige de l'ail n'est pas creuse comme celle de l'oignon. A son sommet elle a des fleurs blanchâtres, qui portent ordinairement beaucoup de petites bulbes.

On assure que l'ail cultivé croît naturellement dans la Sicile & dans la Provence. Suivant le témoignage de M. King, qui, après la mort du célèbre Cook, a continué son journal, il y a de l'ail au Kamtschaka, sans qu'on l'y cultive. Quoiqu'on n'en désigne pas l'espèce, il est singulier que l'ail se retrouve dans des latitudes si différentes. Ce n'est pas le seul exemple qu'on ait de ce phénomène. Souvent une exposition locale compense la différence de latitude. On voit d'ailleurs des plantes s'accoutumer peu-à-peu dans des climats qui ne paroissent pas devoir leur convenir; enfin il y a des genres de plantes, dont les espèces sont répandues par-tout. La liste des aulx, qui précède, en est une preuve.

L'ail se cultive en France presque dans tous les jardins. On cultive aussi cette plante en grand & en plein champ, dans les pays méridionaux, où le terrein lui est favorable, & où l'on a l'espérance du débit. La culture la plus remarquable que je connoisse, est celle des villages de la Tranche en bas Poitou, vis-à-vis l'Ile-de-Ré, 46 degrés 20 minutes de latitude, & de Saint-Trojean en l'île d'Oléron, 46 degrés de latitude. Les renseignemens que je me suis procurés de ces deux endroits, me mettront à portée d'en donner un détail exact. Je dois les uns, & ce sont les plus étendus, à M. Picami, médecin à l'île de Ré, & les autres aux soins de M. Seignette, secrétaire de l'Académie de la Rochelle.

Il y a deux sortes d'ail cultivé, le rouge & le blanc. Le Dictionnaire de Botanique ne les regarde que comme deux variétés. On plante le premier à la Toussaints, pour le manger en verd au printems. Le second, qui fait le principal objet de commerce, se plante immédiatement après les grands froids.

A la Tranche & à Saint-Trojean, le terrein destiné pour l'ail est un sable meuble; il est situé entre les dunes & la mer. Sa nature & sa position contribuent sans doute à donner à l'ail, qui y végète, plus de facilité à grossir & plus de qualité. A la Tranche il a l'aspect du couchant & à Saint-Trojean celui du nord; il paroît qu'on évite autant qu'on peut, de placer l'ail au midi, à cause de la grande ardeur du soleil & de son effet dans un sol facile à s'échauffer. Au mois de septembre on lui donne un premier labour à la *bouèle*, instrument qui ressemble beaucoup à la marre des vignerons. Mais auparavant il faut arracher les herbes qui le couvrent. On les laisse croître jusqu'à ce moment, moins parce que d'autres travaux empêchent de les ôter plutôt, que parce qu'on les réserve pour brûler. Les habitans, dans ce pays où le bois est cher & rare, ont besoin de ces herbes, qu'ils font sécher, pour cuire leurs alimens & se chauffer.

Pendant tout le mois d'octobre & une partie de novembre, les chaloupes de la Tranche & de Saint-Trojean, sont occupées à apporter sur le rivage le *sart* ou *goësmon*. Que la mer détache des rochers. *Voyez* VAREC. C'est afin de se procurer un engrais utile à la culture de l'ail.

La seconde façon se donne vers Noël; on dispose à chacune la terre en sillons; bientôt on les applanit, on forme des planches & on plante l'ail à commencer du mois de janvier. On assure que les habitans de Saint-Trojean, moins superstitieux apparemment que d'autres cultivateurs, n'ont aucun égard aux phases de la lune, & qu'ils plantent indistinctement l'ail à la nouvelle & à la pleine lune. Lorsque la plantation est faite, on relève le terrein autour, afin de le garantir des animaux & des rafales du vent.

Cette manière de cultiver l'ail, est bonne pour un terrein sablonneux; mais si on veut en avoir dans un potager argilleux, il faut s'y prendre autrement. Après avoir labouré à la bêche le terrein, & l'avoir bien ameubli, on doit y faire des sillons de trois pouces de profondeur, dont la terre rejetée de droite & de gauche, forme une élévation de quatre à cinq pouces au-dessus du niveau du terrein; c'est sur la crête de ces sillons, qu'on plante les cayeux sur une même ligne à trois pouces de profondeur & à la distance de quatre pouces les uns des autres; on conçoit que par ce moyen, on remédie à la grande humidité, qui est contraire à la multiplication de l'ail. On fait ordinairement ces petits ados autour des planches de salades, oignons, &c., & aux dépens des sentiers.

Quand on ne plante pas l'ail sur des ados, c'est aussi sur les bords des planches ou des plate-bandes, ensemencées en oignon, qu'on le pique ordinairement. On fait choix des plus beaux cayeux du pays, sans les tirer d'ailleurs. Les voisins seulement changent entr'eux, peut-être même assez inutilement; puisqu'on choisit les plus sains & les plus beaux cayeux, on n'a point à craindre de quelque terrein qu'ils viennent, qu'ils n'en produisent pas de bien constitués. Il est à remarquer que le même terrein est toujours employé pour porter de l'ail. Les engrais sans doute le renouvellent & les autres circonstances, favorables à la culture de l'ail, suppléent au reste. Une grosse bulbe, qui quelquefois contient jusqu'à quinze petits cayeux, est partagée en plusieurs pour former du plant. Ce n'est point de graine qu'on multiplie l'ail; ce moyen, qui réussiroit, sans doute, ne seroit pas avantageux, puisqu'on n'auroit la première année que de petits cayeux, qu'il faudroit replanter. En employant les cayeux même on gagne une année. On enfonce chaque plant à deux pouces, le petit bout en haut, & on les éloigne au moins de quatre pouces les uns des autres. Le plantoir fait les trous & la main les recouvre. On répand ensuite sur toute la surface du terrein du sart, ou du fumier, ou moitié sart & moitié fumier, ou même du marc de raisin dans les pays, où il y en a de l'épaisseur d'environ un pouce; ces engrais à l'exception du fumier, qui est préférable aux autres, n'y restent que jusqu'à la sortie des plantes; alors on les place dans des rigoles, où ils se putréfient.

L'usage de quelques pays est de sarcler l'ail avec une petite bêche pendant sa végétation; dans d'autres on se contente d'arracher à la main les herbes qui poussent parmi. On ne l'arrose pas, soit parce que le voisinage de la mer y attire de tems en tems de la pluie, soit parce que le sel, dont le sable est imprégné naturellement & dont on l'imprégne encore en le couvrant de sable, sur lequel il y en a beaucoup, attire assez l'humidité de l'air pour les besoins de cette plante. Car je ne puis croire qu'elle n'exige pas d'arrosemens, puisque lorsque nous la cultivons dans nos jardins, elle périroit pendant les grandes sécheresses, ou viendroit mal, si elle n'étoit pas arrosée. Quelquefois, entre les rangs d'ail, on sème des fèves ou d'autres légumes, qui donnent une seconde récolte.

Planté en janvier ou en février l'ail fleurit en juin ou au commencement de juillet. Ses tiges s'élèvent à la hauteur d'un pied; elles acquierent la grosseur du doigt, & les bulbes appellées *têtes*, celle d'un petit œuf. La maturité est annoncée par le dessèchement des fanes; elle a lieu vers la fin de juillet.

On dit que le vent de sud-ouest est à craindre pour l'ail à Saint-Trojean, apparemment parce que ce vent est brûlant. Quelquefois un ver blanc en dévore les racines.

A mesure qu'on arrache l'ail on en fait des poignées, pour les faire sécher; on les attache sur des piquets le long des murailles au soleil, ou on les étend sur des dunes; quand elles sont sèches on les secoue, on les amoncèle, on les couvre de roseaux pour les mettre à l'abri de la pluie, qui les feroit pourrir. On les rentre au bout de quelque tems, & afin de les conserver, même plusieurs années, avec leur qualité, on les met dans des sacs, où on les suspend au plancher. Il est important de les garantir de toute humidité. L'ail gâté se reconnoît, parce qu'il est flétri & léger.

Lorsqu'on veut récolter des graines de cette espèce d'ail, il convient de choisir les plus grosses bulbes, & de les planter toutes entières au printems avec leur cayeux. Elles produisent des tiges hautes d'environ deux pieds, qui se terminent par un bouquet de fleurs blanches, auxquelles succèdent des capsules de la grosseur d'un pois, remplies de semences noires & arrondies, que l'on conserve dans leurs têtes jusqu'au moment de les semer.

A la Tranche la botte d'ail est de six à sept cens têtes; elle se vend, dit-on, depuis douze sous jusqu'à trois livres, selon la grosseur & la bonté des *gousses*. J'ai peine à croire qu'il puisse y avoir cette différence dans le prix. A Saint-Trojean, la poignée d'ail est de cent têtes; elle pèse de deux à trois livres. On la vend communément trois sous. On croit que six pieds quarrés de terrein peuvent en produire vingt à vingt-cinq poignées.

Ce qu'on récolte d'ail dans ces deux villages & leurs dépendances est porté à Bordeaux, à Rochefort, à la Rochelle, à Saint-Martin de l'isle de Ré, pour être embarqué. Les environs de Toulouse fournissent aussi une partie de ce qu'on en consomme à Bordeaux. Les vaisseaux en prennent pour leur usage, & en transportent en différens pays & sur-tout à Saint-Domingue, où cependant cette plante est cultivée. Les marins serrent l'ail dans la *cambuse*, qui est un endroit sec. Les officiers & les matelots en consomment beaucoup dans les traversées.

A Saint-Trojean, où l'ail, à ce qu'il paroît, ne se cultive qu'autour des planches d'oignon, & mêlé avec de l'échalotte, on croit qu'un journal de terre, qui contient cent carreaux, le carreau de dix-huit pieds, pourroit produire année commune cinq, six & plus de sept milliers d'oignons, trois à quatre cens d'échalottes & cinq à six milliers au moins de têtes d'ail. Les cultures ne sont nulle part d'un journal entier. Chacun y consacre quelques morceaux de terrein.

Il y a en France beaucoup d'autres pays où l'on cultive l'ail, l'oignon & l'échalotte, peut-être moins abondamment qu'à la Tranche & à Saint-Trojean; c'est sur-tout dans les provinces méridionales, parce que c'est-là que s'en fait la plus grande consommation. On voit des marchés & des foires qui en réunissent des quantités prodigieuses. A celle de Beaucaire, il y en a de quoi former le chargement de dix vaisseaux. On en fait peu d'usage dans les provinces du nord & particulièrement à Paris, à cause de l'odeur désagréable qu'en reçoit l'haleine.

On mange les feuilles d'ail dans les salades; on en mange les bulbes cuites sous la cendre; on les emploie dans les ragoûts & les sauses de poisson & de viande; on en pique la viande pour lui donner du goût. Le peuple aime à l'exprimer sur son pain. C'est plutôt un assaisonnement qu'un aliment.

J'avois demandé à la Tranche & à Saint-Trojean, si dans les pays, où on cultive l'ail, les personnes qui s'en occupent étoient à l'abri des maladies putrides, à cause des vertus attribuées à cette racine. On m'a répondu de la Tranche que les cultivateurs d'ail étoient, comme les autres sujets aux fièvres contagieuses, & de Saint-Trojean que les habitans s'y portoient mieux que dans la plaine; ce qui dépend, à ce qu'on croit, du voisinage de la mer.

L'ail entre dans la composition du vinaigre des quatre voleurs. Il est regardé comme antipestilentiel. Les gens qui craignent de contracter des maladies, portent toujours sur eux de l'ail. Bien des ouvriers en mangent avant d'aller au travail, pour se préserver du mauvais air; on le fait prendre aussi à des animaux dans du vin. Il a l'odeur plus forte que celle des autres oignons; il est âcre & même caustique, puisqu'il fait partie des épipastiques pour attirer la goutte aux pieds. L'infusion de l'ail est apéritive, diurétique, sudorifique, même antihystérique, & sur-tout vermifuge. Elle calme les douleurs causées par la pierre. (*M. l'abbé* TESSIER.)

AIL de loup, ail de chien. Dans les environs de Mirecourt en Lorraine, on appelle *ail de loup* une plante bulbeuse, qui me paroît être l'*hyacinthus comosus* de lin, & le *muscari arvense*, *latifolium purpurascens*, Tourn. On lui donne le nom *d'ail de chien*, ou de *poireau bâtard*, dans d'autres endroits, & aux environs de la Rochelle, celui d'*herbe du serpent*, *d'oignon sauvage*. C'est une espèce de jacinthe dans le Dictionnaire de Botanique. De sa racine bulbeuse profondément enfoncée, il sort des feuilles molles d'une largeur médiocre, qui se couchent sur la terre; la tige est droite & haute d'un pied au plus : aux fleurs qui sont violettes succèdent des capsules, remplies de petites graines, noires, arrondies, couvertes d'aspérités. Elles ne sont mûres qu'au tems de la récolte & parviennent à la grange, quand on coupe le bled au-dessous d'un pied.

Parmi les diverses graines qui entrent dans la composition du pain des habitans de la campagne, celle de l'ail des loups est la plus désagréable. L'amertume qu'elle cause est encore sensible, lors même que cette graine ne forme que la cinquante-quatrième partie du pain. Alors elle ne se manifeste que quelque tems après qu'on en a mâché; à la dose d'un dix-huitième, son effet est plus prompt, quoiqu'il ne commence pas aussi-tôt qu'on mâche le pain; mais à la dose d'un neuvième on l'éprouve en posant le pain sur le bord des lèvres. Dans ces trois cas l'impression se conserve très-long-temps. J'observerai qu'elle est accompagnée d'âcreté, & que quand on pile ou qu'on broie cette graine, la poudre qui s'introduit dans les narines, y cause une irritation pareille à celle des sternatoirs actifs.

La graine d'ail des loups donne au pain une noirceur pareille à celle que lui communiqueroit la poudre de carie à la dose d'un trente-sixième. Elle est donc trente-six fois moins noire; si cette graine entre pour un neuvième dans le pain, il en contracte une odeur piquante, particulière, qui se perd quand on en diminue la proportion. C'est sur-tout son extrême amertume, qui la fait distinguer des autres graines, qui composent les criblures. On sait que malheureusement les paysans ne rejettent rien, & convertissent en farine les criblures des granges. Quelques fermiers même, par une économie mal entendue, font manger à leurs domestiques les déchets de leurs greniers & de leurs granges. Les animaux même mangent avec peine, ou refusent le pain fait avec un dix-huitième de graine d'ail des loups. Ceci est extrait d'un mémoire que j'ai publié dans le quatrième volume des mémoires de la société de médecine, intitulé : *Expériences relatives à l'influence de diverses graines, sur la qualité du pain des habitans des campagnes.* Les feuilles de l'ail des loups n'ont point d'amertume apparemment, ou si elles en ont, les bêtes à cornes ne la craignent pas; car les vaches mangent de cette plante verte avec avidité; on assure même qu'elle leur donne beaucoup de lait. (*M. l'abbé* TESSIER.)

AILE. Ce mot, considéré relativement à la partie qui fait l'objet de notre travail, a plusieurs significations plus ou moins éloignées de son acception primitive, & dont il est par conséquent plus ou moins facile de saisir le rapport.

Les jardiniers l'emploient fréquemment pour désigner les branches latérales d'un arbre ou d'une plante disposée en éventail, par allusion aux ailes des oiseaux lorsqu'elles sont étendues. Ils donnent encore ce nom aux seconds fruits d'artichaux qui croissent sur la même tige, à côté des premiers.

Les botanistes s'en servent également, soit pour désigner les membranes qui se trouvent jointes à quelques semences comme celles de l'érable, du frêne, &c. soit pour indiquer les deux pétales latéraux qui accompagnent la carêne dans les fleurs légumineuses, soit enfin pour exprimer le prolongement des feuilles sur les tiges de plusieurs plantes, comme dans quelques espèces de chardons, de centaurées, &c. (*M.* THOUIN.)

AILE de faisan : synonyme peu en usage de l'*adonis annua*. L. *Voyez* ADONIDE ANNUELLE. (*M.* THOUIN.)

AILLEROTTE. Dans la vallée d'Anjou, il croît au milieu des terres ensemencées, une espèce d'ail, qu'on y appelle *aillerotte*. Elle m'a paru être l'*allium vineale* Lin. *cepa juncia folia, minor, purpurascens*, Tournef. vingt-deuxième espèce du Dictionnaire de Botanique. (*M. l'abbé* TESSIER.)

AIMABLE orphée : nom que les fleuristes donnent à une variété du *dianthus caryophyllus*. L. C'est un œillet flamand, panaché de cramoisi & de blanc. Sa fleur n'est pas bien large, mais elle est bien tranchée; sa feuille & sa tige sont d'un beau verd. Il se multiplie aisément de marcottes. *Voyez* ŒILLET. (*M.* THOUIN.)

AJONC *ULEX*.

Ce genre de plante fait partie de celles qui composent la famille des LÉGUMINEUSES ou des plantes à fleurs Papilionacées. Il ne renferme jusqu'à présent que deux espèces qui sont des arbrisseaux d'un port très-pittoresque.

Espèces.

1. AJONC d'Europe, Jonc marin ou genêt épineux.
ULEX Europæus. L. ♄ de l'Europe temperée.

B. AJONC d'Europe à épines courtes.
ULEX Europæus brevioribus aculeis. ♄ de l'Europe temperée.

2. AJONC du Cap.
ULEX Capensis. L. ♄ d'Afrique.

Culture.

1. L'Ajonc d'Europe & sa variété B., sont des arbrisseaux épineux qui croissent sans culture dans les terreins les plus ingrats; mais à peine y parviennent-ils à la hauteur de quinze à dix-huit pouces, tandis que dans un terrein gras & sablonneux, ils s'élèvent de cinq à six pieds. Dans les parties les plus froides de la Zône où croissent naturellement ces arbrisseaux, on les trouve sur les lieux élevés & montueux; mais dans

les Provinces plus tempérées ils s'accommodent volontiers de la plaine, & y réussissent assez bien. Sur les montagnes où ils ont la liberté de s'étendre, ils couvrent quelquefois une surface de plusieurs toises, sans interruption ; & comme leur hauteur est à-peu-près égale, & n'est guères au-delà de vingt pouces, ils présentent de loin à l'œil une sorte de tapis verd très-agréable. En plaine, lorsqu'ils se trouvent dans un terrein qui leur convient & qu'ils ne sont pas broutés par les animaux, ils forment des buissons touffus, toujours verds, d'une forme irrégulière & d'une élévation plus ou moins grande. En Angleterre on en a vu s'élever à la hauteur de vingt pieds.

On multiplie l'ajonc d'Europe & sa variété par le moyen de ses graines. Dans nos Provinces méridionales, on les sème dès l'automne ; mais dans les pays froids, il est plus sûr d'attendre au printems, parce que, comme elles lèvent en grande partie dans l'espace de quinze à vingt jours, il seroit à craindre que des gelées de plus de cinq à six degrés ne fissent périr le jeune plant encore trop herbacé.

Les graines d'ajonc se sèment en pleine terre, & assez ordinairement sur les lieux mêmes où l'on veut les laisser croître, attendu que ces arbrisseaux souffrent avec peine d'être transplantés, & que d'ailleurs il en coûteroit trop pour cette opération. La terre destinée aux semis, n'a besoin que d'être ameublie par un labour profond, divisée & unie ensuite avec la herse. On mêle quelquefois la semence des ajoncs avec des graines de plantes annuelles, telles que de l'orge ou des avoines, pour abriter les jeunes plants & les garantir des rayons du soleil pendant la première année. Cette pratique est utile lorsqu'on fait ces semis dans des terreins légers & à des expositions très-chaudes ; mais elle est nuisible dans les lieux humides & exposés au nord ; elle occasionne la perte d'une grande partie des jeunes plants.

Lorsqu'on sème l'ajonc en pépinière, pour en repiquer le jeune plant, il convient de choisir un terrein de quinze pouces au moins de profondeur, d'une nature meuble, sablonneuse & grasse, & qui soit situé à une exposition légèrement ombragée du côté du midi. Mais pour accélérer la germination & déterminer les graines à lever toutes à-la-fois, il est à propos de les mettre tremper dans l'eau pendant deux jours ; on peut ensuite les semer plus dru qu'en plein champ, les recouvrir de quelques lignes d'une terre encore plus sablonneuse que celle du sol, & unir le tout avec le rateau.

Par ce procédé bien simple, la plus grande partie des graines lèvent dans les quinze premiers jours, & le jeune plant acquiert assez de force pour être repiqué en place l'année suivante, au lieu que celles qui sont semées à demeure sans aucune précaution, lèvent successivement, quelquefois pendant deux ou trois ans, & ne produisent qu'un plant de moitié plus foible dans le même espace de tems.

Les Ajoncs se multiplient difficilement de marcottes, & plus difficilement encore de boutures ; il est même assez rare que les pieds arrachés dans la campagne, reprennent dans les jardins, parce qu'ils ont les racines pivotantes, coriaces, tortueuses & dénuées de chevelu. Il n'en est pas de même des jeunes pieds provenus de semis en pépinière ; leurs racines sont souples & garnies de beaucoup de fibres qui facilitent singulièrement la reprise lors de leur transplantation.

La saison la plus favorable pour repiquer les Ajoncs est le printems, lorsque leur sève a commencé à se mettre en mouvement. Cette époque est facile à reconnoître au développement des jeunes pousses qui sont alors d'un verd plus tendre que celles des saisons précédentes. C'est ordinairement vers le milieu du mois de mars, dans notre climat, & vers la mi-février, dans les pays plus méridionaux. Cependant il vaut mieux attendre un peu plus tard que de trop se hâter ; l'inconvénient, dans le premier cas, est moins nuisible à la réussite de ces transplantations.

Mais comme ces arbrisseaux souffrent difficilement d'être transplantés, ils doivent être repiqués à demeure & non point en pépinière, à moins qu'on ne les mette dans des mannequins ou dans des pots, pour se ménager la faculté de les placer ensuite avec plus d'avantage dans le lieu qui leur est destiné.

Repiqués en sortant du semis, les Ajoncs commencent à fleurir la deuxième ou la troisième année ; ils se couvrent de fleurs d'un beau jaune dans les mois de mai & de juin, & souvent ils fleurissent une seconde fois en automne ; leurs fleurs durent jusqu'aux grandes gelées, & font un très-bel effet par leur masse.

Les Ajoncs une fois mis en place, n'exigent d'autres soins que d'être débarrassés des branches inférieures qui périssent de tems en tems. On doit se garder d'élaguer leurs tiges près du tronc, pour les faire monter ; cette opération leur est nuisible. Lorsqu'on veut élever cet arbrisseau à une certaine hauteur, il convient de couper les branches inférieures à cinq ou six pouces de la tige principale que l'on choisit parmi celles qui sont les plus droites & les plus vigoureuses. Les années suivantes l'on supprime tous les chicots, & on laisse croître à leur place de jeunes pousses qu'on pince par l'extrémité, jusqu'à ce que l'arbrisseau ait acquis une tige proportionnée à sa tête.

Lorsqu'on rabat les Ajoncs, ou qu'ils sont broutés par les bestiaux, ils ne s'élèvent plus, ils s'étendent seulement en largeur, & forment des buissons applatis, qui ont quelquefois sept ou huit pieds de diamètre; dans cet état, ils sont très-pittoresques.

Usages : L'Ajonc d'Europe & sa variété, peuvent être employés avec avantage à former des haies de défenses, mais seulement dans les pays où les terres ne sont pas d'une grande valeur, parce que cet arbrisseau prend beaucoup de place. On en voit des palissades en Angleterre, qui ont trente à quarante pieds d'épaisseur; cependant il est aisé de les empêcher de s'étendre aussi loin. Il ne faut qu'avoir l'attention de les resserrer de tems en tems sur les côtés, par des tontures au croissant. Les Ajoncs figurent très-bien sur les lisières des bosquets paysagistes, on peut même, lorsqu'on les laisse croître en liberté, les placer sur la seconde ligne. Ils peuvent entrer aussi dans la composition des bosquets toujours verds, dans les jardins symmétriques, où leur verdure perpétuelle & leur teinte foncée ne jette pas moins de variété que l'éclat de leurs fleurs y produit d'agrément. Cette dernière propriété sur-tout est d'autant plus intéressante, qu'elle est très-rare parmi les arbres toujours verds.

Les Ajoncs peuvent encore être plantés avec succès sur les pentes des petites montagnes, parmi les pierres & les fentes des rochers qui se trouvent dans les jardins paysagistes. Placés à une certaine élévation & dans des situations perpendiculaires, ils produisent un effet singulier.

On s'en sert aussi pour former des abris à la faveur desquels on garantit des semis ou des plantations d'arbres plus intéressants.

Mais le parti le plus avantageux qu'on puisse tirer des Ajoncs, est de les employer à la culture des terreins stériles; ils en changent insensiblement la nature, & les rendent, après un laps de tems, plus ou moins considérable, susceptibles de donner d'autres productions plus intéressantes. En attendant, ils fournissent toujours des bourrées qui servent au chauffage dans les pays où le bois est rare, & qu'on peut employer par-tout à la cuisson du plâtre & de la chaux, ainsi qu'à plusieurs autres usages domestiques.

D'ailleurs, au moyen d'une préparation facile, les branches de cet arbrisseau fournissent un excellent fourrage pour les bestiaux; aussi, dans beaucoup d'endroits, en fait-on des prairies artificielles qui sont d'une grande ressource pour le cultivateur ou lui assurent au moins un bénéfice certain.

2. Ajonc du Cap. Cette espèce est un arbrisseau toujours verd, qui s'élève de trois à quatre pieds de haut; son feuillage est menu & ses rameaux sont terminés par de longues épines.

Comme cet arbrisseau ne produit que très-rarement des graines dans notre climat, on est obligé, lorsqu'on veut le multiplier par ce moyen, d'en faire venir du Cap de Bonne-espérance. Elles doivent être semées dans des pots remplis d'une terre meuble, composée aux deux tiers avec du sable de bruyère, & placées, pendant l'hiver, sous un chassis à l'abri des gelées. Les semences commencent à lever dès le mois de février; alors on doit les arroser plus régulièrement, & lorsque les chaleurs du printems se font sentir, on transporte les vases qui les renferment sur une couche tiède à l'exposition du levant & à l'abri du soleil du midi.

Vers le commencement d'août, les jeunes plants pourront être transplantés chacun séparément, dans des pots remplis d'une terre un peu plus solide que celle des semis; & à l'approche de l'hiver, on les rentrera dans une bonne orangerie près des croisées.

Il est rare que cet arbrisseau se multiplie de boutures, mais il reprend quelquefois de marcottes; on fait cette opération au printems, à la sève montante, & les jeunes pieds peuvent être sevrés l'année suivante.

Usage : Cet arbuste est propre à figurer dans les orangeries, parmi les plantes du Cap. Son feuillage perpétuel & la teinte de sa verdure, produisent un effet agréable; mais il est encore très-rare dans nos jardins. (*M. Thouin.*)

AJOUVE. *Ajouvea.*

Nouveau genre de plante découvert par Aublet, dans les forêts de la Guiane françoise, & qu'il a décrit dans son histoire des plantes de ce pays. Il n'en existe qu'une espèce.

Ajouve des Caraïbes.

Ajouvea Guianensis. Aubl. Guian. 310; tab. 120.

Cette espèce est un arbrisseau de quatre à cinq pieds de haut, qui pousse de longues branches de son sommet; elles sont garnies d'un feuillage permanent & d'un beau verd. Ses fleurs sont petites, & par conséquent peu apparentes; elles sont remplacées par des baies ovales de couleur noirâtre, qui renferment des semences huileuses, aromatiques.

Cet arbrisseau n'ayant point encore été apporté en Europe, sa culture nous est inconnue, ainsi que ses usages, dans l'ornement des jardins. (*M. Thouin.*)

AIR.

Air, *agriculture.* Fluide élastique répandu par-tout, compressible, perméable à la lumière, propre à transmettre le son, susceptible de condensation & de raréfaction; tantôt sec, tantôt chargé d'humidité, froid ou chaud, selon la latitude & la saison, servant enfin à la végétation des plantes & à la respiration des animaux. L'air peut être considéré, ou tel qu'il est dans les corps dont il fait partie, ou tel qu'il est en masse, environnant la terre sous le nom d'atmosphère.

L'air considéré dans les corps, ainsi que le dit M. Macquer, auteur célèbre du dictionnaire de chymie : « de même que les autres principes pri- » mitifs s'y trouve dans deux états différens; c'est- » à-dire, que dans certains corps & dans certaines » circonstances, il est simplement dispersé & inter- » posé entre les parties intégrantes, mais sans y » adhérer, ou du moins n'ayant avec elles qu'une » adhérence très-foible. Cet air qu'on peut séparer » par des moyens méchaniques, tels que l'opération » de la machine pneumatique, la compression, la » secousse, qui jouit d'ailleurs de toutes ses pro- » priétés, ne doit pas être regardé comme un des » élémens des corps dans lesquels il est dans cet » état; mais la portion d'air qu'on ne peut séparer » de plusieurs corps qu'en les analysant & en » employant les moyens de décomposition que » fournit la chymie, qui d'ailleurs, tant qu'il est » dans ces corps, est privé d'une des propriétés de » son aggrégation, telle, par exemple, que son » élasticité qu'il ne recouvre qu'à mesure qu'il s'est » dégagé; cet air doit être considéré comme étant » véritablement un des élémens ou parties consti- » tuantes de ces corps. »

L'air atmosphérique n'est point un fluide homogène, ou formé de parties toutes semblables, mais un composé de molécules de diverse nature; savoir, d'un quart d'air pur ou d'air respirable, & des trois quarts d'air non respirable; produit de toutes les émanations de la terre. Les anciens ne connoissoient qu'une sorte d'air, quoiqu'ils soupçonnassent & admissent des exhalaisons ou vapeurs particulières qui en étoient distinguées. Ce n'est que peu-à-peu qu'on est parvenu à le décomposer; & enfin il est prouvé maintenant, grace aux découvertes modernes, qu'il y a plusieurs fluides aériformes contenus dans l'air. On a appellé *gas* tous ces fluides, en spécifiant la plupart par les noms des corps dont ils émanent. Je ne parlerai ici que des principaux ou de ceux qui peuvent affecter plus ou moins les animaux, tels que le gas acide crayeux ou air fixe, & le gas ou air inflammable; ou plutôt, pour ne pas entrer dans les détails qui n'appartiennent qu'à la phisyque ou à la chymie, j'exposerai les effets de ces gas sur des animaux, d'après des expériences que j'ai eu occasion de faire avec M. Bucquet, chymiste distingué, que la mort a enlevé trop tôt pour les sciences, & dont je ne donnerai que des résultats.

Le gas acide crayeux est ainsi nommé, 1.° parce qu'il est de nature acide, puisqu'il rougit la teinture de tournesol, & forme un sel neutre si on l'unit avec une dissolution d'alkali; 2.° parce qu'on le retire en très-grande quantité de la craie, soit par la distillation, soit à l'aide de l'esprit-de-vitriol. C'est lui qui constitue la plupart des mofettes, & sur-tout celles qui sont produites par les cuves de vin & de bierre en fermentation. Il paroît que la vapeur dangereuse des charbons est le même gas. Une lumière qu'on y plonge s'éteint sur le champ. Il est pesant, & se précipite en bas.

Le gas inflammable se dégage non-seulement des carrières de sel & de charbon de terre, mais encore, suivant M. Volta, des marais, des étangs, des fossés, des mares. On le retire en remuant la vase avec un bâton, & en recevant dans une bouteille les bulles qui s'élèvent. Une dissolution d'étain, de fer & de zinc, par les acides vitrioliques ou marins, en fournit un grande quantité propre qu'on peut recueillir. Ce gas, à l'approche d'une bougie, prend feu, donne une belle flamme, & détonne. Il est léger, & se porte toujours en haut.

Ces différens gas sont mortels pour les animaux qui s'y trouvent exposés; on les appelle *méphitiques;* mais ils n'agissent pas de la même manière.

Le gas acide crayeux ou air fixe, cause une difficulté de respirer, & les accidens de l'apoplexie. C'est ce gas qui fait périr les hommes quand ils le respirent dans les celliers ou les brasseries. Le même tue des bestiaux qui séjournent long-tems dans les étables dont on ne renouvelle pas l'air altéré par leur respiration.

La vapeur du charbon, qui n'est pas de nature différente, produit de semblables effets, mais avec moins d'énergie, parce qu'elle est toujours mêlée d'une certaine quantité d'air respirable.

Le gas inflammable occasionne les mêmes accidens; mais il a encore une action toute particulière sur les nerfs, comme il est prouvé par les convulsions violentes des animaux qu'on y plonge.

Tous les animaux ne sont pas affectés de la même manière par les différens gas. Les oiseaux, accoutumés à respirer l'air le plus pur, périssent dans les fluides méphytiques beaucoup plus promptement que les autres.

Les quadrupèdes, qui respirent plus habituellement un air plus chargé d'exhalaisons, subsistent plus long-tems dans les différens gas, & sur-tout dans la vapeur de charbon; ce tems, au reste, est plus ou moins long, selon la force & la disposition de l'animal. Les jeunes animaux, selon la remarque de M. Priestley, sont moins susceptibles que les vieux des effets des fluides méphytiques. Quand ils ont résisté à la première impression, ils peuvent continuer d'y vivre un tems assez long.

Les amphybies & les insectes, qui passent une partie de leur vie dans l'engourdissement, & dans une véritable asphyxie, peuvent rester long-tems dans les fluides méphytiques, sans en être fort affectés. Il est étonnant combien peu l'air inflammable a d'action sur la grenouille qui habite les marais. Les détails des expériences dont ces conséquences sont tirées, se trouvent dans un mémoire de M. Bucquet sur la manière dont les animaux sont affectés par différens fluides aériformes, méphytiques, &c., & sur les moyens de remédier aux effets de ces fluides, &c.

J'ai fait voir au mot *aérer* qu'il étoit nécessaire

de renouveller souvent l'air que doivent respirer des animaux enfermés dans des étables; sans cette précaution, il s'infecte bientôt, & devient méphytique ou mortel. Dans le second discours préliminaire de cette partie de l'encyclopédie, j'ai parlé en abrégé de l'influence de l'air dans la végétation; mais je n'ai parlé de l'air qu'en général. J'ajouterai sur l'acide crayeux ou l'air fixe, & sur l'air inflammable, quelques particularités qui établissent entre les végétaux & les animaux une différence remarquable. D'après les expériences de Priestley, de Pringle, & de beaucoup de savans, il paroît que l'air fixe rend la végétation des plantes plus vigoureuse. On assure que leurs racines, tiges, feuilles & fleurs renfermées dans un air altéré par la combustion d'une chandelle, par la vapeur du charbon & les exhalaisons des plantes en fermentation, enfin dans un air tel que des animaux y expirent en quelques secondes, on assure qu'elles s'y soutiennent, s'y portent bien, & détruisent même le méphytisme de l'air qui les environne. Au contraire, toutes ces parties se fanent & vivent très-peu dans l'air pur ou déphlogistiqué. Il s'ensuit qu'à choses égales d'ailleurs, plus un pays est couvert de végétaux, plus il doit être sain, parce qu'ils absorbent ce qu'il y a d'air fixe.

On regarde l'air inflammable comme propre aussi à la végétation, soit parce qu'il est toujours mêlé d'air fixe, soit par ses qualités particulières. Il est absorbé, à ce qu'on croit, par la partie inférieure des feuilles, lorsqu'il s'élève de la terre. Quelques plantes s'en nourrissent abondamment, & y croissent avec vigueur. Il y en a qui, en peu de jours, en absorbent jusqu'à une pinte; les plantes aquatiques & celles qui se plaisent dans les marais, en absorbent bien davantage. J'en concluerois qu'il seroit salutaire de planter des arbres ou de cultiver beaucoup de plantes aux bords des eaux stagnantes, s'il n'y avoit pas à craindre que leurs racines ne retinssent l'eau, & ne contribuassent à en augmenter la masse & les mauvais effets. A Villeneuve-les-Avignons, une épidémie a été attribuée à une plantation de saules qui retenoit l'eau échappée du Rhône, tandis qu'avant la plantation l'eau retournoit dans ce fleuve.

Depuis que cet article a été rédigé, la chymie ayant fait de grands progrès, sur-tout par rapport à la doctrine des fluides aériformes, a beaucoup changé sa nomenclature; j'ai été tenté de le supprimer; mais persuadé que les connoissances sur cette matière ne sont pas à leur terme, & que les chymistes modernes ne s'en tiendront peut-être pas aux dénominations récemment adoptées, j'ai cru que je pouvois, en attendant, laisser subsister, & les mots, & les idées reçues à l'époque où j'écrivois, d'autant plus que les changemens dans les expressions n'en feront pas pour le fond des choses. (*M. l'abbé* Tessier.)

AIR. *Jardinage.* Nous ne considérons ici que son influence sur les végétaux. Cette influence est toujours relative à ses différentes qualités ou manières d'être. Lorsqu'il est froid, il arrête le cours de la sève; lorsqu'il est chaud, il la met en mouvement. Est-il humide? il devient le plus puissant moteur de la végétation. Est-il sec? il s'empare de l'humidité contenue dans la plante, la desséche, & lui occasionne plusieurs maladies qui la font bientôt périr, si les racines ne sont pas assez vigoureuses pour subvenir à cette déperdition. Tel est l'effet en particulier de chacune de ces différentes constitutions de l'air sur les végétaux entièrement soumis à leur action; mais lorsqu'elles sont heureusement combinées les unes avec les autres, elles concourent ensemble au développement des plantes, & assurent au cultivateur la récompense de ses soins, & le prix de son travail.

Il est donc très-important de les observer pour les faire tourner à l'avantage d'un grand nombre d'opérations de jardinage qui ne réussiroient que difficilement sans cette attention.

S'agit-il, par exemple, de transplanter de jeunes plants, de faire des marcottes ou des boutures, & de rempoter des plantes? Choisissez un tems chaud & humide. La chaleur mettra plutôt la sève en fermentation, & l'humidité de l'air aspirée par les feuilles, portera dans les plantes une nourriture & une vie que les racines ne sont pas encore en état de leur fournir.

Dans les serres, sous les chassis & sous les cloches, on est toujours le maître d'établir cette constitution de l'air chaud & humide; mais on doit user prudemment de ce moyen, parce qu'en même tems qu'il accélère la végétation des plantes, il fait éclore les germes d'une multitude d'insectes qui les dévorent; d'ailleurs l'air ainsi renfermé, & toujours en stagnation, se corrompt facilement, & occasionne aux plantes plusieurs maladies, telles que le chancre, la moisissure, l'étiollement, &c. qui les font périr plus ou moins vîte.

Pour prévenir ces accidens, il est nécessaire de renouveller l'air de tems en tems, en choisissant les heures du jour où la température extérieure est plus analogue à celle des lieux qu'on veut aérer, & c'est ce que les jardiniers appellent donner de l'air aux serres, aux chassis & aux cloches. *Voyez* Aerer. (*M.* Thouin.)

AIRE.

Aire. *Agriculture.* Place où l'on sépare de leurs tiges différentes sortes de grains. Il y a des plantes qu'on bat sur les champs mêmes qui les ont produites. On étend des draps dessous pour ne rien perdre, & avec des baguettes on les égraine, en sorte qu'on apporte à la maison les fanes & le grain séparés.

Dans plusieurs provinces, l'aire est établie dans la cour de la ferme, de la métairie ou aux environs; C'est de-là sans doute que lui vient son nom. *Area* signifie un lieu exposé à l'air. On a, dans quelques pays,

pays, une aire commune, comme dans d'autres il y a des fours ou des puits communs. Chaque particulier y apporte son grain, qu'il entasse auprès, & qu'il bat à son tour. Cette pratique n'est en usage que dans les petites exploitations en terres à bleds, dont toute la récolte peut être battue en peu de tems, ou dans les pays qui cultivent diverses espèces de plantes, lesquelles, mûrissant à différens tems, permettent qu'on les égraine entièrement, sans qu'un travail nuise à l'autre. Les fermiers qui sèment beaucoup de grains dès que la moisson est faite, emploient la plupart des bras dont ils disposent pour préparer les terres qu'ils doivent bientôt ensemencer. Souvent même ils n'ont pas le tems de faire battre toutes leurs semences, qu'ils achètent en partie ou en totalité. Les gerbes sont conservées dans les granges ou en meules au dehors, & on les bat peu-à-peu dans l'aire qui est toujours à couvert.

Lorsqu'une grange a une certaine étendue, on y forme plus d'une aire. Chacune est placée entre une porte & une fenêtre, afin qu'il y ait un courant d'air, utile au grain battu, qu'on y amoncèle quelquefois, & à celui qui est en gerbes dans les deux espaces d'à-côté. Cette position a encore un avantage plus direct, c'est de favoriser le nétoiement du grain, en enlevant, quand il fait du vent, les bales du bled qu'on crible, qu'on vanne ou qu'on jette à la pelle. Les batteurs ont grand soin de profiter de cette circonstance.

Le sol de l'aire doit être dur, uni & sans crevasses. Il faut qu'il offre un point de résistance aux coups du fléau, pour que les épis soient pressés en tout sens; il faut qu'il n'y ait pas de trous où la poussière s'amasse, & que le grain ne puisse pas se perdre. Il est donc nécessaire de réparer les parties de l'aire qui ne seroient pas en bon état, ou de la rétablir en entier, si elle étoit trop dégradée.

On choisit pour cette opération un tems sec, & la saison où les granges sont vides; on fouille la place avec la pioche ou un autre instrument; on l'arrose, on la couvre d'une couche épaisse de terre glaise, & à son défaut, d'une terre qui ait du corps, & qu'on a pétri auparavant, afin de la rendre un peu ferme. Après l'avoir laissé essuyer, on l'applanit avec un cylindre ou un rouleau de pierre pesant, ou avec une batte de bois. On l'enduit ensuite de bouze ou de sang de bœuf, en quelques pays; ce qui forme une croûte unie, & capable de résister. Dans le midi de la France, l'aire se fait avec un mélange de terre forte, de marc d'olives non salé, & de paille; le tout est pétri ensemble, étendu, battu & enduit d'une couche de la même composition. Quand on fait avec soin l'aire d'une grange, elle peut durer long-tems, pourvu qu'on la préserve de la pluie & des volailles qui grattent. Celles qui sont établies au dehors se détruisent plus souvent. Il faut asseoir ces dernières sur un sol dur. Souvent on trouve des emplacemens qui n'exigent aucun travail, & que des circonstances ont rendu propres à faire une aire. Le fermier doit veiller à ce que les charrettes ou les chevaux ne passent pas pardessus, & à tenir le terrein des environs un peu plus bas, afin que la pluie n'y séjourne pas. Les aires qui sont à couvert sont préférables, & moins sujettes à se dégrader. Le grain qu'on y bat est toujours plus net.

Il y a des cantons, dans le Forez, par exemple, où l'aire est formée de planches de sapin de quatre pouces d'épaisseur. Elle a douze pieds de large sur une longueur proportionnée à la largeur du bâtiment. Les planches soutenues par des poutres sont jointes entr'elles à rainure. L'usage est de placer les granges sous les étables. L'aire doit être solide, afin qu'elle supporte les chars pleins qui passent dessus. Cette espèce d'aire est très-commode; elle offre beaucoup de résistance: le grain s'y bat aisément, & n'y contracte point d'ordure. On conçoit qu'elle n'est praticable que dans les pays où le bois est commun & à bon marché, comme dans les montagnes du Forez. (*M. l'abbé* TESSIER.)

AIRE, *jardinage*. C'est une portion de terrein destinée à la promenade. Lorsqu'elle est bordée d'arbres, & qu'elle est plus longue que large, on la nomme allée; elle prend le nom de sentier lorsqu'elle divise des plate-bandes ou des planches. C'est une esplanade quand elle accompagne une maison, &c.

Les Aires se construisent dans les jardins de ville, avec des recoupes de pierre passées à la claie, ou avec les platras concassés & lessivés, dont on a retiré le salpêtre. On se sert aussi d'une espèce de gravier dont on a extrait le sable fin & les plus grosses pierres. Dans les jardins très-recherchés, on fait des espèces de mosaïque avec des cailloux arrondis de deux à quatre pouces de diamètre, liés ensemble & assujettis au sol par le moyen d'un ciment.

Pour que ces Aires soient praticables en tout tems, il convient non-seulement de leur donner un degré de pente dans leur longueur, mais encore sur leur largeur, pour le plus prompt écoulement des eaux. La pente latérale ne doit jamais être moindre d'un pouce par toise & on peut lui donner jusqu'à cinq pouces; mais alors elle est bien rapide, & devient gênante pour les personnes qui se promènent de compagnie. Le terme moyen entre ces deux données paroît être celui qui convient le mieux à l'objet qu'on se propose. Ces contre-pentes doivent conduire les eaux dans la direction de la ligne des arbres, si c'est une allée, ou dans les massifs qui bordent l'aire, si c'est une esplanade.

Quant à la pente sur la longueur, elle est ordinairement déterminée par la situation générale du terrein; mais si l'on est libre de la former à volonté, on doit s'attacher à la rendre presque insensible; moins elle s'éloignera du niveau, plus elle sera commode pour la promenade. Six lignes de pente par toise suffisent à l'écoulement des eaux sur une surface battue & sablée;

mais en lui donnant un pouce, les eaux s'écouleront encore avec plus de facilité, & l'on pourra jouir plutôt de la promenade. Il y auroit de l'inconvénient à lui donner un plus grand degré de pente, les eaux alors entraîneroient le sable & formeroient des ravines.

Lorsqu'une fois les pentes sont déterminées, on place deux piquets au milieu de l'aire, l'un dans le haut, & l'autre dans le bas, dont les sommets doivent marquer la hauteur respective du sol; ensuite, au moyen de jalons qu'on appuie sur la tête de ces deux premiers piquets, on en place d'intermédiaires dans la même direction, suivant la même pente, & à quatre toises environ les uns des autres. Pour établir après cela les contre-pentes, on pose aux deux extrémités de l'allée, & de chaque côté du premier piquet du milieu, deux autres piquets, l'un à droite & l'autre à gauche, que l'on enfonce au-dessous du niveau des deux premiers piquets, de 2, 3, 4 & cinq pouces de profondeur, suivant la largeur de l'aire & le degré de pente qu'on veut lui donner; & pour mettre plus de précision & de régularité dans cette opération, on fait usage de la règle & du niveau; on place ensuite, avec les jalons, d'autres piquets intermédiaires, de la même manière que nous l'avons dit ci-dessus, pour la ligne du milieu.

Cela fait, les terrassiers piochent la surface de l'aire, sans déranger les piquets. Ils l'unissent ensuite à deux pouces au-dessous de la tête de ces mêmes piquets, auxquels ils attachent successivement des cordeaux qui les dirigent, & leur font observer plus exactement les pentes & les contre-pentes de l'aire. Ils ont soin que la terre de cette surface soit bien divisée dans toute son étendue, qu'il n'y reste pas de grosses pierres, & qu'il ne s'en trouve pas même à plus de deux pouces au-dessous, sans quoi les recoupes ou le salpêtre ne se lieroient pas avec le sol, & s'enleveroient par plaques.

Quand l'Aire est ainsi disposée, on la recouvre d'une couche de recoupes de pierres de taille passées à la claie, ou de marc de salpêtre blanc, à laquelle on donne trois pouces d'épaisseur, c'est-à-dire, un pouce de plus que la hauteur des piquets, afin qu'elle se trouve ensuite à leur niveau lorsqu'elle aura été battue, & on l'unit avec le rateau. Si ces substances sont sèches, on les arrose avec un arrosoir à pomme, en observant de verser l'eau le plus également qu'il est possible; une demi-heure après, on donne le premier coup de batte. Si le salpêtre ou les recoupes étoient trop imbibés d'eau, on attendroit qu'ils fussent moins humides, parce qu'au lieu de prendre de la consistance & de s'affermir, ils s'enleveroient avec la batte, & l'Aire n'acquerroit point de solidité.

On donne ordinairement trois volées de batte aux Aires formées en recoupes ou en salpêtre. A la première, les batteurs frappent en avançant devant eux, & ils n'appuient que légèrement sur leurs battes, parce que, dans cette première opération, il s'agit moins d'affermir les recoupes ou le salpêtre que de lier ces matières avec la terre de l'allée. La seconde volée se donne quelques heures après la première, lorsque les substances qui couvrent l'Aire ont perdu une partie de leur humidité. Dans celle-ci les batteurs frappent en reculant, & en laissant devant eux la partie battue; ils appuient plus fortement sur leurs battes que la première fois, afin de comprimer davantage le terrein & les substances qui le recouvrent. On attend, pour donner la troisième volée, que les recoupes ou le salpêtre soient secs aux trois quarts; alors les batteurs frappent de toutes leurs forces, & achèvent ainsi de consolider l'Aire & de l'affermir. Mais, avant cette dernière opération, il faut avoir soin de remplir exactement avec du salpêtre ou des recoupes humides, les petites cavités qui se trouvent sur la surface de l'Aire, & de l'unir dans toute son étendue, afin que l'eau ne puisse s'arrêter nulle part, & suive la direction des pentes & contre-pentes.

Immédiatement après avoir donné à l'Aire la troisième volée, on la couvre de sable. Le meilleur est celui qui se trouve dans les lits des rivières, & dont le grain est un peu gros; celui qu'on tire des mines est en général terreux & trop fin, il s'imbibe d'eau, & la retient longtems. Six lignes de sable de rivière suffisent pour donner un libre cours aux eaux. Si l'on en met davantage, il fait sous les pieds, & la marche en est plus fatigante. Le sable s'étend d'abord avec le dos du rateau; & lorsqu'il est bien uni, on se sert des dents pour en extraire les pierres & les corps étrangers qui s'y rencontrent.

Les Aires qu'on construit avec du gravier, sont plus aisées à faire & coûtent moins, sur-tout dans les pays où cette substance est commune. Il ne s'agit que de dresser son terrein comme nous l'avons dit ci-dessus, de le couvrir avec une couche de gravier de trois à quatre pouces d'épaisseur, & de faire passer ensuite un pesant rouleau pardessus pour l'affermir, & rendre la promenade plus commode.

Les mosaïques de cailloux roulés dont on se sert quelquefois pour varier l'Aire des promenades dans les jardins paysagistes, sont très-dispendieuses. On les emploie dans les pentes très-rapides où les eaux forment souvent des ravines; on s'en sert encore à couvrir les ponts, à faire les lits des petits ruisseaux, & former le sol des grottes. Mais comme cette construction regarde l'Architecte des jardins, nous renvoyons au dictionnaire qui traite de cette partie.

Dans les pays où il y a beaucoup de tanneries, on emploie la tannée qui sort des fosses des Corroyeurs, à couvrir l'Aire des allées. Cette ſubſtance, qui eſt douce ſous les pieds, rend la marche agréable & facile; elle a de plus un autre avantage qui lui eſt particulier, c'eſt de ſervir à fertiliſer les terres, lorſqu'elle commence à ſe réduire en terreau; on la ramaſſe alors & on la répand ſur les plate-bandes des parterres ou dans les planches des potagers; elle y produit l'effet d'un excellent engrais; au-lieu que les recoupes, les ſalpêtres, le ſable & le gravier introduits dans les jardins, ne peuvent que détériorer la qualité du ſol, par le mélange de ces différentes ſubſtances avec les terres, ſur-tout lorſqu'on change ces Aires de place.

Les ſoins qu'exigent ces différentes Aires pour les entretenir & les conſerver, varient ſuivant la nature des matériaux qui entrent dans leur conſtruction; celles qui ſont faites avec des recoupes & du marc de ſalpêtre blanc recouvert de ſable de rivière, ont beſoin d'être ratiſſées de tems en tems pour détruire les plantes adventices, & ratelées enſuite avec un rateau fin pour la propreté des jardins. Une autre attention non moins intéreſſante, eſt de ne point marcher ſur ces ſortes d'Aires pendant les dégels; on mêleroit le ſable avec le ſalpêtre, & on formeroit des trous qui gâteroient les allées pour le reſte de la ſaiſon, & obligeroient à des réparations diſpendieuſes.

Les Aires de gravier ou de cailloux maſtiqués, ſont beaucoup moins ſujettes à être endommagées par les dégels, mais elles coûtent infiniment plus à établir & à réparer.

Les recoupes de pierres de taille, le ſalpêtre & le gravier ſervent encore à former les Aires des orangeries & des ſerres à légumes. On choiſit alors la matière la plus convenable ſuivant l'objet que l'on a en vue. (*V.* l'article ALLÉE.) (*M.* THOUIN.)

*AIRELLE. *VACCINIUM.*

Genre de plante de la famille des BRUYÈRES; il n'eſt compoſé juſqu'à préſent que de onze eſpèces connues & décrites par les botaniſtes. Cependant il en exiſte un bien plus grand nombre, ſi nous en croyons les catalogues des pépiniériſtes de Londres & ceux des cultivateurs Anglo-Américains. Mais comme ils n'ont pas déterminé exactement ces eſpèces nouvelles, nous nous contenterons d'indiquer ici celles dont nous ſommes sûrs.

Les Airelles ſont des arbuſtes & des arbriſſeaux peu élevés, qui pour la plupart forment de petits buiſſons arrondis, d'une verdure & d'un port agréable; dans quelques eſpèces les feuilles ſe conſervent toute l'année. Leurs fleurs, quoique aſſez jolies, n'ont pas beaucoup d'éclat, mais les formes & les couleurs brillantes de quelques-uns de leurs fruits, qui d'ailleurs ſont bons à manger & qui peuvent être employés à différens uſages économiques, ſuffiſent pour les faire rechercher.

Les Airelles ſe trouvent dans les pays froids de l'Europe, de l'Aſie & de l'Amérique; l'Afrique ſeule n'a point encore fourni d'eſpèces à ce genre. En général, elles croiſſent ſur les lieux élevés, dans des ſables légers, mêlés de terreau végétal & ſur-tout à des expoſitions humides, quelquefois même aquatiques. Elles aiment un air vif & ſubtil, & c'eſt la raiſon pour laquelle ces arbuſtes ſont toujours ſi délicats dans notre climat. On eſt cependant parvenu à les y cultiver en pleine terre dans des planches de terreau de bruyère ſituées à l'expoſition du nord.

Eſpèces.

1. AIRELLE anguleuſe ou myrtille.
VACCINIUM myrtillus. L. ♄ du nord de l'Europe.

B. AIRELLE anguleuſe à fruit blanc.
VACCINIUM myrtillus fructu albo. ♄ du nord de l'Europe.

2. AIRELLE à étamines longues.
VACCINIUM ſtamineum. L. ♄ du nord de l'Amérique.

3. AIRELLE veinée.
VACCINIUM uliginoſum. L. ♄ de l'Europe froide.

4. AIRELLE blanche.
VACCINIUM album. L. ♄ du nord de l'Amérique.

5. AIRELLE mucronée.
VACCINIUM mucronatum. L. ♄ du nord de l'Amérique.

6. AIRELLE à feuilles de myrte.
VACCINIUM myrſinites. La M. Dict. n.° 6.
An. *VACCINIUM corymboſum.* L. ♄ de la Floride.

7. AIRELLE glauque.
VACCINIUM glaucum. La M. Dict. n.° 7.
An. *VACCINIUM frondoſum.* L. ♄ des iſles Miquelon.

8. AIRELLE de Penſylvanie.
VACCINIUM Penſylvanicum. La M. Dict. n.° 7. *bis.*
An. *VACCINIUM liguſtrinum.* L. ♄ du nord de l'Amérique.

9. AIRELLE de Cappadoce.
VACCINIUM arctoſtaphylos. Lin. ♄ de l'Aſie temperée.

10. AIRELLE ponctuée.
VACCINIUM vitis-idæa. L. ♄ du nord de l'Europe.

11. AIRELLE canneberge.
VACCINIUM oxycoccus. L. ♄ du nord de l'Europe.

B. AIRELLE canneberge, à gros fruit.
VACCINIUM oxycoccus magno fructu. ♄ de Canada.

Voyez pour le *Vaccinium hiſpidulum*, L. Le genre des ANDROMÈDES.

Description du port des Espèces.

1. L'Airelle anguleuse est un arbuste dont les racines supérieures tracent à la surface de la terre, s'y attachent & produisent une suite d'individus qui couvrent souvent un très-grand espace, lorsque le terrein est favorable.

On trouve presque toujours cet arbuste parmi les bruyères. Ses tiges s'élèvent à la hauteur de deux pieds, elles sont garnies de feuilles d'un verd tendre tirant sur le jaune pâle. Ses fleurs commencent à paroître en mai; elles sont petites, de couleur de chair, & se succèdent assez abondamment jusqu'en juillet. Les fruits de cet arbuste commencent par être de couleur verdâtre, ensuite ils deviennent rouges & finissent par être violets lorsqu'ils ont acquis leur entière maturité.

La variété de cette espèce, ou l'Airelle à fruit blanc, se rencontre rarement dans notre climat; on la trouve plus communément sur les montagnes des Alpes & dans la Suisse. Elle ne se distingue de son espèce que par la couleur de son fruit. D'ailleurs son port est en tout le même, ainsi que ses habitudes.

3. Airelle veinée. Cet arbuste croît dans les vallées marécageuses des hautes montagnes de la France & d'une partie de l'Europe septentrionale. Ses racines sont traçantes comme celles de l'espèce précédente, & forment des tapis assez serrés & très-étendus. Lorsqu'il a été rabattu jeune ou brouté par les bestiaux, il parvient à peine à la hauteur d'un pied; mais lorsqu'il ne lui arrive aucun accident, il s'élève à trois & quatre pieds de haut. Nous en avons vu dans ces deux états sur les montagnes d'Auvergne, au mont d'or & au puy de Dôme; ils formoient de petites sepées touffues d'un verd glauque assez agréable. Les fleurs de cet arbuste, qui paroissent dans les mois de mai & de juin, sont couleur de rose, mais petites & peu apparentes; elles sont remplacées par des fruits de la grosseur d'un pois, d'un violet tirant sur le noir. Ces fruits, qui sont ordinairement en très-grande quantité, produisent un joli effet.

7. Airelle glauque. Cette espèce, qui croît dans les marais de l'Amérique septentrionale, s'élève à trois pieds de haut environ; ses tiges sont grêles & garnies de feuilles seulement à leur partie supérieure; elles sont d'un verd clair en dessus, & d'un verd bleuâtre en dessous. Ses fleurs sont blanches, disposées par petits bouquets & placées sur les parties des jeunes branches qui sont garnies de feuilles. Cet arbuste trace du pied & forme des touffes irrégulières d'un port très-léger.

8. L'Airelle de Pensilvanie est un petit arbuste d'environ vingt pouces de haut, qui pousse de sa racine un grand nombre de rameaux branchus qui se couvrent au printems, de petites fleurs couleur de chair, rassemblées par pelottes & qui viennent avant les feuilles. Vers le milieu de la fleuraison, les feuilles se développent & couvrent toutes les branches d'une verdure claire. Elles ressemblent un peu à celles du troëne. Les fruits sont bleus & plus gros que ceux du myrtille.

10. Airelle ponctuée. C'est encore un petit arbuste toujours verd, qui non-seulement trace par ses racines, mais dont les rameaux même ont la faculté de s'attacher à la terre lorsqu'ils y touchent & de produire de nouveaux individus. Celui-ci ne s'élève que de huit à dix pouces. son feuillage très-serré ressemble à celui du buis, mais sa couleur est plus foncée. Ses fleurs sont disposées en petites grappes à l'extrémité des rameaux; elles sont d'un rouge pâle, mais les fruits qui leur succèdent, parvenus à leur maturité, sont d'un très-beau rouge.

11. L'airelle canneberge croît parmi les mousses & les gramens dans les marais de la partie de l'Europe la plus froide; ses tiges sont d'une couleur rougeâtre, longues, grêles & couchées sur la terre. Elles sont perpétuellement garnies de petites feuilles écartées les unes des autres, d'un verd brillant en dessus & bleuâtre en dessous. Ses fleurs de couleur de chair, sont clair semées sur les branches, & ses fruits de la grosseur d'un grain de raisin ordinaire, sont d'un beau rouge de corail. La variété B se distingue uniquement de son espèce par les dimensions un peu plus grandes de toutes ses parties.

Nous ne parlerons point ici des espèces indiquées sous les n.ºs 2, 4, 5, 6 & 9. Il y a trop peu de tems que nous les connoissons pour qu'il nous soit possible d'en d'écrire le port.

Culture.

Les Airelles se multiplient de graines, de drageons & de marcottes, très-rarement de boutures. La voie de multiplication par les graines est la plus longue, la plus difficile & la moins sûre; lorsqu'on veut l'employer avec quelque espérance de succès, on doit semer les graines immédiatement après leur maturité; mais il faut auparavant les séparer de la pulpe dans laquelle elles sont enveloppées.

Cette opération se fait en écrasant les baies qui renferment les semences, dans de l'eau claire, & en les y lavant à plusieurs reprises. Lorsque les graines sont séparées de la pulpe, on les étend sur un linge où elles ne restent que le tems qu'il faut pour enlever l'humidité attachée à la surface, après quoi on les sème de la manière suivante. Au fond des terrines ou des pots suffisamment grands pour contenir les semis qu'on se propose de faire, on établit un lit de deux pouces d'épaisseur de terre argilleuse forte & compacte qu'on affermit le plus qu'on peut avec le poing; on remplit ensuite le reste du vase jusqu'à un pouce au-dessous du bord supérieur, d'un terreau de bruyère bien divisé & légèrement comprimé; on en unit la surface avec soin & on y sème les graines le plus également qu'il est possible. On se sert pour les recouvrir, d'un terreau de bruyère finement tamisé & plus sec qu'humide, afin de pouvoir le répandre plus aisément & avec plus d'égalité sur les graines. L'épaisseur de la couche doit être en proportion de la grosseur des semences. Trois lignes suffisent pour recouvrir les plus grosses, & une ligne pour les plus petites. L'on presse légèrement le terreau avec le dos de la main, ensuite on prend des feuilles qui soient fines, longues & roides, telles qu'il s'en trouve dans quelques espèces de gramen; on les coupe par petits morceaux d'un demi-pouce de long, & l'on en couvre la surface du terreau, d'une ligne ou deux d'épaisseur. Dans cet état, les vases doivent être placés jusqu'au tiers de leur hauteur, dans un ruisseau d'eau courante, s'il est possible, & à l'abri du soleil, parmi des plantes élevées, ou mieux encore, entre des arbrisseaux touffus, pourvu toutefois qu'ils ne couvrent pas les semis, & ne leur interceptent point la direction perpendiculaire de l'air. Il faut avoir aussi l'attention de ne pas placer les semis trop près d'arbustes ou de plantes dont les graines venant à tomber sur les pots, leveroient abondamment & nécessiteroient des sarclages continuels.

Les semis ainsi arrangés, doivent rester dans cette position jusqu'à ce que les jeunes plants soient assez forts pour être repiqués. En attendant, ils n'exigent d'autres soins que d'être sarclés autant de fois qu'il est nécessaire pour empêcher les mauvaises herbes de s'emparer de la terre & de nuire aux semences qui lèvent plus ou moins promptement.

Les graines d'Airelles restent quelquefois en terre pendant plusieurs années; mais lorsqu'elles ont été semées dans l'automne qui a suivi leur récolte & qu'elles sont bien aoutées, elles germent & sortent de terre au printems suivant. Dans cet état, il ne faut arracher les mauvaises herbes qu'avec la plus grande précaution, & même il vaudroit mieux les couper entre deux terres, pour ne pas déranger les plantules qui sont d'une extrême délicatesse à cet âge. Elles croissent très-lentement, & ne sont guères en état d'être repiquées que la deuxième ou troisième année.

Pour les fortifier, il est bon de tems en tems de les *chausser* (*Voyez* ce mot) avec du terreau de bruyère très-fin, & de leur donner plus d'air en éloignant un peu les abris qui les environnent. Mais il faut toujours les garantir du soleil qui leur est plus contraire à cet âge qu'à toute autre époque de leur vie.

Lorsque les jeunes Airelles auront trois à quatre pouces de hauteur, il faudra les repiquer. Mais, pour assurer davantage la réussite de cette opération, il est à propos de les lever en mottes & de les planter dans des pots à basilics avec du terreau de bruyère, & ensuite de les placer en pleine terre dans une planche de ce même terreau de bruyère, à l'exposition du nord, dans une position humide & très-ombragée. Avec quelques précautions, on peut faire cette opération toute l'année; cependant il est préférable de la faire au premier printems pour les espèces qui se dépouillent de leurs feuilles, & à la fin de cette saison, pour celles qui les conservent toute l'année. Les jeunes plants pourront rester un an dans les mêmes pots & à la même position; mais ensuite, si l'on s'apperçoit qu'ils aient jeté des poussés vigoureuses, & que leurs racines soient sorties par les fentes des vases, après en avoir rempli la capacité, il faudra les rempoter & les mettre dans des pots à œillets remplis d'une terre un peu plus forte, c'est-à-dire, composée avec deux tiers de terre de bruyère, & le reste en terreau de feuilles & en terre jaune sablonneuse exactement mêlés ensemble. Il sera bon de les placer toujours dans une plate-bande de terreau de bruyère, mais à une exposition moins ombragée & moins humide. L'année suivante, au lieu de rempoter les jeunes Airelles, on pourra les mettre en pleine terre à leur destination.

Les lieux les plus propres à la conservation de ces arbustes & à leur multiplication, sont les plate-bandes de terreau de bruyère qui ont été *beaugées*, & qui se trouvent à l'exposition du nord, défendues du grand soleil & dans des situations humides. Dans ces positions, les différentes espèces d'Airelles croissent avec vigueur, & se multiplient d'elles-mêmes par le moyen de leurs drageons. C'est aussi dans ces positions qu'il est possible de les marcotter avec succès lorsque leurs racines ne tracent pas naturellement, ce qui est très-rare.

Quant à la multiplication des Airelles par la voie des boutures, comme ce moyen ne nous a réussi que très-rarement, nous ne conseillons d'en faire usage qu'au défaut de tous les autres. Nous disons la même chose de la multiplication par les graines; elle est si longue & si minutieuse, qu'il est infiniment plus expéditif de faire venir en nature des Alpes & des Pyrennées, les espèces qui y croissent, que d'en semer les graines. Nous ajouterons de plus que les souches d'où sont provenus les individus des espèces étrangères que nous possédons en Europe, ont été apportées en nature de l'Amérique septentrionale. *Voyez l'article transport des végétaux, qui traite des moyens les plus sûrs de faire voyager ces plantes.*

Usages : Les Airelles sont recherchées dans les jardins de botanique pour compléter les collections des végétaux. L'agrément de leur port, l'élégance de leurs fleurs & les couleurs brillantes de leurs fruits, les ont fait admettre dans les jardins de plusieurs amateurs, peut-être que la difficulté de leur culture, & sur-tout leur rareté n'ont pas peu contribué à leur mériter cette faveur.

Ces arbustes, dans les jardins paysagistes, peuvent fournir des objets de détail assez agréables, mais il faut qu'ils soient placés dans des lieux circonscrits & proportionnés à la petitesse de leur stature, sans quoi ils perdroient tout leur mérite. On pourroit en décorer les bords d'une clarière dans l'épaisseur d'un massif qui seroit traversé par un ruisseau sinueux, & se trouveroit à la proximité d'un lieu de repos. Il suffiroit d'y planter ces arbustes dans des plates-bandes de terreau de bruyère pratiquées à cet effet. Ils y figureroient très-bien parmi les *Andromèdes*, les *Kalmia*, les *Rhododendron*, &c. Tous arbrisseaux très-agréables par l'éclat de leurs fleurs, & qui exigent à-peu-près la même nature de terre, le même site & la même exposition.

Dans les jardins symmétriques, où il ne faut que des masses colorées, & où les beautés de détail sont sacrifiées à la régularité, il ne faut pas songer à y cultiver ces arbustes, ils n'y produiroient qu'un mauvais effet.

Les fruits des espèces n.os 1 & 3, sont remplis d'un jus légèrement acide & fort rafraîchissant. On les mange avec plaisir sans préparation; mais, lorsqu'ils sont mêlés avec du lait & encore mieux avec de la crême, ils font un mets plus agréable. Les vignerons des pays où croissent ces arbustes se servent de leurs baies pour colorer en rouge les vins blancs & leur donner une saveur plus piquante; cette falsification est une des moins nuisibles. On fait encore avec les fruits de l'Airelle myrtille, un sirop fort agréable & très-utile pendant les grandes chaleurs, il calme parfaitement la soif. Ses baies desséchées & réduites en poudre sont très-propres à modérer les ardeurs d'urine & à arrêter les dissenteries.

Dans les Vosges, où cet arbuste est connu sous le nom de *brinballier*, on en ramasse soigneusement les fruits, appellés *brinbelles*, & on les fait sécher au soleil pour les conserver. M. l'abbé Tessier en a dans une boîte depuis sept ans, qui ne sont point altérés.

Les fruits de l'Airelle ponctuée, qui sont d'un fort beau rouge, ont une saveur beaucoup plus relevée que ceux des deux espèces dont nous venons de parler. Aussi les peuples du nord de l'Europe jusqu'au Groënland, & les habitans des montagnes des Alpes en font-ils grand cas, & les regardent-ils comme un mets utile & salutaire. En Suède on se sert de cet arbuste pour border les plate-bandes, les planches & en général pour tous les usages auxquels nous employons le buis dans nos jardins.

Enfin les fruits de l'Airelle canneberge & de sa variété qui sont plus gros & d'un rouge plus vif que ceux de toutes les espèces de ce genre, sont préférables à tous les autres par la saveur & la délicatesse de leur goût. On les mange cruds ou cuits en compotes. Ils ont l'avantage de se garder fort avant dans l'hiver & de pouvoir se transporter au loin, puisqu'on fait venir de l'Amérique en Angleterre des fruits de la variété B, lesquels fournissent au dessert un plat aussi sain, qu'il est agréable dans une saison où les fruits de cette couleur & de cette saveur sont très-rares dans notre climat. (*M. Thouin.*)

AIS de planches. Ce sont des planches de sapin, de chêne ou d'autre bois, assemblées & soutenues par des poteaux de distance en distance, dont on forme quelquefois des clôtures de jardins, des soutiens d'espalier ou des brise-vents.

Dans les pays où le bois est commun & où il ne se trouve point de pierres, on fait des clôtures en planches, soit en plein, soit à claire-voie. Dans ces deux cas, on taille en pointe aiguë par la partie supérieure, chacune des planches qui composent ces barrières, & ensuite on les assujettit sur un chassis de charpente dont les montans doivent être charbonnés par l'extrémité inférieure, & ensuite scellés en terre.

Les soutiens d'espalier se construisent de même que les clôtures pleines; mais au lieu de couper l'extrémité des planches en pointe, on les scie de niveau. On adapte au-dessus & dans toute la longueur, un chevron sur lequel on cloue de petites planches qui forment un auvent saillant de deux, quatre ou six pouces de chaque côté, tant pour mettre la cloison à couvert des eaux, que pour se ménager la faculté de couvrir les espaliers de paillassons, dans les tems contraires à la fleuraison des arbres.

On peint pour l'ordinaire ces soutiens d'espalier en couleur de mur, & l'on figure sur cette couche des treillages en verd pour l'agrément de la vue. Il seroit cependant plus convenable, dans les pays froids; de les peindre en noir; cette couleur absorbant davantage les rayons du soleil, conserveroit plus long-tems la chaleur & contribueroit à faire mûrir les fruits plus promptement.

On se sert aussi des Ais de planches pour garantir certains arbustes qui craignent le grand soleil, ou pour faire des brise-vents dans des lieux trop découverts; ces Ais de planches durent beaucoup plus long-tems que les roseaux & les paillassons qu'on emploie ordinairement à cet usage, & sont beaucoup plus propres dans les jardins. (*M. Thouin.*)

AJUSTER ou carter un œillet. Terme employé par les fleuristes, pour désigner une opération qui consiste à étendre sur une carte les pétales d'un œillet dans un ordre symmétrique, pour en augmenter le diamètre & lui donner plus de grace. Cela ne se pratique que pour les gros œillets dont le calice se fendant de côté, ne permet aux pétales de s'étendre qu'imparfaitement & sous une forme irrégulière.

Voici la manière de carter les œillets. Lorsqu'ils commencent à s'ouvrir & qu'on prévoit qu'ils vont se fendre, on prend une carte au milieu de laquelle on fait un trou assez large pour y faire passer le calice de la fleur qu'on veut *ajuster*. On coupe cette carte sur le côté, & on la place entre le calice & les pétales. Ensuite avec une pince déliée on arrange artistement les pétales les uns contre les autres sur la circonférence de la carte, que l'on coupe tout au tour avec des ciseaux, afin qu'elle ne déborde pas la fleur, & l'on arrache tous les pétales chiffonnés & les parties du calice qui se trouvent quelquefois parmi les pétales.

Les fleuristes en général font peu de cas des œillets cartés, le plus grand nombre même ne les admet point à l'honneur de figurer sur leurs gradins. (*M. Thouin.*)

AITONE. *Aytonia.*

Genre de plante de la famille des *Joubarbes*, établi depuis peu d'années par M. Thunberg, & auquel il a donné le nom d'Aytonia en l'honneur de Jean Ayton [*], auteur de la *flora kevensis*; ouvrage qui traite des plantes anciennement cultivées dans les jardins de Kew. Nous ne connoissons encore qu'une espèce de ce genre, laquelle est nommée

AITONE DU CAP.

Aytonia capensis Lin. fil. supp. p. 49 & 303.

C'est un arbrisseau qui croît au Cap de Bonne-espérance, près Gondo-Reviere. Il s'élève de cinq à six pieds de haut. Sa tige est rougeâtre; elle se divise en rameaux droits, sur lesquels les feuilles croissent par paquets; elles sont glabres & d'un verd agréable. Ses fleurs, qui sont d'un beau rouge, se trouvent dispersées sur toutes les branches. A ces fleurs succèdent des fruits secs, qui ressemblent un peu aux baies de l'alkekenge.

Comme cet arbrisseau n'a point été apporté en France, la culture ne nous en est point connue; mais en raison du pays où il croît & des renseignemens que nous avons sur la culture de beaucoup de plantes de cette famille, nous croyons qu'il se conservera l'hiver dans nos orangeries; qu'on pourra le multiplier aisément de marcottes & de boutures, & qu'il s'accommodera bien d'une terre sablonneuse, plus sèche qu'humide. (*M. Thouin.*)

[*] Il ne faut pas confondre ce nom avec celui de M. William AITON, actuellement Directeur des jardins de S. M. le Roi d'Angleterre, à Kew, près de Londres. Ce dernier, non moins recommandable par ses qualités personnelles que par ses grandes connoissances en agriculture & en botanique, travaille depuis long-tems à un ouvrage dans lequel on trouvera décrites toutes les plantes cultivées dans les jardins de Kew, avec la culture qui leur convient. Cet ouvrage, qui doit reculer les bornes de nos connoissances dans deux parties aussi intéressantes de l'histoire naturelle, est attendu avec impatience par les Botanistes & les Agriculteurs. Il remplira sûrement leur attente, & sera digne de la réputation de son Auteur. (*M. Thouin.*)

ALAISE. Alonge ou bride. *Voyez* le dictionnaire qui traite des arbres, & de tout ce qui a rapport à leur culture, par M. Fougeroux de Bondaroy. (*M. Thouin.*)

ALATERNE. Nom d'une division d'un genre d'arbrisseau dont il sera traité dans le dictionnaire des arbres & arbustes de pleine terre, par M. Fougeroux de Bondaroy. (*M. Thouin.*)

Alaterne bâtard, synonyme du nom d'un arbrisseau nommé par les botanistes *Ceanothus Africanus*. L. *Voyez* Céanote d'Afrique. (*M. Thouin.*)

ALATERNOIDE, Alaternoides. Nom d'un ancien genre de plante qui renfermoit des espèces de plusieurs genres différens, & que Linné a rapportées aux *ceanothus*, *phylica* & *ilex*. *Voyez* Ceanote, Phylica et Houx. (*M. Thouin.*)

ALBANOISE, adj. f. C'est parmi les fleuristes une anémone qui seroit toute blanche sans un peu d'incarnat qu'elle a au fond de ses grandes feuilles & de sa peluche. (*anc. encyclop.*)

Cette plante est une des nombreuses variétés qui forment l'espèce nommée par les botanistes *anemone coronaria*. L. *Voyez* Anemone des fleuristes. (*M. Thouin.*)

ALBERGE. Synonyme de l'*amygdalus persica*. L. *Voyez* au mot Pecher du dictionnaire des arbres & arbustes. (*M. Thouin.*)

Alberge. Synonyme employé pour désigner le *prunus armeniaca* des botanistes. *Voyez* au mot Abricotier du dictionnaire des arbres & arbustes. (*M. Thouin.*)

ALBERGEMENT. C'est dans la province du Dauphiné ce qu'on appelle bail emphytéotique. (*M. l'abbé Tessier.*)

ALBICANTE ou Carnée. C'est *chez les fleuristes* une anémone dont les grandes pétales sont d'un blanc sale, & la peluche blanche, excepté à son extrémité qui est couleur de rose. (*Anc. Encyclop.*)

Ces anémones font une des divisions des variétés comprises dans l'espèce de l'*anemone coronaria*. L. *Voyez* Anemone des fleuristes (*M. Thouin.*)

ALBOURG ou Aulbourg. Nom qu'on donne dans quelques provinces au *cytisus laburnum* L. *Voyez* Cytise des Alpes. (*M. Thouin.*)

ALBUCA. *Albuca.*

Genre de plante de la famille des *Asphodeles*. (*Voyez* ce mot). Il n'est encore composé que de deux espèces qui sont originaires du Cap de Bonne-espérance. Ces plantes ont les racines bulbeuses, & leurs fleurs ne sont pas sans agrément. On les cultive dans des pots, & elles se conservent dans les serres tempérées ou sous des chassis.

Espèces.

1. ALBUCA blanc.
ALBUCA alba. La M. Dict. n.° 1.
An. ALBUCA major. L. ♃ d'Afrique.

2. ALBUCA jaune.
ALBUCA lutea. La M. Dict. n.° 2.
An. ALBUCA major. L. ♃ d'Afrique.

1. ALBUCA blanc. De l'oignon de cette plante, il sort dès le mois de septembre, quatre ou cinq feuilles radicales, longues & étroites, du milieu desquelles s'élève une tige qui croît jusqu'à la hauteur de trois à quatre pieds. Cette tige est garnie, dans sa partie supérieure, de fleurs blanches & vertes, disposées en épi lâche, & qui souvent se succèdent depuis le mois de novembre jusqu'au mois de février. Elles sont d'une forme singulière. Trois des pétales restent fermés, tandis que les trois autres sont ouverts. Ces fleurs sont remplacées successivement, depuis le mois de janvier jusqu'au mois de mai, par des capsules remplies de trois rangs de semences noires & applaties, qui mûrissent à fur & à mesure, & tombent aussitôt que la capsule s'ouvre. C'est pourquoi, lorsqu'on veut en ramasser les graines, il faut avoir l'attention de les surveiller. Quinze jours après la récolte, on pourra les semer dans des pots remplis d'une terre légère & sablonneuse, qu'on aura soin de placer sur une couche exposée au midi, & recouverte d'un chassis. Elles lèvent presque aussi facilement que nos graines d'oignon ordinaire. Vers le mois de juillet, les jeunes plants sont en état d'être repiqués en pots; mais à l'approche des gelées, il faudra les rentrer dans les serres tempérées; & les mettre sur les appuis des fenêtres, ou mieux encore, sous des chassis.

Le jeune plant fleurit quelquefois dès la première année, mais très-souvent la seconde.

On multiplie encore cette plante par les cayeux qu'on sépare des gros oignons pendant le tems qu'ils ne sont pas en végétation, c'est-à-dire, depuis la fin de juillet jusqu'au commencement de septembre. Pendant ce tems de repos, on peut se dispenser de relever de terre les oignons; ils se conservent fort bien sans cette précaution, pourvu toutefois qu'on ne les arrose pas; mais lorsqu'ils abondent en cayeux, ou que la terre dans laquelle ils sont plantés est appauvrie, alors on les relève, soit pour les débarrasser d'une partie de ces cayeux, soit pour leur donner une terre neuve. La terre qui paroît leur convenir le mieux, est celle qui a de la consistance, quoiqu'un peu sablonneuse.

Usage : Cette plante mérite d'occuper une place dans nos serres, à cause de l'agrément qu'y produisent ses fleurs, dans une saison où elles sont assez rares.

2. ALBUCA jaune. Les bulbes de cette espèce sont aussi grosses que celles de la précédente; elle pousse de même quatre ou cinq feuilles étroites, d'un verd foncé, du milieu desquelles s'élève une tige d'environ un pied de haut, couverte d'une efflorescence glauque. Cette hampe est garnie de cinq ou six fleurs d'un jaune verdâtre, réunies au sommet en manière d'ombelle. Elles paroissent en mars & avril, & assez souvent une seconde fois en juillet & août; mais il est très-rare qu'elles donnent des semences en Europe.

On multiplie cette espèce par le moyen de ses graines qu'on peut tirer du Cap de Bonne-espérance; & encore plus aisément par ses cayeux. Pour la conserver, on emploie les mêmes moyens que pour la précédente. Mais comme elle est moins délicate, peut-être que si, au lieu de la cultiver dans des pots, on la mettoit en pleine terre, sous des chassis abrités des gelées, on parviendroit à obtenir des semences en Europe, & par conséquent à acclimater jusqu'à un certain point cette plante dans nos jardins. (*M. THOUIN.*)

ALBUQUE. Synonyme du nom d'un genre de plante nommé *albuca* par les botanistes. *Voyez* ALBUCA. (*M. THOUIN.*)

ALCÉE OU ROSE TREMIERE. *ALCEA.*

Ce genre de plante qui fait partie de la famille des *MALVACÉES*, est composé de trois espèces différentes, lesquelles fournissent un très-grand nombre de belles variétés plus intéressantes les unes que les autres par la grandeur de leur port, & sur-tout par la forme & la couleur de leurs fleurs. Ces plantes ont les racines peu vivaces, & leurs tiges périssent chaque année; mais la culture en est facile; & comme il est aisé de les propager & de les cultiver en pleine terre, elles sont recherchées dans tous les jardins d'agrément.

Espèces.

1. ALCÉE rose, ou rose trémière ordinaire.
ALCEA rosea. L. ♃ de l'Asie tempérée.

2. ALCÉE ou rose trémière à feuilles de figuier.
ALCEA ficifolia. L. ♃ du nord de l'Asie.

3. ALCÉE ou rose trémière de la Chine.
ALCEA Chinensis. La M. Dict. n.° 3. ♃.

Description du port des Espèces.

Les deux premières ne poussent ordinairement la première année que des feuilles larges, plus ou moins profondément sinuées, & qui sont d'un verd clair; elles forment des masses touffues & pyramidales, du centre desquelles sortent de fortes tiges qui s'élèvent de six à neuf pieds de haut, suivant l'âge des plantes, la nature du terrein, & la culture qu'on leur donne. Ces tiges se ramifient très-souvent vers la partie supérieure, & forment des thyrses de trois à quatre pieds de long, qui se couvrent de grandes fleurs plus ou moins doubles, variées sur des pieds différens, de toutes les nuances possibles, dans les couleurs blanches, rouges, jaunes & pourpre. Ces fleurs ne s'ouvrent pas toutes à-la-fois; celles qui sont au bas des tiges s'épanouissent les premières, & les autres successivement, & de proche

proche en proche jusqu'à l'extrémité. Les premières paroissent dès le mois de juin, & souvent la fleuraison des dernières n'est arrêtée que par les gelées blanches de l'automne.

3. L'Alcée de la Chine est une plante qui ne vit que quatre ou cinq ans ; elle pousse chaque année de sa racine, des tiges qui s'élèvent à la hauteur d'environ trois pieds ; elle a beaucoup d'affinité pour le port avec les deux espèces précédentes ; mais elle en diffère par ses feuilles moins profondément sinuées, par sa stature de moitié plus petite, & surtout par ses fleurs qui sont couleur de rose, & bordées d'un liséré blanc à leur circonférence. Cette espèce renferme beaucoup moins de variétés que les deux précédentes, encore ne diffèrent-elles les unes des autres que par leurs fleurs plus ou moins doubles, mais leur couleur est la même.

Culture.

Les Alcées se multiplient facilement par leurs semences, qui conservent pendant plusieurs années leur propriété germinative, lorsqu'elles ont été récoltées par un tems sec, & qu'on les a laissées dans leur calice jusqu'au moment de les mettre en terre.

On sème ces graines au printems ou en automne, en pleine terre ou dans des pots que l'on met sur couche. Chacune de ces manières a ses avantages particuliers relativement au but qu'on se propose. Lorsqu'on veut que ces plantes fleurissent plus promptement, on en sème les graines en automne dans une plate-bande située au pied d'un mur, à l'exposition du midi.

Il est nécessaire que la terre de cette plate-bande soit nouvellement labourée, qu'elle ait douze à quinze pouces de profondeur, & soit d'une nature meuble & légère, sablonneuse & plus sèche qu'humide. Manque-t-elle de quelqu'une de ces qualités, on les lui donne artificiellement. Quant à l'humidité, on remédie à cet inconvénient en coupant le terrein par des sillons formés dans la direction de la pente.

Les graines, en raison du prompt accroissement que prend le jeune plant, doivent être clair-semées & recouvertes seulement, de quatre à cinq lignes, d'une couche de terre mélangée avec du terreau, pour la rendre plus légère encore que celle de la plate-bande.

Lorsqu'il survient quelques chaleurs en automne, & qu'on a soin d'arroser fréquemment ces semis, les graines lèvent ordinairement dans les dix premiers jours, & le jeune plant pousse cinq à six feuilles avant l'hiver. Mais, pour le préserver du froid rigoureux de cette saison, on le couvre de paille ou de paillassons, sur-tout lorsque les gelées sont au-dessus de cinq degrés.

Dès le premier printems, on peut repiquer ce jeune plant à la place qu'il doit occuper dans les jardins, à moins qu'on ne veuille le laisser fleurir d'abord pour en faire ensuite une distribution plus variée dans les parterres symmétriques. Alors on le repique en pépinière dans un terrein plus substanciel, & on espace les pieds à quinze ou seize pouces les uns des autres. Leur culture en pépinière se réduit à les débarrasser des mauvaises herbes, & à les arroser de tems en tems, lorsqu'il survient des sécheresses trop considérables.

Avec ces précautions, le jeune plant fleurit pour la plus grande partie dans le mois de juillet, c'est-à-dire, dix à onze mois après que les graines ont été mises en terre. A mesure que les fleurs s'épanouissent, on arrache les pieds qui n'ont produit que des fleurs simples ou d'une couleur désagréable, & on marque ceux qu'on veut réserver avec des brins de laine d'une couleur semblable à celle des fleurs, afin de pouvoir les reconnoître ensuite, & faire une distribution plus exacte des couleurs & des nuances de chacune des variétés, lors de leur transplantation dans les parterres symmétriques.

Cette transplantation peut se faire dès le mois d'octobre, aussi-tôt que les fanes des plantes sont desséchées. Si l'on a la précaution de lever le plant en motte, & de lui laisser toutes ses racines, il souffrira peu de ce changement de place, supportera très-bien les rigueurs de l'hiver, & fleurira abondamment l'année suivante. Cependant il est à propos de laisser toujours dans la pépinière un certain nombre de pieds pour remplacer ceux qui pourroient périr pendant l'hiver.

Cette précaution est d'autant plus nécessaire que cette première manière d'élever les roses trémières n'est pas à l'abri de tout inconvénient. Par exemple, lorsqu'après les semis d'automne, il survient, comme cela n'arrive que trop fréquemment dans notre climat, un hiver long, froid & humide, avec de faux dégels, alors on doit s'attendre à voir périr une grande partie du jeune plant : il en périt encore davantage lorsqu'au lieu de lever les individus pour les mettre tout de suite à la place qui leur est destinée, on les repique d'abord en pépinière, parce que le plant qui est plus fort & plus vigoureux, reprend plus difficilement. Mais pour rendre ces inconvéniens moins sensibles, il ne faut qu'avoir l'attention de faire les semis d'automne en plus grande quantité que ceux du printems ; on se ménage ainsi l'avantage de varier sa jouissance, & d'en accélérer le moment.

Les semis du printems se font en pleine terre, de la même manière que ceux d'automne. On choisit le moment où les gelées ne sont plus à craindre, & on arrose plus ou moins fréquemment les graines, suivant le degré de sécheresse ou d'humidité. Dès la mi-juin, le jeune plant est assez fort pour être repiqué en pépinière ; mais pendant la première année, il ne pousse ordinairement que des feuilles. Cependant, lorsque la saison a été chaude, & qu'il est tombé des pluies douces de tems en tems, il se trouve dans le nombre des individus plusieurs pieds qui donnent des fleurs en automne. Alors si l'on veut planter au hasard, sans avoir égard à la distribution exacte des couleurs, on peut, dès la fin de cette saison, lever le plant qui étoit mis en pépinière, & le mettre en place; mais lorsqu'on veut faire une plantation variée, il convient d'attendre l'automne de l'année suivante, ce qui nécessite deux années de culture avant de pouvoir jouir complétement de l'effet de ces plantes.

Les semis sur couche ou dans des pots, n'ont guères lieu que pour la rose trémière de la Chine. On sème en automne des graines de cette espèce dans des terrines; on les rentre à l'orangerie pendant les fortes gelées; au printems, on repique le jeune plant dans des pots qu'on place de bonne heure sur une couche chaude, & l'on obtient des fleurs au commencement de l'été. Si l'on sème cette plante au premier printems, sur une couche chaude, le jeune plant est bon à être repiqué à la fin de mai, en pleine terre ou dans des pots. Les pieds placés dans des pots, & mis sur une couche, fleurissent dans le mois de juin; ceux qui ont été plantés en pleine terre ne donnent des fleurs que dans l'automne. Enfin, pour avoir des fleurs de cette plante une grande partie de l'année, il ne faut que varier le tems des semis, & leur donner plus ou moins de chaleur.

Lorsqu'une fois les Alcées sont en place, leur culture est très-simple, elle se réduit à leur donner un labour au pied chaque année, soit au printems, soit en automne, à les sarcler & biner quelquefois pour écarter les mauvaises herbes, à les arroser dans les tems trop secs, & enfin à les garantir par des tuteurs contre l'impétuosité des vents qui briseroient leurs tiges. Ces plantes, sur-tout les deux premières espèces, ne parviennent à leur état parfait que la seconde & même la troisième année; c'est alors qu'elles sont dans toute leur vigueur : quelques individus meurent immédiatement après la fleuraison; mais le plus grand nombre pousse de son pied des œilletons qui fleurissent les années suivantes. Il n'est pas sans exemple que des pieds se conservent pendant dix ans; mais cela est rare, & d'ailleurs à cet âge ces plantes n'ont plus, à beaucoup près, la même vigueur; les couleurs de leurs fleurs sont moins vives, & tout annonce en elles la vieillesse & le dépérissement.

La récolte des graines d'Alcées, principalement celles des deux premières espèces, exige quelque attention pour conserver les belles variétés, & en obtenir de nouvelles. Quoique ces différentes variétés ne soient rien moins que constantes, & qu'il arrive même que, d'une année à l'autre, il se trouve des changemens dans les couleurs ou dans la plénitude des fleurs du même pied, cependant il n'est pas indifférent de ramasser sur un pied plutôt que sur l'autre, les graines dont on veut faire des semis. Les graines de ceux qui ont produit de belles fleurs donneront des plantes dont le plus grand nombre produira certainement à son tour des fleurs semblables aux premières; au lieu que si l'on ramasse les graines sur des variétés dégénérées, on n'obtiendra que des fleurs plus dégénérées encore, & ce sera bien un hasard si, dans le grand nombre, il s'en trouve quelques-unes de passables. On doit avoir aussi l'attention de ne ramasser les graines que sur des pieds qui soient dans la vigueur de l'âge, & non sur leur retour, & encore faut-il choisir sur ces pieds les graines produites par les premières fleurs, parce que celles des dernières ne sont souvent pas assez aoûtées. On les cueille à la main par un tems sec. En les arrachant des tiges, on les renferme dans des sacs sans les égrainer, & on les tient à l'abri de l'humidité, jusqu'à l'époque où l'on veut les semer. Ces graines conservent leur faculté germinative pendant plus de dix ans, lorsqu'elles ont été récoltées avec soin, & préservées de l'humidité & de la grande chaleur. Mais pour conserver & perpétuer plus sûrement les belles variétés, il seroit nécessaire d'isoler les individus destinés à faire des porte-graines, & de les placer à de grandes distances les uns des autres, pour que les poussières des variétés différentes, ou même des espèces congénères ne puissent féconder leur germe, ce qui arrive très-fréquemment lorsque toutes les variétés se trouvent rassemblées dans le même endroit.

Usage : Les Alcées, n.° 1 & 2, ont leurs places marquées, dans les jardins symmétriques, sur la ligne du milieu des plate-bandes des grands parterres, entre les arbustes à fleurs. On en fait aussi des touffes sur les bords des allées, entre les arbres qui les ombragent, & l'on en décore les terrasses découvertes. Dans les jardins paysagistes, on en fait des grouppes sur les pièces de gazon, on en borde les lisières des bosquets, & on les place au pied des arbres dont les tiges leur servent de tuteurs.

L'Alcée de la Chine a ses avantages & ses usages particuliers; elle convient mieux aux parterres des petits jardins, où elle peut servir à décorer des vases; on l'emploie à faire des masses dans de petites pièces de gazon. Enfin, ces plantes, par leur port majestueux & l'éclat de leurs fleurs, sont d'une grande ressource pour la décoration de toutes les espèces de jardins d'agrément. (*M. Thouin.*)

Alcée commune. Synonyme du nom d'une plante nommée *malva alcea.* L. Voyez Mauve. (*M. Thouin.*)

Alcées (les). C'est le nom que les botanistes anciens donnoient à un genre de plante dont les espèces ont été dispersées par les modernes dans les genres du *Napæa*, de l'*Althæa*, du *Malva* & du *Lavatera*. *Voyez* les articles Napée, Guimauve, Mauve & Lavatere. (*M. Thouin.*)

ALCHIMILLE ou pied de lion. *Alchimilla*.

Genre de plante de la famille des *Pimprenelles*. Il est composé de plantes vivaces herbacées, assez agréables par leur feuillage, mais dont les fleurs sont peu apparentes. Quelques-unes des espèces de ce genre servent en médecine, d'autres sont admises à figurer dans quelques jardins d'agrément.

On les cultive en pleine terre, & elles se multiplient plus aisément de drageons que de semences; elles se trouvent toutes en Europe.

Espèces.

1. ALCHIMILLE ou pied de lion commun.
ALCHIMILLA vulgaris. L. ♃ des lieux humides de la France.

2. ALCHIMILLE hybride.
ALCHIMILLA hybrida. L. ♃ des montagnes des Alpes.

3. ALCHIMILLE argentée.
ALCHIMILLA alpina. L. ♃ des hautes Alpes.

4. ALCHIMILLE quinte-feuille.
ALCHIMILLA pentaphyllea. L. ♃ des Pirénées.

Description du port des Espèces.

1. L'ALCHIMILLE, ou PIED DE LION commun, est la plus apparente. Elle pousse chaque année de sa racine, beaucoup de feuilles larges presque rondes & festonnées sur les bords, qui forment une masse arrondie, d'un vert gai dans le printems, laquelle s'élève d'environ dix pouces. Ses tiges sortent d'entre les feuilles, & les dépassent de cinq à six pouces; elles sont rameuses & chargées de petites fleurs verdâtres, peu apparentes, qui s'épanouissent dans les mois de mai & de juin; viennent ensuite les semences qui mûrissent à la fin de l'été. Après cela les feuilles & les tiges se dessèchent, & la plante commence à repousser dès le mois de février suivant.

2. L'ALCHIMILLE hybride est moins haute que la précédente. Toutes les parties de la plante sont aussi plus petites, & d'une verdure plus blanchâtre. Ses feuilles sont soyeuses des deux côtés.

3. ALCHIMILLE argentée. Celle-ci est beaucoup plus petite que la première, & s'élève un peu moins que la seconde; elle n'a pas plus de cinq à six pouces. Ses feuilles sont profondément découpées en cinq ou sept folioles d'un beau verd luisant en dessus, soyeuses & satinées en dessous. Vues de ce côté, leur couleur d'argent contraste agréablement avec le verd foncé de la partie supérieure.

4. ALCHIMILLE quinte-feuille. Cette espèce s'élève à-peu-près à la hauteur de la précédente. Ses feuilles, d'un verd pâle, sont composées de trois folioles principales, dont les deux qui sont sur les côtés se subdivisent en deux autres folioles plus petites. Ses fleurs ne sont pas plus apparentes que celles des espèces précédentes.

Culture.

La première & la seconde espèce sont des plantes peu délicates, qui s'accommodent de toute espèce de terrein, & de toutes sortes d'expositions; cependant, lorsqu'on veut les cultiver avec plus de succès, il convient de leur donner une terre douce, sablonneuse, substancielle & un peu humide, & de les garantir du soleil du midi. La troisième espèce aime une terre plus légère, moins humide, & sur-tout l'exposition du nord. Enfin la quatrième ne réussit bien que lorsqu'elle est plantée dans des plate-bandes de sable de bruyère, & entièrement abritée du soleil du midi.

Toutes les Alchimilles se propagent aisément par le moyen de leurs drageons enracinés. On les sépare de leurs souches vers la fin de l'automne, & on les plante dans la nature de terre qui convient à chacune des espèces; ils poussent au premier printems, & forment des touffes assez fortes pour être mises en place à la fin de cette première année. A défaut de drageons, on fait usage des graines qu'on sème en automne dans des pots ou terrines qu'on place en pleine terre, à l'exposition du nord. Dans le cas où l'on voudroit multiplier ces plantes en grand, on pourroit en semer les graines en pleine terre sur un sol très-divisé, & les recouvrir ensuite légèrement d'une couche de terre encore plus fine; mais il est très-rare qu'on ait besoin d'employer cette méthode, parce que ces plantes sont d'un usage très-borné.

Lorsqu'une fois les Alchimilles sont placées dans la nature de terrein, & aux expositions qui leur conviennent; elles n'exigent d'autre culture que d'être sarclées de tems en tems, pour prévenir l'effet des mauvaises herbes, d'être labourées en automne pour ameublir la terre autour de leurs racines, & enfin d'être relevées de place tous les cinq à six ans pour rajeunir les touffes, supprimer les vieilles racines, & renouveller la terre des lieux où elles sont plantées.

Usages : La première espèce est une plante médicinale qu'on cultive dans les jardins de plantes usuelles; on la regarde comme vulnéraire, astringente & un peu détersive. Elle peut figurer, ainsi que la seconde espèce, sur les lisières ombragées des bosquets. L'une & l'autre peuvent encore être placées avec avantage sur les pentes exposées au nord, dans les jardins paysagistes. La teinte de leur verdure fera un contraste assez agréable avec celle des autres plantes. Les deux autres espèces méritent d'occuper des places sur les gradins parmi les plantes alpines. La troisième, sur-tout, y produira beaucoup de variété par la brillante couleur de son feuillage argenté en dessous & d'un verd luisant en dessus. C'est une de nos plus jolies plantes des Alpes, & des moins délicates. (*M.* THOUIN.)

ALCHIMILLE des champs. Synonyme du nom d'une plante nommée par les botanistes *Aphanes arvensis.* L. *Voyez* APHANES DES CHAMPS. (*M.* THOUIN.)

ALCIDON. Nom que les fleuristes donnent à une variété d'œillet piqueté, dont l'espèce est connue sous le nom de *dianthus caryophyllus.* L. *Voyez* ŒILLET DES FLEURISTES. (*M.* THOUIN.)

ALDROVANDE. *Aldrovanda*.

Genre de plante qui a beaucoup de rapport avec celui des *Rossolis*. Il n'en existe encore qu'une espèce, qui est une plante aquatique fort singulière ; elle n'est guère cultivée que dans les jardins de botanique, où même elle se rencontre très-rarement, à cause de la difficulté qu'on a de l'y conserver.

Aldrovande à vésicules.
Aldrovanda Vesiculosa. L.

Cette plante que l'on trouve en Provence, aux environs d'Arles, en Italie, & dans différentes parties de l'Inde, croît dans les eaux stagnantes, près des bords. Ses racines fixées à la vase par des fibres déliées, poussent des tiges flexibles & tendres qui s'élèvent à six pouces de haut environ ; elles sont garnies d'un grand nombre de petites feuilles qui se terminent par des vessies remplies d'air, dont l'usage paroît être de soutenir la plante sous l'eau, & de l'élever à la surface dans une direction verticale. Ses fleurs, ainsi que les capsules qui leur succèdent & qui renferment les semences de la plante, sont fort petites.

Cette singulière plante a été envoyée plusieurs fois au jardin du roi par M. Artaud, botaniste de Provence, homme aussi instruit qu'obligeant & communicatif. Il est le premier qui l'ait découverte aux environs d'Arles, dans les fossés. Mais, malgré tous les soins qu'il a pris pour faire arriver ses envois en bon état, il ne nous a pas été possible d'en tirer parti ; ils se sont toujours trouvés entièrement gâtés à leur arrivée. Cette plante est trop délicate & trop molle pour supporter un long voyage.

Nous croyons cependant que si l'on envoyoit une certaine quantité de ces plantes, prises au moment où la fructification est très-avancée, & qu'on les déposât en arrivant dans un marais dont les eaux stagnantes n'auroient pas beaucoup de profondeur, on pourroit parvenir à les propager & peut-être à les naturaliser dans ce pays-ci. (*M. Thouin*.)

ALENOIS. Epithete donnée à une espèce de cresson, qu'on appelle indistinctement cresson alenois, ou des jardins ; on lui donne aussi le nom de nasitort, & en latin *lepidium sativum*. L. *Voyez* Passerage cultivée. (*M. Thouin*.)

ALETRIS. *Aletris*.

Genre de la famille des Asphodeles, qui renferme des arbrisseaux & des plantes bulbeuses.

Toutes les espèces de ce genre sont étrangères à l'Europe, & ne croissent que dans les lieux chauds des trois autres parties du monde. Elles se distinguent toutes par quelque avantage particulier, les unes par leur port, les autres par la forme ou la couleur de leur feuillage, & quelques-unes par l'odeur agréable de leurs fleurs.

En Europe, on les cultive dans les serres, dont elles font un des plus beaux ornemens.

Espèces.

1. Alétris farineux.
Aletris farinosa. L. ♃ de l'Amérique tempérée.

2. Alétris du Cap.
Aletris Capensis. L. ♃ de l'Afrique tempérée.

3. Alétris de Guinée.
Aletris Guineensis. Jacq. Hort. tab. 84.
Aletris hyacinthoides. L. Variet. B. ♃ d'Afrique.

4. Alétris de Ceylan.
Aletris zeylanica. Miller. Dict. n.° 4.
Aletris hyacinthoides. L. Variet. A. ♃ de l'Inde.

5. Alétris odorant.
Aletris fragrans. L. ♄ de l'Afrique méridionale.

6. Alétris de la Chine.
Aletris Chinensis. La M. Dict. n.° 6. ♄ de la Chine méridionale.

Voyez pour l'*Aletris uvaria*. L. le mot Aloès a feuilles longues.

Description, Culture & Usage des Espèces.

1. L'Alétris farineux est une plante bulbeuse qui pousse chaque année de sa racine, plusieurs feuilles en forme de lance, du milieu desquelles sort, dans le mois de juin, une tige nue qui supporte les fleurs disposées en épi. Ces fleurs sont d'un blanc jaunâtre. Jusqu'à présent elles n'ont produit que très-rarement des semences en Europe.

Culture. Cette plante est assez dure & peut résister aux froids de l'hiver si, dans cette saison, elle est couverte d'un simple vitrage qui la garantisse de l'humidité ; on la multiplie par ses cayeux & par ses semences, mais ces deux moyens sont longs. Il est plus expéditif d'en faire venir des bulbes de l'Amérique septentrionale. Cette plante aime une terre sablonneuse & légère ; dans le tems de sa végétation, elle ne craint point l'humidité, mais elle la redoute beaucoup lorsque la sève est en repos.

Usage : Elle peut occuper une place parmi les arbustes étrangers qu'on cultive dans des planches de terreau de bruyère.

2. Aletris du cap. Cette espèce a pour racine un oignon de la même forme, mais plus gros que ceux des Jacinthes. Dès le mois de septembre, il commence à pousser cinq à six feuilles ondées, larges, longues & d'un verd luisant. Du milieu de ces feuilles, s'élève à la hauteur de douze à quinze pouces une tige nue aux trois quarts,

garnie ensuite jusqu'au sommet d'une quantité de fleurs purpurines très-apparentes. Elles commencent à s'ouvrir dans le mois de janvier, & continuent jusqu'en mars. Elles sont suivies de capsules triangulaires & transparentes qui renferment quelques graines noires & arrondies de la grosseur d'un grain de chenevi.

Culture. Les semences de cette plante mises en terre aussi-tôt après leur maturité, dans des pots placés sur une couche chaude & couverte d'un chassis, lèvent dans les deux premiers mois; & poussent une ou deux petites feuilles en même-tems qu'un oignon de la grosseur d'un pois. Ces jeunes plantes doivent être rentrées à la fin de l'automne sous des chassis avec les Liliacées du cap, ou dans des serres tempérées, sur les appuis des croisées pour y passer l'hiver.

La seconde année, les Aletris du Cap poussent quatre ou cinq feuilles; & leurs oignons augmentent de volume; mais rarement ils fleurissent; ce n'est, pour l'ordinaire, que la troisième & plus souvent encore la quatrième année, qu'ils sont en état de donner de beaux épis de fleurs, & qu'ils sont en pleine force. Alors ils poussent des cayeux, qu'il est bon de séparer, soit pour multiplier cette plante, soit pour en obtenir des épis de fleurs plus considérables. On sépare les cayeux vers le mois d'août, & en même-tems on change de terre les oignons que l'on peut sans inconvénient laisser toute l'année dans leurs pots, remplis d'une terre un peu forte, douce & sablonneuse. Cette plante, comme nous l'avons dit ci-dessus, craint l'humidité quand elle est dans son état de repos; mais il est nécessaire de lui donner des arrosemens légers & fréquens lorsqu'elle est en pleine végétation.

Usage: L'élégance du port de cette plante bulbeuse & la beauté de ses fleurs doivent lui faire occuper une place distinguée dans les serres tempérées & dans les jardins d'hiver, dont elle fait l'ornement pendant cette saison; elle commence à être cultivée chez nos marchands.

3. Aletris de Guinée. Ses racines sont grosses & charnues, divisées en plusieurs branches d'inégales dimensions, articulées & garnies de plusieurs fibres de couleur jaunâtre. Les grosses racines se terminent par des œilletons qui sont d'abord blancs comme de l'ivoire, & dont la direction tend à la surface de la terre; lorsqu'ils y sont arrivés, ils poussent des feuilles d'un à deux pieds de long, d'une substance coriace, épaisse & d'une couleur verte très-foncée. Elles sont marbrées de taches blanches, ce qui a fait donner à cette plante, par les jardiniers, le nom *d'Aloès à peau de serpent.* Du milieu de ces feuilles, s'élèvent des tiges hautes de quinze à vingt pouces, garnies d'un nombre infini de petites fleurs blanches qui couvrent la tige dans les deux tiers de sa partie supérieure. C'est ordinairement dans les mois d'août & de septembre que cette plante fleurit. Chacune de ses fleurs ne reste épanouie que pendant une nuit; mais comme elles sont en très-grande quantité, & se succèdent les unes aux autres, l'épi demeure fleuri pendant plus de quinze jours. Les fruits de cette espèce sont des capsules rondes qui renferment beaucoup de semences dans le pays où elles croissent naturellement; mais dans notre climat elles ne produisent que très-peu de fruits.

Culture: On multiplie cette plante par le moyen de ses œilletons, qui doivent être séparés vers la fin de mai. On les laisse faner pendant quelques jours à l'ombre dans une serre, afin que la cicatrice ait le tems de se raffermir; ensuite on les plante dans des pots remplis d'une terre sablonneuse & substancielle qui doit être fort sèche. On place ces pots sur une couche tiède, ou dans la tannée d'une serre chaude, & on ne les arrose que lorsqu'on s'apperçoit que les œilletons entrent en végétation. Pour l'ordinaire, ces œilletons fleurissent la seconde ou la troisième année de leur transplantation; mais il faut pour cela que les années soient chaudes & que ces plantes soient toujours dans des couches de tannée. Pendant l'hiver elles n'ont besoin d'être arrosées que très-rarement, l'été elles exigent des arrosemens plus fréquens.

Usage: La figure & la couleur des feuilles de cette plante, & plus encore l'odeur suave de ses fleurs, la font rechercher dans les jardins des curieux.

Observation: C'est une des plantes terrestres qui vit le plus long-tems hors de terre. Nous en avons mis dans des paniers remplis de mousse, suspendus dans une serre chaude à l'ardeur du soleil, & dans cet état elles ont vécu plus de deux ans sans terre & sans eau.

4. Aletris de Ceylan. Cette espèce, que quelques botanistes ont regardé comme une variété de la précédente, en diffère cependant par des caractères particuliers. Elle ne s'élève que de six à huit pouces de haut; toutes ses parties sont plus petites, le dos de ses feuilles est marqué par des stries longitudinales, & ses fleurs sont d'un blanc rougeâtre. Quoiqu'elle soit cultivée depuis long-tems au jardin du roi, nous ne l'avons point encore vue fleurir. Du reste, la culture & l'usage de cette espèce, sont les mêmes que ceux de la précédente.

5. Aletris odorant. C'est un arbrisseau dont la tige s'élève à la hauteur de dix à douze pieds, sans aucunes branches latérales. Elle est d'un jaune couleur de paille, entièrement nue jusqu'aux deux tiers de sa hauteur & garnie ensuite d'une grande quantité de feuilles, d'un verd jaunâtre, qui ont dix-huit à vingt pouces de long,

sur trois pouces de large. Du sommet de cette tige, s'élèvent des panicules qui forment des girandoles chargées de fleurs d'un blanc sale, lesquelles répandent toute la nuit une odeur très-suave. Cet arbrisseau commence à fleurir pour l'ordinaire à l'entrée de l'automne; chaque fleur ne dure qu'une nuit; mais comme elles sont en grand nombre & s'épanouissent les unes après les autres, on peut jouir de leur odeur pendant cinq ou six nuits consécutives. Elles tombent en très-grande partie, sans produire de semences, & lorsqu'elles en donnent, il est rare de les voir lever dans notre climat.

Culture : On multiplie cet arbrisseau par le moyen des rejettons qui poussent quelquefois du colet de sa racine, ou des jeunes branches qui croissent accidentellement à son sommet. On les laisse sécher pendant cinq à six jours après les avoir coupées, ensuite on les plante & on les cultive comme les Aletris de Guinée.

Usage : Le port élégant & pittoresque de cet arbrisseau, doit lui mériter une place distinguée dans les tannées des serres chaudes.

6. ALETRIS de la Chine, ou Colli des Chinois. Cette espèce est sans contredit la plus belle de ce genre; elle ressemble à la précédente par le port, mais elle s'en distingue par la largeur de ses feuilles, & sur-tout par la teinte de pourpre dont elles sont colorées. Ses fleurs naissent en panicules au sommet de la tige; elles sont couleur de chair. Cet arbrisseau n'a point encore fleuri en France.

Culture. On le conserve dans les tannées des serres chaudes; il se multiplie de boutures à la manière des autres espèces, & se cultive de même; cependant il exige un peu plus de chaleur.

Usage : Cet Aletris n'est encore cultivé en Europe que dans quelques jardins de France, d'Angleterre & de Hollande, où il est connu sous le nom *d'aletris ferea*. C'est dommage qu'il soit aussi rare, on pourroit l'employer avec avantage à l'ornement des serres chaudes. Il paroît qu'à la Chine il est employé à la décoration des jardins, & que les Chinois en font cas, puisqu'ils le figurent souvent sur leurs papiers peints, dans des paysages pittoresques. (*M. Thouin.*)

ALEVRIT; ALEVRITES. Nom d'un genre de plante nouvellement établi par M. Forster, & qu'il a figuré à la planche 36 de son ouvrage; il n'en existe qu'une espèce nommée en françois Alevrit à trois lobes, & par les botanistes *alevrites triloba. Forst. Gen. plant.*

L'auteur a mis beaucoup de soin à décrire les caractères de la fructification de cet arbre qui croît dans les isles de la mer du sud, mais il ne nous dit rien de son port & de ses usages. Comme il n'a point encore été vraisemblablement cultivé en Europe, nous n'en connoissons point la culture. (*M. Thouin.*)

ALEXANDRIN. (laurier) synonyme impropre du nom d'une plante connue des botanistes sous celui de *ruscus racemosus* L. laquelle n'a aucun rapport avec le genre du laurier, mais qui est une espèce de celui du fragon. *Voyez* FRAGON A GRAPPES. (*M. Thouin.*)

ALEXANDRIN. Epithète donnée à une espèce d'ABRICOTIER. *Voyez* ce mot dans le dictionnaire des arbres & arbustes de M. Fougeroux de Bondaroy. (*M. Thouin.*)

ALFANGE, *ou* ALPHANGE, nom que les jardiniers léguministes donnent à une sous-variété de la *lactuca sativa romana*. *Voyez* le mot LAITUE. (*M. Thouin.*)

ALGAO, nom d'un arbre de l'isle Luçon, dont Ray fait mention dans le supplément de son ouvrage page 70, sous le nom de *sambucus luzonis*.

Le vrai genre de cet arbre, ainsi que sa famille, sont inconnus aux botanistes modernes.

Suivant Ray, il existe deux espèces d'Algao, qui sont des arbres dont l'un est plus élevé que l'autre. Tous deux portent de petites fleurs disposées en grappes auxquelles succèdent des baies noires de la grosseur de celles du sureau.

Nous ne connoissons pas les usages & la culture de cet arbre en Europe. (*M. Thouin.*)

ALGAROBA *ou* ALGAROBALE, nom qu'on donne au fruit du *Ceratonia siliqua* L. *Voyez* CAROUBIER A SILIQUES. (*M. Thouin.*)

ALGOIDE *ou* ALGUETTE, synonyme du nom d'une plante aquatique connue des botanistes sous celui de *zanichellia palustris* L. *Voyez* ZANICHELLE DES MARAIS. (*M. Thouin.*)

ALGUE, *agriculture*, *Voy.* VAREC. (*M. l'abbé Tessier.*)

ALGUE marine, *zostera marina*. L. *jardinage*; cette plante croît sous les eaux de la mer à de grandes profondeurs. Elle n'est pas de nature à être cultivée dans aucune espèce de jardin; au reste, sous quelque point de vue qu'on la considère, soit comme objet d'utilité, soit comme objet d'agrément, rien n'engage à la cultiver. Cependant on peut tirer un parti avantageux des algues marines sur les côtes où la mer les amoncelle en grande quantité; on prétend que cette plante mêlée avec partie égale de fumier de cheval, est propre à faire des couches qui conservent plus long-tems leur chaleur que celles formées avec toute autre matière, & que le terreau qui en provient, lorsqu'il est bien consommé, fournit un excellent engrais pour les légumes & les plantes des jardins. *Voyez* ZOSTER MARINE. (*M. Thouin.*)

ALGUES. *Algæ.*

Nom d'une famille de plantes qui renferme quatorze genres, composés d'un grand nombre d'espèces & de variétés qu'il est presque également impossible de cultiver dans les jardins. Quelques-unes n'ont qu'une existence éphémère, d'autres croissent sous les eaux de la mer, dans les fleuves & dans les eaux stagnantes; la plus grande partie sont des plantes parasites qui vivent sur les troncs ou sur les branches des arbres, & le petit nombre de celles qui croissent sur la terre, exige des sites & des expositions trop difficiles à rencontrer dans les jardins ordinaires, pour qu'on pense à les y cultiver. On ne les rencontre que dans les grands jardins de botanique où l'on a pour but de rassembler le plus grand nombre d'espèces de végétaux qu'il est possible, & encore néglige-t-on souvent de les y faire entrer. On se contente de mettre à la place qu'elles doivent occuper dans les écoles, des échantillons desséchés avec soin & renfermés dans des bocaux qui suffisent à bien des égards, pour faire connoître ces plantes aux élèves.

On trouve des plantes de cette famille dans toutes les parties du globe, mais jamais en plus grande quantité que dans les pays humides, quelle que soit leur température.

Nous nous contenterons de présenter ici la liste des genres qui composent cette nombreuse famille; quant aux détails dont chacun d'eux est susceptible, on les trouvera sous leurs articles respectifs.

BISSET. . . . . *Bissus.*
CONFERVE. . . . . *Conferva.*
ULVE. . . . . *Ulva.*
TREMELLES. . . . . *Tremella.*
VAREC. . . . . *Fucus.*
TASSELLE. . . . . *Cyathus.* La M.
CÉRATOSPERME . . . . . *Ceratospermum.* La M.
LICHEN. . . . . *Lichen.*
RICCIE. . . . . *Riccia.*
BLASIE. . . . . *Blasia.*
ANTHOCÈRE. . . . . *Anthoceros.*
TARGIONE. . . . . *Targionia.*
HEPATIQUE. . . . . *Marchantia.*
JONGERMANNE. . . . . . *Jongermania.*

(*M.* THOUIN.)

ALGUETTE *ou* ALGOIDE, synonyme du nom d'un ancien genre de plante dont il n'y a qu'une espèce. Il est connu des botanistes modernes sous le nom de *Zanichellia palustris* L. *Voyez* ZANICHELLE DES MARAIS. (*M.* THOUIN.)

ALHAGI, nom arabe adopté en français pour désigner *l'hedysarum alhagi* des botanistes. *Voyez* SAINFOIN A MANNE (*M.* THOUIN.)

ALIAIRE, synonyme du nom d'une espèce de plante nommée par Linné *Erysimum alliaria.* *Voyez* VELAR ALLIAIRE. (*M.* THOUIN.)

ALIBOUFIER, c'est le nom provençal d'une espèce d'arbre. Ce nom a été adopté pour le nom français d'un genre composé de trois arbrisseaux qui se cultivent en pleine terre dans notre climat, & dont la culture se trouvera décrite dans le dictionnaire des arbres; nous y renvoyons le lecteur. (*M.* THOUIN.)

ALICA, « espèce de nourriture dont il est » beaucoup parlé dans les anciens, & cependant » assez peu connue des modernes, pour que les » uns pensent que ce soit une graine, & les autres » une préparation alimentaire; mais afin que le » lecteur juge par lui-même de ce que c'étoit » que *l'alica*, voici la plupart des passages où » il en est fait mention. *L'alica* mondé, dit » Celse, est un aliment convenable dans la fièvre: » prenez-le dans l'hydromel, si vous avez l'estomac fort & le ventre resserré: prenez-le au » contraire dans du vinaigre & de l'eau, si vous » avez le ventre relâché & l'estomac foible. *Lib. III.* » *Cap. vj.* Rien de meilleur après la tisane, » dit Arretée, *lib.* I, *de morb. Acut. Cap. X.* » *L'alica* & la tisane sont visqueuses, douces, » agréables au goût: mais la tisane vaut mieux. » La composition de l'une & de l'autre est simple; » car il n'y entre que du miel. Le chondrus (& » l'on prétend que *alica* se rend en grec par » χόνδρος) est, selon Dioscoride, une espèce » d'épeautre qui vaut mieux pour l'estomac que » le riz, qui nourrit davantage & qui resserre. » *L'alica* ressembleroit tout-à-fait au chondrus, » s'il resserroit un peu moins, dit Paul Æginette: » (il s'ensuit de ce passage de Paul Æginette, » que *l'alica* & le chondrus ne sont pas tout-à-fait la même chose.) On lit dans Oribase que » *l'alica* est un froment dont on ne forme des » alimens liquides qu'avec une extrême attention. » Galien est de l'avis d'Oribase, & il dit positivement: *l'alica* est un froment d'un suc visqueux » & nourrissant. » Cependant il ajoute: « la » tisane paroît nourrissante... mais *l'alica* l'est. » » Pline met *l'alica* au nombre des fromens; après » avoir parlé des pains, de leurs espèces, &c. » il ajoute: « *l'alica* se fait de maïs; on le pile » dans des mortiers de bois: on emploie à cet » ouvrage des malfaiteurs: à la partie extérieure » de ces mortiers est une grille de fer qui sépare » la paille & les parties grossières des autres: » après cette préparation, on lui en donne une » seconde dans un autre mortier. Ainsi, nous » avons trois sortes d'*alica*; le gros, le moyen, » & le fin; le gros s'appelle *aphairema*; mais » pour donner la blancheur à *l'alica*, il y a une » façon de le mêler avec la craie. Pline distingue » ensuite d'autres sortes d'*alica*, & donne la préparation d'un *alica* bâtard fait de maïs d'Afrique; » & dit encore que l'*alica* est de l'invention des » Romains, & que les Grecs eussent moins vanté » leur tisane, s'ils avoient connu l'*alica*. De ces » autorités comparées, Saumaise conclut que l'*alica* » & le chondrus sont la même chose; avec cette » différence, selon lui, que le chondrus n'étoit » que l'*alica* grossier, & que l'*alica* est une préparation alimentaire. » On peut voir sa dissertation de *homonym. Hyles. intr. C. vij.* *ancienne Encyclopédie.* (*M. l'abbé* TESSIER.)

ALIGNEMENT, terme de jardinage. Ce mot s'applique en général à toutes les choses & à tous les objets qui sont sur une même ligne & dans un même plan. Ainsi, l'on dit également en parlant des arbres, des allées, des sentiers, des carrés, des planches, &c. qu'ils sont en alignement.

Il faut du discernement & du goût pour employer les alignemens avec avantage, autrement ils produisent un effet désagréable.

Dans les jardins symmétriques, tout est soumis à l'alignement. Les parties du terrein sont toutes en alignement. On y met les arbres, les arbustes, les plantes & les fleurs; il n'y a pas même jusqu'aux branches qui ne s'y trouvent réduites & ne soient forcées de croître dans une direction déterminée; & si elles viennent à s'en écarter, elles sont aussi-tôt retranchées sans égard pour la nature des végétaux. Aussi rien de si triste que ces sortes de jardins. A peine y est-on entré qu'on desire en sortir. Tout y est froid & monotone, sans mouvement & sans vie; rien n'intéresse, rien ne réveille l'attention, tout fatigue & déplaît également, parce que tout est également symmétrique & régulier. Voilà l'abus des alignemens.

Les arbres de première & de seconde grandeur dont les tiges sont droites, & qui peuvent servir à former des lignes pour les allées, les quinconces, &c. sont aussi nommés arbres d'alignement. (*M. Thouin.*)

ALIGNER, terme de jardinage. C'est placer sur la même ligne & mettre dans la même direction non-seulement les arbres & les plantes, mais encore les parties d'un jardin, telles que les carrés, les plate-bandes, les planches., &c.

Tous les objets d'une certaine étendue s'alignent avec des jalons (*Voyez* ce mot) Les parties dont les extrémités sont plus rapprochées s'alignent avec le cordeau.

Lorsqu'un terrein est dressé (*Voyez* dresser), on en trace la distribution intérieure, & l'on a soin de marquer les angles de chacune des divisions, par des piquets que l'on place d'alignement, & que l'on enfonce suivant les pentes données par la pente générale du terrein. Ensuite pour aligner les petites parties & former les plantations, tant à l'entour que dans l'intérieur des carrés, des planches, &c. on attache un cordeau d'un piquet à un autre, & l'on distribue les arbustes ou les plantes dans la direction de cette ligne.

Pour aligner les grandes parties, telles que les arbres des allées, des quinconces, &c. on commence par indiquer la direction dans laquelle ils doivent être plantés, au moyen des piquets qu'on place avec les jalons, à huit ou dix toises les uns des autres, dans toute la longueur des lignes. On fait ensuite l'espacement des places avec une toise, on marque les trous, ou l'on trace les tranchées dans lesquelles les arbres doivent être plantés.

Lorsque tout est ainsi préparé, on choisit parmi les arbres qui doivent former la ligne, deux des individus les plus forts & les plus droits, on les plante à chacune des extrémités, & quand ils sont une fois en place, ils servent comme de jalons pour aligner les arbres intermédiaires & les mettre dans la même direction. (*M. Thouin.*)

ALISIER *ou* ALIZIER, nom françois d'un genre d'arbres de pleine terre, connu des Botanistes sous le nom de *Cratægus. Voyez* le mot ALISIER dans le Dictionnaire des arbres & arbustes. (*M. Thouin.*)

ALITERIA, aliterius; surnoms donnés à Cérès & à Jupiter selon la mythologie, parce que dans un tems de famine, ils avoient empêché les meûniers de voler la farine. Il est plus vraisemblable que ces noms leur ont été donnés, à Cérès pour avoir appris aux hommes l'agriculture ou l'art de cultiver de quoi se nourrir, & à Jupiter, parce qu'étant le pere des Dieux, il veilloit sur les mortels & régloit les saisons. (*M. l'abbé Tessier.*)

ALKALI, sel simple, d'une nature particulière, ayant des propriétés absolument différentes de celles de *l'acide*, avec lequel cependant il s'unit parfaitement pour former un sel composé. Il y a, en général, deux sortes d'alkalis, l'alkali fixe & l'alkali volatil. Le premier se trouve en plus ou moins grande quantité dans les débris des végétaux, après leur destruction; la plante appellée *kali* ou soude, qui lui a donné son nom, en fournit beaucoup. Le second est en grande partie un produit des matières animales en putréfaction. Je ne parle de l'alkali, que parce qu'il a des rapports avec l'agriculture.

Les meilleurs engrais sont formés des matières qui contiennent le plus d'alkali, soit fixe, soit volatil. Les cendres des végétaux abondantes en alkali fixe, sont fort recherchées par les cultivateurs. On brûle des fougères, des bruyères, des plantes, que la mer jette sur le rivage pour en répandre les cendres sur les terres. Les charrées, le marc de raisin, de lin, de colzat, de chenevi, les feuilles des arbres pourries sont propres à cet usage. On sait aussi combien les excrémens des animaux qui fournissent beaucoup d'alkali volatil, sont un excellent engrais. Les vuidanges des latrines, le crotin de cheval, de mulet, de brebis; la bouze de vache, la fiente de pigeons & de volailles, s'emploient avec le plus grand avantage. Souvent on mêle ensemble les matières animales & végétales, pour faire des fumiers convenables aux différentes espèces de terre. *Voyez* ENGRAIS. (*M. l'abbé Tessier.*)

ALKANET *ou* ORCANETTE, nom d'une espèce de plante d'usage dans les teintures, nommée en latin *anchusa tinctoria*, L. *Voyez* BUGLOSE TEIGNANTE. (*M. Thouin.*)

ALKEKENGE, nom d'un genre de plante connu des botanistes modernes, sous le nom de *physalis. Voyez* COQUERET. (*M. Thouin.*)

ALLÉES.

ALLÉES, *Agriculture.* Ce sont des plantations d'arbres disposés sur une ou plusieurs lignes, soit au milieu des terres pour l'ornement & la décoration des châteaux, soit sur les bords des chemins particuliers routes. Il y a des allées formées en palissades comme des haies; on en voit un plus grand nombre dont les arbres sont séparés les uns des autres, le plus souvent par des distances égales. Telles sont celles qui bordent les grandes routes.

Jusqu'ici ce n'est presque qu'à l'approche des villes ou des châteaux que les grandes routes sont plantées en arbres. Il est à desirer que cet usage, introduit pour l'agrément des voyageurs, ait un autre but, & se répande par toute la France. Il en résulteroit une augmentation de fruits & de bois utiles aux arts, ou au moins au chauffage. Les terreins renfermés dans les chemins ne seroient pas entièrement perdus, puisqu'ils serviroient à nourrir des pommiers, des marronniers, des noyers, des mûriers blancs, des ormes, des frênes, des érables, des peupliers, &c. Dans un tems où la disette de bois se fait sentir dans le royaume, n'est-ce pas une manière d'y remédier en partie pour la suite? Mais pour faire ces plantations avec avantage, & sans nuire, s'il est possible, à l'agriculture, elles exigent des précautions que je ne crois pas inutile d'indiquer.

La manière la plus juste d'y procéder me paroîtroit celle d'engager chaque propriétaire des divers terreins situés sur les bords des grands chemins, à planter eux-mêmes, & à leur profit, les arbres qu'ils jugeroient les plus convenables, avec la liberté de les arracher & d'en disposer à leur gré, pourvu qu'ils eussent l'attention de les remplacer au moins un an après. A leur défaut, les communautés des bourgs ou villages, ou les seigneurs, seroient invités de faire faire ces plantations qui leur appartiendroient.

Je crois qu'il y a quelque acte du souverain qui prononce sur cela.

Avant de planter, on examinera la qualité du sol, pour n'y mettre que des arbres qui puissent réussir, sans s'embarrasser si près d'un orme il se trouvera un noyer ou un peuplier; car les veines de terre, le long d'un grand chemin, changent perpétuellement de nature, & ont plus ou moins de fond. La symmétrie étant souvent l'ennemie de l'agriculture, on ne doit y avoir aucun égard. Au reste, une diversité d'arbres pourroit plaire davantage à beaucoup de voyageurs. Je conseille de ne pas planter des arbres trop jeunes que les passans seroient tentés de couper, comme il arrive fréquemment, & qui d'ailleurs seroient trop long-tems à croître: leur végétation sera plus rapide encore, si les premières années on les laboure une ou deux fois aux pieds. On ne doit remplacer un arbre mort ou arraché que par un arbre d'un genre ou d'une espèce différente.

Il y a des gens qui pensent qu'il est bon d'élaguer de tems en tems les arbres des allées, quand ce ne sont pas des arbres à fruit. Je crois que cette pratique est nécessaire pour les faire monter tant qu'ils sont jeunes; mais quand ils sont parvenus à une certaine hauteur il faut s'en abstenir. Certainement le corps des arbres en souffre, & augmente d'autant moins qu'en lui enlevant ses branches on le prive d'une grande quantité de feuilles ou organes nécessaires à l'accroissement des végétaux. On fait donc aux arts qui emploient le bois un tort réel pour le médiocre avantage de jouir du produit des élagages.

Un point de vue sous lequel je dois particulièrement considérer les plantations d'arbres en allées, est par rapport à leur effet sur les terres cultivées qui sont auprès. Cet effet est différent selon les pays; dans ceux où le sol a beaucoup de fond, comme dans quelques cantons de la Normandie, dans la Tourraine & la vallée d'Anjou, les arbres & les plantes végètent à côté les uns des autres avec une égale vigueur, parce qu'ils trouvent une subsistance suffisante. Dans ce cas, on peut, sans précaution, garnir les bords des chemins de toutes sortes d'arbres. Mais il n'en est pas de même des lieux où la terre a peu de fond. Les arbres & les plantes s'y nuisant réciproquement, il faut faire, pour ainsi dire, à chacun sa part. Pour empêcher les racines des arbres de gagner les terres ensemensées, on creusera dans l'intervalle un fossé plus profond que large, qu'on aura soin de rafraîchir de tems en tems, afin qu'il soit toujours à découvert; car si on comble le fossé, ainsi que beaucoup de paysans le font après l'avoir formé, on ne garantit les champs des racines que pendant quelque tems; elles n'y pénètrent ensuite que plus facilement. Il en faut excepter le cas où on remplit le fossé de paille ou de chaume qu'on recouvre d'un peu de terre; la racine des arbres ne va pas au-delà, tant que ces matières ne sont pas pourries & réduites en terreau; on peut alors en substituer de nouvelles, & forcer ainsi les racines à se porter d'un autre côté. Afin de protéger les arbres du côté du chemin, pendant leur jeunesse, un fossé me paroît nécessaire; mais il est inutile quand les arbres sont forts & les grands chemins larges. Au moins n'a-t-on pas besoin de le faire aussi profond que celui qui est destiné à séparer les arbres des terres; d'ailleurs, s'il étoit profond, les racines ne profiteroient pas du chemin dont le sol leur est abandonné.

Il résulte de ces réflexions, qu'en prenant les précautions convenables, on peut, sans nuire sensiblement au produit des terres cultivées, planter des arbres le long des grands chemins dans toutes les parties de la France où la nature du sol en est susceptible. Je desire que dans l'exécution du projet sage d'ouvrir des routes de communication au milieu des provinces qui n'ont pas de débouchés, on saisisse cette circonstance pour planter par-tout des arbres sur les bords, avec l'attention de ne pas planter des arbres dont les racines tracent beaucoup, sur-tout dans le voisinage des terres légères, faciles à épuiser. Il seroit à desirer qu'on ne fît pas les grands chemins aussi larges, ils enlèvent un terrein trop considérable à l'agriculture. (*M. l'abbé* TESSIER.)

ALLÉE, *jardinage*. Les allées, dans quelque espèce de jardin que ce soit, sont des parties de terrein destinées à la promenade. Elles diffèrent des sentiers par leurs plus grandes dimensions, & par leur usage, ceux-ci n'étant ordinairement pratiqués que pour faciliter la culture des planches qu'ils séparent. (*Voyez* SENTIERS SYMMÉTRIQUES.) Dans la construction des allées, on a deux choses à considérer, l'aire ou le sol sur lequel on marche (*Voyez* AIRE,) & les objets qui les bordent, comme plate-bandes, gazons, massifs & lignes d'arbres, &c. On divise les allées en deux genres principaux : savoir, en allées de jardins symmétriques, & en allées de jardins paysagistes. La formation de ces deux genres d'allées est essentiellement différente.

Les allées dans les jardins symmétriques sont comme les rues d'une ville ; ce sont des chemins droits & parallèles bordés d'arbres, d'arbrisseaux, de gazon, &c. Elles se distinguent en *allées* simples & en *allées* doubles.

La simple n'a que deux rangées d'arbres ; la double en a quatre ; celle du milieu s'appelle *maîtresse-allée*, les deux autres se nomment *contre-allées*.

Les *allées* vertes sont gazonnées ; les blanches sont toutes sablées & ratissées entièrement.

L'*allée* couverte se trouve dans un bois touffu ; l'*allée* découverte est celle dont le ciel s'ouvre par en haut.

On appelle *sous-allée*, celle qui est au fond, & sur les bords d'un boulingrin ou d'un canal renfoncé, entouré d'une *allée* supérieure.

On appelle *allée de niveau*, celle qui est bien dressée dans toute son étendue ; l'*allée en pente* ou *rampe douce*, est celle qui accompagne une cascade, & qui en suit la chûte ; on appelle *allée parallèle*, celle qui s'éloigne d'une égale distance d'une autre *allée* ; *allée retournée d'équerre*, celle qui est à angles droits ; *allée tournante* ou *circulaire*, est la même ; *allée diagonale*, traverse un bois ou un parterre quarré d'angle en angle, ou en croix de saint-André ; *allée en zig-zag*, est celle qui serpente dans un bois, sans former aucune ligne droite.

Allée de traverse, se dit par sa position en équerre par rapport à un bâtiment ou autre objet ; *allée droite*, qui suit sa ligne ; *allée biaisée*, qui s'en écarte ; *grande allée*, *petite allée*, se disent par rapport à leur étendue.

Il y a encore en Angleterre deux sortes d'*allées*, les unes couvertes d'un gravier de mer plus gros que le sable, & les autres de coquilles toutes rondes, très-petites, liées par du mortier de chaux & de sable ; ces *allées*, par leur variété, font quelque effet de loin, mais ne sont pas commodes pour se promener.

Allée en perspective, c'est celle qui est plus large à son entrée qu'à son issue.

Allée labourée & hersée, celle qui est repassée à la herse, & où les carrosses peuvent rouler.

Allée sablée, celle où il y a du sable sur la terre battue, ou sur une aire de recoupes.

Allée bien tirée, celle que le Jardinier a nettoyée de méchantes herbes avec la charrue, puis repassée au rateau.

Allée de compartiment, large sentier qui sépare les carreaux d'un parterre.

Allée d'eau, chemin bordé de plusieurs jets ou bouillons d'eau, sur deux lignes parallèles ; telle est celle du jardin de versailles, depuis la fontaine de la pyramide, jusqu'à celle du dragon.

Les *Allées* doivent être dressées dans leur milieu en ados, c'est-à-dire, en dos de carpe ou dos d'âne, afin de donner de l'écoulement aux eaux, & empêcher qu'elles ne corrompent le niveau des *allées*. (*Voyez* AIRE.) Ces eaux mêmes ne deviennent point inutiles ; elles servent à arroser les palissades, les plate-bandes & les arbres des côtés.

Celles des mails & des terrasses qui sont de niveau, s'égouttent dans les puisards bâtis aux extrémités.

Les *Allées* simples, pour être proportionnées à leur longueur, auront cinq à six toises de largeur, sur cent toises de long. Pour deux cents toises, sept à huit de large ; pour trois cents toises, neuf à dix toises, & pour quatre cents, dix à douze toises.

Dans les *allées* doubles, on donne la moitié de la largeur à l'*allée* du milieu, & l'autre moitié se divise en deux pour les *contre-allées* ; par exemple, dans une *allée* de huit toises, on donne quatre toises à celle du milieu, & deux toises à chaque *contre-allée* ; si l'espace est de douze toises, on en donne six à l'*allée* du milieu, & chaque *contre-allée* en a trois.

Si les *contre-allées* sont bordées de palissades, il faut tenir les *allées* plus larges.

On compte ordinairement pour se promener à l'aise, trois pieds pour un homme, une toise pour deux, & deux toises pour quatre.

Afin d'éviter le grand entretien des *allées*, on remplit leur milieu de tapis de gazon, en pratiquant de chaque côté des sentiers assez larges pour s'y promener. (*Anc. Encyclop.*)

Voyez au mot PROMENOIR POUR LES ALLÉES DES JARDINS PAYSAGISTES. (*M.* THOUIN.)

ALLELUIA. Mot adopté en françois pour le nom générique d'un genre de plante nommé par les botanistes *oxalis*. *Voyez* OXALIDE. (*M.* THOUIN.)

ALLER (se laisser aller), se dit d'une terre trop facile à diviser, que les gelées rendent encore plus meubles ; cette terre n'a point de soutien ; telle est celle des landes dans le bas-Poitou, terre sans doute où croît la bruyère & la fougère ; telles sont, à ce que je crois, les terres crayeuses de Champagne; on ne peut y cultiver des grains à tiges fortes. (*M. l'abbé* TESSIER.)

ALLIAIRE. Synonyme du nom d'une espèce de plante du genre du *Velar*, en latin *Erysimum alliaria*. L. *Voyez* VELAR ALLIAIRE. (*M.* THOUIN.)

ALLIER *ou* ALIZIER. Synonyme du nom d'un genre d'arbre, nommé *Cratægus* en latin. *Voyez* ALIZIER, dans le Dictionnaire des arbres & arbustes. (*M.* THOUIN.)

ALLIONÉ. *ALLIONIA*.

Genre, de la famille des DIPSACÉES, auquel Linné a donné le nom d'Allionia, en l'honneur de M. Allion, célèbre botaniste. Ce genre est composé de deux espèces qui croissent dans l'Amérique méridionale; ce sont des plantes herbacées plus rares qu'agréables, & qui, par conséquent, ne doivent être recherchées que dans les jardins de botanique.

Espèces.

1. ALLIONE violette.
ALLIONIA violacea. L. ⊖ de Cumana.

2. ALLIONE incarnate.
ALLIONIA incarnata. L. ⊖ de la Véra-crux.

1. L'ALLIONE violette pousse de sa racine une tige droite, foible & rameuse, garnie de petites feuilles opposées & en cœur. Ses fleurs, qui sont violettes & assez jolies, sont disposées en petits panicules à l'extrémité des branches.

2. L'ALLIONE incarnate se distingue de la précédente, en ce que ses tiges sont couchées sur terre, & s'étendent à trois pieds de diamètre environ. Ses fleurs sont plus petites & sortent des aisselles des feuilles; elles sont couleur de chair, & donnent naissance à des graines hérissées de petites pointes.

Culture.

Ces deux plantes ne se perpétuent que par le moyen de leurs graines qui mûrissent dans notre climat, avec quelques précautions. Il convient de les semer au printems, dans des pots remplis d'une terre bien divisée, mais un peu forte, & de les placer sur une couche chaude, couverte d'un chassis. Elles lèvent pour l'ordinaire dans les vingts premiers jours. Deux mois après, on peut séparer les jeunes plants en mottes, & les placer dans de grands pots qui doivent rester sur couche. Ces plantes, ainsi cultivées, fleurissent vers le mois d'août, & leurs graines mûrissent successivement jusqu'au mois de décembre, tems où les pieds périssent ordinairement.

Il faut avoir l'attention de surveiller les graines & de les ramasser à mesure qu'elles mûrissent, ou même qu'elles approchent de leur maturité, parce qu'elles tombent très-promptement. Si les graines n'étoient pas encore mûres à la fin de l'automne, on auroit soin de rentrer ces plantes dans une serre chaude, & de les placer sur les appuis des croisées, pour les préserver des gelées, & se ménager la faculté d'en recueillir les semences. (*M.* THOUIN.)

ALLOCHE *ou* ALLOUCHE, nom qu'on donne dans quelques provinces de France, au fruit d'un arbre indigène, nommé en latin *Cratægus aria*, L. & en françois Alisier blanc; par extension, on donne aussi le nom à l'arbre qui le produit. *Voyez* l'article ALISIER du Dictionnaire des arbres & arbustes. (*M.* THOUIN.)

ALLOPHILE, *ALLOPHILUS*. Genre de plante dont la famille naturelle est peu connue, & dont il n'existe encore qu'une espèce.

ALLOPHILE de Ceylan.
ALLOPHILUS Zeilanicus, L.

C'est un arbrisseau très-rameux, qui porte des feuilles ovales, lisses & veineuses. Ses fleurs, qui croissent dans les aisselles des feuilles, sont disposées en petites grappes. On ne connoît point son fruit, &, comme il n'a point encore été apporté en Europe, sa culture nous est inconnue. (*M.* THOUIN.)

ALLUVION. Ce mot vient d'*alluere*, laver, baigner, & ne paroît pas plus signifier *apporter*, qu'*emporter*. « Cependant il est adopté pour exprimer un accroissement de terrein, qui se fait peu-à-peu sur les rivages de la mer, des fleuves & des rivières, par les terres que l'eau y apporte

» L'accroissement d'un héritage par Alluvion, appartient au propriétaire de l'héritage accrû, & celui de l'héritage diminué, n'a aucun droit de revendication, quand l'accroissement s'est fait insensiblement, c'est la disposition du droit romain. Si l'accroissement est fait subitement par un débordement ou quelqu'autre cas fortuit, ce n'est plus la même chose. Dans quelques provinces, la Franche-Comté, par exemple, l'accroissement par alluvion, n'appartient pas au propriétaire de l'héritage accrû. La rivière *du Doux n'ôte ni ne baille*. C'est l'adage du pays; il en est ainsi de celle de *Fire*, en Auvergne.

» Les isles & islots formés successivement au milieu des fleuves & des grandes rivières du Rhône, par exemple, n'appartiennent point aux Riverains, mais aux domaines du Roi. » *Cours complet d'agriculture*. (*M. l'abbé* TESSIER.)

ALMANAC. Les gens de la campagne, & sur-tout les cultivateurs qui savent lire, ont soin de se pourvoir tous les ans d'un almanach, qu'ils consultent souvent. On sait que ces sortes de livres ne contiennent que des prédictions puériles & quelquefois superstitieuses. Ne pourroit-on pas profiter de leur goût pour les almanachs, & leur en composer d'utiles? Ce seroit peut-être le moyen de leur communiquer peu-à-peu des connoissances qui, à la fin, germeroient & produiroient du fruit, sans qu'ils s'en doutassent.

Mais le payſan eſt défiant, & tient à ſes uſages ; il faudroit donc le tromper à ſon avantage. Pour y réuſſir, je penſe qu'il ſeroit néceſſaire que l'almanach eût les qualités ſuivantes.

La clarté & la ſimplicité de ſtyle en ſeroient un des principaux caractères, afin qu'il fût entendu & compris par les plus ignorans. On le rendroit le plus court poſſible ; il y régneroit un ton de bonhommie, qui excluroit toute prétention à l'eſprit & à la ſcience. Il ſeroit bon qu'on crût plutôt que c'eſt un agriculteur qui parle, qu'un homme ſavant.

On diviſeroit l'almanach en deux parties, indépendamment du calendrier. La première expoſeroit, en général, le tems qu'il auroit fait l'année précédente, depuis les ſemailles juſqu'après la récolte ; il marqueroit ſi les labours ont pu ſe faire convenablement, ſi la gelée a gâté les grains, ou la vigne, ou les arbres fruitiers, s'ils ont éprouvé la rouille ou autres maladies, s'il y a eu de la grêle, des coups de vent, une grande ſécheresse ou une grande chaleur, & quels dommages ils en ont reçus, comment s'eſt faite la récolte, ſi les fourrages & les fruits ont été abondans, la grenaiſon avantageuſe, quels ont été les prix communs des grains & autres denrées.

Dans la ſeconde partie, on trouveroit quelques faits nouveaux d'agriculture, quelques expériences remarquables. Une découverte, ſoit dans la manière de cultiver, ſoit dans l'invention d'un inſtrument utile, ſoit dans la multiplication d'une graine étrangère, ſeroit annoncée & détaillée avec ſoin ; car on auroit l'attention de n'omettre aucune circonſtance, afin qu'on pût facilement répéter les mêmes eſſais, il eſt important de ne les point répéter à faux ; ce qui gâteroit tout & diminueroit la confiance.

Un almanach tel que celui dont je me permets de donner ici l'idée, devroit être imprimé aux frais des ſociétés d'agriculture, & abandonné en pur don à des débitans, à condition de ne le vendre qu'à bas prix ; s'il étoit diſtribué *gratis*, on s'en méfieroit, ou on croiroit qu'il ne vaut rien ; s'il étoit vendu chèrement, aucun payſan ne l'acheteroit.

On conçoit qu'un almanach particulier pour chaque province, ſeroit préférable à un almanach général, parce qu'il apprendroit des choſes d'autant plus intéreſſantes, qu'on ſeroit plus à portée de les vérifier, parce que l'état de l'air & la nature du ſol n'éprouvant pas de grandes différences dans l'étendue d'une province, les eſſais, qui auroient réuſſi dans un canton, pourroient réuſſir dans un autre.

Il paroît, depuis quelques années, un almanach intitulé, *le bon jardinier*, par M. de Graſſe ; cet almanach eſt très-inſtructif & commode pour les perſonnes qui veulent cultiver dans leurs jardins toutes ſortes de plantes, & pour les jardiniers même, claſſe d'hommes plus intelligente & plus obſervatrice que les laboureurs. L'almanach de M. de Graſſe ne convient pas à ceux-ci, qui, d'ailleurs, ne l'entendroient pas. Un autre almanach qui a pour titre, *les pronoſtics du tems*, imprimé à Genève, eſt peut-être trop ſavant pour les cultivateurs. Il a pour baſe des obſervations météorologiques, auſſi intéreſſantes qu'exactes ; mais il faudroit qu'elles fuſſent dépouillées de toute explication. L'Auteur, qui eſt Genevois & ami du bien, me paroît très-propre à faire, pour ſon pays, un almanach utile, capable de remplir ſes intentions. (*M. l'abbé* Tessier.)

ALMUDE, meſure de grains de l'iſle de Téneriffe ; c'eſt la douzième partie d'une fanègue. Une almude de froment pèſe de huit à neuf livres. (*M. l'abbé* Tessier.)

ALOÊS. *Aloe.*

Genre de plante qui fait partie de la famille des *Asphodelles.*

Ce genre renferme un très-grand nombre d'eſpèces qui toutes ſont vivaces & conſervent leurs feuilles pendant pluſieurs années. La plus grande partie porte des tiges ligneuſes, dont quelques-unes ſont aſſez élevées & garnies de branches. Toutes ſont originaires des pays chauds, étrangers à l'Europe. Elles viennent dans les lieux les plus ſecs & dans les terreins les plus expoſés à la chaleur ; les fentes des rochers, les mornes arides, ſont ordinairement les endroits où elles croiſſent de préférence. En Europe, on les cultive dans quelques jardins, les unes pour la ſingularité de leur port, les autres pour l'éclat de leurs fleurs, & quelques-unes à cauſe de leurs vertus médicinales. Tous les Aloès, à l'exception d'une ſeule eſpèce, exigent le ſecours des ſerres plus ou moins chaudes, pour paſſer l'hiver dans notre climat. Ils ſe multiplient d'œilletons, de boutures & de drageons. Ils aiment aſſez généralement une terre ſubſtantielle & ſablonneuſe, & craignent tous également l'humidité pendant l'hiver.

Eſpèces.

1. Aloès à bord rouge, ou Aloès de Bourbon.
Aloe purpurea. La M. Dict. ♄ des iſles de France & de Bourbon.

2. Aloès ſuccotrin.
Aloe ſuccotrina. La M. Dict.
Aloe vera. Mill. Dict. n.° 15, ♄ de l'iſle de Soccotora.

3. Aloès ordinaire, ou Aloès faux-ſuccotrin.
Aloe vulgaris. C. B. Pin. 386.
Aloe barbadenſis Mill. Dict. n.° 2, ♄ de l'Amérique méridionale.

4. Aloès des Indes.
Aloe vera. La M. Dict. ♄ de l'Aſie méridionale.

5. Aloès d'Abyſſinie.
Aloe Abiſſinica. La M. Dict. ♄ d'Afrique.

6. Aloès cornes de bélier.
Aloe fruticosa. La M. Dict.
Aloe arborescens Mill. Dict. n.° 3, ♄ d'Afrique.

7. Aloès féroce.
Aloe ferox. Mill. n.° 22, ♄ d'Afrique.

8. Aloès mitré.
Aloe mitri formis. Mill. Dict. n.° 1, ♄ d'Afrique.

B. Aloès (petit) mitré.
Aloe mitriformis angustior. La M. Dict. ♄ d'Afrique.

9. Aloès moucheté.
Aloe maculosa. La M. Dict.
Aloe perfoliata caulescens. Mill. Dict. n.° 5, ♄ d'Afrique.

B. Aloès peint.
Aloe picta. La M. Dict.
Aloe obscura. Mill. Dict. n.° 6, ♄ d'Afrique.

10. Aloès à feuilles minces.
Aloe tenuifolia. La M. Dict. ♄ d'Afrique.

11. Aloès perfolie, ou Aloès à dent de brochet.
Aloe perfoliata. La M. Dict.
Aloe Africana. Mill. Dict. n.° 4, ♄ d'Afrique.

B. Aloès à épines rouges.
Aloe perfoliata augustifolia. H. R. P. ♄ d'Afrique.

C. Aloès artichaud.
Aloe perfoliata brevissima. H. R. P.
Aloe perfoliata. Mill. n.° 8, ♄ d'Afrique.

12. Aloès nain, ou Aloès à épines molles.
Aloe humilis. La M. Dict.
Aloe perfoliata humilis. Mill. n.° 10, ♃ d'Afrique.

13. Aloès pattes d'araignées.
Aloe arachnoides. La M. Dict.
Aloe pumila. Mill. Dict. n.° 17, ♃ d'Ethopie.

B. Aloès minime.
Aloe arachnoides atrovirens.
Aloe herbacea. Mill. Dict. n.° 18, ♃ d'Afrique.

14. Aloès perlé.
Aloe margaritifera. Mill. Dict. n.° 14, ♃ d'Afrique.

B. Aloès petit perlé.
Aloe margaritifera minor. Comm. Hort. ♃ d'Afrique.

15. Aloès pouce écrasé.
Aloe retusa. L. ♃ d'Afrique.

16. Aloès veineux.
Aloe venosa. La M. Dict. ♃ du Cap de Bonne-espérance.

17. Aloès brodé.
Aloe marginata. La M. Dict. ♃ d'Afrique.

18. Aloès triangulaire.
Aloe viscosa. L. ♄ d'Ethiopie.

19. Aloès cylindrique, ou Aloès épi de bled.
Aloe spiralis. L. ♄ d'Afrique.

B. Aloès piquant.
Aloe rigida. La M. Dict. ♄ d'Afrique.

20. Aloès panaché, Aloès perroquet ou à gorge de perdrix.
Aloe variegata. L. ♄ d'Ethopie.

21. Aloès acuminé, ou Aloès à langue de chat ou d'aspic.
Aloe acuminata. La M. Dict.
Aloe verrucosa. Mill. Dict. n.° 20, ♄ d'Afrique.

22. Aloès cariné, ou Aloès en gouttière.
Aloe carinata. Mill. Dict. n.° 21, ♄ d'Afrique.

23. Aloès linguiforme, ou Aloès à langue de bœuf.
Aloe linguiformis. La M. Dict.
Aloe disticha. Mill. n.° 13, ♄ du Cap de Bonne-espérance.

B. Aloès bec de canne.
Aloe linguiformis lævibus. La M. Dict. ♄ du Cap de Bonne-espérance.

24. Aloès évantail.
Aloe plicatilis. Mill. Dict. n.° 7, ♄ du Cap de Bonne-espérance.

25. Aloès à longues feuilles.
Aloe uvaria. Mill. Dict. n.° 23.
Aletris uvaria. L. ♃ du Cap de Bonne-espérance.

26. Aloès à épi.
Aloe spicata. Lin. fil. Suppl. du Cap de Bonne-espérance.

27. Aloès à grappes.
Aloe linguæ formis. Lin. fil. Suppl. ♄ du Cap de Bonne-espérance.

28. Aloès dichotome.
Aloe dichotoma. Lin. fil. Suppl. du Cap de Bonne-espérance.

29. Aloès d'Arabie, ou beséfil des Arabes.
Aloe Arabica. Lin. fil. Suppl. ♄ d'Arabie.

30. Aloès pendant.
Aloe dependens. Forsk. Ægypt. 74. n.° 23, de l'Arabie.

31. Aloès sans piquans.
Aloe inermis. Forsk. Ægypt. 74. n.° 33, de l'Arabie.

Description du Port.

1. Aloès à bord rouge. Cette espèce, originaire des Isles de France & de Bourbon, forme, en Europe, un arbre dont le tronc a quelquefois six à sept pouces de diamètre. Il s'élève, sans branches, jusqu'à cinq à six pieds de haut. Sa tête est formée par des feuilles qui commencent aux trois quarts de la hauteur & environnent toute la tige. Elles ont ordinairement trois pieds de long sur quatre pouces de large. Leur surface est unie & d'un beau verd. Elles sont garnies,

tout à l'entour, de petites épines, & bordées d'un liséré rouge-clair très-agréable. D'ailleurs, comme elles sont minces & flexibles, elles se renversent sur elles-mêmes en décrivant un arc plus ou moins grand, & donnent à l'arbre un port assez pittoresque.

Cet aloès fleurit pour l'ordinaire au commencement du printems, & quelquefois à l'automne. Ses fleurs, plus singulières qu'agréables, sortent des aisselles des feuilles, au sommet de l'arbre, & sont disposées en panicules grêles & alongés. Elles sont de la grosseur d'un tuyau de plume ordinaire, longues de deux pouces, & de couleur de chair. A ces fleurs succèdent des capsules triangulaires, remplies de semences, qui mûrissent quelquefois dans nos serres.

2. Aloès succotrin. Il est rare que cette espèce s'élève à plus de cinq pieds de haut dans notre climat. Sa tige est comme tubéreuse à l'endroit où elle sort de terre, ensuite elle se retrécit un peu au-dessus, & va toujours en diminuant jusqu'au sommet qui se divise en deux ou trois branches ou rameaux. Ces rameaux sont terminés par des touffes de feuilles d'un pied & demi de long & d'un pouce environ de large, dont les bords sont garnis de petites épines blanches, très-rapprochées les unes des autres. Les feuilles du bas de ces touffes se recourbent vers la terre & forment un arc de cercle, celles du haut s'élèvent verticalement, & celles du milieu sont horizontales; les autres feuilles qui se trouvent entre ces trois divisions, participent plus ou moins de ces différentes positions, suivant qu'elles sont plus ou moins éloignées de chacun de ces trois points, en sorte que chaque touffe représente une figure sphérique assez régulière.

De l'extrémité des tiges ou des branches s'élève un pédicule qui, dans le commencement, ressemble beaucoup à une asperge; mais, à mesure qu'il grandit, il perd cette ressemblance, &, lorsqu'il est parvenu à la longueur de vingt pouces, il prend la forme d'un épi. Cet épi s'alonge encore de cinq à six pouces, & se couvre ensuite, dans toute cette longueur, de fleurs d'un rouge agréable, tachetées de verd, lesquelles durent environ vingt jours.

Cette plante fleurit assez ordinairement à la fin de l'hiver, lorsqu'elle est placée dans une serre tempérée, & elle produit souvent des semences qui viennent à parfaite maturité.

3. L'Aloès ordinaire croît abondamment dans l'Amérique septentrionale, d'où il a été transporté en Espagne, en Italie, & dans le levant. Il s'élève moins que les deux espèces précédentes. La pesanteur de sa tête & la grande quantité de drageons qu'il pousse de ses racines paroissent s'opposer à l'accroissement de sa tige, qui parvient rarement à plus de deux pieds de haut. La moitié supérieure de cette tige est garnie, dans toute sa circonférence, de feuilles, qui ont environ deux pieds de long sur trois à quatre pouces de largeur à leur base, & qui se terminent en pointe. Leur épaisseur est de plus d'un pouce & demi près de la tige. Elles sont d'une couleur cendrée, tachetées de blanc dans leur jeunesse. Leur direction est plus ou moins verticale, suivant qu'elles sont plus ou moins éloignées du sommet; il y a quelques épines sur les bords.

Les fleurs de cette espèce sont d'un jaune clair, disposées en épi lâche. Elles naissent sur un pédicule d'environ trois pieds de long, qui se divise en deux ou trois rameaux, & qui sort du sommet de la plante. Ces fleurs paroissent au printems & quelquefois à l'automne; elles sont fort agréables, mais elles donnent rarement des graines bien aoûtées dans notre climat.

4. Aloès des Indes. Cette espèce a beaucoup d'affinité avec la précédente; mais elle en diffère cependant par les dimensions de ses feuilles, qui sont moindres dans toutes leurs parties, par leur couleur, qui est légèrement rougeâtre, & sur-tout par ses fleurs, qui sont plus petites & d'un rouge pâle. D'ailleurs elle est infiniment plus délicate, & ne pousse que très-rarement des drageons de sa racine, tandis que la précédente en fournit une très-grande quantité chaque année; ce qui prouve au moins une différence marquée dans la nature de ces plantes.

5. L'Aloès d'Abyssinie a les plus grands rapports avec l'Aloès ordinaire. Il s'en distingue néanmoins par ses feuilles plus charnues, plus longues, & plus larges, ainsi que par ses épines, qui sont rougeâtres. D'ailleurs il n'a point les taches blanches qu'on remarque sur les jeunes feuilles de son espèce congénère, & pousse beaucoup moins d'œilletons de sa racine. Ses fleurs sont aussi plus grandes & d'un jaune plus foncé; au reste, il fleurit, comme elle, au printems, & quelquefois à l'automne, & ne donne que très-rarement de bonnes graines dans notre climat.

6. Aloès cornes de bélier. C'est un arbrisseau rameux, qui s'élève avec quelques précautions, à la hauteur de huit à dix pieds; sa tige est blanchâtre & couverte des cicatrices que lui ont imprimées les anciennes feuilles qui sont tombées. Elle se divise en plusieurs branches, qui se partagent elles-mêmes en plusieurs rameaux, terminés par une touffe de feuilles serrées les unes auprès des autres, & qui embrassent la tige où elles croissent. Ces feuilles, qui se terminent en pointe, ont quinze à dix-huit pouces de long, & un pouce & demi de large environ à leur base. Elles sont contournées en forme de spirale, comme les cornes d'un bélier, & garnies assez régulièrement d'épines sur les côtés; leur couleur est d'un verd glauque un peu cendré.

Les fleurs de cet aloès contrastent singulièrement avec la plante; autant celle-ci est difforme &

pour ainsi dire hideuse, autant les fleurs sont agréables & même élégantes. Elles sont portées par des pédicules d'un pied de long qui sortent du milieu des touffes de feuilles, & qui forment avec les fleurs de gros épis d'une figure pyramidale. Ces fleurs sont d'un rouge éclatant; & ce qui ajoute encore à leur mérite, c'est qu'elles paroissent au milieu de l'hiver, & durent environ trois semaines.

7. Aloès féroce. C'est de toutes les espèces celle qui s'élève davantage. Nous en avons vu quelques individus qui avoient plus de douze pieds de haut, & qui promettoient de s'élever encore. La tige de cet Aloès est droite, unie, & seulement garnie à l'extrémité d'une grosse touffe de feuilles, de laquelle il ne sort jamais aucunes branches. Ses feuilles, qui ont souvent quatre pouces de large à leur base, vont toujours en se retrécissant proportionnellement jusqu'à la pointe, qui est terminée par une épine. Leur épaisseur, près de la tige, est ordinairement de deux doigts. Elles sont roides & garnies d'épines sur toute leur surface, tant en-dessus qu'en-dessous & sur les bords, mais principalement en-dessous. Leur longueur est d'environ vingt pouces, & leur couleur est d'un verd foncé.

Cet arbrisseau n'a point encore fleuri dans nos jardins, non plus qu'en Angleterre, où il est cultivé depuis long-tems. C'est à la quantité d'épines dont les feuilles sont chargées, qu'il doit le surnom de *féroce*.

La rareté de cette espèce & le desir de trouver les moyens de la multiplier, nous firent tenter, il y a quelques années, une expérience qu'il ne sera peut-être pas inutile de rapporter ici. Nous avions un individu qui commençoit à devenir embarrassant par sa hauteur; nous lui coupâmes la tête dans l'espérance de lui voir pousser des rameaux de sa tige ou des drageons de sa racine. Nous laissâmes la tête quelques jours à l'ombre, suivant l'usage, pour donner le tems à la cicatrice de se raffermir & de se consolider; ensuite nous la plantâmes dans un pot de terre sèche, qui fut placé dans la tannée d'une serre chaude. Elle poussa des racines en très-peu de tems, & forma un nouveau pied très-vigoureux.

La tige resta dans sa caisse, sur la tablette d'une serre chaude; on supprima tout arrosement pendant le premier mois, ensuite on ne lui donna que de légers bassinages, de tems en tems, seulement pour humecter la surface de la terre. Malgré ces précautions & malgré la sécheresse qu'il faisoit alors (nous étions au mois de Juin) l'extrémité de la tige ne s'en pourrit pas moins dans la longueur de quatre à cinq pouces. Nous crûmes d'abord que cet accident provenoit de ce que la plaie avoit été mal réparée, & en conséquence nous coupâmes une seconde fois la tige jusqu'au vif, avec une serpette bien tranchante. Cette nouvelle opération n'eut pas un meilleur succès que la première; quelques tems après nous nous apperçûmes que la tige se pourrissoit encore. Nous la recoupâmes une troisième fois, à quelque distance de l'endroit où le mal paroissoit avoir gagné; mais nous ne fûmes pas plus heureux; la cangraine descendoit toujours, & la tige diminuoit en proportion. Enfin, lorsque nous vîmes qu'il n'y avoit plus qu'une coupe à faire, nous résolûmes d'employer un autre moyen, ce fut d'appliquer un fer rouge sur cette dernière taille, afin de cautériser la plaie & d'empêcher l'humidité extérieure de corrompre la sève. Ce dernier moyen nous réussit plus mal encore que tous les autres. L'arbre, qui étoit resté toujours verd pendant les deux années que cette expérience avoit duré, mourut, peu de tems après, jusque dans ses racines.

Nous ne rapportons ici cette expérience que pour mettre en garde les cultivateurs contre la tentation qu'ils pourroient avoir de faire pousser des œilletons à cette espèce d'Aloès.

8. Aloès mitré. Celui-ci ne s'élève guères qu'à six pieds de haut, encore faut-il que sa tige soit soutenue par un tuteur. Elle est garnie, depuis le milieu jusqu'en haut, de feuilles, larges de quatre pouces & longues de huit, qui sont terminées par une pointe aiguë. Les bords en sont armés d'épines, & il y a quelques taches blanches en-dessus & en-dessous. Leur substance est charnue & leur verdure foncée. Elles croissent très-serrées les unes contre les autres, & dans une position presque verticale. Les deux dernières sur-tout sont très-rapprochées, ce qui forme comme une espèce de mitre, d'où lui est venu le nom d'Aloès mitré. La figure de cette plante, à partir de l'endroit où commencent ses feuilles, approche assez de celle d'une colonne.

Ses fleurs, qui paroissent dans les mois de juillet & d'août, sont portées sur une tige, qui sort du milieu des feuilles, à l'extrémité de la plante. Elle a quinze à dix-huit pouces de haut, & se termine par un épi, en forme pyramidale, couvert de fleurs d'un rouge carmin, très-apparentes & très-agréables. Cet épi s'alonge & les fleurs se succèdent pendant cinq à six semaines. Elles sont remplacées par des capsules triangulaires, remplies de semences noires & anguleuses.

Cette espèce pousse des œilletons de ses racines, de leur collet, & des différens points de sa tige. Elle offre une particularité remarquable, en ce qu'elle pousse même des racines le long de sa tige, à trois & quatre pieds de haut, lesquelles descendent vers la terre & s'y enfoncent perpendiculairement. Ces racines, qui sont d'une substance ligneuse, & qui sortent de tous les points de sa circonférence, sont autant de soutiens & d'appuis, que la nature, toujours occupée du soin de conserver ses productions, lui a ménagés, pour la défendre contre les vents auxquels la foiblesse de sa tige n'auroit pu résister, si elle n'avoit eu que des racines ordinaires.

8. B. Le petit Aloès mitré n'est qu'une variété de l'espèce précédente. Il n'en diffère que par ses feuilles, qui sont plus étroites; du reste, il a le même port & les mêmes habitudes.

9. Aloès moucheté. Cette espèce pousse de sa racine une tige qui s'élève à la hauteur d'un pied & demi à deux pieds; elle se termine par une touffe de feuilles qui occupe plus du tiers de la hauteur. Ses feuilles, qui ont environ dix pouces de long sur quatre de large, à leur base, sont d'un verd foncé, tacheté de blanc des deux côtés. Elles sont garnies d'épines & se terminent en pointe aiguë. Celles de la base forment, avec la tige, un angle de quarante-cinq degrés; les autres prennent une direction plus horizontale; elles deviennent même verticales, à mesure qu'elles approchent du sommet. Ses fleurs sortent du centre de la plante; elles sont portées, comme dans les autres espèces, sur une tige, au bout de laquelle les fleurs forment un épi conique qui approche de la figure de l'ombelle. Ces fleurs sont verdâtres dans le tiers de leur longueur, & le reste est d'un très-beau rouge; elles paroissent à la fin de l'été, & durent pendant un mois.

Cette espèce produit souvent des œilletons qui poussent de ses racines, ou de jeunes branches qui sortent de sa tige.

9. B. L'Aloès peint n'est qu'une variété de l'espèce précédente. Il s'en distingue seulement par sa verdure plus foncée, presque noirâtre, par les taches de ses feuilles, qui sont plus grandes, & par les épis qui sont moins garnis de fleurs.

10. Aloès à feuilles minces. Cette espèce a beaucoup de rapport avec la précédente pour le port & les dimensions de ses différentes parties; mais elle en diffère par la forme de ses feuilles, qui sont pliées en gouttière vers leur extrémité; elles sont aussi plus minces & leur couleur est d'un verd beaucoup plus pâle.

Elle est d'ailleurs beaucoup plus délicate que la précédente, ses feuilles prennent une couleur rougeâtre lorsqu'elles sont exposées à l'air pendant l'été. Enfin il est rare qu'elle produise des œilletons dans notre climat, si on ne la conserve pas toute l'année dans la tannée d'une serre chaude. Elle fleurit très-rarement en France.

11. L'Aloès perfolié ne s'élève pas ordinairement à plus d'un pied de haut, & ses feuilles, qui occupent à-peu-près les deux tiers de cette hauteur, sont disposées comme celles des trois précédentes. Elles sont plus petites dans toutes leurs parties, lisses & sans taches, & bordées d'épines applaties, qui ressemblent un peu à des dents canines; leur verdure est cendrée. Ses fleurs, qui croissent en épis pyramidaux, sont portées sur une tige haute de douze à quinze pouces; elles sont vertes à leur ouverture, & d'un rouge orangé vers la base, fort apparentes, & produisent un bel effet au printems. Il est vrai qu'elles donnent rarement des graines en Europe; mais la plante fournit souvent des œilletons qui remplacent avantageusement ce moyen de multiplication.

11. B. Aloès à épines rouges. On distingue aisément cette plante, qui paroît être une variété de la précédente, par ses épines, qui sont plus longues & de couleur rougeâtre. Ses feuilles sont plus étroites que celles de son espèce, & moins longues. Elle fleurit ordinairement dans le milieu de l'hiver, & donne souvent des drageons avec lesquels il est aisé de la multiplier.

11. C. Aloès artichaud. Cette autre variété s'élève encore moins que la première, qui est elle-même un peu plus petite que son espèce. Sa tige arrive à peine à la hauteur de dix pouces. Elle se termine par une ou plusieurs touffes de feuilles très-serrées les unes contre les autres, lesquelles imitent assez bien la figure d'une grosse tête d'artichaud. Les feuilles de cette plante sont plus courtes que celles des deux précédentes, & sont garnies d'épines blanches sur les bords; il s'en trouve aussi quelques-unes sur le dos des feuilles vers l'extrémité. Du centre de chaque touffe de feuilles sortent des tiges terminées en épis, lesquelles sont garnies de fleurs vertes & rouges fort agréables. C'est ordinairement en février & mars, que cette plante fleurit dans les serres chaudes; lorsqu'on la conserve dans une orangerie, elle fleurit un peu plus tard.

12. L'Aloès à épines molles, ainsi nommé à cause du peu de consistance & de la mollesse de ses épines, ne forme jamais de tige; ses feuilles sortent immédiatement du colet de la racine; elles sont étroites, fort épaisses, longues de quatre à cinq pouces, sur neuf lignes de large à leur base, & sont garnies d'épines dans tous les sens, mais particulièrement sur les bords. Ces feuilles, croissent très-rapprochées les unes des autres, & forment des touffes arrondies, du milieu desquelles s'élèvent, dans les mois de février & de mars, des tiges de la figure & de la grosseur d'une asperge. En se développant, elles donnent naissance à un épi, garni de fleurs, de douze à quinze lignes de long, d'un rouge clair, marqué de lignes vertes. Cette plante fleurit tous les ans, & reste une quinzaine de jours en fleur. Elle graine assez abondamment; mais il est plus expéditif de la multiplier par les œilletons qu'elle produit en abondance du collet de sa racine.

Cette plante résiste à des gelées passagères, d'un à deux degrés.

13. Aloès patte d'araignée. Il est sans tige comme le précédent, mais la touffe arrondie, que ses feuilles forment à rez-terre, est de moitié

moitié plus petite. Il est d'ailleurs très-facile de l'en distinguer par l'espèce de toile d'araignée que ses longues épines molles, très-rapprochées & de couleur blanche, forment au milieu de la touffe; du centre de ses feuilles, sortent vers le mois de juin, des tiges hautes de plus de vingt pouces, droites & garnies de fleurs, disposées en épi grêle dans la moitié de la partie supérieure. Ces fleurs sont d'un blanc verdâtre, peu agréables à la vue; elles produisent quelques capsules triangulaires remplies de semences.

Cette espèce est une des plus délicates; il faut, pour la conserver belle dans notre climat, la tenir pendant l'hiver à douze degrés environ de chaleur. Elle donne rarement des œilletons; mais on parvient quelquefois à la multiplier au moyen de ses feuilles qu'on plante à la manière des boutures.

13. B. L'Aloès minime est le plus petit de tous les Aloès connus. Il est regardé comme une variété du précédent, avec lequel il a beaucoup de rapport; mais on l'en distingue aisément par sa stature plus petite, par ses feuilles dont la couleur est d'un verd obscur, & par ses épines moins longues & plus dures que celles du précédent.

Cet Aloès présente encore d'autres différences plus essentielles, & qui paroissent tenir plus immédiatement à sa nature; il est bien moins délicat, & on le conserve aisément dans une bonne orangerie; d'ailleurs il pousse du colet de sa racine un grand nombre d'œilletons.

14. Aloès perlé. Cette espèce est une des plus jolies de ce genre. Toutes ses feuilles sont couvertes de petits globules blancs, qui ressemblent à des perles, d'où lui est venu le nom qu'elle porte en françois. Cette plante est sans tige; ses feuilles sortent du collet de la racine; elles sont épaisses, longues de quatre à cinq pouces, & d'un verd foncé, elles forment une touffe arrondie de six à sept pouces de haut. Ses fleurs, qui paroissent souvent à la fin de l'été & quelquefois au printems, sont portées sur des tiges rameuses, qui s'élèvent du centre des feuilles, & les surmontent d'environ deux pieds. Les fleurs sont blanches, rayées de verd, & peu apparentes. Il leur succède des capsules à trois loges, presque rondes, & remplies de semences, qui lèvent dans notre climat, avec quelques soins.

14. B. Le petit Aloès perlé ne se distingue du précédent qu'en ce qu'il est plus petit dans toutes ses parties. Sa touffe ne s'élève pas au-dessus de la terre de plus de quatre pouces. Ce n'est qu'une simple variété plus mignonne & plus jolie, mais aussi plus délicate, & qui produit moins d'œilletons que son espèce.

15. Aloès à pouce écrasé. Ce nom lui vient de la figure singulière de ses feuilles, qui sont triangulaires & applaties à l'extrémité; leur disposition est semblable à celle des deux espèces précédentes; elles sortent immédiatement du collet de la racine, & forment une petite touffe arrondie, qui ne s'élève que de trois à quatre pouces au-dessus de la terre. Ses fleurs viennent ordinairement au printems, sur des tiges simples, hautes de deux pieds; elles sont blanches, peu apparentes & marquées de plusieurs lignes vertes. Cette plante pousse souvent des œilletons du collet de sa racine, & n'est pas fort délicate.

16. L'Aloès veineux pousse de sa racine plusieurs feuilles disposées en rond, qui sont oblongues, pointues, épaisses, denticulées sur les bords & marquées en-dessus de nervures droites & longitudinales. Elles sont ouvertes dans le milieu en manière de rosette, & se recourbent un peu vers la terre par leur extrémité. Du centre de ces feuilles, s'élève une tige simple, haute d'environ deux pieds, qui soutient des fleurs variées de blanc & de rouge, disposées en épi lâche. Cette espèce n'est point cultivée en France, & elle étoit inconnue en Angleterre du tems de Miller.

17. Aloès brodé. Du collet de sa racine, sortent des feuilles vertes, épaisses, oblongues, très-roides, & terminées par une pointe triangulaire; elles sont disposées en forme de touffe arrondie; leur longueur est d'environ trois pouces, sur un pouce & demi de large. Leur surface est bordée de blanc, ce qui ne se rencontre pas dans les deux espèces suivantes, avec lesquelles celle-ci paroît avoir des rapports. Ses fleurs viennent sur une tige rameuse, qui sort du milieu des feuilles. Elles sont en grand nombre, mais petites & de couleur verdâtre. On ne rencontre pas cette espèce dans nos jardins, & nous croyons même qu'elle n'est pas cultivée en Europe.

18. Aloès triangulaire. Cette espèce s'élève sur une petite tige ligneuse d'un pied de haut, qui, quelquefois, pousse des rameaux sur les côtés. Ses feuilles garnissent la tige dans les deux tiers de sa hauteur; elles sont triangulaires, pointues & disposées régulièrement sur trois lignes, qui montent de bas en haut, ce qui donne à la plante une figure triangulaire; elle peut avoir deux pouces dans son plus grand diamètre. A l'extrémité de la tige & du centre des feuilles, il sort un épi long d'un pied, qui est garni de petites fleurs blanches, rayées de lignes purpurines. Cette plante fleurit en juin & juillet; elle est peu délicate.

19. L'Aloès cylindrique a beaucoup de rapport avec le précédent, tant par sa manière de croître, que par la figure & la forme de ses feuilles; mais au lieu d'être disposées en triangle, elles croissent tout au tour de la tige, & forment une petite colonne cylindrique. Ses fleurs, qui arrivent à la fin de l'été, sont portées sur un pédicule quelquefois rameux, qui sort de l'ex-

trémité de la plante. Elles sont disposées en épi; leur couleur est variée de blanc & de verd, mais elles sont petites, & de peu d'apparence; souvent elles produisent des fruits bien aoûtés.

19. B. Aloès piquant. La forme de cette plante, qui ne paroît être qu'une variété, n'est ni ronde, ni triangulaire; elle tient le milieu entre ces deux figures. On la distingue par ses feuilles plus longues, plus piquantes & plus étalées que celles des précédentes; sa tige est beaucoup moins élevée, & le pédicule de ses fleurs est plus long. Elle fleurit en septembre, & ne produit des œilletons que très-rarement; elle est aussi plus délicate que les deux précédentes.

20. Aloès perroquet. La tige de cette espèce s'élève jusqu'à la hauteur de quinze pouces. Elle est garnie, dans toute sa longueur, de feuilles triangulaires, disposées sur trois rangs, qui montent de bas en haut. Elles sont marquées de larges taches blanches, qui contrastent très-agréablement avec le verd luisant qui en fait le fond. Du centre de ces feuilles, s'élève une tige qui se termine par vingt ou trente fleurs d'un beau rouge; elle fleurit au milieu de l'hiver. Cette espèce est, sans contredit, une des plus singulières, des plus agréables de son genre & des moins délicates. Elle pousse de l'extrémité de ses racines, des œilletons qui rendent sa multiplication très-facile.

21. L'Aloès acuminé ne s'élève que de quatre à cinq pouces; ses feuilles sont longues, étroites, chargées, des deux côtés, de petites verrues blanches, semblables à des perles. Elles sont placées sur deux rangs, & serrées les unes contre les autres. De leur centre, s'élève une tige de vingt pouces de long qui supporte un grand nombre de fleurs rouges très-agréables. Cette plante fleurit au printems dans les serres chaudes, & en Automne, lorsqu'on la cultive dans l'orangerie. Elle pousse de sa racine un grand nombre de drageons, & n'est point délicate.

22. Aloès cariné. On distingue aisément cette espèce de celles qui l'avoisinent, par ses feuilles qui sont triangulaires; ses fleurs offrent aussi des différences; elles sont plus pâles, & les épis qui les portent sont plus courts; d'ailleurs elle n'est pas plus délicate que la précédente, & pousse de même plusieurs œilletons de ses racines & de son collet.

23. L'Aloès linguiforme pousse de sa racine plusieurs feuilles longues, larges & plates, apposées les unes sur les autres, & qui croissent sur deux rangs opposés. Elles sont d'un verd pâle, & toutes parsemées, en dessous & en dessus, de petites verrues blanches; du milieu des feuilles, s'élève une tige garnie dans les deux tiers de sa partie supérieure, de fleurs rouges & vertes très-apparentes, qui viennent au milieu de l'hiver. Ses racines fournissent aussi beaucoup de drageons.

23. B. L'Aloès bec de canne, qui n'est qu'une mince variété du précédent, ne s'en distingue que par ses feuilles moins grandes & moins chargées de verrues.

24. Aloès en éventail. La tige de cette espèce s'élève jusqu'à la hauteur de six à sept pieds; elle se divise en plusieurs branches qui sont garnies, à leur extrémité, de feuilles longues, lisses, plates, & d'un verd glauque, disposées en éventail. Les fleurs qui viennent au commencement du printems, sont portées sur un long pédicule qui sort du centre des feuilles; elles sont d'un rouge mêlé de jaune; il leur succède des fruits de la grosseur d'un pois, divisés en trois loges remplies de semences.

Cette espèce n'est point délicate. Elle pousse rarement des drageons, mais on la multiplie de boutures que l'on fait avec ses jeunes branches.

25. L'Aloès à longues feuilles se distingue facilement de toutes les autres espèces par la longueur de ses feuilles qui ont deux à trois pieds; elles sont étroites, triangulaires, & partent immédiatement du collet de la racine, sans former de tige. De leur centre sortent, dans les mois d'août & de septembre, des tiges hautes d'environ quatre pieds, qui se terminent par un gros épi de fleurs de couleur orangé, & qui reste quinze jours fleuri. Ces fleurs donnent naissance à des fruits ronds de la grosseur d'un pois, lesquels contiennent beaucoup de semences qui lèvent rarement dans notre climat.

Il reste encore six autres espèces d'Aloès à décrire; mais, comme nous ne les connoissons que par des phrases descriptives très-succintes, nous ne pouvons rien dire de leur port.

Culture.

Comme il y a beaucoup d'espèces d'aloès dont la culture est la même, nous allons les réunir ici sous trois divisions principales.

Les espèces comprises sous les n.os 1, 4, 10 & 13, sont les plus délicates que nous connoissions. Elles veulent être rentrées l'hiver dans une serre entretenue à douze degrés de chaleur, & placées, dans leur jeunesse, sur une couche de tannée. Dans un âge plus avancé, elles se passent de la couche, & peuvent aisément subsister l'hiver sur les tablettes ou sur les gradins de ces mêmes serres.

La seconde division comprend les espèces & les variétés décrites sous les n.os 2, 7, 11 B., 14 B., 15, 18, 19, 19 B., 20 & 24. Celles-ci sont un peu moins délicates. Elles se conservent très-bien, l'hiver, dans les serres où la chaleur est entre huit & dix degrés, sur-tout lorsqu'elles ont atteint leur troisième année, car, avant ce temps-là, il y en a plusieurs auxquelles le secours de la tannée est nécessaire pendant l'hiver.

Les espèces indiquées sous les n.os 3, 5, 6, 8, 8 B.,

9 & 9 B, 11, 11 C, 12, 13 B, 14, 21, 22 & 23, n'exigent pas autant de chaleur. Elles se conservent aisément, lorsqu'elles ont acquis une certaine force, dans une serre un peu plus sèche que l'orangerie, & dans laquelle le thermomètre ne descend pas habituellement au-dessous de cinq degrés. Ce n'est pas que ces plantes ne puissent se conserver à une température moins chaude; nous avons vu même plusieurs d'entre elles supporter des gelées passagères, de deux à trois degrés, sans paroître en souffrir. Mais nous ne conseillons point de faire cette épreuve lorsqu'on veut avoir des végétaux vigoureux qui jouissent de la meilleure constitution, & produisent tout l'agrément dont ils sont susceptibles.

Nous avons reconnu, par expérience, que la gradation que nous avons indiquée pour chacune des trois divisions, est celle qui convient le mieux, pendant l'hiver, à la nature des plantes qu'elles renferment; qu'en leur donnant plus de chaleur, elles poussoient trop vigoureusement, devenoient trop herbacées, & étoient plus sujettes à être attaquées par l'humidité & à pourrir; qu'en leur en donnant moins, elles étoient ensuite dans un état de souffrance & de langueur, fleurissoient plus rarement & donnoient des fleurs moins belles.

La vingt-cinquième espèce d'Aloès est seule de sa division, c'est la moins délicate de toutes. On la conserve en pleine terre, à des expositions sèches & abritées du nord pendant l'hiver, ce qu'il est toujours aisé de faire en la couvrant de litière; & l'été on lui donne des arrosemens fréquens; elle aime une terre un peu forte & sablonneuse, Mais quoiqu'elle réussisse très-bien en pleine terre, cependant il est prudent de conserver quelques pieds dans des pots, pour les rentrer l'hiver dans l'orangerie.

A l'égard des espèces que nous n'avons point encore cultivées, & qui sont comprises sous les n.os 16, 17, & depuis le 25.me exclusivement, jusqu'au 31.me; nous croyons, en raison des pays où elles croissent, qu'elles pourroient se conserver à la température indiquée pour la seconde division des plantes de ce genre; c'est le terme moyen qui est le moins sujet aux inconvéniens. D'ailleurs, lorsque ces espèces seront une fois apportées en Europe, & qu'on les aura cultivées de cette manière pendant quelques années, il sera aisé de voir si elles ont trop ou trop peu de chaleur, & de les placer ensuite dans le lieu qui leur sera le plus convenable.

Les Aloès de la première division peuvent rester dans les serres chaudes toute l'année, excepté les plus jeunes individus, qu'il convient de placer au printems sous des chassis, pour les y laisser jusqu'à l'automne. Mais il faut leur donner beaucoup d'air dans les tems chauds, soit en laissant les croisées des serres ouvertes, soit en levant les panneaux des chassis. On peut même, sans inconvénient, mettre en plein air, pendant les mois de juin, de juillet & d'août, les forts individus, ils n'en deviendront que plus robustes & moins susceptibles d'être attaqués de l'humidité pendant l'hiver; mais il est bon de les placer à une exposition chaude, & de les garantir des trop grandes pluies.

Les Aloès des deux autres divisions peuvent être mis hors des serres immédiatement après les grandes pluies du printems, & ne doivent être rentrés que vers la mi-septembre, lorsque les pluies de cette saison commencent à arriver, & que le thermomètre descend, pendant la nuit, au-dessous de sept degrés. Sans cette précaution, les feuilles de ces plantes prendroient une couleur rougeâtre, signe auquel on reconnoît qu'elles souffrent du froid & de l'humidité, & alors elles auroient plus de peine à se conserver pendant l'hiver.

En général, toutes les espèces d'Aloès aiment une terre forte, sablonneuse & bien divisée. On la compose ordinairement avec de la *terre franche*, du *terreau de feuilles*, du *sable de bruyère* & des *vieux platras pulvérisés* (*Voyez* ces mots), que l'on mêle ensemble dans les proportions suivantes.

Terre franche.......... $\frac{1}{2}$.
Terreau de feuilles....... $\frac{1}{4}$.
Sable de bruyère........ $\frac{1}{8}$.
Platras................. $\frac{1}{8}$.

Mais, pour que cette terre puisse acquérir & développer toutes ses propriétés, il faut qu'elle ait été composée six mois ou même une année d'avance; qu'elle soit exactement mélangée, & que toutes ses parties soient bien amalgamées ensemble, avant de s'en servir. Cette sorte de terre convient au plus grand nombre des Aloès qui ont passé les trois premières années de leur jeunesse; mais elle est un peu trop forte pour les jeunes plants & pour les espèces délicates, il leur faut une terre plus légère; on pourra se la procurer aisément en changeant les proportions des matières qui composent le mélange; ainsi, au lieu d'une moitié de terre franche & d'un huitième de sable ou terreau de bruyère, on y fera entrer ces deux substances à parties égales; on diminuera de moitié la quantité des platras pulvérisés, & l'on augmentera d'autant celle du terreau de feuilles.

Le régime des arrosemens est encore un des objets essentiels à la conservation des Aloès. Pendant l'hiver, il faut très-peu arroser ces plantes, & seulement lorsque la terre se durcit & devient trop sèche par la chaleur du feu des fourneaux, ou par celle du soleil; on choisit, pour cela, le milieu d'un beau jour, & l'on se sert d'un arrosoir à goulot, afin de ne verser l'eau qu'au pied des plantes, & d'éviter d'en répandre sur les feuilles, & particulièrement dans l'espèce de godet qu'elles forment à leur centre. Au printems, on les arrose plus fréquemment. L'été, lorqu'elles sont en plein air & qu'il vient des chaleurs continues, on peut les arroser aussi souvent que les autres plantes ; mais lorsque les nuits deviennent longues & que les rosées sont abondantes, il faut éloigner les arrosemens, & les suspendre tout-à-fait, à l'approche de la rentrée de ces plantes dans les serres, & choisir, autant qu'il est possible, un tems sec pour faire cette opération.

Un autre soin qui contribue beaucoup encore à maintenir les Aloès en bonne santé dans notre climat, est celui qu'on a de les visiter les uns après les autres, au mois de juillet de chaque année, pour supprimer les feuilles mortes, mettre des tuteurs aux espèces qui ne peuvent se soutenir d'elles-mêmes, œilletonner celles dont la trop grande quantité de drageons pourroit nuire au maître-pied, d'examiner ensuite leurs racines, pour voir si elles remplissent la capacité des pots, &, dans ce cas, les mettre dans de plus grands vases avec de la terre neuve préparée comme nous l'avons dit ci-dessus, eu égard à l'âge & à la vigueur des individus. (*Voyez* REMPOTAGE.) Les autres pieds d'Aloès, dont les racines ne remplissent point encore les pots, & dont la terre n'est point épuisée, se contentent d'un demi-change. (*Voyez* ce mot). Mais soit qu'on les change entièrement ou à moitié, il est bon de leur donner, dans l'un & l'autre cas, une forte mouillure pour affermir la terre autour des racines, & de les abriter ensuite du grand soleil pendant quelques jours.

Multiplication : Les Aloès se propagent de graines, de drageons, d'œilletons, de boutures, & quelquefois par le moyen de leurs feuilles.

La voie des graines est la plus naturelle pour multiplier les espèces qui en produisent dans notre climat, mais elle est aussi la plus difficile & la plus longue ; cependant on ne doit point la négliger quand on est à portée d'en faire usage, parce qu'elle produit souvent de nouvelles variétés.

On sème les graines d'Aloès au prinsems, dans des pots remplis d'une terre semblable à celle que nous avons indiquée pour les espèces délicates. On place ces pots sur une couche chaude recouverte d'un chassis, & on traite les semis comme ceux des autres plantes. Ces graines lèvent en général vers le milieu de l'été ; il faut alors modérer les arrosemens, & les remplacer par de légers bassinages. Ces jeunes plantes croissent très-lentement, en conséquence on leur laisse passer l'hiver dans les pots où elles sont nées, & on les place de bonne heure sur la tannée d'une serre chaude près des vitreaux. L'année d'après, on les sépare, & on les traite de la même manière que les plantes délicates de ce genre.

La multiplication des Aloès, par le moyen des drageons, est infiniment plus expéditive ; il ne s'agit que de les séparer des meres racines, à l'époque où ils ont eux-mêmes des racines particulières garnies de chevelu. Il ne faut pas se presser pour faire cette séparation, parce que les drageons profitent bien plus lorsqu'ils sont sur leurs souches, que lorsqu'on les force, trop jeunes, à vivre sur leurs propres racines. La saison la plus favorable à leur plantation, est le mois de juillet, par un tems sec & chaud ; on les sépare avec une serpette bien tranchante, ensuite on les laisse sécher à l'ombre, pendant cinq à six jours, sur la tablette d'une serre, pour que la plaie se raffermisse & puisse se consolider ; après quoi on les plante dans des pots remplis d'une terre presque sèche, que l'on place sur une couche tiède recouverte d'un chassis. Il est bon de les ombrager & de ne point leur donner d'eau pendant dix à douze jours. Lorsqu'ils commencent à pousser, on les laisse jouir du soleil & on les arrose légèrement. Il y a plusieurs espèces de ce genre, dont les drageons réussissent très-bien, sans autre précaution que celle de les séparer de leurs racines meres, & de les planter à l'air libre.

Les œilletons doivent être séparés de leurs souches dès le mois de juin, afin qu'ils aient le tems de pousser des racines & de prendre de la force avant l'hiver ; ils exigent encore, lors de leur plantation, d'être garantis du soleil, & veulent être préservés de toute humidité beaucoup plus long-tems que les drageons. D'ailleurs, pour tout le reste, leur culture est la même.

La multiplication, par le moyen des feuilles, est douteuse à l'égard d'un grand nombre d'espèces, & l'on ne doit l'employer qu'à défaut d'autres moyens. Elle consiste à séparer des feuilles, avec tout leur petiole, du bas des tiges ou du collet de la racine des espèces que l'on veut multiplier, à les laisser sécher, pendant quelques jours, à l'ombre, & ensuite à les planter dans de petits pots remplis de terreau de bruyère presque sec, que l'on place sur une couche tiède, & que l'on couvre d'une cloche de verre fort épaisse.

Lorsqu'on s'apperçoit qu'il sort du petiole de la feuille de petits corps charnus qui ont la figure d'un grain de bled, on arrose alors légèrement ce terreau de bruyère, on donne un peu d'air sous la cloche, & on l'ombrage un peu moins. Dès que les petits corps charnus viennent à pousser quelques feuilles, on les traite comme nous l'avons dit pour les espèces délicates.

De toutes les plantes connues, les Aloès sont celles qu'il est le plus aisé de faire voyager à de grandes distances. Elles peuvent rester six mois & même des années entières, hors de terre sans périr, pourvu qu'elles soient conservées sèchement & qu'on les garantisse des gelées. On les emballe, sans terre, dans des caisses, avec du foin bien sec, des étoupes de filasse ou de la mousse séchée au four, & même avec du son, des rognures de papier, & en général avec toutes sortes de matières sèches & douces. Il faut seulement avoir la précaution de les placer de manière qu'elles ne se touchent pas les unes les autres, & ne puissent se froisser, & que tous les vuides de la caisse soient exactement remplis, afin que les choses qu'elle renferme n'éprouvent aucun ballotage.

Observation : Quoique les Aloès pourrissent souvent par l'humidité des serres, & qu'ils affectent de croître dans les lieux les plus chauds & dans les terreins les plus secs, il n'est cependant pas sans exemple de les voir se conserver & croître dans des positions absolument opposées. Nous en avons vu dans des vases de verre remplis d'eau, posés sur les tablettes d'une serre chaude, qui se sont non-seulement conservés, mais qui ont encore poussé assez vigoureusement pendant cinq années consécutives, sans autre attention que celle de remplir les vases à mesure que l'eau diminuoit.

Cette expérience curieuse a été imaginée & suivie par M. Jean Thouin, le plus jeune de mes freres. Il l'a faite en même-tems sur des Cierges, des Euphorbes & autres plantes grasses. Nous n'anticiperons point sur le résultat de son expérience, mais il paroît qu'on en peut tirer des inductions avantageuses pour la culture particulière de ces plantes, & pour la physique des végétaux en général.

Usage : On cultive les Aloès dans les jardins des curieux, pour en orner les serres pendant l'hiver, & les gradins pendant l'été. Le port singulier de quelques espèces, & l'éclat de leurs fleurs, y produisent un fort bel effet. Ces plantes sont employées quelquefois, dans les jardins paysagistes, à former, pendant l'été, des scènes pittoresques; on en garnit des rochers factices, & on en place des pieds à l'entrée des grottes sauvages; entremêlées avec les Raquettes, les Cierges & les Euphorbes ligneuses, elles ajoutent à l'intérêt du tableau, & ne contribuent pas peu à lui donner un air étranger.

Dans les grandes villes, les apothicaires s'en servent à parer les appuis de leurs boutiques.

Les sucs gommo-résineux, employés dans la médecine humaine & vétérinaire, sous les noms d'Aloès succotrin, d'Aloès hépatique, & d'Aloès cabalin, se tirent, le premier de la seconde espèce d'Aloès, & les deux autres de la troisième. (*M. Thouin.*)

Aloès des marais, synonyme impropre du nom d'une plante aquatique, connue des botanistes sous celui de *Stratiotes Aloides* L. *Voyez* Stratiote.

Aloès à peau de serpent, synonyme impropre du nom de *l'Aletris guinensis* de M. Jacquin, qui est la variété B. de *l'Aletris hyacinthoides* de Linné. *V.* Aletris de Guinée. (*M. Thouin.*)

Aloès de Ceylan, autre synonyme également impropre du nom d'une plante nommée par Linné, *Aletris hyacinthoides varietas*, A & par M. le Chevalier de la Marck. *Aletris Zeylanica.* Diction. n.° 4. *Voyez* Aletris de Ceylan. (*M. Thouin*).

ALLOUCHE, nom du fruit d'un arbre nommé dans quelques-unes de nos provinces, Allouchier, & par les Botanistes, *Cratœgus aria.* L. *Voy.* le mot Alisier, du Dictionnaire des Arbres. (*M. Thouin.*)

ALOUETTE, Oiseau.

Alauda, genre d'oiseau qui comprend plusieurs espèces. Elles ont toutes, pour caractère, 1.° le bec fait en alaine, & les narines découvertes; 2.° les pattes couvertes de plumes jusqu'au talon; 3.° quatre doigts, dont trois en devant, & un en arrière, tous séparés jusques près de leur origine. Celui de derrière a un ongle presque droit, plus long que le doigt même. Pour connoître les différentes sortes d'alouettes, il faut lire ce qui les concerne dans le dictionnaire des oiseaux, *Encyclop. méthod.*, par M. Mauduit.

Dans les plaines de la Beauce, on remarque trois sortes d'alouettes, l'une, qui est hupée, nommée *Calendre, Alouette hupée, grosse Alouette;* celle-ci ne s'écarte pas des villages; elle se perche sur les murs, sur les toits des maisons, & fait son nid par terre dans les environs. Cette alouette ne s'engraisse pas; sa chair est toujours rougeâtre. L'autre, qui est l'alouette *commune*, s'écarte des habitations. Elle est de la grosseur d'un moineau. La description qu'en donne le Dictionnaire économique, après l'avoir vérifiée, m'a paru si exacte, que je la copie toute entière. « L'alouette commune est d'environ » sept pouces de l'extrémité du bec à celle de » sa queue; & son vol est d'un pied & quelques » lignes; sa queue a environ deux pouces trois » quarts de long. Dans presque tout le dessus » du corps, ainsi qu'à la tête, chaque plume est » noirâtre au milieu, d'un gris roussâtre sur les » côtés, & bordée de blanchâtre, ce qui rend, » en général, tout ce plumage varié. De chaque » côté de la tête, est une bande d'un blanc » roussâtre, placé au-dessus des yeux. Il y a » au moins six lignes depuis la pointe du bec, » jusqu'au coin de la bouche. Le demi-bec supérieur est noirâtre ou de couleur de corne, » l'inférieur tire sur le blanchâtre; la gorge est » blanche; le bas du col est d'un blanc presque » roussâtre, avec une longue tache noire au » milieu de chaque plume; celles de la poitrine, » du ventre, des jambes & de dessous les ailes & de » la queue sont blanches avec une légère teinte » roussâtre. Dans les plumes qui couvrent l'aile, » les unes sont grises, bordées de blanchâtre, » d'autres brunes, bordées de fauve, & d'autres » encore d'un gris brun, bordée de blanchâtre, » & terminées de fauve. L'aile est brune : chaque » plume est plus ou moins brodée de fauve, & » blanche à son extrémité; & les moyennes » plumes sont échancrées en cœur par le bout. » La queue a douze plumes; celles du milieu

» sont courtes, ce qui la rend un peu fourchue. » L'ensemble de toutes ces plumes est un mélange » de noirâtre, de gris-brun, de roussâtre, de » blanchâtre & de blanc; les pieds sont gris-brun, » les ongles noirâtres & terminés de blanchâtre. »

Enfin il y a une troisième alouette, qui ne diffère de la précédente, que parce qu'elle est plus petite & plus blanchâtre sous le ventre. Elle préfère, pour faire son nid, les terres un peu pierreuses, qu'on appelle *grouettes*.

On voit, pendant l'été, des alouettes communes placer leurs nids dans des pièces ensemencées en bled, en orge ou en avoine; ces nids sont composés de brins de paille, qu'elles ramassent. Elles s'élèvent en l'air en chantant, sur-tout le matin, à une si grande hauteur, qu'on les perd de vue, & en redescendent aussi en chantant. Le nombre de celles qui font leurs nids dans le pays, est peu considérable; mais à la fin de septembre & dans les mois suivans, il en paroît trop pour ne les pas regarder comme des alouettes de passage. Elles ressemblent à l'espèce des communes, qui nichent dans le pays; cependant elles ont les doigts des pieds plus longs, & sont un peu plus grosses. On a remarqué que c'étoit dans les pleines lunes d'octobre & de novembre, qu'il en paroissoit une plus grande quantité. Ce qu'il y a de certain, c'est que, dans ces mois, les marchés en sont le plus fournis, soit parce qu'il y en a un passage plus considérable, soit parce que la saison n'étant pas encore rigoureuse, on s'occupe davantage à les prendre.

Les gens intéressés à la prise des alouettes, se promènent de jour dans les champs, pour voir s'il y en a beaucoup, & pour s'assurer des endroits où elles se posent. Ils prétendent que souvent ils en voient pendant plusieurs jours de suite, & qu'ils sont plusieurs jours sans en voir, sur-tout en quantité; car il y en a toujours quelques-unes, ne fût-ce que celles qui sont nées dans le pays. Cette alternative & cette abondance momentanée, sont les preuves d'un passage; mais d'où viennent les alouettes qui abondent dans la Beauce en Automne? viennent-elles du midi, comme les cailles & les hirondelles? je suis porté à croire qu'elles viennent du nord, & voici sur quoi je me fonde. Ce n'est qu'en Automne qu'elles paroissent, comme les oiseaux qui fuient le grand froid, pour vivre dans des pays tempérés. Lorsque le vent du nord est trop dur, elles s'éloignent; car on en voit moins; si le vent est froid & le tems sec, elles se laissent prendre plus aisément que par les tems doux; car alors elles sont plus paresseuses, & se tiennent plus cachées. Dès que le soleil se montre, elles voltigent & ne s'occupent pas même de manger; la facilité qu'elles trouvent à vivre dans la Beauce, où il s'est répandu beaucoup de grains sur les champs, les y retient dans cette saison. Au printems, elles remontent vers le nord, & se dispersent à la faveur d'une température douce. Pourquoi n'y auroit-il pas des oiseaux qui passeroient des climats tempérés dans les climats froids, & des uns dans les autres, comme il y en a qui, des pays chauds, viennent dans les tempérés, pour retourner dans les pays chauds, quand ils trouvent le tems trop rigoureux? au reste, ceci n'est qu'une conjecture, & non une démonstration.

Quoi qu'il en soit, depuis environ le vingt-cinq de septembre, époque où commence le passage des alouettes, jusqu'à la fin de novembre, ces oiseaux n'ont pas d'habitation fixe, ils vont indistinctement dans tous les champs récoltés, dans toutes les sortes de terres; mais alors, la saison devenant plus froide, les alouettes se cantonnent. Elles préfèrent les terres pierreuses & les pentes, plutôt que les plaines; c'est dans les chaumes de froment & d'avoine, qu'elles se jettent; rarement en trouve-t-on dans les jachères & dans les terres récemment ensemencées en froment, à moins qu'il n'y ait dans celles-ci des parties de fumier mal enterré; ce qui prouveroit encore qu'elles cherchent des abris, & il en faut bien peu pour des alouettes. On observe que quand le vent souffle d'un côté, elles se placent le nez au vent, même au vent du nord; cette manière de se poser, tient vraisemblablement à leur conservation; la plupart des animaux en agissent ainsi, pour être avertis de l'approche des ennemis qu'ils ont à craindre.

Il y a plusieurs manières de prendre les alouettes. Je décrirai la plupart, d'après les livres qui en traitent, & celle au *traîneau*, d'après ce que j'ai vu en Beauce. La première & la seule employée dans beaucoup de pays, est la prise au *miroir*. Pour y réussir, on doit avoir des *nappes* de filet; on appelle ainsi une étendue de filet, déterminée par un certain nombre de mailles. Je donnerai plus loin la description d'un filet à prendre les alouettes, composé de plusieurs *nappes*. Suivant le dictionnaire économique, édition de 1767, le miroir est fait de plusieurs pièces, ou plutôt ce sont plusieurs petits miroirs, mastiqués dans les entailles de six faces inégales d'un morceau de bois courbé en arc, d'un pouce & demi d'épaisseur, sur environ neuf pouces de longueur. Au milieu de la face inférieure du morceau de bois, on enfonce une cheville longue de six pouces, grosse comme le doigt, percée vers le milieu, pour recevoir une petite corde. On prend un autre morceau de bois d'un pied de long & d'un pouce d'épaisseur, on l'amincit par un bout, & vers le haut on y fait une entaille de deux pouces, dont on perce la partie supérieure & le dessous. C'est dans ces trous qu'on fait entrer la cheville, attachée à la pièce qui tient les miroirs; le bout aminci du morceau de bois dont il s'agit se fiche en terre pour assujettir tout l'appareil, de manière cependant que les miroirs peuvent être remués facilement à l'aide de la corde, placée au milieu de la cheville & roulée autour. Cette corde est dans la main d'un homme qui est caché dans une loge, faite de branchages ou de paille. On pose les miroirs au milieu de deux nappes de filet; on les remue continuellement quand le soleil paroît; éblouis par leur éclat, les alouettes s'approchent, & on les prend quand elles sont à hauteur convenable. C'est le matin qu'on peut faire cette chasse, pendant les gelées blanches.

Il y a des gens qui prennent une compagnie d'alouettes toute entière sous un seul filet. Pour cela, toute espèce de filet est bon, pourvu qu'il soit grand & que les mailles ne soient pas trop larges. On se promène dans la campagne. Dès qu'on apperçoit l'endroit où s'est posée une compagnie d'alouettes, on s'en approche le plus près possible, en tournant & en s'abaissant. Quand on en est à trente ou quarante pas, & qu'elles paroissent sans crainte, on déploie le filet, on le pose en travers sur les raies, planches ou sillons, des guérets ou des bleds; on élève le côté qui regarde les alouettes par le moyen de fourchettes de bois pointues, dont on s'est muni, & qui soutiennent cette partie de la corde du filet, pendant que les autres sont traînantes; on chasse ensuite les alouettes dans le filet, & on ôte les fourchettes. Elles sont prises comme dans une cage. Cette chasse, qui paroît plus amusante que lucrative, n'est pas celle qui convient aux paysans.

Quelquefois ils établissent des collets ou des lacets. Ils attachent plusieurs ficelles auprès les unes des autres dans un champ, où ils jettent un peu de grain pour attirer les alouettes. Ces ficelles, longues de quatre ou cinq toises, sont arrêtées par des piquets. On y attache des lacets en double, faits de crin de cheval, à quatre doigts les uns des autres. Les paysans font un tour dans la plaine, & rabattent vers leurs collets les alouettes, qui s'y prennent par les pattes.

On prend aussi les alouettes à la *tonnelle*. Il faut qu'elle ait au moins dix pieds de haut à son entrée. On en arrête l'extrémité avec un piquet qu'on fiche en terre; on la tend bien; & on étend les filets de côté, soit en demi-cercle, soit en biais. On attache à la dernière perche de chaque filet plusieurs cordes, garnies de plumes; de sorte qu'étant posées les unes sur les autres, elles forment comme un mur, qui empêche les alouettes de s'écarter de l'entrée de la tonnelle; on les assujettit par des piquets, ainsi que les filets. On conseille de mettre des appellans à l'entrée & auprès de la tonnelle, c'est-à-dire, des alouettes ou autres oiseaux; on ne tend la tonnelle que dans les endroits où l'on s'est assuré qu'il y a des alouettes; quand elle est tendue, on bat la campagne pour les y faire entrer. On peut aussi employer une vache artificielle, à la faveur de laquelle on tend la tonnelle pour surprendre les alouettes. Ce moyen est d'usage pour prendre beaucoup d'oiseaux.

Une quatrième manière, qu'on appelle prise des alouettes à *la ridée*, consiste à attacher bout à bout deux nappes de filets, de manière à les faire agir à volonté. On place au milieu des nappes quelques alouettes vivantes, attachées par des ficelles, plantées dans la terre. Une personne placée dans une loge, y tient les cordes, qui aboutissent aux nappes; d'autres personnes battent la campagne, font lever les alouettes, qu'ils poussent vers les nappes; la vue des oiseaux de leur espèce les y attire encore. Quand elles sont auprès, ont tire la corde, & elles se trouvent prises sous les napes.

Dans le neuvième tome de l'histoire des oiseaux, page 23 & suivantes, M. de Montbeillard décrit en détail une manière de prendre les alouettes aux *gluaux* usitée en Lorraine. Il assure qu'on en prend à-la-fois jusqu'à cent douzaines, mais communément vingt-cinq douzaines. Les gluaux doivent être plantés à plomb régulièrement, & se soutenir de manière qu'ils puissent tomber aussi-tôt qu'une alouette les touche en passant. On pousse les alouettes vers ces gluaux.

Dans la Beauce, on prend des alouettes la nuit avec un *traîneau*. Quelquefois on en prend beaucoup. Le traîneau est un grand filet, composé de quatorze nappes, distinguées & séparées par quinze ficelles, appellées *maîtres*, dont deux aux deux bords de la longueur du filet, & les treize autres dans le corps du filet. La nappe a douze mailles de largeur & quatre cens cinquante de longueur; la maille, qui est en losange, a un pouce & demi en quarré; le corps de l'alouette y passeroit, mais comme elles s'enlèvent en étendant les ailes, les mailles se trouvent assez étroites. Les ficelles des maîtres sont tordues en trois au rouet, & passent dans toute la longueur du filet alternativement dans une maille par-dessus, & dans une maille par-dessous; elles se terminent à une autre ficelle qui sert de bordure à chaque extrémité, connue sous le nom de *sommier*. C'est avec ces sommiers qu'on forme les boucles dans lesquelles entrent les perches; les maîtres sont fixés dans les sommiers. Il y a des filets qui n'ont pas quatorze nappes; mais les nappes en sont plus larges. Afin d'empêcher le filet, dans les parties duquel les maîtres ne sont que passés, de se porter & de glisser tout d'un côté, quand il fait du vent, on attache de distance en distance, sur les deux maîtres de la bordure & sur un du milieu, un fil qui le retient. Les filets sont faits de fil de chanvre fin, bien filé, du prix d'environ quarante sols la livre. On leur donne douze toises de longueur ou environ, sur quinze à seize pieds de largeur. On paie un filet, de sept à huit liv. Pour chaque filet, il faut deux perches, chacune d'environ dix-huit pieds de longueur; elles sont moins grosses aux extrémités, que dans le reste de leur longueur; elles ont au milieu environ quatre pouces de tour; on les fait le plus ordinairement de bois d'aulne & quelquefois de saule, parce qu'elles doivent être légères; chaque perche coûte de dix-huit à vingt sols.

On attache au bord du filet, sur une des largeurs, des brins de paille, ou plutôt de roseaux, qu'on nomme *appellans*, parce qu'en traînant sur le chaume, ils font du bruit qui force les alouettes à s'élever & à se prendre. On en met de sept à onze, en les espaçant. Si le tems est froid, tous les appellans servent; s'il est doux, on en retrousse une partie sur le filet, parce qu'alors les alouettes ne sont que trop disposées à s'élever, & qu'elles s'envolent avant que le filet soit au-dessus. *Voy.* planche n.° 2, pour toutes les espèces de filets.

A l'approche de la nuit, les preneurs d'alouettes vont aux champs, tenant leurs perches & le filet. Ils le déploient & enfilent les boucles dans les perches, en choisissant un endroit sec. Ordinairement ils sont deux hommes, un pour chaque perche. Quelquefois il y a deux personnes à une seule perche, si ce sont de jeunes garçons, trop foibles pour qu'un seul porte une perche & sa part du filet. Ils se mettent dans ce cas vers les extrémités de la perche. Quand il n'y en a qu'un, il porte la perche par le milieu. On attache à l'endroit de la perche, où on doit la saisir, une lisière en double, que l'homme fait passer par-dessus son épaule & son col, & qu'il tient dans celle des deux mains qui ne soutient pas le filet. C'est dans le pli du bras que se pose la perche. On étend bien le filet; on l'incline de manière que le milieu de la partie postérieure, où sont les appellans, soit à environ un pied au-dessus du sol, & les côtés de la même partie, vers les hommes, à deux pieds. Le bord de la partie antérieure, par cette inclinaison, se trouve élevé de quatre pieds à quatre pieds & demi.

Tout étant ainsi disposé, les hommes marchent vite & en silence, évitant les buissons pour ne pas accrocher leur filet; ils suivent les pièces de terre où ils présument qu'il doit y avoir des alouettes; ils avancent & reviennent dans le même sens, en parcourant d'autres places. S'il fait beaucoup de vent, ils lui présentent toujours le travers de leur filet, car ils ont également à craindre d'avoir à luter contre lui, de s'excéder de fatigue, ce qui arriveroit, le vent leur soufflant dans le nez, & d'avoir leur filet trop élevé dans la partie postérieure, inconvénient qui certainement auroit lieu, quand ils se tourneroient du côté opposé au vent. Dès qu'on entend voler des oiseaux, on laisse tomber le filet & les perches. Malgré l'obscurité, on reconnoît au bruit qu'ils font en se débatant, la place où ils sont; on les saisit, on les tue, ou en leur mordant le cou, ou en leur rompant cette partie avec l'ongle; on les met dans un petit sac que chaque homme porte suspendu. On reprend les perches & le filet, & on recommence.

Pour que la chasse soit bonne, & la prise abondante, il faut que les alouettes ne soient pas réunies en grande bande; une seule, plus active, feroit trop tôt partir toute la troupe; mais on en prend bien davantage quand elles sont seules à seules, ou deux ou trois ensemble. Dans le tems où elles sont en plus grande quantité, on en prend jusqu'à vingt douzaines & plus, en une nuit; encore les hommes ne marchent-ils qu'une partie de la nuit; ils n'y résisteroient pas, cette chasse étant trop fatigante. Chaque perche pesant huit livres, le filet deux livres & demie, un homme, dans un moment de calme, n'a à porter que neuf livres & quatre onces; mais pour peu qu'il fasse du vent, la résistance à vaincre est considérable à cause de l'étendue du filet, & de la longueur des perches. S'il pleut, s'il tombe de l'eau qui se glace, le poids devient bien lourd. Ajoutez à cela une marche difficile dans les chaumes, souvent dans les pierres, & en montant, une attention perpétuelle, & une occupation de nuit toujours plus lassante, sur-tout pour des gens qui ont travaillé tout le jour; toutes ces circonstances ne permettent d'aller aux alouettes que quelques heures chaque nuit. Les hommes partent à la fin du jour, qui est le moment le plus favorable, & reviennent vers les onze heures du soir. Quelquefois ils y retournent encore quelques heures avant le jour; mais c'est dans la saison où ils en trouvent beaucoup. Quand il n'y en a point, ils sont rentrés chez eux à huit heures du soir, en étant partis à la chûte du jour.

Souvent, au lieu d'alouettes, ce sont d'autres oiseaux qui se font prendre, tels que des espèces de becfigues, particulièrement dans les premiers tems. Ceux qui sont plus petits que les mailles du filet passent au travers. Les paysans, livrés à la prise des alouettes, assurent qu'ils ne prennent pas de perdrix; mais on ne doit pas les en croire sur parole. S'ils en prennent, ce n'est que rarement, & dans les commencemens du mois d'octobre, parce qu'alors ces oiseaux ne sont pas en garde contre les filets; mais bientôt ils s'en défient. Une perdrix engagée dans un filet à alouette, est capable de rompre beaucoup de mailles.

Rien n'est plus vrai que le proverbe qui dit: *le brouillard engraisse les alouettes*, en l'interprétant convenablement; on sent bien que le brouillard n'engraisse aucun animal. Mais quand il en fait, les alouettes, moins disposées à voltiger, restent de jour à terre, & mangent beaucoup. Cet oiseau a la facilité de maigrir & d'engraisser en peu de tems. On estime qu'une douzaine d'alouettes, en bon état, pèse une livre, de seize onces; c'est une once & deux gros & demi par alouette. On les vend depuis six sols la douzaine jusqu'à deux livres dix sols & trois livres, ce qui dépend de l'abondance.

Dans toute la Beauce, les payſans prennent des alouettes. C'eſt un ſecours à leur miſère, parce que le plus léger profit eſt important dans leur poſition. Preſque tous les ſeigneurs & propriétaires de terres le permettent quand la fureur de la chaſſe aux perdrix ne les rend pas impitoyables. La crainte de la priſe de quelques perdrix, tout au plus chaque année, doit-elle être un motif qu'on puiſſe mettre en comparaiſon avec l'avantage que trouvent les payſans à vendre des alouettes qui leur coûtent de la peine à prendre? Heureuſement je ne connois pas de ces ames inſenſibles, & j'aime à croire que s'il y en a, il y en a peu.

On ſe plaint, depuis trois ans, de ne voir preſque plus d'alouettes dans le tems du paſſage. L'année dernière on n'en a preſque pas vu. Seroit-ce que cette eſpèce d'oiſeaux a moins multiplié qu'à l'ordinaire, ou parce que dans les pays où elles paſſent pour venir en Beauce, on eſt devenu plus intelligent pour les prendre.

Les villes de Chartres, d'Etampes, & ſur-tout de Pithiviers, font de grands envois d'alouettes dans la capitale. A Chartres, on eſt dans l'uſage de choiſir les plus belles, les plus graſſes, de les mettre par douzaines dans des boîtes pour les faire parvenir à Paris ſous le nom de *moviettes*. La ville de Pithiviers eſt renommée pour ſes pâtés d'alouettes, dont elle a un débit conſidérable. (*M. l'abbé* Tessier.)

Alouette (pied d'), ancien nom d'un genre de plante nommé par les botaniſtes *Delphinium*. *Voyez* Dauphinelle. (*M.* Thouin.)

ALPUGE, Alpege *ou* Alpen; « on nomme » ainſi, dans quelques provinces, une terre en friche. » *Diction. écon.* (*M. l'abbé* Tessier.)

ALPAN, nom d'un genre de plante de la famille des *Anones*, dont il n'exiſte encore qu'une eſpèce connue.

Alpan à ſiliques.

Alpania ſiliquoſa. La M. *Dict.*

C'eſt un arbriſſeau très-commun dans les terres ſablonneuſes & découvertes du Malabar, ſur-tout vers Aragatte & Mondabelle. Il eſt toujours verd; il porte des fleurs & des fruits deux fois chaque année, la première en octobre & novembre, & la ſeconde fois en février & en mars.

On ſe ſert de ſon ſuc pour guérir la gale & les vieux ulcères, mais plus ordinairement pour les morſures des ſerpens venimeux.

La culture de cet arbriſſeau n'eſt point encore connue en Europe, où, ſuivant les apparences, il n'a jamais été cultivé. (*M.* Thouin.)

ALPHANGE *ou* Alfange, nom que les jardiniers donnent à une ſous-variété de la *Lactuca ſativa romana*. *V.* Laitue. (*M.* Thouin.)

ALPHITA, « préparation alimentaire faite » de la farine d'orge pelé & grillé, ou plus généralement de la farine de quelque grain que » ce ſoit. On conjecture que les Anciens étendoient ſur le plancher, de diſtance en diſtance, » leur orge en petits tas, pour le faire mieux » ſécher quand il étoit humide, & que *l'alphita* eſt la farine même de l'orge, qui n'a » point été ſéché de cette manière. *L'alphita* » des Grecs étoit auſſi le *polenta* des Latins. La » farine de l'orge détrempée & cuite avec l'eau » ou quelques autres liqueurs, comme le vin, le » moût, l'hydromel, &c., étoit la nourriture » du peuple & du ſoldat. Hippocrate ordonnoit » ſouvent à ſes malades *l'alphita* ſans ſel. » *Ancienne Encyclopédie.* (*M. l'abbé* Tessier.)

ALPIA, Alpice *ou* Alpiste, ſynonymes du nom d'une graminée, connue des Botaniſtes, ſous celui de *Phalaris canarienſis*. *Voy.* Alpiste des Canaries. (*M.* Thouin.)

ALPINE. C'eſt le nom françois qui a été donné à une plante nommée en latin *Alpinia racemoſa*, L. en mémoire de Proſper Alpin, célèbre Botaniſte de ſon tems, lequel, après avoir voyagé en Grèce & en Egypte, écrivit en deux volumes *in*-4.°, l'Hiſtoire des plantes de ces pays. *Voyez* Amome pyramidale. (*M.* Thouin.)

ALPISTE Phalaris.

Genre de plante de la famille des Graminées, (*Voyez* ce mot.) Ce genre eſt compoſé dans ce moment, de vingt & une eſpèces différentes, qui ſont des plantes herbacées, vivaces ou annuelles. Leurs fanes ſervent ou peuvent ſervir à la nourriture des beſtiaux, & les graines de quelques-unes, font un objet de commerce. Elles ne ſont guères cultivées en Europe, que dans les écoles de botanique.

Eſpèces.

1. Alpiste des Canaries.

Phalaris *Canarienſis.* L. ⊙ d'Afrique & du midi de l'Europe.

2. Alpiste bulbeux.

Phalaris *bulboſa.* L. ⊙ du levant.

3. Alpiste pubeſcente.

Phalaris *pubeſcens.* La M. Dict. ⊙ de Provence.

4. Alpiste noueuſe.

Phalairs *nodoſa.* L. ♃ de l'Europe méridionale.

5. Alpiste aquatique.

Phalaris *aquatica.* ♃ L. des bords du Tybre & de l'Egypte.

6. Alpiste phléoide.

Phalaris *phleoides.* L. ♃ dans les prés de l'Europe.

7. Alpiste rude, vulgairement la lime.

Phalaris *aſpera.* La M. Dict. ⊙ de l'Europe méridionale.

8. Alpiste à veſſies.

Phalaris *utriculata.* L. ⊙ du midi de la France.

9. ALPISTE rongée.

PHALARIS paradoxa. L. ⊙ de Provence, du Portugal & du Levant.

10. ALPISTE en roseau.

PHALARIS arundinacea. L. ♃ de l'Europe tempérée.

B. ALPISTE chiendent panaché.

PHALARIS arundinacea. picta. L. ♃ des jardins.

11. ALPISTE lunetière.

PHALARIS crucæformis. L. ♃ du nord de l'Europe & de l'Asie.

12. ALPISTE de l'Inde.

PHALARIS zizanioides. L. des Indes orientales.

13. ALPISTE asperelle.

PHALARIS oryzoides. L. d'Allemagne, d'Italie & de Virginie.

14. ALPISTE dentée.

PHALARIS dentata. Lin. fil. suppl. d'Afrique.

15. ALPISTE semi-verticulée.

PHALARIS semi-verticillata. La M. Dict. d'Egypte.

16. ALPISTE distique.

PHALARIS disticha. La M. Dict. d'Egypte.

17. ALPISTE crételée.

PHALARIS cristata. La M. Dict. d'Egypte.

18. ALPISTE veloutée.

PHALARIS velutina. La M. Dict. d'Egypte.

19. ALPISTE setacée.

PHALARIS spicata. La M. Dict. d'Egypte.

20. ALPISTE à gaines fleuries.

PHALARIS vagini-flora. La M. Dict. d'Egypte.

21. ALPISTE hérissée.

PHALARIS muricata. La M. Dict. d'Egypte.

Culture propre à toutes les espèces, dans les jardins de botanique.

Dans les écoles de botanique, les espèces annuelles comprises sous les numéros 1, 2, 3, 7, 8 & 9, se sèment au commencement d'avril en pleine terre, & à la place qu'elles doivent occuper. On laboure avec la houlette une surface de terre de deux pieds quarrés ; on pratique ensuite un auget rond, d'un pied & demi de diamètre, & de cinq à six pouces de profondeur ; si le terrein est sec, & seulement d'un pouce ou deux, s'il est humide. Lorsque la terre a été bien unie, on y répand les graines le plus également qu'il est possible, & on les recouvre avec un mélange de terre fine & de terreau de bruyère de deux à quatre lignes d'épaisseur, suivant la grosseur des graines.

S'il ne tomboit point d'eau dans les premiers tems, ou s'il n'y avoit point de rosées pendant la nuit, il seroit à propos d'arroser les semis deux ou trois fois par semaine, avec un arrosoir à pomme.

Quand les graines sont bonnes, elles lèvent dans l'espace de huit à quinze jours ; il faut avoir soin de sarcler les jeunes plants, & de les éclaircir lorsqu'ils sont trop épais, afin qu'ils puissent croître & se développer avec plus de facilité ; on peut très-bien même n'en laisser qu'une douzaine de pieds ; ils ne seront que plus forts & plus vigoureux. Lorsque la saison est un peu chaude, ils commencent à fleurir à la fin du mois de juin, & leurs épis sont mûrs vers le mois d'août. Mais alors il ne faut pas les laisser long-tems sur pied, parce que les oiseaux sont très-friands des graines. On les récolte par un tems sec, & on les met dans des sacs de papier, que l'on tient à l'abri de l'humidité jusqu'au tems des semis. Ces graines conservent pendant cinq ou six ans, & même davantage, leurs propriétés germinatives.

Celles des espèces indiquées sous les n.os 5, 12, & depuis le 14 jusqu'au 21.me, qui sont originaires de pays plus méridionaux que la France, exigent un degré de chaleur plus considérable pour parvenir à leur parfaite maturité. Il convient de les semer à la fin de mars, dans des pots remplis d'une terre meuble & légère, que l'on place sur une couche chaude, couverte d'un chassis. On ne doit pas manquer de leur donner, jusqu'à ce qu'elles soient levées, des bassinages matin & soir, ensuite on ne les arrose qu'autant que le besoin l'exige. Dans le mois de juin, lorsque ces plantes ont acquis environ quatre pouces de haut, on les sépare & on met en pleine terre, à la place qu'elles doivent occuper, les espèces annuelles que l'on a soin de couvrir avec des lanternes, pour accélérer leur végétation.

Les espèces vivaces doivent être rempotées dans de grands pots, qu'on transporte à leur place, & que l'on couvre également de cloches ou de lanternes ; à la fin de l'automne, on les rentre dans les serres chaudes, où elles n'exigent que peu d'arrosemens pendant l'hiver ; l'année suivante, vers la mi-mai, on les met en plein air à leur place.

Les Alpistes, n.os 4, 6, 10, 11 & 13, sont des plantes vivaces, qui étant pour la plupart originaires de notre climat, viennent parfaitement en pleine terre. On les multiplie très-aisément de drageons, & même plus promptement que de toute autre manière ; il suffit d'en planter un œilleton enraciné, n'importe en quelle saison, pour en avoir des touffes considérables. Cependant la saison la plus favorable pour cette opération, est le printems ou l'automne ; mais à défaut de drageons, on peut les multiplier de graines, que l'on sème en Automne, en pleine terre, de la même manière que nous l'avons dit ci-dessus, pour les espèces de la première division. Elles lèvent dès le premier printems, & les jeunes plantes viennent en fleurs dans le courant de l'année. En général, elles aiment un sol humide, & même un peu aquatique.

Mais il est bon d'observer que les racines de la plupart des espèces sont traçantes ; en conséquence il est à propos, lorsqu'on les met en place, de les planter séparément dans de grands pots, sans quoi leurs racines se mêleroient bientôt, & il seroit difficile de distinguer ces espèces les unes des autres.

Usages de l'Alpiste chiendent panaché.

L'ALPISTE chiendent panaché est cultivé dans les jardins, non-seulement pour la beauté de sa feuille, qui est élégamment variée de lignes jaunes, blanches & vertes, mais encore pour ses épis en forme de panache, qui sont d'une couleur purpurine fort agréable. On place cette plante sur le bord des eaux, & même dans l'eau, à un pied ou deux de profondeur. Quand c'est une petite rivière ou un petit ruisseau, il suffit de la planter dans la vase ; mais dans des bassins plombés ou enduits de ciment, il convient de la mettre dans un grand pot avec de la terre très-argilleuse, & de la descendre sous l'eau, depuis un pied jusqu'à trois de profondeur. Cette plante produit un très-bel effet dans les eaux, parmi les rochers, & l'on prétend qu'elle protège le frai du poisson. (*M. THOUIN.*)

Culture particulière de l'alpiste des Canaries, ou de la première espèce.

On la connoît sous le nom d'*Escaïola* dans le royaume d'Alger & en Italie ; en France, sous celui de *millet*, particulièrement à Valenciennes & dans le diocèse d'Auch ; le plus ordinairement c'est sous celui de *graine d'oiseau* ou *de Canaries*, soit parce qu'on en nourrit les oiseaux, & sur-tout les serins, qui sont originaires des Isles Canaries, & qu'on nomme, dans plusieurs de nos ports, *Canaries*, *Canariens*, soit parce que cette plante croît naturellement dans ces îles. On la trouve aussi parmi les bleds en Provence, en Languedoc, en Espagne, & sur la côte d'Afrique.

L'ayant cultivée & examinée avec soin, j'en donnerai la description un peu plus détaillée qu'elle ne l'est dans le dictionnaire de botanique, afin de lui servir en cela de supplément.

Cette plante s'élève jusqu'à trois pieds, communément à trente pouces, quand elle est en bonne terre. Sa tige est fine comme celle du lin, sur-tout en approchant de l'épi ; elle est droite, lisse, d'un beau verd, creuse, ressemblant à celle du froment ; ses feuilles sont larges & molles ; l'épi, qui a au moins un pouce de long, sur environ deux pouces de circonférence, est quelquefois panaché de blanc & de verd. Il est cylindrique à la base, & presque conique à l'extrémité. Il a deux sortes de bâles ; les unes externes, qui sont attachées & rangées autour du support, dont on peut les séparer sans détruire le support, quoiqu'il soit mince ; ce qui est à remarquer, parce que, dans beaucoup de graminées, le support se brise quand on enlève les calices. Les autres bâles sont internes, petites, embrassant seulement la partie inférieure de la graine, placées dans le sens des bâles externes, ayant une demi-ligne. Les bâles internes adhèrent plus fortement à la graine que les bâles externes ; elles y restent même lorsque l'épi est battu. La graine d'alpiste est plus applatie que ronde ; elle est lisse, grise, moins luisante que le lin, plus épaisse au milieu qu'aux bords, un peu en pointe à ses deux bouts ; elle a deux lignes & demie de longueur, sur une ligne de largeur ; sa disposition dans les bâles est telle, qu'elle se présente par une de ses faces. Un épi d'alpiste produit cinquante graines & davantage même : en mûrissant, il prend, comme le tuyau, une couleur de paille qui commence à l'extrémité des bâles, long-tems jaunes avant les parties voisines de leur insertion.

J'ai reçu de la graine d'alpiste de Saint-Malo, de Trie, Diocèse d'Auch, de Valenciennes, de Cambray, de Lille ; d'où je conclus que cette plante est cultivée dans ces pays, soit en grand, soit en petit. Parmi des grains de mars, envoyés de différens cantons, j'ai trouvé des graines d'alpiste, particulièrement parmi de la vesce, venue de Dieppe. Ce n'est guères qu'aux environs de Saint-Malo qu'il me paroît qu'on cultive, en grand, cette plante.

Pour semer la graine d'alpiste, j'ai fait labourer le terrein, comme pour semer de l'orge ou de l'avoine ; c'est le 23 avril 1785 qu'on l'a répandu sur la terre & recouvert à la herse. C'étoit dans un champ qui avoit rapporté du froment l'année d'auparavant ; les plantes ne se sont pas élevées à plus de deux pieds & demi : le 30 août elles étoient mûres. J'en ai semé aussi, le 20 avril, dans une terre qui avoit été fumée en automne, & qu'on avoit réservée pour l'alpiste au printems, quoiqu'elle eût dû être ensemencée, dès l'automne, en froment. L'alpiste a levé en grande partie, & a monté à plus de trois pieds. On l'a récolté au mois d'août.

Enfin, les derniers jours de mars 1786, j'en ai fait semer dans un terrein qui avoit rapporté du lin. L'alpiste n'a monté qu'à un pied & demi ; l'été a été très-sec ; on l'a coupé le 9 août. Cette plante paroît donc suivre, dans sa végétation, la marche de quelques graminées de mars, telles que l'avoine sur-tout.

Selon les renseignemens que m'a procuré, depuis peu, M. Bougourd, Médecin à Saint-Malo, on choisit, pour cultiver l'alpiste, un terrein sec & léger, exposé au midi ; on le fume abondamment avec le meilleur fumier de vache.

On sème l'alpiste l'année d'après le froment, au mois de mars, après deux labours, comme pour l'avoine ou pour l'orge. On prend la graine du pays pour la semer ; on y mêle du sable ou de la terre sèche. On est dans l'usage d'en employer onze pots par journal ; on sarcle la terre, en été, à la main ; vers la mi-juillet la plante fleurit; elle est mûre à la fin d'août. Si l'été est sec, il est favorable à cette plante, qui craint l'humidité; il ne faut pas qu'elle soit à l'ombre. Elle est sujette à la rouille & au charbon. Les oiseaux sont les ennemis qu'on doit le plus craindre pour l'alpiste. On la bat au fléau, comme le froment; la graine se conserve dix ans, pourvu qu'elle ne soit pas à l'humidité.

Elle est, dit-on, apéritive & salutaire dans les embarras des reins & de vessie.

En France, on la destine particulièrement pour les serins; on n'en donne presque pas aux autres oiseaux, parce qu'elle est rare. Les amateurs de serins en sèment quelques planches dans leurs jardins. Aux environs de Saint-Malo, le paysan qui en veut vendre, en cultive ordinairement plusieurs planches. Rarement on lui consacre un journal de terre, qui est de quatre-vingt cordes, c'est-à-dire, vingt cordes de long, sur quatre cordes de large; la corde a vingt-quatre pieds.

La graine d'alpiste, à Saint-Malo, se vend, années communes, de quinze à dix-huit sols le pot.

Je suis assuré que les perdrix & les faisans aiment beaucoup la graine d'alpiste. Je conseille aux amateurs de la chasse d'en cultiver dans leurs terres, pour la conservation des autres grains précieux. (*M. l'abbé* TESSIER.)

ALQUIER, « mesure de grains à Lisbonne.
» Cette mesure est très-petite, en sorte qu'il ne
» faut pas moins de deux cents quarante *Alquiers*
» pour faire dix-neuf setiers de Paris; soixante
» *alquiers* font le muid de Lisbonne; cent deux
» à cent trois *alquiers*, le tonneau de Nantes, de
» la Rochelle & d'Auray, & cent quatorze à
» cent quinze, le tonneau de Bordeaux & de Vannes.
» Ricart, dans son *traité du négoce d'Amsterdam*,
» dit qu'il ne faut que cinquante-quatre *alquiers*
» pour le muid de Lisbonne.

» La mesure de Porto, en Portugal, s'appelle
» aussi *alquier*; mais elle est de vingt pour cent
» plus grande que celle de Lisbonne. On se sert
» aussi *d'alquiers* dans d'autres états du Roi de
» Portugal, particulièrement aux Isles Açores, &
» dans l'Isle Saint-Michel. Dans ces deux endroits,
» suivant le même Ricart, le muid est de soixante
» *alquiers*, & il en faut deux cents quarante pour
» le last d'Amsterdam.

» On se sert, en Portugal, de cette mesure
» pour mesurer les huiles. L'alquier contient six
» cavadas. Il faut deux alquiers pour faire l'almude
» ou almonde. *Anc. Ency.* » (*M. l'abbé* TESSIER.)

ALSTONE. *ALSTONIA.*

Nouveau genre de plante qui a beaucoup de rapport avec ceux du thé & du camelli. Il a été découvert, dans l'Amérique méridionale, par M. Mutis, qui en a fait hommage à la mémoire de Charles Alston, ancien professeur en l'université d'Edimbourg. Il n'y a encore qu'une espèce de ce genre qui soit connue.

ALSTONE Théoïde.

ALSTONIA Theaformis. Lin. fil. suppl. 39 & 264.

C'est un arbrisseau qui, par son port, ses feuilles, la situation de ses fleurs & leurs calices, ressemble au thé: son feuillage est d'un beau verd luisant, & se conserve toute l'année; ses fleurs sont blanches & fort apparentes.

Ses feuilles desséchées ont la même saveur que celles du thé; on présume qu'elles en ont les propriétés.

Cet arbrisseau n'est point encore parvenu en Europe, où sa culture est inconnue. (*M.* THOUIN.)

ALTÉRÉ, *agriculture*, une terre est *altérée*, si on l'a épuisé en lui faisant rapporter des grains, sans interruption, comme lorsqu'un fermier ensemence ses champs dans les années de jachères ou de repos, parce qu'il est sur le point d'être remplacé, dans sa ferme, par un autre. On dit aussi du fumier *altéré*, quand il est trop desséché; des *raisins altérés*, quand la vigne n'en donne pas d'aussi gros qu'on l'espéroit; du *bois altéré*, lorsqu'il a dépéri, soit par le gibier, soit par toute autre cause. Ce mot est pris, dans sa véritable signification, lorsqu'on dit, pendant une grande sécheresse, *les terres sont altérées, les bleds sont altérés*, c'est-à-dire, ont besoin de pluie. (*M. l'abbé* TESSIER.)

ALTÉRÉ, *jardinage*, ce mot a différentes acceptions, suivant qu'il est pris au propre ou au figuré.

Ainsi, l'on dit que les branches d'un arbre sont altérées, lorsqu'il leur est arrivé quelque accident, soit par les rigueurs de l'hiver, soit par toute autre cause; que des fruits sont altérés lorsqu'ils ne sont point parvenus à leur grosseur ordinaire, ou qu'ils ont perdu de leur qualité.

Mais on emploie plus communément ce mot pour désigner la sécheresse & la soif des végétaux. Cette terre est altérée, c'est-à-dire, est sèche & a besoin d'eau. Ces végétaux sont altérés, c'est-à-dire, manquent de l'humidité nécessaire à leur végétation.

On reconnoît que des plantes, & en général que des végétaux sont altérés, lorsque leurs feuilles deviennent flasques, & qu'au lieu de se soutenir sur leurs pédicules, elles retombent sur leurs tiges.

Il faut tâcher de prévenir, autant qu'il est possible, cet état de langueur, qui est une vraie maladie pour les végétaux. Cette maladie même est d'autant plus dangereuse qu'ils ont souffert plus long-tems de la soif. Lorsqu'elle est parvenue à un certain point, elle occasionne des obstructions dans les vaisseaux qui portent les fluides nécessaires à la végétation des plantes, & tous les arrosemens qu'on leur donne ne peuvent ensuite les rétablir dans leur état naturel; elles périssent plus ou moins promptement. Le parti le plus sûr alors est de couper les fannes des plantes, elles repoussent quelquefois de nouvelles branches de leurs racines.

Les arrosemens sur une terre trop altérée ne produisent que peu d'effet; l'eau coule sur la surface sans la pénétrer, ou s'insinue dans les gersures, & descend à une trop grande profondeur pour qu'elle puisse profiter aux racines des plantes; dans ces circonstances, il convient de bassiner légèrement la terre à plusieurs reprises avec l'arrosoir à pomme, & particulièrement le soir. La couche végétale s'imbibe alors beaucoup plus aisément, & conserve plus long-tems l'humidité.

Les tems de sécheresse & les froids altèrent les fruits & leur font perdre de leur grosseur & de leur qualité; la quantité même dont un arbre est chargé produit aussi le même effet. Dans les jardins, on est souvent à portée de remédier à ces inconvéniens en arrosant à propos, en couvrant les plantes pendant l'hiver, & sur-tout vers la fin, & en éclaircissant les fruits à leur naissance sur les arbres qui en sont trop chargés.

A l'égard de l'altération causée au jeune bois par des grêles, des froids tardifs, &c. il n'y a guère d'autre remède que de supprimer les branches altérées. Cependant, si ces plaies ne sont pas trop nombreuses, on peut quelquefois parvenir à les guérir en les couvrant de terre franche mêlée avec de la fiente de vache; mais cette opération minutieuse ne peut guère être employée que pour des végétaux rares & précieux. (*M. Thouin.*)

ALTERNANTE. *Alternanthera*, nouveau genre de plante établi par Forskaoel, & qui fait partie de la famille des AMARANTHES. Il n'est encore composé que d'une espèce.

ALTERNANTE triandique.
Alternanthera triandra. La M. Dict.

C'est une plante rampante dont les fleurs sont rassemblées en petites têtes, & viennent dans les aisselles des feuilles; elles sont d'un blanc roussâtre peu agréable. Cette plante croît en Arabie & en Egypte, dans les environs de Rosette. Elle n'a point encore été cultivée en Europe. (*M. Thouin.*)

ALTERNER.

Ce mot signifie faire des choses différentes, tour-à-tour, ou les unes après les autres. On le trouve depuis quelque tems dans les livres d'agriculture, où il est employé seulement pour exprimer la conversion des prairies en terres labourables, & celles des terres labourables en prairies.

Je distingue en agriculture plusieurs manières d'*alterner*. La première est celle par laquelle, dans le même champ, on cultive des grains de diverse nature, de façon que les uns succèdent aux autres & reviennent à leur tour, soit sans interruption, soit après une ou quelques années de repos. Je n'examinerai point ici si la suppression des jachères est par-tout praticable & avantageuse; cet objet sera discuté & approfondi en son lieu. Mais je me contenterai d'exposer comment on *alterne* dans différens pays & terreins.

Il y a en France des cantons, où tous les ans les terres sont ensemencées. J'en connois même qui produisent deux récoltes dans la même année. On conçoit qu'elles doivent avoir du fond, ou qu'on n'y épargne pas les engrais. Ces cantons sont privilégiés & peu nombreux, les fermages y sont fort chers & les impôts considérables. Les pays de culture commune ont aussi quelques champs qui ne se reposent qu'après un certain tems, ou qui ne se reposent jamais. Ce sont des terreins où il y avoit du bois, qu'on a arraché, ou des terreins situés auprès des habitations appellés *courtils*, *ouches*, &c., leur proximité est favorable pour le transport des engrais : sans frais on y conduit & on y jette toutes les ordures de la maison, & ce qu'on ramasse dans les cours & dans les rues. Les grains y viennent si forts qu'on est souvent obligé de les effaner, afin qu'ils ne versent pas. Parmi ces champs, les uns rapportent du froment plusieurs années de suite; les autres produisent sans cesse différentes sortes de plantes. Dans un canton de la vallée d'Anjou, après qu'on a recolté dans un champ toutes les raves d'hiver, on y sème du chanvre au mois de mai, & en automne du froment; quelquefois deux années de suite du froment, puis une espèce de *latyrus*, ou gesse, appellée *Jarrosse*, que les bestiaux mangent en vert, & sans perdre de tems du blé de Turquie, qu'on nomme *Italie* dans le pays.

Dans la châtellenie de Lille en Frandres, la première année c'est de l'avoine, la seconde du lin, la troisième du froment, la quatrième de l'hivernage, c'est-à-dire, un mélange de vesce & de seigle, qu'on sème avant l'hiver, la cinquième du colsat, & la sixième du froment, avec lequel on sème ou de la *tranaine*, qui est le trefle, ou du sainfoin, ou de la luzerne; ces dernières plantes ne restent en terre que l'année suivante, & sont remplacées par l'avoine. Ce cercle se répète & varie quelquefois, puisqu'on combine de diverses manières les grains que je viens de désigner, & qu'on cultive en outre dans ces riches terreins, les fèves, l'oliette, les choux & les navets. Plusieurs autres parties de la Flandres, &, à ce qu'on assure, une grande partie du Brabant, de la Normandie, de l'Angleterre, du Tirol, du Piémont, de la Lombardie, de la Toscane, ne laissent point reposer leurs terres.

Les cultivateurs des environs de la Châtre en Berry, sèment deux fois de suite du froment dans la même terre. Communément la première année ils retirent soixante-dix boisseaux, mesure de Paris, d'un arpent de 100 perches, la perche étant de 24 pieds. La seconde récolte leur en donne 40. En réunissant ces deux produits, celui de chaque année est de 55 boisseaux, qui font quatre setiers & trois quarts de setier. L'orge de mars, appellé

Marseiche, succède au froment; & le terrein reste un an en *jachères*, pour être de nouveau ensemencé en froment.

On voit des terres rapporter deux années de suite du froment, & se reposer la troisième seulement, sans qu'on y cultive autre chose que ce grain. On en voit qui alternativement portent du froment une année, & se reposent l'autre.

L'usage ordinaire de la Picardie, de la Beauce, de la Brie, & de beaucoup d'autres fertiles provinces, est de partager les terres en trois *solles* ou *saisons*; savoir, celle des fromens, celle des mars, & celle des jachères ou *guérets*. Les campagnes même, qui environnent les villages, offrent à l'œil ce partage bien marqué & bien tranché. Les paysans comptent leurs années par les saisons des grains, & fixent les époques des événemens qui les ont intéressés, en se rappellant le canton où étoient alors les fromens. « *Les fromens*, disent-ils, *étoient-là.* » Le seigle fait partie de la saison des fromens; la saison des mars comprend l'orge, l'avoine, les menus grains, ou grains ronds, enfin tout ce qu'on sème après l'hiver. Quand la terre est de bonne qualité, l'orge succède au froment; le plus souvent c'est l'avoine. La troisième année est celle de *jachères*. Si la terre est médiocre, au lieu de froment on y met du seigle, & ensuite ou de l'orge ou de l'avoine, selon le degré de médiocrité. Le laboureur intelligent, qui s'apperçoit qu'un terrein ne produit guère en froment, y seme dans l'année des jachères, des pois, ou des vesces ou des lentilles, auxquels il fait succéder de l'orge ou de l'avoine : cette dernière manière de cultiver est nommée *refroissi*. Il arrive que dans les terres de la meilleure qualité, on fait porter aux jachères même, des plantes légumineuses ou de la moutarde, destinées à être mangées en vert, par les bestiaux, ou de gros navets, depuis que la culture en est encouragée : ce qui n'a pas lieu cependant dans ces terres chaque fois qu'elles sont en jachères, mais de tems en tems. Dans ce cas, on leur donne un dernier labour, après les avoir fumées ou parquées, & on y sème du froment, pour y recommencer l'ordre des saisons.

La Sologne, dont le sol n'a, pour ainsi dire, aucune substance, cultive le seigle & le sarrazin l'un après l'autre. L'année de repos, qui suit, est remplacée par une nouvelle culture de seigle, & ainsi de suite pendant huit ou neuf ans. Ce tems écoulé, les champs restent incultes autant d'années; on les défriche après pour un même espace de tems. On assure que, dans beaucoup d'endroits de la Bretagne, le même ordre & les mêmes alternatives s'observent.

Une partie de la Champagne est presque uniquement consacrée à la culture de l'avoine, qui y est d'autant plus belle & d'autant plus abondante, que ce qu'on peut mettre d'engrais dans les terres est pour cette plante.

Il y a des manières d'alterner, dans les provinces méridionales, qui se rapprochent plus ou moins des précédentes; les grains qui forment les alternatives, sont le froment, le maïs, les haricots, &c. Je ne pousserai pas plus loin les détails sur les manières dont on alterne les terres labourables; elles varient selon les pays, la qualité du sol, & la nature des plantes qu'on y cultive. Ce que j'en ai dit, doit suffire pour donner une idée de cette diversité, fondée sur l'observation & sur des calculs d'intérêt, qu'on auroit tort de condamner. Je citerai un exemple, qui prouvera que les Laboureurs raisonnent plus qu'on ne croit leur agriculture. Quand ils s'apperçoivent, comme je l'ai dit, qu'un terrein, si on l'ensemence à l'ordinaire, en froment & en avoine ensuite, ne rapporte pas ce qu'on en pourroit tirer, ils sèment dans l'année de jachères, de la vesce ou des pois, & la seconde année de l'orge, la troisième de l'avoine, & voici comme ils calculent. Ce terrein, dans lequel on ne pourroit mettre que du méteil, c'est-à-dire, un mêlange de froment & de seigle, l'année d'après celle des jachères, n'en produiroit pas plus de deux setiers, ni l'année d'après, plus d'un setier d'avoine par arpent, mesure de Paris; on peut estimer le méteil à vingt livres, & l'avoine à seize livres; ce qui donneroit cinquante-huit livres; mais en intervertissant l'ordre de l'alternative, on auroit trois setiers de pois ou de vesce à douze livres, & ensuite cinq setiers d'orge à treize livres, & six setiers d'avoine à neuf livres; ce qui rapporteroit cent cinquante-cinq livres. Il y a donc un avantage de quatre-vingt-dix-sept livres. A ce profit, il faut ajouter le gain du fumier, dont on n'a pas besoin pour la vesce ou les pois, & qu'on reporte sur d'autres terres & les frais qu'il en coûteroit pour le charger, le transporter, le répandre. D'ailleurs les pois & la vesce offrent, pour les chevaux, un fourrage sinon préférable à la paille du froment, au moins égal; & ce fourrage est en surcroît de produit, puisque la terre devoit rester en jachères; enfin l'année qui suit celle où on a récolté l'avoine, on peut ensemencer le même champ en froment, qui, à la vérité, est peut-être d'un tiers moins abondant que dans les bonnes terres; mais il est pur & souvent sans herbes; d'où il suit, comme on le voit, que le Fermier qui, en conséquence de ces réflexions, cultive ainsi ses mauvaises terres, leur fait rendre beaucoup plus qu'elles ne rendroient, & que rien n'est plus illusoire & plus étrange que la clause insérée dans la plupart des baux; savoir, que le Fermier ne pourra réfroissir ses terres, c'est-à-dire, les dessaisonner. Aussi l'exécution n'en est-elle presque plus demandée par les propriétaires sensés, qui la regardent comme une clause imaginée dans l'enfance de l'agriculture. Ce qui prouve que, sur cet objet, il est intéressant pour le Fermier même, que le propriétaire s'éclaire, & lui permette des améliorations.

La botanique & l'agriculture étant propres à s'aider réciproquement, je crois devoir placer ici une remarque de botanique que j'ai faite, relativement à l'ordre dans lequel on doit semer différens grains dans le même champ. Il m'a semblé qu'en général plus les espèces, sur-tout parmi les graminées, se rapprochoient par les caractères botaniques ou par les organes de la fructification, plus il étoit désavantageux de les semer immédiatement les unes après les autres, *& vice versâ*. Par exemple, un terrein dans lequel on a récemment récolté du seigle ou du froment, ne produit pas ordinairement du froment ou du seigle l'année suivante, ou n'en produit que très-peu; mais il produit de l'orge qui vient en plus grande abondance si elle succède à du méteil, que si elle succède à du froment pur. L'avoine y prospère encore mieux. Les caractères de cette dernière plante sont plus éloignés de ceux du froment, que les caractères de l'orge & que ceux du seigle, qui n'en diffèrent que très-peu. Les plantes légumineuses & les crucifères, telles que les haricots, les fèves, les lentilles, &c., & la sanve dont les familles ne ressemblent point à celles des graminées, croissent & rapportent beaucoup plus que les précédentes, quand on les sème immédiatement après le froment, comme on le pratique dans les environs d'Arpajon & d'Orléans. Souvent même on les cultive, dans une bonne terre, aux années de jachères, sans lui faire un tort notable, ainsi que je l'ai observé.

En 1779, je cultivai dans une terre de qualité médiocre, du froment qui vint assez beau. En 1780, je fis ensemencer le même champ en différentes espèces de grains. Le bled de mars, qui en occupoit une partie, fut foible, & ne produisit presque rien; j'eus beaucoup plus d'orge à proportion; l'avoine y étoit plus abondante encore; la récolte en pois fut la meilleure de toutes. Plusieurs fois j'ai semé du bled de mars dans les champs où on avoit récolté du froment ordinaire sans les fumer; il n'en est venu que quelques épis qui ne contenoient que peu de grains. On ne peut espérer de voir bien prospérer ce bled que dans les terres qui auroient été propres à produire le froment d'automne, & où l'on n'auroit pû en semer, soit à cause d'un retard dans les labours, soit parce que la gelée auroit détruit les grains d'automne, soit pour le soustraire aux fontes de neige, ou aux inondations, ou aux avalanges d'eau qui ont lieu dans quelques pays.

Ce que j'ai remarqué à l'égard des plantes Cereales, peut se remarquer à l'égard des arbres, tant de ceux qu'on destine à former des avenues ou des quinconces, que de ceux qu'on cultive dans les potagers ou dans les vergers, pour en avoir du fruit. Lorsqu'on abat une avenue d'ormes, il ne faut pas la remplacer par d'autres ormes; car on peut être assuré que la plantation ne réussira pas, comme j'en ai des preuves, à moins que les nouveaux arbres ne soient plantés dans les intervalles qui étoient entre les anciens, ou qu'on ne renouvelle la terre, si on les plante dans les mêmes places. De même une plantation de Pins doit être remplacée par une de melezes, celle-ci par une de chênes, & cette dernière par une de châtaigniers, &c. Chaque fois que, dans un potager, j'ai fait remplacer un poirier par un autre poirier, il est mal venu; mais le pommier, quoiqu'il s'éloigne peu du poirier par ses caractères botaniques, réussit mieux s'il lui succède, & l'on doit encore attendre plus de succès des arbres dont les fruits sont à noyau, lorsqu'on les met à la place des arbres dont les fruits sont à pepins.

Si l'on cherche la cause de ces phénomènes d'agriculture, il ne faut pas croire qu'on la trouvera uniquement dans les degrés de profondeur où s'enfoncent les racines des diverses plantes. Cette circonstance peut y influer, & on voit clairement, sans doute, que les racines du navet, de la carotte ou de la betterave, qui pivotent & se nourrissent aux dépens des couches profondes du sol, n'empêchent pas que, dans les champs où ces plantes auront végété, on en cultive de celles qui ne font que tracer, & ne vivent que des sucs de la surface; mais si c'étoit là la seule cause, pourquoi des plantes dont les racines ne s'enfoncent pas plus les unes que les autres, & paroissent se ressembler sous tous les rapports, puisqu'elles sont d'une même famille, pourquoi ne peut-on pas les semer indistinctement les unes après les autres dans le même champ; pourquoi est-on obligé, pour avoir de meilleures récoltes, de faire un choix parmi les plantes qui doivent se succéder les unes aux autres? C'est que, malgré l'opinion de quelques physiciens, la terre, qui fournit aux plantes des sucs, en a de diverse nature, de divers degrés d'élaboration plus ou moins adaptés aux vaisseaux des différentes plantes; c'est que ceux qui conviennent à une espèce ne conviennent pas à l'autre, & ne sont pas pompés par elle; c'est que quand une espèce a épuisé ce que la terre en recéloit pour elle, elle n'y trouve plus rien, & n'y peut plus végéter avant qu'ils soient renouvellés par les engrais & par d'autres causes. Ces principes sont la base des manières d'alterner bien entendues, de cette chaîne qu'on doit établir, selon les pays, dans l'ordre des ensemencemens des terres labourables.

La seconde manière d'alterner est celle par laquelle des terres labourables sont mises en prairies pour redevenir terres labourables quelques tems après. Il y a deux sortes de prairies, les unes naturelles & les autres artificielles. Quelques-unes des premières sont tellement situées, que tous les ans elles se trouvent inondées par les débordemens des rivières ou des ruisseaux. Si on ne peut les garantir de cet inconvénient, il faut renoncer à les cultiver en grains qui seroient inévitablement détruits. On doit se contenter, quand ils ont besoin d'être renouvellés, de les labourer pour faire périr les mauvaises herbes, & y semer de bonne graine de foin.

Les *prés bas*, exempts d'inondations, sont comme les *prés hauts*, susceptibles de l'alternative. Il y a de l'avantage à les labourer & à les ensemencer en grains, quand leur produit en foin diminue, ou qu'ils n'en produisent que de mauvaise qualité. A la faveur des labours, les herbes qui ne forment pas de bon fourrage, périssent, l'état du sol change, des récoltes abondantes en grains dédommagent amplement des frais de défrichement, jusqu'à ce qu'on remette le terrein en prairie, soit en y semant de l'herbe, soit en ne le cultivant pas, comme il arrive aux environs de Phalsbourg, où les terres ayant été ensemencées pendant deux ans, redeviennent ensuite un bon pâturage. Il suffit pour cela de les laisser incultes, parce que le terrein étant frais, il pousse beaucoup d'herbe.

La raison qui détermine à former une prairie d'une terre à grains, c'est quand elle s'épuise, c'est quand elle ne produit presque plus. On lui choisit le genre d'herbe qui convient à sa nature, & qui produit une plus grande quantité de fourrage. Aussi-tôt que la prairie languit, ou qu'elle se couvre de mousse, ou se remplit de mauvaises herbes, de vers des hannetons, il est nécessaire de la défricher pour la mettre en état d'être ensemencée en grains.

Dans une Encyclopédie étrangère, l'article *alterner* est étendu. J'en rapporterai ici quelques idées qui m'ont frappées.

« Si les diverses plantes, comme on ne sauroit » en disconvenir, jouissent en commun de plu» sieurs espèces de sucs nourriciers, il paroît aussi » que chacune a besoin de quelque principe par» ticulier, suivant sa nature & ses propriétés essen» tielles. Lorsque nous voyons l'herbe d'un pré » clair semée, nous devons conclure qu'il y a » défaut de quelque substance nécessaire à la per» fection de l'espèce de plante à laquelle le terrein » est destiné, & que par conséquent il faut, ou lui » rendre cette substance qui manque, ou lui donner » le tems de se la procurer. C'est sur ce fondement » que les jachères ont été imaginées, dans un » tems où la population, peu nombreuse, ne se » mettoit pas beaucoup en peine de laisser en non » valeur ou en friche le tiers des champs. Mais » par l'alternative, nous donnons à la terre de » nouvelles plantes à nourrir, & nous lui four» nissons de puissans engrais, & par le labour » nous changeons le sol, & nous lui facilitons les » moyens de réparer les sucs particuliers à la » composition des plantes, que des récoltes trop » suivies en fourrage & en grains avoient épuisés; » & nous nous procurons tous ces avantages sans » faire le sacrifice d'une récolte sur trois, & en » jouissant, sans interruption, des produits annuels » de nos terres. »

L'auteur de cet article fait l'énumération des plantes qui constituent les bonnes prairies : j'en parlerai ailleurs en détail. Il indique aussi celles dont il est important d'arrêter la multiplication. Les *douves*, selon lui, causent aux bêtes à cornes & aux bêtes à laine des maladies mortelles. Il regarde comme plus mauvaise encore l'espèce de renoncule à feuilles de persil. L'ancholie, la pilofelle & la pédiculaire sont funestes aux brebis, & la ciguë aux bêtes à cornes. Quelque confiance qu'inspire l'auteur de l'article, qui paroît éclairé en Agriculture, je ne crois pas que ces dernières assertions soient sans réplique; car il n'est pas prouvé que les bestiaux, qui paissent dans un pré, mangent les herbes qui leur sont nuisibles, ni que ces herbes aient les qualités pernicieuses qu'on leur attribue. Les paysans sont convaincus que les bêtes à laine contractent la pourriture quand elles broutent des *douves*. Mais en supposant qu'elles s'en nourrissent, au lieu de s'en prendre à cette plante, n'y a-t-il pas lieu de soupçonner que la maladie est dûe à l'abondance de toutes sortes d'herbes humides, dont les bêtes à laine se gorgent dans les prairies où croissent les *douves*. Le reproche qu'on fait aux autres plantes, est peut-être aussi peu fondé. Au moins, avant de prononcer sur leur insalubrité, faudroit-il en avoir des preuves incontestables.

« L'alternative des champs en prés & des prés » en champs est généralement établie en Suède, » & sur-tout en Angleterre, où elle a plus con» tribué que toute autre chose, à porter le prix » des fermes & l'agriculture, au point où ils » sont aujourd'hui. On suit cette pratique en » divers lieux de la Suisse, sur les montagnes » qui ne sont pas trop élevées pour produire des » graines; en sorte qu'il paroît que si cette éco» nomie n'a pas été adoptée dans la plaine, ce » n'est pas uniquement par un attachement aveugle » pour d'anciennes coutumes, mais il s'est trouvé » divers obstacles qui n'ont point encore été » levés.

» Cette méthode est impraticable sur les terres » assujetties au parcourt : elle ne sauroit être » appliquée qu'à celles dont nous pouvons plei» nement disposer, pour en faire sans restriction » & sans réserve, l'usage que nous jugeons à » propos. Or la servitude de vaine pâture qui » abandonne au bétail des individus de la com» munauté, les terres dès la première récolte » & même les champs l'année de jachère, met » un obstacle invincible à toute espèce de chan» gement, & en particulier à l'alternative en » question. La police s'occupe sérieusement, en » divers lieux, à profiter des instructions pu» bliées

» bliées par la Société de Berne, pour l'abolition » de ce pâturage réciproque. »

Les procédés par lesquels on forme & on défriche des prairies, appartiennent plus aux mots *prairies* & *défrichement*, qu'à celui d'*alterner*; je ne les exposerai donc pas ici, & je passerai aux dernières manières d'alterner.

La troisième consiste à mettre en culture des terreins couverts d'eau, & à les laisser ensuite en eau. C'est un usage connu dans les pays où il y a des étangs, qu'on empoissonne, & qu'on pêche de tems en tems. On pense que pour la nourriture du poisson, il est nécessaire qu'il croisse dans l'eau certaines plantes que favorisent des labours & une culture de quelques années. A ce motif, sans doute il s'en joint un autre, c'est qu'en cultivant ainsi de tems en tems un sol, qui se repose pendant qu'il est en eau, & qui s'engraisse des débris des végétaux & des corps des insectes qui s'y putréfient, on en retire plus de profit, que si on le laissoit toujours en eau, la vente du poisson à certaines pêches, ne pouvant égaler le revenu d'une ou de deux récoltes. Quoi qu'il en soit, pour y parvenir, on ouvre la bonde, l'eau s'écoule & l'étang est mis à sec, sinon en totalité, au moins en très-grande partie; ce qui dépend de sa pente & de la facilité que l'eau trouve pour sortir de l'étang, & se perdre dans la campagne, ou gagner quelque rivière.

Les étangs formés par des rivières sont moins susceptibles de l'alternative que ceux qui sont formés par les pluies, parce qu'il est plus difficile de les mettre à sec. On ne le peut faire qu'en partie.

J'ai vu opérer de deux manières dans la culture des terres en étangs. Dans le Berry & la Sologne on écobue la terre, c'est-à-dire, on la pioche; on la fait sécher, brûler, & on en répand la cendre; on laboure à sillons élevés, & on sème du froment jusqu'à trois années de suite. Il vient mal, la dernière année sur-tout. Le Berry a deux sortes de terreins; l'un absolument analogue à celui de la Beauce; & c'est dans ce terrein que le froment est beau & a beaucoup de qualité: l'autre ressemble à celui de la Sologne; c'est un pays à seigle, & il y a des étangs. Dans ces cantons, on ne cultive du froment que dans les étangs même, quand on en a fait écouler l'eau.

En Brie, où l'écobuage est aussi inconnu qu'inutile, quand un étang est mis à sec, on le laboure superficiellement; on se contente, pour ainsi dire, d'égratigner seulement le limon, qui en fait la première couche, & on y sème de l'avoine. L'année d'après on laboure un peu plus profondément pour un nouvel ensemencement. Cette manière est aussi employée en Berry & en Sologne; elle est bien moins dispendieuse; la végétation y est d'une beauté étonnante, & le produit répond amplement à ce qu'elle promet. M. le Comte de Beaurepaire a fait sur cet objet, dans sa terre de Liverdis, des recherches, des expériences & des calculs, que j'aurai soin de rapporter quand je traiterai des étangs.

On alterne les étangs de la Lorraine allemande, en y semant du chanvre l'année où ils sont à sec. Cette plante y vient très-belle.

Le moment de remettre en eau un étang est indiqué par le peu de produit qu'on en retire, comparé à ce qu'il rendroit en poisson. On ferme la bonde, l'eau s'y amasse, & on empoissonne.

Une quatrième manière d'alterner, qui a quelquefois lieu, est la conversion d'un bois, d'une vigne, d'une safranerie en terres labourables.

Un bois tellement endommagé, ou par les bestiaux, ou par le gibier, qu'il n'est presque d'aucun rapport, doit être arraché, défriché & changé en champ. On sait avec quelle abondance ce qu'on y sème y vient pendant plus ou moins d'années. Le repos dont a joui la surface du terrein, puisque les racines du bois vivoient aux dépens du fond, l'engrais formé par les feuilles qui le recouvrent, en font une terre neuve, capable de produire, sans interruption, pendant vingt ans. Je suis bien éloigné de penser qu'il faut indistinctement défricher les bois pour y cultiver des grains. On n'a que trop abusé peut-être de cette idée; il en résulte des inconvéniens, dont la capitale surtout ressent les effets; mais je conseille de détruire ceux qui sont en mauvais état, & de les rendre, au moins pour quelque tems, à la culture, afin de les replanter ensuite avec soin, & de les entretenir mieux. Il y a aussi en France beaucoup de terres à grains qui se lassent, & qu'il seroit plus avantageux de planter en bois, en n'employant que les espèces d'arbres qui leur conviennent.

Quoique la vigne se soutienne assez long-tems en bon état quand elle est cultivée & soignée, cependant il arrive une époque où elle dépérit, & ne produit que très-peu de raisin. On la détruit pour semer à la place, ou des graines céréales, ou des plantes propres à former des pâtures artificielles. Dans les pays où les vignes font la majeure partie du produit, & où on veut profiter des bonnes expositions, on en replante dans les endroits où il y en avoit autrefois, après un tems plus ou moins long. Dans ceux où l'exposition est indifférente, & où les vignes ne sont qu'une culture secondaire, on choisit, pour planter de la vigne, les pièces de terre qui n'en ont jamais porté.

On prétend en Gâtinois, où on cultive le safran, que cette plante épuise le terrein à tel point, qu'on ne peut en planter dans le même champ que vingt ans après, sur-tout si on l'a chargé de plus d'oignons qu'il n'en falloit. Je ne puis croire que cette prétention soit fondée. On assure encore que la terre dégraissée par cette racine, ne peut se rétablir que par le repos que lui procure le sainfoin, qu'on est dans l'usage d'y jeter. Je sais cependant qu'on a réussi très-bien en y semant du froment, après qu'on en a ôté le safran. Ordinairement on plante de la vigne dans les terres à safran, lorsqu'on a défait le sainfoin qui l'a remplacé. La partie de la Beauce, qui, voisine du Gâtinois, cultive aussi le safran, ne l'a pas plutôt ôté, que les champs sont convertis en terres labourables. Les fromens, & autres grains, y viennent bien mieux, parce que la terre est plus meuble & a plus de fond.

Le houblon & la garence sont aussi deux objets d'*alternative* dans les pays où on les cultive. On peut y ajouter la reglisse, le chardon à foulon, le pastel, le chanvre, l'oignon, l'anis, la coriandre, le fenugrec, &c. Parmi ces plantes, les unes ne restent qu'un an en terre, & ont des racines minces & petites; les autres, dont les racines sont plus fortes, y restent plusieurs années; ce qui établit entre elles des différences qui entrent pour beaucoup dans l'usage qu'on en fait pour *alterner*.

Il n'y a point d'opération d'agriculture plus importante que celle d'alterner; elle augmente les ressources du cultivateur, en même-tems qu'elle lui fournit le moyen de tirer le parti le plus avantageux de ses possessions, de ses champs, de son jardin. Car une partie de ce que j'ai dit, peut s'appliquer au jardinage. C'est même en ce genre que l'alternative est le plus employée. Les marechais, qui cultivent des légumes à leur profit, sont, sur cela, de la plus grande intelligence, & devroient servir d'exemple aux autres cultivateurs. Aux gros légumes, tels que les choux, les cardons, les artichaux, on fait succéder les navets, les betteraves, les carottes, &c. J'engage toutes les personnes qui veulent se livrer à l'agriculture, à bien étudier l'art d'alterner. (*M. l'abbé* TESSIER.)

ALTESSE (prune d') ou Suisse, nom d'une variété du *prunus domestica* des botanistes. *Voyez* PRUNIER dans le dictionnaire des arbres & arbustes. (*M.* THOUIN.)

ALTESSE, nom que donnent les fleuristes à un œillet d'un violet brun, qui, de carné qu'il paroît d'abord, passe ensuite au blanc de lait. C'est une variété du *dianthus cariophyllus*. L. *Voyez* ŒILLET DES FLEURISTES. (*M.* THOUIN.)

ALTHŒA frutex, mot latin adopté en françois par les jardiniers pour désigner un arbrisseau connu des botanistes sous le nom d'*hibiscus syriacus*. L. *V.* QUETMIE DE SYRIE. (*M.* THOUIN.)

ALVARDE. *LYGEUM.*

Genre de plante de la famille des GRAMINÉES; il n'est encore composé que d'une seule espèce dont les feuilles sont d'usage dans les arts; d'ailleurs cette plante n'a aucun mérite qui puisse la faire rechercher dans les jardins d'agrément.

ALVARDE spatacée.
LYGEUM *spartum*. L.

Cette plante vivace croît en Espagne dans les terres sablonneuses mêlées d'argile. Elle s'élève à la hauteur d'environ deux pieds; ses feuilles, d'un verd glauque, sont longues, étroites & arrondies, & ressemblent à du jonc. Sa fructification s'effectue dans des spathes portés sur des hampes qui dépassent de quelques pouces la longueur des feuilles.

On multiplie cette plante par le moyen de ses graines & par ses œilletons. Les graines doivent être semées au printems, soit en pleine terre à une exposition chaude, soit dans des pots sur une couche nue, suivant qu'on veut accélérer plus ou moins la croissance de cette plante. Comme il est rare que ses semences viennent à parfaite maturité dans notre climat, on les fait venir des environs de Barcelone. Lorsque les graines sont bonnes, elles lèvent dans l'espace de six semaines, & le jeune plant est assez fort à la fin du mois d'août, pour être séparé. A l'approche des grandes gelées, il doit être rentré dans une orangerie, & y rester jusqu'à ce qu'elles soient passées. Au printems suivant, on peut mettre les individus en pleine terre dans un sol un peu argilleux, sablonneux & humide. Mais il est bon d'en conserver plusieurs pieds dans des pots pour les rentrer dans l'orangerie, & remplacer ainsi ceux qu'un hiver rude & humide auroit fait périr; ce qui n'arrive que trop fréquemment, malgré les précautions que l'on a de couvrir les plantes de fumier.

On sépare les œilletons de l'Alvarde au printems, en les éclatant de leurs touffes avec les doigts, & en tâchant de conserver leurs racines; ensuite on les plante dans une terre meuble, à quinze ou dix-huit pouces de distance au moins les uns des autres, parce que ces plantes s'étendent & forment des touffes assez fortes en peu de tems.

Usage: les Miquelets qui habitent les Pyrénées du côté de l'Espagne, font, avec les feuilles de l'Alvarde, des souliers qu'ils appellent *spardilles*, dont ils se servent pour gravir les montagnes. Jusqu'à présent cette plante n'a d'autre usage ici que de tenir une place dans les écoles de botanique. Mais peut-être pourroit-on tirer un parti avantageux de sa culture dans plusieurs lieux incultes de nos provinces méridionales, & faire servir ses feuilles au même usage que celles du sparte avec lesquelles elles ont beaucoup de rapport. (*M.* THOUIN.)

ALUINE, grande absynthe ou absynthe romaine, synonyme de l'*artemisia absynthium*. L. *Voyez* ARMOISE AMERE. (*M.* THOUIN.)

ALUN, sel minéral dont on fait usage en médecine & dans les arts. Il y en a de trois sortes, l'alun de *roche* ou de *glace*, qui est transparent comme du crystal, l'alun de *Rome*, qui a la couleur rougeâtre, & l'alun de *plume*, facile à distinguer, parce que, composé de plusieurs filamens droits, blancs & crystallins, il a la figure d'une plante ou d'une plume. L'alun de Rome est celui qu'on doit employer dans les maladies des hommes

& des animaux. On le dissout dans l'eau, & on l'applique extérieurement, soit seul, soit avec d'autres astringens, pour arrêter les hémorragies & en gargarisme, dans le commencement des inflammations de gorge. On le fait calciner en le brûlant, &, dans cet état, il est très-utile pour ronger les chairs baveuses des ulcères, des chancres & les excroissances charnues. C'est avec cet alún qu'on avive les couleurs dans l'art de la teinture. L'alun de roche sert pour la composition des couleurs dans la peinture. L'alun de plume n'est que curieux.

Quelques cultivateurs font entrer l'alun de roche dans les ingrédiens qu'ils croient devoir ajouter à la chaux, lorsqu'ils préparent leurs bleds de semence. Sans doute il ne nuit pas au chaulage, peut-être même en augmente-t-il l'activité; mais il n'y est pas d'une nécessité indispensable; car des grains bien purifiés par des lavages, ou passés un grand nombre de fois au fil d'archal, &c., n'ont besoin, pour être exempts de carie, que d'être imprégnés d'une forte dose de chaux. Au reste, tout autre sel conviendroit aussi bien que l'alun, pourvu qu'on y joignît beaucoup de chaux. (*M. l'abbé* TESSIER.)

ALVEOLE, on donne ce nom aux cellules des gâteaux dans lesquels les abeilles déposent leur miel, & où le convain est placé. *Voyez* ABEILLES. C'est aussi le nom des trous des mâchoires qui reçoivent & retiennent les racines des dents. (*M. l'abbé* TESSIER.)

ALYSSOIDE *ou* ALYSSOIDES, ancien nom générique d'une espèce de plante nommée par Linné *Alyssum sinuatum. Voyez* VÉSICAIRE. (*M.* THOUIN.)

ALYSSON. *ALYSSUM.*

Ce genre de plante de la famille des CRUCIFERES est composé de plusieurs espèces herbacées ou fruticuleuses; elles croissent dans les climats tempérés de l'Europe & de l'Asie : on les cultive en pleine terre dans notre climat; plusieurs d'entr'elles servent depuis long-tems à l'ornement des jardins où elles se multiplient de graines & de boutures.

Espèces.

1. ALYSSON épineux.
ALYSSUM spinosum. L. ♄ de l'Europe méridionale.

2. ALYSSON argenté.
ALYSSUM halimifolium. L. ♄ d'Espagne.

3. ALYSSON jaune ou corbeille d'or.
ALYSSUM saxatile. L. ♄ d'Autriche & de Candie.

4. ALYSSON des Alpes.
ALYSSUM Alpestre. L. ♃ de Provence & d'Italie.

5. ALYSSON d'Espagne.
ALYSSUM minimum. L. ⊙ d'Espagne.

6. ALYSSON de montagne.
ALYSSUM montanum. L. ♃ des environs de Paris.

7. ALYSSON des champs.
ALYSSUM campestre. L. ⊙ des environs de Paris.

7. B. ALYSSON calyculé.
ALYSSUM campestre *calycinum.* ⊙ des environs de Paris.

8. ALYSSON maritime.
ALYSSUM maritimum. La M. Dict.
CLYPEOLA maritima. L. ⊙ du midi de l'Europe.

9. ALYSSON d'Orient.
ALYSSUM Orientale. La M. Dict.
CLYPEOLA tomentosa. L. ♃ du levant.

Nota. Les *Alyssum* de Linné, dont les siliques sont renflées en manière de petites vessies, telles que les *Alyssum sinuatum*, *Creticum*, *Gemonense*, *Utriculatum*, *Vesicaria* & *Deltoideum*, se trouveront sous le genre des Vésicaires. Les autres espèces du même Auteur, nommées *Alyssum hyperboreum*, *Incanum* & *Clypeatum*, seront placées dans le genre du Drave. (V. VESICAIRE & DRAVE.)

Description du Port & Culture particulière des Espèces.

1. L'ALYSSON épineux est un petit arbuste qui ne s'élève que de douze à dix-huit pouces : ses branches sont tortueuses & couchées sur la terre; elles forment, par leur arrangement, un petit buisson arrondi dans toutes ses parties : les extrémités de ses rameaux, lorsqu'ils sont secs, ont l'apparence de petites épines; ils sont garnis pendant la belle saison de feuilles étroites d'une verdure cendrée, & au printems ils se couvrent de beaucoup de petites fleurs blanches, disposées en grappes, lesquelles sont remplacées par des siliques qui renferment plusieurs semences.

Cet arbuste croît dans les terres sèches & calcaires de nos provinces méridionales; il vient aussi en Espagne & en Italie. Dans les jardins, il ne se conserve jamais mieux que dans un terrein léger, mêlé de petits platras, & à une exposition sèche & chaude; lorsqu'il se trouve au contraire dans un sol argilleux & humide, & à une exposition ombragée, il pousse avec plus de vigueur pendant l'été, mais il périt souvent pendant l'hiver. Les froids longs & rigoureux de cette saison, sur-tout lorsqu'ils sont humides, le font aussi périr quelquefois en pleine terre; c'est pourquoi il est à propos d'en conserver quelques pieds dans des pots, pour les rentrer l'hiver dans l'orangerie : cette plante se multiplie de graines & de boutures.

2. ALYSSON argenté. Cette espèce forme un arbuste d'un port plus grêle que la précédente, & un peu moins élevé : ses tiges sont aussi couchées sur la terre; elles sont garnies de feuilles arrondies, & parsemées de points un peu brillans; ses fleurs, qui paroissent vers la fin du printems, & qui se succèdent pendant la plus grande partie de l'été, croissent par bouquets aux extrémités des branches;

elles sont blanches, & assez apparentes pour figurer dans les jardins de plantes curieuses. Les semences viennent à parfaite maturité, & tombent aussi-tôt à terre, où elles lèvent quelquefois sans aucun soin.

Cet arbuste croît dans nos provinces méridionales parmi les pierres, dans les lieux arides; il ne vit pas plus de trois à quatre ans, & a souvent besoin du secours de l'orangerie pour se conserver pendant l'hiver, lorsqu'il est humide & très-froid : on le multiplie par le moyen de ses graines, & très-rarement d'une autre manière.

3. Alysson jaune, ou la Corbeille d'or des Jardiniers. Celle-ci est la plus agréable de toutes les espèces que nous possédons en ce genre, & en même-tems une des plus vivaces; il y en a des touffes dans les jardins publics de cette capitale qui ont plus de trente années, & qui sont encore vigoureuses; mais elles ne donnent que très-rarement de bonnes graines.

Cette plante pousse du collet de sa racine une tige forte, qui se divise à sa naissance, en plusieurs branches longues, couchées sur terre, & garnies de grandes feuilles d'un verd blanchâtre qui tombent l'hiver : ces branches se subdivisent en un grand nombre de petits rameaux, qui se terminent par des bouquets formés d'une multitude de fleurs d'un beau jaune d'or. Ces fleurs commencent à paroître dans les premiers jours du mois de mars, & se succèdent sans interruption pendant six semaines; lorsqu'on veut les faire durer plus long-tems, il suffit de couper ces bouquets à mesure qu'ils défleurissent, par ce moyen on a des fleurs jusqu'en septembre. Cette plante forme un tapis serré, qui s'étend sur la terre à plus de trois pieds de circonférence; il est élevé dans le milieu, de huit ou dix pouces; sa verdure seule est très-agréable; mais il est bien autrement intéressant quand il est en fleurs, alors il est éblouissant.

Cette plante croît dans l'isle de Bute, & en Autriche sur les montagnes, aux expositions les plus chaudes, & parmi les rochers, dans les terres les plus legères : on la cultive aisément sur nos parterres dans des plates-bandes bombées, & formées d'une terre maigre mêlée de décombres de bâtimens. Lorsqu'elle se trouve plantée dans un terrein plus fertile, elle pousse vigoureusement; mais elle fleurit moins abondamment, & est plus sujette à périr dans les hivers longs & humides. On multiplie cet arbuste par le moyen de ses graines, qui, étant semées au premier printems, donnent quelquefois des fleurs la même année: d'ailleurs on obtient, par les semis, des variétés dont les fleurs, à la vérité, sont toujours jaunes, mais de teintes différentes. On le propage encore par la voie des boutures.

4. Alysson des Alpes. C'est une des plus petites espèces de ce genre; ses tiges, qui sont ligneuses, n'ont pas plus de six pouces de long; elles sont collées sur terre, & forment une petite plaque ronde d'une verdure cendrée, qui devient émaillée de jaune dans les mois de juin & juillet, lorsque la plante est en fleurs. Elle croît sur les montagnes des Alpes, à l'exposition du midi, vers le milieu de leur hauteur, dans les terreins pierreux & secs; il est difficile de lui faire passer l'hiver en pleine terre dans notre climat, mais on la conserve sur les appuis des croisées dans les orangeries : elle croît aussi très-bien sur les gradins de plantes alpines; on la multiplie de semences qui doivent être mises en terre au printeins.

5. L'Alysson d'Espagne est une très-petite plante annuelle qui ressemble un peu à la précédente, mais qui s'en distingue par ses feuilles linéaires & tomenteuses : ses fleurs sont jaunes, mais très-petites. Elle croît en Espagne dans les lieux arides : on la multiplie par ses graines, qui doivent être semées au printems.

6. L'Alysson de montagne ressemble beaucoup à la quatrième espèce, mais il est plus grand dans toutes ses parties : il croît de même par petites plaques arrondies & serrées contre terre; ses fleurs sont d'un plus beau jaune & plus apparentes.

On trouve cette plante aux environs de Paris, & particulièrement à Fontainebleau sur les montagnes sablonneuses, à l'exposition du midi; elle forme de petits tapis serrés qui ne sont pas sans agrément : on multiplie cette espèce par le moyen de ses graines, & on la conserve en pleine terre dans un sol leger, sec, & aux expositions chaudes.

7. L'Alysson champêtre & l'Alysson calyculé sont des plantes annuelles de six à huit pouces de haut, dont les tiges sont garnies de feuilles d'une verdure cendrée; elles se terminent par de petits bouquets de fleurs d'un jaune pâle, qui s'alongent en manière d'épis à mesure que les plantes fleurissent.

L'une & l'autre croissent dans les champs arides & pierreux des environs de Paris, en Allemagne & en Suisse : elles se propagent aisément par le moyen de leurs graines, qu'on peut semer en pleine terre en Automne, afin d'avoir des fleurs au printems suivant; on peut aussi les semer en mars, mais alors elles ne fleurissent que vers la fin de l'été.

8. Alysson maritime. Cette espèce ne vit que six à neuf mois, mais aussi croît-elle avec une rapidité étonnante. La même touffe n'est pas encore entièrement défleurie, que déjà de jeunes plantes, produites par les premières graines qui tombent à terre immédiatement après leur maturité, commencent à fleurir, & cela dans toutes les saisons de l'année, même dans l'hiver lorsque les gelées ne sont pas trop fortes. Cette espèce pousse de sa racine plusieurs tiges qui rampent d'abord sur terre, & se relèvent ensuite, par leur extrémité, d'environ huit pouces; elles sont garnies de feuilles linéaires d'un verd gai, & se terminent par de petits bouquets de fleurs blanches qui s'alongent de cinq à six pouces en manière d'épi. Les fleurs sont petites, mais leur multitude produit un joli effet.

Cette plante croît dans les provinces méridionales de la France, en Espagne, en Italie, dans les sables limonneux des bords de la mer : elle se propage elle-même par ses semences, dans les jardins où elle a été semée une première fois ; elle aime les terreins pierreux, maigres & un peu humides.

9. L'ALYSSON d'Orient est un petit arbuste dont les tiges sont rameuses, couvertes de feuilles larges, cotonneuses & blanchâtres. Ses fleurs, qui croissent à l'extrémité des rameaux en forme de grappes droites, sont jaunes, mais petites & peu apparentes ; elles donnent naissance à des siliques qui renferment les semences.

Cette plante croît dans l'isle de Crête sur les rochers, où elle a été observée par Tournefort : elle ne se rencontre encore dans aucun des jardins de botanique de l'Europe, mais il est probable que la culture qu'on donne à la quatrième espèce lui conviendroit assez bien ; ce qui le fait présumer, c'est qu'elle vient dans le même pays, & qu'elle a d'ailleurs beaucoup de rapport avec elle.

Observation. En général, il est plus sûr de multiplier les Alyssons de graines ; que de toute autre manière : on les sème au printems ou Automne, en pleine terre ou dans des pots, suivant qu'on veut plus ou moins hâter la végétation de ces plantes. La terre qui convient le mieux à ces semis, est une terre meuble & légère, & l'exposition la plus favorable est celle du midi ; il ne faut leur donner que des arrosemens légers.

Les boutures, lorsqu'on est obligé de faire usage de ce moyen pour multiplier les espèces ligneuses, se font au printems, au moment où les pluies commencent à devenir chaudes ; on les met dans une plate-bande exposée au nord, dont la terre doit être meuble, sablonneuse & legère ; on les abrite d'abord avec des paillassons pendant les quinze premiers jours, ensuite on les laisse à l'air libre ; & au bout de six semaines ou deux mois, celles qui ont repris sont ordinairement assez fortes pour être transplantées : on les lève en mottes avec la houlette, & on les place en pépinière dans une planche à l'exposition du midi, à douze ou quinze pouces les unes des autres, & le printems suivant on peut les mettre en place à leur destination.

Usages. La Corbeille d'or fait depuis long-tems l'ornement de quelques-uns de nos parterres symétriques, où elle est placée parmi les plantes vivaces de troisième hauteur : elle figureroit encore mieux dans les jardins paysagistes sur la pente des petites collines exposées au midi, ou parmi les rochers factices, si on l'y cultivoit en grandes masses.

ALYSSON maritime. Cette plante, quoiqu'annuelle, peut aussi trouver sa place dans toutes les espèces de jardins d'agrément, soit dans les parterres à compartimens pour faire des lisérés bas & fleuris, soit sur les lisières des bosquets : elle forme d'abord des tapis d'un beau verd qui se changent ensuite, lorsque la plante vient à fleurir, en des tapis blancs comme de la neige. D'ailleurs elle est assez rustique ; & comme elle croît en toute saison, il est possible de se la procurer, & d'en jouir une grande partie de l'année.

L'ALYSSON épineux peut aussi être placé sur la lisière des bosquets au premier rang, & mieux encore sur les pentes des petites montagnes sablonneuses à l'exposition du midi ; mais cet arbuste est plus singulier qu'il n'est agréable.

Toutes les autres espèces n'ont guères d'autre mérite que d'occuper une place dans les écoles de botanique ; ce n'est pas qu'on ne pût tirer parti de plusieurs d'entr'elles pour couvrir des terreins arides & désagréables dans les jardins paysagistes ; mais comme il y a d'autres plantes qui peuvent remplir cet objet avec plus d'avantage, on néglige de faire usage de celles-ci. (*M. Thouin.*)

AMAIGRI, AMAIGRIE. Cet adjectif s'emploie pour désigner un terrein ou une terre usée & dénuée des qualités nécessaires à la production des végétaux.

On reconnoît qu'une terre est amaigrie, lorsque les végétaux, qui y sont plantés, ne poussent que des tiges grêles & courtes, que leurs feuilles sont plus petites que de coutume, que leurs fruits sont d'un plus petit volume, & tombent en plus grand nombre avant leur maturité.

Les arrosemens trop multipliés amaigrissent promptement la terre, en dissolvant les sels, & en les entraînant avec les sucs & les parties nutritives qu'elle contient, à une profondeur trop considérable pour qu'ils puissent profiter aux plantes.

Les vegétaux amaigrissent aussi la terre plus ou moins vite les uns que les autres, relativement à leur nature & à la qualité du sol ; par exemple, les plantes annuelles d'un grand volume, & dont la végétation est rapide, appauvrissent la terre plus promptement que les plantes vivaces, sur-tout lorsque leurs fanes sont enlevées, & ne rentrent pas dans le sol qui les a produites.

Les arbres, au contraire, bonifient la terre sur laquelle ils croissent, en lui rendant, par la chûte annuelle de leurs feuilles, beaucoup plus qu'ils n'ont reçu d'elle.

On rétablit une terre amaigrie dans son état de fertilité, soit en la laissant en jachères (*Voyez* JACHÈRES), soit en la remuant fréquemment par des labours (*Voyez* LABOURS), soit en alternant les productions qu'on lui fait rapporter (*Voyez* ALTERNER), & sur-tout en lui donnant de nouveaux engrais. (*Voyez* ENGRAIS).

La terre des plantes cultivées dans des pots ou dans des caisses, s'appauvrit promptement à cause de son petit volume, & de la quantité d'arrosemens qu'on est obligé de lui donner pour entretenir la végétation. On remédie à cet inconvénient, en renouvellant cette terre à certaines époques (*Voyez* REMPOTER.) (*M. Thouin.*)

AMALI, synonyme du nom d'une espèce de plante, connue des Botanistes sous celui de *Verbesina biflora L.* (*Voyez* VERBESINE BIFLORE.) (*M. Thouin.*)

AMANDIER, en latin *Amygdalus*, nom d'un genre d'arbres de pleine terre. (*Voyez le Dictionnaire des arbres & arbustes, au mot* AMANDIER.) (*M. Thouin.*)

AMANDIER d'Afrique, synonyme impropre du nom d'un arbre du Cap de Bonne-Espérance, connu des Botanistes sous celui de *Brabejum Stellulifolium L.* (*Voyez* BRABEI A FEUILLES EN ÉTOILE. (*M. Thouin.*)

AMANITE, *AMANITA.*

Genre de plante de la famille des CHAMPIGNONS, nommé par Linné *Agaricus*. Il est composé de plus de cinquante espèces, sans y comprendre les variétés qui sont encore en plus grand nombre. Ces espèces sont décrites & figurées avec soin dans divers ouvrages de botanique, & particulièrement dans celui de M. Bulliard, qui a pour objet les champignons de la France.

Mais quoique le nombre des espèces connues de ce genre soit très-considérable, cependant, comme nous ne connoissons guères que celles qui croissent en Europe, il est à présumer que si les Voyageurs Botanistes s'étoient occupés à rechercher & à décrire celles qui se trouvent dans les pays étrangers, ils en auroient de beaucoup augmenté la liste.

Les Amanites, en général, sont des plantes qui ne vivent que quelques jours, & que, par cette raison, on peut regarder comme éphémères. Leur substance est charnue & aqueuse; elles varient dans leurs formes, & particulièrement dans leurs couleurs, dont quelques-unes sont agréables à la vue. Elles croissent la plupart sur des végétaux mourans ou morts, & souvent sur leurs propres débris réduits en terreau. Les saisons les plus favorables à la végétation de ces plantes sont le printems & l'automne. Une pluie chaude, suivie de quelques rayons de soleil, les fait croître; les vents du nord & les grandes chaleurs les font disparoître. C'est ce qui a fait croire à quelques personnes peu instruites, que ces végétaux n'étoient que le produit de la fermentation de la terre, ou, pour ainsi dire, ses excrétions.

Les Amanites paroissent se plaire de préférence dans les prés, dans les bois & à l'ombre des forêts, parce que c'est-là qu'elles rencontrent une plus grande quantité de matières végétales en décomposition, & qu'elles sont mieux défendues des vents & des rayons du soleil.

Ces plantes ont toutes des propriétés plus ou moins malfaisantes dans l'usage économique. Les expériences faites avec soin, par plusieurs Physiciens célèbres, tant anciens que modernes, prouvent que les espèces regardées comme innocentes, contiennent des principes délétères, & qu'aucune ne fournit de parties nutritives. Cependant on fait usage tous les jours, dans les cuisines, de quelques-unes d'entr'elles, sans que les accidens funestes, qui arrivent en grand nombre chaque année, soient capables de faire renoncer à ce dangereux comestible. Il faut que le plaisir de satisfaire son goût soit bien fort, puisqu'il l'emporte sur toute considération de santé, & même d'existence personnelle.

Nous ne présenterons ici la liste que des espèces les moins dangereuses, & dont on fait un usage plus ou moins habituel. Pour toutes les autres, nous renvoyons au Dictionnaire de Botanique de M. le Chevalier de la Marck.

AMANITE turbinée, ou Agaric turbiné. Bulliard.
AMANITA turbinata. La M. Dict. n.° 14.

AMANITE tigrée, ou Agaric tigré. Bulliard.
AMANITA tigrina. La M. Dict. n.° 22.

AMANITE odorante, ou mousseron.
AMANITA odorata. La M. Dict. n.° 23.

AMANITE orangée, ou oronge vraie.
AMANITA aurantiaca. La M. Dict. n.° 46.

AMANITE édule, ou champignon des couches.
AMANITA edulis. La M. Dict. n.° 51.
AGARICUS campestris. L.

La culture des Amanites est négligée dans toutes les espèces de jardins, à cause du peu d'avantage qui en résulteroit. On ne cultive dans les potagers que le champignon des couches; dans les Écoles de Botanique on se contente de mettre à la place qu'elles doivent occuper, l'effigie des espèces les plus intéressantes, modelées en plâtre, & peintes d'après nature. Ces effigies suffisent pour faire connoître les plantes vivantes, lorsqu'on les rencontre à la campagne; elles ont en outre l'avantage de durer beaucoup plus que l'original d'après lequel elles sont faites, & de fournir ainsi les moyens de les étudier en tout tems.

Les Botanistes ne font entrer dans leurs herbiers que des figures coloriées de ces plantes; & à cet égard, l'ouvrage entrepris par M. Bulliard, avec autant de courage que d'intelligence & de soin, leur fournit un moyen aussi commode que sûr de les étudier & de les connoître, & doit lui mériter toute leur reconnoissance.

Voyez les mots *Mousseron*, *Oronge* & *Champignons de couche*, pour l'histoire & la culture de ces plantes. (*M. Thouin.*)

AMANOIER, *AMANOA.*

Genre de plante établi depuis peu d'années par Aublet, dans son Histoire des plantes de la Guiane Françoise, dont il n'existe encore qu'une espèce de connue.

AMANOIER de la Guiane.
AMANOA Guianensis. Aubl. hist. p. 256, fol. 101.

C'est un arbre qui s'élève jusqu'à soixante pieds de haut. Son tronc a ordinairement trois pieds de diamètre; ses branches, qui sont placées vers le sommet, s'élèvent & se répandent en tout sens; elles se divisent en rameaux garnis de feuilles ovales pointues, d'une consistance ferme & d'un verd foncé, lesquelles sont disposées alternativement. Ses fleurs sont petites, & ont peu d'apparence; elles paroissent dans le mois de novembre.

Cet arbre croît dans les forêts désertes, à quelque distance de la rivière de Sinemari, au-dessous du premier saut qu'elle fait en partant de sa source. Les Galibis l'appellent *Amanoa*, d'où Aublet a tiré son nom générique.

Nous ne pouvons donner aucuns détails sur la culture de cet arbre, qui n'a point encore été transporté en Europe. Mais, d'après la connoissance des lieux & du pays où il croît, nous présumons qu'on pourroit le traiter avec succès comme les arbres de la zone torride; c'est-à-dire, qu'il faudroit en semer les graines au printems, sous des chassis; mettre le jeune plant dans la tannée des serres, pendant sa jeunesse, & lui donner beaucoup de chaleur & d'humidité, lorsqu'il seroit en végétation. (*M. Thouin.*)

AMAQUAS. C'est le nom que les Hottentots donnent à un arbrisseau du Cap de Bonne-espérance, dont il est parlé dans l'histoire générale des Voyages, vol. 5, p. 189. Cet arbrisseau, que les Hollandois nomment *Keurboom*, est trop peu connu des Botanistes, pour qu'on puisse le rapporter à sa famille naturelle, & même à son genre.

Suivant Kolben, le tronc de l'Amaquas est assez gros; il s'élève à la hauteur de neuf à dix pieds; ses feuilles ressemblent à celles du poirier, qui porte la pierre d'oiseau (ne seroit-ce pas du sorbier des oiseaux, dont il veut parler). Sa fleur est couleur de rose, comme celle du pommier, & répand une odeur fort douce. Elle donne naissance à des cosses, dont chacune renferme cinq à six semences de la grosseur d'un pois, de couleur brune, de forme ovale & d'un goût astringent. Son écorce est mince, fort unie & de couleur de cendre. Les vers attaquent difficilement le bois; il est assez flexible lorsqu'il est vert, mais en séchant il acquiert une dureté presque incroyable. Si l'on coupe une branche de cet arbrisseau, elle rend une gomme jaune & luisante.

Il est à regretter qu'un arbre aussi intéressant, qui pourroit se conserver dans nos orangeries, pendant l'hiver, & peut-être même en pleine terre, dans toutes nos provinces méridionales, n'ait point encore été transporté en Europe. (*M. Thouin.*)

AMARANGA. Arbre de l'isle de Ceylan, dont l'écorce s'emploie pour les abscès de la gorge: Knox, qui vérifia la vertu de cette écorce, par sa propre expérience, dit qu'on lui en fit mâcher pendant un jour ou deux, en avalant sa salive, & que, quoiqu'il fût très-mal, il se trouva guéri en vingt-quatre heures. (*Hist. des Voyages, Tome XVIII, page 544.*)

Les Botanistes n'ont que des présomptions sur le véritable genre de cet arbre; ils le croient une espèce de Carambolier. *Voyez* ce mot. Il est bien étonnant qu'un arbre, qui a des propriétés aussi avantageuses, n'ait pas encore été transporté dans quelques-unes des colonies européennes des Antilles; d'où il eût pu être envoyé avec plus de facilité en Europe; ce seroit un vrai présent à faire à l'humanité. (*M. Thouin.*)

AMARANTHE. *Amaranthus.*

Ce genre a donné son nom à une famille de plantes, très-naturelle. Il est composé, dans ce moment, de vingt-trois espèces, qui fournissent encore un plus grand nombre de variétés; elles forment entr'elles des nuances si fines, & sont tellement liées les unes aux autres, qu'il est peu de Botanistes qui puissent circonscrire les caractères qui distinguent chaque espèce. En général, les Amaranthes croissent sous la Zône torride & dans les climats tempérés; elles se trouvent aussi dans les pays moins chauds, mais elles viennent plus tard, & durent moins long-tems; c'est par cette raison que leur végétation ne commence chez nous qu'au moment où la chaleur de l'atmosphère est réglée à dix degrés environ; qu'elles cessent de végéter, lorsque la température n'est plus qu'à cinq degrés, & qu'elles périssent aussi-tôt qu'il survient des gelées d'un à deux degrés. Mais aussi ces plantes peuvent supporter les plus grandes chaleurs, sans en être incommodées; elles n'en croissent, au contraire, qu'avec plus de vigueur, sur-tout si les chaleurs viennent par gradation, & si l'on a soin d'y proportionner les arrosemens; il est vrai qu'alors leur existence est moins longue.

Les tiges des Amaranthes sont herbacées; elles s'élèvent à une grande hauteur, & leur végétation est rapide. Elles commencent à fleurir à la fin de l'été, & durent jusqu'à l'approche des gelées. Toutes ces plantes sont annuelles, & plusieurs même ne durent que six mois. Quelques-unes d'entr'elles ont un port agréable, & leur feuillage est teint de différentes couleurs. Celles-ci servent depuis long-tems à l'ornement des parterres, d'autres ont des propriétés alimentaires, qui les font rechercher dans les pays où elles croissent, & le reste occupe des places dans les jardins de botaniques.

Espèces.

1. Amaranthe blanche.

Amaranthus albus. L. ⊖ d'Amérique & d'Italie.

2. Amaranthe à feuilles étroites.

Amaranthus græcisans. L. ⊖ d'Asie & d'Amérique.

3. Amaranthe tricolor.

Amaranthus tricolor. L. ⊖ de la Chine.

4. AMARANTHE mélancholique, ou tricolor Suisse.

AMARANTHUS melancholicus. L. ⊖ de l'Inde.

5. AMARANTHE poligame.

AMARANTHUS polygamus. L. ⊖ de l'Inde.

6. AMARANTHE du Gange.

AMARANTHUS Gangeticus. L. ⊖ de l'Inde.

7. AMARANTHE triste.

AMARANTHUS tristis. L. ⊖ de la Chine.

8. AMARANTHE livide.

AMARANTHUS lividus. L. ⊖ de Virginie.

9. AMARANTHE oleracée.

AMARANTHUS oleraceus. L. ⊖ de l'Inde.

10. AMARANTHE du Mangostan.

AMARANTHUS Mangostanus. L. ⊖ du Bengale.

11. AMARANTHE blette.

AMARANTHUS blitum. L. ⊖ de l'Europe tempérée.

12. AMARANTHE à épi.

AMARANTHUS spicatus. La M. Dict. n.° 11, ⊖ des environs de Paris.

13. AMARANTHE polygonée.

AMARANTHUS polygonoides. L. ⊖ de la Jamaïque & de Ceylan.

14. AMARANTHE grimpante.

AMARANTHUS scandens. L. f. Suppl. de l'Amérique méridionale.

15. AMARANTHE bâtarde.

AMARANTHUS hybridus. L. ⊖ de Virginie.

16. AMARANTHE paniculée.

AMARANTHUS paniculatus. L. ⊖ de l'Amérique.

17. AMARANTHE sanguine.

AMARANTHUS sanguineus. L. ⊖ des isles de Bahama.

18. AMARANTHE recourbée.

AMARANTHUS retroflexus. L. ⊖ de Pensilvanie.

19. AMARANTHE jaune.

AMARANTHUS flavus. L. ⊖ de l'Inde.

20. AMARANTHE fasciculée.

AMARANTHUS hypocchondriacus. L. ⊖ de Virginie.

21. AMARANTHE ensanglantée.

AMARANTHUS cruentus. L. ⊖ de la Chine.

22. AMARANTHE à fleurs en queue.

AMARANTHUS caudatus. L. ⊖ de l'Asie & de l'Amérique.

23. AMARANTHE épineuse.

AMARANTHUS spinosus. L. ⊖ de la Zône torride.

23. B. AMARANTHE épineuse purpurine.

AMARANTHUS. spinosus purpureus. ⊖ d'Amérique.

Description du port des Espèces.

1. L'AMARANTHE blanche est originaire de Pensilvanie, d'où elle a été transportée en Europe, & s'y est naturalisée dans plusieurs jardins de botanique; on la rencontre même en rase campagne, dans quelques parties de l'Italie, principalement le long des bords de la mer. Cette plante pousse de sa racine des tiges droites, hautes d'environ deux pieds & demi, accompagnées de branches qui sont disposées alternativement, & qui forment, avec la tige, des angles presque droits. Celles d'en bas sont aussi longues que la tige, les autres se raccourcissent à mesure qu'elles approchent du sommet. Cette disposition des branches donne à la plante une forme pyramidale, qui n'est pas sans agrément. Son feuillage est léger, & d'une verdure cendrée peu agréable.

2. AMARANTHE à feuilles étroites. Cette espèce a quelque affinité avec la précédente, mais elle s'en distingue par son port & par ses feuilles plus étroites. Elle ne s'élève guère que de vingt pouces, & ses branches latérales sont longues & couchées sur terre. La couleur de son feuillage est d'une teinte un peu moins cendrée. On la rencontre en Virginie, dans le levant & dans quelques jardins de l'Europe, où elle s'est naturalisée au point d'y être regardée comme une mauvaise herbe.

3. L'AMARANTHE tricolor est sans contredit la plus agréable de ce genre, & c'est avec raison qu'on la regarde comme une des plus belles plantes d'ornement de nos parterres; ses tiges s'élèvent dans une direction verticale, à deux pieds de haut environ. Ses branches sont courtes, serrées contre la tige, & couvertes d'un grand nombre de feuilles très-rapprochées les unes des autres. Dans cet état, elles forment une masse arrondie dans sa circonférence, resserrée par la base & terminée en pointe obtuse; ses feuilles sont larges & pointues par les deux extrémités; les unes sont nuancées de différentes teintes de verd, les autres sont élégamment panachées des plus belles couleurs jaune, aurore & rouge pourpré; vers le sommet il s'en trouve qui sont entièrement couleur d'écarlate. Cette plante est dans tout son éclat à la fin de l'été, & elle conserve sa beauté la plus grande partie de la saison suivante, ce qui lui fait tenir un rang distingué sur nos parterres parmi les fleurs d'automne. Les Chinois la cultivent avec soin, & la figurent souvent sur les papiers dont ils couvrent les murs de leurs appartemens. Elle est originaire de l'Inde, &, suivant le voyageur Gmelin, on la trouve aussi dans les parties les plus méridionales de la Russie.

4. L'AMARANTHE mélancholique est plus généralement connue des jardiniers sous le nom de tricolor suisse. Plusieurs botanistes l'ont regardée comme une variété de la précédente, avec laquelle, il est vrai, elle a beaucoup de rapports; cependant elle s'en distingue aisément par sa stature plus élevée, & par les couleurs moins vives dont son feuillage est panaché. Sa masse forme une pyramide pointue, d'une verdure sombre,

ſombre, tirant ſur le noir, & variée de pourpre mêlé de cramoiſi. Ce ſeroit une très-belle plante d'ornement ſi la précédente n'étoit pas connue, mais à côté d'elle, le mérite de celle-ci eſt éclipſé au point qu'on dédaigne ſouvent de les placer enſemble dans le même parterre, & qu'on la relègue ſur les liſières des boſquets. Cette plante nous eſt venue de l'Inde, & l'époque de ſon arrivée en Europe eſt plus moderne que celle de la précédente.

5. AMARANTHE polygame. Le port de cette eſpèce eſt plus léger que celui des deux précédentes; ſes tiges s'élèvent d'environ deux pieds; elles ſont garnies de branches, qui ſe raſſemblent en faiſceaux, & qui ſupportent des feuilles ovales, pointues & d'un verd pâle; ſes tiges ſe terminent par des épis courts, de fleurs verdâtres peu apparentes. En général, cette plante n'eſt propre qu'à tenir une place dans les écoles de botanique; elle croît naturellement dans l'Inde.

6. AMARANTHE du Gange. Ses tiges s'élèvent perpendiculairement à la hauteur d'environ deux pieds; elles ſont rougeâtres & garnies de feuilles ovales, terminées en lance, d'une texture mince, & d'un verd pâle. Ses fleurs croiſſent par pelotons dans les aiſſelles des feuilles, & forment des épis courts à l'extrémité des tiges & des branches. D'ailleurs le port de cette plante n'a rien qui puiſſe en faire deſirer la culture.

7. L'AMARANTHE triſte a beaucoup de rapport avec la précédente. Elle s'élève à la même hauteur, & ſes fleurs ſont diſpoſées de même; mais elle s'en diſtingue par la forme de ſes feuilles, qui ſont ovales, plus petites & en forme de cœur, & par leur couleur d'un rouge obſcur en-deſſus & d'un verd pâle en-deſſous. A la Chine & dans l'Inde, cette eſpèce eſt au rang des plantes alimentaires. On en mange les feuilles comme on fait ici celles des épinards.

8. L'AMARANTHE livide s'élève d'environ trois pieds; ſes tiges ſont rameuſes & raſſemblées en faiſceau arrondi autour de la tige; elles ſont garnies de feuilles ovales, portées ſur de longs pédicules d'un rouge-clair, ainſi que les tiges; les fleurs qui naiſſent aux extrémités des tiges & des branches ſont diſpoſées en épis cylindriques & courts, elles ſont aſſez apparentes. Cette qualité, jointe au port & à la ſtature de la plante, doit lui faire occuper une place ſur les liſières des boſquets parmi les arbuſtes, elle y produira de l'agrément.

9. AMARANTHE oléracée. Les tiges de celle-ci ſont épaiſſes, fortes, & hautes de quatre à cinq pieds. Elles ſont, dans toute leur longueur, garnies de branches qui s'éloignent de la tige, & donnent à la plante l'air d'un petit arbre de figure pyramidale alongée; ſes feuilles ſont diſpoſées alternativement ſur les branches; elles ſont ovales & ridées à leur ſurface, leur couleur eſt d'un verd pâle. Ses fleurs ſont verdâtres, elles viennent par pelotons dans les aiſſelles des feuilles, & forment pluſieurs épis courts, & quelquefois rameux, qui terminent les tiges & les branches. Les Portugais donnent le nom de *Bredos* à cette plante, qu'ils cultivent pour la faire ſervir au même uſage que les épinards; ſes feuilles, arrangées de la même manière, ſont aſſez bonnes.

10. L'AMARANTHE du Mangoſtan eſt de toutes les eſpèces de ſon genre, celles dont les feuilles ſont les plus grandes; elles croiſſent aſſez rapprochées les unes des autres, ſur des tiges fortes, droites & branchues, qui s'élèvent d'environ trois pieds. Elles ſont de forme arrondie, boſſelées, & d'un verd foncé. Ses fleurs ſont verdâtres, raſſemblées par groſſes pelotes dans les aiſſelles des feuilles, vers le ſommet des branches, leſquelles ſont terminées par des épis interrompus.

Cette plante nous a été envoyée du Bengale par M. Regnauld de Saint-Germain comme une plante d'uſage économique dans l'Inde. On en mange les feuilles préparées comme celles des épinards.

11. AMARANTHE blette. Cette eſpèce eſt une des moins intéreſſantes de toutes celles de ſon genre. C'eſt une petite plante de forme irrégulière, dont les branches, en partie, ſont couchées, & s'élèvent à peine à la hauteur de vingt pouces; ſes feuilles ſont ovales, petites, & d'un verd noirâtre; ſes fleurs n'ont aucun agrément; elles croiſſent par paquets dans les aiſſelles des feuilles, & forment des épis grêles qui terminent les rameaux.

On doit ſe garder d'introduire cette plante dans d'autres jardins que dans ceux qui ſont conſacrés à la botanique, & ſur-tout de la laiſſer grainer ſur les couches, parce qu'elle produit une très-grande quantité de graines qui, levant à des époques différentes, ſuivant qu'elles ſe trouvent enterrées plus ou moins profondément, obligeroient à des ſarclages continuels pour les extirper.

12. L'AMARANTHE à épi s'élève d'environ trois pieds. Ses tiges ſont fortes, droites, branchues, & garnies de feuilles oblongues, d'un verd blanchâtre, ainſi que toutes ſes autres parties, & couvertes d'un léger duvet. Ses fleurs ſont diſpoſées en épis courts, partie dans les aiſſelles ſupérieures des feuilles, & partie en épis ſerrés à l'extrémité des tiges & des branches. Cette plante n'a rien qui puiſſe la faire rechercher dans les jardins d'agrément, mais elle a une propriété qui peut la rendre utile dans d'autres lieux. Ses graines, quoique fort petites, ſont mangées avec avidité par les faiſans & les perdrix. On pourroit la ſemer dans le voiſinage des faiſanderies; & comme elle n'eſt nullement délicate ſur le choix du terrein, ſa culture en deviendroit d'autant plus aiſée. Il ſuffira d'en répandre une première fois des graines à la volée, vers la fin d'avril, ſur un terrein, n'importe de quelle

nature, pour la voir se naturaliser & se reproduire ensuite d'elle-même, sans qu'il soit besoin de la semer de nouveau les années suivantes. C'est de cette manière qu'elle s'est naturalisée à la Garre, aux environs de Paris.

13. L'Amaranthe polygonée est la plus petite de toutes celles de ce genre; elle pousse de sa racine une tige qui s'élève d'environ six pouces, laquelle se divise, dès sa naissance, en plusieurs branches, qui sont couchées sur terre, & ne se relèvent que par leur extrémité. Les branches sont garnies de petites feuilles oblongues d'un verd pâle, & marquées dans le milieu d'une tache blanche, assez apparente lorsque la plante est vigoureuse. Ses fleurs, qui sont mâles & femelles, viennent par petits pelotons dans les aisselles des feuilles, depuis le bas des tiges & des rameaux jusqu'à leur extrémité; elles sont d'un blanc luisant & comme argenté. Cette Amaranthe est une espèce, bien distincte, qui mérite d'occuper une place de préférence dans les écoles de botanique.

14. L'Amaranthe grimpante ressemble un peu à la onzième espèce; ses tiges sont longues d'environ deux pieds; elles sont flexibles & grimpent aux arbrisseaux qui se rencontrent dans leur voisinage; ses feuilles sont ovales, petites, & assez distantes les unes des autres. Ses fleurs sont disposées en épis grèles à l'extrémité des rameaux, & leur couleur est verdâtre. On rencontre très-rarement cette espèce dans les jardins de botanique, soit qu'elle n'y ait point encore été apportée, soit que sa culture étant difficile, on n'ait pu l'y conserver.

15. L'Amaranthe batarde est une plante d'environ trois pieds de haut, qui s'élève droite; elle est branchue dès le bas de sa tige principale, & garnie de feuilles ovales, pointues, rapprochées les unes des autres, d'une verdure blanchâtre, & rudes au toucher. Ses fleurs, qui croissent dans les aisselles des feuilles & à l'extrémité des branches, sont petites, vertes, & rassemblées en forme d'épis, placés dans une direction horizontale. Elles produisent une grande quantité de petites semences noires & luisantes; cette plante a peu d'agrément, & on ne lui connoît aucun usage qui puisse la faire rechercher dans d'autres jardins que dans les écoles de botanique.

16. Amaranthe paniculée. C'est une des grandes espèces de ce genre. Sa tige principale s'élève à la hauteur de quatre à cinq pieds, elle donne naissance à plusieurs branches, qui montent presque verticalement, & forment un faisceau chargé de feuilles larges & pointues, d'un verd lavé, nuancées d'une légere teinte de rouge; chacun de ses rameaux se termine par des espèces de panicules composés d'une multitude de petites fleurs rouges disposées en épis serrés. Ces panicules ont beaucoup d'éclat; & cette qualité, jointe à la beauté du port de la plante & à son élévation, doit lui faire trouver place sur les lisières des bosquets, ou dans les grands parterres, sur la ligne du milieu, parmi les fleurs d'automne.

17. L'Amaranthe sanguine est remarquable par la teinte rouge dont toutes ses parties sont colorées, & sur-tout par ses panicules de fleurs d'un rouge très-vif. Elle s'élève d'environ trois pieds. Ses tiges sont droites, garnies de branches rassemblées en un faisceau lâche qui se termine en pointe obtuse; ses fleurs, qui naissent à l'extrémité, sont rassemblées en gros panicules pyramidaux, formés d'un grand nombre d'épis disposés en croix. Indépendamment de l'usage auquel on emploie cette plante en Amérique, pour la nourriture des hommes, elle peut servir à la décoration des jardins, comme la précédente.

18. Amaranthe recourbée. Cette espèce est plus singulière qu'agréable; elle ressemble à l'Amaranthe bâtarde, mais elle s'en distingue par ses tiges légèrement pliées en zig-zag dans l'intervalle d'une feuille à l'autre. Ses rameaux inférieurs, d'abord recourbés en dehors, se redressent ensuite par leur extrémité. Ses feuilles sont grandes, ovales & pointues. Ses fleurs sont verdâtres, disposées en épis droits, qui terminent les rameaux, ou qui viennent dans les aisselles des feuilles, vers l'extrémité des branches. La couleur dominante de toutes les parties de cette plante est un verd cendré peu agréable à la vue.

19. L'Amaranthe jaune se distingue aisément des autres espèces de ce genre par la couleur de ses fleurs, qui sont d'un jaune pâle. Ses tiges s'élèvent d'à-peu-près quatre pieds; elles sont rameuses vers le sommet, & veinées de lignes rouges. Ses feuilles sont ovales, pointues, de couleur verte & marquées dans le milieu d'une tache purpurine assez apparente. Ses fleurs, disposées en épis, forment des panicules droits qui terminent les branches. C'est encore une des plantes qu'on cultive en Portugal sous le nom de *Bredos*, & dont on mange les feuilles préparées comme les épinards.

20. L'Amaranthe fasciculée s'élève de quatre à cinq pieds de haut; ses tiges sont fortes, garnies de branches, lesquelles sont couvertes de feuilles ovales, pointues, d'un verd tirant sur le rouge; ses rameaux se terminent par de gros & longs épis de fleurs qui sont rassemblés en faisceau, & qui sont d'un rouge fort apparent. On mange aussi dans l'Inde & à la Chine les feuilles de cette espèce. Elle est cultivée en Europe, depuis long-tems, dans nos jardins; il suffit de l'y semer une fois, & de l'y laisser grainer, pour que chaque année elle y croisse sans culture.

21. L'Amaranthe ensanglantée s'élève un peu moins que la précédente avec laquelle elle a plusieurs rapports; mais elle s'en distingue par ses panicules de fleurs couleur de sang, & par toutes ses autres parties qui sont colorées en rouge obscur plus ou moins foncé. D'ailleurs

elle peut servir aux mêmes usages & n'est pas plus délicate.

22. L'Amaranthe à fleurs en queue est plus connue des jardiniers sous le nom de discipline des religieuses. C'est une plante fort singulière, qui est cultivée depuis long-tems dans nos jardins, où elle est mise au rang des fleurs d'automne, pour l'ornement des grands parterres, & pour celui des lisières des bosquets aérés. Cette plante s'élève d'environ deux pieds & demi; ses tiges & ses feuilles sont d'un verd jaunâtre; elles sont très-rapprochées les unes des autres, & forment des masses assez épaisses. Ses fleurs sont disposées en gros épis cylindriques & rameux, qui viennent à la sommité des tiges, ou dans les aisselles des feuilles, à la partie supérieure des rameaux. Ses épis sont d'une couleur purpurine fort apparente, & pendent souvent jusqu'à terre. Les graines de cette plante sont petites, luisantes & couleur de chair, ce qui fournit un caractère constant pour les distinguer de toutes les autres espèces de ce genre, qui ont la même forme, mais qui sont d'un noir très-luisant.

23. Amaranthe épineuse. C'est la seule espèce de ce genre qui porte des épines. Sa hauteur n'est rien moins que constante; parmi plusieurs individus, les uns sont plus, les autres moins élevés. Sa couleur n'est pas plus fixe, elle varie depuis le verd pâle jusqu'au verd foncé, tirant sur le rouge purpurin. Ses tiges sont droites, élevées d'environ deux pieds; elles sont garnies de branches, disposées presque horizontalement, & diminuent de longueur à mesure qu'elles approchent du sommet. Ses feuilles sont petites, ovales, & marquées de nervures blanches, assez apparentes. Ses fleurs sont verdâtres & disposées en épis serrés, dans une direction verticale à l'extrémité des rameaux & dans les aisselles des feuilles supérieures. Le peu de mérite de cette plante en fait négliger la culture par-tout ailleurs que dans les jardins de botanique. Elle croît naturellement dans les isles Antilles, dans d'autres parties de la terre ferme de l'Amérique méridionale, à Amboine, dans l'isle de Ceylan, & dans quelques autres parties de l'Inde.

Culture.

De toutes les Amaranthes, la tricolor & la tricolor suisse sont les plus délicates. Comme on en fait un objet de commerce assez considérable dans ce pays-ci, où elles servent à l'ornement des jardins, nous croyons qu'il ne sera pas inutile d'exposer leur culture avec quelque étendue.

Dès le commencement de mars, on bâtit une couche en fumier chaud, mélangée de litière & de fumier court; on l'élève d'environ deux pieds, & on a soin de la marcher à plusieurs reprises, pour la rendre égale & empêcher qu'elle ne s'affaisse ensuite dans un endroit plus que dans un autre. Cette couche doit être placée à l'exposition du midi, sur un terrein sec & défendu le plus qu'il est possible du vent du nord. On la charge ensuite de terreau de couche consommé, de l'épaisseur d'environ six pouces, & on la couvre d'un chassis avec ses panneaux. Lorsqu'on n'a point à craindre les courtilières & autres insectes & animaux qui vivent sous terre, on peut semer, & on sème quelquefois les graines d'Amaranthes à nud sur la couche. Dans ce cas, on se sert, pour la couvrir, d'un mélange composé de terre de potager, meuble & légere, & de terreau de couche consommé; lorsqu'on a bien uni ce mélange avec le rateau, on sème les graines le plus également qu'il est possible, & on les recouvre d'environ trois lignes de terre semblable à celle sur laquelle elles sont semées, mais plus fine, plus légère, & sur-tout plus sèche, afin qu'elle puisse se répandre plus aisément & plus également sur toute la surface de la couche.

Mais lorsqu'on craint le ravage des insectes & animaux destructeurs, on sème les graines des Amaranthes tricolors dans des pots, ou mieux encore dans des terrines percées de fentes au lieu de trous. On remplit ces vases d'une terre composée comme celle à oranger, mais rendue plus legère & plus substancielle par l'addition d'un terrreau de couche consommé qui doit y entrer dans la proportion d'un tiers. Si l'on ajoutoit à ce mélange un peu de terreau de bruyère, il n'en vaudroit que mieux; mais l'on peut s'en passer pour la terre du fonds, & le réserver pour le faire entrer dans la composition de celle qui doit servir à recouvrir les graines. Lorsqu'on prend le parti de semer dans des vases, on peut faire les semis immédiatement après que la couche est établie, en ayant soin de placer seulement les vases sur le terreau qui recouvre la couche, & de ne les enterrer qu'au moment où la chaleur de la couche est modérée au point d'y pouvoir laisser la main pendant quelques minutes; si l'on sème en pleine couche, il faut attendre également que le fumier ait jeté son premier feu, & que la chaleur soit tombée au même point.

On se sert assez indistinctement de chassis ou de cloches pour recouvrir les semis des tricolors; cependant les cloches paroissent avoir un avantage sur les chassis, en ce que les plantes, ayant plus d'air & plus de chaleur, lèvent plus promptement, & sont moins sujettes à s'étioler; mais la culture sous cloches est minutieuse: au moindre rayon de soleil, il faut donner de l'air aux jeunes plantes, lever toutes les cloches les unes après les autres pour les arroser, & ensuite les recouvrir à propos. Ajoutez à cela qu'il est plus difficile de les préserver des froids, au lieu que toutes ces opérations deviennent simples & faciles avec les chassis à cremaillères, que l'on peut aisément aérer & couvrir de paillassons.

Les semis des tricolors doivent être arrosés

légèrement soir & matin, jusqu'à ce qu'ils soient levés, c'est-à-dire, pendant les huit premiers jours, lorsque les couches sont chaudes. Alors il faut modérer les arrosemens, & ne leur en donner qu'au besoin, sur-tout si le tems est humide, & si le soleil ne paroît point. Mais comme les jeunes plantes sont extrêmement tendres & sont sujettes à s'étioler, & même à se pourrir par la privation des rayons du soleil & par l'humidité, il est à propos de les aérer toutes les fois que le tems est doux & que le soleil vient à paroître, soit en ouvrant les panneaux des chassis, soit en levant les cloches qui les recouvrent. Il faut avoir également très-grand soin de préserver des froids les jeunes tricolors; non-seulement la moindre gelée blanche peut les faire périr dans leur jeunesse, mais même une température de huit dégrés ne suffit pas pour les conserver; il faut, pour que leur végétation continue sans interruption, que la chaleur soit de dix ou de douze degrés. Ainsi, on doit avoir la précaution de couvrir de paille & de paillassons les chassis pendant les tems froids, & de faire des réchauds aux couches, lorsque leur chaleur tombe au-dessous du degré que nous venons d'indiquer.

Vers la mi-avril, lorsque les jeunes plants ont atteint quatre à cinq pouces de hauteur, il faut s'occuper du soin de les repiquer: cette opération se fait de deux manières différentes. Quelques personnes, pour économiser la dépense, repiquent les jeunes plants en pleine couche, & d'autres les plantent dans des pots, où ils les laissent jusqu'à ce qu'ils soient assez forts pour être mis en place: ces deux procédés donnent, à peu de chose près, le même résultat; ainsi, le choix est indifférent. Mais, dans les deux cas, il faut avoir l'attention de choisir un tems doux & brumeux pour lever le jeune plant; de le lever avec toutes ses racines, & de le repiquer le plus promptement possible, pour que ces mêmes racines, qui sont très-tendres, ne se dessèchent pas à l'air.

Si l'on veut repiquer tout d'un coup le jeune plant en pleine couche, il faudra choisir une couche nouvellement faite, dont la chaleur soit modérée, & qui ait été couverte d'environ six pouces de terre préparée comme celle qui a servi aux semis. Lorsque la surface en aura été bien unie, on y tracera des lignes à huit pouces de distance les unes des autres, tant en long qu'en travers, ce qui formera de petits quarrés, à chaque angle desquels on mettra avec le plantoir un jeune plant, dont on affermira la terre autour des racines.

Mais si l'on préfère d'employer le second moyen, on choisit des pots d'environ six pouces de diamètre, qu'on remplit d'une terre préparée, comme nous l'avons dit ci-dessus, & on plante un individu dans chaque pot: ensuite on transporte tous les pots sur une couche nouvellement faite, & on les enterre jusqu'au bord dans le terreau qui la recouvre. Quelques personnes mettent à-la-fois, soit en pot, soit sur les couches nues, deux jeunes individus ensemble, afin d'assurer la réussite: mais cette méthode est sujette à des inconvéniens; il est rare que les deux jeunes plants ne reprennent pas également lorsque la plantation est faite par un tems favorable, & qu'on y apporte quelqu'attention; alors ils se gênent mutuellement à mesure qu'ils grandissent, & l'un des deux finit presque toujours par l'emporter sur l'autre, sans que le plus fort soit aussi vigoureux & aussi beau que l'individu qui a été planté seul.

Mais quel que soit celui des deux moyens que l'on emploie dans la transplantation des tricolors, il convient toujours d'arroser les jeunes plants immédiatement après qu'ils sont en terre, parce que, si on les laissoit trop se fanner, ils auroient beaucoup de peine à se redresser & à reprendre. On se sert, pour les arroser, d'un arrosoir à pomme dont les trous soient très-fins, & qui verse l'eau en manière de pluie douce: on promène cet arrosoir sur toute la surface de la couche ou des pots, sans s'arrêter plus long-tems dans un lieu que dans un autre, afin que l'eau soit également dispersée. On répète ce bassinage deux ou trois fois par jour, dans le commencement de la transplantation, & jusqu'à ce que le plant soit bien repris; ensuite on l'arrose moins souvent, mais plus abondamment, suivant la vigueur des plantes & le degré de sécheresse qui règne dans l'atmosphère.

Il n'est pas moins essentiel à la reprise des jeunes plants, de les garantir des rayons du soleil lors de leur transplantation: on aura donc soin de couvrir de paillassons les panneaux des chassis, sur-tout pendant les huit premiers jours, ensuite on les ombragera moins chaque jour, jusqu'à ce qu'enfin ils soient parfaitement repris, & deviennent assez forts pour n'avoir plus rien à craindre.

Mais ces précautions ne doivent pas s'étendre jusqu'à les priver d'air. Si on laissoit les chassis constamment fermés, il arriveroit que les plantes ne prendroient pas de consistance & s'étioleroient. Pour éviter ce double inconvénient, il convient non-seulement de leur donner de l'air pendant la chaleur du jour, dans les mois de mars & d'avril, mais encore de lever entièrement les panneaux des chassis lorsqu'il tombe des pluies douces dans les mois de mai & de juin; & lorsqu'une fois la température sera fixée au-dessus de douze degrés, on pourra les laisser entièrement exposées à l'air libre, elles en croîtront avec plus de vigueur, & leur masse sera plus forte & plus touffue.

Vers la fin de l'été, les Amaranthes tricolors sont en état d'être plantées à leur destination, soit sur les plate-bandes des parterres, pour remplacer les fleurs d'été, & commencer la décoration d'automne, soit dans des vases. Celles qui ont été élevées dans des pots, n'ont besoin que d'être dépotées & mises en place; mais celles qui ont été repiquées en pleine couche, exigent plus de précautions : on choisit un tems pluvieux, & on les lève en mottes avec toutes leurs racines. Cette opération est d'autant plus aisée, que ces plantes ayant beaucoup de racines, retiennent la terre & l'empêchent de se diviser, pour peu qu'elle soit humide. Mais pour en assurer davantage la réussite, on arrose fortement les plantes avant de les lever; ensuite avec une houlette on cerne la terre à quatre pouces de distance du pied de la plante, & on l'enlève très-facilement. On les met ensuite les unes contre les autres dans un *bard*, que deux hommes transportent sur le lieu où elles doivent être plantées. On les place aussi-tôt dans les trous qui ont été faits d'avance pour les recevoir, & on les arrose copieusement pour affermir la terre autour des racines.

Ces plantes fatiguent d'abord pendant quelques jours; mais ensuite elles reprennent & poussent avec plus de vigueur qu'auparavant, pourvu toutefois que la saison soit chaude, & qu'on ne les laisse pas manquer d'eau. Vers la fin de l'automne, lorsque les nuits sont longues & commencent à être froides, les Amaranthes cessent de végéter: alors il faut entièrement supprimer les arrosemens; & aussi-tôt que les premières gelées blanches ont noirci les extrémités des plantes, on fait un choix de celles qui ont été les plus vigoureuses & les plus riches en couleurs; on les arrache avec leurs racines, & on les suspend la tête en en-bas dans un lieu sec, aéré & à l'abri des gelées, pour donner aux graines le tems de mûrir. Lorsqu'elles sont entièrement mûres, on les sépare de la plante, on les nettoie avec le van & le crible, & on les met dans des sacs de papier, que l'on tient renfermés dans des armoires, à l'abri de l'humidité & de la grande chaleur. Avec ces précautions, ces semences conservent pendant dix ans leur propriété germinative, peut-être même la conservent-elles beaucoup plus long-tems, mais nous n'avons pas porté plus loin l'expérience.

On sent assez, sans qu'il soit besoin de le dire, que la culture que nous venons de détailler, ne peut convenir qu'au climat de Paris & des pays plus septentrionaux; dans les pays méridionaux, il suffira de répandre au printems les graines de ces plantes en pleine terre, de les repiquer lorsqu'elles auront acquis assez de forces, & ensuite de les planter à leur destination.

Les Amaranthes, n.ºs 2, 5, 10, 13, 14 & 23, se sèment dans des pots, sur des couches chaudes couvertes de chassis, vers la fin du mois de mars ou le commencement d'avril. Ces semis exigent la même nature de terre que les tricolors, & la manière de semer & de recouvrir les graines est absolument la même. Lorsque les jeunes plants ont quatre à cinq pouces de haut, on les repique en pleine terre, si l'on veut les multiplier, ou l'on met tout simplement, à la place qu'elle doit occuper dans les écoles de botanique, la touffe que forme le jeune plant, après l'avoir tiré du vase dans lequel il a été semé, en observant toutefois, de l'éclaircir auparavant, pour qu'il ne se trouve pas dans la même touffe une trop grande quantité d'individus qui se nuiroient réciproquement, & ne fourniroient qu'une végétation avortée.

Toutes les autres espèces d'Amaranthes doivent être semées à la mi-avril, dans des pots sur couche & à l'air libre. Ce n'est pas que plusieurs d'entre elles, comme les espèces n.ºs 1, 11, 12, 15, &c., ne puissent croître en pleine terre sans le secours de la chaleur artificielle, mais elles ne poussent que très-lentement de cette manière, & l'on en jouit trop tard.

Les espèces dont on mange les feuilles dans les différentes parties du monde où elles croissent naturellement, viendront très-bien en pleine terre dans nos provinces méridionales, avec la seule attention de les semer au printems, à la manière des autres légumes annuels. Mais ici elles exigent plus de soin; il leur faut le secours des couches pour croître & se développer plus promptement, ensuite il est à propos de les repiquer en pleine terre à une exposition chaude, dans un terrein meuble & substanciel, à dix-huit ou vingt pouces de distance les unes des autres, attendu que ces plantes s'élèvent de quatre à cinq pieds, & forment de grosses touffes.

Usages : Les Tricolors servent à la décoration des jardins de ville; on les place dans les parterres sur la ligne du milieu des plate-bandes, dans les corbeilles & parmi les massifs de fleurs. On en plante dans les vases qui ornent les perrons, les escaliers, les terrasses, &c., leur feuillage panaché & varié de couleurs éclatantes, rend ces plantes très-propres à la décoration d'automne. L'Amaranthe à fleurs en queue, n'est guère employée que dans les grandes plate-bandes & sur la lisière des bosquets; son mérite pour la décoration est bien inférieur à celui des deux précédentes.

Les autres espèces d'Amaranthes qui s'élèvent de quatre à cinq pieds, & dont le feuillage, ainsi que les fleurs, sont colorés, peuvent figurer dans les bosquets des jardins paysagistes sur les bordures, parmi les arbustes; elles y produiront de la variété, & garniront le terrein.

Enfin les espèces n.ºs 6, 7, 9, 10, 17, 20 & 21 fournissent un feuillage qui, lorsqu'il est tendre, peut être employé dans la cuisine à la manière des épinards; nous en avons mangé avec plaisir.

Observation : il y a peu de genres de plantes dont les espèces soient aussi sujettes à varier, surtout lorsqu'elles sont rapprochées les unes des autres, comme dans une école de botanique. La poussière de leurs étamines étant très-abondante, les espèces se fécondent mutuellement, & leurs graines donnent naissance à de nombreuses variétés qu'on a beaucoup de peine à rapporter à leur espèce, ce qui semble prouver que la plupart de ces plantes ne sont que des variétés d'un petit nombre d'espèces. (*M. Thouin.*)

Amaranthe à crête de coq, synonyme du *Celosia cristata* L. Voyez Passevelour a crête.

Amaranthe argentée, *Celosia argentea.* L. Voyez Passevelour argenté.

Amaranthe cramoisie, *Celosia coccinea.* L. Voyez Passevelour écarlate. (*M. Thouin.*)

Amaranthes (les), cette famille naturelle de plantes renferme plusieurs genres dont quelques-uns sont nombreux en espèces & en variétés. Elle est presque uniquement composée de plantes étrangères à l'Europe; la plupart croissent dans les parties du monde les plus chaudes, & quelques-unes sous les zones tempérées, mais très-peu dans les pays froids. La plus grande partie de ces plantes sont herbacées & meurent tous les ans. Il y en a très-peu qui aient des tiges ligneuses & qui forment des arbustes de trois à quatre pieds de haut, aucune ne s'élève en arbre. Leurs fleurs sont fort petites, mais leur réunion en grosses masses produit, dans plusieurs espèces, des effets agréables.

En général, toutes les plantes de cette famille se multiplient fort aisément par leurs semences, surtout les espèces annuelles; celles qui sont ligneuses se propagent de boutures; elles aiment de préférence une terre meuble, légère & substancielle, mais elles vivent dans toutes sortes de terreins. Les plus fortes chaleurs ne leur sont point nuisibles lorsqu'on y proportione les arrosemens; leur végétation, au contraire, en devient plus active & plus belle.

Plusieurs de ces plantes sont cultivées depuis long-tems dans nos jardins dont elles font l'ornement, tant par la beauté de leur feuillage, que par l'agrément de leurs fleurs; d'autres ont des propriétés alimentaires qui les font rechercher dans les pays où elles croissent, & quelques-unes enfin sont d'usage dans la médecine.

Les genres qui composent la famille des *Amaranthes*, sont :

L'Amaranthe........*Amaranthus.*

Le Passevelours...,*Celosia.*

L'Amaranthine......*Gomphrena.*

L'Irésiné............*Iresine.*

Le Cadelaris.........*Achyranthes.*

La Paronique.......*Paronichia.*

L'Alternante........*Alternanthera.*

Le Triantême.......*Trianthema.*

Le Glin..............*Glinus.*

Nota. Il est douteux que les deux derniers genres appartiennent à cette famille; des observations plus suivies pourront un jour résoudre ce problême.

Amaranthine. *Gomphrena.*

Ce genre qui fait partie de la famille des *Amaranthes*, est composé, dans ce moment, de sept espèces distinctes. Ce sont des plantes herbacées ou peu ligneuses, qui croissent naturellement dans les pays les plus chauds de l'Amérique & de l'Inde, une seule est employée à l'ornement de nos jardins comme fleur d'automne; les autres ne sont guère propres qu'aux écoles de botanique, où même elles se trouvent assez rarement.

Espèces.

1. Amaranthine globuleuse, ou Amaranthoïde, *Gomphrena globosa.* L. ⊖ de l'Inde.

1. B. Amaranthine globuleuse blanche. *Gomphrena globosa alba.* ⊖ des jardins.

1. C. Amaranthine globuleuse panachée. *Gomphrena globosa variegata.* ⊖ des jardins.

2. Amaranthine vivace. *Gomphrena perennis.* L. ♄ d'Amérique.

3. Amaranthine hérissée. *Gomphrena hispida.* L. du Malabar.

4. Amaranthine du Brésil. *Gomphrena Brasiliensis.* L. de l'Amérique.

5. Amaranthine jaune. *Gomphrena flava.* L. de la Véra-crux.

6. Amaranthine arborescente. *Gomphrena arborescens.* L. fil. suppl. ♄ de la nouvelle Grenade en Amérique.

7. Amaranthine à épi. *Gomphrena interrupta.* L. ♂ de la Véra-crux.

L'Amaranthine globuleuse est plus connue sous le nom d'amaranthoide & d'immortelle rouge; les fleuristes de Paris l'appellent *tolides* par abbréviation du nom d'*amaranthoides* qu'elle portoit anciennement, & qu'ils ont corrompu. Cette plante s'élève d'environ un pied & demi; sa tige est droite & garnie dans toute sa hauteur de branches très-rapprochées les unes des autres, lesquelles sont revêtues d'un feuillage touffu d'un beau verd. Les fleurs croissent à l'extrémité des rameaux, & forment des têtes qui d'abord sont rondes, mais ensuite deviennent ovales. Ces fleurs, dans quelques individus, sont d'un beau rouge, dans d'autres elles sont blanches & quelquefois mélangées de blanc & de rouge, ce qui fait un gris de lin assez agréable; cette plante forme une touffe arrondie, presque aussi large par sa base qu'elle est haute. Elle est couverte de fleurs éclatantes, que la verdure foncée de son feuillage fait ressortir encore davantage. Les premières fleurs commencent à paroître en juillet & continuent sans interruption jusqu'à la fin de l'automne.

Culture : L'Amaranthine globuleuse se multiplie par le moyen de ses graines, qui doivent être femées en mars, fur une couche chaude couverte de chaffis ou de cloches. On les sème en pot ou en pleine couche dans une terre meuble, légère & fubftancielle; lorfque les femences ont été féparées de leur enveloppe elles lèvent dans l'efpace de quinze jours; elles font un peu plus long-tems à germer quand on n'a pas eu cette précaution; mais foit qu'on la prenne ou qu'on la néglige, les graines réuffiffent également bien pourvu qu'elles n'aient pas plus de trois ou quatre ans. Dès que le jeune plant a trois pouces de hauteur, il doit être repiqué, foit fur une couche médiocrement chaude, foit dans des pots à bafilics qu'on place également fur une couche tiède, & qu'on garantit du foleil pendant les premiers jours jufqu'à ce que les individus foient bien repris. Si l'on repique les jeunes plants en pleine couche, il faut les efpacer à huit ou dix pouces de diftance en tout fens les uns des autres, afin d'avoir la faculté de les lever en groffes mottes lofqu'on voudra les tranfplanter en pleine terre ou dans des vafes. Il eft important de donner de l'air le plus fouvent qu'il eft poffible à ces plantes, foit pour les empêcher de s'étioler, foit pour leur faire prendre de la force; il convient même d'enlever les panneaux des chaffis dans les tems doux & pluvieux, & lorfque les chaleurs de l'été font arrivées, on peut les laiffer à l'air libre.

Pendant les premiers jours, & jufqu'à ce que les graines foient levées, les femis exigent des arrofemens fréquens, mais légers, & feulement en forme de baffinage. On doit enfuite les rendre plus rares tant que le jeune plant eft foible, mais lorfqu'il a pris de la vigueur, & que les chaleurs de l'été fe font fentir, on peut alors l'arrofer fréquemment & copieufement, fur-tout s'il eft en pleine couche.

Vers le mois de juillet on tranfplante les Amaranthines globuleufes à leur deftination. Celles qui font en pleine couche doivent être levées en mottes par un tems chaud & couvert, plantées fur le champ, & arrofées enfuite très-abondamment pour affermir la terre autour des racines, & faciliter la reprife. Celles qui ont été élevées dans des pots, fouffrent beaucoup moins de leur tranfplantation, & procurent une jouiffance plus prompte.

Les graines des Amaranthines globuleufes mûriffent en Automne, & même affez tard; on les recueille fur les pieds qui ont été les plus vigoureux, & qui ont donné les plus belles fleurs. En général, les têtes qui ont fleuri les premières, & celles qui fe trouvent vers le fommet des plantes, doivent être préférées : les graines en font mieux aoûtées, & s'y trouvent en plus grand nombre que dans les têtes des branches latérales. On les coupe avec leur pédicule à la longueur d'un pouce, on les étend au foleil dans un lieu fec, après quoi on les fépare de leur placenta commun, & on les renferme dans des facs avec leur enveloppe pour s'en fervir l'année fuivante. Les graines fe confervent pendant quatre ou cinq ans.

Ufage : Les Amaranthines globuleufes fervent à la décoration des jardins d'agrément; on les place fur les plate-bandes des parterres fymmétriques dans les corbeilles & les maffifs à fleurs; on les plante dans les vafes dont on orne les terraffes, les efcaliers & les angles des parterres; enfin elles font propres à tous les ufages auxquels on fait fervir nos plus belles plantes d'ornement, dont elles font partie. Les bouquetières confervent les fleurs de ces plantes pendant plufieurs années, au moyen de la fimple précaution qu'elles ont de les couper par un tems fec, lorfqu'elles font dans tout leur éclat, & de les faire fécher rapidement à la chaleur d'un four ou au foleil fous un linge.

Obfervation : Quoique les Amaranthines globuleufes blanche & panachée aient tous les caractères des variétés, & qu'il n'y ait que des yeux très-exercés qui puiffent les diftinguer de leur efpèce, lorfqu'elles ne font point en fleurs, cependant elles fe reproduifent conftamment fous la même forme & avec les mêmes couleurs, ce qui paroitroit les rapprocher beaucoup des efpèces.

L'Amaranthine à épi eft une plante herbacée qui vit peu de tems, & qu'on doit regarder comme bis-annuelle dans notre climat. Du collet de fa racine fortent plufieurs tiges d'environ deux pieds de long, les unes dans une direction horizontale, & les autres plus ou moins verticales; à leur bafe eft une touffe de feuilles difpofées en rond, & appliquées contre terre; les autres feuilles font oppofées, & viennent le long des tiges à de grandes diftances les unes des autres. Leur forme eft ovale, & elles font couvertes d'un duvet cotonneux & blanchâtre. Les fleurs font petites, d'un blanc jaunâtre, & difpofées en épis interrompus & rameux, à l'extrémité des branches; elles donnent naiffance à des femences applaties & anguleufes qui mûriffent très-bien dans notre climat. Le port grêle de cette plante, la rend peu agréable.

Culture : Ses femences doivent être mifes en terre au printems dans des pots remplis d'une terre meuble & légère, que l'on place fur une couche chaude couverte d'un chaffis; elles lèvent ordinairement dans l'efpace de quinze jours, & les jeunes plants font affez forts pour être féparés vers le mois de juillet. Il convient de les repiquer dans des pots, afin qu'ils puiffent être rentrés dans les ferres chaudes en Automne. Ces plantes exigent, pendant l'hiver, une température de douze degrés de chaleur pour fe conferver. Elles perdent une partie de leurs branches dans cette faifon; mais en les plaçant au printems fur une couche tiède & fous chaffis, elles en repouffent de nouvelles du collet de leurs racines. Cette plante fleurit la première année à la fin du mois d'août, & l'année fuivante elle eft en fleurs dès le mois de juin.

Hiftorique : Les graines de cette efpèce ont été envoyées pour la première fois au jardin du Roi, en 1778, par M. Crofnier. Il les recueillit à Saint-Domingue dans le voifinage du Cap françois.

Les autres efpèces d'Amaranthines ne nous font

connues que par les descriptions qu'en ont donné les auteurs de botanique. Nous y renvoyons les lecteurs; mais nous croyons que la culture indiquée pour l'espèce précédente pourroit leur être administrée avec succès. (*M. Thouin.*)

AMARANTHINE (terme de fleuriste), c'est une couleur qui approche de celle de l'amaranthe, & qu'on rencontre quelquefois dans différentes fleurs de tulipes, d'anémones, de renoncules, d'œillet, &c. (*M. Thouin.*)

AMARANTHOIDE, & par abbréviation Tolides, synonymes du nom d'une plante connue des botanistes sous celui de *Gomphrena globosa.* L. *Voyez* AMARANTHINE GLOBULEUSE. (*M. Thouin.*)

AMARELLE, nom qu'on donne, en Bresse, à une espèce de Gentiane qui nuit aux grains cultivés. (*M. l'abbé Tessier.*)

AMARILLIS. *Amaryllis.*

Genre de plantes bulbeuses, lesquelles font partie de celles qui composent la famille des *Narcisses*, l'une des divisions de la classe des *Liliacées.* Ce beau genre comprend dix-neuf espèces distinctes, toutes étrangères à l'Europe. Elles croissent au cap de Bonne-Espérance & dans les parties les plus chaudes de l'Amérique & de l'Asie; la plupart d'entr'elles ont un port élégant. Leurs fleurs sont grandes, d'une belle forme, & d'une couleur éclatante; quelques-unes ont une odeur suave; toutes se multiplient plus ou moins facilement par leurs cayeux & par leurs graines. En général, elles aiment les terres meubles, sablonneuses & substancielles; elles craignent plus ou moins les gelées, & se conservent, dans notre climat, à des expositions abritées, sous des chassis & dans les serres tempérées. Quoiqu'elles soient recherchées & cultivées avec soin dans quelques jardins de l'Europe, cependant on n'est point encore parvenu à y rassembler la totalité des espèces dont nous allons présenter la liste.

Espèces.

* Spathe uniflore.

1. Amarillis du Cap.

Amaryllis Capensis. L. ♃ du Cap de Bonne-Espérance.

1. B. Amarillis du Cap, à fleurs maculées.

Amaryllis Capensis maculosa.

2. Amarillis à deux feuilles.

Amaryllis bifolia. La M. Dict. n.° 2, ♃ de Saint-Domingue.

3. Amarillis jaune.

Amaryllis lutea. L. ♃ d'Espagne, d'Italie & d'Asie.

4. Amarillis de Virginie.

Amaryllis atamasco. L. ♃ de l'Amérique tempérée.

5. Amarillis à fleur en croix, ou Lis de Saint-Jacques.

Amaryllis formosissima. L. du Mexique.

* Spathe multiflore.

6. Amarillis à fleur rose, ou Belladona des Italiens.

Amaryllis rosea. La M. Dict. n.° 6, ♃ des Antilles.

7. Amarillis écarlate, ou Lis de Mexique.

Amaryllis punicea. La M. Dict. n.° 7, ♃ de Surinam & de Cayenne.

8. Amarillis ondulée.

Amaryllis undulata. L. ♃ du Cap de Bonne-Espérance.

9. Amarillis grénésienne, ou Lis du Japon.

Amaryllis sarniensis. L. ♃ des isles du Japon & de Guernesey.

10. Amarillis à feuilles longues.

Amaryllis longifolia. L. ♃ d'Afrique.

11. Amarillis orientale, ou la girandole.

Amaryllis orientalis. L. ♃ des Indes orientales.

12. Amarillis tachée.

Amaryllis guttata. L. ♃ du Cap & d'Ethiopie.

13. Amarillis rayée, Belladonne d'été ou de Rouen.

Amaryllis lineata. La M. Dict. n.° 13.

Amaryllis zeilanica. Miller, Dict. n.° 8, ♃ des Indes orientales.

14. Amarillis vivipare.

Amaryllis vivipara. La M. Dict. n.° 14.

Crinum asiaticum. L. ♃ du Malabar.

15. Amarillis à feuilles larges.

Amaryllis latifolia. La M. Dict. n.° 15, ♃ de l'Inde.

16. Amarillis à feuilles rondes.

Amaryllis rotundifolia. La M. Dict. n.° 16, ♃ de l'Inde.

17. Amarillis d'Afrique, ou Belladonne jaune d'Afrique.

Amaryllis Africana. La M. Dict. n.° 17, ♃ de Madagascar.

18. Amarillis striée.

Amaryllis striata. La M. Dict. n.° 18, ♃

19. Amarillis distique.

Amaryllis disticha. La M. Dict. n.° 19, ♃ du Cap.

Description & culture des espèces.

1. Amarillis du cap. L'oignon de cette espèce n'est pas plus gros qu'une noisette; tous les ans il pousse du sommet cinq ou six feuilles étroites & longues d'environ six pouces, du milieu desquelles sort une ou plusieurs hampes menues, qui ont à peine la longueur des feuilles, & qui se terminent par une seule fleur en forme d'étoile. Ces fleurs sont d'une couleur blanche purpurine, & ne durent que trois ou quatre jours.

Celles de la variété B. sont plus grandes, & leurs pétales sont marqués, à la base, d'une tache noirâtre très-foncée.

Culture : Ces deux plantes se cultivent dans des pots

pots qu'on place l'hiver sous des chassis, sans feu, ou dans des serres tempérées sur les appuis des croisées; elles réussissent également bien, pourvu qu'on les garantisse exactement des gelées. La terre qui leur convient le mieux, est une terre meuble, composée, pour les trois quarts, de terreau de bruyère. On les multiplie par leurs cayeux, qui doivent être séparés des oignons dans le mois de juillet.

2. AMARILLIS à deux feuilles. La bulbe de celle-ci est de moitié plus grosse que celle de la précédente; elle pousse deux feuilles pointues, dont l'une a plus d'un pied de long, tandis qu'à peine l'autre a quatre pouces. Du milieu de ces feuilles sort une hampe qui a près d'un pied d'élévation, & qui donne naissance à une belle fleur purpurine de moyenne grandeur. Cette plante fleurit vers la fin du printems, mais ses fleurs n'ont point encore donné de semences fécondes dans notre climat.

Cette espèce se conserve pendant l'hiver dans les tannées des serres chaudes graduées à douze degrés. Elle exige des arrosemens assez fréquens lorsqu'elle est en végétation, mais il faut les supprimer entièrement lorsque l'oignon est dans son tems de repos. Il convient même de le retirer de terre & de le tenir dans un lieu sec pendant une quinzaine de jours. Une terre sablonneuse & très-meuble, est celle qui paroît convenir davantage à cette plante; d'ailleurs on la multiplie comme la précédente, par le moyen de ses cayeux.

3. AMARILLIS jaune. L'oignon de cette espèce est de la grosseur & de la couleur d'une châtaigne arrondie: l'intérieur en est blanc. Il pousse dès le mois d'août cinq ou six feuilles qui ont environ huit pouces de long sur six lignes de large, d'un verd foncé tirant sur le noir. Elles sont bientôt suivies de fleurs d'un beau jaune, plus grandes, mais de la même forme que celle du safran. Il n'en vient qu'une sur chaque hampe, & elles se succèdent sans interruption jusqu'aux gelées. La plante continue de végéter pendant l'hiver, & ses fannes se dessèchent dans le mois de juin.

Culture: Cette Amarillis est rustique & croît en pleine terre, sans beaucoup de soins; on la multiplie aisément par le moyen de ses cayeux, qui doivent être séparés des oignons dans le courant de juillet. On choisit un tems sec pour faire cette opération, &, après avoir laissé ressuyer ces bulbes dans un lieu sec & aéré, on les plante à quatre ou cinq pouces de profondeur, & à pareille distance les unes des autres, dans un terrein nouvellement labouré, un peu frais, & de nature sablonneuse. Toutes les expositions leur conviennent, mais elles fleurissent plutôt & plus abondamment à l'exposition du midi qu'à toute autre.

Usage: Cette plante est employée à la décoration des parterres. On en fait des lignes qui, entremêlées de colchiques simples & doubles, & de safran d'automne, font un fort bel effet dans les jardins.

4. AMARILLIS de Virginie. L'oignon de celle-ci est oblong; il pousse dès le mois de septembre des feuilles linéaires d'environ un pied de long, sur deux lignes de large; lesquelles, n'ayant pas assez de force pour se soutenir droites, se couchent contre terre; du milieu de ces feuilles sort une hampe de cinq à six pouces de haut, terminée par une seule fleur assez grande, qui d'abord est couleur de chair, & finit ensuite par être blanche. Cette fleur est quelquefois suivie d'une capsule triangulaire remplie de semences qui mûrissent dans notre climat. Cette plante fleurit ordinairement au printems, mais quelquefois en Automne.

Culture: Elle croît naturellement dans les prés & dans les bois de l'Amérique septentrionale, particulièrement dans la Caroline & dans la Virginie. Ici elle exige plus de soins. Il faut, pour la conserver en pleine terre, la mettre à une exposition chaude, & la garantir des gelées par le moyen des couvertures; c'est pourquoi on préfère souvent de lui faire passer l'hiver sous des chassis ou sur les appuis des croisées, dans les orangeries. On la multiplie par ses cayeux, qui doivent être séparés des oignons dans le mois de juillet; elle aime une terre forte mêlée de sable fin. Ses oignons n'ont besoin d'être relevés que tous les deux ou trois ans, pour en séparer les cayeux & les éplucher.

Usage: cette plante est cultivée depuis long-tems, dans quelques jardins d'agrément, pour la beauté de ses fleurs; elle orne les chassis & figure assez bien sur des gradins, parmi les fleurs printanières.

5. AMARILLIS à fleurs en croix, ou lis de Saint-Jacques.

La fleur de cette espèce est la plus singulière & la plus belle de toutes celles de son genre, & même de sa famille. Ses longs pétales sont disposés de manière qu'ils représentent entr'eux la fleur-de-lys des armoiries de France. Leur couleur est d'un rouge velouté tirant sur le carmin; & lorsque la fleur est éclairée par le soleil, elle semble être parsemée d'un sable d'or qui en augmente encore l'éclat & le relève. Mais les avantages qui tiennent à la beauté sont fugitifs & passagers comme elle. Cette fleur ne dure qu'un jour ou deux, encore faut-il avoir la précaution de la placer à l'abri du soleil & du hâle.

L'oignon de cette espèce est de figure conique; il a ordinairement un pouce & demi de diamètre à sa base, sur trois de hauteur. Il est couvert d'une tunique de couleur maron, & l'intérieur est d'un blanc de lait. C'est de la partie inférieure de cet oignon que sortent les racines & les cayeux. Ses racines sont longues, charnues, tendres & cassantes, & de couleur blanche. Les cayeux, à la fin de la première année, sont ordinairement de la grosseur d'une noisette; ils augmentent du double la seconde année, & la troisième, ils ont ordinairement la moitié du volume de l'oignon ; c'est alors qu'ils peuvent être séparés. De la partie supérieure de la bulbe sortent ensuite cinq ou six feuilles d'un verd foncé, qui ont jusqu'à dix-huit pouces de long : elles ressemblent à celles du Narcisse. A côté de ces feuilles paroissent en même-tems, & quelquefois un peu auparavant, les hampes qui portent les fleurs ; leur hauteur est d'environ un pied ; elles sont d'un beau rouge dans leur jeunesse, & chacune d'elles est terminée par une belle fleur. Jusqu'à présent nous ne les avons point encore vu fructifier dans notre climat.

Culture : Cette plante, originaire du Mexique, & des autres parties de l'Amérique méridionale, a été apportée en Europe vers l'an 1593. Au moyen d'une longue culture, elle s'est si bien naturalisée, qu'elle passe les hivers en pleine terre dans nos provinces tempérées ; on la conserve, même à Rouen, avec la seule précaution de la couvrir de paille dans les tems de gelées. Cependant il est beaucoup plus sûr & plus commode de la tenir dans des pots, & de la rentrer l'hiver dans les orangeries, ou de la couvrir d'un chassis. Lorsque cette plante est cultivée en pleine terre, elle fleurit à la fin de l'été ; elle donne des fleurs un mois plutôt, lorsqu'on la rentre à l'orangerie, ou qu'on la place sous des chassis ; & si on la cultive dans les tannées des serres chaudes, elle fleurit au printems. Veut-on obtenir des fleurs du même oignon deux ou trois fois dans la même année ? Il faut, immédiatement après le desséchement des fannes, relever l'oignon, le mettre à l'ombre dans un lieu sec pendant douze ou quinze jours, & le replanter ensuite dans une terre substancielle & meuble, & accélérer sa végétation par la chaleur d'une couche. Les hampes & les feuilles ne tarderont pas à paroître, & dans l'espace de six semaines toute la végétation sera terminée ; alors on pourra recommencer la même opération : nous l'avons faite jusqu'à trois fois dans une année, sans que les oignons soumis à cette culture nous aient paru trop fatigués. Il est aisé de juger, par cette expérience, que cette belle plante est une des moins délicates que nous ayons reçues de l'Amérique, & qu'il est facile d'en obtenir des fleurs dans tous les mois de l'année.

Elle se multiplie très-aisément par le moyen de ses cayeux, qui doivent rester au moins pendant deux ans attachés à l'oignon qui les a produits, afin qu'ils aient le tems de croître & de se fortifier ; & c'est la raison pour laquelle on ne les lève de terre que tous les deux ou trois ans. La saison la plus favorable pour cette opération est le mois d'août, lorsque les fannes sont desséchées. Mais il faut avoir l'attention, en séparant les cayeux, de conserver les racines fibreuses qui les accompagnent & qui leur sont très-utiles. Cette attention n'est pas moins nécessaire pour les oignons. Lorsqu'on les transplante, on doit laisser subsister toutes les racines qui sont saines, & se borner seulement à supprimer celles qui sont mortes ou à moitié pourries.

Usages. Cette plante est propre à décorer les gradins des serres, & les théâtres des fleuristes. L'éclat & la beauté de ses fleurs la fait rechercher dans tous les jardins d'agrément.

6.° L'AMARILLIS à fleur rose est encore une belle espèce dont l'oignon pousse chaque année vers la fin de septembre une tige d'environ deux pieds de haut, terminée par un bouquet de douze à quinze grandes fleurs, qui s'ouvrent successivement. D'abord elles sont presque blanches, ensuite elles prennent une teinte carnée, & finissent par être couleur de rose. Leur odeur, qui est douce, approche de celle de la jacinthe. A ces fleurs succèdent souvent des capsules à trois loges, qui renferment une grande quantité de semences noires & très-minces. Les feuilles de cette plante ne poussent qu'après les fleurs : elles sont longues d'environ un pied, & larges de deux pouces. Elles se dessèchent vers le mois de juillet.

Culture. On cultive cette belle plante en pleine terre, dans des plate-bandes au pied d'un mur, à l'exposition du levant. Elle aime une terre sablonneuse, meuble & substancielle. Lorsqu'elle est en végétation, elle exige des arrosemens fréquens, mais légers, qu'il faut supprimer entièrement, quand elle est dans son état de repos ; & s'il survenoit alors des pluies trop abondantes, il faudroit bomber la plate-bande avec une terre légère, afin d'en écarter les eaux.

Tous les deux ou trois ans on doit relever les oignons, tant pour les débarrasser des nombreux cayeux qui les entourent & les empêchent de fleurir, que pour ameublir le sol dans lequel ils ont été plantés. Lorsqu'on peut les changer de place, ils en profitent davantage, & fleurissent plus abondamment. On laisse sécher ces oignons à l'ombre, pendant une quinzaine de jours, dans un lieu sec, après quoi on les replante à six ou huit pouces de distance en tout sens les uns des autres, & à la profondeur de quatre à huit pouces, suivant leur grosseur. Pendant l'hiver, il convient de les couvrir assez exactement avec de la litière & des paillassons pour empêcher que les gelées ne pénètrent jusqu'à l'oignon.

Pour l'ordinaire, les cayeux ne donnent des fleurs qu'à la cinq ou sixième année de leur âge, lorsqu'ils ont à-peu-près la grosseur du poing ; mais il ne faut pas s'attendre à les voir fleurir tous les ans, lors même qu'ils sont parvenus à leur état parfait. Quelquefois ils sont deux ou trois ans sans donner de fleurs, & ensuite ils fleurissent régulièrement pendant un même nombre d'années. Lorsqu'on les cultive dans des pots & dans les serres, ils fleurissent encore plus rarement, & leurs fleurs sont moins agréables.

Il est rare qu'on cherche à multiplier cette plante par ses graines, parce que les individus qu'on obtient de cette manière, sont huit ou dix ans avant que de donner des fleurs, & qu'il est plus expéditif & plus commode de la propager par ses cayeux. Cependant on devroit moins négliger cette voie de multiplication; qui produiroit d'abord des individus plus acclimatés à notre sol, & qui fourniroit ensuite de nouvelles variétés intéressantes, comme nous en avons obtenu des jacinthes, des tulipes & d'autres plantes de cette même famille. Mais, lorsqu'on veut user de ce moyen avec succès, on choisit des graines bien aoûtées, que l'on conserve dans leurs capsules jusqu'au moment de les semer, c'est-à-dire, jusqu'au mois de décembre. On prend ensuite des caisses ou des terrines, au fond desquelles on met un lit de terre franche, de trois doigts d'épaisseur, que l'on comprime fortement, & que l'on remplit à un demi-pouce près du bord supérieur, avec du terreau de bruyère, bien dégagé des pierres & des racines non consommées, qu'il contient ordinairement. Après avoir uni la terre le plus également qu'il est possible, on y sème les graines assez dru, & on les recouvre de trois lignes de terreau de bruyère, passé au tamis fin. On bassine ensuite légèrement, & à plusieurs reprises, les semis, & on les transporte sur une couche chaude, couverte d'un chassis, ou, à défaut de couche, dans une bonne orangerie, près les fenêtres. Les graines lèvent dans le courant de l'hiver & du printems suivant. Lorsque les gelées ne seront plus à craindre, on placera les semis en plein air, sur une couche tiède, à l'exposition du levant. Ils ne pousseront, cette première année, qu'une bulbe de la grosseur d'un pois, & une feuille séminale, qui ne tardera pas à se faner. Alors il faudra cesser tout arrosement, jusqu'à ce qu'ils recommencent à végéter, & à l'automne on les rentrera sous un chassis, ou dans la serre d'où ils ont été tirés le printems précédent. Pendant ce second hiver, il est nécessaire de les aérer plus souvent, & de les arroser plus fréquemment. Au printems, on les remettra à l'air libre, dans la même position qu'ils étoient l'année précédente; mais, au lieu de leur laisser passer tranquillement cette seconde année comme la première, on s'occupera de repiquer ces jeunes bulbes pour la première fois, aussi-tôt que leurs fannes seront desséchées, & voici comment on s'y prend : on choisit, pour faire cette opération, un tems sec & chaud; on lève adroitement toutes les bulbes avec une houlette, en évitant de les meurtrir ou de les écorcher; ensuite on les étend sur la tablette d'une serre pendant deux ou trois jours, pour qu'elles aient le tems de se ressuyer, & que la terre, avec laquelle elles ont été levées, s'en détache aisément, & les laisse à nud, après quoi on fait le triage des oignons, que l'on partage en trois tas, relativement à leur grosseur. On prépare ensuite des caisses, au fond desquelles on met un lit de terre franche, comme nous l'avons dit ci-dessus, & l'on achève de remplir la capacité de la caisse avec un nouveau terreau de bruyère, mêlé d'un quart de terre franche douce; on en unit la surface, & l'on y trace des lignes en long & en large. Les petits oignons doivent être espacés à un pouce de distance les uns des autres; les moyens, à dix-huit lignes; & les gros, à deux pouces. Les premiers ne doivent être enterrés que d'un demi-pouce, les seconds de neuf lignes, & les troisièmes d'environ un pouce, ensuite on affermit légèrement la terre sur les oignons, & on ne les arrose que lorsqu'ils commencent à pousser. L'hiver on les replace sous les chassis ou dans les orangeries, pour les mettre à couvert des gelées.

On répétera cette opération & cette culture tous les deux ans, jusqu'à ce que les bulbes aient atteint leur sixième année; après quoi on les gouvernera comme les gros oignons. Mais il ne faudra pas oublier d'augmenter à chaque transplantation, la consistance de la terre par l'addition d'une plus grande quantité de terre franche, afin que les oignons trouvent toujours une substance convenable & proportionnée à leur développement.

Usage : Cette belle plante est digne d'être admise dans tous les jardins d'agrément. Elle peut y figurer seule & isolée; mais elle ne produit jamais plus d'effet, que quand elle est réunie en planche. Alors elle forme une masse éblouissante, qui ne charme pas moins les yeux qu'elle flatte l'odorat.

7. Amarillis écarlate, ou Lis du Mexique. Cette espèce ressemble beaucoup à la précédente, mais elle s'en distingue par la couleur de ses fleurs, qui sont d'un rouge orangé & par se tiges moins élevées.

Culture : Cette plante se conserve pendant l'hiver dans les serres chaudes; & lorsqu'on veut la déterminer à fleurir de bonne heure, on la place à l'automne dans les couches de tannée; elle pousse d'abord une tige d'environ un pied de haut, qui se termine par trois ou quatre fleurs de la grandeur d'un lis & d'un beau rouge orangé; elles s'épanouissent les unes après les autres, & durent environ trois semaines; immédiatement après les fleurs, paroissent huit ou dix feuilles, qui ont environ un pied de long, sur un pouce & demi de large dans le milieu; lesquelles sont disposées en éventail.

Ces feuilles se dessèchent dans le mois de juillet, & annoncent le repos de l'oignon, c'est le moment favorable pour séparer les cayeux; lorsque cette plante a été cultivée dans la tannée, elle fleurit en janvier & février; mais elle fleurit un mois plus tard, quand on lui a fait passer l'hiver sur les gradins des serres chaudes, & souvent même elle ne donne point de fleurs. Il est très-rare qu'elle produise des graines dans notre climat, & comme elle fournit beaucoup moins de cayeux que la précédente, elle est aussi beaucoup plus rare en Europe.

Usage : Cette espèce est très-propre à orner la tannée des serres chaudes, elle y produit un effet d'autant plus agréable, qu'elle fleurit dans une saison où les fleurs sont très-rares.

8. L'AMARILLIS ondulée produit un petit oignon de la grosseur à-peu-près de celui d'une petite jonquille; il en sort en Automne une hampe d'environ six pouces de haut, qui se termine par une ombelle composée d'une douzaine de petites fleurs couleur de rose. Les pétales de ces fleurs sont très-étroits, ondés sur les bords, & se recourbent en-dessous après leur épanouissement; les feuilles qui croissent après les fleurs, sont de la longueur des hampes; elles son étroites, presque linéaires & d'un verd tendre. La végétation de cette plante cesse dès le mois de mai, & ne recommence que dans le mois de septembre.

Culture : Elle pourroit croître en pleine terre, sans beaucoup de soin, dans nos provinces méridionales; mais dans celles du nord, il convient de la cultiver sous des chassis abrités des gelées. On la multiplie aisément par ses cayeux. Elle aime une terre légère, meuble & sablonneuse.

Usage : Cette jolie plante peut occuper une place dans les jardins des curieux; elle produit un effet assez agréable sous les chassis.

9. AMARILLIS grénésienne. Les bulbes de cette espèce sont de la grosseur d'un oignon de tulipe, & leur végétation commence vers le mois de septembre; elles poussent d'abord une hampe de couleur pourpre, qui s'élève insensiblement à la hauteur d'un pied & quelquefois davantage. Cette hampe se termine par une ombelle composée d'une ou de deux douzaines de boutons à fleurs, suivant l'âge ou la vigueur des oignons. Les fleurs s'épanouissent successivement deux à deux ou trois à trois; elles sont un peu plus grandes que celles du Martagon, auxquelles elles ressemblent assez par la forme; leur couleur est un beau rouge de cerise sur un fond d'or. Eclairées par le soleil, elles ont tout l'éclat d'une belle avanturine. Ces fleurs durent vingt ou trente jours, suivant que la végétation de la plante est plus ou moins accélérée par la chaleur, ou que son ombelle est composée d'un plus ou moins grand nombre de fleurs. Les feuilles commencent à croître vers la fin de la fleuraison. Leur longueur est d'environ un pied, sur six lignes de large. Elles végètent pendant tout l'hiver, se flétrissent au printems, & se desséchent vers le mois de juillet. Jusqu'à présent nous n'avons point vu cette plante fructifier dans notre climat; mais comme elle produit beaucoup de cayeux, il est très-facile de la multiplier par cette voie.

Culture : On la cultive en grand dans les isles de Jersey & de Guernesey, sur les côtes de Normandie, où elle fait un objet de commerce assez considérable.

La première culture qu'on lui donne dans ces deux isles est très-simple, elle consiste à planter les oignons dans une terre sablonneuse & de nature sèche, & de les abandonner ensuite à eux-mêmes pendant quelques années. Ils réussissent parfaitement, & produisent quelquefois une si grande quantité de cayeux, qu'on en a compté jusqu'à cent sur le même oignon. Il est vrai que cette prodigieuse quantité nuit au développement des bulbes; mais, d'un autre côté, elle facilite singulièrement les moyens de multiplication.

Lorsque le tems de relever les bulbes & de multiplier les plantes est arrivé, les habitans séparent les cayeux des gros oignons, & les laissent quelques jours à l'air avant de les remettre en terre. C'est ordinairement vers le mois de juin, quand la végétation est arrêtée, qu'ils font cette opération. Ils préparent ensuite une espèce de terreau, composé par égales parties de fumier végétal bien consommé, de sable de mer très-fin, & d'une terre de pré meuble & légère, le tout exactement mélangé & passé à la claie. Avec ce mélange, ils forment, à l'exposition du midi & à l'abri des vents du nord, des plate-bandes de deux pieds d'épaisseur, qui excèdent le niveau du sol d'environ cinq pouces, si le terrein est sec, & de huit à neuf pouces, s'il est humide; ils tracent des lignes sur ces plate-bandes, & y plantent les cayeux à huit pouces en tout sens les uns des autres; aux premières gelées, ils couvrent les plate-bandes avec de la paille, des feuilles sèches ou des paillassons. Ils les découvrent au printems, & les laissent à l'air libre jusqu'aux gelées suivantes. Mais alors ces plantes veulent une culture plus soignée que la première. Il faut les sarcler souvent pour détruire les mauvaises herbes qui pourroient leur nuire, les biner de tems à autre, pour ameublir la terre, & les rechausser une fois chaque année avec des terres neuves & légères.

Lorsque les cayeux ont passé deux, trois ou quatre années dans ces plate-blandes, & qu'ils sont assez forts pour fleurir, on les lève, &, après les avoir laissé sécher pendant quelques jours, on choisit les plus gros, que l'on enveloppe avec soin; & que l'on emballe dans des caisses avec des rognures de papier, des étoupes de filasse & autres matières sèches, pour les faire passer dans les différentes parties de l'Europe.

Ces bulbes ne viennent pas également bien dans tous les pays; elles réussissent plus ou moins heureusement, en raison du plus ou moins de rapport qu'ont les climats où elles sont transportées, avec celui d'où elles ont été tirées. En Angleterre, par exemple, Miller dit qu'en administrant à ces plantes la même culture qu'on leur donne aux isles de Jersey & de Guernesey, on parvient assez ordinairement à les conserver en pleine terre, à les multiplier & à les faire fleurir. Il n'en est pas de même à Paris, à peine cette culture suffit-elle pour les conserver; & quoique celle qu'on leur donne soit beaucoup plus soignée, il est même assez rare qu'elles fleurissent. Voici la manière dont nous les cultivons.

Aussi-tôt que les oignons sont arrivés dans ce pays-ci, c'est-à-dire, vers le milieu du mois de juillet, on les plante dans des pots remplis d'une terre composée avec moitié de terreau de bruyère & moitié de terre à oranger. On en met ordinairement un ou quatre dans chaque vase, suivant la grosseur de l'oignon, & le but que l'on se propose. Dans le premier cas, on choisit un vase d'environ six pouces de diamètre, & dans le second, on en prend un qui ait au moins huit pouces. On espace les oignons à égale distance les uns des autres, on les affermit en place, & on les recouvre de deux pouces de terre environ; ensuite on les bassine légèrement pour exciter la végétation, après quoi on les place sur une couche tiède, couverte d'un chassis dont les panneaux sont enlevés, & on les laisse dans cette position sans les arroser, jusqu'à ce qu'ils commencent à pousser.

La hampe des oignons qui doivent fleurir, ne tarde pas à percer; elle paroît sous la forme d'un bouton pointu, d'un beau rouge. On arrose alors légèrement ces oignons lorsque la terre est sèche, mais on n'arrose les autres que lorsque leurs feuilles commencent à pousser. Si on les arrosoit auparavant, on risqueroit de les faire pourrir, & c'est pour prévenir cet accident, qu'il est à propos de les garantir de la pluie, au moyen des panneaux que l'on place sur les chassis.

Vers le commencement d'octobre, on enterre les pots dans le terreau de la couche, & l'on place à demeure les panneaux sur les chassis, en observant de les ouvrir pendant le jour, toutes les fois que le tems est doux, & de les fermer pendant les nuits froides ou trop humides. Lorsque les gelées blanches commencent à se faire sentir, & que la couche a perdu de sa chaleur, on fait des réchauds avec du fumier neuf mêlé de vieux fumier, pour que la chaleur soit modérée, & ne passe pas huit ou dix degrés. C'est à-peu-près à cette époque, que les premières fleurs des grénésiennes commencent à épanouir. Si l'on veut en jouir plus long-tems, il convient de lever les pots de dessus la couche, & de les transporter dans une serre tempérée ou dans un appartement dont la température est douce, & de les placer dans une position aérée, mais cependant à couvert du soleil du midi; avec cette précaution, elles dureront à-peu-près un mois. Les oignons qui n'ont poussé que des feuilles, peuvent rester pendant tout l'hiver sous les chassis, pourvu qu'ils soient construits de manière à les garantir des gelées; autrement il faudroit les rentrer à l'orangerie, & les placer sur les appuis des croisées.

L'année suivante, au commencement de l'été, lorsque les feuilles des grénésiennes commencent à se flétrir, on met les pots qui les renferment dans une plate-bande, établie dans une position sèche, & on les y laisse jusqu'à l'automne sans les arroser, seulement on a l'attention de les garantir des mauvaises herbes & des pluies trop considérables. Lorsque le tems de leur végétation arrive, on visite les oignons, on les recouvre de nouvelle terre, & on les place sur une couche tiède, où ils reçoivent la même culture que l'année précédente. Il est rare de voir fleurir cette seconde année, non-seulement les oignons qui ont donné des fleurs l'année précédente, mais même ceux qui n'ont produit que des feuilles.

Communément on ne relève de terre les oignons de grénésienne que tous les trois ou quatre ans. On choisit, pour cette opération, le tems de leur repos qui s'annonce par le desséchement de leurs fannes. On attend que la terre dans laquelle ils sont plantés soit bien sèche, afin qu'en renversant les pots & comprimant la terre entre les mains, elle quitte aisément les oignons; on retranche toutes les vieilles racines qui sont mortes ou mourantes; on sépare les cayeux le plus près de l'oignon qu'il est possible, & on les laisse sécher à l'ombre pendant une quinzaine de jours dans un lieu sec & fermé, on les replante ensuite dans une nouvelle terre, & on les cultive comme nous l'avons dit ci-dessus.

Quelques cultivateurs plus hardis ont suivi une autre pratique; ils prétendent qu'en donnant aux oignons de grénésienne une culture moins soignée, les plantes sont plus vigoureuses & fleurissent plus fréquemment. Comme nous n'avons point fait usage de leur procédé, nous nous contenterons de l'indiquer ici sans répondre du succès. Il consiste à relever tous les ans, au mois de juillet, les oignons de grénésienne, à les nettoyer soigneusement, & à les laisser reposer à l'ombre, sur les planches d'une serre, jusqu'à la fin de septembre. Ils les replantent ensuite en pleine terre, à l'exposition du midi, dans une terre maigre, mêlée de cailloux, & sur la surface de laquelle ils ont répandu quelques livres de sel marin. Pendant l'hiver, ils se contentent de couvrir les plantes de chassis, de paillassons & de paille en assez grande quantité pour empêcher les gelées de pénétrer jusqu'à la terre. Voilà toute la culture; elle est facile, on peut la tenter; si elle réussit elle aura l'avantage d'épargner bien du travail & des soins & de procurer en même-tems un plus grand nombre de jouissances.

Usage : La fleur de la grénésienne est une des plus éclatantes que nous connoissions; sa forme est élégante, &, considérée de près, elle offre des beautés de détails très-intéressans; mais, n'étant point encore parvenue à un certain degré de naturalisation, on ne peut-la regarder chez nous que comme une fleur propre à orner les serres ou les appartemens; peut-être parviendrons-nous un jour à la cultiver en pleine terre, elle est faite pour figurer avec avantage dans toutes les espèces de jardins.

Historique : Cette plante est, dit-on, originaire du Japon, & voici comme elle nous est parvenue. Vers la fin du siècle dernier, un vaisseau hollandois, qui revenoit des grandes Indes avec plusieurs de ces oignons, fit naufrage dans la Manche. Les bulbes furent transportées par les vagues sur les côtes de Jersey & de Guernesey. Elles poussèrent dans le sable, sur le rivage. L'éclat de leurs fleurs attira bientôt l'attention des habitans de ces Isles; ils les cultivèrent dans leurs jardins, les firent connoître aux étrangers, & acquirent par ce moyen une nouvelle branche de commerce, qui est assez considérable.

10. AMARILLIS à feuilles longues. L'oignon de cette espèce est un des plus gros de son genre. Il pousse des feuilles longues de plus d'un pied, sur un pouce ou deux de large. A côté de ces feuilles s'élève une hampe, qui se termine par une ombelle, composée de dix à vingt fleurs. Elles sont d'un pourpre foncé & répandent une odeur très-agréable. Pour l'ordinaire, elles épanouissent dans le mois de décembre, & se desséchent, ainsi que leurs feuilles, vers la fin de mai. Jusqu'à présent elle n'a point donné de semences dans notre climat, mais elle se multiplie aisément par ses cayeux.

Culture : Comme cette plante est en pleine végétation dans le milieu de nos hivers, elle est par cette raison plus délicate que celles qui ne végètent qu'au printems; aussi exige-t-elle une température douce, qui réponde à celle du printems du cap de Bonne-Espérance, qui est l'endroit où elle croît naturellement. Pour cet effet, on la cultive dans des pots, qu'on rentre, en Automne, dans une serre tempérée; on la place sur les appuis des croisées, parce qu'elle aime l'air. La terre qui lui convient le mieux est celle à oranger, mêlée par moitié avec du terreau de bruyère. Ses oignons n'ont besoin d'être relevés de terre que tous les trois ou quatre ans, soit pour les œilletonner, soit pour renouveller la terre trop appauvrie. Cette plante se conserve mieux & multiplie davantage sous des chassis bien abrités des gelées, que lorsqu'on la cultive dans une serre tempérée; mais alors elle fleurit plus tard & plus rarement.

Usage : La beauté de ses fleurs, leur odeur suave, l'avantage qu'elle a de fleurir dans une saison où les fleurs sont très-rares doivent lui faire occuper une place dans les serres où sous des chassis; elle peut servir aussi à orner les appartements pendant l'hiver.

11. L'AMARILLIS orientale peut être mise au rang des plus belles espèces de ce genre; son oignon, qui a près de six pouces de diamètre, est écailleux & arrondi. Chaque année, vers le mois de novembre, il pousse trois ou quatre paires de feuilles opposées & placées sur deux rangs. Elles sont longues de douze à quinze pouces & larges de trois environ, d'un verd pâle, arrondies par leur extrémité; elles végètent pendant tout l'hiver & se flétrissent au mois de mai. La hampe qui doit porter les fleurs commence à sortir de terre environ un mois avant les feuilles, elle s'élève à-peu-près à la hauteur d'un pied & demi, & se termine par une ombelle composée d'un très-grand nombre de fleurs, qui s'épanouissent successivement; elles sont petites, de forme irrégulière & d'un beau rouge. Elles produisent rarement des graines chez nous.

Culture : Cette plante est fort délicate; sa bulbe se pourrit aisément par l'humidité, & elle exige de la chaleur pendant l'hiver. On la cultive dans des pots remplis d'une terre plus ou moins forte, en raison de la grosseur des oignons. Ceux qui ont acquis leur entier développement se mettent dans une terre composée, par égales parties, de terre franche & de sable de bruyère; mais s'ils sont plus petits, on leur donne une terre plus légère, en diminuant la quantité de terre franche, relativement à leur volume. Les pots doivent être rentrés dès le milieu de l'automne dans une serre chaude & placés dans une couche de tan le plus près des vitraux qu'il est possible. Il faut peu d'arrosemens à cette plante pendant qu'elle est en végétation, & il ne lui en faut point du tout lorsqu'elle est dans son état de repos. On la multiplie par ses cayeux, qu'il faut laisser croître sur leurs oignons jusqu'à ce qu'ils poussent deux paires de feuilles, sans quoi on risqueroit de les perdre. Après les avoir séparés, on les laisse sècher pendant huit ou dix jours, & on les plante ensuite dans une terre préparée comme nous l'avons dit ci-dessus.

Usage : Cette plante seroit un des plus beaux ornemens de nos serres chaudes, si elle étoit moins délicate & plus commune. On ne la rencontre guère que dans les jardins les plus recherchés de l'Europe, & à Londres chez quelques jardiniers fleuristes.

12. AMARILLIS tachée. L'oignon de cette espèce est petit & de forme oblongue; il pousse chaque année, vers l'automne, des feuilles longues de plus d'un pied, & larges seulement de dix à douze lignes. Elles sont tachées de distance en distance, & garnies sur les bords de petits poils, qui ressemblent assez aux cils des paupières. Ses fleurs, qui viennent avant les feuilles, sont portées sur une hampe peu élevée; elles sont disposées en manière d'ombelle; leur couleur approche de l'écarlate, & leur forme est à-peu-près celle de la grénésienne. Cet oignon fleurit rarement dans notre climat à cause de la multitude de cayeux que poussent ses bulbes, qui détournent à leur profit la sève destinée à la fructification.

Culture : Cette espèce n'est pas plus délicate que le lis de Saint-Jacques; elle se multiplie aussi aisément, & n'exige pas une culture différente.

Usage : C'est encore une des espèces de ce genre qui mérite d'être cultivée dans les jardins d'agrément. Sa fleur produit un effet agréable sous les chassis, parmi les liliacées du Cap.

13. L'AMARILLIS rayée est la plus grande & la plus majestueuse de son genre; beau feuillage, tige élevée, très-grande fleur, couleurs vives, odeur agréable, tout lui assure le premier rang. Elle a beaucoup de ressemblance avec l'Amarillis à fleur rose ou la belladonna des Italiens. Elle s'en distingue cependant par la plus grande étendue de toutes ses parties, par ses pétales qui sont d'un beau blanc, & rayés symmétriquement dans toute leur longueur par des lignes d'un pourpre foncé, qui coupent d'une manière très-agréable l'uniformité de la couleur du fond, & enfin, par sa végétation, qui commence vers le milieu de l'été, & qui précède de plus de six semaines celle de la belladonna. L'odeur de ses fleurs est aussi plus suave. Elle graine souvent chez nous, produit quelquefois des soboles, & fournit beaucoup de cayeux.

Culture : Cette belle plante se cultive & se multiplie de la même manière que l'Amarillis écarlate : cependant elle forme un peu moins de cayeux, & doit être plus soigneusement défendue des gelées par des couvertures plus épaisses.

14. AMARILLIS vivipare. Lorsque l'oignon de cette espèce a pris toute sa croissance, il a la figure & la grosseur d'un fruit de coignassier; de sa base, il pousse des racines charnues, longues & blanches, qui se terminent par des bulbes particulières; ce qui forme une différence d'autant plus remarquable, que, dans presque toutes les autres espèces de ce genre, les cayeux sortent de la couronne de l'oignon, & font, pour ainsi dire, corps avec lui; de la partie supérieure sortent des feuilles disposées en cercle, & non sur deux rangs, comme dans les autres Amarillis. Elles sont longues de trois à quatre pieds, recourbées en forme d'arc vers la terre, dans la moitié de leur partie supérieure. Celles de la circonférence extérieure ont communément le double de la largeur de celles qui croissent au centre. Elles sont étroites, légèrement dentelées sur les bords, & d'un verd pâle. Ces feuilles sont permanentes, c'est-à-dire, qu'à mesure qu'il en périt quelques-unes, il en pousse d'autres qui les remplacent. Dans le mois d'août ou de septembre, on voit paroître, à côté des feuilles, une hampe aussi haute que les feuilles sont longues; elles se terminent par une ombelle composée de sept ou huit fleurs étroites, de couleur de chair, & qui ont quatre à cinq pouces de long. Elles durent quatre à cinq jours, & fleurissent les unes après les autres; au lieu de capsules remplies de semences, elles produisent très-souvent des bulbes ou soboles, qui acquièrent la grosseur d'une noix, & qui servent à multiplier cette plante.

Culture : On a d'abord cultivé cette Amarillis dans des pots, qu'on plaçoit pendant l'hiver dans les tannées des serres chaudes; ensuite on s'est contenté de lui faire passer la mauvaise saison sur les tablettes d'une serre tempérée. Mais ces différens essais ne réussissoient pas mieux les uns que les autres, la plante fleurissoit très-rarement, & avoit toujours l'air souffrant; ses feuilles étoient mortes ou desséchées par les extrémités. Un heureux hasard fit découvrir, il y a quelques années, que les soins qu'on avoit pris jusqu'alors pour la conserver, étoient précisément la cause du peu de réussite qu'on avoit obtenu. Une bulbe jettée par hasard au pied d'un espalier, à l'exposition du levant, dans un terrein sablonneux, se conserva pendant l'hiver, au moyen d'une légere couverture de litière. Il est vrai que la plante perdit une partie de ses feuilles, mais il en repoussa d'autres au printems, & elle fleurit la même année. Depuis ce tems, elle forme une touffe considérable qui produit chaque année une multitude de fleurs & des soboles en abondance. Ainsi, la culture de cette plante est plus aisée qu'on ne se l'imaginoit, puisqu'il suffit de la garantir des gelées pour la conserver, & qu'une terre sablonneuse & douce est celle qu'elle semble préférer; cependant, comme il est souvent difficile d'empêcher la gelée de pénétrer en pleine terre à une certaine profondeur, au moyen des simples couvertures de litières ou autres substances sèches, il convient, dans les hivers rudes, de la couvrir d'un chassis vitré, & d'en conserver quelques pieds dans les serres tempérées.

On multiplie cette plante par le moyen de ses cayeux, qu'on peut séparer de leurs oignons au printems, & plus aisément encore par ses soboles, qu'on cueille sur les hampes lorsqu'elles sont entièrement desséchées. On laisse ressuyer les uns & les autres pendant quelques jours, ensuite on les plante dans des pots remplis de terreau de bruyère, mêlé avec un quart de terre franche douce, & on leur fait passer les deux premiers hivers sous des chassis à liliacées, ou dans une serre tempérée. L'année suivante, au printems, on peut les mettre en pleine terre. Ces oignons fleurissent rarement avant d'avoir acquis la grosseur du poing.

Usage : Cette plante, cultivée en pot, a toujours l'air chétif & misérable. Elle ne peut entrer tout au plus que dans les écoles de botanique. Mais lorsqu'elle est en pleine terre, à l'air libre, ou dans des chassis, elle forme de grosses touffes, qui fleurissent chaque année; alors elle peut être admise dans les jardins d'agrément.

15. AMARILLIS à feuilles larges. La bulbe de cette espèce est grosse; elle pousse des feuilles larges & pointues, striées longitudinalement & denticulées finement sur les bords. Sa hampe est applatie & porte à son sommet, quatre ou six fleurs blanches sans pédicule; elles ont environ

six pouces de long, & sont évasées en forme de cloche.

16. L'AMARILLIS à feuilles rondes se distingue aisément par ses grandes feuilles, un peu plus larges que longues. Ses fleurs viennent en manière d'ombelle, à l'extrémité d'une hampe de sept à huit pouces de haut; elles sont petites & de couleur blanche.

17. AMARILLIS d'Afrique. La bulbe de cette espèce a la forme & la grosseur d'un oignon de tulipe; elle pousse, vers le mois de septembre, cinq ou six feuilles, longues d'environ dix pouces, sur six lignes de large; lesquelles sont d'un verd glauque & disposées sur deux rangs. Sa hampe, qui s'élève d'un pied, se termine par une demi-douzaine de fleurs, assez grandes & d'un jaune d'or fort apparent; elles donnent rarement des graines dans notre climat. Cette plante croît pendant tout l'hiver, ensuite elle se flétrit, & son feuillage est entièrement desséché à la fin du mois de juin.

Culture : Elle se cultive dans des pots remplis de terreau de bruyère, mélangé avec un tiers de terre franche; on la conserve l'hiver dans une serre tempérée; elle se multiplie, par ses cayeux, à la manière des autres espèces de ce genre.

Usage : Comme cette plante fleurit l'hiver, elle peut servir à l'ornement des serres pendant cette saison.

Historique : Elle croît naturellement dans l'isle de Madagascar, aux environs des établissemens françois, où elle fut découverte par feu M. Fusée Aublet, & envoyée au jardin du Roi en 1760; elle s'y est conservée depuis ce tems, & y fleurit tous les deux ou trois ans.

18. AMARILLIS striée. Les fleurs de cette espèce sont de couleur d'or; elles sont marquées de lignes longitudinales, d'un blanc qui imite la couleur de l'argent; elles naissent sur une hampe peu élevée, & sont accompagnées de quelques feuilles étroites, pointues & d'un beau verd. Son oignon est de médiocre grosseur.

19. L'AMARILLIS distique a le port d'une hémante par la disposition de ses feuilles. Elles croissent sur deux rangs, & accompagnent une hampe courte, qui se termine par une grosse ombelle de petites fleurs couleur de chair.

Nous ne connoissons les espèces n.os 15, 16, 18 & 19, que par les descriptions & les figures qui nous en ont été données par les botanistes; elles n'ont point encore été cultivées chez nous, & leur culture particulière nous est inconnue. Mais nous croyons que les deux espèces qui croissent en Asie se conserveroient aisément dans les tannées des serres chaudes, & que celles qui croissent au cap de Bonne-Espérance pourroient être cultivées avec succès sous des chassis abrités des gelées, ou dans les serres tempérées pendant l'hiver. (*M. THOUIN.*)

AMASONIE. *AMASONIA.*

Nouveau genre de plante, ainsi nommé par Linné, fils, dans son supplément, en l'honneur de M. Amason, savant voyageur, qui a parcouru différentes parties de l'Amérique. Il n'est encore composé que d'une seule espèce, qui est une plante herbacée, commune à Surinam.

AMASONIE droite.
AMASONIA erecta. Lin. fil. suppl. 294.

Cette plante s'élève à la hauteur de trois pieds; ses tiges sont sans rameaux, couvertes seulement de feuilles, placées alternativement; elles sont de figure elliptique, terminées en pointe, rudes au toucher & dentelées sur les bords. Ses fleurs, qui terminent les tiges, sont disposées en grappes, lesquelles ont près d'un pied de long; elles naissent trois à trois, & sont d'un assez beau jaune. Son fruit est une capsule ovale, qui contient une seule semence.

Cette plante n'a point encore été cultivée en France, & jusqu'à présent aucun auteur n'a traité de sa culture. Si quelque jour elle arrive dans notre climat, on ne risquera rien de la cultiver comme les plantes de la zône torride, jusqu'à ce que l'expérience nous ait appris la culture qui lui convient. (*M. THOUIN.*)

AMASSI *ou* BOA MASSI, arbre des isles Moluques; dont le genre & la famille nous sont inconnus. Il est de grandeur moyenne; son bois est très-dur, ses branches sont garnies de feuilles glabres & d'un beau verd; ses fleurs, qui sont fort petites, viennent en grappes ou panicules, à l'extrémité des rameaux. Elles donnent naissance a des noix de la grosseur d'un œuf de pigeon, dont l'amande est bonne à manger. On la fait griller ou bouillir comme les châtaignes. Son bois est employé à la charpente.

Cet arbre intéressant n'a point encore été cultivé en Europe. (*M. THOUIN.*)

AMATZQUITI, *sive unedo papyracea. Nieremberg Bot.* Plante dont la substance est légère comme celle du figuier, dont les feuilles ressemblent à celles du citronnier, mais plus velues & plus pointues, & dont le fruit est de la grosseur d'une noix, rempli de graines blanches, de la même forme que celles de la figue. Cette plante aime les pays chauds, & se trouve à Chietla; la décoction de sa racine passe pour salutaire dans les maladies fébriles. (*Anc. Encyclop.*)

Nous ne savons à quoi rapporter cette plante, qui, probablement, est décrite par les botanistes sous un autre nom, ce qui nous prive de la connoissance de son véritable genre, de son histoire, & de sa culture. (*M. THOUIN.*)

AMBELANIER. *AMBELANIA.*

Genre nouveau découvert & décrit par feu M. Aublet,

M. Aublet dans son histoire des plantes de la Guyane françoise ; il paroît avoir des rapports avec celles de la famille des APOCINS, nous n'en connoissons qu'une espèce, nommée

AMBELANIER acide.

AMBELANIA acida. Aubl. Hist. Guyan. 265, *tab.* 104.

C'est un arbrisseau laiteux dans toutes ses parties, dont la tige s'élève à sept ou huit pieds, & qui se divise à son sommet en rameaux noueux & couverts de feuilles. Les plus grandes ont jusqu'à sept pouces de long sur trois pouces de large ; elles sont entières & d'un verd luisant, agréable à la vue. Ses fleurs, qui paroissent en septembre, sont blanchâtres, & croissent, trois ou quatre ensemble, dans les aisselles des feuilles. Elles produisent des fruits, qui, arrivés à leur maturité, sont d'un jaune citron, & ont presque la forme & la grosseur d'un œuf. Ils sont partagés en deux loges, remplies de semences applaties, dont l'amande est blanche. Ce fruit est bon à manger, quoique laiteux. Après l'avoir dépouillé de sa peau extérieure, on le fait tremper pendant quelques tems dans l'eau ; ainsi préparé, il a un goût acide & agréable ; & comme, par sa viscosité, il s'attache aux dents & aux lèvres, les Créoles de Cayenne l'ont nommé *Quienbiendents*, en corrompant l'expression *qui tient bien aux dents*. On confit les fruits dépouillés & non dépouillés. La confiture des premiers est un peu acide & rafraichissante. Celle des seconds est légèrement purgative. On la conseille dans le pays pour guérir les dyssenteries.

L'Ambelanier croît dans l'isle de Cayenne & en différens endroits de la Guyane, particulièrement dans les grandes forêts. Les Galibis lui donnent le nom d'*Ambelani* & de *Paraveris*.

Culture : Des graines de cet arbre, apportées par M. Aublet, & semées, au jardin du Roi, au printems, sur une couche chaude, couverte d'un chassis, ont levé dans l'espace de trois semaines ; le jeune plant s'est trouvé assez fort pour être repiqué dans des pots, à la fin de Juillet ; à l'automne de la même année il avoit huit pouces de haut, & fut rentré & placé dans la tannée d'une serre chaude, graduée à douze degrés de chaleur. Les jeunes individus s'y conserverent & continuerent de croître jusqu'au mois de février, qu'un accident occasionné par le feu qui prit à la tannée les fit périr ; ce qui nous a empêché de suivre plus loin cette culture. (*M. THOUIN.*)

AMBON, nom Indien d'un arbre des Indes Orientales, que les botanistes n'ont encore pu rapporter à son genre faute de connoître exactement les parties de la fructification.

Suivant le voyageur Pyrard, cet arbre a le port du neflier, mais son fruit est plus délicat & plus savoureux ; sa forme approche de celle d'une prune blanche. Il contient un noyau de la grosseur d'une noisette, qu'il dit avoir la propriété de faire perdre l'esprit pour peu qu'on en mange. Pyrard assure qu'en ayant imprudemment goûté, il se sentit la raison troublée pendant vingt-quatre heures. Si l'on en mange beaucoup, il cause des maladies mortelles. *Hist. des Voy. tom. II, p.* 638.

Rien ne nous indique que cet arbre fruitier ait été cultivé en Europe, & sa culture nous est inconnue. (*M. THOUIN.*)

AMBRÉ (Arbrisseau) épithète donnée à un arbuste d'Ethiopie & du cap de Bonne-Espérance, à cause de l'odeur de ses feuilles, laquelle approche de celle de l'ambre. Il est connu des botanistes sous le nom d'*Anthospermum Œthiopicum.* L. V. ANTHOSPERME D'ÉTHIOPIE. (*M. THOUIN.*)

AMBRETTE, ou fleur du grand Seigneur, synonyme François du nom d'une plante annuelle d'ornement dans les jardins, connue des botanistes sous celui de *Centaurea moschata.* L. Il en existe deux variétés, l'une à fleur blanche, & l'autre à fleur gris de lin. *Voyez* CENTAURÉE MUSQUÉE. (*M. THOUIN.*)

AMBRETTE gris de lin, synonyme d'une variété de Centaurée, nommée en latin *Centaurea moschata.* L. *Voyez* CENTAURÉE MUSQUÉE GRIS DE LIN. (*M. THOUIN.*)

AMBRETTE ou barbeau jaune, synonyme de la *Centaurea moschata.* L. variété. B. ou de la *Centaurea amberboi* du Chevalier de la Marck, qui la regarde avec raison comme une espèce différente de la centaurée musquée. *Voyez* CENTAURÉE ODORANTE.

AMBRETTE musquée, nom qu'on donne quelquefois à la semence, & par extension à l'*hibiscus abelmoschus.* L. des botanistes. *Voyez* QUETMIE MUSQUÉE. (*M. THOUIN.*)

AMBRETTE, (poire d') c'est une espèce du genre des *Malus*, & de la division des *Pyrus*. *Voyez* dans le dictionnaire des arbres & arbustes, le genre des POMMIERS, & la division des POIRIERS. (*M. THOUIN.*)

AMBROME, AMBROMA.

Ce genre fait partie de ceux qui composent la famille des CACAOYERS. Jusqu'à présent il ne renferme que deux espèces qui sont de beaux arbrisseaux originaires de l'Inde, & qu'on cultive en Europe, dans quelques jardins, pour la beauté de leur port. Ils exigent la serre chaude pendant l'hiver, & on les multiplie aisément de semences, souvent de marcottes, & quelquefois de boutures.

Espèces.

1. AMBROME à feuilles anguleuses.

AMBROMA angulata. La M. Dict. n.° 1.

AMBROMA augusta. Lin. fil. Suppl. 341, ♄

2. AMBROME à feuilles alongées.

AMBROMA elongata. La M. Dict. n.° 2, ♄ des Indes orientales.

1. AMBROME à feuilles anguleuses. Cet arbrisseau s'élève en Europe de six à sept pieds de haut. Ses tiges sont droites, garnies de grandes feuilles vers l'extrémité. Elles sont anguleuses, & imitent assez celles du platane d'Occident par la forme & l'étendue, mais elles sont plus épaisses & d'un verd plus foncé; ses fleurs viennent en Automne & naissent à l'extrémité des branches. Elles sont assez apparentes, tant par leur volume que par leur couleur, qui est d'un beau pourpre foncé tirant sur le brun. A ces fleurs succèdent des capsules remplies de petites semences qui viennent à parfaite maturité dans notre climat.

Culture : Cet arbrisseau se cultive dans des pots ou des caisses qui doivent être rentrées l'hiver dans les serres chaudes. Lorsqu'il est jeune il faut le placer dans les couches de tan; mais dans un âge plus avancé on peut s'en dispenser, il se conserve très-bien sur les tablettes des mêmes serres. La terre, qui paroît lui convenir le mieux, est celle qui, quoique bien divisée, est de nature un peu forte comme celle qu'on emploie pour les orangers, mais plus fine, & mélangée avec du terreau de bruyère dans la proportion d'un huitième environ. Pendant l'été, il exige d'être placé à l'exposition du midi & à l'abri du nord; il convient de l'arroser souvent, & toujours plus abondamment en proportion de sa vigueur & du degré de chaleur de l'atmosphère. L'hiver, il ne faut lui donner de l'eau que de tems à autre, & seulement lorsque la terre vient à se dessécher à la surface.

On multiplie cet arbrisseau par ses graines, qui doivent être semées, au printems, dans des pots sur couche & sous chassis; au moyen d'une forte chaleur & de beaucoup d'humidité, elles lèvent dans l'espace de quinze jours, & le jeune plant est assez fort pour être repiqué vers le mois de juillet. En Automne, lorsqu'il n'a pas souffert dans sa transplantation, & qu'il a été tenu chaudement, il a ordinairement six pouces de haut; on le rentre de bonne heure dans une serre chaude graduée à douze degrés de chaleur, & on le place dans la tannée, le plus près de l'air qu'il est possible. Il se multiplie aussi par marcottes, & cette voie est plus expéditive que la première; on choisit pour cela des branches de deux ans, parce que celles de l'année précédente seroient trop herbacées & sujettes à se pourrir; on les incise à la manière des œillets, & on les courbe dans des pots. Lorsqu'elles ont été faites au printems, & qu'on les a arrosées assidument, elles ont assez de racines pour être séparées en Automne, mais il est plus prudent d'attendre au printems suivant. On peut encore multiplier cet arbrisseau de boutures. La saison la plus convenable pour les faire, est le mois de mai. On choisit de jeunes rameaux de l'avant-dernière pousse, qu'on taille par le bas en bec de flûte, & dont on supprime la plus grande partie des feuilles. La terre, qui convient le mieux à ces boutures, est celle qui retient & conserve long-tems l'humidité sans se putréfier. Ces boutures doivent être placées sur une couche tiède, & couvertes de cloches à la manière des autres plantes du même pays, qui se multiplient de cette manière (*Voyez* le mot BOUTURE.)

Usage : Le port de cet arbrisseau, sa verdure perpétuelle, & la singularité de la couleur de ses fleurs, le rendent très-propre à orner les serres chaudes pendant l'hiver.

2. AMBROME à feuilles longues. Cette espèce se distingue de la précédente, avec laquelle elle a infiniment de rapport, par ses tiges qui s'élèvent un peu plus, par ses feuilles oblongues & sans angle saillant, ainsi que par ses fleurs, qui sont aussi plus grandes & qui croissent dans les aisselles des feuilles; d'ailleurs son port, sa culture & ses usages sont les mêmes.

AMBROSIE. *AMBROSIA.*

Genre de plante de la famille des *ARMOISES*. Il est composé de quatre espèces, qui sont des plantes étrangères peu agréables, & que, par cette raison, on ne cultive guère que dans les jardins de botanique.

Espèces.

1. AMBROSIE trifide, ou de Canada.
AMBROSIA trifida. L. ⊙ de Virginie & de Canada.

2. AMBROSIE à feuilles d'armoise.
AMBROSIA artemisifolia. ♃ de Pensylvanie & de Virginie.

3. AMBROSIE maritime.
AMBROSIA maritima. L. ⊙ du Levant.

4. AMBROSIE arborescente.
AMBROSIA arborescens. Mill. Dict. n.° 5.
XANTHIUM fruticosum. Lin. fil. suppl. ♄ du Pérou.

1. L'AMBROSIE de Canada est une grande plante annuelle, de forme pyramidale, qui s'élève souvent à la hauteur de sept à huit pieds. Sa tige est forte, droite, & garnie de branches opposées depuis le bas jusqu'en haut, lesquelles diminuent de longueur à mesure qu'elles approchent du sommet. Elles sont garnies de grandes feuilles qui ressemblent un peu à celles du platane pour la forme, mais elles sont rudes au toucher, & d'une verdure plus foncée. Ses fleurs, qui n'ont nul agrément, sont disposées en épis à l'extrémité de la tige & des branches. Elles produisent des graines anguleuses qui mûrissent en Automne.

Culture : Les graines de cette espèce doivent être semées en Automne, dans un terrein meuble, substanciel & un peu humide; elles lèvent au printems suivant, & forment des plantes gigantesques. Si on attend au printems pour les semer, elles ne lèvent ordinairement que l'année suivante. Lorsque le jeune plant a six pouces de hauteur on peut le repiquer en espaçant les individus à quatre ou cinq pieds les uns des autres, afin qu'ils ne se nuisent pas entr'eux, & qu'on puisse jouir complétement de la beauté de leur port. Lorsqu'une fois on a élevé cette plante dans un jardin, & qu'elle y a produit des graines, il n'est plus besoin de la resemer, elle s'y multiplie d'elle-même & croît sans culture, seulement elle s'élève beaucoup moins.

2. AMBROSIE à feuilles d'armoise. Les racines de cette espèce tracent à quelques pouces de la surface de la terre, & s'étendent à une grande distance; de chacun des nœuds de ces racines sortent des tiges qui s'élèvent à quatre ou cinq pieds de haut, & qui périssent chaque année. Ces tiges sont garnies de branches placées alternativement, & supportent des feuilles longues, étroites, découpées profondément, presque sessiles, & d'une verdure cendrée. Les fleurs croissent en épi à l'extrémité des tiges & des rameaux; elles ont peu d'apparence, & produisent très-rarement des graines bien aoûtées dans notre climat.

Culture: Mais, quand cette plante donneroit de bonnes graines, il seroit toujours plus commode & plus expéditif de la multiplier par le moyen des drageons qui croissent abondamment autour de la touffe. Il suffit de les lever, dans quelque saison que ce soit, excepté l'été, & de les planter, n'importe dans quelle espèce de terrein, pour en avoir des touffes, qui bientôt s'étendront & couvriront un tel espace, qu'on sera beaucoup plus occupé ensuite à arracher les nouveaux drageons pour contenir la plante dans la place qui lui est destinée, qu'à la cultiver pour la faire croître. Telle est à-peu-près toute la culture de cette plante rustique, qui ne se trouve guère que dans les écoles de botanique.

3. L'AMBROSIE maritime croît naturellement en Cappadoce, le long des bords de la mer, & en Italie. Elle forme une touffe pyramidale, arrondie, d'environ deux pieds de haut, & d'une verdure cendrée. Sa tige est droite, garnie de beaucoup de branches en-dessous. Les fleurs commencent à paroître vers le mois de septembre, & durent jusqu'à la fin de l'automne. Elles forment des épis qui ont quatre à cinq pouces de long, & qui terminent les branches. Rarement elles donnent des graines dans notre climat, lorsqu'on n'a pas la précaution d'avancer la végétation de cette plante annuelle.

Culture: Ses graines doivent être semées au premier printems, sur une couche chaude couverte d'un chassis, & dans une terre meuble & légère. Elles lèvent dans l'espace de quinze jours, & dès que le jeune plant a quatre pouces de haut environ, on le repique, partie en pleine terre, dans un sol maigre, & à l'exposition la plus chaude, & partie dans des pots qu'on place sur une couche tiède. Avec un peu de chaleur, de l'ombre & de l'humidité, il reprend en moins de dix jours; alors on lui donne de l'air de tems en tems; & au mois de juin, lorsque la chaleur de l'atmosphère est constante & réglée, on le laisse à l'air libre. On doit arroser légèrement les pieds qu'on destine à porter des graines, & seulement lorsqu'ils en ont un besoin évident, sans quoi les plantes pousseroient avec trop de vigueur, & leurs graines n'auroient pas le tems de mûrir. Malgré cette précaution, si, à l'époque des gelées, les graines des individus cultivés en pots n'étoient pas encore assez aoûtées, on les rentreroit dans la serre chaude, pour leur donner le tems d'arriver à leur parfaite maturité. Celles des plantes placées en pleine terre & cultivées de la même manière que nous l'avons dit ci-dessus, mûrissent très-bien dans les années sèches & chaudes. Les semences même qui tombent à terre, lèvent sans aucun soin l'année suivante; mais comme elles sont un peu tardives, il est rare que les individus qui en proviennent aient le tems de perfectionner leurs graines avant les gelées.

Observation: Il existe, au jardin du Roi, une plante qui a beaucoup de ressemblance avec l'ambrosie maritime; elle en diffère seulement par ses tiges ligneuses qui vivent quatre ou cinq ans, par ses feuilles plus finement découpées, & par les dimensions plus petites de toutes ses parties. Cette espèce ou variété a été envoyée du Pérou, par feu M. Joseph de Jussieu. Elle se multiplie aisément de boutures, & se conserve l'hiver dans les serres tempérées. Jusqu'à présent elle n'a point donné de bonnes graines, quoiqu'elle fleurisse abondamment toutes les années.

4. AMBROSIE arborescente. Cette espèce forme un arbrisseau ligneux, mais d'une consistance peu solide. Il s'élève à la hauteur de dix à douze pieds; ses branches sont longues, flexibles, & garnies de grandes feuilles découpées profondément. Lorsqu'on les froisse, elles répandent une odeur très-forte, que quelques personnes trouvent agréable. Ses fleurs sont petites, peu apparentes, & disposées en épis lâches à l'extrémité des rameaux. Elles produisent des semences qui viennent à parfaite maturité dans nos jardins.

Culture: Cet arbrisseau se cultive dans de grands pots ou dans des caisses; il aime une terre forte & substancielle. Pendant l'été, il a besoin d'être arrosé souvent, & l'hiver il exige des arrosemens plus fréquens qu'aucune autre plante, sur-tout lorsqu'on le place dans les serres tempérées. Dans les hivers très-doux, il se conserve en pleine terre en le couvrant soigneusement avec des matières sèches, mais il perd ses branches & quelquefois sa tige. Lorsque les gelées passent quatre à cinq degrés, il périt entièrement. Placé dans une orangerie froide & humide, il se dépouille de ses feuilles & perd son jeune bois. Dans une serre tempérée, non-seulement il se conserve très-bien, mais il continue de végéter. En le mettant dans un lieu plus chaud, sa croissance est trop rapide, il s'étiole, ses pousses tendres & trop herbacées font attaquées par les pucerons, qui les font périr. Ainsi, la place qui lui convient le mieux pour passer l'hiver, est celle des serres graduées entre huit & dix degrés de chaleur.

On multiplie cet arbrisseau par le moyen de ses graines qui doivent être semées au printems sous chassis; elles levent promptement, & le jeune plant acquiert souvent dans la même année deux à trois pieds de haut; à défaut de graines, on le multiplie de marcottes & encore plus promptement de boutures. Ces dernières peuvent être faites pendant tout l'été, mais il vaut mieux attendre au printems. On choisit, dans tous le cas, des jeunes branches de l'avant-dernière pousse, & si c'est au printems, on les plante sur une couche tiède à l'ombre; si c'est pendant l'été, dans une plate-bande au nord, afin qu'elles puissent pousser des racines en assez grande quantité pour être levées en toute sûreté six semaines après l'opération.

Comme cet arbrisseau ne commence à fleurir que vers la fin de l'automne, il est rare que ses semences aient le tems de mûrir chez nous; mais il y a un moyen très-facile pour s'en procurer: vers la fin de mai on plante en pleine terre, dans un sol meuble & substanciel, & à une exposition chaude, un pied vigoureux de cet arbrisseau, que l'on arrose fréquemment, il pousse alors avec la plus grande rapidité, fleurit pendant l'été, & produit des semences qui sont parfaitement aoûtées à la fin de l'automne. Il est vrai qu'il est bien difficile de conserver le pied qui les a produites, à moins que de le transplanter avec soin dans une caisse, & de le rentrer dans une serre pendant l'hiver. A tout hasard on peut le couvrir de paille & de paillassons, & si l'hiver est doux, il repoussera de son pied le printems suivant.

Historique: L'Europe doit la possession de cet arbrisseau aux soins de feu M. Joseph de Jussieu, qui le découvrit au Pérou, & en envoya les graines au jardin du Roi, vers l'année 1750. Il s'y est conservé depuis ce tems, & s'est répandu de-là dans beaucoup de jardins de botanique. (*M. Thouin.*)

Ambrosie, Ambroisie, ou thé du Mexique, synonyme du *Chenopodium ambrosioides.* L. des Botanistes. Voyez Anserine du Mexique. (*M. Thouin.*)

AMBROSINIE. *Ambrosinia.*

Genre de plante de la famille des *Gouets* ou *Arums*, qui n'est encore composé que d'une seule espèce.

Ambrosinie nerveuse.

Ambrosinia nervosa. La M. Dict.

Ambrosinia bassii. L.

C'est une petite plante vivace, dont la racine est tubéreuse, arrondie & garnie de beaucoup de fibres à la circonférence: Elle pousse chaque année plusieurs feuilles oblongues, qui se couchent contre terre; du milieu de ces feuilles, s'élève une hampe qui se termine par une fleur verdâtre tachée de pourpre dans son intérieur, & qui a la forme d'un coqueluchon.

Cette plante croît en Sicile, dans les bois, dans quelques parties de l'Italie & en Barbarie; quoique nous ne l'ayons pas encore cultivée, nous croyons qu'en raison de sa nature & du pays où elle croît naturellement, on pourroit la conserver dans notre climat, sous des chassis à la maniere des liliacées du Cap, ou dans les orangeries sur les appuis des croisées. (*M. Thouin.*)

AMBULIE. *Ambulia.*

Suivant M. Adanson, ce genre fait partie de ceux qui composent la famille des *Personnées.* On n'en connoît encore qu'une espèce qui a été décrite & figurée par Van Rheede, dans son *hortus Malabaricus.*

Ambulie aromatique.

Ambulia aromatica. La M. Dict.

C'est une plante qui croît au Malabar, dans les lieux sablonneux & submergés de quelques pouces d'eau; elle pousse de sa racine plusieurs tiges qui s'élèvent à un pied de haut environ; elles sont garnies de feuilles longues, étroites, dentées & de couleur verte. Les fleurs sont purpurines; elles sortent d'entre les feuilles supérieures, & sont remplacées par des capsules qui contiennent des semences menues.

Toutes les parties de cette plante ont une odeur aromatique, suave, & leur saveur est amere; on s'en sert pour guérir différentes maladies.

Jusqu'à présent l'Ambulie n'a point été cultivée en Europe, & nous croyons qu'il sera difficile de l'y introduire; d'abord, parce que les semences des plantes aquatiques perdent promptement leur propriété germinative, & en second lieu, parce que les plantes qui exigent beaucoup de chaleur & d'humidité, sont fort délicates & d'une culture difficile dans nos serres. (*M. Thouin.*)

AMBULON, arbre qui croît dans l'isle Aruchit, & dont le fruit, qui est blanc & semblable à du sucre, ou comme couvert de sucre, est de la grosseur de la graine de coriandre. (*anc. Encycl.*) Cet arbre paroît être une espèce de Galé. (Voyez ce mot.) *M. Thouin.*

AMEDA ou *Hameda*, arbre dont l'écorce & les feuilles donnent, par la décoction, un très-bon remède anti-scorbutique. M. Lind (*Traité du Scorbut*, tome 1, p. 299,) croit que c'est le grand sapin de l'Amérique. Quelques-uns ont prétendu que c'étoit le laurier sassafras, & d'autres l'aubépine. Mais le même écrivain, d'après lequel M. Lind indique cette vertu de l'Ameda, parle de l'aubépine, sans le confondre avec cet arbre qu'il dit avoir trois brasses de circonférence. (*Dict. Econ.*). Il seroit à desirer que nous eussions sur cet arbre des renseignemens plus étendus, qui nous missent à portée de le connoître, & de tirer parti de ses propriétés. (*M. Thouin.*)

AMELANCHIER, nom d'une division des

espèces du genre des *Mespilus*. (*Voyez* le Dict. des Arbres & Arbustes. (*M. Thouin*.)

Amelanchier de Virginie. Synonyme impropre, employé dans quelques ouvrages d'agriculture, pour désigner le *Chionanthus Virginicus*. L. des Botanistes. (*Voyez* Chionante de Virginie, dans le Dict. des Arbres & Arbustes.) *M. Thouin*.

AME des Plantes. « Les Physiciens ont toujours été peu d'accord sur le lieu où réside l'*Ame des Plantes*; les uns la placent dans la plante ou dans la graine, avant d'être semée; les autres, dans le pepin ou dans le noyau des fruits.

» La Quintynie veut qu'elle consiste dans le milieu des arbres, qui est le siége de la vie, & dans des racines saines, qu'une chaleur convenable & l'humidité de la sève font agir. Malpighi veut que les principaux organes des plantes soient les fibres ligneuses, les trachées, les utricules placées dans la tige des arbres. D'autres disent que l'*Ame des Plantes* n'est autre chose que les parties subtiles de la terre, lesquelles poussées par la chaleur, passent à travers les pores des plantes, où étant ramassées, elles forment la substance qui les nourrit.

» Aujourd'hui, en faisant revivre le sentiment de Théophraste, de Pline & de Columelle, on soutient que l'*Ame* des végétaux réside dans la moëlle, qui s'étend dans toutes les branches & les bourgeons. Cette moëlle, qui est une espèce d'*Ame*, & qui se trouve dans le centre du tronc & des branches d'un arbre, se remarque plus aisément dans les plantes ligneuses, telles que le sureau, le figuier & la vigne, que dans les herbacées. Cependant, par analogie, ces dernières n'en doivent pas être dépourvues. » (*Ancienne Encyclopédie*.) (*M. l'abbé Tessier*.)

AMELI. Nom que les Brames donnent à un arbrisseau qui croît au Malabar, & dont les parties de la fructification sont trop peu connues pour qu'on puisse le rapporter à sa famille naturelle, & constater son genre.

Suivant Rhéede, l'Ameli est un arbrisseau touffu, toujours vert, qui s'éleve d'environ sept pieds. Ses fleurs sont blanches, & viennent par bouquets à l'extrémité des branches. Elles donnent naissance à des capsules arrondies, & à trois loges qui contiennent chacune une graine.

Cet arbrisseau croît sur la côte du Malabar, dans les terreins sablonneux & pierreux; il fleurit tous les ans, & ses fruits sont mûrs vers le mois d'août. Il est employé en médecine pour guérir différentes maladies.

Rhéede cite une autre espèce d'Amélie, qu'il nomme *Katon-bellutta amelpodi*, & dont il donne une figure dans la planche 33, fig. 1, t. 5, de son *Hortus Malabaricus*. C'est un arbrisseau qui diffère du précédent, en ce qu'il est plus petit, que ses fleurs sont entièrement blanches, & que sa racine est blanchâtre & non noirâtre, comme celle de l'autre. Il croît également au Malabar, mais dans les lieux incultes & montagneux.

Jusqu'à présent ces arbrisseaux n'ont point été cultivés en Europe; s'ils y arrivent un jour, il est probable qu'on ne pourra les conserver que dans les serres chaudes, & que leur culture sera la même que celle des plantes de l'Inde que nous possédons. (*M. Thouin*.)

AMÉLIORATION, Améliorer. Donner à une chose plus de valeur, c'est l'*améliorer*. Ce mot s'applique à un domaine, à un bois, à un champ, à un jardin, à un troupeau. On améliore un domaine quand on en augmente l'étendue ou le revenu. Un champ est amélioré, si on le met en état de donner plus de produit; l'amélioration d'un troupeau est son accroissement ou la perfection de ce qu'on en tire.

L'augmentation d'un domaine en étendue dépend des acquisitions qu'on y ajoute; pour en augmenter le revenu sans nouvelles acquisitions, il faut améliorer au moins une partie des objets qui le composent. Ces objets sont ou des terres labourables, ou des prairies & herbages, ou des troupeaux, ou des bois, ou quelque autre chose.

L'amélioration des terres se fait quand on les laboure mieux, quand on y répand plus d'engrais, quand on rend le sol plus compact ou plus divisé, quand on l'empêche d'être noyé d'eau, ou qu'on l'arrose. (*Voyez* Amendement, Labour, Engrais, Marnes, Fossés d'écoulement, Irrigation.)

Les prairies & les herbages ont besoin d'une partie de ces moyens pour être améliorées.

Les troupeaux bien soignés, nourris & logés convenablement, ne manquent pas de s'améliorer. La branche des bêtes à cornes, des chevaux & des moutons, s'améliore encore par le mêlange des bonnes races avec les races médiocres.

Le bon moyen d'améliorer les bois, est de les garantir des bestiaux, du gibier, du pillage des paysans, &c., de les faire couper plus tôt ou plus tard, selon le terrein, de ne planter que les arbres qui conviennent, & de ne point les élaguer, & d'y faire des percées pour la distribution de l'air & de la lumière. (*M. l'abbé Tessier*.)

AMELLE. *Amellus*.

Genre de plante de la famille des Composées, qui renferme des sous-arbrisseaux peu ligneux, d'une courte durée, mais agréables par leurs fleurs radiées. Ils croissent au Cap de Bonne-Espérance & en Amérique, & se conservent ici dans les orangeries ou dans la serre chaude.

Espèces.

1. Amelle lichnite.

Amellus lychnitis. L. ♄ du Cap de Bonne-Espérance.

2. Amelle à feuilles menues.

Amellus tenuifolius. Burn. ind. prod. 281.

3. Amelle ombelli-forme.
Amellus umbellatus. L. ♃ de la Jamaïque.

1.° L'Amelle lichnite est un arbuste qui forme un petit buisson arrondi, touffu, d'une verdure cendrée, & qui n'a pas plus de quinze pouces de diamètre en tout sens. Ses fleurs sont d'un beau bleu, jaunes dans le centre. Elles commencent à paroître dans le mois de juillet, & durent fort avant dans l'automne. Elles produisent des graines qui viennent à parfaite maturité dans notre climat, & qui se conservent trois ou quatre ans, lorsqu'on les tient renfermées dans leur calice.

2.° Amelle à feuilles menues. Cette espèce se distingue de la précédente, par ses feuilles, qui sont alternes, au lieu d'être opposées comme dans l'autre, par son port qui est plus grêle, & par ses fleurs qui sont plus grandes; d'ailleurs leur forme & leur couleur est la même.

Culture. Ces deux espèces d'Amelles se multiplient aisément de semences, de marcottes & de boutures. Les semis doivent être faits au commencement d'avril, dans des pots remplis d'une terre meuble & légère. On enterre les vases sur une couche chaude à l'air libre, sans qu'il soit besoin de les couvrir de cloches ou de châssis. Les graines ne lèvent ordinairement que deux mois après avoir été mises en terre; mais les jeunes plants, une fois sortis, croissent avec rapidité, & fleurissent souvent dans le milieu de l'automne; mais il faut pour cela qu'on ait soin de les repiquer dès qu'ils ont trois à quatre pouces de haut. Si on attend qu'ils soient plus forts, & si on les lève à racines nues, ils reprennent beaucoup plus difficilement, & fleurissent plus tard. Les marcottes se font au commencement de l'été: il suffit de courber quelques branches en terre, & de les y assujettir avec un crochet, pour qu'elles poussent des racines, & soient en état d'être levées six semaines ou deux mois après qu'elles ont été ainsi arrangées. Les boutures ne sont pas plus difficiles à faire; on prend des branches un peu ligneuses, que l'on plante dans des pots remplis d'une terre propre à retenir l'humidité, & on les place sur une couche tiède, au nord. Bientôt elles poussent des racines, & trente ou quarante jours après on peut les lever en mottes, & les planter dans d'autres pots; elles forment de nouveaux pieds.

Ces deux espèces d'Amelles doivent être rentrées l'hiver dans l'orangerie, & placées sur les appuis des croisées, ou mises sous des châssis abrités des gelées, parmi les plantes du Cap. Elles craignent beaucoup l'humidité; & cependant, si l'on n'a pas soin de les arroser à propos, elles périssent d'autant plus infailliblement que, lorsqu'on s'apperçoit qu'elles souffrent de la soif, il n'est plus tems de leur porter remède. Il est donc essentiel de visiter souvent la terre dans laquelle elles sont plantées, & de l'humecter légèrement lorsqu'elle devient sèche. Ces arbustes ne vivent pas plus de quatre à cinq ans; c'est pourquoi l'on doit toujours avoir de jeunes plantes, qui soient en état de remplacer les anciennes, à mesure qu'elles meurent de vieillesse.

Usage. Ces Amelles sont de jolis arbustes, toujours verts, qui figurent assez bien dans les orangeries pendant l'hiver, & qui peuvent trouver place, pendant l'été, dans les jardins des curieux. On les met sur des gradins ou dans des plattes-bandes, parmi des plantes étrangères.

3°. Amelle ombelliforme. Nous ne connoissons cette espèce que par les descriptions que les Botanistes en ont donné.

C'est une plante vivace qui croît naturellement à la Jamaïque. Ses tiges s'élèvent à la hauteur de deux pieds; elles sont velues, ainsi que les branches, lesquelles sont garnies de feuilles ovales & opposées: ses fleurs, qui terminent les tiges, croissent en petites ombelles, & ont peu d'apparence.

Culture. Nous ne pouvons mieux faire que de rapporter ici ce que Miller, célèbre agriculteur, dit de la culture de cette plante. On en sème les graines au printems, à la manière des autres. Lorsque le jeune plant est assez fort, on en met deux ou trois pieds dans des pots, qu'on place sur une couche chaude & sous châssis, afin d'avancer la fleuraison, & de donner aux semences le tems de mûrir avant l'automne. L'hiver, on rentre ces plantes dans la serre chaude (*M. Thouin*.)

AMELPO, *Amelpodi*. Arbre toujours vert, qui croît au Malabar, dans les terreins pierreux & sur les montagnes. Il est de moyenne taille; son bois est blanc; ses rameaux, ainsi que ses feuilles sont opposées; ses fleurs, qui sont disposées en corymbes, à l'extrémité des branches, paroissent dans les mois de juin, de juillet & d'août; elles sont petites, peu apparentes, & de couleur blanche. Sa racine, qui est jaune, est regardée comme un spécifique contre la morsure des serpens vénimeux.

Les descriptions que les voyageurs nous ont données jusqu'à présent des parties de la fructification de cet arbre, sont insuffisantes pour le rapporter à son genre & à sa famille; & comme il n'a point encore été cultivé en Europe, sa culture particulière nous est inconnue. Mais elle doit rentrer dans la culture générale des plantes du même pays que nous possédons; c'est-à-dire, qu'il lui faudra le secours de la serre chaude, pour se conserver pendant l'hiver. (*M. Thouin*.)

AMENDEMENT, Amender.

Il y a des terres qui ne donneroient que de foibles produits, ou parce qu'elles sont d'une nature ingrate, ou parce qu'elles se trouvent épuisées, si par des préparations, que l'agriculture enseigne, on ne parvenoit à les rendre fertiles, & à les mettre en état de récompenser le cultivateur des soins qu'il prend. Préparer les terres à cette intention, c'est les *amender*, par corruption d'émender (*emendare*), terme encore usité dans les loix, qui signifie *corriger*, *changer*. Il semble en effet que les *amendemens* corrigent & changent les vices du sol, & les fassent disparoître.

On peut distinguer des amandemens de deux sortes, les uns naturels & les autres artificiels. Par ces derniers, j'entends des amendemens que l'industrie humaine a imaginé d'employer : ils appartiennent bien aussi à la nature, mais c'est l'art qui les met en œuvre.

Dans la classe des amendemens naturels, sont la chaleur du soleil, l'air, l'eau, la pluie, les rosées, les gelées, la neige, &c. J'ai déjà parlé, dans le deuxième discours préliminaire, de la chaleur, de l'air & de l'eau; mais c'étoit particulièrement comme principes des végétaux que je les considérois. Sous ce point de vue, ces élémens n'ont qu'un rapport éloigné avec l'agriculture; il faut ici les regarder comme des météores, dont l'influence sur la terre & sur les récoltes est sensible & nécessaire & par conséquent comme de grands moyens d'amendemens que la nature offre à l'agriculture, & qui doivent concourir avec ceux que l'homme fait mettre en usage.

Les amendemens artificiels, les seuls qui soient en la puissance du cultivateur, consistent dans les préparations qu'il donne à la terre, & dans les substances qu'il y mêle pour l'améliorer. Ce sont les labours de tout genre, les engrais, les marnes, &c.

J'observerai ici, sans qu'il soit besoin de le répéter, que chaque espèce d'amendement, soit naturel, soit artificiel, ne peut être favorable qu'autant qu'il n'est ni au-dessus ni au-dessous des proportions & des mesures convenables à la nature & à l'état des différens terrains. En indiquant ses qualités & les avantages qu'il procure, je supposerai toujours ces proportions & ces mesures.

Le soleil, qui est l'ame de la nature, vivifie l'agriculture; sa chaleur bienfaisante fait germer la graine, donne l'accroissement à la plante, en opère la perfection & la maturité. Si la terre, destinée à être ensemencée, recèle dans son sein quelques principes volatils, nuisibles à la végétation, le soleil l'en débarrasse en les distillant ou en corrigeant leur maligne influence. Il a encore un troisième effet, celui d'atténuer & de diviser les molécules de terre présentées à la surface par les labours.

On ne peut guère se refuser de croire que l'air étant le receptacle de toutes sortes d'émanations, & pour ainsi dire le laboratoire où se fait un grand nombre de combinaisons, il ne laisse tomber sur la terre des principes de fécondité, qui, insuffisans s'ils étoient seuls, réunis à d'autres, forment des amendemens complets. Dans le voisinage de la mer, la terre s'imprégne de sel que l'air y apporte; aux environs des lieux couverts d'engrais, les plantes, qui ne sont placées que dans la même atmosphère, s'en ressentent d'une manière sensible. L'air mûrit les immondices des latrines, les marnes, les curages des étangs, des mares, des ruisseaux, si on a soin de les y exposer pendant un an, ou au moins pendant six mois. Dans les bonnes cultures, on ne fait pas les labours coup sur coup, afin de laisser à l'air le tems de fertiliser chaque portion du sol ameubli. L'observation constate l'exactitude de ces effets. Comment s'opèrent-ils? je n'ai lu sur cela que des systêmes & des conjectures que je n'admettrai point.

Dans les pays où les pluies sont rares en été, & où il y a cependant des sources, on en ménage l'eau, on la partage, on la conduit par des canaux multipliés, ou dans les terres cultivées ou dans les prairies. L'humidité & le frais que procurent ces irrigations, dirigées avec intelligence, sont d'un très-grand secours à l'agriculture, qui sans elles seroit languissante. On creuse même, à grands frais, des puits pour avoir de l'eau à sa disposition, & pour remplacer les sources, quand on n'est pas assez heureux pour en posséder dans son terrein.

L'arrosement le plus naturel est sans doute celui des pluies, il ne coûte rien au cultivateur, il mouille également ses champs, il les pénètre profondément. Les pluies qui ne viennent pas par orages, & qui ne sont pas accompagnées de vents violents, n'ont pas l'inconvénient de battre la terre, & d'y former une croûte qui la rende compacte, & de s'opposer aux évaporations ou à la sortie des jeunes plantes. Plus ces pluies sont douces & chaudes, plus elles sont bienfaisantes; les mottes endurcies, s'amollissent lorsque l'eau s'insinue entre leurs parties; les racines des végétaux peuvent s'étendre, & leurs tiges grossir. L'eau appaise la trop grande chaleur de certains engrais; elle sert à la dissolution de plusieurs principes qui en dépendent, & les met en état de concourir à l'accroissement des végétaux.

Les terres légères & divisées ont besoin de pluies fréquentes. Celles qui tombent quand l'atmosphère est échauffée, ont une action si prompte, qu'on voit l'herbe reverdir avant qu'elles aient cessé. On doit labourer à plat les terreins secs; si on les bomboit, la pluie n'y séjourneroit pas assez pour les imbiber.

Les rosées abondantes remplacent les pluies douces. Les neiges, au moment où elles se fondent, s'insinuent très-avant & doucement dans les terres ameublies; elles mettent aussi, dans les pays froids, les graines à l'abri de la gelée, & noient les souris, mulots & beaucoup d'insectes. Ce sont là des effets qu'on ne peut contester, & qui sont évidens. Il n'en est pas de même des autres qualités attribuées aux neiges. D'où viendroient les sels, qu'on dit qu'elles apportent? Comment pourroient-elles engraisser les terres? Il s'en faut de beaucoup que ces qualités soient prouvées. Je crois qu'il vaut mieux n'accorder aux neiges que les effets indiqués, qui les rangent cependant dans la classe des amendemens.

Les gelées enfin contribuent à amender les terres, en divisant celles qui sont à la surface, & en soulevant la couche de dessous. Aussi, doit-on avoir l'attention de faire de gros labours avant l'hiver, dans les terres trop aisées à ameublir.

Le labour est le premier des amendemens artificiels; c'est une pratique générale de tous les siècles, de tous les pays; il se fait avec différens instrumens & de différentes manières. Ses avantages sont inappréciables, rien ne peut les suppléer. Dans une terre qui n'est pas labourée, les graines ne lèvent pas, ou languissent & périssent bientôt. Si on façonne la terre aux pieds des plantes, on les voit grandir & se fortifier sensiblement. Le labour détruit les herbes inutiles, divise le sol, en présente à l'air successivement les diverses parties, l'ameublit tellement que les plantes peuvent y développer leurs racines, s'y nourrir, & suivre le cours entier de leur végétation.

Toutes les opérations qui se font avec la herse, le rouleau, le sarcloir, &c. sont des dépendances du labour, avec lequel ils concourent pour remplir le même objet.

Il y a des terres, dont les molécules sont si rapprochées & si serrées les unes contre les autres, qu'il faut, avant de les ensemencer, les labourer jusqu'à quatre fois, & même les herser à chaque labour. D'autres n'ont besoin d'être remuées qu'une ou deux fois; ce sont celles qu'on reconnoît pour être légères & divisées. Un cultivateur éclairé des environs d'Issoudun en Berry, a eu bien de la peine à déterminer des fermiers à ne labourer qu'à trois façons une terre légère à laquelle ils en donnoient cinq. Telle plante veut un sol qui ait de la consistance; telle autre se plaît dans une terre ameublie, ou du moins soulevée. La luzerne & le sainfoin en offrent des exemples.

La manière de labourer les terres peut les rendre plus ou moins fertiles. De médiocres qu'elles sont, elles deviennent bonnes, quand un cultivateur intelligent les façonne. Je connois un canton de la Beauce, où, de tems immémorial, la charrue n'enfonçoit pas à plus de quatre pouces. On craignoit de mêler à la terre végétale, une terre rouge, compacte, regardée comme inféconde. Des fermiers plus éclairés que leurs prédécesseurs, n'ont pas hésité de remuer avec la charrue, & d'amener à la surface une partie de la terre rouge, qui, exposée à l'air & jointe à des engrais, est devenue de bonne qualité, & a augmenté de quelques pouces la couche de terre végétale; ce qui justifie le proverbe: *tant vaut l'homme, tant vaut la terre.*

Il n'est pas douteux que le labour à la bêche ou à la houe ne soit un meilleur amendement que le labour à la charrue. On devroit, au moins dans les petites exploitations, faire labourer à la bêche ou à la houe, tantôt une pièce de terre, tantôt une autre. Ce seroit le moyen de les renouveller pour plusieurs années. Les particuliers récolteroient davantage, s'ils employoient toujours cette manière de cultiver.

Les labours profonds qu'exige le défrichement des terres à prairies artificielles, les ameliore & leur fait produire de plus belles récoltes. Il faut enfoncer la charrue pour détruire les racines du sainfoin, du trefle, & sur-tout de la luzerne. On ameublit par ce moyen une couche plus épaisse, capable de nourrir plus abondamment les végétaux qu'on lui confie. L'avantage de l'alternative des terres qu'on laboure pour les ensemencer ou qu'on met en prairies artificielles, est si marqué, qu'il y a des pays où, par cet art précieux, les jachères sont supprimées, les terres étant toujours en rapport. Les prairies artificielles sont donc une bonne manière d'amender. *Voyez* PRAIRIES ARTIFICIELLES.

Des cultivateurs des environs de Nantes en Bretagne, du Berry, de la Sologne, de la Lorraine, de la Champagne, de la Bourgogne, &c., font peler la surface des landes ou des champs incultes depuis long-tems; on met en tas les broussailles & les gazons pelés, on les fait sècher; on les brûle & on en répand les cendres; cette opération s'appelle *écobuer*, ou *essarter*. On ne l'emploie que dans les mauvais terreins qu'on est obligé de laisser reposer plusieurs années, & où il ne croît que des genièvres, des fougères, des bruyères. J'ai ouï dire à des hommes éclairés en agriculture que cet amendement n'étoit pas avantageux, parce qu'un terrein, ainsi brûlé, ne rapportoit presque que la première année, ou rapportoit bien peu les années suivantes. N'y remédieroit-on pas en brûlant les plantes sans brûler la terre?

Les colons d'Amérique & de tous les pays nouvellement découverts, n'ont besoin que de faire façonner la terre & d'y semer ou planter ce qu'ils veulent multiplier. De riches récoltes les attendent sans qu'il leur en ait coûté la peine de former & de transporter des engrais, inutiles dans une terre vierge. Les heureux habitans des bords du Nil en Egypte labourent des champs fertilisés chaque année par le limon que ce fleuve bienfaisant apporte & répand dans son débordement. On a parmi nous quelques exemples de cette fécondité naturelle & extrême, mais ils sont rares; c'est ordinairement dans les places où l'on a détruit des bois. Cette fécondité dure plus ou moins d'années; mais, en général, on ne récolte que très-peu, si de tems en tems, on ne joint à l'amendement des labours celui des engrais ou des mélanges de différentes substances propres à améliorer le sol.

Je n'ai pas besoin de dire que tout cultivateur doit examiner qu'elle est la nature des engrais qu'il qu'il a à sa portée, & celle des terres qu'il veut mettre en valeur, afin de s'assurer s'ils conviennent ou s'il est nécessaire de les mélanger ou corriger; il faut qu'il calcule la dépense des engrais qu'il se croiroit obligé de se procurer d'ailleurs, & qu'il n'essaie qu'en petit d'abord ceux dont les effets sont incertains; avec cette précaution on peut tout tenter sans courir de risque.

On prend des engrais dans les trois règnes de la nature. Ceux que fournit le règne animal paroissent les meilleurs; ce sont 1.° les excrémens de l'homme, la fiente du cheval, du mulet, de l'âne, du bœuf, de la vache, du mouton, du cochon, des canards, des oies & autres oiseaux aquatiques, des poules, dindons, pigeons; 2.° les immondices des voiries, celles des boucheries, qui comprennent le sang, les fientes & des parties d'intestins; 3.° l'urine de l'homme & celle des étables; 4.° les débris des cornes, des ongles, des poils; 5.° les chiffons de laine & de soie, les balayures des atteliers, où on travaille en os, en ivoire, en baleine & autres matières, appartenantes aux animaux; 6.° enfin les coquillages & les poissons.

On peut en général regarder les engrais comme chauds ou froids. Les premiers sont d'autant plus chauds qu'ils sont plus récens & plus en masse. J'ai observé qu'un amas de fumier, formé en partie de crotin de cheval, étoit assez chaud pour qu'on ne pût y enfoncer la main sans se brûler; un œuf en une nuit y a durci complettement. Les engrais froids ne le sont que par relation avec les engrais chauds, c'est-à-dire, qu'ils sont moins chauds que les autres.

La chaleur d'un engrais n'existe plus sans doute, quand on le divise pour le répandre; alors il n'est plus chaud par lui-même, mais il l'est par rapport à l'effet qu'il produit. S'il hâte la végétation, il est chaud; s'il l'a ralentit, il est froid. Ces dénominations, ainsi expliquées, peuvent être conservées sans qu'on ait raison de les blâmer.

S'il y a deux sortes d'engrais en général, les uns chauds, les autres froids, il y a aussi deux sortes de terreins auxquels ces engrais conviennent; les engrais chauds doivent être mis dans les terres froides, & les engrais froids dans les terres brûlantes. On conçoit qu'il y a dans les engrais, comme dans les terreins, des nuances entre les extrêmes.

Dans beaucoup d'endroits & particulièrement dans toute la Flandre, on recherche comme engrais les excrémens de l'homme. Des voitures avec des tonneaux passent tous les matins dans les rues de la ville de Lille, vont de portes en portes, & ramassent le produit des gardes-robes, pots-de-chambre, & chaises percées. Aussi n'a-t-on presque pas besoin, dans cette ville, de latrines, si nécessaires où cet usage n'a pas lieu. Dans les places de guerre, les latrines des casernes s'afferment à des cultivateurs. Il faut éviter d'employer ces excrémens encore récens. On assure qu'ils communiqueroient de l'odeur aux plantes, qui la première année croîtroient dans les champs qu'on en auroit fumé. En les laissant un an à l'air, ou en les enterrant dans l'année de jachère, on n'a pas, à ce qu'il me semble, cet inconvénient à craindre.

Un jardinier, qui employoit des excrémens d'hommes, sans les laisser quelques tems à l'air, les détrempoit dans beaucoup d'eau, qu'il jetoit aux pieds de ses légumes, pendant la nuit. Des laitues pommées, ainsi arrosées, n'en contractoient aucun mauvais goût. Elles étoient d'une grosseur prodigieuse, comme tout ce qui est produit par cet engrais.

Il y a des auteurs qui prétendent que les vuidanges des latrines, répandues sur la terre, donnent aux plantes des qualités vénéneuses, ou au moins contraires à la santé. Ils ont la même opinion des immondices de voiries & des fumiers même de vache & de cochon. Cette prétention me paroît absolument dénuée de preuves, & fondée sur de simples conjectures; car, de ce que les plantes venues dans des terres fumées avec des excrémens d'hommes, en retiennent l'odeur, il ne s'ensuit pas qu'elles soient dangereuses pour la santé. Une odeur désagréable n'annonce pas toujours la présence d'une substance nuisible; au reste, on n'a point fait sur cela d'expériences, & il en faudroit pour constater le fait.

Les excrémens de l'homme, exposés long-tems à l'air, se desséchent au point de pouvoir être mis en poudre; c'est un excellent engrais, connu sous le nom de *poudrette*. On en fait usage en Flandre & dans quelques cantons de la Suisse, sur-tout pour les linières.

Les excrémens de l'homme paroissent un engrais chaud & destiné pour les terres froides, compactes & humides; voilà pourquoi les Flamands en font un si grand usage.

Le crotin de cheval, de mulet & d'âne, approche de cette qualité.

On trouve à la fiente de bœuf & de vache, des qualités contraires. Cette dernière est préférée pour les terres légères & brûlantes.

Le crotin de mouton passe pour un engrais au-dessus des deux précédens. Il me semble que n'étant ni aussi chaud que l'un, ni aussi froid que l'autre, il convient dans les terres de médiocre consistance, qui ne sont ni humides, ni brûlantes.

On n'obtient guère seuls ces différens crotins, que dans les pays où la rareté des fourrages ne permet pas de faire de la litière aux animaux, ou dans des auberges, ou chez des bouchers, ou enfin par la voie du parcage. Dans la Valbonne, canton de la Bresse, on fait parquer les bêtes à cornes; les bêtes à laines parquent en été dans une partie de la France. Cette excellente pratique, qui n'est pas encore assez répandue, offre de très-grands avantages. Elle fume une plus grande quantité de terrein, elle épargne du fourrage, & conserve les bestiaux en bonne santé.

Les Suisses n'en font pas de cas, soit parce qu'ils ne la connoissent pas, soit parce qu'ayant de nombreux troupeaux de vaches, qui font toute leur richesse, & qui conviennent à la bonté de leurs pâturages, ils négligent les moutons, qu'ils releguent avec les chèvres, dans les sommets des hautes montagnes où les vaches ne peuvent pâturer.

J'ai toujours entendu dire que le crotin de cochon étoit trop brûlant. Mais c'est peut-être un préjugé dont on reviendra, quand des agriculteurs intelligens auront fait des expériences comparées pour s'en assurer.

Il pourroit bien en être de même de la fiente d'oie, de canards & autres oiseaux aquatiques, regardée comme nuisible aux herbes sur lesquelles elle tombe. M. le Comte de Beaurepaire se propose de l'essayer.

Il est bien prouvé que la fiente de poules, dindons & pigeons, est un engrais chaud, qu'on ne doit répandre sur les terres qu'avec économie; c'est vraisemblablement à cause de l'alkali volatil que ces excrémens contiennent en très-grande quantité. Quelqu'un a dit, mais sans preuves encore, que la fiente de poules & dindons donnoit naissance à des insectes qui, s'attachant aux bleds quand ils commencent à pousser, leur faisoit beaucoup de tort. Cela ne s'accorde guère avec la belle végétation des bleds dans les terreins fumés de fientes de volailles.

Pour tempérer la chaleur de cet engrais, on le laisse un peu exposé à l'air, on le mêle avec du fumier froid, ou on le répand sur les terres immédiatement avant des pluies.

Quelques fermiers répandent, sur les bleds, la fiente de poules, dindons & pigeons après les gelées; mais cette méthode ne réussit que quand le printems est humide, & dans les terres froides. Car si le printems est sec & le terrein chaud, cet engrais brûle. Il est mieux de le répandre en Automne, avant le dernier labour. Les pluies d'hiver modèrent la chaleur de cet engrais, qui convient sans doute sur les blés, mais plus dans les chennevières & dans les prés où il détruit la mousse, le jonc & autres plantes nuisibles, tandis qu'il fait pousser la bonne herbe abondamment. On a remarqué qu'il avoit un inconvénient pour les prés, c'est que les plumes, se mêlant avec le foin, dégoûtoient les chevaux, & leur occasionnoient des toux importunes. Il seroit peut-être possible de diminuer cet inconvénient, en répandant, à la main, la fiente de pigeons, un jour où il feroit du vent, qui emporteroit une partie des plumes au-delà de la prairie.

L'engrais, tiré des voieries, varie selon les matières qu'on y porte. Ce sont, ou des vuidanges de latrines, ou des corps d'animaux morts, ou des boues des rues, & quelquefois on y réunit toutes ces substances. Quand il n'y a que des vuidanges de latrines, l'engrais a les qualités dont j'ai parlé à l'occasion des excrémens de l'homme. Les débris des corps d'animaux morts sont capables de procurer une grande fertilité, car dans les campagnes où, au lieu de les enterrer, on les traîne en pleins champs, on distingue, à la beauté de la végétation, quelquefois trop forte, la place où a pourri le corps d'une vache, ou celui d'un cheval, ou d'un mouton. Ce qui sort des boucheries & des tanneries doit être rangé dans la même classe. A l'égard des boues des rues, c'est un mélange de toutes sortes de matières, dont l'effet dépend de celles qui dominent. Une voierie, qui réunit ces trois choses, peut fournir de bons amendemens chauds & très-précieux pour certains pays.

On pourroit, dans les communautés & dans les manufactures qui contiennent beaucoup de personnes, ramasser les urines qu'on laisse perdre. Je ne sais s'il y a quelques pays où on ait cette attention. En Angleterre & dans les Pays-Bas, pour avoir les urines des animaux, on pratique des citernes derrière les écuries & les étables. On a même imaginé des pompes pour les puiser promptement & sans incommodité; deux hommes, dit-on, peuvent, par ce moyen, transporter, sur une voiture, attelée de deux chevaux, de quoi fumer quatre arpens en un jour. Il eût été bien utile d'indiquer la quantité qu'il en faut pour un arpent d'une étendue & d'une qualité connues. M. Dufrenoy, Médecin à Valenciennes, a fait l'essai de cet engrais sur des terres à lin, qui ont produit autant que celles qu'il avoit fumées avec des boues des rues. C'est sans doute aussi un engrais chaud.

Aux environs de Paris, & plus encore aux environs de Rouen, on porte dans les terres les débris des cornes & des ongles des animaux; on les réduit en bandes minces, & on les répand avant le dernier labour. Les fermiers des environs de Paris font en général peu de cas de ces matières, soit parce qu'ils en ont abondamment de meilleures, soit parce que leur effet est lent. On croit qu'elles vallent mieux pour la vigne que pour les grains. Ce qu'il y a de certain c'est qu'à Saint-Claude, où il y a beaucoup de tourneurs en ouvrages de cornes, on en ramasse soigneusement les raclures, qu'on envoie à Lyon, pour fumer les vignes, où elles se vendent dix à onze livres le quintal, année commune; cette marchandise est plus chere les années qui suivent les mauvaises récoltes; ce qui prouve qu'elle est regardée ou comme un bon engrais, ou comme donnant à la vigne une qualité différente de celle du fumier. On dit aussi qu'il y a des jardiniers qui mettent de la corne dans le terrein où ils plantent des asperges. Cette pratique, regardée comme une fantaisie, se trouve cependant confirmée par celle des vignerons de Lyon, & mériteroit d'être examinée.

Il est certain que les chiffons de laine & de soie, les morceaux de cuir, les restes d'os, d'ivoire, de baleine, &c. provenans des manufactures & atteliers, doivent former une sorte d'engrais, quand les pluies les ont réduits en mucilage. Mais c'est une bien foible ressource, qu'il ne faut cependant pas négliger. Il est rare qu'on ne puisse pas se procurer des engrais plus avantageux.

Quelques riverains de la mer répandent des coquillages sur leurs terres; mais ce doit être avec précaution; car les coquillages produisent deux effets. Les animaux qui y sont renfermés, quand ils se putrifient, & les sels dont ils sont imprégnés, ont une action échauffante, analogue à celle des substances qui proviennent de certaines voieries & des boucheries. Leurs enveloppes, formées de craie, se divisent & font la fonction d'une marne calcaire. La putréfaction des animaux ne tarde pas à se faire; mais la destruction des enveloppes est trop lente au gré des cultivateurs.

Des poissons pourris serviroient à amender les terres aussi bien que les corps des autres animaux. Il y a des loix de police qui empêchent d'en faire cet usage en France, parce qu'il auroit épuisé bientôt nos côtes d'une partie des poissons qu'on doit ménager pour la pêche, c'est-à-dire, pour la nourriture de l'homme. On m'a assuré que, dans quelques cantons de l'Europe, on avoit recours à cet engrais.

Le règne végétal n'est pas aussi abondant en engrais que le règne animal; ceux qu'il procure ne donnent pas la même fécondité.

Dans les provinces du midi de la France on cultive des lupins, pour les enterrer quand ils ont toutes leurs feuilles & leurs fleurs. Je sais qu'à Valence en Dauphiné, c'est vers la mi-juin, qu'on les sème à cette intention, & particulièrement dans les terres légeres & caillouteuses. Au commencement d'octobre on les enterre dans les champs qui doivent produire du seigle ou du froment. Dans l'Isle-de-France & dans la Beauce j'ai vu retourner des vesces & des pois en fleurs pour servir de fumier. M. Gaudry, fermier d'Antully, près Autun, très-bon cultivateur, sème quelquefois des fèves de marais à la fin d'avril ou au commencement de mai, pour les enterrer presque à l'époque de leur maturité. Les fanes des légumineuses, telles que les lupins, les vesces, les pois, les fèves, se détruisent promptement. A Brignole en Provence, à Barjac en Languedoc, à Marueje en Gevaudan, on ramasse des feuilles de buis, qui sans doute y est commun; on en coupe même en été des branches, qu'on met dans la terre. La première année les feuilles pourrissent; la seconde année ce sont les plus petites branches; les plus grosses ne sont consommées qu'à la troisième; mais cet engrais a besoin d'être aidé d'un peu de fumier. Enfin, le sarasin, le tresle, le sainfoin, la luzerne, retournés, deviennent aussi un engrais.

Les gros navets se cultivent comme amendement. Il y a trois manières de les employer à cet usage. Suivant la première, quand les racines ont atteint à peu-près leur grosseur, on laboure le champ où ils sont, à la bèche & à lames minces; leur substance se trouve hachée & se mêle avec la terre.

Une autre méthode consiste à faire paître par les moutons les feuilles des navets, à l'époque où elles n'ont plus à grandir. Les moutons mangent une partie des racines, qui ne tardent pas à pourrir ensuite.

La troisième est de ne pas laisser profiter les navets, mais de les retourner à la charrue, quand ils sont en pleine herbe. *Voyez* Navet.

Le chaume de froment, de seigle, d'orge & d'avoine améliore les terres à menus grains.

Il y a en Bretagne des cantons éloignés de la mer où l'on est dans l'usage de lever des gazons, de les mettre par lits avec des herbes vertes, & particulièrement du jo-marin *ulex Europæus*, & de les laisser ainsi mûrir & se pourrir pendant plusieurs années.

Un cultivateur ingénieux a fait peler des gazons, qu'il a amoncelés en cône tronqué, dont le sommet formoit un bassin, destiné à recevoir l'eau des pluies & des neiges. Quand ces gazons furent bien consommés il en fit couvrir des terres à froment.

La dreche moulue est regardée en Angleterre comme un bon engrais. *Voyez* Dreche. Quelques écrivains accordent la même propriété à la sciure de bois.

Les écorces d'arbres, les tiges & les racines des arbrisseaux, réduites en poudre, & leurs feuilles pourries sont un terreau naturel & excellent.

On fait sécher & on reduit en poudre, ou au moulin ou avec le fléau dans l'aire de la grange, le marc des graines huileuses, telles que le chenevi, le lin, le colsat, la navette & même celui des olives, que les Latins nommoient *Amurca*; il produit de très-bons effets sur les terres. On le répand dix à douze jours avant de semer; on a remarqué que si l'on semoit en même tems, le grain s'enveloppoit dans cette matière & ne germoit que difficilement; quelquefois on a fait macérer ces marcs dans l'eau, & on a porté l'eau aux champs; cette pratique a réussi. Dans les pays de vignoble on emploie le marc de raisin bien sec, sur-tout aux pieds des vignes. Ceux qui ont beaucoup de cidre se servent pour amendement de marc de pommes; les uns le mêlent aux fumiers ordinaires, les autres le répandent frais sur leurs terres, le divisant le mieux possible & l'enterrent à la charrue au bout de vingt-quatre heures.

C'est une pratique ordinaire chez les cultivateurs de nos côtes de ramasser avec soin les plantes marines, appellées *sart*, *varec* ou *goësmon*, pour en faire des amendemens. *Voyez* SART, VAREC, ou GOEMON.

Je ne sais si l'on doit donner le nom d'engrais aux substances que l'agriculture tire du règne minéral pour améliorer les terres. Elles servent sans doute à les rendre fécondes; mais la plupart ne leur communiquent aucuns sucs. La décomposition des substances animales & végétales produit des molécules huileuses, des mucilages, une sorte de matière grasse & onctueuse, propre à engraisser la terre, & à fournir aux végétaux des principes d'accroissement. Voilà pourquoi les fumiers sont de véritables engrais Mais la manière d'agir des matières purement terreuses, qu'on mêle dans les champs cultivés, me paroît presque entièrement méchanique, elles n'en sont pas moins utiles; même indispensables pour les amender.

Le premier amendement qu'offre le règne minéral, c'est la terre reposée pendant long-tems, la terre végétale qu'on ôte d'un endroit pour la mettre dans un autre. La terre reposée est celle qu'on prend dans les chemins, sur les berges des fossés, dans les pelouses, par-tout, où depuis bien des années, la charrue n'a pas passé; à moins que ce ne soit un sable sec & aride, ou une pure craie, cette terre contient des principes de fécondité, dont se ressentent les champs dans lesquels on la porte; les laboureurs de la Beauce ont grand soin de la recueillir.

La terre végétale est celle qui, par les labours qu'elle a subis, par les engrais ou substances qu'on y a mêlés, est en état de fournir à la végétation des plantes; la terre reposée peut-être une terre végétale. Parmi les manières de se procurer de cette terre végétale, toute faite, pour servir d'amendement, j'en citerai cinq qui me sont connues par des relations particulières.

Il y a des pays, situés en Anjou & en Poitou, qui améliorent habituellement leurs champs en y répandant de la terre de jardin, formée sans doute de beaucoup d'engrais. Les jardins étant à côté des habitations, on y jette toutes les immondices qui en sortent. Le sol s'y élève sans cesse. Si on n'en emportoit pas de tems en tems quelques couches, il deviendroit incapable de produire des légumes, & nuiroit à la fécondité des arbres; car une terre trop engraissée prend de la compacité, ne se divise pas assez, & n'est pas favorable au développement des racines des végétaux. Des paysans font commerce de terre de jardin, qu'ils vendent douze, quinze, & vingt sols la tomberée, telle que trois chevaux peuvent la traîner par le beau tems. J'ai vu ce commerce établi dans des provinces éloignées de celles que j'ai citées. Cet amendement, un des meilleurs qu'on puisse se procurer, n'a pas besoin qu'on y joigne du fumier; mais il ne peut être que borné: car un village où il y a de fortes exploitations ne fournit annuellement que très-peu de terre de jardin.

L'usage des bons cultivateurs de la Bresse est de faire des fossés aux extrémités de leurs champs, ou d'y pratiquer des espaces de cinq à sept pieds de largeur, appellés *cheintres*; ils y apportent des terres, qu'ils ramassent ailleurs. Les sillons étant élevés & en pente, les parties les plus déliées & les meilleures des champs sont entraînées dans les fossés par les eaux qui s'écoulent; ces parties s'y arrêtent, s'y reposent, se joignent aux terres étrangeres qu'on y a apportées; tout cet amas, transporté aux champs, y produit un bon effet. Ce moyen tend à réunir, comme on voit, toute la terre végétale que les pluies enlèveroient, & qui seroit perdue pour le cultivateur.

Un mémoire de M. d'Etigny, Intendant d'Auch, m'a fait connoître une pratique de la haute Gascogne, qui mérite l'attention des personnes qui ont des terreins exposés aux mêmes accidens que ceux de ce pays. Cette partie de la province n'a point de plaines d'une grande étendue. Elle est très-montueuse, & il est aisé de sentir le dégât affreux qu'y causent les pluies abondantes, quand elles tombent avec impétuosité sur des côteaux, dont les terres sont pour l'ordinaire assez légeres, & sur-tout quand elles sont nouvellement labourées. Dans beaucoup d'endroits la terre n'a que trois, quatre, cinq ou six pouces de fond.

M. d'Etigny a vu des champs, ensemencés en bled, presqu'entièrement enlevés par les pluies, ne laisser, aux yeux du cultivateur, qu'un rocher qui ne lui donnoit aucune espérance pour l'avenir. Cette terre enlevée prive non-seulement le propriétaire de son fond où il ne reste que le rocher; mais encore fait beaucoup de tort aux champs inférieurs, par les terres & les pierres que les pluies entraînent.

Il seroit, selon lui, physiquement possible de se mettre à l'abri de ce désastre en coupant les champs, qui sont sur des côteaux, par des fossés qui recevroient les terres amenées par les pluies, sur-tout en formant, dans ces fossés, des espèces de petites digues, où l'eau pluviale déposeroit son limon; mais je ne conçois pas comment cette opération seroit possible dans les endroits où le rocher n'est pas à plus de cinq ou six pouces de la surface; les fossés m'y paroissent impraticables. On pourroit encore, ajoute-t-il, diminuer le mal, si le paysan s'attachoit davantage à la conduite des eaux. Il faudroit qu'il formât les sillons nécessaires pour l'écoulement; & qu'il sût les pentes qu'il doit donner. Une pente trop rapide, formeroit une ravine nuisible aux champs; une pente trop douce, retiendroit les eaux.

Les habitans de la Haute-Gascogne, pour réparer le tort fait à leurs champs, y portent des terres qu'ils prennent dans les endroits où ils en trouvent de convenables. Les plus intelligens choisissent celles qui sont divisées, pour les mettre sur un sol qui a de la compacité, & celles qui sont fortes, pour les mettre sur un sol léger. Pour terrasser, d'une manière avantageuse & durable, un arpent de terre de cent perches, à vingt-deux pieds, il faut deux cens voitures, composée chacune de seize pieds cubes, & par conséquent treize à quatorze toises cubes, de terre. On assure qu'un champ bien amendé, par ce moyen, n'a besoin, pendant dix, quinze & vingt ans, d'aucun secours, excepté dans les endroits les plus foibles, & en cas de dommage occasionné par les eaux. Je conseille cependant d'y porter du fumier, qui me paroît d'autant plus nécessaire, que la terre, dont il s'agit, n'est pas toujours une terre végétale, c'est-à-dire, une terre toute préparée, toute engraissée; il est bon qu'elle soit aidée par du fumier, qui, à la vérité, est rare dans cette partie de la Gascogne, où les bestiaux ne sont pas multipliés assez, parce qu'on ne récolte pas de quoi les nourrir.

Les fermiers de la Beauce enlèvent, plus ou moins de terre végétale, des parties de leurs champs, où le bled verse, pour les placer dans celles où il n'y en a pas assez. Ils font plus. Pour fertiliser le milieu des pièces de terre, qui est privé d'une quantité suffisante de terre végétale, ils en prennent aux extrémités, où la couche en est trop épaisse. Car c'est à ces endroits qu'on nétoie le soc, le coutre & l'oreille de la charrue, chargés de la partie la plus féconde de la terre. C'est-là que les chevaux, obligés de s'arrêter un moment, rendent leur urine & leurs excrémens. Il n'est pas étonnant qu'il y ait plus de terre féconde que dans les autres parties des champs; les extrémités s'accroissent aux dépens du milieu.

La quantité qu'on doit répandre de terre végétale sur les champs, ou sur les parties qui n'en ont pas assez, varie selon la qualité de cette terre, ou selon que les champs en ont plus ou moins besoin. Dans quelques pays, on emploie ordinairement, par arpent de cent perches, de vingt-deux pieds, vingt-cinq tomberées, de quatre chevaux. Cette sage pratique économise les engrais; son effet se manifeste dès les premières années. Si la quantité qu'on a répandue de cette terre, est trop considérable, il est facile d'y remédier. On s'en apperçoit à la trop grande vigueur des plantes qu'on y cultive. Il suffit alors de labourer plus profondément qu'à l'ordinaire. La terre inféconde, que le soc soulève, dans ce cas, se mêlant à la terre végétale surabondante, en modère l'activité, & empêche le bled de verser.

Rien n'est comparable, en ce genre, à l'industrie des habitans de Malte. Dans cette isle, qui n'est qu'un rocher, on distingue deux sortes de terreins. Les uns, naturels, & les autres, artificiels. Ce que font les cultivateurs de ce pays, pour les améliorer, doit trouver sa place ici.

S'appercevant, d'une part, que l'engrais ordinaire du fumier, jetté sur la superficie de leurs champs, ne pouvoit servir que pour une année, parce que la pluie & l'ardeur du soleil l'épuisoient bientôt; ayant observé, d'une autre part, que la pierre, sur laquelle étoient assis leurs champs, se trouvoit, à sa surface, enduite d'une croûte épaisse, qui empêchoit la pluie de pénétrer jusqu'à une certaine profondeur; ce qui nuisoit à la végétation des plantes, & les privoit de sucs, ils ont imaginé de fouiller la terre qui couvroit le rocher, de piquer le rocher même avec des fers, & d'en enlever la croûte; nous appellerions, en France, cette opération, *défoncer le terrein.* Cela fait, ils remettent environ un pied de terre sur le rocher, & quelquefois davantage; ils étendent dessus une couche de bon fumier, qu'ils recouvrent d'un autre lit de terre, à la hauteur d'environ dix pouces. Leur terrein ainsi travaillé, se maintient en état de fertilité pendant dix ans, en rendant les frais dans les deux premières années. Il rapporte, tous les ans, sans se reposer, d'abord des pastèques, des choux, de l'orge, qu'on coupe en vert, & ensuite alternativement, tantôt du coton, tantôt du froment en abondance.

Les terreins artificiels empruntent leur fertilité des travaux dispendieux & étonnans des Maltois. Avec des instrumens de fer, ils viennent à bout de rendre labourable un rocher sec & stérile, en en taillant les parties inégales. Ils le creusent de trente à quarante pouces, autant qu'il le faut, pour faire en quelque sorte l'assiette d'un sol de niveau; ils lui donnent cependant un peu de pente pour l'écoulement des eaux; ils appliquent dessus un lit de dix pouces de pierres calcaires ou coquillères, mises sans ordre; sur ce lit, se place un autre lit de petits morceaux & de poudre des mêmes pierres, de la même hauteur; ils le recouvrent de terre labourable, & souvent de terre neuve, qu'ils vont chercher dans d'autres endroits de l'isle, où le terrein a plus de fonds, quelquefois même avec de la terre vierge, qu'ils trouvent dans les cavités des rochers. Sur cette dernière couche, ils en étendent une de fumier, puis une de terre végétale. Il est facile de concevoir combien un terrein, que l'art seul, & la main, ont formé, doit être facile à cultiver, & combien il doit rapporter, se trouvant ainsi composé.

J'ai tiré cette manière d'amender les terres, à Malte, d'un mémoire que j'ai reçu de M. le Marquis Carlo Barbaro.

Le limon qu'amènent les rivières & les ruisseaux, dans leurs débordemens, la terre, qui, des montagnes & des côteaux, descend dans les vallons, sont un amendement, qui peut dispenser même du fumier. C'est une terre végétale très-féconde. Les meilleurs pays sont ceux qui sont formés par des atterrissemens de grands fleuves, pourvu que ces atterrissemens ne soient pas des sables & des cailloux roulés.

Les amendemens du règne minéral, dont je viens de parler, sont de la classe de ceux qui peuvent fournir à la terre des sucs, & qui, par

par conséquent, pourroient être regardés comme des engrais. Mais il y en a d'autres qui, ne jouissant pas de cette propriété, offrent cependant de grands avantages aux cultivateurs qui sont obligés d'y avoir recours, tels sont les marnes, la chaux, le plâtre, les cendres, &c.

J'ai déjà dit que les terres étoient ou froides ou brûlantes; celles-ci, sont légères & divisées; celles-là, fortes & compactes. On ne peut assigner au juste celle des substances minérales qu'il convient d'ajouter à tel ou tel terrein, pour le fertiliser. Selon qu'il se rapproche, plus ou moins, de l'une ou de l'autre des qualités extrêmes, il faut y mêler des substances plus ou moins capables de lui donner de la compacité, ou de le diviser.

L'argille ou la glaise forment le fonds de la plupart des terres, qui donnent de la compacité; voyez *argille* & *glaise*. La craie & le sable forment celui des substances qui divisent. Ces matières ne sont jamais pures, mais toujours mélangées, & en diverses proportions. Leurs qualités dépendent de ces proportions. La marne nous en fournit un exemple. Ce n'est point une terre simple, d'une nature particulière, c'est la réunion de plusieurs sortes de terres, dont la dominante est, ou de l'argille, ou de la craie; ce qui me détermine à la distinguer, en général, en *marne argilleuse* & en *marne crayeuse*. Quand il s'agit de marner un champ, il faut connoître la nature de la terre du champ & celle des marnes, dont on peut disposer, pour ne mettre que de la marne argilleuse, dans les terres légères, & de la marne crayeuse, dans celles qui sont compactes. L'observation, le meilleur de tous les maîtres, instruit le cultivateur sur la quantité qu'il en doit employer.

La marne argilleuse a besoin de mûrir avant d'être répandue; cette espèce de maturité n'est autre chose qu'un commencement de division qu'elle acquiert à l'air, sur-tout pendant l'hiver, étant exposée aux gelées. Sans cette précaution, elle ne se mêleroit que difficilement avec la terre; les labours, les hersages achèvent de la briser.

Il y a des glaises, abondantes en vitriol, qui se manifeste par le soufre métallique, dont est couverte l'eau dans laquelle elles trempent. Elles sont, ou grises, ou rougeâtres, ou jaunâtres. Le fer qu'elles contiennent, est combiné avec l'acide vitriolique. On ne peut les rendre propres à la végétation, qu'en les corrigeant avec de la chaux.

Si la marne argilleuse est utile pour fertiliser les terres légères & divisées, c'est à la marne crayeuse, ou au sable, qu'il faut avoir recours pour les terres humides, froides & compactes. Une erreur commise dans le choix des marnes, & dans la quantité, peut coûter plus d'une récolte au cultivateur.

Rien ne prouve mieux que la marne n'est point un engrais, que la nécessité où l'on est de fumer, quand on emploie cette substance. Cette nécessité augmente en raison de la quantité qu'on en répand. Si l'on n'en met que la juste proportion, on se sert du fumier analogue à la nature de la terre du champ; si on en met au-delà, le fumier qui peut en être le correctif, doit être choisi selon l'espèce de marne. On fume, avec du fumier de vache, un champ trop fortement marné avec de la marne calcaire; & on fume, avec du fumier de cheval, un champ pour lequel on a trop employé de marne argilleuse.

Communément une terre marnée avec de la marne argilleuse, en quantité convenable, est améliorée pour 25 ou 30 ans. Dans quelques pays, les fermiers font fouiller & répandre les marnes à leurs frais; dans d'autres, ce sont les propriétaires, qui s'en chargent. On ne marne chaque année qu'un petit nombre d'arpens, & on retarde ainsi les jouissances. En France, la brièveté des baux ne permet pas aux fermiers de tout marner dans les premières années, parce que leurs successeurs auroient la plus grande partie du profit. Si les baux étoient de dix-huit ans, personne n'hésiteroit à faire des avances & des sacrifices, dans l'espérance certaine d'en recueillir le fruit. Voyez *marne*.

La craie & la chaux donnent à la terre un degré de divisibilité plus grand, que la marne crayeuse. Car celle-ci est souvent mêlée de matières étrangères & même d'argille. Aussi, doit-on préférer la craie & la chaux pour les terres très-humides & très-froides. Voyez *craie* & *chaux*. Des pierres tendres crayeuses, les recoupes de la pierre calcaire, un tuf de la même nature, tel que celui qu'on emploie aux environs de Thionville, les coquillages marins, ou fossiles, tels que le Falum de la Tourraine, le plâtre même, en usage auprès de Grenoble, dans le pays de Vaux, où on le tire du Valais, & même dans quelques cantons de l'Allemagne, où on l'emploie sur-tout pour les trefles, toutes ces matières conviennent aussi pour réchauffer les terres humides; on assure que leur effet ne subsiste guère que 12 à 16 ans; au lieu que celui de la marne argilleuse dure le double de tems. Pour garantir cette assertion, il faudroit qu'elle fût fondée sur des expériences, dans lesquelles une terre compacte & une terre légère au même degré, auroient été marnées avec des quantités égales de marnes, l'une argilleuse, & l'autre crayeuse aussi au même degré. On conçoit combien seroient difficiles ces expériences, qui n'ont point été faites. Jusques-là on n'a que des à-peu-près. Tout dépend des rapports des terreins & des marnes entr'eux, de la quantité des marnes employées, & du plus ou moins de pluie qui tombe.

Je suis porté à croire que l'action de la marne crayeuse, de la craie, de la chaux & du plâtre, se manifeste plus promptement que celle de la marne argilleuse, & dès la première année, parce que la marne argilleuſe a beſoin de gelées ; & de pluſieurs labours, pour ſe bien mêler.

Il y a des pays aſſez heureuſement partagés pour avoir de la marne à une petite profondeur. Dans d'autres, on eſt obligé de la tirer de plus de cent pieds, ce qui rend les frais plus ou moins conſidérables. Je ſuis perſuadé qu'un cultivateur intelligent, qui habiteroit la Sologne, où le ſol eſt compoſé d'une couche de ſable aride, aſſis ſur une couche de glaiſe, pourroit par le mêlange de ces deux terres & des engrais, fertiliſer un canton, & le mettre en état de produire des grains plus avantageux que ceux qu'on y récolte.

Dans les fabriques d'alun, de ſavon & dans les blanchiſſeries, les réſidus des cendres preſque entièrement épuiſées de ſels, ſont réſervés pour les laboureurs, qui en font grand cas, & les placent dans leurs terres fortes & argilleuſes.

Après les ſubſtances calcaires, le ſable paroît celle qu'on doit rechercher pour l'amélioration des terres compactes & humides. Car il eſt propre à les diviſer, en les ſoulevant, & en s'interpoſant entre leurs parties. Parmi les ſables, on doit donner la préférence à celui qui eſt doux, ſans contenir de parties argilleuſes.

On ſe garde bien de perdre les démolitions des vieux bâtimenss, compoſés en général de terre durcie & deſſéchée, & de ſels, particulièrement de ſel de nitre ou ſalpêtre. Leurs qualités dépendent de la nature des terres employées pour la bâtiſſe, & des eſpèces de bâtimens qui ſont détruits. Car les matériaux de conſtruction varient ſelon les pays ; les démolitions d'une écurie & d'une étable, ont plus de ſalpêtre que celles d'une grange. Tout ce qu'on peut dire, c'eſt que leur principale action eſt comme terre légère & brûlante ; ainſi, elles conviennent mieux dans les terres fortes & humides.

Le ſable, ou plutôt la vaſe de mer, dont on fait beaucoup d'uſage, eſt chargé de débris de corps marins, & imprégné de ſels, qui ajoutent à ſon effet diviſant un engrais précieux. Voyez *ſable*.

Le même but eſt à-peu-près rempli par des cendres de charbon foſſile & de houille. La Flandres, & le Hainault, pays où les terres ſont froides, en connoiſſent les avantages. Voyez *houille*.

Selon le degré de perfection que la tourbe a acquiſe, ſa cendre devient auſſi un amendement plus ou moins utile de la nature des précédens. On dit que celle qui eſt blanchâtre, ne vaut pas la noire ; ce qui eſt très-vraiſemblable. Car la dernière étant formée d'une plus grande quantité de végétaux détruits, contient plus de ſels. C'eſt encore une double manière d'agir, que préſente la tourbe noire ; elle agit comme ſubſtance terreuſe, & comme ſubſtance ſaline. L'auteur d'un ouvrage récent ſur la tourbe & ſur ſes cendres, eſt embarraſſé d'expliquer comment la cendre de tourbe peut, dans les prairies, détruire les joncs, les roſeaux, certaines mouſſes, &c. ſans nuire aux graminées, qui n'y végètent qu'avec plus de force, quand on y répand de cette ſubſtance. Ce n'eſt point, comme il le croit, par une action cauſtique, qui n'épargneroit ni les bonnes ni les mauvaiſes plantes, mais parce que la cendre de tourbe diviſe la terre, & la rend moins propre à retenir l'eau. On ſait que les roſeaux, les joncs ne ſe plaiſent que la racine dans l'eau, tandis que la plupart des graminées y périſſent. Voyez *tourbe*.

Ces deux propriétés ſe trouvent réunies dans les cendres de bois, dans celles des végétaux de terre, de mer, de lacs ou de rivières, qu'on raſſemble pour y mettre le feu. Il y a beaucoup de pays où l'on brûle, à cette intention, des bruyères, des fougères, des ajoncs, &c. Dans quelques cantons de la Bretagne, les payſans ne font uſage du fumier, qu'en le réduiſant en cendres. Enfin, en Bas-Poitou, on va juſqu'à 20 lieues chercher des cendres, qui proviennent de la combuſtion des plantes & des fumiers de marais.

La ſuie de cheminée, qui contient du ſel ammoniac, les eaux ſaumâtres, le ſel marin lui-même peuvent être répandus avec avantage ſur les terres, pour les fertiliſer. M. Patullo conſeille 4 ou 500 quintaux de ſel marin pour des terres peſantes médiocres. On ne pourroit s'en ſervir que dans les pays, où il ſeroit à très-bas prix.

En rapportant juſqu'ici les engrais que fourniſſent à l'agriculture les deux premiers règnes de la nature, & ce qu'elle tire du troiſième, je n'ai parlé, pour ainſi dire, que de ſubſtances ſimples & iſolées. Mais on les mêle & on les combine les unes avec les autres, ſoit pour en modérer, ſoit pour en augmenter l'effet.

Le plus ancien, le plus univerſel & le meilleur engrais eſt le fumier. C'eſt un mélange de matières animales, végétales & minérales même. Voyez l'article *fumier*.

Le fumier de cour des fermes & métairies, eſt formé de pailles ou de plantes, & des urines & fientes des chevaux, mulets, ânes, vaches, bœufs, cochons ; on laiſſe putréfier ces matières plus ou moins long-tems.

Celui de brebis reſte communément dans les bergeries ſix mois ou un an ; on l'en tire pour le mener aux champs.

Les fumiers des maiſons particulières ſont compoſés de pailles & de toutes les ordures, qui dépendent des profeſſions & métiers qu'exercent les perſonnes qui les habitent.

Ces fumiers n'ont pas les mêmes qualités ; ils ſuivent l'ordre des ſubſtances qui les compoſent.

Des cultivateurs instruits ont proposé de les mettre à part, afin de porter chacun dans le terrein qui lui convient. On est dans l'usage de les mêler, & c'est peut-être une habitude qu'il faudroit rompre. On les laisse plus ou moins de tems pourrir, selon les pays. Quand ils le sont trop peu, une terre brûlante ne s'en accommode pas; quand ils le sont trop, ils ne font pas bien dans une terre froide. Je voudrois donc que dans une exploitation, où il y a des terres de différente nature, on fit plusieurs tas de fumier, dont on laisseroit les uns pourrir plus que les autres.

Il y a quelques personnes, qui se sont bien trouvées de répandre du fumier à demi-consommé, au fond des sillons, avant le dernier labour. Les plantes, dans ce cas, sont comme sur une couche sourde; des pommes de terre plantées chacune dans un trou, sur un peu de fumier en cet état, y ont une belle végétation. J'en ai planté aussi, en opérant d'une manière opposée, c'est-à-dire, en mettant le fumier sur chaque pomme de terre, elles ont également réussi.

Il est bon de remarquer, qu'une trop grande quantité de fumier expose les grains à verser; d'ailleurs elle diminue la qualité des productions, qui sont d'autant plus recherchées, qu'elles viennent dans une terre plus médiocre. Il y a un juste milieu qu'il faut saisir.

On compose un excellent engrais avec du fumier d'écurie ou d'étable, de la terre, & de la chaux, placés lits par lits, en y joignant, quand on le peut, du sel marin. Une réunion de fumier, de vase de mer, de chaume & d'herbes qu'on pétrit ensemble, offre les mêmes avantages.

Aux environs de Lille en-Flandres, c'est un objet de commerce, de vendre une poudre formée d'un mélange de cendre & de chaux; on met alternativement une couche de l'une & une couche de l'autre, en jetant un peu d'eau pour éteindre la chaux. Ce mélange est remué, jusqu'à ce qu'il soit sec & réduit en poudre. En Bretagne, on connoît cette pratique.

On mêle aussi le fumier avec l'argille ou la chaux, il produit des effets différens, comme il est facile de le concevoir, puisque ces substances ne sont pas les mêmes.

Les curages des étangs, des lacs, des marais, des marres, la vase des égoûts, les boues des rues, sont des matières mêlées, dont on tire un grand avantage, comme amendement; les unes sont composées de terre, de débris d'animaux & de végétaux; les autres sont formées de diverses substances animales & minérales. Comme la terre, qui en fait la base, est pesante & matte, on doit les mener dans les champs, dont le sol est léger, mais après les avoir laissé mûrir quelque tems à l'air; les curages d'étang & de mare en ont d'autant plus besoin, qu'ils contiennent des graines de mauvaises herbes, qui leveroient; quand elles ont été quelque tems au soleil, leur germe se détruit.

Rien n'est à négliger en agriculture. Il ne faut pas croire qu'on doive épierrer tous les champs avec un grand soin. Une trop grande quantité de pierres, peut être nuisible, parce qu'elle empêche les labours & les façons, parce qu'on ne peut mêler facilement les engrais. Mais il y a des champs, qui, de fertiles qu'ils étoient, sont devenus stériles, aussi-tôt qu'ils ont été épierrés entièrement. Les terres argilleuses, s'il s'y trouve beaucoup de petites pierres, ne sont pas aussi compactes qu'elles le seroient. Dans le sable, les pierres diminuent les vides fréquens. On observe que les plantes qui ont leurs racines couvertes de pierres, à la surface du sol, profitent mieux que beaucoup d'autres. Des arbres plantés dans des cours pavées, des graines, qui s'échappent & qui poussent sur une couche, entre des pots très-près les uns des autres, en sont la preuve. C'est sans doute dans cette intention, que M. Duhamel dans sa physique des arbres, parle des *scories* ou *laitier des forges*, comme d'un bon amendement. Un champ pierreux, si la nature de la terre est végétale, & si les pierres ne sont qu'à la surface, n'est pas un mauvais champ. M. Bowles, dans son voyage d'Espagne, rapporte que dans certains cantons de ce royaume, on couvre la terre de carreaux, qui se joignent les uns les autres, & que dans le milieu des carreaux percés sur la largeur de deux à trois pouces, on plante des choux ou d'autres légumes. L'humidité restant concentrée sous le carreau, & ne s'évaporant pas, il n'est pas nécessaire d'arroser ces végétaux. En supposant ce récit vrai, on ne peut cultiver ainsi que des plantes, qui n'auroient pas besoin d'être sarclées.

S'il y a des pays & des espèces de terrains, où l'on doive user d'artifice pour retenir l'eau, si nécessaire à la végétation, il y en a où la trop grande quantité d'eau perd tout. Les terres argilleuses sont sujetes à cet inconvénient. On ne peut y remédier & les amender convenablement, qu'en procurant à l'eau qui séjourneroit, un écoulement suffisant. Des sillons bombés, dont les intervalles soient profonds & en pente, des raies obliques de distance en-distance, des fossés même, voilà en général les moyens qu'il faut que le cultivateur emploie, tant pour défendre contre les pluies abondantes, ses champs ensemencés, que ses prairies naturelles. Parmi les exemples que j'en pourrois citer, j'en choisirai deux dont j'ai recueilli les détails avec soin, parce qu'ils m'ont paru intéressans & bons à connoître.

La machine de Marly ne fournissant pas à Versailles la quantité d'eau nécessaire pour les besoins des habitans, & pour entretenir les jets d'eau & bassins du parc, on chercha à en augmenter le volume

lume en formant, dans un espace considérable, des rigoles, qui communiquèrent d'étangs en étangs, depuis Rambouillet, jusqu'à Saint-Cyr, à une demi-lieue de Versailles, où l'eau devoit se rendre par un aqueduc. Ces rigoles furent pendant long-tems bien entretenues ; elles ramassèrent beaucoup d'eau, & suffirent aux besoins de la ville & du château, concurremment avec l'eau de Marly. Mais, peu-à-peu, elles furent négligées ; il s'en combla une partie. Versailles fut sur le point de manquer d'eau, lorsque, dans ces dernières années, M. le Comte d'Angiviller, directeur & ordonnateur des bâtimens du Roi, ayant fait examiner les rigoles, ordonna qu'on les remît en bon état. Ses ordres furent exécutés ; on obtint une plus grande quantité d'eau. La ville de Versailles ne fut pas la seule qui en profita. Les cultivateurs placés entre la forêt de Rambouillet & Saint-Cyr, y gagnerent beaucoup. Leurs terres, de nature argilleuse, ne furent plus inondées. Quelques-uns d'entr'eux firent de petits fossés, qu'ils dirigèrent dans les rigoles. Leurs récoltes furent plus certaines & plus abondantes. Par cette opération, M. le Comte d'Angiviller fit à-la-fois le bien des habitans de Versailles, & celui de l'agriculture d'un pays, assez heureusement situé pour avoir un débit assuré de ses denrées.

Le second exemple est encore plus frappant. Je le détaillerai davantage. En 1780, année où des circonstances m'avoient fait aller dans un pays qui est à 40 lieues de Paris, le fermier général d'une terre me fit part du projet qu'il avoit de convertir en pré un terrein sur lequel il me conduisit. Son étendue étoit d'environ cent arpens. On y voyoit une grande quantité de *gale* ou *piment royal*, qui se plaît dans les terreins frais & sablonneux. De grosses mottes entre lesquelles l'eau séjournoit, des inégalités plus ou moins considérables, des places assez spacieuses, où le sol étoit mou jusqu'à une grande profondeur, le rendoient impraticable pour les hommes & pour les bestiaux. On m'assura même que quelques bêtes à cornes qu'on avoit eu l'imprudence d'y laisser entrer, n'avoient pu en sortir, & qu'elles y étoient mortes. Enfin ce terrein étoit non-seulement dangereux, mais encore sans rapport.

Pour le mettre en état de produire de l'herbe de bonne qualité, & en abondance, il y avoit deux opérations à faire ; la première, de le rendre uni, d'en arracher les broussailles & les plantes inutiles ; la seconde, de le dessécher, en procurant un écoulement habituel à l'eau qui y séjournoit. La position du terrein se trouvoit favorable pour la dernière opération ; car il étoit situé entre deux petites rivières, dont l'une a plus de largeur que l'autre : elles se réunissent à son extrémité. Ce pré représente un triangle terminé par un angle aigu au confluent des rivières.

Le tems a été sec pendant tout l'été de 1781 ; ce qui a singulièrement facilité le travail. Au mois de mai de cette même année, on a commencé à *écobuer* la terre ; c'est-à-dire, qu'avec une pioche à défrichement, on en a pelé la couche supérieure, en arrachant les racines du *gale* & des autres plantes. Le sol a été rendu aussi uni qu'il pouvoit l'être ; on a fait sécher au soleil ce qui étoit pelé ; on en a formé des monceaux auxquels on a mis le feu à la fin d'août & au commencement de septembre. Les cendres qu'ils ont produites, ont été répandues également par-tout. La pioche à défricher est, comme on sait, un outil du poids de 15 à 16 livres, composé d'un manche de bois, & d'un instrument de fer, dont une extrémité a la forme d'une pioche, & l'autre celle d'une coignée. Cet instrument sert en effet à fouiller la terre, & à couper les racines. N.° 4, dans les planches.

On a fait, dans les cent arpens, deux fossés principaux ; l'un prend à la base du triangle, & continue jusqu'à la pointe de l'angle où les deux rivières se joignent. Il partage le terrein en deux parties égales. La terre de la fouille a été jettée aussi loin qu'il a été possible, sans qu'il en soit resté sur les bords du fossé. Cette manière s'appelle faire un fossé à *terre perdue*. Il en résulte un double avantage ; c'est que les plantes qui peuvent croître sur les bords, ne sont point gênées, & qu'on a la liberté de faucher le foin par-tout avec facilité. On a donné à ce premier fossé quatre pieds de largeur, & quatre pieds de profondeur. L'autre fossé principal sert de bornes au pré, à la base du triangle ; il établit une communication entre les deux rivières. Afin qu'il servît de rempart contre les bestiaux, on a mis en glacis, sur un de ses bords, une partie de la terre qui en a été retirée.

Indépendamment de ces deux grands fossés, il y en a deux qui n'ont qu'un pied & demi de largeur sur un pied de profondeur ; ils sont destinés à recevoir l'eau qui, en été, séjourneroit dans les parties basses du pré ; l'un, du grand fossé qui est à la base, se rend obliquement à celui par lequel le pré est partagé dans sa longueur ; l'autre part de ce dernier, & va joindre une des rivières. N.° 5, dans les planches.

Dans l'état actuel, le pré est uni, si l'on en excepte un endroit plus élevé que le reste, & qui est moins fertile.

La façon des grands fossés a coûté cinq sols la toise, & celle des petits, un sol seulement. Dans le pays où s'est faite cette opération, le terrein est formé de sable à la surface, & de glaise sous le sable. Pour les frais de l'écobuage & des fossés on a dépensé 3600 livres. On estime que l'homme qui a entrepris l'ouvrage, a eu 600 liv. de bénéfice. Il avoit demandé deux ans pour le perfectionner ; mais, voyant que le tems étoit favorable, il l'a terminé en un été ; c'est-à-dire, du mois de mai à la fin de septembre, en multipliant les bras autant qu'il étoit nécessaire.

Je n'ai plus qu'à rendre compte du produit du pré depuis l'opération. On y a recueilli, en 1782, cinq cens quintaux de foin, que le propriétaire a fait manger à ses bestiaux, & qu'il n'a point pensé à estimer. En 1783, la récolte a doublé; les mille quintaux, qu'on en a obtenu, ont été vendus 2500 liv. En 1784, une crûe des rivières, survenue pendant la fauchaison, a perdu la plus grande partie du foin; ce qu'on en a échappé, a été donné aux bestiaux, sans qu'on puisse en dire la quantité, ni l'économie que le propriétaire a faite par-là sur les autres fourrages. Enfin la prairie a donné à la dernière récolte, (en 1785), 1500 quintaux, ou 1500 fois cent livres de foin, qu'on espère vendre au moins 12000 liv. On conçoit que la valeur du pré ne peut être estimée sur ce dernier prix, qui est excessif, & qui dépend d'une disette de foin telle que de mémoire d'homme, on n'en a pas vu de pareille. Mais ce terrein étant encore susceptible de quelqu'amélioration, & capable de produire, années communes, trois milliers de foin à une livre dix sols le cent pesant, on croit qu'il peut être loué à un fermier 3000 liv. par an; d'où il résulte, 1.° que les 3600 liv. dépensées pour le rendre praticable & fertile, sont de l'argent placé à un gros intérêt; 2.° qu'avec de l'intelligence on amélioreroit beaucoup de terreins, chacun de la manière dont il doit être amélioré; 3.° qu'il faut savoir faire des sacrifices, pour avoir ensuite des rentrées qui dédommagent amplement; 4.° que le terrein qu'on fait passer de l'état de stérilité à celui de fertilité, devient utile & profitable, d'abord au particulier qui opère ce changement, & ensuite au public, en augmentant la somme des productions nationales.

Il n'est pas inutile de dire que les voisins du propriétaire du pré, dont je viens de parler, encouragés par l'amélioration qu'ils voient, & à laquelle ils ne vouloient pas croire, se proposent d'en tenter de semblables sur des terreins qui leur appartiennent, & qui se trouvent dans la même position, ou dans une position analogue. Plusieurs ont déjà fait leurs marchés avec les ouvriers qui commenceront au printems prochain. On peut s'en fier à l'appas du gain, si puissant sur l'esprit des hommes, pour espérer qu'ils feront des essais, & des avances même, si on leur en découvre tous les avantages, mais on n'y réussira jamais en exigeant d'eux qu'ils emploient des méthodes ou pratiques nouvelles, en les gênant de quelque manière que ce soit, & enfin en leur laissant craindre qu'ils ne jouissent pas entièrement du fruit de leur industrie.

J'ai rapporté les diverses manières d'amender les terres, qui sont parvenues à ma connoissance. Elles sont nombreuses, multipliées & variées. Il ne faut pas croire pour cela que l'art des amendemens soit un art facile. Il se présente beaucoup de difficultés dans certains pays, où il y a peu de ressources; on rencontre des terres ingrates; sans connoître ce qu'il faut pour les corriger, ou sans avoir à sa portée & à peu de frais les engrais ou marnes nécessaires. Il y a encore bien des recherches à faire jusqu'à ce que la manière d'agir des engrais soit bien connue & bien développée. Les expériences, les essais & l'observation conduiront à sa perfection cette partie importante de l'agriculture. (*M. l'abbé* Tessier.)

AMETHYSTE (chardon ou panicaut.) Epithète donnée à une espèce de panicaut connue sous le nom latin d'*eryngium amethystinum*. L. Voyez Panicaut amethyste. (*M.* Thouin).

AMETHYSTÉE. *Amethystea.*

Genre de plante de la famille des *Labiées*, dont il n'y a encore qu'une espèce de connue.

Amethystée à fleurs bleues.
Amethystea cœrulea. L.

C'est une plante annuelle, originaire des montagnes de Sibérie, & qui, dans ce moment, se trouve répandue dans une grande partie des jardins de botanique de l'Europe. De sa racine s'élève une tige unique d'environ un pied de haut. Elle se ramifie en branches opposées & en croix qui se terminent par de petites fleurs violettes, disposées en corymbes. Ses feuilles suivent la même disposition que les branches; elles sont oblongues, dentelées sur les bords, & d'un vert qui augmente d'intensité à mesure qu'elles approchent du sommet où elles sont presque de la couleur de l'améthyste, ainsi que les tiges, les pédicules, les calices & la fleur. Cette plante fleurit dans le milieu de l'été, & les semences mûrissent à l'Automne; ensuite elle se desséche & meurt. En général, le port de cette petite plante est élégant & léger, & sa couleur est agréable.

Culture: Ses graines doivent être semées à la place que doit occuper la plante, à moins qu'on ne la sème en pot pour avoir la facilité de la transporter où l'on veut. Sans cette précaution, il est rare qu'on la transplante avec succès. Les graines doivent être mises en terre à l'Automne, dans un sol meuble & léger. Lorsqu'on attend au printems, & qu'il survient ensuite des tems de sécheresse, les graines restent sens germer, & ne lèvent qu'à l'Automne ou au printems suivant. Quand une fois on a laissé grainer cette plante dans un endroit, elle se reproduit d'elle-même; il suffit d'avoir l'attention d'éclaircir les pieds qui sont trop près les uns des autres, pour qu'ils s'élèvent avec rapidité, fleurissent & produisent des graines en abondance. D'ailleurs la plante n'est pas plus délicate sur le choix du terrein que sur l'exposition; cependant elle préfère une terre meuble & un peu humide ; elle y devient & plus forte & plus belle.

Usage : L'élégance de cette petite plante, & la singularité de sa couleur, doivent lui mériter une place dans les jardins des curieux, parmi les plantes étrangères. (*M. Thouin.*)

AMEUBLIR, *jardinage.* Ameublir une terre, c'est la rendre moins dure & moins compacte, c'est diviser ses parties de manière que les racines des plantes puissent plus aisément la pénétrer. On ameublit les terres trop dures & trop compactes, soit en les mélangeant avec des sables, des terreaux, diverses espèces de fumiers, soit par des labours, des défoncemens & des binages; des arrosemens donnés à propos aux terres fortes & argilleuses, après les avoir binées, les divisent & les ameublissent. Les neiges, les pluies d'hiver & les gelées, contribuent beaucoup à ameublir une terre qui a été mise en mottes par des labours d'Automne. Les rayons du soleil, la grande chaleur & le vent atténuent aussi, en d'autres saisons, les terres qui ne sont pas trop humides & argilleuses.

Les terres meubles conviennent en général à tous les semis & à toutes les jeunes plantes, sur-tout à celles qui sont annuelles, & dont les racines tendres & délicates, ne pénétreroient que très-difficilement, une terre dure & compacte. Mais il faut bien prendre garde, en voulant ameublir une terre, de la rendre trop légère. Il en résulteroit plusieurs inconvéniens non moins dangereux que ceux auxquels on auroit voulu remédier. Les plantes, dont les racines ne seroient pas assez affermies, seroient bientôt renversées par les vents, & l'air, pénétrant en trop grande quantité à travers les molécules de la couche supérieure de la terre, lui enleveroit l'humidité nécessaire à la végétation, & alors il faudroit avoir continuellement l'arrosoir à la main. Ce défaut est en général celui de toutes les terres en marais des fauxbourgs de Paris, dont l'ameublissement s'est fait depuis long-tems avec des terreaux de couche. C'est donc au jardinier intelligent à ameublir ses terres en raison de la nature de chacune des plantes qui font l'objet de sa culture, & de se ménager des terreins de diverse nature, & à différentes expositions, pour satisfaire au besoin d'un plus grand nombre de plantes.

De fortes pluies, & des arrosemens trop abondans, rendent quelquefois la terre, dont les caisses & les pots sont remplis, si dure & si compacte que les eaux ne font plus que glisser à la surface; alors, pour leur donner la facilité de s'insinuer & de pénétrer jusqu'aux racines des plantes, on l'ameublit avec la houlette ou le couteau. (*M. Thouin.*)

Ameublir, *agriculture.* C'est une des manières d'amender la terre. *V.* le mot Amender. Elle consiste à en diviser les molécules convenablement à sa qualité, & aux végétaux qu'on y veut cultiver. Les terres compactes & argilleuses ont besoin d'être plus meubles, ou plus ameublies que celles qui sont légères, telles que les terres crayeuses & sablonneuses, ou plutôt les unes & les autres ont besoin du même degré d'ameublissement ; on le donne aux premières en les labourant plusieurs fois, ou en y mêlant des substances divisantes ; on le donne aux autres en les labourant peu, & en y mêlant des substances propres à leur donner de la compacité. Il y a des plantes qui ne croissent bien que dans les terres très-ameublies; par exemple, la plupart de celles qui ont des racines pivotantes ou bulbeuses, comme les navets, les carottes, les betteraves, & les oignons de safran, dont les fleurs, qui en font le principal produit, ne sortiroient pas de terre, si elles rencontroient des mottes à la surface ; d'autres viennent dans des terres qui ont de la consistance ; quelques espèces de fromens & d'avoines sont de ce nombre. On sent bien que ces dernières doivent toujours avoir un certain degré d'ameublissement.

On ameublit les terres par les labours & par toutes les opérations dépendantes du labour. Ordinairement c'est avant les ensemencemens que se fait le plus fort ameublissement. Souvent on est obligé de diviser une croûte qui se forme à la surface des terres, soit parce qu'elles ont été arrosées par un tems sec, soit parce qu'elles ont été battues par des pluies abondantes, suivies aussi-tôt de grandes chaleurs ; sans cette division, les plantes ne leveroient pas, ou il n'en leveroit qu'une partie. Les sarclages produisent à-peu-près le même effet ; car la terre qui environne certaines plantes & certains arbres délicats, doit être ameublie de tems en tems, afin que l'eau pénètre jusqu'à leurs racines.

On ne peut pas, & même il est impossible de prescrire jusqu'à quel point une terre doit être ameublie, parce qu'il est impossible de spécifier toutes les nuances & les combinaisons qui forment la surface du globe. C'est au particulier à étudier son champ, à examiner quelles parties de ce même champ demandent plus de labours que les autres. Il ne se trompera pas, lorsqu'ayant considéré les effets des années sèches ou pluvieuses, il pourra saisir un juste milieu, & mettre sa terre dans le cas de ne retenir que la quantité d'eau suffisante pour la végétation ; alors il aura atteint le point de perfection, & ses récoltes seront assurées. (*M. l'abbé Tessier.*)

AMIDON. On donne ce nom à une substance blanche, friable, très-fine, froide au toucher, & qui crie sous les doigts ; l'eau ne la dissout pas à froid ; elle se conserve très-long-tems sans s'altérer, pourvu qu'elle soit pure & tenue dans un endroit sec.

Les graines & racines farineuses contiennent plus ou moins d'amidon. En 1716, le sieur de Vaudreuil trouva de l'amidon dans la racine d'*arum*, & obtint, pour lui & pour sa famille, le privilège exclusif de le fabriquer pendant vingt ans. L'académie des Sciences jugea, en 1739, que l'amidon des pommes de terre rouges, proposé par le sieur de Ghise, faisoit un empois plus épais que celui de l'amidon ordinaire ou du froment, mais que l'émail ne s'y mêloit pas aussi bien, cependant qu'il seroit bon d'en permettre l'usage, parce qu'il n'étoit point fait de grains, qu'il faut épargner dans les années de disette. M. Beaumé en a retiré des fecules de racine de *bryone*. M. Parmentier, qui s'est occupé de cet objet, a inséré dans un ouvrage qu'il a publié, sur le moyen de prévenir les disettes, deux listes de plantes incultes, dont la semence ou la racine contient de l'amidon. Ces recherches ont un but utile, puisqu'elles tendent à indiquer des moyens d'avoir de l'amidon pour les besoins domestiques, sans y employer un grain précieux, dans le tems où il est rare & cher; par conséquent elles méritent la reconnoissance publique.

C'est le froment qui fournit le plus d'amidon. Ce grain est composé de deux substances distinctes, dont l'une est l'amidon, ou partie amilacée, & l'autre la partie glutineuse. La proportion de ces deux substances n'est pas la même dans toutes les espèces de froment. Kessel Meyer prétend qu'il y a un tiers de substance glutineuse, sur deux parties d'amilacée, dans le meilleur froment; M. Thouvenel a trouvé parties à-peu-près égales des deux substances dans les bleds du Languedoc; mais la quantité de substance glutineuse est relative, à ce que je crois, à la qualité du grain qui est dépendante de l'espèce & du sol. Pour m'en assurer, j'ai fait moudre à part plusieurs sortes de fromens récoltés dans le même terrein, & dans des terreins différens, dont je me propose d'examiner les farines. Je regrette que l'examen n'en puisse être fait avant que cet article soit imprimé.

L'opération, par laquelle on parvient à obtenir de l'amidon du froment, n'est pas difficile à pratiquer. *Voyez*, pour les détails, l'art de L'AMIDONIER; je n'en donnerai qu'un précis. Elle consiste à mettre dans des tonneaux nommés *bernes*, ou des *demi-queues de Bourgogne*, environ un sceau d'eau dite *eau sûre*; cette eau, qui sert de levain, est prise dans celle qui a déjà été employée pour faire de l'amidon. A son défaut, on fait un levain artificiel, soit avec de la pâte qu'on délaie & qu'on laisse aigrir dans l'eau chaude, soit avec un mélange d'eau, d'eau-de-vie & d'alun; on ajoute à l'*eau sûre* de l'eau commune, presque jusqu'au bondon, & on remplit le tonneau de recoupes, de gruaux, & de grains de froment même, grossièrement moulus. Il s'excite bientôt de la fermentation; le volume augmente, & la liqueur se répandroit si on tenoit les tonneaux trop pleins. Au bout de dix ou quinze jours, il surnage une eau qu'on appelle *eau grasse*, qu'on jette, & l'amidon se précipite au fond; on prend des sas ou tamis qu'on pose sur des tonneaux vuides; on verse dessus d'abord de la matière amidonnée, *mise en trempe*, & ensuite de l'eau pure, à plusieurs reprises; ce mélange d'eau forme l'*eau sûre*, propre à faire le levain; on l'ôte, & on passe de nouvelle eau claire sur l'amidon qui est au fond des tonneaux, pour le purifier & le blanchir; on le fait égoûter dans des corbeilles; on le divise en morceaux pour le faire sécher doucement, à la chaleur d'une étuve.

L'amidon sert aux blanchisseurs de gaze, aux confiseurs, aux chandeliers, à toutes les personnes qui ont besoin de colle, d'empois blanc ou bleu, &c. Le plus fin se tire des recoupes du bon froment; c'est lui qu'on emploie pour la poudre à poudrer, pour les dragées, &c. Le plus grossier, fait de grains gâtés, sert pour les cartonniers, relieurs, afficheurs, &c. Ainsi, il n'est point étonnant que les amidonniers préfèrent souvent d'employer les issues de bons grains. Ce n'est que dans les années de disette, & dans celles où il y a des bleds gâtés, qu'il convient de les forcer à n'en pas employer d'autres, au risque de ne fournir aux parfumeurs que de la poudre moins belle.

Comme on peut desirer savoir combien une espèce de froment contient de parties amilacées, & de parties glutineuses, je tracerai ici la manière de s'en assurer. Plus un froment contient de parties glutineuses, plus il est propre à la fermentation & à la végétation. Ce sont les parties amilacées qui nourrissent; il est donc intéressant d'en connoître les proportions dans les différens fromens.

On prend une certaine quantité de la farine qu'on veut examiner, on verse de l'eau dessus, on la manie en tout sens, on l'agite dans un petit courant d'eau, renouvellée comme pour la laver, jusqu'à ce que l'eau qui s'en écoule sorte claire; toute la partie amilacée s'étant échappée, il reste dans les mains une substance molle, gluante, extensible, sans odeur, ni saveur, & indissoluble dans l'eau; c'est la partie glutineuse, dont il est facile alors de connoître la proportion. Les bleds qui ont été altérés dans les greniers, ou à la grange ou aux champs, contiennent peu de cette partie glutineuse. (*M. l'abbé* TESSIER).

AMIRAL. Nom d'une charrue à deux oreilles, dans la vallée d'Anjou; elle sert à recouvrir le bled semé. *Voyez* CHARRUE. (*M. l'abbé* TESSIER.)

AMITIÉ. « C'est une espèce de moiteur légère, » & un peu onctueuse, accompagnée de pesanteur, » que les marchands de bled reconnoissent, au tact, » dans les grains, mais sur-tout dans le froment » quand il est bien conditionné. Si on ne l'a pas » laissé sécher sur le grenier, si on a eu soin de » s'en défaire à tems, il est frais & onctueux, & » les marchands de bled disent qu'il a de l'*amitié* » ou de la *main*. Le grain verd est humide & mou; » le bon grain est lourd, ferme, onctueux & doux; » le vieux grain est dur, sec & léger. » *Ancienne Encyclopédie*. (*M. l'abbé* TESSIER.)

AMMANE. *AMMANNIA.*

Ce genre de plante qui fait partie de la famille des SALICAIRES, est composé de trois espèces différentes, & de quelques variétés. Ce sont des plantes annuelles & d'une petite stature, qui croissent dans les pays chauds étrangers à l'Europe. Leurs fleurs sont fort petites, & leur port n'offre rien d'intéressant. On ne les cultive que dans quelques jardins de Botanique.

Espèces.

1. AMMANE à feuilles larges.

AMMANNIA latifolia. L. ⊖ de l'Amérique méridionale.

2. AMMANE à fleurs pourpres.

AMMANNIA ramosior. L. ⊖ de Virginie.

3. AMMANE verticillée.

AMMANNIA baccifera. L. ⊖ de la Chine & d'Italie.

Description du Port.

1. L'AMMANE à larges feuilles, est une plante d'environ quinze pouces de haut, qui s'élève droite ; ses tiges rameuses sont presque carrées ; elles sont succulentes & garnies de feuilles opposées ; charnues & lanceolées ; ses fleurs, qui paroissent dans les mois d'août & de septembre, viennent trois à trois dans les aisselles des feuilles supérieures. A ces fleurs succèdent des capsules de la grosseur d'un grain de Coriandre, lesquelles contiennent un grand nombre de semences très-fines ; elles mûrissent vers le mois de novembre, & se conservent trois ou quatre ans.

2. AMMANE à fleur pourpre. Cette espèce s'élève un peu moins que la précédente, ses tiges sont droites & garnies de branches, presque horizontales, elles deviennent rougeâtres en vieillissant ; ses feuilles sont opposées, sessiles & oreillées. Les fleurs viennent aussi dans les aisselles des feuilles ; elles sont purpurines ; & paroissent en septembre ; les fruits qu'elles produisent mûrissent rarement avant le mois de décembre.

4. L'AMMANE verticillée est la plus petite des trois espèces. Ses tiges sont grêles, & ne s'élèvent que d'environ quatre pouces de haut. Elle donne en juillet, de très-petites fleurs disposées en manière de verticille dans les aisselles des feuilles, lesquelles sont suivies de capsules remplies de semences fort menues qui mûrissent en septembre.

Culture.

Ces plantes étant annuelles, ne se propagent que par leurs graines, & comme ces dernières sont très-menues, elles exigent d'être semées avec précaution pour lever. Vers la mi-mars, on remplit des pots d'une terre meuble & légère sur laquelle on sème fort clair & le plus également qu'il est possible, les graines des Ammanes ; ensuite on les recouvre de l'épaisseur d'une ligne ou deux seulement, avec de la terre de même nature que celle sur laquelle ont été semées les graines, mais passée à un tamis plus serré, & rendue plus légère par l'addition d'un quart de terreau de bruyère ; on presse légèrement avec le dos de la main cette terre sur les semences, on les bassine avec un arrosoir à pomme, dont les trous sont très-petits, & on les place sur une couche chaude. Ces pots doivent être enterrés bien horizontalement dans le terreau, & ensuite recouverts d'un chassis ou d'une cloche. Il faut leur donner régulièrement soir & matin, des arrosemens en forme de petite pluie douce qui humecte la terre sans la battre, & sur tout sans déranger les graines qui sont à la surface.

Les semis commencent à lever dans l'espace de cinq ou six semaines, alors on doit modérer les arrosemens, & donner fréquemment de l'air au jeune plant. Lorsqu'il a cinq ou six pouces de haut, on ôte de chaque pot la moitié des individus qu'il renferme, & on les plante dans des pots à giroflée en conservant avec soin la mote de terre qui les environne, parce que ces plantes souffrent difficilement d'être repiquées à racines nues. Mais on doit avoir l'attention de ne mettre que quatre ou cinq pieds dans chaque pot, si on en laisse un plus grand nombre, ils s'affament mutuellement, & deviennent moins vigoureux.

On fait ensuite deux divisions de ces plantes : les unes qui sont destinées à donner des graines pour les semis des années suivantes doivent être placées sous chassis, & y rester jusqu'à l'automne. Les autres qui doivent servir à l'instruction des élèves, peuvent être mises en place dans l'école de Botanique. Vers le milieu de l'automne on rentre les unes & les autres dans une serre très-chaude, & on les place sur les appuis des croisées, afin qu'elles puissent compléter leur végétation, & perfectionner leurs graines. Lorsqu'elles sont desséchées, on recueille les semences qu'il convient de laisser dans leurs capsules sans les égrainer, parce qu'autrement elles perdent en peu de mois, leur propriété germinative. (*M. THOUIN.*)

AMMI. *AMMI.*

Genre de plante de la famille des *OMBELLIFERES.* Il n'est composé dans ce moment que de trois espèces, qui sont des plantes plus utiles qu'agréables, & que par cette raison, l'on ne cultive que dans les jardins de Botanique.

Espèces.

1. AMMI commun.

AMMI majus. L. ⊖ de l'Europe tempérée.

2. AMMI visnage, ou herbe aux cure-dents.

AMMI visnaga. La M. Dict. n.° 2.

DANEUS visnaga. L. ⊖ du levant & de Barbarie.

3. AMMI à feuille d'anet.

AMMI anethifolium. La M. Dict. n.° 3.

DANEUS meoides. H. R. P. ♃ du levant.

Voyez pour *l'Ammi copticum*, le genre des CAROTTES.

1. Ammi commun. Sa racine est pivotante & rameuse, elle s'enfonce à douze ou quinze pouces de profondeur; les tiges sont droites, hautes de deux pieds, & garnies de branches, qui s'en écartent; les feuilles ont différentes formes, celles du bas de la plante sont ailées & composées de cinq folioles ou quelquefois simples; les autres sont plus ou moins finement découpées à mesure qu'elles approchent du sommet. Les tiges & les branches se terminent dans les mois de juin & de juillet, par des ombelles de fleurs blanches peu serrées, lesquelles donnent naissance à un grand nombre de petites graines qui mûrissent dans les mois de juillet & d'août.

Culture.

Cette plante croît naturellement dans les champs, par toute l'Europe tempérée, au moyen de quoi il est aisé de la cultiver & de la multiplier dans nos jardins; il ne faut que suivre les indications données par la nature. Les graines de cette plante abandonnée à elle-même, mûrissent comme nous l'avons dit, à la fin de l'été; elles restent fixées à leur support jusqu'au desséchement complet des tiges; les pluies & les vents les font tomber à l'automne, & lorsqu'elles rencontrent un terrein meuble & de nature sèche, elles lèvent dès l'automne ou au printems suivant, selon que les circonstances sont plus ou moins favorables au développement de leur germe. On doit donc semer à l'automne les graines de cette plante en pleine terre, dans un terrein analogue à celui où elle croît naturellement; elles leveront dès la même saison, ou au plus tard au premier printemps, c'est-à-dire en mars. Mais, comme le jeune plant ne souffre que difficilement d'être transplanté, il est à propos de le semer à la place qu'il doit occuper.

Sa culture se réduit ensuite à éclaircir les individus de manière qu'ils se trouvent espacés à six pouces environ les uns des autres, & à les garantir des mauvaises herbes. Si on les arrose de tems en tems pendant les chaleurs de l'été, on en obtiendra des récoltes de graines plus abondantes & de plus belle qualité.

Usage : La graine de cette plante est regardée comme une des quatre semences chaudes. Elle est fréquemment employée en médecine.

2. Ammi visnage. Les tiges de cette espèce s'élèvent à deux pieds & demi de haut environ. Elles portent des branches disposées alternativement, lesquelles, ainsi que la tige, sont garnies de feuilles extrêmement découpées & d'un verd luisant. Ses fleurs viennent en août, & forment de grosses ombelles blanches à l'extrémité des rameaux. Ces ombelles, dans le tems de leur fleuraison, sont très-étendues & bombées dans le milieu; mais, après que les fleurs sont passées, & à mesure que les graines approchent de leur maturité, leurs rayons se resserrent, & forment un cilindre applati par le sommet. Les graines mûrissent dans les mois de septembre & octobre, après quoi toute la plante se dessèche & meurt.

Culture : Dans les provinces méridionales de l'Europe, les graines de visnage doivent être semées à l'automne & en pleine terre, de la même manière que le persil & le cerfeuil, mais beaucoup moins dru. Il faut ensuite éclaircir le jeune plant pour qu'il se trouve espacé à huit ou dix pouces de distance, & le débarasser des mauvaises herbes qui pourroient lui nuire. Tout terrein lui convient, pourvu qu'il soit meuble, plus sec qu'humide, & situé à l'exposition la plus chaude. Dans nos provinces septentrionales, comme il est rare que les visnages ayent le tems de perfectionner leur fructification à cause du peu de durée de nos étés, il convient d'en semer les graines dès la fin de mars, dans des pots placés sur couche, & couverts de chassis pendant le premier mois; après cela, on peut mettre le jeune plant en pleine terre dans un terrein sec, & à l'exposition du midi. Des arrosemens donnés de tems en tems, avant & pendant la fleuraison, suffisent à cette culture. Lorsque la plante sera desséchée, on cueillera les graines avec leurs ombelles, & on les conservera sans les égrainer, jusqu'à ce qu'on veuille les semer. Quelques-uns de nos agriculteurs sement les graines de visnage à l'automne, & en pleine terre, mais lorsqu'il survient ensuite des tems doux, accompagnés de pluies chaudes, les graines lèvent promptement, & le jeune plant est ordinairement détruit par les gelées de l'hiver. Pour remédier à cet inconvénient, on peut semer les graines dans des terrines qu'on laisse à l'air libre, tout le tems qu'il ne gèle pas, & qu'on rentre à l'orangerie lorsqu'il survient des froids capables d'endommager le jeune plant. Si on a la précaution de l'aërer souvent, & de le garantir de l'humidité, il se conserve pendant l'hiver, & en le plaçant au printems, sur une couche chaude, pendant un mois, on obtient des individus vigoureux qu'on peut mettre en pleine terre dans les mois de mai. Alors ils fleurissent de bonne heure, & ont le tems de perfectionner leurs semences. Il est bon d'observer que cette plante reprend très-difficilement, lorsqu'on la repique à racines nues, & qu'il faut quand on veut l'avoir belle, la transplanter en motte.

Usage : Dans tout le levant, sur la côte de Barbarie, & en Espagne, on se sert des supports des ombelles particulières des fleurs de cette plante en guise de cure-dents. Ils ont une odeur aromatique, qui rend l'haleine agréable, & fortifie les gencives. D'ailleurs les semences sont employées en médecine, elles sont apéritives diurétiques, &c.

Observation ; M. Adanson nous a communiqué des graines de cette plante, qu'il avoit recueillies dans l'île de Ténériffe en 1749, & qui ont bien levé en 1777, vingt-huit ans après leur récolte, ce qui est d'autant plus étonnant que les semences de la plupart des plantes de cette famille, ne conservent leur propriété germinative que deux ou trois années après avoir été récoltées; celles-ci avoient été conservées avec leurs ombelles dans un sac de papier qui avoit été oublié dans une armoire.

3. L'Ammi à feuilles d'anet est une plante vivace, dont les racines tracent à quelques pouces de la surface de la terre. Elles sont noueuses, & donnent naissance à des tiges qui s'élèvent droites, à deux pieds de haut environ. Elles sont garnies dans le bas de quelques branches courtes, lesquelles, ainsi que les tiges sont couvertes d'un feuillage très-élégamment découpé, & d'une belle verdure foncée. Ces fleurs, qui viennent en automne & durent jusqu'aux gelées, sont blanches & disposées en petites ombelles plates à l'extrémité des tiges & des branches. Jusqu'à présent elles n'ont point donné de bonnes graines dans notre climat, parce qu'elles fleurissent trop tard.

Culture : Cette plante se conserve très-bien en pleine terre dans notre climat, en ayant la précaution de la couvrir dans les gelées de plus de cinq degrés. Lorsqu'elle est placée dans un sol un peu fort, & légèrement humide, à une exposition chaude, elle pousse avec beaucoup de vigueur. On la multiplie aisément par les nombreux drageons enracinés qui sortent de sa souche. Le tems le plus favorable pour les transplanter, est le mois de mars. Dans les écoles de botanique, on est obligé de mettre cette plante dans un grand pot qu'on enterre à sa place qu'elle doit occuper, pour l'empêcher de tracer au loin. Alors il convient de la relever tous les deux ou trois ans, pour renouveller la terre, & supprimer les trois quarts des drageons qui nuisent à la vigueur de la plante, & diminuent la beauté de sa touffe. Si on vouloit en obtenir des semences, il conviendroit d'en cultiver un individu dans un grand pot qu'on renfermeroit à l'approche des froids sous un chassis ou dans une serre tempérée.

Usage : Cette espèce mérite d'occuper une place dans les jardins des curieux parmi les plantes singulières. Elle peut aussi figurer agréablement sur les lisières des bosquets à des positions découvertes dans les jardins paysagistes; elle y produira de la variété par la délicatesse & l'élégance de son feuillage. (*M. Thouin.*)

AMODIER. En Bourgogne & en Champagne, amodier, c'est prendre une terre à ferme pour payer le prix convenu, soit en argent, soit en grain. L'amodiateur est ce qu'on nomme dans d'autres pays, fermier ou métayer. Il est vraisemblable que l'amodiation se faisoit autrefois toute en grain, parce que ce mot paroît dérivé de *modius*, mesure de grain, comme boisseau. Cependant il signifie aussi mesure de terre, *modius agri*. Virg. Il y a des pays où la mesure de terre & la mesure de grains ont les plus grands rapports. En Beauce, par exemple, on dit une mine de terre, parce qu'il faut à-peu-près une mine de grain pour l'ensemencer. (*M. l'abbé Tessier.*)

AMOME. *Amomum.*

Ce genre de la famille des *Balisiers*, section de la classe des *Liliacées*, n'est composé que de plantes étrangères, qui croissent naturellement sous les climats les plus chauds de la terre, dans les terreins humides, marécageux & ombragés. Leurs racines sont vivaces, charnues & tubéreuses; elles poussent des tiges qui périssent chaque année. Leur port a quelque ressemblance avec celui des roseaux, & leurs fleurs ont en général beaucoup d'éclat. Les graines de ces plantes sont fort aromatiques, & particulièrement leurs racines, ce qui les fait rechercher, dans les pays où elles croissent, pour assaisonner les mets. On les cultive en Europe dans quelques jardins de botanique, elles s'y conservent dans les serres les plus chaudes, mais rarement elles y fructifient.

Espèces.

1. Amome de Madagascar, ou grand Cardamome.
Amomum Madagascariense. La M. Dict. n.° 1. ♃ d'Afrique.

2. Amome des Indes, ou Gingembre.
Amomum zingiber. L. ♃ des Indes orientales & occidentales.

3. Amome sauvage, ou Gingembre sauvage.
Amomum zerumbet. L. ♃ de l'Inde.

4. Amome à larges feuilles.
Amomum latifolium. La M. Dict. n.° 4. ♃ du Malabar.

5. Amome à grappes.
Amomum racemosum. La M. Dict. n.° 5.
Amomum cardamomum. L. ♃ des grandes Indes.

B. Amome à grappes courtes.
Amomum granum-paradisi. L. ♃ d'Afrique & d'Asie.

6. Amome vélu.
Amomum hirsutum. La M. Dict. n.° 6.
Costus arabicus. L. ♃ d'Asie & d'Amérique.

7. Amome petiolé.
Amomum petiolatum. La M. Dict. n.° 7.
Alpinia spicata. Jacq. Amer. p. 1. t. 1. ♃ de la Martinique.

8. Amome pyramidale.
Amomum pyramidale. La M. Dict. n.° 8.
Alpina racemosa. L. ♃ de l'Amérique méridionale.

Description du port des Espèces.

1. L'Amome de Madagascar a des tiges qui s'élèvent de huit à dix pieds de haut; elles sont garnies dans toute leur longueur, de feuilles qui ont environ dix-huit pouces de long, sur un pouce & demi de large; elles sont lisses & d'un verd tendre. Les fleurs naissent sur une hampe simple, haute de sept à huit pouces, qui, s'élevant de la racine entre les tiges, augmente de grosseur vers le sommet, & se termine en un épi court & obtus. Cet épi est composé de trois ou quatre fleurs qui ont presque deux pouces de longueur; elles donnent naissance à des capsules charnues & rougeâtres, remplies de semences ovales & luisantes. La pulpe qui les environne est blanche, & d'un goût aigrelet fort agréable.

2. L'Amome des Indes, ou le Gingembre, a beaucoup de rapport avec le précédent, mais il est de moitié plus petit; de sa racine, qui est jaunâtre en-dehors & rouge en-dedans, sortent trois ou quatre tiges simples, hautes d'environ quatre pieds, & garnies de feuilles qui n'ont que six à sept pouces de longueur, sur quinze lignes de large. Leur couleur est d'un verd luisant quand elles sont jeunes, ensuite elles deviennent d'un jaune citron lorsqu'elles se desséchent. Les fleurs croissent en manière d'épi ovale, sur une hampe écailleuse, d'un pied de haut, laquelle sort immédiatement de la racine. Elles sont accompagnées d'écailles, qui d'abord sont vertes, ensuite d'un blanc jaunâtre, & qui deviennent enfin d'un beau rouge. Ces fleurs qui sont d'un bleu pâle, épanouissent les unes après les autres, & paroissent dans le mois de septembre. Elles donnent naissance à des fruits de forme ovale, & à trois angles qui sont partagés en trois loges, dans lesquelles se trouvent renfermées plusieurs semences anguleuses & noirâtres, d'une saveur aromatique amere, un peu forte & d'une odeur agréable.

3. L'Amome sauvage, ou le Zerumbet, a les racines plus grosses que celles du Gingembre; elles poussent des tiges qui s'élèvent de trois à quatre pieds de haut, ses feuilles sont lancéolées & presque ovales. Ses fleurs naissent sur une hampe d'un pied de haut, qui sort de la racine à côté des tiges, & se termine par un épi ovale; leur couleur est d'un blanc tirant sur le jaune, & leur figure est irrégulière. Elles sont accompagnées d'écailles, qui deviennent d'un beau rouge à mesure que la fructification s'accomplit; si l'on presse fortement l'épi, pendant la fleuraison, il en sort une assez grande quantité de liqueur limpide, d'une odeur très-agréable.

4. Amome à larges feuilles. Les tiges de cette espèce ne s'élèvent pas à plus d'un pied de haut. Ses feuilles sont grandes, ovales, lisses & d'une verdure gaie; leur longueur est d'environ un pied, & leur largeur de six pouces. Ces fleurs viennent sur une hampe, & forment un épi lâche. Elles sont accompagnées d'écailles de différentes couleurs, les unes vertes, les autres blanches, rouges ou bleues, qui produisent un très-bel effet. Chacune de ces écailles couvre deux ou trois petites fleurs d'un blanc sale, de forme irrégulière & d'une odeur agréable.

5. Amome à grappes. Ses racines sont noueuses & traçantes. Il en sort des tiges qui s'élèvent à la hauteur de dix à douze pieds. Elles sont garnies de feuilles de douze à quinze pouces de long, sur deux à quatre pouces de large. Leur couleur est d'un verd pâle. Ses hampes ont un pied & demi de long, elles sont foibles, couchées sur la terre, & donnent naissance à des fleurs blanchâtres, auxquelles succèdent des fruits presque ronds & disposés en petites grappes, comme le raisin.

6. Amome velu. Le port de cette espèce est fort différent de celui des précédentes; de sa racine sort une tige simple, qui s'élève de trois à quatre pieds de haut, garnie dans toute sa longueur de feuilles disposées en spirale, qui ont environ un pied de long, sur quatre pouces de large. Elles sont vertes & lisses en-dessus, & couvertes d'un duvet blanchâtre en-dessous. Ses tiges se terminent par un épi court, garni d'écailles, des aisselles desquelles sortent de grandes fleurs d'un blanc sale, qui épanouissent successivement. Son fruit est une capsule à trois loges, qui renferme des semences d'abord bleuâtres, & qui deviennent brunes ensuite. Elles ont une odeur de Gingembre assez agréable.

7. L'Amome pétiolé a beaucoup de rapport avec le précédent. Il s'en distingue, par ses tiges moins élevées, par ses feuilles portées sur de courts pédicules, & par la couleur de ses fleurs, qui sont d'un assez beau jaune; elles forment un épi de figure conique, qui termine les tiges; les écailles, qui accompagnent chaque fleur, sont coriaces, & d'un rouge vif, qui a beaucoup d'éclat.

8. Amome pyramidal. Cette espèce a le port d'un balisier; ses tiges s'élèvent à la hauteur d'environ quatre pieds & demi; elles sont garnies, du haut en bas, de feuilles ovales, de huit à dix pouces de long, & d'un beau verd. Chaque tige se termine par une grappe pyramidale de fleurs blanches, assez apparentes. Elles sont remplacées par des fruits longs d'un pouce, qui deviennent des capsules triangulaires, & à trois loges, lesquelles renferment des semences anguleuses, de couleur brune.

Culture.

En Amérique & dans l'Inde, où ces plantes sont cultivées pour leurs usages économiques, leur culture est fort simple. On se contente de choisir un terrein substantiel, ombragé & humide, ou du moins à portée d'être fréquemment arrosé. On l'ammeublit par des labours profonds, & on y trace des rayons de quatre à huit pouces de profondeur, à la distance de quinze à vingt pouces, les

les uns des autres. C'est dans ces rayons qu'on plante les racines des Amomes, coupées par morceaux, de la même manière que nous plantons les pommes de terre. On choisit, pour cette opération, le tems où ces racines entrent en végétation, & celui où la terre, humectée par des pluies chaudes, commence à fermenter. Il faut avoir soin ensuite de les garantir des mauvaises herbes, de les biner de tems en tems, & de chausser les plantes, à mesure qu'elles grandissent, avec la terre de la crête des sillons voisins.

Le moment favorable pour récolter les racines, est celui où les fannes des plantes se dessèchent. Alors, avec un instrument de fer à trois dents, semblable à une fourche, on enlève les racines de terre, on les laisse ressuyer, pendant quelques jours, à l'air libre, ensuite on les sépare de leurs fannes; on les nétoie, & on les emmagasine dans un lieu sec, pour s'en servir à mesure qu'on en a besoin.

En Europe, la culture de ces plantes exige plus de soin, & est plus dispendieuse. Il faut des serres chaudes & des couches de tan, pour les conserver pendant l'hiver, & encore leurs racines sont-elles fort sujettes à pourrir, lorsqu'elles sont dans leur état de repos. On les cultive dans des vases remplis d'une terre sablonneuse & substantielle, qui doivent être placés, dès l'automne, dans les tannées des serres les plus chaudes, & y rester pendant tout l'hiver. Au printems, on peut les mettre, sous des bâches, parmi les ananas, & lorsque leurs fannes sont desséchées, il suffit de les tenir dans un lieu sec, à la température de l'atmosphère. Ces plantes, pendant le tems de leur végétation, exigent des arrosemens fréquens, mais légers; dès que leurs feuilles commencent à jaunir, il faut les modérer & les supprimer entièrement, lorsque les tiges sont desséchées, ce qui arrive chaque année, vers le mois de juillet. Les Amomes, à racines tubéreuses, qui perdent leurs tiges, doivent être rempotées dans une nouvelle terre. Pour cet effet, on vide les pots, & l'on sépare les racines de la terre dans laquelle elles se trouvent. On les examine les unes après les autres, pour en retrancher les parties mortes, & couper, jusqu'au vif, celles qui sont pourries, ou qui annoncent une disposition prochaine à se gâter. Les racines auxquelles on fait quelque amputation, doivent rester cinq ou six jours sur une planche, à l'ombre, pour que les cicatrices aient le tems de se raffermir un peu. Les autres peuvent être plantées sur-le-champ, à trois ou quatre pouces de profondeur, dans une terre neuve, composée, par égales parties, de sable de bruyère & de terre à semences. Cette terre, sera d'autant meilleure, qu'elle aura été composée depuis plus long-tems. Les pots doivent être placés ensuite dans une tannée nouvellement labourée, & d'une chaleur douce. Il est prudent de ne les arroser que lorsque les racines commenceront à pousser.

Les espèces, dont les tiges subsistent toute l'année, exigent la même culture, avec cette différence qu'elles doivent être rempotées au printems, vers la mi-mai, & que leurs racines ne doivent pas être mises à nud. Il faut, au contraire, laisser autour des racines, environ les deux tiers de la terre, & remplacer le tiers que l'on ôte, par de la terre neuve, préparée comme il a été dit ci-dessus. On doit avoir aussi l'attention de ne supprimer, dans cette opération, que le moins de racines qu'il est possible, & sur-tout parmi les grosses, parce qu'elles pourrissent souvent à l'endroit où elles ont été coupées, & que la pourriture gagnant, de proche en proche, jusqu'au cœur de la plante, la fait périr immanquablement. Il vaut mieux, pour éviter tout accident, laisser subsister toutes les racines, & transvaser ces plantes dans de plus grands pots, lorsqu'elles sont trop à l'étroit, dans ceux qu'elles occupent; ou lorsque la terre devient trop appauvrie.

Les Amomes se multiplient par les drageons, ou par les tubercules que poussent leurs racines; les uns & les autres doivent être séparés, lorsqu'on rempote les plantes. Mais, avant de séparer les tubercules ou les drageons, il faut examiner si les yeux des premiers sont bien formés, & si les seconds sont suffisamment pourvus de chevelu, sans quoi ils sont sujets à périr.

Telle est la culture qui convient en général à ces sortes de plantes. Mais l'Amome pyramidale en exige une particulière, qu'il ne faut pas confondre avec celle des sept autres espèces; n'ayant point cultivé celle-ci, nous rapporterons ce que Miller, célèbre cultivateur, a écrit à cet égard: suivant lui, cette plante se conserve dans de bonnes orangeries, en tenant les pots, qui la renferment, plongés dans un bassin d'eau, car, sans cette précaution, elle ne profiteroit pas. Les feuilles périssent chaque hiver, & au printems, ses racines en poussent de nouvelles. On peut la multiplier, en divisant ses racines, lorsque ses feuilles sont tombées.

Usages: La saveur aromatique & agréable de la plupart de ces plantes, les fait rechercher dans un grand nombre de pays, pour assaisonner les mêts. Le gingembre sur-tout, est cultivé de préférence, pour cet usage. Le Zerumbet joint à cette propriété celle de fournir, en tems de disette, une nourriture fort saine aux Indiens; ils font sécher cette racine, & la réduisent en poudre; par cette simple préparation, elle perd son âcreté, & devient propre à faire un pain savoureux. Les graines de l'Amome à grappes, font un objet de commerce assez considérable, sur la côte de Malabar, où elles sont connues sous le nom de graines de Paradis; les Indiens en mêlent les semences avec leur bétel; ils prétendent qu'elles facilitent la digestion, & qu'elles ont des propriétés médicinales, très-actives. Enfin il paroît que le fameux *coftus* des anciens, dont parlent Diofcoride, Pline & Galien, eft une plante de ce genre, qui a beaucoup de rapport avec notre gingembre, fi ce n'eft pas le gingembre lui-même. On fait que les Romains s'en fervoient dans la compofition des aromates, & des parfums, & qu'ils l'offroient aux dieux comme l'encens le plus fuave.

En Europe, les racines de ces plantes ne multiplient jamais affez, pour qu'on en puiffe tirer un parti qui dédommage des dépenfes que néceffite leur culture; c'eft pourquoi on fe contente de cultiver ces plantes dans quelques jardins de botanique, où l'on a pour but de raffembler de grandes collections de végétaux. Elles figurent fort bien dans les tannées des ferres chaudes, lorfqu'elles y fleuriffent, mais cela eft très-rare. (*M. Thouin*).

Amome, fynonyme du *Sifon Amomum.* L. des botaniftes. *Voyez* Berle Aromatique. (*M. Thouin.*)

AMOMUM, bâtard des boutiques. *Sifon Amomum*, L. *Voyez* Berle Aromatique. (*M. Thouin.*)

Amomum des jardiniers, *Solanum pfeudo capficum*, L. *Voyez* le genre des Morelles. (*M. Thouin.*)

Amomum de Pline, *Solanum pfeudo capficum*, L. *Voy.* le genre des Morelles. (*M. Thouin.*)

AMORPHA ou Indigo bâtard. *Amorpha*, genre d'arbriffeau de pleine terre, dont il fera traité dans le dictionnaire des arbres & arbuftes. *Voy.* cet ouvrage. (*M. Thouin.*)

AMOUR, (pomme d') *Solanum Lycoperficon*, L. *Voyez* Morelle Tomate. (*M. Thouin.*)

Amour, (poire d') nom d'une variété de poirier, comprife dans l'efpèce du *pyrus communis*, L. des botaniftes. *Voyez*, dans le dictionnaire des arbres & arbuftes, le mot Poirier. (*M. Thouin.*)

Amour de la terre, ou terre en amour. Expreffion dont fe fervent les jardiniers & les fermiers mêmes. Ils difent: la terre entre en amour, ou eft en amour, lorfque les pluies printannières ayant commencé à tomber, & le foleil devenant fort, il s'établit, dans la terre, une fermentation qui fait monter la sève dans les végétaux. Ils difent encore, d'une terre trop maigre ou trop humide, que l'homogénéité des parties rend peu fufceptible de fermentation, qu'elle n'a point d'amour; &, par la même raifon, ils appellent terres amoureufes, celles qui étant bien ameublies, & par des labours & par des engrais, font plus fufceptibles de fermentation que les autres.

La terre eft en amour ou en fermentation, dans notre climat, depuis la fin de février jufqu'au mois de juin; elle fe repofe enfuite jufqu'à la mi-juillet, & rentre en amour depuis cette époque jufqu'à la fin d'août; pendant tout le refte de l'automne & tout l'hiver, elle ne fermente pas. Ces époques ne font pas exactement les mêmes toutes les années; des tems de féchereffe & des vents fecs, les retardent, comme des pluies douces & prématurées, fuivies de coups de foleil vif, les avancent.

En jardinage, on doit profiter avec empreffement de cette fermentation de la terre, pour faire les femis, les marcotes, les boutures, les greffes, &c. Ce tems eft d'autant plus précieux, qu'il dure peu, & qu'il eft fujet à effuyer des variations perpétuelles. Auffi un jardinier intelligent ne remet jamais au lendemain, ce qu'il peut faire la veille avec fuccès.

Lorfque la fermentation de la terre eft retardée par trop de féchereffe dans l'air, on y remédie par des arrofemens faits à propos. Ce moyen eft employé fréquemment pour les cultures en plein air, mais il faut que la chaleur atmofphérique ait un certain degré de force; il eft bien plus aifé de l'exciter pour les petites cultures, les couches, les cloches, les chaffis, les arrofemens & les abris, font autant de moyens qu'on peut employer & varier fuivant les befoins. (*M. Thouin.*)

AMOUROCHE, nom donné, aux environs d'Honfleur en Normandie, à la maroute. *Chamæmelum fætidum, five cotula fætida.* Tourn. *Anthemis cotula.* L. (*M. l'abbé Tessier.*)

AMPAC. *Ampacus.*

Genre établi par Rumphius, dans fon herbier d'Amboine. M. Adanfon le regarde comme devant faire partie de la famille des *Pistachiers*; & M. le Chevalier de la Marck croit qu'il a plus de rapport avec les genres de la famille des *Gatilliers*, ce qui prouve que les parties de la fructification font peu connues. Il eft compofé de deux efpèces, qui font des arbriffeaux réfineux, originaires des ifles d'Amboine, dont le bois eft employé à la charpente, & la réfine, à différens ufages économiques.

Efpèces.

1. Ampac à feuilles larges.

Ampacus latifolius. Rumph. Herb. Amb. Vol. II, p. 186, pl. LXI.

2. Ampac à feuilles étroites.

Ampacus anguftifolius. Rumph. Herb. Amb. Vol. II, p. 188, pl. LXII.

Defcription.

1. L'Ampac à feuilles larges, eft un arbriffeau de douze à quinze pieds de haut, dont le tronc

est ordinairement tortueux & couvert d'une écorce rougeâtre. Son bois est tendre, blanc & sec. Ses feuilles sont opposées deux à deux, disposées en croix, & composées de trois folioles, de huit à douze pouces de large, sur à-peu-près moitié moins de largeur. Leur surface est lisse en-dessus, blanche & cotonneuse en dessous. Les fleurs sont petites; elles naissent en panicules dans les aisselles des feuilles, & produisent des fruits à deux loges, qui renferment chacune une graine.

Cet arbrisseau fleurit en juin. On le trouve communément dans la grande isle de Baleya, où il croît proche de la mer, dans de petites forêts bien exposées au soleil, & dépourvues de grands arbres.

2. L'AMPAC à feuilles étroites, est un arbrisseau naturellement plus petit que le précédent; mais lorsqu'on le cultive, il s'élève quelquefois à la hauteur d'un sapin de moyenne grandeur. Son bois, quoique nouvellement coupé, est très-sec, dur & pesant. Son écorce est d'un brun tirant sur le noir. Ses feuilles sont plus étroites & moins longues que celles du précédent; elles sont lisses des deux côtés, & d'un verd foncé. Ses fleurs viennent de même en panicules, mais elles sont en plus grand nombre.

Il croît sur les montagnes d'Oma, dans l'Inde; ses qualités & ses usages sont les mêmes que ceux de la première espèce.

Rumphius décrit une troisième espèce d'Ampac, dont il ne donne point de figure. Suivant lui, c'est un arbrisseau encore plus petit que les deux précédens, & dont les grappes de fleurs sont beaucoup plus grandes. Les femmes d'Amboine broient son écorce, & en font une espèce de pommade, dont elles se frottent le visage, pour adoucir la peau, & se procurer une couleur agréable.

Culture.

Nous avons reçu de l'Isle-de-France, un jeune individu d'Ampac, à larges feuilles, que nous avons cultivé pendant deux ans. Il s'accommodoit très-bien de la chaleur d'une serre chaude, pendant l'hiver, & l'été, il restoit fort bien en plein air, sur une couche tiède, à l'exposition du midi. Il nous a paru qu'il craignoit l'humidité, & qu'une terre douce, légère & sablonneuse convenoit à sa nature. La perte de cet arbrisseau a été causée par la trop grande précipitation qu'on a mis à vouloir le multiplier; il avoit poussé deux jeunes branches du collet de sa racine, dont on fit deux marcottes: soit qu'elles aient été faites avec maladresse, soit que la terre des pots, qui les renfermoit, entretint, au pied de l'individu principal, une trop grande humidité, il se dépouilla de ses feuilles pendant l'hiver, son bois noircit, & il mourut au printems. L'examen de sa racine nous fit voir qu'elle étoit pourrie depuis longtems. (*M.* THOUIN.)

AMPELITE, espèce de terre qu'on emploie, comme moyen méchanique, pour diviser les terres compactes. *Voyez* PIERRE NOIRE. (*M. l'abbé* TESSIER.)

AMPHYBIES. (*plantes*) On donne ce nom aux végétaux qui ont la faculté de croître en pleine terre & dans l'eau. C'est une des divisions de la méthode, qui a pour objet de classer les plantes, suivant l'ordre de leurs habitudes. Dans cette section, il en est qui sont amphibies, à différens degrés. Les unes, sont simplement des plantes qui croissent sur les bords des eaux, & dont le pied étant couvert par ces mêmes eaux, pendant leur débordement, se conservent & croissent, pourvu que leur extrémité soit constamment au-dessus des eaux. Les autres, sont des plantes dont les racines sont fixées dans la vase, au fond de l'eau, dont les tiges & les feuilles s'élèvent à sa surface, & qui, s'il survient des sécheresses, n'en vivent pas moins dans le sol où elles ont cru; mais elles sont infiniment moins vigoureuses.

Parmi les plantes de cette division, il en est beaucoup qui sont intéressantes par la beauté de leur feuillage, la grandeur & la couleur de leurs fleurs. Celles-ci sont propres à jetter de la variété dans les eaux des jardins paysagistes. D'autres ont des propriétés médicinales, qui les font rechercher; & d'autres, enfin, ont des racines charnues, qui, au moyen de quelque préparation, sont propres à la nourriture des hommes.

En général, ces plantes se multiplient plus abondamment que les plantes terrestres, & leur culture se réduit à leur donner un site semblable à celui où elles croissent naturellement, & un degré de chaleur analogue à celui des climats d'où elles ont été tirées. (*M.* THOUIN.)

AMPHITHÉATRE. *Jardinage.* Ce mot s'entend de plusieurs choses, placées les unes au-dessus des autres, sur différens plans, ou de plusieurs objets qui se dépassent graduellement, & s'élèvent au-dessus les uns des autres, quoique le plan sur lequel ils sont placés, soit à-peu-près de niveau.

Un jardin, situé sur la pente d'une montagne, laquelle a été coupée par plusieurs terrasses, qui dominent les unes sur les autres, & sont orientées au même point de l'horizon, porte le nom de jardin en amphithéatre.

Ce qu'on nommoit anciennement *vertugadin*, étoient des amphithéatres de gazon, qu'on pratiquoit dans les jardins, soit pour terminer un point de vue, soit pour faire disparoître un côteau ou une petite montagne, qu'on n'avoit pas dessein de couper ou de soutenir par des terrasses. On y pratiquoit des estrades, des gradins & des plein-pieds, qui conduisoient insensiblement depuis le bas jusqu'aux parties les plus élevées. On ornoit ces amphithéatres de caisses d'orangers, d'ifs, taillés en pyramide, en boule, &c. de vases, remplis d'arbustes & de fleurs, suivant les saisons. On les enrichissoit de fontaines & de statues. On voit encore à Marly, & dans différens jardins construits par Le Nôtre, des amphithéâtres de cette espèce. Ce sont les restes d'un goût qui n'étoit point encore formé. Toutes ces décorations factices sont entièrement passées de mode. Lorsqu'on veut aujourd'hui distribuer un terrein irrégulier dans sa surface, on préfère, avec raison, d'y pratiquer des allées douces & sinueuses, qui, suivant sans contrainte, les pentes naturelles du terrein, sont plus commodes pour la promenade, & plus agréables à l'œil que les coupes roides & régulières, que figurent ordinairement les amphithéâtres.

Dans les jardins d'agrément & de botanique, on dispose en amphithéâtre, soit à l'air libre, soit dans les serres, les plantes étrangères qu'on cultive dans des pots ou dans des caisses. Si l'on est assorti en arbustes de différentes hauteurs, on se contente de les placer sur le même plan, en mettant les plus petits sur le premier rang, sur le second, ceux qui sont plus élevés, & ainsi de suite jusqu'au dernier rang qui doit être composé des arbustes les plus grands. Si l'on ne possède que des plantes de la même taille, alors il faut pratiquer des gradins, soit en formant des banquettes en terre, exhaussées les unes au-dessus des autres, soit en établissant plusieurs rangées de planches, par étages, dans la longueur, & sur la hauteur jugée nécessaire pour contenir les plantes dont on veut composer ces amphithéâtres; & afin que toutes les plantes jouissent également de l'aspect du soleil, on les élève, autant qu'il est possible, dans la direction de l'est à l'ouest.

Les théâtres ou les amphithéâtres des fleuristes sont des espèces d'abris, construits en bois ou en toile, dont le fond est rempli par un gradin. Ils ne sont pas moins destinés à produire un effet agréable à l'œil, qu'à prolonger la durée des fleurs, & à procurer une jouissance plus commode, en rapprochant, de la vue, des objets, qui, par leur petite stature, en seroient trop éloignés, s'ils étoient en pleine terre.

Pour qu'un amphithéâtre de cette espèce puisse remplir ces divers objets d'agrément & d'utilité, il est nécessaire qu'il soit mobile, afin de pouvoir l'orienter à différentes expositions, suivant les différentes saisons de l'année, ou suivant la nature des plantes qui doivent le garnir. Sa construction est très-simple. Il est formé de quatre montans de bois, joints ensemble par des traverses, qui présentent, dans leur plan, une moitié d'ovale, au fond de laquelle est un gradin de planches, à cinq ou six étages. Ce bâti, dont l'élévation est d'à-peu-près huit pieds, & qui se termine en dôme par sa partie supérieure, est recouvert & garni de toile cirée, dans tout son pourtour, ce qui lui donne la forme d'une niche à mettre une statue. On en ferme le devant par un rideau. Quelquefois on construit entièrement ces théâtres en bois, alors on leur donne la forme d'un carré long. On les peint en verd à l'extérieur, & en noir dans l'intérieur, pour que les couleurs des fleurs ressortent davantage. Ceux-ci sont infiniment plus solides que les autres; mais ils sont moins portatifs, & par conséquent moins commodes.

Les plantes dont on orne ces amphithéâtres, varient suivant les saisons. Au printems, on les garnit ordinairement avec les oreilles d'ours, les primevères, les jacinthes, & quelques espèces de tulipes. On les remplace, en été, par diverses espèces de quarantaines, de giroflées, de géranium, des pervenches du Cap, & de Saint-Jacques, &c. Et, à l'automne, on y place les tubéreuses simples & doubles, les plus belles variétés d'amaranthes, de tricolor, de balsamines, de grénésienne, & généralement toutes les plantes dont les fleurs ont un mérite distingué, tant par la vivacité des couleurs, que par leur forme ou leur rareté, & dont on est bien aise de faire durer la fleuraison.

Ces plantes doivent être disposées sur les gradins, de manière que les fleurs de l'une fassent ressortir celles de l'autre, & qu'elles concourent toutes à produire, par la distribution exacte de leurs couleurs, un ensemble agréable & pittoresque. On doit aussi avoir égard à la grandeur des plantes, à la couleur de leur verdure, à la forme de leur feuillage, afin que ces massifs, vus de près, offrent des détails de forme bien contrastés, de teintes bien fondues, & que le gradin présente un tapis rapide & serré de bas en haut, pour qu'on n'apperçoive, que le moins possible, le fond de l'amphithéâtre.

Les soins qu'exigent les plantes d'un théâtre, se réduisent, 1.° à des arrosemens qu'il faut administrer avec prudence, & seulement aux individus qui ont soif, car il seroit dangereux de trop arroser des plantes, qui, étant privées du grand air, & sur-tout du soleil, ne font qu'une très-foible déperdition. 2.° A éplucher les feuilles mortes ou mourantes, & à changer les individus, dont les fleurs sont passées, pour les remplacer par d'autres. 3.° Et enfin, à fermer les rideaux du devant de l'amphithéâtre, aux heures où les plantes pourroient être frappées des rayons du soleil, & à les ouvrir aussi-tôt que leur effet n'est plus à craindre. Il est nécessaire d'avoir la même précaution, lorsqu'il survient des vents secs ou des hâles qui absorbent l'humidité radicale des plantes.

Mais ces plantes, ainsi privées du soleil & du grand air, sont sujettes à s'étioler, sur-tout lorsqu'elles restent long-tems renfermées dans ces amphithéâtres. Le moyen de prévenir les suites de cette maladie, est de tailler les plantes à mesure qu'on les retire de dessous les théâtres, de supprimer toutes les tiges qui ont produit des fleurs, & de ne conserver que celles dont on veut avoir des graines; ensuite, de les placer dans un lieu où elles reçoivent l'air perpendiculairement, & où l'on soit le maître d'y introduire le soleil à volonté, pour les habituer insensiblement à supporter sa présence; si on les y exposoit tout-d'un-coup, on feroit périr les plantes délicates qui n'auroient pas la force de résister à son action.

Les amphithéâtres de fleurs ne se construisent guère que dans les jardins symmétriques. On les place, pour l'ordinaire, à l'extrémité des allées, dans les endroits où l'on a besoin d'arrêter la vue.

Il nous reste à parler d'une autre espèce d'amphithéâtre, que quelques personnes ont essayé de pratiquer; mais dont on ne voit encore, nulle part, l'exécution complette. Cet amphithéâtre seroit formé sur un terrein de niveau, par une masse d'arbres qui s'éleveroient par gradation, & offriroient, dans leur réunion, depuis les arbustes les plus petits & les plus humbles, jusqu'aux arbres les plus majestueux & les plus grands. Ce projet, un des plus beaux qui aient été imaginés en jardinage, exige, pour son exécution, des connoissances très-étendues, non-seulement sur le port des arbres, & sur leurs dimensions respectives, lorsqu'ils sont arrivés à leur état parfait, mais encore sur leurs habitudes & leurs facultés. En effet, il ne suffit pas de connoître la nature du terrein qui convient à chaque arbre en particulier, ni la hauteur à laquelle il peut parvenir; il faut savoir, en outre, quelle qualité de sol est propre au plus grand nombre de ces arbres, & à quelle hauteur ils doivent atteindre, en raison du rapport, plus ou moins grand, qu'a le terrein qu'on leur destine, avec celui où ils croissent naturellement, & de préférence. Sans cette connoissance préliminaire, il sera toujours très-difficile, pour ne pas dire impossible, de remplir parfaitement son objet, attendu que la nature du sol, & les circonstances particulières, font varier, à l'infini, les dimensions des arbres. Si, à la distribution, par ordre de hauteur, on veut ajouter ensuite la variété dans la forme des arbres, dans celle de leur feuillage, dans la teinte de leur verdure, dans la couleur de leurs fleurs, & dans les époques de leur fleuraison, toutes choses qui doivent être combinées d'avance, puisqu'elles contribuent à la perfection & à la beauté de l'amphithéâtre, combien ne faut-il pas encore plus de connoissances, & malheureusement il nous en manque une partie? De mille végétaux ligneux, environ, tant indigènes qu'étrangers, que nous possédons en France, & qui s'y cultivent en pleine terre, il y en a près d'un quart dont nous n'avons eu occasion d'observer, jusqu'à présent, ni l'époque de la fleuraison, ni la hauteur, dans leur état parfait, parce que n'étant cultivés que depuis peu de tems, dans notre climat, nous n'en possédons que de jeunes individus. Il est probable que c'est à la difficulté de réunir ces connoissances, & plus encore à celle qu'on a eue, de ne pouvoir se procurer, même à prix d'argent, une grande partie des végétaux qui doivent composer cet amphithéâtre qu'on doit attribuer le retard qu'on a mis à effectuer un si beau projet.

Mais aujourd'hui que nos connoissances s'accroissent, & s'étendent par la publication de plusieurs bons ouvrages sur l'histoire des arbres de pleine terre, que nos pépinières commencent à en être pourvues, & que des communications faciles sont ouvertes avec les pépiniéristes Anglois, & sur-tout avec l'Amérique septentrionale, il devient beaucoup plus aisé de le réaliser. Tout nous y invite, & nous osons croire que le succès surpassera les espérances qu'on a conçues. (*M. Thouin.*)

AMPONFOUTCHI, ou Afouth. de Madagascar. C'est un arbre dont il est fait mention dans l'histoire des voyages, vol. VIII, pag. 618. Les botanistes n'ont encore pu parvenir à le rapporter à son genre. Ils présument que ce pourroit être une espèce d'*hibiscus* ou de quetmie; mais cette présomption porte plus sur la conformité de ses usages économiques, que sur les caractères de sa fructification qu'ils n'ont pas été à portée d'observer.

Son écorce sert à faire des cordes, & son bois qui est d'une extrême légèreté, étant réduit en charbon, pourroit être employé avec succès à faire de la poudre à canon. Nous n'avons aucune connoissance de la culture de cet arbre en Europe. (*M. Thouin.*)

ANABASE. *Anabasis.*

Genre de plante de la famille des Arroches.

Il est composé de quatre espèces exotiques, dont trois sont des arbrisseaux d'un port plus singulier qu'agréable, & dont les fleurs n'ont nul agrément. Ils croissent sur les bords de la mer dans des sables fortement imprégnés de sel marin. On ne les cultive que dans les jardins de botanique, & ils y réussissent difficilement.

Espèces.

1. Anabase non feuillée.

Anabasis aphylla. L. ♄ des bords de la mer Caspienne.

2. Anabase feuillée.

Anabasis foliosa. L. ⊙ d'Astracan.

3. Anabase à feuilles de tamaris.

Anabasis tamariscifolia. L. ♄ d'Espagne.

4. Anabase épineux.

Anabasis spinosissima. L. F. Suppl. 173. ♄.

Description.

1. L'Anabase non feuillée, est un petit sous-arbrisseau qui s'élève de deux à trois pieds; ses branches sont longues, flexibles & articulées. Il a beaucoup de ressemblance avec l'uvette (*Ephedra*). Ses fleurs qui paroissent dans l'été, sont petites, sessiles, & donnent naissance à des baies rougeâtres dont le suc est jaune. Elles mûrissent à l'automne.

2. L'Anabase feuillée est une plante annuelle, de huit à dix pouces de haut tout au plus. Ses tiges sont rameuses, garnies de feuilles succulentes, presque cilindriques, plus grosses à leur extrémité qu'à leur base, & d'un verd un peu glauque. Les fleurs viennent dans les aisselles des feuilles par petits paquets; elles sont d'un blanc verdâtre, & produisent des baies rouges qui mûrissent en septembre.

3. Anabase à feuilles de tamaris. La tige de cette espèce est ligneuse & ordinairement droite, elle se ramifie en plusieurs branches garnies de petites feuilles triangulaires, succulentes, & qui ressemblent un peu à celles du Tamaris. Les fleurs naissent dans les aisselles des feuilles, & sont disposées en épis. Au lieu de baies comme dans les autres espèces, celle-ci a un fruit sec peu apparent.

4. L'Anabase épineuse est remarquable par la quantité d'épines dont elle est couverte. Sa tige est ligneuse & se divise en un très-grand nombre de rameaux diffus, qui, au lieu de feuilles, ont de petites écailles. Elles sont disposées trois à trois ou cinq à cinq à la base des épines, & se recouvrent les unes les autres. Les fleurs viennent autour des épines auxquelles elles adhèrent fortement; elles produisent de petites vessies luisantes, qui renferment les semences.

Culture.

Les Anabases numéros 1, 3 & 4, se cultivent dans des pots, & se conservent pendant l'hiver dans l'orangerie, elles aiment une terre sablonneuse, maigre & imprégnée de salpètre ou de sel marin. Pendant l'hiver, elles redoutent les arrosemens trop fréquens, & sont fort sujettes à périr par l'humidité des serres, si l'on n'a pas la précaution de les placer près des croisées, & de leur donner de l'air fréquemment. L'été elles ne craignent pas le grand soleil, pourvu qu'elles soient à l'air libre, & non à des expositions, qui, en leur renvoyant la réverbération de la chaleur, les priveroient des différens vents.

Ces trois Anabases se multiplient de semences, de marcottes, & quelquefois de boutures. Les graines doivent être semées dès la fin du mois de mars dans des pots remplis d'une terre sablonneuse & légère, qu'on place sur une couche chaude, & à l'air libre à l'exposition du midi. Au moyen d'arrosemens légers & fréquens, les semences lèvent dans l'espace de six semaines. Lorsque le jeune plant a quatre ou cinq pouces de haut, on le repique avec toutes les racines, dans des pots à œillet. On met au fond de ces vases un lit de deux doigts d'épaisseur, d'une terre argilleuse, légèrement comprimée, & l'on remplit la capacité du vase avec une terre sablonneuse, mais un peu plus substantielle que celle qui a servi à faire les semis.

On met les jeunes plants à l'ombre jusqu'à ce qu'ils soient parfaitement repris, & à l'approche des gelées, on les place sur les appuis des croisées dans une bonne orangerie, à moins qu'on n'ait des chassis, sous lesquels on puisse leur faire passer ce premier hiver à l'abri des gelées, ce qui seroit infiniment préférable.

Les marcottes se font à la manière ordinaire, sans inciser les branches; il suffit de les courber & de les fixer à trois ou quatre pouces de profondeur dans une terre un peu forte, qui retienne l'humidité. La saison la plus favorable est le milieu du printems, ou la fin d'août. Six semaines après, ces marcottes ont ordinairement assez de racines pour être séparées de leur mère, & former de nouveaux pieds. Mais en voulant multiplier les Anabases, il faut bien se garder de les marcotter trop jeunes, ou de faire sur le même pied beaucoup de marcottes, on risqueroit alors de perdre en peu de tems la souche principale & tous les rejettons; il faut attendre que les sujets aient au moins deux ans, qu'ils soient vigoureux, & encore ne doit-on faire que deux marcottes tout-au-plus sur le même pied, en choisissant des branches un peu fortes & bien ligneuses.

Les boutures se font au premier printems, à l'époque où la sève commence à monter. On choisit des rameaux de l'avant-dernière pousse. On les plante dans des pots remplis de terreau de bruyère, qu'on place sur une couche tiède. On les couvre d'une cloche de verre opaque qu'on garantit encore du soleil pendant les trois premières semaines. Après ce tems-là, si les boutures se sont conservées saines, & ont commencé à pousser, il y a tout lieu d'espérer qu'elles réussiront. Alors il est à propos de les visiter de tems en tems, pour voir si elles n'ont pas besoin d'être arrosées, de leur donner un peu d'air de jour en jour, & de les habituer ainsi par degrés à le supporter, sans en être offensées. Après quoi on les sépare en mottes, & on les traite comme les jeunes plantes provenues de graines.

L'Anabase feuillée étant une plante annuelle ne se propage que par le moyen de ses graines, qui doivent être semées de la même manière que celles des autres espèces. La seule différence, c'est qu'au lieu de repiquer le jeune plant, il faut se contenter de le transvaser, & de le mettre avec la motte de terre qui l'entoure, dans de plus grands pots, parce que le tems qu'il mettroit à reprendre seroit entièrement perdu pour la fructification que l'on ne sauroit trop favoriser, si l'on veut que les graines viennent à parfaite maturité dans notre climat.

Usage : Les Anabases ne se cultivent que dans les jardins de botanique, & la difficulté de s'en procurer des graines jointe à la délicatesse de ces plantes, fait qu'elles y sont encore fort rares. Elles donnent, par leur combustion, de l'alkali comme presque toutes les plantes maritimes. (*M. Thouin.*)

ANACARDE. *Anacardium.* Lam.

Ce genre fait partie de ceux qui composent la famille des *Bassamies* ; il ne renferme encore que deux espèces, qui sont de grands arbres originaires des Indes Orientales. Le port en est majestueux, le feuillage permanent, & la verdure agréable ; le bois de ces arbres est employé à la charpente ; leurs fruits ont des propriétés médicinales importantes, & leurs amandes servent à la nourriture des hommes. En Europe, on ne peut les conserver que dans les serres les plus chaudes, & leur culture est très-délicate.

Espèces.

1. Anacarde à feuilles larges.

Anacardium latifolium. La M. Dict. n.° 1, ♄ des Indes orientales.

2. Anacarde à feuilles longues.

Anacardium longifolium. La M. Dict. n.° 2, *An. Semecarpus Anacardium.* Lin. Fil. Suppl. p. 182. ♄ des Philippines & de l'Inde.

B. Anacarde ligas des Indiens.

Anacardium ligas.

Description.

1. L'Anacarde à feuilles larges, est un grand arbre dont le tronc qui est droit, & d'une belle venue, se termine par une tête arrondie dans son contour, & qui s'élève en pyramide. Ses rameaux sont garnis de feuilles alternes ovales, qui ont ordinairement quatre pouces de large, sur six de long. Elles sont d'un verd noirâtre en-dessus, & blanchâtre en-dessous. Les fleurs ont peu d'apparence, elles viennent en petits panicules, à l'extrémité des rameaux; les fruits qu'elles produisent, sont applatis & d'un noir luisant de la grosseur & de la forme d'une petite fève de marais.

2. Anacarde à feuilles longues. Le port de cette espèce est le même que celui de la précédente ; mais elle s'en distingue aisément par les feuilles & par les fruits. Les feuilles viennent très-rapprochées les unes des autres, à l'extrémité des rameaux, où elles forment de grandes rosettes. Leur longueur est de plus d'un pied ; elles sont lisses & d'un beau verd en-dessus, pubescentes & de couleur cendrée en-dessous. Ses fleurs naissent en petits panicules à l'extrémité des branches ; elles sont petites, d'un blanc jaunâtre, & s'ouvrent en forme d'étoile. Les fruits qui leur succèdent sont ovales, applatis, d'abord rouges, & finissent par être presque noirs. Il sont portés sur un corps charnu, en forme de petite poire, d'une saveur très-acerbe. Cet arbre croît sur le bord des fleuves.

La variété B est un arbre de moyenne grandeur, dont les fruits sont plus petits que ceux de son espèce ; leur saveur est aussi plus acerbe. Du reste elle paroît avoir les mêmes caractères, & ne devoir les différences qu'à des circonstances locales occasionnées par la différence des terreins où elle croît. On la trouve sur les montagnes.

Culture.

Les Anacardes sont très-rares en Europe, par la difficulté de se procurer des bonnes graines. En effet, soit que les sucs âcres & corrosifs, dont les capsules sont imprégnées, agissent sur l'amande, & en détruisent insensiblement le germe, soit que ces semences perdent en peu de tems leur propriété germinative, comme celles des caffiers & de plusieurs autres arbres des pays chauds, presque toutes les graines qui nous arrivent de l'Inde, restent en terre sans germer. Mais quelle que soit la cause de cet inconvénient, nous croyons qu'il seroit aisé d'y remédier. Il ne s'agiroit que de semer les graines aussitôt après leur maturité, dans des caisses remplies d'une terre un peu forte, & susceptible de conserver long-tems l'humidité, & de les transporter ainsi en Europe. Si on arrose ces graines de tems en tems, pendant la traversée, elles germeront, & pourvu qu'on ait la précaution de les tenir à l'air libre, & de les garantir du froid & de l'eau de mer, les plantes arriveront en bon état. Si les caisses arrivent au printems ou dans l'été, on aura soin de lever les jeunes plantes en motte, de les mettre séparément dans un vase profond, rempli d'une terre un peu forte, & mêlée de terreau de bruyère, de les placer ensuite sur une couche tiède, couverte d'un chassis, & de les arroser très-légèrement jusqu'à ce qu'elles soient bien reprises ; à cette époque on leur donnera plus d'air & plus d'eau, mais toujours en proportion de leur vigueur, & du degré de chaleur de l'atmosphère. Vers le milieu de l'automne, les jeunes plants seront placés dans la couche de tan neuf, d'une petite serre chaude, ou mieux encore sous une bâche à ananas, afin qu'ils aient plus d'air & plus de chaleur. Pendant l'hiver, il ne faudra les arroser que très-légèrement, & seulement lorsqu'ils en auront besoin. Au milieu du printems, on relevera les pots qui sont dans la tannée, & on examinera si les racines des jeunes arbres sortent par les fentes du vase; dans ce cas, il sera nécessaire de les changer de vases, sans retrancher de leurs mottes que la terre qui pourra s'enlever sans découvrir les racines. On les replacera ensuite sur une couche neuve, modérément chaude, & dans les beaux jours de l'été, on leur donnera de l'air fréquemment, surtout quand il tombera des pluies douces.

A la fin de leur troisième année, les jeunes Anacardes, qui seront alors beaucoup moins délicates, pourront être placées à l'air libre, sur une couche tiède, à l'exposition du midi, depuis le milieu de juin jusqu'à la fin du mois d'août, & le reste de l'année elles se conserveront très-bien dans les couches de tannée des serres chaudes ordinaires.

Lorsque les individus seront encore plus forts, on pourra les mettre dans des caisses, & les gouverner comme les arbres des serres chaudes, qui n'ont plus besoin du secours des couches.

Usages : Dans les Indes le bois des *anacardes* est employé dans la charpente & dans la menuiserie; il est d'une couleur agréable & d'une consistance assez solide. Les amandes des fruits de la seconde espèce se mangent crûes ou rôties sous les cendres, après qu'on a eu la précaution d'en détacher les enveloppes, qui contiennent un suc malfaisant & caustique. Les fruits verts se mangent avec d'autres mêts, confits dans du sel ou avec du sucre, lorsqu'ils sont mûrs.

Les Indiens se servent du suc caustique qui est contenu dans les enveloppes de l'amande, pour faire disparoître les excroissances charnues qui défigurent quelquefois les différentes parties du corps; on l'emploie avec de la chaux vive pour marquer, d'une manière ineffaçable, les étoffes, les toiles, les soieries, &c. Ils font une encre excellente avec les fruits verts, mêlés avec de la lessive & du vinaigre. Enfin ils prétendent que l'usage habituel des fruits a la propriété d'atténuer & de raréfier les humeurs, de développer tous les sens, de rendre l'intelligence plus active, & de fortifier la mémoire.

En Europe, les Anacardes ne peuvent être regardés que comme des arbrisseaux d'agrément, qui peuvent tenir leur place dans les écoles de botanique, & jetter de la variété, dans les serres chaudes, par la beauté de leur feuillage. (*M. Thouin.*)

Anacarde antarctique ou occidentale. Synonyme *de l'anacardium occidentale* de Linné, dont M. le Chevalier de la Marck a fait un genre dans son dictionnaire de botanique, sous le nom de *cassuvium*, auquel il a donné l'épithète de *pomiferum*. Voy. Acajou a pommes. (*M. Thouin.*)

Anacarde orientale. Nom donné dans les boutiques au fruit de l'*anacardium latifolium la M. Dict.* N.° 5. Voyez Anacarde a larges feuilles. (*M. Thouin.*)

ANACAU. Arbre de Madagascar, qui croît sur les bords de la mer, & dont le port a quelque ressemblance avec celui du cyprès. C'est tout ce que nous en apprend l'*histoire des voyages, tome VIII, page 614*. Peut-être est-ce une espèce de Casuarina? Voyez Filao. (*M. Thouin.*)

ANACOMPTIS *ou* Anaconti. Arbre de Madagascar, dont les feuilles ressemblent au poirier. Il porte un fruit un peu plus long & moins gros que le doigt, de couleur brune, tachetée de gris-blanc. Ce fruit jette une sorte de lait doux, qui sert à faire cailler le lait de vache. *Histoire des voyages, tome VIII, page 613*. Cette description, trop incomplette, ne permet pas de rapporter cet arbre à son genre, & sa culture nous est inconnue. (*M. Thouin.*).

ANACONTI *ou* Anacomptis. *Voyez* ce mot. (*M. Thouin.*)

ANACYCLE. *Anacyclus.*

Genre de plante de la famille des *Composées-Flosculeuses*, qui n'est formé que de trois espèces. Ce sont des plantes herbacées, annuelles, qui croissent dans les pays tempérés. Leur feuillage est très-découpé, & leurs fleurs sont jaunes; du reste elles ne sont intéressantes, que pour les jardins de botanique.

Espèces.

1. Anacycle de Crète.

Anacyclus Creticus. L. ⊖ de l'isle de Candie.

2. Anacycle dorée.

Anacyclus aureus. L. ⊖ des provinces méridionales de la France.

3. Anacycle velue.

Anacyclus valentinus. L. ⊖ du midi de la France.

Description.

1. L'Anacycle de Crète est une très-petite plante qui n'a pas plus de quatre pouces de haut, & qui forme une touffe arrondie; ses tiges se divisent dès leur base, en plusieurs rameaux garnis de feuilles très-découpées, & couvertes d'un poil blanchâtre, qui les rend soyeuses; les branches se terminent par des fleurs d'un blanc jaunâtre réunies en tête, & qui sont penchées vers la terre. Cette plante fleurit en juillet, & ses semences mûrissent en septembre, bientôt après elle se dessèche & meurt.

2. Anacycle dorée. Le port de cette espèce est plus grêle que celui de la précédente. Ses tiges s'élèvent à la hauteur de huit à dix pouces; elles se ramifient en plusieurs branches, qui s'écartent en tout sens; ses feuilles sont plus finement découpées, & leur verdure est gaie. Ses fleurs, qui sont d'un beau

beau jaune ; font rassemblées en petites têtes coniques, à l'extrémité des rameaux. Elles paroissent dès le mois de juin, & durent jusqu'à la fin du mois d'août. A mesure que les graines mûrissent, elles tombent à terre, &, si dans ce moment, il survient des pluies, elles lèvent & fournissent de nouvelles plantes, qui ont le tems de fleurir & de perfectionner leurs semences avant l'hiver; quatre mois d'un tems doux accompagné de chaleurs passagères, suffisent à la végétation de cette plante dans notre climat ; toutes ses parties répandent une odeur agréable lorsqu'on les froisse.

3. L'Anacycle velue est la plus grande de son genre. Ses tiges s'élèvent droites à un pied & demi de haut environ ; elles poussent des branches dans toute leur hauteur, lesquelles forment une touffe arrondie, tant dans sa circonférence que dans sa surface. Ses feuilles, dans leur ensemble, sont oblongues & spatulées, leurs découpures sont très-déliées ; elles sont couvertes, ainsi que les autres parties de la plante, de poils blancs, qui la font paroître lanugineuse, & donnent à la verdure une couleur cendrée. Ses fleurs sont jaunes, rassemblées en tête à l'extrémité des branches, & produisent, par leur quantité, un effet assez agréable ; elles paroissent en juillet & durent jusqu'en septembre ; la plante se dessèche bientôt après.

Culture.

Les Anacycles étant des plantes annuelles, ne se propagent que par le moyen de leurs graines. On peut les semer au printems ou à l'automne, en pleine terre ou sur couche. Cependant il est plus sûr de les semer au printems dans notre climat, qu'à l'automne, parce que le jeune plant qui lève dans cette dernière saison, n'ayant pas assez de tems pour acquérir un certain degré de force, périt ordinairement lorsque les hivers sont humides, & qu'il survient ensuite des gelées tardives. Pour faire les semis du printems, on commence par labourer une surface de terrein de vingt pouces en quarré, dans laquelle on pratique un petit bassin de trois à quatre pouces de profondeur, dont on a soin de bien unir le fond. Vers le milieu de mars on y sème les graines le plus également qu'il est possible, ensuite on les recouvre légèrement de quelques lignes de terreau bien consommé, mêlé avec la terre du sol, après quoi on les arrose matin & soir, avec un arrosoir à pomme ; les graines lèvent ordinairement dans l'espace de quinze jours. Lorsqu'elles sont entièrement levées, il ne reste plus qu'à éclaircir le jeune plant s'il est en trop grande quantité, & à le préserver ensuite des mauvaises herbes qui pourroient lui nuire. Si le sol est meuble & sec, situé à une exposition chaude, les plantes croîtront rapidement, & donneront des graines en abondance. Mais il est bon d'observer qu'elles doivent être semées en place, parce que le jeune plant souffre difficilement d'être transplanté.

L'Anacycle de Crête qui est une plante d'une très-petite stature & beaucoup plus délicate que les autres espèces, doit être semée, pour plus de sûreté, en avril, dans un pot placé sur une couche nue, ou on la laisse croître & se développer; lorsqu'elle est prête à fleurir, on la met en pleine terre avec la motte dans laquelle elle se trouve.

A l'égard de la seconde espèce, sa culture n'est rien moins que difficile ; lorsqu'une fois on en a laissé grainer un pied dans un endroit, elle se sème d'elle-même, & se multiplie si abondamment, qu'elle couvre souvent une très-grande surface. (*M. Thouin.*)

ANAGIRE. Genre de la famille des Légumineuses, qui n'est composé que d'une espèce; il en sera traité dans le dictionnaire des arbres & arbustes, parce qu'il fait partie des arbrisseaux qui se cultivent en pleine terre, en France. (*M. Thouin.*)

AN, Année. Espace de tems pendant lequel le soleil parcourt, ou semble parcourir les douze signes du zodiaque. Presque tous les peuples s'accordent aujourd'hui sur la durée du tems, qui forme l'année astronomique. Suivant le calcul le plus exact, elle comprend trois cens soixante cinq jours, cinq heures quarante-neuf minutes. On ne diffère que dans la manière de commencer cette révolution annuelle. Les Chinois & les Indiens, commencent leur année avec la première lune de mars, les Mahométans au moment où le soleil entre dans le signe du bélier, les Persans au mois de juin. Les Anglois & d'autres Nations de l'Europe, placent le commencement de l'année civile au vingt-cinq mars. En France, l'époque de la nouvelle année a subi beaucoup de variations. Sous les rois de la première race, on commençoit l'année, le jour de la revue des troupes, qui se faisoit le premier mars. Sous les rois de la seconde race, l'année commençoit le jour de Noël, & sous les Capétiens, à Pâque. Mais Charles IX fixa, par une ordonnance expresse, le commencement de l'année civile au premier janvier.

L'année rurale ou du cultivateur, ne suit pas ordinairement l'année civile. S'il y a quelque pays où elle commence au premier janvier, il y en a un grand nombre d'autres où c'est à des époques qui en sont plus ou moins éloignées. Le terme où commencent les baux des fermes, celui où l'on loue des domestiques, ne sont pas les mêmes ; ici, les baux commencent immédiatement après la récolte; là, après tous les ensemencemens, c'est-à-dire, au premier de mai ; ailleurs ils datent du moment où l'on donne la première façon aux terres qui doivent être ensemencées en froment, & ce moment, c'est vers Pâque, dans le milieu de la France. La location des prés, des vignes & des bois, établit encore des différences qui sont locales.

A l'égard des domestiques & valets de ferme,

on les prend communément à la Saint-Jean ; on en prend aussi à la Saint-Martin, au premier jour de l'année civile, au premier de mai. Ces époques fixes pour les domestiques qu'on loue pour l'année, n'empêchent pas qu'on n'en loue encore dans l'intervalle, pour les saisons où les travaux sont plus considérables. Parmi ces derniers, il y en a qu'on garde six mois, d'autres trois mois seulement, d'autres moins encore.

Sous ces deux rapports, l'année du cultivateur présente presque autant de variations qu'il y a de provinces, parce que cela tient à des usages différens. Mais si on la considère relativement aux opérations rurales, elle offre quelque chose de plus positif, quoique subordonnée cependant à la diversité des climats & des sols. Elle est censée commencer au tems où s'ouvrent les premiers travaux pour la culture principale; ce tems, c'est à la fin de l'hiver, c'est-à-dire, à l'approche du printems. On donne alors à la vigne les premières façons; on retourne les guerets ou jachères; on prépare les planches des potagers; tout se met en activité dans les campagnes ; la nature, qui se dispose à se renouveller, semble ranimer tout; le soleil échauffe déjà la terre, & la végétation commence.

Ce seroit ici le lieu, peut-être, de décrire par ordre, tous les travaux de la campagne pendant le cours d'une année ; mais me proposant de placer cette description à chaque mois, j'y renvoye le lecteur, en le prévenant que, forcé de prendre un point fixe, à cause de la diversité des climats, je choisis les environs de Paris, ou plutôt le centre de la France, qui n'en diffère que très-peu. (*M. l'abbé* TESSIER.)

ANANAS, *BROMELIA*.

Ce genre de plante, qui fait partie de ceux qui composent la famille des *BANANIERS*, est formé de sept espèces distinctes, qui ont donné naissance à beaucoup de variétés. Ce sont des plantes vivaces, qui ont quelque ressemblance avec différentes espèces d'Aloès; leurs feuilles sont longues, étroites & bordées d'épines, pour la plupart. Elles produisent des fruits d'une belle forme, d'une couleur agréable & presque tous excellens à manger. Ces plantes ne croissent naturellement que sous la Zône torride. On les cultive en Europe dans différens jardins, sous des châssis ou dans des serres chaudes. Leur culture exige des soins, des connoissances & des dépenses assez considérables.

Espèces & Variétés.

1. ANANAS ordinaire ou blanc.
BROMELIA Ananas. L. ♃.

B. ANANAS à fruit jaune.
BROMELIA Ananas Aurea.

C. ANANAS pain de sucre.
BROMELIA Ananas pyramidalis.

D. ANANAS de Montferrat.
BROMELIA Ananas flava.

E. ANANAS pomme de reinette.
BROMELIA Ananas rotunda.

F. ANANAS pitte ou verd.
BROMELIA Ananas viridis.

G. ANANAS à feuilles panachées.
BROMELIA Ananas variegata. ♃ d'Afrique, d'Amérique & d'Asie.

2. ANANAS à feuilles longues.
BROMELIA karatas. L. ♃ des Antilles.

3. ANANAS hémisphérique.
BROMELIA hemisphærica. La M. Dict. n.° 3, ♃ du Mexique.

B. ANANAS à fruit sessile.
BROMELIA humilis. L. ♃ des Antilles.

4. ANANAS sauvage.
BROMELIA pinguin. L. ♃ des Antilles.

5. ANANAS à tige nue.
BROMELIA nudicaulis. L.

B. ANANAS caraguata.
BROMELIA nudicalis major. ♃ de la Martinique.

6. ANANAS à épi.
BROMELIA spicata. La M. Dict. n.° 6, ♃ de la Martinique.

7. ANANAS à feuilles obtuses.
BROMELIA lingulata. L. ♃ de la Martinique.

Description.

1. L'ANANAS ordinaire & ses variétés, sont des plantes vivaces qui poussent du collet de leurs racines, des feuilles de trois à quatre pieds de long, sur deux pouces & demi de large environ, plus ou moins garnies sur les bords de pointes très-acérées ; leur consistance est sèche & roide, & leur couleur est d'un verd plus ou moins foncé. Ces feuilles s'engainent les unes dans les autres par leur base, & forment une espèce de faisceau, qui va toujours en s'élevant depuis la base jusqu'à l'extrémité des feuilles, où il a presque autant de diamètre que celles-ci ont de largeur. Du centre de ces feuilles, s'élève une tige forte & charnue, qui supporte un grouppe de petites fleurs d'un violet tendre, lesquelles sont remplacées par une masse pulpeuse de figure pyramidale, qui est le fruit de la plante. En Amérique, on a mesuré de ces fruits qui avoient huit à dix pouces de diamètre, & quinze à seize pouces de hauteur. Ils sont mamelonnés, & représentent assez bien la forme d'une pomme du pin cultivé. Leur couleur est plus ou moins jaune, & leur odeur, quoique très-forte, est néanmoins assez agréable. Chaque fruit est surmonté d'un faisceau de feuilles, semblable à celui que forme la plante, mais des trois quarts plus petit ; il s'évase aussi davantage, & les feuilles qui vont en se recourbant jusqu'à l'extrémité, forment

au-dessus du fruit, une couronne aussi noble qu'élégante.

L'Ananas blanc, que quelques personnes regardent, sans beaucoup de fondement, comme la souche d'où sont sorties les autres variétés, est le plus généralement cultivé en Europe. Son fruit est de figure ovale; il est couvert d'une écorce de couleur jaune-orangé, & sa chair est blanchâtre à l'intérieur; la saveur en est moins délicate que celle des autres variétés; son suc agace les dents, & fait saigner les gencives lorsqu'on en mange beaucoup sans le mêler avec du sucre.

B. La variété à fruit jaune se distingue de la précédente, par ses tiges qui poussent au-dessous du fruit plusieurs œilletons, par la couleur de sa chair qui est d'un jaune d'or, & par la figure de son fruit qui est plus pyramidale; il est aussi d'un plus gros volume. On l'estime davantage, il est moins acide, plus juteux & d'une saveur plus agréable.

C. L'Ananas pain de sucre, ne diffère de la variété B, que par la grosseur de son fruit; d'ailleurs il pousse comme elle des œilletons au-dessous de son fruit, & sa chair n'est ni moins délicate ni moins parfumée.

D. Ananas de Montferrat. Son fruit est de forme pyramidale, l'écorce est d'un jaune verdâtre tirant sur la couleur de l'olive mûre, & sa chair est d'un jaune doré. Cette variété est presque la seule qui soit cultivée dans les jardins, en Amérique. On la préfère à toutes les autres pour le parfum de son fruit & la délicatesse de sa chair; en Europe elle est encore rare, cependant il seroit très-facile d'en faire venir des pieds de Montferrat & des Barbades, où elle est très-multipliée.

E. Ananas pomme de reinette. Le fruit de cette variété est le plus petit de tous; il est ovale, d'un jaune verdâtre en-dessus & d'un beau jaune à l'intérieur; il mûrit ordinairement un mois plus tard que les autres. Suivant le P. Nicolson, sa saveur est exquise, il a le goût de la pomme de reinette mêlé avec le parfum du coing, sans être aussi fort. Il est aussi moins astringent que les autres Ananas, & l'on peut en manger beaucoup sans être incommodé. On en fait grand cas à Saint-Domingue, d'où il seroit très-facile d'en faire venir des pieds ou des couronnes.

F. L'Ananas pitte, ou sans épines, est remarquable par ses feuilles, qui n'ont presque point d'épines sur les bords, ou dont les épines sont si petites, qu'elles ne méritent pas ce nom; leur couleur est d'un beau verd légèrement bleuâtre. Elles ont environ deux pieds & demi de long, sur deux pouces de large. Du centre de ces feuilles, s'élève une tige d'environ un pied de haut, garnie de quelques petites feuilles de différentes couleurs; celles du bas sont d'un beau rouge, & les autres sont vertes. Les fleurs sont bleuâtres, réunies en tête oblongue; elles sont suivies d'un fruit tuberculeux, qui devient jaune en mûrissant. Ce fruit est surmonté d'une couronne de feuilles sans épines, comme celle de la plante, que son peu de mérite fait négliger dans beaucoup de jardins. Il n'y a guères que les curieux qui la cultivent pour la singularité.

G. L'Ananas panaché est la plus mince de toutes les variétés. Souvent les feuilles se décolorent, & alors elle ne se distingue plus de son espèce.

2. Ananas à feuilles longues. Les feuilles de cette espèce sont longues de six à huit pieds, garnies sur les bords d'épines très-acérées. Elles partent immédiatement du collet de sa racine, & sont disposées comme celles de l'Ananas commun. Les fleurs naissent au centre des feuilles sur le collet de la racine, au nombre de deux ou trois cents; elles sont serrées les unes contre les autres, & leur couleur est d'un pourpre bleuâtre assez agréable. Ces fleurs produisent des fruits ovales, de la longueur du doigt, & de l'épaisseur du pouce; ils sont très-charnus & succulens; leur chair est blanche, & d'une saveur très-acide, qui n'est pas sans agrément lorsqu'ils sont bien mûrs. Ces fruits sont partagés en trois loges, qui contiennent des semences oblongues.

3. Ananas hémisphérique. Les feuilles de cette espèce sont semblables à celles de la précédente pour la forme & la disposition, mais elles sont de moitié moins longues. De leur centre, s'élève une masse arrondie de fleurs purpurines, auxquelles succèdent des fruits oblongs & charnus, d'une saveur douce, légèrement acide & fort agréable, lorsqu'ils sont à leur point de maturité.

La variété B, ne diffère de son espèce, que parce qu'elle est plus petite dans toutes ses parties, que sa touffe de fleurs est moins garnie, & que ses fruits ont une saveur très-agréable. Elle pousse d'entre les aisselles des feuilles des drageons qui servent à la multiplier.

4. Ananas sauvage, ou pinguin. Le port de cette espèce a beaucoup de ressemblance avec celui de l'Ananas commun; on l'en distingue cependant fort aisément, par les épines noires & fortes, qui bordent les côtés de ses feuilles, par la différence de couleur qui se trouve entre les feuilles de la circonférence de la plante & celles du centre du faisceau. Les premières sont vertes en-dessus, & couvertes en-dessous d'une poussière farineuse, qui leur donne un air blanchâtre. Celles du centre du faisceau sont moins longues que les autres & d'un rouge fort agréable. Du milieu de ces feuilles, sort une tige forte & épaisse, qui s'élève à la hauteur d'environ deux pieds & demi; elle est garnie d'écailles, qui diminuent de grandeur à mesure qu'elles approchent du sommet. C'est dans les aisselles de ces écailles, vers le tiers de la partie supérieure

de la tige, que naissent les fleurs. Elles sont grandes & couleur de rose. Leur disposition en épis pyramidaux, jointe au cercle de feuilles d'un beau rouge qui les accompagnent, produit un très-bel effet, & rend cette plante très-intéressante. Ses fruits sont des capsules jaunâtres, à trois loges, qui renferment les semences. Elle pousse souvent des drageons de sa racine, qui servent à la multiplier.

5. L'Ananas à tige nue, a beaucoup de rapport avec le précédent, par la figure & la disposition de ses feuilles, mais elles sont beaucoup plus rapprochées; elles sont même si serrées vers leur base, au collet de la racine, qu'elles retiennent, comme dans un vase, l'eau des pluies, & la conservent long-tems; d'ailleurs elles sont toutes de la même couleur. La tige qui porte la fructification, offre aussi quelque différence, elle n'est garnie d'écailles, que dans la partie inférieure. Quelques-unes de ces écailles sont blanches, & les autres d'un assez beau rouge. L'extrémité de la tige est couverte d'un grand nombre de fleurs couleur de rose, lesquelles forment, par leur rapprochement, un épi qui a beaucoup d'éclat; à ces fleurs, succèdent des bayes ovales qui, en mûrissant, deviennent d'un rouge vif.

La variété B ne se distingue de son espèce, que par sa grandeur; ses feuilles ont souvent jusqu'à cinq pieds de long, & les épines qui les bordent, sont plus petites & moins nombreuses.

6. Ananas à épi. Le port de cette espèce est le même que celui du n.° 1; mais sa fructification est fort différente. Ses fleurs viennent en épis serrés à l'extrémité d'une ou de plusieurs tiges, qui sortent du milieu des feuilles. Au bas de ces tiges, sont plusieurs feuilles longues sans épines, & pendantes. L'épi est composé de longues fleurs d'un très-beau rouge, qui sont remplacées par des fruits. Cette plante croît à la Martinique parmi les rochers, à peu de distance de la mer.

7. Ananas à feuilles obtuses. Cette espèce a un port assez singulier; une partie des feuilles de la circonférence sont pendantes & presque couchées contre terre, tandis que celle du centre sont droites & évasées dans le milieu, en forme de vase conique, très-pointu par le bas. Elles sont minces, d'un verd pâle, roulées sur leur largeur, & longues d'environ deux pieds. Les bords sont garnis de courtes épines très-rapprochées les unes des autres & fort aigues. Du milieu de la plante, sort une tige droite, qui s'élève à la hauteur d'environ quatre pieds; elle donne naissance à de petites fleurs disposées en épis, longs de six pouces, qui sont placés dans les aisselles des folioles supérieures. A ces fleurs, succèdent des fruits arrondis, & disposés en grappes; ils sont d'abord blancs & deviennent ensuite d'un rouge de corail très-éclatant.

Culture.

Dans tous les climats favorables au développement de l'Ananas, cette plante se reproduit & se multiplie avec une extrême facilité. Les premiers voyageurs européens, qui ont passé le détroit de Gibraltar, l'ont trouvée croissant naturellement & sans culture, dans les lieux incultes des parties les plus chaudes de l'Afrique. Transportée en Amérique, elle s'y est naturalisée au point qu'on la distingue à peine des plantes indigènes; on la rencontre par-tout, mais principalement sur les mornes & les tertres sablonneux. Les Colons, qui l'ont introduite dans leurs jardins, en ont obtenu, par la culture, de nouvelles variétés, dont les fruits sont plus beaux & plus forts, d'un suc plus épuré & d'un goût plus agréable. Cette culture est très-simple; elle se réduit à prendre la couronne des plus beaux & des meilleurs fruits qui ont été servis sur les tables, & à la planter, n'importe dans quelle espèce de terrein, à l'arroser ensuite dans les tems de sécheresse, & à la garantir des mauvaises herbes qui pourroient lui nuire. Elle reprend très-aisément, & forme une nouvelle plante qui, au bout de quinze ou dix-huit mois, est en état de donner des fruits.

En Europe, la culture des Ananas exige plus ou moins de soins & de dépenses, en raison de la nature du climat. Dans la partie du midi, en Sicile, dans le Royaume de Valence, & à Malte, par exemple, il n'est pas douteux qu'on pourroit cultiver cette plante en pleine-terre dans des vallons abrités par des montagnes ou dans d'autres positions, en la garantissant des gelées par des abris artificiels, tels que des paillassons & des chassis. Les froids de ces climats n'étant que passagers, comme les vents qui les portent, la terre auroit toujours le degré de chaleur nécessaire à la conservation de cette plante.

On seroit étonné que les habitans de ces heureux climats négligent une culture qui leur coûteroit si peu, si l'on ne savoit que par-tout où la nature est prodigue de ses dons, les hommes ne font rien pour la seconder, & qu'au contraire ils travaillent sans relâche à lui arracher ses bienfaits dans les pays qui paroissent le plus disgraciés de ses faveurs. Aussi la culture des Ananas n'est-elle guere en usage que dans les provinces septentrionales de l'Europe.

Les Hollandois sont les premiers qui s'en soient occupés vers le commencement de ce siècle. Ce fut à Leyde, que des Ananas, tirés des Antilles, furent cultivés par le Court, agriculteur zélé, qui n'épargna ni soins ni dépenses pour les conserver & perfectionner leur culture. C'est à lui que nous en devons les premières notions, & c'est à lui que nous avons l'obligation des premiers individus que nous ayons cultivés. Il répandit ses productions en Angleterre, en France, en

Allemagne, & dans tout le reste du nord de l'Europe.

En Angleterre, cette culture a pris la plus grande faveur; il n'est guère de jardins un peu considérables où l'on ne s'en occupe; elle est même si familière aux jardiniers de cette nation, que plusieurs en font un objet de spéculation, & trouvent dans la vente de leurs fruits, un ample dédommagement de leurs peines & de leurs dépenses. C'est peut-être à cette culture que la botanique angloise doit sa supériorité en plantes de serres chaudes sur celle des autres nations de l'Europe. Les gens riches, non moins jaloux de se procurer de nouvelles jouissances que flattés de posséder des choses rares, ont construit des baches & des serres chaudes, uniquement destinées, dans le principe, à la culture des Ananas, mais bientôt familiarisés avec une culture dont les dépenses étoient moins considérables qu'ils ne se l'imaginoient d'abord, à cause de la facilité qu'ils trouvoient à chauffer leurs serres avec le charbon de terre, qui est à très-bas prix, & sentant d'ailleurs la nécessité de jetter plus de variété dans des lieux qu'ils se plaisent à fréquenter, ils les ont insensiblement meublés de plantes des pays chauds, qui, sans avoir un mérite aussi distingué que l'Ananas, contribuent cependant à les embellir, les unes par l'élégance de leur port & de leur feuillage, les autres par l'éclat de leurs fleurs & la douceur de leur parfum. Enfin ils ont fait des jardins d'hiver, qui rassemblent des plantes de toutes les parties les plus chaudes de la terre.

En France, la culture de l'Ananas a fait des progrès moins rapides. Ce n'a été qu'en 1729 qu'on s'en est occupé en grand, dans les potagers de Versailles, & le Normand, alors jardinier, en présenta un fruit au Roi, quatre ans après. Il fut trouvé délicieux, quoiqu'inférieur, à ce qu'on prétend, à ceux qu'on mange en Amérique, & dès-lors on les cultiva dans plusieurs jardins de Sa Majesté. Quelques riches particuliers entreprirent aussi de les faire cultiver dans leurs jardins, mais le nombre en fut peu considérable, & n'a pas beaucoup augmenté depuis, soit à cause de la dépense du chauffage de la serre, soit par la difficulté de trouver des jardiniers qui sussent cultiver cette plante.

En Allemagne, & dans tout le reste de l'Europe, jusqu'à Moscow, on cultive les Ananas. La rigueur des hivers n'empêche pas les industrieux, & sur-tout les patiens jardiniers Allemands, de garnir les tables de leurs souverains des fruits de cette plante de la zône torride; des particuliers même jouissent de cet avantage; feu M. Demisdorff, à Moscow, a vu servir sur sa table, pendant l'année 1785, plus de cinquante fruits d'Ananas, dont plusieurs étoient du plus gros volume & du parfum le plus suave.

La culture de l'Ananas se trouve décrite dans un grand nombre d'ouvrages d'agriculture, entre autres dans *le dictionnaire des jardiniers*, par P. Miller; dans *les agrémens de la campagne*; dans *le manuel du jardinier*; dans *le bon jardinier*, par M. de Grace; dans *les journaux d'agriculture & d'économie*; dans l'ouvrage anglois, intitulé: *A-Treatise off the ananas, &c.*, par M. Adam Toylon, 1769; dans celui de François Brochieri, jardinier à Turin, imprimé en 1777, sous le titre *de nuovo metodo adattato, al Clima del Piemonte, per coltivare gli ananas senza fuoco*; & enfin tout nouvellement, & avec beaucoup de méthode & de clarté, dans *le cours complet d'agriculture*, dont M. l'abbé Rozier est le rédacteur; c'est d'après ces ouvrages, dont nous avons une partie sous les yeux, & d'après quelques mémoires, manuscrits qui nous ont été communiqués par MM. Vilmorin & Belleville, jardinier du Roi, au grand Trianon, & enfin d'après quelques expériences particulières que nous allons présenter le plus succinctement possible la culture de l'Ananas & de ses variétés.

1.° *Conservation de l'Ananas.* L'Ananas se conserve dans un lieu sec, éclairé par le soleil, à la température de cinq degrés pendant la plus grande partie de l'hiver. Il peut éprouver quarante & quarante-cinq degrés de chaleur pendant l'été, sans en souffrir, pourvu qu'il soit arrosé régulièrement. Quant à la terre dans laquelle il peut exister nous en avons vu croître dans de la terre à froment pure, dans le sable le plus stérile, dans des plâtras pulvérisés & dans des terres plus ou moins substantielles, composées de différentes natures de terre & de terreau. Une expérience qu'a faite mon jeune Frere prouve même que cette plante peut se passer du secours de la terre pour fournir sa végétation. Une couronne mise dans un vase de verre entretenu toujours plein d'eau, & placé sur la tablette d'une serre chaude, a poussé des racines en même-tems que des feuilles, & a produit un fruit surmonté de sa couronne, trois ans après. Ce fruit, il est vrai, n'étoit pas plus gros qu'une pomme de reinette grise, & la plante qui l'a produit n'avoit guère qu'un huitième des dimensions d'un individu cultivé à la manière ordinaire. Ces observations prouvent au moins que cette plante est une des moins délicates de celles qui nous sont venues de la zône torride. Comme il est très-différent de conserver simplement une plante ou de la posséder dans toute sa vigueur & pourvue de toutes ses qualités, cela n'empêche pas que sa culture n'exige des soins pour graduer la chaleur qui lui est la plus favorable, pour composer la terre qui convient le mieux à sa nature, & pour modifier les arrosemens suivant ses besoins. Ce sont ces différentes connoissances qui peuvent rendre cette culture aussi utile qu'agréable.

II. *Du degré de chaleur convenable à l'Ananas.*

Le degré de chaleur qui convient à l'Ananas

varie en raison de son âge & des différentes saisons. Les jeunes plants de l'année ne doivent pas être tenus aussi chaudement que ceux de deux ans, & ceux de la troisième année, qui sont destinés à porter des fruits, doivent être entretenus à la température la plus chaude. Pendant l'hiver, il faut à ces plantes moins de chaleur qu'au printems, &, dans l'été, il leur en faut plus que dans les deux saisons intermédiaires.

Les couronnes & les œilletons plantés nouvellement se conservent, croissent & prosperent pendant l'hiver, dans une serre chaude, où la chaleur, pendant la nuit, ne descend pas au-dessous de six degrés du thermomètre de Réaumur & où elle ne s'élève pas, au-dessus de dix degrés; ainsi, le terme moyen de la chaleur qui convient le mieux aux plantes de cet âge, pendant l'hiver, est de huit degrés. Lorsque le tems est clair & que la présence du soleil fait monter le thermomètre à vingt & vingt-cinq degrés, alors pour rendre cette différence de chaleur moins sensible aux plantes, & la faire tourner à leur avantage, il est utile de profiter de ces jours, assez rares dans notre climat, pour renouveller l'air des serres & arroser les plantes.

A mesure qu'on avance dans le printems on doit augmenter graduellement la chaleur des serres par le feu, & la porter vers la fin de cette saison, jusqu'à douze degrés, afin d'exciter la végétation des jeunes plantes & les amener, par une gradation insensible, à supporter, sans en être incommodées, les chaleurs de l'été. Le passage subit d'une température trop différente occasionne presque toujours quelque dérangement dans l'économie végétale & retarde la végétation, ce qu'il est très-important d'éviter.

Pendant l'été, la chaleur doit s'élever par gradation jusqu'à dix-huit & vingt degrés; mais il est essentiel qu'elle ne passe pas ce terme, parce que dans l'âge où sont ces plantes une plus grande chaleur les empêcheroit de se former; elles s'étioleroient, & plusieurs d'entr'elles ne produiroient que des fruits avortés. On doit donc faire en sorte de leur donner de l'air toutes les fois que le thermomètre avoisine vingt degrés, les bassiner souvent pour tempérer la chaleur & les garantir d'en éprouver une plus considérable, en les abritant des rayons du soleil.

A l'approche de l'automne, cette chaleur doit diminuer insensiblement de vingt à dix-huit, de dix-huit à seize degrés, & à la fin de cette saison elle ne doit plus être entretenue par le feu, qu'entre douze & quinze degrés, pour arriver à la température que doivent éprouver ces Ananas pendant l'hiver. A leur seconde année, les jeunes plants ont besoin d'une chaleur plus considérable pour entretenir leur vigueur & les disposer à produire de beaux fruits l'année suivante; on peut assigner pour terme moyen dix degrés pour le milieu de l'hiver, quinze degrés pour celui du printems; vingt-cinq degrés pour l'été, & seize degrés pour le milieu de l'automne, en laissant tomber la chaleur jusqu'à douze degrés, à la fin de cette saison.

La troisième année est l'époque où les Ananas donnent leurs fruits. On ne risque rien d'augmenter graduellement la chaleur, & de la porter, pendant leur fructification, au plus haut point d'élévation où elle puisse arriver dans notre climat par la chaleur du feu, combinée avec celle des couches & du soleil. Jusqu'à présent nous ne connoissons pas le terme au-delà duquel ces plantes puissent être affectées d'une trop grande chaleur, lorsqu'on la leur procure par degrés & qu'on y proportionne les arrosemens; mais nous savons qu'elles supportent sans peine quarante & quarante-cinq degrés de chaleur pendant l'été, sans en paroître fatiguées, & qu'au contraire elles n'en poussent qu'avec plus de rigueur. Il est bon cependant, pour rendre l'impression de la chaleur plus sensible à ces plantes & pour exciter davantage leur végétation cette troisième année, de les laisser à une température de douze degrés pendant le premier mois de l'hiver, ensuite de faire en sorte, au moyen du renouvellement des couches, d'exciter une chaleur souterreine qui mette en activité la séve des racines. Cette chaleur de la couche doit être, pendant tout les printems, plus forte que celle de l'atmosphère de la serre d'à-peu-près un tiers. On tâchera de mettre ces chaleurs en équilibre pendant le reste du tems que ces plantes emploieront à mûrir leurs fruits, & quand celle de l'atmosphère prendroit le dessus il n'y auroit pas un grand inconvénient.

Si l'on desiroit que les fruits mûrissent successivement & à différentes époques il seroit convenable, en sortant les plantes de la serre, pour les mettre sous les baches, d'en faire plusieurs divisions, d'après l'état plus ou moins avancé où elles se trouveroient alors, de les réunir sous les mêmes panneaux, & de les partager par des cloisons de planches, si l'on n'avoit pas assez de baches pour les mettre séparément, ce qui vaudroit, cependant beaucoup mieux. En donnant plus ou moins de chaleur sous ces panneaux on parviendroit à accélérer ou à retarder la maturité des fruits, & par ce moyen, aussi simple que facile, on auroit l'agrément d'avoir des fruits pendant long-tems.

Les termes que nous venons d'indiquer comme étant les degrés de chaleur les plus convenables à la culture des Ananas, aux différentes époques de leur vie & dans les différentes saisons de l'année, ne sont pas tellement de rigueur qu'on ne puisse s'en écarter de quelques degrés sans beaucoup d'inconvéniens, nous avons seulement tâché de fixer les termes moyens les plus praticables & qui nous ont paru les plus propres à la culture de cette plante.

III. *De la terre la plus convenable à l'Ananas.*

La terre qu'il convient de donner aux Ananas doit réunir plusieurs propriétés, dont les principales sont d'être perméable aux racines en tout tems, de se laisser aisément pénétrer par l'eau des arrosemens, de la conserver sans qu'elle se corrompe, & d'avoir assez de solidité pour assujettir les racines de manière que la tête de cette plante, qui est d'un volume & d'une pesanteur assez considérables, ne puisse, dans les transports fréquens qu'elle doit éprouver, la déranger de son vase.

On s'est long-tems occupé de la composition de la terre propre aux Ananas. Il existe un grand nombre de recettes; chaque auteur a donné la sienne; nous allons rapporter ici les principales.

Première Recette.

	parties.
Terre à froment ou terre franche	3.
Fumier de vache réduit en terreau	2.
Fumier de cochon bien consommé	1.
Vidanges de latrines réduites en terre	1.
Sable fin	1.

Seconde Recette.

Terre à froment ou terre franche	2.
Terreau de trois ans, de fumier de cheval	1.
Terreau de cinq ans, de fumier de vache	1.
Terreau de deux ans, de fumier de mouton	$\frac{1}{2}$.
Fiente de pigeon	$\frac{1}{2}$.
Vieille tannée consommée	1.
Terreau de feuilles consommées	1.
Terreau de bruyere	1.
Vieux platras pulvérisés	$\frac{1}{4}$.

Troisième Recette.

Terre franche	$\frac{1}{4}$.
Terreau du fumier de cheval	$\frac{1}{4}$.
Terreau de bruyere	$\frac{1}{4}$.
Terreau de fumier de mouton	$\frac{1}{8}$.
Terreau de fumier de vache	$\frac{1}{8}$.

Quatrième Recette.

Terre de gazon consommé	$\frac{1}{3}$.
Terreau de fumier consommé	$\frac{1}{3}$.
Sable jaune gras	$\frac{1}{3}$.

Cinquième & dernière Recette.

Terre à froment, jaune, grasse & pesante	$\frac{2}{3}$.
Sable jaune, fin & très-doux	$\frac{1}{3}$.

Mais de toutes ces recettes, quelque soit celle que l'on adopte, il faut que les ingrédiens, qui la composent, soient bien mélangés les uns avec les autres. Pour cet effet on dispose, sur un terrein ferme & assez étendu, chaque sorte de matière dont on veut former le mélange, & l'on en fait autant de petits tas coniques; ainsi, par exemple, si l'on choisit la première recette, le tas de terre franche sera composé de trois tombereaux, celui de fumier de vaches de deux tombereaux, & ceux des trois autres ingrédiens de chacun un tombereau ou de toute autre mesure, de manière que la masse entière du mélange excède le besoin qu'on aura de cette terre composée, d'à-peu-près un tiers, parce que ce mélange étant passé à la claie diminuera de cette quantité environ. Ces tas doivent être placés circulairement & laisser dans le milieu un espace vide de huit à dix pieds de diamètre. C'est dans cet espace que se fera le mélange des terres, & voici comme on y procède.

On commence par former au centre de tous les tas qui doivent entrer dans le mélange un petit tas rond, de forme pyramidale, composé de douze ou quinze pelletées de terre franche; ensuite on jette sur la pointe de la pyramide deux pelletées de fumier de vache, & une pelletée seulement de chacun des trois ingrédiens, après quoi on recommence par prendre trois pelletées de terre franche & des autres matières, successivement & en proportion, jusqu'à ce qu'enfin tous les tas aient été fondus dans le mélange. A mesure que le tas augmente il faut avoir l'attention de briser avec une batte les mottes de terre qui retombent au pied de la pyramide, de relever ensuite la terre qui en provient, & de la rejetter au sommet du cone, afin qu'elle se mélange & se disperse également.

C'est relativement à cette opération qu'il est nécessaire que le sol sur lequel se fait le mélange des terres soit ferme, pour que la batte puisse écraser facilement les mottes & rende l'opération plus commode.

Il est bon d'observer qu'on ne doit pas entreprendre de mélanger les terres dans un tems de pluie, par la difficulté qu'il y auroit de les bien mêler ensemble. Il faut avoir soin aussi que les terres qui entrent dans la composition du mélange ne soient pas trop humides, il seroit même à désirer qu'elles fussent bien sèches, afin qu'elles se répandissent plus également sur toute la surface du tas.

Lorsque le mélange est fait, on le laisse dans le même état & sous la même forme pendant quinze jours ou trois semaines, pour qu'il s'établisse une fermentatation qui en divise les parties; ensuite on le passe à la claie pour en extraire les pierres, les parties de terreau qui ne sont pas assez consommées & les corps étrangers qui pourroient s'y rencontrer. Ensuite on remet le tas en pyramide, comme il étoit auparavant. Plus la composition est formée de matières différentes, plus il faut de tems pour que son mélange soit parfait, & plus il faut avoir l'attention de la remuer souvent & de la passer à travers différentes claies. Il y a telle de ces compositions comme celle de la seconde recette qui n'est propre à être employée que la seconde & même la troisième année, parce qu'avant ce tems-là les différentes substances qui la composent ne sont pas assez exactement amalgamées ensemble. En général, plus ces compositions sont vieilles, mieux elles valent, c'est pourquoi un jardinier prudent a toujours soin de composer chaque année beaucoup plus de terre qu'il ne lui en faut annuellement, afin d'en avoir toujours d'ancienne à employer au besoin. Cependant la composition de la cinquième recette est beaucoup moins de tems à se perfectionner, & peut être employée quelques mois après avoir été mélangée.

Nous n'entreprendrons point de discuter ici le mérite de chacune de ces recettes en particulier, encore moins d'assigner le dégré de supériorité des unes sur les autres. Interrogez chaque agriculteur, il vous répondra que celle qu'il emploie est la meilleure. Nous nous bornerons seulement à dire que nous avons de fortes présomptions pour les croire toutes inutiles, si même elles ne sont pas nuisibles, à l'exception cependant de la dernière. Des expériences que nous suivons depuis quelques années, sur cet objet, nous mettront un jour à portée de résoudre cette question. En attendant, voici un fait qui peut répondre d'avance à beaucoup d'objections. Plusieurs agriculteurs instruits, persuadés que la multiplication d'un insecte particulier qui fatiguoit leurs Ananas étoit dûe aux fumiers de diverses espèces qui entroient dans la composition de leur terre, ont pris le parti de supprimer de leur culture ces sortes de compositions & de se servir tout simplement d'une terre naturelle prise à la campagne, en la choisissant d'une nature qui tînt le milieu entre la terre à froment, la plus forte, & le sable gras le plus fluide, ou ce qui revient à-peu-près au même, d'une terre semblable à celle indiquée à la troisième recette. Ils paroissent s'être bien trouvés de ce moyen; leurs plantes sont très-vigoureuses & la propagation de l'insecte a beaucoup diminué.

Si cette dernière composition est la meilleure, comme il y a tout lieu de le présumer, il ne s'agit plus que de fixer les doses de terre argilleuse & de sable qui doivent entrer dans le mélange, relativement à l'âge & à la force des Ananas. Les jeunes plantes d'un an exigent une terre plus meuble, plus perméable aux racines qui sont tendres & délicates, que celles qui sont plus âgées. On pourroit alors faire entrer la terre à froment dans la proportion d'un tiers, & le sable gras dans celle de deux tiers. Les plants de deux ans seroient placés dans une terre rendue plus solide, par l'addition d'un tiers de terre à froment & la suppression d'un tiers de sable. Enfin les Ananas de trois ans seroient plantés dans un mélange composé avec $\frac{5}{6}$ de terre franche & $\frac{1}{6}$ de sable gras.

IV. *Des arrosemens.* L'Ananas tient un peu de la nature des plantes grasses, il craint l'humidité pendant l'hiver, & la redoute même en tout tems, & à tout âge, lorsqu'il n'est pas en végétation. Quand on le plante sans racines, comme il arrive lorsqu'on le multiplie de couronnes ou d'œilletons, & quand on remporte les vieux pieds, il faut bien se garder d'arroser la plante immédiatement après cette opération, on la feroit périr; on doit attendre qu'elle ait poussé de nouvelles racines, & ne l'arroser même à cette époque, que très-légèrement, encore faut-il avoir soin de verser l'eau au pied de la plante.

Mais lorsque l'Ananas est repris depuis long-tems, & que le pot dans lequel il se trouve, est rempli d'une terre très-légère, composée de différentes espèces de terreau, alors comme l'évaporation se fait plus facilement, sur-tout si le pot n'est point placé dans une couche, & si l'on est obligé de faire beaucoup de feu pour entretenir le degré de chaleur convenable, il est nécessaire de l'arroser une fois par semaine, mais légèrement & seulement pour humecter la terre. Il faut aussi avoir l'attention de ne verser l'eau que sur le collet de la racine, & prendre bien garde qu'il n'en tombe point sur les feuilles, parce qu'en raison de leur disposition, elles la conduiroient au cœur de la plante, qui pourriroit infailliblement. On se sert pour cet usage, d'un arrosoir à goulot, dont le bec est long d'un pied, & se termine par un trou un peu applati de six lignes de long sur quatre de large. Si la terre est d'une consistance plus ferme, & d'une nature plus compacte, elle retiendra plus long-tems l'humidité, &, par cette raison, il suffira de l'arroser tous les quinze jours, & plus légèrement encore que dans le premier cas. Au printems, on peut arroser les Ananas plus fréquemment, sur-tout ceux qui annoncent leur état de végétation par la pousse de nouvelles feuilles, & particulièrement ceux qui se disposent à porter des fruits dans le courant de l'année. Mais en même-tems il faut que la chaleur soit plus considérable, comme nous l'avons dit précédemment. On choisit autant qu'il est possible pour faire les arrosemens de ces deux saisons, des jours où le soleil paroît dans toute sa force, afin que ses rayons dissipent l'humidité surabondante, à l'aide d'un ou de deux vagistas qu'on aura établis au milieu ou aux deux extrémités de la serre. L'eau qui sert à ces arrosemens, doit avoir séjourné

dans

dans la serre au moins vingt-quatre heures, pour que sa température soit plus analogue à celle de l'atmosphère des plantes : si l'on se servoit habituellement d'un eau prise extérieurement, il pourroit en arriver des suites fâcheuses pour les plantes, à cause de sa trop grande fraîcheur. Pendant l'été, les arrosemens doivent être plus fréquens, mais toujours très-légers; on peut se servir alors de tems en tems d'un arrosoir à pomme qui verse l'eau en manière de petite pluie fine, & la répandre également sur toutes les parties des plantes. Mais il faut alors changer l'heure des arrosemens. On doit les faire dans cette saison vers les sept à huit heures du matin, avant que les rayons du soleil aient acquis beaucoup de force. Plus tard, il seroit à craindre que les gouttes d'eau dispersées sur les feuilles, venant à rassembler plusieurs rayons solaires, ne fissent l'effet d'une loupe qui brûleroit l'épiderme, & y occasionneroit des taches aussi désagréables à l'œil, que nuisibles aux plantes.

A l'automne les arrosemens doivent diminuer en proportion de la chaleur, & les bassinages devenir moins fréquens. Il faut même supprimer entièrement ces derniers, lorsqu'on a transporté les Ananas de dessous les baches dans la serre chaude. S'il arrivoit, par quelques causes particulières, que les feuilles des plantes eussent besoin d'être lavées, il faudroit se servir d'une éponge douce qui ne contiendroit que très-peu d'eau, afin qu'en lavant les feuilles, il n'en tombât pas une trop grande quantité dans le cœur de la plante, & choisir ensuite pour cette opération un beau jour dont la chaleur fût en état de dissiper l'eau qui se trouveroit à la base des feuilles. On peut reconnoître à-peu-près, en tout tems, qu'un pied d'Ananas a besoin d'être arrosé, lorsqu'étant bien verd, la terre dans laquelle il est placé, devient friable sous les doigts, & qu'en les enfonçant à un pouce de profondeur on ne s'apperçoit qu'elle est humide, que par une couleur un peu plus brune. Mais les signes qui indiquent que les Ananas ne doivent point être arrosés sont plus aisés à saisir. En général, une plante qui ne pousse point ne doit être arrosée que très-légèrement & seulement pour consolider la terre autour des racines & empêcher l'air d'y pénétrer trop abondamment. Si elle est jaune, il faut se garder de l'arroser, parce que cette maladie vient presque toujours d'un excès d'humidité. On doit alors lui donner plus de chaleur & attendre qu'elle pousse pour humecter un peu la terre. Quelquefois, & sur-tout pendant l'été, il suffit de la tenir dans une atmosphère humide, chaude & aérée pour la rétablir. Toutes les fois que la terre d'une plante, même dans l'état le plus vigoureux, est humide à sa surface, il ne faut point l'arroser & en général, il vaut mieux pécher par défaut que par excès; les suites en sont moins dangereuses pour la réussite des plantes.

V. *Du renouvellement de l'air.* L'ANANAS est une des plantes qui transpire le plus, quand elle est en pleine végétation, & comme sa culture exige des serres basses & de peu d'étendue, l'air si corrompt bientôt, & il faut le renouveller souvent, si l'on veut avoir des plantes vigoureuses & de beaux fruits. Les jeunes plants d'un an sur-tout, ont besoin d'une atmosphère souvent renouvellée pour prendre de la force, sans quoi ils ne poussent que de foibles racines, leur corps ne prend point de consistance, leurs feuilles s'alongent & s'étiolent, & leur verdure reste toujours pâle. La meilleure manière de donner de l'air à ces plantes, est de lever perpendiculairement les chassis qui les couvrent, toutes les fois que le tems le permet, sans trop faire varier le degré de chaleur qui convient à leur âge & à la saison où l'on est. L'air qui tombe verticalement, est préférable à celui qui vient de toute autre manière. Ensuite il est nécessaire de ne pas trop rapprocher les pieds les uns des autres, & de laisser au moins entre chacun d'eux, un espace libre de trois à quatre pouces en tout sens. Les Ananas, qui sont en fructification, ont encore plus besoin d'un air pur que les autres, pour que leurs fruits acquierent de la saveur; il leur faut aussi beaucoup de lumière, afin qu'ils se colorent plus agréablement. Enfin le renouvellement de l'air, dans les serres, empêche la multiplication des insectes destructeurs, & rend leur séjour plus salubre, & pour les plantes & pour le cultivateur.

VI. *De la plantation & de la transplantation des Ananas.* Lorsqu'on veut planter les couronnes d'Ananas, il ne faut pas les couper, mais seulement les détacher des fruits, ce qui se fait fort aisément en tenant d'une main le fruit, & de l'autre la couronne; on tourne les deux mains très-rapprochées l'une de l'autre, en sens contraire, comme pour ouvrir un étui, & on sépare ainsi le fruit de la couronne qui vient avec une partie de l'axe qui étoit couverte par le fruit. On arrache quatre ou cinq rangs de feuilles de la base des couronnes, pour former une espèce de pied, ensuite on les place à l'ombre sur une tablette, dans un lieu sec & chaud, où elles restent pendant le tems nécessaire pour que les cicatrices, faites par la suppression des feuilles & la portion de l'axe, qui étoit recouverte par le fruit, soient desséchées extérieurement. Il ne faut, pendant l'été, que huit ou dix jours d'un tems sec, pour que les couronnes soient en état d'être plantées. Les œilletons se préparent de la même manière; on les arrache du bas des tiges des vieux pieds d'Ananas, on supprime les feuilles les plus basses, & on les laisse ressuyer comme les couronnes, ensuite on les plante dans des pots avec de la terre préparée, comme nous l'avons dit plus haut.

La terre des pots où sont plantés les Ananas s'apauvrit insensiblement ; elle se durcit & devient imperméable aux racines. Il faut la renouveller de tems en tems. D'un autre côté, les plantes acquièrent de la force, poussent un plus grand nombre de racines, & ont besoin d'un plus grand espace pour s'étendre. Il est donc nécessaire de les changer de vase, & de proportionner le volume de la terre à celui des racines. Mais il est bon d'observer que tous les tems ne sont pas également propres pour faire ces transplantations, & qu'il est même très-essentiel de choisir la saison convenable, sans quoi l'on retarderoit la végétation de ces plantes, & on n'obtiendroit que des fruits sans saveur, & du plus petit volume.

Quelques jardiniers auxquels cet accident est arrivé, ont cru le prévenir & s'en mettre à couvert, en plantant les couronnes & les œilletons de leurs Ananas, dans des pots d'un pied de diamètre, afin de n'être pas obligés de les transplanter & de pouvoir les laisser dans le même vase, jusqu'à ce qu'ils eussent porté leurs fruits ; mais il est résulté de cet arrangement, plusieurs autres inconvéniens non moins sensibles, parmi lesquels ont peut compter la difficulté de transporter ces masses & de les échauffer, & sur-tout la perte occasionnée par l'augmentation du volume des vases, d'un espace considérable & toujours précieux dans les serres chaudes ; mais le plus grave, celui qui influoit plus particulièrement sur la conservation des plantes, & qui a fini par faire abandonner aux jardiniers, l'usage de cette pratique, étoit la difficulté qu'ils avoient de maîtriser assez l'humidité de ces masses de terre, pour la faire tourner à l'avantage des plantes ; elles pourrissoient, quelque soin que l'on en prît, parce que la masse de terre, une fois imbibée d'eau, conservoit trop long-tems l'humidité. Il a donc fallu recourir à une autre méthode & voici celle qui est la plus généralement suivie ; elle tient un juste milieu entre les inconvéniens de transplanter trop souvent les Ananas, & ceux de les laisser toujours dans les mêmes vases.

On plante les couronnes & les œilletons dans des pots qui ont quatre à cinq pouces de diamètre, & environ autant de profondeur. Ces pots sont percés d'un trou dans le milieu du fond, & ont à leur base trois fentes sur les côtés. On les remplit jusqu'au bord, avec de la terre préparée pour le premier âge, mais très-sèche, & que, pour cet effet, on a eu soin de tenir en réserve dans un endroit à l'abri de la pluie. Après l'avoir comprimée, on fait, au milieu de la terre du vase, avec les deux doigts réunis au pouce, un trou dans lequel on place la couronne ou l'œilleton qu'on veut planter ; on l'enfonce de deux à trois pouces de profondeur, & on affermit fortement la terre tout autour. Quelques personnes font le trou beaucoup plus grand, le remplissent ensuite de terreau de bruyère ou d'un sable gras & fin, & y plantent leurs œilletons. Cette pratique a l'avantage de préserver de la pourriture, le collet du jeune plant, & d'offrir à ses racines tendres & délicates, un sol facile à pénétrer ; aussi ne doit-on pas la négliger, lorsqu'on peut en faire usage.

On place ensuite les pots sur une couche neuve couverte d'un chassis, ou dans une serre chaude. On les ombrage pendant les deux ou trois premières semaines, & on ne les arrose que lorsqu'on s'apperçoit que les plants commencent à pousser. Cette plantation peut se faire pendant toute l'année, & toutes les fois qu'on a des couronnes & des œilletons ; cependant il est plus avantageux, pour régler la culture de ces plantes & la maturité de leurs fruits, de la faire au mois de septembre & au mois de mars de chaque année. Pour cet effet, on met en réserve, dans un panier qu'on suspend dans un lieu sec & tempéré, toutes les couronnes des fruits qui mûrissent avant le mois de septembre, & qu'on laisse avec toutes leurs feuilles ; on ne détache les œilletons des vieux pieds, que huit ou dix jours avant cette époque, afin de planter tout à-la-fois les uns & les autres. Les couronnes des fruits qui mûrissent après le mois de septembre, sont mises en réserve dans un endroit sec, à l'abri de l'humidité & de la gelée jusqu'au mois de mars, & on laisse sur les vieux pieds, jusqu'à cette époque, les œilletons qui auroient été trop foibles pour être séparés au mois de septembre précédent. Il ne faut pas craindre que des couronnes d'Ananas ne puissent se conserver sans être plantées, depuis le mois de septembre jusqu'au mois de mars ; quelques Jardiniers Allemands & Hollandois, arrachent leurs gros pieds d'Ananas au mois d'octobre ; ils en lient les feuilles, mettent chaque pied sur des planches dans un endroit sec & chaud, & ne les replantent qu'au mois de mars suivant. Les plantes, il est vrai, fatiguent & perdent quelques-unes de leurs feuilles, mais en supprimant celles qui sont sèches, & plantant les pieds dans une terre neuve sur une bonne couche, ils reprennent presque tous, & n'éprouvent qu'un peu de retard dans la maturité de leurs fruits.

Les couronnes & les œilletons qui ont été plantés à l'automne, doivent être visités au mois d'avril suivant ; si leurs racines remplissent la circonférence du vase dans lequel ils sont, il faut les dépoter pour les replanter dans des pots semblables aux premiers, mais de six à sept pouces de diamètre. La terre dont on se sert pour ce rempotage, doit être un peu plus forte que celle qui a servi pour le premier.

La plupart des jardiniers suppriment, dans cette transplantation & dans les deux suivantes, toutes les racines des jeunes plantes, jusqu'à la culasse. Ils laissent ressuyer & se raffermir, pendant quatre ou cinq jours, sur les tablettes d'une serre chaude, les cicatrices des plantes, ensuite ils les remettent en terre avec les mêmes précautions qu'ils ont prises pour les couronnes, & les gouvernent de même ; quelqu'autres personnes s'y prennent d'une manière différente. Ils enlèvent leurs Ananas des pots, font tomber toute la terre qui enveloppe les racines, & coupent ces mêmes racines à six pouces de distance environ de la culasse; ils les replantent ensuite & les arrosent un peu. D'autres enfin se contentent de transvaser simplement leurs Ananas chaque fois qu'ils ont besoin d'être rempotés, & de les mettre dans des pots de deux pouces plus grands dans toutes leurs dimensions, & cela sans déranger les mottes ni couper aucunes racines. Chacune de ces trois manières a ses partisans, mais la première est la plus généralement suivie, & l'on ne s'est pas apperçu que l'amputation totale des racines, fut nuisible aux plantes du premier & du second âge, ni que les fruits qu'elles produisent, fussent inférieurs en beauté, en grosseur & en qualité à ceux des autres qui avoient été traitées d'une manière différente; on a remarqué au contraire, que lorsqu'à cette époque, on laissoit aux plantes toutes leurs racines ; elles se nuisoient mutuellement, & que les plantes ne produisoient que de petits fruits trop précoces pour la nature de notre climat.

Les jeunes pieds de cette division, dont les racines ne se sont point encore emparé de la totalité de la circonférence du vase, peuvent y rester jusqu'au tems du premier rempotage suivant, mais il faut avoir soin d'arroser ceux-ci un peu plus souvent que les autres.

La troisième transplantation se fait dans le mois de juillet. Elle ne doit avoir lieu que pour les individus vigoureux dont les racines, après avoir rempli la circonférence du vase, sortent par les ouvertures du fond. Les couronnes & les œilletons, plantés dans le mois de mars ou d'avril précédent, sont souvent dans ce cas; il en est même parmi ceux qui ont été rempotés au printems, qui ont encore besoin d'être changés de vase à cette époque. C'est pourquoi il est bon de les visiter tous, & de donner à ces derniers, en raison de leur âge & de leur force, des pots de huit à neuf pouces de diamètre, & aux autres de six à sept pouces seulement.

Enfin le quatrième & dernier rempotage des Ananas, doit être fait au mois d'avril suivant, dans des pots de dix à onze pouces de diamètre. Ceux-ci doivent être percés de cinq trous dans le fond, & de cinq fentes à leur base sur les côtés. On doit se servir, pour les remplir, de la terre la plus forte, y mettre les plantes, à culasse nue, & les gouverner comme nous l'avons dit ci-dessus. Au mois de juillet suivant, lorsqu'on remanie les couches, s'il se trouvoit des individus dont les racines eussent passé à travers les fentes ou les trous des vases, il faudroit les mettre dans des pots un peu plus grands, sans couper les racines, ni déranger les mottes. Mais ensuite les plantes ne doivent plus être changées de vase, parce qu'au mois de février ou de mars suivant, elles commencent à marquer leurs fruits, & que, dans cet état, toute opération qui peut arrêter ou suspendre leur végétation, est nuisible à la beauté des fruits.

VII. *Des couches propres à la culture des Ananas.* On fait des couches avec plusieurs matières susceptibles de donner beaucoup de chaleur par la fermentation. Ces matières varient dans différens pays, en raison de ce qu'elles y sont plus ou moins abondantes. On en fait avec des feuilles en putréfaction, avec du fumier de cheval, avec de la scieure de bois & avec du tan qui a servi à corroyer les cuirs. C'est le plus ou moins de facilité que l'on trouve à se procurer ces matières, qui détermine le choix. Mais la meilleure de ces substances, est sans contredit, celle qui, sans donner un degré de chaleur trop considérable à la couche dans le commencement, la conserve plus également & plus long-tems. A Paris, où il est aisé de se procurer toutes ces matières, on préfère à toute autre, le fumier de cheval & le tan. La tannée seule n'est guères employée que dans les serres chaudes, & le fumier mêlé avec le tan, s'emploie sous les chassis ou sous les baches. L'épaisseur des couches varie en raison de la saison où l'on veut en faire usage ; celles qui sont destinées à servir aux plantes, pendant l'hiver, doivent être plus fortes que celles du printems, & ces dernières plus épaisses que celles d'été & d'automne.

Lorsqu'on fait une couche neuve pour l'hiver, dans une serre chaude, & qu'on veut économiser la dépense assez considérable qu'elle entraîneroit, si on la faisoit de tan seul ; on commence par mettre au fond de la fosse, qui pour l'ordinaire, a quatre pieds de profondeur, un lit de pierrailles de formes irrégulières, auquel on donne huit pouces d'épaisseur, d'abord pour donner un écoulement plus facile aux eaux, & ensuite pour empêcher la couche de toucher à la terre, qui, dans l'hiver, lui communiqueroit sa fraîcheur. Sur ce premier lit, on en établit un second d'égale épaisseur, formé avec des fagots les plus irréguliers qu'on peut trouver ; on le recouvre d'un troisième lit fort mince, composé de litière. Ce dernier lit n'eut-il que deux pouces d'épaisseur, seroit suffisant pour unir la surface inégale du second lit. La profondeur de la fosse, ainsi diminuée de dix-huit pouces, par la superposition des trois lits que nous venons d'indiquer, plusieurs personnes achèvent de la remplir avec de la tannée sortant des fosses d'une tannerie ; mais comme cette tannée est alors très-humide,

& que sa fermentation se feroit attendre long-tems, on la mêle quelquefois avec un quart de sciure de bois bien sèches, & on l'exhausse d'environ un pied au-dessus des bords de la fosse. Malgré cette précaution, si la couche tardoit trop à s'échauffer, on pourroit répandre sur toute la surface, deux ou trois seaux de sang de bœuf. Ce moyen que nous n'avons point eu occasion d'employer, est pratiqué par un petit nombre de jardiniers; ils prétendent qu'il accélère la fermentation, & la fait durer plus long-tems.

Si l'on veut économiser encore davantage sur la dépense du tan, on peut établir sur le lit de fagots, à la place de la litière simple, une couche de trente pouces d'épaisseur; & pour empêcher qu'elle ne s'échauffe trop, qu'elle ne perde trop promptement sa chaleur ou qu'elle ne jette une trop grande humidité dans la serre, on peut la former de litière, de fumier moëlleux, & de feuilles de châtaignier ou de chêne bien sèches, dans la proportion d'un quart pour la première matière, d'une moitié pour la seconde, & d'un quart pour la troisième. Toutes ces substances doivent être bien mêlées ensemble & étendues lits par lits de dix pouces d'épaisseur chacune, qu'on doit tasser ensuite fortement avec les pieds; après quoi on recouvre cette couche d'un lit de tannée de quinze à dix-huit pouces de haut. Lorsque cette couche aura jetté son premier feu de fermentation, & qu'un thermomètre qu'on aura introduit dans l'intérieur à huit ou dix pouces de profondeur, ne marquera que quarante degrés de chaleur; on pourra y placer les pots des Ananas, qui auront été plantés nouvellement sans racines. Mais ceux qui auront toutes leurs racines, ne doivent y être placés que lorsque la chaleur sera diminuée de cinq ou six degrés au-dessous de ce terme. De ces deux manières de faire les couches, la première est sans doute la plus facile & la plus propre à la conservation des plantes, parce que quelque soin qu'on prenne pour établir une couche d'après le second procédé, on ne peut empêcher que son humidité ne soit nuisible aux plantes, sur-tout si l'hiver est humide, & si le soleil ne paroît que rarement sur l'horizon. Cet inconvénient est d'autant moins inévitable, que si on emploie des matières trop sèches, il n'y aura pas de fermentation & par conséquent point de chaleur.

Pour faire les couches de printems, il y a beaucoup moins d'inconvéniens à se servir du fumier; c'est ordinairement au commencement du mois de mars qu'on les établit sous les baches ou sous les chassis, dans lesquels les Ananas doivent être transportés à la sortie des serres, & où ils doivent séjourner jusqu'au mois d'octobre. On met au fond des fosses, un lit de six pouces d'épaisseur, de grande litière, après quoi on bâtit sa couche par lits de quinze à dix-huit pouces d'épaisseur, avec du fumier lourd, mélangé en parties égales, avec de la litière courte & de vieux fumier d'ancienne couche; on marche bien ces différens lits pour les comprimer & faire en sorte que la couche baisse également dans toutes ses parties, après quoi on la recouvre de douze à quinze pouces de tannée neuve, mêlée avec de vieux tan dans une égale proportion. On la laisse ensuite pendant une quinzaine de jours, jetter sa trop grande chaleur, & lorsqu'elle n'est plus qu'entre trente & trente-cinq degrés, on y place les pots d'Ananas qu'on tire des serres.

Les couches d'automne se font à-peu-près de la même manière; mais comme le froid augmente insensiblement dans cette saison, tandis que la couche perd d'autant plus de sa chaleur qu'il y a plus long-tems qu'elle est faite, il convient de diminuer la quantité de fumier qui entre dans sa construction, & d'augmenter la quantité de tan d'une égale proportion.

Dans l'intervalle de ces saisons, si la chaleur des couches étoit trop diminuée, & qu'on eut besoin de laviver pour exciter la végétation des plantes, jusqu'à l'époque où les couches doivent être refaites à neuf, on pourroit quelquefois y parvenir en donnant un simple labour à la tannée; mais on est sûr d'obtenir cet effet en mettant huit ou dix pouces de tannée neuve sur l'ancienne, & en mélangeant exactement le tout par un labour profond, dans lequel on aura soin de bien briser les mottes de tannée.

Lorsque les couches des serres ou des baches sont faites uniquement avec de la tannée, il n'est pas nécessaire de vuider entièrement les fosses chaque année, pour en tirer la vieille tannée; on peut se contenter de la mêler avec partie égale de tan neuf, ou avec deux tiers, si l'on a besoin d'une plus grande chaleur, & supprimer ce qui n'a pu entrer dans le mélange. Il n'en est pas de même des couches de fumier ou d'autres substances, il faut les refaire à neuf toutes les années.

Quant à la manière de placer les pots d'Ananas sur les couches, elle est fort simple. Il ne s'agit que de mettre les pieds les plus forts sur le derrière, & les plus petits sur le devant, en espèce d'amphithéâtre, dont l'aspect soit au midi, en ayant soin de les écarter assez les uns des autres pour qu'ils ne se touchent point, & que l'air puisse circuler autour, & ensuite de les enterrer entièrement jusqu'au bord. Mais une chose à laquelle on ne fait pas assez d'attention, & qui est cependant infiniment plus importante, est de ne point mêler ensemble des pieds de différens âges, comme on ne le fait que trop communément; il faudroit séparer les plantes d'un an de celles du deuxième âge, & celles-ci du troisième, parce que leur culture, & sur-tout le degré de chaleur qui leur convient, est bien différent, ainsi que nous l'avons observé précédemment. Avec cette précaution, on auroit des plantes plus vigoureuses, & qui donneroient de plus beaux fruits.

VIII. *Des abris propres à la culture des Ananas.* On emploie ordinairement les serres chaudes, les baches & les chassis, des paillassons & des toiles. Nous n'entreprendrons point de traiter ici de ces objets, leur description se trouvera à leurs articles respectifs, auxquels nous renvoyons, ainsi qu'aux figures qui seront jointes aux volumes de planches de cet ouvrage.

Les serres chaudes ne servent guère aux Ananas que pour passer l'hiver; moins elles sont grandes & plus les chassis sont inclinés & rapprochés des plantes, mieux celles-ci se conservent; parce qu'on est plus le maître d'y régler la chaleur, que les plantes y jouissent davantage de l'air & de la lumière non moins essentielle à leur nature, & qu'elles éprouvent moins d'humidité. On les y plaçoit anciennement sur des tablettes; mais on a reconnu qu'il étoit plus convenable de les planter dans des couches de tannée. On rentre ordinairement les Ananas dans les serres chaudes à la mi-octobre, & on les en sort à la fin de mars. Pendant ce tems, il est à propos d'empêcher que le degré de chaleur ne descende pas au-dessous du terme convenable à la nature de ces plantes & à leurs différens âges, ce qui se fait au moyen du feu qu'on entretient dans un fourneau pratiqué pour cet usage. Il n'est pas moins nécessaire d'empêcher que le degré de chaleur ne s'élève trop haut; pour cet effet, on ouvre à propos les vagistas & les croisées, qui servent en même tems au renouvellement de l'air. Cette attention journalière, jointe à celle des arrosemens, font à-peu-près toute la culture des serres pendant l'hiver.

Les baches sont des chassis dont les bords sont formés de quatre murs recouverts de vitraux. Leur élévation sur le derrière, au-dessus du niveau du sol, est d'environ deux pieds & demi, & d'un pied sur le devant, du côté du midi. On leur donne cinq pieds & demi de largeur, & trois pieds de profondeur au-dessus du niveau du sol. Pour la longueur elle ne peut être moindre de huit pieds, mais on peut l'augmenter tant qu'on veut. Cependant cinq toises de long paroissent une proportion plus commode pour la culture, & il vaut mieux multiplier les baches pour y mettre séparément les plantes des différens âges, & les y cultiver suivant leurs besoins, que de n'en avoir qu'une où toutes se trouvent confondues, & où il n'est pas possible de donner le degré de chaleur qui convient à chacune d'elles. On met les Ananas dans les baches au commencement du mois d'avril sur des couches neuves qu'on a pratiquées pour les recevoir, & on les y laisse jusqu'à la mi-octobre. Dans cet intervalle on est obligé de ranimer la chaleur des couches, soit en labourant la tannée qui les recouvre, & en y en ajoutant de nouvelle; soit en remaniant le fumier de couche dans laquelle on en fait entrer de nouveau. Ces opérations se font à l'époque du rempotage des plantes.

La culture des baches se réduit à ouvrir & fermer les panneaux des chassis, pour renouveller l'air, & entretenir le degré de chaleur qui convient aux plantes qu'elles renferment, à arroser & bassiner ces mêmes plantes toutes les fois qu'elles en ont besoin, & à les ombrager par des toiles ou des cannevas qui les garantissent des trop grandes ardeurs du soleil, sur-tout lors des rempotages, & à les couvrir de paillassons lorsque la chaleur de la couche diminue, & que les nuits deviennent froides.

Les chassis ne servent guères que pour les couronnes & les œilletons d'Ananas nouvellement plantés; ils sont plus propres à cet usage que les baches, parce que les plantes étant plus rapprochées des vitraux, ont plus d'air, & qu'on peut plus aisément les faire jouir de toute son influence en enlevant les panneaux toutes les fois qu'il tombe des pluies douces, & pendant les nuits chaudes de l'été. D'ailleurs leur culture est la même que celle des baches.

Il y a encore une autre espèce de serre qu'on emploie dans quelques jardins, & dans laquelle on cultive les Ananas toute l'année. C'est une bache plus large que celle dont nous venons de parler, & dans laquelle on pratique un fourneau avec ses conduits qui en font le tour. Pendant l'hiver on y fait du feu, & par ce moyen elle tient lieu d'une serre chaude & d'une bache. Mais dans les hivers moux & neigeux, on a beaucoup de peine à garantir les plantes qu'elle renferme de l'humidité; lorsqu'ils sont rigoureux & froids, c'est un autre inconvénient; comme on est obligé de couvrir continuellement les chassis & de les découvrir, il est impossible qu'on ne casse pas toujours quelques carreaux, & alors le froid pénètre dans la serre, gele les plantes & les fait souvent mourir.

Enfin il y a des jardiniers en Hollande, qui pour tout abri contre l'intempérie des saisons, n'ont que des baches dont les parois latérales sont construites en fortes planches espacées à quinze ou dix-huit pouces de distance les unes des autres. Ils remplissent cet intervalle avec de la paille hachée, ou des balles de bled bien sèches & bien comprimées lits par lits, & ils recouvrent extérieurement ces matières avec d'autres planches exactement jointes au premières, pour empêcher tout accès à l'eau. La couverture de ces baches est faite en vitreaux inclinés à la manière ordinaire, sur lesquels s'adaptent des volets de bois qu'on ouvre & qu'on ferme à volonté; ils construisent ensuite avec du fumier & du tan, des couches sur lesquelles ils placent leurs plantes, qui ne sont échauffées que par la seule chaleur des couches, qu'ils sont attentifs à renouveller à l'approche des froids; & au moyen des volets, des paillassons & de la litière dont ils les couvrent, ils les rendent inaccessibles aux gelées. Leurs plantes s'y conservent bien lorsque les hivers ne sont pas trop humides, & ils en obtiennent d'assez beaux fruits. Si cette manière de cultiver les Ananas est moins dispendieuse que les autres, elle est infiniment plus assujétissante & moins sûre; elle ne peut guères être pratiquée chez nous avec quelque succès, que par les jardiniers maréchais, dont le zèle & l'activité sont continuellement stimulés par l'appas d'un bénéfice avantageux.

IX. *De la multiplication des Ananas.* Les Ananas se multiplient par le moyen des semences, des drageons, des œilletons & des couronnes.

Presque tous les individus d'Ananas, cultivés en Europe, ayant été multipliés par couronnes ou par drageons, sont devenus par une longue culture, des plantes luxuriantes qui, en mêmetems que leurs fruits ont acquis de la grosseur & de la saveur, ont perdu, en grande partie, la faculté de donner des graines. C'est pourquoi la voie de multiplication par les semis est devenue presque impraticable chez nous. Cependant comme il se rencontre quelques variétés qui produisent encore des semences, il est bon de ne pas négliger ce moyen, lorsqu'on trouve occasion de le mettre en pratique. C'est le seul qui puisse régénérer les races appauvries, & fournir de nouvelles variétés aussi rares qu'intéressantes, parmi lesquelles il est très-probable qu'il s'en trouvera de moins délicates que celles que nous connoissons & peut-être de meilleur qualité. C'est à ce moyen que les Américains doivent les meilleurs fruits qu'ils possèdent; tout nous invite donc à le mettre en usage dans les jardins où l'on cultive cette plante en grand, & à le faire concourir avec les autres voies de multiplication.

Pour récolter de bonnes graines d'Ananas, il convient de laisser parfaitement mûrir le fruit sur pied, avant que de le recueillir, & de le laisser ensuite pendant une quinzaine de jours à l'ombre dans un lieu chaud. Sa pulpe s'amollit, on l'écrase dans un vase rempli d'eau, elle se divise, s'écoule avec l'eau, & les semences restent au fond du vase avec l'axe & les cellules d'où il est aisé de les tirer. On les laisse ressuyer pendant une journée ou deux, ensuite on les sème.

La terre qui convient à ces semis, est une terre légère, sablonneuse & peu susceptible de garder l'humidité. On en remplit des pots, dans lesquels on sème les graines à des distances égales, ensuite on les recouvre d'environ deux à trois lignes de cette même terre, qu'on affermit avec le dos de la main; on les arrose immédiatement après & à plusieurs reprises, afin que la terre soit bien imbibée, avec un arrosoir à pomme dont les trous soient bien fins; on place ensuite les pots sous un chassis & sur une couche chaude. Lorsque les graines n'ont pas été semées plus tard qu'à la fin de l'été, & qu'on a eu soin de les arroser souvent, elles lèvent vers le milieu de l'automne, & le plant pousse deux ou trois feuilles avant l'hiver. Mais si cette dernière saison est humide, il aura bien de la peine à se conserver. Il faudra le placer dans la couche de tan d'une serre chaude, le plus près des vîtraux qu'il sera possible, & ne l'arroser que rarement & fort légèrement. Les semis du printems sont plus sûrs de réussir, parce que le jeune plant a acquis, pendant l'été & l'automne, assez de force pour se défendre de l'humidité de l'hiver. Mais il est difficile de conserver des fruits jusqu'à cette époque; & si on garde les graines quelques mois après qu'elles ont été tirées de leur fruit, il est rare qu'elles lèvent. Les plants provenus de semis, se cultivent comme les couronnes & les œilletons, mais ils ne donnent des fruits que la cinq ou sixième année, ce qui, joint à la difficulté d'obtenir des graines, a fait préférer les autres voies de multiplication.

On préfère, en général, les couronnes aux drageons, & ceux-ci aux œilletons. On sait qu'on nomme couronne, le bouquet de feuilles qui est placé sur le fruit; les drageons sont les branches qui sortent du collet de la racine, & les œilletons, celles qui viennent sur la hampe au-dessous du fruit. Ces trois parties sont également propres à multiplier la plante; lorsqu'elles sont de même force, elles produisent en même tems, des fruits de même grosseur & d'égale bonté. C'est uniquement la différence de leur force qui en apporte dans celle de la maturité de leurs fruits. Ainsi, on ne doit avoir égard, dans le choix, qu'à la force & à la végétation d'une partie sur les deux autres.

On n'est pas le maître de se procurer de fortes couronnes, & même on ne desire guère d'en obtenir, parce qu'en général, elles ne se trouvent que sur des petits fruits; les plus gros ont presque toujours de petites couronnes. Mais on peut aisément se procurer de beaux drageons, il ne faut que faire usage du moyen que nous allons indiquer.

Nous avons dit qu'il falloit visiter les Ananas après la récolte des fruits. Les vieux pieds ont ordinairement plusieurs drageons, on n'en laisse que deux des plus vigoureux, & l'on supprime tous les autres; on place ensuite ces vieux pieds dans une couche neuve, & on les arrose aussi souvent qu'il est possible. Les drageons prennent de la force en peu de tems, & vers la fin de février, qui est l'époque où l'on prépare des couches sous les baches, on les sépare de leur souche, le plus près du collet de la racine qu'il est possible, & l'on supprime les vieux pieds qui ne sont plus en état de fournir de nouveaux drageons.

Les drageons doivent être préparés comme les couronnes, c'est-à-dire, qu'il faut ôter trois ou quatre rangéees des petites feuilles du bas, & couper en biseau l'extrémité du talon, lorsqu'en l'arrachant avec effort on a enlevé une portion du collet de la racine. On les laisse sur une tablette pendant sept ou huit jours, pour que les cicatrices aient le tems de se raffermir, après quoi on les plante dans de la terre sèche, comme nous l'avons dit ci-dessus.

X. *Des obstacles à sa végétation.* Le plus grand de tous, est le manque de chaleur; le second, la trop grande humidité, le troisième, une chaleur donnée inconsidérément & sans gradation, & le quatrième, une espèce d'insecte particulière à l'Ananas. Nous avons fait connoître les trois premiers, & les moyens de les vaincre; il ne nous reste qu'à traiter du dernier, ce que nous allons faire en transcrivant cet article du cours complet d'agriculture, parce qu'il ne laisse rien à desirer.

« L'insecte de l'Ananas est blanc; il ressemble d'abord à une poussière blanche, & bientôt il paroît sous la forme de ces petites cloques qui ravagent les orangers: comme celles-ci, on jugeroit qu'elles ne font aucun mouvement: cachées sous l'écaille qui les recouvre, elles sont collées sur la feuille, & travaillent sûrement à l'abri de leur enveloppe. Dans cet état, toutes les parties de la plante servent à assouvir leur voracité; elles ne rongent pas les plantes, mais armées d'une trompe, elles l'enfoncent dans leur tissu, en pompent le suc; &, après l'avoir retiré, il se fait une extravasion de la sève; les feuilles jaunissent, la plante languit & meurt. La reproduction de cet insecte destructeur est prodigieuse; & dans peu de tems, ces cloques se sont emparées de tous les ananas d'une serre. On a essayé de plusieurs moyens pour parvenir à leur destruction; la multiplicité des recettes prouve assez son inutilité. Voici cependant celle qui est la plus en usage. Dans un vaisseau quelconque rempli d'eau, on fait une forte infusion de tabac; & après avoir enlevé toute la terre au tour des racines de la plante, on la plonge entièrement dans cette infusion, où elle reste environ pendant vingt-quatre heures. Lorsqu'on la retire de ce bain, on la plonge de nouveau dans un bain d'eau propre; une éponge sert à nettoyer les feuilles, le dedans, le dehors & le dessous du pot dans lequel on doit la replanter, & on lui donne de la terre neuve. Après l'opération, le pot est mis dans la tannée à laquelle on a ajouté du tan neuf, afin d'y renouveller la chaleur. Ces insectes multiplient beaucoup plus pendant l'été sur les plantes qu'on tient trop sèches, que sur celles dont les vases sont pourvus d'un peu d'humidité. Les irrigations en manière de pluie ne détruisent point ces insectes; ils se serrent & se collent davantage contre les feuilles, & leur couverture en forme de bouclier, laisse couler l'eau qui devroit leur nuire. »

XI. *Des qualités du fruit.* Dans le pays où l'Ananas est indigène, on attend que le fruit ait presqu'acquis sa maturité pour le cueillir; alors il est séparé de la tige & suspendu pendant quelques tems; son goût en devient plus relevé, parce que l'eau surabondante de la végétation s'est dissipée & que cette eau dans l'Ananas, comme dans tous les fruits quelconques, est mal saine, & noye les principes aromatiques. Pour le manger, on le sépare de la couronne; quelques-uns enlèvent l'écorce du fruit sur deux lignes d'épaisseur, le coupent horizontalement en tranches minces, qu'ils saupoudrent d'un peu de sel, & le laissent ainsi macérer dans l'eau pendant quelques instans; d'autres font tremper ces tranches dans du vin d'Espagne, auquel on a ajouté du sucre; mais de quelque manière qu'on l'accommode, il seroit imprudent d'en manger beaucoup. En Asie, on le regarde comme très-échauffant, & nuisible aux personnes attaquées de maladies cutanées. L'ananas a l'avantage de réunir le parfum de nos meilleurs fruits. On croit reconnoître le goût de la fraise, de la framboise, de la pêche, de l'abricot, de la pomme de reinette, &c. ceux que nous cultivons dans nos serres ont à peu de chose près les mêmes qualités.

L'odeur, & non la couleur des fruits décide de leur maturité; & lorsque les tubercules ont perdu un peu de leur fermeté, il est tems de les cueillir; si on les laisse mûrir entièrement sur pied, la chair devient molle, filandreuse, & le parfum diminue. Pour les manger bons, il faut les prendre au point convenable.

Les six autres espèces d'Ananas sont des plantes à peu-près de même nature que celle dont nous venons de parler: elles se prêteroient à la même culture si on la leur administroit, mais leurs fruits, quoique doués en général de qualités intéressantes, ne peuvent entrer en comparaison avec ceux de l'Ananas cultivé, ce qui fait qu'on les regarde plutôt comme des plantes d'agrément que comme des plantes d'usage économique. On se contente de posséder deux ou trois individus de chaque espèce dans les grands jardins de botanique. On les y cultive pendant l'hiver dans les tannées des serres chaudes & l'été sous des baches ou sous des chassis.

Ces plantes se multiplient de graines qu'il faut tirer des pays où elles croissent, parce que très-rarement elles en produisent dans notre climat. Pour en être plus sûr, il faut les faire venir avec leurs fruits qu'on a soin de faire dessécher avant que de les emballer. Au moyen de cette précaution, les graines se conservent pendant le voyage. On les sème au printems, vers le mois de mars, dans des pots remplis d'une terre douce, sablonneuse & légère. Ces pots doivent être placés sur une couche très-chaude qu'on couvre d'un chassis. Pendant les quinze premiers jours il convient de bassiner matin & soir, les pots qui renferment ces semis, pour déterminer leur germination. Mais il faut diminuer les arrosemens dès qu'on apperçoit le cotyledon des semences sortir de terre & ne leur donner de l'eau que de loin en loin.

Le jeune plant est souvent assez fort pour être

séparé à l'automne de la même année; lorsqu'il a quatre ou cinq petites feuilles on repique chaque individu séparément dans des pots remplis d'une terre un peu plus forte que celle qui a servi aux semis. On les place sous des baches ou sous des chassis dont les couches ont été renouvellées, & on les y laisse jusqu'au mois d'octobre: alors on les rentre dans les serres chaudes, on les place dans une tannée le plus près des vitreaux qu'il est possible, & à l'endroit le plus sec & le plus chaud. Pendant l'hiver, il faut peu arroser ces plantes & avoir sur-tout l'attention de ne point laisser tomber d'eau dans le centre de leurs feuilles parce qu'elle feroit pourrir les pieds. Au printems, on peut transporter ces jeunes plantes sous les baches avec les Ananas, ou à défaut de baches, les laisser dans la serre chaude, notre climat ne permettant pas de les exposer à l'air libre même pendant l'été.

On multiplie encore ces six espèces d'Ananas par le moyen des drageons qui poussent quelquefois de leurs racines ou par les œilletons qui croissent sur les hampes de quelques-uns d'entre elles. Il convient de ne les séparer de leurs souches que lorsqu'ils ont acquis assez de forces pour supporter cette opération, encore faut-il choisir le mois d'avril ou de juillet; on les prépare comme les couronnes & les œilletons des Ananas communs, & on les cultive de la même manière.

Qualités. Le fruit de l'espèce numéro 2, a un suc acide, abondant & très-fort que les habitans de la Jamaïque font entrer dans la composition de leur punch. On en fait aussi une espèce de vin très-violent qui doit être bu tout de suite parce qu'il ne peut se conserver. Comme cette liqueur enivre aisément, & qu'elle échauffe le sang, on ne doit en faire usage qu'avec modération.

Le suc des fruits de l'Ananas hémisphérique est d'une saveur plus douce & plus agréable; il rafraîchit & désaltère.

L'Ananas à tige nue a une propriété particulière qui le rend très-utile aux voyageurs; ses feuilles sont disposées de manière qu'elles forment une espèce de vase qui retient & conserve pendant long-tems l'eau des pluies ou des rosées; comme la plante croit à l'ombre dans les forêts humides, cette eau est toujours fraîche & ordinairement très-limpide; elle est aussi d'une grande ressource pour les chasseurs altérés.

En Europe, ce n'est que très-rarement qu'on voit fructifier ces plantes & les soins qu'elles exigent en font négliger la culture dans un grand nombre de jardins qui n'ont pas pour but des collections de végétaux. (*M. Thouin.*)

Ananas, sauvage synonime du *Bromelia caratas* L. des Botanistes. *V.* ANANAS A LONGUES FEUILLES. (*M. Thouin.*)

ANAPALA, nom indien d'un arbre des Philippines, dont le genre n'est pas connu des Botanistes; ils lui trouvent seulement quelques caractères qui semblent le rapprocher du genre des Acacies, &, par conséquent, de la famille des LÉGUMINEUSES, dont ce dernier fait partie.

L'ANAPALA est un arbre qui s'élève à une assez grande hauteur, son port a de l'élégance, & son feuillage de la légèreté, mais ses fleurs, qui sont petites & verdâtres, offrent peu d'agrément. Elles sont remplacées par de petites gousses qui contiennent des semences applaties. Du reste, ses qualités, ses usages & sa culture, nous sont également inconnus. (*M. Thouin.*)

ANAPARNA. C'est le nom que l'on donne, au Malabar, à une plante décrite & figurée par Van-Rhéede, dans son *Hort. Malab. vol. VII, pag.* 75, *pl. XI*, & que M. Adanson rapporte au genre du *Tapanava*, qui fait partie de la famille des GOUETS ou des ARUMS.

C'est une plante grimpante, qui s'attache aux arbres par le moyen des vrilles qui sont à l'extrémité de ses feuilles. Ses fleurs sont peu apparentes. Les baies, qui leur succèdent, sont d'un rouge de corail assez éclatant, & renferment chacune une semence très-dure.

Cette plante a une saveur amère. On emploie ses baies en décoction, pour les fièvres ardentes. Ses feuilles pilées, s'appliquent en cataplasme sur les tumeurs & sur toutes les parties douloureuses. Elle n'a point encore été apportée en Europe. (*M. Thouin.*)

ANAPODOPHYLLE, synonyme du *Podophyllum pellatum.* L. des Botanistes. *Voyez* PODOPHYLLE. (*M. Thouin.*)

ANASARQUE, maladie des bestiaux, c'est une hydropisie du tissu cellulaire de toute la peau.

Les jambes, dans cette maladie, commencent à enfler, ensuite l'enflure gagne les cuisses, les bourses, le ventre, la croupe, le poitrail, enfin, le cou & rarement la tête, de manière que tout le corps est bouffi. Les jambes & les cuisses le sont plus, à proportion, que le reste du corps; le pouls, souvent fréquent, est plus petit que dans l'état naturel; les urines sont diminuées, ainsi que la transpiration insensible; l'animal est foible & mange peu.

On attribue l'anasarque aux alimens aqueux, à l'eau impure, prise en boisson, à un air humide, à un sol toujours frais, au relâchement des fibres, occasionné par une maladie passée, au froid subit, à une boisson copieuse d'eau trop fraîche, à quelque obstruction dans les viscères du bas-ventre, &c. Ces causes ou séparées, ou concourantes, peuvent déterminer cette espèce d'hydropisie, comme on le concevra facilement, puisqu'elles tendent à relâcher le tissu cellulaire de la peau, ou à augmenter la partie aqueuse du sang, ou à coaguler la partie rouge; aussi, dans les pays marécageux, les animaux sont-ils plus sujets à toutes les espèces d'hydropisie, & particulièrement à l'anasarque. Les bêtes à laine de Sologne

Sologne en meurent. *Voyez* POURRITURE. Les lièvres du parc de Rambouillet n'y résistent pas dans les hivers pluvieux. Le cheval est sujet à l'Anasarque, mais le bœuf & le porc en sont rarement attaqués.

Cette maladie est très-fâcheuse. Les cas où il y a de l'espérance, sont ceux où la maladie s'est déclarée brusquement, où le sujet est jeune, où les urines sont abondantes, colorées, d'une odeur fétide, les sueurs copieuses & d'une odeur forte, la respiration libre, & où il survient une diarrhée avec accroissement de forces vitales. Si les animaux sont dans un état contraire, on doit craindre qu'ils ne périssent.

Pour combattre l'Anasarque, il y a trois indications principales à remplir. La première, de détruire la cause du mal; la deuxième, d'évacuer les eaux; & la troisième de prévenir la rechûte. Si la cause dépend des alimens aqueux, il faut leur en substituer de plus secs; on remplacera les herbes ou racines humides, par du foin, de la paille, des graines légumineuses ou de graminées, ou on mêlera aux racines ou aux herbes, des feuilles de plantes aromatiques; si c'est de la qualité des eaux, on en cherchera de meilleure, on la filtrera dans du sable, ou on la fera bouillir avec un peu de sel marin, ou on y mettra des cloux rouillés; si c'est de l'humidité de l'air, on n'y exposera plus les animaux, au moins jusqu'à ce qu'ils soient guéris, on les tiendra dans des endroits secs, on leur fera de bonne litière, qu'on renouvellera souvent, on parfumera leurs étables avec de la fumée de genièvre, de thim, de lavande, de serpolet, de sauge, &c. de manière à ne pas les étourdir ou les suffoquer; si c'est de la foiblesse des fibres, à la suite d'une maladie, on donnera, peu-à-peu, de la bonne nourriture aux animaux; si l'on soupçonne enfin quelque obstruction dans les viscères du bas-ventre, l'usage du savon, joint à une décoction de racine de guimauve, & à du miel, les feuilles de chélidoine, d'absynthe, de chicorée, &c. avec un peu de paille d'avoine, & des eaux minérales, résoudront l'obstruction.

Ces moyens, propres à détruire la cause du mal, peuvent évacuer une partie des eaux épanchées; mais souvent ils ne les évacuent pas toutes. Il faut donc recourir à de plus actifs. On a conseillé d'employer les frictions sèches, les parfums aromatiques, les lotions avec le savon, dissous dans le vin de teinture de cantharides, & les onctions de résines, de purger les animaux avec la racine de briône, les feuilles de séné, l'aloës, les préparations d'antimoine & de mercure, l'ellébore, &c. Mais les purgatifs, suivant M. Vitet, ne produisent qu'un bon effet momentané, & augmentent le mal au lieu de le diminuer. Ils irritent avec violence l'estomac du cheval & celui du bœuf, & particulièrement les intestins du cheval. Il pense donc qu'il vaut mieux chercher à évacuer les eaux par la voie des urines. Parmi les diurétiques, il redoute les plus chauds, tels que les sels neutres & mercuriels, le poivre, le vin blanc, à forte dose, employés ordinairement par les Maréchaux. Il préfère les moins actifs; dans cette classe, sont les racines de chardon-bénit, de patience, de chicorée & de persil, à la dose de deux onces, infusées dans une pinte & demie d'eau. On doit les administrer en boisson & en lavemens, au cheval & au bœuf; ou leur prescrite encore, d'après M. Vitet, pour chaque jour, le matin & le soir, une demi-livre de la liqueur suivante:

Prenez, de baies de genevière, demi-livre, de cendres de genêts, une livre, de vin blanc, huit livres ou quatre pintes, faites macérer, pendant vingt-quatre heures, dans une bouteille bien bouchée, ou à la chaleur du soleil, ou à celle d'une étuve.

La brebis, que les lavemens & la grande boisson fatiguent, prendra de la gomme ammoniac, incorporée dans du miel ou de l'extrait de genièvre, pourvû qu'il n'y ait pas de sécheresse ou d'ardeur. On fera bien de lui faire avaler des bols faits de miel & de sel de genêt, ou de sel marin.

La teinture de cantharides intérieurement n'a pas réussi; on a obtenu plus de succès du suc d'oignon & des cloportes macérés dans du vin blanc; on assure que le jalap & l'aloës, mis à macérer, chacun à la dose d'une demi-once, dans une pinte de vin blanc, ont produit de bons effets sur des chevaux & bœufs, qui en ont bu une chopine par jour.

Si l'on n'obtient rien, ou peu de chose, par la voie des urines, on a pour ressource celle des sueurs. C'est donc le cas d'un peu d'exercice, des frictions légères sur la peau, des vapeurs de genièvre, de sauge, de tabac, d'encens, &c. deux fois par jour, des couvertures de laine, de l'immersion du corps dans le sable ou le fumier chaud. L'effet de ces remèdes est bien plus marqué, si on fait prendre en même-tems des médicamens sudorifiques, tels que la suie de cheminée, l'infusion de crotin de volailles, dans du vin blanc, la racine d'angélique, mêlée avec de la poudre de fourmis, &c. J'ai déjà dit que les médicamens en boisson ne conviennent pas aux brebis. Aussi les Bergers se contentent-ils d'ajouter aux plantes, dont se nourrissent celles qui sont hydropiques, des feuilles d'absynthe, de rue, de romarin & de persil, ou bien ils leur font avaler, tous les jours à jeun, un ou deux bols, de la grosseur d'une noix, formés d'un mélange de feuilles d'absynthe, de racines de persil, & d'aunée & de sel marin, pulvérisés & incorporés dans du miel. On en donne une ou deux le matin, à jeun, à chaque brebis; on tient ces animaux dans des étables sèches, pendant quatre heures, sans les laisser sortir, & on ne les mène paître que dans des terreins secs.

Après avoir mis en usage, sans succès, les purgatifs, les diurétiques & les sudorifiques, on peut encore essayer l'application des sétons, des vésicatoires & les scarifications; on applique le séton ou au bas du poitrail, ou au bas-ventre, ou à la partie inférieure des cuisses. *Voyez* SÉTON. Les vésicatoires se mettent au plat des cuisses. *Voyez* VÉSICATOIRES. Enfin, on fait les scarifications à la peau du ventre. *Voyez* SCARIFICATIONS. Rarement ces remèdes réussissent, à l'époque ou on les emploie. Je crois qu'on en retireroit plus d'avantages, si on y avoit recours beaucoup plutôt, parce que la force de la vie subsistant en partie, l'évacuation des eaux se feroit mieux, on auroit moins à craindre la gangrène aux plaies qu'on est obligé de faire, & on seroit plus sûr de pouvoir empêcher le retour des eaux dans le tissu cellulaire de la peau.

Au reste, on doit se conduire comme dans l'ascite, après l'évacuation des eaux. *Voyez* ASCITE.

Il y a une espèce d'anasarque qui survient quelquefois à la suite du farcin. C'est un signe très-fâcheux; l'animal qui l'éprouve, est sans ressource. Ce n'est que quand elle commence, qu'on peut essayer de combiner les diurétiques avec les remèdes contre le farcin. *Voyez* FARCIN.

En proposant, pour combattre l'anasarque des animaux, une suite de traitemens, je n'ai pas l'intention d'engager les personnes auxquelles ils appartiennent, à faire des dépenses au-dessus de leur valeur. Parmi les remèdes que j'indique, il y en a qui coûtent peu, & ce sont ceux-là qu'il faut préférer. Si, calcul fait, l'animal ne vaut pas ce qu'on dépenseroit pour le guérir, on fera bien de l'abandonner, & c'est le cas le plus ordinaire dans une maladie telle que l'anasarque. Je ne répéterai plus cette observation que j'étends à toutes les maladies des bestiaux. (*M. l'abbé* TESSIER.)

ANARGASI. Nom indien d'un arbre des Philippines, dont la famille & le genre sont inconnus aux Botanistes modernes. Sa tête est arrondie & fort étendue; son bois est blanchâtre & d'une consistance ferme & dure. Ses rameaux sont garnis de grandes feuilles, de six à huit pouces de long, marquées, dans leur longueur, par trois nervures principales qui donnent naissance à plusieurs autres. Leur couleur rouge tranche agréablement sur celle des feuilles qui sont d'un verd obscur. En dessous, elles sont couvertes d'un duvet cotonneux, qui les rend blanchâtres, ce qui produit, sur la même feuille, un contraste de trois couleurs, aussi agréable que singulier. Tout ce que nous savons de la fructification de cet arbre, c'est qu'il produit un fruit qui renferme un noyau dans lequel se trouve la semence.

Les Indiens tirent une sorte de filasse de l'écorce de cet arbre, dont ils font des tissus fort usités dans le pays où il croît. Ils font aussi des bracelets avec les noyaux de ses fruits, auxquels ils attribuent la vertu de préserver, ceux qui les portent, de l'atteinte des venins les plus dangereux.

Jusqu'à présent, cet arbre n'a point paru en Europe. Ses propriétés & la singularité de son feuillage font desirer à tous les Amateurs de plantes étrangères, qu'il y soit apporté quelque jour. Il est probable qu'il se conserveroit aisément dans nos serres chaudes, & qu'il y produiroit de l'agrément. (*M.* THOUIN.)

ANASSER. Autre nom indien d'un arbre de l'isle d'Oma, l'une des Moluques, dont Rumphe fait mention dans son supplément à *l'histoire d'Amboine, pag. 12*, sous le nom de *Cortex fœtidus*. La description que cet Auteur nous en donne, est trop incomplette, pour que nous puissions le rapporter à son genre & à sa famille, qui nous sont inconnus.

L'Anasser est un arbre peu élevé, son tronc est droit & d'une médiocre grosseur; son écorce est d'un blanc sâle & d'une odeur fétide; ses branches se partagent ordinairement en quatre rameaux grêles & garnis de feuilles opposées, pointues des deux côtés, & de six à neuf pouces de long sur deux pouces de large; les fleurs naissent en grappes courtes, au sommet des rameaux, elles sont petites & de couleur blanche. Les fruits sont des capsules charnues, de la grosseur d'un œuf de pigeon, qui, de vertes qu'elles sont d'abord, deviennent, en mûrissant, d'une couleur orangée; alors elles s'ouvrent en deux parties égales, & laissent leurs graines à découvert. Ces graines sont noires, luisantes & entourées d'une pulpe muqueuse, d'une odeur désagréable.

Cet arbre croît sur les petites montagnes, dans un sol pierreux; son bois est dur & pesant. (*M.* THOUIN.)

ANAVINGUE, *ANAVINGA*.

Ce genre, qui, suivant M. Adanson, fait partie de la famille des *CISTES*, est composé de deux espèces, qui sont des arbres originaires des Indes orientales. Leur feuillage est perpétuel, & quelques-unes de leurs parties sont employées pour guérir différentes maladies, dans les lieux où ils croissent. On ne peut les conserver en Europe que dans les serres chaudes.

Espèces.

1. ANAVINGUE à feuilles lancéolées.
ANAVINGA lanceolata. Lam. Dict. n.° 1.

2. ANAVINGUE à feuilles ovales.
ANAVINGA ovata. Lam. Dict. n.° 2.

Description.

1. L'ANAVINGUE à feuilles lancéolées, ne paroît être qu'un arbrisseau, dont les feuilles ont environ quatre pouces de long sur un pouce & demi de large; elles sont disposées alternativement sur les branches, légèrement dentelées sur les

bords, vertes en-dessus, & blanchâtres en-dessous. Dans les aisselles de ces feuilles, vers l'extrémité des rameaux, naissent, en paquets de quatre ou six ensemble, de petites fleurs, peu apparentes, auxquelles succèdent des baies ovales, longues d'un pouce, remplies d'une vingtaine de petites semences roussâtres.

2. ANAVINGUE à feuilles ovales. Cette espèce forme un arbre d'environ vingt pieds de haut, dont le tronc droit, & élevé de sept à huit pouces, a environ deux pieds de diamètre. Il est couronné de branches alternes & longues, médiocrement épaisses & peu écartées, qui forment une cime conique, assez régulière. Les feuilles sont alternes, ovales, dentelées sur les bords, d'un vert noirâtre en-dessus, & d'une teinte plus claire en-dessous. Ses fleurs sont petites, axillaires, verdâtres, & de peu d'apparence. Elles produisent des baies sphériques, de la grosseur d'une cérise, qui renferment douze à vingt pepins roux, dispersés çà & là, dans la substance du fruit. La peau de ce fruit est lisse à l'extérieur, de couleur verte, ainsi que sa chair, & comme marquée de quatre sillons, dans sa longueur. Cet arbre fleurit une fois tous les ans : ses fruits mûrissent au mois d'août. Il croît dans les terres sablonneuses du Malabar, sur-tout autour de Cochin. On emploie les feuilles en décoction, dans les bains, pour dissiper les douleurs des articulations. Le suc, exprimé de ses feuilles, est un puissant sudorifique, & dont on fait usage dans les maladies qui ont le plus de malignité.

Observations de culture : Des graines de la première espèce, apportées par M. Sonnerat, furent semées au Jardin du Roi, dans le mois d'avril, sur une couche chaude, couverte d'un chassis, dans une terre sablonneuse & légère. Les graines levèrent au commencement de juillet, & le jeune plant avoit atteint la hauteur de cinq pouces, au milieu de l'automne. Alors il fut placé dans la couche de tannée d'une serre chaude, sans avoir été repiqué. Quelques individus périrent pendant l'hiver, les autres perdirent seulement une partie de leurs feuilles, & poussèrent assez vigoureusement au printems ; une grêle qui survint alors, & qui cassa la plus grande partie des vitraux de la serre chaude dans laquelle ils étoient placés, les fit périr & empêcha de prendre des renseignemens plus étendus sur leur culture. Mais il paroît que, sans cet accident, ils auroient assez bien réussi. (*M. THOUIN.*)

ANAZE. Nom d'un arbre de Madagascar, dont il est parlé dans l'histoire des Voyages, t. VIII, pag. 618, mais d'une manière trop vague pour qu'on puisse le rapporter à son genre & à sa famille. Voici ce qu'on en dit.

« Cet arbre va toujours en diminuant de grosseur, à mesure qu'il s'élève, ce qui lui donne » la forme d'une pyramide. Il porte une espèce » de *gourde* ou de callebasse, remplie d'une pulpe » blanche, qui tire sur l'aigre & sur le goût de » la crême de tartre, dans laquelle se trouvent » plusieurs noyaux durs, de la grosseur de noyaux » de pins. »

Peut-être cet arbre est-il une espèce de *Carica*. *Voyez* PAPAYE. (*M. THOUIN.*)

ANCHILOSE, *maladie de bestiaux*. Les os de la colonne vertébrale & ceux des extrémités sont tellement joints entr'eux, qu'ils se meuvent les uns sur les autres, afin que l'animal puisse exercer tous ses mouvemens. Si quelque cause déterminant un épanchement du suc osseux, il vient à recouvrir une articulation & à la rendre immobile, il y a alors une anchilose.

Les causes de cette maladie sont la rigidité ou le relâchement des ligamens capsulaires, les coups, les compressions violentes, les caries de l'extrémité des os, la dépravation de la sinovie, &c.

Quand c'est la carie, il est difficile de guérir l'animal. M. Vitet croit qu'il faut l'abandonner. Mais ne pourroit-on pas mettre le mal à découvert, & tenter les remèdes propres à combattre la carie des os ? *Voyez* CARIE DES OS.

L'épaississement de l'humeur sinoviale, & la rigidité des ligamens capsulaires occasionnés, ou par des coups, ou par une compression forte, exigent le même traitement ; savoir : les bains entiers, si l'anchilose affecte la colonne vertébrale ; & locaux, si elle est à une des extrémités ; les vapeurs d'eau chaude, les fomentations émollientes, les onctions légères avec la pulpe de racine de patience ; aussitôt que l'articulation paroîtra ramollie, on fera exécuter à l'animal de légers mouvemens, qu'on réitérera tous les jours, en l'obligeant de marcher. Pour aider les remèdes externes, on lui fera prendre intérieurement des eaux minérales, ou des infusions de racines de persil, d'aunée & de gentiane, ou de feuilles de rue, ou la dissolution de sel marin, ou d'epsum, ou de gomme ammoniac.

Les purgatifs, les onguents, les graisses & les huiles, sont proscrits par M. Vitet, comme contraires.

Lorsque l'anchilose dépend du relâchement des parties de l'articulation, on l'expose à la fumée de l'encens & du cinabre, mêlés à parties égales, on y fait des frictions sèches, on y applique des fomentations de vin aromatique ou des cataplasmes faits avec la suie de cheminée, le vin, la pulpe de coloquinte, ou avec la fientè de moutons & les mouches cantharides. (*M. l'abbé TESSIER.*)

ANCHOLIE, ancienne manière d'écrire le nom d'une plante, nommée en latin *Aquilegia*. *Voyez* ANCOLÉE. (*M. THOUIN.*)

ANCISTRE, *ANCISTRUM*.

Nouveau genre de plante établi par M. Forster : il n'est encore composé que d'une seule espèce, qui est une petite plante rampante, plus rare qu'agréable, & qu'on ne cultive guère que dans les jardins de botanique.

ANCISTRE à feuilles d'argentine.

ANCISTRUM anserinæ folium. Forst. gen. 2.

ANCISTRUM sanguisorbæ. L. Fil. suppl. pag. 10 & 89.

Description.

Le port de l'ancistre a beaucoup de ressemblance avec celui de la pimprenelle des champs; elle forme une petite touffe arrondie, de deux ou trois pouces de haut, surmontée de petites têtes sphériques, qui sont verdâtres pendant la fleuraison, & qui deviennent ensuite d'un jaune couleur de paille, lorsque les graines sont en maturité.

Culture.

Cette plante se multiplie de graines & de drageons enracinés. Les graines doivent être semées à l'automne, dans des pots ou terrines, remplis d'une terre très-sablonneuse, que l'on place dans une plate-bande, à l'exposition du levant. Pendant l'hiver, & sur-tout dans les fortes gelées, il est nécessaire de les couvrir de litière. Les semences levent dès le premier printems, & les jeunes plants croissent assez vîte. A la fin de cette saison, il convient de les retirer de l'exposition du levant, pour les placer à celle du nord, où ils doivent toujours rester. Vers la fin du mois d'août, on peut séparer le plant avec la motte de terre qui l'environne, & le mettre, partie en pleine terre, dans les plate-bandes de terreau de bruyère, ou sur des gradins, parmi les plantes alpines, & partie dans des pots, qu'on rentrera sur les appuis des croisées, pendant les fortes gelées. Cette précaution est d'autant plus nécessaire, que cette plante périt quelquefois en pleine terre.

La saison la plus favorable à la multiplication, par le moyen des drageons, est le printems. On éclate avec précaution les œilletons de leurs petites souches, en choisissant de préférence ceux qui ont quelques racines; on les plante dans des pots, avec de la terre meuble & sablonneuse, & on les fait reprendre sur une couche tiède, à l'exposition du nord. Lorsqu'ils sont repris, & qu'ils ont acquis de la force, on les place à leur destination, comme il a été dit ci-dessus.

Historique : Commerson a trouvé cette plante dans le détroit de Magellan. Elle est dans son herbier, sous le nom de *poterium foliis incisis, spicis floriferis, cylindricis fructiferis, subrotundis spinulosis.* Depuis ce tems, M. Forster l'a rencontrée dans la nouvelle Zélande, au détroit de Magellan. Elle fait des tapis très-étendus, & qui sont agréables pour la verdure tendre du dessus de ses feuilles, & par leur couleur argentée en-dessous. (*M. THOUIN.*)

AN-CŒUR, *maladie de bestiaux. Voy.* AVANT-CŒUR. (*M. l'abbé* TESSIER.)

ANCOLIE, *AQUILEGIA.*

Genre de plante de la famille des RENONCULES. Il n'est composé, dans ce moment, que de cinq espèces différentes, lesquelles ont donné naissance à beaucoup de variétés, plus ou moins agréables. Toutes ces plantes sont vivaces par leurs racines; mais elles perdent leurs tiges & leurs feuilles, chaque année. Presque toutes fleurissent au printems, & plusieurs d'entr'elles servent à l'ornement des jardins, où elles s'y cultivent en pleine terre.

Espèces.

1. ANCOLIE vulgaire.

AQUILEGIA vulgaris. L. ♃ des bois de l'Europe.

1. B. ANCOLIE vulgaire des jardins.

AQUILEGIA vulgaris. L. ♃ des jardins de l'Europe.

1. C. ANCOLIE vulgaire des montagnes.

AQUILEGIA vulgaris montana. ♃ des Alpes & des Pyrénées.

2. ANCOLIE à fleurs jaunes.

AQUILEGIA lutea. Lam. Dict. n.° 2.

An? AQUILEGIA. L. ♃ des hautes montagnes de l'Europe.

3. ANCOLIE des Alpes.

AQUILEGIA alpina. Lam. Dict. n.° 3. ♃ des montagnes du Dauphiné.

4. ANCOLIE de Sibérie.

AQUILEGIA Siberica. Lam. Dict. n.° 4.

5. ANCOLIE de Canada.

AQUILEGIA Canadensis. ♃ de l'Amérique septentrionale.

5. *bis.* B. ANCOLIE de Canada (grande).

AQUILEGIA Canadensis elatior.

Description du port des Espèces.

1. ANCOLIE vulgaire. C'est une plante vivace qui croît naturellement sur la lisière des bois, dans les terreins sablonneux & humides de l'Europe tempérée. La végétation commence de très-bonne heure. Dès la fin de février, elle pousse, de sa racine, des feuilles, qui, six semaines après, forment une touffe légère, arrondie, & d'une verdure luisante. Ses fleurs sont fort apparentes, le plus ordinairement d'un beau bleu céleste, quelquefois blanches ou panachées de ces deux couleurs; elles viennent en manière de panicules pyramidaux, qui dépassent les feuilles d'à-peu-près le tiers de la hauteur totale de la plante, qui est ordinairement de deux pieds & demi. Les unes commencent à s'épanouir dans le mois de mai, & elles se succèdent jusqu'à la fin de juin. Les graines sont ordinairement un mois à mûrir, après l'épanouissement des fleurs qui leur ont donné naissance, de sorte que leur maturité s'effectue successivement jusqu'à la fin de juillet. Bientôt après, les tiges & les feuilles se dessèchent, & la plante reste en repos jusqu'au printems suivant.

Cette plante, ayant été transportée dans les jardins, & soumise à une culture soignée, a produit la variété B, qui ne se distingue de son espèce que par une stature plus forte & plus élevée; sous cette variété, sont comprises une infinité de sous-variétés, qui ne diffèrent, les unes des autres, que par la couleur de leurs fleurs. Il y en a de bleues, de violettes, de blanches, de couleur de rose, de gris de lin, & d'autres qui sont panachées de ces différentes couleurs. On en distingue encore qui offrent des différences dans la forme, le nombre & l'arrangement des petales de leurs fleurs; les unes sont simples, les autres doubles, ou totalement pleines. Les simples sont semblables à celles des bois; les doubles ont un plus grand nombre de pétales, & les fleurs représentent de petites roses à cent feuilles. Cette luxuriance des fleurs n'est produite qu'aux dépens du calice, des nectaires, & de quelques étamines qui se changent en pétales; mais il reste toujours assez de parties sexuelles, pour que la fécondation s'accomplisse, & les fleurs sont suivies de semences fertiles. Ces variétés sont peu constantes; non-seulement les graines qu'elles produisent, donnent naissance à des plantes, dont les fleurs sont d'une couleur différente de celle des individus sur lesquels on les a recueillies, mais même les fleurs d'un même pied, n'ont pas toutes la même couleur, & souvent la teinte des fleurs d'une année, est différente de celle d'une autre. Les fleurs panachées sur-tout, sont les plus sujettes à varier. Anciennement on attachoit beaucoup de prix à ces dernières sous-variétés, mais les soins qu'exige leur conservation, les ont fait négliger.

L'ancolie de montagne qu'on regarde comme une variété de la vulgaire, paroît cependant s'en distinguer par des caractères particuliers & qui sont constans. Les graines donnent toujours la même plante, &, cultivée dans les jardins, elle ne varie que dans ses dimensions, qui sont un peu plus ou un peu moins étendues. Cette plante forme une touffe plus grêle que la précédente, & qui ne s'élève que d'environ un pied & demi. Les fleurs qui sont aussi beaucoup moins nombreuses, paroissent huit ou dix jours avant les autres; elles sont plus grandes & assez constamment d'un très-beau bleu. Les graines qu'elles produisent, mûrissent en juin & juillet, après quoi les fanes se dessèchent.

2. L'Ancolie à fleur jaune, entre en végétation aussi-tôt que les précédentes; ses feuilles du bas, sont petites, divisées en neuf folioles, réunies trois à trois, & portées sur un pédicule court. Elles sont d'un vert luisant en-dessus, & d'un vert glauque en-dessous. Ses tiges s'élèvent à la hauteur d'environ un pied, & se terminent par deux ou trois fleurs assez grandes. Les fleurs sont d'un jaune pâle, & penchées vers la terre. Elles paroissent dans le mois de mai & de juin, & donnent naissance à des capsules remplies de semences qui mûrissent en juillet.

3. Ancolie des Alpes. Cette espèce est la plus petite de toutes celles de son genre; ses tiges ne s'élèvent pas au-dessus de six à huit pouces; elles sont accompagnées, à leur base, de quatre à cinq feuilles, qui partent immédiatement de la racine; leurs découpures sont étroites & très-multipliées. Les fleurs sont grandes en comparaison de la petitesse de la plante. Elles viennent ordinairement seules, à l'extrémité des tiges, & sont d'un bleu céleste, fort agréable. Elles épanouissent au printems, & leurs semences mûrissent au commencement de l'été; la plante se flétrit ensuite.

4. L'Ancolie de Sibérie est remarquable par ses fleurs de deux couleurs. Ses feuilles forment une petite touffe, d'un port très-léger, laquelle est surmontée de plusieurs tiges nues, qui se partagent en deux ou trois rameaux; terminés chacun par une belle & grande fleur penchée vers la terre. Ces fleurs sont d'un très-beau bleu, dans toute la partie supérieure, & bordées d'un liseret blanc à leur partie inférieure, ce qui relève davantage l'éclat de la couleur bleue du reste de la fleur. Cette plante fleurit vers la fin du mois de mai; ses semences mûrissent en juillet, & ensuite les fanes se dessèchent.

5. L'Ancolie du Canada est la plus singulière & la plus élégante de son genre. Elle forme une touffe extrêmement légère, d'une verdure glauque, sur laquelle tranche, d'une manière agréable, de jolies fleurs, couleur de rose. Sa hauteur n'est que de douze à quinze pouces; elle croît de très-bonne heure; ses fleurs commencent à paroître dès la mi-avril, & se succèdent jusqu'en juin. Après avoir pris six semaines de repos, souvent elle repousse & fleurit encore une seconde fois à l'automne, sur-tout lorsque les étés sont chauds, & qu'il survient des pluies à la fin de cette saison.

La variété B s'élève à-peu-près du double de son espèce; ses fleurs sont plus grandes, ainsi que toutes ses autres parties, elle est aussi moins délicate & plus rustique.

Culture.

Les Ancolies se cultivent en pleine terre dans notre climat; elles aiment un sol substantiel, un peu humide, & les positions légèrement ombragées. On les multiplie de semences & d'œilletons enracinés.

La multiplication par le moyen des semences, est la plus avantageuse, & procure une jouissance presque aussi prompte que la seconde voie. Les graines des Ancolies doivent être semées vers le milieu de l'automne qui suit leur maturité; les graines de l'espèce vulgaire, ainsi que celles de ses variétés, peuvent être semées en pleine terre, lorsqu'on veut les multiplier abondamment; les autres espèces doivent être semées dans des terrines ou dans des pots.

Les semis en pleine terre doivent être faits dans des plate-bandes de terre meuble, légère, & à l'exposition du levant, s'il est possible. Après avoir bien uni la terre, on y sème, à la volée, les graines qu'on a eu soin de mêler auparavant avec trois parties de sable fin. Ensuite on les recouvre avec la pelle, d'une légère couche de terre, composée par égales parties, de terre du sol, & de terreau de couche, bien consommé. Il ne faut pas que les graines se trouvent enterrées de plus de trois ou quatre lignes. Les semis faits & recouverts, on unit la terre avec le dos du rateau, & on la marche pour l'affermir, ensuite on l'arrose copieusement à la volée.

Les semis en terrine ou en pot, se font avec une terre préparée comme celle des orangers, mais rendue plus légère par l'addition d'un quart de terreau de bruyère, sur-tout si ce sont des graines des espèces alpines ou sibériennes, dont les plantes sont plus délicates que les autres. Ces graines doivent être semées fort clair, & recouvertes de deux à trois lignes de terre, tout au plus. Ensuite on enterre les vases dans une platebande exposée au levant, & on les couvre de paille pendant les fortes gelées.

Ces semis, soit en pleine terre, soit en terrines, levent ordinairement dès le premier printems; il convient de les arroser légèrement lorsqu'il n'y a plus de gelées à craindre, & que la terre devient sèche. Il faut avoir aussi l'attention de sarcler les mauvaises herbes, & de détruire les limaces & limaçons qui sont très-friands de cette plante, sans quoi les semis seroient bientôt détruits. Le jeune plant croît fort vîte si la saison est chaude, & souvent il est assez fort pour être repiqué vers la fin du mois de mai.

Les jeunes plants, de toutes les espèces d'Ancolies, peuvent être repiqués en plein air, avec la précaution de choisir la nature de terre qui convient à chacun d'eux; la première espèce & ses variétés, aiment un terrein un peu frais, argilleux & profond. Les espèces, n.os 4 & 5, se plaisent davantage dans une terre plus légère, mais également fraîche, & les deux autres préfèrent une terre meuble, & mêlangée de terreau de bruyère. L'exposition qui convient le mieux à toutes, est celle qui les garantit du soleil du midi, ce n'est pas qu'elles le craignent beaucoup, mais c'est une attention que l'on doit avoir, si l'on veut que leurs fleurs soient plus belles & durent plus long-tems.

Les espèces de la première division, forment des touffes assez étendues; en conséquence, les jeunes plants doivent être repiqués à huit ou dix pouces, en tout sens, les uns des autres : ceux de la seconde & de la troisième, n'ont besoin d'être espacés entr'eux, que de six à sept pouces. On les plante au plantoir, avec toutes leurs racines, & on choisit, pour cette opération, un tems humide & doux; on les arrose ensuite copieusement, avec l'arrosoir à pomme; & s'il survient des hâles, on les rechauffe avec un lit de terreau de couche, d'un à deux pouces d'épaisseur. Lorsque ces plantes se trouvent dans une nature de terre convenable à leur développement, & que la saison est humide & chaude, elles croissent assez promptement, pour former des touffes en état d'être plantées, à leur destination, à l'automne suivant.

Si cependant on veut faire un choix des plus belles variétés de fleurs de la première espèce, & en varier les couleurs dans la plantation, il convient d'attendre à l'automne de l'année suivante, parce que ces plantes ne fleurissent, pour l'ordinaire, qu'au printems de la seconde année; alors on a soin de distinguer les différentes variétés, par des marques particulières qui puissent indiquer la couleur des fleurs, & empêcher qu'on ne se trompe dans la distribution exacte qu'on se propose d'en faire.

Ces plantes, une fois mises à leur destination, ne demandent ordinairement d'autre culture que celle qu'exige la propreté des parterres où on les place, c'est-à-dire, un labour, chaque année, pendant l'hiver; de légers binages dans les autres saisons, & des sarclages autant de fois qu'il en est besoin pour écarter les mauvaises herbes.

Mais lorsqu'on veut conserver les belles variétés de la première espèce, sur-tout celles qui sont pleines & panachées de différentes teintes, ou dont les couleurs sont tendres; il faut, de plus, avoir soin de les relever tous les deux ou trois ans, de les changer de place, de diminuer le volume de leurs touffes, de supprimer toutes les vieilles racines, & de ne replanter que les œilletons vigoureux. Avec cette précaution, on parvient à les conserver dans leur beauté, pendant quatre ou cinq ans; mais ensuite elles dégénèrent, cessent d'être panachées, ou deviennent simples. C'est pourquoi les amateurs feront très-bien d'en semer des graines, toutes les années, pour renouveller les individus, & conserver les belles variétés. Mais ils doivent avoir grand soin de ne pas les placer trop près les unes des autres.

On sait que toutes les variétés de plantes en général, se fécondent mutuellement par la poussière de leurs étamines, & il y a tout lieu de croire que cette faculté n'est pas bornée aux simples variétés. Mais il n'y a point de plantes qui la possèdent plus particulièrement que les variétés des Ancolies réunies en masse dans les jardins. Il faut donc, pour recueillir des graines propres à fournir constamment de belles variétés, avoir l'attention de ne pas cultiver, dans le voisinage des pieds qu'on destine à former des porte-graines, des variétés à fleurs simples, de couleurs pâles, ou dégénérées. S'il s'en rencontroit quelques-unes, il faudroit les arracher aussi-tôt après l'épanouissement de leurs premières fleurs, afin que leurs poussières ne pussent féconder les germes des autres, & corrompre ainsi la pureté des individus qui doivent donner des fleurs parfaites. Ce n'est pas tout : comme sur le même pied il se rencontre souvent des fleurs, plus ou moins belles, il faut avoir aussi l'attention de couper, à l'instant de l'épanouissement, toutes celles qui sont d'un mérite inférieur. Au moyen de ces précautions, on ne recueillera que des graines qui fourniront un très-grand nombre de belles variétés, parmi lesquelles il ne se rencontrera que très-peu d'individus à rejetter; mais il y a des amateurs qui ne s'en tiennent pas à ces soins, & qui portent la précaution jusqu'à faire un échange respectif, avec d'autres florimanes, de leurs graines d'Ancolies. Ils prétendent que les graines recueillies dans un terrein, & semées dans un autre, donnent encore de plus belles variétés, & en plus grand nombre. Cela est vrai, & c'est un fait démontré par l'expérience. Mais que de tems & de soins employés uniquement à se procurer des fleurs! Leur mérite au moins est-il assez distingué pour couvrir cette double dépense? Les amateurs ne manqueront pas de soutenir l'affirmative, mais nous doutons que la question soit également résolue pour les autres cultivateurs.

Les Ancolies se multiplient encore par œilletons. La saison la plus favorable à cette voie de multiplication, est le commencement de l'automne, lorsque les fannes sont desséchées, & que les plantes sont dans leur état de repos. On lève de terre les pieds qu'on veut multiplier, & après en avoir secoué les racines, pour qu'il n'y reste point de terre, on sépare, avec les doigts, tous les œilletons qui forment la souche; on rejette ceux qui sont vieux & dont les racines sont trop ligneuses, ou gâtées en partie par la pourriture, & on conserve seulement ceux qui sont bien conformés; & qui ont des racines particulières. On en coupe l'extrémité, & on les plante dans une plate-bande de terre meuble, & d'une qualité pareille à celle que nous avons indiquée ci-dessus, pour les jeunes plants. Leur culture en pépinière n'exige pas plus de soins, un labour & quelques binages leur suffisent.

Cette voie de multiplication est peut-être un peu plus expéditive que celle des graines, mais elle ne procure pas les mêmes avantages; non-seulement elle ne produit pas de nouvelles variétés, mais même elle ne conserve pas entièrement celles qu'on possède déjà, puisque les plantes des variétés à fleurs panachées, perdent leur panache au bout de quelques années de culture. Mais ce moyen peut être employé avec succès pour les espèces rares & délicates, telles que les Ancolies à fleurs jaunes, celles des Alpes & de Sibérie, qui quelquefois ne donnent point de graines dans nos jardins.

Usage : L'Ancolie vulgaire a été long-tems regardée comme un remède efficace pour les ulcères de la gorge, & autres maladies internes. Mais elle est aujourd'hui tombée en discrédit; peut-être parce qu'elle a été trop vantée. Actuellement son usage en médecine est très-borné.

Les Ancolies des jardins, à fleurs doubles & panachées, servent à la décoration des grands parterres; elles font partie des plantes d'ornement du printems. Leurs places sont marquées sur la ligne du milieu des plate-bandes, parmi les plantes vivaces, entre les arbustes. Dans les jardins paysagistes, on les place sur les lisières des bosquets, & parmi les plantes dont on fait des grouppes dans des pièces de gason. Mais elles ne produisent jamais un meilleur effet que dans des lieux solitaires, près des grottes sauvages; la figure singulière de leurs fleurs, sur-tout de celles qui sont simples, ajoute un nouvel intérêt à la situation du local.

Les autres espèces peuvent occuper des places dans les jardins des curieux. L'élégance de leur feuillage, la singularité des fleurs, & l'agrément de leur couleur doivent les y faire rechercher. Elles peuvent encore trouver place sur les gradins en terre, parmi les plantes alpines. A cette position, étant plus rapprochées de la vue, on jouit plus commodément des détails variés qu'offrent les différentes parties de leurs fleurs. (*M. Thouin.*)

ANDA. Suivant Pison, dans son histoire naturelle du Brésil, l'anda est un très-grand arbre qui croît à peu de distance des bords de la mer, au Brésil, & dans les forêts; son bois est spongieux & léger. Ses feuilles sont placées alternativement sur les branches, & rapprochées les unes des autres, vers l'extrémité des rameaux. Ses fleurs sont grandes & d'un beau jaune. Elles donnent naissance à des espèces de noix très-dures, de la grosseur d'une pomme d'api, lesquelles sont recouvertes d'un bois épais. Elles renferment deux amandes qui ont le goût de la chataigne, dont les Indiens tirent une huile par expression. Cette huile a des vertus purgatives, & tient même un peu de l'émétique; ils s'en servent pour se frotter le corps. Le brou est employé pour arrêter le cours-de-ventre, & on lui attribue la propriété d'endormir le poisson lorsqu'on le jette dans des étangs.

Culture.

M. Dombey nous ayant donné, à son retour du Pérou, plusieurs noix de cet arbre, qu'il avoit recueillies au Brésil, nous les semâmes au Jardin du Roi, dans le printems de l'année 1786, c'est-à-dire, trois ans après leur récolte. Elles furent mises dans de grands pots, qu'on plaça sur une couche chaude, couverte d'un chassis, & on les arrosa fréquemment. Environ six semaines après, une seule de ces noix poussa un germe qui s'alongea de la hauteur de huit pouces. Il donna naissance à deux feuilles opposées, divisées en cinq lobes, & assez semblables à celles du maronnier d'Inde, mais dont les bords étoient sans dentelures. Bientôt elles furent suivies de plusieurs autres feuilles, de même forme, dont la verdure étoit claire. Dans l'espace de deux mois, cet individu s'éleva d'environ un pied. Alors, comme ses racines sortoient par les fentes du vase, il fut dépoté, & placé, avec sa motte, dans une caisse d'un pied en carré, remplie de vieille terre à oranger, bien meuble & substantielle. Il ne parut pas être fatigué de cette transplantation, & continua de croître, jusqu'au mois de janvier, dans la couche de tannée d'une serre chaude, graduée à dix degrés, où il avoit été placé à la fin de l'automne. Sa hauteur pouvoit être alors de vingt pouces. Mais, pendant le reste du mois de janvier, ses feuilles jaunirent & tombèrent les unes après les autres; l'extrémité de sa pousse noircit, & il mourut insensiblement jusqu'à la racine. Les recherches que nous fîmes ensuite sur la cause de cet accident, nous donnèrent occasion de reconnoître que les racines étoient mortes depuis long-tems, & que le pivot, qui étoit arrivé au fond de la caisse, & s'étoit un peu replié, étoit pourri à l'extrémité. Il est probable que cet individu ne seroit pas mort, s'il eût été mis dans un vase plus profond, & où sa racine eût pu descendre plus bas. Plusieurs arbres sont dans le même cas; dès que leur pivot touche le fond du vase dans lequel ils sont plantés, ils s'arrêtent, sont attaqués par le chancre, & la gangrène monte insensiblement jusqu'au collet de la racine, tandis que la tige meurt en même proportion, depuis le haut jusqu'en bas. (*M.* THOUIN.)

ANDAIN ou ANDIN. Le foin coupé avec la faulx, & disposé sur le sol en bandes séparées les unes des autres par des intervalles à-peu-près égaux, est en *andain* ou *andin*; d'autres disent en *ondain*, peut-être parce que ces bandes représentent imparfaitement les ondes ou les vagues de la mer ou des fleuves. Dans beaucoup de pays, on arrange de cette manière les herbes des prairies artificielles, soit annuelles, soit vivaces, les orges, les avoines, les fromens même & les seigles, quand ils ont les tiges trop basses pour être coupées à la faucille. L'homme qui fauche, n'a pas besoin de s'incliner autant que celui qui coupe à la faucille. D'ailleurs, quand les pailles sont courtes, pour en avoir davantage, on préfère de faire faucher les grains, de quelque nature qu'ils soient.

Laisser *andiner* les avoines, c'est les laisser quelque tems en *andin*, pour en compléter la maturité, & faire renfler le grain à l'aide des rosées ou des pluies. *Voyez* AVOINE.

Dans quelques pays, en Beauce, par exemple, on distingue deux sortes d'*andains*; l'*andin* proprement dit, & le *sangle*. Le premier est toujours formé de deux couches l'une sur l'autre, dont les épis sont en sens contraire. Le faucheur, parvenu à l'extrémité du champ, se retourne pour recouvrir, en revenant, la première couche qu'il a coupée, & recommence ensuite une nouvelle couche, séparée & éloignée de la première, qui sera aussi recouverte au retour. Par ce moyen, il ne perd pas de tems, & fauche en allant & revenant. Mais il faut que l'air soit calme; car s'il fait du vent, il est obligé de *sangler*, c'est-à-dire, de revenir sans faucher, quand il est au bout de ce qu'il a embrassé, & de recommencer à chaque fois une nouvelle couche simple. Sans cette précaution, il y auroit un sens où les épis s'embarrasseroient dans sa faulx; il seroit gêné & égraineroit beaucoup d'épis. Il a soin de faucher, dans ce cas, en suivant la direction du vent. (*M. l'abbé* TESSIER.)

ANDARÈSE, *PREMNA*.

Genre de la famille des *PERSONNÉES* Les deux espèces connues de ce genre, sont des arbres de médiocre grandeur, qui croissent dans les Indes orientales. On leur attribue des propriétés médicinales intéressantes, mais leur port n'offre rien de remarquable. Ils se conservent en Europe, pendant l'hiver, dans des serres chaudes.

Espèces.

1. ANDARÈSE à feuilles entières.
PREMNA integrifolia. L. ♄ des Isles de France & de Bourbon.

2. ANDARÈSE à feuilles dentelées.
PREMNA serratifolia. L. ♄ des Isles de Moluques & de Ceylan.

1. L'ANDARÈSE à feuilles entières, est un petit arbre qui a le port du citronnier, & qui ne s'élève pas beaucoup plus. Ses feuilles sont opposées, ovales, & d'un vert pâle tirant sur le jaune. Ses fleurs, qui sont petites, & de peu d'apparence, sont d'un blanc sâle. Elles sont disposées en corymbes, à l'extrémité des rameaux, à-peu-près comme celles de notre sureau. Les fruits sont de petites noix sphériques, recouvertes d'un brou succulent, qui leur donne l'apparence de baies. Leur couleur est noirâtre.

2. L'ANDARÈSE à feuilles dentelées, pourroit bien n'être qu'une variété de l'espèce précédente. Son port est le même, ainsi que la disposition & la forme de ses fleurs qui sont dentelées dans la moitié de leur partie supérieure.

Observations. Nous avons souvent reçu des graines d'andarèse. Commerson nous en avoit fait passer plusieurs fois, & nous en avons reçu ensuite de M. Sonnerat; mais quoiqu'elles aient été recueillies en parfaite maturité, & qu'on les ait préservées des insectes, & de la très-grande chaleur, pendant la traversée, elles n'ont jamais levé chez nous. Il est très-probable que ces graines perdent

perdent promptement leur propriété germinative; & que si l'on veut s'en procurer de fertiles dans notre climat, il convient de les semer, dans des caisses, quelques semaines après leur récolte, & de les envoyer ensuite en Europe. Ces arbres se conserveront indubitablement chez nous dans les serres chaudes, & leur culture sera la même que celle des plantes que nous avons tirées du même pays.

Usage: Les feuilles de la première espèce d'Andarèse ont une odeur forte & désagréable. Appliquées sur le front, elles appaisent les maux de tête. Commerson éprouva lui-même leur efficacité. (*M. Thouin.*)

ANDILLY. (pêche d') Synonyme d'une des variétés de l'*Amygdalus persica*. L. *Voyez* le mot Pêcher du dictionnaire des arbres & arbustes. (*M. Thouin.*)

Andilly. (la blanche d') Autre synonyme d'une variété de l'*Amygdalus persica*. L. *Voyez* le dict. des arbres & arbustes. (*M. Thouin.*)

ANDJURI. Grand arbre des isles Moluques, qui, suivant M. Adanson, fait partie de la famille des *Cistes*. Il est décrit & figuré par Rumphe, dans son *Herbarium Amboinense, vol. III, pag.* 52, *tabl.* 29, sous le nom de *Carbonnaria*.

Cet arbre s'élève à une grande hauteur; son tronc est droit, couvert d'une écorce épaisse, d'un jaune cendré. Il se divise en plusieurs branches, qui forment une cime touffue, dont les rameaux sont pendans. Ses feuilles sont longues de trois à quatre pouces, & larges d'un pouce & demi à deux pouces. Elles sont vertes, de consistance un peu ferme, & portées sur des pétioles assez courts. Les fleurs qui paroissent en novembre, sont petites, de couleur blanche, & disposées en épis courts à l'extrémité des rameaux. Elles sont uni-sexuelles, & vraisemblablement les fleurs mâles naissent sur des pieds différens de ceux qui portent des fleurs femelles. Les fruits de cet arbre sont des espèces de noix ovoïdes qui ressemblent à des olives non mûres, & dont la peau, qui est verte, recouvre une coque dure & épaisse. Elles contiennent un noyau applati, couvert d'un duvet noirâtre.

L'individu femelle de l'Andjuri a les feuilles beaucoup plus grandes & plus molles, l'écorce plus blanche, le bois plus pâle & plus mou que l'individu mâle. Celui-ci se plaît plus volontiers sur les montagnes pierreuses, abondantes en argille rougeâtre, dans les lieux découverts & exposés aux grands vents. L'individu femelle croît de préférence dans les plaines sablonneuses.

Usage: Le bois de cet arbre est d'un roux jaunâtre, très-dur, pesant, composé de fibres grossières, facile à fendre & à s'éclater, & difficile à couper en travers. On en fait du charbon dont les forgerons Macassars se servent habituellement pour fondre le fer. Ils lui donnent la préférence sur tout autre, parce qu'il se consume beaucoup plus lentement.

Les orfèvres de la même nation le préfèrent à tous les autres, pour fondre leur or en petites masses; & comme ils n'ont pas l'usage des creusets, ils prennent le charbon fait avec son écorce, le creusent en godet, y déposent leur or, qui, au moyen du feu dont ils le recouvrent, s'y fond avant que l'écorce charbonnée, qui lui sert de creuset, soit rompue ou consumée.

Le bois de l'Andjuri n'est pas seulement employé à faire du charbon, les Macassars s'en servent encore à beaucoup d'autres usages, à cause de sa solidité; ils en font des pilons, des mortiers, des javelots, &c. Ce bois sert aussi à la charpente civile, & peut être employé à faire des palissades de défenses. Il résiste long-tems en terre, lorsqu'on a eu la précaution de le charbonner extérieurement.

Cet arbre mériteroit d'être cultivé dans nos colonies de l'Isle de France & de Bourbon, à cause des usages intéressans de son bois. Jusqu'à présent il n'a point été apporté en Europe. (*M. Thouin.*)

ANDONVILLE.

Village de la Beauce, situé au sud-sud-ouest de Paris, à environ 37,000 toises de cette capitale, au nord-nord-ouest d'Orléans, dont il est distant de 21 à 22,000 toises, sur la gauche de la grande route de Paris à Orléans, vis-à-vis de la trente-septième borne milliaire. Un chemin ferré y conduit d'Angerville, qui en est à une lieue.

Le plateau du canton, dont Andonville fait partie, est à 456 pieds au-dessus du niveau de la mer. La plaine y seroit entièrement découverte, & offriroit un horizon immense, sans des rideaux de bois qu'on apperçoit à une ou deux lieues, de plusieurs côtés, & sans quelques remises, avenues & taillis, qui ornent les approches du village. La forêt d'Orléans en est à six lieues.

Près d'Andonville commence un petit vallon, d'où, à une lieue de son origine, il sort plusieurs sources assez abondantes pour former presque aussi-tôt la rivière de Juine, qui passe à Méréville. Là, elle fait les agrémens des beaux jardins de M. de la Borde, coule ensuite vers Etampes, & va à Corbeil se jeter dans la Seine.

Le terrein d'Andonville n'est pas aussi fertile que celui de la Beauce Chartraine. Il se rapproche davantage du sol du Gâtinois, qui l'avoisine. En général, il est médiocre. On peut le diviser en plaines & en pentes. Dans les plaines, sous une couche de terre végétale, qui a depuis six jusqu'à dix pouces, se trouve une terre rouge & compacte, assise sur un tuf calcaire. Il n'y a point de terre rouge dans les pentes, mais le tuf calcaire est presque à la surface. Beaucoup de champs sont couverts de pierres à chaux.

Il ne faut pas penser à planter, dans ce Pays, d'autres arbres que ceux dont les racines sont tracartes. La terre rouge est presque aussi difficile à pénétrer que le tuf lui-même. Elle est si peu féconde, que quand on l'amène en grande quantité à la superficie, les champs sont comme frappés de stérilité. Il n'y a qu'une abondance d'engrais & des labours répétés, qui puissent les rétablir.

Les labours se font à plat, & jamais par sillons. Il est rare que les terres soient noyées d'eau. Elle y est presque aussi-tôt absorbée. Avant de semer les fromens, on donne trois façons; une ou deux suffisent pour l'orge & l'avoine. La charrue n'enfonce pas à plus de six pouces. On enterre les grains à la herse; on les sarcle à la main, on roule surtout les avoines & les orges, afin de faciliter le fauchage, & de rechausser les racines. Les terres labourées & prêtes à être ensemencées, sont travaillées comme les planches d'un potager; on sème à la main avec une grande égalité. Les cultivateurs ne sont pas sans préjugés & sans routine, mais ils sont intelligens & adonnés à l'observation.

Les terres de la paroisse, appartenantes presque toutes au seigneur, sont en ferme de 300 arpens, l'arpent de 100 perches, à 22 pieds la perche. Il y a peu de petits propriétaires. Il n'y a guères que quinze à dix-huit ans qu'on fait parquer les bêtes à laine, à Andonville, & même dans le canton. Un seul fermier des environs parquoit alors depuis quinze ans. Peu-à-peu l'usage s'en est introduit, de manière qu'on parque quelquefois même sur les champs ensemencés en froment, quand il a poussé des feuilles. Le parcage fume une partie des terres; les fumiers de cour, composés de celui des chevaux, des vaches & de quelques cochons, est l'engrais le plus abondant. Il faut y ajouter le fumier de bergerie, fait en hiver, la fiente de poules & de pigeons, qu'on ne confond pas avec les précédens, & qu'on répand à part dans les terres où ces engrais conviennent.

Les plantes qu'on cultive à Andonville, sont le seigle, le froment à épis blancs, sans barbes, grains dorés, tige creuse, ou sa variété à épis rouges, & quelques barbus roux ou blancs, à barbes divergentes, l'avoine à grains épars, bruns ou roux, ou gris, l'orge distique, les pois verts gros, les pois gris à brebis, la vesce brune, les lentilles, la moutarde jaune, &, depuis quelques années, les gros navets. Le sainfoin est la seule bonne prairie artificielle qu'on puisse y cultiver avec avantage. On l'y multiplie beaucoup maintenant.

Les fromens ne s'élèvent pas haut. Ils atteignent rarement plus de quatre pieds. L'avoine y paroît belle, quand elle en a trois, & l'orge, deux & demi. La hauteur du sainfoin varie depuis un pied jusqu'à deux, &c.

Les meilleures terres du pays rapportent jusqu'à six à sept setiers de froment, mesure de Paris, par arpent; les mauvaises n'en donnent que trois ou deux. Le produit moyen est d'environ quatre setiers. Le froment a de la qualité. Les boulangers de la ville d'Etampes le recherchent.

Je n'entrerai pas dans plus de détails sur l'état de l'Agriculture d'Andonville; ce que j'en ai dit suffit pour donner une idée du lieu, où j'ai fait un grand nombre d'expériences & d'observations. Celles qui ont pour but les progrès de l'Agriculture, ne pouvoient être faites dans un pays plus favorable. Terrein médiocre, culture simple, engrais commun, plaine découverte, latitude tempérée, Andonville m'offroit tous ces avantages.

On savoit depuis long-tems que la lumière avoit une influence sur les végétaux; mais on ne l'avoit pas calculée, & personne n'avoit examiné jusqu'à quel point les diverses modifications de la lumière naturelle ou artificielle, pouvoient produire sur les plantes des effets analogues à ceux de la lumière directe du jour. C'est à Andonville que j'ai cherché à éclaircir ces points. Les expériences sont consignées dans les Mémoires de l'Académie des Sciences, année 1783.

Un traité *des maladies des grains*, que j'ai publié en 1783, n'est presque formé que d'expériences & d'observations faites à Andonville. Il en est de même d'un Ouvrage imprimé en 1782, sous ce titre : *Observations sur plusieurs maladies de bestiaux, & sur-tout sur celles qui sont occasionnées par les constructions vicieuses des étables.* On trouvera dans les fermes d'Andonville les principes, que j'ai établis, mis à exécution. Les étables y sont commodes, & aérées suffisamment, quand les fermiers y veulent tenir la main. Ceux des environs se sont aussi déterminés à ouvrir des fenêtres dans leurs écuries, vacheries & bergeries. Cette pratique s'est étendue déjà fort loin dans la Beauce & dans l'Orléanois.

Les Mémoires de la Société de Médecine contiennent plusieurs objets relatifs à des expériences faites à Andonville; entr'autres, un Mémoire qui constate l'influence de diverses graines sur la qualité du pain des habitans de la campagne, un autre sur des avortemens épizootiques contagieux; un autre sur les avantages qui résultent des migrations de troupeaux d'un pays dans un autre; un autre sur l'inoculation de la clavelée, &c.

Je continue à Andonville des recherches commencées depuis long-tems; 1.° sur l'opinion qu'on doit avoir de l'usage où sont les fermiers de renouveller, tous les trois ou quatre ans, leur froment de semence; 2.° sur la quantité de semence qu'il convient de répandre dans un terrein connu; 3.° sur les manières les plus sûres de préserver les fromens & autres grains des maladies auxquelles ils sont sujets, &c.

Le projet de faire le tableau raisonné de l'Agriculture françoise, a été formé à Andonville, où j'avois commencé à l'exécuter, lorsqu'il a plu au Roi de me donner des ordres pour l'étendre & le continuer à Rambouillet. Quoique j'aie établi, dans ce dernier lieu, la plus grande partie de mes expériences, je ne cesse point d'en faire à Andonville, avec d'autant plus de raison, que le sol étant différent de celui de Rambouillet, je me procure par-là des points de comparaison utiles.

Depuis plusieurs années les seigneurs d'Andonville & des lieux voisins, ont pensé qu'il leur seroit plus profitable de planter en bois les mauvaises terres, & de ne laisser à leurs fermiers que les bonnes à cultiver. Si cette opinion raisonnable prévaut, comme on doit s'y attendre, tout le monde y gagnera. A la vérité, on n'y élevera jamais de futaie, & il ne faut compter que sur des taillis. Dans les bonnes veines de terre, le chêne pourra encore réussir. Les bois qui conviendront le mieux, seront le bouleau, le marsaut, le noisetier, le châtaignier dans quelques endroits, l'épine blanche & la charmille; quelque peu avantageuses que soient les coupes de ces bois en taillis, les champs où ils seront plantés auront plus de valeur qu'ensemencés en grains. Les fermiers ayant des exploitations plus bornées, & pouvant porter tous les engrais sur des terres fertiles, auront des récoltes aussi profitables & moins de frais à faire; enfin le paysan aura plus facilement du bois pour cuire ses alimens. Il se formera des bûcherons, & par conséquent il y aura des ressources de plusieurs genres.

La terre d'Andonville contient environ 2000 arpens, dont 100 en bois, remises & allées, le reste est en terres cultivées. Les bois & remises, dans lesquels on laisse peu de baliveaux, sont partie en chêne, partie en bois mêlés, tels que ceux que j'ai indiqués, comme les plus convenables au sol.

Les terres sèches étant peu favorables aux plantations d'arbres étrangers, on trouvera seulement à Andonville quelques catalpas, des bouleaux à canot, des vernis, des erables à bois jaspé, des cèdres rouges, &c. Les avenues sont formées d'ormes, parmi lesquels il y en a de tortillars, de peupliers blancs, dits *grisailles, ypréaux, blancs d'Hollande*, de peupliers d'Italie, de peupliers du Canada, de sicomores, de faux acacia, de merisiers, même à fleur double, de sorbiers des oiseleurs. Les bosquets du château offriront quelques melezes, quelques pins, du bois de Sainte-Lucie, &c. On se propose d'enrichir le pays des arbres & arbustes agréables & utiles, que le terrein permettra d'y planter. (*M. l'Abbé* TESSIER.)

ANDRACHNÉ, *ANDRACHNE*.

Ce genre de plante fait partie de ceux qui composent la famille des EUPHORBES. Il ne renferme que deux espèces étrangères à l'Europe, lesquelles n'ont d'autre mérite que d'occuper des places dans les jardins de botanique.

Espèces.

1. ANDRACHNÉ à feuilles de téléphe ou de Grèce.
ANDRACHNE telephioïdes. L. ♃ d'Italie & du Levant.

2. ANDRACHNÉ à tige ligneuse.
ANDRACHNE fruticosa. L.

2. B. ANDRACHNÉ ligneuse androgyne.
Clutia androgyna. L. ♄ de l'Inde.

1. L'ANDRACHNÉ de Grèce est une petite plante qui rampe sur la terre, dans la circonférence d'environ un pied; ses tiges sont rameuses & couvertes de petites feuilles ovales, d'une verdure glauque. Ses fleurs sont blanches & fort petites; elles viennent dans les aisselles des feuilles, vers l'extrémité des rameaux. Il leur succède des capsules qui renferment des semences d'un noir luisant, & qui mûrissent vers la fin de l'été.

Culture.

Cette plante se multiplie par ses graines, qui doivent être semées au printems, dans des pots remplis d'une terre douce & légère, & placés ensuite sur une couche chaude. Si les semences sont bonnes, elles leveront dans l'espace d'un mois, & le jeune plant sera assez fort pour être repiqué vers la mi-juin, en pleine terre, ou dans des pots. Cette plante aime une terre légère & sèche, & une exposition chaude. Lorsque le terrein lui est favorable, il arrive souvent que les semences qui tombent à terre à mesure qu'elles mûrissent, lèvent au printems suivant, sans aucune préparation. Mais, pendant l'hiver, lorsque les gelées sont à huit ou dix degrés, elle périt en pleine terre, si l'on n'a la précaution de la couvrir de matières sèches; & c'est pour cette raison qu'il est convenable, dans les pays froids, d'en cultiver quelques individus dans des pots qu'on rentre pendant l'hiver à l'orangerie.

Historique. Cette plante est une de celles que Tournefort a trouvé en Grèce, & qu'il a rapporté au jardin du Roi, d'où elle s'est répandue dans les diverses écoles de botanique de l'Europe.

2. ANDRACHNÉ à tige ligneuse. Suivant Miller, cette plante croît naturellement à la Chine & à la Véra-Crux, dans la nouvelle Espagne, où elle s'élève à la hauteur de douze à quatorze pieds. Les branches sont garnies de feuilles pointues, unies & en forme de lance. Les fleurs naissent sous les feuilles; elles sont portées sur des pédicules assez longs, & penchés vers la terre. Les fleurs mâles, ainsi que les fleurs femelles, sont petites, & d'un blanc herbacé. Lorsque ces dernières se trouvent placées à une trop grande distance des premières, il est rare que leurs capsules renferment de bonnes semences, quoiqu'elles paroissent fort belles à la vue; ce qui en a imposé à plusieurs personnes, qui, après les avoir semées, ont été étonnées de ne point les voir lever.

Culture. Cette espèce est fort délicate; elle exige beaucoup de chaleur, & craint l'humidité pendant l'hiver; lorsqu'on peut s'en procurer de bonnes graines, il faut les semer au printems, dans des pots que l'on place sur une couche chaude,

& que l'on couvre d'un chassis; on les arrose fréquemment pour accélérer la germination; & quand les plantes ont poussé, & sont assez fortes pour être transplantées, on les place chacune séparément dans de petits pots, sur une couche tiède, & on les ombrage jusqu'à ce qu'elles aient produit de nouvelles racines, après quoi, on leur donne de l'air dans les tems chauds, & on les tient constamment dans la serre chaude.

N'ayant pas cultivé cet arbrisseau, nous avons emprunté de Miller sa description & sa culture. On ne doit pas craindre de se tromper en suivant un pareil guide. (*M. Thouin.*)

ANDRACHNÉ, nom qu'on donne, dans le levant, à une belle espèce d'arbousier, & que les Botanistes ont adopté pour le nom trivial de l'*arbutus Andrachné* L. Voy. l'article Arbousier du Dict. des Arbres & Arbustes. (*M. Thouin.*)

ANDRIALE, *Andryala*.

Genre de la famille des Composées-semiflosculeuses ou des Chicoracées. Il renferme des plantes herbacées, dont la plupart sont remarquables par le duvet blanc & cotonneux qui les couvre, & par d'assez belles fleurs d'un beau jaune. Ces plantes se multiplient fort aisément de graines, & presque toutes croissent en pleine terre dans notre climat; on ne les cultive encore que dans les jardins de Botanique.

Espèces.

1. Andirale à Corymbes.

Andryala Corymbosa. Lam. Dict. n.° 1.

Andryala integrifolia. L. ⊙ d'Italie, d'Espagne & de Sicile.

B. Andriale à Corymbes à feuilles dentées.

Andryala Corymbosa dentata. ⊙ des Provinces méridionales de la France.

2. Andriale de Raguse.

Andryala Ragusina. L. ♃ des Isles de l'Archipel & du Levant.

3. Andriale Laciniée.

Andryala Laciniata. La M. Dict. n.° 3. ♂ de la Gaule Narbonnoise & d'Espagne.

4. Andriale à tige nue.

Andryala nudicaulis. La M. Dict. n.° 4. ⊙ des Provinces méridionales de la France.

5. Andriale glanduleuse.

Andryala glandulosa. La M. Dict. n.° 5. ♂ des Isles Madère.

Voyez pour l'*Andryala lanata*, L. le genre des Epervieres.

Description.

Les Andriales, n.os 1 & 3, sont des plantes rameuses & touffues, qui s'élèvent à la hauteur de vingt-quatre à trente pouces. Elles sont couvertes d'un duvet cotonneux, tirant sur le blanc. Leurs fleurs sont jaunes & assez agréables; elles ne durent qu'un jour; mais elles sont en si grand nombre & se succèdent si exactement, que la plante reste fleurie pendant deux mois. C'est ordinairement en août que paroissent les premières fleurs. Les graines mûrissent successivement à l'approche des gelées.

L'Andriale, n.° 4, diffère des autres, par ses tiges presque nues, de moitié plus courtes, & qui sont couvertes d'un poil assez long. Les feuilles viennent au colet de la racine, & forment, sur la terre, une petite rosette d'un vert pâle. Les fleurs de celle-ci sont peu apparentes & tout aussi passagères que celles des autres espèces; elles s'ouvrent en juin & juillet, & la plante meurt vers la fin de septembre.

La seconde espèce ou l'Andriale de Raguse, est facile à distinguer par la couleur blanche & satinée de ses feuilles; ses fleurs sont petites & d'un jaune plus foncé que celles des autres espèces; elles commencent à paroître en Juillet, & se succèdent jusqu'à la fin de l'automne.

Enfin l'Andriale glanduleuse est la plus haute de toutes, ses tiges ont souvent trois pieds de haut: elles sont très-rameuses & couvertes d'un duvet roussâtre, dont chacun des poils setermine par un petit globule d'où il sort un suc visqueux. Les fleurs sont en très-grand nombre; leur couleur est d'un jaune pâle; elles s'ouvrent quelques heures après le lever du soleil, & se ferment un peu avant son coucher: elles épanouissent depuis le milieu de l'été jusqu'à la fin du mois de septembre, & les graines mûrissent successivement jusqu'aux gelées.

Cette plante ne pousse ordinairement, la première année, que des feuilles radicales, découpées à la manière du pissenlit. La seconde année les tiges s'élèvent, & alors les feuilles qui les accompagnent sont entières, & sans la moindre découpure. Presque toujours la plante meurt après avoir fructifié, sur-tout lorsqu'elle est en pleine terre; mais si on la cultive en pot, & qu'on ait soin de couper ses tiges à mesure qu'elles se dessèchent, on la fait vivre trois ou quatre ans.

Culture.

Toutes les Andriales se propagent aisément par le moyen de leurs graines, qu'on sème vers le milieu d'avril, dans des pots remplis d'une terre légère; si on place ensuite les pots sur une couche chaude, les graines léveront beaucoup plutôt; mais cette précaution est inutile pour l'espèce du n.° 4, qu'on peut tout simplement semer en pleine terre & en place, à la fin de mars. Celle de Raguse est plus délicate, il lui faut le secours de la couche pour lever de bonne-heure dans notre climat; des arrosements journaliers, mais légers, accélèrent encore la germination des graines & le développement des plantes.

Lorsque le jeune plant est à sa cinquième ou sixième feuille, on peut le repiquer; savoir, celui des espèces n.os 1 & 3, en pleine terre, à la place où il doit rester, & celui des espèces comprises sous les n.os 2 & 5, dans des pots remplis d'une terre un peu forte. L'hiver, ce dernier doit être renтré dans l'orangerie & garanti de l'humidité : l'année suivante, au printems, il convient de le mettre dans des pots plus grands, sur-tout celui de l'espèce, n.° 5, qui est une plante assez vorace : on pourroit même le mettre en pleine terre, il n'en seroit que plus vigoureux & plus beau. Il arrive quelquefois, lorsque les hivers sont doux, que les semences qui tombent des plantes qu'on laisse grainer en pleine terre, lèvent d'elles-mêmes sans précaution ; mais cela est rare, & il est toujours plus sûr de les semer.

Usages. Les Andriales ne sont guères cultivées que dans les écoles de Botanique ; cependant la dernière espèce mérite, par son port agréable, de trouver place dans les jardins des curieux ; elle peut figurer avec avantage sur les lisières des bosquets dans les jardins paysagistes.

Historique : Nous la devons à M. Masson, jardinier Botaniste Anglois, qui la fit passer dans sa patrie, d'où elle nous a été envoyée par M. Aiton, en 1784. M. l'Héritier en a donné une excellente figure dans son deuxième fascicule, tab. 18, sous le nom de *Andryala cheiranthifolia* (*M. Thouin.*)

ANDROGINE (plante.) On donne ce nom à toutes celles qui ont des fleurs mâles & des fleurs femelles sur le même pied, séparées les unes des autres, sans qu'il s'y rencontre de fleurs hermaphrodites, telles sont le Maïs, le Ricin, le Concombre, le Noyer, le Pin, le Châtaignier, &c. Ces plantes, dans le système de Linné, constituent une classe particulière, qu'il appelle Monœcie, laquelle est divisée en plusieurs ordres qui renferment un grand nombre de végétaux.

Il importe aux cultivateurs de connoître les deux espèces de fleurs des plantes *Androgynes*, soit pour faire le choix de celles destinées à porter des fruits, soit pour supprimer, dans le besoin, celles qui ne servent qu'à la fécondation des autres, après qu'elles l'ont opérée, soit enfin pour féconder artificiellement les pieds sur lesquels les fleurs mâles seroient avortées. Les fleurs femelles se distinguent aisément par leur pistil garni de leur stygmate, & par l'embrion du fruit sur lequel portent ces parties. Les fleurs mâles n'ont que des étamines qui, dans certaines plantes, sont placées dans une corolle, & dans d'autres, sont disposées en chatons. (*M. Thouin.*)

ANDROMÈDE, *Andromeda* : genre composé d'un grand nombre d'arbrisseaux & d'arbustes, intéressans par leur feuillage & par leurs fleurs : ils se cultivent en pleine terre, mais ils sont délicats. *Voyez* le Dictionnaire des arbres & arbustes de M. Fougeroux. (*M. Thouin.*)

ANDROSACÉ, *Androsace.*

Genre de plante de la famille des *Lysimachies*, remarquable par la petitesse des espèces qui le composent, par l'agrément de leur port, la structure & la couleur de leurs fleurs. Elles sont presque toutes originaires des hautes montagnes, où elles croissent sur une terre composée des débris de végétaux : on ne les cultive que dans les grands jardins de Botanique ; elles y sont même assez rares, à cause de leur extrême délicatesse.

Espèces.

* Fleurs disposées en ombelles.

1. Androsacé à large collerette.

Androsace maxima. L. ⊙ de Suisse, d'Allemagne & des provinces méridionales de la France.

2. Androsacé à longs pédicules.

Androsace elongata. L. ⊙ d'Autriche & de Sibérie.

3. Androsace septentrionale.

Androsace septentrionalis. L. ♂ des hautes montagnes d'Europe & d'Asie.

4. Androsace velue.

Androsace villosa. L. ♃ des Alpes & des Pyrénées.

5. Androsace lactée.

Androsace lactea. L. ♃ des montagnes de Bourgogne, de Provence, du Dauphiné, de Suisse & d'Autriche.

6. Androsace carnée.

Androsace carnea. L. ♃ des Alpes, des Pyrénées & du Mont-d'or en Auvergne.

** Fleurs solitaires.

7. Androsace embriquée.

Androsace imbricata. La M. Dict. n.° 7.

Aretia helvetica. L. ♃ des hautes montagnes de l'Europe.

8. Androsace des Alpes.

Androsace Alpina. La M. Dict. n.° 8.

Aretia Alpina. L. ♃ des Alpes & autres montagnes élevées de l'Europe.

Description.

L'Androsace à large collerette, quoiqu'elle soit la plus grande de toutes les espèces de ce genre, n'a pas plus de six pouces de haut ; les plus élevées ensuite n'en ont que trois à quatre, & les plus petites, telles que les espèces n.os 7 & 8 sont plaquées sur terre, & y forment des gazons qui n'ont que deux pouces de hauteur & souvent moins. Les trois premières se distinguent aisément des autres, en ce qu'elles n'ont que des feuilles radicales, disposées en rosettes, du centre desquelles s'élèvent des hampes qui se terminent par de petites ombelles de fleurs blanches, plus petites les unes que les autres, suivant les espèces ; les cinq autres forment de petites touffes serrées contre terre, de toutes les parties desquelles sortent de petites fleurs, les unes blanches, les autres jaunâtres ou couleur de chair. Presque toutes ces plantes fleurissent au printems ; leurs fleurs durent peu de jours, & les semences qui leur succèdent, mûrissent en mai & juin.

Culture.

Les graines des trois premières espèces doivent être semées à l'automne; celles de la première en pleine terre & à la place destinée à ces plantes, & celles des deux autres, dans des pots remplis de terreau de bruyère, placés en pleine terre à l'exposition du levant : elles lèvent pendant l'hiver. La seconde espèce fleurit dès le printems, produit ses graines en avril & se dessèche en juin. La troisième espèce étant bis-annuelle, ne pousse que des feuilles la première année; on la conserve pendant l'hiver, sur les appuis des croisées dans l'orangerie, & le printems suivant elle monte en fleurs, fructifie & meurt à la fin de juin.

Les cinq autres espèces doivent être pareillement semées à l'automne dans des terrines, avec du terreau de bruyère, mais à une exposition plus ombragée; il est nécessaire de les enterrer dans une plate-bande & de les couvrir, pendant l'hiver, de feuilles sèches & de paillassons, pour les préserver de l'humidité & des grands froids. Dès que les beaux jours arrivent, on découvre les terrines & on arrose légèrement les semis; le jeune plant ne tarde pas à paroître; mais comme il végète lentement, on peut lui laisser passer l'année dans les mêmes vases, & ne le séparer qu'au printems suivant. Mais alors il est bon de le lever en motes, & de le mettre dans des pots remplis d'un nouveau terreau de bruyère pur, où il doit passer le reste de l'année pour prendre de la force, de le replacer ensuite à l'ombre, & de le bassiner tous les soirs, pendant l'été, avec un arrosoir à pommes. Au printems suivant, on pourra le placer sur des gradins, en pleine terre, parmi les plantes alpines, & à l'exposition du nord. Quoique ces plantes croissent sur les montagnes les plus froides, cependant, comme elles sont constamment couvertes de neige, les gelées ne les atteignent que foiblement; c'est pourquoi il est utile de les couvrir aux approches des grandes gelées, & de les découvrir lorsqu'il survient des tems doux. Quelques personnes ont même la précaution d'en conserver des pieds en pots, qu'elles rentrent à l'orangerie lorsque le thermomètre descend au-dessous de quatre degrés. Ces plantes, en général, craignent l'humidité stagnante & le grand soleil d'été; elles aiment l'air le plus vif : ainsi, il est bon de les cultiver dans le terreau de bruyere, de les placer à l'exposition du nord ou du levant, & de les laisser à l'air libre, le plus long-tems qu'il est possible. Comme elles ne sont pas d'une longue vie, il est à propos de les renouveller souvent par des semis.

Usages. Les Androsacés vivaces sont propres à jeter de la variété parmi les plantes alpines qu'on cultive sur des gradins dans le terreau de bruyere; ils forment des petits tapis de différentes verdures qui s'émaillent au printems, de fort jolies fleurs; c'est dommage seulement que ces plantes soient si délicates. (*M. Thouin.*)

ANDROSEME, synonyme françois de *l'hypericum androsæmum L.* des Botanistes (Voyez Millepertuis à bayes noires. (*M. Thouin.*)

ANE, *ou* Asne. *Asinus.*

Animal domestique, du genre des solipèdes; c'est-à-dire, de ceux qui ont la corne du pied d'une seule pièce. Il est plus petit que le cheval; ses oreilles sont plus longues & plus larges, ses lèvres plus épaisses, sa tête plus grosse à proportion du reste du corps. Il a la queue plus longue, mais garnie de poil, seulement à l'extrémité; sa crinière n'est pas si grande que celle du cheval. L'âne a la peau très-dure, la jambe fine & la voix désagréable; le cheval hennit, l'âne brait.

Parmi les ânes, comme parmi les chevaux, il y en a de diverse hauteur. Un âne de taille moyenne, mesuré à l'endroit des jambes de devant, a trois pieds quatre pouces & demi de hauteur, & quatre pieds six pouces de longueur depuis le sommet de la tête jusqu'à l'anus. Les ânes sont aussi de différens poils : on en voit de gris argenté, de gris marqué de taches obscures, de blancs, de bruns, de noirs & de roux; la plupart sont de couleur gris de souris.

On avoit regardé l'âne comme un cheval dégénéré; mais M. de Buffon a fait voir qu'il formoit un genre à part, ayant, comme tous les autres, sa famille, son espèce & son rang. *Voyez* l'histoire naturelle de M. de Buffon.

L'âne est un animal lent; son allure est douce, parce qu'il n'a que des mouvemens petits. Quoiqu'il coure d'abord assez vite, il est bientôt rendu, quand on veut exiger qu'il coure long-tems. Sa marche dans les lieux escarpés & difficiles, est plus assurée que celle du cheval; il est dur au travail, patient & tranquille. On l'accuse d'être paresseux. Mais cette paresse n'est-elle pas plutôt l'effet de sa lenteur naturelle, qu'un vice de caractère? De tous les animaux à poil, il est le seul qui ne soit pas sujet à la vermine : l'âne est très-sobre, & n'est pas délicat sur les alimens, se contentant des herbes que dédaignent les autres. Mais il n'aime que l'eau claire; une petite quantité lui suffit, & il peut s'en passer plus d'une journée. Quand il boit, il n'enfonce pas son nez dans l'eau; il se roule sur les gazons, les chardons, &c.; mais jamais dans la boue ni dans l'eau, qu'il évite. Il est rarement malade; on lui reproche d'être têtu, rétif, indocile, insensible aux coups de fouet; ce reproche n'est peut-être pas mieux mérité, que l'accusation de lenteur. En France on ne prend guère soin de son éducation; » il est, dit M. de Buffon, le jouet, le plastron, » le bardeau des rustres qui le conduisent le bâton » à la main, qui le frappent, le surchargent, » l'excèdent sans précautions, sans ménagement, » &c. » Il me semble que son indocilité pourroit être attribuée aux injustices qu'on ne cesse de lui faire, & son insensibilité à l'épaisseur de sa peau. De quelle ressource cet animal n'est-il pas pour l'homme peu fortuné de la campagne? Il coûte peu à nourrir; sa patience & sa lenteur même le rendent propre à des ouvrages auxquels on ne pourroit employer des chevaux; il s'accoutume à être monté, à porter de grands fardeaux, relativement à sa grosseur, & à traîner des voitures. Dans les fermes de grosse exploitation, on charge l'âne du beurre, des œufs, de la volaille, &c., pour les marchés voisins; il en rapporte en retour les provisions nécessaires; il va chercher une partie des herbes fraîches, destinées aux autres bestiaux. Les paysans, qui n'ont que quelques portions de terre qu'ils cultivent à la main, ont un âne pour le transport des fumiers & de la récolte; les vignerons s'en servent aussi pour fumer leurs vignes & pour la vendange; son secours n'est pas moins utile aux jardiniers. En Bresse les bergers & les vachers gardent leurs brebis & leurs vaches, montés sur des ânes; ces animaux paissent avec elles, & portent le petit mobilier des gardiens qui trayent leurs bêtes aux champs, &c. &c. L'âne est donc propre à plus de différens travaux que le cheval.

On ne peut juger qu'imparfaitement de la constitution physique de l'âne, ni de son caractère, d'après l'état où il est en France. On le jugeroit encore moins sainement d'après ce qu'il est dans des pays plus froids que ce royaume. Car c'est un animal originaire des climats chauds; on en trouve une grande quantité depuis le Sénégal jusqu'à la Chine. Il y en a dans le Levant & dans la partie septentrionale de l'Afrique une très-belle race, qui vient de l'Arabie. En Perse, on prend soin de l'éducation des ânes; on les excerce & on en fait de bonnes montures. L'Arabie paroît être leur première patrie; c'est de-là probablement qu'ils se sont répandus en Afrique, en Asie & en Europe. Lors de la conquête de l'Amérique, on n'y en a pas trouvés; ceux que les Espagnols y ont transporté, ont beaucoup multiplié. On remarque qu'ils sont d'autant plus petits, que le pays est froid. Il y en a peu ou point du tout en Angleterre, en Danemarck, en Suède, en Pologne, en Hollande. La France, l'Espagne, l'Italie & les Isles de l'Archipel en élèvent beaucoup. Ceux des provinces méridionales de France sont plus beaux que ceux des provinces septentrionales.

L'âne étant un animal aussi utile, il est important de le multiplier. Ordinairement on ne prend pas de précautions pour cela; le hasard fait qu'un âne & une ânesse en chaleur se rencontrent; ils s'accouplent, & il en naît un ânon plus ou moins bien fait, plus ou moins fort. Si tous les ânes étoient bien proportionnés, & avoient des qualités précieuses, les gens riches seuls les acheteroient, & les paysans ne seroient pas en état de s'en procurer. Sous ce point de vue, il vaut mieux que la plus grande partie des ânes n'ait rien de brillant. Il est bon cependant que des personnes s'occupent à avoir de belles espèces pour les amateurs, & pour produire avec les jumens de beaux mulets. On ne réussira qu'autant que l'âne étalon & l'ânesse auront les qualités suivantes.

L'âne étalon doit être pris parmi les plus grands & les plus forts. Il ne faut pas qu'il ait moins de trois ans & plus de dix. Il aura les yeux pleins, vifs, bien fendus; de grandes narines; la membrane pituitaire vermeille; la bouche fraîche; le col long; le poitrail large; les reins fermes; la croupe plate; la queue courte; le poil lisse, un peu luisant, doux au toucher; d'un gris foncé, ou noir ou moucheté de rouge; les organes de la génération gros & charnus. Des yeux enfoncés exposent l'âne à des fluxions fréquentes; des glandes sous la ganache annoncent une disposition à des maladies; le genou couronné & sans poil est une marque de foiblesse & prouve que l'animal s'abat; la jambe se fatigue sûrement, quand on voit des molettes au boulet; le pied ne doit avoir ni seimes, ni fics, ni poireaux; un âne ombrageux enfin ne peut faire un bon étalon. Il est à craindre que tous ces défauts ne passent dans les productions, qui en résultent.

Outre les qualités communes à l'âne étalon & à l'ânesse, celle-ci doit avoir le corsage large & le bassin ample. Elle fait ses plus beaux ânons depuis sept ans jusqu'à dix. La chaleur se manifeste par la tuméfaction des parties naturelles, & par une humeur épaisse & blanchâtre qui en découle. Celles qui sont en chaleur tous les mois de l'année, sont moins fécondes que les autres.

L'accouplement se fait depuis le commencement de mai jusqu'à la fin de juin. L'ânesse portant de onze à douze mois, l'ânon vient au monde dans une saison douce où la mere trouve de l'herbe, & peut avoir abondamment du lait.

Quand on mène une ânesse à l'étalon, elle doit être déferrée de peur qu'elle ne rue. Un homme la tient par le licol; deux autres conduisent l'étalon. On l'aide à s'accoupler en le dirigant & en détournant la queue de l'ânesse. Dans les derniers momens de la copulation, la croupe de l'âne fait un mouvement de balancier, qui accompagne l'émission de l'humeur prolifique. L'étalon est ramené à l'écurie, sans qu'on lui permette de renouveller l'accouplement. Un bon âne pourroit couvrir deux ânesses par jour. Cependant on préfère de le ménager. L'âne étalon dure plus long-tems que le cheval étalon; plus il est vieux, plus il paroît ardent: on en a vu s'excéder & mourir quelques instans après.

Il y a une autre manière de faire accoupler les ânes & les ânesses. On met un étalon dans un enclos avec une quantité d'ânesses, qu'il doit couvrir. Ainsi en liberté, il est gai & alerte, & en couvre une. On l'emmène aussi-tôt à l'écurie, & on le ramène le lendemain, ou le surlendemain, pour en couvrir une autre.

L'ânesse, dit-on, rejette quelquefois la liqueur prolifique qu'elle a reçue dans l'accouplement;

pour éviter cet inconvénient, on conseille de la faire courir, ou de la fouetter; mais rien ne prouve, si elle rejette quelque humeur, que ce soit celle du mâle; ou qu'il soit nécessaire, pour que la fécondation ait lieu, qu'elle en garde la totalité. Lorsqu'elle est pleine, la chaleur cesse bientôt; elle refuse l'étalon, & se défend vigoureusement.

L'ânesse pleine exige quelques attentions. On doit la nourrir de bons alimens, tels que le foin, la luzerne, le son, l'orge, l'avoine, les herbes fraîches, &c. On évitera de la faire travailler beaucoup, sur-tout dans les derniers mois, de lui donner des coups sur le ventre, & de l'envoyer au pré avant que le soleil ait dissipé la rosée; ce sont autant de causes d'avortement. Le sixième mois, elle commence à s'appésantir. Quelquefois à cette époque, en appliquant la main sur le ventre, on sent remuer. Le lait paroît dans les mamelles au dixième mois. L'ânesse met bas dans le douzième. Elle ne donne qu'un petit à-la-fois; il est si rare qu'elle en produise deux, qu'à peine peut-on en citer un exemple. Si le petit ne se présentoit pas par la tête, il faudroit le retourner. Quand le travail est laborieux, on le favorise en faisant une saignée, & en graissant avec de l'huile ou du beurre les parties naturelles, au lieu de faire avaler du vin & de l'orviétan, comme font les gens de la campagne. On ne devroit recourir à ces derniers moyens, que dans le cas où ce seroit par foiblesse seulement que l'ânesse mettroit bas difficilement. Si l'ânon étoit mort dans la matrice, il faudroit l'en tirer avec les mains, qu'on auroit soin de graisser d'huile ou du beurre auparavant. Dès que l'ânon est né, la mere le lèche pour le sécher; il se lève peu de tems après, chancelle, tombe & se relève. Sept jours après avoir mis bas, l'ânesse redevient en chaleur, & peut recevoir le mâle.

On donne à l'ânesse, qui vient de mettre bas, pendant quelques jours de l'eau tiède, dans laquelle on a jeté quelques poignées de farine de froment; on lui donne du foin de bonne qualité, & on la conduit dans de bons pâturages. On a tort de la faire travailler trop tôt, & de la charger comme avant qu'elle mît bas. C'est le moyen de l'empêcher d'avoir une quantité de lait suffisante pour son ânon.

L'ânesse a un attachement considérable pour sa progéniture. Pline nous assure que quand on sépare l'ânesse de son petit, elle passe à travers les flammes pour le rejoindre. J'en ai connu une qui, séparée du sien de plus d'une lieue, dès qu'elle fut libre, courut le chercher & passa à la nage la rivière de marne, dans un endroit, où elle est très-large. Douze ou quinze jours après la naissance de l'ânon, deux dents lui poussent sur le devant de chaque mâchoire; quinze jours après, deux autres percent à côté des premières venues; & trois mois après, deux autres, qui forment les coins; en sorte qu'on apperçoit alors douze dents à la partie antérieure de la bouche, six dessus & six dessous. Ces dents sont petites, courtes & blanches; elles portent le nom de *dents de lait*. A dix mois les deux pinces sont de niveau & creuses, mais moins que les mitoyennes, & celles-ci moins que les coins. A un an on distingue un col à la dent; son corps est moins large & plus rempli; à un an & demi les pinces sont pleines; à deux ans les dents de lait sont rasées; à deux ans & demi & quelquefois trois ans, les pinces tombent, & ainsi successivement, pour marquer l'âge de l'âne, comme dans le cheval. *Voyez* cheval & âge des animaux. Au bout de six mois, on doit sevrer l'ânon, sur-tout si la mere est pleine, afin qu'elle ne s'épuise pas & qu'elle fournisse à la nourriture du fœtus. Le jeune ânon est gai, & même joli; mais il perd bientôt cette gentillesse, soit par l'âge, soit par les mauvais traitemens. On l'accoutume à manger d'abord un peu de foin, ou de son, ou d'orge, ou d'herbe fraîche, dont on augmente la quantité par degrés. On doit le mettre encore quelque tems à l'abri de la pluie, du froid & de la gelée. A trente mois on peut le châtrer; l'âne châtré ou hongre ne brait qu'à basse voix, quoiqu'il paroisse faire autant d'efforts de la gorge, que celui qui brait à haute voix; c'est l'âge de le dresser. On lui met un bridon, & une selle sur le dos ou un bât chargé de légers fardeaux; on le monte, après l'avoir caressé avec la main. Peu-à-peu il se fait au travail & à tout ce qu'on en exige. On le ferre à trois ans avec des fers minces & légers comme ceux des mulets. Alors toute espèce de pâturage lui convient; il mange des chardons, des feuillages, des ébourgeonnemens de vigne, &c. Le foin, le son, la farine, l'avoine, l'orge, sont les alimens de première qualité pour lui, propres à réparer ses forces, quand elles sont épuisées.

L'âne élevé dans la pleine est plus haut, plus fort & plus vigoureux que celui qui a été élevé dans les pays humides & marécageux. Il a l'allure plus douce, & doit être préféré pour la selle. Il est aussi moins sujet à être malade. L'âne de montagne est petit, agile, & il a le pied sûr.

La durée de la vie d'un âne, qu'on ménageroit, seroit de trente ans, & au-delà; rarement cet animal y parvient. L'excès de fatigue le fait mourir le plus souvent vers la moitié de sa course.

L'âne s'accouple avec la jument & le cheval avec l'ânesse. Ce double accouplement produit des mulets. *Voyez* Mulet. Mais ceux de l'âne & de la jument sont plus forts que ceux du cheval avec l'ânesse. La jumat est le produit, ou de l'âne avec la vache, ou du taureau avec l'ânesse. *Voyez* Jumat.

Quoique les ânes soient d'une meilleure constitution que les chevaux, ils éprouvent cependant les mêmes maladies. A la vérité, ils en sont plus rarement atteints. Il ne les éprouveroient peut-être pas, ou presque pas, si on ne les accabloit de travail. On ne connoissoit autrefois que la morve dans les ânes; mais on les voit attaqués, 1.° de maladies internes, telles que le mal de cerf, la gourme, la morfondure, la péripneumonie, la pousse, la morve, la courbature, la toux, la pulmonie, les coliques, la diarrhée, &c. 2.° De maladies externes; comme lampas, chancre à la langue, avives, fluxions aux yeux, cataractes, mal de garrot, avant cœur, effort des reins, écart, hernies, loupes, œdeme sous le ventre, enflures des bourses, gales, verrues, efforts des hanches, entorses aux jambes, malandres, solandres, poireaux, queues de rat, grappes, atteintes, seimes, clous de rue, fics, javarts. *Voyez* ces maladies.

La médecine tire un grand parti du lait d'ânesse, qui convient pour remédier aux maladies de poitrine des hommes, quand elles ne sont pas trop avancées; il est plus léger que celui de vache & de chèvre; on l'emploie encore avec succès pour corriger un vice du sang, tel que celui de la goutte, des dartres &c. L'usage s'en est conservé depuis les Grecs jusqu'à nos jours, dit M. de Buffon. Pour l'avoir de bonne qualité, il faut choisir une ânesse jeune, qui vienne de mettre bas & qui n'ait pas été couverte depuis, son lait doit être doux; on lui ôte pendant quelques heures de la journée son ânon. Si on le lui ôtoit tout-à-fait, elle pourroit perdre son lait; on la nourrit bien de foin, de son, d'orge, d'avoine & on la laisse paître. Le lait se ressent de la qualité des alimens, qu'on lui donne.

On a vanté les vertus médicinales du sang, de l'urine & de différentes parties du corps de l'âne, comme des spécifiques de certaines maladies; mais l'expérience & la raison ont détruit ces idées.

La peau de l'âne sert à faire des cribles, des tambours & de bons souliers, de gros parchemins, qu'on enduit d'une couche légère de plâtre, pour des tablettes de poche. C'est avec le cuir de l'âne qu'on fait du *chagrin* en Orient. On assure aussi qu'elle est la matière d'un beau marroquin; on vend depuis quelques années un préparation de peau d'âne pour les maladies de poitrine; elle vient de l'Inde. Les anciens faisoient des flûtes de ses os; ils les trouvoient plus sonores. Ce qui faisoit croire que, comme la peau, ils étoient plus durs que dans les autres animaux. (*M. l'Abbé* Tessier.)

ANÉE, Asnée, charge d'un âne. Ce mot, dont l'éthymologie est simple, est employé dans plusieurs endroits de France, pour marquer une mesure de solides & de liquides, & même de terres. On s'en sert dans le Lyonnois, le Mâconnois, la Bresse, & une partie de la Bourgogne. Il y a ânée de vin, & ânée de grain & de terre.

L'ânée de vin, qui est fixe, contient à Lyon quatre-vingts pots, ou quatre-vingts pintes de Paris, pesant cent soixante livres, ou environ, poids de marc.

L'ânée de grain varie selon les pays. C'est une mesure plutôt idéale qu'effective; elle est la réunion de plusieurs mesures réelles, comme à Paris, le muid représente un certain nombre de setiers.

A Lyon, l'ânée est composée de six *bichets*, qui font un setier & trois boisseaux de Paris.

A Mâcon, l'ânée est de vingt mesures, qui reviennent à un setier huit boisseaux de Paris.

A Bourg-en-Bresse, elle contient vingt coupes; dans des marchés voisins, elle en contient plus, dans d'autres moins; la coupe de Bourg pèse de vingt-trois à vingt-quatre livres.

A Cluny en Bourgogne, l'ânée comprend seize mesures, & pèse quatre quintaux. Une ânée & un bichet rendent, en Provence, & sur-tout à Marseille, sept sivadières. La sivadière de bled doit peser un peu plus de neuf livres, poids de Marseille qui font sept livres un peu fortes, poids de marc. Cent ânées font cent trente-une charges un quart. La charge de Marseille, qui est la même que celle d'Arles & de Candie, revient à deux cens quarante-trois livres, poids de marc.

Dans beaucoup d'endroits, la mesure de grains a donné le nom à la mesure de terre qu'elle peut ensemencer. Par exemple, on dit un setier de bled, un setier de terre, &c; il en est de même de la dénomination d'ânée; à Bourg-en-Bresse, une ânée de terrein est de quatre coupées, dont chacune contient 173 toises de Roi, & $\frac{11}{18}$, ou 6250 pieds quarrés; à Cluny, en Bourgogne, elle est de seize coupées, qui ont chacune 4480 pieds quarrés.

Ces exemples suffisent pour donner une idée de ce qu'on entend par ânée, & des variations qu'éprouve cette manière de mesurer les grains & les terres. (*M. l'Abbé* Tessier.)

ANEGRAS. « Mesure de grains dont on se » sert à Séville & à Cadix. Quatre anegras font » un cahis; quatre cahis font le fanega, & cin- » quante fanegas font le last d'Amsterdam. *Ancienne Encyclopédie*. (*M. l'Abbé* Tessier.)

ANEMONE, *Anemone*.

Ce genre n'est composé que de plantes vivaces herbacées, qui croissent dans les régions froides & tempérées des quatre parties du monde, & très-rarement dans les pays chauds. C'est le plus agréable de tous ceux qui composent la famille des renoncules; il fournit une des plus belles décorations de nos jardins, par l'éclat & la forme des fleurs de plusieurs des espèces dont il est composé. Celles qui sont cultivées depuis long-tems en Europe, ont produit & produisent encore tous les jours des variétés à l'infini.

Ces fleurs font l'amusement & les délices d'un grand nombre de personnes dont elles sont depuis long-tems en possession de captiver les soins, & leur culture forme dans différentes Provinces de France, un objet de commerce assez considérable.

Espèces.

* Semences munies de queues longues & plumeuses.

1. Anemone pulsatille. Coquelourde, ou herbe du vent.

Anemone pulsatilla. L. ♃ commune par toute l'Europe.

B. ANEMONE pulsatille des marais.
ANEMONE pulsatilla palustris. ♃ des montagnes des Alpes.

C. ANEMONE pulsatille à fleurs blanches.
ANEMONE pulsatilla alba. ♃ des montagnes de Suisse.

2. ANEMONE rouge.
ANEMONE rubra. La M. Dict. n.° 2. ♃ des montagnes d'Auvergne.

3. ANEMONE des prés.
ANEMONE pratensis. L. ♃ d'Allemagne & autres contrées septentrionales de l'Europe.

4. ANEMONE du cap.
ANEMONE capensis. La M. Dict. n.° 4. ♃ Afrique.

5. ANEMONE printanière.
ANEMONE vernalis L.

B. ANEMONE printanière à petites fleurs.
ANEMONE vernalis parviflora.

C. ANEMONE printanière jaune.
ANEMONE vernalis lutea. ♃ des prairies des hautes montagnes de l'Europe.

6. ANEMONE septentrionale.
ANEMONE patens. L. ♃ des régions septentrionales de l'Europe.

7. ANEMONE de montagne.
ANEMONE baldensis. L.

B. ANEMONE de montagne, à fleur blanche.
ANEMONE baldensis alba. ♃ des hautes montagnes de la France.

8. ANEMONE des Alpes.
ANEMONE alpina. L.

B. ANEMONE des Alpes, à fleurs jaunes.
ANEMONE Alpina lutea. ♃ des montagnes d'Auvergne & du Dauphiné.

** Semences chargées de duvet.

9. ANEMONE des fleuristes.
ANEMONE coronaria. L.

B. ANEMONE des fleuristes, à petites fleurs.
ANEMONE coronaria tenuifolia.

C. ANEMONE des fleuristes, à larges feuilles.
ANEMONE coronaria latifolia.
ANEMONE hortensis. L. ♃ de Constantinople, & autres parties du levant.

10. ANEMONE à feuilles de ciclamen.
ANEMONE palmata. L. ♃ de Portugal, sur les bords du Tage.

11. ANEMONE, œil de paon.
ANEMONE pavonina. La M. Dict. n.° 11. ♃ du levant.

12. ANEMONE en étoile.
ANEMONE stellata. La M. Dict. n.° 12. ♃ de Provence, de Suisse & d'Italie.

13. ANEMONE sauvage.
ANEMONE sylvestris. L.

B. ANEMONE sauvage, à petites fleurs.
ANEMONE sylvestris parviflora. ♃ d'Alsace & autres parties de l'Allemagne.

*** Semences pointues, & disposées en tête hérissée de petites pointes.

14. ANEMONE de Sibérie.
ANEMONE Sibirica. L. ♃ de la Sibérie.

15. ANEMONE rameuse.
ANEMONE virginiana. L. ♃ de Virginie.

16. ANEMONE à dix pétales.
ANEMONE decapetala. L. ♃ du Brésil.

17. ANEMONE fourchue.
ANEMONE dichotoma. L. ♃ de Sibérie & de Canada.

18. ANEMONE irrégulière.
ANEMONE irregularis. La M. Dict. n.° 18.
An ANEMONE pensylvanica. L. ♃ de l'Amérique septentrionale.

19. ANEMONE en ombelle.
ANEMONE narcissiflora. L. ♃ des montagnes de Provence & de Dauphiné.

B. ANEMONE en ombelle velue.
ANEMONE narcissiflora hirsuta. ♃ des montagnes de France, de Suisse & d'Autriche.

C. ANEMONE en ombelle, à grande fleur.
ANEMONE narcissiflora orientalis.
ANEMONE fasciculata. L. ♃ du levant.

20. ANEMONE à feuilles de pigamon.
ANEMONE thalictroides. L.

B. ANEMONE pigamon uniflore.
ANEMONE thalictroides uniflora. ♃ de Canada & de Virginie.

21. ANEMONE à fleur bleue.
ANEMONE appennina. L. ♃ des montagnes de Provence, d'Italie & d'Angleterre.

22. ANEMONE à trois feuilles.
ANEMONE trifolia. L. ♃ des bois de la France.

23. ANEMONE à cinq feuilles.
ANEMONE quinque folia. L. ♃ de Virginie & de Canada.

24 ANEMONE des bois ou la Sylvie.
ANEMONE nemorosa. L.

B. ANEMONE des bois à fleurs purpurines.
ANEMONE nemorosa purpurea. ♃ commune dans les bois en France.

25. ANEMONE à fleurs jaunes.
ANEMONE ranunculoides. L. ♃ des forêts de la France.

**** Collerette calyciforme, de trois pièces simples, & peu distantes de la fleur.

26. AENEMONE hépatique ou hépatique des jardins.
ANEMONE hepatica.

B. ANEMONE hepatique, à fleur rouge.
ANEMONE hepatica rubra. ♃ des petites montagnes boisées de la France.

C. ANEMONE hepatique des jardins, à fleurs blanches, violettes, simples & doubles.
ANEMONE hepatica hortensis. ♃ des jardins de l'Europe.

27. ANEMONE à feuilles anguleuses
ANEMONE angulosa. Lam. Dict. n.° 27. ♃ de Pyrénées.

Description.

Toutes les Anemones sont des plantes vivaces herbacées, dont quelques-unes s'élèvent à la hauteur de deux pieds, tandis que les autres n'ont que quelques pouces de haut. Leurs racines sont ou fibreuses, ou charnues. Elles poussent de très-bonne heure; plusieurs fleurissent dès le mois de février, le plus grand nombre dans le courant du printems, & quelques autres dans le milieu, & vers la fin de l'été. Leurs feuilles sont plus ou moins découpées, quelquefois même partagées en lanières fort étroites. La verdure en est agréable, d'une teinte plus ou moins foncée. Leurs fleurs, en général, sont d'une belle forme, nuancées de couleurs éclatantes. Elles durent peu, & sont suivies de semences qui mûrissent très-bien dans notre climat.

Culture. Quant à la culture, nous diviserons le genre des Anemones en deux sections; la première, comprendra les espèces dont les racines sont fibreuses; la seconde, celles qui ont leurs racines charnues ou tubereuses.

Chacune des sections se subdivisera ensuite en espèces rustiques & en espèces délicates, relativement à notre climat.

Les Anemones fibreuses, rustiques, sont les espèces comprises sous les numéros 1, 13, 15, 17, 26 & 27. Ces plantes se cultivent en pleine terre; on les multiplie de semences & d'œilletons. Les graines semées à l'automne, lèvent plus sûrement que celles que l'on sème au printems; mais comme elles perdent promptement leur propriété germinative, il est bon de préférer pour les semis celles de la dernière récolte. On les sème dans des pots ou terrines remplies d'une terre légère, composée par égales parties de terre à orangers, & de terreau de bruyère, & l'on a soin de ne recouvrir les graines, que d'une ligne au plus, de terreau de bruyère pur. Les vases doivent rester en plein air, & être enterrés jusqu'au collet dans une plate-bande, à l'exposition du levant; l'hiver, pendant les fortes gelées, on les couvre de feuilles sèches ou de litière. Les semences lèvent pour la plupart au printems, & le jeune plant est en état d'être séparé dès le mois de juillet. Alors il convient de le repiquer à six ou huit pouces de distance dans une plate-bande de terre meuble, à une exposition fortement ombragée, & de l'y laisser prendre de la force jusqu'au printems suivant, ou même jusqu'à l'automne; après quoi on pourra le transplanter à sa destination. La Pulsatille aime les terreins maigres & pierreux & les expositions chaudes; elle ne craint pas le voisinage des mauvaises herbes, parce que ses racines piquent à la profondeur d'un pied & demi à deux pieds: elle se plaît même au milieu des gazons; les espèces 13, 15 & 17, veulent un terrein plus gras, moins sec, & une exposition légèrement garantie du soleil du midi: une fois en place; elles n'exigent d'autres soins que d'être binées de tems en tems, changées de place &. rajeunies, lorsque leurs touffes deviennent trop fortes. Les Hépatiques des numéros 26 & 27 ne viennent parfaitement belles & ne conservent la vivacité des couleurs de leurs fleurs, qu'à l'exposition du nord, dans un terrein sablonneux, gras & un peu humide, tel que celui d'une plate-bande de terreau de bruyère, défendue du soleil du midi par un mur; après cela, de légers binages, des arrosemens dans le besoin, une simple couverture de paille ou de fannes de fougères pendant les gelées, un labour au printems, sont à-peu-près les seuls soins qu'exigent ces plantes pour leur conservation: seulement on aura soin tous les trois ans de relever les touffes pour les rajeunir, renouveller la terre & la bonifier.

Les espèces de cette division se multiplient plus promptement par le moyen de leurs œilletons, que par leurs graines, & procurent une jouissance plus prompte. On peut pratiquer cette voie de multiplication au printems ou à l'automne. La première de ces saisons est préférable dans les terreins humides; & la seconde, dans les terreins secs. Pour faire cette opération avec succès, il convient de lever par un tems sec, les touffes qu'on destine à la multiplication de ces plantes, d'en secouer toute la terre qui accompagne les racines; ensuite d'œilletonner avec les doigts seulement, & sans se servir d'instrumens tranchans, tous les œilletons assez distans de la souche, & qui ont des racines particulières. On supprime une partie des feuilles & l'extrémité des racines; ensuite on les plante au plantoir à huit ou dix pouces de distance, & en échiquier, dans une plate-bande d'une terre nouvellement labourée: on couvre ensuite la surface du terrein d'un à deux pouces dépaisseur, avec du terreau de couche ou de feuilles à demi-consommées Cette pratique est nécessaire, sur-tout au printems, pour défendre les jeunes plants des hâles de cette saison. Lorsque les œilletons ont pris de la force, on peut les placer à leur destination, dans les différentes natures de terreins que nous avons indiquées ci-dessus pour chaque espèce.

Les Anémones à racines fibreuses délicates, sont rapportées sous les numéros 2, 3, 4, 5, 6, 7, 8, 14, 16, 18, 19, 21, 22 & 23. Elles se multiplient de la même manière & dans les mêmes saisons que les précédentes; mais il leur faut une terre plus légère & plus humide, & une exposition plus ombragée; elles ne lèvent souvent que six ou neuf mois & quelquefois même une année après qu'elles ont été semées; le jeune plant a besoin d'être souvent arrosé, mais légèrement. Des arrosemens trop abondans, occasionneroient une humidité stagnante qui le feroit périr infailliblement: lorsqu'il est assez fort & qu'il commence à se nuire dans les vases où il a été semé, on le repique, partie dans des pots & partie en place. Les individus que l'on met dans des pots, doivent être placés pendant les gelées, au-dessous de trois degrés, dans l'orangerie, sur les appuis des croisées; ceux qui restent en plein air, ne peuvent être mieux placés, tant pour leur conservation que pour l'agrément de la vue, que dans des gradins de terreau de bruyère exposés au nord Ils y croissent & s'y multiplient fort bien; il suffit de les couvrir soigneusement pendant l'hiver, de matières sèches & de paillassons: leur culture se réduit à les garantir des mauvaises herbes, à les biner de tems à autre, & à les changer de place tous les quatre ou cinq ans, pour renouveller la terre & rajeunir les racines. Deux espèces seulement de cette division, exigent d'être cultivées dans des pots & rentrées l'hiver sous des chassis, comme les plantes du cap de Bonne-Espérance; ce sont les espèces numérotées 4 & 16; d'ailleurs elles se cultivent & se multiplient comme les autres.

Les Anemones rustiques à racines tubéreuses, qui forment la première section de la seconde division des espèces de ce genre, se réduisent à trois, comprises sous les numéros 20, 24 & 25. Ces plantes aiment les terres meubles, légères, un peu humides & les expositions ombragées par de grands arbres. Il est rare qu'on les propage par leurs semences, parce qu'il est difficile d'en ramasser, & qu'il est aisé de se procurer des racines qu'on peut faire voyager à de grandes distances, depuis le mois de mai, jusqu'au mois de novembre, tems où elles sont dans leur état de repos. Leur culture se réduit à planter les racines dans la nature du terrein & à l'exposition que nous avons indiquée ci-dessus; elles y croissent & y multiplient en abondance, sans qu'il soit nécessaire de leur donner aucun soin. Nous excepterons cependant la vingtième espèce, qui doit être plantée sur les gradins parmi les plantes alpines, ou cultivée en pot dans l'orangerie, jusqu'à ce qu'on l'ait assez multipliée pour la répandre dans les bois.

Les Anemones délicates à racines tubéreuses, sont les espèces numérotées 9, 10, 11 & 12. Comme c'est dans cette division que se trouve l'Anémone des fleuristes, & que les autres se cultivent de la même manière, nous allons décrire plus amplement tout ce qui a rapport à la culture de ces belles plantes, en commençant par le choix des graines, & ce qui tient à leur conservation.

Choix des graines. Comme les Anémones parfaitement doubles ne portent point de semences, on ne peut en recueillir que sur les pieds qui ont produit des fleurs simples; c'est pourquoi, dès le tems de la fleuraison, il est à propos de marquer ses portes-graines. Les individus jeunes & vigoureux, dont le feuillage est bien arrondi, les fleurs évasées & d'une belle forme, dont les couleurs sont éclatantes ou bizarres, lustrées, satinées ou veloutées, doivent être préférés; ils produisent le plus souvent des variétés intéressantes; le choix fait, on marque avec des laines teintes de la même couleur que celle des fleurs, les individus que l'on destine à donner des graines, & on les surveille à l'époque de la maturité. Lorsqu'elles sont sur le point de quitter leur tête sans efforts, on les cueille avec leurs tiges, & on les étend pendant quelques jours dans un lieu fermé, pour compléter leur maturité & opérer leur parfait desséchement; après quoi on les épluche & on les conserve jusqu'au tems de les semer.

Préparation de la terre. C'est ordinairement dans le mois d'août, qu'il convient de mettre en terre les graines d'Anemones; mais il faut auparavant préparer la terre qui doit les recevoir; on choisit une plate-bande exposée au midi, dans une situation plus sèche qu'humide; la couche de terre supérieure de cette plate-bande doit être formée d'un mélange de terre franche, de terreau de bruyère, de vieille tannée, & de terreau de feuilles bien consommées, de manière à former une couche meuble, douce & légère. Il faut éviter soigneusement de faire entrer dans ce mélange aucun fumier d'animal; & pour qu'il produise tous les avantages qu'on peut s'en promettre, il est nécessaire qu'il soit fait au moins depuis un an, qu'il ait été passé à la claie à plusieurs reprises & remué plusieurs fois, afin d'en extraire les pierres & les corps étrangers. Si le fond du terrein est de nature douce & sablonneuse, il suffira de mettre trois pouces de ce mêlange à la surface de la couche destinée aux semis; mais s'il est de nature glaiseuse, humide & par conséquent froide, il faudra l'excaver de quinze à dix-huit pouces, placer dans le fond un lit de platras de quatre pouces d'épaisseur, sur lequel on mettra six pouces d'un sable doux qui sera couvert en entier avec la terre préparée, laquelle doit excéder de quelques pouces le niveau du terrein, & être soutenue par des bordures de planches ou de tuiles; le terrein ainsi composé, sera parfaitement uni, tant avec les dents qu'avec le dos du rateau; après quoi on s'occupera de semer les graines.

Des Semis. Les graines d'Anemones sont tellement jointes ensemble par le duvet qui les enveloppe, qu'il est difficile de les séparer sans un peu d'art, & cependant cette séparation est nécessaire pour les semer également. Mais il y a un moyen fort simple pour y parvenir, c'est de mettre dans un vase, avec les graines que l'on veut séparer, une quantité à-peu-près égale de sablon fin, & de triturer ce mélange avec les mains jusqu'à ce que le duvet ne paroisse plus. Alors on prend ce mélange à pleine main, on le sème le plus également possible sur toute la surface de la couche; après quoi on le recouvre de l'épaisseur de trois lignes environ, avec une terre semblable à celle sur laquelle on a semé les graines, mais qui aura été passée au crible fin. Ensuite on unira la surface de cette terre avec une baguette, le plus exactement qu'il sera possible, & on la couvrira en entier avec de la paille longue, tant pour briser les rayons du soleil, que pour empêcher que les arrosemens ne dérangent les graines & ne battent trop la terre.

Soins des Semis. Les graines ainsi semées doivent être arrosées très-légèrement matin & soir, pour que la terre ne se dessèche jamais à la profondeur de plus de quatre lignes; ce qui est important, sur-tout dans les quinze ou vingt premiers jours. Mais à cette époque on peut enlever la paille & nétoyer la couche. Aux approches de l'hiver, on disposera, sur les bords de la planche, de la litière & des paillassons afin de la couvrir dès que les premières gelées se feront sentir, & on la découvrira aussi-tôt qu'il n'y en aura plus à craindre. Une autre précaution, non-moins importante, est de visiter les semis pendant la nuit, pour en écarter les insectes nuisibles aux jeunes plantes; c'est sur-tout au printems & à l'automne, dans les nuits douces & calmes, que cette visite est nécessaire. On se sert, pour cet effet, d'une lanterne sourde qui n'éclaire à-la-fois qu'une petite étendue de terrein; on la porte successivement & sans bruit sur toutes les parties de la planche, & l'on tue tous les vers, les limaçons, limaces, loches & autres insectes destructeurs qui se rencontrent & qui nuisent infiniment aux semis.

Levée des Tubercules. Les graines d'Anemones qui ont germé pendant l'hiver, commencent à pousser des feuilles au premier printems, & leurs tubercules ou pattes, pour me servir de l'expression des fleuristes, grossissent en même-tems & proportionnellement. Alors il faut les arroser de tems-en-tems, & les débarrasser des mauvaises herbes. Vers le mois de mai, lorsque les fannes seront entièrement desséchées, on doit enlever de terre les jeunes tubercules. Comme ils n'ont encore que la grosseur d'un pois, il seroit difficile de les ramasser à la main; on se sert d'un crible dans lequel on met la terre de la surface de la planche, levée à un pouce ou deux de profondeur. Les plus petits tubercules passent avec la terre, & les plus gros restent dans le crible. On étend ceux-ci dans un lieu sec, & ensuite on les renferme dans des armoires jusqu'au temps de les planter. Mais pour conserver les petits tubercules qui ont passé à travers le crible, on ramasse la terre dans laquelle ils se trouvent, on l'étend de nouveau sur la planche, bien également, & on a soin de ne point y laisser croître de mauvaises herbes, & de la tenir séchement pendant l'été. Vers la fin du mois d'Août suivant, on l'arrosera, & on la cultivera cette seconde année comme elle l'a été la première; par ce moyen on profitera de tous les tubercules qui feront restés en terre, & qui, ayant pris une certaine grosseur, pourront être aisément levés au printems suivant. Ce n'est pour l'ordinaire qu'à la troisième année, que fleurissent les semis d'Anemones; pendant ce tems-là il faut les cultiver comme nous l'avons dit ci-dessus.

Plantation des Tubercules. La plantation des Anemones exige des attentions & des soins. C'est ordinairement de la mi-septembre à la mi-octobre qu'elle se fait. On commence par dresser les planches qu'on destine à cet usage. La terre qui les compose doit être semblable à celle sur laquelle on a fait les semis; on la rend seulement un peu plus substancielle par l'addition d'une plus grande quantité de terre franche. On trace ensuite dans la longueur des planches, à l'aide d'un cordeau, des lignes qui sont à cinq pouces de distance les unes des autres; celles-ci sont coupées à angle droit par d'autres lignes espacées à la même distance, de manière que toute la planche est divisée en petits quarrés égaux. Les points de section des lignes marquent les places que doivent occuper les tubercules. Ce moyen fort simple fixe exactement la distance convenable à chaque plante, en même-tems qu'il donne de la grace à la plantation.

Les Tubercules ou pattes ne doivent être enfoncés en terre que de la profondeur de trois pouces. Il faut avoir la précaution, en les y plaçant, de mettre la pointe de l'œil bien perpendiculaire, & de ne pas casser les racines. Pour cet effet, on commence par disposer toutes les pattes à la place qu'elles doivent occuper; on les prend ensuite avec les deux premiers doigts de la main droite & le pouce un peu écarté, en forme de triangle, & on les enfonce à la profondeur convenable; mais auparavant il est nécessaire que la terre des planches ait été bien ameublie par un labour soigneusement fait quelques jours d'avance; lorsque la plantation est faite, on unit la terre à la surface, & deux ou trois jours après on l'arrose légèrement si le tems est sec; s'il survenoit de fortes pluies, il seroit à propos de couvrir les planches de paillassons pour garantir les pattes de trop d'humidité, & empêcher la terre d'être battue. Cette précaution est nécessaire sur-tout si le sol est humide. Aux premières gelées qui se feront sentir, on disposera des couvertures le long des planches; mais on n'en fera usage que lorsque les gelées commenceront à passer trois degrés, parce qu'il n'est pas indifférent que la végétation soit un peu arrêtée, & que les plantes s'endurcissent au froid; elles en deviendront plus fortes & plus belles. Dans les grands froids, on couvrira les planches avec de la litière sèche & des paillassons qu'on augmentera en proportion de l'intensité des gelées. C'est sur-tout vers le printems qu'il faut redoubler d'attention pour couvrir & découvrir les planches à propos, parce qu'alors les plantes ayant poussé d'assez grandes feuilles, sont beaucoup plus délicates; mais lorsqu'on n'aura plus rien à craindre des froids, on nétoiera soigneusement les planches, on ôtera les feuilles jaunes, malades ou pourries, & on coupera les boutons à fleurs qui se trouvent étiolés ou mal disposés;

il y a même des cultivateurs soigneux qui ne laissent qu'une fleur sur chaque pied, afin d'avoir des productions plus vigoureuses & plus belles. Dans les tems secs, il est convenable d'arroser souvent les plantes, mais légèrement, en forme de petite pluie douce. Lorsqu'elles sont en fleurs, on les couvre avec des toiles soutenues par des cercles disposés en berceau, pour les défendre de l'ardeur du soleil & des grandes pluies; ces précautions sont nécessaires pour conserver ces fleurs plus long-tems & en jouir dans toute leur beauté.

Mais c'est à l'époque de l'épanouissement, que le fleuriste, qui veut donner à ses planches le plus grand agrément, a soin de marquer avec attention les portes-graines par de petits piquets numérotés, & de disposer l'ordre de sa plantation prochaine, en y réformant d'avance les défauts qu'il a remarqués dans celle qu'il a sous les yeux. Comme la beauté des planches d'Anemones consiste principalement dans la variété, il ne faut pas que des fleurs semblables se trouvent à côté les unes des autres; toutes les couleurs au contraire doivent être distribuées dans toute la planche, de manière qu'aucune ne prédomine, & que l'ensemble présente à l'œil un émail aussi varié qu'agréable.

De la levée des Anemones. Le desséchement des fannes indique le repos de la sève dans les tubercules des Anemones, & par conséquent l'époque à laquelle on peut les lever de terre sans aucun risque. Elle varie en raison du tems qu'il a fait pendant l'hiver, & sur-tout pendant le printems; mais en général elle arrive dans le courant du mois de juin. Cette opération demande quelques soins lorsqu'on veut mettre de la régularité dans l'arrangement de ses planches. Ils consistent : 1.° à lever avec une houlette les tubercules d'Anemones, ligne par ligne, dans l'ordre où ils ont été plantés, en prenant garde de les écorcher : 2.° à les séparer de la terre qui les environne, à supprimer leurs fannes, & sur-tout à couper jusqu'au vif avec la serpette les racines pourries, contuses ou cariées, parce que ces maladies ne manquent pas de s'étendre & de faire périr la patte entière : 3.° à détacher des tubercules les racines fibreuses qui y tiennent encore : 4.° à les placer sur une claie de bois dans un lieu sec où règne un courant d'air : 5.° & enfin à les renfermer, lorsqu'elles sont entièrement desséchées, dans des boîtes à compartimens dans l'ordre où l'on veut les mettre en terre à la prochaine plantation.

Conservation des Tubercules. Les pattes d'Anemones peuvent se conserver dans des tiroirs pendant plusieurs années, lorsqu'elles sont dans un lieu sec & à couvert des grandes chaleurs comme des grands froids. Quelques personnes les tiennent ainsi renfermées, & ne les plantent que tous les deux ans. Elles prétendent que ce repos est nécessaire aux tubercules, & qu'ils poussent plus vigoureusement que lorsqu'on les plante chaque année; que leurs fleurs sont plus grandes, & les couleurs plus vives & plus foncées; l'expérience semble avoir confirmé l'avantage de cette pratique; mais il est bon d'observer que ce n'est que des gros tubercules dont il est question; les autres doivent être plantés tous les ans, parce que leur petit volume les rend susceptibles de se dessécher plus promptement.

Multiplication des Tubercules. Chaque année le nombre des tubercules augmente autour des grosses pattes, & prend de l'accroissement. Lorsqu'ils sont arrivés à la moitié de la grosseur des mères racines, on peut les en séparer en les cassant avec la main, sans se servir d'instrumens tranchans. Ces sortes de cayeux doivent être plantés séparément, mais de la même manière; & ils fournissent un moyen de multiplication pour propager les variétés à fleurs doubles qui ne donnent point de graines.

Culture des Anemones de primeurs. On cultive les Anemones dans des pots pour avoir des fleurs pendant l'hiver, & en orner des appartemens. Cette culture n'offre rien de particulier; elle se réduit à planter les pattes quelques semaines plutôt que celles qu'on met en pleine terre, & à faire avancer leur végétation par la chaleur des couches & des vîtraux. Les chassis bas sont préférables, pour cette culture, aux serres chaudes & aux bâches. Ces plantes craignent l'humidité, aiment la lumière & sur-tout l'air pur. C'est pourquoi il est bon de ne les arroser que légèrement & principalement lorsque le soleil paroît sur l'horizon, de découvrir les chassis toutes les fois que le tems est doux, & de les ouvrir quelques heures dans le milieu du jour lorsqu'il ne gèle point. Sans ces précautions, les plantes s'étiolent, se couvrent de pucerons, & ne produisent que des fleurs décolorées & souvent avortées.

Les Fleuristes se sont fait des principes sur ce qui constitue la beauté des Anemones, ainsi qu'une nomenclature particulière, pour désigner les différentes parties de cette fleur. Suivant eux, il faut que la tige soit bien proportionnée avec la grandeur de la fleur, qu'elle se soutienne droite & qu'elle soit accompagnée de feuilles qui forment une touffe arrondie à sa base. La position & la forme de l'espèce de calice qui renferme la fleur dans sa jeunesse, & qu'ils appellent *fane*, attire aussi leur attention. Ils ne font cas que des fleurs dont le calice est très-découpé, & bien frisé; & plus il se trouve éloigné de la fleur, plus ils l'estiment & la prisent. On reconnoît pour belle fleur, celle dont le coloris est brillant, & les panaches bien prononcés; celles dont la couleur est lavée ou terne sont rejettées comme indignes de figurer dans une planche. Les panaches tiennent le premier rang, & les couleurs pures sont regardées comme inférieures; mais les *bizarres* ont été long-tems estimées. Le second attribut d'une belle fleur d'Anemone est d'être grosse, bien coiffée est bien pommée; la peluche doit faire le dôme & être accompagnée de nombreux béquillons, larges & arrondis par le bout. Le manteau doit surpasser la peluche en hauteur ainsi que les béquillons. Si son cordon a de grandres feuilles, si ses couleurs tranchent net avec celles de la peluche, c'est un très-grand mérite de plus. Mais toutes ces perfections réunies ne font pas supporter le défaut des béquillons; s'ils sont étroits & pointus ce n'est plus qu'un chardon indigne d'occuper une place, & qui est arraché sans miséricorde.

Pour n'avoir pas à revenir, dans le cours de cet ouvrage, sur ces termes impropres qu'il faudroit pouvoir faire en sorte d'oublier, nous en donnerons ici un courte définition.

La fane, bractées ou feuilles florales qui enveloppent la fleur dans sa jeunesse.

Le Manteau sont les pétales de la circonférence de la fleur.

La culotte est l'onglet des pétales, ordinairement de couleur différente du limbe ou de ses bords supérieurs.

La panne ou peluche est formée par les pétales intérieurs dans les fleurs doubles.

Les bequillons se trouvent au centre de la fleur: ce sont de petits pétales.

La fraise ou le cordon, est la rangée de pétales qui se trouvent sur le second rang, entre ceux du centre & de la circonférence.

Le cordon des graines est la partie centrale de la fleur, ou le lieu où se trouvent quelques pistils & quelques étamines; il s'y forme souvent des graines; dans ce cas les fleurs ne sont pas parfaitement doubles.

On dit qu'une fleur se *vuide* lorsque le milieu de la fleur se dégarnit de pétales, & qu'ils sont remplacés par des étamines; tels sont en général les mots techniques adoptés par les fleuristes.

Observations. La couleur des fleurs produites par de jeunes tubercules d'Anemones n'est pas toujours la même; elle varie, soit en augmentant d'intensité, soit au contraire en devenant moins foncée à mesure que les plantes avancent en âge, ou en se panachant. Les saisons contribuent aussi beaucoup à changer la teinte des couleurs d'une année à l'autre.

La culture a tellement fait varier cette plante, que si l'on vouloit rassembler toutes les variétés qui existent aujourd'hui, on en auroit plus de trois cens, & le nombre en augmente encore tous les jours. Toutes ces variétés ont des noms, mais peu uniformes, ils changent d'un pays à l'autre. Cependant les fleuristes de profession s'accordent assez entr'eux pour les dénominations des variétés les plus distinctes ceux de Hollande & particulièrement ceux de Harlem donnent le ton à tous ceux de l'Europe. Pour ne pas alonger davantage cet article, nous nous contenterons d'indiquer ici les divisions sous lesquelles sont distinguées en Hollande les différentes variétés de cette fleur.

On divise les Anemones des fleuristes en deux sections principales; savoir, celles à fleurs simples, qu'on nomme *pavot*, & celles à fleurs doubles. Ces sections se subdisvient en raison des couleurs dominantes des fleurs dont les principales sont.

1.° Les cramoisis rouges.

2.° Les incarnates & les rouges panachées de blanc & de pourpre:

3.° Les cramoisis panachées.

4.° Les agathes panachées de rouge & de blanc.

5.° Les roses panachées de blanc.

6.° Les bleues.

7.° Les bleus clairs, mêlées de blanc.

8.° Les pourpres.

9.° Les couleurs lilas.

10.° Les blanches, gris de lin ou cendrées.

Les Anemones simples *ou pavots* se divisent de la même manière.

Historique. Les Anemones, dit-on, furent apportées des Indes; cependant l'espèce d'où sont provenues les variétés que nous cultivons, est indigène sur les bords du Rhin, en Italie, dans l'Archipel, aux environs de Constantinople, en Perse & en Médie. Il paroît singulier qu'on ait été chercher si loin cette plante, tandis qu'on pouvoit se la procurer si aisément. Quoi qu'il en soit, on assure que ce fut M. Bachelier qui l'apporta en France vers l'année 1660. Les amateurs qui visitèrent son jardin, furent surpris de la beauté de cette fleur, quoiqu'elle fût encore bien éloignée de l'état de perfection où elle est arrivée depuis & desirerent vivement de la posséder. Mais malgré toutes leurs instances auprès de M. Bachelier, ils ne purent l'engager à partager ses richesses alors uniques. Un Conseiller vint le voir, lorsque les graines de ses Anemones étoient en maturité. Il étoit en robe de palais, & suivi d'un laquais qui en portoit la queue: il lui avoit prescrit de la laisser tomber lorsqu'il se trouveroit dans le voisinage des anemones; l'ordre fut exécuté. Ces deux amateurs se promenoient le long de la planche & discouroient sur la beauté des anemones; dans ce moment, la robe tombe sur quelques têtes chargées de graines, en enleve une partie, & le laquais ne manque pas de la relever & de la plier de manière à cacher le larcin. Revenu chez lui, le Conseiller ramassa les graines, les sema avec soin, & fit part à d'autres amateurs par la suite du produit de la supercherie. C'est par ce moyen, dit-on, que cette plante s'est multipliée en Europe.

Usage. L'Anemone pulsatille, qui croît aisément dans les terreins les plus secs, est propre à garnir les pelouses qui se rencontrent quelquefois sur le penchant des petites collines, dans les jardins paysagistes; la belle couleur bleu-céleste de ses fleurs y produira un effet agréable. Les espèces 13, 15 & 17, figureront très-bien sur les lisières des bosquets dans des positions un peu ombragées

Les espèces, n.° 24 & 25, peuvent être placées dans les clarières des bosquets, & même sous de grands arbres où elles jeteront de la variété par l'agrément de leurs fleurs. On s'en sert quelquefois à former des bordures, dans les parterres parmi les fleurs du premier printems. L'hépatique des jardins, & ses variétés sont souvent employées, dans les jardins symmétriques, à faire des bordures de plate-bande, à l'exposition du nord. L'espèce sur-tout mérite d'être multipliée à cause de ses fleurs très-printanières, & qui ont un bel éclat. Les Anemones des fleuristes sont propres à toutes les espèces de jardins. Elles figurent bien en bordures & en planche; cultivées dans des pots, elles décorent les chassis, les serres & les appartemens dans une saison où les fleurs sont rares. (*M. Thouin.*)

ANES (herbes aux) synonyme françois de *l'œnothera biennis.* L. des Botanistes : Voyez Onagre. (*M. Thouin.*)

ANETH. *Anethum.*

Ce genre de plante, qui fait partie de la famille des *Ombelliferes*, n'est composé que de trois espèces différentes. Ce sont des plantes Européennes, dont toutes les parties ont une odeur aromatique, agréable. On les cultive dans les jardins pour leurs usages en Médecine, & dans la cuisine.

Espèces.

1. Aneth odorant.

Anethum graveolens. L. ⊙ des Provinces méridionales de la France & de l'Europe.

2. Aneth des champs.

Anethum segetum. L. ⊙ de la Sicile & de Portugal.

3. Aneth doux, ou fenouil.

Anethum fœniculum.

B. Aneth, ou fenouil commun.

Anethum fœniculum germanicanum.

C. Aneth, ou fenouil des vignes.

Anethum fœniculum minus. ♃ commun dans le midi de l'Europe.

Description du port.

Les deux premières espèces ne s'élèvent guères qu'à dix-huit pouces, mais la troisième a souvent six pieds de haut; leur feuillage, d'abord, est d'un verd soyeux, il devient ensuite plus foncé, & finit par être de couleur jaune de paille. Les feuilles sont finement découpées en segmens étroits. Leurs fleurs sont petites, jaunes, & disposées en parasol à l'extrémité des tiges & des branches. Il leur succède des semences presque ovales, comprimées & striées longitudinalement.

Culture.

Les deux premières espèces se perpétuent par leurs graines, qui doivent être semées au printems en pleine terre, à une exposition chaude, & dans un sol meuble & sec. Les semences lèvent ordinairement dans les vingt premiers jours, si la saison n'est pas trop froide. Comme le jeune plant n'est pas susceptible d'être repiqué, il est à propos de semer les graines assez claires, pour que les plantes ne se nuisent pas, lorsqu'elles sont arrivées à leur état parfait, ou de les éclaircir à quatre ou cinq pouces de distance, si le jeune plant est trop épais ou trop rapproché. Elles fleurissent dans le mois de juillet, & leurs semences sont mûres à la fin d'août; ensuite elles se dessèchent & meurent. Dans les pays où les hivers sont moins rudes & moins longs que dans le voisinage de Paris, il est plus sûr de semer les graines de ces plantes à l'automne; elles lèvent mieux, & produisent une jouissance plus prompte; mais aussi elles durent moins longtems.

L'espèce, n.° 3, avec ses variétés, est regardée comme une plante potagère dans les pays méridionaux de l'Europe, sur-tout en Italie, aux environs de Rome. On s'en sert au même usage que nous employons ici le céleri. Dans les pays septentrionaux, ce légume n'est point recherché, quoique la plante y croisse communément sans culture, parce qu'elle y perd une partie de sa saveur aromatique, dont le développement est dû, en grande partie, à la nature du terrein, & surtout à la chaleur du climat.

Des trois variétés de fenouil, celle de Florence est préférable, à tous égards, pour sa saveur douce & agréable. On sème la graine de cette plante au mois de mai ou de juin, lorsqu'on veut la faire blanchir pour la manger en salade; & au mois de mars, quand on veut en recueillir les graines. Les semis se font, soit en planches, soit par rayons, en bordures. La terre qui leur convient le mieux, est une terre meuble, légère, & de nature sèche; il ne faut pas que les graines soient recouvertes de plus de quatre à six lignes. Si le tems est sec & chaud, on les arrosera légèrement soir & matin, pour aider la germination; on aura la même attention pendant le reste du printems, & même pendant l'été, si la terre devenoit trop sèche. Au bout de six semaines, on éclaircit le jeune plant, de manière à ce qu'il se trouve à dix pouces de distance environ l'un de l'autre. Lorsqu'on veut le manger en pied, comme le céleri, on le repique en planche, & on l'arrose fréquemment. Quand il est parvenu à toute sa grosseur, on le butte ou on l'enterre pour le faire blanchir; alors il forme un pied beaucoup plus gros que le céleri, & d'une qualité bien supérieure. Il flatte à-la-fois le goût & l'odorat. Il est plus tendre, & beaucoup moins indigeste que le céleri; mais on lui attribue des qualités plus échauffantes.

Usages. Les Italiens font grand cas du fenouil de Florence, de Florence, qui est une variété de notre fenouil commun. Ils le mangent en salade, ou simplement avec du sel. Ils le mettent aussi dans la soupe, & font entrer l'extrémité des jeunes feuilles dans la fourniture de leurs salades, auxquelles elles donnent une odeur & un goût fort agréable. Il est à regretter que ce légume ne soit pas plus connu & plus cultivé qu'il ne l'est ici; quoiqu'il perde un peu de ses qualités, il lui en reste encore assez pour le faire rechercher; & si l'on avoit la précaution de se pourvoir chaque année, de graines récoltées en Italie, la plante conserveroit la plus grande partie de ses qualités. Les semences de la première espèce fournissent, par expression, une huile qui a les mêmes propriétés que l'huile d'olive. (*M. Thouin.*)

ANET, synonyme de l'anethum: *V.* Aneth. (*M. Thouin*)

ANÉVRISME, *maladie de bestiaux.*

Il arrive quelquefois que le diamètre d'une artère se trouve dilatée dans une portion de son cours. Cette dilatation plus ou moins considérable, s'appelle *anévrisme*.

On en distingue de deux sortes, l'*anévrisme vrai* & l'*anévrisme faux*. Dans l'anévrisme vrai, l'artère est seulement dilatée sans être ouverte; on voit une tumeur, molle d'abord, qui s'évanouit quand on la comprime, pour reparoître après; ensuite elle devient dure & résiste à la compression; elle a des battemens, correspondans à ceux du cœur.

Les parois de l'artère, dans l'anévrisme faux, ont été rompus, le sang s'est épanché dans le tissu cellulaire des parties voisines, la tumeur qui s'y forme est indolente, avec fluctuation, à peine douée de pulsation.

Le cheval, le bœuf & la brebis sont rarement sujets à l'anévrisme; c'est sans doute à cause de la force des parois des artères, & de celle des parties environnantes, qui les empêchent de se trop dilater; car le cheval sur-tout & le bœuf font souvent des efforts capables de leur donner cette maladie.

L'anévrisme vrai est dangereux, en raison de la grandeur de l'artère dilatée; celui de l'aorte, des carotides, des souscorstales, &c., est bien plus fâcheux que celui des ramifications de l'artère crurale. Quand l'anévrisme est sur de gros vaisseaux, & dans des parties internes, on ne peut y remédier. S'il est situé à une jambe, on doit comprimer la tumeur par un fort bandage; ce moyen ayant été employé pendant quelques mois sans succès, il faut en venir à l'opération.

Cette opération, dont on doit trouver les détails dans le dictionnaire de médecine, consiste à appliquer un tourniquet au-dessus de la tumeur, à inciser la peau sans ouvrir en même tems l'anévrisme, ni intéresser les nerfs & les vaisseaux voisins, à faire une double ligature à l'artère, une au-dessus & l'autre au-dessous de la tumeur, à couper une grande partie de la tumeur, à remplir la plaie d'étoupe ou de charpie, à la soutenir avec des compresses, à contenir avec un bandage, & enfin à couvrir le tout de compresses trempées dans l'eau-de-vie; quand la charpie ou l'étoupe s'en sépare, on remplit la plaie de plumaceaux imbibés d'eau-de-vie, ou roulés dans de la colophane en poudre.

L'anévrisme faux, n'est pas moins dangereux, il faut se bien garder de le confondre avec un abcès; la situation de la tumeur proche une artère, la pulsation, quelque petite qu'elle soit, répondant à celle du cœur, la résistance du sang plus considérable que celle du pus, sont autant de signes qui distinguent l'anévrisme de l'abcès & autres tumeurs. Quand on s'est bien assuré de son existence, on fait l'opération comme ci-dessus, ayant soin de bien nétoyer le sang épanché.

Les veines, comme les artères, se dilatent aussi quelquefois dans leurs cours. Les tumeurs qui en résultent n'ont point de battemens, on les appelle *varices*; petites d'abord comme une noisette elles acquièrent la grosseur d'une balle de paume; c'est sur les jambes qu'elles se forment ordinairement.

Le cheval y est plus sujet que le bœuf & la brebis. Dans le commencement, il n'en est pas incommodé; à mesure qu'elles grossissent, il marche plus difficilement. M. Vitet conseille de pratiquer sur les varices une opération semblable à celle de l'anévrisme vrai. Il assure qu'il en en a obtenu des succès. (*M. l'Abbé Tessier.*)

ANGE (poirier d') Voyez le genre Poirier, dans le Dictionnaire des arbres & arbustes de M. Fougeroux. (*M. Thouin.*)

ANGELIN. *Andira.*

Genre peu connu des Botanistes, qui n'ont encore pu le rapporter à sa famille naturelle; il n'en existe qu'une espèce.

Angelin à grappes.

Andira racemosa. La M. Dict. ♄ des Antilles & du Brésil.

C'est un arbre de quarante à cinquante pieds de haut, dont la tête est vaste, étalée & bien garnie de branches; son tronc a souvent trois pieds de diamètre; son bois est dur & d'un rouge noirâtre à l'intérieur; ses rameaux sont garnis de feuilles, composées de sept ou neuf folioles opposées. Les fleurs, qui sont petites, viennent en grappes aux extrêmités des branches; elles produisent des fruits à-peuprès de la forme & de la grosseur d'un œuf de poule, de couleur verdâtre; ils contiennent une coque dure, qui renferme une amande amère & d'un gout désagréable.

Cet arbre n'a point encore été cultivé en Europe. (*M. Thouin.*)

ANGÉLIQUE. *Angelica.*

Genre de plante de la famille des *Ombellifères*, composé d'espèces herbacées, bis-annuelles ou vivaces ; elles sont remarquables par la singularité de leur port & la hauteur gigantesque de plusieurs d'entr'elles. Les pays froids & les montagnes sont les lieux qu'elles habitent, & les terreins humides, les situations qu'elles préfèrent. Plusieurs de ces plantes ont des usages économiques & sont employées en médecine.

Espèces.

1. Angélique des jardins ou de Bohême.
Angelica archangelica. L. ♂ des hautes montagnes de l'Europe.

2. Angélique sauvage.
Angelica sylvestris. L. ♃ des prés humides de l'Europe.

3. Angélique verticillée.
Angelica verticillaris. L. ♂ des Alpes & d'Italie.

4. Angélique paniculée.
Angelica paniculata. La M. Dict. n.° 4 ♂ des Alpes & des Pyrénées.

5. Angélique à tige pourpre.
Angelica atropurpurea L. ♂ de Canada.

6. Angélique luisante.
Angelica lucida. L. ♂ de Canada, dans les lieux humides.

7. Angélique à feuilles d'ancolie.
Angelica aquilegifolia. La M. Dict. n.° 7.
Laserpitium trilobum. L. ♃ des montagnes de l'Europe.

8. Angélique à feuilles d'ache, ou ache de montagne.
Angelica paludapifolia. La M. Dict. n.° 8.
Ligusticum levisticum. L. ♃ des montagnes de Provence & d'Italie.

9. Angélique d'Ecosse.
Angelica scotica. Lam. Dict. n.° 9.
Ligusticum scoticum L. ♃ des contrées septentrionales de l'Europe & de l'Amérique.

Culture.

Toutes les angéliques se cultivent en pleine terre dans notre climat. Les espèces n.os 1, 2, 3, 4, 5 & 9, aiment les terreins meubles, profonds, substanciels & humides, & les expositions ombragées. Celles qui sont comprises sous les numéros 6, 7 & 8, préfèrent un sol moins humide, plus maigre, pierreux même, & une exposition découverte.

On les multiplie toutes par le moyen de leurs graines, qui doivent être semées vers l'automne, aussi-tôt après leur maturité, parce que si on attendoit au printems, il y auroit une grande partie des semences qui, ayant déjà perdu leur propriété germinative, ne leveroient pas.

Les trois dernières espèces, qui sont des plantes vivaces, & rustiques, se propagent aisément par les œilletons qui sortent en grand nombre du collet de leurs racines ; on les sépare de la souche au printems, & on les plante, comme les jeunes plants, dans un lieu ombragé. En automne, ils ont ordinairement acquis assez de force pour être mis en place à leur destination. (*M. Thouin.*)

Culture particulière de l'Angélique des jardins.

Cette plante croît naturellement dans les montagnes ; on la trouve dans celles de France, sur-tout en Auvergne, dans celles de l'Autriche & de la Laponie, près des ruisseaux. On a dit que les habitans de l'Islande & de la Laponie se nourrissoient des tiges d'angélique ; ce fait a besoin d'être confirmé. Elle se cultive dans les jardins pour des usages particuliers, & par conséquent en petite quantité. Il y en a des cultures un peu plus étendues dans quelques villes de la France, par exemple, à Paris, au Jardin des Apothicaires, à Nantes & à Niort en Poitou. L'angélique de cette dernière ville est la plus renommée. J'en exposerai la culture d'après les renseignemens que m'a procuré Mr. Morand, qui y exerce la médecine d'une manière distinguée.

Le terrein propre à la culture de l'angélique doit être substanciel, humide, exposé à une certaine chaleur. *Il faut*, dit-on, *que l'angélique ait la racine dans l'eau & la tête au soleil.* Un sol argilleux nuit à sa végétation, parce que ses racines ne peuvent s'y étendre. Elle languit & monte à graine la première année, avant d'avoir acquis toute sa force ; il paroît donc que ce qui lui convient, c'est un sable gras. Elle n'est pas délicate, mais on ne lui donne toute la perfection dont elle est susceptible, qu'en réunissant les circonstances que j'ai indiquées, & qui ont lieu particulièrement à Niort.

Niort est le seul endroit du Poitou où on cultive l'Angélique. Cette ville fournit presque toute celle qui passe dans le commerce ; cependant, quelque considérable qu'il soit, on n'a besoin d'y consacrer que peu de terrein, parce que cette plante pousse des tiges fortes, qui sont les parties qu'on emploie. On assure que tous les jardins de Niort, où on cultive l'angélique, s'ils étoient réunis, ne formeroient pas plus de deux arpens. Les fossés du château fortifié ont, à juste titre, la réputation de produire la plus belle & la meilleure. Aussi sont-ils affermés très-cher. Ils reçoivent les égoûts d'une partie de la ville & ceux de quelques écuries. On y voit des tiges d'angélique de cinq pieds de haut ; il y en a du poids de plus de 40 livres.

On observera qu'à Niort, à Paris & à Nantes on cultive constamment l'angélique dans les mêmes endroits de tems immémorial. Dans un partage de la fin du seizième siècle, entre des habitans de Niort, il est question d'un jardin rempli d'angélique, dans lequel on en a toujours cultivé depuis, & où on en cultive encore maintenant; ce qui suppose une terre qui a beaucoup de fond; & dont on renouvelle souvent la surface par des engrais de bonne qualité.

On sème d'abord l'angélique en pépinière, & on la transplante ensuite. Le terrein propre à recevoir la graine doit être très-meuble; on lui donne à la bêche trois labours de 8 à 10 pouces de profondeur; on en écrase jusqu'aux moindres mottes avec un rateau à dents de fer. Avant le dernier labour, on le couvre de terreau formé, ou de boue ramassée dans les rues de la ville, & laissée en tas pendant un an, ou d'immondices de latrines qu'on a conservées quatre ans dans un trou découvert. Le dernier de ces deux engrais est préféré; on assure qu'il ne communique aucune odeur à l'angélique. On se sert encore, mais avec moins d'avantage, d'un mêlange de paille, de terre de chemin & de crotin de cheval. Le fumier seul donne un mauvais goût à la plante, qu'il fait d'ailleurs monter à graine trop promptement.

A Niort, c'est la graine du pays qu'on sème toujours, sans jamais la renouveller. Les uns la sèment au mois de mars, les autres au mois de septembre. Quand on la sème en mars, on la répand à la pincée, en la mêlant avec un peu de terre fine. On ne la recouvre point de terre; les pieds, dans ce cas, se transplantent à la mi-septembre. Si on sème la graine en septembre, saison qui paroît la plus conforme à l'ordre de la nature, puisque c'est le moment de sa maturité, on coupe les têtes d'angélique qui ont monté, à environ un pied de leurs tiges. On les fixe dans la terre à 7 ou 8 pouces les uns des autres; le vent les agite & dessèche les graines qui, comme je l'ai dit, n'ont pas besoin d'être recouvertes. Quelques personnes, dans cette saison même, la sèment aussi à la pincée, en planches de 30 pouces de large, & la recouvrent légèrement de terre fine avec un crible, afin que le vent ne l'enlève pas; on transplante au printems les pieds produits par ces derniers semis.

On ne sème de la graine d'angélique que tous les deux ans, parce que la première année on choisit, pour transplanter, les plus beaux pieds de la pépinière, & la seconde année, les autres qui se sont fortifiés. La graine se sème très-dru; aussi les pépinières occupent-elles peu de terrein. Dix pieds en quarré suffisent pour fournir de quoi planter un espace de trois mille fois plus grand. Les pieds se plantent à environ six pouces les uns des autres; plus éloignés, ils ne conserveroient pas assez de fraîcheur; plus pressés, ils se nuiroient & ne deviendroient pas si gros.

L'angélique semée en mars lève en mai ou en juin. Celle qu'on sème en septembre ne lève pas avant le mois mars; quelquefois elle ne paroît pas encore dans le courant d'avril. Dans ce cas, on donne une façon au terrein, & on la voit lever en juin comme celle qui auroit été semée en mars. M. Morand en a semé qui n'a levé qu'un an après.

Pendant que l'angélique est en pépinière elle n'exige aucun soin. Quand elle est plantée, elle en exige dans les premiers tems.

Il est nécessaire que le terrein, où on doit la transplanter, soit meuble & garni de terreau, comme celui où on l'a semé. On arrache de la pépinière les jeunes pieds, lorsqu'ils ont la grosseur du céleri, qu'on ôte de la couche. Quand ils sont mis en place, on a l'attention dans le commencement de détruire les herbes inutiles & de remuer un peu la terre, si, pendant cette opération, on l'a foulée. L'angélique ayant acquis de la force, étouffe bientôt tout ce qui se trouve dessous; on l'arrose fréquemment dans les étés secs, jusqu'à ce qu'elle ait pris racine. Dès ce moment on se contente de labourer quatre fois par an le terrein avec une fourche à quatre dents, comme on laboure les fosses d'asperges. Aux premiers froids, les feuilles tombent, le froid étant devenu plus rigoureux, la tige se fane, & la plante disparoît pour ne se montrer qu'au printems. Alors on recouvre tout le terrein d'un pouce de terreau; la nouvelle pousse du printems s'annonce par un petit bouton rouge qui s'épanouit peu-à-peu. Quand tous les pieds sont sortis, on donne le premier labour, le second un mois après, & les deux autres dans le courant de l'été.

L'angélique est tellement acclimatée à Niort; elle est d'une constitution si forte, qu'on n'y connoît point de circonstances qui lui soient nuisibles; aucun insecte n'ose l'attaquer de son odeur aromatique & de sa saveur amère.

Dès la première année on peut commencer à couper l'angélique; mais elle n'a acquis sa perfection que la seconde année. Si l'hiver n'a pas été trop long, on la coupe à la fin de mai, quelquefois il faut attendre plus tard. On ne doit la récolter que lorsqu'elle est parvenue à toute sa hauteur; on la coupe raz-terre & en bizeau, en ne laissant que le cœur & une tige; le même pied donne ordinairement depuis 8 jusqu'à 12 & 15 récoltes. On arrache les plus beaux pieds avec leurs racines pour les employer en entier; on en vend ainsi du poids chacun de 12 à 13 livres. Il y en a dans le commerce qui pèsent seuls jusqu'à 60 livres; mais ils sont formés de plusieurs réunis.

Les pieds d'angélique donnent leur graine la troisième année ordinairement, quelquefois la seconde, selon que l'été est chaud; quand la graine en est ôtée, ils se sèchent & périssent.

Le plus grand usage qu'on fasse de l'angélique

est pour confire; on y destine les tiges & les grosses racines. Les petites racines, les feuilles & les graines dont on n'a pas besoin, se vendent aux distillateurs & aux apothicaires; il s'en fait des liqueurs & des eaux distillées, employées en pharmacie. La qualité de l'angélique de Niort, qui la rend préférable aux autres, dépend de la nature du sol, puisque celle qu'on confit à Nantes & à Paris, quoique plus belle & quelquefois mieux préparée, n'est pas aussi agréable.

Pour confire l'angélique : « Otez les feuilles, pelez les tiges que vous choisirez fraîches & » grosses; coupez-les d'une longueur convenable; » jetez-les dans l'eau fraîche; passez-les de » cette eau dans une autre, que vous ferez bouillir » à gros bouillons : c'est ainsi que l'angélique se » blanchit. On s'apperçoit que les cardons sont » assez blancs quand ils s'écrasent entre les doigts; » tirez-les de cette eau; passez-les à l'eau fraîche; » laissez-les égoutter; mettez-les bien égouttés » dans une poële de sucre clarifié; qu'ils y » prennent plusieurs bouillons; écumez-les » pendant qu'ils bouillent; & quand ils auront » assez bouilli, & qu'ils auront été assez écumés, » mettez le tout dans une terrine. Le lendemain, » séparez ce sirop; faites-le cuire, puis le ré» pandez sur les cardons. Quelques jours après, » séparez encore le sirop que les cardons auront » déposé; faites-le cuire à la petite perle, & » le répandez de rechef sur les cardons. Séparez » une troisième fois le restant du sirop; faites-le » cuire à la grosse perle; ajoutez-y du sucre; » déposez-y vos cardons, & faites-les bouillir; » cela fait, tirez-les, & étendez-les sur des » ardoises; saupoudrez-les de beaucoup de sucre, » & faites-les sécher à l'étuve. » *Anci. Encyclop.* J'ai appris que cette manière de confire l'angélique étoit celle qu'on employoit à Niort.

(*M. l'Abbé* TESSIER.)

ANGÉLIQUE archangélique. *Angelica archangelica.* Voyez angélique des jardins. (*M.* THOUIN.)

ANGÉLIQUE baccifere. *Aralia.* Voyez Aralie. (*M.* THOUIN.)

ANGÉLIQUE à bayes. *Aralia racemosa.* L. Voyez Aralie à grappe. (*M.* THOUIN.)

ANGÉLIQUE en arbre. *Aralia spinosa.* L. Voyez Aralie épineuse. (*M.* THOUIN.)

ANGÉELIQUE sauvage. *Ægopodium podagrasia.* L. V. Boucage à feuilles d'angélique. (*M.* THOUIN.)

ANGÉLIQUE de virginie. *Cicuta maculata.* L. Voyez Cicutaire maculée. (*M.* THOUIN.)

ANGÉLIQUE épineuse. *Aralia spinosa.* Voyez Aralie épineuse. (*M.* THOUIN.)

ANGÉLIQUE (poire). *Pirus.* Voyez le mot Poirier dans le Dictionnaire des arbres & arbustes. (*M.* THOUIN.)

ANGELOT, petit fromage de Normandie. Il est ordinairement quarré ou en cœur; c'est un fromage affiné, gras & excellent. (*M. l'Abbé* TESSIER.)

ANGHIVE. On ne connoît ce genre que par ce que Flaccourt en dit dans l'histoire des voyages vol. 8, p. 614. Suivant lui, c'est un arbrisseau de Madagascar dont il existe deux espèces; l'une qui s'élève assez haut, porte un fruit de couleur écarlate, de la grosseur d'un œuf de poule, & l'autre beaucoup plus petite, produit un fruit de la grosseur d'une groseille verte. La racine de cette dernière est employée en médecine.

Du reste nous ne connoissons ni la famille naturelle, ni la culture des ces arbrisseaux. (*M.* THOUIN.)

ANGLETERRE (poire) épithète donnée à une espèce de poire de la division des beurrés & du genre des *pyrus.* Voyez au mot POIRIER dans le dictionnaire des arbres & arbustes. (*M.* THOUIN.)

ANGLOIS (l') variété de narcisse, à fleur toute jaune, plus grande que celle du narcisse de Narbonne. *Narcissus. Voy.* NARCISSE. (*M.* THOUIN.)

ANGOBERT. Variété du *Pyrus commmunis.*

Sorte de poirier dont le bois ressemble un peu à celui du beurré. La poire en est grosse & bonne à cuire, sa chair est douce & ferme. Elle est longue & colorée, d'un côté, comme le beurré; mais elle a de plus l'avantage de se conserver fort avant dans l'hiver.

Voyez le mot POIRIER du dictionaire des arbres & arbustes. (*M.* THOUIN.)

ANGOLAN. *ALANGIUM.*

Genre de la famille des MYRTES, lequel est composé de grands arbres qui croissent sur la côte du Malabar; ces arbres portent des fruits qui sont bons à manger & qui ont des propriétés médicinales; jusqu'à présent ils n'ont point été cultivés en Europe.

Espèces.

1. ANGOLAN à dix pétales.

ALANGIUM decapetalum. L. M. Dict. ♄ de la côte de Malabar.

2. ANGOLAN à six pétales.

ALANGIUM hexapetalum. La M. Dict. ♄ des montagnes du Malabar.

3. ANGOLAN cotonneux.

ALANGIUM tomentosum. La M. Dict. ♄ de l'Inde.

1.° L'angolan à dix pétales est un arbre d'un très-beau port, & toujours verd, dont la cime s'élève en forme pyramidale, jusqu'à cent pieds de hauteur. Il est presque continuellement chargé de fleurs & de fruits. La couleur blanche des fleurs contraste agréablement avec la couleur rouge du fruit, qui ressemble à nos plus grosses cerises. Les fleurs ont une odeur suave, & le fruit qui est composé d'une pulpe succulente, est d'une faveur douce & très-agréable ; on le regarde comme un mets délicieux.

Les Malabares nomment cet arbre *alangi*, & les Bramés l'appellent *aucolant*. Il croît parmi les rochers, dans les fables & fur les montagnes. Les peuples de ces climats le regardent comme le fymbole de la royauté, à caufe de la majefté de fon port & de la forme de fes fleurs qui imitent celle d'un diadême.

2.° Angolan à fix pétales; indépendamment des différences qui fe rencontrent dans les parties de la fructification de cet arbre, il fe diftingue aifément du précédent par fon port & par les qualités de fon fruit. Celui-ci s'élève rarement au deffus de quatre-vingts pieds; fes fruits font des baies dont la peau eft coriace & de couleur purpurine; leur chair eft cotonneufe, rougeâtre, vifqueufe & d'une faveur légèrement acide; leur qualité trop échauffante les rend d'ailleurs peu propres à être mangés : mais cet arbre a des propriétés intéreffantes qui compenfent en partie celles qui lui manquent dans l'ufage économique; fa racine eft purgative, & fes feuilles cuites dans l'huile, font un remède fouverain pour les bleffures.

3.° L'angolan cotonneux reffemble à la première efpèce par la forme de fes feuilles, & à la feconde, par celle de fes fruits; mais il fe diftingue des deux par un duvet cotonneux qui couvre toutes fes parties, & rend fa verdure cendrée ; d'ailleurs on connoit peu fon port, & les qualités de fes fruits.

Ces trois arbres méritent, à tous égards, d'être cultivés par les Européens qui habitent les deux Indes; il n'eft pas douteux qu'ils réuffiroient parfaitement aux Ifles de France & de Bourbon, ainfi que dans les Antilles; leurs fruits feroient d'abord une reffource de plus pour les habitans, & leur bois pourroit-être par la fuite, utile à la marine. Peut-être même parviendroit-on un jour à tranfplanter ces arbres avec fuccès, dans les provinces méridionales de la France, s'ils étoient une fois naturalifés à l'Ifle de France. (*M. Thouin.*)

ANGOLE (pois d'), légume cultivé dans les pays chauds; c'eft le *citifus cajan* des botaniftes, Voyez cytife des Indes. (*M. Thouin.*)

AUGOUMOIS. Epithète donnée à une variété du *prunus armeniaca*. L. Voyez le mot abricotier dans le dictionnaire des arbres & arbuftes. (*M. Thouin.*)

ANGOURE de lin. *Anguina Lini*, plante parafite, nuifible aux récoltes; c'eft la *cufcuta Europœa* des botaniftes. Voyez cufcute d'Europe. (*M. Thouin.*)

ANGOURIE. *Anguria*.

Genre de plante de la famille des Cucurbitacées, compofé de plantes grimpantes & qui portent des fruits charnus affez femblables aux concombres; elles font toutes originaires de la Zone torride & rarement elle fes rencontrent dans les jardins en Europe.

Efpèces.

1. Angourie à trois lobes.
Anguria trilobata. L. ♃ de la Martinique.
2. Angourie pédiaire.
Anguria pedata. L. de Saint-Domingue.
3. Angourie à trois feuilles.
Anguria trifoliata. L. de Saint-Domingue.

Defcription.

Les tiges de ces plantes font farmenteufes, & garnies de vrilles, au moyen defquelles elles s'attachent aux arbres, & s'élèvent jufqu'au fommet. Leurs fruits font charnus & oblongs, de différentes groffeurs, divifés en quatre loges qui renferment des femences applaties & de forme ovale; on les diftingue aifément par la figure de leurs feuilles, & par celle de leurs fruits.

Culture.

Les graines de ces plantes doivent être femées au printems, dans des pots remplis d'une terre légère & fubftancielle. Elles lèvent dans l'efpace de douze à quinze jours, fi l'on a foin de les arrofer affidûment foir & matin, & le jeune plant croît fort vîte. Lorfqu'il a fix à huit pouces de haut, on le repique au pied d'un mur, dans une ferre chaude, & on a foin de lui donner un treillage ou de grandes rames, pour qu'il puiffe s'élever. Ces plantes exigent la même chaleur que les ananas; il leur faut auffi des arrofemens fréquens mais légers; elles fleuriffent quelquefois dans notre climat, mais elles n'y donnent que très-rarement des graines : c'eft pourquoi il eft bon d'en faire venir chaque année des Antilles lorfqu'on eft jaloux de les pofféder.

Ufage : ces plantes font très-propres à garnir les murs de fond des ferres chaudes, avec les grénadilles, les ciffus, les ariftoloches &c. (*M. Thouin.*)

ANGREC. *Epidendrum*.

Genre de la famille des Orchides, très-nombreux en efpèces, & entièrement compofé de plantes vivaces. Quelques-unes feulement font farmenteufes & grimpantes; toutes les autres font parafites : elles croiffent fur les arbres dans les forêts ombragées & humides des pays les plus chauds. Les fleurs de la plupart des efpèces font grandes, d'une belle forme, & colorées de différentes couleurs. Quelques-unes ont une odeur très-fuave. Elles font fuivies de gouffes longues & étroites qui renferment un très-grand nombre de petites femences. Une de ces efpèces porte un fruit qui fait un objet de commerce assez considérable; on le nomme vanille.

Espèces.

* *Tiges grimpantes et garnies de feuilles.*

1. Angrec aromatique, ou la vanille.
Epidendrum vanilla. L. ♃ des Isles Antilles.
B. Angrec aromatique à fleur pourpre.
Epidendrum vanilla purpurea. Vanilla mexicana, Miller, Dict. n.° 1. ♃ du Mexique.
C. Angrec aromatique à fleurs blanches.
Epidendrum vanilla alba. ♃ de Saint-Domingue.

2. Angrec rouge.
Epidendrum rubrum. La M. Dict.
B. Angrec rouge à fruit court.
Epidendrum rubrum brevius. ♃ de Saint-Domingue.

3. Angrec papilionacé.
Epidendrum papilionaceum. La M. Dict. ♃ du Japon.

4. Angrec araigné.
Epidendrum flos-aeris. L. ♃ de l'Isle de Java & du Japon.

** *Tige droite et garnie de feuilles.*

5. Angrec à feuilles menues.
Epidendrum tenuifolium. L. ♃ du Malabar & de l'Inde.

6. Angrec spatulé.
Epidendrum spatulatum. L. ♃ de l'Inde & de la côte du Malabar.

7. Angrec jaune-obscur.
Epidendrum fulvum. L. ♃ de l'Inde.

8. Angrec écarlate.
Epidendrum coccineum. L. ♃ de la Martinique dans les bois.

9. Angrec unilatéral.
Epidendrum secundum. L. ♃ sur les montagnes, à la Martinique.

10. Angrec linéaire.
Epidendrum lineare. L. de la Martinique, sur les arbres.

11. Angrec ponctué.
Epidendrum punctatum. L. ♃ de Saint-Domingue.

12. Angrec à fleurs en queue.
Epidendrum caudatum. L. ♃ de Saint-Domingue.

13. Angrec à feuilles ovales.
Epidendrum ovatum. L. ♃ du Malabar.

14. Angrec articulé.
Epidendrum articulatum. La M. Dict. ♃ de l'Inde, sur les arbres.

15. Angrec cilié.
Epidendrum ciliare. L. ♃ de la Martinique, sur les arbres.

16. Angrec nocturne.
Epidendrum nocturnum. L. ♃ de la Martinique, sur les arbres.

17. Angrec de Caroline.
Epidendrum Carolinianum. La M. Dict. ♃ de la Caroline, sur les arbres.

18. Angrec à capuchon.
Epidendrum cucullatum. L. ♃ de l'Amérique méridionale.

19. Angrec rameux.
Epidendrum ramosum. La M. Dict. ♃ de la Martinique, sur les arbres.

20. Angrec rude.
Epidendrum rugosum. La M. Dict. ♃ de la Martinique, sur les arbres.

21. Angrec difforme.
Epidendrum difforme. La M. Dict. ♃ de la Martinique, sur les arbres.

22. Angrec en coquille.
Epidendrum cochleatum. L. ♃ de Saint-Domingue, sur les arbres.
B. Angrec en coquille, à fleur jaune.
Epidendrum cochleatum flavum. ♃ de la Jamaïque & de Bahama.
C. Angrec en coquille, à fleur purpurine.
Epidendrum cochleatum purpureum. ♃ de l'Isle de Bahama & de la Jamaïque.

*** *Tige nue, feuilles radicales.*

24. Angrec noueux.
Epidendrum nodosum. L. ♃ de l'Amérique méridionale, sur les arbres.

24. Angrec à feuilles en gouttières.
Epidendrum carinatum. L. ♃ de l'isle Luçon, sur les arbres.

25. Angrec à feuilles d'Aloès.
Epidendrum aloifolium. L. ♃ de la côte de Malabar, sur les arbres.

26. Angrec taché.
Epidendrum guttatum. L. ♃ de la Jamaïque, sur les arbres.

27. Angrec à feuilles de jonc.
Epidendrum juncifolium. L. ♃ de la Martinique, sur les arbres.

28. Angrec écrit.
Epidendrum scriptum. L. ♃ des Moluques, sur les cocotiers.

29. Angrec émoussé.
Epidendrum retusum. L. ♃ de l'Inde, sur les arbres.

30. Angrec blanc.
Epidendrum amabile. L. ♃ de l'Inde, sur les arbres.

31. Angrec tubéreux.
Epidendrum tuberosum. L. ♃ de Saint-Domingue, dans les lieux arides.
B. Angrec tubéreux de l'Inde.
Epidendrum tuberosum terrestre. ♃ des Indes orientales, dans les bois.

32. Angrec nerveux.
Epidendrum nervosum. La M. Dict. ♃ d'Amboine, sur les arbres.

33. Angrec élevé.
Epidendrum *altissimum*. La M. Dict. ♃ de la Martinique, sur les arbres.
34. Angrec crépu.
Epidendrum *crispum*. La M. Dict. ♃ de l'Isle de Saint-Vincent, sur les arbres.
B. Angrec crêpu de Carthagène.
Epidendrum *crispum Carthaginiense*. ♃ de l'Amérique méridionale, sur les arbres.
35. Angrec bifide.
Epidendrum *bifidum*. La M. Dict. ♃ de Saint-Domingue, sur les arbres.
36. Angrec à petites fleurs.
Epidendrum *minutum*. La M. Dict. ♃ de la Martinique, sur les arbres.
37. Angrec nain.
Epidendrum *pusillum*. L. ♃ de Surinam.
38. Angrec en gazon.
Epidendrum *cespitosum*. La M. Dict. ♃ de l'isle de Bourbon.
39. Angrec à quatre pétales.
Epidendrum *tetrapetalum*. La M. Dict. ♃ de la Jamaïque, sur les arbres.
40. Angrec ensiforme.
Epidendrum *ensifolium*. L. ♃ de la Chine.
41. Angrec en collier.
Epidendrum *moniliforme*. L. ♃ de la Chine & du Japon, sur les arbres.
42. Angrec, langue de serpent.
Epidendrum *ophioglossoides*. L. ♃ de la Martinique, sur les arbres.
43. Angrec, à feuilles de fragon.
Epidendrum *ruscifolium*. L. ♃ de la Martinique, sur les arbres.
44. Angrec graminiforme.
Epidendrum *graminifolium*. L. ♃ de la Martinique, sur les bords des ruisseaux.

**** *Espèces peu connues.*

45. Angrec embriqué.
Epidendrum *imbricatum*. La M. Dict. ♃ de Cayenne.
46. Angrec distique.
Epidendrum *distichum*. La M. Dict. ♃ de l'isle de France.
B. Angrec distique d'Amboine.
Epidendrum *disticum Amboinense*. ♃ de l'Inde.
47. Angrec du Cap.
Epidendrum *Capense*. L. ♃ du Cap-de-Bonne-espérance, sur les arbres.
48. Angrec stérile.
Epidendrum *sterile*. La M. Dict. ♃ de l'Inde, sur les arbres.

De toutes les espèces d'Angrec, il en est peu qui soient cultivées en Europe, parce que les graines qu'on y fait passer annuellement, n'y lèvent jamais, & que très-rarement les voyageurs se donnent la peine d'en apporter des pieds. Cependant Miller a cultivé en Angleterre, pendant plusieurs années, la vanille, qui est une des espèces de ce genre la plus intéressante. Il est probable qu'on cultiveroit de même celles qui croissent dans la terre, si l'on pouvoit s'en procurer des individus vivans; mais quant aux espèces parasites, qui affectent, pour la plupart, de croître exclusivement sur certains arbres que nous ne possédons pas, ou que nous ne possédons qu'en très-petits individus dans nos serres, il faut renoncer à leur culture, ou du moins la regarder comme très-difficile. Nous allons rapporter ici, d'après Miller, les moyens dont il s'est servi pour cultiver la vanille en Europe.

« J'ai reçu, dit cet habile cultivateur, quelques » branches de vanille recueillies par M. Robert » Millar, à Campêche, d'où il me les avoit » envoyées en Angleterre, enveloppées dans du » papier, pour servir d'échantillons; elles étoient » cueillies depuis plus de six mois, lorsqu'elles » me furent remises, & leurs feuilles & le papier étoient pourris, à cause de l'humidité » qu'elles contenoient : mais comme les tiges » étoient fraîches, j'ai planté sur-le-champ quelques-unes de ces branches dans de petits pots » que j'ai enterrés dans une bonne couche chaude » de tan, & elles ont bientôt poussé des feuilles & » des racines à chaque nœud; mais comme ces » plantes s'attachent toujours aux troncs des arbres » dans les bois où elles croissent naturellement, il » est très-difficile de les conserver sans leur » procurer un pareil soutien; c'est pourquoi, » pour les faire subsister en Europe, il faut les » planter dans des caisses où il y ait quelque arbre vigoureux d'Amérique qui exige la serre » chaude, & qui puisse supporter des arrosemens fréquens, parce que le vanillier a besoin » de beaucoup d'eau en été, & qu'il ne profiteroit pas sans cela; il faut aussi qu'il soit placé » à l'ombre des arbres; ainsi, en le plantant à » un pied de distance d'un *hernandia sonora* ou » d'un *erythrina corallodendron*, dont les feuilles » sont très-larges & donnent beaucoup d'ombrage, il réussira mieux que s'il étoit placé » seul dans un pot. Ces deux plantes s'accorderont bien ensemble, parce qu'elles exigent » la même chaleur en hiver. »

En Amérique & particulièrement sous la zone torride, la vanille est fort aisée à cultiver; mais elle est entièrement négligée, les habitans se contentent de ramasser les fruits qu'ils trouvent sur des pieds qui viennent sans culture. M. Aublet, voyageur instruit, qui a observé cette plante avec attention, donne sur sa culture des préceptes qui nous parroissent mériter de trouver place ici.

« La Vanille, dit M. Aublet, dans son histoire des plantes de la Guyane Françoise, indique elle-même sa culture; il n'y a qu'à observer les lieux où elle croît, la manière dont » elle subsiste, & les moyens dont elle fait natu-

» rellement usage pour vivre, s'élever & se soutenir.

» En se conformant à toutes ses habitudes, » l'on se procurera, sans aucun doute, en peu » de tems, une plantation considérable de vanille, » & des récoltes surabondantes à la consommation qui s'en fait en Europe.

» On connoît à Cayenne & dans les Antilles » trois variétés de vanille, qu'on peut distinguer en grosse vanille, petite vanille, & en » vanille longue; les unes & les autres n'ont aucun aromate lorsqu'elles sont fraîches & qu'elles » n'ont point été préparées; mais elles acquièrent » un goût agréable, une odeur suave & aromatique par la préparation.

» Ces vanilles ne se trouvent que sur les rives des criques & dans les lieux circonvoisins, sujets à être submergés par les grandes marées. Au bord de ces criques & dans les lieux » circonvoisins, viennent aboutir des forêts de » haute-futaie, & souvent des mangliers & des » palétuviers, arbres que l'on quitte à mesure qu'on » s'éloigne du bord de la mer, en montant les » rivières. On voit donc que cette plante aime » à être arrosée par les eaux salées ou saumâtres, puisque ce n'est que dans les lieux inhabités, incultes, couverts de grands arbres, » toujours humides & souvent inondés, qu'on » trouve les vanilles; ainsi, on ne doit les chercher que dans de pareils lieux. Dans les différens voyages que j'ai fait, tant à Sinemarie » à Couron, Orapu, au comté de Gènes, à Tonegrande & à Caux, &c., lieux circonvoisins » de Cayenne, je n'ai jamais découvert cet *epidendrum* dans les déserts; mais j'en ai toujours » apperçu aussi-tôt que je suis arrivé au bord » des criques & des rivières où la marée se faisoit sentir, & dans les autres lieux saumâtres » & marécageux.

» Les deux variétés d'Epidendrum qui donnent les fruits qu'on nomme *grande & petite vanille*, prennent leur nourriture dans la terre, » & s'étendent communément sur le tronc de » différens palmiers, en gagnent le sommet & en » couvrent la tête; les sarmens s'entrelaçant à » la base des feuilles, ces palmiers forment des » forêts sur le bord des rivières qui sont submergées par les marées; ils sont connus sous » les noms de *cornon*, *bache*, &c. Lorsqu'il arrive que les sarmens inférieurs de ces Epidendrum sont coupés par les chasseurs ou les animaux sauvages, les sarmens supérieurs subsistent » encore, parce qu'ayant poussé de leurs nœuds » des racines, elles s'enfoncent dans la terre » qui se trouve ramassée & accumulée dans les » creux & les gouttières que forme la réunion des » feuilles des palmiers, terre qui est apportée » par le vent & retenue par les feuilles.

» Les Epidendrum, dans cet état, sont à couvert des rayons ardens du soleil, & sont toujours entretenus frais & humides, tant par » l'évaporation des eaux saumâtres & l'air salin, » que par les brouillards & les pluies abondantes; cela ne veut pas dire que ces Epidendrum soient d'une espèce parasite, puisque, » quand on vient à détruire une forêt de palmiers, & qu'il en reste quelques pieds solitaires sur le sommet d'un tronc garni de pieds » d'épidendrum, comme j'ai eu occasion de l'observer, ces derniers jaunissent dans toutes leurs » parties, deviennent filandreux, coriaces, durs, » moins succulens, & insensiblement périssent, » parce que la pluie réitérée entraîne la terre » dans laquelle ces plantes prenoient leur nourriture.

» Rien n'est donc plus facile que d'étendre cette » culture; la plante indique elle-même la manière selon laquelle elle desire être traitée, ainsi » que le sol & l'exposition qui lui conviennent.

» Comme cette plante est sarmenteuse, que ses sarmens sont noueux, & qu'ils poussent de chaque » nœud des racines, il faut couper & diviser ces » sarmens en plusieurs portions, & avoir soin » qu'à chaque division il y ait au moins deux » nœuds; on pique en terre, au pied d'un arbre, deux ou trois de ces sarmens, en observant qu'il y ait hors de terre un nœud duquel » puissent sortir les jeunes pousses.

» L'Epidendrum indique qu'il se plaît dans un » terrein humide, très-abrité du soleil & submergé par les fortes marées. Il faut donc employer à cette culture les terres abandonnées, » & c'est au pied des arbres qui y croissent, » qu'il faut planter l'Epidendrum-vanille. Pour » une plus grande facilité, il faut avoir soin » d'arracher toutes les plantes basses & grimpantes » qui croissent dans le voisinage, afin de pouvoir visiter & parcourir le terrein, en éloigner les serpens, » ou tout autre animal avec lequel on ne familiarise pas volontiers; par ce moyen, on se » trouve une vaste plantation d'Epidendrum-vanille » aisée à récolter.

» Ces lieux ne sont pas les seuls où l'Epidendrum-vanille puisse être élevé; tous les habitans de l'isle de Cayenne & de la Guyane, » qui ont des criques dans leur terrein, peuvent » planter des Epidendrum-vanilles, quoiqu'il ne » soit pas submergé par les marées: comme » les terres sont basses & sablonneuses, les eaux » des criques filtrent au travers; & en creusant » tout au plus un pied, on trouve de l'eau saumâtre. De pareilles terres conviennent à la végétation de ces Epidendrum; je les ai vues » presque par-tout abandonnées par les habitans » & couvertes d'arbres: donc les personnes curieuses de cette culture doivent être à leur aise » sur le moyen de se procurer des terreins.

» Les trois variétés de vanille dont nous avons » parlé, sont toutes trois susceptibles de la même » préparation pour les rendre d'une odeur suave,

» aromatique

» aromatique & marchande ; elles acquièrent » toutes la même odeur, plus ou moins suave, & » peuvent être employées aux mêmes usages ; c'est » aux personnes qui s'en servent à reconnoître laquelle des trois est la plus agréable ou d'une » vertu supérieure.

» Cette préparation a beaucoup de rapport à » celle qu'on pratique pour conserver les prunes à Tours, à Brignoles, à Digne, &c. de » même que les raisins qu'on nous envoie de » Naples, de la Ciotat, qu'on connoît sous » le nom de prunes de Brignoles & Pance.

» Lorsqu'on a assemblé douze vanilles, plus » ou moins, on les attache, ou on les enfile en » manière de chapelet, à la partie postérieure, » le plus près possible de leur pedoncule. On a un » chauderon ou tout autre vase qui aille sur le » feu ; on le remplit d'eau claire & limpide » qu'on fait bouillir ; l'eau étant bouillante, » on y trempe les vanilles pour les blanchir, » ce qui s'opère dans un instant ; cela étant fait, » l'on tend & l'on attache, par les deux bouts » opposés, le fil où sont attachées ou enfilées » les vanilles, de manière qu'elles se trouvent » suspendues à un air libre, où le soleil frappe » pendant quelques heures du jour. Le lendemain, avec la barbe d'une plume, ou avec les » doigts, on enduit les vanilles d'huile, pour » qu'elles se dessèchent avec lenteur, pour les » préserver des insectes & des mouches qui n'aiment pas l'huile, pour que l'épiderme ne se » dessèche point, ne devienne pas coriace & » ne se racornisse point, enfin pour que l'air » extérieur ne les pénètre pas, & pour les conserver toujours molles. On observe d'entourer » les baies avec un fil de coton imbibé d'huile, » afin qu'elles ne s'ouvrent pas, & qu'elles puissent » contenir les trois vulves. Tandis qu'elles sont ainsi » suspendues pour être desséchées, il en découle par » l'extrémité supérieure qui est renversée, une surabondance de liqueur visqueuse ; on presse légèrement la baie, pour faciliter le passage à la liqueur. » Avant de la presser, on trempe ses mains dans » l'huile, & on réitère la pression deux ou trois » fois par jour.

» Quand ces baies ont perdu toute leur viscosité, elles se déforment, deviennent brunes, » ridées, molles, à demi-seches, & diminuent au-delà des trois quarts de leur grosseur. Dans cet » état, on les passe dans les mains, ointes d'huile, & » on les met dans un pot vernis, pour les conserver » fraîchement : il est bon de les visiter de tems à » autre, & d'observer qu'elles ne soient pas trop » enduites d'huile, parce qu'elles perdroient de » leur odeur suave.

» Voilà la manière usitée par les Galibis & » Caraïbes naturels de la Guyane, & par les Garipons, transfuges du Para, colonie Portugaise, » qui est sur les bords de la rivière des Amazones. Je » me suis servi de pots vernis, quoiqu'ils ne cuisent » que des pots sans vernis ; j'indique ceux que j'ai » mis en usage, parce que je les crois préférables à ceux qui ne sont pas vernis.

» M. de Kercore, Créole de Cayenne, avoit » voulu cultiver l'Epidendrum-vanille ; il en planta » un pied au bas d'un arbre solitaire, près de la » maison qu'il habite, lorsqu'il est à sa campagne. J'observai que cet épidendrum étoit parvenu à s'appuyer sur les branches de ce jeune » arbre ; cependant il étoit jaune, languissant & » ne produisoit point de vanilles ; ces sortes d'essais, quoique faits légèrement, prouvent ce qui » a été dit à ce sujet.

» Cette plante ne demande point de grandes » avances de la part de ceux qui l'élèvent ; elle » n'exige ni labour, ni taille, ni échalats ; deux » hommes sont en état de piquer, ou planter » beaucoup de sarmens en peu de tems. Comme » les baies de vanille ne mûrissent pas toutes ensemble, deux hommes pourront aussi en faire » la récolte.

» Les logemens nécessaires pour l'exploitation » d'une plantation de vanille, doivent être placés » sur une hauteur, exposés à l'air libre & au soleil. » Ces logemens consistent en trois cases construites » de palissades ou clissées, & bousillées de mortier, » faits avec de la terre mêlée soit de paille hachée, » soit de bouse de vache, ou d'autre matière ; on » les couvre en feuillage ou en paille ; deux de » ces cases serviront à loger les deux ménages, à » étendre la vanille & à l'étuver, si le tems est » trop humide ou pluvieux.

» Une caisse de six pieds cubes, qu'on enfermera dans la troisième case, suffira pour contenir, je pense, plus de vanille qu'il ne s'en consomme annuellement dans le monde entier ; » par cette médiocre consommation, par ce petit » nombre d'agriculteurs nécessaires pour une pareille exploitation, l'on conçoit facilement le » peu d'importance d'une semblable culture, trop » vantée par quelques personnes. »

La seule chose qu'ait oublié M. Aublet dans son intéressant mémoire sur la vanille, a été d'indiquer le tems de la maturité des fruits de cette plante ; nous trouvons dans le dictionnaire Encyclopédique, que sa récolte commence vers la fin du mois de septembre, qu'elle est dans sa force à la Toussaints, & qu'elle dure jusqu'à la fin de décembre.

Nous terminerons cet article par l'indication d'une espèce d'Angrec, fort curieuse qu'a possédé M. l'Abbé Nolin pendant plusieurs mois ; cette plante fut apportée de la Chine par un Officier qui la tenoit d'un Mandarin Chinois lequel la lui avoit donnée en présent comme une chose précieuse. Elle étoit renfermée dans un panier fait d'écorce de banbou, artistement travaillé & suspendu par quatre anses, de deux pieds de haut, réunies, par leur extrémité en forme de poignée. Les racines de la plante placée au fond du panier en suivoient les contours, & soutenoient dans le milieu, la tige garnie de sept ou huit feuilles longues, étroites, d'un verd pâle & d'une consistance ferme. Quoique les racines de cette plante fussent sans mousse & sans terre, & qu'elles ne pussent tirer aucune subsistance de l'écorce de banbou qui étoit parfaitement sèche, la plante n'en vécut pas moins pendant plus d'une année, sans autre nourriture que celle qu'elle tiroit de l'air; elle grandit & poussa quelques feuilles en mêmetems que de nouvelles racines. M. l'Abbé Nolin l'a conservée d'abord dans une des pièces de son appartement; ensuite il l'a placée pendant l'hiver dans une orangerie, où l'humidité qui y régnoit la fit périr.

Le Mandarin qui fit présent de cette plante singulière, en cultivoit plusieurs autres semblables dans des paniers suspendus dans sa maison & dans ses cours à l'ombre; elles végétoient ainsi toute l'année sans avoir besoin de terre ni d'autre eau que celle qui se trouve répandue dans l'atmosphère. Cette plante produit une fleur dont la forme & la couleur sont aussi agréables que l'odeur en est suave. Les Chinois lui attribuent en outre des vertus intéressantes en médecine. Ils la croient très-propre à soulager les femmes en couches, & à purifier l'air atmosphérique; il est difficile de reconnoître cette espèce d'angrec, n'en ayant point vu la fleur; mais il est probable, d'après ses propriétés, & la faculté qu'elle a de croitre dans l'air, que c'est l'angrec en collier *Epidendrum moniliforme*. L. Kœmpfer dit que les Japonois lient les tiges & les feuilles de cette plante, & les suspendent en dehors, au-dessus des portes de leurs maisons. Elles végètent & fleurissent ainsi suspendues en l'air, comme si elles étoient sur les rochers arides, où ces plantes croissent communément au japon. L'importance que mettent les Chinois à la possession de cette plante, ne sembleroit-elle pas indiquer qu'elle est étrangère à leur pays, & qu'elle a pu leur être procurée par leurs voisins, les Japonois? Cependant la description que Kœmpfer donne de l'angrec araignée, ou de *l'epidendrum flos-aeris* de Linné, paroît se rapporter davantage à notre plante, & ses propriétés pourroient bien avoir engagé les Chinois à la cultiver. Cet auteur dit que cette plante est fort estimée des Japonois, soit à cause de la beauté ou de la singularité de sa fleur, qui ressemble en quelque sorte à une araignée ou à un scorpion, soit à cause de l'odeur musquée & agréable que cette fleur exhale. Ce qu'il y a de plus singulier, c'est que l'odeur de musc que répand chaque fleur, & qui est si abondante, qu'une seule fleur peut parfumer toute une chambre, ne réside qu'à l'extrémité du plus long pétale, qui ressemble à la queue du scorpion; de sorte que si l'on coupe ce pétale, la fleur reste sans odeur. (*M. Thouin.*)

ANGUINE. *Trichosanthes.*

Genre de plante de la famille des CUCURBITACÉES, qui n'est composé que d'espèces herbacées. La plupart sont annuelles, sarmenteuses & grimpantes; elle croissent toutes dans les parties du monde les plus chaudes; leurs fleurs sont remarquables par l'élégance de leurs découpures, & leurs feuilles ne le sont pas moins par leur forme singulière; on ne les a guères cultivées jusqu'à présent que dans les jardins de botanique.

Espèces.

1. ANGUINE à fruit long.

TRICHOSANTHES anguina. L. ⊙ de la Chine & de l'Inde.

2. ANGUINE à trois nerfs.

TRICHOSANTHES nervifolia. L. ⊙ de l'Inde.

3. ANGUINE à feuilles en lance.

TRICHOSANTHES cuspidata. L. M. Dict. ⊙ de l'Inde.

4. ANGUINE à fruit conique.

TTICHOSANTHES cucumerina. L. de l'Inde.

5. ANGUINE anguleuse.

TRICHOSANTHES angulata. L. M. Dict. de l'Inde.

6. ANGUINE amère.

TRICHOSANTHES amara. L. ⊙ de Saint-Domingue dans les bois.

7. ANGUINE corniculée.

TRICHOSANTHES corniculata. L. M. Dict.

Culture.

Les Anguines se rencontrent rarement dans les jardins en Europe; cependant les graines qu'on reçoit des différentes parties du monde où elles croissent sans culture, lèvent aisément dans notre climat, lorsqu'on les sème à la fin du mois de mars sous des chassis; il est vrai que si on n'a pas le soin de les planter sous des vitraux où elles puissent s'élever, & jouir constamment de 25 ou 30 degrés de chaleur pendant l'été, & une partie de l'automne, elles fleurissent rarement; & encore, avec toutes ces précautions, elles ne donnent jamis de fruit; c'est la raison pour laquelle on ne les cultive que de tems à autre dans les jardins. Cependant on y trouve plus communément l'Anguine à fruit long: cette espèce est moins délicate; on en obtient des fruits bien aoûtés lorsque les étés & les automnes sont chauds; mais il faut toujours avoir la précaution de semer cette plante de bonne heure sur des couches couvertes de chassis & ensuite de la mettre sur une couche tiède au pied d'un mur exposé au plein midi. Comme ses branches sont très-longues & sans soutien, il est à propos de la palisser sur un treillage de huit à dix pieds d'élévation. Par ce moyen elle fleurit dès le milieu du mois de juillet, & ses fruits mûrissent en octobre. (*M. Thouin.*)

ANGURI, nom Malais d'une espèce d'abutilon;

connue des Botanistes sous celui de *sida asiatica.* L. Voyez Abutilon d'Asie. (*M. Thouin.*)

ANIBÉ. *Aniba.*

Genre de plante qui n'est connu des Botanistes que par une description incomplète qu'en a donnée Aublet dans son histoire des plantes de la Guyane Françoise, page 327, fig. 126. Il n'en existe encore qu'une espèce.

Anibé de la Guyane.

Aniba Guianensis. Aubl. ♄ des forêts de la Guyane.

C'est un arbre qui s'élève à quarante pieds de hauteur, & dont le tronc a deux pieds de diamètre. Il porte au sommet un grand nombre de branches qui se répandent en tout sens. Son feuillage est perpétuel, d'un beau verd, & fournit beaucoup d'ombrage; ses fleurs sont petites, de couleur herbacée, & peu apparentes; elles paroissent en mai; son fruit est inconnu.

Les habitans du comté de Gènes, canton voisin de Cayenne, donnent à cet arbre le nom de *cèdre*; ils se servent de son bois qui est jaunâtre, & léger lorsqu'il est sec, pour en faire des pirogues: on prétend qu'il pourroit servir à faire des mâts de navires. Sa culture n'est point connue en Europe. (*M. Thouin.*)

ANIL, nom Indien sous lequel a été connu pendant long-tems l'indigo, ou *l'indigofera tinctoria* des Botanistes. Voyez le mot indigotier (*M. Thouin.*)

ANILAO ou anilo, grand arbre des Philippines, dont les feuilles ont sept ou huit pouces de long, sur environ trois de large. Ses fleurs sont violettes, jaunâtres dans l'intérieur. Elles croissent en grappes dans les aisselles des feuilles. Le genre & la famille naturelle de cet arbre, ainsi que sa culture, nous sont inconnus. (*M. Thouin.*)

ANIMAUX considérés relativement à l'agriculture. La liste en est nombreuse; il me suffira d'indiquer ceux qui ont des rapports directs avec l'économie rurale, & dont il sera fait mention dans le cours de ce Dictionnaire.

On peut les diviser en trois classes; savoir, en quadrupèdes, volatils & insectes. Les uns concourent à l'exploitation des terres, ou font partie du produit, & doivent être regardés comme utiles; les autres sont nuisibles à l'agriculture.

Quadrupèdes utiles.

Le cheval entier ou hongre, la jument, le poulain; l'âne, l'ânesse, l'ânon; le mulet, la mule; le taureau, le bœuf, la vache, le veau, le jumart, soit qu'il provienne de l'âne & de la vache, soit du taureau & de l'ânesse; le bélier, le mouton, la brebis, l'agneau; le bouc, la chèvre, le chevreau; le cochon, la truie, leurs petits; le chien, la chienne, le chat, la chatte, &c.

Quadrupèdes nuisibles.

Le cerf, la biche; le daim, la dine; le chevreuil, la chevrette, & leurs faons; le sanglier, la laie, le marcassin; le renard, le loup, le lièvre, le lapin, la fouine, la belette, la taupe, le rat, le loire, le mulot, la souris, la musaraigne, &c.

Volatils utiles.

Le coq, la poule, le poulet; le dindon, la dinde, le dindonneau; le jar, l'oie, l'oison; le canard, la canne, le canneton; le pigeon, soit de colombier, soit de volière, le pigeonneau; le faisan, le faisandeau; la pintade, le pintadeau; le paon, le paoneau; l'hirondelle, le hibou, &c.

Volatils nuisibles.

Il faut mettre dans cette classe la plupart de ceux que j'ai nommés, particulièrement les pigeons & les faisans; à l'égard des oies, canards, poules & dindons, si on ne les surveille pas, ils mangent beaucoup de grains, & font aussi du tort.

Le corbeau, le moineau, la perdrix, &c.

Insectes utiles.

L'abeille, le ver-à-soie, la cochenille, l'araignée.

Insectes nuisibles.

La sauterelle, la courtilière, la limace, le limaçon, le hanneton, le monoceros, la taon, la guêpe, la frélon, le man, & autres vers, le puceron, la punaise, la cantharide, & diverses sortes de chenilles, l'achée ou laiche, l'asille, la fourmi, le charançon, le mylabre, la mite, la teigne, l'altise, les gales, le tiquet, l'œstre, la douve, les vers des sinus & moïdaux, des glandes amygdales & des intestins, &c. (*M. l'Abbé Tessier.*)

ANIS, *plante.*

Sixième espèce de Boucage du Dictionnaire de Botanique, nommé *boucage à fruits suaves.* *Voyez* boucage, pour connoître la place qu'elle occupe dans les espèces. *Apium anisum dictum, semine suave olente, majori* (*& minori.*) Tournef. *Pimpinella anisum.* Lin.

Il eût été plus exact & plus conforme au Dictionnaire de Botanique, de ne traiter de la culture de l'anis qu'à l'article *boucage.* Un renvoi eût suffi pour l'indiquer. Cependant, comme on n'est point accoutumé à reconnoître un boucage dans l'anis, & que le nom d'anis est celui qui est le plus connu, en Agriculture, dans le commerce

& dans l'usage ordinaire, j'ai cru devoir exposer ici ce qui concerne la culture de cette plante.

On cultive l'anis à cause de sa graine ou semence, qu'on appelle, dans le commerce, *anis verd*, pour le distinguer de l'*anis à dragée*, ou *anis de Verdun*, ou *anis à la reine*, ou *anis couvert*, qui n'est autre chose que la graine de fenouil, dont l'odeur approche de celle de l'*anis verd*.

On croit que l'anis est originaire de l'Egypte. Le plus estimé est celui des Echelles du levant, de Candie, de Malte & d'Espagne. Depuis un demi-siècle, il y a une culture d'anis dans quelques paroisses de la vallée d'Anjou, sur-tout dans celle de Restigné, près Bourgueil (47 degrés 20 minutes de latitude), située à la rive droite de la Loire. C'est cette culture que je décrirai, parce que j'ai eu occasion de la voir, & d'en être instruit par M. Beguin, Médecin à Bourgueil.

Le terrein m'a paru sablonneux & gras. On le rend meuble par différens labours, plutôt donnés à la main, qu'à la charrue. Les gens du pays prétendent qu'il n'est pas nécessaire d'y mettre des engrais. Il est certain qu'il en a moins besoin qu'un autre, parce qu'il a beaucoup de fond; ce qui permet même de ne le point laisser reposer. Mais on peut croire que l'anis profite des engrais qu'on a répandus pour les cultures, qui le précèdent, ou qu'il viendroit en plus grande abondance, si sa végétation étoit aidée de fumiers. Dans un pays, dont le sol seroit moins bon qu'à Restigné, il faudroit sans doute des engrais pour y cultiver avantageusement l'anis, en observant de n'en employer qu'avec modération, pour ne pas diminuer la qualité de la graine.

On ne fait subir à la graine aucune préparation avant de la semer; on ne la trempe pas même dans l'eau pour hâter sa germination, pratique usitée dans d'autres endroits. C'est toujours la graine nouvelle, & du pays, qui sert de semence. On en emploie une livre par boisselée, qui est la douzième partie d'un arpent de 100 perches, à 25 pieds la perche. C'est douze livres par arpent de cette mesure. On la répand par pincées & à la volée; on l'enterre à la pelle, & on passe dessus un rateau, afin qu'elle ne soit pas trop couverte.

L'anis se sème depuis les premiers jusqu'aux derniers jours de mars; quelquefois c'est trop tôt encore, quoique le pays, par sa position relative & particulière, commence à être chaud; car il survient, dans ce mois, des petites gelées, qui empêchent de lever cette graine, très-susceptible du froid. Il seroit mieux, à mon avis, d'attendre le mois d'avril, afin d'être assuré d'un air constamment doux, & afin que la terre fût déjà échauffée.

J'en ai semé en Beauce, à différentes saisons, exprès pour connoître celle qui convient. Celui que j'ai semé en 1784, à la fin d'Avril, n'a pas levé, ou il n'en a levé que quelques pieds. Le tems étoit froid, & le pays moins chaud que la Touraine & l'Anjou. C'est au mois de mai qu'il me paroît qu'on doit le semer dans le climat de Paris.

Semé en mars à Restigné, l'anis pousse plus ou moins promptement, selon le tems; il fleurit au mois de juillet, & parvient à la hauteur de quinze à dix-huit pouces.

Pendant sa végétation, il est nécessaire de le sarcler plusieurs fois, afin de détruire les herbes étrangères, qu'un sol substanciel produit en abondance; mais on doit éviter de le sarcler quand il est en fleur. Les brouillards, auxquels succède un soleil ardent, lui sont nuisibles. Ils empêchent la graine de grossir, & en diminuent la quantité, au point, que quelquefois on recueille à peine ce qu'on a semé.

La graine d'anis doit être semée assez claire pour que les pieds soient à six pouces les uns des autres. S'ils étoient plus pressés, on auroit l'attention de les éclaircir. C'est le moyen de favoriser l'expansion des ombelles, & de faire grossir la graine pour lui donner du prix. A Restigné, on mêle souvent l'anis avec la coriandre & l'oignon. Dans ce cas, on sème encore l'anis plus clair. Les pieds ne doivent pas être plus près de douze pouces les uns des autres. L'anis réussit très-bien en bordure.

Le tems où la graine nouvelle commence à être dure, est celui de la récolte. C'est ordinairement à la fin de juillet ou au commencement d'août. Sa maturité n'est pas parfaite; mais elle s'accomplit par la dessication des plantes arrachées, qu'on met en paquet, & qu'on laisse quinze jours au soleil. Il me semble qu'on devroit, chaque année, laisser sur pied des plantes d'anis, jusqu'à ce que la graine n'eût plus de perfection à acquérir, & employer cette seule graine pour semence. Cependant les habitans de Restigné prennent leur semence dans la graine, destinée à passer dans le commerce. C'est de grand matin qu'on arrache les tiges d'anis, afin que la graine ne tombe pas. Il y a des pays où on les coupe près de terre; il pousse, l'année d'après, des drageons, qui donnent à leur tour de la graine; mais elle n'est pas de belle qualité, parce que la plante s'est en partie épuisée la première année. On bat les tiges d'anis avec le fléau; on vanne la graine; on la met sécher encore, & on l'enferme dans des sacs, qu'on suspend, afin qu'elle ne contracte pas la moindre humidité. La belle graine de la meilleure qualité, est blanche, grosse, odorante, douce & légèrement piquante. Après la séparation de la graine, on brûle les tiges.

Le champ qui a rapporté de l'anis est labouré aussi-tôt pour être ensemencé en grain d'une autre nature; on a soin d'y répandre de l'engrais.

On assure à Restigné qu'une boisselée de terre peut produire quarante livres de graines d'anis, qui se vend ordinairement 8 s. la livre; mais ce produit peut bien n'être pas exact, parce que je le tiens des gens du pays, qui peut-être n'ont pas voulu dire la vérité. Les frais de culture par boisselée se montent à 8 l.; l'anis de Resligné est enlevé par des marchands, pour Orléans, Paris, Nantes & la Normandie.

La graine d'anis est d'usage en médecine; c'est une des semences chaudes majeures; on en tire, par la distillation, une huile essentielle, très-pénétrante, capable d'écarter les insectes. Je crois qu'on pourroit s'en servir avec avantage contre les charansons; on fait avec l'anis des liqueurs agréables.

J'observerai pour ceux qui voudroient tenter la culture de l'anis en grand, qu'elle ne réussiroit pas vraisemblablement dans beaucoup de pays; du moins il est douteux qu'elle réussît, sur-tout les premières années, en Normandie, en Picardie, en Flandre & même dans les environs de Paris, excepté dans quelques cantons privilégiés, bien garantis du nord, où un terrein de sable reçoit plus de chaleur; car, indépendamment de ce que Resligné est à l'aspect du midi, entièrement abrité du nord par des côteaux sablonneux qui réfléchissent le soleil, ce village de la vallée d'Anjou est un peu au sud de Paris, & par conséquent sous un ciel plus chaud. On sait qu'à Langeais, en Touraine, qui est à-peu-près à la même latitude que Resligné, on élève des melons en pleine terre, tandis qu'auprès de Paris on ne les peut élever que sur couche. Les alberges, fruit qui a beaucoup plus de qualité dans les années chaudes & sèches que dans les autres, sont meilleures en Touraine & au village de Mont-Gamé, en Poitou, que dans les environs de Paris. Plusieurs sortes de graines, telles que celle de chou-fleur, dégénèrent dans le nord de la France, & ne dégénèrent pas en Touraine, parce que ces plantes, ainsi que l'anis, sont originaires des pays chauds, où elles réussissent encore mieux qu'en Anjou; néanmoins on peut essayer de le cultiver. (*M. l'Abbé* Tessier.)

Anis âcre ou aigre. *Cuminum cyminum* L. V. Cumin. officinal. (*M.* Thouin.)

Anis étoilé ou badiane. *Illicium anisatum* L. V. Badian de la Chine. (*M.* Thouin.)

Anis de la Chine. *Illicium anisatum* L. V. Badian de la Chine. (*M.* Thouin.)

Anis de Paris. On appelle ainsi la semence du fenouil commun; c'est l'*anethum fœniculum L. Var.* B. V. aneth. de Florence. (*M.* Thouin.)

Anis, (Pomme d') variété du *Pyrus communis.* L. *Voyez* au mot Poirier du Dict. des Arbres & Arbustes. (*M.* Thouin.)

ANNONE, *agriculture*, nom donné à Draguignan, en Provence, à une espèce de bled à épis rougeâtres. (*M. l'Abbé* Tessier.)

ANNONE, *jardinage*, genre de plante nommée en latin *annona. Voyez* Corrossol. (*M.* Thouin.)

ANNUEL, *agriculture & jardinage.* On appelle plantes celles qui naissent, croissent & meurent dans le courant d'une année. Elles forment la troisième division des plantes considérées relativement à leur durée. *Voyez* plante.

Les botanistes & quelques agriculteurs ont employé le signe qui désigne le soleil ☉, dont la révolution circonscrit l'année, pour indiquer les plantes annuelles. Nous avons imité leur exemple dans tout le cours de cet Ouvrage, cette manière étant plus abrégée.

Par les mots de *plantes annuelles*, on entend, non-seulement celles auxquelles il faut un an, ou presqu'un an, pour accomplir leur végétation, mais encore celles qui l'accomplissent en six, cinq, quatre, trois ou même un mois. Par exemple, les bleds d'automne, les bleds de mars, les laitues, les navets, les raves &c., quoiqu'ayant une végétation plus ou moins courte, sont toutes dans la classe des plantes annuelles. Les mots *bisannuelles, trisannuelles & vivaces* établissent les différences des plantes qui vivent deux, trois ans & au-delà. *Voyez* ces mots.

Il seroit plus exact de diviser les annuelles en annuelles proprement dites, qui comprendroient toutes celles auxquelles il faut presque un an pour toute leur végétation; & en annuelles, improprement dites, qui seroient les semestres, les trimestres, les bimestres & les éphémères printanières, estivales & automnales, selon le tems de leur vie & leur durée. Cette division seroit plus conforme aux loix de la végétation. (*MM. l'Abbé* Tessier & Thouin.)

ANONES, (les) famille uniquement composée d'arbres & d'arbrisseaux qui appartiennent presque tous aux pays chauds, ou tempérés des trois autres parties du monde, & qui ne se trouvent point en Europe. En général, ces végétaux sont intéressans, les uns par leur port & la beauté de leur feuillage perpétuel, les autres par la forme, la couleur & l'odeur suave de leurs fleurs. A tous ces avantages d'agrément se réunissent encore ceux d'utilité. Cette belle famille exotique renferme des arbres dont quelques-uns portent des fruits qui servent de nourriture aux hommes. Les plus grands fournissent des bois de charpente, & d'autres de marqueterie.

Voici les genres dont elle est composée.

* *Calice a trois divisions.*

Le Magnolia . . . . . . *Magnolia.*
Le Tulipier . . . . . . *Liriodendrum.*
Le Champé . . . . *Michelia.*
Le Drimis . . . . *Drimys.*
Le Badian . . . . *Illicium.*
Le Cananga . . . . *Uvaria.*

Le Jérécou.......*Xylopia.*
L'Abéreme.........*Aberemoa.*
Le Corossol.......*Anona.*

** *Calice a cinq divisions.*

L'Ocna.............*Ochna.*
Le Sialet.........*Dillenia.*
Le Durion........*Durio.*

De ces différens genres, on ne cultive en Europe qu'un petit nombre d'espèces, dont quelques-unes font l'ornement de nos jardins, telles que les magnolia, le tulipier; ce dernier même est acclimaté au point qu'il produit des graines qui lèvent très-bien. On conserve dans les serres le badian, plusieurs corossoliers; mais il s'en faut de beaucoup que nous soyons aussi riches en ce genre que nous pourrions l'être, avec la facilité d'augmenter nos richesses. Si, au lieu d'envoyer des graines qui réussissent rarement, on apportoit des pieds en nature de ces différens arbres, il est probable que plusieurs espèces de corossoliers croîtroient en pleine terre dans nos provinces méridionales, & y deviendroient un jour de nouvelles souches d'arbres fruitiers, très-utiles. *Voyez*, aux articles de ces différens genres, la culture qui convient à chacun d'eux.

(*M. Thouin.*)

ANONIS, ou Arrête Bœuf. *Anonis*. Voyez Bougrane. (*M. Thouin.*)

ANSERINE, *Chenopodium.*

Ce genre de plante, qui fait partie de la famille des *Arroches*, est composé, en grande partie, de plantes indigènes, toutes herbacées ou d'une consistance peu ligneuse; les trois quarts sont annuelles; leurs fleurs n'ont aucune apparence, ce qui fait qu'on les recherche peu dans les jardins, où quelques-unes sont même nuisibles. A l'exception d'un petit nombre d'espèces, d'usage en médecine, toutes les autres ne sont guères admises que dans les écoles de botanique.

Espèces.

* Feuilles anguleuses ou découpées.

1. Anserine sagittée, ou Bon-Henri.
Chenopodium bonus Henricus. L. ♃ commune dans les lieux incultes de l'Europe.

2. Anserine à grappes menues.
Chenopodium urbicum. L. ⊖ des lieux incultes de la France.

3. Anserine rougeâtre.
Chenopodium rubrum. L. ⊖ par toute l'Europe, sur les décombres.

4. Anserine des murs.
Chenopodium murale. L. ⊖ par toute la France, sur le bord des chemins.

5. Anserine tardive.
Chenopodium serotinum. L. ⊖ des Provinces méridionales de la France.

6. Anserine blanche.
Chenopodium album. L. ⊖ de tous les lieux incultes de l'Europe.

7. Anserine verte.
Chenopodium viride. L. ⊖ très-commune en Europe.

8. Anserine anguleuse.
Chenopodium hybridum. L. ⊖ commune dans les champs en France.

9. Anserine botride, ou piment.
Chenopodium botrys. L. ⊖ des provinces méridionales de la France.

10. Anserine du Mexique, Ambroisie, ou thé du Mexique.
Chenopodium Ambrosioides. L. ⊖ de Portugal & du Mexique.

11. Anserine multifide.
Chenopodium multifidum. L. ♃ du Brésil, à Buénos-aires.

12. Anserine vermifuge.
Chenopodium anthelminticum. L. ♄ des pays tempérés de l'Amérique.

13. Anserine glauque.
Chenopodium glaucum. L. ⊖ commune en France, sur les bords des chemins.

14. Anserine pourprée.
Chenopodium purpurascens. La M. Dict. ⊖ de la Chine.

** *Feuilles très-entières.*

15. Anserine fétide ou vulvaire.
Chenopodium vulvaria. L. ⊖ commune en Europe.

16. Anserine graineuse.
Chenopodium polyspermum. L. ⊖ de France, dans les lieux cultivés.

17. Anserine à balais, ou belvedaire.
Chenopodium scoparia. L. ⊖ d'Italie, de Grèce, de Laponie & de la Chine.

18. Anserine velue.
Chenopodium villosum. La M. Dict. du nord de l'Europe.

19. Anserine maritime, ou blanchette.
Chenopodium maritimum. L. ⊖ en Europe, sur les bords de la mer.

20. Anserine barbue.
Chenopodium aristatum. L. ⊖ de Sibérie.

21. Anserine de la Chine.
Chenopodium Chinense. H. R. P. ⊖ de la Chine & du nord de l'Asie.

Culture.

Toutes les espèces d'Anserines ⊖ annuelles, d'Europe & de Sibérie, doivent être semées vers la mi-mars, en pleine terre, & aux places qui leur sont destinées. Pour cet effet, on ameublit la terre par un léger labour; on y forme de petits bassins de quelques pouces de profondeur sur une largeur d'environ vingt pouces. La terre du fond de ce bassin ayant été unie, on y sème les graines le plus également qu'il est possible, & en plus ou moins grande quantité, eu égard au volume que forment les plantes dans leur état parfait. On les recouvre de l'épaisseur de quatre lignes, avec une terre mêlée de terreau, & ensuite on les arrose. Si le tems est doux, les semences lèvent dans l'espace de six à huit jours, & le jeune plant croît promptement. Lorsqu'il a trois ou quatre pouces de haut, on l'éclaircit & on ne laisse dans chaque bassin que la quantité de plantes nécessaires pour le garnir & former une bonne touffe. Du reste, la culture de ces plantes se réduit à les arroser dans les grandes sécheresses & à ramasser les graines dès qu'elles sont mûres. C'est ordinairement dans le courant des mois de juillet & de septembre qu'elles arrivent en maturité. Après avoir recueilli la quantité de semences dont on a besoin, il faut avoir soin d'arracher les pieds, si l'on ne veut pas voir la terre couverte aux environs d'autant d'individus qu'on aura laissé de graines; ce qui nécessiteroit les années suivantes, des sarclages continuels, au moyen desquels on auroit même beaucoup de peine à se débarrasser de ces plantes, & à les faire disparoître entièrement.

Les Anserines n.os 9, 10 & 14, sont délicates dans notre climat; comme elles viennent des pays chauds, leurs graines veulent être semées sur couche, & le jeune plant demande à être placé dans un terrein de bonne nature, plus sec qu'humide, & à une exposition chaude, sans quoi il est rare que les semences mûrissent parfaitement. Ces plantes ont besoin d'être arrosées fréquemment pendant les chaleurs de l'été; mais il faut cesser tout arrosement à l'automne, lorsque les nuits commencent à devenir longues, & les rosées abondantes.

Les Anserines n.° 10 & 11, sont des sous-arbrisseaux qui se multiplient plus aisément de boutures, que par leurs graines qui mûrissent rarement dans nos jardins. Les boutures se font au printems, avec des jeunes branches de l'avant dernière pousse, parce que celles de l'année sont trop herbacées; on les plante en pot, dans une terre douce & légère, ensuite on les place, soit en pleine terre au pied d'un mur à l'ombre, soit sur une couche tiède, couverte de chassis ou de cloches. La première manière est plus lente & moins sûre, la dernière est plus expéditive; elle met les boutures en état d'être séparées dès le mois de juillet. Mais comme ces plantes sont voraces, on les place alors dans des pots à giroflées. L'hiver on les rentre à l'orangerie dans une position aérée. L'Anserine n.° 11, est moins délicate; elle passe quelquefois nos hivers en pleine terre, lorsqu'ils sont doux, & qu'on la couvre de paille; mais alors elle perd ses tiges, & en repousse de nouvelles de sa racine, au printems.

Usages. Les Anserines n.os 1, 9, 10, 15 & 19, sont des plantes médicinales, uniquement cultivées dans les jardins qui leur sont destinés. Celles des numéros 1 & 14 sont mises au rang des plantes potagères, parce qu'on en mange les feuilles, comme celles des épinards; mais elles sont peu estimées. Les espèces, n.os 11 & 12, étant des sous-arbrisseaux toujours verds, figurent assez bien sur les gradins des orangeries; la douzième, a de plus que celle qui la précède, l'avantage d'être imprégnée dans toutes ses parties d'une odeur spiritueuse qui plaît à beaucoup de personnes. Enfin les espèces n.° 14, 17 & 18, se cultivent dans les jardins paysagistes, sur les bordures des bosquets, parmi les arbrisseaux, où leur couleur & leur port pyramidal jettent de la variété. Toutes les autres ne sont propres qu'à occuper une place dans les écoles de botanique. (*M. Thouin.*)

ANTENOIS, agneau d'un an révolu. Les brebis font ordinairement leurs petits en janvier, février & mars. Pendant la première année à compter du jour de leur naissance, ces petits portent le nom d'agneaux. Les huit dents du devant de la mâchoire de dessous paroissent dans cet espace de tems. Elles ont peu de largeur & sont pointues.

Dans la seconde année les deux du milieu tombent & sont remplacées par deux nouvelles, dont elle surpasse de beaucoup celle des six autres. Les bêtes à laine, durant cette seconde année, s'appellent antenois, ou primets; on leur donne au reste des noms différens, selon les pays. *Voyez* âge des animaux, agneaux, bêtes à laine. (*M. l'Abbé Tessier.*)

ANTHÈRE, ou sommet *Anthera.* C'est la partie la plus essentielle de celles qui composent ordinairement l'étamine. *Voyez* étamine. Les Anthères sont une ou plusieurs capsules, portées par le filet de l'étamine, lesquelles renferment la matière propre à la fécondation des germes. Si à l'époque où les Anthères s'ouvrent pour laisser échapper leur poussière prolifique, il survient des pluies de quelque durée, où des vents très-considérables, alors il n'y a point de fécondation. Cependant les germes grossissent un peu; mais ils tombent quelque tems après, comme on peut l'observer dans la grappe du raisin, lorsque les pluies surviennent au moment où la vigne est en fleurs; & c'est cet effet que les vignerons expriment en disant que le *fruit a coulé.* Dans les cultures en petit, telles que celles des plantes étrangères que l'on conserve dans des pots, il est aisé d'empêcher les fruits de couler, & d'assurer la fécondation des germes. Il suffit de les garantir de la pluie, ou des vents impétueux, lorsque les fleurs sont épanouies, & que les sommets des étamines, sont prêts de répandre leur poussière fécondante sur le pistil. (*M. Thouin.*)

ANTHÉRIC. *Anthericum.*

Genre de plante de la famille des *Aspho-*

DELES. Les eſpèces dont il eſt compoſé ſont originaires d'Afrique à l'exception d'une ſeule. Elles ont toutes un port aſſez ſingulier, & leurs fleurs ſont diſpoſées en épis d'un beau jaune. On les cultive, dans quelques jardins, parmi les plantes d'orangerie.

Eſpèces.

1. ANTHERIC fruteſcent.
ANTHERICUM fruteſcens. L. ♃ du cap de Bonne-Eſpérance.

2. ANTHÉRIC à feuilles d'Aloès.
ANTHERICUM alooïdes L. ♃ du cap de Bonne-Eſpérance.

3. ANTHERIC aſphodeloïde.
ANTHERICUM aſphodeloides. L. ♃ d'Ethiopie.

4. ANTHERIC annuel.
ANTHERICUM annuum. L. ⊖ d'Ethiopie.

5. ANTHERIC velu.
ANTHERICUM hiſpidum. L. ♃ du cap de Bonne-Eſpérance.

6. ANTHERIC des marais.
ANTHERICUM oſſifragum. L. ♃ des marais de l'Europe.

Voyez pour les autres eſpèces, le genre des *phalangères.*

Culture.

Les cinq premières eſpèces d'Anterics ſe multiplient aſſez facilement de graines. On les ſème au printems dans des pots, ſur une couche chaude & à l'air libre. Lorſque ces graines ſont de la dernière récolte, elles lèvent dans l'eſpace d'un mois. Il eſt à propos de les arroſer ſouvent avant qu'elles ſoient ſorties de terre; mais à meſure que le jeune plant acquiert de la force, il faut diminuer les arroſemens, parce qu'il tient de la nature des plantes graſſes, qu'une trop grande humidité feroit périr. Le jeune plant, & ſur-tout celui des eſpèces vivaces, croît lentement, en conſéquence, il ne faut pas ſe preſſer de le ſéparer; il eſt même très-prudent d'attendre à la fin du printems de la ſeconde année: alors on met chaque pied ſéparément dans des pots, avec une terre à oranger, mais qui ſoit plus diviſée, & qui tienne le milieu entre la ſécheresſe & l'humidité. On place enſuite ces plantes ſur une couche tiède, avec l'attention de les garantir du ſoleil, pendant les premiers jours; on les arroſe modérément juſqu'à ce qu'elles commencent à pouſſer, & on les cultive après cela comme les autres plantes graſſes.

Mais leur multiplication eſt encore plus expéditive, par le moyen des œilletons & des boutures. La ſaiſon la plus favorable à leur réuſſite, eſt le commencement de l'été; on plante les œilletons auſſi-tôt qu'ils ont été ſéparés de leur mere racine; mais on laiſſe faner les boutures trois ou quatre jours à l'ombre; du reſte, on les met également dans une terre ſemblable à celle que nous avons indiquée pour les jeunes plants, & on les traite de la même manière, excepté qu'il faut encore moins les arroſer dans les premiers tems de leur plantation. L'Anthéric fruteſcent ne doit être rentré dans l'orangerie, que lorſqu'il gèle de trois degrés; on le laiſſe ordinairement au pied du mur de la ſerre, à l'abri de la pluie, & on ne le rentre que lorſqu'il tombe de la neige, ou qu'il ſurvient de grands froids. L'Anthéric à feuilles d'aloès eſt plus délicat; on le conſerve l'hiver ſur les appuis des croiſées, dans les ſerres tempérées, ou ſous des chaſſis avec les plantes du cap. Il veut être arroſé médiocrement dans cette ſaiſon. La troiſième eſpèce craint moins l'humidité; elle peut être placée, pendant l'hiver, ſur les gradins dans une bonne orangerie.

L'Anthéric annuel exige une culture un peu différente; ſes graines veulent être ſemées à la fin du mois de mars, dans un pot, ſur couche & ſous chaſſis; elles lèvent en peu de jours, & le jeune plant eſt aſſez fort pour être ſéparé dès le mois de juillet. Dans un climat plus chaud que le nôtre, on peut le repiquer tout ſimplement en pleine terre, dans un terrein meuble, ſec & chaud; mais il convient ici de prendre un peu plus de précaution, & de partager le ſemis en deux parties, dont l'une eſt miſe en pleine terre, à la place qu'elle doit occuper dans l'école de botanique, & l'autre eſt plantée dans un grand pot, qu'on tient ſur couche à la plus grande chaleur, afin d'accélérer la maturité des graines, qui n'ont ſouvent pas le tems de mûrir, lorſque la plante eſt en pleine terre, & que la ſaiſon n'a pas été chaude.

L'Anthéric des marais eſt plus difficile à cultiver, parce qu'il faut, pour le conſerver en bon état, une ſituation qui ſe rencontre rarement dans les jardins. Cette plante croît naturellement dans les marais bourbeux, dont la terre entretenue conſtamment humide par des eaux ſtagnantes, n'eſt formée que de débris de végétaux. A défaut d'un terrein ſemblable, on la cultive dans de grands pots remplis de terreau de feuilles & de ſable de bruyère, mêlés enſemble par égales parties, & l'on place ces pots dans des terrines ou baquets qu'on entretient toujours pleins d'eau. On a ſoin d'ombrager ces plantes pendant l'été, de manière qu'elles ne reçoivent que les rayons du ſoleil levant & du ſoleil couchant; malgré ces précautions, elles végètent rarement plus de deux ou trois ans dans notre climat; elles y fleuriſſent foiblement, & n'y grainent preſque jamais. On les cultive avec plus de ſuccès dans les marais artificiels. (*Voyez* ce mot).

Uſage. Les Anthérics n.os, 1, 2, 3 & 5, ſont des plantes qui figurent aſſez bien dans les ſerres avec les autres plantes graſſes; les deux autres eſpèces

espèces étant plus rares qu'agréables, sont reléguées dans les écoles de Botanique. (*M. Thouin*).

ANTHOCÈRE, *Anthoceros*.

Genre de la famille des *Algues*, composé de petites plantes qui ne sont que des membranes verdâtres, collées sur la terre & d'une substance gélatineuse.

Espèces.

1. Anthocere ponctuée.
Anthoceros punctatus. L. ⊖ de l'Europe.

2. Anthocere lisse.
Anthoceros lævis. L. ⊖ d'Europe & d'Amérique.

3. Anthocere multifide.
Anthoceros multifidus. L. ⊖ de la Suisse & de l'Allemagne.

Les Anthocères croissent naturellement, en Europe & en Amérique, dans les fossés humides, le long des parois qui sont taillées à pic ; & à travers lesquelles l'eau suinte continuellement. Elles aiment les positions ombragées. Elles ne peuvent vivre dans les jardins, à moins qu'on ne leur donne un sol & une exposition semblables, deux choses difficiles à leur procurer ; aussi ne les rencontre-t-on que très-rarement dans les écoles de Botanique, qui sont les seuls endroits où elles puissent être utiles. (*M. Thouin*).

ANTHOLISE, *Antholysa*.

Beau genre de plantes de la famille des *Iris*, il est composé d'espèces bulbeuses, dont les oignons sont arrondis dans leur circonférence, & applatis aux deux extrémités. Leurs feuilles ressemblent à celles des iris, & leurs fleurs sont disposées en épis, qui ont souvent plus d'un pied de long. Elles sont d'une couleur rouge ou ponceau, très-éclatante. Ces plantes méritent, à tous égards, d'être cultivées dans les jardins des curieux ; elles se conservent dans des serres tempérées, ou sous des chassis.

Espèces.

1 Antholise à fleurs en gueule.
Antholiza rigens. L. ♃ d'Ethiopie, & du cap de Bonne-Espérance.

2. Antholise velue.
Antholiza hirsuta. La M. Dict.
An Antholiza plicata? L. supp. ♃ du cap de Bonne-Espérance.

3. Antholise de Perse.
Antholiza cunonia. L. ♃ d'Asie & d'Afrique.

4. Antholise d'Ethiopie.
Antholiza Ethiopica. L. ♃ du cap de Bonne-Espérance & d'Ethiopie.

Voyez le genre des *Merianelles* pour les autres espèces.

Culture.

Les Antholises se multiplient de graines & de cayeux ; la voie des semences est la plus profitable, puisqu'en même-tems qu'elle fournit un plus grand nombre d'individus, elle procure souvent de nouvelles variétés ; mais celle des cayeux est plus expéditive, & donne une jouissance plus prompte.

Les graines de ces plantes doivent être semées, à l'automne, dans des terrines remplies d'une terre légère & sablonneuse. Le terreau de bruyère convient plus particulièrement que toute autre espèce de terre à ces semis. On recouvre les graines d'environ six lignes, avec le même terreau de bruyère, bien épuré, & on place les semis sur couches, à l'exposition du levant ; ils restent dans cet état jusqu'au tems des gelées ; alors on les enterre dans le terreau d'une couche tiède, exposée au plein midi, & couverte d'un chassis. Il faut avoir soin d'entretenir toujours, par des arrosemens fréquens, mais légers, la terre des semis dans un état d'humidité, favorable à la germination des graines, & sur-tout de les préserver des plus foibles gelées, soit en les couvrant de paillassons pendant les nuits, soit en faisant des réchauds à la couche sur laquelle ils sont placés, lorsqu'il survient des froids considérables. L'air, & principalement la présence du soleil n'est pas moins nécessaire à ces semis, que la chaleur & l'humidité ; c'est pourquoi il est convenable de découvrir, seulement pendant quelques heures, les chassis lorsqu'il ne gèle pas, & de lever les panneaux, lorsque le soleil paroît. Ces semences se préparent & se renflent pendant l'automne & l'hiver, & dès le mois de février leurs germes commencent à sortir de terre ; alors il faut redoubler d'attention pour empêcher le froid de pénétrer sous les chassis, augmenter la chaleur de la couche, & aérer le jeune plant le plus souvent qu'il sera possible. Sa végétation continue jusqu'au mois de mai, ensuite elle s'arrête, & les fannes se desséchent ; c'est le moment de cesser tout arrosement. Les petits oignons ne repoussent qu'au mois de septembre suivant ; ils peuvent rester pendant les deux premières années dans les terrines où ils ont été semés ; & pendant ce tems, ils n'exigent que d'être préservés des froids pendant l'hiver & tenus séchement, lorsque leur végétation est cessée.

Quand les oignons ont acquis la grosseur d'un pois, on peut les lever de terre vers le mois de juillet, & les replanter huit ou dix jours après dans une nouvelle terre semblable à celle des semis. On les met ordinairement en pépinière dans des terrines, pour économiser la place ; & les années suivantes on les cultive de la même manière ; jusqu'à ce que les oignons aient acquis toute leur grosseur, & qu'ils soient en état de fleurir. Alors on les plante seul à seul, ou bien cinq à cinq dans des pots à œillets. Il est plus convenable de cultiver ces plantes dans des vases, que de les mettre en pleine terre, sous chassis, comme on en a l'usage dans quelques jardins, parce qu'alors on peut les transporter, soit sur les gradins dans les serres, soit dans les appartemens lorsqu'elles sont en fleurs, & par ce moyen en jouir plus commodément.

Les cayeux se séparent des oignons, lorsqu'on lève ceux-ci de terre; on les laisse sécher quelques jours à l'ombre sur les tablettes d'une serre, ensuite on les plante avec les oignons; leur culture est la même, tant pour les arrosemens dont ils ont besoin, que pour les soins qu'exige leur conservation pendant l'hiver. Par ces deux voies de multiplication, on obtient des plantes qui fleurissent, pour l'ordinaire, de la quatrième à la sixième année. C'est communément vers le mois de mai que les fleurs paroissent lorsque les plantes sont cultivées sous des chassis abrités du froid, sans autre chaleur que celle du fumier. Si on les place l'hiver dans les tannées des serres chaudes, on obtient des fleurs en février, mars ou avril, suivant que la chaleur aura été plus ou moins considérable. Mais alors les épis sont plus grêles, moins garnis de fleurs, & les couleurs moins vives. C'est ainsi que la nature se venge toujours des jouissances qu'on veut lui arracher avant le tems.

Usages. Les Antholises méritent d'occuper une place distinguée parmi les plus belles plantes bulbeuses; elles figurent également bien sous les chassis, dans les serres chaudes, & sur les gradins de fleurs étrangères. Les fleuristes Anglois & Hollandois en font un objet de commerce avec les autres nations de l'Europe. (*M. Thouin.*)

ANTHORE. Synonyme françois de *l'aconitum anthora.* L. *V.* Aconit salutifere. (*M. Thouin.*)

ANTHOSPERME. *Anthospermum.*

Genre de plante originaire d'Afrique, & de la famille des *Rubiacées.* Il est composé de trois espèces, dont deux sont des arbrisseaux agréables par leur port, leur verdure perpétuelle, & sur-tout par leur odeur ambrée. On les cultive dans les serres tempérées de quelques jardins de l'Europe.

Espèces.

1. Anthosperme d'Ethiopie ou arbrisseau ambré.

Anthospermum Æthiopicum. L. ♄ du cap & d'Ethiopie.

2. Anthosperme cilié.

Anthospermum ciliare. L. ♄ du cap de Bonne-Espérance.

3. Anthosperme herbacé.

Anthospermum herbaceum. L. fil. supplément, du cap de Bonne-Espérance.

Culture.

Comme les Anthospermes fructifient rarement en Europe, parce qu'ils sont dioiques, & qu'il faut posséder les deux individus pour obtenir des graines, on les multiplie ordinairement de boutures & de marcottes. Mais si par hasard on peut se procurer des graines dans le pays où croissent ces arbrisseaux, il conviendra de les semer au printems, sur une couche à l'air libre, dans une terre meuble, sablonneuse & légère; si les semences sont de la dernière récolte, elles leveront très-bien, & le jeune plant, qui en proviendra, sera assez fort pour être séparé vers le mois d'août. On le met dans de petits pots qu'on enterre sur une vieille couche, & qu'on laisse exposés en plein air jusqu'au milieu de l'automne, après quoi on les rentre dans les serres.

Les boutures se font avec succès depuis la mi-mai jusqu'à la fin de l'été; lorsqu'on les fait plus tard, il est rare qu'elles aient le tems de pousser assez de racines & d'acquérir assez de force pour se conserver pendant l'hiver. On choisit de jeunes branches de l'avant-dernière pousse, parce que celles de l'année sont en général trop herbacées, & par conséquent sujettes à pourrir. On les plante dans des pots que l'on place sur une couche tiède, & que l'on couvre de cloches. La terre qui leur convient le mieux est une terre substantielle, meuble & légère. A l'égard des arrosemens, il faut les administrer avec beaucoup de prudence & de discrétion, parce qu'une trop grande humidité feroit périr les boutures. On doit avoir soin de les ombrager, sur-tout pendant les douze ou quinze premiers jours; ensuite on leur laisse passer les nuits à l'air libre; & quand elles commencent à pousser, on les habitue insensiblement & par degrés à supporter la lumière & les rayons du soleil. Ces boutures prennent ordinairement des racines dans l'espace de six semaines; on peut alors les séparer avec leur motte, & les mettre dans des pots à basilics, que l'on place à l'ombre sur une couche, ensuite on les cultive comme les jeunes plants.

Dans les pays où l'athmosphère est plus chargée de vapeurs humides, & où les hâles qui dessèchent la terre & enlèvent une partie de la sève des plantes, sont moins fréquens, on fait les boutures de ces arbrisseaux en pleine terre, pendant l'été, sans autre précaution que de les placer dans un terrein très-léger, & de les ombrager pendant les premiers jours; elles reprennent très-bien de cette manière, & les plants qui en proviennent sont en général plus robustes que ceux qui ont été élevés sur couche.

Les marcottes se font au printems lorsqu'on sort les plantes des serres. Il est inutile, & même il seroit dangereux, d'inciser les branches qu'on veut marcotter, il suffit de les enterrer à la profondeur de cinq ou six pouces; elles ne tardent pas à pousser des racines si l'on a soin de les arroser de tems en tems; & dans l'espace d'un mois ou six semaines, elles sont en état d'être sevrées; on les cultive ensuite comme les boutures nouvellement transplantées.

Les Anthospermes craignent, pendant l'hiver, le froid, la trop grande chaleur, l'humidité & l'air corrompu; ils ne réussissent bien que dans les serres tempérées, où la chaleur n'est jamais portée, par le feu, au-dessus de dix degrés, & encore faut-il les placer dans des positions aérées, où ils puissent être éclairés par le soloil, comme sur les appuis des croisées. On les rentre dans les serres vers la mi-octobre, & ils y restent ordinairement jusqu'à la mi-mai; il ne leur faut alors que des arrosemens très-légers & seulement lorsque la terre du vase, dans lequel ils sont plantés, commence à se dessécher à la surface.

Ces arbrisseaux s'élèvent de trois à quatre pieds; ils forment des pyramides quarrées, d'une verdure foncée presque noire, & croissent fort vîte; mais ils sont très-délicats & ne vivent que cinq ou six ans; c'est pourquoi il est bon d'en faire chaque année des boutures ou des marcottes, tant pour prévenir les accidens qui peuvent arriver, que pour remplacer les vieux pieds qui périssent. Quelques amateurs de formes symmétriques taillent ces arbrisseaux en boule, ou en éventail; ils se prêtent jusqu'à un certain point à leur goût; mais, outre que ces formes contournées & bizarres sont infiniment moins agréables que celle que la nature leur a donnée, il arrive souvent que ces tailles occasionnent la chûte d'une partie des feuilles, & par conséquent la difformité de l'arbrisseau.

Usage. Les Anthospermes sont propres à jeter de la variété sur les gradins dans les serres tempérées; leur verdure foncée y produit un effet agréable, & leur odeur ambrée ajoute encore beaucoup à ce premier avantage. (*M. Thouin*).

ANTHRAX, *maladie de bestiaux*: Voyez charbon. (*M. l'abbé Tessier*).

ANTHYLLE, nom d'un genre de plante, nommé en latin, *anthyllis*. V. ANTHYLLIDE (*M. Thouin*).

ANTHYLLIDE. *Anthyllis.*

Ce genre, qui fait partie de la famille des *Légumineuses*, renferme des plantes herbacées, des arbustes & des arbrisseaux, dont la plupart sont remarquables par leur feuillage argenté. Ils sont presque tous originaires des pays tempérés de l'Europe & de l'Asie. On les cultive dans différens jardins de l'Europe, pour l'agrément de leur port & de leurs fleurs. Ils aiment un terrein sablonneux, sec & chaud.

Espèces.

* *Plantes herbacées.*

1. Anthyllide à quatre feuilles, ou vulnéraire à quatre feuilles.
Anthyllis tetraphylla. L. ⊙ des pays méridionaux de l'Europe.

2. Anthyllide vulnéraire, ou vulnéraire rustique.
Anthyllis vulneraria. L.
B. Anthyllide vulnéraire à fleur rouge.
Anthyllis vulneraria purpurascens.
C. Anthyllide vulnéraire à fleur blanche.
Anthyllis vulneraria alba. ♃ des collines sablonneuses de la France.

3. Anthyllide cornicine.
Anthyllis cornicina. L. ⊙ d'Espagne.

4. Anthyllide à feuilles de lotier.
Anthyllis lotoides. L. ⊙ d'Espagne.

5. Anthyllide à fleurs nues.
Anthyllis gerardi. L. ⊙ de Provence.

6. Antyllide de montagne.
Anthyllis montana. L. ♃ des Alpes.

7. Anthyllide colletée.
Anthyllis involucrata. L. du Cap de Bonne-espérance.

** *Plantes ligneuses.*

8. Anthyllide à feuilles de lin.
Anthyllis linifolia. L. ♄ du Cap de Bonne-espérance.

9. Anthyllide argentée, ou barbe de Jupiter.
Anthyllis barba-Jovis. L. ♄ de Provence, d'Espagne & du levant.

10. Anthyllide de Crête, ou ébène de Crête.
Anthyllis cretica. La M. Dict.
Ebenus cretica. L. ♄ de l'isle de Candie.

11. Anthyllide du Cap.
Anthyllis Capensis. La M. Dict.
Spartium cytisoides. L. Fil. Suppl. ♄ du Cap de Bonne-espérance.

12. Anthyllide hétérophille.
Anthyllis heterophylla. L. ♄ d'Espagne & de Portugal.

13. Anthyllide faux cytise.
Anthyllis cytisoides. L. ♄ de Languedoc & d'Espagne.

14. Anthyllide hérissonné.
Anthyllis erinacea. L. ♄ des lieux secs & arides de l'Espagne.

Voyez pour l'*Anthyllis hermanniæ*. L. l'article *Aspalat*.

Culture.

Les cinq premières espèces sont des plantes

dont les tiges se couchent sur la terre, & y forment des tapis serrés d'une verdure blanchâtre, qui se couvrent de fleurs dans les mois de juillet & d'août. Elles ne se multiplient que par le moyen de leurs graines que l'on sème à différentes époques; celles de la seconde espèce, avec ses variétés, doivent être mises en terre à l'automne, & à la place que doit occuper la plante, parce qu'elle souffre difficilement d'être transplantée, à moins qu'on n'ait soin de l'enlever avec sa mote. Ces graines lèvent dès le premier printems; les jeunes plants fleurissent en juillet, & leurs semences mûrissent en septembre & octobre.

Les graines des quatre autres espèces ne veulent être semées qu'au printems. On les met dans des pots remplis d'une terre meuble & légère, que l'on place sur une couche chaude, à l'air libre; au moyen d'arrosemens fréquens, mais légers, ces semences lèvent en vingt-cinq ou trente jours, & le jeune plant acquiert assez de force pour être planté vers le commencement de juillet. Si on le met dans un terrein de bonne nature, & à une exposition chaude, il croîtra promptement, produira un grand nombre de fleurs, & ses semences parviendront à leur maturité avant l'hiver. Lorsqu'une fois il est en place, sa culture se réduit à des arrosemens dans les tems de sécheresse, & à quelques sarclages, pour écarter les mauvaises herbes qui pourroient lui nuire.

L'Anthyllide de montagne est un arbuste rempant, qui ne s'élève pas à plus de six pouces de haut. Ses tiges ligneuses sont couvertes d'un feuillage argenté; elles se terminent par des bouquets arrondis, composés d'un grand nombre de fleurs purpurines, très-jolies. On multiplie aisément cet arbuste par le moyen de ses graines & de ses drageons enracinés. La saison la plus favorable aux semis des graines est le mois d'octobre; on les met en pot, sur une terre sablonneuse, & on enterre le vase dans une platebande, à l'exposition du levant. Pendant les fortes gelées, on couvre le semis de paille & de paillassons. Les graines lèvent au printems; alors on transplante le plant sur une couche tiède; on a soin de le garantir des mauvaises herbes, & de l'arroser fréquemment pendant les chaleurs de l'été. A l'approche des gelées, on le rentre dans l'orangerie, où il doit passer l'hiver sur les appuis des croisées. Ce n'est que vers le milieu du printems de la seconde année que le plant de l'Anthyllide de montagne est assez fort pour être séparé. Chaque jeune pied doit être mis dans un pot à œillet avec une terre composée par égales parties de terre à oranger, & de terreau de bruyère bien mélangés. On place ensuite ces pots sur une couche tiède où ils restent ombragés jusqu'à ce que les plantes soient reprises. Cet arbuste veut être cultivé comme les plantes d'orangerie, & demande à y rentrer l'hiver pendant les quatre ou cinq premières années. On pourra alors en mettre quelques pieds en pleine terre, dans une position abritée des grands froids & sur-tout de l'humidité, en observant de les couvrir dans les fortes gelées. Malgré ces précautions, il est bon d'en conserver quelques pieds dans l'orangerie, parce que ceux qui sont en pleine terre périssent souvent dans notre climat. On multiplie encore cet arbuste, par le moyen des drageons qu'il pousse quelquefois de sa souche; il reprend aussi de boutures, mais plus rarement.

L'Anthyllide argenté, ou la barbe de Jupiter, est une des espèces de ce genre la plus intéressante. Elle s'élève de huit à dix pieds de haut en Provence, & dans les lieux où elle croît naturellement. Les branches forment un faisceau arrondi & pyramidal. Son feuillage est léger & de couleur argentine, très-luisante. Les fleurs sont disposées en bouquets arrondis, à l'extrémité des branches & des rameaux; elles sont jaunes & se succèdent pendant tout l'été. Les graines de cet arbrisseau mûrissent souvent dans notre climat. Elles peuvent être semées, dès l'automne, dans une terrine ou dans des caisses qu'on place sous des chassis ou que l'on rentre à l'orangerie pendant l'hiver; mais, comme il arrive souvent, dans les hivers longs & humides, que les jeunes plants pourissent à mesure qu'ils lèvent, il est plus sûr, dans nos provinces septentrionales, de ne les semer qu'au commencement de mars. On les met sur couche & sous des chassis que l'on ôte dès que le beau tems est arrivé. Les graines lèvent dans l'espace de six semaines, & le jeune plant parvient à neuf ou dix pouces de hauteur avant la fin de l'automne. Il est bon de différer à le repiquer jusqu'au printems suivant, & d'en aider la reprise par une douce chaleur artificielle. On le plante dans des pots à œillets, avec de la terre à oranger, & l'hiver on le rentre à l'orangerie. Lorsque cet arbrisseau est arrivé à l'âge de quatre ou cinq ans, on peut en placer quelques pieds en pleine terre, dans un terrein sec, à l'exposition du midi, & au pied d'un mur, s'il est possible; dans cette position, il croîtra avec vigueur, se couvrira de fleurs, & produira des graines en abondance; mais il faut l'empailler soigneusement pendant l'hiver, & le défendre de l'humidité. On propage encore cet arbrisseau de boutures, & par les racines que l'on coupe en morceaux de quatre à cinq pouces de long, & qu'on plante dans des pots sur une couche tiède. Mais la voie de multiplication par les graines est si facile, & si expéditive, qu'on néglige ces deux moyens, qui exigent plus de soins & sont beaucoup moins sûrs.

L'Ebene de Crète n'est inférieure en rien à l'espèce précédente pour l'agrément; son feuillage est pareillement argenté; elle s'élève un peu moins haut; mais ce désavantage est plus que compensé par l'éclat de ses fleurs; elles sont grandes, d'un beau rouge, & disposées en épis coniques à l'extrémité des branches. Cette espèce se conserve aisément dans une bonne orangerie, sur des gradins; elle aime une terre un peu forte, & craint l'humidité pendant l'hiver; l'été, si on la place en pleine terre dans un pot, à une exposition chaude & abritée des vents, elle fleurit abondamment, & produit quelquefois des semences qui viennent à parfaite maturité dans notre climat; d'ailleurs cet arbrisseau se multiplie de graines qui doivent être traitées comme celles de l'espèce précédente, mais elles sont plus tardives à lever. On le propage aussi de boutures & de racines à défaut de semences; mais il ne faut pas trop compter sur ces moyens de multiplication.

L'Anthyllide faux-cytise se distingue aisément des autres espèces par son port grêle. Celle-ci s'élève rarement au-dessus de trois pieds. Son feuillage est d'un verd blanchâtre, & ses fleurs, qui sont fort petites, naissent rassemblées au nombre de trois ou quatre dans les aisselles des feuilles. Cet arbuste est plus rare qu'agréable; on le conserve dans l'orangerie pendant l'hiver; il craint l'humidité & l'air stagnant; l'été, il peut être placé sur des gradins parmi les plantes d'orangerie; il aime une terre meuble & sablonneuse, & supporte beaucoup mieux la sécheresse que l'humidité. Dans les années chaudes, il fleurit assez abondamment, & donne des graines qui viennent à parfaite maturité dans notre climat. On le multiplie de semences de la même manière que l'espèce du n°. 9, mais son jeune plant est plus délicat.

L'Anthyllide hérissonné est un arbrisseau qui forme un buisson demi-sphérique, hérissé d'épines qui en défendent l'approche. En Espagne & en Portugal, il s'élève à la hauteur de quatre à cinq pieds; son feuillage est rare, de couleur argentée; ses fleurs, qui paroissent dans les mois de juin & de juillet, sont placées sur les jeunes rameaux; elles sont violettes, assez grandes, & produisent un fort bel effet. On multiplie cet arbrisseau par les graines qu'il faut tirer des pays méridionaux, parce qu'il est très-rare qu'elles viennent en maturité dans notre climat. Elles se sèment au printems, & les sémis doivent être gouvernés comme ceux des autres espèces; d'ailleurs celle-ci n'est pas plus délicate que la neuvième.; elle exige la même culture, mais elle croît beaucoup plus lentement.

Pendant leur jeunesse, toutes les Anthyllides ligneuses veulent être conservées l'hiver dans les orangeries; il leur faut peu d'arrosement dans cette saison & beaucoup d'air. Lorsqu'elles ont acquis de la force & qu'on en possède plusieurs individus, on peut en risquer quelques pieds en pleine terre, à l'exception toutesfois des espèces qui viennent du cap. En les plaçant au pied d'un mur, à l'abri du nord, dans un terrein sec, léger & profond, ils résistent quelquefois à des gelées de cinq à six degrés sans être couverts; mais il est plus prudent de les couvrir avec des matières sèches, & de les empailler soigneusement pendant la durée des gelées. A cette précaution, si l'on joint celle de les découvrir dans les intervalles de beau tems, qui se trouvent souvent entre les fortes gelées, on parviendra à les conserver plus long-tems, parce que c'est moins la rigueur du froid qui fait périr ces plantes, que sa longue durée & sur-tout l'humidité froide Dans les provinces méridionales de la France, il n'est pas douteux que ces arbrisseaux croîtroient en pleine terre sans aucun soin, puisque plusieurs d'entr'eux y sont indigènes.

Usages. L'Anthyllide vulnéraire & ses variétés sont des plantes médicinales qu'on cultive dans les jardins de pharmacie. Les trois suivantes, qui sont annuelles, ne sont recherchées que dans les jardins de botanique. Toutes les autres espèces ligneuses méritent d'être cultivées. Elles sont, par leur feuillage, l'ornement des orangeries pendant l'hiver, & par leurs fleurs, l'agrément des jardins pendant l'été. (*M. Thouin.*)

ANTICHORE. *Antichorus.*

Genre de plante dont il n'existe encore qu'une espèce peu connue des Botanistes, & inconnue aux cultivateurs.

Antichore couchée.

Antichorus depressus. L. ⊙ de l'Arabie.

Cette plante n'offre rien d'intéressant à la vue; ses tiges, de trois à quatre pouces de long, sont couchées sur la terre; elles sont garnies de feuilles alternes, dans les aisselles desquelles naissent de petites fleurs jaunes, peu apparentes, & qui sont suivies de capsules étroites qui renferment des semences menues.

Cette plante n'a point encore été cultivée en Europe; mais en raison du pays où elle croît & de sa courte durée, nous pensons qu'en semant ses graines au printems, dans une terre sablonneuse & sur couche, on parviendra à les faire lever, & ensuite en la cultivant comme les plantes annuelles de l'Asie, on la feroit croître & on en obtiendroit des graines. Elle ne paroît pas devoir être recherchée dans d'autres jardins que dans ceux destinés à l'étude de la Botanique. (*M. Thouin*).

ANTI-CŒUR, maladie du cheval, de l'âne, du bœuf; *Voyez* avant-cœur. (*M. l'abbé Tessier*).

ANTIDESME. *Antidesma.*

Ce genre n'est composé que de végétaux ligneux, qui forment des arbres de moyenne hauteur. Ils croissent dans les climats les plus chauds & particulièrement dans le voisinage de la mer.

Leur verdure est perpétuelle, & ils sont doués de propriétés intéressantes. On s'en sert contre la morsure des serpens, ce qui leur a fait donner le nom *d'anti-desma* ou de contre-venin.

Espèces.

1. ANTIDESME aléxitere.

ANTIDESMA alexitera L. ♄ de la côte de Malabar & de l'Inde.

2. ANTIDESME de Madagascar ou bois de Masoutre.

ANTIDESMA Madagascariensis. La M. Dict. ♄ de Madagascar.

3. ANTIDESME de Ceylan.

ANTIDESMA Zeylanica La M. Dict. ♄ de l'Isle de Ceylan.

4. ANTIDESME sauvage.

ANTIDESMA sylvestris. La M. Dict. ♄ du Malabar.

Les fleurs de tous ces arbres sont uni-sexuelles. Les fleurs mâles croissent sur un individu, & les fleurs femelles sur un autre. Les fleurs femelles, lorsqu'elles ont été fécondées, sont suivies de baies succulentes, de la grosseur d'une groseille; leur goût est acide & elles sont agréables à manger; les graines qu'elles renferment perdent promptement leur propriété germinative. Nous en avons reçu plusieurs fois des pays où elles croissent, qui, quoique conservées avec soin, n'ont jamais levé dans notre climat, où ces arbres, d'ailleurs, sont inconnus. (*M. THOUIN*).

ANTOLFE de gérofle; nom qu'on donne, dans le commerce, aux fruits du géroflier. Parvenus à leur grosseur naturelle, ils servent à la multiplication de l'arbre. *Voyez* GÉROFLIER. (*M. THOUIN*).

ANTOINE (herbe de Saint-Antoine) synonyme de l'*epilobium Antonianum. Voyez* NÉRIETTE. (*M. THOUIN*).

AOVARA. C'est le nom Caraïbe, adopté par les créoles de Cayenne, de l'*elais guineensis* L. *V.* AVOIRA de Guinée. (*M. THOUIN.*)

AOUARA ou AOVARA, nom créole de l'*elais guineensis*. L. *V.* AVOIRA de Guinée. (*M. THOUIN.*)

AOUST, agriculture, *augustus*, un des douze mois de l'année. C'est celui dans lequel le cultivateur recueille le fruit de ses peines. Pendant tous les autres mois, il entreprend des travaux, conduit par la seule espérance; il a à redouter tous les obstacles que lui présentent l'intempérie des saisons, les quadrupèdes & les oiseaux destructeurs, les insectes voraces. Au mois d'août, il sait sur quoi compter; sa récolte est en quelque sorte assurée. Heureux lorsque l'abondance lui sourit, heureux lorsqu'il est forcé, comme on l'a vu en 1787, d'entasser une grande partie de ses gerbes au dehors, ses granges pouvant à peine en contenir le tiers. Je ne parle ici que de quelques provinces de France, quand je dis que le mois d'août est consacré à la récolte. Car ce royaume ayant une grande étendue, la récolte du froment même, ainsi que les ensemencemens, se font à des tems différens. J'en citerai quelques exemples. Calais & Montpellier sont à des distances très-éloignées. Une de ces villes à l'extrémité nord, l'autre à l'extrémité sud de la France. Aux environs de Calais, les fromens ne sont mûrs que du 15 au 20 août; aux environs de Montpellier, ils sont bons à couper peu de tems après la saint-Jean. On récolte les fromens dans le pays Nantais, en Bretagne, à la fin de juillet; dans la plaine de Grenoble en Dauphiné, c'est depuis la fin de juin jusqu'au 15 juillet; & dans les montagnes des environs de cette dernière ville, les seigles ne sont moissonnés que du 15 août jusqu'à la fin de septembre. Si l'on s'écarte de la France, on voit que le froment est en pleine maturité en mai aux isles Canaries, en juin, dans la Morée, en juillet, à Gênes & à Genève même, & en août, en Hollande, ce qui dépend de la situation & de la plus ou moins grande chaleur. Les meilleurs pays à froment de France, tels que la Picardie, la Brie, la Beauce, font dans le fort de la récolte de leurs fromens pendant tout le mois d'août. On y moissonne encore pendant ce mois l'avoine, l'orge, la vesce, les pois, les lentilles, le chanvre, le lin. Si c'est le mois de consolation & de joie pour le cultivateur, c'est aussi celui où il a le plus de peine, parce qu'il est obligé de commencer ses travaux de grand matin, & de ne les finir souvent que dans la nuit.

On sème dès le mois d'août dans les cantons où le froid, la gelée & la neige arrivent de bonne heure. C'est sur-tout dans les pays de montagnes, afin que les grains aient le tems de se fortifier avant l'hiver.

Aux environs de Paris, les fermiers continuent pendant le mois d'août à biner leurs jachères; c'est-à-dire, à leur donner la seconde façon, quand elles ne doivent en avoir que trois. Car si la terre est assez compacte pour en avoir besoin de quatre, on lui donne la troisième dans le mois d'août.

C'est dans le mois d'août qu'on met le feu aux monceaux de terre, remplie d'herbes & de broussailles, qu'on a pelée de la surface des marais & des pâturages, pour en répandre les cendres & en amender le sol.

Le mot d'*août* se prend encore pour moisson ou récolte des grains. On dit: avant l'*août*, après l'*août*: c'est-à-dire, avant ou après la récolte. (*M. l'abbé TESSIER*).

AOUST, jardinage. Ce mois est un des plus importans pour les travaux du jardinage. Indépendamment de la culture des jardins, qui doit être alors dans sa plus grande activité, on fait encore plusieurs récoltes intéressantes, en même tems que des semis de différente espèce pour les récoltes futures. Ces divers objets seront traités avec quelque étendue dans les articles de ce Dictionnaire, qui leur sont plus particulièrement consacrés. Nous nous contenterons ici d'indiquer aux cultivateurs les différens travaux qu'ils ont à faire pendant ce mois, relativement aux différentes espèces de jardins.

1.° Dans les jardins potagers, on recueille les pois qu'on a laissé sécher pour fournir des semences, ainsi que les graines des laitues, des raves, du cerfeuil, des poireaux, de la ciboule, des oignons, des betteraves, & généralement toutes les graines qui sont mûres & assez sèches pour être mises dans des sacs, sans craindre qu'elles s'altèrent par la fermentation.

Ensuite, si les fanes des oignons de cuisine sont desséchées, on lève les oignons de terre; on les fait sécher au soleil pendant quelques jours, après quoi on les lie par bottes & on les rentre au grenier, de même que les oignons des aulx & des échalotes. On sème en pleine terre des raves pour l'automne, & des épinards pour l'hiver; c'est aussi dans ce mois qu'on sème diverses espèces de laitues, telles que la *cocasse*, la *coquette*, la *crèpe*, la *romaine d'hiver* & la *laitue d'Italie*, tant pour avoir des salades pendant l'hiver, que du jeune plant que l'on puisse repiquer, partie sur couche & partie en pleine terre. Ce dernier, placé à l'exposition du midi & défendu des gelées par des couvertures, pourra succéder à celui qui aura été planté sur couche.

Il convient pareillement de semer, soit en pleine terre ou dans des terrines, des graines de fraisiers de tous les mois, & autres espèces destinées à donner des fruits pendant l'hiver.

Les navets que l'on veut conserver dans le sable pour les manger pendant l'hiver, doivent être semés dans le cours de ce mois, avec l'attention de les couvrir dans les fortes gelées, si on les laisse en pleine terre.

On peut encore semer en pleine terre, à des expositions chaudes, les pois michaux; pour peu que l'automne soit beau, on peut espérer d'en recueillir les graines dans le mois d'octobre.

En semant les graines de ciboule & d'oignon blanc hâtif, dans une terre meuble & légère, & à une exposition chaude, on aura des petits oignons propres à être mangés dans le mois de février.

Les semis de graines de poirée faits au mois d'août, donneront ce légume au printems, si l'on a soin de préserver le jeune plant des grandes gelées, en le couvrant de paille longue pendant l'hiver.

Les choux pommés-hâtifs, frisés-tardifs de Bonneuil, d'Alsace & de Milan, dont on veut avoir du plant propre à être transplanté après l'hiver, doivent être semés à cette époque. Par ce moyen, on a des choux bons à manger dès le mois de mai & de juin.

C'est en août qu'on sème pour la seconde fois les graines du chou-fleur dur. On en conserve le jeune plant dans les serres à légumes, dans des caisses dans des baquets qu'on rentre dans des lieux fermés, lorsque les gelées sont considérables. Quelques personnes le laissent en pleine terre au pied d'un mur bien exposé au midi, sans autre précaution que celle de le couvrir de litière dans les fortes gelées, & ce moyen leur réussit souvent. Les brocolis demandent aussi à être semés en la même saison. Alors le jeune plant est beaucoup plus hâtif, & peut-être repiqué en place au printems.

On sème encore en pleine terre des graines d'oseille, de persil, de cerfeuil, de raiponce, de radis, de chicorée, d'épinards, de mâches, de salsifis d'Espagne, & autres légumes ou salades peu délicates.

C'est également dans ce mois qu'il convient de repiquer en place, les jeunes plants de chicorée, de laitues royales & de Perpignan, provenus de graines semées dans les mois précédens, si l'on veut avoir de bonnes salades pendant l'automne & l'hiver.

On lie la chicorée qui a été plantée depuis quelques mois, quand les feuilles en sont assez longues. On les resserre avec deux liens, pour faire blanchir la plante jusques dans le cœur, & rendre cette salade plus tendre.

On plante les œilletons des fraisiers de la dernière pousse, soit en planche pour avoir des fruits la saison suivante, soit dans des pots, afin de les mettre sous chassis, & d'en obtenir des fruits pendant l'hiver. Les fraisiers des Alpes se transplantent aussi dans ce mois, lorsqu'on veut les faire fructifier en octobre & novembre.

C'est encore l'époque à laquelle on coupe les vieux montans d'artichauds dont on a ôté les fruits, ainsi que les feuilles de toutes les racines légumineuses, telles que des betteraves, des carottes, des panais, &c. lesquelles commencent à se flétrir, & qui, ne contribuant plus à la nourriture des plantes, peuvent servir à celle des bestiaux.

2.° Dans les jardins fleuristes, on plante dans des pots les griffes d'anémones, les oignons de jonquille simples, la renoncule pivoine, les jacinthes communes, telles que la blanche de montagne, de vitri & le passetout, &c. Ces oignons étant destinés à donner des fleurs pendant l'hiver, doivent être placés sur couche & sous chassis.

On met en place dans les parterres, les plantes annuelles qui doivent former la décoration d'automne, telles que les Reines-Marguerite, les œillets d'Inde, les tricolors, les amaranthes, les belsamines, &c. &c.

On sème les graines d'anémones, de renoncule, de jacinthe avec les précautions requises pour en assurer la réussite.

On sème encore en pleine terre, & en place, les graines de plantes annuelles d'ornement, peu délicates, telles que celles des scabieuses des jardins, de pavot & de coquelicot double, de pied d'alouette, & de bleuet de toutes les couleurs, de chryſanthème, de ſoucis, de julienne, d'adonis, &c. Les plantes provenues de ces ſemis ſont plus vigoureuſes, & fleuriſſent dès le printems de l'année ſuivante.

C'eſt auſſi le tems de marcotter les différentes eſpèces & variétés d'œillets, de rempoter les oreilles d'ours, pour les changer de terre; de tranſplanter les oignons de pluſieurs liliacées, dont la végétation ſe prolonge fort avant dans l'été, tels que ceux de la jacinthe du Pérou, du lys blanc ou flagellé, de différentes eſpèces de martagons & d'iris, &c.

On peut, avec ſuccès, & en prenant les précautions requiſes, œilletonner pluſieurs plantes vivaces, dont la végétation eſt fort avancée, telles que les pivoines, les lys-aſphodèles, les flambes ou iris, le bouton d'or, l'œillet mignardiſe, &c.

Les arroſemens doivent être plus abondans dans ce mois que dans tout autre, à cauſe de l'extrême chaleur qu'on éprouve ordinairement. Mais il faut avoir ſoin de les adminiſtrer à propos, & de les faire de préférence le matin au lever du ſoleil, ou le ſoir lorſqu'il eſt couché.

3.° Dans les jardins de botanique, on sème en planche beaucoup de graines de plantes annuelles, que l'on a recueilli les mois précédens, telles ſont les graines de pluſieurs liliacées, ranunculées, ombellifères, & quelques légumineuſes, &c.

C'eſt dans ce mois que la récolte des graines commence à devenir abondante, & ſur-tout parmi les plantes annuelles, comme les crucifères, les ombellifères, les caryophyllées, les liliacées, les graminées, &c. Cette récolte néceſſite des ſoins aſſidus pour ramaſſer exactement toutes les graines à meſure qu'elles mûriſſent; il y en a même quelques-unes qui veulent-être ſemées auſſi-tôt, & dont l'eſpèce eſt perdue quelquefois pour toujours ſans cette précaution.

On repique, ſoit en pot, ſoit en pleine terre, les jeunes plants provenus des ſemis faits ſur couche ou en pleine terre au printems précédent, lorſque ce ſont des plantes vivaces, & qu'ils ſont aſſez forts pour être tranſplantés. Mais cette opération exige des ſoins, à cauſe de la chaleur de la ſaiſon. Pour en aſſurer la réuſſite, il faut garantir les jeunes plants du ſoleil, & ne les découvrir que lorſqu'il ne paroît point. Les arroſemens doivent auſſi leur être adminiſtrés avec intelligence, trop d'eau les fait pourrir, & la ſéchereſſe retarde leur repriſe; le moyen d'éviter ces inconvéniens, eſt de les arroſer fréquemment, mais légerement, & en forme de petite pluie.

Les plantes qui aiment l'ombre, & qui cependant, à cauſe de l'ordre ſyſtématique adopté dans les écoles de botanique, ſe trouvent expoſées aux rayons du ſoleil, doivent en être garanties par des contreſols que l'on a ſoin d'enlever le ſoir, ou d'ôter même dans le jour lorſqu'il pleut, & que le tems eſt couvert, afin que les plantes jouiſſent de la libre circulation de l'air. On doit auſſi ouvrir les vagiſtas ou petites fenêtres des chaſſis portatifs, qui ont été placés ſur les plantes de la zone torride, miſes en place dans les écoles. Il convient même, lorſque le ſoleil ne paroît pas, ainſi que dans les nuits chaudes, de les enlever de deſſus les plantes, & de les placer à côté, pour les remettre au premier changement dans la température de l'air.

Quant au ſarclage des mauvaiſes herbes, au nétoiement des allées, & enfin aux ſoins de propreté, ces travaux ſont de tous les mois & de toutes les ſortes de jardins, il n'y a rien de particulier à preſcrire à cet égard. (*M. Thouin.*)

Aouté, terme de *jardinage*, ſynonyme du mot *mûr*. On dit d'un fruit qu'il eſt bien aoûté, lorſqu'il a ſa forme, la couleur & ſa groſſeur naturelle, & qu'il eſt à ſon point de maturité. Une ſemence bien aoûtée eſt celle à laquelle il ne manque rien pour germer & produire une plante qui puiſſe parvenir à ſon état parfait, ſi quelques cauſes étrangères ne s'y oppoſent. Ce n'eſt pas que des ſemences mal aoûtées ne germent quelquefois, mais elles ne produiſent que des êtres languiſſans qui périſſent bientôt après. En général, les ſemences qu'on cueille & que l'on conſerve dans leurs fruits, capſules, épis, ou autres enveloppes, ſont plus ſûrement aoûtées que lorſqu'on les en ſépare; dans cet état, elles acquièrent ce qui peut leur manquer & ſe perfectionnent; mais il eſt un moyen ſimple & quelquefois très-utile, d'aoûter des ſemences qui ne ſont qu'aux trois quarts de leur maturité, c'eſt de les porter pendant quelques jours dans ſon gouſſet; la chaleur du corps ſuffit pour leur donner la maturité qui leur manque. Ce moyen ſur-tout peut être employé très-utilement par les Botaniſtes voyageurs qui ont rarement le tems d'attendre que les graines qu'ils rencontrent ſoient parfaitement aoûtées. *Voyez aoûter*. (*M. Thouin*).

Aouter; *agriculture*; faire la moiſſon ou l'août. Ce mot eſt d'uſage aux environs d'Ivry-la-bataille. (*M. l'abbé Tessier*).

Aouter, *jardinage*. Ce verbe ſignifie faire mûrir. Ainſi, lorſqu'on dit, il n'a pas fait aſſez chaud pour aoûter ce fruit, cette graine, les jeunes pouſſes de cette arbre, cela veut dire que les chaleurs n'ont pas été aſſez grandes pour faire mûrir le fruit & la graine dont on a parlé, & donner aux jeunes pouſſes la conſiſtance & la force néceſſaire, ce qui eſt pour elle une vraie maturité. Alors le fruit eſt acerbe ou ſans ſaveur, la graine n'eſt pas propre à être ſemée, & les jeunes pouſſes ſont ſuſceptibles d'être gelées par les premiers froids.

A défaut de chaleur naturelle, on ſe ſert de la chaleur artificielle, ſoit des couches, ſoit du feu pour hâter la maturité des différentes parties des végétaux. On ſe ſert encore avec ſuccès de plusieurs autres moyens pour accélérer la fructification & la maturité des graines de certaines plantes. Ces moyens consistent à resserrer, par exemple, dans de petits vases, les végétaux qui poussent avec trop de vigueur, & dont la sève est uniquement employée à former des branches & des racines, à diminuer graduellement le nombre des arrosemens, & à les rendre plus légers, lorsque les plantes sont à-peu-près arrivées à la moitié de leur fructification; à les arracher même, & à les suspendre par les racines dans un lieu aéré, lorsque les semences sont mûres aux trois quarts, afin d'empêcher qu'elles ne pourrissent sur pied, sur-tout si la saison est déjà avancée, & les pluies abondantes. *Voyez* AOUTÉ. (*M. Thouin.*)

AOUTEROU, moissonneur; celui qui travaille à la récolte. Cette expression est employée dans les pays où la moisson s'appelle l'*août*, parce que c'est au mois d'août qu'elle s'y fait. (*M. l'Abbé Tessier.*)

APALANCHE, genre connu sous le nom impropre d'apalachine; c'est le *prinos* des Botanistes. *Voyez* le mot APALANCHE, dans le dictionnaire des arbres & arbustes. (*M. Thouin.*)

APALACHINE, *cassine peragua*. L. *Voyez* CASSINE de la Caroline. (*M. Thouin.*)

APALACHINE ou thé du cap. *Ceanothus Africanus*. L. *Voyez* CÉANOTHE D'AFRIQUE (*M. Thouin.*)

APALATOU. *Apalatoa.*

Genre découvert par Aublet, dans les forêts de la Guyane françoise, dont il n'existe encore qu'une espèce.

APALATOU de la Guyane, ou Apalatoa des galibis.

Apalatoa Guianensis, Aubl. Guyan. 382. Tab. 147 ♄.

C'est un arbre dont le tronc s'élève de trente à quarante pieds. A cette hauteur, il pousse des branches qui se répandent en tout sens: les feuilles sont composées de quatorze folioles d'environ quatre pouces de long, sur un pouce & demi de large. Ses fleurs sont disposées en épis, dans les aisselles des feuilles supérieures; elles sont peu apparentes. Il leur succède des gousses arrondies, & comprimées qui renferment une seule semence, bordée d'un feuillet membraneux. Cet arbre se rencontre fréquemment dans les grandes forêts. Il fleurit en novembre, & ses fruits mûrissent en janvier.

Nous avons semé plusieurs fois, & toujours infructueusement, des graines de cet arbre, dont la culture, d'ailleurs, est inconnue en Europe. (*M. Thouin.*)

APARINE ou grateron, *aparine*. *Voyez* GAILLET. (*M. Thouin.*)

APEIBA. *Apeiba.*

Ce genre, qui fait partie de ceux de la famille des TILLEULS, est composé d'arbres d'un beau port, dont les fleurs sont jaunes dans toutes les espèces; leurs fruits sont très-singuliers, ils ressemblent à certains oursins de mer. Ces arbres ne peuvent être conservés, en Europe, que dans les serres chaudes, où rarement on les rencontre.

Espèces.

1. APEIBA velu ou tibourbou.
Apeiba hirsuta. La M. Dict. ♄ de Cayenne.

2. APEIBA glabre ou yvouyra.
Apeiba glabra. Aubl. ♄ de la Guyane.

3. APEIBA à feuilles blanchâtres ou pétoumo.
Apeiba petoumo. Aubl. ♄ des forêts de la Guyane.

4. APEIBA à râpe.
Apeiba aspera. Aubl. ♄ de l'Isle de Cayenne.

5. APEIBA à feuilles échancrées.
Apeiba emarginata. La M. Dict.
Sloanea. emarginata. ♄ de l'Isle de Bahama.

Les graines d'Apeiba doivent être envoyées dans leurs capsules, & y rester jusqu'à l'époque convenable pour les mettre en terre; elles vieillissent dans l'espace de six mois; & si l'on n'a la précaution de les tenir dans un lieu aéré, lors de leur traversée en Europe, il est rare qu'elles lèvent. Nous avons eu occasion plusieurs fois de faire cette remarque, particulièrement sur celles des espèces, n.os 1 & 4.

On sème les graines d'Apeiba dès la mi-mars, dans des pots remplis d'une terre douce, légère & sablonneuse; on les recouvre de quatre à cinq lignes avec la même terre, & on met les pots sous des chassis, garnis de bonnes couches chaudes; les germes se développent & sortent de terre dans l'espace d'un mois. Alors il convient de modérer les arrosemens, & de donner de l'air au jeune plant, toutes les fois que le soleil est dans sa force, sans quoi il ne prendroit qu'un foible accroissement, & ne pourroit résister à l'humidité. Lorsqu'il a quatre pouces de haut, on peut le repiquer dans des pots; mais il faut auparavant le sortir de dessous les chassis, & le laisser exposé pendant quelques jours à l'air libre, sur une couche, à l'ombre, pour qu'il puisse s'endurcir un peu. Lorsqu'il est repiqué, on place les jeunes plants sur une couche tiède, couverte d'un chassis, & on a soin de les tenir ombragés, jusqu'à ce qu'ils soient entièrement repris; on les laisse ensuite exposés au soleil, & on leur donne de l'air le plus souvent qu'il est possible. Vers la fin du mois d'août, on les rentre dans les tannées des serres chaudes; mais on seroit encore plus sûr de les conserver, si on pouvoit les placer sous des bâches, où le thermomètre ne descendît pas au-dessous de douze degrés pendant l'hiver.

Les Apeiba aiment la chaleur, & craignent l'humidité pendant l'hiver. La terre, qui paroît la plus propre à leur culture, est celle qui, sans être trop forte, est cependant substantielle. Dans leur jeunesse, ils sont très-sujets à être attaqués par les pucerons; il faut avoir soin de les en écarter, & de tenir leur feuillage & leur bois bien propres, en les lavant de tems à autre. Ces arbres ne peuvent rester à l'air libre que pendant les mois de juillet & d'août, & encore lorsqu'ils sont chauds; à l'exception de ces deux mois, ils restent toute l'année dans les tannées des serres chaudes, où ils font un assez bel effet par leur feuillage; mais jusqu'à présent ils n'ont point donné de fleurs. (*M. Thouin.*)

APHACA, nom trivial d'une espèce de gesse, connue des Botanistes sous le nom de *lathyrus aphaca*. Voyez Gesse *sans feuilles*. (*M. Thouin.*)

Aphanes des champs, *aphanes arvensis* L. Voyez alchimille des champs. (*M. Thouin.*)

APHITÉE. *Aphiteia.*

Genre de plante découvert par M. Thumberg, auquel il a donné le nom de *hydnora africana*. Il n'est encore composé que d'une espèce.

Apitée parasite.

Aphiteia hydnora L. Fil. Suppl. du cap de Bonne-Espérance.

Cette plante parasite croît sur les racines du tithymale de Mauritanie; elle est dépourvue de feuilles, & même de tiges, & n'a, comme la clandestine, que les parties de la fructification, qui naissent immédiatement sur les racines. Elle ne produit qu'une seule fleur qui est sessile, haute de trois pouces, coriace & succulente; son fruit est une baie à une seule loge, qui contient beaucoup de semences, dispersées dans une pulpe; l'odeur de sa fleur & de son fruit, lorsqu'il est mur, n'est point désagréable. Les renards, les civettes & les mangoustes, sont avides du fruit, & les Hottentots les mangent cruds ou rôtis sous la cendre. Cette plante singulière n'a point encore été cultivée en Europe. Il est probable qu'il seroit aussi difficile de l'y cultiver, que toutes celles de la même nature; mais peut-être qu'en l'apportant avec le tithymale, sur lequel elle croît, on parviendroit à la conserver, ainsi que cet arbuste, dans les serres tempérées, où il réussit fort bien, depuis nombre d'années. (*M. Thouin.*)

APHTE. On comprend sous ce mot tous les ulcères formés dans la bouche du cheval, du bœuf, de la brebis, &c. quoiqu'il exprime plus particulièrement l'état de suppuration des petites glandes, qui tapissent l'intérieur de cet organe. Les Aphtes sont, ou une maladie locale, ou la suite d'une maladie aiguë & inflammatoire. Dans les deux cas, tantôt ce sont de grosses tumeurs qui abcèdent, tantôt de petits points inflammatoires, qui se terminent par suppuration.

Les aphtes de la bouche du cheval, ont ordinairement pour cause une petite pustule pleine de sérosité, terminée quelquefois par une pointe noire très-douloureuse. Celles du bœuf sont produites par des vésicules, situées derrière la langue ou sur ses côtés; elles contiennent une humeur roussâtre. Elles peuvent encore être causées par de petits boutons inflammatoires. Les lèvres & les gencives en sont plus souvent attaquées que la langue & le palais.

Les aphtes, maladie locale, présentent communément peu de danger. Quelquefois ils deviennent funestes, s'ils sont nombreux, très-étendus, & placés sur des organes essentiels à la déglutition. On doit bien augurer de ceux qui surviennent à la suite d'une maladie aiguë & inflammatoire.

Quand un animal ne peut macher ni manger, il faut regarder dans sa bouche, parce que cela dépend quelquefois des aphtes. Aussi-tôt qu'on en est assuré, on doit y remédier. Si l'on apperçoit une ou plusieurs tumeurs remplies de pus, on les ouvre avec la lancette, ou on les emporte avec le bistouri ou les cizeaux; lorsque leur volume est considérable, on scarifie le fond & le bord de l'ulcère; on le lave avec une infusion d'absynthe, dans du vinaigre saturé de sel marin, ou bien avec de l'acide vitriolique, à la dose d'une once, sur six onces d'eau, & deux onces de miel. On peut encore employer la teinture de myrrhe & d'aloès, ou de l'eau-de-vie, chargée de sel ammoniac, ou de sel ordinaire & de camphre; enfin le vinaigre chargé de sel, de poivre & d'ail, est aussi très-bon. On touche 4 ou 5 fois par jour l'ulcère, avec un pinceau imbibé de ces liqueurs, & on a l'attention de garantir les dents. On donne, pendant ce tems, à l'animal une boisson nourrissante, telle que de la farine de froment délayée dans de l'eau, & aiguisée d'un peu de sel marin; on lui fait prendre aussi des lavemens de lait, dans lesquels on met de la même farine. Les gens de la campagne, sur-tout dans la Beauce, ratissent l'ulcère avec une pièce de monnoie. Mais ce moyen n'est pas aussi sûr que ceux que je viens d'indiquer, particulièrement d'après la médecine vétérinaire de M. Vitet, Médecin de Lyon. (*M. l'Abbé Tessier.*)

API (pomme d') variété du pommier sauvage. *Pyrus malus variet.* Voyez le mot Pommier dans le Dict. des arbres & arbustes. (*M. Thouin.*)

API. Nom donné au Céleri dans quelques Provinces. *Apium graveolens celeri.* Voyez Persil à feuilles d'ache. (*M. Thouin.*)

API-Api. Nom Macassare d'une espèce d'*epidendrum*. C'est l'*Angræcum septimum seu flavum*, décrit par Rhumphius, sans son Herbarium amboinicum, vol. VII. p. 103, pl. XLV. Voyez ANGREC. (M. THOUIN.)

APINEL. Racine qu'on croit appartenir à l'*Aristolochia anguicida*. L. Voyez ARISTOLOCHE anguicide. (M. THOUIN.)

APIOS. Nom trivial d'une espèce de Glyciné. *Glyciné apios*. L. Voyez GLYCINÉ tubéreuse. (M. THOUIN.)

APLUDE. *APLUDA*.

Genre de plante de la famille des *GRAMINÉES*, composé d'espèces étrangères à l'Europe; elles croissent naturellement en Amérique & dans l'Inde, où elles font partie des plantes qui forment les prairies, dont le fourrage sert à la nourriture des animaux. En Europe, ces plantes n'offrant rien d'intéressant, ne sont cultivées que dans les jardins de botanique.

Espèces.

1. APLUDE sans barbe.

APLUDA mutica. L. de l'Inde.

2. APLUDE barbue.

APLUDA aristata. L. de l'Inde.

3. APLUDE à feuilles ovales.

APLUDA zeugites. L. des montagnes de la Jamaïque.

4. APLUDE digitée.

APLUDA digitata. L. fil. suppl. de l'Inde.

Culture.

Les Apludes se multiplient par leurs graines, qui doivent être semées au printems sur une couche chaude & sous chassis. Elles ont besoin d'être arrosées souvent pour déterminer leur germination, qui arrive, pour l'ordinaire, dans l'espace de trois semaines. Il convient ensuite d'accélérer la végétation de ces plantes par la chaleur artificielle des couches, des chassis & des abris, parce que celle de notre climat n'est pas suffisante pour faire mûrir leurs graines; & malgré ces précautions, on est souvent obligé de les rentrer dans les serres chaudes, jusqu'au mois de janvier, pour que les graines puissent parvenir à leur parfaite maturité. (M. THOUIN.)

APOCIN. *APOCYNUM*.

Genre de plante qui a donné son nom à une famille assez nombreuse, nommée, par les Botanistes, les *APOCINÉES* ou les *APOCINS*. Il est composé de plantes vivaces, étrangères, d'un assez beau port; quelques-unes croissent en pleine terre dans notre climat, & les autres se conservent dans les serres.

Espèces.

1. APOCIN gobe-mouche.

APOCYNUM androsæmifolium. L. ♃ de l'Amérique septentrionale.

2. APOCIN à fleurs herbacées.

APOCYNUM cannabinum. L. ♃ de Virginie & de Canada.

3. APOCIN maritime.

APOCYNUM venetum. L.

B. APOCIN maritime à fleur blanche.

APOCYNUM venetum album. ♃ des bords de la mer, aux environs de Venise.

4. APOCIN des Indes.

APOCYNUM indicum. La M. Dict.

An APOCYNUM reticulatum. L? ♃ des Moluques & de l'Inde.

5. APOCIN à feuilles de tilleul.

APOCYNUM tiliæfolium. La M. Dict. ♃ de l'Inde.

* *ESPÈCES IMPARFAITEMENT CONNUES.*

6. APOCIN à panicules.

APOCYNUM paniculatum. La M. Dict.

APOCYNUM acouci. Aubl. dans les bois de la Guyane.

7. APOCIN à ombelle.

APOCYNUM umbellatum. Aubl. ♃ de Cayenne.

8. APOCIN à feuilles de pervenche.

APOCYNUM vincæfolium. La M. Dict. ♃ de l'Inde.

9. APOCIN des Canaries.

APOCYNUM Canariense. La M. Dict. ♃ des Isles Canaries.

10. APOCIN à feuilles de fustet.

APOCYNUM cotynifolium. La M. Dict. ♃ de l'Isle de Java.

11. APOCIN fluet.

APOCYNUM minutum. L. Fil. Suppl. du cap de Bonne-Espérance.

12. APOCIN filiforme.

APOCYNUM filiforme. L. Fil. Suppl. du cap de Bonne-Espérance.

13. APOCIN linéaire.

APOCYNUM lineare. L. Fil. Suppl. du cap de Bonne-Espérance.

14. APOCIN à trois fleurs.

APOCYNUM triflorum L. Fil. Suppl. du cap de Bonne-Espérance.

Voyez pour l'*apocynum frutescens* L. au mot *QUIRIVEL*, & pour les autres espèces décrites par Linné & Miller, les mots *ASCLEPIADES*, *ÉCHITES ET PÉRIPLOQUES*.

1.° L'Apocin gobe-mouche est une plante vivace dont les tiges périssent chaque année; elles sortent de terre vers le milieu du printems, poussent avec rapidité, & s'élèvent jusqu'à la hauteur de deux pieds & demi. Elles sont droites & se divisent en plusieurs branches, qui donnent à la plante le port d'un petit arbre ; ces rameaux sont garnis de feuilles d'un beau verd en-dessus, & blanchâtres en-dessous. Chacun d'eux se termine par des bouquets de fleurs d'un rouge tendre; elles paroissent vers la mi-juillet, & se succèdent jusqu'à la fin d'août. Ces fleurs sont suivies de gousses longues & étroites, qui, dans les années chaudes, sont garnies de semences parfaitement mûres.

Culture. Cette plante croît bien en pleine terre dans notre climat; elle aime les terreins meubles, légèrement humides & chauds. L'exposition, qui paroît lui être la plus favorable, est celle du levant; cependant elle croît volontiers à toutes les autres expositions, seulement elle y est moins vigoureuse. On la multiplie très-facilement par le moyen de ses racines, qui, traçant à de grandes distances, peuvent être séparées de la touffe. La saison la plus favorable à ce moyen de multiplication, est le printems; on lève avec précaution quelques racines qui se trouvent garnies de chevelu, & on les plante, soit en pleine terre, soit en pot; elles ne tardent pas à pousser, & souvent elles donnent des fleurs dans la même année. Il n'en est pas de même lorsqu'on multiplie cette plante de graines, elle ne produit des fleurs que la seconde ou la troisième, & quelquefois la quatrième année. Cet inconvénient, joint à la difficulté de recueillir, dans notre climat, des graines bien aoûtées, fait qu'on néglige cette voie de multiplication, qui d'ailleurs ne donne qu'un plant délicat & difficile à élever; on n'en fait usage qu'à défaut des racines.

Les graines de l'Apocin gobe-mouche se sèment au printems, dans des pots placés sur une couche tiède exposée au levant. La terre dont ils sont remplis doit être meuble, sablonneuse & légère, & il ne faut recouvrir les semences que de l'épaisseur de deux à trois lignes. Enterrées plus profondément, elles leveroient plus tard ou pourriroient. Ces graines lèvent dans le courant de l'été ou de l'automne, & quelquefois le printems suivant. Le jeune plant doit rester en pot, & être conservé pendant l'hiver à l'orangerie. Dès que les racines commencent à se contourner autour des parois intérieures du vase, il faut le sortir & le mettre en pleine terre. Cette plante ne veut être ni contrainte ni resserrée, elle aime à s'étendre & à changer de lieu. Les racines s'écartent souvent à plus d'une toise de distance de sa touffe; ainsi, quoique dans les écoles de botanique chaque plante ait une place fixe, d'où elle ne peut s'écarter sans nuire à l'ordre établi, il faut cependant bien se garder, dans le tems des labours, de remuer la terre à une toise de circonférence de l'endroit où se trouve l'Apocin, & même de ratisser les sentiers voisins jusqu'à la fin d'avril, qui est le tems où cette plante commence à pousser, parce que, sans cette précaution, on casseroit ses racines & on la feroit périr. Il est donc à propos de la laisser tranquille pendant l'hiver; & lorsqu'elle commence à sortir de terre, on la lève en mote, & on la reporte à la place qu'elle doit occuper, si elle s'en est trop écartée; alors il suffit de la mettre dans un peu de terre neuve pour la faire prospérer.

Usage. Le port élégant de cette plante, sa verdure gaie, & ses jolies fleurs couleur de rose, la rendent propre à jeter de l'agrément sur les lisières des bosquets ou dans des plates-bandes parmi les autres plantes vivaces. D'ailleurs elle offre une singularité remarquable dans le tems de la fleuraison; les mouches, attirées par une matière visqueuse, qui suinte de toutes les parties de la plante, & qui se trouve plus abondamment rassemblée au fond des fleurs, y viennent en quantité. Elles avancent leur corps entre les filets des étamines qui entourent les ovaires, & enfoncent leur trompe dans la liqueur qu'elles aspirent; alors, soit que ces parties irritables, dénuées du suc qui les accompagnoit, prennent un degré d'élasticité, se contractent & resserrent les mouches; soit que cette matière visqueuse & gluante retienne assez fortement la trompe de ces insectes, ils restent attachés au fond des fleurs, & y périssent presque toujours. Quoi qu'il en soit, c'est cette propriété singulière qui a fait donner à la plante le nom de gobe-mouche.

2. L'Apocin à fleurs herbacées est aussi une plante vivace de pleine terre, qui trace par les racines, mais beaucoup moins que la précédente. Elle s'élève de trois à quatre pieds; les tiges sont rarement branchues, si ce n'est vers l'extrémité supérieure qui se divise en petits rameaux, ordinairement terminés par de petites fleurs verdâtres, disposées en corymbe. Ces fleurs commencent à paroître en juillet, & finissent en août; il leur succède des gousses longues & étroites, dans lesquelles sont renfermées les semences qui, rarement, viennent en maturité dans notre climat.

Culture. Cette espèce aime un terrein plus profond, plus substantiel, & un peu plus humide que la précédente. On la multiplie de même par ses racines, & quelquefois aussi par ses graines; mais le jeune plant de celle-ci n'a pas besoin d'être rentré à l'orangerie pendant l'hiver; d'ailleurs cette plante une fois établie dans un terrein, y trace & s'y conserve long-tems; elle est très-vivace & peu délicate.

Usage. La facilité avec laquelle cette plante

croît & se multiplie dans notre climat, jointe à la propriété qu'ont ses tiges de fournir un grand nombre de filamens forts & soyeux, donne lieu de présumer qu'on pourroit tirer un parti avantageux de sa culture en grand; les tiges préparées comme le chanvre & le lin, fourniroient des cordages, & même des toiles à bien meilleur marché, puisqu'étant vivace & peu délicate sur le choix du terrein, elle seroit d'une culture infiniment moins dispendieuse.

3. *Apocin maritime.* Les tiges de cette espèce sont annuelles comme celles de la précédente; mais ses racines sont très-vivaces, tracent à de grandes distances, & s'enfoncent en terre à la profondeur de deux à trois pieds; elles poussent chaque année, vers la mi-mars, des tiges qui s'élèvent environ à quatre pieds de haut; elles sont rougeâtres & très-branchues dès leur naissance. Ses rameaux se couvrent de feuilles d'un verd pâle, presque semblables à celles du saule. Cette plante produit dans les mois de juillet & d'août un grand nombre de petites fleurs purpurines, disposées en corymbes, à l'extrémité des rameaux, lesquelles font un joli effet. Il est rare que cette plante donne des fruits dans notre climat, & même dans les environs de Venise, où elle croît abondamment, ce qui feroit croire qu'elle n'est pas originaire de ce pays.

L'Apocin maritime à fleur blanche, qui paroît n'être qu'une variété de la précédente, s'en distingue cependant, non-seulement par ses tiges qui sont d'un verd pâle, beaucoup plus rameuses, & d'un tiers moins élevées, mais encore par ses fleurs d'un blanc sale; d'ailleurs elle trace moins.

Culture. Cette espèce, ainsi que sa variété, se multiplie très-facilement par le moyen de ses racines qu'on sépare des touffes vers le commencement du mois de mars. Elle n'est point délicate & croît très-bien dans les terreins secs & chauds. On est souvent forcé, dans les écoles de botanique, de la planter dans un grand pot ou dans un baquet enterré à la place qu'elle doit occuper, pour la contenir, & empêcher ses racines de s'étendre trop loin, & de se mêler avec les plantes voisines.

Usage. Cet Apocin peut trouver place dans les massifs de plantes vivaces, ou sur les bords des bosquets paysagistes, parmi les arbustes; la variété à fleurs rouges sur-tout y produira de l'agrément par son port évasé, la couleur de ses tiges, & la gentillesse de ses fleurs.

Dans nos provinces méridionales, on pourroit se servir de cette plante pour fixer les sables mouvans des bords de la mer, & les empêcher d'être emportés par les vents sur les bonnes terres du voisinage, qu'ils ne rendent que trop souvent stériles. Elle ne s'y élèveroit pas autant que dans nos jardins, mais les racines s'étendroient au loin dans le sable, & ses rameaux le couvrant à la surface, empêcheroient l'action du vent sur ces masses mobiles.

Nous n'avons pas assez cultivé les onze autres espèces d'Apocin, pour décrire ici la culture qui convient à chacune d'elles. Il y en a même plusieurs que nous n'avons point eu occasion de cultiver du tout: cependant nous savons que les espèces n.os 4, 5, 6, 7, 8, 10, sont des arbustes qui exigent la serre chaude pendant l'hiver, & que les cinq autres n'ont besoin que du secours des serres tempérées; que pendant l'été on peut les laisser à l'air libre, à l'exposition la plus chaude; que ces plantes en général aiment un terrein sablonneux & léger, & qu'elles craignent moins la sécheresse que l'humidité. (*M. Thouin.*)

APOCIN à AOUATTE *ou* à HOUETTE.

Cinquième espèce des *Asclepiades* du Dictionnaire de botanique, Ency. Méthod. *Voyez* Asclepiade de Syrie, pour les détails botaniques. Le même motif qui m'a engagé à placer à l'article *Anis*, l'espèce de boucage, qui porte ce nom, me détermine à placer ici ce que j'ai recueilli sur l'apocin à houette. L'habitude où l'on est de l'appeller apocin plutôt qu'asclépiade, le fera chercher au mot *Apocin*. Etant informé que l'apocin avoit été cultivé en grand, à cause de la houette qu'il produit, je me suis procuré des éclaircissemens sur ce qui le concerne. Ce que j'exposerai ici est extrait d'un mémoire qui m'a été envoyé par M. Duquesnoi, avocat à Bruges en Lorraine.

L'Apocin croît dans toutes sortes de terreins, même dans les plus ingrats; vraisemblablement parce que ses racines traçantes se glissent dans la terre superficielle, toujours la moins mauvaise. Sa production est plus abondante, si on le plante dans un sol gras. On croit que lorsqu'il est trop exposé au soleil, ses fleurs en sont facilement brulées; on conseille aussi de ne pas le cultiver sous des arbres, à cause de la pluie, qui, tombant des feuilles, feroit périr les jeunes pieds. On assure qu'en Allemagne on a réussi à l'élever dans les bois, mais qu'il n'y a point donné de fleurs. D'où je conclus que des côteaux au nord, ou au levant, & des terreins privés d'arbres, sont ceux qu'il faut choisir pour la culture de l'apocin.

Il y a deux manières de multiplier l'Apocin; par les racines ou par les graines; la première est très-facile. J'ai déjà dit que ses racines étoient très-traçantes; un pied, que j'avois planté, m'en a produit une si grande quantité, qu'ils occupoient beaucoup de terrein; il falloit sans cesse couper les racines qui s'étendoient. On en prend quelques-unes, on les transplante dans l'endroit qu'on leur a destiné, soit en automne, soit au printems, sans autre soin, l'apocin paroissant une des plantes qui exige le moins d'attention. Mais je crois devoir prévenir que, si on veut circonscrire l'étendue de la plantation, il faut l'environner d'un fossé, afin que les racines ne se portent pas trop loin.

La graine d'apocin se sème en mai ou en juin, ou sur couche ou au moins dans un bon terrein, ou dans celui même où l'on veut l'élever. Si on la sème sur couche, ou dans un terrein qui en tienne lieu, on la voit lever au bout de dix jours; le moment de transplanter les pieds est lorsqu'ils ont cinq ou six feuilles. Pour semer l'apocin en place, on prépare auparavant la terre par de bons labours, on y forme de petits sillons, à un pied les uns des autres, dans lesquels on jette la graine, qu'on recouvre légérement de terre; pour la mieux ameublir ou diviser, si elle en a besoin, il est bon d'y répandre un peu des cendres qui ont servi à la lessive du linge. Dans le cas où après la semaille il ne tomberoit pas d'eau, on seroit obligé d'arroser quelquefois les sillons, mais légérement.

Dans les endroits où la graine n'a pas levé, soit parce qu'elle n'étoit pas mûre, soit par quelque autre cause, on repique du plant, qu'on prend dans ceux où il en a levé abondamment.

Le terrein destiné à l'apocin n'a pas besoin d'engrais; mais on jouit plutôt, & les plants en sont plus vigoureux, si on le fume la première année; les suivantes, on abandonne tout à la nature, qui multiplie tellement la plantation, que la troisième année les intervalles des sillons sont remplis. Il faut la première & la seconde année seulement sarcler ces intervalles.

On assure qu'une toise quarrée, mesure de Lorraine, a donné, dans le plus mauvais terrein, près de deux cens tiges d'apocin, de quatre pieds de haut. Une même étendue de terrein de la meilleure qualité & bien fumé, a produit le double de tiges, de cinq, six & sept pieds de haut. Chacune portoit un grand nombre de fleurs, dont il n'en subsiste ordinairement que quelques-unes. Elles sont remplacées par des gousses qui renferment un duvet fin, appellé *houette*, pour lequel on cultive l'apocin.

On a dit en Lorraine qu'un arpent de terre, mesure de France, pouvoit rapporter, d'après une expérience constante, de 350 à 400 livres de houette d'apocin, à 3 liv. la livre. Mais il faudroit connoître l'étendue de l'arpent dont on veut parler, car, en France, il varie beaucoup.

La récolte s'en fait quand la gousse est mûre; ce qu'on reconnoît quand elle s'entr'ouve. Alors la graine, devenue jaunâtre, se détache aisément de la houette, qui a acquis toute sa longueur. Ce n'est que la seconde année que l'apocin produit des gousses. Elles ne sont abondantes que la troisième année.

Après différens essais pour séparer de sa graine la houette de l'apocin, on s'en est tenu à cette manière: on en remplit un baquet; quelques personnes y enfoncent leurs bras nus, & tournent circulairement. La houette s'attache aux bras, dont on l'ôte facilement pour la poser sur un drap placé auprès; la graine bien mûre reste séparée au fond du baquet; celle qui n'est pas mûre, retient de la houette; qu'on jette, parce qu'elle n'a pas la qualité convenable.

La houette d'apocin peut, suivant le mémoire dont je donne l'extrait, être employée à beaucoup d'usages utiles, soit filée, soit sans être filée.

On ne parvient à la filer qu'après l'avoir cardée; parce que les fils en sont courts & droits. Il faut même la mêler avec un quart de soie, ou de coton, ou de laine de la plus grande finesse. On garnit la carde en partie de ces matières, & on remplit de houette d'apocin les intervalles de la carde. Ainsi préparée & mélangée, la houette se file très-bien, & le fil est propre, comme celui du coton, pour faire des bas, des mouchoirs, des toiles même dont la fabrication est facile; ces étoffes sont douces, très-chaudes, très-fortes, très-fines, prennent bien la teinture noire, se blanchissent parfaitement, & paroissent pouvoir être imprimées.

La houette d'apocin s'emploie sans être filée & sans mélange, pour des courtes-pointes, des jupons piqués & autres ouvrages. C'est même un de ses principaux usages. Une livre peut remplacer deux livres de coton, parce qu'elle est plus légère & s'étend davantage.

On a fait, dit-on, avec la houette d'apocin des mèches de chandelle, qui donnoient une lumière nette; on en a fabriqué des chapeaux en l'unissant pour la carder avec un quart de poil de lièvre; ces chapeaux ont été trouvés peu inférieurs à ceux de castor. On soupçonne que le papier de Venise, qui imite celui des Indes, doit sa beauté à la houette d'apocin.

On peut retirer de la tige d'apocin des filamens, qui remplacent le chanvre, au moins pour des ouvrages grossiers, selon M. Duquesnoi, & pour toute espèce d'étoffes & de toiles selon M. Gelot, qui a donné sur cet objet un mémoire à l'Académie de Dijon.

Enfin les fleurs d'apocin sont très-recherchées des abeilles, qui y recueillent abondamment du miel. Cette plante diffère d'une autre espèce d'apocin, appellée *gobe-mouche*, dont il s'échappe un suc gluant qui arrête les insectes, lorsqu'ils s'y posent. Celui-ci est un véritable apocin; le dictionnaire de botanique, Enc. méthod., en fait sa première espèce, au lieu que l'apocin à la houette, dont il s'agit, est la cinquième espèce des *asclepiades*.

La graine d'apocin est un très-puissant sudorifique, & la feuille un caustique très-actif.

Le ton qui règne dans le mémoire de M. Duquesnoi, la garantie qu'il donne des faits qu'il allègue, l'amour du bien & de la vérité qui paroît l'animer, semblent ne laisser aucun doute sur l'exactitude de ses assertions. Dans ce cas, les avantages de la culture de l'apocin seroient considérables; quand cette plante n'en auroit qu'une partie, elle mériteroit la plus grande attention de la part de l'administration. Le feu Roi Stanislas, lorsque la la mort le surprit, avoit le projet d'en faire cultiver à ses frais en Lorraine, parce que ce Prince, si bienfaisant, sentoit qu'on en pouvoit retirer de l'utilité. Ce qu'il y a de certain, c'est que, comme j'en ai des preuves par moi-même, cette plante n'est pas délicate, & se multiplie sans peine. On risqueroit d'ailleurs si peu d'en planter dans de mauvais terreins; quelque foible qu'en fût la récolte elle dédommageroit toujours & bien au-delà des frais de plantation. Je ne puis dissimuler cependant que des couvre-pieds, faits de houette d'apocin, au bout d'un certain tems, étoient tout pelotonnés & se réduisoient en poussière, lorsqu'on essayoit de les battre pour les rendre plus doux. Cela vient-il de ce que la houette n'en étoit pas bien préparée, ou de ce qu'elle avoit été altérée par quelque cause, ou de ce qu'elle n'a pas réellement les qualités, qu'on lui attribue? On le soupçonneroit d'après le peu de progrès qu'a fait la culture de l'apocin. (*M. l'Abbé* Tessier.)

APOCIN en arbrisseau, synonyme impropre donné par quelques auteurs au *malpighia paniculata* L. *Voyez* Moureiller paniculé. (*M.* Thouin.)

APOCINÉES (famille des) *Voyez* le mot apocins. (*M.* Thouin.)

APOCINS. *Apocina*.

Famille assez nombreuse, composée presque en totalité, de végétaux étrangers, qui ne se trouvent que dans les pays les plus chauds. Ils sont vivaces; & ont pour la plupart des tiges ligneuses. Ce sont en grande partie des arbustes, & des arbrisseaux sarmenteux & grimpans. Un petit nombre seulement forme des arbres assez élevés. En général, les plantes de cette famille sont d'un feuillage agréable, & d'une verdure perpétuelle; les fleurs sont apparentes & nuancées des plus vives couleurs; quelques-unes même ont une odeur très-suave. Toutes ces plantes contiennent un suc laiteux, caustique & malfaisant.

Quant à la culture, les végétaux de cette famille se propagent en général fort aisément par leurs semences, lorsqu'elles sont fraîches, c'est-à-dire, lorsqu'il n'y a qu'un an, deux ou trois ans au plus, qu'elles ont été cueillies. Si on les garde plus long-tems, il est très-rare qu'elles levent. Mais il est plus expéditif de multiplier les espèces vivaces à tiges herbacées, par leurs drageons, & les espèces ligneuses par le moyen des marcottes, & des boutures, que de les propager de graines. Pour la plupart, ces plantes aiment un terrein meuble, sec & les expositions les plus chaudes; les espèces qui sont de la nature des plantes-grasses, craignent infiniment l'humidité pendant l'hiver, & toutes celles des pays plus chauds que le nôtre, doivent être conservées dans les serres chaudes.

Usages. Plusieurs des Apocinées ou plantes de la famille des Apocins, servent dans les arts; on retire des tiges de quelques-unes des espèces herbacées, des filamens propres à la filature dont on fait des cordes & des toiles. Les aigrettes qui accompagnent les semences de quelques autres espèces, forment des ouattes que l'on emploie dans différens tissus. Les fruits de l'Ahouai fournissent aux Sauvages des Antilles, des ornemens de parure; la médecine emploie avec succès le suc laiteux dont toutes ces plantes sont abondamment pourvues, pour guérir diverses maladies. Enfin l'Europe s'est appropriée plusieurs de ces plantes qui contribuent à l'ornement des jardins & des serres.

Voici les genres qui composent cette famille.

Fruits geminés.

L'Asclépiade ..... *Asclepias.*
La Cynanque ..... *Cynanchum.*
La Périploque ..... *Periploca.*
L'Apocin ..... *Apocynum.*
L'Echite ..... *Echites.*
La Pergulaire ..... *Pergularia.*
La Céropège ..... *Ceropegia.*
La Stapelie ..... *Stapelia.*
Le Laurose ..... *Nerium.*
Le Franchipanier. *Plumeria.*
Le Camerier ..... *Cameraria.*
Le Taberné ..... *Tabernæmontana.*
La Pervenche ..... *Vinca* ou *Pervinca.*

** *Fruits solitaires.*

La Matelée ..... *Matelea.*
L'Ahouai ..... *Cerbera.*
Le Boislait ..... *Rauvolfia.*
Le Pacourier ..... *Pacouria.*
L'Ambelanier ..... *Ambelania.*
L'Orelie ..... *Allamanda.*

Voyez chacun de ces différens mots. (*M.* Thouin.)

APONOGET. *Aponogeton.*

Genre de la famille de *Gouets*, composé de quelques espèces de plantes aquatiques, étrangères, assez semblables aux Potamots ou *potamogeton*. Elles n'ont point encore été cultivées en Europe.

Espèces.

1. Aponoget à épi simple.

Aponogeton monostachyon. L. ♃ des lieux aquatiques du Malabar, & de l'Inde.

2. Aponoget à épi double.

Aponogeton distachion. L. ♃ des ruisseaux du cap de Bonne-Espérance.

Ces plantes ont une racine bulbeuse garnie de

fibres, qui s'étendent dans la vase des lieux submergés; leurs feuilles, qui sont portées sur de longs pédicules, sont flottantes sur la surface des eaux; elles accompagnent des épis de petites fleurs blanches, auxquelles succèdent des fruits composés de trois capsules, qui renferment chacune une seule semence. Les fleurs de la seconde espèce ont une odeur agréable, & ses bulbes se mangent, lorsqu'elles ont été cuites sous la cendre.

Les habitudes de ces plantes les rendent d'une culture difficile en Europe; il est aisé de se procurer de l'eau dans les serres, mais elle s'y corrompt bientôt; & si on la renouvelle souvent, elle n'a pas le tems d'acquérir le degré de chaleur convenable à ces plantes, qui d'ailleurs ne paroissent pas mériter les soins qu'on seroit obligé de prendre pour leur culture. (*M. Thouin.*)

APOPLEXIE. Maladie foudroyante qui attaque les chevaux, les bêtes à cornes, & les bêtes à laine. Elle éteint tout-à-coup le sentiment, le mouvement & la vie.

L'apoplexie est le plus souvent mortelle; les suites en sont toujours fâcheuses, quand même elle ne tue pas sur-le-champ. C'est donc à la prévenir qu'il faut s'attacher.

Si un animal se soutient difficilement sur les jambes, s'il a les yeux gros, la tête pesante, on doit craindre qu'il ne soit bientôt attaqué d'apoplexie.

Dans l'espèce humaine, on a distingué différentes sortes d'apoplexie, à raison des causes qui la produisent. Il en peut être de même à l'égard des animaux. Le sang en est la cause la plus ordinaire. Quand il est trop abondant, ou trop épais, ou trop dilaté, les sujets sur-tout ayant les vaisseaux étroits ou privés d'une partie de l'élasticité dont ils auroient besoin, il revient difficilement de la tête au cœur, il surcharge le premier de ces deux organes, & détruit les principes de la vie. Une nourriture succulente augmente le volume du sang ou l'épaissit; une chaleur excessive, soit qu'elle vienne de l'état de l'air, soit d'un exercice forcé, le raréfie; le méphitisme des étables, c'est-à-dire, l'altération d'un air qui n'est pas renouvellé, anéantit la circulation. Dans tous ces cas, un animal meure d'apoplexie. Il en est encore la victime, s'il éprouve une indigestion trop forte, si une humeur quelconque reflue vers sa tête.

L'apoplexie sanguine, la plus commune de toutes, s'annonce par le gonflement des vaisseaux de la tête & du col, par l'état des yeux qui sont rouges & enflammés, & par le pouls plein & fréquent, l'inertie & l'assoupissement de l'animal, la respiration laborieuse.

Ce Dictionnaire ayant d'autres objets principaux à traiter, je ne puis m'étendre sur les maladies des bestiaux, dont on peut lire les détails dans le Dictionnaire de médecine; il me suffit d'en donner une idée, & d'exposer, en peu de mots, la manière générale de les prévenir.

Quand on s'apperçoit qu'un animal est menacé d'apoplexie sanguine, il faut le saigner promptement. Le cheval supporte mieux les saignées que les ruminans. On doit plutôt les répéter, que d'en faire de grandes. C'est aux cuisses ou aux flancs, qu'il convient de les pratiquer, & non à la jugulaire, à moins que les autres veines ne fournissent pas assez de sang. On a moins à craindre de tirer beaucoup de sang au printems, qu'en été, en automne & en hiver, parce que les animaux ne sont point affoiblis, & peuvent en réparer la perte. On doit, indépendament des saignées dans l'apoplexie, donner plusieurs lavemens, composés d'une infusion de séné & de sel d'epsom. Dans beaucoup de pays, on est dans l'habitude de saigner chaque année, au printems, tous les chevaux & toutes les vaches des fermes. M. Vitet blame cet usage, parce qu'il est inutile de saigner des animaux bien portans. Si cependant, en les examinant, on découvre qu'ils aient trop de sang, je crois qu'on a raison de prendre cette précaution, en exceptant ceux des animaux, qui se trouvent dans l'état contraire, ou dans ce juste équilibre, qui ne laisse rien à craindre pour leur santé.

Le régime des animaux prêts à être attaqués d'apoplexie sanguine, consiste à les bien bouchonner, pour ranimer la transpiration & la circulation des humeurs, à leur faire prendre d'amples boissons d'eau aiguisée de sel marin, à ne leur point donner à manger pendant quelques jours, à leur administrer des lavemens, & à ne les nourrir, après quelques jours de diète, que d'eau blanchie avec la farine d'avoine. Des boissons abondantes, des lavemens, une diète sévère, sont les remèdes propres à combattre les apoplexies d'indigestion dans les animaux forts. Si les animaux étoient foibles, il faudroit leur donner, à plusieurs fois, une once de thériaque ou d'orviétan, dans du vin rouge. On a vu des succès d'un breuvage, composé de vin & de gérofle ou de canelle; mais c'étoit dans les cas ou des estomacs débiles, surchargés d'alimens, avoient besoin de toniques pour faire leurs fonctions. Voilà ce qu'il est bien important d'observer. La moindre erreur pourroit être meurtrière. On conçoit qu'il ne s'agit que de donner de l'air aux animaux, qui sont exposés à être suffoqués par le méphitisme de leurs étables, & de le renouveller souvent.

Enfin, si l'on soupçonne une humeur disposée à se jeter sur le cerveau, on doit essayer de lui procurer un écoulement par des setons ou des vésicatoires, qu'on entretiendra long-tems en suppuration, &c. (*M. l'Abbé Tessier.*)

APPAREIL. *Voyez* le Dict. des arbres & arbustes, pour connoître l'appareil propre aux blessures des arbres. (*M. Thouin*).

APPEL; arbre du Malabar, qu'on soupçonne être l'Andarèse à feuilles dentelées, ou le *prenna serratifolia*. L.

Suivant Rhéed, cet arbre s'élève à la hauteur de 20 à 25 pieds; son tronc a 5 à 6 pieds de haut, & 15 à 18 pouces de diamètre. Il porte ses branches droites & un peu écartées, ce qui lui donne une forme conique assez agréable; ses feuilles sont d'un verd brun en-dessus, & d'un verd clair en-dessous; ses fleurs sont disposées en corymbes à l'extrémité des branches; elles sont fort petites, d'un verd blanchâtre & d'une odeur forte qui n'est point désagréable; il leur succède des baies de la grosseur d'un pois & de couleur noire.

Cet arbre aime les terreins sablonneux; il se multiplie par ses graines, & croît naturellement sur la côte du Malabar. Il n'a point encore été cultivé en Europe. *Voyez* le mot ANDARESE. (*M. Thouin*).

APPETIT, nom donné à l'échalotte, *allium ascalonicum*, L. parce que les feuilles ou la racine de cette plante, employées dans les ragoûts, ou mangées seules avec du pain, excitent & réveillent l'appétit. (*M. l'Abbé Tessier.*)

APPLANIR, *agriculture*, mettre un terrein de niveau. Quand un terrein est inégal, on ne peut le bien cultiver qu'après l'avoir rendu en quelque sorte uni. On est donc obligé de combler des trous, d'applanir des élévations, afin que les chevaux ou bœufs ne se fatiguent pas, & qu'on puisse couper aisément les récoltes. (*M. l'Abbé Tessier*).

APPLANIR, *jardinage*, c'est niveller un terrein, suivant un plan arrêté, soit pour donner de l'écoulement aux eaux, soit pour faciliter la culture, ou procurer des promenades plus commodes.

Avant d'applanir un terrein de quelque étendue, il est à propos de marquer deux points disposés à chacune des extrémités, d'après lesquels on puisse juger de la quantité de terre qu'il conviendra d'enlever dans les parties élevées, & de celle qu'il sera nécessaire de rapporter, pour remplir les parties basses; car il faut, autant qu'il est possible, que ces deux quantités soient à-peu-près égales. Au reste, il est toujours facile de les rendre telles, soit en abaissant le niveau donné, si les remblais exigent plus de terre qu'on ne peut en enlever, soit en le relevant, si les déblais ne fournissent point assez. Lorsqu'une fois la hauteur des deux points, qui doivent servir de base à l'opération, est fixée, on place avec des jalons, des rangées de piquets en tout sens, dont l'extrémité supérieure marque la hauteur que doit avoir le terrein. Alors on enlève les terres qui dépassent cette hauteur, & on les transporte dans les parties basses, jusqu'à ce que tout le terrein soit au niveau des piquets. Ensuite on l'unit avec des pelles & des rateaux; par ce moyen, on est sûr de ne pas faire des remuemens de terre inutiles, qui rendroient beaucoup plus coûteuse une opération déjà dispendieuse par elle-même. (*M. Thouin*).

APPRECIATION. « Estimation faite par ex- » perts de quelque chose, lorsqu'ils en déclarent » le véritable prix. On ne le dit ordinairement » que des grains, denrées, ou choses mobilières, » &c. » Encyclopédie ancienne. (*M. l'Abbé Tessier.*)

APPRÉCIER, *V.* APPRÉCIATION. (*M. l'Abbé Tessier.*)

APPRÉCIS. On nomme ainsi, en Bretagne, le prix commun des grains, formé des différentes valeurs, qu'ils ont dans les principaux marchés & aux quatre saisons de l'année. *Voyez* APPRECIATION. (*M. l'abbé Tessier*).

APPRÊTER. On dit: tout s'apprête à bien faire dans nos jardins, dans nos champs. Les arbres s'apprêtent à nous donner bien du fruit cette année. Voilà les poiriers bien apprêtés. En fait d'arbres, c'est la même chose qu'aboutir. *Voyez* ce mot. (*M. Thouin*).

APPROCHE (greffe par) sorte de greffe employée plus particulièrement dans la culture des pépinières. *Voyez* le mot GREFFE, dans le Dict. des arbres & arbustes. (*M. Thouin.*)

APPUI, en jardinage, ce mot se dit d'une palissade, d'un mur, &c. élevés de trois à trois pieds & demi, & qui forment un plan horizontal en-dessus, de manière qu'ils se trouvent à la hauteur des coudes, & qu'on peut s'y appuyer commodément. On dit encore des tontures d'appui, pour désigner toutes celles qui ne sont pas au-dessus de la hauteur des bras.

Les palissades d'appui sont employées dans les jardins symmétriques, à border les allées, à former des massifs & à dessiner des formes. Les murs d'appui s'établissent dans les mêmes jardins, pour couper la différence des niveaux du terrein, pour établir des espaliers nains, dans les jardins potagers ou pour enclore des melonières. La partie supérieure de ces murs est ordinairement couverte de tablettes de pierre, sur lesquelles on place des vases & des pots de fleurs qui font un effet agréable.

Les appuis des croisées, dans les orangeries, sont très-propres à la conservation d'un grand nombre de plantes qui aiment l'air & qui craignent l'humidité pendant l'hiver; il faut donc avoir soin de leur ménager ces places. (*M. Thouin*).

AQUART. *Aquartia.*

Genre de la famille des *Solanées*, qui paroît avoir des rapports avec les liciers (*lycium*) & les jasmiers. Il n'est encore composé que d'une espèce.

AQUART épineux.

Aquartia aculeata. L. ♃ de Saint-Domingue.

C'est un arbrisseau droit & rameux, qui s'élève environ à quatre pieds de haut, & qui a le port d'une espèce de morelle. Les vieilles branches sont garnies d'épines courtes & épaisses. Les feuilles sont cotonneuses & blanchâtres; il produit des fleurs monopétales, découpées en quatre parties, munies de quatre étamines & d'un style. Le fruit est une baie jaune, de la grosseur d'un pois, dans laquelle il ne se trouve qu'une seule cavité qui renferme des semences comprimées. Elles mûrissent en octobre.

Cet arbrisseau croit parmi les rochers qui sont au bord de la mer. Jusqu'à présent il n'a point été cultivé en Europe, où il est encore inconnu. On pourroit le conserver pendant l'hiver dans la serre chaude. (*M. Thouin.*)

AQUATIQUE, *agriculture*. Cette épithète se donne à un pays, à un terrein; on dit: *ce pays est aquatique*, quand il est environné de marais, d'étangs. Un *terrein aquatique*, est celui où l'eau séjourne; ce qui a lieu quand la terre végétale est assise sur un lit de glaise. (*M. l'Abbé Tessier.*)

AQUATIQUE, *jardinage* (plante); sous le nom générique de plantes aquatiques, on entend toutes celles qui croissent dans les eaux, sur le bord des eaux, & dans les terreins habituellement humectés par les eaux.

Pour plus d'exactitude, on divise ces plantes en marines, fluviatiles, marécageuses & amphibies.

La première division renferme toutes celles qui croissent au fond de la mer, comme les varecs, les algues, &c.

La seconde comprend les plantes qui végetent dans les eaux courantes, telles que quelques espèces de potamots, de renoncules, de myriolles, &c.

La troisième est composée des plantes qui vivent dans les eaux stagnantes, comme les conferva, les lenticules, les charagnes, &c.

Enfin les plantes qui croissent également sur terre & dans les eaux, telles que les massettes, les rubaneaux, les flûteaux, &c., forment la division des amphibies.

Voyez les mots *plantes marines, fluviatiles, marécageuses & amphibies*. (*M. Thouin.*)

AQUEUSES (plantes.) Les plantes aqueuses sont celles qui contiennent un suc insipide, inodore & presque semblable à de l'eau; telles sont la plupart des ficoïdes, des joubarbes, des cacalies, &c. *Voyez plantes grasses*. (*M. Thouin.*)

AQUEUX, *agriculture*, qui contient beaucoup d'eau. On le dit d'un pays: la Sologne est un pays aqueux. (*M. l'Abbé Tessier.*)

AQUEUX, *jardinage*. Ce mot se dit d'un fruit dont le suc n'a aucune saveur, ou qui ne sent que l'eau. (*M. Thouin.*)

AQUILICE. *Aquilicia.*

Genre qui a des rapports avec celui des sureaux. On n'en connoit encore qu'une espèce.

Aquilice des Indes.
Aquilicia sambucina L. ♄ de l'Inde.

C'est un arbrisseau de 10 à 12 pieds d'élévation, qui ressemble à un sureau; les tiges sont noueuses, anguleuses, & renferment beaucoup de moëlle. Elles sont garnies de feuilles composées de plusieurs rangées de follioles, d'un verd foncé en-dessus, & d'un verd clair en-dessous. Les fleurs sont petites, blanchâtres, & disposées en corymbes; elles sont suivies de petites baies arrondies, d'un bleu noirâtre, qui renferment dix semences. Lorsque les baies sont mûres, & qu'on les met dans la bouche, elles y excitent une démangeaison cuisante & même brûlante.

Cet arbrisseau croit naturellement au Malabar, à Java & dans les Moluques. Il fleurit deux fois l'année; sa racine, son bois & ses feuilles sont employées dans le traitement de plusieurs maladies; sa culture en Europe ne nous est pas connue. (*M. Thouin.*)

ARABETTE. *Arabis.*

Genre de plantes de la famille des *Crucifères*; il est composé d'espèces herbacées annuelles ou vivaces, dont les fleurs sont petites, blanches ou blanchâtres, peu apparentes en général, & presque toutes inodores. Comme ce sont des plantes d'Europe ou de climats analogues, elles croissent aisément en pleine terre dans ce pays-ci. On les y multiplie de semences ou de drageons, mais il est rare qu'on les cultive ailleurs que dans les Ecoles de botanique, parce qu'à l'exception d'une seule, elles n'ont rien qui puisse les faire rechercher dans d'autres jardins.

Espèces.

* *Feuilles Amplexicaules.*

1. Arabette des Alpes.
Arabis Alpina. L.

B. Petite Arabette des Alpes.
Arabis Alpina minor. ♃ des montagnes de Provence, du Dauphiné & de la Suisse.

2. Arabette ochreuse.
Arabis ochroleuca. La M. Dict.
Arabis turrita. L.
B. Arabette ochreuse à siliques pendantes.
Arabis pendula. L. ⊙ & ♂ des hautes montagnes de la France.

3. Arabette velue.
Arabis hirsuta. L.

B. Petite ARABETTE velue.

ARABIS hirsuta minor. ♂ des environs de Paris.

4. ARABETTE de montagne.

ARABIS montana. La M. Dict. ♂ des montagnes d'Auvergne.

5. ARABETTE perfoliée.

ARABIS perfoliata. La M. Dict.

TURRITIS glabra. L. ♂ des environs de Paris.

6. ARABETTE oreillée.

ARABIS auriculata. La M. Dict. des montagnes du Dauphiné.

** *FEUILLES CAULINAIRES NON AMPLEXICAULES OU NULLES.*

7. ARABETTE à feuilles de paquerette.

ARABIS bellidifolia. L. ♃ des Alpes & de l'Autriche.

8. ARABETTE bellidiforme.

ARABIS bellidioides. La M. Dict.

CARDAMINE bellidifolia. L. fil. suppl. ♃ du mont-d'Or, en Auvergne.

9. ARABETTE à feuilles étroites.

ARABIS angustifolia. La M. Dict. ♂ du nord de l'Europe.

10. ARABETTE à feuilles de serpolet.

ARABIS serpillifolia. La M. Dict. des montagnes du Dauphiné.

11. ARABETTE rameuse.

ARABIS thaliana. L. ⊖ des environs de Paris.

12. ARABETTE hérissée.

ARABIS hirta. L. M. Dict. ♂ du Languedoc.

13. ARABETTE siliculeuse.

ARABIS siliculosa. La M. Dict. ♂ du nord de l'Europe.

14. ARABETTE hispide.

ARABIS hispida. L. ♂ du midi de l'Europe.

15. ARABETTE de roche.

ARABIS petræa. La M. Dict.

CARDAMINE petræa. L. ♃ des montagnes d'Auvergne & des Alpes.

16. ARABETTE pinnatifide.

ARABIS pinnatifida. La M. Dict. ♃ des montagnes d'Auvergne.

17. ARABETTE de Canada.

ARABIS Canadensis. ♂ de l'Amérique septentrionale.

18. ARABETTE des sables.

ARABIS arenosa. La M. Dict.

SISYMBRIUM arenosum. L. ⊖ des Provinces méridionales de la France.

19. ARABETTE à grandes fleurs.

ARABIS grandiflora. L. ♃ de Sibérie.

20. ARABETTE roncinée.

ARABIS runcinata. La M. Dict. ♂ d'Italie.

21. ARABETTE rampante.

ARABIS reptans. La M. Dict. de Virginie.

L'Arabette des Alpes est la seule de toutes les espèces de ce genre, qui ait quelqu'agrément, & qui puisse occuper une place dans les parterres. Elle forme des touffes arrondies de huit à dix pouces d'élévation, & d'une verdure cendrée. Vers la fin du mois de mars, elle se couvre d'une multitude de fleurs blanches qui se succèdent jusqu'en mai; & produisent un assez bel effet. Leur odeur est douce & agréable.

On multiplie aisément cette plante par le moyen de ses drageons, qui tracent à trois ou quatre pouces sous terre; & qu'on peut séparer dans le courant de l'automne, ou dès le premier printems. Elle n'est pas plus délicate sur le choix du terrein, que sur l'exposition; cependant elle se plaît davantage dans les terres meubles & un peu fraiches; d'ailleurs les plus fortes gelées ne lui font aucun tort.

Cette plante peut être placée avec succès parmi les fleurs printanières, sur la seconde ligne des parterres; dans les jardins paysagistes, on pourroit en former des tapis, ou de petites masses qui feroient un fort bel effet dans le tems de la fleuraison. Les personnes qui ont des abeilles feroient très-bien d'en planter dans le voisinage des ruches; cette plante, qui fleurit de très-bonne heure, fourniroit aux abeilles une nourriture qu'elles ne peuvent encore trouver ailleurs.

La variété B. ne se distingue de cette plante que parce qu'elle est plus petite dans toutes ses parties, mais elle peut servir aux mêmes usages, & se cultive de la même manière.

Les Arabettes, n.ºs 12, 11 & 18, sont des plantes annuelles qui croissant naturellement en France, n'exigent d'autre culture que d'être semées en pleine terre au commencement de mars, à la place que les plantes doivent occuper dans les Ecoles de Botanique, seulement il convient que la terre soit meuble, plus sèche qu'humide, & que les graines ne soient pas enterrées de plus de deux à trois lignes. Elles lèvent immédiatement après qu'elles ont été arrosées par les pluies du printems, & le jeune plant croît promptement pendant cette saison; il fleurit dans les mois de mai & de juin, & les semences sont bonnes à être recueillies dans le courant de juillet.

Les graines des Arabettes, numéros 3, 4, 5 & 7, peuvent aussi être semées en pleine terre comme les précédentes, avec cette seule différence que celles-ci doivent être semées à l'automne. Elles lèvent, pour l'ordinaire pendant l'hiver, ou au commencement du printems. Les espèces qui sont bis-annuelles, fleurissent dans le courant de l'été suivant, & leurs semences sont mûres à la fin de cette saison.

Toutes les autres espèces d'Arabettes sont d'une culture plus délicate. Ces plantes, qui, pour la plupart, croissent sur les hautes montagnes, dans un terrein végétal, & qui sont continuellement humectées par la fonte des neiges, exigent eds soins assidus dans nos jardins. Leurs graines doivent être semées, autant qu'il est possible, dès l'automne, ou au premier printems. On se sert, pour ces semis, de terrines ou de caisses à semences, au fond desquelles on établit une légère couche de terre franche que l'on comprime fortement, & l'on remplit le reste du vase de terreau de bruyère, sur lequel on sème les graines de ces plantes, que l'on recouvre ensuite d'une ligne ou deux avec le même terreau. Ces vases doivent être placés, pendant l'hiver, à l'abri du nord, & couverts de litières dans les grandes gelées. Au printems, dès que le soleil commence à prendre de la force, on transporte les jeunes plantes à une exposition ombragée, où elles restent pendant l'été. On les arrose fréquemment, mais toujours légèrement, & en forme de petite pluie. Lorsqu'elles sont parvenues à leur seconde année, on les sépare & on les met, partie dans des pots, avec du terreau de bruyère, & partie en pleine terre, sur les gradins, parmi les plantes alpines. Les individus qui auront été plantés dans des pots, doivent être rentrés dans l'orangerie, & placés sur les appuis des croisées, lorsque les gelées viendront à passer cinq degrés. Mais ceux qui seront en pleine terre, sur les gradins, n'auront besoin que d'être couverts de litière, ou de fanes de fougère, pendant les grands froids. Les Arabettes se multiplient encore de drageons qu'on sépare des touffes au premier printems. Mais malgré tous les soins qu'on peut leur donner, ces plantes ne vivent pas long-tems dans notre climat, c'est pourquoi il est à propos d'en semer des graines de tems en tems, afin de se procurer de jeunes plantes qui puissent remplacer les anciennes. (*M. Thouin.*)

ARABIS, moutarde bâtarde. *Voyez* SANVE. (*M. l'Abbé Tessier.*)

ARABLE, terre arable, celle qui est susceptible d'être labourée, sur-tout par la charrue. Les terres pierreuses & dures, où la charrue ne peut enfoncer, ne sont pas arables. Ce mot, comme on voit, vient d'*arare*, labourer. Il est employé dans les environs de Saint-Diez en Lorraine. (*M. l'Abbé Tessier.*)

ARACHIDE. *Arachis.*

Ce genre de la famille des *Légumineuses*, ne renferme qu'une seule espèce qui est mise au rang des plantes potagères dans les pays chauds. Ici, elle n'a d'autre usage que d'occuper une place dans les écoles de botanique.

Arachide à quatre feuilles, Pistachier de terre, noix de terre, ou manobi des Brasiliens.

Arachis, *hypogæa* L. ⊙ d'Afrique, d'Asie & d'Amérique.

Cette plante croît naturellement sous la Zone torride; mais on la cultive dans la Caroline méridionale & dans les autres Colonies européennes des deux Indes, qui sont situées dans les climats chauds. On en sème les graines immédiatement après la saison des pluies, dans un terrain meuble & léger; elles germent très-promptement, & six semaines après les jeunes plants commencent à pousser de petites fleurs jaunes, portées sur de longs pédicules, lesquelles sont remplacées par des gousses qui renferment trois ou quatre semences de la grosseur d'une féverolle. Ces semences ont cela de particulier, que c'est dans la terre que leur maturité se perfectionne & s'accomplit. A mesure que les gousses se développent, elles s'enfoncent en terre, & c'est à quelques pouces de profondeur qu'il faut les aller chercher pour les recueillir; d'ailleurs cette récolte ressemble à celle des autres légumes.

Dans les jardins de l'Europe septentrionale, on sème les graines de l'Arachide dans des pots, sur couche & sous chassis. Quatre ou cinq semences suffisent pour chaque pot, lorsqu'elles sont bonnes. Il est nécessaire que ces pots aient 9 à 10 pouces de diamètre, & qu'ils soient remplis d'une terre douce & un peu forte. Si toutes les semences lèvent, on peut hardiment en supprimer la moitié, pour laisser plus d'espace aux autres. Lorsque les jeunes plants seront arrivés au point de couvrir, de leurs branches, la terre du pot dans lequel ils ont été semés, on pourra les dépoter & les mettre en pleine couche, avec l'attention de les couvrir d'un chassis dont le vitrage ne se trouve distant de la terre que d'environ dix pouces. Ces plantes, après cela, ne veulent plus être remuées. Leur culture se réduit à les arroser en proportion de la chaleur, à leur donner de l'air dans le milieu du jour, & à les découvrir de tems à autre, lorsqu'il tombe des pluies douces. Dans les années chaudes, & lorsqu'on aide leur végétation par des réchauds faits à la couche à mesure qu'elle perd de sa chaleur, on parvient à en obtenir des fruits assez abondamment. Mais, comme les dépenses & les soins que nécessite cette culture ne sont que foiblement compensés par le produit, il est rare qu'on s'en occupe dans nos jardins potagers; dans ceux de botanique, on se contente de semer cette plante sous chassis, & de la mettre en pleine terre, à sa place, vers le commencement de juillet, avec une cloche par-dessus; quelquefois elle y fleurit, mais jamais elle n'y produit de graines. On ne s'apperçoit guères de cet inconvénient, par la facilité qu'on a de se procurer des semences dans les Antilles & dans tous les pays chauds.

Usages. Les semences de l'Arachide sont bonnes à manger, crues ou grillées comme nos marrons. Les nègres en font une consommation considérable dans leur pays, & dans les Colonies Européennes où ils les ont transportées, & beaucoup d'Européens les mangent avec plaisir. (*M. Thouin.*)

ARAIGNÉE, *agriculture*, insecte très-connu, qu'il est inutile de décrire ici. Il y en a de plusieurs sortes, qu'on peut réduire à deux espèces générales; les unes à jambes courtes; les autres à jambes longues. *Voyez* le Dictionnaire des insectes: Encycl. Méth.

Il s'élève ici trois questions intéressantes pour les cultivateurs. Les araignées sont-elles venimeuses & capables de causer des maladies aux bestiaux qui les avalent, ou qui en sont piqués? Quelles espèces d'araignées sont venimeuses? Pourquoi en laisse-t-on amasser une si grande quantité dans les étables & les écuries des fermes & métairies?

C'est une opinion très-répandue, que la morsure des araignées est venimeuse, & que l'homme, les chevaux, les bœufs, les moutons, &c. meurent, lorsqu'ils en avalent. L'horreur qu'inspire la vue de ces insectes aux personnes timides, lui doit son origine. On lit, dans les éphémérides des curieux de la nature, quelques faits, qui sembleroient indiquer que cette horreur est fondée. Un homme sentit au col quelque chose qui le piquoit; c'étoit une araignée; il y porta la main & écrasa l'insecte sur son col; ce qui fut bientôt suivi d'une inflammation à la partie. Cette inflammation augmenta & s'étendit. Un onguent de litharge y fut appliqué; l'homme mourut. Mais ne peut-on pas croire que cet homme, avant la morsure de l'araignée, avoit déjà le sang décomposé, & que d'ailleurs tout le danger ait été l'effet du topique répercussif. Enfin, une araignée ne peut-elle pas avoir posé sur des matières impregnées d'un virus contagieux & pestilentiel? On assure qu'il y a eu des gens frappés de la peste, pour avoir été piqués par des mouches qui avoient touché ou à des pestiférés, ou à des substances empestées; on assure aussi que des animaux ont gagné le charbon, parce que des mouches, qui venoient de dessus des animaux morts de cette maladie, les avoient piqués. Il s'ensuivroit seulement que des araignées & des mouches seroient venimeuses accidentellement, mais non pas par elles-mêmes. On cite des exemples de personnes qui, par goût, mangeoient des araignées sans en être incommodées. Il en existe encore une, d'un nom & d'une célébrité reconnus. Elle ne fait aucune difficulté d'avaler quelques espèces d'araignées qu'on lui présente, & assure qu'elle les trouve bonnes. Il n'en faut pas conclure, sans doute, que leur morsure ne soit pas venimeuse. Le poison de la vipère, suivant les expériences de M. l'abbé Fontana, ne fait aucun mal si on l'avale; mais il est dangereux, appliqué extérieurement. Il faudroit donc qu'il fût prouvé que les piqures des araignées faites sur la peau, ne produisent aucun effet. On a lieu de le croire, & d'après le témoignage de M. Bon, premier Président de la chambre des comptes de Montpellier, qui ayant élevé beaucoup de ces insectes, en a été mordu souvent, & à cause de la rareté des accidens attribués à cette morsure dans des étables, où non-seulement on ne prend aucun soin pour détruire les araignées, mais encore où l'on cherche à les multiplier.

Au reste, il n'y auroit de moyen de s'en assurer, que de faire des expériences de cette manière. Il faudroit choisir diverses araignées, tant parmi celles qui séjournent dans les étables, que parmi celles qui vivent dans les champs où paissent les bestiaux, en faire avaler à des chevaux, à des bêtes à cornes & à des bêtes à laine, & faire en sorte que quelques autres en fussent piquées. S'il n'en résultoit pour tous aucun accident, l'innocuité de araignées seroit prouvée; si les animaux en contractoient des maladies, on en observeroit les symptômes, de manière que dans la suite, quand ces symptômes se représenteroient, on sauroit qu'ils sont produits par des araignées. Je ne puis m'empêcher d'être étonné que de semblables recherches, dont on sent toute l'importance, n'aient pas été imaginées & suivies dans les écoles vétérinaires, où rien de ce qui dérange la santé des bestiaux ne doit être indifférent.

La seconde question dépend de la première, & ne peut être résolue qu'après elle; on sait que les araignées des étables ne sont pas les mêmes que celles des champs, parmi lesquelles il y en a une à longues jambes, appelée *faucheuse*: les fils qu'on voit attachés aux chaumes de bled & des autres grains, dans les beaux jours d'automne, sont produits par une espèce d'araignée des champs; ils se détachent des chaumes, se réunissent & sont emportés dans l'air; on les connoît sous le nom de *fil de la Vierge*. On se plaint plus particulièrement des effets des araignées des champs, que de ceux des araignées des étables; mais on n'a rien de positif sur leur caractère venimeux.

Si l'on demande aux gens de la campagne pourquoi ils laissent une si grande quantité de toiles d'araignées dans leurs étables, ils répondent que ces araignées prennent les mouches qui incommodent beaucoup leurs bestiaux. En été, les mouches abondent dans les étables; en hiver, il y en a aussi un grand nombre, qui s'y retirent à cause de la chaleur. Cette raison est au moins plausible.

Ceux qui croient aux effets de la morsure ou piquure des araignées, disent que les symptômes qui se manifestent, sont un engourdissement dans la partie affectée, un froid universel, l'enflure du bas-ventre, la pâleur de la face, le larmoiement, l'envie continuelle de vomir, les convulsions, les sueurs froides. On conseille, pour guérir ces accidens, de laver la plaie, ou avec de l'eau salée, ou avec du vinaigre chaud, ou avec une décoction de thin, ou d'origan ou d'appliquer dessus un cataplasme de rhue, d'ail pilé & d'huile. Le meilleur remède, à mon avis, seroit quelques gouttes d'alkali volatil, dans deux cuillerées d'eau. On en donne depuis 10 jusqu'à 20 gouttes, selon la grosseur de l'animal.

M. Bon, dont j'ai parlé, engagé par la délicatesse des fils de l'araignée, a essayé d'élever de ces insectes, comme on élève des vers à soie. Il a réussi à obtenir de la soie, qu'il a fait carder, filer au fuseau, & fabriquer en bas & en mitaines. Ils étoient presque aussi forts que ceux qu'on fait avec la soie de vers à soie. Il rend compte de ses expériences, dans un mémoire lu en 1709, à la société royale de Montpellier. M. de Réaumur les a répétées, mais elles sont plus curieuses qu'utiles.

La toile d'araignée, dit-on, mise sur une plaie récente & peu profonde, arrête le sang. Mais elle n'a pas plus d'effet pour cela, que toute autre substance qui feroit l'office d'éponge ou de tampon, & qui mettroit la plaie à l'abri du contact de l'air. Quelques Auteurs regardent l'araignée comme un spécifique contre les fièvres intermittentes, & conseillent de la suspendre au col, ou de l'appliquer sur le poignet. Avec de la raison, on sent combien ces promesses sont vaines & ridicules.

Araignée de vers à soie. On appelle ainsi la première toile que les vers à soie filent & préparent pour soutenir leurs cocons. Cette toile ne ressemble pas à celle des araignées. Mais elle n'est jamais si grande. La pesanteur des vers à soie les empêche de s'élancer avec la légèreté des araignées. Cette toile forme une partie des bourres de soie, dont on fait les plus gros fleurets. (*M. l'Abbé* Tessier.)

Araignée des serres, *jardinage*; parmi tous les insectes qui s'opposent à la réussite des plantes renfermées dans les serres chaudes & sous les chassis, la petite araignée blanche n'est pas un des moins nuisibles. Elle salit les plantes & en obstrue les pores, attaque le parenchyme des feuilles, les fait dessécher & tomber. C'est particulièrement au printems que ces araignées commencent à se montrer dans les serres chaudes & sous les chassis; elles attaquent de préférence les feuilles tendres, & celles qui sont visqueuses; pendant l'été, elles se multiplient en abondance & couvrent les feuilles de toutes les plantes qui restent dans les serres; de leurs toiles déliées & blanchâtres; ce qui produit un effet aussi désagréable à l'œil, que nuisible aux végétaux.

Il paroît que c'est à la chaleur & à la nature de l'air vicié, qui règnent dans ces lieux presque toujours fermés, qu'on doit attribuer, en grande partie, la multiplication de ces insectes. Les moyens dont on se sert le plus généralement pour les éloigner, est de renouveller l'air des serres toutes les fois que la température de l'atmosphère le permet, soit en ouvrant des vagislas pratiqués aux chassis, soit en établissant un courant d'air, pendant quelques instans, au deux bouts de la serre. Lorsque ces insectes sont très-multipliés, & que la saison ne permet pas de mettre les plantes à l'air libre, on emploie des bassinages d'eau, dans laquelle on fait bouillir du tabac, ou l'on en brûle des feuilles qui ont été humectées auparavant, afin qu'elles produisent plus de fumée; mais le remède le plus efficace, lorsque le mois de juillet est arrivé, c'est de sortir les plantes des serres, & de les laisser à l'air libre dans une position ombragée, où elles puissent être humectées par les rosées des nuits, & surtout par les pluies; en huit ou dix jours de tems, on est débarrassé de tous ces insectes; pendant cet intervalle, on doit avoir soin de nétoyer exactement toutes les parties de la serre, de les laver avec une éponge, & de boucher soigneusement toutes les gersures ou crevasses qui se trouvent dans les murs. Il faut aussi, avant de rentrer les plantes, les visiter avec attention les unes après les autres, faire tomber toutes les galles insectes qui se rencontrent sur les tiges ou sous les feuilles, & pour cela, on se sert d'une petite brosse, d'une éponge & de la lame d'ivoire d'un greffoir.

Dans les serres à fruits, où les arbres sont en pleine terre, on se contente d'enlever les chassis supérieurs, de dépalisser les branches, de les assujétir à quelque distance des murs, & de les laver soigneusement. Pendant l'hiver, on emploie aussi les fumigations & les bassinages de décoction, que l'on administre avec des seringues destinées à cet usage. (*M.* Thouin.)

ARAIRE, Arairé, Areau, Arore. Ces mots qui viennent d'*Aratrum*, charrue, expriment, en général, cet instrument tout entier. Cependant, dans la Combraille, l'Araire n'en est que la principale partie; c'est-à-dire, celle dans laquelle le soc est engagé, & qui pose dans l'ouverture du sillon. Ce mot, ou ses équivalens, sont en usage dans l'Angoumois, la Bresse, le Lyonnois, le Forez, la Combraille, le Languedoc, &c. Il a produit celui d'Aroure ou d'Arure, en usage dans quelques pays, pour désigner une mesure de terre qu'une charrue peut labourer en une journée. Les Grecs employoient le nom d'Aroure pour signifier une mesure de terre de cent coudées.

(*M. l'Abbé* Tessier.)

ARALIE. *Aralia.*

Genre de la famille des Vignes, composé de plantes exotiques, vivaces ou ligneuses, la plupart de l'Amérique septentrionale. Quelques-unes croissent en pleine terre dans notre climat, &

peuvent être mises au rang des plantes pittoresques.

Espèces.

1. ARALIE épineuse, Angélique-épineuse ou baccifère.

ARALIA spinosa. L. ♄ de Canada & de Virginie.

2. ARALIE de la Chine.

ARALIA Chinensis. L. ♄ des isles de l'Asie & de la Chine.

3. ARALIE à grappes, ou anis sauvage, de Canada.

ARALIA racemosa. L. ♃ du nord de l'Amérique.

4. ARALIE à tige nue, ou salsepareille de Terre-tieuve.

ARALIA nudicaulis. L. ♃ de l'Amérique septentrionale.

* *ESPÈCES PEU CONNUES ET DOUTEUSES.*

5. ARALIE à feuilles palmées.

ARALIA palmata. La M. Dict. ♄ des isles Moluques & de l'Inde.

6. ARALIE à feuilles en coquilles.

ARALIA cochleata. La M. Dict. des isles Moluques.

7. ARALIE à ombelle.

ARALIA umbellifera. La M. Dict. ♄ des montagnes de l'isle d'Amboine.

Voyez, pour l'*Aralia arborea*. L. le genre du LIERRE.

L'Aralie épineuse est un arbrisseau qui s'élève à 8 ou 10 pieds de haut, dont la tige est droite & couverte d'épines assez fortes. Ses branches viennent au sommet, & sont garnies de feuilles surcomposées, d'un à deux pieds d'étendue en tous sens. Leur verdure est gaie au printems; elle devient ensuite d'un verd foncé, & finit par être purpurine à l'automne. Ses feuilles se conservent jusques aux gelées; elles tombent en hiver & ne reparoissent qu'au printems, assez tard. Ses fleurs sont petites, de couleur blanchâtre, & rassemblées, en gros panicules, à l'extrémité des branches; elles s'annoncent à la fin de juillet, & paroissent dans le courant du mois d'août. Il leur succède des semences, dont une partie avorte, & l'autre mûrit ordinairement en octobre, dans les étés chauds, qui sont suivis de beaux automnes.

Culture. Cet arbrisseau se multiplie de semences de drageons & de racines. Les semences doivent être cueillies avec leurs panicules auxquels on les laisse attachées pendant huit à quinze jours, & suspendues dans un lieu sec; on les en sépare ensuite, & on les sème sur-le-champ dans des caisses ou terrines remplies d'une terre meuble, légère & substantielle. Ces semences ne veulent être recouvertes que de trois à quatre lignes, d'une terre encore plus légère que celle du semis. Les caisses ou terrines peuvent rester en plein air, au pied d'un mur, exposé au midi; il suffit de les couvrir de litière ou de feuilles sèches pendant les gelées; au printems, on transporte les semis sur une couche tiède, à l'air libre, & à l'exposition du levant; on les arrose légèrement & très-souvent. Vers la fin de mai, les semences, préparées à la germination pendant l'hiver, commencent à sortir de terre; il convient alors de les garantir du grand soleil, soit par des paillassons, soit simplement avec des branches enfoncées dans la couche. Les jeunes plants n'exigent ensuite, jusqu'à l'automne, que des arrosemens plus ou moins fréquens, suivant le besoin, & des sarclages assidus, pour en écarter les mauvaises herbes. A l'entrée de l'hiver, on les rentrera dans une orangerie très-aérée; mais auparavant il est bon de leur laisser essuyer une ou deux petites gelées, pour faire tomber la sève, aoûter les tiges, & arrêter la végétation; il ne faut les arroser, pendant cette saison, que très-rarement, & quatre ou cinq fois seulement, pour consolider la terre au tour des racines.

Au printems suivant, on pourra lever, avec précaution, les plus forts individus, que l'on mettra dans des pots à œillets, avec une terre de même nature, mais un peu plus forte que celle des semis; on levera de même les pieds qui se trouveront gênés dans les vases, ou trop près les uns des autres, & on les traitera de la même manière. Lorsqu'il n'y aura plus de gelées à craindre, & que le tems sera redevenu doux, on placera les semis, ainsi que les pieds transplantés, sur une couche tiède, où ils resteront jusqu'à l'automne; ensuite on les rentrera dans l'orangerie, comme l'année précédente. Au printems de la troisième année, les jeunes plants ayant acquis assez de force pour être mis en pleine terre, on choisira, dans la pépinière, une plate-bande à une exposition légèrement ombragée du côté du midi, dont le terrein, ni trop humide, ni trop sec, soit d'une qualité douce & substantielle. Après l'avoir labourée à double fer de bêche, on y tracera trois rayons à vingt pouces de distance les uns des autres. Le terrein ainsi préparé, on apporte sur place les terrines ou caisses qui contiennent les jeunes plants, on les enlève avec la terre du vase, & on les secoue avec attention, pour ne pas offenser les racines qui font tendres, & que l'on briseroit en employant une autre manière. Comme les feuilles de cet arbrisseau sont très-volumineuses, il convient que les jeunes plants soient à vingt pouces, au moins, de distance les uns des autres. On se sert ordinairement, pour cette plantation, d'un gros plantoir; mais il vaut mieux faire des trous avec la bêche, afin de pouvoir étendre les racines, & les placer dans leur position naturelle. Une autre attention qu'on doit avoir, est de n'enterrer le jeune plant que d'un pouce ou deux au-dessus du collet de sa racine, sur-tout si le terrein est frais; car, s'il étoit sec, il y auroit moins d'inconvénient à l'enterrer davantage. Il faut ensuite le préserver du hâle, en couvrant la surface de la terre d'environ deux pouces de terreau, ou de court fumier; & si le printems est sec, l'arroser en plein & à la volée; après cela, ces arbustes n'exigent d'autre culture, jusqu'à l'automne, que des sarclages, des binages & quelques arrosemens dans les tems de sécheresse. Mais, à l'approche des gelées, il est à propos de les empailler; d'abord, en enveloppant leurs tiges de bas en haut avec des liens de paille arrangés en spirale, & ensuite en couvrant toute la plate-bande, si les gelées passent six dégrés. Deux années de plantation en pépinière suffisent aux jeunes Aralies épineuses pour arriver à la hauteur de quatre à cinq pieds; alors on peut les transplanter à leur destination. A cet âge, elles aiment un terrein meuble, mais plus fort que celui où elles étoient plantées dans la pépinière, & elles ne craignent plus les expositions isolées & découvertes. Toute leur culture se réduit à empailler les jeunes pousses à l'approche des gelées, & à couvrir les racines de beaucoup de feuilles sèches, ou de paille, dans les grands froids. Si, malgré ces précautions, le jeune bois venoit à être gelé, il ne faudroit pas s'en inquiéter beaucoup, parce que la tige fournit de nouveaux bourgeons. Il arrive même quelquefois que la tige périt en entier; mais, lorsqu'on a eu soin de couvrir les racines, & de les garantir des atteintes de la gelée, elles poussent de nouvelles tiges; c'est pourquoi il est bon de ne pas arracher ces arbustes avant la fin de l'été. Les racines de cette espèce d'Aralie s'enfoncent peu; elles s'étendent seulement à quelques pouces au-dessous de la surface de la terre, & poussent souvent des drageons; ainsi, il faut éviter de labourer la terre profondément à quelque distance de cet arbre, & se contenter de donner de légers binages, pour détruire les mauvaises herbes. Les drageons peuvent rester sur leurs mères racines pendant deux ans, pour prendre de la force, & pousser du chevelu; on les sépare ensuite au printems avant qu'ils commencent à pousser; du reste, on les plante, & on les cultive comme les jeunes plants. Ils croissent aussi rapidement que ces derniers, & deviennent également beaux; quelques personnes prétendent même qu'ils fleurissent plutôt que ceux qui ont été élevés de semences.

La voie de multiplication, par les racines, se fait aussi au premier printems. Elle consiste à couper à un sujet déjà fort, des racines de deux à trois ans, de la grosseur du petit doigt, à les faire sortir de terre d'environ deux pouces, en relevant le bout qui a été séparé de la grosse racine, sans ébranler le reste qui doit rester en terre. Ces racines, ainsi découvertes, poussent presque toujours des bourgeons qui croissent avec d'autant plus de rapidité que la mère racine est plus vigoureuse. On les laisse sur place, jusqu'à ce que ces jeunes pieds soient assez forts pour être transplantés en pépinière.

Au lieu de relever simplement les racines, on pourroit les séparer en entier, les couper ensuite par tronçons de cinq à six pouces de long, & les planter dans des pots sur une couche tiède. De cette manière, elles poussent ordinairement des bourgeons dans le courant de l'été; mais ce moyen est moins sûr que le précédent.

Usage. On peut faire entrer l'Aralie épineuse dans la composition des bosquets d'été & d'automne, ainsi que dans les jardins symmétriques, où, relativement à sa taille, elle doit être placée sur la troisième ligne parmi les grands arbrisseaux. Cependant elle figure infiniment mieux losqu'elle est isolée; sa tige, couverte d'épines noires, l'élégance de son feuillage, sa verdure d'abord tendre, & qui passe successivement par toutes les nuances, jusqu'au rouge obscur; les fleurs qui, rassemblées en gros bouquets à l'extrémité des rameaux, forment des masses assez apparentes, toutes ces qualités concourent à rendre cet arbrisseau très-pittoresque, & propre à l'ornement des jardins paysagistes.

Historique. Cet arbrisseau est encore assez rare chez nos marchands, par la difficulté qu'ils rencontrent à s'en procurer des graines. Il est plus commun en Angleterre, quoiqu'il n'y produise point de semences, parce que les pépiniéristes Anglois, qui ont une correspondance réglée avec l'Amérique septentrionale, s'en procurent aisément des graines; mais il y a lieu d'espérer qu'il deviendra bientôt plus commun chez nous, puisque plusieurs de ces arbrisseaux fleurissent, & donnent des graines assez fréquemment chez différens cultivateurs, voisins de cette capitale.

L'Aralie à grappe est une plante vivace, qui s'élève de trois à quatre pieds de haut; ses tiges sont droites, garnies de feuilles surcomposées, qui forment une masse d'un verd gai, & d'une figure pyramidale. Ses fleurs, qui paroissent vers la mi-juillet, n'ont aucun éclat; elles produisent des baies noires qui mûrissent à la fin de l'automne.

Culture. On propage cette plante par le moyen de ses graines, qu'il est plus convenable de semer immédiatement après leur maturité que d'attendre au printems, parce qu'alors elles ne lèvent qu'à l'automne ou au commencement de l'année suivante; ce qui fait perdre d'abord une année de jouissance,

jouissance, & expose les graines, qui demeurent beaucoup plus long-tems en terre, à devenir la proie des insectes. Les semis d'automne lèvent au printems suivant; ils doivent être faits dans des pots ou terrines remplis d'une terre préparée comme celle des orangers, mais plus fine, & placés ensuite dans une plate-bande, à l'exposition du nord. Lorsque cette plante est en végétation, il lui faut des arrosemens abondans que l'on modère ensuite en automne, & que l'on supprime entièrement pendant l'hiver. Au printems de la seconde année, le jeune plant peut être repiqué en pleine terre à dix-huit ou vingt pouces de distance, dans une terre un peu forte, humide & ombragée. Quelques-uns de ces plants fleurissent dès cette seconde année; & au printems de la troisième, on peut les mettre en place à leur destination; mais il est bien plus expéditif de multiplier cette plante par les drageons & les œilletons qu'elle pousse abondamment de ses racines. Il suffit de les séparer de leur souche à l'automne, après le dessèchement des fanes, ou au commencement de mars, avant qu'ils commencent à pousser; de les mettre en pépinière, pour prendre de la force pendant une année ou deux; ensuite de les planter, n'importe dans quel terrein ou à quelle exposition, puisque ces plantes croissent par-tout; cependant elles deviennent plus vigoureuses & plus belles dans un terrein profond, substantiel, un peu humide & ombragé.

Usage. Cette Aralie peut être de quelqu'agrément dans les jardins paysagistes, entre les arbrisseaux, sur les bords des bosquets; mais elle n'est guères cultivée que dans les écoles de botanique.

L'Aralie à tige nue a beaucoup de ressemblance avec la précédente pour le port, mais elle s'élève un peu moins, & ses racines tracent davantage; d'ailleurs elle se cultive & se multiplie de la même manière, excepté qu'elle est un peu moins rustique; elle exige un sol plus léger, l'exposition du nord & plus d'humidité. On peut l'employer au même usage; on la cultive dans les jardins de plantes usuelles, à cause de ses propriétés médicinales.

Les autres espèces d'Aralies nous sont inconnues, & ne se rencontrent dans aucun jardin de l'Europe. (*M. Thouin.*)

ARATE, poids de Portugal, en usage aussi à Goa, au Brésil; c'est le même qu'*arobe* & *aroue*. *Voyez* Aroue. (*M. l'Abbé Tessier.*)

ARBOUSE, nom que les Provençaux donnent au fruit de l'*arbutus unedo* L., ou de l'arbousier commun. *Voyez* le mot *Arbousier* du Dictionnaire des arbres & arbustes. (*M. Thouin.*)

ARBOUSIER, nom françois d'un beau genre, nommé en latin *arbutus*. Il est composé d'arbrisseaux & d'arbustes, dont la plupart se conservent en pleine terre dans notre climat. *Voyez* le Dictionnaire des arbres & arbustes. (*M. Thouin.*)

ARBRES, *agriculture*, considérés relativement au tort qu'ils peuvent faire à l'agriculture. *Voyez* Allée. (*M. l'Abbé Tessier.*)

ARBRE. *Arbor.*

Après l'homme & les animaux, les arbres sont une des plus grandes, des plus nobles & des plus imposantes productions de la nature; aussi tiennent-ils le premier rang dans le règne végétal; ils le tiennent encore dans l'ordre d'utilité, le premier de tous les avantages; leurs propriétés & leurs usages sont infinis, tant dans l'économie que dans les arts.

On trouvera dans les Dictionnaires de botanique & des arbres & arbustes tout ce qui concerne les caractères, la physique, l'histoire & les différens usages de ces grands végétaux. Nous ne les considérons ici que relativement à leur emploi dans le jardinage, &, sous ce point de vue, nous les présenterons.

1.° Dans leur grandeur géométrique.

2.° Dans la direction de leur tige.

3.° Dans leur forme.

4.° Dans leur couleur.

5.° Dans leur fleur & dans le tems de leur fleuraison.

6.° Dans la forme & la durée de leur feuillage.

7.° Dans leur propriété de croître dans tel ou tel terrein.

8.° Dans la faculté qu'ils ont de supporter plus ou moins de froid ou de chaleur.

1.° *Hauteur des arbres.*

La hauteur des végétaux ligneux varie depuis un pouce jusqu'à cent cinquante pieds & plus. Non-seulement les espèces croissent à différentes élévations, mais même les individus d'une même espèce s'élèvent plus ou moins haut, en raison du climat où ils se trouvent, de la nature du sol, de la culture à laquelle ils sont soumis, &c. Cependant on peut les rapporter tous à sept divisions principales, prises d'après leur hauteur.

Ainsi nous appellerons :

Arbres de première grandeur ou grands arbres, ceux qui s'élèvent au-dessus de cent pieds.

Arbres de deuxième grandeur ou moyens arbres, ceux qui ne s'élèvent que de soixante à cent pieds, & dont la hauteur moyenne est de quatre-vingts pieds.

Arbres de troisième grandeur ou petits arbres, ceux qui croissent depuis trente jusqu'à soixante pieds, & dont la hauteur moyenne est de quarante-cinq pieds.

Nous nommerons pareillement grands Arbrisseaux, ceux qui s'élèvent depuis vingt pieds jusqu'à trente, & dont la hauteur moyenne est de vingt-cinq pieds. *Voyez* le mot ARBRISSEAU.

Les Arbrisseaux seront ceux qui croissent depuis douze jusqu'à vingt pieds, & dont la hauteur moyenne est de seize pieds. *Voyez* ARBRISSEAU.

Les sous-arbrisseaux seront compris dans la hauteur de quatre à douze pieds, dont le terme moyen est de huit pieds. *Voyez* ARBRISSEAU.

Enfin les Arbustes qui ne s'élèvent que d'un pouce à quatre pieds, & dont la moyenne hauteur est de deux pieds, formeront la dernière division. *Voyez* ARBUSTES.

Ainsi, par Arbuste, nous entendrons un végétal ligneux d'environ deux pieds de haut. Par sous-arbrisseau, un autre de 8 pieds; par Arbrisseau, un de seize pieds; par grand Arbrisseau, un de vingt-cinq; par petit Arbre ou Arbre de troisième grandeur, un de quarante-cinq pieds; par Arbre moyen ou arbre de deuxième grandeur, un arbre de quatre-vingts pieds; & enfin, par grand Arbre ou Arbre de première grandeur, un arbre de cent vingt-cinq pieds de haut. Cette manière de diviser les arbres n'est pas sans quelques inconvéniens, mais elle réunit plusieurs avantages.

2.° *Direction des tiges.*

Les sept divisions que nous venons d'établir renferment tous les arbres dont les tiges sont verticales; mais il y a beaucoup de végétaux ligneux, dont les branches foibles & grêles ne peuvent jamais s'élever d'elles-mêmes; d'autres qui rampent sur la surface de la terre, & d'autres enfin qui ont besoin d'être dans une situation perpendiculaire, pour laisser pendre leurs tiges, & pour lesquels il faut par conséquent admettre quatre autres divisions.

On donne le nom d'Arbuste rampant à ceux qui rampent sur la terre, comme la germandrée, différentes espèces de ronces, &c.

On appelle Arbrisseaux grimpans ceux dont les tiges s'entortillent autour des arbres voisins, comme la clématite des bois, le bourreau des arbres, &c.

On nomme Arbrisseaux sarmenteux, ceux qui, sans se contourner autour des supports qu'ils rencontrent dans leur voisinage, s'y attachent par leurs vrilles & s'élèvent, tels que la vigne, la grenadille, &c.

Enfin on donne le nom d'Arbrisseaux pendans à ceux qui, comme quelques espèces de ronces, jasminoïdes, douce-amere, &c., croissent dans les fentes des rochers, & laissent pendre leurs branches souvent à des distances assez considérables.

3.° *De la forme des arbres.*

La forme des Arbres & autres végétaux ligneux, est presque aussi variée qu'il y a d'espèces différentes. Cependant ils se rapprochent tous plus ou moins des formes suivantes.

ARBRE en colonne. On donne ce nom à ceux qui portent leurs branches serrées près du tronc, très-rapprochées les unes des autres, de manière que les dernières sont recouvertes par les premières, comme dans le peuplier d'Italie & le cyprès pyramidal; ce qui donne à ces arbres la figure d'un fût de colonne.

ARBRE pyramidal. Les branches de ceux-ci sont horizontales, & vont toujours en diminuant proportionnellement depuis la base jusqu'au sommet; ce qui produit des pyramides plus ou moins aiguës, comme dans le mélèse d'Europe, le platane du levant, le hêtre, &c.

ARBRE conique. On nomme ainsi les arbres dont les branches forment avec la tige un angle aigu, & dont le sommet est plus ou moins obtus; ce qui leur donne une figure conique, comme on le remarque dans le frêne, le tilleul, le maronnier d'Inde, &c.

ARBRE sphérique. Ceux-ci portent leurs branches inférieures à une grande distance du tronc, pendant que les supérieures diminuent rapidement de longueur, & que le sommet est applati; ce qui donne à la tête de ces arbres une forme arrondie, telle que le pommier, le pin cultivé, &c.

ARBRE triste. Cette division est assez remarquable. Leurs branches commencent d'abord par s'éloigner du tronc en ligne droite, à plus ou moins de distance; ensuite elles se recourbent, & tombent souvent jusqu'à terre, en décrivant une portion de cercle fort arrondie, comme on le voit dans le bouleau commun, le saule de Babylonne, &c.

ARBRES pittoresques. On appelle ainsi ceux dont la forme est irrégulière, & ne peut être rangée dans les autres divisions, tels que l'épicia, le pin de Jérusalem, &c.

4.° *Couleur des arbres.*

La couleur des Arbres n'est pas moins variée que la forme. Non-seulement chaque espèce d'arbre a sa teinte particulière, mais souvent le même individu change de couleur à mesure que son feuillage vieillit. Dans les uns, il est blanc, argenté & soyeux, comme on le remarque dans le saule, l'olivier de Bohême, le protea, &c. Dans d'autres, il est d'un verd blanchâtre ou gris, comme dans les peupliers blancs, les sauges, &c. Beaucoup sont d'un verd clair & luisant, comme le tilleul, le hêtre, le filaria, &c. Plusieurs sont d'un verd obscur ou noir, tels que le marronnier d'Inde, le peuplier noir, l'If., &c Quelques-uns, comme le phlomis en arbrisseau l'érable à feuilles de frêne, &c., ont leur feuillage d'un verd jaune. Quelquefois les mêmes feuilles sont teintes de plusieurs couleurs, jaune, blanche, rouge, &c. comme dans les végétaux panachés. Très-souvent elles sont de couleurs différentes de chaque côté; pour l'ordinaire, vertes en-dessus & blanches en-dessous, comme celles du peuplier beaumier, de l'érable rouge de Virginie, &c. Enfin presque toutes les feuilles des arbres changent de couleur à l'automne; le plus grand nombre devient jaune, & quelques-unes d'un rouge éclatant, comme celles du noyer, de l'acacia, du sumac de Virginie, du chêne rouge d'Amérique, &c.

5.° *Fleurs des arbres, & temps de leur fleuraison.*

Le temps de la fleuraison des arbres est une chose à laquelle on doit avoir égard dans la plantation, & sur-tout dans la distribution des masses, afin de ne pas réunir inconsidérément des végétaux qui veulent être séparés pour produire tout l'agrément & l'effet dont ils sont susceptibles. C'est cette considération qui a fait naître l'idée de les diviser en arbres de printems, d'été & d'automne. Il en sera parlé à l'article bosquet. *Voyez* ce mot.

Il n'est pas moins essentiel de connoître la fleur de chacun des arbres dont on veut faire usage pour la décoration des jardins, parce que, s'il y a un grand nombre d'arbres qui produisent des fleurs non moins agréables par leur éclat que par leur forme ou leur odeur, il y en a plus encore qui ne portent que des fleurs très-petites, peu apparentes, & qui, par conséquent, doivent être comptées pour rien.

6.° *Forme des feuilles des arbres.*

La forme des feuilles est encore une chose à laquelle on doit faire attention. Elle fournit un nouveau moyen de produire des contrastes piquans dans l'ensemble d'une plantation. Parmi les arbres, il y en a dont les feuilles présentent des surfaces planes & unies, d'autres des surfaces convexes & couvertes d'épines. Plusieurs d'entr'elles ont leurs contours arrondis, sans la moindre sinuosité, tandis que d'autres, au contraire, sont anguleuses & découpées de mille manières différentes; les unes sont longues & étroites, & ne présentent, pour ainsi dire, que des lignes dont l'épaisseur est égale à la largeur, comme celles du pin, des mélèses; d'autres sont aussi larges que longues, & offrent une surface considérable, telles que les feuilles du catalpa, du peuplier de la Caroline, &c. Ensuite une partie des arbres ont leurs feuilles simples, d'autres les ont composées & surcomposées; enfin, dans les uns, elles croissent seules le long des branches, & dans les autres, par paquets, aux extrémités des rameaux.

7.° *Durée des feuilles des arbres.*

Mais, indépendamment de la couleur & de la forme des feuilles, il faut aussi connoître leur durée. Il y a des arbres qui poussent toutes leurs feuilles au printems, & les perdent toutes ensemble à l'automne, tandis qu'il y en a d'autres qui les conservent jusqu'à ce qu'elles soient remplacées par de nouvelles, en sorte qu'ils sont toujours couverts de feuilles; c'est ce qui a fait donner à ces derniers le nom d'arbres verds, & aux premiers, celui d'arbres qui se dépouillent, ou, ce qui est la même chose, d'arbres d'hiver & d'arbres d'été.

8.° *De la faculté qu'ont les arbres de croître dans différens climats & dans différens sols.*

Des sables brûlans du Sénégal aux terres glacées du Kamchatka, la nature offre par-tout des végétaux, dont les uns, circonscrits dans une petite étendue de pays, paroissent ne pas avoir la faculté de croître ailleurs, pendant que les autres vivent également dans des climats tempérés, & dans les lieux les plus froids. Les diverses natures de terreins, les différentes expositions ont aussi leurs productions particulières que la nature bienfaisante a répandu avec largesse sur toute la surface du globe, pour l'orner & l'embellir; en sorte qu'il n'est point, ou du moins très-peu de terreins & d'expositions qui ne puissent donner naissance à des végétaux. Tout dépend de connoître les facultés de chaque espèce d'arbre, le terrein, l'exposition & le climat où ils croissent naturellement, & de les distribuer en conséquence. Nous indiquerons à chacun de leurs articles la nature du terrein qui leur est propre, l'exposition qui leur convient, le plus ou moins de sensibilité qu'ils ont pour la chaleur ou pour le froid; nous traiterons ensuite de ce qui a rapport à leur culture, à la forme & à la couleur de leurs différentes parties, & nous terminerons chaque article par l'usage qu'on en peut faire dans la décoration des jardins.

De ces différentes considérations, il résulte qu'une des connoissances la plus nécessaire à l'artiste, compositeur de jardins, est celle des végétaux sous leurs divers rapports, puisqu'il n'y a qu'elle seule qui puisse lui fournir les moyens de produire des oppositions de grandeur, de formes & de couleurs bien contrastées, & de donner enfin à ses productions l'agrément & la variété de la nature embellie. Sans cette connoissance indispensable, il ne fera jamais, dans toutes ses plantations, que des contre-sens grossiers, en plaçant, tantôt dans un sol maigre ce qui doit être dans un bon terrein, tantôt en plantant au midi ce qui devroit être au nord, & en formant ses grandes masses de bosquets, avec des objets destinés, par leur hauteur, à garnir les bordures; les moindres inconvéniens qui puissent résulter de toutes ces méprises, sont des dépenses sans fruit, une perte de tems, souvent irréparable, & toujours une privation de jouissance.

Mais quelle règle doit-on suivre pour employer les arbres dans les jardins d'agrément? Si l'on ne consulte que la nature, on verra que les arbres ne doivent pas être placés à des distances égales, ni sur des lignes régulières, puisque c'est le hasard qui les fait croître dans tel ou tel endroit. Ce sont des graines emportées par les vents qui donnent naissance aux uns & des rejettons qui multiplient les autres. Dans le premier cas, ils se trouvent placés sans symmétrie; dans le second, ils se grouppent, & c'est se rapprocher du modèle, qu'on ne doit jamais perdre de vue, que de les disposer de la sorte, autant qu'il est possible. Cette manière de les présenter est aussi bien plus favorable à l'effet & à la variété; & c'est ainsi que les peintres nous les montrent toujours dans leurs tableaux; à moins qu'ils n'y soient forcés, ils se gardent bien de représenter des palissades & des allées bien alignées.

Cependant la disposition des arbres est soumise, à certains égards, aux circonstances & à la nature des lieux où on les emploie. Le bon goût s'attache à certaines règles; le meilleur admet des exceptions, & n'est point exclusif; mais, soit qu'on emploie les arbres symmétriquement, soit qu'on les dispose & qu'on les grouppe d'une manière pittoresque, il est nécessaire de bien prévoir l'effet qu'ils produiront, lorsqu'ils auront atteint leur grosseur & leur élévation moyenne. Cette prévoyance indispensable pour la réussite des effets, exige une connoissance assez étendue des arbres, jointe à une habitude de réfléchir sur les productions; elle suppose d'ailleurs un goût ou plutôt un tact qui a une grande liaison avec les idées de composition dans l'art de la peinture, puisqu'il s'agit de masses, de rapports & de contrastes.

Il n'est pas moins nécessaire, même en variant les espèces d'arbres & d'arbustes, de les choisir convenables à la qualité du terrein. Ce soin contribue à l'effet, mais encore plus à la promptitude de la jouissance; il ajoute aussi beaucoup à l'impression qu'on a dessein de faire naître; une végétation facile, prompte & animée donne une idée de mouvement & de vie, qui manque ordinairement à toutes ces sortes de scènes; elle rappelle aussi les sentimens attachés à l'abondance, à la richesse, à la force & à la beauté.

Les Arbres considérés ensuite sous le point de vue économique, admettent d'autres rapports. On les divise en arbres fruitiers, forestiers, d'alignemens & étrangers.

Les Arbres fruitiers sont ceux qui produisent cette diversité infinie de fruits, aussi propres à flatter la vue, l'odorat & le goût qu'à servir de nourriture aux hommes. En raison de leur usage, de leur culture, du tems de la maturité de leurs fruits, on leur donne différens surnoms, tels que ceux d'arbres de vergers & d'arbres à espaliers.

Les Arbres de vergers ou plein vent, sont ceux qui, étant indigènes ou rendus tels par une longue culture, peuvent croître & fructifier, sans le secours d'abrits artificiels, comme les murs, les palissades, &c. & dont la culture se réduit à les élaguer de tems en tems, & à supprimer les branches mortes. Ces arbres se plantent ordinairement à des distances plus ou moins grandes, suivant l'objet qu'on a en vue; dans la plantation, on doit consulter la nature de chacun d'eux, pour les placer dans le sol, & à l'exposition qui leur convient.

Les Arbres fruitiers, soumis à la taille, & qu'on cultive dans les potagers, s'appellent arbres en éventail, en buisson & en quenouille.

Les Arbres en éventail prennent ce nom de la figure qu'on leur donne par la taille. Pour les former ainsi, on choisit dans les pépinières des sujets greffés à rez-terre qui, lorsqu'on les plante à demeure, doivent être rabattus à six ou huit pouces de haut. Parmi les jeunes branches que ces arbres poussent, on en choisit deux latérales, des plus basses, qui ont le plus de disposition à s'étendre sur la même ligne; on les y contraint par un treillage auquel on les attache; &, chaque fois qu'on taille les arbres, on supprime toutes les branches qui ont une tendance à croître dans une direction contraire à celle qu'on veut donner à son éventail. Les branches qui croissent verticalement sur les deux principales, sont soigneusement conservées & palissées pour garnir le milieu; en trois ou quatre années de tems, on parvient à donner aux arbres la forme d'éventail.

Les arbres taillés en éventail sont ordinairement destinés à former les contre-espaliers, à garnir le milieu des plates-bandes qui entourent les carrés des jardins potagers; enfin ils sont aux jardins légumiers ce que les palissades sont aux jardins d'agrément.

Les arbres qu'on emploie le plus ordinairement à former les éventails, sont les diverses espèces de pommiers, de poiriers, de cerisiers, de pruniers, &c.

Arbres fruitiers en buisson ou en entonnoir. On donne ce nom à des arbres disposés en forme de vases coniques, dont la pointe est en bas, & le centre vuide de branches. Ils approchent d'autant plus du point de perfection, qu'on attache à cette forme, que leur figure est plus régulière, que l'évasement est proportionné à la hauteur, & qu'il commence à se former plus près de la terre.

Pour donner aux arbres la forme d'un buisson,

il faut s'y prendre de très-bonne heure, c'est-à-dire, dès la première année de la plantation. Lorsqu'ils ont été rabattus à quelques pouces hors de terre, ils ne manquent pas de pousser plusieurs branches; alors on ménage soigneusement toutes celles qui partent du tronc, à la même distance de la terre, & qui se trouvent également espacées autour de la circonférence. L'on supprime toutes celles qui se trouvent trop basses, ou qui sont placées dans des endroits déjà remplis, de manière à ne laisser qu'une rangée de branches placées le plus régulièrement possible au-tour de la tige. Quand le choix des branches est fait, on place quatre piquets à égale distance autour de l'arbre, lesquels servent à supporter un cerceau du diamètre qu'on veut faire prendre à l'évasement du vase de l'arbre par en bas; c'est à ce premier cercle qu'on attache les jeunes branches qu'on a réservées, afin de leur faire prendre le premier pli. La seconde année, on place un cerceau un peu plus grand, à six pouces au-dessus du premier pour former plus parfaitement l'entonnoir, & graduer ainsi l'évasement. On continue d'année en année, jusqu'à ce que les branches soient arrivées à la hauteur qu'on veut donner, & que la forme soit bien décidée.

La taille des Arbres fruitiers destinés à former le buisson, doit toujours être faite de manière à laisser l'œil en dehors, & jamais en dedans, à moins qu'une branche qui viendroit à s'échapper ne forçât, pour la remettre à sa place, de tailler en dedans. On doit aussi se garder d'arrêter à la même hauteur toutes les branches d'un buisson, sans distinction des fortes ou des foibles; ce qui ne se pratique que trop souvent pour satisfaire une symmétrie mal entendue; il faut, au contraire, tailler les branches en proportion de leurs forces, afin d'éviter de donner naissance à des tiges gourmandes, qui emportent la plus grande partie de la sève au détriment des autres rameaux. De même, au lieu de tailler soigneusement à la même longueur toutes les branches qui viennent sur la circonférence du buisson pour donner plus de grace aux arbres, il vaut mieux retrancher, près des maîtresses branches, toutes celles qui ne peuvent trouver place sans occasionner de la confusion, & couper même, par les extrémités, toutes celles qui annoncent des fruits; par ce moyen, on obtient d'abondantes récoltes, & l'on en est quitte pour rapprocher les branches par la suite. Ces opérations de la taille se font, pour l'ordinaire, en janvier & février.

Les Arbres en buisson sont ordinairement réservés aux jardins potagers; on les y distribue autour des carrés; ils ont l'avantage d'offrir des fruits plus faciles à cueillir, & des récoltes plus sûres, dit-on, que celles des arbres des vergers, parce qu'ils sont moins accessibles aux vents; mais tous ces avantages sont bien loin de compenser la perte considérable de terrein que ces arbres occupent, les frais de culture qu'ils nécessitent, l'inconvénient qu'ils ont de servir de retraite à une multitude d'insectes qui dévorent les plantes potagères voisines, & le tort qu'ils font aux autres végétaux, en arrêtant la circulation de l'air dans les jardins où ils sont plantés.

Les Arbres destinés à former des buissons, sont les mêmes que ceux qu'on taille en éventail, c'est-à-dire, les diverses espèces de pommiers, de poiriers, de pruniers d'abricotiers, &c.

Arbres fruitiers en quenouille. On appelloit ainsi des arbres de fantaisie, dont les branches, qu'on laissoit croître tout autour du tronc, à un pied de terre environ jusqu'au sommet, qui avoit ordinairement six ou huit pieds d'élévation, étoient taillées à une certaine longueur qui étoit la même du haut en bas; au moyen de quoi ces arbres avoient la figure d'une quenouille, ou, pour mieux dire, d'un fût de colonne plus ou moins gros. La bizarrerie de cette culture à laquelle on soumettoit anciennement plusieurs arbres fruitiers, n'est plus d'usage aujourd'hui parmi nous, & ne subsiste plus que dans quelques jardins de la Hollande, où l'on commence même à les détruire. L'aspect désagréable que présente la nature ainsi dégradée, sans aucun but d'utilité, a fait rejeter cette forme, & nous dispense d'une description plus étendue.

Arbres fruitiers en girandoles. Les Arbres auxquels on donnoit cette forme, étoient de jeunes sujets, vigoureux, dont on étageoit les branches de distance en distance; ce qui formoit des plateaux, tantôt carrés & tantôt ronds. On en graduoit la distance & la grandeur du bas en haut; au moyen de quoi ces arbres avoient la figure d'une pyramide plus ou moins alongée. Cette pratique, très-nuisible à la santé des arbres, contraire à la multiplication des fruits, & désagréable à la vue, est abandonnée depuis longtems en France; elle ne se soutient plus que dans quelques jardins de l'Allemagne & de la Hollande, d'où il faut espérer qu'elle sera bientôt bannie.

Arbres d'espaliers. On nomme ainsi les Arbres fruitiers dont on se sert ordinairement pour tapisser les murs des jardins potagers, soit que leur délicatesse exige ces abris artificiels, soit que la beauté de leurs fruits, & leur parfaite maturité dépendent de cette culture, soit enfin que leur nature se prête plus volontiers à produire dans les jardins qui leurs sont destinés, cette décoration agréable & utile.

Les espaliers sont uniquement formés avec des arbres qui, à raison de leur taille, sont nommés arbres *nains*, *demi-tiges* & *à tiges.*

Les Arbres nains ou basses tiges sont ceux qui, greffés dans la pépinière à rez-terre, sont rabattus, lors de leur plantation, à huit, dix & quinze pouces hors de terre; on leur laisse croître deux branches latérales, s'ils sont destinés à former des espaliers ou des éventails; mais quand on en veut faire des buissons, il faut ménager toutes les jeunes branches qui croissent des différens points de la circonférence, & tailler l'œil en dehors, comme il a été dit à l'article des arbres en buisson.

La taille des *Arbres nains* d'espalier est différente de celle qu'on pratique pour les *buissons ;* on doit toujours la faire sur les yeux latéraux, c'est-à-dire, tailler au-dessus des yeux, qui sont placés sur les branches parallélement au mur contre lequel elles sont appuyées, & en dehors de l'arbre, afin que les branches qui doivent sortir de ces yeux, aient une disposition à s'éloigner du corps de l'arbre, dans la direction du mur; le but de cette taille, est d'alonger le plus qu'il est possible, & dans une position presque horizontale, les branches des arbres nains.

Les Arbres nains, ou à basse tige, sont préférés, avec raison, pour les espaliers, qui ne doivent s'élever qu'à cinq ou six pieds ; on s'en sert aussi pour faire les éventails & les buissons, dont on garnit les bordures des quarrés des potagers. Une grande partie des arbres fruitiers se prête à cette culture.

Arbres fruitiers à demi-tiges. Ce sont des arbres greffés, dont les tiges ont trois à quatre pieds d'élévation, & qu'on destine à former des buissons, des éventails, mais plus particulièrement à garnir des espaliers dans les jardins potagers. Ces arbres sont de toutes les espèces, & n'ont pas de culture qui leur soit particulière.

Arbres fruitiers à tiges. Tantôt on les destine à former des espaliers, qui ont beaucoup d'élévation, le long des murs de terrasse, tantôt on les abandonne, pour ainsi dire, à eux-mêmes dans les vergers. Alors ils prennent le nom d'Arbres de *plein-vent.* On les appelle *Arbres à tiges*, lorsqu'ils ont six à sept pieds de haut sous les branches. On est désabusé de l'usage de les employer dans les espaliers ordinaires, par la raison que ces arbres étant déjà élevés de six à sept pieds, leurs branches atteignoient bientôt le haut du mur, & l'on étoit obligé de les tailler fort courts; dès-lors chaque nouvelle branche devenoit une tige gourmande, qu'on étoit forcé d'abattre tous les ans; au moyen de quoi on n'obtenoit presque jamais de fruit de ces arbres. Les nains & les demi-tiges sont non-seulement beaucoup plus propres à former des espaliers de neuf à douze pieds de haut, mais encore rapportent beaucoup plus.

Arbre *franc de pied.* Ce mot s'entend d'un individu venu de semences, de marcotte ou de bouture dont les racines & toutes les parties sont le produit de la nature, sans que l'art de la greffe s'en soit mêlé. A mérite égal pour la qualité de l'espèce, les Arbres francs de pied doivent en général être préférés ; mais il y a du choix à faire entre les individus provenus de graines, & ceux qui ont été multipliés de marcottes, de boutures, de drageons & de racines. Les premiers sont d'un port plus agréable, s'élèvent plus droits, & sont ordinairement plus rustiques.

Arbre *sauvageon.* Anciennement ce nom étoit réservé aux jeunes plants d'arbres sauvages, qu'on tiroit des bois & qu'on plantoit en pépinière, pour servir de sujets aux greffes des espèces plus rares ou plus précieuses. Mais actuellement on donne ce nom à tous les jeunes plants provenus de graines des différentes variétés d'arbres fruitiers, lesquels ont besoin d'être régénérés par la greffe pour donner de bons fruits, ou pour perpétuer des variétés qui ne se propagent point par la voie des graines. Pour des pepinières en grand, il est plus avantageux de se servir de sujets qu'on a semés & élevés soi-même dans la même nature de terrein, que d'employer des sauvageons tirés des bois, qui, pour la plupart, étant venus sur souche ou de drageons, s'arrachent difficilement, périssent en grande partie lors de leur transplantation, & ne fournissent que des sujets peu vigoureux & difficiles à greffer.

Arbre *franc sur franc.* Se dit d'un sujet sur lequel on a d'abord greffé une espèce cultivée, & qu'on regreffe une seconde fois sur le produit de la première greffe, avec une autre espèce d'arbre cultivé. Cette double opération a souvent l'avantage de bonifier les fruits, en les corrigeant de leurs défauts.

Arbre *fruitier à noyau.* Cette division des arbres fruitiers en fruits à pepin, & en fruits à noyau, inventée par les jardiniers & pépiniéristes, a l'avantage de partager presque en deux, cette belle partie du règne végétal; les arbres à fruits, à noyau, sont en général plus hâtifs dans la maturité de leur fruits ; ce sont eux qui, chaque année, décorent nos tables les premiers. Ils préfèrent une terre plus légère, une exposition plus chaude, se plient plus aisément à la culture de la taille, & sont d'un rapport plus certain; mais ils sont plus souvent attaqués de maladies que les autres, & vivent en général moins long-tems. On les emploie à former, dans les jardins fruitiers, des espaliers, & contre-espaliers, &c.

Arbre *fruitier à pepin.* On appelle ainsi les arbres à fruit dont les semences sont des pepins, comme le pommier, le poirier, &c. S'ils sont plus tardifs, en général, que les fruits à noyau, ils ont l'avantage de durer plus long-tems, & de faire l'ornement de nos tables dans une saison où la nature engourdie par les frimats, ne présente qu'un aspect triste & affligeant, ce qui les rend plus précieux; enfin ils sont moins délicats que les arbres fruitiers à noyau, & vivent plus long-tems. On les emploie plus ordinairement dans les jardins fruitiers, à former des évantails, des buissons. On en met en plein-vent dans les vergers, & l'on en borde les chemins. On ne sauroit trop recommander la culture de cette classe d'arbres, dont le produit est fort avantageux aux propriétaires; ils aiment un sol plus compact, plus humide, & une exposition moins chaude que les arbres fruitiers à noyau. Voyez ce mot.

Arbres *forestiers*. Cette épithète porte sa définition avec elle ; mais elle n'est que relative, car le tulipier, les magnolia, le bonduc, &c. sont des arbres forestiers pour les habitans de l'Amérique septentrionale, pendant qu'ils sont pour nous des arbres étrangers ; & par la même raison notre frêne, notre charme, nos chênes sont pour eux des arbres étrangers. D'ailleurs, dans les pays cultivés depuis long-tems, le nombre des arbres forestiers augmente à mesure que les productions étrangères s'y acclimatent, & c'est vers ce but que devroient diriger leurs vues les possesseurs de vastes terreins ; ils y trouveroient des ressources pour employer utilement des lieux incultes, & se ménageroient des jouissances durables en augmentant leurs revenus.

Arbres *d'alignement*. On nomme ainsi tous les arbres tant indigènes qu'étrangers, qui peuvent croître en pleine terre, & qui sont propres à border des grandes routes, des allées, à former des quinconces, & enfin à faire des plantations régulières. Comme ces diverses opérations ont chacune un but différent, il est nécessaire de connoître la hauteur, la forme, & la nature du feuillage des arbres d'alignement, ainsi que leur faculté de croître dans telle ou telle nature de terrein, pour mettre chacun d'eux à sa place, & accélérer sa jouissance, autrement on ne fait que des erreurs non moins préjudiciables à ses vues qu'à ses intérêts.

Arbres *trangers*. Cette division des arbres en *fruitiers*, *forestiers d'alignement* & *étrangers*, n'a été imaginée par les pépiniéristes que pour mettre de l'ordre dans leur culture, & la leur rendre plus commode ; mais elle n'est d'aucun usage parmi les méthodistes. Les arbres étrangers sont encore trop rares, & par conséquent d'une acquisition trop difficile pour qu'on puisse en tirer tout le parti qu'on doit naturellement s'en promettre en les cultivant en grand, soit pour l'utilité, soit pour l'agrément. Cependant plusieurs beaux arbres que nous avons acclimatés, & rendus pour ainsi dire indigènes, tels que le marronnier d'Inde, différens érables d'Amérique, noyers de Virginie, frênes de Caroline &c. qui font l'ornement de nos jardins, & nous ménagent des ressources économiques, devroient nous encourager à faire les dépenses premières d'acquisition de nouvelles espèces, & à suivre leur culture avec soin. Les Anglois sont infiniment plus avancés que nous à cet égard. Il est vrai que, depuis plusieurs années, on commence à s'occuper avec succès de cet objet; mais parmi les arbres étrangers, ceux qu'il nous importe le plus de multiplier, sont ceux qui croissent dans les climats analogues à notre température, comme dans la partie septentrionale de l'Amérique, & dans le Nord de l'Asie ; ils croîtront en pleine terre dans notre sol, & nous procureront des jouissances prochaines & durables, tandis que ceux des parties méridionales ne seront long-tems que des objets de curiosité, qu'il faudra conserver dans les serres.

Arbres *en boule*. On donne cette forme à de grands arbres rustiques, dont on borde des allées qui ne doivent point masquer la vue; ou a des arbustes à fleurs, dont on garnit les plates-bandes des parterres, des jardins symmétriques ; ou enfin à des arbres & arbrisseaux étrangers qui ne peuvent passer l'hiver en pleine terre, & que, pour cette raison, on conserve dans des vases & dans des caisses qu'on renferme dans les orangeries, ou dans les serres pendant la saison des froids ; il n'y a pas encore bien long-tems qu'on croyoit que cette forme sphérique étoit plus agréable que celle que la nature avoit affectée à chaque individu ; & dans cette persuasion, les ormes, les tilleuls, les myrtes, les orangers, &c. tout étoit tondu en boule ; heureusement un goût plus sain a fait sentir le ridicule de jeter (pour ainsi dire) dans le même moule tant d'objets de nature si différente, & qui tous avoient des formes & un port qui étoient perdus pour la variété ; on s'est restreint à ne tailler en boule que les arbustes des parterres, & les arbrisseaux de serres, qui souffrent moins de cette opération meurtrière. Il seroit à desirer que cette mode fût entièrement passée, & pour le bon goût, & pour le bien-être des arbres.

La culture des *Arbres en boule* rentre dans celle des autres; nous nous contenterons de dire ici que la taille de ces arbres se fait pour l'ordinaire au ciseau, & qu'on la pratique dans deux saisons de l'année; savoir, au mois de juin immédiatement après la fleuraison des arbustes à fleurs printanières, & en novembre après celle des arbustes qui fleurissent l'été & l'automne. Les arbres dont on n'attend point des fleurs sont tondus en mai & en juillet. Les arbres & arbrisseaux étrangers de serre se taillent à la serpette au printemps & à l'automne.

Arbres *en pot*. On sème ou l'on repique très-jeunes dans des pots, les arbres d'une transplantation difficile, ou qui, étant fort délicats dans leur jeunesse, ont besoin du secours de la serre ou d'abris particuliers pendant les premières années de leur jeunesse ; on les y laisse croître jusqu'à ce qu'ils soient assez forts pour être placés à leur destination. Ce moyen est très-utile pour acclimater certains arbres étrangers, & particulièrement les arbres verts, résineux, & délicats ; mais il convient de ne pas les laisser s'affamer dans leurs vases, & de les en changer toutes les fois que leurs racines commencent à sortir par les fentes, ou les trous, en observant de proportionner la grandeur du vase à la force & à l'âge du végétal.

Tous les arbres qui ne passent point l'hiver en pleine terre, sont cultivés dans des pots jusqu'à ce qu'ils soient assez forts pour être mis dans des caisses; il faut chaque année les changer de pots & de terre, ce qui s'appelle *rempoter*. Voyez ce mot.

ARBRES *en mannequins*. On plante dans des mannequins les arbres délicats qui reprennent difficilement, qui ont besoin d'une nature de terre particulière, de chaleur artificielle, ou d'une exposition qui leur soit convenable, afin que, lorsqu'ils sont parfaitement repris, on puisse les placer à leur destination sans courir les risques d'une nouvelle transplantation; mais il convient que ce changement de place se fasse dans le cours de l'année; car plus tard les mannequins sont pourris, ou très-près de l'être, & alors on perd une partie du fruit de sa précaution.

L'usage des mannequins est fort répandu parmi les jardiniers fleuristes de Paris, ce qui est très-commode pour les particuliers qui veulent planter à contre-saison; à la vérité ils paient les arbres un quart plus cher environ que ceux qui sont à racines nues, mais ils sont sûrs de la réussite de leur plantation.

ARBRES (*multiplication des*). Les moyens de multiplication pour les végétaux ligneux, sont les semences, les greffes, les marcottes, les drageons, les boutures & les racines; il n'est point d'arbres qui ne se multiplient par un de ces moyens, & il en est plusieurs qui se propagent de toutes les manières; les climats, les saisons, & la nature des terres, doivent diriger dans le choix de ces moyens, & rendent impossible l'établissement d'une théorie générale; c'est pourquoi nous nous contenterons de renvoyer aux articles, *semences*, *greffes*, *marcottes*, *drageons*, *boutures*, & *racines* pour des vues générales sur ces moyens de multiplication, & aux articles de chaque arbre, pour les détails particuliers à chacun d'eux.

ARBRES (*culture des*). Cette culture comprend *l'éducation des arbres dans leur jeunesse, les repiquages, les arrosemens, les labours, l'administration des engrais* qui leur sont propres, les diverses opérations de la *taille*, & le traitement de leurs *maladies*. Comme tous ces objets forment des articles particuliers, nous y renvoyons le lecteur pour ne point faire de doubles emplois. (*M. THOUIN.*)

ARBRE à bâton. *Celastrus*. *Voyez* CELASTRE.

ARBRE à baume. *Clusia flova*. L. *Voyez* CLUSIER *jaune*.

ARBRE à bouton. *Cephalanthus occidentalis* L. *Voyez* CEPHALANTE *d'Amérique dans le Dict. des arbres & arbustes*.

ARBRE à bouton. *Conocarpus erectus*. L. *Voyez* CONOCARPE *droit*.

ARBRE à callebasse. *Crescentia cujete*. L. *Voyez* CALEBASSIER *à feuilles longues*.

ARBRE à chapelet. *Melia azedarach*. L. *Voyez* AZEDARAC *bipinné*.

ARBRE à choux, palmiste franc ou chou-Palmiste. *Areca oleracea*, L. *Voyez* AREC *d'Amérique*.

ARBRE à cotton de soie. *Bombax ceyba*. L. *Voyez* FROMAGER *à cinq feuilles*.

ARBRE à encens. *Pinus tæda*. L. *Voyez* PIN *de Virginie dans le Dictionnaire des arbres & arbustes*.

ARBRE à éponge. *Mimosa farnesiana*. L. *Voyez* ACACIE *de Farnèse*.

ARBRE à fèves astringentes *Mimosa scandens*. L. *Voyez* ACACIE *à grandes gousses*.

ARBRE à frange. *Chionanthus Virginicus*. L. *Voyez* CHIONANTE *de Virginie au Dict. des arbres & arbustes*.

ARBRE à girofle ou gérofle. *Cariophyllus aromaticus*. L. *Voyez* GIROFLIER *aromatique*.

ARBRE à grives, sorbier des oiseleurs ou cochêne. *Sorbus aucuparia*. L. *Voyez* SORBIER *des oiseleurs dans le Dictionnaire des arbres & arbustes*.

ARBRE de Macaw. *Elais Guineensis*. L. *Voyez* AVOIRA *de Guinée*.

ARBRE de Mahogoni. *Switenia Mahagoni* L. *Voyez* MAHOGON *à meubles*.

ARBRE à mamelles. *Mammea Americana* L. *Voyez* MAMMÉ *d'Amérique*.

ARBRE à pain. *Artocarpus incisus*. L. *Voyez* JACQUIER *prinnatifide*.

ARBRE à parasol. *Magnolia tripetala*. L. *Voyez* MAGNOLIER *parasol au Dictionnaire des arbres & arbustes*.

ARBRE à parasol de la Chine. *Sterculia platani folia*. L. *Voyez*.

ARBRE à poison. *Rhus toxicodendron*. L. *Voyez* SUMAC *vénéneux dans le Dictionnaire des arbres & arbustes*.

ARBRE à poix. *Pinus abies*. L. *Voyez* SAPIN *commun dans le Dictionnaire des arbres & arbustes*.

ARBRE à tanner des cuirs. *Coriaria myrtifolia*. L. *Voyez* REDOUL *à feuilles de myrte dans le Dictionnaire des arbres*.

ARBRE au mastic ou lentisque. *Pistacia lenticus*. L. *Voyez* PISTACHIER *lentisque dans le Dictionnaire des arbres & arbustes*.

ARBRE aux savonettes. *Sapindus saponaria*. L. *Voyez* SAVONNIER *des Indes*.

ARBRE aux tulipes. *Liriodendron tulipifera*. L. *Voyez* TULIPIER *d'Amérique dans le Dictionnaire des arbres & arbustes*.

ARBRE à vis. *Helicteres*. *Voyez* HELICTERE.

ARBRE d'ambre. *Anthospermum æthiopicum*. L. *Voyez* ANTHOSPERME *d'Ethiopie*.

ARBRE d'argent ou argenté. *Protea argentea*. L. *Voyez* PROTÉ *argenté*.

ARBRE de cire. *Myrica cerifera*. L. *Voyez* GALÉ *cirier dans le Dictionnaire des arbres & arbustes*.

ARBRE de corail. *Erytherina corallodendron*. L. ERYTHRINE *des Antilles*.

ARBRE de dragon. *Dracæna draco*. L. DRAGONIER *à feuilles d'yucca*.

ARBRE de judée ou gainier. *Cercis siliquastrum* *Voyez*.

Voyez Gainier *commun dans le Dictionnaire des arbres & arbustes.*

Arbre de neige, snaudrap, arbre à franges ou amelanchier de Virginie. *Chionanthus virginicus.* L. *Voyez* Chionante *de Virginie dans le Dictionnaire des arbres & arbustes.*

Arbre de Sainte-Lucie. *Prunus mahaleb.* L. *Voyez* Prunier *mahaleb au Dictionnaire des arbres & arbustes.*

Arbre de soie de Constantinople. *Mimosa arborea.* L. *Voyez* Acacie *en arbre.*

Arbre de vie de Canada. *Thuya occidentalis.* L. *Voyez* Thuya *de Canada dans le Dictionnaire des arbres & arbustes.*

Arbre de vie de la Chine. *Thuya orientalis.* L. *Voyez* Thuya *du Levant au Dictionnaire des arbres & arbustes.*

Arbre du baume de Tolu. *Toluifera balsamum.* L. *Voyez* Tolutier *d'Amérique.*

Arbre du Sagou. *Cycas circinalis.* L. *Voyez* Cycas *des Indes.*

Arbre laiteux. *Sideroxylon lycioides.* L. *Voyez* Argan *à feuilles de saule.*

Arbre puant ou bois puant. *Anagyris fœtida.* L. *Voyez* Anagire *fétide au Dictionnaire des arbres & arbustes.* (*M. Thouin.*)

Arbres *lanigères.* On donne quelquefois ce nom aux arbres qui portent une substance laineuse, comme on en voit ordinairement sur les chatons des saules, des peupliers, &c. (*M. Thouin.*)

ARBRISSEAU, *frutex.*

Il n'existe point de caractères essentiels qui distinguent les Arbrisseaux des arbres; leurs parties constituantes sont les mêmes; il n'y a que la différence des grandeurs qui puisse servir entr'eux de marque distinctive, encore ce caractère secondaire est-il souvent en défaut; en effet, rien n'indique, à l'inspection d'un jeune arbre, s'il est destiné à former un arbre ou un arbrisseau; de plus, il arrive souvent qu'un petit arbre placé dans un terrein qui ne lui est pas favorable, n'atteint jamais la hauteur d'un grand arbrisseau, tandis que celui-ci, se trouvant dans un lieu qui lui est propre, croît aussi haut qu'un arbre de troisième grandeur; cependant, pour fixer les idées sur cette dénomination, & en même-tems pour qu'on puisse s'entendre, nous allons rassembler ici les petites différences, les semi-caractères qui se trouvent entre les uns & les autres. En général, les Arbrisseaux abandonnés à eux-mêmes commencent à pousser, dès leur racine, plusieurs tiges souvent égales en grosseur & en hauteur; ils drageonnent du pied; leur tige est ordinairement divisée, dès sa naissance, en plusieurs branches d'égale force, qui ne permettent pas de distinguer laquelle doit être prise pour le tronc, ou pour mieux dire, il n'y a point de tronc déterminé; les Arbrisseaux fleurissent dans un âge moins avancé que les arbres, & en général le terme de leur vie est plus court. Ces caractères difficiles à saisir dans l'état de nature, sont souvent rendus nuls par la culture; l'élagage fait un arbre d'un Arbrisseau, tandis que la tonture & la taille font un Arbrisseau d'un arbre. Malgré cet inconvénient de la division des arbres en général en *arbres*, *arbrisseaux* & *arbustes*, elle est trop importante à l'art de la composition des jardins pour être négligée, seulement il nous semble que le terme d'*Arbrisseau* seul est trop vague, & ne désigne pas assez les êtres qu'il renferme; nous pensons qu'il vaudroit mieux les distinguer en *grands Arbrisseaux*, en *Arbrisseaux* proprement dits, & en *sous-Arbrisseaux*; ces différentes dénominations les circonscriroient davantage, & en feroient mieux connoître l'emploi.

Ainsi, les *grands Arbrisseaux* seroient ceux qui suivent immédiatement les petits arbres, & dont la hauteur est de 20 à 30 pieds, ou ceux qui ont pour hauteur moyenne vingt-cinq pieds, comme les lilas ordinaires, le filaria, l'aube-épine, &c.

Les *Arbrisseaux proprement dits*, comprendroient ceux qui s'élèvent de douze à vingt pieds, & dont la hauteur moyenne est de seize pieds, comme le nerprun, l'alaterne, le sanguin des bois, &c.

Enfin *les sous-Arbrisseaux* renfermeroient ceux qui s'élèvent de quatre à douze pieds, & qui ont pour hauteur moyenne huit pieds d'élévation, tels que le baguaudier, le genêt d'Espagne, le seringa, l'obier des bois, &c.

Si les arbres, par la majesté de leur port, sont faits pour former des masses imposantes dans les jardins, les Arbrisseaux par l'éclat & l'odeur agréable de leurs fleurs, paroissent destinés plus particulièrement à orner le voisinage des habitations de l'homme; ils sont plus près de lui, plus à sa portée, plus soumis à sa volonté; les jouissances qu'ils lui procurent sont aussi plus voluptueuses & plus vives; qu'y a-t-il de plus agréable que la couleur, & de plus suave que l'odeur des fleurs du lilas, de l'aube-épine, de la rose? elles semblent faites pour embellir les lieux qu'il habite, & parfumer l'air qu'il respire; si l'on considere ensuite que cette classe de végétaux a pardessus les arbres, l'avantage de fournir plus abondamment des fleurs dans toutes les saisons de l'année, à commencer par le bois-joli qui fleurit en février, & finissant par le laurier-thym dont les fleurs paroissent en décembre, on conviendra que, si les arbres sont plus utiles, les Arbrisseaux sont plus agréables.

On emploie avec succès les Arbrisseaux à la décoration des jardins symmétriques; on en forme des massifs, des bosquets; on en orne les plate-bandes des parterres; plusieurs d'entr'eux sont propres à former des palissades, garnir des tonelles, & tapisser des murs. Dans les jardins paysagistes, leur emploi est bien plus étendu; ils servent à lier les arbres aux arbustes; on en forme des grouppes sur les tapis de verdure; placés sur les lisières des bosquets, ils en décrivent mieux les contours; ils ornent & parfument les bords des promenoirs, enfin plusieurs d'entr'eux entrent dans la composition de nos jardins fruitiers. (*M. Thouin.*)

ARBRISSEAU laiteux de la Louisiane. *Sideroxylon lycioides* L. *Voyez* Argan à feuilles de saule. (*M. Thouin.*)

ARBUSTES.

L'Arbuste, *suffrutex*, est aux arbres ce que les mousses sont aux plantes, c'est-à-dire, qu'ils sont les plus petits des végétaux ligneux.

Le caractère du défaut de boutons qui distingue cette division de celle des arbres & des arbrisseaux, est insuffisante pour déterminer l'emploi de ces êtres dans la composition des jardins, seul rapport sous lequel nous les envisageons; parce qu'il existe beaucoup de végétaux ligneux qui sont aussi petits, & souvent plus petits que les Arbustes lesquels ont cependant des boutons préparés dès l'automne, pour ne s'épanouir qu'au printems suivant, tels que différentes espèces de saules des Alpes, & de bouleaux nains; c'est pourquoi il seroit bon, sans avoir égard à l'absence ou à la présence des boutons, de rassembler sous le titre d'Arbustes, tous les végétaux ligneux qui croissent depuis un pouce jusqu'à quatre pieds de haut, on auroit une donnée plus exacte.

Les Arbustes ont presque toutes les propriétés des arbrisseaux; ils sont employés aux mêmes usages; ils ont de plus l'avantage de lier, par une gradation insensible, les gazons aux arbrisseaux, & d'être le premier échelon du gradin naturel qu'on peut établir depuis l'hyssope jusqu'au cèdre du Liban. Dans les jardins paysagistes, les Arbustes sont employés à former des tapis dans les endroits où le gazon ne peut croître, comme sur les pentes rapides, ou dans les terreins sablonneux & brûlans (*M. Thouin.*)

ARCADE, (terme de jardinage), se dit d'une palissade formant une grande ouverture plus ou moins cintrée par le haut, qui peut être percée jusqu'en bas, ou arrêtée sur une banquette de charmille.

Les Arcades ne sont en usage que dans les jardins symmétriques, soit pour former des contre allées, soit pour déterminer une perspective. On les pratique en ligne droite, ou on leur donne des formes courbes, suivant l'exigence du local, ou le goût du constructeur. Pour qu'elles aient de la grace, on donne à ces arcades deux fois ou deux fois & demie plus de hauteur que de largeur. Les trémeaux doivent avoir trois ou quatre pieds de large. Au-dessus du ceintre, on élève une corniche ou bande plante de deux ou trois pieds de haut, taillée en chanfrein, & faite avec les arbres de la même palissade, avec des boules ou des aigrettes en forme de vase sur chaque trémeau; s'il y a quelque corps saillant, tel qu'un socle, un laveau, il ne doit avoir au plus que deux ou trois pouces de saillie.

Les Arcades se forment plus particulièrement avec des plants de charme, d'if, d'ormille, d'érable champêtre, de tilleul & de plusieurs autres espèces d'arbres susceptibles d'être taillés, & de croître à la hauteur desirée: pour jouir plus promptement, on a soin de planter des plants de deux âges différens, de très-jeunes pour les parties de la palissade, qui doivent former les tablettes d'appuis sous le ceintre, & de beaucoup plus forts pour établir les pilastres ou trémeaux qui doivent former les parties ceintrées, & la bande plate du dessus. On doit aussi observer de désigner le point milieu de chaque trémeau par un arbre de plus haute venue que les autres, afin que le vase ou la boule qui doit être formée de sa tête par la suite, se trouve perpendiculairement sur son tronc.

Il est indispensable de tondre exactement trois ou quatre fois par an ces sortes de palissades, pour leur donner d'abord la forme qu'elles doivent avoir, & ensuite pour la leur conserver. Ces productions d'un goût gothique coûtent beaucoup de dépenses à établir, & de soins à conserver, & produisent bien peu d'agrément; aussi sont-elles négligées dans ce moment. (*M. Thouin.*)

ARCHANGE ou Ortie morte. *Lamium album.* L. *Voyez* Lamion blanc. (*M. Thouin.*)

ARCHANGELIQUE. *Angelica archangelica.* L. *Voyez* Angelique des jardins. (*M. Thouin.*)

ARCHIDUC (poire), variété du *Pirus communis.* L. *Voyez* le Dictionnaire des arbres & arbustes au mot Poirier. (*M. Thouin.*)

ARCHITECTURE. L'Architecture du jardinage a pour objet la construction & la distribution des jardins. Tout ce qui tient à la bâtisse des serres & autres fabriques utiles ou agréables, à la formation des différentes parties de jardin, & à la distribution de chacune d'elles, est de son ressort.

Cet art doit être subordonné à l'utilité & à la commodité de la culture, & sur-tout à la nature des végétaux pour lesquels il est employé; toute construction, qui s'écarte de ces principes est défectueuse, & ne peut plaire, quelque élégante qu'elle soit d'ailleurs, parce qu'il n'y a de vraiment agréable, que ce qui est utile.

L'Architecture des jardins suppose un grand nombre de connoissances, indépendamment de celles qui tiennent à l'art du constructeur, telles que la solidité, la convenance des fabriques, le caractère qu'elles doivent avoir relativement à l'usage auquel on les destine, &c. Elle exige encore des connoissances sur la culture, & la nature des végétaux qui doivent composer les jardins, tant pour faire des distributions bien entendues, que pour appareiller la nature des plantations à celles du sol, & tirer le parti le plus avantageux du terrein, soit pour l'utilité, soit pour l'agrément.

L'Architecture dont il est ici question doit être considérée comme la première partie du jardinage, & la plus importante, puisque c'est d'elle que dépend presque toujours la réussite de la culture. C'est pourquoi on ne sauroit apporter trop de soin à la bien calculer dans tous ses rapports.

Nous ne traiterons, dans ce Dictionnaire, que des proportions, & des usages des différentes fabriques utiles au jardinage. Tous les détails de construction se trouveront dans le Dictionnaire d'Architecture auquel nous renvoyons. *Voyez* pour les proportions, & les usages les articles *serres*, *chassis*, *baches*, *bosquets*, *pièce d'eau*, *plate-bandes*, *parterre*. (*M. Thouin.*)

ARCTIONE. *Arctio.*

Genre de plante de la famille des *Cinarocephales*, qui n'offre encore qu'une seule espèce, originaire des montagnes du Dauphiné ; elle est vivace, & d'un aspect assez agréable.

Arctione laineuse.
Arctio lanuginosa. La M. Dict.
Berardia subacaulis. Villar. prosp. p. 28 ♃ des montagnes du Dauphiné.

Cette plante s'élève rarement à la hauteur de six pouces ; ses feuilles sont couvertes, ainsi que les autres parties, d'un duvet cotonneux, blanchâtre ; sa tige qui est simple, c'est-à-dire, sans branches, se termine par une grande fleur d'un blanc jaunâtre ; elle paroît vers la fin de juin ou le commencement de juillet, & les semences mûrissent en septembre.

Culture.

On multiplie cette plante par le moyen de ses semences, qu'il est plus convenable de mettre en terre au commencement d'octobre, que d'attendre au printems suivant. Elles doivent être semées dans des pots ou terrines remplies d'une terre un peu forte & cependant meuble ; l'hiver, ces semis peuvent rester en plein air à l'exposition du midi, avec la précaution de les enterrer, & de les couvrir pendant les grandes gelées. Lorsque le jeune plant est arrivé à la seconde année, on peut le repiquer, soit dans des pots, soit en pleine terre, ou de ces deux manières à-la-fois ; c'est même le meilleur moyen pour conserver cette plante qui périt facilement en pleine terre, & qui résiste plus long-tems dans des pots que l'on peut rentrer l'hiver dans l'orangerie, sur les appuis des croisées. Les individus que l'on met en pleine terre, doivent être placés dans un sol substantiel légèrement humide, mais qui ait de la profondeur, parce que les racines qui sont pivotantes, s'enfoncent jusqu'à dix-huit pouces ; une exposition chaude convient assez à cette plante.

Usage. Quoique l'Arctione, par sa taille & le peu d'agrément de ses fleurs, ne soit pas propre à la décoration des parterres, cependant sa couleur blanche produit de la variété, & elle peut être cultivée dans les jardins des amateurs de plantes singulières. Dans les écoles de Botanique, elle doit occuper une place distinguée, parce qu'elle forme un genre.

Historique. La germination des graines de cette plante offre une singularité que M. Villar a décrite & publiée dans les mémoires de l'Académie Royale des Sciences de Paris ; ses semences étant mises en terre, poussent d'abord deux cotyledons dans une position verticale, la plume croît sur le côté à quelque distance, & ne paroît par tenir aux cotyledons.

ARCTOTIDE. *Arctotis.*

Genre de plante de la famille des *Composées.* Il renferme un grand nombre d'espèces, dont la majeure partie est originaire d'Afrique ; quelques-unes de ces espèces sont de jolis arbrisseaux toujours verds, & les autres sont des plantes vivaces ou annuelles, intéressantes par leur port, & sur-tout par leurs fleurs. On les conserve dans les orangeries & dans les serres tempérées.

Espèces.

1. Arctotide sans tige.
Arctotis acaulis. L. ⊖ du cap de Bonne-Espérance.

2. Arctotide à feuilles de plantain.
Arctotis plantaginea. L. ♃ du cap de Bonne-Espérance.

3. Arctotide rameuse.
Arctotis calendulacea. L. ⊖ d'Ethiopie.

4. Arctotide à feuilles étroites.
Arctotis angustifolia. L. ♄ du cap de Bonne-Esperance.

5. Arctotide roncincée.
Arctotis aspera. L. ♄ du cap de Bonne-Espérance.

6. Arctotide laciniée.
Arctotis laciniata. L. M. Dict.
B. Arctotide laciniée à fleurs purpurines.
Arctotis laciniata purpurea. ♄ d'Afrique.

7. Arctotide à paillettes longues.
Arctotis paradoxa L. ⊖ d'Ethiopie.

8. Arctotide à grandes fleurs.
Arctotis paleacea. L. ♃ du cap de Bonne-Espérance.

9. Arctotide dentée.
Arctotis dentata. La M. Dict.
B. Arctotide dentée à petites fleurs.
Arctotis dentata parviflora. du cap de Bonne-Espérance.

10. Arctotide anthémoïde.
Arctotis anthemoides. L. du cap de Bonne-Espérance.

11. Arctotide à feuilles en scie.
Arctotis serrata. L. du cap de Bonne-Espérance.

12. Arctotide à feuilles menues.
Arctotis tenuifolia. L. fil. suppl. ♃ du cap de Bonne-Espérance.

1.° Les espèces numéros 1 & 3 sont des plantes annuelles qui forment des touffes arrondies d'environ un pied de haut, dont la verdure est cendrée; De toutes les parties de ces touffes, sortent des fleurs d'un jaune de soufre assez agréables; elles commencent à paroître à la mi-juillet, & se succèdent fort avant dans l'automne; il n'y a que les gelées qui les arrêtent, sans cela elles fleuriroient plus long-tems. Les semences parviennent à leur maturité environ un mois après la fleuraison, & l'on peut en recueillir depuis la fin d'août jusqu'aux gelées.

Culture. Les graines de ces deux plantes peuvent être semées en pleine terre dans notre climat, au commencement de mai, dans un terrein meuble, sec & à une exposition chaude. Mais il est préférable de les semer en avril dans des pots, sur une couche chaude à l'exposition du midi; par ce moyen on assure davantage leur réussite, & l'on jouit six semaines plutôt de leurs fleurs. Ces plantes parvenues à une certaine force, souffrent difficilement d'être transplantées, c'est pourquoi il est bon de les repiquer très-jeunes, ou de les séparer avec de petites mottes lorsqu'elles sont plus âgées. Pendant l'été, elles exigent des arrosemens fréquens & proportionnés à la chaleur de la saison. Leurs graines préservées du contact de l'air, conservent pendant quatre ou cinq années leur propriété germinative.

Usage. Ces Arctotides peuvent figurer agréablement sur le second rang, dans des plate-bandes, parmi les plantes curieuses. On peut aussi les placer sur les lisières des bosquets des jardins paysagistes, & sur les petites montagnes exposées au midi; elles y produiront de la variété par la couleur de leur feuillage & de leurs fleurs.

2.° Les Arctotides à feuilles de plantain & à grandes fleurs, sont des plantes vivaces qui conservent leurs feuilles toute l'année. Elles forment de petites touffes arrondies, sans tige, d'une verdure blanchâtre. Leurs fleurs sont beaucoup plus apparentes que celles des espèces précédentes; elles sont jaunes, & paroissent en juillet & août, mais il est rare que leurs semences mûrissent dans notre climat.

Culture. Ces plantes se cultivent dans des pots que l'on rentre au milieu de l'automne dans les orangeries; pendant l'été, elles exigent de la chaleur & un peu d'humidité, sur-tout lorsqu'elles sont vigoureuses; l'hiver au contraire elles craignent l'humidité, & aiment beaucoup l'air libre. C'est pourquoi il est bon de les placer sur les appuis des croisées, ou sous des chassis abrités des gelées, avec les autres plantes du cap; la difficulté de se procurer des semences de ces espèces d'Arctotides, restreint nos moyens de multiplication à la voie des drageons enracinés, ou à celle des œilletons; l'une & l'autre se pratiquent ordinairement dans le mois de septembre. Dans le premier cas, on sépare de la souche les drageons qui s'en écartent un peu, & qui ont des racines particulières; dans le second, on coupe avec la serpette, tout près du collet de la souche, les œilletons qui peuvent en être séparés, sans nuire à la mère-racine. On plante ensuite les drageons & les œilletons dans des pots remplis par égales parties de terreau de bruyère & de terre à oranger, & on les place sur une couche tiède que l'on garantit également de la trop grande humidité, & des rayons du soleil, jusqu'à ce que les plantes soient entièrement reprises.

Usage. Ces Arctotides sont assez intéressantes pour mériter d'être cultivées dans les jardins des curieux, parmi les plantes d'orangerie; elles peuvent être placées, pendant l'été, sur des gradins, en plein air, & l'hiver, on les rentre à l'orangerie, ou bien on les met sous des chassis.

3.° Les Arctotides, n.os 4, 5, 6 & 7, sont des arbustes qui s'élèvent de quatre à cinq pieds de haut; leur consistance herbacée & peu ligneuse ne leur permet pas de vivre long-tems, mais, en revanche, ils croissent & fleurissent promptement. Ces arbustes, ou pour mieux dire ces plantes ligneuses, ont un feuillage assez pittoresque, d'un verd plus ou moins pâle; leurs tiges sont longues & grêles, & n'ont pas assez de force pour se soutenir dans une direction verticale. Elles donnent naissance à des fleurs très-apparentes qui sont rouges ou blanches dans les unes, & de couleur d'or dans les autres. Quelquefois, la même fleur présente ces deux couleurs, l'une en dedans, l'autre en dehors. Les fleurs commencent à paroître dans le mois de mai, & se succèdent ordinairement jusqu'à la fin de l'automne; mais il est rare que leurs semences mûrissent dans notre climat.

Culture. Ces plantes se cultivent l'été en plein air, & l'hiver, dans les serres tempérées; pendant l'été, elles veulent être exposées au midi, arrosées fréquemment, & placées dans un terrein gras & nourrissant. On peut les mettre dans une terre substantielle, de la nature de celle qu'on donne aux orangers; mais alors il faut la renouveller chaque année, & augmenter le volume des vases; quelquefois même il est bon de les rempoter à l'automne & au printems, trois semaines ou un mois avant de les rentrer dans les serres, ou après qu'elles en ont été sorties. Pendant l'hiver, ces plantes exigent d'autres soins; il convient de les placer dans les endroits les plus aérés de la serre, de les isoler, de manière qu'elles ne touchent pas à d'autres plantes qui pourroient leur communiquer de l'humidité, & de supprimer soigneusement toutes les feuilles mortes, qui ne feroient alors que se charger d'une humidité malfaisante. Il faut avoir aussi l'attention de renouveller souvent l'air de la serre, & de ne point y entretenir un degré de chaleur trop considérable, autrement, ces plantes poussent, s'étiolent, & sont bientôt couvertes de pucerons, qui ne manquent pas de les faire périr promptement, sur-tout si le soleil est quelques tems sans paroître sur l'horison. D'ailleurs elles ne veulent être arrosées dans cette saison, que très-légèrement, & seulement lorsque le besoin l'exige.

Ces arbustes, si délicats pendant l'hiver, se multiplient très-facilement de boutures; il suffit d'en planter des branches dans une plate-bande de terre meuble, à l'exposition du nord, ou dans des pots, sur une couche tiède ombragée, pour en obtenir, dans l'espace de cinq ou six semaines, des jeunes pieds, bien enracinés, qu'on peut empoter en toute sûreté. On fait ces boutures, depuis le mois de mai, jusqu'au milieu d'août, & quelquefois plus tard; mais alors, il est à craindre que les jeunes pieds ne soient pas assez vigoureux pour résister à l'hiver, sur-tout s'il est humide. Les boutures, faites au printems, fleurissent dans le courant de l'année. Souvent même, il arrive, lorsqu'on prend des branches qui ont des boutons à fleur, qu'elles fleurissent en même-tems qu'elles poussent des racines; enfin rien n'est si aisé à multiplier que ces plantes, mais aussi elles périssent avec la même facilité. C'est pourquoi il est bon de faire souvent des élèves pour remplacer les vieux pieds qui ne vivent pas plus de quatre à cinq ans.

Usage. Les Arctotides ligneuses sont des arbustes très-agréables, qui méritent d'occuper des places distinguées dans les jardins pendant l'été, & l'hiver, dans les serres tempérées.

N'ayant point été à portée de cultiver les quatre dernières espèces, leur culture ne nous est pas connue; mais comme elles viennent du même pays que toutes les autres, il est probable qu'elles peuvent être traitées suivant une des trois cultures que nous avons indiquées dans cet article, pour les espèces de ce genre. (*M. Thouin.*)

ARDOISE. Pierre de couleur obscure, qui se lève par feuilles ou par lames minces, & dont on couvre les toits. C'est une espèce de schiste.

On se sert en jardinage de cette pierre pour faire des étiquettes, soit pour les arbres fruitiers, soit pour les semis. On leur donne une forme quarrée lorsqu'on les emploie au premier usage, & une forme alongée & pointue par un des bouts, lorsqu'on les destine au second.

Les étiquettes gravées ont ordinairement six pouces de long & quatre de large. Elles sont percées d'un ou deux trous vers le tiers de leur hauteur supérieure, pour passer des fils-de-fer avec lesquels on les suspend aux arbres, ou des clous pour les assujétir aux murs des espaliers, à côté des arbres dont ils doivent indiquer les noms.

Les étiquettes à semis sont des espèces de triangles, dont la base a quatre à cinq pouces de large, & les côtés huit à dix pouces de long. On écrit les noms dans la partie la plus large de ces triangles, & ensuite on les enfonce en terre dans les plate-bandes, caisses ou terrines où les semis ont été faits. *Voyez*, pour plus de facilité, les planches qui représentent les outils & ustensiles de jardinage.

On écrit sur ces étiquettes les noms avec un poinçon de fer, que l'on fait passer plusieurs fois dans le même trait, pour graver plus profondément & rendre l'écriture plus lisible. Sans cette précaution, les caractères seroient bientôt effacés, tant par la poussière qui couvre ces étiquettes, que par les lichens qui croissent dessus fort souvent, & feroient disparoître l'écriture. (*M. Thouin.*)

ARDILLEUX. Une terre ardilleuse est sèche & brûlante. C'est une expression particulière à quelques pays. (*M. l'Abbé Tessier.*)

AREAU, terme usité en Augoumois pour désigner certaine charrue. On voit bien qu'il vient encore du mot *Arare*, labourer la terre. *Voyez* ARAIRE ET CHARRUE. (*M. l'Abbé Tessier.*)

AREC. *Areca.*

Genre de la famille des *Palmiers.* Il est composé d'arbres exotiques des pays les plus chauds. Presque tous ont des usages économiques, plus ou moins intéressans, & précieux pour l'humanité. Leur port pittoresque & singulier les fait rechercher dans les jardins de l'Europe, où cependant ils sont encore fort rares. On les conserve dans les tannées des serres chaudes.

Espèces.

1. Arec de l'Inde.
Areca cathecu. L.
B. Arec de l'Inde à gros fruit.
Areca cathecu magno fructu.
C. Arec de l'Inde à fruit noir.
Areca cathecu fructu nigro. ♄ du Malabar.

2. Arec à épi.

Areca spicata. La M. Dict. ♄ des Indes.

3. Arec glandiforme.

Areca glandiformis. La M. Dict.

B. Arec glandiforme à grappes laches.

Areca glandi formis, fructibus laxioribus. ♄ des isles Moluques.

4. Arec globulifère.

Areca globulifera. La M. Dict. ♄ des isles Moluques & Célèbes.

4. Arec d'Amérique, chou - palmiste ou palmiste franc.

Areca oleracea. L. ♄ des Antilles.

L'Arec n.° 1, est un arbre fruitier qui s'élève dans l'Inde de trente à quarante pieds; son tronc est droit & cylindrique, dur & compact comme de la corne; il a depuis vingt jusqu'à trente pieds d'élévation. La cîme en est couronnée par six ou huit feuilles qui ont quinze pieds de long sur une largeur une ou deux fois moindre. Elle sont découpées en folioles longues & étroites, d'un verd brun - luisant. Les fleurs viennent en grosses grappes ou régimes qui sortent des aisselles des feuilles; elles sont petites & blanches. Il leur succède des fruits qui ont la grosseur & la forme d'un œuf de poule, pointu par les deux bouts. Leur peau, lorsqu'ils sont mûrs, devient d'un beau jaune doré ou orangé; elle recouvre une chair blanche & succulente, épaisse de trois à quatre lignes, & tissue de fibres dures qui s'amollissent sous la dent; au centre du fruit & sous cette chair, se trouve une amande.

La chair du fruit de l'Arec se mange avec le betel lorsquelle est fraîche; mais son amande est d'un usage beaucoup plus général dans tout l'Indoustan. Elle se mange verte ou sèche, mais plus communément verte. On la coupe en trois ou quatre portions, que l'on enveloppe separément dans une ou deux feuilles de betel, avec autant de chaux qu'il en faut pour couvrir l'ongle. Tels sont les ingrédiens qui composent ce mets si recherché des Indiens, & que l'habitude leur rend si nécessaire.

Culture. L'Arec se trouve dans l'Inde, presque par-tout où croît le coco, mais en moindre quantité, & moins près de la mer: il est cependant des pays où il ne se trouve pas, comme la côte de Coromandel & de Bengale; aussi est-ce pour ces pays qu'on en fait la récolte; & comme il devient un objet de commerce assez considérable, on le cultive avec soin. On choisit les fruits abandonnés sur les arbres les plus vieux, on les enterre dans une fosse qu'on recouvre d'un peu de terre, & quand ils ont germé, on les repique en cercle autour des maisons, ou en allées qui forment un effet aussi agréable que le cyprès en Italie; il croît plus vite que le coco, & réussit bien dans toutes sortes de terreins, mais beaucoup mieux sur la côte maritime.

L'Arec produit dès la cinquième année jusqu'à la trentième, où il commence à dépérir. Alors ses feuilles sont en moindre nombre; chaque année il les perd successivement, & végète ainsi jusqu'à cinquante ans. La récolte de ses fruits se fait en arrachant, ou en coupant ses régimes entiers; ce sont les enfans qui sont chargés de cette opération, parce qu'ils montent plus aisément, & qu'ils sont moins pesans que les hommes qui feroient plier le tronc sous leur poids. Lorsqu'on veut conserver tendres les amandes du fruit pour les manger journellement dans les voyages sur mer, on en suspend les régimes dans le vaisseau, & on a soin de tordre & de briser le pédicule, afin que le suc ne retourne plus des amandes dans le régime, & qu'elles ne sèchent pas aussi promptement. Les Portugais de Surate & du Pégu pratiquent une autre méthode; ils cueillent ces fruits encore verts, les détachent de leur grappe, & les mettent par lits dans des corbeilles, de manière qu'ils ne se touchent pas, & les couvrent de sable; ils prétendent que, par ce moyen, l'amande s'attendrit & devient plus facile à digérer.

En Europe, la première culture de cet arbre consiste à semer les graines aussi-tôt qu'on les reçoit, dans des pots qu'on place sur des couches chaudes, & sous des chassis. Elles doivent être enterrées à la profondeur de trois à quatre pouces, dans une terre à oranger, qu'il est nécessaire d'humecter souvent; malgré ces précautions, il est rare qu'elles lèvent, soit que les fruits aient été cueillis avant leur maturité, ce qui est assez ordinaire, soit qu'ils perdent promptement leur propriété germinative. Si les graines arrivent pendant l'hiver, on les met dans les tannées des serres chaudes, en attendant qu'on puisse les placer au printems sous des chassis.

Dès que les germes des fruits commencent à sortir de terre, on modère les arrosemens, & on les arrose de tems en tems avec une eau dans laquelle on a fait dissoudre un peu de sel marin. Pendant l'été, on a soin de les tenir sous des baches, & l'hiver on les place dans les tannées des serres les plus chaudes.

S'apperçoit - on que les racines sortent par les fentes des vases? Alors il est à propos de les dépoter, & de les mettre dans de plus grands pots sans toucher à la terre qui les environne, & sur-tout sans couper aucunes racines. Lorsque les jeunes pieds ne pourront plus être contenus dans des pots, on les mettra dans des caisses que l'on placera à demeure dans la tannée d'une bonne serre chaude.

C'est dommage que cet arbre soit si rare en Europe; son port très - pittoresque contribueroit à l'ornement de nos jardins; mais peut-être y auroit-il un moyen de le rendre plus commun, ce seroit d'envoyer des graines bien aoûtées & stratifiées avec de la terre dans des caisses. Il est à présumer au moins qu'elles réussiroient mieux que celles qu'on reçoit ordinairement, & pour lesquelles on n'a pris aucunes de ces précautions.

Arec à épi, ou Arec de montagne. Cette espèce se distingue de la précédente par son tronc qui est plus épais, par ses grappes ou régimes qui forment un épi de dix à douze pieds de long, & par ses fruits qui ne sont pas plus gros que des cerises, & qui sont de couleur jaune orangée lorsqu'ils sont mûrs.

Culture. Cet arbre ne croît ni dans les jardins ni dans les petites forêts, mais seulement sur les montagnes, à l'ombre des arbres de haute futaie.

Usage. On fait avec le tronc de cet arbre, qui se fend aisément, des solives. On mange ses amandes dans les lieux où l'on n'a point l'Arec cultivé; quoiqu'elles soient plus dures que celles de ce dernier, cependant un coup suffit pour les briser en éclats, & malgré leur goût austère, & même leur amertume, elles sont préférables à toutes les autres espèces sauvages.

Cet arbre ne se rencontre dans aucun jardin de l'Europe.

Arec glandiforme. Le tronc de cette espèce est plus grêle & plus élevé que celui de l'Arec cultivé. Ses régimes sont en forme de grappe, longues d'un pied & demi; ses fruits qui ont la forme & la grosseur d'un gland, sont rouges dans leur maturité; leur chair est douce, fibreuse & recouvre un noyau dont l'amande peut se manger à défaut des deux espèces précédentes.

Culture. Ce palmier croît également sur les rivages, & sur les montagnes des isles Moluques, où il est semé par-tout par les chauve-souris, qui aiment beaucoup la chair de ses fruits; son bois sert à faire des poutres & des planches. Les habitans de l'isle Célèbes tirent de ses jeunes-feuilles du fil dont ils font des sacs.

La culture de cet arbre, en Europe, ne nous est pas connue, & nous n'avons jamais eu occasion de le cultiver nous-mêmes; mais il y a lieu de croire que venant du même pays que l'Arec cultivé, les soins qu'il exige doivent être les mêmes.

Arec globulifère. Cet arbre a le tronc très-grêle en comparaison de sa hauteur. Il s'élève de vingt à vingt-cinq pieds de haut, & sa tige n'a pas plus de quatre à cinq pouces de diamètre; les feuilles qui couronnent le sommet ont huit à neuf pieds de long. La fructification de cette espèce est portée sur un régime qui se partage en vingt ou vingt-six branches couvertes de petites fleurs, lesquelles donnent naissance à des fruits sphéroïdes, de la grosseur d'un pois, d'un rouge de sang, lorsqu'ils sont mûrs, & qui contiennent une fort petite amande.

Cet arbre est rare à Amboine, & très-commun dans les moyennes forêts de l'isle Célèbes, où les habitans mangent les fuits entiers, dont la chair sèche a le même goût, à très-peu-près, que l'amande.

Nous ne croyons pas que cet arbre ait jamais été cultivé en Europe.

Arec d'Amérique ou chou-palmiste. Ce palmier est un des plus grands arbres de l'Amérique. Sa tige est droite, nue, haute de quarante à cinquante pieds, & se termine au sommet par un faisceau de feuilles qui ont environ dix pieds de long. Ses fleurs naissent sur des panicules déliés qui sortent par paquets, des aisselles des feuilles, & donnent naissance à des fruits de la grosseur d'une olive, d'un beau bleu pourpre. Cet arbre relativement à son port, est un des plus pittoresques du nouveau monde.

Usage. Ce palmier croît naturellement dans les forêts des Antilles; son bois est brun, compact & plus dur que l'ébène; il a peu d'épaisseur, parce que l'intérieur est rempli d'un tissu spongieux beaucoup plus considérable que la partie ligneuse. Les Américains sont dans l'usage de couper, & de manger le bourgeon terminal qui est au centre du faisceau de feuilles de ce palmier. Ce bourgeon est composé de jeunes feuilles non développées, pliées ensemble en un paquet assez ferme, droit, pointu comme une flèche, blanc & très-tendre. Ils donnent à cette partie le nom de chou du palmiste, & la mangent avec plaisir. C'est réellement un mets très-délicat, fort recherché des Européens qui résident en Amérique. Mais comme il faut détruire l'arbre pour avoir le bourgeon, & qu'on n'a pas la prévoyance d'en faire de nouvelles plantations, il est à présumer qu'il disparoîtra bientôt. Le tronc de ce palmier est encore employé à faire des tuyaux pour la conduite des eaux, & son bois est recherché pour la charpente des cases.

Cet arbre est cultivé dans les serres chaudes de quelques jardins de botanique de l'Europe. Sa culture étant la même que celle de l'arec, n.° 1, nous y renvoyons le lecteur. (*M. Thouin.*)

AREK, manière d'écrire le nom de *l'areca*. Voyez Arec (*M. Thouin.*)

AREQUE, autre manière d'écrire le nom de *l'areca* Voyez Arec. (*M. Thouin.*)

AREMBERGE, nom, qu'on donne aux environs de Bourgueil, vallée d'Anjou, à la mercuriale, *mercurialis annua*. L. dont on se sert pour la dernière dissication des pruneaux, lorsqu'ils sont au four. (*M. l'Abbé Tessier.*)

ARÉTHUSE, *Aretusa*.

Ce genre de plante fait partie de la famille des *Orchides*; il est composé d'espèces vivaces exotiques qui croissent dans les lieux humides & ombragés de l'Amérique septentrionale, & du

Cap de Bonne-Espérance. Elles sont d'une culture difficile en Europe, où la plus grande partie d'entr'elles n'a point encore été cultivée.

Espèces.

1. ARÉTHUSE bulbeuse.
ARETHUSA bulbosa. L. ♃ de Virginie & du Canada.

2. ARÉTHUSE langue de serpent.
ARETHUSA ophioglossoides. L. ♃ de l'Amérique septentrionale.

3. ARÉTHUSE de Caroline.
ARETHUSA divaricata. L. ♃ de Virginie & de Caroline.

4. ARÉTHUSE du Cap.
ARETHUSA Capensis. L. ♃ du Cap de Bonne-Espérance.

5. ARÉTHUSE à deux barbes.
ARETHUSA biplumata. L. ♃ du détroit Magellan.

6. ARÉTHUSE ciliée.
ARETHUSA ciliaris. L. Fil. suppl. ♃ du Cap de Bonne-Espérance.

Description.

Les Aréthuses sont des plantes grêles & peu élevées, dont les fleurs sont portées sur une tige simple & presque toujours dégarnies de feuilles. Ces fleurs sont en général assez grandes, d'une forme singulière, & nuancées de diverses couleurs.

Culture.

Les semences de ces plantes sont extrêmement petites; aussi-tôt qu'elles sont parvenues à leur parfaite maturité, elles se sèment d'elles-mêmes, dans les gazons qui les entourent; ainsi, on ne doit pas être étonné de ce que les graines, qui nous sont envoyées des pays où elles croissent, ne lèvent jamais chez nous. Le seul moyen de se procurer ces plantes est d'en faire venir des pieds en racines avec leur motte; en ayant soin de les planter à leur arrivée, savoir, les espèces qui croissent dans le nord de l'Amérique, dans une plate-bande de terreau de bruyère, défendue des rayons du soleil, & entretenue toujours humide; & celles du Cap de Bonne-Espérance, dans des terrines remplies de terreau de bruyère, & couvertes de mousse, on parviendra à les conserver dans notre climat. (*M. THOUIN.*)

ARGAN, *SIDEROXYLON.*

Genre de la famille des *SAPOTILLES*, composé d'arbres & d'arbrisseaux, la plupart pourvus d'un feuillage agréable & permanent. Leurs fleurs sont petites & de peu d'apparence. Quelques-unes de ces espèces croissent en pleine terre dans nos jardins & peuvent servir à la composition des bosquets.

Espèces.

1. Argan à feuilles de laurier, ou bois blanc.
SIDEROXYLON laurifolium. La M. Dict. ♄ de Madagascar.

2. ARGAN à écorce grise.
SIDEROXYLON cinereum.
AN SIDEROXYLON inerme. L.? ♄ de l'Isle de France.

3. ARGAN du Pérou.
SIDEROXYLON manglillo. La M. Dict. ♄ des environs de Lima.

4. ARGAN noirâtre.
SIDEROXYLON atrovirens. La M. Dict. ♄ de l'Amérique méridionale.

5. ARGAN soyeux.
SIDEROXYLON tenax. L. ♄ de la Caroline.

6. ARGAN à feuilles de saule, ou bois laiteux de Mississipi.
SIDEROXYLON lycioides. L. ♄ de la Louisiane.

7. ARGAN à feuilles luisantes.
SIDEROXYLON lucidum. La M. Dict. ♄ de l'Amérique.

8. ARGAN décandrique.
SIDEROXYLON decandrum. L. ♄ de l'Amérique septentrionale.

9. ARGAN à petites feuilles, ou Argan de Maroc.
SIDEROXYLON spinosum. L. ♄ d'Afrique & de l'Inde.

10. ARGAN fétide.
SIDEROXYLON fœtidissimum. L.

B. ARGAN fétide à petites fleurs.
SIDEROXYLON pauciflorum. Jacq. ♄ de Saint-Domingue.

1. L'Argan à feuilles de laurier est un arbrisseau qui s'élève de dix-huit à vingt pieds de haut; sa tige est droite & garnie de branches longues & flexibles, qui partent du bas de la tige principale, & s'élèvent perpendiculairement. Cette disposition des branches lui donne une forme arrondie & pyramidale assez agréable. Ses feuilles ont à-peu-près la forme & la grandeur de celles du laurier; elles viennent vers l'extrémité des rameaux dans la longueur d'un à deux pieds; leur couleur est d'un verd luisant, tirant un peu sur le noir; cette couleur des feuilles contraste agréablement avec celle des jeunes pousses, qui sont d'un rouge brun assez foncé. Les fleurs sont fort petites, & néanmoins, comme elles sont en très-grand nombre le long des rameaux, elles produisent un joli effet. Elles sont couleur de rose & durent une partie de l'hiver; mais quoiqu'il y ait plus de dix ans que

que cet arbrisseau fleurisse au Jardin du Roi, il n'a encore produit aucune semence.

Culture.

L'Argan à feuilles de laurier exige, dans sa jeunesse, le secours de la serre chaude, pour passer l'hiver. A l'âge de quatre à cinq ans, il réussit parfaitement dans une serre tempérée; lorsqu'il est encore plus âgé, il se conserve dans une bonne orangerie, & il y fleurit; mais il faut qu'il soit placé à une exposition aérée, où il puisse jouir de la présence du soleil. La terre qui lui convient de préférence, dans sa jeunesse, est une terre légère, meuble & substantielle. A mesure qu'il avance en âge, on la rend plus forte, & on lui donne une consistance proportionnée à la force des racines. Les arrosemens doivent être légers, & très-éloignés les uns des autres, pendant l'hiver; l'été, ils sont plus fréquens & plus copieux. Mais, en général, cet arbrisseau craint moins la sécheresse que l'humidité dans toutes les saisons; on le cultive dans des pots ou dans des caisses, suivant la force des individus, &, chaque année, il est bon de renouveller la terre, soit par des demi-changes, soit par des rempotages; il est préférable de faire cette opération au printems. Cet arbrisseau peut rester en plein air dans des positions isolées, depuis le 15 mai environ, jusqu'à la mi-octobre, comme les orangers.

Jusqu'à présent, les soins qu'on a pris pour la multiplication de cet arbrisseau, ont été insuffisans; l'individu unique qui existe au Jardin du Roi depuis plus de trente ans, a fourni annuellement des boutures & des marcottes, qui, quoique faites en différentes saisons & de différentes manières, n'ont jamais réussi. Peut-être que la voie des greffes, sur quelques espèces congenères, sera plus fructueuse; mais il faut pour cela se procurer de jeunes sujets vigoureux; ce qui est encore assez difficile à rencontrer.

Usage. L'Argan à feuilles de laurier est un des plus beaux arbrisseaux d'orangerie. Il a d'ailleurs cet avantage, que son feuillage n'étant pas susceptible de retenir la poussière, & d'attirer les insectes, est toujours propre & net; il contraste agréablement avec l'écorce de ses jeunes pousses, qui est d'un rouge assez apparent, & avec ses petites fleurs couleur de rose.

4. Argan noirâtre. Cette espèce est un arbrisseau, dont les branches sont rapprochées les unes des autres, contournées en différens sens, & couvertes de feuilles ovales alongées, d'une verdure foncée tirant sur le noir. Il produit dans le courant de l'été un grand nombre de petites fleurs blanchâtres de peu d'apparence, & qui viennent par petits faisceaux dans les aisselles des feuilles; elles n'ont encore été suivies d'aucun fruit en Europe. Le port de cet arbrisseau est pittoresque, seulement sa verdure noirâtre & perpétuelle, lui donne un air lourd & pesant. Il croît très-lentement, & contient un suc laiteux peu abondant.

Culture. On cultive cette espèce d'Argan dans des pots ou dans des caisses qui restent en plein-air, depuis le milieu du printems, jusqu'au milieu de l'automne. L'hiver on le rentre dans les serres tempérées, & on le place sur des gradins. Il est fort peu délicat sur le choix de la terre; celle à oranger lui suffit, pourvu qu'on ait soin de la renouveller tous les ans au printems, soit en lui donnant des demi-rempotages, soit en le transvasant dans des pots plus grands. Il ne craint ni l'humidité, ni la sécheresse; cependant il est bon d'éviter ces deux extrêmes, & de tenir seulement la terre dans un état de moiteur.

Cet arbrisseau se multiplie quelquefois de boutures, & plus souvent de marcottes. Les boutures se font ordinairement dans les mois de mai & de juillet, lorsqu'il est en sève. On prend du bois de la dernière pousse que l'on coupe avec un peu de talon, s'il est possible; on plante chaque morceau dans des pots remplis d'une terre sablonneuse, & substantielle, que l'on place ensuite sur une couche tiède avec une cloche pardessus. Ces boutures restent vertes souvent des années entières, sans pousser de racines; il faut du tems & de la patience, quand on veut employer ce moyen de multiplication. La voie des marcottes n'est guères plus expéditive, mais elle est plus sûre. On choisit une jeune branche vigoureuse, qu'on incise, à la manière des œillets, précisément à la jonction de la pousse de l'année précédente, avec celle de l'avant dernière sève. On fait une ligature en fil d'archal, au-dessus de l'incision, & l'on met un petit morceau d'ardoise, ou autre corps solide, entre les deux lèvres de l'incision, pour prévenir la réunion des parties. On courbe ensuite ces marcottes dans des pots, en les assujétissant avec une terre forte & douce, & on les couvre de mousse qu'on entretient toujours humide. Ce n'est ordinairement que la deuxième, & même la troisième année, que les marcottes ont assez de racines pour être sevrées. Mais auparavant il faut bien s'assurer si elles sont suffisamment enracinées, parce qu'autrement on les feroit périr. Les marcottes nouvellement sevrées doivent être mises dans des pots plus grands que ceux dans lesquels elles ont pris racine, & placées sur une couche tiède jusqu'à ce qu'elles soient entièrement reprises. Ensuite on les cultive comme les vieux pieds.

Usage. La verdure perpétuelle de cet arbrisseau, sa couleur foncée, & sa forme pittoresque, sont très-propres à jeter de l'agrément pendant l'hiver, dans les serres, & l'été dans les jardins parmi les autres plantes exotiques.

5. Argan soyeux. Dans la Caroline, où cet arbrisseau croît naturellement, il s'élève de vingt pieds de haut. Il pousse de sa racine plusieurs branches longues, & droites, qui se divisent en plusieurs rameaux, lesquels donnent naissance à un grand nombre de feuilles ovales, d'un verd luisant en dessus, & couvertes en dessous d'un duvet soyeux, blanc & luisant. Ce duvet, qui dans la jeunesse des feuilles, est argenté, devient roussâtre à mesure qu'elles vieillissent, & finit par être doré, ce qui produit un effet aussi agréable que rare. Ses fleurs sont très-petites, & en très-grand nombre; elles sont rassemblées par petits bouquets dans les aisselles des feuilles. Jusqu'à présent elles n'ont point encore donné de fruit en France.

Culture. Il y a trop peu de tems que nous possédons cette espèce, pour que nous puissions donner des détails bien étendus sur sa culture. Tout ce que nous pouvons dire, c'est qu'ayant reçu d'Angleterre un individu très-jeune qui nous fut donné sous le nom d'un arbre de la Zone torride, nous le traitâmes, en raison de cette dénomination, comme les arbres de ce pays, c'est-à-dire, qu'il fût placé pendant l'été sur une couche tiède, & rentré à l'automne dans une serre chaude, & mis dans la tannée. Il passa ce premier hiver en pleine végétation; une partie de ses feuilles tombèrent; mais elles furent remplacées sur-le-champ par de nouvelles. Ces jeunes feuilles d'une part, & de l'autre la délicatesse des pousses qui s'étiolèrent bientôt, attirèrent une multitude de pucerons, & de gâles insectes qui manquèrent de faire périr cet arbrisseau. Au printems, la végétation qui avoit été trop forcée pendant l'hiver, s'arrêta; il resta languissant pendant l'été, & ce ne fut qu'à l'automne qu'il se rétablit parfaitement; comme la chaleur de la tannée l'avoit incommodé l'année précédente, on lui fit passer le second hiver sur les tablettes de la même serre, près des croisées. Il s'en trouva mieux; cependant ses pousses s'étiolèrent encore, preuve certaine qu'il étoit dans un endroit encore trop chaud. Nous le plaçâmes le troisième hiver, sur les gradins d'une serre tempérée, & il fut beaucoup plus vigoureux. Depuis ce tems là, nous le tenons à l'orangerie, où il se conserve très-bien. Il perd une partie de ses feuilles, mais son bois est clair & bien aoûté; actuellement que nous savons que cet arbrisseau croît en Caroline dans les lieux secs, nous ne doutons pas qu'il ne puisse résister en pleine terre à nos hivers, en le couvrant pendant les fortes gelées, comme on est obligé de le faire pour une partie des productions de ce climat. C'est la première expérience que nous tenterons lorsque nous aurons un second individu de cet arbre.

Quant à sa mutiplication, cette espèce paroît avoir des dispositions à pousser des drageons de sa racine, ce qui fournira un moyen plus sûr que celui des boutures, qui ne nous a pas encore réussi; la voie des greffes ne sera guères praticable; que lorsque l'Argan à feuilles de saule, sera assez multiplié pour le faire servir de sujet à cette espèce, ce qui paroît encore un peu éloigné.

Usage. En attendant que cet arbrisseau soit assez acclimaté chez nous, pour croître en pleine terre, on peut s'en servir pour jeter de la variété dans les orangeries; il conserve assez de feuilles pendant l'hiver pour produire de l'agrément. Mais lorsqu'on pourra le faire entrer dans la composition des bosquets, son feuillage argenté ou doré, suivant les saisons, fournira une nouvelle ressource pour varier les masses.

6. L'Argan à feuilles de saule est un arbrisseau laiteux, de quinze à vingt pieds de haut, très-branchu, & garni d'épines assez fortes; ses feuilles sont longues, étroites, d'une verdure pâle, & tombent chaque année à la fin de l'automne. Ses fleurs sont petites, de couleur herbacée, & réunies par paquets dans les aisselles des feuilles; elles donnent très-rarement des graines dans notre climat; en général, cet arbrisseau est plus rare qu'il n'est agréable.

Culture. Cette espèce est la plus anciennement cultivée dans nos jardins. Pendant long-tems on l'a mise dans des pots ou dans des caisses que l'on rentroit tous les hivers dans l'orangerie; mais on a reconnu qu'elle pouvoit vivre en pleine terre, placée au pied d'un mur, à l'exposition du midi, & couverte de paille pendant les gelées. Nous l'avons même conservée en pleine terre, dans un lieu isolé, plusieurs années de suite, sans autre précaution que de couvrir ses racines. Mais elle ne put résister aux gelées de 1776, qui la firent périr entièrement.

On multiplie cet arbrisseau de semences; de marcottes, & quelquefois de boutures. Les semences doivent être mises en terre, peu de tems après leur maturité, ou au plustard au printems suivant. Passé ce tems, il est rare qu'elles lèvent; on les sème dans des terrines remplies d'une terre sablonneuse & meuble; elles n'ont besoin d'être recouvertes que de quatre à cinq lignes. Ces terrines doivent être placées sur une couche tiède à l'exposition du levant; il convient d'arroser fréquemment les semis jusqu'à ce que les graines soient levées, & très-souvent elles ne levent que la seconde année, particulièrement celles qui ont été semées au printems. On ne risque rien de laisser les semis en plein air, tant qu'ils ne sont pas levés; mais aussi-tôt qu'ils sont sortis de terre, il est très-à propos de les rentrer à l'orangerie, & de les placer sur les appuis des croisées pendant l'hiver. Lorsque les jeunes plants ont cinq à six pouces de haut, il faut repiquer chaque pied séparément dans des pots à basilic, avec de la terre à oranger, mêlée avec un quart de terreau de bruyère, & les placer ensuite sur une couche tiède exposée au levant. C'est ordinairement au printems qu'on fait cette opération, quelques semaines avant que les jeunes arbres entrent en végétation. Chaque année on les rempote dans de plus grands vases, & on les rentre dans l'orangerie. Mais au printems de la sixième année, on peut les mettre en pleine terre à leur destination. Ils aiment de préférence un terrein meuble, sablonneux & profond, plus sec qu'humide; l'exposition du midi semble leur être la plus favorable.

Les Marcottes se font au printems sur de jeunes branches vigoureuses, longues & flexibles. On les incise, & on les lie comme celles de l'Argan noirâtre. Elles reprennent plus aisément, & plus sûrement lorsqu'on a soin de les entretenir toujours humides, souvent elles sont en état d'être separées un an après qu'elles ont été faites.

Les boutures se font à trois époques différentes, au printems à la sève montante, en été avec les bourgeons de la pousse de l'année, & à l'automne lorsque la sève est tombée. Ces trois sortes de boutures se font en pleine terre ou dans des terrines, sur couche. Celles que l'on fait en pleine terre doivent être plantées dans une plate-bande, d'une terre meuble & très-substantielle, à l'exposition du nord, & entièrement garanties du contact de l'air par des cloches d'un verre obscur & épais; celles qu'on fait sur couche doivent être également couvertes de cloches & ombragées. On excite une chaleur modérée dans la couche au moyen des réchauds qu'on fait de tems en tems. Ces deux manières de faire les boutures sont également incertaines; mais lorsqu'on n'a que ce moyen de multiplication, il est bon de l'employer, on réussit quelquefois.

Usage. On peut se servir avec avantage de cet arbrisseau pour tapisser des murs exposés au midi. Il vient fort bien en espalier, & la forme & la couleur de son feuillage jointes à sa rareté, peuvent le faire rechercher dans les jardins de plantes curieuses.

6. L'Argan de Maroc est un petit buisson arrondi, touffu, très-épineux qui s'élève de quatre à cinq pieds de haut. Ses feuilles sont petites, longues & étroites, très-rapprochées les unes des autres, & il les conserve toute l'année. Leur verdure, d'abord tendre & gaie, devient en vieillissant plus obscure, & presque noire; ses fleurs sont fort petites, verdâtres, & peu apparentes. Mais ce qui frappe davantage, ce sont ses fruits qui ont la grosseur & la forme d'une prune de couleur bleuâtre, tirant sur le noir, dans leur maturité. Ils ont une saveur acidule fort agréable au goût; on les mange en Afrique & dans l'Inde, où cet arbrisseau croît naturellement. En Europe il fructifie très-rarement.

Culture. On le conserve pendant l'hiver dans les serres tempérées, & même dans les bonnes orangeries, lorsqu'il est parvenu à l'âge de cinq à six ans. Pendant l'été il aime le grand air, les expositions les plus chaudes, & des arrosemens modérés. Une terre sablonneuse & légère lui convient mieux qu'une terre forte & substantielle. On le multiplie par ses semences qui se rencontrent assez fréquemment chez nos épiciers en gros, parmi les substances médicinales qui leur sont envoyées de la côte de Barbarie, & du levant. Comme elles sont très-dures, il est bon de les mettre tremper dans de l'eau l'espace de trois à quatre jours; après quoi on les sème à un pouce & demi de profondeur, dans des pots que l'on place sur une couche chaude & sous chassis. Le tems le plus propre à ces semis, est le premier printems; mais il faut avoir l'attention de les tenir toujours humides; sans quoi ils resteroient plusieurs années en terre sans lever. Par ce procédé, les graines lèvent ordinairement dans le courant de l'été; alors il convient de modérer les arrosemens, & de ne les administrer que lorsque la terre des pots devient sèche à la surface; les jeunes Argans de Maroc doivent être rentrés vers le milieu de l'automne dans la tannée d'une serre chaude. Au printems de la première année, lorsqu'ils ont quatre à cinq pouces de haut, on les repique dans des pots qu'on place sur une couche tiède avec la précaution de les garantir du soleil, jusqu'à ce qu'ils soient entièrement repris, après quoi on les laisse à l'air libre, & chaque année on les rempote avec de la terre plus légère que celle à oranger. Cet arbrisseau se multiplie encore de marcottes à la manière de l'Argan noirâtre, & quelquefois de boutures, mais très-rarement.

Usage. Cet arbrisseau, fruitier pour les lieux où il croît naturellement, ne peut-être considéré chez nous que comme un objet d'agrément. Sa verdure perpétuelle peut produire de la variété dans les serres, & dans les jardins parmi les plantes étrangères; mais peut-être qu'en Provence il croîtroit en pleine terre & y fructifieroit, ce qui feroit alors réunir l'utile à l'agréable.

Les Argans, n.ºs 2, 3, 7, 8 & 10, étant des arbres ou arbrisseaux qui n'ont point encore été cultivés en Europe, nous ne pouvons que renvoyer aux articles des arbres des mêmes pays où croissent ceux-ci, pour donner un apperçu de leur culture. (*M. Thouin.*)

ARGEMONE. *Argemone.*

Genre de plante de la famille des *Pavots*, qui n'est encore composé que d'une seule espèce.

Argemone du Mexique, ou Pavot épineux.
Argemone Mexicana. L.
B. Argemone du Mexique, à fleur blanche.
Argemone Mexicana alba. ⊙ de l'Amérique méridionale.

Voyez l'article Pavot pour les autres espèces de Linné.

Cette plante, ainsi que sa variété, croît au Mexique, dans les Antilles & dans l'Inde; ses tiges s'élèvent droites à la hauteur d'environ deux pieds; elles sont très-rameuses & garnies de feuilles assez larges, maculées ou veinées de taches blanches de différentes figures. Leur couleur contraste agréablement avec le verd brillant & gai du reste du feuillage. Les rameaux se terminent par de grandes fleurs blanches dans certains individus, & d'un beau jaune dans quelques autres; elles durent à peine une journée, mais elles se succèdent si rapidement, que la plante paroît toujours fleurie, depuis le mois de juillet jusqu'à la fin d'août.

Culture.

L'Argemone se sème d'elle-même dans le voisinage des lieux où on la laisse grainer. Elle se reproduit avec d'autant plus de facilité, que le terrein dans lequel elle se trouve est meuble, sec, & bien exposé au midi; mais ses graines ne lèvent que vers la fin de mai, parce qu'il faut que la terre ait déjà acquis un certain dégré de chaleur pour exciter la germination. S'il survient des pluies douces, à cette époque, la plante croît avec rapidité; les premières fleurs commencent à paroître six semaines après, & elles se succèdent sans interruption jusqu'à la fin de l'été. Ses graines qui sont renfermées dans des capsules couvertes d'épines, mûrissent aussi successivement; ainsi, il est à propos de les recueillir dès que les capsules commencent à s'ouvrir par l'extrémité, sans quoi on courroit risque de n'en trouver aucunes, parce qu'elles tombent aisément. Lorsqu'on veut jouir de cette plante de bonne heure, on peut en semer les graines dès le mois d'avril, dans des pots remplis d'une terre légère, que l'on place sur une couche chaude, couverte d'un chassis. Elles lèvent dans l'espace de six ou huit jours, & quinze jours après le jeune plant est assez fort pour être mis en place; mais il faut se garder de le repiquer, parce qu'il reprend très-difficilement, & que la plante n'est jamais aussi vigoureuse que lorsqu'on la laisse croître dans le lieu où elle est née. On doit se borner à retirer seulement le jeune plant du vase dans lequel il a été semé, en conservant sa mote, & à le mettre ainsi en pleine terre; ensuite on arrache l'excédent du jeune plant, pour n'en laisser que trois ou quatre individus des plus forts, afin de former une belle touffe.

Usage. Cette plante peut figurer dans les plate-bandes des grands parterres, avec les pavots, les pieds d'alouettes, les barbeaux & autres fleurs d'été; elle peut aussi être semée avec avantage sur les lisières des bosquets paysagistes, à des expositions découvertes & chaudes. (*M. Thouin.*)

ARGENTINE, nom trivial, donné au *Potentilla anserina* L. des Botanistes. *Voyez* Potentille vulgaire. (*M. Thouin.*)

ARGENTINE rouge. C'est un des anciens noms françois du *Commarum palustre.* L. *Voyez* Potentille rouge. (*M. Thouin.*)

ARGENTINE ou oreille de souris, *Cerastium tomentosum* L. *Voyez* Ceraiste cotonneux.
(*M. Thouin.*)

ARGILLE, *agriculture.*

C'est une des trois terres primitives; elle est grasse & douce au toucher, s'attache à la langue, se pêtrit avec l'eau, & forme une pâte; elle a assez de liant pour se laisser travailler sur le tour. L'Argille, exposée brusquement au grand feu, si elle n'est pas parfaitement sèche, petille & saute en éclats avec explosion; alors elle se réduit en poudre avec un mouvement de crépitation. Quand elle est très-pure, elle n'entre pas en fusion à la violence du feu, mais s'agglutine, prend assez de corps, & acquiert assez de dureté pour jeter des étincelles comme une pierre à fusil, dès qu'on la frappe contre de l'acier; on la reconnoît à ces caractères.

Il y a de l'Argille de diverses couleurs; on en voit de noire, de verte, de jaune, de grise, de rouge & de bleue. Ces couleurs, qui lui sont étrangères, sont dûes à des matières animales, végétales & métalliques extrêmement divisées.

Je laisse à l'Histoire Naturelle, à la Chymie & aux Arts, le soin de développer la nature, les parties constituantes, & toutes les propriétés de l'Argille. Je ne la considérerai que par ses rapports avec l'agriculture. Suivant M. Baumé, de l'Academie des Sciences, Auteur d'un excellent Mémoire sur l'Argille, elle est seule le fond de la végétation, & celui même de la constitution des végétaux. Elle se modifie, & s'altère en passant d'abord dans les végétaux, & de ceux-ci dans les animaux. Par l'examen des cendres des végétaux, M. Baumé a retrouvé l'Argille comme principe constitutif, mais dans un état d'altération. Il a également prouvé que dans l'analyse des os, on obtenoit de leurs cendres, en dernier résultat, une terre argilleuse.

Une livre de terre, prise dans un bon sol, examinée chymiquement par M. Baumé, étoit composée de six onces d'argille, de six onces de matières grossières, telles que du gravier, des fragmens de briques, de pierres calcaires; & de quatre onces de terre calcaire. Dans une livre de terre maigre, il y avoit six onces de terre calcaire, six onces de gravier & quatre onces d'argille; d'où il s'ensuit que la proportion d'argille est plus grande dans la bonne terre.

Si quelque cultivateur de l'ordre de ceux qui sont déjà éclairés, desiroit s'assurer de la quantité d'argille que contiennent ces différentes terres, le procédé suivant lui en offre un moyen simple & peu dispendieux. Il prendroit une ou deux livres de chaque sorte de terrein, il les mettroit dans des vases, & les laveroit avec de l'eau. La portion la plus fine se délaieroit; on la recevroit dans un second vase; ce qui resteroit au fond du premier seroit la partie pesante & grossière, dont on connoîtroit le poids; par le repos, la partie fine se précipiteroit; on la feroit sécher, puis on verseroit dessus du vinaigre distillé ou concentré par la gelée; on l'en sépareroit à mesure qu'il auroit dissous de la terre; on repasseroit à plusieurs fois, sur le marc, de nouveau vinaigre, pour obtenir successivement la dissolution de tout ce qui seroit terre calcaire; avec l'alkali fixe de la soude ou de la potasse on la précipiteroit; le poids en seroit facile à connoître; enfin la terre, que le vinaigre n'auroit pas attaquée, seroit de l'argille, dont la proportion se manifesteroit.

Malgré les lumières que répandroit un semblable examen, on auroit tort de croire que toute terre dans laquelle l'argille se trouveroit dans la proportion de celle que M. Baumé a analysée, devroit être bonne, & donner toujours de belles récoltes. Il ne suffit pas que la terre de la surface soit bien composée, il faut encore que cette bonne terre pénètre jusqu'à une certaine profondeur, & que l'exposition des champs soit avantageuse. La connoissance réunie de ces objets, mettra en état de juger ce qu'on peut espérer d'un terrein.

On s'est beaucoup occupé jusqu'ici de cette manière de connoître les terres par l'analyse ou par la décomposition. Il est certain qu'elle doit jeter un grand jour sur l'agriculture. Il seroit à desirer qu'on pût simplifier encore cette analyse, & la mettre à portée des cultivateurs ordinaires. Il y a long-tems que j'ai formé le projet d'employer un moyen contraire, celui de la synthèse ou récomposition, par des mélanges de terres. D'autres personnes l'ont sans doute imaginé aussi & quelques-unes même ont déjà fait des essais que peut-être elles porteront le plus loin possible. Si elles me devancent, & que leurs travaux me paroissent complets, il me suffira de profiter de leurs résultats. Si elles restent en arrière, je tâcherai de suivre la carrière tracée, & de ne m'arrêter que quand je l'aurai entièrement parcourue.

La terre argilleuse est très-répandue dans la nature; il y en a de grandes couches à diverses profondeur; elle est plus ou moins pure, plus ou moins mélangée; tantôt on la trouve unie avec du sable, tantôt c'est avec de la terre calcaire. Dans ce dernier état, elle prend le nom de *marne*, qu'on doit distinguer en marne argilleuse & en marne calcaire, selon que la proportion de l'une ou de l'autre substance est plus considérable. La marne argilleuse est employée pour améliorer les terres calcaires ou sablonneuses, & leur donner la capacité qui leur manque. M. Madier, Correspondant de la Société royale de Médecine, dans la Topographie médicale du bourg de Saint-Andiol, en Vivarais, rapporte le fait suivant, *tome IV* des Mémoires de la Société royale de Médecine, *page* 103. « Un particulier fit faire » une fosse fort large & fort profonde, pour » enterrer des cailloux qu'on avoit ramassés en » épierrant son champ. On avoit retiré en la » creusant une très-grande quantité de terre » argilleuse & blanchâtre, (mêlée sans doute » d'un peu de terre calcaire) qu'il fut obligé » d'étendre sur ce même champ, ne sachant où » la mettre. Cette terre, pendant la première » année, ne produisit presque rien; le bled » naissant fut étouffé, & ne put pénétrer cette » couche; mais la seconde année, la terre ayant » été bien remuée & travaillée, l'argille se trouvant bien mêlée, elle fut si fertile, qu'on » a pu l'ensemencer pendant plus de douze » années consécutives sans s'épuiser. »

L'Argille, en juste proportion, a de grands avantages; elle conserve & retient l'eau & les matières grasses. Les plantes y trouvent de quoi se nourrir en été & pendant la sécheresse; voilà pourquoi peut-être on l'appelle *terre forte*. Aussi remarque-t-on que les pays où le fond de la terre est de l'argille, sont en général fertiles. La Flandre, le Hainault, l'Artois, une partie de la Picardie, de la Beauce, de la Brie, &c. en sont la preuve. Suivant M. Volney, la terre de la vallée du Nil, en Egypte, est argilleuse & liante; le fleuve l'apporte du sein de l'Abyssinie; sans cette terre grasse, jamais l'Egypte n'eût rien produit; elle seule semble contenir les germes de la végétation & de la fécondité. Cette remarque s'accorde avec l'opinion de M. Baumé. Les habitans industrieux des provinces de France que je viens de citer, assurés du débit de leurs denrées, & excités par l'appas du gain, savent corriger, avec une culture bien entendue, les vices d'un sol argilleux; je proposerai comme de bons moyens, ceux que j'ai vu pratiquer par eux avec succès.

1°. *Labours fréquens.* Plus une terre est compacte, plus elle a besoin d'être divisée. Rien n'est plus propre à produire cet effet, que les labours répétés, suivis ou précédés de hersages. Quelquefois on est obligé, après chaque labour, de faire casser les grosses mottes. Le nombre des labours des terres argilleuses doit être proportionné à leur compacité. Il y en a qu'il faut labourer jusqu'à cinq fois; ce n'est ni après une grande & longue sécheresse, ni après des pluies abondantes qu'on doit se livrer à cette culture. Dans l'un & l'autre cas, on éprouveroit de grandes difficultés, & on donneroit de mauvaises façons.

2.° *Fossés d'écoulement.* En diminuant la masse d'eau que retiennent les terres argilleuses, on les dispose à être façonnées plus aisément, & on empêche les grains d'être noyés. Des fossés, des rigoles, des raies profondes qui se communiquent, & des sillons bombés & en pente, voilà ce qu'il importe de faire.

3.° *Espèces d'engrais.* Tous les engrais n'étant pas de même nature, on doit choisir, pour les terres argilleuses, ceux qui leur conviennent. Ce sont particulièrement le fumier de cheval, d'âne, de mulet, celui des bêtes à laine, les excrémens de l'homme, les urines des animaux. J'ai vu porter dans ces terres de la paille longue, à peine flétrie, parce qu'elle n'avoit été que peu de tems sous les bestiaux; ce n'est pas, dans ce cas, comme engrais qu'il faut la considérer; sa fonction est de tenir la terre soulevée, & de s'opposer au rapprochement de ses molécules, comme la plupart des substances qu'on ajoute aux engrais.

4.° *Substances divisantes.* Ce sont le sable, le gravier, la terre calcaire, le tuf calcaire, les platras réduits en poudre grossière, la craie, les recoupes de pierre de taille, les décombres des bâtimens, la chaux, la marne calcaire, les charrées de lessive, les cendres des végétaux. On doit en régler la quantité sur l'épaisseur de la couche d'argille, dont on s'assure en perçant des trous de distance en distance, & en analysant, si on le juge à propos, une ou deux livres de terre par le moyen que j'ai indiqué. Dans les pays où l'on marne avec de la marne calcaire, on sait combien on en doit répandre par arpent de terre argilleuse, ce qui dépend & de la marne & du terrein à marner, puisque dans l'une les proportions des parties calcaires varient, comme celles des parties argilleuses dans l'autre.

5.° *Brulis de l'argille même.* Il y a des positions où il est difficile de se procurer de la terre calcaire, ou du sable, ou autre substance divisante, si ce n'est en faisant des frais excessifs. On peut corriger l'argille par l'argille même. Quand elle a été calcinée, elle n'a plus la même compacité; elle devient friable, légère, capable de diviser; elle acquiert les qualités des terres calcaires; on la répand, comme elles, sur les terres argilleuses; mais je ne conseille cette opération que dans les pays où les matières combustibles sont à bon marché. On fait en plein champ des fourneaux avec de l'argille humide; il suffit que les cheminées qu'on y pratique soient de brique cuite; on remplit ces fourneaux d'argille, & on y met le feu; à mesure qu'elle perce à travers les jointures, on les bouche encore d'argille. On a grand soin d'employer avantageusement tout le feu, afin qu'il calcine une très-grande quantité de matière; c'est ainsi que dans la Flandre on voit des briqueteries locales, dont les parois sont faits avec les briques qu'on veut cuire. On change la briqueterie de place pour la porter, chaque fois qu'il en est besoin, dans le lieu où l'on trouve de quoi fabriquer des briques, ou plutôt on y établit une nouvelle briqueterie.

On produit le même effet par un moyen moins dispendieux. On place, de distance en distance, des amas de matière combustible, qu'on couvre d'argille coupée par tranche & un peu desséchée; le feu la réduit en une terre sèche.

J'ai traité, avec quelque détail, à l'article *amendement*, les différentes manières d'améliorer les terres. *Voyez* ce mot. (*M. l'Abbé* Tessier.)

ARGILLE, *Jardinage.* L'Argille est employée à différens usages.

1.° Réduite en consistance de pâte molle, & mêlée avec de la bouze de vache, on en fait les poupées des greffes en fentes. *Voyez* Greffe en fente.

2.° Délayée avec de l'eau & de la bouze de vache, on en enduit les racines des arbres verds qui doivent voyager au loin avant que d'être plantés. *Voyez* Transport des arbres.

3.° A défaut de terre franche, on se sert de l'Argille pour faire la bauge destinée à enduire les parois des fosses ou plate-bandes de terreau de bruyère. *Voyez* Planches glaisées.

4.° La glaise ou l'Argille sert à faire les courrois des bassins, des pièces d'eau, des canaux, &c.

5.° Et enfin la glaise dissoute dans l'eau ou réduite en poussière, peut servir d'engrais dans les terres trop légères; on s'en sert à défaut de terre franche pour la composition des terres destinées à certaines plantes que l'on cultive en pot ou en caisse. (*M.* Thouin.)

ARGITAME, *Argitamnia.*

Ce genre, qui paroît appartenir à la famille des Euphorbes, a été établi par Brown, dans son Ouvrage sur les Plantes de la Jamaïque.

C'est un arbrisseau de couleur blanchâtre dans toutes ses parties, qui porte, sur le même pied, des fleurs mâles & des fleurs femelles, séparées les unes des autres; son fruit est une capsule à trois loges, dont chacune renferme une seule semence.

Jusqu'à présent cet arbrisseau n'a point été cultivé en Europe. (*M.* Thouin.)

ARGOPHILLE, *Argophillum.*

Nouveau genre de plante décrit par M. Forster; il n'en existe encore qu'une espèce.

Argophille luisant.
Argophillum nitidum. Forster. Gen. N°. 15. ♄ de la nouvelle Ecosse.

L'Argophille est un arbrisseau dont toutes les parties sont couvertes d'un duvet soyeux & luisant, fort agréable à la vue. Ses fleurs sont petites, peu apparentes & donnent naissance à des capsules arrondies, remplies d'un grand nombre de petites semences. Sa culture nous est inconnue. (*M. Thouin.*)

ARGOT *ou* ERGOT. Terme de jardinage, employé pour désigner le reste d'une branche morte qui subsiste encore attachée à la tige ou aux principales branches d'un arbre. C'est une sorte de chicot.

Les Argots sont aussi désagréables à l'œil que nuisibles aux arbres. Ils empêchent l'écorce de recouvrir les parties où ils se trouvent, donnent, en se gerçant, des accès à l'air & à l'eau dans l'intérieur du bois, ce qui occasionne, à la longue, différentes maladies aux arbres, dont plusieurs, telles que les chancres, la carie, la pourriture, &c., les font périr plus ou moins promptement. Un Jardinier intelligent doit empêcher qu'il ne se forme des Argots sur les tiges de ses arbres, en coupant, près du tronc, les branches qui sont sur le retour, ou que quelqu'accident fait languir. Et lorsque par hasard il voit s'en établir, son premier soin doit être de les couper; s'il se sert d'un instrument bien tranchant, & qu'il pare la plaie avec soin, l'écorce environnante l'aura bientôt recouverte, & l'arbre sera à l'abri de tout accident. (*M. Thouin.*)

ARGOTER ou ERGOTER, terme de jardinage; c'est couper les argots qui se trouvent sur les tiges ou les branches. *Voyez* Argot. (*M. Thouin.*)

ARGOUSSIER, *Hippophae.* Genre d'arbre de pleine terre, dont il sera traité dans le Dict. des arbres & arbustes *Voyez* Argoussier *ou* Rhamnoide. (*M. Thouin.*)

ARGUS. Nom donné, par les Fleuristes, à une variété de la *tulipa gesneriana* L. Sa fleur est couleur de feu, gris de lin & blanc de lait. *Voyez* Tulipe des jardins. (*M. Thouin.*)

ARGUSE. *Messerschmidia.*

Genre de plante de la famille des *Borraginées*, composé d'arbustes & de plantes vivaces étrangères, dont les fleurs ont peu d'apparence, & que, pour cette raison, on ne cultive guères que dans les jardins de botanique.

Espèces.

1. Arguze de Tartarie.
Messerschmidia arguzia. L. ♃ de la Tartarie orientale.

2. Arguze à larges feuilles.
Messerschmidia fruticosa. L. ♄ des Isles Canaries.

3. Arguze à feuilles étroites.
Messerschmidia angusti folia. Lher. stirp. tom. 2. tab. 2. ♄ des Isles Canaries.

1. L'Arguze de Tartarie est une plante vivace & traçante, qui ne s'élève que d'environ un pied. Ses tiges sont droites, rameuses & couvertes de petites feuilles oblongues, d'un verd blanchâtre, & rudes au toucher. Ses fleurs qui paroissent en juin, & en juillet sont fort petites, & de couleur blanche. Elles sont suivies de semences qui mûrissent communément dans notre climat.

Culture.

Cette plante croît aisément en pleine terre dans les terreins meubles, plus secs qu'humides. Les expositions légèrement ombragées, lui sont plus favorables que celles qui sont découvertes. On la multiplie facilement par ses drageons qu'on peut séparer des touffes à l'automne ou au printems, avant qu'elle ne pousse ses tiges. Il suffit de les planter en pleine terre, dans un terrein meuble & abrité du grand soleil, pour les voir croître & se développer rapidement. Elle peut aussi se multiplier de graines; mais ce moyen de multiplication est moins expéditif, aussi ne s'en sert-on qu'à défaut des drageons. Les semences doivent être mises en terre à l'automne, quelques semaines après leur récolte; on les sème dans des pots remplis d'une terre préparée, comme pour les orangers, mais rendue de moitié plus légère par l'addition d'environ deux tiers de terreau de bruyere. Ces pots doivent être enterrés dans une plate-bande, au levant, & y rester jusqu'à ce que le jeune plant soit assez fort pour être séparé; souvent les graines de cette plante se sement d'elles-mêmes, & lèvent sans culture. Mais si elle croît facilement, elle périt aussi très-aisément. C'est pourquoi il convient de rajeunir les vieux pieds de tems en tems, & de la cultiver dans plusieurs endroits à-la-fois; comme les fanes se déssèchent de très-bonne heure, il faut avoir l'attention de marquer la place, afin qu'en labourant la terre, on ne retourne point ses racines.

Hist. Cette plante croît dans les lieux montagneux, & arides de la Tartarie orientale, près de la rivière d'Argun; elle n'est recherchée que dans les écoles de botanique.

2. L'Arguze à larges feuilles est un arbrisseau qui s'élève à 5 ou 6 pieds de haut. Ses tiges sont droites peu ligneuses, & garnies de branches longues & flexibles. Elles sont couvertes de feuilles oblongues, d'un verd pâle, & couvertes d'aspérités. Ses fleurs sont petites, disposées en grands panicules lâches à l'extrémité des branches & des rameaux. Leur couleur est blanche, tirant un peu sur le jaune, & elles produisent des semences qui viennent à parfaite maturité dans notre climat.

Culture. Ce sous-arbrisseau se cultive dans des pots qu'on rentre pendant l'hiver dans les serres tempérées, & qu'on laisse à l'air libre pendant la belle saison. Il aime une terre substantielle, & veut être arrosé fréquemment pendant l'été, & tant qu'il est en végétation; la chaleur le rend aussi plus vigoureux & plus fort. Nous avons planté l'été dernier, vers le mois de juin, plusieurs de ces sous-arbrisseaux en pleine terre, dans un terrein meuble & substantiel, exposé au plein midi, & bien abrité du nord, & nous les avons fait arroser fréquemment. Ils se sont développés avec la plus grande vigueur; & quoiqu'ils n'eussent pas plus de 10 pouces lorsque nous les avons plantés, ils se sont élevés à six pieds de haut, & leurs tiges avoient six pouces de circonférence par le bas. Ils ont poussé un grand nombre de branches qui se sont terminées par des panicules couverts d'une multitude de fleurs. Plusieurs individus que nous avons laissés à dessein en pleine terre, ont éprouvé des gelées de deux à trois degrés sans qu'ils en aient paru très-fatigués, mais de plus fortes les ont fait périr jusques dans leur racine. Ces plantes pendant l'hiver continuent de fleurir & de mûrir leurs graines; dans cet état, il leur faut moins de chaleur que d'air & de lumière; & lorsque leur fructification est accomplie, il faut ménager les arrosemens, & les garantir de l'humidité, parce qu'elles pourrissent aisément. La consistance peu ligneuse de ces sous-arbrisseaux nous avoit fait croire qu'ils n'étoient pas d'une longue vie, & l'expérience nous a démontré la justesse de nos conjectures. Nous avons des individus qui n'ont encore que deux ans, & qui déjà portent les marques de la décrépitude. Une partie de leurs branches sont mortes, leurs feuilles sont diminuées de plus des deux tiers de leur étendue, & tout annonce qu'ils vont périr incessamment.

On multiplie cette espèce d'Arguse au moyen de ses graines qui doivent être semées vers le commencement d'avril, dans des pots remplis d'une terre meuble & légère, & placés ensuite sous chassis, sur une couche chaude. Ces semis lèvent en quinze jours, & trois semaines après le jeune plant est en état d'être repiqué dans des pots qu'on ombrage jusqu'à ce qu'il soit bien repris; après quoi, on le laisse en plein air sur une couche tiède; vers le milieu de l'automne, on rentre les jeunes individus dans une serre tempérée, près des croisées. Souvent ils commencent à donner un petit nombre de fleurs dans le mois d'octobre. Au printems, ces plantes doivent être mises en plein air, à une exposition découverte & au midi; on peut alors les rempoter dans de plus grands vases, & leur donner une terre presque aussi forte que celle des orangers. Si l'on en met quelques pieds en pleine terre, & qu'on ait soin de les arroser souvent, ils n'en deviendront que plus vigoureux, mais il sera difficile de les conserver l'hiver.

3. L'Arguse à feuilles étroites se distingue aisément de la précédente par ses feuilles presque linéaires, par son port beaucoup plus grêle, & par sa stature plus élevée. Cependant, malgré toutes ces différences, il n'est pas sûr qu'elle n'en soit pas une variété; l'une & l'autre viennent du même pays, ont les mêmes habitudes, & exigent la même culture.

Observation. Les graines de ces deux espèces ou variétés d'Arguse, ont été recueillies à l'isle de Madère, au mois d'août 1785, & envoyées, par M. Collignon, au Jardin du Roi, d'où elles se sont ensuite répandues dans différens jardins de France & des pays étrangers. (*M. Thouin.*)

ARIA *de Théophraste.* Nom d'un grand arbre de nos forêts, connu des Botanistes sous celui de *Cratægus aria L.* *Voyez* Alisier blanc dans le Dict. des arbres & arbustes. (*M. Thouin.*)

ARIDE, *jardinage.* Un sol aride est le plus ingrat & le plus mauvais de tous les terreins qu'on puisse cultiver. Il fait le tourment & le désespoir du Jardinier. Gazons, légumes, arbres & arbrisseaux, tout languit, tout dépérit dans un pareil terrein. Ce n'est qu'à force de soins, de travaux & de dépenses qu'on peut y soutenir la végétation, & encore les productions que l'on en retire sont-elles bien inférieures à celles qui viennent presque d'elles-mêmes dans un sol ordinaire. On doit donc éviter avec grand soin de former un jardin, de quelque sorte que ce soit, dans un terrein de cette espèce. Si, par des circonstances particulières, on est forcé d'en faire usage, il faut alors examiner à quelle cause il doit son aridité, pour y remédier ensuite. Elle vient quelquefois de ce que la couche végétale a trop peu de profondeur, & d'autres fois de ce que la surface du terrein, étant trop inclinée, ne permet pas à l'eau de le pénétrer. Souvent elle dépend de la nature du sol même; ce sont ou des sables mouvans d'une grande épaisseur, ou des glaises qui, dans les tems humides, retiennent les eaux, & dans les tems de sécheresse, se durcissent, & ne permettent pas aux racines des

végétaux

végétaux d'y pénétrer. Toutes ces différentes causes d'aridité sont plus ou moins difficiles à combattre; mais, quoiqu'il y ait des moyens de les faire disparoître, nous ne conseillons cependant d'y avoir recours que lorsqu'il n'est pas possible de prendre un autre parti. Le remède est presque toujours plus dispendieux que ne le seroit l'acquisition d'un terrein double en étendue, & de la meilleure qualité; on en sera facilement convaincu, si l'on fait attention qu'on ne peut bonifier ces sortes de terreins que par des transports, des mélanges de terre, & des défoncemens; & lorsque le terrein est de quelque étendue, quelle dépense ces diverses opérations n'occasionnent-elles pas, sans parler de celle que nécessitent les nivellemens?

Quand l'aridité est occasionnée par un défaut d'eau, alors il faut renoncer en grande partie à la culture; ce n'est pas qu'il n'y ait des végétaux qui puissent croître dans les terreins arides, mais ils sont en petit nombre, & peu propres à former des jardins. *Voyez* l'article ARGILLE. (*M. THOUIN.*)

ARIDE, *qui ne peut rien produire.* On dit des sables de la Lybie qu'ils sont arides. Un sol formé de quartz uniquement, d'argille ou de craie, seroit un sol aride. Ce mot suppose communément la privation d'eau; il convient à un pays très-étendu, comme à un canton déterminé, à un champ même. (*M. l'Abbé TESSIER.*)

ARISE. On se sert quelquefois de ce mot pour désigner l'*arum arizarum* L., dont il est une abréviation. *Voyez* GOUET à capuchon. (*M. THOUIN.*)

ARISTIDE, *ARISTIDA.*

Genre de plante de la famille des GRAMINÉES, composé d'espèces exotiques, dont la fructification est disposée en panicule. Il n'offre rien d'intéressant qui puisse le faire cultiver dans d'autres jardins que dans ceux qui sont destinés à la botanique.

Espèces.

1. ARISTIDE de l'Ascension.
ARISTIDA Adcensionis. L. ♃ de l'Isle de l'Ascension.

2. ARISTIDE d'Amérique.
ARISTIDA Americana. L. de l'Amérique septentrionale.

3. ARISTIDE plumeuse.
ARISTIDA plumosa. L. du levant & d'Amérique.

4. ARISTIDE en roseau.
ARISTIDA arundinacea. L. des Indes orientales.

5. ARISTIDE géante.
ARISTIDA gigantea. L. Fil. suppl. de l'Isle de Téneriffe.

6. ARISTIDE hérissonnée.
ARISTIDA histrix. Lin. Fil. suppl. du Malabar.

Toutes ces espèces d'Aristides sont des plantes herbacées, qui ont le port des chiendents dont elles font partie. Elles se propagent par leurs graines, & les espèces vivaces par leurs œilletons & leurs racines. Les semences de ces plantes vieillissent promptement; il est rare qu'elles lèvent après deux ans, sur-tout lorsqu'on leur fait passer la ligne. Ces graines doivent être semées dans des pots, sur couche & sous chassis; il leur faut une terre meuble & légère, & des arrosemens fréquens, pour aider leur germination. Elles lèvent, pour l'ordinaire, dans l'espace de vingt jours; alors il convient de modérer les arrosemens, de donner de l'air aux jeunes plantes pour qu'elles prennent de la force, &, si elles sont trop épaisses, de les éclaircir, en arrachant une partie de celles qui sont trop près des bords du vase. On peut les repiquer, si l'on veut, dans d'autres pots; mais, comme on se contente ordinairement d'avoir deux pots de ces plantes, l'un pour être mis en place dans les écoles de botanique, & l'autre pour fournir les graines nécessaires à la conservation de l'espèce, on partage chaque semis en deux parties; on met l'une & l'autre dans de grands pots, sous des chassis; & lorsque le plant est bien repris, on place l'un des vases à sa destination, & l'on conserve l'autre sur couche pour accélérer la végétation des plantes avant l'hiver. Les espèces vivaces doivent être rentrées vers le milieu de l'automne, dans une serre chaude, pour y passer l'hiver. (*M. THOUIN.*)

ARISTOLOCHE, *ARISTOLOCHIA.*

Ce genre de plante a donné son nom à une famille de végétaux peu nombreuse, mais fort singulière, qu'on appelle les ARISTOLOCHES. Il est composé, dans ce moment, de vingt-neuf espèces différentes, toutes vivaces, la plupart étrangères à l'Europe. Le plus grand nombre a des tiges grimpantes, quelques-unes même les ont ligneuses & très-étendues. Assez généralement leur feuillage est d'une belle forme & d'une verdure agréable. Leurs fleurs sont plus singulières qu'elles ne sont intéressantes; leurs fruits ont presque la figure, & quelques-uns même la grosseur d'une poire sauvage. Beaucoup de ces plantes sont d'usage en médecine, & quelques-unes d'entr'elles peuvent être employées dans la composition des jardins paysagistes.

Espèces.

* *TIGES GRIMPANTES QUI S'ENTORTILLENT AUTOUR DES ARBRES.*

1. ARISTOLOCHE bilobée ou lune à canneçon.
ARISTOLOCHIA bilobata. L. ♃ des Antilles.

2. ARISTOLOCHE à fleur longue.
ARISTOLOCHIA peltata. L. ♃ de Saint-Domingue.

3. Aristoloche trilobée.

Aristolochia trilobata. L. ♃ de l'Amérique méridionale.

4. Aristoloche trifide.

Aristolochia trifida. La M. Dict. ♃ de la Guadeloupe & de Saint-Domingue.

5. Aristoloche pentandrique.

Aristolochia pentandra. L. ♃ de la Havane & de Cuba.

6. Aristoloche ridée.

Aristolochia rugosa. La M. Dict. ♃ de Saint-Domingue.

7. Aristoloche trinerve.

Aristolochia bilabiata. L. ♃ de Saint-Domingue.

8. Aristoloche à gros fruit, ou le Capitan.

Aristolochia maxima. L. ♄ de la nouvelle Espagne.

9. Aristoloche à queue.

Aristolochia caudata. L. ♄ de Saint-Domingue, quartier du Cap.

10. Aristoloche ponctuée.

Aristolochia punctata. La M. Dict. ♃ de Saint-Domingue.

11. Aristoloche odorante.

Aristolochia odoratissima. L. ♃ du Mexique & de la Jamaïque.

12. Aristoloche anguicide, ou Apinel.

Aristolochia anguicida. L. ♄ de Carthagène, dans la nouvelle Espagne.

13. Aristoloche de l'Inde.

Aristolochia Indica. L. ♃ du Malabar.

14. Aristoloche acuminée.

Aristolochia acuminata. La M. Dict. ♃ de l'Isle de France.

15. Aristoloche d'Espagne.

Aristolochia bœtica. L. ♃ d'Espagne.

16. Aristoloche à grandes feuilles.

Aristolochia sipho. *L'herit.* ♄ de Virginie.

** Tiges plus ou moins droites, mais point grimpantes.

17. Aristoloche pontique.

Aristolochia pontica. La M. Dict. du levant.

18. Aristoloche de Crête.

Aristolochia cretica. La M. Dict. de l'Isle de Candie.

19. Aristoloche hérissée.

Aristolochia hirta. L. ♃ de l'Isle de Scio.

20. Aristoloche des Maures.

Aristolochia Maurorum. L. ♃ du levant, dans les environs d'Alep.

21. Aristoloche serpentaire, ou Serpentaire de Virginie.

Aristolochia serpentaria. L. ♃ de la Virginie.

22. Aristoloche en arbre.

Aristolochia arborescens. L. ♄ de l'Amérique septentrionale.

23. Aristoloche glauque.

Aristolochia sub-glauca. La M. Dict. ♄ du levant.

24. Aristoloche toujours verte.

Aristolochia semper virens. L. ♃ de la côte de Barbarie & du levant.

25. Aristoloche crénulée, ou pistoloche.

Aristolochia pistolochia. L. ♃ du midi de la France.

26. Aristoloche ronde.

Aristolochia rotunda. L.

B. Aristoloche ronde, à fleur purpurine.

Aristolochia rotunda purpurascens. ♃ de l'Europe méridionale.

27. Aristoloche longue.

Aristolochia longa. L.

B. Aristoloche longue d'Espagne.

Aristolochia longa Hispanica. ♃ du midi de la France.

28. Aristoloche bractéolée.

Aristolochia bracteolata. La M. Dict. ♃ de l'Isle de France.

29. Aristoloche clematite.

Aristolochia clematitis. L. ♃ de l'Europe tempérée.

Nota. De ces 29 espèces d'Aristoloches, décrites par les Botanistes les plus modernes, à peine la moitié se trouve-t-elle connue & cultivée dans les jardins de l'Europe. Ce que nous allons dire de la culture de celles-ci, pourra servir de renseignement pour la culture des autres, lorsqu'elles seront apportées dans notre climat.

1. *L'Aristoloche bilobée* est une plante grimpante, dont les tiges, qui sont ligneuses, se contournent autour des objets qui l'avoisinent. Elle s'élève à la hauteur de trois à quatre pieds; ses feuilles, qui sont d'une verdure luisante, ont la forme d'un fer-à-cheval; les fleurs sont petites & jaunâtres, & rarement elles donnent des fruits dans notre climat.

Culture. On multiplie cette espèce par le moyen de ses semences qui sont envoyées des Antilles. Pour qu'elles puissent lever, il faut qu'elles soient de la dernière récolte, & qu'elles aient été envoyées dans leurs capsules, sans quoi il est rare qu'elles réussissent. Cette observation est commune à toutes les espèces de ce genre. Les graines de cette plante doivent être semées au printems, dans des pots remplis d'une terre meuble & légère, placés ensuite sur une couche chaude, & couverte d'un chassis. Elles lèvent ordinairement dans le cours de l'été, mais les jeunes plants ne sont presque jamais assez forts pour être séparés avant le printems suivant. Pendant la première année, ils peuvent rester dans le même vase, & sous le même chassis où ils ont d'abord été placés, en ayant soin de les garantir des mauvaises herbes, & de les arroser en proportion de la chaleur & de leurs besoins, qui ne sont pas multipliés.

Vers le milieu de l'automne, on doit transporter ces jeunes plantes dans la serre chaude, & les placer dans la tannée. Pendant l'hiver, elles craignent l'humidité; ainsi, il faut avoir l'attention de ne les arroser que très-rarement & toujours dans le milieu du jour, afin que le soleil puisse dissiper l'humidité qui pourroit être sur les feuilles & sur les tiges. Vers le milieu du printems de cette seconde année, on pourra séparer les jeunes plants, en coupant la motte de terre dans laquelle ils se trouvent, en autant de portions qu'on en voudra faire de pots séparés. Si on les arrachoit & qu'on les plantât à racines nues, ils reprendroient beaucoup plus difficilement, & il en périroit un très-grand nombre, au lieu que de cette manière ils réussissent presque tous. Il suffit ensuite de les placer sur une couche tiède, couverte d'un chassis, & de les garantir du soleil jusqu'à ce qu'ils soient bien repris.

Lorsqu'on veut faire pousser cette plante vigoureusement & en obtenir des fleurs, il convient de la cultiver, pendant l'été, dans une bâche, avec les ananas, ou dans la tannée d'une serre chaude; mais, pour ne pas l'épuiser, il est à propos, quinze jours ou trois semaines avant la rentrée des plantes dans les serres chaudes, de la sortir des bâches, & de l'exposer, à l'air libre, dans une position ombragée, afin que son bois soit lavé par les pluies, & que la sève prenne du repos.

Usage. Cette Aristoloche peut servir à garnir les treillages du fond des serres chaudes. Lorsqu'elle est mise en place dans les écoles de botanique pendant l'été, il est bon de la couvrir d'une cloche ou d'un chassis portatif.

8. *Aristoloche à gros fruits.* Cette espèce qui, en Amérique, s'élève en s'entortillant jusqu'au sommet des plus grands arbres, est une des plus intéressantes de ce genre, mais aussi c'est une des plus rares dans les jardins de l'Europe. Son feuillage est large & d'un beau verd; ses fleurs, qui croissent trois ou quatre ensemble par bouquets, sont assez grandes, fort apparentes, & d'une couleur pourpre-brun. Il leur succède des capsules ovales, d'environ quatre pouces de long, qui restent suspendues par de longs pédicules, ce qui produit un effet fort singulier; ajoutez à cela que toutes les parties de cette plante ont une odeur douce & agréable. De tous ces avantages, nous ne jouissons en Europe que du feuillage de cette plante & de son odeur; elle n'y a point fructifié.

La culture de cette espèce est la même que celle de la précédente, ainsi que sa multiplication & ses usages.

13. *Aristoloche de l'Inde.* Cette plante est encore une de celles que les Européens des Colonies françoises de l'Inde appellent Liane, nom générique qu'ils donnent à toutes les plantes sarmenteuses & grimpantes. Celle-ci s'élève, & parvient au sommet des plus grands arbres; son feuillage est d'une forme & d'une couleur agréable; les fleurs, qui viennent par bouquets de quatre à six dans les aisselles des feuilles, sont d'un rouge obscur. Elles donnent naissance à des capsules qui ont à-peu-près la forme & la grosseur d'une noix. Cette plante est encore rare dans les jardins de l'Europe; elle s'y conserve & s'y multiplie comme les précédentes.

15. *Aristoloche d'Espagne.* Les tiges de celle-ci ne s'élèvent guères qu'à la hauteur de huit ou dix pieds, en s'entortillant autour des arbres ou autres objets qu'elles rencontrent. Elles meurent chaque année, & repoussent de leurs racines au printems. Les feuilles sont en forme de cœur, assez larges & d'une verdure pâle; elle fleurit en juillet, mais ses fleurs, qui sont petites & verdâtres, s'apperçoivent à peine entre les feuilles.

Culture. Cette plante se cultive en pleine terre, sans autre précaution que de la placer dans un terrein meuble, léger & plus sec qu'humide; elle est rustique, & toute exposition lui convient. Cependant il est à propos, dans les pays plus septentrionaux que le nôtre, de la couvrir dans les gelées de douze à quinze degrés, & sur-tout de la garantir de l'humidité. Elle se multiplie par ses graines qui, mûrissant très-rarement dans notre climat, doivent être tirées d'Espagne. On les sème à l'automne, immédiatement après leur récolte, dans des pots remplis d'une terre meuble & légère, que l'on place ensuite dans une plate-bande, à l'exposition du midi, & que l'on couvre d'un fumier court & sec pendant tout l'hiver; au printems, les graines ayant poussé leurs cotyledons, on place les pots sur une couche tiède, à l'exposition du levant, & on les arrose modérément. Dès que ces jeunes plants sont assez forts, il est bon de les séparer; le printems est la saison la plus favorable à cette opération; on les repique au plantoir, dans une plate-bande de terre meuble & légère, à l'exposition du levant, & ensuite on les recouvre avec un fumier de vieilles couches, pour les défendre du hâle & de la sécheresse. Cependant il est bon de mettre quelques-uns de ces jeunes plants dans des pots, pour leur faire passer l'hiver à l'orangerie, parce que, dans leur jeunesse, ils craignent les grands froids, & sont un peu délicats. D'ailleurs ces repiquages n'exigent d'autres soins que d'être sarclés & binés au besoin, d'être arrosés dans les tems de sécheresse, & couverts de feuilles ou autres matières sèches dans les grandes gelées. La troisième ou la quatrième année, ces plantes peuvent être levées en motte, & mises en place à leur destination.

On multiplie beaucoup plus aisément & plus promptement cette plante, au moyen des drageons qu'elle pousse abondamment de sa racine; la saison la plus favorable pour les lever, est le mois de mars; ils doivent être cultivés comme les jeunes plants.

Usage. L'Aristoloche d'Espagne pourroit être employée avec succès dans les jardins paysagistes, sur les bordures des bosquets; ses tiges grimpantes, dirigées sur des arbrisseaux voisins, produiroient des effets pittoresques. Ses propriétés & ses vertus doivent lui faire occuper une place dans les écoles de plantes médicinales.

16. *Aristoloche à grandes feuilles.* Cette espèce est sans contredit la plus belle de toutes celles que nous possédons. Elle forme un arbrisseau sarmenteux, dont les tiges, qui sont d'un beau verd, grimpent & s'élèvent à plus de vingt-cinq pieds de haut lorsqu'elles trouvent des appuis, sans quoi elles rampent sur terre, à de très-grandes distances. Son feuillage est touffu, d'une verdure foncée; ses feuilles, en forme de cœur, ont quelquefois plus d'un pied de large; elles tombent à la fin de l'automne. Les fleurs de cet arbrisseau, sans être éclatantes, ont une couleur de pourpre noirâtre, mêlé de jaune, de rouge & de brun, qui est tout-à-fait particulière; mais ce qui est bien plus singulier, c'est la figure de cette fleur, qui a la forme d'une pipe chinoise avec son couvercle. Dans les années chaudes, & lorsque les pieds ont une certaine force, ils produisent des capsules qui ont à-peu-près la figure & la grosseur d'une poire de blanquette. Elles sont remplies de semences plates qui lèvent fort bien dans notre climat; les racines de ce bel arbrisseau, qui sont traçantes & de couleur jaune, ont une odeur aromatique fort agréable.

Culture. Il aime les terreins sablonneux, gras & un peu frais; il croît à toutes les expositions, & n'est nullement délicat, lorsqu'il est un peu fort; dans sa première jeunesse, il a besoin d'être couvert pendant les très-fortes gelées; & lorsqu'on n'en possède qu'un petit nombre d'individus, il est prudent de les laisser croître d'abord dans des vases, & de les rentrer dans les orangeries. On multiplie cette espèce d'Aristoloche de graines de marcottes & quelquefois de boutures; les graines doivent être semées à l'automne, dans des terrines placées en terre, à l'exposition du midi, & couvertes pendant les gelées. Cependant on peut aussi les semer, au printems suivant, sur une couche tiède, à une exposition garantie du grand soleil; mais la première saison est préférable dans l'un & l'autre cas. Il convient que la terre des semis soit composée comme celle des orangers, mais de moitié plus légère. Les jeunes plants ne sont guères en état d'être séparés que la seconde année; il est même prudent de leur faire passer le premier hiver dans l'orangerie, près des croisées, & dans la place la plus aérée. On peut ensuite, au premier printems, & avant qu'ils ne poussent, les repiquer au plantoir, dans une plate-bande de terre meuble, à une situation légèrement ombragée. Dans cet état, il suffit de les garantir des hâles, en couvrant la plate-bande d'un fumier court, & de les arroser quelquefois dans les grandes sécheresses. Lorsqu'ils commenceront à s'élever, on leur donnera des tuteurs, auxquels on attachera leurs tiges à mesure qu'elles croîtront; à l'automne, on ôtera les liens qui les retiennent, & on les couchera sur terre pour les couvrir plus aisément pendant les gelées. En tenant ces arbrisseaux quatre ou cinq ans en pépinière, ils seront assez forts pour être mis en place, à leur destination; mais il faut avoir soin, lorsqu'on les lève de terre, de casser le moins de racines qu'il est possible, & sur-tout, de ne pas les laisser trop long-tems sans les planter, parce que les racines, qui sont d'une substance molle & peu ligneuse, sont très-susceptibles de se dessécher promptement.

La voie de multiplication, par les marcottes, est plus expéditive. On prend du bois de deux ans sur lequel on fait une incision comme pour les œillets, sans qu'il soit besoin de ligature. Lorsqu'on les fait au printems, elles ont des racines à l'automne, & on peut les lever au mois de mars suivant.

Les boutures peuvent se faire dès l'automne, ou à la fin de février, avec de jeunes branches bien aoûtées. On les coupe à quatre yeux de longueur, & on les enterre à la profondeur de trois, dans une plate-bande de terre meuble & fraîche, à l'exposition du plein nord; si le tems est sec, & qu'il soit accompagné de vents froids, il sera bon de couvrir les boutures d'une légère couche de mousse fraîche & de paillassons.

Usage. Ce bel arbrisseau peut servir à la décoration de toutes sortes de jardins; il peut tapisser des murailles, former des tonnelles, décorer des rochers, & fournir des guirlandes très-pittoresques. Malheureusement il ne se trouve pas encore chez beaucoup de marchands, mais il est à présumer qu'il sera bientôt plus commun & plus multiplié qu'il ne l'est aujourd'hui.

19. *Aristoloche hérissée.* La racine de cette espèce est longue, épaisse, charnue & ligneuse; elle pousse chaque année, de son collet, plusieurs tiges, longues d'environ deux pieds, qui sont couchées sur terre; ses feuilles cordiformes, terminées en pointes, sont très-velues & assez grandes. Dans le courant d'août, elle produit des fleurs verdâtres à l'extérieur, & de couleur purpurine, mêlée de taches jaunes dans l'intérieur. Leur forme est celle d'une S.; à ces fleurs succèdent des capsules où sont renfermées les semences.

Culture. Cette espèce, apportée de l'isle de Scio, par Tournefort, s'est conservée pendant long-tems au Jardin du Roi; on l'y cultivoit en pot, & chaque hiver on la rentroit à l'orangerie; elle craignoit l'humidité pendant cette saison, & demandoit l'exposition la plus chaude pendant l'été; c'est tout ce que nous savons de sa culture.

Miller dit que cette plante peut se cultiver comme les espèces nos. 26 & 27. Nous n'osons pas l'assurer; la différence des climats où croissent ces plantes, nous paroîtroit en indiquer une dans leur culture.

21. *Aristoloche serpentaire.* Cette plante, célèbre en médecine, a pour racines un faisceau de filamens longs & très-menus, qui donne naissance chaque année à des tiges grêles, foibles & sans soutien, qui n'ont pas plus d'un pied de long. Ses feuilles ont la forme d'un cœur oblong, de grandeur moyenne & d'un vert pâle; ses fleurs, qui sont d'un pourpre foncé, paroissent en juillet; elles viennent vers la base des tiges, & sur le collet de la racine; il leur succède des capsules arrondies, qui mûrissent quelquefois en Europe.

Culture. Cette plante, qui craint les fortes gelées, se conserve ordinairement dans des pots qu'on rentre l'hiver à l'orangerie. Mais il est plus convenable de la mettre en pleine terre, dans une plate-bande de terre meuble, sablonneuse & substantielle, à l'exposition du midi. L'hiver, en l'abritant d'un chassis qu'on couvre plus ou moins de paille, on la garantit des gelées, & sur-tout de l'humidité, qui lui est beaucoup plus nuisible lorsqu'elle n'est pas en végétation; par ce moyen, on obtient des fleurs & souvent des graines bien aoûtées. Cette plante se multiplie par le moyen de ses graines, qui doivent être semées en pots à l'automne, & passer l'hiver à l'abri de la gelée, sous des chassis; elles lèvent dès le mois de février; au printems, on les tire des chassis pour les mettre sur une couche tiède, à l'air libre & à l'exposition du levant, & on les garantit des coups de soleil du midi. Pendant les grandes chaleurs, les arrosemens doivent être légers & fréquens; mais, lorsque la végétation cesse, il faut les modérer, & les supprimer tout-à-fait quand les fanes de cette plante sont desséchées. Le jeune plant doit être repiqué lorsqu'il est assez fort, dans des pots, ou en place sous des chassis, comme nous l'avons dit ci-dessus.

Usage. Les vertus & les propriétés de cette espèce doivent lui faire occuper une place distinguée dans les jardins de plantes médicinales, mais elle y est encore fort rare à cause de sa délicatesse. On pourroit la cultiver avec succès dans les provinces méridionales de la France & sans beaucoup de précaution; ce qui offriroit une nouvelle branche de commerce pour ces pays.

22. *Aristoloche en arbre.* Suivant Miller, cette espèce a ses tiges droites, un peu ligneuses, & permanentes; elle s'élève à deux pieds de haut environ. Ses feuilles sont oblongues, en forme de cœur; ses fleurs, qui sont solitaires, sortent des aisselles des feuilles.

Culture. On cultive cet arbuste, soit en pleine terre, à une exposition chaude, soit dans des pots, à l'orangerie, de la même manière que l'espèce précédente.

Nota. Quelques Botanistes ont regardé cette plante comme une variété de l'Aristoloche serpentaire, mais elle nous a paru devoir constituer une espèce, & en cela, nous suivons le sentiment de Linné & de Miller, qui lui ont donné le nom d'ARISTOLOCHIA *arborescens.*

23. *Aristoloche glauque.* Les tiges de cet arbuste sont longues d'un pouce & demi à deux pouces, grêles, sarmenteuses, entrelacées les unes dans dans les autres; & couvertes de petites feuilles cordiformes & permanentes, d'un vert glauque; il produit, pendant l'été, de petites fleurs violettes foncées, qui ne sont suivies d'aucun fruit dans notre climat.

Culture. Cet arbuste est un des plus rustiques de ceux qui se cultivent l'hiver dans les orangeries. On le tient dans des pots qui, dans tout autre tems, restent à l'air libre; il faut seulement avoir soin de le mettre à l'exposition la plus chaude, & de lui donner une terre à oranger, mélangée avec un quart de terreau de bruyère. Il aime assez les arrosemens pendant l'été, mais l'hiver, il faut les lui administrer sobrement. On multiplie cette espèce par le moyen de ses drageons enracinés. La saison la plus favorable pour les séparer est le printems. On les plante dans des pots qu'on place sur une couche tiède, jusqu'à ce que les jeunes pieds commencent à pousser. Nous avons tenté plusieurs fois de mettre cet arbuste en pleine terre; mais il y a toujours péri, malgré les précautions qu'on avoit eu de le couvrir, même pendant les hivers les plus modérés; peut-être qu'en le mettant sous des chassis, comme les deux espèces précédentes, on parviendroit à le conserver & à le faire fructifier.

Usage. Il peut figurer sur les gradins des orangeries pendant l'hiver, & l'été, dans des plates-bande d'arbustes curieux. La couleur de son feuillage est assez singulière, & produit de la variété.

24. *Aristoloche toujours verte.* Les racines de cette espèce forment un faisceau chevelu de fibres déliées & odorantes; elle pousse des tiges foibles, rampantes & longues d'environ un pied; ses feuilles, qu'elle conserve toute l'année, sont en forme de cœur, petites, alongées, & d'un vert foncé. Dans le courant de l'été, elle produit des fleurs d'un rouge obscur, peu apparentes; nous ne l'avons point encore vu donner des fruits en Europe.

Culture. Cet arbuste se cultive & se multiplie comme le précédent; il est cependant un peu moins délicat, puisqu'il passe les hivers doux en pleine terre, avec des précautions. Cependant il est plus prudent de le conserver dans une orangerie ou sous des chassis; il peut aussi être employé aux mêmes usages.

25. *Aristoloche crénulée.* Celle-ci est une plante

vivace, qui pousse chaque année, de sa racine, des tiges hautes de huit à dix pouces, rameuses, & garnies de petites feuilles en cœur, d'un vert blanchâtre. Ses fleurs, qui paroissent en juin, sont petites, jaunâtres & très-peu apparentes; elles produisent quelquefois des fruits dans nos jardins.

Culture. La culture de cette espèce est la même que celle du n°. 15, excepté qu'elle est moins rustique, & qu'elle préfère les expositions un peu plus chaudes; d'ailleurs elle n'est propre qu'aux jardins de plantes médicinales.

26. *Aristoloche ronde.* Sa racine est tubéreuse, charnue, de la forme & de la grosseur d'un petit navet, de couleur noirâtre; elle pousse chaque année des tiges foibles, d'environ un pied de long. Les feuilles sont presque rondes & d'une verdure foncée. Les fleurs sont jaunes, rayées, & terminées par des languettes d'un rouge-noir. Elles paroissent en juin & juillet; il leur succède des capsules à six loges, remplies de semences plates, qui mûrissent assez ordinairement dans notre climat.

Culture. Cette plante aime les terreins meubles, sablonneux & un peu humides; elle craint le grand soleil. On la cultive en pleine terre, sans autre précaution, que de la couvrir de fumier de vieilles couches dans les grandes gelées. On la multiplie par ses graines qui doivent être semées une quinzaine de jours après leur récolte, dans des pots remplis d'une terre légère, qu'on place, pendant l'hiver, dans une plate-bande, à l'abri du nord. Aussi-tôt que les cotyledons des semences commencent à paroître, on transporte les pots sur une couche tiède, à l'exposition du levant; ils peuvent rester dans cette position jusqu'à ce que le jeune plant soit en état d'être séparé. Pendant les premières années, il est prudent de le défendre des grandes gelées, par des couvertures de vieux tan ou de litière. Les jeunes plants se repiquent au printems avant qu'ils commencent à pousser; on les met dans une plate-bande ombragée & un peu fraîche. Lorsqu'on cultive cette plante dans des pots, elle vient mal, & périt souvent; néanmoins dans des pays plus septentrionaux, il est indispensable de la conserver dans des vases, & de la rentrer dans l'orangerie ou sous des chassis pendant l'hiver.

Usage. Les vertus médicinales de cette plante la font rechercher dans les jardins consacrés à la médecine.

27. *Aristoloche longue.* Cette espèce a beaucoup d'affinité avec la précédente. Cependant, elle s'en distingue par sa racine qui est fort alongée, & qui ressemble assez à celle de la carotte, tant par sa longueur que par sa forme; ses tiges sont un peu plus longues, & ses feuilles plus petites & d'une verdure pâle. Sa fleur offre aussi des différences; elle est d'un vert blanchâtre; les fruits qui lui succèdent ont la forme d'une petite poire, sans aucuns angles marqués comme dans les espèces précédentes.

Culture. Cette espèce se cultive & se multiplie de la même manière que la précédente; son usage est le même.

29. *Aristoloche clematite.* Ses racines sont longues, menues & rampantes; elle pousse des tiges droites, de la hauteur de deux pieds environ; garnies de grandes feuilles en cœur, d'un vert jaunâtre. Ses fleurs sont petites, d'un jaune pâle, peu apparentes; son fruit, qui est assez gros, est marqué de plusieurs angles saillans.

Culture. Cette plante est très-commune dans toute la partie septentrionale de l'Europe; elle croît naturellement dans les vignes, sur le bord des chemins & dans les bois. Il suffit de la planter une fois dans les jardins pour qu'elle se perpétue constamment; tout le soin qu'on doit avoir est de l'empêcher de nuire aux plantes voisines, & de s'emparer du terrein; c'est pourquoi on la plante dans des pots qu'on met en pleine terre dans les écoles de botanique, pour l'empêcher de tracer.

Usage. On ne cultive guères cette plante que dans les jardins de plantes médicinales à cause de ses propriétés. Les Jardiniers font usage de la décoction de ses feuilles dans l'eau, pour écarter les pucerons & les fourmis des serres chaudes, lorsqu'ils infestent les plantes. (*M. Thouin.*)

ARISTOLOCHES (les), *Aristolochiæ.*

Famille de plantes qui tire son nom d'un des genres qui la composent, & qui est le plus anciennement connu comme le plus nombreux en espèces. En général, ces plantes sont vivaces; elles ont des tiges sarmenteuses, grimpantes ou traçantes; leurs fleurs ont peu d'apparence, mais leur forme & leur couleur sont singulières. La plus grande partie de ces plantes sont étrangères à l'Europe, & croissent dans les pays chauds ou tempérés.

Quant à leur culture en France, quelques espèces se conservent en pleine terre; un plus grand nombre a besoin du secours des serres, & plusieurs sont de nature à ne pouvoir être cultivées dans nos jardins.

La multiplication de ces plantes est en général assez difficile. Presque toutes se propagent uniquement par leurs graines qui vieillissent dans l'espace d'une année, & perdent ensuite leurs propriétés germinatives.

Leur usage, dans la décoration des jardins d'ornement, est à-peu-près nul. Quelques-unes seulement peuvent entrer dans les jardins paysagistes, où elles produisent des effets assez pittoresques; quelques autres sont propres aux jardins de plantes médicinales, à cause de leurs vertus.

Tout le reste ne peut être recherché que dans les écoles de botanique.

Voici les noms des genres qui composent cette famille.

L'ARISTOLOCHE.........*ARISTOLOCHIA.*
LA NÉPENTHE.........*NEPENTHES.*
LA VALISNERE.........*VALISNERIA.*
LE CODAPAIL..........*PISTIA.*
L'ASARET..............*ASARUM.*
L'HIPOCISTE..........*CYTINUS.*

Si les plantes de cette famille ne présentent en général rien d'attrayant pour l'œil, soit par la grandeur ou l'éclat de leurs fleurs, soit par l'élégance de leur forme, quelques-unes ont l'avantage d'offrir, dans leur structure, des singularités qui font l'admiration du Philosophe; telles sont la nepenthe & la valisnere. (*M. THOUIN.*)

ARMAND, *terme usité parmi les Maréchaux.* C'est une espèce de bouillie qu'on fait prendre à un cheval dégoûté & malade, pour lui redonner des forces. En voici la composition.

Prenez de la mie de pain blanc, trempez-la de verjus ou de vinaigre; ajoutez-y quelques pincées de sel, & suffisante quantité de miel rosat ou violet, ou de miel commun; faites cuire ce mélange, à petit feu, pendant un quart-d'heure; ensuite, joignez-y quelques gros de cannelle en poudre, une douzaine ou une douzaine & demie de clous de girofle battus, une muscade rapée & une demi-livre de cassonade; remettez le tout sur un très-petit feu pendant un quart-d'heure, en remuant de tems-en-tems avec une spatule de bois.

On se procure un nerf de bœuf; on en laisse tremper dans l'eau le gros bout pendant quatre ou cinq heures pour l'attendrir; quand il est ramolli, on le fait ronger au cheval qui l'applatit un peu, ou on l'applatit avec un marteau; on y met gros comme une noix de l'*armand*; on l'introduit très-avant dans la bouche du cheval dégoûté; on le laisse mâcher pendant quelques minutes; on recommence pendant cinq ou six fois à lui en redonner; on nettoie l'*armand* chaque fois qu'on le retire de la bouche; au bout de trois heures le cheval est en état de manger.

L'*Armand* fait jeter à l'animal des matières bilieuses & épaisses; on peut s'en servir pour le débarrasser de quelques plumes ou autres ordures qui lui resteroient dans le gosier & l'incommoderoient. L'Auteur de cet article, que j'extrais de l'ancienne Encyclopédie, prévient qu'il ne faut pas donner d'*armand* au cheval quand il a la fièvre, & croit qu'un Maréchal mal-adroit, enfonçant l'*armand* dans le gosier, pourroit blesser le cheval.

Il seroit bien dangereux de faire usage de cette recette chaque fois qu'un cheval est dégoûté. L'homme sage, qui soigne des chevaux, tâche de découvrir la cause de leur dégoût, & les traite en conséquence. Quand ils sont attaqués d'une maladie inflammatoire dans quelque partie du corps, & sur-tout dans l'estomac ou dans les intestins, ils ne veulent pas manger; on augmenteroit certainement l'inflammation, si alors on leur faisoit prendre de l'*armand*, qui est un remède chaud, au lieu de les saigner & de leur donner des boissons adoucissantes & rafraîchissantes, &c. Le seul cas où ce remède paroisse convenir, c'est lorsque, par foiblesse, les chevaux, exempts de fièvre, ne peuvent se débarrasser des matières épaisses, qui engorgent les glandes de la bouche & du gosier. (*M. l'Abbé TESSIER.*)

ARMARINTE, *CACHRYS.*

Genre de la famille des *OMBELLIFERES*, composé en grande partie de plantes remarquables par la grandeur & la multitude des divisions de leurs feuilles, ainsi que par leur port pittoresque. Elles sont presque toutes des pays méridionaux de l'Europe ou de l'Asie; toutes sont vivaces, & se cultivent en pleine terre dans notre climat.

Espèces.

1. ARMARINTE à fruits lisses.

CACHRYS lævigata. La M. Dict. ♃ de Provence & d'Italie.

2. ARMARINTE à fruits anguleux.

CACHRYS libanotis. L. ♃ de Provence, d'Italie & de Barbarie.

3. ARMARINTE de Sicile.

CACHRYS sicula. L. ♃ d'Espagne & de Sicile.

4. ARMARINTE de crête.

CACHRYS cretica. ♃ de l'Isle de Candie.

5. ARMARINTE à feuilles de panais.

CACHRYS pastinaca. La M. Dict. ♃ de Portugal & de Sicile.

6. ARMARINTE odontalgique.

CACHRYS odontalgica. L. Fil. suppl. ♃ de Sibérie.

Les quatre premières espèces d'Armarinte sont des plantes dont les racines deviennent, avec le tems, de la grosseur de la cuisse d'un homme. Elles s'enfoncent en terre perpendiculairement à la profondeur de deux à trois pieds; leur consistance est ligneuse, & elles ont l'avantage de vivre des siècles. Chaque année, au printems, elles poussent des faisceaux de feuilles rassemblées en masses épaisses & arrondies, qui s'élèvent depuis un jusqu'à trois pieds de haut, suivant les espèces. Ces masses, qui ne présentent que des segmens de feuilles linéaires, plus ou moins longues & plus ou moins larges, sont d'un port léger, que la moindre agitation de l'air met aussi-tôt en mouvement; ce qui produit des reflets de lumière assez singuliers. La verdure de ces feuilles, considérées depuis le moment où elles paroissent jusqu'au moment où elles tombent, passe successivement par toutes les nuances de vert, depuis le plus tendre, le plus soyeux & le plus agréable à l'œil, jusqu'au jaune de paille le plus doux. Mais les fleurs ne sont pas aussi agréables que le feuillage; ce sont de petites fleurs jaunes, en très-grand nombre, disposées en parasol sur des tiges symmétriques, qui dépassent la hauteur des feuilles dans quelques espèces, & dans d'autres, sont cachées par elles. Il leur succède des semences qui, dans les années chaudes, viennent à parfaite maturité dans nos jardins.

Culture. Ces quatre espèces d'Armarintes se plaisent dans les terreins maigres, profonds, secs & chauds; l'exposition du plein midi leur est favorable. Lorsqu'une fois elles sont en place & ont repris racines, elles n'exigent d'autre culture particulière que d'être couvertes pendant les gelées. Il faut sur-tout avoir cette attention pour les espèces n°s. 3 & 4, parce qu'elles poussent de bonne heure, & qu'elles viennent d'un climat plus chaud que le nôtre.

On propage ces plantes par le moyen de leurs graines, qui doivent être semées immédiatement après leur récolte, sans quoi l'on perd une année de jouissance, & l'on risque qu'elles ne lèvent pas, attendu qu'elles vieillissent très-promptement. Ces semis se font dans des pots remplis de terre à semences; on doit les placer dans une plate-bande, au pied d'un mur, à l'exposition du midi, & les couvrir de fumier de couche & de litière pendant les gelées. Vers la fin du printems, lorsque les cotyledons commencent à paroître, il est bon de transporter les pots sur une couche tiède, à l'exposition du levant, afin de garantir les jeunes plantes du grand soleil qui leur est nuisible. A l'approche des gelées, on les rentre dans une orangerie, sur les appuis des croisées, & on ne les arrose que très-rarement dans le courant de l'hiver, & lorsqu'ils commencent à pousser. Au printems, si les racines des jeunes Armarintes ont acquis la grosseur du doigt, on pourra les repiquer, avant qu'elles ne poussent, dans une plate-bande, au levant, & les espacer à quinze ou dix-huit pouces, en tout sens, les unes des autres. On les couvrira ensuite de trois pouces de gros terreau de couche, après quoi on les arrosera fortement avec l'arrosoir à pomme, afin de plomber la terre autour des jeunes plantes. Mais, pour peu que les racines ne soient pas assez fortes, il vaut beaucoup mieux attendre à l'année suivante pour faire cette transplantation, parce qu'il arrive quelquefois que les graines qui n'ont pas germé la première année lèvent la seconde, & alors on s'expose à perdre une partie des semis.

Les jeunes plants, une fois en pépinière, demandent à être préservés des gelées, par des couvertures de feuilles sèches & de litière; mais on ne doit les y laisser que deux ou trois ans, parce que les racines deviendroient trop fortes, & auroient de la peine à reprendre. Lorsqu'on veut transplanter les Armarintes, n'importe à quel âge, il est bon de conserver de la terre autour des racines, & de les lever en motte, autant qu'il est possible; la reprise en est plus assurée, & la plante fatigue moins. La saison la plus favorable à cette opération est le premier printems, vers la fin de février, à l'époque où elles commencent à pousser; plus tard, on retarderoit leur végétation, & plutôt, on courroit risque de faire pourrir les racines. Il faut bien prendre garde de les écorcher en les levant, & sur-tout de ne les point couper; on doit, au contraire, les planter dans leur entier.

Usage. Ces plantes, jusqu'à présent, n'ont été recherchées que dans les écoles botanique; mais leur port & leur verdure agréable doivent les faire admettre dans les jardins paysagistes, où elles sont susceptibles de produire de l'effet sur les lisières des bosquets parmi les arbustes, ou grouppées artistement sur les tapis de verdure.

L'Armarinte, à feuilles de panais, est une plante grèle qui s'élève à six pieds de haut, dont les feuilles, qui partent de la racine, ressemblent à celles du panais. Ses fleurs sont blanches, disposées en ombelles à l'extrémité des branches & des rameaux; elles sont suivies de graines qui mûrissent ordinairement dans notre climat. Cette plante n'est guères propre qu'à occuper une place dans les écoles de botanique; sa culture est la même que celle des espèces précédentes; cependant, comme elle gèle souvent en pleine terre, il est bon d'en conserver quelques pieds dans les orangeries; d'ailleurs elle ne vit pas plus de quatre à cinq ans dans notre climat.

L'espèce, n.° 6, nous est inconnue aussi bien que sa culture; mais, comme elle croît en Sibérie, il est à présumer que la culture des quatre premières espèces lui conviendra. (*M. Thouin.*)

ARMOISE, *Artemisia.*

Genre de plante de la famille des Composées Flosculeuses, qui fait partie des corymbiferes de Vaillant. Il est formé presqu'en entier de plantes vivaces, dont un tiers environ sont des arbrisseaux ou des arbustes, La plus grande partie de ces végétaux croissent en Europe, & les autres se rencontrent en Asie. Les premiers se cultivent en pleine terre dans notre climat, & les autres se conservent dans les serres. En général, ce genre n'est pas doué de qualités propres à le faire rechercher dans les jardins d'agrément; dénués de de fleurs apparentes, n'offrant rien d'intéressant dans son feuillage ni dans son port, il ne paroît convenir qu'aux jardins de botanique. Cependant il renferme quelques plantes économiques, d'autres qui sont d'usage en médecine, & enfin un petit nombre dont on peut tirer quelque parti dans la composition de diverses sortes de jardins.

Espèces.

* *CALICES HÉMISPHÉRIQUES, FLEURS COURTES ET GLOBULEUSES.*

1. ARMOISE en arbre, ou absinthe de Portugal.
ARTEMISIA arborescens. L. ♄ d'Italie, du Portugal & du Levant.

2. ARMOISE amère, ou absinthe romaine.
ARTEMISIA absinthium. L.

B. ARMOISE amère inodore.
ARTEMISIA inodora. Miller. Dict. n.° 16.

C. ARMOISE amere d'Orient.
ARTEMISIA absinthium Orientale. ♃ de l'Europe méridionale & du Levant.

3. ARMOISE pontique, ou petite absinthe pontique.
ARTEMISIA pontica. L. ♃ d'Italie, de Hongrie & du Levant.

4. ARMOISE insipide.
ARTEMISIA insipida. Vill. Fl. Delph. ♃ des montagnes voisines de Grenoble.

5. ARMOISE d'Autriche.
ARTEMISIA Austriaca Jacq. ♃ sur les collines nues & stériles de l'Autriche.

6. ARMOISE de roche.
ARTEMISIA rupestris. La M. Dict. ♃ des montagnes du Dauphiné, de Suisse & de Savoie.

B. ARMOISE de roche à grande fleur.
ARTEMISIA rupestris, magnoflore. ♃ d'Orient.

7. ARMOISE ombelliforme, ou génépi des Dauphinois.
ARTEMISIA umbelliformis. La M. Dict. ♃ des montagnes des Alpes.

8. ARMOISE glomerulée, ou génépi des Savoyards.
ARTEMISIA glacialis. L. ♃ des hautes montagnes de Provence & de Suisse.

9. ARMOISE à feuilles de tanaisie.
ARTEMISIA tanacetifolia. L. ♃ du Mont-cenis.

10. ARMOISE d'Armenie.
ARTEMISIA Armeniaca. La M. Dict. ♃ d'Arménie.

11. ARMOISE d'Espagne.
ARTEMISIA hispanica. La M. Dict. ♃ d'Espagne.

12. ARMOISE noirâtre.
ARTEMISIA atrata. La M. Dict. ♃ des Montagnes du Dauphiné.

13. ARMOISE vermiculée.
ARTEMISIA vermiculata. L. ♄ du Cap de Bonne-espérance.

14. ARMOISE de Judée, sémentine, barbotine, ou poudre à vers.
ARTEMISIA Judaica. L. ♄ de Judée, d'Arabie & d'Afrique.

15. ARMOISE de Perse.
ARTEMISIA contra. L. ♄ de Perse.

16. ARMOISE d'Ethiopie.
ARTEMISIA Æthiopica. L. ♄ d'Espagne & d'Afrique.

17. ARMOISE de Madras.
ARTEMISIA Maderaspatana. L.

B. ARMOISE de Madras, à feuilles auriculées.
ARTEMISIA Maderaspatana auriculata. ⊙ de Madras & de l'Inde.

18. ARMOISE fluette.
ARTEMISIA minima. L. ⊙ de la Chine & de l'Inde.

19. ARMOISE citronelle, aurônne ou citronelle des jardins.
ARTEMISIA abrotanum. L.

B. ARMOISE citronelle à petites feuilles.
ARTEMISIA abrotanum tenuifolium. ♄ de la France méridionale.

20. ARMOISE paniculée.
ARTEMISIA paniculata. La M. Dict.

B. ARMOISE paniculée de Sibérie.
ARTEMISIA paniculata Sibirica.

C. ARMOISE paniculée à feuilles étroites.
ARTEMISIA paniculata angustifolia. ♄ des Provinces méridionales de la France.

21. ARMOISE dorée, ou Aurone dorée d'Italie.
ARTEMISIA corymbosa. La M. Dict. ♄ d'Italie.

22. ARMOISE à feuilles de camomille.
ARTEMISIA chamæmelifolia. La M. Dict. ♃ d'Armenie.

B. ARMOISE à feuilles de camomille à tiges droites.
ARTEMISIA chamæmelifolia erecta. ♃ des environs de Grenoble.

23. ARMOISE des champs, ou Aurone des champs.
ARTEMISIA campestris. L. ♃ des lieux secs & arides de la France.

24. ARMOISE âcre ou estragon.
ARTEMISIA dracunculus. L. ♃ de Tartarie & de Sibérie.

25. ARMOISE annuelle.
ARTEMISIA annua. L. ⊙ de Tartarie & d'Arménie.

B. ARMOISE de la nouvelle Zélande.
ARTEMISIA Zelandica. ♂ de la nouvelle Zélande.

26. ARMOISE des marais.
ARTEMISIA palustris. L. de la Sibérie.

** *Calices oblongs ou cylindriques.*

27. Armoise à feuilles capillaires.
Artemisia capillifolia. La M. Dict. ♃ de la Chine & des Indes orientales.

28. Armoise à feuilles de bacille.
Artemisia crithmifolia L. ♃ d'Espagne & de Portugal.

29. Armoise laineuse.
Artemisia lanata. La M. Dict. ♄ des lieux arides de l'Espagne.

30. Armoise vulgaire, ou herbe de Saint-Jean.
Artemisia vulgaris. ♃ de l'Europe & de l'Asie tempérée.

B. Armoise vulgaire panachée.
Artemisia vulgaris variegata. ♃ des jardins.

31. Armoise de Sibérie.
Artemisia integrifolia. L. de Sibérie, & du nord de l'Asie.

32. Armoise bleuâtre.
Artemisia cærulescens. L. ♄ des bords de la mer, en Italie.

33. Armoise santonique.
Artemisia santonica. L. ♄ de Perse & de Tartarie.

34. Armoise palmée.
Artemisia palmata. La M. Dict. ♄ des bords de la mer, en Espagne & en Catalogne.

35. Armoise maritime.
Artemisia maritima. L.

B. Armoise maritime d'Angleterre.
Artemisia maritima Anglica.

C. Armoise maritime d'Orient.
Artemisia maritima Orientalis. ♃ d'Europe & du Levant.

36. Armoise odorante.
Artemisia suaveolens. La M. Dict. ♃ d'Angleterre & d'Espagne.

B. Armoise odorante blanche.
Artemisia suaveolens incana. ♄ du Levant.

37. Armoise du Valais.
Artemisia Vallesiana. La M. Dict. ♃ des montagnes de Suisse & du Valais.

38. Armoise d'Aragon.
Artemisia Aragonensis. La M. Dict. ♃ des collines sèches & arides d'Espagne.

39. Armoise de Valence.
Artemisia Valentina. La M. Dict. ♄ d'Espagne.

40. Armoise pectinée.
Artemisia pectinata. L. Fil. Suppl. ⊖ des lieux secs de la Tartarie.

Les espèces de ce genre peuvent être divisées en trois sections, relativement à leur nature & à leur culture. La première comprendra les plantes annuelles & bis-annuelles; la seconde, les plantes vivaces herbacées, dont les tiges périssent chaque année, & la troisième, enfin les arbustes dont les tiges sont ligneuses & durables.

La première section est composée de cinq plantes indiquées dans la liste ci-dessus, sous les n.os 17, 18, 25, B. & 40.

Les deux premières, c'est-à-dire, l'Armoise de Madras & l'Armoise fluette, sont des plantes dont les tiges se couchent sur la terre dans leur circonférence, & forment des tapis serrés, qui n'ont que deux à trois pouces d'élévation; elles aiment un terrein très-léger, veulent être arrosées fréquemment, & placées à l'exposition la plus chaude. Elles durent, chez nous, depuis le mois de mai jusqu'au mois de novembre.

Les graines de ces deux plantes doivent être semées à la fin de mars, dans des pots remplis d'une terre meuble substantielle & très-divisée, telle, par exemple, que celle formée d'un quart de terre à oranger, & de trois quarts de terreau de couche bien consommé. Il faut avoir soin de ne les recouvrir que de l'épaisseur d'une ligne environ, avec la même terre, sans quoi elles leveroient trop tard, ou même ne sortiroient de terre que l'année suivante. On place les semis sur une couche chaude, & sous chassis, & on les arrose très-fréquemment, jusqu'à ce qu'ils soient levés. C'est ordinairement en juin, mais quelquefois en juillet, qu'ils commencent à sortir de terre. Alors il faut modérer les arrosemens, & ne les administrer que lorsque la terre des pots se dessèche à la surface. Lorsque le jeune plant a pris une certaine force, il convient de l'éclaircir, & de n'en laisser que quatre ou six pieds dans le même pot, sans quoi il se nuiroit & cesseroit de croître. Huit ou dix jours après cette opération, on partage les semis en deux parties égales, dont l'une est mise en pleine terre, à la place que la plante doit occuper dans l'école, & l'autre est plantée en pleine couche, à l'exposition du soleil du midi, afin d'accélérer la végétation de ces plantes, de les faire fleurir, & d'en obtenir des graines pour la conservation de l'espèce. Si l'année étoit froide, & que les mauvais tems arrivassent de bonne heure, on pourroit les couvrir de cloches, & faire quelques réchauds à la couche pour entretenir sa chaleur. Si, malgré toutes ces précautions, les graines n'étoient pas entièrement mûres à l'approche des gelées, il seroit à propos de lever la plante en motte, de la mettre dans un pot, & de la rentrer dans une serre chaude, où sa fructification acheveroit de s'accomplir. Dans les années chaudes tous ces soins sont inutiles; les graines de cette plante lèvent & croissent d'elles-mêmes, sans précaution comme sans culture, & produisent d'autres plantes dont les semences viennent à parfaite maturité.

L'Armoise annuelle, celle de la nouvelle Zélande, & la pectinée, doivent être semées à l'automne, soit en pot, soit en pleine terre;

dans un terrein très-meuble, & à l'expofition du levant. Mais il eft plus fûr, de les femer dans des pots, parce que les graines de ces plantes étant très-fines, il eft difficile, en pleine-terre, de ne les pas trop recouvrir, ce qui retarde leur germination. Ces femis lèvent dès le premier printems, & le jeune plant eft affez fort pour être repiqué en place, dans le courant d'avril. Il fleurit au mois de feptembre, & les femences font mûres en octobre. Leur culture fe réduit à des arrofemens dans les tems de féchereffe, à des farclages, pour éloigner les mauvaifes herbes, & à la récolte des graines.

On peut très-bien différer, jufqu'au printems, à femer en pot & fur couche, à la manière des deux premières efpèces, les graines d'Armoife de la nouvelle Zélande; elles lèvent même plus fûrement; mais le jeune plant ne pouffe que des feuilles, dans le courant de cette année, & ne monte en fleurs que l'année fuivante. On rifque enfuite de le voir périr, fi l'hiver eft rigoureux; c'eft pourquoi il eft bon, dans ce cas, d'en conferver quelques individus dans des pots que l'on rentre à l'orangerie pendant la mauvaife faifon.

Cette plante a été apportée en Europe, par le célèbre Capitaine Cook, qui la rencontra à la nouvelle Zélande, où elle lui fut d'un grand fecours contre le fcorbut, dont fon équipage étoit attaqué; l'analogie qu'il crut remarquer entre cette plante & notre abfinthe, lui fit penfer qu'elle pouvoit avoir la même propriété; auffi-tôt il en fit faire une forte de bierre qu'il fit diftribuer aux malades; bientôt ils fe rétablirent parfaitement, & la provifion qu'il en fit, conferva la fanté à tout fon monde, pendant une grande partie du voyage.

La fection des Armoifes vivaces & herbacées eft la plus nombreufe; elle eft compofée de vingt-une efpèces comprifes fous les n.os 2, 3, 4, 5, 9, 22, B, 23, 24, 26, 30, 31, 35, 36 & 37. Toutes ces plantes font ruftiques : elles croiffent ou fe cultivent en pleine terre dans notre climat. Les autres efpèces de cette fection font plus délicates; elles ont befoin d'être abritées des grands froids, ou même d'être confervées dans l'orangerie.

Les Armoifes vivaces ruftiques croiffent aifément dans un fol maigre, fablonneux & léger. Elles craignent plus l'humidité que la féchereffe, & aiment de préférence les expofitions découvertes, & fur-tout celles du midi. Ces plantes tracent fouvent à la diftance de plufieurs pieds des lieux où elles ont été plantées. On les multiplie de graines, & de drageons enracinés. Les graines doivent être femées à l'automne dans des pots qu'on enterre dans une plate-bande à l'expofition du levant, & que l'on couvre de matières sèches pendant les gelées; elles lèvent le printems fuivant, & le jeune plant eft affez fort pour être repiqué dans le courant de la même année. Mais la multiplication par drageons eft beaucoup plus expéditive; on la pratique à l'automne & au printems; cette dernière époque eft la plus fûre dans notre climat, mais l'autre doit être préférée dans les provinces méridionales. Elle confifte à lever les drageons qui s'éloignent le plus des touffes, à les prendre bien enracinés, & à les planter fur-le-champ à leur deftination, fans qu'il foit befoin de les mettre en pépinière; quelques arrofemens pour les faire reprendre plus promptement, des farclages, & un labour chaque année; voilà toute leur culture.

Les Armoifes vivaces, herbacées & délicates, font rapportées fous les n.os 6, B, 7, 8, 10, 12 & 22. Ces plantes croiffent fur les montagnes les plus élevées, dans le voifinage des neiges & des glaces qui en couvrent le fommet. Elles forment de petits tapis bas & ferrés contre terre, la plupart de couleur blanche. Il paroîtroit que ces plantes, à raifon de la grande élévation où elles croiffent naturellement, & du froid qu'elles femblent y éprouver, devroient fe conferver chez nous en pleine terre, & fupporter nos hivers : cependant elles gèlent par des froids de cinq à fix degrés, & ne peuvent fubfifter en pleine terre fans préparation. On eft obligé de les planter fur des gradins de plantes alpines dans du terreau de bruyère, & de les couvrir foigneufement pendant l'hiver; ou de les cultiver dans des pots que l'on rentre à l'orangerie dans les grands froids.

On multiplie les plantes de cette fection plus communément de graines que de toute autre manière; & comme il eft rare qu'elles fructifient dans nos jardins, on eft fouvent obligé de faire venir des femences des lieux où elles croiffent naturellement. Ces femis fe font à l'automne dans des terrines remplies de terreau de bruyere pur; ils ne doivent être recouverts que très-légèrement, & feulement de l'épaiffeur d'une ligne. On les place enfuite dans une plate-bande à l'expofition du nord, où ils reftent jufqu'à ce que le jeune plant foit affez fort pour être féparé; pendant l'hiver, on couvre les femis de paille & de paillaffons. Ils lèvent dans le courant de l'année fuivante, mais il eft rare que le jeune plant foit affez fort pour être féparé avant le fecond printems de fon âge. A cette époque, on peut le tranfplanter en motte, partie fur des gradins parmi les plantes alpines, & partie dans des pots avec du terreau de bruyere, afin de varier les chances. Lorfque les individus, qui auront été placés fur les gradins, feront une fois repris, il fuffira de les arrofer de tems en tems pendant les chaleurs de l'été, & de les garantir du froid, & fur-tout de l'humidité pendant l'hiver. Ceux qu'on aura mis en pot, doivent être rentrés dans l'orangerie, & placés fur les appuis des croifées dans les froids qui pafferont cinq à fix degrés.

Il eft encore deux efpèces de cette divifion qui font plus délicates que les précédentes, ce font les efpèces 27 & 28. Celles-ci exigent d'être cultivées comme les plantes d'orangerie. Leurs graines doivent être semées en avril, sur une couche chaude à l'air libre; les jeunes plants veulent être repiqués dans des pots avec une terre légère & sablonneuse, ensuite rentrés à la fin de l'automne dans une bonne orangerie, & placés sur des gradins. Il leur faut peu d'arrosemens pendant l'hiver, & on les multiplie assez aisément par le moyen des drageons qui poussent de leur racine.

La troisième section des Armoises, c'est-à-dire, de celles dont les tiges sont ligneuses, est composée de seize espèces différentes, marquées dans la liste que nous avons mise en tête de cet article, par le signe ♄. Ces espèces se divisent naturellement en deux parties; savoir, celles qui sont ligneuses rustiques, ou qui croissent aisément en pleine terre dans notre climat, & celles qui sont ligneuses délicates de leur nature, ou qui ne peuvent vivre l'hiver, qu'autant qu'elles sont rentrées dans les orangeries.

Les premières sont comprises sous les n.os 19, 20 C. 21, 32, 33 & 34. Ce sont des arbustes dont les plus grands ne s'élèvent pas au-dessus de cinq pieds, & les plus bas ont huit ou dix pouces d'élévation; ils forment de petits buissons arrondis très-touffus, les uns d'une verdure cendrée, & les autres d'un verd foncé. Leurs feuilles sont permanentes. Ils aiment les terreins légers, & les expositions les plus chaudes.

Indépendamment des voies de multiplication qui leur sont communes avec les espèces précédentes, & que nous avons indiquées ci-dessus, ils se multiplient encore par le moyen des marcottes & des boutures. Ordinairement on ne fait point usage des graines pour les espèces de cette division, parce qu'il est rare qu'elles viennent à parfaite maturité dans nos jardins, & que cette voie est beaucoup plus longue que celle des drageons, des marcottes & des boutures.

On peut marcotter ces arbustes pendant toute l'année, soit en couchant simplement de jeunes branches en terre, soit en les buttant avec une terre un peu argilleuse qui retienne l'humidité autour des marcottes. Elles ne tardent pas à pousser des racines, & il ne leur faut que quelques mois pour former des pieds. Les marcottes faites depuis le printems jusqu'au milieu de l'été, sont en état d'être sevrées & transplantées dès le premier automne. Mais celles qui sont faites plus tard ne doivent être sevrées qu'au printems de l'année suivante, parce que leurs racines ne seroient ni assez nombreuses, ni assez fortes pour supporter la transplantation.

Les boutures se font au printems, en été & à l'automne; on choisit des branches d'un an, que l'on coupe par morceaux de six à huit pouces de long, & qu'on plante dans une plate-bande de terre meuble, à l'exposition du nord. On les enfonce en terre de quatre à cinq pouces, suivant la longueur; & si on craint les hâles, on couvre la terre d'un demi-pouce de terreau de couche ou de mousse fraîche. Il est bon d'arroser cette plantation de tems en tems pour humecter la terre, sans cependant la rendre trop humide. Les trois quarts de ces boutures reprennent, poussent assez de racines pour pouvoir être levées à l'automne & placées à leur destination, lorsqu'elles ont été faites au printems ou dans l'été; plus tard, elles ne sont bonnes à être levées de terre que l'année suivante.

Ces Arbustes conservent leur feuillage toute l'année; & comme ils ne craignent pas les terreins maigres & pierreux, ils sont susceptibles d'entrer dans la composition des jardins paysagistes sur les bordures des bosquets; on peut aussi s'en servir utilement pour garnir les terreins montueux situés à des expositions sèches & brûlantes, où les autres arbustes ont peine à croître; ils figureront bien parmi les lavandes, les sauges, les romarins & autres plantes aromatiques. L'Armoise citronelle, ainsi que sa variété, se cultive dans tous les jardins à cause de la bonne odeur de son feuillage. Les fleuristes de Paris en font un débit assez considérable parmi le peuple qui se plaît à cultiver cet arbuste dans des pots sur les fenêtres & les boutiques.

Les Armoises ligneuses délicates sont rapportées sous les n.os 1, 11, 13, 14, 15, 16, 28, 29, 36. B. & 39. Celles-ci sont aussi des arbustes toujours verds de couleur argentée; ils aiment une terre un peu plus substantielle que les précédentes. On les cultive dans des pots que l'on rentre l'hiver dans l'orangerie, & qu'on laisse en plein air pendant la belle saison; ils craignent l'humidité pendant leur séjour dans les serres, & se plaisent en été aux expositions chaudes. Rarement on multiplie ces arbustes de semences, parce qu'ils n'en produisent presque jamais dans notre climat, excepté l'Armoise de Portugal. Mais il est aisé de les propager de boutures & de marcottes de même que les espèces précédentes. Les marcottes se font également depuis le printems jusqu'au milieu de l'été, & elles ont assez de racines pour être séparées dès le commencement de l'automne. Celles que l'on fait plus tard ne doivent être levées qu'au printems de l'année suivante. Pour plus de commodité, on fait ordinairement les boutures dans des pots que l'on place sur une couche tiède, & qu'on couvre de cloches; elles reprennent dans l'espace de six semaines, & peuvent être séparées deux mois après.

Il faut, autant qu'il est possible, les lever en motte, sur-tout celles, qui ayant été faites en mai, sont ordinairement transplantées dans le commencement d'août, parce, que si on les lève à racines nues, on court les risques d'une seconde reprise, qui devient d'autant plus douteuse que la saison alors est moins favorable à cette opération. On aide leur végétation par la chaleur d'une couche tiède, & vers le milieu de l'automne on les rentre dans l'orangerie. La place qui leur convient le mieux à cet âge, est celle qui est la plus aérée, comme sur les appuis des croisées. Lorsque ces plantes sont plus fortes, on peut les placer sur des gradins; mais à tout âge elles craignent l'humidité, & il ne faut leur donner d'arrosemens, que lorsqu'elles en ont réellement besoin.

L'Armoise en arbre, quoique originaire de Portugal, passe quelquefois nos hivers en pleine terre, lorsqu'ils sont doux, & qu'on a soin de la couvrir de litière; mais il faut, pour cela, qu'elle soit plantée dans un terrein sec, & à une exposition chaude. Alors elle pousse avec vigueur, fleurit & graine abondamment. Cependant il ne faut pas trop compter sur la durée de son existence, parce qu'après avoir résisté à deux ou trois hivers, elle périt souvent au quatrième. C'est pourquoi il est bon d'en conserver quelques pieds dans les orangeries où d'ailleurs cet arbuste produit de la variété par sa couleur argentée & son feuillage léger.

L'Armoise amère ou l'absinthe romaine, étant cultivée en grand dans quelques espèces de jardins, soit pour ses propriétés économiques soit à cause de ses usages en médecine, nous entrerons dans des détails plus étendus sur la culture de cette plante.

Dans les pays secs & chauds, les graines d'Absinthe doivent être semées à l'automne plutôt qu'au printems; au contraire, dans les climats froids & humides, le printems est la saison que l'on doit préférer. Mais dans l'un & l'autre cas la préparation du terrein est la même. Elle consiste à ameublir la terre par un labour profond, à la bien diviser à la surface & à l'unir parfaitement. On mêle ensuite les graines d'Absinthe que l'on veut semer, avec deux tiers de cendre ou de terre fine, & on les répand le plus également possible, sur toute l'étendue de la planche. On herse aussi-tôt, & à plusieurs reprises, le semis avec la fourche afin d'enterrer les graines; après quoi on piétine la planche pour affermir la terre que l'on unit de nouveau avec le dos du rateau. On recouvre ensuite le semis de l'épaisseur de quelques lignes avec un vieux terreau de couche, si l'on en a, ou avec un terreau de feuilles bien consommé, & on finit par l'arroser copieusement avec un arrosoir à pomme. Lorsque les graines sont de la dernière recolte, & qu'elles ont été bien aoûtées, elles lèvent dans l'espace de quatre ou cinq semaines, & six mois après, le jeune plant est assez fort pour être repiqué; on en fait des planches dans les jardins ou des bordures de quarrés; de manière ou d'autre il convient de l'espacer à deux pieds ou deux pieds & demi de distance l'un de l'autre, afin qu'il puisse croître & s'étendre librement, sans se nuire.

Les drageons fournissent un moyen de multiplication plus expéditif, & qui procure une plus prompte jouissance; il est toujours aisé de les obtenir, il ne faut qu'arracher une forte touffe d'Absinthe. On secoue la terre qui accompagne les racines; on divise les œilletons qui composent les touffes, on fait un choix de ceux qui sont les plus vigoureux & les plus jeunes, & l'on rejette tous ceux qui sont chancrés, ou de nature trop ligneuse. Ces œilletons tiennent lieu de jeune plant, & doivent être traités de la même manière.

L'Absinthe romaine vient dans toutes sortes de terreins, pourvu toutefois qu'ils ne soient pas trop humides; mais elle préfère ceux qui sont meubles, & de nature sèche; les expositions les plus chaudes lui sont aussi les plus favorables. Plantée dans un terrein qui réunit ces divers avantages, elle contient beaucoup plus de sels, & a infiniment plus de vertus que lorsqu'elle croît dans un sol gras, fertile & humide. Cette observation doit éclairer le Cultivateur sur le choix du terrein.

Cette plante n'est point d'une longue vie; parvenue à l'âge de cinq ou six ans, les tiges deviennent ligneuses, s'obstruent & ne végètent plus que foiblement. A cette époque, s'il survient un rude hiver, elle périt; c'est pourquoi il est bon, tous les quatre ou cinq ans, de renouveller les plantations, soit par la voie des graines, soit par celle des drageons, en observant de ne pas faire la seconde plantation dans le même endroit où étoit la première, parce qu'elle n'y réussiroit que foiblement.

L'Estragon, *ou* l'Armoise âcre, est une plante potagère qui se cultive aussi en grand dans les jardins, soit pour servir de fourniture aux salades, soit pour faire le vinaigre, connu sous le nom d'Estragon; c'est pourquoi nous allons détailler plus particulièrement sa culture.

Cette plante vivace aime les terres meubles, un peu substantielles & légèrement humides; elle croît à toute exposition; cependant elle préfère celle du midi dans les parties septentrionales de l'Europe, & celle du nord, dans les provinces du midi. Rarement elle produit de bonnes semences dans notre climat, soit parce qu'elles n'y ont pas assez de chaleur, soit que les individus cultivés dans nos jardins depuis un tems très-considérable, & toujours propagés de drageons ou de boutures, aient perdu leur faculté reproductive la plus naturelle. Cette dernière présomption est la plus vraisemblable; quoi qu'il en soit, on multiplie communément cette plante de drageons & de boutures.

La multiplication par drageons se pratique plus sûrement au printems qu'à l'automne. Le moment le plus favorable est celui où cette plante commence à pousser. On arrache de vieux pieds dont on sépare tous les drageons qui sont garnis de racines; on les plante sur-le-champ avec le plantoir, soit en planche, soit en bordure, de la même manière que ceux de l'absinthe romaine. Les boutures se font pendant le courant de l'été, avec des jeunes pousses de l'année que l'on met dans une plate-bande, à l'abri du soleil. On les plante par rayons, on les terraute & on les arrose souvent. Elles ne tardent pas à reprendre, &, dès le printems suivant, on peut les transplanter à leur destination. Comme cette plante s'élève d'environ deux pieds de haut, & forme des touffes assez fortes, il est bon d'espacer les jeunes pieds qui sont destinés à rester en place, à quinze ou dix-huit pouces les uns des autres. Cette distance est suffisante, parce que la plante, lorsqu'elle a passé trois ou quatre années dans le même terrein, s'appauvrit, & qu'il est nécessaire de la rajeunir & de la changer de place.

Pour avoir continuellement de l'Estragon tendre, & bon à manger en salade, il convient de couper à rez-terre, de quinze en quinze jours, un certain nombre de pieds de cette plante; en l'arrosant souvent, elle repousse avec vigueur, & procure, pendant toute la saison, de jeunes pousses aussi tendres que délicates; si l'on n'a pas cette attention, on ne recueille, pendant l'été, que des tontes dures & coriaces, désagréables à manger. Veut-on prolonger encore plus long-tems ses jouissances, & les faire durer même tout l'hiver? on lève en motte, & l'on plante sur couche, vers la Toussaints, quelques pieds d'Estragon, auxquels on donne les mêmes soins qu'aux asperges, & aux autres légumes qu'on fait venir de primeur, &, par ce moyen, on les conserve jusqu'au printems. Il suffit de les mettre dans un mélange de terre & de terreau de couche de six à huit pouces d'épaisseur, & d'entretenir une chaleur modérée. Il est vrai que les pieds dont on hâte ainsi la végétation, meurent pour l'ordinaire; mais cette perte n'est pas difficile à reparer.

Les soins qu'exige la culture de l'Estragon se réduisent à des binages, des sarclages de tems en tems, à un labour à l'automne ou au printems, & à des arrosemens journaliers & abondans pendant les grandes chaleurs. Vers la Toussaints, il convient de couper les fanes à rez-terre, & de couvrir les racines d'un pouce ou deux de terreau, ou, à défaut de terreau, de terre légère pour les rechauffer, parce qu'elles montent toujours à la surface de la terre. Quoique cette plante ne craigne pas le froid, les jeunes pousses, qui sont tendres, sont cependant sujettes à être gelées par les froids tardifs; on peut les préserver de cet accident, en les couvrant de paille ou de paillassons, lorsque le tems est disposé à la gelée dans cette saison. (*M. Thouin*).

ARMOSELLE, *Seriphium*.

Genre de Plante de la famille des Corymbifères, composé d'une douzaine d'espèces. Elles ont toutes leurs tiges ligneuses, forment de jolis arbustes, toujours verds, touffus, & d'un port agréable. Leurs fleurs sont petites, mais elles viennent en si grand nombre qu'elles produisent de l'effet. Toutes ces espèces sont originaires d'Afrique, & croissent naturellement au Cap de Bonne-Espérance & en Ethiopie. On les rencontre rarement dans nos jardins d'Europe, où l'on ne peut les conserver que dans les orangeries.

Espèces.

* Les Abrotanoides.

1. Armoselle cendrée.
Seriphium cinereum. L. ♄ d'Ethiopie.

2. Armoselle paniculée.
Seriphium plumosum. L. ♄ d'Afrique.

3. Armoselle blanche.
Seriphium incanum. La M. Dict. ♄ de l'Inde.

4. Armoselle à feuilles de mélèze.
Seriphium laricifolium. La M. Dict. ♄ d'Afrique.

5. Armoselle distique.
Seriphium distichum. La M. Dict.
An Seriphium ambiguum. L? ♄ du Cap de Bonne-espérance.

6. Armoselle passerinoide.
Seriphium passerinoides. La M. Dict. ♄ de l'Isle de Bourbon.

7. Armoselle à queue de renard.
Seriphium alopecuroides. La M. Dict. ♄ d'Afrique.

* Les Gnaphaloides.

8. Armoselle brune.
Seriphium fuscum. L. ♄ du Cap de Bonne-espérance.

9. Armoselle gnapha oide.
Seriphium gnaphaloides. L. ♄ du Cap de Bonne-espérance.

10. Armoselle gomphrenoide.
Seriphium gomphrenoides. La M. Dict.
Stœbe gnaphaloides, L. ♄ du Cap de Bonne-Espérance.

11. Armoselle à feuilles de genevrier.
Seriphium juniperifolium. La M. Dict.
Stœbe Œthiopica, L. ♄ d'Afrique.

12. Armoselle couchée.
Seriphium prostratum. La M. Dict.
Stœbe prostrata. L. ♄ du Cap de Bonne-Espérance.

Tous ces arbustes croissent dans des terreins très-légers, quelques-uns même dans le sable le plus aride; ils aiment les positions sèches & les lieux les plus chauds. Leurs semences vieillissent très-promptement; l'espace de tems qu'il faut pour les apporter en Europe, suffit pour leur faire perdre leur propriété germinative, & le transport des plantes en nature est presque impraticable; ce qui les rend très-rares dans nos jardins.

Il feroit cependant fort aisé de tenter un moyen de se les procurer, qui ne feroit pas plus dispendieux que difficile à mettre en pratique. On sait que les graines les plus fines, & qui vieillissent le plus promptement, se conservent pendant longtems lorsqu'elles sont enterrées à une certaine profondeur. On a des exemples de graines qui, enterrées depuis plus d'un siècle, ont germé & produit des récoltes abondantes; d'après cela, il est probable que des semences de ces arbustes, mélangées avec de la terre, & renfermées dans une caisse, arriveroient ici en bon état; mais il faudroit que la terre ne fût ni trop humide, ni trop sèche, parce que, dans le premier cas, elle pourroit faire pourrir les graines, & que, dans le second, elle absorberoit leur humidité radicale, ce qui les empêcheroit également de lever. Nous n'en voyons pas qui pût mieux remplir cet objet que celle qui feroit prise à la surface d'un terrein, dans un endroit où il n'auroit pas tombé de pluie depuis quelques jours. Une pareille terre, aussi éloignée de la sécheresse que de l'humidité, ne feroit point fermenter les graines, & leur conserveroit la faculté de lever & de se reproduire; ceci d'ailleurs n'est pas une simple conjecture. Il est arrivé plusieurs fois que des terres dans lesquelles on avoit envoyé des plantes en nature, ayant été répandues sur des couches, ont produit des plantes dont les semences s'étoient conservées pendant plusieurs années. C'est ainsi que nous avons obtenu quelques espèces de fougères d'Amérique. Ces plantes, comme on sait, ont des semences qui échappent à la vue, & ne lèvent qu'autant qu'il se rencontre un concours de circonstances favorables à leur germination; d'après cela, il est presque certain que celles des Armoselles, qui sont moins délicates, réussiroient également en employant le même moyen. Mais il est bon d'avertir qu'il ne suffit pas de mêlanger les graines avec de la terre, il faut encore que la quantité de terre soit dans une proportion assez considérable; nous avons reçu plusieurs fois de la Chine des semences renfermées dans des vases hermétiquement bouchés, & mêlées avec deux ou trois livres pesant de terre, sans que pour cela elles nous aient mieux réussi que celles qui étoient dans des sacs de papier. La chaleur qu'elles avoient éprouvée au double passage de la ligne, avoit pénétré la masse, desséché la terre & les graines, malgré l'épaisseur de la caisse qui les renfermoit, & l'emballage qui la recouvroit. Il faut donc que la terre soit dans une proportion un peu considérable, comme, par exemple, d'un ou deux pieds cubes; & si à cette précaution on joignoit celle d'ouvrir en-dessus la caisse qui renfermeroit ce mélange, en la garnissant seulement de mousse, & en la plaçant, pendant le voyage, sur les ponts du vaisseau, il est presque sûr que toutes espèces de graines se conserveroient parfaitement dans les voyages les plus longs. Bientôt nous aurons la certitude de cette présomption, au moyen de quelques expériences que nous avons faites, & dont nous serons en état de donner les résultats avant la fin de cet Ouvrage.

Les graines des Armoselles qui feront envoyées de cette manière, pourront être semées, avec la terre qui les accompagne, vers le mois de février, sur une couche chaude, couverte d'un chassis. Mais, au lieu du terreau de couche dont on se sert ordinairement pour recouvrir le fumier, il feroit à propos de faire un mélange, composé de terre à oranger, avec une partie de terreau de bruyère, & d'en établir un lit de huit pouces d'épaisseur sur lequel on sèmeroit les graines, ensuite on les recouvriroit d'une ligne ou deux de terreau de bruyère pur, bien tamisé. On ne risquera rien d'arroser le nouveau semis soir & matin, mais très-légèrement, avec un arrosoir à pomme, dont les trous soient bien fins, & cela jusqu'à ce qu'on voie lever les graines; alors il faudra diminuer le nombre des arrosemens, & les proportionner aux besoins des plantes, & sur-tout avoir soin de leur donner de l'air le plus souvent qu'il sera possible. Dès que le jeune plant aura deux ou trois pouces de haut, il sera nécessaire de le lever en motte, & de le transplanter dans de petits pots à œillets, avec du terreau de bruyère, mêlé d'un quart de terre franche. Sans cette précaution, le jeune plant s'appauvriroit sous les chassis au lieu de prospérer, parce que s'il faut de la chaleur pour faire lever les graines de ces plantes, l'air libre, principalement lorsqu'il est doux, n'est pas moins utile pour leur faire prendre de l'accroissement & leur donner de la vigueur. Les jeunes plants, nouvellement empotés, feront tenus à l'ombre pendant quelques jours, & ensuite on les laissera exposés au soleil, enterrés sur une vieille couche, où ils pourront rester jusqu'au milieu de l'automne; alors on les placera sous un chassis, avec les autres plantes du Cap de Bonne-Espérance. Pendant l'hiver, il faut les surveiller souvent pour ne les arroser que lorsqu'ils en auront besoin, parce qu'ils craignent l'humidité; à l'âge de deux ou trois ans, lorsqu'ils seront devenus plus forts, on leur fera passer l'hiver dans les orangeries, sur des gradins, vis-à-vis les croisées, & on les multipliera de marcottes & de boutures à la manière des autres plantes d'orangeries. (*M. Thouin.*)

AROBE *ou* ARROBE, poids d'Espagne, de Portugal, de Goa, du Brésil, & des possessions Espagnoles de l'Amérique. *Voyez* AROUE. (*M. l'Abbé Tessier.*)

AROMATIQE. (Plante.) Cette épithète est donnée aux plantes qui ont une odeur forte & en même-tems agréable, telles que les sauges, le romarin, la lavande, le thim, l'hyssope, la marjolaine, le basilic, la sariette, la mélisse, l'aurone, la santoline, & un grand nombre d'autres de différens genres & de plusieurs familles, mais principalement des labiées & des corymbifères.

Ces plantes sont d'autant plus Aromatiques qu'elles croissent dans des terreins secs & sous des climats chauds. Si on les cultive dans des terreins gras & fertiles, & qu'on les préserve de la grande chaleur, elles s'élèveront davantage, & deviendront plus belles & plus grandes; mais elles perdront une partie de leurs qualités Aromatiques, qui se trouvent alors absorbées par la partie aqueuse.

On se sert des plantes Aromatiques dans les jardins potagers pour border les planches qui entourent les quarrés de légumes. Ce sont ordinairement les sauges, les lavandes, les thims, les marjolaines, les hyssopes, les germandrées, &c. qu'on emploie à cet usage. Dans les jardins de plantes médicinales, on s'en sert, au lieu de buis, pour border les plate-bandes. Ces bordures exigent d'être fréquemment tondues pour qu'elles occupent moins de place, & il faut les replanter tous les trois ou quatre ans pour les rajeunir & les faire prospérer. (*M. Thouin.*)

ARONDELIÈRE, ancien synonyme du *Chelidonium.* des Botanistes. *Voyez* Chelidoine commune. (*M. Thouin.*)

ARONE *ou* pied-de-veau. Synonyme françois d'un genre de plante, connu sous le nom d'Arum. *Voyez* Gouet. (*M. Thouin.*)

AROUNIER, *Arouna.*

Genre établi par Aublet, dans son Histoire des Plantes de la Guyanne Françoise. Il n'est composé que d'une seule espèce.

Arounier de la Guyanne *ou* Arouna des Galibis.

Arouna *Guianensis.* Aubl. Guyan. p. 16. t. 5. p. D des forêts de Cayenne.

C'est un arbre de 30 à 40 pieds de haut, dont le tronc a environ deux pieds de diamètre, & qui pousse à son sommet des branches qui se répandent en tout sens. Ses feuilles sont composées de sept folioles, glabres & d'un beau vert; ses fleurs sont très-petites, de couleur verte, & viennent par grappes dans les aisselles des feuilles; son fruit est une capsule ovale qui contient une ou deux semences enveloppées d'une pulpe rougeâtre & acide.

Cet arbre croît dans les grandes forêts de la Guyanne; il fleurit en novembre, & son fruit mûrit dans le mois de mars; son bois est dur & d'un vert jaunâtre.

Nous ne connoissons point la culture de cet arbre qui n'a point encore été transporté en Europe. (*M. Thouin.*)

« AROUE, poids dont on se sert dans le » Pérou, le Chili & autres provinces & royaumes » de l'Amérique, qui sont de la domination » Espagnole. L'Aroue, qui n'est rien autre chose » que l'*Arobe* d'Espagne, pèse 25 livres, poids » de France. » *Anc. Ency.* Comme ce poids, dont on ne dit pas l'usage, pourroit être celui des grains, fourages, farines & autres objets dépendans de l'Agriculture, j'ai cru devoir en faire mention ici. (*M. l'Abbé Tessier.*)

AROURE. (*Voyez* Araire.) (*M. l'Abbé Tessier.*)

ARPENT.

Ce mot peut être regardé comme le plus propre à désigner parmi nous une étendue déterminée de terrein; puisqu'on en a dérivé le mot *Arpentage*, c'est-à-dire, la science, qui mesure les terres, les bois & les pièces d'eau. Il est le plus généralement adopté en France. On s'en sert dans les environs de Paris. Les livres d'Agriculture, de Commerce, d'Economie, de Jurisprudence, emploient ordinairement la dénomination d'*Arpent*.

La division la plus commune de l'Arpent, est en demi-arpens, quartiers, demi-quartiers, perches & pieds. Dans quelques pays, on le divise en verges; dans d'autres, en cordes; dans d'autres, en roëds; dans d'autres, en mines, minots & boisseaux, &c.

Les Arpens n'ont pas par-tout le même nombre de perches. Il y en a qui n'en contiennent que soixante-quatre, tandis que d'autres en contiennent cent trente, & même davantage. Ces derniers arpens peuvent être moins grands, si la perche a bien moins d'étendue. Par exemple, à Louvres, en Parisis, où l'arpent est de soixante-quatre perches, la perche ayant vingt-cinq pieds, il est composé de quarante mille pieds quarrés. La perche de Gotha en Saxe n'étant que de quatorze pieds, l'Arpent contient seulement trois mille deux cent neuf pieds, quoiqu'il soit de cent trente perches. Il faut encore avoir égard au pied qui n'a pas douze pouces dans tous les pays. Le nombre de perches varie donc, suivant les pays, & par conséquent la grandeur de l'arpent.

L'Arpent de Paris, qui est de cent perches, la perche de dix-huit pieds, le pied de douze pouces de Roi, contient neuf cens toises de superficie, où trente-deux mille quatre cens pieds.

L'Arpent légal ou royal, dit *Arpent de France*, réglé pour les Eaux & Forêts, par un Edit de 1669, est également de cent perches; mais la perche ayant vingt-deux pieds, il contient mille trois cent quarante-quatre toises, seize pieds, ou quarante-huit mille quatre cens pieds.

Dans l'usage ordinaire, on donne la préférence à l'arpent de Paris, à cause de sa simplicité, & de la commodité de sa subdivision, en un nombre rond de neuf cens toises pour la superficie; au lieu que l'Arpent légal ou royal ne peut se subdiviser qu'en pieds, ayant pour superficie, mille trois cens quarante-quatre toises quatre neuvièmes de toise. Les fractions causent toujours un embarras dans les calculs, sur-tout aux personnes qui n'en ont pas l'habitude.

Ce qui rend nécessaire le rapport des mesures à une mesure commune, c'est la grande diversité de celles qui sont adoptées dans les pays cultivés. On les voit différer non-seulement de province à province, mais de village à village, & quelquefois dans le même village. Les exemples n'en sont pas rares. L'Assemblée provinciale du Hainault, tenue en 1788, a observé que ce pays n'étant composé que de trois cens treize Communautés, il y avoit cent vingt-trois mesures différentes. Elle a demandé qu'on en fit la comparaison.

Exemple frappant de la diversité des Mesures dans un seul Bailliage.

On trouve dans le Bailliage de Montdidier en Picardie, un grand nombre de mesures, quoiqu'il ne comprenne que cent quarante-six Paroisses, ou environ. Il me paroît utile de désigner toutes ces Paroisses, ainsi que les hameaux, fermes, &c. en réunissant ensemble les endroits qui emploient la même mesure. C'est, d'une part, donner un exemple de la grande diversité de mesures dans un canton déterminé, & de l'autre, engager les personnes qui sont à portée de recueillir celles de leurs pays, à s'en occuper d'une manière exacte. Je dois la connoissance des mesures du Bailliage de Montdidier à M. Leroux, Arpenteur royal dans cette ville; il s'y est prêté avec d'autant plus de zèle, qu'il a senti, mieux que personne, l'utilité du travail. On en distingue de deux sortes; les mesures principales & les mesures particulières.

Principales Mesures.

1.° Celle dite *du Bailliage*. Les lieux qui l'emploient, sont Abbemont, Ailly-sur-Noye, Ainval, Argumont, Arviller, Ayencourt, Beaufort, Becquigny, Belle-Assises, Bouchoir, Boucourt, Bouillancourt, Boussicourt, Brache, Caix, Cantignyes, Cavremont, Cayeux, Contoire, Courcelle, Courtemanche, Davenescourt, Demuin, Diencourt, Domeliens, Domfront, Dompierre, Dompmartin, Etelfay, Fignière, Filecamp, Folie-en-Senterre, Foliette, Fontaine-sous-Montdidier, Framicourt, Fresnoy-en-Chaussé, Genouville, Gratibus, Guerbigny, Hamel-les-Pierrepont, Hangest, Happe-Glene, Hargicourt, Harissart (le petit), Harissart (le grand), Hourges, Ignaucourt, la Boissière-Secours, la Dreuelle, la Folie-Guerard, la Neuville-sire-Bernard, la Morliere, Léchelle, le Foiretil, le Mesnil-Saint-Georges, le Monchel, le petit Espagny, le petit Hangest, Lépinoy, le Plessier-Raullevé, le Plessier-Rosainviller, le Plessier-sur-Saint-Just, le Quenel-en-Senterre, Lignière, Louvrechies, Mailly-Comté, Malpart, Maresmoutiers, Meharicourt, Mervil-au-Bois, Mézière, Mongival, MONTDIDIER, Moreuil, Morizel, Peraine, Pierrepont, Quiry-le-Verd, Rouvrel, Royancourt, Rozières, Saint-Albin, Saint-Ribert, Saint-Ricquier, Sauchoy, Sauviller, Secours-des-Bertancourt, Septoute, Thennes, Thory, Villers-aux-Erables, Warsies, Warvillers, Welle.

Dans cette mesure, le pied a onze pouces, la verge vingt-deux pieds, le journal cent verges; la longueur de la verge est de deux cens quarante-deux pouces; l'Arpent a onze cens vingt-neuf toises quarrées.

2.° Celle dite *de la Prévôté*. On s'en sert à Breteuil & dans les environs, à Ailly-sur-Noye, Anseauviller-Chaussé, Aubeviller, Bacouel, Beauvoir, Blanc-Fossé, Blin, Bois-l'Abbé, Bois-Renaut, Bonneuil, Bouvillar, Breteuil, Caplie, Catheux, Chepoix, Chirmont, Cormeille, Coullemelle, Courcelle, Domeliers, Ebelliau, Edencourt, Epagny, Epayelle, Erondelle, Erouty, Esquenoy, Evoceaux, Fariviller, Fleschier, Folleville, Gannes, Gauffecourt, Grivesnes, la Grange, la Herelle, la Ville, la Warde-Mauger, le Choquoy, le Croq, le Rosoy, Mocreux, Mory, Montplaisir, Paillart, Quinquempoix, Rouvroy, les Merles, Saint-Agnan, Saint-André, Saint-Martin-les-Faloises, Saint-Sauveur, Sauchoy-Epagny, Sauchoy-sur-Domeliers, Sourdon, Tartigny, Troussencourt, Vendeuil, Villers-Vicomte, Visigneux, Warmaise, Wavignies.

Dans cette mesure, le pied a dix pouces un tiers, la verge vingt-quatre pieds, le journal cent verges; la longueur de la verge est de deux cens cinquante-six pouces; les cent verges ont douze cens soixante-quatre toises.

3.° Celle dite *l'ancienne mesure du Bailliage*, qui a été, suivant l'opinion commune, supprimée en 1563, & dont on se sert encore à Broyes, Esclainviller, le Cardonnois, le Lombus, le Plessier-Gobert, Plinville, Rocquencourt, Séresviller, & Villers-Tournelles.

Dans cette mesure, le pied a dix pouces deux tiers, la verge vingt-deux pieds, le journal cent verges; la longueur de la verge est de deux cent trente-quatre pouces deux tiers; l'arpent a mille soixante-deux toises quarrées.

Mesures particulières.

Dans celle d'Angiviller, Baupuis, Grandviller-au-Bois, la Neuville-le-Roy, Lieuviller, Montiers, Prompле-roy, Ravenel, le pied a onze pouces, la verge vingt-deux pieds, la mine, soixante-quinze verges, & l'arpent huit cent quarante-sept toises quarrées.

Dans celle d'Assinviller, Beauvoir, Bélicourt, Biermont, Coinrel; Courcelle-Epayellé, Crèvecœur-les-Ferrières, Cuvilly, Faverolles, Ferrière, Foi-Secours, Fretoy, Godainvillier, Gratte-Pance,

Houssoye, la Taulle, la Villette, le Caurel, le Ploiron, le Plessier-Saint-Nicaise, le Quesnoy, le Tronquoy, Maignelay ou Halluin, Menesville, Mongerain, Montigny, Moranvillers, Mortemer, Moyenneville, dont une partie est du Bailliage de Mont-Didier, & l'autre partie du Bailliage de Clermont, Meuvi-le-Prieure, dont une partie est du Bailliage de Mont-Didier, & l'autre partie du Bailliage de Clermont, Orviller, Onviller, Pas, Piennes, Regibay, Remaugie, Rollot, Rubescourt, Sains, Saint-Martin-au-Bois, Sechel, Sorel, Tricot, Vaux, Wacquemoulin, Woimond, le pied a onze pouces, la verge, vingt-deux pieds; la mine, quatre-vingt-dix verges; la longueur de la verge est de deux cens quarante-deux pouces; les cent verges ont mille seize toises quarrées.

Dans celle d'Aubercourt, dont une partie est du Bailliage de Mont-Didier, & une partie du Bailliage d'Amiens, le pied a onze pouces deux tiers; la verge, vingt-un pieds & demi; le journal, cent verges; la longueur de la verge est de deux cent quarante-trois pouces deux tiers; les cent verges ont onze cent quarante-cinq toises & demi quarrées.

Dans celle de Bayonviller, mesure locale, le pied a onze pouces; la verge, vingt pieds; le journal, cent verges; la longueur de la verge est de deux cent vingt pouces; les cent verges ont neuf cens trente-trois toises quarrées.

Dans celle de Berny, village limitrophe, dont une partie est du Bailliage de Mont-Didier, & une partie du Bailliage d'Amiens, mesure de Boves, le pied a dix pouces & un tiers; la verge, vingt-cinq pieds; le journal, cent verges; la longueur de la verge est de deux cens cinquante-huit pouces & un tiers. Les cent verges ont douze cens quatre-vingt-sept toises quarrées.

Dans celle de Bouchoir, dont une partie est du Bailliage de Mont-Didier, & une partie du Bailliage de Roye, mesure dudit Bailliage, & de Saint-Aurant, le pied a dix pouces un tiers; la verge vingt-quatre pieds; le journal, cent verges; la longeur de la verge est de deux cens quarante-huit pouces; les cent verges ont mille quatre-vingt-six toises quarrées.

Dans celle de Bains, dont une partie est du Bailliage de Roye & une du Bailliage de Montdidier, & dans celle de Boulogne, le pied a dix pouces un tiers; la verge, vingt-quatre pieds; le journal, cent verges; la longueur de la verge est de deux cens quarante-neuf pouces; les cent verges ont onze cens quatre-vingt-dix-huit toises quarrées.

Dans celle de Brunviller-la-Mothe, la Fosse-Thibault, le Plessier-sur-Saint-Just, Lévremont, Plainval, Saint-Just, Trémonvillier, le pied a dix pouces deux tiers; la verge est de vingt-quatre pieds; & la mine de soixante verges; la longueur de la verge est de deux cens cinquante-six pouces; les cent verges quarrées ont sept cent cinquante-huit toises quarrées.

Dans celle de Castel, mesure de Boves, le pied a onze pouces un tiers; la verge vingt-deux pieds; le journal, cent verges; la longueur de la verge est de deux cent quarante-neuf pouces; les cent verges ont onze cent quatre-vingt-dix-huit toises quarrées.

Dans celle de Courcelles, dont une partie est du Bailliage d'Amiens, & l'autre de celui de Mont-Didier, & dans celle de Demuin, le pied a douze pouces; la verge, vingt pieds; le journal cent verges; la longueur de la verge est de deux cent quarante pouces; les cent verges ont onze cent onze toises quarrées.

Dans celle d'Enguillaucourt, Gillaucourt, mesure locale, le pied a onze pouces; la verge, vingt-un pieds; le journal, cent verges; la longueur de la verge est de deux cent trente-un pouces; les cent verges ont mille vingt-neuf toises quarrées.

Dans celle de Fouencamps, dont une partie est du Bailliage de Montdidier, & une maison du Bailliage d'Amiens, mesure de Boves, & dans celle de Hailles, la Faloise-Mauger, Paillart, Remiencourt, Visigneux, (ces cinq pays sont en partie du Bailliage d'Amiens, & en partie du Bailliage de Montdidier); le pied a onze pouces un tiers; la verge, vingt-deux pieds; le journal, cent verges; la longueur de la verge est de deux cent quarante-neuf pouces; les cent verges ont onze cent quatre-vingt-dix-huit toises quarrées.

Tableau de différentes Mesures.

J'ai cru rendre service à mes Lecteurs de placer ici un tableau, qui contînt le plus de mesures que je pourrois rassembler. Une très-grande partie a été prise dans l'excellent ouvrage de M. Ponctom, *sur les Poids & Mesures.* Ma correspondance m'a fourni les autres. J'aurois voulu pouvoir réunir toutes celles de France. On a desiré bien des fois qu'il n'y eût qu'une seule mesure de terre, comme une seule mesure de graines & de liquides, & on a toujours trouvé de la difficulté à l'introduire, parce qu'il est presque impossible de changer les habitudes de tout un royaume; mais on n'auroit pas besoin d'opérer ce changement, si tous les Négocians, les gens de Loi & autres avoient le tableau complet de toutes ces mesures, rapportées à des mesures connues. Ce que je présente ici en peut être la base; il ne s'agira que d'y ajouter, par la suite, les mesures des pays dont je n'ai reçu encore aucuns éclaircissemens. Mon intention est de donner, en forme de supplément, celles que je me procurerai par la suite. M. de Lambre, des Académies de Berlin & d'Amiens, connu très-avantageusement par nombre de Tables & de Mémoires astronomiques estimés & d'une grande utilité, a bien voulu se charger de tous les calculs, en sorte que si l'on trouve quelque mérite au tableau, on ne m'a d'obligation que pour en avoir décidé l'ordre & la disposition, & pour avoir donné une grande partie des matériaux. Nous avons employé le signe =, qui signifie *égale* ou *vaut*, parce qu'il est commode. Par exemple, au troisième article du tableau, où il s'agit de la mesure de l'Albret, on voit *cartelade* = 144 *escats* = *69696 palmes;* cela signifie que la cartelade vaut 144 escats ou *69696* palmes : *Voyez* escat & palme dans le Dictionnaire. En suivant la même ligne, on apprend que cette mesure se réduit à neuf cent soixante-onze toises quatorze pieds; ce qui ne suffit pas pour former l'arpent royal, qui est de treize cent quarante-quatre toises, quatre neuviémes. Mais elle contient un arpent de Paris, composé de neuf cens toises, & soixante-onze toises quatorze pieds de plus; ainsi, la cartelade de l'Albret est plus petite que l'arpent royal, & plus grande que l'arpent de Paris; ce qui est exprimé par les chiffres de la même ligne, dans les colonnes consacrées à chaque valeur.

Le tableau est composé de cinq parties ou colonnes. La première indique, par lettres alphabétiques, les pays, tant de France que des autres royaumes.

La seconde offre les dénominations des diverses mesures, vis-à-vis les lieux où elles sont en usage, & les rapports de quelques-unes avec d'autres mesures des mêmes lieux.

Dans la troisième, toutes les mesures sont réduites en toises de France.

Leur valeur en arpens royal ou de France se trouve dans la quatrième colonne.

C'est la cinquième qui marque leur valeur en arpens de Paris.

J'ai pensé qu'il étoit inutile de mettre les pouces dans les réductions, parce que c'étoit un objet de trop peu de conséquence.

Il seroit très-possible qu'il y eût des erreurs dans ce tableau, & que quelques personnes reconnussent qu'on n'a pas rapporté exactement les mesures de leurs pays. Ces erreurs viendroient de ce que mes Correspondans, ou se seroient trompés, ou auroient été trompés. Si j'en découvre, je ferai ensorte qu'elles soient rectifiées dans le supplément.

Tableau des différentes Mesures de terres, tant de France que des pays étrangers, réduites en toises de Paris, & comparées à l'Arpent royal & à celui de Paris.

Noms des Pays.	Noms & valeurs des Mesures.	Réduction en toises & pieds de Paris.		Valeur en arpens royaux, toises & pieds.			Valeur en arpens de Paris, toises & pieds.		
		toises	pieds.	arpens.	toises.	pieds.	arpens.	toises.	pieds.
Agen	Carterée = 6 cartonnats = 18 lattes = 432 escats	1919	0	1	574	25	2	119	0
Aigle, (l')	Acre = 160 perc. de 22 pieds & demi	2444	16	1	1104	0	2	644	16
Albret, (l'), *Gas.*	Gartelade = 144 escats = 69696 palmes.	971	14	0	971	14	1	71	14
Amiens, *Picar.*	Arpent = 100 perches de 22 pieds	1344	16	1	0	0	1	444	16
	Journal du Bailliage = 100 verges de 20 pieds-de-Roi	1111	4	0	1111	4	1	211	4
Ancône, *Ita.*	Rubbio ou soma = 850 perches quarrées.	3415	29	2	726	32	3	715	29
	Rubbio moyen = 700 perches quarrées.	2813	0	2	124	4	3	113	0
	Rubbio petit = 625 perches quarrées	2511	22	1	1167	7	2	711	22
Andonville, *Beau.*	Arpent de 100 fois une perche de 22 pieds	1344	16	1			1	444	16
	Muid = 960 perches de 22 pieds	12906	24	9	806	24	14	306	24
Angleterre	Acre légal, *denariata terræ* = 160 perches quarrées	1066	0	0	1066	0	1	166	0
	Rood quart d'acre, *obolata terræ*	266	18	0	266	18	0	266	18
	Solidata terræ = 12 acres	12791	25	9	691	25	14	191	25
	Librata terræ = 240 acres	255834	14	190	390	0	214	234	14
Angoumois	Journal	906	7	0	906	7	1	6	7
Anjou	Journal = 100 perches de 25 pieds	1736	4	1	391	25	1	836	4
Annonai, *Viv.*	Septerée = 4 quartelées	694	16	0	694	16	0	694	16
Anvers, *Pays-Bas.*	Bunder = 400 perches quarrées	3457	0	2	768	4	3	757	0
Aubagne, *Prov.*	Charge = 10 panaux = 40 échenes	2190	0	1	845	20	2	290	0
Auberviller, *Pic.*	Journal de 100 verges, la verge de 24 pieds, le pied 10 pouces ⅔	1264			1264		1	364	
Aurillac, *Auv.*	Concade	2715	29	2	26	32	3	15	29
Ausonviller, *Pic.*	Mine de 50 verges quarrées; la verge, connue à Breteuil, est de 24 pieds, le pied de 10 pouc. 8 lignes	632	3		632	3		632	3
Auxerre, *Bourg.*	Arpent	1344	16	1	0	0	1	444	16
Bassigny	Journal = 2 semi-journaux = 4 quartes.	360	0	0	360	0	0	360	0
Beaugency, *Orl.*	Arpent = 100 perches quarrées de 22 pieds	1344	16	1	0	0	1	444	16
Beaujolois	Bicherée	359	29	0	359	29	0	359	29
Beauvais	Pour les terres 100 verges de 22 pieds, le pied 12 pouces	1344	16	1	0	0		444	16
	Pour les vignes 72 verges de 26 pieds, le pied de 12 pouces	1877		1	533		2	77	
	Pour les bois de l'Evêque Comte de Beauvais, 100 verges de 26 pieds, le pied 12 pouces	1877		1	533		2	77	
	Pour les bois du Chapitre, 48 verges par mine, de 24 pieds, le pied de 11 pouces	1344	16	1			1	444	16
Belloy, *If. de Fr.*	Arpent de 120 perches de 19 pouces	1203	12	0	1203	12	1	303	12
Benauge, *Bour.*	Journal = 144 lattes = 144 pieds de terre.	693	14	0	693	14	0	693	14
Bergame, *Ita.*	Pertica = 96 cavezzi = 24 tavole	173	0	0	173	0	0	173	0
Bergerac, *Périg.*	Journal = 3 poignerets = 216 escats	873	32	0	873	32	0	873	32
Berry	Boisselelée	160	0	0	160	0	0	160	0
	Septerée = 10 boisselées	1600	0	1	255	20	1	700	0
	Mouchée = 12 septerées	19200	0	14	377	18	21	300	0
Blaie, *Bordel.*	Journal	830	32	0	830	32	0	830	32
Bologne, *Ita.*	Tornatura = 140 perches quarrées	530	22	0	530	22	0	530	22
	Biolca = 196 perches quarrée	742	29	0	742	29	0	742	29

Tableau des différentes Meſures de terres, tant de France que des Pays étrangers ; réduites en toiſes de Paris, & comparées à l'Arpent royal & à celui de Paris.

Noms des Pays.	Noms & valeurs des Meſures.	Réduction en toiſes & pieds de Paris.		Valeur en arpens royaux, toiſes & pieds.			Valeur en arpens de Paris, toiſes & pieds.		
		toiſes.	pieds.	arpens.	toiſes.	pieds.	arpens.	toiſes.	pieds
Bolzano ou Bolzen.	Stochiacuh = 800 perches quarrées...	1518	22	1	174	7	1	618	22
	Jauch = 800 perches quarrées........	1138	32	0	1138	32	1	238	32
	Tagmat = 40 perches quarrées........	759	11	0	759	11	0	759	11
	Staarland = 100 perches quarrées......	189	29	0	189	29	0	189	29
	Graber = 80 perches quarrées	151	32	0	151	32	0	151	32
Bordeaux	Reje de terre à blé = un ſoixantième de journal....................	13	32	0	13	32	0	13	32
	Reje de vigne = un cinquantième de journal.....................	16	25	0	16	25	0	16	25
	Journal = 25000 pieds quarrés de terre.	836	0	0	836	0	0	836	0
Boulonnois, Pic.	Cent verges de 20 pieds............	1111	4	0	1111	4	1	211	4
Bourbonnois....	Septerée........................	900	0	0	900	0	1	0	0
	Septerée en terre de chambonage.....	1000	0	0	1000	0	1	100	0
	Septerée en terre ſablonneuſe........	1200	0	0	1200	0	1	300	0
Bourgogne......	Arpent pour les terres labourables.....	902	18	0	902	18	1	2	18
	Arpent pour les bois...............	1103	4	0	1103	4	1	203	4
	Journal en ſoiture de pré = 360 perches = 32490 pieds quarrés...........	902	18	0	902	18	1	2	18
	Boiſſeau de chennevière = un huitième de journal.....................	112	27	0	112	27	0	112	27
Bourg-ſur-mer, Gu.	Journal.........................	830	11	0	830	11	0	830	11
Bouzon.........	Concade de l'Iſle de Bouzon.........	2581	11	1	1236	32	2	781	11
Brabant........	Bonnier = 4 journaux, le journal = 100								
	verges de 16 pieds..............	711	4	0	711	4	0	711	4
	verges de 18 pieds..............	900	0	0	900	0	1	0	0
	verges de 20 pieds..............	1111	4	0	1111	4	1	211	4
Breſcia, Ita....	Piò = 100 tavole = 400 cavezzi.......	857	29	0	857	29	0	857	29
	Poſſeſſione = 35 ou 40 piò..........								
	Doppio = 70 ou 80 piò. On dit que cette dernière quantité eſt celle que 10 bœufs peuvent labourer.........								
Breſſe..........	Coupée..........................	173	22	0	173	22	0	173	22
	Bicherée = 2 coupées...............	347	8	0	347	8	0	347	8
Bretagne.......	Journal = 80 cordes quarrées........	1280	0	0	1280	0	1	380	0
Breteuil, Pic...	Journal contenant cent fois une verge quarrée, la verge de 24 pieds de long, le pied 10 pouces 8 lignes...	1264	7	0	1264	7	1	364	7
Brie............	Arpent de 100 perches quarrées de 20 pieds........................	1111	4	0	1111	4	1	211	4
Brive, Lim.....	Seterée.........................	555	22	0	555	22	0	555	22
Brugny.........	Arpent de 100 perches de 20 pieds...	1111	4	0	1111	4	1	211	4
Brulloi-la-motte.	Carterée = 512 eſcats..............	2309	4	1	964	25	2	509	4
Brunviller, Pic..	Soixante verges pour mine, la verge de 24 pieds, le pied de 10 pouces un tiers.......................	758	...	...	758	...	...	758	
Cadillac, Guie..	Journal = 144 lattes = 2073 pieds quarrés de terre..................	693	14	0	693	14	0	693	14
Calaiſis........	Arpent de 100 perches, de 20 pieds..	1111	4	0	1111	4	1	211	4
Calemberg, El. d'H.	Arpent = 2 vorling = 120 perches quarrées.......................	694	14	0	694	14	0	694	14
Caſtelnau.......	Seterée = 100 dextres = 32400 paumes quarrées......................	534	32	0	534	32	0	534	32
	Carteyrade = 2 ſeterées............	1069	29	0	1069	29	1	169	29
Caſtillones, Agén.	Seterée = 12 poignerets = 936 eſcats..	4517	11	3	484	0	5	17	11
Caudebec, Norm.	Voyez Rouen.								

TABLEAU des différentes Mesures de terre, tant de France que des Pays étrangers, réduites en toises de Paris, & comparées à l'arpent royal & à celui de Paris.

Noms des Pays.	Noms & valeurs des Mesures.	Réduction en toises & pieds de Paris.		Valeur en arpens royaux, toises & pieds.			Valeur en arpens de Paris, toises & pieds.		
		toises.	pieds.	arpens.	toises.	pieds.	arpens.	toises.	pieds.
Châlons-sur-marne.	Journal	1715	0	1	37	22	1	815	0
	Arpent de bois	1225	0	0	1225	0	1	325	0
Carentan, Norm.	*Voyez* Cherbourg								
Champ-Rond	Arpent = 100 perches de 21 pieds 8 pouces	1304	0	0	1304	0	1	404	0
Chartres	Arpent de terre, bois, vigne & pré, de 21 pieds 8 pouces	1304	0	0	1304	0	1	404	0
Chateaudun	Arpent de 100 perches à 20 pieds	1111	4	0	1111	4	1	211	4
Chenevieres	Arpent de 90 perches de 24 pieds	1440	....	...	1440	...	1	540	
Cherbourg	Arpent de 100 perches à 22 pieds	1344	16	1	...	...	1	444	16
Clairac, Guie	Carterée = 8 cartonnats d'Agen	2558	25	1	1214	11	2	758	25
	Mesure du Bailliage 60 verges pour mine. le pied de 11 pouces	1129	....	...	1129	...	1	229	
	Dix verges pour bois, vignes & prés, la verge de 26 pieds de 11 pouces.	1577	....	1	233	...	1	677	
Clermont en Beauvoisis	Muid de 12 mines	9761	0	7	349	34	10	761	0
	En différens endroits 72 verges par arpens, la verge de 26 pieds de 12 pouces	1877	....	1	533	...	2	77	
	Dans d'autres endroits, la mesure royale.	1344	16	1	...	16	1	444	16
	A Baleuse & dans les environs, journal de 100 verges de 24 pieds, le pied de 10 pouces deux tiers	1264	....	...	1264	...	1	364	
Compiegne, Val	Quatre-vingts verges par mine, la verge de 19 pieds un tiers, le pied de 12 pouces	1038	....	...	1038	...	1	138	
Comtat d'Avignon.	Salmée ou saumée = 8 eyminées	1600	0	1	255	20	1	700	0
Condom	Journal de 240 escats	1075	22	0	1075	22	1	175	22
Conti, Val	Arpent = perches	1600	0	1	255	22	1	700	0
Corbereuse, Pic.	Arpent de 100 perches de 22 pieds	1344	16	1	...	...	1	444	16
Corse (Isle de)	Mézinade = 6 bachins, environ un arpent de France								
Coutances, Norm.	*Voyez* Cherbourg.								
Coutras, Périg.	Journal = 24 brasses	1152	0	...	1152	0	1	252	0
Crema, Ita.	Pertica = 24 tavole = 96 cavezzi	199	4	0	199	4	0	199	4
Cremone, Ita.	Pertica = 24 tavole = 96 cavezzi	209	32	0	209	32	0	209	32
Cuzac, Gas.	Journal	830	32	0	830	32	0	830	32
Danemarck	Tonde-hart-Korn = 8 skiepper-hart-korn = 32 fierding-kar = 96 album = 384 penge-hart-korn = 28000 aunes quarrées	27203	0	2	214	0	3	203	0
Dourdan, Hur.	Septier 80 perches de 22 pieds	1075	20	0	1075	20	1	175	20
	Arpent = 100 perches de 22 pieds	1344	16	1	0	0	1	444	16
Dreux, If. de Fr.	Arpent de 1222 à 1239 toises quarrées.								
Dunois	Arpent de 100 perches quarrées, la perche a 20 pieds	1111	4	0	1111	4	1	211	4
	Septier = 8 boiss. = l'arpent. *Voyez* Châteaudun								
Epoisse, Aux.	Journal ou soiture de pré. *Voyez* Bourgogne								
Espagne	Fanega = 4900 varres quarrées	903	18	0	903	18	1	3	18
Euze	Concade	8846	14	6	779	25	9	746	14
Ferrare, Ita.	Biolca = 6 stara = 400 perches quarrées	1695	29	1	351	14	1	795	29
	Moggio = 1333 $\frac{1}{3}$ de perches quarrées.	5652	29	4	275	1	6	252	29

Tableau des différentes Mesures de terres, tant de France que des Pays étrangers, réduites en toises de Paris, & comparées à l'Arpent royal & à celui de Paris.

Noms des Pays.	Noms & valeurs des Mesures.	Réduction en toises & pieds de Paris.		Valeur en arpens royaux, toises & pieds.			Valeur en arpens de Paris, toises & pieds.		
		toises.	pieds.	arpens.	toises,	pieds.	arpens.	toises.	pieds.
Ferrières, Is. de Fr.	Arpent de 100 perches de 18 pieds 4 pouces.	933	3	0	...	...	1	33	23½
	Bonnier (aux environs de Lille) = 1600 verges de 10 pieds 12 pouces de Roi.	3734	20	2	1045	24	4	134	20
	Cent de terre (aux environs de Lille = 100 verges de 10 pieds 12 pouces de Roi.	232	14	0	232	14		232	14
Flandre françoise.	Arpent de 100 perches.	1736	4	0	391	25	1	836	4
Florence, Tosc.	Stioro = 12 panori = 48 cannes quarrées.	154	4	0	154	4	0	154	4
Forez	Meterée = 1200 pas quarrés de 2 pieds 9 pouces.	263	7	0	263	7	0	263	7
France.	Arpent légal = 100 perches de 22 pieds.	1344	16	1	0	0	1	444	16
Franche-Comté.	Journal.	902	18	0	902	18	1	2	18
	Ouvrée de vigne = 24 chaînes quarrées de 24 pieds.	464	4	0	464	4	0	464	4
Francfort-sur-le-Mein.	Arpent = 160 perches quarrées = 25000 pieds.	531	25	0	531	25	0	531	25
Freteval, Dun.	Arpent (perche de 22 pieds).	1344	16	1	0	0	1	444	16
Fronsac, Gui.	Journal = 24 brasses.	1152	0	0	1152	0	1	252	
Fouilloy, Pica.	Cent verges par arpent, la verge de 22 pieds, le pied de 11 pouc.	1129	0	0	1129	0	1	229	
Gand, Pays-Bas.	Mesure = 300 verges. On ne nous a point instruit de l'étendue de la verge.	.....	..	...	....	..	...	....	
Gâtinois.	Arpent de 100 perches quarrées.	1111	4	0	1111	4	1	211	4
Geneve.	Pose = 25600 pieds.	711	4	0	711	4	0	711	4
	Coupe = 21312 pieds.	592	0	0	592	0	0	592	
	Seitine = 32000 pieds.	888	32	0	888	32	0	888	32
	Dans certains cantons, la coupe = 21504 pieds.	597	12	0	597	12	0	597	12
Gotha, Allem.	Arpent = 130 perches de 14 pieds.	533	11	0	533	11	0	533	11
Grandville, Nor.	*Voyez* Cherbourg.								
Granvillers, Beau.	Soixante verges pour mine, la verge de 24 pieds, le pied de 11 pouc.	1344	16	1	...	0	1	444	16
Guadeloupe.	Carreau = 90000 pieds quarrés.	2500	0	1	1155	20	2	700	
Haguenau, Als.	Acker = 833 à 889 toises.								
Hainaut.	*Voyez* Brabant.								
Hollande.	*Voyez* Rhin.								
Inspruk, Allem.	Jauch de 600 perches quarrées.	1138	32	0	1138	32	1	238	32
Isle-de-France.	Gaulette = 15 pieds.								
	Habitation = 2500 gaulettes quarrées.	1041	24	0	1041	24	1	141	24
	Arpent = 100 perches de 20 pieds.	1111	4	0	1111	4	1	211	4
La Haie, Holl.	Morgen = 600 rooden.	2268	18	1	924	2	2	468	18
Landreci, Hain.	Mancaudée = 100 verges de 19 pieds 6 pouc.	1056	9	0	1056	9	1	156	9
Languedoc.	Somée moyenne.	1485	18	1	141	4	1	585	18
	Autre somée.	1264	7	0	1264	7	1	364	7
Laon.	Grand jallois = 120 verges, la verge de 22 pieds de Roi.	1613	12	1	268	32	1	713	12
	Petit jallois = 60 verges quarrées.	806	24	0	806	24	0	806	24
	Arpent de 100 verges quarrées.	1344	16	1	...	0	1	444	16
Lectoure, Gui.	Concade = 30 plag = 60 sols = 720 deniers.	3226	25	2	537	29	3	526	
Legnano, Ita.	Vaneza = 30 tavole.	33	0	0	33	0	0	33	25
	Campo = 720 tavole = 720 cavezzi quarrés.	791	25	0	791	25	0	791	25

Tableau des différentes Mesures de terres, tant de France que des pays étrangers, réduites en toises de Paris, & comparées à l'Arpent royal & à celui de Paris.

Noms des Pays.	Noms & valeurs des Mesures.	Réduction en toises & pieds de Paris.		Valeur en arpens royaux, toises & pieds.			Valeur en arpens de Paris, toises & pieds.		
		toises.	pieds.	arpens.	toises.	pieds.	arpens.	toises.	pieds.
Libourne, Ita...	Journal = 20 brasses...	960	0	0	960	0	1	60	0
Liège...	Bounier = 4 journaux = 20 verges grandes = 80 verges petites, chacune de 16 pieds quarrés, le pied liégeois et de 11 pouc...	2350	29	1	1006	13	2	550	29
Livourne, Tosc.	Stiora = 66 perches quarrées...	147	4	0	147	4	0	147	4
	Saccata = 660 perches quarrées...	1471	11	1	126	32	1	571	11
Lisy-sur-Ourg...	Arpent de 100 perches de 18 pieds 4 pouc...	933	23½	0	933	23½	1	33	23½
Lomagne (la)...	Concade = 720 escats. *Voyez* Lectoure.								
Lons-le-Saunier..	Journal & foiture des prés...	902	18	0	902	18	1	902	18
Lorraine...	Cinq cens perches de 10 pieds de Lorraine...	1118	4	0	1118	4	1	218	4
Louvain, P. B.	Bunder = 408 roedes quarrés...	3457	0	2	768	4	3	757	0
Louvres, Is. de Fr	Arpent de 64 perches de 25 pieds...	1111	4	0	1111	4	1	211	4
Lucie (Sainte)..	*Voyez* Saint-Domingue.								
Lunel, Lang...	Seterée = 100 dextres = 32400 pans quarrés...	534	32	0	534	32	0	534	32
	Carteyrade = 2 seterées...	1069	29	0	1069	29	1	169	29
Lyonnois...	Bicherée...	350	7	0	350	7	0	350	7
	Journal, c'est le même qu'en Bourgogne.								
	Ouvrée de terre, c'est le huitième du journal.								
Maine...	Journal de terre labourable...	1388	32	1	44	18	1	488	32
	Journal de pré...	1041	25	0	1041	25	1	141	25
	Journal de jardin...	868	4	0	868	4	0	868	4
Mantoue, Ita...	Biolca = 100 tavole = 400 cavezzis quarrés...	814	14	0	814	14	0	814	14
	Possessione = 35 ou 40 biolche.								
	Doppia = 70 ou 80 biolche.								
Marchesnoir, Dun.	Arpent...	1344	14	1	0	0	1	444	14
Marmande, Guie.	Journal...	756	4	0	756	4	0	756	4
Martinique (la).	*Voyez* Saint-Domingue.								
Mauguio, Lang..	Septerée, carteyrade. *Voyez* Lunel.								
Medoc, Bord...	Sedon = 6250 pieds quarrés de terre de Bordeaux...	209	0	0	209	0	0	209	0
Meimac, Lim..	Seterée = 80 perches quarrées de 22 pieds...	1075	18	0	1075	18	1	175	18
Messine, Sic...	Campo = 1250 tavole = 1250 perches quarrées...	1371	14	1	27	0	1	471	14
Milan, Ita...	Pertica = 24 tavole = 56 cavezzi quarrés...	198	0	0	198	0	0	198	0
Modène, Ita...	Biolca = 72 tavole = 288 cavezzi quarrés...	1098	7	0	1098	7	1	198	7
Montargis, Gâti.	Arpent = 100 cordes quarrées...	1111	4	0	1111	4	1	211	4
Montdidier, Pic.	Journal ou arpent contenant cent fois une verge quarrée, la verge longue de 22 pieds, le pied long de 11 pouc.	1129	25	0	1129	25	1	229	25
Montiers, Pic..	La verge contenant 75 fois une verge quarrée, la verge de 22 pieds de long, le pied 11 pouc...	847	10	0	847	0	0	847	10
Montpellier...	Septerée = 2 cartons = 75 dextres = 22968¾ pans quarrés...	379	7	0	379	7	0	379	7
	Carteyrade = 2 septerées...	758	14	0	758	7	0	758	14
Moscovie...	Decetine = 3205 saschines quarrées...	3908	29	2	1219	33	4	308	29

TABLEAU des différentes Mesures de terres, tant de France que des pays étrangers, réduites en toises de Paris, & comparées à l'Arpent royal & à celui de Paris.

Noms des Pays.	Noms & valeurs des Mesures.	Réduction en toises & pieds de Paris		Valeur en arpens royaux, toises & pieds.			Valeur en arpens de Paris, toises & pieds.		
		toises.	pieds	arpens.	toises.	pieds.	arpens.	toises.	pieds.
Muret, Comming.	Septerée = 4 pugnerées = 32 boisseaux	597	2	0	597	2	0	597	2
Nantouillet, Isle de France	Arpent de 100 perches de 19 pieds 4 pouces	1038	9	1	1038	9		138	9
Nantes	Boisselée = 60 gaules quarrées	93	27	0	93	27	0	93	27
	Hommée = 75 gaules quarrées	117	7	0	117	7	0	117	7
	Oudain = 20 gaules quarrées	31	9	0	31	9	0	31	9
	Petit journal = 450 gaules quarrées	703	4	0	703	4	0	703	4
Naples	Moggio = 900 pas quarrés	880	0	0	880	0	0	880	0
Navarre, (basse).	Dans les vallées de Mixe & d'Arberone, arpent	752	4	0	752	4	0	752	4
	Dans la vallée d'Ostabarost, arpent	720	27	0	720	27	0	720	27
	Dans la vallée de Cize, arpent	667	29	0	667	29	0	667	29
Nesle, Picardie	Cent verges pour journal, la verge de 28 pieds, le pied de 10 pouc.	1720	0	1	376	0	1	820	
Nerac, Guyenne.	Cattelade = 144 escats = 69696 pans	971	14	0	971	14	1	171	14
Nivernois	Arpent = 100 perches quarrées	1600	0	1	255	22	1	700	0
Normandie	Acre = 160 perches quarrées	2151	4	1	806	25	2	351	4
	Acre le plus commun = 160 perches quarrées	1807	18	1	463	4	2	7	18
Noyon, Pic.	Mesure de l'Evêque, 70 verges pour mine, la verge de 25 pieds, le pied de 10 pouc.	1425	0	1	81		1	525	
Orléans	Arpent de 100 perches quarrées	1111	4	0	1111	4	1	211	4
Padoue, Ita.	Campo = 840 tavole = 840 cavezzi quarrés	1460	29	1	116	14	1	560	29
Palme (la) Canar.	Chef-lieu du comté Brullois. *Voyez* Brullois.								
Paris	Arpens de 100 perches quarrées	900	0	0	900	0	1	0	0
Parme, Ita.	Biolca = 6 stara = 72 tavole = 288 perches quarrées	802	7	0	802	7	0	802	7
Perche (grand)	Arpent, perche de 26 pieds	1877	29	1	533	14	2	77	29
Péronne, Pic.	Cent verges pour journal, la verge de 22 pieds, le pied de 10 pouc.	1078	0	0	1078		1	178	
	Celle connue sous le nom de la mesure du Mege, 100 verges pour journal, la verge de 17 pieds ¾, le pied de 10 pouc. ½	702	0	0	702			702	
Picardie	Arpent, perche de 18 pieds	900	0	0	900	0	1	0	
Plainville, Pic.	Journal contenant cent fois une verge quarrée, la verge 22 pieds de long, le pied 10 pouces 8 lign.	1062	10	0	1062	10	1	162	10
Plaisance, Ital.	Pertica = 24 tavole = 96 cavezzi quarrés	200	32	0	200	32	0	200	32
Poitou	Arpent = 80 pas en quarré	4444	14	3	411	4	4	844	14
Poitou (bas)	Boisselée, environ	400							
	Arpent, environ	900							
Pontaudemer, Nor.	Arpent, dont la perche est de 20 pieds 2 pouc.	1129	25	0	1129	25	1	229	25
Poupas	Concade de l'Isle de Poupas	2581	11	1	1236	32	2	781	11
Provins, Brie	Arpent (perche de 20 pieds)	1111	4	1	1111	4	1	211	4
Prusse	Arpent = 180 verges quarrées du Rhin	668	16	0	668	16	0	668	16
Pui-Normand	Journal	1018	14	0	1018	14	1	118	14
Rambouillet, Hurp.	Arpent de 100 perches de vingt-deux pieds	1344	16	2	0	0	1	444	16

TABLEAU des différentes Mesures de terres, tant de France que des pays étrangers, réduites en toises de Paris, & comparées à l'Arpent royal & à celui de Paris.

Noms des Pays.	Noms & valeurs des Mesnres.	Réduction en toises & pieds de Paris.		Valeur en arpens royaux, toises & pieds.			Valeur en arpens de Paris, toises & pieds.		
		toises.	pieds.	arpens.	toises.	pieds.	arpens.	toises.	pieds.
Rédmont, Lang.	Seterée = 8 mesures = 32 boisseaux	2267	0	1	922	20	2	467	9
Remy, Valois	Cent verges par journal, la verge de 22 pieds, le pied de 11 pouc. $\frac{1}{3}$	1198			1198		1	298	
Rhin	Arpent du Rhin = 120 roeds quarrés	448	18	0	448	18	0	448	18
	Morgen - Rhinlandique = 600 roeds quarrés	2242	25	1	898	11	2	442	25
Rochelle (la)	Journal	900	0	0	900	0	1	0	0
	Quartier de vigne = de 4500 à 6500 ceps								
Rodez	Seterée = 4 quarts = 16 boisseaux	640	0	0	640	0	0	640	0
Rome	Quartuccio = 3 $\frac{1}{2}$ catènes quarrées	152	2	0	152	2	0	152	2
	Scozzo = 2 quartucci	304	4	0	304	4	0	304	4
	Pezzo = 16 catène quadrate	695	0	0	695	0	0	695	0
	Quarta = 4 scozzi	1216	11	0	1216	11	1	316	11
	Rubbio = 7 pezzi	4865	4	3	831	29	5	365	4
Rozoy, Brie	Arpent de 100 perches de 20 pieds	1111	4				1	211	4
Rovigo, Italie	Campo = 830 cavezzi quadrati	1693	22	1	349	7	1	793	22
Rouen	Arpent dont la perche a 18 pieds 4 pouc.	933	23 16	0	933	23	1	33	23
Roye, Picardie.	Cent verges pour journal, la verge de 24 pieds, le pied de 10 pouc. $\frac{1}{3}$	1186			1186		1	286	
Russie	Decetine = 3200 sagenes quarrées	2108	29	2	1219	29	4	308	29
Saint-Domingue.	Carreau ou quarreau = 100 pas quarrés, le pas est de 3 pieds $\frac{1}{2}$ en quarré	3402	28	2	713	32	3	702	28
S.-Jean d'Angely.	Journal = 6 gerbes	800	0	0	800	0	0	800	0
Saint-Just, Pic.	Mine contenant 60 fois une verge quarrée, la verge de 24 pieds, le pied 10 pouc. 8 lign. de longueur	758	18		758	18		758	18
Saint-Lô, Norm.	*Voyez* Cherbourg.								
Saint-Marc	Arpent contenant 100 fois une perche quarrée, la perche de 20 pieds de Roi	1111	4	0	1111	4	1	211	4
Saintonge	Arpent (perche de 18 pieds)	900	0	0	900	0	1	0	0
Saint-Paul-trois-Châteaux	Salmée 8 hémines = 16 cartes = 128 civayers	2500	0	1	1055	20	2	700	0
	Arpent dont la perche a 9 toises quarrées	900	0		900		1	0	
Saint-Quentin	80 verges par septier, la verge de 22 pieds, le pied de 11 pouc.	1129			1129		1	229	
S. Yrieix-la-perche	Seterée	711	4	0	711	4	0	711	4
Saxe	Morgen, acker-germ. = 300 perches quarrées	1417	14	1	73	0	1	517	14
	Stufa = 30 morgen	42521	0	31	843	11	47	221	0
Schelestat, Als.	Arpent	555	20	0	555	20	0	555	20
Sologne	Seterée = 12 boisselées	2400		1	1055	20	2	600	0
	Journée de pré = 800 toises quarrées								
Strasbourg	Acker = 24000 pieds quarrés	550	32	0	550	32		550	32
Thionville	Journal	625	0	0	625	0	0	625	0
Tonneins, Guie.	Carterée = 4 cartonnats d'Agen	1279	11	0	1279	11	1	379	11
Touraine	Arpent = 100 perches de 25 pieds	1736	4	1	391	25	1	836	4
Tournans, Brie.	Arpent = cent fois une perche de 22 pieds	1344	16	1			1	444	16
Trente, Italie	Pio ou piovo = 720 tavoles = 720 perches quarrées	913	18	0	913	18	1	13	18
Trevise, Ital.	Campo = 1250 tavoles ou perches quarrées	1371	14	1	27	0	1	471	14

Noms des Pays.	Noms & valeurs des Mesures.	Réduction en toises & pieds de Paris.		Valeur en arpens royaux, toises & pieds.			Valeur en arpens de Paris, toises & pieds.		
		toises.	pieds.	arpent.	toises.	pieds.	arpent.	toises.	pieds.
Troyes, Champ.	Arpent de 100 perches de 20 pieds....	1111	4	0	1111	4	1	211	4
Turin.........	Giornata = 100 tavole = 400 trabucchis quarrés........	1000	7	0	1000	7	1	100	7
Wuissous, Is. de Fr.	Arpent de 100 perches à 18 pieds.....	900			900				
Ussel, Lim......	Septerée	1600	0	1	255	20	1	700	0
Valence, Dauph.	Septerée = 2 éminées = 4 quartelées...	750	0	0	750	0	0	750	0
Valogne, Norm	*Voyez* Cherbourg.........								
Venise, Ita....	Passo-quadrato = 25 piedi quadrati....	29		0	29	0	0	29	0
Vérone, Ita....	Vanezza = 30 tavole..........	33	0	0	33	0	0	33	0
	Campo = 7. 0 tavole..........	791	25	0	791	25	0	791	25
Vesoul, Fr. Comté.	Arpent de bois = 200 perches quarrées = 80000 pieds quarrés..........	2222	4	2	0	0	2	422	4
	Journal de terres labourables = 360 perches quarrées, la perche a 9 pi. ½ = 32490 pieds quar	900	90	0	900	90	1	0	90
Vicence, Italie.	Campo = 840 tavoles ou perches quarrées..........	954	18	0	954	18	1	54	18
Villeron, Is. de Fr.	Arpent de 66 perches à 25 pieds.....	1145	30		1145	30	1	245	30
Virazel.......	Journal..........	1129	11	0	1129	11	1	229	11
Viri, Isle de Fran.	Septier = 52 verges de 24 pieds de 10 pouc. ½..........	637			637			637	
Viviers........	Seterée = 2 héminées = 4 quartes = 16 civadieres..........	600			600			600	
Vic-Fezenzac....	Concade..........	5108	32	3	1075	22	5	608	32
Wirtemberg....	Journal.								
Zurich, Sui....	Zuchart = 280 perches quarrées.......	656	18	0	656	18	0	656	18

En relevant les différentes dénominations des mesures qui sont dans ce Tableau, tant celles de France que des pays étrangers, on en trouve 92; s'il étoit complet, on en trouveroit bien davantage. Les voici par ordre alphabétique.

Acre.	Carreau.	Denier.	Lattes.	Ondain.	Pugnerée.	Septerée.	Stufa.
Arpent.	Cartelade.	Doppio.	Librata terræ.	Ouvrée.	Quartes.	Septier.	Tagmat.
Bach.ns.	Carterée.	Echênes.	Mancaudée.	Palme.	Quartelée.	Skiepper-hart-Korn.	Tavole.
Bicherées.	Cartonnat.	Escats.	Mesure.	Panaux.	Rèje.	Soiture.	Tonde.hart-Korn.
Biolca.	Cavezzi.	Fanega.	Méterée.	Panori.	Rood.	Sol.	Tornatura.
Boisseau.	Chaîne.	Gaules.	Mézinade.	Passo quadrato	Rooden.	Solidata terræ.	Vaneza.
Boisselées.	Charge.	Gaulette.	Mine.	Plag.	Rubbio.	Somée.	Varres.
Bonnier.	Concade.	Graber.	Moggio.	Pertica.	Saccata.	Staarland.	Verge.
Brasses.	Corde.	Hommée.	Morgen.	Pio.	Sagenes.	Stara.	Vorling.
Bunder.	Coupe.	Jallois.	Mouchée.	Poignerets.	Salmée.	Stioro.	Zuchart.
Campo.	Coupée.	Jauch.	Muid.	Pose.	Saschines.	Stochiacuh.	
Cannes.	Decérine.	Journal.		Possessione.	Sedon.		

Je placerai ici un autre tableau dont je suis également redevable à M. de Lambre, qui a bien voulu s'en occuper pour remplir mes vues. Ce tableau, pour chaque valeur de la perche courante, depuis 9 pieds jusqu'à 28 pieds, donne la valeur correspondante de la perche quarrée & de l'arpent; d'abord en pieds & pouces, & ensuite en toises, pieds & pouces. J'ai choisi pour extrêmes la perche courante de 9 pieds & celle de 28, parce que ce sont les perches extrêmes du précédent tableau. Il est possible qu'il y en ait de plus petites & de plus grandes. Ainsi, lorsque la perche courante est de 18 pieds 9 pouces, on voit par la seconde colonne de la table, que la perche quarrée est composée de 351 pieds 80 pouces quarrés, ou, ce qui revient au même, de 9 toises 27 pieds 81 pouces, comme on le voit dans la troisième colonne. Avec cette même valeur de la perche courante, on trouvera, dans la quatrième colonne, que les cent perches contiennent 35156 pieds 36 pouces quarrés, ce qui équivaut à 976 toises 20 pieds 36 pouces quarrés, qu'on trouve dans la dernière colonne.

Ce tableau pourra faciliter, dans tous les pays, les calculs qu'on aura à faire pour réduire la mesure du lieu à celle de Paris, ou à l'arpent royal de France.

Tableau des valeurs de la Perche quarrée & des cent Perches, suivant les diverses valeurs de la Perche courante, de pouce en pouce, depuis 9 pieds jusqu'à 28.

Perche courante.		Perche quarrée.		Perche quarrée.			Valeur des cent Perches.		Valeur des cent Perches.		
Pieds.	Pouc.	Pieds.	Pouc.	Toises.	Pieds.	Pouc.	Pieds.	Pouc.	Toises.	Pieds.	Pouc.
9	0	81	0	2	9	0	8100	0	225	0	0
	1	82	73	2	10	73	8250	100	229	6	100
	2	84	4	2	12	4	8402	112	233	14	112
	3	85	81	2	13	81	8556	36	237	24	36
	4	87	16	2	15	16	8711	16	241	35	16
	5	88	97	2	16	97	8867	52	246	11	52
	6	90	36	2	18	36	9025	0	250	25	0
	7	91	121	2	19	121	9184	4	255	4	4
	8	93	64	2	21	64	9344	64	259	20	64
	9	95	9	2	23	9	9506	36	264	2	36
	10	96	100	2	24	100	9669	64	268	21	64
	11	98	49	2	26	49	9834	4	273	6	4
10	0	100	0	2	28	0	10000	0	277	28	0
	1	101	97	2	29	97	10167	52	282	15	52
	2	103	52	2	31	52	10336	16	287	4	16
	3	105	9	2	33	9	10508	36	291	30	36
	4	106	112	2	34	112	10677	112	296	21	112
	5	108	73	3	0	73	10850	100	301	14	100
	6	110	36	3	2	36	11025	0	306	9	0
	7	112	1	3	4	1	11200	100	311	4	100
	8	113	112	3	5	112	11377	112	316	1	112
	9	115	81	3	7	71	11556	36	321	0	36
	10	117	52	3	9	52	11736	16	326	0	16
	11	119	25	3	11	25	11917	52	331	1	52
11	0	121	0	3	13	0	12100	0	336	4	0
	1	122	121	3	14	121	12284	4	341	8	4
	2	124	100	3	16	100	12469	64	346	13	64
	3	126	81	3	18	81	12656	36	351	20	36
	4	128	64	3	20	64	12844	64	356	28	64
	5	130	49	3	22	49	13034	4	362	2	4
	6	132	36	3	24	36	13225	0	367	13	0
	7	134	25	3	26	25	13417	52	372	25	52
	8	136	15	3	28	16	13611	16	378	3	16
	9	138	9	3	30	9	13076	36	383	18	36
	10	140	4	3	32	4	14002	112	388	34	112
	11	142	1	3	34	1	14200	100	394	16	100
12	0	144	0	4	0	0	14400	0	400	0	0
	1	146	1	4	2	1	14600	100	405	20	100
	2	148	4	4	4	4	14802	112	411	6	112
	3	150	9	4	6	9	15006	36	416	30	36
	4	152	16	4	8	16	15211	16	422	19	16
	5	154	25	4	10	25	15417	52	428	9	52
	6	156	36	4	12	35	15625	0	434	1	0

TABLEAU des valeurs de la Perche quarrée & des cent Perches, suivant les diverses valeurs de la Perche courante, de pouce en pouce, depuis 9 pieds jusqu'à 28.

Perche courante.		Perche quarrée.		Perche quarrée.			Valeur des cent Perches.		Valeur des cent Perches.		
Pieds.	Pouc.	Pieds.	Pouc.	Toises.	Pieds.	Pouc.	Pieds.	Pouc.	Toises.	Pieds.	Pouc.
12	6	156	36	4	12	36	15625	0	434	1	0
	7	158	49	4	14	49	15834	4	439	30	4
	8	160	64	4	16	64	16044	64	445	24	64
	9	162	81	4	18	81	16256	36	451	20	36
	10	164	100	4	20	100	16469	64	457	17	64
	11	166	121	4	22	121	16684	4	463	16	4
13	0	169	0	4	25	0	16900	0	469	16	0
	1	171	25	4	27	25	17117	52	475	17	52
	2	173	52	4	29	52	17336	16	481	20	16
	3	175	81	4	31	81	17556	36	487	24	35
	4	177	112	4	33	112	17777	112	493	29	112
	5	180	1	5	0	1	18000	100	500	0	100
	6	182	36	5	2	36	18225	0	506	9	0
	7	184	73	5	4	73	18450	100	512	18	100
	8	186	112	5	6	112	18677	112	518	29	112
	9	189	9	5	9	9	18906	36	525	6	36
	10	191	52	5	11	52	19136	16	531	20	16
	11	193	97	5	13	97	19367	52	537	35	52
14	0	196	0	5	16	0	19600	0	544	16	0
	1	198	49	5	18	49	19834	4	550	34	4
	2	200	100	5	20	100	20069	64	557	17	64
	3	203	9	5	23	9	20306	36	564	2	36
	4	204	64	5	25	64	20544	64	570	24	64
	5	207	121	5	27	121	20784	4	577	12	4
	6	210	36	5	30	36	21025	0	584	1	0
	7	212	97	5	32	97	21267	52	590	27	52
	8	215	16	5	35	16	21511	16	597	19	16
	9	217	81	6	1	81	21756	36	604	12	36
	10	220	4	6	4	4	22002	112	611	6	112
	11	222	73	6	6	73	22250	100	618	2	100
15	0	225	0	6	9	0	22500	0	625	0	0
	1	227	73	6	11	73	22750	100	631	34	100
	2	230	4	6	14	4	23002	112	638	34	112
	3	232	81	6	16	81	23256	39	646	0	36
	4	235	16	6	19	16	23511	16	653	3	16
	5	237	97	6	21	97	23767	52	660	7	52
	6	240	36	6	24	36	24025	0	667	13	0
	7	242	121	6	26	121	24284	4	674	20	4
	8	245	64	6	29	64	24544	64	681	28	64
	9	248	9	6	32	9	24806	36	689	2	36
	10	250	100	6	34	100	25069	64	696	13	64
	11	253	49	7	1	49	25334	4	703	26	4
16	0	256	0	7	4	0	25600	0	711	4	0

TABLEAU des valeurs de la Perche quarrée & des cent Perches, suivant les diverses valeurs de la Perche courante, de pouce en pouce, depuis 9 pieds jusqu'à 28.

Perche courante.		Perche quarrée.		Perche quarrée.			Valeur des cent Perches.		Valeur des cent Perches.		
Pieds.	Pouc.	Pieds.	Pouc.	Toises.	Pieds.	Pouc.	Pieds.	Pouc.	Toises.	Pieds.	Pouc.
16	0	256	0	7	4	0	25600	0	711	4	0
	1	258	97	7	6	97	25867	52	718	19	52
	2	261	52	7	9	52	26136	16	726	0	16
	3	264	9	7	12	9	26406	36	733	18	36
	4	266	112	7	14	112	26677	112	741	1	112
	5	269	73	7	17	73	26950	100	748	22	100
	6	272	36	7	20	36	27225	0	756	9	0
	7	275	1	7	23	1	27500	100	763	32	100
	8	277	112	7	25	112	27777	112	771	21	112
	9	280	81	7	28	81	28056	36	779	12	36
	10	283	52	7	31	52	28336	16	787	4	16
	11	286	25	7	34	25	28617	52	794	33	52
17	0	289	0	8	1	0	28900	0	802	28	0
	1	291	121	8	3	121	29184	4	810	24	4
	2	294	100	8	6	100	29469	64	818	21	64
	3	297	81	8	9	81	29756	36	826	20	36
	4	300	64	8	12	64	30044	64	834	20	64
	5	303	49	8	15	49	30334	4	842	22	4
	6	306	36	8	18	36	30625	0	850	25	0
	7	309	25	8	21	25	30917	52	858	29	52
	8	312	16	8	24	16	31211	16	866	35	16
	9	315	9	8	27	9	31506	36	875	6	36
	10	318	4	8	30	4	31802	112	883	14	112
	11	321	1	8	33	1	32100	100	891	24	100
18	0	324	0	9	0	0	32400	0	900	0	0
	1	327	1	9	3	1	32700	100	908	12	100
	2	330	4	9	6	4	33002	112	916	26	112
	3	333	9	9	9	9	33306	36	925	6	36
	4	336	16	9	12	16	33611	16	933	23	16
	5	339	25	9	15	25	33917	52	942	5	52
	6	342	36	9	18	36	34225	0	950	25	0
	7	345	49	9	21	49	34534	4	959	10	4
	8	348	64	9	24	64	34844	64	967	32	64
	9	351	81	9	27	81	35156	36	976	20	36
	10	354	100	9	30	100	35469	64	985	9	64
	11	357	121	9	33	121	35784	4	994	0	4
19	0	361	0	10	1	0	36100	0	1002	28	0
	1	364	25	10	4	25	36417	52	1011	21	52
	2	367	52	10	7	52	36736	16	1020	16	16
	3	370	81	10	10	81	37056	36	1029	12	36
	4	373	112	10	13	112	37377	112	1038	9	112
	5	377	1	10	17	1	37700	100	1047	8	100
	6	380	36	10	20	36	38025	0	1056	9	0

TABLEAU des valeurs de la Perche quarrée & des cent Perches, suivant les diverses valeurs de la Perche courante, de pouce en pouce, depuis 9 pieds jusqu'à 28.

Perche quarrée.		Perche quarrée.		Perche quarrée.			Valeur des cent Perches.		Valeur des cent Perches.		
Pieds.	Pouc.	Pieds.	Pouc.	Toises.	Pieds.	Pouc.	Pieds.	Pouc.	Toises.	Pieds.	Pouc.
19	6	380	36	10	20	36	38025	0	1056	9	0
	7	383	73	10	23	73	38350	100	1065	10	100
	8	386	112	10	26	112	38677	112	1074	13	112
	9	390	9	10	30	9	39003	36	1083	18	36
	10	393	52	10	33	52	39336	16	1092	24	16
	11	396	97	11	0	97	39667	52	1101	31	52
20	0	400	0	11	4	0	40000	0	1111	4	0
	1	403	49	11	7	49	40334	4	1120	14	4
	2	406	100	11	10	100	40669	64	1129	25	64
	3	410	9	11	14	9	41006	36	1139	2	36
	4	413	64	11	17	64	41344	64	1148	16	64
	5	416	121	11	20	121	41684	4	1157	32	4
	6	420	36	11	24	36	42025	0	1167	13	0
	7	423	97	11	27	97	42367	52	1176	31	52
	8	427	16	11	31	18	42711	16	1186	15	16
	9	430	81	11	34	81	43056	36	1196	0	36
	10	434	4	12	2	4	43402	112	1205	22	112
	11	437	73	12	5	73	43750	100	1215	10	100
21	0	441	0	12	9	0	44100	0	1225	0	0
	1	444	73	12	12	73	44450	100	1234	26	100
	2	448	4	12	16	4	44802	112	1244	18	112
	3	451	81	12	19	81	45156	36	1254	12	36
	4	455	16	12	23	16	45511	16	1264	7	16
	5	458	97	12	26	97	45867	52	1274	3	52
	6	462	36	12	30	36	46225	0	1284	1	0
	7	465	121	12	33	121	46584	4	1294	0	4
	8	469	64	13	1	64	46944	64	1304	0	64
	9	473	9	13	5	9	47306	36	1314	2	36
	10	476	100	13	8	100	47669	64	1324	5	64
	11	480	49	13	12	49	48034	4	1334	10	4
22	0	484	0	13	16	0	48400	8	1344	16	0
	1	487	97	13	19	97	48767	52	1354	23	52
	2	491	52	13	23	52	49136	16	1364	32	16
	3	495	9	13	27	9	49506	36	1375	6	36
	4	498	112	13	30	112	49877	112	1385	17	112
	5	502	73	13	34	73	50250	100	1395	30	100
	6	506	36	14	2	36	50625	0	1406	9	0
	7	510	1	14	6	1	51000	100	1416	24	100
	8	513	112	14	9	112	51377	112	1427	5	112
	9	517	81	14	13	81	51756	36	1437	24	36
	10	521	52	14	17	52	52136	16	1448	8	16
	11	525	25	14	21	25	52517	52	1458	29	52
23	0	529	0	14	25	0	52900	0	1469	16	0

TABLEAU des valeurs de la Perche quarrée & des cent Perches, suivant les diverses valeurs de la Perche courante, de pouce en pouce, depuis 9 pieds jusqu'à 28.

Perche courante.		Perche quarrée.		Perche quarrée.			Valeur des cent Perches.		Valeur des cent Perches.		
Pieds.	Pouc.	Pieds.	Pouc.	Toises.	Pieds.	Pouc.	Pieds.	Pouc.	Toises.	Pieds.	Pouc.
23	0	529	0	14	25	0	52900	0	1469	16	0
	1	532	121	14	28	121	53284	4	1480	4	4
	2	536	100	14	32	100	53669	64	1490	29	64
	3	540	81	15	0	81	54056	36	1501	20	36
	4	544	64	15	4	64	54444	64	1511	12	64
	5	548	49	15	8	49	54834	4	1523	6	4
	6	552	36	15	12	36	55225	0	1534	1	0
	7	556	25	15	16	25	55617	52	1544	33	52
	8	560	16	15	20	16	56011	16	1555	31	16
	9	564	9	15	24	9	56406	36	1566	30	36
	10	568	4	15	28	4	56802	112	1577	30	112
	11	572	1	15	32	1	57200	100	1588	32	100
24	0	576	0	16	0	0	57600	0	1600	0	0
	1	580	1	16	4	1	58000	100	1611	4	100
	2	584	4	16	8	4	58402	112	1622	10	112
	3	588	9	16	12	9	58806	36	1633	18	36
	4	592	16	16	16	16	59211	16	1644	27	16
	5	596	25	16	20	25	59617	52	1656	1	52
	6	600	36	16	24	36	60025	0	1667	13	0
	7	604	49	16	28	49	60434	4	1678	26	4
	8	608	64	16	32	64	60844	64	1690	4	64
	9	612	81	17	0	81	61256	36	1701	20	36
	10	616	100	17	4	100	61669	64	1713	1	64
	11	620	121	17	8	121	62084	4	1724	20	4
25	0	625	0	17	13	0	62500	0	1736	4	0
	1	629	25	17	17	25	62917	52	1747	25	52
	2	633	52	17	21	52	63335	26	1759	12	16
	3	637	81	17	25	81	63756	36	1771	0	36
	4	641	112	17	29	112	64177	112	1782	25	112
	5	646	1	17	34	1	64600	100	1794	16	100
	6	650	36	18	2	36	65025	0	1806	9	0
	7	654	73	18	6	73	65450	100	1818	2	100
	8	658	112	18	10	112	65877	112	1829	33	112
	9	663	9	18	15	9	66306	36	1841	30	36
	10	667	52	18	19	51	66736	16	1853	28	16
	11	671	97	18	23	97	67167	52	1865	27	52
26	0	676	0	18	28	0	67600	0	1877	28	0
	1	680	49	18	32	49	68034	4	1889	30	4
	2	684	100	19	0	100	68469	64	1901	33	64
	3	689	9	19	5	9	68905	36	1914	2	39
	4	693	64	19	9	64	69344	64	1926	8	64
	5	697	121	19	13	121	69784	4	1938	16	4
	6	702	36	19	18	36	70225	0	1950	25	0

TABLEAU

Tableau des valeurs de la Perche quarrée & des cent Perches, suivant les diverses valeurs de la Perche courante, de pouce en pouce, depuis 9 pieds jusqu'à 28.

Perche courante.		Perche quarrée.		Perche quarrée.			Valeur des cent Perches.		Valeur des cent Perches.		
Pieds.	Pouc.	Pieds.	Pouc.	Toises.	Pieds.	Pouc.	Pieds.	Pouc.	Toises.	Pieds.	Pouc.
	6	702	36	19	18	36	70225	0	1950	25	0
	7	706	97	19	22	97	70667	52	1962	35	52
	8	711	16	19	27	16	72111	16	1975	11	16
	9	715	81	19	31	81	71556	36	1987	24	36
	10	720	4	20	0	4	72002	112	2000	2	112
	11	724	73	20	4	73	72450	100	2012	18	100
27	0	729	0	20	9	0	72900	0	2025	0	0
	1	733	73	20	13	73	73350	100	2037	18	100
	2	738	4	20	18	4	73802	112	2050	2	112
	3	742	81	20	22	81	74256	36	2062	24	36
	4	747	16	20	27	16	74711	16	2075	11	16
	5	751	97	20	31	97	75167	52	2087	35	52
	6	756	36	21	0	36	75625	0	2100	25	0
	7	760	121	21	4	121	76084	4	2113	16	4
	8	765	64	21	9	64	76544	64	2126	8	64
	9	770	9	21	14	9	77005	36	2139	2	36
	10	774	100	21	18	100	77469	64	2151	33	64
	11	779	49	21	23	49	77934	4	2164	30	4
28	0	784	0	21	28	0	68400	0	2177	28	c

Construction du Tableau précédent.

Pour former la première colonne, c'est-à-dire, celle des valeurs de la perche quarrée en pieds & pouces, le procédé est très-simple.

On dira 9 fois 9 font 81. C'est le premier nombre de la colonne.... Puis 24 fois 9 font 216. J'y ajoute l'unité, & j'ai 217 pouces ou 1 pi. 73 pouc.......................

J'ajoute 1 p. 73 au premier nombre, & j'ai la valeur de la perche quarrée pour 9 pi. 1 po.........

On trouvera toutes les valeurs suivantes, en ajoutant successivement les nombres 1 pi. 75 po.; 1 pi. 77 po.; 1 p. 79 po.; 1 p. 81 po. &c. qui vont tous en croissant de deux pouces.

Comme 144 pouces font un pied quarré, on retranchera 144 du nombre des pouces quarrés toutes les fois que cela sera possible, & l'on mettra une unité de plus au nombre des pieds.

pi.	p.	pi.	p.
9	0	81	0
		1	73
9	1	82	73
		1	75
9	2	84	4
		1	77
9	3	85	81
		1	79
9	4	87	16
&c.		&c.	

Si l'on avoit voulu commencer à on auroit dit 8 fois 8 font 64.... 24 fois 8 font 192; ajoutez l'unité, vous aurez 193 po. ou 1 pi. 49...

Ajoutez successivement 1 p. 49 p.; 1 p. 51 p.; 1 p. 53 p., &c. en augmentant toujours de 2.........

La seconde colonne se formera de la même manière, en commençant par 2 toises 9 pie. 0 pou., & ajoutant successivement 1, 73; 1, 75; 1, 77, &c. comme pour la première. Mais on abrège, en remarquant que les pouces sont les mêmes que dans la première colonne; il suffit donc d'augmenter le nombre des pieds, comme il augmente dans la première colonne.

pi.	p.	pi.	p.
8	0	64	0
		1	49
8	1	65	49
		1	51
8	2	66	100
		1	53
8	3	68	9
&c.		&c.	

La troisième colonne se formeroit par des moyens analogues; mais il est aisé de voir que les deux ou trois chiffres à gauche sont les deux ou trois chiffres qui marquent les pieds dans la première colonne; quant aux deux chiffres suivans & aux nombres des pouces, il y a plusieurs moyens de se les procurer; & quand on a une fois calculé 36 nombres consécutifs, on les voit reparoître les mêmes, mais dans un ordre renversé. Ainsi, vis-à-vis 11 pi. 11 p. & vis-à-vis 12 pi. 1 p. on trouve que les deux derniers chiffres des pieds & tous ceux des pouces sont absolument les mêmes. La même chose se remarque à 11 pieds 10 pouc. & 12 pi. 2 p., & à mesure que l'on s'écarte de 12 pieds en-dessus ou en-dessous.

On trouvera la même conformité en partant de 15 pieds 0 p.; de 18 pi. 0 p.; de 21 pi. 0 p. de 24 pi. 0 p.; de 27 pi. 0 p., &c.

Pour faciliter le calcul de la quatrième colonne, remarquez que les pouces sont les mêmes qu'à la troisième.

Notre tableau des valeurs de la verge quarrée & de 100 perches quarrées, suppose que le pied est de 12 pouces. Si le pied étoit d'un autre nombre de pouces, voici comment il faudroit opérer pour trouver la valeur de cent perches quarrées.

Supposons le pied de 10 pouces $\frac{2}{3}$, comme à Breteuil, Aubeviller & autres lieux du Bailliage de Montdidier, & la verge ou perche composée de 24 pieds.

1.° Réduisez la verge ou perche en pouces, en multipliant le nombre de pieds de la verge par le nombre de pouces du pied; ainsi........ 24 pi.
par..... 10
font........ 240
par... $\frac{2}{3}$ 16

Total ou nombre de pou. de la verge. 256

2.° Divisez ce nombre par 12, pour avoir la verge en pieds.......... 21 pi. 4 p.

3.° Avec la verge en pieds, ou 21 pi. 4 p., notre tableau donne pour cent verges...... 1264 t. 7 pi. 16 p.

Dans les mesures du Bailliage de Montdidier, on trouve 1264$\frac{1}{6}$, ce qui revient à........... 1264 6 0

Ainsi, l'erreur de la fraction $\frac{1}{6}$ n'est que d'un pied 16 pouces; en général, les fractions, dans les mesures de Montdidier, ne sont que des à-peu-près.

Il peut arriver que la mesure ne soit pas de cent verges; en ce cas, on opérera comme dans l'exemple suivant.

A Brunviller-la-Motte, Bailliage de Montdidier, la mine est de 60 verges de 24 pieds, & le pied est de 10 po. $\frac{2}{3}$; on cherchera d'abord, comme ci-dessus, la valeur de cent verges........ 1264 7 16

Pour 50 verges, on prendra la moitié........ 632 3 80

Pour 10 verges, la cinquième partie de 50, ou... 126 15 16

D. p. 60 verges.......... 758 18 96

Dans les mesures du Bailliage de Montdidier, on lit 758$\frac{1}{2}$; ce qui revient à.......... 758 18 0

Si la perche est composée de pieds, pouces & lignes, on cherchera d'abord la valeur de cent perches quarrées, sans faire attention aux lignes.

Ensuite on verra de combien de toises les cent perches augmentent pour un pouce ou douze lignes, & l'on en conclura facilement l'augmentation pour le nombre donné de lignes. Supposons, par exemple, qu'au lieu de 21 pi. 4 p. dans le calcul précédent, on eût trouvé 21 pi. 4 p. 8 lig., on auroit d'abord pour 21 pieds 4 pouc.................. 1264 to. 7 pi. 16 po.

L'augmentation pour un pouce ou 12 lignes est à-peu-près 10 to. pour 8 lign.; on aura $\frac{8}{12}$ de 10 t. ou le 12.e de 80 to.......... 6 24

Donc pour 21 pi. 4 p. 8 lig., on aura environ.............. 1270 31

Si l'on vouloit une exactitude rigoureuse, le calcul seroit plus long. On peut très-bien se contenter des toises ou des pieds, & négliger les pouces, comme n'étant d'aucune importance. (*M. l'Abbé* TESSIER.).

ARPENTAGE, c'est la science qui apprend à mesurer les terres avec des instrumens, pour connoître l'étendue de leur superficie, pour la décrire & la tracer sur un plan. Je renvoie au Dictionnaire de Géométrie, auquel il appartient d'en traiter. (*M. l'Abbé* TESSIER.).

ARRACHER, détacher avec effort ce qui tient à quelque chose. Le vrai sens du mot *arracher* s'applique plus à ce qu'on veut détruire qu'à ce qu'on veut conserver; on dit *arracher les mauvaises herbes, un arbre mort, un bosquet, une plantation*, &c. Lorsqu'il s'agit de tirer de terre une plante ou un arbre pour les placer ailleurs, on se sert d'une autre expression : on dit *lever de terre* pour les plantes, & *déplanter* pour les arbres *Voyez* ces *mots*.

Les mauvaises herbes, lorsqu'elles sont jeunes, s'arrachent à la main sur les planches ou platebandes des jardins, & cette opération s'appelle *sarcler*. *Voyez* ce *mot*. On arrache avec le houlliot, ou la pioche, les plantes dont les racines sont fortes & coriaces, comme celles de la bougrane. Les racines légumières, telles que les carottes, les navets, les panais, &c. s'arrachent avec la fourche; la cerfouette à deux dents sert à arracher le chiendent & autres plantes dont les racines tracent à rez-terre. Enfin la bèche supplée, en grande partie, à ces différens outils, lorsqu'il est question d'arracher quelque chose.

Voyez au mot *arracher*, dans le Dictionnaire des Arbres, la manière d'arracher les arbres & les outils employés à cet usage. (*M.* THOUIN.)

ARRACHIS. Ce mot, en jardinage, exprime la manière d'être d'un plant nouvellement levé de terre, ou, ce qui revient au même, la manière dont il a été levé. Ainsi, l'on dit du *plant en mote*, du *plant en arrachis*.

Le plant en motte est celui qu'on enlève avec la terre qui accompagne les racines, & forme une motte autour d'elles. *Voyez* MOTTE.

Le plant en Arrachis, au contraire, est celui qui a été levé sans terre, & dont les racines sont à nud.

Lorsque le plant qu'on veut lever en Arrachis est en pleine terre, on se sert d'une houlette ou d'une fourche. Il faut, autant qu'il est possible, choisir un tems chaud & couvert, & prendre un moment où la terre soit friable, parce que, si elle étoit trop humide & trop compacte, on risqueroit de rompre une partie des racines.

D'ailleurs l'opération est très-simple. On prend d'une main une poignée de jeunes plants que l'on serre plus ou moins fortement en raison de leur délicatesse; & de l'autre, on soulève avec la houlette ou la fourche, la portion de terre sur laquelle ils se trouvent. Lorsque la terre, qui environne les racines, est bien divisée, on enlève le jeune plant sur lequel il faut toujours éviter de faire trop d'efforts, dans la crainte d'endommager les racines.

Les plants en Arrachis sont ordinairement destinés à être replantés sur-le-champ en pépinière. Ce sont des légumes, des salades ou des fleurs dont on fait des planches. Il convient de ne les lever qu'à mesure qu'on les remet en terre, afin que l'air & le hâle ne les dessèchent pas trop. Aussi-tôt qu'ils sont en place, on les arrose copieusement, & l'on continue jusqu'à ce qu'ils soient bien repris.

Les plants en Arrachis que l'on se propose d'envoyer au loin, ont besoin d'une préparation pour se conserver en état de reprendre. On les trempe, à mesure qu'on les lève, dans un baquet rempli de terre franche & de bouze de vaches, délayées avec de l'eau à la consistance d'un mortier ordinaire. On les lie ensemble par bottes qu'on a soin d'envelopper de mousse fraîche, & on les emballe dans des caisses percées de plusieurs trous, afin que l'air puisse y pénétrer & dissiper l'humidité surabondante. *Voyez* TRANSPORT DES VÉGÉTAUX.

Le mot Arrachis a d'autres acceptions parmi les Pépiniéristes. *Voyez* ce mot dans le Dictionnaire des arbres & arbustes. (*M. THOUIN.*)

ARRHER. Quelquefois on dit *enarrher.* C'est retenir d'avance des marchandises, de manière que ceux auxquels on les achète ne puissent les vendre à d'autres. Les Ordonnances de Police, par exemple, défendent à tous Marchands d'aller au-devant des Laboureurs pour *arrher* les grains. La Déclaration de Louis XIV, du dernier Août, 1699, portant réglement sur le trafic des bleds, fait défenses d'*enarrher* les bleds & autres grains en verd, sur pied & avant la récolte, sous peine de nullité du marché. L'expression d'*arrher* me paroît avoir le plus grand rapport avec celle d'*accaparer.* J'y trouve seulement cette différence dans l'usage, que l'*accaparement* des bleds les suppose récoltés, au lieu que l'*enharrement* ou l'arrhement est l'achat des bleds, même avant qu'ils soient mûrs.

L'esprit des ordonnances, qui défend d'enarrher les bleds, est facile à saisir; c'est afin d'empêcher un monopole, qui mettroit la cherté; sans ces défenses, une compagnie qui auroit des agens dans les pays cultivés, pourroit s'emparer de tous les grains, & ne les vendre qu'au prix qu'elle voudroit. Il ne faut pas confondre ces accapareurs momentanés avec les marchands ou les commissionnaires, qui font profession d'acheter ou de vendre habituellement des grains. On doit laisser à ces derniers toute liberté, parce que leur commerce est plus avantageux que nuisible aux pays où ils achètent. Mais on a raison d'arrêter les entreprises des autres, parce qu'elles peuvent causer la disette. (*M. l'Abbé TESSIER.*)

ARRHES, c'est le gage d'un marché ou d'une convention. Les arrhes se donnent en argent. Quelquefois ils sont une partie considérable de la somme; d'autres fois ce n'est qu'une seule pièce de monnoie. Un fermier qui loue un domestique, lui donne des *arrhes*, qu'on appelle en quelques pays, *denier à Dieu;* le domestique ne peut refuser de le servir, dès qu'il les a acceptés. Le plus ordinairement, le maître est le seul qui donne des arrhes; il y a des cantons où le domestique en donne aussi au maître, en sorte que, dans ces cantons, les arrhes sont réciproques. Les chartiers, bouviers, servantes de ferme, les aouterons reçoivent des arrhes, quand on les arrête pour une époque fixe. (*M. l'Abbé TESSIER.*)

ARRÊT. (architecture des jardins); ce sont de petits ados qui coupent transversalement les allées plates, dont la pente longitudinale est rapide, & empêchent que les eaux pluviales n'y forment des ravines, & ne les dégradent; ces ados, en arrêtant les eaux, les dirigent dans les massifs, où l'on établit ordinairement des fosses pour les recevoir.

Les Arrêts se font en maçonnerie, avec de menues pierrailles, liées avec un mortier de chaux & de sable. Ils ont depuis huit jusqu'à douze pouces de largeur, & quatre à six pouces d'élévation, en forme de dos-d'âne; on donne aux uns la figure d'un chevron-brisé, lorsque les allées sont larges & bordées de massifs des deux côtés; les autres sont simplement une ligne qui coupe l'allée obliquement pour renvoyer les eaux d'un seul côté. On fait encore des Arrêts d'une manière plus simple, en formant un dos-d'âne en terre, qu'on bat fortement, & que l'on recouvre d'un liséré de gazon de huit à dix pouces de large.

On place ordinairement les Arrêts à la distance de quatre à six toises les uns des autres, suivant le degré de pente du terrein & sa largeur, afin que la masse d'eau, calculée d'après un grand orage, puisse être détournée, sans passer par-dessus les Arrêts, mais il ne faut placer des Arrêts dans les allées, que lorsqu'il n'est pas possible de les bomber. Ces sortes d'ados produisent toujours des inégalités non moins désagréables à l'œil, qu'incommodes pour la promenade. (*M. Thouin.*)

ARRÊTE-BEUF, bugrande ou bugronde, bougranne *Ononis.* Lin. Cette plante a des racines très-fortes; elle se plaît dans les terres cultivées. Les bœufs, qui labourent, sont obligés de faire de grands efforts lorsque la charrue rencontre ses racines, d'où lui vient son nom. Elle est très-commune en Beauce, en Gâtinois, &c. où on l'appelle par corruption *arebœuf; voyez* Bougranne, dans le Dictionnaire de Botanique. (*M. l'Abbé Tessier.*)

ARRÊTER. Opération de jardinage, qui consiste à couper la sommité de la tige ou des branches d'une plante, pour l'empêcher de s'élever ou de s'étendre davantage.

Cette opération a pour objet de faire fructifier plutôt les plantes qu'on y soumet, de leur faire produire des fruits plus beaux & d'une meilleure qualité. *Voyez* les articles Concombre & Melons.

On arrête aussi les arbres & les palissades, les uns pour les retenir à une certaine hauteur, & les autres pour les faire garnir du pied.

Il en est de cette opération comme de beaucoup d'autres; elle a son utilité lorsqu'elle est faite avec intelligence; elle est nuisible quand elle est pratiquée sans discernement. Que conclure de-là, qu'il faut la bannir entièrement du jardinage? Non; ce seroit vouloir se priver d'une infinité de jouissances agréables, mais qu'elle ne doit être faite que par une personne instruite & qui connoisse son métier. Les inconvéniens sont toujours la suite de l'impéritie; les avantages sont dûs à l'opération bien raisonnée. (*M. Thouin.*)

ARRIERE-FOIN, on appelle ainsi le regain de foin, à ce que je présume, dans les environs de Saint-Jean-de-Luz. On en nourrit les bœufs en hiver. (*M. l'Abbé Tessier.*)

ARRIERES-FLEURS. On appelle ainsi les fleurs qui viennent dans une saison, où celles de la même espèce sont entièrement passées.

Dans les années où il survient des froids tardifs qui retiennent la sève des arbres & empêchent les bourgeons de se développer, on voit souvent des fleurs sur les arbres fruitiers au milieu de l'été, & plus fréquemment encore à l'automne, lorsque les autres végétaux perdent leurs feuilles. Ces Arrières-fleurs annoncent très-souvent un état de maladie dans l'arbre qui les produit.

Lorsqu'à la suite d'une plantation d'arbres faite au printems, il survient des sécheresses, il y en a presque toujours quelques-uns qui restent pendant toute la saison sans pousser, & dont la sève ne commence à se mettre en mouvement qu'à la fin de l'été, ou même au commencement de l'automne; alors ils donnent des Arrières-fleurs, mais en petite quantité. Dans ce cas, il est bon de les arroser, & de les entourer d'un fumier court pour empêcher l'évaporation des arrosemens, & entretenir une humidité favorable à leur végétation.

Quelquefois on voit aussi des Arrières-fleurs sur les arbres, qui ont fleuri dans la saison. Cela vient de ce que la sève est encore très-abondante, & se porte avec force aux extrémités des branches. Mais cette vigueur accidentelle est souvent nuisible aux arbres qui se trouvent ensuite épuisés, ou du moins très-fatigués l'année suivante. (*M. Thouin.*)

ARROBE, nom qu'on donne à l'Ers, *ervum lens* Lin. aux environs de Die en Dauphiné. *Voy.* Ers. (*M. l'Abbé Tessier.*)

ARROCHE. *Atriplex.*

Genre de plante qui a donné son nom à la famille des *Arroches.* Il est composé aux trois quarts, d'espèces annuelles qui croissent presque toutes en Europe, particulièrement dans le voisinage de la mer. L'autre quart est formé de végétaux ligneux remarquables par leur feuillage permanent, de couleur cendrée, dont les oiseaux sont très-avides. Les espèces annuelles n'offrent rien dans leur port ni dans leurs fleurs, qui puisse les faire rechercher dans les jardins d'ornement. Elles ne se trouvent que dans les Ecoles de Botanique, à l'exception d'une seule dont on mange les feuilles, & qui, pour cette raison, fait partie de nos plantes légumières. Les arbustes croissent en pleine terre, ou se conservent chez nous dans les orangeries.

Espèces.

1. Arroche halime, halimus, ou pourpier de mer.

Atriplex halimus. L. ♄ des parties maritimes de l'Europe, de l'Asie & de l'Amérique tempérées.

2. Arroche pourpière.

Atriplex portulacoides. L. ♄ des Provinces maritimes & méridionales de l'Europe.

B. Arroche pourpière argentée.

Atriplex portulacoides argentea. ♄ de la côte de Barbarie.

3. Arroche glauque.

Atriplex glauca. ♄ L. des côtes méridionales de la France & d'Espagne.

4. Arroche à fruits en rose.

Atriplex rosea. L. ⊙ des Provinces méridionales de la France.

5. ARROCHE de Sibérie.

ATRIPLEX Sibirica. L.

ATRIPLEX rosea. La M. Dict. Variet. B. ⊖ de Sibérie.

6. ARROCHE de Tartarie.

ATRIPLEX Tartarica. L.

ATRIPLEX rosea. La M. Dict. Variet. V. ⊖ de Tartarie.

7. ARROCHE laciniée.

ATRIPLEX laciniata. ⊖ des Provinces maritimes de la France.

B. ARROCHE laciniée, à tige droite.

ATRIPLEX laciniata erecta. ⊖ de Sibérie.

8. ARROCHE marine.

ATRIPLEX marina. L. ⊖ des côtes d'Angleterre & de Suède.

9. ARROCHE pédonculée.

ATRIPLEX pedunculata. L. ⊖ des environs d'Abbeville, & des côtes d'Angleterre.

10. ARROCHE des rives.

ATRIPLEX littoralis. L. ⊖ des environs de Paris, & dans les pays septentrionaux de l'Europe.

11. ARROCHE étalée.

ATRIPLEX patula. L. ⊖ des environs de Paris.

12. ARROCHE hastée.

ATRIPLEX hastata. L. ⊖ des environs de Paris.

13. ARROCHE du Bengale ou Bétoua.

ATRIPLEX Bengalensis. La M. Dict. n.° 11. ⊖ de l'Inde.

14. ARROCHE des jardins, bonne dame ou folette.

ATRIPLEX hortensis. L.

B. ARROCHE rouge des jardins.

ATRIPLEX hortensis ruberrima.

C. ARROCHE des jardins, à tiges rouges.

ATRIPLEX hortensis rubricaulis. ⊖ originaire d'Asie, & cultivée en Europe.

1. L'Arroche halime, ou le pourpier de mer, est un arbrisseau qui s'élève en Espagne & en Portugal, à la hauteur de quinze à dix-huit pieds; ses branches sont longues, flexibles & garnies de feuilles d'une verdure blanchâtre qu'il conserve toute l'année. En France, dans nos jardins, il ne s'élève guères que de six à huit pieds, & son port est fort irrégulier.

Culture. Cet arbrisseau aime les terreins sablonneux plus secs qu'humides. L'exposition du midi lui est la plus favorable, mais il est plus sujet à y être gelé qu'à celle du nord, où il croît moins vigoureusement. Sa vie, qui n'est pas de longue durée, est souvent encore abrégée par les grands froids. Les oiseaux contribuent beaucoup aussi à le faire périr, en le dépouillant de ses feuilles au milieu de l'été, & à mesure qu'elles poussent. Il se multiplie par ses graines qui mûrissent dans nos provinces méridionales, mais très-rarement chez nous. On les sème au printems dans des terrines, sur des couches chaudes, à l'exposition du levant. Elles lèvent dans le courant de l'été lorsqu'elles ont été bien aoûtées & qu'elles n'ont pas plus de trois ans. Il est à propos de les semer dans une terre légere & substantielle, & de les arroser fréquemment jusqu'à ce qu'elles commencent à lever. Les jeunes plants croissent lentement, il est rare qu'ils soient en état d'être séparés la même année. Au reste, il est toujours plus sûr de leur faire passer le premier hiver dans leurs pots à l'orangerie, & d'attendre au printems suivant pour les séparer. Vers la mi-mars, & avant qu'ils n'entrent en végétation, on les repique en pépinière dans une plate-bande de terre substantielle bien ameublée par des labours. Il est à propos de les espacer à dix-huit pouces les uns des autres, en tout sens, & de couvrir la terre de gros terreau de couche pour la préserver du hâle. En deux ans de tems, ces arbrisseaux ont acquis assez de force pour être transplantés & placés à leur destination; si l'on attend plus tard, ils reprennent difficilement, parce que leurs racines ayant fort peu de chevelu, & n'étant recouvertes que d'une mince épiderme, sont susceptibles de se dessécher promptement. C'est pourquoi il est nécessaire de les planter à mesure qu'on les arrache de la pépinière, ou de les mettre dans des mannequins avec de la terre, s'ils doivent être transportés à la distance de plusieurs journées de chemin, avant que d'être mis en terre.

La difficulté de se procurer de bonnes graines de cet arbrisseau, & plus encore la facilité qu'on a de le multiplier de marcottes & même de boutures, fait négliger la voie des semences, qui d'ailleurs est beaucoup plus longue. Les boutures peuvent être faites toute l'année, mais particulièrement au printems. Il suffit de couper des rameaux de six à huit pouces de long, & de les piquer en terre aux deux tiers de leur longueur, dans une plate-bande de terre meuble, fraîche & ombragée. Si, pendant les sécheresses, on a soin de les arroser de tems-en-tems, on aura des plants vigoureux qui pourront, au printems suivant, être mis en place à leur destination. Mais quoique les boutures reprennent assez facilement, les marcottes sont cependant encore plus sûres, & n'exigent pas beaucoup plus de soin. On se contente souvent de butter, avec de la terre franche, les individus qui, ayant beaucoup de jeunes branches dans le pied, promettent un plus grand nombre de marcottes. Ces rameaux ainsi enterrés poussent des racines pendant l'été, sans qu'il soit besoin ni de les inciser, ni de faire aucune ligature. Quelquefois même ils sont assez forts pour être sevrés à l'automne; mais il vaut toujours mieux attendre au printems pour faire cette opération, parce que l'hiver est souvent funeste aux jeunes marcottes qui ont été séparées à l'automne. Il convient même de les empailler pendant cette saison, ainsi que les vieux pieds.

Usage. Les feuilles de cet arbrisseau, confites dans une saumure de sel, d'eau & de vinaigre, se mangent en salade dans quelques-unes de nos provinces méridionales. L'Arbrisseau lui-même peut être employé dans la composition des bosquets d'arbres & d'arbustes toujours verds; son port pittoresque & sa verdure argentée y produiront de la variété.

2 & 3. Les Arroches, n.os 2 & 3, sont des arbustes rampans qui s'élèvent à peine à la hauteur d'un pied & demi; leurs branches partent d'une souche commune, & s'étendent, dans toute la circonférence, à la distance de huit à dix pouces. Elles sont couvertes de petites feuilles d'un vert glauque, fort rapprochées les unes des autres. Leurs fleurs verdâtres & sans corolle, n'ont aucun agrément, & presque jamais elles ne sont suivies de semences dans nos jardins.

Culture. Quoique ces arbustes croissent naturellement sur les bords de la mer dans nos provinces maritimes, ainsi que dans celles d'Angleterre, on les conserve difficilement en pleine terre aux environs de Paris. Seulement ils résistent plus long-tems aux froids dans les terreins graveleux & en pente, exposés au levant, que dans toute autre espèce de terrein, & à une exposition différente; mais il faut avoir l'attention de les couvrir de litière sèche pendant les gelées. A défaut de graines, on multiplie ces arbustes de marcottes & de boutures comme l'espèce précédente, excepté qu'au lieu de faire les boutures en pleine terre, on les fait dans des pots que l'on place sur une couche tiède & à l'ombre; leur délicatesse & leur foible stature nécessitent cette précaution.

La variété B. de l'Arroche pourpière, venant des côtes de Barbarie, est encore plus susceptible des impressions du froid; il lui faut nécessairement le secours de l'orangerie pour passer l'hiver; mais quoique les deux espèces précédentes soient moins délicates, cependant on fera très-bien d'en conserver quelques individus dans des pots pour les rentrer aussi dans les grandes gelées, afin de ne pas courir les risques de tout perdre à-la-fois.

Usage. Ces arbustes peuvent figurer sur la première ligne des bordures des bosquets dans les jardins paysagistes, mais mieux encore & plus sûrement pendant l'hiver, sur les gradins, parmi les plantes d'orangerie. Les feuilles & les jeunes pousses de l'espèce n.° 2, macérées & confites dans le vinaigre, entrent dans les fournitures de salades, & se mangent comme la criste marine.

4 à 12. Les Arroches, depuis le n.° 4 jusques & compris le n.° 12, sont des plantes annuelles qui ne sont propres qu'aux jardins de botanique. Leur culture se réduit à les semer en place, dès le mois de mars, à éclaircir le jeune plant lorsqu'il est levé trop épais, à l'arroser dans les grandes sécheresses, & à recueillir les graines vers la fin du mois d'août. D'ailleurs toute espèce de terrein, toute exposition leur convient. On est même souvent plus occupé à les détruire dans le voisinage du lieu où elles ont été cultivées qu'à les faire croître, parce qu'elles se resèment d'elles-mêmes, & viennent en très-grande quantité.

13. L'Arroche du Bengale est une grande plante annuelle, qui s'élève à la hauteur de cinq à six pieds; elle forme une pyramide touffue, d'abord d'un beau vert qui devient à l'automne d'un rouge obscur, assez singulier. Les graines de cette plante doivent être semées au printems dans des pots, sur une couche chaude, couverte d'un chassis, & ensuite être arrosées souvent. Elles lèvent dans l'espace de huit jours, &, vers le commencement de juin, le jeune plant qui en provient, est en état d'être repiqué en pleine terre; elle aime un sol plus sec qu'humide, & l'exposition la plus chaude lui est aussi la plus favorable. Malgré ces précautions, il arrive souvent que cette plante, surprise par les gelées, n'a pas le tems de fructifier dans notre climat. C'est pourquoi il sera bon, dans les pays plus septentrionaux que le nôtre, de mettre quelques pieds dans des pots, pour avoir la facilité de les rentrer à l'automne dans les serres chaudes, & donner aux semences le tems de venir à maturité.

Usage. Cette espèce est mise dans l'Inde, au rang des plantes potagères. On en mange les feuilles préparées comme celle des épinards; il est probable qu'on pourroit en faire autant dans nos provinces méridionales.

14. Arroche des jardins. Cette plante annuelle s'élève en trois mois à la hauteur de cinq à six pieds; son port est pyramidal, & son feuillage d'un vert pâle, tirant sur le blanc. On en compte deux variétés qui n'en diffèrent que par la couleur plus ou moins rouge. Cependant il paroît, d'après ce que dit Miller, que ces variétés sont constantes, puisque les ayant semées pendant quarante ans, leurs graines ont toujours produit les mêmes plantes.

Culture. On cultive de préférence dans les jardins potagers la variété blanche; c'est une des plantes légumières la plus aisée à cultiver. On fait les premiers semis dès le mois de février dans nos provinces méridionales, & au mois de mars dans notre climat, après que les gelées sont passées; on a soin ensuite d'en semer des graines de quinze jours en quinze jours, jusqu'au mois de septembre; &, par ce moyen, on a, pendant tout ce tems, des feuilles tendres & bonnes à manger; sans cette précaution, on ne jouiroit que peu de tems de ce légume, parce la plante monte en graine très-promptement. Les semis du printems & d'automne doivent être faits dans un terrein meuble, plus sec qu'humide, & ceux d'été au contraire, dans un sol plus substantiel & plus humide que sec. Il est bon de semer fort clair, & ensuite d'éclaircir encore le jeune plant de manière à n'en laisser subsister que trois ou quatre dans l'étendue d'un pied quarré. Le reste de la culture se borne à des sarclages dans la jeunesse des plantes, & à des arrosemens pendant les tems de sécheresse. Il est à propos de réserver quelques pieds des semis du printems pour s'approvisionner de graines. Comme elles ne tombent pas aisément, on arrache la plante lorsqu'elle est desséchée, & on la transporte dans les greniers pour la battre pendant l'hiver & en recueillir les graines Elles peuventse conserver cinq à six ans lorsqu'elles sont placées dans un lieu sec.

Usage. L'Arroche ou Bonne-Dame blanche doit être mise au rang des plantes potagères; on en mange les feuilles cuites, soit dans les potages, soit dans la farce avec de l'oseille. Les deux variétés de cette plante peuvent être employées dans les jardins paysagistes, sur les bordures des bosquets, dans les parties où les arbustes ne garnissent pas assez le terrein; leur couleur rouge plus ou moins foncée, & leur port assez élégant y jetteront de la variété. (*M. Thouin.*)

Arroche puante ou vulvaire, synonyme du *Chenopodium vulvaria* L. des Botanistes. *Voyez* ANSÉRINE FÉTIDE. (*M. Thouin.*)

ARROCHES (LES) *Atriplices.*

Famille nombreuse de végétaux, qui comprend plusieurs genres, parmi lesquels se trouve celui des ARROCHES, qui, étant un des plus anciennement & des plus généralement connus, lui a donné son nom.

Cette famille n'est composée, pour ainsi dire, que de plantes annuelles herbacées, dont un quart seulement sont des arbrisseaux & des arbustes peu élevés. L'Europe & le nord de l'Asie sont les lieux où elles se trouvent le plus abondamment répandues. Leurs fleurs sont peu apparentes, & leur port n'a rien d'intéressant. Mais si elles ne peuvent servir à la décoration des jardins, ce désavantage est plus que compensé par l'utilité d'un grand nombre d'entr'elles. Plusieurs sont des plantes alimentaires, d'autres sont d'usage en médecine, & d'autres enfin sont employées dans les arts.

En général, la culture de ces plantes est très-facile. Il y en a très-peu qui exigent le secours de la serre chaude pour se conserver pendant l'hiver. Quelques-unes seulement veulent être rentrées à l'orangerie, toutes les autres se cultivent en pleine terre. Elles croissent par-tout & à toutes les expositions; cependant elles préfèrent les terrains meubles, sablonneux & plus secs que humides.

Voici les genres qui composent cette famille.

1. * *Fruits capsulaires.*

La Petivere....... *Petiveria.*
La Policnême....... *Polycneumum.*
La Camphrée....... *Camphorosma.*
La Galiene....... *Galenia.*

2. * *Semences couvertes par le calyce, 5 Etamines.*

La Baselle....... *Basella.*
L'Anabase....... *Anabasis.*
La Soude....... *Salsola.*
L'Epinard....... *Spinacia.*
L'Acnide....... *Acnida.*
La Bete....... *Beta.*
L'Anserine....... *Chenopodium.*
L'Arroche....... *Atriplex.*

3. * *Semences couvertes par le calyce; moins de 5 Etamines.*

La Cruzite....... *Cruzita.*
L'Axiride....... *Axyris.*
La Blète....... *Blitum.*
Le Ceratocarpe....... *Ceratocarpus.*
La Salicorne....... *Salicornia.*

4. * *Semences non couvertes par le calice.*

La Corisperme....... *Corispermum.*

Voyez ces différens noms pour la culture particulière de ces plantes. (*M. Thouin.*)

ARROSEMENT, arroser. *Agriculture.* Si, dans beaucoup de pays & dans certaines circonstances, on doit se garantir des eaux abondantes, il y a des positions & des saisons où l'on a besoin de ménager les sources pour en abreuver les champs & les prés. J'aurois pu traiter ici la manière de faire ces utiles arrosemens; mais le mot d'*irrigation* me paroissant consacré pour exprimer cette opération d'agriculture, je crois devoir y renvoyer. On peut lire aussi l'article *Rizière.* (*M. l'Abbé Tessier.*)

ARROSEMENT, arroser, *jardinage.* La terre est pénétrée d'une humidité bienfaisante & d'un feu modéré qui s'exhalent de son sein, & que lui rendent les régions de l'air par les rayons solaires, les pluies & les rosées. Ce sont les grands moteurs de la végétation des plantes. Dieu leur dispense avec mesure & la chaleur des jours & la fraîcheur des nuits.

Cependant cette balance n'est pas toujours si égale, que les végétaux n'aient à souffrir par son dérangement; c'eſt à notre induſtrie à les ſecourir; elle eſt auſſi un don du Grand Bienfaiteur.

Les humides vapeurs que raſſemblent les douces nuits d'été; ces globules de roſée, dont le matin fait briller les feuilles; ces tièdes ondées, ſi doucement verſées ſur les plantes qui ſe relèvent en les recevant, & ſemblent enivrées de plaiſirs; ces tendres ſecours de la Nature quelquefois ne concourent plus enſemble, & ſont même aſſez ſouvent interrompus à-la-fois: il eſt néceſſaire d'*arroſer*.

Mais il s'en faut beaucoup que les arroſemens, ſur-tout s'ils ne ſont pas ménagés avec intelligence, puiſſent ſuppléer au bien que les pluies font aux végétaux. Lorſqu'il pleut, ce n'eſt pas ſeulement un petit eſpace autour de la plante qui ſe trouve humecté, c'eſt toute la ſurface du ſol qui s'imbibe également. Les pluies douces de l'été, tombant mollement, carreſſent le ſein de la terre ſans le trop preſſer. L'air, chargé de fraîcheur, pénètre les feuilles; le voile léger, dont le Ciel ſe couvre, ôte au ſoleil cette activité dévorante, qui bientôt reprendroit à la terre les eaux dont elle vient de s'abreuver, & l'on reſpire une moite chaleur, mêlée de la tranſpiration odorante des végétaux qui ouvre à-la-fois tous les canaux de la végétation.

Les arroſemens ſeront d'autant meilleurs, qu'ils imiteront mieux ces arroſemens naturels. Adaptez donc à vos arroſoirs des pommes, dont les trous très-petits faſſent jaillir une gerbe de pluie fine; ne vous contentez pas d'humecter le pied des plantes; verſez cette pluie artificielle dans un pourtour conſidérable; relevez quelquefois votre arroſoir, pour laiſſer à la terre le tems de s'imbiber, & recommencez, à pluſieurs repriſes, d'*arroſer*. Souvent il ſera très-utile de répandre cette roſée ſur les feuilles, ſurtout lorſque les plantes, ayant lutté long-tems contre la ſéchereſſe de l'air, penchent leurs tiges fatiguées, & laiſſent pendre leurs feuilles chargées de pouſſière.

Pour les plantes grêles & très-délicates, pour les tendres plantules qui viennent d'éclore du ſein d'une très-petite ſemence, la pomme de l'arroſoir verſeroit l'eau avec trop de force, ſervez-vous d'un goupillon que vous ſecouerez doucement par-deſſus. Tenez le pied des plantes entouré d'une terre légère & ſans cohéſion, afin qu'elle ne ſe fende pas après les arroſemens; ou bien jetez de la terre sèche ſur la terre humectée, & deſſerrez-la quelquefois par de petits labours; de la litière menue, des pelures de gazon retournées dont on environne le pied des plantes, parent à l'affaiſſement que les arroſemens occaſionnent, entretiennent long-tems leur fraîcheur, & quelquefois même les ſuppléent, en arrêtant les vapeurs qui s'exhalent du ſein de la terre, & qui iroient ſe perdre dans le vague des airs. Sur-tout profitez pour faire & réitérer vos arroſemens des tems couverts, doux & moites; s'il tombe une pluie fine, c'eſt le moment le plus précieux.

On a demandé leſquels étoient préférables des arroſemens du ſoir, du matin ou du milieu du jour. Tous ont leur avantage particulier; mais les premiers certainement ſont les plus utiles, tant que durent les longs jours, & ces courtes nuits, dont les vents doux ſecouent les voiles humides; elles conſervent, même elles augmentent la fraîcheur des arroſemens qu'on a faits le ſoir. Ceux du matin deviennent alors bien vîte la proie du ſoleil; il deſsèche tout-à-coup la terre, elle ſe crevaſſe, & un air brûlant s'inſinue juſques aux racines.

Dans les premiers mois du printems & de l'automne, les arroſemens du ſoir ſeroient dangereux à cauſe des trop fraîches nuits & des gelées blanches qui aideroient à tranſir les plantes. Alors que les Jardiniers matineux portent partout les arroſoirs faſſent jaillir la roſée ſous leurs pas précipités, tandis que l'aurore jette ſes doux regards ſur la nature embellie.

Dans ce tems auſſi, l'on peut, ſans riſquer, *arroſer* vers le midi; il n'eſt pas à craindre que le ſoleil frappe trop vivement la terre humectée, ni qu'il brûle les feuilles ſur leſquelles ſe ſont échappées des gouttes d'eau; c'eſt ce qui arrive lorſqu'il eſt armé de ſes feux les plus puiſſans. Ces globules aqueux raſſemblent les rayons ſolaires, font l'effet des miroirs ardens; enfin il eſt des plantes & des arbres qui demandent d'être arroſés au milieu du jour.

Lorſque la ſéchereſſe a été long-temps continuée, que le ciel eſt d'airain, que la terre eſt entr'ouverte, & que les plantes ſe flétriſſent, les arroſemens, preſque toujours utiles, ſur-tout pour procurer aux légumes & aux fruits le volume & la douceur, deviennent abſolument indiſpenſables; mais c'eſt alors auſſi qu'ils produiſent les plus mauvais effets, ſi l'on arroſe ſans précaution & ſans continuité. Dès qu'on les a commencés, il faut les réitérer tous les jours, ou au moins de deux jours l'un, ſous peine de voir les plantes mourir ou languir. Alors, on doit ſur-tout les faire avec meſure & ménagement, en un mot, avec tous les ſoins que nous avons indiqués d'abord.

Combien de Jardiniers ſtupides ou de mauvaiſe volonté qui, dans de pareilles circonſtances, arroſent à des tems trop éloignés, & noient les racines, en y jettant tout-à-coup une forte colonne d'eau? Ils les livrent à l'aridité de l'air qui s'introduit dans les fentes de la terre battue, aux taupes, aux mulots, aux taupes-grillons qu'attire une fraîcheur intermittente, & qu'une humidité continue éloigneroit; ils font ainſi bien plus de mal aux plantes qu'elles n'en ſouffriroient de la ſeule ſéchereſſe.

Celles que l'on tient en pots demandent encore plus de précaution & de ſoin, pour leur préparer

parer & leur procurer les meilleurs effets des arrosemens. Il faut mettre des écailles d'huitres ou de moules au fond des pots, tournées par leur côté concave sur les trous dont ils sont percés; si le fond des pots, au lieu d'être plat, a été fait concave, & qu'on l'ait pourvu d'un rebord qui l'éloigne un peu de la surface de la terre, on se sera prémuni, autant qu'il est possible, contre la stagnation des arrosemens. Quand ils auront été quelques tems continués, il sera bon de desserrer la terre par un petit labour, & de répandre par-dessus une couche de bonne terre légère, mêlée de sable gras; mais lorsque les racines fibreuses, emplissant tous les pots, ne permettent plus aux arrosemens de pénétrer, percez la terre jusqu'au fond, avant d'*arroser*, avec un fer pointu & mince, & plongez, à plusieurs reprises, le fond du pot dans un sceau plein d'eau; souvent il convient de tenir les pots enterrés, pour procurer aux racines le bien de la fraîcheur environnante, & de celle qui s'élève du fond de la terre.

La fréquence & l'abondance des arrosemens se régleront sur le tems, les saisons, & sur le plus ou moins de soif naturelle aux espèces de plantes. Il en est, comme les plantes grasses, qui ne demandent presque point d'eau; plusieurs, au contraire, veulent être continuellement abreuvées. Les arbres qui se dépouillent & qu'on tient dans la serre n'ont besoin l'hiver que de très-peu d'humidité; tandis que les arbres toujours verds, dont les feuilles continuent de transpirer, exigent, dans cette saison, des arrosemens réglément réitérés; & ceux à feuilles larges, transpirant davantage, veulent être encore humectés plus souvent.

Les arrosemens sont indispensables, pour procurer & hâter le développement des racines, des plantes nouvellement transplantées; mais il faut, à l'égard de plusieurs espèces, les faire plus rarement, du moment que la reprise est sûre, à moins qu'il ne survienne une sécheresse extraordinaire. Pour ce qui concerne les boutures, les arrosemens leur sont nécessaires, & doivent être continués long-tems & réglément; mais il faut les faire avec d'autant plus de circonspection & de mesure, que ces bouts de branches, encore dépourvus de racines, se pourriroient plus aisément du collet, par une humidité stagnante ou trop copieuse, & par la pression d'une terre trop battue. *Voyez* le mot BOUTURE.

Heureux qui pourroit asseoir son jardin sur le doux penchant d'un côteau exposé aux plus favorables aspects! De la cîme revêtue de bois qui ne la domineroient que pour lui servir d'abri, tomberoient de pures fontaines, dont il pourroit conduire les flots le long de ses plate-bandes, & dans les sentiers des planches des légumes. Cet arrosement qui pénètre transversalement la terre qui la soulève doucement au lieu de la presser; donneroit aux utiles productions de ce jardin, la même vigueur, la même beauté qu'on remarque dans les plantes qui, dans leur luxe vain, s'élèvent aux bords des rivières; & c'est ainsi qu'Alcinoüs entretenoit dans ses jardins immortalisés, une perpétuelle fraîcheur; on y remarquoit, avec un égal plaisir, l'éclat de la verdure, ornée de fleurs & de fruits, & celui du crystal mobile des eaux qui formoient un méandre.

Ceux qui n'ont pas ces commodités doivent rassembler avec soin, dans une citerne, les eaux de tous les toits, ou faire construire, s'ils trouvent les moyens de les emplir d'eau, de larges bassins au fond de leur potager. Quelquefois les terres se trouvent abreuvées sous très-peu de profondeur; il suffit de multiplier des pierrées parallèles, où, brisées par un angle à un certain éloignement de ces bassins, où on les décharge par une pierre qui les traverse. Il est encore bien d'autres moyens de se procurer des eaux, mais ils sont du ressort de l'architecture hydraulique.

Lorsqu'on fait construire de petits toits au-dessus des murs des potagers, les espaliers se trouvent arrosés à leur aise. Si peu de pluie qu'il tombe, elle s'assemble entre les tuiles, dégoutte au pied des arbres, & leur procure une fraîcheur salutaire & profonde, qui ordinairement se maintient jusqu'aux pluies nouvelles, à moins que les intervalles de la sécheresse ne soient très-longs.

Pour entretenir certaines plantes, pour aider à s'enraciner les marcottes qu'on fait au haut des arbrisseaux, pour assurer la reprise de certaines boutures précieuses, on pend au-dessus un vase plein d'eau, dans lequel on passe un tube recourbé, ou une lapière de drap, dont l'humidité perpétuelle ne permet pas à la terre de se dessécher.

Toutes les eaux ne sont pas propres aux arrosemens; il en est de nuisibles, telles sont les eaux crues, marécageuses, crasseuses, visqueuses, & celles qui pétrifient. Il s'en trouve aussi d'indigentes & de fatiguées, qui ne charient point de parties nourrissantes. Les eaux des rivières & des ruisseaux où le poisson abonde, celles des fontaines où fleurissent le cresson, le beccabunga, sont pures & bienfaisantes. Les eaux des pluies amassées dans les citernes sont encore meilleures; mais il faut les tirer le matin, & les laisser, avant de s'en servir, tout le jour exposées aux doux rayons du soleil. Les eaux grasses qui ont lavé les chemins, les cours, les fumiers, sont infiniment précieuses; elles portent l'abondance avec elles. En général, une eau qui dissout bien le savon, qui s'évapore aisément, qui cuit bien les légumes, est autant propre aux arrosemens, qu'elle est utile & salutaire pour tous les usages. On peut corriger quelques-unes d'entre les mauvaises, en les faisant passer par des lits de sables, en y jetant du fumier & des herbages pourris.

C'est par le moyen des arrosemens, qu'on peut

rendre, avec le plus d'efficacité & le plus promptement, des sucs à la terre exténuée où languissent les plantes. Celles qu'on tient captives dans des pots ou des caisses, ayant bientôt épuisé la petite portion d'alimens contenue dans le peu de terre qu'on peut leur donner, ne sauroient, par l'extension des racines, en aller chercher plus loin; elles ont besoin de restaurans. Ils conviennent aussi aux arbres malades & défaillans, ou surchargés de fruits; on les retablit, on les soutient en leur donnant de tems à autre un bouillon. Le plus fort de tous qui s'emploie pour les orangers, se compose avec du crotin de brebis, de la lie-de-vin & du sang de boucherie. *Voyez*, dans le livre de l'Abbé Roger Shabot, la composition de celui qu'il emploie pour les pêchers. Suivant Mortimer, le sang de bœuf est un excellent bouillon pour tous les arbres fruitiers. Les terres alumineuses détrempées font un effet prodigieux sur la végétation; c'est à-peu-près à quoi se réduisent les nombreuses expériences de M. Hôme, sur les effets de différens sels.

Lorsque les plantes se trouvent couvertes d'une foule d'insectes de l'espèce de ceux que la sécheresse multiplie, tels que les altises, de simples arrosemens réitérés sur les feuilles, les écartent & les dissipent. A l'égard des autres insectes, comme les chenilles, l'eau dans laquelle on a infusé de la coloquinte, de la suie ou de semblables amers, & dont on inonde la touffe des arbres par le moyen des pompes, est un des meilleurs moyens de se débarrasser de cette engeance dévorante; pour les taupes-grillons, il faut arroser la terre qu'ils fréquentent, les trous qu'ils habitent, ceux où l'on a su les attirer, avec de l'eau mêlée d'huile de chenevis. L'eau de chaux détruit les loches & les limaces.

Au reste, si l'on a soin de bien effondrer les potagers, & d'y enterrer des couches épaisses de fumier, les arrosemens n'y seront pas aussi nécessaires, & ils y seront plus profitables. (Cet article est de M. le Baron de Tschoudi.) (*M. Thouin.*)

Arroser par immersion. *Voyez* Abreuver. (*M. Thouin.*)

Arroser par imbibition. *Voyez* Planche glaisée. (*M. Thouin.*)

ARROSOIR (ustensile de jardinage), vaisseau qui sert à arroser. C'est un des ustensiles les plus nécessaires aux jardiniers. On les construit de différentes matières, en terre cuite, en bois, en taule, en fer-blanc & en cuivre; ces derniers sont les plus solides & les plus généralement employés. On leur donne diverses formes; dans quelques endroits, ce sont des cônes tronqués; à Paris, ils ont la figure d'une poire, cette forme est la plus commode pour les arrosemens, & la plus agréable à l'œil. Leur capacité est en général d'un sceau d'eau; tout remplis, ils pèsent de . . . . . livres la paire.

Tout Arrosoir est composé de cinq parties; 1.° du corps qui contient l'eau, 2.° d'un fond avec son rebord, 3.° de la gueule ou ouverture par où il s'emplit, 4.° d'une anse, & 5.° du conduit par où il se vuide. (*Voyez* la planche des ustensiles de jardinage.)

Relativement à leur usage, les Arrosoirs sont de deux espèces, savoir à pomme ou à goulot.

Ce qui constitue l'Arrosoir à pomme, est un cône renversé qui s'adapte au conduit par une soudure, & quelquefois par une emboîture, afin d'avoir la facilité de le retirer au besoin, & qui se termine, dans la partie supérieure, par une plaque percée de petits trous. Cette plaque est ronde, on lui donne ordinairement dix-huit à vingt-un pouces de circonférence; elle est régulièrement convexe du centre à la circonférence, dans la proportion de sept à neuf lignes. Les trous sont du diamètre d'une aiguille à tricoter; ils sont placés par rangs circulaires, à partir du point du milieu de la plaque, & distans entr'eux, dans tous les sens, de quatre lignes environ. Ces dimensions sont celles des grands Arrosoirs. Il y en a de petits qui sont de moitié moins grands dans toutes leurs parties.

Les grands Arrosoirs à pomme servent aux maraichers, & sont propres à tous les arrosemens des semis de pleine terre; tels que salades, légumes, gazons, &c. &c. Les petits sont plus particulièrement destinés à la culture des semis en pots, au bassinage des plantes des serres, &c.

L'Arrosoir à goulot diffère de ceux-ci, en ce qu'au lieu de pomme, le conduit se termine par un bec alongé, coupé en biseau, dont l'ouverture peut avoir un pouce de diamètre. Il y en a pareillement de grands & de petits.

Les grands sont plus particulièrement destinés aux arrosemens des plantes & des arbustes cultivés dans des pots, des vases, des caisses, &c. & les petits sont employés pour les arrosemens des poteries disposées sur des gradins, où l'on est obligé de se servir d'échelle, ou pour ceux que l'on fait dans les bâches à Ananas, lorsqu'il est important que l'eau des arrosemens ne tombe point sur les feuilles. (*M. Thouin.*)

ARROUSSE, nom qu'on donne en Auvergne & en Bourgogne à une espèce de vesce, commune dans les bleds & le seigle des environs de Paris. *vicia sylvestris incana, major & precox Parisiensis, flore sauve rubente, Tournef.* (*M. l'Abbé Tessier.*)

ARSEROLE *ou* Arsirole, synonyme peu usité aujourd'hui, d'une espèce de *Cratægus*. *Voy.* le mot Neflier, dans le Dictionnaire des arbres & arbustes. (*M. Thouin.*)

ARSILLONNER, terme du bas Poitou, aux environs de Montaigu. Dans ce pays, on cultive beaucoup de choux pour les bestiaux; on les sème au mois de mars, on les repique en Juin, dans une terre préparée, à un pied & demi les uns des autres. Un mois après, on passe la charrue pour former des sillons; c'est ce qu'on appelle *Arsillonner* les choux. (*M. l'Abbé Tessier.*)

ARSENIC, substance demi-métallique, pesante, volatile, qui sert dans les Arts, & plus souvent comme un poison pour détruire les souris & les rats. Il y en a de plusieurs sortes. Le plus commun est le blanc ou crystallin, connu sous le nom de *mort-aux-rats.*

L'Arsenic est sans odeur, à moins qu'on ne le jette sur des charbons ardens. Alors il exhale une odeur d'ail; ce qui peut servir à le faire reconnoître dans les compositions dont il fait partie. Sa couleur, blanche comme celle de la poudre à poudrer & de la farine, ajoutée à sa qualité inodore, le rend propre à tromper les animaux. Aussi l'emploie-t-on avec succès, ou seul, ou mêlé à d'autres ingrédiens, pour empoisonner ceux qu'on veut détruire. On en place dans les greniers, dans les granges, dans les caves, dans les étables des fermes, &c.

Il y a des cultivateurs qui sont dans l'usage de jeter de l'arsenic dans la dissolution de chaux, qu'ils destinent pour préserver leurs bleds de carie. Quand leurs récoltes sont pures, ils croient le devoir principalement à cette substance.

Si l'arsenic n'étoit jamais employé que par des mains sages, si l'abus n'étoit pas toujours à côté de l'utilité, si on n'avoit pas à redouter sans cesse les malheurs causés par la négligence, les fermiers, les jardiniers, les cultivateurs de tout genre, les habitans des villes & des campagnes, tous se garantiroient bientôt d'une foule d'animaux qui vivent à leurs dépens, & dévorent leur nourriture. Mais l'arsenic est une substance si dangereuse, qu'on ne sauroit être trop sévère dans la vente & la distribution qu'on en fait. Néanmoins il faut en permettre l'usage avec des précautions. Sans doute, on en abuse; & de quoi n'abuse-t-on pas? Cet abus est-il une raison de proscription totale? Le fer & la pierre à cautère, les acides minéraux concentrés, le beurre d'antimoine, &c. sont des poisons aussi actifs, dont on fait cependant un usage journalier. On en diroit presque autant du fer & du feu, qu'on peut tourner contre la vie ou la fortune des hommes.

Faut-il laisser consumer le produit des plus belles récoltes, parce qu'il est possible qu'en cherchant à détruire les rats & les souris, on empoisonne d'autres animaux précieux? L'imprudence même seroit quelquefois capable de causer la mort à des hommes qui mangeroient des alimens imprégnés par hasard d'arsenic. Ces accidens n'arriveront pas, ou seront très-rares, quand l'arsenic ne sera confié, suivant les Ordonnances, qu'à des gens connus, qui le placeront dans des endroits inaccessibles aux enfans, & loin des bestiaux, & le mêleront avec des ingrédiens que les chats & les chiens ne mangent point; par exemple, dans de la farine, du syrop, des pommes cuites, &c.

Mais je crois qu'il doit être entièrement banni de la préparation des bleds de semence, 1.° parce qu'il n'y est pas nécessaire, pouvant être remplacé par la chaux ou par des sels actifs qui coûtent moins; 2.° parce qu'il est funeste aux pigeons & aux perdrix, qui ramassent les grains de bled mal enterrés par la herse; 3.° enfin, parce que les hommes qui préparent les semences, & plus encore ceux qui les répandent dans les champs, sont exposés à de grandes incommodités. Ils éprouvent des inflammations considérables au nez, aux yeux, sur la poitrine, sur le ventre, sur les bras. On en a vu de très-malades, à la suite des semailles.

Je dirai quelques mots des symptômes causés par l'arsenic pris intérieurement, & des moyens qu'il convient d'employer pour en arrêter les effets, afin de mettre à portée de les reconnoître, & de s'opposer à leurs progrès. Ils sont prompts & terribles. On peut croire qu'une personne a avalé de l'arsenic, lorsqu'elle est tourmentée d'une chaleur brûlante, de douleurs atroces dans l'estomac & les intestins, d'envies de vomir, de syncopes, de hoquets, de sueurs froides, de vomissemens de matière noire & fétide. Si on ne remédie pas à ces symptômes, ils sont bientôt suivis de convulsions, de foiblesse, de la gangrène dans les entrailles, & de la mort.

Un émétique, dans les premiers instans, sauveroit le malade, expulsant au dehors une partie de l'arsenic, ou tout l'arsenic, avant qu'il fût dissous, & qu'il eût pénétré au-delà de l'estomac. On a conseillé l'usage d'une lessive qu'on feroit avec quelques poignées de cendres, dans une pinte d'eau chaude, ayant soin de la passer après l'avoir agité. Ce dernier remède a pour objet de former un sel neutre avec l'arsenic & l'alkali des cendres. Mais cet alkali étant doué lui-même d'une qualité corrosive, on doit craindre que la neutralisation ne se fasse pas, & & qu'en voulant soulager le mal, on ne l'augmente. J'aurois plus de confiance dans un émétique, pourvu que ce fût dans les premiers momens. Si on les manque, ou si l'on n'est pas averti assez tôt pour les saisir, il faut avoir recours aux adoucissans, tels que le lait, l'huile, le beurre fondu, le petit lait, l'eau de poulet, l'eau de veau, l'eau pure, la décoction de graine de lin, de racines & de feuilles de guimauve, de mauves, de bouillon-blanc, de bon-henri, & autres herbes émollientes. On en fera boire abondamment, pour empêcher ou pour diminuer la causticité de l'arsenic. Après l'usage de l'émétique, on doit aussi faire prendre de ces remèdes. (*M. l'Abbé Tessier.*)

ARSURIAU, nom donné aux environs de Dreux. à de petites monticules ou inégalités de terrein. (*M. l'Abbé Tessier.*)

ARTEDIE. *Artedia.*

Genre de la famille des *Ombelliferes*, dont

on ne connoît encore qu'une espèce qui croît sur le Mont-Liban. Cette plante plus singulière qu'agréable, n'est guères cultivée que dans les Ecoles de Botanique, & dans les jardins curieux, où même elle se rencontre assez rarement.

ARTEDIE écailleuse.

ARTEDIA squamata. L. ⊙ de l'Asie mineure.

L'Artédie est une plante annuelle, dont le port ressemble à-peu-près à celui d'une carotte sauvage ; les tiges s'élèvent à quinze ou dix-huit pouces de haut environ ; elles sont rameuses & garnies de feuilles d'un verd foncé. Les tiges & les branches se terminent par de grandes ombelles de fleurs blanches. Celles du centre sont stériles, mais celles de la circonférence produisent des semences aplaties, de figure oblongue, & bordées d'une membrane transparente, festonnée d'une manière fort agréable.

Culture. Les graines de cette plante vieillissent dans l'espace de deux ans. Quelques cultivateurs conseillent de les semer à l'automne, dans les pays septentrionaux, afin qu'elles lèvent pendant l'hiver, & que les plantes puissent fleurir & perfectionner leurs semences l'année suivante. Mais nous croyons qu'il vaut mieux attendre au printems, parce qu'il arrive ordinairement que ces jeunes plantes, trop foibles pour résister à l'humidité des serres & des chassis, périssent pendant l'hiver ; nous avons semé des graines dans l'une & l'autre saison, & toujours les semis du printems nous ont mieux réussi que ceux d'automne. Mais il est à propos que ces semis soient faits dès la fin de février, dans des pots que l'on place sur une couche chaude, couverte d'un chassis. Il ne faut que cinq à six graines dans chaque pot. Avec l'attention de les arroser souvent, elles lèvent ordinairement au bout d'un mois ; & lorsque le jeune plant a six pouces de haut, on le met en pleine-terre avec sa motte, dans une plate-bande de terre-meuble, & à l'exposition du midi ; ensuite on le couvre d'un chassis portatif, pour accélérer sa végétation ; sans quoi il est rare que les graines viennent à parfaite maturité dans notre climat ; il est bon même, pour plus de sûreté, de réserver quelques pieds de cette plante, dans des pots qu'on rentre dans la serre chaude, vers le milieu de l'automne. Dans nos Provinces du midi, il est probable que toutes ces précautions seroient inutiles, & qu'il suffiroit de semer les graines de cette plante en pleine terre, au mois de février, pour en obtenir une grande quantité de semences qui seroient parfaitement mûres. (*M. THOUIN*.)

ARTEMISE, synonyme du nom d'un genre de plante, nommé en latin, *Artemisia*. *Voyez* ARMOISE. (*M. THOUIN*.)

ARTENLAN ; c'est ainsi qu'on appelle la crête de coq, *Rhinantus crista Galli*, aux environs de Villeneuve de l'Ecussan. C'est une des plantes les plus nuisibles aux prés & aux terres labourables de ce Pays. (*M. l'Abbé TESSIER*.)

ARTICHAUD, *Cynara*. *Voyez* ARTICHAUT. (*M. THOUIN*.)

ARTICHAUT. *CYNARA*.

Genre qui a donné son nom à une famille de végétaux assez nombreuse, connu sous celui de *CINAROCEPHALE*. Il est composé de quatre espèces, dont deux ont fourni, par une longue culture dans les jardins, plusieurs variétés intéressantes pour la nourriture des hommes.

Espèces.

1. ARTICHAUT commun.

CYNARA scolymus. L. ♃ de l'Europe méridionale.

B. ARTICHAUT blanc.

CYNARA scolymus inermis. ♃ des jardins de l'Europe.

C. ARTICHAUT vert.

CYNARA scolymus viridis. ♃ des jardins de l'Europe.

D. ARTICHAUT violet.

CYNARA scolymus violacea. ♃ des jardins de l'Europe.

E. ARTICHAUT rouge.

CYNARA scolymus rubra.

F. ARTICHAUT sucré, de Gênes.

CYNARA scolymus Italica. ♃ des jardins de l'Europe.

2. ARTICHAUT sauvage, ou Chardonette.

CYNARA sylvestris. La M. Dict. ♃ de l'Europe méridionale.

B. CARDON d'Espagne.

CYNARA cardunculus. L. ♂ des jardins de l'Europe.

C. CARDON de Tours.

CYNARA cardunculus spinosissima. ♂ des jardins de l'Europe.

3. ARTICHAUT nain.

CYNARA humilis. L. ♃ de la côte de Barbarie.

B. ARTICHAUT nain, d'Andalousie.

CYNARA humilis Andelusiaca. ♃ d'Espagne.

4. ARTICHAUT sans tige.

CYNARA acaulis. L. ♃ de la côte de Barbarie.

L'Artichaut commun croît naturellement dans les régions les plus méridionales de l'Europe ; c'est une plante vivace, dont le fruit est long, étroit & peu charnu. Transplantée dans nos jardins, elle a donné, comme il arrive à toutes les plantes cultivées en grand, les espèces jardinières ou les variétés que nous avons désignées par les lettres B. C. D. E. F. Il en existe plusieurs autres, mais dont les différences sont si foibles, & le roduit si peu important, que nous avons cru inutile d'en faire mention. Ces plantes perfectionnées par la culture, lui doivent encore leur existence & leur conservation, puisque, sans elle, toutes ces variétés rentreroient dans leur espèce primitive. Ce que nous allons dire de leur culture, est tiré en entier de l'*Ecole du jardin potager*, le meilleur ouvrage en ce genre.

« L'Artichaut blanc est le plus hâtif & le plus tendre, mais il est fort petit; le cœur de sa pomme est enfoncé comme celui de la joubarbe, & ses écailles sont hérissées de pointes piquantes; son défaut est d'être très-délicat à élever, & ce n'est qu'avec de grands soins, & dans une terre favorable, qu'on peut le conserver l'hiver; c'est pourquoi on en cultive peu.

» L'Artichaut vert est celui dont on fait le plus d'usage, & auquel nos Maraichers s'attachent uniquement; il vient d'une grosseur extraordinaire quand il est dans une bonne terre, & bien cultivé; sa forme est un peu applatie, & ses écailles sont plus ouvertes que dans les autres espèces. On en voit dont la base, qu'on appelle plus communément le *cul*, porte jusqu'à cinq pouces de diamètre; il est fort tendre & d'un bon goût quand l'eau ne lui a pas été ménagée.

» L'Artichaut violet est d'une médiocre grosseur; c'est celui dont on fait le plus d'usage dans les provinces; sa forme est plus pointue que n'est celle du vert, & ses écailles, dont le fond est vert, avec un petit piquant au bout, sont fouettées d'un rouge violet à leur extrémité. Il est aussi bon & aussi tendre que le vert, mais il s'en faut bien qu'il fasse autant de profit. On le confond souvent avec le verd, auquel on donne le même nom de violet, parce qu'on y apperçoit, comme à l'autre, quelques ombres violettes; mais la différence est assez marquée d'ailleurs par sa forme & sa grosseur.

» L'Artichaut rouge, que mal-à-propos beaucoup de gens appellent aussi violet, est véritablement d'un rouge pourpre dans tout son extérieur; mais le cœur est jaune, & sa chair est plus délicate que celle des autres. On le mange crud, & c'est la seule façon qui lui convienne; sa forme est fort petite, & il n'est bon que dans sa naissance; quand on le laisse un peu grossir, sa chair devient dure & indigeste.

» L'Artichaut sucré de Gènes, ainsi nommé parce qu'il a effectivement un goût fin & sucré, est encore préférable au rouge par sa délicatesse, & n'est bon de même qu'à manger crud; sa pomme est fort petite, hérissée de pointes piquantes, sa couleur d'un verd pâle, & sa chair fort jaune. On tire les œilletons de Gènes par la voie des Courriers; son défaut est de dégénérer dès la seconde année; il faudroit par conséquent en faire venir tous les ans pour le manger dans sa perfection, ce qui ne convient qu'à peu de personnes; aussi on n'en voit que dans les jardins de quelques curieux.

» Il s'en trouve encore une espèce dont je dirai un mot, c'est l'Artichaut sauvage nommé par les Botanistes, la grande Carline, qu'on trouve communément sur les hautes montagnes. On ne le voit ici que dans les jardins des simples, où on le cultive comme une plante cordiale; mais on le mange dans les pays où il croît naturellement, & c'est un manger passablement bon, quoiqu'inférieur aux autres; son goût tient un peu de la noisette sans aucune amertume; mais la base a peu dépaisseur; il ne fait qu'une seule pomme qui sort du cœur à fleur de terre, & qui demeure collée au pied, fort ressemblant par sa forme extérieure, & la couleur de son duvet, au grand soleil d'Inde, lorsqu'il défleurit; ses feuilles rampent sur terre & tiennent autant de celles du véritable artichaut, que de celles du gros chardon, étant couvertes de toutes parts d'épines longues, piquantes, & d'un verd céladon pâle; il se multiplie également de graines & & d'œilletons.

» Les cinq premières espèces se cultivent de la même manière; on peut les élever de graines qu'on sème au mois de mars; mais, pour l'ordinaire, on plante les œilletons qu'on sèvre des vieux pieds qui ont passé l'hiver.

» On prépare d'abord la terre qui doit avoir eu un labour avant l'hiver, & un second quand on plante, si la terre est maigre. On doit l'avoir fumée au premier labour du mois d'octobre; mais, si elle a du corps, on peut épargner le fumier, le mieux est de défoncer la terre de deux pieds ou deux pieds & demi; la plante y fait des productions incomparablement plus belles, qui dédommagent bien des frais.

» On dresse ensuite les planches qui doivent avoir six pieds, compris le sentier, & on marque la place des œilletons en échiquier, à trois pieds ou deux pieds & demi au moins de distance en tout sens; on met une poignée de terreau à chaque place, & on plante deux œilletons à six pouces l'un de l'autre.

» On observe de n'enterrer que le talon; quand on enfonce le cœur, il pourrit; on met tout autour du pied une poignée de menu fumier, qui est très-utile pour empêcher que les arrosemens ne battent la terre, & pour conserver sa fraîcheur; on les mouille tout de suite; & on continue pendant quelques jours jusqu'à ce qu'ils soient bien repris.

» Autant qu'on peut, il faut prendre un tems de pluie pour cette plantation; mais si les circonstances ne le permettent pas, & qu'il survienne quelques jours de chaleur, il faut couvrir les plants si on en a le loisir. On prend, à cet effet, deux petites baguettes de bois verd qu'on pique en terre par les deux bouts, de manière qu'elles fassent deux demi-cercles en croix, & on jette par-dessus quelques feuilles ou un peu de paille; on comprend que c'est pour empêcher que la couverture n'étouffe les plantes & ne les écrase; on peut la laisser pendant sept à huit jours. Si on veut avoir le fruit en automne, il faut planter les œilletons le plutôt qu'on peut, & les arroser amplement pendant tout l'été; mais si on ne le veut que pour le printems suivant, il faut les planter fort tard, & ne les mouiller que pour les empêcher de mourir.

» J'ai dit qu'il faut planter deux œilletons ensemble, mais c'est uniquement pour être plus sûr d'en avoir un qui reprenne, car il faut ôter le plus foible trois semaines ou un mois après, si tous les deux viennent à bien.

» On ne doit pas craindre qu'ils périssent, quoiqu'on les voie languir long-tems; cela est attaché à la nature de cette plante, qui est tardive à reprendre, mais qui répare bien vîte le tems perdu quand elle commence une fois à pousser.

» Au mois de septembre enfin, ceux qu'on a destinés à porter leurs fruits, commencent à montrer leurs pommes, & c'est pour lors qu'ils demandent des arrosemens fréquens & copieux; la règle est une cruchée à chaque pied de deux en deux jours.

» Pour les avoir beaux, il ne faut laisser qu'une seule pomme à chaque montant, & couper toutes les secondes qui poussent autour de la tige; il faut aussi rogner l'extrémité de toutes les feuilles d'un tiers environ, la sève se porte mieux dans le fruit & le fait grossir.

» Comme ils ne marquent pas tous en même-tems, ils se succèdent ordinairement les uns aux autres jusqu'aux gelées, & souvent il s'en trouve dont la pomme ne fait que commencer à sortir du cœur à l'arrivée des grands froids, qui ne leur permettent pas de se perfectionner en place; pour lors on peut arracher les pieds & les enterrer dans la serre; ils achèvent de former leur pomme, & se conservent fort avant dans l'hiver, pourvu qu'on ait l'attention de leur donner de l'air autant que le tems le peut permettre; & en attendant que les jeunes pommes aient grossi, on peut jouir de celles qui ont pris leur grosseur en place, & qu'on a dû enlever aux approches des gelées; j'entends, si on a eu l'attention de les couper avec leur tige toute entière, & de les enterrer d'un demi-pied dans du sable frais, auquel cas ils se conservent deux mois & plus, pourvu que la serre ou le cellier où on les met ne soient pas pourrissans.

» Cette plante a le double avantage de se cultiver aisément dans sa naissance, & de donner promptement son fruit; mais l'hiver est une saison redoutable pour elle, & on ne la conserve qu'avec de grandes précautions, sur-tout dans les terres froides.

» La première opération est de les labourer à la fin de novembre; & s'ils sont en terre légère, il faut les buter, c'est-à-dire, élever sept à huit pouces de terre tout-au-tour; s'ils sont en terre forte, on doit bien s'en garder, car ce seroit le moyen de les faire pourrir; cette méthode de les labourer n'est pas pourtant universelle. Beaucoup de particuliers se contentent de donner un bon binage à la fin de septembre, pour détruire les mauvaises herbes, & ne les labourent point, prétendant que la gelée ne mord pas si avant dans la terre sellée, & que l'eau des pluies, qui leur est si pernicieuse, ne se porte pas si aisément autour du pied. J'adopte assez ce sentiment, d'autant mieux que, l'ayant éprouvé une fois, j'ai parfaitement bien conservé mon plant.

» J'ai encore éprouvé une chose, que je conseille à tous ceux qui se trouvent en terre forte & humide comme la mienne, c'est de dresser les planches des quarrés en dos de bahu, qui n'aient que trois pieds, & de planter un seul rang d'œilletons dans le milieu; les eaux s'écoulent dans les deux sentiers qui sont plus bas d'un pied, & les plants se conservent beaucoup mieux.

» Mais dans quelque situation qu'on les mette, & soit qu'on les laboure ou non, le point essentiel est de les bien couvrir pendant les gelées, & il ne faut pas attendre d'être surpris par le tems. Dès le mois de novembre, on doit faire porter les couvertures autour des carrés pour pouvoir les employer diligemment quand le besoin le demande.

» Les uns se servent de grande litière, les autres de feuilles, les autres de roseaux brisés; chacun fait usage de ce qu'il peut avoir, & le plus souvent c'est en pure perte; la bonne couverture pour les conserver sûrement, est celle qu'emploient nos Maraichers; ils prennent d'abord le fumier court qui sort des couches, c'est-à-dire, les parties de fumier qui ne sont pas consommées; & après avoir coupé les feuilles des Artichauts à sept à huit pouces de terre, ils emmaillottent le pied avec ce petit fumier, & le pressent contre; lorsqu'ensuite les grandes gelées surviennent, ils le couvrent tout-à-fait avec de la litière sèche, qu'on nomme autrement de la paille brûlée, & ils augmentent la charge à mesure que les gelées deviennent plus fortes; cela les défend si bien qu'il ne leur arrive presque jamais d'en perdre; mais comme tout le monde n'a pas ces commodités, il faut tirer parti de ce qu'on peut avoir; or il est fort possible à tout particulier de faire arriver chez lui au mois d'août quelques voitures de fumier long qu'on accumule pour sécher; & ce fumier pouvant suffire, on a tout à se reprocher quand on a négligé cette précaution, & que les Artichauts viennent à périr. Tous les autres expédiens ont leur inconvénient; la litière qu'on sort fraîchement de l'écurie s'échauffe quelquefois, & la plante en souffre; elle attire aussi le mulot qui, venant à sentir l'Artichaut, le coupe & le ruine; elle attire de même les pigeons, les corneilles & les pies qui le grattent & découvrent le cœur. Les feuilles ramassées, quelles qu'elles soient, ont le défaut de pourrir & de jetter une humidité dans le pied qui pourrit aussi; d'ailleurs le vent les emporte en partie, & la gelée pénètre à travers ce qui reste; les roseaux brisés ne font pas un corps assez compact; tout cela les préserve bien quelquefois, mais ne suffit pas quand les hivers sont trop longs & rudes; & je reviens à dire qu'il faut avoir une provision de litière sèche, qui n'est pas même à l'abri de tous les inconvéniens, car les corneilles & les pigeons viennent encore la fouiller, quoiqu'ils ne s'y arrêtent pas. Les grands vents la dérangent aussi; pour y obvier, je me suis avisé d'y mettre une tuile par-dessus, qui a de plus l'avantage d'empêcher les neiges & les eaux de pluie, de même que la gelée de pénétrer dans le cœur. Ceux qui voudront m'imiter, s'en trouveront bien; au défaut de tuile, il faut prendre du fumier à demi-consommé, qui se lève par galette, & en couvrir la litière, ce qui produit le même effet. Je me suis un peu étendu sur cet article, parce que rien n'est plus important que les couvertures pour la conservation de cette plante, qu'il est désagréable de perdre après l'avoir cultivée toute l'année.

» C'est ordinairement aux environs de Noël qu'on met la dernière charge, & il n'y a de sûreté à l'ôter tout-à-fait qu'au commencement d'avril; il se trouve par-là que la plante demeure pendant trois mois étouffée sous la couverture qui l'a fait blanchir & quelquefois pourrir. Pour prévenir ce dernier inconvénient, il faut avoir l'attention, pendant ces trois mois, de découvrir un peu le cœur du côté du midi, lorsque le tems est doux, & le recouvrir exactement dès que le froid reprend.

» Le tems de leur résurrection étant enfin arrivé, on commence par découvrir seulement le cœur; quelques jours après on dérange la couverture du côté du soleil, & huit jours après on ôte tout, & on la transporte où on peut en avoir besoin.

» Enfin on laboure les carrés avec l'attention de choisir la terre la plus meuble pour mettre autour des pieds, & on les déchausse s'ils ont été butés. Ils reverdissent bientôt, & on les œilletonne dès que les œilletons paroissent assez forts, ce qui arrive plutôt ou plus tard, suivant les années; mais communément c'est à la mi-avril ou à la fin; cette opération est très-importante, & demande des attentions particulières qu'ont peu de Jardiniers.

» On commence d'abord par déchausser le pied avec la bêche, de manière que la souche soit à découvert, & qu'on puisse instrumenter autour en toute liberté; on éclate ensuite avec le pouce tous les œilletons qui se trouvent autour du cœur qui doit donner le fruit, & on les éclate net jusques sur le gros de la souche; si le pouce ne suffit pas, on se sert du couteau pour les couper plus près, afin qu'il n'en repousse pas d'autres, & on coupe en même-tems le pied des vieux montans de l'année précédente qui se trouve entre deux terres; on nettoie enfin la souche le plus exactement qu'on peut; si le cœur a péri pendant l'hiver, comme cela arrive très-souvent, on fait choix des meilleurs œilletons pour le laisser en place; mais il faut observer en même-tems qu'il soit bien placé, c'est-à-dire, qu'il prenne sa naissance du bas de la souche, car lorsqu'il se trouve sur le haut, le fruit ne vient pas si beau; on forme un petit bassin autour avec la terre la plus meuble, & on donne une bonne mouillure.

» Après cette opération, on les voit profiter à vue d'œil, pourvu qu'on les arrose amplement si la saison le demande; enfin on commence à la mi-mai à voir paroître les pommes, & il s'en trouve ordinairement de bonnes à couper vers la fin du mois.

» Il faut pratiquer dans cette saison les mêmes choses que j'ai observées ci-dessus pour les Artichauts d'automne, c'est-à-dire, rogner les feuilles, & ne laisser qu'une pomme à chaque montant; mais si on ne s'embarrasse pas de la grosseur, & qu'on soit bien aise d'avoir des rejettons pour manger à la poivrade, on laisse agir la nature en liberté.

» Comme il arrive souvent encore des gelées dans le mois de mai, il faut avoir attention, lorsqu'on en est menacé, de couvrir les jeunes pommes avec un peu de litière sèche pour les préserver, car elles sont très-susceptibles de la gelée dans leur naissance.

» Après que le fruit est cueilli, il faut couper les montans le plus bas qu'on peut, ou les éclater avec le pied, ce qui vaut encore mieux.

» Ils repoussent tout de suite des œilletons en grand nombre; & si on a soin, quand ils sont un peu forts, de n'en laisser qu'un, cet œilleton se nourrit abondamment, &, poussé à l'eau, donne assez souvent son fruit dans l'automne, tout au moins il le donne plutôt au printems suivant, & par la force qu'il a pris, il résiste mieux aux gelées.

» Lorsque vous voulez détruire un carré qui a fait son tems pour tirer parti de son reste, il faut le destiner à donner des Cardes pour l'hiver, &, en ce cas, ne laisser sur chaque pied qu'un œilleton; on le laisse profiter jusqu'au mois de septembre & d'octobre, & après l'avoir lié on l'empaille; un mois après la Carde est blanche, & on coupe le pied; mais, pour en jouir plus long-tems, il ne faut les empailler qu'à proportion de son besoin, & en garder jusqu'aux grandes gelées, qu'on emporte dans la serre, & qui y blanchissent le pied en terre dans le sable avec de la paille sèche entre chaque rang.

Dans quelques provinces méridionales, on ne fait autre chose que de les coucher sur le côté, & les couvrir d'un pied de terre dans leur même place, où ils se conservent fort bien jusqu'à Pâque; mais, dans ce climat, les terres sont trop froides & les hivers trop longs. J'en ai fait l'épreuve, ils ont pourri; on ne doit pas négliger ce dernier profit des Artichauts, d'autant plus que leurs Cardes ont beaucoup plus de finesse & de goût que celles du Cardon d'Espagne.

„ Il me reste à dire, à l'égard de cette plante, qu'elle a ses ennemis comme toutes les autres; le mulot, la mouche & le puceron la tourmentent beaucoup, chacun dans sa saison. Le premier la laisse assez tranquille pendant l'été, mais l'hiver il mange sa racine & détruit quelquefois des carrés tout entiers. Pour les préserver, on est assez dans l'usage de planter un rang de Cardes de Poirées, qu'on nomme Bettes-Blondes dans les provinces, au milieu de chaque planche d'artichauts; la racine de cette plante étant plus tendre, ils s'y attachent plutôt qu'à l'Artichaut qui, par cette raison, se trouve épargné; mais ce préservatif a son inconvénient, car cette Poirée, qui est une plante forte fait de l'embarras entre les Artichauts, & elle effritte la terre; je trouve qu'il est mieux d'en planter trois rangs très-près les uns des autres, tout-au-tour du carré pour servir de retranchement aux Artichauts. Le mulot s'y arrête quelquefois au passage, & ne va pas plus avant. On peut encore diminuer le nombre de ces animaux par le moyen de beaucoup de quatre-de-chiffre qu'on distribue autour du carré; il s'en prend quantité, pourvu qu'ils soient exactement tendus tous les jours, & les appas renouvellés : le meilleur est la graine de potiron.

„ A l'égard de la mouche & du puceron, on n'y a point encore trouvé de remède; on remarque seulement que les fréquens arrosemens les détournent quelquefois, & que les terres fortes y sont moins sujettes que les terres légères.

„ La durée ordinaire de cette plante est de trois ou quatre ans, passé lequel tems elle ne périt pas radicalement, mais elle ne donne que du fruit misérable, il faut en replanter d'autres, & choisir une autre place.

„ Dans les années où la grande rigueur de l'hiver fait périr cette plante, comme il est arrivé en 1740 & 1742, & où il n'est pas facile de retrouver des œilletons pour en replanter, il faut avoir recours à la graine qui réussit fort bien; on en sème trois grains dans chaque place, où on met une poignée de terreau, & quand ils sont levés, c'est-à-dire, un mois après, on n'en laisse qu'un, & on arrache les autres; ils donnent leur fruit, ou dans l'automne, ou au printems, tout comme les œilletons; il est donc à propos d'avoir toujours une petite provision de graine qui se conserve fort long-tems, & qui est souvent demandée, soit pour les provinces éloignées, soit pour les isles, où on ne peut pas envoyer des œilletons : elle se trouve dans le cœur de la pomme qu'on laisse sécher en place, comme je l'ai dit plus haut; &, pour éviter qu'elle ne pourrisse en mûrissant, il faut piquer un échalas à un pied environ de la plante, du côté du nord, & y attacher la pomme, qu'on penche de manière qu'elle regarde l'horizon, afin que l'eau des pluies, qui viennent ordinairement en été, du côté du midi, ne puisse pas y entrer.

„ On jouit de ce fruit depuis le mois de mai, jusqu'en janvier & février, & on peut le conserver sec toute l'année : voici la meilleure manière.

„ Il faut d'abord éclater de force les pommes de leurs tiges, & non pas les couper; la raison est qu'en les éclatant, les tiges entraînent les filets qui sont annexés au cul, ce que le couteau ne fait point. On les jete ensuite telles qu'elles sont dans l'eau bouillante, où on les laisse cuire à moitié; retirées de l'eau, & un peu refroidies, on arrache toutes les feuilles, on ôte le foin avec une cuiller, & on coupe le dessous à l'épaisseur d'un petit écu; tout de suite, on les jete dans l'eau froide, & après y avoir resté deux heures, on les met égoutter sur des claies, exposées au soleil, où on les laisse deux jours, d'où on les fait passer au four pour achever de sécher, en observant qu'il n'y ait qu'une petite chaleur; on les y laisse jusqu'à ce qu'ils soient bien secs, & on les renferme ensuite dans un endroit où il n'y ait point d'humidité.

„ Pour s'en servir, on les fait revenir dans l'eau tiède pendant quelques heures, & on les fait cuire à l'eau bouillante, en y jetant un morceau de beurre, manié avec de la farine; on les apprête ensuite au jus ou à la sauce-blanche; on les mêle aussi dans les ragoûts; mais s'il m'est permis de dire mon sentiment, c'est un manger fort médiocre, & les bons cuisiniers ne s'en servent guères; confits à l'eau salée, ou au vinaigre, ils valent encore moins, car ils prennent un goût mariné & désagréable, qui efface tout-à-fait leur véritable goût. „

Nous ignorons si ce procédé est *le meilleur* qu'on puisse employer pour conserver sèches les pommes d'artichaut; mais nous avons cru devoir le rapporter, par respect, pour l'Auteur du meilleur traité de la culture de cette plante. (*M. Thouin.*)

Culture particulière de l'Artichaut à Laon.

Ne sachant point si M. Thouin traiteroit en détail la culture de l'Artichaut qui se fait en grand à Laon, Noyon, Chaulny & autres lieux de la Picardie, j'ai cherché à m'instruire de cette culture, dans l'espérance d'être utile à nos lecteurs. Ce qu'il y a de mieux à publier, ce sont, à mon avis, les pratiques des pays, où les

les plantes se cultivent en grand. Des réponses à des questions faites au Pere Cotte, Prêtre de l'Oratoire, formoient la plus grande partie de l'article. M. Thouin a cru devoir copier, dans l'*Ecole du Jardin potager*, tout ce qui a rapport à cet objet, & il a eu raison, parce qu'on y trouve un traité complet de la véritable culture de l'Artichaut, & plus étendu que je n'aurois pu le donner.

Pour ne pas faire un double emploi, je me bornerai à insérer ici quelques particularités relatives au commerce que la ville de Laon fait tous les ans en artichauts.

La ville de Laon est à 49° 33' 52" de latitude. Les Artichauts s'y cultivent, pour la plupart, dans la paroisse d'Ardon, située aux pieds d'une montagne, au midi.

On y emploie environ trente arpens, qui contiennent chacun cent verges, à 22 pieds la verge. La terre en est noire, sablonneuse, humide. L'Artichaut ne réussit pas aussi bien dans une terre franche, quoiqu'elle soit humide. On laboure à la bèche, à environ huit pouces de profondeur. On fume avec du fumier de cheval, d'âne, ou de mulet, & jamais avec du fumier de vache, qu'on regarde comme trop froid. C'est avec du fumier de cheval qu'on couvre en hiver les artichauts.

Il paroît qu'on ne connoît pas, à Laon, la manière de multiplier l'artichaut de graine, quoique cette manière renouvelle l'espèce, & soit nécessaire quand la gelée a détruit les plants, ou pour faire des envois au loin. On se contente de les œilletonner. L'article de M. Thouin ne s'étendant pas sur la multiplication par graines, il est bon que j'en dise quelque chose. La graine qui a plusieurs années, est préférable à la nouvelle; cette remarque a lieu pour bien des graines. L'essentiel étant de former beaucoup de têtes à l'artichaut, il en produira d'autant plus que sa végétation sera plus ralentie. Les plantes des vieilles graines montent moins facilement que celles des nouvelles.

On pourroit semer en place la graine d'artichaut, en mettant deux graines dans chaque trou, avec un peu de terreau, & espaçant convenablement les trous. Il vaut mieux semer la graine sur couche, en février ou en mars, pour repiquer les plants un mois ou six semaines après; c'est le moyen de hâter sa jouissance. Des plants ainsi élevés & soignés, donneront des artichauts en automne, comme si on eût planté des œilletons. Avec la graine, on obtient des pieds très-vigoureux à la seconde année. A la vérité, il s'en trouve quelquefois d'épineux, en plus ou moins grande quantité; on les arrache pour s'en débarrasser.

L'Artichaut à tête verte, est le seul qu'on cultive à Laon; on n'y fait point de commerce d'œilletons. Ils sont tous employés pour être plantés dans le pays. Ceux qu'on vend quelquefois, se paient communément 3 liv. le millier, 5 ou 6 liv. quand ils sont rares. A Paris, on les vend 10 ou 12 liv. le millier. En 1789, on les a vendu jusqu'à 9 liv. le cent, parce que la gelée avoit détruit presque tous les plants.

Les ennemis de l'Artichaut, à Laon, sont les pucerons, le rat d'eau, la courtilière & le mulot. L'article de l'Ecole du Jardin potager rapporte plus haut les moyens de garantir l'artichaut contre les attaques des pucerons & du mulot. Les champs d'artichaut étant près d'une petite rivière, le rat d'eau, pendant l'hiver, s'en nourrit; on se met à l'affût pour le tirer. Pour détruire la courtilière, espèce d'insecte, on jette dans son trou quelques gouttes d'eau, & pardessus un peu d'huile & de l'eau encore; l'insecte périt sur-le-champ. On assure que si on environne, avant l'hiver, les pieds d'artichaut de barbes d'orge, qui sont piquantes, on empêche les mulots d'en approcher. Je n'en ai pas fait l'expérience.

Les tiges d'artichaut à Laon, ont quatre pouces de circonférence, & deux pieds & demi de hauteur. Les feuilles ont deux pieds d'étendue. Les racines sont fortes & ont beaucoup de chevelu. Les moindres têtes ont douze pouces de circonférence, les plus grandes, seize pouces, & les moyennes, quatorze. A Tours, les têtes d'artichaut sont plus grosses; car elles ont quelquefois jusqu'à huit pouces de diamètre, c'est-à-dire, vingt-quatre pouces de circonférence. J'en ai vu de cette largeur dans une Province, où il fait moins chaud qu'à Tours.

On estime qu'à Laon, un arpent de terre peut produire six à sept milles belles têtes d'artichaut, sans compter les petites qui se forment autour de la principale tige.

Dans les terres légères, l'artichaut, comme beaucoup d'autres légumes, est plus tendre, & a plus de goût que dans les terres fortes, où il est ordinairement chancreux. Ceux des jeunes pieds sont meilleurs que ceux des vieux.

Un terrein reste à Laon deux ans planté en artichauds; on cultive ensuite à la place des légumes, tels que les oignons, les épinards, les choux, &c., sans y répandre d'engrais. Deux ans après, on y replante des œilletons; mais auparavant il faut y mettre de l'engrais. Il y a lieu de croire que les cultivateurs d'artichauts de Laon trouvent plus de profit à ne les laisser que deux ans de suite dans la terre où ils les plantent, qu'à les y laisser plus long-tems, comme on le fait dans les potagers; ce qui fait présumer qu'en les renouvellant souvent, ils donnent, ou plus de têtes, ou de plus belles. On peut, sur cela, s'en rapporter à leur industrie & à leurs intérêts.

Un arpent propre à une plantation d'artichauts, se loue à Laon, de 75 à 90 livres. Sans doute, ce prix considérable n'est pas dû seulement à l'excellence du terrein, mais à la convenance de l'exposition, & à l'avantage que trouvent les cultivateurs d'artichauts, de travailler à portée de leurs habitations : les terres qu'on cultive à la main, s'afferment plus cheres que celles qu'on cultive à la charrue, parce qu'elles rapportent plus.

A Laon, on donne aux bestiaux les feuilles d'artichauts à manger, au lieu de les lier, comme on fait dans quelques pays pour les faire blanchir & servir ensuite sur les tables, en place de cardons.

Le terroir de Laon peut produire en tout, soixante mille têtes d'artichaut, sans compter les petites, dont trente à quarante mille sont portées à Paris; le reste est pour les villes de Laon, Rheims, Châlons-sur-Marne & Troyes. Paris en reçoit en outre de ses environs & de Chauny & Noyon, en très-grande quantité, mais toujours sous le nom d'Artichauts de Laon.

On a trouvé la manière de conserver les culs d'artichauts pour en faire usage en hiver dans les ragoûts. On les fait cuire à l'ordinaire; on sépare les écailles du calice, appellées feuilles, & le foin, qui n'est autre chose que les fleurons commençans. On jette les culs dans l'eau froide, où ils se blanchissent. On les arrange sur des claies, pour les mettre au four deux ou trois fois, lorsque le pain en a été retiré. Ils deviennent minces, durs comme de la corne, mais ils reprennent leur première forme dans l'eau chaude. On vend à Paris beaucoup de culs d'artichauts séchés. En 1787, ils ne valoient que 1 liv. 16 sols la livre pesant : à la vérité, l'année avoit été abondante. C'est à Laon, Chauny & Noyon qu'on les fait sécher. Pour former une livre de culs d'artichauts, de grosseur commune en cet état, il faut quarante têtes.

On conserve aussi les artichauts entiers avec leurs feuilles. On les fait blanchir aux trois quarts; on les met dans l'eau fraiche; on les laisse égoutter; on en ôte le foin, & on les enferme dans un pot de grès, en versant dessus une eau, qui a dissout beaucoup de sel marin, & à laquelle on joint un peu de bon vinaigre. On le couvre d'huile, & on ferme le pot hermétiquement. Pour manger ces artichauts, on les met dessaler comme du poisson. On a remarqué qu'il falloit employer en même-tems tous les artichauts contenus dans un pot, parce qu'une fois exposés à l'air, ils ne pouvoient plus se garder; on ne réussit bien à conserver ainsi des artichauts, qu'autant qu'on préfère ceux d'automne, qui ont été produits par des œilletons de l'année, & qui, par conséquent, sont très-tendres.

Suivant un mercure de France de Juillet 1787, un particulier a tanné des peaux de chèvre & de veau, pour l'usage des relieurs, dans une eau chaude qui avoit servi à cuire des artichauts. Ce moyen a aussi bien réussi que si on s'étoit servi de galles blanches, ou de corne de saule. (*M. l'Abbé* TESSIER.)

DEUXIEME ESPÈCE.

Artichaut sauvage.

2, L'Artichaut sauvage est aussi originaire des parties méridionales de l'Europe; ce n'est qu'un chardon fort épineux, qui n'a nul mérite par lui-même. Mais cultivé dans les jardins, il a produit deux plantes intéressantes par leurs propriétés alimentaires. Leur culture est assez délicate, nous en allons donner les détails, d'après l'excellent ouvrage de l'Ecole du jardin potager.

Le Cardon d'Espagne, ou la variété B. de l'artichaut sauvage, est la plus grande & la plus volumineuse de nos plantes potagères; elle s'élève à la hauteur de six à sept pieds, & ses feuilles occupent une circonférence souvent de plus de douze pieds.

« Sa racine est épaisse, charnue, formée en pivot, tendre & d'une saveur agréable, quand elle est cuite; lorsque le terrein est bon, sa feuille est longue de trois, quatre & cinq pieds; elle est d'un vert d'eau, divisée en lanières larges & découpées, couverte d'un duvet blanchâtre, ayant des épines roides à tous ses angles; il y a pourtant une espèce qui n'en a pas; sa côte est large de trois doigts, épaisse & charnue, formée en gouttière; sa tige est haute de quatre à cinq pieds, jusqu'à six, canelée, cotonneuse, pleine, garnie de quelques rameaux, au sommet desquels est une tête applatie dans sa base & terminée en pointe, formée de grandes écailles, qui sont armées d'épines roides à leur extrémité, & dont la base qui tient au corps de la tête, est épaisse & charnue; cette tête s'ouvre & s'élargit peu à peu, & enfin laisse paroître, dans son milieu, un grouppe de fleurs bleuâtres, qui sont composées chacune de cinq parties, portées sur des embrions, qui se changent ensuite en une semence oblongue, lisse & verdâtre, garnie d'aigrettes, de la forme & de la grosseur à-peu-près d'un grain de froment.

» C'est sa feuille, ou pour mieux dire, sa côte & sa racine, qui font tout son mérite : on mange sa racine au gras & au maigre, & surtout au jus dans les entremets; on la sert aussi sous l'alloyau & le gigot, & c'est un mets très-estimé des gens de goût : le commun des hommes en fait peu d'usage, parce que l'assaisonnement en est trop coûteux.

» On ne lui a reconnu encore aucune propriété particulière pour la pharmacie; sa fleur seulement à une vertu, qui est de faire cailler le lait comme la pressure, & on le préfère, quand on le sait, car la pressure a quelque chose en elle qui dégoûte. Cette fleur est bleuâtre, & se détache des pommes qu'on laisse venir pour graines; on la fait sécher à l'ombre, & on en met une pincée plus ou moins forte, suivant la quantité de lait : la fleur de l'Artichaut sauvage, qu'on nomme autrement la cardonette ; a la même vertu.

»Il y a deux espèces de cardons, le commun, qu'on nomme le cardon d'Espagne, & le piquant, qu'on nomme le cardon de Tours, parce qu'il en est venu originairement : on en envoyoit beaucoup autrefois à Paris; mais aujourd'hui nos Maraichers qui en élèvent, les font venir aussi beaux & aussi bons qu'à Tours.

»Les deux espèces diffèrent, en ce que le cardon de Tours, est armé de toutes parts d'aiguillons très-pointus, que le cardon commun n'a pas; sa côte est plus pleine, un peu rougeâtre, & il est moins sujet à monter, il est même plus tendre & plus délicat à manger; en sorte qu'il est préférable à l'autre; la plupart des Jardiniers évitent cependant d'en cultiver, parce que ses piquans leur en rendent les approches difficiles : c'est aux maîtres de les encourager, & de forcer un peu leur timidité.

»L'une & l'autre espèce se multiplient de graines, & se cultivent de la même manière; les premiers qui se mangent en mai, s'élèvent sur couche : on les sème sous cloche, au mois de Janvier; & quand ils ont deux bonnes feuilles, on les repique plus à l'aise sous d'autres cloches & sur une couche neuve qui ait huit à neuf pouces de terreau : si on veut les avancer, on les laisse sous ces secondes cloches, jusqu'à ce qu'ils soient bons à replanter en place, sur une troisième couche, à laquelle il faut employer des fumiers courts, & à demi-consommés, tels que ceux des fiacres : on la charge d'un pied environ de terreau, mêlé d'un tiers de terre; & quand son plus grand feu est passé, on y range le plant en échiquier, à deux pieds & demi ou trois pieds de distance : on met une cloche sur chaque pied, jusqu'à ce qu'il soit bien repris, & on bâtit un petit treillage sur les deux bords, pour soutenir des paillassons dont on les couvre pendant les nuits & les journées fâcheuses.

»On observera de couvrir ces sortes de couches, de manière qu'il n'y ait rien derrière qui puisse être incommodé de l'ombrage de cette plante. On leur donnera quatre pieds & demi de largeur, sur deux pieds & demi de hauteur, & on aura soin de les réchauffer au besoin.

»Pour tirer plus de profit de ces couches, on sème ordinairement entre les pieds des cardons, des raves, des radis, ou telle autre plante qui n'est pas obligée d'y séjourner long-tems.

»Le cardon demande beaucoup d'eau; il faut être exact à lui en donner : & malgré même tous les soins qu'on peut prendre, on ne sauroit guères éviter, dans cette première saison, qu'il n'en monte toujours quelques-uns; c'est un inconvénient auquel il n'y a point de remède : mais ceux qui viennent à bien, dédommagent amplement, car ces premiers sont précieux.

»Lorsqu'ils sont enfin venus au point de grosseur qu'on leur demande, on les lie dans un beau jour, quand les plantes sont bien sèches, avec trois ou quatre liens de paille bien serrés, & on les empaille avec de la grande litière secouée, qui vaut mieux que de la paille neuve : on lie tout de même cette litière, & on la serre le plus qu'on peut; on laisse seulement à l'air l'extrémité des feuilles.

»Pour faire plutôt blanchir, tant ces premiers que ceux qui leur succèdent, on leur donne quelque mouillure par-dessus, c'est-à-dire, qu'on verse l'eau dans le cœur de la plante, au milieu de l'empaillage. Trois semaines après ils sont blancs, & on les coupe; on retire alors toute la paille qui sert à en faire blanchir d'autres, après l'avoir fait sécher.

»Pour en avoir qui succèdent à ces premiers, on en replante en pleine terre au mois de mars, du même plant qu'on a élevé sur couche, & on choisit la terre qui a le plus de fond; quand elle est nouvellement défoncée, ils en sont beaucoup mieux : on prépare la place en fouillant des trous d'un pied en tout sens, espacés de trois, qu'on remplit de fumier bien consommé & de quelques pouces de terreau pardessus; il suffit de mettre un seul pied dans chaque trou : on les arrose aussi-tôt qu'ils sont plantés, & on les couvre, soit avec des pots renversés, soit avec quelques feuillages, jusqu'à ce qu'ils soient bien repris; on leur donne ensuite un petit binage au pied, & on les mouille de deux en deux jours, plus ou moins, suivant leur force.

»Il en monte toujours une partie sans qu'on puisse l'empêcher; les autres qui réussissent sont bons à lier en juin & juillet. On s'y prend de la même manière que je l'ai dit ci-dessus; j'y ajouterai cependant qu'il faut beaucoup d'adresse & de précaution pour cette petite opération, tant pour ne pas casser les feuilles, que pour n'être pas maltraité des pointes aiguës dont elles sont hérissées de toutes parts, si c'est de l'espèce de Tours.

»Il est à propos pour cela d'avoir des bas & des culottes de peau & des gants pareils; & quand les pieds sont forts il faut être deux, placés vis-à-vis l'un de l'autre; chacun de son côté relève doucement les feuilles qui s'écartent tout au tour; l'un des deux ensuite les embrasse toutes avec les bras, & l'autre les lie. Sans ces précautions, on se déchire les mains, & on casse la moitié des feuilles, ce qui ôte la moitié du mérite de la plante.

La seconde semence de Cardons se fait à la mi-avril, & ceux-ci servent pour l'automne & l'hiver. On dresse des planches de six pieds de largeur, & on prépare des trous disposés & espacés comme je l'ai dit ci-dessus. On y met trois ou quatre grains, à deux pouces de distance l'un de l'autre, qu'on enfonce un peu avec le doigt; quinze jours ou trois semaines après, ils lèvent, & quand ils sont un peu forts; on choisit les plus vigoureux pour demeurer en place, & on arrache les autres. Quelques Jardiniers en laissent deux, mais ce sont gens malentendus, car ils se nuisent l'un à l'autre, & ne font jamais de beaux pieds. Il est à propos cependant d'en réserver toujours quelques pieds jusqu'à un certain tems, pour remplacer ceux qui viennent à périr; car la fourmi rouge & le ver d'hanneton, dans certaines années, en détruisent beaucoup; la mouche leur fait aussi quelquefois la guerre. Le seul remède contre ce dernier insecte, c'est de les arroser souvent à la fin du jour.

„Il faut les serfouir au besoin & les arroser amplement, pendant tout l'été, de la manière que je l'ai dit. On commence enfin au mois d'octobre d'en lier quelques-uns des plus forts, qu'on empaille tout de suite pour les faire blanchir, & on continue de huit jours en huit jours, suivant son besoin, jusqu'aux approches des gelées; pour lors il les faut tous lier sans les empailler. On les butte un peu en même-tems, pour que les vents ne les renversent pas, & on les laisse sur pied tant qu'on peut, en les entourant grossièrement de litière pendant les premières gelées; mais lorsqu'enfin on ne peut plus reculer à les mettre en sûreté, il faut les arracher en motte. Ceux qui n'ont pas des serres commodes, fouillent, dans le terrein le plus sec qu'ils peuvent avoir, une tranchée de trois pieds de profondeur sur quatre de largeur, & longue à proportion de la quantité qu'ils ont; ils élèvent ensuite un peu de paille longue au bout de la tranchée, c'est ce qu'on appelle un chevet de paille, & ils adossent trois ou quatre pieds de Cardon; ils remettent pardessus une autre épaisseur de paille, ensuite un rang de Cardons; & & ainsi du reste, tant qu'il y en a. Il faut laisser à l'air l'extrémité des feuilles autant qu'on le peut; mais quand la gelée devient un peu forte, on couvre alors toute la superficie de la tranchée avec de la grande litière ou des feuilles, si on n'a rien de mieux; & si on a des paillassons, on les met en talus par-dessus pour empêcher que les pluies ne pénètrent le cœur des plantes, & ne les fassent pourrir; ils se conservent dans cette situation jusqu'au carême, si on les préserve bien des gelées & des humidités; mais c'est à quoi on ne réussit pas toujours.

„A Tours, où on n'a pas l'abondance des fumiers que nous avons ici pour les empailler, on les fait blanchir dans la terre, & voici la méthode des Jardiniers. Ils sèment leur graine comme nous, en mars ou en avril, & y apportent les mêmes soins; mais ils les disposent différemment. Ils donnent un intervalle de cinq pieds d'un rang à l'autre, & les placent à deux pieds l'un de l'autre; ils occupent les intervalles en laitues, chicorées ou autres plantes qui peuvent être levées avant la Toussaints; auquel tems, ayant besoin de la terre pour les enterrer, ils fouillent cet espace profondément, & adossent les terres contre les Cardons, après les avoir liés jusqu'à l'extrémité des feuilles, c'est-à-dire, à deux ou trois pieds de hauteur, suivant leur force. Au bout de trois semaines, ils se trouvent blancs, & dès-lors il faut les consommer, sans quoi ils pourrissent; c'est pourquoi chacun s'arrange pour n'en faire blanchir qu'à fur-&-mesure de la consommation qu'il en peut faire, & de quinze jours en quinze jours ordinairement ils en enterrent une partie. A l'égard de ceux qu'ils veulent conserver pour l'hiver, ils les couvrent, ou ils les portent dans la serre à l'approche des grandes gelées. Tous ceux qui n'ont pas facilement des fumiers, doivent suivre cette méthode.

„Quand on a des serres, il faut les y enterrer en motte dans du sable frais, sans les empailler, à moins qu'on n'en soit pressé, car ils blanchissent également sans paille, mais plus tard; ils se trouvent là à l'abri de tous les mauvais tems, & ils se conservent jusqu'à Pâque, si la serre est bonne, & qu'on ait soin de leur donner de l'air aussi souvent que le tems peut le permettre; cependant beaucoup de Maraichers ne les enterrent pas, ils les adossent seulement l'un sur l'autre contre un mur, avec l'attention de les visiter souvent, & de les nétoyer, je veux dire, d'ôter proprement toutes les feuilles qui pourrissent; ils connoissent ceux qui peuvent aller le plus loin, & ils les mettent à part; ceux qui pressent sont ceux qu'ils portent aux marchés.

„Pour en recueillir de la graine, il faut en laisser quelques pieds en place, & aux approches des gelées les couper à quelques pouces de terre, & les couvrir comme les Artichauts; ils passent fort bien l'hiver, pourvu qu'on leur donne un peu d'air quand il fait doux; au mois de mars on les découvre tout-à-fait, & ils commencent bientôt après de faire leur tige, qu'il faut renverser du côté du nord, & lier à des échalats, comme je l'ai dit pour l'Artichaut, afin que l'eau des pluies n'entre pas dans la pomme, & ne fasse pas pourrir la graine; & pour l'avoir mieux nourrie, il ne faut laisser qu'une tête sur chaque rameau, & couper toutes les autres qui naissent en abondance. Lorsqu'enfin les têtes & la tige sont sèches, on les coupe & on les attache en paquets, qu'on accroche à un plancher jusqu'au besoin; la graine s'y conserve beaucoup plus long-tems que lorsqu'elle est vannée; elle est bonne jusqu'à dix ans. On observera que les mêmes pieds qui ont porté graine, se conservent huit & dix ans, étant un peu soignés l'hiver; & Gens d'expérience m'ont assuré que plus le pied vieillissoit, plus la graine qu'il rapportoit avoit de qualité.

„A l'égard du Cardon piquant, je dois observer que le plant de la graine qu'on recueille ici, dégénère considérablement; il faut la tirer de

Tours; pour avoir la Carde dans toute sa qualité.»

Les deux dernières espèces d'*Artichauts* sont des plantes qui s'élèvent d'un pied tout au plus; leurs feuilles radicales sont couchées sur terre, & y forment une rosette assez singulière.

Culture. Ces plantes aiment un terrein pierreux, très-sec & les expositions les plus chaudes; elles craignent les froids qui passent trois ou quatre degrés, c'est pourquoi il est plus sûr de les cultiver en pots dans notre climat, afin de les rentrer dans les orangeries, ou sous des chassis pendant l'hiver. On multiplie ces plantes au moyen de leurs semences, qui doivent être mises en terre au printems sur une couche chaude. Ces graines ainsi semées lèvent dans les quinze premiers jours, & le jeune plant est propre à être repiqué vers le mois d'Août. Ces repiquages doivent être faits dans des pots de huit à neuf pouces de diamètre, attendu que les racines de ces plantes deviennent assez considérables. On les multiplie encore par la voie des œilletons, à la manière des Artichauts communs; mais il convient de les séparer dès le mois de mars, & de les faire reprendre sur une couche tiède, couverte d'un chassis qu'on ombrage pendant les huit ou dix premiers jours. Ces plantes fleurissent vers la fin de l'été, mais il est rare que leurs semences viennent à parfaite maturité dans notre climat.

Usage. Ces Plantes ne sont propres qu'à occuper leur place dans les Ecoles de Botanique; elles y sont fort rares. (*M. Thouin.*)

Artichaut de Jérusalem. Nom donné par les Pâtissiers de Paris à la racine de l'*Heliantus tuberosus* L. *Voyez* Héliante tubéreux. (*M. Thouin.*)

Artichaut sauvage d'Espagne. *Cynara humilis* L. *Voyez* Artichaut nain. (*M. Thouin.*)

Artichaut sauvage *ou* Chardon-marie. *Carduus marianus* L. *Voyez* Cartame taché. (*M. Thouin.*)

ARTIFI *ou* SALCIFI. *Tragopogon porrifolium* L. *Voyez* Salsifi commun. (*M. Thouin.*)

ARUBE, *Aruba.*

Genre peu connu des Botanistes, qui a été établi par Aublet, dans son Histoire des Plantes de la Guyane Françoise. Il n'en existe encore qu'une espèce.

Arube de la Guyane, *Aruba Guyanensis*, Aubl. Guyan. *page* 194, *tome* 135.

Cette espèce est un arbrisseau de cinq à six pieds de haut, garni de rameaux qui portent des feuilles, les unes simples, & les autres composées de trois folioles, d'un verd lisse. Ses fleurs, qui paroissent en Juillet, sont verdâtres, disposées en grappes terminales & fort petites; elles sont suivies de fruits composés de trois ou six capsules qui renferment chacune une seule semence.

Cet arbrisseau croît dans les grandes forêts d'*Aroura*, canton de la Guyane. Jusqu'à présent il n'a point été cultivé en Europe. (*M. Thouin.*)

AS, *livre Romaine.* « On se sert aussi de ce » mot pour désigner une chose entière ou un » tout, d'où est venu le mot anglois *ace*, & sans » doute le mot françois *as* au jeu de cartes. » Ainsi, *As* signifie un héritage entier, d'où est » venue cette phrase, *hæres ex asse*, ou *legatarius* » *ex asse*, l'héritier de tout le bien. Ainsi, le » *jugerum* ou l'acre de la terre Romaine, quand » on la prenoit en entier, étoit appelée *As*, & » divisée pareillement en douze onces.» *Voy.* Jugerum ou Acre. *Anc. Encyclop.* (*M. l'Abbé Tessier.*)

ASARET ou CABARET, *Asarum.*

Ce genre, qui fait partie de ceux qui composent la famille des Aristoloches, ne renferme que trois espèces. Ce sont des plantes vivaces, presque sans tiges, & qui rampent sur la terre. Elles n'offrent rien d'intéressant à l'œil, mais elles sont douées de propriétés utiles en médecine.

Espèces.

1. Asaret d'Europe, Cabaret, Rondelle, *ou* Oreille d'homme.

Asarum Europæum. L. ♃ des bois humides de la France.

2. Asaret de Canada.

Asarum Canadense. L. ♃ de Canada.

3. Asaret de Virginie.

Asarum Virginicum. L. ♃ de Caroline & de Virginie.

1. L'Asaret d'Europe pousse de ses racines qui sont charnues & fibreuses, des feuilles reniformes, d'une verdure luisante & foncée; elles forment des touffes de cinq à six pouces de haut, au millieu desquelles se trouvent des fleurs d'un pourpre noirâtre, peu apparentes. Elles épanouissent dans le mois de juin, & sont suivies de semences qui mûrissent en septembre.

Culture. Cette plante croît naturellement dans les bois & sur les montagnes dont le sol est un peu humide. On la conserve aisément dans les jardins à des expositions ombragées, dans des terreins meubles & frais. Elle se multiplie plus aisément & plus promptement de drageons que de graine. Les drageons se séparent des racines au printems & à l'automne; mais la première de ces deux saisons doit être préférée, parce que cette plante entre en végétation dès le mois de février, & que lorsqu'elle est en sève, la reprise de ses drageons est plus lente & moins sûre. On les sépare des vieux pieds en les coupant avec la serpette, & on les plante dans une plate-bande de terre meuble à l'exposition du nord, & dans un lieu humide. Il convient de ne pas trop les enterrer & de les espacer à un pied de distance les uns des autres. Lorsqu'ils ont passé trois années en pépinière, ils forment des touffes assez fortes pour être plantés à leur destination. Les graines doivent être semées à l'automne qui suit leur maturité; si l'on attend plus tard, il est rare qu'elles lèvent. On les sème dans des terrines remplies d'une terre sablonneuse & légère; elles lèvent au printems suivant, & le jeune plant est assez fort pour être repiqué en pépinière à l'automne.

Usage. Cette espèce n'est guères recherchée que dans les jardins de plantes médicinales à cause de ses propriétés; on pourroit cependant s'en servir avec succès pour tapisser le sol des futaies humides, sur lequel il ne croît point de végétaux; mêlée avec les différentes espèces de Pervenche, elle y formeroit un tapis d'une verdure foncée assez agréable.

2. Asaret de Canada. Celle-ci ressemble beaucoup à la première; elle s'en distingue néanmoins aisément par ses feuilles qui sont plus grandes, & terminées par une pointe; leur couleur est aussi moins foncée. Elle fleurit dans la même saison, & produit des graines qui mûrissent en septembre.

Culture. Cette plante aime aussi les lieux ombragés, mais elle préfère une terre forte & moins humide que celle qui convient à la première. On la multiplie de la même manière, & elle peut servir aux mêmes usages.

3. Asaret de Virginie. Les racines de cette troisième espèce sont moins traçantes que celles des deux précédentes; elles forment un faisceau de filamens, charnus & noirs, qui s'enfoncent en terre à six ou huit pouces de profondeur. Des côtés de ces racines sortent plusieurs feuilles qui sont portées sur de longs pédicules, & qui ont la forme d'un cœur. Leur couleur est d'un vert foncé; leurs fleurs qui naissent du milieu des racines, sont d'un pourpre noir; elles paroissent dans les mois d'avril & de mai, & sont suivies de semences qui mûrissent en juillet & août.

Culture. Cette espèce est infiniment plus délicate que les deux autres; il convient de la cultiver dans des plates-bandes de terreau de bruyère, à l'exposition du levant. Nous l'avons vue périr plusieurs fois en pleine terre par l'effet des gelées; c'est pourquoi nous croyons à propos de recommander de la couvrir dans les grands froids, & même d'en cultiver quelques pieds dans des pots qu'on rentrera l'hiver dans l'orangerie, sur les appuis des croisées.

On la multiplie aussi par le moyen des œilletons; mais, comme elle est plus délicate que les autres, il faut attendre qu'ils soient bien enracinés pour les séparer de la souche, & ne faire cette opération qu'au premier printems. On les plante dans des pots de terreau de bruyère qu'on place sur une couche presque sans chaleur, à l'exposition du levant; ils doivent y rester jusqu'aux gelées de trois à quatre degrés; ensuite on les rentre dans l'orangerie pendant le reste de l'hiver, & au printems suivant, on peut les placer en pleine terre, soit sur les gradins, parmi les plantes alpines, soit dans des planches de terreau de bruyère.

Usage. Cette plante mérite d'être cultivée dans les jardins d'agrément, à cause de l'odeur aromatique & poivrée de ses feuilles. Elle est encore rare chez nous. (*M. Thouin.*)

ASARINE. *Asarina*, ancien genre de *Lobel*, dont Linné a fait une espèce sous le nom *d'Antirrhinum Asarina*. *Voyez* Muflier reniforme. (*M. Thouin.*)

ASCARIDE. Sorte de petit ver rond & court, qui s'attache assez fréquemment à la racine des plantes qu'on cultive dans des pots; il les ronge & les détruit insensiblement, ce qui occasionne des maladies aux végétaux qui en sont attaqués, & souvent même les fait périr.

Le moyen d'en délivrer les plantes, est de prendre les pots qui les renferment, de les placer dans des terrines remplies d'eau, & de les y laisser vingt-quatre heures. L'eau montant par les ouvertures du vase, imbibe la terre de proche en proche, jusqu'à sa surface, & chasse devant elle les Ascarides qu'on prend à son aise & qu'on écrase. (*M. Thouin.*)

ASCARINE. *Ascarina.* Nouveau genre de plante établi par M. Forster. C'est une plante dioique, dont le port, la culture & l'usage nous sont inconnus. (*M. Thouin.*)

ASCENSION de la Sève. Mouvement du bas en haut du fluide, qui donne aux végétaux leur accroissement. On n'est pas d'accord sur certains mouvemens de la sève; par exemple, tout le monde ne convient pas que la partie qui a monté jusqu'aux extrémités des branches & des feuilles, redescende vers les racines. Mais personne ne doute que la sève ne parte des racines pour aller nourrir & accroître le tronc ou la tige & les rameaux. L'époque de l'Ascension de la Sève est très-importante à connoître pour le jardinage, à cause des transplantations, marcottes, greffes, &c. C'est au printems que la Sève commence à monter dans les plantes; elle monte d'une manière plus sensible, lorsqu'après des arrosemens naturels ou artificiels, il survient de la chaleur. *Voyez* le deuxième discours préliminaire, pages 56 & suivantes, & le Diction. des Arbres, par M. de Fougeroux. (*M. l'Abbé Tessier.*)

ASCI. Plante qui croît en Amérique: elle s'élève de cinq ou six palmes, & même davantage.

Elle est fort branchue; sa fleur est blanche, petite & sans odeur, son fruit a le goût du poivre. Les Américains en assaisonnent leurs mets; les Européens en font aussi usage. Il pousse des espèces de gousses rouges, creuses, longues comme le doigt; ces gousses contiennent des semences. (*anc. Encyclop.*) Cette plante est une espèce de *Capsicum* qui pourroit bien être l'*Annuum* de L. *Voyez* PIMENT. (*M. THOUIN.*)

ASCITE. Hydropisie du bas-ventre. Dans cette maladie, le ventre est tuméfié, les flancs sont avalés, la présence des eaux se fait sentir, lorsqu'en pressant d'une main un des côtés du ventre, on pose l'autre sur le côté opposé.

L'Ascite est causée par l'obstruction d'un ou de plusieurs viscères du bas-ventre.

L'animal, qui l'éprouve, n'a point ou presque point d'appétit; ses forces diminuent; il maigrit; ses jambes enflent; les urines ne coulent qu'en petite quantité, & sont troubles & épaisses; la respiration devient difficile & laborieuse; la mort est ordinairement la suite de cet état.

Rien n'est plus difficile que de guérir cette maladie, parce qu'on ne l'attaque que quand elle a fait de grands progrès. Si, à cette époque, l'animal n'est pas précieux, il faut le laisser mourir; s'il est précieux, on peut tenter quelques moyens.

Au commencement de la maladie, ce qui convient le mieux, ce sont les doux purgatifs en breuvage & en lavement, à petite dose, & souvent réitérés. Quand l'Ascite existe depuis quelque tems, les purgatifs sont nuisibles. Alors on doit recourir aux résolutifs & aux diurétiques, & en conséquence, donner aux animaux des feuilles de cheli-doine, de fumeterre, de chicorée, du suc d'oignon avec de l'eau-de-vie, du vin blanc, dans lequel on fait macérer des cloportes & des baies de genièvre, ou des cendres de genêt, enfin une infusion de racine de chicorée sauvage & de persil.

M. Vitet proscrit du traitement de l'Ascite, les sudorifiques, le mercure doux, l'euphorbe, la gomme gutte, même les préparations d'antimoine. Ces remèdes en augmentent l'obstruction & diminuent les forces vitales, ou échauffent les animaux malades & leur causent de violentes coliques.

La dernière ressource est la ponction. Cette opération se fait dans l'espace compris entre les dernières fausses côtes & les os pubis, en plongeant dans le ventre, un instrument, appellé *trois-quart*, & en évitant de toucher le muscle longitudinal de l'abdomen. Le trois-quart est composé d'une canule & d'un poinçon, à extrémité aiguë & triangulaire. On retire le poinçon & on laisse la canule pour donner passage aux eaux. Il ne faut pas évacuer la totalité des eaux en une fois, parce qu'on affoibliroit trop l'animal; quand donc on en a retiré la moitié, on ôte la canule; on applique sur la plaie de l'étoupe sèche, cardée, assujétie avec un emplâtre. Deux jours après, on réitère la ponction, pour retirer le reste des eaux. Chaque fois que les eaux s'évacuent, on comprime le ventre avec un bandage, qu'on arrose de tems en tems avec du vin chaud, saturé d'alun & de vitriol.

Cette opération n'exclut pas les remèdes qui doivent faire couler les urines. Au contraire, leur effet concoure avec elle à la guérison des animaux. Quand la ponction a été faite & qu'on peut espérer que toutes les eaux sont évacuées, c'est alors qu'il faut, aux diurétiques, joindre des boissons toniques, telles que des eaux ferrées, des infusions de plantes aromatiques.

Il me semble qu'au lieu d'attendre totalement l'insuffisance des autres moyens, on devroit faire la ponction aussi-tôt qu'on est assuré qu'il y a de l'eau dans le ventre. En hâtant cette opération, on prévient le relâchement & l'atonie des fibres, que les toniques le plus souvent ne rétablissent pas, quand elles ont été trop long-tems abreuvées d'eau.

Encore une fois, à moins que ce ne soit un animal précieux, il y a plus à gagner à ne le point traiter du tout dans cette maladie. (*M. l'Abbé TESSIER.*)

ASCLEPIADE. *ASCLEPIAS.*

Ce genre, qui fait partie de la famille des APOCINS, ne renferme que des plantes vivaces, presque toutes étrangères à l'Europe, & qui croissent dans les pays chauds. Elles donnent un suc laiteux très-abondant, qui est âcre & caustique, & dont on fait usage en Médecine. La plupart des espèces sont de jolis arbustes ou arbrisseaux toujours verts, & les autres sont des plantes plus ou moins élevées, dont les tiges herbacées périssent tous les ans. Presque toutes les fleurs des plantes de ce genre sont apparentes & de couleurs éclatantes; elles ont une structure fort singulière, dans laquelle on a cru reconnoître la configuration des parties génitales de l'homme.

Les arbrisseaux se conservent dans les serres chaudes, & les plantes vivaces se cultivent dans l'orangerie ou en pleine-terre. Toutes se propagent aisément par le moyen de leurs graines; les espèces ligneuses reprennent de marcottes, & quelquefois de boutures, & les herbacées viennent facilement d'œilletons.

Les tiges de quelques-unes de ces plantes donnent une filasse soyeuse, qui peut servir à faire des toiles; les aigrettes de leurs semences sont plus ou moins propres à faire des ouates, & à former différens tissus, en les mêlant avec d'autres matières.

Espèces.

* *Feuilles opposées.*

1. Asclepiade ondulée.
Asclepias undulata. L. ♃ d'Afrique.
2. Asclepiade crêpue.
Asclepias crispa. La M. Dict.
B. Asclepiade crêpue, à feuilles étroites.
Asclepias crispa angustifolia. ♃ du cap de Bonne-Espérance.
3. Asclepiade velue.
Asclepias pubescens. L. ♄ du cap de Bonne-Espérance.
4. Asclepiade géante.
Asclepias gigantea. L. ♄ d'Egypte.
B. Asclepiade géante, à larges feuilles.
Asclepias gigantea latifolia. ♄ de la côte de Malabar.
5. Asclepiade de Syrie, ou Apocin à la houette.
Asclepias Syriaca. L.
B. Asclepiade de Syrie, à fleurs blanchâtres.
Asclepias Syriaca exaltata. L. ♃ d'Egypte, de Syrie, de Sibérie & de Virginie.
6. Asclepiade élégante.
Asclepias amœna. L. ♃ de l'Amérique septentrionale.
7. Asclepiade pourprée.
Asclepias purpurascens. L. ♃ de la Caroline.
8. Asclepiade panachée.
Asclepias variegata. L. ♃ de l'Amérique septentrionale.
9. Asclepiade de Curaçao.
Asclepias Curassavica. L.
B. Asclepiade rameuse de Curaçao.
Asclepias Curassavica ramosa. ♃ des Isles Antilles.
10. Asclepiade à feuilles d'amandier.
Asclepias nivea. L. ♃ des Antilles & de Virginie.
11. Asclepiade incarnate.
Asclepias incarnata. L. ♃ de Canada & de Virginie.
12. Asclepiade inclinée.
Asclepias decumbens. L. ♃ de Virginie.
13. Asclepiade de Ceylan.
Asclepias lactifera. L. ♃ de l'Isle de Ceylan.
14. Asclepiade blanche, ou dompte-venin.
Asclepias vincetoxicum. L. ♃ des environs de Paris.
15. Asclepiade noire.
Asclepias nigra. L. ♃ des Provinces méridionales de France.
16. Asclepiade arborescente.
Asclepias arborescens. L. ♄ du cap de Bonne-Espérance.
17. Asclepiade à feuilles de saule.
Asclepias fruticosa. L. ♂ d'Afrique.
18. Asclepiade de Sibérie.
Asclepias Sibirica. L. ♃ du nord de l'Asie.
19. Asclepiade verticillée.
Asclepias verticillata. L. ♃ de Virginie.
20. Asclepiade graminée.
Asclepias graminea. La M. Dict. de l'Inde.

** *Feuilles alternes.*

21. Asclepiade rouge.
Asclepias rubra. L. de Virginie.
22. Asclepiade tubéreuse.
Asclepias tuberosa. L. ♃ de l'Amérique septentrionale.
23. Asclepiade de la Floride.
Asclepias Floridana. La M. Dict. des bords du Mississipi & de la Floride.

*** *Espèces moins connues.*

24. Asclepiade expectorante.
Asclepias asthmatica. L. Fil. Suppl. des bois de l'Isle de Ceylan.
25. Asclepiade charnue.
Asclepias carnosa. L. Fil. Suppl. de la Chine.
26. Asclepiade grimpante.
Asclepias volubilis. L. Fil. Suppl. ♄ de l'Isle de Ceylan.
27. Asclepiade à grandes fleurs.
Asclepias grandiflora. L. Fil. Suppl. du cap de Bonne-Espérance.
28. Asclepiade tortillée.
Asclepias spiralis. Forst. ♄ de l'Arabie.
29. Asclepiade sans feuilles.
Asclepias aphylla. Forst. de l'Arabie.
30. Asclepiade stipitacée.
Asclepias stipitacea. Forst. ♄ de l'Arabie.

Observation. Nous sommes fort éloignés de posséder en Europe toutes les espèces indiquées dans cette liste; quelques-unes n'y ont fait que paroître, & d'autres n'y ont jamais été apportées. Nous ne parlerons que de celles qui nous sont connues, & dont la culture nous est familière, ou a été indiquée par Miller.

4. L'Asclepiade géante est un arbrisseau qui s'élève à six ou sept pieds de haut; ses tiges sont droites & garnies seulement d'un petit nombre de branches. Les feuilles sont ovales, épaisses & couvertes, ainsi que les autres parties, d'un duvet cotonneux, blanchâtre. Ses fleurs, les plus grandes de toutes celles de ce genre, sont disposées par petites ombelles de cinq ou six, dans les aisselles des feuilles. Leur couleur varie; elles sont blanches dans quelques individus, dans d'autres, d'un jaune rougeâtre ou d'un rouge violet,

violet, comme dans la variété B. Il leur succède de grosses gousses renflées, qui contiennent un grand nombre de semences terminées par des aigrettes fort longues & fort soyeuses.

Culture. Cet arbrisseau ne vit pas plus de quatre à cinq ans dans notre climat; il aime une terre sablonneuse & substantielle; pendant l'été, il peut être exposé à l'air libre, sur une couche tiède, au plein midi. Dans cette saison, & lorsqu'il pousse vigoureusement, il convient de l'arroser fréquemment; mais, dès le milieu de l'automne, il faut le rentrer dans une serre chaude & le placer sur une couche de tannée, où il doit passer l'hiver. Comme l'humidité lui est très-nuisible dans cette saison, il faut avoir soin de lui donner plutôt des bassinages qui humectent la surface de la terre, que des arrosemens qui la pénètrent. Cette plante est souvent attaquée, ainsi que toutes celles de ce genre, par les pucerons & autres insectes des serres, qui sont attirés par une sève mielleuse qui suinte des différentes parties de la plante, & principalement des jeunes pousses. C'est pourquoi il est à propos de les laver souvent avec une décoction de feuilles de tabac pour éloigner ces insectes ou les faire périr.

5. L'ASCLEPIADE de Syrie, ou l'Apocin à la ouate, est une plante vivace, traçante & rustique; ses racines qui sont blanches, s'étendent souvent à la distance de quatre à cinq pieds. Elles sont comme articulées, très-laiteuses, & remplies de chevelu. Elles poussent des tiges droites de trois à quatre pieds de haut, qui ont presque la force & la consistance du bois; rarement elles se divisent en branches. Ces tiges sont garnies de feuilles larges & épaisses, de figure ovale, d'un verd cendré en-dessus, & blanches en-dessous. Les fleurs qui paroissent en juillet, sont disposées en ombelles, dans les aisselles des feuilles, vers le sommet de la tige. Leur couleur est d'un gris de lin, & leur odeur, qui d'abord paroît douce & agréable, ne tarde pas à devenir fade, ce qui indique une qualité narcotique, malfaisante & nuisible. Ces fleurs donnent naissance à des gousses renflées dans le milieu, & terminées en pointe par les deux extrémités. Elles renferment un grand nombre de semences plates, couronnées d'aigrettes soyeuses, qui constituent ce que l'on appelle la houette ou ouate, employée dans les arts.

Culture. Cette plante croît dans toutes sortes de terreins & à toutes les expositions. Placée dans un sol substantiel, ombragé & légèrement humide, elle s'élève à cinq ou six pieds de haut, se couvre de fleurs, & ne produit qu'un petit nombre de fruits; au lieu que dans un sol léger, sec & chaud, elle ne s'élève que de deux à trois pieds, fleurit moins abondamment, & donne une plus grande quantité de gousses qui mûrissent parfaitement dans les années qui ne sont pas trop froides. Ainsi, le choix du terrein n'est pas douteux, soit qu'on veuille cultiver cette plante pour l'agrément, soit pour en faire un objet de commerce.

On la multiplie de graines & de drageons; on peut aussi la multiplier de semence, mais cette voie de multiplication est la plus longue & la plus minutieuse: lorsqu'on veut en faire usage, si l'on n'a qu'une petite quantité de graines dont on veuille obtenir le plus grand nombre de plants possible, il faut la semer dans des caisses ou dans des terrines; si, au contraire, on a beaucoup de graines, & qu'on ne craigne pas d'en perdre une partie, on les sème en pleine-terre. Ces deux espèces de semis doivent être faits au printems dans une terre bien divisée, légère & substantielle, les premiers à la fin de mars, sur une couche tiède, à l'exposition du levant, & les seconds, vers la mi-avril. Ceux-ci se font pour l'ordinaire, dans une planche de terre légère, dont on unit bien la surface, & & que l'on borde de tous côtés, soit avec la terre de la planche même, soit avec celle des sentiers. On donne à ces rebords trois à quatre pouces d'élévation, afin qu'ils puissent retenir les eaux des arrosemens & les empêcher de s'écouler hors de la planche. On répand après cela les graines sur la surface de la terre, le plus également qu'il est possible, mais assez clair-semées pour qu'il ne s'en trouve que trois environ dans la surface d'un pouce quarré. On les recouvre de l'épaisseur de six lignes, tout au plus, avec un mêlange composé par égales parties, de la terre du sol & de vieux terreau de couche bien consommé; on piétine ensuite légèrement la planche, on l'unit & on l'arrose à plusieurs reprises. Un beau tems & une terre un peu sèche, facilitent singulièrement cette opération. Les semis, & sur-tout ceux qui sont dans des vases, doivent être arrosés fréquemment. On ne risque rien à les bassiner soir & matin pendant tout le tems que les graines sont en terre, & qu'il ne tombe point de pluies. Mais aussi-tôt qu'elles commenceront à lever, il faudra modérer les arrosemens, les rendre plus légers & moins fréquens. Les graines semées dans des vases & sur couche, lèvent assez ordinairement dans l'espace de six semaines ou deux mois; celles de pleine-terre sont plus tardives d'une quinzaine de jours. Le plant croît peu la première année, il pousse plus en racines qu'en tiges; celui des vases sur-tout n'est bon à être repiqué qu'au printems de l'année suivante. Quelques cultivateurs préfèrent même de ne lever les semis en pleine-terre que la seconde année, & pendant le dernier hiver, ils les couvrent de feuilles sèches lorsque les gelées sont au-dessus de six à sept degrés.

C'est au printems, vers le commencement de mars, que se font les repiquages de l'Apocin à la ouate, quelques tems avant que les plantes ne commencent à pousser. Lorsque le terrein destiné à les recevoir a été bien ameubli par un labour, on le divise par des rayons tracés au cordeau, à trois ou six pieds de distance en tout sens les uns des autres, suivant que l'on veut jouir plus ou moins promptement, que la terre est plus ou moins favorable à cette culture, ou que l'on a une plus ou moins grande quantité de plants. On les lève avec une fourche pour ménager davantage les racines, & on se sert pour les repiquer, d'un fort plantoir ferré par le bout. Lorsque l'opération se fait en grand, elle exige trois personnes, un homme fort & vigoureux pour faire les trous, un enfant pour placer les pieds dans chacun de ces trous, à mesure qu'on les fait, & une troisième personne enfin pour les planter & affermir la terre autour des racines. Une plantation à trois pieds de distance se garnit dans l'espace de deux ans, mais celle qui est à six pieds, en met ordinairement cinq à couvrir entièrement la terre. Nous ne savons pas précisément l'époque à laquelle une telle plantation s'appauvrit & doit être renouvellée, parce que nous n'avons pas été à portée de voir d'assez anciennes cultures pour la déterminer. Mais nous croyons qu'elle peut durer très-long-tems, comme, par exemple, quinze ou vingt ans; car cette plante est tellement vivace, que lorsqu'elle s'est une fois emparée d'un terrein, il est très-difficile de l'empêcher d'y croître. Mais peut-être que ces plantes, si les pieds étoient très-rapprochés, ou les racines trop vieilles, ne donneroient plus que des tiges foibles & sans vigueur qui produiroient peu de gousses, & qu'alors il seroit nécessaire de renouveller la plantation beaucoup plutôt. C'est à l'expérience à démontrer l'influence & les effets de ces deux causes réunies ou séparées.

La multiplication par drageons est infiniment plus expéditive & moins assujétissante. Il suffit de prendre des racines de cette plante autour des vieux pieds, & de les mettre en place sur-le-champ, comme les jeunes plants. Dès l'année suivante, on obtient une récolte, & l'année d'après, la culture est en plein rapport.

Quant aux façons qu'exige cette plante, elles se réduisent, pendant les deux premières années, à des sarclages, à des binages & à quelques labours pour écarter les mauvaises herbes, ameublir la terre, & faciliter aux racines le moyen de s'étendre plus aisément. Après cela, on peut l'abandonner à elle-même, elle s'emparera si bien de la totalité du terrein, qu'aucune plante étrangère n'y pourra croître, & qu'elle aura bientôt passé les limites qu'on lui aura marquées. Si l'on veut augmenter le produit des récoltes, & les obtenir d'une meilleure qualité, on n'aura qu'à répandre du fumier tous les deux ans sur la surface du terrein, les plantes croîtront avec plus de force, & produiront plus abondamment.

La récolte des gousses de l'Apocin à la ouate se fait depuis le mois de septembre jusqu'à la fin d'octobre; des enfans parcourent le champ avec des paniers, & coupent avec une serpette, tous les fruits qui commencent à s'ouvrir. On les dépose & on les étend dans un lieu sec & aéré, où ils achèvent de mûrir. Lorsqu'ils sont bien secs, on les renferme dans de grands sacs, & pendant l'hiver on sépare la ouate des graines & des gousses.

Après la récolte des fruits, on fait celle des tiges, elle consiste à les couper le plus près de la terre qu'il est possible, & à les appareiller suivant leur grosseur & leur longueur. On les fait rouir comme le chanvre, on les serance ensuite, & on les broie de la même manière.

Usage. L'Asclepiade de Syrie peut servir à l'emploi d'un grand nombre de terreins de médiocre qualité; les aigrettes de ses semences sont employées à ouater des habits; elles entrent dans la composition de plusieurs tissus, comme dans celle des étoffes & des chapeaux. On les mêle pour cet effet avec d'autres substances, telles que du coton, de la soie, & du poil de différens animaux. On retire des tiges une filasse très-fine & de bonne qualité, dont on peut fabriquer des toiles & faire des cordes. On ne sauroit trop recommander la culture de cette plante dans les campagnes, parce qu'indépendamment du bénéfice qu'on en retire, ses récoltes se font dans l'intervalle des autres, & ne dérangent en rien les travaux de la campagne; elles ont d'ailleurs l'avantage de pouvoir être faites par des femmes & des enfans, auxquels elles procurent encore une occupation utile pendant les longues soirées d'hiver.

6. L'Asclepiade élégante pousse chaque année de sa racine plusieurs tiges simples qui s'élèvent de deux à trois pieds. Elles sont garnies du haut en bas, de feuilles ovales pointues, glabres en-dessus, blanchâtres, & tomenteuses en-dessous. Ses fleurs qui paroissent à la fin de juin, viennent en manière d'ombelle au sommet des tiges; elles sont d'un pourpre brillant, qui produit un fort bel effet. Il est très-rare qu'elles donnent des fruits dans notre climat.

Culture. On cultive cette plante en pleine-terre. Elle aime les terreins meubles & substantiels, & les expositions du levant. Les planches de terreau de bruyère lui conviennent parfaitement. Mais pendant l'hiver il faut avoir soin de couvrir ses racines de matières sèches, telles que des feuilles, de la paille, ou de la vieille tannée, non pas tant pour les préserver de la gelée qu'elles ne craignent que médiocrement, que pour les garantir de l'humidité froide qui les fait souvent pourrir.

7. Asclepiade pourprée. Celle-ci a le port de l'Asclepiade de Syrie, mais elle s'en distingue par ses ombelles de fleurs qui sont droites, au

lieu d'être penchées vers la terre. La couleur de la corolle est verdâtre, avec des stries purpurines, & les cornets du centre sont écartés & d'un beau pourpre. Cette plante fleurit en juillet, & ne donne presque jamais de fruits dans nos jardins.

Culture. Elle est rustique & croît aisément dans toutes sortes de terreins & à toutes les expositions. Les gelées ordinaires, même celles de huit à dix degrés, ne lui font point d'impression. Ses racines tracent & s'étendent assez volontiers, quand elles rencontrent un sol meuble & léger; ce qui fournit un moyen aussi prompt que facile de la multiplier.

8. ASCLEPIADE panachée. Cette espèce a, comme les deux précédentes, beaucoup de ressemblance avec l'Asclepiade de Syrie; mais il est aisé de la reconnoître & de la distinguer par ses feuilles qui sont veinées & bosselées, par ses tiges marquées de taches d'un rouge obscur, & par ses fleurs, d'un blanc pâle, avec des teintes rougeâtres. Elle fleurit vers le mois de juillet, mais elle ne produit presque jamais de semences dans notre climat.

Culture. Celle-ci n'est pas moins rustique que la précédente; elle se plaît dans toutes sortes de terreins, & se multiplie également par le moyen de ses racines qui tracent au loin.

9. L'ASCLEPIADE de curaçao pousse du collet trois ou quatre racines blanches, charnues & cassantes, qui sont garnies d'une grande quantité de chevelu. Elles s'enfoncent en terre verticalement, & ne tracent pas à la surface comme les précédentes. Il en sort plusieurs branches, simples & droites, qui s'élèvent à la hauteur de deux pieds environ, & qui vivent plusieurs années. Ces tiges sont couvertes, de haut en bas, de feuilles oblongues, pointues & d'un verd luisant. Les premières fleurs commencent à paroître vers le mois de juillet, & se succèdent, sur les mêmes pieds, jusqu'en octobre. Elles sont disposées en petites ombelles, qui viennent à l'extrémité des branches. Les pétales sont renversés sur le pédicule, tandis que les cornets du centre de la fleur sont droits, ce qui produit un effet assez singulier, qui devient encore plus frappant par la différence des couleurs; en effet, les pétales sont d'un jaune saffrané, & les cornets sont d'un rouge d'orange assez éclatant. A ces fleurs succèdent des fruits, dont les semences viennent à parfaite maturité dans nos jardins.

Culture. Cette jolie espèce semée au printems, sous chassis, fleurit la même année dans le mois de septembre. Mais aussi elle ne vit pas longtems, dès la troisième année ses feuilles se rapetissent, ses fleurs sont moins nombreuses, & d'une couleur moins vive, & elle périt insensiblement. Cette plante aime une terre meuble, légère & substantielle. Pendant l'été elle peut rester en plein air; si on en met quelques pieds en pleine-terre dans une plate-bande exposée à la plus grande chaleur, & qu'on ait soin de les arroser fréquemment, ils formeront une belle touffe qui fleurira très-abondamment, mais alors il sera bon de les relever avant les premiers froids, parce qu'une gelée de deux degrés est suffisante pour les faire périr. On cultive ordinairement cette Asclepiade dans des pots que l'on rentre vers le milieu de l'automne, dans la serre chaude; pendant cette saison, elle craint l'humidité, & il ne faut l'arroser que légèrement.

10. L'ASCLEPIADE à feuilles d'amandier a tant de ressemblance avec la précédente, que plusieurs personnes croient qu'elle n'en est qu'une variété. Elle ne s'en distingue que par ses feuilles, qui sont plus étroites, & par la couleur blanche de ses fleurs; d'ailleurs même configuration de racines, même port, même habitude, même rapport dans sa fleuraison & sa fructification, même durée.

Sa culture exige aussi les mêmes soins, cependant elle résiste à des froids de trois degrés, ce qui annonce qu'elle est un peu moins délicate; elle fructifie aussi plus abondamment.

11. ASCLEPIADE. incarnate C'est une des plus jolies plantes que nous ayions tirées de l'Amérique septentrionale. Ses racines se divisent, à leur collet, en plusieurs branches qui descendent en terre, & s'y enfoncent à la profondeur d'un pied & demi environ; elles sont de couleur grise, d'une consistance coriace, & n'ont que peu de chevelu. Chaque année, au printems, elles poussent du collet plusieurs tiges droites, qui s'élèvent souvent à plus de trois pieds de haut. Ces tiges qui sont rougeâtres par le bas, se divisent, dans leur partie supérieure, en plusieurs branches. Les unes & les autres sont garnies de feuilles aussi grandes que celles du pêcher, mais lisses & sans dentelures; elles viennent deux à deux & quelquefois en plus grand nombre, en manière de verticille. Leur verdure est foncée, les fleurs de cette plante sont petites, de couleur gris de lin, & disposées en ombelles à l'extrémité des rameaux; souvent il en vient deux ou trois sur chaque rameau. Elles durent pendant les mois de juillet & d'août, & produisent un petit nombre de fruits qui mûrissent presque toujours dans nos jardins.

Culture. On ne peut s'assurer la possession de cette plante que lorsqu'on la cultive dans des pots, & qu'on la rentre dans l'orangerie pendant les grands froids. Cependant elle croît fort bien en pleine-terre, dans un terrein profond, substantiel & meuble, mais il faut la couvrir dans les grands froids; malgré cette précaution, il arrive très-souvent que l'humidité de l'hiver la fait périr. Ses graines semées au printems, sur une couche, à l'air libre, produisent de jeunes plants, dont les tiges s'élèvent à la hauteur de deux pieds; mais ce n'est que la seconde année qu'elles donnent des fleurs, & tous les ans elles périssent jusqu'à rez-terre. Cette plante est fréquemment attaquée par les insectes des jardins, tels que les pucerons, & sur-tout par une sorte de punaise rouge, qui en mange les feuilles & ronge les jeunes pousses jusqu'au collet de la racine, ce qui la fait périr, si l'on n'a soin de les écarter ou de les détruire.

12. L'Asclepiade inclinée est une plante vivace à racines charnues, laquelle pousse, chaque année, des tiges qui ont environ un pied & demi de long, & qui se couchent sur la terre. Ses fleurs sont disposées en ombelles, & d'une couleur d'orange fort agréable. Elles ne donnent presque jamais de semences dans nos jardins.

Culture. Quoique cette plante croisse en pleine-terre, cependant elle est assez délicate; il lui faut un terrein meuble & sec, & une exposition chaude. À l'automne, lorsque ses fannes sont desséchées, on les coupe à rez-terre, & on couvre la surface entière de la touffe, & même un peu plus, d'un tas de vieille tannée, dont on forme une pyramide aiguë, plus ou moins évasée.

Cette précaution est nécessaire, tant pour empêcher la gelée d'atteindre les racines, que pour les préserver de l'humidité que cette plante redoute beaucoup dans cette saison. Les jeunes plants qui proviennent de graines, sont fort délicats & difficiles à élever. On les laisse sur couche, jusqu'à ce qu'ils soient assez forts pour être séparés; alors on les repique dans des pots avec du sable doux, mêlé de terreau de bruyère, & on les rentre à la fin de l'automne, dans l'orangerie, pour y passer l'hiver. Pendant cette saison, il ne faut les arroser qu'autant qu'il est nécessaire pour consolider la terre autour des racines, & l'empêcher de devenir trop sèche. Au printems, on peut mettre les jeunes plants en pleine-terre; mais il est bon d'en réserver quelques pieds dans des pots que l'on puisse transporter à volonté; car, lorsqu'une fois ces plantes ont passé quelques années en pleine-terre, on ne peut guères les déplacer sans danger; leurs racines sont trop volumineuses, & comme elles n'ont que très-peu de chevelu, elles reprennent difficilement.

14. L'Asclepiade blanche, ou le dompte-venin, est une plante vivace, dont la racine est composée d'un grand nombre de filamens tendres & de couleur blanche, qui se réunissent au collet. De cet endroit sortent plusieurs tiges droites & simples, hautes de deux pieds & demi environ, & garnies de feuilles ovales, d'un verd pâle. Les fleurs disposées deux à deux par petits bouquets, viennent dans les aisselles des feuilles supérieures; elles sont petites & d'un blanc sale, elles paroissent en juin & juillet; il leur succède des fruits qui renferment un grand nombre de semences aigrettées.

Culture. Le dompte-venin croît naturellement dans le Bois de Boulogne. On le trouve dans des sables arides, & sous des arbres de haute-futaie; transplanté dans les jardins, il n'est pas plus délicat. Il croît par-tout où on le plante, & se multiplie sans culture, pourvu que le terrein ne soit pas trop humide.

15. Asclepiade noire. Celle-ci a beaucoup de rapports avec la précédente. Elle s'en distingue néanmoins par ses tiges, qui sont un peu sarmenteuses, & se contournent autour des objets qu'elles rencontrent, mais sur-tout par la couleur de ses fleurs, qui sont d'un pourpre foncé, tirant sur le noir. D'ailleurs elle fleurit dans la même saison, & produit également beaucoup de fruits. Mais elle n'est pas tout-à-fait aussi rustique, il lui faut un terrein un peu moins maigre & une exposition plus découverte.

17. L'Asclepiade à feuilles de saule, ou la ouate d'Afrique, est une plante bis-annuelle qui s'élève à la hauteur de sept ou huit pieds; ses tiges sont droites, garnies de branches qui se rapprochent de la tige principale, & forment avec elle une pyramide arrondie, d'un aspect agréable qui devient encore plus intéressant par la verdure luisante du feuillage de la plante, & & par les jolis bouquets de fleurs dont elle se couvre depuis le mois de juin jusqu'à la fin d'octobre. Ses fruits même, par leur forme pittoresque & leur singularité, ajoutent encore à l'agrément. Ce sont des espèces de vessies de la grosseur à-peu-près d'un œuf de poule, couvertes de pointes molles. Ils sont remplis de semences qui mûrissent parfaitement dans notre climat.

Culture. Cette plante semée sur couche, au printems, & sous chassis, s'élève avant la fin de l'automne, à deux pieds de haut; elle fleurit & fructifie dans la même année. On la cultive dans des pots, qu'on rentre pendant l'hiver dans de bonnes orangeries, ou dans des serres tempérées; si on la place dans un lieu plus chaud, elle pousse, s'étiole & périt souvent. Mise en pleine-terre au printems, dans un terrein un peu fort, & à l'exposition du midi, elle devient très-vigoureuse, & produit une grande quantité de fleurs & de fruits, mais elle périt aussi-tôt que les gelées viennent à trois degrés. Il est vrai que comme elle ne dure guères que deux ans, on peut faire aisément ce sacrifice.

16. Asclepiade arboroscente. Cette espèce est un arbrisseau qui s'élève de six à sept pieds de haut, dont la tige est droite & garnie de quelques branches courtes vers le sommet. Ces rameaux, ainsi que le haut de la tige, sont couverts de feuilles ovales, épaisses & marquées de nervures blanches & transparentes. A la fin de l'automne, il sort d'entre les feuilles, à l'extrémité des rameaux, des pédicules qui soutiennent des fleurs disposées en ombelles serrées, & de couleur cendrée. Elles produisent des fruits renflés, verdâtres & hérissés de pointes noirâtres, lesquels sont remplis de semences, qui, très-ra-

rement, viennent en maturité dans notre climat.

Culture. Cet arbrisseau se cultive dans des pots; il aime une terre sablonneuse, un peu forte, mais moins que celle des orangers. On le conserve pendant l'hiver, dans une serre tempérée; il craint beaucoup l'humidité dans cette saison. Les jeunes individus ont ordinairement un pied & demi de haut, à la fin de l'automne de l'année où ils ont été semés, & souvent ils fleurissent à cette époque. A défaut de graines que l'on tire du cap de Bonne-Espérance, on multiplie cet arbrisseau de boutures & de marcottes; mais ce dernier moyen est souvent dangereux, parce que l'humidité que l'on entretient auprès de la tige, le fait souvent périr. D'ailleurs, lorsqu'il a cinq ou six ans, & que ses branches sont fort élevées, il est sujet à se chancrer par le pied, & il meurt ordinairement de cette maladie.

Observation. Cette espèce est la même que l'*Asclepias* (*rotundifolia*) *caule erecto fruticoso, foliis subrotundis amplexicaulibus umbellis congestis*, du Dictionnaire de Miller.

18. L'Asclepiade de Sibérie est une petite plante vivace, dont les racines, qui tracent au loin, poussent des tiges foibles & sans soutien, qui ne s'élèvent qu'à un pied de haut environ. Elles sont rameuses & couvertes de petites feuilles linéaires, lesquelles sont tantôt alternes, tantôt opposées & quelquefois verticillées. Ses fleurs sont petites, verdâtres, & de peu d'apparence; jusqu'à présent, elles n'ont point produit de graines dans nos jardins.

Culture. Cette Asclepiade est délicate; on la cultive en pleine-terre avec plus de succès que de toute autre manière. Elle aime un terrein sablonneux, doux & de nature sèche. L'exposition du levant lui est la plus favorable. Pendant l'hiver, il faut avoir soin de couvrir soigneusement ses racines avec des feuilles, de la litière, ou mieux encore avec de la vieille tannée, qu'on retire dès que les froids sont passés, & aussi-tôt que les racines commencent à pousser. Les jeunes plants provenus de semences ne donnent des fleurs que vers la troisième année de leur âge. Cultive-t-on quelques pieds de cette plante dans des pots? Au lieu de les rentrer dans l'orangerie pour passer l'hiver, il vaut mieux les mettre au pied d'un mur exposé au midi, les coucher sur le côté, & les couvrir de paille, ils sont plus à l'abri de l'humidité, & les racines se conservent plus sûrement.

19. Asclepiade verticillée. Cette espèce pousse chaque année de ses racines des tiges simples, droites & garnies de feuilles très-étroites, qui sortent de chaque nœud dans le mois de juillet, & sont communément disposées quatre à quatre, en manière de verticille. A l'extrémité des tiges, viennent des ombelles de petites fleurs blanches étoilées, qui ne sont presque jamais suivies de semences dans nos jardins.

Culture. Cette plante qui a beaucoup de ressemblance avec la précédente, se cultive de la même manière, & est toute aussi délicate.

22. L'Asclepiade tubéreuse est une des plus agréables espèces de ce genre. Ses racines sont épaisses, charnues & cassantes; chaque année, au printems, elles poussent du collet plusieurs tiges droites qui s'élèvent d'un pied & demi à deux pieds de haut, lesquelles sont rameuses & comme fourchues à leur extrémité. Ces branches sont garnies de feuilles alternes, lancéolées, vertes en dessus, velues, & d'une couleur pâle en dessous. Les fleurs qui paroissent dans les mois de juillet & d'août, sont réunies en ombelles, dans les aisselles des feuilles, le long & à l'extrémité des rameaux. Leur couleur est d'un beau rouge d'orange, très-éclatant, & comme elles sont en grand nombre, elles produisent un très-bel effet. Quelquefois elles donnent des fruits dont les semences mûrissent dans nos jardins.

Culture. Cette belle plante aime un terrein profond, sablonneux & sec, & une exposition chaude. L'hiver, ses racines doivent être préservées de la gelée, & sur-tout de l'humidité froide qui les fait pourrir sans ressource.

Il faut aussi prendre garde de blesser les racines en la cultivant; comme elles sont charnues & remplies d'un lait abondant, les plaies dégénèrent en chancres, qui, gagnant toujours de proche en proche, finissent par faire périr la plante. On la cultive aussi dans de grands pots, avec une terre à oranger, mêlée par moitié avec du sable doux; pendant les fortes gelées, on la rentre dans l'orangerie, & on ne lui donne aucun arrosement tant que ses racines ne poussent pas. Traitée de cette manière, elle réussit assez bien pendant trois ou quatre ans, mais lorsque ses racines sont devenues trop volumineuses & se trouvent gênées par les parois du vase, alors il faut sur-le-champ la mettre en pleine-terre, autrement elle ne fait plus que dépérir.

Multiplication. Les Asclepiades se propagent aisément de graines, de drageons, de marcottes & de boutures.

Les graines, en général, ne conservent guères plus de quatre ans leur propriété germinative, & plusieurs même ne la conservent qu'un an. Celles de toutes les espèces d'Afrique ou des Antilles doivent être semées au commencement d'avril, dans des pots ou terrines remplis d'une terre douce & légère, que l'on place ensuite sur une couche chaude, couverte d'un chassis, & qu'on arrose fréquemment pendant les deux ou trois premières semaines. Les semences lèvent ordinairement dans le cours du premier mois; il convient alors de modérer les arrosemens & d'aérer souvent les jeunes plants. Lorsqu'ils ont atteint la hauteur de trois à quatre pouces, o les sépare avec les précautions nécessaires pour assurer leur reprise; ensuite on enterre les pots dans lesquels ils sont plantés, sur une couche tiède à l'air libre, & on les y laisse jusqu'au moment de les rentrer dans les serres, où ils doivent passer l'hiver.

Les semences des espèces qui croissent naturellement dans l'Amérique septentrionale, dans le nord de l'Asie & dans des climats moins chauds que le nôtre, peuvent être semées dès l'automne, dans des terrines que l'on enterre dans une platebande, à l'exposition du levant. Pendant l'hiver on les couvrira, soit avec de la paille, soit avec des chassis, & on ne les arrosera point pendant cette saison; mais à l'approche du printems, on les bassinera légèrement tous les deux ou trois jours, & plus souvent même, en proportion de la force du soleil. Lorsque les jeunes plants seront assez forts pour être séparés, on les repiquera, partie dans des pots & partie en pleine-terre, en observant de donner à chacune des espèces, le sol & l'exposition qui leur conviennent, & que nous avons indiqués à leurs articles respectifs.

Toutes les espèces d'Asclepiade dont les racines sont traçantes, se multiplient infiniment plus promptement par les drageons que par la voie des graines. Il suffit, le plus souvent, de lever les racines sur lesquelles se trouvent des œilletons, & de les planter dans l'endroit qui convient à leur nature, sans se donner la peine de les mettre en pépinière pour leur faire prendre de la force. Mais la saison la plus favorable est le printems, un peu avant l'époque où la sève entre en mouvement dans les racines de ces plantes.

Les espèces qui ont des racines charnues ou tubéreuses, poussent quelquefois des œilletons de côté; il ne faut pas se presser de les séparer, on doit attendre qu'ils aient poussé assez de racines particulières pour les faire vivre, & qu'ils se soient un peu écartés de leur mère racine. Alors on les sépare avec un instrument bien acéré, & on les place à leur destination. Si les espèces sont rares & délicates, au lieu de lever les œilletons aussi-tôt qu'ils ont été séparés de leur mère, on les laisse quelque tems auprès d'elle pour prendre de la force, & on ne dérange leurs racines que lorsqu'on est bien sûr qu'elles pourront reprendre.

Les espèces ligneuses se multiplient assez facilement de marcottes; on les fait ordinairement au printems, quelques semaines après que les plantes ont été sorties des serres. On choisit des branches jeunes, flexibles, & qui soient un peu ligneuses; on les courbe dans des pots ou dans des entonnoirs, suspendus à l'arbre, sans qu'il soit besoin de les inciser, ni de faire aucune ligature. La terre dont on se sert doit être forte, & de nature à retenir l'humidité pendant quelques jours. Si on a soin de les arroser à propos, elles poussent assez de racines pour être séparées & former de nouveaux pieds, vers le milieu de l'automne suivant. Alors, on les sèvre & on les met dans des pots proportionnés à leur force, & on les traite comme les jeunes plants.

On multiplie aussi les espèces de cette division par boutures. Pour cet effet, on choisit, sur des pieds vigoureux, de jeunes branches bien saines, de cinq à six pouces de long; on les éfeuille dans la partie inférieure, qui doit être enterrée, & si les espèces sont de la nature de celles qui contiennent le plus de lait, & qui sont d'une substance charnue, telles que l'Asclepiade arborescente, on ne risquera rien de les laisser fanner pendant douze ou quinze jours, à l'ombre, sur une tablette, avant que de les mettre en terre. Ces boutures ainsi préparées, doivent être plantées dans des pots remplis d'une terre douce & légère, qui ne soit, ni trop sèche, ni trop humide, mais dans un état mitoyen. On place ensuite ces pots sur une couche, dont la chaleur soit à peine sensible à la main, & on les couvre de cloches, pardessus lesquelles on met encore des paillassons. Tous les deux ou trois jours on visitera les boutures pendant l'absence du soleil, tant pour arroser celles dont la terre seroit trop sèche, que pour donner un petit labour, avec la lame d'un couteau, à celles dont la terre seroit trop humide; en même-tems on a soin de supprimer, aussi-tôt qu'elles se gâtent, non-seulement les feuilles qui sont attaquées de la pourriture, mais encore toutes les boutures qui périssent. Quinze jours après qu'elles ont été plantées, quelques boutons de celles qui ont repris commencent à croître & à se développer. Alors on leur donne un peu d'air que l'on augmente insensiblement, jusqu'à ce qu'elles puissent supporter la présence du soleil, sans en être fatiguées. Vers l'automne, on sépare les pieds qui se trouvent dans le même vase, on les met séparément dans de petits pots, & aux approches des premiers froids, on les rentre dans les serres.

Il est bon de prévenir qu'il faut avoir l'attention de ne pas mettre ces plantes dans de trop grands pots. Comme elles craignent l'humidité pendant l'hiver, elles y seroient beaucoup plus exposées dans de grands vases, que dans des petits. (*M. Thouin.*)

ASCYRE. *Ascyrum.*

Genre de la famille des *Cistes*, lequel n'est composé que de trois espèces, qui sont des arbustes peu ligneux, d'une existence assez fugace, dont les fleurs sont jaunes, petites, & ressemblent beaucoup à celles du millepertuis; ils sont originaires de l'Amérique tempérée; on les cultive rarement dans nos jardins, à cause de leur délicatesse, où d'ailleurs leur peu d'apparence ne leur permet guères d'entrer.

Espèces.

1. Ascyre, croix de S. André.
Ascyrum, crux Andreæ. L. ♄ de Virginie.

2. Ascyre perforée.
Ascyrum hypericoides. L. ♄ de la Caroline méridionale.

B. Ascyre perforée, rampante.
Ascyrum perforatum repens. ♄ de la Jamaïque.

3. Ascyre velue.
Ascyrum villosum. L. ♄ de Virginie.

1. L'Ascyre, croix de Saint-André, est un petit arbuste qui s'élève rarement au-dessus de six pouces; ses tiges qui sont droites, garnies de branches opposées les unes aux autres, & disposées sur quatre rangs, sont couvertes de petites feuilles ovales & opposées. Les fleurs sont jaunes, peu apparentes, & placées à l'extrémité des tiges & des rameaux. Elles paroissent en juin & juillet, & sont rarement suivies de semences dans notre climat.

Culture. Cet arbuste aime une terre légère, humide, & l'exposition du nord. Il ne réussit bien que dans les plates-bandes de terreau de bruyère, & à l'ombre. On le multiplie plus aisément de marcottes, que par ses graines qui vieillissent promptement. Celles qui sont envoyées de l'Amérique ne lèvent presque jamais; d'un autre côté, leur extrême finesse met encore un obstacle à leur germination; pour peu qu'elles se trouvent enterrées, elles ne lèvent pas. On ne parvient à les faire réussir qu'en les semant sur de la mousse arrangée dans un pot, que l'on place ensuite dans une terrine toujours remplie d'eau, & qu'on a soin encore de tenir exactement ombragé. Est-on parvenu à faire lever quelques-unes de ces graines? L'embarras est alors de faire passer le premier hiver aux jeunes plants. Il leur faut de l'humidité, de l'air & un peu de chaleur. Mais si on les laisse en plein air, les gelées les font périr; si on les rentre dans l'orangerie, la mousse se dessèche, les plants s'étiolent & meurent. Dans les serres tempérées, autre inconvénient, ils n'ont point assez d'air. Un seul moyen nous a réussi, c'est de laisser les jeunes plants en plein air jusqu'aux premiers froids, & de les rentrer ensuite sous des chassis sans feu, de les garantir des gelées par des paillassons & de la litière, & de leur donner de l'air lorsqu'il ne gèle pas. Il est bon d'observer que, dans cette saison, ils exigent moins d'ombre & d'humidité; en conséquence, on peut les placer sous les chassis, de manière que la planche du devant les préserve seulement des rayons trop ardens du soleil de midi. Les froids passés, on replace les pots à l'ombre dans leurs terrines, où ils restent pendant toute la belle saison. Le deuxième hiver on peut les traiter comme le premier; mais au printems suivant, comme ils ont acquis de la force & sont moins délicats, il faut les mettre en pleine-terre.

La multiplication par marcottes, quoique plus aisée, ne réussit bien qu'autant qu'on observe, 1.° de marcotter au printems; 2.° de ne faire de marcottes qu'aux pieds qui sont jeunes & vigoureux; si le sujet avoit trois ou quatre ans, ou s'il étoit malade, cette opération le feroit périr; 3.° de ne point inciser ou tordre les branches; il faut se contenter d'en butter une ou deux sur chaque pied, parce qu'en voulant trop gagner, on risqueroit de tout perdre; 4.° & enfin d'humecter assiduement les marcottes, soit en arrosant la terre dans laquelle elles sont plantées, soit en la couvrant de mousse que l'on a soin d'entretenir toujours humide. Ces marcottes poussent des racines assez abondamment pour être séparées à l'automne; mais il est plus sûr d'attendre au printems suivant pour les lever.

Quant aux boutures, nous ne conseillons d'en faire usage qu'à défaut d'autre moyen, il est très-rare qu'elles réussissent. Cependant, si l'on est forcé d'y avoir recours, il faudra couper ou plutôt éclater de jeunes branches qu'on arrache avec un peu de talon, les planter en pleine-terre dans la position où doivent être les arbustes, & les couvrir de cloches d'un verre presque opaque; il est possible que de cette manière il en reprenne quelques-unes.

2. Ascyre perforée. Cette espèce s'élève à un pied & demi de haut environ. Ses tiges sont droites & remarquables, en ce qu'elles sont applaties sur les côtés, & comme ailées; elles sont garnies d'un grand nombre de branches placées sans ordre. Ses feuilles sont opposées, très-nombreuses & rapprochées les unes des autres. Elles sont oblongues, lisses & parsemées comme celles du millepertuis commun, d'un grand nombre de vésicules transparentes. Ses fleurs sont jaunes, terminales & rassemblées en tête. Il leur succède des capsules remplies de semences qui mûrissent souvent en Europe.

Culture. L'Ascyre perfoliée se cultive en pleine-terre dans un terrein meuble & substantiel, & à une exposition chaude. Pendant l'hiver, il faut avoir soin de la couvrir soigneusement, & malgré cette précaution, elle périt encore quelquefois. Le plus sûr est de la cultiver dans des pots que l'on rentre pendant l'hiver dans une orangerie aérée, ou sous des chassis sans feu. Ses graines fraîches, semées à l'automne dans du terreau de bruyère pur, & recouvertes très-légèrement, lèvent au printems suivant, lorsqu'elles ont été couvertes de paille ou d'un chassis pendant l'hiver. Le jeune plant qui en provient croît très-lentement, & n'est en état d'être séparé que l'année suivante.

On multiplie encore cet arbuste par le moyen

des boutures, qui étant faites en mai, dans des pots placés sur une couche tiède, poussent des racines en moins de deux mois. On peut les séparer à la fin d'août, mettre chaque pied séparément dans des pots, & les rentrer à la fin de l'automne dans l'orangerie, sur les appuis des croisées, ou sous des chassis; ces plantes craignent l'humidité pendant l'hiver & ont besoin d'un air souvent renouvellé. Au printems, on pourra mettre quelques individus en pleine-terre, à une exposition défendue du nord.

B. L'ASCYRE perforée rampante, venant d'un climat plus chaud, est plus délicate. Elle exige d'être rentrée l'hiver dans la serre chaude, & ses graines doivent être semées sous chassis. Cette variété est fort rare en Europe.

3. L'ASCYRE velue se distingue aisément des autres espèces, par ses tiges herbacées qui s'élèvent environ à trois pieds de haut; elles sont garnies de feuilles oblongues & velues. Ses fleurs sont terminales, d'un jaune luisant, & de la grandeur de celles du millepertuis commun. Elles paroissent sur la fin de juin, ou au commencement de juillet, & produisent quelquefois des semences qui viennent à parfaite maturité en Europe.

Culture. L'Ascyre velue croît de préférence dans un terrein léger, sablonneux, à une situation humide & légèrement ombragée; les plates-bandes de terreau de bruyère lui conviennent parfaitement. L'hiver, elle exige d'être couverte pendant les grands froids. On la multiplie fort aisément au moyen de ses drageons qu'on sépare au printems des vieux pieds, & qu'on plante séparément en pleine-terre dans une position ombragée. Ses graines fournissent un moyen plus abondant de multiplication, mais beaucoup plus long & plus assujétissant. Elles doivent être semées à l'automne dans des terrines remplies de terreau de bruyère, comme celle de la seconde espèce, & le jeune plant qui en provient veut être cultivé de la même manière. (*M. THOUIN.*)

ASFODELE, manière peu usitée d'écrire le nom d'un genre de plante, nommé en latin *Asphodelus. Voyez* ASPHODELE. (*M. THOUIN.*)

ASFODELE maritime, ancien nom du *Pancratium maritimum.* L. *Voyez* PANÇRAIS maritime. (*M. THOUIN.*)

ASIOTA *ou* Asciota, nom trivial d'une espèce de vigne, nommée en latin *Vitis laciniosa.* L. *Voyez* dans le Dictionnaire des Arbres & Arbustes le mot VIGNE. (*M. THOUIN.*)

ASJOGAM, nom brame d'un arbrisseau de moyenne grandeur, que M. Adanson range dans la famille des *ONAGRES.* Il s'élève d'environ quinze pieds de haut; sa tête est de figure conique, terminée en pointe. Ses feuilles sont longues de six à sept pouces, sur un à deux pouces de large; elles sont permanentes. Ses fleurs sont blanches, rassemblées au nombre de dix à douze en corymbe, vers l'extrémité des branches; elles produisent des fruits ovoïdes, blanchâtres, qui renferment une semence semblable à celle du dattier.

L'Asjogam vit long-tems, il est toujours verd & fleurit tous les ans une fois, en décembre & janvier; ses fleurs durent long-tems. Il croît par-tout le Malabar; on le voit sur-tout en quantité autour des Temples des Payens, qui ont soin de le cultiver pour orner de ses fleurs leurs pagodes dans les jours de cérémonies.

Usages. Les Malabares pilent ses feuilles, & en expriment un suc, qui, pris avec la poudre des semences de cumin, appaise les coliques. On fait aussi usage de ses feuilles réduites en poudre, que l'on mêle avec le santal citrin & le sucre, pour purifier le sang.

Jusqu'à présent, la culture de cet arbrisseau est inconnue en Europe, où il n'a point encore paru. (*M. THOUIN.*)

« ASILLE. *Asillus.* Insecte que quelques Auteurs ont confondu avec le taon; cependant on a observé des différences marquées entre l'un & l'autre, quoiqu'ils se ressemblent à quelques égards. *L'Asille* tourmente beaucoup les bœufs & les pique vivement; on dit que son bourdonnement les fait fuir dans les forêts, & que s'ils ne peuvent pas l'éviter, ils se mettent dans l'eau jusqu'au ventre, & qu'ils se jettent de l'eau par-dessus le corps avec leur queue pour faire fuir les *Asilles.* C'est pour cette raison qu'on a appellé ces insectes *Muscæ boariæ, vel Bucularia.* Moufflet leur donne le nom Grec οἶστρον; mais il convient que ce même nom appartient aussi à d'autres insectes. M. Linnæus distingue l'Asille, *l'Æstrus*, & le taon en trois genres, dépendans d'une même classe; il rapporte treize espèces au genre de l'Asille. *Fauna suecica*, p. 308. Ancienne Encyclopédie. »

ASPALAT. *ASPALATHUS.*

Ce genre, qui fait partie de la famille des *LÉGUMINEUSES*, est composé, dans ce moment, de trente-huit espèces différentes, étrangères à l'Europe, à l'exception d'une seule espèce; les autres croissent au cap de Bonne-Espérance, en Ethiopie, & dans le levant. Ce sont des arbustes, des sous-arbrisseaux, ou des arbrisseaux d'un port irrégulier. Leurs feuilles sont simples ou digitées, réunies par paquets; elles sont la plupart linéaires, fort petites, mais permanentes. Leurs fleurs sont en général de couleurs éclatantes, rouges, jaunes ou blanches, & dispersées en grand nombre sur toute la surface des rameaux extérieurs. Leur fruit est une gousse ovale & petite, qui renferme une ou trois semences réniformes.

En général, ces sous-arbrisseaux croissent dans des terreins très-légers, sablonneux, ou dans les fentes des rochers, sur les montagnes, dans les situations les plus sèches, & aux expositions les plus chaudes; en Europe, on les cultive dans des pots, & l'hiver on les conserve sous des chassis vitrés, pendant leur jeunesse, ou dans les orangeries, lorsqu'ils sont plus avancés en âge.

Les Aspalats se multiplient de graines que l'on tire de leur pays natal, quelquefois de marcottes, & rarement de boutures.

Ces arbustes peuvent être admis dans les jardins des curieux, parmi les plantes étrangères; ils y produiront de l'agrément & de la variété par leur port pittoresque, la permanence de leur feuillage, la diversité des teintes de leur verdure, & sur-tout par la multitude de petites fleurs dont ils se couvrent. Mais la difficulté de s'en procurer des graines, & leur délicatesse les rend extrêmement rares en Europe.

Espèces.

1. ASPALAT épineux.
ASPALATHUS spinosa. L. ♄ du cap de Bonne-Espérance.

2. ASPALAT à feuilles de melèze.
ASPALATHUS laricifolia. La M. Dict. ♄ d'Afrique.

3. ASPALAT acuminé.
ASPALATHUS acuminata. La M. Dict. ♄ du cap de Bonne-Espérance.

4. ASPALAT hérisson.
ASPALATHUS hystrix. L. ♄ du cap de Bonne-Espérance.

5. ASPALAT verrué.
ASPALATHUS verrucosa. L. ♄ d'Ethiopie.

6. ASPALAT à fleurs en tête.
ASPALATHUS capitata. L. ♄ du cap de Bonne-Espérance.

7. ASPALAT glomérulé.
ASPALATHUS glomerata. L. Fil. ♄ du cap de Bonne-Espérance.

8. ASPALAT à feuilles d'asperges.
ASPALATHUS asparagoides. L. Fil. ♄ du cap de Bonne-Espérance.

9. ASPALAT soyeux.
ASPALATHUS sericea. La M. Dict. ♄ du Cap & des Isles de France & de Bourbon.

10. ASPALAT vermiculé.
ASPALATHUS vermiculata. La M. Dict. ♄ d'Afrique.

11. ASPALAT astroite.
ASPALATHUS astroites. L. ♄ d'Ethiopie.

12. ASPALAT chénopode.
ASPALATHUS chenopoda. ♄ L. d'Ethiopie.

13. ASPALAT blanchâtre.
ASPALATHUS albens. L. ♄ du cap de Bonne-Espérance.

14. ASPALAT à feuilles de thym.
ASPALATHUS thymifolia. L. ♄ d'Ethiopie.

15. ASPALAT à feuilles de bruyère.
ASPALATHUS ericæfolia. L. ♄ d'Ethiopie.

16. ASPALAT noir.
ASPALATHUS nigra. L. ♄ du cap de Bonne-Espérance, sur les montagnes.

17. ASPALAT charnu.
ASPALATHUS carnosa. L. ♄ du cap de Bonne-Espérance, dans les plaines sablonneuses.

18. ASPALAT uniflore.
ASPALATHUS uniflora. L. ♄ du cap de Bonne-Espérance.

19. ASPALAT cilié.
ASPALATHUS ciliaris. L. ♄ du cap de Bonne-Espérance, dans les champs sablonneux.

20. ASPALAT à fleurs pendantes.
ASPALATHUS genistoides. L. ♄ du cap de Bonne-Espérance, dans les fentes des rochers.

21. ASPALAT en caillelait.
ASPALATHUS galioides. L. ♄ du cap de Bonne-Espérance.

22. ASPALAT doux.
ASPALATHUS mollis. La M. Dict. ♄ du cap de Boune-Espérance.

23. ASPALAT aranéeux.
ASPALATHUS araneosa. L. ♄ d'Ethiopie.

24. ASPALAT canescent.
ASPALATHUS canescens. L. ♄ du cap de Bonne-Espérance, sur les lieux montueux.

25. ASPALAT de l'Inde.
ASPALATHUS Indica. L. ♄ de l'Inde.

26. ASPALAT digité.
ASPALATHUS dorycnium. La M. Dict.
LOTUS dorycnium. L. ♄ de l'Europe méridionale, dans les terreins sablonneux.

27. ASPALAT à cinq feuilles.
ASPALATHUS quinquefolia. L. ♄ du cap de Bonne-Espérance.

28. ASPALAT à bois noir.
ASPALATHUS ebenus. L. ♄ de Saint-Dominique & de la Jamaïque, dans les lieux pierreux.

29. ASPALAT de crête.
ASPALATHUS cretica. L. ♄ de l'Isle de Candie.

B. ASPALAT de crête à feuilles de linaire.
ANTHYLLIS hermanniæ. L. ♄ de l'Isle de Crête & de la Palestine.

30 ASPALAT érinacé.
ASPALATHUS erinacea. La M. Dict. ♄ des Isles de Candie & de Minorque.

31. ASPALAT à trois dents.
ASPALATHUS tridentata. L. ♄ d'Ethiopie.

32. ASPALAT velu.
ASPALATHUS pilosa. L. ♄ du cap de Bonne-Espérance.

33. ASPALAT anthylloide.
ASPALATHUS anthylloides. L. ♄ du cap de Bonne-Espérance.

34. ASPALAT cytiſoïde.
Aspalathus cytiſoides. L. M. Dict. ♄ du cap de Bonne-Eſpérance.

35. ASPALAT à feuilles lâches.
Aspalathus laxeta. L. ♄ du cap de Bonne-Eſpérance, ſur les rochers.

36. ASPALAT argenté.
Aspalathus argentea. L. ♄ d'Ethiopie.

37. ASPALAT calleux.
Aspalathus calloſa. L. ♄ d'Ethiopie.

38. ASPALAT du levant.
Aspalathus orientalis. L. ♄ du levant.

De toutes ces eſpèces, il n'en eſt qu'un petit nombre qui ſoient cultivées en Europe. Nous ne parlerons que de celles qui nous ſont connues, & nous indiquerons leur port en même-tems que nous donnerons leur culture.

12. L'ASPALAT chénopode eſt un arbriſſeau d'environ trois pieds de haut, dont les rameaux ſont grêles & flexibles; ils ſont garnis de petits faiſceaux compoſés de ſix à neuf feuilles, aiguiſées en alène, piquantes à leur extrémité, & couvertes d'un poil rude. Les fleurs ſont jaunes, diſpoſées en tête, à l'extrémité des rameaux, & entourées d'un duvet laineux; rarement elles produiſent des ſemences en Europe.

13. ASPALAT blanchâtre. Les tiges de cette eſpèce ſont droites; garnies de feuilles en alène, raſſemblées par paquets de cinq ou ſept, ſur les rameaux ſupérieurs. Elles ſont longues, étroites, terminées en pointes aiguës, & couvertes d'un duvet ſoyeux & argenté. Les fleurs ſont blanches, diſpoſées en petits bouquets à l'extrémité des branches. Quelquefois elles produiſent des ſemences qui mûriſſent dans notre climat.

25. L'ASPALAT de l'Inde eſt un ſous-arbriſſeau qui s'élève à la hauteur d'environ quatre pieds; ſes tiges ſe diviſent en pluſieurs rameaux, grêles, filiformes & garnis de feuilles, preſque toujours réunies cinq à cinq. Elles ſont extrêmement petites, oblongues & verdâtres. Ses fleurs, d'un rouge pâle, ſont ſolitaires, & viennent le long des rameaux, vers l'extrémité. Elles paroiſſent dans le courant du mois d'août, & donnent naiſſance à des gouſſes cylindriques & pointues, qui renferment quatre ou cinq ſemences. Rarement elles parviennent à leur maturité dans notre climat.

26. ASPALAT digité. On a regardé pendant long-tems cette eſpèce, comme faiſant partie de celle des Lotiers; cependant elle s'en éloigne par la forme de ſes fruits & par la diſpoſition de ſes feuilles. C'eſt un ſous-arbriſſeau, dont les racines ſont longues, pivotantes, peu garnies de chevelu, & d'une ſubſtance filandreuſe & coriace. Elles pouſſent une tige droite, qui ſe diviſe, à cinq ou ſix pouces de terre, en un grand nombre de branches, longues, grêles, garnies de loin en loin, de feuilles argentées & diſpoſées cinq à cinq. Ses rameaux ſe terminent par de petits bouquets de fleurs blanches, peu apparentes. Ces fleurs paroiſſent en juin & juillet, & ſont ſuivies de gouſſes preſque rondes, qui ne renferment qu'une ou deux ſemences. Elles mûriſſent communément dans le courant du mois d'août.

29. L'ASPALAT de crête nous eſt inconnu, mais nous cultivons depuis long-tems ſa variété B. C'eſt un arbriſſeau qui s'élève à cinq ou ſix pieds de haut. Ses branches, rapprochées de la tige principale, ſont en grand nombre, & forment une maſſe arrondie & touffue. Ses feuilles ſont oblongues, réunies trois à trois au même point; elles ſont couvertes d'un duvet ſoyeux & légèrement argenté, dont les branches & les tiges ſont tellement garnies, qu'on n'apperçoit point l'écorce. Dans les mois de juillet & d'août, cet arbriſſeau ſe couvre de petites fleurs d'un beau jaune, qui croiſſent par petits bouquets vers l'extrémité des rameaux. Elles ne ſont point ſuivies de ſemences dans notre climat.

30. L'ASPALAT érinacé eſt un arbuſte qui forme un buiſſon hémiſphérique, lequel ne s'élève, dans le milieu, que d'environ dix-huit pouces. Ses racines ſont longues, dénuées de chevelu & d'une ſubſtance coriace. De leur collet partent pluſieurs branches, qui ſe diviſent & ſe ſubdiviſent en beaucoup de rameaux noueux, tortus & terminés par des pointes très-piquantes. Ses feuilles peu nombreuſes, & clair-ſemées ſur les jeunes rameaux, ſont étroites, lancéolées d'un verd pâle, ſouvent diſpoſées trois à trois, & quelquefois une à une. Les fleurs qui ſont fort petites, & d'un beau jaune, ne ſont point raſſemblées comme dans les eſpèces précédentes, mais viennent ſéparément à l'extrémité des rameaux. Elles produiſent des gouſſes ovales-arrondies, qui ne renferment qu'une ſeule ſemence.

36. ASPALAT argenté. Cette plante, par le duvet ſatiné qui couvre ſon feuillage, & ſur lequel de jolies fleurs, d'un beau rouge, tranchent d'une manière agréable, eſt une des plus intéreſſantes de ce genre. Sa tige s'élève d'environ trois pieds de haut. Elle ſe diviſe en un grand nombre de branches qui ſe ſubdiviſent en rameaux chargés de petites feuilles, diſpoſées trois à trois, & couvertes d'un duvet ſoyeux & luiſant. Les fleurs forment des épis ſerrés & courts, qui viennent à l'extrémité des rameaux. Ces fleurs ſont couvertes à l'extérieur du même duvet que les feuilles, mais à l'intérieur elles ſont d'un rouge vif. Elles paroiſſent, pour l'ordinaire, dans le mois d'oût, mais elles ne donnent point de ſemences dans nos jardins.

Culture. Les Aſpalats d'Afrique ont des racines longues, pivotantes, d'une conſiſtance sèche & coriace, comme ſont, en général, toutes celles des arbriſſeaux qui croiſſent dans un ſol ſablonneux, & à une expoſition très-chaude.

Ceux-ci aiment une terre composée, aux trois quarts, de terreau de bruyère & d'un quart de terre franche, douce & onctueuse. On les cultive dans des pots qui restent en plein-air pendant l'été, à une exposition chaude, & pendant l'hiver, sous des vitraux sans feu, mais abrités de toute gelée, ou, lorsqu'ils sont forts, dans une bonne orangerie bien aérée. En tout tems ces arbrisseaux redoutent l'humidité, mais ils la craignent sur-tout pendant l'hiver.

Chaque année, il convient de les changer de vases, soit pour procurer plus d'espace aux racines, à mesure que les arbustes prennent de la force, soit pour renouveller la terre qui s'use & s'appauvrit insensiblement. Cette opération doit se faire au printems, huit ou dix jours après que les plantes sont sorties des serres. Il faut avoir bien soin de ne couper aucune grosse racine, & sur-tout de ne pas les transvaser dans des pots trop grands. Le défaut contraire seroit moins nuisible, attendu que ces arbustes tirent peu de subsistance de la terre; au lieu qu'en les mettant dans de trop grands vases, les pluies ou les arrosemens produisent une humidité stagnante, qui fait souvent pourrir les racines. Si, après avoir rempoté ces arbustes, on les place sur une couche tiède, & qu'on les ombrage pendant quelques jours, on assurera leur reprise, & on accélérera leur végétation.

L'Aspalat de crête & l'Aspalat érinacé sont moins délicats que les précédens; ils se contentent d'une bonne terre préparée, comme celle des orangers, mais plus meuble, & ils passent fort bien l'hiver sur des gradins, dans une orangerie ordinaire. On les arrose suivant leurs besoins, sans trop s'embarrasser du plus ou du moins; la variété B. de l'Aspalat de crête a passé en Angleterre, suivant Miller, plusieurs années en pleine terre, & elle n'a été détruite que par l'hiver de 1740; mais il est probable qu'on avoit soin de la couvrir, & qu'un hiver moins rude eût suffi pour la faire périr, sans cette précaution. L'Aspalat érinacé n'est pas plus délicat, puisqu'il croît à Mahon & dans les autres isles Baléares, d'où M. Antoine Richard l'a rapporté en France.

Mais le moins délicat de tous, est l'Aspalat digité, ou le *dorycinum*. Lorsque l'hiver est doux, il peut rester en pleine terre, dans un terrein sec à une exposition chaude, & couvert de paille. Mais lorsque les gelées sont de six à sept degrés, & qu'il survient des tems humides & froids, il périt presque toujours; c'est pourquoi il est bon d'en conserver quelques pieds à l'orangerie.

Les graines des Aspalats d'Afrique doivent être semées à l'automne, dans des pots ou terrines remplis de terreau de bruyère. On place ensuite ces semis sous des chassis abrités des gelées, & sous lesquels on entretient au moins cinq ou six degrés de chaleur, par le moyen d'une couche de fumier sec. Il est nécessaire de les arroser de tems en tems pour entretenir un degré d'humidité favorable à la germination des graines. Vers la fin de février, on renouvelle la couche, afin d'exciter un plus fort degré de chaleur, & l'on augmente en même-tems les arrosemens. Les semences qui se sont gonflées pendant l'hiver, lèvent ordinairement dès le premier printems. Il est bon alors de rendre les arrosemens plus légers, & de donner de l'air aux semis, le plus souvent qu'il est possible; sans quoi ils deviennent jaunes & périssent. Vers le commencement du mois de mai, on peut retirer les vitraux de dessus les chassis, afin que les jeunes semis puissent jouir de l'air en toute liberté; mais, comme le soleil, à cet âge, pourroit les fatiguer, il est nécessaire de les en garantir par des toiles très-claires, ou par des paillassons en losange, dont on les couvre, depuis environ dix heures du matin jusqu'à trois heures après midi.

En général, les semis des Aspalats sont longs à croître; mais, comme les individus qui en proviennent reprennent difficilement, à cause de la longueur de leurs racines & de leur peu de chevelu, il ne faut pas attendre qu'ils aient plus de trois à quatre pouces de haut pour les repiquer. La saison la plus favorable à cette opération, est le commencement de l'automne. On peut encore la faire au printems, & même dans l'été, mais elle est moins sûre. On lève de terre les jeunes plants, avec toutes leurs racines, & on met chaque pied séparément, dans des pots à basilic, avec du terreau de bruyère pur. Si les racines sont trop longues pour être plantées perpendiculairement, il faut bien se garder de les couper, mais avoir soin de les contourner au fond du vase, sur un lit de terreau de l'épaisseur d'un doigt. Les jeunes pieds, ainsi repiqués, doivent être placés sur une couche tiède, & garantis du soleil, du hâle & des grandes pluies. On les arrosera légèrement, & lorsqu'ils seront repris parfaitement, on les laissera à l'air libre.

A l'approche des premières gelées blanches, on les place sous des chassis semblables à ceux où ils ont été semés; ils craignent moins le froid que l'humidité, cependant il est bon d'y entretenir toujours la chaleur à quatre ou cinq degrés; de les aérer toutes les fois que le soleil paroît sur l'horizon, & que la température est douce. Quelques arrosemens légers & quelques binages donnés à propos, complètent la culture que ces arbustes exigent pendant l'hiver.

Au printems, par un tems chaud & couvert, on peut retirer les jeunes Aspalats des chassis, & les placer sur une couche tiède, à l'exposition du levant. Tous les individus dont les racines sortiront par les trous ou les fentes des pots, doivent être changés & mis dans des pots plus grands, sans leur couper aucune racine; mais il faut que la terre dont on se servira pour ce rempotage, soit un peu plus forte que celle qui a servi aux semis, c'est-à-dire, qu'elle soit composée de trois parties de terreau de bruyère, & d'une partie de terre franche très-divisée. A l'automne, si les racines de quelques-uns de ces arbustes se trouvent encore gênées dans leurs vases, on les mettra dans de plus grands, & toujours sans couper ou casser aucune racine; tant qu'ils sont en plein air, il leur faut des arrosemens plus fréquens & plus abondans, mais proportionnés toutefois à leurs besoins, & sur-tout à leur nature.

A l'automne, on rentrera sous les chassis les individus les plus foibles; ceux qui auront environ deux pieds de haut, pourront être placés dans une bonne orangerie, sur des gradins, en face des fenêtres, & on les cultivera comme il a été dit ci-dessus. Ces arbustes deviennent moins délicats, à mesure qu'ils avancent en âge.

L'Aspalat digité, ou le *dorycnium*, est beaucoup moins délicat que les précédens; ses graines peuvent être semées au printems sur une couche chaude, à l'air libre; elles lèvent dans l'espace d'un mois, & les jeunes plants sont assez forts pour être repiqués vers le mois d'août. L'hiver on les conserve dans une orangerie, & quelquefois en pleine terre, lorsqu'on a soin de les couvrir de litière, & que les gelées ne passent pas six ou huit degrés. (*M. Thouin.*)

ASPALATH, manière peu usitée d'écrire le nom du genre de l'*Aspalathus*, Voyez Aspalat. (*M. Thouin.*)

ASPECT ou Solage. C'est la même chose qu'exposition. *Voyez* ce mot. (*M. Thouin.*)

ASPERCETTE. Nom qu'on donne, dans quelques-unes de nos Provinces, à l'*Hedysarum onobrichis*. *Voyez* Sainfoin. (*M. Thouin.*)

ASPERGE. *Asparagus.*

Genre de plantes qui a donné son nom à la famille des *Asperges*. Il est composé de seize espèces différentes, qui croissent dans les pays chauds ou tempérés des quatre parties du monde. Toutes sont vivaces; les trois quarts ont des tiges ligneuses, qui s'élèvent depuis trois jusqu'à huit pieds de haut, & vivent plusieurs années. Toutes ont les racines charnues ou ligneuses, presque sans chevelu. Leur feuillage est très-délié, d'une verdure agréable & permanente dans les espèces ligneuses. Les fleurs sont très-petites, presque toutes blanches ou verdâtres. Elles donnent naissance à des baies plus ou moins grosses, qui sont ordinairement de couleur rouge, & produisent un joli effet.

Ces plantes croissent assez généralement dans les terres sablonneuses, sèches & chaudes; elles craignent l'humidité. On les conserve dans des serres, sous des chassis, ou en pleine terre, avec les précautions qu'exige la différence des pays d'où elles viennent. On les multiplie par le moyen de leurs drageons enracinés ou de leurs graines qui se conservent trois ou quatre ans.

Dans les pays où ces plantes croissent naturellement, on mange les jeunes pousses de plusieurs espèces d'entre elles. Mais, en Europe, on ne fait usage que d'une seule espèce, qui, perfectionnée par une longue culture, fournit à nos tables un mêts aussi sain qu'agréable.

Espèces.

1. Asperge commune.

Asparagus officinalis. L.

B. Asperge commune maritime.

Asparagus officinalis maritimus. L.

C. Asperge commune sauvage.

Asparagus officinalis sylvestris. L.

D. Asperge commune d'Aubervillers.

Asparagus officinalis altilis. L.

E. Asperge commune de Hollande, de Graveline, de Marchienne, de Pologne, &c.

Asparagus officinalis belgica. ♃ d'Europe, dans les bois, sur les bords de la mer, & dans les jardins.

2. Asperge inclinée.

Asparagus declinatus. L. ♃ du cap de Bonne-Espérance.

3. Asperge crêpue.

Asparagus crispus. La M. Dict. n.° 4. ♃ de l'Isle de France.

4. Asperge à faucilles.

Asparagus falcatus. L. ♄ de l'Isle de Ceylan.

5. Asperge distorte.

Asparagus retrofractus. L. ♄ d'Afrique.

6. Asperge d'Ethiopie.

Asparagus Æthiopicus. L. ♃ du cap de Bonne-Espérance.

7. Asperge d'Asie.

Asparagus Asiaticus ♄ de l'Inde & du cap de Bonne-Espérance.

8. Asperge d'Afrique.

Asparagus Africanus. La M. Dict. n.° 9. ♄ du cap de Bonne-Espérance.

9. Asperge blanche.

Asparagus albus. L. ♄ d'Espagne & de Portugal.

10. Asperge à feuilles aiguës.

Asparagus acutifolius. L. de Provence, d'Espagne & du levant.

11. Asperge hérissée.

Asparagus horridus. ♄ d'Espagne.

B. Asperge hérissée de crête.

Asparagus horridus creticus. ♄ de l'Isle de Candie & du levant.

12. ASPERGE à feuilles en épines.

ASPARAGUS aphillus. L.

ASPARAGUS phyllacantus. La M. Dict. n.° 13. ♄ d'Espagne & de Portugal.

13. ASPERGE du Cap.

ASPARAGUS Capensis. L. ♄ du cap de Bonne-Espérance.

14. ASPERGE stipulacée.

ASPARAGUS stipulaceus. La M. Dict. n.° 15.

ASPARAGUS rubicundus. Berg. Cap. 88. ♄ du cap de Bonne-Espérance.

15. ASPERGE sarmenteuse.

ASPARAGUS sarmentosus. L. ♄ de l'Isle de Ceylan & du Malabar.

16. ASPERGE verticillée.

ASPARAGUS verticillaris. L. ♃ du levant, aux environs de *Derbent*.

Description du port, & culture des espèces.

1. ASPERGE commune. Sous cette dénomination spécifique, plusieurs Botanistes, & entr'autres Linné, réunissent des plantes, qui, si elles ne présentent pas des caractères distinctifs bien marqués, offrent cependant des différences constantes, qui peuvent les faire regarder comme des espèces particulières; telles sont les variétés B & C. Mais, comme ces plantes sont extrêmement voisines de l'Asperge commune, nous nous sommes contentés de les désigner à l'instar de Linné, par une troisième épithète, pour ne rien changer à une nomenclature déjà reçue, & connue de tous les Botanistes.

B. ASPERGE maritime. Elle croît naturellement sur les bords de la mer, dans plusieurs Provinces méridionales de la France, en Angleterre & en Espagne. Ses racines, qui sont longues, blanches & charnues, deviennent, en vieillissant, d'une consistance ligneuse & coriace. Elles poussent chaque année de leur collet, plusieurs tiges droites, d'environ un pied & demi de haut, garnies de branches très-rapprochées les unes des autres dans toute la circonférence, & couvertes d'une multitude de feuilles d'un verd tendre fort agréable, qui devient jaune lorsqu'elles vieillissent. Dans le courant de juin, cette plante se couvre d'une multitude de très-petites fleurs blanches, auxquelles succèdent des baies de couleur rouge orangé, assez apparentes. Elles mûrissent dans le mois d'août, & la plante se dessèche bientôt après.

Culture. Cette Asperge aime les terreins meubles, légers, profonds, & de nature sèche; elle préfère les expositions découvertes, & principalement celles du midi. Les fortes gelées endommagent quelquefois ses racines, sur-tout lorsqu'elles surviennent dans des tems où la terre est humide; c'est pourquoi il est bon de la couvrir lorsque le froid approche de six ou sept degrés.

Cette plante se multiplie fort aisément d'œilletons, qu'on sépare des vieux pieds à l'automne, immédiatement après le dessèchement des fanes, & qu'on plante en pleine terre à la profondeur de six pouces, dans une terre douce & sèche. Cette voie de multiplication est moins sûre au printems, parce que la plante poussant de fort bonne heure, est interrompue dans sa végétation, & que ses racines d'ailleurs sont exposées à pourrir, si le printems est humide.

Un moyen de multiplication plus abondant, mais beaucoup plus long, est la voie des graines qui conservent trois ou quatre ans leur propriété germinative, lorsqu'elles restent dans leurs baies. On les sème dès le commencement de mars, dans des pots ou terrines remplis d'une terre légère & sablonneuse; on recouvre les graines avec la même terre, de l'épaisseur de quatre à cinq lignes seulement, & on place les vases sur une couche chaude, à l'exposition du midi. On peut aussi semer les graines de cette plante en pleine-terre, mais alors elles lèvent beaucoup plus tard, & sont sujettes à devenir la proie des insectes, au lieu qu'en les semant dans des pots que l'on place sur couche, le jeune plant commence à sortir de terre à la fin de mai, & se trouve à la fin de l'été, avoir cinq ou six pouces de haut. Les graines nouvellement semées exigent des arrosemens légers & fréquens, que l'on diminue aussi-tôt qu'elles lèvent, & que l'on proportionne ensuite aux besoins des jeunes plants.

A l'automne, on les place au pied d'un mur à une exposition sèche; on les rentre pendant les gelées seulement, dans une orangerie, & on ne leur donne aucun arrosement pendant tout l'hiver. Au premier printems, & avant que les jeunes plants commencent à pousser leurs tiges, on peut les repiquer en pleine terre. On choisit pour cet effet, une plate-bande de nature meuble, sablonneuse & sèche, dont l'exposition tienne le milieu entre le levant & le midi; on lui donne un labour à double fer de bêche, & on y plante les jeunes pattes d'Asperges, à quinze ou dix-huit pouces de distance, en tout sens, en observant de ne casser, ni même de meurtrir aucune partie de leurs racines, mais bien de les étendre dans leur position naturelle. On les recouvre ensuite de deux ou trois doigts de terre au-dessus de leur collet. Quelques arrosemens légers pendant le courant du printems, & quelques binages suffisent à cette culture. A l'automne, on couvre le jeune plant de cinq à six pouces de vieille tannée, sur laquelle on met encore un lit de paille ou de feuilles sèches, pendant les fortes gelées. Lorsque les jeunes plants auront passé deux ans en pépinière, on pourra les planter à leur destination. A cette époque, leur culture se réduit à un labour, à quelques binages chaque année, pour ameublir la terre & les garantir des mauvaises herbes; & enfin à relever tous les quatre ou cinq ans les touffes trop volumineuses, afin de les changer de terre, de supprimer toutes les vieilles racines, & de rajeunir les plantes.

Usage. L'Asperge maritime peut être mise au rang des plantes printanières, en ce qu'elle pousse de très-bonne heure. La délicatesse de son feuillage, sa verdure, sur laquelle les baies tranchent d'une manière agréable, semblent lui mériter une place sur les lisières des bosquets, dans les jardins paysagistes. On peut encore s'en servir utilement pour garnir des monticules sablonneuses, situées à l'exposition du midi. Ses graines offrent une ressource pour la nourriture des faisans & des perdrix, qui les mangent avec avidité.

C. Asperge sauvage. Celle-ci croît dans les Provinces méridionales de la France, sur les bords des bois, dans les terres légères & un peu humides. Ses tiges s'élèvent à la hauteur de deux pieds; elles sont moins branchues que celles de l'espèce précédente, & leur feuillage est plus délié. Ses fleurs sont petites, de couleur verdâtre, & donnent naissance à des baies d'un rouge pâle, qui mûrissent en juillet. Les tiges périssent à la fin de ce mois, jusqu'à rez-terre, & les racines ne repoussent qu'au printems suivant.

Culture. Cette plante est rustique, elle croît & se multiplie dans toutes sortes de terreins, mais elle préfère ceux qui sont légers & un peu humides; les expositions chaudes lui sont aussi les plus favorables. On la multiplie aisément par ses drageons enracinés, qui peuvent être séparés des souches, depuis le mois d'octobre jusqu'au commencement de mars. Ses graines semées en pleine terre au printems, dans une plate-bande de terre meuble, fournissent des plants qui acquièrent en trois ans leur état de perfection, & peuvent être plantés à leur destination. Ils ne craignent pas les plus fortes gelées de nos hivers, au moyen de quoi il est inutile de les couvrir dans cette saison. Cette espèce peut être employée aux mêmes usages que la précédente.

D. L'Asperge commune des jardins a fourni par la culture, un grand nombre de sous-variétés, qui ne different entr'elles que par leurs dimensions & quelquefois par leur couleur. Elles ont toutes des propriétés plus ou moins intéressantes, qui ont engagé à les cultiver en grand. Comme cette culture est traitée avec étendue par M. l'Abbé Tessier, à la suite de cet article, nous y renvoyons le lecteur.

2. L'Asperge inclinée. La racine de cette espèce est composée de cinq à six tubercules charnus & oblongs, de la grosseur d'un pouce, & de couleur grise. Ils sont disposés circulairement autour d'un axe commun, qui forme le collet de la racine. Chaque année, vers le mois de novembre, il sort de ce collet deux ou trois tiges grêles & tortueuses, garnies de rameaux qui s'inclinent vers la terre. Les feuilles sont fort petites, de couleur glauque, un peu velues, & réunies par faisceaux sur les branches. Ses fleurs sont extrêmement petites, de couleur de chair, & paroissent au printems. Elles sont suivies de petites baies rouges, qui ne sont pas plus grosses que des graines de chenevis. Cette plante fructifie rarement en Europe, & ses tiges périssent chaque année vers le mois de juillet.

Culture. On la cultive en pots, dans une terre sablonneuse un peu forte. L'hiver on la conserve dans des chassis, avec les plantes du cap, & l'été on la laisse à l'air libre. Elle craint beaucoup l'humidité, lorsqu'elle est dans son état de repos, c'est-à-dire, lorsque les fanes sont desséchées & qu'elle ne pousse point. Mais lorsqu'elle est en végétation, elle exige des arrosemens modérés.

Comme il est rare que cette plante donne des graines dans notre climat, on la multiplie par le moyen de ses pattes ou tubercules. On peut les séparer des vieux pieds dans le mois d'octobre, quelque tems avant qu'ils poussent leurs tiges. Mais il faut avoir l'attention d'examiner auparavant si ces pattes ont des yeux particuliers, parce que, si l'on se contentoit de planter un seul des tubercules qui composent la racine, il est presque sûr qu'il ne pousseroit pas & qu'il pourriroit. Ces pattes doivent être plantées dans des pots avec une terre composée de terre franche douce, de terreau de bruyère & de terreau de feuilles, la première mélangée dans la proportion d'un quart, & les deux autres par égales parties. Il convient que ce mélange soit plus sec qu'humide, & que le collet de la racine ne soit recouvert que d'environ six lignes. Les pots ensuite doivent être placés sur une couche tiède & sous le chassis où les plantes doivent passer l'hiver. On ne les arrosera que lorsque les tiges commenceront à sortir de terre. Une chaleur modérée, qui ne descendra pas au-dessous de cinq degrés, suffit à leur conservation.

Cette espèce étant plus rare qu'agréable, ne se cultive guères que dans les Ecoles de Botanique.

5. L'Asperge distorte est un arbrisseau sarmenteux, qui s'élève à huit ou dix pieds de haut, & qui forme un buisson irrégulier, d'un port léger & pittoresque. Ses racines ne sont point tuberculées, mais ligneuses, grosses comme le petit doigt, tortueuses & flexibles, de couleur grise, & longues de plusieurs pieds. Elles sont réunies à une souche commune, d'où partent les tiges de cet arbrisseau. Ces tiges sortent de terre, & poussent de la même manière que celles de l'Asperge des jardins, mais elles sont beaucoup plus longues, & ne commencent à se développer, que lorsqu'elles ont trois à quatre pieds de long. Leur croissance est très-rapide; elle commence dès le mois de février, & continue jusqu'au milieu de l'été. Elles donnent naissance à

des branches, & celles-ci à des rameaux; lesquels sont garnis de faisceaux de feuilles linéaires, qui ressemblent à celles du melèze, par leur forme & leur disposition, mais qui sont plus fines. Ces feuilles, dans leur jeunesse, sont d'une couleur verte la plus tendre & la plus agréable à l'œil; elle devient insensiblement plus foncée, & finit par être jaunâtre, lorsque les feuilles sont sur le point de tomber. Les branches vivent pendant plusieurs années, & conservent leur feuillage tout l'hiver. Jusqu'à présent, cette espèce n'a point fructifié au jardin du Roi, quoiqu'on y cultive, depuis nombre d'années, dans des caisses, plusieurs pieds très-vigoureux & très-forts.

Culture. On la conserve aisément dans les serres tempérées pendant l'hiver, & l'été à l'air libre, placée à l'exposition du midi. Elle aime une terre forte, un peu sablonneuse & meuble. L'humidité lui est plus nuisible que la sècheresse, sur-tout pendant l'hiver. Comme ses racines sont très-nombreuses & très-longues, il convient de la cultiver dans de grands pots ou dans des caisses.

Mais il n'est pas aussi facile de multiplier cet arbrisseau dans notre climat, que de le conserver. Il n'y produit jamais de semences, & il est rare qu'on en reçoive du pays où il croît naturellement. D'un autre côté, les rejettons qu'il pousse sont presque toujours trop près de la souche principale pour être séparés, sans endommager les racines voisines. Cependant il arrive quelquefois qu'ils en sont assez éloignés. Alors on pourra les séparer vers le mois d'août, & les planter avec toutes leurs racines, dans de grands pots, qu'on placera sur une couche tiède, ou sous une bache à ananas. On aura soin de les garantir du soleil jusqu'à ce qu'ils soient repris, & de les arroser très-modérément. A l'automne, ces jeunes pieds seront placés dans la tannée d'une serre chaude, pour y passer le premier hiver, & au printems, on les sortira en même-tems que les autres plantes des pays chauds, & on les laissera en plein air, sur une vieille couche, jusqu'à l'automne, qu'on les rentrera dans une serre tempérée. Tous les deux ans au moins il est nécessaire de changer cet arbrisseau, & de le mettre dans de plus grands pots, pour renouveller la terre. L'automne est le tems le plus favorable à cette opération; mais il faut avoir bien soin de ne couper que le moins possible, de ses racines vivantes, & de supprimer toutes celles qui sont mortes, parce qu'en les laissant pourrir dans la terre, elles peuvent endommager celles qui sont saines.

Usage. Le port pittoresque de cet arbrisseau, sa belle verdure, & la délicatesse de son feuillage, le rendent très-propre à jeter de la variété parmi les plantes étrangères, & à produire de l'agrément dans les serres. Dans les pays où il croît naturellement, les habitans mangent les jeunes pousses lorsqu'elles sont tendres; elles ont le même goût que celles de notre Asperge cultivée.

7. Asperge d'Asie. Le port de cette espèce est fort différent de celui des précédentes. Ses tiges sont grêles & droites, hautes d'environ deux pieds, & armées d'épines; elles partent d'une souche commune, au nombre de quatre ou cinq. Ces tiges sont garnies de branches alternes, très-rapprochées les unes des autres, & ont la même direction. Elles sont couvertes de petits faisceaux, de feuilles capillaires, qui subsistent toute l'année. Leur verdure est tendre & comme soyeuse. Jusqu'à présent cette espèce n'a point fleuri dans nos jardins.

Culture. L'Asperge d'Asie est un peu plus délicate que la précédente; elle exige une température plus chaude & une terre plus légère. On la conserve pendant l'hiver, dans les tannées des serres chaudes, & l'été, en plein air, sur une couche tiède, à l'exposition du midi. L'humidité fait jaunir son feuillage, & elle ne se conserve vigoureuse & en bon état, qu'autant qu'on proportionne les arrosemens au degré de chaleur qu'on lui procure, & à sa végétation. Quant aux moyens de la multiplier, ils sont les mêmes que ceux de l'espèce précédente, à laquelle cependant elle est bien inférieure en mérite. Celle-ci n'est propre qu'à occuper une place dans les jardins de Botanique.

9. L'Asperge blanche forme un buisson épineux, de trois à quatre pieds de haut, d'un port grêle & irrégulier. Ses racines sont longues, flexibles, & d'une consistance ligneuse. Elles produisent des tiges garnies de branches, qui, les unes & les autres, sont couvertes d'une écorce très-blanche. Les feuilles viennent par petits paquets écartés les uns des autres. Elles sont d'un verd glauque, & tombent chaque année, vers la fin de l'automne. Les fleurs sont petites, blanchâtres, & produisent des baies plus grosses que celles de l'Asperge des jardins, & de même couleur. Il est rare que cet arbuste fleurisse dans notre climat; mais lorsqu'il fleurit, c'est dans le courant du mois de mai que ses fleurs commencent à paroître, elles durent trois ou quatre semaines, & ses fruits ne sont mûrs qu'à la fin du mois de juillet.

Culture. Le plus communément on cultive cet arbuste dans des pots, que l'on rentre l'hiver dans l'orangerie, & c'est le plus sûr moyen de le conserver. Mais lorsqu'on en possède plusieurs pieds, on peut en mettre quelques-uns en pleine terre au pied d'un mur, à l'exposition du midi, dans un terrein sec & très-léger. Si l'on a la précaution de couvrir les racines chaque année à l'automne, de cinq à six pouces de vieille tannée, & d'empailler les branches avec soin, on parvient à les conserver, lorsque les hivers ne sont pas rudes; mais, pour peu que le froid vienne à neuf ou dix degrés, ils périssent.

On multiplie cet arbuste au moyen de ses graines & de ses drageons enracinés. Les graines doivent être semées dès le mois de mars, dans des pots, avec une terre légère. On les place sur une couche chaude à l'air libre, & on les arrose souvent, jusqu'à ce que les germes sortent de terre. Lorsqu'ils paroissent, ce qui arrive, pour l'ordinaire, à la fin de mai, on modère les arrosemens; les jeunes plants ne sont bons à être repiqués qu'au printems suivant; en attendant, on leur fait passer l'hiver dans l'orangerie, sur les appuis des croisées, ou mieux encore, sous un chassis où la chaleur ne descende pas au-dessous de quatre degrés. Au printems, on dépote les jeunes plants, & on les repique séparément, & sans couper aucunes de leurs racines, dans de petits pots remplis d'une terre sablonneuse & légère, que l'on place sur une couche tiède, à l'exposition du midi. Ils y restent jusqu'à ce que le tems de les rentrer dans l'orangerie, ou sous les chassis, soit arrivé. Les années suivantes, ils n'ont besoin que d'être changés de vases & mis dans de plus grands pots, à mesure qu'ils prendront de la force. Cette opération peut se faire au printems ou à l'automne, & même dans l'été, si le besoin l'exige, parce que toutes les racines devant être conservées, elle n'occasionne aucun dérangement dans la végétation de ces arbustes.

Usage. Cette Asperge est plus singulière qu'agréable; cependant, la couleur blanche de ses tiges qui contrastent avec la verdure de son feuillage, peut lui mériter une place dans les jardins curieux, parmi les arbustes d'orangerie.

10. Asperge à feuilles aiguës. Les racines de celle-ci sont ligneuses, dures & coriaces. Elles s'enfoncent en terre à la profondeur de deux à trois pieds, & y forment une masse assez volumineuse. De leur collet partent successivement, & d'année en année, plusieurs tiges, qui, en sortant de terre, ont la forme & la couleur d'une petite Asperge cultivée, mais insensiblement elles s'alongent & s'élèvent à la hauteur de cinq à six pieds. Alors elles deviennent ligneuses & vivent plusieurs années. Ces tiges sont garnies de branches qui se divisent en rameaux, lesquels sont couverts de petites feuilles longues, étroites & piquantes par leur extrémité. Leur verdure est perpétuelle, & d'une teinte noirâtre. Vers le mois d'août, lorsque les pieds ont acquis de la force, & que l'été est chaud, cet arbuste se couvre d'une multitude de petites fleurs blanches, tirant sur le verd, qui répandent une odeur douce très-agréable. Il leur succède des baies de la grosseur d'un petit pois, qui deviennent noirâtres en mûrissant.

Culture. Cette espèce se cultive en pleine terre dans notre climat, mais elle exige d'être plantée dans un terrein meuble, léger, de nature sèche, & à une exposition très-chaude. Les fortes gelées font quelquefois périr ses tiges jusqu'à rez-terre, mais les racines profondément enfoncées, en repoussent de nouvelles, & en deux ans le dommage est réparé, sur-tout lorsque les pieds sont depuis long-tems repris en place. Cependant, lorsqu'on prévoit ou que l'on craint des hivers rigoureux, il est bon de buter les racines avec de la vieille tannée, & d'empailler les tiges.

On multiplie cet arbrisseau assez difficilement de drageons, à cause de la sècheresse de ses racines, de leur longueur & de leur défaut de chevelu. Cependant, lorsque de jeunes drageons s'écartent des vieilles souches, & qu'ils ont des racines particulières, on peut les séparer vers le milieu du mois de mars, & les planter dans des pots. Si on place ces jeunes plantes sur une couche tiède, & qu'on les garantisse du hâle & du grand soleil, leur reprise alors est moins douteuse. Mais la voie de multiplication la plus abondante, est celle des semences, & quoiqu'elle soit plus longue, elle doit être préférée. On se procure aisément des graines de cette espèce en Provence & en Languedoc. La culture & les soins sont les mêmes que pour celles de l'Asperge maritime. Nous y renvoyons le lecteur.

Usage. Cette espèce étant un arbrisseau toujours verd, peut être employé dans la composition des bosquets d'hiver. Il est propre à faire des palissades vertes sur la crête des fossés, & à tapisser des murs. Dans des pays plus méridionaux, on pourroit en former des remises pour le gibier, en même-tems qu'elles le défendroient de la poursuite des animaux destructeurs, elles fourniroient encore un moyen de subsistance aux perdrix & aux faisans, par la quantité de graines qu'elles produiroient. Enfin ses jeunes pousses, quoiqu'inférieures à nos Asperges cultivées, sont fort bonnes à manger.

11. Asperge hérissée. Ses racines sont des tubercules charnus, tendres, & de couleur blanchâtre, réunies comme une bote de navets. De leur collet sortent plusieurs tiges qui s'élèvent environ à deux pieds de haut. Elles sont droites, branchues, & d'une verdure foncée. Les feuilles viennent seule à seule, ou partent plusieurs du même point, sur les tiges & sur les branches. Elles ressemblent à des épines, tant à cause de leur consistance très-ferme, que parce qu'elles sont terminées en pointes très-aiguës. Les fleurs sont petites, verdâtres & très-nombreuses. Il leur succède des baies grosses comme des pois, qui deviennent noires en mûrissant.

La *Culture* de cette espèce, & les moyens de la multiplier, sont les mêmes que ceux que nous avons indiqués pour l'espèce du n.° 9. Cependant celle-ci exige un peu plus de chaleur, & est de nature plus délicate. Le défaut d'agrément, ou pour mieux dire, la difformité de son port,

port, ne lui permet pas d'entrer dans la décoration des jardins. On ne la cultive que dans les Ecoles de Botanique, ou dans les jardins où l'on fait des assortimens de plantes pittoresques ou singulières.

12. L'Asperge à feuilles en épines, ressemble beaucoup à la précédente; cependant elle s'en distingue, tant par la disposition de ses feuilles, qui viennent par paquets de trois ou quatre, réunies ensemble sur les tiges, que par ses fruits qui sont moins gros, & de couleur jaunâtre. D'ailleurs elle se cultive & se multiplie de la même manière, & n'a pas un mérite plus distingué.

13. Asperge du cap. Celle-ci est un petit arbuste épineux, d'environ dix-huit pouces de haut, d'un port irrégulier & d'une verdure glauque, permanente; ses rameaux sont couverts de petites feuilles cylindriques, très-menues, & réunies par faisceaux. Ses fleurs sortent de l'extrémité des rameaux & des branches; elles sont couleur de chair, & produisent des baies qui deviennent d'un beau rouge dans leur maturité. Cet arbuste fleurit au printems, & ses fruits mûrissent dans le cours de l'été.

Culture. On le cultive dans des pots, avec une terre sablonneuse un peu substantielle. Pendant l'hiver, il est nécessaire de le rentrer dans une serre tempérée; l'été on le place à l'air libre, à l'exposition du midi; mais, en tout tems, il redoute moins la sécheresse qu'il ne craint l'humidité.

On le multiplie par le moyen de ses œilletons & de ses graines, qui mûrissent dans nos jardins. Les œilletons doivent être séparés des vieux pieds vers le mois de septembre. On les plante avec toutes leurs racines, dans une terre presque sèche, & on les place sur une couche tiède & sous un chassis. Il convient de ne les arroser que lorsqu'ils commencent à pousser; & à l'approche des gelées, on les enterre dans la tannée d'une serre chaude, pour les conserver plus sûrement pendant ce premier hiver. Les graines peuvent être semées au printems ou à l'automne, immédiatement après leur récolte; mais cette dernière saison est préférable, & alors on les sème sous chassis; elles n'exigent d'autres soins que d'être préservées des gelées pendant l'hiver, & d'être arrosées quelquefois pour entretenir la terre un peu humide; au printems, on place ces semis sur une couche chaude, & les graines ne tardent pas à lever. Les semis du printems ne lèvent souvent qu'à la fin de l'été, & même à l'automne; & comme ils acquièrent peu de force dans cette saison, ils ont peine à se défendre de l'hiver. La seconde année, on peut séparer le jeune plant, & le placer séparément dans de petits pots, avec une terre sablonneuse & légère. Il est essentiel de ne casser ni meurtrir aucunes racines dans cette opération, parce qu'étant d'une nature aqueuse & fort tendre, elles pourriroient. On peut faire ce repiquage au printems & dans l'été, mais le plus sûr est de ne le faire qu'à l'automne, quelque tems avant que ces plantes entrent en végétation. Il en est de même de toutes celles qui viennent du cap de Bonne-Espérance. Pendant leur jeunesse, les jeunes plants se conserveront mieux l'hiver, sous un chassis gradué à six degrés de chaleur, que dans une serre chaude; & lorsqu'ils seront devenus forts, il suffira de les mettre dans une serre tempérée.

Usage. Cet arbuste mérite d'occuper une place dans les jardins des curieux; son port pittoresque, sa verdure glauque, & ses petites baies d'un beau rouge, sont propres à jeter de la variété parmi les plantes étrangères.

15. L'Asperge sarmenteuse se distingue aisément des autres espèces de ce genre, par ses feuilles linéaires & applaties, qui viennent isolées. Ses racines sont charnues, oblongues & réunies en petites bottes. Elles poussent des tiges qui s'élèvent à trois ou quatre pieds de haut, d'une consistance ligneuse, & chargées d'épines courtes très-acérées. Ces tiges sont garnies du haut en bas, de petits rameaux couverts de feuilles d'un verd pâle, tirant un peu sur le jaune. Vers le mois de juillet, les petits rameaux de l'extrémité des tiges se chargent d'une multitude de jolies fleurs blanches, qui durent environ un mois, & produisent un effet agréable. Un petit nombre de ces fleurs produisent des baies, de la grosseur d'un grain de vesce, lesquelles sont vertes d'abord, & deviennent en mûrissant, d'un très-beau rouge. Elles ne sont mûres que dans le mois de décembre suivant.

Culture. Cette Asperge veut être conservée l'hiver, dans une serre chaude, sur des tablettes; elle est très-vivace, & craint moins l'humidité que les autres espèces. Elle se cultive & se multiplie de la même manière, que la précédente, excepté que le jeune plant de celle-ci doit être repiqué au printems, plutôt qu'à l'automne.

Usage. L'Asperge sarmenteuse peut être mise au rang des plus jolies plantes de serre chaude. Mais, pour qu'elle produise plus d'effet, il convient d'étendre ses branches sur un éventail de treillage attaché au vase ou à la caisse dans laquelle elle est plantée. Par ce moyen, on jouit sans confusion de l'élégance de son feuillage, de la gentillesse de ses fleurs & de l'agrément de ses fruits.

La culture des autres espèces de ce genre nous est inconnue. (*M. Thouin.*)

Culture des Asperges ordinaires.

L'Asperge est une des plantes le plus en usage sur les tables. On la trouve dans tous les potagers des gens riches & même des gens aisés. La consommation qu'en font les villes, sur-tout les villes d'une certaine étendue, est si considérable, qu'il y en a des cultures en grand dans leurs environs.

Espèces d'Asperges cultivées.

Les Botanistes ne reconnoissent qu'une seule espèce d'Asperge cultivée; c'est le n.° 1 du Dictionnaire de Botanique; *Asparagus sativa*, de Tournef. *Asparagus officinalis*, Lin. Ils regardent comme variétés, celles entre lesquelles le Cultivateur établit des différences. En effet, elles ont le même caractère dans les parties de la fructification. Ce n'est que par le plus ou moins de grosseur qu'on peut les distinguer.

M. le Chevalier de la Mark comprend trois variétés sous le nom d'*Asperge cultivée*; savoir, l'*Asperge commune des jardins*, *la grosse Asperge*, & l'*Asperge maritime*. Il croit que cette dernière, perfectionnée par la culture, a produit l'Asperge commune; celle-ci encore mieux cultivée, & dans de meilleurs terreins, pourroit bien avoir donné lieu à la grosse Asperge. M. l'Abbé Rozier (Cours complet d'Agriculture) les fait descendre toutes trois de l'Asperge sauvage. Il en donne une filiation probable, mais qu'on ne peut garantir. Selon lui, « l'Asperge sauvage, *Asparagus sylvestris*, de Bauhin, qui croît naturellement dans les isles sablonneuses du Rhône, du Rhin, de la Loire, a fourni, par succession de tems, & par les semis, l'Asperge commune, ou *Asparagus sativa*. La semence de celle-ci, & même de la première, chariée par les eaux des fleuves & des rivières, à la mer, & qu'elle a ensuite rejetée sur ses rivages, a produit l'Asperge maritime, ou *Asparagus maritima*. Comme le terrein sablonneux des bords de la mer est sans cesse recouvert par les débris des plantes, des animaux qu'elle rejette, il s'y est formé un terreau, un sol plus substantiel, & encore plus analogue à la bonne végétation de l'Asperge; dès-lors celle-ci est devenue plus grosse dans sa racine; ses feuilles ont été plus épaisses, & sa tige mieux nourrie. *Asparagus altilis*. Voilà la seule différence qui existe entre toutes les trois. Les riverains ont cueilli la graine; ils l'ont transportée dans leurs jardins, où le travail & les engrais ont ajouté au premier degré de perfection que la plante avoit acquis sur les bords de la mer. »

Quoi qu'il en soit, on peut réduire à deux sortes les Asperges cultivées, à la *commune* & à la *grosse*. La commune, est celle d'Allemagne & de beaucoup de pays de France; par exemple, de Belleville, d'Aubervilliers, dans les environs de Paris, d'Orléans, &c. La grosse, est l'Asperge des jardins, ou celle de Hollande, de Marchienne, de Darmstat, de Pologne, de Strasbourg, de Besançon, de Vendôme, &c. Rien n'est moins commode que cette manière de distinguer les plantes potagères par les noms de pays, parce que plusieurs pays peuvent cultiver la même sorte, comme un seul peut cultiver plusieurs sortes, plus ou moins avantageuses les unes que les autres. La seule utilité qu'elle ait, c'est de faire connoître aux Cultivateurs d'où ils doivent tirer les graines ou les plants de belle qualité. Mais quand il s'agit de s'entendre, ces dénominations nuisent plus qu'elles ne servent.

La grosse Asperge est préférable à la commune pour les curieux & les amateurs, à cause de sa bonté, de sa grosseur & de son abondante production.

Ouvrages sur les Asperges.

Il y a beaucoup d'écrits sur la culture de l'Asperge. On peut consulter une petite brochure de M. Mallet, imprimée à Paris en 1779, une de M. Filassier, imprimée à Paris la même année, l'Ecole du Jardin potager, l'article de l'ancienne Encyclopédie, de M. le Baron de Tchoudi, le Cours complet d'Agriculture de M. l'Abbé Rozier, le Dictionnaire économique, édition de 1767, & des Notes de M. le Marquis de Bullion, insérées dans les Mémoires de la Société Royale d'Agriculture, trimestre de printems, année 1786. J'ai puisé dans toutes ces sources, mais je me suis plus attaché à la culture employée par les habitans d'Aubervillers, & à celle des Vignerons des environs d'Orléans, où l'on ne connoît encore que l'Asperge commune. Si l'intérêt des hommes, qui s'occupent à en cultiver pour vendre, ne les porte pas toujours à choisir les plus belles espèces, on peut généralement croire qu'ils ont les meilleurs moyens de multiplier celles qu'ils adoptent. Le Père Menard, Curé d'Aubervilliers, & une personne éclairée de la ville d'Orléans, ont bien voulu me procurer tous les éclaircissemens que je leur ai demandés.

Culture d'Aubervilliers.

Terrein qui convient à l'Asperge.

Il y a, à Aubervilliers, plus de quatre-vingt-dix arpens de terre consacrés à la culture de l'Asperge. L'arpent est de cent perches, à dix-huit pieds la perche. Cinquante autres villages des environs de Paris cultivent aussi cette plante.

Aubervilliers est situé dans la plaine de Saint-Denys, dont le sol est plat & à découvert. Il est par conséquent à toute exposition. Dans les endroits enfermés de murs, on préféreroit peut-être l'exposition du midi ou du levant pour avoir des Asperges plutôt, l'action du soleil y donnant plus de chaleur au terrein. La plaine de Saint-Denys est du sable, assez aride en apparence, mais devenu gras par les engrais qu'on est à portée d'y mettre. La nature indique ce terrein comme plus convenable à l'Asperge, puisqu'elle croît naturellement dans les isles sablonneuses. Après le sable, ce doit être la terre calcaire, ou remplie de petites pierres; dans l'argille pure, ou presque pur, elle ne réussiroit pas. Sa racine a besoin d'une terre aisée à remuer, & ne veut point être noyée d'eau. Si l'on n'a qu'un terrein argilleux, il faut renoncer à y cultiver des Asperges, ou bien le diviser en y mettant du sable, ou de la terre calcaire, ou prendre les précautions qui seront indiquées plus avant. Dans ce cas même, elles ne prospéreront pas aussi bien que dans un sol sablonneux. Car on ne peut empêcher l'influence de la terre environnante, qui, toujours procurera un peu plus de fraîcheur que ces plantes n'en veulent; elles y seront plus tardives. Ce n'est pas une raison sans doute pour n'en pas cultiver du tout. Il vaut mieux avoir de petites jouissances, que de n'en avoir aucune. L'Agriculture sait souvent vaincre une partie des obstacles de la nature.

Le sable ou la terre calcaire, quoique plus favorables aux Asperges, n'en donneroient que de petites, s'ils n'étoient mêlés de terre franche ou d'engrais consommés en terreau. Dans la plaine de Saint-Denys, on répand abondamment un mélange de boues de Paris & de fumier de cheval, qu'on peut regarder comme un engrais chaud. Pour l'imiter dans les pays où l'on n'a pas la même facilité, il s'agit de faire ramasser des feuilles d'arbres, des plantes herbacées, des joncs, &c. de les disposer par lits, avec des lits alternatifs de sable, si le pays n'est pas déjà trop sablonneux, de terre franche, & même de fumier de cheval, & de laisser le tout pendant six mois au moins, jusqu'à ce que les herbes soient pourries. Alors on passe à la claie, & on conserve le terreau, qui en résulte en le couvrant de paille, afin que les pluies ne le lavent pas. Ce terreau sert d'engrais pour les semis d'Asperges. Les fumiers mêlés de basse-cour, bien pourris, sont aussi très-bons.

Manière de multiplier l'Asperge.

Cette plante se multiplie de graines, qui produisent des racines appellées *griffes* ou *pates*.

On sème à Aubervilliers celle qu'on recueille dans le pays; c'est elle qui fournit le plant qu'on emploie ou qu'on vend à Paris. On dit qu'on a essayé d'en tirer de l'Orléanois, où les Asperges sont plus belles, mais sans succès. Peut-être avoit-on reçu de la graine en mauvais état, & n'a-t-on pas répété la tentative avec de meilleur graine. Rarement le paysan recommence un essai qui n'a pas réussi. On n'est point sujet à être trompé sur la graine, lorsqu'on la récolte soi-même sur des pieds choisis, & avec les précautions dont je parlerai vers la fin de cet article.

Semis d'Asperges.

Le moment de semer dépend du climat. Auprès de Paris, on choisit le mois de mars. Dans les Provinces du midi, c'est plutôt dans celles du nord, c'est plus tard. Il faut profiter des premiers tems doux, après les gelées. Je connois un jardinier qui sème ses Asperges en octobre ou en novembre, & qui s'en applaudit.

Le terrein destiné à être ensemencé en Asperges, doit être préparé d'avance, dès l'année précédente; on lui donne trois labours. Il y a sans doute des terres où il en faudroit plus, d'autres où il en faudroit moins, ce qui dépend de leur compacité. On a soin de les bien fumer. A Aubervilliers, après les trois façons & l'engrais suffisant, on y plante des choux à la fin de juin. Quand les choux sont ôtés, & l'hiver passé, on laboure à petites raies, & on sème à la volée. On ne fait subir à la graine aucune préparation; on herse deux fois, & on répand pardessus de la graine d'oignons ou de poireaux, ou l'une & l'autre mêlées ensemble; on herse deux autres fois, enfin on travaille & on unit la terre avec un rateau. La graine doit se trouver à un peu plus de deux pouces de profondeur. Il en faut un boisseau, mesure de Paris, ou la douzième partie d'un setier pour un arpent. Ceux qui l'achètent, la paient depuis 20 sols jusqu'à 3 livres. Si on semoit la graine d'Asperges plus dru, elle ne produiroit que de petites griffes.

Les Cultivateurs qui ne font pas des semis en grand, préparent des planches comme celles des potagers, qu'ils labourent bien, & couvrent de terreau. Quand ils ont semé la graine d'Asperges, ils la foulent avec les pieds pour l'enfoncer, & donnent pardessus un coup de rateau.

Il y a de l'avantage à semer la graine d'Asperges par rayons. On conçoit que ce ne peut être que dans les petites cultures. On espace mieux les graines, on arrache plus facilement les herbes qui nuisent au jeune plant, & on les sarcle avec plus de facilité. Les rayons doivent être à dix ou douze pouces les uns des autres, & chaque graine à six pouces. La profondeur des rayons aura deux ou trois pouces au plus. On recouvrira la semence avec la terre qui en sera sortie.

Au bout de six semaines ou de deux mois, selon que le printems est plus ou moins doux, la graine d'Asperge lève. Quelque tems après on ôte les mauvaises herbes, & on éclaircit les oignons ou poireaux avec précaution, c'est-à-dire, par un tems sec, & en ne blessant point les jeunes pousses d'Asperges. On sarcle ainsi pendant l'été autant qu'il en est besoin; quelquefois on arrose. Au mois d'août on arrache les oignons & poireaux, & en même-tems les herbes étrangères. On coupe, à un pouce de terre, au mois d'octobre, les montans des semis d'Asperges. Quelques personnes conseillent de couvrir la terre de paille, pour garantir les plants des rigueurs de l'hiver. Il ne paroît pas qu'à Aubervilliers on emploie cette pratique, qui apparemment n'y est pas nécessaire.

Age que doit avoir le plant.

Un an après l'ensemencement, les griffes ou racines d'Asperges sont bonnes à être transplantées; mais doit-on employer du plant aussi jeune, ou n'employer que du plant de deux ans?

Les Auteurs que j'ai cités sont partagés. La plupart donnent la préférence au plant d'un an; Quelques-uns croient qu'il vaut mieux que les griffes en aient deux. Chacun cite son expérience. On pourroit peut-être les accorder, s'ils expliquoient dans quels terreins ils ont fait leurs essais, & comment ce terrein a été engraissé. Je suis porté à croire que du plant d'un an, dans une terre substantielle, ou fumée abondamment, peut très-bien prospérer, tandis que, si la terre est maigre, ou mal fumée, il faut du plant plus fort, & par conséquent de deux ans. Il est encore possible que du plant de la grosse Asperge n'ait pas besoin d'être aussi long-tems en pépinière, que celui de l'Asperge commune. Au surplus, avec du plant de deux ans, on hâte la jouissance, ce qui le fait préférer par bien des personnes.

Quand on achète du plant, il faut s'y connoître. Des racines longues, d'égale grosseur, blanches, ayant l'œil gros & vigoureux, sont la marque d'un plant qui doit réussir.

Les habitans d'Aubervilliers, outre les plants d'un an & de deux ans, portent encore à Paris, à la fin de l'hiver, les vieilles griffes usées. Il faut bien se garder de les acheter pour former une plantation d'Asperges. Les jardiniers de Paris s'en accommodent, parce qu'ils les repiquent sur-le-champ sur des couches, pour se procurer des Asperges au commencement du printems. Ces plants ensuite périssent entièrement.

Un arpent bien préparé, & ensemencé en graines d'Asperges, peut produire jusqu'à quatre-vingt ou cent milliers de griffes. Celles d'un an, valent depuis 20 sols jusqu'à 3 livres le millier. Celles de deux ans s'achètent depuis 3 livres jusqu'à 10 livres.

Epoque de la plantation d'Asperges.

L'époque de la plantation des griffes d'Asperges est de la mi-février à la mi-mars. On prévient le premier mouvement de la sève. Si on attendoit qu'elle eût commencé, ces griffes reprendroient plus difficilement, & l'interruption qu'elles éprouveroient, les empêcheroit de se fortifier dans le nouveau terrein; les sécheresses surviendroient, & les feroit périr. On assure qu'on peut même, dans les terres légères, les planter avant l'hiver, qu'elles n'en poussent qu'avec plus de vigueur au printems, & qu'il est nécessaire de les couvrir de fumier épais, afin que les gelées ne les endommagent pas.

Mais M. le Baron de Tchoudy (ancienne Encyclopédie) s'est convaincu du mauvais succès de cette méthode. Il a planté des Asperges deux années de suite à la Saint-Michel; au printems, la plupart des griffes étoient chancies; sur cinq, il en avoit à peine subsisté une, encore étoit-elle très-foible. Il auroit dû dire dans quel terrein il a fait cet essai. Car on ne conseille de planter des Asperges avant l'hiver, que dans les terres légères, qui ne retiennent pas l'eau. Je pense qu'il n'y a pas de risque de les planter alors, quand on a un terrein de cette nature, sans rien garantir, parce que je ne l'ai pas éprouvé.

Manière de lever le plant d'Asperges.

A Aubervilliers, pour ôter, les griffes des pépinières, on se sert d'une charrue sans coutre. A mesure que le laboureur trace un sillon, les griffes sont jetées sur la surface, d'où on les ramasse. Cette méthode est très-expéditive. Quelques griffes peuvent être maltraitées par la charrue; mais cet inconvénient est bien compensé par le peu de frais de l'opération. Dans les petites cultures, on cerne la terre autour de chaque pied, avec une petite fourche de fer, & on enlève ainsi les griffes.

Avant de les planter faut être assuré de la bonté du plant. Il seroit bon que quelqu'un de confiance le vît arracher. Souvent on expose dans les marchés, des griffes qu'on a tenu long-tems humides, pour faire croire qu'elles sont récemment arrachées. Elles pourrissent promptement dans la terre.

Manière de planter les griffes d'Asperges.

C'est la manière de végéter de l'Asperge qui a dicté celle de la cultiver. Tous les ans les griffes s'élèvent, & ont besoin d'être recouvertes. Il a donc fallu les placer dans des fosses dont la terre, jetée à côté, servît quand on en auroit besoin. On fait, à Aubervilliers, les fosses de huit pouces de profondeur sur dix-huit pouces de largeur. La terre jettée entre deux fosses, forme des ados auxquels on donne trois pieds & demi de largeur. On ne met point de fumier cette première année, ni avant de planter, ni en plantant. On place les griffes en échiquier, à quatorze pouces les unes des autres, & à six ou huit pouces de profondeur, ce qui suppose, qu'outre l'excavation de la fosse, on donne un fer de bêche de labour au fond. Quatorze ou quinze milliers de griffes suffisent pour un arpent. En les plantant, on rafraîchit sans doute les racines, & on les étend de manière que l'œil soit dirigé en haut. Pendant l'été, on a soin de sarcler pour ôter les mauvaises herbes. Un petit croc à deux dents, long d'environ un demi-pied, sert pour ces sarclages. L'année suivante, on découvre les Asperges le plus près qu'on peut de la tête, ayant l'attention de ne leur pas toucher. On met dessus trois pouces de fumier bien pourri. J'ai déjà dit que le fumier employé à Aubervilliers, étoit un mélange de fumier de cheval & de boues de Paris. On le recouvre de trois pouces de terre. On prend ordinairement celle qui est sortie des fosses. Au lieu de terre, dans un pays humide, il faudroit mettre du sable. Huit fortes voitures de fumier sont nécessaires pour un arpent. L'Aspergerie ainsi fumée, n'a plus besoin que d'être nettoyée des herbes qui y poussent. Les Habitans d'Aubervilliers, en donnant huit pouces de profondeur à leurs fosses, ont apparemment remarqué que c'étoit-là précisément celle qu'ils devoient leur donner. Je soupçonne que leur but étant d'avoir des Asperges de bonne heure, ils n'y parviennent qu'en mettant leur terrein dans le cas de s'échauffer promptement. Mais ce n'est pas une règle à suivre par-tout, parce qu'il y a tel sol où cette profondeur ne suffit pas. Plus il est léger, plus les fosses doivent être creusées, parce qu'elles ont besoin de contenir beaucoup de fumier, & autant qu'il se pourra, de retenir assez de l'eau des pluies, pour n'être pas entièrement desséchées. On les creuse donc d'un pied, & de deux pieds même. Par la même raison, en terre forte & compacte, on ne fait pas de fosses, mais on plante les griffes d'Asperges dans des planches bien labourées & hersées, qu'on recouvre de trois pouces de terre, & qui s'exhaussent, chaque année, par le fumier qu'on y ajoute. Quelquefois, dans ce terrein, on plante aussi les Asperges en fosses. Dans ce cas, on leur donne trois à quatre pieds de profondeur; on met au fond, 1.° un lit de dix-huit à vingt pouces de cailloux ou de pierrailles, 2.° un lit de quatre pouces de sable ou de terre, 3.° un lit de fumier, 4.° un second lit de sable ou de terre; on plante dessus, & on recouvre la plantation de terre.

Il est nécessaire de donner de la pente aux fosses pratiquées dans un terrein qui retient l'eau, & de faire un fossé à une extrémité pour son écoulement.

On a proposé de cultiver les Asperges dans des fosses pavées, dont les côtés fussent revêtus de murs. On a assuré que les Asperges y duroient plus long-tems, & étoient également belles. Je n'en ai point vu cultiver de cette manière. Mais si ce moyen est certain, on pourroit en planter dans des caisses, qu'on placeroit dans des endroits chauds, ou à l'abri des gelées, pour en avoir en hiver.

Le sol couvert de la terre qui est sortie des fosses, & dont on a besoin pour les rechargemens annuels, ne reste pas inutile. On y plante des choux ou autres légumes. Ce terrein placé entre les fosses, & ordinairement d'une largeur égale à la leur, lorsque la plantation est épuisée, pourroit être creusé à son tour. On en jeteroit la terre sur les anciennes fosses; & par ce moyen, on établiroit une nouvelle Aspergerie, sans occuper plus de terrein. Cette méthode a réussi à M. de Combes; il me semble qu'elle doit toujours réussir.

Ce n'est qu'à la deuxième année de plantation, qu'à Aubervilliers on met du fumier sur les griffes d'Asperges. Il est à présumer que le terrein n'est jamais maigre, à cause des divers objets qu'on y cultive, & de la facilité de se procurer des engrais. Dans tout autre pays, il est bon de fumer la terre du fond des fosses, ou de mettre dessous un pied de fumier foulé. Plus on fume, plus les Asperges végètent bien. On n'en doit pas moins les couvrir de fumier à la seconde année. Le marc de raisin passe pour un des meilleurs engrais qu'on puisse jeter dans les fosses d'Asperges.

Asperges semées en place.

La marche ordinaire de la culture de l'Asperge, est de la semer en pépinière, de relever les griffes, & de les planter dans des fosses ou planches séparées. Mais il y a des gens qui s'en écartent & sèment les graines d'Asperges dans les endroits même où elles doivent rester. Quand les fosses sont faites & les planches disposées, bien façonnées & fumées, on tire des lignes dans leur longueur; on y fait avec la houe, à un pied de distance les uns des autres, des trous, dans chacun desquels on met deux ou trois graines, au cas qu'il en périsse. S'il n'en périt pas, on en ôte une ou deux à chaque trou, pour ne laisser que la plus forte. Ces trous ne doivent pas avoir plus d'un demi-pouce; on recouvre de terre les graines. On peut, au milieu de tous les rangs d'Asperges, laisser, si on veut, une petite allée pour les cultiver commodément. On espace les trous comme les plants, par des intervalles de quatorze pouces. La première année seulement, on peut y semer de l'oignon. Cette méthode me paroît avoir des avantages. Les griffes n'étant point déplacées, ne sont jamais, ni cassées, ni endommagées; elles ont la liberté de s'étendre & de se fortifier.

S'il manque du plant dans une plantation d'Asperges, on le remplace au printems suivant. On resème également de la graine, où il en a manqué, dans les fosses & les planches, où elle doit rester en place.

Année où on peut couper les Asperges.

Quand on a mis en terre du plant d'un an, on le laisse à Aubervilliers, monter sans le couper, la première & la seconde année. Mais on le coupe la troisième année, pendant les quinze premiers jours seulement de la saison. S'il y avoit des tiges foibles, il ne faudroit pas couper celles-là. Cette coupe est nécessaire, pour faire la tête des griffes, c'est-à-dire, pour les forcer, en quelque sorte, de taller & de produire un plus grand nombre de montans ou d'Asperges. La quatrième année, on ne les coupe encore que jusqu'au mois de juin. Les années suivantes, on les coupe jusqu'à la Saint-Jean. Si c'est du plant de deux ans, on commence à les couper une année plutôt, en observant le même ordre & les mêmes précautions. Il ne paroît pas qu'on ait essayé d'attendre la sixième année, pour les couper pendant toute la saison. Il y a lieu de croire que les Asperges en seroient plus belles. Mais il faudroit toujours leur faire la tête la seconde ou la troisième année, selon que le plant seroit de deux ans, ou d'un an.

La culture de l'Aspergerie est, pour tout le tems de sa durée, la même que celle de la seconde année; celle-ci passée, à Aubervilliers, on ne fume plus que trois ans après, & ensuite à volonté. A cet égard, chacun se réglera sur son terrein, & sur la facilité qu'il aura d'avoir des engrais. Toujours est-il vrai qu'il faudra, chaque année, au mois d'octobre ou de novembre, couper les montans à deux pouces de la superficie des fosses, ôter une partie de la terre, afin que les Asperges aient moins d'humidité en hiver, les découvrir tout-à-fait au printems, pour les recouvrir de fumier & de trois pouces de terre, & enfin les sarcler plusieurs fois en été.

Manière de les couper.

Il y a des précautions à prendre pour couper les Asperges. Des jardiniers attentifs se servent d'un instrument plat, fait exprès. Cet instrument, qui est de fer, a huit pouces de longueur, sur six à huit lignes de largeur. Le bas est courbé, pointu, intérieurement tranchant, & garni de dents comme une scie; il est dans un manche de bois. On le plonge perpendiculairement le long de l'Asperge, après en avoir écarté la terre, pour découvrir les autres pousses; à la profondeur d'environ six pouces, on donne un tour de main pour embrasser l'Asperge avec le bout du crochet; on la coupe en tirant à soi. Par ce moyen, on ne froisse pas les montans, qui sont prêts à percer.

Lorsqu'on ne consomme pas sur-le-champ toutes les Asperges coupées, il faut les mettre dans un vaisseau qui ait, au fond, deux pouces d'eau seulement, de manière que les pointes soient en haut, ou bien les enfoncer à demi dans le sable frais. Elles s'y conservent plusieurs jours, mais ne sont jamais si bonnes que fraîchement coupées.

Quelquefois on voit des Asperges jumelles, & même trijumelles. Elles sont le produit de plusieurs yeux réunis & serrés les uns contre les autres. Les arbres à fruits nous offrent des exemples de ces monstruosités. Car il y a des cerises, des pommes, des prunes & des pêches, qui de deux ou de plusieurs n'en forment qu'une. Je ne vois pas qu'on ait encore pensé à séparer la graine de ces sortes d'Asperges, pour la semer & en examiner le produit. Une griffe qui donne des Asperges jumelles ou trijumelles, n'en donne pas d'autres, tant que le plant dure. Ces Asperges sont rares, toujours creuses, & de mauvaise qualité.

On estime qu'à Aubervilliers un bon arpent, planté en Asperges, peut donner, quand il est en plein rapport, douze douzaines de bottes triées, ou grosses, & vingt-quatre douzaines de moyennes, pendant huit ans consécutifs. La botte de grosses Asperges a environ sept à huit pouces de diamètre, & celle de la moyenne, quatre à cinq pouces. Le cent de bottes des grosses, se vend depuis 100 livres jusqu'à 300 livres.

Frais pour la culture d'un arpent en Asperges.

Il en coûte au cultivateur, pour avances, 1.° 35 à 40 liv. de loyer, 2.° 70 liv. pour faire des fosses & planter. 3.° 30 à 40 liv. pour frais de sarclages. 4.° 20 liv. pour découvrir & recouvrir les Asperges. A quoi il faut ajouter le prix de 14 à 15 milliers de griffes, & celui de huit fortes charretées de fumier, qui lui revient à 6 l. la charretée. Il faut donc qu'il dépense plus de 200 liv. avant que l'arpent de terre lui puisse rapporter. Les frais des années suivantes sont moindres. Ils consistent à faire sarcler plusieurs fois par an, & enlever une fois de la terre de dessus les pieds, pour mettre ou du fumier & d'autre terre, ou seulement de la terre à la place.

L'Asperge se cultive à Aubervilliers de tems immémorial. Ce village peut en fournir à Paris, année commune, vingt-huit à trente milles bottes. Cent cinquante personnes, ou environ, sont employées à cette culture, depuis la mi-mars jusqu'à la Saint-Jean.

Une plantation d'Asperges bien entretenue, s'y soutien en bon rapport pendant huit ans. Après ce tems elle déchoit, & il faut la détruire. La terre alors sans engrais pendant deux ans, pr duit les graines ou les légumes qu'on veut y s mer. On prétend qu'elle n'est plus propre à porter, dans la suite, une seconde fois des

Asperges. Un particulier d'Aubervilliers dit en avoir essayé sans succès. Mais cette expérience a-t-elle été répétée? Je ne puis croire qu'au bout d'un certain tems, un terrein, dans lequel on a cultivé des Asperges, s'il est préparé convenablement, refuse de se prêter à la végétation de ces plantes.

Culture de l'Asperge dans les vignes.

Culture d'Orléans.

Par les détails dans lesquels je suis entré, on voit que la culture ordinaire de l'Asperge exige beaucoup de soins & de frais, & que cette denrée, d'ailleurs peu nourrissante, ne peut être assez commune, pour que le peuple en fasse usage. Si la culture employée par les vignerons d'Orléans, se répandoit & s'introduisoit dans tous les vignobles, les Asperges deviendroient très-communes, & seroient une ressource au moins pour la bourgeoisie & pour les artisans des villes. Je m'empresse de faire connoître cette culture, ne l'ayant encore trouvée nulle part.

Il n'y a point, aux environs d'Orléans, de canton, ni de terrein particulier, consacré à la culture des Asperges, mais c'est entre les ceps de quatre ou cinq mille arpens de vignes. Ce genre de légume est si abondant dans les marchés de cette Ville, que les gens riches qui ont des potagers, ne prennent pas la peine d'y en planter. Il part d'Orléans, dans la saison, des voitures chargées d'Asperges pour Paris & pour les villes & bourgs de la Province.

Le terrein des vignes d'Orléans est une argille très-divisée par du sable ou de petites pierres. Les champs ainsi composés, s'appellent *grouettes* dans tout le pays. Les Asperges y réussissent bien; elles y deviennent plus grosses que dans le sable pur, & sont moins hâtives.

On ne trouve point de plant à acheter. Chaque vigneron fait lui-même sa pépinière à un bout de sa vigne. Il sème de quoi renouveller ses plantations. Rarement son voisin lui vend ou lui prête des griffes; rarement il lui en vend ou lui en prête. La terre ne reçoit d'autres façons que celles qui conviennent à la vigne. Seulement on a l'attention de ne semer des Asperges que dans une vigne qu'on vient de fumer abondamment. C'est au mois de mars, ou au commencement d'avril. Il paroît qu'on met la graine dans des trous, & qu'on la recouvre de terre.

Les griffes restent trois ou quatre ans en pépinière. On les met toujours en place au moment où on plante la vigne, à la profondeur d'un fer de bêche; on les dispose à huit ou dix pouces des ceps, & à deux ou trois pieds les unes des autres, suivant l'idée du vigneron ou la fécondité du sol. Afin que la vigne ne souffre pas du voisinage des Asperges, on n'en plante qu'aux deux extrémités des sillons ou plate-bandes, & jamais au milieu.

Pendant que les Asperges sont en place, on les façonne toujours en même-tems que la vigne, on les fume en même-tems, tous les quatre ou cinq ans. Le vigneron qui sait où sont les pieds, donne au printems, un coup de marre à la terre qui les recouvre, pour en faciliter la sortie. Rien n'est plus simple que cette culture.

Les Asperges d'Orléans sont en général plus belles que celles d'Aubervilliers. Elles ont beaucoup plus de verd; ce qui dépend du terrein. Il y en a quelques jaunes qu'on a soin d'extirper, parce qu'elles sont amères, étant vraisemblablement des griffes malades.

Une plantation d'Asperges subsiste autant que la vigne, depuis vingt jusqu'à vingt-cinq ans. En replantant la vigne, on replante des Asperges.

Culture de M. le Curé de Charmont.

M. le Curé de Charmont, village Beauce, de situé à trois lieues de Pithiviers, cultive aussi, & avec un grand succès, des Asperges dans des vignes. Le sol est une terre franche, bonne pour le froment; elle n'est ni argilleuse, ni grouetteuse. Ayant tiré son premier plant en 1768, d'un Maréchais d'Etampes, il en prend maintenant dans ses propres plantations. Il élève le plant en pépinière. Après un an, il le place de la manière suivante. Il fait fouiller dans les ados jusqu'à la terre solide; il met au fond de la fouille environ deux pouces de terre meuble; on en forme une petite élévation pour asseoir la griffe dont on étend les racines d'une main, tandis qu'on l'assujettit d'une autre. On recouvre les griffes de quatre pouces de terre au-dessus de l'œil; à la fin de juin ou au commencement de juillet, quand les sécheresses arrivent, on ajoute pardessus quatre autres pouces de terre. Les griffes se placent à deux pieds & demi les unes des autres, & entre les ceps, dans toute la longueur des ados.

M. le Curé de Charmont ne croit pas qu'ainsi placées, elles altèrent la vigne. En cela, il diffère des vignerons d'Orléans, qui ne se permettent d'en planter que dans les bouts. Mais le terrein de M. le Curé de Charmont étant une terre à froment, c'est-à-dire, une terre un peu substantielle, il peut, avec moins d'inconvéniens qu'à Orléans, planter des Asperges dans toute sa vigne, il fait cultiver en même-tems la vigne & les Asperges. Il ne croit pas que les Asperges altèrent la vigne. Depuis neuf ans, il ne l'avoit pas fumée; il vient de la fumer avec du fumier de cour de fermier. Ses Asperges sont belles & abondantes. Il y en a d'un pouce & d'un pouce & demi de diamètre. Je soupçonne qu'il le plant qu'il a tiré d'Etampes, étoit en partie le produit de la grosse Asperge, ou Asperge de Hollande, que les marchands de graines mêlent toujours. Il assure que des pieds lui ont fourni jusqu'à soixante Asperges, petites à la vérité. Communément, il faut douze pieds pour donner une botte de quatorze pouces de tour.

M. le Curé de Charmont n'a été conduit à planter des Asperges dans sa vigne, que dans l'espérance d'avoir des Asperges qui couvrissent ses frais, en cas que la vigne ne réussit pas.

Manières de se procurer des Asperges pendant tout l'hiver.

Le luxe des tables a fait imaginer des moyens d'avoir des Asperges avant la saison & pendant tout l'hiver. Il y en a deux principaux. Le premier consiste à en planter sur couche. *Voyez* le mot COUCHE. On fait de bonnes couches, larges de quatre pieds, chargées de six pouces de terre & de terreau mêlés ensemble. On y plante des griffes de deux ou trois ans; on les recouvre de deux pouces de terre mêlée, & de fumier chaud pardessus. On les laisse ainsi à l'air pendant quatre ou cinq jours. On retire ensuite le fumier; on remet trois pouces de terre mêlée, & on recouvre, ou la totalité de la couche avec des chassis, ou les pieds d'Asperges avec des cloches, sur lesquelles on jette de la litière sèche ou des paillassons, pendant les nuits & le mauvais tems, observant de les ôter les beaux jours, & lorsqu'il fait soleil. On commence ces couches au mois de Novembre, & on continue d'en faire tous les mois. Dix ou douze jours après que les Asperges sont plantées, on doit les réchauffer. *Voyez* le mot RÉCHAUD, & renouveller le réchaud, dès qu'on s'apperçoit que la chaleur de la couche s'éteint. Chaque couche ne produit que pendant un mois. Le plant qui a servi n'est plus bon à rien.

Dix ou douze jours après la plantation, les griffes commencent à pousser leurs tiges. Alors on donne un peu d'air aux cloches & aux chassis. On cueille les Asperges quand elles ont la longueur ordinaire; mais elles sont sans couleur. Pour les rendre vertes, on donne de l'air aux chassis de tems en tems, ou bien on enterre à moitié des bottes liées dans des réchauds, & on les couvre d'une cloche; de blanches ou rougeâtres qu'elles étoient, elles deviennent vertes en deux ou trois jours, pour peu que le soleil paroisse. Placées à l'air, dans un vase rempli d'eau, s'il ne gèle pas, elles se colorent encore. Enfin on peut les exposer, pour le même effet, à la chaleur du feu.

Le second moyen est de hâter la pousse des Asperges qui sont en pleine terre. Quand on a cette intention, on ne donne aux planches que trois à trois pieds & demi de largeur. On n'y met que deux rangs de plant. Il faut qu'il ait trois ou quatre ans. S'il en a cinq ou six, il en vaut mieux. On fait tout autour des tranchées de deux pieds de profondeur d'environ autant de largeur, bien foulé, propre à donner de la chaleur. On laboure les planches pour dresser les terres, on y répand quatre à cinq pouces de fumier sec pardessus. On les laisse en cet état, jusqu'à ce que les tiges des Asperges commencent à paroître. C'est ordinairement quinze jours ou trois semaines après. Aussi-tôt on renouvelle les réchauds, & on continue de les renouveller tous les quinze jours, lorsqu'il en est besoin. Si le froid est considérable, on augmente la quantité de fumier pardessus. La tige pressée par la chaleur du fond, se fait jour au travers; on soulève le fumier tous les jours, pour lui donner de l'air, si le tems le permet. On doit aussi le changer, s'il est trop mouillé par les pluies ou par la neige.

Il y a des particuliers qui couvrent de chassis & de cloches des planches entières ainsi réchauffées; elles donnent des Asperges pendant six semaines ou deux mois. On ne les doit couper que pendant trois semaines, la première fois qu'on les réchauffe, pour ne les pas épuiser en en tirant davantage.

La conduite de ces deux sortes de couches demande beaucoup d'attention. Elle ne procure que des Asperges petites, peu colorées & sans goût, qui coûtent très-cher.

Ennemis des Asperges.

Pendant leur végétation, les Asperges sont, comme beaucoup d'autres plantes, exposées à des ennemis qui les attaquent. Un des plus terribles est le ver de hanneton, appellé *turc*, *man*, &c. Il s'attache à la racine, & la rend languissante. Dès qu'on s'en apperçoit, il faut arracher la plante & tuer le ver. La Courtillière n'est pas moins redoutable. Pour la détruire, on remplit d'eau les trous où elle se trouve. Mais cette eau même, trop abondante, fait périr les pieds ou pattes d'Asperges. *Voyez* COURTILLIERE.

Les limaces ou limaçons, dans les années pluvieuses & dans les terreins frais, se jettent sur les jeunes tiges d'Asperges; on en voit aisément la trace par le luisant de la bave qu'ils laissent. On les prend le soir ou le matin à la lumière; c'est le tems où ils cherchent leur nourriture.

Les années sèches donnent naissance à des chenilles, à des pucerons, à des scarabées. On détruit les chenilles en secouant les tiges sur un linge. Il n'y a pas de moyen bien sûr pour débarrasser les Asperges des pucerons. Il faut sacrifier les pieds, qui en sont infestés. Les scarabées,

bées ; qui se distinguent facilement. Il ne s'agit que de les ôter & de les écraser.

Récolte de la graine d'Asperges.

Un soin important dans la culture des Asperges, est la récolte de la graine. Lorsqu'on se propose d'en recueillir, il vaudroit mieux au printems, parmi les premiers plants qui poussent, marquer les plus beaux & les plus gros, afin de ne les pas couper. Comme l'Asperge est dioïque, c'est-à-dire, qu'il y a un individu portant la fleur mâle, & un autre portant la fleur femelle & la graine, il faut en réserver plus que moins; sans cela, on n'auroit peut-être gardé que des pieds sans graine. On seroit sûr, par cette attention, que les graines qui en proviendroient, auroient le tems de bien mûrir. Si on ne réserve pas des pieds à cette époque, au moins faut-il choisir la graine sur ceux qu'on aura cessé de couper les premiers, & dont les racines porteront un plus grand nombre d'Asperges; on la récolte vers la toussaint, dans le climat de Paris. On sait que cette graine est renfermée dans des baies semblables à des groseilles, pour la couleur & la grosseur. On sépare les baies des tiges en les battant légèrement avec un fléau. On les met tremper dans un vase rempli d'eau ; leurs enveloppes s'ouvrent & se séparent de la graine, qui, plus pesante, tombe au fond. On la ramasse après avoir jetté l'eau & toutes les ordures ; on la fait sècher au soleil, ou dans un grenier, & on la suspend au plancher, dans des sacs, jusqu'au tems de la vendre ou de la semer.

Propriétés de l'Asperge.

L'Asperge est regardée comme une plante apéritive. Elle entre dans le syrop des cinq racines apéritives. On ne peut douter qu'elle ne soit diurétique, ou propre à procurer la sortie des urines. Car, quand on a mangé des Asperges, les urines en contractent une odeur désagréable, que quelques gouttes d'huile de thérébentine, jettées dans les vases de nuit, détruisent & changent en odeur de violette. On a peut-être exagéré ses vertus pour expulser les graviers, guérir les hydropisies & les maladies du foie. Mais il est impossible de dire qu'elle ne contribue pas à soulager les personnes attaquées de ces incommodités, sur-tout dans les premiers tems. Son plus grand usage est dans la cuisine. La Médecine n'emploie guères que les racines d'Asperges.

Les fermieres, dans les pays où le beurre est blanc, se servent, pour le colorer, des baies d'Asperges, quand elles n'ont pas à leur portée celles d'Alkekenge ; ou elles mêlent des baies d'Asperges à celles d'Alkekenge. Si elles prévoient qu'elles feront quinze livres de beurre, elles prennent une poignée de baies d'Asperges, elles

l'enveloppent d'un linge qu'elles trempent dans l'eau chaude, en pressant avec les doigts, pour exprimer le suc contenu dans les baies ; elles le jettent dans la baratte, au moment où elles réunissent les parties de beurre. Une plus forte dose de baies d'Asperges le rendroit rougeâtre. Ce procédé ne peut communiquer au beurre qu'une qualité apéritive. Ces baies se conservent dans un endroit sec. Lorsqu'on en a exprimé le suc, la graine reste à nud dans le linge ; on la fait sécher & on la garde pour les ensemencemens. (*M. l'Abbé* TESSIER.)

ASPERGE d'Afrique, *Medeola asparagoides.* L. *Voyez* MEDÉOLE. (*M.* THOUIN.)

ASPERGERE, *ou* Aspergerie. Lieu où l'on cultive les Asperges. (*M.* THOUIN.)

ASPERGERIE, terrein planté en Asperges. (*M. l'Abbé* TESSIER.)

ASPERGES, (les) *ASPARAGI.*

Famille naturelle d'un assez grand nombre de genres, qui ont des rapports très-marqués avec celui des ASPERGES, lequel a donné son nom à cette série de végétaux. Plus de la moitié des genres de cette famille sont étrangers à l'Europe, & croissent en grande partie sous la Zone torride. Parmi les végétaux dont ils sont composés, les uns, & c'est le plus grand nombre, sont des plantes grimpantes, sarmenteuses, & quelques-unes ligneuses, qui s'élèvent à la hauteur des grands arbres. Les autres sont des plantes herbacées qui perdent leurs tiges chaque année, & dont les racines sont charnues, mais généralement elles sont vivaces. Les fleurs de presque toutes ces plantes sont petites, & de peu d'apparence ; elles produisent des baies arrondies ou des capsules qui renferment les semences.

La culture de ces plantes, en Europe, varie en raison des pays où elles croissent naturellement. Celles de la Zone torride se conservent dans les serres chaudes. On cultive à l'orangerie, & sous des chassis, celles des pays moins chauds, & en pleine terre, celles qui croissent dans des lieux analogues à notre température ; mais, en général, elles aiment une terre meuble, légère, & de nature sèche. On les multiplie aisément de graines, quelquefois de drageons, & très-rarement de boutures.

Cette famille fournit plusieurs plantes, qui servent de nourriture aux habitans des pays où elles croissent, d'autres qui procurent des médicamens utiles à la santé, & d'autres enfin dont les produits sont nécessaires à la perfection des Arts.

Les Botanistes ne sont pas parfaitement d'accord sur les genres qui doivent composer cette famille : voici ceux qui paroissent s'y rapporter le plus naturellement.

* *Fleurs hermaphrodites.*

Le Dragonier.....*Dracæna.*
L'Asperge.........*Asparagus.*
La Dianelle.......*Dianella.*
La Flagellaire....*Flagellaria.*
La Médéole........*Medeola.*
La Parisole.......*Trillium.*
La Parisette......*Paris.*
Le Muguet.........*Convallaria.*

** *Fleurs dioiques.*

Le Fragon.........*Ruscus.*
Le Smilace........*Smilax.*
L'Igname..........*Dioscorea.*
La Rejane.........*Rajania.*

(*M. Thouin.*)

ASPERULE. *Asperula.*

Genre de plantes de la famille des *Rubiacées*, uniquement composé de végétaux herbacées, presque tous vivaces. Ils croissent en Europe, sur les montagnes, dans des terreins légers & sablonneux. Ils sont tous d'une petite stature, & leurs fleurs ont peu d'agrément. Leurs racines sont de couleur de garence. Quelques-unes de ces plantes sont d'usage en Médecine, & les racines de quelques autres sont employées dans la teinture. En général, on ne les cultive guères que dans les jardins de Botanique.

Espèces.

1. Asperule odorante ou hépatique étoilée.

Asperula odorata. ♃ des environs de Paris, dans les bois.

2. Asperule des champs.

Asperula arvensis. L. ⊙ des champs, dans les pays tempérés de l'Europe.

3. Asperule trinerve.

Asperula taurina. L. ♃ des montagnes de Suisse & d'Italie.

4. Asperule à feuilles épaisses.

Asperula crassifolia. L. ♄ de l'Isle de Candie & du Levant.

5. Asperule rubéole.

Asperula tinctoria. L.

B. Asperule rubéole à fleur à quatre divisions, ou herbe à l'esquinancie.

Asperula cynanchica. L. ♃ des lieux sablonneux des environs de Paris.

6. Asperule de roche.

Asperula saxatilis. La M. Dict. ♃ des montagnes d'Auvergne.

7. Asperule lisse.

Asperula lævigata. L.

B. Asperule lisse à fruits épineux.

Asperula lævigata major. ♃ des montagnes de l'Europe australe.

8. Asperule de Calabre.

Asperula Calabrica. Lin. Fil. Suppl. ♄ de Calabre, du Levant, & du Mont-Athlas.

9. Asperule barbue.

Asperula aristata. Lin. Fil. Suppl. de l'Europe australe.

Description du port, & culture des espèces.

Les Asperules n.° 1, 3 & 7, sont des plantes vivaces, dont les racines tracent sous terre, à peu de profondeur. Elles poussent, chaque année, une multitude de tiges, qui s'élèvent depuis six jusqu'à douze pouces de haut, & forment des touffes épaisses. Leur feuillage est léger, d'une verdure gaie & luisante. Les tiges se terminent par de petits bouquets de fleurs blanches, assez jolies. Celles de la première espèce ont une odeur douce fort agréable. Elles viennent dans les mois de juin & juillet. Leurs semences mûrissent six semaines après, & leurs fanes se dessèchent dès le commencement de l'automne.

Culture. La première espèce croît sans culture sur les lisières des bois, & sous les hautes futaies, dans les environs de Paris. Elle affectionne les terreins légers, sablonneux & humides. Les deux autres espèces croissent en France, dans la moyenne région des montagnes de seconde grandeur, parmi les arbustes & les arbrisseaux. Cultivées dans nos jardins, ces trois espèces réussissent dans toutes sortes de terreins & à toutes les expositions.

On les multiplie très-aisément au moyen de leurs drageons qu'on peut séparer des vieux pieds, au printems ou à l'automne. C'est même en raison de cette facilité, qu'il est rare qu'on fasse usage des graines, on ne s'en sert qu'à défaut de drageons. Dans ce cas, on sème les graines au printems de l'année qui suit leur récolte, parce que si elles lèvent la seconde année, rarement elles germent la troisième. Ces semis se font en pleine terre ou en pot, suivant la quantité de graines que l'on possède; mais, de quelque manière que ce soit, les semences lèvent vers le commencement de l'été, & le jeune plant peut être repiqué à l'automne, ou au printems suivant.

Usage. La première espèce étant d'usage en Médecine, est cultivée dans les jardins de plantes médicinales, les deux autres peuvent être plantées sur les lisières des bosquets paysagistes.

2. Asperule des champs. Celle-ci est annuelle. C'est une plante grêle, d'environ huit pouces de haut, qui n'a nul agrément, & qu'on ne cultive que dans les Ecoles de botanique. Sa culture se réduit à la semer dès le commencement de mars, à la place qu'elle doit occuper,

à farcler les mauvaises herbes qui pourroient l'étouffer, & à recueillir les graines qui mûrissent dans le courant de juillet. Peu de tems après cette époque, la plante se dessèche & meurt.

4. L'Asperule à feuilles épaisses, pousse de sa racine plusieurs tiges rameuses, qui se divisent en branches, sur lesquelles sont portées des feuilles longues & étroites, disposées quatre à quatre. Toute la plante n'a pas plus d'un pied de haut; elle est d'une verdure cendrée. Ses fleurs sont d'un blanc jaunâtre, de peu d'apparence, & produisent de petites semences qui mûrissent dans le courant de l'automne.

Culture. Cette espèce se cultive dans des pots que l'on rentre pendant l'hiver dans l'orangerie. Elle résiste cependant en pleine terre, lorsque les gelées ne passent point cinq à six degrés, & qu'on a la précaution de la couvrir pendant les froids. Elle aime une terre douce, sablonneuse & substancielle. L'exposition du midi lui est favorable, & elle ne craint l'humidité que dans l'hiver.

On la multiplie aisément par le moyen de ses graines, que l'on sème au printems dans des pots remplis d'une terre meuble & légère, que l'on place ensuite sur une couche chaude, à l'air libre, & à l'exposition du midi. Elles lèvent au commencement de l'été, & le jeune plant est assez fort pour être séparé dans le mois d'août. A l'approche des gelées il doit être rentré dans l'orangerie, & placé sur les appuis des croisées. Il exige peu d'arrosemens pendant l'hiver, sur-tout lorsque ses fanes sont desséchées. Cette plante n'est admise que dans les jardins de botanique; elle ne vit que trois ou quatre ans, c'est pourquoi il est bon d'en semer de tems en tems pour conserver l'espèce.

5. & 5 *B.* L'Asperule rubéole & sa variété *B.* sont deux plantes dont les tiges, d'un pied & demi à deux pieds de long, sont couchées sur la terre dans toute la circonférence de la souche. Elles forment un tapis serré d'un beau vert, sur lequel tranche agréablement la multitude de petites fleurs couleur de rose, dont elles se couvrent pendant l'été. Ces fleurs sont suivies de semences, qui mûrissent en automne. Elles ne conservent leur propriété germinative que trois à quatre ans.

Culture. Ces deux plantes viennent de préférence dans les terres maigres & pierreuses, à l'exposition du midi, & sur les pentes des petites collines. Elles se plaisent sur les pelouses, parmi les petits gramens & autres plantes basses. Dans les jardins, elles croissent dans toutes sortes de terreins, pourvu qu'ils ne soient ni trop forts ni trop humides. On les multiplie de graines qui doivent être semées au mois de mars, soit dans des pots, soit en pleine terre; elles lèvent dans l'espace de trois ou quatre semaines, & le jeune plant peut être repiqué en pleine terre à l'automne. On cultive ces plantes dans les écoles de plantes médicinales & dans les jardins de Botanique.

8. Asperule de Calabre. Cette espèce est un petit arbuste d'environ un pied de haut, qui forme un petit buisson irrégulier. Ses feuilles sont linéaires, lancéolées, vertes en-dessus & blanchâtres en-dessous. Elles sont portées sur des branches qui sont rouges vers l'extrémité. Les fleurs viennent par petits bouquets au bout des rameaux; elles paroissent en été, & durent jusqu'à la fin de l'Automne. Elles produisent des baies qui mûrissent successivement jusqu'à la fin de l'hiver. Toutes les parties de cet arbuste ont une odeur désagréable.

Culture. Il se cultive dans des pots qu'on rentre l'hiver dans l'orangerie, ou qu'on place sous des chassis. Il croît fort bien dans une terre sablonneuse & légère. Il veut être arrosé modérément pendant l'été, & l'hiver il redoute l'humidité; on le multiplie aisément de graines, de marcottes & même de boutures.

On sème les graines au printems, sur une couche, à l'air libre, & dans des pots, avec une terre légère. Elles lèvent dans l'espace de six semaines, lorsqu'elles sont de la dernière récolte, & le jeune plant qui en provient est souvent assez fort pour être repiqué dans les premiers jours de l'automne. On le plante dans des pots qu'on place sur une couche tiède, & qu'on ombrage pendant les huit ou dix premiers jours de la transplantation. On le laisse ensuite en plein air, & à l'approche des gelées on le met sur les appuis des croisées d'une bonne orangerie.

Les marcottes se font en toute saison, mais principalement au printems. On choisit des branches un peu ligneuses, que l'on couche à trois ou quatre pouces de profondeur dans la terre du vase, & que l'on arrête avec un crochet de bois. Il n'est besoin ni de les inciser ni de les ligaturer, elles poussent assez promptement, sans cela, des racines qui sont même en assez grande quantité pour permettre de séparer les marcottes de leur mère, six semaines ou deux mois après qu'elles ont été faites.

Les boutures ne reprennent pas aussi facilement ni aussi sûrement. C'est ordinairement vers le milieu du printems qu'on coupe les boutures. On prend de jeunes branches de l'avant dernière pousse; on les éclate de l'arbuste avec un peu de talon, s'il est possible, & on les plante dans de petits pots remplis de terreau de bruyère. On les arrose copieusement & ensuite on place les pots sur une couche tiède, recouverts d'une cloche que l'on ombrage encore pour empêcher l'effet du soleil. Il est à propos de visiter de tems en tems les boutures, soit pour renouveller l'air, soit pour ôter les feuilles mortes qui occasionneroient une humidité nuisible. Lorsqu'on s'apperçoit qu'elles commencent à pousser, on les découvre par degrés & on les habitue insensiblement à supporter la présence du soleil, sans en être fatiguées. Alors on les laisse à l'air libre, & quinze jours après, on peut les séparer & les cultiver comme nous l'avons dit ci-dessus pour les jeunes plants.

Histoire. Cet arbuste a été cultivé pour la première fois en France, dans les jardins de M. le Monnier, premier médecin du Roi, vers l'année 1780. Les graines lui avoient été données par M. André Michaux, Botaniste du Roi, qui les avoit recueillies sur les montagnes de Syrie, entre Alep & Antioche. M. Louiche Desfontaines, de l'Académie des Sciences, nous en a fait passer ensuite qu'il a trouvées en Afrique, sur le mont Athlas, & enfin M. l'Héritier a publié une excellente figure & une description complette de cette espèce dans le quatrième fascicule de son magnifique ouvrage.

Usage. Ce joli arbuste mérite d'être cultivé dans les jardins curieux, parmi les arbustes d'orangerie. Il est un peu délicat & ne vit pas long-tems.

6. & 9. ASPERULE de roche, & ASPERULE barbue. Ces deux espèces ne nous sont pas connues. (*M. THOUIN.*)

ASPHODELE. Cette plante, selon M. Desfontaines, qui a voyagé dans le Royaume d'Alger, y infeste les récoltes, comme parmi nous le *bled de vache*. Les pauvres habitans des environs de Fontenai-le-Comte en Bas-Poitou, se sont nourris de racines d'Asphodèle, dans les années où les autres productions manquoient quelquefois; ce qui suppose qu'elle y est commune. Elle l'est également dans les autres Provinces du midi de la France; il y a des pays où on assure qu'on l'emploie à la nourriture des cochons, auxquels on la donne écrasée. Il seroit intéressant de recueillir une certaine quantité de cette racine, pour voir combien elle contient d'amidon & d'autres parties. Je compte quelque jour m'occuper de cet objet. (*M. l'Abbé TESSIER.*)

ASPHODÈLE. *ASPHODELUS.*

Ce genre a donné son nom à une famille de végétaux qui fait partie de la division des LILIACÉES. Il est composé de cinq espèces différentes qui toutes sont des plantes vivaces dont les tiges poussent chaque année. Elles sont originaires des pays tempérés de l'Europe, de l'Asie & de l'Afrique. Leur port singulier, & leurs fleurs en général, assez agréables, peuvent les faire admettre dans différentes espèces de jardins. Plusieurs ont des propriétés économiques & médicinales qui les font rechercher. On les cultive en pleine terre dans notre climat, ou dans les serres tempérées, elles sont toutes d'une culture facile.

Espèces.

1. ASPHODÈLE jaune ou verge de Jacob.

ASPHODELUS luteus. L. ♃ d'Italie & de la Sicile.

2. ASPHODÈLE de Crète.

ASPHODELUS Creticus. La M. Dict. ♃ de l'isle de Candie.

3. ASPHODÈLE d'Afrique.

ASPHODELUS Africanus. La M. Dict.

ORNITHOGALUM Abiffinicum. H. R. P. ♃ d'Abissinie.

4. ASPHODÈLE rameux.

ASPHODELUS ramosus. L.

B. ASPHODELE blanc, en épi.

ASPHODELUS albus spicatus. ♃ des parties méridionales de l'Europe.

5. ASPHODELE fistuleux.

ASPHODELUS fistulosus L. ⊙ des Provinces méridionales de la France.

Description du port, & culture des espèces.

1.° L'Asphodèle jaune est une grande plante vivace, d'environ trois pieds de haut, qui forme une touffe arrondie de trois à quatre pieds de circonférence. La racine est composée d'un faisceau de fibres, longues, charnues & de couleur jaune, lesquelles se réunissent en un point commun, qui forme le collet d'où partent les feuilles & les tiges de la plante. Les tiges sortent de terre dans le mois de mars; elles sont garnies d'un grand nombre de feuilles d'un vert glauque, étroites & longues, mais dont la longueur diminue à mesure qu'elles approchent du haut de la tige. Les fleurs commencent à paroître en mai, & durent jusqu'à la fin de juin; elles sont grandes, en forme d'étoile, & d'un très-beau jaune; elles garnissent à-peu-près la moitié de la partie supérieure des tiges. A ces fleurs succèdent des capsules, remplies de semences, qui mûrissent en automne. Il existe en Italie une variété de cette espèce, dont les fleurs sont plus grandes, & d'un jaune moins foncé, tirant sur le citron. Cette variété ne se conserve pas dans les jardins, elle devient en peu d'années semblable à son espèce.

Culture. L'Asphodèle jaune est une plante rustique qui croît dans toutes sortes de terreins & à toutes les expositions. Cependant elle est beaucoup plus vigoureuse & plus belle, lorsqu'elle est placée à une exposition chaude, dans une terre légère, profonde & substancielle; alors elle se multiplie si abondamment qu'on est obligé, chaque année, de supprimer une partie de ses drageons pour empêcher qu'ils ne s'emparent du terrein dont ils couvriroient bientôt la surface. Il est donc très-facile de multiplier cette plante sans faire usage des semis qui exigent des soins & qui sont plus tardifs à donner des fleurs.

Cependant lorsqu'on veut la multiplier en grand, il est plus expéditif d'employer la voie des graines. Quoique les semences conservent quatre ou cinq ans leur propriété germinative, cependant celles de la dernière récolte lèvent toujours plus abondamment & plutôt, & par conséquent doivent être préférées.

On les sème à l'automne dans un terrein sec & léger, situé à une exposition chaude. Lorsqu'il a été labouré & ameubli avec soin, on y répand les graines à la volée, & on les recouvre d'environ cinq lignes, d'une terre bien divisée, & dont on a ôté tous les corps étrangers. On affermit ensuite la terre, soit avec le rouleau, soit avec les pieds, & après l'avoir unie, on étend sur toute la surface, une couche de deux à trois lignes de terreau ou de vieille tannée. Pendant l'hiver, si le froid est rigoureux, on peut couvrir le semis de feuilles sèches ou de litière qu'on enlevera dès que les froids seront passés. Pour l'ordinaire, les graines ne lèvent que lorsque les chaleurs & les pluies du printems ont excité une douce fermentation dans la terre; & si les pluies se faisoient trop attendre, il faudroit y suppléer par des arrosemens légers & multipliés en raison du besoin. Quand les semis seront levés, on aura soin de les garantir des mauvaises herbes & d'éclaircir ensuite le jeune plant, lorsqu'il aura un peu plus de force, afin qu'il puisse profiter d'avantage & rester à la même place jusqu'au printems suivant. L'hiver, s'il survenoit des gelées au-dessus de six à huit degrés, on feroit prudemment de le couvrir. Mais aussi-tôt que le beau tems est arrivé, il faut s'occuper de la transplantation des jeunes individus; & pour cela, on choisit une plate-bande d'une nature de terre un peu plus forte que celle du semis, & on a soin de bien l'ameublir. On y trace ensuite des fillons, à dix-huit pouces les uns des autres, qui sont coupés à angles droits, par d'autres fillons à égale distance, ce qui forme de petits quarrés réguliers aux angles desquels on plante, avec le plantoir, le jeune plant nouvellement arraché du semis. Immédiatement après la plantation, on l'arrose fortement & on couvre la terre d'un pouce de gros terreau de couche. Un séjour de deux années en pépinière suffit au jeune plant pour acquérir la force convenable, & produire des touffes en état d'être mises à leur destination. Pendant ces deux années toute la culture de ces plantes se réduit à les sarcler, à les biner de tems en tems & à leur donner un labour chaque année; &, lorsqu'une fois elles sont en place, elles n'exigent d'autres soins que ceux que nécessitent la propreté d'un jardin.

Usage. L'Asphodèle jaune peut être mise au rang des plus belles plantes vivaces printanières. Placée dans de grandes plate-bandes, sur la ligne du milieu, ses quenouilles de fleurs d'un beau jaune d'or & qui durent six semaines, y produisent un bel effet. Grouppée artistement sur les bords des gazons, ou sur les lisières des bosquets dans les jardins paysagistes, elle y jette de la variété. En général, elle peut entrer dans toutes sortes de jardins.

3. Asphodèle d'Afrique. La racine de cette espèce est une bulbe à tunique, de la grosseur & de la forme d'un oignon de narcisse. Elle pousse chaque année dès le mois d'octobre une tige qui qui s'élève environ à trois pieds de haut & qui est accompagnée, par le bas, de cinq ou six feuilles longues, étroites & canaliculées. Au sommet de cette tige, & dans le quart de sa longueur, se trouvent à-peu-près une douzaine de fleurs jaunes, disposées en épi lâche. Ces fleurs commencent à s'ouvrir dans le mois de décembre, & se succèdent souvent jusqu'en mars. Elles sont suivies de capsules à trois loges, qui renferment un très-grand nombre de semences plates & noires qui mûrissent successivement jusqu'en mai. Les feuilles & la tige se dessèchent en même-tems, & l'oignon est dans son état de repos jusqu'au mois d'octobre suivant.

Culture. Cette espèce se cultive dans des pots que l'on rentre à l'automne, dans une serre tempérée pour y passer l'hiver. Elle aime une terre sablonneuse, & une position aërée; tant qu'elle est en végétation, elle craint peu l'humidité, mais elle la redoute beaucoup dans son état de repos.

On la multiplie par ses graines & par ses cayeux. La première voie de multiplication est plus abondante, la seconde est plus facile & plus expéditive. Les cayeux ne doivent être séparés des oignons que lorsqu'ils sont parvenus à la moitié de leur grosseur. Alors, dans le mois de septembre, on lève de terre les oignons qu'on laisse ressuyer pendant quelques jours, dans un lieu sec; on sépare ensuite les cayeux avec les doigts seulement, sans se servir d'instrumens tranchants; & après avoir donné aux plaies, le tems de se raffermir pendant deux ou trois jours, on plante les cayeux & les oignons dans des pots avec une terre à oranger, mêlée par moitié avec du terreau de bruyère. Mais pour former de plus belles touffes & ménager la place, on peut mettre cinq gros oignons & un nombre double de cayeux dans chaque vase de la grandeur d'un pot à giroflée. On place ensuite ces pots dans un lieu sec, à l'exposition du midi, & on ne les arrose que lorsque les oignons commencent à pousser. A l'approche des gelées on les rentre, soit dans une serre tempérée, soit sous un chassis, avec les autres plantes bulbeuses du cap. Il n'est pas nécessaire de lever les oignons chaque année, il suffit de faire cette opération lorsque l'on veut séparer les cayeux, ou lorsque la terre étant trop appauvrie, il est indispensable de la renouveller. Les cayeux fleurissent ordinairement deux ans après qu'ils ont été séparés, mais ce n'est que la sixième année qu'ils sont dans toute leur force.

La multiplication, par la voie des graines, est beaucoup plus longue; les plantes que l'on obtient par ce moyen ne commencent à donner des fleurs que la troisième année de leur âge. Les graines mûrissent dans le mois de Mai, & doivent être mises en terre immédiatement après leur récolte. On les sème dans des terrines ou dans des pots remplis de terreau de bruyère qu'on place sur une couche tiède, à l'air libre. Elles veulent être arrosées fréquemment pendant les trois premières semaines qu'elles restent en terre, mais lorsqu'elles sont levées, il faut diminuer les arrosemens & les proportionner au besoin des jeunes plantes. Celles-ci, la première année, ne poussent qu'un petit nombre de feuilles longues & étroites, semblables à celles de l'oignon des cuisines, & leurs bulbes ne deviennent pas plus volumineuses qu'un gros pois. On peut les laisser toute l'année dans le vase où elles ont été semées; mais, l'année suivante, au mois de septembre, il convient de les lever de terre, & de les mettre en pépinière dans d'autres terrines, avec de nouveau terreau de Bruyère, dans lequel on aura mêlé un quart de terre franche douce. La troisième année on fera la même opération en triant les plus gros oignons, qu'on plantera séparément dans une terre rendue plus forte encore par l'addition d'un second quart de terre franche. Ces oignons donneront des fleurs l'année suivante, & alors on les traitera de la même manière que les vieux oignons.

Usage. Cette liliacée, qui fleurit pendant l'hiver, mérite d'être cultivée dans des jardins où il y a des serres chaudes. Ses longs épis de fleurs, nuancées de vert & de jaune, y produiront de l'agrément & de la variété.

Histoire. Nous devons cette jolie plante aux soins officieux de M. James-Bruce, voyageur éclairé, qui fit présent d'une douzaine d'oignons & de plusieurs sachets de ses graines à M. le Comte de Buffon, en 1773. Il avoit trouvé cette plante aux sources du Nil, sur les montagnes de *Debratzai*, ou montagne du soleil. Elle s'est conservée depuis ce tems, au jardin du Roi, & de-là, s'est répandue dans plusieurs jardins de botanique de l'Europe.

Observations. Le port de cette plante, & la sortie de son oignon semblent la rapprocher d'avantage des genres des Albuca & des Ornithogales que de celui des Asphodèles. Mais la figure des étamines la range dans ce dernier genre. Reste à savoir, si un caractère aussi mince, & qui coupe des rapports aussi marqués, doit être préféré à ceux qu'on pourroit tirer de la figure des graines & des autres parties de la plante?

4. Asphodèle rameux. Les racines de cette espèce sont formées de plus d'une douzaine de tubercules charnus & alongés, réunis en botte de la grosseur d'une pomme-de-terre. Chacun d'eux est terminé par une racine longue & grêle qui se divise en un chevelu délié. Chaque année, cette racine pousse de son collet, un paquet de feuilles longues, étroites, & à-peu-près semblables à celles du poireau. De leur centre s'élèvent plusieurs tiges droites, hautes d'environ trois pieds, qui produisent quelques branches latérales. Ces tiges & ces branches se garnissent dans les deux tiers de leur partie supérieure, de jolies fleurs blanches, en étoiles, rayées de lignes pourpre. Ces fleurs commencent à paroître dès la fin d'avril, & se succèdent jusqu'au commencement de juin. Elles produisent des capsules qui renferment beaucoup de semences dont la maturité s'effectue au mois d'août.

Culture. L'Asphodèle rameux croît facilement dans toutes sortes de terreins, il préfère cependant celui qui est meuble, profond, de nature substantielle & situé à l'exposition la plus chaude. On le multiplie aisément par ses drageons & ses graines, de la même manière que l'Asphodèle jaune.

Usage. Les Anciens avoient l'habitude de le planter dans le voisinage des tombeaux; ils croyoient que ses racines pouvoient servir à la nourriture des morts. En tems de disette, on fait avec ses tubercules, cuits dans l'eau, un pain propre à la nourriture des hommes, & l'on en tire un amidon qui peut remplacer celui qu'on fait avec le grain. D'ailleurs cette plante a plusieurs propriétés médicinales.

Quant à ses usages dans l'ornement des jardins, l'Asphodèle rameux peut être placé, avec avantage, dans les grands parterres, sur la ligne du milieu, il est propre à orner les lisières des bosquets; dans les jardins paysagistes, on peut le placer dans les sites pittoresques, parmi les ruines. Par-tout il produira un effet agréable.

5. B. Asphodèle blanc en épi. Quoique les Botanistes regardent cette plante comme une variété de la précédente, elle s'en distingue néanmoins par ses feuilles plus longues & plus étroites, par ses tiges, presque toujours simples, & par ses fleurs qui sont plus grandes, & dont les pétales sont marqués dans leur longueur d'une ligne verte au lieu d'une ligne pourpre. D'ailleurs ses racines sont semblables à celles de la précédente, seulement elles poussent quelque tems auparavant; leur végétation est plus hative, & par conséquent finit plutôt.

La Culture, la multiplication & les usages, tant dans l'économie domestique que dans la Médecine sont les mêmes que ceux de l'Asphodèle rameux.

6. L'Asphodèle fistuleux est une plante annuelle dont les racines sont fibreuses, charnues & couvertes d'un épiderme jaune. Elles se réunissent en un faisceau d'où partent un grand nombre de feuilles longues, étroites & fistuleuses dans leur intérieur. Du centre de ces feuilles s'élèvent plusieurs tiges rameuses, hautes d'environ deux pieds, qui sont garnies de jolies fleurs blanches, rayées de vert, & ouvertes en étoiles. Elles commencent à paroître en juillet, & se succèdent jusqu'au milieu de l'automne; les semences mûrissent aussi successivement jusqu'aux gelées qui font périr la plante.

Culture. L'Asphodèle fistuleux se sème de lui-même dans le voisinage des pieds dont on a laissé tomber les graines, les mauvais terreins, les terreins les plus secs & les plus pierreux ne l'empêchent pas de croître, mais il se plaît davantage dans ceux qui sont meubles & substantiels. Il aime les expositions les plus chaudes, & pousse plus vigoureusement quand on l'arrose en proportion de la chaleur de la saison.

On ne multiplie cette espèce qu'au moyen de ses graines qui se conservent en état de germer quatre ou cinq ans après leur récolte, lorsqu'elles restent enfermées dans leurs capsules. Elles peuvent être semées à l'automne, en pleine terre, à la place que doivent occuper les plantes, ou au printems, sur une couche, à l'air libre, pour être ensuite transplantées dans un autre endroit. La première manière a son avantage & son inconvénient. Si l'automne est doux & que les froids arrivent tard, les graines lèvent, & le jeune plant qui n'a pu acquérir de force, est saisi par des gelées tardives qui le font périr. Mais si les graines ne lèvent qu'au premier printems, & que les gelées de mars ne les attaquent pas, ces jeunes plants venus en place, produisent des plantes plus vigoureuses, plus hatives & plus garnies de fleurs que celles qui ont été semées au printems. Les semis du mois d'avril qui sont faits sur couche, n'ont rien à craindre des gelées, mais les individus qu'ils produisent sont moins beaux, parce que la transplantation en pleine terre ralentit leur végétation. Les semis d'automne n'exigent d'autres soins que d'être faits sur une terre ameublie par un labour, légèrement couverts d'un mélange de terre du sol & de terreau de couche, sans qu'il soit besoin de les arroser.

Au printems, on a l'attention d'éclaircir le jeune plant, pour que chaque individu se trouve à un pied de distance l'un de l'autre, & pendant les grandes chaleurs de l'été, on leur donne quelques arrosemens. Les semis du printems doivent être faits dans des pots & sur couche. Ils lèvent dans l'espace de vingt jours, & le jeune plant est assez fort pour être repiqué vers le quinze de juin. On choisit, autant qu'il est possible, un tems pluvieux, & on repique les jeunes plantes dans une terre légère, à une exposition chaude. Quelques arrosemens, donnés à propos, accélèrent leur reprise, & bientôt après on voit paroître leurs premières fleurs.

Usage. On cultive cette espèce dans quelques jardins parmi les plantes curieuses; elle est assez jolie, & peut être placée dans de petits parterres sur la seconde ligne des plate-bandes ou sur les lisières des bosquets, entre les plantes vivaces.

2. ASPHODÈLE de Crète. Nous ne connoissons ni cette plante, ni sa culture. (*M. THOUIN.*)

ASPHODÈLES (*les*) *ASPHODELI.*

Cette famille naturelle est composée de beaucoup de genres dont plusieurs sont nombreux en espèces. Elle tire son nom d'un de ses genres (les Asphodèles) qui est le plus anciennement connu, & dans lequel on observe le plus aisément, le caractère qui distingue ce groupe de végétaux. Presque toutes les plantes de cette famille croissent dans les lieux tempérés & chauds des différentes parties du monde; elles préfèrent les terreins sablonneux & légers aux terres fortes & humides. Elles sont toutes vivaces, & quelques-unes ont des tiges permanentes & ligneuses. Une grande partie d'entr'elles ont leurs racines bulbeuses; d'autres tubéreuses, & les autres fibreuses. Leur port, en général, est grêle & plus singulier qu'agréable, mais les fleurs, dans un très-grand nombre, sont intéressantes, soit par leur masse & leur forme, soit par leur couleur variée dans toutes les nuances, & plusieurs ont une odeur très-suave.

Quant à la culture, elle admet trois divisions, la 1.ère comprend les plantes qui passent l'hiver en pleine terre dans notre climat; la seconde, celles qui se conservent pendant l'hiver sous des chassis sans feu; & la troisième enfin, celles qui ont besoin du secours de la serre chaude pour passer l'hiver. La première division renferme beaucoup plus de plantes que la seconde, & la troisième n'en contient qu'un petit nombre. En général, elles aiment une terre sablonneuse, craignent les engrais tirés du règne animal, & redoutent l'humidité pendant l'hiver, & tant qu'elles sont en repos. On les multiplie plus aisément & plus promptement de drageons, de cayeux & de boutures que par la voie de leurs graines; il en est même plusieurs pour lesquelles ce moyen de multiplication est absolument nul.

Indépendamment de l'agrément qu'on retire de la culture des plantes de cette famille, il en résulte encore un objet d'utilité. Plusieurs d'entr'elles donnent des bulbes utiles dans la cuisine, d'autres produisent des fruits qui ne flattent pas moins l'odorat & le goût qu'ils sont agréables à la vue, d'autres fournissent des fibres que l'on emploie dans la filature & qui entrent dans différens tissus; enfin un assez grand nombre forme un objet de commerce considérable pour différentes parties de l'Europe.

Les genres qui sont regardés le plus généralement comme devant composer cette famille sont divisés en trois sections.

* *Corolle à six divisions semblables entr'elles.*

FLEURS PRESQU'EN ÉTOILES.

L'AIL . . . . *ALLIUM.*
LA BASILE . . . . *BASILÆA J.*
L'ASPHODÈLE . . . . . . *ASPHODELUS.*
L'ALBUCA . . . . *ALBUCA.*
L'ANTHÉRIC . . . . . . *ANTHERICUM.*
LA PHALANGÈRE . . . *PHALANGIUM. Lam.*
L'ORNITHOGALE . . . *ORNITHOGALUM.*

La Cyanelle. . . . Cyanella.
La Scille. . . . . . Scylla.

* * *Corolle à six divisions semblables entr'elles.*

Fleurs Tubuleuses.

La Jacinthe. . . . *Hyacintus.*
La Tubéreuse. . . *Polyanthes.*
L'Alétris. . . . . . *Aletris.*
L'Aloès. . . . . . . *Aloé.*
L'Agavé. . . . . . . *Agave.*

* * * *Corolle à six divisions, dont trois extérieures sont caliciformes.*

L'Ananas. . . . . . *Bromelia.*
La Caragate. . . . *Tillandsia.*
La Burmane. . . . *Burmannia.*

Quoique la position du germe sous la fleur semble éloigner ces trois derniers genres de leur famille, cependant la réunion des autres caractères les en rapproche, & leur port ne permet pas de les en séparer. (*M. Thouin.*)

ASPIC. Nom d'une espèce de lavande dont on tire en Provence l'huile d'Aspic. *Lavandula spica. L. Voyez* Lavande commune. (*M. Thouin.*)

ASPIC ou Lavande du Laboureur. Synonyme anglois, peu usité en France, de la *Conyza squarrosa. L. Voyez* Conise vulgaire. (*M. Thouin.*)

ASPIC d'Outre-mer ou Nard indique, en latin, *Spica nardi*, *Spica indica*, *Nardus indica*; & en terme de Botaniste, *Andropogon Nardus.* L. *Voyez* Barbon Nard.

La partie de cette plante dont les Indiens font usage pour assaisonner leurs poissons & leurs viandes, est le collet de la racine auquel sont attachées les fibres des feuilles desséchées. On s'en sert en Médecine. (*M. Thouin.*)

ASPIRATION des plantes. Quoiqu'on ne puisse dire que les plantes respirent, à la manière des animaux, qui reçoivent dans leurs poumons un air qu'ils expirent ensuite, cependant on ne doute pas qu'elles n'aspirent une grande quantité d'air. Elles en ont un tel besoin, qu'elles périssent, si elles en sont privées. Comment se fait cette aspiration? Quels en sont les organes? Par quelles loix? Voilà ce qu'on ne sait pas, ou ce qu'on ne sait que bien imparfaitement. La Physique végétale n'a pas encore fait assez de progrès pour éclaircir suffisamment ces questions. *Voyez* le Dictionnaire des Arbres. (*M. l'Abbé Tessier.*)

ASPRELE. Nom que les ébénistes donnent aux tiges de l'*Equisetum hyemale* L., & dont ils se servent pour polir les bois précieux. V. Prêle sans feuilles. (*M. Thouin.*)

ASSA-FÆTIDA, *suc syriac*, *liqueur de Syrie*, *suc de Médie*, *merde du diable.* Cette gomme-résine employée en Médecine & dont les Orientaux assaisonnent leurs mets, est le suc propre d'une plante de la famille des Ombellifères & du genre des ferules. Les Botanistes la nomment *ferula. Assa fœtida.* L. V. férule de Perse. (*M. Thouin*).

ASSIMINIER. Nom Indien de l'*anona triloba. L.* Dans quelques ouvrages d'Agriculture, ce mot est employé comme nom françois du genre de l'Anona; mais actuellement que celui de corossol est plus généralement adopté pour le nom françois de ce genre, le premier ne peut être regardé que comme un synonyme spécifique. *Voyez* Corossol Trilobé. (*M. Thouin.*)

ASSOLER. Diviser les champs cultivés en Soles. Cette expression viendroit-elle du mot *solum*, sol, terre; ou d'*assolere*, avoir coutume, être dans l'usage? Une Fermier, dont la Ferme est composée d'un certain nombre d'arpens de terre, les partage ordinairement en deux, trois ou plusieurs divisions qu'on appelle *soles.* Ceux de la même division, ou sont destinés à être ensemencés avec la même espèce de grains, ou à se reposer en même tems. On dit dans les pays où on assole les terres par tiers, *la sole des bleds, celle des mars, celle des guérets ou jachères.* Pour les Baux des Fermes, les déclarations des terres, que sont obligés de fournir les Fermiers, & autres actes relatifs à cet objet; on se sert dans quelques pays des mots *assoler* & *sole*; dans d'autres, il y a des expressions différentes pour dire la même chose. M. Duhamel, dans ses élémens d agriculture, a appliqué le mot d'*assoler* à la manière d'*alterner*; le premier présente un sens général, & établit de grandes divisions de terres, au lieu qu'*alterner* doit s'entendre des champs en particulier, dans lesquels on peut semer différens grains les uns après les autres. Un paysan qui n'a qu'un champ n'assole point, mais il alterne. *Voyez* Alterner. (*M. l'Abbé Tessier.*)

ASTER, en latin *Aster*, *Voyez* Astère.

ASTERE. Aster.

Genre de plante de la famille des composées radiées ou des *corymbifères*, qui renferme dans ce moment, plus de quarante espèces différentes. Presque toutes sont des plantes vivaces, dont les tiges sont herbacées & d'un beau port; quelques-unes ont les tiges ligneuses & forment des arbustes toujours verts, les autres sont des plantes annuelles. Les fleurs, dans presque toutes les espèces, sont apparentes & produisent de l'effet, soit par leur masse ou par leur grandeur, soit par l'éclat de leur couleur.

Les Asteres sont presque toutes originaires des climats tempérés; elles croissent en Europe & dans l'Amérique Septentrionale, & le lieu le plus chaud où elles se trouvent, est le cap de Bonne-espérance. Elles viennent de préférence dans les terres substantielles, un peu humides & dans des positions ombragées, excepté cependant celles du Cap.

cap, qui préfèrent les terrains secs & légers. En Europe, on cultive la majeure partie de ces plantes en pleine terre, ou dans des serres tempérées. Les espèces vivaces herbacées se multiplient fort aisément de drageons, les espèces ligneuses de marcottes & de boutures, & on ne fait usage des graines que pour propager les espèces annuelles.

Un grand nombre de ces plantes sont employées à la décoration de diverses sortes de jardins, ce qui donne lieu à des cultures assez étendues qui font partie du commerce des Jardiniers-Fleuristes.

Espèces.

* *Tige ligneuse.*

1. ASTÈRE à feuilles d'If.
ASTER taxifolius. L. ♃ du cap de Bonne-espérance.

2. ASTÈRE imbriquée.
ASTER reflexus. L. ♃ du cap de Bonne-espérance.

3. ASTÈRE chevelue.
ASTER crinitus, L. ♃ du cap de Bonne-espérance.

4. ASTÈRE fruticuleuse.
ASTER fruticosus.
B. ASTÈRE fruticuleuse à fleur blanche.
ASTER fruticosus albus, ♃ du cap de Bonne-espérance.

** *Tige herbacée, feuilles très-entières.*

5. ASTÈRE délicate.
ASTER tenellus. L. ⊖ du cap de Bonne-espérance.

6. ASTÈRE des Alpes.
ASTER alpinus. L.
B. ASTÈRE des Alpes à grande fleur.
ASTER alpinus magno flore. ♃ des Alpes, du mont d'or & autres montagnes de la France.

7. ASTÈRE de l'Aragon.
ASTER Aragonensis. La M. Dict. d'Espagne.

8. ASTÈRE amelle, ou œil de Christ.
ASTER amellus, L. ♃ des Provinces méridionales de la France & d'Italie.

9. ASTÈRE maritime.
ASTER tripolium. L. ♂ des lieux maritimes & aquatiques de l'Europe.

10. ASTÈRE à feuilles d'Hyssope.
ASTER hissopifolius. L. ♃ de l'Amérique Septentrionale.

11. ASTÈRE à feuilles de Linaire.
ASTER linarii-folius. L. ♃ de l'Amérique Septentrionale.

12. ASTÈRE à feuilles roides.
ASTER rigidus. L. ♃ de la Virginie.

13. ASTÈRE à feuilles menues.
ASTER tenuifolius. L. ♃ de l'Amérique Septentrionale.

14. ASTÈRE à feuilles de lin.
ASTER linifolius. L. ♃ de l'Amérique Septentrionale.

15. ASTÈRE à feuilles d'Estragon.
ASTER Dracunculoides. La M. Dict. ♃ des Provinces méridionales de la France.

16. ASTÈRE âcre.
ASTER acris. L.
B. ASTÈRE âcre, à trois nervures.
ASTER acris trinervis. ♃ des Provinces méridionales de la France.

17. ASTÈRE en buisson.
ASTER dumosus. L. ♃ de l'Amérique septentrionale.

18. ASTÈRE à feuilles de bruyère.
ASTER ericoïdes. L. ♃ du Nord de l'Amérique.

19. ASTÈRE unicolor.
ASTER concolor. L. ♃ de la Virginie.

20. ASTÈRE géante.
ASTER novæ-angliæ. L. ♃ de l'Amérique septentrionale.

21. ASTÈRE amplexicaule.
ASTER amplexicaulis. La M. Dict. ♃ du Nord de l'Amérique.

22. ASTÈRE ondulée.
ASTER undulatus. L. ♃ de l'Amérique septentrionale.

23. ASTÈRE à grandes fleurs.
ASTER grandi florus. L. ♃ de la Virginie.

24. ASTÈRE à feuilles d'Amandier.
ASTER amygdalinus. La M. Dict. ♃ de l'Amérique septentrionale.

25. ASTÈRE à tige rouge.
ASTER rubricaulis. La M. Dict. ♃ du Nord de l'Amérique.

26. ASTÈRE de Magellan.
ASTER Magellanicus. La M. Dict. ♃ du détroit de Magellan.

*** *Tige herbacée; feuilles dentées en leurs bords.*

27. ASTÈRE de Sibérie.
ASTER Sibiricus. L. ♃ des Pyrénées & de Sibérie.

28. ASTÈRE divergente.
ASTER divaricatus. L. ♃ de la Virginie.

29. ASTÈRE luisante.
ASTER amœnus. La M. Dict. ♃ du Canada.

30. ASTÈRE paniculée.
ASTER paniculatus. La M. Dict. ♃ de l'Amérique septentrionale.

31. ASTÈRE à feuilles de saule.
ASTER salicifolius. La M. Dict. ♃ du Canada.

32. ASTÈRE en osier.
ASTER vimineus. La M. Dict. ♃ du Canada.

33. ASTÈRE à feuilles longues.
ASTER longifolius. La M. Dict. ♃ de l'Amérique septentrionale.

34. ASTÈRE lisse.
ASTER lævigatus. La M. Dict. ♃ du Nord de l'Amérique.

35. Astère hispide.
Aster hispidus. La M. Dict. ♃ du Nord de l'Amérique.

36. Astère pubescente.
Aster pubescens. La M. Dict. ♃ de la Virginie.

37. Astère à grandes feuilles.
Aster macrophyllus. L. ♃ de l'Amérique septentrionale.

38. Astère à feuilles en cœur.
Aster cordifolius. L. ♃ de Canada.

39. Astère étalée.
Aster patulus. La M. Dict. ♃ du Nord de l'Amérique.

40. Astère lupuline.
Aster miser. L. ♃ de l'Amérique septentrionale.

41. Astère à fleurs tardives.
Aster tardiflorus. L. ♃ de l'Amérique septentrionale.

42. Astère à tige nue.
Aster nudicaulis. La M. Dict. ⊖ du détroit de Magellan.

43. Astère annuelle.
Aster annuus. L. ⊖ du Canada.

44. Astère de la Chine ou Reine Marguerite.
Aster Chinensis. L.
B. Reine Marguerite blanche.
Aster chinensis alba.
C. Reine-Marguerite violette.
Aster chinensis violacea.
D. Reine-Marguerite rouge.
Aster chinensis rubra.
E. Reine-Marguerite panachée.
Aster chinensis variegata.
F. Reine-Marguerite anemone.
Aster chinensis anemonoïdes.
G. Reine-Marguerite à tuyaux.
Aster chinensis fistulosa.
H. Reine-Marguerite d'été.
Aster chinensis estivalis.
I. Reine-Marguerite semi-double, double & pleine.
Aster chinensis semi-duplex, duplex & multiplex. ⊖ de la Chine & des jardins de l'Europe.

Toutes les espèces de ce genre peuvent se diviser en trois sections, savoir, en espèces ligneuses, en espèces vivaces herbacées, & en espèces annuelles, & c'est sous ce point de vue que nous nous proposons de les considérer. Mais comme les plantes de chacune de ces divisions se ressemblent beaucoup tant par leur manière de croître que par leur masse extérieure, nous nous contenterons de décrire en général le port des plantes de chacune de ces divisions, pour ne pas entrer dans des descriptions qui font partie du dictionnaire de Botanique, & qui ne feroient qu'alonger inutilement cet article.

Premiere Section.

Astères ligneuses.

Les quatre premières espèces sont de petits arbustes qui s'élèvent d'un à deux pieds. Ils poussent, dès leur base, beaucoup de branches rapprochées les unes des autres, qui se divisent en plusieurs rameaux. Ceux-ci sont garnis ou plutôt couverts de menues feuilles qui se conservent toute l'année. Les fleurs sont petites, mais en grand nombre & produisent, par leur masse, un effet agéable. Leur couronne est violette & leur disque est d'un assez beau jaune; elles paroissent ordinairement dans le courant du mois de Mai & se succèdent pendant trois ou quatre semaines. Très-rarement elles donnent des semences fertiles en Europe.

Culture. Ces arbustes se cultivent dans des pots que l'on rentre l'hiver dans les serres tempérées. Ils préfèrent une terre sablonneuse & substantielle à toute autre nature de terre. L'humidité pendant l'hiver, leur est aussi contraire que le manque d'eau leur est nuisible pendant l'été, lorsqu'ils sont en végétation; c'est pourquoi il est bon de visiter souvent la terre des pots & de l'arroser légèrement dès qu'elle commence à se dessécher à la surface. L'air stagnant des serres, & le trop de chaleur qu'elles renferment ordinairement, lorsque le soleil commence à prendre de la force, fait souvent périr ces arbustes au premier printems, si l'on n'a pas l'attention de renouveller l'air & de placer les plantes auprès des croisées. Il faut aussi avoir soin tous les ans, à l'automne, de les changer de vases, de renouveller la terre & de rafraîchir leurs racines.

On multiplie aisément les Astères ligneuses par la voie des marcottes & des boutures. La saison la plus favorable à la réussite des marcottes, est le printems, environ quinze jours après que les plantes sont sorties des serres. Il suffit de courber de jeunes branches en terre & de les assujettir avec de petits crochets. Dans l'espace de cinq à six semaines, elles se trouvent garnies de racines. Alors on peut les sevrer, & quinze jours après on les leve en mote & on les plante séparément dans de petits pots. Mais, pour assurer davantage la réussite de ces jeunes plants & en accélérer la reprise, il est à propos de les placer sur une couche tiède & de les ombrager pendant les premiers jours. Ils pourront après cela rester à l'air libre jusqu'au milieu de l'automne; ensuite on les rentrera dans une serre tempérée, ou mieux encore sous des chassis, pour passer ce premier hiver.

Les boutures se font aussi au printems, en même-tems que les marcottes. On choisit de préférence des jeunes branches de l'avant dernière pousse, qui aient environ cinq pouces de long.

On en met une douzaine dans un pot à œillet rempli d'une terre douce & légère, que l'on arrose copieusement. On les place ensuite sur une couche tiède ; & on les couvre d'une cloche de verre opaque que l'on a soin d'ombrager encore. Il est bon de visiter cette plantation de tems en tems pour lui donner de l'eau au besoin, en écarter tout ce qui pourroit lui nuire, la préserver de toute pourriture & s'assurer de ses progrès. S'apperçoit-on que les boutures commencent à pousser? On soulève un peu les cloches, & on habitue insensiblement les plantes à supporter l'air & le soleil sans en être fatiguées. Lorsqu'elles sont entièrement reprises, on les sépare & on les traite comme les jeunes pieds obtenus de marcottes.

Usage. Ces arbustes sont propres à jeter de la variété dans les serres tempérées, parmi les plantes étrangères. L'Été ils peuvent figurer agréablement sur des gradins. Leurs jolies fleurs, leur port touffu & leur verdure perpétuelle les rendent très-intéressans.

SECONDE SECTION.

Astères vivaces, herbacées.

Les Astères vivaces qui forment la majeure partie des espèces de ce genre, sont des plantes qui tracent plus ou moins abondamment à la surface de la terre; leurs racines sont longues, un peu charnues & garnies d'un grand nombre de chevelu. Chaque année, dès le premier printems, elles poussent des tiges droites qui s'élèvent depuis dix pouces jusqu'à sept, & huit pieds de haut, suivant les espèces & la nature du terrein dans lequel elles se trouvent plantées. Les deux tiers de la partie supérieure de ces tiges sont ordinairement garnis de branches, lesquelles donnent naissance à des rameaux qui se terminent presque toujours par des fleurs, dont la couronne est blanche, bleue, ou violette & le disque ou centre, est jaune. Ces fleurs sont de différentes grandeurs & très-apparentes soit par leur volume, soit par leur nombre. Les unes commencent à paroître en été & les autres en automne; plusieurs même durent jusqu'aux grandes gelées. Il est très-rare que ces plantes donnent de bonnes graines dans notre climat & peut-être même dans celui qui leur est propre. En général, les Astères de cette division présentent un port touffu. Ce sont des masses arrondies dans leur circonférence & applaties au sommet; leur feuillage est d'un beau vert jusqu'à l'automne, ensuite il devient jaune, & les tiges meurent à l'approche de l'hiver; mais les racines ne restent pas plus de six semaines dans le repos & l'inaction. Elles commencent à se mettre en mouvement & à pousser des tiges dès la fin de Janvier.

Culture. Les Astères vivaces se plaisent généralement dans un terrein substantiel, sablonneux & un peu humide; elles croissent plus volontiers aux expositions découvertes qu'à l'ombre. Les plus grands froids ne leur font aucun tort; elles sont rustiques & forment en peu d'années de très-grosses touffes, lorsqu'elles sont plantées dans un terrein qui leur est favorable.

Leur multiplication est fort aisée. Elle s'opère au moyen des drageons qu'elles poussent abondamment de leur souche. On sépare ces drageons au printems où à l'automne, pendant toute la durée de ces deux saisons. On choisit, autant qu'il est possible, ceux qui sont garnis de chevelu & on les plante en pepinière à quinze ou vingt pouces de distance les uns des autres dans un terrain ameubli par un labour. Au bout de deux ans, ces drageons forment ordinairement des touffes assez fortes pour être mises en place à leur destination. Leur culture annuelle tant en pepinière qu'en place, se réduit à des sarclages & à des binages répétés autant de fois qu'il en est besoin pour empêcher les mauvaises herbes de nuire aux plantes, & à un labour soit au printems, soit à l'automne. Tout les trois à quatre ans, il convient de relever les touffes trop volumineuses pour les diminuer & en supprimer les parties qui sont devenues trop ligneuses, de les changer de place, s'il est possible, ou du moins de renouveller la terre appauvrie & desséchée par les racines de ces plantes voraces, & d'avoir l'attention, lorsqu'on les replante, d'enterrer un peu profondément les racines qui tendent toujours à s'élever au-dessus de la surface du terrain. Enfin, lorsqu'on veut avoir une végétation plus vigoureuse & de plus belles fleurs des espèces destinées à la décoration des parterres, il est à propos de répandre chaque année, au printems, un peu de fumier sur les plate-bandes où elles sont plantées.

Usage. Toutes les espèces de cette division peuvent être employées avec plus ou moins d'avantage à la décoration des jardins. Celles qui sont indiquées sous les numéros 8, 20, 21, 23, 27, 32, 38, 39 & 41, servent à garnir les plate-bandes des grands parterres ; on les place sur la ligne du milieu entre les arbustes à fleur. Les autres espèces peuvent être plantées sur les lisières des bosquets, ou en masse, sur des tapis de verdure, dans les jardins paysagistes; par-tout elles produisent un effet agréable tant par leur port que par la couleur & l'éclat de leurs fleurs.

TROISIÈME SECTION.

Astères annuelles.

Les Astères annuelles se réduisent à trois espèces comprises sous les numéros 5, 43 & 44. La première est une petite plante dont les tiges sont rameuses & d'environ six à huit pouces de haut. Elles sont aussi étendues qu'elles sont élevées, ce qui produit une petite touffe arrondie d'une forme assez régulière. Ses feuilles qui sont linéaires, très-nombreuses & d'un vert luisant, contrastent avec la couleur bleue de ses petites fleurs qui viennent en grand nombre sur toute la surface de la touffe. Elles paroissent en Juillet, & se succèdent jusqu'au milieu de l'automne; elles sont suivies de semences qui viennent à parfaite maturité dans notre climat.

Culture. Cette jolie espèce se multiplie uniquement par ses graines qu'il faut semer en pots, dans une terre légère & sur couche. Si on les seme au commencement d'Avril, elles levent dans le courant de Mai, & le jeune plant peut être mis en pleine terre, vers le milieu de Juin. Cependant, comme ces plantules sont extrêmement tendres & délicates, il est beaucoup plus sûr de les placer dans des pots, remplis d'une terre substantielle & légère, que de les mettre en pleine terre; c'est aussi à raison de leur délicatesse, que nous conseillons de les séparer avec un peu de la motte de terre, qui accompagne leurs racines, au lieu de les lever à racines nues.

Cette Astère exige des arrosemens assez fréquens pendant l'été, & veut être placée à l'exposition la plus chaude. Il faut avoir soin de surveiller les graines, lorsqu'elles approchent de leur maturité, parce qu'elles tombent aussi-tôt qu'elles sont mûres.

Usage. Cette plante est propre à orner des gradins, dans les jardins des amateurs de plantes étrangères. On peut la placer sur les murs d'apuis, & dans tous les lieux où elle peut être vue de près; mise en pleine terre, elle seroit trop éloignée de la vue, & perdroit une partie de son agrément.

L'ASTÈRE *ANNUELLE* s'élève droite, à deux pieds de haut, environ; ses tiges sont rameuses vers leur extrémité, & garnies à leur base, de feuilles larges & dentées profondément. Les fleurs sont blanches, peu agréables, & viennent en manière de corymbe, à l'extrémité de la plante. Elles s'ouvrent dans le courant du mois de Juin, & produisent des semences qui mûrissent en Juillet; bientôt après la plante se dessèche & meurt.

Culture. Il est bien plus aisé de propager cette plante, que de l'empêcher de croître trop abondamment, dans les lieux où ses graines se sont une fois répandues. Elle se multiplie dans toutes sortes de terreins; cependant elle préfère ceux qui sont d'une nature légère, & les expositions découvertes sont celles qui lui plaisent davantage. Lorsque les semences lèvent dès l'automne, la plante fleurit au printems de l'année suivante, & meurt dans le milieu de l'été; mais, lorsqu'on en seme les graines au mois de Mars, elle fleurit plus tard, & sa végétation se prolonge jusqu'au milieu de l'automne. C'est pourquoi, dans les jardins de botanique, qui sont les seuls endroits où cette plante soit admise, il est bon de la semer au printems & à l'automne, afin que sa place soit long-tems garnie.

L'ASTÈRE *MARITIME*, quoique regardée comme une plante bis-annuelle, ne vit cependant qu'une année; il est vrai que sa végétation s'effectue dans le cours de deux années, mais elle n'emploie qu'une partie de chacune d'elles. Pendant la première, elle ne produit que des feuilles longues & étroites, d'une verdure glauque; au printems de la seconde, elle pousse des tiges foibles & grêles, qui s'élèvent à la hauteur d'environ deux pieds. Les fleurs, qui paroissent en Juin, viennent à l'extrémité des tiges & des rameaux; elles sont d'un bleu pâle, & quelquefois blanches avec le centre jaune. Il leur succède des semences qui mûrissent en Septembre, & ensuite la plante se dessèche & meurt.

Culture. Dans la plus grande partie des provinces maritimes de l'Europe, cette espèce croît sans culture, dans les prairies humectées par les eaux de la mer. Dans les jardins de botanique, on seme les graines à l'automne, dans une terre sablonneuse & légère. Les semis en pots sont plus sûrs & réussissent mieux que ceux qui sont faits en pleine terre. On les entretient dans un état d'humidité, jusqu'aux gelées, & pendant l'hiver on les couvre de paille, pour empêcher que les grands froids ne fassent périr les jeunes plantes. Malgré cette précaution, il est encore plus prudent de les rentrer dans l'orangerie lorsqu'elles sont dans des pots. Au printems, on les met en pleine terre, à la place qu'elles doivent occuper; on les arrose ensuite assez fréquemment pendant l'été, & on ramasse leurs graines vers l'automne, qui est le tems où elles sont mûres. C'est à quoi se réduit la culture de cette plante, qui n'est guères cultivée que dans les jardins de botanique.

ASTÈRE DE LA *CHINE*, ou Reine marguerite. Cette espèce est sans contredit la plus belle de son genre & peut-être de toute sa famille. Son port pyramidal, la verdure tendre de son feuillage, & sur-tout la grandeur de ses fleurs & la vivacité de leurs couleurs, la place au premier rang parmi les plantes d'automne qui font l'ornement de nos parterres.

Culture. La Reine-marguerite aime un terrain meuble, substantiel & léger; des arrosemens journaliers lui sont nécessaires pendant les chaleurs de l'été, & elle préfere les expositions découvertes à celles qui sont ombragées. On ne la multiplie, comme toutes les plantes annuelles, que par ses graines qu'on sème en pleine terre ou sur couche, suivant la nature du climat ou le desir que l'on a de jouir plus ou moins promptement de l'agrément de ses fleurs.

Les semis sur couche se font vers la mi-Mars. On établit, à cet effet, une couche de fumier, d'environ vingt pouces de haut, située à l'exposition du midi, & un peu inclinée vers cet aspect, & on la couvre de six à huit pouces de terre à oranger, mêlée par égales parties, avec du terreau de couche bien consommé. On unit exactement la surface de cette terre, & après avoir fait un rebord tout autour de la couche, on y sème les graines assez dru, & le plus également qu'il est possible; on les recouvre de l'épaisseur de deux à trois lignes avec une terre semblable à celle sur laquelle elles sont semées, mais plus fine. On les bassine ensuite légèrement plusieurs fois par jour, & on les couvre de cloches ou d'un chassis. Ces graines ne tardent pas à germer, & commencent à sortir de terre au bout de huit ou dix jours. Alors il faut arroser plus modérément, & donner de l'air sous les cloches ou sous les chassis quand le soleil paroît. Lorsque le mois d'avril est arrivé, & qu'il n'y a plus de gelées à craindre, on peut laisser le jeune plant à l'air libre; cela même est nécessaire, tant pour empêcher qu'il ne s'étiole, que pour lui faire prendre de la force. Dans cet état il n'a besoin que d'être arrosé une fois chaque jour, jusqu'à ce qu'il soit assez fort pour être repiqué.

Les semis en pleine terre se font, pour l'ordinaire, vers la fin de Mars, ou dans les premiers jours d'Avril. On choisit, autant qu'il est possible, une plate-bande qui ait été labourée depuis quelques semaines, & dont la terre ait été plombée par des pluies. Si cette plate-bande est d'une nature substantielle & légère, & située à une exposition chaude, les semis n'en seront que plus vigoureux & plus forts. On commence par unir exactement, avec les dents du rateau, la surface de cette plate-bande, & après avoir formé un rebord d'environ deux pouces d'élévation sur les côtés, on y répand, le plus également possible, les semences que l'on recouvre de trois à quatre lignes seulement, avec un mélange, composé par égales parties, de la terre du sol & de terreau; ensuite on les arrose copieusement si le tems est doux, & l'on répète cette opération tous les jours jusqu'à ce que les graines soient levées; & comme le soleil, dans cette saison, commence à avoir de la force, & que la terre est déjà un peu échauffée, ces semis levent ordinairement dans l'espace de douze à dix-huit jours. Il faut avoir l'attention de les sarcler assidument, & de les débarrasser des plantes adventices, à mesure qu'elles paroissent; parce que si on leur laissoit prendre de la force, on ne pourroit plus les arracher sans déraciner & faire périr une partie du jeune plant. Après cela, il ne reste plus qu'à donner aux semis quelques arrosemens à propos, jusqu'à ce qu'ils aient quatre ou cinq feuilles. Mais à cette époque, on ne doit pas différer de les séparer & de les repiquer. Si on attendoit qu'ils fussent plus forts, la reprise en seroit moins sûre, & les individus ne parviendroient pas au degré de beauté qu'ils sont susceptibles d'acquérir.

On choisit, autant qu'il est possible, un tems couvert & même pluvieux pour repiquer les jeunes plants de Reine-marguerite, & on a soin que le terrain ait été labouré huit ou dix jours d'avance. On y trace des lignes à six ou huit pouces les unes des autres, tant en long qu'en travers, & on plante avec le plantoir, les jeunes plants qu'on arrache à fur & à mesure dans la planche ou sur la couche où ils ont été semés. On les met en échiquier aux angles des petits carrés qui ont été tracés au cordeau, tant pour économiser la place, que pour donner la facilité de les relever plus aisément. Ensuite on couvre la planche entière d'un pouce à-peu-près de gros terreau; & on l'arrose à la volée, le plus légèrement possible, afin que l'eau n'abatte point le jeune plant, & ne le couche pas contre terre. Quelques personnes pour assurer davantage la réussite de l'opération, mettent deux individus à chaque place, mais cette pratique a son inconvénient; il arrive assez souvent que les deux pieds reprennent également, & alors ils se gênent mutuellement, & deviennent moins vigoureux. Il vaut mieux les planter séparément, s'il en meurt quelques-uns, on en est quitte pour regarnir les planches, & l'inconvénient est moindre. S'il ne survient pas des hâles ou des coups de soleil brûlant le jeune plant ne tarde pas à s'attacher à la terre par de nouvelles racines, & il pousse bientôt de nouvelles feuilles. Il faut avoir alors l'attention d'ôter les mauvaises herbes qui pourroient lui nuire, & d'ameublir la terre par de légers binages. Plus on aura soin de lui donner à propos ces légères façons, & de proportionner les arrosemens à ses besoins & à la chaleur de la saison, plus il deviendra fort & vigoureux.

Quand les Reines-marguerites commencent à marquer, c'est-à-dire, lorsque les premières fleurs épanouissent, il convient de les lever de terre, & de les planter à leur destination, parce qu'en attendant plus tard, on courroit les risques de faire avorter leur végétation. Mais auparavant, il est à propos de leur donner une forte mouillure, sur-tout si la terre est de nature à s'émiéter & à laisser les racines à nud, afin d'avoir la facilité de les lever en mote, & de leur rendre moins sensible l'effet de la transplantation. Malgré cette précaution, on ne doit pas négliger de choisir un tems couvert & même pluvieux, pour faire cette opération. Les individus destinés à garnir des vases doivent être mis dans des pots à œillets, plantés en mote, avec la terre du sol, & placés ensuite à l'ombre, ou mieux encore sur une couche tiède qu'on a soin d'ombrager pendant les premiers jours. Mais ceux qui sont destinés à décorer des parterres ou des parties du même jardin, peuvent être levés avec des motes épaisses, & portés dans des barres à la place où ils doivent être plantés, pour y être mis en pleine terre, sans autre précaution. Ces plantes se fanent ordinairement pendant les cinq ou six premiers jours, mais elles reprennent bientôt pour peu que le tems soit favorable ; d'ailleurs on en est quitte pour remplacer celles qui ont manqué. C'est pourquoi il faut avoir la précaution de repiquer toujours un quart ou même un tiers de jeune plant de plus qu'on n'en a besoin, soit pour remédier au défaut de reprise dans les transplantations, soit pour avoir la facilité de choisir les individus qui ont les plus belles fleurs. Lorsqu'une fois ces plantes ont repris racines en place, elles n'exigent d'autres soins que d'être arrosées suivant leurs besoins qui sont assez modérés à cette époque.

Mais la récolte des graines exige une attention particulière. Quoique toutes les Reines-marguerites ne soient très-certainement que des variétés provenues les unes des autres, puisque nous les avons vu toutes naître dans nos jardins, il n'est cependant pas indifférent de choisir les pieds sur lesquels on doit recueillir les graines, & de séparer chaque variété de couleurs pour en faire des semis particuliers. Plus les individus qui fourniront les semences auront donné de belles fleurs, plus on aura lieu d'espérer d'en obtenir de semblables, à quelques nuances près, de la plus grande partie des plantes qui proviendront de ces semis, faits séparément & cultivés avec le même soin. D'après cela, on doit donner la préférence aux pieds dont les fleurs sont les plus franches & les plus vives en couleur, parce que les fleurs d'une couleur tendre & mitoyenne se perpétuent rarement, & que les individus qui proviennent de leurs semences ne produisent le plus souvent que des fleurs plus pâles encore, & d'une couleur moins décidée. On ne doit choisir également dans les panaches, que les couleurs bien tranchées, & non celles qui se fondent les unes dans les autres ; enfin, les pieds qui sont les plus vigoureux, & dont les fleurs sont les plus grandes & les plus doubles, doivent être marqués de préférence. On se sert le plus ordinairement de brins de laine teints de différentes couleurs pour reconnoître les pieds dont on veut ramasser des graines, & l'on a soin d'appareiller la couleur de la laine à celle des fleurs. Mais le plus sûr est d'attacher à chaque pied de petits numéros qui soient relatifs à un livret sur lequel on fait une courte description des fleurs & de leur couleur, parce que la laine se salit ou se pourrit, & quand on vient à faire la récolte des graines, on ne peut plus distinguer les couleurs ; mais quelle que soit celle de ces deux manières qu'on adopte, il convient toujours de laisser sécher les plantes sur pied, ensuite de les arracher avec leurs racines, & de les déposer dans un lieu sec & aéré. Lorsqu'elles sont parfaitement sèches, on sépare les têtes des tiges, on les bat & on vane les semences que l'on met dans des sacs de papier, & que l'on renferme dans des tiroirs. Ces semences ainsi récoltées, se conservent en état de lever pendant plusieurs années, mais les meilleures sont toujours celles de la dernière récolte.

Usage. Les Reines-marguerites sont employées dans toutes les espèces de jardins d'agrément ; on en décore les parterres, on en forme des massifs, on en garnit des vases, on en fait des gradins ; par-tout elles produisent l'effet le plus agréable. La consommation qui s'en fait chaque année dans les jardins de Paris est immense ; aussi cette culture occupe-t-elle un grand nombre de jardiniers fleuristes qui en tirent un parti très-avantageux, malgré la modicité du prix de chaque pied pris séparément, puisqu'il ne leur rapporte souvent qu'un sol & quelquefois même six deniers, sans le pot.

Observation. Des semences de Reine-marguerite prises dans toutes les couleurs & recueillies sur les plus beaux pieds & parmi les plus belles variétés à fleurs doubles, ayant été semées en plein champ à Malesherbes, dans un terrain extrêmement maigre, produisirent, dès la même année, des individus qui ne s'élevèrent pas à plus de six à huit pouces de haut & dont les fleurs se trouvèrent toutes simples & sans panaches. Mais leurs couleurs, telles que le blanc, le rouge & le bleu se conservèrent, ce qui sembleroit prouver que les plus belles variétés de cette plante étant le produit de la culture ne peuvent subsister sans son secours.

Historique. Les graines de la Reine-marguerite furent envoyées de la Chine vers 1728, par le P. Dincarville, Missionnaire Jésuite, résident à Pequin. Il les adressa à son ami, M. Antoine de Jussieu, Professeur de Botanique. Ces graines furent semées au jardin du Roi & produisirent des plantes qui donnèrent des fleurs simples & blanches, presque semblables à notre marguerite des champs ; mais les graines que l'on recueillit sur ces premiers pieds, donnèrent, l'année suivante, quelques individus à fleurs rouges, parmi un plus grand nombre d'autres, semblables en tout aux premiers. Cette couleur peu commune parmi les plantes de cette famille, son éclat & la grandeur de cette fleur, fixèrent l'attention des Amateurs ; & dans un Comité qu'ils tinrent aux Couvent des Chartreux où ils se rassembloient souvent, ils convinrent de lui donner le nom de Reine-marguerite, en considération de sa beauté & de sa ressemblance avec nos marguerites. Vers l'année 1734, on obtint la variété à fleur violette. Mais toutes ces fleurs étoient simples, elles n'avoient qu'une rangée de demi-fleurons à leur circonférence, & le disque ou le centre de la fleur, étoit composé de fleurons de couleur jaune. Cependant quelque tems après cette époque, on trouva dans les semis quelques individus dont les fleurs avoient un plus grand nombre de rayons. Leur nombre augmenta chaque année, & en 1750, on avoit déjà obtenu des fleurs doubles, des variétés à fleurs rouge, à fleur violette, & enfin à fleur blanche. La culture de cette plante s'étant étendue dans un grand nombre de jardins, le soin qu'on prit de choisir les graines sur les plus beaux individus, & plus encore le mélange qu'on fit dans les parterres des variétés de couleurs, donnèrent bientôt naissance aux fleurs panachées en même-tems qu'aux teintes intermédiaires entre le rouge, le blanc & le violet, telles que les couleurs de rose, lilas, bleues, purpurines, &c. En 1772 parut pour la première fois dans les Jardins du Roi, à Trianon, une nouvelle variété de Reine-marguerite dont tous les fleurons terminés par une languette, étoient rangés les uns sur les autres & bombés dans le milieu, comme les petales des Anémones ce qui fit donner à cette nouvelle variété le nom de Reine-marguerite Anémone. Bientôt elle donna des fleurs de toutes les couleurs & même des panaches de différentes nuances. Quelques années après, la marguerite naine d'été fut trouvée dans les jardins de M. le Maréchal Duc de Biron, à Paris. Cette jolie variété est plus précoce que les autres, d'environ trois semaines; elle est également variée pour la couleur de ses fleurs, mais aussi elle s'élève moins haut & meurt plutôt. Enfin la Reine-marguerite à tuyaux est la dernière acquisition que nous ayons faite. C'est encore à M. Moissy, Jardinier du Maréchal de Biron, que nous devons cette singulière variété. Elle est remarquable en ce qu'au lieu de languettes qui terminent les fleurons dans les autres fleurs de cette espèce, ce sont les fleurons eux-mêmes qui s'alongent & forment des tubes posés circulairement les uns sur les autres & qui diminuent de longueur à mesure qu'ils approchent du centre de la fleur. Cette disposition lui donne une forme hémisphérique qui jointe à la diversité de ses couleurs, en fait une fleur très-agréable.

En considérant le grand nombre de variétés qui existent parmi les Reines-marguerites, il est difficile d'imaginer, qu'il puisse s'en former de nouvelles. Toutes les combinaisons paroissent épuisées; nous avons toutes les teintes de couleur, toutes les variétés de forme & de grandeur dont elles semblent susceptibles, & leurs panaches présentent toutes les nuances qui peuvent résulter du mélange & de la combinaison des trois couleurs primitives de ces fleurs qui sont le blanc, le rouge & le violet. Cependant s'il arrivoit qu'on obtînt un jour la couleur jaune qu'on cherche depuis si longtems, cette couleur mise en combinaison avec les trois autres, fourniroit encore un grand nombre de variétés. Mais il n'est guère probable qu'on la rencontre jamais puisqu'aucune des plantes de ce genre n'a ses rayons jaunes, quoique leurs fleurons soient presque tous de cette couleur.

Nous espérons qu'on voudra bien nous pardonner ce long historique en faveur d'une plante née au Jardin du Roi & qui a fait une si grande fortune dans le monde. (*M. Thouin.*)

Astère bâtard, synonyme impropre du *Buphtalmum grandi-florum.* L. V. Buphthalme à grande fleur.

(*M. Thouin.*)

ASTRAGALE, Astragalus.

Ce genre de plante fait partie de la famille des *légumineuses.* Il est composé, dans ce moment, de soixante-sept espèces différentes connues & décrites, dont cinquante-huit sont des plantes vivaces ou annuelles qui perdent leurs tiges chaque année. Celles-ci poussent dès le premier printems, & s'élèvent depuis trois & quatre pouces jusqu'à six pieds de haut, suivant les espèces. Quelques-unes rampent sur la terre, & d'autres se soutiennent droites en formant des touffes arrondies, d'un beau vert; leur feuillage est léger, d'une verdure tendre, mais de peu de durée. Leurs fleurs assez généralement disposées en épis, sont les unes blanches, les autres jaunes & les autres rouges, souvent d'une belle apparence. Elles produisent des gousses, dont les semences viennent à parfaite maturité dans notre climat, & conservent, pendant plusieurs années, la faculté de lever.

Les neuf autres espèces sont des arbustes ligneux d'une consistance filandreuse & coriace. Leurs branches sont garnies de longues épines & terminées par des bouquets de petites feuilles très-rapprochées les unes des autres, lesquelles se conservent pendant toute l'année; leur couleur est d'un vert pâle, qui, dans plusieurs espèces, tire sur le blanc. Les fleurs sont, comme dans les espèces précédentes, blanches, jaunes ou rougeâtres, avec cette différence qu'elles n'ont presque point d'effet.

Tous les Astragales croissent de préférence dans les pays froids du nord de l'Europe, de l'Asie & de l'Amérique, ou dans les climats tempérés de ces trois parties du monde. Les espèces herbacées se rencontrent plus habituellement dans les terrains meubles, profonds & un peu humides, que dans d'autres endroits. Les espèces ligneuses au contraire, affectent de croître dans les lieux secs, parmi les pierres, & aux expositions les plus chaudes. En Europe, les premieres se cultivent aisément en pleine terre, dans des terrains meubles, substantiels & profonds; les secondes, plus délicates, exigent des soins particuliers pendant l'hiver; quelques-unes d'entr'elles veulent être couvertes & empaillées soigneusement; les autres demandent à rentrer dans l'orangerie. On les multiplie facilement par le moyen de leurs drageons, mais rarement de marcotes & de boutures.

Parmi les plantes de ce genre, nombreux en espèces, quelques-unes sont d'usage en médecine, d'autres peuvent servir à la nourriture des bestiaux, & d'autres produisent des gommes employées dans les arts. Mais si on les considère comme plantes d'agrément, leur mérite est très-borné : il est rare qu'on les fasse entrer dans les jardins d'ornement. Elles ne sont guères cultivées que dans les jardins paysagistes, & dans les écoles de botanique, où même on trouve à peine la moitié des espèces dont nous présentons ici la liste.

Espèces.

* *Tiges herbacées.*

(A) *Fleurs jaunes ou jaunâtres.*

1. ASTRAGALE, queue de renard.
ASTRAGALUS Alopecuroides. L.
B ASTRAGALE de Narbonne.
ASTRAGALUS Narbonensis. Gouan. ♃ des Alpes, d'Espagne & de Sibérie.

2. ASTRAGALE axillaire.
ASTRAGALUS Christianus. ♃ du Levant.

3. ASTRAGALE velu.
ASTRAGALUS pilosus. L. ♃ des Alpes, d'Autriche & de Sibérie.

4. ASTRAGALE à faucille.
ASTRAGALUS falcatus. La M. Dict. ♃ de Sibérie.

5. ASTRAGALE à boursettes.
ASTRAGALUS galegiformis. L. ♃ du Levant.

6. ASTAGALE de la Chine.
ASTRAGALUS Chinensis. L. ♃ du Nord de la Chine.

7. ASTRAGALE des marais.
ASTRAGALUS uliginosus. L. ♃ des prés humides de la Sibérie.

8. ASTRAGALE odorant.
ASTRAGALUS odoratus. ♃ du Levant.

9. ASTRAGALE de Canada.
ASTRAGALUS Canadensis. L. ♃ de Canada & de Virginie.

10. ASTRAGALE de Caroline.
ASTRAGALUS Carolinianus. L. ♃ des lieux humides de la Caroline.

11. ASTRAGALE à fruit rond.
ASTRAGALUS cicer. L. ♃ de Provence, d'Alsace, de Suisse & d'Italie.

12. ASTRAGALE à petites feuilles.
ASTRAGALUS microphyllus. L. ♃ d'Allemage & de Sibérie.

13. ASTRAGALE à feuilles de réglisse, ou fausse-réglisse.
ASTRAGALUS glycyphyllos. L. ♃ des bois humides de l'Europe.

14. ASTRAGALE à hameçon.
ASTRAGALUS hamosus. L.
B ASTRAGALE à hameçon à deux fleurs.
ASTRAGALUS hamosus biflorus. ⊖ des environs de Montpellier & du Levant.

15. ASTRAGALE récroquevillé.
ASTRAGALUS contortuplicatus. L. ⊖ de Sibérie.

16. ASTRAGALE d'Andalousie.
ASTRAGALUS Bœticus. L. ⊖ d'Espagne & de Sicile.

17. ASTRAGALE de Portugal.
ASTRAGALUS Lusitanicus. La M. Dict. Phaca Bœtica L. ♃ du Portugal.

12. ASTRAGALE cotonneux.
ASTRAGALUS tomentosus. La M. Dict. d'Afrique.

19. ASTRAGALE. Pied d'oiseau.
ASTRAGALUS ornithopodioides. La M. Dict. d'Arménie.

* *Tiges herbacées.*

(B) *Fleurs herbacées, bleues ou purpurines.*

20. ASTRAGALE esparcette.
ASTRAGALUS onobrichis. L ♃ de Provence, de Suisse & de Sibérie.

21. ASTRAGALE bigarré.
ASTRAGALUS varius. La M. Dict. ♃ de Sibérie.

22. ASTRAGALE à petites fleurs.
ASTRAGALUS parviflorus. La M. Dict. ♃ de Russie & de la Sibérie.

23. ASTRAGALE sillonné.
ASTRAGALUS sulcatus. L. ♃ de Sibérie.

24. ASTRAGALE d'Autriche.
ASTRAGALUS Austriacus. L. ♃ d'Autriche & de Moravie.

25. ASTRAGALE à tête pourpre.
ASTRAGALUS purpureus. La M. Dict. ♃ du Languedoc, du Dauphiné & d'Angleterre.

26. ASTRAGALE d'Espagne.
ASTRAGALUS glaux. L. ♃ d'Espagne & de Sibérie.

27. ASTRAGALE barbu.
ASTRAGALUS barbatus. La M. Dict. ♃ d'Arménie.

28. ASTRAGALE rayé.
ASTRAGALUS lineatus. La M. Dict. du Levant.

29. ASTRAGALE étoilé.
ASTRAGALUS stella. L. ⊖ des environs de Montpellier.

30. ASTRAGALE sesamier.
ASTRAGALUS sesameus. L. ⊖ des Provinces méridionales de la France & d'Italie.

31. ASTRAGALE épiglottier.
ASTRAGALUS epiglottis. L. ⊖ de Provence & d'Espagne.

32. ASTRAGALE hérissé.
ASTRAGALUS echinatus. La M. Dict.
B. ASTRAGALE hérissé à fleur purpurine.
ASTRAGALUS hypoglottis. L. ⊖ d'Espagne.

33. ASTRAGALE vésiculeux.
ASTRAGALUS vesicarius. L. ♃ des montagnes du Dauphiné.

34. ASTRAGALE des Alpes.
ASTRAGALUS alpinus. L. ♃ des montagnes des Alpes & de l'Europe septentrionale.

35. ASTRAGALE à ombelles.
ASTRAGALUS sinicus. L. de la Chine.

36. ASTRAGALE taché.
ASTRAGALUS maculatus. La M. Dict. d'Afrique.

37. ASTRAGALE de Syrie.
ASTRAGALUS syriacus. L. ♃ de Sibérie.
38. ASTRAGALE ammodite.
ASTRAGALUS ammodytes. L. ♃ des collines sablonneuses de la Sibérie australe.

** *Tiges nulles.*

39. ASTRAGALE tragacanthoïde.
ASTRAGALUS tragacanthoïdes La. M. Dict.
B. ASTRAGALE tragacanthoïde multiflore.
ASTRAGALUS tragacanthoïdes polyanthos. ♃ d'Arménie & de Sibérie.
40. ASTRAGALE à feuille de nummulaire.
ASTRAGALUS nummularius. La M. Dict. d'Arménie.
41. ASTRAGALE à feuilles ferrées.
ASTRAGALUS densifolius. La M. Dict. du levant.
42. ASTRAGALE psoralier.
ASTRAGALUS psoraloides. La M. Dict. de la Natolie.
43. ASTRAGALE alyssoïde.
ASTRAGALUS alyssoïdes. La M. Dict. de l'Arménie.
44. ASTRAGALE de deux couleurs.
ASTRAGALUS bicolor. La M. Dict. d'Arménie.
45. ASTRAGALE champêtre.
ASTRAGALUS campestris. L.
B. ASTRAGALE champêtre, jaunâtre.
ASTRAGALUS campestris ochroleuca. ♃ des montagnes des Pyrénées, & de la Suisse.
46. ASTRAGALE soyeux.
ASTRAGALUS uralensis. L. ♃ des montagnes du Dauphiné & de la Suisse.
47. ASTRAGALE de montagne.
ASTRAGALUS montanus. L. ♃ des Alpes & de l'Autriche.
48. ASTRAGALE nain.
ASTRAGALUS depressus. L. ♃ des Alpes & des bords de la mer Caspienne.
49. ASTRAGALE à crochet.
ASTRAGALUS uncatus. L. ♂ des environs d'Alep.
50. ASTRAGALE blanchâtre.
ASTRAGALUS incanus. L. ♃ des Provinces méridionales de la France & d'Espagne.
51. ASTRAGALE de Montpellier.
ASTRAGALUS Monspessulanus. L.
B. ASTRAGALE de Montpellier, blanc.
ASTRAGALUS Monspessulanus albus. ♃ des Provinces méridionales de la France.
52. ASTRAGALE d'Afrique.
ASTRAGALUS Caprinus. L. ♃ de la côte de Barbarie.
53. ASTRAGALE à feuilles larges.
ASTRAGALUS latifolius. la M. Dict. d'Arménie.
54. ASTRAGALE verticillaire.
ASTRALUS verticillaris. L. ♃ de Sibérie.
55. ASTRAGALE raboteux.
ASTRAGALUS muricatus. La M. Dict. *Phaca muricata.* L. fil. suppl. des lieux montueux de la Sibérie.
56. ASTRAGALE diphylle.
ASTRAGALUS diphyllus. La M. Dict. *phaca microphylla* L. fil. suppl. des Isles sablonneuses de la Sibérie.
57. ASTRAGALE vésicaire.
ASTRAGALUS halicacabus. La M. Dict. *phaca vesicaria.* L. ♃ d'Arménie.
58. ASTRAGALE anthylloïde.
ASTRAGALUS anthylloïdes. La M. Dict. ♃ du Levant.

*** *Tiges ligneuses ou les Adragants.*

59. ASTRAGALE de Marseille, barbe de renard ou épine de bouc.
ASTRAGALUS massiliensis. La M. Dict. ♄ de Provence.
60. ASTRAGALE toujours verd.
ASTRAGALUS sempervirens. La M. Dict. ♄ des montagnes des Alpes.
61. ASTRAGALE de Grenade.
ASTRAGALUS granatensis. La M. Dict. ♄ d'Espagne.
62. ASTRAGALE de Crète ou de la gomme Adragant.
ASTRAGALUS Cretica. La M. Dict. ♄ de l'Isle de Candie.
63. ASTRAGALE à feuilles étroites.
ASTRAGALUS angustifolius. La. M. Dict ♄ d'Arménie.
64. ASTRAGALE à fleurs compactes.
ASTRAGALUS compactus. La M. Dict.
B. ASTRAGALE à fleurs compactes & purpurines.
ASTRAGALUS compactus purpureus. ♄ du Levant.
65. ASTRAGALE à longues feuilles.
ASTRAGALUS longifolius. La M. Dict. ♄ d'Arménie.
66. ASTRAGALE à épi velu.
ASTRAGALUS lagopoïdes.
B. ASTRAGALE à épi velu & pourpré.
ASTRAGALUS lagopoïdes purpureus ♄ d'Arménie.
67. ASTRAGALE gommifère.
ASTRAGALUS gummiferus. ♄ du Mont-Liban & autres montagnes élevées d'Asie.

Il en est de ce genre comme de celui des astères, dont nous avons parlé dans l'article précédent : les espèces qui le composent, sont également très-nombreuses; & comme elles se rapprochent les unes des autres, par des nuances & des degrés de similitude, quelquefois assez peu sensibles, nous ne pourrions les traiter séparément & les bien distinguer, qu'en employant des descriptions très-détaillées, qui sont moins du ressort d'un dictionaire d'agriculture du jardinage, que de celui de botanique. Ainsi, pour éviter les répétitions & nous renfermer dans notre objet, nous réunirons toutes les espèces de ce genre, sous les trois divisions qu'il comporte, & que nous avons présentées dans la liste, & nous nous bornerons à décrire d'une manière générale, le port de ces grouppes. Nous nous déterminons d'autant plus volontiers à suivre cette marche, que la majeure partie des plantes de ce genre, ne sont cultivées que dans les Ecoles de botanique, & sont à-peu-près indifférentes aux autres sortes de jardins.

PREMIÈRE DIVISION.

Astragales à tiges herbacées.

Ce premier grouppe renferme des plantes de deux natures différentes, les unes sont vivaces, & les autres annuelles. Les premières, qui forment le plus grand nombre, ont des racines longues, coriaces & d'une consistance presque ligneuse ; plusieurs pivotent à deux & trois pieds, tandis que les autres descendent seulement à quelques pouces de profondeur. Les unes & les autres donnent, au printems de chaque année, naissance à des tiges qui ont depuis un pied jusqu'à sept pieds de haut ; elles se dessèchent & meurent à l'automne. La plupart de ces tiges s'élèvent verticalement, & quelques autres rampent sur terre. Mais toutes sont garnies de feuilles pinnées, de différentes grandeurs, terminées par une foliole impaire. Les fleurs viennent plusieurs ensemble, disposées en têtes ou épis, soit dans les aisselles des feuilles, soit au sommet des tiges. Il leur succède des gousses de différentes dimensions qui renferment plusieurs semences, lesquelles mûrissent parfaitement dans notre climat.

Les espèces annuelles ont la même configuration dans toutes leurs parties ; mais, en général, elles sont plus petites, plus grêles & par conséquent plus délicates.

Culture. Les Astragales de cette première division croissent aisément dans un terrein meuble, profond, substantiel & légèrement humide. Ils viennent même dans des terres maigres & de mauvaise qualité. Les expositions découvertes leur sont les plus favorables. Cependant les espèces qui croissent à l'ombre s'habituent bientôt au grand air. En général, les espèces vivaces sont d'une très-longue vie, & lorsqu'une fois elles ont formé souche dans un terrein & que leurs racines l'ont pénétré à une certaine profondeur, elles résistent à la sécheresse & aux froids les plus rigoureux, & n'exigent presque aucune culture.

Ces plantes ayant des racines fortes & coriaces, peu garnies de chevelu, reprennent difficilement lorsqu'on veut les propager par le moyen des drageons. Aussi est-il plus sûr de les multiplier de graines ; d'ailleurs cette voie de multiplication est plus abondante & presqu'aussi expéditive que celle des drageons. Les semences des Astragales, lorsqu'on les laisse renfermées dans leurs gousses, se conservent plus de huit ans ; mais il est plus sûr de ne pas attendre ce terme pour les semer. Les espèces indigènes & celles des climats plus froids que le nôtre, peuvent être semées à l'automne, dans un terrein meuble & léger. Celles qui croissent dans nos Provinces méridionales & dans le midi de l'Europe, ne doivent l'être qu'au mois de Mars, mais toujours en pleine terre ; enfin les espèces originaires du Levant, ou de la côte de Barbarie, réussissent infiniment mieux lorsqu'elles sont semées dans des pots au commencement du mois d'Avril, & placées, sur une couche chaude, à l'air libre, & à l'exposition du midi. Les semis d'automne n'ont pas besoin d'arrosemens, tant à cause de la diminution de la chaleur, que parce que la terre est suffisamment humectée dans cette saison, & qu'il ne faut pas accélérer le développement des semences aux approches de l'hiver. Mais on ne risque rien à les prodiguer aux semis printaniers, jusqu'à l'époque de leur germination. Il est même souvent utile de mettre tremper dans l'eau, pendant vingt-quatre heures, les graines d'un gros volume & qui sont un peu anciennes, leur germination en sera plus prompte & plus sûre. Mais, dès que les germes sortent de terre, il convient de modérer les arrosemens & de les proportionner à la chaleur du jour & au besoin des plantes.

Les semis d'automne lèvent rarement avant l'hiver ; ce n'est qu'au premier printems qu'ils sortent de terre. Ceux du printems se développent plus promptement, & sont, par conséquent, moins sujets à devenir la proie des insectes. On peut attendre pour les lever de place, qu'ils aient accompli leur première végétation, soit qu'ils soient en pleine terre ou en pots ; mais il est très-à-propos de ne pas différer plus tard que le printems suivant, pour les repiquer à leur destination, parce que les racines devenues fortes, se prêteroient plus difficilement à la transplantation. A l'égard des espèces annuelles, elles doivent rester à la place où elles ont été semées, à moins qu'elles ne soient dans des pots ; car alors on est le maître de les placer où l'on veut, pourvu toutefois, qu'on les plante avec leur mote.

Le jeune plant des espèces, N.° 2 & 17, doit être repiqué dans des pots avec une terre sablonneuse. L'hiver, il convient d'en rentrer quelques individus dans l'orangerie, parce que ces plantes poussant de très-bonne heure, les gelées tardives font souvent périr celles qui sont en pleine terre ; cependant, comme elles viennent beaucoup plus belles en pleine terre qu'en pots, il est bon d'en mettre quelques individus au pied d'un mur, à l'exposition du midi, & de les couvrir pendant les grands froids, c'est le moyen de les conserver long-tems.

Usage. Les Astragales, N.° 1 & 5, sont de

grandes & belles plantes qui, par leur port élégant & leur masse de fleurs, sont très-propres à faire ornement sur les plate-bandes des grands parterres. Ils figureront très-bien sur la ligne du milieu entre les arbustes à fleurs ; placés sur les lisières des bosquets, ou par masses sur des pelouses, dans des jardins paysagistes, ils produiront un effet agréable. C'est dommage que l'espèce, N.° 2, soit un peu délicate ; son port pyramidal & les gros bouquets de fleurs jaunes auxquelles succèdent des gousses renflées, fort singulières, en font une plante très-pittoresque, qui produiroit de l'effet dans les jardins modernes.

Les espèces, N.° 1, 5 & 13, ont été indiquées par différents Agriculteurs, comme des plantes propres à faire des prairies artificielles, & qui peuvent donner un fourrage sain & très-nourrissant. M. Clouet, de Verdun, a cultivé la treizième espèce pendant six ou sept ans ; il a fait, à ce sujet, un Mémoire où il détaille sa culture & ses usages, pour la nourriture des bestiaux. Nous ne pouvons mieux faire sentir l'utilité de son travail, qu'en disant qu'il a été couronné par l'Académie d'Erford.

Deuxième Division.

Astragales à tiges nulles ou sans tiges.

Ceux-ci ont des racines longues, & fusiformes, qui s'enfoncent perpendiculairement à la profondeur d'un à deux pieds. Elles sont ordinairement simples, sans ramifications, d'un blanc jaunâtre, & garnies de quelques fibres déliées. Leur collet est charnu, & c'est de la couronne que sortent immédiatement les feuilles ; ces feuilles forment une rosette appliquée contre terre, arrondie dans la circonférence, & dont le centre répond au collet de la racine. Les fleurs sortent du milieu de cette rosette ; la plupart sont solitaires & de diverses couleurs, suivant les espèces ; les feuilles, les fleurs & les gousses des espèces de cette division, ne diffèrent de celles des deux autres que par leurs dimensions & leur couleur ; d'ailleurs leurs différentes parties ont la même structure.

Culture. En général, les plantes de cette division sont moins rustiques que celles de la précédente ; elles vivent moins long-tems, & exigent un terrein plus sec & une exposition plus chaude. Quant à leur multiplication, elle s'opère de la même manière & exige le même traitement. Les espèces, N.° 50 & 52, ont besoin d'être rentrées l'hiver dans l'orangerie pour se conserver pendant cette saison.

Troisième Division.

Astragales ligneux ou adragants.

Les plantes de cette division se distinguent aisément de celles des précédentes, par leurs tiges permanentes, & mieux encore par les pétioles de leurs feuilles qui restent fixés aux branches après la chûte des folioles, & ressemblent à des épines. Les racines de ces arbustes sont longues, flexibles, coriaces & tortueuses ; tantôt elles rampent sous terre à quelques pouces de la surface, & tantôt elles s'y enfoncent profondément, lorsqu'elles trouvent un passage dans les fentes des rochers. Du collet de ces racines, sortent plusieurs branches courtes, qui se divisent & se subdivisent en rameaux, garnis à la base d'une grande quantité de longs pétioles de feuilles, dont la pointe est acérée. Aux extrémités de ces rameaux se trouvent les feuilles. Elles sont disposées dans toute la circonférence & très-rapprochées les unes des autres, ce qui forme des touffes assez singulières. Leur couleur est assez généralement d'un vert pâle, tirant plus ou moins sur le blanc. Les fleurs sont peu apparentes, elles viennent par petits bouquets dans les aisselles des feuilles. Il leur succède de petites gousses qui renferment les semences. D'après cette description, il est aisé de voir que ces arbustes sont plus singuliers qu'agréables.

Culture. Les Adragants se conservent difficilement en pleine terre, dans notre climat. Seulement les deux premières espèces y viennent assez bien, au moyen de quelques précautions. Mais, dans leur jeunesse, celles-ci, comme toutes les autres, veulent être cultivées dans des pots, & rentrées pendant l'hiver, dans une orangerie aërée, ou placées sous des chassis. Elles aiment une terre meuble, sablonneuse & sèche. L'humidité leur est très-préjudiciable, sur-tout pendant l'hiver. Les deux premières peuvent être mises en pleine terre, lorsque les pieds ont deux ou trois ans, & qu'ils sont un peu forts. Mais il est indispensable de les planter dans un terrein très-sec, à l'exposition la plus chaude, & de les couvrir de paille ou de feuilles sèches dans les grandes gelées. Ces arbustes souffrent difficilement d'être taillés & de recevoir une forme symmétrique. Il est même dangereux de couper les pétioles des feuilles qui restent attachés aux rameaux, après la chûte de leurs folioles. Il vaut mieux les laisser tomber d'eux-mêmes, que de se servir de la serpette pour les supprimer.

Ces arbustes se multiplient aisément de graines, quelquefois de marcottes, mais très-rarement de boutures. On seme les graines au commencement d'Avril, dans des pots remplis, par égale partie, d'une terre à oranger & d'un terreau de bruyère. Les plus fortes semences ne doivent être recouvertes que d'environ trois lignes d'épaisseur, & les plus petites d'une ligne. On place les semis sur une couche chaude, à l'air libre, & à l'exposition du midi. On a soin d'abord de leur donner de fréquens arrosemens pour accélérer la germination, & on les modère ensuite, lorsque les graines commencent à lever, ce qui arrive ordinairement dans l'espace de quinze à vingt jours. Mais le jeune plant croît fort lentement, à peine parvient-il à la hauteur de quatre à cinq pouces, avant la fin de l'année.

Aux approches de l'hiver, il doit être rentré dans une orangerie, & placé sur les appuis des croisées. Pendant cette saison, il exige peu d'arrosemens, il craint même l'humidité, lorsque la végétation est cessée. Alors il faut les suspendre entièrement jusqu'à ce qu'il commence à repousser, c'est-à-dire, jusqu'au mois de Février. C'est le moment qu'on doit choisir pour séparer les jeunes pieds. On les tire de terre & on les plante avec toutes leurs racines, dans des pots, remplis d'une terre sablonneuse. Au printems, on les place sur une couche tiède, à l'exposition du midi, & on les y laisse jusqu'à la fin de l'automne; on les rentre ensuite dans l'orangerie, & on leur fait passer encore ce second hiver, sur les appuis des croisées. Au printems suivant, les espèces comprises sous les N.° 59 & 60, pourront être mises en pleine terre, dans un terrein meuble, sec & profond, à l'exposition du midi. Si l'on a soin de les couvrir de feuilles sèches ou de litière dans les fortes gelées, elles n'en seront point endommagées & se conserveront pendant long-tems. Les autres espèces de cette division réussiroient beaucoup mieux en pleine terre qu'en pots; mais il faut un local particulier & des soins plus assujettissans. On pourroit les planter à l'exposition du midi, dans un terrein en pente qui fût de nature sèche, sablonneuse & substantielle, & garanti des vents du Nord, autant qu'il seroit possible, par des abris naturels ou artificiels. Dans ce cas les individus doivent être espacés entr'eux à la distance de cinq pieds au moins, parce qu'étendant leurs branches dans toute leur circonférence, ils se toucheroient bientôt & se nuiroient mutuellement, s'ils étoient plus près les uns des autres. A l'approche des gelées, on couvrira la plate-bande dans laquelle ils seront plantés, d'un lit de feuilles sèches; on mettra un chassis par-dessus, avec des paillassons, & lorsque les gelées passeront cinq degrés, on remplira le chassis de grande litière sèche. Au printems, on ôtera toutes les couvertures; on binera légèrement la terre, & on arrosera copieusement toutes les plantes. Ces arbustes ainsi cultivés, ne tarderont pas à s'étendre & fleuriront dès la troisième ou quatrième année.

Lorsqu'on veut multiplier ces arbustes de marcottes, on choisit de jeunes branches de deux à trois ans tout au plus; on les ligature avec du fil d'archal, & on courbe le rameau, en anse de panier, dans un pot qu'on enterre dans la plate-bande. Il convient de se servir, pour cette opération, d'une terre argilleuse, un peu forte, & de la couvrir d'une mousse longue, qu'on arrose de tems en tems. Le printems est la saison la plus favorable à la réussite des marcottes; elles sont pour l'ordinaire une année entière avant de pousser des racines. Mais, avant de les détacher de la branche nourricière, il convient de les examiner & de s'assurer si les racines qu'elles ont poussé sont en état de les nourrir. Dans ce cas, on les sevre, & on les transplante avec leur mote, dans un vase plus grand, rempli d'une terre plus légère. Ensuite on les place sur une couche tiède qu'on ombrage pendant quelques jours. Si au contraire les marcottes n'avoient pas encore poussé de racines, il faudroit faire une nouvelle ligature à la distance d'un pouce au-dessus de la première, & recoucher de nouveau la branche. Cette voie de multiplication n'est pas très-sûre, parce qu'il arrive souvent que les rameaux meurent au lieu de pousser des racines, & que lorsqu'ils en ont poussé & qu'on vient à transplanter les marcottes, elles périssent.

La multiplication par boutures est encore plus incertaine. Il faut choisir, autant qu'il est possible, des rameaux de l'avant-dernière pousse, & les prendre au moment où la séve commence à monter. On les plante quatre à quatre dans des pots à basilic, avec une terre très-légère composée par égale partie, de terreau de bruyère & d'un terreau qu'on rencontre souvent dans les troncs des vieux saules. On les arrose copieusement; on les place ensuite sur une couche tiède, & on les couvre d'une cloche. Il est à propos de les garantir du soleil & de ne point renouveller l'air pendant une quinzaine de jours. Après cela, on choisit pour les visiter un tems doux & pluvieux, ou l'on profite de l'entrée de la nuit; on retire toutes les feuilles mortes ou moisies & l'on bine légèrement la terre; cette surveillance doit avoir lieu de tems en tems jusqu'à ce que les boutures soient reprises; alors on les accoutume insensiblement à supporter l'air libre, & lorsqu'elles ont poussé assez de racines, on les sépare & on les cultive comme les jeunes plants provenus de semences.

Usage. Les Astragales ligneux sont peu cultivés dans d'autres jardins que dans ceux destinés à l'étude de la Botanique; cependant ils pourroient trouver place dans les jardins paysagistes. Plantés sur les pentes des petites collines, à l'exposition du midi, ils y produiroient de l'effet par leur port pittoresque, & leur verdure cendrée. D'ailleurs les fleurs de la plupart de ces espèces ne laissent pas que d'avoir de l'apparence par leur masse.

M. de la Billiardière, Naturaliste instruit, qui a voyagé dans le Levant, vient de nous faire connoître une nouvelle espèce d'Adragant qui croît sur le Mont-Lyban & pourroit devenir chez nous un objet de culture intéressant. Cet arbuste que nous avons nommé Astragale gommifere & qui est indiqué sous le n°. 67, a quelque affinité avec l'Astragale de Marseille; mais il s'en distingue par ſa ſtature plus élevée, par la diſpoſition de ſes branches, qui ſont moins longues & s'étendent plus horizontalement, & par les fleurs jaunes, dont l'étendard eſt ſtrié de lignes purpurines. Cet arbuſte croît dans les terreins calcaires, ſur les montagnes du Lyban, à neuf cent toiſes environ au-deſſus du niveau de la mer, & particulièrement dans la région où s'arrêtent les nuages. Il produit une gomme de la nature de celle de l'Aſtragale de Crête, quoiqu'elle lui ſoit un peu inférieure en qualité. Les habitans du pays la ramaſſent ſoigneuſement & la font ſervir à la préparation de leurs toiles & à tous les uſages auxquels on emploie la gomme adragante.

M. de la Billiardière a obſervé que le flux de cette gomme n'eſt jamais plus abondant que lorſqu'à la ſuite des jours très-chauds, il tombe de fortes roſées ou de la pluie pendant la nuit. Cette obſervation lui a donné lieu d'expliquer d'une manière ingénieuſe ce phénomène, que Tournefort avoit attribué à une autre cauſe. Suivant lui, la chaleur du ſoleil attire & fait monter la sève dans les vaiſſeaux de cet arbuſte où elle eſt d'autant plus abondante que la chaleur a été plus grande pendant le jour. La partie la plus aqueuſe de cette liqueur ſe dégage & ſort par la tranſpiration des feuilles, tandis que celle qui reſte dans les vaiſſeaux des tiges, privée de ce véhicule, s'épaiſſit & acquiert plus de conſiſtance. La fraîcheur des nuits venant enſuite reſſerrer les fibres de l'écorce, en même-temps que l'humidité des roſées qui pénètre & imbibe cette sève, déjà devenue gommeuſe, la fait augmenter de volume, elle eſt obligée de faire effort pour s'ouvrir un paſſage. Alors elle déchire l'écorce & ſuivant la forme de l'iſſue qui lui eſt offerte pour s'échapper, elle ſort tantôt en globules arrondis, & tantôt en manière de rubans minces, longs & contournés en différens ſens, telle que nous la voyons dans le commerce. Cette explication paroît fort naturelle loiſqu'on ſait que la gomme adragante augmente conſidérablement de volume à l'humidité, & que la récolte ne s'en fait chaque jour que quelques heures après que le ſoleil eſt levé.

Il eſt très-probable que l'Aſtragale gommifere croitroit fort bien dans nos montagnes calcaires & à une hauteur moins élevée que celle où il croît dans ſon pays, à cauſe de la différence de température qui exiſte entre les montagnes d'Aſie & les nôtres. La conſommation conſidérable que la médecine & les arts font de cette ſubſtance que nous tirons de l'Etranger, nous fait deſirer qu'on en établiſſe la culture en France. Ce ſeroit un moyen de tirer parti des terreins de peu de valeur & de fournir une reſſource aux habitans des montagnes, qui ſouvent n'ont pas à choiſir entre beaucoup de moyens.

(*M. Thouin.*)

ASTRAGALOIDE, *Astragaloides.* Ancien genre de Tournefort dont les eſpèces ont été diſperſées dans les genres de l'*Aſtragale* & du *Colutea.* V. Aſtragale & Bagnaudier.

(*M. Thouin.*)

ASTRANCE, Astrantia.

Genre de plante de la famille des Ombellifères, qui n'eſt compoſé que de quatre eſpèces. Ce ſont des plantes vivaces, herbacées, dont les tiges périſſent chaque année à rez-terre. Leur port n'a rien de diſtingué, & une ſeule d'entr'elles a des fleurs agréables. Elles ſont originaires des montagnes de l'Europe & du Cap de Bonne-eſpérance. On les cultive en pleine terre & en pots à l'orangerie. Dans notre climat, elles ſe multiplient de drageons enracinés & de graines.

Eſpèces.

1. Astrance à feuilles larges, ou grande Aſtrance.

Astrantia major. L.

B. Astrance noire.

Astrantia nigra. Lob. ♃ des montagnes des Alpes & des Pyrénées.

2. Astrance à feuilles étroites, ou petite Aſtrance.

Astrantia minor. L. ♃ des montagnes de Suiſſe & de Carniole.

3. Astrance à tige nue.

Astrantia epipactis. L. ♃ des Alpes.

4. Astrance ciliaire.

Astratia ciliaris. L. fil. ſupp. ♃ du Cap de Bonne-eſpérance.

1. L'Astrance à larges feuilles, eſt une plante vivace qui pouſſe, chaque année, de ſa racine, un grand nombre de tiges, hautes d'environ deux pieds; elles ſe ramifient vers l'extrémité, & ſe terminent par de petites ombelles de fleurs, qui, dans des individus, ſont accompagnées de collerettes blanches, & dans d'autres, de collerettes purpurines, leſquelles produiſent un bel effet. Les feuilles, qui partent immédiatement de la racine, ſont larges, d'un beau vert, & portées ſur de longs pédicules. Celles qui viennent ſur les tiges ſe diviſent en quatre, cinq & ſix parties. Cette plante fleurit pendant l'été, & les ſemences mûriſſent vers le milieu de l'automne.

Culture. La grande Aſtrance n'eſt nullement délicate. Elle vient en pleine terre, dans toute ſorte de terrein, & à toute expoſition; mais elle croît de préférence dans les lieux ombragés, dans les terres meubles, ſubſtantielles, & un peu humides. On la multiplie aiſément par ſes drageons enracinés qu'on ſépare des vieux pieds, à la fin de l'automne. A défaut de drageons, on fait uſage des graines; on les ſeme immédiatement après leur maturité, dans des pots ou terrines, remplis d'une terre meuble légère & ſablonneuſe, qu'on place en pleine terre, à l'expoſition du Nord, & l'on ne recouvre les graines que de l'épaisseur de trois à quatre lignes. Elles renflent & se disposent à germer, pour sortir de terre au printems suivant. Le jeune plant ne pousse que trois à quatre feuilles pendant la première année, & sa végétation cesse en Octobre. Quelques semaines après on le lève de terre, & on le place à deux pieds de distance l'un de l'autre, dans une plate-bande d'une terre douce & fraîche, à l'exposition du Levant. L'année suivante, à l'automne, ou au plus tard, deux ans après qu'il a été mis en pépinière, il est assez fort pour être planté à demeure. Le reste de la culture de cette plante se réduit à la changer de place tous les cinq ou six ans, à rajeunir ses racines devenues trop vieilles ou boiseuses, à lui donner un labour toutes les années ; & à la sarcler, pour en écarter les mauvaises herbes.

Usage. Elle peut être plantée avec succès sur les lisières des bosquets dans les jardins paysagistes ; elle figurera très-bien dans les lieux légèrement ombragés, parmi les plantes vivaces. Mais on doit observer de préférer la variété B., dont la fleur purpurine est infiniment plus agréable que celle de son espèce primitive.

2. L'ASTRANCE à feuilles étroites se distingue de la précédente par la petitesse de toutes ses parties ; mais d'ailleurs c'est le même port. Elle ne s'élève que de six à huit pouces ; il sort de sa racine, dès le premier printems, quatre ou cinq petites feuilles qui accompagnent une tige grêle, terminée par de petites ombelles de fleurs blanches. Elles paroissent à la fin du printems, & toute la plante se dessèche vers le milieu de l'été.

Culture. Cette espèce est infiniment plus délicate que la précédente ; il lui faut un terrein léger, sablonneux & humide, & une exposition ombragée. Les plates-bandes de terreau de bruyère lui conviennent assez bien ; elle s'y conserve & s'y multiplie. Comme elle croît sur les hautes montagnes couvertes de neige pendant l'hiver, il est à-propos, dans les grands froids, de la couvrir de fannes de fougère, ou autres feuilles de nature de sèche.

On la multiplie par ses drageons & par ses graines, de la même manière & aux mêmes époques que la précédente, mais en proportionnant les données à sa délicatesse.

Usage. Cette jolie plante peut être admise dans les jardins des Curieux. Placée sur des gradins de terreau de Bruyère, parmi les plantes alpines, elle y produira de la variété & de l'agrément.

Les espèces N.° 3 & 4 nous sont inconnues, ainsi que leur culture.

(*M. Thouin.*)

ASTROIN, ASTRONIUM.

Genre de plante établi par M. Jacquin & dont la famille n'est point encore déterminée. Il n'est composé que d'une seule espèce.

ASTROIN puant.

Astronium graveolens. L. ♄ d'Amérique.

L'ASTROIN est un arbre de petite stature, qui s'élève d'environ trente pieds. Ses feuilles sont ailées avec impaire, & composées de sept folioles qui ont environ trois pouces de long. Ses feuilles viennent en panicules vers l'extrémité des rameaux ; elles sont petites, rouges & de sexe différent. Les fleurs mâles croissent sur un pied, & les fleurs femelles sur un autre. Le fruit consiste en une seule semence, environné par le calice qui s'accroît jusqu'à la maturité de la graine; alors il s'ouvre en manière d'étoile & la laisse tomber. Le suc de cet arbre répand une odeur nauséabonde ; ce qui lui a fait donner l'épithete qu'il porte.

L'ASTROIN croît dans les bois aux environs de Carthagène. Il est inconnu en Europe ainsi que sa culture.

(*M. Thouin.*)

AT, atte, ou pomme canelle. Synonymes Indien & François de l'*Annona asiatica.* L. Voyez Corossol d'Asie.

(*M. Thouin.*)

ATHAMANTE, ATHAMANTA.

Ce genre, qui fait partie de la grande famille des Ombellifères, n'est composé que de plantes originaires des pays froids ou tempérés. Toutes sont vivaces & ont des racines fortes & presque ligneuses. Elles poussent dès le premier printems & perdent, tous les ans, à l'automne, leurs tiges de très-bonne-heure. Leur feuillage est léger & d'une verdure gaie. Leurs fleurs, disposées à l'extrémité des branches, sont de couleur blanche, assez apparentes. Elles produisent des semences qui viennent à parfaite maturité dans notre climat, mais qui ne conservent leur propriété germinative que deux ou trois ans.

Ces plantes se trouvent fréquemment dans les jardins de plantes médicinales & dans les écoles de Botanique On pourroit en tirer un parti avantageux dans les jardins paysagistes où elles jeteroient de la variété. Leur culture est aisée ainsi que leur multiplication.

1. ATHAMANTE libanotide.

Athamanta libanotis L. ♃ Des hautes montagne de la France.

2. ATHAMANTE de Sibérie.

Athamanta Sibirica ♃ du nord de l'Asie.

3. ATHAMANTE condensée.

Athamanta condensata. L. ♃ de Sibérie.

4. ATHAMANTE de Crète.

Athamanta Cretensis L. ♃ des montagnes de Dauphiné, de Provence & de Suisse.

5. ATHAMANTE Mutellinoide.

Athamanta Mutellinoides. H. R. ♃ d'Autriche.

6. Athamante capillacée.

Athamanta capillacea La. M. Dict. n°. 5 ♃ de l'Isle de Candie.

7. Athamante de Sicile.

Athamanta Sicula. ♃ de Sicile.

Voyez pour les *Athamanta Cervaria* & *Oreoselinum* de Linné, le genre des Selins auquel ces plantes doivent être rapportées.

Les racines des Athamantes sont fusiformes & s'enfoncent perpendiculairement en terre à la profondeur d'un à deux pieds; elles sont peu garnies de chevelu & se divisent ordinairement par leur base en plusieurs ramifications. De leur collet, qui est souvent de la grosseur du poing & formé d'un grand nombre d'œilletons, sortent, chaque année, dès le premier printems, des feuilles & des tiges, qui s'élevent dans les trois premières espèces, jusqu'à trois & quatre pieds de haut, mais qui, pour l'ordinaire, n'ont que deux pieds, dans les autres espèces. Les tiges se ramifient dans toute leur longueur & chaque rameau se termine par une ombelle de fleurs blanches plus ou moins grandes, suivant les espèces, & le lieu où elles se trouvent placées sur les tiges. Celles qui appartiennent aux trois premières espèces & qui sont au sommet des tiges principales, ont quelquefois jusqu'à six pouces de diamètre, tandis que les ombelles des dernières espèces & sur-tout de l'Athamante de Sicile, n'ont que deux pouces tout au plus. Les feuilles qui partent immédiatement de la racine & celles qui sont portées sur les tiges & les rameaux offrent des différences. Toutes sont divisées en un grand nombre de segmens plus ou moins larges & ont un volume d'autant plus considérable qu'elles se trouvent placées plus près du collet de la racine. Leur couleur est d'abord d'un verd tendre, ensuite elle acquiert plus d'intensité & finit par devenir jaunâtre lorsque la végétation est prête à s'arrêter. Ces plantes fleurissent à la fin du printemps & dans le courant de l'été, & leurs semences mûrissent en automne; ensuite elles se dessèchent & meurent jusqu'à rez-terre.

Culture. Toutes les espèces d'Athamante se conservent en pleine terre dans notre climat. Les trois premières exigent un terrein meuble, profond, gras & un peu humide; les expositions ombragées leur sont favorables. Les dernières au contraire préfèrent un sol sec & pierreux & les expositions les plus chaudes. Lorsqu'il arrive des hivers longs, froids & humides, elles périssent si l'on n'a pas soin de les couvrir de feuilles sèches ou de litière. Malgré cette précaution, il est utile de conserver dans des pots & de serrer à l'orangerie, pendant les fortes gelées, quelques individus de l'Athamante de Crête, de la Capillaire & de celle de Sicile pour remplacer, au besoin, les pieds qui pourroient périr en pleine terre.

Les Athamantes se multiplient de graines & quelquefois d'œilletons enracinés. On seme les graines au printemps ou à l'automne. Les semis printaniers se font de deux manières, en pleine terre & dans des pots. Les espèces n.° 1, 2, 3, & 5, peuvent être semées dès le commencement de mars, sur une planche de terre meuble, à l'exposition du Levant. Mais les graines des trois autres espèces ne doivent être semées que dans les premiers jours d'avril. On les met dans des pots ou terrines qu'on place sur une couche chaude à l'exposition du midi. En arrosant fréquemment ces semis, ils levent en partie dans le courant de l'été. Les graines, qui n'ont point germé se conservent en terre & ne paroissent qu'au printemps suivant.

Les semis d'automne fournissent en général un plus grand nombre de jeunes plants plus vigoureux & qui arrivent plutôt à leur état de perfection; aussi sont-ils préferés. On les fait une quinzaine de jours après la récolte des graines, soit en pleine terre pour les espèces rustiques telles que celles qui sont comprises sous les n°s 1, 2, 3 & 5, ou dans des pots ou terrines, pour les autres espèces de nature plus délicate. Ces vases doivent être enterrés dans une plate-bande sèche & couverts de paille pendant l'hiver. Au printemps, on les place sur une couche chaude au midi.

Le jeune plant provenu de ces semis doit fournir sa première & quelquefois même sa seconde végétation, dans le lieu où il a été semé, particulièrement celui des espèces délicates. Lorsqu'il est assez fort pour être transplanté, on le repique séparément & sans lui couper le pivot, dans la nature de terrein qui lui convient, & que nous avons indiqué plus haut. Le tems le plus favorable à cette opération est le mois de Novembre, parce que la végétation commence dès le mois de Février dans ces plantes, & que si on la faisoit au printems, elle nuiroit à leur bel accroissement.

La voie de multiplication par œilletons ne se pratique qu'à défaut de graines, parce qu'elle est moins étendue, moins sûre & ne procure que des individus assez généralement délicats. On la met en usage pour les espèces rustiques, au mois d'Octobre, & pour les espèces délicates au premier printemps. Il faut choisir, autant qu'il est possible, des œilletons qui s'écartent un peu du collet de la racine & qui aient un chevelu particulier. On les sépare avec un couteau bien tranchant afin que les plaies se cicatrisent plus promptement, & on les plante soit en pleine terre, soit en pots, suivant la délicatesse des espèces.

Usages. L'Athamante Capillaire, celle de Crête & de Sicile sont des plantes médicinales qui ne sont guères recherchées que dans les jardins qui leur sont consacrés. Les trois premières espèces, par leur stature élevée, l'élégance de leur feuillage & le volume de leurs fleurs peuvent occuper une place sur les lisières des bosquets dans les jardins paysagistes.

Pour la cinquième espèce, elle n'est propre qu'à tenir sa place dans les écoles de botanique.

(M. THOUIN.)

ATHANASIE, ATHANASIA.

Genre de plante de la famille des Corymbifères & de la division des composées flosculeuses. Il est entièrement formé de végétaux particuliers à l'Afrique: le Cap de Bonne-Espérance & l'Ethiopie sont les lieux où ils croissent presque exclusivement. Ils viennent dans des terrains sablonneux & secs, aux expositions les plus chaudes. Tous (à l'exception d'un seul) sont des arbustes peu ligneux, d'un port grêle & dont l'existence est très-bornée. Leurs fleurs, en général, sont assez apparentes & d'un beau jaune. Elles paroissent ici sur la fin de l'été & pendant la plus grande partie de l'automne. Souvent leurs semences viennent à parfaire maturité dans notre climat. Toutes ces plantes se cultivent dans des pots & se conservent pendant l'hiver, sous des chassis ou dans l'orangerie. On les multiplie de graines, de marcottes & de boutures; malgré ces facilités, il est peu de jardins qui renferment les deux tiers des espèces dont nous présentons ici la liste.

Espèces.

* *Fleurs solitaires ou en corymbe simple.*

1. ATHANASIE rude.

ATHANASIA Squarrosa L. ♄ du cap de Bonne-Espérance.

2. ATHANASIE crénelée.

ATHANASIA Crenata. L. ♄ d'Ethiopie.

3. ATHANASIE en tête.

ATHANASIA capitata L. ♄ du cap de Bonne-Espérance.

4. ATHANASIE à feuille de genêt.

ATHANASIA genistifolia L. ♄ du cap de Bonne-Espérance.

5. ATHANASIE pubescente.

ATHANASIA pubescens L. ♄ d'Ethiopie.

6. ATHANASIE à feuilles glauques.

ATHANASIA trifurcata L.

β ATHANASIE à feuilles courtes.

ATHANASIA foliis brevioribus ♄ d'Ethiopie & du cap de Bonne-Espérance.

7. ATHANASIE à feuilles longues.

ATHANASIA longifolia L. M. Dict. n°. 7 ♄ du cap de Bonne-Espérance.

8. ATHANASIE à feuilles de lin.

ATHANASIA Linifolia L. F. Supp. ♄ du cap de Bonne-Espérance.

9. ATHANASIE annuelle.

ATHANASIA annua. L. ⊙ d'Afrique.

10. ATHANASIE à feuilles de Bacile.

ATHANASIA Crithmifolia L. ♄ du cap de Bonne-Espérance.

** *Fleurs en corymbe composée.*

11. ATHANASIE à petites fleurs.

ATHANASIA parviflora L. ♄ d'Ethiopie.

12. ATHANASIE pinnée.

ATHANASIA pinnata L. ♄ du cap de Bonne-Espérance.

13. ATHANASIE cendrée.

ATHANASIA cinerea L. ♄ du cap de Bonne-Espérance.

14. ATHANASIE à feuilles en coin.

ATHANASIA cuneifolia L. M. Dict. n° 14. ♄ du cap de Bonne-Espérance.

15. ATHANASIE dentée.

ATHANASIA dentata L. ♄ du cap de Bonne-Espérance.

Voyez pour *l'Athanasia maritima. L.* le genre des Santolines.

Description du port des espèces.

Toutes les espèces d'Athanasie (à l'exception d'une seule) sont des arbustes dont les plus grands ne s'élèvent pas au-dessus de six pieds & dont plusieurs n'ont pas même dix-huit pouces de haut. Leurs tiges, en général, sont rameuses dès la base; elles ont peu de consistance & se divisent en plusieurs rameaux. La plupart sont garnies de feuilles linéaires, ou découpées en segmens très-étroits, & leur disposition est fort confuse. Elles sont charnues, d'une verdure, tantôt pâle, quelquefois glauque & souvent cendrée. Leurs fleurs sont disposées en corymbe à l'extrémité des tiges & des rameaux. Elles sont toutes jaunes tirant plus ou moins sur la couleur de l'or. Ces arbustes fleurissent vers la fin de l'été & dans le courant de l'automne, & leurs semences mûrissent ordinairement pendant cette saison & jusqu'au milieu de l'hiver.

Culture. Les Athanasies ligneuses se plaisent dans une terre meuble sablonneuse & substantielle. Et comme elles croissent en général assez vite, & que leurs racines sont très-garnies de chevelu, elles ont besoin d'un assez grand volume de terre; aussi convient-il de les tenir dans de grands pots & de renouveller la terre au printems & à l'automne, sur-tout dans les premières années de leur jeunesse. Pendant l'été, ces arbustes exigent des arrosemens fréquens; mais il faut les administrer avec sobriété pendant l'hiver, parce qu'ils craignent l'humidité. La présence du soleil leur est favorable, ils ne redoutent pas même la plus grande chaleur pendant l'été, pourvu qu'on ne les laisse pas manquer d'eau. Dans leur jeunesse, on les conserve pendant l'hiver sous des chassis où la moindre chaleur doit être au moins de cinq degrés au dessus de zéro, mais où elle puisse s'élever, par la présence du soleil, à quinze ou dix-huit degrés. Pour remplir cet objet, on forme, sous ces chassis, une couche composée par égale partie, de fumier moëlleux & de litière que l'on recouvre de terreau presque sec & encore mieux de tannée. Pour aviver la chaleur à mesure qu'elle qu'elle s'évapore, on établit des réchauds de fumier neuf, & on couvre les chassis de litière & de paillassons pendant les gelées. Il faut avoir grand soin de renouveller l'air sous ces chassis, pour empêcher qu'il ne se corrompe & ne nuise aux jeunes plantes, qui, trop tendres encore & trop herbacées, sont très-susceptibles de s'étioler & de se pourrir. Lorsque les individus ont atteint trois ou quatre ans, & que leur tige est devenue ligneuse & trop élevée pour être renfermée sous des chassis, on les rentre pendant l'hiver, dans une bonne orangerie. En les plaçant sur des gradins, en face des croisées, en ôtant de tems en tems toutes les feuilles mortes qui pourroient s'imprégner d'humidité, & en ne les arrosant que lorsqu'elles en ont besoin on parviendra aisément à conserver ces plantes & à les faire prospérer dans notre climat.

Les Athanasies se multiplient aisément, par le moyen des graines, des marcottes & des boutures. Les graines se sement au printems, dès la mi-Mars, dans des pots remplis d'une terre à oranger, mêlée avec égale quantité de terreau de bruyere pur & tamisé. On place ensuite les pots sur une couche chaude; on les laisse à l'air libre pendant le jour, & la nuit, on les garantit du froid, par des paillassons dont on les recouvre également en tout tems, lorsqu'il tombe des pluies trop abondantes. On arrose légèrement, & deux fois par jour, les nouveaux semis, jusqu'à ce qu'ils commencent à lever. A cette époque, on modère les arrosemens & on les proportionne aux besoins des jeunes plantes. Si la culture a été soignée, le jeune plant doit être assez fort pour être repiqué au commencement du mois d'Août; on le lève à racines nues, & on le repique dans des pots à œillets, qui contiennent chacun quatre individus. Immédiatement après cette transplantation on enterre les pots sur une couche tiède préparée à cet effet, & on les garantit du soleil jusqu'à ce que les plantes soient bien reprises. On les laisse ensuite à l'air jusqu'aux approches des gelées, avant lesquelles il convient de les rentrer sous des chassis ou de les placer sur les appuis des croisées, dans l'orangerie.

La multiplication des Athanasies, par le moyen des marcottes, consiste à courber dans des pots, les branches les plus voisines de la terre, sans les inciser, ni faire de ligature. La saison la plus sûre pour cette opération est le printems, une quinzaine de jours après que les plantes ont été sorties des serres & qu'elles se sont rétablies des fatigues de l'hiver. Si les branches qu'on a choisies pour faire les marcottes sont saines, & surtout, si les pieds à qui elles appartiennent sont bien portans, les marcottes pousseront promptement des racines & seront en état d'être sevrées au bout de six semaines ou deux mois; il suffit après cela de les transplanter avec une petite motte de terre & de les traiter comme les repiquages ordinaires.

On peut aussi multiplier les Athanasies de boutures, & cela dans tous les mois de l'année; mais le plus sûr est de ne les faire que dans le cours du printems & dans les six premières semaines de l'été, parce que si on attend plus tard, elles n'ont pas le tems de prendre assez de force pour se défendre de l'hiver. On choisit, pour faire les boutures, de jeunes rameaux de l'avant-dernière pousse, autant qu'il est possible; on les décharge d'une partie de leurs feuilles, & on les plante plusieurs ensemble, dans de petits pots, qui doivent être remplis d'une terre un peu plus forte que celle des semis; mais de même nature, & placés sur une couche tiède, couverte de cloches ou d'un chassis; on gouverne ensuite les boutures à la manière ordinaire, c'est-à-dire qu'on les arrose, & qu'on les visite de tems en tems, pour les éplucher, & qu'enfin, lorsqu'elles commencent à pousser, on les habitue insensiblement à supporter le grand air. Nous avons quelquefois fait reprendre des boutures d'Athanasies en les plantant tout simplement, dans une plate-bande de terre forte, à l'exposition du Nord, sans autre soin que de les couvrir d'une cloche & de les arroser de tems en tems. Ce procédé peut être mis en usage pendant l'été, pour les espèces vigoureuses dont on peut se procurer aisément des branches.

L'Athanasie annuelle exige une autre culture en raison de sa nature. On en seme les graines dès la mi-Mars, dans des pots, sur une couche couverte d'un chassis. Elles levent ordinairement dans l'espace de trois semaines, & le jeune plant est assez fort pour être repiqué, soit dans des pots, soit en pleine terre, dans le courant du mois de Juin.

Cette jolie plante placée dans une terre meuble & à une exposition chaude, commence à fleurir dès le mois de Juillet, & ne cesse de se charger de fleurs jusqu'à la fin de Septembre. Ses graines mûrissent, presque toutes les années, dans notre climat. Lorsque les Étés sont froids & qu'il n'y a presque point d'Automne, il convient de relever de terre quelques-unes de ces plantes, de les mettre dans des pots & de les rentrer sous des chassis à l'approche des gelées, pour leur donner le tems de perfectionner leurs semences. Mais cette précaution devient inutile, lorsque la maturité des graines est arrivée aux deux tiers de son cours; parce qu'il suffit d'arracher les plantes la veille des gelées & de les suspendre dans un lieu chaud, pour obtenir une assez grande quantité de semences. D'ailleurs, comme les graines de cette plante se conservent quatre ou cinq ans, il est aisé d'en faire provision dans les bonnes années pour suppléer aux mauvaises.

Usage. Indépendamment des places que les Athanasies ligneuses doivent occuper dans les écoles de Botanique, elles peuvent encore figurer dans les jardins des curieux, l'été parmi les plantes étrangères dans des plates-bandes, & l'hiver sur les gradins des orangeries, par-tout elles répandront de la variété. L'espèce annuelle mérite une attention particulière à cause de la multitude de fleurs d'un beau jaune dont elle se couvre, & qui durent longtems. Comme elle est d'une petite stature, on peut la planter dans les plates-bandes des petits jardins à fleurs, sur la première ligne, parmi les plantes d'automne, ou la mettre en pots & la placer sur des gradins, elle n'y jetera pas moins de variété que d'agrément. (*M. Thouin.*)

ATOLLE ou ANATE. Nom Mexicain du *Bixa Orellana. L. Voyez* Roucou. (*M. Thouin.*)

ATRAPE-MOUCHE. Nom que les jardiniers fleuristes donnent à une plante d'ornement, nommée par les Botanistes *Silene Muscipula. L. Voyez* Silene Atrape-Mouche. (*M. Thouin.*)

ATRAPE-MOUCHE. Autre plante d'ornement à laquelle les jardiniers fleuristes donnent aussi le même nom, quoiqu'elle soit différente de la première; elle est connue sous celui de *Lychnis Viscaria L. Voyez* Lychnide visqueuse. (*M. Thouin.*)

ATRAPHACE, *Atraphaxis.*

Ce genre de plante, qui fait partie de la famille des Polygonées, n'est composé que de trois espèces. Ce sont des arbustes étrangers qui croissent dans des lieux sablonneux, & qui ont fort peu d'apparence. En Europe, on ne les cultive que dans les jardins de botanique, & on les conserve dans l'orangerie pendant l'hiver. Ils se multiplient de graines, de drageons & de marcottes.

Espèces.

1. Atraphace épineux.

Atraphaxis spinosa L. ♄ de la Perse & de l'Arménie.

2. Atraphace replié.

Atraphaxis replicata. La M. Dict. n.° 2. ♄ de l'Asie boréale.

3. Atraphace ondulé.

Atraphaxis undulata. L. ♄ d'Ethiopie.

Description du port des espèces.

Les racines des Atraphaces sont ligneuses, dures, coriaces & rampantes. Elles sont garnies d'un chevelu noir, délié & cassant. Leurs tiges partent de différens points des racines, & s'élèvent depuis six pouces jusqu'à deux pieds de haut, en se ramifiant dans toute leur longueur. Les feuilles qui croissent sur toutes les parties de ces arbustes sont petites, alternes, d'un vert pâle & se conservent toute l'année. Les fleurs viennent vers l'extrémité des branches, tantôt seules & tantôt rassemblées par paquets; elles sont petites, blanches ou verdâtres & de peu d'apparence. Rarement elles donnent des semences dans notre climat.

Culture. Les Atraphaces se cultivent dans des pots, avec une terre sablonneuse qui ne retienne pas longtems l'humidité. L'hiver on les rentre dans l'orangerie, & on les place dans la situation la plus aërée. Il leur faut, pendant l'été, des arrosemens fréquens, mais légers; l'hiver, ils doivent être plus rares & proportionnés au besoin des plantes. En général, il vaut mieux pécher par défaut que par excès, l'humidité dans cette saison leur étant nuisible. Mais, en tout tems, l'exposition la plus chaude leur est très-favorable.

Nous avons cultivé la seconde espèce en pleine terre, dans un terrein sablonneux, situé en pente rapide, & exposé au midi; elle y a passé plusieurs hivers sans autre précaution de notre part, que celle de la couvrir de feuilles sèches & de litière. Elle traçoit par ses racines, & donnoit une grande quantité de fleurs qui étoient suivies de semences bien aoûtées. Mais les gelées de 1788 l'ont fait périr.

On multiplie les Atraphaces de semences, qui doivent être mises en terre, dans des pots, vers la mi-Mars. Si l'on place ces semis sur une couche chaude, à l'exposition du midi, les graines levent dans le commencement de l'été; elles sont plus tardives quand on les abandonne à la chaleur naturelle du climat. Lorsque le jeune plant a trois pouces de haut, il est en état d'être repiqué; alors on le sépare & on plante chaque pied en particulier, dans des pots remplis d'une terre sablonneuse & légère, que l'on place sur une couche tiède, au nord & à l'air libre, jusqu'à ce qu'ils soient bien repris. A l'approche des gelées on les rentre dans une orangerie, & on les place sur les appuis des croisées. Les années suivantes, si l'on possède plusieurs pieds de ces arbustes, on peut en risquer quelques-uns en pleine terre, à une exposition sèche & chaude. On les conservera pendant plusieurs années, si l'on a la précaution de les couvrir pendant les gelées.

On peut également multiplier ces arbustes par le moyen des marcottes; il suffit de coucher dans des pots, au printems & dans le commencement de l'été, de jeunes branches saines & vigoureuses, pour qu'elles poussent des racines & forment de nouveaux pieds à l'automne; mais la voie des drageons est encore plus expéditive. Lorsqu'on s'est assuré qu'ils sont pourvus d'une suffisante quantité de racines, il ne s'agit que de les lever & de les mettre dans des pots. La multiplication par boutures est plus incertaine quoiqu'elle exige plus de soins. Il faut choisir de jeunes rameaux un peu ligneux; les planter au printems sur une couche tiède, & les couvrir de cloches. Pendant l'été, lorsque la terre est échauffée, on peut faire les boutures en plaine terre en les plaçant à une exposition garantie des rayons du soleil; si le tems est doux & humide, il y en aura plusieurs qui reprendront de cette manière.

Usage. Les Atraphaces ne sont guères cultivés que dans les jardins de botanique, & véritablement ils ne méritent pas d'autres places. (*M. Thouin.*)

ATROPE. Nom employé par quelques personnes pour désigner un genre de plante nommé *Atropa* par les Botanistes. *Voyez* BELLADONE. (*M. THOUIN.*)

ATTACHE. Ce qui sert à lier une chose ou à l'assujettir à une autre; la paille, le jonc, le sparte, l'osier, les cordes de tilleul, la laine, les loques, &c. sont autant d'attaches qui ont chacune leur usage particulier dans le jardinage.

La paille s'emploie particulièrement pour lier des salades & les faire blanchir.

Le jonc de marais, pour contenir les branches des plantes annuelles, & pour tous les objets où il ne faut pas beaucoup de force & de solidité.

Le sparte, ou le jonc de mer, sert à attacher les arbustes qu'on cultive dans des pots & que l'on conserve dans les serres.

Les brindilles de l'osier ou l'osier lui-même, refendu dans sa longueur, est destiné au palissage des arbres fruitiers & d'ornement, lorsqu'ils sont appuyés contre un treillage.

Les loques servent à palisser, au moyen des clous, les branches des arbres fruitiers qui sont immédiatement appliquées sur les murs.

Des laines de différentes couleurs sont très-utiles pour attacher des fleurs à leurs soutiens, parce qu'en même-tems qu'elles les tiennent solidement & sans les endommager, elles servent encore à faire distinguer leurs couleurs lorsqu'elles sont passées.

Les cordes, faites avec l'écorce du tilleul ou de tout autre arbre, sont propres à assujettir de gros arbres nouvellement plantés, ou qui ont besoin d'être contraints pour rester dans la direction où l'on veut qu'ils croissent.

L'intelligence du Jardinier suffit pour lui faire distinguer laquelle de ces différentes matières il doit employer, de préférence, suivant les circonstances & le besoin. (*M. THOUIN.*)

ATTACHER. *Jardinage.* Action par laquelle on assujettit un corps à un autre. On attache les branches d'un arbre fruitier à des treillages; on les fixe aux murs par des loques. On assujettit un jeune arbre à un tuteur, soit pour le soutenir, soit pour le dresser & lui donner une belle forme. Cette opération revient souvent en jardinage, & la manière dont on la pratique n'est pas indifférente au succès.

En général, il convient de n'employer, pour attacher les végétaux, que des substances douces, élastiques, qui, se prêtant à l'accroissement des arbres, ne puissent pas les blesser, & qui, par leur courte durée, n'apportent point d'obstacle à l'augmentation uniforme de toutes leurs parties. C'est par cette raison que les ficelles, les cordes de chanvre & le fil de fer doivent être entièrement rejettés & qu'on doit se borner, lorsqu'on a besoin d'une forte attache pour dresser de jeunes arbres & les assujettir à des tuteurs, à n'employer que de l'osier. Il a cet avantage, que si l'on oublie de serrer les liens (ce qui arrive fréquemment), ils se rompent d'eux-mêmes, après un certain tems, & le mal est alors moins grand que si l'on eût fait usage d'attaches plus solides. Malgré cela, il est important, lorsqu'on assujettit de jeunes arbres à leurs tuteurs, de mettre à tous les points de contact de la ligature avec l'arbre, & même, entre l'arbre & le tuteur, de la mousse longue. Cette précaution diminue l'effet de la pression, & empêche que l'écorce ne forme des bourrelets & que l'arbre ne s'étrangle ou ne se coupe. Il convient aussi d'examiner deux ou trois fois, dans le courant d'une même année, l'effet que produisent les attaches sur les tiges des jeunes arbres, soit pour donner du jeu à celles qui sont trop serrées, soit pour rétablir celles qui se trouveroient trop lâches ou rompues.

Toutes ces attentions sont plus nécessaires qu'on ne le croit ordinairement, & ne peuvent être négligées qu'au détriment des végétaux dont la conservation doit être l'objet principal du cultivateur. (*M. THOUIN.*)

ATTEINTE. C'est une blessure qui se fait au pied du cheval, soit parce qu'il se frappe contre quelque corps dur, soit parce que d'autres chevaux devant lesquels, ou à la suite desquels il est, lui marchent sur le pied, soit parce que avec la pince du fer de derrière, il se donne un coup sur le talon du pied de devant. Cette blessure peut être plus ou moins considérable; quand elle est légère, c'est une Atteinte simple; si elle pénètre jusqu'au-dessous de la corne, c'est une Atteinte encornée. Quelquefois elle ne forme qu'une contusion sans blessure apparente. On l'appelle, dans ce cas, *Atteinte sourde*.

L'Atteinte fait boiter le cheval; il souffre difficilement qu'on touche la partie affectée; souvent elle s'enflamme, & donne naissance à du pus.

Dès qu'on s'apperçoit qu'un cheval a reçu une Atteinte, si la pièce n'a été qu'en partie détachée, il faut l'emporter tout-à-fait; on panse la plaie avec du vin chaud, dans lequel on a fait dissoudre du sel, ou seulement avec de l'eau salée. Lorsqu'il y a un trou, on conseille de le remplir de thérébentine ou de poudre à canon, à laquelle on met le feu, ou d'y introduire, pour le cautériser, un bouton de feu. Ces moyens ne sont pas toujours suffisans; ils n'empêchent pas que la partie ne s'enflamme. Alors on a recours aux émolliens & aux maturatifs; on donne issue à la matière, & on déterge la plaie. L'Atteinte encornée se traite comme le Javart encorné. *Voyez* JAVART. (*M. l'Abbé TESSIER.*)

ATTELAGE, assemblage d'animaux attachés pour traîner une voiture, une charrette, une charrue. Il y en a de chevaux, de mulets, d'ânes, de bœufs & de chiens. Celui qui a le plus de grace est l'attelage de chevaux; quelquefois on met des ânes devant des chevaux, ou des chevaux devant des bœufs.

Les Habitans du Kamtschatka se servent de chiens, qu'on attelle à des traîneaux parallèlement. Aux environs de Lille en Flandres, ce sont de gros chiens qu'on emploie pour tirer de petits charriots à roues basses, qui amènent les légumes, la viande, le charbon, &c. à la Ville. (*M. l'Abbé* Tessier.)

ATTELLES. « Ce sont deux espèces de planches chantournées, beaucoup plus larges par en haut que par en bas, que les bourreliers attachent au devant des colliers qui doivent servir aux chevaux de charrettes & de charrues. Les Attelles sont ordinairement faites de bois de chêne, & on les peint quelquefois. » *Ancienne Encyclopédie.* (*M. l'Abbé* Tessier.)

ATTELLOIRE ou ATELOIRE. « Cheville de bois ou de fer, qui se met dans le timon ou les limons des voitures, & dont l'effet est d'assurer les traits ou harnois. *Dictionnaire Economique.* »

Dans les voitures à quatre roues, & dans celles où les chevaux sont parallèlement attelés à un timon, les Attelloires sont fixées; mais elles sont mobiles pour les voitures à deux roues ou à limonnière. C'est le cheval de limon qui les porte; deux servent à fixer ses mancelles (*voyez* Mancelles) & deux retiennent les traits du cheval de cheville, c'est-à-dire, de celui qui est attaché le plus près des limons. (*M. l'Abbé* Tessier.)

ATTERRISSEMENT. *Agriculture.* ATERISSEMENT. On confond ce mot souvent avec celui d'*Alluvion.* Par l'un & l'autre, on entend un amas de tout ce que la mer, les fleuves & les torrens apportent & déposent. Cependant il y a entre ces deux mots une différence. L'Alluvion est un amas peu considérable & récent, ou du moins, un amas dont l'origine ne remonte pas à des tems trop reculés; au lieu que l'Atterrissement est un amas qui date de loin; l'époque de sa formation se perd dans la nuit des tems.

Les plus grands Atterrissemens sont ceux que forment la mer & les grands fleuves, à leur embouchure. Des plages immenses sont dûes aux dépôts de la mer, qui enlève d'un côté pour porter d'un autre. On voit des pays étendus remplacer une grande partie du lit des fleuves à l'endroit où ils finissent. Les villes, autrefois baignées par les flots, s'en trouvent maintenant très-distantes. Si on ne curoit souvent certains ports, ils s'ensableroient & ne pourroient plus servir. Il y a des islots & des isles entières, que la mer a formées des matières qu'elle a apportées entre des rochers, qui ont servi de noyau. En Egypte, l'espace situé entre les diverses bouches du Nil appellé *Delta*, n'est-il pas le produit des terres que ce fleuve apporte depuis sa source en Ethiopie, jusqu'au fond de la Basse-Egypte, & qu'il ramasse dans son débordement. Le Rhin, la Meuse, la Moselle & l'Escaut, n'ont-ils pas charrié une partie du sol de la Hollande? Je suis porté à croire que quelques cantons de la vallée d'Anjou, de l'Auvergne & de l'Alsace, doivent leur fertilité aux amas de terre végétale, que la Loire, l'Allier, le Rhin ou la rivière d'Ille, ont déposés. Les Naturalistes ont observé que beaucoup de vallées profondes se sont élevées des débris des montagnes entraînés par les torrens.

Les Atterrissemens se forment peu-à-peu; les matériaux qui les composent, ne sont pas les mêmes. Si c'étoit des pierres ou des sables purs, ils seroient inutiles à l'agriculture; mais elle s'en empare quand c'est une terre formée de vase, & de débris d'animaux & de végétaux. Les plantes qu'on y cultive, croissent avec une vigueur étonnante, sans avoir besoin d'engrais pendant bien des années. Il y a quelques précautions à prendre, lorsque les Atterrissemens rendus à l'agriculture, sont voisins de la mer & exposés à être couverts dans les hautes marées; alors on est obligé d'établir des digues ou des jetées, comme j'en ai vu dans les environs de Calais. Heureux les cultivateurs qui n'ont à ensemencer que de pareils terrains! C'est dans le Dictionnaire de Jurisprudence qu'il faut voir à qui appartiennent les accroissemens occasionnés par des Atterrissemens. (*M. l'Abbé* Tessier.)

ATTÉRISSEMENT. *Jardinage.* Dépôt plus ou moins considérable de terres charriées par les fleuves & les rivières, & réunies dans quelque endroit. Nous ne considérons ici les Attérissemens que par les avantages qu'ils peuvent procurer dans le jardinage. Les différentes terres dont ils sont formés, sont d'une grande ressource pour la composition de celles qui sont destinées à faire les semis en pots. On s'en sert encore avec succès, pour ameublir les terres trop compactes, où l'on veut semer des oignons de fleur. On peut aussi les employer sans mélange, pour faire les boutures & les marcottes d'un grand nombre d'espèces d'arbres & d'arbustes étrangers. Dans les grands jardins on ne sauroit trop se procurer de cette espèce de terre, lorsqu'on est placé dans le voisinage de quelques Attérissemens; elle diminue le travail du cultivateur & assure le succès de ses opérations. (*M.* Thouin.)

ATUN, Atunus. Arbre des Isles Moluques, décrit & figuré par Rumphe, dans son *Herbarium Amboinicum.* Il s'élève de 25 à 30 pieds sous la forme d'un citronnier. Son tronc est droit & sans branches jusqu'au tiers de sa hauteur; sa tête est pyramidale & d'une belle forme. Les fleurs qui viennent à l'extrémité des branches & des rameaux, sont blanches, disposées en épis, & donnent naissance à des fruits de la grosseur d'un œuf de poule. L'amande qu'ils renferment, étant râpée, sert à assaisonner les mets au lieu d'épices.

Cet arbre croît communément dans les isles

d'Amboine, Banda & Célèbes; on le multiplie de drageons ou rejettons, qui poussent au pied des vieux arbres dans son pays natal. Ici nous ne connoissons ni l'arbre, ni sa culture. (*M. Thouin.*)

AVACHIR (terme de jardinage.) On le dit de certaines branches qui, au lieu de se soutenir droites, ont leur extrémité penchée comme il arrive à beaucoup d'orangers, aux poiriers fondants de Brest, &c. C'est la Quintinie qui a mis ce mot en usage dont on se sert très-peu aujourd'hui; nous ne le rapportons même qu'en considération de son auteur. (*M. Thouin.*)

« AVALAISONS. Chûte d'eau impétueuse » qui vient des grosses pluies qui tombent quel- » quefois sur les lieux élevés, & forment des es- » pèces de torrens. » *Dictionnaire Economique.* (*M. l'Abbé Tessier.*)

« AVALANCHE ou AVALANGE, qu'il » peut être plus exact de nommer *Valange*, com- » me l'on fait en Piémont & dans les pays monta- » gneux qui l'avoisinent. C'est la chûte d'une grande » piece de neige qui se détache d'une montagne. » *Dictionn. Econom.* (*M. l'Abbé Tessier.*)

AVALOIRE. Partie du harnois des chevaux de charrette ou de char, qui pose sur la croupe & sur les cuisses. (*M. l'Abbé Tessier.*)

AVANCÉ, avancée. On dit les grains *sont avancés*, quand ils approchent plutôt de leur maturité, que dans les années ordinaires. Le mot *Avancé* est pris alors dans le sens figuré; car il marque une sorte de hâtivité extraordinaire, mais on l'emploie dans son véritable sens, si on dit : *nos semailles sont avancées*, parce qu'on a l'intention d'indiquer qu'on s'y est pris d'avance pour ensemencer les terres. (*M. l'Abbé Tessier.*)

AVANCER *Agriculture*; c'est hâter la pousse & la maturité des plantes. Cet effet est produit naturellement, ou artificiellement; une exposition favorable, une chaleur précédée de pluies, un terrein substantiel & non humide, sont autant de moyens qui hâtent ou avancent la végétation, indépendamment des soins de culture. L'art y ajoute des engrais, des arrosemens, des sarclages, &c. Je prends pour exemple du premier cas, le maïs. Si dans les pays froids on le seme à l'abri du Nord, dans un bon terrein, & qu'il éprouve de la chaleur avec des pluies répétées, il prospérera & donnera de beaux & nombreux épis, plutôt que s'il se trouvoit dans des circonstances opposées. Je prends l'artichaud par le second exemple. On est sûr que cette plante produira beaucoup de têtes, & au commencement de la saison, lorsqu'on la cultivera dans un sol bien fumé, qu'on arrosera & qu'on binera de tems en tems. (*M. l'Abbé Tessier.*)

AVANCER *Jardinage*. C'est la même chose que hâter ou accélérer. Ainsi, avancer la végétation des plantes & des arbres, l'épanouissement des fleurs & la maturité des fruits, c'est l'accélérer.

Un tems bas, couvert & disposé à l'orage, & une grande quantité de matière électrique répandue dans l'athmosphère, sont les causes naturelles qui contribuent le plus à hâter la végétation & à l'accélérer. Mais il n'est ici question que des moyens artificiels.

Il en est plusieurs qui, non-seulement produisent les mêmes effets, mais encore peuvent les augmenter au point de faire croître les végétaux & de leur faire porter des fruits dans une saison différente, & quelquefois même opposée à celle où ils végètent & fructifient naturellement.

Ainsi, parmi les différens procédés qu'on peut employer, les uns ont pour but de seconder la nature & de hâter seulement sa marche, les autres, au contraire, tendent à la forcer de fournir contre son gré, des productions qu'elle réservoit pour un autre tems. Le nombre de ces procédés est assez grand, mais ils ont besoin d'être combinés les uns avec les autres, & modifiés de presque autant de manières différentes qu'il y a de végétaux soumis à cette culture.

En général, on avance la germination des graines, en les semant peu de tems après leur maturité, en les mettant tremper dans l'eau à une chaleur modérée, & en électrisant le vase dans lequel elles sont semées. Le feu électrique est le feu de la nature, celui qui vivifie l'Univers & par conséquent l'ame de la végétation.

Des abris contre les vents, le hâle & le grand soleil, joints à une douce chaleur humide, accélèrent la croissance des jeunes plantes & les font pousser rapidement.

Les arbres peuvent être avancés dans leur croissance, par la nature du terrein dans lequel on les plante, par son exposition, & son degré d'humidité, par des binages, des engrais & des élaguages faits avec intelligence.

L'opération de la greffe & de la taille, la multiplication par marcottes & par boutures, un terrein maigre & chaud, déterminent souvent les arbres à porter des fruits plusieurs années plutôt qu'ils n'en produiroient s'ils étoient abandonnés à eux-mêmes.

On obtient des salades, des légumes & des fleurs d'agrément, dans presque tous les mois, au moyen des ados, des couches, des cloches, des chassis & d'une culture assidue, dirigée avec discernement.

Par le moyen des serres chaudes & des serres à espaliers, échauffées par le feu, on parvient à se procurer des fleurs pendant tout l'hiver, & l'on avance de plusieurs mois la maturité de nos meilleures espèces de fruits.

Les moyens qu'on peut employer pour avancer la végétation des plantes, sont, comme on le voit, assez étendus; il n'en est pas de même de ceux qui peuvent la retarder, ils sont infiniment bornés. *Voyez* Retarder. Cependant quelque facilité que nous ayons à cet égard, il faut être très-réservé sur l'usage de ces différens procédés, & n'employer que ceux qui ont pour objet d'aider la nature & de la seconder. Tous ceux qui tendent à la contrarier, sont en général trop dispendieux & d'un trop mince avantage, pour qu'on doive y recourir. Aussi la culture des fruits de primeur est-elle aujourd'hui négligée dans beaucoup de jardins de France; on ne s'en occupe plus guères qu'en Allemagne & dans le Nord de l'Europe, où les serres à fruits sont plutôt une affaire de luxe & d'ostentation qu'un objet d'utilité.

On supprimera par-tout cette vaine & stérile magnificence, quand on connoîtra mieux ses véritables intérêts & l'avantage qu'on peut retirer d'une culture éclairée. Au lieu de contrarier la nature & de la tourmenter sans relâche, pour en arracher quelques productions insipides, qui n'ont d'autre mérite que celui de paroître dans une saison qui n'est pas la leur, combien ne vaudroit-il pas mieux employer l'argent que coûte l'établissement des serres & leur culture, à se procurer les végétaux utiles qui croissent dans les différentes parties du monde & qui pourroient s'acclimater dans notre sol. Il en existe un grand nombre qui réussiroient parfaitement, & n'attendent que le moment d'être apportés, pour augmenter nos ressources & multiplier nos jouissances. (*M. Thouin.*)

AVANT-CŒUR, *maladie de bestiaux.* C'est une tumeur inflammatoire, qui se forme sur le devant du poitrail des chevaux & des bêtes à cornes, & qui s'étend quelquefois jusqu'au fourreau & aux mammelles. Son nom lui vient de la place qu'elle occupe. A peine cette tumeur a-t-elle paru qu'elle prend, en peu de tems, un volume considérable & dégénère en un abcès de mauvaise qualité qui rarement est gangreneux.

Les chevaux y sont plus sujets que les bêtes à cornes.

Les symptômes, qui accompagnent cette maladie, sont, suivant M. Vitet, la tristesse de l'animal, le dégoût universel, les battemens de cœur forts & fréquens, & les défaillances jusqu'à tomber par terre. Le bœuf penche le col, il a la bouche pleine de salive, l'épine du dos roide & le poil hérissé; il est dégoûté, rumine peu & tombe quelquefois par terre de foiblesse. La plupart de ces symptômes me paroissent communs à plusieurs maladies. Ce sont, à ce que je crois, les battemens de cœur forts & fréquens, & les défaillances, qui, avec la tumeur, caractérisent l'Avant-cœur.

Il survient souvent au poitrail des animaux, des espèces de tumeur folliculeuses, qu'il ne faut pas confondre avec l'Avant-cœur. Ces tumeurs ne sont pas accompagnées de symptômes graves comme l'Avant-cœur, ce qui suffit pour les faire distinguer. On a pris aussi des tumeurs enkistées pour des Avant-cœurs.

On assure que l'Avant-cœur est d'autant plus funeste que les animaux vivent dans un climat plus chaud. Mais cette assertion n'est pas prouvée.

Sans m'attacher à combattre les méthodes employées par les maréchaux, je me contenterai d'indiquer celle qui me paroît la mieux fondée, & que je puise dans M. Vitet.

Si l'animal est sanguin, on le saignera une fois au plus à la veine du plat de la cuisse; on lui donnera des lavemens composés d'eau blanche & d'un verre de vinaigre saturé de nitre. Il n'aura pour nourriture & boisson que de l'eau blanche; les forces venant à s'affoiblir, on lui fera avaler, le matin & le soir, un demi-setier de vin d'absynthe. Il faut enlever la tumeur avec le bistouri, lorsqu'elle aura acquis la grosseur du poing. Après l'avoir laissé saigner & l'avoir lavée avec du vinaigre, saturé de sel commun, on appliquera dessus un cataplasme composé de feuilles d'absynthe, de rue & d'eau, dans laquelle on aura fait dissoudre du sel ammoniac; on le changera toutes les douze heures. Quand la suppuration commencera à paroître, on pansera l'ulcère avec l'onguent Egyptiac.

M. Vitet, à cause de l'urgence du cas, sans doute, conseille d'essayer d'enlever avec adresse & promptitude, la tumeur, même lorsqu'elle s'étend jusqu'aux mammelles & au fourreau, & d'appliquer sur la plaie des étouppes couvertes de vitriol blanc & de poudre de lycoperdon, en les comprimant fortement avec un bandage circulaire.

On conçoit qu'il est encore plus important *d'extirper sur-le-champ* jusqu'au vif, l'Avant-cœur menacé de gangrene, & de laver la plaie avec l'infusion d'absynthe dans du vinaigre saturé de sel commun, ou avec une simple infusion de feuilles de rue.

Dans le cas où il y auroit du pus dans la tumeur, ce qu'on reconnoîtra à la fluctuation, on l'ouvrira pour le faire couler, & on la pansera avec l'onguent Egyptiac, couvrant l'emplâtre d'un cataplasme de feuilles d'absynthe. (*M. l'Abbé Tessier.*)

AVANCOULE. Dans les environs de Viviers en Vivarais, on donne ce nom à l'ers, *Ervum lens.* L. *Voyez* Ers. (*M. l'Abbé Tessier.*)

AVANT-COUR ou ANTICOUR. La première cour que l'on trouve dans les châteaux ou dans les grandes maisons.

A la campagne cet espace est ordinairement tapissé de gazon & bordé d'arbres communs, tels que des tilleuls, des peupliers d'Italie, des marronniers d'Inde, dont le bois n'a que très-peu de valeur. C'est donc un terrein à-peu-près inutile au propriétaire & perdu pour l'agriculture. Il seroit à desirer qu'on se proposât au moins d'en tirer quelque parti, & rien ne seroit plus facile; il ne s'agiroit que de planter dans cet espace, des arbres rares dont le bois pût être de quelqu'utilité dans les arts. Une telle plantation donneroit une plus haute idée de la richesse & du goût des possesseurs, dont la vanité tourneroit du moins au profit de la chose commune. D'ailleurs ces arbres beaucoup plus respectés que ceux qui bordent les grands chemins & qui arriveroient tranquillement à leur état de perfection, formeroient des portes-graines qui approvisionneroient les provinces, & fourniroient les moyens de les multiplier pour les usages économiques. Le nombre des arbres étrangers qu'on pourroit employer à ces plantations, ne laisse pas que d'être déjà fort étendu & permet de faire un beau choix pour les différentes natures de terrein. Le sol est-il humide? Vous prenez les platanes, les frênes d'Amérique, le tulipier de Virginie, &c. Est-il sec & montueux? Vous avez les cèdres du Liban, les melèses, les pins du Lord Veimouth, les cèdres rouges, &c. Si le terrein est d'une bonne qualité on y plante les noyers noirs de Virginie, les érables à sucre, les bouleaux à canots, les charmes d'Amérique, &c.

Il en est beaucoup d'autres, mais nous ne faisons qu'indiquer ici les principaux; on en trouvera la liste dans le Dictionnaire des Arbres & Arbustes, auquel nous renvoyons. (*M. Thouin.*)

AVANT-PÊCHE. On en compte de trois sortes qui sont la blanche, la rouge & la jaune. Elles font partie des nombreuses variétés qui constituent l'espèce du pêcher, nommé en latin *Amygdalus persica*. L. *Voyez* l'article Pêcher dans le Dict. des Arbres & Arbustes. (*M. Thouin.*).

AVANT-PIEU. On donne ce nom à une espèce de pince de fer, pointue par l'extrémité inférieure & applatie par la partie supérieure, laquelle sert à faire des trous pour planter des jalons, des piquets, des échalas de treillage & des tuteurs; on s'en sert particulièrement lorsque la terre est trop ferme & qu'elle est recouverte d'un aire de recoupes. Ce nom lui vient de l'usage auquel on l'emploie. (*M. Thouin.*)

AVEINE *voyez* Avoine. (*M. l'Abbé Tessier.*)

AVELANEDE ou VALANEDE. Nom que les Italiens donnent à la cupule qui renferme le gland du *Quercus Ægilops L.* ils appellent l'arbre qui le produit Velani. *Voyez* Chene à grosses capsules dans le Dictionnaire des arbres.

(*M. Thouin.*)

AVELINE ou AVELLINE Fruit du *Corylus Avellana L. Voyez* Noisetier dans le Dict. des arbres (*M. Thouin.*)

AVELINIER. *Corylus Avellana L. Voyez* Noisetier dans le Dict. des arbres. (*M. Thouin.*)

AVENUE; espace de terrain long, étroit & bordé d'une ou de plusieurs lignes d'arbres, lequel conduit ordinairement à des habitations, leur sert de perspective, ou les annonce.

La construction des avenues appartient à l'architecture des jardins. *Voyez* Le Dictionnaire qui traite de cette partie.

Ensuite comme le choix & la plantation des arbres dont on fait les Avenues doit être traité dans le Dictionnaire des arbres & arbustes nous y renvoyons.

Il ne reste donc pour la partie du jardinage, que ce qui a rapport à la *tonture*, à *l'élaguage* & à *l'échenillage* des arbres. Nous traiterons chacun de ces objets à leurs articles respectifs. *Voyez* ces mots. (*M. Thouin.*)

AVERNO. Nom donné dans quelques-unes de nos. Provinces au *Betula Alnus L. Voyez* Aune Commun dans le Dict. des arbres.

(*M. Thouin.*)

» AVERTIN ou AVORTIN, maladie des bêtes » aumailles, (c'est-à-dire des bêtes à cornes & » des brebis) qu'on appelle aussi *Vertigo*, *Etourdissement*, *Sang*, *Folie* & *Tournant* & dans laquelle elles tournent, sautent, cessent de manger, » & ont la tête & les pieds dans une grande chaleur. Le soleil de Mars & les grandes chaleurs » la donnent aux brebis. » L'Auteur de cet article dit, que pour la guérir, on saigne à la tempe, ou à la veine qui passe sous le nez, & qu'au lieu de saignée, on emploie aussi le suc exprimé de poirée, en l'insinuant dans le nez de l'animal, ou le jus d'orvale coulé dans l'oreille. La saignée me paroît convenir, si l'avertin est occasionné par le sang trop dilaté ou trop épais dans la tête; mais elle est mortelle, lorsque ce mal est dû à de la férosité amassée dans le cerveau, ou à des hydatides qui y sont cantonnées, & qui n'ont lieu que dans les constitutions lâches. *Voyez* les mots Tournoiement & Vertigo. Au reste, on ajoute que l'avertin donne lieu à l'action rédhibitoire. (*M. l'Abbé Tessier.*)

AVET ou SAPIN. *Pinus Picea L. Voyez* Sapin commun dans le Dict. des arbres.

(*M. Thouin.*)

AVICENNE, *Avicennia.*

Genre de la famille des gattiliers, qui n'est encore composé que de deux espèces. Ce sont des arbres très-élevés qui croissent sous la Zone torride, & dont le bois est employé dans les arts. Ils n'ont point encore été cultivés en France.

Espèces.

1. Avicenne cotonneux.

Avicennia Tomentosa. L. ♄ des Antilles & du Malabar.

2. Avicenne luisant ou Palétuvier gris.

Avicennia Nitida. L. ♄ de la Martinique.

La première espèce est un arbre élevé & d'un beau port, dont le tronc acquiert jusqu'à seize pieds de circonférence, & soutient une cime étalée & arrondie dans son contour. Ses rameaux sont chargés de feuilles entières, portées sur de courts pédicules, d'un beau verd en dessus & cotonneuses en dessous. Leur longueur est d'environ trois pouces sur moitié moins de largeur. Les fleurs sont petites & blanchâtres, disposées en panicules ou en grappes courtes à l'extrémité des rameaux. Elles ont une odeur douce très-agréable.

La seconde espèce s'élève moins haut que la première; elle forme un arbre d'environ quarante pieds de haut, rameux & qui trace par ses racines. Ses feuilles ont à-peu-près la même figure & la même étendue que celles de l'espèce précédente; mais elles ne sont point cotonneuses en dessous. A peu de chose près, les fleurs, leur disposition & leur couleur sont semblables à celles de la première espèce.

Quoique ces arbres n'aient point encore été cultivés en France, il est plus que probable qu'ils se conserveroient dans nos serres chaudes, & qu'ils se multiplieroient de marcottes & de boutures, comme tous les arbres qui croissent dans le même climat & qui sont de la même famille. (*M. Thouin.*)

AVIVES, *maladie de bestiaux.* C'est une inflammation des glandes parotides, situées entre la partie supérieure de la mâchoire de derrière & l'oreille.

Quand ces glandes s'enflamment, l'animal a la tête pesante, les yeux & les vaisseaux extérieurs de la tête gonflés; il donne des marques de douleur, si on touche à ces glandes; le mal s'étant accru, l'animal s'agite, se couche, reste de tems en tems assoupi; le pouls augmente en fréquence & en plénitude; l'enflure de la tête & le gonflement des vaisseaux deviennent plus considérables; il survient même des convulsions & souvent la mort.

M. Vitet reproche aux maréchaux de prendre pour Avives, des espèces de tranchées, qui n'y ont de rapport que parce que dans ces tranchées, comme dans les Avives, l'animal se tourmente. Ce qui les distingue, c'est que les parotides ne présentent ni douleur, ni gonflement.

Les causes des Avives sont les contusions, les blessures des parotides, une exposition trop longue aux ardeurs du soleil, une course violente en Été, un dépôt de gourme, un froid subit après une grande chaleur, une altération de l'humeur filtrée dans les parotides, &c.

On assure que le cheval & le porc sont plus sujets aux Avives que le bœuf, la brebis & la chèvre, parce que dans les deux premiers animaux le tronc de la veine jugulaire est plus considérable & plus enveloppé de la glande parotide.

L'inflammation des parotides a les effets de l'apoplexie sanguine. Quand on sera sûr qu'un cheval a des Avives, il faudra le saigner aux veines qui rampent sur le ventre & le plat des cuisses. On lui tirera en vingt-quatre heures quinze à vingt liv. de sang, en laissant deux à trois heures d'intervalle d'une saignée à l'autre; on lui administrera cinq ou six lavemens dans le jour, dont trois purgatifs & composés d'une once de feuilles de séné, d'une once d'aloës & de cinq livres d'eau; & les deux autres faits, ou avec de l'eau blanche, dans laquelle on dissoudra du nitre, ou avec une décoction de racine de guimauve, saturée de sel d'epsom. On placera un séton d'hellébore au bas du ventre ou près des cuisses; & on mettra l'animal à l'eau blanche pour nourriture.

On cherchera à faire résoudre les parotides en y appliquant des étoupes trempées de vinaigre, saturé de sel marin ou de sel de saturne. Ce moyen ne réussissant pas, on tâchera d'amener les glandes à suppuration par des cataplasmes de mie de pain & de lait; quelquefois on s'est servi avec succès, des remèdes propres à faire saliver, tels qu'un nouet d'*assafetida*, dans la bouche. Mais ils sont trop chauds & trop dangereux, pour que je les conseille dans tout autre cas que celui où les parotides seroient engorgées par une humeur sans activité & par conséquent sans qu'il y eût une inflammation considérable.

Lorsque l'inflammation est la suite d'une blessure ou d'une contusion, les spiritueux, les résolutifs & même les répercussifs, suivant M. Vitet, conviennent; mais il regarde les émolliens & les mucilagineux comme nécessaires, si l'inflammation est dûe à un dépôt de gourme.

M. Vitet conseille d'extirper la parotide, dans le cas où elle deviendroit assez considérable, pour faire craindre que l'animal en mourût; mais il demande des précautions & ne voudroit pas qu'on intéressât le conduit salivaire, ni la veine jugulaire. Cette opération est bien délicate.

Enfin, la parotide quelquefois se termine par suppuration; dès qu'on sent par la fluctuation, qu'elle contient du pus, on doit l'ouvrir & panser avec le digestif, animé d'eau-de-vie. (*M. l'Abbé Tessier.*)

AUBEPIN, synonyme du *Cratægus oxyacantha* des Botanistes. *Voyez* Neflier Aubepin dans le Dict. des Arbres & Arbustes. (*M. Thouin.*)

AUBE-ÉPINE ou AUBEPINE. Nom François du *Cratægus Oxyacantha.* L. *Voyez* Neflier Aubepin dans le Dict. des Arbres. (*M. Thouin.*)

AUBEPINE à fleur. Nom donné par quelques cultivateurs, au *Cratægus Coccinea.* L. *Voyez* Neflier écarlate dans le Dict. des Arbres. (*M. Thouin.*)

AUBEPINE noire ou CROTIN DE BREBIS. Nom très-impropre du *Viburnum Prunifolium.* L. *Voyez* Viorne à feuilles de prunier dans le Dictionnaire des Arbres. (*M. Thouin.*)

AUBERGINE. Nom donné indistinctement par les Languedociens, au fruit & à la plante du *Solanum Melongena.* L. *Voyez* Morelle Aubergine. (*M. Thouin.*)

AUBESSIN. Nom donné dans quelques provinces, au *Cratægus Oxyacantha.* L. *Voyez* Neflier Aubepin dans le Dictionn. des Arbres. (*M. Thouin.*)

AUBIER, en latin *Alburnum.* C'est la couche qui

qui se trouve dans les arbres entre le bois & l'écorce. *Voyez* le Dictionnaire de Botanique & celui des Arbres & Arbustes. (*M. Thouin.*)

AUBIER. Nom d'un arbrisseau nommé en latin *Viburnum Opulus*. L. *Voyez* Viorne glanduleuse dans le Dictionn. des Arbres. (*M. Thouin.*)

AUBIFOIN, synonyme ancien du *Centaurea Cyanus*. L. *Voyez* Centaurée des bleds. (*M. Thouin.*)

AUBITON, synonyme peu usité du *Centaurea Cyanus*. L. *Voyez* Centaurée des bleds. (*M. Thouin.*)

AUBOUR. Ce nom, qui paroît dériver du mot latin *Alburnum*, est donné par quelques personnes, à la couche qui se trouve entre le bois & l'écorce des arbres. D'autres le donnent à un arbrisseau de nos forêts, nommé par les Botanistes *Viburnum Opulus*. L. *Voyez* Aubier & Viorne glanduleuse, dans le Dict. des Arbres. (*M. Thouin.*)

AUBOURS. Nom donné au *Cytisus Laburnum*. L. *Voyez* Citise des Alpes au Dictionn. des Arbres. (*M. Thouin.*)

AUGE. (*Agriculture.*) Vaisseau dans lequel on place la nourriture des animaux. On lui donne aussi les noms de *Mangeoire* ou de *Crèche*. Il y a des Auges qui sont attachées d'une manière fixe ; il y en a qu'on peut transporter à volonté. Les premières sont scellées dans les murs des étables, & soutenues ou par des piliers de bois, ou par de petits murs d'appui.

Les Auges se font en pierres ou en bois. Celles de pierres sont les plus solides, mais à moins qu'elles ne soient très-dures, elles ont l'inconvénient de s'égrainer ; ce qui mêle aux alimens des animaux, de la pierraille capable de les incommoder. Les Auges en bois doivent être d'assemblage pour ne se point disjoindre & ne point laisser échapper une partie de la nourriture.

On doit proportionner les Auges à la hauteur & à la grosseur des animaux. Il faut qu'ils puissent y manger librement sans la moindre attitude gênante. Pour des chevaux de cinq pieds & un pouce on disposera les Auges, de manière que leur partie la plus élevée soit à trois pieds & demi du sol ; on leur donnera treize pouces de largeur au bord, & neuf pouces au fond. Le ratelier en sera à quatorze pouces. Si on fait les Auges de bois, il sera bon de les border d'une bande de fer, afin que les chevaux, sujets à *tiquer* en perdent l'habitude, & que, ceux qui ne l'ont pas, ne la contractent point. J'ai vu cependant, à Rambouillet en 1785, cette bande de fer servir de conducteur au tonnerre qui tua deux chevaux & en frappa plusieurs appartenans à Monsieur, frère du Roi. *Voyez* Mémoire de l'Académie des Sciences, année 1785. Mais ces cas sont si rares, qu'ils ne doivent point empêcher cette précaution.

Les vaches les plus belles n'ayant que quatre pieds six à sept pouces de hauteur, il suffit d'établir l'Auge à un pied dix pouces du sol. Dans les pays où l'on n'est pas dans l'usage d'avoir des rateliers au-dessus, & dans ceux où l'on nourrit les bêtes à cornes dans l'étable, on donnera aux Auges quinze à seize pouces de largeur au fond & huit pouces de profondeur.

C'est en général, pour mettre de la nourriture solide, qu'on pratique les Auges fixes. Cependant celles qui sont en pierres, s'emploient aussi pour de la nourriture à moitié liquide ou entièrement liquide. Par exemple, on jette dans les Auges des cochons, du son délayé, du petit lait, des lavures de vaisselle, &c. On place de l'eau dans des Auges pour abreuver les chevaux & les vaches. On en met aussi à la portée des poulaillers & des colombiers, afin que les volailles y viennent boire.

Les Auges transportables sont ordinairement plus petites que les Auges fixes. Elles sont toutes de bois ; on en met sous les rateliers des moutons pour recevoir les graines & les brins de fourrage qui en tombent, & que les moutons ne voudroient pas manger, s'ils se méloient avec la litière & le fumier. C'est encore dans des Auges portatives & basses qu'on nourrit les agneaux, les brebis malades, les jeunes veaux sevrés, les poulains, &c. On les fait de voliges en leur donnant six pouces de profondeur, un pied de largeur au bord & six pouces au fond.

On doit avoir l'attention de tenir toujours propres les Auges, tant celles qui servent pour le manger que celles qui contiennent l'eau, afin qu'il n'y séjourne pas des matières qui fermenteroient & incommoderoient les animaux. La mule, le mulet & l'âne, sont sur cela très-délicats.

Auge. Se dit encore d'un vaisseau où l'on écrase des pommes ou des poires, pour faire du cidre. *Voyez* l'art. de faire le cidre. (*M. l'Abbé Tessier.*)

AUGE. (*Jardinage*), espèce de réservoir. Les Auges employées dans les jardins sont fabriquées le plus ordinairement en pierre dure, en bois, en maçonnerie, ou en mortier, à chaux & à ciment. On les recouvre quelquefois d'une feuille de plomb laminé pour qu'elles conservent les eaux plus exactement.

Les Auges servent à contenir des eaux pour les arrosemens ; celles de pierre sont plus particulièrement affectées aux serres chaudes & aux orangeries. Les autres sont en usage dans les jardins qui exigent de fréquens arrosemens ; mais on les remplace avec économie par des tonneaux qui, étant enterrés, durent six ou huit ans. Ils ne sont point sujets à être endommagés par les gelées, & n'ont point l'inconvénient d'exciter la cupidité, comme les Auges garnies de plomb, ce qui doit leur faire donner la préférence, lorsqu'il n'est question que de l'utilité (*M. Thouin.*)

AUGET. *Agriculture.* diminutif d'Auge; c'est un petit vaisseau de bois, qui sert à contenir la nourriture des oiseaux, qu'on élève ou qu'on engraisse. Il n'a souvent qu'un ou deux pouces de haut; il est quelquefois séparé au milieu par un petit ais, c'est-à-dire, une petite planche, afin de mettre le boire & le manger à part dans ses deux côtés (*M. l'Abbé* TESSIER.)

AUGET. *Jardinage.* On donne ce nom en jardinage à de petites excavations de terre de deux à quatre pouces de profondeur sur 18 à 20 pouces de diamètre, dans lesquelles on seme les graines délicates qui ont besoin d'être arrosées dans leur jeunesse.

Ces Augets se font à la houe, à la binette ou à la bêche, sur un terrein nouvellement labouré. On en unit l'intérieur avec la main, si les graines qu'on veut y semer sont fines, ensuite on les recouvre d'une terre bien divisée & on met pardessus une mince couche de terreau. Si les graines sont grosses, comme par exemple, celles des haricots, on se contente d'y placer cinq ou six semences également espacées, & on les recouvre d'un demi-pouce de terre du sol.

Cette pratique de semer en Auget est usitée dans les jardins potagers, pour plusieurs espèces de légumes, telles que les pois, les fèves, &c. On s'en sert aussi très-fréquemment dans les écoles de botanique, pour un grand nombre de plantes annuelles. Elle a l'avantage de fournir un moyen facile d'arroser les plantes, de les mettre plus à l'abri du hâle dans leur jeunesse, & de les chausser & butter plus commodément quand elles exigent cette culture.

Les Augets servent encore à provigner ou marcotter certaines espèces d'arbustes, & ils remplacent ce que les vignerons appellent Augelot. (*M.* THOUIN.)

AUGEON. On donne en Sologne, ce nom à l'Ajeon, ou Jo-Marin, *Ulex Europæus. Voyez* JO-MARIN. (*M. l'Abbé* TESSIER.)

AULNAYE ou AUNAYE. Lieu planté d'Aunes, en latin *Betula Alnus. L. Var. A. Voyez* AUNAYE dans le Dict. des Arbres. (*M.* THOUIN.)

AULNE ou AUNE. *Betula Alnus. L. Var. A. Voyez* BOULEAU glutineux ou AUNE commun dans le Dict. des Arbres. (*M.* THOUIN.)

AULNETTE ou AUNETTE. Jeune plantation d'Aunes. *Voyez* AUNETTE dans le Diction. des Arbres. (*M.* THOUIN.)

AUNAIE ou AUNAYE. Plantation d'Aune. *Betula Alnus. L. Var. A. Voyez* AUNAYE dans le Dict. des Arbres. (*M.* THOUIN.)

AUNE. *Betula Alnus* L. *Voyez* BOULEAU GLUTINEUX ou AUNE commun dans le Dict. des Arbres. (*M.* THOUIN.)

Les feuilles d'Aune sont très-bonnes pour les moutons; on s'en sert pour faire des feuillées. *Voyez* FEUILLÉE. Le bois d'Aune est employé pour la chaussure des paysans en hiver. Il se coupe aisément; il n'est pas lourd & forme de bons sabots. *Voyez* AUNE, Dictionn. des Arbres. (*M. l'Abbé* TESSIER.)

AUNE noir, synonyme, impropre du *Rhamnus Frangula.* L. *Voyez* BOURGÈNE ou NERPRUN des taillis dans le Dict. des Arbres. (*M.* THOUIN.)

AUNE A BAYES. Nom impropre & peu usité du *Cassine Morocenia.* L. *Voyez* CASSINE à feuilles convexes. (*M.* THOUIN.)

AUNÉE, synonyme de *l'Inula Helenium.* L. *Voyez* INULE OFFICINALE. (*M.* THOUIN.)

AVOCAT. Nom qu'on donne dans les Antilles, au *Laurus Persea.* L. *Voyez* LAURIER. (*M.* THOUIN.)

AUMAILLES. « Terme des Eaux & Forêts » & de plusieurs coutumes, pour désigner les » bêtes à cornes & mêmes les brebis. » *Cours complet d'Agriculture.* Ce mot vient, sans doute, d'*Animalia.*

Il y a des pays où par bêtes Aumailles, on entend seulement les bêtes à cornes. (*M. l'Abbé* TESSIER.)

AUTOMNE. Une des quatre saisons de l'année. C'est celle qui procure le plus de jouissances dans le climat de Paris & dans le milieu de la France. Alors on ne manque de rien à la campagne; gibier, volailles, fruits, légumes de diverse sorte, tout y abonde. Aussi, les gens riches préfèrent-ils d'aller s'établir dans leurs terres & maisons des champs, en Automne ou à l'approche de l'Automne. Pour ne considérer ici que le cultivateur, reposé au commencement de cette saison, des fatigues excessives de la moisson, jouissant d'un air plus tempéré, il contemple d'un œil content, sa grange remplie, les meules énormes, qu'il a été obligé de faire, sa basse-cour fourmillant de poulets & d'autres volailles, son colombier garni de pigeons, qu'il peut porter au marché. Il conçoit, à la vue de ces richesses, l'espoir de payer son maître, de solder sa part des impositions royales, de satisfaire à ses engagemens envers ses domestiques, envers les ouvriers qu'il emploie pour les harnois, ustensiles & instrumens; & enfin envers les marchands qui lui prêtent les objets qu'il ne peut tirer de son fond ou fabriquer lui-même.

De nouveaux soins l'occupent cependant. Il arrache de la terre les racines destinées à sa nourriture ou à celle de ses bestiaux. Il continue à donner les dernières façons aux terres qu'on doit ensemencer avant l'hiver; il prépare les semences d'avance, ou en les achetant pour les renouveller, ou en épurant celles qu'il prend dans sa récolte. Il fume les champs qu'on n'a pu fumer plutôt. Il procède à l'ensemencement de ses terres, & ne se repose tout-à-fait que quand ses guerets sont couverts de ce qui fait l'espérance de l'année suivante. Je n'entre ici dans aucuns détails, parce qu'ils se trouvent à chaque mois de l'Automne. (*M. l'Abbé* TESSIER.)

AVOINE, *Avena*.

Genre de plantes de la famille des graminées, d'autant plus intéressant qu'il renferme des espèces cultivées en grand, pour nourrir les hommes & les animaux.

Les Avoines cultivées occupent un rang distingué parmi les graines Cereales. On les place ordinairement après les orges.

Les campagnes de la Flandres Françoise, celles de l'Artois, de la Picardie, de la Champagne, de la Lorraine, de l'Isle de France, de la Franche-Comté, de l'Orléannois, de la Normandie & de la Bretagne, sont en partie, couvertes d'Avoines. On en fait de riches récoltes dans ces provinces, comme dans tout le nord de l'Europe. Le midi de la France & de l'Europe connoît peu cette production. On la dit originaire de l'Isle de Juan-Fernandès dans la Mer du Sud, près le Chyli. Mais, avant la découverte du Nouveau Monde, l'Avoine étoit connue en Europe. Pline observe que les Allemands vivoient principalement de bouillie de farine d'Avoine; & que les Médecins se plaignoient que cette nourriture réduisoit, à peu de chose, l'exercice de leur art. Cette plainte, si elle a eu lieu, n'étoit pas fondée; la vie sobre & laborieuse de ces peuples, a, sans doute, plus contribué à les rendre sains que la qualité de leurs alimens.

La remarque de Pline, prouve, au moins, qu'il y a longtems que l'Avoine étoit cultivée en Allemagne, puisque lorsqu'il écrivoit, c'étoit déjà la nourriture commune de ce pays. Je ne me livrerai point à de vaines conjectures pour rechercher la véritable patrie de l'Avoine, & pour trouver dans les espèces sauvages, celle qui a formé les espèces cultivées. La liste qui va suivre, fera connoître qu'il y a des Avoines en Europe, en Afrique & en Amérique. Dans quelques pays du monde qu'elles croissent, on peut assurer ou que ce n'est pas dans ceux qui sont chauds, ou que c'est dans les lieux élevées dont la chaleur en Été n'excède pas celle des climats froids ou tempérés.

Espèces suivant le Dictionnaire de Botanique.

1. AVOINE cultivée.

Avena sativa. L. ⊖ de tous les Royaumes du Nord & du milieu de l'Europe. Cette espèce a plusieurs variétés.

2. AVOINE nue.

Avena nuda. L. ⊖ d'Angleterre & d'Espagne.

3. AVOINE follette, folle Avoine, Averon.

Avena fatua. L. de Picardie, de l'Isle de France, de l'Orléannois, &c. Elle a sa variété en Languedoc. Le Dictionnaire de Botanique attache à cette espèce comme variété, l'Avoine stérile, *Avena sterilis*, dont Linné fait une espèce.

4. AVOINE élevée, fromentale.

Avena elatior. L. ⊖ de France & d'Angleterre. Elle a sa variété à racine noueuse.

5. AVOINE striée.

Avena striata. L. ♃, du Dauphiné.

6. AVOINE stipiforme.

Avena stipiformis. L. du Cap de Bonne-Espérance.

7. AVOINE de Pensylvanie.

Avena Pensylvanica. L. de Pensylvanie en Amérique.

8. AVOINE de Leffling.

Avena Lefflingiana. L. d'Afrique & d'Espagne.

9. AVOINE pourpre.

Avena purpurea. L. de la Martinique.

10. AVOINE lupuline.

Avena lupulina. L. du Cap de Bonne-Espérance.

11. AVOINE pubescente.

Avena pubescens. L. ♃ Elle a sa variété.

12. AVOINE jaunâtre.

Avena flavescens. L. de l'Europe. Elle a sa variété.

13. AVOINE bigarrée.

Avena versicolor. L. de l'Auvergne.

14. AVOINE distique.

Avena disticha. L. du Dauphiné. Elle a sa variété.

15. AVOINE des prés.

Avena pratensis. L.

16. AVOINE à épi.

Avena spicata. L. de Pensylvanie.

17. AVOINE fragile.

Avena fragilis. L. ⊖ de la Provence, du Languedoc & du Dauphiné.

18. AVOINE du Cap.

Avena Capensis. L. du Cap de Bonne-Espérance.

Suivant l'ancienne Encyclopédie, les Canadiens ont une Avoine plus grosse & plus délicate que la nôtre. On la compare au ris pour la bonté. N'est-ce pas l'*Avena Pensylvanica*?

J'ai cultivé bien des sortes d'Avoine, venues de toute part, que j'ai gardées en herbier & que j'ai fait peindre. N'ayant pu comparer ces Avoines avant de donner cet article à l'impression, j'ai adopté les espèces de Linné, me réservant d'établir, dans la suite, des distinctions, qui seront peut-être plus exactes, & sur-tout de bien désigner les variétés & les espèces d'Avoines cultivées.

AVOINES CULTIVÉES EN GRAND.

Temps de semer les Avoines.

Il y a des pays où l'on distingue l'Avoine en Avoine d'automne & en Avoine de printems, parce qu'en effet on y en seme à ces deux époques. Cette distinction ne peut être admise que comme une distinction de saison. Car elle ne vaudroit rien si elle supposoit qu'on ne cultive que deux sortes d'Avoine. La liste qui précède, prouve le contraire. On peut semer avant ou après l'hiver, la même sorte d'Avoine ou des espèces différentes, selon qu'elles sont accoutumées à l'une ou l'autre saison. Il résulte de-là que dans un pays l'Avoine d'hiver ne diffère pas de l'avoine de printems, tandis que dans d'autres elle en diffère essentiellement. Les grains de l'Avoine semée avant l'hiver, sont plus gros que ceux de l'Avoine semée au printems, parce qu'ils sont le produit d'une végétation plus longue; mais cette différence ne mérite pas d'être comptée pour quelque chose. Cependant les cultivateurs doivent s'y connoître, afin de n'acheter pour semer avant l'hiver, sur-tout, que de l'Avoine, qui déjà y est habituée; sans cette attention ils éprouveroient de la perte. Ce n'est qu'au bout de quelques années que l'Avoine d'hiver peut devenir Avoine de printems, & l'Avoine de printems devenir Avoine d'hiver, en les semant de suite ou en automne, ou au mois de Mars.

On ne peut assigner au juste le tems de semer l'Avoine, à moins de déterminer un pays, la nature de son sol; &, pour ainsi dire, sa hauteur. En France, depuis le mois de Septembre jusqu'au mois d'Avril, on seme de l'Avoine. Cette plante née dans les climats froids ou tempérés, souvent humides, ne réussit dans les pays chauds qu'autant qu'on l'a placée sur des lieux élevés, ou qu'on la seme dans la saison la moins ardente & la moins sèche. Voilà pourquoi ces pays font leurs ensemencemens d'Avoine avant l'hiver, dans les plaines & dans les vallées, & au printems dans les montagnes. Les cultivateurs de quelques climats tempérés, sement de l'Avoine au printems & même en automne, quoiqu'elle y gele quelquefois l'hiver suivant. Mais ils ont calculé que les années où elle ne geloit pas, les dédommageoient amplement, à cause de la beauté du grain très-estimé. En Bretagne, on le recherche pour la fabrication des *gruaux*, dont j'expliquerai l'usage. On a remarqué que l'Avoine noire étoit celle qui résistoit le mieux aux rigueurs de l'hiver. Dans la plus grande partie des climats tempérés, dans tous ceux qui sont froids, dans les montagnes couvertes de neige en hiver, & dans les cantons sujets à être inondés dans cette saison, ce n'est qu'au printems qu'on seme l'Avoine; on commence plutôt ou plus tard, selon la nature du terrain, la cessation des gelées & le tems où tombent ordinairement les pluies. Les premiers ensemencemens se font en Février, & les derniers en Avril. On voit quelquefois ceux-ci réussir mieux que les autres; ce qui n'a lieu que dans les pays où l'eau tombe d'une maniere irrégulière. En général, les Avoines les premières faites, si le tems leur est favorable, sont les meilleures. Elles végètent plus lentement & prennent de la vigueur; leurs grains se rapprochent de la beauté des Avoines d'hiver. Dans les pays où il y a des terres légères & des terres compactes, on ensemence en Avoine, d'abord les terres légères, parce qu'elles sont les premières praticables, & qu'elles ont besoin de recevoir les pluies du printems. Au reste, on doit faire les Avoines en Février, dans les pays où les étés sont secs, afin qu'elles parviennent à leur accroissement avant les chaleurs & attendre la fin de Mars ou le milieu d'Avril, dans les pays où l'été est ordinairement pluvieux.

Terrain qui convient à l'Avoine, & maniere de le préparer.

Les racines de l'Avoine sont fortes. Elle aime la fraicheur; il lui faut un terrain substantiel, qui conserve l'humidité. J'en ai vu réussir parfaitement sur des gazons, seulement retournés par un labour, dans des prés défrichés, dans des étangs mis à sec & dont on n'avoit, pour ainsi dire, qu'égratigné la surface. Lorsqu'on défriche un champ de sainfoin, de trefle, & de luzerne, on l'ensemence après une seule façon en Avoine, qui y vient avec abondance. Les bons fonds, les sables gras, les terres fortes en produisent beaucoup. Plus le terrein s'écarte de cette qualité, moins il est propre à la culture de l'Avoine. Il faut renoncer à en semer dans le sable pur, dans la terre calcaire, dans les grouettes. Il y a cependant des terrains, légers en apparence, où la recolte d'Avoine est bonne. Mais ces terrains se rapprochent de ceux qui conviennent à cette plante, ou parce qu'on les fume avec du fumier de Vache, ou d'autre fumier analogue, ou parce qu'ils sont restés longtems sans être cultivés & peuvent être regardés comme un sol neuf, ou parce qu'en les labourant; on retourne des herbes, dont les racines leur donnent de la compacité. Ces terrains plus divisés par des labours subsequens ne rapportent plus d'Avoine.

La Beauce est dans l'usage de semer de l'Avoine dans les champs, qui l'année d'auparavant ont produit du froment. Il s'en faut de beaucoup quelle y croisse & s'y élève comme dans les plaines de la Flandres, ou la terre est forte & humide. Mais ses industrieux cultivateurs ont l'art d'en augmenter la recolte par la manière dont ils préparent leurs terres; rarement ils les labourent avant l'hiver; une seule façon après les gelées leur suffit. Il y a des cantons de la Franche-Comté, où on a la même attention. Par ce moyen, on ne divise pas trop le sol, déjà ameubli par les trois labours que la culture du froment a exigé. Il y a tels champs, qu'on laboure même avant le dégel, afin de leur laisser le plus de compacité possible. Ce sont ceux qui sont très-légers. Qu'on les ensemence ensuite en Mars avant une pluie, la surface se bat & le pied des plantes d'Avoine se tient longtemp frais.

Quoique l'Avoine se plaise dans un terrain frais, elle ne veut pas cependant trop d'humidité; c'est une des raisons qui empêche d'en semer dans la Sologne. Le même principe exige que la Brie, & autres pays à terres fortes & humides, labourent deux fois leurs champs avant de les ensemencer en Avoine & qu'ils ne les ensemencent qu'en Mars ou en Avril.

L'Avoine est le principal objet de culture dans quelques cantons de la Champagne, qui en fournissent pour l'approvisionement de Paris. En Brie & en Beauce, c'est le second objet, le froment étant le premier. Elle n'est que le troisième ou le quatrième dans d'autres provinces.

Cette plante craint tellement la chaleur, qu'il y a des pays, où on est obligé de ne la semer qu'avec de la vesce, à la faveur de laquelle elle peut avoir le pied frais. Dans d'autres endroits, on la mêle à de l'orge. Le produit de ces deux graines réunies se donne aux chevaux & aux volailles.

Quelques personnes ont élevé la question suivante: *Dans les Pays, tels que la Beauce par exemple, où les recoltes d'Avoine ne sont pas ordinairement abondantes, ne seroit-il pas plus avantageux de n'en pas semer du tout & de nourrir les chevaux de labour ou d'Orge ou d'Avoine tirée des autres provinces?* Cette question me paroît très-difficile à résoudre, elle exige des calculs, que je n'ai point encore été à portée de faire. Il me semble que, pour la décider, il faudroit d'abord connoître le produit des terres pendant dix ans dans l'ordre où elles sont ensemencées c'est-à-dire, rapportant une année de froment & une d'Avoine, après laquelle elles se reposent, & ainsi de suite. Dans ce produit on doit comprendre, non-seulement les grains, mais les pailles; celles d'Avoine, qui sont souples & tendres, & ses balles servent comme on sait, à nourrir les vaches une partie de l'année. Cette connoissance acquise, on examineroit ce que produiroient les mêmes terres dans le même espace de dix années en changeant l'ordre des saisons. Il y auroit deux manières de les changer; ou on semeroit de deux années l'une du froment, laissant les terres en jachères dans les années intermédiaires; en dix ans, on recolteroit cinq fois du froment; ou on semeroit une année de froment, après laquelle les terres seroient en jachères, puis de l'orge, puis jachère, puis du froment &c. de sorte qu'en dix années il y auroit trois recoltes de froment & deux d'orge. Il seroit nécessaire de ne semer l'orge qu'après le repos de la terre. Car cette plante vient après le froment moins bien encore que l'Avoine. On seroit obligé d'interrompre l'un ou l'autre de ces ordres de culture pour former des pâtures artificielles, indispensables pour nourrir les vaches au lieu de la paille d'avoine. Les pois, les vesces, la sauve en verd, n'offrent qu'une subsistance légère & momentané. La luzerne & le tresle viennent mal en Beauce. On seroit donc obligé de semer plus de sainfoin. Mais les tiges de cette plante sont dures étant seches & échaufferoient trop les vaches, déjà étouffées par la chaleur des étables. Enfin on devroit faire entrer dans les calculs les frais que coûteroient le transport des Avoines, qu'on seroit obligé de se procurer d'ailleurs, si on préféroit ce grain à l'orge pour les chevaux. Une observation générale qui n'échappe pas, c'est que si les fermiers de Beauce cessoient de cultiver de l'Avoine, cette Province en consommant beaucoup, & n'en fournissant plus, elle deviendroit très-chere. Au reste, il peut y avoir des positions particulières de fermes où il soit plus avantageux de ne pas semer de l'Avoine & de cultiver beaucoup d'orge, mais pour décider que la Province entière fit mieux de renoncer à cette culture, il faudroit un examen approfondi de la matière & des données, que je ne crois pas qu'on ait encore. Aussi n'aurois-je pas la témerité de le décider.

On est dans l'usage de ne point fumer les terres, dans lesqu'elles on seme de l'Avoine après le froment. Elles profitent du fumier qui a été mis pour le froment, & qui n'a pas été consommé en entier, ou n'a pas produit tout son effet. Il seroit mieux sans doute d'y porter encore des engrais; on auroit de meilleures recoltes d'Avoine. Mais, comme dans les grandes exploitations, on en a toujours peu, eu egard aux terres ensemencées, on le réserve pour le froment, objet de principale culture. Il ne faut pas de fumier dans les terres qui n'ont rien rapporté depuis longtems, ni dans les prés, ni dans les étangs défrichés, pour y semer de l'Avoine; il arrive souvent même qu'elle y verse. Je pense que, pour prevenir cet inconvenient, il est bon de l'effancer, & peut-être de la couper toute entière en verd à la fin d'Avril, afin d'en obtenir du fourrage d'abord & ensuite du grain de la 2e repousse.

Qualité de la semence & quantité qu'on en doit répandre.

Le choix de la semence, de quelque grain que ce soit, occupe beaucoup les bons cultivateurs; elle doit sur-tout être bien mûre & bien nette. On reproche aux fermiers de ne point laisser mûrir assez leurs avoines; on voudroit qu'au-moins ils réservassent quelques parties de leur recolte, qu'ils les laissassent plus long-tems que le reste sur pied, & ne les coupassent que par un beau tems, pour les conserver séchement. On est dans l'habitude de couper toutes les Avoines avant leur maturité parfaite, & on est fondé en raison, puisqu'elles s'égraineroient aux champs & dans le transport. L'Avoine bien mûre n'adhèreroit plus à ses balles & la tige, qui est destinée pour les bestiaux, seroit trop seche & ne les nourriroit pas bien. D'ailleurs dans la grange où dans la meule il s'excite un degré de chaleur, qui accomplit la maturité: les grains qui ne sont pas mûrs se fanent, le tident & diminuent de volume. Ils sont alors ou assez légers pour être enlevés dans les opérations du nétoyement, ou assez étroits pour passer à-travers les cribles. Les Cultivateurs éclairés ne sement point d'Avoine qu'elle n'ait été bien nétoyée & par conséquent très-pure & composée de tous grains propres à germer. Il n'est pas nécessaire qu'ils soient gros & bien renflés. J'ai vu réussir une semence d'Avoine, en apparence de si mauvaise qualité, qu'on ne vouloit la donner ni aux chevaux, ni à d'autres bestiaux. On avoit en la semant le projet de la faire manger en vert. Elle a paru si belle qu'on l'a laissée venir à maturité. Elle a produit une récolte abondante.

On ne se sert pas du chaulage pour l'Avoine. Je crois, d'après des expériences suivies & répétées, qu'on a tort. Ce seroit le moyen de les préserver, sinon en totalité, au-moins en très-grande partie du charbon, *voyez* CHARBON. L'avoine prend aisément de l'eau, dont elle se débarrasse difficilement. Ainsi, après l'avoir chaulée, il faut la laisser plus secher que le froment.

Beaucoup de fermiers renouvellent de tems-en-tems leurs semences d'Avoine, sous prétexte que la leur dégénère. Cette prétendue nécessité ne seroit-elle pas dûe autant au peu de soins qu'ils ont de leurs semences, qu'à une dégénération de la vertu germinative du grain? Je serois tenté de le croire. En ne chaulant pas leurs semences, ils perpétuent & multiplient le charbon, comme je l'ai vérifié; car ce qu'ils doivent semer étant mal criblé, ils portent aux champs des graines, dont le produit s'accroît chaque année, & déprise leurs recoltes. L'Avoine, issue d'Avoine renouvelée, est moins infestée de charbon & de graines étrangères, parce qu'on l'achete pure, & dans l'état ou on pouroit mettre celle qu'on récolte. Quand on a semé long-tems de suite de l'Avoine recoltée dans un pays, sur-tout si le pays est propre à l'orge, cette dernière graine pour peu que quelque défaut de soin en ait laissé dans la semence, ou qu'on en ait porté aux champs avec les fumiers, s'y multiplie à un point considérable. On sait combien l'orge talle. On est donc dans ce cas forcé de renouveler la semence d'Avoine, & d'en prendre dans les pays, où l'Avoine se plaisant mieux que l'orge, on la recolte plus pure; cependant il est facile d'ôter l'orge de l'Avoine, comme je l'ai vu pratiquer à une fermiere intelligente, dont voici le procédé. On passe dans un crible fendu l'Avoine mêlée d'orge. On ne lui fait point faire un mouvement en rond ou de rotation, comme au bled qu'on nétoye; mais on pousse seulement le crible en avant ou de côté. Par ce moyen l'Avoine passe par les fentes du crible, & l'orge reste dessus, avec quelques poignées de la plus grosse avoine & de celle à grains doubles; cet excellent déchet est pour les chevaux, ou les cochons. L'avoine, ainsi criblée, a besoin de passer ensuite dans un crible plus fin pour ôter la poussière & les graines menues qui ont passé avec elle.

La quantité de semence qu'on doit répandre varie selon la saison & le terrain. On seme plus dru l'Avoine d'hiver, parce que la gelée en fait toujours périr une partie. Celle qu'on seme au printems doit être semée clair dans les bonnes terres, où elle peut taller. On n'auroit qu'une foible recolte dans les terres médiocres, si on économisoit la semence. Il faut de 8 à 10 boisseaux d'Avoine, mesure de Paris, pour un arpent de 100 perches, à 22 pieds la perche. Avec cette proportion, on recueille beaucoup de grains & de paille fine & tendre, propre à nourrir les vaches. Semée plus clair, l'avoine produiroit plus de grains; mais la paille en seroit plus grosse & plus dure & moins agréable aux bestiaux. Tout est à considérer & à calculer en agriculture.

Manière de semer l'Avoine.

Il paroît d'après M. l'abbé Rozier, (cours complet d'agriculture) que dans les Provinces méridionales de la France, on seme l'Avoine sur le champ qu'on vient de couvrir de fumier, & qu'on laboure ensuite, de manière que l'Avoine & le fumier soient enterrés en même-tems. M. l'abbé Rozier blâme cet usage, persuadé qu'une partie du fumier mal enterré se perd, & que, par cette méthode, il y a des grains trop avant, & d'autres trop à découvert, & exposés à être dévorés par les animaux; il préféreroit qu'on semât sur la terre labourée, & qu'on enterrât à la herse, instrument peu connu dans les Provinces du midi. Si M. l'abbé Rozier n'habitoit pas ces Provinces, où il a pu faire des observations capables de lui donner des idées justes d'amélioration ou de culture, je me permettrois la réflexion suivante, c'est que l'ensemencement sous raies, c'est-à-dire, celui qui se fait en enterrant le grain à la charrue, devroit convenir aux pays chauds; parce qu'il met les racines de l'Avoine, plus à l'abri de l'ardeur du soleil, & qu'il la maintient plus fraiche; à moins que M. l'abbé Rozier n'ait voulu parler des pays de montagnes qui doivent se conduire comme les Provinces septentrionales. Je ne vois pas comment le fumier s'enterreroit mieux, si on hersoit après l'ensemencement. Au contraire la herse pourroit enlever une partie du fumier. Quoi qu'il en soit, en Picardie, en Normandie, en Brie, en Beauce, on seme l'Avoine à la volée sur le gueret, & on recouvre la semence à la herse. Les grains se trouvent à-peu-près à la même profondeur.

On assure que, dans quelques cantons des environs de Compiégne, on plante l'avoine, au lieu de la semer. *Voyez* mémoires de la société d'agriculture de Paris, trimestre d'automne, année 1786. Des Cultivateurs, dit-on, ont regardé cette méthode comme avantageuse, & des fermiers Anglois l'ont employé avec succès pour le froment. La terre ayant été récemment labourée, des femmes font entre chaque raie de petits trous avec le talon, à 3 pouces environ de distance; chaque planteuse fait en allant deux rangs de trous & met en revenant dans chacun quatre, cinq ou six grains d'avoine tout au plus; elle recommence deux autres rangs, & ainsi de suite. Deux ou trois planteuses suffisent pour suivre la charrue. La pièce de terre étant plantée, on herse légérement en donnant une dent, de manière à effacer seulement les trous. Quand l'Avoine est bien levée & bien verte, on la sarcle. Il y a une seconde manière de planter l'Avoine. On met à l'oreille de la charrue une petite cheville d'un pouce ou deux de long. Cette cheville forme en labourant un petit chevet contre le rayon voisin. La planteuse, qui suit la charrue, met les grains dans cette raie, & la charrue les recouvre en retournant. Les touffes d'Avoine sont moins espacées dans cette méthode que dans la première. Si la plantation d'Avoine s'introduisoit, on pourroit faire un instrument propre à former les trous d'une manière égale, & l'adapter à un long manche, afin que la planteuse ou le planteur, si on se servoit d'un homme, se fatiguât moins.

Je trouve à cette méthode un avantage, c'est celui de pouvoir sarcler aisément les touffes d'avoine. Elle conviendroit pour cette raison dans les terres sujettes à pousser de l'herbe. Pour décider de son utilité, il faudroit comparer les frais & le produit d'un champ cultivé à la manière ordinaire, & d'un autre dans lequel on auroit planté de l'Avoine. Les sources où j'ai puisé cette méthode ne m'ont pas mis à portée de faire cette comparaison, & je n'ai pas encore d'expériences relatives à ce sujet. Ce qu'on peut assurer, c'est qu'en grand, elle paroît impraticable, sur-tout dans les pays où les bras sont rares. Un particulier qui n'auroit qu'un champ, labouré par ses mains, en plantant son Avoine & ses autres grains, se passeroit du secours des laboureurs, qui souvent abusent du besoin qu'il en a. C'est lui que cette culture minutieuse peut regarder, & sous ce point de vue elle n'est pas à rejeter.

Végétation de l'Avoine, & soins qu'elle exige.

Si le tems est doux après que l'avoine est semée, elle ne tarde pas à lever. Je la suppose semée en février & en mars époque la plus ordinaire dans les Provinces de France, où elle est le plus cultivée. Sa végétation est lente jusqu'au mois de mai, parce que le commencement du printems est encore froid. Ce n'est que quand elle épie qu'elle croît rapidement. Dès qu'elle a acquis trois ou quatre pouces de hauteur on passe dessus un gros rouleau de bois, (*voyez* Rouleau), ou le dos de la herse. Cette pratique rechausse le pied des grains & écrase les mottes, ce qui rend le terrain uni & commode pour les faucheurs. L'Avoine ensuite n'a plus besoin que de sarclages qui se font à la main dans les champs, où on l'a semée à la volée. Des femmes les parcourent & arrachent les mauvaises herbes qu'elles donnent à leurs vaches, sans demander de salaire. On doit cesser de leur accorder cette permission, quand l'Avoine a pris de la force & immédiatement après de la pluie, parce qu'en marchant ces personnes cassent ou font courber des tiges qui ne peuvent plus se relever.

L'Avoine montre ses épis au mois de Juin. Alors elle n'a que huit ou dix pouces de hauteur. Si le tems devient favorable, elle en acquiert bientôt autant, & monte à proportion de la bonté du terrain. De serrés qu'étoient les épis, dans leur fourreau ou enveloppes, ils deviennent libres & s'épanouissent. Quand le grain est formé l'Avoine n'a presque plus à croître. Il faut pour que cette plante donne une bonne récolte, qu'il pleuve peu de tems après qu'elle est semée & dans le courant de l'été, sur-tout au mois de Juin, ou au commencement de Juillet. L'année 1787, nous en a donné un exemple. Au mois de Juin, l'Avoine épioit & ne promettoit rien; les pluies des premiers jours de Juillet l'ont rétabli & la récolte en a été abondante. Trop de pluies nuiroit à l'Avoine dans les terres humides. On a remarqué qu'elle ne réussissoit jamais mieux, que quand les mois d'Avril & de Mai étoient froids, Juin & une partie de Juillet pluvieux, la fin de Juillet très-chaud & Août sans grandes chaleurs. Je ne parle ici que des terres d'une compacité médiocre.

Maturité de l'Avoine & manière de la récolter.

L'Avoine semée en Automne, est la première mûre. Elle l'est toujours de quinze jours plutôt que celle de printems. Par la même raison, l'Avoine semée en Février ou en Mars, mûrit avant celle qui ne l'est qu'en Avril. Dans le climat de Paris on coupe, vers le 15 Juillet, les Avoines d'Automne; à la fin de ce mois & au commencement d'Août on coupe les premières semées au printems & à la fin d'Août, & même au commencement de Septembre, les tardives. Plus on avance dans les provinces du Nord, plus la moisson est retardée. Le moment de couper l'Avoine est indiqué par le changement de couleur de la paille & des bales qui jaunissent. Quelquefois dans un même champ, toute l'Avoine ne mûrit pas à-la-fois; ce qui a lieu quand la sécheresse des mois de Mai & de Juin n'a permis qu'à la tige principale de monter, & que des pluies, qui sont venues ensuite, ont fait monter longtems après les tiges secondaires. Ces dernières mûrissent plus tard. C'est au cultivateur à examiner s'il a plus à attendre des tiges secondaires que des principales, & dans ce cas, il doit se décider à faire couper son Avoine plus tard ou plutôt, en sacrifiant les unes ou les autres.

J'ai déja dit qu'on coupoit les Avoines avant

leur maturité parfaite & j'en ai expliqué les raisons. Il s'agit de savoir maintenant, si on est fondé à les laisser longtems sur le champ après qu'elles sont coupées, ou si on feroit mieux de les entrer aussi-tôt? Les motifs qui déterminent à laisser les Avoines sur la terre, jusqu'à ce qu'elles aient été *javelées*, c'est-à-dire, mouillées, sont : 1.° La grosseur qu'elles acquièrent, étant ainsi renflées, & par conséquent, l'augmentation de valeur. 2.° L'adhérence du grain aux balles ; l'alternative des pluies & de la sécheresse, pendant que l'Avoine est par terre, rompt cette adhérence & rend sa désunion plus aisée à l'aide du fléau. 3.° La difficulté de les enlever au moment où on les coupe, parce que dans les grandes exploitations, tous les soins se portent alors sur les fromens. Le premier de ces motifs est illusoire ; parce que si l'on cultive de l'Avoine pour la vendre, l'acheteur fait comme le vendeur, qu'une partie de la grosseur de ce grain n'est qu'apparente, & qu'elle est due à l'eau des pluies & des rosées ; & il fait son marché en conséquence. Si on ne la vend pas peu de tems après la récolte, elle se desséche & le javelage a été inutile. Enfin, ce qu'on laisse faire à la pluie ou à la rosée, si on le croit nécessaire, on peut le faire dans les greniers en arrosant l'Avoine. Celui qui consomme ses Avoines pour la nourriture de ses chevaux, comme la plupart des fermiers de la Picardie, de la Brie & de la Beauce, n'a pas le même intérêt à la laisser renfler. L'eau qu'elle acquiert n'augmente pas les parties nutritives. Quand on transporte à la grange l'Avoine récemment coupée, on évite deux grands inconvéniens, celui de ne rentrer que de la paille noircie & désagréable aux vaches, & celui de perdre beaucoup de grain lorsque les pluies ont battu les andins. Il y a des années où cette mauvaise pratique répand sur les champs, autant d'Avoine qu'il en faudroit pour l'ensemencer. Elle y germe, lève & marque sensiblement par sa verdeur, la place où étoient les andins. Le second motif n'a pas beaucoup plus de valeur que le premier. Si on craint que l'adhérence du grain aux balles, ne la rende trop difficile à battre, on peut, au lieu de la couper avant sa parfaite maturité, attendre qu'elle soit un peu plus mûre. Ce qui resteroit de grain dans les balles nourriroit les bestiaux & ne seroit pas perdu, tandis que la grande quantité qui en tombe tous les ans sous les andins, n'est d'aucun profit. Enfin, c'est une économie mal entendue, de vouloir prolonger la moisson pour se servir des mêmes bras. Plus on la fait rapidement, moins on a à redouter l'inclémence du ciel. Il vaut mieux augmenter le nombre de ses aoûterons, que de s'exposer à des pertes réelles. La dépense n'augmente pas en proportion de la quantité qu'on en nourrit. Les bras manquent rarement, quand au défaut des habitans, on appelle ceux des pays où il n'y a que de foibles cultures. L'appas du gain conduit les hommes par-tout où ils ont un salaire assuré. Si cet obstacle étoit insurmontable, ce seroit une preuve de plus des inconvéniens des grandes cultures, qui sont contraires à la population. De toutes ces réflexions je conclus qu'il est plus utile de rentrer les Avoines avant de les laisser mouiller. Il est bon cependant, qu'elles restent un jour ou deux, ou trois au plus, par terre, pour les sécher & faner les herbes qui seroient parmi elles.

On coupe l'Avoine, ou à la faulx ou à la faucille ; *Voyez* faulx & faucille. Quand elle est haute de trois pieds, on ne peut la couper qu'à la faucille. Il seroit trop fatiguant d'employer la faulx, sur-tout si les tiges étoient pressées les unes contre les autres. Les coups de cet instrument pesant & dirigé avec force étant très rudes, le grain mûr sortiroit de ses bâles ; les mouvemens de la main armée d'une faucille, qui a peu de portée, sont plus doux. Les Avoines au-dessous de trois pieds se fauchent presque toujours. L'art du faucheur consiste à disposer l'Avoine qu'il coupe, en bandes doubles si elle est épaisse, & en bandes simples, si elle est claire. Par exemple, en supposant que le champ soit du nord au midi dans sa longueur & que le faucheur commence à faucher au nord, il se place sur la bordure du champ qui est vers le couchant & dirige sa faulx du couchant au levant en s'avançant du nord au midi jusqu'à l'extrémité. Arrivé là, il se retourne, porte sa faulx du levant au couchant, en continuant jusqu'à l'endroit où il a commencé & ainsi de suite. Par ce moyen la première bande d'Avoine jetée par terre est recouverte d'une seconde en sens contraire. C'est ce qu'on appelle *doubler* ou faire des andains, *Voyez* andins ; il ne double pas, lorsque l'Avoine est claire ; mais il revient sur ses pas sans faucher au retour, dès qu'il est parvenu au bout du champ, pour recommencer toujours à faucher au point d'où il est parti. Les bandes, que l'on appelle *sangles* dans ce cas, ne peuvent être que simples. Les jours où le vent souffle fort, les faucheurs sont quelquefois obligés de faire des sangles au lieu d'andains. Il y a un sens, dans lequel ils ne peuvent faucher. Le vent, soufflant dans leur nez, les incommode en rabattant les tiges d'Avoine sur les crochets de la faulx. Ils s'arrangent de manière qu'ils aient le vent par derrière. Le matin & le soir sont les momens les plus favorables aux faucheurs, parce que les pailles de l'Avoine humectées par la rosée ne se cassent pas & se coupent mieux. Cette nécessité s'accorde avec leur santé. Ne travaillant presquepas au milieu du jour, ils n'éprouvent pas les effets de la grande chaleur, d'autant plus à craindre pour eux que dans l'action de faucher toutes les parties du corps sont en mouvement & pour ainsi dire ébranlée.

Selon que l'Avoine est coupée à la faucille &

ou à la faulx, on la ramasse différemment. Si c'est à la faucille, on la met par tas ou par javelles, dont on réunit plusieurs pour les lier ensemble & en former des gerbes; les épis alors se trouvent dans le même sens. Mais si on s'est servi de la faulx, les épis ne sont dans le même sens qu'autant qu'on a formé des sangles; ceux des andains, comme je l'ai dit, sont en sens contraire. Dans ces deux cas, on ramasse les Avoines avec des rateaux, à dents de bois, *voyez* rateau, appellé *fauchet* dans quelques pays; on en fait des tas, auxquels on donne le nom d'*oisons* dans certains cantons; on les laisse exposés quelques heures au soleil; on en réunit plusieurs pour les lier, de manière qu'on mette en sens contraire les oisons de deux sangles, afin que, comme dans ceux des andins, les panicules soient à peu-près en égale quantité vers les deux extrémités de la gerbe. Cette seconde manière de ramasser l'Avoine est connue sous le nom *d'écorcheler*, *d'esfaucheter.*

L'Avoine portée dans les granges ou placée au dehors dans des gerbiers, n'exige aucun soin. On doit seulement avoir l'attention de rendre les granges inaccessibles aux rats & aux souris, qui sont très-friands d'Avoine, & par cette raison d'éloigner les gerbiers des habitations, lorsqu'on n'a pas le projet de les battre promptement. Aussitôt que les gerbiers sont faits, il faut les couvrir de paille en forme de toit, pour les garantir des pluies. En 1787, le tems ayant été très-pluvieux après la moisson dans la Beauce & dans la Brie, beaucoup de fermiers, qui n'avoient pu encore couvrir leurs gerbiers, ont eu la douleur d'y voir germer l'Avoine & pousser du verd tout autour; je ne doute pas qu'une partie des grains n'y ait été altérée.

On estime qu'un arpent de 100 perches, à 22 pieds la perche ensemencé en Avoine, après une récolte de froment, peut rendre, année commune, 10 douzaines de gerbes ou 120 gerbes. Chaque douzaine produisant 6 boisseaux & demi, c'est 65 boisseaux, ou 5 setiers & 5 boisseaux, en supposant le setier de 12 boisseaux. Mais l'Avoine pesant presque moitié moins que le froment, l'Ordonnance du mois d'Octobre 1669 a réglé le setier d'Avoine de Paris à 24 boisseaux. On ne se conforme pas à ce règlement dans les Provinces. A cette mesure un arpent produiroit deux setiers & huit boisseaux & demi; les champs nouvellement défrichés, ou fumés, rapportent davantage.

On bat l'Avoine ou au fléau, ou on la fait fouler par les pieds des animaux; on la vane, on la crible, pour la purifier de ses bâles, des grains légers, de la poussière & des graines étrangères. *Voyez* battre les grains. De la grange ou de l'aire extérieure elle passe dans les greniers, où on doit la remuer de tems en tems, si elle n'est pas bien sèche & si les greniers sont enduits de plâtre qui attire l'humidité & la conserve sur-tout dans les pays où il pleut souvent. Il vaudroit mieux que des greniers fussent garnis de planches, au lieu de carreaux, & que les murs en fussent aussi tapissés.

La paille longue d'Avoine & les bâles appellées *menue paille*, sont mises en réserve pour la nourriture des bestiaux. La longue paille se place ou en gerbier, ou dans des granges, ou sous des hangards; & la menue paille dans des greniers.

Il y a des personnes, qui cultivent de l'Avoine pour en faire manger aux animaux la plante, avant sa maturité. Les unes la coupent peu de tems après sa floraison, au moment où le grain commence à être en lait & l'ayant laissé seulement un peu flétrir, ils la présentent aux bestiaux, qui en sont très-friands. Une trop grande quantité les exposeroit à une *tympanite* dangereuse ou ou à un devoiement, qui les affoibliroit. Il faut donc être réservé sur cet aliment dans l'état de verdeur. D'autres font faner l'Avoine comme du foin de prairie, & lui donnent le nom de *foin Avoine.* On la coupe aussi immédiatement après la floraison. C'est l'époque où les plantes de la famille des graminées contiennent le plus de parties sucrées & par conséquent sont plus nutritives. Le foin Avoine est une ressource pour les Provinces Méridionales, qui manquent de fourrage: on assure qu'il est préférable à celui des prairies & je suis très-porté à le croire. Dans les prairies, il y a toutes sortes d'herbes; les graminées, qui sont les plantes les meilleures & les plus agréables, n'en forment souvent que la moindre partie. M. l'Abbé Rozier (cours complet d'Agriculture) remarque que les pailles d'Avoine, comme celles des autres graminées, sont plus sucrées dans les provinces Méridionales, que dans les Septentrionales, & que les grains, à poids égal, y donnent plus de farine. Cette différence sans doute est dûe à la chaleur, qui habituellement est plus intense. Son plus grand degré élabore mieux les sucs; ils sont moins délayés dans l'eau de végétation & par conséquent la sève est plus pure.

Ce qui nuit à l'Avoine.

Plusieurs choses nuisent à l'Avoine, soit pendant sa végétation, soit pour sa qualité: pendant sa végétation, elle peut être troublée par le gibier qui la mange en herbe, par les oiseaux, qui en dévorent le grain & d'une manière plus fâcheuse par une chenille dont l'histoire & les progrès méritent d'être développés. L'Avoine est sujette à une maladie, appellée *charbon*, qui, dans certaines circonstances, lui fait un tort considérable. Il s'y mêle des plantes qui s'opposent à sa multiplication, l'étouffent, & ajoutant leurs graines aux siennes, en diminuent la valeur dans les marchés & en altèrent la qualité; telles sont, l'ivraie, l'avron, espèce d'Avoine sauvage, le coquelicot, l'aiguille, le bleuet, la sanve, le caucalis, &c.

De la Chenille d'Avoine.

Suivant un mémoire que j'ai entre les mains, fait par M. des Essarts, ancien Lieutenant-Colonel d'Infanterie, le papillon, qui produit la chenille des Avoines, est très-petit; il est gris argenté ou d'un bleu cendré; le mâle porte sur ses ailes des taches noires presqu'imperceptibles; on le voit depuis la fin de Juillet jusqu'à la mi-Septembre, voltiger dans les champs. Il ne se nourrit que sur les fleurs des plantes qui y croissent; il dépose ses œufs principalement sur le chaume des fromens que l'on vient de couper & sur les branches des plantes qui bordent les champs ou les chemins, & qui par leur dureté sont à l'abri de la dent du mouton, telles que la chicorée sauvage, le chardon étoilé, le chardon rolland, l'arrête-bœuf, &c. Les œufs y sont attachés avec une forte glu; un seul papillon en pond plus de trois cens. Ils ne paroissent à la vue que comme les taches noires que font les mouches. On les distingue bien à la loupe, sur-tout au mois de Mai, tems où le soleil les fait gonfler en les échauffant. On les voit éclorre vers la fin de ce mois.

Ce qui est resté de chaume de blé dans les champs, ayant été enterré assez légèrement, lorsqu'on a labouré la terre pour y semer les Avoines, & la plupart des brins ayant été tirés dehors & couchés sur le terrain par la herse, les petites chenilles qui sortent des œufs, se trouvent à portée des Avoines. Le grain commençant à se hausser & à se nouer, ces insectes percent la maîtresse tige dans le pied & s'y nourrissent des sucs destinés à son accroissement. Plus la chenille, ainsi logée, grossit, plus la tige se fane; elle jaunit ensuite, tombe & périt. Ce qu'il y a de singulier, c'est que ces tiges d'Avoine portant ainsi dans le cœur, un ver rongeur, ne laissent pas que de prendre une certaine croissance. Apparemment que l'insecte ne gênant point encore tous les vaisseaux capillaires de ces tiges, il y a encore beaucoup de sucs qui peuvent monter, tant que la chenille n'en dépense qu'une partie pour sa nourriture.

Dans un champ d'Avoine infesté de ces insectes, arrachez doucement quelques-unes de ces tiges fanées, vous y trouverez une chenille plus ou moins grosse. Ces chenilles paroissent d'une couleur verte, fort claire, quand elles sont parvenues à leur grosseur naturelle; elles n'excèdent guères alors sept à huit lignes de longueur. Quand la tige, dont elles se sont nourries est tombée, elles attaquent peu les feuilles. Elles s'enfoncent en terre après la mi-Juin, ou se placent sous l'herbe des tiges qui restent. Là, elles se méthamorphosent en petites chrysalides d'un brun foncé, pour produire vers la fin de Juillet le papillon destiné à fournir une autre génération.

On conçoit qu'un champ dépouillé de ses tiges principales & réduit à des tiges secondaires, d'autant plus foibles, que le pied a souffert plus d'altération, rapporte peu de chose; s'il se forme des drageons, à cause des sucs destinés à la tige principale, qui n'existe plus, ils ne mûrissent que quand le grain des tiges secondaires est déja tombé ou prêt à tomber.

J'ai vu cette chenille exercer des ravages considérables dans la Beauce & désoler les fermiers; je ne doute point qu'il n'y ait d'autres Provinces, où on ait à s'en plaindre.

On demandera pourquoi elle attaque plutôt des Avoines, que les autres plantes. Je répondrai, 1.° que chaque plante étant exposée à être mangées par un insecte particulier, cette chenille est l'insecte de l'Avoine, dont les sucs lui conviennent; 2.° qu'à l'époque où le papillon qu'elle a produit, fait la ponte, il ne trouve que les chaumes de froment où il puisse placer ses œufs; les terres en jachères & destinées au froment pour l'Automne suivant sont nues alors. 3.° Qu'en supposant que, dans les environs, il trouvât des plantes, propres à recevoir ses œufs, lorsqu'ils éclosent, la tige du bled est trop dure pour que les chenilles la percent.

Les champs, qui rapportent de l'Avoine après avoir rapporté du seigle, sont moins mangés de chenilles que ceux qui viennent de produire du froment. On sait qu'à l'époque où les papillons cherchent à déposer leurs œufs, les chaumes du seigle, naturellement foibles & battus par les troupeaux, n'ont plus de soutien, & se trouvent en partie détruits.

Il n'y a point de chenilles dans les champs d'Avoine, qui succède à un défrichement de sainfoin, de luzerne, de tresle.

Quand on brûle les chaumes de froment, ou quand on les arrache, ou qu'on les coupe bas & très-exactement, les Avoines ensuite sont exemptes de chenilles. Je n'ai pas de preuves personnelles de l'effet du brûlis; mais j'ai essayé de faire arracher du chaume avec le plus grand succès. Les vignerons d'Orléans achetent tout le chaume sur pied, de quelques cantons situés à quatre ou cinq lieues de la Ville; ils viennent l'arracher & l'emportent pour faire de la litière à leurs vaches; dans ces cantons on ne voit pas de chenilles. Il étoit bon de s'assurer lequel est le plus avantageux pour la destruction de la chenille, de couper bas le chaume ou de l'arracher. Cette dernière manière est plus dispendieuse que l'autre. Dans cette intention j'ai fait arracher dans l'Automne de 1787, le chaume d'une partie d'une pièce de terre, & j'ai fait couper le reste. Les résultats de cette comparaison m'ont prouvé qu'il valloit mieux l'arracher.

On remarque que, dans les terres rouges & autres

médiocres, les Avoines sont plus sujètes à être dévorées par les chenilles que dans les bonnes terres. C'est que le chaume des bonnes terres, toujours le meilleur & le plus abondant, étant préféré, on le ramasse avec plus d'empressement, plus de soin & plus de facilité, & par conséquent on laisse moins d'œufs de papillons.

Toutes ces observations doivent nécessairement conduire aux moyens de remédier à un fléau si destructeur. Ces moyens sont de deux sortes; les uns ont pour objet de s'opposer aux effets du mal quand il est dans sa force, & les autres de les prévenir.

Pour tirer quelque parti des champs dévastés par les chenilles, beaucoup de fermiers, dès que ces insectes ont disparu, font brouter les Avoines par leurs moutons; s'il survient des pluies après cette opération, les pieds reproduisent de nouvelles tiges, qui peuvent fournir quelquefois une demi-recolte. Mais il faut être bien assuré qu'il n'y a plus ou qu'il reste très-peu de chenilles, parce que le mouton, qui pince de près, en avaleroit & en seroit incommodé. D'autres, pour ne pas courir ce risque, font faucher leurs Avoines; mais la faulx ne pouvant raser d'assez près, ne touche pas à des tiges secondaires, qui absorbant une bonne partie des sucs, ne laissent guère de ressource à de nouvelles tiges.

Les moyens préservatifs se réduisent à trois; à brûler, à arracher, ou à couper le chaume du froment. Pour le brûler, on allume avec un bouchon de paille enflammé le champ en plusieurs endroits, suivant son étendue, du côté du vent; on attend que ce chaume soit bien sec; on choisit un beau jour, où le vent ne souffle pas trop fort. Il est bien important, pour ne pas exposer les villages a un incendie, avant de brûler le chaume, de détruire ou en labourant, ou en arrachant, la portion qui en est voisine. L'incendie se trouvant sans aliment & interrompu, ne peut se communiquer aux couvertures des maisons. Mais doit-on conseiller ce moyen, quelque efficace qu'il soit, aux fermiers de la Beauce & du Gâtinois, quand on sait que s'ils l'employoient, ils priveroient la majeure partie des habitans de la seule ressource qu'ils aient pour se chauffer, pour faire cuire leurs alimens & couvrir leurs maisons? Je ne le crois pas.

Il faut donc se retrancher à faire arracher ou couper le chaume. C'est une opération longue & fatiguante que de l'arracher à la main. Il est moins incommode de le couper; mais je voudrois que le fermier & le pauvre fussent également raisonnables. Souvent le premier fait couper ses bleds bas pour avoir plus de paille, de manière que le chaume est trop court. Il met par-là le paysan dans l'impossibilité d'en faire usage, & il refuse de le couper. Celui-ci de son côté, même quand le chaume est assez haut, va de place en place, se contente de traîner un rateau à dents de fer, & laisse plus de chaume sur pied, qu'il n'en ramasse. Je voudrois que le fermier ordonnât à ses moissonneurs de couper le froment très-bas, & même qu'il le fît faucher, dans les terres médiocres & mauvaises seulement; & que, dans les bonnes terres, on le coupât haut, afin qu'il y eût beaucoup de chaume. C'est dans celles-ci que les pauvres en ramasseroient. On leur fixeroit des cantons proportionnés à leurs besoins. On exigeroit qu'ils enlevassent presque jusqu'à la racine, & on en brûleroit le reste. L'avantage de purger ses terres des chenilles, dédommageroit le fermier du sacrifice qu'il feroit en paille en coupant une partie de ses bleds haut, puisqu'il récolteroit non-seulement plus de grains, mais de la paille d'avoine plus longue & en plus grande quantité.

Il seroit utile aussi que les fermiers fissent arracher, brûler, ou couper en hiver par des enfans les grosses plantes qui croissent le long des chemins, & qui conservent des œufs propres à perpétuer la chenille dans les champs voisins.

Les moyens que je propose sont simples & suffiroient pour détruire entièrement la chenille, ou pour en diminuer de beaucoup la multiplication.

Du Charbon, maladie de l'Avoine.

Les végétaux, comme les animaux, sont sujets à des maladies plus ou moins fâcheuses pour la fortune des cultivateurs. Celle qui attaque plus particulièrement l'Avoine, est appelée *charbon*, parce que les épis de cette plante, qui y sont exposés, paroissent noircis comme s'ils avoient été brûlés. On la connoît sous divers noms, selon les pays; elle fait quelquefois un tort considérable aux récoltes. Le froment, l'orge, le maïs, le millet, le panis & d'autres plantes éprouvent aussi les effets de cette maladie. L'ayant étudiée très en détail pendant plusieurs années, & ayant fait sur cet objet des expériences suivies, j'ai cru devoir en traiter dans un article particulier. *Voyez* le mot CHARBON.

Des plantes qui nuisent à l'Avoine.

Il y a un grand nombre de plantes, la plupart annuelles, dont la multiplication dans les champs d'Avoine, nuit beaucoup à l'abondance de la récolte. Ces plantes varient selon que l'Avoine est cultivée dans un sol humide, ou dans un terrain sec; dans le premier, c'est l'ivraie, *lolium temulentum*, L. la millefeuille, *achillea mille folium*, L. la maroute, *anthemis cotula*, L. qui dominent, dans l'autre, on voit en grande quantité le coquelicot, *papaver rhœas*, L. le peigne de Venus, *scandix pecten* L. le bleuet, *Cen-*

taurea cyanus, L. le caucalis, *caucalis*, le chardon hémorroïdal, *serratula arvensis*, & l'Avron *avena sterilis*, &c. Ces plantes ou étouffent l'Avoine & s'opposent à sa production, ou y mêlent des graines qui en altèrent la qualité, ou au moins en diminuent le prix. Il est très-important de les extirper toutes; mais on ne le fait pas avec la même facilité.

L'ivraie ne se distingue pas de l'Avoine avant d'être épiée; comme ces deux plantes épient en même-tems, & qu'elles acquièrent la même force, on ne peut arracher l'ivraie sans fouler aux pieds l'Avoine. Il n'y a d'autre moyen de s'en débarrasser, que par le criblage. La différence de conformation des grains d'ivraie & d'avoine permet de les séparer dans cette opération. *Voyez* IVRAIE.

Pour détruire le chardon hémorrhoïdal, la plus incommode des plantes nuisibles, parce quelle empêche de faire les gerbes & de les manier, on paie des ouvriers, qui armés d'un petit instrument, les coupent dans la saison convenable. Cet instrument varie selon les pays. J'en ai vu qui avoient la forme d'un ciseau, un peu courbé supérieurement, & aiguisé par le bout; le sarcleur qui s'en sert, coupe en poussant en avant. D'autres ressemblent à une très-petite faulx, on les nomme *échardonnets*. Rien n'est plus simple que leur composition. Au bout d'un manche de bois, d'environ 3 pieds de long sur 7 à 8 lignes de diamètre, est adapté une petite barre de fer applatie, percée, ou plutôt contournée pour recevoir l'extrémité du manche, qui y est fixée par un clou. Cette barre est courbée supérieurement; on y attache avec deux clous un petit morceau de faulx d'inégale largeur; c'est le bout de la faulx qu'on y emploie ordinairement, ou si c'est une autre partie, on l'arrondit de droite à gauche; ce morceau de faulx n'a que deux pouces dans sa plus grande largeur; la partie coupante est en-dedans. Ainsi, il faut placer l'échardonnet derrière le chardon, & couper en tirant. Tout l'instrument n'a que six pouces, non comprise la longueur du manche. Ce n'est pas avant le commencement de Juin, qu'il faut dans le climat de Paris, couper les chardons; car on les feroit drageonner, & on en augmenteroit la quantité. Ils ont encore trop de sève alors; mais à cette époque, ils meurent, & ne repoussent plus.

Rien ne nuit plus à la récolte des Avoines cultivées qu'une plante du même genre. C'est *l'avron* ou *folle avoine* (avena sterilis. Lin.) qui est très-abondante en France & dans d'autres Royaumes de l'Europe. On assure qu'elle croît en Palestine, en Arabie & sur les côtes d'Afrique, & qu'elle étoit connue des Grecs & des Romains.

Il y a quelques années la société d'Agriculture d'Auch proposa pour sujet d'un prix cette question. *Définir la nature de la folle Avoine, indiquer les causes de sa reproduction plus ou moins abondante, & une méthode sûre pour en préserver les grains, soit par la préparation des terres, soit par la préparation des semences*; ce qui suppose que cette plante fait un grand tort dans les récoltes de la Province dont Auch est la Capitale. Je sais qu'aux environs d'Amiens en Picardie, on est souvent occupé à la détruire. Elle se trouve donc en France à des distances très-éloignées, du Sud au Nord. Beaucoup d'autres Cantons ont le malheur d'en être infestés. Suivant M. Gérard, Botaniste distingué, qui a concouru pour le prix de la société d'Agriculture d'Auch, l'Avron s'accommode à-peu-près de tous les terreins. On la voit, dit-il, sur les montagnes & dans les prairies; dans les lieux secs & dans ceux qui sont humides. Les climats chauds, froids ou tempérés ne lui sont pas contraires. Sans chercher à diminuer la confiance qu'on doit aux assertions de M. Gérard, je dirai seulement que je n'ai trouvé de l'Avron que dans les terres qui avoient du fond, soit qu'elles fussent près des habitations, soit qu'elles en fussent un peu écartées; c'étoit sur-tout celles qu'on ensemençoit tous les ans, c'est-à-dire les meilleures. Peut-être que semblable à beaucoup d'autres plantes, l'Avron vient par-tout, mais il se plaît encore mieux, lorsqu'il trouve un terrain substantiel, & comme il s'y multiplie davantage, on y fait plus d'attention. On n'en voit point dans les prairies naturelles. Il y en a peu dans les prairies artificielles, & dans les fromens d'Automne. C'est dans les Mars, & sur-tout dans l'Orge & dans l'Avoine qu'il y en a une plus grande quantité. Cette plante est annuelle & plus précoce que les deux dernières. La racine de l'Avron est composée de beaucoup de filamens déliés, divisés en plusieurs autres filets petits. Elle forme des touffes, du colet desquelles s'élèvent beaucoup de tiges, qui parviennent à la hauteur de 4 à 5 pieds. Elles sont beaucoup plus grosses que celles des Avoines cultivées. L'Avron dans le climat de Paris fleurit vers la fin de Juin. Les fleurs & les grains sont rangés en panicules pyramidales, penchées un peu d'un côté, composées de rameaux, qui sont disposés par étages. Des deux bâles, l'externe est couverte de poils roussâtres depuis la base jusqu'au milieu & l'arrête, comme dans toutes les autres espèces d'Avoine, naît du dos de cette même bâle. Longue d'environ 3 pouces, elle est roulée inférieurement en spirale, & comme articulée dans sa partie moyenne. Si l'air est humide, cette partie inférieure se gonfle, ses fibres se redressent & impriment à la partie supérieure un mouvement de rotation de gauche à droite; & *vice versâ*, lorsque l'air est bien sec. Elle pourroit, suivant M. Gérard, servir d'hygromètre. La graine, qui est plus courte & moins aigue que celle de l'Avoine cultivée, ne sort point des valves de la corolle, sans cependant y être adhérente. Lorsqu'elle est mûre, ce qui a lieu vers la mi-Juillet, les fleurons se détachent & tombent avec la corolle, tandis que les bâles du calice restent attachées au réceptacle. Par ce moyen presque tous les grains se répandent sur les terres; il en entre peu à la grange.

On a attribué quelques propriétés médicinales à la graine d'Avron. Les anciens la regardoient comme résolutive, & en faisoient usage contre les tumeurs phlegmoneuses. Ray dit aussi qu'elle est astringeante, & que lorsqu'elle est dépouillée de son enveloppe, elle peut fournir un aliment sain & nourrissant. On concevra facilement que l'Avron ait ces propriétés, qui sont celles des Avoines, puisqu'elle est du genre de l'Avoine.

Le premier inconvénient de l'Avron est d'étouffer les plantes utiles, au milieu desquelles elle croît. Sa précocité lui donne de l'avance sur elles. La vigueur & le nombre de ses tiges absorbent une grande partie des sucs qui leur sont destinés. Quand elle s'est emparée d'un terrain, elle s'y perpétue & s'y multiplie, aux dépens de tout ce qu'on y seme; ce qui a fait dire que les Bleds se changeoient en Avron.

Le second inconvénient consiste en ce que sa graine mêlée avec celle de la bonne Avoine, est désagréable aux chevaux, parce qu'elle est dure & que les poils qui environnent sa base, leur causent de l'irritation au fond de la bouche. Ce dernier inconvénient est bien foible en comparaison du premier, car j'ai déja remarqué que la graine d'Avron tomboit presque toute sur les terres, & qu'il en entroit peu à la grange.

M. Gérard dit qu'on peut tirer quelque parti des tiges de l'Avron. Il cite un usage de la basse Provence, où l'on ménage entre les vignes des espaces assez étendus pour y semer du froment tous les deux ans. Pendant l'année de repos l'Avron se multiplie dans ces espaces. On en récolte les tiges, qui servent de fourrage, d'autant plus utile que le sol du pays est naturellement sec, & n'est pas propre à être converti en prairies naturelles. Il ajoute qu'il seroit bon de substituer l'Avron à l'Avoine ordinaire dans les terres, où l'on seme cette dernière pour la couper en herbe, parce que l'Avron est plus précoce & fournit un fourrage plus abondant; mais j'observerai que l'usage de la basse Provence est peut-être un abus introduit par la négligence, & que d'autres plantes y remplaceroient peut-être plus avantageusement l'Avron qui doit nuire dans l'année, où l'on seme le froment. D'ailleurs, ce qui est une loi impérieuse pour un pays n'en est pas une pour un autre. Il sera toujours sage dans la plus grande partie des provinces de la France de ne point chercher à multiplier l'Avron, sous aucun prétexte, puisqu'il fait un tort considérable aux productions utiles. Ses tiges donnent à la vérité un fourrage précoce & abondant, mais ce fourrage est dur & il y a des variétés d'Avoine aussi hâtives, dont la tige est tendre, on doit par conséquent les préférer.

Les moyens de détruire l'Avron sont de diverse sorte. Voici ceux que j'ai vu pratiquer avec succès. On laisse reposer les terres, qui en produisent beaucoup. On leur donne, pendant ce tems, à des intervalles égaux, 4 ou 5 labours & autant de hersages. C'est ainsi qu'en tourmentant une partie des racines de l'Avron & qu'en arrachant l'autre, on en est préservé pour plusieurs années: Il est également avantageux de semer dans ces terres de la vesce, ou des pois, ou d'autres plantes annuelles ou vivaces pour les couper en verd, l'Avron ne produisant pas encore de graines à cette époque, ne se reseme plus de longtems: M. Gérard rapporte aussi ces deux moyens dans son mémoire, en observant pour le premier, de ne commencer à labourer la terre, pleine d'Avron, que quand ses racines sont assez fortes pour donner prise au soc.

Quelques particuliers des environs d'Amiens ont une pratique, qui quoique très-sûre, ne conviendroit pas à des cultivateurs en grand. L'année, où ils veulent détruire l'Avron, ils sement des carottes. Au mois de Mai, l'Avron a déjà acquis de la hauteur, tandis que les carottes sont encore bien foibles. Alors des femmes à genoux & dans une ligne parallèle, arrachent l'Avron brin-à-brin sans faire aucun tort aux carottes, qui n'en viennent que mieux. Cette opération est longue & dispendieuse sans doute, mais elle doit détruire l'Avron pour bien des années.

Des feves de marais, des lentilles, des pois, des haricots, des pommes de terre, du maïs, &c. qu'on sarcleroit plusieurs fois, offriroient encore une manière d'arrêter la multiplication de l'Avron.

Je ne sais jusqu'à quel point on peut compter sur deux autres moyens proposés par M. Gérard; l'un consiste à lâcher dans les champs, après la moisson, des troupeaux de dindes, d'oies, de canards, pour manger le grain d'Avron; l'autre de brûler sur place les chaumes qui restent après la récolte, & que l'on auroit soin de laisser un peu plus longs que de coutume. Les grains, qui auroient échappé à la volaille, deviendroient la proie des flammes. Leurs bâles hérissées de poils & leurs longues arrêtes en faciliteroient la combustion. Il n'est venu à ma connoissance aucune expérience, qui constate que la volaille mange volontiers l'Avron. En admettant le fait, elle ne mangeroit pas tout, & il faudroit des troupes nombreuses de ces animaux pour purifier de cette graine un pays un peu considérable. L'incendie des chaumes, qui n'est pas sans inconvéniens, n'en détruiroit qu'une partie. Pour moi, je donnerois la préférence aux labours répétés, aux ensemencemens en plantes de prairies annuelles ou vivaces, à la culture des graines légumineuses, ou des racines qui exigent de fréquens sarclages.

Pour purger d'Avron les grains qu'on veut semer, s'il y en a parmi, on les fait passer dans des cribles, dont les trous soient capables de laisser échapper le bon grain & de retenir l'Avron. Cette séparation peut se faire facilement s'il s'agit du seigle & du froment qui sont plus petits; mais l'orge & l'avoine ordinaire étant presque aussi gros, il faut plus d'attention. On ôte l'Avron de l'orge en donnant un mouvement léger & de côté au crible; les poils de l'Avron l'empêchent de passer. On ne réussiroit pas, si on n'avoit pas le soin de faire l'opération de bonne-heure. Cette remarque, qui appartient à M. Gérard encore, est très-juste. Les deux graines fertiles de l'Avron, qui adhérent au même pédicule & qui y demeurent attachées, pendant quelque tems, ne pourroient passer alors par les mêmes trous que l'orge; mais si l'on différoit beaucoup, ces graines se détacheroient en se desséchant & elles trouveroient plus facilement passage. L'Avron & l'Avoine mêlées ensemble sont encore plus difficiles à séparer. Je crois qu'on y parviendroit, si le batteur enlevoit soigneusement l'Avron qui vient à la surface, quand il donne des coups de genou au van, ou quand il fait tourner le crible dans ses deux mains.

A l'égard des autres plantes nuisibles aux récoltes de l'Avoine, c'est par des sarclages à la main qu'on peut les détruire dans les pays où l'Avoine est semée drue; dans ceux où elle est semée claire, il est possible d'y employer des instrumens.

Propriétés de l'Avoine en général.

Linneus assure que les cochons sont très-friand de la racine de l'Avoine. Ce qui me paroît d'autant plus étonnant qu'elle n'est point charnue, mais presque entièrement fibreuse & sèche; elle ne doit pas les nourrir beaucoup. Au reste, si elle leur convenoit, on pourroit conduire ces animaux, après la récolte, dans les champs, qui ont rapporté de l'Avoine & où on laisse leurs racines quelque temps sans les retourner à la charrue.

Les tiges & les feuilles d'Avoine vertes & fraîches sont bonnes pour les vaches. Si on les fait faner pour les leur donner en hiver, elles s'en accommodent bien. Le plus ordinairement elles les mangent sèches après qu'on en a ôté le grain par le battage. Ce fourrage fait une partie de leur nourriture dans quelques pays. On s'en sert aussi pour la litière. Les chevaux ont moins de goût que les vaches pour la paille d'Avoine. Cependant ils la mangent; mais on leur en donne rarement, par ce qu'elle les relâche trop. On met quelquefois dans les rateliers des bêtes à laine de la paille d'Avoine, dont on n'a pas ôté le grain; ce qu'on appelle *gerbées d'Avoine* dans certains pays. Elles en sont très-friandes & en mangeroient jusqu'à s'incommoder, si on leur en donnoit à discrétion.

La bâle d'Avoine est employée pour faire des paillasses aux Pauvres gens & aux enfans qui se salissent encore. On en remplit de petits matelas, dont on couvre les animaux malades. On en garnit des caisses, qui contiennent des choses fragiles, qu'on veut transporter. Douce, souple & peu susceptible d'humidité, elle est propre à ces usages.

Les grains d'Avoine sont un aliment pour les hommes & pour les bestiaux. Il y a en France des pays, sur-tout dans les montagnes où on en fait moudre. Elle rend peu de fleur de farine. Le pain qu'on en fabrique est compact, noir, comme du pain de bled carié, d'une amertume un peu nauséabonde, n'ayant aucun liant. Il m'a paru extrêmement désagréable. On assure cependant qu'on s'y accoutume par degrés. C'est aussi la nourriture des paysans du nord de l'Ecosse & de l'Angleterre. On fait des crêmes avec la farine d'Avoine; à Londres, on mange beaucoup de gâteaux de cette farine; en Hollande & en Allemagne, on fait avec l'Avoine de la bière qui est très-fine & très-délicate.

La Bretagne est renommée pour ses gruaux d'Avoine. *Voy.* GRUAUX. Une partie se consomme dans la province & le reste passe ailleurs, pour servir d'alimens adoucissans & rafraîchissans.

Les Médecins de Londres l'ordonnent beaucoup. Une légère décoction d'Avoine, est une tisanne salutaire dans la toux, les picottemens & fluxions de poitrine, la pleurésie, les érésypelles, &c.

Une décoction forte & évaporée peut servir à faire un syrop estimé contre la colique par les Allemands, qui l'appellent *syrop de Luther*, parce que Luther, sujet à cette maladie, en faisoit usage. En Provence, les femmes, qui veulent faire passer leur lait, ou qui ne nourrissent pas, boivent de la décoction d'Avoine.

L'Avoine entre dans des remèdes extérieurs. On l'applique fricassée avec du sel & du vinaigre sur la poitrine ou sur le ventre dans les douleurs de côté & dans les coliques des hommes & des animaux.

La plus grande consommation d'Avoine en grain est pour la nourriture des bestiaux, quadrupèdes & volatils. Tous la mangent avec plaisir. On la réserve sur-tout pour les chevaux & les mulets dans le nord de la France & de toute l'Europe. Sa qualité apéritive leur rend le ventre libre & fait couler les urines. On a soin de ne pas la leur donner nouvelle ou mouillée, pour éviter qu'elle ne leur cause des indigestions, ou ne les relâche trop. Il paroît que les chevaux ne broient pas toute celle qu'ils avalent. Car les volailles ramassent dans leurs excrémens beaucoup de grains entiers. On en mene aux champs avec les fumiers & on les voit lever ; ce qui a fait croire qu'il vaudroit mieux faire manger l'Avoine moulue ou convertie en pain. Cependant il faut observer que la mastication étant essentielle à la digestion, on priveroit les chevaux de cette fonction, si on ne leur donnoit pas l'Avoine en grain. Les moutons, qu'on engraisse, les agneaux nouvellement sevrés se nourrissent avec avantage de grains d'Avoine, qu'on fait quelquefois moudre grossièrement. Les poules, les dindons, les oies, les canards, les cygnes & autres oiseaux dévorent ce grain avec beaucoup d'avidité.

L'Avoine dont le grain est le plus gros, le plus tendre, & le plus farineux, est celle qu'on recherche davantage; ces qualités se trouvent le plus ordinairement dans l'Avoine à panicules épars & à grains noirs ou bruns. Un grain très-gros n'annonce pas toujours une Avoine tendre & nourrissante; il faut qu'une écorce mince recouvre le corps farineux, pour en bien espérer. On dit que la Hollande produit des Avoines noires qui incommodent souvent les chevaux, en leur donnant un flux d'urine extraordinaire; mais cela peut dépendre d'une altération qu'elles éprouvent dans les bâtimens sur lesquels on les embarque. A Paris, on estime beaucoup l'Avoine brune de Champagne. La Normandie & la Picardie en fournissent aussi une grande quantité. J'ai remarqué qu'il en étoit quelquefois des Avoines à gros grains, comme des fromens à gros grains; que leur écorce étoit plus épaisse que celle des Avoines, à grains de grosseur médiocre. Je soupçonne que l'épaisseur de l'écorce est en raison de la grosseur des tiges.

L'Avoine se vend à la mesure comme le froment. La mesure varie suivant les différens pays. Suivant l'Ordonnance dont j'ai parlé, le setier de froment de Paris étant de douze boisseaux, celui de l'Avoine est de vingt-quatre. Un setier d'Avoine de bonne qualité, pèse de deux cens soixante-quinze à deux cens quatre-vingt livres.

Les magasins d'Avoine coûtent moins de frais d'entretien que ceux de froment. Ce grain n'exige presque aucuns soins dans les greniers. On dit que *l'Avoine remuée augmente plutôt que de diminuer.* Cette augmentation n'est qu'apparente; à mesure qu'elle vieillit elle se sèche ; si on la remue, les grains qui étoient joints ensemble, se séparent. En présentant plus de surface, ils tiennent plus de place dans la mesure, mais ne fournissent pas plus de substance nutritive. On donne ordinairement à un cheval qui travaille, un boisseau d'Avoine par jour ; ce qui fait par an, quinze setiers de Paris, à la mesure de l'Avoine. La moitié suffit pour la nourriture d'un âne. Il en faut moins pour un mouton. On en jete ordinairement quelques poignées aux volailles.

L'analyse de l'Avoine, par la voie humide & à feu nu, a donné à M. Cornette, de l'Académie des Sciences & à moi, les résultats suivans.

Les grains mis en digestion, pendant douze heures, ne se sont pas gonflés sensiblement ; ils n'ont absorbé que peu d'eau ; ayant été distillés en cet état, il n'a passé dans le récipient qu'une eau limpide & incapable d'altérer la teinture bleue des végétaux ; le résidu, après avoir bouilli dans l'eau, qui ensuite a été filtrée & exposée au feu, a fourni, par une évaporation plus rapprochée, un peu d'extrait brun.

Par la distillation à feu nu nous avons obtenu d'abord une liqueur acide & piquante, qui bientôt a paru d'un rouge foncé & a été suivi d'une huile empireumatique; le charbon contenoit de l'alkali. Les résultats de l'analyse de l'Avoine à feu nu inséré dans l'ancienne Encyclopédie ne diffèrent pas de ceux-ci. Suivant M. Parmentier, qui s'est aussi occupé de l'analyse de l'Avoine, elle contient plus d'écorce que de farines; elle donne, une matière sucrée, beaucoup de substance extractive, dont l'odeur sent la vanille & peu d'amidon; par la voie sèche ses produits sont une huile épaisse, de l'acide coloré & de l'alkali volatil. Il ne faut pas être étonné que ces analyses d'accord quant au fond, varient dans les proportions des produits; ce qui dépend vraisemblablement & de l'espèce d'Avoine & du terrein, dans lequel elle a végété. M. Parmentier, par exemple, trouve beaucoup de substance extractive, tandis que nous en avons trouvé seulement la trente-deuxième partie de l'Avoine mise en digestion & en évaporation. L'Avoine que nous avons employée étoit de l'année; c'étoit celle à panicules éparses, & à grains noirs ou bruns, récoltée en Beauce. L'expérience a été faite au mois de Mars.

Avant de finir ce qui concerne l'Avoine, il ne sera pas inutile d'exposer ici quatre moyens que l'avidité du gain emploie pour donner à l'Avoine plus de qualité apparente. J'ai parlé déjà du premier qui est le javelage. On sait qu'il grossit le grain & en augmente la mesure. Le second consiste à mouiller le tas dans la grange, quand l'Avoine a été serrée par un tems sec ; le troisième, à l'arroser au grenier & à la jeter avec force contre la muraille pour en émousser les pointes ; le quatrième, à mettre au milieu d'un monceau un grès bien chaud, qui fasse enfler le grain, après qu'on l'a humecté. Personne n'ignore que si le mesureur est un frippon, il peut, en donnant un coup de genou au minot favoriser l'acheteur aux dépens du vendeur, parce qu'alors il contient plus de grains. Je crois qu'il est bon d'indiquer ces ruses non pas afin d'engager à les pratiquer, mais pour mettre en garde les personnes qui ne les connoîtroient pas. (*M. l'Abbé* TESSIER.)

Avoines cultivées dans les Jardins de Botanique.

Description du port des espèces.

Toutes les Avoines sont des plantes herbacées qui, chaque année, poussent des tiges dont quelques-unes s'élèvent jusqu'à quatre pieds de haut, & qui périssent à l'automne. Elles sont accompagnées à leur base, & garnies, dans toute leur longueur, de feuilles longues & étroites semblables à celles des autres chiendents. Leurs tiges se terminent par des panicules plus ou moins considérables, dans lesquels sont renfermées les parties de la fructification de ces plantes.

Culture. Comme nous n'avons pour objet que la culture des plantes, relativement au jardinage, nous nous contenterons d'indiquer ici celles qu'exigent les Avoines dans les écoles de Botanique qui sont les seuls jardins dans lesquels on les cultive.

Les quatre premières espèces, & leurs variétés, sont des plantes annuelles rustiques, dont les graines doivent être semées tous les ans au commencement de Mars, à la place que les plantes sont destinées à occuper dans les écoles. On commence d'abord par donner un labour au terrein qui doit les recevoir; on y pratique ensuite de petits augets de trois à quatre pouces de profondeur, sur un pied & demi à deux pieds de diamètre, & l'on y seme les grains le plus également possible; après quoi on les recouvre, en raison de leur volume, d'une terre légère & bien divisée, les plus grosses de trois quarts de pouce d'épaisseur, & les plus petites d'un demi-pouce seulement. Si le tems est doux & que la terre soit humectée par des pluies abondantes, les graines levent dans l'espace de huit à dix jours. Lorsque le jeune plant a poussé trois ou quatre feuilles, il convient de l'éclaircir & de n'en laisser qu'un petit nombre daus chaque auget, pour lui donner la facilité de s'étendre & l'empêcher de se nuire réciproquement. Cette attention sur-tout est nécessaire pour les espèces qui deviennent de grandes plantes.

Les espèces, n°s 8 & 17, qui sont originaires de pays plus méridionaux, & dont les semences sont très-petites, sont aussi plus délicates & doivent être cultivées avec plus de précaution. On les seme vers le milieu du mois d'Avril, lorsque la terre a déjà été chauffée par les rayons du soleil; on les met en pleine terre si le sol est de nature sèche & bien exposé au midi. Mais, pour peu que la terre soit humide & compacte, il est plus sûr de les semer dans des pots & de les placer sur une couche chaude. De cette manière les graines levent beaucoup plutôt, & les plantes peuvent être mises en pleine terre dès le mois de Juin; elles fleurissent & leurs semences sont en parfaite maturité à la fin du mois de Septembre.

Les Avoines, n° 4, 5 & 15, sont des plantes vivaces dont les racines traçant à de grandes distances de leurs touffes, se mêleroient bientôt avec toutes les espèces voisines & occasioneroient une confusion générale, si l'on ne s'opposoit à leur progrès: pour prévenir cet inconvenient, on met ces plantes dans de grands pots qui sont fendus à leur base, & qu'on enterre à la place que les plantes doivent occuper. Mais comme elles ne tardent pas à s'emparer de la totalité du vase & qu'elles s'appauvriroient bientôt par la gêne où elles se trouvent, il convient chaque année, de vuider ces pots au printems, de les remplir de terre neuve & de n'y replanter que quelques œilletons, afin que les plantes aient plus d'espace & puissent fournir une plus belle végétation.

Quoique les espèces, n.° 11, 12 & 14, soient vivaces & traçantes, néanmoins comme elles ne sont pas susceptibles de s'étendre beaucoup, elles peuvent être plantées simplement en pleine terre à leur place. Elles préfèrent un sol léger, un peu humide, & les expositions découvertes. On les multiplie ainsi que les précédentes, par le moyen des drageons qui sortent abondamment de leurs souches. A défaut de drageons on les propage de graines, & pour en assurer davantage la réussite, on les seme à l'Automne & en place.

Les graines des Avoines, n.ºs 6, 9 & 10, doivent être semées au commencement d'Avril dans des pots remplis d'une terre légère, que l'on place ensuite sur une couche chaude, couverte d'un chassis. Elles ont besoin d'être fréquemment arrosées pour déterminer leur germination, & il faut au jeune plant une chaleur long-tems continuée pour qu'il croisse sans s'arrêter. Lorsqu'il est parvenu à trois pouces de haut, on peut le séparer, non pas en repiquant chaque pied en particulier, mais en coupant la motte en autant de parties qu'on veut en faire de pots différens. On laisse ensuite ces plantes à l'air libre sur une couche chaude exposée au midi, & en les arrosant fréquemment, on obtient des graines vers la fin de l'automne.

Usage. L'Avoine cultivée & ses variétés, font partie de nos plantes céréales, dont tout le monde connoît l'utilité pour la nourriture des animaux domestiques, & même pour les hommes dans plusieurs provinces. Le fromental ou l'Avoine élevée, quoique d'une qualité inférieure, est une des graminées de nos prairies humides, qui produit un des meilleurs fourrages, & des plus abondans. Les autres espèces d'Europe entrent dans la composition des prairies naturelles, & fournissent des foins, ou des pâturages aux bestiaux. Toutes, en général, sont plus ou moins utiles, & si leur port n'a rien qui puisse les faire admettre

admettre dans les jardins, leur culture devient précieuse pour l'agriculteur qui connoît l'avantage qu'il peut en retirer. (*M. Thouin.*)

AVOIRA ou AOUARA, *Elais.*

Ce genre fait partie de la famille des Palmiers. Il n'est composé que d'un petit nombre d'espèces, dont la plupart sont peu connues des Botanistes, & qui croissent sous la Zone torride, en Afrique & dans les Antilles. Ce sont des végétaux ligneux d'un port aussi singulier qu'élégant, dont les tiges, ainsi que les feuilles, sont armées d'épines longues & acérées. Leurs fruits sont employés à différens usages, quelques-uns comme alimens, d'autres dans la médecine & dans les arts. Ces arbres sont peu répandus en Europe; on n'en rencontre que dans les grands jardins de botanique, où ils sont cultivés dans les tannées des serres chaudes.

Espèces.

1. Avoira de Guinée.
Elais Guineensis. L. ♄ de Guinée & de Cayenne.

* *Autres espèces d'Avoira, suivant Aublet.*

2. Avoira mon-pere, le Conanam.
Elais humilis. ♄ de Cayenne.
3. Avoira sauvage.
Elais racemosa. ♄ de Cayenne.
4. Avoira grimpant.
Elais scandens. ♄ de Cayenne.
B. Avoira grimpant. (petit.)
Elais scandens minor. ♄ de Cayenne.
5. Avoira des Savanes.
Elais Cirrhosa ♄ de Cayenne.
6. Avoira Mocaya.
Elais, Mocaya. ♄ de Cayenne.

L'Avoira Canne appartient au genre du cocotier, & est connu sous le nom de *Cocos Guineensis* L. *Voyez* Cocotier de Guinée.

Description des espèces.

Comme les Avoira sont des arbres fruitiers intéressants, nous croyons devoir en présenter la description, & l'historique avec quelqu'étendue. N'ayant pas été à portée de les observer par nous-mêmes, nous rapporterons ce qu'en dit Aublet dans un excellent mémoire qu'il a publié à la suite de son histoire des plantes de la Guyane françoise, second volume, *pag. 96.*

1. Avoira de Guinée. Ce palmier est le plus grand de tous ceux de ce genre; c'est un arbre fort haut, dont le tronc a huit ou dix pouces de diamètre, & sur lequel reste attachée la base des pétioles des feuilles long-tems après qu'elles sont tombées. Un grand nombre d'épines longues, & aigues couvrent une partie de sa surface, & le rendent inabordable. Son sommet est couronné d'une touffe de feuilles qui ont jusqu'à 15 pieds de longueur. Elles sont ailées, & composées de deux rangs de folioles longues d'un pied & demi, étroites & en forme de lame d'épée. Ces folioles sont très-rapprochées les unes des autres, & le pédicule, qui les porte, est bordé des deux côtés à la partie inférieure, de dents épineuses. Ses fruits sont ovoïdes de la grosseur d'une noix, de couleur jaune doré, légèrement velus. Le caire, ou l'enveloppe des noix de ce palmier, est une substance jaune & onctueuse, que les singes, les vaches, les cochons & autres animaux mangent avec plaisir. Les Européens, à l'exemple des naturels du pays, retirent de l'huile & une espèce de beurre de l'Avoira.

Pour parvenir à en extraire l'huile, on remplit un canot, une barique, ou une fosse qu'on pratique exprès, des fruits de l'Avoira. Ces fruits s'échauffent & éprouvent une espèce de fermentation, qui procure le moyen d'enlever toute l'enveloppe de la noix. L'on écrase cette substance, & on la réduit en pâte; on la chauffe en la remuant, dans un vase placé sur le feu, & on la soumet à la presse. Quelques-uns après avoir écrasé cette substance & l'avoir mêlée avec de l'eau, la font bouillir jusqu'à ce que toute l'humidité soit évaporée, & la pressent ensuite; mais, de quelque manière que ce soit, on obtient en abondance une huile grasse, épaisse, & d'un jaune doré dont quelques personnes se servent pour frire le poisson; mais les Européens n'en usent guère que pour s'éclairer, & détremper des couleurs de peinture. Quelques nations de la Guiane s'en oignent le corps, pour se préserver des insectes & de l'humidité de l'air.

Pour extraire le beurre d'Avoira, l'on casse la noix qui est fort dure; on en tire l'amande qui est ferme & solide, & on la réduit en pâte dans un mortier; on met cette pâte dans un vase sur le feu, & on la remue continuellement jusqu'à ce que le beurre soit bien séparé; ensuite on la soumet à la presse, & on en exprime une substance butireuse qui est d'un très-bon goût, & que plusieurs préfèrent au beurre, pour apprêter la viande & les légumes.

Quelques particuliers procèdent différemment; après avoir mis en pâte l'amande d'Avoira, ils la font bouillir dans un vase avec de l'eau, & lorsqu'ils jugent que tout le beurre est séparé, ils tirent le vase du feu & le laissent refroidir; alors le beurre se fige: ils le retirent & le font ensuite fondre au bain marie; après quoi, ils le passent au travers d'un tamis pour l'avoir plus pur.

Le beurre est très-adoucissant; on l'emploie en frictions contre les rhumatismes; on en fait des pommades pour différens usages: ce beurre est appellé *Thio-Thir.* L'huile d'Avoira & le *Tihio-Thir* sont apportés d'Amérique en Europe.

& y sont connus sous les noms d'huile de palmier & de beurre de Galabam.

2. Avoira mon pere, ou le conanam. Celui-ci est bien différent du précédent; il ne s'élève point. Son pied est une souche qui ne sort pas de terre, & d'où partent les feuilles qui ont environ quatre pieds de hauteur; des aisselles de ces feuilles sort un spathe qui envelope une grappe droite, garnie d'épines & chargée de fleurs, lesquelles deviennent autant de fruits, ce qui le fait ressembler à une quenouille.

Quelques personnes mangent la partie du fruit qui s'attache au fond du calice, comme les écailles d'artichauts, d'autres les font cuire dans l'eau pour en manger davantage. On torréfie le fruit pour en manger l'amande. Cette espèce se trouve dans les grandes forêts de la Guiane.

3. L'Avoira sauvage pousse de sa racine plusieurs troncs gros comme le bras, qui s'élèvent à la hauteur de quinze pieds. Ses feuilles ont tout au plus quatre pieds de longueur. Le tronc & les feuilles sont hérissées de piquans roides, & longs d'environ trois pouces. Les fruits sont d'un beau rouge de corail, & ressemblent, par leur forme & leur arrangement, à de grosses grappes de raisin.

4. L'Avoira grimpant est un palmier épineux, qui pousse de ses racines différens sarmens noueux, qui s'entortillent autour des arbres voisins. Ses feuilles alternes, forment à leur base une gaine qui couvre chaque nœud: elles sont assez éloignées, quoique les nœuds ne soient qu'à 6 ou 7 pouces de distance les uns des autres. De l'aisselle des feuilles naît un spathe qui enveloppe une grappe de fleurs, lesquelles se convertissent en autant de fruits rouges, de la grosseur des gros poids verds. Cette grappe coriace & ferme, ressemble à une grappe de raisin, dont les grains sont très-serrés. Le palmier grimpant, se plaît dans les lieux montagneux, où l'eau ne séjourne pas.

4. B. Le petit Avoira grimpant n'est qu'une variété du précédent; son fruit est également rouge. Il croît au bord des criques.

5. L'Avoira des savanes est un palmier que son port & ses feuilles, terminées par un filet à plusieurs crochets, font prendre au premier abord pour le rotin; il pousse de ses racines plusieurs sarmens qui se répandent en tout sens, & qui s'appuient sur les arbres voisins. Il diffère du rotin, par ses sarmens qui deviennent noirs en les mettant macérer dans la boue; ensuite ils sont fermes, durs & cassans; ils sont susceptibles du plus beau poli: cet Avoira diffère encore du rotin par ses fruits, qui sont des grappes de petits cocos, dont l'enveloppe est d'un rouge de corail, & qui, par leur forme sphérique & leur grosseur, ressemblent à une petite noisette.

Ce palmier se plaît dans les lieux humides & marécageux, parmi d'autres arbres. Lorsqu'on traverse les bois où ce palmier est abondant, tous les vêtemens sont bientôt réduits en haillons; heureux quand on peut se garantir le visage & le corps de ses crochets. On trouve communément ce palmier en sortant de la ville de Cayenne, lorsqu'on veut pénétrer les bosquets de la Savane; on le rencontre aussi très-souvent dans la Guiane, en traversant les forêts sujettes à être inondées. Les habitans de Cayenne en font des cannes qui sont très-légères.

6. Avoira Mocaya. Celui-ci diffère de la première espèce par une singularité remarquable. Son tronc est plus gros dans le milieu de sa hauteur qu'à ses deux extrémités; ses fruits sont aussi plus gros, & de forme presque sphérique: on peut les comparer, pour la grosseur, à une noix bien nourrie, couverte de son brou.

Tous ces palmiers ont le calice d'une seule pièce à trois divisions: les pétales sont au nombre de six, verdâtres, coriaces & terminées en pointe; l'on compte aussi six étamines, dont les filets sont courts. Le pistil est un ovaire qui occupe le centre, il se termine par un stile très-court dans les uns, & plus long dans les autres; il porte trois stigmates. Cet ovaire devient une noix, qui conserve le calice jusqu'à sa maturité. Cette noix est enveloppée de filamens qu'on nomme caire, & qui sont entremêlés d'une substance pulpeuse, dont on tire une huile comme nous l'avons dit ci-dessus.

Culture. L'Avoira de Guinée, le seul que nous possédions en France, se cultive dans des pots qui sortent rarement de la serre-chaude, où ils sont enterrés dans des couches de tannée. Il exige une terre sablonneuse, qu'il faut renouveller toutes les années en prenant la précaution de ne rompre ni meurtrir aucune racine. Cette arbre ne veut que des arrosemens moderés, il craint l'humidité & se plait à la plus grande chaleur. Pendant le mois de Juillet, lorsque les nuits sont douces & qu'il tombe de la pluie, il est nécessaire de sortir les Avoira des serres pendant une quinzaine de jours, tant pour les laver de la poussière qui les salit, que pour faire périr les pucerons & les galles-insectes qui cachées sous les enveloppes de la tige & défendues par des épines très-acérées, nuisent infiniment à sa végétation.

Il est très-rare que cet Avoira pousse des œilletons de son pied, & comme il n'a point de branches, on est réduit à le multiplier de semences; on les tire de Guinée ou de Cayenne; mais, comme elles vieillissent promptement, il en faut semer un très-grand nombre pour en obtenir quelques pieds. Ces graines doivent être semées à l'instant où elles arrivent, n'importe dans quelle saison; si c'est l'été, on les met sur une couche chaude & sous chassis; si elles arrivent dans l'hiver, on les place dans la tannée d'une serre chaude, & on les arrose très-fréquemment jusqu'à ce que le germe commence à sortir de terre. Le jeune plant croît très-lentement pendant les trois premières années, & souvent à cette époque, il n'a produit que trois feuilles. Pour hâter sa croissance on peut le placer avec les ananas sous les baches, & l'y laisser jusqu'à ce que la saison de rentrer ces derniers dans les serres chaudes soit arrivée.

C'est dommage que ces arbres soient si rares en Europe; leur port élégant & très-pittoresque les rend propres, ainsi que tous les autres palmiers, à faire le plus bel ornement des serres chaudes. (*M. Thovin.*)

AVORTÉ. Ce mot s'applique aux plantes & aux fruits. On dit *des plantes Avortées*, *des fruits Avortés*, quand ils n'ont pas acquis leur perfection, & *des arbres Avortés*, quand ils ne sont pas d'une belle venue. Les Botanistes regardent comme Avortées, les fleurs qui ne produisent rien, ou les étamines qui ne contiennent pas de poussière fécondante. Cette dénomination convient moins aux fleurs entières, aux étamines stériles, & aux arbres rabougris, qu'aux fruits & aux plantes mal constituées, parce que l'Avortement suppose une conception, & l'existence, à la vérité informe, d'un individu.

M. Tillet, de l'Académie des Sciences, a fait connoître une maladie du froment, qu'il désigne sous les noms de *bled Avorté*, *de bled rachitique*. Ce savant, laborieux, modeste & vertueux, a débrouillé les maladies des grains. On lui a l'obligation d'avoir fait sur cet objet des recherches, des expériences & des découvertes, qui inspirent le plus grand intérêt ; j'aurai occasion d'en parler plusieurs fois. Chargé par la Société de Médecine de m'occuper aussi des maladies des grains, considérées par rapport à la santé des hommes & des bestiaux, j'ai cru devoir ne pas négliger les observations physiques & les essais qu'il convenoit de faire, soit pour engager les cultivateurs à profiter des découvertes de M. Tillet, soit pour leur en faciliter les moyens, soit enfin pour ajouter quelque chose aux lumières qu'il a répandues, ou pour aller au-delà du but où il s'est arrêté. Un traité des maladies des grains, que j'ai publié, en 1783, contient l'abrégé des travaux que j'ai entrepris pour remplir ce projet. On n'y trouve rien sur le *bled avorté*, ou *bled rachitique*, parce que cette maladie m'étoit inconnue alors, l'ayant toujours cherchée inutilement dans les pays où je passois les étés. Ce sera donc d'après les ouvrages de M. Tillet, que j'en donnerai la description.

Peut-être M. Tillet eût-il pu trouver une dénomination plus exacte que celle de *bled Avorté*, ou *bled rachitique*, pour caractériser la maladie dont il s'agit : car les Botanistes doivent entendre par-là des grains incomplets, tels qu'en fournissent souvent les fleurs du milieu des calices du froment. Ces grains ont du son pour écorce, & contiennent de la farine, tandis que les grains de *bled Avorté* ont une écorce particulière & ne renferment point de farine. Il y a aussi véritablement des grains de bled bossus & contrefaits, qui ne diffèrent des beaux grains, que par leur forme. Le nom de bled rachitique conviendroit à ces derniers exclusivement. Quoi qu'il en soit, rien ne me paroissant plus fâcheux pour les Sciences que de changer des noms connus, j'adopterai ceux que M. Tillet a donnés à toutes les maladies des grains.

Les racines des bleds Avortés ont paru à M. Tillet un peu altérées Il a distingué dans plusieurs la partie ligneuse, qui étoit presque à nud ; ces racines n'étoient pas aussi entièrement, & aussi généralement recouvertes que des tiges saines de cette écorce spongieuse & veloutée, dont la fonction sans doute est d'humecter la partie ligneuse.

Ce qui indique que les tiges produiront du bled Avorté, c'est qu'elles sont mollasses, jaunâtres tortueuses, nouées ; à peine ont-elles trois à quatre pouces de hauteur qu'on s'en apperçoit. Elles ne s'élèvent jamais au-dessus d'un pied & demi ; en croissant, elles prennent une couleur verte, & deviennent bleuâtres. Les feuilles se colorent de la même manière ; elles n'ont pas plus de consistance que les tiges, & sont contournées en forme d'oubli ou de tirebourre.

Les épis sont petits, maigres, desséchés. Selon M. Tillet, avant qu'ils soient hors du fourreau, l'avortement des grains est quelquefois consommé. Peu de tems après qu'ils se sont montrés, on les voit blanchir.

Les grains Avortés ressemblent à des petits pois fins ; ils sont irrégulierement arrondis & se terminent brusquement en pointes ; ils en ont trois bien marquées. Ils noircissent, se dessechent & sortent de leurs bâles aussi-tôt qu'on y touche pour les observer. Il est rare qu'un pied de bled rachitique produise des épis totalement bons, & des épis totalement Avortés : lorsque cela arrive, le bon épi est porté sur une tige droite, dont les feuilles sont peu contournées.

Les grains Avortés se trouvent quelquefois entremêlés dans un même épi avec des grains cariés. Dans ce cas, la tige est droite, & les feuilles sont développées. Cela indique le rapport de bled Avorté avec le bled carié. Une tige rachitique porte quelquefois de bons grains & des grains Avortés sur un même épi. Il est rare de trouver un grain Avorté, accompagné d'une ou de deux de ses étamines ; M. Tillet n'en a jamais vu, qui les eût toutes les trois.

M. Tillet a remarqué des tiges assez droites, très-élevées, & n'ayant de contournées que les feuilles du troisième & quatrième nœud, qui portoient des épis, sur lesquels il a trouvé ; 1.° des grains Avortés seuls dans leurs bâles, 2.° des grains Avortés, & de bons grains renfermés dans les mêmes bâles ; 3.° des grains sains dans des bâles séparées.

Quoique la plupart des tiges & des épis Avortés soient, en général, dans un état de délicatesse & d'amaigrissement sensible, cependant on trouve quelquefois des grains Avortés sur des tiges élevées, & dans des épis bien formés : M. Tillet pense que la maladie du bled Avorté est aussi nuisible au cultivateur que la carie & le charbon. *Voyez* CARIE & CHARBON. Il en faut conclure que, dans les environs de Troyes, en Champagne, où il a fait ses observations, cette maladie est très-commune. J'ai cherché pendant long-tems à l'étudier dans quelques cantons de la Beauce, sans pouvoir la rencontrer; je présume qu'elle y est très-rare. M. Tillet ne dit point qu'elle soit contagieuse : on sait que la carie, qui se communique avec une extrême facilité, est répandue dans beaucoup de pays. Le tort que cette dernière a fait dans la plupart des cantons cultivés de la France, pendant les années 1785, 1786, 1787, n'atteste que trop qu'elle est la plus nuisible des maladies des grains au produit des recoltes. Il y a probablement, d'après l'assertion de M. Tillet, des pays où le rachitisme & la carie sont également à craindre.

Le même Auteur nous apprend que le rachitisme est toujours la première maladie qu'on apperçoit dans le froment. Elle se montre d'une manière très-marquée, dès le commencement de Mai. Les tiges des bleds Avortées sont plus avancées, & portent plutôt des épis que les bleds sains ; les tiges & les feuilles sont parsemées de gouttelettes d'une liqueur très-limpide, qui paroît être la seve extravasée. M. Tillet croit que des insectes ont beaucoup de part à la cause du bled Avorté. Son opinion est-elle fondée, ne l'est-elle pas ? voilà ce que je ne suis pas en état de décider, n'ayant aucune observation qui puisse constater le pour ou le contre.

J'ai trouvé des grains rachitiques dans les épis d'un froment à épis barbus, épais, à bâles rapprochées, barbes noires ou rousses, tige pleine, grains transparens & durs, originaire de la côte de Barbarie, que j'ai semé à Rambouillet. M. le Marquant, Maître particulier des Eaux & Forêts d'Anet, m'a envoyé des épis de bled rachitique, qui étoient ceux du froment à épis blancs presque cylindriques sans barbes, grains dorés & tendres, tige creuse. Voilà donc deux fromens d'un caractère opposé, sujets à cette maladie. Peut-être les autres espèces n'en sont-elles pas exemptes.

Une observation qu'il m'a paru bon de recueillir, c'est qu'à Anet, la moitié d'une pièce de terre ayant été labourée au commencement de Septembre, & l'autre le 29 Octobre, & les deux ensemencées le même jour, 29 Octobre ; celle qui avoit été ensemencée le jour du labour, a produit du bled rachitique, & du bled carié, tandis qu'on n'a trouvé aucune de ces maladies dans le produit du champ labouré près de deux mois avant l'ensemencement. On verra à l'article *Carie*, l'influence du labour frais pour la multiplication de la carie. Il résulte de-là un second rapport du bled Avorté avec le bled carié, qui donne lieu de croire que les mêmes moyens doivent réussir pour préserver le froment de l'une & de l'autre maladie.

Je ne passerai pas sous silence un fait relatif aux grains de bled rachitique, quoiqu'il soit plus curieux qu'utile à l'Agriculture. Il est d'autant plus avantageux de le rapporter ici, qu'il me donne occasion de détruire une erreur, accréditée par le témoignage de M. de Buffon ; ce savant naturaliste voulant prouver son systême des molécules organiques, a cité entr'autres choses, une infinité de petits corps qu'il a cru qu'on trouvoit dans la maladie des grains appellée *Ergot*. Bien des personnes & depuis peu M. Dupaty, dans son voyage d'Italie, ont répété cette observation, & n'ont pas douté que ces petits corps ne se trouvassent dans l'ergot. C'est dans les grains de bled rachitique, qui en diffère beaucoup, qu'il faut les chercher. L'ergot ne contient que des fibres sans mouvement. *Voyez* ERGOT. En changeant le nom des grains & en attribuant à ceux du bled rachitique, ce que dit M. de Buffon de l'ergot, j'emploirai ses propres paroles pour rendre compte d'un phénomène aussi singulier. « Ils sont, dit-il, » composés d'un infinité de filets ou de petits » corps organisés, semblables par la figure à des » anguilles ; pour les observer au microscope, » il n'y a qu'à faire infuser le grain pendant dix » à douze heures dans de l'eau & séparer les » filets qui en composent la substance, on verra » qu'ils ont un mouvement de flexion & de tortillement très-marqué, & qu'ils ont en même-tems » un léger mouvement de progression qui imite » en perfection, celui d'une anguille qui se tortille ; lorsque l'eau vient à leur manquer, ils » cessent de se mouvoir ; en y ajoutant de la » nouvelle eau, leur mouvement recommence, & » si on garde cette matière pendant plusieurs jours, » pendant plusieurs mois, & même pendant plusieurs années, dans quelque tems qu'on la prenne » pour l'observer, on y verra les mêmes petites » anguilles, dès qu'on la mêlera avec de l'eau, » les mêmes filets en mouvement, qu'on y aura » vus la première fois ; en sorte qu'on peut faire » agir ces petites machines aussi souvent & aussi » longtems qu'on le veut, sans les détruire & » sans qu'elles perdent rien de leur force ou de » leur activité. »

Laissant à part l'application que M. de Buffon fait de ces observations à son systême, je me contenterai de dire, que Néedham est un des premiers qui les ait faites, qu'elles ont été renouvellées depuis par un grand nombre de physiciens, & que je n'ai pu me refuser au plaisir de les vérifier. (*M. l'Abbé* TESSIER.)

AVORTEMENT.

Sortie prématurée d'un fœtus d'animal qui n'est pas à terme. On dit aussi, mais à tort, que les plantes avortent, lorsqu'elles ne donnent pas de graines, c'est plutôt quand elles donnent des fruits précoces. *Voyez* AVORTÉ. Les femelles des animaux, dont l'Avortement porte préjudice à l'Agriculteur, sont les jumens, les vaches, les brebis. Les petits sont abortifs quand la jument met bas avant le onzième mois, la vache avant le neuvième & la brebis avant le sixième.

Il y a des femelles plus sujettes à avorter que d'autres. On en voit qui avortent toujours à la même époque ; elles avortent, pour la plupart, indistinctement à toutes les époques de la gestation.

Quand une femelle avorte brusquement par quelque cause violente, ou dans les premiers mois, rien ne l'annonce d'avance. Si c'est dans les derniers mois, son pis se gonfle & se remplit d'une matière séreuse ; il suinte une humeur glaireuse du vagin, qui se dilate peu-à-peu, comme si la bête devoit mettre bas à terme. En appuyant sur son ventre, on sent les mouvemens du petit plus fréquens & moins forts.

Les Avortemens des bestiaux font tort aux propriétaires pour plusieurs raisons. Premièrement, ils les privent des petits qui accroîtroient leurs troupeaux ou qu'ils vendroient. Car, dans le plus grand nombre des Avortemens, les petits meurent en naissant ou sont d'une constitution si foible & si délicate, qu'on ne peut les élever avec avantage. Il n'y a tout au plus, que ceux qui naissent dans l'avant-dernier mois qu'on peut conserver. Les mères qui avortent sont d'autant plus malades, que cet accident arrive dans les premiers mois, ou au milieu de la gestation. Elles se rétablissent difficilement. Il résulte de-là, ou que, dans ces animaux, le principal organe de la génération est vicié au point de les empêcher de concevoir dans la suite, ou qu'il se fait, vers quelque partie du corps, un reflux de lait, toujours fâcheux pour la constitution de l'animal. Le propriétaire perd donc les petits & les mères, ou bien il est obligé de se défaire de ces dernières à vil prix.

Plusieurs causes sont capables de produire l'Avortement, les unes sont naturelles & les autres accidentelles. Les naturelles auxquelles on n'a pas fait assez d'attention jusqu'ici, sont le tempérament & la constitution particulière des femelles. Une bête trop sanguine avorte, parce que le sang se porte en trop grande quantité & avec trop de force vers les vaisseaux de la matrice, & occasionne le déplacement des placentas ; une autre avorte encore quand trop peu sanguine & trop foible ; elle ne fournit pas assez de sang pour la nourriture des fœtus. Les placentas se séparent du fond de la matrice, comme des fruits tombent d'un arbre quand la seve cesse de s'y porter, ou ne s'y porte qu'en trop petite quantité.

A l'égard des causes accidentelles, il y en a de plusieurs sortes. Des maladies aigues ou chroniques, un exercice ou un travail violent, une marche forcée dans des lieux escarpés, une nourriture trop abondante, ou gâtée, ou insuffisante ; un tems défavorable, des coups reçus particulièrement sur le ventre, sur les flancs, sur les reins, des herbes de la classe de celles qui provoquent dans les femmes l'éruption des règles, la frayeur, une étable ou une écurie, ou une bergerie, dont le sol est trop en pentes, des porte trop étroites où les animaux se pressent, sont autant de causes d'Avortement. Je connois une étable où une fiche de fer qui avançoit dans l'ouverture de la porte, faisoit avorter les vaches, parce qu'elles s'y blessoient en passant ; cette fiche ayant été ôtée, les vaches de l'étable n'ont plus avorté.

De toutes les causes d'Avortement, la plus considérable est celle qui agit par contagion. L'influence de cette cause étant extraordinaire, j'ai cru devoir placer ici l'extrait d'un mémoire que j'ai publié sur cet objet, dans le cinquième volume des Mémoires de la Société Royale de Médecine.

Plusieurs cultivateurs de diverses parties de la Beauce se plaignent de ce que les vaches de leurs étables avortent plus ou moins d'années de suite, & les privent par-là d'un produit utile. Cette circonstance, dont personne n'a encore fait mention, m'a paru mériter que je m'en occupasse d'une manière particulière. J'exposerai, en peu de mots, ce que mes recherches m'ont appris à cet égard.

Aussi-tôt que dans les étables dont il s'agit, une vache avorte, presque toutes celles qui y sont renfermées, avortent aussi les unes après les autres. Cet accident, qui continue pendant un espace de tems plus ou moins long, & cesse sans qu'on sache ce qui le fait cesser, reparoît quelquefois dans les fermes où on l'a déjà vu. J'en connois une où on l'éprouve depuis trente-six ans, avec deux interruptions de quelques années seulement. Dans un village composé de plusieurs fermes, toutes les vaches des unes avortent, tandis que celle des autres fermes n'avortent pas. On remarque, lors de ces avortemens, que les cotyledons, (nom que l'on donne aux petits placentas des vaches,) ne suivent pas, ou ne suivent qu'en partie la sortie du fœtus ; les portions qui restent, se putréfient & tombent peu-à-peu en lambeaux par la voie de la suppuration, ou de la gangrene, en exhalant dans l'étable une odeur d'une fétidité insupportable.

Les vaches qui ont ainsi avorté, deviennent

promptement en chaleur, & sont ensuite fréquemment dans cet état. La plupart ne conçoivent plus du tout: les autres ne conçoivent que longtemps après l'Avortement; plusieurs maigrissent, toussent & tombent dans le marasme.

Ces symptômes, que j'ai observés d'abord en 1776, avec M. Pelé, Artiste vétérinaire à Toury, dans une ferme du village de Mantarville, située à trois lieues de Dourdan, & depuis ce tems-là dans d'autres fermes de différens cantons, tant dans les environs d'Orléans, qu'à peu de distance de Pithiviers; ces symptômes, dis-je, se trouvent confirmés dans un mémoire à consulter, adressé, en 1787, à la Société de Médecine par M. Barrier, Artiste vétérinaire, résidant à Chartres. Son Mémoire, qui annonce un observateur attentif & éclairé, ajoute aux symptômes déjà exposés, les particularités suivantes.

« Parmi les vaches qui avortent, quelques-» unes éprouvent des démangeaisons, des ébul-» litions, des espèces d'érésipelles partiels. L'A-» vortement se fait dans toutes les saisons de » l'année, à toutes les époques de la gestation, » mais plus ordinairement vers le cinquième ou » septième mois. Jeunes, ou un peu âgées, » grasses ou maigres, élevées dans l'étable, ou » achetées à des marchands, les vaches avortent » indistinctement. Les fœtus, issus de ces Avorte-» mens, sont maigres & flasques. Quelques-uns » de ceux qui ont passé le cinquième mois, » vivent jusqu'à huit jours. Pendant tout ce » temps, ils n'ont qu'un mugissement continuel, » pénible à entendre, & ils rendent, par les na-» rines, une humeur épaisse, de couleur de » rouille. »

En examinant les causes de ces Avortemens fréquens & continuels, j'ai observé qu'ils ne pouvoient être attribués ni au local des étables, ni aux alimens qu'on donne aux vaches dans la Beauce, ni à la manière dont on les soigne. Je me contente de dire ici que j'ai bien réfléchi sur toutes ces circonstances, qui ne m'ont point paru y influer. Il est donc certain que ces accidens se perpétuent ainsi par contagion. Une cause inconnue fait avorter la première bête d'une étable, le mal se communique ensuite aux autres, & la contagion l'entretient, jusqu'à ce qu'une circonstance à laquelle on n'a pas encore fait attention, la fasse cesser entièrement. Un fermier m'a certifié, que si une vache qui avorte se trouve auprès d'une vache pleine, celle-ci avorte plus inévitablement qu'une bête placée plus loin dans l'étable. Enfin j'ai découvert que les gens de la campagne, dont les usages ne sont pas toujours aussi mal fondés qu'on l'imagine, lorsqu'une vache avorte, enlevent le veau hors de l'étable, soit en le faisant passer par la fenêtre, soit en pratiquant exprès un trou à la muraille, & jamais ne l'en tirent par la porte, dans la crainte, sans doute, que quelques émanations de l'Avorton ne nuisent aux vaches pleines qui entrent, & qui sortent. C'est ne deviner, à la vérité, que la moitié de la chose; mais leur conduite, à cet égard, prouve qu'ils sont persuadés, qu'en ne prenant point cette précaution, les Avortemens se communiquent plus facilement.

Les effets de la contagion sont bornés dans l'enceinte de l'étable, parce qu'il y a des *virus contagieux*, plus ou moins actifs les uns que les autres. Celui qui produit les Avortemens, a peut-être besoin, pour se développer, de la chaleur des étables, qui est considérable dans la Beauce; ou plutôt cette chaleur contribue peut-être à rendre la contagion plus capable d'agir.

Il est difficile, j'en conviens, d'expliquer comment des Avortemens peuvent devenir contagieux. Il me semble cependant qu'on ne sauroit refuser d'y croire d'après l'exposé qui précède; & sur-tout si l'on fait attention à une circonstance que j'ai rapportée. Les cotylédons, retenus pendant quelque tems, se putréfient & répandent dans l'étable une odeur infecte. Cette odeur que respirent les vaches pleines, & alors plus susceptibles, n'est-elle pas capable de leur faire impression? ne peut-elle pas être regardée comme le véhicule du principe de la contagion? n'est-on pas en droit de soupçonner que par une analogie, qui n'est pas sans exemple, des cotylédons putréfiés dans le corps d'un animal malade, disposent à la même altération le corps d'un animal sain? quoi qu'il en soit, quelques vaches seulement dans ces étables amenent leurs veaux à bien, parce que dans les maladies contagieuses, même très-actives, tous les individus, qui y sont exposés, ne les contractent pas. Si, dans la ferme de Mantarville, le mal a continué, quoiqu'on eût changé d'étable, c'est parce que, dans la nouvelle, on a introduit les mêmes vaches. L'altération des organes de la reproduction & l'âcreté des humeurs qui y affluent, indiquent, ce me semble, pourquoi sitôt & si souvent après l'Avortement, ces bêtes deviennent en chaleur; pourquoi, la conception n'a plus lieu; pourquoi selon l'observation de M. Barier, quelques vaches toussent ou sont couvertes de boutons, indices certains d'un reflux de lait à la poitrine ou à la peau.

Des fermiers & des bergers m'ont assuré que l'Avortement des brebis, moins ordinaire que celui des vaches, étoit aussi quelquefois contagieux, & que les gardiens des troupeaux enlevoient les Avortons avec les mêmes précautions qu'on enlève ceux des vaches. Je n'ai pas eu occasion de vérifier le fait. Il est d'autant plus croyable que les brebis, aux champs comme à l'étable, sont très-près les unes des autres. En supposant l'assertion exacte, presque tout ce que je dis des vaches peut s'appliquer aux brebis.

La connoissance des causes des Avortemens conduit à celle des moyens les plus convenables pour les prévenir. Lorsqu'on s'apperçoit qu'une bête pleine est trop sanguine, ce qui est annoncé par le gonflement des vaisseaux, par la rougeur des yeux, des narines, & de l'intérieur de la bouche ou de la gueule & la plénitude du pouls, on ne doit pas balancer à lui tirer du sang de la jugulaire, si c'est une jument ou une vache, ou de la tête si c'est une bête à laine. On répète la saignée une seconde fois s'il en est besoin. Au contraire, loin de saigner, on cherche à redonner des forces aux femelles pleines, qui sont d'une constitution foible, soit par des alimens plus nourrissans, soit par des breuvages fortifiants. Il seroit plus raisonnable & plus utile de ne pas faire couvrir des animaux foibles dont le produit ne peut jamais être avantageux.

Un propriétaire intelligent ne doit pas permettre que ses femelles pleines travaillent autant que si elles ne l'étoient pas, ni qu'on leur fasse gravir des terreins difficiles; il devroit empêcher qu'on les laissât courir, ou qu'on leur fît porter de lourds fardeaux, ou qu'on leur frappât sur le ventre. Il aura soin de leur faire donner la nourriture convenable & jamais en trop grande quantité. Le sol de ses étables sera toujours uni; il n'aura que la pente nécessaire pour l'écoulement des urines. Le propriétaire veillera à la conduite de son bétail; il exigera qu'on le fasse entrer dans les étables & qu'il n'en sorte qu'à l'aise, de manière à n'être point pressé par les jambages des portes. Des ordres précis donnés à des domestiques, une surveillance constante & beaucoup d'attentions, empêcheront la plus grande partie des Avortemens. On ne peut prévenir celui qu'occasione la frayeur d'un coup de tonnerre, ou l'approche d'un loup, & celui qui survient dans une maladie vive.

Il arrive souvent que les brebis avortent, à cause de l'intempérie de l'air, ou parce que les chiens du berger mal dressés les mordent & les tourmentent. On remédie difficilement au premier inconvénient; cependant on peut jusqu'à un certain point prévenir les Avortemens auxquels il donne lieu; par exemple, si l'automne est très-pluvieux & que les brebis étant nourries d'herbes trop aqueuses, soient exposées à un relâchement qui détermine prématurément la sortie du fœtus, il faut recourir à quelques boissons toniques & apéritives; telles que l'infusion de cendres de genêt ou d'éponge, la décoction de genièvre, le vin blanc, &c. on leur en donne de tems en tems quelque petite dose & on parfume leurs étables avec la fumée de genièvre, de genêt, de lavande, de thim, &c. Il me semble qu'il seroit également facile de prévenir les avortemens dépendans de la contagion. S'agit-il d'une vache, dès qu'on s'apperçoit qu'elle est sur le point d'avorter, il faut la séparer des autres, la mettre dans un lieu commode, & ne lui donner que très-peu à manger. Si après l'Avortement les cotylédons ne suivent pas le fœtus, on aura soin de les extraire ou de donner à la vache des breuvages composés de décoctions de plantes emménagogues, telles que la rue, l'armoise, la sabine, la matricaire, &c. je connois un berger qui a l'adresse de bien extraire les placentas d'une vache qui avorte; son secours est utile à l'animal & à son maître. Quelques jours après, on fera prendre à l'animal de la thériaque, ou de l'orviétan ou de la confection d'hyacinthe dans du vin, & on la nourrira davantage. On ne la remettra avec les autres que dans le cas où elle se rétablira parfaitement & même plusieurs mois après. On enlevera le fœtus qu'il faudra enterrer profondément.

Je conseille ces moyens avec d'autant plus de confiance qu'ils ont eu plusieurs fois du succès; car un fermier de Saveri, en Gâtinois & un d'Andonville, en Beauce, les ont employé & s'en sont applaudis. M. Barrier, que j'ai cité plus haut, m'apprend qu'ils ont également réussi dans quelques fermes du pays Chartrain. Les bêtes qui ne se rétablissent pas facilement, & qui deviennent bientôt en chaleur, ne doivent plus être remises dans le troupeau. Il seroit néanmoins utile, avant que de s'en défaire, d'essayer si on ne parviendroit pas à les guérir, en leur appliquant des setons au fanon & au plat des cuisses ou même des vésicatoires, comme j'en ai fait placer plusieurs fois avec avantage dans d'autres circonstances. Ce dernier remède convient sur-tout s'il y a une éruption laiteuse. On tiendroit en même-tems les vaches, qui seroient en cet état, dans un endroit chaud, & on leur feroit prendre des boissons faites avec des plantes sudorifiques. Lorsqu'on s'apperçoit qu'une jument ou une vache ou une brebis pleine ne peut par les seuls efforts de la nature, terminer son Avortement, il est nécessaire de l'aider, en introduisant la main dans la matrice. Les signes qui indiquent cette nécessité sont la mort du fœtus, qu'on ne sent plus remuer depuis quelque tems, les douleurs que les femelles témoignent ressentir, les frissons qu'on observe, les sanies fœtides qui découlent du vagin. Alors, avec précaution & par gradation, on introduit une main, ointe de beurre ou d'autre matière grasse, jusque dans la matrice & on en retire le fœtus, & après lui les placentas. On soigne la mère comme après l'Avortement spontané.

Je me borne à ce petit nombre de moyens, persuadé qu'avec une médecine vétérinaire simple & peu étendue on obtient des effets aussi certains qu'avec celle qui accumule des remèdes chers, souvent difficiles à employer. Ils ne servent ordinairement qu'à éloigner les gens de la campagne, d'ailleurs très-occupés, des secours que l'art tenteroit de leur donner. On trouvera au reste plus de détails dans le Dictionnaire de Médecine. (*M. l'Abbé* Tessier.)

AVORTEMENT. *Jardinage.* L'Avortement est occasionné dans les végétaux par le défaut de fécondation, par la privation de quelques-unes de leurs parties sexuelles, ou par l'intempérie des saisons.

Les fleurs femelles, qui ne sont pas fécondées par les poussières des étamines des fleurs mâles, n'en produisent pas moins un fruit; mais ce fruit se détache & tombe, avant d'avoir acquis son volume ordinaire, & les semences qu'il renferme, dépourvues de germe, sont privées de la faculté de lever. Cet accident arrive fréquemment aux végétaux qui sont dioiques, ou dont les fleurs femelles sont portées sur un individu, & les fleurs mâles sur un autre, comme dans plusieurs espèces de palmiers, de pistachiers, de saules, &c. C'est aussi la raison pour laquelle, lorsqu'il importe d'avoir des fruits ou des semences fertiles de ces arbres, on a soin de les marier, c'est-à-dire, de rapprocher les individus mâles des individus femelles, afin que les poussières des étamines des premiers puissent être portées sur les fleurs femelles & féconder leurs germes.

L'Avortement a lieu aussi dans les végétaux monoïques, ou dans ceux dont les fleurs femelles sont distinctes, & séparées des fleurs mâles sur le même individu, & se trouvent à des places différentes, comme dans les chênes, les noyers, les châtaigniers, &c. Lorsqu'il arrive, par quelques causes accidentelles, que ces deux espèces de fleurs ne s'ouvrent pas en même-tems, la fécondation ne peut avoir son effet, & l'Avortement s'ensuit.

Il arrive quelquefois que des fleurs hermaphrodites, c'est-à-dire, des fleurs qui renferment des parties mâles & femelles dans le même calice, produisent des semences avortées, parce les étamines avortent elles-mêmes, & qu'elles ne peuvent répandre leurs poussières séminales sur le germe, & le féconder. La même chose arrive encore dans ces fleurs, par l'effet d'une grande pluie qui lave & entraîne la poussière des étamines, c'est ce que les Jardiniers appellent *coulure du fruit.*

Souvent des insectes, de grands vents, des hâles ou des gelées tardives, altèrent ou détruisent les parties mâles. Le fruit grossit cependant jusqu'à un certain point, mais il ne parvient jamais à son degré de perfection.

Les mêmes causes produisent les mêmes effets sur les pistils, ou les parties femelles des végétaux; alors les fleurs qui en sont atteintes se flétrissent & tombent avant le terme ordinaire.

L'Avortement des fruits est quelquefois produit par d'autres causes. Lorsqu'un arbre en est excessivement chargé, & que sa sève ne peut fournir à leur accroissement, ils tombent en partie & à différentes époques de leur entière grosseur, jusqu'à ce qu'il n'en reste plus à l'arbre que ce qu'il peut en nourrir. Cette espèce d'Avortement est facile à observer sur les abricotiers, les amandiers, & autres arbres fruitiers; on pourroit le nommer Avortement d'abondance. Lorsqu'on veut avoir de beaux fruits, il ne faut pas attendre que ceux qui sont de trop sur l'arbre s'en détachent, & tombent d'eux-mêmes; parce qu'en attendant ils emportent & consomment inutilement une partie de la seve qui auroit tourné au profit de ceux qu'on auroit conservés, si on avoit eu l'attention de supprimer les autres de bonne heure. Cette opération en usage dans les jardins fruitiers, s'appelle *éclaircir* les fruits. *Voyez* cet article.

Une grande sécheresse, un hâle considérable & un froid tardif, qui survient dans le tems où les fruits commencent à grossir, arrêtent le cours de la sève, & occasionnent leur Avortement; ils restent quelque tems attachés à l'arbre, se flétrissent & tombent bientôt après.

Les mêmes causes font avorter aussi quelquefois les tiges des plantes; ce qui se remarque dans celles des oignons de fleurs & des plantes annuelles. (*M. Thouin.*)

AVORTER, mettre bas un petit avant terme. *Voyez* Avorté; Avorton, Avortement. (*M. l'Abbé Tessier.*)

AVORTER. *Jardinage.* La chaleur excessive, le froid, la sécheresse, la trop grande humidité, le vent, la pluie, enfin tous les extrêmes dans la constitution atmosphérique, & leur passage subit, font avorter les fruits. Ils avortent encore par d'autres causes indiquées dans l'article précédent *Voyez* Avortement. *Jardinage.* (*M. Thouin.*)

AVORTON. On donne ce nom aux fœtus des animaux, qui naissent avant d'être à terme. Si c'est dans les premiers mois, ils naissent morts ou meurent en naissant; si c'est à l'approche du dernier mois, ils sont plus ou moins viables, & plus ou moins bien constitués, selon qu'ils étoient plus ou moins près de terme. (*M. l'Abbé Tessier.*)

AVORTON. *Jardinage.* Ce mot se dit d'un fruit, d'une plante, d'un arbre. Il est synonyme de petit, maigre, chétif. Un Avorton est un être qui, quoique doué de toutes ses facultés, est dans un tel état d'appauvrissement que si l'on n'y porte un prompt remède, il finit souvent par périr.

Cet état est produit par un grand nombre de causes, naturelles ou accidentelles, telles que les intempéries des saisons, la qualité des terres, & le plus ordinairement par le changement de climat.

En général, les végétaux de la zone torride transportés dans des pays froids ou même tempérés, ne sont plus que des Avortons, qui fleurissent & fructifient difficilement, & n'acquièrent presque jamais la taille & le volume auxquels ils parviennent dans leur pays natal. (*M. Thouin.*)

AVOT, mesure de solides en Flandre; quatre

„ Avots font la rafière. La rafière contient en-„ viron 100 livres de colzat, poids de marc, „ la graine étant bien feche. „ *Ancienne Encyclopédie.* (*M. l'Abbé* TESSIER.)

AVRIL, *Agriculture*, quatrième mois de l'année civile. C'est le premier de l'année rurale dans les pays où les baux des fermes commencent à *la levée des guérets* ou des *jachères*; c'est-à-dire, à l'époque où on donne une première façon aux terres, dans lesquelles on doit femer du froment l'Automne suivant; car le froment étant le plus important des grains, on date dans ces pays du moment où l'on commence à difpofer la terre à le recevoir.

Au mois d'Avril, dans le climat de Paris, les champs enfemencés en Automne, & les prés font couverts d'une belle verdure; le froment & le feigle tallent, pouffent & s'élèvent. A la fin de ce mois même, on voit des feigles épiés, fur-tout dans des terreins fablonneux, ou abrités du Nord.

Quoique la faifon la plus ordinaire de femer les avoines, foit le mois de Mars, & même une partie de Février, cependant on en feme encore en Avril, quand le tems n'a pas permis de les femer toutes plutôt. Quelquefois les dernières réuffiffent mieux que les autres. Dans le cours d'Avril, on feme encore des pois, des vefces, des lentilles, des feves, du fainfoin; on ne feme pas l'orge avant le milieu de ce mois. Ce grain a befoin que la terre foit échauffée; fa végétation d'ailleurs eft très-rapide. Il eft mûr auffi-tôt que les avoines femées fix femaines auparavant.

Les Provinces du Nord de la France, telles que la Flandre, l'Artois, la Picardie, & une partie de la Champagne & de la Lorraine, ne commencent qu'en Avril toutes leurs femences de Printems. Pour elles, le mois d'Avril eft comme le mois de Mars pour l'Ifle-de-France & l'Orléanois. Les Provinces du midi, pour lefquelles l'hiver eft encore moins long, & qui doivent craindre que la féchereffe de l'Eté ne furprenne leurs grains, avant qu'ils foient mûrs, fement encore plutôt que dans les environs de Paris.

On doit, dans le mois d'Avril, farcler les feigles & les fromens, en ôtant à la main, ou avec des farcloirs, les herbes qui peuvent nuire à leur végétation.

On laboure en Avril pour la première ou pour la feconde fois les terres, qui doivent recevoir le lin, le chanvre & les haricots. Les lupins, les pois chiches, les geffes, fe fement à la fin de ce mois ou au mois de Mai, felon que les terres ont befoin de plus ou moins de labour. Si les chennevières & les linières n'ont pas été fumées, on les fume à cette époque.

Rarement, à la fin d'Avril, on a à craindre des gelées affez fortes pour nuire aux pommes de terre qu'on planteroit. C'eft la faifon la plus favorable pour les confier à la terre; on peut retarder jufqu'en Mai: mais il vaut mieux les planter en Avril. Le milieu de ce mois me paroît le véritable tems pour les environs de Paris.

L'intérieur de la ferme exige alors des foins particuliers. C'eft le moment où pondent les femelles des faifans, des dindons, des oies, des canards, &c. Il s'agit d'en recueillir les œufs, & de les mettre couver. Les poules alors jufques-là indifférentes fur le fort de leurs œufs, les cachent aux yeux de la fermière, & annoncent affez le defir qu'elles ont de couver; il faut favorifer ce defir. Les pigeons bifets ou de colombier font en amour, & ont befoin qu'on leur donne encore un peu de nourriture, parce qu'ils trouvent difficilement de quoi vivre aux champs dans bien des climats.

C'eft au mois d'Avril qu'on doit commencer à donner l'étalon aux jumens & aux âneffes. On fe défait des vieilles poules qui ne pondent plus gueres, & des chapons, afin de ne garder qu'une volaille utile. On vend les agneaux de lait, lorfqu'on eft à portée d'une Ville qui en confomme; il eft tems de févrer ceux qu'on garde, & de commencer à les envoyer aux champs.

Les poffeffeurs d'herbages achetent de jeunes poulains pour les y élever, & des bœufs hors d'état de labourer, pour les y engraiffer.

Les gros navets, les choux-navets, & les pommes de terre même, quand on a fu les conferver, deviennent une grande reffource pour la nourriture des vaches & des bœufs qu'on deftine au travail, ou à être engraiffés à l'étable.

On entend en Avril les cailles chanter, c'eft la faifon de les prendre au filet.

Il faut veiller les ruches, parce que les abeilles pillardes font alors à craindre pour les autres. (*M. l'Abbé* TESSIER.)

AVRIL, *jardinage.* Ce mois eft un des plus intéreffans pour les cultures, c'eft l'inftant du réveil de la nature, & du renouvellement des travaux. C'eft le moment où la chaleur & l'humidité, ces deux grands moteurs de la végétation, commencent à faire fentir vivement les effets de leur puiffante influence:

Alors la terre ouvrant fes entrailles profondes,
Demande de fes fruits les femences fécondes;
Le Dieu de l'air defcend dans fon fein amoureux,
Lui verfe fes tréfors, lui darde tous fes feux,
Remplit ce vafte corps de fon ame puiffante;
Le monde fe ranime & la nature enfante.

De Lille, Traduct. des Géorgiq.

C'eft auffi le moment qui exige le plus de foins, de connoiffances & d'activité de la part du jardinier, puifque c'eft celui qui doit affurer fes récoltes, fes richeffes & même jufqu'à fes jouiffances de pur agrément. Ce mois eft donc un de ceux qui fournit le plus aux travaux de jardinage.

Nous allons en faire ici l'énumération d'après Miller, c'est un guide que l'on peut suivre sans craindre de se tromper ; nous ne ferons seulement que substituer à quelques plantes particulières à son pays, celles qui sont plus en usage, ou plus connues dans notre climat.

Ouvrages à faire dans le potager.

«Dès le commencement du mois d'Avril, dit-il aux jardiniers, vous devez préparer vos fumiers, les travailler, les entasser, afin qu'ils se mêlent bien, qu'ils s'échauffent, & qu'ils puissent vous servir, vers le milieu du mois, à faire des couches pour les concombres, & les melons que vous tiendrez sous cloches, ou autres verres. Vous devez continuer ce travail jusqu'à la fin du mois, tems auquel vous aurez besoin d'une grande quantité de fumier. Quinze jours après ce premier travail, faites encore de nouveaux tas de fumier, afin d'être sûr de n'en pas manquer pour vos melons, & vos concombres. Vous observerez que les couches faites sur la fin du mois, n'exigent pas une si grande quantité de fumier que celles que l'on fait plutôt. Le milieu de ce mois, est le tems propre à planter les melons qu'on veut faire lever sous cloches. Il faut en faisant vos dossières, tranchées & sillons, si le terrein est sec, que le fumier soit d'un demi-pied plus élevé que la surface de la terre : vous mettrez ensuite de la terre sur le fumier jusqu'à la hauteur d'un pied & demi tout au moins, afin que le melon puisse avoir assez d'espace pour jeter ses racines. Si vous suivez cette méthode, vos plants n'exigeront point d'arrosemens dès qu'ils auront pris racines, & vous pourrez vous promettre d'obtenir une exellente récolte de melons choisis, au lieu qu'en suivant la méthode commune, ces plantes avortent fréquemment ou ne produisent que peu de fruits. Mais, dans un terrein humide, vos sillons doivent être tellement élevés au-dessus du niveau de la terre, que le fumier ne puisse s'imprégner de son humidité. L'on voit souvent tous les plants détruits, pour n'avoir pas eu cette précaution. Les allées, fosses ou sentiers entre ces couches, doivent aussi recevoir du fumier & de la terre jusqu'à la hauteur des couches, afin que les racines aient de la place pour s'étendre de chaque côté ; car les racines de ces plants se développent autant dans l'intérieur de la terre, que les branches se déploient à la surface.

» Il est encore tems de semer de la douce marjolaine, du thim, de la sariette d'été, & autres plantes aromatiques, dont la première ne réussira pas, si vous la semez trop tôt, surtout dans un printems froid & humide.

» Plantez des haricots au commencement du mois dans une situation abritée, & si le tems est chaud, car une grande humidité détruira les semences dans la terre. Vous pouvez aussi semer du pourpier dans des plates-bandes au midi, afin d'en avoir après que celui de vos couches chaudes sera passé.

» Continuez de biner vos plants de radix, carottes, panais, oignons, poireaux, &c, en ne laissant entr'eux que la distance convenable, & en sarclant les mauvaises herbes. Arrachez-les dans un tems sec, pour être plus sûr de les avoir détruites. Si vous remuez la terre entre vos plants, vous les aiderez à se développer, & vous les préserverez de l'infection des mauvaises herbes ; après que vous aurez répété deux ou trois fois ce travail, vos plants pourront rester abandonnés à eux-mêmes jusqu'au terme de la récolte générale.

» Si le tems est humide, profitez-en pour planter des boutures de sauges, romarin, rue, sariette, thim, lavande, citronnelle, santoline, & autres plantes aromatiques ; car, dans cette saison, elles prennent aisément racines, sur-tout quand on les arrose abondamment & qu'on les met à l'abri du soleil.

» Plantez des feves de jardin pour dernière récolte, & continuez de semer des pois-gourmands & autres de la grosse espèce, pour succéder à ceux que vous avez semés dans le mois précédent. Semez aussi, dans ce mois, à trois différentes reprises, quelques poids michauds, pour qu'une récolte succède promptement à l'autre.

» Vous êtes encore à tems de prendre des œilletons d'artichauds, & de planter ceux que vous croirez propres à vous donner une dernière récolte, dans un terrein humide ; mais si le sol est sec, ils ne produiront pas d'aussi belles têtes, & ne porteront pas si sûrement du fruit dans la première saison, que ceux que vous aurez plantés le mois dernier. Au milieu du mois, repiquez pour dernière récolte, les plants de choux-fleurs qui sont levés en Février, dans un terrein humide ; mais si votre terrain est sec & si la saison n'est pas humide, il est rare qu'ils produisent des têtes bien pommées.

» Continuez de semer toutes sortes de jeunes salades, des radix, raves, navets, moutarde, &c. au moins deux fois la semaine ; car, dans cette saison, ces plantes seront bientôt propres au service de la table. Quand la chaleur augmente, il faut avoir attention de les semer dans des endroits abrités & à l'ombre ; car en été, elles mûrissent même à des expositions au nord.

» Semez des laitues-cosses, & autres de la grosse espèce, pour remplacer celles des mois précédens. Il faudroit les placer aussi dans un sol humide ; car si l'été est sec, elles monteront promptement en graine, & ne pommeront pas.

» Repiquez vos jeunes céleris dans des planches d'une terre substantielle & bien ameublie, en laissant trois pouces d'intervalle entre chaque rayon, & observez de les arroser abondamment jusqu'à ce qu'ils aient pris racine. Mais, pour faire cette plantation, ne prenez pas indistinctement tous les plants qui se trouvent sur votre couche à graines; choisissez seulement les plus beaux & les plus drus, & laissez aux plus petits le tems de croître & de prendre de l'embonpoint.

» Binez la terre entre vos rayons de feves & de pois, & ramenez-la le plus que vous pourrez vers les tiges, afin de les fortifier. Sarclez & purgez la terre des mauvaises herbes, vos plants en croîtront beaucoup plus vîte.

» Après une ondée de pluie, ramenez la terre vers les tiges de vos choux & choux-fleurs, plantés ou en Automne, ou au commencement du Printems. Ceci est absolument nécessaire pour mettre les tiges à l'abri du Soleil & des vents, qui les desséchent & les durcissent. En faisant ce travail, prenez garde que la terre ne s'introduise dans l'intérieur de vos plants, vous ne manqueriez pas d'y porter la destruction.

» Soyez attentif à détruire & limaçons & limaces, lesquels invités à sortir de leur demeure par les douces ondées de pluie, peuvent être pris aisément. Si vous souffrez leurs visites, ils augmenteront bientôt considérablement en nombre, & deviendront non-seulement importuns, mais détruiront impitoyablement tous vos chers nourrissons.

» Si les nuits sont froides, mettez sous verres vos melons & concombres de primeur, car le jeune fruit est fort sujet à dépérir & à se fondre, si le lit où il repose est froid, ou s'il manque de couverture.

» Semez quelques navets dans une pièce de terre humide, pour succéder à ceux que vous avez semés le mois dernier. Binez à présent ceux-ci, en laissant entr'eux la distance requise, & purifiez la terre de toutes les herbes nuisibles à vos plants.

» Vous pouvez planter aussi par boutures ou par racines éclatées, de la menthe, de l'estragon, &c. pour en avoir de nouvelles planches lorsque les autres vous manqueront; car les vieilles sont sujettes au dépérissement, lorsqu'elles ont subsisté deux ou trois ans.

» Transplantez quelques-unes de vos laitues-cosses, de cilicie & autres de la grosse espèce que vous aviez semées sur une couche modérément chaude en Février; & si le tems est sec, arrosez-les jusqu'à ce qu'elles aient pris racine.

Les choux, choux de Savoie & autres, semés dans le mois dernier, exigent à présent une main qui les éclaircisse, les dépouille de leurs filamens, & les rende propres à être repiqués sur couches, afin qu'ils acquièrent de la vigueur avant d'être transplantés à demeure. Purgez la couche où vous aviez déposé les graines, de toutes mauvaises herbes, afin d'empêcher les plantes que vous y laissez, de monter & de s'affoiblir par leur voisinage. Vous devriez à présent semer quelques graines de ces mêmes choux, choux de Savoie & autres, pour dernière récolte, & pour succéder à celles que vous avez semées le mois précédent.

» Vous pouvez semer aussi quelques pois tardifs ou à cul noir & quelques gros pois-gris, en plein champ, & pour la provision d'hiver, supposé que le terrein soit mol ou humide.

» Sur la fin du mois, regardez & examinez vos artichauts, & arrachez-en les jeunes drageons qui ont été produits depuis que vous avez tiré de la tige les œilletons. Si vous leur permettez de rester sur les vieilles racines, ils déroberont aux plants que vous laissez, leur nourriture, & seront cause que le fruit sera très-petit. Choisissez parmi ces drageons, les plus beaux & les meilleurs; nettoyez-les & servez-vous en pour regarnir votre jeune plantation, si elle a besoin d'être réparée. Mais comme ces derniers plants produisent rarement du fruit, la première année, ce n'est que dans un besoin pressant, qu'on les fait servir à cet usage.

» Semez un peu plus de graines de céleri vers le milieu du mois, pour succéder à celles que vous avez semées avec moins d'abondance le mois précédent. Mais ne les semez que dans un terrain humide, & soyez attentif à les arroser quand le tems est sec, & à les garantir des rayons du Soleil, autrement elles ne leveront pas.

» Vous devez aussi semer quelques graines de fenouil pour remplacer celles du mois précédent; car, dès que cette plante est propre au service des tables, elle ne reste en cet état que dix-huit ou vingt jours, après quoi on la voit aussi-tôt monter en graine. Et comme elle est d'un usage très-habituel & très-étendu, il est nécessaire d'en avoir une assez grande quantité pour être en état d'en fournir toujours au besoin.

» Sarclez par-tout & mettez toutes vos plantes à l'abri des herbes sauvages, car, si dans cette saison vous n'avez pas toujours le sarcloir à la main, vous vous préparez pour la suite, un travail plus dur & plus long. Outre cela si vous souffrez le voisinage des mauvaises herbes, vos récoltes se réduiront à peu de chose.

Productions du potager.

« Les rejettons ou montans du brocolis, de choux & choux de Savoie, sont à présent fort bons, si vous les cueillez avant qu'ils montent en graine. On mange souvent les jeunes rejettons de navets & les pointes de houblon lorsqu'on manque d'autres plantes. Vous avez présentement toutes sortes de jeunes salades; vous avez épinards, asperges, radix, choux cabus, persil, cardes, bettes; il vous reste encore du céleri tardif, & des endives dans les terreins humides. Vous devez avoir oseille, pimprenelle, thim, hissope, sariette d'hiver, marjolaine, laitue brune de Hollande laitue pommée, sous chassis ou sous cloche dans les bordures chaudes, ainsi que de la laitue cosse qui sera très-propre à être mangée vers la fin de ce mois, supposé qu'elle ait échappé aux rigueurs du froid: vous devez avoir également chervis, jeunes oignons, poireaux, cives ou ciboules, échalottes, rocambolles, quelques panais & quelques carottes, pourvu que vous les ayez gardés dans le sable; car celles de ces plantes qui sont restées en terre & qui sont saines, auront bourgeonné, & les racines seront dures, coriaces, ligneuses, & peu propres à être mangées. Les jeunes carottes semées en automne sont à présent dans toute leur vigueur, ainsi que vos jeunes rejetons ou montants de salsifix que quelques personnes préfèrent à l'asperge, pourvu qu'ils soient cueillis dans leur primeur. Vous avez sur les couches chaudes des concombres, des pois, des feves, du pourpier; & vers la fin du mois, vous avez souvent des pois en bordures chaudes, quand ils ont pu échapper au froid; vous pouvez avoir aussi quelques choux printaniers.

Ouvrages à faire dans le jardin à fruits.

« Vous pouvez, au commencement de ce mois, greffer quelques espèces tardives de fruits, pourvu que la saison soit retardée; mais si le Printems s'est annoncé de bonne heure, il seroit trop tard, car si les scions ou rejetons ont poussé des feuilles, il est inutile de greffer, attendu que les greffes ne reprendroient pas.

» Observez attentivement vos jeunes arbres fruitiers plantés au printems; arrosez-les dans un tems sec, & si vous vous appercevez que leurs feuilles commencent à se boucler, jettez de l'eau doucement sur leurs branches. Vous pouvez employer aussi cette méthode au grand avantage des vieux arbres quand vous voyez que leurs feuilles sont frisées; mais il ne faut pas faire ce travail pendant la chaleur du jour de crainte que le soleil ne brûle leurs feuilles, ni trop tard dans la soirée, sur-tout si les nuits sont encore froides. Quand vous observez que vos arbres sont infectés par des insectes, faites tremper une bonne quantité de côtes de tabac dans de l'eau, avec laquelle, vous les aspergerez. Ce travail, s'il est fait soigneusement, détruira tous les insectes, & ne portera aucun préjudice à vos arbres. Vous pouvez encore arracher les feuilles les plus bouclées, & jetter ensuite de la poussière de tabac sur les branches. Cela détruira les insectes, & vous pourrez laver vos branches deux ou trois jours après.

» Les arbres à fruits greffés en écusson l'Eté dernier, & qui ont prospéré, doivent avoir la tige coupée à trois ou quatre pouces au-dessus de l'œil. Ce travail doit se faire au commencement du mois, supposé que vous ayez négligé de le faire dans le mois dernier; car les yeux commenceront à pousser, si les tiges sont coupées à tems; autrement il arrive souvent qu'ils avorteni, ou, si les boutons viennent à s'ouvrir, ils sont rendus si foibles par l'accroissement des tiges, que les rejetons ou jeunes branches se réduisent à peu de chose.

» Vers la fin de ce mois, commencez à prendre soin de vos espaliers & des autres arbres à fruits qui sont le long des murs; palissez avec soin les jeunes branches les plus belles & les plus régulières, & supprimez celles qui poussent en avant, & qui pourroient devenir des branches gourmandes. Voici le tems également d'éclaircir vos abricots s'ils sont en trop grand nombre; car, moins vous attendrez à faire cette opération, plus les fruits que vous laisserez sur l'arbre croîtront & deviendront beaux.

» Plantez des crocettes ou boutures de vignes dans les endroits que vous avez fixés pour leur demeure, en observant toujours d'avoir un nœud de vieille souche à l'extrêmité de chaque bouture. Enfoncez-les si profondément en terre, qu'il n'y ait que le jet ou l'œil du dessus qui soit de niveau avec le terrain. Si vous observez bien ceci, vous n'aurez point à craindre que ces nouveaux plants ne réussissent pas.

» Examinez les vignes qui tapissent vos murailles, arrachez en les petits filamens ou vrilles qui déjà commencent à pousser; & lorsque deux scions sont produits par le même œil ou le même jet, vous devez arracher le plus foible, qui est ordinairement sous son compagnon. Par-là vous donnerez plus de vigueur aux bourgeons que vous conserverez, & leurs grappes deviendront plus belles. Vous pouvez travailler vos vignes & les tailler en cette saison; dans fort peu de tems, vous vous épargnerez ainsi toute la peine que vous seriez obligés de prendre si vous laissiez les branches inutiles un mois plus tard. En ébourgeonnant de bonne-heure les branches à fruits, si vous avez pris soin de les bien palisser contre le mur, & de les élaguer, elles prendront plus de forces, & vous donneront du fruit de bonne-heure.

» Vos fraisiers doivent être soigneusement sarclés, & leurs filamens ou scions scrupuleusement arrachés. Si la saison annonce la sécheresse, vous ferez bien de les arroser; & ne négligez ceci, si vous ne voulez pas qu'ils produisent peu de fruits.

» Tenez vos plattes-bandes près des arbres à fruits, propres, nettes, & purgées de toutes mauvaises semences, car elles dérobent aux arbres leur nourriture. Dans les sols qui sont enclins à se durcir, il faut remuer & adoucir la terre avec une fourche à fumier; & si vous répandiez ensuite un peu de vieux fumier de couche sur la surface, & que pendant les temps secs vous l'arrosassiez deux ou trois fois la semaine, vous rendriez un grand service au fruits & aux arbres. Vous deviez aussi tenir propre & nette la terre qui est entre les rayons de vos seps de vigne. Et, dans le commencement du mois, ne manquez pas de les échalasser, afin que les branches aient de quoi se soutenir. Cette méthode vaut mieux que de leur laisser les échalats pendant tout l'hiver, parce que les échalats dépérissent plus dans un hiver que dans deux Etés; d'ailleurs les vignes n'ont pas besoin d'être échalassées dans cette saison, pourvu que les branches de l'année dernière soient liées ensemble, afin de les empêcher d'être brisées par les vents.

» Vers le milieu du mois, découvrez vos figuiers que vous aviez mis à l'abri du froid pour passer l'hiver. Mais faites ceci avec beaucoup de précaution, de crainte que les jeunes fruits qui commencent à paroître ne courent quelques dangers en les exposant trop soudainement au grand air.

» Pendant ce mois renouvellez fréquemment l'air sous vos chassis & dans vos serres à fruits & proportionnellement à la chaleur du tems; leurs branches doivent être aussi fréquemment aspergées avec de l'eau : ce qui sera d'un grand service pour les arbres, & rendra le fruit plus beau. Si vous avez encore le soin d'arroser souvent les racines, ces arbres & le fruit en retireront un égal avantage.

Fruits de la saison ou qui ne sont pas encore passés.

« *Poires* : franc réal, bergamotte de Bongi, saint-martial, bon chrétien d'hiver, poires vertes d'hiver, bezi de chaumontelle dans les espaliers & en plein vent, carmélite, tant pour cuire que pour compotte, la cadillac, &c.

» *Pommes* : roussettes d'or, roussettes de l'île, nompareille, la pomme jean, ou de saint-jean, pippine ou renette dure, avec quelques autres.

Ouvrages à faire dans la pépinière.

« Au commencement de ce mois, on peut avec sûreté transplanter plusieurs sortes d'arbres toujours verds, comme houx, ifs, pyracanthes, alaternes phillyrea, cistes, chênes verds, pins, sapins, cèdres cyprès, cytise velu, &c. Prenez, s'il est possible, pour ce travail, un jour nébuleux ou pluvieux, parce que le soleil & les vents pourroient dessécher les racines, lorsque vous mettez vos arbres hors de terre : ce qui leur seroit très-nuisible. Dès que vous les aurez replantés, arrosez-les beaucoup, afin que la terre s'attache plus aisément aux racines, & couvrez la surface de la terre, d'un fumier court & léger, ou de vieux chaume, pour empêcher le soleil & les vents de s'introduire jusqu'à la racine.

» Dans cette saison, vous pouvez replanter les deux sortes de tulipiers à feuilles de laurier, le laurier de la caroline, le myrthe à chandelles, ou gale de Pensylvanie, le fusain de la Caroline, la cassine toujours verte, le tupelo ou nyssa, & autres arbres exotiques semblables, que vous vous proposez de naturaliser dans votre climat. Lorsque vous les tirez hors de la caisse ou des pots, il est prudent de trancher tout autour de la motte une portion de terre, afin de donner lieu aux nouvelles fibres de porter des rejettons.

» Vous pouvez semer pareillement des graines de pin, sapin, cèdre, cyprès magnolier, tulipier. Vous pouvez encore semer des graines d'arbres les plus exotiques, tels que ceux qui nous viennent de Virginie, de la Caroline, & des contrées les plus septentrionales de l'Amérique. Vous trouverez, dans ce dictionnaire, des indications pour vous conduire dans ce travail.

» Au commencement de ce mois, greffez vos houx; & vers le milieu du mois, greffez en approche, pins, sapins, genévriers, &c. Vous pouvez, par cette méthode, perpétuer la race des plus rares espèces d'arbres toujours verds.

Mais les arbres que vous vous procurerez de cette manière ne prennent jamais autant d'accroissement que ceux qui sont provenus de graines, parce que les troncs & les tiges croissent rarement de concert avec les arbres auxquels il sont greffés en approche, & qu'ils sont en danger d'être éclatés par les vents. C'est pourquoi, lorsqu'on met cette méthode en usage, la greffe en approche, doit se faire aussi près de terre qu'il est possible.

» Jettez l'œil sur vos greffes en fente, & observez de renouveller la terre grasse des poupées quand elle se crévasse, de crainte qu'un vent sec ne pénètre vos greffes & ne les détruise. Examinez avec un soin égal les yeux de vos écussons, qui poussent déjà; & si vous voyez que leur tête soit infectée par les insectes, ou que leurs feuilles soient bouclées, arrachez les promptement & avant que les insectes soient multipliés.

» Tenez la terre, qui est entre les rangs de vos arbres dans la pépinière, propre & nette; car si vous permettez aux mauvaises herbes de s'y établir, elles dépasseront bientôt vos jeunes nourrissons, en leur causant beaucoup de foiblesse, rien n'étant plus nuisible aux jeunes arbres, que de souffrir l'accroissement des mauvaises herbes parmi eux, sur-tout dans la saison du Printems.

» Si, pendant ce mois, le tems est constamment sec, arrosez fréquemment vos semis de graines d'arbres toujours verds, d'arbres forestiers, arbrisseaux & arbustes, & mettez-les à l'abri du soleil pendant la chaleur du jour. Les jeunes plants que vous avez tirés des semis, & les arbres fruitiers nouvellement plantés doivent être également arrosés, si le tems est sec; le soleil & les vents pénétreroient bien vîte leurs racines, & en les desséchant y porteroient la mort, si l'on n'avoit cette précaution. Au reste, ceci ne doit s'entendre que des petites plantations; car, pour les grandes, ce seroit un travail trop long & trop difficile.

» Les couches où vous avez semé des graines, soit en Automne, soit le mois dernier, doivent être à présent soigneusement sarclées, car plusieurs de ces jeunes arbres vont bientôt lever; & si vous souffrez les mauvaises herbes dans leur voisinage, leurs racines se mêleront & s'entrelaceront si bien, qu'il vous sera très-difficile d'arracher l'une sans l'autre. Comme les mauvaises herbes croissent toujours plus que les bonnes, elles auront bientôt dépassé vos plants, & retarderont leur accroissement. Vos caisses ou pots de cèdres, qui vont bientôt pousser, doivent être mis à l'ombre; car trop de soleil ne manqueroit pas de détruire promptement ces jeunes plants. Il vous faut prendre bien de l'attention pour mettre à l'abri de la voracité des oiseaux vos semis de graines de pins & de sapins, qui, vers la fin du mois, commenceront à paroître. Les oiseaux sont enclins à piquer la tête de ces jeunes plants, à mesure qu'ils poussent hors de terre, tenant encore à l'enveloppe ou à la coquille de la semence qu'elle élève & porte au-dessus d'elle.

Ouvrages à faire au parterre, ou jardin de plaisance.

« Vos allées de gravier, dégradées & maltraitées dans le mois dernier, doivent, au commencement de celui-ci, être réparées, nivelées & roulées, afin de les rendre propres à la promenade. Les allées de gazon & les tapis de verdure qui sont en face de la maison, doivent être fauchés de près, car voici la saison où l'on aime à se promener. C'est pourquoi vous devez tenir en bon ordre les allées de votre jardin; outre cela, si vous négligez ce travail dans le Printems, l'herbe croîtra, & deviendra tellement forte, qu'il vous faudra employer les plus grands soins pour réparer votre négligence.

» Nettoyez les plates-bandes du parterre, & purgez-les, avec le sarcloir, de toutes mauvaises herbes. Attachez à quelques baguettes ou soutiens, les plantes qui croissent & qui s'élèvent le plus, afin d'empêcher les vents de briser leurs tiges ou de les renverser.

» Vous pouvez également semer dans vos plates-bandes des fleurs annuelles qui n'exigent point de chaleur artificielle pour les avancer, comme thlaspi de Candie, miroir de Vénus, lupins de plusieurs sortes, pois de parfum ou gesse odorante, pois de Tanger, Lychnis-nain, attrape-mouche, nombril de Vénus, liseron tricolor, adonis (quoique l'Automne soit pour celle-ci la meilleure saison), lavatère, mauve d'Orient, carthame ou safran bâtard, épervière de plusieurs sortes, barbeaux, lotier, réséda d'Egypte, soucis, pied-d'alouette, immortelle, pavots, coquelicots, giroflée de Mahon, moldavique ou melisse de Moldavie, ainsi que plusieurs autres fleurs annuelles, & vivaces de pleine terre, lesquelles réussissent beaucoup mieux lorsqu'on les seme dans l'endroit où elles doivent rester; que lorsqu'elles sont transplantées. C'est pourquoi il faut les semer clair dans les plates-bandes du parterre; & lorsqu'elles sont levées, il faut encore les éclaircir, en ne laissant que peu de plantes dans chaque touffe; par-là vous les rendrez plus fortes & plus vigoureuses.

» Dans ce mois, vous pourriez semer la plupart des plantes pérennales & biennales ou bisannuelles & vivaces dans votre pépinière à fleurs, que vous n'avez pas semées le mois précédent, comme campanule pyramidale, œillet de poëte, œillet de jardin, œillet carné, alcée ou rose tremière, giroflée jaune, bâtons d'or, reine marguerite, œillets de roses d'Inde, ainsi que plusieurs sortes qu'il faut élever dans la pépinière à fleurs, afin d'en pourvoir les plates-bandes du parterre.

» Au commencement de ce mois, vous pouvez faire quelques légères couches chaudes pour y semer des fleurs annuelles qui ne demandent que peu de chaleur pour fleurir promptement; mais elles réussiroient beaucoup mieux, si vous les éleviez sous paillassons, & non sous cloches, lesquelles en général les font trop avancer. Quoique par cette méthode, elles viennent un peu plus tard, n'importe, & il n'en résulte aucun inconvénient, parce qu'elles sont destinées pour l'Automne, tems auquel les autres fleurs sont rares, & où la présence de celles-ci cause un plus grand plaisir; telles sont, les amarantes, tricolor, balsamines, les belles de nuit ordinaires & du Pérou, l'œillet & la rose d'Inde avec quelques autres.

» Faites aussi quelques nouvelles couches chaudes pour y transplanter vos tendres fleurs annuelles, comme amarantes, gomphrene ou immortelle, balsamines, &c., lesquelles doivent être avancées dans cette saison; autrement elles ne parviendront jamais à aucun degré de beauté, laquelle consiste principalement dans leur vigueur; les graines en seront aussi très-imparfaites, sur-tout si l'Automne annonce de la froidure.

» Vous devriez aussi transplanter vos jeunes plants d'aster de la Chine, ou sur une couche d'une chaleur tempérée, ou en pleine terre à une bonne exposition, afin qu'ils puissent acquérir de la force, en observant de les arroser & de les mettre à l'ombre jusqu'à ce qu'ils aient pris racine.

» Mettez à présent un peu plus de racines de tubéreuses dans une couche modérément chaude, pour succéder à celles que vous avez moins abondamment plantées le mois dernier, & pour que vous ayez une continuation de ces fleurs dans la saison.

» Maintenant les graines de vos œillets carnés

choisis, & des autres œillets, doivent être semées, ou dans des pots, caisses, & terrines, ou dans des plattes-bandes; mais prenez bien garde de ne pas ensevelir la graine, & de ne pas la mettre trop profondément en terre, car il arrive souvent qu'on empêche par-là qu'elle ne lève. Quand le tems est au sec, arrosez doucement vos graines, faute de quoi vos plants ne réussiront pas.

» Vos pots d'auricules & de primevères doivent être soigneusement retirés du soleil, car si, pendant un jour seulement, ils restoient exposés à toute son ardeur, & que vos plantes fussent jeunes, c'en seroit assez pour les détruire. Vous devez aussi les arroser souvent.

» Donnez des baguettes ou des tuteurs à vos œillets-carnés qui vont bientôt s'ouvrir & montrer leur fleur; attachez-y les tiges avec des cordons de nattes, afin d'empêcher que le vent ne les brise, & prenez grand soin de les mettre à l'abri de la gloutonnerie des moineaux qui bèqueteroient les feuilles intérieures, & même jusqu'à la tige.

» Vos belles auricules vont bientôt commencer à montrer leurs charmantes fleurs; c'est pourquoi vous devriez les mettre à l'abri dans un endroit couvert pour les garantir de l'humidité qui laveroit cette poussière douce de leurs fleurs qui en fait l'agrément, & en quoi consiste une grande partie de leur beauté. Il faut aussi les défendre de la chaleur du soleil qui hâteroit trop leur végétation; mais il ne faut pas pour cela les priver d'air, il faut au contraire leur en distribuer autant qu'il est possible, autrement les tiges deviendront très-foibles. On place ordinairement ces pots sur des tablettes ou banquettes tellement arrangées que l'une soit toujours plus élevée que l'autre: ce qui est fort commode pour les fleurs dont les tiges ne sont pas montantes, autrement il faut lever le pot pour voir la fleur. Comme ces situations sont toujours à l'abri du soleil & de la pluie, on devroit du-moins en tenir le devant toujours ouvert lorsque le tems le permet; & les pots dont on se propose de tirer des graines pour avoir de nouvelles fleurs, doivent être portés en plein air dès que les fleurs qu'ils contiennent sont parfaitement épanouies, & placés dans un lieu où ils puissent jouir du soleil du matin & d'un air libre, sans quoi vous ne devez pas vous attendre à obtenir de bonnes graines.

» Voici encore un bon tems pour se procurer des boutures ou des œilletons tout enracinés d'auricules choisies, afin d'augmenter le nombre. Ces rejettons ou boutures doivent être mis dans de petits pots qu'on aura soin de tenir à l'ombre, en observant de les arroser doucement dans un tems sec, jusqu'à ce qu'ils aient pris racine. Mais s'il arrivoit que, parmi ces racines divisées, il s'en trouvât quelques-unes dépouillées de fibres, il faudroit les renfermer étroitement sous des cloches afin de forcer le développement des racines.

» Vos planches de belles renoncules, anémones, tulipes, & jacinthes, qui sont actuellement en fleurs, doivent être couvertes, ou avec des paillassons, ou avec des toiles, pour les défendre de l'humidité & de la chaleur du soleil. Par ce moyen, vous conserverez la beauté de vos fleurs, beaucoup plus long-tems que si elles restoient naturellement exposées au grand air. Mais il faut enlever ces couvertures toutes les nuits lorsque le tems le permet, afin que ces fleurs puissent respirer l'air autant qu'il est possible, sans quoi elles ne continueront pas long-tems à rester belles, & les racines perdront bientôt toute leur vigueur.

» Vers les derniers jours du mois, tirez de terre vos racines de safran, de colchique, d'amarillis jaune automnale, & autres racines bulbeuses de fleurs qui ne s'ouvrent & ne s'épanouissent qu'en Automne, & dont les feuilles actuellement sont mortes ou flétries. Vous pouvez tenir hors de terre ces racines jusqu'au commencement du mois d'Août, tems auquel vous les replanterez.

» Transplantez les espèces d'arbres & arbrisseaux toujours verts qui n'ont pas encore poussé; vous pouvez les transporter en toute sûreté, pourvu que le tems soit nébuleux, & qu'il y ait apparence de pluie. Si la terre où vous devez les repiquer étoit dure & sèche, faites des trous d'une grandeur proportionnée aux arbres qui doivent y être reçus; répandez-y beaucoup d'eau & en assez grande quantité, pour rendre la terre limonneuse ou molle comme de la bouillie. Ensuite placez-y vos arbres; & lorsque la terre sera bien tassée sur les racines, élevez-la en lui donnant une surface creuse semblable à celle d'un bassin propre à contenir de l'eau. Remplissez cet espace d'un fumier court ou de vieux chaume, afin d'empêcher l'air & le soleil de pénétrer dans la terre, & de dessécher les racines. Répétez cet arrosement une fois la semaine, pourvu que le tems soit au beau.

» Si vos phillyréas, alaternes, lauriers, lauriers-tins, & autres arbres toujours verts rustiques de pleine terre, ont été fatigués par les gelées & que leurs branches soient mortes, coupez-les au raz des tiges, ou le plus près qu'il sera possible, &, lorsqu'ils repousseront, vous les laisserez croître, & leur donnerez la forme que vous jugerez à propos.

Plantes actuellement en fleurs dans le parterre ou jardin de plaisance.

Anémones, renoncules de différentes variétés, primevères, auricules, tulipes, couronnes impériales, hépatiques, jacinthes de diverses sortes, narcisses, asphodèles, jonquilles, violettes, muscaris odorant & lilas de terre, iris ou flambe, grand-perce-neige, ciclamen printanier, colchique printanier, fumeterre bulbeuse, anémone des bois, arum d'Italie, cardamine, chelidoine double, jacinthe étoilée, dent de chien, paquerettes ou marguerites de Pâque doubles, fritillaire de différentes variétés, gentianelle, soucis de marais double ou ornithogale de Naples, à grandes fleurs verdâtres, lis de Perse, orchis ou satyrion de plusieurs sortes, sanguinaire ou la grande celandine, sceau-de-salomon, pulmonaire d'Amérique, meadia ou oreille d'ours de Virginie, saxifrage double, lichnis, alisson de Crète, omphalodes ou petite consoude, muguet des vallées, doronique, cerinthe ou melinet, pensées, pervenche à fleurs simples, grande pervenche à fleurs doubles pourprées, molène à tige nue; & beaucoup d'autres plantes agréables.

Arbres & Arbrisseaux rustiques de pleine terre actuellement en fleurs.

Lilas à fleurs blanches, à fleurs pourprées & à fleurs bleues, lilas de Perse à feuilles de troêne, appellé communément lilas de Perse à feuilles entières & à feuilles découpées, cytise des Alpes, pêchers à fleurs doubles, poirier à fleurs doubles, cornouiller sanguin, amandier à fleurs blanches & à fleurs de pêcher, amelanchier de Canada, alisier ordinaire, viorne, arbre de Judée, cerisiers à fleurs doubles, aube-épine simple & double, néflier-ergots de coq, amandier nain à fleurs doubles & à fleurs simples, millepertuis en arbrisseau, laurier benjoin, épine vinette, airelle ou myrtile, faux pistachier ou nez coupé, sorbier des chasseurs de Laponie & cormier, térébenthe, chevrefeuille d'Italie, jasmin jaune bagnaudier ordinaire & du Levant, caragana ou arbre aux pois, de Sibérie, cerisier nain, coronille de Crète, cytise de Sibérie, rosier de Virginie simple, cytise velu pyracanthe, épine de Glastenbury, micocouiller ou celtis, fusain, frêne à fleurs, maronnier d'Inde, spire à feuilles d'obier, à feuilles de saule & à feuilles de millepertuis; les différentes espèces d'azalées & plusieurs arbres intéressants,

Plantes médicinales dont on peut à présent faire usage.

« Véronique aquatique ou becabunge, cresson d'eau, hépathique des bois, oreille de souris ou myosot, pâquerette, herbe au panais à feuilles de rue, bugle, bourse du berger ou thlaspi, dent de lion, saxifrage blanc, pas d'âne ou tussilage, lierre terrestre, ortie morte à fleur blanche, cabaret, grande primevere, &c, &c.

Ouvrages à faire dans les deux serres.

« Vers le milieu ou vers la fin du mois, si le tems est favorable, il faut sortir vos fleurs de la serre; vos lauriers rose, laurier-thin à larges feuilles, les myrthes, cistes, tenerium, phlomis, olivier, caroubier, absynthe en arbre, & autres plantes moins tendres, afin que les orangers & autres plants d'une espèce plus tendre, puissent jouir d'un plus grand espace & respirer l'air plus librement. Mais il faut placer les plantes que vous avez tirées de prison, dans un lieu qui les défende des matinées froides & des vents perçants; car, comme elles sont devenues tendres pendant tout le tems qu'elles ont été renfermées, vous les exposeriez à quelques dangers.

» Transplantez ceux de vos orangers & autres plantes exotiques qui demandent à être changés, & faites-les passer dans des caisses & des pots plus grands; en observant, lorsque vous les avez tirés de terre, de trancher toutes les racines moisies ou languissantes, de bien laver leurs têtes & leurs tiges, & de les nétoyer de toute ordure dont ils pourroient avoir été salis dans leur prison. Lorsque vous les avez transplantés, vous devez les arroser abondamment. Ceux que vous exposez au grand air, doivent être mis dans un endroit où ils puissent respirer à l'abri des vents, & où pendant la chaleur du jour, ils n'aient rien à craindre de la violence des rayons du soleil. En remuant & en chargeant vos orangers de bonne terre dans ce mois, vous leur donnerez & le tems de faire de nouvelles racines, & la force de produire des fleurs en quantité, avant que vous vous en défassiez en faveur d'un nouveau maître.

» Ceux de vos orangers qui ne demandent point d'être actuellement transplantés, exigent cependant que vous leur donniez un demi-change. Vous devez aussi les nétoyer comme nous l'avons dit plus haut; par ce travail vous leur donnerez de la vigueur pour produire leurs fleurs. Mais n'appliquez jamais aucune sorte de fumier chaud, à la surface de la terre dont vous venez de les enrichir. Plusieurs personnes ont vu ces chers nourrissons impitoyablement détruits, pour avoir suivi cette funeste méthode. C'est pourquoi s'il étoit nécessaire que vous missiez quelques engrais sur la surface de vos pots ou de vos caisses, servez-vous d'un fumier de vache bien consommé; mais il n'en faut pas mettre en trop grande quantité, & le fumier doit être absolument consommé.

» Tenez ouvertes les fenêtres de la serre, pendant la plus grande partie de la journée & lorsque l'air est doux; car, dans cette saison, les plantes exigent une grande portion d'air frais, autrement leurs racines deviennent foibles, elles ne produisent que peu de fruits, & sont moins en état de soutenir le grand air, lorsque vous leur faites quitter les lieux où elles ont si tristement passé l'hiver.

» Vous pouvez greffer en approche des orangers, des jasmins, & autres tendres arbustes; mais ceux que vous grefferez en écusson réussiront seront beaucoup mieux. Car les arbres greffés en approche reprennent rarement aussi bien que ceux qui le sont en écussons. C'est pourquoi la méthode de greffer en approche, & n'est guères mise en usage qu'à l'égard de certains arbres qu'on ne peut unir & joindre ensemble autrement, ou dont on veut avoir le plaisir de retirer du fruit de bonne-heure ; car, en greffant par approche une branche qui porte un jeune fruit, la greffe peut se séparer du vieil arbre, quoique bien unie avec le tronc, & l'on peut se procurer dans la même saison un arbre portant fruit. Mais rarement il arrive que ces arbres soient de longue durée, & qu'ils rapportent beaucoup.

Vos couches de tan dans la serre chaude, dont la chaleur décline, & que vous n'avez pas renouvellées le mois dernier, demandent à être remuées avec une fourche dans toutes leur profondeur ; & ajoutez-y de nouveau tan pour leur rendre la chaleur qu'elles ont perdue. Remuez en même-tems la terre des pots ou vos plantes ont pris racines ; mettez aussi dans des pots plus larges celles de vos plantes qui demandent à être changées de place, & donnez leur de nouvelle terre. Cependant il n'est pas prudent de se servir trop souvent de vases plus larges, car les plantes dépotées ne réussissent pas si bien. C'est pourquoi il vaut beaucoup mieux trancher les racines à l'extérieur de la motte, replacer ensuite la plante dans un autre vase à peu-près de même largeur que le premier, & le plonger immédiatement après dans le nouveau tan. Mais cette opération ne doit avoir lieu que lorsque l'air est chaud, parce qu'il faut ouvrir les fenêtres de la serre assez souvent, & si l'air est perçant vos plantes en seront fatiguées.

» Vos ananas demandent aussi que vous leur donniez tous vos soins ; rafraîchissez-les avec de l'eau & conservez leur une chaleur douce dans leur lit. Que ceux que vous avez mis sous un chassis, ne manquent pas de nattes ou de paillassons pour les couvrir chaque nuit, & pour les tenir chaudement. Mais, vers le milieu du jour, & lorsque l'air est échauffé, levez les chassis & donnez leur de l'air conformément à la chaleur de la saison : autrement ils seroient en danger d'être brûlés par les rayons du soleil. Ceux que vous réservez pour produire du fruit l'année prochaine, doivent passer dans les pots où vous les destinez à rester jusqu'au commencement du mois d'Août, d'où vous les retirerez pour les placer enfin dans l'endroit où ils donneront leur fruit.

» Changez de pots celles de vos plantes exotiques, qui demandent une habitation plus grande, & remuez avec soin l'écorce ou le tan des couches pour en renouveller la chaleur. Ajoutez-y de nouvelle écorce, & replacez-y vos pots sur-le-champ, en observant d'arroser vos plantes, & de les couvrir jusqu'à qu'elles aient pris racine.

» Vos arbres à café vont bientôt commencer à fleurir ; lavez leurs tiges & leurs feuilles, nétoyez-les, bassinez ces arbres avec de l'eau deux ou trois fois la semaine, selon que la chaleur sera plus ou moins grande, & vous verrez qu'ils vous donneront des fleurs fortes & abondantes.

Plantes actuellement en fleurs dans les deux serres.

» Géranium d'Afrique de plusieurs sortes, camara d'Afrique, téraspic en arbre, anthericum d'Afrique à feuilles d'aloès, anthericum d'Afrique à feuilles d'oignon, scabieuse en arbre ; cistes, arctotides de trois ou quatre espèces, mesembryanthêmes de plusieurs espèces, aloès de différentes sortes, coronille de crête, citise des Canaries, luzerne en arbre, cyclamen d'Alep, hermannes ou hermannia de quatre à cinq espèces, bagnaudier d'Ethiopie, polygale d'Afrique, mélianthe d'Afrique, cotyledons, malpighia de deux ou trois espèces, sisyrinchium d'Afrique, arum d'Etiopie, crinum, cunonia, jacinthe du Pérou, aloès à feuilles verruqueuses ou pleines de verrues, atamosco, pancratium, petit cierge rampant à fleurs cramoisies ; cannacorus ou balisier, ixia de plusieurs sortes, antholise, aster d'Afrique en arbrisseau de deux sortes ; tétragonne, clutia, quelques espèces de mimosa, ou sensitive, diosma de deux espèces, sauge d'Afrique en arbrisseau à fleurs bleues & à fleurs jaunes : stachis des Canaries en arbrisseau, teucrium de la Bœtique, liseron de crête en arbrisseau, héliotrope du Pérou ; hœmanthus à feuilles de colchique, lotus à fleurs noires, sedum ou joubarbe arborescente, crassula, oreille d'Afrique à larges feuilles, elichrysum orientale du Cap de Bonne-espérance, soucis d'Afrique de deux sortes, chrysocoma, euphorbe ; lycium à feuilles étroites, digitale des Canaries en arbrisseau, othonne de deux ou trois sortes : cacale d'Afrique & plusieurs autres. *Miller. Dict. des Jardiniers*, tom. 8, *pag.* 61 & *suivantes*. (*M. Thouin.*)

AURATE. (Poire d'.) C'est une des nombreuses variétés du *Pyrus communis* L. des Botanistes. *Voyez* le mot POIRIER dans le dict. des arbres. (*M. Thouin.*)

AUREOLE, ou L'AUREOLE, synonyme d'un arbuste nommé en latin *daphne laureola*. L.

Voyez L'AUREOLE commune dans le dictionnaire des arbres. (*M. Thouin.*)

AURICULE, nom que les fleuristes donnent au *primula auricula* de Linné. *Voyez* Primevere oreille d'ours.

AUROENE, ancien nom françois peu usité, du genre de l'*Abrotanum*, qui fait actuellement partie de celui de l'*Artemisia*. *Voyez* ARMOISE. (*M. Thouin.*)

AURGNE, *Abrotanum*. Ancien genre, qui

a été réuni par Linné à celui de l'*Artemisia.* *Voyez* Armoise. (*M. Thouin.*)

AURONE, citronnelle; *Artemisia Abrotanum* *Voyez* Armoise citronnelle. (*M. Thouin.*)

AURONE sauvage, *Artemisia campestris* L. *Voyez* Armoise des champs. (*M. Thouin.*)

AURONE dorée d'Italie, *Artemisia corymbosa* la M. Dict. *Voyez* Armoise dorée. (*M. Thouin.*)

AURONE des champs, *Artemisia campestris* L. *Voyez* Armoise des champs. (*M. Thouin.*)

AURONE des jardins, L. *Artemisia abrotanum.* *Voyez* Armoise citronnelle. (*M. Thouin.*)

AURONE femelle, *Santolina chamæcyparissius.* L. *Voyez* Santoline cupressiforme. (*M. Thouin.*)

AUTOMNAL. Ce qui est de l'Automne ou appartient à l'Automne. Ainsi, on dit des fleurs & des feuilles Automnales, un fruit Automnal.

Les semences Automnales sont préférables aux semences printanières, pour les graines d'arbres, d'arbustes & de plantes vivaces indigènes ou de climats analogues à notre température. *Voyez* Semis. (*M. Thouin.*)

AUTOMNE. La troisième saison de l'année; cette saison est celle qui fournit le plus grand nombre de récoltes, & procure le plus de ressources à la subsistance des hommes & à la nourriture des bestiaux. C'est par conséquent une des plus intéressantes.

Pourquoi donc cette riche saison n'excite-t-elle pas dans l'ame cette vivacité de sentimens, cette émotion de plaisir que le Printems nous fait éprouver?

Ecoutons la réponse que fait à cette question un des plus célèbres Philosophes de nos jours, l'immortel Rousseau.

« La terre parée des trésors de l'Automne, étale une richesse que l'œil admire; mais cette admiration n'est point touchante, elle vient plus de la réflexion que du sentiment. Au Printems, la campagne presque nue, n'est encore couverte de rien; les bois n'offrent point d'ombre, la verdure ne fait que poindre, & le cœur est touché à son aspect. En voyant renaître ainsi la nature, on se sent ranimer soi-même. Les compagnes de la volupté, ces douces larmes, toujours prêtes à se joindre à tous sentimens délicieux, sont déjà sur les bords de nos paupières; mais l'aspect des vendanges a beau être animé, vivant, agréable, on le voit toujours d'un œil sec.

» Pourquoi cette différence? C'est qu'au spectacle du Printems l'imagination joint celui des saisons qui le doivent suivre; à ces tendres bourgeons que l'œil apperçoit, elle ajoute les fleurs, les fruits, les ombrages; quelquefois les mystères qu'ils peuvent couvrir. Elle réunit en un point des tems qui doivent se succéder, & voit moins les objets comme ils seront que comme elle les desire, parce qu'il dépend d'elle de les choisir. En Automne, on n'a plus à voir que ce qui est. Si l'on arrive au Printems, l'Hiver nous arrête, & l'imagination glacée expire sur la neige & les frimats. » *Emile*, *L.* 2.^e

Cependant, à considérer l'Automne en lui-même, il s'en faut beaucoup que cette saison soit dépourvue d'agrémens; elle en a même qui lui sont propres & particuliers.

Comme nous rapportons dans les articles des différens mois de l'année, les cultures, les opérations de jardinage, & les récoltes qui sont propres à chacun de ces mois, nous nous bornerons ici à présenter les jouissances particulières que nous offrent l'Automne, & les ressources que l'art peut employer pour les prolonger.

Les commencemens de l'Automne, dit M. Morel, dans son excellent ouvrage sur la Théorie des Jardins, touchent de si près à l'Eté, auxquels ils succèdent, qu'ils partagent presque toutes ses beautés, & conservent une grande partie de ses agrémens. Si les jours sont moins longs, leur chaleur est plus supportable; les promenades sont plus fréquentes & se prolongent au loin. La sève du mois d'Août revivifie la nature languissante, & comme étouffée sous les rayons brûlants du soleil d'Eté; elle répand une fraîcheur nouvelle sur tout ce qui végète. Les arbres desséchés recouvrent leur première beauté, & les gazons désaltérés par une rosée plus abondante, reprennent toute leur verdure. Cette saison nous offre aussi des fleurs, qui, quoique moins délicates & plus tardives, ne sont cependant ni sans éclat, ni sans agrément; elles ont même une sorte de noblesse qui leur est particulière. La nature les a douées d'une vigueur qui prolonge leur existence bien au-delà de celle qu'elle a accordée aux fleurs trop passagères du Printems. C'est à-peu-près dans ce tems que les baies & les grappes des arbustes se colorent de teintes éclatantes. Les fruits alors commencent à mûrir; leurs formes & leurs couleurs embellissent les arbres qui les portent. Ils réjouissent par le souvenir de leurs saveurs, & l'espérance prochaine de les voir orner nos tables; & les vergers si frais & si beaux, au printems, nous plaisent encore dans cette riche saison, par l'abondance qu'ils nous promettent.

» Et lorsqu'enfin elle avoisine l'Hiver, la nature, inépuisable dans ses ressources autant que variée dans ses effets, nous présente un spectacle tout nouveau. Les feuilles se séchent peu-à-peu, il est vrai; mais, avant d'abandonner les arbres sur lesquels elles ont pris naissance, elles se nuancent de diverses couleurs. Chaque espèce a sa teinte particulière & passe successivement par des tons différens, depuis le verd pâle & le jaune clair jusqu'au brun, le plus sombre, & à l'incarnat le plus vif & le plus foncé. Le mêlange de ces teintes rehaussées de quelques arbres toujours verds, étale aux yeux le tableau d'une riche perspective. Il n'est pas jusqu'au jeu des troncs, à la ramification de leurs branches & à leurs écorces diversement colorées qui, étant mieux apperçues alors, ne donnent de l'élégance à cet ensemble, en détaillant par bouquets de grosseur inégale, la masse générale souvent trop lourde & uniforme dans ces divisions. Le choix dans le mêlange des arbres, & le moment de ces beaux accidens seront l'objet d'une étude particulière; l'artiste, qui s'y sera livré, en trouvera la récompense dans les effets surprenans qu'il en obtiendra.

» La position la plus avantageuse pour de telles perspectives, sera celle d'un bois en amphitéâtre, où chaque arbre n'est qu'en partie caché par celui qui le précède, & ne sauroit couvrir qu'à moitié celui qu'il a derrière lui. Les formes contrastées des parties qui se montrent, les nuances diverses, dont elles se colorent, font un plaisir extrême quand l'assortiment en est ménagé avec goût. Le goût exige que les masses soient grandes, inégales & variées; qu'elles se fondent par une dégradation de ton bien entendu, & quelquefois qu'elles se heurtent & se détachent par des oppositions. Après ces précautions, les effets seront agréables; mais qu'on évite sur-tout les lignes, qui tracent des bandes parallèles, & les distributions trop égales dans les tons & la forme des masses. On trouvera encore des ressources pour obtenir de la variété dans la diversité des arbres, & particulièrement dans leur hauteur différente; les plus saillans fourniront des points plus éclairés, tandis que les moins élevés seront éteints & privés de lumière, par les ombres dont les plus dominans les couvrent. Ce dernier effet, qui ne provient que de la manière dont le soleil les éclaire, suivra sa marche journalière, & sera mobile comme lui.

» Cette perspective peut être susceptible d'un grand accord dans les couleurs, & flatter l'œil par la douceur de ses effets. Elle peut aussi en produire de forts & de brusques, par de savans contrastes & des associations combinées d'après les variations successives par lesquelles passent les nuances des arbres.

» Ces effets ne sont point indifférens dans le choix; ils sont relatifs aux masses générales & à leur distance. Ils ont chacun leur place, & ne figurent bien que dans les scènes qui les comportent, & selon les espèces de jardins que l'on traite.

» Enfin la ligne extérieure d'un bois, dont la profondeur ne se feroit que peu sentir, peut acquérir des beautés de ce genre, si l'artiste s'en est occupé dans le choix des arbres qui la dessinent.

» C'est par de tels moyens que la nature féconde nous prépare des jouissances dans toutes les saisons, qu'elle varie nos plaisirs par des accidens, toujours nouveaux & des modifications qui se succèdent perpétuellement.

» Si j'ignorois que l'homme se laisse guider, bien moins par la raison & son propre sentiment que par l'usage établi, par l'exemple de ses semblables, & sur-tout par l'habitude, je demanderois, quelque soient les agrémens de l'Automne, pourquoi celui qui vit sous notre climat, choisit cette saison pour aller à la campagne, & sur quoi est fondée la préférence qu'il lui donne; elle n'a certainement ni autant de charmes que le Printems, ni autant de beautés que l'été. A peine a-t-elle avancé vers l'hiver, qu'elle se ressent de ses approches, par les brouillards du matin, la froidure du soir & la longueur des nuits. Une belle journée d'Automne ne laisse pas l'espérance que celle qui la suit doive lui ressembler, & si elle nous est donnée, on la regarde comme un bienfait inattendu, on la reçoit avec une sorte de reconnoissance. Cependant chaque jour qui suit enlève à la campagne une partie de ses agrémens, les arbres se dépouillent, les feuilles jaunissent & se dessèchent, la verdure pâlit; &, quoique ce changement nous présente encore des beautés, il faut convenir qu'elles sont le dernier effort de la nature. Le peu de fleurs qui restent fanées & inodores, séchées par le froid, ou pourries par l'humidité, se flétrissent sur leurs tiges. Les bois ne seront bientôt plus des retraites desirées; on redoute déjà le peu d'ombre qu'ils donnent. Les eaux perdent leurs charmes; leur fraîcheur si recherchée dans l'Eté, va cesser de nous plaire. Les premiers froids, les vents fréquens, les brouillards humides & la nature inactive & dépouillée, nous annoncent le terme fatal de nos jouissances. En un mot, l'Automne, bien différente du Printems, qui se montre sous les traits brillants de l'aimable jeunesse, très-éloignée de la vigueur de l'été, ne nous présente plus sur la fin, que les rides & les disgraces du vieil âge. (*M. Thouin.*)

AUVENT : espèce de petit toit, qui pare le vent & qui en garantit. Ce qu'on appelle Auvent, dit l'abbé Roger-Schabol, dans son dictionnaire du jardinage, est totalement inconnu des jardiniers. Il n'y a qu'à Montreuil, & dans les endroits où la méthode de Montreuil est pratiquée, qu'on connoît les Auvents. Ce sont des inventions ingénieuses, dont les habitans de ce lieu se sont avisés pour conserver leurs arbres.

» Ils ont des tablettes, au lieu de larmiers, à leurs murs. On appelle *larmiers*, la petite avance qui fait saillie au bas du chaperon; mais à Montreuil, c'est une tablette de cinq à six pouces de large; de plus, ils ont de trois en trois pieds ou environ, de forts échalats, ou d'autres bois scellés dans leurs chaperons, & incorporés dans les tablettes. Ces bois scellés de la sorte, ont un pied & demi de saillie; là-dessus ils mettent au

Printems des paillassons à plat, de la même grandeur de ces bois ainsi scellés dans le mur. Ceux qui sont en état de faire de la dépense, ont des potenceaux de fer, au lieu d'échalats; & au lieu de paillassons, ce sont des planches fort larges qu'ils posent dessus, durant les tems fâcheux; ils laissent ces paillassons & ces planches à plat; quand les dangers sont passés, on serre le tout pour l'année suivante. Comme ils ont reconnu que ce sont les vapeurs de la terre qui gèlent les bas, ils appliquent leurs paillassons par le bas seulement, & le haut se trouve suffisamment garanti par leurs tablettes & leurs paillassons posés à plat sur les échalats, ou par leurs planches posées également à plat.

» Nous avons admis dans le jardinage, continue ce grand-maître, une espèce d'Auvent inconnu jusqu'ici, & qui est fort simple; il est le plus avantageux de tous pour les espaliers. Ce sont des paillassons posés en forme de toit ou de tente, prenant du haut du mur, & descendant à-peu-près vers la moitié de la hauteur du mur : vous soutenez par en bas ces paillassons, soit avec des perches, soit avec des piquets, assez fermement pour résister au vent. On les y laisse ainsi durant les dangers, parce qu'il y a assez d'air pour que les feuilles, les fleurs, & les bourgeons ne s'attendrissent pas, ou bien on les y pose de manière qu'on puisse les enlever à volonté. »

Ces sortes d'Auvents ne sont pas seulement utiles à la conservation des bourgeons, des fleurs & des jeunes fruits des arbres fruitiers, ils peuvent encore servir avec avantage, pour conserver en pleine terre, des arbres délicats, tels que des figuiers, des oliviers, des grenadiers, des pistachiers, des jujubiers, & autres arbres qui viennent des provinces méridionales de l'Europe. L'Auvent les garantit des pluies; la litière dont on empaille les tiges, les préserve des impressions du froid, & les feuilles sèches dont on couvre la terre, empêchent qu'elle ne gèle à plus de trois pouces de profondeur. Par ce moyen aussi simple que peu dispendieux, non-seulement on conserve ces arbres, mais on a l'agrément de les voir prospérer comme dans leur pays natal, & d'en obtenir des fruits.

Il est encore des plantes trop délicates pour passer l'hiver en pleine terre, & qui craignent le séjour de l'orangerie, à cause de son degré de chaleur, de son humidité, & sur-tout à cause de l'air stagnant qui y règne, telles que les giroflées maraicheres, quelques espèces d'œillets, d'oreilles d'ours & une très-grande quantité de plantes alpines cultivées dans des pots. Ces plantes enterrées avec leurs pots, au pied d'un mur au midi, sous un Auvent & couvertes de litière & de paillassons, peuvent braver les plus grands froids, pourvu qu'elles soient défendues de toute humidité & qu'elles soient découvertes toutes les fois qu'il ne gèlera pas.

Quelques personnes établissent sous les Auvents des ados de terre meuble, sur laquelle ils sement à l'Automne différentes espèces de choux, de laitues & de fleurs, afin de se procurer, l'année suivante de bonne heure, de jeunes plants pour le potager & le jardin fleuriste; ils se trouvent bien de cette culture qui économise des couches & fournit des plants plus robustes que ceux qui sont élevés sous cloches ou sous chassis. (*M. Thouin.*)

AUVERNAT. Variété du *Vitis vinifera. L.* ainsi nommé de l'Auvergne, où cette vigne se trouve le plus abondamment cultivée. *Voyez* le mot VIGNE dans le Dictionnaire des Arbres. (*M. Thouin.*)

AXE. *Jardinage*, ce mot se dit de la partie d'un fruit autour duquel sont attachées les différentes parties qui le composent. Dans les fruits des arbres de la famille des coniferes, cet Axe est très-sensible, il occupe le milieu & supporte les écailles sous lesquelles sont placées les semences.

Les écailles des cônes du cèdre du Liban sont si fortement attachées à l'Axe du fruit, qu'il faut le détruire avec une tarrière pour avoir les semences, tandis que celles du sapin commun tombent dès que le fruit est mûr, & l'Axe reste isolé à l'extrémité des rameaux pendant plusieurs années.

Les fleurs mâles ou à étamines de certains arbres, tels que les noyers, les chênes, les châtaigniers, &c. sont portées sur un Axe commun. On donne à cette disposition de fleurs le nom de châton : *Voyez ce mot.* (*M. Thouin.*)

AXILLAIRE. Disposition particulière des diverses parties qui composent les végétaux. Les branches, les pédicules, les vrilles, les stipules, les épines, les fleurs & les fruits sont Axillaires, lorsqu'ils partent des aisselles des feuilles, c'est-à-dire du point supérieur à l'endroit où est placée la feuille sur les branches ou sur les rameaux. *Voyez* AISSELLES. (*M. Thouin.*)

AXIRIS, *Axyris.*

Genre de plante de la famille des ARROCHES, lequel est composé de quatre espèces. Ce sont des plantes annuelles ou ligneuses qui croissent dans le nord de l'Asie, particulièrement en Sibérie, & qui ont peu d'agrément. On ne les cultive que dans les Jardins de Botanique.

Espèces.

1. AXIRIS cératoïde.

Axyris ceratoides. L. ♃ de Tartarie & de Moravie.

2. AXIRIS amaranthoïde.

Axyris amaranthoides. ⊙ de l'Asie boréale.

3. AXIRIS bâtarde.

Axyris hybrida. L. ⊙ de Sibérie.

4. Axiris couchée.
Axyris prostrata. L. ⊙ de Sibérie.

Description du port des espèces.

Les Axiris sont des plantes rameuses, peu élevées, lesquelles forment de petits buissons arrondis dans leur circonférence & terminés en pyramide obtuse. Leur feuillage est petit, rare, & de couleur cendrée. Les fleurs n'ont point de corolles; mais seulement un calice qui renferme les parties de la fructification. A ces fleurs succèdent des semences qui mûrissent vers la fin de l'Eté, & bientôt après leur maturité, les espèces annuelles se dessèchent & meurent.

Culture. L'Axiris cérastoïde se conserve en pot dans une terre sablonneuse & substantielle, l'Eté à l'air libre exposée au midi, & l'Hiver dans l'orangerie, sur des gradins, proche les croisées. Elle exige des arrosemens fréquents, sur-tout pendant les grandes chaleurs. L'hiver, ils doivent être plus rares, & il ne faut les administrer que lorsque la plante en a réellement besoin, parce qu'elle craint plus l'humidité que la sécheresse.

On multiplie cette espèce de marcottes & de boutures. Les marcottes se font au Printems, une quinzaine de jours après que les plantes ont été sorties de l'orangerie, & qu'elles se sont rétablies des fatigues de l'Hiver. On couche dans des pots & l'on fixe en terre, les branches destinées à être marcottées, sans qu'il soit besoin de les inciser, ni d'y faire de ligatures; les jeunes branches de deux ans doivent être préférées à celles qui sont plus âgées, & sur-tout aux branches de l'année; les premières sont trop ligneuses, & les secondes trop herbacées, deux excès qui s'opposent également à leur prompte reprise. Les branches marcottées se garnissent ordinairement de racines dans l'espace de quatre mois, & elles sont en état d'être séparées & plantées dans le courant de Septembre. On les place sur une couche tiède, & on les ombrage pendant quelques jours; après quoi, on les laisse à l'air libre jusqu'au tems où elles doivent être rentrées dans l'orangerie.

Les boutures se font aussi au Printems, sur une couche tiède & sous cloche; on peut encore en faire jusqu'à la fin de l'Eté dans une plate-bande de terre forte exposée au Nord.

Elles reprennent presqu'également bien de ces deux manières, & elles s'enracinent dans l'espace de six semaines. On les lève en motte autant qu'il est possible, pour les planter dans des pots, & on les cultive comme les marcottes.

Les trois autres espèces, étant annuelles, ne se propagent que par leurs graines qui, pour être en état de lever, ne doivent pas avoir été récoltées depuis plus de trois ans. On les seme, dès la fin de Mars, dans des pots remplis d'une terre légère que l'on place sur une couche chaude à l'air libre & à l'exposition du midi. Les semences excitées par la chaleur & par l'humidité ne tardent pas à germer, & bientôt on voit les jeunes plants se développer. Ils s'élèvent en se ramifiant jusqu'à huit ou dix pouces de haut. Six semaines ou deux mois après que les graines ont été semées, ils commencent à donner leurs premières fleurs. Ils restent encore un pareil espace de tems à fournir leur végétation; après quoi les plantes se dessèchent; ainsi, leur existence n'est tout au plus que de quatre mois. Dès que le jeune plant est parvenu à six pouces de haut, on peut, mais sans ôter la motte, le mettre en pleine terre, à la place qu'il doit occuper dans les écoles de Botanique. Sa culture se réduit à quelques arrosemens pendant l'Eté, & à la récolte des graines, dans le courant de Juillet. (*M. Thouin.*)

AYALLO. Nom que les habitans d'Amboine donnent à un grand arbre des Isles Moluques, dont le genre, non plus que la famille, n'est pas bien connu. Rumphe, dans son *herbarium Amboinicum, volume 3, page 122*, lui donne le nom *d'arbor versicolor* à cause des différentes couleurs dont son écorce est panachée.

Cet arbre s'élève à une grande hauteur: son tronc est droit & remarquable par son écorce qui est mince, unie, très-lisse, & panachée de vert, de jaune & de rouge; ce qui, de loin, & sur-tout le soir & le matin, présente les couleurs de l'arc-en-ciel. Ses feuilles d'une verdure noirâtre en dessus, ont cinq pouces de long, sur environ deux pouces de large. Il porte des fleurs & des fruits qui ressemblent à ceux du géroflier; ce qui fait présumer que cet arbre en est une espèce, & qu'il appartient à la famille des mirthes. L'Ayalla croît sur les bords sablonneux des fleuves, sur-tout du Sapalewa, dans l'Isle de Céram. Lorsqu'on le coupe, il rend beaucoup d'eau. Son bois est blanc, tendre & de peu de durée. Les Malais enlèvent son écorce pour la mâcher avec l'arec & le bétel, comme contre-poison, ou pour se ranimer, lorsqu'ils sont languissans.

Jusqu'à présent cet arbre n'a point été apporté en France, mais en raison du climat où il croit, il est très-probable qu'il se conserveroit dans les serres chaudes, & que sa culture seroit peu différente de celle des plantes qu'on y renferme. (*M. Thouin.*)

AYÈNE, *Ayenia.*

Ce genre de plante, qui fait partie de la famille des Malvacées & de la division des Cacaoyers, n'est composé que de trois espèces. Ce sont des plantes qui croissent dans l'isle de Cumana dont le port n'offre rien de remarquable, mais dont les fleurs sont d'une structure fort singulière. On les cultive en Europe, dans les serres chaudes de quelques jardins de Botanique.

Espèces.

1. AYÈNE délicate.
AYENIA pusilla. L. ⊙ & ♂ de la Jamaïque & de Cumana.
2. AYÈNE tomenteuse.
AYENIA tomentosa. L. de Cumana.
3. AYÈNE élevée.
AYENIA magna. L. ♃ de Cumana.

L'AYÈNE délicate est une petite plante qui pousse une tige droite, laquelle s'élève d'environ huit pouces de haut. Elle se ramifie dans toute sa longueur, & donne naissance à beaucoup de branches qui partent, à angle droit, de la tige principale & qui diminuent de longueur à mesure qu'elles approchent de l'extrémité de la tige. Sur ces rameaux, sont clair-semées de petites feuilles en cœur, dans les aisselles desquelles viennent les fleurs. La structure de ces dernières est aussi singulière qu'agréable, lorsqu'on les examine de près, parce qu'elles sont fort petites. Il leur succède, pendant l'Automne, des capsules qui renferment cinq petites semences, & qui finissent d'arriver à leur maturité dans la serre chaude, vers le mois de Novembre.

Culture. L'AYÈNE délicate, quoiqu'annuelle de sa nature, vit néanmoins deux ans lorsqu'on la rentre l'hiver dans une serre chaude. On en seme, chaque année, les graines au commencement d'Avril, dans des pots remplis d'une terre légère que l'on place sur couche & sous chassis. Les semences levent quinze ou vingt jours après avoir été semées. Il convient alors de leur donner de l'air fréquemment & de ne pas trop les arroser, parce que la trop grande humidité fait fondre le jeune plant, & que le défaut d'air le fait étioler. Lorsqu'il a trois à quatre pouces de haut, on doit le séparer en motte autant qu'il est possible, & placer les pots dans lesquels on l'a replanté sur une couche tiède & sous chassis. En les garantissant du grand soleil pendant une huitaine de jours, on accélère leur reprise, & bientôt les jeunes plantes commencent à montrer leurs premières fleurs. On peut alors les laisser à l'air libre, sur une couche, jusqu'à ce que les nuits commencent à être froides; ensuite on les rentre dans la serre chaude, sur les appuis des croisées, pour parachever la maturité de leurs semences.

Les jeunes pieds qui ont passé l'Hiver dans la serre, étant mis de bonne heure sur une couche chaude, fleurissent beaucoup plutôt que ceux qui proviennent des graines semées au Printems; mais ils périssent à l'Automne.

Les deux autres espèces d'Ayène ne nous sont pas connues, non plus que leur culture particulière. (*M. THOUIN.*)

AYER, nom Indien d'une plante sarmenteuse, qui paroît avoir des rapports avec les lierres & les achits; mais dont le genre, ni la famille n'ont pu encore être déterminés. Rumphe a nommé cette plante *funis muræнarum latifolius*, dans son *herbarium Amboinicum* vol. 5, p. 68, planche 36.

L'Ayer est une liane qui grimpe sur les arbres & s'élève jusqu'à leur cime. Parvenue à cette élévation, & ne trouvant plus à s'élever, elle redescend vers la terre, jusqu'à ce qu'elle trouve un autre arbre qui lui fournisse un nouveau soutien.

Ses rameaux sont cylindriques & remplis d'une eau limpide, qui peut servir à désaltérer les voyageurs pressés par la soif. Cette eau exposée à l'air pendant quelques temps, s'épaissit & devient visqueuse. Les feuilles de cette plante sont alternes, pétiolées, ovales, pointues, & ont huit à neuf pouces de longueur, sur six à sept pouces de large. Les fleurs naissent latéralement sur les rameaux, & sont disposées en corymbes sur des pétioles rouges & rameux. Elles produisent des baies rougeâtres, transparentes & pleines d'un suc aqueux, d'une saveur douce.

Cette liane croît à Amboine, dans les vallons près des rivières, elle est inconnue en Europe. (*M. THOUIN.*)

AYMETTEN nom Indien de *l'unona aymetten* la M. Dictionnaire. *Voyez* Unone des Moluques. (*M. THOUIN.*)

AYNITU, arbre des Isles Moluques, nommé par Rumphe, dans son *Herbarium Amboinicum*, *folium calcosum* vol. 4, p. 129, planche 64. Il paroît avoir des rapports avec les genres du ricin ou du croton, par les parties de sa fructification; mais la description qu'en a donné Rumphe est trop incomplette, pour constater à quelle famille appartient cet arbre, qui d'ailleurs n'offre rien d'intéressant pour ses propriétés & son agrément.

Il croît dans les Isles Moluques & particulièrement à Amboine & à Ceram. (*M. THOUIN.*)

AYPHARU, autre arbre des Moluques, dont le genre ni la famille ne sont connus. Rumphe l'indique dans son *Herbarium Amboinicum*, sous le nom d'*arbor rediviva*. vol. 3, p. 165, pl. 104.

Cet arbre offre une particularité remarquable; il se dépouille chaque année de la totalité de ses feuilles, ce qui est très-extraordinaire dans un pays où les arbres conservent leurs feuilles toute l'année. Cette propriété, qui le rapproche de nos arbres européens, nous fait croire qu'il s'acclimateroit dans notre pays. Il pourroit y être utile à cause de la qualité de son bois, qui est pesant & solide. (*M. THOUIN.*)

AYRI. Arbre qui paroît appartenir à la famille des palmiers, & au genre de l'avoira; d'après la description qu'en donne Pison dans son Histoire du Brésil, p. 120. Il s'élève à une grande hauteur ; son tronc est garni d'épines ; ses feuilles, sont longues, étroites & ailées. Il porte des fruits ronds qui renferment une substance grasse & blanchâtre.

Le bois de cet arbre est noir, & si dur, que les Brasiliens en arment leurs flèches & leurs massues. (*M. Thouin.*)

AYTIMUL. Arbre décrit par Rumphe dans son *Herbarium Amboinicum* sous le nom de *ligneum eurinum*, vol. 3, p. 63, pl. 35.

C'est un arbre de moyenne grandeur, qui ne s'élève pas beaucoup plus qu'un limonnier ordinaire, mais dont le tronc est plus épais. Ses feuilles sont d'un verd noirâtre en dessus, & d'une couleur cendrée par-dessous. Il porte des petites fleurs peu apparentes, qui donnent naissance à des capsules, dans lesquelles sont renfermées les semences.

Cet arbre croît dans les Moluques, & à Java ; son bois est jaunâtre, veiné de brun lorsqu'il est vieux, & d'une consistance assez solide. Lorsqu'on entame son écorce, elle rend un suc laiteux & visqueux. Les habitans de Boëron font, avec le bois de cet arbre, des peignes & des carquois pour enfermer leurs flèches. (*M. Thouin.*)

AYTUY. Arbre d'Amboine qui paroît être l'*Agallochum officinarum*. *Voyez* Agalloche, 2e espèce. (*M. Thouin.*)

AYVAL ou *Lignum Aquatile* de Rumph. Amb. T. 4, p. 135. C'est un arbrisseau peu élevé dont la tige n'est pas plus grosse que le bras. Elle se divise en rameaux tétragones qui sont chargés de feuilles ovales, entières, munies de nervures purpurines, qui produisent un fort bel effet. Les fruits viennent par bouquets le long des branches & sont de couleur blanche.

On trouve cet arbrisseau dans les Isles Moluques sur les bords des rivières ; il répand un suc visqueux & ses jeunes feuilles se mangent cuites comme les légumes. Il est inconnu en Europe. (*M. Thouin.*)

AYUN, ou *Ayune*. Nom d'un arbre fruitier de l'Inde, figuré par Rumphe dans son *Herbarium Amboinicum*, & indiqué sous le nom d'*Arbor nuda*. Vol. 3, pag. 89, Pl. 59. Il paroît avoir des rapports avec le genre du filage ; mais les caractères de la fructification ne sont pas assez connus pour qu'on puisse le rapporter avec certitude à son genre & à sa famille naturelle.

Cet arbre est un des plus minces que l'on connoisse, relativement à sa hauteur, qui approche de celle d'un petit sapin : son tronc est droit, un peu résineux, simple, élevé de huit à dix pieds, sur trois à quatre pouces de diamètre, & recouvert d'une écorce si fine, qu'elle ressemble à une simple pellicule, & le fait paroître nud. Les branches sont en petit nombre, elles ressemblent à des sarmens longs & fermes, & portent des feuilles alternes, lancéolées, pointues, entières, molles, soutenues par de courts pétioles. Elles sont longues de sept à dix pouces, sur deux fois moins de largeur, d'un verd noirâtre en dessus, cendrées en dessous, & relevées de quelques nervures, latérales, obliques, qui partent de leur côte moyenne. Les feuilles supérieures ont à la base de leur pétiole, deux écailles ou stipules, qui tombent peu après leur développement.

Des aisselles des feuilles sortent des grappes menues, solitaires, simples, pendantes, longues d'environ un pied, & garnies, dans presque toute leur longueur, de petites fleurs sessiles, dont le calice est purpurin & de forme irrégulière. A ces fleurs succèdent des baies ovoïdes, ridées, de la forme d'un cœur d'oiseau ou d'une prune ; leur couleur est d'abord d'un vert pâle, ensuite elles deviennent purpurines & enfin noires. Sous une chair peu épaisse & succulente, se trouve un noyau oblong & ridé. Les fruits à demi-mûrs, sont d'une saveur acide & austere, qui s'adoucit en mûrissant ; mais alors ils conservent encore une âpreté semblable à celle de nos prunes mûres, ou du jambos sauvage. Ce fruit, lorsqu'on le mange, rend la bouche & les lèvres d'un violet noir, comme fait l'airelle ou la myrtille.

L'Ayun croît à Amboine & à Célèbes, dans les plus hautes & les plus épaisses forêts, & dans les vallons les plus ombragés. Son bois est brun, compact, & très-durable. Ses fruits se mangent plutôt, parce qu'ils sont rafraîchissans, que parce qu'ils sont agréables au goût. On s'en sert à teindre les toiles en noir. Jusqu'à présent, cet arbre n'a point été cultivé en Europe ; mais il est probable qu'on le conserveroit dans les serres tempérées. (*M. Thouin.*)

AZADARACH. Nom peu usité du *Melia Azedarach*. L. *Voyez* Azédarac bipinné. (*M. Thouin.*)

AZADIRACHTA. Epithete donnée à la seconde espèce du *Melia Azadirachta*. L. *Voyez* Azédarac ailé. (*M. Thouin.*)

AZALÉE. Nom d'un genre d'arbustes agréables, nommé *Azalea*. Il est composé de plusieurs espèces étrangères, qui croissent en pleine terre dans notre climat, & dont, pour cette raison, il sera traité dans le Dictionnaire des Arbres auquel nous renvoyons. (*M. Thouin.*)

AZARERO. Nom Portugais, adopté en François du *Prunus Lusitanica* L. *Voyez* Prunier de Portugal, dans le Dictionnaire des Arbres. (*M. Thouin.*)

AZEDARAC, *Melia*.

Genre de la famille des citronniers, composé de deux espèces exotiques, qui sont des arbres intéressans par leur port, & l'agrément de leurs fleurs. Ils sont employés à l'ornement des jardins: on les cultive en pleine terre & dans les serres.

Espèces.

1. Azedarac bipinné.
Melia Azedarach. L. ♃ de l'Inde.
B. Azedarac bipinné tardif.
Melia Azedarac serotino.
Melia Azedarach semper-virens. L. V. B. ♃ de Syrie & de Perse, naturalisé dans les provinces Méridionales de la France & de l'Espagne.
2. Azedarac ailé.
Melia Azadirachta. L. ♃ des Indes Orientales, du Malabar & de Ceylan.

Description du port des espèces.

1.° La première espèce originaire de l'Inde a été transportée dans l'Amérique méridionale, & dans un grand nombre d'autres climats chauds, où elle s'est parfaitement naturalisée. Dans toutes les Colonies françoises, on la nomme lilas des Indes; & on la cultive pour l'agrément & la bonne odeur de ses fleurs. Elle forme un petit arbre qui s'élève de vingt-cinq à trente pieds de haut, dans les lieux où il croît en pleine terre, mais qui n'acquiert presque jamais ici plus de neuf pieds de haut. Son tronc est lisse, & de couleur grise; il est garni de branches grêles, longues & parsemées de feuilles bipinnées, ou composées d'un grand nombre de folioles, dentées sur les bords, d'une verdure pâle qui devient jaunâtre en vieillissant. Cet arbre perd ses feuilles toutes les années; elles paroissent dès le commencement du Printems & tombent vers le milieu de l'Automne. Ses fleurs commencent à s'ouvrir dans le mois de Mai; elles sont disposées en grappes ou panicules à l'extrémité des rameaux, & partent des aisselles des feuilles: elles sont d'un blanc bleuâtre, mêlé de violet. Du milieu de la fleur s'élève un tube cilindrique qui porte les étamines, lequel est d'un pourpre foncé, ce qui produit un effet très-agréable. A l'avantage de la forme, de la disposition & de la couleur, ces fleurs en réunissent encore un autre non moins intéressant, celui de répandre une odeur douce très-agréable, sur-tout aux approches de la nuit. Il arrive souvent que cet arbre fleurit deux fois dans l'année, au Printems, & à l'Automne, & quelquefois même en Eté, mais rarement, de manière que les fleurs se succèdent pendant presque toute la belle saison. Ces fleurs produisent des fruits à capsules, fortement jointes ensemble lesquelles renferment chacune une semence oblongue. Ces semences sont recouvertes d'une pulpe, & celle-ci d'une peau assez épaisse, qui d'abord est verte & qui devient jaune en mûrissant, elles sont de la grosseur d'une cerise sauvage. Les fruits, qui proviennent des fleurs du Printems, arrivent ici à leur parfaite maturité vers le mois de Septembre, ceux des fleurs d'été mûrissent en Novembre dans l'orangerie; mais presque jamais les semences, produites par les fleurs d'Automne, ne parviennent en maturité, à moins qu'on ne rentre les pieds dans une serre chaude, où l'on entretient leur végétation; dans ce cas, les fruits se trouvent mûrs au printems suivant, &, par ce moyen, on a des fleurs & des fruits mûrs sur le même individu dans le même tems.

La variété B. de la première espèce est originaire de Perse & de Syrie; elle a été transportée en Espagne, en Portugal, & dans les provinces méridionales de la France, où elle s'est naturalisée en pleine terre. Elle y devient un arbre de quarante-cinq à soixante pieds de haut, garni d'une belle tête arrondie & de figure conique. Jamais cet arbre ne s'élève ici à plus de quinze ou vingt pieds, parce qu'il est fort sensible à la gelée, & qu'il arrive tous les cinq ou six ans que ses tiges périssent par le froid, quelque soin que l'on prenne de le garantir par des abris & de l'envelopper de couvertures. Cette variété, qu'on pourroit avec plus de justice nommer espèce, puisqu'elle diffère de la première par sa nature & par sa forme, se distingue de la précédente. 1.° Par sa tige, qui est beaucoup plus élevée. 2.° Par ses rameaux plus gros, plus rares, & qui se terminent en pointe très-obtuse. 3.° Par ses feuilles qui non-seulement sont beaucoup plus étendues & plus noires, mais ont encore un moindre nombre de folioles. 4.° Par ses fleurs plus grandes & de couleurs plus foncées. 5.° & enfin par ses fruits, qui sont d'un tiers plus gros que ceux de la précédente. Les différences relatives à sa nature, ne sont pas moins remarquables. Celle-ci ne fleurit qu'une fois l'année, & au Printems; elle passe les hivers en pleine terre en la couvrant soigneusement, tandis que la première fleurit deux ou trois fois & gèle au moindre froid. Enfin les semences de ces deux arbres ont toujours produit une variété constante, sans que jamais (autant du moins que nous avons pu nous en assurer) les graines de l'espèce aient donné la variété, & celles de la variété aient reproduit l'espèce. Ainsi, tout paroît devoir les faire regarder comme des espèces distinctes & séparées.

2.° L'Azedarac ailé est un arbre de moyenne grandeur & toujours vert. Son tronc est épais formé d'un bois blanc jaunâtre, & recouvert d'une écorce noirâtre. Sa cime est composée de branches, qui s'étendent au loin & fort irrégulières dans leurs dimensions. Elles sont garnies de feuilles simplement ailées, & composées de six à huit paires de folioles oblongues, terminées en pointe, d'une verdure pâle & luisante. Les fleurs sont petites, d'un blanc tirant sur le jaune, & disposées en longues grappes à la sommité des rameaux. Leurs fruits ont

la forme

la forme de petites olives ; ils sont d'abord jaunâtres, & prennent une teinte purpurine en mûrissant.

Culture. L'AZEDARAC bipinné se cultive ici dans des pots avec une terre légère ; il a besoin d'être fréquemment arrosé pendant l'été, & d'être exposé au midi. Pendant l'hiver, il lui faut le secours de l'orangerie, sur-tout dans sa jeunesse. Lorsque le plant a cinq ou six ans, on peut en risquer quelques individus en pleine terre, en les mettant à une exposition abritée. Mais il convient de couvrir les racines d'une forte couche de feuilles, & d'empailler la tige avec soin. Malgré ces précautions, lorsque les gelées viennent à six & sept degrés, les branches périssent à rase-terre, & lorsqu'elles sont plus fortes, & se trouvent accompagnées d'humidité, l'arbre périt entièrement.

L'AZEDARAC bipinné tardif est plus robuste. Celui-ci n'a besoin du secours de l'orangerie que les deux ou trois premières années ; on peut, après ce tems, le mettre en pleine terre, dans un terrain fort & substantiel. Cependant il est toujours à propos de couvrir ses racines de feuilles sèches, & d'empailler ses tiges. Lorsque les gelées ne passent pas dix degrés & qu'elles ne sont pas accompagnées de circonstances particulières, telles qu'un faux dégel, un passage subit du froid au chaud, & sur-tout d'une grande humidité, il se conserve très-bien à une exposition abritée. Ses jeunes branches périssent quelquefois, parce qu'elles sont herbacées ; mais on en est quitte pour les supprimer, & bientôt il en repousse de nouvelles qui les remplacent. Dans nos provinces méridionales, ces deux espèces ou variétés se conservent en pleine terre sans beaucoup de soin, parce que les étés étant plus longs, & la chaleur plus forte, leur bois a le tems de s'aoûter parfaitement, & devient alors plus en état de supporter les froids de l'hiver, qui, dans ces climats, sont beaucoup moins rigoureux que dans le nôtre.

3. L'AZEDARAC ailé est un arbre de serre chaude dans notre climat. Pendant les trois ou quatre premières années de sa jeunesse, il exige d'être placé vers le milieu de l'Automne, dans la serre chaude sur une couche de tannée où il doit rester jusqu'à la fin du mois de Mai. On peut, à cette époque, l'en retirer pour le mettre sur une couche de chaleur modérée & sous chassis, pour passer la belle saison. Lorsqu'il est plus âgé, il suffit de le rentrer à l'automne, dans la serre chaude & de le placer sur des gradins. L'été, on peut le tenir à l'air libre, à l'exposition du midi pendant les quatre mois de l'année les plus chauds. Mais, à tous les âges, & dans toutes les saisons, il craint l'humidité ; c'est pourquoi il est bon de ne l'arroser ; que lorsqu'il en a un véritable besoin. La terre dans laquelle il se plaît davantage est une terre meuble, légère & substantielle, sur-tout lorsqu'il est jeune. Dans un âge plus avancé, on peut lui donner une terre plus forte & plus pesante.

Multiplication. Ces trois Azédaracs se multiplient presqu'uniquement de graines, rarement de marcottes, & presque jamais de boutures : nous ne croyons pas qu'on ait jamais tenté de les greffer les uns sur les autres.

Les graines des Azédaracs se sement au commencement de Mars, dans des pots ou terrines remplies d'une terre légère ; on les recouvre d'environ six lignes d'épaisseur, & l'on place les pots sur une couche chaude ; mais différemment disposés en raison des graines qu'ils contiennent : celles des deux premières espèces, à l'air libre & à l'exposition du midi & celles de la troisième espèce, sous chassis & au grand soleil. Il faut ensuite leur donner des bassinages légers & répétés deux ou trois fois par jour, lorsque le ciel n'est point couvert de nuages, afin d'amollir les capsules & d'accélérer la germination des graines ; lorsqu'elles sont germées & que les plantules commencent à sortir hors de terre, il convient alors de modérer les arrosemens, & de ne les administrer que lorsque la terre devient sèche à la surface des vases. Quoique chaque fruit d'Azédarac contienne cinq semences, il est plus sûr de le semer entier, que de vouloir séparer les graines que l'on ne pourroit ôter sans effort, en s'exposant à les briser ou à les rompre ; d'ailleurs cette opération est assez inutile, & les graines réussissent bien sans cela. Elles levent ordinairement six semaines ou deux mois après qu'elles ont été semées ; le jeune plant secondé par la chaleur de la saison & par des arrosemens fréquens, mais légers, ne tarde pas à se développer, & il parvient, avant la fin de l'Automne, à six ou huit pouces de hauteur. A cette époque, celui des deux premières espèces commence à annoncer la fin de sa végétation, par la chûte de ses feuilles ; mais il est bon d'attendre jusqu'aux premières gelées blanches pour le rentrer, afin que son bois puisse mieux s'aoûter, & que les jeunes plants deviennent plus robustes & plus en état de supporter l'hiver. Mais aussi-tôt que le tems paroît disposé à la gelée, on les rentre dans une bonne orangerie, & on les place sur les appuis des croisées. Le jeune plant de la troisième espèce exige au contraire de n'être point arrêté dans sa végétation. C'est pourquoi il convient de le rentrer dès le milieu de l'Automne, & de le placer dans les serres chaudes aussi-tôt que les couches de tan sont renouvellées. Le lieu le plus chaud, & en même-tems le plus aéré de la serre, est l'emplacement qui lui convient le mieux. En général, ces jeunes plants exigent peu d'arrosemens pendant l'hiver, & il ne faut les leur donner que quand ils en ont besoin, & lorsque le tems est beau.

Le Printems est-il arrivé ? c'est le moment de s'occuper du repiquage des semis des deux premières espèces. Il faut le faire quelques jours avant que la sève soit en mouvement. Pour cela, on renverse les pots ou terrines qui contiennent les jeunes plants; on émiette avec précaution la motte de terre qui les environne, pour ne point briser les racines, & on sépare les jeunes plants sans laisser de terre autour des racines. Les individus les plus forts doivent être mis séparément dans des pots à œillets, & les plus foibles peuvent être repiqués en pépinière dans de grands pots, à trois ou quatre pouces de distance les uns des autres. La terre dont on se sert pour cette opération doit être un peu plus forte & plus substantielle que celle des semis. Mais, avant de les transplanter, il est bon de rafraîchir l'extrémité des racines, en les coupant à quatre ou cinq pouces de distance du collet, afin de les obliger à se ramifier. On arrose ensuite copieusement les jeunes plantes, & l'on enterre sur une couche tiède auprès d'un mur, & à l'exposition du midi, les pots qui les renferment. On les couvre de paillassons pendant les nuits froides, & avec ces précautions les jeunes arbres ne tardent pas à pousser vigoureusement.

Le jeune plant de la troisième espèce est beaucoup plus délicat; on ne doit penser à le repiquer que vers le mois de Mai, lorsque la chaleur est bien déterminée. On choisit un tems chaud & couvert, &, lorsque la transplantation est faite, on transporte les pots sur une couche chaude couverte d'un chassis; mais comme la saison est alors plus avancée, & que le soleil commence à prendre de la force, il est bon d'ombrager le jeune plant pendant les douze ou quinze premiers jours, & de l'habituer ensuite insensiblement à supporter le soleil; lorsqu'il sera bien repris, on aura soin de renouveller l'air sous les chassis, toutes les fois que le thermomètre passera quinze degrés; & de lever les panneaux, lorsqu'il tombera des pluies douces; afin de le faire jouir de leur influence bienfaisante.

S'il arrivoit qu'à l'Automne de cette seconde année, les racines des Azédaracs ayant poussé vigoureusement, vinssent à remplir la capacité de leur vase, & à s'échapper à travers les fentes, il faudroit alors les mettre dans de plus grands pots, en ayant soin de couper auparavant, dans toute la circonférence, un pouce ou deux de la motte de terre qui les environne, & d'employer pour remplir le vase, une terre un peu plus solide que celle qui a servi au repiquage du Printems. Aussi-tôt que les froids commenceront à se faire sentir, on replacera ces jeunes arbres, à la même position, dans les serres où ils doivent passer l'Hiver, & l'on pratiquera cette culture les deux années suivantes.

Il arrive assez souvent que les Azédaracs pinnés fleurissent dès la seconde année de leur âge. L'Azédarac tardif ne fleurit qu'à la quatre ou cinquième année; mais pour celui à feuilles ailées, il est assez rare de le voir fleurir en Europe. Le second peut être mis en pleine terre au Printems de la quatrième année. A l'égard du premier, il est bon d'attendre qu'il soit plus fort, afin qu'il puisse plus aisément se défendre des gelées. Mais la dernière espèce ne peut être conservée que dans la serre chaude, comme nous l'avons dit précédemment.

Les Azédaracs peuvent se multiplier de marcottes; mais ce moyen est peu usité, parce qu'il est aisé de se procurer des graines des deux premières espèces, & que la troisième est fort rare en Europe. On fait les marcottes au Printems, quelques semaines après que les plantes sont sorties des serres: on choisit des branches de deux ans, on les ligature avec un fil-de-fer, & on les courbe dans un pot rempli d'une terre forte. On met sur la surface une couche de mousse longue pour retenir l'humidité des arrosemens, & se dispenser de les répéter aussi souvent. Si la saison est favorable, les branches marcottées poussent assez de racines dans le courant de l'Eté pour être séparées vers le milieu de l'Automne & former de nouveaux pieds, excepté cependant celles de la troisième espèce qui poussent plus lentement, & qu'il est plus sûr de ne séparer qu'au printems suivant. Lorsqu'elles sont sevrées, on les traite comme les jeunes plants.

La multiplication par boutures consiste à choisir de jeunes rameaux de l'avant-dernière pousse, un peu avant que les arbres entrent en sève, & à les planter, savoir, ceux des deux premières espèces, vers la mi-Mars en pleine terre, à l'exposition du Nord, dans une terre douce & fraîche, ou mieux encore sur une couche tiède en les couvrant d'une cloche, & ceux de la troisième espèce vers la mi-Mai, dans des pots que l'on met sous cloche & que l'on renferme encore s'il est possible, dans une bâche à ananas. Les boutures ensuite n'exigent d'autres précautions que celles qui sont nécessaires à toutes les boutures. *Voyez* ce mot.

Quant aux greffes, nous n'avons point encore employé cette voie de multiplication; peut-être seroit-elle avantageuse pour multiplier la troisième espèce. On pourroit essayer de la greffer sur l'Azédarac bipinné qui, étant beaucoup moins délicat, la rendroit peut-être plus robuste. Il seroit possible, aussi que cette première espèce greffée sur la variété qui passe nos hivers en pleine terre, acquît plus de vigueur. Mais nous croyons que la greffe en fente est celle qui doit être préférée pour ces essais.

Usage. La première espèce est propre à jeter de la variété sur des gradins, & même dans les plates bandes des jardins curieux, parmi les autres arbustes étrangers, en y enterrant le pot qui la renferme. La délicatesse de son port, l'élégance de son feuillage, & sur-tout la beauté de ses fleurs & leur odeur suave la rendent un des plus jolis arbustes d'orangerie.

La variété de cette première espèce a un mérite encore plus distingué, puisqu'elle joint à tous ces avantages, celui de venir en pleine terre dans notre climat ; c'est pourquoi on ne sauroit trop en recommander la culture dans les jardins d'agrément.

On prétend que la pulpe qui environne ses semences, est dangereuse pour les hommes, & que, mêlée avec de la graisse, elle empoisonne les chiens. Dans quelques cantons d'Italie, on fait des chapelets avec ses capsules ; mais une propriété qu'on vient de découvrir à la pulpe de ce fruit mérite la plus grande attention. On assure que, séparée de ses capsules, on en fait des bougies qui donnent beaucoup de lumière & qui, en brûlant, ne répandent aucune mauvaise odeur ; si ce fait est certain, il seroit de la plus grande utilité de cultiver très-abondamment cet arbre dans nos Provinces Méridionales, où il pourroit ouvrir une nouvelle branche de commerce d'autant plus profitable qu'il croît dans des terreins assez médiocres, & qu'il fournit, chaque année, une très-grande quantité de fruits.

La troisième espèce est plus rare qu'agréable ; elle n'est guères propre qu'aux grands jardins de Botanique. (*M. Thouin.*)

AZEROLE, nom qu'on donne au fruit de l'Azérolier *Cratœgus Azarolus L.* *Voyez* le genre du Neflier, dans le Dictionnaire des Arbres. (*M. Thouin.*)

AZIER, *Nonatelia.*

Genre nouveau, établi par Aublet, dans son Histoire des plantes de la Guiane Françoise. Il fait partie de la famille des rubiacées, & est composé de six espèces différentes. Ce sont des plantes herbacées, & des arbustes qui croissent dans les forêts de la Guiane & qui n'ont point encore été cultivés en Europe.

Espèces.

1. Azier à l'asthme.

Nonatelia officinalis Aubl. ♃ de l'isle de Cayenne.

2. Azier à panicule.

Nonatelia paniculata Aubl. ♃ de Cayenne dans les forêts.

3. Azier à longue fleur.

Nonatelia longiflora. Aubl. ♃ de Cayenne, dans le quartier d'Oyac.

4. Azier à grappes.

Nonatelia racemosa Aubl. ♃ des grandes forêts de la Guiane,

5. Azier violet.

Nonatelia violacea Aubl. ♃ de la Guiane dans les forêts.

6. Azier jaune.

Nonatelia lutea Aubl. ♃ de la Guiane.

Toutes ces espèces d'Aziers forment de petits buissons grêles d'un port irrégulier, dont les fleurs sont disposées en corymbes ou en panicules, à l'extrémité des rameaux & des branches. Elles produisent des baies arrondies qui renferment cinq loges, dans lesquelles sont contenues les semences.

L'Azier à l'asthme a été nommé ainsi par les Créoles de Cayenne, à cause des bons effets que produit l'infusion de ses feuilles pour la guérison ou le soulagement des personnes attaquées de cette maladie Le nom du genre est tiré de celui de *Nonoateli* que les Galibis, peuple de la Guiane, donnent à la première espèce.

A moins qu'on ne transporte ces plantes en nature de leur climat dans le nôtre il sera très-difficile de les avoir en Europe, parce que les graines de toutes les plantes de cette famille vieillissent très-promptement. On pourroit cependant tenter d'en envoyer des graines semées dans des caisses. Si elles parvenoient ici dans le Printems on pourroit espérer de les voir lever. Un pareil envoi seroit aussi avantageux aux progrès de la Botanique qu'à l'ornement des serres chaudes où ces plantes jeteroient de la variété. (*M. Thouin.*)

AZIME, *Azima.*

Ce genre nouveau établi par M. le Chevalier de la Marck, dans son Dictionnaire de Botanique, a été nommé & figuré par M. L'héritier sous le nom de *Monetia*, fasc. I, Pl. I, en l'honneur de M. Monet, Chevalier de la Marck, Auteur de ce genre. Il est encore trop peu connu pour qu'on ait pu le rapporter à sa famille naturelle. Jusqu'à présent il n'est composé que de deux espèces. Ce sont des arbustes toujours verds qui croissent dans l'Inde, & dont un est cultivé, depuis long-tems, dans les serres chaudes.

Espèces.

1. Azime à quatre épines.

Azima tetracantha. La M. Dict. *Monetia barlerioides.* L'Her. Fasc. 1. Tab. 1. ♃ de l'Inde.

2. Azime à deux épines.

Azima diacantha. La M. Dict. de l'Inde.

L'Azime, à quatre épines, est un arbrisseau qui s'élève d'environ trois pieds de haut, Sa tige est forte, d'une consistance dure & très-solide. Elle est recouverte d'une écorce gercée, de couleur cendrée. Vers le tiers de sa hauteur, elle se divise en un très-grand nombre de branches qui se subdivisent elles-mêmes en beaucoup de rameaux qui croissent dans tous les sens, & donnent à cet arbuste une figure très-irrégulière. Les branches & les rameaux sont couverts de feuilles dont la figure approche de celle du mirthe, mais qui sont terminées en pointe épineuse. Dans les aisselles de ces feuilles naissent des épines acérées qui partent quatre à quatre de la circonférence des rameaux. Les fleurs sont fort petites, verdâtres & disposées entre les feuilles vers l'extrémité des rameaux. Jusqu'à présent elles n'ont point produit de semences dans notre climat.

Culture. L'Azime a quatre épines se cultive en pots & se conserve l'hiver dans les serres tempérées. Cet arbuste a besoin d'une terre un peu forte & d'arrosemens assez fréquens sur-tout pendant la belle saison.

On le multiplie assez aisément de marcottes & de boutures. Les marcottes se font au printems, au moment où l'on sort les plantes des serres. Il n'est pas nécessaire d'inciser les branches, il suffit de les courber avec précaution, parce quelles se cassent très-aisément, & de les assujétir avec un crochet dans la terre du vase où elles doivent être marcottées. Assez souvent elles poussent suffisamment de racines pour être sevrées dans le courant de l'automne & former de nouveaux pieds.

La multiplication par la voie des boutures est tout aussi aisée. On choisit, vers le commencement de Mai, de jeunes rameaux de quatre à cinq pouces de long, on les plante dans des pots avec une terre un peu forte, & on les place sur une couche tiède en les couvrant d'une cloche & d'un chassis. Un peu d'humidité & de l'air, pendant les nuits, sur-tout lorsqu'elles sont chaudes, leur font beaucoup de bien, & accélèrent leur reprise. Comme les boutures ne poussent pas très-vigoureusement la première année, on doit leur laisser passer l'hiver dans le même vase, & les placer dans la tannée d'une serre chaude pour en assurer davantage la réussite. On doit en faire autant pour les marcottes nouvellement sevrées. Les années suivantes cet arbuste devenu moins délicat, n'a besoin pour se conserver, pendant l'hiver, que d'être placé sur les gradins d'une serre tempérée.

Usage. L'azime à quatre épines, qui conserve des feuilles toute l'année, figure très-bien dans les serres, parmi les arbrisseaux étrangers.

La seconde espèce n'a point encore été cultivée en Europe. (*M. Thouin.*)

AZOLLE, *Azolla.*

Genre nouveau qui paroît appartenir à la famille des NAYADES ; il a été établi par M. le Chevalier de la Marck, dans son Dictionnaire de Botanique, & n'est composé que d'une seule espèce.

AZOLLE filiculoïde.

Azolla filiculoides. La M. Dict. du Détroit de Magellan.

C'est une plante qui croît à la surface des eaux, comme les *lemma* avec lesquelles elle a beaucoup de rapport. Jusqu'à présent, elle n'est connue que par les exemplaires secs que Commerson a ramassés, & qui ont été envoyés en Europe. D'ailleurs elle n'offre rien d'intéressant pour ses usages, & sa culture nous paroît devoir se réduire à la mettre dans l'eau comme les lenticules, les conserves, & autres plantes aquatiques. (*M. Thouin.*)

AZORELLE, *Azorella.*

NOUVEAU GENRE qui fait partie de la famille des ombellifères & qui a été établi par M. le Chevalier de la Marck, dans son Dictionnaire de Botanique. Il n'est composé que d'une espèce.

AZORELLE filamenteuse.

Azorella filamentosa. La M. Dict.

C'est une petite plante qui croît dans les lieux humides des Terres magellaniques, où elle a été découverte par Commerson. Elle ne s'élève que de deux à trois pouces de haut & a le port d'un *hydrocotyle.* Cette plante n'a point encore été apportée en Europe, où sa culture n'est pas plus connue que ses usages. Mais il est très-probable qu'elle se conserveroit en pleine terre dans notre climat. (*M. Thouin.*)

AZUL ou HAZOUL des Arabes. *Mesembryanthemum nodiflorum.* L. *Voyez* FICOIDE NOD IFLORE.

On donne quelquefois le nom d'Azul à la barille, qui est une plante fort différente & du genre des *Salsola.* Cette erreur est occasionnée par la propriété qu'ont ces deux plantes de fournir de la soude. (*M. Thouin.*)

Fin du premier Volume & de la seconde Partie.

Veuve HÉRISSANT, Imprimeur du ROI, & des Bâtimens de SA MAJESTÉ.